U0210984

中国森林鸟类

THE FOREST BIRDS OF CHINA

丁平　张正旺　梁伟　李湘涛　主编

湖南科学技术出版社

《中国野生鸟类》丛书编委会

主编 郑光美

编委 丁　平　马志军　马　鸣
卢　欣　邢莲莲　李湘涛
杨贵生　张正旺　陈水华
梁　伟

《中国森林鸟类》编委会

主编 丁　平　张正旺　梁　伟
李湘涛

编委 丁　平　王　楠　李湘涛
杨灿朝　张正旺　梁　伟

撰稿 丁　平　马　鸣　王　楠
王鹏程　叶元兴　付义强
吕　磊　朱　磊　伍　洋
刘　宇　刘　阳　芦　奇
李东来　李建强　李湘涛
李德品　杨灿朝　杨晓君
汪　珍　张正旺　张志强
罗　旭　赵岩岩　胡运彪
贾陈喜　柴子文　徐基良
黄　秦　梁　丹　梁　伟
董　路　蒋爱伍　韩联宪
雷维蟠　阙品甲

绘图 丁　昊　于　程　苏　靓
李小东　李玉博　肖　白
张　瑜　陈　星　郑秋旸
钱　晶　徐　亮　翁　哲
彭韶冲　韩苏妮　裘梦云

序 言

中国是鸟类资源非常丰富的国家。这与中国幅员辽阔、地理位置适中、自然条件优越有密切关系。中国地域自北向南涵盖了寒带、寒温带、温带、亚热带和热带等多种气候带，地形地貌非常复杂，从西向东以喜马拉雅山脉—横断山脉—秦岭—淮河流域为界，将中国疆域分割为南北两大区域，即北方的古北界和南方的东洋界。一个国家拥有两个自然地理界的情况，在世界上是不多见的。中国西部的青藏高原有世界屋脊之称，冰峰和幽谷交错，森林与草原镶嵌，高原、湖泊散布其间，是中国众多江河的发源地。自青藏高原向东为若干呈阶梯状的大型台地，不同程度地阻隔了来自东部的季风并影响中、西部地区的气候和降雨量，历经千百万年的演化进程，形成了现今多种多样的山地森林、草原、戈壁和荒漠等自然地理特色。一方面，中国沿海有18 000多千米长的海岸线、5000多个星罗棋布的岛屿，连同内陆遍布各地的江河湖泊，湿地资源极为丰富。然而另一方面，中国又是人口众多、历史悠久的国家，大片地域自古以来就已被开发为居民点、耕地，并建设了与生产、生活有关的各种设施，再加上历史上连绵不断的战争和动乱对山河的破坏，致使许多野生生物和鸟类已经失去了适合其生存的家园。自中华人民共和国成立以来，农业现代化和现代工业的发展犹如万马奔腾，大型水电、矿产的开发翻天覆地，城镇化的迅速推进以及环境的剧变正在对人们生活质量和方式产生影响，也促使人们逐渐认识到保护环境、与自然和谐相处、建设生态文明的重要性。

中国的鸟类学研究起步较晚，早期的研究多是以鸟类区系和分类为主，而且主要由外国学者主导，调查的范围也很有限。到20世纪40年代，总计记录了中国鸟类1093种（Gee等，1931）或1087种（郑作新，1947）。自中华人民共和国成立以来，中国政府先后组织了多次大规模的野外综合性考察，足迹遍及新疆、青海、西藏、云南等地的一些偏远地区，取得了许多有关鸟类分类与区系研究的重要成果。中国各地也先后组织人力对本地鸟类资源进行普遍调查，出版了许多鸟类的地方志书。在这期间，全国各高等院校和科研单位的有关教师、研究员和研究生等已逐渐成长为鸟类学研究的生力军。经过几代人的不懈努力奋斗，研究人员基本上查清了全国鸟类的种类、分布、数量和生态习性，并先后发表了四川旋木雀和弄岗穗鹛两个世界鸟类的新种以及峨眉白鹇等几十个世界鸟类的新亚种。近年通过分子系统地理学研究和鸣声分析，中国科学家提出将台湾画眉和绿背姬鹟等多个鸟类亚种提升为种的见解，所有这些都是令人瞩目的成果。在全国鸟类研究人员、鸟类保护管理人员不懈地努力奋斗以及广大鸟类爱好者的积极参与下，所记录到的中国鸟类种数也在逐年上升，从1958年发表的1099种（郑作新，1955—1958）逐次递增为1166种（郑作新，1976），1186种（郑作新，1987），1244种（郑作新，1994），1253种（郑作新，2000）和1332种（郑光美，2005）。至2011年，所统计的全国鸟类种数已达1371种（郑光美，2011），约占世界鸟类种数的14%。

20世纪70年代初启动的由“中国科学院中国动物志编辑委员会”担任主编的《中国动物志》编研项目，是一项推动中国生物多样性保护以及对动物种类、分布和生活习性进行全面调查研究的重大课题，是中国动物学发展历史上的一座里程碑。它要求对中国境内已发现的动物种类，依照标本和采集地逐一进行系统分类研究，并根据有关模式标本的描述来判定其正确的学名和分类地位；然后依据所选定的标本描述不同性别、年龄个体的形态特征、量衡度、地理分布、亚种分化以及生态习性等。通俗地说，就是为中国已知的野生动物建立起完整的档案。其中，《中国动物志·鸟纲》共计14卷，分别邀请国内知名的鸟类学家参加编研，并于1978年出版了首卷鸟类志：《中国动物志·鸟纲（第4卷——鸡形目）》。至2006年已经出版了13卷。目前，《中国动物志·鸟纲》的最后一卷尚在审定、印刷之中。整套《中国动物志·鸟纲》的编研工作前后累计耗时30余年，为中国鸟类学各个学科的发展和生物多样性保护奠定了坚实的基础，基本上能反映出20世纪中国分类区系研究工作的主要成就和水平，为以后进一步的发展提供了必要的条件。然而，由于该套志书的出版周期过长，内容已突显陈旧，迫切需要在条件具备的时候进行修订。而在这一时期，从20世纪后半叶迅速发展起来的分子生物学、分子系统地理学、鸟声学等学科的新理论和新技术，已极大地推动了国内外有关鸟类分类、地理分布、生态、行为和进化等研究领域的快速发展。中国在生物多样性保护、鸟类学研究和鸟类学高级人才的培养方面取得了可喜的成就，鸟类科学的发展已经驶入了快车道，中国鸟类学在国际上的地位也有显著提升。1989年，中国首次成功主办了“第4届国际雉类学术研讨会”。2002年在北京举办的“第23届世界鸟类学大会”，是国际鸟类学委员会成立100多年来首次在亚洲召开的大型国际会议。2002年还在北京举办了“第9届国际松鸡学术研讨会”。2007年在成都举办了“第4届国际鸡形目鸟类学术研讨会”。从1994年至今，祖国大陆和台湾已轮流主办了11届“海峡两岸鸟类学术研讨会”。从2005年至今，每年由鸟类学会主办全国研究生鸟类学科学研究的“翠鸟论坛”，为年轻的鸟类学家提供了自主交流的平台。所有这些学术交流活动，都在促进着中国鸟类学的后备人才迅速成长，使他们成为科研与教学的主力军。近年来，中国鸟类学家在围绕国家重大需求和重要理论前沿课题方面不断有新的研究拓展，越来越多的高水平研究论文发表在生态学、动物地理学、分子生态学、行为学、生物多样性保护等领域的国际一流期刊上。所有这些进步，也都增进了学界对中国的鸟类及其资源现状的深入认识。此外，改革开放以来，随着人们生活水平的迅速提高以及观察、摄影、录音等有关设备和技术的提高和普及，到大自然中去观赏和拍摄鸟类的生活已逐渐成为时尚，吸引着数以千计的业余观赏鸟类的爱好者，显著地提高了人们到大自然中寻觅、观赏和拍摄鸟类的兴趣和积极性。到大自然中寻觅、观赏和拍摄鸟类不仅能缓解人们日常紧张工作带来的精神压力，也能陶冶情操，增长知识，在很大程度上增大了发现鸟种新分布地点的机会。

鸟类的生存离不开它所栖息的环境。鸟类栖息地内的所有生物物种均是在不同程度上互相依存、彼此制约的。生物多样性程度越高的环境内，所生存着的生物群落越趋于稳定，各个物种之间也能维持相对的动态平衡。我们保护受威胁物种也主要是通过保护其栖息地内的生物多样性来实现的。大量的科学研究表明，鸟类对环境变化的反应非常敏感，也十分脆弱，因此可以将某些鸟类的数量动态作为监测环境质量的一种指标。已知某些迁徙鸟类可以携带禽流感病毒，这就需要我们进行长期、大规模的监测，掌握它们的迁飞路径、出现时间以及干扰因素，而且还需要了解这些候鸟与本地常见的留鸟以及家禽饲养场之间有无病原体交叉感染。所有这些都需要我们以比通常更为开阔的视角去观察和认识鸟类。结合环境因素来认识不同栖息地内所生活的鸟类，会让我们对鸟类有更具体、深入的了解：既能通过生动的实例去理解诸如种群、群落、生态系统、保护色、拟态、生态适应、生态趋同、合作繁殖、协同进化等科学问题，还可通过比较、联想、综合而更快、更好地认识和深入理解中国的鸟类及其与环境的关系。基于上述考虑，中国国家地理杂志社旗下的图书公司委托本人出面邀请当前国内最有影响的一批中青年鸟类学家来筹划和编写这部《中国野生鸟类》系列丛书。这套丛书计有《中国海洋与湿地鸟类》《中国草原与荒漠鸟类》《中国森林鸟类》和《中国青藏高原鸟类》共4卷，以“繁、中、简”三个级别分别介绍中国的1400多种鸟类的鉴别特征和相关知识以及研究进展等，并配以大量生动的野外照片和精心设计的手绘插图，以方便读者辨识鸟种和鸟类类群，更易于理解与之相关的一些科学问题，增加全书的可读性和趣味性。我相信将一部精美的、具有较高学术水平的科普图书展现给广大读者，一定会吸引全社会，特别是青少年更加关注自然，爱护鸟类，增强保护环境的责任感，更积极地参与到中国的生物多样性保护和生态文明建设活动中去。

中国科学院院士
北京师范大学生命科学学院教授 郑光美

2014 年 4 月 5 日

导 言

森林与鸟

森林是由乔木为主体所组成的生物群落，是陆地上最为复杂的栖息地，亦是鸟类最重要的栖息地，全世界绝大多数的鸟类依赖于森林而生活。

森林在很多个气候带均有分布，覆盖了地球陆地表面的近30%。各种类型的土壤、多变的地形、复杂的气候与小气候条件，滋育着丰富的草本植物、藤本植物、灌木和乔木，并形成了植物组成不同和群落层次结构多样的各种森林植被。其中的植物花蜜、果实和种子、嫩叶和嫩芽，以及生活在森林中的多种多样的小动物，为鸟类提供了取之不尽的食物来源；各种茂密的植被又为鸟类提供了生活所需的隐蔽所和营巢地。因此，森林是现代鸟类的重要起源地，鸟类从这儿出发，通过漫长的演化逐渐扩散并适应各种栖息地。

森林鸟类是指在生态上依赖于森林，并在森林栖息地内完成其整个生活史过程或生活史的某一重要阶段，且在形态和行为上对森林形成适应特征的鸟类。它们依林而居，活动于林冠、树干、灌丛和林下地面，或在其上空飞行，以各种独特的方式在林中觅食和筑巢繁殖。典型的森林鸟类主要有鸡形目、鸽形目、夜鹰目、鹃形目、鹰形目、鸮形目、咬鹃目、犀鸟目、佛法僧目、啄木鸟目、隼形目、鹦鹉目和雀形目等类群的鸟类。另外，雁形目、鸻形目和鹈形目等类群的一些鸟类因其生活史的某一重要阶段（如繁殖）依赖于森林，亦可视为森林鸟类。

由于森林类型的多样、植物群落组成和空间结构变化，以及食物种类和分布特点的差异，森林鸟类的形态和行为在栖息空间的选择与利用、食性、觅食地与觅食方式、巢址与巢的类型等方面出现了各种不同的变化以适应森林生活，其中多数适应的特征与如何在森林中有效获取其所需食物和成功繁殖后代，提高其适合度密切相关。

由于森林生境的多样性和森林鸟类适应方式的差异，森林鸟类在长期的演化过程中逐渐形成了不同的生态类型，其中主要有陆禽、攀禽、猛禽和鸣禽等4种类型。

以喜马拉雅山脉、横断山脉、秦岭和淮河为界，中国的动物地理区划可划分为2界，分界线以北为古北界，以南为东洋界。古北界和东洋界可进一步划为3亚界、7区和19亚区。不同地理区各自拥有典型的地带性森林植被及其代表性森林鸟类。

森林拥有复杂的结构和丰富的植物组成，为鸟类提供了生活所需的隐蔽所、营巢地和取之不尽的食物来源。右图为在森林中筑巢育雏的苍头燕雀。焦庆利摄

如何阅读本书

本书分为两个主要部分，第一部分综述中国的森林生态系统特征和分布，其中的鸟类类群和适应性特征，以及鸟类受胁与保护现状，以大量精美的图片和地图配合文字展示中国森林景观及其中的鸟类特点。第二部分分类群介绍中国森林中的鸟类类群及物种信息，首先综述该类群的分类地位、形态和行为生态特征，接着以手绘图集中展示该类群的鸟种，最后根据各鸟种受到的关注和目前积累的研究信息对各鸟种进行不同详略程度的分述，并配以鸟类分布图、鸟类形态照、野外生境照片及行为生态图片。

内容提要

类群综述

物种手绘 展示鸟类的形态特征，包括不同鸟种、亚种、性别、季节、色型之间的差异，必要时以不同姿态进行描绘，并对重要辨识部位进行特写展示。

手绘图例

♀：雌

♂：雄

br.：繁殖羽

non-br.：非繁殖羽

ad.：成体

juv.：幼体

chick：雏鸟

种群现状和保护 受胁等级以2017年世界自然保护联盟（IUCN）最新发布的红色名录和2016年发布的《中国脊椎动物红色名录》为准，保护级别主要包括在国际上是否列入《濒危野生动植物种国际贸易公约》(CITES)附录，以及在国内是否列入《国家重点保护野生动物名录》和《国家保护的有益的或者有重要经济、科学研究价值的陆生野生动物名录》（简称“三有名录”）※。

分布图 根据《中国鸟类分类与分布名录》绘制，并结合了近年来发表的新记录，主要以行政单位及其方位分区和动物地理区划为基本单位，以不同颜色表示不同的居留型。分布区不表示实际的具体分布范围，只表示在该区域内有分布。沿海地区的分布虽然填色仅限于其陆地部分，但实际代表了各行政区下辖的海洋与岛屿，仅南海诸岛特别标示。在同一区域有不同居留型的情况下，优先体现留鸟，其次夏候鸟，再次冬候鸟、旅鸟、迷鸟。

鸟类分布图例

- 留鸟
- 夏候鸟
- 冬候鸟
- 旅鸟
- • 迷鸟

生境照

※：由于时代局限，“三有名录”中的“有益或者有重要经济、科学研究价值”强调了野生动物对人的价值而忽略了物种本身的价值和生态意义，有违现代保护生物学的思想和理念，在2016年新修订的《野生动物保护法》里“三有”改成了“有重要生态、科学、社会价值”。理论上所有的野生动物都具有这些价值，都应该属于“三有名录”，但新的名录尚未出台，“三有名录”依然是重要的野生动物保护执法依据，故本书依然列出了每个鸟种是否为三有保护鸟类。

目 录

左页图：双角犀鸟。
王英摄

森林——鸟类的家园

中国森林的分布与特征

- 森林是以乔木为主体构成的生物群落，覆盖了地球陆地表面的近30%
- 森林的分布受土壤和水热条件的影响，中国的森林主要分布在东部湿润地区
- 中国南北跨度大，森林类型从北到南呈现从寒温带针叶林到热带雨林的变化
- 中国西南的横断山区和藏南谷地山高谷深，森林植被呈现明显的垂直变化

森林的定义

森林是由乔木为主体所组成的生物群落，是结构最复杂、物种多样性最丰富、适应性最强、稳定性最高、功能最完善的陆地生态系统。同时，森林亦是鸟类最为重要的栖息地，全世界绝大多数的鸟类依赖于森林而生活。

森林在很多个气候带均有分布，覆盖了地球陆地表面的近 30%，并受气候和土壤等因素的影响形成了不同类型的森林植被。

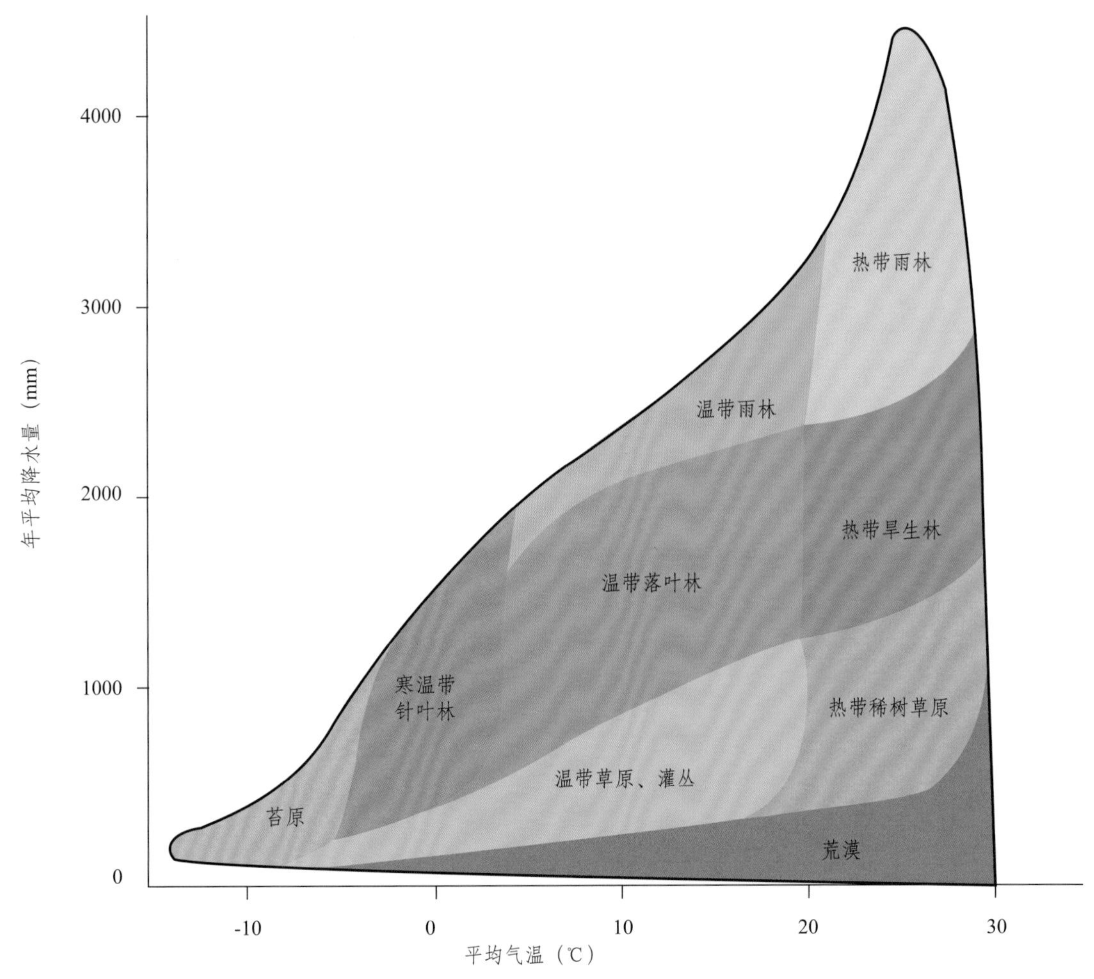

水热条件是制约植物生长的主要因素，因此不同的降水量和气温下形成不同的植被类型。图中可以看出，森林植被主要分布于年均降水量400 mm以上，年均温-5℃以上的地区，其中年均降水量200～1800 mm、年均气温-6～5℃的地区为针叶林，年均降水量400～2000 mm、年均气温0～20℃的地区为温带落叶林，年均降水量1600～3400 mm、年均气温4～22℃的地区为温带雨林，年均降水量1200～2800 mm、年均气温20～29℃的地区为热带旱生林，年均降水量2200～4400 mm、年均气温20～28℃的地区为热带雨林

上页图：苍狼岛位于大兴安岭北端西坡的内蒙莫尔道嘎，岛上遍布的是樟子松林和兴安落叶松林，它们是东北寒温带针叶林的最优势树种。陈建伟摄

左：青藏高原东南部是中国森林资源较丰富的地区之一。图为西藏波密的林芝云杉林，这里气候湿润，云杉和松萝在云雾中隐隐现现，使得原始森林更加神秘深邃。陈建伟摄

右：降水量、温度与植被类型关系示意参考图。Solomon et al., 2011

中国的森林

中国的森林主要分布在东部区域，占全国陆地面积近 1/2。这里的热量和水分充足，有利于森林植被的繁茂生长。由于中国的纬度范围基本上位于北回归线（即 23°27′ N）以北，南北温差大，使中国从北到南形成温带、亚热带和热带等不同的气候带，并分布有寒温带针叶林、中温带针阔混交林、暖温带落叶阔叶林、北亚热带落叶常绿阔叶混交林、中亚热带常绿阔叶林、南亚热带季风常绿阔叶林、热带季雨林、热带雨林等各种基本类型的森林。

中国的西南部，地处于亚热带，但由于青藏高原的隆起，使该地区成为以寒漠、高寒草甸草原为主的植被区。然而，高原东南侧巨大的垂直高差使得横断山区和藏南高山深谷区形成了寒温带、温带至亚热带，乃至局部地段的热带气候，加之西南季风的润泽，使横断山区和藏南高山深谷区从高到低亦分布有针叶林、针阔混交林、落叶阔叶林、常绿阔叶林、热带季雨林和热带雨林等类型的森林，进而成为中国西南部森林类型众多、森林资源丰富的森林区。

中国的西北部，即青藏高原北部及其以北的整个新疆、甘肃西北部和内蒙古高原为干旱－半干旱区，主要植被为草原和荒漠。只有在祁连山和阿尔泰山接受太平洋季风强弩之末的余泽，在阿尔泰山和天山接受远道而来的北冰洋和大西洋少量水汽，使得局部区域发育有干旱区内的山地森林，如山地针叶林和落叶阔叶林。

另外，在中国东部亚热带的高海拔地区，如中国台湾中央山脉和玉山山脉亦分布有山地针叶林。

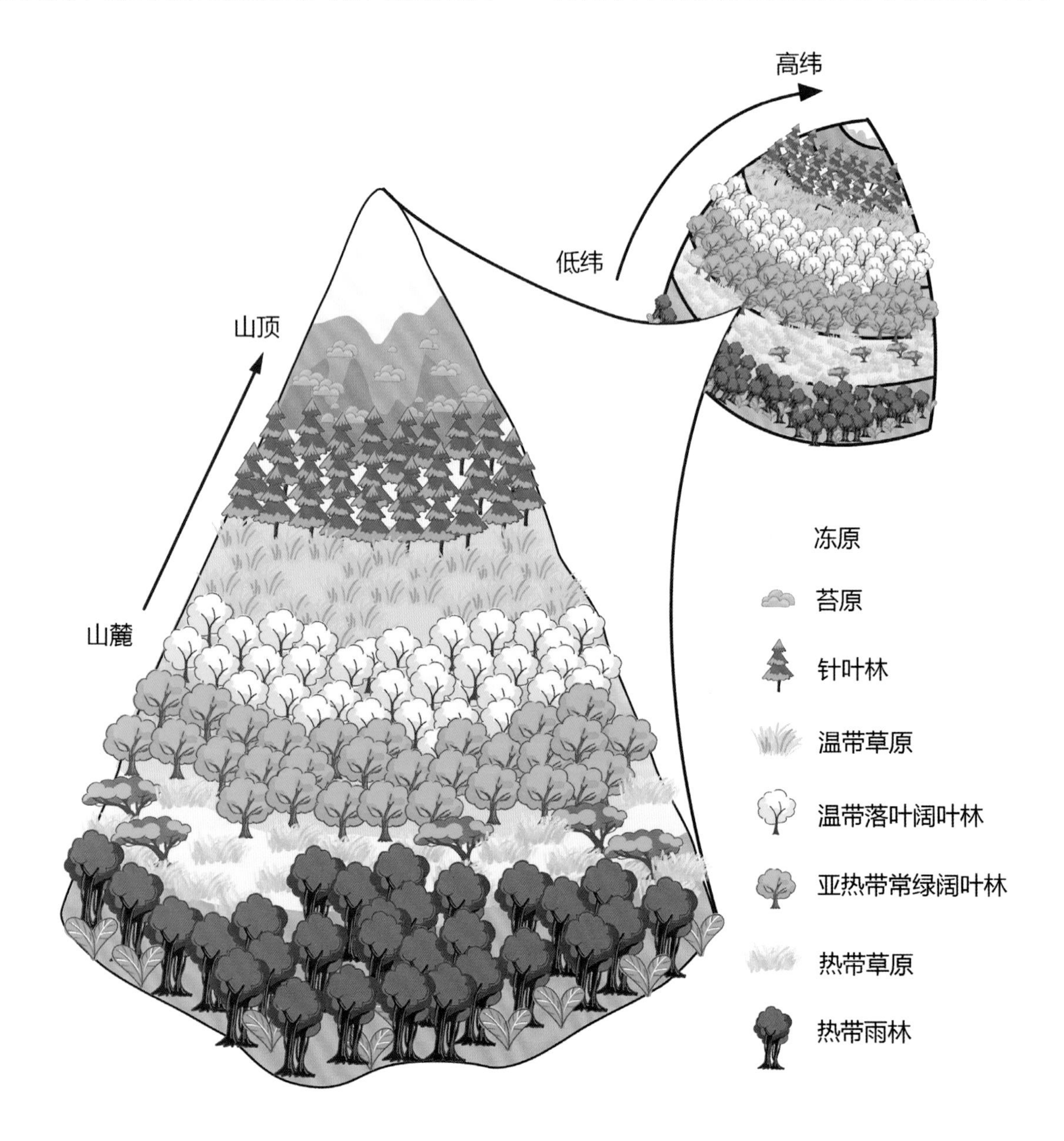

森林垂直分布和纬度分布参考示意图。张炳华绘

中国森林的分布与特征

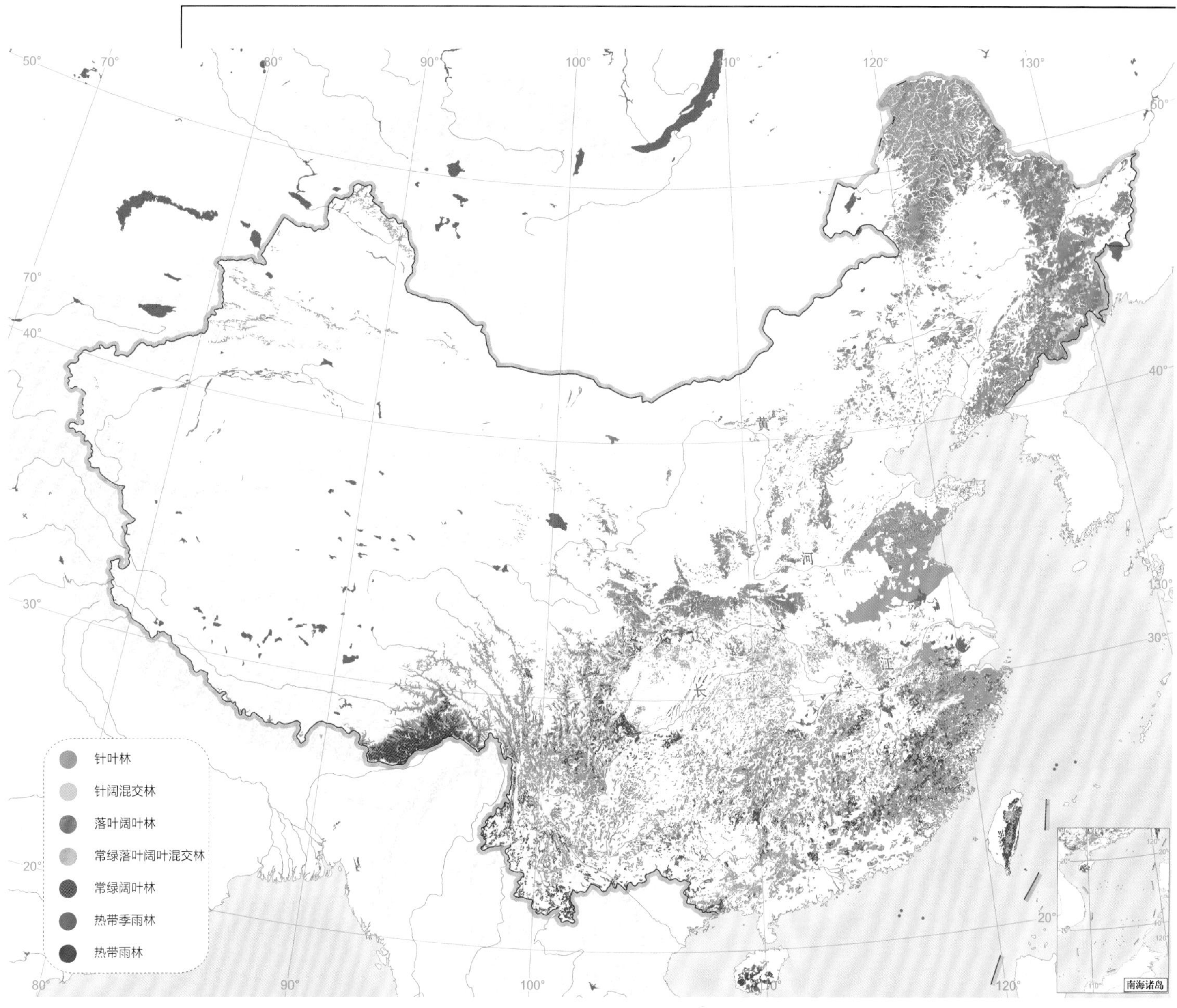

上：中国森林植被的类型与分布

A	B	C
D	E	F

A 新疆天山的雪岭云杉林。陈建伟摄

B 长白山的红松阔叶林。桑玉柱摄

C 河北隆化的落叶阔叶林。陈建伟摄

D 河南董寨的常绿落叶阔叶混交林。陈建伟摄

E 江西三清山的常绿阔叶林。陈建伟摄

F 西双版纳的热带雨林。陈建伟摄

寒温带针叶林

寒温带针叶林的建群树种是北温带分布的落叶松属 *Larix*、冷杉属 *Abies*、云杉属 *Picea*、松属 *Pinus* 以及圆柏属 *Sabina* 的一些种，以前三个属最为典型，分布于从中国东北到西南或西北以及台湾地区的高山上，分布的垂直海拔由东北向西南逐渐上升，以西南山地和青藏高原东部最高。

寒温带针叶林又可以分为两大类。以落叶松等落叶针叶树为建群种的为落叶针叶林，这些树种喜欢阳光，因此林中树木较稀疏，郁闭度适中，林内透光较好，生长季节呈现明亮的翠绿色，有明亮针叶林之称。在中国的分布包括大兴安岭的兴安落叶松 *Larix gmelinii* 林，小兴安岭、长白山的黄花落叶松 *L. olgensis* 林，华北山地的华北落叶松 *L. principis-rupprechtii* 林，秦岭山地的太白红杉 *L. chinensis* 林，横断山区的大果红杉 *L. potaninii* 林，西藏的西藏红杉 *L. griffithiana* 林，西北地区的新疆落叶松 *L. sibirica* 林等。

以冷杉和云杉等常绿针叶树为建群种的为常绿针叶林，它们喜欢阴湿环境，形成的群落郁闭度较高，林内阴暗潮湿，常年呈现暗沉的墨绿色，又被称为暗针叶林。在中国的分布包括东北的臭冷杉 *Abies nephrolepis* 林、鱼鳞云杉 *Picea jezoensis* var. *microsperma* 林和樟子松 *Pinus sylvestris* var. *mongolica* 林，西北的新疆冷杉 *Abies sibirica* 林、雪岭云杉 *Picea schrenkiana* 林和新疆五针松 *Pinus sibirica* 林，华北的白扦 *Picea meyeri* 林和青扦 *P. wilsonii* 林，秦巴山地的巴山冷杉 *Abies fargesii* 林和秦岭冷杉 *Abies chensiensis* 林，西南山地的川西云杉 *Picea likiangensis* var. *balfouriana* 林和长苞冷杉 *Abies georgei* 林，以及中国台湾的台湾云杉 *Picea morrisonicola* 林和台湾冷杉 *Abies kawakamii* 林等。

落叶松是寒温带落叶针叶林的代表性树种。左图为落叶松球果，张强摄；右图为寒温带针叶林景观，陈建伟摄

上：大兴安岭汗马国家级自然保护区的兴安落叶松林是中国典型的寒温带山地明亮针叶林。兴安落叶松林是中国东北乃至全国分布面积最大的落叶松林，是东西伯利亚明亮针叶林向南分布的延续，集中分布在大兴安岭山地。图为夏季绿色的兴安落叶松林。李渤生摄

下：黑龙江呼中国家级自然保护区是中国最北部、面积最大的寒温带原生明亮针叶林生态系统自然保护区。保护区森林覆盖率高达96.2%，而其中兴安落叶松约占所有树木种类的80%，堪称中国寒温带明亮针叶林生态系统国家保护样本和物种基因库。徐健凯摄

上：色季拉山的林芝云杉林，分布上线达海拔4000 m，被称为离太阳最近的森林。陈建伟摄

下：新疆西天山国家级自然保护区的雪岭云杉林。雪岭云杉林是亚洲荒漠区山地分布最广泛的森林群系，在中国分布于新疆天山北坡、昆仑西部和准噶尔西部山地。在西天山和中天山的北坡海拔1600~2800 m的中山带，雪岭云杉成为山地针叶林的单一建群种，形成郁密的纯林，构成了一道断续连绵的山地森林垂直带。陈建伟摄

温带针阔混交林

温带针阔叶混交林是以红松 *Pinus koraiensis* 为主的针阔叶混交林，是中国东北湿润地区最有代表性的植被类型之一。红松是北温带分布类型中第三纪孑遗的针叶树种之一，主要分布在中国东北的长白山、老爷岭、张广才岭、完达山和小兴安岭的低山和中山地带。红松阔叶混交林的分布海拔随纬度的上升而逐渐下降，在长白山地区分布高度为海拔1100 m 以下，在张广才岭地区则下降到 900 m 以下，至小兴安岭地区进一步下降到海拔 700 m 以下。与其混交的落叶阔叶树种以蒙古栎 *Quercus mongolica*、紫椴 *Tilia amurensis*、硕桦 *Betula costata*、春榆 *Ulmus davidiana* var. *japonica* 和水曲柳 *Fraxinus mandschurica* 等为主，因水分条件而异。随着海拔的变化，针叶树和阔叶树的比例也有规律地变化，海拔越高，针叶树的比例也越高，阔叶树则反之。

针阔混交林中既有常绿的针叶树种，也有落叶的阔叶树种，植物区系较丰富，群落层次结构比较复杂，通常具有发达的乔木层、下木层、草本层，苔藓层则发育微弱。相对于针叶林，落叶的阔叶树种为针阔混交林增添了色彩，每到秋季，五色交织令人目不暇接。

红松是温带针阔混交林的代表性树种。左图为红松球果，张强摄；右图为丰林保护区的温带针阔混交林景观，李彦良摄

上：长白山是中国北方珍贵的生物宝库，随着海拔从低到高分布着落叶阔叶林、针阔混交林、针叶林等不同的垂直森林带，其中红松阔叶混交林是最具代表性的温带针阔混交林。图为吉林长白山国家级自然保护区红松阔叶混交林呈现的璀璨秋色：绿色的红松，银色的落叶松，红色的槭树，橙黄色的栎树，金黄色的白桦。陈建伟摄

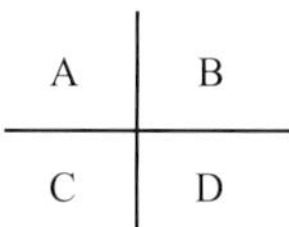

左：长白山保护区里的动植物：

A 枫桦集中分布地在中国东北小兴安岭、长白山一带。陈建伟摄

B 长白山高山杜鹃

C 梅花鹿。陈建伟摄

D 北噪鸦。林红摄

上：黑龙江丰林国家级自然保护区位于小兴安岭北段南坡，海拔285~668 m，是红松混交林的典型分布区，保存了中国目前最典型、最完整的原始红松林，其中以枫桦红松林分布最广。张强摄

A	B
C	D

右：黑龙江丰林国家级自然保护区里的动植物：

A 红松。陈建伟摄

B 兴安杜鹃。许阳摄

C 紫貂

D 花尾榛鸡。张强摄

温带落叶阔叶林

落叶阔叶林主要分布于温带地区，其建群种由壳斗科（如麻栎 *Quercus acutissima*、栓皮栎 *Q. variabilis*、槲树 *Q. dentata*、蒙古栎 *Q. mongolica*）、桦木科（如白桦 *Betula platyphylla*、岳桦 *B. ermanii*）、杨柳科（如山杨 *Populus davidiana*、小叶杨 *P. simonii*）、榆科（如春榆 *Ulmus davidiana* var. *japonica*）、槭树科（如色木槭 *Acer mono*、元宝槭 *A. truncatum*）及椴树属（如紫椴 *Tilia amurensis*）等一些典型的北温带分布的树种组成。其中落叶栎类和槭、榆、椴等组成典型的落叶阔叶林，而桦木属 *Betula* 和杨属 *Populus* 则常为次生林或河岸林。

温带落叶阔叶林是中国分布最为广泛的森林，在中国分布于北至黑龙江、西至黄土高原、南至秦岭—淮河一线的广大地区，以及南方热带、亚热带山地和西部草原荒漠地区的局部地带。落叶阔叶林中的乔木、灌木和草本植物均为冬季落叶或地上部分枯死的种类，因此春季万物生发，夏季郁郁葱葱，秋季落叶飘飘，冬季休眠沉寂，季相变化十分明显，又被称为夏绿林。作为中国最典型的森林，温带落叶阔叶林类型十分丰富，分层十分明显，但结构并不复杂，分为乔木层、灌木层和草本层，一般少有苔藓层。

栎类是温带落叶阔叶林的代表性物种。左图为秋季的栎树；右上图为燕山的温带落叶阔叶林冬季景观，漫山遍野的栎树呵护着燕山，陈建伟摄；右下四图为箭扣长城的落叶阔叶林四季变幻，从左到右依次为山花烂漫的春天、林木葱茏的夏季、五色斑斓的秋季、银装素裹的冬天

上：河北茅荆坝国家级自然保护区地处蒙古高原向华北平原的过渡地带，地带性植被为落叶阔叶林，阳坡主要由蒙古栎、辽东栎、槲树等多种栎树组成。图为秋季的茅荆坝，在严冬到来前，树木正抓紧时间享受着晚秋温暖的阳光，争相在凋零前留下自己最美丽的颜色。陈建伟摄

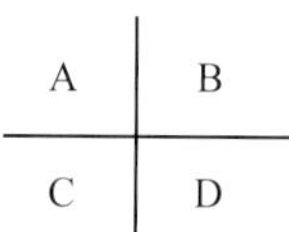

左：河北茅荆坝国家级自然保护区的代表性动植物：

A 核桃楸

B 华北耧斗菜。余天一摄

C 西伯利亚狍。陈建伟摄

D 黑枕黄鹂。李全胜摄

上：河南伏牛山国家级自然保护区属暖温带落叶阔叶林向北亚热带常绿落叶混交林的过渡区，广大的中山地带分布着以落叶栎林和杨桦林为主的落叶阔叶林，在北坡的分布海拔为800~1600 m，南坡为1100~1800 m，而在南坡海拔1100 m以下则发展成为栓皮栎和常绿阔叶树的混交林

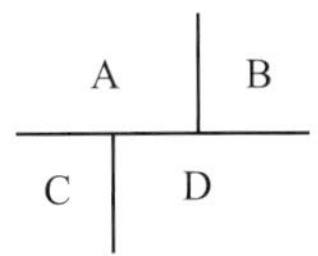

右：河南伏牛山国家级自然保护区的代表性动植物：

A 香果树。王敏求摄

B 长瓣铁线莲。余天一摄

C 豹猫。宋大昭摄

D 苍鹰。张小玲摄

亚热带常绿落叶阔叶混交林

常绿落叶阔叶混交林是落叶阔叶林和常绿阔叶林之间的过渡类型，由常绿与落叶两类阔叶树种混合组成，主要建群种以壳斗科的树种为主，包括常绿的青冈属 *Cyclobalanopsis*、栲属 *Castanopsis*、柯属 *Lithocarpus* 和落叶的栎属 *Quercus*、水青冈属 *Fagus*。常绿落叶阔叶混交林分布在亚热带北部、山地中上部、温度较低或土壤湿度较差的地段，常见的类型包括青冈 *Cyclobalanopsis glauca* 林、滇青冈 *C. glaucoides* 林、苦槠 *Castanopsis sclerophylla* 林、包果柯 *Lithocarpus cleistocarpus* 林、水青树 *Tetracentron sinense* 林、水青冈 *Fagus longipetiolata* 林和珙桐 *Davidia involucrata* 林等。常绿落叶阔叶混交林的物种丰富、结构复杂，区系成分也非常复杂。常绿树种中，青冈是东亚（中国－日本）区系成分，滇青冈、苦槠和包果柯是中国特有种。落叶树种中单种科的水青树是东亚(中国－喜马拉雅)区系成分，水青冈和单种科的珙桐都是中国特有的区系成分。

常绿落叶阔叶林的分布北起秦岭—淮河一线，遍及整个亚热带，常绿树种和落叶树种的比例因地而异。其中，在北亚热带占据丘陵、低山地带，多以落叶栎类为优势种，形成地带性的常绿落叶阔叶混交林；在中亚热带分布则上升到海拔1000～2000 m的中山地带，以落叶的水青冈属为优势种，形成山地常绿落叶阔叶混交林；在中亚热带东部和南亚热带西部，主要分布在石灰岩地区，以常绿的青冈属为优势种，形成石灰岩常绿落叶阔叶混交林。常绿落叶阔叶混交林中保存了许多珍贵稀有的孑遗物种，如珙桐、连香树 *Ceridiphyllum japonicum*、水青树、鹅掌楸 *Liriodendron chinense* 等。

光叶水青冈*Fagus lucida*是中国水青冈属植物中分布较广的一种，常与一些耐寒的常绿阔叶树种构成常绿落叶阔叶混交林，各种光叶水青冈林是亚热带山地植被垂直带谱的一个重要组成分子。左图为光叶水青冈，陈世品摄；右图为常绿落叶阔叶混交林的孑遗物种珙桐

左：常绿落叶阔叶混交林的代表性常绿树种——青冈。徐永福摄

右上：贵州宽阔水国家级自然保护区位于大娄山脉东段南侧，全境海拔多在1400~1700 m，正是山地常绿落叶阔叶混交林的典型分布区，保存了集中连片、面积较大、原生较强的光叶水青冈林，植物区系原始古老，有国家一级保护植物珙桐等4种，国家二级重点保护植物鹅掌楸等7种

右下：大别山绵亘河南、安徽、湖北三省，地处亚热带北部，是长江、淮河两大水系的分水岭，低山地带的典型植被为栎类与常绿树种组成的常绿落叶阔叶混交林。为了保护温带向亚热带过渡地带的森林，大别山中建立了河南大别山、安徽金寨天马、安徽鹞落坪和湖北大别山等多个国家级自然保护区

亚热带常绿阔叶林

常绿阔叶林主要分布于亚热带，外貌终年常绿，层次结构也较复杂，主要有乔木层，灌木层和草本植物层，可细分为典型常绿阔叶林和季风常绿阔叶林。

典型常绿阔叶林是中国亚热带典型的地带性植被，主要分布在中亚热带的山地和丘陵，向南扩张至南亚热带及热带北缘的中山地段，向北可见于北亚热带的山地河谷及低山地带。它以栲属（如栲 *Castanopsis fargesii*、罗浮栲 *C. faberi*、峨眉栲 *C. platyacantha*、甜槠 *C. eyrei*）、柯属（柯 *Lithocarpus cleistocarpus*）、青冈属（如青冈 *Cyclobalanopsis glauca*）、木荷属（如木荷 *Schima superba*、银木荷 *S. argentea*）和润楠属（如红楠 *Machilus thunbergii*）为主要建群种。常杂有少量的红豆杉属 *Taxus*，粗榧属 *Cephalotaxus* 等针叶树和紫树属 *Nyssa*、珙桐等落叶成分，并组成多种多样的植被类型。灌木层的组成种类很丰富；分布在沟谷中的常绿阔叶林的林下，还有桫椤和野芭蕉等组成的层片；草本植物层较稀疏，以喜阴性的蕨类植物为主；藤本植物较少，但在原生性较强的林分中还可见到木质藤本植物攀援于树干上。

上：典型常绿阔叶林的代表性树种——柯。陈建伟摄

右：亚热带常绿阔叶林景观。图为哀牢山，哀牢山是横断山区南段，降雨充沛，山体上部分布着中国目前面积最大、保存最完整的亚热带山地湿性常绿阔叶林，主要以变色锥*Castanopsis rufescens*、木果柯*Lithocarpus xylocarpus*和硬壳柯*L. hancei*为优势种，树龄在120年以上，林冠浓密郁闭，乔、灌、草分层明显。林下异常潮湿，云雾缭绕，树干上缠绕着丰富的藤本植物，并附生厚厚的苔藓。陈建伟摄

上：典型常绿阔叶林代表性树种——甜槠。陈世品摄

下：典型常绿阔叶林代表性树种——木荷。冯兆斌摄

左：浙江古田山国家级自然保护区位于浙江省西部，属于南岭山系玉环山脉的南端，是联系华中-华东植物区系的重要过渡地段。这里保存着年龄较大的典型常绿阔叶林，是中国中亚热带东部地区少见的保存完善的天然植被。古田山的常绿阔叶林主要分布在海拔800 m以下，树冠整齐而浓密，常年呈现深绿色，常见灌木种类进入乔木层、木质藤本粗大、已有枯倒木等现象，说明群落年龄已较大。根据优势种和标志种的不同，可分为甜槠林、栲树林、野含笑-钩栗林，青冈林，虎皮楠-甜槠林，乌岗栎-青冈林6种类型，其中甜槠林又可根据次优势种的不同分为甜槠-青冈林、甜槠-柯林、甜槠-木荷林

季风常绿阔叶林是南亚热带的地带性植被，并具有向热带植被过渡的性质，在中国亚热带南部低山丘陵和边缘热带海拔 1000 m 以上的中山上部有分布，常与季雨林镶嵌分布，或在热带山地垂直带上出现在山地雨林的上层。它们的建群种比典型的亚热带常绿阔叶林含有较多的热带亚洲成分，比如榕树 *Ficus microcarpa* 和红鳞蒲桃 *Syzygium hancei*。主要建群种中，厚壳桂 *Cryptocarya chinensis*、罗浮栲、栲、木莲 *Manglietia fordiana* 和木荷是中国特有的区系成分；腾冲栲 *Castanopsis watii* 和红木荷 *Schima wallichii* 是属于东亚的中国 – 喜马拉雅区系成分。

北回归线附近的季风常绿阔叶林是中国独有的森林类型，同纬度的其他地区多为荒漠地带。

季风常绿阔叶林是亚热带常绿阔叶林向热带季雨、雨林过渡的植被类型，群落常常呈现一些雨林的基本特征，如乔木具板根，并有大型的木质藤本、附生和茎花植物等。

广东鼎湖山国家级自然保护区保存着北回归线附近最具特色的南亚热带季风常绿阔叶林。群落组成包括锥栗-木荷、锥栗-厚壳桂、厚壳桂-云南银柴、黄果厚壳桂-黑桫椤、格木-黄果厚壳桂5种类型，其中木荷和锥栗是群落演替的先锋种，厚壳桂则是群落演替的顶级种，不同的群落构成揭示了森林不同发育年龄和所处的不同演替阶段

左：季风常绿阔叶林代表性树种——锥栗 *Castanea henriy*。陈世品摄

右：季风常绿阔叶林代表性树种——厚壳桂。翁建华摄

热带季雨林

热带季雨林分布在中国西南及华南山地，受西南季风或东南季风影响气候呈明显干湿季更替的区域，以木棉科、使君子科和桑科等为建群种，比如泛热带分布的黄葛树 *Ficus virens* var. *sublanceolata*、高山榕 *F. altissima*、木棉 *Bombax malabaricum*，以及特产于海南的海南榄仁 *Terminalia hainanensis* 等。

热带季雨林的外貌和结构随着干湿季更替呈现较明显的季节变化。由热带落叶树种组成的落叶季雨林干季落叶，而湿季浓绿，如海南岛西部低山丘陵地带的海南榄仁、厚皮树 *Lannea coromandelica* 林，云南南部受焚风效应影响的宽阔河谷地带的木棉、楹树 *Albizia chinensis* 林。而中国大部分地区分布的季雨林为半常绿或常绿季雨林，虽然终年常绿，但也有一个明显的换叶期，如云南南部和西部海拔1000m以下的高山榕、麻楝林，广东、广西沿海丘陵沟谷地带的黄桐 *Endospermum chinense*、牛矢果 *Osmanthus matsumuranus* 林。

热带季雨林群落结构具多层次特征，乔木高大挺直，分枝较低，林中有明显的藤本、附生、茎花和绞杀植物，板根现象也发达。

上：热带季雨林的代表性树种——木棉。陈建伟摄

右：尖峰岭位于海南岛西部，东来的暖湿气流到这里已是强弩之末，因此降水量在比岛东南部偏少，而蒸发量大,环境干热，形成明显的干、湿季之分，地带性植被为常绿季雨林，而随着海拔的变化，也分布着半落叶季雨林、热带山地雨林和山顶苔藓矮林等其他植被类型。在海拔300~650 m处，分布着海南岛保存最好的青梅林

热带雨林

热带雨林分布在中国海南、滇南以及东南沿海的边缘热带区域，仅在局部湿润环境呈片段分布，以青梅属 *Vatica*、望天树属 *Parashorea*、龙脑香属 *Dipterocarpus* 和坡垒属 *Hopea* 等龙脑香科植物为建群种，比如分布于中国云南、广西及越南的望天树 *Parashorea chinensis*，云南东南部至越南东部的云南龙脑香 *Dipterocarpus tonkinensis*，泛热带分布的千果榄仁 *Terminalia myriocarpa*，古热带分布的台湾肉豆蔻 *Myristica cagayanensis*，中国云南、西藏特有的滇楠 *Phoebe nanmu* 等。

热带雨林的分布区域高温多雨，组成树种高大茂密、经年常绿，富有藤本和附生植物。中国的热带雨林处于热带北缘并受季风气候制约，降水量的季节分配不均，林相也出现季节性变化，属于热带雨林分布的北部边缘地区的季节性雨林类型。热带雨林是中国结构最复杂的森林，垂直结构可分5层，其中乔木三层，灌木和草本植物各一层，层间的藤本、附生、茎花和绞杀植物及板根现象十分显著。

左：热带雨林中与望天树并肩而立的见血封喉（最左侧树干发白的植株）。见血封喉是热带雨林的代表树种之一，其树汁含有剧毒，经伤口进入人畜血液即可致死，因此得名“见血封喉”。当地人民也用以制毒箭，故又名“箭毒木”。陈建伟摄

右：热带雨林的代表性树种：望天树。以望天树为代表的龙脑香科植物是热带雨林的重要标志之一，它们多成片生长，组成独立的群落，形成奇特的自然景观。它的发现推翻了过去某些外国学者曾断言中国缺乏龙脑香科植物，也没有热带雨林的结论。图为云南勐腊的“望天树王”，树高84 m，胸径1.8 m。陈建伟摄

右页：云南西双版纳国家级自然保护区地处热带北边缘，这里低山连绵、河流纵横、四季常青，是中国热带原始林保存最好的地区。西双版纳的热带雨林主要包括三个群系，相对干旱的低山丘陵地带分布着以大药树、龙果、橄榄为优势种的低丘雨林，也较干性季节雨林；湿润沟谷地带分布着以千果榄仁、番龙眼为优势种的沟谷雨林，也叫湿性季节雨林；而在河流两岸的则分布着以望天树为优势种的望天树林。图为云南西双版纳国家级自然保护区的沟谷雨林。陈建伟摄

森林之于鸟类的意义

- 森林是鸟类最为重要的栖息地，全世界大多数鸟类依赖森林而生活
- 森林能为鸟类提供多样的栖息生境和空间
- 森林能为鸟类提供取之不尽的食物来源
- 森林能为鸟类提供良好的隐蔽所和营巢地

森林是鸟类的重要栖息地

森林是陆地上最为复杂的陆地生态系统，亦是鸟类最重要的栖息地。它有着各种类型的土壤、多变的地形、复杂的气候与小气候条件，滋育着丰富的草本植物、藤本植物、灌木和乔木，并形成了植物组成不同和群落层次结构多样的各种森林植被。而其中的植物花蜜、果实和种子、嫩叶和嫩芽，以及生活在森林内各式各样的小动物，为鸟类提供了取之不尽的食物来源；各种茂密的植被又构成鸟类生活所需的隐蔽所和营巢地。因此，森林又是现代鸟类的重要起源地，鸟类从这儿出发，通过漫长的进化逐渐适应在各种栖息地生活。

左：森林是鸟类最为重要的栖息地，为鸟类提供了多样的栖息生境和空间，尤其是森林植被良好的隐蔽性使得许多鸟儿选择森林作为营巢地。图为在甘肃莲花山森林中褐头雀鹛的巢。贾陈喜摄

右：森林中生长着多种多样的植物，也滋养着许多小动物，这些动植物为森林鸟类提供了丰富的食物来源。图为森林中果实累累的树木和正在取食的蓝喉拟啄木鸟。王英摄

森林结构能为鸟类提供多样的生境

森林的结构是影响森林鸟类物种多样性的重要因素。森林的结构可分解成大量的结构单元，如树的高度与树冠体积、林窗与空地、枯立木、灌木层、草本层、地被层，等等。其中对于森林鸟类最为重要的两个结构要素是植物簇叶垂直多样性（垂直结构）和冠层盖度及其变异性（水平结构）。

森林的空间结构越复杂与多样，就越能为鸟类提供更为多样的栖息生境与空间，以及食物和隐蔽等生存条件。

左：森林群落的空间结构示意图。图为不同季节的大兴安岭森林，乔木层有红松、兴安落叶松和白桦，灌木层有兴安杜鹃，草本层有黑水银莲花、猪牙花和蹄叶橐吾，地被层有万年藓。张瑜绘

右：森林的结构可分解成大量的结构单元，在水平结构上，冠层盖度的变化是对森林鸟类最为重要的结构要素。由于地形、土壤的差异，或是树木枯朽倒落的原因，茂密的原始森林中会出现林窗。林窗让阳光得以到达中下层植被，支持喜阳植物的生长，从而形成与森林优势群落不同的小群落。图为热带雨林中的林窗。陈建伟摄

中国森林鸟类的多样性

中国森林鸟类概述

- 森林鸟类是指在生态上依赖于森林，并在森林栖息地内完成其整个生活史过程或生活史的某一重要阶段，且在形态和行为上对森林形成适应特征的鸟类
- 中国70%左右的鸟类依赖森林栖息地而生活
- 森林中栖息着中国76%的特有鸟类

森林鸟类的定义

森林鸟类是指在生态上依赖于森林，并在森林栖息地内完成其整个生活史过程或生活史的某一重要阶段，且在形态和行为上对森林形成适应特征的鸟类。它们依林而居，活动于林冠、树干、灌丛和林下地面，或在其上空飞行，以各种独特的方式在林中觅食和筑巢繁殖。

典型的森林鸟类主要有鸡形目、鸽形目、夜鹰目、鹃形目、鹰形目、鸮形目、咬鹃目、犀鸟目、佛法僧目、啄木鸟目、隼形目、鹦形目和雀形目等类群的鸟类。另外，雁形目、鸻形目和鹈形目等类群的一些鸟类因其生活史的某一重要阶段（如繁殖）依赖于森林，亦可视为森林鸟类。

上页：悬崖上的金雕。刘璐摄

左：森林结构和鸟类。苏靓绘

右：树洞内的长尾林鸮。郭睿摄

中国的森林鸟类

中国共有鸟类 26 目、109 科、1445 种。本书涉及森林鸟类 16 目、77 科、1005 种（见下表），分别占全国鸟类目、科和物种的 61.5%、70.6% 和 69.6%；并有 71 种，即 76.3% 的中国特有鸟种依赖森林栖息地而生存。

目	Order	科	Family	种数
鸡形目	Galliformes	雉科	Phasianidae	64
雁形目	Anseriformes	鸭科	Anatidae	3
鸽形目	Columbiformes	鸠鸽科	Columbidae	30
夜鹰目	Caprimulgiformes	蛙口夜鹰科	Podargidae	1
		夜鹰科	Caprimulgidae	7
		凤头雨燕科	Hemiprocnidae	1
		雨燕科	Apodidae	11
鹃形目	Cuculiformes	杜鹃科	Cuculidae	20
鸻形目	Charadriiformes	鸻科	Charadriidae	1
		鹬科	Scolopacidae	3
鹈形目	Pelecaniformes	鹭科	Ardeidae	6
鹰形目	Accipitriformes	鹗科	Pandionidae	1
		鹰科	Accipitridae	41
鸮形目	Strigiformes	鸱鸮科	Strigidae	30
		草鸮科	Tytonidae	3
咬鹃目	Trogoniformes	咬鹃科	Trogonidae	3
犀鸟目	Bucerotiformes	犀鸟科	Bucerotidae	5
		戴胜科	Upupidae	1
佛法僧目	Coraciiformes	蜂虎科	Meropidae	6
		佛法僧科	Coraciidae	3
		翠鸟科	Alcedinidae	2
啄木鸟目	Piciformes	拟啄木鸟科	Megalaimidae	9
		响蜜䴕科	Indicatoridae	1
		啄木鸟科	Picidae	33
隼形目	Falconiformes	隼科	Falconidae	11
鹦形目	Psittaciformes	鹦鹉科	Psittacidae	9
雀形目	Passeriformes	八色鸫科	Pittidae	8
		阔嘴鸟科	Eurylaimidae	2
		黄鹂科	Oriolidae	7
		莺雀科	Vireonidae	6
		山椒鸟科	Campephagidae	11
		燕鵙科	Artamidae	1
		钩嘴鵙科	Tephrodornithidae	2
		雀鹎科	Aegithinidae	2
		扇尾鹟科	Rhipiduridae	2
		卷尾科	Dicruridae	7
		王鹟科	Monarchidae	5
		伯劳科	Laniidae	14
		鸦科	Corvidae	27
		仙莺科	Stenostiridae	2
		山雀科	Paridae	24
		攀雀科	Remizidae	2
		扇尾莺科	Cisticolidae	7
		苇莺科	Acrocephalidae	1
		鳞胸鹪鹛科	Pnoepygidae	4
		蝗莺科	Locustellidae	9
		燕科	Hirundinidae	14
		鹎科	Pycnonotidae	22
		柳莺科	Phylloscopidae	50
		树莺科	Cettiidae	19
		长尾山雀科	Aegithalidae	8
		莺鹛科	Sylviidae	28
		绣眼鸟科	Zosteropidae	12
		林鹛科	Timaliidae	22
		幽鹛科	Pellorneidae	17
		噪鹛科	Leiothrichidae	68
		旋木雀科	Certhiidae	7
		䴓科	Sittidae	12
		鹪鹩科	Troglodytidae	1
		河乌科	Cinclidae	2
		椋鸟科	Sturnidae	21
		鸫科	Turdidae	37
		鹟科	Muscicapidae	98
		戴菊科	Regulidae	2
		太平鸟科	Bombycillidae	2
		丽星鹩鹛科	Elachuridae	1
		和平鸟科	Irenidae	1
		叶鹎科	Chloropseidae	3
		啄花鸟科	Dicaeidae	6
		花蜜鸟科	Nectariniidae	13
		岩鹨科	Prunellidae	4
		织雀科	Ploceidae	2
		梅花雀科	Estrildidae	7
		雀科	Passeridae	2
		鹡鸰科	Motacillidae	9
		燕雀科	Fringillidae	52
		鹀科	Emberizidae	15
合计	16	77 科		1005

右：白眉朱雀。董磊摄

鸟类对森林栖息地的适应

- 森林类型多样，群落组成和空间结构复杂，森林鸟类也形成多样的生态分化以适应森林生活
- 森林为鸟类提供多样的食物，森林鸟类也形成各种不同食性的类群
- 森林鸟类在喙形和觅食行为上出现精细的分化以适应不同食物
- 森林鸟类在筑巢方式和巢址选择上适应森林环境

由于森林类型的多样、植物群落组成和空间结构变化，以及食物种类和分布特点的差异，导致森林鸟类的形态和行为在栖息空间的选择与利用、食性、觅食地与觅食方式、巢址与巢的类型等方面出现了各种不同的变化以适应森林生活，其中多数适应特征与如何在森林中有效获取其所需食物和成功繁殖后代，提高其适合度密切相关。

食性分化

森林为鸟类提供了各种各样的食物，如小型脊椎动物、昆虫等各种无脊椎动物、嫩叶和芽、花蜜、果实和种子等，相应的森林鸟类也形成不同的食性类群。其主要类群有食果鸟、食蜜鸟、食谷鸟、食虫鸟、食肉鸟、食腐鸟、杂食鸟。

食果鸟 以果实中的果肉为食或将整颗果实全部吞食的鸟类。这类鸟的喙形有多种变化，长短不一；有些具有强壮的短喙，有助于啄取和衔住果实。

食蜜鸟 以悬停方式或直接停在花瓣上把喙伸入花中吸食花蜜的鸟类。有些种类的舌头部分特化成管状，食性专一，仅以花蜜为食；有些种类舌尖特化成刷状，也可取食花粉。

食谷鸟 以植物或地面上的种子和谷粒为主要食物的鸟类。这类鸟的喙一般短而硬实，有些会有弯曲。

左：森林鸟类的生态分化复杂多样，这是和森林复杂的群落组成、空间结构相一致的。图为在森林中筑巢的苍鹭

右：

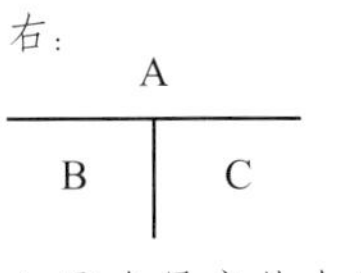

A 取食果实的太平鸟。张岩摄

B 取食花蜜的黄腰太阳鸟。王英摄

C 取食谷物的白腰文鸟。王英摄

食虫鸟 以昆虫等无脊椎动物为主要食物的鸟类。这类鸟的喙细而长、形状多样。有些鸟的喙长而强壮，能掘入土里，觅食土壤和草丛中的昆虫、软体动物等无脊椎动物；有些鸟的喙较细长，呈镊子状，在树枝上捕食缝隙及树皮中的昆虫；有些鸟具凿子般的长嘴，能在枯树上凿洞捕食昆虫。

食肉鸟 以小型脊椎动物为主要食物的鸟类。其捕食的猎物主要包括两栖类、爬行类、鱼类、小型鸟类和兽类等。这类鸟的喙往往锋利呈钩状，脚强壮有力并有锐利的钩爪，有助于猎捕和撕开猎物的皮肉。

食腐鸟 以动物尸体为食的鸟类。有些鸟类能在高空翱翔，以敏锐的视觉搜寻地面上的腐尸。

杂食鸟 以各种类型的食物，如昆虫、植物的果实和种子等为食的鸟类。这是一类适应性非常强的鸟类，能随着各种栖息环境变化觅食不同类型的食物，也不局限某些特定的觅食方式。

上：捕食蜂类的蓝须夜蜂虎。王英摄

中：捕食鱼类的鹗。王小炯摄

左下：捕食小型哺乳动物的雕鸮。杨艾东摄

右下：取食动物尸体的高山兀鹫。彭建生摄

鸟类对森林栖息地的适应

A	B
C	D
E	F

右：杂食性鸟类既捕食昆虫等动物性食物，也捕食果实和种子等植物性食物：

A 秋季取食植物果实的藏乌鸫。卢欣摄

B 夏季取食昆虫幼虫的藏乌鸫。卢欣摄

C 啄食花心的绿翅短脚鹎。许威摄

D 捕食昆虫的绿翅短脚鹎。韦铭摄

E 捕食小麻雀的喜鹊。张瑜摄

F 取食果实的喜鹊。杨晓成摄

喙形对食物的适应

为了适应不同类型的食物，鸟类形成了形态各异的鸟喙。

鸟喙是取食、撕裂或切碎食物的工具。栖息在不同类型森林生境中的鸟类，因其多种多样的觅食对象，使它们的鸟喙形态产生了各种变化，形成各种如同钳子、镊子、叉子、橇棒、钻子和吸管等工具的鸟喙，以适应鸟类在林内和空中摄食各种类型的食物。

喙形与食物关系 食虫鸟的喙一般短而直，其中在枝干上觅食的食虫鸟的喙较为细长，有些为镊子状；空中飞捕昆虫的鸟喙短小，基部宽阔；在地表、草丛中觅食无脊椎动物的鸟喙长而强壮。猛禽的喙强大末端有带钩，适合撕碎捕猎物。以花蜜为食的鸟类具细而长，且常向下弯的喙，喙的长度和弯曲度与花的形态相关；食谷鸟类的喙为较粗的尖锥形，并具锐利的切缘，利于切割和压碎食物，有些会强烈地弯曲；其喙的大小和厚度与种子的大小及硬度相关。个别种类具形态独特的鸟喙，如交嘴雀的喙上下无法对齐是交叉的，这样可以方便它从鲜松果中取出松子；犀鸟和巨嘴鸟巨大的喙适于取食大型果实；剑嘴蜂鸟特长的鸟喙是为了适应当地花冠极长的蜜源植物。

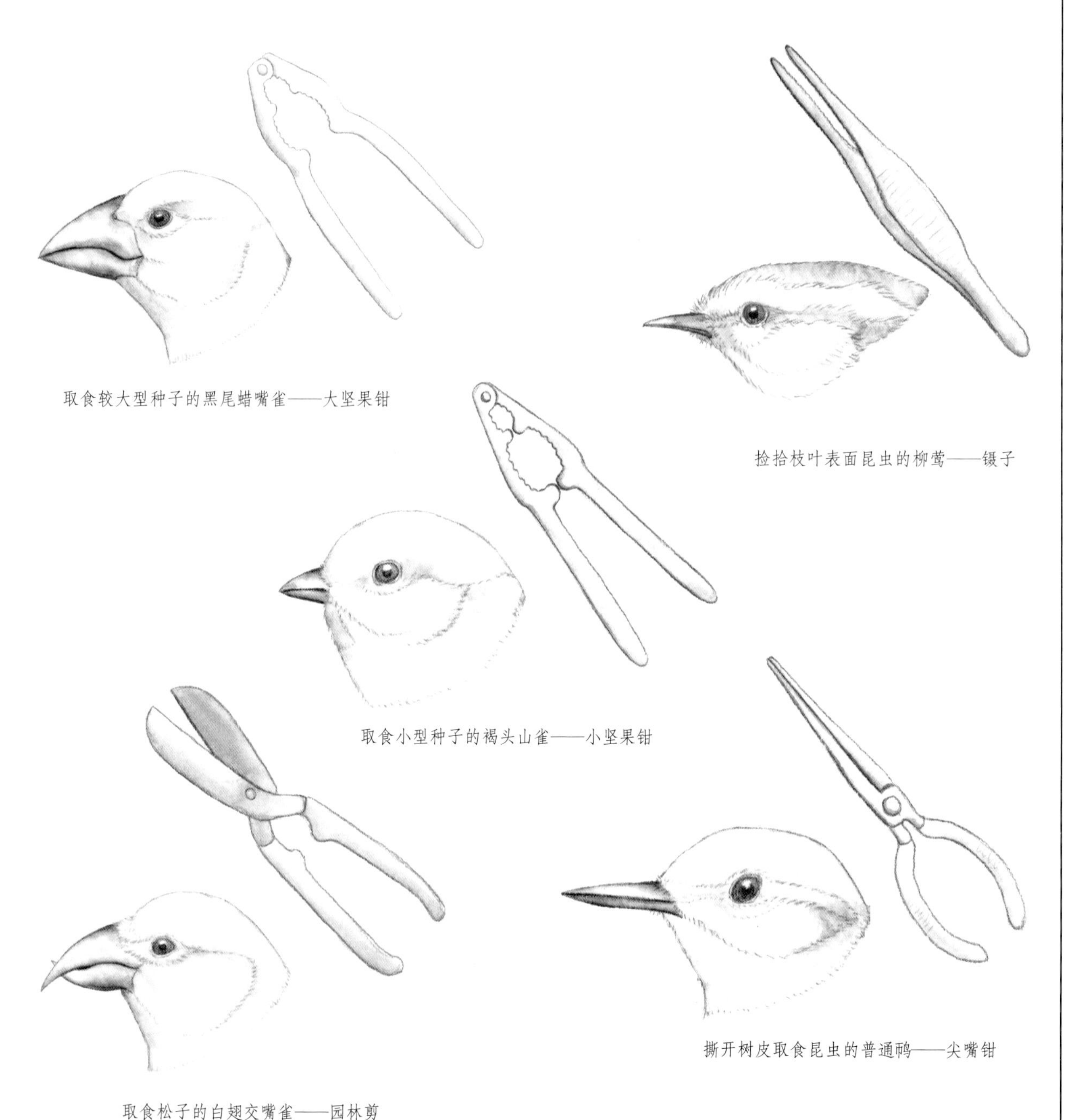

取食较大型种子的黑尾蜡嘴雀——大坚果钳

捡拾枝叶表面昆虫的柳莺——镊子

取食小型种子的褐头山雀——小坚果钳

撕开树皮取食昆虫的普通䴓——尖嘴钳

取食松子的白翅交嘴雀——园林剪

左：生态位作用导致鸟喙的功能出现分化，有的吃大型种子，有的吃小型种子，有的嗑坚果，有的吃虫子，鸟喙的形态也因此产生了各种变化。图为各种形态的鸟喙与其对应的工具示意图。肖白绘

鸟类对森林栖息地的适应

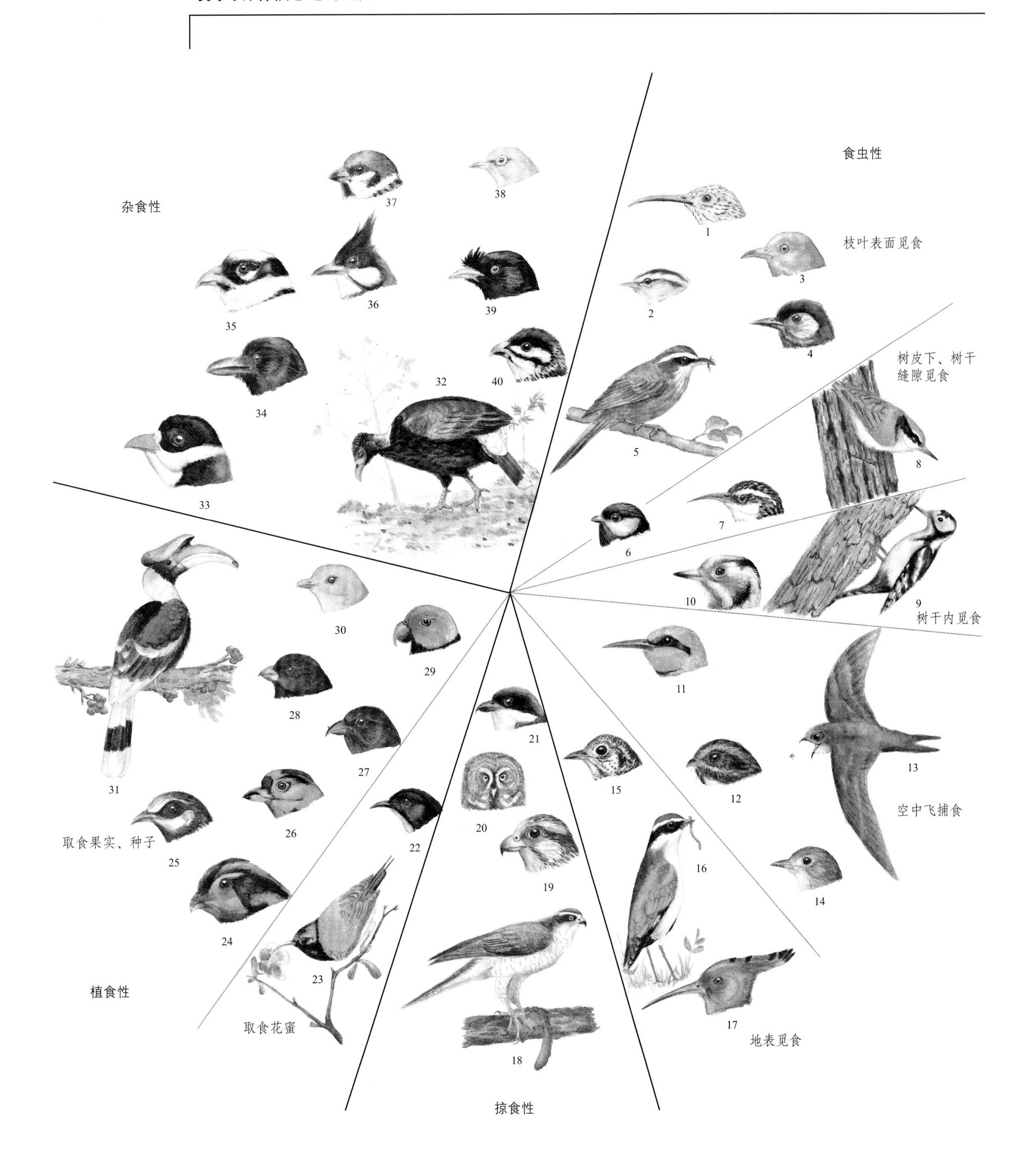

鸟喙形态与食性关系图。
1.纹背捕蛛鸟；2.黑眉柳莺；3.四声杜鹃；4.赤尾噪鹛；5.棕颈钩嘴鹛；6.大山雀；7.高山旋木雀；8.滇䴓；9.大斑啄木鸟；10.星头啄木鸟；11.绿喉蜂虎；12.普通夜鹰；13.普通雨燕；14.北灰鹟；15.虎斑地鸫；16.仙八色鸫；17.戴胜；18.苍鹰；19.猎隼；20.乌林鸮；21.栗背伯劳；22.朱背啄花鸟；23.叉尾太阳鸟；24.红腹角雉；25.白颊山鹧鸪；26.蓝喉拟啄木鸟；27.白翅交嘴雀；28.普通朱雀；29.花头鹦鹉；30.灰头绿鸠；31.双角犀鸟；32.白尾梢虹雉；33.藏马鸡；34.大嘴乌鸦；35.白冠长尾雉；36.红耳鹎；37.麻雀；38.红胁绣眼鸟；39.八哥；40.中华鹧鸪。肖白绘

觅食行为的适应

由于鸟类食物在森林内存在着明显的空间分布差异，进而形成了各种类型的鸟类觅食地，如地表、草丛、灌木、林冠、枯树和空中。为了获得这些种类、大小与空间分布差异颇大的食物，森林鸟类形成了各种与之相适应的觅食方式。

地面拾取 从地表拾取食物，如白鹇 *Lophura nycthemera*、灰胸竹鸡 *Bambusicola thoracicus*、虎斑地鸫 *Zoothera aurea* 等的觅食。

树叶拾取 从树叶上拾取食物，偶尔也从树枝上拾取。如栗背短脚鹎 *Hemixos castanonoyus*、绿翅短脚鹎 *Ixos mcclellandii*、画眉 *Garrulax canorus* 和大山雀 *Parus cinereus* 等的觅食。

树皮拾取和探取 从树干和树技拾取食物，包括凿开树皮和钻孔探取食物。如灰头绿啄木鸟 *Picus canus*、四川旋木雀 *Certhia tianquanensis* 和普通䴓 *Sitta europaea* 等的觅食。

空中出击 在持续飞行中追捕空中飞过的昆虫。如赤红山椒鸟 *Pericrocotus flammeus* 和灰喉山椒鸟 *P. solaris* 等的觅食。

悬停拾取 空中悬停时拾取植物上面的花蜜、昆虫和浆果等各种食物。如各种蜂鸟的觅食。

扑袭抓取 从栖木上飞扑，用爪捕获地面的猎物。如猛禽的觅食。

悬停扑袭抓取 空中悬停，然后从空中俯冲飞扑猎捕食物。如猛禽的觅食。

树皮拾取食物的普通䴓。董磊摄

A	B
C	D
E	F
G	H

各种不同觅食行为的鸟类

A 从枝叶表面拾取食物的黑冠山雀。杜卿摄

B 树叶拾取食物的大山雀。赵纳勋摄

C 悬停吸蜜的火尾太阳鸟。王英摄

D 空中追捕飞虫的黑喉石䳭。张瑜摄

E 地面拾取食物的仙八色鸫。杜卿摄

F 地面拾取食物的白鹇。沈越摄

G 扑袭抓取的乌林鸮。唐士清摄

H 扑袭抓取的草原雕。唐英摄

鸟巢与巢址的适应

鸟巢 鸟巢是卵和幼鸟临时的家，是鸟类为了繁殖后代，为了产卵、容卵、藏卵、孵卵、藏雏与育雏，以及栖息而选择或筑造的一种特殊场所。少数种类的鸟类其雄鸟所筑的巢还在求偶和吸引异性中起着重要的作用，如分布在新几内亚和澳大利亚的园丁鸟科鸟类。

筑巢是鸟类繁殖活动的重要特征，鸟类的繁殖一般始于筑巢活动而结束于幼鸟离巢。为了更好地养育后代、减少外界环境影响和天敌侵害、提高繁殖成功率，森林鸟类会在自己的栖息地内寻找适宜的地点，建造不同类型的鸟巢。

巢址 巢址即鸟类营巢的地方。大多数鸟类均具有主动选择巢址的习性，而森林鸟类则可以在各种地方营巢，如地面、岩壁、灌丛、藤本、乔木和枯立木等。

世界上绝大多数的鸟类都修筑形式多样、所处位置千差万别的巢，其中森林鸟类的巢在形状、大小和结构上亦存在着很大差异。有的鸟巢结构非常简单，如鸡形目鸟类的地面巢；有的鸟巢结构精细，如许多鸣禽的编织巢。鸟巢的结构具明显的从简单到复杂的进化趋势，越是高等的类群其巢结构越复杂。

下：各种不同类型的鸟巢。张瑜绘

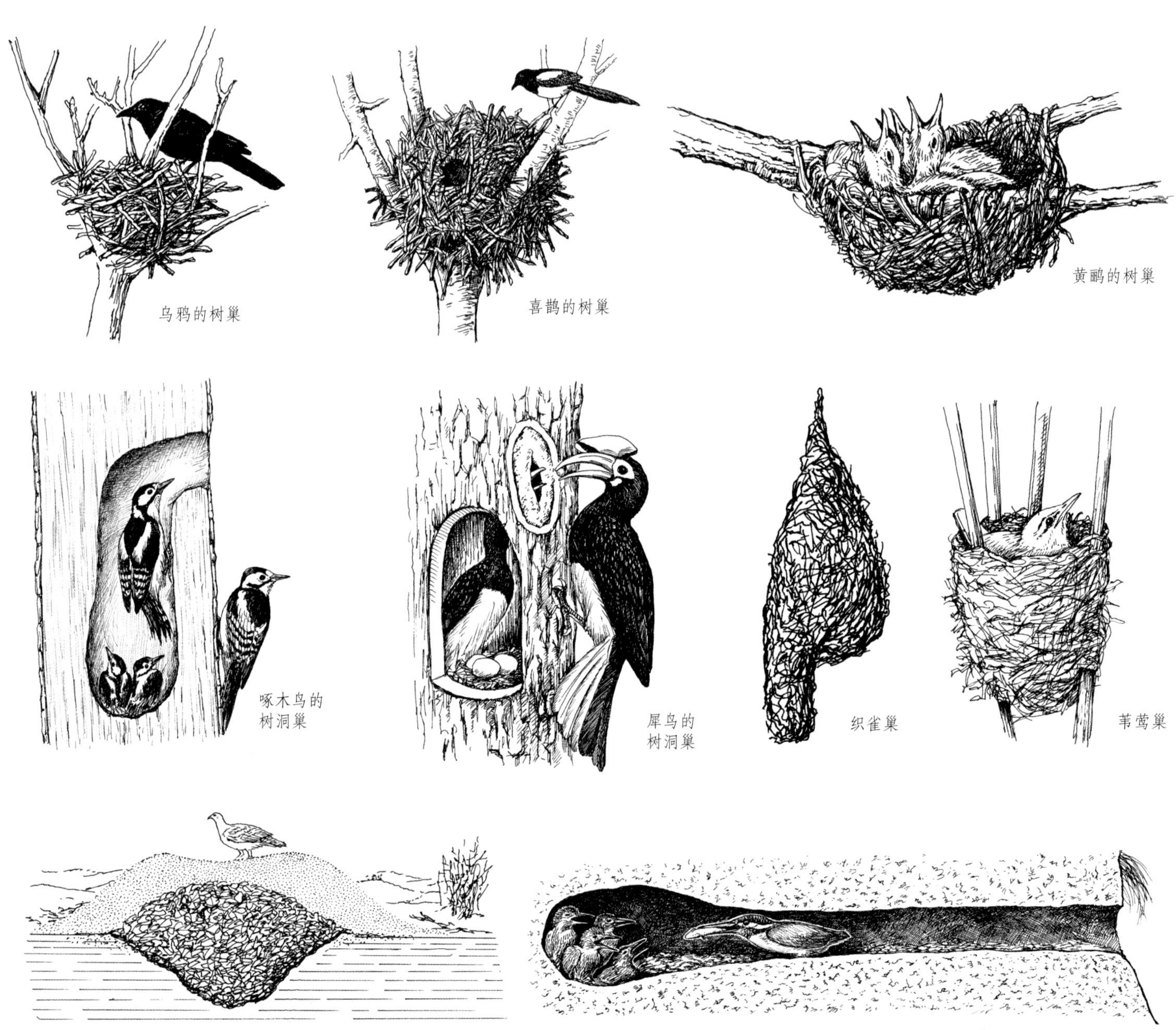

森林鸟类的鸟巢类型

森林鸟类的鸟巢一般可分以下几种类型。

地面巢

地面巢即直接营建于地面的巢，是现生鸟类祖先最为基本的营巢模式。除雀形目鸟类外，地面巢的结构一般比较简单。在森林鸟类中地面巢主要有地面简单巢和地面编织巢两种。

地面简单巢 由地面的凹坑及一些草、树叶、羽毛和石块等巢材构成，是森林鸟类中结构最为简陋的巢。如大多数鸡形目、雁形目、鹤形目和鸻形目鸟类的巢。

地面编织巢 位于地面的凹坑内，由各种巢材编织而成的巢，其巢材排列紧密、巢形复杂而精致。营地面巢的雀形目鸟类具有此类型的巢，如云雀（*Alauda arvensis*）和灰头鹀（*Emberiza spodocephala*）的皿状巢，柳莺等的球状巢。

上：血雉的地面简单巢。贾陈喜摄

下：淡眉柳莺的地面编织巢。贾陈喜摄

编织巢

许多鸟类巢址位于灌丛中或树枝上，巢由树枝、树皮纤维、树叶、草茎和毛发等巢材编织而成，称之为编织巢。大多数编织巢结构复杂而精致，可根据其形状和结构特点，将编织巢分为盘状巢、皿状巢、球状巢和瓶状巢等类型。

盘状巢 鸟类在树木枝杈间搭建的简单编织巢，其结构十分松散而简陋，甚至可以在树下透过稀稀拉拉的巢材看见巢中的卵，如山斑鸠 *Streptopelia orientalis* 和少数鹭科鸟类的巢。

皿状巢 绝大多数树栖鸟类的巢，亦是现生鸟类中最为常见的巢，其结构比盘状巢更为复杂，呈碗状或杯状，又称碗状巢或杯状巢。如秃鼻乌鸦及大多数猛禽的巢，它们先用粗大的树枝搭一个巢窝底座，再用细树枝编织巢的内壁。而像黑枕黄鹂 *Oriolus chinensis*、发冠卷尾 *Dicrurus hottentottus*、寿带 *Terpsiphone incei* 和画眉等鸟类则多用细小的树枝和草茎等编织其内壁，甚至单纯以细草茎编成结构更为致密的皿状巢。

上：绿翅金鸠的盘状巢。李小强摄

下左：山斑鸠的盘状巢。卢欣摄

下右：发冠卷尾的皿状巢。沈越摄

叶巢 长尾缝叶莺 *Orthotomus sutorius* 和灰胸山鹪莺 *Prinia hodgsonii* 等鸟类所编织的一种特殊形式的皿状巢。它们先将树梢上下垂的大型叶片的边缘穿孔，以植物纤维或蜘蛛丝等线材将叶缘互相缝合成袋状；然后再把草茎、植物纤维、兽毛等巢材垫到叶袋内编织成一个杯状巢。

球状巢 巢呈圆球形，上具顶盖，巢口位于巢的侧面。如喜鹊 *Pica pica* 和短翅树莺 *Horornis diphone* 的巢。喜鹊的球状巢大致可分为 3 层：最外层是杂乱的树棍层，呈球状，也构成巢的屋项；中间是由泥土做成的精致碗状层；最里面为衬里层，先是在泥质碗内铺垫树叶、草根等柔软材料，然后再垫上材质最为柔软的羽毛、草叶和毛发等。喜鹊筑巢时，先泥土垫底，把枝条黏结在树枝上，边编织边黏泥建成粗糙的外壁；然后用大量的泥土，混以干草，建成内壁光滑的泥盆；再用细枝、叶片、羽毛和兽毛等柔软的巢材垫作衬里；在巢的顶部有一个用树枝搭成的盖子，巢口开在侧面。

上：长尾缝叶莺的叶巢。夏乡摄

下：喜鹊的球状巢。宋丽军摄

瓶状巢 一种十分精巧的巢形，以植物纤维编成似毡质的曲颈瓶状，如中华攀雀 *Remiz consobrinus* 和银喉长尾山雀 *Aegithalos glaucogularis* 的巢。攀雀巢形似花瓶，质地坚韧、柔软而富有弹性。攀雀在选好巢址后，先用长草茎、树皮纤维、兽毛和植物根等编成一条条的绳索，并将这些绳索缠绕在树梢上，把垂吊下来的绳索交织成网，编成吊篮状结构；然后，雄鸟搜寻柳絮、花絮、植物纤维和兽毛等柔软材料，把它们塞入吊篮的网眼里穿织交结成厚实的毡状巢壁。

织雀巢 各种织雀，如黄胸织雀 *Ploceus philippinus*，所筑造的编织巢，亦是结构最精致的鸟巢。巢呈曲颈瓶状，悬挂在树梢上，主要由树皮纤维编织而成，在纤维之间常有各式各样的编织方法和打结技术，形成紧致结实、透气凉爽的编织巢。同时，巢内还常有泥团，据推测也许置放泥团是悬吊巢的特殊需要，借此增大巢的重力，不至于被热带的大风吹得颠覆。

左：白冠攀雀的瓶状巢。沈越摄

右：纹胸织雀的巢

洞巢

洞巢是指鸟类利用树洞、岩洞、地洞和其他裂隙等各种天然或人工的洞穴，稍作加工而筑成的巢，如大多数攀禽和某些雀形目鸟类的巢。根据洞穴类型、位置和巢结构的不同，洞巢又可分为树洞巢、岩洞巢、地洞巢和房洞巢等类型。其中树洞巢和岩洞巢是森林鸟类最主要的洞巢类型。

树洞巢　位于天然的或用喙凿出的树洞之内，为典型森林洞巢鸟类所具有的巢。其中能够自己凿洞筑巢的鸟类为初级洞巢鸟类，如各种啄木鸟；不能自己凿洞、利用其他鸟类放弃的旧洞的鸟类为次级洞巢鸟类，如戴胜 *Upupa epops* 和大山雀等。有的树洞巢结构非常简单，仅在树洞中铺垫一些木屑或草叶、树皮和羽毛等巢材，如三宝鸟 *Eurystomus orientalis* 和戴胜等；有的树洞巢结构复杂，如大山雀和北红尾鸲 *Phoenicurus auroreus* 等雀形目鸟类，可用各种巢材编织出碗状或浅杯状巢置于洞底；普通䴓等鸟类能用泥土填补和修饰洞口和洞腔内壁；犀鸟等鸟类还能用泥土掺和唾液将洞口封起来，仅留一小孔以便喂食。

岩洞巢　位于岩洞之内，如褐河乌 *Cinclus pallasii* 和白额燕尾 *Enicurus leschenaultia* 等。

地洞巢　位于由鸟类自己挖掘或利用小型兽类挖掘的地面洞穴之内，如普通翠鸟 *Alcedo atthis*。翠鸟可用其凿子般的嘴在土崖上凿穴为巢，凿穴时翠鸟先是悬停在土洞口处，然后突然向前猛冲以喙凿击土崖；当土穴初具轮廓后，它就趴在穴内凿土，同时用双脚迅速将碎土扒出洞外；形成深达半米的土洞后，再在端部挖出球状巢室，并铺以鱼骨和鱼鳞等衬垫物。

房洞巢　鸟类在各类人工建筑物的缝隙或洞穴中筑的巢，是森林鸟类在适宜巢址缺乏时对人居环境产生的一种适应行为，如麻雀 *Passer montanus* 和大山雀等。

上：大斑啄木鸟的树洞巢。丁文东摄

下左：河乌的岩洞巢。贾陈喜摄

下右：蓝胸佛法僧的土洞巢。杜卿摄

泥巢

主要由泥土筑成的巢。如家燕 *Hirundo rustica* 和金腰燕 *Cecropis daurica* 的巢，它们衔泥丸一点点地堆砌，并不时地加以干草、根和羽毛等，借以加强泥巢的坚韧性，形成杯状或瓶状的泥巢。在泥巢筑到一定规模时，雌鸟不时地坐在巢内，用腹部将巢内壁磨光滑，并坐在巢内堆砌和修整巢的上缘。最后再在巢内垫上一些干草、羽毛等柔软的巢材作为衬里。

唾液巢

唾液巢是雨燕所特有的巢，如爪哇金丝燕 *Aerodramus fuciphagus* 的巢。这种巢一般多筑在岩洞或其他洞穴之中，雨燕能分泌很黏稠的唾液，把巢材牢牢地黏在一起，亦可将巢牢固地黏在洞穴的岩壁上；有的雨燕还可纯粹地用唾液作为巢材筑成巢。

冢状巢

冢状巢是生活在澳大利亚和东南亚热带森林中的塚雉科鸟类所筑的巢。它们在繁殖时先在林间地面上用脚和喙掘出一个大坑，然后用土和树叶、树皮、木棍等植物性物质将坑填起来，形成一个冢状的大土堆。产卵时，雌鸟在土堆的顶部挖出一个小洞，将卵产在洞内并用土埋好，然后由填埋在土堆中的植物材料腐烂发酵后产生的热量进行卵的孵化。

上左：烟腹毛脚燕的泥巢。杜卿摄

上右：爪哇金丝燕的唾液巢。李一凡摄

下：塚雉的冢状巢

森林鸟类的生态类型

- 森林鸟类主要包括陆禽、攀禽、猛禽和鸣禽等4种生态类型
- 陆禽喙强壮，多为弓形，适于啄食；翅短圆退化；脚强健，适于地面行走和挖掘
- 攀禽趾足发生多种变化，适于在岩壁、石壁、土壁、树干等处攀缘生活
- 猛禽嘴和爪均弯曲而锐利，先端带钩，视觉发达，翅膀强大有力，能够捕杀动物为食
- 鸣禽一般体形较小，体态轻捷，活泼灵巧，善于鸣叫和歌唱，且巧于筑巢

左：森林鸟类主要包括陆禽、攀禽、猛禽和鸣禽等生态类型，其中攀禽是最为典型的森林鸟类。图为攀禽的代表——双角犀鸟。刘璐摄

右：陆禽的代表——红腹锦鸡。沈越摄

下：四川巴塘的林缘灌丛地带是许多陆禽喜爱的栖息地。陈建伟摄

由于森林生境的多样性和森林鸟类适应方式的差异，森林鸟类在长期的进化过程中逐渐形成了不同的生态类型，其中主要有陆禽、攀禽、猛禽和鸣禽4种类型。

陆禽

喙强壮多为弓形，适于啄食；翅短圆退化；后肢强壮适于地面行走和挖土。如鸡形目和鸽形目鸟类。

攀禽

足趾发生多种变化，适于在岩壁、石壁、土壁、树干等处攀缘生活的鸟类。如夜鹰目、佛法僧目，啄木鸟目和鹦形目鸟类。

猛禽

嘴和爪均弯曲锐利带钩，视觉器官发达，翅膀强大有力，飞翔能力强，多具有捕杀动物为食的习性，如鹰形目、鸮形目和隼形目鸟类。

A	E
B	F
C	
D	G

攀禽适应于攀缘生活，趾型变化多端：

A 并趾型——普通翠鸟。沈越摄

B 对趾型——大杜鹃。沈越摄

C 异趾型——红头咬鹃。彭建生摄

D 前趾型——普通雨燕。邢睿摄

猛禽：

E 鸮形目猛禽代表——仓鸮的面盘特写。吴秀山摄

F 鹰形目猛禽代表——草原雕的喙特写。徐永春摄

G 隼形目猛禽代表——红隼的足特写。徐永春摄

右：站在树枝上休息的乌林鸮。唐士清摄

鸣禽

鸣管和鸣肌特别发达。一般体形较小，体态轻捷，活泼灵巧，善于鸣叫和歌唱，且巧于筑巢。如雀形目鸟类。鸣禽是数量最多的一类，占现存鸟类数的3/5。

A		B
C	D	E
F	G	H
I	J	K

左：顾名思义，鸣禽大多善于鸣叫和歌唱。图为正在鸣唱的各种鸣禽

A 金眼鹛雀。黄珍摄

B 蓝喉歌鸲。沈越摄

C 黑枕黄鹂。董江天摄

D 煤山雀。杜卿摄

E 大嘴乌鸦。张瑜摄

F 中华攀雀。张明摄

G 云雀。焦海兵摄

H 画眉。焦海兵摄

I 花彩雀莺。刘璐摄

J 鹩哥。韦铭摄

K 银耳相思鸟。杜卿摄

右：鸣禽大多巧于筑巢。图为正在筑巢的黄胸织雀。王英摄

中国森林鸟类的分布规律

- 中国地跨古北和东洋两界，不同地理分区各自拥有典型的森林植被及代表性鸟类
- 东北区的主要森林为针叶林和针阔混交林，森林鸟类以北方类型为主
- 华北区的主要森林为落叶阔叶林，森林鸟类成分复杂，特有种较少
- 蒙新区的森林主要限于天山和阿尔泰山，为山地针叶林，鸟类具有中亚特色
- 青藏区的主要森林为高山峡谷针叶林，森林鸟类具有高海拔特色
- 华中区的主要森林为常绿阔叶林，森林鸟类呈现东洋界种和古北界种混合的特色
- 华南区的主要森林为常绿阔叶林、季雨林和雨林，森林鸟类呈现东洋界种特色
- 西南区海拔落差大，植被和鸟类均呈现垂直变化

中国的动物地理区划可划分为2界，即古北界和东洋界，其分界线自西向东依次为喜马拉雅山脉、横断山脉、秦岭和淮河。古北界和东洋界可进一步划为3亚界、7区和19亚区。不同地理区各自拥有典型的地带性森林植被及其代表性森林鸟类。

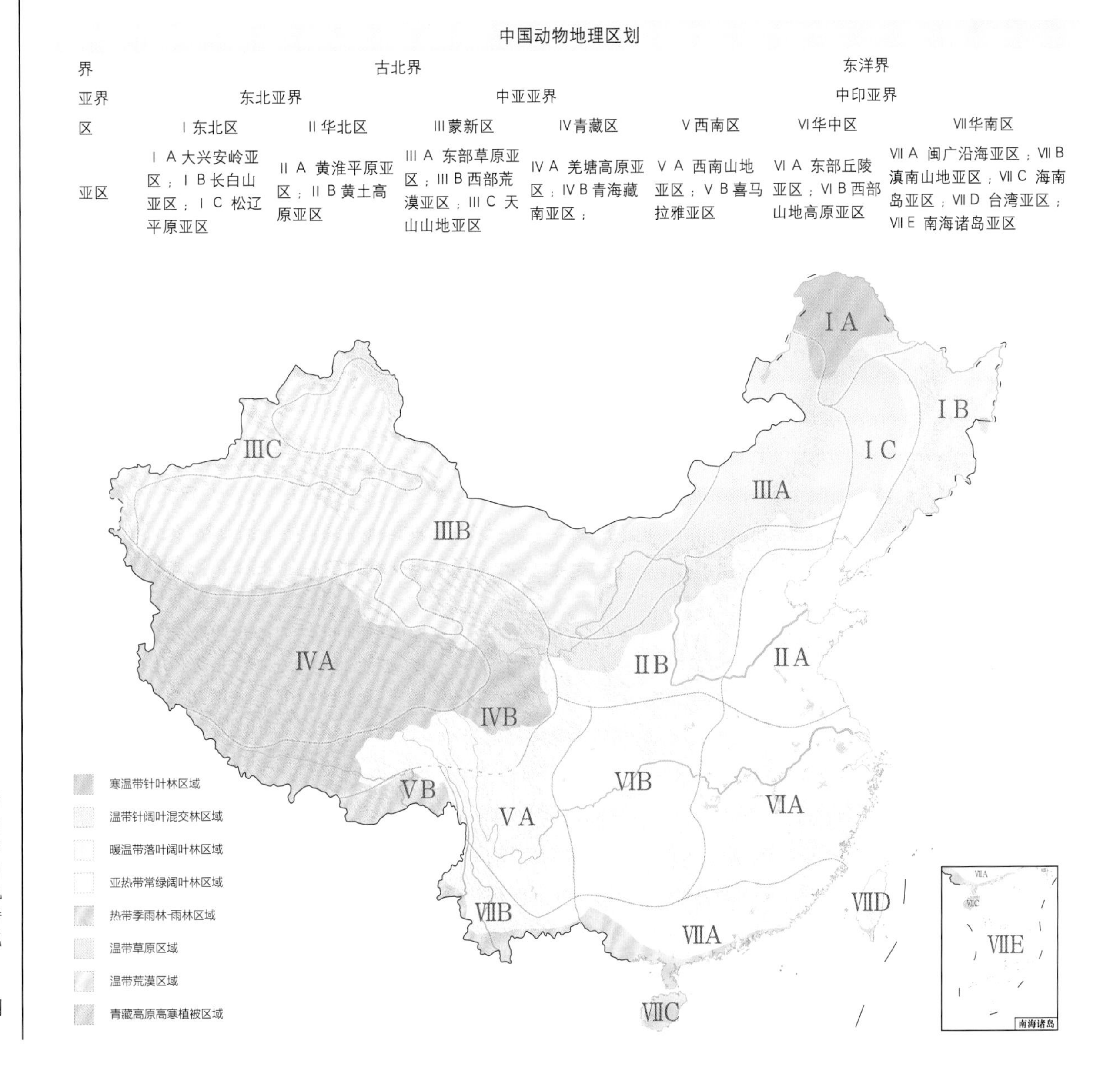

中国动物地理区划

界	古北界				东洋界		
亚界	东北亚界		中亚亚界		中印亚界		
区	Ⅰ东北区	Ⅱ华北区	Ⅲ蒙新区	Ⅳ青藏区	Ⅴ西南区	Ⅵ华中区	Ⅶ华南区
亚区	ⅠA大兴安岭亚区；ⅠB长白山亚区；ⅠC 松辽平原亚区	ⅡA 黄淮平原亚区；ⅡB黄土高原亚区	ⅢA 东部草原亚区；ⅢB西部荒漠亚区；ⅢC 天山山地亚区	ⅣA 羌塘高原亚区；ⅣB青海藏南亚区；	ⅤA 西南山地亚区；ⅤB喜马拉雅亚区	ⅥA 东部丘陵亚区；ⅥB西部山地高原亚区	ⅦA 闽广沿海亚区；ⅦB 滇南山地亚区；ⅦC 海南岛亚区；ⅦD 台湾亚区；ⅦE 南海诸岛亚区

左：中国不同地区的森林中生活着不同的森林鸟类群落。图为新疆的森林，这里的森林孤立于中国其他地区，鸟类也别具特色，有许多特有种或亚种

右：中国动物地理区划和植被区划

东北区

本区包括了中国东北三省，以及内蒙古东北部，属于古北界东北亚界。寒温带针叶林和温带针阔混交林是该区的主要森林类型。

寒温带针叶林 分布在大兴安岭和小兴安岭的大部分地区。森林鸟类以北方类型为主，如黑嘴松鸡 *Tetrao urogalloides*、黑琴鸡 *Lyrurus tetrix*、花尾榛鸡 *Tetrastes bonasia*、雪鸮 *Bubo scandiacus*、鬼鸮 *Aegolius funereus*、北噪鸦 *Perisoreus infaustus*、松雀 *Pinicola enucleator*、红交嘴雀 *Loxia curvirostra* 和白头鹀 *Emberiza leucocephalos* 等，其中以雉科的松鸡类鸟类为典型代表。常见的森林鸟类还有松鸦 *Garrulus glandarius*、星鸦 *Nucifraga caryocatactes*、普通䴓 *Sitta europaea*、小斑啄木鸟 *Dendrocopos minor* 等。

温带针阔混交林 分布在小兴安岭主峰以南至长白山的山地地区。森林鸟类亦以北方类型为主，如黑琴鸡 *Lyrurus tetrix*、黑嘴松鸡 *Tetrao urogalloides*、花尾榛鸡 *Tetrastes bonasia*、大斑啄木鸟 *Dendrocopos major*、小斑啄木鸟 *D. minor*、黑啄木鸟 *Dryocopus martius*、大嘴乌鸦 *Corvus macrorhynchos*、小嘴乌鸦 *C. corone*、秃鼻乌鸦 *C. frugilegus* 和极北柳莺 *Phylloscopus borealis* 等。与寒温带针叶林鸟类组成特征比较，其森林鸟类有较多的东洋型或南中国成分，如日本松雀鹰 *Accipiter gularis*、领角鸮 *Otus lettia*、三宝鸟 *Eurystomus orientalis* 和黑枕黄鹂 *Oriolus chinensis* 等。

右：东北区针叶林的常见群落构成和代表性鸟类。乔木层：落叶松、樟子松，灌木层：越橘，草本层：老鹳草、矮紫苞鸢尾，代表性鸟类：黑嘴松鸡。郑秋旸绘

下：大兴安岭南端黄岗梁的兴安落叶松林。陈建伟摄

华北区

本区包括了中国的西部的黄土高原、北部的冀热山地和东部的黄淮平原，属于暖温带半湿润气候，地带性植被主要为暖温带落叶阔叶林。该地区受人类的农业生产活动影响较为严重，大量的森林成为开阔的农田景观，并大大缩减了森林鸟类的栖息地。

暖温带落叶阔叶林 主要分布在山西、陕西和甘肃南部的黄土高原及冀热山地。森林鸟类的组成在东北亚界中最为复杂，南北种类混杂特征比较明显，并有中亚型成分渗入。代表性的森林鸟类有石鸡 *Alectoris chukar*、勺鸡 *Pucrasia macrolopha*、褐马鸡 *Crossoptilon mantchuricum*、白冠长尾雉 *Syrmaticus reevesii*、棕腹啄木鸟 *Dendrocopos hyperythrus*、灰卷尾 *Dicrurus leucophaeus*、发冠卷尾 *D. hottentottus*、红嘴山鸦 *Pyrrhocorax pyrrhocorax*、灰喜鹊 *Cyanopica cyanus*、大嘴乌鸦 *Corvus macrorhynchos* 等。

右：华北区落叶阔叶林的常见群落构成和代表性鸟类。乔木层：山杨、白桦，灌木层：柔毛绣线菊、虎榛子，代表性鸟类：褐马鸡。郑秋旸绘

下：桦树的白色与槭树的红色交织成河北小五台的落叶阔叶林之秋。陈建伟摄

蒙新区

本区包括了东北西部、内蒙古、宁夏、甘肃西北部和新疆等地。该区大部分为荒漠和草原地带，只在山地才出现森林，即山地针叶林。

山地针叶林 主要分布在天山山脉，向北至塔尔巴哈台山地，以及阿尔泰山山地等。代表性森林鸟类有松鸡 *Tetrao urogallus*、暗腹雪鸡 *Tetraogallus himalayensis*、岩雷鸟 *Lagopus muta*、阿尔泰雪鸡 *Tetraogallus altaicus*、灰山鹑 *Perdix perdix*、斑翅山鹑 *P. dauurica*、星鸦 *Nucifraga caryocatactes*、喜鹊 *Pica pica*、灰蓝山雀 *Cyanistes cyanus*、褐头山雀 *Poecile montanus*、白冠攀雀 *Remiz coronatus*、花彩雀莺 *Leptopoecile sophiae*、欧亚旋木雀 *Certhia familiaris*、蓝喉歌鸲 *Luscinia svecica*、红交嘴雀 *Loxia curvirostra* 和金额丝雀 *Serinus pusillus* 等。

右：蒙新区山地针叶林的常见群落构成和代表性鸟类。乔木层：雪岭云杉、天山花楸，灌木层：天山忍冬，草本层：阿尔泰多榔菊，代表性鸟类：岩雷鸟。郑秋旸绘

下：天山脚下庄严肃穆的雪岭云杉林。居建新摄

青藏区

本区包括了青海、西藏和四川西北部，东为横断山脉北端，北为喜马拉雅山脉，北为昆仑山脉、阿尔金山和祁连山脉环绕，海拔平均在 4500 m 以上。该区大部分为高山荒漠草原和高山寒漠，在东部和东南部为高原东南部寒温性针叶林区，主要分布有高山峡谷针叶林和针阔混交林等类型植被。

高山峡谷针叶林 主要分布在青海东部的祁连山向南至昌都地区，喜马拉雅中、东段高山带及北麓谷地，海拔 2500 ~ 4000 m 的高山峡谷。代表性森林鸟类有斑尾榛鸡 *Tetrastes sewerzowi*、黄喉雉鹑 *Tetraophasis szechenyii*、白马鸡 *Crossoptilon crossoptilon*、藏马鸡 *C. harmani*、血雉 *Ithaginis cruentus*、红胸角雉 *Tragopan satyra*、灰腹角雉 *T. blythii*、黑头噪鸦 *Perisoreus internigrans*、灰腹噪鹛 *Trochalopteron henrici*、褐喉旋木雀 *Certhia discolor*、高山金翅雀 *Chloris spinoides*、黑头金翅雀 *C. ambigua* 和藏鹀 *Emberiza koslowi* 等。

右：青藏区高山峡谷针叶林的常见群落构成和代表性鸟类。乔木层：林芝云杉，灌木层：腺果大叶蔷薇，草本层：凉山悬钩子、白花酢浆草，代表性鸟类：红胸角雉。翁哲绘

下：青藏区的森林主要分布在东部和东南部的高山峡谷地带，来自印度洋的暖湿气流沿着雅鲁藏布大峡谷而上，使得这里的森林常年云笼雾罩。图为西藏波密的林芝云杉林。陈建伟摄

华中区

本区包括四川盆地与贵州高原及其以东的长江流域。西半部北起秦岭，南至西江上游，东半部为长江中下游流域以及东南沿海丘陵的北部。地带性植被为亚热带常绿阔叶林。

亚热带常绿阔叶林 主要分布在江苏南部、浙江和安徽、湖北的中南部，江西和湖南、贵州除黔东南外的大部、广西、福建、广东的北部，以及四川除川西高原外的大部。代表性森林鸟类有白眉山鹧鸪 *Arborophila gingica*、灰胸竹鸡 *Bambusicola thoracicus*、黄腹角雉 *Tragopan caboti*、白鹇 *Lophura nycthemera*、白颈长尾雉 *Syrmaticus ellioti*、红腹锦鸡 *Chrysolophus pictus*、画眉 *Garrulax canorus*、黑脸噪鹛 *G. perspicillatus*、白颊噪鹛 *G. sannio*、红嘴相思鸟 *Leiothrix lutea*、黄臀鹎 *Pycnonotus xanthorrhous*、绿翅短脚鹎 *Ixos mcclellandii*、栗背短脚鹎 *Hemixos castanonotus*、发冠卷尾 *Dicrurus hottentottus*、棕脸鹟莺 *Abroscopus albogularis*、短翅树莺 *Horornis diphone*、棕头鸦雀 *Sinosuthora webbiana* 和灰眶雀鹛 *Alcippe morrisonia* 等。

右：华中区常绿阔叶林的常见群落构成和代表性鸟类。乔木层：多脉青冈，竹类：金佛山方竹，灌木层：马桑，草本层：冷水花，代表性鸟类：红腹锦鸡。肖白绘

下：井冈山的常绿阔叶林

华南区

包括云南和两广的南部，福建东南沿海一带，以及台湾地区、海南岛和南海各群岛，大陆部分北部属南亚热带，南部属热带。地带性植被主要有季风常绿阔叶（南亚热带常绿阔叶林）、热带季雨林和热带雨林。

季风常绿阔叶林（南亚热带常绿阔叶林） 主要分布于广东和广西南部、福建东南沿海和台湾北半部。代表性森林鸟类有白眉山鹧鸪 *Arborophila gingica*、褐翅鸦鹃 *Centropus sinensis*、小鸦鹃 *C. bengalensis*、八声杜鹃 *Cacomantis merulinus*、灰喉山椒鸟 *Pericrocotus solaris*、黑枕王鹟 *Hypothymis azurea*、棕背伯劳 *Lanius schach*、黄腹山鹪莺 *Prinia flaviventris*、红耳鹎 *Pycnonotus jocosus*、长尾缝叶莺 *Orthotomus sutorius*、暗绿绣眼鸟 *Zosterops japonicus*、弄岗穗鹛 *Stachyris nonggangensis* 和叉尾太阳鸟 *Aethopyga christinae* 等。

热带季雨林 主要分布于云南西部和南部，即怒江、澜沧江和红河等中游地区。海南也有少量分布。代表性森林鸟类有原鸡 *Gallus gallus*、绿孔雀 *Pavo muticus*、白喉犀鸟 *Anorrhinus austeni*、冠斑犀鸟 *A. albirostris*、双角犀鸟 *Buceros bicornis*、长尾阔嘴鸟 *Psarisomus dalhousiae*、蓝背八色鸫 *Pitta soror*、大绿雀鹎 *Aegithina lafresnayei*、小盘尾 *Dicrurus remifer*、厚嘴啄花鸟 *Dicaeum agile*、黄腹花蜜鸟 *Cinnyris jugularis* 和黄胸织雀 *Ploceus philippinus* 等。

热带雨林 主要分布于海南、滇南、东南沿海以及台湾南部等边缘热带区域。海南热带雨林的代表性森林鸟类有海南孔雀雉 *Polyplectron katsumatae*、海南山鹧鸪 *Arborophila ardens*、厚嘴绿鸠 *Treron curvirostra*、橙胸绿鸠 *T. bicinctus*、绿翅金鸠 *Chalcophaps indica*、棕雨燕 *Cypsiurus balasiensis*、绿嘴地鹃 *Phaenicophaeus tristis*、蛇雕 *Spilornis cheela*、栗鸮 *Phodilus badius*、黑眉拟啄木鸟 *Psilopogon faber*、银胸丝冠鸟 *Serilophus lunatus*、古铜色卷尾 *Dicrurus aeneus*、白翅蓝鹊 *Urocissa whiteheadi*、黄胸绿鹊 *Cissa hypoleuca*、塔尾树鹊 *Temnurus temnurus*、冕雀 *Melanochlora sultanea*、海南柳莺 *Phylloscopus hainanus*、褐胸噪鹛 *Garrulax maesi*、黑喉噪鹛 *G. chinensis* 和白腰鹊鸲 *Kittacincla malabarica* 等；滇南热带雨林代表性森林鸟类有绿脚树鹧鸪 *Tropicoperdix chloropus*、褐胸山鹧鸪 *Arborophila brunneopectus*、灰孔雀雉 *Polyplectron bicalcaratum*、灰头绿鸠 *Treron pompadora*、斑尾鹃鸠 *Macropygia unchall*、绿皇鸠 *Ducula aenea*、褐冠鹃隼 *Aviceda jerdoni*、短尾鹦鹉 *Loriculus vernalis*、蓝八色鸫 *Pitta cyanea*、黑喉缝叶莺 *Orthotomus atrogularis*、长嘴钩嘴鹛 *Erythrogenys hypoleucos*、白颈噪鹛 *Garrulax strepitans*、白尾蓝仙鹟 *Cyornis concretus* 和朱背啄花鸟 *Dicaeum cruentatum* 等。

左：广西崇左的热带季雨林

右：华南区热带季雨林的常见群落构成和代表性鸟类。乔木层：高山榕，灌木层：云南樟，攀缘植物：小花酸藤子，草本层：鹿角蕨，代表性鸟类：双角犀鸟。肖白绘

西南区

本区包括四川西部、西藏昌都地区东部，北接青海与甘肃南缘，南抵云南北部的横断山地区，再向西包括喜马拉雅南坡针叶林带以下的山地。境内自然条件的垂直差异显著，森林鸟类的分布具明显的垂直变化。本区森林鸟类主要为横断山脉－喜马拉雅分布型的种类，并有一些南北方类型和高地型种类渗入。下面以喜马拉雅山南坡为例介绍西南区的森林鸟类分布特征。

喜马拉雅山脉南坡是东洋界和古北界的生态交错区。植被沿海拔梯度具明显的垂直分布，依次可划分为常绿阔叶林、针阔混交林、针叶林和灌丛草甸 4 个植被带。

山地常绿阔叶林 分布于海拔 1600 ~ 2500 m 的范围内。这一带的鸟类具东洋界的特色，代表性森林鸟类有红胸角雉 *Tragopan satyra*、黑鹇 *Lophura leucomelanos*、短嘴山椒鸟 *Pericrocotus brevirostris*、大嘴乌鸦 *Corvus macrorhynchos*、黄腹柳莺 *Phylloscopus affinis*、斑喉希鹛 *Chrysominla strigula*、黑顶奇鹛 *Heterophasia capistrata*、绿喉太阳鸟 *Aethopyga nipalensis* 和粉眉朱雀 *Carpodacus rodochroa* 等。

山地针阔混交林 位于常绿阔叶林带之上，它的上限为海拔 3000m，局部可达 3100 m，即该植被带分布在海拔 2500 ~ 3100 m。本带已呈现出古北界和东洋界区系的过渡状态，代表性森林鸟类有棕尾虹雉 *Lophophorus impejanus*、点斑林鸽 *Columba hodgsonii*、高山兀鹫 *Gyps himalayensis*、白眉雀鹛 *Fulvetta vinipectus*、杂色噪鹛 *Trochalopteron variegatum* 和火尾太阳鸟 *Aethopyga ignicauda* 等。

山地针叶林 分布在海拔 3000 ~ 4000 m 一带，但其界限常因地区而异。如在朋曲河谷其分布下限为海拔 3200 m，在吉隆沟的分布下限为 3300 m。本带鸟类大都为古北界的种类，代表性森林鸟类有雪鸽 *Columba leuconota*、褐冠山雀 *Parus dichrous*、棕臀凤鹛 *Yuhina occupitalis*、黑顶噪鹛 *Garrrulax affinis*、拟大朱雀 *Carpodacus rubicilloides*、红眉朱雀 *Carpodacus pulcherrimus* 和高山金翅雀 *Carduelis spinoides* 等。

山地灌丛草甸 为海拔 4000 ~ 4800 m 的地区。代表性森林鸟类有黄嘴山鸦 *Pyrrhocorax graculus*、黑喉红尾鸲 *Phoenicurus hodgsoni*、领岩鹨 *Prunella collaris* 和喜山白眉朱雀 *Carpodacus thura* 等。

右：西南区森林垂直带上不同海拔的常见群落构成和代表性鸟类。海拔 1600~2500 m，地带性植被常绿阔叶林，乔木层：元江栲、滇青冈，灌木丛：大白杜鹃，代表性鸟类：蓝喉太阳鸟；海拔 2500~3000 m，地带性植被：针阔混交林，乔木层：云南铁杉、高山栎，灌木丛：地檀香、毛叶吊钟花，代表性鸟类：白眉雀鹛；海拔 3000~4000 m，地带性植被：针叶林，乔木层：丽江云杉、高山松，灌木层：云南杜鹃，代表性鸟类：江眉松雀；海拔4000~4800 m，地带性植被：灌丛草甸，灌木丛：腺房杜鹃，草本层：秀丽绿绒蒿，代表性鸟类：白须黑胸歌鸲。郑秋旸绘

下：云南香格里拉的杜鹃林。陈广磊摄

中国森林鸟类的受胁与保护

中国森林鸟类面临的威胁

- 森林鸟类是受胁较为严重的鸟类。中国的 146 种受胁鸟类中，有 60%以上依赖于森林而生活
- 森林砍伐和替代种植经济林导致的栖息地丧失和片段化是森林鸟类最大的致危因素
- 食用、贸易、笼鸟饲养等需求刺激的捕猎是森林鸟类的第二大致危因素
- 人类活动和气候变化也影响着森林鸟类的生存

中国森林鸟类的受胁现状

中国 146 种受胁鸟类中，有 60% 以上的受胁鸟类依赖于森林而生活。其中地区灭绝(RE)鸟类 1 种、极危（CR）鸟类 9 种、濒危（EN）鸟类 30 种和易危（VU）鸟类 50 种。

森林鸟类中受威胁程度最高的犀鸟科，这个科所有的物种都处于受威胁状态；受胁程度较高的森林鸟类还有八色鸫科、鸸科和雉科，受胁比例分别为 66.7%、44.4% 和 34.9%。

陆禽和猛禽是受胁严重的 2 个生态类群，其受胁比例分别为 25.2% 和 23.2%；而攀禽和鸣禽的受胁比例分别为 10.0% 和 6.1%。

中国森林鸟类受胁现状

中文名	学名	英文名	受胁等级
镰翅鸡	*Falcipennis falcipennis*	Siberian Grouse	RE
海南孔雀雉	*Polyplectron katsumatae*	Hainan Peacock Pheasant	CR
绿孔雀	*Pavo muticus*	Green Peafowl	CR
爪哇金丝燕	*Aerodramus fuciphagus*	Edible-nest Swiftlet	CR
黑兀鹫	*Sarcogyps calvus*	Red-headed Vulture	CR
毛腿雕鸮	*Bubo blakistoni*	Blakiston's Fish-Owl	CR
冠斑犀鸟	*Anthracoceros albirostris*	Oriental Pied Hornbill	CR
双角犀鸟	*Buceros bicornis*	Great Hornbill	CR
棕颈犀鸟	*Aceros nipalensis*	Rufous-necked Hornbill	CR
蓝冠噪鹛	*Garrulax courtoisi*	Blue-crowned Laughingthrush	CR
四川山鹧鸪	*Arborophila rufipectus*	Sichuan Partridge	EN
海南山鹧鸪	*Arborophila ardens*	Hainan Partridge	EN
松鸡	*Tetrao urogallus*	Western Capercaillie	EN
黑嘴松鸡	*Tetrao parvirostris*	Black-billed Capercaillie	EN
黄腹角雉	*Tragopan caboti*	Cabot's Tragopan	EN
白尾梢虹雉	*Lophophorus sclateri*	Sclater's Monal	EN
绿尾虹雉	*Lophophorus lhuysii*	Chinese Monal	EN
白冠长尾雉	*Syrmaticus reevesii*	Reeves's Pheasant	EN

上页图：油松林中的褐马鸡。刘璐摄

左：犀鸟是中国受胁最严重的鸟类类群。图为冠斑犀鸟。沈岩摄

表 1

中文名	学名	英文名	受胁等级
灰孔雀雉	*Polyplectron bicalcaratum*	Grey Peacock Pheasant	EN
中华秋沙鸭	*Mergus squamatus*	Scaly-sided Merganser	EN
紫林鸽	*Columba punicea*	Pale-capped Pigeon	EN
绿皇鸠	*Ducula aenea*	Green Imperial Pigeon	EN
海南鳽	*Gorsachius magnificus*	White-eared Night Heron	EN
乌雕	*Clanga clanga*	Greater Spotted Eagle	EN
白肩雕	*Aquila heliaca*	Eastern Imperial Eagle	EN
褐渔鸮	*Ketupa zeylonensis*	Brown Fish Owl	EN
黄腿渔鸮	*Ketupa flavipes*	Tawny Fish Owl	EN
花冠皱盔犀鸟	*Rhyticeros undulatus*	Wreathed Hornbill	EN
大黄冠啄木鸟	*Chrysophlegma flavinucha*	Greater Yellownape	EN
蓝背八色鸫	*Pitta soror*	Blue-rumped Pitta	EN
鹊色鹂	*Oriolus mellianus*	Silver Oriole	EN
灰冠鸦雀	*Sinosuthora przewalskii*	Rusty-throated Parrotbill	EN
弄岗穗鹛	*Stachyris nonggangensis*	Nonggang Babbler	EN
巨䴓	*Sitta magna*	Giant Nuthatch	EN
丽䴓	*Sitta Formosa*	Beautiful Nuthatch	EN
黑喉歌鸲	*Calliope obscura*	Blackthroat	EN
棕头歌鸲	*Larvivora ruficeps*	Rufous-headed Robin	EN
贺兰山红尾鸲	*Phoenicurus alaschanicus*	Ala Shan Redstart	EN
白喉石䳭	*Saxicola insignis*	White-throated Bushchat	EN
栗斑腹鹀	*Emberiza jankowskii*	Jankowski's Bunting	EN
红胸山鹧鸪	*Arborophila mandellii*	Chestnut-breasted Partridge	VU
白眉山鹧鸪	*Arborophila gingica*	White-necklaced Partridge	VU
岩雷鸟	*Lagopus muta*	Rock Ptarmigan	VU
红喉雉鹑	*Tetraophasis obscurus*	Chestnut-throated Monal Partridge	VU
黄喉雉鹑	*Tetraophasis szechenyii*	Buff-throated Monal Partridge	VU
阿尔泰雪鸡	*Tetraogallus altaicus*	Altai Snowcock	VU
红胸角雉	*Tragopan satyra*	Satyr Tragopan	VU
褐马鸡	*Crossoptilon mantchuricum*	Brown Eared Pheasant	VU
白颈长尾雉	*Syrmaticus ellioti*	Elliot's Pheasant	VU
黑颈长尾雉	*Syrmaticus humiae*	Mrs. Hume's Pheasant	VU
红顶绿鸠	*Treron formosae*	Whistling Green Pigeon	VU
林雕	*Ictinaetus malaiensis*	Black Eagle	VU
靴隼雕	*Hieraaetus pennatus*	Booted Eagle	VU
草原雕	*Aquila nipalensis*	Steppe Eagle	VU

中国森林鸟类面临的威胁

表 2

中文名	学名	英文名	受胁等级
金雕	*Aquila chrysaetos*	Golden Eagle	VU
白腹隼雕	*Aquila fasciata*	Bonelli's Eagle	VU
栗鸢	*Haliastur indus*	Brahminy Kite	VU
白腹海雕	*Haliaeetus leucogaster*	White-bellied Sea Eagle	VU
大鵟	*Buteo hemilasius*	Upland Buzzard	VU
四川林鸮	*Strix davidi*	Sichuan Wood Owl	VU
鬼鸮	*Aegolius funereus*	Boreal Owl	VU
白喉犀鸟	*Anorrhinus austeni*	Austen's Brown Hornbill	VU
蓝须夜蜂虎	*Nyctyornis athertoni*	Blue-bearded Bee-eater	VU
白腿小隼	*Microhierax melanoleucos*	Pied Falconet	VU
黄爪隼	*Falco naumanni*	Lesser Kestrel	VU
蓝腰鹦鹉	*Psittinus cyanurus*	Blue-rumped Parrot	VU
大紫胸鹦鹉	*Psittacula derbiana*	Derbyan Parakeet	VU
绯胸鹦鹉	*Psittacula alexandri*	Red-breasted Parakeet	VU
双辫八色鸫	*Pitta phayrei*	Eared Pitta	VU
蓝枕八色鸫	*Pitta nipalensis*	Blue-naped Pitta	VU
栗头八色鸫	*Pitta oatesi*	Rusty-naped Pitta	VU
绿胸八色鸫	*Pitta sordida*	Hooded Pitta	VU
仙八色鸫	*Pitta nympha*	Fairy Pitta	VU
大盘尾	*Dicrurus paradiseus*	Greater Racket-tailed Drongo	VU
黑头噪鸦	*Perisoreus internigrans*	Sichuan Jay	VU
台湾鹎	*Pycnonotus taivanus*	Styan's Bulbul	VU
海南柳莺	*Phylloscopus hainanus*	Hainan Leaf Warbler	VU
暗色鸦雀	*Sinosuthora zappeyi*	Grey-hooded Parrotbill	VU
金额雀鹛	*Schoeniparus variegaticeps*	Golden-fronted Fulvetta	VU
黑额山噪鹛	*Garrulax sukatschewi*	Snowy-cheeked Laughingthrush	VU
白点噪鹛	*Garrulax bieti*	White-speckled Laughingthrush	VU
灰胸薮鹛	*Liocichla omeiensis*	Emei Shan Liocichla	VU
四川旋木雀	*Certhia tianquanensis*	Sichuan Treecreeper	VU
滇䴓	*Sitta yunnanensis*	Yunnan Nuthatch	VU
淡紫䴓	*Sitta solangiae*	Yellow-billed Nuthatch	VU
鹩哥	*Gracula religiosa*	Hill Myna	VU
褐头鸫	*Turdus feae*	Grey-sided Thrush	VU
金胸歌鸲	*Calliope pectardens*	Firethroat	VU
白喉林鹟	*Cyornis brunneatus*	Brown-chested Jungle Flycatcher	VU
硫磺鹀	*Emberiza sulphurata*	Yellow Bunting	VU

注：本表中的受胁等级为各鸟种在中国的受胁状态，引自《中国脊椎动物红色名录》(2016)。 RE：地区域区灭绝；CR：极危；EN：濒危；VU：易危。

中国森林鸟类面临的胁迫因素

栖息地丧失和片段化、捕猎和贸易、人类活动和气候变化等是影响中国森林鸟类的主要威胁因素。其中森林砍伐和替代种植经济林等是森林鸟类致危因子之首。其次，食用、贸易、笼鸟饲养等对鸟类造成的影响。

森林栖息地的破坏是森林雉类最重要的受胁因素。图为海南的热带雨林被砍伐后广泛种植单一的棕榈林

案例 1：蓝冠噪鹛

蓝冠噪鹛是中国特有森林鸟类，仅分布于中国江西婺源，曾经被视为黄喉噪鹛华南亚种 *Garrulax galbanus courtoisi*，后独立为种，2007 年被 IUCN 评估为极危（CR），2016 年《中国脊椎动物红色名录》评估为极危（CR）。蓝冠噪鹛在 1923 年被命名后，虽然在欧美一些动物园有圈养，但数十年未有野外记录，直至 2000 年在江西婺源发现了 2 个繁殖群共 80 ~ 90 只个体。其后多年不同的调查研究又发现了数个新的繁殖点，其间也有原繁殖群的消失、分化和新繁殖群的建立，记录到的种群数量上升到 200 ~ 250 只。2012—2017 年的研究认为其种群数量近年有所上升，2017 年为 334 只，尽管如此，模型预测结果仍表明蓝冠噪鹛种群在未来 50 年灭绝的概率高达 41%。

蓝冠噪鹛的受胁伴随着其森林栖息地的消失。它们偏好乔木郁闭度高、草本层盖度高的天然常绿阔叶林。直到 20 世纪 50 年代，婺源还保存着面貌优良的亚热带常绿阔叶林，但其后大面积的天然常绿阔叶林被砍伐，而营造的人工林是以松杉为主的针叶林，已经不适合蓝冠噪鹛的栖息。因此蓝冠噪鹛的繁殖地一再缩减，直至目前退缩至乐安江沿岸的村落风水林中，因为这些森林群落凭借传统习俗得以保留，比较贴近常绿阔叶林过熟林生境。然而这些繁殖点也不可避免地面临较高的人为干扰，尤其是被重新发现以来，拍鸟及观鸟人的造访十分频繁，导致其不得不选择树龄更大的营巢树和更高的巢位，孵化率也有所下降。而且各繁殖点均为小斑块生境，相互之间距离遥远，难以交流，各小群的数量通常不到 50 只，甚至只有几只，面临近交衰退和遗传漂变导致多样性丧失的风险。而随着旅游业的兴起，道路、房屋的建设，现有繁殖点有消失和被进一步分割的风险。

上：蓝冠噪鹛。唐文明摄

右：婺源蓝冠噪鹛的繁殖地——村旁风水林。杜卿摄

案例 2：犀鸟

犀鸟是受胁非常严重的一个类群，全世界 62 种犀鸟中有 24 种被 IUCN 列为受胁物种，受胁比例高达 39%，远高于世界鸟类整体受胁比例 14%。而在中国形势更为严峻，有分布的 5 种犀鸟全部被《中国脊椎动物红色名录》列为受胁物种，受胁比例达 100%，且其中 3 种为极危（CR），堪称中国受威胁最严重的类群。

一方面，犀鸟的受胁与其栖息地被破坏分不开关系。它们对栖息地要求较高，种群密度与其栖息区域大树的数量有一定的相关性。而适宜犀鸟栖息的区域同时也适宜种植香蕉、橡胶和甘蔗等热带经济作物，为了种植经济林，其分布中心东南亚的热带雨林在近年来受到严重的砍伐。同样的事情也发生在中国南方有限的犀鸟分布区，因此造成的栖息地破坏、退化和片段化是犀鸟面临主要的威胁因素。

另一方面，犀鸟巨大且色彩鲜明的喙常被加工为装饰品销售，这刺激了人们对犀鸟的猎杀，而体形大、飞行时声响大、鸣声响亮的犀鸟本来就容易被发现并猎杀，故捕猎和贸易也是犀鸟的重要威胁因子。

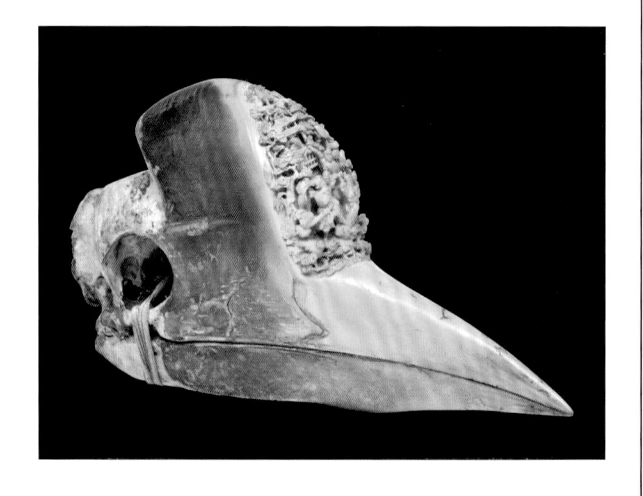

左：被雕刻加工为工艺品的盔犀鸟头骨

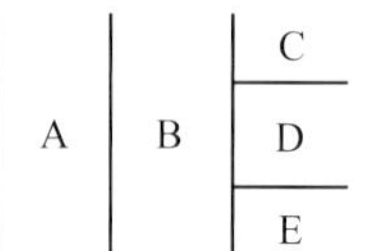

下：中国有分布的5种犀鸟：

A 冠斑犀鸟。王英摄

B 白喉犀鸟。刘璐摄

C 双角犀鸟。刘璐摄

D 棕颈犀鸟。林植摄

E 花冠皱盔犀鸟。唐英摄

案例 3：鹦鹉

鹦鹉也是受胁非常严重的一个类群，全世界现存 399 种的鹦鹉目鸟类中，有 116 种被 IUCN 列为受胁物种，受胁比例高达 29%，其中鸮鹦鹉科的 3 个物种更是全部被列为极危（CR）或濒危（EN）。中国分布的 9 种鹦鹉虽然都未被 IUCN 列为受胁物种，但在中国的分布区都十分有限，有 3 种被《中国脊椎动物红色名录》评估为易危（VU），受胁比例达 33.3%，其他的也并非安全无忧，而是因为资料太少只能评估为数据缺乏（DD）。

跟犀鸟一样，鹦鹉的受胁也是因为栖息地破坏和捕猎贸易。一方面，其赖以生存的低地森林正遭受严重和快速破坏。另一方面，鹦鹉羽色鲜艳，能够“学舌”，使其成为广受欢迎的笼养鸟。而除了桃脸牡丹鹦鹉 *Agapornis roseicollis*、虎皮鹦鹉 *Melopsittacus undulates*、鸡尾鹦鹉 *Nymphicus hollandicus* 等少数物种已经有成熟的人工培育繁殖以外，多数物种来自野外捕捉，因此野生动物贸易对鹦鹉的威胁也非常大。

绯胸鹦鹉是中国最常见的鹦鹉，但仍被《中国脊椎动物红色名录》评估为易危（VU）。刘璐摄

案例 4：雉类

鸡类也是中国受胁非常严重的一个类群，中国64种鸡形目鸟类中有22种被《中国脊椎动物红色名录》列为受胁物种，受胁比例高达34.4%。

栖息地丧失和片段化是马鸡属、角雉属、长尾雉属、锦鸡属、孔雀雉属、原鸡属和山鹧鸪属等典型森林鸟类面临的主要问题。例如，黄腹角雉因其栖息地内的天然阔叶林被取代为人工栽植的针叶林或竹林，导致了其适宜栖息地面积减少和栖息条件恶化，被评估为世界易危（VU）和中国濒危（EN）鸟类。而仅分布于海南岛的中国特有物种海南孔雀雉，也因其适宜栖息地热带山地雨林被砍伐种植经济林而在过去20年间种群数量急剧下降，尽管其主要分布区霸王岭、尖峰岭、白水岭和黎母岭都建立了保护区，下降趋势仍没有得到有效遏制，被评估为世界濒危（EN）和中国极危（CR）鸟类。

鸡类肉味鲜美，加之雄性常有极端华丽的羽毛，使非法捕杀成为不少雉类数量迅速下降的直接原因。例如，白冠长尾雉自古以来就是一种重要的狩猎鸟类，其尾羽常常被用作京剧等地方戏剧的头饰。因此，人们为了获取“雉鸡翎”，白冠长尾雉、红腹锦鸡和环颈雉等常常成为重要的盗猎对象。虽然近年来各地加强了雉类的保护，明目张胆地捕杀和贩卖行为亦已被禁止，但私下交易并未绝迹。这导致中国的4种长尾雉有3种被《中国脊椎动物红色名录》列为受胁物种。

上：雉类雄鸟华丽的羽毛常常成为广受追捧的装饰品。图为正表演翎子功的京剧演员，头上的翎子由白冠长尾雉的尾羽制作而成

下：西藏林芝是许多鸡类的栖息地

中国森林鸟类面临的威胁

A | B
C

鸡类是中国受胁非常严重的一个类群：

A 白颈长尾雉。唐文明摄

B 灰孔雀雉。杜卿摄

C 黄腹角雉。林剑声摄

中国森林鸟类的保护

- 中国颁布了各种法律法规，并加入各种国际公约以保护森林鸟类
- 中国建立了许多保护区保护森林鸟类及其栖息地
- 中国采取就地保护和易地保护的方式对多种鸟类进行了有效保护
- 中国开展宣传教育活动吸引大众对鸟类保护的关注

立法执法

国内法律法规 为了对野生动植物及其栖息地进行有效地保护，中国颁布了各种涉及森林鸟类保护的法律法规。如《中华人民共和国野生动物保护法》（1989；2017年修订）、《中华人民共和国森林法》（2016）、《中华人民共和国陆生野生动物保护实施条例》（1992；2016年修订）、《中华人民共和国自然保护区条例》（1994；2017年修订），以及根据《中华人民共和国野生动物保护法》相关规定制定的《国家重点保护野生动物名录》（1989）等，为森林鸟类及其栖息地的保护与管理提供了有效的法律法规保障。

国际公约 与所有野生动植物保护一样，森林鸟类及其栖息地的保护不仅需要国内的法律法规保障，而且在国际层面还需要多边和双边的合作，制定并履行各种国际公约和国际法。如涉及森林鸟类保护的有《濒危野生动植物国际贸易公约》（*The Convention on international Trade in Endangered Species of Wild Fauna and Flora*, CITES，1975）、《生物多样性公约》（*Convention on Biological Diversity*, 1993）和《中华人民共和国政府与日本国政府保护候鸟及其栖息环境的协定》（1981）等。作为负责任大国，中国认真地履行了相关公约和协定。

左：朱鹮是中国鸟类保护中最为经典的成功范例。这种美丽的水鸟虽然在湿地中觅食，但却在树上夜宿和营巢，因此其生存也有赖于森林的庇护。朱鹮历史上曾广泛分布于亚洲东部，20世纪50年代后种群逐渐走向衰退，营巢树被砍伐亦是原因之一。自1981年5月在陕西洋县重新发现野生朱鹮以来，中国为拯救这一物种先后采取了一系列保护拯救措施，其中就包括对当地林木的严格保护，如征购重要营巢树并挂牌编号保护，将巢树及其附近林木承包给当地农民管护，聘请当地农民对朱鹮主要夜宿地的树木严加保护等。图为在树上休息的朱鹮。李全胜摄

右：中国所有的猛禽都被列为国家一级或二级重点保护动物。图为育幼的日本鹰鸮。张明摄

保护实践

就地保护

自然保护区是就地保护最为重要的手段。为了保护野生动植物及其栖息地，中国建立了各种类型的自然保护区。截止 2017 年底，全国（不含香港、澳门特别行政区和台湾省）已建立各种类型、不同级别的自然保护区数量 2750 个，总面积 147.17 万 km^2，占陆域国土面积 14.86%。这些自然保护区在于森林鸟类资源保护方面起着极为重要的作用。

目前，中国已建立森林生态系统类型和以森林植被为主的野生生物类型的国家级自然保护区 308 个，总面积 2116.97 万 hm^2。其中不少是以森林鸟类为主要保护对象的自然保护区，如黑龙江中央站黑嘴松鸡国家级自然保护区，以斑尾榛鸡为主要保护对象的甘肃莲花山国家级自然保护区，以白冠长尾雉为主要保护对象的河南董寨国家级自然保护区、以黄腹角雉为主要保护对象的浙江乌岩岭国家级自然保护区和湖南八面山国家级自然保护区、以白颈长尾雉为主要保护对象的浙江古田山国家级自然保护区和江西官山国家级自然保护区，广西金钟山黑颈长尾雉国家级自然保护区，以及江西婺源森林鸟类国家级自然保护区等。

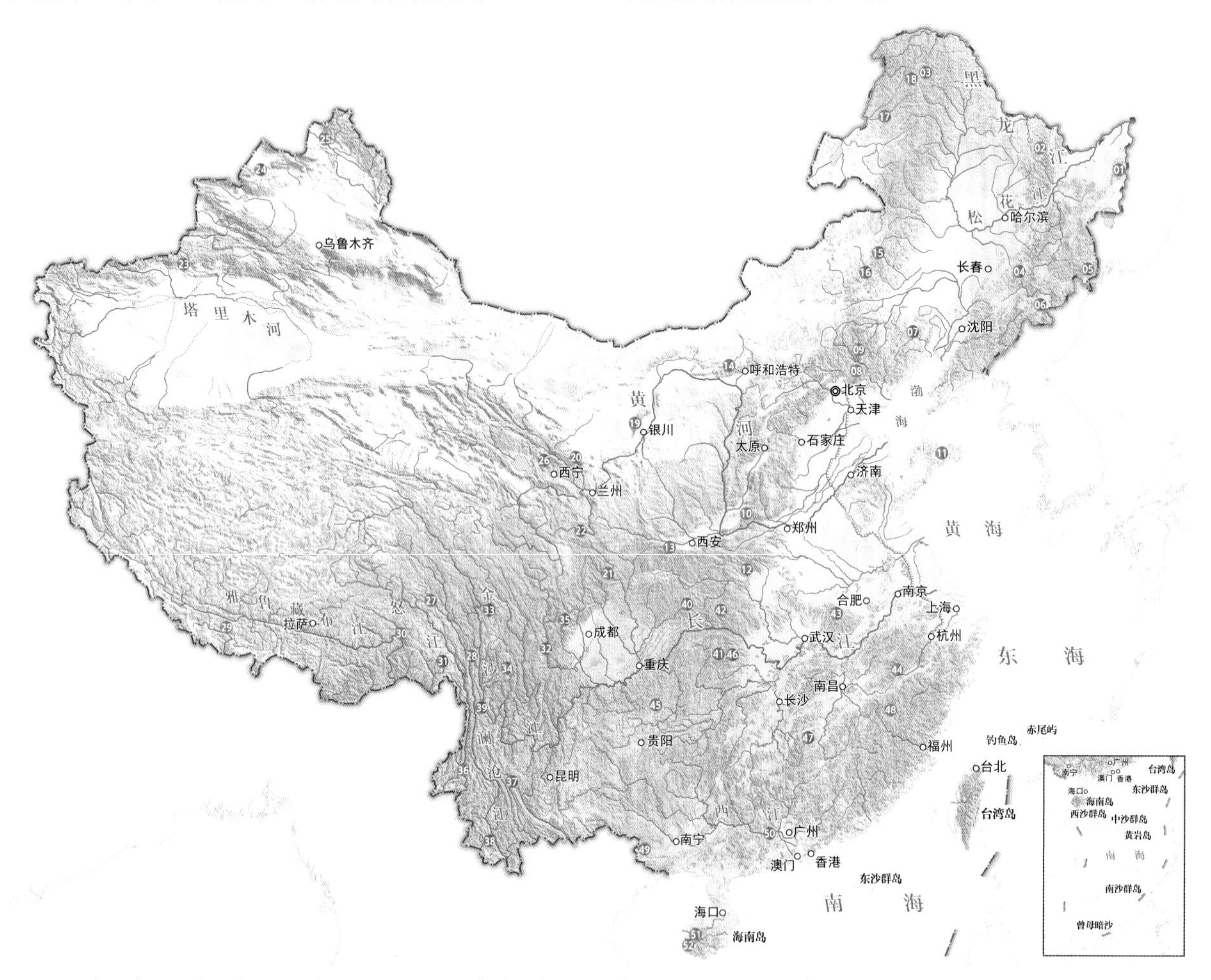

1.黑龙江饶河东北黑蜂国家级自然保护区；2.黑龙江丰林国家级自然保护区；3.黑龙江呼中国家级自然保护区；4.吉林松花江三湖国家级自然保护区；5.吉林珲春东北虎国家级自然保护区；6.吉林长白山国家级自然保护区；7.辽宁大黑山国家级自然保护区；8.河北雾灵山国家级自然保护区；9.河北茅荆坝国家级自然保护区；10.山西历山国家级自然保护区；11.山东昆嵛山国家级自然保护区；12.河南伏牛山国家级自然保护区；13.陕西太白山国家级自然保护区；14.内蒙古大青山国家级自然保护区；15.内蒙古高格斯台罕乌拉国家级自然保护区；16.内蒙古赛罕乌拉国家级自然保护区；17.内蒙古额尔古纳国家级自然保护区；18.内蒙古大兴安岭汗马国家级自然保护区；19.宁夏贺兰山国家级自然保护区；20.甘肃祁连山国家级自然保护区；21.甘肃白水江国家级自然保护区；22.甘肃洮河国家级自然保护区；23.新疆托木尔峰国家级自然保护区；24.新疆巴尔鲁克山国家级自然保护区；25.新疆哈纳斯国家级自然保护区；26.青海大通北川河源区国家级自然保护区；27.西藏类乌齐马鹿国家级自然保护区；28.西藏芒康滇金丝猴国家级自然保护区；29.西藏珠穆朗玛峰国家级自然保护区；30.西藏雅鲁藏布大峡谷国家级自然保护区；31.西藏察隅慈巴沟国家级自然保护区；32.四川贡嘎山国家级自然保护区；33.四川察青松多白唇鹿国家级自然保护区；34.四川亚丁国家级自然保护区；35.四川卧龙国家级自然保护区；36.云南高黎贡山国家级自然保护区；37.云南哀牢山国家级自然保护区；38.云南西双版纳国家级自然保护区；39.云南白马雪山国家级自然保护区；40.重庆大巴山国家级自然保护区；41.湖北木林子国家级自然保护区；42.湖北神农架国家级自然保护区；43.安徽金寨天马国家级自然保护区；44.浙江古田山国家级自然保护区；45.浙江宽阔水国家级自然保护区；46.湖南壶瓶山国家级自然保护区；47.江西井冈山国家级自然保护区；48.福建武夷山国家级自然保护区；49.广西弄岗国家级自然保护区；50.广东鼎湖山国家级自然保护区；51.海南霸王岭国家级自然保护区；52.海南尖峰岭国家级自然保护区

中国森林类型的代表性保护区分布示意图

案例 1：褐马鸡　褐马鸡是中国特有珍稀森林鸟类，国家一级重点保护野生动物，世界易危（VU）鸟类。历史上曾广泛分布于中国的华北、东北、西北、华中和西南地区，目前仅分布于山西、河北、北京和陕西等地的局部山地，是中国特有雉类中分布区狭小的种类之一。

为了保护褐马鸡，中国在1980年起开始在褐马鸡的分布地建立保护区，目前在褐马鸡分布的太行山、山西吕梁山和陕西黄龙山三大山系已建立了8个国家级自然保护区，即山西省庞泉沟、芦芽山、五鹿山、黑茶山，河北省小五台山，北京市百花山，陕西省的韩城、延安黄龙山国家级自然保护区，自然保护区的总面积达到2449.04 km²。并组建了“中国褐马鸡姐妹保护区”组织，定期开展交流，建立起了联合保护的协作机制，形成了布局合理、管理有效的褐马鸡自然保护区网络，保护了50%以上的褐马鸡自然栖息地和70%以上的全国野生种群，使褐马鸡野生种群及其栖息地得到了有效的保护与恢复。

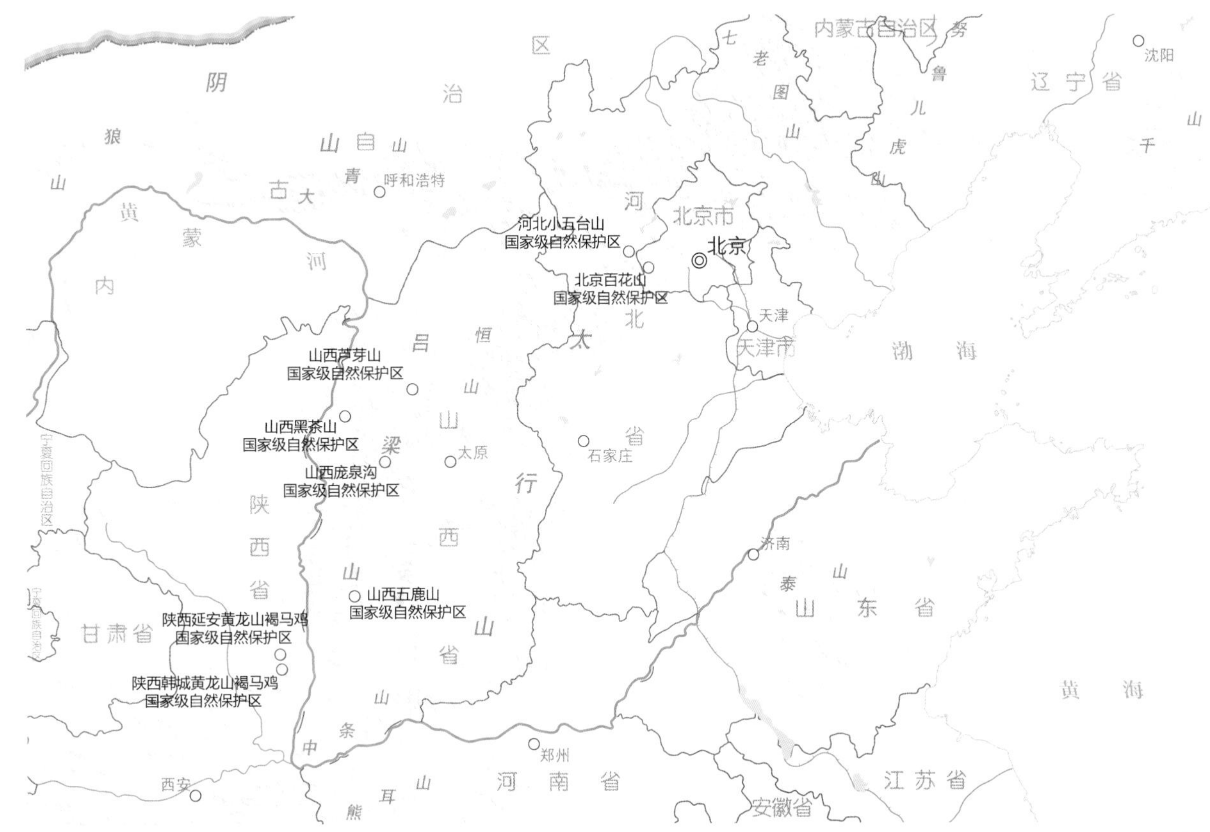

上：中国褐马鸡自然保护区分布示意图

下：褐马鸡。魏东摄

案例 2：白颈长尾雉 白颈长尾雉是中国特有的森林鸟类和珍贵的观赏鸟类，被列入国家一级重点保护野生动物名录和 CITES 附录Ⅰ，为世界近危（NT）和中国易危（VU）物种。分布在长江以南的浙江、福建、江西、安徽、湖南、湖北、重庆、贵州、广西和广东等地，近年来在江苏宜兴和溧阳亦发现了该种的分布。

据不完全统计，目前确定有白颈长尾雉分布的国家级自然保护区 34 个，保护区总覆盖面积为 6832.5 km^2。其中浙江古田山国家级自然保护区、贵州雷公山国家级自然保护区和江西官山国家级自然保护区等均是以白颈长尾雉为主要保护对象的自然保护区。此外，在该鸟的分布区范围内还有许多省级自然保护区，进而与国家级自然保护区共同有效地构建起白颈长尾雉种群及其栖息地的保护区网络。

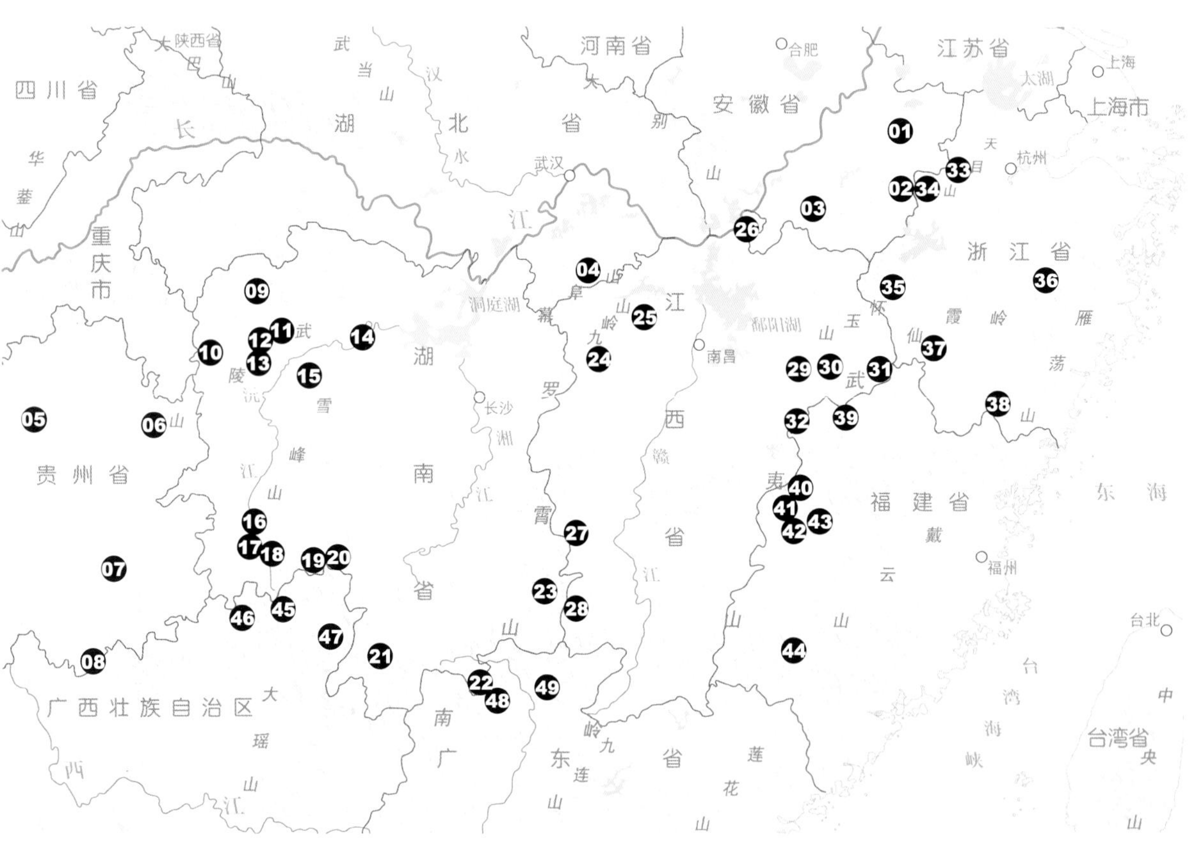

上：白颈长尾雉。唐文明摄

下：中国白颈长尾雉自然保护区分布示意图

1.安徽扬子鳄国家级自然保护区 2.安徽安徽清凉峰国家级自然保护区 3.安徽古牛绛国家级自然保护区 4.湖北九宫山国家级自然保护区 5.贵州宽阔水国家级自然保护区 6.贵州梵净山国家级自然保护区 7.贵州雷公山国家级自然保护区 8.贵州茂兰国家级自然保护区 9.湖南八大公山国家级自然保护区 10.湖南白云山国家级自然保护区 11.湖南借母溪国家级自然保护区 12.湖南小溪国家级自然保护区 13.湖南高望界国家级自然保护区 14.湖南乌云界国家级自然保护区 15.湖南六步溪国家级自然保护区 16.湖南鹰嘴界国家级自然保护区 17.湖南黄桑国家级自然保护区 18.湖南金童山国家级自然保护区 19.湖南舜皇山国家级自然保护区 20.湖南东安舜皇山国家级自然保护区 21.湖南永州都庞岭国家级自然保护区 22.湖南莽山国家级自然保护区 23.湖南八面山国家级自然保护区 24.江西官山国家级自然保护区 25.江西九岭山国家级自然保护区 26.江西桃红岭梅花鹿国家级自然保护区 27.江西井冈山国家级自然保护区 28.江西齐云山国家级自然保护区 29.江西阳际峰国家级自然保护区 30.江西武夷山国家级自然保护区 31.江西铜钹山国家级自然保护区 32.江西马头山国家级自然保护区 33.浙江天目山国家级自然保护区 34.浙江临安清凉峰国家级自然保护区 35.浙江古田山国家级自然保护区 36.浙江大盘山国家级自然保护区 37.浙江九龙山国家级自然保护区 38.浙江乌岩岭国家级自然保护区 39.福建武夷山国家级自然保护区 40.福建峨嵋峰国家级自然保护区 41.福建闽江源国家级自然保护区 42.福建君子峰国家级自然保护区 43.福建龙栖山国家级自然保护区 44.福建梅花山国家级自然保护区 45.广西猫儿山国家级自然保护区 46.广西花坪国家级自然保护区 47.广西千家洞国家级自然保护区 48.广东南岭国家级自然保护区 49.广东丹霞山国家级自然保护区

易地保护

将野外生存和繁衍受严重威胁的物种从其栖息地环境中移至动物园和繁育中心等地，通过人工饲养繁殖、建立起健康的人工种群，然后在适宜条件下向种群数量已经十分稀少的地区进行补充或已经灭绝的原分布区进行再引入，以恢复野生种群，称为易地保护。这是拯救濒危森林鸟类的重要手段之一。

中国在森林鸟类的易地保护方面已开展了不少行之有效的工作。例如，在中国已有 40 多种鸡形目鸟类繁殖成功，其中包括中国特产雉类 13 种，即海南山鹧鸪、黄腹角雉、绿尾虹雉、蓝腹鹇、褐马鸡、蓝马鸡、白马鸡、藏马鸡、白颈长尾雉、黑长尾雉、白冠长尾雉、红腹锦鸡和海南孔雀雉等。目前，中国繁殖成功并已经建立起稳定人工种群的保护与受胁雉类有藏雪鸡、红腹角雉、黄腹角雉、棕尾虹雉、原鸡、白马鸡、蓝马鸡、褐马鸡、白颈长尾雉、黑颈长尾雉、黑长尾雉、白冠长尾雉、白腹锦鸡和绿孔雀等。同时，海南山鹧鸪、勺鸡、绿尾虹雉和海南孔雀雉等保护与受胁雉类亦已繁殖成功，但尚未建立起稳定人工种群。

蓝马鸡。魏东摄

案例3：黄腹角雉

黄腹角雉是中国特有雉类，被列入国家一级重点保护野生动物名录和 CITES 附录 I ，为中国濒危（EN）物种和全球易危（VU）鸟类。该雉零星斑块状分布于中国湖南南部、江西、浙江南部和西南部、福建、广东和广西东北部等省（自治区）亚高山地区，栖于东部亚热带山地森林的海拔 800 ~ 1400 m 的常绿阔叶林和常绿阔叶 – 落叶阔叶 – 针叶混交林内。

自 20 世纪 80 年代中期开始，北京师范大学在野外生态生物学研究的基础上，对黄腹角雉的驯养繁殖进行了长期深入的探索，开发了黄腹角雉等濒危鸟类的人工授精、精子冷冻保存和运输等成套技术，并发明和设计了濒危雉类人工授精保定台，极显著地提高了卵的受精率和授精过程的安全性，其受精率达到 87%。同时，通过调整和改善孵化条件，黄腹角雉的孵化率显著增加，达到 71%，雏鸟 3 月龄的成活率也达到 80%，并成功地建立起黄腹角雉易地保护种群。迄今国内已建立繁育超过 10 代、累计总数量超过 360 只的黄腹角雉人工种群。

在建立人工种群的基础上，北京师范大学基于 GIS 和充分的实地调查，确立了湖南桃源洞保护区作为黄腹角雉再引入释放地，成功实施了黄腹角雉的实验性再引入工程。2011 年成功释放黄腹角雉 19 只，经过野化训练和没有经过野化训练的角雉，其释放后的野外生存能力差异显著，释放后的存活率分别为 83.3% 和 28.6%。

上：黄腹角雉幼鸟。林剑声摄

右：黄腹角雉求偶。李小强摄

宣教与观鸟

中国政府一直很重视对野生鸟类保护宣传与教育工作，并于1981年正式设立“爱鸟周”。为了提高公众对森林和森林鸟类的保护意识，全国各地的相关部门每年均会以“爱鸟周”“野生动物保护宣传月”和“国际生物多样性日”等契机，积极创新鸟类保护活动，开展各种宣传教育活动，普及鸟类知识，宣传鸟类保护的意义，让“爱鸟护鸟”深入人心，引导社会公众爱鸟、护鸟，促进人与自然和谐共处。

随着中国的改革开放、经济与社会发展，观鸟活动在中国内地迅速发展，各个省市相继成立了各种类型的观鸟组织，并进一步推动了中国观鸟活动的发展。各类观鸟组织通过面向公众举办观鸟和自然保护宣教活动，使全国各地每年有数以几十万人次计的公众参与各种观鸟活动，普及了森林鸟类及其栖息地保护的相关知识，有效地提升了公众的自然保护意识。

上：鸟类保护宣传画。上图为白鹤，下图为黑脸琵鹭。项乐绘

右：西双版纳观鸟走廊。西双版纳望天树景区供图

中国森林鸟类类群

鸡类

- 鸡类指鸡形目鸟类，包括5个科，中国有1科28属64种，多数生活在森林地区
- 鸡类体形圆胖，翅圆，腿短，大多拥有色彩缤纷的羽毛
- 鸡类为地栖性鸟类，主要在地面啄食，雄鸟常有华丽的求偶炫耀行为
- 鸡类是重要的家禽来源，对人类意义重大，许多种类也因此面临威胁

类群综述

鸡类包括雉、鹑和松鸡等地栖性鸟类，外表看上去几乎都为圆胖型的鸟，翅圆，腿短，但体态雄健优美，而且大多拥有五彩缤纷的艳丽羽毛和丰富多彩的求偶炫耀行为，因而深受人们的喜爱，例如孔雀，就以其美丽动人的身姿征服了全世界。

对于人类而言，鸡类显得无比重要的另外一个原因是其中不仅拥有许多重要的经济鸟类，如山齿鹑 *Colinus virginianus*、环颈雉 *Phasianus colchicus* 等往往关系到价值达上亿元的乡村产业的物种，而且还拥有家鸡等普通家禽的原种。人类饲养家禽的历史至少长达5000年，如今地球上家鸡的数量大约有240亿只，几乎为全球人口的4倍！不过，由于鸡类对人类而言具有很大的利用价值，因此许多种类目前面临威胁，其中包括众多著名的珍稀鸟类。

鸡类隶属于鸡形目（galliformes），包括冢雉科（Megapodiidae）、凤冠雉科（Cracidae）、珠鸡科（Numididae）、齿鹑科（Odontophoridae）和雉科（Phasianidae）5个科。其中凤冠雉科和齿鹑科仅分布于美洲，珠鸡科仅分布于非洲，冢雉科仅分布于澳大利亚、新几内亚和印度尼西亚，仅雉科见于中国。雉科共有53属203种，是鸡形目中最大的科，分布于亚洲、欧洲、非洲、北美洲、南美洲北部和澳大利亚，几乎遍及除南极洲外的世界各地。此外，另有部分种类引入欧洲、北美洲以及新西兰（在当地种类灭绝后）、夏威夷和其他一些岛屿上。

中国是鸡类资源最为丰富的国家，共有28属64种，物种数居世界第一位，接近雉科总种数的1/4。其中斑尾榛鸡 *Tetrastes sewerzowi*、红喉雉鹑 *Tetraophasis obscurus*、黄喉雉鹑 *T. szechenyii*、大石鸡 *Alectoris magna*、四川山鹧鸪 *Arborophila rufipectus*、白眉山鹧鸪 *A. gingica*、海南山鹧鸪 *A. ardens*、台湾山鹧鸪 *A. crudigularis*、灰胸竹鸡 *Bambusicola thoracicus*、台湾竹鸡 *B. sonorivox*、黄腹角雉 *Tragopan caboti*、绿尾虹雉 *Lophophorus lhuysii*、白马鸡 *Crossoptilon crossoptilon*、藏马鸡 *C. harmani*、蓝马鸡 *C. auritum*、褐马鸡 *C. mantchuricum*、蓝腹鹇 *Lophura swinhoii*、白冠长尾雉 *Syrmaticus reevesii*、白颈长尾雉 *S. ellioti*、黑长尾雉 *S. mikado*、红腹锦鸡 *Chrysolophus pictus* 和海南孔雀雉 *Polyplectron katsumatac* 这22种是中国的特有种，超过中国所产雉类种数的1/3，其中雉鹑属 *Tetraophasis* 和马鸡属 *Crossoptilon* 还是中国的特产属。

中国鸡类中，各个种的分布范围差异较大，例如四川山鹧鸪仅限于四川中南部、云南东北部的狭窄地域内；蓝腹鹇、黑长尾雉只分布于台湾地区山地；而分布最广的种——环颈雉，则几乎遍布除海南岛和西藏大部分地区外的全国各地的平原、草原、沙漠和山林等地带。

形态 鸡类包括大、中、小型陆禽。体长12～210 cm，体重0.02～6.5 kg。体羽一般为棕色、灰色，雄鸟还具有蓝色、黑色、红色、黄色、白色等醒目的斑纹。松鸡类大部分为黑色或褐色，带白色或黑色斑纹。有很多种类雄鸟和雌鸟的区别不很明显，两性基本相似，但也有不少种类的两性在羽色和体形上的明显差异，表现出不同程度的性二态现象，通常雄鸟的羽色更为华丽夺目，或者有复杂的结构用于炫耀，有的种类雄鸟可比雌鸟大30%，雄松鸡的体重甚至可为雌性的2倍。雌鸟不仅体形比较小，体羽也具伪装性，呈现保护色。

在中国所产的鸡类中，体形最大的是绿孔雀 *Pavo muticus*，体重达5～6 kg，松鸡 *Tetrao urogallus* 也重达4～5 kg；小型种类如鹌鹑 *Coturnix japonica*，体

左：鸡类是体态雄健优美的地栖鸟类，大多拥有五彩缤纷的艳丽羽毛和丰富多彩的求偶炫耀行为。图为中国特有鸟类——红腹锦鸡，又称“金鸡”。沈越摄

A	B
C	D

各种不同形态的鸡类

A 武装到脚趾的松鸡类——岩雷鸟。李建强摄

B 其貌不扬的鹑类——鹌鹑。张明摄

C 生性隐蔽的山鹧鸪——红喉山鹧鸪。董磊摄

D 大而华丽的雉类——白腹锦鸡。沈越摄

重约 80～100 g，最小的是蓝胸鹑 *Synoicus chinensis*，体重仅 30～50 g。

鸡类的体形一般与家鸡相似。嘴为角质的喙，短而强健，上嘴前端微微向下弯曲，稍长于下嘴，适于啄食。有些种类头上的羽毛形成发达的羽冠，有的脸部裸出，有的还在头顶生有肉质的角或肉冠，在项下生有肉垂或肉裙。松鸡类雄鸟在眼上方有黄色至红色的亮丽的肉垂，有些种类的雄鸟颈部还有色彩鲜艳、不覆羽的皮肤块斑，在求偶时可膨胀。雉和鹑的鼻孔不被羽毛所掩盖，而松鸡的鼻孔被羽毛掩盖着。颈部长而灵活。躯干紧密坚实。前肢为短圆形的翅膀，有 10 枚初级飞羽，以强大的羽毛构成了弹性面，并形成发达的翅槽，适于短距离飞翔和迅速起飞。尾退化，但尾羽十分发达，通常为 12～22 枚。鹑的尾羽除雪鸡等少数种类外，都比翅膀还要短；松鸡尾型变化不一，但都没有特别延长的中央尾羽；雉的尾羽呈平扁或侧扁状，许多种类有特别延长的中央尾羽。尾羽不仅在飞翔时像舵一样掌控着平衡和方向，并且在求偶炫耀时起着重要的作用。后肢强大，松鸡的跗跖全部或局部被羽，跗跖上没有距；鹑、雉的跗跖裸出或仅上部被有羽毛，许多种类的雄鸟跗跖上有 1 个距，也有无距或有 2～3 个距的，有的种类雄鸟和雌鸟都有距。脚具 4 趾，三趾在前，一趾在后，后趾的位置高于前面三趾，适于在地面奔走和在树上栖息。鹑、雉的趾完全裸出。松鸡有的种类各个趾上全都被有硬羽，如雷鸟等；有的种类趾上虽然不被硬羽，但各个趾的两侧都具有长达 2～3 cm 的栉状缘，如松鸡等；这些都利于它们在雪地中行走和挖穴，是对寒冷气候的适应。

除雪鸡等外，鹑的体形一般都较其他鸡类小。旧大陆鹑类羽色大多比较斑驳，栖息于亚洲、非洲和澳大利亚的林缘、草地中，数量多，分布广。新大陆鹑类为最典型的圆胖型小鸟，有明显的黑色、白色、浅黄色或灰色斑纹，有些具向前的硬冠羽，其中最出名的种类是分布在北美洲一带的山齿鹑。

鹧鸪类是一个多样化的集合，一般体形中等、身体结实，见于旧大陆的多种栖息地，在中国的也常见于开阔的栖息地，如半干旱沙漠、草地、矮树丛以及农田等环境中。在东南亚，有许多鲜为人知的鹧鸪种类栖息在热带雨林中，如华丽的冕鹧鸪 *Rollulus rouloul*。灰山鹑 *Perdix perdix* 和石鸡 *Alectoris chukar* 则在欧洲许多地方的农田中出现，并被引入到了北美洲。非洲分布有像矮脚鸡一样的石鹑 *Ptilopachus petrosus* 以及鹧鸪属的一些种类，大部分限于非洲大陆。

雉是雉科中体形相对较大、色彩更鲜艳的成员，最突出的例子如分布于中国西南部的红腹锦鸡和白腹锦鸡，两者的雄鸟均异常艳丽，其中红腹锦鸡雄鸟的羽色有红、黄、橙等颜色，而白腹锦鸡的雄鸟具白、绿、红和黑色等色彩。曾经在很长一段时期内，欧洲的博物学家们认为中国艺术家所画的这些鸟儿纯粹是想象中的虚构之物，因为它们看上去实在太不可思议了。仅有1种雉不分布在亚洲，那便是与众不同、楚楚动人的刚果孔雀 *Afropavo congensis*。

栖息地 鸡类主要为森林鸟类，尤其是山地森林，是其以生存的主要栖息环境，有些生活在东南亚的雨林中，而更多的种类见于山地不同海拔高度的森林中。虽然有不少种类羽色绚丽，鸣声响亮，但它们的行踪却很隐秘，难见其身影。森林不仅为它们提供了丰富的食物来源，而且为它们提供了栖息、繁衍所需要的天然隐蔽场所。此外，它们也喜欢在多种开阔的环境中生存，如林缘灌丛、沙漠、草原、苔原和农田等。

松鸡类遍布北半球的温带、北温带北部森林和北极生物区，适应于多种类型和生态发展阶段的森林，从新种植的林地到茂盛的落叶林，再到年深日久的开阔针叶林，不一而足。冬季它们可以栖息于雪洞中来抵御严寒。一般而言，它们每个种类都能适应一种或几种植被类型，但也有些种类适应多种栖息地，针对处于不同生态发展阶段、位于不同高度和纬度的栖息地体现出相应的适应性。例如，雷鸟 *Lagopus* 更多地栖息于高山或北极苔原，艾草松鸡 *Centrocercus* 和草原松鸡 *Tympanuchus* 更喜欢北美洲开阔的大草原。

下：鸡类大多善走而不善飞，图为受惊时快速奔走的蓝腹鹇。沈越摄

习性 鸡类大部分为留鸟，一年四季居于它们的繁殖区域内，在出生地方圆数千米的范围内活动。但大多数种类都会在夏季和冬季的栖息地之间进行某种程度的迁移，既有局部的栖息地转移，也有沿山坡海拔高度变化的垂直性迁移。一些林栖性种类，如枞树镰翅鸡 *Falcipennis canadensis* 和松鸡，夏季和冬季的栖息地会不定向地移动1～15 km。而在其他一些种类中，这种移动则具有定向性，与该种类栖息地和食物供应的季节性变化有关。在北极地区，许多雷鸟种群做局部迁徙；在山区，它们则会在夏季前往高海拔栖息地，冬季转至低海拔地区。而蓝镰翅鸡 *Dendragapus obscurus* 恰恰相反，在低处繁殖，在高处过冬。一些草原松鸡的种群会作数千米至上百千米的短途迁徙。季节性迁徙现象最明显的是北极高纬度地区的种类，因为那里季节性变化最大，岩雷鸟和柳雷鸟会离开繁殖区南下到数百千米外的地区越冬。仅有个别种类是候鸟，随着季节的不同而有南北迁徙现象，如西鹌鹑 *Coturnix coturnix*、鹌鹑等，能进行长途飞行，每年定期迁徙。但花脸鹌鹑 *Coturnix delegorguei* 在非洲的一些种群则为移栖性，很可能是为了适应季节性的降雨模式，南亚的黑胸鹌鹑 *Coturnix coromandelica* 亦是如此。

鸡类大都在地面上生活并有一部分时间栖息在树上，无论是小型的蓝胸鹑，还是高大的绿孔雀，均善奔走，而较少飞行，常常是为了逃离危险，从遮蔽物中冲出时，才会迅速扇翅飞走，大部分不能进行远距离飞行。一些栖息于茂密森林中的种类如凤冠孔雀雉 *Polyplectron malacense*，更倾向于穿过下层丛林偷偷溜走，只有在突然受到侵扰时方才奔跑。

行走无疑是鸡类最重要的运动方式，根据不同的速度和意义，可分为觅食行走、捡食行走、快速行走等几个类型。觅食行走是当群体固定在某一小块地觅食或进行缓慢的觅食移动时，个体变换掘食的位点，每次移动的距离多为1～2 m。捡食行走是在非主要取食地变换位置、离开或移向夜宿地时，边行走边捡食的情况，其速度明显快于觅食行走。快速行走多出现在以下情况中：一是群体觅食时，一些个体发现其他个体掘取的位点可能比自己的优良，便迅速跑向其他个体的位置；二是当1只或少数个体发现自己落后于其他个体的行动时，或当1

只或少数个体与其他个体失去联系一段时间后重新相遇时，快速向其他个体靠拢；三是在受到惊扰时。

鸡类的群居结构体现出一种颇有意思的差异。大部分较小的鹑类和鹧鸪类为高度群居，但为单配制。较大的雉类有一些也为群居，如孔雀，但更多的尤其是栖息于茂密森林中的种类则为独居，它们通常为一雄多雌制，即一只雄鸟与多只雌鸟配对，或为混交制，即不形成固定配偶关系。

在鹧鸪类和鹑类中，基本的群居单位为家族群，或许其中还有数只伴随性质的个体。在那些居于开阔栖息地的种类中，如雪鸡、石鸡、山齿鹑等，家族群通常会融合成更大的群体。而另一个极端是，一些林栖性种类，如分布于马来西亚的黑鹑 *Melanoperdix niger* 以及一些鹧鸪类，成鸟全年都单独或成对生活。结成配偶一般发生散群前后，而雄鸟常常会加入到其他的群体中去物色配偶，从而避免近亲繁殖。

松鸡类的群居性也各不相同。总体而言，栖息地越开阔，种类的群居性越明显。森林种类往往为独居性，但并不相互回避，秋冬季节也会成群活动。草原种类一般群居性较强，而苔原种类冬季也可形成规模达上百只的群体。

有不少种类在群体内有严格的等级关系，而驱逐行为则见于社会地位不同的个体间。例如蓝马鸡，发生驱逐行为的情况有：成体雄性驱逐亚成体雄性，成体雄性驱逐雌性，亚成体雄性之间的驱逐和两只短距个体间的驱逐等。驱逐现象发生的原因主要是争夺食物。被驱逐者只能离开现场或在旁边伺机取食。在这种情况下，优势者对受支配者容许的距离往往在 1 m 左右。此外，驱逐现象还经常发生在傍晚上树前和上树后，在后一种情况时，被驱逐者往往被迫移动栖位或飞逃。在繁殖期，优势雄鸟更是常常驱赶已占有栖位的次级雄鸟或亚成体雄鸟。不同情况下驱逐行为的强度有所不同。最简单的情况是逼离，由于优势者的靠近，受支配者自动离开取食位或栖位，虽然没有明显的驱赶动作，但优势者已表现出它对该取食位或栖位的占有欲和其地位；更进一步的是驱离，当 1 只个体靠近优势者并因某种原因刺激后者时，优势者便会用啄击动作将之赶开；追击则是优势者用更猛烈的啄击动作将受支配者赶开，然后振翅展尾追赶，最强烈时被追击的受支配者会惊逃飞走，而追击的距离也可达几十米远。

许多鸡类都以它们的歌唱本领受到世人的喜爱。鹑、雉的鸣声包括短促而响亮的啸声、哀号声及嘈杂的啼叫声，等等；松鸡类的鸣声也包括多种声音，如嘟嘟声、嘶嘶声、咯咯声、咔哒声和口哨声等。此外，它们的翅膀还会发出摩挲声和振翅声。在民间，人们常常利用它们叫声的拟音来表达一定的情感。例如，在中国云南南部，人们把红原鸡 *Gallus gallus* 叫作“茶花鸡”,因为它的叫声很像“茶花两朵”。在繁殖季节，每天凌晨三四点，雄鸡便开始啼鸣，一呼百应，声音尖细、急迫，最后一个音节短促，嘎然而止。白天在山坡上或空旷的草地里，也常见到雄鸡昂首引颈，频频鸣叫。据说，人们开始驯化红原鸡的时候，并不是为了吃它的肉和蛋，而是用于报时，作为“报晓的时钟”。

鸡类同其他动物一样，身体上会生一些寄生虫，如俗称羽虱的食毛目昆虫，它们有些能吸食寄主的血液，更多的种类以寄主的羽毛、皮肤及其分泌物等为食。因此，鸡类经常用沙浴的方法来驱除这些寄生虫，通过在泥沙中打滚来摩擦自己的皮肤，并且把翅膀的羽毛竖起来，让沙子进入羽毛之间的空隙，然后将附着在身上、翅膀上的寄生虫都随着沙子一起振动下来。

鸡类的羽毛是定期更换的，称为换羽，其生物学意义在于有利于完成迁徙、越冬及繁殖过程。一

A
B | C

岩雷鸟与四季环境变化相得益彰的换装

A 斑驳如迷彩的夏羽。张国强摄

B 上体斑驳下体洁白的秋羽。张国强摄

C 一身洁白的冬羽。张国强摄

鸡类一般在地面用脚刨掘食物，而用嘴啄取食物。常集群觅食，降低个体的警戒频率而提高觅食效率。图为正在觅食的一个家族群，亲鸟正在警戒，幼鸟安心觅食。史红全摄

般每年在繁殖期后进行完全换羽一次，换上的羽毛称为冬羽。有的种类在春季还进行一次部分换羽，称为夏羽或婚羽。最独特的是雷鸟，雄鸟每年换羽4次，雌鸟每年也要换3次。成鸟在换羽时，飞羽从内侧向外侧进行换羽，尾羽换羽通常进行向心性换羽，从最外侧一对开始，依序脱换以至中央尾羽；但鹑类则是从中央尾羽开始，依次脱换至最外侧尾羽。雏鸟要经过一次或几次换羽，才能达到完全的成鸟羽色。

雷鸟一年四季的"时装"都与它所栖息的环境色彩配合得十分默契，堪称鸟类中的"时装大师"。例如，柳雷鸟 *Lagopus lagopus* 在夏天繁殖时换成羽色斑驳的婚装，这时雄鸟和雌鸟的羽色略有不同。雄鸟上体为黑褐色，头、背部颜色较深，布满了宽阔而不规则的棕黄色横斑和窄的白色羽缘；下体以白色为主；尾羽也黑褐色，但中间的一对却是白色。雌鸟的上体也是黑褐色，具有淡黄色的斑点和白色的羽端；下体则是污黄色，具黑褐色的横斑，腹部还缀有白点。到了秋季以后雄鸟和雌鸟的羽色就趋于一致了，它们的上体变成了棕黄栗色，布满黑色的斑纹，胸、腹部的羽毛都换成了白色。在严寒的冬季，它们全部换上雪白的冬装。开春以后，它们的头部、颈部、胸部、背部等又陆续出现了显著的栗棕色及暗色横斑。

鸡类的天敌主要是食肉兽类，如狼、狐狸、豺、灵猫、黄鼬等，以及金雕、苍鹰、隼等猛禽。另外，野鼠、鸦类及蛇类等也会攫取鸡类的幼鸟和卵。因此，在没有任何明显外界刺激的情况下，觅食的鸡类也会不时地迅速抬起头，注视周围几秒，这是一种对潜在天敌有效防范的适应。抬头的个体不仅通过视觉，而且通过因抬头而同时处于激活状态的其他感官进行警戒，可以有效地发现天敌的靠近并迅速逃避。然而，增加警惕虽然可以降低天敌捕食的风险，但同时却减少了花在掘食上的时间，从而降低了食物的摄入效率，因此在两者之间需要有一个权衡。当群体一起觅食时，随着群体数量的增加，个体抬头率就会明显下降，表明生活在群体中的个体可以有更多的时间用于取食。

食性　鸡类的食物多样，主要为植物的叶、芽、细枝、根、花、果实和种子，兼吃昆虫及其他小型动物等，还要啄食砂砾以帮助研磨食物。它们有大的嗉囊和砂囊，可用以储存大量的食物。它们还有一对较大而发达的盲肠，长度一般占肠道总长的1/4以上。松鸡类的盲肠甚至接近肠道总长的1/2，它有吸收水分的作用，并能与细菌一起消化粗糙的植物纤维。雏鸟刚孵化时均主要以昆虫为食，也包括一些小型无脊椎动物。随着年龄增长，逐渐转为植物性食物。成鸟偶尔也食动物性食物，占食物量的比例一般都比较小。

它们一般用脚在土中刨掘而用嘴啄取食物，多在小溪边饮水。对有些种类来说，要获得过冬食物，必须进行局部的栖息地转移，甚至做短途或长途的季节性迁移。

松鸡类的食物具有明显的季节性变化。在它们的大部分分布区内，冬季都是冰天雪地，食物普遍短缺，它们便最大限度地利用可获得的食物来源。多数种类依靠低营养但大量可得的冬季食物来维持生存。这一点在松鸡、枞树镰翅鸡、镰翅鸡 *Falcipennis falcipennis* 和蓝镰翅鸡身上体现得淋漓尽致。它们几乎仅靠一两种针叶树的针叶度过漫长的冬天。虽然针叶在它们所栖息的北温带北部森林区和山地森林中随处可见，但其给松鸡类提供的能量极少，因而它们不得不大量摄入。而针叶中所含的油脂对其他动物而言不仅味道难闻，甚至还会引起中毒。

繁殖　体形中等或较小的种类，1年就能达到性成熟，但体形较大的种类则需要2~3年或更长。每到繁殖季节，雄鸟通常有发情姿态，并有占区、争斗等行为。体形较小、羽色比较平淡的种类，一

般是单配制，即一只雄鸟和一只雌鸟配合成对，配对持续时间从一年到数年，雄鸟叫声和发情姿态也比较简单。体形较大、雄鸟羽色比较华丽的种类，一般是多配制，即一只雄鸟同时拥有两只以上的雌鸟，雄鸟叫声多变，发情姿态也较复杂，包含一系列持续时间长、场面壮观的炫耀仪式。

求偶炫耀一般有侧面型和正面型两种。具有侧扁或细长尾羽的种类，在发情时，雄鸟在雌鸟旁慢步环绕，边走边叫，有时狂奔几步，接近雌鸟头侧并把靠近雌鸟侧面的翅膀向下低垂，另一翅膀则向上展开，以便显示出它羽色艳丽的背部，同时将尾羽扭向一边而竖立起来，头部的冠、裙、角或皱领以及脸部肉垂等也都耸起，脖子显得膨胀起来，这就是侧面型发情姿态。例如，分布于印度尼西亚婆罗洲的鳞背鹇 *Lophura bulweri* 拥有铁蓝色的肉垂和角，使其头部看上去犹如一把拔钉锤；锦鸡的雄鸟还能在突然之间展开平时贴于头侧的覆羽，产生令人印象深刻的围领效果。具有扁平型尾羽的种类，在发情时总是直追着雌鸟，及到雌鸟面前时，就面对着雌鸟，嘴直向下，胸部膨起，几乎与地面接触，同时展开双翅，并竖起尾羽（或尾屏）如扇，把它上体全部的艳丽羽毛显耀出来，这就是正面型发情姿态。其中非常独特但极为罕见的一幕是红腹角雉 *Tragopan temminckii* 雄鸟所做的炫耀，一块色彩亮丽的肉垂从喉部垂下来，蓝色的底色和红色的条纹形成鲜明对比，同时膨胀头顶 2 个细长的蓝角。喜马拉雅山脉的棕尾虹雉 *Lophophorus impejanus*，色彩绚丽的雄鸟会在高高的悬崖和森林上空飞翔炫耀，并发出高亢的叫声，着实令人惊叹。而最惊艳的求偶炫耀或许是来自马来西亚森林中的大眼斑雉 *Argusianus argus*，雄性成鸟拥有巨大的次级飞羽，每根羽毛上具有一系列圆形的金色饰物，使之看上去呈三维立体形。雄鸟会在森林中某个小丘顶上腾出一个舞台，用它那巨大的翅膀扫去落叶层以及其他植物的叶和茎。然后每天清晨，它都发出响亮的鸣声“号啕大哭”，以吸引异性。当一只雌鸟过来后，它便开始围着雌鸟起舞，在舞跳到高潮时，它会举起双翅，然后围成 2 个大大的半圆形扇形，露出翅上的千百双“眼睛”。而它真正的眼睛则通过 2 个翅膀中间的缝隙盯着雌鸟。

无固定配偶形式的松鸡类具有相当复杂的集体

上：鸡类的求偶炫耀有侧面型和正面型两种。上图为正面炫耀的棕尾虹雉，李铁军摄；下图为侧炫耀的红腹锦鸡，侧面靠近雌鸟，展开头侧的覆羽，并将尾羽扭向一侧。杜卿摄

发情姿态，即所谓“跑圈”。几只乃至几十只雄鸟在春天的晨曦中，有时也在傍晚，群集在一起，在跑圈场所内进行“展姿场”形式的求偶仪式。栖息于森林边缘带的黑琴鸡 *Lyrurus tetrix* 和高加索黑琴鸡 *L. mlokosiewiczi*，以及草原种类（包括草原松鸡 *Tympanuchus cupido*、小草原松鸡 *T. pallidicinctus*、尖尾松鸡 *T. phasianellus*、小艾草松鸡 *Centrocercus minimus* 和艾草松鸡 *C. urophasianus*）形成的展姿场中各雄鸟的领域很小，面积约为 0.01 hm^2，一般只用于炫耀。在林栖性种类中，如松鸡和黑嘴松鸡 *Tetrao urogalloides* 形成的展姿场，雄鸟拥有更大的永久性领域，其中松鸡的可达 10 ~ 100 hm^2。而披肩榛鸡 *Bonasa umbellus*、镰翅鸡、蓝镰翅鸡和枞树镰翅鸡等其他的林栖性种类的展姿场面积中等，雄鸟的领域相对更为分散。此外，斑尾榛鸡和花尾榛鸡主要为单配制，在苔原生活的雷鸟也基本上为单配制。

春季，雪化之际，通常在每天的清晨和黄昏，松鸡类的雄鸟们开始竞争求偶。它们发出一系列的

声音，诸如嘟嘟声、嘶嘶声、咯咯声、咔哒声和口哨声等。同时伴以颈部、尾部、翼羽和颈部鲜艳气囊的炫耀。此外，还会进行扇翅或鼓翅炫耀飞行，尾部做拍打动作，以及偶尔的争斗等。交配、求偶炫耀和大部分的普通炫耀都发生在地面上。雌鸟在选定配偶前会光顾数只雄鸟。而在建立展姿场的种类中，多数雌鸟都与同一只优胜的雄鸟交配。

在2种眼斑雉（冠眼斑雉 *Rheinardia ocellata* 和大眼斑雉）中，求偶炫耀均以交配结尾，然后雌鸟离开，独自产卵育雏。而在原鸡类 *Gallus* 和环颈雉中，雄鸟与数只雌鸟结成配偶关系，并照看它的“后宫”直至它们产卵。

鸡类在地面单独营巢，巢通常很简陋，不过通常很隐蔽，一般在倒木下或浓密的灌丛中或草本植被中的地面稍凹处，稀疏地衬以从巢边上获得的干草、枯叶等植被和雌鸟自己身上掉落的羽毛，而后产卵于其上。也有些种类如角雉，以及雉鹑的一些个体等，营巢于树上。雌鸟在交配后1周内开始产卵，每隔一两天产下1枚卵。卵与家鸡的蛋外形相似，通常白色或纯色，有时上面布有斑点。每年通常产一窝卵，但倘若卵丢失，则可能会补产，例如环颈雉，由于卵经常被掠走，雌鸟每个繁殖期会营巢2次或2次以上。当产下2窝卵时，一窝雌鸟自己孵，一窝给雄鸟孵。除这种鸟外，其他鸡类的雄鸟很少或根本不参与孵卵。

鸡类的巢通常是简陋而隐蔽的地面巢。图为四川山鹧鸪的巢和坐巢孵卵的雌鸟。付义强摄

每窝产卵数从眼斑雉的2枚至灰山鹑的近20枚（也是所有鸟类中最多的窝卵数）不等，依种类而不同。孵卵一般由雌鸟承担，从最后1枚或倒数第2枚卵产下后开始孵卵，而雄鸟在巢区内活动。孵卵期为15～30天。

雏鸟早成性，刚孵出时就已充分发育，长有浓密绒羽，眼已张开，腿脚有力，在绒羽干后即可离巢，随亲鸟活动和觅食。松鸡类的雏鸟出生时覆浓密的黄褐色绒毛。孵化后不久便开始长初批幼鸟体羽，并迅速长出翼羽，这使得雏鸟在出生后第2周就能进行短距离飞行。雏鸟学会啄食的过程是一种试—错学习，刚孵出壳的雏鸟起初是什么都啄的，但总会啄到一些可食的东西，逐渐它就能学会把看到的某些物体与食物联系起来，直到一找到这些东西就啄食起来。在这个过程中，刺激（饥饿）在先，啄食反应在后，最后才得到报偿，这是试错学习的一种固定程序。借助于这种学习，再加上对不可食物体的习惯化过程，它们的取食效率就会越来越高。

在刚开始数周内，雏鸟需要摄入高能食物，因而无脊椎动物构成它们食物中的主要组成部分。它们留在雌鸟身边直至秋季，因为到那时，绝大多数种类的雏鸟已基本达到成鸟的体重。不过，松鸡的雄雏需要到第2年体重才能长满。一些种类的雏鸟1龄时便达到性成熟，当然它们不一定会在那时进行繁殖。其他种类在繁殖期后一般呈家族活动，越冬时结成较大的群体。

与人类的关系 鸡类在中国传统文化发展史上有较大的影响力。殷周时期的甲骨文中已有“鸡”、“雉”等字出现，更早的时候已将野生的红原鸡驯化为家鸡，被驯养的鸡类还有鹌鹑、石鸡、鹧鸪和环颈雉等。在距今2500年前的《尚书·禹贡篇》中，提到的鸡类有14种之多。据学者研究，《诗经》中所记述的“天命玄鸟，降而生商”，就是指中国古代的殷民族以鸟为图腾，而这种鸟即是环颈雉。《诗经》中还有“雄雉于飞，泄泄其羽；雄雉于飞，上下其音”的诗句，对环颈雉的生态特点有着生动的描述。在中国民间舞蹈方面，有傣族的孔雀舞、拉祜族的鹌鹑舞、哈尼族的白鹇舞等，都是模仿鸡类的习性而形成的舞蹈动作。

融合了环颈雉、锦鸡和孔雀等一些鸡类的特性，加以升华而创造出来的鸟类之王——神鸟凤凰是中国人民自古崇敬的图腾。鸡类自古就被视为“吉祥鸟”。在中国明清瓷器上，鸡类和牡丹经常被画在一起，寓意吉祥和富贵。

红原鸡不仅在体形、羽色、习性及鸣声等方面都与家鸡最为相似，而且时而混入家鸡群中与家鸡交尾，并且生育出有繁殖力的后代，因此很可能是家鸡的直系祖先。考古资料还发现，它曾经分布至中国中部一带，这些地区与中国人民在初期文化发展过程中对野生动物进行驯养的地点是一致的。

在新石器时代，属于龙山文化时期（约公元前2500年）的三门峡庙底沟居民点遗址中，已经发掘出有家鸡的大、小腿骨和前臂骨。近年在河北武安县磁山新石器时代早期文化遗址中，也发现了家鸡的骨骼,将中国驯养家鸡的历史追溯到7000多年前。而目前尚没有见到其他国家饲养家禽的历史如此久远的证据。

关于家鸡的起源，还有一段有趣的"公案"。欧州有许多书中都说中国的家鸡是由印度传入的，这种说法最早见于达尔文的《动物和植物在家养下的变异》一书中，后人都受了他的影响。原来，他是根据中国明朝的《三才图会》中"鸡，西方之物也"这句话错误地推断出来的。其实，这句话是说鸡在十二神（生肖）中属酉，酉之方位为西，故称之为"西方之物"。即使按地理的"西方"来解释，也是指"蜀"、"荆"等中国西部地区，而并非印度。大概是达尔文对中国古文不太了解，所以产生了误会。

种群现状和保护 随着社会文明的进步和科学技术的发展，人类在创造巨大物质财富的同时，也使生物圈的稳定遭受日益猛烈的冲击，使自然生态系统逐渐失去平衡，其中最严重的莫过于对森林生态系统的破坏。近几十年来，由于城乡建设的发展，修筑公路、开矿、开垦耕地、人工种植橡胶园等人类经济活动范围的扩大，侵占了大面积的森林环境，再加上乱砍滥伐、森林火灾等，致使大量生物物种濒于灭绝，一些重要自然资源日趋枯竭，而以森林环境为主要栖息地的鸡形目鸟类则首当其冲。

鸡类还被视为观赏宠物、饰品来源或美味佳肴而遭到捕杀。在西方，每年有成百上千万只松鸡被捕杀，供人们享用或娱乐，对松鸡的捕猎成为当地居民生活中的一件大事。中国各地乱捕滥猎、拣拾鸟卵现象也甚为普遍，一些不法商人到产地专门收买珍稀雉类的活体或皮张，偷运出境，牟取暴利，中饱私囊。在20世纪70年代初天津海关口岸仅一次缴获的国家一级重点保护动物褐马鸡和二级重点保护动物黑琴鸡就达数百只之多。

这些因素不仅使中国鸡类分布范围大大缩小，而且使其数量急剧下降。中国有分布的64种鸡类中，仅被IUCN列为濒危(EN)或易危(VU)的就有12种，另有12种也处于近危（NT）状态。而被列入《濒危野生动植物种国际贸易公约》（CITES）附录的，有藏雪鸡、血雉、黑头角雉、红胸角雉、灰腹角雉、黄腹角雉、棕尾虹雉、白尾梢虹雉、绿尾虹雉、白马鸡、藏马鸡、褐马鸡、蓝腹鹇、白颈长尾雉、黑颈长尾雉、黑长尾雉、灰孔雀雉、绿孔雀。保护野生动物资源和它们的生存环境，拯救濒危物种，以及对它们的生存和环境更好地进行科学研究和合理利用，已是一项迫切使命。中国已将所有鸡类列入保护名录，其中21种为国家一级重点保护动物，20种为国家二级重点保护动物，23种为三有保护动物。

上：鸡类是与人类关系十分密切的鸟类，它们华丽的羽色、优美的姿态和远近皆闻的鸣声都成为人类礼赞、描摹、感叹的对象，成为著名的文化意象，而驯养的家鸡更是已经与人类相伴数千年。图为白鹇，它是哈尼族白鹇舞的模仿对象，也曾被李白咏叹过，还成为官员服装上的品级象征。沈越摄

下：中国濒危鸡类的代表——绿孔雀。庄小松摄

环颈山鹧鸪
Arborophila torqueola

四川山鹧鸪
Arborophila rufipectus

红喉山鹧鸪
Arborophila rufogularis

白眉山鹧鸪
Arborophila gingica

白颊山鹧鸪
Arborophila atrogularis

褐胸山鹧鸪
Arborophila brunneopectus

红胸山鹧鸪
Arborophila mandellii

台湾山鹧鸪
Arborophila crudigularis

海南山鹧鸪
Arborophila ardens

绿脚树鹧鸪
Tropicoperdix chloropus

花尾榛鸡
Tetrastes bonasia

斑尾榛鸡
Tetrastes sewerzowi

♀

♂

镰翅鸡
Falcipennis falcipennis

♂
♀
松鸡
Tetrao urogallus
♂
♀
黑嘴松鸡
Tetrao urogalloides
♂
♀
黑琴鸡
Lyrurus tetrix
冬羽
♀
♂
♂
岩雷鸟
Lagopus muta
夏羽
♂
♂
冬羽
♀
夏羽
柳雷鸟
Lagopus lagopus

雪鹑
Lerwa lerwa

红喉雉鹑
Tetraophasis obscurus

黄喉雉鹑
Tetraophasis szechenyii

暗腹雪鸡
Tetraogallus himalayensis

藏雪鸡
Tetraogallus tibetanus

阿尔泰雪鸡
Tetraogallus altaicus

石鸡
Alectoris chukar

大石鸡
Alectoris magna

中华鹧鸪
Francolinus pintadeanus

灰山鹑
Perdix perdix

斑翅山鹑
Perdix dauurica

高原山鹑
Perdix hodgsoniae

西鹌鹑
Coturnix coturnix

鹌鹑
Coturnix japonica

蓝胸鹑
Synoicus chinensis

灰胸竹鸡
Bambusicola thoracicus
台湾竹鸡
Bambusicola sonorivox
棕胸竹鸡
Bambusicola fytchii
♂
甘肃亚种
I. c. berzowskii
♂
♀
西藏亚种
I. c. tibetanus
血雉
Ithaginis cruentus
♂
黑头角雉
Tragopan melanocephalus
♀
♂
♀
红胸角雉
Tragopan satyra
♂
♀
灰腹角雉
Tragopan blythii

♀
♂
红腹角雉
Tragopan temminckii
♀
♂
黄腹角雉
Tragopan caboti
♀
♂
勺鸡
Pucrasia macrolopha
♀
♂
棕尾虹雉
Lophophorus impejanus
♀
♂
白尾梢虹雉
Lophophorus sclateri
♀
♂
绿尾虹雉
Lophophorus lhuysii
♂
♀
红原鸡
Gallus gallus

♂
♀
黑鹇
Lophura leucomelanos
♂
海南亚种
L. n. whiteheadi
♀
白鹇
Lophura nycthemera
♂
♀
蓝腹鹇
Lophura swinhoii
♂
福建亚种
L. n. fokiensis
白马鸡
Crossoptilon crossoptilon
藏马鸡
Crossoptilon harmani
褐马鸡
Crossoptilon mantchuricum

白颈长尾雉
Syrmaticus ellioti

蓝马鸡
Crossoptilon auritum

黑颈长尾雉
Syrmaticus humiae

黑长尾雉
Syrmaticus mikado

白冠长尾雉
Syrmaticus reevesii

环颈雉
Phasianus colchicus

♂
♂
♀
♀
红腹锦鸡
Chrysolophus pictus
白腹锦鸡
Chrysolophus amherstiae
灰孔雀雉
Polyplectron bicalcaratum
♂
♀
海南孔雀雉
Polyplectron katsumatae
♀
♂
绿孔雀
Pavo muticus

环颈山鹧鸪

拉丁名：*Arborophila torqueola*
英文名：Common Hill Partridge

鸡形目雉科

形态 雄鸟体长26～29 cm，体重325～430 g；雌鸟体长27～29 cm，体重261～386 g。雄鸟额至后颈深栗色，具有宽而长的黑色眉纹；上体橄榄褐色，具黑色的半月形横斑；颏、喉黑色，缀有白纹；胸部淡灰色或灰橄榄色，前颈与胸之间有一白色横带；腹部中央白色，两胁灰色，具宽的栗色纵纹和白色中央纹。雌鸟上体较棕，黑色横斑更宽，头顶褐色，具黑色纵纹，眉纹棕黄色，颏、喉栗棕色，前颈与胸之间有宽的栗色横带，胸部橄榄棕色，有黑色横斑。虹膜褐色或红褐色，嘴黑色，脚橄榄褐色或铅灰色。

分布 在中国分布于云南西部、西藏南部和东南部。国外分布于印度北部和东北部、尼泊尔、缅甸北部、越南西部和北部等地。

栖息地 栖息于中高海拔的常绿阔叶林中，尤喜林下植被丰富、林间空旷的栎树林、竹林，以及山溪和山谷地带的稠密常绿林。

习性 常成对或成3～5只的小群或家族群活动。性情机警，善于藏匿。在地面上奔跑迅速，受惊后常以奔跑逃避敌害，迫不得已才起飞，但飞不多远又落下，钻入草丛、灌丛或竹丛中逃走。

食性 主要以灌木和草本植物的叶、根、芽、浆果和种子等为食，也吃昆虫和其他小型无脊推动物，通常在林下落叶层较厚的地方刨食，并且一边刨食一边发出类似家鸡的“咯、咯、咯……”的拉长叫声。

繁殖 繁殖期4～6月。巢主要利用地面天然凹坑或由雌鸟刨一个小坑即成。巢周围多有茂盛的灌丛或林下植物掩盖，但有时也在林下植物较稀疏的地方营巢而不甚隐蔽。每窝产卵3～5枚。卵为尖卵圆形，纯白色，大小为40.6 mm×31.9 mm。孵卵主要由雌鸟承担，雄鸟进行警戒，并协助雌鸟孵化和照料雏鸟。雏鸟早成性，孵出后不久即能行走和跟随亲鸟活动。

种群现状和保护 IUCN和《中国脊椎动物红色名录》均评估为无危（LC）。被列为中国三有保护鸟类。但仅分布于中国云南和西藏南部的高山地区，分布区域窄狭，数量稀少，应注意保护。

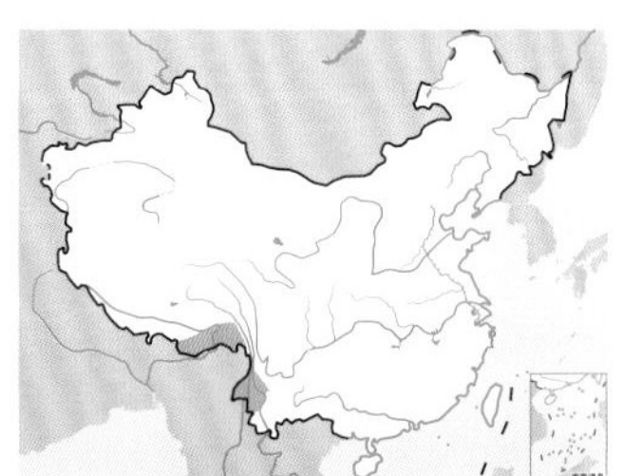

环颈山鹧鸪。左上图时敏良摄，下图杜卿摄

四川山鹧鸪

拉丁名：*Arborophila rufipectus*
英文名：Sichuan Hill Partridge

鸡形目雉科

形态 雄鸟体长30～32 cm，体重410～470 g；雌鸟体长29～30 cm，体重350～380 g。雄鸟前额白色，头顶栗棕色，眉纹和两颊黑色，耳羽栗色；上体暗绿色，具较宽的黑色横斑和不规则细纹；喉白色，上喉具黑色纵纹；上胸和两胁灰色，杂以栗色斑，胸部的栗色斑连成胸带；下胸和腹部白色。雌鸟额基和眉纹黑色，具浅黄色纵纹，头顶和枕部橄榄褐色；上体橄榄褐色，具黑色横斑；上喉淡黄色，具卵圆形黑色端斑，下喉淡赭橙色；两胁具窄的灰白色和锈栗色纹。虹膜灰褐色，嘴黑色，脚赭褐色。

分布 中国特有鸟类，分布于四川中南部、云南东北部。

栖息地 栖息于中、低山常绿阔叶林和常绿落叶阔叶混交林中，局部区域为针阔叶混交林，尤以林下植被丰富的地带较为常见。

习性 常单独或组成5～6只的小群活动。性情机警，善于藏匿。在地上奔跑迅速，发现敌害时通常采取静伏不动的姿势，靠保护色来保证自己的安全。当敌害迫近到5～10 m时才突然开始伸直头颈快步奔跑疾速奔窜，仅在危急和迫不得已时才起飞，但飞不多远又落下，很快钻入草丛、灌丛或竹丛中逃跑。

白天常在林下地面觅食，夜间则栖于接近水平的树枝上。它们倾向于选择灌木密集的地方做夜栖地，每天更换夜栖树。通常单独栖息，即使是配对或家族群的成员也是分开的。绝大多数情

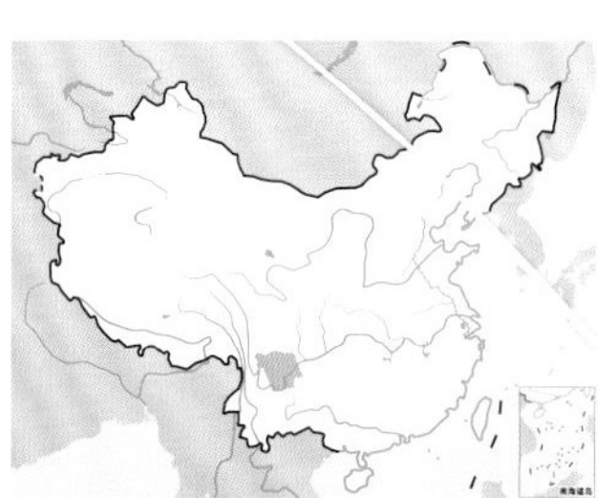

四川山鹧鸪。左上图张永摄，下图付义强摄

况下栖于不同的树上，偶有在同一树上也栖于不同的枝条上。

食性 通常在林下落叶层较厚的地面上刨食枯枝落叶层中的无脊椎动物和捡食地面的植物果实、种子。无强烈干扰时，在同一觅食地点可停留3～8天。育雏初期常见家族群在林间小道和林窗附近觅食，冬季觅食点多在积雪少的次生落叶阔叶林下。

繁殖 繁殖期4～6月。配对前，雄鸟在领域内来回跑动并向雌鸟炫耀，发出求偶鸣声。单音节求偶叫声类似于"WO"，鸣声急促。一般在早晚或正午鸣叫，叫声为嘹亮的上升哨音，间隔数秒反复重复。繁殖期有争雌现象，一般为两雄鸟在同一领域内争鸣，雌鸟在一旁观看。配对的雄鸟发现敌害时，立刻发出警戒叫声，然后快速逃向附近的密集灌丛、竹丛，雌鸟也跟随逃离。

主要在常绿阔叶林、常绿落叶阔叶混交林内筑巢，偶见于天然阔叶林与人工针叶林的交界地带，也筑于择伐过的原始林中，营巢地小范围内地形平缓，附近有水源，巢周围林木稀疏，灌木层以及草本层也较为稀疏，巢口朝向的正面视线通透度高。

巢多筑在坡度较缓的地面上，多倚靠在乔木基部下侧，树基突出的板根或地表的粗大根蔓可被利用作为巢壁。巢略呈椭圆形球状，用枯树叶、竹叶和细枝堆积而成，巢口开于侧面。巢壁支撑物为直径0.2～0.5 cm、长13～38 cm的细小树枝、竹枝，纵横交错呈不规则的框架状，树叶、竹叶掺杂其间。顶面细枝的摆放相对略显规则，横向枝条较多。巢壁厚0.2～15 cm，底层最薄，其次为后壁，侧壁最厚。每巢构成巢体和衬垫的枯枝、枯叶多达1001～1833件，其中竹叶占绝大多数。每窝产卵3～7枚，卵白色，大小为（43～48）mm×（31～34）mm，卵重23～24 g。

孵卵由雌鸟承担，雄鸟常在巢附近活动和警戒。雏鸟早成性。孵出后不久即能活动，并由雌雄亲鸟共同带领觅食。然后，双亲与同窝雏鸟组成家族群，可一直持续到当年秋季。

在育幼期，雄鸟发现敌害，立刻发出警戒声，但并不远离，有时还会向敌害方向快速跑动，试图将其引开。还会采取攻击姿态警告，甚至以攻击姿态冲击，至距目标3～5 m处又快速转向逃开。攻击过程中伴随急促的警戒叫和另一种尖利的惊叫。雌鸟和雏鸟就地隐藏或短距离四散跑开后隐藏。雏鸟利用石缝、土洞、倒木、草丛、枯枝落叶堆作为藏身处所。危险过后，亲鸟会发出一种特殊的呼唤声，雏鸟也会回应，借此重新聚拢成家族群。

雄鸟在与雌鸟交配之前以及雌鸟孵卵期间，都在其领域内单独夜栖，而其他时候则与雌鸟栖息在一起。雏鸟孵出来后，成年雄鸟有大约2周时间在育雏的雌鸟附近的地面过夜，过了这段时间就离开雌鸟和幼鸟在其领域内单独夜栖。

种群现状和保护 四川山鹧鸪是中国的特有鸟类，分布范围极其狭窄，野外种群数量非常稀少，目前仍受到采伐与营林、偷猎、采集、放牧、农垦、开矿、工程建设等人类因素的威胁。IUCN和《中国脊椎动物红色名录》均评估为濒危（EN）。在中国被列为国家一级重点保护动物。

红喉山鹧鸪

拉丁名：*Arborophila rufogularis*
英文名：Rufbus-throated Hill Partridge

鸡形目雉科

形态 雄鸟体长18～28 cm，体重220～340 g；雌鸟体长25～30 cm，体重202～300 g。额深灰色，宽而长的眉纹灰白色，一直延伸到颈侧，并杂有黑色斑点；眼周裸出的皮肤鲜红色；颏和上喉黑色，下喉棕红色，胸灰色；上体纯橄榄褐色，背部没有任何斑纹，但腰上有三角形黑斑。虹膜褐色，嘴黑色，脚红色。

分布 在中国分布于西藏南部、云南东南部和西北部。国外分布于印度东北部、缅甸、泰国、老挝和越南等地。

栖息地 栖息于低山丘陵和中海拔常绿阔叶林中、针叶林以及林缘灌丛和高草丛中，尤以喜欢溪谷与河流两岸的常绿阔叶林。

习性 喜欢集群，常组成4～12只的小群活动。性情比较大胆。多在林下灌丛和草丛中活动。善于在地上迅速奔跑，多在林下灌丛中潜行，仅在危急和迫不得已时才起飞。

食性 主要以林下灌木和草本植物的叶、根、芽、浆果和种子为食，也吃昆虫和其他小型无脊椎动物。

繁殖 繁殖期4～7月。营巢于中低山常绿林中。巢甚简陋，多置于林下地面低洼处或凹坑内，内垫以草茎和草叶，有的无任何内垫物。有时仅放置于竹林隐蔽下的一堆竹叶上。每窝产卵3～6枚。卵大小为39.2 mm×29.8 mm。孵化期20～21天。

种群现状和保护 IUCN和《中国脊椎动物红色名录》均评估为无危（LC）。被列为中国三有保护鸟类。在中国境内分布区狭窄、数量非常稀少，需要进行严格的保护。

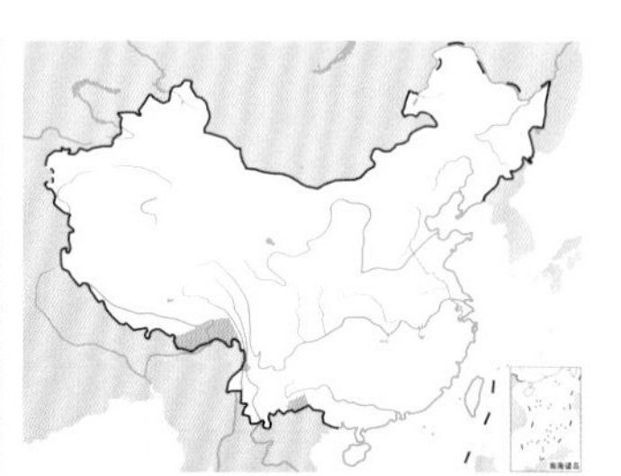

红喉山鹧鸪。左上图魏东摄，下图董磊摄

白眉山鹧鸪

拉丁名：*Arborophila gingica*
英文名：White-necklaced Hill Partridge

鸡形目雉科

形态 体长 22～30 cm，体重 330～380 g。额部白色，眼周裸皮红色，白色眉纹直达头的后部，然后向下弯到颈侧；头顶、枕和后颈栗褐色；上体橄榄褐色；颏、喉淡栗色，下喉有宽阔的黑色横带，紧接一白色和暗栗色横带；其余下体暗灰色，胁部有栗色斑点，腹部中央白色。虹膜暗褐色，嘴黑色，脚亮红色。

分布 中国特有鸟类，分布于浙江南部、福建、江西南部、湖南南部、广东北部、广西等地。

栖息地 栖息于山脚和低山丘陵地带的常绿阔叶林、常绿落叶阔叶混交林、针阔混交林、稀疏杂木、矮树灌丛及竹林中，尤其喜欢在山谷和河边较阴郁潮湿的丛林中活动。

习性 白天常在林下茂密的地带活动，晚上栖于树上。受惊后疾速飞行，但飞不多远即落入林下灌丛或草丛中。

鸣声响亮，且特别喜欢鸣叫，几乎四季都能听到它“WO——WO——WO”柔和、悠长，似吹口哨的声音，特别是在雨前、雨后，更爱鸣叫，因此被山区农民称为“气象鸟”。秋冬季节常 3～5 只成群，天黑时优势鸟鸣叫，其他鸟应答，组成大合奏，然后上树夜宿。

食性 主要以壳斗科、漆树科、樟科等植物果实与种子为食，能将食物整个吞入嗉囊中，也吃昆虫和蚯蚓等其他小型无脊推动物。春、夏季多分散在较高的山地矮树灌丛、草丛和竹林，采食野果和种子、昆虫。秋、冬季则结成小群，在较低海拔的杂木林下寻找种子及虫蛹。

繁殖 2 月份即开始发情配对，成对觅食，鸣叫频繁。雄鸟向雌鸟求爱时，两翅半垂，双腿略屈，带动全身上下摆动。配对个体占有一定巢区，雄鸟越界则会受到驱逐。

雌雄共同在杂木林、灌木草丛或乔木下落叶层低洼处营巢。巢的结构简单，由干草、树叶、竹叶叠成，并垫有羽毛，内径 10 cm × 12 cm，巢深 3 cm。每窝产卵 3～7 枚，卵白色或淡褐色，梨形，大小为（32～43）mm ×（26～32）mm，重 13.2～23 g。孵化期 23～24 天。

种群现状和保护 分布区域狭窄，而且随着经济发展、人类活动不断增加、森林砍伐加速，数量越来越少，有些地方已经绝迹。IUCN 评估为近危（NT），《中国脊椎动物红色名录》评估为易危（VU）。目前仅被列为中国三有保护鸟类，需要进行更严格地保护。

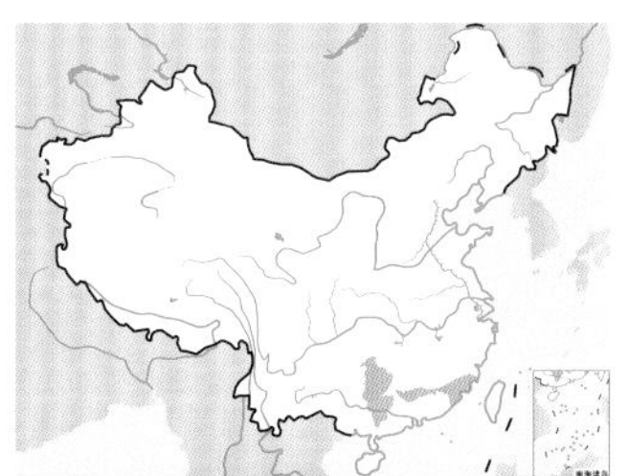

白眉山鹧鸪。李小强摄

白颊山鹧鸪

拉丁名：*Arborophila atrogularis*
英文名：White-cheeked Hill Partridge

鸡形目雉科

体长 24～27 cm。额灰褐色；有黑色眉纹，延伸至颈侧与眼下的黑纹相连接；颊及耳羽乳白色，连成一条宽阔的带；上体以橄榄褐色为主，带有黑斑，翼上覆羽羽端沾栗色；飞羽黑褐色，具黑色及栗色羽缘；颏、喉黑色，胸部以下以灰色为主，上胸部具放射状黑点纹。在中国分布于云南西北部。栖息于海拔 900～1500 m 的疏林及竹林内。IUCN 和《中国脊椎动物红色名录》均评估为近危（NT）。被列为中国三有保护鸟类。

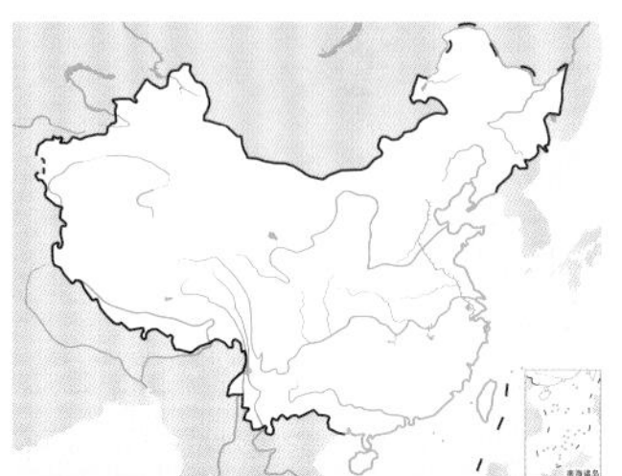

白颊山鹧鸪。左上图张永摄，下图刘五旺摄

褐胸山鹧鸪

拉丁名：*Arborophila brunneopectus*
英文名：Bar-backed Hill Partridge

鸡形目雉科

形态 雄鸟体长 22 cm，体重 310 g；雌鸟体长 23 cm，体重 220～275 g。前额皮黄白色，头顶橄榄褐色，眼部裸皮鲜红色，宽阔的皮黄白色眉纹延伸到颈侧；上体亮橄榄褐色，具黑色横斑；颏、颊、喉等皮黄白色或白色；胸和两胁淡褐皮黄色，两胁具白色和黑色斑点，腹部白色。虹膜暗褐色，嘴黑褐色，脚淡红色。

分布 在中国分布于广西南部、贵州南部、云南西南部一带。国外分布于印度东北部、中南半岛和印度尼西亚等地。

栖息地 栖息于海拔 1500 m 以下的低山常绿阔叶林中，也见于竹林与灌丛中，但比较喜欢常绿森林。

习性 性情较为宁静，也善于藏匿。

食性 主要以植物种子和果实为食，也吃昆虫和螺类。

繁殖 繁殖期 5～6 月。营巢于森林或竹林中地上凹坑内。每窝产卵 4 枚左右。卵的大小为（36.8～37.6）mm×（28.4～28.5）mm。

种群现状和保护 IUCN 评估为无危（LC），《中国脊椎动物红色名录》评估为近危（NT）。被列为中国三有保护鸟类。在中国的分布区域窄狭，数量稀少，应该严格保护，以利种群的发展。

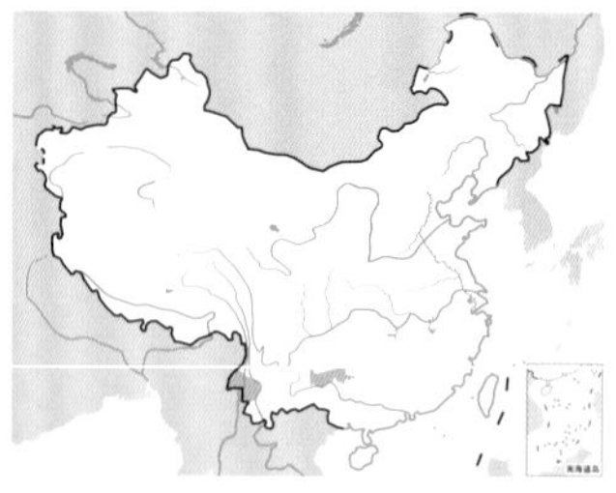

褐胸山鹧鸪。董磊摄

红胸山鹧鸪

拉丁名：*Arborophila mandellii*
英文名：Chestnut-breasted Hill Partridge

鸡形目雉科

体长约 24 cm。额、头顶暗栗色，向后逐渐过渡为褐色；后颈下部栗红色缀有黑斑；颈侧有黑点；上体橄榄色，杂以狭窄的黑色羽缘；翅褐色。颏、喉橄榄栗色，有黑色领环；上胸深栗色，下胸以下灰色。在中国分布于西藏东南部。栖息于山地常绿阔叶林内。IUCN 和《中国脊椎动物红色名录》均评估为易危（VU）。目前被列为中国三有保护鸟类，亟需提升保护等级。

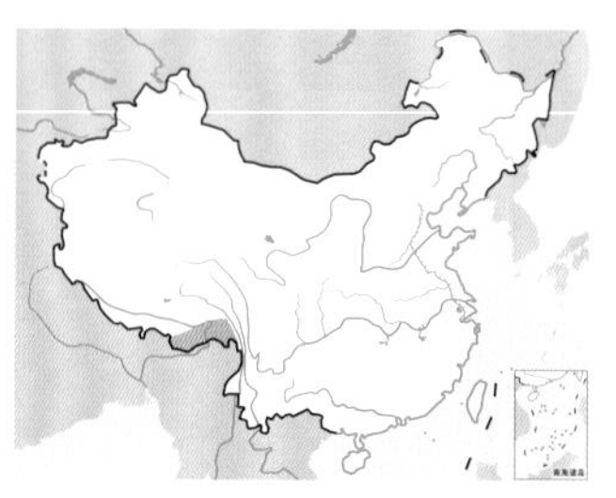

红胸山鹧鸪。James Eaton摄

台湾山鹧鸪

拉丁名：*Arborophila crudigularis*
英文名：Taiwan Hill Partridge

鸡形目雉科

形态 雄鸟体长 36 cm，体重 311 g；雌鸟体长 25 m，体重 212 g。额暗灰色，头顶橄榄褐色，头侧黑色而杂有白色羽毛；眼周栗褐色，外缘黑色；眼上、下各有一条黑纹与通过喉部的黑色带斑相连接；上体主要为橄榄褐色，具黑色横斑；飞羽褐色具淡色羽缘；颏、颊、耳羽等均为白色，连成一条宽带；喉部鲜红色；颈部有黑色鳞状斑组成的宽阔横带；胸部和两胁暗灰色，两胁有白色纵纹，腹部白色。虹膜暗褐色，嘴黑色，脚珊瑚红色。

分布 中国特有鸟类，仅分布于台湾地区。

栖息地 栖息于海拔 300～2320 m 林冠层郁蔽的原始阔叶林中，多在林下灌丛或草丛中活动，有时也出现于林缘灌丛与草丛，甚至裸露的悬崖地带。

习性 性甚害羞而机警，善于隐蔽。随食物源的位置而进行季节性迁移。晚上则栖息于树枝上。除繁殖期成对活动外，平时多呈 2～5 只的小群活动，各自相距 5～10 m，多在林间地面上活动，此时可听到相互呼唤的叫声。

每天清晨和黄昏时刻，常发出一连串清晰而宏亮的叫声，且愈叫愈高，当叫到最高时，又会突然急降而下，重复鸣叫。由于鸣声清脆宏亮，很远就能听到，而且多是在清晨和黄昏固定时刻鸣叫，比较准时，所以当地人称它为“时钟鸟”。

食性 杂食性。主要以植物种子、浆果、嫩芽、嫩枝、嫩叶等为食，也吃蚯蚓、蠕虫、昆虫等动物性食物。在地上行走时，常用脚爪扒开地表落叶而啄食。

繁殖 繁殖期 5～6 月，也有早至 3 月份即开始繁殖的。营巢于林木繁杂、树冠郁闭的阔叶林里，巢位于靠近树基部的地上。

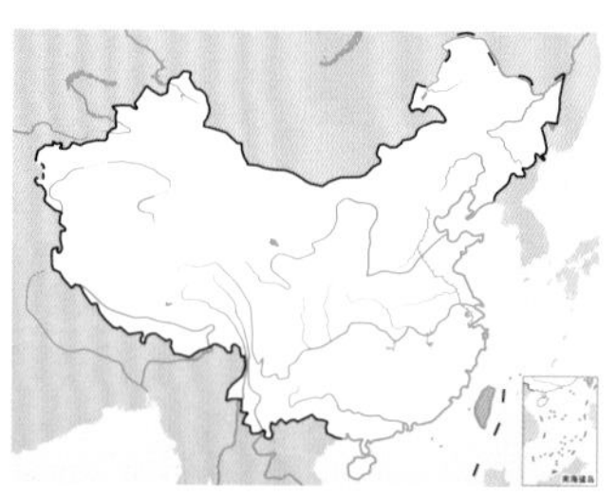

台湾山鹧鸪。左上图沈越摄，下图颜重威摄

常用脚在地面刨成凹穴，然后再铺垫少许细的枯枝、落叶或干草即成。有时也置巢于岩石缝隙间。每窝产卵 3～4 枚。卵呈椭圆形，白色而富有光泽，被有暗色云状斑。卵的大小为 40 mm × 30 mm，重 18 g。孵化期 23～26 天。

种群现状和保护 IUCN 评估为无危（LC），《中国脊椎动物红色名录》评估为近危（NT），目前被列为中国三有保护鸟类。作为中国特有鸟类，台湾山鹧鸪分布区域狭窄，数量稀少，受山坡地开发、建设水库和河川整治的影响比较大，应注意保护和建立专门的自然保护区。

海南山鹧鸪

拉丁名：*Arborophila ardens*
英文名：Hainan Hill Partridge

鸡形目雉科

形态 雄鸟体长 24～30 cm，体重 200～240 g；雌鸟体长 23～26 cm，体重 190～250 g。额至头侧以及颏、喉部黑色，耳羽白色；上体橄榄褐色，具黑色横斑；下颈两侧有橙红色领圈；上胸有发状橙红色硬羽，下胸灰色，腹白色。嘴黑色，脚赭色。

分布 中国特有鸟类，分布于海南中部和西南部。

栖息地 栖息在海拔较低的山地和丘陵地带的热带常绿阔叶林及常绿针阔混交林中，尤以原始的山地雨林、沟谷雨林和山地常绿林中较为常见，在一些成熟的常绿次生林中也有分布。

习性 常成对或成 3～5 只的小群活动。夜晚在树上栖息。一般喜欢栖息在 2 m 以下的树木侧枝上，大多为林中幼树及灌木。

清晨和傍晚，一般先发出一阵“gu-a，gu-a”的叫声，而后是持续的“zhe-gu，zhe-gu”的叫声，其间还夹杂着另一种类似“jiao，jiao”的叫声，很可能分别是雄鸟和雌鸟的鸣声，雌雄鸟在繁殖期经常以二重奏进行鸣叫，而“gu-a”叫声则是雄鸟鸣叫的前奏音。

性情机警，受惊后四散奔逃，并发出急切的叫声，然后静伏不动或飞不多远又落下，钻入草丛、灌丛或竹丛中。

食性 主要以植物的叶、芽和种子为食，也吃昆虫和蜗牛等动物性食物。觅食的时候两脚交替刨开地面落叶，动作幅度很大，在落叶较厚的地方，刨起的落叶甚至被扬得超过它们的背部。

繁殖 筑巢在天然次生雨林中平地的树根旁地面上，森林郁闭度 95%，但林下非常空旷，灌木和草本植物十分稀少。巢全部由枯树叶和枯树枝围成，亲鸟孵卵时巢全用枯树叶包盖住，类似一堆枯枝落叶，非常隐蔽，常位于树根或石头缝隙中。

雌鸟 4 月上旬产卵。每窝产卵 2 枚。卵呈椭圆形，白色而富有光泽，被有暗色云状斑。卵的大小为（33.4～34.7）mm ×（25.46～26.2）mm，重 11.6～13.0 g。

种群现状和保护 中国特有鸟类，分布区狭窄，数量非常稀少。IUCN 评估为易危（VU），《中国脊椎动物红色名录》评估为濒危（EN）。在中国被列为国家一级重点保护动物。

绿脚树鹧鸪

拉丁名：*Tropicoperdix chloropus*
英文名：Scaly-breasted Partridge

鸡形目雉科

上体橄榄褐色，杂有不规则黑色波浪状斑及棕红色斑；颏、喉和头侧白色，具黑色斑点；颈部有一个锈黄色而微杂有黑色的项圈；翼上覆羽沙褐色，具黑色散斑；飞羽黑褐色，羽缘有黑色与棕褐色相杂的细斑；胸橄榄褐色，下胸有斑纹；腹深锈黄色，向后渐淡。在中国分布于云南南部。栖息于海拔 900～1500 m 的山地疏林及灌丛中。IUCN 评估为无危（LC），《中国脊椎动物红色名录》评估为近危（NT），被列为中国三有保护鸟类。

海南山鹧鸪。左上图王立军摄，下图唐万玲摄

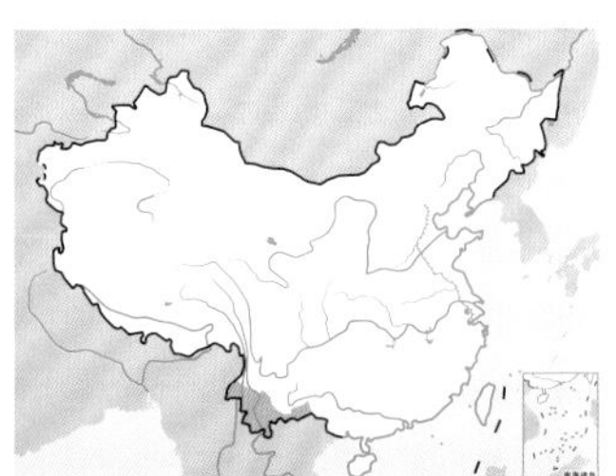

绿脚树鹧鸪。左上图邓嗣光摄，下图董磊摄

花尾榛鸡

拉丁名：*Tetrastes bonasia*
英文名：Hazel Grouse

鸡形目雉科

形态 雄鸟体长26～39 cm，体重323～436 g；雌鸟体长30～40 cm，体重302～509 g。雄鸟额基白色，后缘缀有少许黑色，羽冠、头部和后颈棕褐色，两颊白色；颈侧暗褐色，颈侧下面羽毛白色，与额、颊和前颈白色连成一白色环带；上背灰褐色沾棕色，且具黑褐色横斑；下背、腰部和尾上覆羽灰褐色；飞羽褐色；中央一对尾羽棕褐色，具有黑褐色与灰白色并列的横斑；颏、喉黑色，周边围有白带；胸部暗棕褐色，两胁棕红色；其余下体白色，具黑褐色沾棕色的弧形斑和白色羽端。雌鸟和雄鸟相似，但上体棕色和黑色较浓，颏、喉黄白色。虹膜栗红色，嘴黑色，跗跖红褐色。

分布 在中国分布于河北北部、内蒙古东北部、黑龙江、吉林、辽宁、新疆西北部。国外分布于从欧洲到亚洲东部一带。

栖息地 主要栖息于下木及植被茂盛、浆果丰富的红松、冷杉、云杉等针叶林及柞树、桦树等阔叶林或混交林中，分布高度从海拔400 m的低山丘陵到海拔1800 m左右的较高山地都能见到，并有明显的季节性垂直迁移现象。它们特别喜欢栖居山谷或阳坡有浆果的稠密灌丛和山麓潮湿或靠近水域的林内，常常在背风的山坡或倒木旁活动。冬季到落叶桦树林与河流两岸稀树的乔木林地，这里阳光可以直接照射，日照时间也较长，而且具有多芽的枝条，可以得到充足的食物。

冬季大多活动在河流两岸及针阔叶混交林内，其他季节常在地面有蕨类植物并且稠密的灌木丛的松林和臭冷杉幼林内活动。冬季食物缺乏时，活动范围一般也相应扩大。

习性 一般天亮即开始活动，黄昏前一小时停止活动。食饱后和晚上多成对或成小群蹲在树根旁、灌木丛间地上或雪窝里休息和过夜，也有在树上休息和过夜的。除繁殖期外，其他时候多

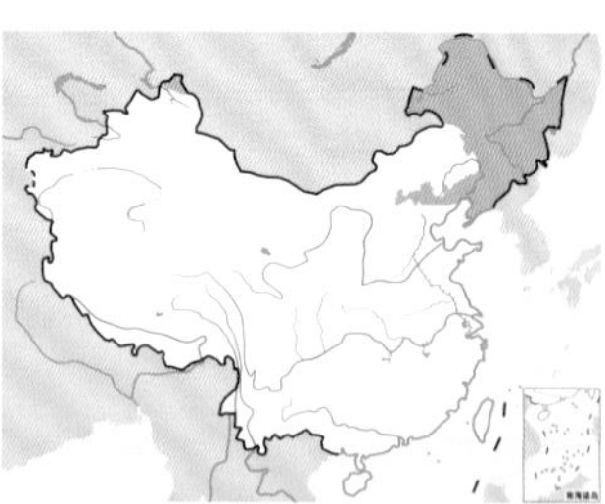

花尾榛鸡。左上图为雌鸟，田穗兴摄；下图为雄鸟，张强摄

成群或成对活动。尤其是秋末冬初及带雏期间，常集成5～6只，甚至10多只的大群，冬末至初春，则多成对或成3～5只的小群活动。活动时群体分散开来，彼此保持一定距离，并不时发出一种尖细的鸣声联系，当听到附近有回鸣时，则又继续啄食或靠拢，通常雄的鸣叫多，雌的鸣叫少，雄的向雌的靠拢，单个向群体靠拢。鸣叫时伴随着伸颈、松翅、举尾等动作。鸣声尖细而清脆。活动时多在林下灌丛间漫步行走，遇危险时能疾跑。但受惊时多直着脖子，警惕地观察四周，直至危险逼近时才疾跑或起飞，或疾跑几步再起飞。一次飞行距离不大，通常20～30 m，最远50 m。冬天多在树上活动，但一般不在树上栖息和过夜，而是钻到地面大雪覆盖的雪窝中过夜。

食性 主要以植物的嫩枝、嫩芽、果实和种子等为食，有时也吃一些鳞翅目昆虫、蜗牛、蚂蚁和它的卵。当地面被雪覆盖时，几乎完全在树上觅食，与此相适应，它的爪上具有栉状缘，可以抓住冰滑的树枝，这是对冰雪环境长期适应的结果。

繁殖 繁殖期为4～6月。以单配制为主，但也存在多配制的倾向。它们主要通过叫声标志领域并相互联系。发情期间雄鸟占据一定的领域，并频繁鸣叫，尤其是早晨和傍晚。发情时雄鸟羽冠竖起，两翅下垂，尾上举，并呈扇形散开，不停的围绕雌鸟奔跑并追逐。一般只是一只雄鸟和一只雌鸟在一起舞蹈和追逐，跑圈场所也比较隐蔽。

交配结束后即开始营巢。多营巢于较安静的混交林、针叶林和杨桦次生林内，通常喜欢在沟谷纵横、地势起伏、林下灌木和倒木较多、落叶层较厚的地方营巢。雌鸟独自营巢。巢较简陋，通常由雌鸟在地上刨一个小坑，内垫以树叶、干草和鸟羽即成。巢的大小为直径15～23 cm，深5～8 cm。4～5月产卵。每窝产卵8～12枚。通常一天一枚。卵为淡黄色或黄褐色，具稀疏的红褐色或肉桂色斑点，卵为椭圆形，卵壳光滑，大小为38.2 mm×28.9 mm，卵重15.1～18.1 g。产完卵后即开始孵卵。孵卵由雌鸟承担，孵卵期21～25天。孵卵期间雌鸟甚为恋巢，每天仅离巢1～2次觅食和休息，多在早晨和下午。雏鸟早成性，出壳后即睁眼，全身被有湿的黄褐色绒羽，待羽毛干后即能跟随亲鸟活动和觅食。

种群现状和保护 IUCN和《中国脊椎动物红色名录》均评估为无危（LC）。自20世纪30年代以后，花尾榛鸡的栖息地日趋缩小，被割裂成不连续的岛状或带状，种群有不同程度的下降，在有些地方已经灭绝。生活在中国东北的花尾榛鸡在满语中被叫作“斐耶楞古”，意思是“树上的鸡”，后来取其谐音，称为“飞龙”。因为它的肉味道鲜美，花尾榛鸡成为东北地区主要的狩猎鸟类，从清朝乾隆年间开始还把它作为岁贡鸟，进贡给皇帝作美味佳肴。由于森林砍伐和过度狩猎，辽宁、天津北部和河北兴隆等地的花尾榛鸡已经或者濒临灭绝。在中国，花尾榛鸡被列为国家二级重点保护动物名录。

斑尾榛鸡

拉丁名：*Tetrastes sewerzowi*
英文名：Chinese Grouse

鸡形目雉科

形态 雄鸟体长 32～38 cm，体重 250～300 g；雌鸟体长 31～38 cm，体重 210～290 g。头顶和枕部深栗色，杂以黑色、灰色点斑；上体栗色，具明显的黑色横斑；外侧尾羽黑褐色，具数条窄的白色横斑和端斑；中央一对尾羽棕栗色，缀有黑色虫蠹状斑，并具 7～8 条黑色和棕白色并列的横斑；颏、喉黑色，周缘白色；胸部栗色，向后渐淡而近白色，整个下体均具明显的黑色横带。虹膜褐色，嘴褐色或黑褐色，脚角黄色。

分布 中国特有鸟类，分布于云南西北部、西藏东部、四川北部和西部、甘肃、青海东部和东北部等地。

栖息地 通常栖息在中高海拔的山柳、杜鹃、金露梅等灌丛中，也见于云杉林和赤杨林下。冬季常迁到较低海拔的森林和灌丛地带，春夏季则往山上部森林草原和灌丛地带迁移。

习性 除繁殖期外大多成群活动，特别是在育雏期间。主要在树上活动和栖息，晚上也在云杉树上过夜，有时也到地面活动，特别是育雏期间，几乎完全在地面上活动。中午饱食后在云杉树上或林下树桩和树根上休息，或者在林下松软的坡地上进行沙浴。与其他松鸡类相比，斑尾榛鸡鸣叫的次数较少。

食性 冬季主要取食柳树、桦树的芽及嫩枝，以及沙棘果实；夏季除柳树、桦树等的叶外，还有小檗、忍冬等灌木的花和嫩叶，草籽以及少量昆虫；秋季主要吃蓼的花序、问荆的嫩枝梢和云杉种子。觅食时常分散单独觅食。

繁殖 繁殖期 5～7 月。以单配制为主，但也存在多配制的倾向。冬季在越冬群中即出现雄鸟之间的争斗行为。多在春季往山上部垂直迁移的过程中形成配对，之后越冬群逐渐分解，彼此进入各自的巢区并采用振翅跳跃的方式占领一定面积的领域。

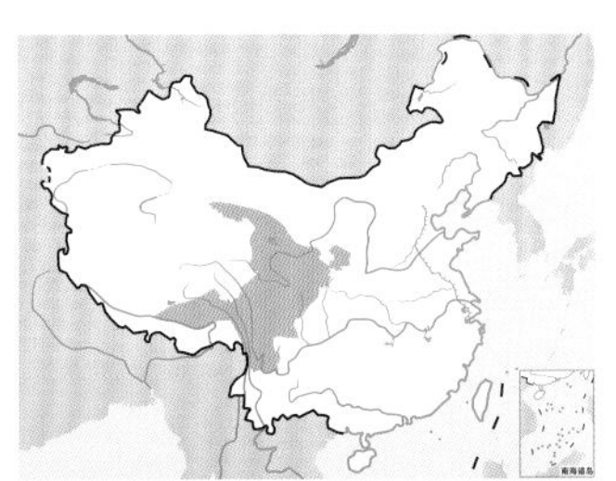

斑尾榛鸡。左上图为雌鸟，下图为雄鸟。唐军摄

营巢于云杉林、园柏林或混交林内，巢域面积多在 0.1～0.15 km²。巢多置于树干基部干燥地面上，四周有灌木隐蔽。由雌鸟在松软的地上扒一个圆坑，垫以云杉细枝或禾本科与莎草科植物的茎、叶；巢内再垫以苔藓、羽毛和绒羽。也有营巢于天然树洞内的。巢的大小为外径 15.5～25.0 cm，内径 14～16 cm，巢深 8～11.5 cm。每窝产卵 5～8 枚，卵为椭圆形，棕白色或淡棕沾粉色，具红棕色、棕褐色或栗色点斑或斑块。卵的大小为 (43～49) mm × (30～34.5) mm。卵重 22.5 g。通常在 5 月中下旬产卵。每年繁殖 1 窝，每天产卵 1 枚，卵产齐后即开始孵卵。孵卵由雌鸟承担。孵卵期间雌鸟甚为恋巢，每天除中午和下午各离巢 1 次进行约 1 小时的觅食外，其他时间全程坐巢。孵卵期 25～28 天。雏鸟早成性。孵出后不久即能随亲鸟活动和觅食。

在育雏早期幼鸟以动物性食物为主，随着日龄的增长，植物性食物增多。由于同一地域的动物性食物数量有限，雌鸟会通过携带幼鸟游荡的方式来满足幼鸟对动物性食物的较强需求。当幼鸟 76～90 日龄以后，雌鸟便离开幼鸟，使家族群分散，并促使幼鸟进行长距离的扩散。

种群现状和保护 斑尾榛鸡是中国特有鸟类，分布范围不广，种群数量很少，IUCN 和《中国脊椎动物红色名录》均评估为近危（NT）。在中国被列为国家一级重点保护动物。

探索与发现 斑尾榛鸡是松鸡类分布最南的一个种，与其他环北极分布的松鸡类不同，它的分布区域已经达到亚热带地区。但它仍具有松鸡类所共有的特征，说明它的祖先也曾在北方寒冷地区生活过。而当距今 7000 万年左右的新生代以后，大面积发育的冰川吞噬了大批古老的物种，幸存者则被迫南迁。斑尾榛鸡的祖先和其他一些动物种类的分布区则随着冰川边缘的进退而变化。在更新世中期，青藏高原开始形成，并逐渐升高，使这一地区的气候变冷，更新世早期就已出现的针叶林和针阔叶混交林等高山森林带得以进一步发展。而当时斑尾榛鸡的祖先正随着冰川的推移向南推进，迁入青藏高原东缘和东南缘一带山地。由于这些地方的低温和适度的冰雪环境，发育良好的山地森林植被，与斑尾榛鸡祖先所要求的栖息地十分相似，又没有相同生态位的种类竞争和排挤，生存压力较小，它们就在这里定居下来，进而演变为现生的斑尾榛鸡。斑尾榛鸡南迁的另外一个原因是受到它的相近种，更适应冰雪环境的花尾榛鸡的排挤。更新世晚期以后，中国东北、华北和黄土高原一带的气候向着干热的方向发展，使以云杉、冷杉为主体的森林退缩，仅在山地高海拔地区残存，人类出现以后导致的生境的破坏和捕猎，使斑尾榛鸡的分布区进一步退缩，并与花尾榛鸡和其他松鸡类的分布区隔离开来。所以说斑尾榛鸡是冰川时期在中国西南山地的泰加林的遗留种，它的存在对于研究动物地理、物种形成和演替，特别是鸟类物种发生和演替的历史是很有意义的。

镰翅鸡

拉丁名：*Falcipennis falcipennis*
英文名：Siberian Grouse

鸡形目雉科

体长约 32 cm。头顶至后颈灰橄榄色，具窄的黑色横斑，眼后有白纹，眼上缘裸露皮肤红色；上体大都为黑色，具灰色和沙黄色横斑；尾具宽阔的白色端斑；翼羽及覆羽为暗褐色，初级飞羽硬窄而尖，呈镰刀状；颏、喉至上胸黑色，下胸和腹为黑白交替的横斑，喉侧和喉下的一圈羽毛具白色尖端。跗跖被羽。在中国分布于黑龙江北部。栖息于亚寒带针叶林内。IUCN 评估为近危（NT）。被列为中国国家二级重点保护动物。在中国已多年未有野外记录，1992—1997 年，黑龙江省野生动物研究所历时 5 年的调查研究，都未能获得镰翅鸡在中国境内的活动痕迹和民间目击线索，宣告其在中国境内已灭绝。《中国脊椎动物红色名录》评估为区域灭绝（RE）。

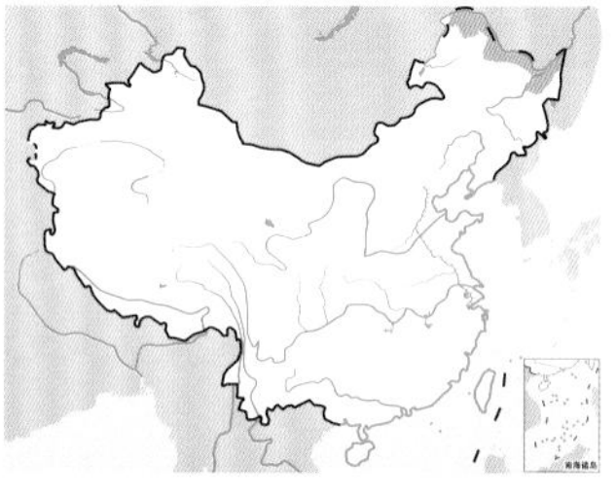

斑尾榛鸡。左上图为雌鸟，下图为雄鸟

松鸡

拉丁名：*Tetrao urogallus*
英文名：Western Capercaillie

鸡形目雉科

体长 57～94 cm。雄鸟从额到尾上覆羽均为石板灰色，头部的羽色较暗，具黑色的虫蠹状斑或云雾状斑；尾长而宽阔，具有一些白色斑点，中央尾羽上有一条宽的不规则白斑；喉部黑色，胸部有蓝绿色光泽，腹部有白色斑点。雌鸟上体锈褐色，夹杂着黑色及皮黄色的横斑；喉部淡黄或橙黄色，胸部棕色，腹部和两胁淡白色，密布着黄褐色的横斑。在中国分布于新疆北部。栖息于针叶林林间空地中。在集体求爱的"舞场"上能发出类似咯咯声、打嗝声及拔瓶塞的声音。IUCN 评估为无危（LC）。在中国极为稀少，《中国脊椎动物红色名录》评估为濒危（EN）。被列为中国三有保护鸟类，亟需提升保护等级。

松鸡。左上图为雄鸟，下图为雌鸟。李建强摄

黑嘴松鸡

拉丁名：*Tetrao urogalloides*
英文名：Black-billed Capercaillie

鸡形目雉科

形态 雄鸟体长 47 ~ 91 cm，体重 2600 ~ 4000 g；雌鸟体长 62 ~ 95 cm，体重 1750 ~ 2050 g。雄鸟主要为黑褐色，头、颈部有青紫色金属光泽，胸部则闪绿色光辉，肩、翼上有大块白斑；黑色尾羽呈楔状，末端白色。雌鸟大多为锈棕色，杂有黑褐色横斑和灰白色羽缘，并闪烁着蓝色光泽，肩、翅、下腹和尾上、尾下覆羽都有白色端斑。虹膜肉桂色，嘴黑褐色，腿上裸皮黄白色，脚、趾黑色。

分布 在中国分布于河北北部、内蒙古东北部、黑龙江东部和北部。国外见于亚洲东北部一带。

栖息地 主要栖息在海拔 500 m 左右的低山丘陵的落叶松、冷杉、云杉、樟子松和红松等针叶林的林中空地、林缘和河谷地带活动，尤其是林下草本植物、幼树和灌木生长较好的地带，但不喜欢特别茂密的林地，也不进入阔叶林中。

习性 从天刚亮时就开始活动和觅食，一直到黄昏才停止。善于在地面行走，除了上树和下树外，一般较少飞翔。起飞时先走到较为开阔的地方，两翅鼓动有力，呈斜线飞起，常发出较大的鼓翼响声。飞到一定的高度后，再斜向滑翔下来，通常飞行的距离在 200 m 以内，飞行的高度一般不超过大树的树冠。降落前大多先落到树上，确认没有危险时才落地。遇到危险时通常先站立不动，待危险迫近时才起飞，或者钻进茂密的灌丛中、枯叶堆或倒木堆中隐匿。晚上通常栖息于落叶松树上，只有在育雏期间才与雏鸟一起栖息于地面的草丛中或灌丛中。在严寒的冬季，则躲进地面上的雪窝中过夜。

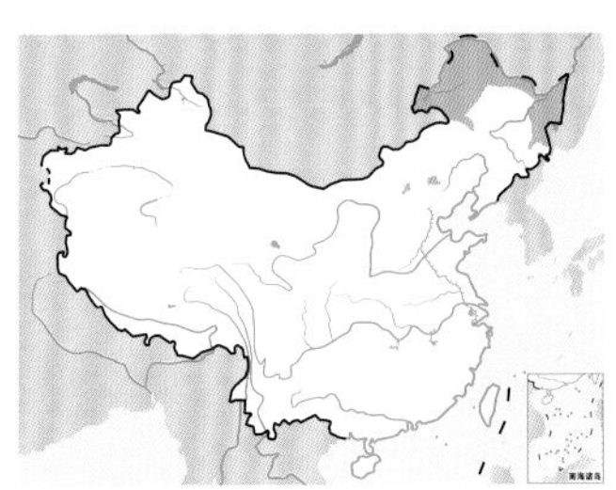

黑嘴松鸡。左上图为雌鸟，下图为雄鸟。刘璐摄

食性 多在树上采食，有时也在地上。食物主要是植物的嫩枝、嫩芽、果实和种子，也吃一些鳞翅目昆虫、蜗牛、蚂蚁及卵。冬季的食物种类较少，但营养丰富，尤其是高能物质如粗脂肪、糖类的含量较高，有利于帮助它度过北方漫长而寒冷的冬季。

繁殖 婚配制度为一雄多雌制，没有固定的配偶关系，雄鸟以"跑圈"的方式进行求偶炫耀。早春三月，积雪还没有融化，时而还在下雪，它们便先后开始了一年一度的选择配偶的活动。选择配偶都有固定的场所，多半用林中比较开阔的地带作为舞场，多年固定不变。选择配偶的时间也很有规律，一般每天 2 次，总是在东方晨光初照的拂晓和夕阳西下、余光微弱的傍晚。

择偶的情景十分有趣，发情的雄鸟先停歇在树上，每次总是有一只雄鸟率先飞落舞场，张尾垂翅，昂首挺胸，头部还不时前后摆动，或做下蹲动作，不断发出单音节"梆，梆"的高亢叫声，尤如更夫在敲着梆子，所以东北地区的人民把它们叫作"梆子鸡"，并把它们求偶的地方叫作"梆鸡场"。接着其他雄鸟也相继而来，多时十几只，少时也有五六只。这时，雌鸟也来到舞场，在附近观看。雄鸟见雌鸟到来，叫声更加频繁而激烈。同时，雄鸟之间开始互相追逐、争斗，有的跑成圆圈，叫作"跑圈"，也有的呈直线追来追去。只有胜利者才会得到雌鸟的青睐。

交配后，雌鸟开始营巢，雄鸟单独活动。通常营巢于树根下草丛中或倒木下，也在枯枝堆中营巢。多在落叶松疏林和林缘地带营巢。巢较简单，主要由雌鸟在松软的地上先刨一个凹坑，再垫以松针、树皮、细小松枝和羽毛即成。巢的大小为外径 28 ~ 35 cm，内径 20 ~ 25 cm，深 4 ~ 10 cm。4 月末或 5 月初开始产卵。每窝产卵 5 ~ 9 枚。卵多在早晨产出。通常一天一枚，一年一窝。卵为浅棕色或赭色，具红褐色或暗褐色斑，大小为 (52.5 ~ 62.5) mm × (39 ~ 43.5) mm，重 65 ~ 70 g。第一枚卵产出后即开始孵卵。孵卵由雌鸟承担，护巢性甚强。离巢觅食时常用巢材将卵盖上。离巢和回巢时均甚谨慎而机警，常俯身贴地、偷偷快步出入。孵化期 23 ~ 25 天。雏鸟早成性，刚孵出时全身被有皮黄色绒羽，并杂有黑褐色斑，脚肉红色，孵出后不久雏鸟即能跟随亲鸟活动和觅食。

种群现状和保护 IUCN 评估为无危（LC）。《中国脊椎动物红色名录》评估为濒危（EN）。从前在中国内蒙古和黑龙江境内的大兴安岭、小兴安岭和阿尔山等地均有分布，冬季在河北的兴隆县境内的东陵附近也能见到。但现在它的两个主要栖息地小兴安岭和阿尔山地区的种群也已处于灭绝的边缘，河北也不再能见到越冬的个体。种群数量最多的大兴安岭地区下降的速度也很快，处境非常危险。被列为中国国家一级重点保护动物。

黑琴鸡

拉丁名：*Lyrurus tetrix*
英文名：Black Grouse

鸡形目雉科

形态 雄鸟体长 39～61 cm，体重 1100～1600 g；雌鸟体长为 43～49 cm，体重 1000～1405 g。雄鸟全身羽毛黑色，并闪着蓝绿色的金属光泽，尤其是颈部更为明亮；翅膀上有一个白色的斑块，称为翼镜；尾羽黑褐色，最外侧的三对特别延长并呈镰刀状向外弯曲，与西洋古琴的形状十分相似，因此得名。雌鸟的羽毛大都棕褐色，满布以黑色和赭褐色横斑，翅上白色斑块不及雄鸟显著；尾羽虽然也呈叉状，但外侧的尾羽不长，更不向外弯曲。虹膜褐色，眼上的裸皮橘红色，嘴和脚暗褐色。

分布 在中国分布于河北北部、内蒙古东北部、黑龙江、吉林东部、辽宁、新疆中部和北部。国外广布于欧亚大陆北部。

栖息地 主要栖息于针叶林、针阔叶混交林或森林草原地区，栖息的海拔高度一般在 600～900 m，有时也到 1500 m 左右的高度。特别喜欢在落叶松林、樟子松林，以及它们与白桦、山杨及其他阔叶树组成的混交林中活动，时常出没在林边的空地、林间草甸、森林草原及溪边灌丛附近。

习性 常成群活动，每群由几只，几十只，甚至上百只组成，随季节、食物多少和周围环境的不同而变化。春季活动范围较大，多在地面取食。夏季多在巢区附近的地面活动，有时也到树上。秋季离开繁殖区域，结成数目不等的群体向四处游荡。冬季平时很少活动，只在下午阳光充足时到食物丰盛的山谷地带觅食，黄昏时刻便在雪地上用爪子扒出一个直径为 30 ～ 40 cm 的雪窝过夜。

食性 食物主要是各种乔木、灌木的嫩枝、嫩芽、浆果、花和种子等，也吃一些昆虫、蜗牛、蜘蛛等动物性食物。

繁殖 婚配制度为一雄多雌制。每年 4 月上旬到中旬，有的甚至早在 3 月底就进入发情期，雄鸟眼上方由皮质丝状物构成的眉纹开始充血膨胀，呈鲜艳的血红色。它们便先后开始了一年一度的选择配偶的活动，多半选择杨树林、桦树林的疏林地或森林边缘比较开阔的地带作舞场。先有几只雄鸟飞落到舞场上，围绕着一棵幼树或者一簇灌丛，半张着稍微下垂的翅膀，斜翘起琴状的尾羽，显露出尾下雪白的羽毛，弓颈低头，不断发出高吭的“婚歌”。每只雄鸟都占有一块自己的领地，较强壮的雄鸟所占有的领地面积较大，占有的时间也较长，甚至连续占有很多年。求偶表演有在地上、树上和空中等表演形式。在地面时常伸着脖子，羽冠耸起，头反弓向上，全身羽毛耸立颤动，在地上不停地奔跑，口吐白沫，边跑边叫。如果两只雄鸟相遇，便可发生激烈的争斗，常常是先互相啄对方的红色裸皮，然后嘴、爪、翅并用，直到一方败退为止。树上表演是多为张翼、翘尾、伸颈、不停地鸣叫，但身体不做转动。空中表演包括振翅飞翔和振翅跳等，一边飞翔一边发出“嘶嘶”的叫声。当雄鸟表演时，如果有雌鸟来到表演场地，雄鸟便来到雌鸟身边，围绕着它来回走动，在求偶场地上或附近的荫蔽处交尾。这种求偶活动每天要进行两次，第一次从黎明开始，到上午九十点钟阳光明媚时结束；第二次从下午六七点钟开始，天黑时结束。

交配完后雌鸟便开始营巢。多营巢于林缘树下草丛或灌木丛中地上，也在倒木下或倒木旁营巢。巢甚隐蔽也很简陋，多由雌

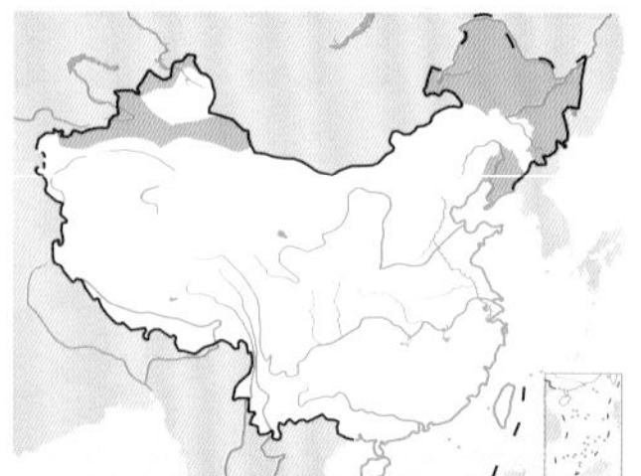

黑琴鸡。左上图为雌鸟，唐英摄；下图为求偶炫耀的雄鸟，张连喜摄

鸟在地上扒一个凹坑，内再垫以干草茎、草叶、松针和羽毛。巢的大小为外径 20～26 cm，内径 15～18 cm，巢深 5～9 cm。筑好巢后即开始产卵。每窝产卵 5～12 枚。卵的颜色为淡赭色或褐色，具深褐色或棕褐色斑点；大小为（45～50）mm×（34～38）mm，重 28～37 g。卵产齐后开始孵卵。孵卵由雌鸟承担，孵化期 24～29 天。雏鸟早成性，刚孵出时身上被有黄褐色绒羽，具黑褐色纵纹和斑纹，孵出后不久即能跟随亲鸟活动和觅食。

种群现状和保护 黑琴鸡的分布范围虽然还比较广，但栖息地都呈不连续的孤岛型，在中国也是如此，各地的种群数量都有不同程度的下降，仅在河北围场县这个黑琴鸡分布的一块“飞地”上，还栖息着相对较大的种群。IUCN 评估为无危（LC），《中国脊椎动物红色名录》评估为近危（NT）。被列为中国国家二级重点保护动物。

岩雷鸟

拉丁名：*Lagopus muta*
英文名：Rock Ptarmigan

鸡形目雉科

形态 雄鸟体长 38 cm，体重 380～740 g；雌鸟体长 33～36 cm，体重 430～700 g。夏季雄鸟上体黑褐色，密布沙黄色或灰皮黄色横斑和斑点，羽端具窄的白边；翅白色，初级飞羽羽轴黑色；尾羽黑褐色；下体颏、喉、上胸沙皮黄色，杂以窄的黑褐色横斑，其余下体白色。雌鸟上体黑褐色，密杂以沙黄色和淡沙黄色羽端，两翅白色，初级飞羽羽轴黑色；下体淡沙黄色，密布黑褐色横斑，胸部横斑较粗著，向后逐渐变小，腹部仅两侧有少许白羽；中央一对尾羽白色或黑褐色，羽端有白色狭边，其余尾羽黑褐色。冬季雌雄均通体白色，尾羽黑色。虹膜褐色。嘴黑色。爪黑色。

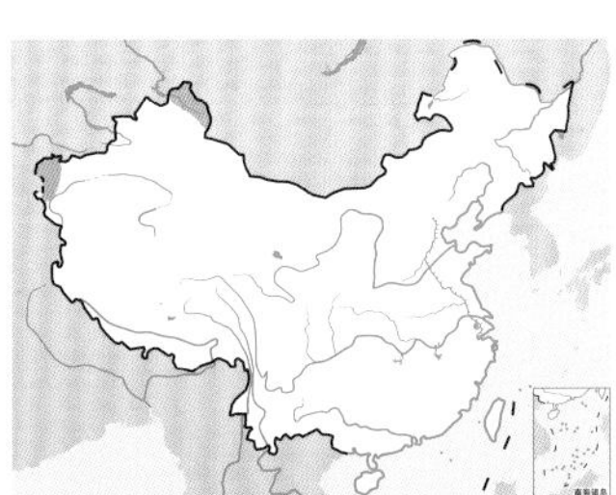

岩雷鸟。左上图为雄鸟夏羽，张永摄；下图为带着雏鸟的雌鸟，王瑞卿摄

岩雷鸟冬羽。李建强摄

分布 在中国分布于新疆北部。国外广布于北美洲的北部以及欧亚大陆极北部的北极圈内一带，并且扩展到法国北部、意大利北部、蒙古北部、俄罗斯东部、日本中部等地。

栖息地 主要栖息在北极附近的苔原地带和森林草原地带，以及多岩石的草甸、高山针叶林、高山和亚高山草甸等高山地带。

习性 除了繁殖期外大多成群活动，大多为 3～5 只的小群，冬季有时甚至可达 100 只以上。有季节性垂直迁移现象。主要在地面上活动，冬季晚上栖息于雪穴之中。

食性 主要取食桦树、柳树及各种灌木和草本植物的嫩枝、芽包、嫩叶、花、浆果、种子和果实等。

繁殖 繁殖期 6～8 月，配偶制度为不严格的一雄一雌制。雄鸟到达繁殖地后首先进行领地分割，并各自在自己的领地内不停地鸣叫和飞翔，同时眼睛上面的肉冠膨大，色彩变成更为鲜艳的血红色。如果有其他雄鸟入侵，就将肉冠竖起，尾羽敞开，立刻飞过去驱赶，领域性极强。而当雌鸟被它的求偶鸣叫吸引到领地内时，则弓着颈部，翘着尾羽跑过来，同时半张着双翅，头部向雌鸟伸出，表示求爱。雌鸟则低着头，微张着双翅，身体向下倾斜。然后雄鸟跳到雌鸟的背上，咬住雌鸟后颈的羽毛进行交尾。每只雄鸟可以与 2～3 只雌鸟交尾。

交配结束后雌鸟独自营巢。通常营巢于交配雄鸟的领地中。巢多筑在富有灌木的高山苔原或山坡岩石附近，常有岩石或灌木隐藏。巢极简陋，主要是地上的浅形凹坑，内垫有草茎、草叶和少许羽毛。6 月开始产卵。每窝产卵 6～13 枚。卵为赭色，具有密集的栗色斑点。孵卵由雌鸟承担，孵化期 24～26 天。雏鸟早成性，孵出后不久即能随亲鸟活动和觅食。

种群现状和保护 IUCN 评估为无危（LC），《中国脊椎动物红色名录》评估为近危（NT）。种群数量呈现周期性波动，周期是 9～10 年。在北极圈附近地区岩雷鸟的数量还比较多，所以很多地方仍将岩雷鸟作为狩猎对象。但在中国，岩雷鸟的记录仅限于新疆极北部的少数地区，野外所见都是十分零散的个体，而且很少见到，因此被列为国家二级重点保护动物。

柳雷鸟

拉丁名：*Lagopus lagopus*
英文名：Willow Grouse

鸡形目雉科

形态 雄鸟体长 33～41 cm，体重 450～815 g；雌鸟体重 400～700 g。夏季雄鸟上体黑褐色，头、背部颜色较深，布满了宽阔而不规则的棕黄色横斑和窄的白色羽缘；尾羽黑褐色，中间一对白色；下体以白色为主。雌鸟上体黑褐色，具有淡黄色的斑点和白色的羽端；下体污黄色，具黑褐色的横斑，腹部缀有白点。冬季雌雄体羽均为白色。虹膜褐色。嘴黑色。爪黑色。

分布 在中国分布于黑龙江北部、新疆北部。国外分布于欧洲北部、亚洲北部、北美洲北部等地。

栖息地 主要栖息在北极附近的苔原、森林、苔原灌丛、多岩石的草甸等地带，尤其喜欢桦树林、柳树林，有时也到农田地带。

习性 除了繁殖期外大多成群活动，冬季甚至可达百只以上。它们活动的范围较大，尤其是冬季，有时也会进行比较长距离的迁移或游荡。冬季它们还会藏在雪洞里来躲避寒冷的暴风雪，可以在雪下穿行，寻找食物。

食性 主要是各种柳树、桦树、杨树等乔木的嫩枝、嫩芽、嫩叶、花絮、果实和种子，冬季的食物几乎都是柳树、桦树的芽苞和嫩枝，夏、秋季节有时也吃灌木和草本植物的浆果、花、嫩叶和芽，以及一些鳞翅目昆虫、小型无脊椎动物等。

繁殖 繁殖期 5～7 月。配偶制度为严格的一雄一雌制，与大多数鸡类一雄多雌的婚配方式不同，一般认为是属于鸡类中的原始婚配类型。配对前雄鸟眼睛上部生长的红色肉垂充血膨胀，显得极为鲜艳醒目，而且分别占据各自的领域，时常发生争斗。占区完成后，雄鸟常站在领域中地势较高的小土丘或岩石上守卫、飞翔，并不时发出求偶的鸣叫声和进行炫耀表演。炫耀时尾羽高高翘起并散开，同时两翅下垂，一边向前走一边用飞羽在地上划动，并且大声鸣叫。当有雌鸟应声来到雄鸟的领域内时，雄鸟便弓颈翘尾，跑向雌鸟，在雌鸟面前作轻微的曲线运动，然后快速拍打散开的尾羽，同时两翅下垂，拖着两翅围绕着雌鸟来回走动或绕圈，伺机交尾。

柳雷鸟冬羽。李建强摄

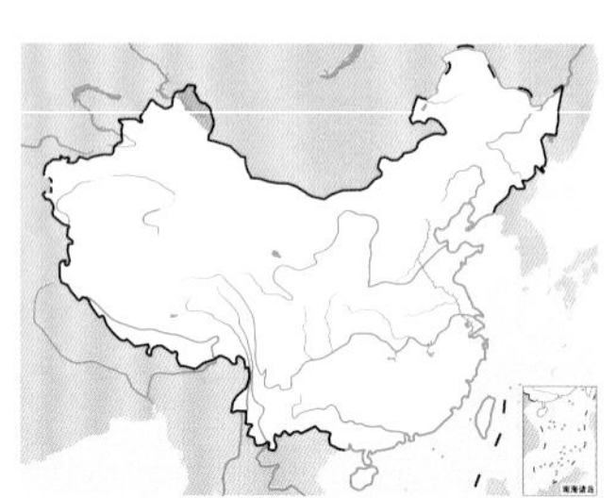

柳雷鸟。左上图为雄鸟夏羽，下图为带领幼鸟的雌鸟。李建强摄

营巢于平原或低山丘陵冻原地上灌丛中，也在林缘灌丛和草丛中营巢，通常有灌丛或草丛隐蔽。巢实际上是地上的小凹坑，内垫有少量枯枝、草叶、树叶和羽毛。每窝产卵 6～12 枚。卵的形状为梨形，颜色为淡黄色，具大小不等的淡肉桂色和褐色斑点，卵的大小为（44～46.5）mm ×（31～32）mm，卵重 21.2～22.9 g。雌鸟孵卵，雄鸟在巢附近警戒和保卫巢，孵化期 21～22 天。

种群现状和保护 IUCN 评估为无危（LC）。野外种群数量呈现周期性波动，周期为 3～10 年。造成这一数量波动周期的原因可能是食物数量或天敌数量的波动。中国地处柳雷鸟分布区的南部边缘，所以数量极为稀少，无论是在黑龙江北部还是在新疆北部都极为罕见。《中国脊椎动物红色名录》评估为易危（VU）。被列为国家二级重点保护动物。

雪鹑 拉丁名：*Lerwa lerwa* 英文名：Snow Partridge

鸡形目雉科

形态 雄鸟体长36～40 cm，体重560～650 g；雌鸟体长31～37 cm，体重420～650 g。头、颈和上体具细的黑色和皮黄白色相间排列的横斑，背部多为棕栗色，特别是肩部栗色较重；尾羽有黑白相间的横斑；翅覆羽和初级飞羽黑褐色，缀有白色斑点和端斑；次级飞羽和大覆羽有黑色和皮黄白色相间的横斑；次级飞羽具宽阔的白色端斑；下体主要为栗色，腹部和两胁缀有白斑。虹膜红色或血红色，嘴辉珊瑚红色，跗跖和趾橙红色至深红色。

分布 在中国分布于西藏东南部、甘肃南部、云南西北部、四川西北部一带。国外分布于尼泊尔、印度北部、阿富汗等地。

栖息地 栖息于海拔3000～5500 m的高山灌丛、高山草甸和裸岩地带。

春、秋两季主要栖息于雪线以上的裸岩和风化岩屑堆积的山地，夜晚则栖宿在石缝之中或悬崖下面，这里只有石缝中生长着极少的高山流石滩植被，如雪莲、兔耳草和金莲花等，覆盖度还不到5%，但天敌较少。繁殖期多在高山裸岩带下的高山草甸上活动，此处气候凉爽，雨量充沛，植物生长茂盛，植物种类比较丰富，极大地丰富了它们的食物。到了冬季，则主要在草甸之下的高山灌丛带，以及山地阳坡和山麓水区地段活动，这里气候干燥、温暖，生长着稀疏的锦鸡儿、绣线菊、杜鹃等灌木，是较为理想的越冬场所。

习性 善于行走和滑翔，遇到敌害时常从一个山坡滑向另一个山坡。在地上行走时显得摇摇摆摆，踉踉跄跄。彼此之间大多通过叫声进行联络。雪鹑叫声尖细而短促，雄鸟的叫声是连续的，不断加快且升高音调；雌鸟的叫声较低沉，而且较少鸣叫。受惊时的叫声为低哨音，危急时转为尖厉。季节性垂直迁移的习性，冬季从高山下迁到灌丛中越冬，待春天来临就又上升到草甸和裸岩地带。

食性 在地面上取食，包括多种苔藓、蕨类、草本植物和灌木的叶、芽、花和种子，以及极少量动物性食物，并啄食一些砂砾。

繁殖 繁殖期为4～7月。5月初开始成对、求偶和占据巢域，雄鸟以叫声来表示领域范围。营巢于岩石上洞穴中或灌木与杂草丛中。巢甚隐藏，主要由草茎和苔藓构成，较精巧结实。每窝产卵3～6枚。卵乳白色或暗黄色，密被淡红色细斑和斑块。卵的大小为（48.6～57.2）mm×（31.6～37）mm，重35.4～36.0 g。雌鸟孵卵。

种群现状和保护 雪鹑的种群数量随分布地区的不同而差异很大，但总的数量还比较多，但由于高山地区的当地居民“靠山吃山”的经济活动不断增长，使雪鹑的生存也受到了越来越严重的威胁。IUCN评估为无危（LC），《中国脊椎动物红色名录》评估为近危（NT），目前被列为中国三有保护鸟类。

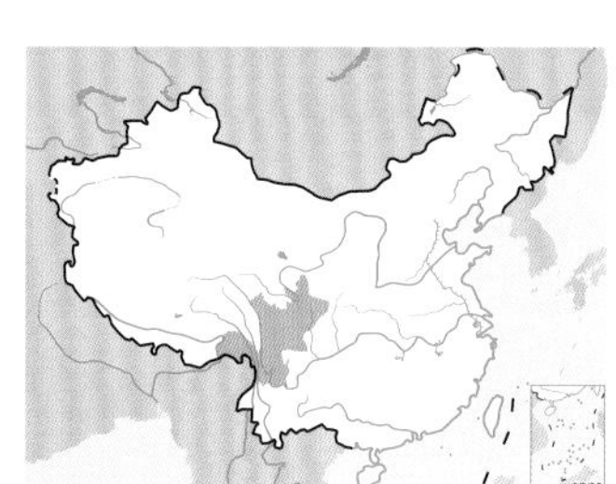

雪鹑。吴秀山摄

红喉雉鹑 拉丁名：*Tetraophasis obscurus* 英文名：Chestnut-throated Partridge

鸡形目雉科

体长44～54 cm。体羽主要为灰褐色，头顶和枕部有黑褐色的中央纹，尤其枕部的纵纹较宽；翅上有白色或淡棕色的斑点；中央一对尾羽灰褐色，具白色和黑褐色虫蠹状端斑，外侧的尾羽基部灰褐色，带有黑褐色斑点，端部深黑色而具白色端斑；颏、喉和前颈栗红色，两边具白色边缘；胸部底色大都淡灰色，腹部中央棕白色，有时杂有栗色；尾下覆羽红栗色。中国特有鸟类，分布于四川西北部、甘肃、青海东部。栖息于高山针叶林上缘和林线以上的杜鹃灌丛地带。IUCN评估为无危（LC），《中国脊椎动物红色名录》评估为易危（VU）。被列为国家一级重点保护动物。

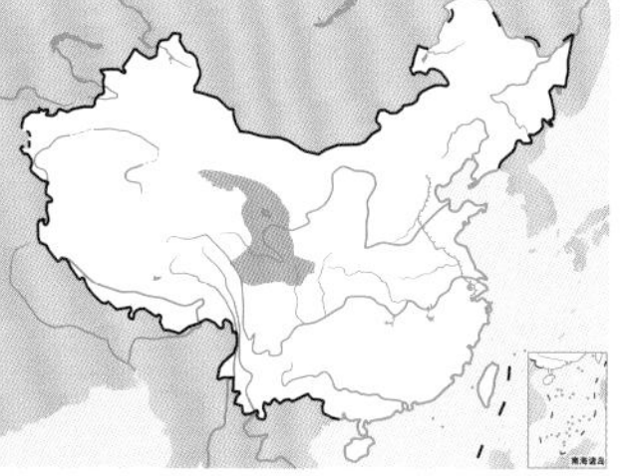

红喉雉鹑。唐军摄

黄喉雉鹑

拉丁名：*Tetraophasis szechenyii*
英文名：Buff-throated Partridge

鸡形目雉科

形态 雄鸟体长 29～50 cm，体重 660～1500 g；雌鸟体长 34～45 cm，体重 880～1790 g。头顶及颊部深灰褐色，头顶羽干纹和羽端暗褐色。颈部和上背棕褐色，下背、腰部为灰色。中央尾羽灰褐色，并布以黑褐色波形斑纹，羽端白色。飞羽暗褐色。颏部、喉部棕黄色。胸部褐灰色，杂以黑褐色羽干纹，羽端中央缀以黑色点斑。腹部至覆腿羽棕黄色，并具棕栗色和灰色块斑。两胁灰褐杂以棕黄色和栗色。虹膜栗色。嘴黑色。跗跖褐色。

分布 中国特有鸟类，分布于云南西北部、西藏东部、四川西部、青海东南部一带。

栖息地 在繁殖期间主要栖息于海拔 3500～4500 m 的针叶林、高山杜鹃灌丛和林线以上的岩石苔原地带，冬季可下到 3500 m 以下的混交林和林缘地带活动。

习性 夜间多栖息于低的树枝上，除繁殖期多成对或单独活动外，其他时候多呈小群活动，喜欢大声鸣叫，为一连串尖厉、刺耳的叫声，很远就可以听到。主要在林间的地面上活动，善于在地面行走和奔跑，不善飞翔。除危急情况时一般很少起飞，每次飞翔的距离也不大，大多为数米至数十米。

食性 主要以植物的根、叶、芽和果实与种子为食，也吃少量昆虫。

繁殖 繁殖期 5～7 月。营巢于地面岩石下或小灌木上，较隐蔽。窝卵数 3～7 枚。卵白色而沾红，被有棕褐色斑点。卵大小为（51 ～ 53）mm×（33～34）mm，重 32.0～34.0 g。雌鸟孵卵。

种群现状和保护 IUCN 评估为无危（LC），《中国脊椎动物红色名录》评估为易危（VU）。作为中国特有鸟类，野外数量局部相对较多，但分布范围不大，需要进行严格保护。早期曾与红喉雉鹑作为不同亚种置于同一种下，统称为雉鹑，《国家重点保护野生动物名录》中将雉鹑列为国家一级重点保护动物，因此独立后的黄喉雉鹑和红喉雉鹑均应视为国家一级重点保护动物。

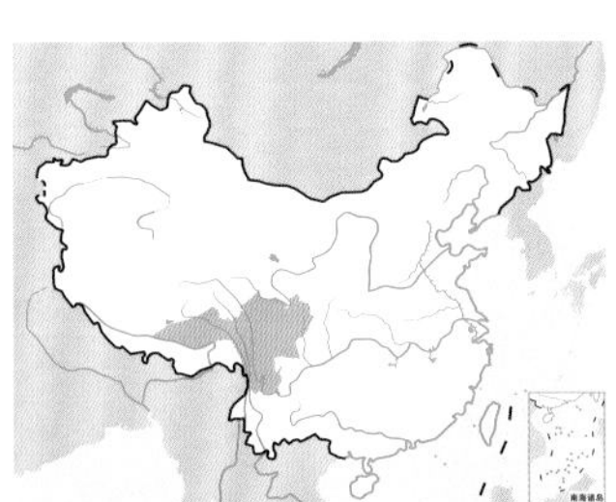

黄喉雉鹑。左上图沈越摄，下图为夜栖于树上的黄喉雉鹑，贾陈喜摄

在灌木丛上筑巢的黄喉雉鹑。杨楠摄

暗腹雪鸡

拉丁名：*Tetraogallus himalayensis*
英文名：Himalayan Snowcock

鸡形目雉科

形态 雄鸟体长 52～63 cm，体重 2490～3100 g；雌鸟体长 52～54 cm，体重 2000～2570 g。头顶至后颈灰褐色或灰白色，颈的侧面有一白色斑，其上下边缘均围着一圈栗色的线条，并与喉和上胸之间的栗色线条相连。上体为土棕色，密布着黑褐色的虫蠹状斑；棕褐色的翅膀上也有大块的白斑；中央尾羽是淡棕色，外侧尾羽是栗色，杂以黑褐色虫蠹状斑。下胸和腹部都是暗灰色，杂以砖红色或栗色粗纹。虹膜角褐色，眼睑石板蓝色，眼周裸露皮肤皮黄色，嘴淡角褐色或石板包，掩盖鼻孔的蜡膜亮黄橙色，跗跖和趾亮红色或橙红色，爪黑色。

分布 在中国分布于内蒙古西部、甘肃、青海北部、新疆。国外见于亚洲中部、南部。

栖息地 主要栖息在海拔 2500 m 以上至 5000 m 的高山和亚高山岩石苔原草地和裸岩地区，几乎接近雪线，冬季可下降到 2000 m 甚至 1500 m 左右的林线上缘灌丛和林缘地区。夏、秋季有时进入岩石耸立的稀疏云杉林和柏树林中栖息。

习性 喜欢集群，常组成 10 余只至 20 多只的小群活动，有时甚至集成 30 只以上的大群。通常天一亮即开始活动，直到天黑，尤以清晨和黄昏的以及晴天活动最为频繁。夜晚到有陡峭崖壁或碎石堆的地方夜宿。

在群体觅食或栖息时，有一只雄鸟担任警戒。危险来自高处时，警戒鸟立即起飞，其他个体相继飞走；危险来自低处时，警戒鸟则发出报警叫声，并向高处走动，其他鸟也相继向上奔走，同时发出叫声互相招呼。它们平时活动时尾部伸直，而由低处向高处奔走时，尾羽翘起，充分展示洁白的尾下覆羽，以供相互识别。

以地栖为主，善于奔走，未受干扰通常不起飞。飞行距离较短，通常从一个山坡飞向另一个山坡，偶尔翻过一个山梁或绕过一个山坡，而且主要以滑翔为主。

食性 主要以植物的枝叶、芽苞、花、果实、种子等植物性食物为食，其中特别是苔藓植物和灌木的嫩枝、嫩叶、芽苞、花絮、浆果和种子最为重要。

其强有力的喙适于切断植物的嫩叶、细枝，就连取食植物的地下部分也是用嘴啄出，从不用脚刨食。

繁殖 繁殖期为4～6月。雄鸟之间首先发生求偶和领域的争斗，在巨石间相互追啄，垂翅翘尾，彼此用胸相撞，直至将另一方赶走。领域多以山头为界，占区的雄鸟单独居于高处，在领域内不时发出响亮的求偶鸣叫“shi-er, shi-er”，十分响亮，类似吹口哨。同时头颈反复的上下左右伸缩和摆动，颈羽竖起，尾羽上翘呈扇形散开，两翅下垂，不停的围着雌鸟转动，间或向雌鸟给食。

暗腹雪鸡是单配制，领域性强，雌雄配对以后，不仅雄鸟间为领域和配偶而争斗，如有雌鸟进入已结对的配偶中，雌鸟间也发生争斗，配对的关系一直维持到繁殖期结束。繁殖期间雄鸟常在领域中的高处活动，起警卫作用，如发现危险，立刻发出报警叫声，雌鸟随之逃离，跟着雄鸟飞走。

巢多位于领域内第二级或第三级突出的石崖上，这里通常会有大石块供它们站立，便于观察四周的情况，并且在其正上方或者侧上方不远处还有一个或多个突出的石块，雄鸟一般就在此处为孵卵的雌鸟提供警戒。在巢与草地之间有一条或多条可供进出行走的“小道”。也有少数暗腹雪鸡在灌丛草地营巢，这种巢距悬崖都很近，以利于有危险时迅速逃避。

巢多置于灌丛或草丛掩盖下的岩石凹陷处或岩洞中，内垫以禾本科植物的茎叶、灌木小枝、雌鸟孵卵时自身掉落的羽毛以及少许羊毛。巢的大小为外径30～35 cm，内径27～33 cm，巢深30～35 cm。4月中下旬开始产卵，一天一枚，一年繁殖一窝，每窝产卵5～8枚。卵为淡黄灰色、暗红赭色或淡棕沾绿色，具栗色或褐色斑点和块斑。卵的大小为（62.2～72.5）mm×（45.1～56）mm，重71～89 g。卵产齐后即开始孵卵。孵化期29～31天。

卵产齐后便开始孵卵，由雌鸟单独承担。雌鸟恋巢性较强，在孵化时紧紧地伏在卵上，如果不受严重干扰不轻易离巢。雌鸟每天离巢一次，在下午14:00～18:00，离巢时间1～3小时，越到孵化后期，离巢时间越短。

雏鸟早成性。绒羽一干即可站立行走，出巢随亲鸟觅食。家族群活动时，雏鸟以雌鸟为中心，时拢时散，由亲鸟协助寻找食物。雌鸟护雏行为极强，遇有干扰，即带领群雏隐蔽于崖边岩石间的低矮灌丛下或草从中。当危险迫近时，雌鸟迅速离开雏鸟，佯装受伤将敌害引开。来不及藏入灌丛或草丛的雏鸟则静伏地面，利用其保护色隐藏在乱石处。在确认危险解除后，亲鸟返回，并发出“gululu-gululu”的呼唤叫声，雏鸟以“diliuliu-diliuliu”的叫声呼应，又聚拢在一起。

种群现状和保护 IUCN评估为无危（LC）。在局部地区有较高的密度，但总体数量还是比较稀少，尤其在很多地方遭到大量猎捕，另外，过度放牧和矿业开发导致的栖息地退化与丧失也使其种群数量急剧下降。《中国脊椎动物红色名录》评估为近危（NT）。被列为国家二级重点保护动物。

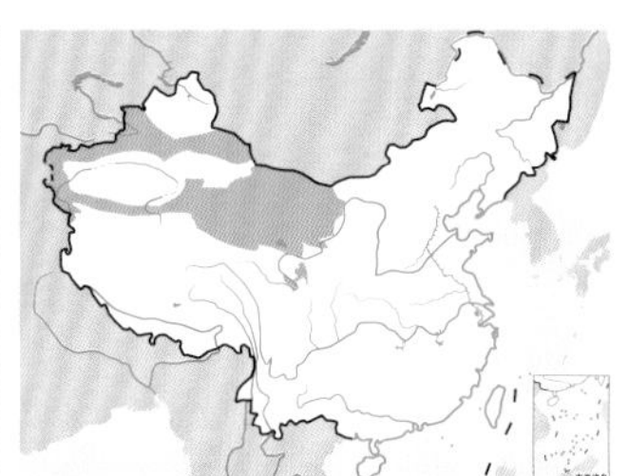

暗腹雪鸡。左上图权毅摄，下图刘璐摄

藏雪鸡

拉丁名：*Tetraogallus tibetanus*
英文名：Tibetan Snowcock

鸡形目雉科

形态 雄鸟体长46～57 cm，体重1200～1755 g；雌鸟体长50～64 cm，体重1150～1600 g。头部和颈部石板灰色，上体土棕色，具有黑褐色的虫蠹斑；翅膀上有一个大的白斑；喉部污白色，前颈有一个灰褐色环带，上胸土棕色，形成一个明显的胸带；下胸和腹部乳白色，具有黑色的纵纹；中央的尾羽棕色，具有黑色的虫蠹状斑纹，外侧的尾羽黑色，具有肉桂皮黄色的端斑。虹膜大都是褐色，嘴角褐色，腿部为暗红色。

分布 在中国分布于云南西北部、西藏、四川、甘肃西部、青海、新疆等地。国外分布于尼泊尔、不丹和中亚的一些国家或地区。

栖息地 栖息在海拔3000 m以上至6000 m的森林上线至雪线之间的高山灌丛、苔原和裸岩地带，靠近分布区边缘的种群冬季可以下降到2000 m，甚至1200～1500 m处越冬。常在裸露岩石的稀疏灌丛和高山苔原草甸等处活动，也常在雪线附近觅食。

高山裸岩地带自然环境极其严酷，只有极少的高山垫状植物生长在石缝中，大多数地方甚至完全没有植物生长。这里是藏雪鸡春、秋季栖息场所，且夜宿于石缝或悬崖下，天敌极少。

高原荒漠草原、草甸草原等地带位于高山裸岩地带的下缘，植物种类相对丰富，是藏雪鸡夏季繁殖育雏之处。在山地阳坡和山麓水区地段，夏季气温凉爽，雨量丰富，植物生长旺盛，为藏雪鸡提供了丰富的食物。

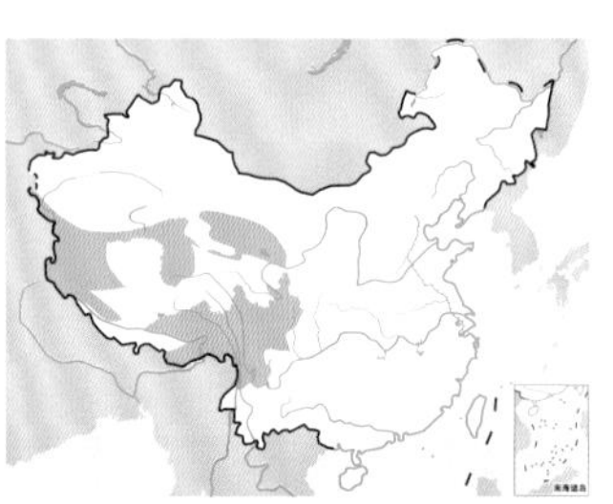

藏雪鸡。吴秀山摄

在海拔3000～3200 m的山地阳坡，气候干燥、岩石嶙峋，生长着稀疏的柏树林，有的呈灌丛状，是藏雪鸡冬季栖息的场所。藏雪鸡主要在稀疏的圆柏林地区集群活动，附近少雪或无积雪的杂乱倒木是藏雪鸡觅食与过夜的栖息场所。

习性 喜爱结群，多呈3～5只的小群活动。在密度高的地区，可见到10～20只，甚至多达近百只的大群。白天活动，从天明一直到黄昏，常从山腰向上行走觅食，直到山顶。中午前后在岩石旁休息，梳理羽毛。夜晚转移到有陡峭山壁和碎石堆的夜宿地，一般隐蔽在砂砾坡地和冲积石砾滩的石头间的空地，以及悬崖裂缝处。

性情胆怯而机警，很远发现危险就立即逃离。地栖性很强，善于行走，在山坡岩石上奔走时非常灵活。不受干扰时通常不飞行，但飞行和滑翔的能力也较强。对高山的自然条件有很强的适应性，能在积雪30 cm的地带与盘羊、岩羊等高山有蹄类动物混杂活动。

食性 啄食植物的球茎、块根、草叶和小动物等。冬季在山地的阳坡活动，因为那里的积雪会很快融化；有时会到废弃的牧场觅食。在大雪广泛覆盖的季节，它们常跟着有蹄类游荡，在有蹄类踏开的雪地上觅食；有时亦到寺院附近活动。

繁殖 每年4～5月间进入繁殖期，此时雄鸟变得极为活跃，频频发出急速、高亢的求偶鸣叫，并伴随有扑扑的振翅声，尤以清晨频繁。群体也逐渐分散、配对。配偶制度为单配制，雄鸟为了争夺领域和配偶，常在岩石上相互啄斗，以胸相撞，直到将另一方击败。

配对形成后则成对离开群体，觅找营巢地和占区交尾。通常营巢于陡峭山岩边背风处岩石上的草丛或灌丛中，也有营巢于裸岩岩石缝中和悬岩石洞内。巢附近常有草丛或灌木丛掩盖，甚隐蔽。常利用地面凹坑或雌鸟自己在地上刨一圆形浅坑，内再垫少许干草、羊毛和羽毛即成。巢的大小为直径40～47 cm，巢深8～10 cm。每窝产卵通常4～7枚。卵为椭圆形，颜色变化较大，或为灰褐色、橄榄褐色，具土褐色或肉桂褐色斑点，尖端较多，钝端较稀少；或为淡黄白色、皮黄色而沾红色，具细小的红褐色斑点，尖端较多。卵的大小为(57.42～60.3) mm×(40.85～42.7) mm，重52.31 g。每隔1～2天产1枚卵。卵产齐后才开始孵卵。雌鸟承担孵卵任务，每天仅离巢取食一次，孵卵后期则几乎不离巢。雄鸟负责警戒任务，在巢的附近活动和觅食，很少鸣叫，常习惯性地站立在几处制高点上，伸直颈部巡视周围，即便在觅食时也会啄几下就停下来向四周看看，若有危险便急速向远离巢的地方奔跑，似乎打算引开入侵者。孵化后期伴随雌鸟恋巢行为的加强，雄鸟的护巢行为更为强烈。

雏鸟早成性。雏鸟出壳当天即可采食活动，并有扇翅动作，十分活跃。第3天后即可在雌鸟的带领下觅食，晚上同雌鸟在避风处过夜。10日龄时已能分出尾羽、初级飞羽、次级飞羽和小翼羽。出壳2周后即可飞行。60日龄时，形态、体色、羽毛均与成鸟接近。

在野外，雌鸟护雏行为与家鸡相似，雏鸟能独立觅食时仍不离开雌鸟。到了秋季，它们聚成20～30只的大群，在成鸟带领下，离开繁殖地，逐渐向高山裸岩地带迁移。

种群现状和保护 IUCN评估为无危（LC）。由于藏族人民一直将藏雪鸡视为“神鸟”，自发进行保护，所以不少地方的野外种群数量基本保持稳定。但是，近几十年来，由于气候变化和超载放牧致使藏雪鸡赖以生存的高山草甸退化，沙化加剧，栖息地丧失。在交通发达和人口较多的地区，数量下降更快。中国脊椎动物红色名录》评估为近危（NT）。已列入CITES附录Ⅰ。在中国被列为国家二级重点保护动物。

阿尔泰雪鸡

拉丁名：*Tetraogallus altaicus*
英文名：Altai Snowcock

鸡形目雉科

体长58～63 cm。额部为白色，眼上方有白带；体羽主要为灰褐色，翅上有大块白斑；尾灰色，具宽阔的黑色尖端；上胸部灰褐色，杂以明显的黑、白两色斑纹；下胸和腹部白色，腹部中央有黑色斑。在中国分布于新疆北部。栖息于高山和亚高山灌丛、苔原和裸岩地带，有垂直迁移的现象。IUCN评估为无危（LC）。《中国脊椎动物红色名录》评估为易危（VU）。在中国被列为国家二级重点保护动物。

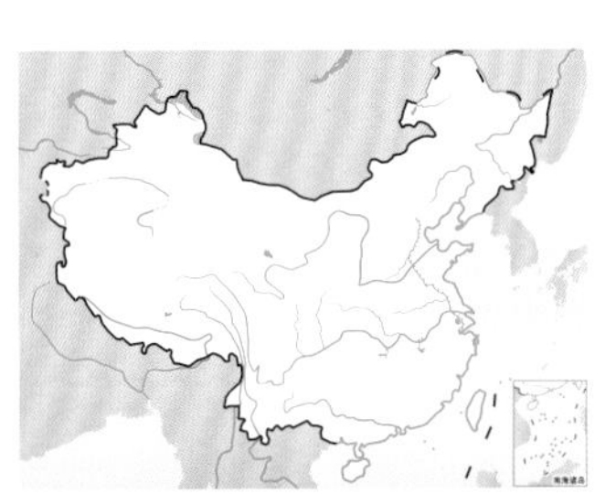

阿尔泰雪鸡。苟军摄

石鸡

拉丁名：*Alectoris chukar*
英文名：Chukar Partridge

鸡形目雉科

形态 雄鸟体长29～37 cm，体重450～580 g；雌鸟体长27～36 cm，体重440～450 g。眼上方有一条宽宽的白纹，耳羽褐色，围绕头侧和黄棕色的喉部有完整的黑色环带；上背为紫棕褐色，下背至尾上覆羽灰橄榄色；中央尾羽棕灰色，其余尾羽栗色；胸灰色，腹棕黄色，两胁各具十余条黑色和栗色并列的横斑。虹膜栗褐色，嘴和眼周裸出部以及趾均为珊瑚红色，爪乌褐色。

分布 在中国分布于新疆、甘肃、青海、西藏西部、内蒙古、宁夏、北京、天津、河北、山西、山东、河南、陕西等地。国外分布于从欧洲西部向东经小亚细亚、西亚、中亚，一直到蒙古、阿富汗、印度等广大地区。

栖息地 主要栖息于低山丘陵地带的岩石坡和沙石坡上，以及平原、草原、荒漠等地区，也见于林缘灌丛和有疏林的较高山地，通常活动在有泉水或溪水流淌的沟谷两侧，或者在雨水冲刷的红土沟壑地带，避离阴湿、蒿草浓密、灌木丛生的坡面。很少见于空旷的原野，更不见于茂密的森林地带。

习性 白天活动，东方破晓开始鸣叫，然后觅食，或去水源地饮水。取食时会到山顶和原上活动，饮水时会到沟底活动。在春、夏、秋三季的中午，石鸡一般会躲在植物丛下或黄土悬崖的阴凉处，以躲避炎热的阳光。冬天的中午则栖于向阳处晒太阳。夜晚在黄土悬崖、陡壁的凹坑内，或者在宽敞的山洞里集群过夜。雨天和雪天一般不外出活动，大风天则在避风的坡面活动。

性喜集群，除春、夏季繁殖外，秋、冬季都聚集成群。秋天亲鸟带领幼鸟组成家族群，几个家族群在冬天组成较大的群体，每群8～30只，最多可上百只。行动极为机警小心，一旦集群被冲散，则相互鸣叫，很快向一起聚集。遇惊后径直朝山上迅速奔跑，藏于草丛中隐匿，紧急情况下也飞翔。飞翔能力强，且飞行迅速，但飞不多远即落入草丛或灌丛中。清晨和黄昏时，雄鸟常站在光裸的岩石上或高处引颈高声鸣叫，被当地居民称之为“嘎嘎鸡”。

具沙浴习性，尤其在换羽季节，沙浴更为频繁，沙浴坑内和边缘常留下脱落的羽毛和细碎的羽鞘。

食性 主要以草本植物和灌木的嫩芽、嫩叶、浆果、种子、苔藓、地衣和昆虫为食，也常到附近农地取食谷物。

春季主要以短命植物的花、嫩芽、绿叶和地下根茎为食，还包括少量昆虫；夏季食物种类增加，除植物的花、绿叶、嫩芽外，还有早熟植物的种子和果实，动物性食物也相应增加；秋季主要以野生植物和农作物的果实、种子为食，食量较大；冬季食物种类比较贫乏，包括秋天遗落的植物种子和少数几种植物的地下部分。

繁殖 繁殖期为4月末至6月中旬。4月中下旬即开始发情。雄鸟脸部鲜红色扩大，天刚亮即开始站在光裸岩石上或较高处高声鸣叫。雌雄鸟均不时从一个山坡飞向另一个山坡。偶尔也出现雄鸟之间的争偶斗争。

通常多选择植物集中生长的地方作为其营巢地，营巢于石堆处或山坡灌丛与草丛中，避离水沟和直射阳光。巢极简陋，也甚隐蔽，主要为地面的凹坑，内垫以少许菊科、莎草科、禾本科植物的根、茎，叶，偶见其自身羽毛。巢呈浅碟状，巢外径为22.6 (210～25.0) cm，内径为18(14.0～23.0) cm，深8.2(7.0～10.0) cm。营巢期6～7天。每窝产卵7～14枚。5月初开始产卵，一天一枚，雌鸟产完卵后，常不声不响地飞出，转到雄鸟近旁，然后与雄鸡相对“嘎嘎”地叫个不停，卵棕白色或皮黄色，具大小不等的暗红色斑点。卵大小为（38.6～42.5）mm×（28.3～31）mm，重19～20 g。

亲鸟孵卵时，其坐巢方向经常变化，一天最多可转向6次，并不定期用嘴和足翻卵。天气炎热时，雌鸟不时张大嘴喘气，有时会将翅膀微微收拢后站起来晾卵10～15秒。孵卵期间雌鸟每天外出觅食2次，多在上午10:00～12:00和下午16:00～17:00，若遇阴雨天可连续1～2天不离巢。外出觅食时多同雄鸟在一起。它们的警惕性较高，觅食回来时，若有干扰，会在距巢大约100 m范围内反复徘徊，直至无险情时再从较隐蔽的地方溜回巢内。有时雄鸟会站在高处高声鸣叫，意在分散周围的注意力，帮助雌鸟回巢。雌鸟的恋巢性极强，且随孵化时间推移而逐渐加强。

雏鸟早成性，孵出后的第3天开始长出飞羽和尾羽，绒羽逐渐脱换；大约出生后1个月换为雏羽；3个月左右换成接近成鸟羽的羽衣。但当年幼鸟最外侧两枚初级飞羽仍保持雏羽状态，直至第2年繁殖季节始换成成羽。

雏鸟出壳后，绒羽一干即可站立行走、啄食。不会飞的雏鸟由双亲之一带领，通常是雌鸟带雏，可沿陡峭、高低不平的坡而向上奔走，行进的速率较快。亲鸟发现食物后，不断地点头和“ke，ke，ke”地鸣叫，雏鸟听到叫声后会迅速奔来，互相争夺食物。

种群现状和保护　种群数量还是比较多，IUCN和《中国脊椎动物红色名录》均评估为无危（LC）。但由于近10年来的过度猎捕和农业及畜牧业的发展造成的生境条件的恶化，致使种群数量明显减少，所以应特别注意加强保护工作。被列为中国三有保护鸟类。

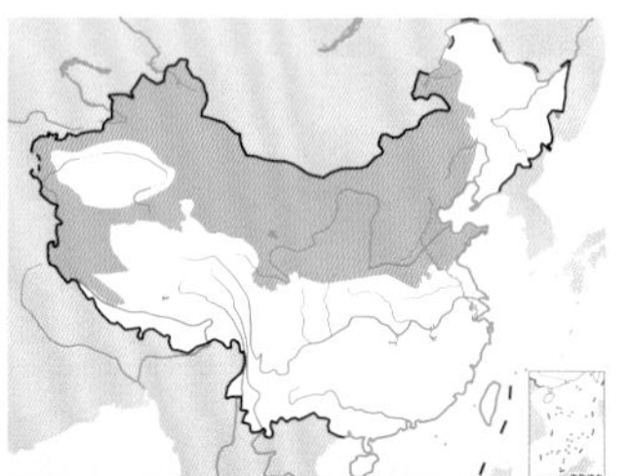

石鸡。左上图杜卿摄，下图唐文明摄

大石鸡

拉丁名：*Alectoris magna*
中文名：Rusty-necklaced Partridge

鸡形目雉科

形态　雄鸟体长32～40 cm，体重445～710 g；雌鸟体长23～45 cm，体重442～615 g。通体主要为深灰砂色，额部前缘黑色，并与黑色的眼先并在一起，向后延伸至眼上缘，往后与围绕喉的黑圈相连；围绕颊和喉的项圈分内外两层，内层为黑色，外层为栗褐色，但不十分完整，大部多断开；两胁的黑色横斑多而密，有18条。虹膜栗褐色，嘴、脚均为珊瑚红色，爪乌褐色。

分布　中国特有鸟类，分布于宁夏、甘肃、青海等地。

栖息地　栖息于干旱半干旱地区的草原、荒漠、半荒漠、以及高山草甸和裸岩等环境中，常见于有很少植物生长的黄土坡和靠近农地与水源地区的黄土沟谷地区。栖息海拔高度多在1300～4000 m，包括海拔1600～3000 m的山地裸岩禾草—灌木

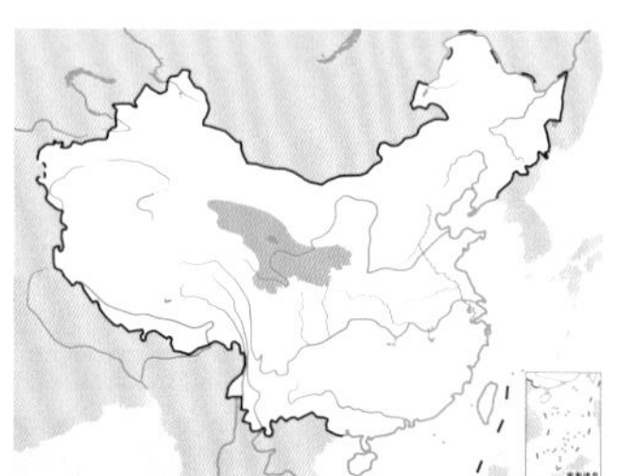

大石鸡。左上图韦铭摄，下图同海元摄

带，以及海拔 3000～4000 m 的高寒草原和高山草甸。冬季和春季亦常出现在植物稀少的农耕地附近以及河流、溪流和峡谷地带。有季节性的垂直迁徙现象。

习性 除繁殖期外常成群活动，特别在秋、冬两季。秋天的群较小，主要是由亲鸟带领的幼鸟组成，常见 5～20 只。冬天由几个这样的小群组成较大的集群，偶见有上百只者，活动于山间沟壑。由于饮水的需要，总是活动于溪谷和泉水附近。

通常在天亮后开始活动，一直到天黑，中午在阴凉处休息，晚上多栖于岩坡裂缝和岩石洞穴中。在无惊扰情况下通常不飞翔，善于在地上行走和奔跑。

在冬季的中午，它们常在山坡向阳处的土坎上进行日光浴，并具两种方式的日光浴行为，即蹲伏式和侧躺式。

食性 主要以各种灌木和草本植物的嫩枝、嫩叶、芽、茎、草根、花、果实、种子以及农作物等植物性食物为食，夏季也吃蚱蜢、蝗虫等昆虫和其他小型无脊推动物。秋天以植物种子、果实为主，冬天主要采食遗落在地面的植物种子和挖掘地下根茎，春天采食植物的嫩叶和嫩芽，夏天食物最为丰富，随着昆虫的大量出现，动物性食物明显增加。

繁殖 繁殖期 4～6 月。通常在 3 月末即开始发情和配对。发情期间雄鸟常站在领域中比较高的地方来回走动，并不断的“gala，gala，gala”地鸣叫。

从宁夏（1600～2100 m）至青海（3200～4000 m）大石鸡巢址的分布海拔高度有逐步增高的现象。雌雄亲鸟共同参与营巢。多营巢于高山山坡或黄土峡谷悬岩上向阳或半向阳的地方，一般会避离阴坡和水沟等处。有时也营巢于黄土峡谷两岸悬岩上的洞穴中。无论选择何种生境作为巢址，其一侧总是有依靠，上方有植物丛、垂岩、垂伸土崖掩盖。

巢较简陋而粗糙，通常利用地上自然凹坑或由亲鸟自己在地上刨一个凹坑即成，内常垫有禾本科、莎草科、菊科植物的茎、叶，少许自身的羽毛以及兽毛等。5 月初开始产卵，通常一天一枚或两天一枚。多在早晨产出。一年繁殖一窝，每窝产卵 7～20 枚，卵的大小为（40～43.6）mm×（30～33.5）mm，卵重 20～23.7 g。

孵卵由雌鸟承担，在产完最后一枚卵后开始孵化。孵化期 22～24 天。在孵卵期间，雄鸟为雌鸟警戒。遇天敌时，有时雄鸟会下垂一侧翅膀，在地上扑打，把敌害引离巢窝。

雏鸟出壳后即能站立行走，先孵出者并不离巢，直至全部出齐，才由亲鸟带领离巢。雏鸟出壳后 1～2 天就随亲鸟外出觅食。育雏由双亲共同完成。雏鸟进食时通常由雌鸟担任警戒。

种群现状和保护 IUCN 评估为无危（LC），《中国脊椎动物红色名录》评估为近危（NT）。分布区域狭窄，由于近 10 年来的过度猎捕和农业畜牧业发展造成的生境条件恶化，以及食物短缺等原因，导致数量下降很快，应注意保护。被列为中国三有保护鸟类。

中华鹧鸪

拉丁名：*Francolinus pintadeanus*
英文名：Chinese Francolin

鸡形目雉科

形态 雄鸟体长 28～35 cm，体重 292～388 g；雌鸟体长 22～31 cm，体重 255～325 g。头顶黑褐色，四周围有棕栗色，脸部有一宽阔的白带从眼先延伸到耳，白带的上下又各有一宽的黑线；除颏、喉部为白色外，上下体羽大多为黑色，并具白色斑点，肩和内侧翅覆羽栗色。虹膜暗褐色，嘴峰黑色，脚橙黄色。

分布 在中国分布于浙江、江西、广东、香港、澳门、广西、海南、湖北、四川、贵州、云南等地。国外见于印度和中南半岛。

栖息地 生活在低山间干燥的山谷内及丘陵的岩坡和砂坡上，多在灌丛、草地、荒山等环境中。

习性 喜欢单独或成对活动，也像其他鸡类那样善于结群。飞行速度很快，常作直线飞行。警惕性极高，总是隐藏在草丛或灌木丛里。受惊后大多飞往高处，这一点与其他雉类不同。晚上在草丛或灌丛中过夜，而且还常常更换夜栖的地点。叫声独特而宏亮，往往是一鸟高唱，群鸟响应，此起彼落，遍及山野。

食性 杂食性，主要以蚱蜢、蝗虫、蟋蟀、蚂蚁等昆虫为食，也吃各种草本植物和灌木的嫩芽、叶、浆果和种子，以及农作物等。

繁殖 繁殖期 3～6 月。3～4 月间开始求偶交配。雄鸟的领域性极强，常因领域而争斗。

营巢于山坡草丛或灌丛中。巢甚简陋而粗糙，多由干草、树叶构成，内垫有少许羽毛。每窝产卵 3～6 枚。卵椭圆形或梨形，淡皮黄色至黄褐色，卵的大小为（35～37）mm×（28～30）mm。孵化期 21 天。雏鸟早成性，孵出后不久即能跟随亲鸟活动。

种群现状和保护 IUCN 评估为无危（LC），《中国脊椎动物红色名录》评估为近危（NT）。被列为中国三有保护鸟类。从前是中国南方的传统狩猎鸟，但随着自然环境的破坏，加上过度猎捕，大部分地区的种群都有不同程度的下降，应加强保护工作。

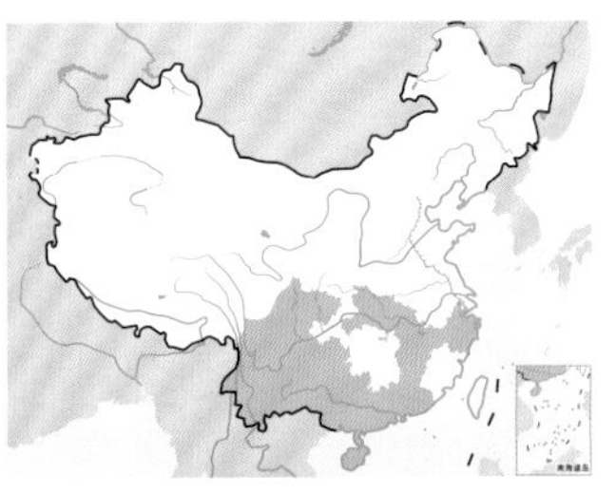

中华鹧鸪。左上图田穗兴摄，下图李小强摄

灰山鹑

拉丁名：*Perdix perdix*
英文名：Grey Partridge

鸡形目雉科

体长约 30 cm。雄鸟头顶及枕羽黑褐色，具棕黄色羽干纹，眼上有淡色纹，耳羽深褐色；上体灰褐色，杂以黑褐色不规则密纹及淡栗色横斑；飞羽及翼上覆羽暗褐色，散布棕白色及棕黄色横斑；中央尾羽棕黄色，有黑褐色横斑及波浪状细斑；外侧尾羽栗色具棕白色端斑；下体近白色，下胸部有马蹄形栗色块斑；胁部黄棕色，杂以黑色不规则横纹。雌鸟羽色似雄鸟，但胸部无栗色斑。在中国分布于新疆北部。栖息于自山脚到高山的裸岩、杂草及灌木丛生地带。IUCN 和《中国脊椎动物红色名录》均评估为无危（LC）。被列为中国三有保护鸟类。

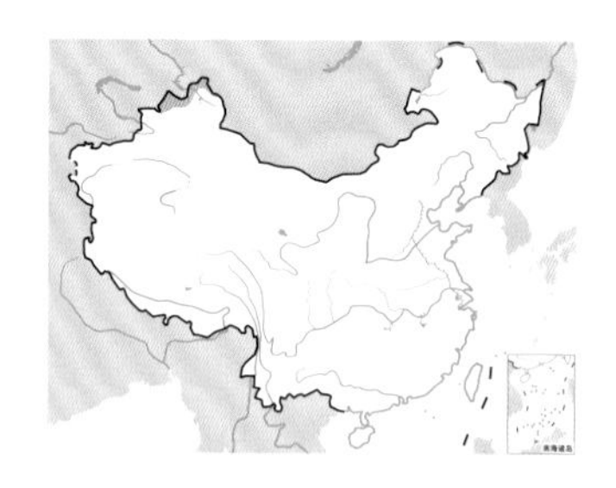

灰山鹑

斑翅山鹑

拉丁名：*Perdix dauurica*
英文名：Daurian Partridge

鸡形目雉科

形态 雄鸟体长 21～31 cm，体重 226～410 g；雌鸟体长 23～31 cm，体重 200～340 g。雄鸟头、顶、枕和后颈浅褐色，具棕白色羽干纹；额、眉纹、颊桂黄色，耳羽栗色；喉侧淡棕色，具黑色羽干纹，各羽呈须状；上体以灰褐色及棕褐色为主，杂以栗色横斑及不规则细纹；中央尾羽淡棕色，满布黑色细斑，外侧尾羽深栗色；下体主要为淡棕色，下胸部具有黑色马蹄形块斑，胸部、胁部具栗色横斑。雌鸟羽色似雄鸟，但上胸无黑色块斑，上体杂斑较多。虹膜暗褐色，嘴暗铅褐色，腿、脚肉色。

分布 在中国分布于新疆、青海、甘肃、黑龙江、吉林西部、辽宁、内蒙古、北京、天津、河北、山西、陕西、宁夏等地。国外分布于俄罗斯东部、蒙古等地。

栖息地 栖息于平原森林草原、灌丛草地、低山丘陵和农田荒地等各类生境中。夏季主要栖于开阔的林缘荒地、灌丛、低山幼林灌丛、地边疏林灌丛和草原防护林带中；冬季则喜欢在开阔的耕地或地边灌丛地带。

习性 多在向阳、避风少雪处活动，晚上成群栖于低地。除繁殖期外常成群活动。特别是秋季和冬季，常成 15～25 只，甚至多到 50 只的大群活动。冬末群体逐渐变小，到繁殖期则完全成对活动。繁殖后期通常呈家族群活动，并占据一定面积的领域。秋冬季节领域面积通常为 2 km² 左右。夏季领域面积在 0.02～0.08 km²。进入领域的外来个体和其他群体常常被驱赶，有时甚至引起争斗。善于奔跑，也善于匿藏，遇到危险时常常静立不动，伸颈观望。仅在紧急情况时才起飞，一般飞行 50 m 或 100 m 即落入灌丛中，飞翔时常常发出“扑——扑——扑——”的振翅声。

食性 主要以灌木和草本植物的嫩叶、嫩芽、浆果、草秆等为食，也吃昆虫和其他小型无脊推动物，特别是繁殖季节。

繁殖 3 月末 4 月初开始成对。配对形成后群逐渐分散，雌雄成对离开群体并占领一定面积的巢域。巢通常置于富有灌丛和杂草的林缘小树下，巢隐蔽甚好。营巢由雌雄亲鸟共同承担；巢甚简陋，雌鸟在松软的地上刨出凹坑，其内垫以干草、树叶和其他植物即成。产卵期 5～6 月。一年繁殖一窝，一天产一枚卵。每窝产卵 10～21 枚。卵为淡褐色或沙褐色，光滑无斑。卵的大小为（31.8～35.8）mm×（23.0～27.0）mm，重 8.5～10 g。卵产齐后即开始孵卵。孵卵一般只由雌鸟承担，雄鸟在巢附近警卫。雌鸟坐巢姿势经常变化，以喙和足翻卵。孵化期为 24～26 天。孵卵期间，雌雄鸟均有较强的护巢行为。

雏鸟早成性。雏鸟从开始啄壳到出壳需 24～36 小时。雏鸟出壳后即能睁眼和鸣叫。雌鸟需继续在巢中暖雏一段时间。待雏鸟羽毛完全干燥后，由双亲带领离巢。若还有未孵化的卵，则由雄鸟到巢边暖雏，雌鸟继续坐巢。

孵出后不久即能跟随亲鸟活动和觅食。带雏雌雄鸟每遇惊扰，均佯做受伤状，两翅扑打地面，来回走动，并不断鸣叫，意在吸引入侵者的注意力，并引诱入侵者离开雏鸟。与此同时，雏鸟则四处逃逸，隐于灌草丛中不动，直至险情解除后才由雌鸟呼唤召回。

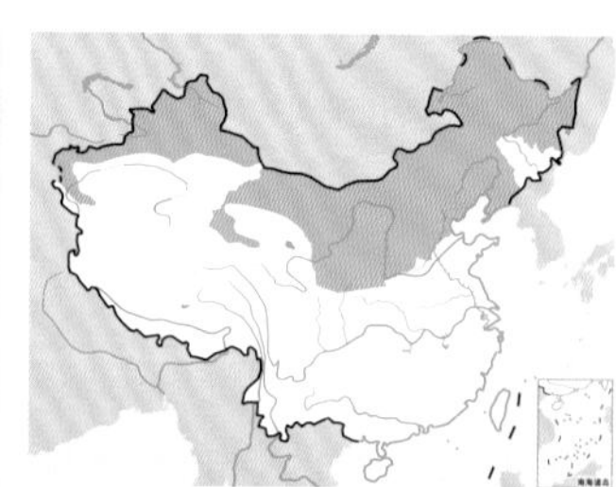

斑翅山鹑。左上图魏希明摄，下图刘璐摄

种群现状和保护 IUCN 和《中国脊椎动物红色名录》均评估为无危（LC）。过去在中国北方是分布范围较大且数量较多的重要狩猎鸟，由于过度猎捕，数量下降很快，加之森林被砍伐和草地变为农田，致使分布区域缩小和变为不连续的岛状和带状分布，应该予以严格保护。被列为中国三有保护鸟类。

高原山鹑

拉丁名：*Perdix hodgsoniae*
英文名：Tibetan Partridge

鸡形目雉科

形态 雄鸟体长 23 ～ 30 cm，体重 230 ～ 550 g；雌鸟体长 24 ～ 32 cm，体重 200 ～ 430 g。头顶栗紫色，并缀有黑色，枕和后颈黑色，有棕白色纹；一条长的白色纹从额部开始经眼上方延伸到后颈部，颊部有一块显著的黑色斑块；上体棕白色，密布黑褐色横斑；颏、喉白色，胸部黑白相杂，有较多的黑色横纹；腹部白色。虹膜红棕色，嘴淡角绿色，腿、脚淡角绿色。

分布 在中国分布于四川西部、云南西北部、西藏、青海、甘肃南部、新疆西南部一带。国外见于印度、尼泊尔等地。

栖息地 栖息于海拔 2500 ～ 5000 m 的高山裸岩、高山苔原和亚高山矮树丛和灌丛地区，有季节性垂直迁徙现象，冬季可下到 2500 ～ 3000 m 的多岩山脚地带。

习性 除繁殖期外常成 10 多只的小群生活，善于奔跑，在地上和灌丛中奔跑迅速，即使在受惊时也不起飞，而是在地上疾速奔跑逃窜，在不得已时才飞翔。起飞比较灵活，飞翔也很快，还能滑翔，特别是往山下去时主要通过滑翔，一般不往山下奔跑。

食性 主要以高山植物和灌木的叶、芽、茎、浆果、种子等为食，也吃昆虫等动物性食物。

繁殖 繁殖期为 5 ～ 7 月。3 ～ 4 月间即开始繁殖鸣叫和出现求偶行为。成对以后即离开群体，占区营巢。

营巢于海拔 4000 m 以上的高山苔原和裸岩地带。巢多筑于灌丛和草丛内，也有筑巢于裸露的岩石高原石头下。巢很简陋，利用地上天然的凹坑或由雌鸟在地上稍微刨一个浅坑即成，有的无任何内垫物，有的垫有草叶和苔藓。每窝产卵 8 ～ 12 枚。卵淡皮黄色或橄榄色，大小为（35 ～ 43）mm ×（24 ～ 27）mm。孵化期 24 ～ 26 天。

种群现状和保护 IUCN 和《中国脊椎动物红色名录》均评估为无危（LC）。在青藏高原的局部地区还具有较高的密度，但受高山环境条件的局限，总的数量也不算太多，应注意保护。被列为中国三有保护鸟类。

西鹌鹑

拉丁名：*Coturnix coturnix*
英文名：Common Quail

鸡形目雉科

体长 16 ～ 22 cm。头顶至后颈黑褐色，具有宽阔的黄褐色羽缘，形成斑驳状。头顶中央有一条白色的中央冠纹，向后直达颈部；上体沙褐色，具明显的皮黄白色和黑色条纹；颏、喉和前颈上部赤褐色，秋季变为白色；颏、喉中央具一个黑褐色的锚状纹，其底部向两侧延伸至耳羽；胸部赤色或浅黄色，具闪亮的黄白色羽干纹；腹部皮黄白色，两胁栗褐色，具粗著的黄白色羽干纹。在中国分布于新疆、西藏南部。栖息于生长着茂密的野草或矮树丛的地带。性善隐匿，有迁徙习性。IUCN 和《中国脊椎动物红色名录》均评估为无危（LC）。被列为中国三有保护鸟类。

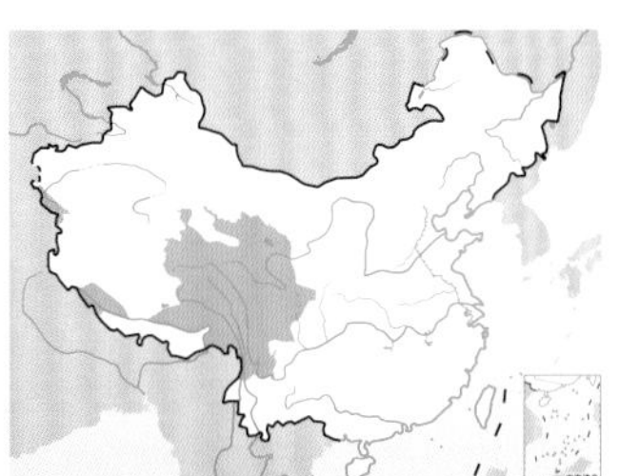

高原山鹑。左上图唐文明摄，下图张明摄

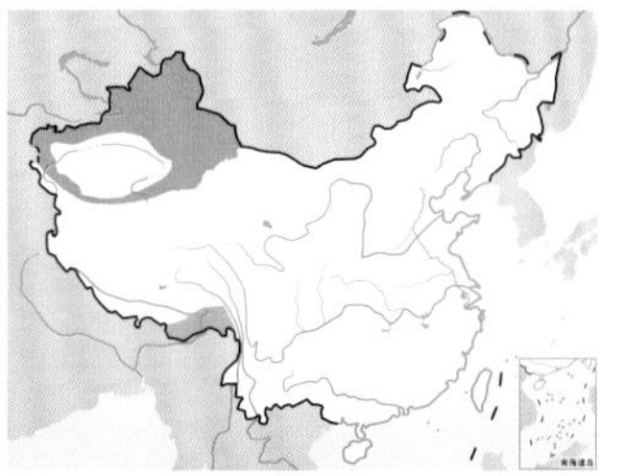

西鹌鹑。左上图邢新国摄，下图陈树森摄

鹌鹑

拉丁名：*Coturnix japonica*
英文名：Japanese Quail

鸡形目雉科

形态 雄鸟体长15～20 cm，体重55～100 g；雌鸟体长15～20 cm，体重58～109 g。额栗黄色，头顶至后颈黑褐色，具深栗黄色羽端；头顶中央具一条狭窄的白色冠纹；眉纹白色，从前额起往后直达颈部；眼圈、眼先和颊部均为赤褐色，耳羽栗褐色；上体浅黄栗色至黑褐色，具浅黄色羽干纹，并具细的黄褐色波浪状横斑；颏、喉和前颈赤褐色，与颊和眼先的赤褐色连在一起；颈侧、胸侧和两胁黑褐色而杂以栗褐色，并具明显的白色羽干纹；下胸部至尾下覆羽灰白色。虹膜红褐色，嘴角蓝色，跗跖淡黄色。

分布 除西北和西藏外在中国广泛可见。作为鸡类中少见的候鸟，在中国繁殖于东北地区以及河北东北部等，越冬和迁徙时遍布河北及黄河以南的广大地区；但在中国台湾也有一部分为留鸟，没有迁徙行为。国外见于俄罗斯东部、蒙古北部、日本、朝鲜半岛，向南一直到印度尼西亚等地。

栖息地 栖息于干旱平原草地、低山丘陵、山脚平原、溪流岸边和疏林空地。常在干燥平原或低山山脚地带的沼泽、溪流或湖泊岸边的草地与灌丛地带活动。有时也出现在耕地和地边树丛与灌丛中。

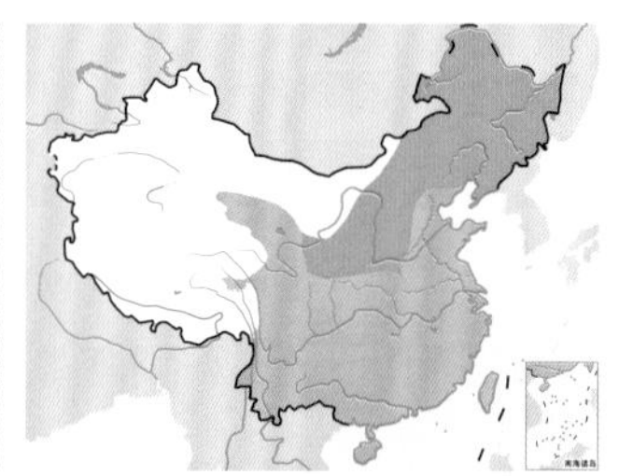

习性 每年春季于4月初至4月中旬迁到东北繁殖地，秋季于9月中旬至9月末离开繁殖地，迁徙时常成群。迁徙多在夜间进行。善于隐匿，常在灌丛和草丛中潜行。一般很少起飞，常常走至跟前时才突然从脚下冲出，而且飞不多远又落入草丛。飞行时两翅煽动较快，飞行直而迅速，常贴地面低空飞行。

食性 主要以植物嫩枝、嫩叶、嫩芽、浆果、种子，以及昆虫、昆虫幼虫等小型无脊推动物为食。常在草地和农田地中觅食。

繁殖 繁殖期5～7月。通常到达繁殖地后不久雄鸟就占区并开始求偶鸣叫。雌雄鸟不形成固定的配偶关系，而是一雄多雌制，因此繁殖期间雄鸟常常为争夺雌鸟而发生激烈的争斗。

营巢于平原草地、农田地边和荒坡草丛与灌木丛中。巢多利用地上天然凹坑或雌鸟在地上稍微扒一个浅坑即成，内垫有干枯的细草茎、草根和草叶。巢的大小为直径10～15 cm。5月初开始产卵，每窝产卵7～14枚。卵淡黄褐色、浅褐色、黄白色或深灰白色，具黑褐色、橄榄色或黄褐与红褐色斑点。卵的大小为(21～24) mm×(28～30) mm，卵重5～7 g。雌鸟孵卵。孵化期16～17天。雏鸟早成性，孵出后当天即能跟随亲鸟活动和觅食。

种群现状和保护 IUCN评估为近危（NT），《中国脊椎动物红色名录》评估为无危（LC）。在野外尚有一定数量，尤其在冬季较为常见，但总的数量也在下降，应注意保护。被列为中国三有保护鸟类。

鹌鹑。左上图杨贵生摄，下图沈越摄

蓝胸鹑

拉丁名：*Synoicus chinensis*
英文名：Blue-breasted Quail

鸡形目雉科

形态 雄鸟体长 11～13 cm，体重 30～43 g；雌鸟体长 12～16 cm，体重 44～57 g。雄鸟头顶中央具浅黄色中央冠纹，额、头侧、颈侧、胸和胸侧都是蓝灰色；眼前有一块白斑，往后延伸到眼；上体暗黄褐色或橄榄褐色，具黑色虫蠹状斑和横斑，以及白色纹；喉部中央有一大块黑色三角形斑，围以白色；胸部以下栗紫色。雌鸟喉黄白色；下体皮黄色或黄褐色，具细密的黑色横斑。雄鸟虹膜为朱红色至深红色，雌鸟为褐色。嘴黑色，腿、脚鲜黄色。

分布 在中国分布于云南东南部、贵州、广西、广东、海南、福建、台湾等地。国外分布于印度、斯里兰卡、孟加拉国、中南半岛、马来半岛、印度尼西亚一直到澳大利亚一带。

栖息地 主要生活在平原以及低山地带，常栖息在河边的草地和沼泽的高芦苇内，也在灌丛、竹林的边缘成小群游荡。

习性 飞翔快速，沿着直线低飞。

食性 晨、昏时多在空旷地段寻食谷粒、草籽等，也吃昆虫、蜘蛛，特别是白蚁。

繁殖 繁殖期为 6～8 月。巢多置于地面天然凹坑内或由雌鸟在地上稍微刨一个浅坑，内放以干草茎和草叶与树叶即成，有时根本无任何内垫物。每窝产卵 4～8 枚，卵淡橄榄褐色、淡黄色或褐色，多数无斑，少数有细而稀疏的暗白斑点；卵的大小为 24.5 mm × 19 mm，卵重 5 g。雌鸟孵卵。

种群现状和保护 IUCN 评估为无危（LC），《中国脊椎动物红色名录》评估为近危（NT）。被列为中国三有保护鸟类。总的分布面积虽然很大，但各地都是在零散的地域中有零星个体分布，数量十分稀少，在海南岛甚至可能已灭绝，需要加强保护。

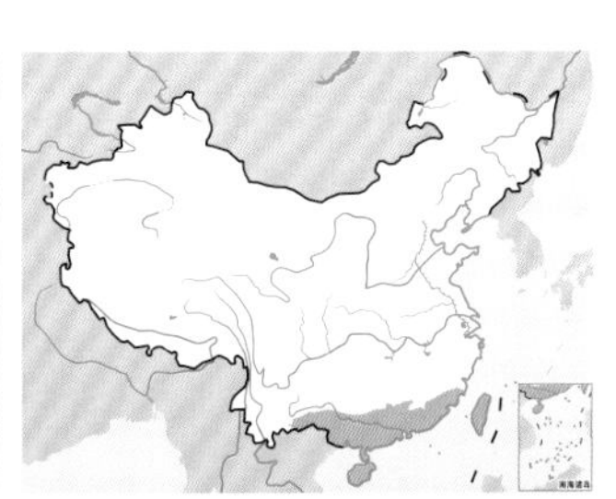

蓝胸鹑。左上图左雌右雄，独行虾摄；下图为雄鸟，郭修伟摄

棕胸竹鸡

拉丁名：*Bambusicola fytchii*
英文名：Mountain Bamboo Partridge

鸡形目雉科

形态 雄鸟体长 32～36 cm，体重 278～425 g；雌鸟体长 30～34 cm，体重 238～330 g。额至枕棕褐色，具细小的黑色羽干纹；眉纹白色或皮黄色，眼后有一条黑色或栗色纹；体羽多为深浅不同的棕色，颈、胸部有由栗色条纹形成的宽阔项围；颏、喉和颈侧茶黄色，胸栗棕色，腹淡乳黄色，两胁和腹侧有粗大的黑斑；尾羽红棕色，中央尾羽颜色稍淡，并缀有棕白色和棕黑色虫蠹状横斑。虹膜棕色或红褐色，嘴角褐色，腿、脚暗绿色或绿灰色。

分布 在中国分布于广西、四川西部、贵州西南部、云南西部和南部一带。国外分布于印度东北部、缅甸、越南北部等地。

栖息地 栖息在海拔 3000 m 以下的山坡森林、灌丛、草丛和竹林中。特别喜欢在陡峭山沟溪流旁的灌丛和草丛地带活动。

习性 晚上栖息于树上或竹林上。喜欢鸣叫，特别是繁殖季节，几乎从早到晚都能听到它们的叫声。

食性 主要以植物幼芽、浆果、种子等为食，也吃各种昆虫、蠕虫、蜗牛等动物性食物。

繁殖 繁殖期 4～7 月。通常营巢于海拔 500～2500 m 的中低山和丘陵地带。巢多置于草地或竹林中地上，偶尔在森林和灌丛中地上营巢。巢甚简陋，多系地上隐蔽较好的凹坑，或由亲鸟自己刨掘成凹坑，再垫以枯草和树叶即成。每窝产卵 3～7 枚。卵的颜色为皮黄色，卵壳厚而且硬。卵大小为（36～41）mm ×（27～31）mm。孵化期 18～19 天。

种群现状和保护 IUCN 和《中国脊椎动物红色名录》均评估为无危（LC）。被列为中国三有保护鸟类。但分布区域狭窄，数量稀少，应该加强保护。

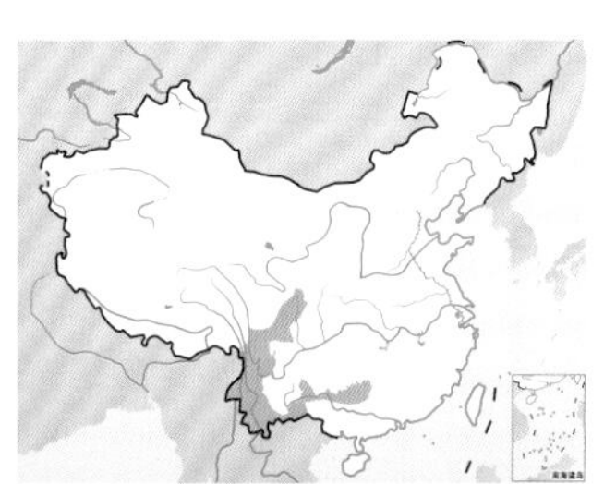

棕胸竹鸡。刘璐摄

灰胸竹鸡

拉丁名：*Bambusicola thoracicus*
英文名：Chinese Bamboo Partridge

鸡形目雉科

形态　雄鸟体长 24～38 cm，体重 242～325 g；雌鸟体长 21～35 cm，体重 200～342 g。头顶和后颈橄榄褐色，具不明显的暗色纹；灰色的眉纹向后一直延伸至上背；上体橄榄棕褐色，背上杂以显著的栗斑和白斑，及黑色虫蠹状斑；下体前部栗棕色，后部棕黄色，胸部有半环形灰色带，两胁具黑褐色斑。虹膜深棕色或淡褐色，嘴黑色，腿、脚绿色或黄褐色。

分布　中国特有鸟类，分布于上海、江苏、浙江、安徽、福建、江西、河南南部、湖北、湖南、广东、广西、四川、重庆、贵州、云南东北部、陕西南部、甘肃南部等地。

栖息地　主要栖息于平原至低山的原生林、次生林、灌丛、竹林及草丛地带，尤其喜欢在陡峭山沟溪旁的山坡林地、林缘灌丛、杂草丛生的地方活动。栖息地高度多在海拔 2000 m 以下。

习性　喜爱鸣叫，鸣声尖锐而响亮。昼出夜伏，晚上栖于柞树、柏树和女贞等树木较低的树枝上或竹枝上，需借双翅扇动方能攀登，同时还发出“pu-pu”之声。天热时，喜欢沙浴。

性好结群，以家族群为主，群体由数只到 20 多只不等，群体中有较为明显的社会性行为。在气温不太低的夜里，个体之间夜栖的距离比较远，而在寒冬酷冷之际，群体成员就彼此靠拢、相互依偎在树枝上过夜。喜隐伏，善奔走、跳跃，飞行能力不强，只能短距离低飞，不持久。突然受惊时，则会爆发出一个或多个尖锐的“ji-ya，ji-ya”的惊叫声。

食性　食性较杂，主要以植物的幼芽、嫩枝、嫩叶、浆果、种子等为食，也吃各种蠕虫、蜗牛、马陆、昆虫等无脊椎动物。觅食活动主要集中在傍晚上树栖息之前和次日下树之后。

繁殖　繁殖期为 4～7 月。通常 3 月末群即由集群转为分散活动，雌雄鸟也开始不断发出响亮的求偶叫声，很远即能听到。在整个繁殖季节，从早到晚都能听到它们频繁而响亮的鸣叫声。

一般为一雄一雌的婚配制度。雄鸟善于争斗，具有领域行为，不允许其他同类雄性个体侵入，常发生争斗。雄鸟发现食物后，也发出呼唤叫声，并将食物送到雌鸟面前；或面对雌鸟反复啄击地面的食物，同时发出呼唤声，请雌鸟取食。有时雌鸟也会主动向雄鸟求食。

巢多为地面天然凹坑，或由亲鸟刨挖而成，内垫枯草、枯叶等材料。巢直径 10～15 cm，深 2～4 cm。平均 1～2 天产 1 枚卵。每窝产卵 5～12 枚。卵淡黄色、土黄色或淡褐色，被有褐黄色、棕色或淡灰色斑。卵椭圆形，大小为（30～34）mm×（25～27）mm，重 12～13 g。卵产齐后即开始孵卵，主要由雌鸟孵卵。孵化期 16～18 天。雏鸟早成性，孵出后不久即能与成鸟一起奔跑、觅食，几天后就能飞行。带雏时，雌雄亲鸟都发出“gua gua”的召唤声。

种群现状和保护　IUCN 和《中国脊椎动物红色名录》均评估为无危（LC）。在野外尚有一定数量，但由于它是传统的狩猎鸟，面临较大的捕猎压力，需要注意保护。被列为中国三有保护鸟类。

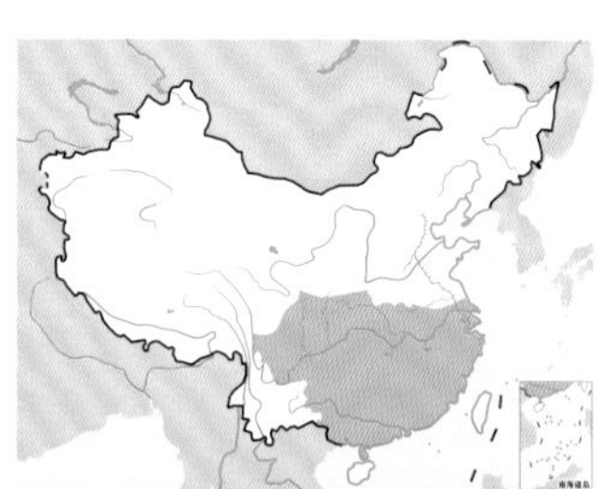

灰胸竹鸡。左上图沈越摄，下图吴秀山摄

台湾竹鸡

拉丁名：*Bambusicola sonorivox*
英文名：Taiwan Bamboo Partridge

鸡形目雉科

由灰胸竹鸡台湾亚种 *B. t. sonorivox* 独立为种。体长约 25 cm。与灰胸竹鸡区别在于头侧和颈侧灰色。中国特有鸟类，仅见于台湾。栖息于中、低山林下灌木丛或草丛中。IUCN 评估为无危（LC）。被列为中国三有保护鸟类。

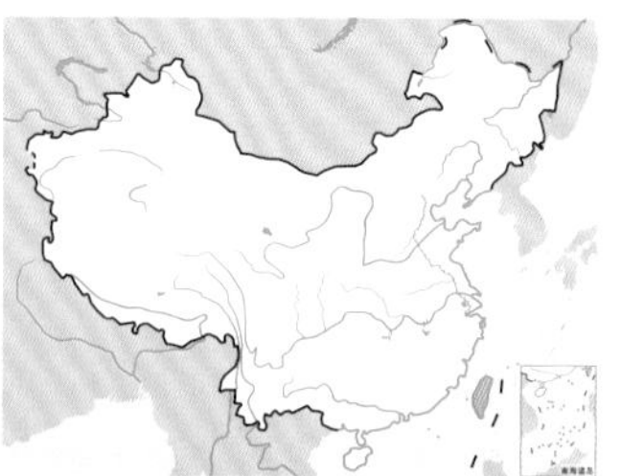

台湾竹鸡。颜重威摄

血雉

拉丁名：*Ithaginis cruentus*
英文名：Blood Pheasant

鸡形目雉科

形态 雄鸟体长38～49 cm，体重450～800 g；雌鸟体长36～44 cm，体重410～750 g。雄鸟脸部乌红色，头部有灰褐色羽冠；体羽主要为灰色，细长而尖，呈矛状，羽干白色；腰部和尾上覆羽灰褐色微带绿色；最长的尾羽具有绯红色的边；尾下覆羽绯红色；喉和上胸浅棕色，下胸和两胁鲜草绿色，腹部棕灰色。雌鸟前额、脸颊和喉部均为肉桂红色，体羽主要为暗褐色。虹膜乌褐色，嘴黑色，腿、脚橙红色。

分布 在中国分布于云南西部和西北部、西藏东南部和南部、四川西部和北部、陕西南部、甘肃、青海等地。国外见于印度东北部、尼泊尔、不丹和缅甸西北部。

栖息地 栖息在海拔2000 m以上的高山针叶林、针阔混交林、高山灌丛带，海拔随纬度不同而发生变化，从北向南有逐渐增高的趋势，最高可达海拔4500 m，靠近雪线。有较为明显的垂直迁移行为，冬季迁到较低的山地。

习性 喜欢结群活动，常结成几只至几十只的群体，有时还与蓝马鸡一起混群活动。它们通常天刚蒙蒙亮就开始活动，一直到黄昏以后才飞到较低的树枝上栖息，中午则在岩石下或树阴处进行短暂的休息。

冬季夜栖树多为灌木，其中尤以杜鹃类居多。夏、秋季常夜宿于落叶松、冷杉等距地面0.8～1.5 m高的树枝上。夜幕降临时，群体往往由1只雄鸟率先向坡上的灌木林中跑，后面的个体依次跟上，时跑时停，不断观察动静。同一群中不同个体的夜栖地点较为集中，但一般每只个体独栖一树，少有两只同栖一树的。每一活动小区都有几个较为固定的夜栖地点，但夜栖树一般不固定。

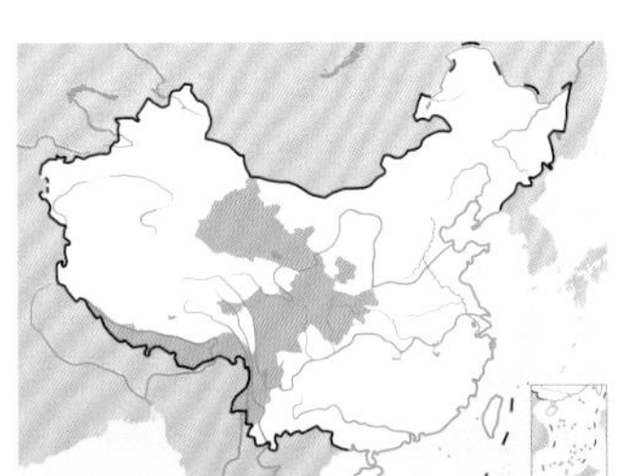

血雉。图为指名亚种*I. c. cruentus*，左上图为雄鸟，下图为雌鸟。吴秀山摄

血雉西宁亚种*I. c. beicki*。左雄右雌。吴秀山摄

食性 主要以植物为食。集群进行游荡取食活动，不断有个体进行警戒。食物的种类随季节不同而有所变化，冬季和春季以各种树木的嫩叶、芽苞、花序等为食；夏季和秋季主要食物为灌木和草本植物的嫩枝、嫩叶、浆果、种子，以及苔藓、地衣等，也吃昆虫、蜈蚣、蜘蛛等各种小型无脊椎动物。

取食行为多种多样，可以分为以下几种类型：①啄取地面低矮的草本植物的花及茎叶，岩石以及倒木上的苔藓灌木的叶片、落花及落果。此种行为较为常见。②上树取食，也较为常见，多在倾斜的树干上进行，取食种类多为苔藓、蘑菇。③跳跃啄取小灌木、藤本植物等下垂的叶片及果实。④快速奔跑追捕空中飞行的昆虫。⑤立于地面、倒木或倒枝上，伸颈摘取高处的灌木、藤本的叶片及果实。⑥在沙浴或雌鸟暖雏时，卧伏取食砂粒或草本植物。

繁殖 每年4～7月进入繁殖期，随地区和分布海拔高度的不同而略有差异。这时它们的群体解散，雄鸟之间开始发生激烈的争斗，主要有两种行为方式：一种是雄鸟在林间追逐或围绕大树转圈，少则2～3只，多则7～8只雄鸟参与；另一种是激烈的争斗，在傍晚夜栖之前最为激烈，获胜者能接近并跟随一只雌鸟。

雄鸟和雌鸟结成伴侣后形影不离，朝夕相处，过着家庭式的生活，常以鸣声保持联络，夜间栖于相距不远的树上。清晨雄鸟先下树，走至雌鸟夜栖树附近，召唤雌鸟，会合后一道觅食。没有配偶的雄鸟则呈3～5只的小群游荡。

通常营巢于亚高山或高山针叶林和混交林中。一般置巢于草墩与岩石下，岩洞与土洞中，以及树木根部树洞中。巢较简陋，常用枯草茎、草叶、松针、树叶、苔藓和地衣构成。巢呈浅碟状，大小为外径（19～27）cm×（20～24）cm，内径13～21 cm；深3.8～8 cm。产卵开始时间因地区而异。最早于4月末开始产卵，5月为产卵盛期，通常为每隔一天产卵一枚，也有间隔2～3天才产一枚卵的。通常每窝产卵4～8枚。卵长卵圆形，黄白色而带粉红色，密被大小不等的深褐色、赭石色斑点或细小的棕色点斑。卵的大小为（43.7～50.2）mm×（31～35.5）mm，重23～30.5 g。

雌鸟每次产卵后，常在巢内静卧30分钟左右才离巢同雄鸟一起觅食，但一般不远离巢区。卵产齐后才开始孵卵。孵卵由雌鸟承担，雄鸟白天在巢附近活动，并负责对巢的警戒，夜晚栖于巢附近的树上。孵卵雌鸟离巢取食时，雄鸟一直相伴左右。直待雌鸟入巢后，雄鸟才逐渐远离巢址。在整个孵卵期间，雌鸟离巢时间越来越晚，回巢时间则越来越早，相应地每次离巢取食的时间也明显缩短，到孵卵后期甚为恋巢。孵化期为28～33天。

雏鸟早成性。雌雄鸟共同育雏。刚孵出时雏鸟全身被有绒羽，出壳后先在雌鸟腹下将羽毛暖干，之后就可到巢周围0.5 m左右的地方活动2～3分钟，便重又钻入巢中雌鸟的腹下。次日由雌鸟带领离巢，与雄鸟一起组成家族群活动，不再返回。

雏鸟在恒温机制尚未建立之前，需经常钻到雌鸟腹下取暖，一直持续到雏鸟40日龄。双亲找到食物后，会发出叫声召雏鸟过来取食。家族群常一起进行日光浴及沙浴。雏鸟15日龄时，已能随雌鸟上树夜栖。

种群现状和保护 IUCN评估为无危（LC）。在中国有12个亚种，主要分布在西部亚高山地带，局部地区较常见，但不同分布区域野外数量的多少极不平衡，原有分布的山西、河南等地均已绝迹，而许多亚种的种群数量也非常稀少。《中国濒危动物红皮书》将其列为易危种。《中国脊椎动物红色名录》评估为近危(NT)。已列入CITES附录Ⅱ。在中国被列为国家二级重点保护动物。

黑头角雉

拉丁名：*Tragopan melanocephalus*
英文名：Western Tragopan

鸡形目雉科

体长60～74 cm。雄鸟头部黑色，有蓝色的肉角；冠羽黑色，尖端红色；脸部裸露，为红色；项下有辉粉红色的肉裙，中央贯有紫色纵纹，左右各有6个镶有蓝边的淡黄色斑块；颊的下部蓝绿色；体羽主要为灰黑色，满杂以白色圆形斑点；喉部、胸部红色，肩部有一个暗红色的斑块；尾羽为棕色和黑色斑杂状，端部黑色。雌鸟上体为淡灰褐色并布满了黑色的斑纹；下体大都灰色而具白点。在中国分布于西藏西南部。栖息于山地原始针阔叶混交林及针叶林。主要以植物为食。每窝产卵3～6枚。IUCN评估为易危(VU)。已列入CITES附录Ⅰ。《中国脊椎动物红色名录》评估为数据缺乏(DD)。在中国被列为国家一级重点保护动物。

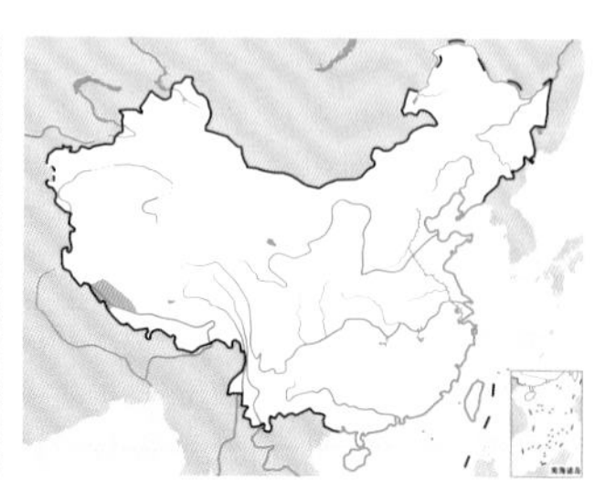

黑头角雉。James Eaton摄

红胸角雉

拉丁名：*Tragopan satyra*
英文名：Satyr Tragopan

鸡形目雉科

体长为57～79 cm。雄鸟头部黑色，有蓝色的肉角。羽冠黑色，尖端红色，两侧各有一条红色纵纹。喉部黑色，有肉裙，中部为斑驳的蓝色，两侧各有5个具浅蓝色或草绿色边缘的红色斑块；头后两侧、后颈、背的上部、两肩、上胸和腹部都是绯红色，其余体羽黑褐色，通体满杂以白色眼状斑。尾羽黑色，有棕白色斑纹。雌鸟上体为较浅淡的棕色，下体较浅淡，具近白色的矛状斑。在中国分布于西藏南部。栖息于山地森林中。以植物为食。每窝产卵2～6枚。IUCN评估为近危(NT)。已列入CITES附录Ⅲ。《中国脊椎动物红色名录》评估为易危（VU）。在中国被列为国家一级重点保护动物。

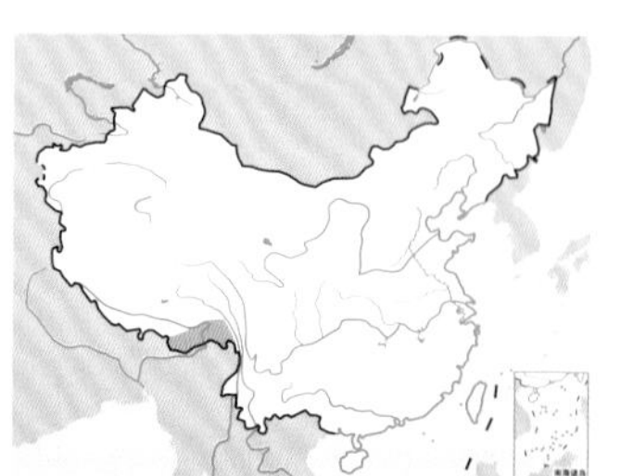

红胸角雉。左凌仁摄

灰腹角雉

拉丁名：*Tragopan blythii*
英文名：Blyth's Tragopan

鸡形目雉科

雄鸟前额、头顶、颈部纵纹黑色，头上有蓝色肉角。脸的裸出部为深蓝色或金黄色。项下有黄色的肉裙，边缘为浅蓝色。头侧、后颈、上背、上胸等为红色，其余上体羽毛黑褐色，腹部烟灰色，通体密布白色和栗赤色眼状斑。尾羽黑色具不规则横斑。雌鸟上体深褐色并布满了黑色的斑纹。下体褐色，杂以深棕及灰白等斑纹。在中国分布于云南西北部、西藏东南部。栖息于山地常绿阔叶林中。主要以植物为食。每窝产卵2～5枚。IUCN评估为易危（VU）。已列入CITES附录Ⅰ。《中国脊椎动物红色名录》评估为数据缺乏(DD)。在中国被列为国家一级重点保护动物。

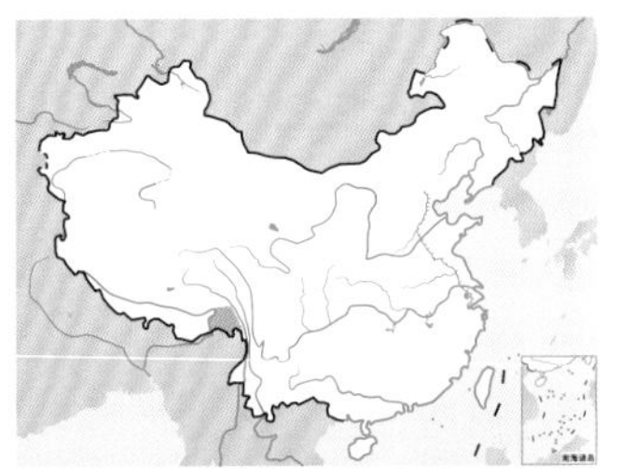

灰腹角雉。左上图为雌鸟，James Eaton摄；下图为雄鸟，王楠摄

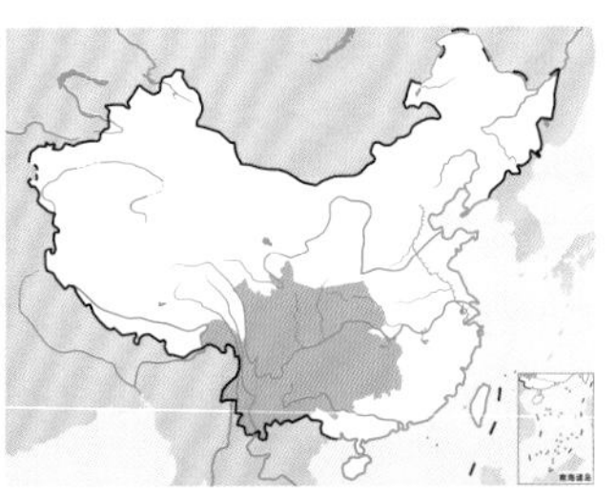

红腹角雉。左上图为雄鸟，下图为雌鸟。彭建生摄

红腹角雉

拉丁名：*Tragopan temminckii*
英文名：Temmiick's Tragopan

鸡形目雉科

形态 雄鸟体长 48～66 cm，体重 930～1800 g；雌鸟体长 44～66 cm，体重 830～1300 g。雄鸟头顶上生长着乌黑发亮的羽冠，羽冠的两侧长着一对钴蓝色的肉质角，项下还生有一块图案奇特的肉裙，两边分别有八个镶着白边的鲜红色斑块，中间在黑色的衬底上散布着许多天蓝色的斑点。头、颈的后部和上胸橙红色，尾羽棕黄色，杂有黑色的虫蠹状斑，并具有黑色的横斑和端斑；其余体羽深栗红色，布满了灰色眼状斑。

雌鸟上体主要为灰褐色，下体淡皮黄色，均布满了黑色的斑纹和白色的斑点。

分布 在中国分布于湖北西部、湖南、广西北部、贵州、云南、西藏东南部、四川、重庆、陕西南部、甘肃南部等地。国外分布于印度东北部、缅甸东北部、越南极西北部。

栖息地 生活于原始森林中，喜欢居住在有长流水的沟谷、山涧及较潮湿的悬崖下的常绿阔叶林、落叶阔叶林、常绿落叶混交林、针阔叶混交林及针叶林下丛生灌木、竹类和蕨类的地方，在海拔 1000～3500 m 均有分布。

习性 喜欢单独活动，只是在冬季偶尔结有小群。性胆怯，走过林间小路时，常常先从灌丛边伸头张望，确认没有危险时才迅速通过。

食性 主要以乔木、灌木、竹、草本植物和蕨类的嫩芽、嫩叶、青叶、花、果实和种子等为食，兼食少量动物性食物。

繁殖 每年 3 月进入繁殖期，这段时间的每天清晨和傍晚，在寂静的森林中都会传出雄鸟“wu，wa……，ga，ga”的占区叫声，此起彼伏，十分响亮，很像婴儿的啼哭声，所以当地村民又叫它“娃娃鸡”。

雄鸟的肉质角平时藏而不露，头顶部只能看到长长的羽冠，肉裙也收缩在项下。每当求偶炫耀时，先是向前慢跑几步，接着两翅半张下垂，然后昂首挺胸，头部和颈部不停地上下和左右摆动，头上的两只肉质角逐渐露出、延长、充气、膨胀起来，高高耸立，肉裙也充血膨胀，突然展开，飘洒在胸前，几乎可以垂到地面，就好像挥舞着一条漂亮的彩裙。

通常于 4 月中下旬开始营巢。筑巢于林中树上，距地面高 0.5～8 m，巢甚隐蔽。形状为浅盘状或碗状。主要由干树枝、藤条、三叶木通、松萝、苔藓和枯叶构成，内垫以少量细树枝、松针、树叶、杂草和羽毛。巢的大小为（20～25）cm×（16～29）cm，巢深 5～12 cm。4 月末或 5 月初开始产卵，每窝产卵 3～5 枚。卵土黄色或棕色，密被黄褐色或紫褐色斑。卵的大小为(51.3～63.0) mm×(39～47) mm，重 45.3～57.6 g。孵卵由雌鸟承担，雄鸟在巢区内活动和警戒。孵卵期间雌鸟仅在每天中午离巢一次，时间约 1 小时用于觅食和活动。孵化期为 26～27 天。

雏鸟早成性，孵出后即已睁眼，全身密被绒羽。出壳后第 2 天，雏鸟主动啄食巢内铺垫的苔藓和树叶，雏鸟之间有争食现象。出壳第 3 天的雏鸟即可离树出飞，雌鸟首先从巢树直接飞落到距巢树 15～30 m 的附近地面，发出轻微的“wa-wa—wa-”声呼唤雏鸟，雏鸟走上巢沿，在数十秒内相继飞落地面。离巢后 1～2 天的雌鸟和雏鸟在巢附近活动。雏鸟在雌鸟周围 0～2 m 处活动，每隔几分钟会回到雌鸟翅下。遇到惊吓后雌鸟发出惊叫并逃走，雏鸟就近隐匿。威胁消除过后，雌鸟会发出召唤声，雏鸟再回到雌鸟身旁。

种群现状和保护 IUCN 评估无危（LC）。在中国是分布范围最大的角雉类，在西南的局部地区尚有一定数量，但也受到威胁，《中国濒危动物红皮书》将其列为易危种。《中国脊椎动物红色名录》评估为近危（NT）。在中国被列为国家二级重点保护动物。

黄腹角雉

拉丁名：*Tragopan caboti*
英文名：Cabot's Tragopan

鸡形目雉科

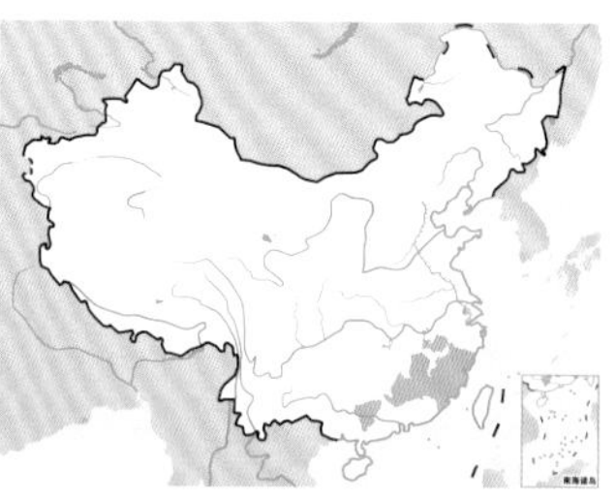

黄腹角雉。左上图为雄鸟，下图为育雏的雌鸟。李小强摄

形态 雄鸟体长为 54～70 cm，体重 1102～1600 g；雌鸟体长 50～53 cm，体重 840～1100 g。雄鸟额、颈侧、颈后部黑色；冠羽黑色，后端橙黄色；肉角蓝色，脸、颊和喉部裸皮橙黄色；项下的肉裙中部橙黄色，具紫红色点斑，两侧各有 9 个具蓝边的灰黄色斑块；上体栗色，密布大型皮黄色卵圆形斑点；下体几乎为纯皮黄色；尾羽黑褐色，密杂以黄斑，并具宽阔的黑色羽端。雌鸟上体棕褐色，并满杂以黑色和棕白色的矢状斑；下体淡皮黄色，胸部多黑色粗斑，腹部杂以明显的大型白斑。

分布 中国特有鸟类，分布于浙江南部和西南部、福建、江西、湖南东南部、广东北部、广西东北部等地。

栖息地 栖息在海拔 800～1400 m 的亚热带常绿阔叶林和混交林等原始森林中。一年四季均喜欢在阴坡与半阴坡的湿润林木中活动，没有季节性的垂直迁移现象。壳斗科植物在全年均是其典型栖息地中最优势和重要的树种，具有较大的树冠，使栖息地内湿润阴暗，为黄腹角雉提供了适宜栖息的场所，壳斗科植物的果实也是它们秋冬季重要的食物。

习性 秋冬季多结小群活动，每群内有一优势雄鸟以及其他数量不等的雄鸟和幼鸟。集群比较松散，遇惊时常各自逃遁。家族群遇到危险时，雄鸟也会报警鸣叫，待幼鸟和雌鸟逃走后，雄鸟最后逃遁。

食性 主要以乔木、灌木、竹、草本植物和蕨类的嫩芽、嫩叶、青叶、花、果实和种子等为食，兼食少量动物性食物，食物种类常广泛。

白天常以松散的集群形式在地面觅食，也可在树上采食，遇有终日雨雪天气，全天树栖，很少下地。由于它们常在树上觅食，使之具有适应于在树上行走及抓持的能力，这与其足趾结构有一定关系。经常看到当沿斜枝向下移动时，其外侧足趾（第 4 趾）与后趾（第 1 趾）成为一组，另 2 趾成为一组，成为“对趾型”。与鹦类等的“转趾型”有些类似。

繁殖 繁殖期为 3～5 月。3 月中旬即出现求偶炫耀行为。个别雄鸟早在 12 月和 1 月即有出现求偶炫耀。繁殖初期雄鸟和雌鸟都发出有规律的刺耳叫声“ga-ra, ga-ra”或“ga-ga-ga”，以后为“wear-wear-ar-ga-ga-ga”的叫声。求偶炫耀行为主要是雄鸟面向雌鸟上下点头和展示喉下肉裙，但早期的求偶炫耀多数由于雌鸟未发情而终止。多数在 3～4 月开始发情。

通常营巢于海拔 1000～1500 m 的常绿阔叶林或混交林中接近山脊的阴坡或半阴坡处，巢多置于华山松的水平枝靠基干处，也有在阔叶树水平枝干凹处或靠近主干的茂密分枝处。距地高 3～9 m。巢较简陋，主要由苔藓和落叶构成。巢的大小为 (15.5～19) cm × (17.3～28) cm，巢深 6～11 cm。3 月末或 4 月初开始产卵，每隔一日产卵一枚。每窝产卵 3～6 枚。卵为土棕色或土黄色，被有细密的褐色或红褐色斑点，有时还被有大而稀疏的灰紫色斑。卵的大小为 (51.5～57.3) mm × (38～43.9) mm，重 50～57.4 g。卵产齐后才开始孵卵，孵卵由雌鸟承担。孵卵初期雄鸟在巢附近活动，晚上栖于巢附近树上，后期则不见踪影。孵化期 28～30 天。孵卵期间雌鸟甚为恋巢，特别是孵卵后期。在受到威胁时，它甚至能用一只翅膀将卵夹住搬走，直至危险过去，才又将卵全部搬回巢内继续孵卵。

雏鸟早成性。出壳后第 3 日即能跟随雌鸟下树离巢活动和觅食。照顾雏鸟的任务全由雌鸟承担。雌鸟也甚护雏，当雏鸟受到入侵者威胁时，常猛烈的向入侵者攻击。

刚出壳的雏鸟上喙端具有淡黄色的角质卵齿，于一天后脱落。雏鸟各飞羽均被羽鞘包裹，经在雌鸟腹下生活数小时后，体羽变干，飞羽羽鞘破裂，显露出发育良好的羽片。而且立即有扇翅动作，十分活跃。黄腹角雉雏鸟飞羽的早熟程度在雉类中是少见的，这与其在树上筑巢有密切关系。

已破壳的雏鸟直至第 3 日才随同雌鸟下树觅食。在这 3 天内雌鸟不离巢进食，终日呈一种昏睡状态专心暖雏。各雏鸟常从母腹下爬出，站在巢边扇翅，偶或爬到母鸟背上扇翅嬉戏。至第 3 日清晨，雌鸟离巢飞落地面，面向雏鸟“gua-gua-gua-”低叫召唤，各雏鸟循声依次飞落，追随雌鸟游荡觅食。

雏鸟离巢下地之后，行动不如地栖性雉类的雏鸟那样敏捷，仍需栖于高树的枝干上隐蔽。尽管雏鸟翅羽早熟，很早就获得了初步飞翔能力，但在离巢后的一周之内，一般只能水平飞翔数米。直到在雏鸟雉后换羽之前的一段时间内，伴随着觅食、逃避敌害及过夜，它的活动范闱会逐渐自山峭移至山谷，同时也逐渐获得了展翅高飞的能力。

种群现状和保护 IUCN 评估为易危（VU）。已列入 CITES 附录Ⅰ。作为中国特有鸟类，黄腹角雉在分布区内各个种群基本上都处于“孤岛状”，各地的种群数量都非常稀少，《中国濒危动物红皮书》和《中国脊椎动物红色名录》均评估为濒危（EN）。在中国被列为国家一级重点保护动物。

勺鸡

拉丁名：*Pucrasia macrolopha*
英文名：Koklass Pheasant

鸡形目雉科

形态 雄鸟体长 58～64 cm，体重 1135～1415 g；雌鸟体长 40～56 cm，体重 932～1135 g。雄鸟头部呈金属暗绿色，并具棕褐色或黑色的长冠羽；两侧耳羽下各有一块白斑；颈部、胸部和腹部棕栗色；其余体羽紫灰色，呈披针形，并具灰色和黑色纵纹；中央尾羽栗褐色，外侧尾羽银灰色，具黑色横斑和白色端斑。雌鸟体羽以棕褐色为主，杂以黄白色和黑色斑纹；头上有短的羽冠；耳羽后下方具淡棕白色斑块。虹膜褐色；嘴黑褐色；腿、脚暗红褐色。

分布 在中国分布于华北、黄土高原至长江流域。国外见于阿富汗、巴基斯坦、印度北部、尼泊尔等地。

栖息地 栖息于海拔 1000 ～ 3000 m 的针叶林、针阔叶混交林、落叶阔叶林和常绿阔叶林内，尤其喜欢在低洼的山坡和山脚的沟缘灌木丛中活动。分布区往北落叶阔叶林比重增加，往南常绿阔叶林比重增加。

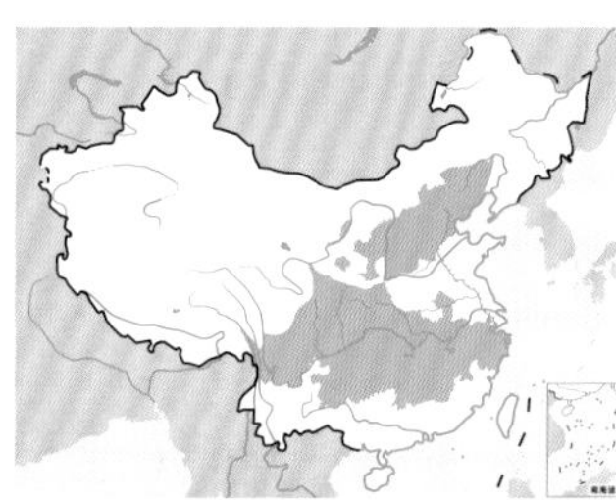

勺鸡。左上图为雌鸟，下图为雄鸟。林剑声摄

栖息的高度随季节变化而上下迁移。由于中国的地形西高东低，从西部的横断山脉至华北地区的山地和东南部低山丘陵，勺鸡垂直分布的海拔逐步递减，形成明显的下降梯度。

勺鸡是典型的森林鸟类，在森林植被完好的条件下，它们一般只在乔木林中而不到灌木林、高山草甸或裸岩等其他生境活动。

习性 平时单独或成对活动。性情机警，很少结群，夜晚也成对在树枝上过夜。夜宿地多为阔叶林生境，夜晚单只或成对在树枝上栖宿，雄鸟栖点略高于雌鸟，以便警戒。常栖在阔叶树上，也可栖于针叶树乃至灌丛，离地面高度在 2～15 m。冬季结小群，一棵树上通常可以见到 3～5 只，有时上树期间以低沉的“ku ku ku-”声相互召唤。它们并非一年四季都上树过夜，严冬季节栖于岩石上或避风雪的草丛中，到春季才又转移到树上。

雄鸟在清晨和傍晚时喜欢发出响亮、震耳的粗犷鸣叫声，沙哑的嗓音就像公鸭一样，故在四川产地称它为“山鸭子”。

食性 主要以植物的嫩芽、嫩叶、花以及果实和种子等为食，此外也吃少量昆虫、蜘蛛、蜗牛等动物性食物。

繁殖 繁殖期 3～7 月。南方较早，北方稍晚。配偶为一雄一雌制。繁殖期间雄鸟之间有时为争夺雌鸟而斗殴，双方跳起以喙、脚攻击对方。

雄鸟求偶炫耀为侧面型，即在雌鸟身边优雅地漫步环绕，边走边叫，时而疾走几步，接近雌鸟头侧时，低乖靠近雌鸟一侧的翅膀，另一翅向上扩展，以展示艳丽的背部，同时尾羽扭转以展示腰部和尾上覆羽，颈部羽毛膨展，冠羽和耳簇竖起。

通常营巢于阔叶林和针阔叶混交林内。巢多置于树干基部旁边、枯枝堆和岩石下以及灌丛和草丛中。巢甚为隐蔽，也较简陋，通常由亲鸟在地面刨出一圆形凹坑，内再垫枯草和落叶即成。4 月末 5 月初开始产卵，但南方多于 4 月初开始产卵。每窝产卵 6～9 枚。卵浅黄色至深黄色或带粉红的皮黄色，被有深褐色或褐紫色粗斑，有的还缀有褐色细小斑点，尤以钝端多而密。卵的大小为 49.0（42.8～50.8）mm × 35.8（30.4～37.5）mm，重 33.6（30.0～35.8）g。卵产齐后即开始孵卵。孵卵由雌鸟承担，雄鸟在巢附近警戒，夜宿在巢旁不远处的树上，若发现入侵者进入巢区，雄鸟立刻向远离巢方向跑走，边跑边发出“ku、ku、ku……”的警叫声，以便将入侵者引开。孵化期 25～27 天。亲鸟在黄昏离巢取食。孵卵后期雌鸟有停食现象。

雏鸟 5 月底至 6 月初孵出，出壳后即能独立活动，几天之后即可做短距离飞行。

种群现状和保护 中国是勺鸡的主要分布区，共有 5 个亚种，虽然总的分布区范围较大，但分布区不连续，各地的种群数量都不多，其中一些亚种更是罕见。IUCN 和《中国脊椎动物红色名录》均评估为无危（LC）。在中国被列为国家二级重点保护动物。

棕尾虹雉

拉丁名：*Lophophorus impejanus*
英文名：Himalayan Monal

鸡形目雉科

形态 雄鸟体长 69～72 cm，体重 2000～2380 g；雌鸟体长 55～60 cm，体重 1535～1750 g。雄鸟头顶有蓝绿色羽冠，全身都闪耀着金属光泽，头部绿色；眼周裸皮海蓝色；后颈和颈侧红铜色；背铜绿色，其余上体紫蓝绿色，下背和腰白色；尾棕红色。雌鸟通体棕褐色，具皮黄色或白色纹，颏、喉及前颈白色；尾羽棕色，具黑色横斑和白色端斑。

分布 在中国分布于云南西北部、西藏南部和东南部。国外分布于阿富汗东部、巴基斯坦至印度东北部和缅甸北部等地。

栖息地 典型的高山雉类，生活在高山针叶林、高山草甸和高山灌丛之中，尤喜栖息于多陡崖、裸露岩石且生长有茂盛的高山灌丛的地方。特别寒冷的冬季偶见于针阔混交林带。

习性 白天活动，晚上栖于陡峭的岩石上或杜鹃灌丛中。常成群活动，冬季有时可以结成 20～30 只的大群。鸣叫及报警时发出哨音，常站立在岩石上鸣叫。

食性 主要取食灌木和草本植物的嫩芽、嫩叶、嫩枝、块根、果实和种子等，有时也吃昆虫等动物性食物。

繁殖 繁殖期 4～6 月。营巢于林下植被较为稀疏的森林中，巢多置于有岩石、灌木或树隐蔽下的地上或大树洞中。巢较简陋，通常在落叶层上稍微刨抓一凹坑即成。每窝产卵 4～6 枚，偶尔 2 枚和 8 枚。卵淡黄色或皮黄色，有的具红褐色和紫色斑。卵尖卵圆形，大小为（59.6～69.8）mm ×（39.6～48.8）mm。

种群现状和保护 IUCN 评估为无危（LC）。已列入 CITES 附录Ⅰ。在中国仅能见到零星个体。《中国脊椎动物红色名录》评估为近危（NT）。在中国被列为国家一级重点保护动物。

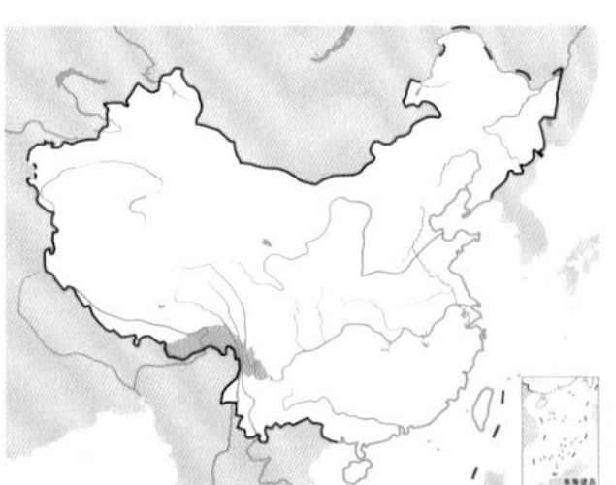

棕尾虹雉。左上图为雌鸟，刘璐摄；下图为雄鸟，江华志摄

白尾梢虹雉

拉丁名：*Lophophorus sclateri*
英文名：Sclater's Monal

鸡形目雉科

形态 雄鸟体长 64～70 cm，体重 2100～2800 g；雌鸟体长 56～63 cm，体重 2000～2500 g。雄鸟头顶、耳羽和羽冠蓝绿色；脸大部裸出，呈辉蓝色；鼻孔下有一小簇黑羽；后颈侧辉赤铜色；上背蓝绿色，下背和腰白色；下体黑色；尾羽红棕白色具宽阔的白色端斑。雌鸟自头至上背深栗褐色，下背土白色具褐色横斑；下体淡棕色；尾羽深栗褐色，具 6 条棕白色横斑和宽的白色端斑。

分布 在中国分布于云南西北部、西藏东南部等地。国外见于印度东北部、缅甸东北部一带。

栖息地 主要栖息于海拔 2500～4000 m 的高山森林和林缘灌丛与草地，特别是亚高山针叶林、高山竹林灌丛、杜鹃灌丛等地带，有时也到高山草地和风化的裸岩地带活动。

习性 除繁殖期外常呈小群活动。白天活动，晚上栖于低枝上或岩石边。

食性 主要以植物的叶、茎、幼芽和根为食，偶尔也吃少量蠕虫和昆虫等动物性食物。

繁殖 繁殖期为 4～6 月。营巢于林中地面倒木下或树洞中，每窝产卵 2～5 枚。卵的大小为 63.2 mm × 45.4 mm。

种群现状和保护 IUCN 评估为易危（VU）。已列入 CITES 附录Ⅰ。《中国脊椎动物红色名录》评估为濒危（EN）。在国内外数量均非常稀少，中国分布有 2 个亚种，其中指名亚种 *L. s. sclateri* 分布于西藏东南部，滇西亚种 *L. s. orientalis* 分布于云南西北部，分布范围均非常狭窄，野外数量十分稀少，属于稀有种。在中国被列为国家一级重点保护动物。

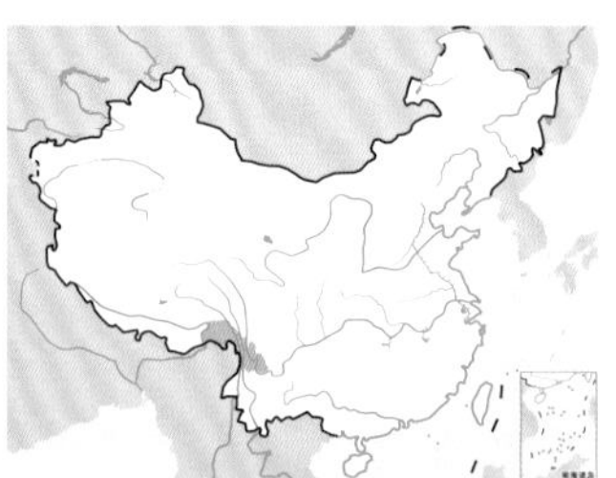

白尾梢虹雉。左上图为雄鸟，张永摄；下图为雌鸟，董磊摄

绿尾虹雉

拉丁名：*Lophophorus lhuysii*
英文名：Chinese Monal

鸡形目雉科

形态 雄鸟体长 74～81 cm，体重 2050～3250 g；雌鸟体长 74～81 cm，体重 1650～3220 g。雄鸟前额和鼻孔下缘羽簇黑色，眼前的裸出部为天蓝色；头顶和脸的下部及耳羽金属绿色；从头顶后部耸起短的青铜色冠羽覆盖在颈项上；后颈、颈侧和上背红铜色；上体紫铜色或绿铜色，下背和腰白色；下体黑色；尾蓝绿色。雌鸟上体深栗色，具淡白色纹和皮黄色斑，下背和腰白色；眼周裸出部近白色；下体褐灰色，杂以白色细斑；尾暗褐色，具棕色横斑。

分布 中国特有鸟类，分布于四川、云南西北部、西藏东北部、甘肃东南部、青海东南部等地。

栖息地 典型的高山雉类，生活在海拔 2700～4200 m 的亚高山、高山针叶林、高山草甸和高山灌丛之中，尤其喜欢多陡崖和岩石的高山灌丛和灌丛草甸。在一些地方有季节性的垂直迁徙现象，冬季迁到海拔较低的地方。

习性 白天活动，喜欢出没于山脊地带，大部分时间藏匿在山沟或山坳灌木丛下。常成对或小群活动，冬季有时也集成 8～9 只至 10 余只的较大群体。性情机警，一有动静即伸颈观望，如发现危险，则立刻钻入灌丛或飞奔而逃。在灌木丛中休息时，常有 1 只雄鸟站在离地面 2～3 m 高的杜鹃上警戒。它们的腿脚强健有力，善于奔跑。它们能在飞行时借助气流向上的举力，自低处向高空盘旋翱翔，这种现象在其他雉类中是少见的。

春夏季喜欢鸣叫，雄鸟常在破晓时站在靠近山顶的突出岩石上鸣叫。夜间多在陡崖或断壁状裸岩边，将身体紧贴岩边，独栖、成对或群栖于地面上，也在红桦、杜鹃或其他灌木的树冠上过夜。

食性 主要以植物的嫩叶、花蕾、嫩枝、幼芽、嫩茎、细根、球茎、果实和种子等为食。常顺着山坡由下而上、边走边觅食。主要用强大的嘴挖掘块根和啄食，很少用爪来刨食。据说它特别爱吃名贵中药——贝母，有时占食物的一半以上，所以被产地民众俗称为“贝母鸡”。冬季由于高山积雪过厚，难以找到砂砾，这时它就吞吃火炭，因此又名“火炭鸡”。

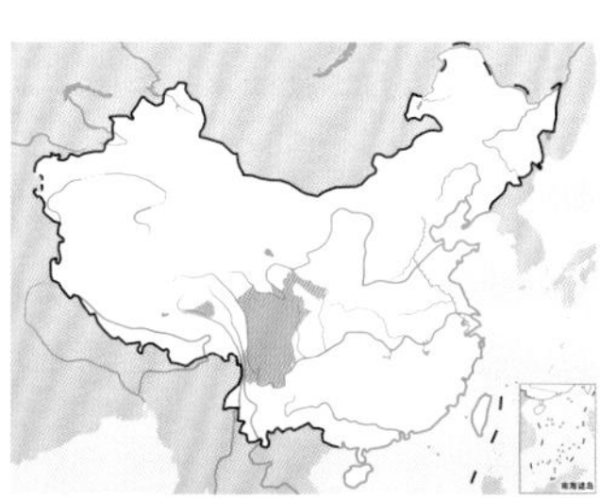

绿尾虹雉。左上图为雌鸟，刘璐摄；下图为雄鸟，江华志摄

繁殖 繁殖期 4～6 月。单配制，但在繁殖期也可见到雌鸟、雄鸟单独活动，或一雄多雌、一雌多雄、多雌多雄等不同的活动情况，实际上这些都是那些未参加繁殖的个体所形成的。参与繁殖的成鸟，在繁殖前期白天觅食时，偶尔也会加入附近的群体中，但夜宿于巢的附近。

雄鸟个别早的在 1 月即开始发情，但大多数在 4～5 月才发情。领域叫声有似为“au”的单音节，也有多音节、高亢婉转的叫声，以短促的“gou-gou”声开始，以托长的“au-wu -au-wu”声结束。发情雄鸟有一种特殊的求偶飞行，表现为从陡崖上呈滑翔式俯冲直下，两翅平伸翱翔，尾散开，先是盘旋，后又俯冲，并伴随以尖叫声，在山坳里盘旋数圈后才降落。因此，它在当地山民中又有“鹰鸡”的别称。

求偶叫声都是单音节的。一种是类似于“gu-gu-gu-”的低叫声，另一种叫声似“aoi-”高声叫。雄鸟的求偶炫耀属于正面型：冠羽向后上方竖起；面对着雌鸟，半蹲伏，尾羽扩展；双翅下垂，下背和腰部的白斑扩大显露，然后向雌鸟飞去，并伴有大声的鸣叫。

巢多置于有岩石、灌木或树隐蔽下的地上或大树洞中。常利用旧巢。巢甚简陋，通常就地将松软的苔藓压成一浅窝或刨开地面碎石泥土成一浅坑，内再垫以草茎、草叶即成，巢的大小为 20 cm × 35 cm。4 月末至 5 月初开始产卵。每窝产卵 3～5 枚。卵棕黄色或黄褐色，被以大小不一的紫色或褐色斑点。卵的大小为（67～73）mm ×（45～48）mm，重 74～95 g。卵产齐后即开始孵卵。孵化期 28 天。孵卵完全由雌鸟承担。雌鸟非常恋巢，几乎终日坐巢，天气晴朗时才在上午离巢取食一次，一般不超过 40 分钟。而阴雨天则放弃取食，连续坐巢时间可长达 120 小时。

雏鸟出壳次日就在离巢不太远的山坡上围着亲鸟争相吞食被亲鸟啄碎的小食块。受惊时，它们四散奔跑，躲进草从或石缝中，约经半小时后，由亲鸟返回原处将它们召唤到身边。晚上，它们都依偎在亲鸟身边过夜。

种群现状和保护 IUCN 评估为易危（VU）。作为中国特有鸟类，分布范围非常狭窄，野外种群数量非常稀少，《中国濒危动物红皮书》和《中国脊椎动物红色名录》均评估为濒危（EN）。人类的经济活动对绿尾虹雉的生存影响很大，例如春夏季节当地居民到绿尾虹雉栖息的高山草甸地带挖贝母，夏季在草甸地带放牧时常安放套子捕捉绿尾虹雉，使其栖息地受到破坏，巢和卵的毁坏也很严重。砍伐杜鹃、红桦等灌木作为薪柴，以及牧场的扩大，正日益蚕食着绿尾虹雉的生存环境。目前已列入 CITES 附录Ⅰ。在中国被列为国家一级重点保护动物。

红原鸡

拉丁名：*Gallus gallus*
英文名：Red Junglefowl

鸡形目雉科

形态 雄鸟体长 48～71 cm，体重 672～1050 g，雌鸟体长 38～46 cm，体长 435～750 g。雄鸟头顶橙红色，上体主要为金红色；下体黑褐色；尾羽黑色而具有绿色的金属光泽。雌鸟头、颈和下体大都为棕黄色，颈部具有黑色的斑纹；上体黑褐色，密布细的黑色虫蠹状斑和浅黄白色的羽干纹；尾羽黑褐色，中央尾羽不特别延长，羽缘具有暗绿色的细斑。

分布 在中国分布于广东、海南、广西西南部、云南等地。国外见于亚洲南部、东南部一带。

栖息地 栖息于低山、丘陵或平原坝区的热带雨林、季雨林、落叶季雨林、混交林、次生林、灌丛、草坡、竹林和经济作物区以及农耕地边缘等多种环境，对混交林和森林草地交错带具有明显的选择偏好。在广西生活于人造马尾松林、石灰岩山地常绿阔叶林及河谷阔叶林等栖息地；在广东和海南，它们大多栖息于海拔较低的山地丛林、橡胶园的防护林带及经济作物区地缘的灌丛之中，栖息的海拔高度从 50 m 一直到 2000 m。在海南甚至可见它们在退潮后的红树林中活动。

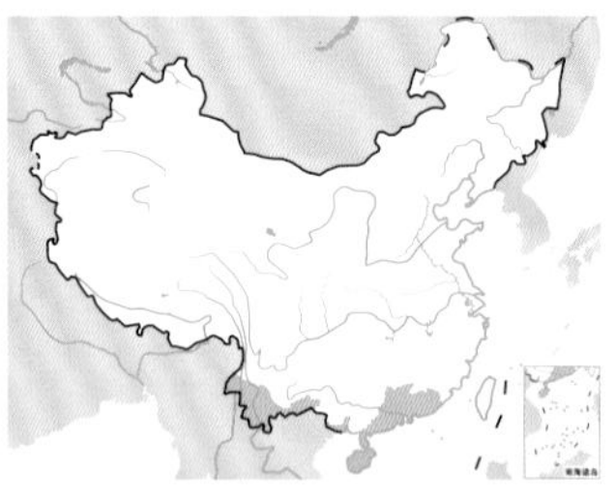

红原鸡。左上图为雄鸟，下图为雌鸟。杜卿摄

习性 喜欢结群生活，除繁殖期外，大多结成 7～8 只以上的群体，最多可达 20 多只。最普遍的集群模式为 1 只优势雄鸟与 1 只至多只雌鸟，次级雄鸟与此群保持一定距离。当领域雄鸟死亡或失去地位以后，次级雄鸟的鸣叫频次便大大升高。

每天在早 5:00 和 7:00 左右分别有两个鸣叫的高峰，在下午 6:00 左右也有一个高峰。性情机警，受惊后便迅速奔入树林、灌丛中，或飞到山坡之下。夜间栖息于树上，清晨即下到地面活动。在每天天气最热的时候，选择在树林或竹丛中休息。它们经常在旱季时溪流形成的小坑饮水，大部分的夜栖地点位于靠近水沟或干水沟的竹丛中，少数位于靠近溪流的边缘竹丛。夜栖时成小群，一般为 1～2 只雄鸟与 1 只至若干只雌鸟组成。

食性 食性较杂，包括榕树果、竹籽、幼嫩的竹笋，各种植物的花、嫩叶、嫩枝等，也吃白蚁及其卵、其他昆虫、蚯蚓等动物性食物，还常到农田中啄食。取食的方式与家鸡类似，边走边用嘴和脚扒开落叶、表土，然后用嘴啄食。

雏鸟可能以白蚁为主要食物，出雏的最佳时间恰恰是白蚁开始迁飞的时候。许多植物性食物缺乏足够的氨基酸，而动物性食物能弥补这些不足。

繁殖 繁殖期为 2～5 月。婚配制度为一雄多雌制。进入繁殖期后雄鸟之间配偶竞争的高峰期，此时期的雄鸟多单独行动，叫声频繁，早晨和黄昏是鸣叫的两个主要时段，常常发出近似“ge, ge-ge-ge”的啼叫，中间有一个明显的停顿，最后的 ge 非常短，如同家养公鸡缩短的叫声。在产地人们拟其声为“茶花两朵”，故云南许多地方称其为茶花鸡。

求偶时领域雄鸟绕雌鸟以 1/4 左右圆圈走动，同时翅膀往下垂和抖动，而雌鸟则抖动身体。雄鸟还会对雌鸟做出象征性的求偶喂食行为，此时雄鸟会叼各种物品给雌鸟，包括食物、花生壳、棕榈果、木屑、树叶，甚至长达 0.5 m 的小树枝，等等。

主要营巢于林下灌木发达而干扰较小的茂密森林，巢位于树脚旁边、密集的丛生草本下或低矮的灌木丛基部。巢甚简陋，通常为地面的一小凹坑，或由亲鸟在地面稍微挖掘一浅坑，内垫柔软的草茎、落叶、小树枝，并常有鸡毛少许。有时直接产卵于灌丛中地上。每窝产卵 6～8 枚，如果产第 2窝，窝卵数会减少到 3～4 枚。卵浅棕白色或土黄色，光滑无斑。卵椭圆形，大小为 (42～48) mm × (31～36) mm，卵重 31.0～40.7 g。卵产齐后即开始孵卵，孵卵由雌鸟承担。孵化期 19～21 天。

雏鸟早成性，孵出后不久即能随雌鸟活动。由雌鸟发出“ge-ge-”声带领雏鸟活动，雄鸟与之保持一定距离。雏鸟出壳后的头几天紧跟雌鸟觅食，雌鸟用喙和爪翻扒落叶层寻找食物，并将食物递给雏鸟。一周后，雏鸟开始在离雌鸟较远的地方觅食。雏鸟到 8～10 周龄基本上已可独立取食。大约有一半的雌鸟需要雄鸟协助哺育雏鸟，当雄鸟寻找到食物时，同样发出声音和上下摇头的信号通知雌鸟和雏鸟前来取食。

雏鸟在早期便具备一定的飞翔能力，在穿越小路的时候，雌鸟以行走方式穿越，而雏鸟则以飞越的方式。亲鸟喜欢在斑茅灌丛下进行育雏活动，雏鸟也经常在这些灌丛下活动。这种灌丛的树叶伸展较大，可以为雏鸟提供很好的庇护。

种群现状和保护 IUCN 评估为无危（LC）。中国共有 2 个亚种，其中滇南亚种 *G. g. spadiceu* 分布于云南西部和南部，分布于其他地区的为海南亚种 *G. g. jabouillei*。它们从前数量很多，但现在已经急剧下降，《中国濒危动物红皮书》将其列为易危种。《中国脊椎动物红色名录》评估为近危（NT）。在中国被列为国家二级重点保护动物。

与人类的关系 作为与人类关系最为久远而密切的家禽，家鸡的起源与驯化一直受到广泛关注，最终人们的目光聚焦在与家鸡外形相似的原鸡属 *Gallus*。原鸡属共有 4 个物种，分别是生活在南亚东部和东南亚一带的红原鸡、生活在南亚次大陆一带的灰原鸡 *G. sonneratii*、生活在斯里兰卡的蓝喉原鸡 *G. lafayetii*，以及生活在印度尼西亚一些岛屿上的绿原鸡 *G. varius*。从外形的相似程度来看，红原鸡自然是家鸡当仁不让的祖先。

除了与家鸡在外表以及羽色、鸣声、求偶发情姿态等方面十分相似外，红原鸡与家鸡交配后还可以产生具有繁殖力的后代。这一点在中国云南南部的红原鸡与当地的家鸡品种——茶花鸡之间表现出来：红原鸡常到村寨附近，与茶花鸡混群嬉戏玩耍，甚至杂交。

但其他原鸡均可与家鸡交配，产生的杂交 F1 代也仍然具有繁殖能力，从而为随之产生的家鸡起源的多元性理论——即与“单起源说”相对立的“多起源说”——提供了有力的证据。两种观点的争论在持续了一个多世纪之后，许多从事分子生物学研究的科学家也纷纷加入“战局”，期望借助现代科学技术手段，顺利地解决这一难题，结果却使“单起源说”和“多起源说”之争愈演愈烈。

与上述争论同时进行的，还有家鸡的原始驯养地问题，而且也长期存在着一个驯化中心与多个驯化起源地的观点之争。从前认为，较早发现的有鸡骨存在的遗址是印度河流域的莫亨约·德罗遗址和哈拉帕遗址，这些遗址中的鸡骨在解剖结构上要比原鸡的骨骼大，应该是已经驯化的家鸡的骨骼。因此，达尔文推测家鸡的驯养最早是在公元前 3200 年前的印度，然后向世界各地扩散。而在 20 世纪 80 年代末，人们采用遗传标记进行研究的结果，则认为家鸡最先在东南亚驯养（特别是单起源于泰国），然后向北扩散到中国，再经俄罗斯扩散至欧洲。

事实上，在中国河北磁山文化、山东北辛文化以及河南裴李岗文化发掘的新石器时代遗址中都发现了鸡骨，而且很可能是家鸡的遗骨。如果这个结论属实的话，根据这些遗址所处的年代，可以推测，早在 7500～8000 年前，中国的华北及黄河中游地区就已经驯化了家鸡。

基于对河北徐水南庄头遗址、武安磁山遗址、山东兖州王因遗址等出土的鸡骨的线粒体 DNA 测序结果，科学家论证了家鸡应当是多地独立驯化的结论，并认为中国北部、南亚与东南亚很可能是三大并行的家鸡早期驯化中心。他们还通过这些遗址中热带动植物的遗存，推测中国华北地区在全新世早期的气候较现在更加温暖湿润，森林覆盖也更为广阔，这些都为红原鸡的栖息提供了适宜的条件。

不过，迄今为止所有关于家鸡起源与驯化的研究结果都是非结论性的。从目前的研究结果看，家鸡极有可能起源于红原鸡，或红原鸡中的部分亚种，而红原鸡之外的其他原鸡在家鸡的驯养过程中也扮演过重要的角色。不同地区、不同时期起源的母系家鸡群体，在几千年的历史中不断地融合渗透，经历杂交选育的复杂历程，最终形成了现今具有不同地方特色的家鸡品种。

黑鹇

拉丁名：*Lophura leucomelanos*
英文名：Kalij Pheasant

鸡形目雉科

体长 50～74 cm。雄鸟头部和颈部深蓝色；头上有蓝黑色羽冠，并具紫色光泽；脸部裸出，为鲜红色；体羽主要为蓝黑色，下背、腰及下体具多少不等的宽阔白色端斑和窄的蓝黑色斑纹；尾羽蓝黑色。雌鸟体羽大多红褐色，布有多少不等的淡色羽缘形成的斑纹。在中国分布于云南西北部、西藏南部和东南部。栖息于山地森林，有时也到低山及山谷箭竹丛及林间草丛中。每窝产卵 5～9 枚。IUCN 评估为无危（LC），《中国脊椎动物红色名录》评估为近危（NT）。在中国被列为国家二级重点保护动物。

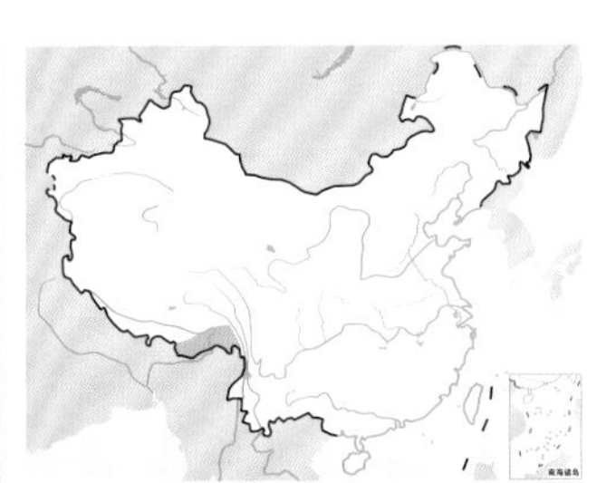

黑鹇。左上图为雄鸟，唐英摄；下图为左雌右雄，张小玲摄

白鹇

拉丁文：*Lophura nycthemera*
英文名：Silver Pheasant

鸡形目雉科

形态 雄鸟体长73～114 cm，体重880～2000 g；雌鸟体长52～71 cm，体重1150～1300 g。雄鸟头上具有长而厚密的黑色羽冠，并披于头后；脸部裸出，呈鲜红色；整个下体乌黑色；上体和尾羽都是洁白的衬底上密布着细细的涟漪状"V"字形黑纹，尾羽上的黑纹越向后越小，逐渐消失。雌鸟羽冠黑褐色；脸部裸出，呈鲜红色；体羽橄榄褐色，胸部以下缀有黑色虫蠹状斑纹。

分布 在中国分布于江苏南部、浙江、福建西北部、江西、湖北西部、广东、海南、广西、贵州南部和西部、云南、四川中部等地。国外见于中南半岛一带。

栖息地 多在海拔2000 m以下森林植被发育较好的地方活动，为典型的森林雉类，主要包括亚热带常绿阔叶林、亚热带常绿落叶阔叶混交林、亚热带针叶阔叶混交林、亚热带竹阔混交林、热带沟谷雨林和热带季风雨林等。

习性 结群营社会化生活，每群由几只至十几只不等，冬季多达几十只到逾百只，由一只强壮的雄鸟和若干成年雌鸟、不太强壮或年龄不大的雄鸟以及幼鸟组成，群体内有严格的等级关系。此外，也有其他多种多样的组成方式，包括雌雄混群、纯雌鸟群、纯雄鸟群和纯亚成体雄鸟群等。夜晚群体上树的次序主要为雌鸟—亚成鸟—雄鸟，也有雌鸟和亚成鸟同时上树、雄鸟后上树的，但没有雄鸟先于其他个体上树的情况。上树采用逐步登高的方式，先上较低的树枝，然后再逐步往上，最终到达合适的位置。

通常较少鸣叫，遇到危险时发出刺耳的"ji-go, ji-go"声或尖厉哨音，其他部分个体也会随之发出同样尖利的报警声，然后快速向上坡奔逃。此后集群个体通过轻微的"gu—gu gu"声进行联系，重新聚集在一起。

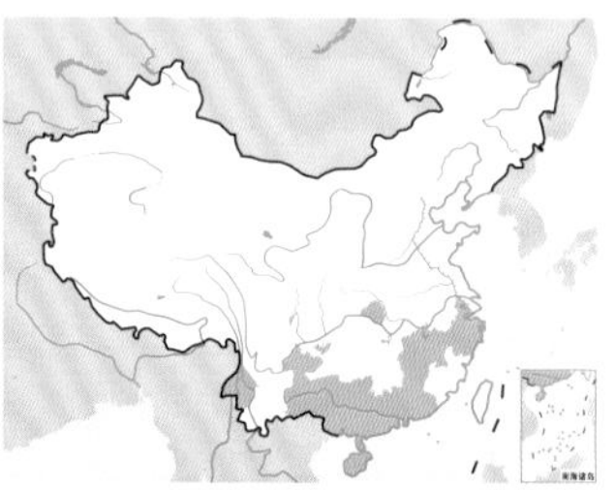

白鹇。左上图为雌鸟，唐英摄；下图为雄鸟，唐文明摄

每个群体的夜栖场所相对固定与集中。乔木的横枝是它们夜栖的理想场所，偶见选择较高的灌木为夜栖地。

食性 杂食性，主要以椎栗、悬钩子、百香果等植物的嫩叶、幼芽、花、茎、浆果、种子，以及根和苔藓等为食，以及蝗虫、蚂蚁、蚯蚓等动物性食物。进食时常发出轻叫声。

在集群活动时，个体之间的取食顺序体现等级关系。群体中的优势雄鸟和雌鸟的等级最高，成年非优势雄鸟次之，雄鸟亚成体的等级最低。

繁殖 繁殖期为4～5月。3月中下旬雄鸟即开始发情。一雄多雌制。雄鸟之间常为争夺配偶而进行仪式化斗争：首先是对峙，而后平行走动，此时示弱一方常主动退出。若平行走动后仍没有主动退出者，则随之发生激烈的打斗，直至一方败退。雄鸟的求偶炫耀为侧面型。

巢一般在悬崖附近，多筑于林下灌丛间的地面凹处或草丛中。巢较简陋，但隐蔽性很好，主要由枯草、树叶、松针等构成，巢材之间较松散，垫以些许羽毛。巢的大小为外径32～36 cm，内径19～24 cm，巢深9.5～11 cm。巢常位于下坡位，成小角度倾斜。雌鸟卧巢时尾部朝向坡上，头朝坡下，巢的后方、侧方和上方常有茂密灌木（或巨石）的遮挡，可减少威胁来袭的方向。

每窝产卵4～8枚，颜色为淡至棕褐色，其上被有白色石灰质斑点，卵的大小为（46.7～54.7）mm×（36.3～39.5）mm，重31.1～41.5 g。通常每隔一日产一枚卵。卵产齐后即开始孵卵。孵化期24～25天。雏鸟早成性。孵出的当日即可离巢随亲鸟活动。

雏鸟均在同一天出壳，即随雌鸟一同离巢。若最后一只雏鸟出壳时已接近黄昏，则雌鸟和雏鸟在巢中过夜，至第二天日出前离巢。雏鸟刚出壳时站立能力较弱，需待在雌鸟腹下大约2小时后羽毛完全干燥、蓬松，并能随雌鸟行走。

雌鸟单独或雌、雄鸟一起育雏。亲鸟常带领雏鸟在草本和灌木密度较高的栖息地活动。至雏鸟一月龄左右，亲鸟带领雏鸟一起到林下较空旷的地区。

雄性雏鸟出壳几周后由绒羽换为稚羽；当年秋季由稚羽换为接近雌鸟橄榄褐色的亚成体羽毛；在冬季又替换为居于亚成体羽色和成鸟羽色过渡态的中间羽色；直至第二年春季才替换为成体羽色。雌鸟的换羽过程为从孵出后经3次换羽形成成体的羽色，不具有中间过渡羽色。

种群现状和保护 IUCN和《中国脊椎动物红色名录》均评估为无危（LC）。中国是白鹇的主要分布区，共有9个亚种，不同亚种的情况有很大差异，有些亚种在局部地区尚有较高的密度，有些亚种则极为罕见，处于濒危状态。在中国被列为国家二级重点保护动物。

蓝腹鹇

拉丁名：*Lophura swinhoii*
英文名：Swinhoe's Pheasant

鸡形目雉科

体长 50～79 cm。雄鸟头部、颈部为黑色，羽冠白色，有时杂以黑斑；脸部裸出，为红色；体羽大部为富有光泽的深蓝黑色，上背白色，下背、腰有金属鲜蓝色羽缘，肩赤红褐色；尾羽中央一对白色，其余黑色。雌鸟体羽红褐色，具土黄色"V"字形斑和黑色虫蠹状斑；脸部裸出，呈鲜红色；尾暗栗色，具黑色横斑。中国特有鸟类，分布于台湾地区。栖息于山地森林中。IUCN 和《中国脊椎动物红色名录》均评估为近危（NT）。已列入 CITES 附录 I 。在中国被列为国家一级重点保护动物。

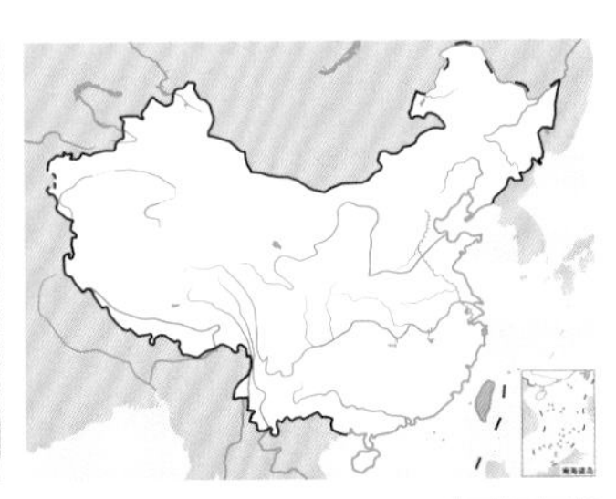

蓝腹鹇。左上图为雄鸟，下图为雌鸟。沈越摄

白马鸡

拉丁名：*Crossoptilon crossoptilon*
英文名：White Eared Pheasant

鸡形目雉科

形态 雄鸟体长 69～100 cm，体重 1017～3000 g；雌鸟体长 73～102 cm，体重 1250～2050 g。雌雄羽色相似。头顶密被以黑色绒羽状短羽；耳羽簇白色，向后延伸成短角状，但不突出于头上；上下体的羽色几乎均为纯白色，羽端分散呈发丝状；背部微沾灰色，颏、喉沾棕色；飞羽灰褐色；较长的尾上覆羽和翅上覆羽稍沾暗灰色；尾特长，为辉绿蓝色，基部灰色，末端具带金属光泽的暗绿色和蓝紫色；中央一两对尾羽大部羽枝分散下垂。虹膜橙黄色，脸部裸出，呈鲜红色，具疣状突。

分布 中国特有鸟类，分布于云南西北部、西藏东南部、四川、青海南部和东南部等地。

栖息地 主要栖息于海拔 3000～4000 m 的高山和亚高山针叶林和针阔叶混交林带，有时也上到林线上林缘疏林灌丛中活动，冬季有时可下到 2800 m 左右的常绿阔叶林和落叶阔叶林带活动。

习性 喜欢集群，常成群活动，特别是冬季至春季，有时集群多达 50～60 只。白天活动，中午多在树阴处休息，晚上栖于树上。不能由地面直接飞上树梢，而只能由较矮的树杈逐级向上纵跃。为首的雄鸟常宿在最高的树梢，以便警戒。夜宿地点比较固定，若被惊动，则次日将转移他处。常在早晨和傍晚鸣叫，鸣声宏亮而短促，很远都能听到。

食性 主要以灌木和草本植物的嫩叶、幼芽、根、花蕾、果实和种子为食，此外也吃昆虫、蜘蛛、蜈蚣等动物性食物，特别是在繁殖季节。

繁殖 繁殖期 5～7 月。4 月中旬群即开始逐渐分散成小群和配对。通常一雌一雄制。营巢于向阳坡针叶林中。巢多置于林下灌丛中地面上、倒木下或林中岩洞中，巢周围均有灌木或高草遮蔽。巢的大小为外径（24～50）cm ×（22～30）cm，内径 34 cm × 22 cm，巢深 7～17 cm。巢甚简陋，主要利用地面自然凹坑，内垫以枯枝、干草、苔藓和少量羽毛即成。每窝产卵 4～7 枚。卵的大小为（55～59）mm ×（39～41）mm，重 50～64 g，颜色为黄褐色，光滑无斑。孵卵由雌鸟承担，雄鸟在巢附近活动和警戒。雏鸟早成性，出壳后不久即随亲鸟离巢活动。

种群现状和保护 白马鸡是中国特有鸟类，也是马鸡类中分布范围最大、数量较多的一种，在局部地区尚比较常见，但也受到威胁，《中国濒危动物红皮书》将其列为易危种。IUCN 和《中国脊椎动物红色名录》均评估为近危（NT）。已列入 CITES 附录 I 。在中国被列为国家二级重点保护动物。

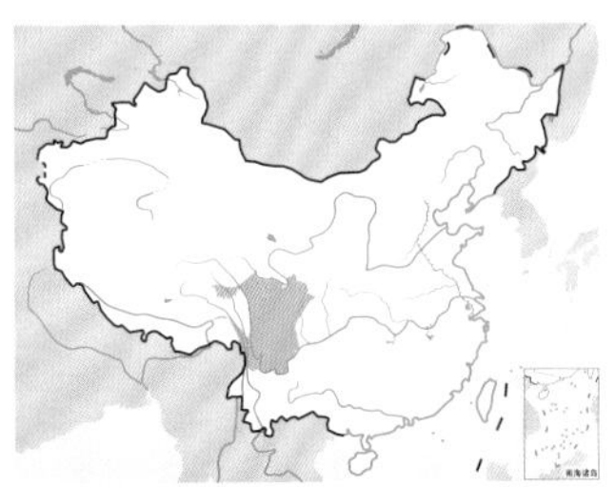

白马鸡。吴秀山摄

藏马鸡

拉丁名：*Crossoptilon harmani*
英文名：Tibetan Eared Pheasant

鸡形目雉科

形态 体长72～81 cm，体重1500 g。脸部裸露皮肤鲜红色。前额、头顶至枕部为绒黑色，颏、喉、前颈中央、耳羽簇和横跨后颈的一条枕领为白色，后颈为乌灰色，几近黑色；上背及翅上内侧覆羽灰蓝色，下背至尾上覆羽淡灰色，初级飞羽和小翼羽暗褐色，次级飞羽和外侧覆羽也为暗褐色，露出部分呈金属紫蓝色；尾呈金属蓝黑色，具绿色和蓝色光泽，中央尾羽基部紫灰色；颈侧和胸部深灰蓝色，两胁和下胸淡灰色，前颈和腹中部白色，尾下覆羽黑褐色，羽端缀蓝灰色。

分布 中国特有鸟类，分布于西藏南部。

栖息地 主要栖息于海拔2500～5000 m的高山和亚高山森林、灌丛和苔原草地。其中，最典型的栖息地为森林和高山灌丛，前者包括西藏东南部的原始森林，后者包括雅鲁藏布江中游的高山地带。

习性 非繁殖季节喜集群。幼鸟离巢之后，不同的家族群体即开始会合，通常由2～3个家族构成一个繁殖后群体。随着时间的推移，群体集群行为增强，冬季群体一般由15～30只个体组成，有时有上百只的大群。大多在开阔的林间空地和林缘地带活动和觅食。夜晚则栖息于高大的树木上，或者在岩石壁附近的粗壮的灌木或狭窄的高山柳树上。这种夜栖地是终年连续使用的，即使在繁殖季节群体解体后，不同的繁殖对傍晚依然返回其永久的夜栖地。一个大的冬季夜栖地可以支持众多个体夜宿，但它们却经常聚集在少数的夜栖树上。

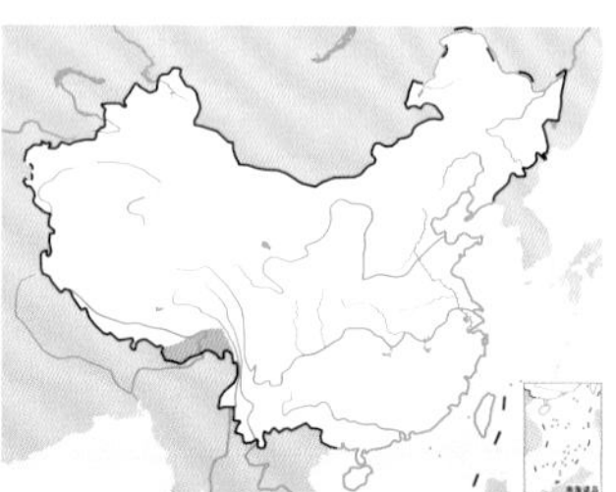

藏马鸡。吴秀山摄

早晨和黄昏时常发出高声的鸣叫，声音短促、粗犷而宏亮，呈断续的“咯,咯,咯,咯”的声音。遇到危险时或直接飞到树上，或飞向山下，但飞不多远就落到地面上奔跑。中午在比较高的灌丛下休息，灌木可以为它们提供很好的隐藏条件并遮挡强烈的阳光，而干燥的土壤则有利于它们的沙浴行为。

食性 主要以植物的叶、芽、果实和种子等为食，也吃少量昆虫等动物性食物。

繁殖 繁殖期5～7月。一雌一雄制。雄鸟全天与其配偶维持一个较近的距离并保持警惕状态；当雌鸟移动时，雄鸟总是尾随其后，保持与其配偶的平均距离不超过2 m。繁殖期间雄鸟有时为争夺雌鸟而发生斗殴。

配偶成对后，等级地位较低的雄鸟发现附近的优势雄鸟和其配偶后，立即发出一种与群体快速行进时相似的低鸣声，催促其配偶快速避离，并紧跟在雌鸟之后，头部位置在前者翼、腰部，有时见其喙在地面仓促摩擦1～2下，这可能具有加强敦促的作用。

通常营巢于海拔3500～4500 m的高山针叶林和高山灌丛地带。在森林地区，巢位于乔木的根部；而在灌丛环境中虽然阳坡和阴坡都有，但更多在阳坡的绢毛蔷薇－拉萨小檗植物群落中。巢址多位于地形复杂的多岩石陡坡地带突出的岩石下或石洞内，有些也见于灌丛或高山柳基部的地面上，也有在林中倒木下营巢的。有趣的是，由于选择洞穴作为巢址，它们必须避免洞穴太浅或开口太大而使隐蔽性降低，也不能把巢放在洞穴深处，以免香鼬等小型哺乳动物的光顾，因此合适的巢址资源十分有限，它们就只好尽可能地利用旧巢址了。

巢构造简陋，铺垫以细的灌木茎和草茎，也有从雌鸟身上掉落的羽毛。巢的大小为外径30.9 cm (27.3～39.4 cm)，内径25.0 cm (20.2～30.5 cm)，深6.8 cm (3.2～10.6 cm)。每48小时产1枚卵，产卵时间多在中午。卵白色，略沾浅绿色，有细小的褐色斑点或无。每窝产卵4～7枚。卵的大小为57.9 mm (53.2～61.8 mm)，短径41.6 mm (38.1～43.9 mm)，卵重54.2 g (46.7～61.22 g)。孵化期24～25天。孵卵由雌性承担。

种群现状和保护 藏马鸡是中国特有鸟类，从前被看作是白马鸡的一个亚种，现在已被提升为独立种，主要分布于西藏南部的高山森林地带，分布区域比较窄狭，但在局部地区还有一定数量，《中国濒危动物红皮书》将其列为稀有种。由于高山灌丛等植被正在受到土地利用、薪材砍伐和过度放牧的威胁，以致靠近人类居住地的植被明显退化，使本来就相当脆弱的高山生态系统面临严重的压力。另外，巢址多年重复使用，夜栖地的重复使用，也意味着适宜的栖息地有限，从而限制了藏马鸡的种群数量。IUCN和《中国脊椎动物红色名录》均评估为近危（NT）。在中国被列为国家二级重点保护动物。

褐马鸡

拉丁名：*Crossoptilon mantchuricum*
英文名：Brown Eared Pheasant

鸡形目雉科

形态 雄鸟体长93～108 cm，体重1650～2750 g；雌鸟体长85～104 cm，体重1400～2050 g。头和颈部黑褐色，头顶羽毛呈绒状，枕后有一不甚明显的白色狭带，额基白色而具黑端，鼻孔后缘、耳羽呈白色；耳羽成束状，并向后延长并突出于头颈之上，形状像一对角；头侧裸出，赤红色，满布细小的疣状突；上背、两肩棕褐色，并具光泽，羽端分散呈发状；下背、腰部、尾上覆羽和尾羽银白色，尾羽末端黑色而具金属紫蓝色光泽；中央两对尾羽几乎完全分散如发，并高翘于其他尾羽之上，其羽支和羽端均下垂，状如马尾，覆盖在整个尾上；两翅表面为棕褐色，飞羽稍淡，且具浓棕褐色羽干纹；颏、喉白色，前颈浓棕褐色，往后逐渐转淡，至尾下覆羽为棕灰色。虹膜橙黄色至红褐色，嘴粉红色，脚、趾珊瑚红色，爪角色。雄鸟具距。

分布 中国特有鸟类，分布于北京西部、河北西北部、山西西部、陕西东部等地。

栖息地 主要栖息在海拔1700～2500 m的中、低山地带，由杨树、桦树、落叶松以及沙棘等组成的针叶林、阔叶林、针阔混交林或林缘灌丛等林地中。

繁殖期的栖息地主要为云杉－落叶松植物群落、云杉－落叶松－桦－杨植物群落、油松植物群落，属于阴坡针叶林类型。繁殖期结束后结成的家系群或混群活动于杨－桦－云杉－落叶松植物群落和油松－辽东栎植物群落。随后家系活动范围逐渐扩大，

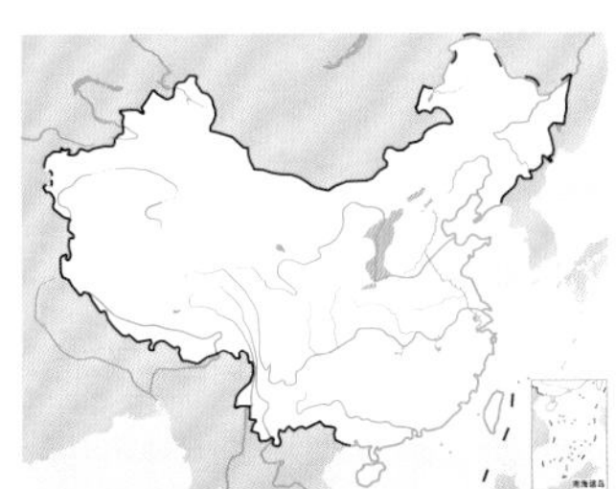

褐马鸡。左上图沈越摄，下图唐英摄

具有较大的游荡性。由于气候的变化，阴坡针叶林气温渐低，加之食物的变化，使半阴坡或阳坡的混交林型成为它们的主要栖息地，也是它们由高海拔向低海拔、阴坡向阳坡迁移的过渡性栖息地。

越冬期的栖息地主要为杨－桦－沙棘－草滩植物群落和辽东栎－杨－油松－沙棘植物群落，其共同特点是背风向阳，它们可以在向阳的草坡、草滩上啄食草根。

习性 平时集10余只的小群，冬季常常结成20～30只的大群活动，有时可多达百只以上，在秋、冬季节有较大的游荡性。飞行缓慢，但善于奔走。从山下往山上走的时候，是边走边吃，一直走上山顶，然后滑翔下山，再边吃边走上山去，但在情况危急时，它们可以成群飞出1～3 km以外。鸣叫时颈部伸长，嘴几乎指向上方，尾羽也向上翘，叫声宏亮。白天多活动于灌、草丛中，夜间则栖宿在大树的枝杈上。

繁殖期成对栖宿，雌雄靠拢于树枝中段，头颈回缩，尾下垂，鸣声停止，直至翌日拂晓，栖宿树高10 m以上，卧处距地面6～7 m。进入孵卵期后，雄鸡单独在巢周围的树上栖宿。育雏期间，由于雏鸟不具飞跃上树的能力，一般都由雌鸟抱雏卧地夜宿。待幼鸟具飞行能力时，雌鸟和幼鸟才上树夜宿。冬季集群栖宿在高大的乔木上，多选择山地森林背风向阳坡度较缓的南坡，栖息的树种以辽东栎和油松居多。

喜欢沙浴，俗称刨窝、打滚或打土窝。进入配偶活动阶段时，雌鸟常卧伏地面进行沙浴。至繁殖后期，亲鸟与雏鸟共同沙浴。冬季多集群沙浴。

食性 主要以植物为食，包括辽东栎、沙棘、野豌豆等植物的块茎、根芽、嫩枝、浆果和种子，也吃一些昆虫、蠕虫等动物性食物。觅食时发出“gu-li，gu-li”的叫声。

繁殖 繁殖期4～6月。清晨，雄鸟从栖树上飞下之后，常常发出单调而连续的求偶鸣叫声“gua-gua-gua”。这种求偶叫声从3月开始一直持续到繁殖期结束。在繁殖早期，求偶鸣叫往往与占区鸣叫相伴发生。占区鸣叫可以把位于远方的雌鸟吸引到雄鸟的附近，而求偶鸣叫则是雄鸟对雌鸟前来配对的一种邀请信号，在交配之后甚至雌鸟开始孵卵之后仍然出现，可能具有加强已配对雄雌鸟之间关系的功能。雄鸟领域性极强，通常每对占领一个山坡，雄鸟全力保卫领域，对入侵的同种个体，雄鸟奋力驱赶，有时甚至殴斗，直至将入侵者赶走。雌雄鸟常相伴成对活动和觅食，往往雌鸟刨地觅食，雄鸟在旁担任警戒。

通常营巢于海拔1800～2500 m的针阔叶混交林中。巢多置于林下地面灌丛间、粗大的倒木旁或油松、华北落叶松、桦树等乔木树干的基部，有的筑在枯树枝堆积而成的柴棚下面，也有在岩石下营巢的。巢甚简陋，主要是利用地面凹处，内垫以草叶、树叶、草茎和羽毛即成。巢的形状为碗状或长盘状，大小为(23～33) cm×(28～40) cm，深8～14 cm。4月初即有个体开始

产卵。每窝产卵 4～17 枚，通常间隔 1～2 天产一枚卵。卵呈椭圆形，颜色为淡赭色、鸭蛋青色或鱼肚白色，光滑无斑。卵的大小为 (54.9～63.7) mm × (42.7～46.8) mm，重 54.8～63.4 g。卵产齐后即开始孵卵。孵卵由雌鸟承担，雄鸟在巢附近活动和警戒，一般多在距巢 50 m 外。孵化期 26～27 天。

雏鸟早成性。雏鸟出壳后第 2 天，即可随雌鸟离巢。离巢后的当晚，在距巢址 20～57 m 的山坡灌丛下，由雌鸟在地面抱雏夜宿。而后雏鸟随家族群一起活动，由近而远，从低向高，向山脊地带移动。当雏鸟初具飞行能力时，夜宿地点由地面转到树上。

与人类的关系 褐马鸡是马鸡中最为名贵的种类，古称“鹖”，《禽经》中记述：“鹖，毅鸟也。毅不知死。”三国魏诗人曹植在《鹖赋》序中写道：“鹖之为禽，猛气，其斗终无胜负，期于必死。”明末张自烈撰的字书《正字通》曰：“鹖，鸟名，色黄黑而褐，首有毛角，有冠，性爱侪党，有被侵者，往赴斗，虽死不置。”清朝文字训诂学家段玉裁《说文解字注》也有：“鹖者，勇雉也，其斗时，一死乃止。”这是因为褐马鸡的雄鸟在每年的繁殖期间，都要为夺雌鸟而发生激烈的争斗，据说有时达到至死方休的地步。所以，从战国时赵武灵王起，历代帝王都用褐马鸡的尾羽装饰武将的帽盔，称为“鹖冠”，用以激励将士，直往赴斗，虽死不止。

种群现状和保护 褐马鸡是中国特产鸟类，在中国《国家重点保护野生动物名录》中被列为一级保护动物。IUCN 和《中国脊椎动物红色名录》均评估为易危(VU)。已被列入 CITES 附录Ⅰ。

现存褐马鸡的分布区割裂而狭小，呈不连续的岛状分布。其分布集中，数量相对较多的仅有山西吕梁山脉北部的芦芽山、中部的关帝山、南部的五鹿山和属恒山余脉的河北小五台山、北京东灵山、陕西黄龙山等区域。

历史上褐马鸡曾在中国广泛分布，范围可能包括华北、东北、西北，甚至长江以南，而主要分布于华北的广大地区，分布区大而连续，与当时的人类生活有诸多联系，是人类周围环境的一个组成部分。由于历史的变迁，导致褐马鸡成为濒危动物的原因很多，但最主要的是过度猎捕、栖息地的破坏和人类经济生活的影响。

为了保护褐马鸡，现存的褐马鸡分布区大多建立了保护区，目前共有 8 个以褐马鸡为主要保护对象的国家级自然保护区，并互相之间建立了联合保护的协作机制。位于山西西北部黄土高原关帝山一带的庞泉沟是褐马鸡种群数量最多的自然保护区，成立于 1980 年，1986 年经国务院批准为国家级自然保护区。该地区四季分明，气候多样，是典型的华北高原森林物候区，明显地分为亚高山草甸、华北落叶松、阔叶林及针阔叶混交林四个植物带。森林以华北落叶松纯林为主，伴生着云杉、白桦、山杨、油松、辽东栎、柞木等树种，草灌植物生长良好，是暖温带天然林保存较为完整的少数地区之一。现在这里已建立起褐马鸡野外驯养场，进行人工饲养的实验工作。

蓝马鸡

拉丁名：*Crossoptilon auritum*
英文名：Blue Eared Pheasant

鸡形目雉科

形态 雄鸟的体长为 89～103 cm，体重 1735～2110 g；雌鸟体长 74～94 cm，体重 1450～1880 g。通体呈蓝灰色，羽毛披散如发；前额白色，头侧裸露，颜色为绯红色；头顶和枕部密布以黑色绒羽，后界以一道白色狭带；耳羽簇白色，突出于头颈之上；颈和两肩深蓝灰色，并具光泽；两翅内侧覆羽和飞羽表面暗褐色而带紫色光泽，外侧覆羽和飞羽较暗褐；中央尾羽特形延长，高翘于其他尾羽之上，羽支分散下垂，颜色为蓝灰色，先端沾金属绿色和暗紫蓝色；颏、喉白色，喉下纯蓝灰色，腹部淡灰褐色。虹膜金黄色，嘴淡红色，跗跖和趾珊瑚红色。

分布 中国特有鸟类，分布于内蒙古中部、四川北部、宁夏北部、甘肃西北部和南部、青海东部等地。

栖息地 典型的亚高山森林和高山灌丛鸟类，栖息于海拔 2000～4000 m 的中、高山针叶林、混交林和草甸。春、夏、秋三季常在云杉林内以及山柳、金露梅等组成的灌丛中生活，当秋季雪线下移时也随之迁到山谷中。

习性 喜欢集群，常集结成 10～30 只的群体，最多的超过 100 只以上。白天活动，夜晚栖息于树上，常由低的树枝逐级跳

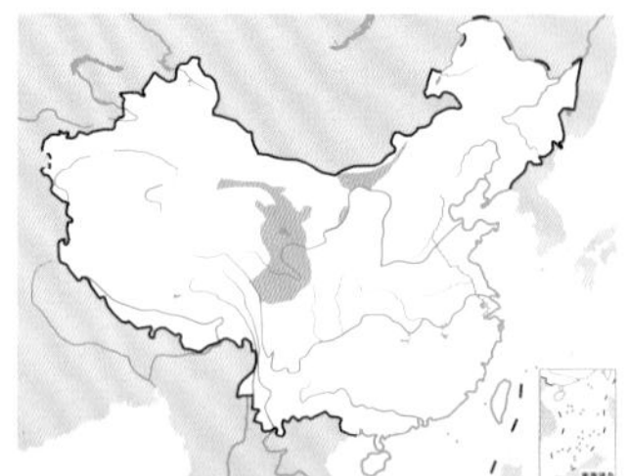

蓝马鸡。左上图魏东摄，下图赵建英摄

到较高的树枝上，群体成员彼此紧挨着栖息于树冠层茂密的枝叶间。一般偏向选择阳坡和高坡位，以及具有较大灌木高度和盖度的针叶林作为夜栖地。

性情机警而胆小，稍稍受到惊扰便迅速向山坡下面奔跑，一般很少起飞，急迫情况时也鼓翼飞翔，但不能持久。

食性 主要以植物的芽、茎、叶、根、花蕾、果实和种子为食。觅食活动主要在上午和下午，尤以清晨和傍晚最为频繁，中午休息。常成松散的群体在林间草坪觅食或边走边用嘴扒地啄食。偶尔也吃昆虫等动物性食物。

食性随季节的不同而发生变化，与当地植物的生长发育阶段密切相关。冬季主要为云杉、珠芽蓼、蕨麻、山柳、蔷薇等的种子、干叶和部分块根。春季主要为嫩枝叶和芽苞。夏季食物中花蕾和花的比例增加，并取食动物性食物。秋季主要取食昆虫和种子，并逐渐取食枯黄的枝叶。它们对同种植物的不同部位也有选择性，最喜欢取食植物的嫩茎和叶，其次是花蕾和花以及块根。在秋、冬季主要取食凋落的枯叶、种子和块根。

繁殖 繁殖期4～7月。3月末群体即开始分散成对。发情期出现频繁的短距离飞行。雄鸟发出“gela-gela-gela”的叫声。配对期间雄鸡常为争偶而发生殴斗。彼此猛啄对方头部，甚至互相啄得鲜血淋漓亦不罢休。领域性比较明显，通常是一对配偶占领一条沟，严禁其他个体进入。配对后雌雄成对一起活动和觅食，通常雄鸟在前，雌鸟在后，相伴而行，形影不离。

4月末开始营巢。通常营巢于向阳坡具有林间草地的山柳桦树林和亚高山针叶林中，也有营巢于杜鹃灌丛和高山草甸。巢多置于灌木、薹草、树堆或倒木下，也有置巢于树根部洞穴中的。巢形状为碟状或浅碗状，甚为简陋，主要是利用地面凹坑，内再垫以细枝、草茎、草叶、树皮、树叶和羽毛构成。巢的大小为(23～40) cm×(23～36) cm。深7～10 cm。5月开始产卵。每窝产卵5～12枚。卵椭圆形，灰褐色或淡青绿色，微具淡棕色和褐色斑点。卵的大小为55.9(41.5～60) mm×40.8(32～42.8) mm，重44.5（21～52.7）g。卵产齐后开始孵卵。孵卵由雌鸟承担。雄鸟在巢附近活动，不时凝神静听，并早晚发出占区鸣叫。雌鸟甚恋巢，每天除中午离巢一次觅食外，其他时候均坐巢孵卵，轻易不离开。孵化期26～28天。

雏鸟早成性。出壳后1～2天，雌鸟仍继续卧伏在巢中，雏鸟多隐藏在雌鸟翅下。离巢雏鸟常随同亲鸟以家族为单位游荡觅食。在育雏期间，亲鸟往往紧随于雏鸟周围，不时昂首查视，一旦发现异常情况就马上发出急促的“gu gu—”的叫声，并迅速带领雏鸟逃入附近的隐蔽物中。

种群现状和保护 蓝马鸡是中国特有鸟类，在西北、西南的局部地区尚有一定数量，但也在不断减少，《中国濒危动物红皮书》将其列为易危种。IUCN评估为无危（LC），《中国脊椎动物红色名录》评估为近危（NT）。在中国被列为国家二级重点保护动物。

白颈长尾雉

拉丁名：*Syrmaticus ellioti*
英文名：Elliot's Pheasant

鸡形目雉科

形态 雄鸟体长71～84 cm，体重605～1317 g；雌鸟体长48～55 cm，体重726～1090 g。雄鸟额、头顶、枕部灰褐色，后颈灰色；脸部裸露皮肤呈鲜红色；眼上有一个短的白色眉纹；上体和胸部辉栗色，上背和肩部具一条宽的白色带，下背和腰部黑色具白斑；尾羽长近0.5 m，为灰色而具宽阔的栗色横斑；颏、喉、前颈黑色，腹部白色。雌鸟体羽大都棕褐色，上体满杂以黑色斑，背上还有白色矢状斑；喉和前颈黑色，腹部棕白色；尾羽较短，杂以黑褐色斑点及横斑。虹膜褐色，嘴黄褐色，腿、脚蓝灰色。

分布 中国特有鸟类，分布于浙江、福建、江西、安徽南部、湖北东南部、湖南、广东、广西、贵州、重庆等地。

栖息地 以海拔1000 m以下的低山丘陵地区的多种类型植被为栖息地，例如常绿阔叶林、常绿落叶阔叶混交林、落叶林、针阔混交林、针叶林、竹林、疏林及林缘灌丛等。其中阔叶林、混交林为其最适栖息地，针叶林为次适栖息地。冬季有时可下到海拔500 m左右的疏林灌丛地带活动。

习性 喜欢集群，常呈3～8只的小群活动。多出入于森林茂密、地形复杂的崎岖山地和山谷间。一般由雄鸟带领在树林下游荡、觅食。雄鸟不时发出低声的“gu-gu-gu”鸣叫，雌鸟发出相同的叫声，彼此呼应。性情胆怯而机警，在觅食的过程中始终保持高度警觉，不时抬头观望，伴以理羽、抖动羽毛和扇翅等动作，常有一只雄鸟在较高处觅食。活动时很少鸣叫，发现异常情况时，也是先急跑几步再停下观察动静，如果没有危险，则悄悄

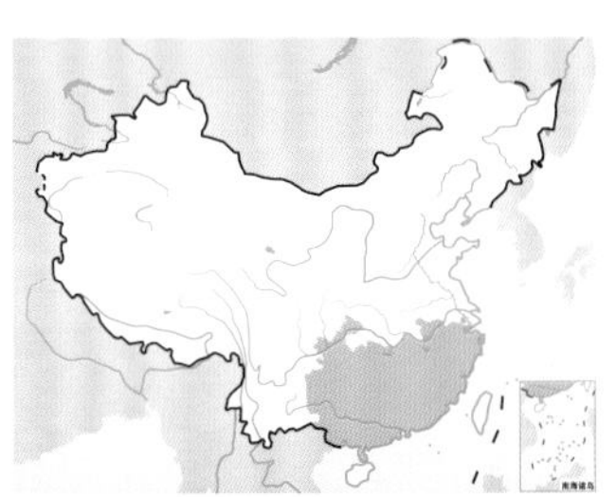

白颈长尾雉。左上图为雄鸟，下图为雄鸟向雌鸟求偶。唐文明摄

走开或飞走，如果发现敌害临近，则马上起飞，同时发出尖锐的叫声。活动时间以早晚为主，常常边游荡边取食。叫声低沉，通常在清晨鸣叫，雄鸟较雌鸟更常叫，声音为“gu-gu-gu，ge-ge-ge”或“ji-ji-ji，ju-ju-ju”。中午休息，晚上栖息于树上。

夜宿的树木一般都是胸径较大、相对高大和树冠盖度较高的树木，栖枝高度一般离地 3 m 以上。有时它们也可以在地面夜宿，其夜宿地往往呈现较低乔木层盖度、较高灌木层和草本层盖度的特点，并具很好的隐蔽条件。集群夜宿时，一般是雄鸟独宿一树，而几只雌鸟同栖一树，雌雄相距 5～15 m。但也有的群体为分散夜宿。这种差异可能与夜宿树木的类型有关，阔叶树作为夜宿树时，其隐蔽条件相对较好，适于集群夜宿；而针叶树作为夜宿树时，其隐蔽条件较差，采取分散夜宿可能相对更为安全。

食性 杂食性，主要以野生植物叶、茎、芽、花、果实、种子和农作物等植物性食物为食，也吃昆虫等动物性食物。

繁殖 繁殖期为 4～6 月。一雄多雌制，以一雄两雌和一雄三雌为多。交配结束后雌雄各自分开生活。雌鸟一般立即离去，自行筑巢、孵卵、觅食；雄鸟则在繁殖栖息地内游荡活动。

3 月末即见雄鸟出现发情行为。雄鸟求偶炫耀为侧面型，有 3 种形式，即初发情炫耀、深发情炫耀和交配前炫耀。雄鸟初发情炫耀为两翅张开，尾羽亦张开，两翅进行剧烈颤抖，发出“gu-gu-gu”的低声鸣叫，而雌鸟此时并无明显表现。深发情炫耀时全身羽毛蓬松，不断地在雌鸟周围来回走动，体略歪，近雌鸟侧的翅膀下垂，尾羽略微张开，也向雌鸟一侧歪斜，低头，目视雌鸟，同时发出“gu-gu-gu”声和频繁的“ju-ju-ju-ju”声鸣叫，然后追逐雌鸟，以喙相啄；此时雌鸟则急奔，并发出“gu-gu-gu”声鸣叫，时而发小声“lu”声鸣叫。交配前炫耀为全身羽毛竖起，两眼盯视雌鸟，并跳至雌鸟身边。

通常在较隐蔽的林内和林缘的岩石下营地面巢，岩石倾斜突出，可避雨淋；也筑巢于大树底部、丛枝间、灌丛里或草丛中，上有小灌木覆盖，极为隐蔽。巢址一般离水源较近。巢也较简陋，主要以枯枝落叶和草茎构成，形状为盘状。大小为外径 24.0 cm × 29.0 cm，内径 14.0～20.0 cm，深 6.5 cm。

雌鸟产卵时间一般在傍晚。隔日或隔两日产 1 枚卵。每窝产卵 6～8 枚，光滑无斑，颜色为奶油色或玫瑰白色。卵的大小为（43.2～47.6）mm ×（30.4～34.6）mm，重 24.7～27.3 g。孵卵由雌鸟承担，在产下最后 1 枚卵前 1～2 天就开始孵卵。孵化期为 24～25 天。

种群现状和保护 白颈长尾雉是中国特产鸟类，主要分布于东南一带，范围虽然不小，但栖息地大多处于“孤岛”状态，各地的种群数量都非常稀少，《中国濒危动物红皮书》将其列为易危种。IUCN 评估为近危（NT），《中国脊椎动物红色名录》评估为易危（VU）。已列入 CITES 附录 I。在中国被列为国家一级重点保护动物。

黑颈长尾雉

拉丁名：*Syrmaticus humiae*
英文名：Hume's Pheasant

鸡形目雉科

形态 雄鸟体长 90～105 cm，体重 975～1080 g；雌鸟体长 47～60 cm，体重 620～850 g。雄鸟额、头顶、枕部暗灰橄榄褐色；脸裸露，呈鲜红色；颈部灰黑色；体羽大都为栗色，上背和肩部有一个大型的白色“V”字形斑，翅上也有两道白色横斑，下背和腰部具黑蓝色斑；尾长 0.5 m 左右，呈灰色并具黑、栗两色并列的横斑。雌鸟体羽大都为棕褐色，上体满杂以黑色斑纹和白色矢状斑，下体为棕白色横斑；尾栗色，具黑色横斑和白色的端斑。

分布 在中国分布于广西、贵州西南部、云南西部等地。国外见于印度东北部、缅甸北部、泰国北部等地。

栖息地 一般栖息于海拔 500～3000 m 的森林中，包括热带季雨林、常绿阔叶林、落叶阔叶林、针阔混交林、针叶林和山顶矮林等类型，特别是多岩石的山坡混交疏林和林缘地带。

习性 常成对或小群游荡觅食，存在 3 种集群方式，即雄群、雌群和混合群，其中雄群一般为 2～3 只，雌群为 2～4 只，而混合群为 2～5 只。在混合群中，又以 1 雄 3 雌群为多。通常在亮天后即下树活动，中午多在林间空地上或灌丛中休息，晚上栖息于林中。以栖息地内中等大小的乔木作为夜宿树，其栖枝一般夏季较高，而冬季则相对较低。一般为单独夜宿，也有 2～3 只个体栖于同一树上。秋季和冬季，常群宿于同一片林子里，间隔一定距离。在孵卵季节，雄鸟往往选择在巢附近的位置夜宿。夜宿地相对稳定，且具周期性，一般 3～6 天变换一个夜宿地。

活动和栖息地点一般较为固定。活动时比较宁静，除了踩踏落叶或觅食的时候扒动树叶会弄出一些声响外，一般悄无声息。性情机警，遇到危险立刻钻入草丛或者向灌丛中逃跑，紧急时也

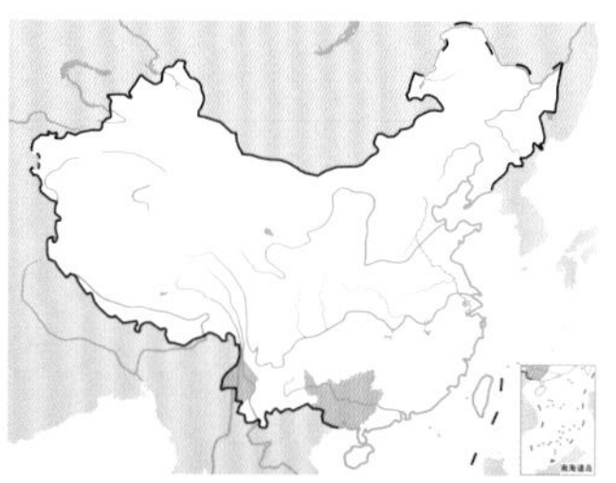

黑颈长尾雉。左上图为雄鸟，甘礼清摄；下图左雄右雌，田穗兴摄

直接飞到树上，或者向下坡飞翔，一般飞行较低而速度缓慢，飞行时能在空中转变方向。

食性 杂食性。主要以果实、种子、根、嫩叶、幼芽等植物性食物为食，此外也吃昆虫等动物性食物，偶尔也到林缘耕地啄食农作物。觅食活动主要在林下地面上，间或跳跃啄食较高的灌木上的果实。有时也飞到树上啄食，仅偶尔到林缘耕地觅食。

繁殖 繁殖期3～7月。一雄多雌制，以1雄2雌为多，亦有1雄3或4雌的现象。雄鸟一般比雌鸟发情稍早，可于2月初开始，3月中旬到4月初为发情高峰期。发情期间雄鸟食欲明显减退，活动频繁，性情急促不安，不时发出“gu-gu-gu”的鸣叫声。雄鸟全身羽毛发亮，其金属光泽更为明显，脸颊部肉垂发育增大，颜色由暗红色转变为鲜红色。求偶炫耀形式主要有初发情炫耀、深发情炫耀、交配炫耀和交配后炫耀等类型。

主要在阔叶林、针阔混交林、针叶林和灌草丛等栖息地内营巢，喜在阳坡、靠近水源地和近林缘处的乔木基部营地面巢。巢较简陋，主要在地面凹处，再垫以枯草、枯叶和羽毛即成。巢的大小为外径（24.0～31.0）cm×（22.0～30.0）cm，内径（16.5～18.0）cm×（18.5～21.0）cm，巢深5.1～8.3 cm。多在4月中上旬开始产卵，少数个体在3月中下旬即已开始产卵。每窝产卵5～9枚。卵为椭圆形，浅肉色或微沾淡枯叶色，光滑无斑。卵的大小为34.5（32.9～36.0）mm×45.9（42.8～47.8）mm，重27.2（22.0～32.5）g。卵产齐后即开始孵卵。孵卵由雌鸟承担。孵化期21～28天。

在孵卵期，雄鸟单独活动。雌鸟每天离巢1次，孵卵的早期阶段以上午离巢为主，后期则在中午和下午离巢。出入巢的行为和活动路线相对固定，离巢3～7 m后再飞至水源地饮水，并在饮水点附近觅食。离巢时间一般为1～2小时，但雨天其离巢时间明显增加。

在孵卵过程中，每小时翻卵1～3次，用喙把位于胸前及头两侧的卵往腹下移动，然后抖动翅膀把身体两侧的卵移至腹下，此时雌鸟会蓬松全身羽毛。

雏鸟从破壳至出壳需10～15小时，所有卵孵化出壳通常需2天。破壳后第一天，雏鸟的活动力很弱，有80%以上的时间在雌鸟腹下取暖，偶尔跑出约1 m的地方叮啄食物，雌鸟很少觅食。从第二天起，雏鸟的活动能力有所增强，日活动区域面积逐渐达到300 m^{2}左右，活动时间也大大增加，但仍不时到雌鸟腹下取暖。大约1个月后雏鸟可上树栖息。

种群现状和保护 黑颈长尾雉在中国的分布范围比较小，而且大多呈零星分布。毁林开荒、刀耕火种及引起的大面积火烧山、对植被主要建群树种的随意砍伐，以及林场的过量采伐等现象一度十分普遍，从而造成它们的种群数量非常稀少。IUCN评估为近危（NT），《中国脊椎动物红色名录》评估为易危（VU）。已列入CITES附录Ⅰ。在中国被列为国家一级重点保护动物。

黑长尾雉

拉丁名：*Syrmaticus mikado*
英文名：Mikado Pheasant

鸡形目雉科

形态 雄鸟体长70～90 cm，体重1300 g；雌鸟体长53 cm，体重1015 g。雄鸟通体紫蓝色至黑色，并具金属光泽，翅上具显著的白色横斑，尾羽具稀疏的数道白色横斑。雌鸟整体橄榄褐色至黑色，中央尾羽栗色，外侧尾羽棕色，均具黑色横斑；除中央一对尾羽外，其余尾羽均具白色羽端。

分布 中国特有鸟类，仅分布于台湾地区。

栖息地 栖息于原始阔叶林、针阔叶混交林和针叶林中。

习性 常单独活动。早晨和下午活动较频繁，中午休息或沙浴。晚上独栖于树上。上树时常从低枝逐级往上跳跃。性情机警，遇到危险立刻逃进密林深处或往下坡急飞。活动区域较为固定。常沿固定路线活动。活动时一般悄然无声。

食性 杂食性，但以植物性食物为主。常在地面啄食植物的叶、根、茎、花、果实和种子，也吃蚯蚓、昆虫等动物性食物。

繁殖 繁殖期3～7月。3月初即开始配对。多为单配制，偶见1雄2雌的现象。求偶期间雄鸟之间常发生殴斗。营巢于林下草丛中。巢甚简陋，主要由雌鸟在地上挖掘一浅坑，内垫以枯细草茎、草叶和羽毛即成。每窝产卵5～10枚。卵呈椭圆形，乳白色，微被褐色细斑。卵的大小为（54～59）mm×（38～40）mm，卵重40.2～42.2 g。通常间隔3～4天产一枚卵，傍晚产出。卵产齐后即开始孵卵。孵卵由雌鸟承担，孵化期26～28天。

种群现状和保护 黑长尾雉是仅分布于台湾的中国特有鸟类，分布范围狭窄，野外数量非常稀少。IUCN和《中国脊椎动物红色名录》均评估为近危（NT）。已列入CITES附录Ⅰ。在中国被列为国家一级重点保护动物。

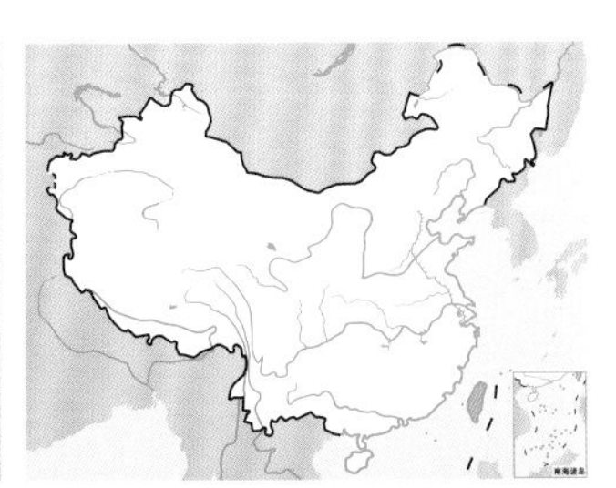

黑长尾雉。左上图为雄鸟，下图为雌鸟。沈越摄

白冠长尾雉

拉丁名：*Syrmaticus reevesii*
英文名：Reeves's Pheasant

鸡形目雉科

形态 雄鸟体长 141～210 cm，体重 1425～1900 g；雌鸟体长 56～75 cm，体重 700～1100 g。雄鸟头顶、颏、喉和颈部白色，眼下有大型白斑；额、眼先、眼区、颊、耳区及后头等均为黑色，形成一圈围着头顶的环带；白色颈部之后有一个不完整的黑领；背面金黄色或棕黄色，各羽具黑色羽缘，使羽毛呈鳞片状；中央 2 对尾羽最长，呈银白色，并具黑色和栗色并列横斑，其余尾羽棕褐色，具暗褐色横斑；胸部、两胁深栗色，微露白色和黑色斑；腹中部黑色，尾下覆羽黑褐色。雌鸟的上体大都为黄褐色，背部有显著的黑色斑和大型矢状白色斑；下体浅栗棕色至棕黄色；尾较短，具有不太明显的黄褐色横斑。

分布 中国特有鸟类，分布于安徽西部、河南南部、湖北、湖南西部、贵州、云南东北部、四川、重庆、陕西南部、甘肃东南部等地。

栖息地 栖息于中、低海拔地形复杂、起伏不平的山地森林中，包括常绿阔叶林、落叶阔叶林、针阔混交林、人工针叶林，以及灌丛和箭竹混杂的林缘陡峭斜坡上，树冠层较为郁闭、林下较为空旷。春、夏季主要在混交林、针叶林、落叶阔叶林和灌丛中栖息，但在秋、冬季很少利用落叶阔叶林，而灌丛占据相当重要的位置，针叶林的比重也略有上升。

习性 最常见的活动方式为单独活动，其次为成对活动，也有雌雄混合集成小群活动。两只雄鸟共同活动的方式多于两只以上雄鸟共同活动的方式；雌鸟更倾向组成两只以上的群体。

清晨和黄昏活动频繁。性机警而胆怯，善于奔跑和短距离飞翔，夜间栖息于树上。

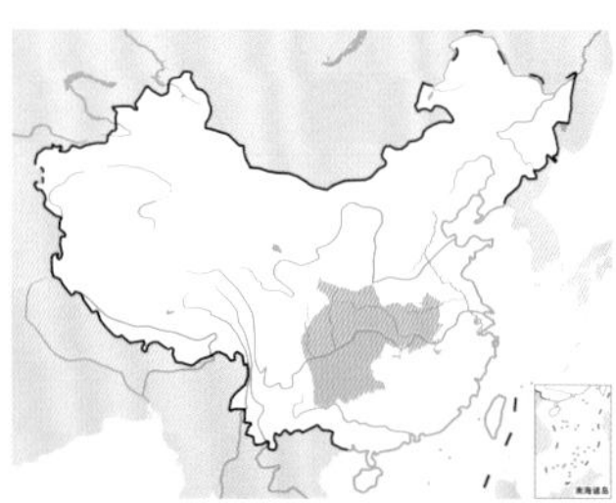

白冠长尾雉。左上图为雌鸟，张明摄；下图为雄鸟，沈越摄

食性 一般在林缘和靠近林缘的农田中觅食。食物组成复杂，有啄食大量的砂砾，并且随季节不同而有变化，植物性食物主要有块根、茎叶、种子等，还有相当比例的农作物。动物性食物主要有蚯蚓、蜗牛、螺、昆虫及其蛹。冬季食物组成以农作物籽实比例较高，而其他季节动物性食物比例较高。

繁殖 繁殖期 3～6 月。3 月中旬群体即开始分散，雄鸟开始占区。此期间雄鸟常在清晨和傍晚“打蓬”——通过两翅小幅度的快速振动而发出“扑扑扑”短促而急速的声响来招引雌鸟。通常一雄一雌制，偶尔也见一雄配 2～3 只雌鸟。雄鸟的领域性较强，求偶期间如有别的雄鸟闯进领域，常常发生激烈的殴斗。

通常营巢于林下或林缘灌木丛和草丛中地上，也在树脚下或灌木下营巢，甚为隐蔽。巢通常为地上一浅窝，内垫以枯草、松针、树叶和羽毛，也有的无任何内垫物。巢的大小为（19～27）cm×(17～27c) m，深 5～10 cm。一年繁殖一窝，每窝产卵 6～10 枚。卵有油灰色、橄榄褐色、橄榄乳酪色、淡青灰色、青黄色、油青灰色和皮黄色等多种类型，微缀稀疏的淡蓝色或灰褐色斑或无斑。卵的大小为 47.4（45.0～50.2）mm×36.0（34.0～41.5）mm，卵重 30.2（28.0～34.5）g。卵产齐后开始孵卵。孵化期 24～25 天。孵卵由雌鸟承担。雌鸟甚为恋巢，特别是孵卵后期，被迫离巢后也常滞留在巢前不肯远去。雌鸟常选择多云天和阴天出巢觅食，避开晴天和降雨天气。雌鸟离巢取食地点也相对固定，均位于同一山谷中，觅食区中有隐蔽条件良好的阔叶林，也有水源。

雏鸟破壳通常从钝端进行，整窝卵出雏时间不超过 24 小时，多在夜间。雏鸟出壳后绒羽逐渐变干，有两种羽色：一种全身为淡黄白色，羽端略具土红色，眉纹呈新月形，眼后带纹黑色并延伸至枕部；另一种头部为淡棕黄色，头顶具宽阔的黑褐色中央冠纹，眼后纹亦为黑褐色，背部至腰部棕黑色，肩部棕褐色，下体淡灰黄色。这两种羽色可能反映了性别的差异。雏鸟出壳后 2～3 小时后便能跟随雌鸟离巢活动，并与雌鸟一起越冬。

雌鸟独自育雏。处于不同育雏阶段的亲鸟和雏鸟表现出不同的逃避敌害方式。小于 10 日龄的雏鸟，选择就地隐藏。当敌害距离雏鸟的隐藏地点非常近时，雌鸟通过特殊的“拟伤”行为来吸引敌害，保护雏鸟。随着雏鸟活动能力的增强，雌鸟选择从奔跑过渡到飞翔的方式来引导它们逃避敌害。雏鸟超过 10 日龄后开始具备短距离飞行能力，此时雌鸟不再用“拟伤”的方式保护雏鸟。

种群现状和保护 白冠长尾雉是中国特有鸟类，曾经在中国广泛分布，但现在的分布区已大大缩小，并呈不连续的岛状，河北、山西、江苏等地的野外种群均已灭绝，其他种群数量也非常稀少。IUCN 评估为易危（VU），《中国脊椎动物红色名录》评估为濒危（EN）。其当前受胁状况是中国 4 种长尾雉中最为严重的，但可能由于人们未能及时认识到其分布范围的退缩和种群数量的下降，1989 年拟定的《国家重点保护野生动物名录》仅将其列为国家二级重点保护动物，保护等级反而不如其他几种长尾雉。

环颈雉

拉丁名：*Phasianus colchicus*
英文名：Common Pheasant

鸡形目雉科

形态 体长雄鸟 73～87 cm，体重 1264～1650 g；雌鸟 59～61 cm，体重 880～900 g。雄鸟前额和上嘴基部黑色，富有蓝绿色光泽；头顶棕褐色，眉纹白色，眼先和眼周裸皮绯红色；耳羽簇蓝黑色；颈部有一具绿色金属光泽的黑色横带，其下有一个白色颈环，不同亚种颈环宽度和完整度不同，也有些亚种无颈环；体羽具金属光泽，从黑绿色至铜色或金色，密布斑点；尾羽黄灰色，除最外侧两对外，均具一系列交错排列的黑色横斑。雌鸟较雄鸟体小，头顶和后颈棕白色，具黑色横斑；肩和背部栗色，杂有粗著的黑纹和宽的淡红白色羽缘；下背、腰部和尾上覆羽的羽色逐渐变淡，呈棕红色和淡棕色，且具黑色中央纹和窄的灰白色羽缘；尾灰棕褐色；颏、喉部棕白色，下体余部沙黄色，胸部和两胁具黑色沾棕色的斑纹。

分布 在中国分布甚广，全国各地皆有分布。国外分布于从欧洲东南部至亚洲中部和东部以及越南北部和缅甸东北部一带。此外，被引种至世界各地。

分化为 31 个亚种之多，是亚种最多的雉类，分布在中国的亚种有 19 个，约占 2/3。除了 3 个局限于新疆的亚种外，中国的其余 16 个亚种从西南部向东、向北，形态呈现如下梯度变异规律：①体形变大；②羽色变淡；③白色颈环从无到有，从狭变宽。

栖息地 主要栖息于中、低山丘陵的阔叶林、针叶林、针阔叶混交林以及林缘和公路两边的灌丛、竹丛或草丛中。在东北地区主要栖息于海拔 800～900 m 的山地，在华北地区栖息海拔从 200 m 至 1600 m，在秦岭以南可达 2200 m，在四川西部山地分布高达 2900～3000 m 处，但秋季则从高海拔处迁到低山林地。

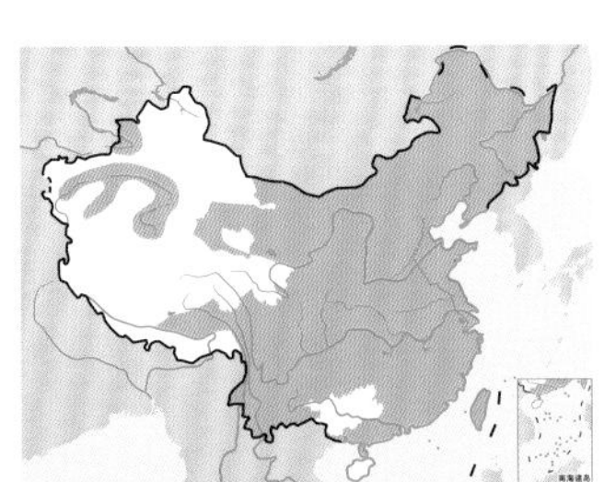

环颈雉。左上图为雄鸟，下图为雌鸟。沈越摄

习性 腿脚强健，善于奔跑，也善于藏匿。遇到危险一般在地上疾速奔跑，迫不得已才起飞。飞行速度较快，也很有力，但一般飞行不持久，常呈抛物线式飞行，落地前滑翔。秋季常集成几只至十多只的小群进入农田、林缘和村庄附近活动和觅食。

食性 杂食性。秋季主要以各种植物的果实、种子、叶、芽和部分昆虫为食。冬季主要以各种植物的嫩芽、嫩枝、草茎、果实、种子和人们种植的谷物为食。夏季主要以各种昆虫和其他小型无脊椎动物以及部分植物的嫩芽、浆果和草籽为食。春季则啄食刚发芽的嫩草茎和草叶，也常到耕地扒食种下的谷子与禾苗。

繁殖 繁殖期 3～7 月，南方较北方早些。婚配制度属于多配制，即领域性的、群体防卫的一雄多雌制。主要特征为繁殖季节开始以后，雄鸟占区，雌鸟对占区的雄鸟进行选择并最终定居在某只雄鸟的领域内；一只雄鸟的领域内通常定居有数只雌鸟，少则 1～2 只，多则 7～8 只，雄鸟与领域内的雌鸟进行交配并保护它们不受天敌及同类的伤害。

发情期间雄鸟不时在自己领域内发出“咯—咯咯咯”的鸣叫，特别是清晨最为频繁。每次鸣叫后大多要扇动几下翅膀。如有别的雄鸟侵入，则发生激烈的殴斗，直到赶走对方为止。

营巢于草丛、芦苇丛或灌丛中地上，也有在隐蔽的树根旁或麦地里营巢的。巢呈碗状或盘状，较为简陋，多系亲鸟在地面刨弄的浅坑，内垫以枯草、树叶和羽毛即成。巢的大小为 23（21～26）cm × 21（18～23）cm，深 6～10 cm。产卵期在东北最早为 4 月末，而在贵阳等南方地区 4 月末即见有雏鸟。一年繁殖一窝，南方可到两窝。每窝产卵 6～22 枚，南方窝卵数较小，多为 4～8 枚。卵有橄榄黄色、土黄色、黄褐色、青灰色、灰白色等不同类型。卵的大小为（37.0～46.2）mm ×（31.0～36.0）mm，卵重 19.0～28.5 g。南方种群的卵明显较北方大。孵化期 24～25 天。

种群现状和保护 环颈雉又被称为“山鸡”、雉鸡”、“野鸡”等，在中国分布广、数量大，IUCN 和《中国脊椎动物红色名录》均评估为无危（LC）。但近来由于过度猎取和农药污染，已使种群数量急剧减少，目前在很多地方已见不到了，应加强对种群和狩猎的管理。被列为中国三有保护鸟类。

无白色颈环的环颈雉雄鸟。沈越摄

红腹锦鸡

拉丁名：*Chrysolophus pictus*
英文名：Golden Pheasant

鸡形目雉科

形态 雄鸟体长 100～145 cm，体重 575～960 g；雌鸟体长 54～70 cm，体重 550～900 g。雄鸟头上有金黄色的丝状羽冠，散披在颈上；脸、颏、喉及前颈均为锈红色；后颈围以橙褐色镶有黑色细边的肩状羽形成的披肩，闪耀着光辉；上背浓绿色，有绒黑色羽缘；下背和腰金黄色；肩部暗红色，翅尖蓝黑色；下体深红色；尾羽黑褐色并布满桂黄色斑点。雌鸟上体棕黄色而具黑褐色横斑；尾黄白色，具不规则的黑褐色横斑及斑点；颏、喉白色而沾黄色，胸部、两胁和尾下覆羽棕黄色，具黑色横斑；腹部淡棕黄色，无斑。

分布 中国特有鸟类，分布于山西南部、河南南部、湖北西部、湖南西部、贵州东部、云南东北部、四川、重庆、陕西南部、宁夏南部、甘肃东南部、青海东南部等地。

栖息地 典型的山地森林雉类，栖息于海拔 500～2500 m 山地的多种栖息地类型，包括常绿阔叶林、针阔叶混交林和针叶林中，林冠层郁闭度高，林下较为空旷，也栖息于林缘灌丛、草坡和矮竹林间，冬季到农田附近觅食。

习性 除雌鸟在孵卵期和育雏初期在地面夜栖外，均在树上或竹林中夜栖。夜栖地点并不固定，而与当日最后的觅食位置有关。同一夜栖地点可被反复利用，但连续利用不多，最长为连续 6 天。

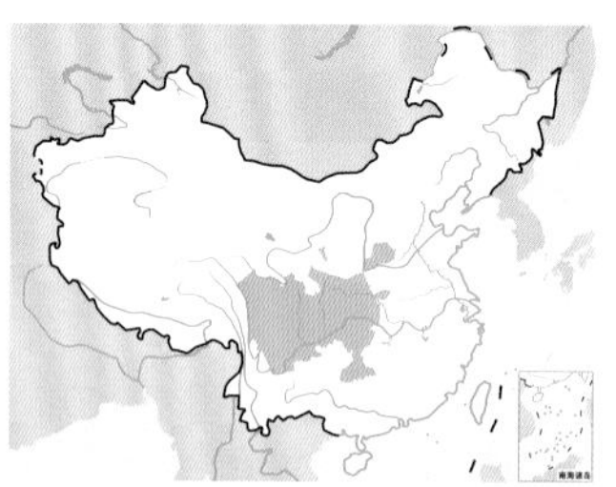

红腹锦鸡。左上图为雄鸟，沈越摄；下图为雄鸟围着雌鸟炫耀，赵纳勋摄

性机警，视觉和听觉均十分灵敏。极善奔走，举步高而长，但飞翔能力较差，可半展翅滑翔。起飞时雄鸟常发出快速的“zi，zi，zi……”一连串的惊叫声。受惊时常疾奔逃窜，或急飞上树隐没，也能在密林中自如飞行。白天下树在地上活动。多集成 4～5 只或 10 余只的小群，冬季集群规模可达 20～30 只。

食性 杂食性，主要以植物的叶、芽、花、果实和种子为食，也吃小麦、大豆、玉米和四季豆等农作物。此外，也取食蠕虫、昆虫等小型无脊椎动物。

觅食活动以地面游走啄食为主，常常在林中边走边觅食，早晚亦到林缘觅食。其次是扒土啄食，上树采食较少。觅食群体常能吸引其他个体，甚至其他鸟类加入一同取食。

在林缘空地集群取食时，不同性别个体的警戒行为不同。受惊时雄、雌性个体奔逃的行为和路线也有明显区别：雄性一般呈直线，伸长颈部，鱼贯快速奔跑；而雌性一般呈弧形路线、四处乱窜，有的甚至钻入洞穴，很快隐蔽。

繁殖 繁殖期 4～6 月。一雄多雌制，通常 1 只雄鸟与 2～4 只雌鸟交配。3 月下旬雄鸟即出现求偶行为，并开始占区。雄鸟常在自己的领域内频繁鸣叫，尤其是早晨。

通常营巢于林下灌木或草丛中，也在树脚岩石下营巢。巢甚简陋，仅为一椭圆形浅土坑，内垫以树叶、枯草和羽毛。巢的大小为直径（16～23）cm ×（16～17）cm，巢深 6.5～10 cm。每窝产卵 5～9 枚。卵为椭圆形，光滑无斑，颜色为浅黄褐色。卵的大小为 44.9（41.0～51.4）mm × 32.9（30.0～37.3）mm，重 26.2（24.4～27.3）g。

雌鸟在产下最后 1 枚卵后即坐巢入孵，孵化期 22～24 天。雌鸟在孵化期表现出很强的恋巢性，可以连续孵化 15～21 天不离巢，有的整个孵化期间只离巢 1 次。坐巢时常把头埋入翅下，有昏睡现象，而且昏睡比例和次数在孵卵后期明显增多。

雌鸟育雏，未发现有雄鸟参加。雏鸟出壳后，雌鸟在巢中暖雏 12～24 小时，一般在中午带雏离巢。雌鸟具有强烈护雏行为，遇天敌干扰时雌鸟和雏鸟分开，雌鸟在附近往返飞奔并佯装受伤，吸引天敌的注意力；雏鸟钻伏于灌草丛或石缝中不动也不鸣叫，直至危险消失后雏鸟才开始叫，雌鸟也回来召唤。在育雏初期带雏夜栖于地面，在 15 日龄后开始上树，雌鸟与雏鸟共栖于一树的不同枝上。但在 40 日龄之后，雌鸟与雏鸟便不再一起活动和夜栖了。

种群现状和保护 红腹锦鸡是中国特有鸟类，在局部地区尚有一定数量，但也受到威胁，《中国濒危动物红皮书》将其列为易危种。IUCN 评估为无危（LC），《中国脊椎动物红色名录》评估为近危（NT）。在中国被列为国家二级重点保护动物。

白腹锦鸡

拉丁名：*Chrysolophus amherstiae*
英文名：Lady Amherst's Pheasant

鸡形目雉科

形态 雄鸟体长113～145 cm，体重650～960 g；雌鸟体长54～67 cm，体重585～900 g。雄鸟的头、顶、背、胸部等均为翠绿色，散出金属光泽；头上有一绺发状羽形成的紫红色羽冠；颈部由白色镶黑边的扇形羽毛形成翎领，像披肩一样围着头和颈部；下背和腰部为明黄色，往下转朱红色；腹部、两胁为银白色；尾羽银灰色，具黑白相杂的云状斑纹和横斑。雌鸟体羽大都为棕黄色，满缀以黑褐色虫蠹状斑和横斑；胸部棕红色。

分布 在中国分布于广西西部、贵州西部、云南、西藏东南部、四川西南部等地。国外见于缅甸北部。

栖息地 典型的林栖雉类，栖息于海拔1000～4000 m的山地常绿阔叶林、针阔叶混交林和针叶林中，也栖息于林缘灌丛、草坡和矮竹林间，冬季到农田附近觅食。

习性 夜晚栖于树冠隐蔽处，对夜栖地的偏好很强，主要选择针阔混交林和针叶林，而对阔叶林的利用很少。繁殖期内已占区雄鸟在领域范围内的夜栖地点通常较固定，如无惊扰，每晚均往同一地点上树夜栖。此期间能见到成对个体共栖一树，雄高雌低，栖枝相距1.6 m左右。在非繁殖期很少群栖，但冬季雌鸟和当年幼鸟在一起，成家族活动，夜栖群以2～3只个体较常见。

极善奔走，在林中行走极快，但飞行能力差，一般很少飞翔。活动时甚为机警，雌鸟遇危险时以隐蔽为主，雄鸟以躲避为主。

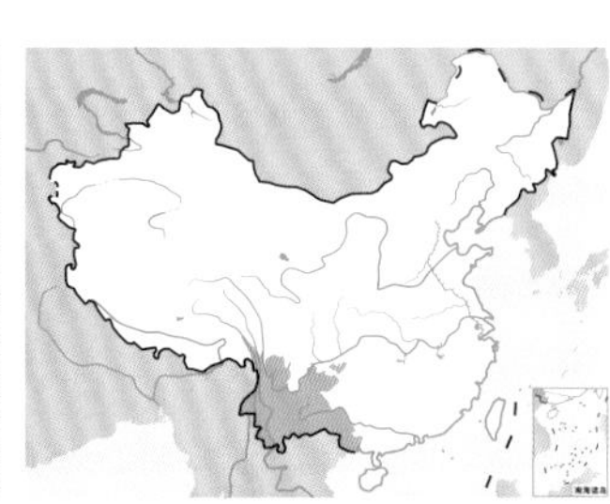

白腹锦鸡。左上图为雄鸟，沈越摄；下图为左雌右雄，彭建生摄

觅食时间早春至秋季为上午6:00～10:00，觅食活动逐渐增强，至中午活动减弱，多在树枝上理羽、休息，或在林中土质松软而温暖处沙浴。下午3:00开始觅食，直至黄昏时上树夜栖。干旱季节每天到溪流水沟处饮水一次。上、下树时间随季节不同而有一定变化，春、夏季节下树较早、上树较晚；秋、冬季上树较早而下树较晚，与光照强度有关。晴天活动时间长，活动范围大；阴雨天时活动时间短，活动范围小。

食性 杂食性，但主要以植物性食物为主。常以野生植物的茎、叶、花、果实、种子和农作物为食，也吃部分昆虫等动物性食物。

主要在地上觅食。有时亦飞到树上啄食。觅食活动多在上午和下午，尤以早晨和临近傍晚较为频繁，中午多休息。有时亦到林缘灌丛草坡和农田地觅食。

繁殖 繁殖期为4～6月。一雄多雌制，通常1雄配2～4雌。3月初雄鸟即出现发情行为，雄鸟发出响亮、粗犷而悠远的“ga-ga-ga”叫声，或粗声的“gua”叫声。雄鸟间出现追赶和争斗。并开始占领领域。雄鸟常在自己领域内高声啼叫，求偶炫耀为侧面型。

喜好在山坡中、下部混交林中的较密草灌丛和竹丛中筑巢，巢多位于较粗大乔木旁，周围多为低于1 m且盖度较大的灌草环境。

营巢位置一般都甚隐蔽，很难发现。巢甚简陋，通常为一圆形或椭圆形浅土坑，内再垫以枯草、枯叶和羽毛。巢的大小为（15～25）cm×（19～27）cm，巢深5～13 cm。4月上中旬即开始产卵，一直持续到6月。一年繁殖一窝，每窝产卵5～12枚，卵的颜色为浅黄褐色或乳白色，光滑无斑，卵的大小为(43.0～46.2) mm×(33.0～35.3) mm，重21.0～32.0 g。孵化期22～23天。

一般隔天产卵，产完最后一枚卵后即由雌鸟独自坐孵。雄鸟在附近，如果雌鸟受惊鸣叫，雄鸟便闻声而至，在近处不断鸣叫。随着入孵时间增加，雌鸟的恋巢性逐渐增强。亲鸟觅食时间不定，多为每天1次，每次1～2小时，多在16:00～19:00，取食均在巢周围50～150 m的范围内，离巢时间的长短与附近食物的丰富程度有关。觅食后返回时先在周围迂回，如发现情况异常就短促鸣叫，将敌害引走。

雏鸟早成性，孵出后全身即被满棕黄色绒羽，孵出后第2日即离巢随亲鸟活动。育雏初期亲鸟不上树夜栖，而是将雏鸟护入腹下隐蔽在灌丛中或枯枝下夜宿，直至雏鸟具备飞行能力。遇到危险时，亲鸟鸣叫慢跑，雏鸟就地隐藏，待危险过后亲鸟返回原地通过“zhi zhi——”的叫声召唤雏鸟。

种群现状和保护 白腹锦鸡在中国西南的局部地区尚有一定数量，但近年来也有所下降，《中国濒危动物红皮书》将其列为易危种。IUCN评估为无危（LC），《中国脊椎动物红色名录》评估为近危（NT）。在中国被列为国家二级重点保护动物。

灰孔雀雉

拉丁名：*Polyplectron bicalcaratum*
英文名：Grey Peacock Pheasant

鸡形目雉科

形态 雄鸟体长 66 ～ 67 cm，体重 630 ～ 710 g；雌鸟体长 47 ～ 57 cm，雌鸟体重 460 ～ 600 g。雄鸟头上有发状冠羽，上面杂有黑白相间的细小斑点；通体乌褐色，各羽上布满了棕白色细点和横斑，两翼内侧各羽的近端部有金属蓝紫色眼状斑，外边还围以狭窄的黑褐色圆圈及较宽阔的白圈；颏、喉白色；尾羽近末端处有成对的紫绿色眼状斑。雌鸟羽色较暗，眼状斑也较少辉亮，眼状斑外的黑圈和白圈不完整；尾羽的眼状斑消失；喉部白色范围扩大，头部羽冠不及雄鸟发达。

分布 在中国分布于云南南部。国外见于印度东北部、缅甸、老挝、越南北部、泰国北部等地。

栖息地 栖息在热带雨林、季雨林及竹林中。

习性 常单独或松散地成对活动，很少高飞到树端，夜间栖息于树枝上。性机敏，若受惊扰即行遁走。它的叫声似“光棍儿”，因此傣族同胞称其为“偌光棍儿”，其中“偌”在傣语中就是鸟的意思。

食性 杂食性，以豆类等植物为主，但昆虫和蠕虫等动物性食物占的比例也很大。

繁殖 繁殖期 3～6 月。3 月初即见雄鸟出现求偶行为。单配制。求偶炫耀为正面型。营巢于隐蔽条件好的稠密植物丛中。巢甚简陋，为挖的浅坑或利用地面自然凹坑，内垫少量干叶即成。每窝产卵 2～5 枚。孵卵由雌鸟承担。孵化期为 21 天。

种群现状和保护 IUCN 评估为无危（LC）。在中国仅分布有指名亚种 *P. b. bicalcaratum*，分布范围十分狭窄，野外数量非常稀少。《中国脊椎动物红色名录》评估为濒危（EN）。已列入 CITES 附录Ⅱ。在中国被列为国家一级重点保护动物。

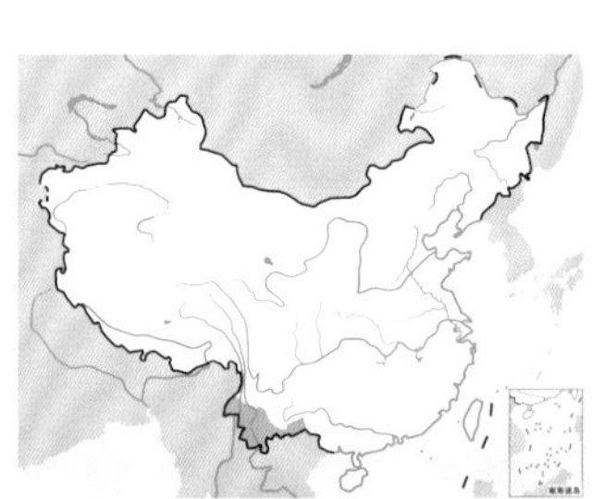

灰孔雀雉。左上图为雄鸟，彭建生摄；下图带领幼鸟的雌鸟，吴秀山摄

海南孔雀雉

拉丁名：*Polyplectron katsumatae*
英文名：Hainan Peacock Pheasant

鸡形目雉科

形态 雄鸟体长 53 ～ 65 cm，体重 456 g；雌鸟体长 40 ～ 45 cm。雄鸟全身体羽主要为暗浓的乌褐色，密被淡棕白色的细小斑点；前额至头顶羽毛羽枝松散而直立，呈冠状；背部、尾部羽毛具比较小的金属深绿色眼状斑，外围以黑色。雌鸟羽色较暗，背部、尾部眼状斑稀少或消失。嘴蓝灰色。脚蓝灰色。

分布 中国特有鸟类，仅分布于海南。

栖息地 栖息于海拔 800～1300 m 的原生性山地雨林、沟谷雨林、山地常绿阔叶林、次生性落叶季雨林和常绿季雨林，其中原生性山地雨林、沟谷雨林和山地常绿阔叶林是主要的栖息地类型。

习性 单只或成对活动，没有明显的扩散现象，对其活动区利用比较稳定。一般上午 7:00～9:00 有一个活动高峰，下午 4:00～6:00 之间有一个高峰；上午 10:00～11:00、下午 1:00～2:00 还各有一个小高峰。雄鸟发出嘹亮悦耳的“guang-gui，guang-gui”两声一度的鸣叫，第一声较长。雌鸟一般不鸣叫，只有在被追赶或紧急时才发出类似“ga-ga-ga”的声音。

性情机敏而胆怯，善于隐匿。受到天敌攻击时并不起飞，而是在林中反复奔逃躲闪，利用自身的保护色躲进灌丛静止不动，待危险过后才活动。

食性 通常在植物种类和土壤动物较为丰富、灌木层郁闭度较大的区域内觅食。主要用嘴啄食，也用脚、爪刨地寻食。主要以植物果实、种子等为食，也吃昆虫、蠕虫等动物性食物。

繁殖 繁殖期 2～7 月。雄鸟的繁殖鸣叫时间不固定，持续时间也不固定。求偶炫耀为正面型。

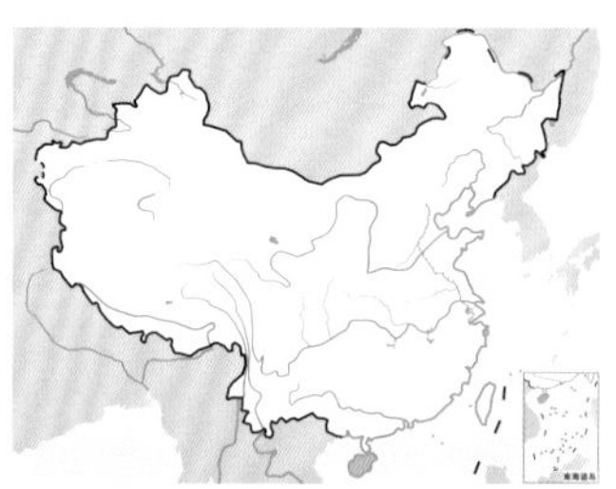

海南孔雀雉。左上图为雌鸟，下图为雄鸟

巢多置于树根旁或草丛中地面上，甚简陋，主要利用地面自然凹坑，内垫以枯草茎、树叶或羽毛即成。巢的直径为 13 cm，深 2 cm。每窝产卵 1～2 枚，灰黄白色，光滑无斑。雌鸟孵卵。孵化期 21 天。

种群现状和保护 海南孔雀雉是中国特有鸟类，从前被看作是灰孔雀雉（孔雀雉）的一个亚种，现在已被提升为独立种，仅分布于海南，分布范围狭窄并呈片段化，野外数量非常稀少。由于捕猎压力和赖以生存的热带森林生境遭到破坏，在过去的几十年间种群数量下降非常严重。IUCN 评估为濒危（EN），《中国脊椎动物红色名录》评估为极危（CR）。已列入 CITES 附录Ⅱ。在中国被列为国家一级重点保护动物。

绿孔雀

拉丁名：*Pavo muticus*
英文名：Green Peafowl

鸡形目雉科

形态 雄鸟体长 180～250 cm，体重 3850～6000 g；雌鸟体长 100～160 cm。雄鸟头顶耸立一簇镰刀形冠羽，中央部分为辉蓝色，围着翠绿色的羽缘；后颈、上背和胸部呈金铜色，羽基暗紫蓝色，并具翠绿色狭缘，形成鳞状斑；下背和腰翠绿色，具铜褐色矢状羽干纹和黑褐色端缘；胸部的羽毛绿色，腹部和两胁暗蓝绿色；尾短，隐于尾屏下，呈黑褐色；尾屏的长度可达身长的 2 倍，开屏时屏面宽约 3 m，高达 1.5 m，犹如金绿色丝绒，而尖端渐渐转为黄铜色。有一部分末梢构成一种五色金翠钱纹的图案。雌鸟似雄鸟，但无尾屏，背部和腰部为暗褐色，具黄铜色或绿色光彩；尾上覆羽短，不及尾长，颜色与背相同，并具翠绿色光彩；尾黑褐色，微缀褐白色横斑和羽端；颏、喉白色，两侧杂有褐色。眼周裸出部浅钴蓝色，颊裸出部鲜钴黄色。

分布 在中国分布于云南、西藏东南部一带。国外见于印度东北部、缅甸、泰国、马来西亚、印度尼西亚等地。

栖息地 主要栖息在海拔 2000 m 以下的热带、亚热带常绿阔叶林和混交林中，尤其喜欢在疏林草地、河岸或地边丛林，以及林间草地和开阔地带。

习性 常单独、成对或成小群活动。善于奔走，不善飞行。性情机警，夜晚栖于树上。晨昏时常站立在栖木上发出宏亮如长号般的“kay-yaw, kay-yaw”叫声，粗厉而单调，有时似“gaooa-woook”，带有颤音。当搏斗或逃避敌害时，发出快速响亮的尖叫声。清晨下树前后或傍晚上树后，还常发出“ha-o-ha”的叫声。雌鸟的呼唤声为低声的“ge-ge-ge”声。

食性 食性较杂，主要是川梨、黄泡等植物的果实、嫩叶、芽苞，以及昆虫、蚯蚓、蜥蜴、蛙类等动物性食物，也到农田附近觅食农作物。

繁殖 繁殖期 3～6 月。2 月中下旬即出现求偶行为。此时雄鸟常追逐于雌鸟周围，并把鲜艳的尾上覆羽尾屏展开如扇状，并不断抖动。雄鸟间还常为争雌而发生殴斗。

通常营巢于灌木和草丛中地上。巢较简陋，多利用地上天然凹坑或亲鸟自己挖出一浅坑，内垫以杂草、枯枝、落叶和羽毛即成。每窝产卵 4～8 枚，一年繁殖一窝。卵的颜色为乳白色、淡棕色或乳黄色，光滑无斑，微具光泽。卵的大小为 (72～78) mm × (51～55.5) mm，重 110～138 g。通常隔日产卵 1 枚。卵产齐后开始孵卵。孵卵由雌鸟承担。孵化期 27～30 天。

种群现状和保护 IUCN 评估为濒危（EN）。在中国的分布区非常狭窄，正在迅速消失和退缩，种群数量十分稀少，并且受到严重威胁，《中国濒危动物红皮书》将其列为濒危种，《中国脊椎动物红色名录》评估为极危（CR）。面临的最主要威胁包括栖息地转变、偷猎、毒杀和修建水电站等。已列入 CITES 附录Ⅱ。在中国被列为国家一级重点保护动物。

与人类的关系 绿孔雀端庄、聪敏，机警而又羞怯，是一种象征吉祥如意的幸福鸟，自古以来就深受人们的喜爱。东汉时期杨孚的《异物志》中就对它的形态进行过系统的描述，称“孔雀其大如雁而足高，背皆有斑文采，体形硕大，细颈、隆背……自背及尾皆作珠方，五采光耀，长短相次，羽毛皆作员文，五色相绕，如带千钱，文长二、三尺，头戴三毛长寸，以为冠。”后南宋末期的著作《建武志》中还对它的栖息环境有所记载：“孔雀生溪洞高山乔木之上……卧沙中以沙自浴，拍拍自适，盖巢于山林而下浴沙土。”关于它的习性也有记载，例如唐朝著作《纪闻》记载有“山中多孔雀，群飞者数十为偶”。但也有错误的认识，例如《禽经》说“孔（雀）见蛇宛而跃”，误以为孔雀与蛇交配，其实却是与蛇在搏斗。

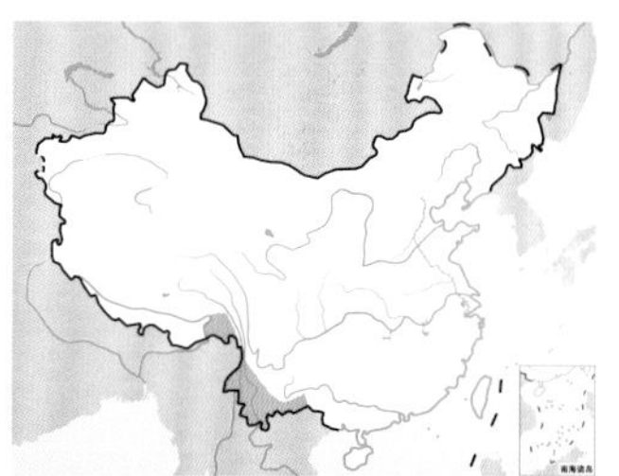

绿孔雀。左上图为雌鸟，奚志农摄；下图为雄鸟，庄小松摄

雁鸭类

- 雁鸭类指雁形目鸭科鸟类，全世界共42属157种，中国有23属54种，其中森林地区较常见的有鸳鸯和秋沙鸭
- 雁鸭类喙扁平，先端具嘴甲，体形肥胖，体羽光滑稠密，尾脂腺发达，前趾间具有蹼或半蹼
- 雁鸭类是典型的游禽，生活在各种水域中，其中少数种类也会生活在森林地带，营巢于洞穴中
- 雁鸭类与人类关系密切，也容易因人类滥捕乱猎而受胁，中国的雁鸭类多被列为保护动物

类群综述

雁鸭类都是典型的游禽，包括天鹅、雁和鸭等，隶属于雁形目鸭科，共有42属157种。分布于除南极大陆外的世界各地水域。中国有23属54种，分布于全国各地水域。

雁鸭类的头部较大，有的头上具有冠羽；嘴大多上下扁平，少数种类为侧扁型，尖端具有角质的“嘴甲”。有的嘴甲向下弯曲成钩状。嘴的两侧边缘具有角质的栉状突起或锯齿状喙缘，用以咬住和处置食物。嘴基有时生有疣状的突起。舌大多为肉质，相当短而厚，可用以从水中滤食。颈部较为细长。眼先裸露或被羽。翅膀狭长而尖，有10～11枚初级飞羽，适于迁徙所需要的快速的长距离飞行。雄鸟具有交配器官。

它们的体形较为肥胖，体羽光滑稠密，富有绒羽，常用发达的尾脂腺所分泌的油脂来涂抹全身羽毛，以适应游泳的水上生活，有些擅长潜水的种类身体极富流线型。尾羽大多较短，少数种类尾羽较长。脚较短，位于躯体的后部。跗跖被有网状鳞或盾状鳞。前趾间具有蹼或半蹼；后趾短小，着生的位置较前面的趾高，行走时不着地；爪钝而短。

多数鸭类的腿长得非常靠后，有些甚至极为靠后，因此在陆上行走时缓慢而笨拙。但也有不少善于潜水和水下觅食的种类如潜鸭类、秋沙鸭类和硬尾鸭类，同样能够在地面快速灵活地活动。极少数种类如红胸秋沙鸭 *Mergus serrator*，在水下时会使用翅膀划水，但总体而言，鸭类在潜水时翅膀贴紧身体。

鸭类中最大的一个类群是在水面觅食和嬉水的种类，包括了许多进化非常成功、适应性很强的种类，其中有许多种类为典型的候鸟，可进行长途飞行。小型种类几乎能从水面垂直起飞，同时在空中也非常灵活。

另外，还有一些种类生活在森林地带，能栖息于树枝等物体上，甚至营巢于洞穴中，如鸳鸯 *Aix galericulata*、中华秋沙鸭 *Mergus squamatus* 等。它们的雏鸟长有锐利的爪子和相当坚硬的尾巴，出生后不久便可以爬离洞巢。

鸳鸯嘴短，嘴峰比较平直。体形中等，雄鸟和雌鸟羽色不同，雄鸟具有羽冠前颈的羽毛延长，形成明显的翎领。跗跖比较短，两脚的位置靠近身体的前方。

秋沙鸭的喙并不是上下扁平而宽阔形的，而是左右侧扁，细瘦而长，类似于圆锥形或柱形，尖端有钩，边缘还有一排细细的角质锯齿，鼻孔则位于嘴峰的中部。体形也比其他鸭类细瘦，较呈流线型；雄鸟和雌鸟的羽色不同，但均有长短不等的冠羽或项羽；腿短，位于身体的后部；脚大，后趾十分发达，有宽阔的瓣膜；尾羽为圆形，长而硬直。

形态 雁鸭类体长30～150 cm，体重0.25～10 kg。大的如大天鹅 *Cygnus cygnus*，体重达10 kg左右，翅长达60 cm；最小的如棉凫 *Nettapus coromandelianus*，体重仅300 g左右，翅长约15 cm。

有些物种雄鸟和雌鸟的羽色相同，但大多数并不相同，雄鸟的体形通常较雌鸟大，羽色也比较艳丽，

左：雁鸭类均为典型的游禽，但它们的生活并非终身不离水域，有些种类会选择在更隐蔽的森林地带进行繁殖，它们拥有上树的本领，在树洞中营巢。图为站在树上休息的一对鸳鸯。魏东摄

而且常具有金属光泽，而雌鸟和幼鸟多为具有隐蔽性的暗褐色。

雁鸭类大多数种类的羽色为某种程度的白色，不少种类为黑色相间，少数为全白或全黑，灰色、褐色和栗色也较为常见，头部常泛有绿色或紫色光泽。翅膀上大多具有白色或其他色彩，而且富有金属光泽，称为翼镜。

栖息地 雁鸭类栖息于各类不同的水域中，例如河流、湖泊、水塘、水库、溪流等淡水水域，以及沿海湿地等。

习性 雁鸭类多善于游泳，有的也善于潜水。常成群活动。一些属的种类鸣叫很活跃，常见的鸣声有嘎嘎声、咯咯声、嘘嘘声、嘶嘶声等，而其他的则大部分时候都很安静，或仅在炫耀时有柔和的鸣声。

食性 雁鸭类大多为杂食性。繁殖期主要以水生昆虫及其幼虫、贝类、甲壳类、软体动物、鱼类等动物性食物为食。非繁殖期则多以水生和陆地植物的叶、茎、根、种子，以及水藻等为食。

繁殖 雁鸭类多为一雄一雌制。雄鸟具交接器。繁殖期通常在3～8月间。一年繁殖一次。营巢于沼泽、水边灌丛、芦苇和水草丛中，也有在水边岸穴、地上、地洞、树上或树洞中营巢的。窝卵数2～14枚。卵为白色、乳白色、浅绿色、蓝色或褐色等，无斑纹。孵化期20～43天。雏鸟早成性。雏鸟长飞羽期为28～110天。

种群状态与保护 自古以来，雁鸭类不断为人类提供着蛋、肉和羽毛，而人们则将它们作为捕猎、娱乐和饲养的对象，家鸭、家鹅的驯养历史长达数千年。在人类文化中，它们的影响范围涉及音乐、舞蹈、歌曲、语言、诗歌、散文等多个领域。然而，近年来，它们的栖息地却常常被描绘成危险可怕的人类疾病（如禽流感、疟疾）之源。幸运的是，现在保护雁鸭类等水禽及其赖以生存的湿地的重要性已越来越为人们所认识。如今，规模化饲养的家鸭、家鹅可以更为稳定而安全地满足人类各方面的需要，而野生雁鸭类在许多国家和地区被列为保护动物，禁止捕猎。

鸳鸯
Aix galericulata

中华秋沙鸭
Mergus squamatus

鸳鸯

拉丁名：*Aix galericulata*
英文名：Mandndarin Duck

雁形目鸭科

形态 雄鸟额和头顶中央为翠绿色，并具金属光泽，枕部铜赤色，与后颈的暗紫绿色长羽组成羽冠；眉纹白色，宽而且长，并向后延伸构成羽冠的一部分；眼先淡黄色，颊部具棕栗色斑，眼上方和耳羽棕白色，颈侧具长矛形的辉栗色领羽；背部、腰部暗褐色，并具铜绿色金属光泽；内侧肩羽紫色，外侧数枚纯白色，并具绒黑色边；翅上覆羽与背同色；初级飞羽暗褐色，外侧具银白色羽缘，内侧先端具铜绿色光泽；次级飞羽褐色，具白色羽端，内侧数枚有金属绿色；三级飞羽黑褐色，外侧也呈金属绿色，与内侧次级飞羽外翈上的绿色共同组成蓝绿色翼镜；最后一枚三级飞羽外侧金属绿色，具栗黄色先端，而内侧则扩大成扇状，直立如帆，颜色为栗黄色，边缘前段棕白色，后段绒黑色，羽干黄色；尾羽暗褐色而带金属绿色；额、喉纯栗色，上胸和胸侧暗紫色，下胸至尾下覆羽乳白色，下胸两侧绒黑色，具两条白色斜带，两胁近腰处具黑白相间的横斑，其后两胁为紫赭色，腋羽褐色。雌鸟头部和后颈灰褐色，无冠羽；眼周白色，其后有一条白纹与眼周白圈相连，形成特有的白色眉纹；上体灰褐色，无金属光泽和帆状直立羽；颏、喉白色，胸部、胸侧和两胁暗棕褐色，杂有淡色斑点，腹部和尾下覆羽白色。雄鸟嘴暗角红色，尖端白色；雌鸟嘴褐色至粉红色，嘴基白色。

分布 在中国广泛分布，除青海西藏外均有记录。繁殖于东北长白山和大小兴安岭地区；越冬于湖南、湖北、安徽、江苏、浙江、福建、广东、广西、云南、贵州、四川、台湾以及山西、甘肃等地；在贵州、台湾等地有部分种群为留鸟。国外繁殖于俄罗斯东部、朝鲜和日本等地，越冬于朝鲜、日本，偶尔到缅甸和印度阿萨姆邦。

栖息地 繁殖期主要栖息于山地针叶林和针阔混交林及等森林附近的河流、湖泊、水塘、芦苇沼泽和稻田地中。冬季多栖息于大的开阔湖泊、江河和沼泽地带。

习性 除繁殖期外，常成群活动，特别是迁徙季节和冬季，常呈7～8只至10多只的小群迁飞，有时也见有多达50余只的大群。刚迁到繁殖地时多在低山开阔地带的水塘和溪流中活动，休息时成群栖息在水边或未融化的冰上。善游泳和潜水，也能很好地在地面行走，除在水上活动外，也常到陆地上活动和觅食。休息时或漂浮在水面打盹，或在水中来回游动。有时也成群站在水边沙滩上或石头上。性机警。遇到惊扰立即起飞，并发出一种尖细的“哦儿”声。

食性 杂食性。在春季和冬季，主要以青草、草叶、树叶、草根、草籽、苔藓等植物性食物为食，此外也吃玉米、稻谷等农作物以及忍冬、橡子等植物果实与种子。繁殖季节则主要以动物性食物为食。

觅食活动主要在白天，特别是早晨天亮以后到日出前以及下

鸳鸯。左上图为在水面游泳的雄鸟，下图为左雄右雌成对觅食。沈越摄

冬季成群活动的鸳鸯。李湘涛摄

午 2～4 时最为频繁。一般在河中水流平稳处和水边浅水处觅食，有时也到路边水塘和收获后的农田与耕地中觅食。在水中觅食时，除在水边浅水处直接涉水觅食外，有时也潜水觅食和将头伸入水中边游泳边觅食。

繁殖 繁殖于山地森林中。刚到繁殖地时并不立刻营巢，而是成群在林外河流与水塘中活动，随着天气逐渐变暖才逐渐分散和成对进入营巢地。交配活动开始前，雌雄鸟双双游泳于水中，雄鸟频频向雌鸟曲颈点头，浸嘴于水中，同时竖直其头部艳丽的冠羽，然后伸直颈部，头不时左右摆动，随后它们并肩徐徐游泳于水面，并不时将嘴浸入水中，游过一段时间后，雌鸟疾速向前，雄鸟紧跟其后，同时不断地翘起尾部，紧接着跃伏于雌鸟背上，用嘴衔着雌鸟的头羽进行交尾。交尾时间每次约 2 秒，可连续进行 4～5 次。交配后各自昂首展翅进行水浴和整理羽毛，然后上到岸上休息。

营巢于紧靠水边的老龄树上的天然树洞中。距地面高度 10～18 m。巢材极简陋，巢内除树木本身的木屑外，就只有雌鸟从自己身上拔下的绒羽。洞口大小为 8 cm×9 cm，巢洞大小为 43 cm×34 cm，洞壁厚 8 cm，洞深 64 cm。每窝产卵 7～12 枚。卵白色，卵圆形，光滑无斑，大小为（47～52）mm×（37～40）mm，卵重 18～45 g。孵卵由雌鸟承担，在产卵结束后开始。雄鸟在雌鸟开始孵卵后即离开雌鸟到隐蔽的河段换羽。雌鸟在孵卵期间每天离巢 2～3 次，每次大约在 1 小时。每次离巢都要用草把卵遮盖，离巢期间雌雄在一起取食戏水，但雄鸟不进巢孵卵。雌鸟在孵卵期间有翻卵、理巢和改变体位等行为，除每天早晨 3～4 时、上午 7～9 时和下午 4～5 时外出觅食外，一般不离巢，特别是在孵卵的最后 1～2 天，几乎整天不离巢，恋巢甚为强烈。孵化期 28～30 天。

雏鸟早成性，孵出后全身即长满了丝状绒羽；上嘴及下嘴边缘黑色，下嘴中部蜡黄色，嘴甲橘黄色；虹膜黑褐色；上体自额至尾尖、两翼及体侧为黑色，并具橄榄褐色毛尖，两翼后缘、腰部及下背两侧各具一白色块斑；眼先、眼围、颏、颊、喉和前胸为乳黄色，眼后具两条黑色带斑；腹部为白色而略染淡黄色；跗跖正面及趾为蜡黄色，背面及蹼为黑色。

孵出第 2 天，雏鸟即能从高高的树洞中跳下来，进入水中后即能游泳和潜水。离巢时亲鸟先在洞中"嗤啊，嗤啊"地鸣叫，鸣声急而细，一直持续 1 小时之久。然后亲鸟才从洞中飞出，落于树下水中，并继续不停地鸣叫。在洞中的雏鸟也跟着"叽叽"地鸣叫，并利用锐利的爪慢慢爬到洞口，然后一个一个地跳到树

交配的鸳鸯。吴秀山摄

下草地上，并很快跑到水中，游泳于亲鸟周围。

雏鸟离开树洞巢后，即由雌鸟带领至近旁有树木掩映的小溪中活动。4～5日龄的雏鸟已能潜水。潜水时，头朝下倒没于水中，仅趾尖露于水面，潜水距离可达1.5 m。如遇敌害，雌鸟即连声“嘎，嘎嘎……”地急促鸣叫，每秒叫3～5声，雏鸟即分散逃入草丛或洞穴中躲避。这时，雌鸟常佯装受伤，在溪畔或水面飞扑，引诱敌害离开雏鸟至50 m以外，方远飞而去。当敌害离去后，雌鸟又飞回雏鸟藏身处，并“嘎—嘎—嘎”地缓声呼唤，约每秒1声，雏鸟才出来聚集在雌鸟身后，并跟随雌鸟沿小溪泅水到200 m以外的地方活动。1周龄以内的雏鸟比较怕冷，在水中活动半小时后，即发出“呷、呷、呷”的呼叫声，并钻入雌鸟腹、翼下取暖。雄鸟一般不参与育雏。

种群现状和保护 IUCN评估为无危（LC）。在中国曾是传统的狩猎鸟类之一，每年都有大量活鸟被捕猎供应国内和出口国外。但由于过度猎捕以及森林砍伐等原因，致使种群数量日趋下降，《中国脊椎动物红色名录》评估为近危（NT）。在中国被列为国家二级重点保护动物。

与人类的关系 鸳鸯，又叫匹鸟、官鸭等，自古被人们当作爱情的象征。崔豹的《古今注》中说：“鸳鸯、水鸟、凫类，雌雄未尝相离，人得其一，则一者相思死，故谓之匹鸟。”李时珍的《本草纲目》中也说它“终日并游，有宛在水中央之意也。或曰：雄鸣曰鸳，雌鸣曰鸯”。也有人认为“鸳鸯”两字实为“阴阳”两字谐音转化而来，取此鸟“止则相偶，飞则相双”的习性。自古以来，在“鸳侣”、“鸳盟”、“鸳衾”、“鸳鸯枕”、“鸳鸯剑”等词语中，都含有男女情爱的意思，“鸳鸯戏水”更是中国民间常见的年画题材。基于人们对鸳鸯的这种认识，中国历代还流传着不少以它为题材的歌颂纯真爱情的美丽传说和神话故事。东晋干宝的《搜神记》卷十一《韩凭妻》中就有这样的记载：古时宋国有个大夫名韩凭，其妻美，宋康王夺之。凭怨，王囚之。凭遂自杀。妻乃阴腐其衣。王与之登台，自投台下，左右揽之，衣不中手而死。遗书于带曰：愿以尸还韩氏，而合葬。王怒，令埋之二冢相对，经宿，忽有梓木生二冢之上，根交于下，枝连其上，有鸟如鸳鸯，雌雄各一，恒栖其树，朝暮悲鸣，音声感人。

鸳鸯雄鸟最为奇特的是翅膀上有一对栗黄色的扇子状的直立羽屏，前半部镶以棕色，后半部镶以黑色，如同一对精制的船帆，被人们称作“剑羽”或“相思羽”。雌鸟比雄鸟略小，没有羽冠和扇状直立羽，头部为灰色，背部羽毛都呈灰褐色，腹面白色，显得清秀而素净。鸳鸯经常成双入对，在水面上相亲相爱，悠闲自得，风韵迷人。它们时而跃入水中，引颈击水，追逐嬉戏，时而又爬上岸来，抖落身上的水珠，用橘红色的嘴精心梳理华丽的羽毛。此情此景，勾起多少文人墨客的联想，唐朝李白有：“七十紫鸳鸯，双双戏亭幽”，杜甫有“合昏尚知时，鸳鸯不独宿”，孟郊有“梧桐相持老，鸳鸯会双死”，杜牧有“尽日无云看微雨，鸳鸯相对浴红衣”，苏庠有“属玉双飞水满塘，菰蒲深处浴鸳鸯”，以及“只成好日何辞死，愿羡鸳鸯不羡仙”，“鸟语花香三月春，鸳鸯交颈双双飞”等诗句。崔珏还因一首《和友人鸳鸯之诗》：“翠鬣红毛舞夕晖，水禽情似此禽稀。暂分烟岛犹回首，只渡寒塘亦并飞。映雾尽迷珠殿瓦，逐梭齐上玉人机。采莲无限蓝桡女，笑指中流羡尔归。”而名声大振，被称为崔鸳鸯。

鸳鸯在人们的心目中是永恒爱情的象征，是一夫一妻、相亲相爱、白头偕老的表率，人们甚至认为鸳鸯一旦结为配偶，便陪伴终生，即使一方不幸死亡，另一方也不再寻觅新的配偶，而是孤独凄凉地度过余生。其实这只是人们看见鸳鸯在清波明湖之中的亲昵举动，通过联想产生的美好愿望，是人们将自己的幸福理想赋予了美丽的鸳鸯。

事实上，鸳鸯在生活中并非总是成对生活的，配偶更非终生不变，在鸳鸯的群体中，雌鸟也往往多于雄鸟。如果一只鸳鸯遇到不幸，剩下的一只不久便会另觅新欢，完全忘记旧情了。雌雄鸳鸯形影不离的情景只是在它们求偶交配时出现的特有生态而已。一旦交配过后，鸳鸯的“蜜月”便结束。孵卵和抚育后代的艰苦重担，完全由雌鸟独自承担。所以，把鸳鸯视为爱情之象征，实在是一种误会。

中华秋沙鸭

拉丁名：*Mergus squamatus*
英文名：Scaly-sided Merganser

雁形目鸭科

形态 雄鸟体长 54～64 cm，体重 1025～1170 g；雌鸟体长 49～58 cm，体重 800～1000 g。雄鸟头部、羽冠和上颈黑色，具绿色金属光泽；上背、内侧肩羽黑色，外侧肩羽白色；初级飞羽和初级覆羽黑灰色，中覆羽和大覆羽具宽阔的白色亚端斑和黑色尖端，在翅上形成一大型白斑和两条黑纹；次级飞羽和最外侧三级飞羽为白色，形成翅上的白色翼镜；下背和腰部白色，羽端具黑灰色同心横纹，形成鳞状斑；尾上覆羽白色，具粗著的黑灰色虫蠹状斑；尾灰色；前颈下部、颈侧、胸部及其后的整个下体为白色，两胁具黑灰色鳞状斑。雌鸟头部、短的冠羽和上颈棕褐色，后颈下部、两侧及上背蓝灰褐色；初级飞羽和初级覆羽黑褐色；大覆羽和次级飞羽基部黑褐色，端部白色，形成白色翼镜和翅上的白斑及黑纹；下背、腰部和尾上覆羽灰褐色，具白色横斑；尾羽暗灰褐色；前颈下部污灰色，肩部和体侧以及胸部、腹部和尾下覆羽白色，两胁和胸侧有黑灰色鳞状斑。虹膜褐色。嘴红色。跗跖橙红色。

分布 在中国分布于黑龙江、吉林、辽宁、河北、北京、天津、山东、河南、陕西、内蒙古东北部、宁夏、甘肃、青海、云南西北部、四川、贵州、湖北、湖南、安徽、江西、江苏、上海、浙江、福建、广东、广西、台湾等地，繁殖于东北长白山、小兴安岭和大兴安岭地区，越冬于贵州、四川、湖南、湖北、安徽、江苏、广东、福建、山东等东南沿海和长江流域一带，偶尔也到鸭绿江流域和台湾等地越冬。在国外繁殖于俄罗斯东部，冬季仅偶见于朝鲜、日本和越南等地。

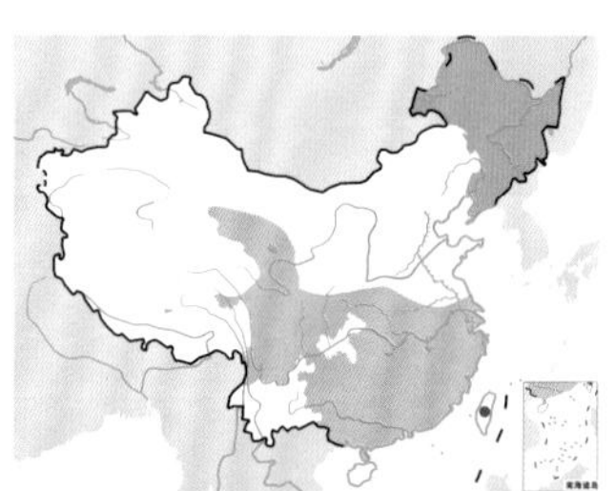

中华秋沙鸭。左上图为雄鸟，下图为捕食的雌鸟。张强摄

栖息地 繁殖期主要栖息于成熟阔叶林和混交林中多石的河谷与溪流中，尤其喜欢在未采伐过的原始混交林和阔叶林中的河流附近活动。繁殖栖息地通常河水清澈透明，河流迂回曲折，水流急缓相参，河底为卵石，河中多大的石头，石蛾、蝲蛄、石蚕、鱼等水生动物资源极为丰富；河流两岸高大的老龄杨树、槲树和榆树上的天然树洞又为它们提供了良好的营巢环境，是它们最喜欢栖息的夏季环境。秋冬季节则栖息于开阔地区大的江河与湖泊中。

习性 春季常呈单只、成对或小群迁徙，秋季多见 7～8 只到 10 余只的家族群迁飞。迁徙时常沿河流逐步进行，沿途常作短暂的停留。越冬范围比较辽阔，但较为分散。

游泳和潜水技能都很好。通常每次潜水时间多在 20～35 秒。白天活动。几乎整个白天时间的都在水上活动，常常边游泳边潜水，游泳快速而有力，潜水前上胸先离开水面，再侧头向下钻入水中。潜水能力强，潜水距离、时间因食物的丰富度不同而不同，潜水距离可达 10 m 以上，潜水时间可超过 1 分钟，但一般潜水距离为 2～4 m，潜水时间为 15～35 秒。休息时多栖息在岸边和水中露出水面的石头上，几乎不上岸活动。性机警。常沿河流飞行，一般不高飞，多在离水面 2～10 m 高度飞行。它们的尾脂腺非常发达，梳理羽毛的重要内容是把尾脂腺分泌的油脂均匀地涂到羽毛上，以达到疏水的目的。

食性 白天觅食。食物主要为石蛾幼虫、甲虫、蝲蛄、虾、杜父鱼、红点鲑、细鳞鱼等水生动物。繁殖期间主要以石蛾幼虫为食，非繁殖季节则主要以鱼类为食。由于它们上下喙两侧边缘都呈锋利的锯齿状，鱼一旦被它们叼住就很难逃脱，即使是对付杜父鱼这类黏滑的鱼类，也是轻而易举。

觅食时常呈小群沿河由下而上地行进，偶尔也见有单只孤立地觅食。觅食方式主要通过潜水，有时也在岸边浅水处将头直接伸入水中觅食。潜水中捕到食物后，立即浮出水面，左右摆动头部，前后抖动颈部，将猎物调整到最佳的吞食角度，一般是使其身体的长轴与自身的长轴平行，然后从猎物的头部开始吞食。

繁殖 繁殖期 4～6 月。通常单只、成对或呈小群到达繁殖地。配对的形成多在到达繁殖地以后。雄鸟之间偶尔也出现争夺雌鸟的现象。争偶时两只雄鸟彼此扑向对方，用翅膀拍打、用嘴撕咬，直到一方被迫逃走。

求偶时雌雄鸟均在水中，雄鸟表现得非常兴奋，靠近或追逐雌鸟，围绕雌鸟转圈或在其身边游来游去，发出低鸣声。雌鸟接受求偶后便跟随雄鸟一起活动。交配时，雌鸟头、颈向前伸展并贴着水面，雄鸟围绕雌鸟嬉戏转圈后，爬到雌鸟背上，用嘴叼住雌鸟的冠羽，同时雌雄鸟的尾羽均向上抬起，泄殖腔相对，在水面上旋转，完成交配，交配时间持续 30～60 秒。

营巢于森林中溪流两岸紧靠河边的老龄大青杨树、椴树、槲树和榆树上的天然树洞中，距地高度通常为 4～11 m，营巢树直径 30～60 cm，树洞口大小为 20 cm × 9 cm，呈一近似长椭圆形

带领雏鸟游泳的中华秋沙鸭雌鸟。沈越摄

裂口，洞内直径 27 cm，洞深 83 cm，洞内除树木本身的碎木屑外，只有亲鸟自身脱落的大量绒羽和少量杂草。喜欢利用旧巢。如果巢未被破坏，常常多年持续利用。有时也与鸳鸯在同一河岸彼此相距不到 50 m 的两棵大青杨树上同时营巢。

巢内不加修葺，雌鸟直接将卵产于树洞内。通常一天产 1 枚卵，有时在产最后一枚卵时常常间隔 1 天。窝卵数为 8～12 枚。卵呈椭圆形，白色，光滑无斑，大小为（62～66.4）mm×（45～47.2）mm，卵重 64～71 g。孵卵由雌鸟承担。孵卵开始后，雄鸟离开雌鸟到僻静处换羽。雌鸟在孵卵期间除每天中午气温高的时候离巢约 1 小时用于觅食和休息外，其他时间基本不离巢，特别是在孵卵后期，整天不离巢。孵化期 35 天。雏鸟破壳后，雌鸟用喙将卵壳的坚硬部分啄碎，但不清理余下的软膜，偶尔为雏鸟理羽。

雏鸟早成性，出壳后即能睁眼和鸣叫，全身被满了绒羽。刚出壳的雏鸟头部棕红色，背部灰色，肩和腰部两侧各具一大型白斑；颈、喉米黄色，胸、腹部和两翅白色；嘴黑褐色，尖端斑甲白色，脚和跗跖石板青色，嘴角至耳后有一显著的浅棕色斑纹。出壳以后头渐变为灰色，几乎与背部同色，颈和喉部的米黄色也变浅，呈灰白色，嘴缘锯齿也更加明显而且变硬。

刚出壳的雏鸟多动，会模仿亲鸟理羽、相互叼啄、扇翅、互相倾轧、钻入亲鸟体下休息等。这个时期雏鸟活动一般持续 6 分钟左右，再休息 10 分钟，如此交替。雏鸟出壳当日即能行走、攀爬和跳跃，出壳后第二天即离巢。离巢前亲鸟先站在洞口，将头伸出洞外向四周探望，并“嘎嘎”低叫几声。稍停一会才从洞口飞出，直接落于树洞下面的水中，一边不停的来回游泳一边鸣叫。这样过了一会，雏鸟才沿洞壁一个一个地爬到洞口，从洞口慢慢飘落下来。由于雏鸟刚孵出时体重很轻，全身又长满了绒羽，加之下落时雏鸟头颈伸直，两翅张开，不仅增大了空气阻力，而且头尾和两翅可起平衡作用，一般都不会摔坏，偶尔见有落在水中石头上摔昏过去，但很快就苏醒过来，急速进入水中，游泳于亲鸟周围。雏鸟不仅能游泳，也能潜水。它们的羽毛具有极佳的防水性，浮在水面上就像漂在河面上的皮球，羽毛不会被水打湿。在没有危险的时候，亲鸟通常会带领雏鸟在流速平缓的河段活动。当危险来临时，它会毫不犹豫地带领子女进入水流湍急的河道，随着水流迅速逃走。在亲鸟的带领下，雏鸟可以在湍急的河水中漂流几千米。雏鸟在地上行动也很敏捷，并善于藏匿。一遇危险，即迅速藏于水边倒木下和草丛中，有时也像箭似的逆流而上，迅速逃走。2 个月以后的幼鸟仍和亲鸟一起生活，但各部分的生长已接近成鸟，体羽与雌鸟相似，但额和头顶较暗，枕无羽冠，两胁和后背无鳞状斑或鳞状斑不明显。

种群现状和保护 中华秋沙鸭是一种分布区域狭窄、数显稀少的濒危物种，近几十年来由于森林砍伐和狩猎，种群数量已明显减少。种群数量下降的原因主要是森林采伐、栖息地丧失、非法狩猎、用炸药和毒药捕鱼、食物缺乏，以及人为干扰等。IUCN 和《中国脊椎动物红色名录》均评估为濒危（EN）。在中国被列为国家一级重点保护动物。

鸠鸽类

- 鸠鸽类指鸽形目鸠鸽科鸟类，全世界共42属309种，中国有7属31种
- 鸠鸽类体形肥胖而结实，羽毛柔软而稠密，头小喙短，嘴基有蜡膜，雌雄相似
- 鸠鸽类常在地面活动，主要取食植物种子和果实
- 鸠鸽类多为单配制，巢甚简陋，每窝产卵2枚，雏鸟晚成性，亲鸟分泌“鸽乳”育雏
- 鸠鸽类与人类关系密切，许多热带岛屿物种面临灭绝的危险，其中已灭绝的旅鸽是最著名的鸟类灭绝例子

类群综述

鸠鸽类是隶属于鸽形目（Columbiformes）鸠鸽科（Columbidae）的鸟类，体形大小不一，一般如家鸽，大都雌雄体色相似，形态上难以区分雌鸟和雄鸟。体形较肥胖而结实，羽毛柔软而稠密。大部分为树栖性，少数栖于地上或岩石间。善飞行，迁徙能力强，大部分种类常成群栖息或活动，但有些种类喜欢独居。日常活动中会花较多时间来清理身体，包括理羽、水浴、日光浴及沙浴等。大部分发出“咕-咕”笛状音，用以宣示领域。多以种子、果实、植物芽、叶等为食，也吃昆虫和小型无脊椎动物。

全世界鸠鸽类共计42属309种，除亚洲北部、北美洲北部、南美洲南部及许多海洋岛屿未见有分布外，遍布于世界其他地区，广布于除两极外的几乎所有陆地上的栖息地，尤以亚洲南部和大洋洲种类较多。中国有7属31种，分布于全国各地，尤以长江以南地区种类甚为丰富。

分类与分布 全世界鸽形目鸠鸽科鸟类共计42属309种，《世界鸟类手册》依据Peters（1961）的分类标准，将它们分为5个亚科，分别为绿鸠亚科（Treroninae）、鸠鸽亚科（Columbinae）、冠鸠亚科（Gourinae）、齿鸠亚科（Didunculinae）和雉鸠亚科（Otidiphabinae），后面3亚科在中国没有分布。

中国有鸠鸽类7属31种，约占全世界鸠鸽类物种数的10%，分属2个亚科：绿鸠亚科，包括绿鸠属 *Treron*、果鸠属 *Ptilinopus* 以及皇鸠属 *Ducula*；鸠鸽亚科，包括鸽属 *Columba*、鹃鸠属 *Macropygia*、斑鸠属 *Streptopelia* 以及金鸠属 *Chalcophaps*。国内全部31种中，主要分布于东洋界的有15种，主要分布于古北界的有9种，广布于古北界和东洋界的有7种。

形态 鸠鸽类的鸟体形大小不一，体长15～75 cm，体重30～2000 g，为小型至相当大型且结实的鸟类。最小的仅相当于麻雀大小，最大的为新几内亚的维多利亚凤冠鸠 *Goura victoria*，体重可达2～4 kg，但在中国大多数种类犹如家鸽，较家养的母鸡稍小。大都雌雄同色，羽毛柔软稠密，头小嘴短，嘴基有软的皮肤形成的蜡膜，上嘴先端膨大而坚硬。翅形长而尖，初级飞羽11枚，缺第5枚次级飞羽。尾圆形或楔形，脚短而强，适于地面行走。趾4枚，在同一平面上。趾间无蹼，尾脂腺裸出或完全退化。

栖息地 鸠鸽类以地面活动为主，可生活于各种栖息地，从浓密的森林到荒芜的沙漠，从热带至偏冷的温带地区都有。

习性 鸠鸽类有些种类完全独居，有些经常成群，日常活动中会花费很多时间进行羽毛的清理，包括理羽、水浴、日光浴及沙浴等。大部分会发出“咕-咕”的笛状音，用以宣示领域。

食性 鸠鸽类主要以植物种子和果实为食，大致可分为食种子和食果两类。其中食种子的种类多在地面取食，拥有较厚的胃肠壁；而食果类多在树上取食，胃壁较薄。

大多数种类为全植食性，多以植物种子、果实、芽、叶等为食，但有些种类也会摄食昆虫和小型无脊椎动物。

繁殖 鸠鸽类为一雄一雌制，许多种类均有求偶飞行的行为，但森林性及地栖性的种类则没有求

左：鸠鸽类大部分为树栖性，生活在各种类型的栖息地。它们体形肥胖而结实，羽毛柔软而稠密，或多或少带有金属闪光，生活在开阔地带的种类羽色较为朴素，而生活在密林中的种类羽色多为非常鲜艳的绿色或紫色，图为站在树枝上的针尾绿鸠。刘璐摄

上左：鸠鸽类为一雄一雌制，雌雄亲鸟共同孵卵和育雏，关系十分亲密。图为一对在树上互相亲热的山斑鸠。颜重威摄

上右：鸠鸽类的巢十分简陋，窝卵数通常固定为2枚，卵白色无斑。图为楔尾绿鸠的巢和卵。付义强摄

偶飞行。营巢于树木和灌丛间，或在岩石缝隙中以及建筑物上。巢结构简单，由枝条编织成粗糙的平盘状，类似一个破筛子，其上不放置任何衬垫物，可以从树下透过巢材看到巢内的卵。每窝产卵为相对固定的2枚，卵白色。有些种类一年可繁殖2次。有研究表明，鸠鸽类同窝所产2枚卵中，第1枚卵孵出雄鸟的可能性最大，而第2枚卵是雌鸟的概率最大。说明鸠鸽类雌鸟有调节后代性别比例的能力，但其机制尚未厘清。孵卵期大多为14～18天。雏鸟晚成性，出壳时被以稀疏的毛状绒羽，雌雄亲鸟共同育雏。亲鸟由嗉囊中分泌“鸽乳”哺育雏鸟，雏鸟用嘴伸入亲鸟口中取食，依靠“鸽乳”生存。

种群现状和保护　鸠鸽类有许多种类受益于人类的活动，随着人类生活区域的扩张而扩大其分布范围；但也有58种的生存受到威胁，其中有2种几可确定灭绝。另自1600年以来已经有8个种以及3个亚种已经确定灭绝，这些灭绝及受胁的鸟种大部分为热带物种，主要为生活在海岛上的种类。

鸠鸽类最著名的灭绝例子是旅鸽 *Ectopistes migratorius*。它们营群居生活，每群可达1亿只以上。曾有多达50亿只的旅鸽生活在美国，结群飞行时最大的鸟群覆盖面积宽达1.6 km，长达500 km，需要花上数天的时间才能穿过一个地区。但由于被不断猎杀和其他疫病，其数量急剧下降，直至1914年彻底灭绝，为近代灭绝鸟类中最为著名的代表。

此后，各种各样的措施和保护技术被应用于保护鸠鸽类受胁物种免遭灭绝，其中包括健全法律法规控制猎杀行为，建立保护区防止栖息地的破坏和丧失，圈养种群的野外放归和迁地保护等。

与人类的关系　鸠鸽类一直与人类有千丝万缕的联系，其中某些种类经过人类的长期驯养，在通信、饮食、宗教文化等方面扮演着重要的角色。原鸽 *Columba livia* 经过几千年的人工驯化，形成不同用途的家鸽品种，其中最有名的是信鸽和赛鸽，另外还有用作食用的肉鸽，在国内以至全世界都是比较受欢迎的食材。

鸠鸽类多为植食性鸟类，分析其嗉囊和胃部等内含物可以看出，这一类群的鸟类食用不少农作物种子以及人工栽培植物的果实，因而种群数量过多时可能会给农业带来一定的损害。类似此种事情，在中国古代就已提到过。《诗经·氓》中所说的“吁嗟鸠兮，无食桑葚！吁嗟女兮，无与士配！”意思就是：鸠鸽不要过度的嗜吃桑葚；少女也别过分地迷恋男士。

最新一项研究表明，在澳大利亚，一种在离岸岛屿上繁殖的森林皇鸠 *Ducula spilorrhoa* 由于数量多，而且往返在澳大利亚大陆与离岸岛屿之间，对补充岛屿的氮和磷等养分起着重要作用。

原鸽
Columba livia
岩鸽
Columba rupestris
雪鸽
Columba leuconota
中亚鸽
Columba eversmanni
欧鸽
Columba oenas
斑尾林鸽
Columba palumbus
灰林鸽
Columba pulchricollis
斑林鸽
Columba hodgsonii
紫林鸽
Columba punicea
黑林鸽
Columba janthina
欧斑鸠
Streptopelia turtur
山斑鸠
Streptopelia orientalis
灰斑鸠
Streptopelia decaocto

♂
♀
火斑鸠
Streptopelia tranquebarica
珠颈斑鸠
Streptopelia chinensis
棕斑鸠
Streptopelia senegalensis
♂
♀
斑尾鹃鸠
Macropygia unchall
菲律宾鹃鸠
Macropygia tenuirostris
小鹃鸠
Macropygia ruficeps
♂
♀
绿翅金鸠
Chalcophaps indica
♂
♀
橙胸绿鸠
Treron bicinctus
♂
♀
灰头绿鸠
Treron pompadora
♂
♀
厚嘴绿鸠
Treron curvirostra

黄脚绿鸠
Treron phoenicopterus

针尾绿鸠
Treron apicauda

楔尾绿鸠
Treron sphenurus

红翅绿鸠
Treron sieboldii

红顶绿鸠
Treron formosae

黑颏果鸠
Ptilinopus leclancheri

山皇鸠
Ducula badia

绿皇鸠
Ducula aenea

原鸽

拉丁名：*Columba livia*
英文名：Rock Pigeon

鸽形目鸠鸽科

形态 体长 29～35 cm。头石板灰色，翕上部、颈侧和上胸金属绿色并具紫色光泽，其余羽毛暗蓝灰色，翅上有两道黑色横斑；尾具黑色端斑，外侧尾羽外翈白色。雌鸟和雄鸟相似，但体色稍暗。虹膜橙红色。嘴浅角色，基部绍红色。跗跖及趾黄铜色至洋红色，爪黑色。

相似种岩鸽尾较暗，尾具宽阔的白色横斑，野外不难识别。

分布 国内分布于新疆、内蒙古西部、宁夏、甘肃、西藏南部和青海。国外分布于亚洲中部和南部、印度、斯里兰卡、缅甸、泰国，欧洲西部和中部及南部、非洲北部，目前已被引入北美洲和中美洲。

过去认为在中国分布有 3 亚种，即新疆亚种 *C. l. neglecta*，分布于中国新疆、中亚和巴基斯坦；北部亚种 *C. l. nigricans*，分布于蒙古和中国河北北部；南部亚种 *C. l. intermedia*，分布于印度南部、斯里兰卡，在中国见于华北、山东、青海和海南岛等地。但由于后 2 个亚种在中国采得的标本个体变异较大，且北部亚种仅在承德采得 1 只标本，体色较暗，因此郑作新等认为后 2 个亚种在中国不能成立，它们或许是家鸽野化的，中国仅分布有新疆亚种。

栖息地 栖息于平原、荒漠和山地岩石及悬岩上，分布海拔最高见于西藏南部 3000 m 左右的高山悬崖峭壁上。

习性 留鸟。常成群活动，少者几只一群，多者数十甚至近百只一群。有时亦见活动于村落和农田地上，飞行速度甚快。

食性 主要以各种植物种子和农作物为食。

繁殖 繁殖期 4～8 月。可能 1 年繁殖 2 次。常集群在一起营巢繁殖。通常营巢于山地岩石缝隙或悬崖峭壁洞穴中，也在废弃的建筑物上营巢。巢呈平盘状，主要由枯枝和羽毛构成，结构较为松散。每窝通常产卵 2 枚。卵白色，大小为（36～43）mm×（27～32）mm。第 1 枚卵产出后即开始孵卵，孵化期 17～18 天，由雌雄亲鸟共同承担。雏鸟晚成性，大约需要经过亲鸟 30 天的喂养才能离巢。

种群现状和保护 数量较普遍。全球种群数量估计为约 2600 万只，其中欧洲种群数量估算为 220 万～452 万只。种群数量有减少的趋势，但由于基数庞大，IUCN 和《中国脊椎动物红色名录》均评估为无危（LC）。被列为中国三有保护鸟类。

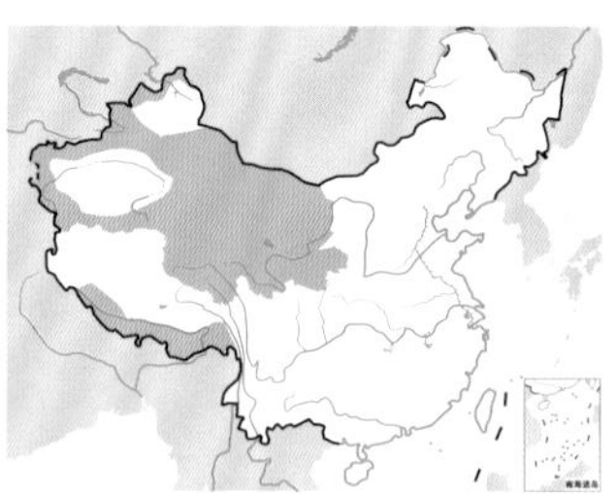

原鸽。左上图刘璐摄，下图邢睿摄

岩鸽

拉丁名：*Columba rupestris*
英文名：Hill Pigeon

鸽形目鸠鸽科

形态 体长 29～35 cm，体重 108～305 g。头、颈和上胸为石板蓝灰色，颈和上胸缀金属铜绿色且极富光泽，颈后缘和胸上部还具紫红色光泽，形成颈圈状；上背和两肩大部呈灰色，翅上内侧飞羽和大覆羽具两道不完全的黑色横带，初级飞羽黑褐色，次级飞羽末端亦为褐色；下背白色，腰和尾上覆羽暗灰色；尾石板灰色，先端黑色，近尾端处横贯一道宽阔的白色横带；颏、喉暗石板灰色，自胸以下为灰色，至腹变为白色。雌鸟和雄鸟相似，但羽色略暗，胸亦少紫色光泽。虹膜橙黄色。嘴黑色。跗跖暗红色或朱红色，爪黑褐色。

分布 在中国分布于重庆、贵州、湖北及秦岭以北的整个北部地区，东抵黑龙江，西达新疆、青海、西藏、四川和云南。国外分布于蒙古、西伯利亚南部、朝鲜、中亚、阿富汗、尼泊尔、印度等喜马拉雅山地区。

栖息地 栖息于山区多岩石和峭壁的地方，海拔 2500～5400 m 都有分布。

习性 留鸟。常结成小群在山谷和平原的田野上觅食，有时集群更大，多至百余只。性温顺，不很畏人。叫声“ku-ku”，与家鸽类似。鸣叫时，频频鞠躬点头，饶有风趣。

食性 植食性，食物包括各种野生植物的种子、小型果实、球茎等，也包括农作物如青稞种子、麦粒、谷粒、豌豆、玉米等。

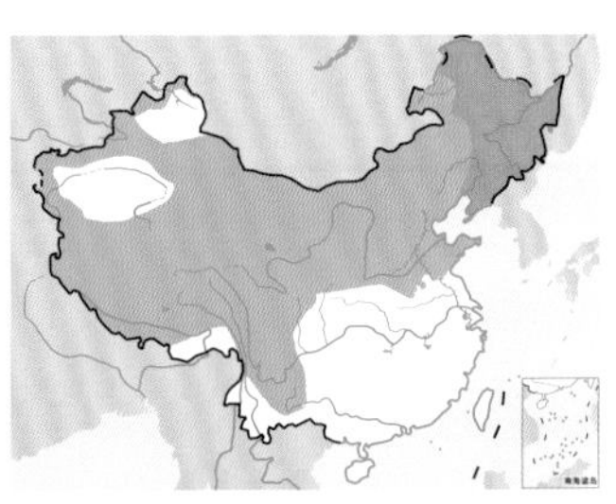

岩鸽。左上图为单独站立在岩壁上，下图为成群飞过天空。杨贵生摄

繁殖 繁殖期4～7月。营巢于山地岩石缝隙和悬岩峭壁洞中，在平原地区也筑巢于古塔顶部和高的建筑物上。在西藏地区，有时也在废弃房屋的墙洞里和椽下筑巢。巢由细枯枝、枯草和羽毛构成，呈盘状。每窝通常产卵2枚，1年可能繁殖2窝。卵白色，大小为(35～38) mm×(26～28) mm，重12～13 g。雌雄亲鸟轮流孵卵，孵化期18天。雏鸟晚成性。

种群现状与保护 种群数量没有确切统计，但整体呈缓慢下降趋势。在中国的繁殖数量大概在10 000对，在韩国和俄罗斯的繁殖数量低于10 000对，而在蒙古，由于和原鸽的竞争，其种群数量已有所下降。IUCN和《中国脊椎动物红色名录》均评估为无危（LC）。被列为中国三有保护鸟类。

雪鸽

拉丁名：*Columba leuconota*
英文名：Snow Pigeon

鸽形目鸠鸽科

形态 体长26～37 cm，体重235～350 g。头石板灰色，远处看起来近黑色；上背灰褐色，下背白色，尾和尾上覆羽黑色，尾中部有一宽阔的白色横带，翅上有两道宽阔的黑色翅带，后颈具一白色领环；下体白色。雌雄羽色相似。虹膜金黄色。脚红色。

分布 国内分布于甘肃南部、新疆西部、西藏东部和南部、青海、云南西北部、四川西部。国外分布于阿富汗、不丹、印度、吉尔吉斯斯坦、缅甸、尼泊尔、巴基斯坦、塔吉克斯坦、土库曼斯坦、哈萨克斯坦和蒙古。

栖息地 大多栖息于海拔2000～4000 m的高山悬崖地带，如在四川、西藏昌都地区常在海拔2900～3900 m处，也出没于高海拔的岩石和土坎土壁上及河谷岩坡间。

习性 留鸟。习性与其他野生鸽类如岩鸽等相似，平时结成3～5只、十几只乃至几十只不等的群体活动，有时和原鸽混群。繁殖季节和其他鸽子一样咕咕地叫个不停。

食性 食物纯为植物性，有青稞、草籽、野生豆科植物的种子、油菜籽、浆果等。落地捡食时，彼此靠得很近，甚至相互冲撞。

繁殖 繁殖期4～7月。1年或许繁殖2窝，常集群在一起繁殖。通常营巢于人类难于到达的高山悬崖峭壁石头缝隙中，有时也发现它们营巢于废弃的房屋墙洞中和天花板上。巢主要由细枯枝、枯草和羽毛构成。每窝产卵通常2枚，偶尔3枚或1枚。卵的大小为（31～43）mm×（26～31）mm。雌雄亲鸟轮流孵卵，孵化期17～19天。

种群现状和保护 全球数量没有确切的统计，但数量较多且比较稳定。IUCN和《中国脊椎动物红色名录》均评估为无危（LC）。被列为中国三有保护鸟类。

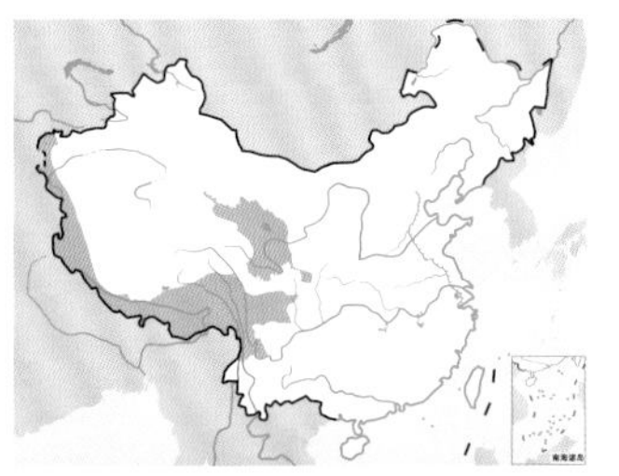

雪鸽。左上图为单独站立在岩壁上，张明摄；下图为成群飞过天空，彭建生摄

欧鸽

拉丁名：*Columba oenas*
英文名：Stock Dove

鸽形目鸠鸽科

形态 体长 28～32 cm，体重 300 g。雄鸟头部纯蓝灰色；后颈下部、颈侧及上背等均闪耀着绿色的珍珠色；下背及两翅的内侧覆羽和飞羽等均为沾褐色的暗灰色，翅上覆羽横贯以两道不完整的黑斑；腰及尾上覆羽淡灰色，尾具宽阔的黑端；下体胸以下均为灰色，尾下覆羽颜色稍深。虹膜红褐色。嘴的基部红色，嘴端渐变黄色。脚粉红色。雌鸟体色类似雄鸟，但羽色较暗淡，嘴和脚均带暗色。

分布 在中国仅分布于新疆。在国外，遍布于欧洲，南抵非洲北部，东抵小亚细亚和伊朗等。

栖息地 栖息于山地森林中，尤其喜欢有大树的落叶阔叶林和针阔混交林，非繁殖期则常到开阔的原野活动和觅食。

习性 在北欧为完全迁徙鸟类，逐渐往南部分种群开始不再迁徙，在中国为留鸟。常成群活动和栖息。飞行快速。两翅扇动快，能听到翅膀的振动声。

食性 几乎全在地面上找食杂草种子、谷物及小型无脊椎动物，如小螺等，有时还兼食植物幼芽、嫩枝和树叶等。

繁殖 繁殖期 4～7 月。常成对营巢繁殖。求偶时，常频频发出“coo-coo”声，同时伴随着鞠躬点头，与其他鸽类相同。通常营巢于有枯老橡树的原始森林林缘地带的树洞、岩石的隐蔽处，有时也在废弃的房屋或石隙中营巢。巢甚简陋，内垫有少许枯叶、细枝。每窝产卵 2 枚。卵白色，大小为(34～40) mm × (26～29) mm。雌雄亲鸟轮流孵卵，孵化期 16 天。

种群现状和保护 种群数量总体呈增长趋势。IUCN 和《中国脊椎动物红色名录》均评估为无危（LC）。被列为中国三有保护鸟类。

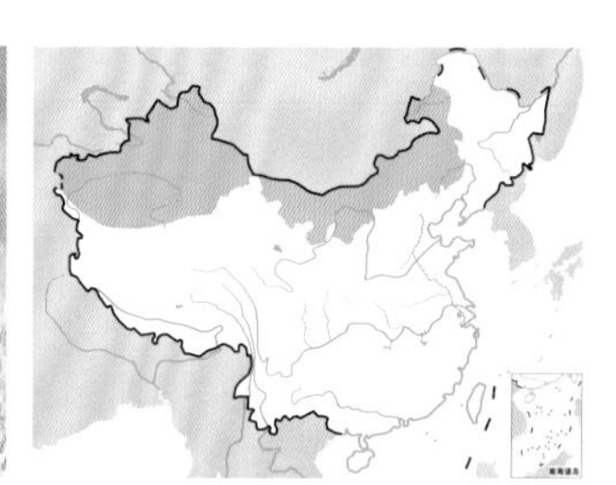

欧鸽。左上图董江天摄，下图刘璐摄

中亚鸽

拉丁名：*Columba eversmanni*
英文名：Pale-backed Pigeon

鸽形目鸠鸽科

形态 体长 26～30 cm，体重 183～284 g。雌雄羽色相似。整体灰色，头顶和胸部沾葡萄酒色，后颈及肩部带绿色及紫红色光泽，颈侧各有一个显著的浅铜红色块斑，下背白色，尾具宽阔的黑色端斑，翅上具 2 道黑色横斑。虹膜浅黄色或金黄色。嘴淡黄色沾绿色，基部沾灰色，蜡膜白色。脚肉色，爪角褐色。

分布 国外分布于阿富汗、伊朗、印度、巴基斯坦和中亚地区。在中国为罕见夏候鸟，分布于新疆喀什和天山，也见于北部阿尔泰山脉，偶见于新疆东部的罗布泊。冬季游荡到繁殖地附近山地和平原，南到阿富汗和印度北部。

栖息地 栖息于荒漠、山脚平原和森林中的岩石和悬岩地带，尤其林中河谷两岸悬崖峭壁处。

习性 常结成小群活动，越冬时集群更大，也常与其他鸽类混群。性活泼，飞行快而有力。

食性 主要以浆果、隐花果等植物果实和种子为食，也吃农作物种子。常出没于次生林和林缘地带觅食。有时也到林外农地和水稻田觅食桑椹、玉米等农作物。

繁殖 繁殖期 4～7 月。营巢于树洞、动物废弃洞穴和废弃的建筑物上及墙洞中。也在岩壁洞穴中营巢。巢内无任何内垫物。每窝产卵 2 枚。卵椭圆形，白色，光滑无斑，大小为(33.2～38.1) mm × (25.7～28) mm。雌雄亲鸟轮流孵卵。

种群现状和保护 在过去一段时间里种群数量持续下降，这可能是因为其越冬地的农业占地和狩猎，以及繁殖地、栖息地丧失，因此 IUCN 评估为易危（VU）。在中国仅见于新疆，数量稀少，《中国脊椎动物红色名录》评估为数据缺乏（DD）。被列为中国三有保护鸟类，有待加强保护。

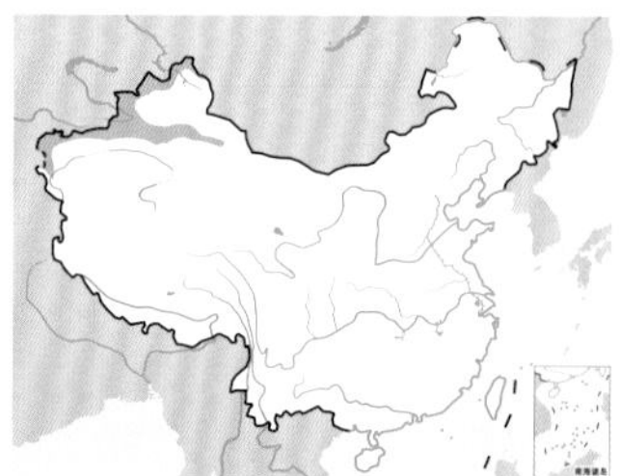

中亚鸽。左上图Raghavji B Balar摄

斑尾林鸽

拉丁名：*Columba palumbus*
英文名：Wood Pigeon

鸽形目鸠鸽科

形态 体长40～45 cm，体重530～625 g。雌雄同色。整体灰色，胸和其两侧淡紫粉红色，后颈下部闪着绿色光辉，两侧各具一个乳白色块斑；翅上最外侧的覆羽外翈纯白色，形成一道宽阔的纵纹；尾具宽阔的黑端。虹膜淡黄色，眼围洋红色。嘴的基部橙红色，中部粉红色近白色，端部橙黄色。脚和趾珊瑚红色，爪黑色。

分布 在中国仅见于新疆西部及北部。在国外，分布于欧洲树林地区，北抵66° N，南至非洲西北隅；东抵俄罗斯、土耳其、巴基斯坦、尼泊尔、印度西北部和东北部。

栖息地 栖息于山地阔叶林、针阔混交林和针叶林中，偶尔也出现于平原森林地带。休息时喜欢栖息在开阔地区的高树上，但多在茂密的低矮树上停留和隐蔽。

习性 在北欧和东欧为迁徙鸟类，在其余欧洲地区为部分迁徙。在中国为留鸟。性胆小而机警，飞行慢而显得不慌不忙。常成群活动，特别是非繁殖期。

食性 觅食于地面，或在树丛和灌木间。食物为田间遗留的谷粒、植物幼芽、橡实、桑椹及其他浆果等。

繁殖 繁殖期4～7月。常成对营巢繁殖，通常营巢于僻静的茂密森林中。多置于树桠上，靠近树干树杈处，结构松散而简陋，主要由一些细的枯枝堆集而成。每窝产卵通常2枚，卵白色，大小为（37～44）mm×（26～35）mm。雌雄亲鸟轮流孵卵，孵化期17天。雏鸟晚成性，经雌雄亲鸟20～35天的喂养即可飞离巢。

种群现状和保护 斑尾林鸽在很多地方的种群数量呈上升趋势，并扩散到北芬诺斯堪底亚和法罗群岛。IUCN和《中国脊椎动物红色名录》均评估为无危（LC）。在中国被列为国家二级重点保护动物。

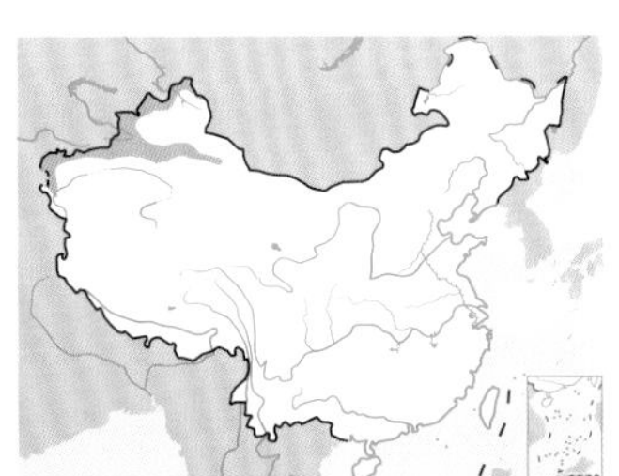

斑尾林鸽。刘璐摄

斑林鸽

拉丁名：*Columba hodgsonii*
英文名：Speckled Wood Pigeon

鸽形目鸠鸽科

形态 体长32～38 cm，体重200～305 g。雄鸟整个头部灰色，下部稍淡；后颈上部与头顶下部黑褐色，各羽具延长的尖端，而在羽端的两侧缀灰色；上背和两肩均紫红褐色；下背至尾上覆羽均暗蓝灰色；尾羽黑色；翅的覆羽羽端有明显的小白点；胸鸽灰色，微带葡萄色彩，并具红褐色三角形斑；腹部转为沾紫色的红褐色，而于羽端两侧缀以浅棕黄色至棕灰色斑，这些斑点向后逐渐变细；肛周、尾下覆羽等均浓灰色。雌性成鸟背部及胸和腹部均无紫红褐色，而为暗褐色，下背至尾上覆羽不为灰色，而转为暗褐色。虹膜浅黄色带灰色。嘴黑色。脚和趾暗绿色，爪角黄色。

分布 分布于喜马拉雅山脉，在中国见于甘肃东南部，陕西南部，四川，云南西部，西藏东部及东南部等。

栖息地 夏时活动在山区比较阴湿的针叶林和针阔叶混交林间。分布海拔高度较高，在峨眉山为海拔1800～2000 m，宝兴为2200～2800 m，若尔盖为3050 m，西藏东部为2800 m。

习性 主要营树栖生活，通常活动在高大乔木的树冠层。大都在栎树林间觅食，一般集结小群游荡，有时结成30～50只的大群。

食性 主要取食野生植物的果实和种子，此外还有少量农作物和昆虫。

繁殖 繁殖期5～7月。营巢于浓密森林的树上，也有报告营巢于悬崖峭壁的缝隙中。巢大而浅，由壳状和丝状地衣砌成，宽约25～28 cm。每年产卵一次。每窝产卵通常为1枚。卵的大小为（34～42）mm×（26～30）mm。

种群现状和保护 IUCN和《中国脊椎动物红色名录》均评估为无危（LC）。被列为中国三有保护鸟类。

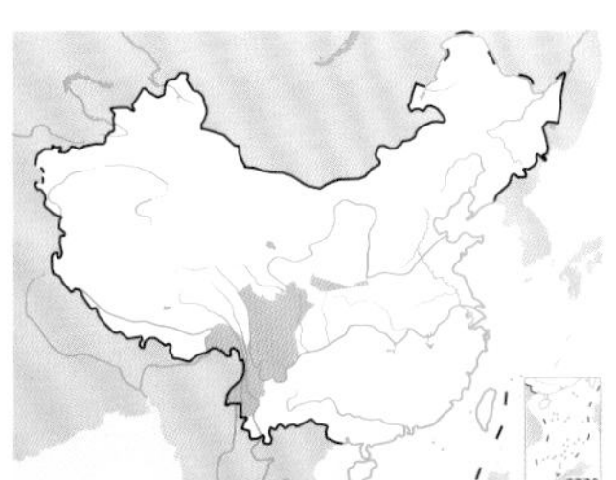

斑林鸽。左上图为雌鸟，董磊摄；下图为雄鸟，唐军摄

灰林鸽

拉丁名：*Columba pulchricollis*
英文名：Common Wood Pigeon

鸽形目鸠鸽科

形态 体长 35～40 cm，体重 310 g。头顶至枕鸽灰色，头侧稍淡，颏和喉白色；后颈下部具一个明显皮黄色半领圈，各羽基部均点黑色；颈圈向下与近白色的下喉相连；上背黑褐色，闪着绿色沾紫色光辉；下背和腰均石板黑色，向后至较短的尾上覆羽转石板灰色；翅上覆羽铅灰褐色，内侧羽色较暗；初级和次级飞羽均暗褐色；胸灰褐色，至腹部转为暗黄色，尾下覆羽皮黄色，两胁略带紫灰色；腋羽黑褐色。虹膜淡黄色。嘴黄色，基部沾绿色。脚和趾深红色或紫红色，爪角黄色。

分布 国内分布于西藏、云南及台湾。在国外，分布于印度、尼泊尔、缅甸和泰国北部。

栖息地 栖息于海拔 3000 m 以下的山地森林中。喜以栎类为主的常绿阔叶林。

习性 留鸟。单独或成对活动，有时亦成群。性胆怯而机警，常躲藏在林内，难以见到。

食性 主要以橡实等各种核果、浆果、种子和谷物为食。

繁殖 繁殖期 5～7 月。营巢于森林中的树上，巢甚简陋，呈平台状，主要由枯枝构成，内垫少许羽毛。每窝产卵 1 枚，偶尔 2 枚。卵白色，大小为（38～42）mm×（27～30）mm。

种群现状和保护 全球种群数量没有确切的统计，台湾地区的种群数量为 10 000～100 000 只。由于栖息地的破坏，灰林鸽的种群数量可能呈减少趋势。IUCN 和《中国脊椎动物红色名录》均评估为无危（LC）。被列为中国三有保护鸟类。

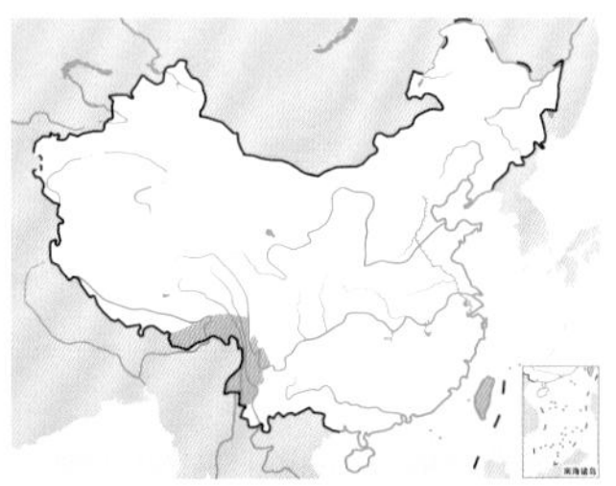

灰林鸽。董江天摄

紫林鸽

拉丁名：*Columba punicea*
英文名：Pale-capped Pigeon

鸽形目鸠鸽科

形态 体长 35～40 cm。雌雄相似。额、头顶至枕灰白色，后颈淡棕色而具紫红色金属光泽，上背和翕栗红色，具宽的金属绿色羽缘；背、肩栗红色，羽端具紫红色金属光泽；腰和尾上覆羽暗灰色，羽端具淡紫红色金属光泽；尾黑褐色；颈侧和喉淡棕色而具光泽，下体葡萄栗色而渲染黄铜色，特别是喉和胸黄铜色光泽较显著，往后至尾下覆羽变为带黑色的浅葡萄栗色。虹膜黄色。嘴红色，尖端白色。脚红色，爪浅角色或黄色而沾灰色。

分布 国内仅见于西藏南部亚东及海南。在国外零星分布于巴基斯坦、印度北部、孟加拉国、中南半岛和马来半岛北部。

栖息地 主要栖息于山地阔叶林和次生林及其林缘地带。

习性 留鸟。常单独或成对活动，偶尔也结成小群。性活泼，飞行快而有力。

食性 主要以浆果、无花果等植物果实和种子为食，也吃农作物种子。

繁殖 繁殖期 5～7 月。常成对营巢繁殖。通常营巢于山地常绿阔叶林，小块丛林或竹林内。每窝产卵 1 枚。卵的大小为（35～42）mm×（27～32）mm。雌雄亲鸟轮流孵卵。

种群现状和保护 由于栖息地的不断变化，种群数量可能正缓慢下降。IUCN 评估为易危（VU），《中国脊椎动物红色名录》评估为濒危（EN）。被列为中国三有保护鸟类。

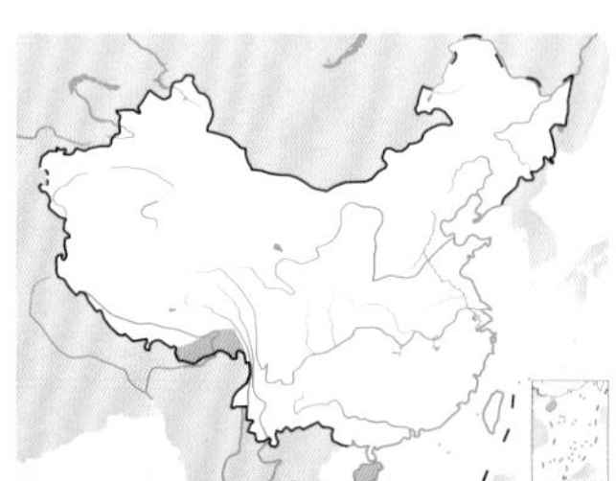

紫林鸽。左上图Sudhir Garg摄，下图Prosenjit Singha Deo摄

黑林鸽

拉丁名：*Columba janthina*
英文名：Japanese Wood Pigeon

鸽形目鸠鸽科

形态 体长37～43 cm。雌雄相似。通体石板黑色；头顶、背及腰等处的羽缘均具紫色金属反光，在后颈和前胸等处转为金属绿色；翅上覆羽及下体余部，闪光并不很强，而随着光线的不同呈现绿色或紫色；下背、腰、两肩及翅上覆羽等还具青铜色的光辉；翅下覆羽、飞羽及尾羽等均石板黑色，飞羽下面更偏褐色，外稍微缘以褐色。虹膜褐色。嘴暗蓝色。脚与趾均红色。

分布 共有3亚种，即指名亚种 *C. j. janthina*，分布于日本南部、琉球群岛北部；琉球亚种 *C. j. stejnegeri*，分布于琉球群岛南部；小笠原亚种 *C. j. nitens*，分布于小笠原群岛和硫磺列岛。中国分布的是指名亚种。偶见于山东威海。

栖息地 主要栖息于海岛和海岸上稠密的常绿森林中。

习性 留鸟。常单独或成对活动，偶尔也结成小群。性活泼，飞行快而有力。

食性 食物以山茶种子为主，可能兼吃其他种子、果实等。

繁殖 繁殖期5～7月。常成对营巢繁殖。营巢于树上、树洞或岩壁洞中。每窝产卵1枚。卵白色，光滑无斑。卵的大小为42 mm × 31 mm。

种群现状和保护 该物种很少见，全球种群数量未知。由于栖息地的退化和捕猎，其种群数量可能在减少。IUCN评估为近危（NT），《中国脊椎动物红色名录》评估为数据缺乏（DD）。被列为中国三有保护鸟类。

黑林鸽。左上图Michelle and Peter Wong摄

欧斑鸠

拉丁名：*Streptopelia turtur*
英文名：European Turtle Dove

鸽形目鸠鸽科

形态 体长24～29 cm。额、头顶至后颈蓝灰色，头侧和颈侧淡葡萄酒白色；颈左右两侧下部各有数条黑色块斑，每条黑色块斑外缘以白色，形成黑白相间的斑块，在淡色的颈部极为醒目；上背浅褐色具棕色端缘，下背、腰和尾上覆羽亦和上背相同，但褐色较深；肩、翅上小覆羽、内侧中覆羽和次级飞羽均为深棕色，羽基具黑褐色三角形斑；尾呈扇形，中央尾羽暗褐色而具窄的白色端斑，其余尾羽黑色，亦具白色端斑，并由里向外白色端斑亦越来越宽，至最外侧尾羽则为纯白色；颏、喉及头侧淡葡萄酒白色，喉中部几纯白色，至胸转为深葡萄酒色，往后逐渐变白，腹两侧淡灰色，腋羽深灰色。雌鸟和雄鸟相似，但不及雄鸟鲜亮，头部偏棕色。虹膜橙红色。嘴灰黑色。脚紫红色，爪角褐色。

分布 国内见于新疆、青海及甘肃西北部。在国外，遍布欧洲大陆大部分地区、非洲北部及亚洲西南部；冬季偶见于印度西北部。

栖息地 主要栖息于平原和低山丘陵地带的阔叶林、针阔混交林和针叶林等各种森林中。也出现于次生林、果园、公园、荒漠和农田地带小块丛林和灌木林中。

习性 在中国为留鸟。常单独或成对活动，很少成群。白天多数时间在树上栖息和活动，仅觅食和喝水时才下到地面。

食性 主要以各种植物的果实和种子为食，也吃桑椹、玉米、小麦等农作物和少量动物性食物。觅食多在早晨太阳升起后，主

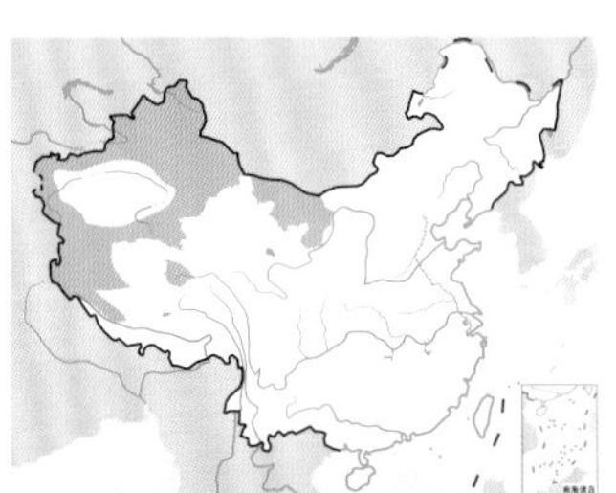

欧斑鸠。左上图邢新国摄，下图刘璐摄

起飞的欧斑鸠，可见尾羽从中间到两侧越来越宽的白色端斑。邢新国摄

要在开阔的地上、林间空地和路边觅食。

繁殖 繁殖期5～8月。常成对营巢繁殖。通常营巢于森林林缘地带，也在农田地边甚至房屋附近的小块丛林或灌木林中营巢。巢多置于树上，距地面高度多为2～6 m。巢呈平盘状，主要由枯枝构成，结构较为松散和简陋。巢的大小为内径12 cm，外径20 cm，深3 cm。每窝产卵2枚。卵为白色，光滑无斑，且富有光泽。大小为（29～35）mm×（22～25）mm。

种群现状和保护 欧洲种群数量为63万～118.8万只，全球种群数量在193万～714万只。虽然数量看起来仍很庞大，但由于栖息地的退化和不合理的开发，该物种种群数量可能在下降。2015年，IUCN将其受胁等级提升为易危（VU），并在随后几年的评估中保持这一等级。《中国脊椎动物红色名录》仍评估为无危（LC）。被列为中国三有保护鸟类。

山斑鸠

拉丁名：*Streptopelia orientalis*
英文名：Oriental Turtle Dove

鸽形目鸠鸽科

形态 体长28～36 cm。雌雄相似。前额和头顶前部蓝灰色，头顶后部至后颈转为沾栗色的棕灰色，颈基两侧各有一块羽缘为蓝灰色的黑羽，形成显著黑灰色颈斑；上背褐色，各羽缘红褐色；下背和腰蓝灰色，尾上覆羽和尾同为褐色，具蓝灰色羽端，愈向外侧蓝灰色羽端愈宽阔，最外侧尾羽外翈灰白色；肩和内侧飞羽黑褐色，具红褐色羽缘；飞羽黑褐色，羽缘较淡；下体葡萄酒红褐色，颏、喉棕色沾染粉红色，胸沾灰色，腹淡灰色，两胁、腋羽及尾下覆羽蓝灰色。

分布 国内分布区北自黑龙江，南至海南岛、香港，东至台湾，西至新疆、西藏，遍及全国各地。国外分布于西伯利亚地区，西至乌拉尔山，东至日本、朝鲜，南至印度、缅甸、泰国和中南半岛。

共有6个亚种，中国分布有4个亚种，即新疆亚种 *S. o. meena*，国内分布于新疆北部、西部和中部，国外见于西伯利亚西部、中亚和喜马拉雅山地区西部国家；指名亚种 *S. o. orientalis*，国内分布于东北、华北、华东、华南、中南、西南和海南岛等绝大部分地区，国外分布于东西伯利亚、日本；云南亚种 *S. o. agricola*，国内分布于云南南部和西部，国外分布于印度东北部、孟加拉国和缅甸；台湾亚种 *S. o. orii*，仅分布于中国台湾。4亚种之间的差别主要在于个体大小和羽色深浅的不同。

栖息地 栖息于多树地区，或在丘陵、山脚，或在平原。繁殖季节多在山地，冬迁至平原。

习性 主要为留鸟。在东北地区为夏候鸟，3月下旬迁到繁殖地，9～10月南迁。常成对或成小群活动，有时成对栖息于树上，或成对一起飞行和觅食。如伤其雌鸟，雄鸟惊飞后数度飞回原处上空盘旋鸣叫。在地面活动时十分活跃，常小步迅速前进，边走边觅食，头前后摆动。飞翔时两翅鼓动频繁，飞行路线直而迅速。有时亦滑翔，特别是从树上往地面飞行时。鸣声低沉，其声似“ku-ku-ku”反复重复多次。

食性 主要取食各种植物的果实、种子、嫩叶、幼芽，也吃农作物，有时也吃鳞翅目幼虫、甲虫等昆虫。多在林下地面、林缘和农田耕地觅食。

繁殖 繁殖期4～7月。一般年产2窝卵。通常在迁来繁殖地时已成对。营巢于森林中树上，也在宅旁竹林、孤树或灌木丛中营巢。通常置巢于靠主干的枝桠上，距地面高度多在1.5～8 m。巢甚简陋，主要由枯的细树枝交错堆集而成，呈盘状，结构甚为松散，从下面可看到巢中的卵或雏鸟。巢的大小为外径（14～18）cm×（16～20）cm，内径（8～10）cm×（8～11）cm，高4～8 cm，深3～5 cm。巢内无内垫物，或仅垫有少许树叶、苔藓和羽毛。每窝产卵2枚。卵白色，椭圆形，光滑无斑，大小

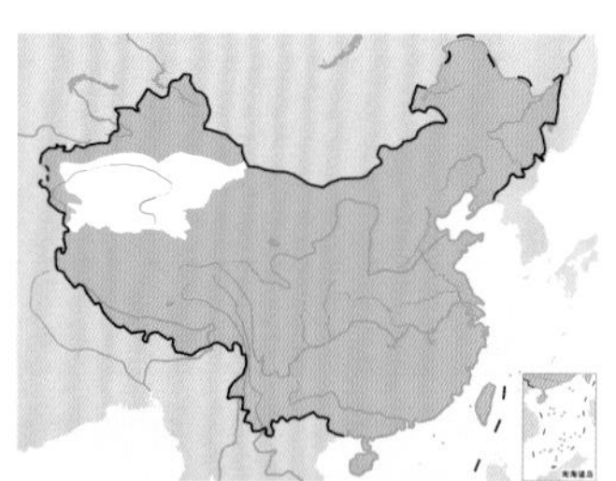

山斑鸠。左上图沈越摄，下图林剑声摄

为(28～37) mm×(21～27) mm，重 7～12 g。雌雄亲鸟轮流孵卵。孵卵期间甚为恋巢，有时人在巢下走动或停留亦不离巢飞走。孵卵期 18～19 天。雏鸟晚成性。由雌雄亲鸟共同抚育，雏鸟将嘴伸入亲鸟口中取食亲鸟从嗉囊中吐出的半消化乳状食物“鸽乳”。经过 18～20 天的喂养，幼鸟即可离巢。

种群现状和保护 全球种群数量没有确切的数字，但在各地都很常见。IUCN 和《中国脊椎动物红色名录》均评估为无危(LC)。被列为中国三有保护鸟类。

灰斑鸠

拉丁名：*Streptopelia decaocto*
英文名：Eurasian Collared Dove

鸽形目鸠鸽科

形态 雄鸟体长 28.5～34.0 cm，体重 170～200 g；雌鸟体长 25～32 cm，体重 150～192 g。额和头顶前部灰色，向后逐渐转为浅粉红灰色；后颈基部有一道半月形黑色领环，其前后缘均为灰白色或白色，把黑色领环衬托得更为醒目；背、腰、两肩和翅上小覆羽均为淡葡萄色，其余翅上覆羽淡灰色或蓝灰色，飞羽黑褐色；中央尾羽葡萄灰褐色，外侧尾羽灰白色或白色，而羽基黑色；颏、喉白色，其余下体淡粉红灰色，胸更带粉红色，尾下覆羽和两胁蓝灰色，翼下覆羽白色。

分布 国内见于新疆及华北一带，在中国长江下游及华南的记录尚有待证实。在国外，分布于包括英国在内的欧洲大部分地区、近东地区、亚洲西南部、印度、斯里兰卡、缅甸、朝鲜及日本的部分地区。

共有 3 亚种：指名亚种 *S. d. decaocto*，分布于欧洲东南部、小亚细亚、伊拉克、伊朗、印度、斯里兰卡，往北至中国青海和华北，以及日本。新疆亚种 *S. d. stoliczkae*，分布于中国新疆。缅甸亚种 *S. d. xanthocycla*，分布于缅甸，亦有记录分布于中国长江下游和福建、云南，以及中国南部和中部。亚种间的区别主要在于个体大小和颜色深浅的不同。亦有学者认为新疆标本和欧洲标本并无不同，均为指名亚种。

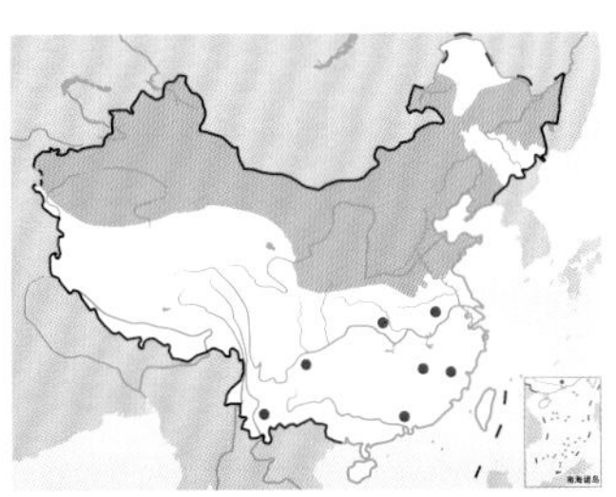

灰斑鸠。左上图杨贵生摄，下图沈越摄

栖息地 栖息于平原、山麓和低山丘陵地带树林中，亦常出现于农田、耕地、果园、灌丛、城镇和村庄附近。

习性 留鸟。多成小群或与其他斑鸠混群活动。

食性 主要以各种野生植物果实与种子为食，也吃农作物谷粒和昆虫。

繁殖 繁殖期 4～8 月。或许一年繁殖 2 窝。通常营巢于小树上或灌丛中，也在房舍和庭园果树上营巢。巢甚简陋，主要由细枯枝堆集而成。距地面高度多在 3 m 以上，巢外径 14～20 cm，内径 8～13 cm。每窝产卵 2 枚。卵乳白色，卵圆形。卵的大小为 (29～34) mm×(23～26) cm，重 7～9 g。主要由雌鸟孵卵，雄鸟多在巢附近休息和警戒。孵化期 14～16 天。雏鸟晚成性。孵出后由雌雄亲鸟共同喂养，经过 15～17 天的喂养，幼鸟即可离巢。

种群现状和保护 由于其适宜栖息地的范围扩大，种群数量可能正在增加。IUCN 和《中国脊椎动物红色名录》均评估为无危（LC）。被列为中国三有保护鸟类。

火斑鸠

拉丁名：*Streptopelia tranquebarica*
英文名：Red Turtle Dove

鸽形目鸠鸽科

形态 体长约 23 cm，是鸠鸽类中体形较小的一种。雄鸟额、头顶至后颈蓝灰色，头侧和颈侧亦为蓝灰色，但稍淡；颏和喉上部白色或蓝灰白色，后颈有一黑色领环横跨后颈基部，并延伸至颈两侧；背、肩、翅上覆羽和三级飞羽葡萄红色，腰、尾上覆羽和中央尾羽暗蓝灰色；其余尾羽灰黑色，具宽阔的白色端斑，最外侧尾羽外 白色；飞羽暗褐色；喉至腹部淡葡萄红色，尾下覆羽白色。雌鸟额和头顶淡褐色而沾灰色，后颈基部的黑色领环较细窄，不如雄鸟明显，且黑色颈环外缘以白边；其余上体深土褐色，腰部缀有蓝灰色；下体浅土褐色，略带粉红色；颏和喉白色或近白色，下腹、肛周和尾下覆羽淡灰色或蓝白色。虹膜暗褐色。嘴黑色，基部较浅淡。脚褐红色，爪黑褐色。

分布 国内见于自华北以南各地，西抵四川西部及西藏南部。国外分布于印度、尼泊尔、不丹、孟加拉国、缅甸、中南半岛、泰国、斯里兰卡和菲律宾等地。

栖息地 栖息于开阔的平原、田野、村庄、果园和山麓疏林及宅旁竹林地带，也出现于低山丘陵和林缘地带。

习性 在长江以南为留鸟，长江以北为夏候鸟，春季于 4 月迁到北方繁殖地，秋季于 9～10 月迁走。常成对或成群活动，有

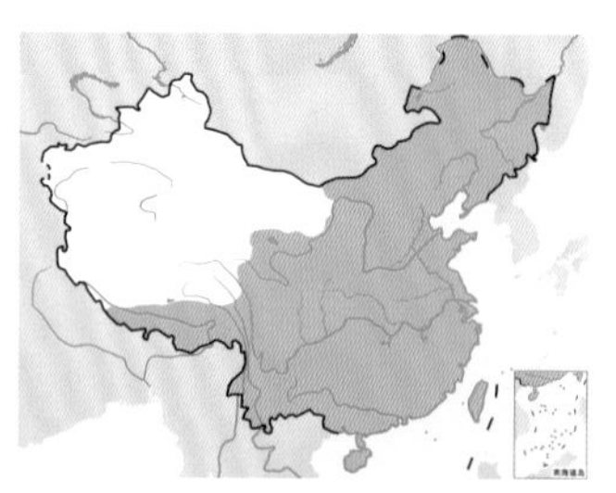

火斑鸠。左上图沈越摄，下图焦海兵摄

时亦与山斑鸠和珠颈斑鸠混群活动。喜欢栖息于电线上或高大的枯枝上。飞行甚快，常发出"呼呼"的振翅声。

食性 主要以野生植物种子和果实为食，也吃稻谷、玉米、荞麦等农作物种子，有时也吃昆虫等动物性食物。

繁殖 繁殖期 2～8 月，北方主要在 5～7 月。成对营巢繁殖。通常营巢于低山或山脚丛林和疏林中的乔木上，巢多置于隐蔽性较好的低枝上。巢呈盘状，结构较为简单、粗糙，主要由少许枯树枝交错堆集而成。每窝产卵 2 枚。卵为卵圆形，白色，大小为 (23～29.5) mm × (20～22.7) mm，平均 26.9 mm × 20.9 mm。

种群现状和保护 全球种群数量未知，但在其分布区常见且数量多。IUCN 和《中国脊椎动物红色名录》均评估为无危（LC）。被列为中国三有保护鸟类。

珠颈斑鸠

拉丁名：*Spilopelia chinensis*
英文名：Spotted Dove

鸽形目鸠鸽科

形态 体长 27～34 cm。头为鸽灰色，上体大都褐色，下体粉红色；后颈有宽阔的黑色领环，其上满布以细小白色斑点形成的领斑，在淡粉红色的颈部极为醒目；尾甚长，外侧尾羽黑褐色，末端白色，飞翔时极明显。雌鸟羽色和雄鸟相似，但不如雄鸟辉亮。虹膜褐色。嘴深角褐色。脚和趾紫红色，爪角褐色。

相似种灰斑鸠后颈为半月形黑色领环，尾具宽阔的白色端斑。区别极明显，野外不难识别。

分布 遍布于中国中部和南部，西抵四川和云南等省的西部。在国外，见于印度、斯里兰卡、孟加拉国、缅甸、中南半岛、马来半岛，南抵印度尼西亚；还被引入到澳大利亚的部分地区以及美国夏威夷群岛和加利福尼亚州。

共有 8 个亚种，中国分布有 6 个亚种，即指名亚种 *S. c. chinensis*，分布于中国东部；滇西亚种 *S. c. tigrina*，国内分布于四川西南部、云南西北部和南部，国外分布于孟加拉国、印度、中南半岛、马来半岛以及印度尼西亚；西南亚种 *S. c. vacillate*，分布于云南蒙自；台湾亚种 *S. c. formosa*，分布于台湾台湾；海南亚种 *S. c. hainana*，仅分布于海南岛；滇北亚种 *S. c. forresti*，分布于云南西北部和缅甸东北部。

各亚种间的差别主要在于羽色深浅和个体大小不同。

栖息地 栖息于有稀疏树木生长的平原、草地、低山丘陵和农田地带，也常出现于村庄附近的杂木林、竹林及田边树上，也出现于城市、村庄及其周围的开阔原野和林地里，其中在城市公园和道路旁边的树上、地上甚至灯杆、电线杆上都很容易见到。

习性 留鸟。常成小群活动，有时亦与其他斑鸠混群。常三三两两分散栖于相邻的树枝头。多在地上觅食，受惊后立刻飞到附近树上。飞行快速，两翅扇动较快但不能持久。鸣声响亮，鸣叫时作点头状，反复鸣叫。离开栖息地前常鸣叫一阵。

食性 主要以植物种子为食，特别是农作物种子。有时也吃蜗牛、昆虫等动物性食物。通常在天亮后离开栖树到地上觅食。

繁殖 繁殖期 3～7 月。通常营巢于小树枝杈上或矮树丛和灌木丛间，也见在山边岩石缝隙中营巢。巢呈平盘状，甚为简陋，主要由一些细枯枝堆叠而成，结构甚为松散。每窝产卵 2 枚。卵白色，椭圆形，光滑无斑。雌雄亲鸟轮流孵卵，孵卵期 18 天。

种群现状和保护 全球种群数量未知，在其分布区内都很常见。种群数量可能正在增加。IUCN 和《中国脊椎动物红色名录》均评估为无危（LC）。被列为中国三有保护鸟类。

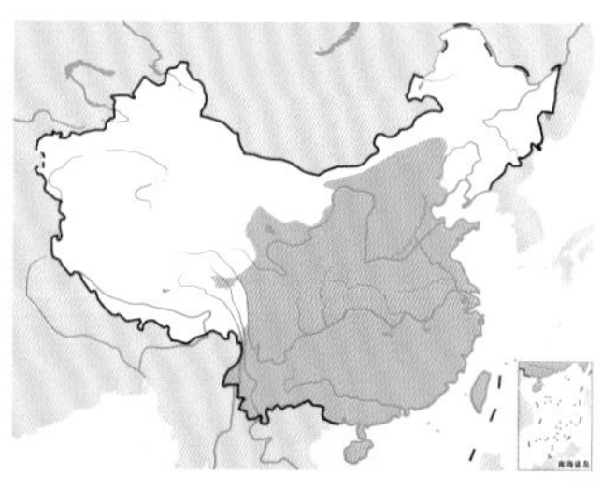

珠颈斑鸠。沈越摄

棕斑鸠

拉丁名：*Spilopelia senegalensis*
英文名：Laughing Dove

鸽形目鸠鸽科

形态 体长24～26 cm。头和颈均淡粉红色，颈基两侧具有杂以棕色羽端的黑色块斑，非常明显；背、肩、翅上的内侧覆羽和飞羽、腰、尾上覆羽及中央尾羽等均淡土褐色，有时沾棕色；其他尾羽灰褐色而具白端，越向外侧尾羽基部逐渐变黑，端部白色愈加显著；翅上的其他覆羽大多灰褐色；胸栗色，向后转为粉红色，至腹和尾下覆羽则为白色；两胁和腋羽均灰色。虹膜及外眼眶暗褐色，内眼眶白色。嘴暗角褐色以至近黑色。跗跖和趾淡粉红色。相似种珠颈斑鸠体形较大，头顶蓝灰色，后颈为显著的带白色斑点的黑色颈斑，区别明显，容易识别。

分布 在国内仅见于新疆西部和天山。在国外，遍布于非洲、阿拉伯半岛、伊朗、中亚、土耳其、阿富汗、巴基斯坦、尼泊尔、印度和斯里兰卡。共有6个亚种，中国仅有新疆亚种 *S. s. ermanni*。

栖息地 栖息于荒漠、半荒漠地区的绿洲树丛间。

习性 留鸟。

食性 主要以植物果实、种子和嫩芽为食，包括农作物种子。

繁殖 繁殖期4～10月。或许1年繁殖2～3窝。通常成对或成小群在一起营巢繁殖。多营巢于村前屋后树上，或公园和果园中的树上，也在竹林、灌丛和建筑物上以及废弃的房屋中营巢，有时直接营巢于裸露的地上。巢呈浅盘状，主要由枯枝堆集而成，结构甚为松散粗糙。每窝产卵2枚。卵白色，呈卵圆形，大小为(23～29) mm×(18～21) mm。

种群现状和保护 不常见。全球种群数量在61 500～204 000对，种群数量较稳定。IUCN和《中国脊椎动物红色名录》均评估为无危（LC）。被列为中国三有保护鸟类。

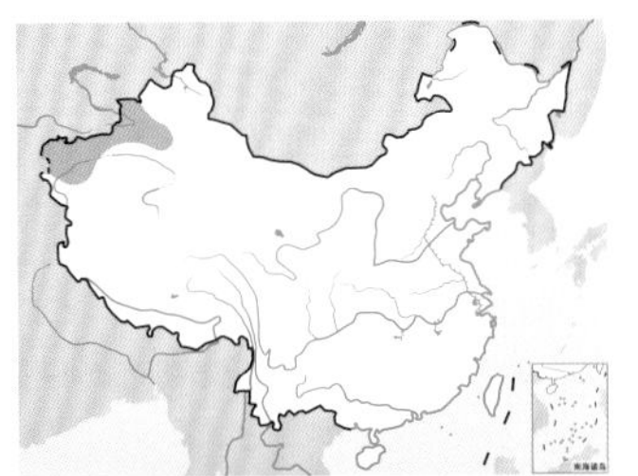

棕斑鸠。刘璐摄

斑尾鹃鸠

拉丁名：*Macropygia unchall*
英文名：Barred Cuckoo Dove

鸽形目鸠鸽科

形态 雄鸟体长33～37 cm，体重160～220 g；雌鸟体长32～41 cm，体重165～230 g。雄鸟前额、眼先、颊、颏和喉皮黄色，微沾紫色，头顶、后颈和颈侧绿紫色而具金属光泽，上体余部密被以棕栗色细横斑；中央尾羽与背同色，亦为黑褐色而杂以棕栗色横斑，外侧尾羽暗灰色而具黑色次端斑；上胸红铜色，具绿色光泽，下胸较浅淡；腹棕白色，尾下覆羽棕色。雌鸟和雄鸟相似，但上体金属羽色较淡，头顶与胸具黑褐色细横斑。虹膜蓝色，外圈粉红色。嘴黑色。跗跖和趾暗紫黑色，爪角褐色。

分布 国内分布于华南一带，北抵四川宝兴及福建西北部，西抵云南，南至海南岛。国外分布于克什米尔、印度东北部、尼泊尔、不丹、孟加拉国、缅甸、中南半岛、马来半岛和印度尼西亚。

栖息地 栖息于山地森林中，冬季也常出现于低丘陵和山脚平原地带的耕地和农田。

习性 留鸟，部分游荡。通常成对活动，偶尔单只，很少成群活动。行动从容，不甚怕人。叫声低沉似“coo-um-coo-um”声。

食性 主要以榕树果实和其他野生植物浆果、种子为食，有时也吃稻谷等农作物。

繁殖 繁殖期5～8月。成对营巢于茂密的森林中，有时也在竹林中营巢。通常置巢于树枝椏上或竹椏上。巢甚简陋，主要由枯枝和草构成。每窝产卵1枚，偶尔2枚。卵的大小为(30～38) mm×(20～28) mm。

种群现状和保护 在全球属于较为常见的鸟类，IUCN评估为无危（LC）。但在中国的数量稀少，《中国脊椎动物红色名录》评估为近危（NT），被列为国家二级重点保护动物。

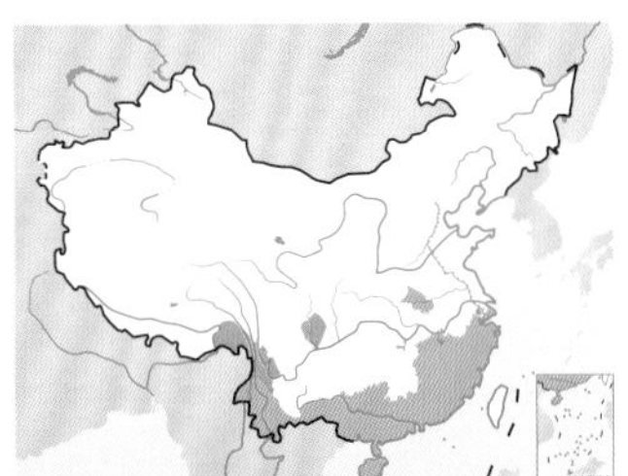

斑尾鹃鸠。左上图为雄鸟，田穗兴摄；下图为雌鸟，沈越摄

菲律宾鹃鸠

拉丁名：*Macropygia tenuirostris*
英文名：Philippine Cuckoo Dove

鸽形目鸠鸽科

形态 体长30～40 cm。头、颈侧和后颈肉桂赤褐色或栗褐色，微杂黑色细纹；额、眼周和喉羽色较淡，头顶和枕近黑色且具紫红色光泽。背，冀和尾暗栗褐色，上背和两翼具绿紫色金属光泽；下体锈褐色或肉桂褐色，具不甚明显的黑褐色细纹。虹膜蓝色。嘴褐色，基部红色。脚暗红色。

分布 国内仅见于台湾兰屿地区。国外分布于菲律宾、印度尼西亚至澳大利亚。

栖息地 栖息于浓密的常绿阔叶林中。

习性 留鸟。常成2～3只的小群活动，很少结成大群。性羞怯而胆小，很怕见人，不易接近。飞翔时振翅声很大。

食性 主要以草莓、面包果等各种植物果实和种子为食。

繁殖 繁殖期4～7月。雌雄成对营巢繁殖，通常营巢于森林中茂密的树枝上。巢呈盘状，主要由细的枯枝构成。每窝产卵1枚。卵暗奶油色，大小为23 mm × 19 mm。

种群现状和保护 在中国仅分布于台湾兰屿，据估测有100～10 000对繁殖个体。IUCN和《中国脊椎动物红色名录》均评估为无危（LC）。在中国被列为国家二级重点保护动物。

探索与发现 本种与褐鹃鸠 *M. phasianella*、红胸鹃鸠 *M. amboinensis*、大鹃鸠 *M. magna*、印尼鹃鸠 *M. emillana* 和红翅鹃鸠 *M. rufipennis* 过去被认为是一个巨大种下的不同亚种。一些意见虽然将它们分成几个独立的种，但仍把本种归在褐鹃鸠下，因此中国20世纪的鸟类志和保护名录中将本种作为褐鹃鸠记录与描述。但目前鸟类学家更多地认可6个独立种的分类意见。

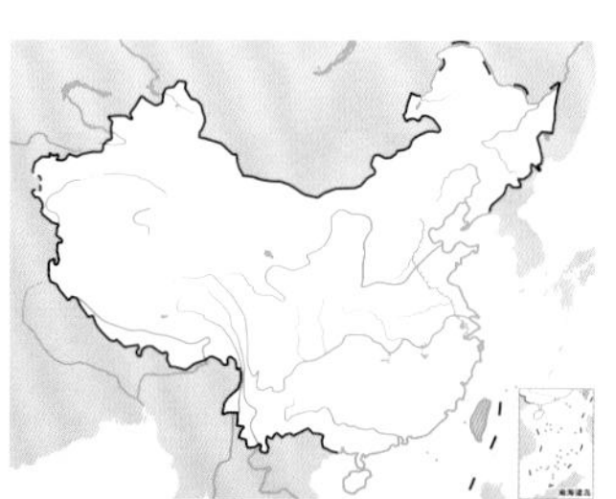

菲律宾鹃鸠

小鹃鸠

拉丁名：*Macropygia ruficeps*
英文名：Little Cuckoo Dove

鸽形目鸠鸽科

形态 体长约32 cm，个体较斑鸠小而尾较长。雄鸟头顶和头侧栗棕色，上背及两肩棕色稍淡具少量黑褐色细横斑，且具金属绿色光泽；下背、腰及尾上覆羽暗褐色。尾上覆羽还缀锈红色；中央尾羽棕红褐色、无斑，外侧尾羽栗棕色而具黑色次端斑；两翅大都暗褐色，小覆羽和中覆羽具宽阔的棕红色端缘，大覆羽棕红色较淡；颏、喉近白色，其余下体棕黄色，胸部羽毛具宽的白色羽缘，在胸部形成显著的白斑，胸侧杂有黑色横斑；尾下覆羽深棕红色。雌鸟和雄鸟相似，但上背无金属绿色光泽，胸杂有较多黑色。虹膜珠灰色。嘴角褐色，脚和趾暗紫褐色。爪角褐色。

分布 国内仅见于云南西双版纳。国外分布于缅甸、泰国、老挝、马来西亚和印度尼西亚等国。共有8个亚种，中国仅分布1个亚种，即云南亚种 *M. r. assimilis*。

栖息地 栖息于海拔2000 m以下的山地森林中，有时亦出现于林缘和山脚平原。

习性 留鸟。常成小群活动。

食性 主要以植物果实、种子和嫩芽为食。

繁殖 繁殖期4～7月。常成对营巢繁殖，通常营巢于林中树上枝桠间或灌丛与竹丛间。巢主要由细枝和苔藓构成。每窝通常产卵1枚。卵淡皮黄色，大小为29 mm × 21 mm。

种群现状和保护 在分布区南部较为常见，而北部较罕见。中国仅见于云南西双版纳，数量稀少。IUCN和《中国脊椎动物红色名录》均评估为无危（LC）。在中国被列为国家二级重点保护动物。

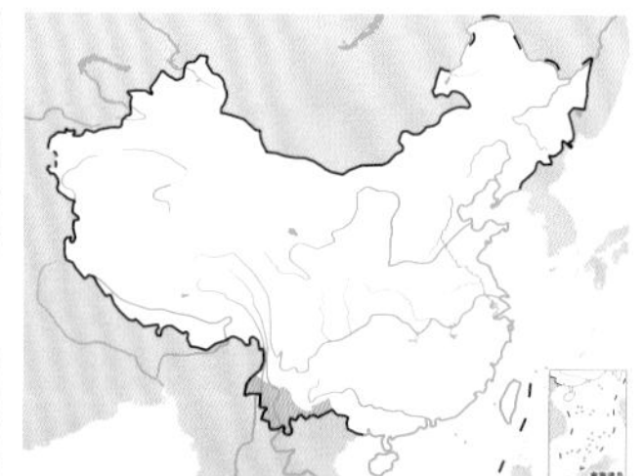

小鹃鸠

绿翅金鸠

拉丁名：*Chalcophaps indica*
英文名：Emerald Dove

鸽形目鸠鸽科

形态 体长 22～25 cm。雄鸟前额和眉纹白色，头顶和后颈均蓝灰色；上背及两翅的覆羽和内侧次级飞羽均翠绿色，且具金属青铜色反光；下背和腰均黑色，两者后缘各具一道淡银灰色横带斑；头侧、颈侧以及喉、胸等均紫褐色，向后羽色渐淡。雌鸟前额蓝白色，无白色眉纹，头顶和后颈褐色缀黑色；雄鸟的紫褐色部分转为暗褐色；尾羽暗褐色，外侧尾羽具棕栗色次端斑。虹膜暗褐色。嘴珊瑚红色，基部较暗。跗跖和趾均紫红色，爪角褐色。

分布 在国内分布于西藏东南部、云南南部、四川、广东、香港、澳门、广西、海南、台湾。在国外分布于自印度、斯里兰卡，经孟加拉国、中南半岛，达东南亚诸岛及澳大利亚东部沿海。

栖息地 主要栖息于海拔 2000 m 以下的山地森林中，尤其喜欢阔叶林，也出现在次生林、灌木林和竹林。

习性 留鸟。常见于海南岛的山地及山沟等处单独或成对活动。受到惊扰时，很快飞出 100～200 m，然后下降，继而又飞、又落，如此重复几次，最后通过树林，又回到原处。在地面行走轻快，并不时发出柔和而低沉的“ge——ge——”声。

食性 食物主要为野果，但也兼吃一些谷物、草籽和白蚁等。

繁殖 繁殖期 3～5 月。成对营巢繁殖。巢用细枝、小藤等筑成，并有放乱的凹窝，多置于高灌木丛间或竹丛顶端，离地面高 2～4 m。窝卵数通常为 2 枚。卵淡乳黄色或皮黄色，椭圆形，大小为（23～29）mm×（19～22）mm。

种群现状与保护 数量不普遍，IUCN 和《中国脊椎动物红色名录》均评估为无危（LC）。被列为中国三有保护鸟类。

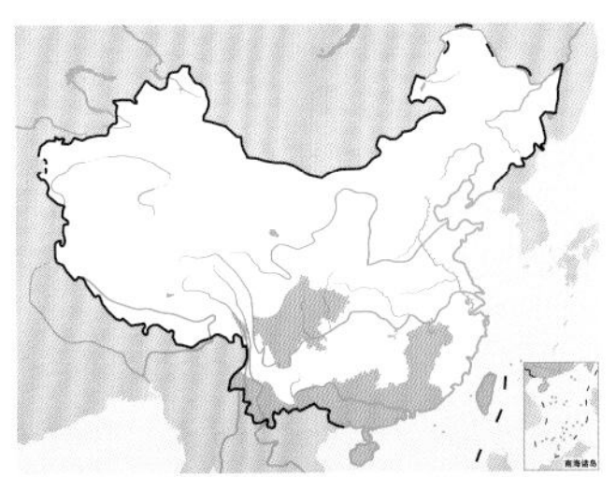

绿翅金鸠。左上图为雄鸟，田穗兴摄；下图为带雏的雌鸟，李小强摄

橙胸绿鸠

拉丁名：*Treron bicinctus*
英文名：Orange-breasted Green Pigeon

鸽形目鸠鸽科

形态 体长 24～29 cm，体重 135～200 g。头、颈黄绿色，枕、项部有一蓝灰色大块斑，其余上体橄榄绿色，翅上有亮黄色翼带；喉和前颈橄榄绿色，上胸具一宽的红紫色胸带，其下紧接更宽阔的棕橙色带；上腹亮黄绿色，下腹纯黄色。虹膜的外圈粉红色至绯红色，内圈蓝色，眼周裸皮紫蓝色。嘴淡蓝绿色，先端黄色。脚深红色，爪角褐色。

分布 国外分布于巴基斯坦、印度、斯里兰卡，东至中南半岛，南抵马来半岛和爪哇。共有 4 个亚种，中国只有 1 个亚种，即海南亚种 *T. b. domvilii*，仅分布于海南岛，迷鸟偶见于中国台湾。

栖息地 栖息于山地丘陵和低地上的热带雨林及次生林中。

习性 留鸟。大多单个或集五六只的小群活动于热带雨林中，有时亦与其他鸟类混群活动。栖息时往往高踞于树顶的秃枝上，特别是夕阳西下时。觅食活动以清晨及傍晚时间最为频繁，不甚怕人。

食性 主要以榕树果实为食，也吃其他植物果实与种子。

繁殖 繁殖期 4～7 月。发情时上下抖动尾羽，不断地鞠躬和点头。营巢于林中的小树上，也在较高的灌木上和竹杈上营巢，偶有营于开阔地带的树上。巢甚为简陋，主要由细的枯枝堆集而成。每窝产卵 2 枚。卵白色，卵的大小为（27～32）mm×（21～24）mm。

种群现状和保护 IUCN 评估为无危（LC）。但由于原始森林被过度砍伐，其栖息地越来越少。《中国脊椎动物红色名录》评估为近危（NT）。在中国被列为国家二级重点保护动物。

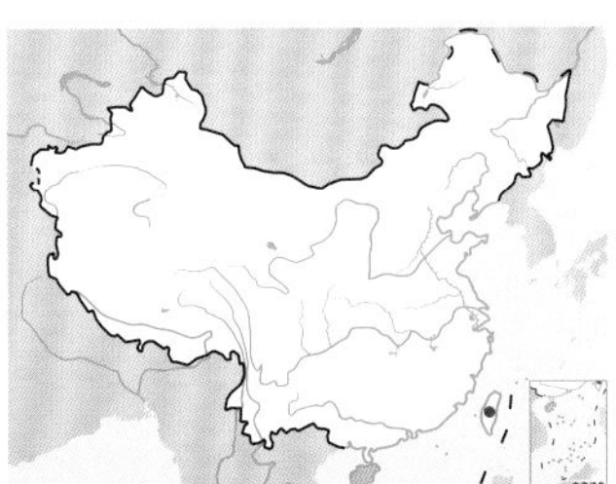

橙胸绿鸠。左上图为雄鸟，Pkspks摄（维基共享资源/CC BY-SA 4.0）；下图为雌鸟

灰头绿鸠

拉丁名：*Treron pompadora*
英文名：Pompadour Green Pigeon

鸽形目鸠鸽科

形态 体长 24～28 cm，体重 141～180 g。雄鸟的前额至枕部为蓝灰色或苍灰色，前额羽色较淡；后颈至上背暗绿色，下背和肩部浓紫栗色，组成一个宽大的“V”字；腰部暗绿色，向下渐转为黄绿色；尾羽橄榄绿色，外侧尾羽具灰白色端斑和黑色次端斑；翼上的小覆羽浓紫栗色，与肩部和背部的紫栗色融为一体，形成大的块斑；中覆羽和大覆羽黑色，具有宽阔的亮黄色羽缘；飞羽黑色，初级飞羽具窄的白色羽缘；头侧、颏部、喉部及前颈为亮黄绿色，上胸橙黄色，形成横跨上胸的橙黄色胸带，十分明显；下胸和腹部黄绿色，两胁较暗，尾下覆羽棕栗色；尾羽下面基部黑色，端部白色；腋羽和翅下覆羽灰色；覆腿羽基部淡黄色，先端暗绿色。雌鸟上体橄榄绿色，无栗色渲染；尾下覆羽棕黄色，具暗绿色条纹。虹膜的外圈粉红色，内圈淡蓝色，眼睛周围的裸皮淡蓝色。嘴角灰色。脚洋红色。

分布 分布于印度、斯里兰卡，东至中南半岛、菲律宾群岛，南至印度尼西亚诸岛以及中国云南等地。共计有 9 个亚种，中国仅分布有云南亚种 *T. p. phayrei*，国内仅见于云南西双版纳，国外分布于自孟加拉国、印度，南至缅甸、老挝、越南等地。

栖息地 栖息于海拔 1500 m 以下的热带雨林和次生林中，有时也栖息于灌木林，但不落地，一般多在树上栖息和活动。

习性 留鸟。常成群活动。通常自天亮后即开始活动和觅食。中午多在树上荫蔽处休息，下午天气凉爽后再继续活动和觅食，清晨和黄昏还成群到饮水处喝水。活动时极为嘈杂，鸣声为较柔和的口哨声。

食性 主要以榕树果实为食，也吃其他植物的果实与种子。

繁殖 繁殖期 4～8 月，也可能每年繁殖 2 窝。通常营巢于林间的乔木或灌木枝杈上，也在竹林或田地旁的丛林小树或竹杈上营巢，巢距地面的高度通常在 4 m 以下。巢甚简陋，主要由小枯枝堆集而成。雄鸟和雌鸟均参与营巢活动，通常由雄鸟负责收集巢材，雌鸟负责筑巢。每窝产卵 2 枚。卵白色，大小为 (26～31) mm × (20～24) mm。

种群现状和保护 IUCN 评估为无危（LC）。在中国分布区域狭窄，数量稀少，《中国脊椎动物红色名录》评估为近危（NT）。在栖息地丧失和狩猎压力的影响下，种群数量正在快速下降。在中国被列为国家二级重点保护动物。

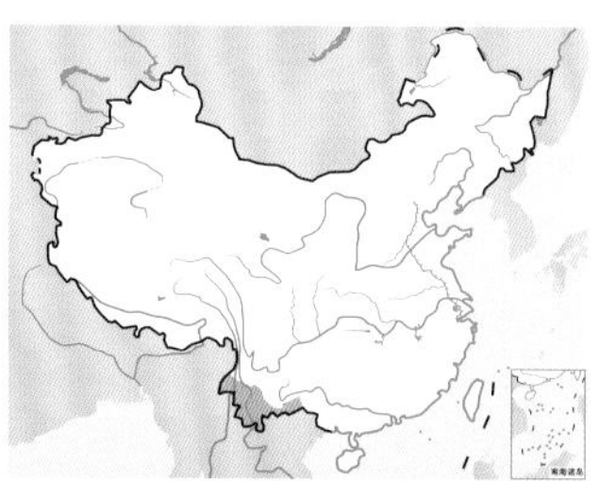

灰头绿鸠。左上图为雄鸟，下图为雌鸟。沈越摄

厚嘴绿鸠

拉丁名：*Treron curvirostra*
英文名：Thick-billed Green Pigeon

鸽形目鸠鸽科

形态 体长 21～29 cm，体重 105～222 g。嘴短厚，呈淡黄绿色或铅白色，嘴基两侧珊瑚红色。雄鸟前额、眼先灰色，头顶暗灰色，枕和后颈橄榄绿色，背、肩、翕和翅上小覆羽栗红色；外侧飞羽具宽形黄色边缘；腰和尾上覆羽橄榄绿色，尾上覆羽较亮且缀有黄色；中央尾羽橄榄绿色，外侧尾羽灰色，中央具一黑色横带，紧邻中央尾羽的两对尾羽或多或少缀有绿色；颊、耳覆羽、颏和喉的两侧、胸以及其余下体橄榄绿色，颏和喉的中央黄色；两胁前部、覆腿羽和肛羽暗橄榄绿色并混杂有白色；尾下覆羽桂红色，外侧杂有绿色和白色。雌鸟上体橄榄绿色，无栗紫红色渲染，整体羽色较一致；尾下覆羽皮黄色，最长的覆羽具橄榄绿色横斑，较短的羽基绿色。虹膜外圈橙红色，内圈灰蓝色，眼周裸露皮肤铜绿色。脚珊瑚红色。

分布 分布于尼泊尔、印度、孟加拉国、缅甸、泰国、菲律

厚嘴绿鸠。左上图为雄鸟，田穗兴摄；下图为雌鸟，刘璐摄

宾、中南半岛和印度尼西亚等地。在中国分布于海南五指山、广西龙州和天等、云南西双版纳等地。

共计 10 个亚种，中国分布有 2 个亚种。海南亚种 *T. c. hainana* 是中国的特有亚种，分布于海南、香港，模式产地在海南五指山；云南亚种 *T. c. nipalensis*，分布于喜马拉雅山脉东段南坡各国，南抵印度至中南半岛，东至中国云南、广西等地，模式产地在尼泊尔。

栖息地 栖息于山地丘陵地带原始森林、常绿阔叶林和次生林中，有时也出现在灌木丛间。多栖息于乔木树上。凡有隐花果如高山榕等生长的地方，都是此鸟喜爱的生境。

习性 留鸟。常成群活动，有时集群多达近百只。喜欢在榕树上活动和觅食，常边吃边发出“咕咕”声，有时亦与八哥、丝光椋鸟和乌鸫等食果鸟类一起觅食。饱食后即隐蔽于树上休息，至黄昏时方离开觅食地到密林深处过夜。

食性 主要以榕树的果实为食，也吃其他植物的果实与种子。

繁殖 每年 4～9 月进行繁殖。雄鸟求偶时鼓起喉部和胸部，两翅下垂，在雌鸟的前后徘徊不停，或急速地连连点头，轻轻地发出哨音似的鸣叫。此时雌鸟也非常兴奋，随着雄鸟跳起舞步。雄鸟和雌鸟均参与营巢工作，但雌鸟负担的工作较多，雄鸟则常常为雌鸟外出觅食。巢建在林中小树、灌丛或竹林中树叶丛生的地方及树枝相互交叉的枝条上，有的巢也建在藤条缠绕的密丛中，一般离地面高 2～3 m，但也有更低和高达 9 m 以上的巢。巢由细小的枯枝或稻草堆积而成，非常简陋，甚至从下面可以看到巢中的卵，但亲鸟和孵出的雏鸟却不会从巢中跌落下来。亲鸟护巢性极强，营巢期间常常发生争斗，所以很少能见到两个巢挨得很近的现象。对于入侵巢区的其他鸟类，厚嘴绿鸠都进行驱赶。每窝产 2 枚卵，卵白色。雌雄亲鸟轮流孵卵，孵化期 14 天左右。

种群现状和保护 IUCN 评估为无危（LC）。在中国仅分布于云南、广西和海南岛林区，数量稀少，《中国脊椎动物红色名录》评估为近危（NT）。在中国被列为国家二级重点保护动物。

黄脚绿鸠

拉丁名：*Treron phoenicopterus*
英文名：Yellow-footed Green Pigeon

鸽形目鸠鸽科

形态 体长 27～34 cm，体重 230～295 g。额、眼先、颏部、喉部以及前颈等均为黄绿色，头、颈余部为灰色；颈背处有一条宽阔的柠檬黄色横带向两侧扩展到整个上胸部，其后紧接有一淡紫蓝灰色横带，同样向两侧延伸向下，与下胸部和腹部的大块蓝灰色融为一体；尾羽基部橄榄黄色，先端黑色；翅上覆羽与背同色，初级覆羽、外侧大覆羽和飞羽黑褐色或绒黑色，翅上具两道明显的淡黄色翼斑，翼角还有一个淡紫红色斑；尾下覆羽暗紫栗色而具白色端斑。雌鸟和雄鸟的羽色相似，但飞羽偏褐色，翅膀上的紫红色范围较小。虹膜外圈玫瑰红色，内圈蓝色，眼周裸皮淡绿灰色。嘴先端淡灰色，基部褐灰色。脚黄色，爪灰色。

分布 分布于南亚次大陆、中南半岛及中国西南地区。共计有 5 亚种，中国仅分布有云南亚种 *T. p. viridifrons*，分布于缅甸以及中国云南等地，模式产地在缅甸丹那沙林。

栖息地 栖息于丘陵和山脚平原等海拔较低的常绿阔叶林及灌丛中，有时也出现于林缘的耕地上。

习性 留鸟。常单独或成对活动，有时亦集成小群。清晨和傍晚喜欢站在树顶的枝上，特别是没有树叶的枯枝上鸣叫。大多在树上活动，有时亦到地上啄食，偶有会抓着一根低垂到水面的树枝去饮水。

食性 主要以榕树的果实为食，也吃其他植物的果实，有时还吃玉米、谷粒等农作物的种子和树木的嫩芽等，也会到地面上去啄取砂粒和含有盐分的泥土等。

繁殖 每年 4～8 月进行繁殖，或许一年繁殖 2 窝。3 月即开始求偶活动，雌雄彼此追逐于树枝。通常成对营巢繁殖，有时数对集中在一起营巢，在印度曾有过 3 对黄脚绿鸠同时在一棵树上营巢的记录。巢甚简陋，筑于树木枝杈上，主要由枯枝堆集而成，呈浅盘状。每窝产卵通常为 2 枚，偶尔少至 1 枚和多至 3 枚。卵为阔卵圆形，白色，光滑无斑。卵大小为（28～35）mm ×（23～26）mm。雄雌亲鸟轮流孵卵，孵化期 14 天。

种群现状和保护 世界范围内分布广泛，种群数量趋势稳定，IUCN 评估为无危（LC）。在中国 20 世纪 50～60 年代初期，曾在云南西部和西南部的雨林及季雨林中数量较多。到 70～80 年代，考察中已很少见，仅在自然保护区内尚有一定的数量。种群数量下降的主要原因是栖息地破坏，热带雨林大量被开垦以种植橡胶等经济林木和作物，致使其栖息地缩小，以及乱捕滥猎等。《中国脊椎动物红色名录》评估为近危（NT）。在中国被列为国家二级重点保护动物。

黄脚绿鸠。左上图田穗兴摄，下图董江天摄

针尾绿鸠

拉丁名：*Treron apicauda*
英文名：Pin-tailed Green Pigeon

鸽形目鸠鸽科

形态 体长 31～41 cm，体重 180～257 g。体羽主要为淡黄橄榄绿色，后颈和上背沾灰色，形成一条宽泛的带状，翅上有两道明显的乳黄色翼斑；中央尾羽特别长而尖，呈珠灰色；下体淡黄绿色，雄鸟胸沾橙棕黄色；尾下覆羽栗色，两侧白色。虹膜内圈浅蓝色，外圈红色，眼周裸皮紫蓝色。嘴蓝绿色。脚红色。

分布 在国外分布于印度北部、中南半岛、马来西亚和印度尼西亚等地。在中国分布于广西，四川木里，云南贡山、潞西、耿马和西双版纳等地。全世界计有 3 个亚种，中国分布有 2 个亚种，指名亚种 *T. a. apicauda* 分布于云南西部和中部、四川西部和南部；滇南亚种 *T. a. laotinus* 分布于云南东部和南部、广西西南部。

栖息地 栖息于热带和亚热带山地丘陵带阴暗潮湿的原始森林、常绿阔叶林和次生林中。

习性 留鸟。常成小群活动于高大的树上，多在树丛之间飞跃，或者站立在树枝上鸣叫，声音大多为富有变化的口哨声，富有韵律。飞行快速而直。受惊时或即时高飞，或躲入密林。

食性 主要以榕树和其他植物的果实为食。

繁殖 繁殖期 5～8 月。3～4 月间即雌雄有相互追逐的行为。雄鸟的求偶行为有点头、挺胸、张翅、展尾和围绕雌鸟跳来跳去，并发出“咕咕”声和不时佯作在地面啄食状。大多筑巢于开阔地或河岸边的乔木上。巢呈平台状，仅用少量枯枝堆集而成，较为简陋。每窝产卵通常为 2 枚，卵大小为（28～35）mm×（22～24）mm。

种群现状和保护 IUCN 评估为无危（LC），《中国脊椎动物红色名录》评估为近危（NT）。在中国被列为国家二级重点保护动物。

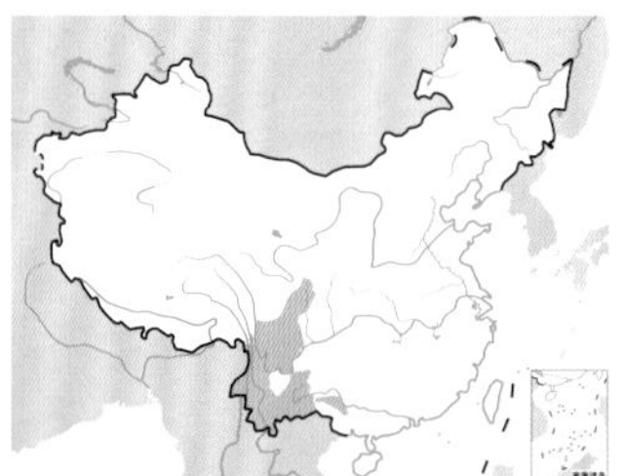

针尾绿鸠。左上图为雄鸟，刘璐摄；下图为雌鸟，韦铭摄

楔尾绿鸠

拉丁名：*Treron sphenurus*
英文名：Wedge-tailed Green Pigeon

鸽形目鸠鸽科

形态 体长 28～33 cm，体重 180～260 g。雄鸟头、颈部淡黄绿色，头顶缀有橙棕色；上背、肩灰色微沾栗红色，翅上有大块紫红栗色斑，其余上体橄榄绿色；尾不延长，呈楔形，橄榄绿色，外侧 2 对尾羽具宽阔的黑色次端斑；下体亮绿黄色，胸橙黄色。雌鸟整体羽色平淡，无橙棕色和栗色。虹膜内圈浅蓝色，外圈红色，眼周裸皮紫蓝色。嘴端灰色沾橙色。脚红色。

分布 国外分布于孟加拉国、不丹、柬埔寨、印度、印度尼西亚、老挝、马来西亚、缅甸、尼泊尔、巴基斯坦、泰国、越南。中国分布于四川西南部和中部、西藏南部、云南西部和南部、广西北部以及湖北神农架等地。共计有 4 个亚种，仅指名亚种 *T. s. sphenura* 分布于中国。

栖息地 主要栖息于海拔 3000 m 以下的山地阔叶林或混交林中。

习性 留鸟。常单个、成对或成小群活动。尤以早晨和傍晚活动较频繁，主要在树冠层活动和觅食。

食性 主要以树木和其他植物的果实与种子为食。常在树上和灌木丛之间觅食。常抓住悬垂的小树枝取食野果。

繁殖 繁殖期 4～7 月。营巢于森林中高大的树上。巢呈平盘状，甚为简陋，仅用少量枯枝堆集而成。每窝产卵 2 枚。卵为白色，大小为（28～34）mm×（22～24）mm。孵化期 13～14 天。雏鸟晚成性，经过亲鸟 12 天的抚育后可离巢。

种群现状和保护 IUCN 评估为无危（LC），《中国脊椎动物红色名录》评估为近危（NT）。在中国被列为国家二级重点保护动物。

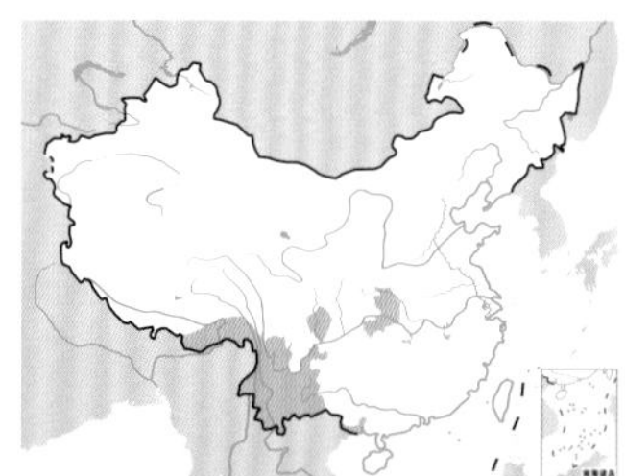

楔尾绿鸠。左上图为雄鸟，彭建生摄；下图左雌右雄，董江天摄

红翅绿鸠

拉丁名：*Treron sieboldii*
英文名：White-bellied Green Pigeon

鸽形目鸠鸽科

形态 体长 21～33 cm，体重 180～260 g。雄鸟前额和眼先亮橄榄绿色，头顶和后颈橄榄色至棕橙色；翅上覆羽具紫栗色块斑，其余上体橄榄色或橄榄绿色；飞羽和尾两侧黑色；喉和胸亮黄色，腹乳白色，两胁具灰绿色条纹。雌鸟整体偏绿色，无紫栗色。虹膜外圈紫红色，内圈蓝色。嘴灰蓝色，端部较暗。脚紫红色。

分布 在国外分布于日本、越南和菲律宾等地。在中国分布于自秦岭至长江口以南。共有 4 个亚种，中国分布有 3 个亚种，佛坪亚种 *T. s. fopingensis* 分布于陕西南部、四川、贵州、湖北西部；海南亚种 *T. s. murielae* 分布于越南及中国云南、贵州、广西、海南；台湾亚种 *T. s. sororius* 分布于江西、江苏、上海、福建、台湾地区。

栖息地 栖息于中低海拔的山地针叶林和针阔混交林中。

习性 主要为留鸟，仅有少部分迁徙。常 10 只左右结群，亦见有 20 多只的，多活动于马尾松和栎类植物的乔木上，亦见有在地上觅食的。飞行快而直，能在飞行中突然改变方向，飞行时两翅扇动快而有力，常可听到“呼呼”的振翅声。

食性 主要以山樱桃、草莓等浆果为食，也吃其他植物的果实与种子，多在乔木、灌木上觅食，也在地上觅食。

繁殖 繁殖期 5～6 月。营巢于山沟或河谷边的树上。每窝产卵 2 枚。卵白色，光滑无斑，大小为 32 mm × 24.5 mm。孵化期 13～14 天。雏鸟晚成性，经过亲鸟 12 天的抚育后可离巢。

种群现状和保护 虽然全球的种群数量还没有完全统计，但整体来说并不罕见。但由于栖息地的破坏，种群数量可能正在下降。IUCN 和《中国脊椎动物红色名录》均评估为无危（LC）。在中国被列为国家二级重点保护动物。

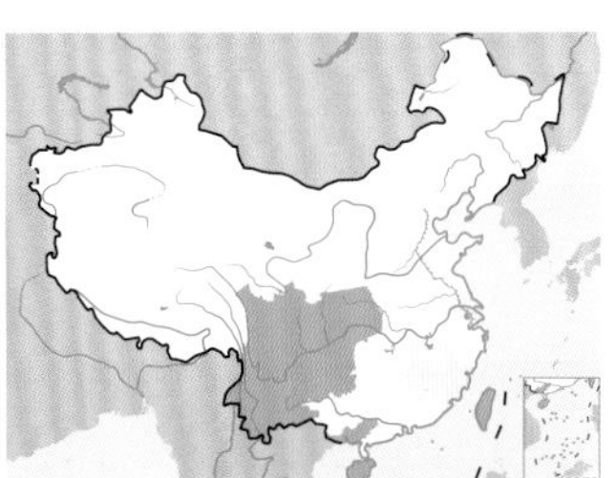

红翅绿鸠。左上图为雄鸟，张永摄；下图两侧为雄鸟中间为雌鸟，老王摄

红顶绿鸠

拉丁名：*Treron formosae*
英文名：Whistling Green Pigeon

鸽形目鸠鸽科

形态 体长 32～33 cm，体重 200～340 g。雄鸟的额部、头顶和枕部橙红色，后颈、背部、一直到尾上覆羽为橄榄绿色，背部略微带有葡萄红色；尾羽微暗绿色或黄绿色，呈不显著的楔形；飞羽黑褐色，中覆羽和小覆羽棕紫栗色，在翅膀上形成显著的棕紫栗色块斑；下体黄绿色，胸部和腹部绿色较浓，腹部中央黄白色。雌鸟与雄鸟的区别在于头上、前颈和胸部不沾橙色，中覆羽和小覆羽为橄榄绿色而非棕紫栗色。虹膜外圈血红色，内圈紫色或黑色，眼周裸皮苍灰色。嘴翠绿色，先端黄色。脚深紫红色。

分布 国外分布于琉球群岛、日本冲绳至菲律宾群岛一带。共有 4 个亚种，中国只有指名亚种 *T. f. formosae*，在中国分布于台湾的花莲、台南、高雄、屏东、台东以及绿岛和兰屿等地。

栖息地 栖息于海拔 2000 m 以下的茂密常绿阔叶林、混交林、热带和亚热带森林、平原和丘陵地区的农田。在台湾地区主要见于山区。

习性 留鸟。常单个、成对或成小群活动，尤以早晨和傍晚活动较频繁。主要在树冠层活动和觅食。

食性 主要取食各种植物种子和果实，但明显更喜欢隐花果。

繁殖 繁殖期 2～5 月。营巢于森林中高木的乔木上。巢通常置于木麻黄属的乔木树枝上，高出地面仅 3 m。巢呈平盘状，甚为简陋，主要由枯枝堆集而成。每窝产卵 2 枚。卵椭圆形，白色，光滑无斑。卵大小为 31.5 mm × 24.5 mm。

种群现状和保护 IUCN 评估为近危（NT）。在中国仅分布于台湾，数量稀少，《中国脊椎动物红色名录》评估为易危（VU）。在中国被列为国家二级重点保护动物。

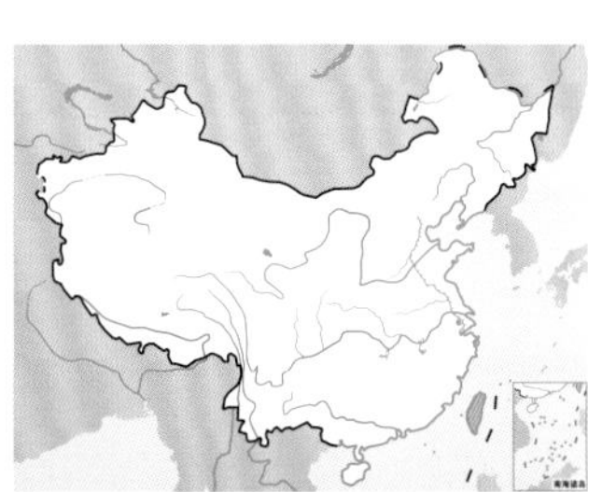

红顶绿鸠。左上图为雄鸟，下图为雌鸟。董江天摄

黑颏果鸠

拉丁名：*Ptilinopus leclancheri*
英文名：Black-chinned Fruit Dove

鸽形目鸠鸽科

形态 体长27～28 cm。雄鸟头部、前颈及上胸大致为灰白色，颏深紫褐色，下胸有一条紫褐色横带，枕及后颈为绿色，背、翼及尾浓绿色，尾末端灰绿色，腹部淡灰绿色，尾下覆羽红褐色。雌鸟羽色大致与雄鸟相似，但头部、前颈及上胸为灰绿色。喙黄色，下喙基红色，脚暗红色。

分布 仅分布于菲律宾及中国台湾。中国台湾主要的记录地点为恒春半岛、台南、高雄、屏东、兰屿等地区，宜兰县头城及无尾巷也曾有记录。

栖息地 主要栖息于低海拔原始阔叶林中，也会出现于沿海地区的树林内，但这些个体很有可能是迷鸟或是扩散的个体。

习性 留鸟。多单独活动于树冠层，几乎不会在地面活动，偶尔在树木结实时会成小群出现。至今对其生活习性的了解并不多。

食性 食果性，以树冠层的榕树果实与浆果为主食。

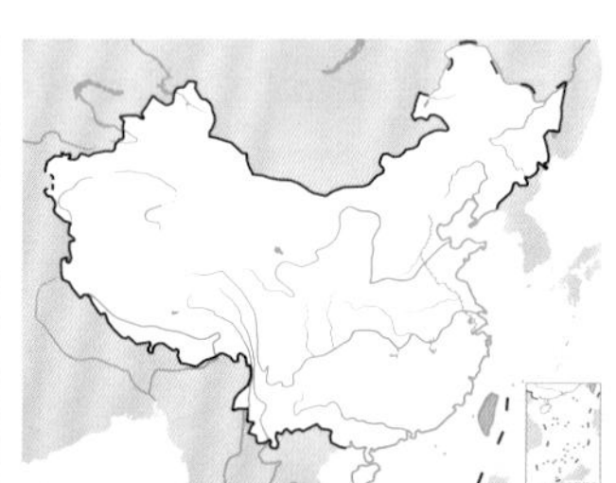

黑颏果鸠。左上图为雌鸟，下图为雄鸟

繁殖 在中国台湾没有任何营巢及产卵的观察记录。根据菲律宾的记录，黑颏果鸠在森林的树木上营巢，筑于离地面高1.5～4.5 m的平伸树枝上。巢呈平盘状，主要由枯枝构成。每窝产1枚白色的卵。卵大小为(31～35) mm×(23～25) mm。

种群现状和保护 IUCN和《中国脊椎动物红色名录》均评估为无危（LC）。但在中国台湾的记录一直相当少见，过去多认为是迷鸟，但在Hsu & Collar（2005）认为台湾四季皆有黑颏果鸠出现，而且又有亚成鸟的记录，认为黑颏果鸠在台湾为稀有留鸟。如果台湾存有黑颏果鸠的留鸟种群，其数量应该也是相当稀少，加上它们栖息的低海拔原始阔叶林在台湾现存面积并不大，其数量及栖息环境都受到持续且严重的威胁。另外，如果台湾的黑颏果鸠留鸟族群是台湾特有的亚种，则更具保育的重要性。因数量稀少，黑颏果鸠在中国被列为国家二级重点保护动物，但台湾地区政府并未将其列入受胁及保育鸟种。

绿皇鸠

拉丁名：*Ducula aenea*
英文名：Green Imperial Pigeon

鸽形目鸠鸽科

形态 体长36～38 cm，体重508～600 g。头、颈及下体大都呈洁净的淡蓝灰色，羽基隐约呈淡葡萄酒色；有的个体头顶至后颈以及面颊和耳覆羽呈棕灰色、紫灰色或棕栗色；尾下覆羽暗栗色；背至尾上覆羽及两翅表面均为铜绿色至墨绿色，上背及两肩有时还带有红铜色光泽，背部和腰部常具有黑色羽端；中央尾羽表面及外侧尾羽外翈等均具有蓝绿色的亮辉。虹膜红色。嘴铅褐色至铅黑色，端部转象牙白色，有时沾橙红色。脚褐橙色。

分布 国内分布于广东、海南和云南。在国外分布于印度、缅甸、泰国、巴基斯坦、中南半岛、菲律宾和印度尼西亚。中国有2个亚种，云南亚种 *D. a. sylvatica* 分布于云南，广东亚种 *D. a. kwantungensis* 分布于广东和海南。其中云南亚种较大，翅长为238～252 mm，广东亚种较小，翅长为215～233 mm。

栖息地 栖息于平原、河谷和丘陵地带的阔叶林和次生林中，也出现于居民点附近的小块丛林及榕树和橄榄树上。

习性 留鸟。常单个或成对活动，冬天也成群活动。常在树冠层活动，一般很少下地，通常仅在需要啄食泥土和沙粒时才下地。飞行快速而有力，多在高空中，但鼓翼并不频繁。叫声比较深沉，即使在附近鸣叫，听起来也好像是从远处传来的声音。

食性 主要以榕树等植物的果实为食，特别是乌榄，即使果实体积大于它的头部，也能整个吞下。偶尔也吃昆虫。常与其他鸠鸽类在一起觅食，但混群种类随着取食场所的不同而有差异，例如，在榕树等结小型果实的树上大多与绿鸠类混群，而在橄榄树以及结大型隐花果的树上则大多与山皇鸠等大型鸠鸽类混群。

繁殖 繁殖期4～7月。雄鸟求偶时频频向雌鸟挺胸、点头、松开颈部的羽毛进行炫耀。营巢于森林中的树木枝杈上。巢主要由枯枝构成，呈浅盘状，较为简陋，巢内也没有铺垫物。每窝产卵1～2枚。卵白色，大小为（41～51.5）mm×（31～37）mm。雄鸟和雌鸟轮流孵卵。

种群现状与保护 世界范围内分布广，种群数量趋势稳定，IUCN评估为无危（LC）。在中国数量稀少，《中国脊椎动物红色名录》评估为濒危（EN），被列为国家二级重点保护动物。

绿皇鸠。沈越摄

山皇鸠

拉丁名：*Ducula badia*
英文名：Mountain Imperial Pigeon

鸽形目鸠鸽科

形态 体长38～47 cm，重约500 g。额、头顶和头侧浅灰色，枕至后颈淡紫红色，与头顶灰色形成鲜明对照；上背至肩紫红褐色，往后变为灰褐色，翅上有铜褐色斑；飞羽黑色；颏、喉白色，胸、腹淡葡萄灰色，两胁和腋羽灰色，尾下覆羽皮黄色或淡棕白色；尾黑褐色，具宽的灰色端斑。虹膜灰白色。嘴橙红色或暗橙红色，尖端暗褐色。脚橙红色或淡紫橙红色。

分布 国内分布于云南西部和南部以及海南岛。国外分布于印度、缅甸、泰国、中南半岛、马来西亚和印度尼西亚。

栖息地 主要栖息于海拔2000 m以下的山地常绿阔叶林中。

习性 留鸟。常成小群活动，偶尔也见有40只左右的大群。多在林中高大乔木的树冠层活动。飞行快而有力，两翅扇动频繁，常发出呼呼作响的振翅声。叫声深沉，给人以悲哀的感觉，鸣叫时弯腰叩头。善于飞行，饱食后往往有如珠颈斑鸠一样呈直线上飞，而后旋转下降。

食性 主要以植物果实为食，尤其喜欢吃橄榄、乌榄、琼楠以及无花果等果实。

繁殖 繁殖期4～6月，亦有早在3～4月即开始产卵和迟至8～9月还在产卵的，或许部分个体1年繁殖2窝。营巢于深山密林中树上，偶尔亦在路旁树上营巢。巢呈平盘状，主要用枯枝在树桠间堆集而成。每窝产卵1枚，偶尔2枚。卵白色，大小为（44～49）mm×（32～36）mm。雌雄亲鸟轮流孵卵。

种群现状与保护 世界范围内分布广，种群数量趋势稳定，IUCN评估为无危（LC）。在中国数量稀少，《中国脊椎动物红色名录》评估为近危（NT），被列为国家二级重点保护动物。

山皇鸠。左上图董磊摄，下图董江天摄

夜鹰类

- 夜鹰类指传统夜鹰目鸟类，全世界共5科131种，中国有2科8种
- 夜鹰类多为中小型鸟类，腿短，嘴阔，口须长且多，羽色朴素而斑驳
- 夜鹰类为典型的森林鸟类，夜间活动，捕食昆虫，白天休息，贴在林间地面或树干上，十分隐蔽
- 夜鹰类的受胁比例较低，但人们对其的了解有限，需要进一步研究关注

类群综述

夜鹰类是传统分类系统中夜鹰目(Caprimulgiformes)鸟类的统称。全世界共有131种夜鹰，分别隶属于5个科，包括油夜鹰科(Steatornithidae)、裸鼻夜鹰科（Aegothelidae)、蛙口夜鹰科（Podargidae)、林夜鹰科（Nyctibiidae）和夜鹰科（Caprimulgidae)。其中，油夜鹰科仅1种，即油夜鹰 *Steatornis caripensis*，分布于中美和南美地区；裸鼻夜鹰科1属10种，分布于大洋洲；蛙口夜鹰科3属14种，分布于南亚至澳大利亚；林夜鹰科1属7种，分布于新热带界（中美及南美地区)；夜鹰科20属99种，广布于除南极、北极外的世界热带和温带地区。需要注意的是，在新的分类系统中，夜鹰目还包括凤头雨燕科（Hemiprocnidae)、雨燕科（Apodidae）和蜂鸟科（Trochilidae)。

夜鹰类腿短，口裂宽，口须长且多。白天多栖息于林间地面，夜间活动，部分种类有趋光性。以昆虫为食，捕食过程中常下至地面作短暂休息，常停在公路上，因此近年来死于车轮下的夜鹰类有增多的趋势，尤其是夜间行车对夜鹰的影响更大。

油夜鹰科仅油夜鹰1种，体形较大，长约30 cm。翅展较宽，暗红褐色，有黑色横斑和白色点斑。嘴强壮，末端钩曲，口裂较小，周围有长须，有面盘，尾扇形，脚极小，眼大而黑。油夜鹰是夜行性食果鸟类，也是夜鹰类中唯一食果实的成员。分布于从玻利维亚到委内瑞拉的安第斯山脉山麓的热带森林中，也见于巴拿马和特立尼达。

蛙口夜鹰科又叫蟆口鸱科，顾名思义，它们口裂极大，如同蛙口，口边有须，分布于东南亚和大洋洲。其中分布于大洋洲的3种体形比较大，分布于亚洲南部的11种体形较小。中国仅有黑顶蛙口夜鹰 *Batrachostomus hodgsoni* 1种。

裸鼻夜鹰科鸟类体形较小，常呈直立姿势，有1属7种，主要分布于新几内亚及附近岛屿，有1种到达澳大利亚，并遍及大洋洲各地。

林夜鹰科鸟类为中型鸟类，外形和习性略似蛙口夜鹰，捕食昆虫。它们羽色与树干相似，常在树上采取直立的姿势停歇，极似树桩，不易被发现。林夜鹰分布于中美、南美地区，仅1属7种。

夜鹰科鸟类腿短，口裂宽，口须长且多，擅长在空中捕食昆虫。广布于全球，有20属99种，中国有2属7种。其中最奇特的当属非洲撒哈拉沙漠以南、赤道以北地区的缨翅夜鹰 *Macrodipteryx longipennis*，翅上有根极长的羽毛，大小几乎和两翼相当，有“四翅鸟”之称。

中国的夜鹰类，仅有夜鹰科和蛙口夜鹰科2个科的鸟类共8种，分布几乎遍及全国各地。其中埃及夜鹰 *Caprimulgus aegypitus* 和中亚夜鹰 *Caprimulgus centralasicus* 栖息于新疆西部的荒漠中，其他6种栖息于森林中。常见种有林夜鹰 *Caprimulgus affinis*、长尾夜鹰 *Caprimulgus macrurus*、普通夜鹰 *Caprimulgus indicus* 等。

形态 夜鹰类体形差异较大，体长14～55 cm，但多数是中小型的鸟类。头大而较扁平。夜鹰的嘴比较短，嘴裂宽阔，口角处有粗长的嘴须，或虽无嘴须而眼先羽毛特化成须状，眼睛较大。体羽柔软，羽色呈斑杂状，可以很好地伪装在地面、岩石和树皮中。雌雄外形无差别。翅狭长或短圆，初级飞羽10枚，第2枚通常最长；缺第5枚次级飞羽。飞行时几乎无声响。尾较长，尾羽十枚，呈凸尾状。在生殖季节，一些夜鹰尾部出现长羽，翅内侧出现白

左：夜鹰类羽色斑驳，白天常贴在地面或树干上休息，图为贴在树枝上的欧夜鹰。刘璐摄

夜鹰类最为醒目的特征就是其极为宽阔的口裂和长而密的口须。图为张开大嘴的普通夜鹰。董文晓摄

色斑纹，这些特征在进行空中求偶炫耀时更加明显。脚和趾大小居中或稍弱，跗跖短，被羽或裸出，向前三趾以微蹼相连或多少有些合并，中趾特别长；外趾仅具 4 枚趾骨；中爪具栉缘。鼻孔呈管状或狭隙状。尾脂腺裸出或退化。

栖息地　夜鹰类主要栖息于热带和温带地区的森林中。

习性　夜鹰类为夜行性鸟类，白天大都蹲伏在多树山坡的草地或树枝上，有时至洞穴中，黄昏以后才开始活动。其通体暗褐斑杂状的体羽呈现与树皮或沙地十分相似的保护色图案，有利于在白天休息的时候受到保护。油夜鹰在洞中可像蝙蝠一样用回声定位法探路，它们在洞穴中栖息营巢，发声频率在人的听力范围内，发出阵阵急促声音，叫声快得惊人，每秒可多达 250 次，兼有凄厉的叫声，令人毛骨悚然。

有的夜鹰有冬眠蛰伏的习性。1946 年，美国 Jaeger 博士等在加州东南部某峡谷岩石窟窿中发现 1 只三声夜鹰 *Caprimulgus vociferus*，他们以为是死尸，却意外发现其眼睑微动。其后 4 年冬季继续观察，亦见同一只鸟在该窟窿中呈昏睡状态，有一年蛰伏长达 88 天。蛰伏时体温由正常状态下的 41℃降至 18℃，直接用光照射其眼睛亦无任何反应，使用听诊器探测亦无心音。春天回暖则恢复元气，开始活动。当地印第安人呼它们为睡鸟，显然早已发现它们冬眠蛰伏的秘密。

食性　夜鹰类的食物以昆虫为主，凭借粗而短的喙和可以张得很大的嘴，可在飞行中张开大嘴边飞边猎食巨大的甲虫。少数种类取食果实。

繁殖　夜鹰类营巢于森林中树上或地面。窝卵数通常仅 2 枚。雏鸟晚成性。

与人类的关系　夜鹰目的目名“Caprimulgiformes”来自夜鹰属的属名“*Caprimulgus*”，在拉丁文中的意思是“饮山羊乳者（capra-mulgere）”，这是因为以前在西方坊间相传夜鹰会盗取山羊的羊乳，因此生物学之父林奈以此命名这一类群，也就一直沿用至今，虽然如今看来，此说法并没有科学根据。

在中文里，“夜鹰”这个名字来自于日语的“夜（ヨタカ）”（“夜鹰”现今在日语中是指普通夜鹰）。中国古代称其为“蚊母”，也叫鷏母，音义相同，早在晋代和唐代就有所记述。虽是指代个别种类，但实际上描述了这一类群的共同特征。它们有一个显著的共同特征，即嘴短且嘴裂阔，因其在飞翔时张口食蚊，而古人误认为是吐出蚊子，所以给了它“蚊母”“吐蚊鸟”等名字。又因为其白天休息时多身体平贴于地面或树干，在中国华北地区被称为“贴树皮”，而在中国台湾则有“石矶仔”“石矶鸟”等俗称。

种群现状和保护　全世界 131 种夜鹰中仅 10 种被 IUCN 列为受胁物种，受胁比例 7.6%，低于世界鸟类整体受胁比例。然而由于夜鹰隐蔽的习性，人类对其所知其实相当有限。中国的 8 种夜鹰中，中亚夜鹰被 IUCN 列为数据缺乏（DD），其他均为无危（LC）。但就中国种群而言，仅 2 种被《中国脊椎动物红色名录》评估为无危（LC），即普通夜鹰和欧夜鹰，其余 6 种均为数据缺乏（DD）。由于夜鹰有喜欢栖息于林间地面的习性，常停在公路上，特别是没有水泥的沙地上，因此，交通特别是夜间行车对夜鹰的影响，值得进一步关注。在中国，夜鹰均被列为三有保护鸟类。

黑顶蛙口夜鹰
Batrachostomus hodgsoni

毛腿夜鹰
Lyncornis macrotis

普通夜鹰
Caprimulgus indicus

欧夜鹰
Caprimulgus europaeus

长尾夜鹰
Caprimulgus macrurus

林夜鹰
Caprimulgus affinis

黑顶蛙口夜鹰

拉丁名：*Batrachostomus hodgsoni*
英文名：Hodgson's Frogmouth

夜鹰目蛙口夜鹰科

体长约 24 cm。口裂极大，如同蛙口，口边有须。体羽非常类似枯树皮，为一种特别的保护色图案。雌、雄形态有差别。雄鸟颈部具不完整而杂以黑斑的白色领环；上体余部棕红色，具黑褐色虫蠹状斑和点斑；尾羽、胸和上体同色，下体余部白色沾红棕色。雌鸟较雄鸟多棕色，喉、胸部有一由具黑色羽缘的白色羽形成的大型斑块，少斑驳图案。是中国唯一的一种蛙口夜鹰。国外分布于印度、孟加拉、缅甸、泰国等，国内罕见于云南西南部，留鸟。栖于常绿林及灌木丛，高可至海拔 1900m。食物主要为鞘翅目昆虫。IUCN 评估为无危（LC），但在中国较罕见，《中国脊椎动物红色名录》评估为数据缺乏（DD）。被列为中国三有保护鸟类。

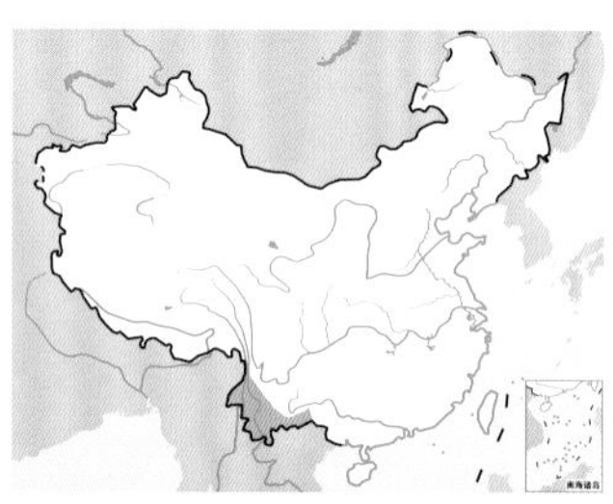

黑顶蛙口夜鹰。左上图为带雏的雌鸟；下图左雌右雄，唐万玲摄

毛腿夜鹰

拉丁名：*Lyncornis macrotis*
英文名：Great Eared Nightjar

夜鹰目夜鹰科

形态 体长 40～41 cm，是中国个体最大的一种夜鹰，且是唯一一种带有耳羽簇的夜鹰。头顶沙皮黄色，具有非常细的黑色虫蠹状斑；头的两边、耳覆羽和颏黑色，后颈具桂红色领环；背黑色，杂有栗色和沙皮黄色；喉具显著的白色横带；其余下体具粗著的黑色和皮黄色横斑。无嘴须。跗跖全被羽。

分布 国外分布于印度东北部、孟加拉国、缅甸、中南半岛和马来半岛、菲律宾和印度尼西亚。在中国分布于云南西部和南部，留鸟。

栖息地 主要栖息于海拔 1200 m 以下的低山和山脚平原常绿阔叶林、次生林和林缘灌丛地区，尤其喜欢有稀疏树木的陡峻山谷地带的林缘及开阔的灌木丛。

习性 常单独或成对活动，夜行性。黄昏时常见飞于森林上空。

食性 多在飞行中捕食，主要以昆虫为食，特别是夜间活动的昆虫。

繁殖 繁殖期为每年的 3～5 月。通常不营巢，直接产卵于森林中裸露的地上。每窝产卵通常仅 1 枚。卵的颜色为淡乳黄色到橙红色，被有少许淡黄色或淡灰色斑。卵的大小为（35～44）mm ×（27～32）mm。

种群现状和保护 IUCN 评估为无危（LC），《中国脊椎动物红色名录》评估为数据缺乏（DD）。被列为中国三有保护鸟类。

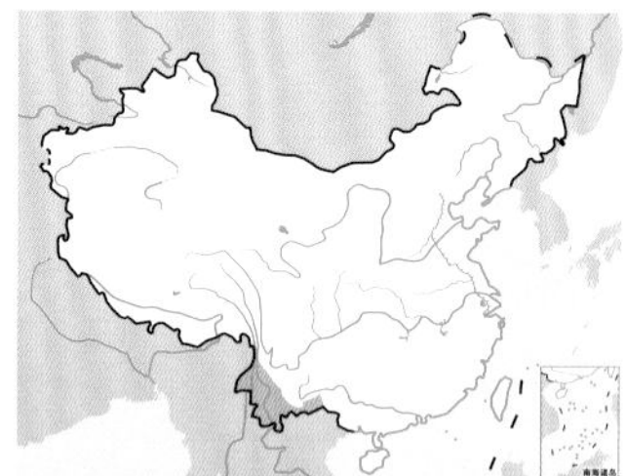

毛腿夜鹰。左上图罗爱东摄

普通夜鹰

拉丁名：*Caprimulgus indicus*
英文名：Grey Nightjar

夜鹰目夜鹰科

形态 中等体形夜鹰，体长26～28 cm，体重79～110 g。通体几乎全为暗褐色斑杂状，具有非常好的保护色。上体灰褐色，有很多黑褐色和灰白色斑；背、肩羽羽端具绒黑色块斑和细的棕色斑点；中央尾羽灰白色，具有宽阔的黑色横斑，横斑间还杂有黑色虫蠹斑，飞翔时尤为明显；颏、喉黑褐色，下喉具一大形白斑；胸灰白色。虹膜褐色。嘴偏黑色。脚巧克力色。

分布 国外分布于从西伯利亚到日本、印度、东南亚等地。国内除新疆、青海外见于各地。繁殖于南亚次大陆、中国、东南亚及菲律宾；南迁至印度尼西亚及新几内亚越冬。在中国西藏、云南西南部为留鸟，分布至海拔3300 m；在海南为旅鸟，迁徙时经过；其余地方为夏候鸟。

栖息地 主要栖息于海拔3000 m以下的阔叶林和针阔叶混交林；也出现于针叶林、林缘疏林、灌丛和农田地区竹林和丛林内。

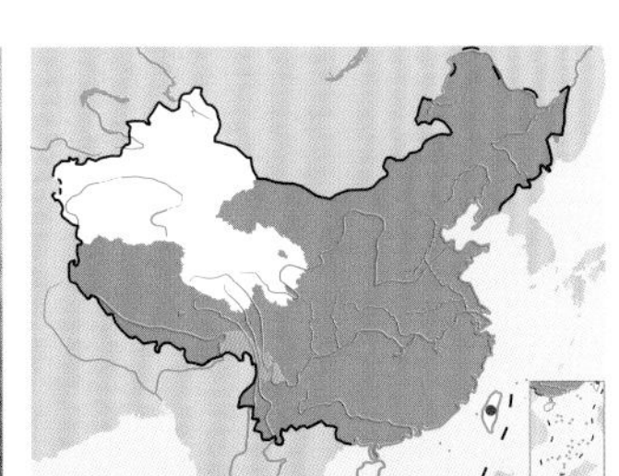

习性 常单独或成对活动。夜行性，尤以黄昏时最为活跃，不停地在空中回旋，飞行中捕食。飞行快速而无声，两翅鼓动缓慢，有时甚至翅不动，仅在鼓翼飞翔之后伴随着一阵滑翔。有时为了捕虫，突然曲曲折折地绕着飞来飞去。

白天多蹲伏于林中草地上或卧伏在阴暗的树枝上。栖息时，身体主轴与树枝平行，伏贴在树上，因羽色酷似树皮，具极佳的保护色，在树枝上很难被发现，故有的地方称其为“贴树皮”。

繁殖期间常在晚上和黄昏鸣叫不息，其声尖厉且高速重复，保持每秒约6次的稳定频率，越冬期间几乎不叫。

食性 主要以天牛、金龟子等甲虫，以及夜蛾、蚊、蚋等其他昆虫为食。因嗜食昆虫而被人们视为益鸟。

繁殖 繁殖期5～8月，在东北长白山地区为6～7月。通常营巢于茂密的针叶林、竹林、疏林或灌丛间，或在开阔的裸露地上。巢甚简陋，实际上相当于没有巢，直接产卵于地面、岩石或苔藓上。每窝产卵2枚。卵白色或灰白色，其上被有大小不等、形状不规则的褐色斑，尤以钝端较多。卵的形状为卵圆形，大小为（27～33）mm×（20～24）mm，平均31 mm×22 mm，重6.5 g。雌雄亲鸟轮流孵卵。孵化期16～17天。

种群现状和保护 分布范围广，不接近物种生存的脆弱濒危临界值标准，种群数量趋势稳定，因此IUCN和《中国脊椎动物红色名录》均评估为无危（LC）。被列为中国三有保护鸟类。

普通夜鹰。左上图彭建生摄，下图林剑声摄

欧夜鹰

拉丁名：*Caprimulgus europaeus*
英文名：European Nightjar

夜鹰目夜鹰科

形态 体长约 27 cm。雄鸟上体棕灰色，具黑色条纹；下体棕赭色，具暗黑褐色细横纹；翅上有白色翅斑；最外侧尾羽有白色端斑。雌鸟和雄鸟相似，但尾无白色端斑，翅上无白色翅斑。

分布 繁殖于欧洲、亚洲北部、中国北方、蒙古及非洲西北部；迁徙至非洲和印度的西北部越冬。国内分布于新疆、甘肃西北部、内蒙古西部、宁夏，为夏候鸟。

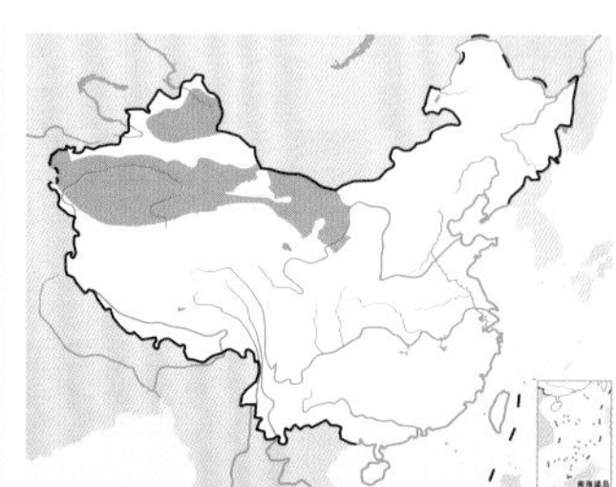

栖息地 栖息于山地和平原森林，尤其是在海拔 2000 m 以下的山地混交林和阔叶林中。

习性 常单独或成对活动，迁徙期间也呈小群。夜行性，白天多栖息于林中树枝上或地上暗处，黄昏和晚上才飞到开阔地带活动和猎食。飞行时的联络叫声为短促的颤音多次重复，鸣声可持续 10 分钟之久而无停顿。

食性 主要以蚊、蚋、甲虫、夜蛾等昆虫为食。

繁殖 繁殖期 5～7 月。巢多置于灌木下，有时也直接产卵于裸露的地上，无任何内垫物，或仅偶尔垫有松针和树叶。每窝产卵 2 枚。卵呈椭圆形，灰色，具有模糊的暗色斑点。卵的大小为（28～36）mm×（21～24）mm。雌雄亲鸟轮流孵卵。孵化期 17 ～ 18 天。雏鸟晚成性，经过亲鸟 16～18 天的喂养才能飞翔。

种群现状和保护 IUCN 和《中国脊椎动物红色名录》评估为无危（LC），被列为中国三有保护鸟类。

欧夜鹰。左上图董文晓摄，下图唐文明摄

长尾夜鹰

拉丁名：*Caprimulgus macrurus*
英文名：Large-tailed Nightjar

夜鹰目夜鹰科

体长 28～30 cm。识别特征为外侧四枚初级飞羽的中部具非常明显的白色块斑，且两对外侧尾羽的羽尖上有宽阔的白色，喉具白色横斑。虹膜暗褐色。嘴褐色，基部黄褐色。脚灰褐色。分布于南亚次大陆、东南亚、菲律宾、印度尼西亚至新几内亚及澳大利亚。中国国内分布于云南（迷鸟）和海南（留鸟）。栖息于海拔 1200 m 以下的低山丘陵、山脚平原地区的开阔森林、林缘、山坡灌丛、农地，包括红树林。IUCN 评估为无危（LC），《中国脊椎动物红色名录》评估为数据缺乏（DD）。被列为中国三有保护鸟类。

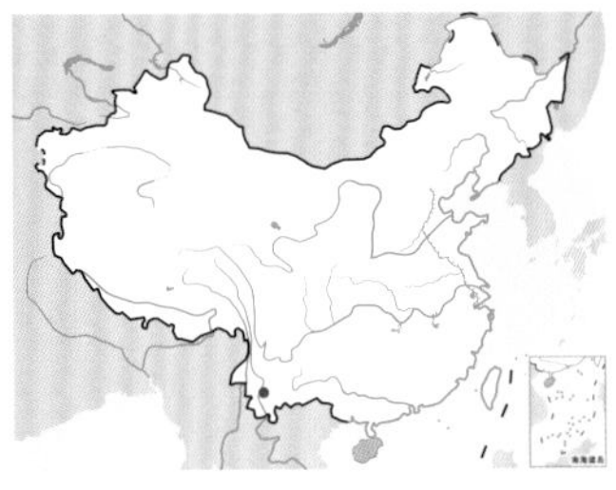

长尾夜鹰。魏东摄

林夜鹰

拉丁名：*Caprimulgus affinis*
英文名：Savanna Nightjar

夜鹰目夜鹰科

形态 体长 22～25 cm，体重 90～98 g。上体灰褐色，具有非常细的黑色虫蠹状斑；头顶和枕具宽的箭头状黑色斑；后颈具棕皮黄色斑点，形成一条不明显的领环；两对外侧尾羽几乎纯白色，仅具小的暗色尖端，飞翔时明显可见；喉的两侧各有一大块白斑；下胸和腹茶黄色，具黑色横斑；尾下覆羽纯茶黄色。虹膜暗褐色。嘴淡褐色。脚和趾淡肉褐色。

分布 分布于印度至中国南部、东南亚、苏拉威西岛、菲律宾及马来诸岛。国内分布于云南中部和东南部、福建、广东、香港、澳门、广西、海南、台湾，在云南为留鸟，其余地区既有留鸟也有夏候鸟。

栖息地 栖息于海拔 1200 m 以下开阔而干燥的低山阔叶林和林缘地带，也出现于河边和沟谷灌丛草地。

习性 常单独或成对活动。夜行性。白天多栖息于地面或树枝上，或城市高平建筑物的顶部。黄昏和晚上活动，常为城市灯光所吸引。飞行时振翅缓慢，轻快无声，飞行路线忽上忽下。鸣声为低沉的单音。于晨昏飞行时约半小时不停地发出不入耳的“欺噗”哀鸣声，求偶时为尖锐的唧唧声，通常在晚上能听见，被有些人认为是噪声。在海南海口的大学校园中，如海南师范大学，每年的 3～8 月常能听到林夜鹰的叫声。

食性 主要以昆虫为食。猎食活动多在黄昏和夜间，尤以黄昏较频繁，常在飞行中猎食。

繁殖 繁殖期3～8月。通常直接将卵产于森林中裸露的地上，也有在灌丛、次生林、竹丛和岩石地上产卵的。每窝产卵通常 2 枚。卵为橙红色或红色，被有红褐色斑。卵的形状为椭圆形，大小为 (28～33) mm × (18～23) mm。雌雄亲鸟轮流孵卵。

种群现状和保护 分布范围广，不接近物种生存的脆弱濒危临界值标准，种群趋势稳定，IUCN 评估为无危（LC）。但在中国罕见，《中国脊椎动物红色名录》评估为数据缺乏（DD）。被列为中国三有保护鸟类。

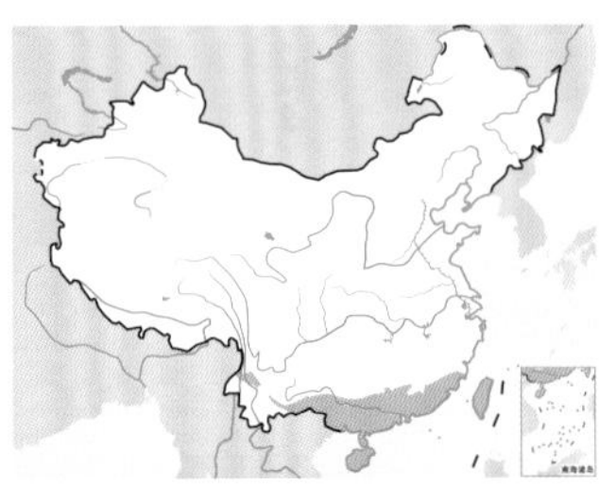

林夜鹰。颜重威摄

雨燕类

- 雨燕类指夜鹰目凤头雨燕科和雨燕科的鸟类，全世界共20属96种，中国有6属14种
- 雨燕类体形较小，翅狭长，腿细弱，主要在飞行中捕食昆虫，除繁殖外很少落地
- 雨燕类常在建筑物屋檐下、悬崖缝隙或洞穴中营巢，唾液腺发达，用唾液黏合巢材
- 雨燕类受胁比例不高，受胁因素主要为栖息地丧失和燕窝的采集

类群综述

雨燕指凤头雨燕科（Hemiprocnidae）和雨燕科（Apodidae）的鸟类，是一些体形非常小，且飞行技术极其高超的小型攀禽，过去曾把它们单列为雨燕目（Apodiformes），但新的分类系统将它们并入了夜鹰目（Caprimulgiformes）。全世界凤头雨燕科仅1属4种，雨燕科包括19属92种。中国有凤头雨燕科1属1种，雨燕科5属13种。凤头雨燕科头上具羽冠，跗跖较第一趾（不连爪）短。雨燕科头无羽冠，跗跖较第一趾（不连爪）长，或与之等长。有些种类如普通雨燕 *Apus apus* 分布广泛，比较常见，甚至在北京这样的大城市中也能大量见到。

雨燕虽然长得很像家燕 *Hirundo rustica*、金腰燕 *Cecropis daurica* 等我们平时常见的燕子，也同燕子一样常在空中快速飞行、捕食飞虫，但它们之间的亲缘关系却很远。雨燕属于攀禽，而家燕和金腰燕等则属于鸣禽，它们最大的区别在于雨燕的四个脚趾都向前伸，不像家燕和金腰燕是三趾向前、一趾向后，所以雨燕在停歇时，不易抓住树枝、电线等物体，也不能在地面上行走，而只能用四趾像钩子一样挂在墙壁或岩石的垂直面上。

形态 雨燕类体形较小，雌雄同色，羽毛多具光泽。外形接近燕科鸟类，但翼尖长、足短，着陆后双翼折叠时翼尖越过尾端；尾形多变，大多呈叉状，尾羽10枚；尾脂腺裸出；唾液腺发达；嘴形短阔而平扁，口裂较宽，尖端稍曲，基部宽阔，无嘴须。足为前趾足，即四个脚趾都朝前，有的后趾能逆转；爪长而曲；脚短，跗跖大多被羽。

栖息地 雨燕种类非常多，分布遍及世界各地，但绝大多数产于热带地区。有些种类在高纬度地区繁殖而到热带地区越冬，大部分为候鸟，有些则是热带地区的留鸟。常在林区、耕作区和居民点上空飞行。

习性 由于翼尖长，雨燕具有很强的飞行能力，飞行速度快而敏捷；但足短纤细，故不善于行走，于平地上无法借助弹跳获得起飞的初速度，因此雨燕类一生中绝大多数时间在飞行中度过。迁徙过程中甚至能够连续飞行六个月以上，包括睡眠在内的所有重要的生理过程都在飞行过程中解决。不过，凤头雨燕科的种类并不像雨燕科鸟类那样飞行不停，它们平时也会经常停栖在树枝上或电线杆上。

雨燕类善于攀爬，大多结群营巢于岩洞、悬崖峭壁的缝隙中，或楼、塔等建筑较深的屋檐和树洞中。在黑暗的洞中可通过类似蝙蝠的回声系统来定位。其唾液腺发达，用唾液黏合巢材，将巢固着岩壁或建筑物上。每窝产卵2～3枚，卵壳多呈白色。

大多数雨燕类是候鸟，在高纬度地区繁殖而到热带地区越冬，迁徙路线可长达数千米，例如，在北京繁殖的普通雨燕已经被证实在非洲越冬。也有些热带种类是留鸟，其中包括凤头雨燕科的所有种类。

食性 主要飞捕空中的昆虫为食。常结群飞翔，在飞行中张口捕食昆虫。不过，凤头雨燕科的种类会停栖在树枝上或电线杆上，待猎物飞过时才出动捕食。繁殖期间的食量十分惊人，有人在一只叼虫喂雏的成鸟口中就发现了281只昆虫，其中有蚊3只、小型蝇类46只、蚜虫22只、虻类4只、蜘蛛1只、椿象34只、叶蝉171只。

左：雨燕翅狭长有力，飞行能力强，而腿细弱无力，无法从地面起飞，因此常长时间连续飞行，停栖时需攀悬于岩壁、屋檐等高处。图为在空中飞行的普通雨燕。张瑜摄

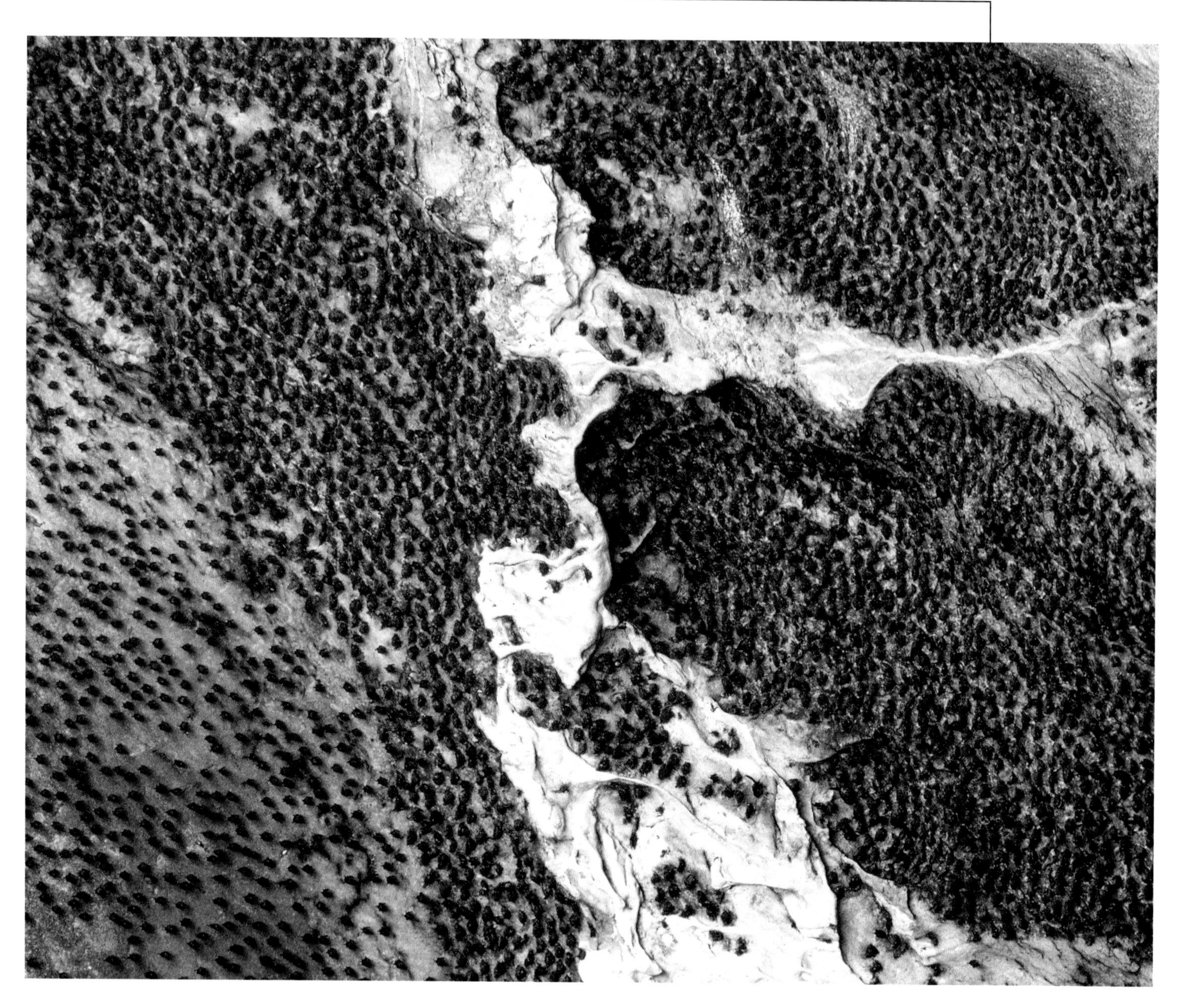

雨燕类多集群营巢于洞穴或悬崖的岩壁上或建筑物壁上，图为集群营巢的大金丝燕

繁殖 雨燕类鸟多结群营巢于岩洞、悬崖峭壁的岩隙和楼、塔等建筑物的屋檐或顶部可蔽风雨处。唾液腺发达，营巢时用自己的唾液黏合巢材并固着岩壁或建筑物上，有的巢甚至完全用唾液造成。每窝产卵2～3枚，卵壳多呈白色。

与人类的关系 雨燕类在古时候又称为“胡燕”，雨燕一名来自于日本。宋代罗愿撰《尔雅翼》叙述此种鸟类特征，曰：“胡燕，比越燕而大，其声亦大”。其中“越燕”指的就是现在所称的家燕。

雨燕类善于在飞行中捕食昆虫，如蚊、蝇等，对抑制蚊、蝇、蚋等卫生害虫及森林和农业害虫很有益处。但过去人们对雨燕类的认识，却主要与“燕窝”有关，也就是部分雨燕用唾液所营造的巢。作为传统的滋补品，自古至今人们对燕窝医药价值的报道多有不实或夸大之处，而采集燕窝给雨燕类带来的毁灭性灾难却是不容忽视的事实。

种群现状和保护 因森林砍伐而导致的栖息地缩减，使雨燕特别是树燕很容易面临威胁。全世界96种雨燕仅5种被IUCN列为受胁物种，受胁比例较低。就国内种群而言，中国的14种雨燕中，1种被《中国脊椎动物红色名录》评估为极危(CR)，即爪哇金丝燕 *Aerodramus fuciphagus*，因其巢作为“燕窝”受到采摘而造成繁殖失败，导致种群数量急剧下降；2种为近危（NT），即短嘴金丝燕 *A. brevirostris* 和灰喉针尾雨燕 *Hirundapus cochinchinensis*；6种为无危（LC），2种为数据缺乏（DD），另有3种为新记录物种，尚未得到评估。在中国，凤头雨燕和灰喉针尾雨燕被列为国家二级重点保护动物，其他雨燕类除新记录种外均被列为中国三有保护鸟类。

凤头雨燕
Hemiprocne coronata
短嘴金丝燕
Aerodramus brevirostris
爪哇金丝燕
Aerodramus fuciphagus
大金丝燕
Aerodramus maximus
灰喉针尾雨燕
Hirundapus cochinchinensis
白喉针尾雨燕
Hirundapus caudacutus
褐背针尾雨燕
Hirundapus giganteus

紫针尾雨燕
Hirundapus celebensis
棕雨燕
Cypsiurus balasiensis
高山雨燕
Tachymarptis melba
普通雨燕
Apus apus
白腰雨燕
Apus pacificus
暗背雨燕
Apus acuticauda
小白腰雨燕
Apus nipalensis

凤头雨燕

拉丁名：*Hemiprocne coronata*
英文名：Crested Treeswift

夜鹰目凤头雨燕科

体长 21～25 cm，头上具羽冠。尾羽长达 11 cm，几乎是身体长度的一半。雄鸟的耳、颊、颏和喉等均为栗色，雌鸟的这些部位则为灰色，下体呈淡灰白色。分布于南亚次大陆至东南亚。在国内分布于云南西南部，留鸟。栖息于海拔 1000 m 以下的林缘、次生林、果园、公园等有树木的较为开阔的地区。IUCN 和《中国脊椎动物红色名录》均评估为无危（LC）。在中国被列为国家二级重点保护动物。

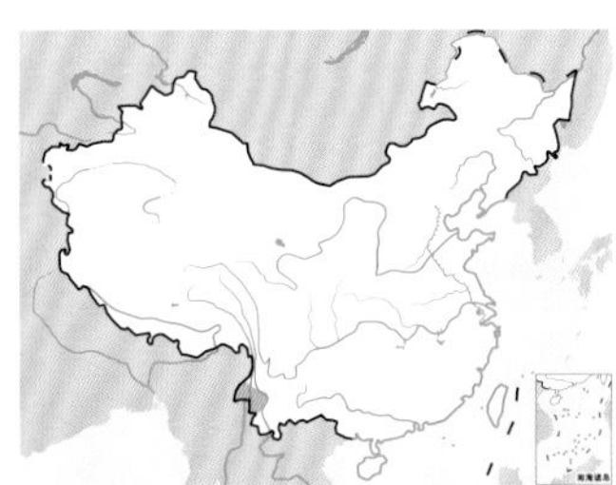

凤头雨燕。左上图为雄鸟，下图左雌右雄。刘璐摄

短嘴金丝燕

拉丁名：*Aerodramus brevirostris*
英文名：Himalayan Swiftlet

夜鹰目雨燕科

形态 体长 12～14 cm，体重 13～21 g。外形与家燕相仿，但无剪刀形长尾。雌雄羽色相同。头顶的羽色较暗；上体及翅、尾表面黑褐色；两翼长而钝，折合时明显突出于尾端；下体淡褐色，胸部以后带有黑色条纹；腰部灰褐色，杂有黑色条纹，有时缀有辉蓝色。

分布 分布于喜马拉雅山脉至中国中部、东南亚及爪哇西部。在内国分布于西藏东南部、云南、四川东北部和中部、贵州北部、湖北西部、湖南、上海、广东、香港、广西、海南等地。在四川、湖北、湖南、广东、香港、广西地区为夏候鸟；在贵州、云南、西藏等地为留鸟；在上海、海南为旅鸟。3 月末至 4 月初出现于四川，9 月末开始往南迁徙。

栖息地 主要栖息于海拔 500～4000 m 的山坡石灰岩溶洞中，白天飞行于开阔的高山峰脊。

习性 叫声为低音的、似织针在头梳上横拉而过的嗒嗒声，边飞边鸣，鸣声单调而急促，显得较为糟杂。白天常成群在栖息地上空飞翔猎食，飞行十分迅速。

食性 以各种甲虫、蚜虫、膜翅目、双翅目等昆虫为食。

繁殖 繁殖期 5～7 月。通常营巢于洞中岩壁上，离地面 4～5 m。巢呈浅盘形，主要由苔藓构成，用唾液将巢材紧紧地黏结在一起并固定在岩壁上。巢的大小为外径 9～9.4 cm，内径 6.3 cm，巢高 3.7～4.5 cm，巢深 3.5 cm。每窝产卵通常 2 枚，卵的大小为 22 mm × 14.5 mm。

种群现状和保护 IUCN 评估为无危（LC），《中国脊椎动物红色名录》评估为近危（NT）。被列为中国三有保护鸟类。

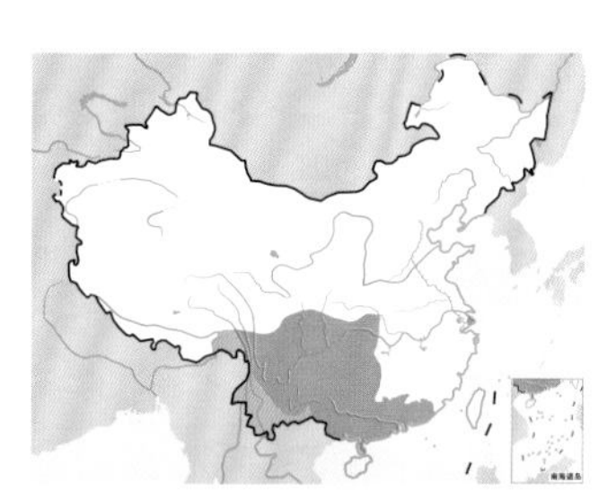

短嘴金丝燕。左上图田穗兴摄，下图董磊摄

爪哇金丝燕

拉丁名：*Aerodramus fuciphagus*
英文名：Edible-nest Swiftlet

夜鹰目雨燕科

体长约 12 cm。上体黑褐色，头顶、两翼和尾羽更为暗浓；下体灰褐色，羽轴略呈暗褐色；腰部有淡色腰斑。留鸟，分布于印度、中国、孟加拉国、不丹、尼泊尔、巴基斯坦、斯里兰卡、马尔代夫等地，国内见于海南。主要栖息于海岛和海岸地区，常集群活动，在红树林等上空飞翔和捕食，在岩洞中营巢和夜栖。IUCN 评估为无危（LC）。但在中国分布局限于海南，且由于其巢易被采制为名贵食品燕窝而严重受胁。海南大洲岛国家级自然保护区的爪哇金丝燕由于历年采窝，目前的群体估计不足 30 只。《中国脊椎动物红色名录》将其评估为极危（CR）。被列为中国三有保护鸟类，亟需提升保护等级。

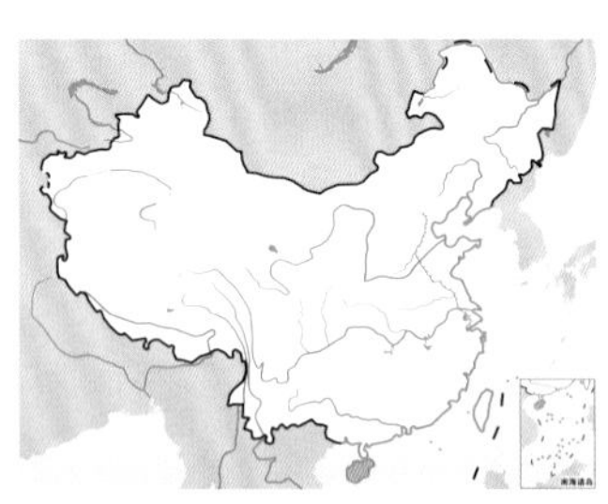

爪哇金丝燕。左上图Dubi Shapiro摄，下图李一凡摄

大金丝燕

拉丁名：*Aerodramus maximus*
英文名：Black-nest Swiftlet

夜鹰目雨燕科

体长 12～14 cm，体重约 28 g。中型雨燕，雌雄相似。上体褐色至黑色，下体灰白色或纯白色。从低地到高山的森林均有分布，主要见于印度、中南半岛、印度尼西亚和马来群岛，营群栖生活，在国内目前仅见于西藏东南部。燕窝采集是导致该鸟种群下降的最主要原因，但目前 IUCN 评估为无危（LC）。《中国脊椎动物红色名录》评估为数据缺乏。被列为中国三有保护鸟类。

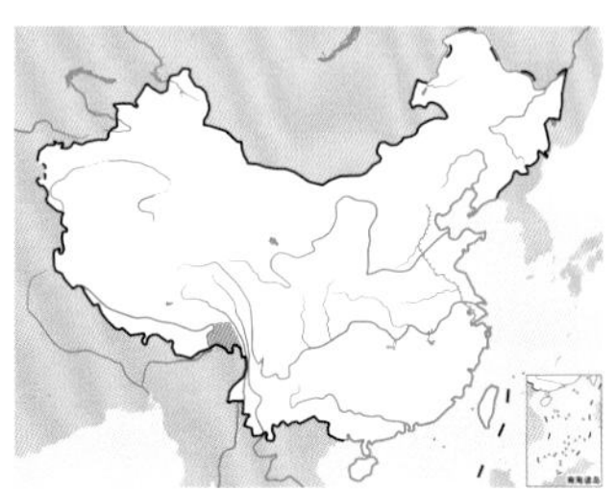

大金丝燕。Lim Chan Koon摄

白喉针尾雨燕

拉丁名：*Hirundapus caudacutus*
英文名：White-throated Needletail

夜鹰目雨燕科

体长 19～20.5 cm。额黑褐色或灰白色；背乌白色，腰烟褐色；上体余部黑色有蓝绿色光泽；尾上覆羽和尾羽黑色，具蓝绿色金属光泽，尾羽羽轴末端延长呈针状；颏、喉、胁及尾下覆羽白色；下体余部褐色。繁殖于亚洲北部、中国、喜马拉雅山脉；冬季南迁至澳大利亚及新西兰。在中国黑龙江、吉林、辽宁、内蒙古东北部、甘肃南部、青海、贵州为夏候鸟；在西藏东南部、云南西北部和四川为留鸟；在湖北、湖南、安徽、江西、江苏、上海、浙江、福建、广东、香港、广西、台湾为旅鸟。多栖息于海拔 1800～2000 m 的岩壁或庙宇中。常成群在雨后飞于森林上空，尤其是开阔的林中河谷地带。IUCN 和《中国脊椎动物红色名录》均评估为无危（LC）。被列为中国三有保护鸟类。

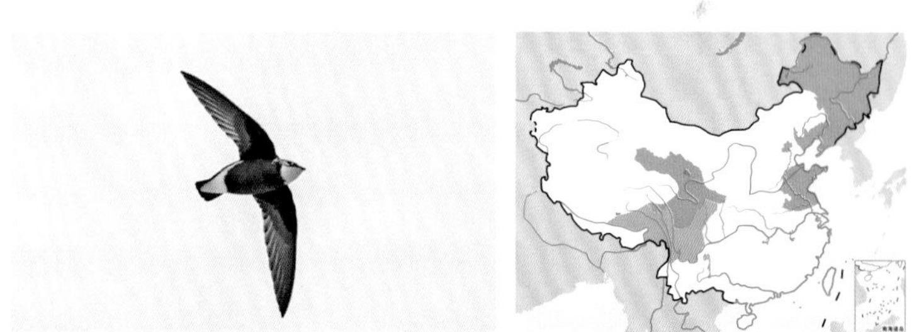

白喉针尾雨燕。董磊摄

灰喉针尾雨燕

拉丁名：*Hirundapus cochinchinensis*
英文名：Silver-backed Needletail

夜鹰目雨燕科

体长 18～19 cm 的近黑色雨燕。肩部、背部和腰部为褐灰色，在背部形成一个不明显的马鞍形灰褐色斑；颏及喉偏灰色；肛周和尾下覆羽白色。分布于柬埔寨、中国、印度、印度尼西亚、老挝、马来西亚、缅甸、尼泊尔、新加坡、泰国、越南等地。在中国云南南部、海南及南海诸岛、台湾为夏候鸟；在陕西南部、云南南部、上海、广东、广西为旅鸟。主要栖息于海岸、海岛和山地森林地带。IUCN 评估为无危（LC），《中国脊椎动物红色名录》评估为 NT（近危）。在中国被列为国家二级重点保护动物。

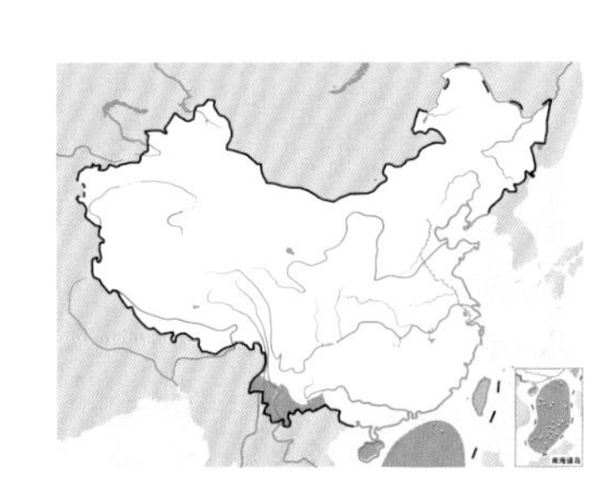

灰喉针尾雨燕。沈岩摄

褐背针尾雨燕

拉丁名：*Hirundapus giganteus*
英文名：Brown-backed Needletail

夜鹰目雨燕科

体长 21～24 cm。体大而健硕，眼先具白色小斑；上体黑色，上背褐色；颏及上喉色浅；胸部黑色；胁部至尾下白色，形成 V 字状。虹膜深褐色。喙黑色。脚黑色。分布于印度、孟加拉国、斯里兰卡、安达曼岛、菲律宾、东南亚，在中国为新记录鸟种，2015 年后陆续记录于云南西部、香港、海南，推测为当地留鸟。见于开阔区域或林地，高可至海拔 2000 m。IUCN 评估为无危（LC）。

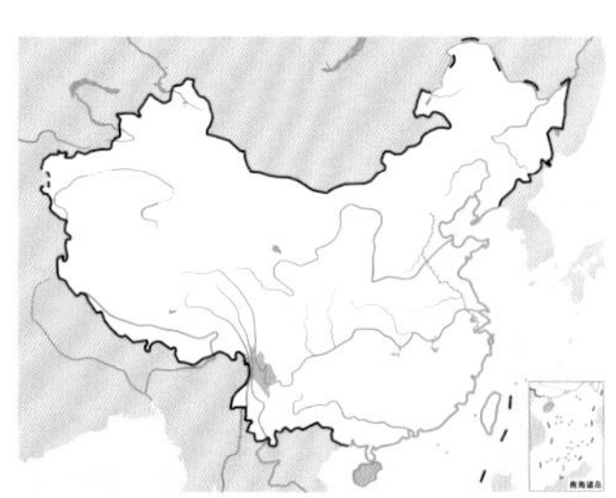

褐背针尾雨燕。Shiva Shankar摄

紫针尾雨燕

拉丁名：*Hirundapus celebensis*
英文名：Purple Needletail

夜鹰目雨燕科

似其他针尾雨燕，但具完全黑色的喉部和显眼的白色眼先。分布于菲律宾和苏拉威西岛北部。在中国仅分布于台湾，2014 年 9 月 6 日首次记录于台湾屏东，推测为夏候鸟。IUCN 评估为无危（LC）。

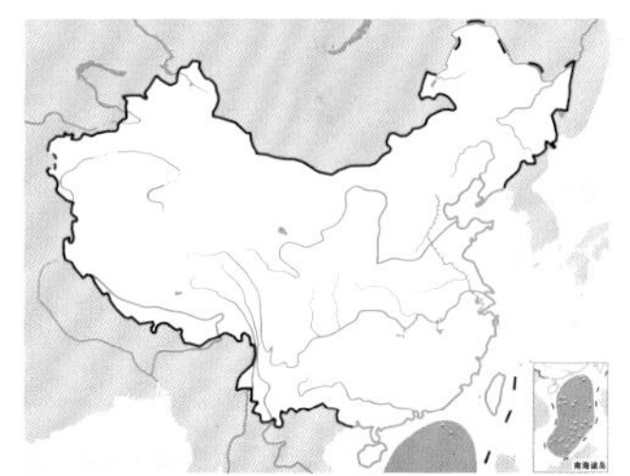

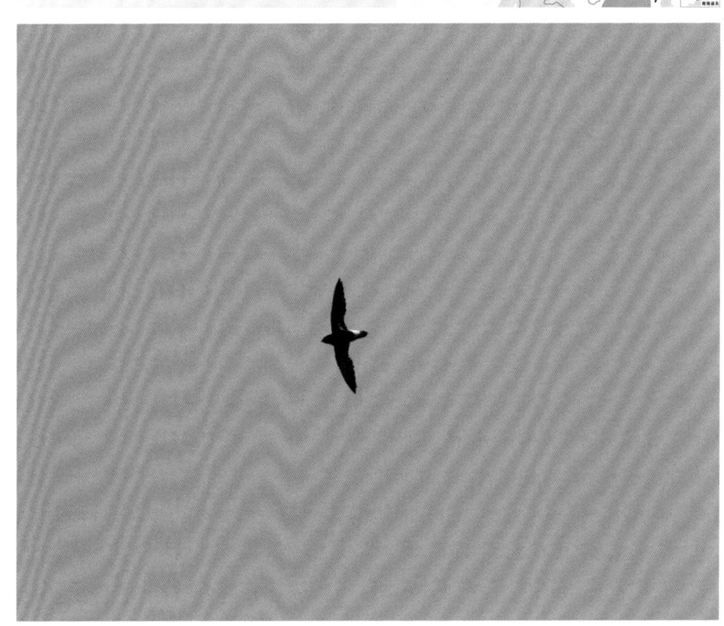

紫针尾雨燕。左上图Tonji Ramos摄，下图董文晓摄

棕雨燕

拉丁名：*Cypsiurus balasiensis*
英文名：Asian Palm Swift

夜鹰目雨燕科

形态 体长 11～12 cm，体重 9～13 g。全身深褐色的纤小型雨燕。上体黑褐色；头、两翅和尾较暗浓而略带光泽，尾呈深叉状；颏和喉微缀灰色；下体暗褐色，有的较淡。虹膜深褐色。嘴黑色。跗跖被羽，黑褐色，趾和爪黑色。

分布 主要分布于中国、印度、斯里兰卡、缅甸、中南半岛、马来西亚和菲律宾等地。在国内分布于云南和海南，为留鸟。

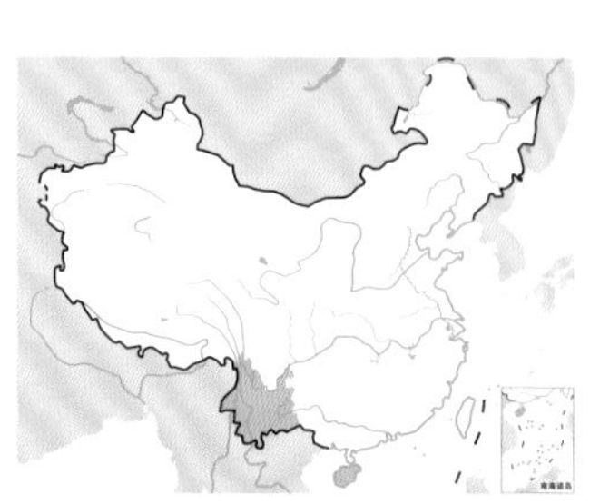

棕雨燕。沈越摄

栖息地 主要栖息于低山丘陵、平原等开阔地区，尤喜林缘、灌丛、城镇、村寨和有棕榈树的田间地区。村寨周围较常见，分布可至海拔 1500 m。栖息地与棕榈科蒲葵属 *Livistona* 植物密切相关，以此树作为营巢及歇息点。巢紧贴于棕榈树的叶下，也有直接在叶面上的。

习性 常成群在开阔的旷野上空飞翔。天气晴朗时飞得较高，阴天飞得较低，成天频繁地在天空穿梭飞翔，捕食昆虫。尤以黄昏时分最为活跃，像蝙蝠似的在空中穿梭飞翔，或绕着椰子树等飞捕昆虫。常发出高音调的如 cheereecheet 的叫声。

食性 在飞行中捕食昆虫。

繁殖 繁殖期 5～7 月，成对或成小群营巢繁殖。通常营巢于屋檐下或棕榈树叶上和茅草上，巢呈杯状，主要由木棉花絮和植物纤维构成。通常将巢壁一侧固定于叶背，另一侧则悬空。巢距地高约 8 m，外径约 4.5 cm，内径约 3.5 cm。每窝产卵 2～3 枚，多为 2 枚。卵椭圆形，白色，大小为(15～18) mm×(10～12) mm。在海南尖峰岭保护区，5 月底在公路边的 3 棵棕榈树上约 2 m 高处见有 8 个巢，一部分正在孵卵，另一部分则已经育雏。

种群现状和保护 分布范围非常大，种群数量趋势稳定，因此 IUCN 和《中国脊椎动物红色名录》均评估为无危（LC）。被列为中国三有保护鸟类。

高山雨燕

拉丁名：*Tachymarptis melba*
英文名：Alpine Swift

夜鹰目雨燕科

体长约 21 cm。上体、两翼和尾黑褐色，下体白色，喉和胸之间具一深褐色横带。虹膜褐色。嘴黑色。脚黑色。繁殖于东南欧、北非、中东、中亚、喜马拉雅山脉及印度等地，越冬于非洲热带地区。在国内分布于新疆中部和西藏西北部，为夏候鸟。叫声不如普通雨燕的叫声刺耳，为“chit rit rit rit rit it it itititit chet et et et et”声。主要栖息于山地，大多出现于丘陵环境的高空中，天气差时较少飞行，会群聚于巢中或在空旷地附近休息，靠在一起互相取暖。成群营巢，可多达 170 对以上共同筑巢于峭壁或建筑物上，巢由唾液黏合麦秆和羽毛而成。配对制度为一雄一雌，长年保持同一配偶，有每年回到同一地点筑巢的纪录，每窝可产 3 枚卵。IUCN 评估为无危（LC）。

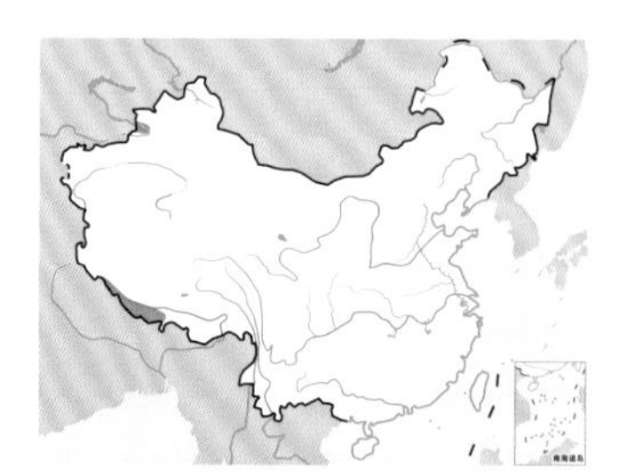

高山雨燕。董文晓摄

普通雨燕

拉丁名：*Apus apus*
英文名：Common Swift

夜鹰目雨燕科

形态 体形似家燕而稍大，体长 16～19 cm，体重 27～41 g。全身除颈和喉为污白色外，几乎纯为黑色；头顶和背羽色较深暗，并略具光泽；两翼窄而长，飞行时向后弯曲如镰刀，折合时超过尾羽约 50 mm；尾略叉开。虹膜褐色。嘴黑色。脚黑色。幼鸟额污灰白色，通体烟褐色，无光泽，微具细窄的灰白色羽缘；颏、喉灰白色扩展到上胸。

分布 主要分布于东南欧、北非、中东、中亚、中国、喜马拉雅山脉及印度等地；越冬区在非洲和印度北部。在中国广泛可见，在四川西北部、湖北西部、江苏为旅鸟，此以北为夏候鸟。在北京每年 4 月间迁来，8 月间南迁，以往也称楼燕、北京雨燕。最新的研究表明，一些北京雨燕个体可长途迁徙到非洲西部过冬。

栖息地 栖息于多山地区，多在森林、平原、荒漠、海岸、城镇等各类生境中的高大古建筑物、宝塔、庙宇、岩壁、城墙缝隙中。夏季迁到后，常集结大群在城楼附近互相追逐飞翔，几乎终日不停。也在旷地、田圃间、湖沼水面等处群飞。在新疆的塔里木盆地也是最常见的夏候鸟之一，在绿洲和附近的荒漠地带更为常见，常集结大群在天空飞翔。

习性 四趾均向前方，使得它可以在墙壁或岩石的垂直面上抓悬着。腿短无力，不可惯在地面上爬动，也不能像别的鸟儿那样从地面水面一跃而起，只能从悬崖或高楼上先跌落俯冲下来才能起飞，若一不小心栽到地上，无人帮它扔向空中的话，只能在地上扑腾挣扎，飞不起来，所以它必须在高处筑巢才能生存。

白天常成群在空中飞翔捕食，尤以晨昏、阴天和雨前最为活跃。飞行疾速，速度可达 110 km/h，振翅频率相对较慢。飞行时或一直向前，或呈回旋状，常常改变方向，有时向一侧倾斜，有时向另一侧，两翼一连迅速地鼓动，而后滑翔一段，再行鼓翼如前。飞行常在高空，但有时亦低飞，仅掠地面或水面而过。叫声为响亮尖锐的颤音，且飞且叫，平时群飞，凑成喃喃震声，在晨昏和暴雨前后尤常听到。飞行时张口，捕取空中飞虫为食，犹如家燕一般。有时亦在屋檐下或他处觅食，特别是隐匿的昆虫出来活动的晨间或雨后最为活跃。

食性 主要以昆虫特别是飞行性昆虫为食，常在飞行中边飞边捕食。在兰州，4～8 月间完全以昆虫为食，尤喜捕食同翅目的蚜科、叶蝉科，半翅目的蝽象科及双翅目的蝇科，有时也取食鞘翅目、膜翅目、蜻蛉目、革翅目的昆虫及蜘蛛等。幼鸟所吃的昆虫种类与成鸟相似。一对 10 日龄左右的幼鸟每天由成鸟喂给的昆虫约 248 只，20 日龄的幼鸟每天所吃的数量可达 3675 只，快出巢时为 6927 只。

繁殖 繁殖期 5～8 月，常成群营巢繁殖。通常营巢于高大的古建筑物、宝塔、庙宇、宫殿的天花板、横梁和墙壁洞穴中，也在岩壁、城墙洞穴中营巢，巢距地高度多在 10～30 m。巢甚简陋，呈碟状，十分平坦光滑，巢的外面为泥土混合叶、茎、纤维、破布、碎纸和其他杂屑等，内侧为柔软物质如羽毛等，巢材用亲鸟唾液黏合在一起。营巢由雌雄亲鸟共同承担。巢大小为外径 10～13 cm，内径 8～9 cm，巢高 3～6 cm。巢可多年利用，故污浊不洁。每窝产卵 2～4 枚，多为 3 枚。卵白色无斑，形状为椭圆形，大小为 (24～26) mm × (15～17) mm。雌雄亲鸟轮流孵卵，晚上多由雌鸟伏孵，孵化期 21～23 天。雏鸟晚成性。雏鸟孵出后，亲鸟最初每天仅喂虫 9 次，至雏鸟出飞前增至 20 次。雏鸟经大约一个月时间的饲育才出飞离巢。在兰州曾给 5 对成鸟套上脚环做环志试验，第二年见有一对飞回原处，由此可见普通雨燕有回归旧巢的能力。

种群现状和保护 分布范围广，种群数量趋势稳定，因此 IUCN 和《中国脊椎动物红色名录》均评估为无危（LC）。北京是普通雨燕北京亚种 *A. a. pekinensis* 的模式产地，也是该鸟种分布最集中的地区之一，它们喜在北京城区高大的建筑（特别是古建筑）中筑巢，因此又名“楼燕”。但是由于古建筑的拆除和改制，普通雨燕在北京的繁殖地非常有限而且种群数量呈下降趋势。普通雨燕以虫为食，而且所吃的绝大部分均为害虫，一窝雏鸟所喂的虫数量可观，是夏时消灭害虫的主力军，被列为中国三有保护鸟类。

普通雨燕。左上图田穗兴摄，下图杨贵生摄

白腰雨燕

拉丁名：*Apus pacificus*
英文名：Pacific Swift

夜鹰目雨燕科

形态 体形略大的污褐色雨燕，因腰白色而得名，是常见的夏季繁殖鸟。体长171～195 mm，体重35～51 g。体形和习性与普通雨燕相似。上体两翼和尾大都为黑褐色；头顶至上背具淡色羽缘；下背、两翅表面和尾上覆羽微具光泽，亦具近白色羽缘；两翼较长，飞行较速；尾长而尾叉深；颏、喉白色，具细的黑褐色羽干纹；腰白色，具细的暗褐色羽干纹，腰部白斑宽14～20 mm；其余下体黑褐色，羽端白色；虹膜棕褐色；嘴黑色；脚和爪紫黑色。

分布 繁殖于西伯利亚及东亚，迁移经东南亚至印度尼西亚、新几内亚及澳大利亚越冬。在国内是常见的夏季繁殖鸟，全国均有分布。春季于4～5月迁来。秋季于9～10月迁走。

栖息地 主要栖息于陡峻的山坡、悬崖，尤其喜欢靠近河流、水库等水源附近的悬崖峭壁。

习性 习性与普通雨燕相似，大多集群在近山地带飞行，下雨时常在高空中作不停的绕圈环飞。常边飞边叫，声音尖细，为单音节，并有长长的高音尖叫，其声似“矶—矶—矶—”，叫声亦相似。早晨多成群飞翔于岩壁附近，时而接近岩壁，相互追逐，不时往返于巢间，上午9～10时以后，常飞离岩壁向高空或森林和苔原上空飞翔，有时可飞离巢区20 km以外。阴天多低空飞翔，常疾驰于低空，从地面或水面一掠而过。天气晴朗时常在高空飞翔，或在森林上空成圈飞行。飞行速度甚快，但较针尾雨燕速度慢，飞行捕食时做不规则的振翅和转弯。

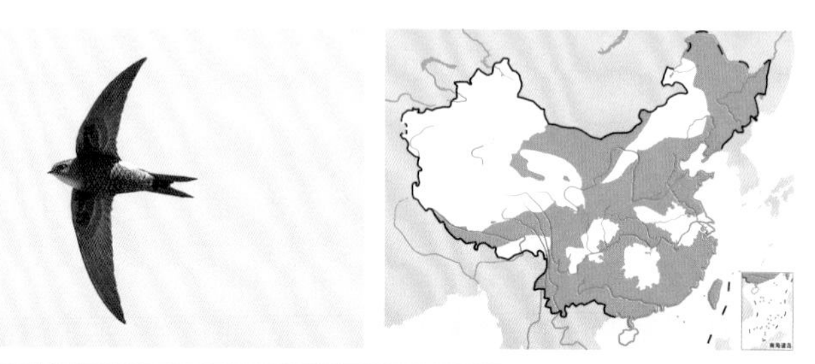

食性 在飞行中捕食，主要为双翅目、鞘翅目、鳞翅目及其他昆虫，种类有叶蝉、小蜂、姬蜂、椿象、食蚜蝇、寄生蝇、蝇、蚊、蜘蛛、蜉蝣等。繁殖期间每天喂雏次数约20次，每天可捕得7000多只昆虫，而在整个喂雏期内捕虫总数不少于25万只，这些昆虫若排成一条线，长度可达1 km。曾有人在阿尔泰山上猎得1只育雏的白腰雨燕，在它的嘴里，检出372只小型昆虫，其中有12只大蚊，许多小型蝇类、蚊类和蚜虫。

繁殖 繁殖期5～8月，成群营巢于临近河边和悬崖峭壁的裂缝中。雌雄亲鸟均参与营巢活动，但以雌鸟为主。5月中旬即开始营巢，巢主要由灯心草、早熟禾以及小灌木叶、树皮、苔藓和羽毛等构成，亲鸟用唾液将巢材黏结在一起并黏附于岩壁上，较为坚固。巢沿使用的唾液较多，巢壁亦较厚，一般为1.8～2.0 cm，巢底则较薄，一般为0.4～1.0 cm。巢的形状为圆杯状或碟状，大小为外径7～12 cm，内径6～8 cm，高3～6 cm，巢深1.5～3.0 cm。巢沿通常有一凹陷，是亲鸟放置尾羽的地方。巢筑好后间隔5～7天即开始产卵，每窝产卵2～3枚。卵白色，光滑无斑。卵大小为（24.2～28.0）mm×（15.2～17.0）mm，重3～4 g。第一枚卵产出后即开始孵卵。孵卵由雌鸟承担，雄鸟在孵卵期间常给雌鸟喂食。孵化期20～23天。雏鸟晚成性，刚孵出时全身赤裸无羽，皮肤灰黑色，仅背、胁和腹侧被有少许绒羽。育雏期33天。

种群现状和保护 分布范围非常大，种群数量趋势稳定，因此IUCN和《中国脊椎动物红色名录》均评估为无危（LC）。夏季广布国内，在繁殖期间捕食大量害虫，益处大，被列为中国三有保护鸟类。广东怀集的燕岩白腰雨燕数量壮观，每年清明节前后数以万计的白腰雨燕集体出入时如同河流涌动，已辟为旅游景点，当地人将其误称为金丝燕。在云南南部，此鸟较常见，附近居民常取其巢窝，泡水蒸后，除掉渣滓，提出精粹部分，制成所谓“土燕窝”，对其繁殖破坏甚大。

白腰雨燕。左上图为指名亚种*A. p. pacificus*，腰部白色较宽，沈越摄；下图为青藏亚种*A. p. salimali*，腰部白色较窄，董磊摄

小白腰雨燕

拉丁名：*Apus nipalensis*
英文名：House Swift

夜鹰目雨燕科

形态 中等体形，体长11～14 cm，体重25～31 g。通体黑褐色，喉及腰白色，背和尾微带蓝绿色光泽；尾上覆羽暗褐色，具铜色光泽；翼稍较宽阔，呈烟灰褐色；尾为平尾，中间微凹。虹膜暗褐色。嘴黑色。脚和趾黑褐色。

分布 主要分布于非洲、中东、印度、喜马拉雅山脉、中国南部、日本、东南亚、菲律宾、苏拉威西及大巽他群岛。在国内分布于山东、四川、云南南部和西北部、贵州、江苏、上海、浙江、福建、广西、广东、香港、澳门、海南岛和台湾，在台湾为留鸟，其余地区为夏候鸟。

栖息地 主要栖息于开阔的林区、城镇、悬崖和岩石海岛等各类生境中。

习性 成大群活动，有时亦与家燕混群飞翔于空中。飞翔平稳而快速，常在快速振翅飞行一阵之后又伴随着一阵滑翔，两者常交替进行。飞行时发出响亮而高亢的快速重复颤音，尤其是在傍晚夜宿前。鸣叫声特别嘹亮，发出“唑、唑、唑”的叫声。

食性 捕捉蚊类等昆虫为食。

繁殖 繁殖期3～5月。常成对或成小群营巢繁殖。求偶期间，雌雄彼此追逐。雌雄共同营巢，巢筑于峭壁、洞穴或建筑物的墙壁、天花板上。巢的形状有碟状、杯状、球状等类型，视营巢环境而变化。巢体柔软而发亮，稍带黏性，巢材为植物细纤维、禾草、羽毛、木棉花絮和芦苇花絮等，加亲鸟唾液或湿泥混合筑成。巢外径12～20 cm，内径7～10 cm。每窝产卵2～4枚。卵的大小为（21～26）mm×（14～16）mm，平均22.7 mm×15.0 mm。雌雄亲鸟轮流孵卵。

种群现状和保护 分布范围非常大，种群数量趋势稳定，因此IUCN和《中国脊椎动物红色名录》均评估为无危（LC）。被列为中国三有保护鸟类。

小白腰雨燕。沈越摄

暗背雨燕

拉丁名：*Apus acuticauda*
英文名：Dark-rumped Swift

夜鹰目雨燕科

体长17～18 cm，甚似白腰雨燕，但喉部色深、腰部无白斑；尾羽开叉更深。虹膜深褐色。喙黑色。脚偏紫色。主要分布于南亚次大陆及中国的西南地区。在中国为迷鸟，仅见于云南。栖息于岩壁间、林地，海拔高至2300 m。IUCN评估为易危（VU），《中国脊椎动物红色名录》评估为数据缺乏（DD）。

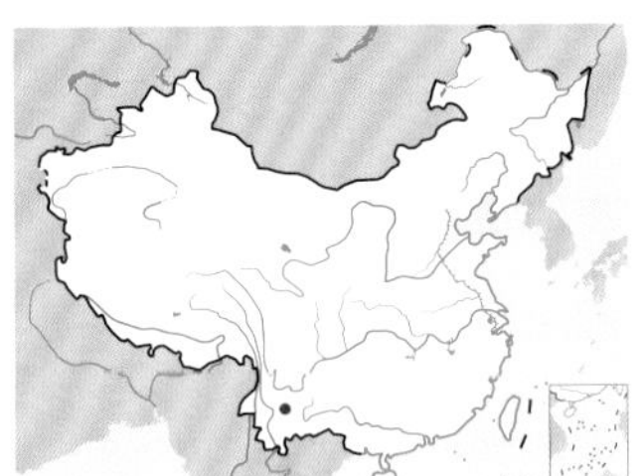

暗背雨燕。左上图James Eaton摄，下图董文晓摄

杜鹃类

■ 杜鹃类指鹃形目杜鹃科鸟类，全世界共36属149种，中国有9属20种，均为典型的森林鸟类
■ 杜鹃类体形似鸽而瘦长，羽色变化丰富，脚短弱，对趾型
■ 杜鹃类多为典型的森林鸟类，主要以毛虫为食，鸣声宏亮，许多种类为巢寄生繁殖
■ 杜鹃类自古以其富有特色的鸣声以及作为候鸟的生活节律而为人类熟知

类群综述

杜鹃类是鹃形目(Cuculiformes)杜鹃科(Cuculidae)鸟类的总称。传统分类系统中的鹃形目还包括仅分布于非洲的蕉鹃科（Musophagidae），但在最新分类系统中该科独立为蕉鹃目（Musophagiformes），鹃形目下仅杜鹃科1个科。杜鹃科鸟类可分为杜鹃亚科(Cuculinae)、地鹃亚科（Phaenicophaeinae）、鸦鹃亚科（Centropodinae)、美洲鹃亚科（Coccyzinae）、犀鹃亚科（Crotophaginae）和鸡鹃亚科（Neomorphinae）6个亚科。全世界杜鹃类共36属149种，广布全球中纬度和低纬度地区。中国有杜鹃类9属20种，其中地鹃亚科和鸦鹃业科的3种营巢繁殖，即褐翅鸦鹃 *Centropus sinensis*、小鸦鹃 *C. bengalensis* 和绿嘴地鹃 *Phaenicophaeus tristis*；杜鹃亚科17种为巢寄生繁殖，即自己不营巢、不孵卵、不育雏，而将卵产于别的鸟种巢中，由义亲代为孵卵、育雏，这一习性又称为鸟类的巢寄生。在17种寄生性杜鹃中，红翅凤头鹃 *Clamator coromandus*、斑翅凤头鹃 *C. jacobinus* 和噪鹃 *Eudynamys scolopaceus* 的雏鸟具有非排他性，可以与寄主的雏鸟一起在巢中接受义亲的喂育；而其余14种寄生性杜鹃的雏鸟具有排他性，会把寄主的卵或雏鸟拱出巢外，独享义亲的喂育。

形态 杜鹃类为中小型鸟类，体形似鸽而瘦长。许多杜鹃属 *Cuculus* 的雌鸟具有灰色型、棕色型两种色型。大部分种类雌雄羽色相似，幼鸟羽色与成鸟不同。翅短圆或尖长，初级飞羽10枚；尾较长，一般与翅等长或较翅长，多为凸尾或圆尾，尾羽

生态适应：

杜鹃类的一个显著特征是它们的趾型为对趾型，适合树栖生活，这也是多数杜鹃为森林鸟类的重要原因。

寄生性的杜鹃还表现出对巢寄生的诸多适应特征。

1.许多杜鹃类在外形和飞行姿态上模拟猛禽，从而使自己获得更多接近寄主巢址的机会，如大杜鹃*Cuculus canorus*、中杜鹃*C. saturatus*、四声杜鹃*C. micropterus*等寄生性杜鹃，它们都具有明显的金黄色眼眶，腹部具显眼的黑白相间的横斑——这样的外形特征与雀鹰*Accipiter* spp.较为相似,它们的飞行像雀鹰一样快速有力，常作滑翔飞行。这些特征和行为不仅可以在寄生时获益，同时也可能有效降低自身被天敌捕食的风险。类似的拟态还包括鹰鹃*Hierococcyx sparverioides*对猛禽的模拟以及乌鹃*Surniculus lugubris*对卷尾的模拟等。

2.寄生性杜鹃所产的卵明显小于与其大小类似的其他鸟类的卵，是世界上所有鸟类中占身体比例最小的卵，这样不仅使自己在一个繁殖季内能产出更多卵，同时也在卵的大小上更接近寄主的卵，从而提高寄生成功率。

3.杜鹃的产卵频率并不像雀形目鸟类那样固定每天产1枚或隔天产1枚，为适应寄生，它们的产卵间隔变化较大，可间隔多天也可连续产卵。在产卵时为避免被寄主发现，它们的产卵过程异常迅速，通常不到10秒即可完成，而其他鸟类的产卵过程一般持续20～60分钟。一些杜鹃为了避免自己的卵被寄主亲鸟啄破，所产卵的卵壳非常厚实。

4.寄生性杜鹃的卵在产出之前可能已经开始部分发育，或在孵卵过程中发育速度快于寄主的卵，因此通常会先于寄主的卵孵化出来，孵出的杜鹃雏鸟背部扁平甚至凹陷，通常会在1～2日龄时将寄主巢内的其他卵或雏鸟托在背上推出巢外，以便独享义亲的抚育。杜鹃雏鸟的乞食声响亮且频率极高，同时嘴裂张开较大，颜色鲜艳，多数为鲜红色或鲜黄色，可大大增加对义亲的刺激，从而获得更多的食物。

为了成功进行巢寄生，杜鹃类演化出许多适应性特征，其中之一就是他们的卵可模拟寄主的卵。图为大鹰鹃的卵及其寄生的橙翅噪鹛的卵。胡运彪摄

左：杜鹃类以其巢寄生的行为而著称。图为正在接受义亲长尾缝叶莺哺育的八声杜鹃幼鸟。黄珍摄

8～10枚。嘴长度适中，嘴形一般细长而侧扁，有时较粗，如鸦鹃等。上嘴基部无蜡膜，先端尖而微向下弯曲，不具钩。脚短弱，前缘被鳞，具4趾，为对趾型，外趾能反转。尾脂腺裸露。

栖息地 大多数杜鹃栖息于森林，属树栖型鸟类。它们栖息的林地多为热带亚热带常绿阔叶林，能提供大量且种类丰富的昆虫类食物，尤其是在杜鹃食物中占比最大的毛虫。对于大多数鸟类来说，拥有足够多适合营巢的生境是它们选择栖息地时首先需要考虑的问题，但对于杜鹃来说，它们只需要确保繁殖生境内拥有足够多适合寄生的寄主鸟类即可，这一特点使杜鹃可适应的生境类型得到极大扩展。以大杜鹃为例，它们的分布范围遍及全国各地，几乎能在所有的生境类型中见到它们的身影。尽管大杜鹃在繁殖季依赖芦苇地的苇莺巢产卵，但其觅食活动仍然需要返回森林。因此，大树附近芦苇地的苇莺巢被杜鹃寄生的概率远远大于其他远离大树的芦苇地中的苇莺巢。

习性 杜鹃类大部分为树栖性，仅鸦鹃属的种类为地栖性。多单独活动或成对活动，性隐蔽，常隐栖于山地或平原的密林间，不易觉察。叫声宏亮，常久鸣不止，因此通常只闻其声未见其影。杜鹃类常在繁殖季节鸣叫，主要是为了宣示领地和吸引异性。鸣声极具特点，人们仅通过它们的鸣声就能分辨出多数杜鹃的种类。虽然杜鹃多为日行性鸟类，但包括营巢和寄生的许多种类在内，繁殖季时常在夜间鸣叫，如鹰鹃和小杜鹃。

食性 杜鹃类主要以昆虫为食，尤其喜食毛虫，即鳞翅目幼虫。森林中生活的杜鹃会捕食蝉、蝗虫和马陆、蜈蚣、蛛蛛等节肢动物，一些种类会捕食树蛙和蜗牛。寄生性杜鹃不仅会将卵产于寄主巢中，同时也会捕食已不适合寄生的寄主巢内的卵或雏鸟。鸦鹃除了捕取其他鸟卵和雏鸟用以自食或喂养雏鸟外，同时也吃蜥蜴甚至小型蛇类等脊椎动物。

繁殖 寄生性的杜鹃自身不营巢，而是将卵产于寄主的巢中，由义亲代为孵卵和抚育后代。雌杜鹃在产卵之前需要先找到适合寄生的寄主巢，它们通常会隐蔽在高栖枝点来监视寄主的筑巢行为，以准确定位巢穴位置，在寄主亲鸟外出觅食时进入它们的巢内进行检查，以确定合适的寄生时间。雌杜鹃通常在寄主的产卵期产下寄生卵，这也是寄生的最佳时期，因为此时寄主亲鸟还未开始正式孵卵。

左：虽然有的隐藏于密林中，而有的更偏爱开阔的林地，但整体而言杜鹃类都是典型的森林鸟类。图为从树冠中探出头来的绿嘴地鹃。沈越摄

上：杜鹃类尤其喜食毛虫，虽然许多毛虫能够分泌毒素，从而有效避免被捕食，但杜鹃类却恰恰是它们的克星。图为捕食毛虫的大杜鹃。董磊摄

排他性寄生杜鹃通常每巢仅产1枚卵，而非排他性寄生杜鹃会在同一巢产下多枚寄生卵（如红翅凤头鹃 *Clamator coromandus*）。产卵的过程极为快速，通常不超过10秒，产完卵准备飞离时会叼走寄主的1～2枚卵以保证巢内的卵数不变。有时杜鹃会将已不适合寄生的巢中的卵或雏鸟吃掉，迫使寄主亲鸟重新筑巢，从而获得更多的寄生机会。不适合杜鹃寄生的巢是指已经处于孵卵后期或育雏期的巢，杜鹃在这样的巢中寄生是没有机会成功的。寄生性杜鹃的卵在所有鸟类中占自身的比重最小，通常与寄主的卵大小相当，这也是一只雌鸟能在一个繁殖季产下多枚卵的保证——如大杜鹃在一个繁殖季的产卵数量多为15枚以上，最高可达25枚。

许多种类的杜鹃可根据它们所寄生的寄主种类分成多个基因族群（gentes），这些基因族群主要是雌性分化（female lines），其差别体现在卵色上，为了提高自身的寄生成功率，不同族群的卵色呈现与其对应寄主卵色相一致的进化趋势。以生活在中国西南地区的大杜鹃对灰喉鸦雀 *Paradoxornis alphonsianus* 的寄生情况为例，两者在卵色上呈现协同进化的趋势，它们的卵均有蓝色、白色两种色型。目前还不清楚是否同一族群里的杜鹃更易配对，也没有证据证明被不同寄主养大的杜鹃存在基因上的差别。大杜鹃的雌鸟可分化为超过20种以上的基因族群，而同一雄鸟可与不同基因族群的雌鸟交配，从而维系这个物种。

寄生杜鹃的雏鸟通常先于寄主的雏鸟孵化出来，它们利用扁平的背部将巢内寄主的卵或雏鸟拱出巢外，之后自己独享义亲的养育。具备此类行为的杜鹃约占寄生性杜鹃种类的一半，而不具备此类行为的杜鹃则通常与寄主的雏鸟共育，但它们在寄生时通常会在寄主巢内产多枚卵以增加寄生成功率，且共育巢中的杜鹃雏鸟通常能在食物竞争上战胜同巢的寄主雏鸟。采用此类寄生方式的杜鹃多为凤头鹃属、噪鹃属，如红翅凤头鹃。尽管杜鹃雏鸟与寄主雏鸟差别巨大，绝大多数杜鹃的寄主并不具备识别杜鹃雏鸟的能力，而对此现象的一种解释是，如果寄主通过学习记忆自己雏鸟的外形来区分杜鹃雏鸟，那它可能会付出一辈子的代价，因为如果第一次繁殖的寄主即被杜鹃寄生，由于杜鹃雏鸟通常早于寄主雏鸟孵出，那它将把杜鹃雏鸟认作自己的雏鸟，这样的代价无疑是巨大的。另一种解释是，许多寄主演化出了对杜鹃卵的识别能力，从而无法进入雏鸟识别能力的演化，这就是策略限制假说。

与人类的关系　俗称布谷鸟的大杜鹃是最为人们所熟知的一种杜鹃，经常见于许多古代的文学作品中。在古希腊亚里士多德时代就有对其寄生行为的详细描述；中国则早在3000年前的西周初期就有物候专著《夏小正》《吕氏春秋》《齐民要术》等书记述着以大杜鹃的鸣声作为物候现象对照的标准，进行播种、耕耘、收获等田间工作，有“布谷鸟始鸣，种大田”的论述。大杜鹃的这种鸣声物候现象是指自然界中大杜鹃受环境影响而出现的、以年为周期的自然物候现象。自然物候变化是生物节律与环境变化的综合反映，它不仅反映了当时的天气条件，还反映了过去一段时间影响生物生长的气象因子的积累情况，因此，大杜鹃的叫声可作为一种重要的、可靠的物候变化指标。

种群现状和保护　由于对栖息地的广泛适应，杜鹃类大多分布范围较广，较少受胁。全世界149种杜鹃中有10种被IUCN列为受胁物种，它们大多分布于热带岛屿，受胁比例低于世界鸟类整体受胁比例。中国分布的杜鹃均被IUCN列为无危（LC），但就中国种群而言，翠金鹃和紫金鹃被《中国脊椎动物红色名录》列为近危（NT）。在中国，两种鸦鹃被列为国家二级重点保护动物，其他杜鹃类均被列为三有保护鸟类。

褐翅鸦鹃
Centropus sinensis

小鸦鹃
Centropus bengalensis

绿嘴地鹃
Phaenicophaeus tristis

红翅凤头鹃
Clamator coromandus

斑翅凤头鹃
Clamator jacobinus

翠金鹃
Chrysococcyx maculatus

紫金鹃
Chrysococcyx xanthorhynchus

噪鹃
Eudynamys scolopaceus

栗斑杜鹃
Cacomantis sonneratii

八声杜鹃
Cacomantis merulinus

乌鹃
Surniculus lugubris
大鹰鹃
Hierococcyx sparverioides
普通鹰鹃
Hierococcyx varius
北棕腹鹰鹃
Hierococcyx hyperythrus
棕腹鹰鹃
Hierococcyx nisicolor
♂
♀
小杜鹃
Cuculus poliocephalus
♂
♀
四声杜鹃
Cuculus micropterus
♂
♀
中杜鹃
Cuculus saturatus
♂
♀
东方中杜鹃
Cuculus optatus
大杜鹃
Cuculus canorus

褐翅鸦鹃

拉丁名：*Centropus sinensis*
英文名：Greater Coucal

鹃形目杜鹃科

形态 体长 40～52 cm，雄性体重 250～280 g，雌性体重 280～392 g。头、胸黑色，有紫蓝色金属光泽和亮黑色羽干；胸部、腹部及尾黑色且具有绿色金属光泽；两翼、肩及肩内侧栗色；初级飞羽和外侧次级飞羽具暗色羽端；尾长且宽，凸尾。冬季上体羽干色浅，下体具横斑。虹膜赤红色。嘴黑色，粗厚。

分布 留鸟。在国内分布于河南、四川、贵州南部、湖北、安徽、浙江、福建、广东、香港、澳门、广西、云南西部和南部、海南等地。国外分布于印度、缅甸、斯里兰卡、中南半岛、菲律宾和印度尼西亚等地。

栖息地 分布生境范围广，但极少在原始林出现，主要栖息于海拔 1200 m 以下的次生林、草丛、灌丛、竹林、耕地周围的矮树林、稻田、沼泽、红树林、公园、芦苇丛及各类近有水源的生境等，偶尔见于海拔 2100 m 左右。繁殖期的栖息地偏向于选择海拔较低、乔木种类和数量相对较少、乔木和灌木盖度较低但草本盖度高的环境，同时喜欢在农田尤其是植被盖度较高的农田中觅食。

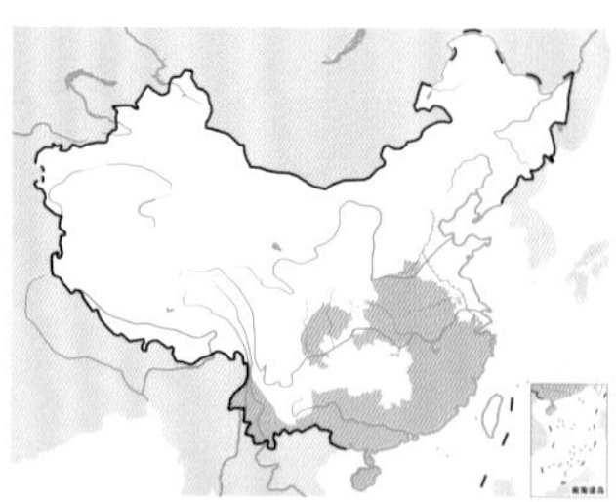

褐翅鸦鹃。左上图田穗兴摄，下图刘璐摄

习性 一般单独活动，繁殖期间多成对活动。清晨和黄昏鸣叫较为频繁，尤其是春夏繁殖季节，雄鸟往往以鸣叫吸引雌鸟，叫声“hu-h-hu-hu-hu……”从低沉到响亮，连续不断。性机警，善跳跃和隐藏，稍有惊动就迅速进入密丛中，不易发现。由于其翅较短圆，飞翔能力较差，不能作长距离飞行，被追赶时，总是飞一段就在矮树上停一下。飞行时急扑双翅，有时见其飞羽张开。喜欢雨后站在灌木梢头晒太阳。

食性 食物类型包括昆虫和其他无脊椎动物以及小型脊椎动物，如鼠、刺猬、蜥蜴、蛇、青蛙、毛虫、蚱蜢、甲虫及其幼虫、蜈蚣、蝎子、蜘蛛、螃蟹、蜗牛、蛞蝓、鸟蛋、小型雀形目鸟类的雏鸟，有时也取食水果及植物种子。

繁殖 繁殖期 4～9 月。巢址多选择在植物种类多且草本密度高、拥有乔木、距农田距离较近、人类干扰少、隐蔽情况好的石山山脚。筑巢行为发生在求偶确定配对关系后，雌雄共同参与。巢呈椭圆形，筑在禾本科植物上，主要由禾本科植物叶片相互弯折、镶嵌形成。一般巢高 47 cm 左右，短径 36 cm 左右，长径 43 cm 左右，距地面高约 1.7 m。筑巢过程中进行产卵，每 2 天产 1 枚卵，持续 6～10 天。卵为椭圆形，白色无斑点，重约 16 g，大小为 36 mm × 28 mm 左右。窝卵数 3～5 枚，孵卵期 12～19 天。白天双亲共同参与孵卵，夜晚则由其中 1 只亲鸟负责。育雏工作也由双亲共同承担，育雏期 17～19 天。雏鸟出壳的 6 日龄内，早晨和夜晚还需亲鸟暖雏，后随日龄增加，暖雏次数会逐渐减少。

种群现状和保护 IUCN 和《中国脊椎动物红色名录》均将其评估为无危（LC），在中国南方各地分布广泛。在中国，曾因大量捕捉制作中药、药酒而导致种群数量急剧下降，被列为国家二级重点保护动物。

小鸦鹃

拉丁名：*Centropus bengalensis*
英文名：Lesser Coucal

鹃形目杜鹃科

形态 体长 30～40 cm，雄性体重 85～140 g，雌性体重 105～167 g。外形与褐翅鸦鹃相似，但体形明显偏小。头、颈、上背及下体黑色，有深蓝色金属光泽和亮黑色羽干；两翼、肩及肩内侧栗色；初级飞羽和外侧次级飞羽具暗色羽端；尾黑色，具有绿色金属光泽和窄的白色尖端。虹膜深红色。嘴黑色。脚铅黑色。

分布 留鸟。在中国分布于河北、河南南部、陕西、云南、贵州南部、湖北、湖南、安徽南部、江西、江苏、上海、浙江、福建、广东、香港、澳门、广西、海南、台湾等地。国外分布于印度、缅甸、中南半岛、菲律宾和印度尼西亚等地。

栖息地 生活习性与褐翅鸦鹃大致相似，但小鸦鹃在丘陵和山地更为常见，数量也更多。通常来说小鸦鹃较褐翅鸦鹃更喜

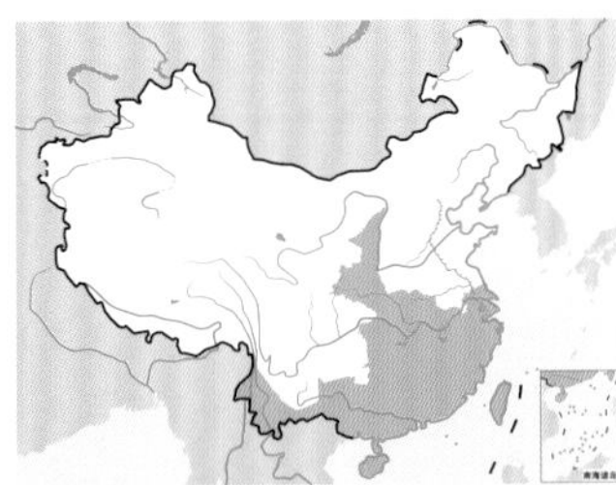

小鸦鹃。左上图为成鸟，时敏良摄；下图为幼鸟，唐文明摄

欢开阔生境。通常栖息于海拔 1500 m 以下的低地平原或山谷的高草丛、芦苇丛、沼泽、竹林、灌丛、次生林、居民区周边的开阔灌丛和耕地，但分布在喜马拉雅山脉的种群活动范围可达海拔 2000 m 左右。

习性 性机警而隐蔽，稍有惊动便飞入茂密的灌丛或草丛中。

食性 主要以昆虫为食，包括蝗虫、蟋蟀、蝼蛄、螳螂、蝉、叩头虫、金龟子、蜚蠊、白蚁等昆虫，也吃蜘蛛、双壳类、山蚂蟥、蜥蜴和少量植物性食物，尤其喜食蝗虫。几乎都是在地面觅食，昆虫占食物总量的 90% 以上。

繁殖 巢由双亲共同营造，结构简单且粗糙，总体呈侧开口的椭圆形，主要由细树枝、芒草叶和树叶组成，内衬绿色树叶。巢通常筑于近地面的茂密植被中，内径 17 cm × 11 cm，外径 28 cm × 20 cm，巢深 4 cm，巢高 6.5 cm。每窝产卵 2 ~ 4 枚。卵椭圆形，灰白色，无斑点，常带有污渍斑。卵大小为 28 mm × 24 mm。双亲均参与孵卵和育雏。

种群现状和保护 IUCN 和《中国脊椎动物红色名录》均将其评估为无危（LC）。在中国主要分布在中部和南部，种群数量较多，为常见留鸟。被列为国家二级重点保护动物。

绿嘴地鹃

拉丁名：*Phaenicophaeus tristis*
英文名：Green-billed Malkoha

鹃形目杜鹃科

形态 体长 50 ~ 60 cm，体重 114 ~ 116 g。前额至上背呈深灰绿色，背部、双翼及尾部蓝绿色；颏至胸部淡棕灰色，上胸以上具有黑色羽干纹，下胸、腹部暗灰棕色；尾特长，末端有明显白斑。虹膜褐色，眼周裸露皮肤鲜红色。嘴粗厚，呈绿色。脚灰绿色。

分布 留鸟。在中国主要分布于西藏东南部、云南西部、南部、广西南部和海南岛等地，国外主要分布于印度、斯里兰卡、缅甸、中南半岛、泰国、马来西亚和印度尼西亚等地。

栖息地 主要栖息于原始林、次生林、灌丛和竹林中，也出现在农田附近。

习性 喜欢单独或成对活动。在林下地面或灌木丛中跳跃觅食。

食性 主要以昆虫为食，有时也捕食蜥蜴。

繁殖 繁殖期 4 ~ 8 月。营巢于灌丛中，每窝产卵 2 ~ 4 枚，卵白色圆形，光滑无斑，大小约 34 mm × 26 mm。雌雄亲鸟轮流孵卵。

种群现状和保护 IUCN 和《中国脊椎动物红色名录》均评估为无危（LC）。被列为中国三有保护鸟类。

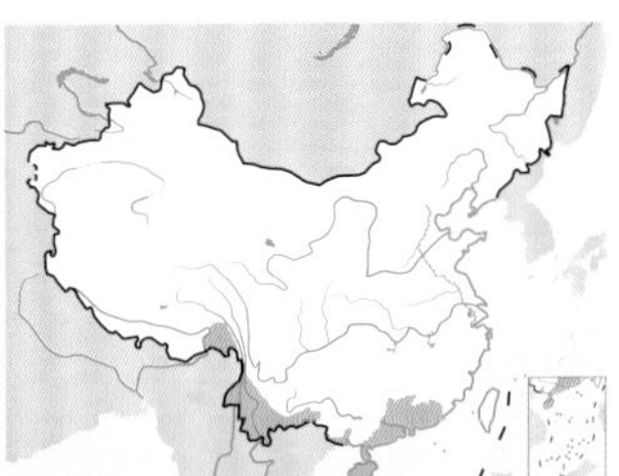

绿嘴地鹃。左上图田穗兴摄，下图周彬康摄

红翅凤头鹃

拉丁名：*Clamator coromandus*
英文名：Chestnut-winged Cuckoo

鹃形目杜鹃科

形态 体长 38～46 cm，体重 66～86 g。头具黑色长羽冠且有蓝色金属光泽；后颈白色，形成一个半领环；背、肩及翼上覆羽、次级飞羽黑色，具绿色金属光泽；两翅栗色，飞羽尖端苍绿色；腰及尾黑色，具深蓝色金属光泽；颏至上胸淡红褐色，下胸和腹部白色；覆腿羽灰色，尾下覆羽黑色。虹膜淡红褐色。嘴黑色。脚铅褐色。

分布 在中国见于华北、华东、华中、华南和西南地区，包括海南和台湾等地。国外分布于印度、斯里兰卡、缅甸、中南半岛、菲律宾和印度尼西亚等地。繁殖于中国南部、印度及东南亚，于 4 月初至 8 月末迁徙至菲律宾及印度尼西亚。在中国大陆范围内为夏候鸟，在台湾为迷鸟。

栖息地 通常栖息于海拔 1500 m 以下低山丘陵和山麓平原等开阔地带的疏林、灌木林、矮树林，也在果园及村庄周边的林地活动，迁徙季节还见于红树林中。

习性 多单独或成对活动，常活跃于高而暴露的树间，不似其他杜鹃喜藏匿于浓密的树枝丛中。飞行快速但不持久。偶与其他鸟类混群活动。

食性 主要以昆虫为食，包括毛虫、甲虫、螳螂、蚂蚁和大型的直翅目昆虫，也吃蜘蛛和少量植物果实。

繁殖 繁殖期 5～7 月。4 月开始求偶活动，求偶时雄鸟尾羽略张开，双翅亦半张开向两侧耸起，围绕雌鸟碎步追逐。

红翅凤头鹃为寄生性鸟类，自身不营巢，而是将卵直接产在寄主巢内，由寄主代为孵卵并养育其后代。寄主种类至少有 8～10 种，主要为体形中等的噪鹛属 *Garrulax* 鸟类，如画眉 *Garrulax canorus*、小黑领噪鹛 *G. monileger* 等，其他种类寄主包括矛纹草鹛 *Babax lanceolatus*、喜鹊 *Pica pica*、叉尾卷尾 *Dicruru sadsimilis*、鹊鸲 *Copsychus saularis*、灰背燕尾 *Enicurus schistaceus*、紫啸鸫 *Myophonus caeruleus*、黑胸鸫 *Turdus dissimilis*、锈脸钩嘴鹛 *Erythrogenys erythrogenys*、棕背伯劳 *Lanius schach* 等。与其他多数杜鹃的寄生行为不同，红翅凤头鹃通常在寄主巢内产出不止 1 枚寄生卵——通常为 2 枚，最多记录过 5 枚——并且孵出来的雏鸟不会将寄主的卵或雏鸟拱出巢外，而是与寄主雏鸟共育，但通常会在食物竞争上战胜寄主雏鸟从而成功长大出巢。红翅凤头鹃的卵为蓝绿色，卵色通常与寄主卵色匹配，但通常较寄主卵更圆一些，同时卵壳也更厚。卵重为 7.5 g 左右，大小为 26.9 mm × 22.8 mm 左右。

种群现状和保护 红翅凤头鹃的种群数量情况尚不明确，在中国比较常见，分布较广。IUCN 和《中国脊椎动物红色名录》均评估为无危（LC）。被列为中国三有保护鸟类。

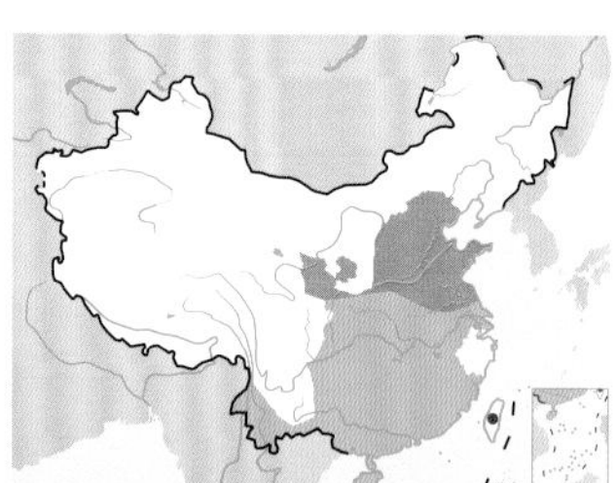

红翅凤头鹃。左上图沈越摄，下图董磊摄

斑翅凤头鹃

拉丁名：*Clamator jacobinus*
英文名：Jacobin Cuckoo

鹃形目杜鹃科

体长 31～34 cm。头具黑色羽冠；整个上体黑色，具有绿色金属光泽；两翼和尾黑色，尾端具有明显白色斑块；下体白色或灰白色。主要分布于非洲、土耳其、巴基斯坦、印度、伊朗至缅甸，在中国仅分布于西藏南部。夏候鸟，栖息于开阔的森林和灌丛中。主要以鳞翅目幼虫为食，也包括蝗虫、白蚁、螳螂等。多重巢寄生繁殖，寄主为画眉、鹎、地鸫、雀鹛、伯劳、燕尾等。IUCN 和《中国脊椎动物红色名录》均评估为无危（LC）。被列为中国三有保护鸟类。

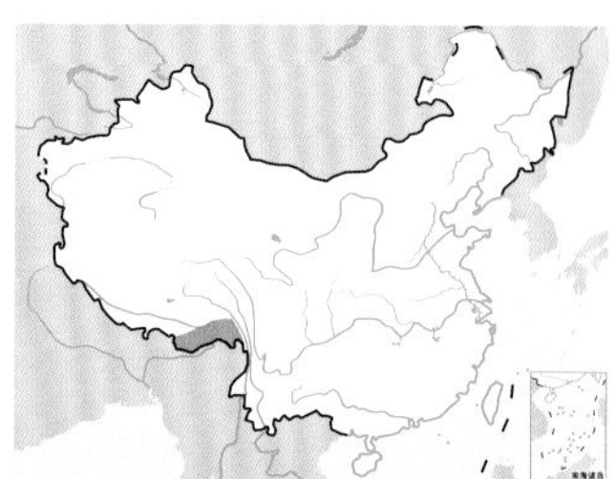

斑翅凤头鹃。左上图甘礼清摄，下图林植摄

噪鹃

拉丁名：*Eudynamys scolopaceus*
英文名：Common Koel

鹃形目杜鹃科

形态 体长 39～46 cm，体重 136～190 g。雄鸟通体黑色，具有蓝色金属光泽；下体沾绿色；脚蓝灰色。雌鸟上体暗褐色，略具有绿色金属光泽，并布满整齐的白色斑点。头部白色斑点沾黄色，呈纵纹排列；背、翅上覆羽和飞羽及尾羽呈横班状排列；颏至胸部黑色，具有白色斑点； 白色具有黑色横斑；脚淡绿色。

分布 在中国分布于北京、河北、山东、河南、陕西南部、甘肃、西藏南部、云南、四川、重庆、贵州、山东、湖北、湖南、安徽、江西、江苏、上海、浙江、福建、广东、香港、澳门、广西、台湾和海南等地，在海南岛为留鸟，其他地区为夏候鸟。在国外分布于日本、朝鲜、俄罗斯远东、印度、缅甸、泰国、菲律宾和印度尼西亚。

栖息地 主要栖息于海拔 1200 m 以下的开阔林地、沼泽森林、林缘及其灌丛地带、沿河岸的矮林、红树林、种植园及居民区周边的各类林地，有时可见于大城市的公园。尤其喜欢在无花果树及其他种类果树周围出没。

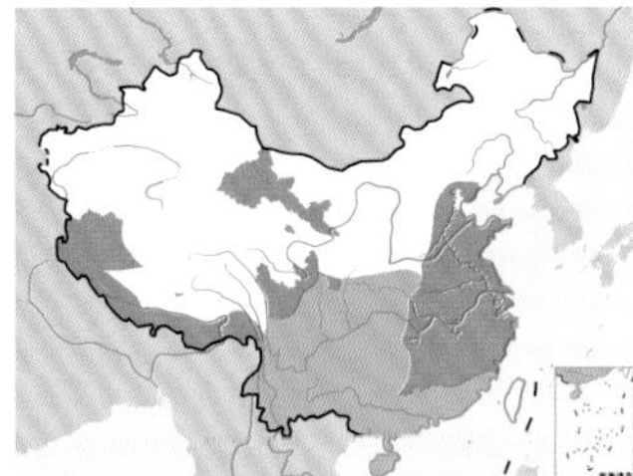

习性 多单独活动，常隐蔽于大树顶层茂密的树叶丛中，一般只闻其声不见其影。鸣声嘈杂，清脆而响亮，声似“ko-el”，常越叫越快，至最高音时又突然停止；常不断重复鸣叫，贵州当地人称“狗窝雀”。若有干扰，则立即飞至另一棵树上再叫，飞行迅速而直接。

食性 主要以植物果实为食，包括无花果、枣类、木瓜、樱桃、酸豆及各种棕榈的果实，也吃花蜜和少量昆虫，如蝗虫、螳螂、竹节虫、毛虫等。雌性噪鹃还吃其他鸟类的卵。

繁殖 寄生性鸟类，繁殖期 3～8 月。与凤头鹃类似，噪鹃寄生的方式也为多重寄生，即通常会在寄主巢内产多枚寄生卵。卵为灰蓝绿色，带褐色或黑色小斑点，大小为 (28～34) mm × (21～24) mm。孵化期 13～14 天，一般比寄主卵的孵化期(16～20 天）短。噪鹃的雏鸟不会将寄主的卵或雏鸟挤出巢外，而是通过竞争到更多的食物来战胜寄主的雏鸟，通常会导致寄主的一些雏鸟饿死。噪鹃的育雏期为 19～28 天，离巢后的幼鸟还会接受寄主约 14 天的喂养才能真正“长大成人”。在国内，噪鹃巢寄生行为多录于香港，其寄主包括黑领椋鸟 *Sturnus nigricollis*、喜鹊、黑脸噪鹛 *Garrulax perspicillatus* 和红嘴蓝鹊 *Urocissa erythrorhyncha* 等；在国外常见的寄主有家鸦 *Corvus splendens*、棕背伯劳、家八哥 *Acridotheres tristis* 等。

种群现状和保护 噪鹃分布范围很广，甚至在印度洋一些偏远的岛屿都可以见到。在中国是常见鸟种，种群数量较多。IUCN 和《中国脊椎动物红色名录》均将其评估为无危（LC）。被列为中国三有保护鸟类。

噪鹃。左上图为雌鸟，沈越摄；下图为雄鸟，刘璐摄

翠金鹃

拉丁名：*Chrysococcyx maculatus*
英文名：Asian Emerald Cuckoo

鹃形目杜鹃科

形态 体长 17～18 cm，体重 23～30g。雄鸟上体灰绿色，头、颈、上胸和两翼表面具金铜色金属光泽；下胸和腹部白色，具有辉铜绿色横斑；尾部蓝绿色，有金属光泽，尾基部具有白色横斑，外侧尾羽有白色端斑。雌鸟头颈至后颈棕色，上体及两翼辉铜绿色，背部以下具棕色羽缘；下体白色，具铜褐色横斑，颏、喉及上胸沾棕色。

分布 在中国分布于云南西南部、四川、重庆、贵州、湖北西部、湖南、广东、广西、海南等地，仅在海南岛及云南部分地区为留鸟，在其他分布地区均为夏候鸟。国外见于印度、缅甸、泰国、老挝、中南半岛、马来半岛和苏门答腊岛等地。

栖息地 主要栖息于海拔 2500 m 以下茂密的常绿阔叶林、阔叶次生林，在非繁殖季有时也见于果园和花园。

习性 多单个或成对活动，有时也见 2～3 只在乔木树冠层茂密的枝叶间觅食。通常在飞行过程中捕获猎物。飞行快速而有力，喜欢边飞边鸣叫，鸣声三声一度，似口哨声，由低到高。在繁殖季雄鸟经常站在视野开阔的高枝或电线上长时间鸣叫，不甚惧人。与雄鸟相比，雌鸟在繁殖季则较安静，常隐藏在高枝上向下张望，或鬼鬼祟祟跳跃在茂密的灌丛下或土坎生境中，寻找鹟莺的巢以便寄生。

食性 主要以蚂蚁、毛虫、臭虫等昆虫为食，偶尔也吃少量植物果实和种子。

繁殖 繁殖期主要在 4～7 月。寄生性鸟类，通常在找到合适的寄主巢之后，在寄主的产卵期替换产下 1 枚卵。主要寄主为柳莺类和鹟莺类，包括棕腹柳莺 *Phylloscopus subaffinis*、栗头鹟莺 *Seicercus castaniceps*、比氏鹟莺、白喉扇尾鹟等。卵色通常与寄主卵色并不匹配，寄主的卵色多为白色，翠金鹃卵为浅绿色，钝端带一圈黑褐色污斑。卵大小约为 17 mm × 12 mm，明显大于多数寄主的卵。翠金鹃的卵通常先于寄主卵孵化出来，并且雏鸟会将寄主巢内的卵或雏鸟拱出巢外，自己独享寄主义亲的喂养。

种群现状和保护 IUCN 评估为无危（LC）。但在中国境内分布狭窄，较为罕见，种群数量较少，《中国脊椎动物红色名录》评估为近危（NT）。被列为中国三有保护鸟类。

翠金鹃。左上图为雌鸟，下图为雄鸟。刘璐摄

紫金鹃

拉丁名：*Chrysococcyx xanthorhynchus*
英文名：Violet Cuckoo

鹃形目杜鹃科

体长约 16 cm。雄鸟头、颈、胸、上体包括两翼和尾以及颏至胸部呈辉紫色；腹部白色，具有紫蓝色或灰绿色横斑。雌鸟上体淡铜绿色，有金属光泽；下体白色，有淡褐色具有金属光泽的横斑。主要分布于印度东北部、缅甸、泰国、菲律宾和印度尼西亚等地，在中国分布于云南西部和南部地区。栖息于常绿阔叶林、落叶林、橡胶林及林缘地带。巢寄生繁殖，寄主为太阳鸟和扇尾莺。IUCN 评估为无危（LC），《中国脊椎动物红色名录》评估为近危（NT），被列为中国三有保护鸟类。

紫金鹃。左上图为雄鸟，下图为雌鸟。刘璐摄

栗斑杜鹃

拉丁名：*Cacomantis sonneratii*
英文名：Banded Bay Cuckoo

鹃形目杜鹃科

体长 22～24 cm。前额至头顶红褐色，有白色斑点和横斑；其余上体红褐色，具黑色横斑；头、颈侧和下体白色，具波状褐色横斑。主要分布于印度、斯里兰卡、缅甸、泰国、菲律宾和印度尼西亚等地，在中国分布于广西、四川西南部和云南西南部和南部。栖息于阔叶林、落叶林及林缘地带，也出现在农田附近。巢寄生繁殖，寄主为画眉、鹎和短翅蝗莺等。IUCN 和《中国脊椎动物红色名录》均评估为无危(LC)。被列为中国三有保护鸟类。

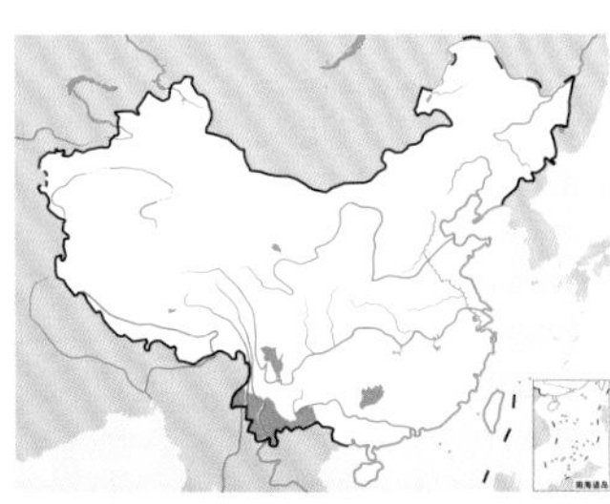

栗斑杜鹃。左上图邢超摄，下图沈越摄

八声杜鹃

拉丁名：*Cacomantis merulinus*
英文名：Plaintive Cuckoo

鹃形目杜鹃科

形态 体长 18～23.5 cm，体重 19.5～32 g。雄鸟前额至颈部包括上胸灰色；下胸以下及翼下覆羽淡棕栗色；两翼褐色，具有青铜色金属光泽，外侧翼上覆羽具白色横斑，初级飞羽内翈有一斜斑；背至尾暗灰色；尾下覆羽黑色，具有窄的白色横斑。雌鸟上体为褐色和栗色相间的横斑；下体从颏经喉至胸淡栗色，有褐色狭形横斑；其余下体白色，具有极细的暗灰色横斑。虹膜红褐色。脚深黄色。

分布 在中国分布于陕西南部、西藏东南部、云南、四川西南部、贵州、湖南、江西、浙江、福建、广东、香港、澳门、广西、海南和台湾等地。国外分布于印度、缅甸、中南半岛、斯里兰卡、菲律宾、苏拉威西岛和爪哇岛等地。在中国境内主要为夏候鸟，仅在海南岛及其以南为留鸟。3 月迁至中国，9 月迁至印度、缅甸、中南半岛、斯里兰卡及东南亚各国越冬。

栖息地 主要栖息于海拔 3000 m 以下的开阔林地、次生林、低地雨林、溪流及沼泽周边的林地、红树林、种植园、灌丛、花园和城镇村庄周边的农耕地。

习性 单独或成对活动，性格较活跃，常不断在树枝间飞来飞去。繁殖期间喜鸣叫，常整天鸣叫不止，尤其在阴雨天鸣叫频繁。鸣声尖锐，先慢而低，后高而快，为八音一度。

食性 主要以昆虫为食，包括甲虫、臭虫、白蚁及其他各种软体昆虫，尤喜食毛虫，偶尔也吃植物果实。

繁殖 繁殖期 3～8 月。寄生性杜鹃，寄主种类包括黑喉山鹪莺 *Prinia atrogularis*、灰胸山鹪莺 *P. hodgsonii*、褐头山鹪莺 *P. inornata*、黄腹山鹪莺 *Prinia flaviventris*、棕扇尾莺 *Cisticola juncidis*、长尾缝叶莺 *Orthotomus sutorius*、黑喉缝叶莺 *O. atrogularis* 等，寄主的巢多为拱形侧开口。在中国，缝叶莺为其主要寄主。卵色多变，主要为白色或浅蓝色，带暗棕色或红色斑点，卵大小约为 19 mm × 13 mm。雏鸟会将巢内其他所有卵或雏鸟挤出巢外，以得到足够多的食物，保证自己的正常生长。

种群现状和保护 中国华南地区的常见杜鹃，种群数量较多，IUCN 和《中国脊椎动物红色名录》均评估为无危（LC）。被列为中国三有保护鸟类。

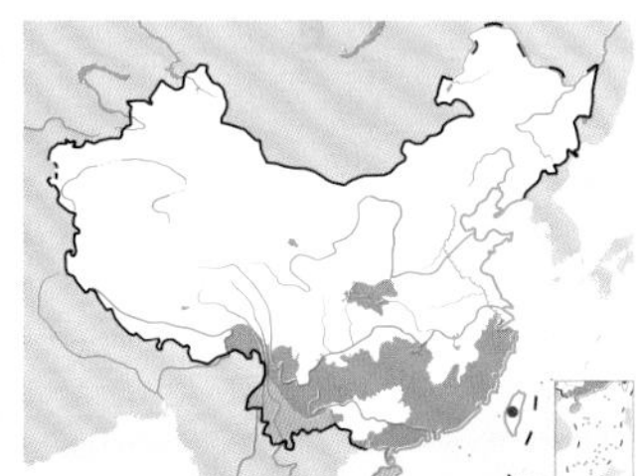

八声杜鹃。左上图雄鸟，刘璐摄；下图为幼鸟，黄珍摄

乌鹃

拉丁名：*Surniculus lugubris*
英文名：Drongo Cuckoo

鹃形目杜鹃科

体长 24～25 cm。通体黑色，具有蓝色金属光泽；最外侧一对尾羽及尾下覆羽具有明显的白色横斑。幼鸟的头、背、翅上覆羽和胸部具有白色点斑和端斑。主要分布于印度、中国南部、缅甸、泰国、中南半岛、菲律宾和爪哇岛等地。在中国分布于西藏、云南、贵州、广西、广东、福建、海南和香港等地。在印度北部及中国内地为夏候鸟，在海南岛及其以南为留鸟。栖息于常绿阔叶林、次生林、沼泽湿地。巢寄生繁殖，寄主主要为穗鹛属 *Cyanoderma* 和柳莺属 *Phylloscopus* 鸟类。IUCN 和《中国脊椎动物红色名录》均评估为无危（LC）。被列为中国三有保护鸟类。

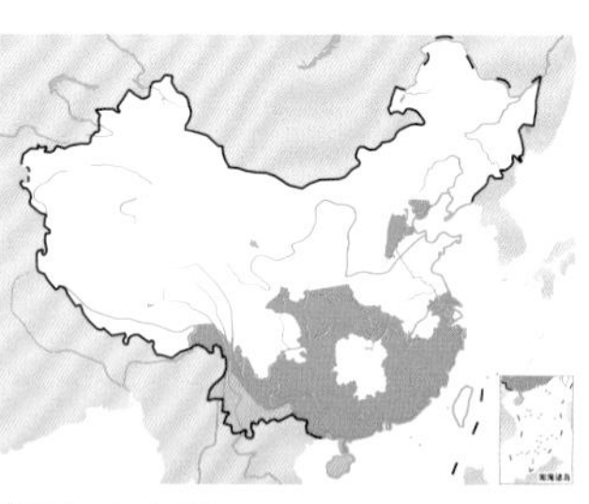

乌鹃。左上图沈越摄，下图董磊摄

大鹰鹃

拉丁名：*Hierococcyx sparverioides*
英文名：Large Hawk Cuckoo

鹃形目杜鹃科

形态 体长 38～40 cm，体重 116～163 g。前额至颈部灰色；眼先白色，眼睑橙色；颏暗灰色近黑色，有灰白色髭纹；喉及上胸栗色，有暗灰色纵纹，下胸及腹部具有较宽的暗褐色横斑；背及两翼淡灰褐色，具有宽阔的次端斑和窄的金灰色或棕白色端斑；尾灰褐色，具有 5 道暗褐色和 3 道淡灰棕色带斑，尾基部隐藏一条白色带斑。虹膜黄色至橙色。嘴暗褐色。脚橙黄色。

分布 在中国分布于北京、河北北部、山东、河南南部、山西、陕西南部、内蒙古、甘肃东南部、西藏、云南、四川、重庆、贵州、湖北、湖南、安徽、江西、江苏、上海、浙江、广东、香港、澳门、广西、海南和台湾等地，在中国主要为夏候鸟，通常 4～5 月迁来，9～10 月迁走，留鸟仅见于海南岛及云南南部。国外分布于印度、东南亚、菲律宾和印度尼西亚等地。

栖息地 主要栖息于海拔 1500 m 以下的山地开阔落叶林、阔叶林及针阔混交林，亦见于丘陵平原树林地带。迁徙季节也见于种植园、次生林、红树林及村庄周边开阔的矮树林，且活动海拔相对较低。

习性 常单独活动，多隐藏于高大乔木顶部的树枝间鸣叫，或穿梭于树干间，飞行姿势甚像雀鹰。鸣声清脆响亮，为三音节，繁殖期间几乎整天都能听到它的叫声，有时亦在夜间鸣叫。

食性 主要以昆虫为食，其中毛虫占多数，还包括蚱蜢、蟋蟀、甲虫、臭虫、蟑螂和蚂蚁，也吃蜘蛛、浆果和鸟蛋。

繁殖 繁殖期 4～7 月。寄生性鸟类，国内记录的寄主种类主要为噪鹛属鸟类，如画眉、白颊噪鹛 *Garrulax sannio* 等，也在矛纹草鹛、喜鹊巢中寄生繁殖。卵色有 3 种，分别为浅橄榄褐色、蓝色和白色，无斑点，卵大小为（24～29）mm×（17～20）mm。孵化期 13～14 天，育雏期约 19 天。

种群现状和保护 中国中部及南部的常见夏候鸟，种群数量较多。IUCN 和《中国脊椎动物红色名录》均评估为无危（LC）。被列为中国三有保护鸟类。

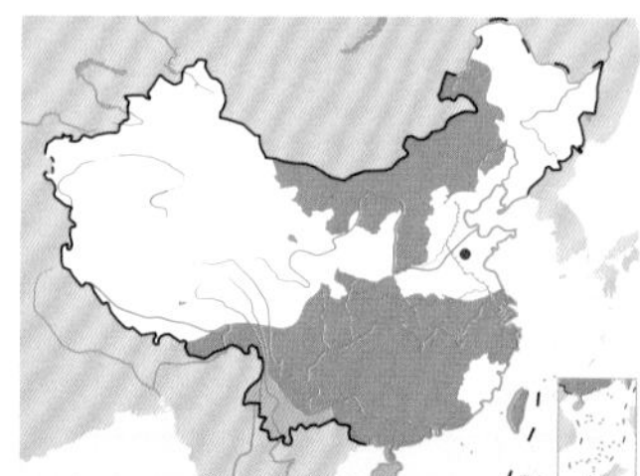

大鹰鹃。左上图沈越摄，下图孙庆阳摄

普通鹰鹃

拉丁名：*Hierococcyx varius*
英文名：Common Hawk Cuckoo

鹃形目杜鹃科

体长约 33 cm。头、颈、背及两翼灰色；颏黑色，喉白色，胸部浅棕色，腹部白色而有明显条带；尾具有 3～5 条显著黑色横斑。主要分布于印度和斯里兰卡等地，在中国分布于西藏东南部。留鸟，有些地区部分种群有随季节垂直迁徙的习性。栖息于半常绿林、人工林及园林中。巢寄生繁殖，寄主主要为噪鹛属鸟类。IUCN 和《中国脊椎动物红色名录》均评估为无危（LC）。被列为中国三有保护鸟类。

普通鹰鹃。左上图董文晓摄，下图董江天摄

北棕腹鹰鹃

拉丁名：*Hierococcyx hyperythrus*
英文名：Northern Hawk Cuckoo

鹃形目杜鹃科

体长 28～30 cm。头青灰色，颈部有一圈白色斑纹；从颏经胸部至腹部白色，有黑色纵条纹；两翼灰色沾棕色；尾羽有 3～4 条黑色横斑。主要分布于俄罗斯、朝鲜、韩国、日本、文莱、印度尼西亚、马来西亚、越南等地，在中国分布于东北、华北及华南地区。栖息于常绿阔叶林、半常绿林、落叶林、人工林及竹林中。巢寄生繁殖，寄主有云雀 *Alauda arvensis*、赤胸鸫 *Turdus chrysolaus*、蓝歌鸲 *Larvivora cyane*、黑喉石䳭 *Saxicola maurus* 等。IUCN 和《中国脊椎动物红色名录》均评估为无危（LC）。被列为中国三有保护鸟类。

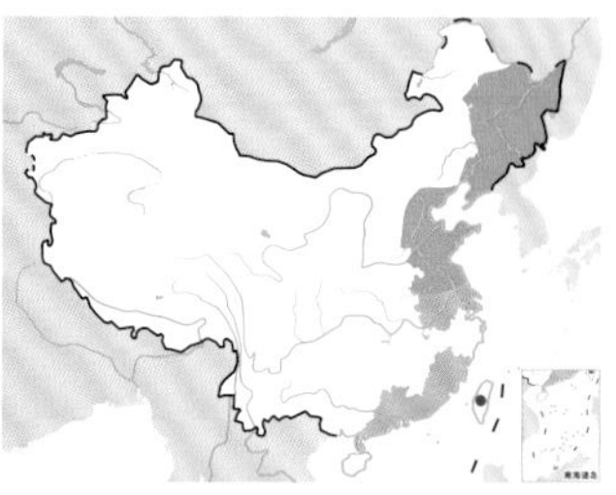

北棕腹鹰鹃。左上图甘礼清摄，下图董文晓摄

棕腹鹰鹃

拉丁名：*Hierococcyx nisicolor*
英文名：Whistling Hawk Cuckoo

鹃形目杜鹃科

体长 28～30 cm。头和上体青灰色；喉灰白色，胸、腹棕栗色，腹部以下白色；尾部具有黑褐色横斑。在国外主要分布于俄罗斯、朝鲜、日本、印度、缅甸、印度尼西亚、菲律宾等地，在中国分布于长江以南地区。巢寄生繁殖，寄主有海南蓝仙鹟 *Cyornis hainanus*、山蓝仙鹟 *C. banyumas*、小仙鹟 *Niltava macgrigoriae*、棕胸雅鹛 *Trichastoma tickelli* 等。IUCN 和《中国脊椎动物红色名录》均评估为无危（LC）。被列为中国三有保护鸟类。

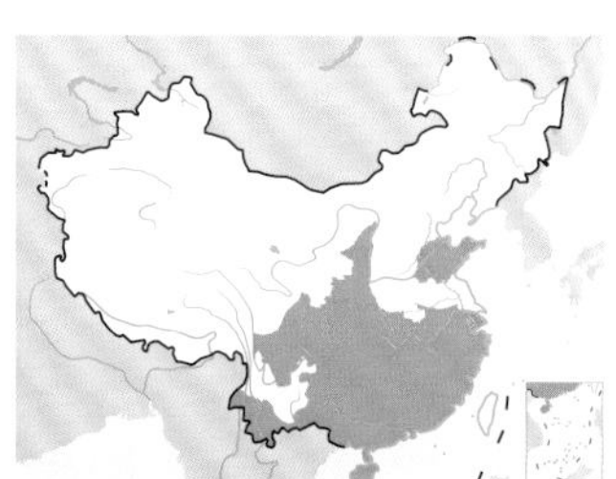

棕腹鹰鹃。左上图Rejaul Karim摄（维基共享资源/CC BY-SA 4.0）

小杜鹃

拉丁名：*Cuculus poliocephalus*
英文名：Lesser Cuckoo

鹃形目杜鹃科

形态 体长22～27 cm，体重40～59 g。外形与中杜鹃相似，但体形明显较小。前额经颈部至背部暗灰色，头两侧淡灰色；下背和翅上小覆羽灰色沾蓝褐色，飞羽黑褐色，初级飞羽具有白色横斑；腰至尾上覆羽蓝灰色；尾羽黑色，末端白色，沿羽干两侧呈互生状排列白色斑点，外侧尾羽内具有楔形白斑；颏灰白色，喉和下颈浅银灰色；腹部白色，具有较宽的黑色横斑；尾下覆羽沾黄色，具有稀疏的黑色横斑。

分布 在中国分布广泛，除新疆、宁夏和青海外，见于其余各地。在国外分布于日本、朝鲜、俄罗斯远东地区、印度、阿富汗、缅甸、中南半岛、马来西亚、印度尼西亚、斯里兰卡和非洲东南部等地。在中国内地主要为夏候鸟，仅在台湾岛和海南岛为留鸟，越冬在非洲东南部、印度南部、斯里兰卡和缅甸等地。每年4～5月迁来中国，9～10月迁走。

栖息地 主要栖息于海拔1200～3660 m的阔叶林、松林、次生林，有时亦见于村屯附近的疏林和灌木丛。

习性 常单独活动，性隐蔽，喜躲在茂密的林间鸣叫。繁殖期常在清晨和傍晚鸣叫，叫声频繁响亮，声似"阴天打酒喝喝—喝喝喝—"，不断重复，有时也在夜间鸣叫。在繁殖季无固定栖息点，常变换不同栖息地。

食性 主要以昆虫为食，尤喜食尺蠖科和夜蛾科的幼虫，也吃甲虫、螳螂及各种膜翅目昆虫成虫和幼虫，偶尔吃植物果实和种子。

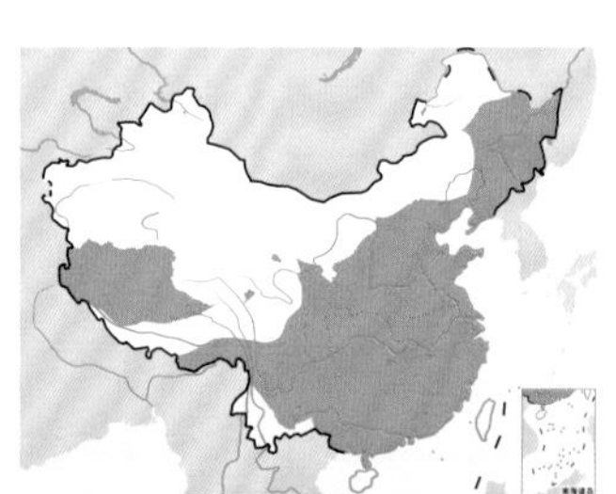

小杜鹃。左上图韦铭摄；下图为幼鸟向义亲乞食，杜卿摄

繁殖 繁殖季5～7月。巢寄生繁殖，寄主以树莺类为主，如短翅树莺 *Horornis diphone*、强脚树莺 *H. fortipes*、异色树莺 *H. flavolivaceus* 等，其他寄主主要包括鹎、鸦、朱雀、柳莺等类群。在中国，小杜鹃寄生强脚树莺的繁殖记录较多，其卵色与寄主的卵色均为咖啡色，区别仅在于小杜鹃卵略大于强脚树莺卵。此外，小杜鹃还产另一种色型的卵，为淡青色。卵大小约21 mm×16 mm。孵化期约14天。育雏期约15天。

种群现状和保护 冬季在非洲东部和斯里兰卡的越冬地区不常见，但夏季在中国局部地区种群数量丰富。IUCN和《中国脊椎动物红色名录》均评估为无危(LC)。被列为中国三有保护鸟类。

四声杜鹃

拉丁名：*Cuculus micropterus*
英文名：Indian Cuckoo

鹃形目杜鹃科

形态 体长32～33 cm，体重约119 g。前额暗灰色沾棕色，眼先淡灰色，头颈至颈部烟灰色，头侧灰色沾褐色；颏、喉、前颈及上胸淡灰色，颈基部两侧及下胸浅灰色，羽端浓褐色并具有棕褐色斑点，形成不明显的棕褐色半圆形胸环；背部、腰部、翅上覆羽和次级飞羽、三级飞羽浓褐色；初级飞羽黑褐色，内翈具有白色横斑，翼缘白色；中央尾羽棕褐色，具有宽阔的黑色近端斑，沿羽干及两侧具有棕白色斑块，羽缘微棕色；其余尾羽褐色，具黄白色横斑，羽干及两侧尾端和羽缘白色，沿羽干斑块较中央尾羽大而显著；腹部白色，具宽的黑色横斑，横斑间距较大；尾下覆羽污白色，羽干两侧具有黑褐色斑块。

分布 在国内除新疆、西藏和青海外，见于其余各地。国外见于俄罗斯东南部、朝鲜、印度、斯里兰卡、缅甸、泰国、菲律宾和印度尼西亚等地。在中国主要为夏候鸟，仅在云南南部及海南岛为留鸟，越冬于菲律宾和印度尼西亚。4～5月迁到中国境内繁殖，8～9月迁往越冬地。

栖息地 通常栖息于海拔2000 m以下的落叶阔叶林、次生林、低地疏林地带及村屯周边的林地，有时也见于海拔2800 m的生境。

习性 多单独或成对活动，从未见成群。飞行姿势似猛禽，为鼓翼飞行，鼓翅频率较快，飞行高度较低，飞行路线平直，边飞边鸣。有时鸣叫时俯首隆翅，翘起尾巴，常在电线上或树梢上作短暂停留。虽然经常在村屯周边活动，但行动极其敏锐和隐蔽，野外通常只闻其声不见其影。繁殖季节在黎明时鸣叫频繁，至天亮时达到高潮，有时亦在夜间鸣叫，鸣声高亢宏亮，多为四声一度，似"光—棍—好—苦"。通常在树林中上层觅食，偶见于地面觅食。

食性 主要以昆虫为食，尤其喜食毛虫，也吃其他昆虫如蝶、蛾、蜂、蝇、甲虫等，以及少量植物果实，如山楂果和松油果。

繁殖 繁殖期5～7月。巢寄生繁殖，在中国的寄主种类包

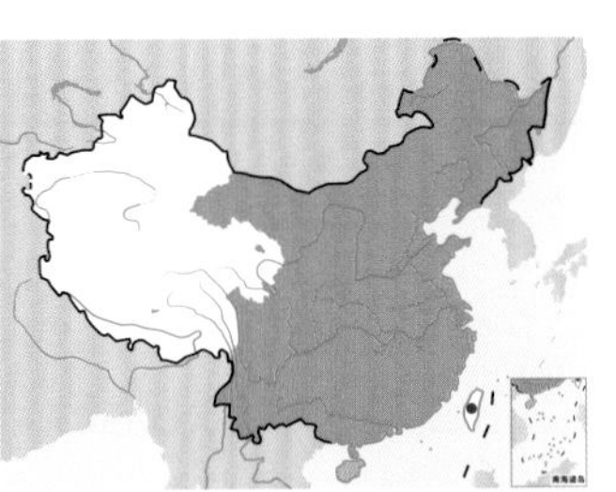

四声杜鹃。左上图为雄鸟，刘松涛摄；下图为雌鸟，沈越摄

括灰喜鹊 *Cyanopica cyanus*、东方大苇莺 *Acrocephalus orientalis*、白头鹎 *Pycnonotus sinensis*、黑卷尾 *Dicrurus macrocercus*、乌鸫 *Turdus merula*、黑喉石鹏 *Saxicola torquata*。卵灰白色，微带红棕色斑点，大小约为 25 mm × 19 mm。印度曾记录到四声杜鹃的蓝色卵型。孵卵期约 12 天。

种群现状和保护 在中国分布广泛，种群数量较多，IUCN 和《中国脊椎动物红色名录》均评估为无危（LC）。被列为中国三有保护鸟类。

中杜鹃

拉丁名：*Cuculus saturatus*
英文名：Himalayan Cuckoo

鹃形目杜鹃科

形态 体长 32～33 cm，体重 73～139 g。前额至颈部灰褐色；喉部及上胸灰色；下胸及腹部白色，具有宽的黑褐色横斑；背部、腰部及尾蓝灰褐色；两翼暗褐色，翅上小覆羽略沾蓝色，初级飞羽内 具有白色横斑；中央尾羽黑褐色，羽轴辉褐色，羽端微白色，羽轴两侧具有小白斑；外侧尾羽褐色，羽轴两侧亦有白斑，端缘白斑较大；虹膜黄色，嘴浅灰色，下嘴灰白色，嘴角黄绿色；脚橘黄色，爪黄褐色。

分布 在国内分布于北京、天津、河北、山东、山西、陕西、云南、四川、重庆、贵州、湖北、湖南、安徽、江西、江苏、上海、浙江、福建、广东、香港、澳门、广西和海南等地。国外见于喜马拉雅山脉南麓、印度东北、东南亚各国和澳大利亚北部。在中国主要为夏候鸟，4～5 月迁来，9～10 月迁走。越冬于中南半岛、东南亚及澳大利亚北部和东部的沿海地区。

栖息地 主要栖息于海拔 1500～3300 m 针叶落叶混交林、落叶松针叶林带、灌木丛、近溪流的亚热带森林，偶见于丘陵平原地带，而在中国西南地区则见于海拔 4500 m 的水青冈林。在国外的越冬地则见于原始林、次生林、花园、种植园、偶见于沼泽和红树林。

习性 通常单独或成对，性隐匿，繁殖季鸣声频繁，常在密林间不断鸣叫，反复不断地重复单调的鸣声，常只闻其声不见其影。主要在树林中上层觅食，偶尔会到地面来活动，有时会站在电线上搜寻食物，但通常不会待太长时间。

食性 主要以昆虫为食，包括毛虫、蚱蜢、蟋蟀、甲虫、蝉、螳螂、竹节虫、苍蝇、黄蜂、蚂蚁，也吃少量植物果实和嫩芽，在寄生的过程中也会吃寄主巢内的卵或雏鸟。

繁殖 繁殖期 5～7 月。巢寄生繁殖，寄主以柳莺属 *Phylloscopus* 鸟类为主，在中国的寄主种类包括灰背燕尾 *Enicurus schistaceus*、领雀嘴鹎 *Spizixos semitorques*、暗绿绣眼鸟 *Zosterops japonicus*、冠纹柳莺 *Phylloscopus reguloides*、棕腹柳莺 *P. subaffinis*、强脚树莺和黄喉鹀 *Emberiza elegans*。通常只在每个寄主巢内产 1 枚卵。卵为白色带红褐色细斑点，大小为 (20～25.4) mm × (12～16.2) mm。雏鸟裸露无羽，从 3～4 日龄开始，嘴黄色，嘴基内侧显现黑色三角形块斑。雏鸟也具有拱蛋行为。

种群现状和保护 在中国分布较广泛，种群数量相对较多，许多地方的种群数量依赖于当地的寄主数量，IUCN 和《中国脊椎动物红色名录》均评估为无危(LC)。被列为中国三有保护鸟类。

中杜鹃。左上图为雄鸟，刘璐摄；下图为棕色型雌鸟，杜卿摄

东方中杜鹃

拉丁名：*Cuculus optatus*
英文名：Oriental Cuckoo

鹃形目杜鹃科

形态 体长 22～34 cm，外形与中杜鹃相似。前额至颈部灰褐色；背、腰至尾部蓝灰褐色，但颜色较中杜鹃更淡；上胸银灰色，下胸及两胁白色，腹部白色沾棕色，横斑较细，宽约 2 mm；翅暗褐色。虹膜黄色。爪黄褐色。

分布 分布于俄罗斯远东地区、中国、朝鲜、日本等地区，在中国主要分布于黑龙江、吉林、辽宁、内蒙古、新疆、台湾等地。在中国为夏候鸟，繁殖于中国北部，迁徙经长江下游至福建、广西、台湾和海南等地。

栖息地 栖息于针叶林、阔叶林及针阔混交林中，偶尔也出现于人工林和林缘地带。

习性 喜欢单独或成对活动，常站在密林中鸣叫。

食性 主要以鳞翅目幼虫和鞘翅目昆虫为食。

繁殖 繁殖期 5～7 月。巢寄生繁殖，寄主有黑喉石䳭、白喉短翅鸫 *Brachypteryx leucophris*、淡眉柳莺 *Phylloscopus humei*、淡脚柳莺 *P. tenellipes*、冕柳莺 *P. coronatus*、白鹡鸰 *Motacilla alba*、黄腹山鹪莺、红头穗鹛 *Cyanoderma ruficeps*。卵颜色常随寄主卵色变化，卵大小约为 22 mm × 13 mm。孵化期 11 ～ 12 天。雏鸟孵出后会将巢内其他雏鸟拱出巢外。

种群现状和保护 IUCN 和《中国脊椎动物红色名录》均将估为无危（LC），被列为中国三有保护鸟类。

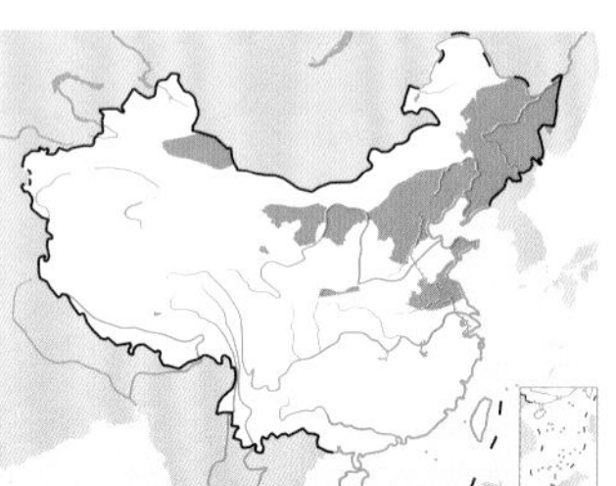

东方中杜鹃。左上图为雄鸟，宋丽军摄；下图为雌鸟，张永摄

大杜鹃

拉丁名：*Cuculus canorus*
英文名：Common Cuckoo

鹃形目杜鹃科

形态 体长 32～34 cm，体重 114～133 g。前额浅灰褐色，头顶至颈部暗银灰色；颏、喉、上胸及头侧、颈侧淡灰色；背部暗灰色，腰及尾上覆羽蓝灰色；下体白色，具有黑褐色细窄横斑，宽度约 1～2 mm，间距 4～5 mm，尾下覆羽横斑逐渐变细而疏；两翅内侧覆羽暗灰色，外侧覆羽和飞羽暗褐色；初级飞羽内翈近羽缘处具白色端斑，翅缘白色，具暗褐色细斑纹；中央尾羽黑褐色，羽轴纹褐色，沿羽轴两侧伴有白色细小斑点，末端有白色先端；尾羽具有白色端斑。虹膜黄色。嘴黑褐色，下嘴基部近黄色。

分布 广泛分布于北极圈以外的整个亚洲、欧洲和非洲。在中国分布遍及全国，夏季国内各地均可见。在中国几乎全为夏候鸟，极少地区为过境鸟，越冬于中南半岛和非洲大部分地区。

栖息地 主要栖息于海拔 2000 m 以下的丘陵地带的开阔林地、常绿落叶阔叶混交林、次生林、灌丛、草地、江口河海沿岸的大片芦苇地、沼泽荒野，有时也见于农田和居民区附近的林地。喜马拉雅山脉的种群分布可至海拔 3800 m 左右。

习性 性隐蔽而胆怯，平时多单个活动，常匿藏于茂密多叶的树林中鸣叫，只闻其声不见其影，有时连续鸣叫长达 20 多分钟，但夜间或拂晓很少听到。鸣叫时头多向前伸，尾羽散开上翘。繁殖期间尤喜鸣叫，常站立在高枝端鸣叫不止，叫声高亢宏

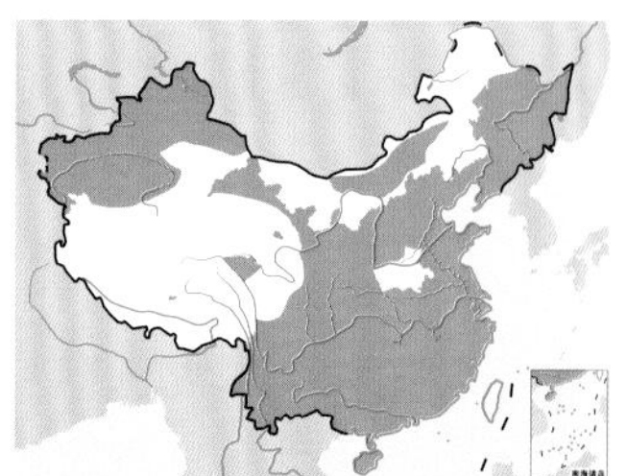

大杜鹃。左上图为雄鸟，彭建生摄；下图为雌鸟，沈越摄

棕色型大杜鹃雌鸟。沈越摄

亮，似“布谷——布谷——”的单调声音，每分钟可反复20余次。飞行快速而有力，常呈直线飞行，两翅上下鼓动，然后展翅滑翔20～30秒。

食性 主要以昆虫为食，尤其喜食毛虫，也吃蜻蜓、蜉蝣、蝉、蜘蛛、蜗牛和少量植物果实，有时会吃小型鸟类的卵和雏鸟。刚迁至北方繁殖地的种群在天气较冷时也会以甲虫为食。

繁殖 繁殖季5～7月。典型的巢寄生鸟类，同时也是寄主种类最多的寄生性杜鹃，其寄主种类可达125种以上。寄主多以小型雀形目鸟类为主，如东方大苇莺、灰喉鸦雀、北红尾鸲 *Phoenicurus auroreus* 等，有时也会寄生如灰喜鹊等体形相对较大的鸟类。大杜鹃于6月初开始配偶，但配偶通常不固定。交配前，雄鸟与雌鸟通过相互求偶的鸣声找到对方，有时雌鸟在树上鸣叫，引诱雄鸟前来交配；有时雄鸟停在树上鸣叫，雌鸟闻声飞来，雄杜鹃迅速飞迎，雌杜鹃边飞边发出“谷——嘎——嘎”的叫声。待雌鸟停于树上后，雄鸟即落其背上进行交配，2～3秒钟即结束，然后双双飞去。

大杜鹃雌鸟在产卵前，首先会观察清楚寄主鸟类的巢位——观察活动由雌鸟单独进行，未见雄鸟协助。产卵前3天左右，常飞到寄主鸟类的巢区附近确认巢位并进入巢中进行查巢，以确认寄主是否已经开始产卵。通常进入巢内停留3～5秒，其余时间多停留在离寄主巢不远的树冠或电线上对寄主巢进行监视。产卵前大杜鹃先飞到预先认定的寄主巢旁，停落在距巢位5～7 m远的树冠上观望。此时会立即遭到寄主的极力驱赶，但大杜鹃不为所动，既不逃离也不反击，反而逐步接近巢位，最后不顾寄主的驱赶而侵入寄主巢内卧伏，有时卧伏时间长达40分钟，即使寄主在巢外嘶鸣驱赶，大杜鹃赖卧不睬，最终将卵产于寄主巢内。但多数时候，大杜鹃会在寄主的产卵期偷偷潜入产下寄生卵；或在侵入寄主巢区时，有的寄主鸟类受惊飞离，大杜鹃便趁机将卵产于巢内。为了保证寄生成功，大杜鹃有补产卵的现象，一只雌性大杜鹃在一个繁殖期内可产20多枚卵。

大杜鹃的卵色多变，寄生在东方大苇莺巢中的卵多与寄主卵相似，为灰白色底密布棕褐色斑点；寄生在灰喉鸦雀巢中的卵则具备白色和蓝色两种色型；而寄生在北红尾鸲巢中的卵则为白色或淡蓝色带灰色斑点。寄生在东方大苇莺巢中的卵重约4.4 g，大小约为18 mm × 24 mm，一般较寄主卵大；寄生在灰喉鸦雀巢中的卵重约2.6 g，大小约为20.8 mm × 16.2 mm。大杜鹃卵的孵化期为10～13天，一般较寄主卵先孵化出来，孵出的雏鸟在巢内不停地活动使巢内温度难以保持，再加上刺激寄主外出觅食来不及孵卵，致使寄主卵受热不均，孵化率低。大杜鹃雏鸟出壳2～3天后，便会将东方大苇莺的卵和雏鸟推出巢外，使得自己独享义亲的抚育。育雏期28～30天。

种群现状和保护 分布遍及欧、亚、非三大洲，种群数量较多，IUCN和《中国脊椎动物红色名录》均评估为无危（LC）。被列为中国三有保护鸟类。

鸻鹬类

- 鸻鹬类指鸻形目中的中、小型涉禽，包括14科226种，中国有9科31属79种，个别种类出现在森林中
- 鸻鹬类大多雌雄相似，繁殖期羽色较非繁殖期艳丽
- 鸻鹬类主要以小型无脊椎动物为食，大多栖息于各种浅水湿地及其周边环境，但有的种类也进入林缘和森林地带
- 鸻鹬类大多为单配制，雌雄共同参与孵卵和育雏

类群综述

鸻鹬类是指鸻形目（Charadriiformes）中的中、小型涉禽，包括鸻科（Charadriidae）、鹬科（Scolopacidae）等14个科共226种，分布于除南极洲外的世界各地。中国有9科31属79种，其中在森林中出没的主要是鸻科和鹬科的个别种类。

鸻科可分为两个区别明显的亚科，即鸻亚科和麦鸡亚科。近半数的鸻亚科种类繁殖于北半球高纬度地区，但在北半球的冬季迁徙至南半球，有些种类会完成鸟类中最遥远的迁徙之一。而分布于热带和温带地区的许多种类为定栖性，只做局部性迁移。不同种类的麦鸡类迁移模式各不相同。大部分种类分布于热带和亚热带，为定栖性，或者只根据季节性降雨模式做局部的季节性迁移。而一些生活在北半球的种类，繁殖于高纬度地区，非繁殖期均往南迁徙。

鹬科鸟类则多数为候鸟，大部分种类在北半球尤其是环北极地带繁殖，只有少数在非洲和南美洲的热带地区繁殖。有些种类，如矶鹬 *Actitis hypoleucos* 等，会单独或成小群迁徙，但大部分种类集体迁徙，规模一般为数百只。

鸻鹬类的栖息范围很广泛，从海岸的潮汐线到高于林木线的草地等都分布着各种不同的种类，大多喜欢在比较开阔的空间中活动。虽然都属于涉禽类，但事实上鸻科鲜有种类会涉水觅食，大多数种类都是沿着水域岸边寻找食物。还有很多种类，特别是许多麦鸡类一般远离海岸线，主要在内陆的湿地、苔原或草地上觅食，一些种类还学会了利用牧场、耕地等，甚至在林缘地带活动，如灰头麦鸡 *Vanellus cinereus* 等。而鹬科鸟类虽然主要栖息于海岸、湖滨、河滩、沼泽等湿地环境，但也有一些种类见于森林地带，如林鹬 *Tringa glareola*、孤沙锥 *Gallinago solitaria*、丘鹬 *Scolopax rusticola* 等，是名副其实的森林鸟类。

形态　在鸻鹬类中，鸻亚科的种类体长14～31 cm，体重30～250 g；麦鸡亚科的种类体形更大一些，体长25～41 cm，体重150～400 g；鹬科鸟类体形变化范围更大，体长13～66 cm，体重18～1040 g。

鸻类一般雄鸟略大于雌鸟。两性羽色相似，但雄鸟会比雌鸟羽色鲜艳一些。许多鸻亚科种类在繁殖期会换上缤纷亮丽的体羽，而非繁殖期羽色为灰色和褐色。相比之下，另外一些鸻亚科种类和大多数麦鸡亚科种类的成鸟全年都保持简单但醒目的着色模式。其中，麦鸡亚科的成员一般有明显的黑白斑纹，尤其在翅、尾和头部，但幼鸟羽色普遍暗于成鸟。

鹬类两性羽色相似。上体羽色多较淡而富有条纹，主要呈带斑纹的褐色和灰色；下体为浅色。这些斑纹能起到保护色的作用。也有许多种类在繁殖期羽色比较鲜艳，这时雌雄羽色也会有所不同。

栖息地　鸻类栖息于海滨、湖畔、河边等水域浅水地带及其附近沼泽、草地和苔原等地带，有些种类也大量栖息于耕地中，也出现在空旷的林缘地带。

对迁徙性种类而言，繁殖期与非繁殖期所生活的环境是不一样的。大部分鸻类在北半球高纬度地区（包括北极苔原）繁殖，营巢地可能在海滩上，或者多砾石的河边和湖边，也有可能不在水域边上。

左：鸻鹬类为中、小型涉禽，大多栖息于各种浅水湿地及其周边环境，但有的种类也进入林缘和森林地带。图为在林中溪流边休息的孤沙锥。何屹摄

而很多种类的非繁殖环境一般为与鹬类共享的潮汐海岸，但它们也经常在农田中觅食。

鹬类繁殖期主要栖息于湿地、草地、沙地等环境中，主要在苔原、北温带北部林区和温带地区，许多种类青睐临时性的池塘和雪化后的苔原地区。迁徙和越冬时栖息于海滨、海湾、湖畔、河边、沼泽，特别是沿海的咸水沼泽滩涂、山区的高沼地等湿地，有些种类也会前往内陆的淡水水域、牧场或多岩石的岸滩。也有一些种类喜欢在阔叶林、混交林、竹林和林缘灌丛等森林地带活动，特别是森林中的河流、水塘岸边以及林中和林缘的沼泽地上。

习性 喜集群，除繁殖期外常成群活动。鸻类行走轻快敏捷，常不停的在河边地上来回奔跑，飞行快而有力，鹬类尤其善于长途飞行。

食性 食物主要为水边小型无脊椎动物，如甲壳动物、环节动物、蠕虫、软体动物、昆虫以及蜘蛛等。此外，有时也会吃一些浆果等植物性食物。

鸻鹬类常集群觅食，在沿海滩涂一带，常见有多达上万只的鹬类，在潮退时遍布泥滩、沙滩和堤岸上忙于觅食的景象。当潮水上涨、觅食地开始受淹，它们便逐渐集中在一起，形成大的群体。潮退后，这些鸟又纷纷回到岸边，开始新一轮的觅食。当潮水处于高位期间，它们就不得不前往海拔相对较高的咸水沼泽地或耕田中去觅食。

鸻类的觅食方式相当统一，通常先站立观望，然后跑动出击追逐猎物，然后继续站立观望。这种“观望—跑动—啄食—暂停—观望—跑动—啄食”的循环觅食行为模式十分典型。大多数种类主要依赖于视觉觅食，因而更倾向于昼间觅食，只有在必要时才会夜间出动。大部分种类基本上为机会主义觅食者。在岸边觅食的鸻类会将从水面上捕获的无脊椎动物带到岸上进食。大多数猎物会被整个吞下，但大的蟹类则先被拖至干燥的地方，撕裂后再食入。

不同于主要依赖于视觉觅食的鸻类，鹬类觅食不仅利用视觉，也依赖它们喙部极其敏锐的触觉。觅食表层食物时一般使用视觉来定位，但对于那些在表层下面的食物则通过触觉来探觅。觅食时，位于头顶的眼睛可获得宽阔的视野，这一特点在丘鹬身上体现得尤为明显——它们具有全方位的视野。大部分鹬类在繁殖期的主要食物为双翅目昆虫，特别是大蚊和蠓等，有时也会摄取一些植物性食物。沙锥和丘鹬类善于从潮湿的土壤中捕食寡毛类环节动物，其中沙锥从沼泽地中获取，丘鹬则从潮湿的林地中觅得。

繁殖 鸻鹬类的繁殖和求偶行为既有复杂的空中炫耀，也有一系列的地面炫耀。空中炫耀包括在领域上方进行壮观的空中表演，会做扇翅翻转飞行，地面炫耀则包括奔走、折翅、举翅、扇尾、弯身、

左：鸻鹬类主要在水边捕食各种的小型无脊椎动物，但在森林地带出没的鸻鹬类则更多从林中潮湿的土壤中或林缘草地上捕取猎物。图为捕食昆虫的灰头麦鸡。徐永春摄

屈膝等。炫耀的同时会伴以各种鸣声，包括悦耳动听的颤音鸣啭。扇尾沙锥 *Gallinago gallinago* 精彩的空中“击鼓”炫耀非常有名：呈 45° 向下俯冲，尾部则呈扇形展开，2 枚外侧尾羽相当于不对称的叶片，前缘为细条状，当速度达到 65 km/h 时，流经这些羽毛的空气使之产生振动，发出类似击鼓的回声。这种击鼓炫耀基本上由雄鸟完成，雌鸟只在繁殖初期才有可能做。

鸻类尤其是麦鸡类，在巢周围富有攻击性，会发出响亮的鸣叫，并冲向入侵者。此外，假装受伤以分散掠食者注意力的行为也很常见。

在北极繁殖的种类会成对到达繁殖地，或抵达后 2～10 天内就迅速结成配偶。在温带繁殖的种类繁殖期相对较长，个体可能会单独在繁殖地度过数周再开始营巢。大部分种类在繁殖初期具有很强的领域性。一对配偶在适宜的栖息地会单独繁殖或结成松散的繁殖群，紧邻的成对配偶之间会维护各自的领域，巢距可保持在 4～150 m。

鸻类的巢通常为露天光秃地面上的一个简易浅坑，一面涂以泥浆，有时衬以些许草、细贝壳或石子。鹬科大部分种类则营巢于干燥地面的植被丛中，以便更好地隐藏起来，极少数筑于树上或洞中。白腰草鹬 *Tringa ochropus*、褐腰草鹬 *Tringa solitaria* 和林鹬有时将卵产于鸣禽在树上或灌木中的弃巢里。

鸻鹬类窝卵数 2～6 枚，卵为椭圆形至梨形，颜色具隐蔽性，带有各种深色斑纹或斑点。产卵间隔为 1～2 天，卵产齐后才开始孵卵。雌雄亲鸟共同孵卵，但有的分工各异，孵化期为 18～38 天。

雏鸟早成性，一出壳便具活动能力。其绒羽具有隐蔽性，待绒羽干后，一般由双亲照看，被带到合适的觅食地。在斑胸滨鹬 *Calidris melanotos* 和弯嘴滨鹬 *Calidris ferruginea* 中，只有雌鸟育雏；半蹼鹬 *Limnodromus semipalmatus* 与众不同，为雌鸟孵卵，雄鸟看雏；在扇尾沙锥中，雌雄鸟会将孵化的雏鸟分成两部分，各带一半；而丘鹬和红脚鹬 *Tringa totanus* 可能会在飞行时带上它们的雏鸟，夹于两腿之间。雏鸟飞羽长齐、能够飞翔的时间从较小种类的 16 天左右至大型杓鹬类的 35～50 天。有些种类第 1 年便性成熟，也有的需要至第 2 年或更晚。

孤沙锥
Gallinago solitaria

灰头麦鸡
Vanellus cinereus

丘鹬
Scolopax rusticola

林鹬
Tringa glareola

灰头麦鸡

拉丁名：*Vanellus cinereus*
英文名：Grey-headed Lapwing

鸻形目鸻科

形态 雄鸟体长 32～35 cm，体重 247～280 g；雌鸟体长 34～36 cm，体重 236～413 g。繁殖羽头、颈、胸部为灰色，胸下紧连一黑色横带，后颈缀有褐色；背部、两肩、腰部、两翅小覆羽和三级飞羽淡褐色，具金属光泽；腰部两侧、尾上覆羽和尾羽白色，除最外侧一对尾羽全为白色、次外侧一对尾羽具黑色羽端外，其余尾羽均具宽阔的黑色亚端斑和窄狭的白色端缘。非繁殖羽头、颈部大多为褐色；颏、喉白色，黑色胸带部分不清晰。虹膜红色。嘴黄色，尖端黑色。眼前肉垂和脚黄色，爪黑色。

分布 在国内除新疆和青藏高原腹地外各地均有记录，其中繁殖于东北地区，也偶见在其他地区繁殖；部分越冬于云南、贵州、广西、广东和香港等地；迁徙时经过辽宁西南部、河北、山东、长江中下游一带，以及云南、贵州、四川、香港和台湾地区。在国外繁殖于朝鲜、日本，越冬于日本南部、印度、泰国和马来西亚等东南亚国家。

栖息地 主要栖息于低山、丘陵以及平原地区的湖泊、河边、溪流、水塘、水库等水域沿岸的浅滩、芦苇沼泽地及其附近的草地上，也到农田和林缘地带活动。

习性 迁徙到繁殖地时多为分散的小群，每群 2～3 只或 5～6 只，个别的大群多达 20 余只。性情机警，经常隐匿在水边及草丛之中，也喜欢长时间站在水边裸露草地或田埂上休息。飞行方式为鼓翅飞行，常成双成对地飞入空中，盘旋一会后再落下，飞行速度较慢。也常在草地、农田里奔跑，有时相互追逐。有时还经常和凤头麦鸡一起活动。

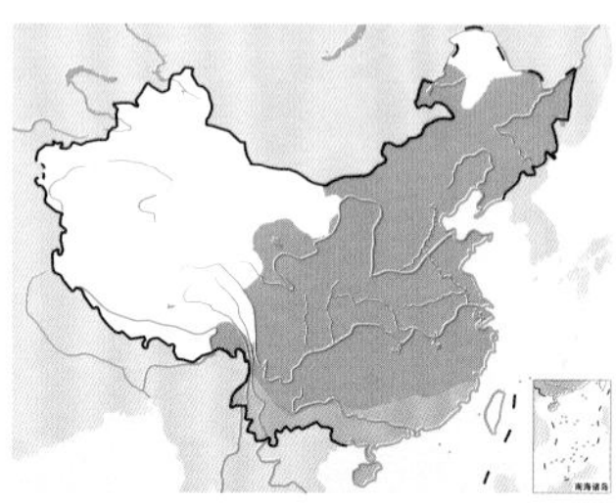

灰头麦鸡。左上图沈越摄，下图赵纳勋摄

坐巢孵卵的灰头麦鸡。杨贵生摄

食性 主要啄食鞘翅目和直翅目昆虫，其中大部分是农业害虫。也吃水蛭、蚯蚓、软体动物和植物叶及种子。

繁殖 繁殖期 5～7 月。一雄一雌制。

成对营巢于水域附近草地干地或盐碱地上。巢甚简陋，多利用天然的浅凹坑，内无任何铺垫，或仅垫以薹草草茎和草叶即成。巢的大小为外径 18～20 cmm，内径 10～15 cm，深 1～4 cm。每窝产卵 4 枚，卵梨形或尖椭圆形，米灰色、黄绿色、土黄色或橄榄绿色，被有黑褐色斑点，钝端斑块较大，尖端斑块较小。卵大小为（32～34.2）mm ×（41～46.2）mm，重 22～24 g。卵在窝中常呈尖端在内、钝端在外、尖端对尖端的十字形排列。每年产一窝卵。巢筑好后便开始产卵，日产一枚，一般在上午 11 时以前产卵，一窝卵连续产完，卵产齐后当日即开始孵卵。孵卵由雌雄亲鸟轮流承担，孵化期 27～30 天。亲鸟在孵卵期间每日离巢 4～6 次。相比阴天和雨天，晴天离巢次数和离巢时间最少。

亲鸟在繁殖期间恋巢性较强，警惕性也比较高，离巢或返巢时，总是先落在距巢较远的田野或滩地，然后弯弯曲曲地绕道归巢或离巢。雌鸟在巢中孵卵时，雄鸟不远离巢区，一般在距巢 30～50 m 的距离警戒。当有喜鹊、秃鼻乌鸦等鸟类进入巢区时，雄鸟惊鸣报警，并主动与入侵者进行搏斗，雌鸟有时也离巢配合雄鸟参与打斗。赶走入侵者后，雌鸟迅速归巢，雄鸟还要在巢上空飞鸣 15～20 分钟后，才降落于田野上，并不断进行了望、奔跑等活动。再经过 20～30 分钟，才逐渐平静下来。有时担任警戒的亲鸟还在距巢 40～70 m 的地方伏卧在草丛中不动，造成一种孵卵的假象。

雏鸟早成性。卵从啄孔到出壳需历时 2～3 天。亲鸟通常会在雏鸟孵出后立即将卵壳衔到巢周围的水域中。

刚孵出的雏鸟全身被绒羽，羽毛湿润，不能站立。出壳15分钟后，就会排出黑色粪便和白色尿液；20分钟后躯干部能够撑起，但跗跖及趾不能伸直；1小时后，跗跖暂时能支撑身体。雏鸟孵出后的第2天即能行走，甚至能够快速地奔跑，但还需要亲鸟哺育2～3天，之后即能跟随亲鸟活动于田野、草滩觅食，不再归巢。

种群状态与保护 IUCN和《中国脊椎动物红色名录》均评估为无危（LC）。中国野外种群数量较少，不常见。被列为中国三有保护鸟类。它们的雏鸟成活率较低，主要原因是由于巢筑于芦苇沼泽地的草丛及盐碱地一带，经常有大群牲畜吃草和饮水，捕鱼的生产活动也较为频繁，使它们的巢被踏坏，卵被踢碎，还有的卵还被牧童及渔民拣走，从而导致繁殖失败，野外数量下降。因此，需要加强对灰头麦鸡营巢环境的保护工作。

丘鹬

拉丁名：*Scolopax rusticola*
英文名：Eurasian Woodcock

鸻形目鹬科

形态 雄鸟体长34～42 cm，体重237～336 g；雌鸟体长32～38 cm，体重205～308 g。前额灰褐色，杂有淡黑褐色及赭黄色斑；自嘴基至眼有一条黑褐色条纹；头顶和枕绒黑色，具3～4条不甚规则的灰白色或棕白色横斑，并缀有棕红色；上体锈红色，杂有黑色、黑褐色及灰褐色横斑和斑纹；尾羽黑褐色，具锈红色锯齿形横斑，羽端表面淡灰褐色，下面白色；颏、喉白色；其余下体灰白色，略沾棕色，密布黑褐色横斑。虹膜深褐色。嘴蜡黄色，尖端黑褐色。脚灰黄色或蜡黄色。

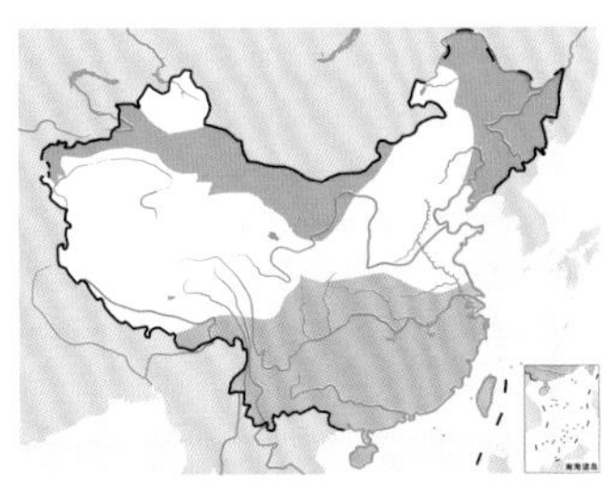

丘鹬。左上图张明摄，下图冯立平摄

分布 在国内分布于全国各地，其中繁殖于新疆西部、黑龙江、吉林、河北和甘肃等地，越冬于西藏南部、云南、贵州、四川和长江以南地区，包括海南、香港和台湾等地。在国外繁殖于欧亚大陆一带，越冬于非洲北部、印度、中南半岛、日本，偶尔到菲律宾等地。

栖息地 栖息于阴暗潮湿、林下植物发达、落叶层较厚的阔叶林和混交林中，有时也见于林间沼泽、湿草地和林缘灌丛等地带。

习性 常单独或成对生活，性情孤独，不喜集群。多夜间活动。白天隐伏不出，机警隐蔽。夜晚和黄昏才到附近的湖畔、河边、稻田和沼泽地上觅食。除繁殖期黄昏时能看到它们在森林上空的求偶飞行外，一般白天很难见到。受惊时被迫从地面惊起，也常常只飞很短距离就又落入草丛或灌丛中隐伏不出。

行走时一步一伸头，左顾右盼。飞行时嘴朝下，飞行快而灵巧，能在飞行中不断变换方向穿梭于森林中，但身体有时摇晃不定。

相对较大的眼睛与其对夜行习性的适应有关，夜间瞳孔扩散较大，有利于适应暗环境。眼的位置也较特殊，近头顶及后方，视野宽广。

食性 主要以鞘翅目、双翅目、鳞翅目等昆虫及其幼虫，以及蚯蚓、蜗牛、蚂蝗等小型无脊椎动物为食，有时也吃泽蛙等小型脊椎动物，以及植物的根、浆果和种子等。

多在晚上、黎明和黄昏，觅食于潮湿泥松的地方，很少到干旱之地，天寒地冻时常在河沼水边觅食。觅食时用长嘴插入潮湿泥土中，有时头稍左右旋动钻探而入，探觅蠕虫、蚯蚓和昆虫幼虫，啄住猎物后以韧劲逐渐拉出。也善于直接在地面啄食。

繁殖 繁殖期5～7月。通常在夜间迁徙到达繁殖地，不久雄鸟即开始求偶飞行。通常多在黎明和傍晚，当太阳没落后或升起前，雄鸟即在森林上空振翅飞翔，并发出婉转多变的鸣声向雌鸟求爱，然后落到地上进行交配。交配后雄鸟即和雌鸟待在一起，直到雌鸟开始孵卵。

营巢于阔叶林和针阔叶混交林中，多在林下灌木或草本植物发达，或有小块沼泽湿地和有灌木覆盖的潮湿悬崖边上筑巢。巢通常置于灌木或树桩下和倒木下，也常置巢于草丛中。巢由雌鸟建造，通常利用小灌木旁的枯枝落叶作巢基，扒成一圆形小坑，然后铺垫以干草和树叶即成。巢的直径为15cm左右。每窝产卵3～5枚。卵梨形或椭圆形，赭色或暗沙粉红色，被有锈色或暗棕红色斑点。卵的大小为（42～44）mm×（31～34）mm。雌鸟孵卵，孵化期22～24天。

种群状态与保护 IUCN和《中国脊椎动物红色名录》均评估为无危（LC）。在中国分布范围虽然比较大，但种群数量不多，需要进行严格保护。被列为中国三有保护鸟类。

孤沙锥

拉丁名：*Gallinago solitaria*
英文名：Solitary Snipe

鸻形目鹬科

形态 雄鸟体长 30～32 cm，体重 130～148 g；雌鸟体长 27～31 cm，体重 126～159 g。头顶黑褐色，具白色中央冠纹和淡栗色斑点；头侧和颈侧白色，具暗褐色斑点；从嘴基到眼有一条黑褐色纵纹；眉纹白色；后颈栗色，具黑色和白色斑点；上体黑褐色，满杂以白色和栗色斑纹和横斑；翕黑褐色，具白色斑点；肩外缘白色；尾较圆，3 对中央尾羽黑色，具棕色或淡栗色亚端斑和皮黄白色端斑，其间有一细的黑线将两者隔开；外侧尾羽较狭窄，基部黑褐色，羽端皮黄白色或白色，具黑白相间横斑；颏、喉白色；前颈和上胸为栗褐色，具细的白色斑纹；其余下体白色，下胸具淡色横斑，两胁具黑褐色横斑。虹膜黑褐色。嘴铅绿色，尖端黑色，下嘴基部黄绿色。脚和趾黄绿色。

分布 在国内分布于新疆西部、西藏、青海、云南、黑龙江、吉林、辽宁、河北、北京、天津、山东、山西、陕西、内蒙古、宁夏、甘肃、四川、重庆、贵州、湖北、湖南、安徽、江西、江苏、上海、福建、广东、广西等地，其中繁殖于新疆、青海、甘肃、内蒙古东北部、黑龙江和吉林等地，越冬或迁徙于河北、山西、陕西、山东、湖南、四川、西藏、云南、江苏、广东和香港等地。在国外繁殖于亚洲中部和东部以及喜马拉雅山地区，部分种群冬季迁徙到伊朗、缅甸、印度和日本等地。

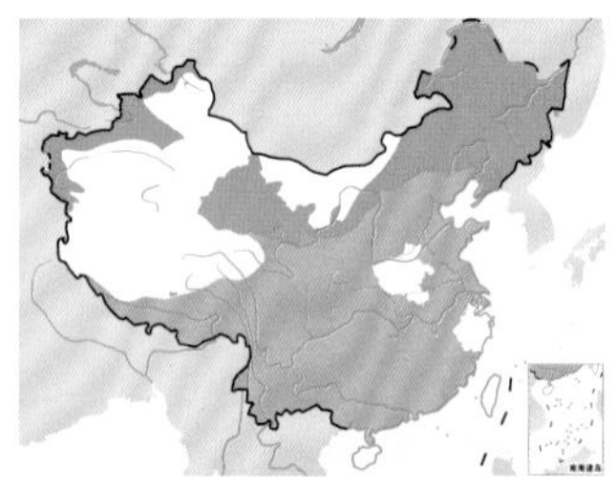

栖息地 栖息于山地森林中的河流与水塘岸边以及林中和林缘沼泽地上。迁徙和越冬期间也常出现在不冻的水域、水稻田和海岸地区。在长白山可沿溪流活动到海拔 1800 m 的森林上缘地区；在喜马拉雅山甚至进入海拔 5000 m 的高山地带活动。

习性 常单独活动，也不与其他鹬类或沙锥类为伴。受干扰时常常蹲伏于地上，危急时也会起飞，但飞行显得比较慢而笨重，常常飞不多远又急速落下。多在黄昏和晚上活动、觅食。

食性 主要以昆虫、昆虫幼虫、蠕虫、软体动物、甲壳类等无脊椎动物为食，也吃部分植物种子。

繁殖 繁殖期 5～7 月。营巢于山区溪流、湖泊、水塘岸边草地上和沼泽地上，也在芦苇塘和生长有低矮桦树的水中小岛上营巢。雄鸟在繁殖初期常作空中求偶飞行，飞行时敏捷上升，在空中绕小圈飞行，然后将双翅半折叠，尾撒开如扇，垂直地从高空往下降落，并伴随发出尖利的叫声。垂直降落时不是一下就从高空降到地面，而是中途多次停止，分段向下垂直降落。快降落到地面时，又往高飞，飞到一定高度，再次分段垂直落下。反复重复上述过程。

巢多置于离水域不远的地上小灌木下或草丛间地上，隐蔽甚好。巢较简陋，多为地面的凹坑或由亲鸟在落叶地上挖掘而成，无任何内垫物。每窝产卵 4～5 枚。卵为梨形，颜色为黄褐色或乳黄色，被有大的褐色斑点。卵的大小为（40～45）mm×（28～33）mm。

种群状态与保护 IUCN 和《中国脊椎动物红色名录》均评估为无危（LC）。在中国分布范围虽然比较大，但种群数量稀少，应注意保护。被列为中国三有保护鸟类。

孤沙锥。左上图沈越摄，下图刘勤摄

林鹬

拉丁名：*Tringa glareola*
英文名：Wood Sandpiper

鸻形目鹬科

形态 雄鸟体长 20～23 cm，体重 52～72 g；雌鸟体长 19～22 cm，体重 48～84 g。繁殖羽头部和后颈黑褐色，具细的白色纵纹；眉纹白色，眼先黑褐色；头侧、颈侧灰白色，具淡褐色纵纹；背、肩部黑褐色，具白色或棕黄白色斑点；下背和腰部暗褐色，具白色羽缘；尾上覆羽白色，最长的尾上覆羽具黑褐色横斑；中央尾羽黑褐色，具白色和淡灰黄色横斑，外侧尾羽白色，具黑褐色横斑；颏、喉白色，前颈和上胸灰白色而杂以黑褐色纵纹；其余下体白色，两胁和尾下覆羽具黑褐色横斑。非繁殖羽上体更显灰褐色，具白色斑点；胸部缀有灰褐色，具不清晰的褐色纵纹；两胁横斑多消失或不明显。虹膜暗褐色。嘴较短而直，尖端黑色，基部橄榄绿色或黄绿色，幼鸟偏褐色。脚橄榄绿色、黄褐色、暗黄色或绿黑色。

分布 在国内分布于全国各地，其中繁殖于东北和新疆西部等地，迁徙时经过中国大部分地区，越冬于海南、台湾、香港、福建、云南、贵州等地，也见于河北、山东的沿海地带。在国外繁殖于欧亚大陆，越冬于非洲，亚洲西部、南部和东南部，以及澳大利亚一带。

栖息地 繁殖期主要栖息于林中或林缘开阔沼泽、湖泊、水塘与溪流岸边；非繁殖期主要栖息于各种淡水和盐水湖泊、水塘、水库、沼泽和水田地带。

习性 常单独或成小群活动，迁徙期也集成大群。常出入于水边浅滩和沙石地上，也常栖息于灌丛或树上，降落时双翅上举。活动时常沿水边边走边觅食，时而疾走，时而站立不动，或缓步边觅食边前进。性胆怯而机警。叫声似“皮啼—皮啼”。

食性 主要以直翅目和鳞翅目昆虫、昆虫幼虫、蠕虫、蜘蛛、软体动物和甲壳类等小型无脊椎动物为食，偶尔也吃少量植物种子。觅食时通常将嘴插入泥中探觅或在水中左右来回扫动，也善于在地面和植物上直接啄食。

繁殖 繁殖期为 5～7 月。刚到达繁殖地时常成小群活动，后逐渐成对进行求偶飞行，常成对在空中翻飞，有时飞得很高，有时双翅一叠，又急剧下降，常常发出声响。有时也在地上进行求偶，雄鸟半张着双翅，跟着雌鸟在地上走动。

营巢于森林河流两岸、湖泊、沼泽、草地和苔原地带，特别是森林中开阔的沼泽地和有稀疏矮小桦树、柳树或灌木的平原草地。巢多置于水边或附近草丛与灌丛中的地面上，或沼泽中的土丘上和苔原上，也有时营巢于树上或利用其他鸟类废弃的树巢。

巢甚简陋，实为地上的小浅坑，或在苔藓地上扒出一个小坑，内垫以苔藓、枯草和树叶。每窝产卵 3～4 枚。卵为梨形，颜色为淡绿色或皮黄色，其上被有褐色或红褐色斑点。卵的大小为 (37～42) × (26～28) mm。雌雄亲鸟轮流孵卵。

种群状态与保护 IUCN 和《中国脊椎动物红色名录》均评估为无危（LC）。在中国的分布范围很大，在一些地区尚较常见，但也需要进行严格的保护工作。被列为中国三有保护鸟类。

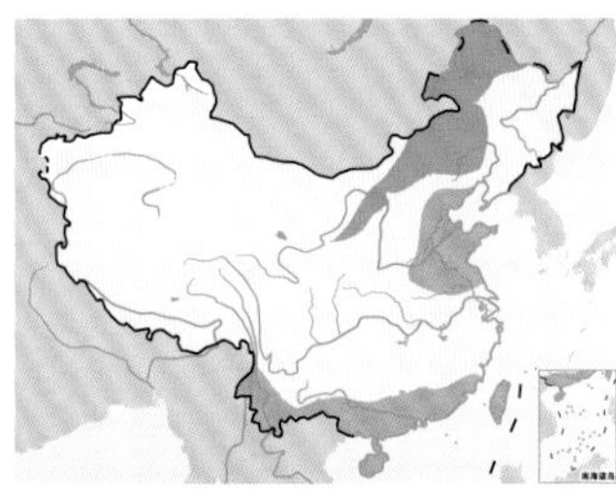

林鹬。左上图沈越摄，下图杜卿摄

三趾鹑类

- 三趾鹑类指鸻形目三趾鹑科鸟类，全世界共2属18种，中国仅1属3种
- 三趾鹑类外形似鹌鹑，足仅具3趾，雌鸟比雄鸟更大更艳丽，主要栖息于灌草丛生境，杂食性
- 三趾鹑类具有性反转现象，交配制度为一雌多雄，雄鸟负责孵卵和育雏
- 三趾鹑类性胆怯隐蔽，因作为人类狩猎的目标而受到威胁

类群综述

三趾鹑是鸻形目（Charadriiformes）三趾鹑科（Turnicidae）鸟类的总称。三趾鹑科是很独特的一个类群，其分类地位不甚明确，历史上曾被归在鹤形目，但全基因组分析表明它应该属于鸻形目。本类群鸟类外形类似鹌鹑，足仅具3趾，无后趾。后趾的退化缺失可能与陆地生活有关。三趾鹑科鸟类全世界共有2属18种，广泛分布于非洲、亚欧大陆和大洋洲的温暖地区，以及在热带和亚热带的较干旱处，在地中海、南非、东亚和澳大利亚扩展到温带地区。在中国仅有1属3种，分布在华南、西南和台湾地区。其中黄脚三趾鹑 *Turnix tanki* 由中国南方向北延伸至内蒙古东部、东北和俄罗斯远东地区。

形态 在中国分布的3种三趾鹑，体形较小而粗短，形似鹌鹑，体长12～13 cm，体重30～130 g。体色多为褐色、灰色、棕色，具有黑色块斑和波状纹；头小；颈短而细；翅短尖，初级飞羽10枚，第1枚初级飞羽最长，外侧4枚几乎等长，因此，翅近于方形，翅外缘向内拱曲；圆尾或楔尾，尾羽退化，短小而柔软，共12枚，几乎被尾上覆羽所遮盖，外观若无尾；腹部颜色较淡，两侧有斑点或条纹；喙短而侧扁或细长，前端略弯；腿粗短，腿胫被羽，跗跖具盾状鳞，足3趾；雌雄异型，雌鸟体形略大于雄鸟，羽色也更为鲜艳。

栖息地 三趾鹑类栖息在平原草地、山脚平原地带的草丛或灌丛中，也常出现在农田、耕地中。

习性 三趾鹑类性胆小而机警，喜欢单独或成对活动，善于隐蔽，通常藏匿于地上草丛或灌丛中，遇到危险时多迅速奔跑逃离。一般不轻易起飞，飞行时沿地面作短距离的直线飞行，但飞行较迅速，两翅扇动很快，发出振翅声响。会进行日光浴和沙浴。

食性 三趾鹑类为杂食性，以植物的种子、嫩芽、嫩枝、浆果以及昆虫等无脊椎动物为食。觅食时主要以单独、成对配偶或家庭为单位，在地面搜寻或在土壤表面刨坑觅食。分布在干旱地区的种类，在繁殖后期会出现几个家庭组成的小群觅食。

繁殖 三趾鹑通常为一雌多雄制，这与其他森林鸟类特别是雉类明显不同。繁殖期由雌鸟占区并发出叫声吸引雄鸟，也有暂时的单配关系，可维持到孵卵初期。雌雄共同选址，在草丛或灌丛地面上刨坑营巢，巢上有时有草茎覆盖。每窝产卵4～5枚，

生态适应：

三趾鹑类主要生活在灌草丛生境，其翅短尖适合作短距离飞行，较长距离飞行面临的被捕食风险更低，因为长时间暴露在空中更容易被来自上方的猛禽发现。三趾鹑类后趾退化，适于在地面急速奔走。上体被褐色、灰色和棕色羽毛，带黑色花斑呈现蠕虫状条纹，这样的体色使其匍匐于灌草丛时不易被天敌发现，是一种极佳的隐蔽色。通常悄悄隐蔽于灌草丛下觅食，当听到警报时，会像鼠类一样迅速四散逃开，藏匿于更茂密的灌草丛下。一年换羽两次，换羽发生在繁殖前后，换羽部位仅包括头部和身体，不包括翅膀和尾，通常这样的季节性换羽是对周围生活环境的一种适应性改变。

左：三趾鹑类是鸟类中罕见的性反转的类群，雌鸟比雄鸟更大更艳丽。图为一对棕三趾鹑，左侧较大而华丽的为雌鸟，右侧较小而暗淡的为雄鸟。张俊德摄

捕食蚯蚓的棕三趾鹑。张俊德摄

孵化期 12～15 天，通常孵卵和育雏工作均由雄鸟担任。多配制的雌鸟在一个繁殖季可连续产卵 7 窝。雏鸟早成，刚出壳即可随雄鸟跑动，受惊时会躺倒假死。1 周后可自行觅食,1 月龄体形已与成鸟相似，3 月龄性成熟，因此较早孵出的雏鸟可在同一季节的后期进行繁殖。野外死亡率高,寿命常为 2～3 龄，笼养寿命可达 9 龄。

与人类的关系 三趾鹑性胆小，善隐蔽，野外能观察到的不多，通常只闻其声而不见其踪。亚洲传统部落民族认为雌性黄脚三趾鹑的叫声与人类悲伤的哭声相似，因此缔造出大量的民间传说。

在相当长的一段时间内，三趾鹑被人类狩猎及食用，人们将雌鸟置于笼中作为陷阱来捕获雄三趾鹑。有些被食用，有些则成为观赏性的“斗鸡”。最近几十年，随着养殖业的大力发展，三趾鹑的人工繁殖技术愈渐成熟，有望减少对野外种群的捕捉。但真正的驯化尚未成功，还有更多问题需要深入研究。而对野生种群的捕猎已经威胁到部分物种的生存，亟需加强保护和管理。

上：棕三趾鹑的配偶制度为一雌多雄制，由雄鸟负责孵卵和育雏。图为育雏的棕三趾鹑，雄鸟将找到的食物递给雏鸟。张俊德摄

种群现状和保护 虽然三趾鹑类繁殖效率相当高且较为适应人工环境，但由于人类的猎捕和栖息地破坏，18 种三趾鹑中就有 4 种被 IUCN 列为受胁物种，受胁比例远高于世界鸟类整体受胁比例。在中国分布的 3 种三趾鹑均被 IUCN 和《中国脊椎动物红色名录》评估为无危（LC），尚未列入保护名录,但其实在中国的数量并不多,受到的关注也很少，有待进一步研究。

林三趾鹑
Turnix sylvaticus

黄脚三趾鹑
Turnix tanki

棕三趾鹑
Turnix suscitator

林三趾鹑

拉丁名：*Turnix sylvaticus*
英文名：Common Buttonquail

鸻形目三趾鹑科

体长13～16 cm。头顶暗褐色，头顶中央具淡黄色中央冠纹，头两侧和喉部白色；上体栗色；翅上覆羽具白色条纹；腹部白色；尾较尖。主要分布于非洲和亚欧大陆南部。在国内分布于广东、广西、海南、台湾等地。IUCN和《中国脊椎动物红色名录》均将其评估为无危（LC）。

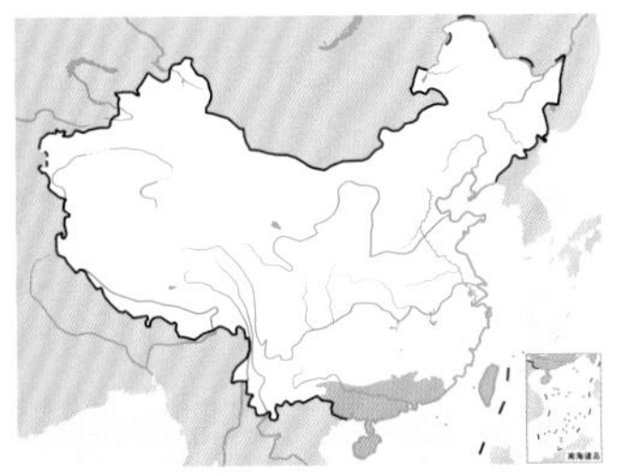

林三趾鹑。独行虾摄

黄脚三趾鹑

拉丁名：*Turnix tanki*
英文名：Yellow-legged Buttonquail

鸻形目三趾鹑科

体长15～18 cm，雄鸟体重35～78 g，雌鸟体重43～113 g。前额至颈部黑褐色，有一淡棕色中央冠纹；两颊、眼先、眼周及耳羽淡棕黄色；后颈和颈侧具棕红色块斑，并有淡黄色和黑色细小斑点；背、腰及两翼灰褐色，具黑色和棕色细小斑纹。虹膜淡黄白色或灰褐色。嘴铅色。脚黄色，爪黑色。在国内除宁夏、新疆、西藏、青海外，见于各地，在北方为夏候鸟，长江以南部分为夏候鸟，部分为旅鸟和冬候鸟。在国外分布于亚洲东部、印度、东南亚等地。IUCN和《中国脊椎动物红色名录》均评估为无危（LC）。

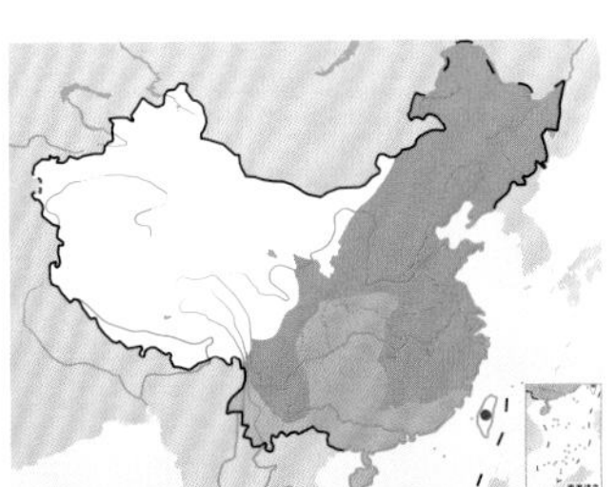

黄脚三趾鹑。左上图为雌鸟，下图为雄鸟。宋丽军摄

棕三趾鹑

拉丁名：*Turnix suscitator*
英文名：Barred Buttonquail

鸻形目三趾鹑科

形态 体长13.5～17.5 cm，体重35～52 g。雄鸟头顶黑色，具有白色斑点，头侧白色，具有黑色斑点；颏、喉白色；颈侧乳白色，具有黑色细斑；背部灰褐色，具有棕栗色横斑和黑色斑点；两翼皮黄色，具有黑色横斑；胸及两胁淡黄褐色或棕白色，具有黑色横斑。雌鸟与雄鸟相似，但体形较大，颏和喉黑色。虹膜砂白色或灰黄色；嘴蓝灰色或灰褐色；脚青灰色或灰绿色。

分布 留鸟。在国内主要分布于南方，包括云南、贵州南部、江西、福建、广东、香港、澳门、广西、海南和台湾地区。在国外分布于印度、不丹、中南半岛及东南亚各国。

栖息地 主要栖息于低海拔草丛、农耕地、次生林、灌木丛、竹林及林缘地带，多见于海拔300 m以下。

习性 常单独或成对在白天活动。但在马来西亚曾有棕三趾鹑在夜间活动的记录。常在草丛及地面落叶层中觅食。

食性 主要以植物果实、种子、嫩芽和小型无脊椎动物为食。

繁殖 繁殖期4～6月。巢多置于草丛或灌丛地面的凹处，内衬少量枯草。窝卵数通常为4枚。卵呈椭圆形或梨形，橄榄色密布棕褐色、黑褐色深层及淡紫色浅层斑，大小为（22～25）mm×（19～20）mm。孵卵期为12～16天，早成雏，孵卵和育雏均由雄鸟单独承担，雏鸟长至成年需要40～60天。

种群现状和保护 在中国境内数量较少，但在中南半岛较常见。IUCN和《中国脊椎动物红色名录》均评估为无危（LC）。

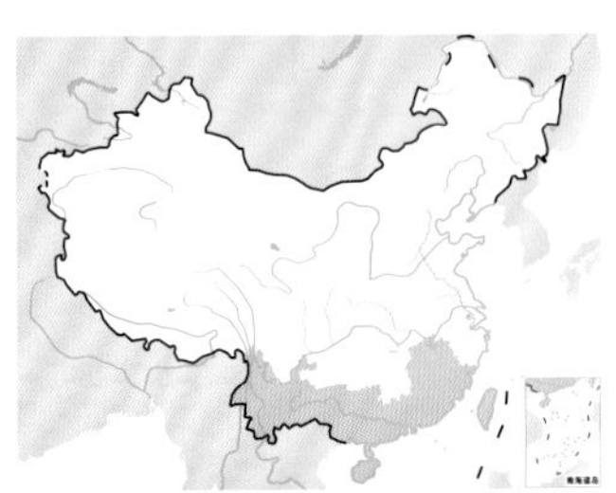

棕三趾鹑。左上图为雌鸟，下图为育雏的雄鸟。张俊德摄

鹮类

- 鹮类指鹈形目鹮科鹮亚科鸟类，全世界共12属26种，中国有4属4种，其中仅朱鹮为典型的森林鸟类
- 鹮类喙细长而钝，向下弯曲，大部分羽色具有较统一的底色，头部多少有裸露部分，显示出特征性的肤色
- 鹮类主要捕食各种小型动物，大部分种类集群觅食，主要是通过触觉而非视觉来觅食
- 鹮类主要为单配制，雄鸟有较华丽的求偶炫耀，雌雄亲鸟共同孵卵和育雏
- 鹮类是较容易受胁的一个类群，朱鹮就是其中的典型代表

类群综述

鹮类的体态秀美典雅，行动端庄大方，十分美丽动人。它们隶属于鹈形目（Pelecaniformes）鹮科（Threskiornithidae）鹮亚科（Threskiornithinea）。鹮科共有14属32种，包括两个亚科，其琵鹭亚科（*Platinea*）仅琵鹭属 Platalea 1属6种，通称琵鹭类；其余12属26种均属于鹮亚科，通称鹮类。鹮类分布于世界范围内的温带和热带地区，并且大部分分布于热带地区。中国有4属4种，分布于全国各地。

鹮类在形态上颇为相似，都为中等体形的涉禽。喙细长而钝，向下弯曲；嘴峰的两侧有长形的鼻沟，鼻孔位于基部；尾羽共有12枚；跗跖上被有网状的鳞片；脚较其他涉禽为短，胫的下部裸露；趾较长，前3趾的基部有蹼相连，4趾位于同一个水平面上。

作为涉禽，鹮类生活在离河流、池塘、溪流、沼泽以及水田等水域较近的地方，但它们的栖息地比较多样化，往往包括森林或有树林的地方，特别是需要在高大的树上营巢。

形态 鹮类体长46～110 cm，体重420～1530 g，雄鸟一般大于雌鸟。

雄鸟和雌鸟的羽色相似，有些鹮类头顶长有冠羽，如朱鹮 *Nipponia nippon* 的后枕部就长着由几十根粗长的羽毛组成的柳叶形羽冠，披散在脖颈之上。大部分种类体羽有基本的颜色，包括白色、黑色、褐色、灰色、浅黄色和猩红色等不同的色彩。脸部裸露，有的种类喉部也裸露，甚至头部和颈部都不覆羽，这些裸露部位的皮肤通常会显示出带有特征性的肤色。

有些种类，如圣鹮 *Threskiornis aethiopicus*，在繁殖期会沿背部长出饰羽，也有些种类会长在胸部。平时羽毛为白色的朱鹮在繁殖期羽色会变成灰色，以至于从前人们都认为这是两个物种，后来才发现这是朱鹮羽色变化导致的“错觉”。初春，朱鹮下颈部的一块黑色皮肤开始分泌黑色粉末状物质，它们再通过“水浴”时把这些粉末涂抹到身上，凡是曲颈时喙尖所触到的地方，白色的羽毛就会变成灰色。

栖息地 鹮类的栖息地多样化，有些为陆栖，但大部分种类栖息于热带和温带地区的湖边、河岸、水田和沼泽等水域附近，也包括海拔较低的开阔、潮湿之地，如湿地和沿海地区，也有的种类生活在森林地带。陆栖的鹮类，如分布于非洲的秃鹮 *Geronticus calvus*、隐鹮 *G. eremita* 等则喜开阔的草地、牧场和半干旱地区。少数种类如分布于非洲的橄榄绿鹮 *Bostrychia olivacea*、斑胸鹮 *B. rara*，分布于马达加斯加岛上的凤头林鹮 *Lophotibis cristata* 等，都栖息于森林中。

生活在热带的鹮类，特别是独居性种类，往往为定栖性，常年居于同一个地方。在温带地区繁殖的种类会进行季节性迁徙至热带地区。而在深受季节性降雨影响的亚热带地区和半干旱地区，许多种类为移栖性。

习性 大部分鹮类为群居性，能组成密集型的队伍或长长的波浪状队伍飞行，交替作振翅飞行和滑翔。有时，一起返回栖息地的群体数量数以千计。相对独居性的种类则为单独栖息，或仅与其他数只

左：鹮类最显著的特征为其细长而弯曲的喙，喙端圆钝，往往具有特征性的鲜艳色彩。作为涉禽，它们主要生活在离水域较近的地方，但往往靠近森林，因为他们需要在高大的树上营巢。图为在树上栖息的朱鹮。吴秀山摄

鸟一起栖息。

鹮类为昼行性鸟类，群居的栖息地一般位于觅食地附近，并且可能与鹭、鹳和鸬鹚等其他鸟类共享。因此，有些种类的群居栖息地可以有数万只鸟。具体的栖息地点既可以是临时性的，只维持至食物供应完毕为止，也可以是长期性的，一直使用若干年。

飞翔时颈部向前伸直，明显有别于鹭、鹳等其他涉禽。觅食时常发出低沉的咕噜声。

食性 主要以鱼、蛙、甲壳动物和软体动物等为食。其中，水栖种类通常还吃水栖昆虫的幼虫、螯虾、蟹；陆栖种类则兼食蝗虫、蠕虫、甲虫和其他无脊椎动物。此外，陆栖种类还摄食一定的植物性食物。一般来说，鹮类倾向于猎食小型猎物，这样可以一口吞下，避免“到嘴的肥肉”被抢走。

大部分种类集群觅食，主要是通过触觉而非视觉来觅食，特别是捕食运动缓慢或居于水底的猎物。它们用长喙在多种场所搜寻食物，如浅水中、软泥里、洞穴内、植被下、岩石旁、草丛中甚至硬地上。

繁殖 求偶期间，雄鸟常展示身体上可以炫耀的部位，纷纷展现出一年中最亮丽的一面。它们先挑选一个潜在的巢址，然后采取舒展身体和鞠躬弯腰的行为开始炫耀，并极力维护这片领地。被吸引的雌鸟飞落在雄鸟身旁，做出谦恭的姿态，而雄鸟起初往往会拒绝它。当雄鸟接受雌鸟后，双方开始相互鞠躬、触喙和梳羽。

大部分种类集群营巢，但有些种类如栖息于森林中的橄榄绿鹮和斑胸鹮则单独营巢，还有的鹮类虽然在非繁殖期为高度群居性，但营巢时却为独居。营巢地通常选择孤立的地方，如岛屿、四周为空旷地的森林等，因为这些地方天敌出现的机会比较少。多数种类筑巢于灌木丛或树上，也有相当一部分种类会另觅他处。

巢从细平巢至大型的树枝结构均有。雄鸟通常负责收集巢材，然后交由雌鸟筑巢，有些种类的树枝交接和共同筑巢行为非常仪式化。两性一起护巢，保证巢不被占用以及树枝不被盗走。交配行为一般发生在巢中，而在有些种类中邻巢之间的个体进行混交的现象很普遍。

窝卵数 2～7 枚，卵大多为蓝色或白色。孵化期 20～29 天。大多数种类每隔 1～3 天产 1 枚卵，并在卵全部产下之前开始孵卵，这导致雏鸟的孵出时间不一致。雌雄亲鸟共同孵卵和育雏。

鹮类在繁殖期常常会展示其华丽的体羽作为求偶炫耀。图为展开双翅展示其翅下艳丽的粉红色的朱鹮。沈越摄

雏鸟留巢期为 35～55 天。起初亲鸟将食物吐至雏鸟嘴里，后来雏鸟自己将喙伸入亲鸟的食管中取食。雏鸟发育很快，在繁殖期过后便离巢扩散。

种群现状和保护 作为大型鸟类，对栖息地要求较高的鹮类是很容易受胁的一个类群。分布于亚洲的几种鹮类种群数量都已经寥寥无几，尽管个别种类如黑鹮 *Pseudibis papillosa* 在印度仍比较常见，但分布在东南亚一带的另一个种群，曾被视为黑鹮亚种的白肩黑鹮 *Pseudibis davisoni* 已经接近灭绝。同样在东南亚地区，巨鹮 *Pseudibis gigantea* 的情况也非常危险，很可能也已灭绝。而从前仅见于中国、日本、俄罗斯远东地区和朝鲜半岛的朱鹮，在消失了数十年后被重新发现，如今在精心保护下，已经获得了重生。

朱鹮
Nipponia nippon

朱鹮

拉丁名：*Nipponia nippon*
英文名：Crested Ibis

鹈形目鹮科

形态 雄鸟体长 78～79 cm，体重 1700～1885 g；雌鸟体长约 68 cm，体重 1465 g。非繁殖期通体白色，头部、羽冠、背部和两翅及尾缀有粉红色；头后枕部羽毛延长成矛状，形成松散的羽冠；翅下和尾下也缀有粉红色，飞翔时极明显可见。繁殖期头部、上背和颈部缀有灰色；两翅粉红色，较浅淡，第 1～5 枚初级飞羽具灰褐色端斑。虹膜橙红色。嘴黑色，嘴基及头裸露部分朱红色。跗跖、爪及胫下部裸露部分也为朱红色。

分布 在国内分布于陕西南部，为留鸟，繁殖期后向四周游荡。从前曾广泛分布于中国黑龙江、辽宁、河北、山东、安徽、浙江、福建、台湾、海南、山西、河南、陕西、甘肃等地。在国外曾经分布于俄罗斯远东地区、朝鲜和日本等地。

栖息地 栖息于温带山地森林和丘陵地带，常在水稻田、河滩、池塘、沼泽和山溪附近活动。一年中出现 2 次迁移现象，即冬季从低海拔区（475～600 m）向高海拔区（1000 m 左右）的秦岭中山区迁移；夏季则山高海拔区（1000 m）向低海拔（600 m 以下）的丘陵、平川区迁移。

习性 全年的活动可分为越冬期（11 月中旬至翌年 1 月中旬）、繁殖期（1 月下旬至 6 月中旬）和游荡期（6 月下旬至 11 月初）。在繁殖期结束之后就进入游荡期。离巢出飞后的幼鸟在亲鸟的带领下，离开中低海拔的巢区，逐渐汇集到平川地区。白天集群在水山、河流浅滩、池塘水库滩涂觅食，晚上集群到固定的林中夜宿，栖于高大树上。

性较孤僻而沉静，除起飞时常鸣叫外，一般活动时不鸣叫，鸣声很像乌鸦。常单独或成对或成小群活动，少与别的鸟合群。行动时步履轻盈而迟缓，显得闲雅而矜持。飞行较慢，飞行时头、颈向前伸直，两脚伸向后，但不突出于尾外，鼓翼缓慢而有力。

每年 12 月初至翌年 7～8 月，朱鹮都会进行水浴涂抹行为，其中 2～3 月羽毛的着色度达到最大。7～8 月，随着换羽的进行，涂抹行为便消失了。

食性 主要以泥鳅、黄鳝、鲫鱼、蝾螈、蛙、蝌蚪、河蟹、河虾、贝类、蜗牛、田螺、蚯蚓、蟋蟀、蜻蜓、蝗虫、蝼蛄、甲虫以及其他水生昆虫和昆虫幼虫等无脊椎动物和小型脊椎动物为食，有时还吃一些芹菜、小豆、谷类、草籽、嫩叶等植物性食物。

通常在水边浅水处或水稻田中觅食，也见于烂泥地上和普通地上觅食。在地上觅食时常慢步轻脚行走，两眼搜觅前方地面，发现食物立刻用嘴啄食。在浅水处或泥地上觅食时主要靠将长而弯曲的嘴不断插入泥土和水中探觅食物。采食时必有 1～2 只个体监视周围动静以防敌害，感到危险时则“咕哇——咕哇——”鸣叫，通知群体逃离危险。

游荡期在水库、河流滩涂和阶地觅食，有时也到旱地中或翻

朱鹮。左上图为繁殖羽，沈越摄；下图为在冬水田觅食，吴秀山摄

耕地取食昆虫，觅食的主要动物种类为蝗虫等昆虫和两栖动物。

冬季的觅食地主要有冬水田、河滩和水库 3 种类型，其中冬水田为最主要的觅食地。

繁殖 繁殖期在春季。配对求偶时，通常雄鸟表现主动，常先以清脆的鸣叫引起对方的注意，接着在雌鸟面前盘旋飞翔，然后在附近低鸣表示亲近友好，同时亦伴有对旁边其他雄鸟的攻击行为。夜宿时雄鸟主动靠近雌鸟，雌鸟如愿意接受雄鸟的求偶，则有点头低鸣或用长喙接吻等表示。雄鸟之间也经常会因为争夺同一只雌鸟发起战斗，两只雄鸟高声鸣叫，昂头伸颈，扇动翅膀挺起身体，跳起来拍动翅膀猛击对方。

雄鸟和雌鸟结成配偶后离开越冬时组成的群体，出现占区行为，这是朱鹮形成配偶的关键时期，随后在高大的乔木树上筑巢、产卵。配偶为“终生”制，营巢期交配频繁。有趣的是，在孵卵、育雏期间还常有“伪交配”的现象，雄鸟会追逐雌鸟，或突然跳到雌鸟背上，稍展翅即跳下，雌鸟并不抬尾，也未见有求偶表演。

营巢于较少干扰的山地森林中。巢置于水域附近高大的栓皮栎、栗树、杨树、松树和其他树的枝杈上。巢的大小因筑巢树不同而有所变化，通常选取当地最高大的树来筑巢。在海拔 1000 m 以上的中山区，巢树多是百年以上的栓皮栎，所筑的巢较大；在海拔 700 m 左右的低山区，较高大的乔木只是树龄 20～30 年的马尾松，所筑的巢也较小。

巢粗糙而简陋，主要由雌雄亲鸟叼来的枯树枝叠成，巢中铺垫物为带叶的小干枝、玉米秆、蕨类、细藤条或者细软的草叶、草茎和苔藓等物，有时也利用旧巢。巢的形状为盘状，大小为直径 50～70 cm，距地高 5～20 m。在孵卵和育雏期间，亲鸟还经常叼来树枝修补巢，叼材的次数雄鸟比雌鸟多。

每窝产卵 2～5 枚。卵为椭圆形，颜色为蓝灰色或浅绿色，具褐色或黑褐色斑点。卵的大小为(63～68) mm×(44～46) mm，

在树上筑巢繁殖的朱鹮。李全胜摄

卵重 65～75 g。孵卵由雌雄亲鸟共同承担，刚开始孵卵的时候轮流卧巢，但趴不稳，比较警觉，稍受惊就可能离巢，甚至很长时间不回巢。不过产卵后一般第 2 天就开始正式孵卵。每天换孵 3～4 次，翻卵和晾卵 25～42 回，每回 0.5～3 分钟；阴雨天翻卵、晾卵均减少，为每天 15 回，每回 0.5～1 分钟。孵卵的亲鸟除了翻卵、晾卵、理巢、转动方向、梳理羽毛、缩颈或盘头伏卧卵上之外，有时还扇动双翅活动一番，下雨天则常展翅和抖动身体羽毛。来换孵的亲鸟往往亲昵地梳理巢中孵卵亲鸟的背羽和冠羽，然后才恋恋不舍地离巢而去，有时离巢的亲鸟不久又叼回一个小树枝来，两只亲鸟共同忙碌地整理一番后离去。在换孵时偶尔会有“伪交配”现象。亲鸟离巢时常用巢内垫材料将卵盖住。夜间非孵卵亲鸟不栖于营巢树上，而是在其他树上过夜，甚至不返回巢区，也没有常见于其他鸟类的在巢旁守卫的现象。孵化期 28～30 天。

雏鸟晚成性，刚孵出时上体被有淡灰色的绒羽，下体被有白色绒羽，脚为橙红色。雌雄亲鸟共同育雏，两鸟每天喂雏次数为 14～21 次，前期比后期频繁，这是因为亲鸟前期需喂雏兼暖雏，回到巢中的亲鸟如同孵卵期那样长时间卧巢，雏鸟不断地求食，故喂食次数多；到了后期，亲鸟主要是喂雏，很少在巢中长时间停留，常常喂完就飞走或立在旁枝上休息。每天有 2 次喂雏高峰，一般为上午 6:30～10:30 和下午 4:30～6:30。

亲鸟喂雏方式主要是轮流将半消化的食物吐出至口中，性急的雏鸟们则争着把长喙伸进亲鸟的嘴里掏食，亲鸟使劲抖动着脖子，使食物尽快地吐出来，喂后常在巢边擦嘴。喂雏的食物种类有泥鳅、蛙、蝌蚪、田螺及一些水生昆虫等。亲鸟在育雏前期每天返回巢中的次数为 7～9 次，随着雏鸟的迅速生长和对食物需求的增加，后期则增加到每天 14～15 次。后期亲鸟也常把食物吐到巢内，让雏鸟拣食，有时食物过大，雏鸟吃不下时，亲鸟又会立即吞食。

随着雏鸟的生长，亲鸟的行为也有所变化。前期总是有一只亲鸟卧在巢中，但比孵卵时轻附、位高，除喂雏外还常用嘴摆弄雏鸟。清理雏鸟粪便的方法是叼走巢底树枝、使巢底变疏，粪便漏出，或把沾有粪便的碎铺垫物叼出巢外，有时叼来新的巢材和新的铺垫物。亲鸟经常半蹲或站起晾雏鸟，尤其是晴天的中午，会长时间立于巢中。雏鸟长出羽芽后，白天一只亲鸟取食、另一只亲鸟在巢旁守卫，夜间仍有一只亲鸟回巢。到后期，两只亲鸟都去捕食，回来就喂雏，有时喂完后在旁枝上休息，夜间两只亲鸟均在旁枝上过夜。在此期间，两只亲鸟仍然会偶尔进行“伪交配”。

雏鸟在亲鸟的精心哺育下生长很快，15～20 日龄时胸羽、腹羽、背羽和大小覆羽基本长齐，初具御寒力；25 日龄时白天活动加剧；30 日龄不时扇翅、伸腿；35 日龄可在侧枝上走动；37 日龄可短飞 1～3 m，能飞至邻近的大树上；38～40 日龄离巢。幼鸟出飞后，亲鸟常与之保持 30～50 m 的距离，由幼鸟自行觅食，偶尔才喂食。遇有惊扰，亲鸟迅即起飞，转移视线，以保护幼鸟，过 1～2 小时后又开始带领幼鸟觅食。

种群状态与保护 朱鹮是鸟类保护领域的明星鸟种，它的再发现和野外种群恢复堪称鸟类保护中的经典案例。不过，虽然朱鹮的保护已经取得了诸多成果，但目前它仍被 IUCN 和《中国脊椎动物红色名录》评估为濒危（EN），也被列入 CITES 附录Ⅰ，在中国被列为国家一级重点保护动物。

朱鹮在历史上曾广泛分布于中国东北东南部、华北东南部和华东、华南等广大地区。仅在数十年以前，朱鹮不仅常见于中国东部的广大地区，而且在苏联的远东地区、朝鲜和日本等地也都有一定数量。但从 20 世纪 50 年代以后，生态环境发生了很大的变化，朱鹮用于筑巢的大树被大量砍伐，采食的水域被农药污染，耕作制度的改变使冬水田变成了冬干田，加上人口的激增所造成的生存压力以及过度的猎捕，迫使它们逐步迁到中山地带，数量急剧减少，分布区也越来越小。苏联的朱鹮于 1981 年绝迹，朝鲜的最后报道是 1978 年。到 1981 年 5 月之前，人们只知道全世界仅生存着 5 只朱鹮，它们都生活在日本新潟的佐渡岛上，处于人工饲喂的半野生状态。

与此同时，由中国鸟类学工作者组成的考察队，正在全国范围内竭尽全力寻找这种已在中国境内消失了 17 年之久的珍禽。考察队从 1978 年秋季开始，历时三年，行程 50 000 多千米，直到 1981 年 5 月 23 日和 5 月 30 日，才在海拔 1356 m 的陕西洋县金家河山谷和距离金家河 2 km 的姚家沟，发现了 2 个朱鹮的巢。金家河的一对朱鹮成鸟产下了 4 枚卵，但雏鸟却没有成活，姚家沟的一对朱鹮产下 3 只成活的雏鸟。

为了保护世界上仅存的朱鹮和它们的栖息地，政府采取了一系列保护措施。除了保护自然种群外，还尝试进行人工饲养和繁殖朱鹮的研究工作。在北京动物园中，1989 年首次成功地人工孵化出 2 只雏鸟；1990 年人工育成一只幼鸟。

经过 30 多年的保护，野生朱鹮种群数量达到 2000 只以上，分布范围从洋县已经扩大至汉中市和安康市的 10 多个县，并且随着生态环境的改善，它们的营巢地点也由中山区逐渐向低山丘陵区迁移。另外，还有超过 1000 只的笼养个体分别饲养在中国、日本和韩国的 10 余个繁殖中心或动物园中。

同时，人们还尝试在人工繁殖达到一定规模后，对朱鹮进行野化训练，逐步放归大自然。2004—2007 年，首先在陕西华阳地区进行了朱鹮的再引入并取得初步成功。2013—2015 年又在秦岭以北的陕西铜川的柳林林场先后野化放归了 2 批朱鹮，放归的朱鹮个体在当地初步建立了稳定种群，并在野外成功繁殖。2013—2014 年，河南董寨国家级自然保护区也成功实施了朱鹮再引入试验。2008 年“浙江朱鹮人工迁地保护暨野生种群重建工程”从陕西楼观台引进朱鹮运抵德清下诸湖，至 2016 年 8 月，浙江朱鹮的数量已经突破 200 只，其中野外种群 43 只，并且监测到 5 处野外筑巢，产卵 17 枚，自然孵育存活幼鸟 10 只。

鹭类

- 鹭类指鹈形目鹭科鸟类，全世界共17属62种，中国有9属26种
- 鹭类拥有长喙、长颈、长腿、长趾的特征，体形纤瘦，羽毛稀疏而柔软
- 鹭类多在湿地中觅食，但一些种类在森林中栖息和繁殖
- 鹭类多为单配制，雌雄亲鸟共同参与筑巢、孵卵和育雏的繁殖全过程
- 鹭类曾因人类的猎捕而严重受胁，有些种类适应了人居环境，但也有些种类严重受胁

类群综述

鹭类是拥有长喙、长颈、长腿、长趾的鸟类，适于涉水觅食，也有一些种类倾向于陆栖或树栖。

鹭类体形细瘦，羽毛稀疏而柔软。眼先、眼周裸出无羽；颈细长；鼻孔长而窄，呈椭圆形，位于近嘴基的侧沟中；翅较宽长，前端呈圆形，初级飞羽11枚；尾羽短小，有10～12枚；嘴长、尖而直，有时弯曲，微带缺刻，较侧扁，上嘴两侧有一狭沟，嘴尖多有小锯齿（夜鹭除外）；脚细长，位于身体较后部；胫下部常裸露；跗跖部前面为大型鳞片，盾状或网状；四趾型，较细长，后趾发达，三趾向前，一趾向后，前后趾在同一个平面上，中趾和外趾间具蹼膜，中趾爪内缘具栉状突。

鹭类隶属于鹈形目（Pelecaniformes）鹭科（Ardeidae），共有17属62种，分布于除高纬度地区外的世界各地。中国有9属26种,分布于全国各地，其中见于森林地带的主要有池鹭 *Ardeola bacchus*、牛背鹭 *Bubulcus ibis*、白鹭 *Egretta garzetta*、大白鹭 *Ardea alba*、夜鹭 *Nycticorax nycticorax* 和海南鳽 *Gorsachius magnificus* 等。

左：鹭类是典型的涉禽，拥有长喙、长颈、长腿、长趾的特征，都与其涉水觅食的习性相适应，但有些种类在森林中夜栖与繁殖。图为在树上栖息的牛背鹭。马正巍摄

右：鹭类的一大标志性特征为其长长的颈部在飞行和休息时呈“S”形缩于肩背上，呈驼背状。图为将颈曲成“S”形的大白鹭。唐文明摄

形态 鹭类为中型涉禽，从最小的姬苇鳽 *Ixobrychus exilis* 到最大的巨鹭 *Ardea goliath*，体长27～150 cm，体重100～4500 g。

在羽色方面，鹭类既有一袭黑羽者，也有不少一身洁白型，还有多种羽色的，不过最常见的模式为上体颜色偏深，下体偏浅，颈部羽色具隐蔽性。类的大部分羽毛为棕色至黄色，并常伴有大片的条纹，能够在各种栖息地里将自己很好地隐藏起来。

许多种类的喙、腿、虹膜和面部皮肤的颜色会随季节而变化。一些鹭类开始求偶时会在头、颈、胸或背部长出异常的羽饰，最具代表性的便是大白鹭、白鹭等背部的羽饰。

鹭类还有一种特别的羽毛，称为“粉䎃”，会生出可吸收的粉粒，它们用喙和栉状趾将其擦拭到全身的羽毛里。对于这些一天中大部分时间都在浅水中觅食的鸟类而言，羽毛的保养显然具有重要意义。

栖息地 鹭类主要栖息于湖泊、河流、沼泽、池塘等水边浅水处，以及海岸滩涂等各种湿地环境中。有些种类也可以栖息在多种多样的森林地带，如常绿阔叶林、常绿落叶阔叶混交林、针阔混交林、针叶林以及海岸红树林等。

栖息地结构、植被多样性、林木的水平和垂直层次的复杂性等都对鹭类群落的多样性与结构产生影响。例如，树种单一的林内鹭类的种类也比较少，如毛竹林中为白鹭，芦苇丛里为大白鹭，银杏林中有池鹭等；而由马尾松、香樟、枫香、青冈等组成的混交林中则可以有池鹭、白鹭、牛背鹭、夜鹭等多达4～5种的鹭类栖息。

习性 大部分鹭类有群居性，有的甚至和其他

种类一起在繁殖群居地营巢，在共生栖息地栖息，集群捕食。不过䴉类为独居性。大部分鹭类个体的活动范围很大，不仅季节性迁移时会长途跋涉，日常的觅食也是如此。在同一地域中栖息的不同鹭类，活动时间常有所不同。这种活动时间的交错，相对降低了同时停留在栖息地内的鹭类密度，缓解了栖息地范围小而鸟类密度大的矛盾。

鹭类在飞行时头、颈部往回曲，呈“S”形缩于肩背上，脚远伸出于尾后——这一造型成为它们的一大标志性特征。它们的翅膀很宽，拍打节奏非常缓慢，但幅度大，所以能长距离飞行。若不觅食，鹭类则大多时间留在栖息处休息或梳羽，停立时颈部也大多缩曲，呈驼背姿式。

食性　鹭类都是高度特化的活体猎物捕食者。它们的食物通常以鱼类和甲壳动物为主，也吃昆虫、两栖动物、小型爬行动物、小型哺乳动物，甚至鸟类等。一些种类逐渐向陆上发展，变得适于捕食昆虫。也有些个体出现特化，如一些夜鹭专食集群营巢地其他鸟类的幼雏。

鹭类既有守株待兔式的觅食者，也有主动出击追捕食物的觅食者。觅食时通常涉水而行，有时沿岸边或在陆上行走，也可能静静地站立，等待猎物的出现。它们的长喙、长颈都非常适合捕食移动的猎物：以细长的颈椎骨为支撑，头部猛然间迅速向前一戳，尖锐的喙便犹如一把镊子一样紧紧攫住猎物，或像一把双刃长剑将其刺穿。

在猎物集中的区域，同种或不同种类混合的鹭类常在一起进行群体捕食，似乎具有一种“共餐”优势——在一个有限的范围内，捕食者越多，猎物越容易被捕获。鹭类还通过跟踪其他动物来实现共餐式觅食。最特化的共餐式觅食者便是牛背鹭，它们善于跟踪牛及其他大型有蹄类动物，甚至拖拉机等侵扰其猎物的其他物体。

群体成员之间也会相互抢夺猎物，结果通常是大型的鹭类居于主宰地位，其他的鹭类也会极力维护自己的觅食范围，力图享用独有的觅食权。事实上，每一个个体一方面会维护自己周围的空间，另一方面则试图瓜分其他个体的地盘。

食物组成结构的相似性必然导致其生态位的高度重叠，伴随而来的激烈竞争会造成各种生态位趋异。例如，虽然白鹭和池鹭的食物组成相同，其觅

鹭类演化出各具特色的捕食策略，如牛背鹭常伴随耕牛活动，捕食牛身上的寄生虫或翻耕出来的昆虫。图为站在牛背上的牛背鹭。吴秀山摄

食地生态位重叠指数也较高，但白鹭食物结构中是小鱼和小虾占绝大部分，而池鹭主要以无脊椎动物为主；白鹭为边走边寻找食物，池鹭则为静止等候猎物，这大概就是白鹭和池鹭能够在同一片滩涂、或者同一个养殖塘共同觅食的原因。此外，绿鹭、夜鹭多在晨昏觅食，这使得绿鹭和夜鹭的食物资源利用与白鹭、池鹭在时间上产生了分离。

不同种类的取食器官存在着一定比例的差异，也使得它们在对食物的利用方面有一定分化。常见鹭类嘴裂长度的顺序为白鹭＞夜鹭＞黄嘴白鹭＞池鹭＞牛背鹭，腿长的顺序为黄嘴白鹭＞白鹭＞牛背鹭＞夜鹭＞池鹭。因此，在水中觅食时，即使觅食技巧相同，但所利用的水深，以及在水中取食的鱼的规格都会有所差别。

鹭类还拥有更多的觅食技巧。如一些小型鹭类常在垂悬于水面的树枝上潜伏；有的种类在条件允许时采取更为主动的手段：如快速追赶逃跑的猎物；跃入空中向锁定的猎物飞去；在水面上空盘旋，将喙浸入水中；或者四处游动，捕食水面上的猎物。一些种类会用双足在水底搅动或刮擦，以此来惊吓猎物——有几种鹭类长有颜色鲜明的黄色足，明显是做此用。有些则边飞边将双足伸入水中拖曳。鹭类还会用它们的翅膀来吓唬猎物，或者一张一合，或者跑动时始终展开。此外，它们也会通过将喙伸入水中抖动来吸引猎物。鹭类使用工具觅食的本领也同样出众。例如，绿鹭能使用诱饵：它们将食物、羽毛或树枝等放入水中，然后捕食那些被吸引而来的鱼儿，颇似钓鱼者用苍蝇做诱饵来垂钓。

繁殖　鹭类的繁殖期通常与其食物供应的高峰期保持一致。开始繁殖时，雄鸟先挑选一处炫耀地，群居的鹭类便成群聚集在那里，做出各种惹人注目的肢体行为，如伸喙、咬喙、保护炫耀地、模仿梳羽、

四处飞翔，以及鸣叫等；而独居的鹭类则主要是通过悠扬的鸣声来进行求偶炫耀。雄鸟选择的炫耀地通常会变成日后的巢址，雌鸟进入炫耀地，冒着可能被驱逐的风险，挑选雄鸟。虽然在群居种类中混交比较常见，但大部分鹭类为单配制。

在配偶关系形成后，求偶和关系巩固仪式会继续展开。它们用细树枝或芦苇筑巢，并常用质地更好的材料做衬里。鹭类的巢依种类不同，既可以是一项浩荡的工程，也可以仅仅是个象征性的浅坑。雄鸟通常负责收集巢材，然后交由雌鸟来筑巢。

鹭类大多营巢于树上或芦苇丛中，巢用树枝、芦苇或蒲草构成。筑巢的树种选择不太严格，但因地域差异，筑巢树种也有所不同。在混合营巢区，杉树、松树上多为一树一巢，但在阔叶树上也可一树多巢。由白鹭或夜鹭等单一种类组成的群体中也可见到同一巢树上筑有多个巢。不同鹭类在林内筑巢的高度常有差别，形成明显的垂直分布。通常夜鹭、大白鹭和中白鹭的巢居于上层，白鹭、黄嘴白鹭和牛背鹭居于中层，池鹭居于下层。

此外，一些鹭类，如夜鹭等，能够不断适应城市化的进程，甚至能够利用塑料片、纸片、布片等材料来替代自然材料作为巢材。

每窝产卵3～9枚，多数雌雄亲鸟共同孵卵和育雏。孵化期的长短往往取决于体形大小，即体形大的种类孵化期相对更长。孵化行为在最后一枚卵产下之前便开始，这样雏鸟孵化的时间会不同，从而使最年长的雏鸟在食物竞争上具有优势，这或许有利于提高繁殖的成功率。很少有一窝雏鸟全部存活下来。虽然雏鸟刚孵化时没有行为能力，但生长发育很快，尤其是足部和腿部，数天或数周内便能爬出巢。育雏时亲鸟先将半消化的食物回吐到巢里，再喂给雏鸟，当然也可能直接回吐到雏鸟的嘴里；雏鸟则通过啄亲鸟的喙来刺激亲鸟吐出食物。

种群现状和保护 鹭类是一个极具复原力的群体。很少有鸟类像鹭类这样遭受过重创，在过去数个世纪里，人类的入侵和捕猎导致数个岛上的种类灭绝。而在近代，为了得到它们的羽毛来做饰物，人们在鹭类的繁殖群居地整群整群地残杀它们。

当今，栖息地丧失问题困扰着许多种类，全球范围内的森林和湿地正面临威胁。其中，中国的海南鳽就是最濒危的种类之一，由于栖息地持续受到破坏，它们已接近了灭绝的边缘。

然而，从总体来看，大部分鹭类还是安全的，并有许多种类在不断增多之中。小型的鹭类可生活在村庄、小镇甚至城市里，已全然适应了在人口密集的地区生活。

一些种类分布范围的扩展，反映出这些种群的扩散能力以及对人工环境的多面适应性。牛背鹭便是其中一个很好的例子。在20世纪，它的繁殖群居地已遍布除南极外的世界各大洲，伴随着农场和灌溉化牧场的扩张（通常构成对森林的破坏），牛背鹭也迅速增多起来，分布范围从南美洲拓宽至北美洲以及亚洲和澳大利亚。正如牛背鹭利用家畜饲养来扩大自身的分布，其他种类如今也在不断调整自己的行为，以便充分利用诸如养鱼场、稻田、水库、湿地管理工程等人工环境来促进自身的发展。

鹭类采取适当的异步孵化间隔来最大化双亲效率，图为同窝的两只牛背鹭幼鸟，可见右侧的个体稍大而左侧的稍小。范忠勇摄

生态适应：

鹭类在孵卵时常常避免完全同步孵化，而是对雏鸟孵出时间进行优化。它正常的产卵间隔为1.5天，其雏鸟出壳也保持这样的时间差。事实上，这种孵化节奏是双亲效率（即每窝最终成活的幼鸟数量与育雏期间双亲每天带回巢中的食物体积之比）最高的一种形式。

如果进行同步孵化，这时同窝雏鸟全部同一天出壳，雏鸟的个体大小几乎没有差异，个体间相互残杀的机会较少，因此存活幼鸟最多，但双亲的付出也非常大，其结果是双亲效率下降，如果进行过度异步孵化，即雏鸟出壳相差3天或以上，这时同窝雏鸟个体大小差异很大，竞争过分激烈，残杀加剧，其结果是幼鸟死亡率升高，并且个体大的幼鸟需要更多的食物，因此双亲付出不但没有减少，反而增多，双亲效率同样下降。

因此，同步孵化和过度异步孵化对鹭类的亲鸟和幼鸟都不利，而鹭类现在维持的正常孵化节奏对幼鸟成活和双亲付出都有益处，并且双亲效率最高。

海南鳽
Gorsachius magnificus
夜鹭
Nycticorax nycticorax
br.
池鹭
Ardeola bacchus
non-br.
non-br.
br.
牛背鹭
Bubulcus ibis
大白鹭
Ardea alba
白鹭
Egretta garzetta

海南鳽

拉丁名：*Gorsachius magnificus*
英文名：White-eared Night Heron

鹈形目鹭科

形态 体长54～66 cm，体重650～750 g。前额、头顶、头侧、枕部冠羽黑色；眼后有一条白色条纹向后延伸至耳羽上方羽冠处，白纹下的耳羽黑色，眼下有一白斑；上体暗褐色；翅覆羽暗褐色，具少许白色斑点；飞羽石板灰色，具绿色金属光泽；颏、喉和前颈白色，中央有一条黑线直到下喉部；颈部两侧具棕红色斑纹，前颈下部中央暗红褐色，两侧黑色；胸部及体侧杂有灰栗色斑纹；腋羽葡萄褐色，具白色中央纹；其余下体白色。虹膜黄色；眼先和颊裸出部深绿色。嘴黑色，下嘴基部黄绿色。脚绿黑色。

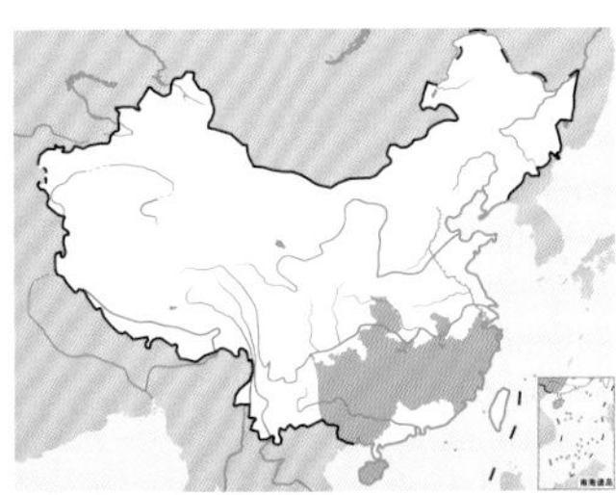

海南鳽。左上图为成鸟，下图为巢中幼鸟。范忠勇摄

分布 中国特有鸟类，分布于云南、四川、贵州、湖北西部、湖南、安徽南部、江西、浙江、福建、广东、广西、海南等地，在海南为留鸟，在其他地区为夏候鸟或旅鸟。

栖息地 栖息于海拔600 m以下的亚热带高山密林中的山沟河谷和其他水域地带，对活动地生境类型要求不严格，如常绿阔叶林、常绿落叶阔叶混交林、针阔混交林、灌木丛、灌草丛、竹林，以及小河旁的农田地带等，都可以是它们的栖息地，但需要具有一定的植被盖度以增强隐蔽性。

习性 夜行性，白天多隐藏在密林中，除了晨、昏各有一个活动高潮外，在午夜12时左右还有一个活动高潮。非繁殖期多营游荡生活，多在海拔110～210 m坡度较平缓的地带里活动、觅食。

食性 食物以各种鱼类为主，尤其偏好吃长圆形的鱼类，如泥鳅、黄鳝和鱼苗等。兼食虾类，也食少量蛙、蝗虫等。

大多在能够提供鱼、虾等水生动物的水域湿地处觅食。湿地类型多样，可以是水库、山塘、鱼塘，也可以是水田和小溪流、沟渠等。

繁殖 营巢生境以阔叶林、针阔混交林为主，一般盖度较高，灌木的高度也比较高。大多数巢筑于松树较粗的水平分枝上，与地面几乎平行。树高在8 m以上，胸径12 cm以上；巢距地面高度至少4 m以上，距离林缘距离为5～10 m，距离作为食物来源的浅滩等水源比较近。

筑巢时间一般2周左右，主要由较细的松树枯枝构成，呈浅盘状。每窝产卵3～5枚。卵呈椭圆形，淡绿色，伴有白色斑点，大小为（63～67）mm×（3.4～3.6）mm。双亲在整个孵化阶段轮流孵卵，换孵次数随孵化进行而不断增加，晾卵次数亦在增加。孵化期24～27天。

雏鸟一般为连续出壳，一天一只。从出雏到幼鸟离巢需要67天以上的时间，比大多数鹭类的育雏时间长。当一只亲鸟在巢时，另外一只会安静地站在附近的枝条边。夜间双亲轮流出去觅食；白天，双亲都不外出觅食，会一直待在巢中和巢边树枝上。亲鸟晚上飞离巢地，飞离时间的高峰出现在19:00～20:00，次日早晨返回巢地，归巢时间的高峰为4:30～5:30。亲鸟喂雏的时间多发生在5:00～5:30，而从10:00～16:00基本没有喂雏行为。当亲鸟夜间外出觅食回巢时，幼鸟很快伸出脑袋探入成鸟的嘴中取食。伴随幼鸟的成长，双亲的捕食频率明显增加。在幼鸟出生后约2周时，亲鸟在白天的反刍喂食次数迅速减少至完全停止。

种群现状和保护 海南鳽主要分布于中国海南和东南沿海一带，是中国特有鸟类，数量稀少，分布区域狭窄，IUCN和《中国脊椎动物红色名录》均评估为濒危（EN）。由于几十年没有在野外发现它们的踪迹，甚至曾一度被认为已经灭绝。虽然近年来发现了一些相对稳定的繁殖种群，但加强对这个濒危物种的保护仍然任重道远。在中国被列为国家二级重点保护动物。

夜鹭

拉丁名：*Nycticorax nycticorax*
英文名：Black-crowned Night Heron

鹈形目鹭科

形态 雄鸟体长 48～58 cm，体重 500～685 g；雌鸟体长 47～56 cm，体重 450～750 g。额、头顶、枕、羽冠、后颈、肩和背部为绿黑色而具金属光泽；额基和眉纹白色，头枕部着生有 2～3 条长带状的白色饰羽，长约 19 cm，下垂至背上；腰部、两翅和尾羽灰色；尾为圆尾，尾羽 12 枚；颏、喉白色，颊、颈侧、胸部和两胁淡灰色，腹部白色。虹膜血红色；眼先裸露部分黄绿色。嘴黑色。胫裸出部、跗跖和趾角黄色。

分布 在国内分布于全国各地，其中大部分地区的繁殖种群为夏候鸟；繁殖于海南、台湾、广东、香港、福建等地的种群大多为留鸟；繁殖于广西、云南、贵州、四川等地的种群部分为留鸟，部分为夏候鸟。在国外分布于欧洲、非洲、亚洲、美洲等几乎全世界各种水域附近。

栖息地 栖息和活动于平原和低山丘陵地区的溪流、水塘、江河、沼泽和水田地上。

习性 性喜结群，常成小群于晨昏和夜间活动，白天集群隐藏于密林中僻静处，或分散成小群栖息在僻静的山坡、水库、湖中小岛上的灌丛或高大树木的枝叶丛中，偶尔也见单独活动和栖息。常缩颈长期站立一处不动，或梳理羽毛和在枝间走动，有时也单腿站立，身体呈驼背状。飞行时常呈 2～5 只排成一行，边飞边鸣，鸣声单调而粗犷。偶尔也见有单只飞行的，特别是雨前或阴雨天的下午以及晚上飞行最为频繁。如无干扰或未受到威胁，一般不离开隐居地。常在傍晚或夜间发出鸣叫声。受惊时立即起飞。

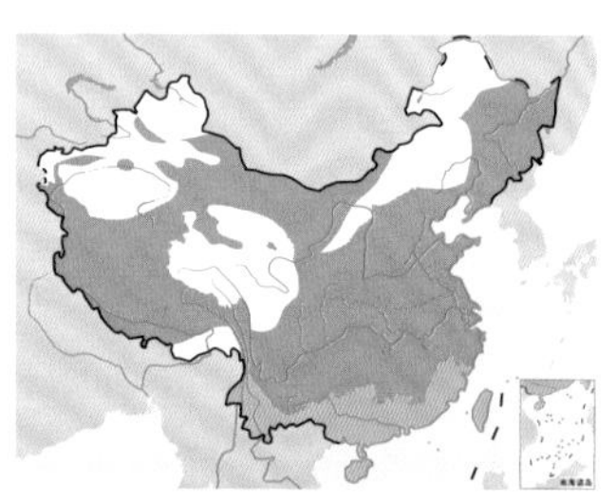

夜鹭。左上图为非繁殖羽，范忠勇摄；下图为繁殖羽，杜卿摄

正在柳树上等待猎物的夜鹭亚成体。范忠勇摄

食性 主要以鱼类为食，包括鲫鱼、鲤鱼、鳊鱼、青鱼、鲢鱼、鳙鱼、棒花鱼等，一般体长为 10～15 cm，所以其中尤以鳊鱼最受欢迎，而体形较小的棒花鱼则取食较少。此外，它们也食蛙、虾、水生昆虫等其他动物性食物。

通常于黄昏以后从栖息地分散成小群出来，三三两两的于水边浅水处涉水觅食，也常单独伫立在水中树桩或树枝上等候猎物，眼睛紧紧的凝视着水中，一旦猎物出现，立即以迅雷不及掩耳之势将其捕获。

繁殖 繁殖期 4～7 月。夜鹭为一雄一雌制，迁到繁殖地时大部分已成配对，也有少数个体为单独活动。

雄鸟常以将来筑巢的树枝分杈处为中心或在旧巢中开始求偶活动，并伴随着占区行为。主要表现为兴奋，攻击性强，在巢址附近不时地巡视，行走时为蹲伏状，若有入侵者，立即示威驱赶。在此期间，其外形上的变化主要是腿、脚的裸露部分呈红色，而配对完成 3～5 天后，腿的颜色就逐渐恢复成原有的黄色。它们仪式化的求偶行为动作相对简单、固定，主要包括伸展炫耀、扬举炫耀、炫耀羽毛、相互爱抚等动作，尤其前两种为主要的求偶行为。

雄鸟也通过炫耀羽毛来吸引异性的注意，有时伸展炫耀时也伴随着频繁的理羽动作，并与平常理羽有所不同，勾头用喙理羽时，双翅明显下垂，理羽部位多集中于颈部、胸部和翅下等部位，而且理羽时常穿插着抖羽，即通过剧烈抖动身体，使全身的羽毛张开。新形成配对及交配前后，雌雄鸟相互爱抚，主要包括交喙及互相理羽，以便加强配偶关系及促进繁殖活动的同步化。然后，雄鸟飞到附近寻觅巢材，递给雌鸟，由雌鸟安放巢材，如此多次之后，双方发生交配行为，一般持续 9～13 秒，标志着配对成功。

然后，雌雄鸟共同营巢或加固旧巢，在老巢区以修补旧巢为主，也营造一些新巢。一般情况下，雌鸟守在巢址，雄鸟出去寻材，衔回巢材由雌鸟安放。需要 3～5 天进行修补旧巢或营造新巢。巢大多筑在树冠中上部的外周树杈上，通风良好，光照时间长，即使在炎热的中午，巢内尚有一部分阴凉。雌鸟产卵后，雄鸟还要继续叼材来修补巢，直到孵出雏鸟。

它们可在多种树上筑巢，筑巢的树种选择不太严格，因地域差异，营巢树种常有所不同，多为高大乔木。常成群在一起营群巢，也常与白鹭、池鹭、牛背鹭和苍鹭等其他鹭类一起混群营巢。群巢的数目少则一棵树上几个至十几个，多则数十个甚至上百个。巢由枯枝、草茎等构成，结构较为简单，形状为浅盘状，大小约为外径 30 ~ 51 cm，内径 28 ~ 32 cm，巢高 12 ~ 15 cm，巢深 8 ~ 9 cm。

每窝产卵 3 ~ 5 枚。卵的形状为椭圆形，颜色为蓝绿色，大小为（41 ~ 48）mm ×（31 ~ 37）mm，卵重 22 ~ 27 g。第 1 枚卵产出后即开始孵卵，孵化期 21 ~ 22 天。孵卵由雌雄亲鸟共同承担，但以雌鸟为主。白天一只亲鸟在巢内孵卵，一只站在离巢不远处；夜间则一只在巢内孵卵，另一只外出觅食。换孵时，巢内孵卵的亲鸟与觅食回来站在巢边的亲鸟共同发出“咕咕”的鸣叫声，然后孵卵者站立起来，互相点头示意，并用嘴梳理羽毛，站到巢边稍等片刻，就外出觅食。而觅食归来者则在巢上整理巢材并检查卵，然后进到窝内孵卵。孵卵的亲鸟每天起来 10 多次，每次 1.5 ~ 2 秒，梳理羽毛，翻卵，并不时地调换孵卵的方位。一般每昼夜轮换 3 ~ 5 次。初期，翻卵、晾卵的次数较少，越到孵化期末期，翻卵、晾卵的次数越多。孵化期间，卧巢孵卵的亲鸟有很强的护卵、护巢行为。在整个孵化期间没有巢旁守卫的现象，夜间非孵卵的亲鸟也不栖息在巢旁，而是在其他树上过夜，甚至不返回巢区。

正筑巢的夜鹭。颜重威摄

雏鸟晚成性，由雌雄亲鸟共同抚育。刚出壳的雏鸟绒毛浅灰色，贴在身上，眼睛半睁，嘴呈青灰色，跗跖青色。待雏鸟体上绒毛全部干散，并变成灰白色，眼睛睁开，亲鸟就开始吐食喂雏。在雏鸟出壳 15 天内，总有一只亲鸟在巢内起到保温和保护幼雏不受天敌伤害的作用。夜间，喂雏则由雌雄亲鸟轮流进行。喂雏食物以鱼类为主，有时也到水田觅食水生昆虫，每天喂雏 4 ~ 5 次。在喂刚出壳不久的雏鸟时，亲鸟把胃里半消化的食物吐给雏鸟，而雏鸟稍大些时，亲鸟则以半消化的小鱼吐给雏鸟吃。雏鸟喜欢围在一起进食，饿了的时候常发出“Kek-Kek-Kek”的叫声，并经常争咬。雏鸟长到 15 日龄开始有自卫能力。随着日龄的增长，雏鸟食量也不断加大，此时雌雄亲鸟就双双离巢外出觅食。当亲鸟回来时，雏鸟咬住亲鸟的嘴，亲鸟则将胃里的食物直接吐到雏鸟的嘴里。因此，在同一窝中，哪只雏鸟咬住亲鸟的嘴，哪只雏鸟就能吃到食物。甚至，有时亲鸟一连吐几次食物都被一只雏鸟夺去。雏鸟在生长过程中，常把翅膀张开面向太阳照晒。雏鸟发育到 26 日龄时，能经常到巢外的树枝上站立。

当雏鸟长到 30 日龄的时候，就很少在巢内站立，而是经常到较高的树枝上，张开双翅上下扇动，做飞翔锻炼，每次 1 ~ 2 分钟。40 日龄以后，就能在巢区上空飞翔。50 日龄左右就能跟亲鸟外出觅食。成群的幼鸟在亲鸟指导下，飞到附近的湿地学习觅食和独立生活。大约 65 日龄以后，幼鸟就可以单独飞翔和觅食了，这时幼鸟的羽色呈浅褐色，开始成群向巢区周边的湿地扩散。

种群现状和保护　IUCN 和《中国脊椎动物红色名录》均评估为无危（LC）。被列为中国三有保护鸟类。在中国长江中下游、长江以南和西南地区曾经是较为常见的，但由于砍伐树木、环境污染和人为干扰，种群数量有所下降，应该进行严格的保护。

正在育雏的夜鹭，雏鸟咬着亲鸟的喙，亲鸟直接将半消化的食物吐给雏鸟。颜重威摄

池鹭

拉丁名：*Ardeola bacchus*
英文名：Chinese Pond Heron

鹈形目鹭科

形态 雄鸟体长 47～54 cm，体重 270～320 g；雌鸟体长 37～47 cm，体重 150～280 g。繁殖羽头顶、头侧、长的冠羽、颈部和前胸与胸侧为栗红色，羽端呈分枝状；冠羽甚长，一直延伸到背部；背、肩部蓝黑色，下颈有长的栗褐色丝状羽悬垂于胸部；腹部、两胁、腋羽、翼下覆羽和尾下覆羽以及两翅全为白色。非繁殖羽头顶为白色而具密集的褐色条纹；颈部为淡皮黄白色而具厚密的褐色条纹；背部和肩羽暗黄褐色，较繁殖期短；胸部为淡皮黄白色而具密集粗状的褐色条纹；其余似繁殖羽。虹膜黄色；脸和眼先裸露皮肤黄绿色。嘴黄色，尖端黑色，基部蓝色。脚和趾暗黄色。

分布 在国内分布于北京、天津、河北、山西、内蒙古、吉林、辽宁、山东、江苏、上海、浙江、台湾、福建、江西、安徽、河南、湖北、湖南、广东、香港、澳门、海南、广西、贵州、云南、西藏、四川、重庆、陕西、宁夏、甘肃、青海、新疆等地。其中在长江以北地区繁殖的种群为夏候鸟；在长江以南繁殖的种群大多数为留鸟；而在广东、福建、海南、台湾等地为冬候鸟。在国外分布于俄罗斯东南部、日本、印度阿萨姆、缅甸、马来西亚和印度尼西亚等地。

栖息地 通常栖息于稻田、池塘、湖泊、水库和沼泽湿地等水域，有时也见于水域附近的竹林和树上。

习性 常单独或成小群活动，有时也集成多达数十只的大群，性较大胆。常栖息于近河边的田埂、秧池、湖畔或在天空飞翔。

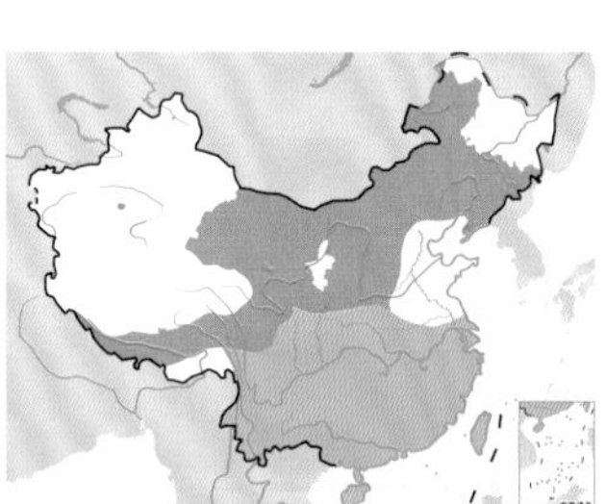

池鹭。左上图为繁殖羽，李志刚摄；下图为非繁殖羽，范忠勇摄

飞翔时为鼓翼飞行，鼓翼频率较慢，文雅而有节奏，有时雌雄比翼双飞，两鸟前后相距 4～5 m。飞行时颈部收缩成“S”形，后肢向后下方伸直。飞行路线平直，停息时在空中绕圈徐徐下降。起飞时先向前奔跑几步，然后展翼飞起。

鸣叫声较为复杂，雄鸟鸣叫时引颈、竖起颈羽，鸣声宏亮似“gua-gua-”声；雌鸟鸣声似“hu-ge-ge”或“gu-gu-gu”声。受惊时常飞往树木顶端，并四处张望，发出“ai-ai-ai-”的叫声。

食性 食物主要为小鱼、蟹、虾、蛙、小蛇、蜘蛛，以及昆虫及其幼虫，偶尔也吃少量植物性食物。

觅食时多在水边浅水处或沼泽和稻田中边走边觅食。行动十分专注，可以长时间安静地等候猎物，一旦发现猎物，便以迅雷不疾掩耳之势将其捕捉。

繁殖 繁殖期 3～7 月。群体刚迁徙到繁殖地时，绝大多数是早出晚归，从早晨 5:15 前后起飞，6:20 左右全部飞出，白天可偶见少数个体回林中休息。白天在距巢区几千米远的农田、河岸一带觅食，16:20 左右开始陆续有小的群体返回林中，三三两两不等，18:00 以后返林的数量明显增加。返回林地后它们并不马上降落，而是盘旋在树林上空，不时发出“哎、哎”的叫声，逐渐汇成大群，随即从空中飘然而下，集大群于树梢，嘴斜向上方，身体微向前倾，然后逐渐安静。至 19:20 左右，夜幕降临，它们停止一天的活动，安然入睡。

配偶为一雄一雌制。配对后，雌鸟先栖息于树木顶端，雄鸟则为雌鸟整羽，并且衔来泥鳅、黄鳝或树枝等向雌鸟献礼，或雌雄鸟嬉戏双飞于林中，边飞边张望。此种活动进 1～3 天后，雌雄鸟在树上交配。

配偶外的交配行为也较为常见，多发生于营巢期和坐巢前期，主要是正在营巢甚至正在坐巢的雄鸟趁邻巢或附近巢的雄鸟不在，强行与其雌鸟交配，但也常有交配失败的现象，原因包括雌鸟的反抗或不配合，用惊叫声召回配偶雄鸟，对“强奸者”进行攻击等。

配对后雌雄亲鸟经常在一起活动，且外出觅食时间缩短，开始衔枝建巢。它们主要在成片的乔木林中、成片的竹林中，或独株的、枝叶繁茂的高大乔木树上以群巢方式营巢。它们也常与其他鹭类混群营巢，一般在同株营巢树上的混群形式多样。如果仅有池鹭，则先来者占据巢树的高枝或靠近中枝，后来者居下位或外围；如果是池鹭与白鹭混群，则白鹭的巢在上，池鹭在下面或外围；如果是池鹭、白鹭和夜鹭混群，则夜鹭占据高枝，白鹭居中，池鹭在最下面或最外围；如果是夜鹭与池鹭混群，则夜鹭占据高枝，池鹭在下面或外围。

营巢树种很广泛，包括刺槐、枫杨、淡竹、刚竹、桑、泡桐、柳、杨、银杏、乌桕等。一般先利用旧巢，然后略加修补和巩固。由于它们的巢比较简陋，往往经过一年已被大风吹散，所以筑新巢的也很多。巢由雌雄亲鸟共同筑造，常常是一只亲鸟负责运材，

展翅欲飞的池鹭，白色的飞羽和翼下覆羽与栗红色的头颈形成鲜明对比。唐文明摄

另一只亲鸟负责筑巢。修葺旧巢一般只需一两天，建新巢一般要三四天才具轮廓，六七天方可完成。巢呈碟形，极简陋，通常用枯枝或带叶的新鲜小枝构成，内放少许干草、新鲜叶及杂草，或者完全无铺垫。巢外径31～33 cm，内径16～18 cm，巢高8～9 cm，巢深5～6 cm。待巢初具规模，雌鸟便开始产卵，同时两只亲鸟仍然在筑巢，直到雏鸟孵出才停止营巢。

产卵的间隔天数不规则，一般是隔日一枚，但亦有连日产，或隔两三天后再产的。产卵时间一般是早上飞出觅食之前，最迟上午8:00左右。每窝产卵2～5枚。卵为蓝绿色，椭圆形，两端大小匀称或一端稍大，表面光滑无斑点，有时同窝卵的形状色泽亦有差异，往往最后产出的卵较小。卵的大小为（37～42）mm×（28～31）mm，卵重16.5～20 g。产下第1枚卵后，即开始孵卵，每天翻卵、晾卵20～35次。越到孵卵末期，翻晾卵越频繁。雌雄亲鸟交替孵卵，开始时白天雌鸟孵一或两次，且坐巢时间不长。随着卵量的增加，雄鸟也参加孵卵，坐巢时间亦逐渐延长，及至整天。从产下第1枚卵起，雌鸟就留巢过夜，白天孵卵时间明显比雄鸟长。孵化期21～22天。因为亲鸟刚开始产卵时不是整天孵卵，随着产卵数增加才逐步转为整天坐巢，因此先产出的卵孵化期延长，后产的卵孵化期缩短，使得同一窝卵孵出时间趋于集中，有利于亲鸟育雏。

雏鸟的出壳期为2～5日，出壳频次为1～2只/日。雏鸟出壳后，亲鸟即把蛋壳衔出巢外，待雏鸟全部出壳并能站立才离巢。雏鸟晚成性，孵出后的一段时期内，羽毛未丰满，体温调节不完善，需亲鸟抱暖，特别是烈日当空或大雨淋漓时，抱雏亲鸟常伸颈展翅遮护。雏鸟出壳当天即可进食，由雌雄亲鸟轮流觅食育雏。每日天刚亮，雄鸟即离枝飞去，雌鸟仍抱雏，7:00左右雄鸟觅食归来，雌鸟再飞出觅食，由雄鸟坐巢把自己半消化的食物逆呕出来喂雏，喂食后仍留在巢中，待雌鸟返巢时让位给雌鸟喂雏。一般雄鸟抱雏不如雌鸟安静，常出巢至枝头逗留、理羽等。亲鸟对不同日龄雏鸟的喂饲频率也有区别。随着日龄增长，喂饲次数逐步增加。不同日龄雏鸟的食物亦有差异，8～10日龄内，喂以亲鸟反呕的半消化食糜。随着雏鸟的长大，亲鸟开始喂整食，如小鱼、泥鳅、青蛙、田螺、虾、蜘蛛、河蚌等。雏鸟在受惊后有吐食现象。

雏鸟初孵出时，两眼微睁，腹部突出如球，头顶、颈项、背中部、肩、尾及两翅之翼羽区各被绒羽，其中以头及背区的两束绒羽最长，可达10 mm。头顶和颈部绒羽为浅棕色；背部绒羽褐色；腰及尾部、腹部绒羽灰白色。5日龄羽区逐渐形成，两翅的翼羽区、背上两条羽区、肩关节处的羽区及胸部两条羽区的羽突均已突出皮肤，嘴尖端开始变黑。7日龄时，背及翼羽区羽突增多，有部分羽尖端突出角质鞘。8日龄可站立，这时亲鸟才离巢，站在巢边树枝上守候。9日龄逐渐爬出巢外，用趾紧抓竹枝、树枝，有时两翼扑动；体羽初步形成，羽色呈淡灰褐色，喙、跗跖由黄肉色转为粉黄青绿色，但体羽短小无飞翔能力。12日龄，羽突周围的角质鞘破裂，羽枝展开，被覆雏鸟全身，但颈部和背中央尚见有裸缝；头、背、翼羽均为褐色，胸腹部羽呈灰白色；此时雏鸟能在树枝上作短距离跳跃。17日龄时，羽毛已被覆全身，不易见到裸缝，但两翼的飞羽尚未长齐，嘴尖明显变黑。23日龄，羽毛基本长全，能离巢，可在树枝间跳动。31日龄时经常展翅拍击，有时可在树枝间短距离飞行。雏鸟离巢后，还需要亲鸟喂饲15～20天，之后不再过多需要亲鸟保护和喂食。

种群现状和保护 IUCN和《中国脊椎动物红色名录》均评估为无危（LC）。被列为中国三有保护鸟类。曾经在中国长江中下游和长江以南地区相当丰富而常见，但近年来由于环境污染和环境条件的恶化，种群数量已明显减少，应注意保护。

牛背鹭

拉丁名：*Bubulcus ibis*
英文名：Cattle Egret

鹈形目鹭科

形态 雄鸟体长50～54 cm，体重358～430 g；雌鸟体长48～52 cm，体重302～440 g。身体较其他鹭类肥胖，嘴和颈也明显较其他鹭类短粗。繁殖羽大体白色，头部、颈部橙黄色；前颈基部和背中央具羽枝分散成发状的橙黄色长形饰羽。非繁殖羽通体白色，个别头顶缀有黄色，无发丝状饰羽。虹膜金黄色。嘴、眼先、眼周裸露皮肤黄色。跗跖和趾黑色。

分布 在国内除新疆、宁夏外各地均有分布，在长江以北地区繁殖的种群大多数为夏候鸟；在长江以南繁殖的种群大多数为留鸟。在国外广布于欧亚大陆、非洲和美洲温热带地区。

栖息地 栖息于平原和低山湿地、草原及农田地带。

习性 常成对或成3～5只的小群活动，有时也单独活动或集成数十只的大群，休息时喜欢站在树梢上，颈缩成"S"形。性活跃而温驯，活动时寂静无声。飞行时头缩到背上。颈向下突出像一个喉囊，飞行高度较低，通常成直线飞行。特别喜欢伴随牛群活动，有时还飞到牛背上，它们也因此得名。

食性 喜欢跟随在耕田的牛后面或站在牛背上，啄食翻耕出来的昆虫和牛背上的寄生虫，也食蜘蛛、黄鳝、蚂蟥和蛙等动物。

繁殖 繁殖期4～7月。交配一般在每天上午9:00～10:00，或下午5:00～6:00。交配时雄鸟靠近雌鸟，雄鸟蓬松羽毛，伸展翅膀，在雌鸟附近发出鸣叫，然后与雌鸟的喙互相交合4～6次，并采取用喙梳理羽毛、给雌鸟送食物等方式，向对方"求爱"；最后用喙咬住雌鸟颈部羽毛，双翅下垂并不停扇动，雌鸟蹲伏，尾部上翘，扇动双翅，进行交配，每次交配20～23秒。交配后，雄鸟停息在雌鸟附近休息，雌鸟用喙不停地梳理身体两侧及腹部下面的羽毛。

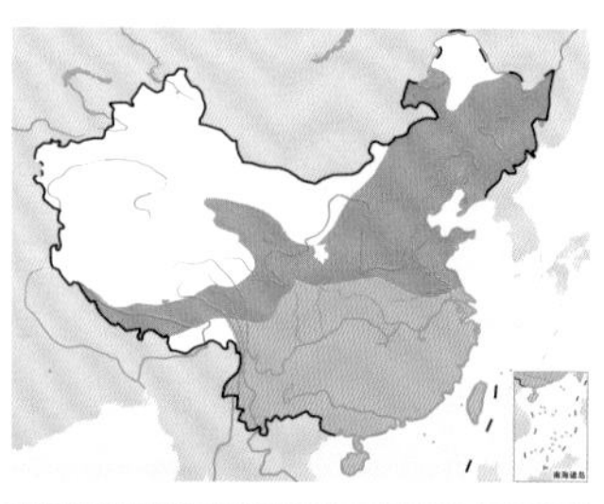

牛背鹭。左上图为繁殖羽，沈越摄；下图为非繁殖羽，颜重威摄

翻卵和育雏的牛背鹭。颜重威摄

营巢于树上或竹林上，常集群营巢，也常与白鹭和夜鹭混群营巢。营巢过程由雌雄亲鸟共同承担。巢由枯枝构成，内垫有少许干草，大小为直径30～50 cm，高约12 cm。它们喜欢拆除旧巢，重建新巢，但也有少数利用旧巢，加以修补。雌雄亲鸟常往返于巢附近约200m范围内的山坡，交替衔枝，历时3～5天可初步建好巢，然后在产卵、育雏期间还要继续进行修补和加固，整个营巢行为一直会持续到繁殖期结束。

通常每间隔1～2天产1枚卵，大多数情况下间隔1天。每窝产卵4～9枚。卵为浅蓝色，光滑无斑，大小为（40～50）mm×（33～35）mm。雌雄亲鸟轮流孵卵，但以雌鸟为主。一般每天换孵2次，第一次上午9～10时，第二次下午6～7时。

孵化期21～24天。孵卵期间亲鸟的恋巢性日增，初期稍有惊动，亲鸟立即离巢飞出，并长时间不返回；中期亲鸟受惊离巢后很快返回，最多不超过40分钟；后期受到惊吓时亲鸟也不飞走。

从破壳到雏鸟出壳，一般需1～2天。刚出壳的雏鸟全身湿润，只有稀少的绒毛，不能站立，颈部、腹部、尾部为肉红色，腹部膨大。雏鸟出壳的当天即能进食，育雏工作由双亲共同承担。5日龄出现飞羽羽芽，肩、背、胸部和两翅也生出羽芽。6日龄出现尾羽羽芽，同时跗跖上出现黑色鳞片状胶质鞘，喙尖端变成淡黄色。11日龄能伸展双翅进行扇动。13日龄能经常走出巢，站立在树枝上。16日龄时活动灵活，能从一个树枝滑翔到另一树枝上，在地上跑得也很快；此时通体纯白色，嘴峰金黄色，基部仍为褐色。

育雏期间亲鸟平均每天喂食6次，并且因雏鸟日龄不同，亲鸟的喂食行为也不同。雏鸟1～4日龄时，每当亲鸟衔食返巢，雏鸟立即扬头、伸颈、鸣叫、张开口，亲鸟将食物吐入雏鸟的嘴内。雏鸟5～10日龄时，亲鸟将食物呕入巢中，让雏鸟自己啄食。

雏鸟所吃的食物种类很多，大多数为昆虫和蠕虫，其中蝗虫占较大比例，还有地老虎、金龟子、蟋蟀、白蚁等，也吃黑线姬鼠、褐家鼠等鼠类。其中1～5日龄雏鸟主要吃昆虫，5～9日龄吃昆虫以及一些小的软体动物、蛙、蝌蚪、蚯蚓和鱼等，9日龄能吃较大的蛙、鱼和鼠类。

种群现状和保护 IUCN和《中国脊椎动物红色名录》均评估为无危（LC）。被列为中国三有保护鸟类。在中国长江以南曾经相当丰富而常见，但近来种群数量已明显减少。

大白鹭

拉丁名：*Ardea alba*
英文名：Great Egret

鹈形目鹭科

形态 雄鸟体长 90～98 cm，体重 840～1100 g；雌鸟体长 82～86 cm，体重 625～1025 g。全身羽毛均为洁白色。繁殖期间肩背部着生 3 列长而直、羽枝呈分散状的蓑羽；嘴和眼先为黑色，嘴角有一条黑线直达眼后。非繁殖羽和繁殖羽相似，也是通体白色，但前颈下部和肩背部无长的蓑羽；嘴和眼先为黄色。虹膜黄色。胫裸出部肉红色，跗跖和趾黑色。

分布 在国内分布于全国各地，其中指名亚种 *A. a. alba* 繁殖于中国东北北部和新疆西部与中部一带，迁徙和越冬期间见于甘肃、陕西、青海、西藏，偶见于辽宁、河北、四川和湖北等地；普通亚种 *A. a. modesta* 繁殖于吉林、辽宁、河北、福建和云南东南部一带，迁徙和越冬期间见于河南、山东、长江中下游、东南沿海，包括广东、福建、海南和台湾等地。在国外分布于世界各地。

栖息地 栖息于开阔平原和山地丘陵地区的水域及其附近。

习性 常呈单只或 10 余只的小群活动，有时在繁殖期间也见有多达 300 多只的大群，偶尔也见和其他鹭类混群活动。通常白天在开阔的水边和附近草地上活动。行动极为谨慎小心，遇人即飞走。刚飞行时两翅扇动较笨拙，脚悬垂于下；飞到一定高度后，飞行则极为灵活，两脚也向后伸直，远远超出于尾后，头缩到背上，颈向下突出成囊状，两翅鼓动缓慢。站立时头也缩于背肩部，呈驼背状。步行时也常缩着脖，缓慢地一步一步前进。

食性 主要以昆虫、甲壳类、软体动物以及鱼、蛙和蜥蜴等动物为食。主要在水边浅水处涉水觅食，也常在水域附近的草地上边走边啄食。觅食时头前伸，注视水中，啄食迅速，吞咽利落。

繁殖 繁殖期 4～7 月。迁入巢区后，即行选巢，以修补旧巢为主，也营造一些新巢。经过 5～6 天，雌鸟选好巢后，雄鸟就过来求偶，为雌鸟梳理羽毛，发出咯咯的叫声，并做一些异常的摇摆动作。如果雌鸟不表示反对，就结为"伴侣"。配对以后显得非常亲密，双方在一起栖息，并互相轮流守巢、觅食。如有其他鸟类侵入巢区，雄鸟就和入侵者进行打斗，直至驱逐出境。

营巢于高大的柞树等树上或芦苇丛中，多集群营巢，有时一棵树上同时有数对到数十对营巢，有时也与苍鹭混群营巢。巢一般筑在树冠中上部的外围枝杈上，通风良好，光照时间长，又有枝叶互相遮挡，既使在炎热的中午，巢内尚能保持部分阴凉。而在芦苇湿地繁殖时，喜欢分成多个小群营巢，每小群有 3～5 个巢。

营巢由雌雄亲鸟共同进行。雄鸟从外面叼回巢材，雌鸟则在巢边将叼回的巢材进行适当摆放。需用 11～12 天的时间来修补旧巢或营造新巢。雌鸟产卵后，雄鸟还继续叼材修理窝巢，直到雏鸟孵出以后，亲鸟还经常对它们的巢进行修补。树巢较简陋，巢材以阔叶树的枯枝为主，通常窝内无垫物，偶见有粗草等。巢外径 56～61 cm，内径 52～54 cm，巢高 22～25 cm，巢深 15～20 cm。芦苇丛中的巢为巨型碗状悬巢，把枯苇秆向心弯折，并以此为巢基，巢外围则继续使用小段芦苇进行编织，内垫物以苇叶、苇穗、细苇茎为主。

一年繁殖一窝，每窝产卵 3～6 枚，多为 4 枚。卵为椭圆形或长椭圆形，天蓝色，大小为 (51.5～60) mm × (34～41) mm，重 29～31 g。产出第 1 枚卵后即开始孵卵，卵异步孵化。当巢中有部分卵遭到损失，雌鸟会补充产卵。孵卵由双亲共同承担，轮流坐巢。孵化期 25～26 天。

雏鸟晚成性。出壳后当天即可进食。由双亲共同喂养，主要由亲鸟把半消化的食物逆呕出来喂养，以后随日龄增加改为饲喂活体动物。日进食量和次数随日龄而增加。雏鸟喜欢围在一起，并经常争咬，一般谁先咬住亲鸟的嘴，谁就能吃到食物。

刚出壳的幼鸟全身湿润，眼睛紧闭，嘴基黄色，嘴端黑色，体被白色松散绒羽。3 日龄时下颏及嘴基部变成淡绿色。4 日龄身体裸区变为黄绿色，脊背开始长出绒毛，飞羽羽轴开始生长。9 日龄时开始能站立。19 日龄时翼羽已经长到 15 mm，眼先裸区黄绿色；嘴橘黄色，上嘴尖端黑色；腿灰黑色；这个阶段经常卧坐，缩着脖子，经常梳理自己的羽毛，行为表现好斗。39 日龄时体羽基本长全，跗跖、趾、爪为黑色，经常展翅、拍击，开始有飞行的欲望。49 日龄时已与成鸟相近，此时已具备了飞行能力，可以自由飞行、起落。60 日龄左右就能跟亲鸟外出觅食。75 日龄以后，幼鸟就可以单独飞翔和取食了，这时幼鸟的羽毛已经与成鸟的冬羽几乎完全一致了。

种群现状和保护 IUCN 和《中国脊椎动物红色名录》均评估为无危（LC）。被列为中国三有保护鸟类。大白鹭曾经在中国南北各地都较为常见，但由于森林砍伐、环境破坏，致使种群数量急剧减少，需要加强保护工作。

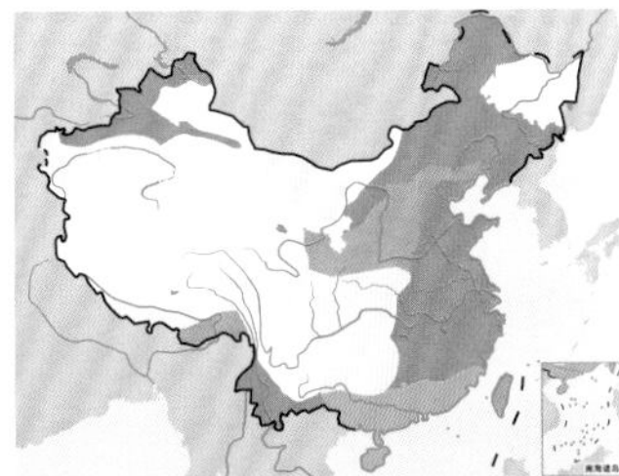

大白鹭。左上图为繁殖羽，沈越摄；下图为非繁殖羽，杜卿摄

白鹭

拉丁名：*Egretta garzetta*
英文名：Little Egret

鹈形目鹭科

形态 中型涉禽。雄鸟体长 54～62 cm，体重 350～540 g；雌鸟体长 54～69 厘 cm，体重 330～525 g。通体白色。繁殖羽枕部着生两条狭长而软的矛状飘羽，状若头后的两条辫子，肩和背部着生羽枝分散的长形蓑羽，前颈下部也有长的矛状饰羽。非繁殖羽全身也为白色，但头部冠羽，肩、背和前颈之蓑羽或矛状饰羽均消失，仅个别还残留少许前颈矛状饰羽。虹膜黄色。眼先裸出部分繁殖期粉红色，非繁殖期黄绿色。嘴黑色。胫和跗跖黑绿色，趾黄绿色，爪黑色。

羽色变异 除常见的白色型以外，白鹭还具有一种暗色型个体。暗色型与白色型个体体形大小相似，而且在繁殖期亲鸟枕部也具两根狭长的长矛状飘羽，喙、胫和跗跖为黑色，眼先裸出部和趾为黄绿色。但暗色型个体的全身羽毛为暗灰色，额、枕、眼周及颊的羽毛为白色；喉部杂有白色斑点；枕部的两根飘羽呈不同颜色，左边一根为白色，右边一根为暗灰色；虹膜颜色较黑。有时喉、胸部及腹部呈灰白色，两根飘羽都是暗灰色。

暗色型白鹭和白色型白鹭除了羽色具有明显差别以外，两者在体形大小、繁殖时间、营巢习性、巢位、窝卵数、卵的特征、孵化与育雏行为、雏鸟成活率和雏鸟生长发育等方面基本相似。不同色型的个体能够配对繁殖，子代雏鸟的羽色为白色，与白色型个体相同，但是其喙和皮肤的颜色较黑，特别是喙，逐渐表现为醒目的乌黑发亮。白鹭雏鸟与其羽毛生长更换后的成鸟所呈现的羽色是相互一致的，如果子代雏鸟的羽色为白色，那么它们今后发育长成的成鸟的羽色也将是白色。羽毛颜色性状的遗传很复杂，通常受多对基因的控制。由于暗色型白鹭与白色型白鹭配对

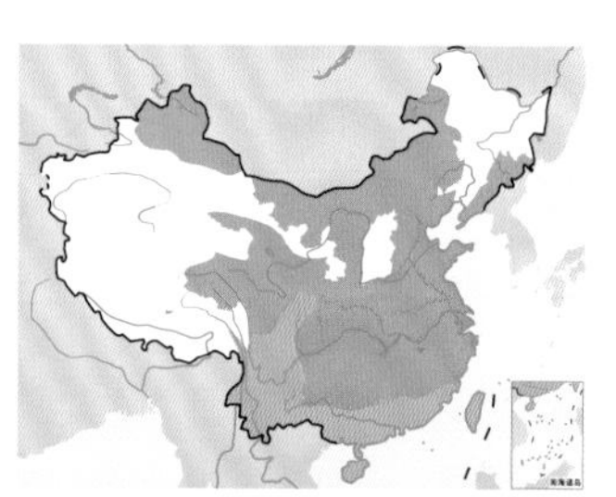

白鹭。左上图为繁殖羽，范忠勇摄；下图为非繁殖羽，沈越摄

在水中捕鱼的白鹭。颜重威摄

繁殖所产生的子代雏鸟的羽毛颜色均为白色，提示白鹭的黑色羽毛基因可能是隐性基因，而白色羽毛基因则可能是显性的；当暗色型白鹭与白色型白鹭交配产生后代时，由于控制羽毛颜色的基因型处于杂合状态，显性的白色羽毛基因决定着羽毛颜色。因此，其子代羽毛的颜色也就表现为白色。

分布 在国内分布于吉林、辽宁、河北、北京、天津、山东、河南、陕西、内蒙古、宁夏、甘肃南部、新疆、西藏东南部、青海、四川、重庆、云南、贵州、湖北、湖南、安徽、江西、江苏、上海、浙江、福建、广东、香港、澳门、广西、海南、台湾等地。其中在长江以北地区繁殖的种群大多为夏候鸟；在长江以南繁殖的种群大多为留鸟。在国外分布于非洲、欧洲南部和中部、亚洲和大洋洲等地。

栖息地 栖息于平原、丘陵和山区低海拔的水域及其附近。

习性 喜集群，常呈 3～5 只或 10 余只的小群活动于水边浅水处。晚上在栖息地集成数十、数百，甚至上千只的大群，白天则分散成小群活动。常一脚站立于水中，另一脚曲缩于腹下，头缩至背上呈驼背状，长时间呆立不动。行走时步履轻盈、稳健，显得从容不迫。飞行时头往回缩至肩背处，颈向下曲成袋状，两脚向后伸直，远远突出于尾后，两翅缓慢鼓动。通常每日天亮后即成群由栖息地飞往觅食地，远者可达数千米。傍晚又结群飞至栖息地附近的水田和山坡小树上休息，待结成大群后再一起进入树林和竹林中。栖于竹枝上时，三趾向前，另一趾向后扒住枝条，双腿微弯，脖颈缩起。受惊后立即飞离，并发出短暂粗粝的叫声，在竹枝上空短距离内盘旋一阵，然后又栖于枝头上。

通常晚上成群栖息在小块密林中高大树木顶部，也常在宅旁或庭园树林与竹林内栖息，有时也同夜鹭和牛背鹭一起栖息。性较大胆。在遇到不同情况时会发出不同叫声，例如，当发现天敌靠近时，会发出“ga—ga”的警戒声；在交配时雄鸟会发出“gu-a，gu-a”的叫声；在争斗时会发出“Wa-Wa”的叫声；而在育雏期雏鸟则发出“zha-zha”的叫声。

食性 以各种黄鳝、泥鳅等各种小鱼，蛙、虾、水蛭、昆虫等动物性食物为食，有时也吃少量谷物等植物性食物。常飞至离

栖息地数千米至数十千米的水域岸边浅水处涉水觅食，有时也守候在一个地方等待猎物，或跟随牛群活动，或在附近草地上觅食，偶尔也见栖息于牛背上和啄食牛身上的寄生虫。

繁殖 繁殖期3～7月。在进入繁殖前1个月已配成对。通常结群营巢于高大的树上，也常与其他鹭类混群营巢。在同株营巢树上的营巢形式有：①仅有白鹭，先来者占据巢树的高枝或靠近中枝，后来者居下位或外围；②夜鹭－白鹭混群，夜鹭占据高枝，白鹭在下位或外围；③白鹭－池鹭混群，白鹭的巢在上，池鹭在下位或外围；④夜鹭－白鹭－池鹭混群，夜鹭占据高枝，白鹭居中，池鹭在最下或最外围。因为在巢址选择上，夜鹭迁到的时间最早，多选择巢区内中上部的旧巢，或在高枝上营新巢，巢位最高；白鹭的巢址居于夜鹭之下，池鹭之上。

几种鹭类混合群栖时，同种或异种个体间的斗争十分频繁，常为停栖的树枝、竹枝，或者争夺巢材而争斗不息，因而显得十分紧张和戒备。虽然大多数情况下一只个体是进入其他个体的巢域而遭驱赶，但同种或异种间的个体也有相互毁巢、偷拆巢材的现象，有时甚至造成卵的摔毁和某些卵孵化失败。由于巢密度甚大、巢间距小、巢结构简陋，因而相邻个体的起飞、降落和斗争等引起树枝的晃动，也常造成卵的跌落。

有时它们还会就近强占同一树上的喜鹊巢，将巢拆掉来营建自己的巢，也有在芦苇丛中地面和灌木上营巢的。巢通常距地高15～20 m。巢呈浅盘状，结构较简陋，主要由枯树枝、草茎和草叶构成。

每窝产卵3～6枚，通常间隔24小时或48小时产1枚卵。卵的形状为卵圆形，也有呈橄榄形和长椭圆形的，颜色为灰蓝色或蓝绿色，大小为(30～38) mm×(42～53) mm，卵重25～32 g。雌雄亲鸟轮流孵卵，但以雌鸟孵卵时间较长。孵化期25天。在孵化期间，卧巢孵卵的亲鸟有极强的护卵、护巢行为，如有其他鸟侵犯其巢，它们就用嘴猛啄入侵者，把敌害赶走后，又急速飞回巢内孵卵。亲鸟轮流孵卵时，白天和夜间都有换孵现象，每昼夜轮换4～5次。在孵化期间有翻卵和晾卵现象，每天翻卵、晾卵20～38回；阴雨天翻卵、晾卵减少。越到孵化期的末期，翻

坐巢孵卵的白鹭。颜重威摄

刚离巢的白鹭幼鸟。颜重威摄

卵、晾卵次数越多。在整个孵化期间，平时只能看到巢中一只亲鸟，没有巢旁守卫现象，夜间非孵卵的亲鸟也不栖在营巢树上，而是在其他树上过夜，甚至不返回巢区。

雏鸟晚成性。雌雄亲鸟共同承担育雏任务，育雏期35～40天。1～5日龄的雏鸟不能站立，无御寒能力，亲鸟卧巢暖雏，喂食时将食物吐至巢底，由雏鸟啄食，亲鸟恋巢性极强；5～10日龄，雏鸟可短时站立，亲鸟在雏鸟静卧时卧巢，雏鸟活跃时蹲立，只有当中午温暖时才暴露全窝雏鸟，中午阳光暴晒时亲鸟张翅为雏遮挡烈日，食物可吐至雏鸟嘴中；10～15日龄，雏鸟发育快，体形变大，恒温机制逐渐建立，亲鸟只蹲立暖雏；15～20日龄，雏鸟羽毛发育丰满，除天阴下雨外亲鸟不再暖雏；20～25日龄，雏鸟可离巢活动，亲鸟在旁枝守护，不空巢；25～30日龄，双亲可同时离巢，喂食时引诱雏鸟在枝间、巢树间飞翔练翅；30～35日龄，亲鸟晚上离巢，白天喂食时带幼鸟在巢区周围飞翔；35日龄后逐渐率幼鸟飞往觅食地。

种群现状和保护 IUCN和《中国脊椎动物红色名录》均评估为无危（LC）。被列为中国三有保护鸟类。在中国南方常见，数量较多，但近年来种样数量有明显下降，应注意保护。

与人类的关系 白鹭行走时步履轻盈、稳健，显得从容不迫。飞行时宽大的翅膀缓慢鼓动，动作显得从容不迫，十分优美。中国古代《毛诗·周颂》中就用"振鹭于飞，于彼西雍"来形容它飞翔时的气势不凡。

白鹭俗称为"鹭鸶"，由于它们的腿纤瘦而修长，所以有人用"鹭鸶腿上剐肉"来形容吝啬刻薄的人。中国古人也因为它们洁白无暇的羽毛而称之为"雪客"或"雪不敌"。白鹭常常成为文人墨客吟咏描绘的对象。中国唐代著名诗人杜甫的名句"两个黄鹂鸣翠柳，一行白鹭上青天"描绘的就是它们生活的情景，宋代徐元杰的"花开红树乱莺啼，草长平湖白鹭飞。风日晴和人意好，夕阳箫鼓几船归"，也生动地叙述了它们点缀着西湖早春的动人景色。宋代辛弃疾则用"枕簟溪堂冷欲秋，断云依水晚来收。红莲相倚浑如醉，白鸟无言定自愁"的诗句来表达自己忧国忧民的心情。

鹰类

- 鹰类指鹰形目鹰科鸟类，全世界共63属239种，中国有25属55种，其中19属37种常见于森林地区
- 鹰类是昼行性猛禽，种类繁多，体形各异，无论在形态还是习性都呈现出广泛的多样性，但总体而言体形较大，喙强且先端具钩，脚强而有力，爪锐利
- 鹰类均以活体动物或动物尸体为食，其中啮齿类动物是鹰类最重要的食物来源
- 鹰类多为单配制，雏鸟晚成性，雌雄亲鸟共同育雏
- 鹰类是维持生态系统健康的重要一环，易受胁，在中国所有鹰类均被列为国家重点保护动物

类群综述

鹰类是昼行性猛禽，包括鹰、雕、鵟、鸢、鹫、鹞以及鹃隼、鵟鹰、蜂鹰等，是当今世界上最大的食肉鸟类群体，种类繁多，体形各异，无论在形态还是觅食习性上都呈现出广泛的多样性。

它们隶属于鹰形目（Accipitriformes）鹰科（Accipitridae），大约有63属239种，遍布于除南极洲外的世界各地，包括海洋中的岛屿，热带地区的种类尤为丰富。中国分布有25属55种，分布于全国各地。有的分布得特别广泛，几乎遍及全球，有的分布区却十分狭窄，只有几平方千米。

狭义的鹰指的是鹰属 *Accipiter* 的鸟类，如苍鹰 *Accipiter gentilis*、雀鹰等。它们为中、小型的鹰类，嘴有明显齿突，上嘴的弧状垂发达；翅短而圆，小翼羽发达，接近翼长的一半；尾也比较长；善于在林地或森林中曲折穿行，快速追捕鸟类以及爬行动物和小型哺乳动物；跗跖部较细长，几与胫等长，前、后缘为盾状鳞，但因鳞片间界限不清而呈平滑状。

主要以小型哺乳动物和鸟类为食的鵟类分布非常广泛，如生活在欧亚大陆的欧亚鵟 *Buteo buteo*、非洲的非洲鵟 *B. augur*、北美洲的红尾鵟 *B. jamaicensis*、南美洲的阔嘴鵟 *Rupornis magnirostris* 等，特别是在新大陆最具多样性。鵟类的跗跖粗短，且远较胫为短，除毛脚鵟 *Buteo lagopus* 外，后缘具盾状鳞。

真正的雕类腿部均覆羽。其中体形最大、也最为人熟知的包括北半球的金雕 *Aquila chrysaetos* 和澳大利亚的楔尾雕 *A. audax*。少数为特化种，如亚洲的林雕 *Ictinaetus malaiensis* 专门搜索鸟巢，非洲的黑雕 *Aquila verreauxII* 则寻捕蹄兔。它们头上没有冠羽；嘴强并有平圆突起，但上、下颌无相应的缺刻。鼻孔耳形或圆形。第1枚初级飞羽短于第2枚，除第4、第5枚初级飞羽外，其余飞羽均具缺刻。跗跖部羽毛覆盖达趾，爪尖而弯曲。

秃鹫、兀鹫类特化为食腐。多数为大型鸟类，头和颈裸露或覆以绒毛，有的耳下具一个大型肉瘤，有的种类有翎领，翅宽，用于翱翔寻找尸体残骸。有些种类的喙粗壮，用以撕碎肉、皮肤和肌腱；有些喙精巧，善于从骨骼缝隙间将少量的肉等啄出来。

海雕和渔雕也食大量腐肉，不过它们的主食是鱼和水禽。它们的嘴圆钝，嘴峰基部开始弯曲，嘴缘缺刻不明显；翅长，第4枚初级飞羽最长；尾为圆形；跗跖部被羽只达1/3。爪底面具纵沟或角棱，但外趾不能转动。渔雕的跗跖和脚强健有力，脚下的鳞片突起如刺状，外趾能向后转动。

蛇雕 *Spilornis cheela* 和短趾雕 *Circaetus gallicus* 也为大型猛禽，善于用它们的短趾和有大量鳞片的腿来捕杀蛇。它们头很大，像猫头鹰，再加上眼睛为黄色，因此很容易识别。大部分栖息于森林或茂密的林地中。

短尾雕 *Terathopius ecaudatus* 具有独特的弓形翅和极短的尾，使之得以在非洲大草原上游刃有余地低空滑翔，寻觅尸体腐肉和活的小型猎物。而非洲鬣鹰 *Polyboroides typus* 和马岛鬣鹰 *P. radiatus* 有细长的腿和与众不同的双关节“膝”，从而能够从树洞和岩脊洞中拖出小型的动物。南美洲的鹤鹰 *Geranospiza*

左：鹰类是昼行性猛禽，许多物种都栖息于森林生境，图为捕得野兔从森林上空飞过的灰脸鵟鹰。徐永春摄

caerulescens 在形态和习性方面与鬣鹰如出一辙。

鹞类为中小体形，嘴短小，不很强；翅宽，尾长，绝大多数种类尾基部为白色；跗跖细小，前缘为盾状鳞，后缘为网状鳞，而不像鹰属种类跗跖的前后缘均为盾状鳞。它们喜欢在草地上空（如乌灰鹞 *Circus pygargus*）和沼泽上空（如白头鹞 *C. aeruginosus*）缓慢地低空巡飞觅食，主要捕食小型哺乳动物和鸟类，也食爬行动物和昆虫。它们的脸像猫头鹰，有似脸盘状的羽毛，耳大，对藏于茂密植被中的猎物发出的声响非常敏感。

形态

鹰类的体形大小不一，体长 20～150 cm，体重 75～12500 g。小的如娇鸢 *Gampsonyx swainsonII* 和非洲侏雀鹰 *Accipiter minullus*，仅有伯劳一般大小；大的如虎头海雕 *Haliaeetus pelagicus* 和皱脸秃鹫 *Torgos tracheliotos* 等，如同天鹅一般大小。一般雌鸟的体形较雄鸟为大。中国的鹰类以高山兀鹫 *Gyps himalayensis* 的体形最大，体长 120～140 cm，双翅展开长达 2 m 以上，体重为 8～12 kg。

鹰类的头骨为索腭型；鼻骨后缘稍圆，为全鼻型；没有基翼骨突，次级基翼突与翼骨先端相关接，颈椎为 14～17 枚；胸骨发达，下肢骨强而有力，屈趾肌强韧，趾骨长；嗉囊大，腺胃发达，肌胃不发达，适于消化动物性食物；无砂囊构造；盲肠退化。

鹰类羽色的变异十分明显，主要有性别变异、年龄变异和种别变异等。它们的体羽一般颜色较为暗淡，主要为灰色、棕色、黑色和白色等，常杂有浓暗纵纹和横斑，一般绒羽较为发达。与此形成鲜明对照的是，它们的软体部分如眼、蜡膜、跗跖等却往往颜色较为鲜艳，一般为黄色，有时呈橙色、红色、绿色或蓝色。大多数种类两性的羽色相似，只有少数种类差异明显。幼鸟的羽色与成鸟稍有不同，大多与成年雌鸟相似。雏鸟的羽色则有别于成鸟。成鸟大多每年换羽 1 次，换羽期比较长，但不影响飞翔，也不会因此丧失捕食能力。

鹰类的嘴强大而粗壮，上嘴比下嘴长，并且上嘴向下弯曲呈钩状，嘴基部有突出的皮质蜡膜。鼻孔位于蜡膜上并且裸露，除蜂鹰外，在嘴峰、蜡膜和眼先处，多数不为羽毛所覆盖。一些囫囵吞食的种类，如蛇雕等，嘴的钩曲相对要小一些，但具有强大的颚肌，能将蛇头一口咬碎。以腐肉为食的鹫类的嘴非常强大，可以撕破很大且结实的动物尸体。鹃隼类有锋利的双齿突，这种像锯或钳子一样的结构，可以切断猎物的颈部，并迅速肢解猎物。

鹰类视野宽广，目光敏锐。虹膜一般为深褐色，也有很多具有黄色、橘黄色或红色的绚烂色彩，这是对追捕和恐吓猎物的一种适应。眼睛的比例均较大，眼球扁而圆，并且呈管状嵌入如双筒望远镜的长镜筒一样的眼眶中。鹰类的听觉均比较敏锐，嗅觉一般不发达，但也有人认为以腐肉为食的鹫类等的嗅觉比较灵敏。

鹰类的两翼轻盈、坚固、灵活、有力，并且从前向后略微弯曲，形成一个拱形剖面，只要上下鼓动就能在空中飞翔。翅膀上的第 5 枚次级飞羽缺如。大型鹰类宽大的内侧飞羽使它们能借助上升的暖气流所提供的升力在空中翱翔，只是在从一个气团到另一个气团时才鼓翼飞行。大多数鹰类在捕捉猎物的时候，常常做曲线飞行，因为鹰类在捕食前面的猎物时，头部朝侧面倾斜 40° 角时看得最清楚，但这样却会增加空气的阻力。为了减少阻力，同时保持眼睛紧盯猎物，它们便端正头部，沿着螺旋形的曲线发动攻击。大型鹰类的翅膀也是它们捕食的有力武器，有时一翅扇过去就能将猎物击倒在地。

鹰类的尾羽形状不一，尾羽大都为 12 枚，少数种类为 14 枚（如虎头海雕）。鹰类的脚强而有力，为四趾形，一般是三趾在前，一趾在后，内趾和后趾比其他趾更有力。趾上有又粗又长的角质利爪，一般呈黑色。当抓获猎物时，这些利爪就会像利刃一样同时刺进猎物的要害部位，撕裂皮肉，扯破血管，甚至可以扭断猎物的脖子。鹰类的脚趾和爪变异较

下：鹰类的嘴强大而粗壮，上嘴先端向下弯曲呈钩状，嘴基部有突出的皮质蜡膜。图为草原雕的头部特写。徐永春摄

鹰类的翅膀十分宽大而灵活，既是飞行的强力驱动，也是捕食的有力武器。图为在空中翱翔的秃鹫。赵国君摄

大，如蛇雕的跗跖覆盖着粗糙的瓦状鳞，可以防止蛇咬；以腐肉为食的鹫类，脚爪大多退化，只能起到支撑身体的作用，但由于没有长爪，却可以更方便地在地面奔跑或跳动。

栖息地

鹰类主要为森林鸟类，从热带雨林至各种海拔高度的山地森林及林缘地带，也栖息于草原、沙漠、田野、荒原、水域、沼泽等各类生境，活动范围十分广阔。

鹰类大多有较强的领域性，繁殖季节较为明显，其领域大小不一，群居的鹫类个体领域较小，只有几十平方米，有些种类的领域很大，可以达到几平方千米。

大多数热带鹰类为定栖性，生活于永久性的领域内。而在温带地区，由于气候带有季节性和不可预测性，绝大部分种类都会在繁殖地和非繁殖地之间进行距离不一的迁移。每年最长的迁徙飞行可达 2 万多千米，由那些定期在东欧和非洲南部之间（如欧亚鵟）或北美洲和南美洲两端之间（如斯氏鵟 *Buteo swainsoni*）往返的种类来完成。

习性

鹰类在非繁殖期大多单独生活，也有些种类成群栖息，如鹞类、鸢类等，其中鸢类大多一起栖于树上，鹞类则栖于芦苇荡或深草丛中。白天，它们分散在周围地区捕猎，晚上则数十只聚在一起栖宿。在非洲的一些地方，偶尔会有不同种类的数百只鸢类和鹞类栖息在一起。同一个栖息地每年都会被使用，但群体的具体数量会差别很大。

有些种类还集体觅食，如胡兀鹫 *Gypaetus barbatus*、高山兀鹫等，一般成分散的群体。兀鹫 *Gyps fulvus* 则是在空中分散飞行，然后聚集到有腐肉的地方。觅食群体在规模大小和组成成员方面都不固定，而是随着个体的加入或离开不断变化。非繁殖期会形成规模更大的群体。

鹰类具有领域行为，包括营巢领域、活动领域和觅食领域等，它们的日常活动大都在自己的领域中进行，每天清晨首先要做的是用嘴梳理自身的羽毛，然后清扫它们的营巢地或夜宿地。接着，就开始了最忙碌的捕食活动。雀鹰等中小型鹰类常在树冠下一边飞行一边寻觅食物。大型的金雕等则往往要在阳光普照下展开双翅，试一试两翼的活力后，才飞向高高的蓝天。

飞翔和捕食是鹰类生存斗争的主要手段，它们的飞翔力都很强，活动范围较为广泛，大多以鼓翼飞行、翱翔和盘旋等常见的飞行方式取得“制空权”，利用其敏锐的感觉器官发现目标，再利用其锐利的嘴、爪和有力的翅膀等得天独厚的武器捕捉猎物，成为名副其实的空中霸王。

翱翔是鹰类善于采用的一种很节省能量的飞行方式。翅膀宽大的鹰类常在荒山野岭的上空，利用上升暖气流继续升高，以便向更远的地方转移。上升暖气流开始从地面升起时呈一个圆柱状；由于底切部冷空气的作用，渐渐发展为蘑菇状；此时由于暖气流继续上升，形成一个巨大的暖气团，靠近它的鹰类也进入到气团中，随之翱翔到更高的天空。

鹰类白天也经常停歇在高大的树木顶端、电线杆上或岩石上休息。一些种类，如雀鹰、苍鹰等，有饮水和洗澡的习惯。但多数鹰类从不饮水，只是从猎物体内获取鲜血来代替水分。鹰类洗澡并不在乎季节，即使天气比较寒冷似乎也不在意。它们一般选择向阳背风的溪流间，不住地将头伸进水中，然后抬起头来，剧烈地甩动全身，并展开翅膀晒太阳。

鹰类还要用一些时间来“做游戏”，这样可以提高肌肉的弹性，增强内脏的机能以及协调生理功能，还能起到训练捕食本领的作用。例如雀鹰、大鵟 *Buteo hemilasius* 等有时会凶猛地飞向比它大得多的雉类群中，以追逐和吓唬对方来“取乐”。体形硕大而笨重的种类，如金雕等，有时会在天空中翱翔、翻飞、俯冲如箭，表演出令人惊叹的各种飞行技巧。

当大型有蹄类动物陷入雪地或泥沼之中时，也常会有鹰类表现出进攻姿态，其实这也是一种近似于游戏的举动。

鹰类有时还会摆出某种可怕的姿态，以恫吓敌人或同类，来保卫自己的利益，称为恐吓炫耀。一般是竖起羽毛，特别是其头部和颈部的羽毛，头部猛向前伸，部分或全部地张开双翼。渔雕的恐吓炫耀更加特别，它向前低着头，微微张开双翼，不断发出刺耳的“猜猜”叫声，同时，它的脚爪向前，似乎随时要扑向对手。恐吓炫耀不仅在地面上进行，

生态适应：

形态适应 鹰类对抚育后代的分工相当完善，这种抚育的分工与其双亲间身体大小差异有关。两性在体形上存在显著差异——雌鸟普遍大于雄鸟，这是鹰类最有趣的特点之一。最明显的是雀鹰，雄鸟只有雌鸟的一半体重。这种性二态很明显与它们的生活方式有关，因为这样的特点也见于其他肉食性鸟类的身上，如鸮类和贼鸥等，甚至包括水雉、彩鹬和三趾鹑等类群中。

总体而言，在鹰类中，体形的差异程度和性别角色的分化程度与猎物的速度和灵活性成正比。极端的例子便是兀鹫，它们以静止不动的腐肉为食，因此在两性体形和角色方面没有明显的差别。在以螺等行动缓慢的猎物为食的种类中，雌鸟仅略大于雄鸟，同时两性在繁殖行为中有不少方面为共同承担。那些以捕食昆虫和爬行动物为食的鹰类则表现出相对较大的体形差异，捕食哺乳动物和鱼的种类更是如此，而主要捕食其他鸟类的鹰类则具有最明显的两性差异。在这些种类中，如果捕食相对于自身体形越大的猎物，那么两性差别就越大。因此那些捕杀比自己更重的鸟类的鹰类在繁殖中会体现出广泛的两性差异。由于两性体形相差极大，以至于雌雄鸟会分别捕食不同大小、不同种类的猎物。

视觉适应 鹰类的眼睛既是远视眼，可观察远处的目标；又是近视眼，也不放过近处的猎物。因为它们可以通过控制内睫状肌的伸缩，改变水晶体的形状，在极短的时间内迅速调整视力，有在高速接近目标时视物的本领。

眼球的最外壁为一层角膜，前面壁内生有一圈环形骨片，称为巩膜骨，能支撑眼球壁，从而保证飞行时受到气流的压力而不变形。眼的上部有一个上眼眶突起，称为眉骨，能够在森林中迅速追捕猎物而碰上灌丛或野草时保护眼睛。眼内的一层栉膜，可以供给眼球营养，调节眼球内的压力，有助于注视移动中的物体。视网膜上红色、黄色或橙色的油滴，可以起到滤光片的作用，提高视网膜的成像作用。它们的视觉系统可以将看到的物体放大数倍，其工作原理既像望远镜，又有点像电影厅中的放映机，当人们把放映机移得离屏幕越远，屏幕上所呈现的图像就越大。

但是，对于鹰类来说，这种超凡视力只有在光线充足的条件下才能发挥作用。如果让它们在夜间飞行，就有可能会撞到电线杆等障碍物上。这是因为将图像放大时需要将光线分散，因此呈现在视网膜上的图像虽然大，却十分暗淡，于是像许多其他昼行性动物一样，鹰类在傍晚光线逐渐暗淡时，便收工休息了，待到次日白天再出来。

在白天，鹰类与众不同的视觉接收系统可以让它们发现并紧紧地跟踪它所要猎取的目标。它们的眼睛内具有两套视网膜中央凹，分别集中于眼睛的不同区域。眼中间的视网膜中央凹主要帮助单眼视觉成像，而它们的两只眼睛各自工作时所能看到的地域是非常宽广的，由此有了这一视觉接收系统，就可以在很广阔的地域中非常容易地发现猎物。

靠边上一点的视网膜中央凹是鹰类所独有的，可以帮助双眼成像，在发现目标后，它使鹰类的双眼相互调整焦距从而对准目标。这一视觉接收系统的另外一个好处是，可以将视野锁定在鹰类的爪和头部之间的这片区域，而这一视野区正好是鹰类能够调整体态身姿，做好用利爪攻击猎物准备的活动半径。锁定目标后，眼睛能将物体图像放大的功能发挥重要的作用，有了它，鹰类对于目标的具体形态和动向便会掌握得十分准确，被其锁定的猎物可以说是“插翅难逃”。

另外，像许多其他鸟儿一样，鹰类的眼睛对于光线色彩变换，尤其是紫外线强弱的感觉要比人类灵敏。

迁徙 鹰类大多在白天迁飞，这是由于它们缺少天敌，并且白天易于寻找食物，还可以利用热气流进行翱翔，节省长途迁徙所消耗的体力。对于鹰类来说，不同种类所采取的迁徙方式也有所不同，有单独、成对和结群等形式。体形较大的雕类大多为单独飞行，结群迁徙的种类有鸢等。个体之间总是保持着一定的距离，很多种类的迁徙甚至是单独进行。凤头蜂鹰*Pernis ptilorhynchus*、苍鹰、普通鵟、雀鹰、日本松雀鹰*Accipiter gularis*等还会结成5～30只的混合群体进行迁徙。

鹰类迁徙的路线大部分是南北向，只有少数发生在东西向之间，还有个别种类在东南—西北方向之间迁徙。有的鹰类春、秋季的迁徙采取同一条路线，并具有一定的稳定性，也有的鹰类向南和向北的迁徙路线完全不同。它们在迁徙之前，通常要做好充分的准备，如体内脂肪的积累，以求平安度过艰苦的行程。鹰类中迁徙的种类并不多，尤其是大型鹰类都很少迁徙。更奇怪的是，在同一种鹰类中，有的个体作长途迁徙，有的却定居一地，例如欧亚鵟，有的个体的迁徙旅程达16 000 km，有的却终年停留在2 km^2的范围内活动。不过，就迁徙的距离而言，鹰类可以称得上是整个鸟类中迁徙路线最长的类群之一，迁徙的距离一般在400 km以上，而有些种类甚至几乎能从地球的一极迁飞到另一极。例如欧亚鵟能从俄罗斯的西伯利亚迁徙到非洲的好望角。中国渤海湾正处在鹰类迁飞的路线上，尤其是每到春季和秋季的迁徙季节，常有数以千计的各种鹰类沿着中国东部海岸进行集群移动，其种类之多，数量之大，都是世界上所罕见的。

鹰类迁徙的途中需要在停歇地，即驿站中停留一段时间，一般停留时间在2～13天。在每个驿站中出现时间的早与晚，以及停留时间的长短，受气候影响十分严重，尤以秋季鹰类南迁受影响更甚。一般是秋雨停止，北风或西北风停息后开始南下迁徙。对于一个特定的驿站来说，常有这样的一些规律：就迁徙鹰类的体形大小而言，体形小者先来，大者后来；从性别年龄而论，春季雄性成鸟先出现，雌性成鸟后来，亚成体最后；秋季则为幼鸟先出现，成鸟稍后到来。大多数鹰类在迁徙的高峰期一般每天6:00～9:00及15:00～18:00频繁在林间活动，寻找食物，补充能量，恢复体力，为继续迁徙提供保障，9:00～15:00则是在高空中进行迁徙的时间。

鹰类的迁徙绝非轻易之举。通常飞越一个宽阔的海面和高大的山脉后，其体重会减轻一半，大批当年出生的幼鸟在迁徙途中或到达迁徙终点后都难逃夭折的命运。在迁徙的途中来不及觅食、骤起的风暴、浩瀚的水域等，无时无刻不在吞噬着这些生灵。同时迁徙时间的早晚也蕴藏着危机，太早意味着北方的生活环境还被冰雪覆盖，过晚则有遭遇暴风雨的危险，而且还有无数人为的干扰：高大建筑物、无线电天线、灯塔与烟囱、与飞机相撞等，都潜伏在鹰类漫长的迁徙途中。

天气的好坏、风向、风力的大小等均对鹰类的迁徙有着较大的影响，较为适宜的是晴朗的天气，并有风力为3～5级的顺风。但春季迁徙的一部分鹰类，有时由于繁殖期的临近而急于赶到繁殖地，因此即使在十分不利的气候条件下，也会克服困难，继续迁飞。

除了正式的迁徙之外，鹰类还进行一种短距离的、非定向的移栖活动，称之为游猎。这是一种无规律的活动，可能由于过度密集或食物欠缺的起因，偶有不规则的迁移现象。此外，鹰类还有一种无目的漂泊。如大风暴雨之后，一些鹰类在天空迷失方向，造成了这种漂泊现象。

猛禽常利用热气流迁徙，有时会围绕气流形成集群。徐永春摄

也出现于飞行中，大多是为了保卫自己的领域。例如蛇雕面对同类的入侵时，常进行一种恐吓性的飞行，将头、颈完全伸出，两翅保持向上向前的特殊姿态，发出大声的叫喊，直到入侵者飞离自己的领空为止。有些鹰类的反击飞行是朝入侵者直线飞去，头昂起，两翼有节奏地拍打，有的还发出鸣叫声，直到将入侵者赶走为止。短尾雕的恐吓飞行也有些类似，只是它两翼鼓动时，可发出很大的声响，要是这还不能使入侵者退出，就停落下来高声吼叫，继续摆出挑衅的姿势。

鹰类的鸣声包括各种啸声、喵喵声、呱呱声、吠声等，通常很尖利。大部分种类除繁殖前期外，一般较为安静，但一些林栖种类则很嘈杂。

当夜幕降临，鹰类便回归自己的夜宿地休息。歇息的形式大多采取“金鸡独立”的姿势，把头弯曲到肩上，用一只脚站立，另一只脚缩回自身的羽毛中。夜宿地随着种类的不同，有树林、灌丛、悬崖、农田、岛屿等。一个夜宿地常可连续使用很长时间。夜间休息时间的长短，也依照各自的生活习性不同而有差异。大多数的鹰类在晨昏前的几小时中十分活跃，因为此时的小鸟和昆虫最易捕捉。那些习惯于翱翔的大型鹰类，如金雕等，只有在日出后几小时，利用上升暖气流的逐渐形成，才能起飞；而到黄昏，空气逐渐冷却，它们也被迫降落栖息。因此，在冬季缺乏这种上升暖气流的时候，它们就不能作长时间的翱翔去获取食物，只得迁往他处。遇到潮湿或多雾的天气，鹰类早晨开始活动的时间一般都要比平常晚一些，因为雾雨会沾湿它们的羽毛，使之不能很好地飞翔。

食性

鹰类是食肉动物，几乎所有种类都喜食新鲜的肉而捕杀活的动物。部分种类，如兀鹫等，以食腐肉为主。大多数种类会捕获从蚯蚓到脊椎动物的各种动物，食谱广泛而复杂，包括鸟类、哺乳动物、爬行动物、两栖动物、鱼类、节肢动物、软体动物、环节动物，以及动物尸体等。不同的种类随着所处环境和习性的不同，又各有不同的捕食对象。有的种类食性较广，几乎是见到什么吃什么，选择性不强，称为广食性；有的种类则十分挑剔，只吃一两种食物，如特化为专食螺、胡蜂、蝙蝠、鱼、鸟、鼠，甚至油棕的果实等，称之为寡食性。例如海雕主要以鱼类为食，发现鱼后，就从空中滑翔而下，贴水飞行，伸出利爪，迅速将鱼抓起。食螺鸢 *Rostrhamus sociabilis* 和黑臀食螺鸢 *Helicolestes hamatus* 用它们具钩的细长喙尖从螺壳里啄出螺。蜂鹰以蜜蜂等各种蜂类为食。鹃头蜂鹰 *Pernis apivorus* 专门用它的直爪挖掘胡蜂的幼虫，而为了避免被蜇，其脸部长有羽毛。食蝠鸢 *Macheiramphus alcinus* 喜欢在黄昏时用翅膀捕捉蝙蝠，然后通过它异常大的咽喉一口吞下。鸢是著名的“清道夫”，除了吃一些活的动物外，还吃动物的尸体，道边或水中的秽物。而棕榈鹫 *Gypohierax angolensis* 摄取非洲油棕榈的果实比腐肉还多。一般来说，鹰类大多是捕食野鼠和野兔的能手，有的是蝗虫的天敌，也有的种类捕食鸟类或鱼类。广食性和寡食性的形成是有规律的，一般是那些不迁徙或者只在居住地附近游猎的种类属于广食性，长年待在一个很小的地区生活，对食物的要求就不能随心所欲，只有扩大食物种类的范围，才能维持生活的需要。反之，迁徙的种类往往是寡食性的，因为它们可以跟随自己所喜食的对象作长途旅行。

鹰类的狩猎，称得上是一种艺术，它们总是采用又省力又巧妙的方法，尽可能地寻找容易捕捉的中小型动物。如果要抓捕飞行迅速或体形较大的动物，则往往从离群的或不健康的个体入手。有的鹰类习惯于占领制高点，栖停于高枝、电线杆、干草堆和悬崖上，转动着灵活的脖子，聚精会神地环视四周，发现猎物后，就悄悄飞下，快临近地面时，突然加快速度扑向猎物；或者先滑翔到猎物的上方，然后突然竖起翅膀，垂直下扑，给猎物一个措手不及。在辽阔的平原或旷野上，鹰类大多在空中缓缓盘旋，同时仔细地观察地面。一旦发现猎物，就突然进行袭击，鹞类就是使用这种伎俩的好手。对于善于奔跑的有蹄类动物，一些大型的雕类也会有办法，它们进行长距离的追逐，让猎物在奔跑中耗尽体力，最后俯首就擒。

渔雕捕食的时候并不采取从空中猛扑入水的方式，而是静静地站在水边的树上等候时机，一旦发现水面附近有鱼类漫游，就悄悄地滑翔而下，紧贴水面作高速飞行，然后迅速地伸出爪子，将鱼抓起，并不在水面上击起浪花，显得非常迅速而从容，堪称神出鬼没。如果水面附近的鱼类较少，它也能潜入水中去猎捕。

蛇雕的跗跖上覆盖着坚硬的鳞片，像一片片小盾牌紧密地连接在一起，能够抵挡蛇的毒牙的进攻；它的身体上长着宽大的翅膀和丰厚的羽毛，也能阻挡蛇的进攻；它的脚趾粗而短，能够有力地抓住蛇滑溜的身体，使其难以逃脱。所以蛇被擒获之后很难对蛇雕进行反击，蛇雕也因此成为捕蛇能手。

鹫类大多结群活动，它们发现尸体后，并不立即上前，而是先是翱翔观察，然后落在附近进行窥测，确认没有危险后，才一齐拥上聚餐，在几十分钟内将一具庞大的动物尸体吃得只剩下头骨、大腿骨等扔在草地上。胡兀鹫在遇有较大的骨头或捕到乌龟等无法下口的猎物时，就会将骨头或乌龟抓起来，飞到 60m 以上的高空，将其从空中投向岩石，使之破碎，然后落下用勺子状的舌头舔食骨髓。如果一次没能摔碎，它们就飞到更高的高度，反复进行摔打。如果连摔多次都无法摔碎，也只好放弃。白兀鹫 *Neophron percnopterus* 是极少数会使用工具的鸟之一，会将其他鸟的卵摔到地上摔碎或者扔下石块将卵砸碎。

鹰类用嘴前端尖锐的弯钩来撕裂猎物。可以将钩嘴刺进猎物的体内，然后用双脚按住，将猎物向相反的方向蹬踹，从而将猎物扯碎，撕裂成小块，再一块块吞下。这是它们常用的进食方法。

鹰类每天觅食时间的长短会随着食物的丰富程度、天气的变化、本身捕食技巧等因素而有所变动。鹰类的食量，除了最低的每日基本需求量外，与气温冷热变化和每日运动量多寡有关。如果天气寒冷，

上：啮齿类是许多鹰类最爱的食物。图为捕食鼠类的草原雕。徐永春摄

下：捕食小鸟的灰脸𫛭鹰。沈越摄

热量消耗大，一般食物需求量就大，否则相反。捕食时间依种类不同也有差异，以小型动物和昆虫为食的较小的种类，一天之内反复捕捉才能满足食量需求。因为体形较小的鹰类，其体表面积相对较大，散热就比较多，新陈代谢也比较强，因而必须吃掉更多的食物，才能满足生存的需要，反之亦然。因此，体形较大的鹰类，如金雕等，只要捕捉到一只大型的哺乳动物，就能够吃上好几天，于是只要歇息在食物跟前或不远的附近，不时上前撕扯一块，吃上几口，就不用为猎取食物而消耗更多的时间了。

鹰类的种群数量往往取决于食物的供应。食物多样化的种类往往拥有相当稳定的食物供应，即使在某个具体的区域，繁殖数量也保持相对稳定，像金雕、猛雕 *Polemaetus bellicosus* 等都是数量长期保持稳定的范例。相反，如果依赖于数量季节性波动的猎物，那么这种鹰类的繁殖密度每年都会不一样，或多或少地随猎物的数量波动而起伏。典型例子便是以啮齿动物如旅鼠为食的白尾鹞和毛脚𫛭，以及以野兔和松鸡为食的苍鹰。啮齿动物的数量每隔 3～4 年达到一次高峰，它们的掠食者也是一样；而野兔和松鸡的循环周期为 7～10 年，它们的掠食者亦是如此。其中苍鹰的情况尤其明显，它们在猎物（如野兔）供应稳定的地区繁殖数量就稳定，在猎物供应有波动的地区就同样跟着起伏。

繁殖

鹰类的配偶制度多为单配制，有些物种数年内保持同一个配偶，而少数大型的雕类甚至被传称配偶为“终身伴侣”。但也有一些例外，包括一雄多雌制，在鹞类中比较常见；而一雌多雄制，则在中美洲的沙漠种类中很常见。

鹰类的繁殖期是相对稳定的，有较严格的季节性，这是对外界食物条件长期适应的结果。大型鹰类的繁殖期开始较早，如许多鹫类等，在1～3月就开始营巢产卵，特别是在食物丰富的时候。小型鹰类大多在4～6月开始营巢产卵。

鹰类的求偶炫耀有起伏式、螺旋式和摇摆式等技艺高超的婚飞和壮观的空中炫耀表演。当繁殖期到来的时候，有些种类，如蛇雕和非洲冠雕 *Stephanoaetus coronatus*，只是作翱翔和鸣叫。更多种类的雄鸟则是在自己的领域上空做各种姿态的飞行，同时发出大声鸣叫，以博取异性的爱慕。这种炫耀行为既可以是模仿进攻，如一只鸟向另一只鸟俯冲；也可以演变成真正的攻击，即相互之间有接触行为，有时则会出现翻筋斗旋转而下的精彩场面。有的种类常常飞到30～90 m的高处，垂直冲下，急剧地旋转着，发出警报似的叫声，似乎已经失去了控制，马上就要摔在地上。但在距离地面只有1m左右时，却又灵巧地恢复常态，振翅飞起，直上高空。这样的表演有时可以反复100多次。大多数种类则是反复地呈波浪状不断起伏地飞行，进行空中炫耀，一般主角是雄鸟，先扇翅向上翱翔，然后合翅向下俯冲。

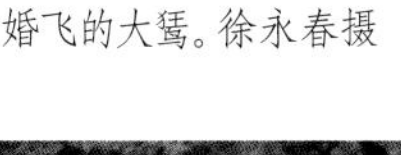

婚飞的大鵟。徐永春摄

在求偶期间一般是雄鸟给雌鸟喂食，通常在栖木上进行。然而，鹞类会进行精彩的空中食物接力——飞翔的雄鸟扔下猎物，雌鸟迎到半空中仰面朝上将猎物接住。鹰类的交配主要在树上或地面上进行，一般每天交配多次，但一到产卵期即停止。

鹰类一般每年产一次卵，并筑有自己的巢。筑巢因地制宜，岩石、树木、地面建筑物等均可利用。营巢地点有的在悬崖绝壁，有的在树冠顶部，有的在岩洞或树洞中，有的在芦苇荡中或在地面上，如鹞类，也有的占据其他鸟的巢，还有少数种类集群筑巢，一般由10～20对配偶组成，也有规模更大的繁殖群。在鹞类中，群居营巢倾向有时因一雄多雌制而得到进一步强化，因为每只雄鸟会有2只或更多的雌鸟将巢筑住一起。

巢材主要由树枝组成，在筑巢临近完工时，还要就近找绿叶和细枝等新鲜植被作为衬垫，使巢变得柔软一些，在缺少树木的地区，也使用海藻、草和纸屑等。巢的大小常与当时巢材的供应状况有关，也受着巢位和气候等因素的影响。鹰类通常有非常明确的分工，由雌鸟筑巢，雄鸟运输巢材。一般每年筑一个新巢，有些种则使用旧巢，尤其是体形较大的种类，所筑的巢很多都会长期使用，如一些金雕或白尾海雕相继在某些特定的悬崖营巢已至少有一个世纪之久。一些雕类的巢会年年“添砖加瓦”，变得越来越大。例如一个历史上著名的美国白头海雕的巢，面积达8 ㎡，巢材可以装满两辆货车。而即使是一块地被植物，白尾鹞也可以营巢数十年。群居的鹰类倾向于年复一年地在同一个地区营巢，如在非洲南部，许多悬崖从几个世纪前至今一直是南非兀鹫在那里营巢。和其他群居繁殖的鸟类一样，鹰类的每对配偶也只维护巢周围的一小块区域，因此只要有足够的岩面，许多配偶都会拥挤在同一个悬崖，而不会去其他同样合适的空悬崖。总体而言，筑在岩石上的巢比树上的巢更长久，筑于树上的巢则比草被上的巢更长久。

体形对繁殖的走向会产生很大的影响。体形越大的种类开始繁殖的年龄越晚，繁殖周期越长，且每次繁殖产下的后代越少。大型种类的窝卵数为1～2枚，小型种类可多达6枚。同一种鹰类，生活在北方的亚种窝卵数要比生活在南方的亚种多。每年的产卵数还会随当年食物条件的变化而波动，在特别不顺利的年份甚至停止产卵。卵的颜色为白色或浅绿色，常有褐色或紫色斑纹。孵卵一般均仅由雌鸟承担，孵化期一般需1个月左右，大型种类需要45～50天，小型种类为22～23天。

雏鸟晚成性，需要亲鸟的长期照顾。雏鸟留巢时间一般为1个月左右，小型种类为21～25天，大型种类则长达5个月之久。与其他大部分晚成鸟不同的是，鹰类的雏鸟一孵出来便全身覆有绒羽，这种绒羽薄而光滑，颜色单调，一般为白色、灰色或浅黄色，只有极少数有斑纹。亲鸟喂食时它们会很配合地迎上前来吞下食物，因此雏鸟生长很快。7～21天之后，第二期绒羽长出来了，这是一层较为厚实、暖和、颜色更浅一些的羽毛。此时的雏鸟比以前活跃，它们虽然还无法站立，但也能借助于跗跖在巢里移动了。真正的羽毛，差不多要到5～6周之后才能长出。

雌鸟通常在巢内负责孵育。可能孵卵时暂不需要用到翅膀，开始孵卵不久雌鸟就进行翅膀羽毛及尾羽的脱换，而雄鸟的换羽往往要更早些。大约经过1个月，当新羽生长完成后，雏鸟也该孵出了。于是雄鸟立即投入捕食的工作，并把捕获物直接带到巢边交给雌鸟；或者飞回来时大声鸣叫，雌鸟听到叫声就会迎面飞来，将捕获物接走，然后回巢撕成小块来喂雏鸟。在多数种类中，育雏初期雌鸟会将猎物的肉撕成碎片，由雏鸟从它的嘴里啄取。在秃鹫、兀鹫类和一些鸢类中，亲鸟的职责分配更为平等，它们轮流营巢，自己的食物自己解决，并各带一部分食物回巢育雏。秃鹫成鸟是从嗉囊中呕出食物来喂育雏鸟的。雌鸟的护巢性较强，大部分时间都守在巢旁，防止敌害的入侵，或者替雏鸟遮阴挡雨，一直到雏鸟可以到巢的附近活动时，雌鸟才外出捕食，以满足雏鸟日益增长的食物需求。食物供应对鹰类雏鸟的存活率影响很大，食物丰富时，一窝雏鸟也许可以全部存活；食物短缺时，同窝雏鸟之间就要产生激烈的竞争，往往只有一两只最强壮的能勉强活下来，其他雏鸟不是受冻饿而死就是被吃掉，以保证少数个体的存活。雏鸟即便勉强活下来，仍有3/4的个体差不多过不了周岁，它们会因各种各样的原因而夭折。

当雏鸟的羽毛长满后，亲鸟就开始培养它们独立生活的能力。雏鸟饱食之后，一只只伫立巢边，开始练习拍打翅膀。它们努力锻炼，不停地探索，或在巢的四周天空翱翔，并练习摄捕食物，用喙撕成小块，然后吞入腹中。雏鸟在刚孵出的几天里，全由雌鸟一手喂养。如果在这段时间之前雌鸟因故死亡了，雏鸟只能挨饿。它们在雄鸟带回的猎物面前毫无办法，而此时的雄鸟则未激发出为雏鸟撕裂捕获物的本能。过了这一阶段，则即便雌鸟死亡，雏鸟的生存前景也完全不同了，这时雄鸟喂雏的本领开始展现，它会把食物撕碎并送到雏鸟的嘴里，

上：鹰类雏鸟晚成，虽然刚出壳时已经身被绒羽，但很长时间不能独立取食。图为正在育雏的黑冠鹃隼，巢中雏鸟正张大嘴向亲鸟乞食。吴秀山摄

下：鹰类幼鸟即使羽翼丰满后仍需亲鸟照料。图为已出壳一个月的白腹隼雕，幼鸟体形已接近成鸟，飞羽也基本长齐，但仍在巢中接受亲鸟照料。徐永春摄

上：鹰类育雏通常是雄鸟捕猎，将猎物递交给雌鸟回巢育雏。图为正在进行猎物交接的灰脸𫛭鹰。徐永春摄

下：育雏初期，雌鸟会将猎物撕碎喂给雏鸟。图为从猎物身上撕下小肉块育雏的凤头鹰。徐永春摄

雏鸟很快就会恢复体力，最终能够健康地离巢出飞。

金雕等大型种类，当巢中食物不足时，先孵出的个体较大的雏鸟常常会啄击后孵出的个体较小的幼鸟，并将啄下的羽毛等吞食。如果缺食的时间不长，较小的幼鸟有避让能力，尚不至于产生严重的后果。如果亲鸟长时间不能带回食物，同胞相残则不可避免，较大的幼鸟会把较小的幼鸟啄得混身是血，甚至啄死吃掉。这种现象多发生在幼鸟 20 日龄前后，因为 20 日龄以前，常有亲鸟在巢中守护。这种同胞骨肉自相残害的现象在大型鹰类的幼鸟中并不罕见，这也是它们依照优胜劣汰、适者生存的自然法则进行的种内自我调节。因为鹰类捕食并非人们想象中的那么容易，而食物的来源往往呈周期性波动，当食物短缺时，如果不进行种内自我调节，将对整个物种的生存和发展十分不利。它们就是利用雏鸟出壳的先后不同所产生的生长发育的差异，实现种内自我调节，淘汰弱小的个体，保留强壮的个体，达到优生优育的目的，使物种得以健康繁衍。

幼鸟即使羽毛丰满之后，也还需要双亲的照料。一般来说，体形越大的种类，需要双亲照料的时间就越长。小型种类 1～2 年可以达到性成熟，大型鹰类如雕、海雕、秃鹫等，则需要 4～5 年才能达到性成熟。

鹰类的寿命较长，中小型种类为 15～25 年，大型种类如金雕等，可达 40～50 年，最长甚至可达 80 年。

与人类的关系

鹰类皆为益鸟，不仅在自然界中占有十分重要的地位，而且有利于人类的农、林、牧、副、渔业生产。它们在食物链上占据次级以上消费者的位置，对于维护自然界的生态平衡具有非常重要的作用。鹰类的种类和数量在鸟类中都相对较少，但它们分布极广而且生活方式多样，不论高山、草原、平原、海岸、沙漠，还是人口稠密的居民区，几乎在世界上各个地区、各种生态环境中，到处都有它们矫健的身影。中国地大物博，幅员辽阔，有独特的自然条件和丰富的自然资源，也为鹰类的生存提供了多种多样的栖息环境。

鹰类大多以鼠类为食，有些还捕食昆虫，在控制鼠害、虫灾，保护树木和庄稼等方面起着积极的作用。许多鹰类捕食其他动物的老弱病残个体，甚至以动物尸体为食，将病原体赖以滋生的动物尸体和垃圾消除掉，起到了消灭病、弱个体，淘劣存优，净化环境的“清道夫”的作用，不但对人类的身体健康有益，而且有利于其他健康动物的生存繁殖，加速自然界的物质循环，在维持自然生态系统的平衡方面有着不可忽视的作用。

鸢喜欢单独在城镇、村庄、田野上空慢悠悠地盘旋，它不仅能够准确无误地捕食活的动物，而且还念念不忘兼吃飘浮水面和弃在水旁的各种脏物以及腐烂发臭的小动物尸体。鸢、鹫等长期食尸为生的鹰类体内都有特殊的抗菌体，有人曾在它们的巢中发现过当地尚未流行开的传染病病菌，说明在一些动物把病菌带到各处之前，就已经被鹰类及时消灭了，起到了防患于未然的作用。

秃鹫、兀鹫等以腐肉、垃圾等为食，它们的消

鹰类以其雄健、勇猛的形象而得到人们的喜爱，成为文化图腾，被写入诗词歌赋，或作为山峰的命名等。图为起飞的秃鹫。徐永春摄

化系统能够杀死细菌，排出的粪便也有消毒作用。有趣的是，它们不像别的鹰类那样，将粪便随便抛弃，而总是珍惜地将粪便涂抹在自己的双脚上，防止细菌从那里侵入自己的肌体。有人做过实验：用从腐败食物中提取的有害病菌制成针剂，按与体重相应的比例分别注射到秃鹫和大白鼠、兔子的体内，大白鼠和兔子都当即中毒死亡，而即使加大剂量注射，秃鹫却仍安然无恙，说明它的体内产生了特殊的抗体，足以抵抗病菌的入侵，所以适于食腐生活。此外，由于它们通常在山顶岩石上栖息，在强烈的阳光下，紫外线可以帮助它们消灭沾在光秃头顶上的病菌。

鹰类等鼠类的天敌的存在，减少了鼠类对农作物和人类的危害，对防止鼠害大暴发，防止疾病的传播，维持生态系统中的物质循环和生态平衡等方面都起到了重要的作用，称得上是人类的益友。

在人类文化方面，由于鹰类的形象庄严、威猛，因而深受人们的喜爱，并且在科学研究、文化教育、卫生保健，以及美化环境、丰富广大人民群众的文化生活等方面，都具有极为重要的应用价值。

自古以来，搏击长空的鹰类就使人们对其礼赞不已，常常激起人们诗一般的情怀和谜一般的想象。

如今，虽然人类已经进入了现代化的时代，但仍然对鹰类倾注了极大的兴趣。世界上以鹰类的形象作为国徽、国旗的图案，以及把鹰类作为国鸟的国家不胜枚举，很多企业、组织也把鹰类作为它们的名称或标志。

在中国的青藏高原，由于地广人稀，当地的藏族同胞采取了一种很特殊的埋葬尸体的方式——天葬。天葬有专门的场地，多半是一块巨大而平坦的石头，死者也由专门的天葬师进行处理。首先将尸体卷曲起来，把头屈于膝部，使其呈坐姿，用白色的藏被包裹。由专门的背尸人背到天葬场后，用绳子固定在石头做成的天葬台上，然后再用利刃，以“庖丁解牛”的方式将尸体从背部开始剥皮、切块，将皮肉、内脏和骨骼分别放为三堆，用白布盖好，骨骼还要用石头砸碎，拌上糌粑，然后点燃一堆堆洒有酥油的篝火。随着伴有酥油气味的“桑烟”向四处飘散，大批的高山兀鹫被吸引过来，从天而降，直扑天葬台。但饲喂时要先给它们内脏，其次是骨头，最后给肌肉部分。高山兀鹫你争我夺，不到半小时就把尸体吃个精光。藏族同胞认为通过这种方式，可以使死者随着高山兀鹫飞到蓝天之上，不仅包含有佛教中的飞升之意，也是人生的最后一次施舍，因此直至今天仍在进行，但只有社会地位高的逝者才能享有这种特殊的送葬方式。

种群现状和保护

随着社会文明的进步和科学技术的发展，人类在创造巨大物质财富的同时，也对生物圈的稳定造成了日益猛烈的冲击，使自然生态系统失去平衡，大量的生物物种绝灭或濒临绝灭，位于自然界中食物链顶级的鹰类更是不能幸免，乱捕滥猎、破坏生境和环境污染是它们生存的主要威胁。

既然鹰类捕食其他动物，那么不管体形如何，它们存在的密度就必然低于构成它们猎物的鸟类和其他动物的密度。而它们在局部食物链中处于最顶端的位置也给它们带来了多方面的负面效应。首先，一旦栖息地出现各种恶化现象，如自然地被用以农业耕作或森林遭毁坏等，那么鹰类受到的影响最直接、最广泛。其次，当鹰类将猎禽、家禽、牲畜作为它们的猎物时，势必会与人类产生冲突，而这种竞争的结果往往使它们遭到直接的迫害，或被枪击，或落入陷阱，或被下毒。再次，也是最难以察觉的，它们因捕食猎物而在体内不断积累起源于农业杀虫剂或工业污水的有毒化学物质，如汞、DDT（二氯二苯三氯乙烷）、PCBs（多氯联苯）等，很容易被感染以致中毒。

在中国草原地区，由于大规模的灭鼠活动，鼠类中毒后转而毒害鹰类的现象极为严重，使某些鹰类的数量已大大减少。由于鹰猎在一些中东国家可获暴利，在中国西北引起偷猎、走私狂潮，使中国的鹰类资源受到了极大的威胁。

世界范围内近种数25%的鹰类被IUCN列为受胁种。其中有8种极（CR）危种，包括菲律宾雕、马岛海雕 *Haliaeetus vociferoides*、马岛蛇雕 *Eutriorchis astur*、白领美洲鸢 *Leptodon forbesi* 等。而在局部地区，形势更严峻。

中国是世界上拥有鸟类物种数最多的国家之一。中国政府对保护野生动物资源的工作一直十分重视。《中华人民共和国野生动物保护法》于1988年颁布实施，对野生动物保护方针、管理体制、保护措施以及处罚责任等都做了明确规定。在同时公布的《国家重点保护野生动物名录》中，将包括鹰类在内的全部猛禽都列为国家重点保护动物，其中金雕、白肩雕 *Aquila heliaca*、玉带海雕、白尾海雕、虎头海雕、黑兀鹫 *Sarcogyps calvus* 和胡兀鹫7种被列为国家一级重点保护动物，其他所有种类均为国家二级重点保护动物。

鹰猎活动是鹰类受胁的一大因素。图为被驯鹰人抓在手上的苍鹰。马鸣摄

为了使中国的鹰类资源得到有效保护，还应该积极宣传和认真执行《森林法》《野生动物保护法》以及其他一些保护鸟类的法规，禁止滥伐森林、开山辟岭、围湖造田等严重破坏鸟类栖息地的行为；严格加强猎枪、猎具管理，杜绝乱捕滥猎野生鸟类的现象。要克服当前在基本建设中只讲经济效益，不注意生态效益的错误倾向，加强生态环境的评价和监测。

要唤起人们对鹰类的注意，从而使这些面临威胁的鸟类进一步得到保护。从1981年开始，中国在全国陆续开展了爱鸟周活动，全国和各省、自治区、直辖市都确定了本省、市、自治区的爱鸟周，有的确定为爱鸟节或爱鸟月。全国开展爱鸟周20多年来，参加人数达1亿多人次，使广大群众基本认识到“爱鸟护鸟光荣，伤鸟害鸟可耻”，增强了保护鹰类等鸟类的自觉性。

近几十年来，中国在保护管理、研究和合理利用鸟类资源方面做了大量的工作。自1981年以来，中国逐步有组织地开展了鹰类等候鸟的保护和环志工作，通过开展鸟类环志，为掌握中国候鸟迁徙动态和规律等提供了宝贵的资料。

但是，目前中国专门从事鸟类资源调查、研究和保护的专业人员奇缺，研究经费也少，这种局面严重制约着包括鹰类研究在内的中国鸟类学研究工作和自然保护事业的发展。

由国际爱护动物基金会资助的北京猛禽救助中心可为受伤、患病和中毒的鹰类等猛禽提供国际水平的救援，也为实现对北京地区猛禽资源的保护和恢复提供了一条新的途径。

在中国已建立的各种类型的自然保护区中也包括一定数量的以保护鹰类等猛禽为主的自然保护区和禁猎区，使它们的主要栖息地、主要繁殖地，以及越冬地和迁徙路线中主要停歇地等得到了很好的保护，为保护、拯救鸟类起到了积极的作用。

黑翅鸢
Elanus caeruleu

鹃头蜂鹰
Pernis apivorus

♂

♀

凤头蜂鹰
Pernis ptilorhynchus

褐冠鹃隼
Aviceda jerdoni

黑冠鹃隼
Aviceda leuphotes

白背兀鹫
Gyps bengalensis

juv.

ad.

秃鹫
Aegypius monachus

蛇雕
Spilornis cheela
短趾雕
Circaetus gallicus
鹰雕
Nisaetus nipalensis
凤头鹰雕
Nisaetus cirrhatus
棕腹隼雕
Lophotriorchis kienerii
浅色型
ad.
ad.
深色型
juv.
林雕
Ictinaetus malaiensis
乌雕
Clanga clanga

juv.
ad.
ad.
juv.
草原雕
Aquila nipalensis
靴隼雕
Hieraaetus pennatus
juv.
ad.
ad.
juv.
白肩雕
Aquila heliaca
juv.
ad.
juv.
ad.
金雕
Aquila chrysaetos

ad.
juv.
白腹隼雕
Aquila fasciata
♂
♀
凤头鹰
Accipiter trivirgatus
♂
♀
褐耳鹰
Accipiter badius
赤腹鹰
Accipiter soloensis
♂
♀
日本松雀鹰
Accipiter gularis
♀
♂
松雀鹰
Accipiter virgatus
雀鹰
Accipiter nisus
苍鹰
Accipiter gentilis
黑鸢
Milvus migrans
栗鸢
Haliastur indus

ad.
juv.
渔雕
Ichthyophaga humilis
白眼鵟鹰
Butastur teesa
棕翅鵟鹰
Butastur liventer
灰脸鵟鹰
Butastur indicus
毛脚鵟
Buteo lagopus
大鵟
Buteo hemilasius
普通鵟
Buteo japonicus
喜山鵟
Buteo refectus
欧亚鵟
Buteo buteo
棕尾鵟
Buteo rufinus

黑翅鸢

拉丁名：*Elanus caeruleus*
英文名：Black-winged Kite

鹰形目鹰科

形态 雄鸟体长 31～35 cm，体重 150～235 g；雌鸟体长 210 cm，体重 315 g。前额白色，眼先有黑斑和须毛；上体淡蓝灰色，肩部大部分为黑色；下体白色，有深棕色和暗褐色纵纹；初级飞羽有黑色尖端；尾羽灰色或灰白色。虹膜血红色。嘴黑色，蜡膜黄色。跗跖前面一半被羽，后面一半裸露，呈黄色。

分布 在中国分布于北京、天津、河北、山东、江苏、上海、浙江、台湾、福建、江西、河南、湖北、广东、香港、澳门、海南、广西、云南、陕西，其中在浙江、广西、河北等地为夏候鸟，其他地区为留鸟。国外见于欧洲、非洲、亚洲南部和东南部。

栖息地 栖息于山地、平原有树木和灌木的原野、农田和草原等地区。从平原到海拔 4000 m 以上的高山均见有栖息。

习性 一般单独或成对活动，多在早晨和黄昏活动。叫声细而尖，似“Kyuit””或“Kuee”声，也有较为低沉的呼啸声，但一般不鸣叫。白天喜欢停歇在枯树、竹竿、电线等处。飞翔的高度较低，采用盘旋、翱翔等方式，并不时将双翅向上举成“V”字形进行滑翔，鼓翼飞翔时两翅扇动较轻，显得相当轻盈，也能够靠振翅悬停于空中。晚上栖息在阔叶林或木麻黄林中。

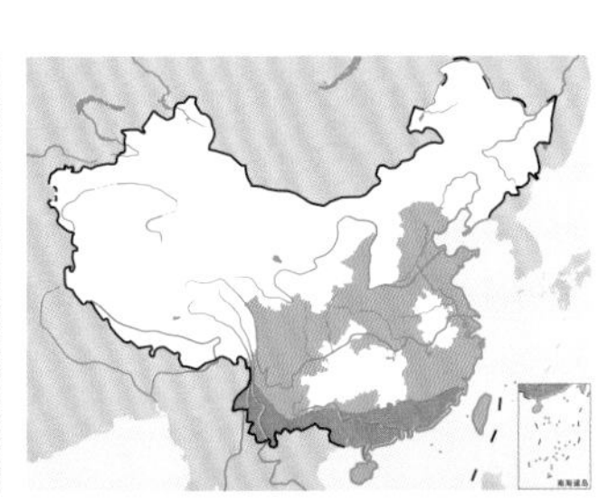

黑翅鸢。左上图为成鸟，沈越摄；下图为亚成鸟，孟宪伟摄

食性 以鼠类、昆虫、小鸟、野兔、蜥蜴等为食。常停在大树树梢或电线杆上，当有小鸟和昆虫飞过时，便突然猛冲过去扑食。也能在天空长时间盘旋、滑翔，观察地面动静，发现猎物再俯冲而下抓取。

繁殖 繁殖期 3～4 月。雌雄鸟会突然起飞并 4 爪互相抓握，在空中进行翻腾和旋转。营巢于平原或山地丘陵地区的树上或较高的灌木上，特别是大叶桉、台湾相思树等高大的树木上，距离地面的高度常在 11 m 以上。每次繁殖都要重新筑巢，以往繁殖的巢则遗弃不用。巢较松散而简陋，主要由枯树枝构成，叠成盆状，巢内有时放有细草根和草茎，或者根本没有任何内垫物。巢外径为 40 cm，巢高 30 cm，巢深 10 cm。每窝产卵 3～5 枚。卵为卵圆形，白色或淡黄色，具深红色或红褐色斑点。卵的大小为 (12～36) mm × (32～29) mm。孵卵由雄鸟和雌鸟轮流承担。孵化期 25～28 天。雏鸟晚成性，孵出后由雌雄亲鸟共同喂养。经过 30～35 天的喂养后，雏鸟即可飞翔离巢。

雏鸟刚出壳时全身具白色绒毛，10 日龄以后开始长出黑色的初级飞羽，并在胸颈处长出红棕色的羽毛；到了亚成鸟时，与成鸟主要区别在头、颈及胸、腹部羽毛为灰褐色，初级飞羽、次级飞羽和三级飞羽及大覆羽羽端有白色缘，虹膜褐色。

种群现状和保护 IUCN 评估为无危（LC）。在中国主要分布于广西、云南一带，数量稀少，《中国濒危动物红皮书》将其列为易危种，《中国脊椎动物红色名录》评估为近危（NT）。虽然近年来在其他地区也不断有新的记录，但大多比较罕见，有的地方仅为偶见的迷鸟。已列入 CITES 附录Ⅱ。在中国被列为国家二级重点保护动物。

鹃头蜂鹰

拉丁名：*Pernis apivorus*
英文名：European Honey Buzzard

鹰形目鹰科

体长 52～60 cm。头部通常为灰色。头侧具有短而硬的鳞片状羽毛，后枕通常具黑色短羽冠；背部羽毛为深褐色，飞羽末端有黑色斑纹；尾羽上有 4 条狭窄的黑色暗斑；下体在胸部经常有深色条纹。在中国分布于新疆西部和北部。栖息于山地疏林和林缘地带。以黄蜂等昆虫为食。IUCN 评估为无危（LC）。已列入 CITES 附录Ⅱ。在中国被列为国家二级重点保护动物。

鹃头蜂鹰。杨庭松摄

凤头蜂鹰

拉丁名：*Pernis ptilorhynchus*
英文名：Oriental Honey Buzzard

鹰形目鹰科

形态 雄鸟体长59～66 cm，体重800～1200 g；雌鸟体长60～66 cm，体重850～1700 g。头顶暗褐色，头侧具有短而硬的鳞片状羽毛，后枕有黑色羽冠；上体黑褐色，头侧灰色；喉部白色，具有黑色的中央纹；翼下飞羽白色或灰色，具黑色横带；尾羽灰色或暗褐色，具暗色宽带斑及灰白色的波状横斑。虹膜金黄色或橙红色。嘴黑色。脚和趾黄色，爪黑色。

分布 在中国全国各地可见，其中在东北为夏候鸟，在西南为夏候鸟或留鸟，在海南、台湾为冬候鸟，其他地区为旅鸟。国外见于亚洲东部、南部和东南部。

栖息地 栖息于山地和平原的阔叶林、针叶林和针阔混交林等森林中，尤以疏林和林缘地带较常见。

习性 常单独活动，冬季也偶尔集成小群。飞行灵敏，多为鼓翅飞翔，偶尔也在森林上空翱翔。常停息在高大乔木的树梢上或林内树下部的枝杈上。在迁徙途中进行换羽。

食性 主要以蜂类的蜂蜜、蜂蜡和幼虫等为食，也吃其他昆虫和昆虫幼虫，偶尔也吃小的蛇类、蜥蜴、蛙、鼠类、鸟类等动物性食物。通常在飞行中捕食，能追捕雀类等小鸟。

繁殖 繁殖期4～6月。求偶时，雄鸟和雌鸟双双在空中滑翔，然后急速下降，再缓慢盘旋，两翅向背后折起6～7次。营巢于阔叶树或针叶树上。巢为盘状，中间稍微下凹，主要枯枝构成，内放少许草茎和草叶。有时也利用鸢和苍鹰等其他猛禽的旧巢。每窝产卵2～3枚。卵砖红色或黄褐色，被有咖啡色的斑点。卵的大小为（50～57）mm×（39～46）mm。

种群现状和保护 IUCN评估为无危（LC）。在中国分布广，但种群数量稀少，《中国脊椎动物红色名录》评估为近危（NT）。已列入CITES附录Ⅱ。在中国被列为国家二级重点保护动物。

褐冠鹃隼

拉丁名：*Aviceda jerdoni*
英文名：Jerdon's Baza

鹰形目鹰科

形态 雄鸟体长44～47 cm，体重200～425 g；雌鸟体长48 cm，体重210～425 g。头顶红褐色而具有黑色的纵条纹；头顶有黑色冠羽，尖端白色；眼先、头侧灰色；上体褐色；下体白色，喉部具有黑色中央纵纹；其余下体具有宽阔的红褐色横斑；翅膀较长，翼尖几乎达到尾尖，飞羽上具有宽阔的暗灰色和黑色横带；尾羽灰褐色，具宽阔的暗色横斑。虹膜金黄色。嘴铅黑色，蜡膜浅蓝灰色。脚和趾黄色或蓝白色，爪黑色。

分布 在中国分布于湖北、广西西南部、海南、贵州、云南西南部和重庆，为留鸟。国外见于亚洲南部、东南部。

栖息地 栖息于山地森林和林缘地区。

习性 单独或成对活动，早晨和黄昏较为频繁，叫声低沉，听起来近乎哀怨的“pee-weeoh”声，第二音节逐渐消失。常在天空中翱翔，飞速缓慢。飞行时两翼尤其近端处甚长且宽，尾平。

食性 以昆虫为食，也吃蜥蜴、蛙、蝙蝠等小型脊椎动物。

繁殖 繁殖期4～6月。通常营巢于高山森林中的树上。巢由枯枝和树叶等构成。每窝产卵2～3枚。卵白色，光滑无斑。

种群现状和保护 IUCN评估为无危（LC）。在中国的分布范围比较小，十分罕见，有些地方的记录都是依据早期的文献。《中国脊椎动物红色名录》评估为近危（NT）。已列入CITES附录Ⅱ。在中国被列为国家二级重点保护动物。

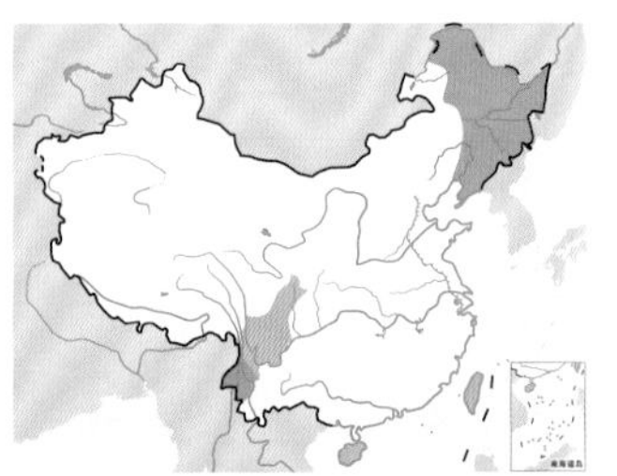

凤头蜂鹰。左上图唐文明摄，下图沈越摄

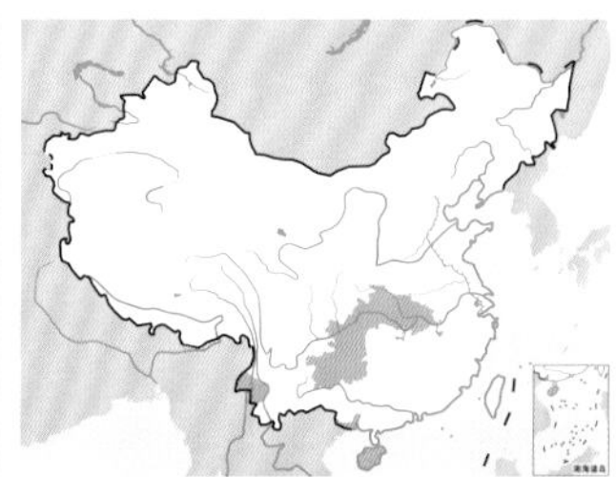

褐冠鹃隼。左上图为成鸟，下图为幼鸟。刘璐摄

黑冠鹃隼

拉丁名：*Aviceda leuphotes*
英文名：Black Baza

鹰形目鹰科

体长 26～33 cm。头顶具蓝黑色冠羽；上体从头至尾都呈黑褐色，有蓝色的金属光泽，翅膀和肩部具白斑；喉部和颈部黑色，上胸有宽阔的星月形白斑，下胸和腹侧有宽的白色和栗色横斑，腹部的中央、覆腿羽和尾下覆羽均为黑色。在中国分布于秦岭－淮河以南大部分地区，包括海南。栖息于平原、山地的森林等地带。IUCN 和《中国脊椎动物红色名录》均评估为无危（LC）。已列入 CITES 附录Ⅱ。在中国被列为国家二级重点保护动物。

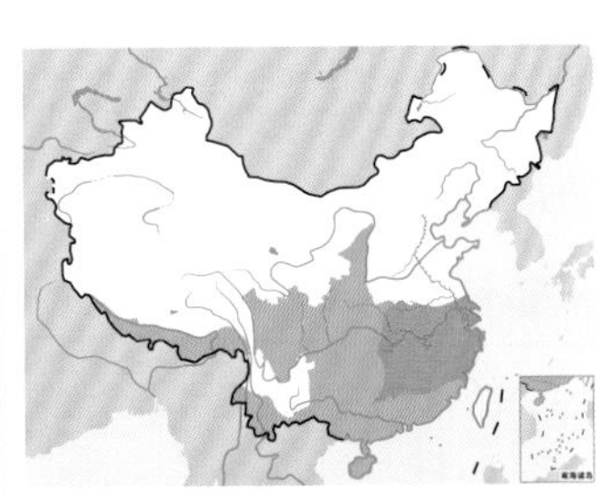

黑冠鹃隼。左上图为捕得食物飞行中，徐永春摄；下图为站在树枝上交尾，唐文明摄

白背兀鹫

拉丁名：*Gyps bengalensis*
英文名：White-rumped Vulture

鹰形目鹰科

体长 83～89 cm。头部和颈部几乎完全裸露，仅缀有少量稀疏的淡黄色发状羽，裸露皮肤灰色，后颈的基部具有长而呈绒毛状的污白色簇羽；下背、腰部、腿的内侧覆羽白色，其余体羽黑色。在中国仅记录于云南景洪。国外分布于印度、巴基斯坦、中南半岛和马来西亚。栖息于平原、山地的森林等地带。IUCN 评估为极危（CR），《中国脊椎动物红色名录》评估为数据缺乏（DD）。已列入 CITES 附录Ⅱ。在中国被列为国家一级重点保护动物。

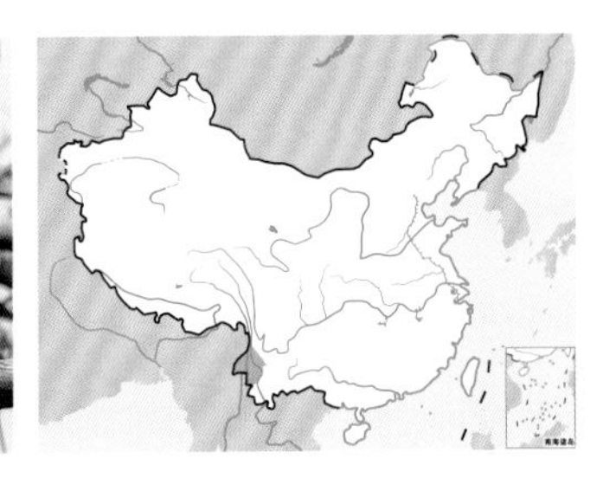

白背兀鹫。牛蜀军摄

秃鹫

拉丁名：*Aegypius monachus*
英文名：Cinereous Vulture

鹰形目鹰科

形态 雄鸟体长 110～115 cm，体重 5750～8500 g；雌鸟体长 108～116 cm，体重 6000～9200 g。头部裸露，仅被有短的黑褐色绒羽，颈的后部则完全裸露无羽，呈铅蓝色，颈的基部被有长的黑色或淡褐白色羽簇形成的皱翎；通体暗褐色，前胸部密被黑褐色的毛状绒羽，两侧各有一束蓬松的矛状长羽，腹部缀有淡色的纵纹。虹膜暗褐色。嘴黑褐色，蜡膜蓝灰色或铅蓝色。跗跖和趾珠灰色或灰白色，爪黑色。

分布 在中国分布于全国各地，其中在东北、华北北部、西北和四川西北部为留鸟，在台湾、香港、长江中下游和东部与东南沿海地区为偶见冬候鸟，或许是不定期的冬季游荡。国外见于欧洲南部、非洲西北部、亚洲西部、中部和南部。

栖息地 栖息于低山丘陵和高山荒原与森林中的荒岩草地、山谷溪流和林缘地带。冬季偶尔也到山脚平原地区的村庄、牧场、草地以及荒漠和半荒漠地区。

习性 常单独活动，偶尔也成小群，特别在食物丰富的地方。不善于鸣叫。休息时大多站于突出的岩石上，偶尔也栖于电线杆上或者树顶的枯枝上。善于在高空中悠闲地翱翔和滑翔，两翅平伸，初级飞羽散开呈指状，翼端微向下垂。有时也沿山地低空飞行。

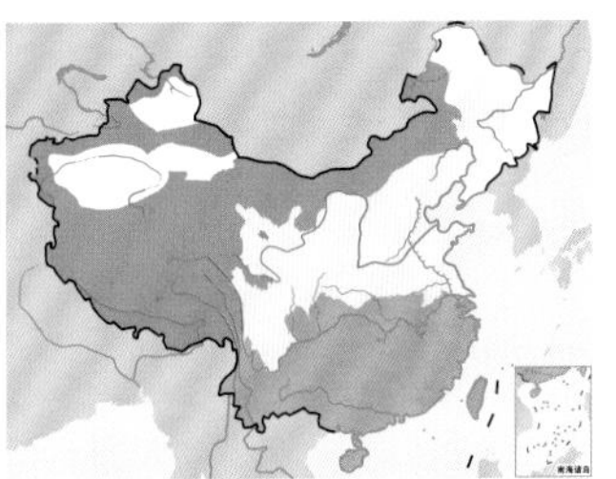

秃鹫。左上图为在山巅站立，董磊摄；下图为在天空翱翔，沈越摄

站在牦牛尸体旁边的秃鹫。彭建生摄

食性 主要以大型动物的尸体为食，有时也主动攻击活的两栖动物、爬行动物、鸟类和中小型哺乳动物。常在开阔而较裸露的山地和平原上空一边翱翔，一边窥视地面上的动物尸体。

繁殖 繁殖期3～5月。通常营巢于森林上部，也在裸露的高山地区营巢。营巢于树上、山坡或悬崖边岩石上。巢域和巢位都比较固定，常常一个巢可以利用很多年，但每年都要对旧巢进行修理和增加新的巢材，因而常常使巢变得极为庞大。通常刚建的新巢直径为1.3～1.4 m，高0.6 m，而到后来直径可达2 m以上，高超过1 m。巢的形状为盘状，主要由枯树枝构成，里面放有细的枝条、草、叶、树皮、绵花和毛。巢距地面高度通常为6～10 m。交配在巢上进行。每窝产卵1枚。卵污白色，具有红褐色条纹和斑点，大小为(84～97) mm×(64～72) mm。雌雄亲鸟轮流孵卵，孵化期52～55天。

雏鸟晚成性。育雏期长达90～105天。育雏前期雏鸟身披白色绒毛，卧于巢中；育雏中期雏鸟逐渐长出黑色羽毛，开始出现站立、伸展等行为；进入育雏后期，雏鸟黑色羽毛已基本长成，雏鸟可以长时间站立，并且可以独立进食，开始长时间练习扇翅、跳跃等。育雏后期幼鸟的体重已与成年个体相当。

繁殖期内亲鸟的觅食范围为636～1522 km^2，捕食地点至繁殖巢的距离最远可达342 km。雏鸟在饥饿时，会在巢中搜寻上次未吃完的食物残骸进食，如羊蹄、旱獭残肢等。

随着雏鸟逐渐长大，其对于亲鸟的依赖逐渐降低，亲鸟的护幼强度也逐渐减弱。在育雏中后期，甚至有雏鸟在乞食失败后将亲鸟赶出以及因护食而攻击驱赶亲鸟的行为。

种群现状和保护 IUCN和《中国脊椎动物红色名录》均评估为近危（NT）。在中国分布范围虽然比较大，但各地均较为少见，《中国濒危动物红皮书》将其列为易危种。人类活动如放牧、旅游等，栖息破坏，兽药滥用导致的二次中毒、电网所造成的威胁等，都是不利于它们生存的主要因素。已列入CITES附录Ⅱ。在中国被列为国家二级重点保护动物。

蛇雕

拉丁名：*Spilornis cheela*
英文名：Crested Serpent Eagle

鹰形目鹰科

形态 雄鸟体长57～77 cm，体重1045～1200 g；雌鸟体长59～66 cm，体重1150～1700 g。头顶黑色，具显著的黑色扇形冠羽，其上被有白色横斑；上体暗褐色或灰褐色，具窄的白色羽缘；尾羽黑色，中间具宽阔的灰白色横带，并具窄的白色端斑；喉部、胸部灰褐色或黑色，具暗色虫蠹状斑；其余下体皮黄色或棕褐色，具白色细斑点。虹膜黄色。嘴蓝灰色，先端较暗，蜡膜铅灰色或黄色。跗跖、趾黄色，爪黑色。

分布 在中国分布于北京、黑龙江、辽宁、江苏、浙江、台湾、福建、江西、安徽、河南南部、广东、香港、澳门、海南、广西、贵州、云南、西藏东南部、四川、陕西南部，在长江以南为留鸟，其他地区为迷鸟。国外见于亚洲东部、南部、东南部。

栖息地 栖息和活动于山地森林及其林缘开阔地带。

习性 单独或成对活动。常在高空翱翔和盘旋，停飞时多栖息于较开阔地区的枯树顶端枝杈上。喜欢鸣叫，在高空盘旋时，常伴随着2～3声响亮而尖锐的叫声。

食性 以各种蛇类为食，也吃蜥蜴、蛙、鼠类、鸟类和蜈蚣、甲壳动物等。

蛇雕捕蛇和吃蛇的方式都十分奇特。它先是站在高处或盘旋于空中，发现蛇后便悄悄落下，用双爪抓住蛇体，利嘴钳住蛇头，翅膀张开，支撑于地面。很多体形较大的蛇会疯狂翻滚扭动，企图缠绕蛇雕的身体或翅膀。蛇雕则一边继续抓住蛇的头部和身体不放，一边不时地扇动翅膀摆脱蛇的反扑。当蛇失去激烈反抗的能力时才开始囫囵吞食。它的颚肌非常强大，能将蛇的头部一口咬碎，然后从头到尾吞食。在饲喂雏鸟的季节，成鸟捕捉到蛇后，

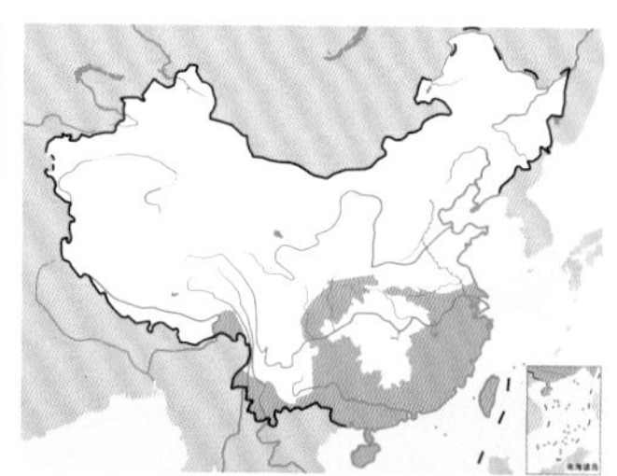

蛇雕。左上图为在天空翱翔，沈越摄；下图为在树枝上站立，唐文明摄

站在石柱上的蛇雕，可见跗跖上像盾牌一样的鳞片。唐文明摄

并不全部吞下，往往将蛇的尾巴留在嘴的外边，以便回到巢中后，能让雏鸟叼住这段尾巴，然后将整条蛇拉出来吃掉。

蛇雕将蛇吞入之后，往往要停下来歇一会儿，同时做出一个十分古怪的动作：朝着太阳的方向，不断地挺胸和扬头，用呆滞的目光凝视着太阳，像被噎住一样。这是蛇雕为了抵抗吞咽下去而又没有完全死亡的蛇体在腹中的扭动，不得不抬头挺胸，用胸部的肌肉去抑制蛇体的活动，同时扩张自己的气管而不至于窒息。

蛇雕的舌根两侧各有一排小的尖端指向咽部的栉状突，防止食物滑脱。它们具有发达的嗉囊，体积较大，内壁具发达的黏膜褶，可以储存较多的食物，这使其具有较强的耐饥饿能力。由于它们不需较强的机械作用磨碎食物，而以化学性消化为主，因而肌胃不发达，壁较薄，伸缩性较大，除消化食物外，也有储食功能。

繁殖　繁殖期3～6月。3月中旬在开阔林区、田坝上空即可见到成对的蛇雕在天空中翻飞、戏闹、互相追逐，并不断鸣叫，此时配对即已完成。

营巢于森林中高树顶端枝杈上，距离地面可达12 m。巢由枯枝构成，形状为盘状，外径80 cm × 90 cm，内径45 cm × 60 cm，巢高30 cm，巢深10 cm。每窝产卵1枚。卵呈椭圆形，白色，微具淡红色的斑点。卵的大小为(66.3～73.1) mm ×（54.0～58.2) mm。由雌鸟孵卵，护卵性强。产卵后即开始孵化，孵化开始雌鸟离巢时间很短，几乎不离巢。通常整日卧于巢内，孵化姿势很少变动，偶尔有转动方向的动作，不鸣叫。离巢行为主要为捕食，翻卵、理羽及吃食物时间很短。雄鸟在孵化期间不归巢，也不护巢，偶尔出现在巢附近上空飞行，并高声鸣叫。孵化期35天。

雌鸟和雄鸟共同育雏，但以雌鸟为主。育雏期60天左右。亲鸟护雏性随雏鸟的长大而增强，暖雏时间随雏鸟的生长而减少。雌鸟既要捕食又要喂食。食物主要为蛇类和两栖动物。喂食前先将表皮撕破再撕喂。育雏期间不断向巢内增加一些暖雏的树叶和枝杈。20日龄后，几乎不见暖雏。此时雌鸟多栖落于巢周围的大树上，很少离开巢区，也不再进行撕喂，而大多由雏鸟自己撕食。一般雌鸟捕到的蛇均为小蛇，已被其弄到半死亡的状态，雏鸟吃时蛇都还在动。雏鸟吃蛇都是从头部开始吃，没有撕皮的动作，整条往里吞。如果是两栖动物，则从腹部开始吃。40日龄时，亲鸟将食物丢入巢内，由雏鸟自己撕食，雌鸟则站立于巢附近树干上休息。

刚出壳的雏鸟被白色绒羽。嘴铅灰黄色。跗跖黄色，爪黑色。20日龄时雏鸟开始小声鸣叫，能以跗跖部坐卧；背、头部绒毛为棕白灰色，基部纯白色，腹部纯白色。30日龄雏鸟能站立行走，还不能单音连续鸣叫；背羽、飞羽转为棕黄褐色，并有零星小白点；嘴蓝灰色，蜡膜铅灰色；头、后须的前部白色沾茶黄色，近端部具暗褐色斑纹；上体褐色与成鸟相似。35日龄雏鸟能跳跃并能自如地展开翅膀；通体以褐色和褐黄色为主，羽干纹黄褐色，尖端有小白斑；腹部绒羽正羽各半，尾下覆羽淡褐色，尾羽中间具白色横斑。40日龄的雏鸟可自如地到巢边小枝杈上站立，可飞翔，空中升降自如，但栖落不稳，离巢距离在2～8 m，可单音连续鸣叫；头顶羽冠为黑色。45日龄开始离巢。

种群现状和保护　IUCN评估为无危（LC)。在中国的分布范围主要限于南方，共有4个亚种，其中台湾亚种 *S. c. hoya* 仅分布于台湾，海南亚种 *S. c. rutherfordi* 仅分布于海南，云南亚种 *S. c. burmanicus* 分布于西藏东南部和云南西南部，这3个亚种的分布范围均比较小，只有东南亚种 *S. c. ricketti* 的分布范围比较大，但总体来说，野外数量十分稀少，《中国濒危动物红皮书》将其列为易危种，《中国脊椎动物红色名录》评估为近危（NT)。已列入CITES附录Ⅱ。在中国被列为国家二级重点保护动物。

短趾雕

拉丁名：*Circaetus gallicus*
英文名：Short-toed Snake Eagle

鹰形目鹰科

体长61～80 cm。上体淡沙褐色，头部和后颈具有黑褐色羽轴纹，初级飞羽黑色；下体白色，喉部、胸部沙褐色，具锈色纵纹，腹部具沙褐色横斑；尾羽灰白色或近白色，上面具有3道暗色横斑。在中国分布于北京、内蒙古中南部、云南北部、四川、重庆、陕西西北部、甘肃西北部、新疆西部，其中在新疆为夏候鸟，其他地区为旅鸟。IUCN评估为无危(LC)，《中国脊椎动物红色名录》评估为近危（NT)。已列入CITES附录Ⅱ。在中国被列为国家二级重点保护动物。

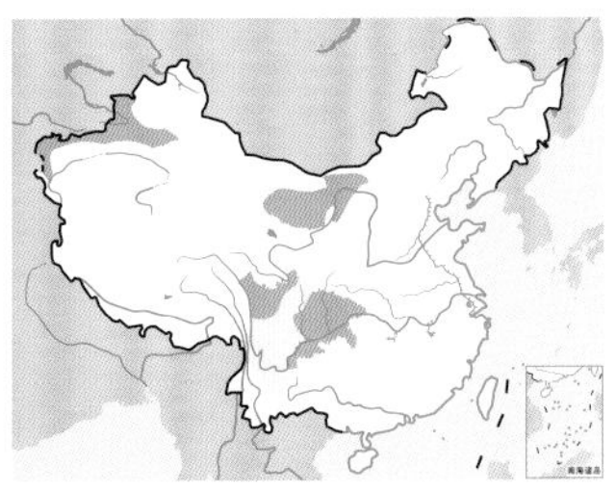
短趾雕。柴江辉摄

鹰雕

拉丁名：*Nisaetus nipalensis*
英文名：Moutain Hawk-Eagle

鹰形目鹰科

体长 64～80 cm。羽冠黑色，头侧和颈侧有黑色和皮黄色条纹；上体褐色，有时缀有紫铜色；尾羽上有宽阔的黑色和灰白色横带；喉和胸白色，喉部有黑色中央纵纹，胸部有黑褐色纵纹；腹部密被淡褐色和白色横斑。在中国分布于内蒙古东北部，东北和东南沿海以及西南山地。栖息于森林和林缘地带。IUCN 评估为无危（LC），《中国脊椎动物红色名录》评估为近危（NT）。已列入 CITES 附录Ⅱ。在中国被列为国家二级重点保护动物。

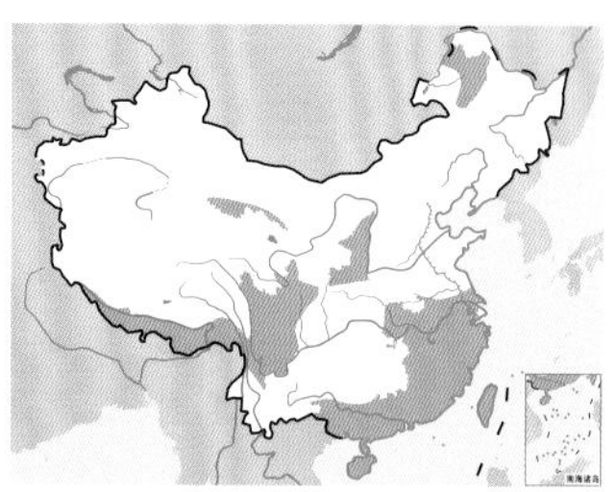

鹰雕。左上图为在树枝上站立，刘璐摄；下图为在天空翱翔，沈越摄

棕腹隼雕

拉丁名：*Lophotriorchis kienerii*
英文名：Rufous-bellied Hawk-Eagle

鹰形目鹰科

体长 50～54 cm。头顶有黑色羽冠，前额、头顶、后颈、以及头侧黑色，略具金属光泽；上体主要为黑色；尾羽暗灰褐色，具暗色横斑；喉部和上胸白色，具少许细的黑色纵纹；其余下体棕栗色，下胸部具有黑色纵纹。在中国分布于海南。栖息于低山和山脚地带的阔叶林和混交林中。IUCN 评估为无危（LC），《中国脊椎动物红色名录》评估为近危（NT）。已列入 CITES 附录Ⅱ。在中国被列为国家二级重点保护动物。

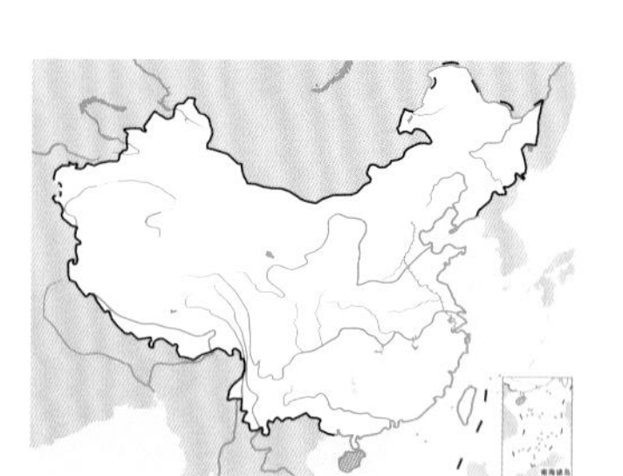

棕腹隼雕。左上图为亚成鸟，田穗兴摄；下图为成鸟，刘璐摄

凤头鹰雕

拉丁名：*Nisaetus cirrhatus*
英文名：Changeable Hawk-Eagle

鹰形目鹰科

体长 57～79 cm。头部、颈部棕色。头上有暗褐色冠羽，也有的无明显冠羽；背部体羽主要为深褐色，尾羽上有暗色横斑；下体主要为白色，密布暗褐色条纹。在中国分布于云南南部、西藏南部。栖息于低山、山脚和平原等地的森林及林缘地带。IUCN 评估为无危（LC），《中国脊椎动物红色名录》评估为近危（NT）。已列入 CITES 附录Ⅱ。在中国被列为国家二级重点保护动物。

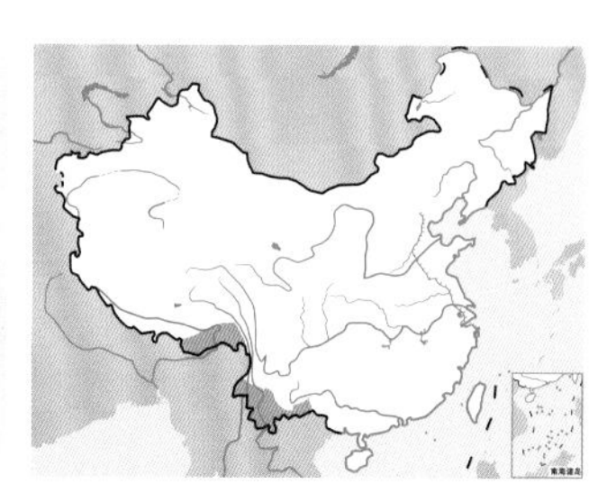

凤头鹰雕。甘礼清摄

林雕

拉丁名：*Ictinaetus malaiensis*
英文名：Black Eagle

鹰形目鹰科

体长 68～76 cm。通体黑褐色或黑色，初级飞羽基部灰白色；尾上覆羽颜色较淡，具白色横斑；尾羽具数条淡灰色横斑和黑褐色端斑。在中国分布于浙江、福建、台湾、江西、安徽、广东、海南、云南、西藏、四川、陕西、青海。栖息于山地森林中。IUCN 评估为无危（LC），《中国脊椎动物红色名录》评估为易危（VU）。已列入 CITES 附录Ⅱ。在中国被列为国家二级重点保护动物。

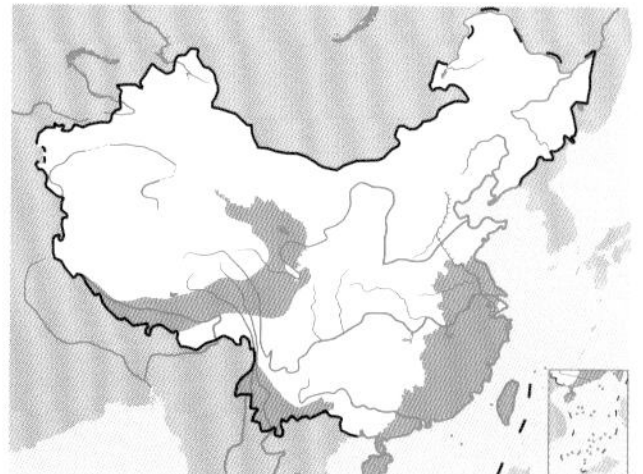

林雕。孟宪伟摄

乌雕

拉丁名：*Clanga clanga*
英文名：Greater Spotted Eagle

鹰形目鹰科

形态 雄鸟体长 61～69 cm，体重 1310～2100 g；雌鸟体长 60～73 cm，体重 1350～1900 g。上体黑褐色，背和翅微缀紫色光泽，尾上覆羽有时为白色或端部白色；尾羽具深褐色横斑和淡色端斑；飞羽具黑褐色斑；颏、喉、胸黑褐色，其余下体淡黄褐色。虹膜褐色。嘴黑色，基部较浅淡，蜡膜黄色。趾黄色，爪黑褐色。

分布 在中国分布于北京、天津、河北、山西、内蒙古、黑龙江、吉林、辽宁、山东、江苏、上海、浙江、台湾、福建、江西、安徽、河南、湖北、湖南、广东、香港、广西、云南、西藏、四川、青海、新疆，其中在东北为夏候鸟，在新疆为留鸟，在长江以南为冬候鸟，其他地区为旅鸟。国外见于欧洲东部，非洲东北部，亚洲东部、南部和东南部。

栖息地 栖息于低山丘陵和开阔平原地区的森林中，特别是河流、湖泊和沼泽地带的疏林和平原森林、草地和林缘地带。

习性 性情孤独，常长时间地站立于树梢上，有时在林缘和森林上空盘旋。叫声音调较低而清晰，但平时很少鸣叫。

食性 以野兔、鼠类、鸟类、蛙、蜥蜴、鱼等小型动物为食，有时也吃动物尸体和大的昆虫。常见在林间沼泽和河谷地区上空盘旋觅食，也可长时间守候在树梢等高处，发现猎物时才突然出击。

繁殖 繁殖期 5～7 月。营巢于高大乔木上。巢较为庞大，平盘状，主要由枯树枝构成，里面垫有细枝和新鲜的小枝叶，结构较为简陋。每窝产卵 1～3 枚。卵白色，被有红褐色的斑点。孵卵由雌鸟单独承担，孵化期 42～44 天。雏鸟晚成性。育雏期 60～65 天。

种群现状和保护 IUCN 评估为易危（VU）。在中国的分布范围虽然比较大，但各地均较为少见，《中国濒危动物红皮书》将其列为稀有种，《中国脊椎动物红色名录》评估为濒危（EN）。已列入 CITES 附录Ⅱ。在中国被列为国家二级重点保护动物。

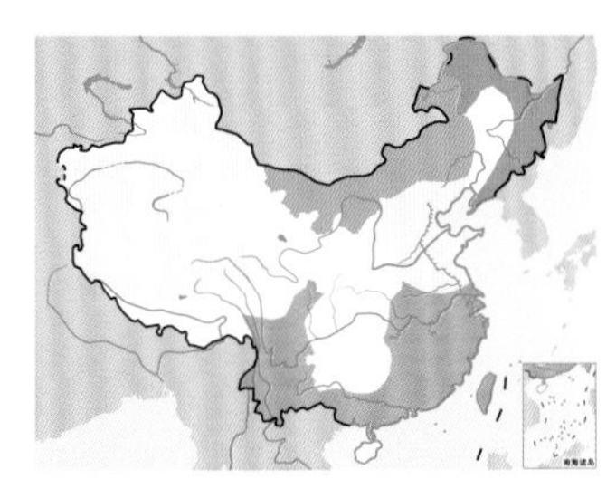

乌雕。左上图为在天空翱翔，田穗兴摄；下图为在山巅站立，赵国君摄

靴隼雕

拉丁名：*Hieraaetus pennatus*
英文名：Booted Eagle

鹰形目鹰科

体长 45～54 cm。前额、眼先为白色，通常有窄的黑色眉纹；头顶、后颈和颈侧茶褐色或茶棕色，具暗褐色纵纹；背、腰暗褐色；初级飞羽黑色，具白色横斑和斑点；尾上覆羽淡黄褐色或黄白色；尾羽棕褐色或暗褐色，具暗灰褐色横斑；下体纯白色或皮黄白色，具褐色纵纹，尤以颏部最密。在中国分布于北京、内蒙古、黑龙江、吉林、辽宁、江苏、河南、西藏、四川、甘肃、新疆，其中在新疆为夏候鸟，其他地区为旅鸟或冬候鸟。栖息于山地、平原的森林地带。IUCN 评估为无危（LC），《中国脊椎动物红色名录》评估为易危（VU）。已列入 CITES 附录Ⅱ。在中国被列为国家二级重点保护动物。

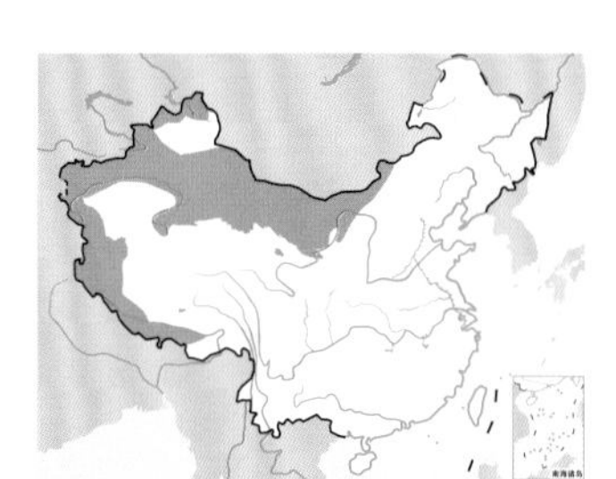

靴隼雕。左上图为在天空翱翔，沈越摄；下图为在树枝上交配，李晶晶摄

草原雕

拉丁名：*Aquila nipalensis*
英文名：Steppe Eagle

鹰形目鹰科

形态 雄鸟体长 70～76 cm，体重 2015～2650 g；雌鸟体长 70～82 cm，体重 2150～2900 g。体色变化较大。通常全身土褐色或暗褐色；飞羽黑褐色，杂有隐约可见的淡色横斑；尾上覆羽棕白色；尾羽黑褐色，具有不明显的淡色横斑和淡色端斑。虹膜黄褐色或暗褐色。嘴黑褐色，蜡膜暗黄色。趾黄色，爪黑色。

分布 在中国分布于北京、天津、河北北部、山西、内蒙古、吉林、辽宁、山东、江苏、上海、浙江、福建、河南、湖北、湖南、广东、海南、广西、贵州、云南、四川、宁夏、甘肃、青海、新疆，其中在黑龙江、新疆、青海为夏候鸟，在长江以南为冬候鸟，其他地区为旅鸟。国外见于欧洲东部、非洲、亚洲南部、东南部。

栖息地 栖息于开阔的草原、荒漠和疏林地带。

习性 常长时间地栖息于电线杆上、孤立的树上和地面上，或翱翔于草原和荒地上空。

食性 以鼠类、兔类、蜥蜴、蛇和鸟类等小型脊推动物和昆虫为食，有时也吃动物尸体和腐肉。主要是守在地上或猎物的洞口等待猎物出现时突然扑向猎物，有时也在空中飞翔寻找猎物。

繁殖 繁殖期 4～6 月。营巢于悬崖上、山顶岩石堆中、土堆、干草堆或者小山坡上。巢浅盘状主要由枯枝构成，里面垫有枯草茎、草叶、羊毛和羽毛。每窝产卵 1～3 枚。卵白色，无斑或具黄褐色斑点。雌雄亲鸟轮流孵卵。孵化期约 45 天。雏鸟晚成性。育雏期 55～60 天。

种群现状和保护 IUCN 评估为濒危(EN)。在中国分布较广，局部地区尚有一定数量，是中国大型猛禽中数量相对较多的一种，但也受到威胁，《中国脊椎动物红色名录》评估为易危（VU）。已列入 CITES 附录Ⅱ。在中国被列为国家二级重点保护动物。

草原雕。左上图为成鸟，下图为亚成鸟。沈越摄

白肩雕

拉丁名：*Aquila heliaca*
英文名：Imperial Eagle

鹰形目鹰科

体长 73～84 cm。前额至头顶黑褐色，头顶后部、枕部、后颈和头侧棕褐色，后颈缀细的黑褐色羽干纹；上体黑褐色，微缀紫色光泽，长形肩羽纯白色，形成显著的白色肩斑；尾羽灰褐色，具不规则的黑褐色横斑和斑纹，并具宽阔的黑色端斑；下体黑褐色，尾下覆羽淡黄褐色，微缀暗褐色纵纹。在中国分布于北京、天津、河北、内蒙古、吉林、辽宁、山东、江苏、上海、浙江、台湾、福建、江西、河南、湖北、广东、香港、广西、贵州、云南、四川、重庆、陕西、甘肃、青海、新疆，其中在新疆为留鸟，在甘肃、青海、陕西至福建、台湾、广东、香港为冬候鸟，其他地区为旅鸟。栖息于山地森林、平原、荒漠、草原等地带。IUCN 评估为易危（VU），《中国脊椎动物红色名录》评估为濒危（EN）。已列入 CITES 附录Ⅰ。在中国被列为国家一级重点保护动物。

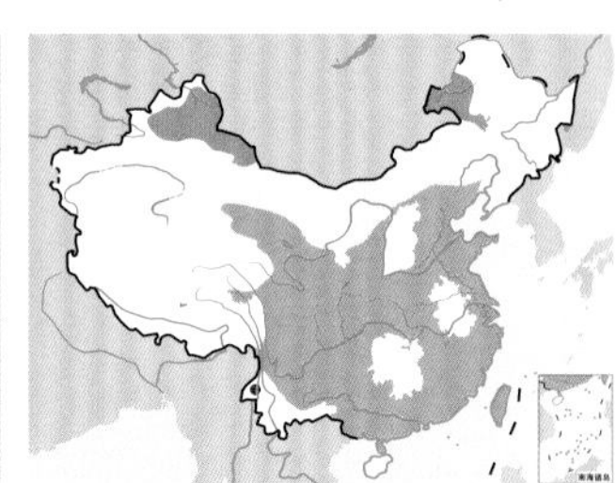

白肩雕。左上图为成鸟；下图为亚成鸟，沈越摄

金雕

拉丁名：*Aquila chrysaetos*
英文名：Golden Eagle

鹰形目鹰科

形态 雄鸟体长 78～92 cm，体重 2000～5900 g；雌鸟体长 82～102 cm，体重 3260～5500 g。上体主要为棕褐色，后头、枕和后颈等部位有金黄色披针状羽毛；灰褐色尾羽长而圆，具有黑色横斑和端斑；下体黑褐色。虹膜栗褐色。嘴端部黑色，基部蓝褐色或蓝灰色，蜡膜黄色。趾黄色，爪黑色。

分布 在中国除广西、海南、台湾外各地均有记录。国外见于欧洲、亚洲中部和东部、北美洲、非洲北部。

栖息地 栖息于草原、荒漠、河谷、裸岩山地和森林地带，特别是次生针叶林、针阔混交林、林缘灌丛及亚高山草甸等环境，最高达到海拔 4000 m 以上。

习性 通常单独或成对活动，冬天有时会结成较小的群体，但偶尔也能见到 20 只左右的大群聚集在一起捕捉较大的猎物。白天常见在高山岩石峭壁之巅，以及空旷地区的高大树上歇息。善于翱翔和滑翔，常在高空中一边呈直线或圆圈状盘旋，一边俯视地面寻找猎物，两翅上举呈“V”状。

食性 以雁鸭类、鸡类、松鼠、狍子、鹿、山羊、狐狸、旱獭、野兔等为食，有时也吃鼠类等小型兽类。常单独或成对捕食，有时也见成群狩猎。有时是站在岩石上或空旷地区的高大树上等候，当猎物出现时，才突然冲下扑向猎物；有时在高空盘旋搜寻猎物；有时则掠地而过，在低空飞行中捕食；有时跟着猎物飞行追捕猎物。

捕到较大的猎物时，就在地面上将其肢解，先吃掉好肉和内脏部分，然后再将剩下的分成两半，分批带回栖宿地。

繁殖 每年 2～3 月繁殖。筑巢于针叶林、针阔混交林或疏林内高大的乔木上，距地面高 10～20 m。有时也筑巢于山区悬崖峭壁、凹处石沿、侵蚀裂缝、浅洞等处，距离地面高度可达 75 m 左右，巢边植被稀疏，巢的上方多有突起的岩石可以遮雨，大多背风向阳，位置险峻。巢由枯树枝堆积成盘状，结构十分庞大，外径近 2 m，高达 1.5 m，巢内铺垫细枝、松针、草茎、毛皮等物。有时还要筑一些备用巢。它也有利用旧巢的习惯，每年使用前要进行修补，有的巢可以沿用好多年，因此巢也变得越来越大。

每窝产卵 2 枚，产卵时间间隔为 3 天左右。产完第一枚卵时即开始卧巢孵卵，由雄雌亲鸟共同承担，但以雌鸟为主，孵化期 35～45 天。卵的大小为 75 mm × 60 mm，卵重 148 g 左右，颜色为污白色或青灰白色，布有不规则的棕褐色斑点和斑纹，并杂有少量蓝紫色小斑点，随着孵化的进行斑点渐渐变得浅淡。雏鸟晚成性。育雏期 76～85 天。

一般由雄鸟外出捕食，雌鸟负责将食物接回并喂给雏鸟。

育雏期的前期，由于雏鸟不能独立维持体温和进食，以及应对天气和外界环境的变化，因而亲鸟的护幼、喂食行为比较多；到了中期，雏鸟可以自行维持体温，啄食能力明显增强，食量迅速增加，相应的亲鸟护幼、喂食的时间减少而离巢捕猎的时间增加；后期雏鸟练飞等运动行为增加，食量也进一步增加，相应的亲鸟离巢捕猎时间达到最长，而护幼、喂食行为时间降到最短。

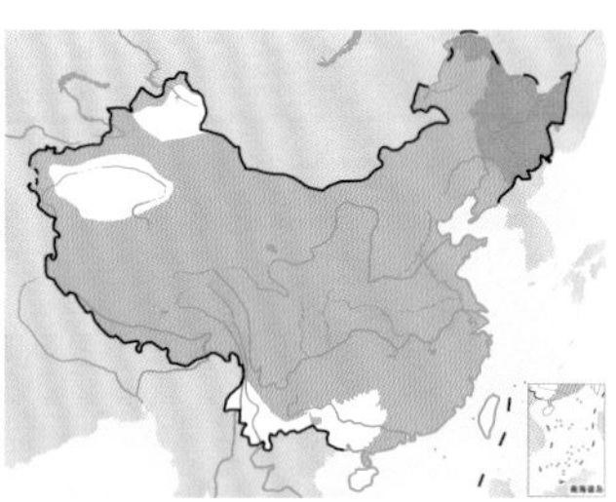

金雕。左上图为成鸟，吴秀山摄；下图为亚成鸟，可见翼下有白斑，尾基部白色，王志芳摄

巢周边常有一固定平台，距巢不远且略高于巢穴，亲鸟常停息在此处观察周围情况，可以称为它们的“瞭望台”，有时还可用来存储食物，成为“储食台”。

当幼鸟的飞羽长到 47～54 cm 的时候，便开始练习飞行。但此时幼鸟飞行能力还不强，多在巢区附近一带活动，还没有捕食能力，亲鸟依然会回来投食给幼鸟。然后晚上幼鸟不再回巢，而是在避风的碎石坡趴卧。

种群现状和保护 IUCN 评估为无危（LC）。在中国有 2 个亚种，东北亚种 *A. c. kamtschatica* 分布于东北地区，华西亚种 *A. c. daphanea* 分布于全国其他地区，局部尚有一定数量，但也受到严重威胁，《中国脊椎动物红色名录》评估为易危（VU）。很多因素影响金雕种群的繁衍和生存，包括栖息地丧失或者改变，环境污染和人为捕杀，以及开发施工、旅游业等人为干扰。已列入 CITES 附录Ⅱ。在中国被列为国家一级重点保护动物。

白腹隼雕

拉丁名：*Aquila fasciata*
英文名：Bonelli's Eagle

鹰形目鹰科

体长 68～74 cm。头顶和后颈呈棕褐色，上体主要为暗褐色，颈侧和肩部羽缘灰白色；飞羽灰褐色，内侧羽片上有云状白斑；尾羽灰色，具 7 道不甚明显的黑褐色波浪形斑和宽阔的黑色亚端斑；下体白色沾淡栗褐色。在中国分布于北京、河北、上海、浙江、福建、江西、河南、湖北、广东、香港、澳门、广西、贵州、云南东部、四川。栖息于山地森林中的岩石、灌丛、河谷地带。IUCN 评估为无危（LC），《中国脊椎动物红色名录》评估为易危（VU）。已列入 CITES 附录Ⅱ。在中国被列为国家二级重点保护动物。

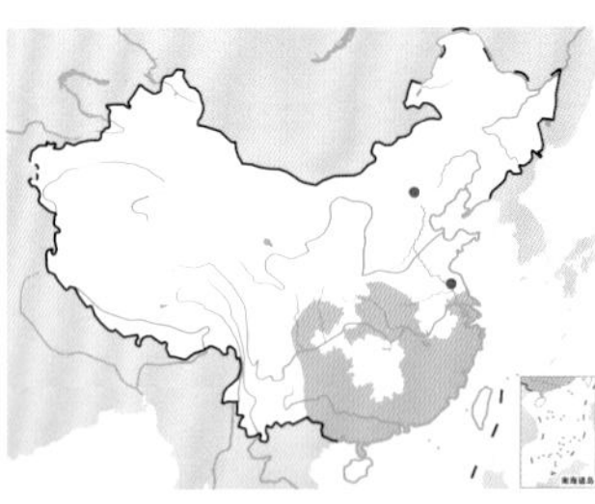

白腹隼雕。左上图为飞行中，下图为在巢中育雏。徐永春摄

凤头鹰

拉丁名：*Accipiter trivirgatus*
英文名：Crested Goshawk

鹰形目鹰科

形态 雄鸟体长 40～41 cm，体重 365～400 g；雌鸟体长 41～49 cm，体重 450～578 g。头部具冠羽，前额至后颈鼠灰色，上体主要为褐色，尾羽具 4 道宽阔的暗色横斑；喉白色，具显著的黑色中央纹；胸棕褐色，具白色纵纹；其余下体白色，具窄的棕褐色横斑。虹膜金黄色。嘴角褐色或铅色，嘴峰和嘴尖黑色，口角黄色，蜡膜和眼睑黄绿色。脚和趾淡黄色，爪角黑色。

分布 在中国分布于北京、江苏、上海、浙江、台湾、福建、江西、安徽、河南、湖北、湖南、广东、香港、澳门、海南、广西、贵州、云南、西藏南部、四川、重庆、陕西南部。国外见于亚洲南部、东南部。

栖息地 栖息于山地森林和山脚林缘地带。

习性 性机警。多单独活动。叫声较响亮。有时盘旋和翱翔。

食性 以蛙、蜥蜴、鼠类、昆虫等动物为食，也吃鸟类和其他小型哺乳动物。常躲藏在树枝丛间，发现猎物时才突然出击。

繁殖 繁殖期 4～7 月。营巢于针叶林或阔叶林中高大的树上。巢较粗糙，由枯枝堆集而成，内放一些绿叶。每窝产卵 2～3 枚。

种群现状和保护 IUCN 评估为无危（LC）。在中国有 2 个亚种，数量都很稀少。其中台湾亚种 *A. t. formosae* 为中国特有亚种，仅分布于台湾；普通亚种 *A. t. indicus* 主要分布于西南部，其他地区多为近年新记录。《中国脊椎动物红色名录》评估为近危（NT）。已列入 CITES 附录Ⅱ。在中国被列为国家二级重点保护动物。

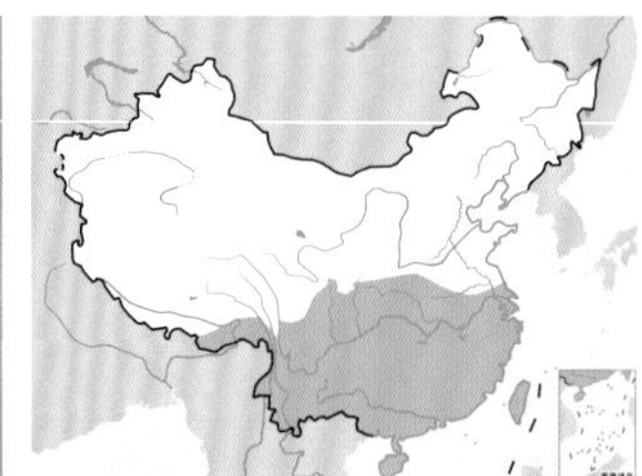

凤头鹰。左上图为在天空翱翔，沈越摄；下图为育雏的凤头鹰，吴秀山摄

褐耳鹰

拉丁名：*Accipiter badius*
英文名：Shikra

鹰形目鹰科

形态 雄鸟体长33～44 cm，体重217～325 g；雌鸟体长35～46 cm，体重212～295 g。头部灰白色，颊部灰色而缀有棕色；上体主要为蓝灰色；尾羽具灰色和黑色横斑以及白色端斑；后颈有一条红褐色的领圈；喉部白色，具灰色的中央纹，其余下体具淡红褐色和白色横斑。虹膜金黄色。嘴石板蓝色，尖端黑色，嘴角黄色，蜡膜亮黄色到橙色。脚和趾黄色，爪黑色。

分布 在中国分布于江苏、台湾、广东、澳门、海南、广西、贵州、云南、西藏、陕西、新疆。国外见于欧洲东南部、非洲、亚洲西部、南部和东南部。

栖息地 栖息于森林和林缘、疏林地带。

习性 常单独在天空中翱翔，叫声短促而清晰，不断重复。

食性 以小鸟、蛙、蜥蜴、鼠类和大型昆虫等为食。多在林缘和农田边缘低空飞行，发现地面猎物后马上俯冲下来捕食。

繁殖 营巢于大树杈上，有时也利用喜鹊和乌鸦的巢。巢的结构极为粗糙，主要树木的枯枝构成，内垫树叶和小树枝。每窝产卵3～4枚。卵蓝白色。孵卵由雌鸟承担，孵化期33～35天，育雏期30天左右。

种群现状和保护 IUCN评估为无危（LC）。在中国有2个亚种，新疆亚种 *A. b. cenchroides* 主要分布于新疆西北部，南方亚种 *A. b. poliopsis* 分布于南方，各地数量均非常稀少。《中国脊椎动物红色名录》评估为近危（NT）。已列入CITES附录Ⅱ。在中国被列为国家二级重点保护动物。

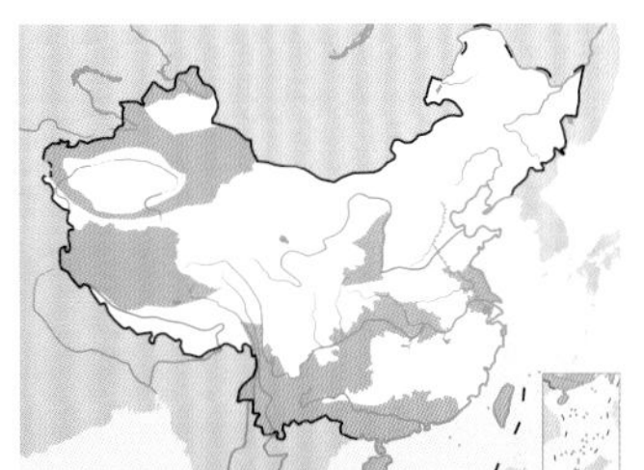

褐耳鹰。左上图为雌鸟，张明摄；下图为雄鸟，刘璐摄

赤腹鹰

拉丁名：*Accipiter soloensis*
英文名：Chinese Sparrowhawk

鹰形目鹰科

形态 雄鸟体长26～28 cm，体重108～132 g；雌鸟体长29～36 cm，体重110～120 g。头至背蓝灰色，翅和尾灰褐色，外侧尾羽有暗色横斑。颏和喉乳白色，胸和两胁淡红褐色，下胸具不明显横斑，腹中央和尾下覆羽白色。虹膜淡黄色或黄褐色。嘴黑色，下嘴基部淡黄色，蜡膜黄色。脚和趾橘黄色或肉黄色，爪黑色。

分布 在中国分布于北京、天津、河北、山西、辽宁、山东、江苏、上海、浙江、台湾、福建、江西、安徽、河南、湖北、湖南、广东、香港、澳门、海南、广西、贵州、云南中部、四川、重庆、陕西、甘肃，大部分为夏候鸟，在海南为冬候鸟，在台湾为旅鸟。国外见于亚洲南部、东南部。

栖息地 栖息于山地和丘陵地带的森林、林缘地带。

习性 单独或成小群活动，休息时多停在树顶或电线杆上。

食性 以蛙、蜥蜴等为食，也吃小型鸟类、鼠类和昆虫。主要在地面捕食，常站在树顶等高处，见到猎物则突然冲下捕食。

繁殖 繁殖期5～7月。营巢于树上。巢呈盘状，主要用枯树枝构成，内垫嫩树叶，有时也利用喜鹊废弃的旧巢。每窝产卵2～5枚，淡青白色，具不甚明显的褐色斑点。卵的大小为(34～38) mm×(29～30) mm。由雌鸟孵卵，孵化期30天。

种群现状和保护 IUCN和《中国脊椎动物红色名录》均评估为无危（LC）。在中国的分布范围比较大，野外种群尚有一定数量，但也受到威胁。已列入CITES附录Ⅱ。在中国被列为国家二级重点保护动物。

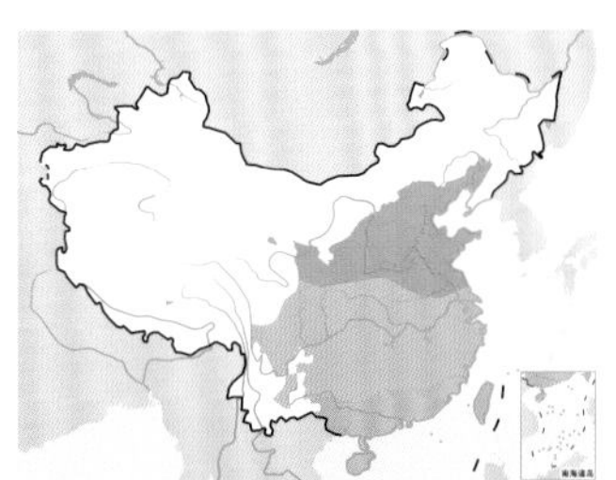

赤腹鹰。左上图为雄鸟，唐英摄；下图为育雏的雌鸟，吴秀山摄

日本松雀鹰

拉丁名：*Accipiter gularis*
英文名：Japanese Sparrow Hawk

鹰形目鹰科

形态 雄鸟体长25～28 cm，体重75～110 g；雌鸟体长29～34 cm，体重120～173 g。头两侧淡灰色，上体和翅膀石板灰色，枕部和后颈羽毛基部白色，肩羽基部具宽的白色斑；尾羽灰褐色，具三道黑色横斑和一道宽的黑色端斑；下体白色，喉部具窄细的黑灰色中央纹；胸、腹和两胁具淡灰色或棕红色横斑。雄鸟虹膜深红色，雌鸟虹膜黄色。嘴石板蓝色，尖端黑色，蜡膜黄色。脚黄色，爪黑色。

分布 在中国广泛分布于东部、南部和西北地区，其中在东北为夏候鸟，在长江以南为冬候鸟，其他地区为旅鸟。国外见于亚洲南部、东南部。

栖息地 栖息于山地针叶林和混交林中，也出现在林缘和疏林地带，是典型的森林猛禽。

习性 多单独活动，喜欢出没于林中溪流和沟谷地带。常栖于林缘高大树木的顶枝上。飞行时两翅鼓动甚快，常在快速鼓翼飞翔之后接着又进行一段直线滑翔。

食性 以小型鸟类为食，也吃昆虫、蜥蜴等小型动物。常在林缘上空捕猎，有时也停在大树顶端，发现猎物时才突然直飞而下捕食。

繁殖 繁殖期5～7月。通常营巢于茂密的山地森林和林缘地带，在红松、落叶松等高大树上营巢，距地面高10～25 m。雌鸟筑巢，偶尔雄鸟也参与筑巢，但一般多在距巢200～300 m处的高树上或枯枝。巢主要由细的松树枝和其他树枝构成，巢外缘常编以尚新鲜松树枝，内垫以松针和羽毛。巢小而坚实，呈圆而厚的皿状或盘状。巢的大小为外径29～35cm，内径15～17 cm；巢高15～20 cm，巢深5～6 cm。每窝产卵5～6枚。卵浅蓝白色，被有少许细小的紫褐色斑点，尤以钝端较密。卵的大小为（37～38）mm×（28～29）mm，重10～11 g。孵卵期雌鸟整天卧巢孵卵，并不捕食或攻击在其巢树上活动的山雀等小型鸟类，其食物由雄鸟供给。

种群现状和保护 IUCN和《中国脊椎动物红色名录》均评估为无危（LC）。在中国主要分布于东部，范围比较大，局部地区尚较普遍，但总的种群数量仍很稀少。已列入CITES附录Ⅱ。在中国被列为国家二级重点保护动物。

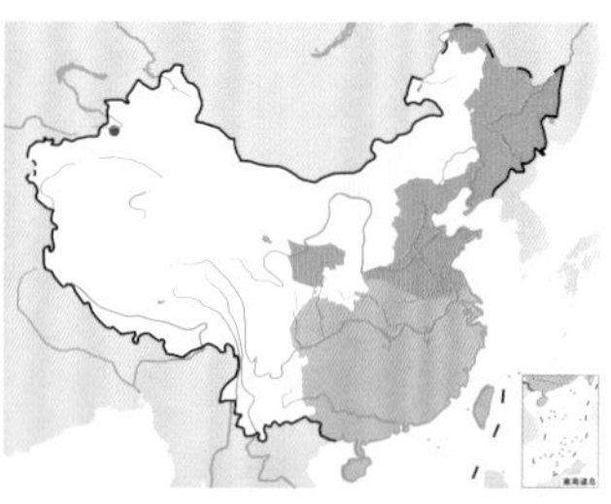

日本松雀鹰。陈冯晓摄

松雀鹰

拉丁名：*Accipiter virgatus*
英文名：Besra

鹰形目鹰科

形态 雄鸟体长28～32 cm，体重188～192 g；雌鸟37～38 cm，体重160～190 g。雄鸟上体黑灰色，下体白色，喉部具粗著的黑色中央纹；其余下体具褐色或棕红色斑；尾羽具4道暗色横斑。雌鸟上体暗褐色，下体白色，具暗褐色或赤棕褐色横斑。虹膜黄色。嘴基部铅蓝色，尖端黑色，蜡膜黄色。脚黄色。

分布 在中国分布于内蒙古、黑龙江、山东、江苏、上海、浙江、台湾、福建、江西、安徽、河南南部、湖北、湖南、广东、香港、澳门、海南、广西、贵州、云南、西藏东南部、四川、重庆、陕西南部、甘肃南部等地，大多为留鸟，少数迁徙。国外见于亚洲南部、东南部。

栖息地 栖息茂密的针叶林、阔叶林中，特别是开阔的林缘或疏林地带。

习性 性情机警，常单独或成对在林缘空旷处活动和觅食，或站在高大的枯树顶枝上，等待偷袭过往的小鸟。飞行迅速，也善于滑翔。

食性 以各种小型鸟类为食，也吃蜥蜴昆虫，有时也捕杀鼠类、鸡类和鸠鸽类等。

繁殖 繁殖期4～6月。筑巢于茂密森林中枝叶茂盛的高大树木的上部，一般有枝叶隐蔽。巢主要由细树枝构成，里面放有一些绿叶，也常常修理和利用旧巢。每窝产卵3～4枚。卵白色，被有灰色云状斑和红褐色斑点，尤以钝端较多。卵的大小为

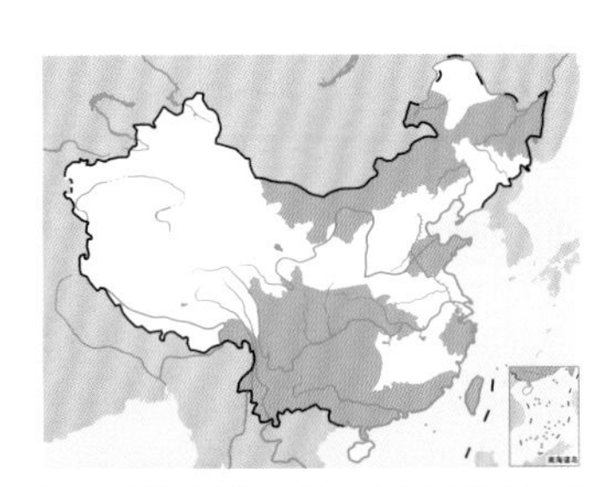

松雀鹰。左上图为雌鸟，甘礼清摄；下图为成鸟，彭建生摄

(34～41) mm×(28～32) mm。

种群现状和保护 松雀鹰在中国主要分布于南方，共有3个亚种，其中台湾亚种 *a. v. fuscipectus* 为中国特有亚种，仅分布于台湾，较为罕见。东南亚种 *a. v. nisoides* 的分布范围也不大，主要在东南沿海地区；只有南方亚种 *a. v. affinis* 尚较常见。IUCN和《中国脊椎动物红色名录》均评估为无危（LC）。已列入CITES附录 。在中国被列为国家二级重点保护动物。

雀鹰

拉丁名：*Accipiter nisus*
英文名：Eurasian SparrowHawk

鹰形目鹰科

形态 雄鸟体长31～35 cm，体重130～170 g；雌鸟体长36～41 cm，体重193～300 g。头侧和脸部棕色，具暗色羽干纹；眼先灰色，具黑色刚毛；上体鼠灰色或暗灰色，前额微缀棕色，后颈羽基白色；尾上覆羽羽端有时缀有白色；初级飞羽和尾羽灰褐色，具黑褐色横斑；下体白色，颏和喉部满布以褐色细羽干纹，胸、腹和两胁具红褐色或暗褐色细横斑。虹膜橙黄色。嘴暗铅灰色，尖端黑色，基部黄绿色，蜡膜黄色或黄绿色。脚和趾橙黄色，爪黑色。

分布 在中国除青藏高原腹地外各地均有分布，其中在新疆为留鸟，在东北以及青海、四川北部和西藏为夏候鸟，在黄河以南为冬候鸟，其他地区为旅鸟。国外见于欧洲、非洲西北部、亚洲东部、南部和东南部。

栖息地 栖息于山地森林和林缘地带。

习性 常单独生活，或飞翔于空中，或栖息于树上和电线杆上，偶尔发出尖厉的叫声。飞翔时先将两翅快速鼓动飞行一阵后，接着又重复这一动作，交替进行，能巧妙地在树丛之间穿梭飞翔。

食性 以小型鸟类、昆虫和鼠类等为食，也捕食体形稍大的鸟类和野兔、蛇等。发现地面猎物后，急飞直下突然扑向猎物。

繁殖 繁殖期5～7月。营巢于森林中的树上。巢呈碟形，主要由枯树枝构成，内垫有松枝和新鲜树叶，以及羽毛、废纸、布屑等。每窝产卵3～4枚。卵为鸭蛋青色，光滑无斑。由雌鸟负责孵化。孵化期32～35天。

种群现状和保护 雀鹰在中国共有3个亚种，新疆亚种 *A. n. dementjevi* 仅见于新疆西部，南方亚种 *A. n. melaschistos* 见于青藏高原东南部地区，分布范围相对较小。北方亚种 *A. n. nisosimilis* 分布于除青海、西藏外的广大地区，尚属常见的猛禽，但近年来数量也有所下降。IUCN和《中国脊椎动物红色名录》均评估为无危（LC）。已列入CITES附录Ⅱ。在中国被列为国家二级重点保护动物。

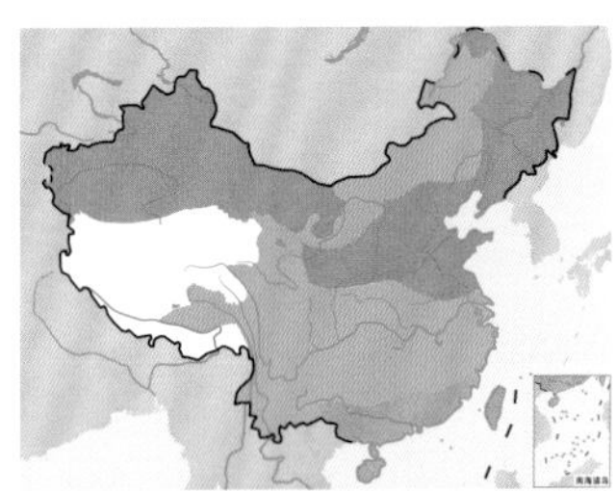

雀鹰。左上图为亚成鸟，沈越摄；下图为成年雌鸟，董磊摄

苍鹰

拉丁名：*Accipiter gentilis*
英文名：Northern Goshawk

鹰形目鹰科

形态 雄鸟体长 46～58 cm，体重 500～800 g；雌鸟体长 54～60 cm，体重 650～1100 g。前额、头顶至后颈暗石板苍灰色，后颈杂有白色细纹；灰白色眉纹较宽；上体深苍灰色；尾羽有 4 条黑色横带；下体污白色，颏部、喉部和前颈具黑褐色细纵纹，胸部、腹部满布暗灰褐色纤细横斑。虹膜金黄色。嘴黑色，嘴基呈铅蓝灰色，蜡膜黄绿色。脚和趾黄色或黄绿色，爪黑褐色。

分布 在中国广泛分布于全国各地，其中在东北、新疆为夏候鸟或留鸟，在长江以南为冬候鸟，其他地区为旅鸟。国外见于欧洲、非洲北部，亚洲西部，南部和东南部，北美洲。

栖息地 栖息于森林地带。

习性 性甚机警，亦善隐藏。通常单独活动，叫声尖锐宏亮。多隐蔽在森林中树枝间窥视猎物，飞行快而灵活，能在林中穿行。

食性 主要捕食鼠类、野兔和中、小型鸟类，能在树林中追捕猎物。

繁殖 繁殖期 4～7 月，营巢于森林中的高大乔木上。巢的形状多为皿状，主要用松树枝和其他枯枝构成。每窝产卵 2～4 枚，青色，具淡赤色或青灰色斑。主要由雌鸟孵卵，孵化期 37 天左右。

种群现状和保护 IUCN 评估为无危（LC）。在中国分布有 4 个亚种，其中 3 个亚种的分布范围都不大，台湾亚种 *A. g. fujiyamae* 仅分布于台湾，黑龙江亚种 *A. g. albidus* 分布于黑龙江北部和辽宁南部，新疆亚种 *A. g. buteoides* 分布于新疆西部。只有普通亚种 *A. g. schvedowi* 的分布范围较广，见于除台湾外的全国各地，尚属较为常见的猛禽，但也受到威胁。《中国脊椎动物红色名录》评估为近危（NT）。已列入 CITES 附录Ⅱ。在中国被列为国家二级重点保护动物。

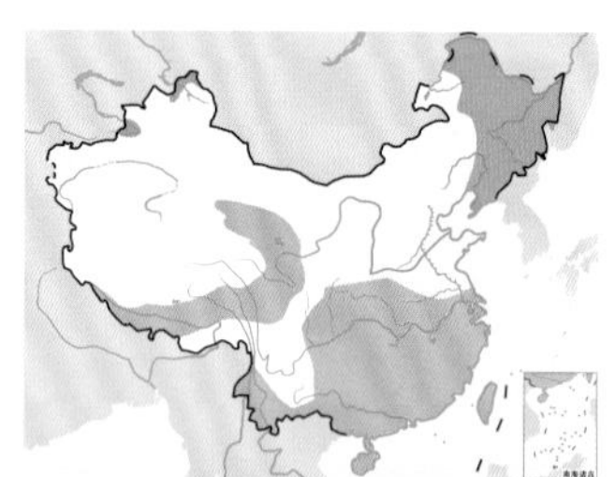

苍鹰。左上图为亚成鸟，沈越摄；下图为成鸟，王昌大摄

黑鸢

拉丁名：*Milvus migrans*
英文名：Black Kite

鹰形目鹰科

形态 雄鸟体长 54～66 cm，体重 1015～1150 g；雌鸟 58～69 cm，体重 900～1160 g。上体暗褐色，颏部、喉部和颊部污白色，下体棕褐色；尾羽较长，呈浅叉状，具宽度相等的黑色和褐色相间的横斑。虹膜暗褐色。嘴黑色，蜡膜和下嘴基部黄绿色。脚和趾黄色或黄绿色，爪黑色。

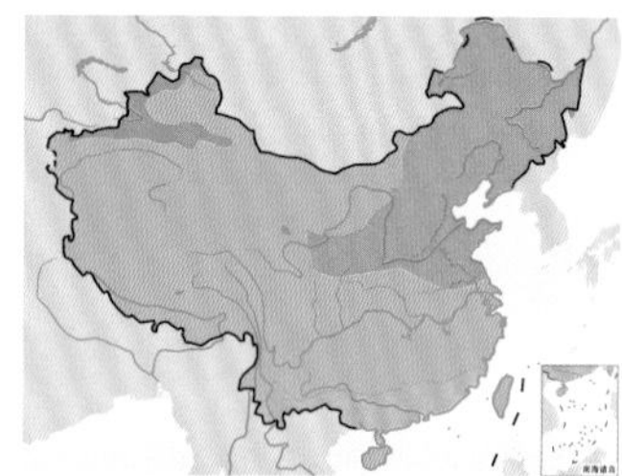

黑鸢。左上图为在天空翱翔，沈越摄；下图为在树桩站立，韦铭摄

分布 在中国广泛分布于全国各地。国外见于欧洲、非洲、大洋洲、亚洲西部、中部、东部、南部和东南部。

栖息地 栖息于平原和低山丘陵地带，从湿地、荒漠、草原到森林的各类生境，偶尔也出现在高山森林地带。

习性 常单独在高空飞翔，秋季有时也呈小群。性情机警。飞行快而有力，能将尾羽散开，像舵一样不断地摆动和变换形状以调节前进的方向，可以很熟练地利用上升的热气流升入高空并长时间盘旋。有时在高空翱翔时，将双翅平展不动，如同悬挂在空中一样，所以在农村，人们常常利用这一特点，将鸢的尸体或者仿造的模型挂在高高的篱笆上，用以吓唬到田地中偷食的麻雀等小鸟。

食性 以小型鸟类、鼠类、蛇、蛙、野兔、鱼、蜥蜴、蚯蚓和昆虫等动物为食，偶尔也吃家禽和腐尸。视力很敏锐，在高空盘旋时就能清楚地看到地面上活动的猎物。忍耐饥饿的能力很强，可以持续 20 多天不进食。

繁殖 繁殖期 4～7 月。雄鸟和雌鸟常在空中追逐、嬉戏，交尾也在空中进行。营巢于高大的树上，距地面高度多在 10m 以上，也有营巢于悬岩峭壁上的。巢呈浅盘状，主要由干树枝构成，结构较为松散，里面垫以枯草、纸屑、破布、羽毛等柔软物，雄鸟和雌鸟共同参与营巢活动。通常雄鸟运送巢材，雌鸟在巢址上筑巢。巢的大小为直径 40～100 cm。每窝产卵 2～3 枚，偶尔有少至 1 枚和多至 5 枚的。卵钝椭圆形，污白色微缀血红色点斑，大小为（53～68）×（41～48）cm，重约 53 g。雌雄亲鸟轮流孵卵，孵化期 38 天。

雏鸟晚成性，孵出时被有白色的绒羽，勉强能抬头，眼睛也仅能睁开一条小缝。由双亲共同抚育 42 天后，雏鸟才能飞翔。

种群现状和保护 黑鸢在中国有 3 个亚种，其中云南亚种 *M. m. govinda* 分布于云南西部，台湾亚种 *M. m. formosanus* 分布于台湾和海南，分布范围都不大。只有普通亚种 *M. m. lineatus* 在全国各地均有分布，在一些地区较为容易见到。IUCN 和《中国脊椎动物红色名录》均评估为无危（LC）。已列入 CITES 附录Ⅱ。在中国被列为国家二级重点保护动物。

栗鸢

拉丁名：*Haliastur indus*
英文名：Brahminy Kite

鹰形目鹰科

体长 36～51 cm。头、颈、胸和上背白色，其余体羽和翅膀均为栗色，初级飞羽黑色；尾羽栗色，最外侧尾羽尖端白色；下体主要为白色，腹部、肛周和覆腿羽暗栗色。在中国分布于山东、江苏、浙江、台湾、福建、江西、湖北、广东、香港、广西、云南、西藏。栖息于水域上空和邻近的城镇与村庄等地。IUCN 评估为无危（LC），《中国脊椎动物红色名录》评估为易危（VU）。已列入 CITES 附录Ⅱ。在中国被列为国家二级重点保护动物。

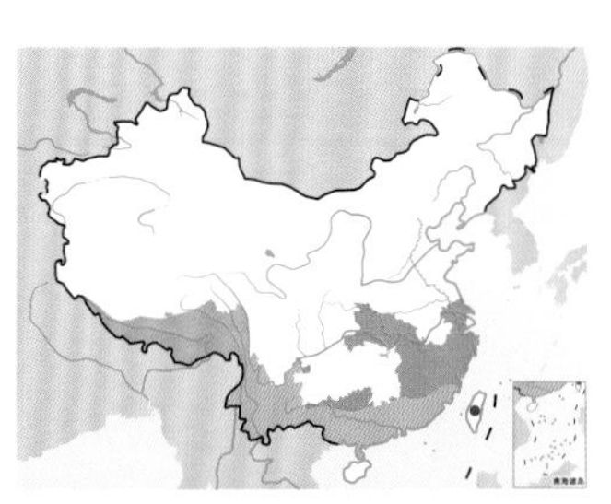

栗鸢。左上图为成鸟，柴江辉摄；下图为捕鱼的亚成鸟，魏东摄

渔雕

拉丁名：*Ichthyophaga humilis*
英文名：Lesser Fish Eagle

鹰形目鹰科

体长 61～69 cm。头和颈灰色，腹部白色，其余体羽灰褐色；外侧尾羽基部 2/3 缀有白色和褐色斑纹，末端 1/3 为黑色。在中国分布于海南。栖息于山地森林中的河流与溪流两岸。几乎完全以鱼类为食。IUCN 评估为无危（LC），《中国脊椎动物红色名录》评估为近危（NT）。已列入 CITES 附录Ⅱ。在中国被列为国家二级重点保护动物。

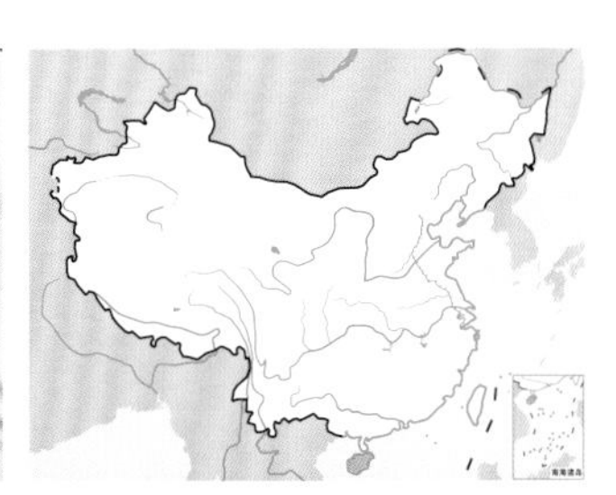

渔雕。左上图林植摄

白眼鵟鹰

拉丁名：*Butastur teesa*
英文名：White-eyed Buzzard

鹰形目鹰科

体长 36～43 cm。前额和宽阔的眼后纹白色，后颈白色；背暗褐色，具黑色羽轴纹；翅上覆羽，具白色斑点和横斑；尾棕褐色或棕色，具宽的黑色亚端斑，有时还具有多道窄的黑色横斑；喉白色，具黑色中央纹，其余下体褐色。在中国分布于西藏南部。栖息于开阔地区的树上。IUCN 评估为无危（LC），《中国脊椎动物红色名录》评估为数据缺乏（DD）。已列入 CITES 附录Ⅱ。在中国被列为国家二级重点保护动物。

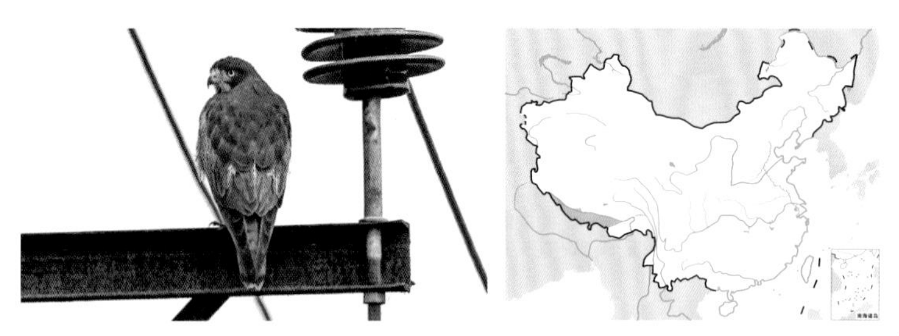

白眼鵟鹰。张岩摄

棕翅鵟鹰

拉丁名：*Butastur liventer*
英文名：Rufous-winged Buzzard

鹰形目鹰科

体长 35～40 cm。头顶至上背灰褐色，下背和尾上覆羽赤褐色；尾羽棕栗色，具 4 道窄的黑色横斑和黑色端斑；飞羽棕栗色，具黑色横斑和暗色尖端；翅下粉红白色，具暗色横斑；喉和胸灰褐色，喉部无中央纵纹。在中国分布于云南西南部。栖息于低山丘陵和山脚平原疏林、灌丛与河岸地带。IUCN 评估为无危（LC），《中国脊椎动物红色名录》评估为数据缺乏（DD）。已列入 CITES 附录Ⅱ。在中国被列为国家二级重点保护动物。

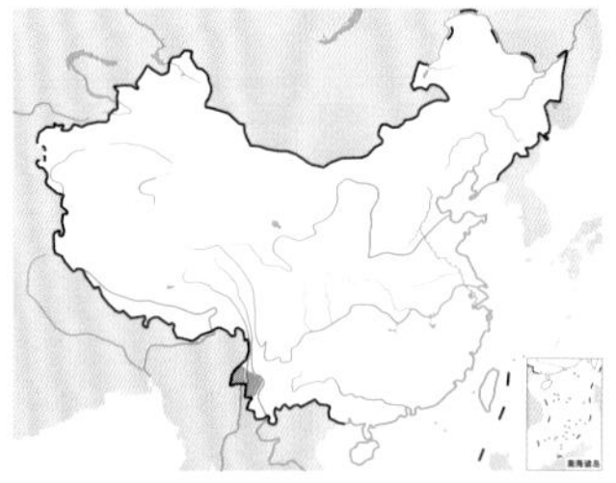

棕翅鵟鹰。陈波摄

灰脸鵟鹰

拉丁名：*Butastur indicus*
英文名：Grey-faced Buzzard

鹰形目鹰科

形态 雄鸟体长 39～43 cm，体重 375～447 g；雌鸟体长 43～45 cm，体重 420～500 g。上体暗棕褐色；尾羽灰褐色，具 3 道宽的黑褐色横斑；脸颊和耳区灰色，眼先和喉白色，喉部具宽的黑褐色中央纵纹；胸以下白色，具有较密的棕褐色横斑。虹膜黄色。嘴黑色，嘴基部和蜡膜橙黄色。跗跖和趾黄色，爪角黑色。

分布 在中国分布于北京、天津、河北、内蒙古、山西、黑龙江、吉林、辽宁、山东、江苏、上海、浙江、台湾、福建、江西、安徽南部、河南、湖北、湖南、广东、海南、广西、贵州、云南、四川、重庆、陕西、青海，其中在东北、华北北部为夏候鸟，在东南沿海为冬候鸟，在云南为留鸟，其他地区为旅鸟。国外见于亚洲东部、南部、东南部。

栖息地 栖息于森林地带较为开阔的地区。

习性 主要在早晨和黄昏觅食。常单独活动，只有迁徙期间才成群。飞行缓慢而沉重，白天在森林上空盘旋，有时也栖于空旷地方孤立的枯树枝上，或者在地面活动。

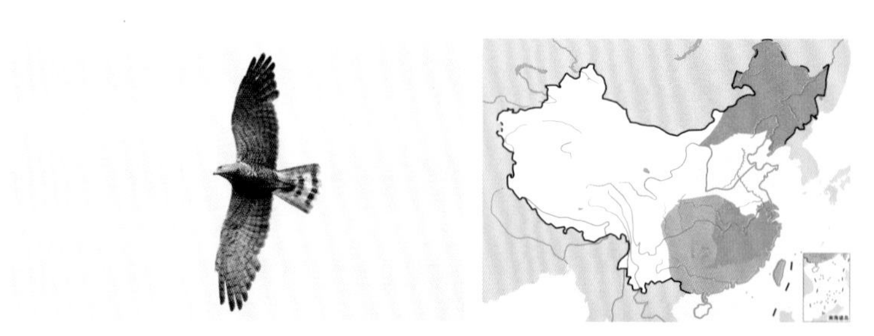

灰脸鵟鹰。左上图为在天空翱翔，沈越摄；下图为捕食蛇类，吴秀山摄

正在育雏的灰脸鵟鹰。杨恩成摄

食性 以小型蛇类、蛙、蜥蜴、鼠类、松鼠、野兔、狐狸和小型鸟类等动物为食，有时也吃大的昆虫和动物尸体。

繁殖 繁殖期5～7月。营巢于阔叶林或针阔混交林中靠河岸或沼泽和疏林地带，也见在林缘的孤立树上营巢。巢多置于树的顶端枝杈上呈盘状，主要由枯树枝构成，垫有枯草茎、草叶、树皮和羽毛。每窝产卵3～4枚。卵白色，具锈色或红褐色斑。

种群现状和保护 IUCN评估为无危（LC）。在中国分布范围较大，但各地的种群数量都很少，较为罕见，只有迁徙期偶尔可见比较大的群体，《中国脊椎动物红色名录》评估为近危（NT）。已列入CITES附录Ⅱ。在中国被列为国家二级重点保护动物。

毛脚鵟

拉丁名：*Buteo lagopus*
英文名：Rough-legged Buzzard

鹰形目鹰科

体长51～60 cm。前额、头顶、直到后枕均为乳白色或白色，缀黑褐色羽干纹，贯眼纹黑褐色；上体褐色或暗褐色，羽缘色淡；翅上覆羽褐色沾棕色，具棕白色羽缘，外侧5枚初级飞羽端部黑褐色，其余飞羽灰褐色，具暗褐色横斑；尾上覆羽白色，具褐色横斑；尾羽白色，具有宽阔的黑褐色亚端斑。在中国分布于北京、天津、河北、山西、内蒙古、黑龙江、吉林、辽宁、山东、江苏、上海、浙江、台湾、福建、江西、湖北、广东、云南、四川、陕西、甘肃、新疆西北部，其中在东北、西北为旅鸟，其他地区为冬候鸟。栖息于苔原、农田草地或林缘地带。IUCN评估为无危（LC），《中国脊椎动物红色名录》评估为近危（NT）。已列入CITES附录Ⅱ。在中国被列为国家二级重点保护动物。

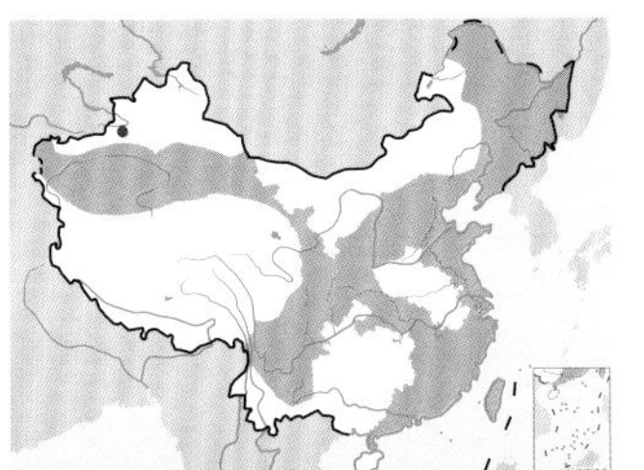

毛脚鵟。左上图张明摄；下图可见跗跖被羽至脚趾基部。宋丽军摄

大鵟

拉丁名：*Buteo hemilasius*
英文名：Upland Buzzard

鹰形目鹰科

形态 雄鸟体长58～62 cm，体重1320～1800 g；雌鸟体长57～68 cm，体重1950～2100 g。体色变化较大。通常头顶至后颈为白色，微沾棕色并具褐色纵纹；上体主要为暗褐色；尾具暗色横斑，先端灰白色；下体白色至棕黄色，并具有暗色的斑纹。或者通体暗褐色或黑褐色。虹膜黄褐色或黄色。嘴黑褐色，蜡膜黄绿色。脚和趾黄色或暗黄色，爪黑色。

分布 在中国广泛分布于长江以北和西南地区，以及浙江、台湾，其中在东北、西北、西藏为留鸟，在黄河以南为冬候鸟，其他地区为旅鸟。国外见于亚洲中部、东部。

栖息地 栖息于林缘和开阔的草原与荒漠地带，垂直分布高度可达海拔4000 m以上。冬季也常出现在农田、芦苇沼泽、村庄，甚至城市附近。

习性 常单独或成小群活动。叫声似猫叫，但较少鸣叫。飞翔时两翼鼓动较慢，常在中午暖和的时候在空中做圆圈状的翱翔。此外还有上飞、下飞、斜垂飞、直线飞等各种飞行方式，堪称花样繁多。休息时多栖于地上、山顶、树梢或其他突出物体上。

食性 主要以野兔、黄鼠、鼠兔、旱獭等啮齿动物，以及蛙、蜥蜴、蛇、鸡类、昆虫等动物为食，有时也捕捉鱼类或死鱼。觅食方式主要是在空中飞翔寻找，或者站在地上和高处等待猎物。捕蛇技术十分高超，用脚抓获以后飞到300 m以上的空中，蛇反抗时，大鵟突然将蛇撒开，使其跌落，然后俯冲而下，再次将蛇抓起，重复这一过程，直到蛇失去反抗能力，才降落到地面上将

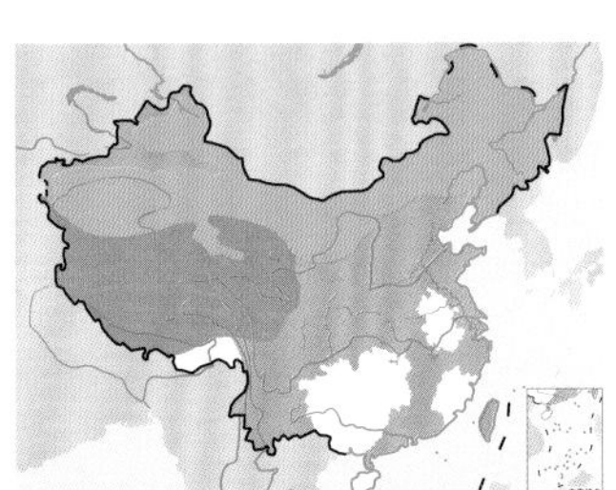

大鵟。左上图为在天空翱翔，孟宪伟摄；下图为在山坡上站立，许阳摄

在电线杆上繁殖的大鵟，成鸟正为雏鸟喂食。贾陈喜摄

地吞食。

繁殖 繁殖期5～7月。通常营巢于悬岩峭壁上或树上，巢的附近多有小灌木掩护。巢呈盘状，可以多年利用，但每年都要补充巢材，因此使用年限较长的巢直径可达1m以上。巢主要由干树枝构成，里面垫有干草、兽毛、羽毛、碎片和破布。每窝产卵通常2～4枚。卵淡赭黄色，被有红褐色和鼠灰色的斑点，以钝端较多。卵的大小为（56～70）mm×（43～52）mm。孵化期约30天。雏鸟晚成性，孵出后由亲鸟共同抚育大约45天后离巢。

种群现状和保护 IUCN评估为无危（LC）。在中国分布范围较大，局部地区较常见，但近年来数量也呈下降趋势，《中国脊椎动物红色名录》评估为易危（VU）。已列入CITES附录Ⅱ。在中国被列为国家二级重点保护动物。

普通鵟

拉丁名：*Buteo japonicus*
英文名：Eastern Buzzard

鹰形目鹰科

形态 雄鸟体长50～59 cm，体重575～950 g；雌鸟体长48～56 cm，体重750～1073 g。体色变化较大。通常上体呈灰褐色，微缀紫色光泽；头具窄的暗色羽缘，尾羽暗灰褐色，具不清晰的黑褐色横斑和灰白色端斑；外侧初级飞羽黑褐色，内侧飞羽黑褐色；翅上覆羽通常为浅黑褐色；下体乳黄白色，颏部、喉部具淡褐色纵纹，胸和两胁具粗的棕褐色横斑和斑纹；腹近乳白色，有时被有细的淡褐色斑纹。

分布 在中国广布于全国各地，其中在黑龙江、吉林为夏候鸟，在长江以南为冬候鸟，其他地区为旅鸟。国外见于欧洲、非洲、亚洲中部、东部和东南部。

栖息地 繁殖期间主要栖息于山地森林和林缘地带，从海拔400 m的山脚阔叶林到2000 m左右的混交林和针叶林地带均有分布，有时甚至出现在2000 m以上的山顶苔原地带上空。秋冬季节则多出现在低山丘陵和山脚平原地带。

习性 大多单独活动，有时也能见到2～4只在天空盘旋。性情机警，视觉敏锐，善于飞翔，每天大部分时间都在空中盘旋滑翔。翱翔时宽阔的两翅左右伸开，并稍向上抬起，呈浅“V”字形，短而圆的尾羽呈扇形展开。叫声与家猫的叫声相似。

食性 主要以各种鼠类为食，而且食量甚大，曾在一只胃中就发现了6只老鼠的残骸。此外，它也吃蛙、蜥蜴、蛇、野兔、小型鸟类和大型昆虫等动物，有时也到村庄附近捕食家禽。

繁殖 繁殖期5～7月。通常营巢于林缘或森林中高大的树上，尤其喜欢针叶树。常置巢于树冠上部接近主干的枝杈上，距地面的高度通常为7～15 m。也有的个体营巢于悬岩上，或者侵占乌鸦的巢。巢结构比较简单，主要由枯树枝堆积而成，里面垫有松针、细枝条和枯叶等，有时也垫有羽毛和兽毛。巢的大小为外径60～90 cm，内径20～30 cm，巢高40～60 cm，巢深10 cm。5～6月产卵，每窝产卵2～3枚。卵为青白色，通常被有栗褐色和紫褐色的斑点和斑纹。卵的大小为（50～61）mm×（41～48）mm。第一枚卵产出后即开始孵卵，由雌雄双亲共同承担，但以雌鸟为主。孵化期约28天。雏鸟晚成性，孵出后由双亲共同喂养大约40～45天后，才能飞翔和离巢。

种群现状和保护 普通鵟是由原普通鵟普通亚种 *Buteo buteo japonicus* 以及其他2个亚种提升的独立种，由于在中国最常见普通鵟即为普通亚种，故继承了“普通鵟”的中文名，原普通鵟 *Buteo buteo* 现称为“欧亚鵟”。在中国分布范围较大，较为常见。IUCN评估为无危（LC）。已列入CITES附录Ⅱ。在中国被列为国家二级重点保护动物。

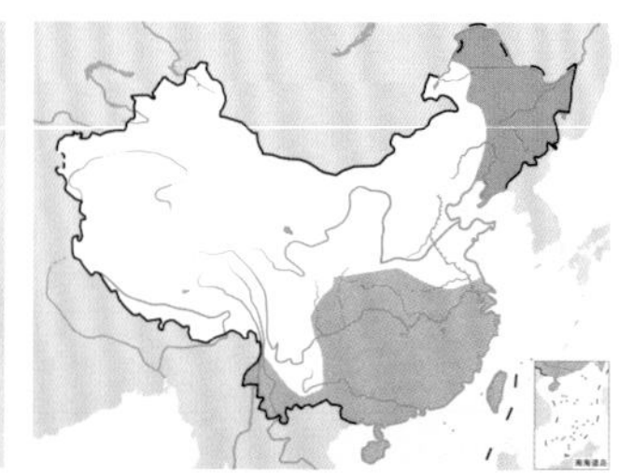

普通鵟。左上图为在天空翱翔，沈越摄；下图为在草地上站立，邰明珠摄

喜山鵟

拉丁名：*Buteo refectus*
英文名：Himalayan Buzzard

鹰形目鹰科

体长 51～56 cm。上体包括两翅表面暗棕褐色，自头顶至背及两肩的羽毛端部多沾有淡棕色色调；尾羽淡灰褐色，具多道暗色横斑；下体乳黄色，胸、腹及体侧具大型棕褐色粗条纹，尾下覆羽近白色。在中国分布于西藏东南部和南部。栖息于中、高山地带的森林、草原、沟谷、湖泊等环境中。IUCN 评估为无危（LC）。已列入 CITES 附录Ⅱ。在中国被列为国家二级重点保护动物。

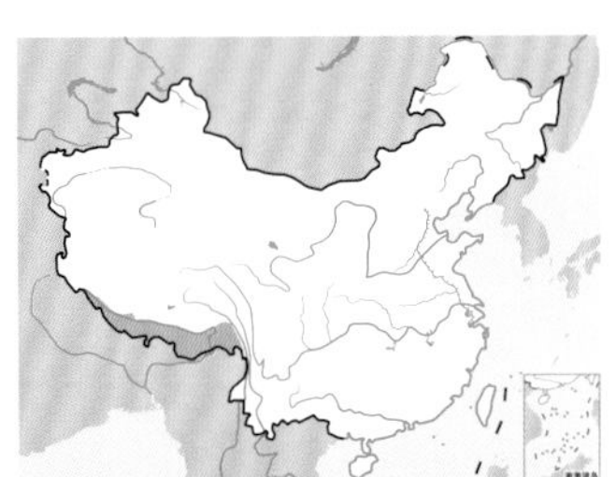

喜山鵟。左上图为在天空翱翔，下图为在树梢站立。董文晓摄

欧亚鵟

拉丁名：*Buteo buteo*
英文名：Eurasian Buzzard

鹰形目鹰科

体长 48～51 cm。上体及两翅暗褐色，羽端近白色，肩羽较暗；飞羽黑褐色且具紫色金属光泽；尾羽暗褐色沾棕色；后头及头侧羽端棕黄色；胸部、体侧具大型褐色斑纹；上腹部具白色斑纹，下腹部和覆腿羽乳黄色，具不规则暗色淡斑；尾下覆羽乳黄色。在中国分布于新疆西部、四川东北部。栖息于开阔地附近的稀疏森林中。IUCN 和《中国脊椎动物红色名录》均评估为无危（LC）。已列入 CITES 附录Ⅱ。在中国被列为国家二级重点保护动物。

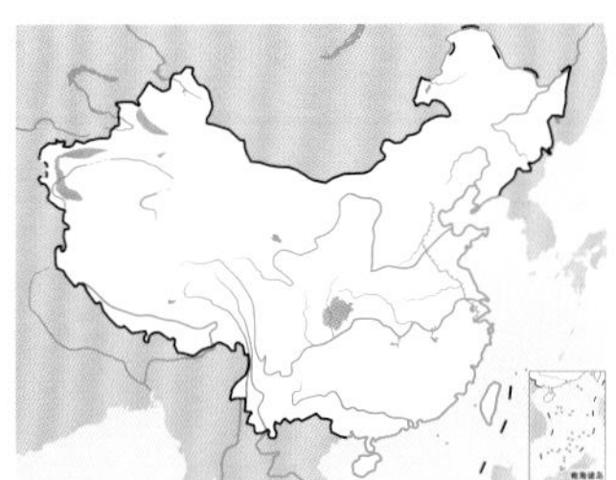

欧亚鵟。左上图魏希明摄，下图刘璐摄

棕尾鵟

拉丁名：*Buteo rufinus*
英文名：Long-legged Hawk

鹰形目鹰科

体长 50～65 cm。体色变化较大。通常上体为淡褐色到淡沙褐色，具有暗色的中央纹；尾羽棕褐色；喉和上胸皮黄白色，有暗色羽轴纹；下胸白色，腹部和覆腿羽黑褐色。在中国分布于内蒙古中部、云南东部、西藏南部、宁夏、甘肃东南部、新疆，在西北为留鸟，其他地区为旅鸟或冬候鸟。栖息于荒漠、半荒漠、草原和疏林等地带。IUCN 评估为无危（LC），《中国脊椎动物红色名录》评估为近危（NT）。已列入 CITES 附录Ⅱ。在中国被列为国家二级重点保护动物。

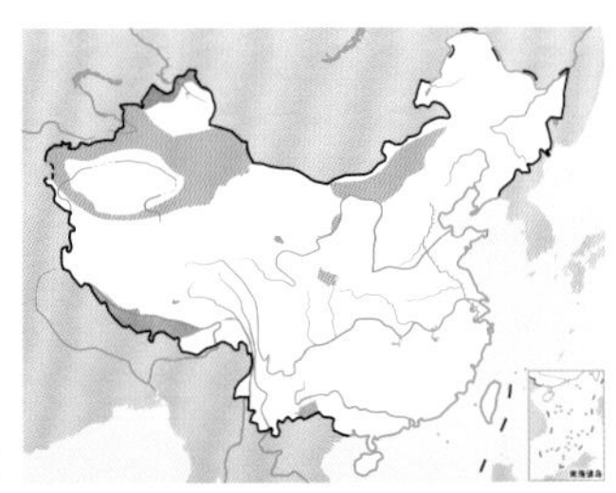

棕尾鵟。左上图为在树梢站立，沈越摄；下图为追捕猎物，唐文明摄

鸮类

- 鸮类指鸮形目鸟类，全世界共2科27属205种，中国有2科13属32种
- 鸮类是夜行性猛禽，拥有独特的面盘，羽色通常朴素斑驳，拥有许多适应夜间捕食的适应性特征
- 鸮类大多是典型的森林鸟类，善于以鸣声传递信息，主要以地面活动的小型啮齿动物为食
- 鸮类大多为单配制，营巢于树洞、岩隙或其他空洞中，双亲共同育雏，雏鸟晚成性

类群综述

鸮类指鸮形目（Strigiformes）鸟类，俗称猫头鹰，包括鸱鸮科（Strigidae）25属189种，和草鸮科（Tytonidae）2属16种，又可分别称为鸱鸮类和草鸮类。尽管种类繁多，体形差别很大，但所有的鸮类都很容易就能被认出来，这种一致性一是源于它们作为夜行性掠食者的独特适应性；二是它们所拥有的可迅速识别的奇特外貌，明显与其他鸟类不同。头大而宽，眼周的羽毛呈辐射状，细羽的排列形成脸盘，而前置的眼睛特别大，通常为橙色或黄色，圆圆地睁于面盘之中，形似猫脸，故被通称为猫头鹰。

鸮类分布几乎遍及除南极洲外的全球各地，似乎是只要有猎物的地方，它们就无处不在。其中，仓鸮 *Tyto alba* 是分布最广泛的鸟类之一，见于所有可栖息的大陆，以及诸多遥远的海岛上。其他13种仓鸮属鸟类分布于非洲、东南亚和大洋洲一带，以及加勒比海和印度洋中的岛屿上。鲜为人知的栗鸮 *Phodilus badius* 被发现于印度至爪哇和婆罗洲的森林中。中国有鸮类2科13属32种，其中鸱鸮科11属29种，全国各地均有分布，但不同种类的分布范围大小不一，有的分布特别广泛，如雕鸮 *Bubo bubo* 等，分布区几乎遍及全国各地，而有的种类分布区却十分狭窄，只局限在几平方千米之内。草鸮科仅2属3种，主要分布于长江以南各地。

左：鸮类俗称为猫头鹰，因为它们眼周的羽毛呈辐射状排列，形成独特的面盘，形似猫脸。图为在森林中警觉地审视周围的长耳鸮，头的上方两束能活动的耳羽簇高高竖起。杨贵生摄

形态

鸮类的体形大小不一，体长12～71 cm，体重40～4000 g。在大多数种类中，雌鸟大于雄鸟，不过性二态不明显，差别通常没有一些昼间捕猎的猛禽那样大。中国最大的为雕鸮，体长56～89 cm，体重1410～3959 g；最小的为领鸺鹠 *Glaucidium brodiei*，体长14～16 cm，体重仅有40～64 g。

它们的头骨为裂腭型，即裂状口盖型，存在基翼突，有时呈有索腭型的趋势。鼻孔不封闭，并呈全鼻型。嘴较短而侧扁，上嘴先端钩曲，嘴基被有蜡膜，而且蜡膜和鼻孔大多被硬羽所掩盖。它们几乎都具有明显的面盘，一双大眼面向前方，较短的嘴则不会影响它们的视野，而广阔的视野对夜间活动的动物至为重要。眼睛的四周围以细细的羽毛，形成一圈皱领。同其他鸟类一样，它们的嗅觉一般不发达，但视觉、听觉均十分敏锐。不过，昼间捕猎的种类则眼睛相对较小，面盘不明显。

雌雄羽色相似，通常为暗褐色或灰色，而且常杂以更暗浓的纵纹和横斑及虫蠹状斑纹等，仅少数种类饰有羽冠、耸立的耳羽、淡雅的花纹以及色彩略显丰富一些的体羽，但整个外观仍旧保持庄重之感。例如，长耳鸮 *Asio otus* 的标志性特征，是在头的上方有两束能活动的耳羽簇，竖直如耳，并因此得名。其实，这对耳羽簇对它敏锐的听觉并没多大帮助，却可用于传递视觉信息，是其外观上不可或缺的装饰品。

朴素而斑驳的色彩便于它们在夜晚行动和白昼栖息时与其背景环境相协调，不易被发现。由于采取直立的姿势栖息，它们看起来圆乎乎的，似乎没有脖子。它们的体羽蓬松、浓密而柔软，没有绒羽，使身体显得比实际情况要大一些。羽毛不具副羽，或虽然有时还留存，但形极小，这些都是有利于夜行性习性的适应。

生活在开阔栖息地的种类羽色浅于在林地中生

活的种类，如沙漠种类通常为沙色，而雪鸮 *Bubo scandiacus* 主要为白色，与其北极附近的环境相适应。一些林地种类呈现明显的色二态：在北方针叶林中为灰色，到了南方的落叶阔叶林则变为褐色。

翅膀宽大而稍圆，初级飞羽为 11 枚，第 10 枚初级飞羽较第 8 枚初级飞羽短，第 5 枚初级飞羽缺如，次级飞羽第 1 枚缺如，这样的结构有利于它们在飞翔时调整气流。尾羽 12 枚。

脚强而有力，具四趾，一般三趾在前，一趾在后，趾上有角质利爪。第四趾常能向前后转动，可以随时转到后方，使脚趾变成两前两后，便于抓牢树干，称为“转趾型”。大多数种类的脚上全部被有柔软的羽毛，杀气腾腾的利爪藏于其中，这样能在夜间捕食时减弱噪声并御寒，只有主要以鱼类为食的渔鸮 *Ketupa* spp. 等是例外，它们光裸的脚更便于在溪流中抓捕鱼类。

虽然整体具有共性，鸱鸮类和草鸮类在外形上还具有几个明显不同的特征结构：草鸮类的头骨狭长，宽度不及长度的 2/3，而鸱鸮类头骨较圆；叉骨融入胸骨；草鸮类的面盘均明显而完整，围以硬羽组成的皱领，下方变狭，呈极富特色的心脏形，而鸱鸮类面盘多为圆形，有些种类没有明显的面盘；草鸮类头顶两侧没有或几乎没有耳羽簇，鸱鸮类有不少种类具明显的耳羽簇；草鸮类翅形尖或稍圆，

对夜晚捕食习性的生态适应：

视觉 鸮类有一对大而向前的眼睛，只能直视前方，不能转动，两只眼睛各自能从不同的角度看同一个物体，这样就形成了双眼视觉，产生了深度感。视野一般都在110º左右，其中有60º～70º是重叠的，而且超大尺寸的眼球能在很弱的光线下获得数百万像素的图像，因而大大提高了其视觉的性能。

不过，如果想改变视野，搜索猎物的时候，它们就需要转动头部，从不同的角度来辨别物体。幸运的是，鸮类都有一个转动灵活的颈部，共有14枚颈椎（比哺乳动物多1倍），其最大转动角度可达270º，这在鸟类中是十分独特的。当它们把脸盘转向后方时，从正面看上去就像一只没有脸部的鸟，十分有趣。它们的眼睑能自由活动，瞬膜板也很发达，在平常眨眼时是上眼皮往下合，而到了睡觉的时候，却是下眼皮往上合。它们还拥有颜色丰富的虹膜，例如雕鸮为火焰红黄色，短耳鸮*Asio flammeus*为硫黄色，纵纹腹小鸮*Athene noctua*为琥珀色，林鸮*Strix* spp.为深棕黑色等。

它们的角膜和水晶体具有较高的曲率，瞳孔大而圆，能使进入眼内的光量增多。视网膜主要是由柱状细胞所组成，对弱光感受特别灵敏，而且还特别具有反光色素层，可以在夜间视物时增加清晰度。但由于它们的虹膜中只有辐状肌，没有环状肌，使瞳孔只能略微放大而不能缩小。到了白天，当光线较强时，进入瞳孔的光线太多，反而导致它们眼中司微光视觉的视杆细胞失去作用。因此，它们一般白天视力很差，只能躲在林中休息，是名副其实的“夜猫子”，有的种类甚至在白昼时成为白盲。中国明朝曹学佺在其所著的《蜀中广记》中就曾形象地说它们“昼不见泰山，夜能察秋毫”。

听觉 鸮类的耳孔较大，位于头部边缘的耳区，被面盘边缘覆盖，通常不外露。与大多数鸟类不同，鸮类耳孔的形状因种而异，一般是两条很深的垂直裂缝一直通到头骨的两侧，其孔径要比圆洞大得多，周围还有皱襞。左右耳孔的位置一般是不对称的，否则它们就会控制耳羽产生不同尺寸的缝隙。通常右侧比左侧的略高，这样可以获得两侧耳孔对声音的错位效果，在捕捉同一声音时可产生细微差别，便于迅速校正声源的距离和位置，使它们极其准确地测定猎物的立体方位。例如鬼鸮*Aegolius funereus*的左耳向下，右耳向上，左耳比右耳小50%。更为奇特的是，耳孔前后开口各有一个瓣膜覆盖的活盖，可以活动并控制耳孔的大小，调节听觉功能。因此，它们对外界的声音十分敏感，能清晰地听到微弱的声音，可以把这些声音信息放大许多倍，尤其对低频的声音极为敏感，甚至能听到低至250Hz的声音。

这种利用听觉判断猎物位置的方式，使得某些种类能够在完全黑暗的条件下进行捕猎。完全夜行性的鸮类还具有明显可以辅助听力的发达面盘，如同卫星的碗状天线一样，帮助它们接收到声波，并传导到耳孔里。面盘收集声波的功能则和探照灯的集光装置原理类似，其形状可由特殊肌肉的变化调节，可以根据听到声音的距离扩大或者收缩面盘。而一些偏日行性的种类，其面盘结构就不那么发达。

鸮类的颈部极为灵活，最大转动角度可达270º，图为面对镜头站立的领鸺鹠，将脸盘完全转向后方，露出颈背特征性的假眼。董磊摄

羽毛 和非凡的视觉与听觉一样，鸮类还进化出了一种独特的在飞行中不发出声音的体系。它们的羽毛表面密布着波状绒毛，飞羽边缘还具有锯齿状的柔软的缘缨，飞行时可以减弱和空气摩擦形成的湍流，减弱或消除噪声。这些特殊的结构使其具有“静音飞行”能力，飞行时来去无声，不仅使自己的声音导航定位系统不被干扰，更便于在飞翔中向猎物发动突然袭击。

鸮类能高效滑翔很长距离的近似椭圆形的翅膀及翅膀羽毛结构，似乎都是为了这种无声飞行而专门设计的。翅膀的第1枚初级飞羽边缘由细小的羽毛簇形成梳齿状形态，滑翔时翅膀是完全水平展开的，梳齿结构就能产生类似机翼前面涡流发生器的功能，推迟翅膀表面气流边界层分离，并且可以使流过翅膀边缘的空气涡流得到“过滤”，使较大空气涡流变成细碎的小涡流，从而降低飞行产生的气动涡流噪声。初级飞羽较宽一侧的羽毛边缘存在“刘海”状毛边结构，翅膀展开时，这些初级飞羽的尾部形成了翅膀的后缘，气流经过翅膀后缘时会发生涡旋脱落分离，毛边可以使脱离过程变得离散，抑制涡流脱离引起的气动噪声。翅膀滑翔时后缘形成三角锯齿状，表面羽毛间扣覆形成条纹结构状结构对其气动性能和声学特性也有一定的影响。

它们的这些特性在飞行器降噪方面应用潜力巨大，其躯体表面所具有的减少噪声产生和控制噪声反射的特性，可以为微型飞行器研制提供参考。这一无声飞行的特性早已引起世界各国相关机构的重视，并且从工程仿生学的角度对于其前缘梳齿、后缘锯齿结构、绒羽、翼表面形态特征等结构进行了比较深入的研究，科学家希望借鉴鸮类的高效静音滑翔机制，作为风机增效降噪及飞行器降噪等工程仿生应用研究的生物学基础。

上左：大多数鸱鸮类的脚上全部被有柔软的羽毛，可谓武装到脚趾。图为站在草地上的纵纹腹小鸮，露出布满羽毛的腿和脚趾。宋丽军摄

上中：为了便于在溪流中抓捕鱼类，渔鸮的脚趾不像其他鸱鸮类一样被毛。图为黄腿渔鸮，可见其强健的脚趾裸露无毛。刘五旺摄

上右：不同于鸱鸮类圆圆的面盘，草鸮类拥有极富特色的心形面盘。图为仓鸮。吴秀山摄

较尾为长，更适于飞行；草鸮类第10枚初级飞羽较第8枚长，鸱鸮类则正好相反；尾呈凹尾形，较短或中等长度，而鸱鸮类的尾端稍圆；草鸮类尾脂腺被以2～3枚纤羽，鸱鸮类尾脂腺裸出；草鸮类脚较长，跗跖的上部被羽，下部和趾仅有稀疏的鬃羽，鸱鸮类的脚较短，大多数种类的脚上全部被有柔软的羽毛；第3趾与第2趾等长，而鸱鸮类的内趾（第2趾）明显较短；草鸮类中爪内侧具栉缘，而鸱鸮类中爪不具栉缘；第三趾第二关节大于基部关节。

栖息地

鸮类大多是典型的森林鸟类，也有一些种类栖息于草原、沙漠、沼泽、苔原、山地、岛屿等地，也常见于城市公园、路旁和郊区的各种林地中。例如，草鸮类的栖息地则更偏向开阔地带，包括原野、低山、丘陵、干旱和半干旱空地、农田、城镇和村庄附近稀疏的林地和森林等。仓鸮由于尤其喜欢在农家的谷仓里栖息，也是因此得名。白天它也会一动不动地隐藏在废墟、阁楼、树洞、岩缝和桥墩下面，混淆在背景之中，一旦受惊也会被迫飞出，随即在附近找个地方匆忙落下。

鸮类大多数种类为留鸟，具领域性，并且不迁徙，尤其是那些见于热带和林地中的种类。它们的配偶常常终年生活在极力维护的领域中，食谱范围较广，当一种猎物不可得时就换一种猎物。这些种类的数量会保持长期稳定。而猛鸮 *Surnia ulula* 以及其他主要以啮齿动物为食的开阔地带种类，则食谱范围相对较小，通常仅在繁殖期维护领域，它们的数量往往会随着猎物数量的波动而波动。少数种类为候鸟，会定期从北向南迁徙，如西红角鸮 *Otus scops* 夏季会在南欧度过，因为那里昆虫繁盛。短耳鸮为移栖性，哪里猎物丰富就前往哪里。在山区，有些种类会在当地进行垂直迁徙，即在冬季的风暴期或大雪封山期，从山上转移至附近的山谷中。

习性

领域性较强的鸮类全年成对生活，但单独觅食，互不干涉各自的捕猎。非领域性种类在非繁殖期通常单独生活，不过有些开阔地带的鸮类会聚集在猎物繁盛的区域，它们栖息在一起，但在傍晚捕猎时会分散开来，单独行动。而穴小鸮 *Athene cunicularia* 有时为繁殖群居。

作为候鸟的鸮类，不同种类的迁徙结群情况有所不同。红角鸮 *Otus sunia* 喜结大群活动，每群小则10多只，多达70～80只，甚至上百只。鹰鸮 *Ninox scutulata*、纵纹腹小鸮则多为单独活动。长耳鸮、领角鸮 *Otus lettia* 大多结对迁飞。

在所有鸟类中，只有不到3%的种类为夜行性，而鸮类就占了其中一半以上。它们大多从黄昏开始活动，白天则隐匿于树洞、岩穴或稠密的枝叶之间等比较安静的地方，常常紧贴于树干上，倘若被一些小鸟发现，它们常会遭到围攻，只好离开避之他处。这时它们常上下左右地飞行，颠簸不定，犹如迷失方向。一些种类为严格的夜行性鸟类，如仓鸮，仅在寒冷的冬季和喂养幼鸟期间才偶然于白天出现，虽然在晚上堪称凶神恶煞，在白天却显得无精打采，有时连那些叽叽喳喳的小鸟也能纠缠围攻它，弄得它们四处躲藏，无处安身。等夜幕一降临，它们立即精神振奋，变成了十分活跃的猎手，凭借那构造特殊的翅膀，它们可以悄无声息地飞行，快速而有力，在黑夜中显得影影绰绰，常飞至5～6 km之外，在地面上往返搜寻，成为猎物致命的掠食者，特别在饲喂幼鸟时更为勤奋。

只有少数种类能在白昼自如活动，如雪鸮等；有些种类如雕鸮、纵纹腹小鸮等虽然主要在夜晚活动，但有时在白天也可见到它们；还有些种类如斑头鸺鹠 *Glaucidium cuculoides* 等经常在白天出没于村镇附近和菜圃、果园间。

上左：鸮类大多为典型的夜行性鸟类，白天隐匿，看起来昏昏欲睡。图为白天双眼紧闭的西红角鸮。刘璐摄

上右：到了夜晚，鸮类则打起精神，双目炯炯有神。图为暮色下捕食的短耳鸮。沈越摄

下：也有些鸮类白天也能活动。图为白天在雪地里捕食的雪鸮。王吉义摄

飞行时常紧贴地面，只有在通过障碍时才提高高度，有时拍打双翼，有时滑翔，不断地改变飞行方式，迅速而又不发出任何声响。飞行的路线也很有规律，喜欢沿着沟渠、树林和荒地的边缘，因为这些地方都是小型啮齿动物活动的场所，可为它们提供丰富的食物。

它们有时还会摆出某种可怕的姿态，以恫吓敌害或同类，称为恐吓炫耀。一般是竖起羽毛，特别是其头和颈部的羽毛，头部猛向前伸，部分或全部地张开双翼。

鸮类平时常单只或成双栖息，若成双栖息可以观察到它们白天互相梳理羽毛，这种行为是代代相传的维系伴侣关系的手段之一。尽管它们领地意识很强，但仍有一些种类在繁殖期外，特别是迁徙季，结群活动。像大多数鸟类一样，它们也会在水塘中或下雨时洗澡。

由于适应在夜间进行远距离交流，鸮类具有发达的发声系统，只是有些声音相当轻柔，只在近距离才能听到，如配偶之间的联络鸣声。此外，它们在受惊吓或发怒时会发出响亮的咬喙声。而鸣叫的音符和韵律等方面则在各个种类之间明显不同。

通常，它们比昼行性猛禽更经常地鸣叫。许多种类的领域鸣声相当于其他鸟类的鸣啭，用于警告同性对手，同时吸引异性。雄雕鸮的鸣声在 4 km 外都能听到，并且与其他许多种类一样，配偶会频繁齐鸣，很可能是为了维护彼此之间的关系。不过，白天捕猎的种类就不像夜行性种类那样善于鸣叫了。

许多种类的名字或俗称都会反映出它们独特的鸣声，广泛分布于美国的北部和西部的棕榈鬼鸮 *Aegolius acadicus* 的英文名“Saw-whet owl”就是来自它有点像磨锯声的鸣声。其他种类的叫声也大多很有特色，包括近似萧、笛的声音，嘶嘶的嘘声，尖锐刺耳的惊叫声，以及喊声和吠叫等。其中有的音调悦耳，大多数却令人生畏，甚至被认为是“鬼叫”。它们的英文名“owl”来源于拉丁语“ululation”，意思是哀伤的哭叫声。因此，几乎在各种不同地方与民族的传统文化中，鸮类的叫声和夜行性都被认为是死亡和背运的征兆。

食性

鸮类是食肉动物，大多以地面活动的小型啮齿动物为主，有时也吃昆虫、蜘蛛、蜗牛、小鸟、蜥蜴、蛙、鱼等，具体取决于它们自身的体形大小和所处的栖息地。例如灰林鸮 *Strix aluco*，生活在林地时以捕食鼠类为主，但在城市里则捕食鸟类，尤其是麻雀。小型的种类主要捕食昆虫，中等体形的则以小型的啮齿动物或鸟类为食，大型种类可捕食大至野兔甚至小鹿等哺乳动物以及中等大小的鸟类。有的种类还具有储存食物的本领，若食物来源充足，它们常常将捕获的盈余食物储藏在巢中、附近的树洞里或者树枝的分叉上，有的一次可储藏十几只以上。由于不同种类所处的环境和习性不同，它们又各有不同的捕食对象，有的种类食性较广，选择性不强，称为广食性；有的种类则十分挑剔，只吃一两种食物，称之为寡食性。例如，纵纹腹小鸮的食谱宽广，不但随季节有所变化，而且在不同的地区、不同生境，其优势取食种类也略有不同。它们可以捕食比自己大得多、重得多的啮齿动物，但对某种猎物没有强烈的依赖性。但有些种类有特定的捕食对象，如斑头鸺鹠的食物由小型啮齿动物、鼹鼠和鸟类构成。雕鸮能捕食刺猬、野兔、小型狐狸、体形与鸭子差不多大的鸟类等。仓鸮的食物主要由鼠类、鼩鼱和田鼠组成，若缺乏这些食物来源，仓鸮的繁殖率会下降。栗鸮则不依赖小型哺乳动物。

上：小型鸮类主要以昆虫为食，图为捕得昆虫的红角鸮。吴秀山摄

下：大型鸮类则主要取食啮齿类及其他小型脊椎动物。图为捕得刺猬的雕鸮。杨艾东摄

鸮类属于机会主义捕食者，经常能逮到什么就捕什么。它们主要依靠极为敏锐的听觉而不是视觉来对猎物进行定位，能够在一片漆黑的环境中对鼠类在落叶层活动发出的声音做出反应，并精确锁定猎物。

鸮类的嗉囊不发达，这可能与夜间鼠类等猎物相对容易获得有关。它们的食管具发达纵向皱襞，食管扩张能力强，适于容纳和输送体形较大的食物。肌胃内壁无明显易剥离的角质膜，也无砂粒。它们的食物大多储存在肌胃，且多为完整的猎物个体或部分头骨和肢骨等。因此，它们的肌胃应该不具磨碎食物的功能，而是使食物与消化液混合，发挥搅拌和储存功能，这符合其食肉性鸟类的特性，与肌胃有大量的砂粒用以磨碎食物的植食性鸟类不同。

鸮类大多都有吐“食丸”的习性。在它们栖息的树下或悬崖峭壁下，常常会发现一种粪便样的，一般呈椭圆、棍棒、半球等形状的东西，颜色有褐黑色、灰黑色、灰黄色等，一般外表光滑，质地细密，外紧内松，撕开后可以看到里面有羽毛、毛发、骨骼、爪、喙、齿、昆虫的几丁质头胸甲和鞘翅等，这就是从它们嘴里吐出来的团块，称为食丸。原来，鸮类不能像食肉兽类那样，将抓到的猎物的肉和内脏等吃掉，而将不能吃的毛、骨等弃之一旁。它们的爪和喙虽然锋利，却不便于拔毛撕羽、剔骨取肉，只能连骨带肉，草草吞咽，或者干脆囫囵吞食，将毛、骨、肉等一鼓脑儿吞进胃里，但它们的胃却并没有消化这些羽、毛、骨的能力。由于它们肠道狭窄，也不能把这些尚未消化的东西经由肠道排泄出去，而只能把这些渣滓集成块状，形成小团经过食管和口腔再吐出去。通过分析和研究食丸，不仅可以了解它们的食性，还可以推算出它们所栖息的地域中啮齿动物的种类和数量变动情况，为森林保护提供科学依据。

繁殖

鸮类的配偶多为一雄一雌，即单配制。少数种类的雄鸟偶尔拥有 2 个或 2 个以上配偶，但这种情况只出现于猎物非常丰富的时期——如啮齿动物处于数量高峰期时，因为雄鸟必须为它的多个配偶和所有雏鸟提供全部的食物。但也有个别例外，比如鬼鸮的配对是一雄多雌，而同时也是一雌多雄的。繁殖期是相对稳定的，有较严格的季节性。大型种类的繁殖期开始较早，如雕鸮等，在 1～3 月就开始营巢产卵，特别是在食物丰富的时候。小型种类大多在 4～6 月开始营巢产卵。

绝大多数种类的求偶炫耀只是一些近距离的表演，譬如鞠躬、拍打翅膀，或彼此蹭嘴、整理羽毛，有时还鼓动翅膀，嘴里发出奇异的噼啪声，轮番倒换双脚，做出一些显得威猛的样子等。只有在白天活动的雪鸮等，才能进行特技飞行表演。大多数种类的求偶还主要借助于声音。它们的歌声虽不动听，但粗犷中也有其特色。

鸮类一般每年产一窝卵，但一些居于开阔地带的种类只要啮齿动物繁盛就进行繁殖，其中不少会一年产数窝卵。但有些种类，如斑林鸮 *Strix occidentalis*，则在猎物稀少的年份完全不繁殖。它们大多营巢于树洞、岩隙或其他空洞中，也有时占据乌鸦、喜鹊的树枝巢，小型种类可入住啄木鸟的旧树洞。如果没有适宜的地方，它们甚至躲藏在住宅墙壁的窟窿中，或芦苇茂密处的草堆上繁殖，少数筑巢于地面或地洞中，如穴小鸮会自已掘地下的巢穴，当然它们更经常占用草原犬鼠的弃穴，而一些居于开阔地带的种类会在地面挖浅坑。巢材主要由树枝组成，在树木缺少的地方，也使用海藻、骨、草和纸屑等，巢的大小常与巢材当时的供应状况有关，也受巢位和气候因素的影响。巢内很少有铺垫物。草鸮类营巢于谷仓和其他不常用的建筑物上，无论是房顶天花板上、墙壁洞中、小仓房和储粮的小屋空隙等处均可。此外，还营巢于河岸上的洞穴、岩洞、树洞或地面等处，也喜欢利用人工巢箱。巢甚简陋，一般无巢材，或仅在其中铺垫一些枯草即可。

窝卵数不尽相同，少的仅 1 枚，多的达 14 枚，一般为 4～7 枚。每年的产卵数常随当年食物条件的变化而波动，具体取决于食物供应状况，在特别不顺利的年份甚至停止产卵。卵多为纯白色，无斑，呈椭圆或圆形，重 7～80 g。孵卵往往由雌鸟单独负责，体形相对较小的雄鸟负责提供所有的食物，从雌鸟产卵前直至雏鸟不再需要喂食或不再需要亲鸟为它们撕碎猎物为止。这种分工使雌鸟可以积累起脂肪储备，并且即使在雄鸟捕猎有困难的时候（如阴雨天）仍会留于巢中。在许多种类中，体形相对较大的雌鸟会竭力保护雏鸟不受到入侵者的威胁。

孵化期 15～35 天。通常在产下第一枚卵后即开始孵化，这样同窝雏鸟孵出的时间就不一致，最先出壳的个体和最后出壳的个体，有的相差 10 多天，故而雏鸟的大小差别很显著。雏鸟晚成性，需要亲鸟的长期照顾。雏鸟留巢期 49～64 天，但有可能在飞羽长齐（出生后 15～35 天）前便离巢。雏鸟刚出壳时显得很软弱，无力的颈部似乎举不起它沉重的头，眼睛半睁或闭合，1～2 天内尚不能单独进食。雏鸟最初全身被绒羽，这种绒羽薄而光滑，颜色单调，一般为白色、灰色或浅黄色，只有极少数有斑纹。亲鸟开始喂食后，雏鸟生长很快，其第二期绒羽是一层较为厚实、暖和、颜色更浅一些的羽毛。此时的雏鸟比以前活跃，它们虽然还站立不起来，但也能借助于蹒跚在巢里移动。真正的羽毛，差不多要到数周之后才能长出。

育雏工作通常由雌雄亲鸟共同参与。遇到危险时，亲鸟也会摆出一副防御的姿态，蹲伏着，张开双翅，摆动头部，发出嘶嘶的威吓声，并用嘴猛啄来犯者幼鸟。食物供给对雏鸟的存活率影响很大，食物丰富时，一窝雏鸟也许可以全部存活；食物短缺时，同窝雏鸟之间就要产生激烈的竞争，往往只有一两只最强壮的能勉强活下来，其他雏鸟不是受冻饿而死就是干脆被吃掉，以保证少数个体的存活。雏鸟即便勉强活下来，仍有 3/4 的个体差不多过不了周岁，它们会因各种各样的原因而夭折。为降低被掠食的概率，露天营巢种类的雏鸟会比在洞穴中长大的雏鸟发育得快，并且通常在羽翼丰满之前就离巢。

鸮类大多在各种天然或人工洞穴中筑巢。图为在岩洞中繁殖的雕鸮。刘兆瑞摄

鸮类幼鸟全身布满绒毛，需要亲鸟长期照顾，但可能在飞羽长齐前便离巢活动。图为出巢站在树枝上的灰林鸮幼鸟。沈越摄

除了少数种类外，1龄幼鸟的羽色已与成鸟基本相似。如果条件合适，大部分幼鸟会在出生的第一年就繁殖。

与人类的关系

鸮类在中国古代早期是非常受尊崇的，无论是器物还是岩画中都曾发现过为数不少的鸮类纹样，中国古籍中关于鸮的记载、神话和传说更是不胜枚举。我们的祖先曾认为，昴星在中天的出现，标志着冬至之后，天气将开始变暖，大地回春。由于此时鸮类正在夜间频繁活动，使这一物候现象与天象昴星的出现相互对应，即所谓“昴日髦头（鸮）”，因而“昴”在甲骨文中即为鸮面图像的象形，和岩画中的鸮面像十分相似。因此，我们可以说，岩画及史前文物中的鸮类纹样，正是天文历法与物候历法巧妙结合所创造出的天神，鸮则是太阳和昴星宿的生命意象。然而，到了战国以后，鸮类逐渐成为和凤凰相对的概念——凤凰象征阳间，鸮则象征阴间。由于寓意的转变，鸮作为吉祥物凤凰的对立面，逐渐落下了不详之名。此外，由于它们昼伏夜出的习性，也使它们得到了“恶声鸟”“逐魂鸟”“报丧鸟”等恶名。现在，由于人类思想和科学技术的进步，很多人又重新开始喜爱上了鸮类。

种群现状和保护

事实上，鸮类是鸟类中最重要的类群之一，在食物链上占据次级以上消费者位置，也是森林生境质量好坏的重要指示类群。鸮类大多数种类主要以鼠类为食，有些还捕食害虫，对控制鼠害、虫灾，对于保护树木，防止疾病的传播，维持生态系统中的物质循环和维护自然界的生态平衡等方面都具有非常重要的作用，称得上是人类的益友。

应该看到，鸮类在整个自然界内，数量是比较稀少的，而且由于它们是肉食性鸟类，处于生态系统的顶端，它们数量的多少与其所捕食的动物的多少互相制约。它们大多是稀有的物种，有的虽然尚未成为濒危物种，但由于乱捕滥猎、砍伐森林和环境污染，使其数量也在不断减少，所以我们应该更多地关心它们的处境，努力改善它们的生存状况。例如，草鸮类虽然种类不算多，但也有不少珍稀物种。中国只有3种草鸮类，但仓鸮和栗鸮都属于稀有种，后者甚至在整个分布区内都面临因森林退化而导致的栖息地丧失的危险。在国外，坦桑尼亚栗鸮 *Phodilus prigoginei* 至今人们只有零星的了解；生活于马达加斯加岛东北部的马岛草鸮 *Tyto soumagnei* 也是濒危物种，面临的威胁来自于因农业发展对森林进行砍伐和焚烧而导致的森林退化。分别见于印度尼西亚的苏拉威西岛和塔利亚布岛的2种草鸮类——苏拉仓鸮 *Tyto rosenbergii* 和米纳仓鸮 *Tyto inexspectata* 也由于商业伐木造成大量低地雨林被毁，导致它们的栖息地不断丧失和退化，生存受到日益加剧的威胁，因为剩下的雨林大部分也都正在让位于林业发展。

目前鸮类面临的最大威胁很可能便是栖息地破坏。作为掠食者，就意味着它们与鸣禽等处于食物链低端的鸟类相比，种群密度必然稀疏一些。为保证获得充足的猎物，许多种类需要大片的完整觅食地。如一些大型的种类，其巢域范围达10 km² 以上。因此，一旦自然栖息地被用于农业开发等，给它们带来的影响会特别大，尤其是对那些分布有限或对生态环境有特殊要求的种类而言，后果更为严重。

为了使中国的鸮类资源得到有效的保护，在中国《国家重点保护野生动物名录》中将所有鸮形目鸟类全部列为国家二级重点保护野生动物。中国还采取了就地保护、迁地保护和离体保护等技术措施，开展保护生物多样性的科学研究、宣传教育和培训，使鸮类的主要栖息地、主要繁殖地，以及越冬地和迁徙路线中主要停歇地等得到了一定程度的保护，为拯救这些珍稀鸟类起到了积极的作用。

黄嘴角鸮
Otus spilocephalus
领角鸮
Otus lettia
北领角鸮
Otus semitorques
纵纹角鸮
Otus brucei
灰色型
棕色型
西红角鸮
Otus scops
棕色型
灰色型
红角鸮
Otus sunia
优雅角鸮
Otus elegans
雪鸮
Bubo scandiacus
雕鸮
Bubo bubo
林雕鸮
Bubo nipalensis

毛腿雕鸮
Bubo blakistoni

褐渔鸮
Ketupa zeylonensis

黄腿渔鸮
Ketupa flavipes

褐林鸮
Strix leptogrammica

灰林鸮
Strix aluco

四川林鸮
Strix davidi
猛鸮
Surnia ulula
乌林鸮
Strix nebulosa
长尾林鸮
Strix uralensis
领鸺鹠
Glaucidium brodiei
花头鸺鹠
Glaucidium passerinum
斑头鸺鹠
Glaucidium cuculoides
纵纹腹小鸮
Athene noctua
横斑腹小鸮
Athene brama
鬼鸮
Aegolius funereus
鹰鸮
Ninox scutulata
日本鹰鸮
Ninox japonica
长耳鸮
Asio otus
短耳鸮
Asio flammeus
仓鸮
Tyto alba
草鸮
Tyto longimembris
栗鸮
Phodilus badius

黄嘴角鸮

拉丁名：*Otus spilocephalus*
英文名：Mountain Scops Owl

鸮形目鸱鸮科

形态 体长18～21 cm。上体棕褐色，具细的黑褐色虫蠹状斑；肩部有一系列白色斑点；耳羽簇棕褐色，具黑色横斑；面盘棕褐色，具黑色横斑，下缘缀有白色；初级飞羽上有3条白色横斑；尾羽棕栗色，上面有6道黑色横斑；下体灰棕褐色，有白色、黄白色的斑纹。虹膜黄色。嘴角黄色。跗跖灰黄褐色。

分布 在中国分布于台湾、福建、江西、广东、澳门、海南、广西、云南西南部。国外见于亚洲南部、东南部。

栖息地 栖息于山地常绿阔叶林和混交林中。

习性 主要在夜晚和黄昏活动，白天大多躲藏在阴暗的树叶丛间或洞穴中。一般单独或成对活动。鸣声为连续上扬的轻柔、悠远的双音节金属啷哨音，似“plew-plew-plew-plew”，每隔12秒重复一次，几乎全年都可以听到。

食性 以鼠类、蜥蜴、大的昆虫和昆虫幼虫等为食。

繁殖 繁殖期4～6月。通常营巢于天然树洞或啄木鸟废弃的洞中。每窝产卵通常3～4枚。卵大小为32 mm × 28 mm。

种群现状和保护 IUCN评估为无危（LC）。在中国有2个亚种，其中台湾亚种 *O. s. hambroecki* 仅见于台湾，分布于其他地区的为华南亚种 *O. s. latouchi*，野外数量均极为稀少。《中国脊椎动物红色名录》评估为近危（NT）。已列入CITES附录Ⅱ。在中国被列为国家二级重点保护动物。

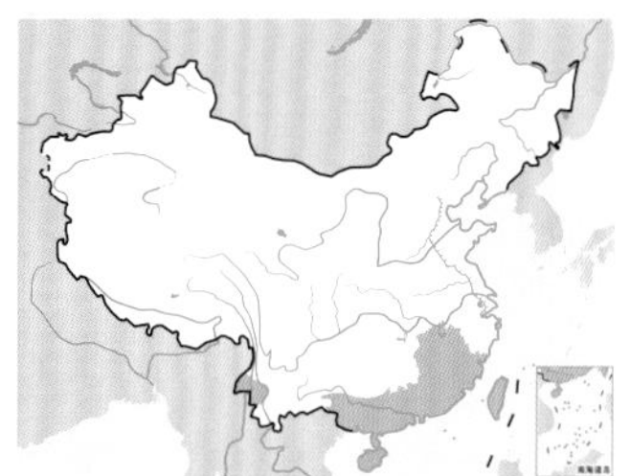

黄嘴角鸮。左上图杜卿摄，下图林剑声摄

领角鸮

拉丁名：*Otus lettia*
英文名：Collared Scops Owl

鸮形目鸱鸮科

体长20～27 cm。额至眼上方灰白色，缀以暗褐色狭纹和细点；面盘灰白色沾棕色，杂以纤细褐纹；眼先羽端缀黑褐色，眼周前上部栗褐色；翎领棕白色，杂以黑褐色羽端和横纹；耳簇羽外侧黑褐色并具棕斑，内侧棕白色而杂以暗褐色蠹状点斑；上体及两翼表面棕褐色，具黑褐色串珠状羽干纹，并有虫蠹状细斑和棕白色眼状斑，后颈的眼状斑形大而多，呈现一道不完整的半领圈，尾羽具6道黑褐色与栗棕色相间的横斑，缀有蠹状纹；下体灰白色沾淡棕黄色，羽干纹黑褐色。虹膜暗褐色。在中国分布于山西、江苏、上海、浙江、台湾、福建、江西、安徽、河南、湖北、湖南、广东、香港、澳门、海南、广西、贵州、云南、西藏东南部、四川、重庆。栖息于山地阔叶林和混交林中。以鼠类、昆虫等为食。每窝产卵3～5枚。IUCN和《中国脊椎动物红色名录》均评估为无危(LC)。已列入CITES附录Ⅱ。在中国被列为国家二级重点保护动物。

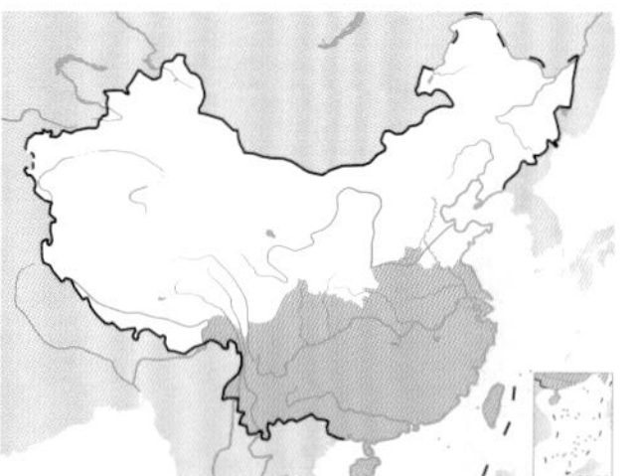

领角鸮。左上图为成鸟，韦铭摄，下图为幼鸟，刘兆瑞摄

北领角鸮

拉丁名：*Otus semitorques*
英文名：Japanese Scops Owl

鸮形目鸱鸮科

形态 体长 19～22 cm，体重 110～155 g；雌鸟体长 24～28 cm，体重 160 ～190 g。似领角鸮，但虹膜黄色。

分布 在中国分布于北京、天津、河北、山西、内蒙古、黑龙江、吉林、辽宁、山东、陕西、甘肃东南部等地。国外见于亚洲东部一带。

栖息地 栖息于山地森林和林缘地带。

习性 常单独活动。夜行性，白天多躲藏在树上浓密的枝叶丛间。主要在夜间鸣叫。鸣声低沉，单调且重复。飞行轻快无声。

食性 主要以鼠类为食，也吃昆虫以及蛙、小鸟等。

繁殖 繁殖期 4～7 月。通常营巢于天然树洞内，也利用啄木鸟的旧树洞，偶尔也见利用喜鹊的旧巢，甚至白鹡鸰的石壁洞巢。巢树一般在比较开阔的地带。巢距地面 1.2 m。洞巢内无任何内垫物，或仅有少量草叶和羽毛。洞的口径为 (15～28) cm×(9～10.5) cm，洞深 31.2 cm。每窝产卵 2～6 枚。卵白色，光滑无斑。卵的大小为 30.21 (27.24～31.7) mm×27.38 (24.35～28.0) mm，卵重 13.12 g。雌雄亲鸟轮流孵卵，大约每 4 小时轮换一次。

雏鸟出壳后由亲鸟在巢内守护。1.5 日龄身满布白色绒羽。3.5 日龄翼羽长出羽鞘。5.5 日龄背、腹羽长出羽鞘，嘴须长出，跗跖部长出棘状羽，眼睁开。7.5 日龄翼羽破鞘，尾长出羽鞘。9.5 日龄翼上呈现黑色、黄色相间的斑纹。11.5 日龄头、背、腹长出羽片，尾羽出鞘呈黑色。13.5 日龄耳羽长出，上嘴先端的卵齿消失。15.5 日龄飞羽和覆羽的羽片上呈现浅棕色虫盘状斑。17.5 日龄腹及跗跖部羽毛灰白色，呈现棕色横纹。19.5 日龄头、胸显现黑色、棕色相间横纹。21.5 日龄，眼周放射状羽黑色，先端棕色。27.5 日龄，上体密集褐色、棕色、白色相间的横纹，初级飞羽外侧棕黑色，布有 4 条缀小点的棕色横斑，尾具 4 条棕色横斑，尾下覆羽白色。27.5 日龄后出飞。

种群现状和保护 北领角鸮以前被看作是领角鸮的一个亚种，现在已被提升为独立种，在中国北方的分布范围比较大，局部地区种群数量比较多。IUCN 评估为无危（LC）。已列入 CITES 附录Ⅱ。在中国被列为国家二级重点保护动物。

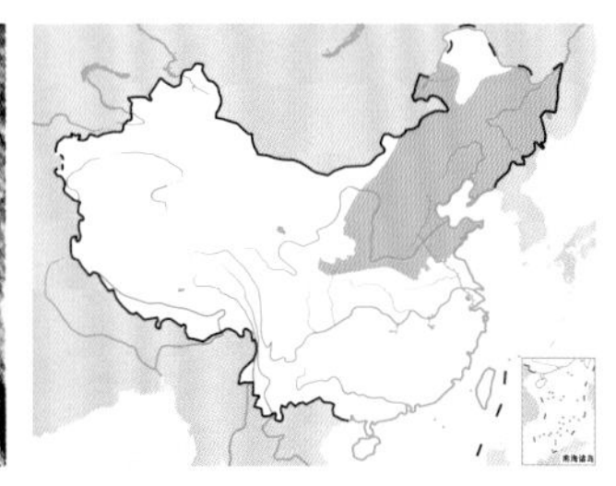

北领角鸮

纵纹角鸮

拉丁名：*Otus brucei*
英文名：Pallid Scops Owl

鸮形目鸱鸮科

体长为 20～21 cm。耳羽簇灰色，面盘四周的皱领也呈灰色并具暗褐色尖端；体羽淡灰色或淡黄褐色，具细的黑色虫蠹状斑和纵纹；第一枚初级飞羽上具淡茶黄色斑，其余飞羽上具 3～4 道白色横斑；尾羽赭灰色，具有暗褐色虫蠹状斑和不清晰的淡色横斑；颏白色，其余下体淡黄白色，具暗灰褐色虫蠹状斑和黑色纵纹，尤其是胸部的黑色纵纹较为粗著。在中国分布于新疆西部，为夏候鸟。栖息于低山和平原地区的农田和森林地带，以及荒野和半荒漠地区。以昆虫、鼠、鸟等为食。每窝产卵 4 ～ 6 枚。IUCN 评估为无危（LC）。在中国极为罕见，《中国脊椎动物红色名录》评估为数据缺乏（DD）。已列入 CITES 附录Ⅱ。在中国被列为国家二级重点保护动物。

纵纹角鸮。张岩摄

西红角鸮

拉丁名：*Otus scops*
英文名：Eurasian Scops Owl

鸮形目鸱鸮科

体长为16～22 cm。脸盘淡灰褐色，密杂以纤细的黑褐色横斑纹；眼先的刚毛白色，具黑色的尖端；皱领边缘有绒黑色和棕色斑；上体羽毛具有黑褐色和白色相间的虫蠹状细斑，并渲染一些金棕色，有显著的黑色羽干纹；初级飞羽有白色和褐色相间的宽阔横斑；尾羽有白色与褐色相间的横斑，呈斑驳状；下体主要为灰色，满布以褐色细斑，并且有黑色羽干纹，渲染有金棕色。在中国分布于新疆，为夏候鸟。栖息于林地中。以鼠类、昆虫和小鸟为食。每窝产卵2～4枚。IUCN和《中国脊椎动物红色名录》均评估为无危（LC）。已列入CITES附录Ⅱ。在中国被列为国家二级重点保护动物。

西红角鸮。左上图刘璐摄，下图沈越摄

红角鸮

拉丁名：*Otus sunia*
英文名：Oriental Scops Owl

鸮形目鸱鸮科

形态 雄鸟体长16～20 cm，体重54～85 g；雌鸟体长17～20 cm，体重48～105 g。面盘灰褐色，具纤细黑纹，四周围以棕褐色和黑色的皱领；后颈有白色或棕白色点斑。有灰色与棕栗色两个色型。灰色型上体灰褐色，满布细密的黑褐色虫蠹状斑和黑褐色纵纹，并缀有棕白色或白色斑点；下体灰白色，有暗褐色细横斑，腹部白色较多。棕栗色型身体的背部和胸部均沾棕栗色光泽，有的甚至全身均沾染栗色。虹膜黄色。嘴暗绿色，下嘴的先端近黄色。趾肉灰色，爪暗角色。

分布 在中国分布于北京、天津、河北、山西、内蒙古、黑龙江、吉林、辽宁、山东、江苏、上海、浙江、台湾、福建、江西、安徽、河南、湖北、湖南、广东、香港、海南、广西、贵州、

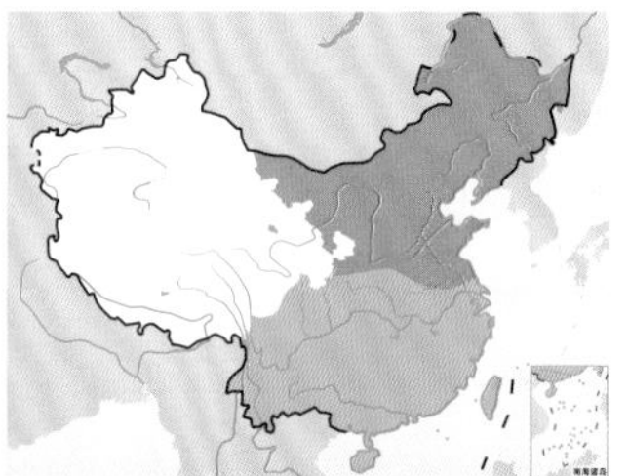

红角鸮。左上图沈越摄，下图为捕得昆虫的红角鸮，吴秀山摄

云南、四川、重庆、陕西、宁夏，其中在长江以北为夏候鸟，在长江以南为留鸟。国外见于亚洲东部、东南部。

栖息地 栖息于山地、平原的阔叶林和混交林中，也出现于林缘次生林和居民点附近的树林内。

习性 白天多潜伏于树林内，黄昏和夜晚才出来活动。飞行时无声，快而有力。一般单独活动，繁殖期则成对活动，并常在晚上发出深沉单调的鸣声，约 3 秒重复一次，声似蟾鸣，常常彻夜鸣叫，断断续续，民间拟其声为“王刚哥”。

在迁徙途中多呈单只或成对，很少有 5 只以上大群者，而且呈较松散的群体，群体间保持很长一段距离。它们沿着地势较低的疏林带迁徙，在林中短暂停留和摄食的活动。飞行较缓慢、无声，环绕树干盘旋飞行，其飞行高度多数在 0.5 ~ 2.0 m。迁徙是借助顺风或侧顺风进行，遇逆风则停留不迁。

食性 以昆虫以及蜘蛛、蜈蚣等小型无脊椎动物和啮齿类动物等为食，也吃两栖类、爬行类和鸟类。

繁殖 繁殖期 5 ~ 8 月。通常营巢于树洞或裂缝中，有时也在岩石缝隙中，或利用鸦科鸟类的旧巢。树洞距离地面高 91.3 cm，巢内径 13.5 cm，外径 15. 0 cm，巢深 32.0 cm。巢周围有良好的遮蔽，并保持较好的通风性与开阔性。

巢由枯草和枯叶构成，几无巢材，或内垫木屑、苔草、苔藓、树皮的丝条等和少许羽毛。每窝产卵 3 ~ 6 枚，白色，无光泽，光滑无斑。卵大小 30. 1(28.1 ~ 31.2) mm × 26.0(25.8 ~ 27.8) mm，卵重 11.4 （10.3 ~ 12.7) g。每窝卵产齐后，由雌鸟主动孵卵。雌鸟在白昼孵卵期间通常在午后离巢一次。雄鸟多在以巢位为中心，半径 22 ~ 57 m 的范围内的树冠侧枝上卧立，很少活动。但在夜幕降临后，雄鸟变得极为活跃，时而林间穿梭飞翔，时而高声鸣唱，更多则是伸颈抬头，观望洞口。孵化期 22 ~ 25 天。雏鸟晚成性。育雏期约 21 天。育雏前期雌性亲鸟几乎不出巢活动，卧于巢内暖雏，由雄鸟喂食；1 周后开始白天出巢取食，但离巢时间较短，很快即返回巢内，而且主要是在午后气温比较高的时段。随着雏鸟生长，到育雏中期时，雌鸟白天出巢次数增加，离巢时间也延长；2 周后暖雏行为消失，亲鸟回巢喂食后即飞离。在育雏前期，雄性亲鸟主要承担保卫巢穴的工作，常见栖息于离巢不远的树上。在育雏后期，与雌鸟共同捕食饲喂雏鸟。

刚孵出的雏鸟体被白色绒毛，无法站立。6 日龄雏鸟睁开眼睛；15 日龄尾羽明显可见，翼羽长达 11 ~ 13 cm；20 日龄体羽全部遮盖躯体；25 日龄耳羽簇明显，受惊动可飞行。雏鸟由亲鸟衔食喂育。育雏期 25 天左右。

种群现状和保护 红角鸮在中国共有 3 个亚种，局部地区野外数量较多，台湾亚种 *O. s. japonicus* 仅分布于台湾；东北亚种 *O. s. stictonotus* 主要分布于北方；华南亚种 *O. s. malayanus* 主要分布在南方。IUCN 和《中国脊椎动物红色名录》均评估为无危（LC）。已列入 CITES 附录Ⅱ。在中国被列为国家二级重点保护动物。

优雅角鸮

拉丁名：*Otus elegans*
英文名：Elegant Scops Owl

鸮形目鸱鸮科

形态 体长 20 ~ 22 cm。头顶及上体均为赤褐色，有深褐色及黄白色的虫蠹斑纹；面盘黄褐色，散布有黑色细斑，耳羽簇红褐色；下体皮黄色，有黑褐色横斑和羽干纹，上胸部有明显的暗褐色带。跗跖被羽，颜色为肉桂色，具暗色横纹。虹膜黄色。嘴橄榄灰色。脚肉桂色。

分布 分布于琉球群岛、兰屿岛和菲律宾，在中国分布于台湾兰屿。

栖息地 栖息于低山常绿阔叶林和混交林中，也出现于园林和果园，林下植被多为草本植物或作物以及稀疏的小树或灌木。

习性 常单独或成对活动。白天多隐藏在茂密的森林中，夜间才出来活动。大多停栖于低矮灌木上，在中下层栖枝的比较少。

食性 以蚱蜢等大型昆虫和其他无脊椎动物为食，也吃两栖类、爬行类、鸟类等脊椎动物，偶尔还吃一些植物果实和种子。

繁殖 繁殖期为5~6月间。营巢于椰子树及其他天然树洞中。每窝产卵 2 ~ 3 枚。雌鸟孵卵。孵化期约 30 天。雏鸟晚成性。育雏期约 32 天。

种群现状和保护 优雅角鸮仅分布于少数几个太平洋岛屿，野外数量非常稀少。IUCN 和《中国脊椎动物红色名录》均评估为近危（NT）。已列入 CITES 附录Ⅱ。在中国被列为国家二级重点保护动物。

优雅角鸮。左上图牛蜀军摄，下图唐万玲摄

雪鸮

拉丁名：*Bubo scandiacus*
英文名：Snowy Owl

鸮形目鸱鸮科

体长 55～63 cm。全身羽色主要为白色，并杂有少许黑褐色斑点，雌鸟斑点较多而密。在中国分布于河北、内蒙古东北部、黑龙江、吉林、陕西、新疆北部等地，为冬候鸟。栖息于海岸、苔原、森林、平原、旷野等地带。以旅鼠、雪兔等为食，几乎完全在白天活动和觅食。因北美、北欧和俄罗斯种群数量急剧下降，2017 年 IUCN 将其受胁等级提升为易危（VU），受胁因素可能为气候变化和碰撞汽车、建筑物等。《中国脊椎动物红色名录》评估为近危（NT）。已列入 CITES 附录Ⅱ。在中国被列为国家二级重点保护动物。

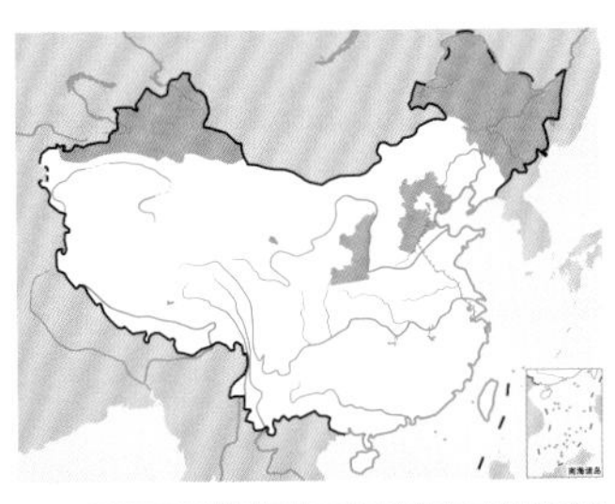

雪鸮。左上图为雄鸟，下图为雌鸟。王吉义摄

雕鸮

拉丁名：*Bubo bubo*
英文名：Eurasian Eagle-owl

鸮形目鸱鸮科

形态 雄鸟体长 55～73 cm，体重 1410～2250 g；雌鸟体长 65～89 cm，体重 1025 ～2500 g。面盘淡棕黄色，杂以褐色细斑；眼先密被白色的刚毛状羽，各羽均具黑色端斑，眼上方有一大型黑斑；皱领黑褐色；头顶黑褐色，羽缘棕白色，并杂以黑色波状细斑；耳羽簇外侧黑色，内侧棕色；体羽大都为黄褐色，具有黑色的斑点和纵纹；喉部白色，胸部和两胁具有浅黑色的纵纹，腹部具有细小的黑色横斑。虹膜金黄色或橙色。嘴铅灰黑色。脚和趾均密被铅灰黑色羽毛。

分布 在中国除海南和台湾外各地均有分布。国外见于欧洲，非洲，以及亚洲中部、西部和南部。

栖息地 栖息于山地森林、平原、荒野、林缘灌丛、疏林，以及裸露的高山和峭壁等环境中。

习性 除繁殖期外常单独活动。白天多躲藏在密林中栖息。夜晚飞行时缓慢而无声，通常贴着地面飞行。叫声为比较响亮而沉重的“poop”，十分凄厉而带有颤音。

食性 以各种鼠类为食，也能捕猎狐狸、豪猪、野猫等兽类和苍鹰、鹗、游隼等猛禽。

繁殖 繁殖期 4～7 月。通常营巢于树洞中、悬崖峭壁下的凹处，或直接产卵于地上。巢内无任何内垫物。每窝产卵 2～5 枚，白色。卵大小为（55～58）mm×（44～47）mm，卵重 50～60 g。孵卵由雌鸟承担。孵化期 34～36 天。

种群现状和保护 IUCN 评估为无危（LC）。在中国共有 7 个亚种，远东亚种 *B. b. turcomanus* 仅见于新疆；北疆亚种 *B. b. yenisseensis* 仅见于新疆北部的阿尔泰山一带；塔里木亚种 *B. b. tarimensis* 仅见于新疆东北部一带；天山亚种 *B. b. hemachalanus* 分布于内蒙古、宁夏、甘肃北部、新疆、西藏、青海、云南西部、四川西部；西藏亚种 *B. b. tibetanus* 为中国的特有亚种，分布于甘肃西南部、四川西部、云南西北部、西藏和青海等地；东北亚种 *B. b. ussuriensis* 主要分布于东北、华北地区；华南亚种 *B. b. kiautschensis* 主要分布于从甘肃南部、陕西南部、河南和山东以南的广大地区。其中，只有上述的后面 2 个亚种在局部地区比较常见，但也受到威胁。《中国脊椎动物红色名录》评估为近危（NT）。已列入 CITES 附录Ⅱ。在中国被列为国家二级重点保护动物。

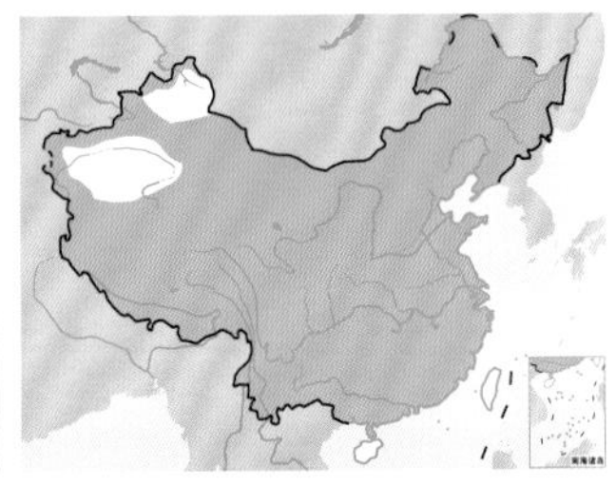

雕鸮。左上图彭建生摄，下图张强摄

林雕鸮

拉丁名：*Bubo nipalensis*
英文名：Spot-billed Eagle Owl

鸮形目鸱鸮科

体长 61～64 cm。眼先、颊、颏密布淡褐色的须状羽，眼先具黑褐色羽干纹；耳羽簇外侧黑色，内侧棕白色；上体黑褐色，并杂以棕色和褐色横斑和先端；尾羽黑褐色，缀以棕色横纹，羽端棕白色；下体白色，稍沾棕色光泽，喉部、胸部杂以暗褐色横纹，至腹部变为心形斑点。在中国分布于海南、贵州、云南东南部、四川。栖息于中低山常绿阔叶林中。IUCN 评估为无危(LC)。《中国脊椎动物红色名录》评估为近危（NT）。已列入 CITES 附录Ⅱ。在中国被列为国家二级重点保护动物。

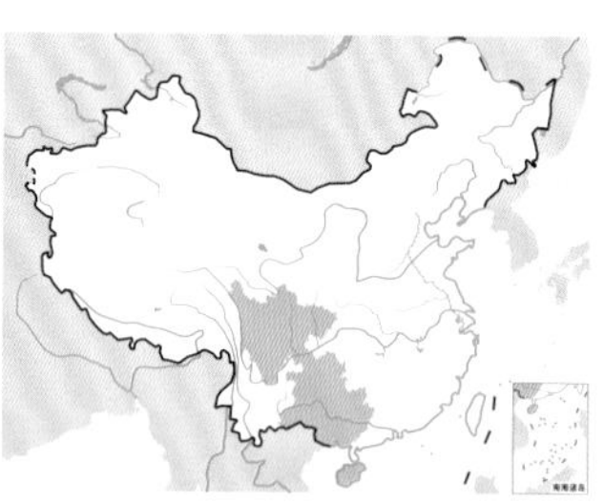

林雕鸮。左上图为成鸟，江华志摄；下图为幼鸟，牛蜀军摄

毛腿雕鸮

拉丁名：*Bubo blakistoni*
英文名：Blakistin's Eagle Owl

鸮形目鸱鸮科

体长 70～77 cm。额基和眼先具白色硬羽，其端部为黑色；上体灰褐色，具明显的黑色羽干纹，头部中央有一块白斑；面盘灰褐色，羽干和羽端黑褐色；耳羽簇主要为黑色；颏灰白色，具黑色羽端；下体余部白色至栗褐色，具黑色羽干纹。在中国分布于内蒙古东北部、黑龙江、吉林。栖息于低山森林、山脚林缘与灌丛地带的溪流、河谷等生境中。以鱼类为食。IUCN 评估为濒危（EN)。《中国脊椎动物红色名录》评估为极危（CR)。已列入 CITES 附录Ⅱ。在中国被列为国家二级重点保护动物。

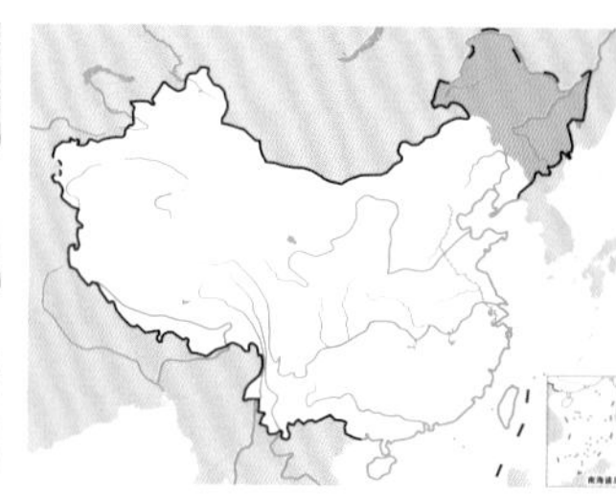

毛腿雕鸮。许阳摄

褐渔鸮

拉丁名：*Ketupa zeylonensis*
英文名：Brown Fish Owl

鸮形目鸱鸮科

体长 51～56 cm。颊及耳羽簇浅棕褐色，具细的黑色羽干纹；眼先具向前伸的黑色须状羽；额、头顶至后颈和上背浅棕褐色，具粗著的黑色羽干纹；下背至尾上覆羽淡褐色，具较细的黑褐色羽干纹；颏、喉白色，具黑褐色羽干纹；其余下体浅黄褐色，具暗褐色羽干纹和细的淡褐色横斑。在中国分布于湖北、广东、香港、澳门、海南、广西、云南。栖息于水源附近的森林中。IUCN 评估为无危（LC)。《中国脊椎动物红色名录》评估为濒危（EN)。已列入 CITES 附录Ⅱ。在中国被列为国家二级重点保护动物。

褐渔鸮。刘璐摄

黄腿渔鸮

拉丁名：*Ketupa flavipes*
英文名：Tawny Fish Owl

鸮形目鸱鸮科

体长 51～63 cm。头部、颈部和耳羽簇橙棕色，各羽中央黑色；眼先白色，羽轴末端黑色；上体主要为橙棕色，具宽阔的黑褐色羽干纹；翅黑褐色，初级飞羽具棕色横斑和端斑；尾羽黑褐色，具 5 道"V"形橙棕色斑和羽端斑；下体橙棕色，具黑色羽干纹，喉部有一大型白斑。在中国分布于秦岭－淮河以南，包括台湾。栖息于溪流、河谷等水域附近的阔叶林和林缘次生林中。以鱼类为食。每窝产卵 2 枚。IUCN 评估为无危（LC）。《中国脊椎动物红色名录》评估为濒危（EN）。已列入 CITES 附录Ⅱ。在中国被列为国家二级重点保护动物。

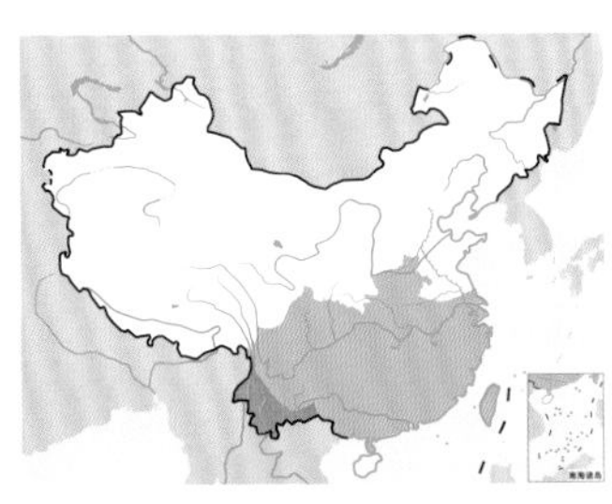

黄腿渔鸮。左上图唐英摄，下图董磊摄

褐林鸮

拉丁名：*Strix leptogrammica*
英文名：Brown Wood Owl

鸮形目鸱鸮科

形态 雄鸟体长 46～50 cm，体重 750～818 g；雌鸟体长 50～53 cm，体重 710～1000 g。头顶暗褐色，面盘黄褐色或棕褐色，眉纹污白色，眼周黑褐色，眼先具灰白色须状羽和黑色羽轴；体栗褐色，并具淡黄色横斑；翅和尾暗褐色，有黄白色横斑及白色端斑；颏黑褐色，喉白色，其余下体皮黄色，密被褐色横斑。虹膜暗褐色。嘴角褐色，尖端角黄色。趾橙黄色，爪角黄色，尖端较暗。

分布 在中国分布于秦岭－淮河以南，包括海南、台湾和西藏南部至东南部。国外见于亚洲南部、东南部。

栖息地 栖息于茂密的山地森林。

习性 常单独或成对活动。白天大多蹲伏于树冠层浓密的树阴处。傍晚和夜间出来活动。性情机警。叫声为特别深沉的"boo-boo"或四音节的"goke-geloo-huhu-hooo"，也有其他叫声。

食性 以鼠类、小型鸟类等为食，也食蜥蜴和蛙类。

繁殖 繁殖期为 3～5 月。营巢于天然树洞或岩壁洞穴中。每窝产卵通常 1～2 枚。卵大小为（49～58）mm ×（41～49）mm。孵化期 30 天。

种群现状和保护 IUCN 评估为无危（LC）。中国有 3 个亚种，海南亚种 *S. l. caligata* 分布于海南和台湾，是中国特有亚种；西藏亚种 *S. l. newarensis* 分布于西藏南部和东南部；分布于其他地区的均为华南亚种 *S. l. ticehursti*，但各个亚种的种群数量都非常稀少。《中国脊椎动物红色名录》评估为近危（NT）。已列入 CITES 附录Ⅱ。在中国被列为国家二级重点保护动物。

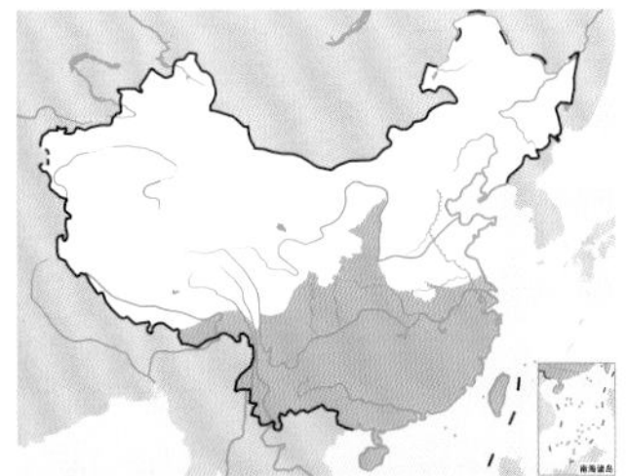

褐林鸮。左上图为成鸟，沈岩摄；下图为幼鸟，林剑声摄

灰林鸮

拉丁名：*Strix aluco*
英文名：Tawny Owl

鸮形目鸱鸮科

形态 雄鸟体长 37～48 cm，体重 322～485 g；雌鸟 38～40 cm，体重 416～909 g。头顶有大的橙棕色斑，面盘橙棕色或黑褐色；上体黑褐色，具橙棕色横斑和斑点，肩部有一道明显的茶黄白色斑；颏部及上喉棕栗色，具黑褐色中央斑，下喉纯白色；其余下体橙棕色，具黑褐色纵纹和横斑。虹膜暗褐色。嘴角褐色，先端蜡黄色。爪角黄褐色。

分布 在中国分布于东北、华北和秦岭－淮河以南的广大地区，包括台湾。国外见于欧洲、非洲西北部以及亚洲。

栖息地 栖息于山地阔叶林和混交林中，尤其喜欢河岸和沟谷森林地带，也出现于林缘疏林和灌丛地区。

习性 常成对或单独活动。白天多躲藏在茂密的森林中。黄昏和晚上出来活动和猎食。叫声为非常响亮浑厚的“hu-hu”声。

食性 以姬鼠等啮齿类为食，也食昆虫和其他小型脊椎动物。

繁殖 繁殖期 4～5 月。主要营巢于树洞中，也利用山崖和建筑物的洞穴或鸦类的旧巢。每窝产卵 2～4 枚。卵白色，大小为（46～49）mm×（37～42）mm。雌鸟孵卵，孵化期 28～30 天。雏鸟晚成性。育雏期 27～37 天。

种群现状和保护 在中国有 3 个亚种，台湾亚种 *S. a. yanadae* 仅分布于台湾；河北亚种 *S. a. ma* 分布于东北、华北；其他地区均为华南亚种 *S. a. nivicola*，各地种群数量均比较稀少。IUCN 评估为无危（LC）。《中国脊椎动物红色名录》评估为近危（NT）。已列入 CITES 附录Ⅱ。在中国被列为国家二级重点保护动物。

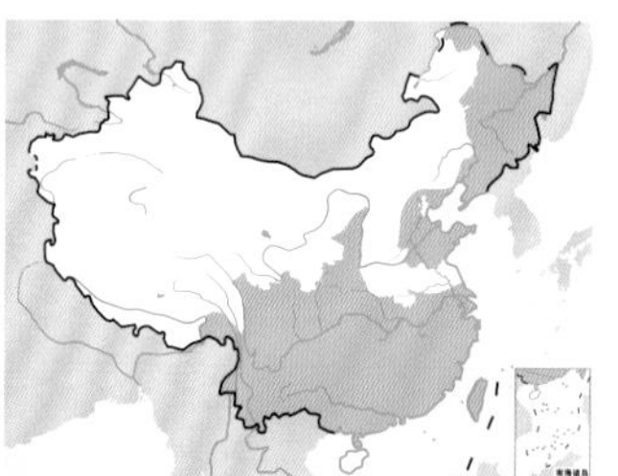

灰林鸮。左上图为成鸟，下图为幼鸟。沈越摄

长尾林鸮

拉丁名：*Strix uralensis*
英文名：Ural Owl

鸮形目鸱鸮科

形态 雄鸟体长 49～53 cm，体重 452～551 g；雌鸟体长 45～54 cm，体重 502～842 g。面盘灰白色，羽轴黑褐色，眼先黑褐色；皱领褐色，羽端呈黑褐色与白色斑杂状；上体灰褐色，羽缘污灰色，具黑褐色羽干纹；尾羽较长具污灰色横斑和灰色端斑；下体呈绒羽状，灰白色至淡黄灰色，具褐色羽干纹。虹膜暗褐色。嘴黄色。爪角褐色。

分布 在中国分布于北京、内蒙古东北部、黑龙江、吉林、辽宁、新疆北部。国外见于欧洲北部、东部，亚洲东部。

栖息地 栖息于山地针叶林、针阔叶混交林和阔叶林中。

习性 除繁殖期成对活动外，通常单独活动。白天大多栖息在密林深处。有时白天也活动和捕食。多呈波浪式飞行。

食性 以鼠类为食，也吃昆虫、蛙类、鸟类和兔类。

繁殖 繁殖期为 4～6 月。通常营巢于树洞中，也在树根下地上或林中河岸石崖上营巢。每窝产卵 2～6 枚，白色。卵大小为（45～46）mm×（38～40）mm。雌鸟孵卵。孵化期 27～28 天。雏鸟晚成性。育雏期 30～35 天。

种群现状和保护 IUCN 评估为无危（LC）。在中国有 2 个亚种，新疆亚种 *S. u. yenisseensis* 仅见于新疆北部，分布于其他地区的均为北方亚种 *S. u. nikolskii*，在东北地区曾经是林区常见的留鸟之一，但近年来数量已变得相当稀少。《中国脊椎动物红色名录》评估为近危（NT）。已列入 CITES 附录Ⅱ。在中国被列为国家二级重点保护动物。

长尾林鸮。左上图阙洪军摄，下图沈越摄

四川林鸮

拉丁名：*Strix davidi*
英文名：Sichuan Wood Owl

鸮形目鸱鸮科

形态 体长 45～53 cm，体重 580 g 左右。似长尾林鸮，但面盘灰褐色，下体除暗褐色羽干纹处，还有不明显的浅褐色横斑。虹膜黑色。嘴黄色。爪角黄色。

分布 中国特有鸟类，分布于西藏东南部、四川西部、甘肃南部和青海东南部。

栖息地 栖息于高海拔山地针叶林、阔叶林及针阔混交林中。

习性 大多单独在夜间活动，白天多停落在靠近树干的水平树枝上。主要活动在树林的中、下层。飞翔时呈较大的起伏波浪状，飞行距离不远。叫声低沉。

食性 主要以鼠类为食，也捕食小型鸟类、蛙及昆虫等。

繁殖 繁殖期为 3～5 月。营巢于树洞，此时雌雄成对活动。雄鸟鸣叫活跃，声音低沉、宏亮，多为 5 个音节的领域叫声，前 2 个音节间隔时间较长，后 3 个音节紧密相连，音似“Hwoo—Hwoo—Hwoo Hwoo Hwoo”。

每窝产卵 1～3 枚。雌鸟单独孵卵，雄鸟提供食物。孵卵期雌鸟只有短暂的离巢行为，集中在凌晨 3:00～5:00 和傍晚 19:00～21:00，而且随着孵卵时间的延长，离巢时间缩短、次数减少。孵化期为 28～30 天。雏鸟为晚成性。育雏期大约为 30 天。

孵卵期，雌鸟恋巢性强，鸣叫行为少，只有在雄鸟喂食时，有简短的交流，这种安静的行为有助于隐蔽巢址。育雏期，雌鸟鸣叫主要是警告叫声和交流叫声，是对幼鸟的警卫。其次是喂食时，与幼鸟的交流，雌鸟鸣叫后，幼鸟即发出乞食叫声，以此确定幼鸟位置。幼鸟在处境危险时，以上下喙敲击发出告警声，有时单次敲击，有时连续若干次敲击，此时守护在周围的亲鸟也会发出这种声音，并有攻击行为。

种群现状和保护 四川林鸮以前被看作是长尾林鸮的一个亚种，现在已被提升为独立种，也是中国鸮类中唯一的特有种，分布范围非常狭窄，种群数量稀少。IUCN 尚未将其作为独立物种评估。《中国脊椎动物红色名录》评估为易危（VU）。已列入 CITES 附录Ⅱ。在中国被列为国家二级重点保护动物。

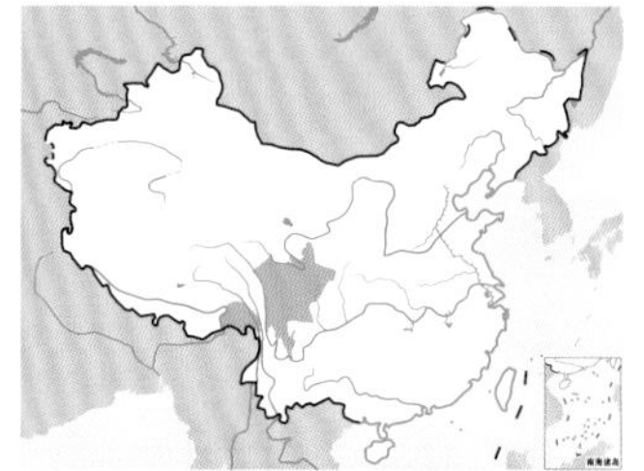

四川林鸮。左上图董文晓摄；下图韦铭摄

乌林鸮

拉丁名：*Strix nebulosa*
英文名：Great Grey Owl

鸮形目鸱鸮科

体长 56～66 cm。面盘灰色或灰白色，具一些呈波状的黑色同心圆圈；眼先、眼上和眼下白色，并联结一起形成显著的新月形斑；皱领黑褐色而杂有白色横斑；上体灰褐色，具白色横斑以及虫蠹状斑和褐色的羽干纹；喉部黑色，两侧各有一块白斑；其余下体污白色，有宽阔的褐色纵纹。在中国分布于内蒙古东北部、黑龙江、吉林、辽宁、新疆北部。栖息于原始针叶林和针阔叶混交林中。IUCN 评估为无危（LC）。《中国脊椎动物红色名录》评估为近危（NT）。已列入 CITES 附录Ⅱ。在中国被列为国家二级重点保护动物。

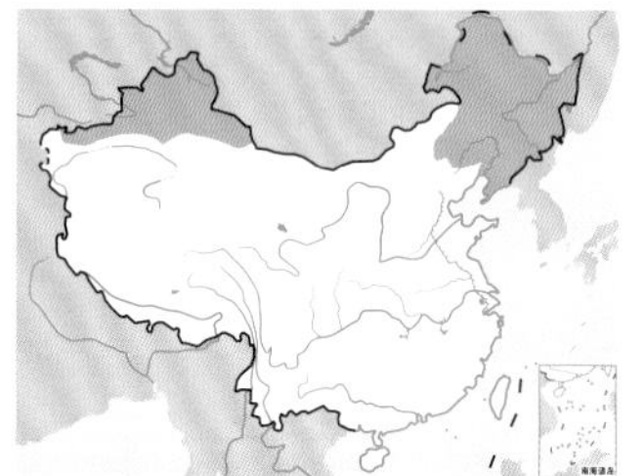

乌林鸮。沈越摄

猛鸮

拉丁名：*Surnia ulula*
英文名：Hawk Owl

鸮形目鸱鸮科

体长 35～40 cm。上体棕褐色，遍布十分斑杂的白斑；脸部和眉纹白色，眼先白色而具黑色须状羽；耳羽白色，先端黑色形成围绕面盘的新月形黑斑；颏、喉具灰褐色须状羽，喉两侧白色，具黑色羽干纹；胸白色，具褐色横斑，两侧有褐色块斑；其余下体白色，密被较细的淡棕褐色横斑。在中国分布于内蒙古东北部、黑龙江、吉林北部、新疆中部和北部。栖息于原始针叶林和针阔叶混交林中。IUCN 评估为无危（LC）。《中国脊椎动物红色名录》评估为近危（NT）。已列入 CITES 附录Ⅱ。在中国被列为国家二级重点保护动物。

猛鸮。左上图刘璐摄，下图张强摄

花头鸺鹠

拉丁名：*Glaucidium passerinum*
英文名：Eurasian Pygmy Owl

鸮形目鸱鸮科

体长 16～23 cm。眼先及眉纹白色，眼先羽轴黑色，并延长成发须状；耳羽灰褐色，有白色横斑；上体大都灰褐色，密布白色斑点；后颈有一列较大的白斑，形成一个不甚明显的领斑；颊和颏白色，喉灰褐色，具白色羽端；其余下体白色，胸部、两胁具棕褐色条纹和淡黄白色横斑，腹部具黑褐色纵纹。在中国分布于河北北部、内蒙古东北部、黑龙江、吉林、辽宁、新疆北部。栖息于针叶林和针阔叶混交林中。IUCN 评估为无危（LC）。《中国脊椎动物红色名录》评估为近危（NT）。已列入 CITES 附录Ⅱ。在中国被列为国家二级重点保护动物。

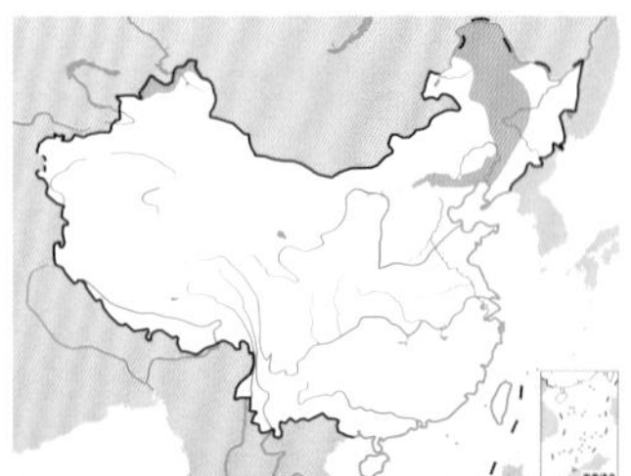

花头鸺鹠

领鸺鹠

拉丁名：*Glaucidium brodiei*
英文名：Collared Owlet

鸮形目鸱鸮科

形态 雄鸟体长 13～17 cm，体重 40～52 g；雌鸟体长 14～16 cm，体重 53～64 g。头部灰色，眼先及眉纹白色，眼先羽干末端呈黑色须状，前额、头顶和头侧有细密的白色斑点；后颈有“假眼”；上体灰褐色，密被狭长的浅橙黄色横斑，有 2 道显著的白色肩斑；颏、喉白色，喉部具一道细的栗褐色横带；其余下体白色，体侧有褐色纵纹。虹膜鲜黄色。嘴和趾黄绿色。爪角褐色。

分布 在中国分布于秦岭－淮河以南的广大地区，包括海南、高原东南部。国外见于亚洲南部、东南部。

栖息地 栖息于山地森林和林缘灌丛地带。

习性 除繁殖期外都是单独活动。主要在白天活动。飞行时常鼓翼和滑翔交替进行。黄昏时活动也比较频繁，晚上喜欢鸣叫。鸣声较为圆润而单一，多呈 4 音节的哨声反复鸣叫。有时白天也鸣叫。休息时多栖息于高大乔木上，并常常左右摆动尾羽。

食性 以昆虫和鼠类为食，也吃小型鸟类和其他小型动物。

繁殖 繁殖期为 3～7 月。通常营巢于树洞或天然洞穴中，也利用啄木鸟的巢。每窝产卵 2～6 枚。卵白色，卵圆形，大小为（28～31.5）mm ×（23～25）mm。孵化期 25 天。

种群现状和保护 领鸺鹠在中国有 2 个亚种，台湾亚种 *G. b. pardalotum* 仅分布于台湾，是中国的特有亚种；分布于其他地区的均为指名亚种 *G. b. brodiei*，在局部地区尚有一定数量。IUCN 和《中国脊椎动物红色名录》均评估为无危（LC）。已列入 CITES 附录Ⅱ。在中国被列为国家二级重点保护动物。

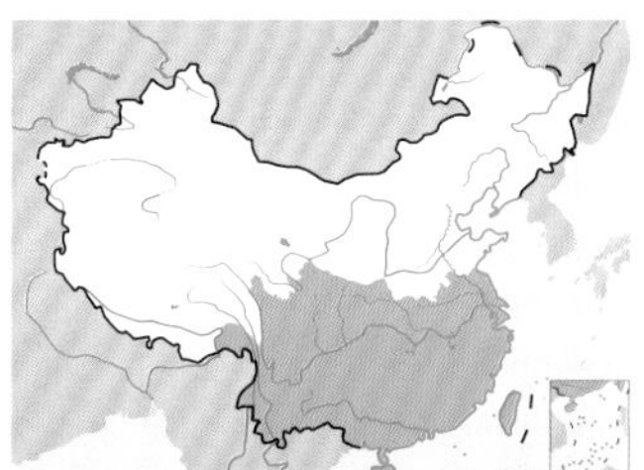

领鸺鹠。左上图董磊摄，下图吴秀山摄

斑头鸺鹠

拉丁名：*Glaucidium cuculoides*
英文名：Asian Barred Owlet

鸮形目鸱鸮科

形态 雄鸟体长 25～26 cm，体重 150～210 g；雌鸟体长 24～26 cm，体重 153～260 g。头部、颈部和整个上体暗褐色，密被细狭的棕白色横斑，眉纹白色。部分肩羽和大覆羽有大的白斑。颏、颚纹白色，喉中部褐色，具皮黄色横斑，下体余部白色；下胸具褐色横斑，腹部具褐色纵纹。虹膜黄色。嘴黄绿色，基部较暗，蜡膜暗褐色。趾黄绿色，爪近黑色。

分布 在中国分布于秦岭－淮河以南的广大地区，包括青藏高原东南部和海南。国外见于亚洲南部、东南部。

栖息地 栖息于中低海拔的阔叶林、混交林和林缘灌丛。

习性 多单独或成对活动。大多在白天活动和觅食，也在晚上活动。大多在夜间和晨昏鸣叫，为快速的颤音。

食性 以各种昆虫为食，也吃鼠类、鸟类、蚯蚓、蛙和蜥蜴等。

繁殖 繁殖期为 3～6 月。通常营巢于树洞或天然洞穴中。每窝产卵 3～5 枚。卵大小为 36 mm × 30 mm。

种群现状和保护 斑头鸺鹠在中国有 5 个亚种，墨脱亚种 *G. c. austerum* 仅见于西藏墨脱地区；滇西亚种 *G. c. rufescens* 仅见于云南西部；滇南亚种 *G. c. bruegeli* 仅见于云南南部西双版纳；海南亚种 *G. c. persimile* 仅分布于海南；分布于其他地方的为华南亚种 *G. c. whiteleyi*，局部地区尚有一定数量，但总的种群数量不多。IUCN 和《中国脊椎动物红色名录》均评估为无危（LC）。已列入 CITES 附录Ⅱ。在中国被列为国家二级重点保护动物。

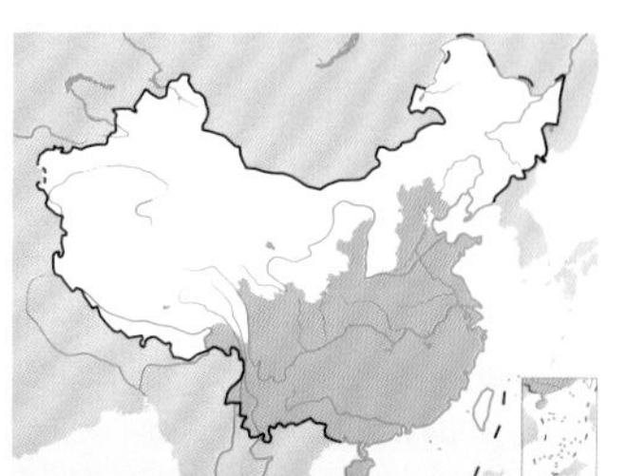

斑头鸺鹠。左上图为成鸟，李全胜摄；下图为即将羽翼丰满的幼鸟，胡云程摄

纵纹腹小鸮

拉丁名：*Athene noctua*
英文名：Little Owl

鸮形目鸱鸮科

形态 雄鸟体长 20～26 cm，体重 100～180 g；雌鸟体长 21～25 cm，体重 100～185 g。眼先白色，具黑色羽干纹，并呈须状；眼周也为白色；眉纹白色，在前额联结成“V”形斑；耳羽皮黄褐色，具白色羽干纹；上体大致为暗沙褐色，具棕白色斑点；颏白色，喉白色，并向两侧延伸至耳羽下方，形成一三角形斑；前颈白色，具一带有白色斑点的褐色横带，形成半颈环状；其余下体棕白色，胸和两胁前部具粗著的褐色纵纹。虹膜黄色。嘴黄绿色。爪黑褐色。

分布 在中国分布于秦岭－淮河以北的广大地区并沿青藏高原边缘向南延伸至四川、云南西北部、西藏南部和东部。在湖北、江西、台湾偶有记录，国外见于从欧洲、非洲东北部到亚洲东部。

栖息地 栖息于低山丘陵、林缘灌丛和平原森林地带。

习性 昼夜均可活动。夏季觅食高峰为傍晚 17:30～22:00 和清晨 4:00～7:30。通常栖落于视野开阔的制高点，有时还在地面的废弃鼠洞或旱獭洞中栖息。飞行迅速，振翅作波状飞行。

食性 以鼠类、鼠兔和鞘翅目昆虫为食，也吃其他昆虫，以及鸟类、蜥蜴、蛙、蝎子等小型动物。常通过等待和快速追击捕猎食物。不仅从空中袭击，而且还会奔跑追击猎物。

繁殖 繁殖期 4～7 月。4 月初白天活动越来越频繁，雄鸟每天拂晓就开始不断鸣叫以引诱雌性。待雌鸟飞来，雄鸟便发出“咕咕咕”声音，不时地旋转身体，逐渐靠近雌鸟，时而飞往枯树顶端，时而停落水泥电杆，更多则是伸颈耸羽，凝视雌鸟。然后雌、雄成对飞行，追逐，并且发出“Gu……gu……”的对鸣声。经过 3～5 天的相互嬉戏，形成配偶后，即开始选择巢址建巢。

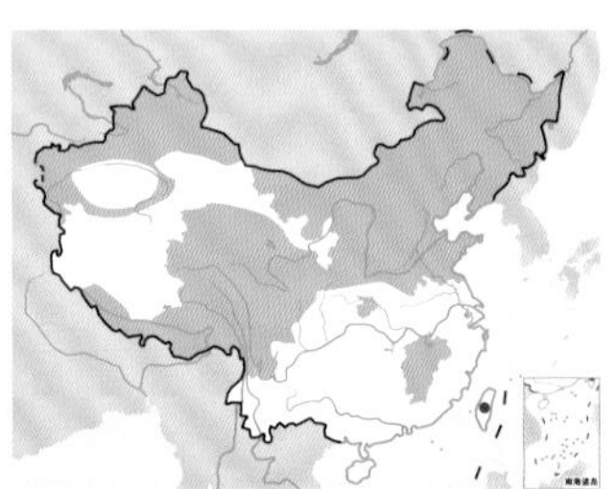

纵纹腹小鸮。左上图沈越摄，下图唐文明摄

在洞中繁殖的纵纹腹小鸮。彭建生摄

通常营巢于悬崖缝隙、岩洞、树洞、废弃建筑物上的洞穴等处。有时也自己挖掘洞穴营巢，雌雄鸟共伏洞内，用喙、爪刨成浅窝状的巢，建巢需 2～3 天。巢洞内干燥，无巢材，有的仅有些木屑碎片以及沙土、小片石子等物。巢的直径为 8.7（7.1～11）cm，巢深 3.1（2.8～3.9）cm。每窝产卵 2～8 枚，白色，大小为（33～38）mm ×（28～30）mm。孵卵由雌鸟承担，从产出第 1 枚卵即进行孵卵。初孵时间较短，以后逐渐增长。至中后期雌鸟几乎昼夜在巢孵卵，仅每天傍晚离巢 1 次，外出 4～6 分钟便又进入巢内孵卵。晚上 10 时前由雄鸟饲喂雌鸟，一般喂食 2 次。雌鸟恋巢性很强，从不惊鸣，也不会舍卵弃巢。孵化期为 20～22 天，或 28～33 天。雏鸟晚成性。雏鸟出壳第 2 天，亲鸟将卵壳衔出巢洞。育雏期大约为 26 天。

雏鸟出壳需 2～3 天出齐。出壳当日亲鸟不喂食，雌鸟仍卧巢孵化那些晚出雏的卵并暖雏。雏鸟 2 日龄时，夜间先由雄鸟叼食喂雏鸟。待雏鸟全部出壳的第 6 天，雌雄亲鸟才共同育雏。育雏期，亲鸟夜间捕食喂雏，还在巢洞内储存食物，以供雏鸟昼间吃食。刚出壳的雏鸟，头、肩及背部有明显白色胎毛，其余部位绒毛稀少，皮肤肉红色。嘴基淡黄，双眼紧闭。1～2 日龄生长缓慢，颈、腹羽区开始长出白色绒羽。5 日龄体重生长加快，体被绒羽，大眼泡出现裂缝，头、背部呈现黑色毛囊。10 日龄雏鸟两眼圆睁，头肩及背羽区羽鞘放缨，翼、尾长出羽轴。腿可支持身体活动，但不能站立。15 日龄上嘴尖端呈角色；头顶、背、肩被羽毛覆盖。20 日龄全身绒毛基本消失，除腋下裸露部分外，其余全被正羽。30 日龄已接近成鸟，全身羽毛丰满。常在洞口蹲伏，偶尔鼓翅练飞。到 33 日龄在巢雏鸟一齐出飞，不再返回。

种群现状和保护 在中国共有 4 个亚种，新疆亚种 *A. n. orientalis* 仅分布于新疆中部和北部；西藏亚种 *A. n. ludlowi* 分布于西藏南部和东部、青海、四川西部、云南西北部、湖北西部、新疆西南部；青海亚种 *A. n. impasta* 分布于青海、甘肃和四川北部；分布于其他地区的均为普通亚种 *A. n. plumipes*，在局部地区比较常见。IUCN 和《中国脊椎动物红色名录》均评估为无危（LC）。已列入 CITES 附录Ⅱ，在中国被列为国家二级重点保护动物。

横斑腹小鸮

拉丁名：*Athene brama*
英文名：Spotted Owlet

鸮形目鸱鸮科

体长19～21 cm。前额、眼先和眉纹白色或皮黄白色。眼周刚毛尖端黑色。头侧、上体土褐色、灰褐色或棕褐色，具白色斑点，后颈的白斑形成一条不连贯的白色翎领；颏、喉、前颈和颈侧白色，其后有一暗褐色横带；其余下体白色或茶黄白色，具褐色横斑。在中国分布于西藏东南部。栖息于疏林及灌木林中。IUCN评估为无危（LC）。《中国脊椎动物红色名录》评估为近危（NT）。已列入CITES附录Ⅱ。在中国被列为国家二级重点保护动物。

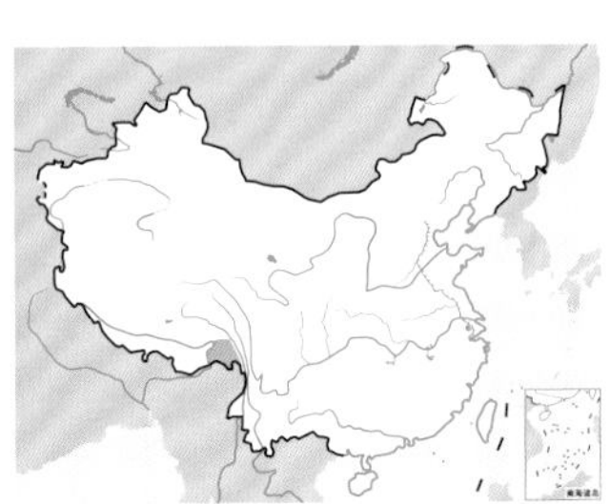

横斑腹小鸮。左上图田穗兴摄，下图薄顺奇摄

鬼鸮

拉丁名：*Aegolius funereus*
英文名：Boreal Owl

鸮形目鸱鸮科

形态 雄鸟体长20～24 cm，体重87～130 g；雌鸟体长20～25 cm，体重126～196 g。面盘、眼先、眉纹白色，眼前有一小块黑斑；上体褐色到灰褐色，杂以白色斑点；颏白色，下面有一道褐色横斑，并向两侧延伸与翎领相连；其余下体白色而具浅褐色不规则横斑。虹膜黄色，嘴淡黄色，爪角黄色，先端黑色。

分布 在中国分布于内蒙古东北部、黑龙江、吉林、云南西北部、四川、陕西、甘肃南部、青海东部、新疆西北部。国外见于欧洲、亚洲中部和东部、北美洲。

栖息地 栖息于针叶林和针阔叶混交林中。不迁徙，但秋冬季常常游荡到低海拔地区森林。

习性 夜行性，白天常栖于树冠层枝叶茂密处或树洞中。大多单独活动。叫声有时如吹笛一般，每隔几秒就重复一次，并且不断地交替变化；也有类似猫叫声和似"Wo—"的单个音节尖叫声等，高而细，间隔时间较长。飞行快而直，稍呈波浪形。

食性 主要以鼠类为食，也捕食昆虫、小型鸟类和蛙类等。

繁殖 繁殖期4～7月。雄鸟在领域里发出占区叫声，一般在天黑后鸣叫，较活跃时白天也会叫。

通常营巢于冷杉等乔木的天然树洞中，洞口距离地面高2～4 m，有时也利用啄木鸟旧巢。每窝产卵3～6枚，白色，光滑无斑。卵的大小为（29～36.5）mm×（23.6～28.5）mm。雌鸟孵卵。孵化期25～27天。雏鸟晚成性。雌雄亲鸟共同育雏。育雏期30～36天。

种群现状和保护 IUCN评估为无危（LC）。在中国共有3个亚种，天山亚种 *A. f. pallens* 仅分布于新疆西北部，西伯利亚亚种 *A. f. sibiricus* 分布于黑龙江、吉林和内蒙古东北部；甘肃亚种 *A. f. beickianus* 见于陕西、甘肃南部、青海东部、四川和云南西北部等地，各地的分布地点比较零散，种群数量非常稀少。《中国脊椎动物红色名录》评估为易危（VU）。已列入CITES附录Ⅱ。在中国被列为国家二级重点保护动物。

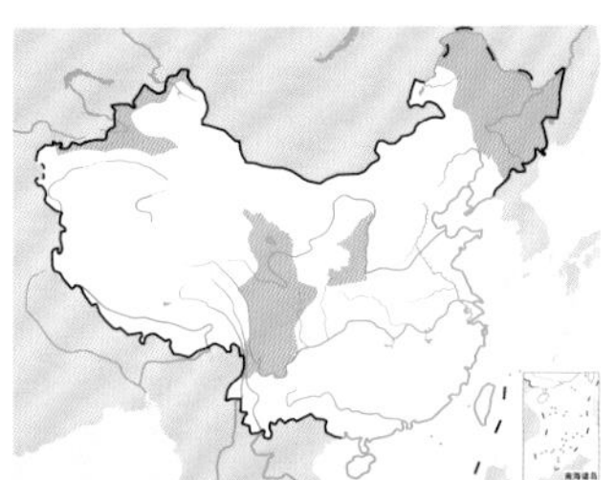

鬼鸮。左上图董江天摄，下图邢新国摄

鹰鸮

拉丁名：*Ninox scutulata*
英文名：Brown Boobook

鸮形目鸱鸮科

体长 22～32 cm。嘴基、额基和眼先白色，眼先杂有黑羽；上体暗棕褐色；肩羽杂有白色斑块；尾羽黑褐色，具灰褐色横斑和灰白色端斑；颏灰白色，喉灰色而具褐色细纹，其余下体偏白色，胸部具褐色纵纹，腹部具褐色横纹。在中国分布于秦岭－淮河以南。栖息于低山针阔叶混交林和阔叶林中。IUCN 评估为无危（LC）。《中国脊椎动物红色名录》评估为近危（NT）。已列入 CITES 附录Ⅱ。在中国被列为国家二级重点保护动物。

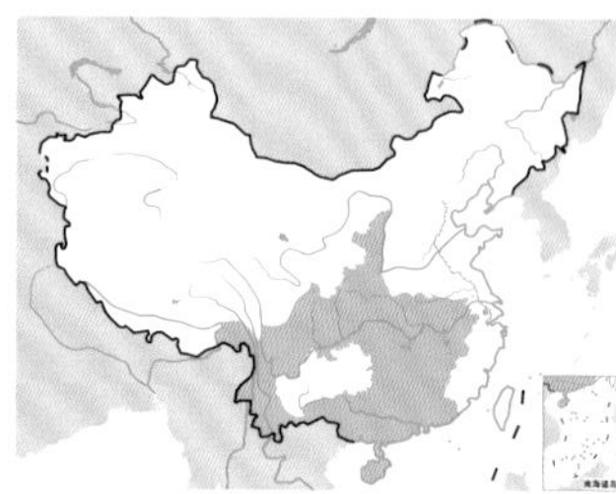

鹰鸮。沈越摄

日本鹰鸮

拉丁名：*Ninox japonica*
英文名：Northern Boobook

鸮形目鸱鸮科

体长 27～33 cm。由原鹰鸮数个亚种独立为种，似鹰鸮，但整个下体具褐色纵纹而无横纹。在中国分布于东北、华北和华东地区，在长江以北为夏候鸟，长江以南为冬候鸟，在台湾为留鸟。栖息于各种林地中。IUCN 评估为无危（LC）。《中国脊椎动物红色名录》评估为数据缺乏（DD）。已列入 CITES 附录Ⅱ。在中国被列为国家二级重点保护动物。

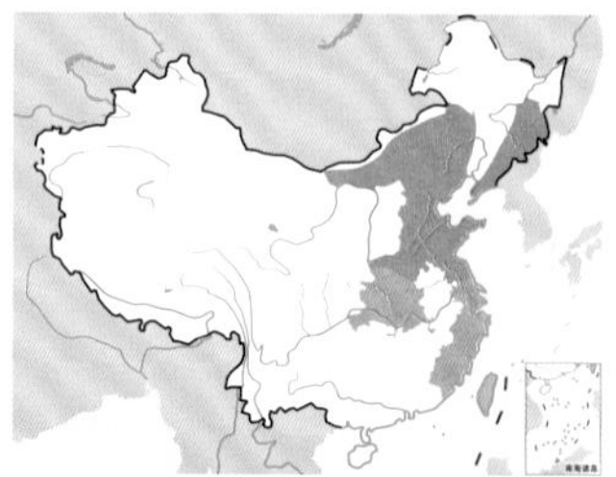

日本鹰鸮。左上图为成鸟，张明摄；下图左成鸟右幼鸟，包鲁生摄

长耳鸮

拉丁名：*Asio otus*
英文名：Long-eared Owl

鸮形目鸱鸮科

形态 雄鸟体长 33～39 cm，体重 208～305 g；雌鸟体长 33～39 cm，体重 215～326 g。面盘中部白色而杂有黑褐色，两侧棕黄色而羽干白色；前额为白色与褐色相杂；眼内侧和上下缘具黑斑；皱领白色而羽端缀黑褐色；耳羽黑褐色；上体棕黄色，具粗著的黑褐色羽干纹，羽端两侧密杂以褐色和白色细纹；颏白色，其余下体棕黄色，胸部具宽阔的黑褐色羽干纹，羽端两侧缀有白斑，下腹中央棕白色。虹膜橙红色。嘴暗铅色。爪暗铅色，尖端黑色。

分布 在中国除海南外广泛分布于全国各地。国外见于欧洲、非洲北部和西北部、亚洲中部、东部和南部、北美洲。

部分为留鸟，也有的在越冬地和繁殖地之间迁徙，但是它们的迁徙行为不同于其他物候现象稳定的候鸟，而受食物因素的影响较大。

在中国，长耳鸮除了在青海西宁、新疆喀什和天山等少数地区为留鸟外，在其他大部分地区均为候鸟。其中在黑龙江、吉林、辽宁、内蒙古东部、河北东北部等地为夏候鸟。而从河北、北京往南，直到西藏、广东，以及东南沿海各省一带均为冬候鸟。

栖息地 栖息于针叶林、针阔混交林和阔叶林等各种类型的森林中，也出现于林缘疏林、农田防护林和城市公园的林地中。

在选择越冬栖息地时往往非常精确且固定，甚至精确到某一个树枝。刚刚抵达越冬地的前几天会变换栖枝，一旦它们确定了某棵树，如果没有特殊原因，会一直待到整个越冬期结束。

习性 白天躲藏在树林中，常垂直地栖息在树干近旁侧枝上，黄昏和夜晚上才开始活动。单独或成对活动较多，但迁徙期间和

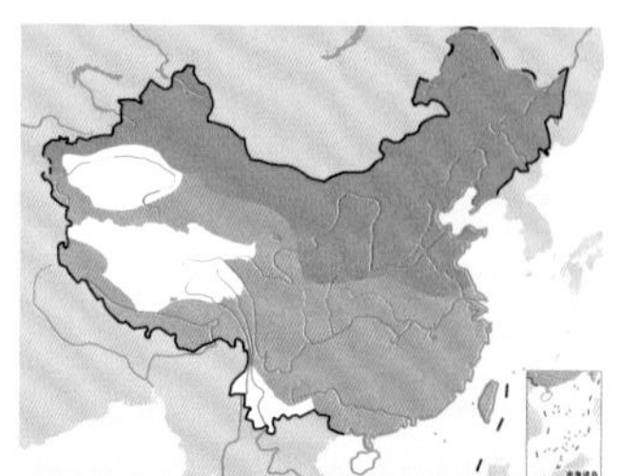

长耳鸮。左上图赵国君摄，下图杨贵生摄

冬季则常结成 10～20 只，有时甚至多达 100 只的大群。

每天早晨，它们在太阳出山之前三三两两陆续返回白昼栖息地。它们在白天极少高飞、远飞。略受惊扰时，则耳羽平展、两眼微启、低头俯视；若惊扰加大，则耳羽竖起呈直立状态、眼圆睁、头颈伸直且面盘移动的状态，也有时只睁开背光的一只眼，以避免日光的刺激；当高度受惊扰时，它们就会出现耳羽后倒、身体前倾、眼睁圆、回顾、欲飞的状况，同时往往发出"叽，叽……"的叫声。如果被惊飞，它们先在上空盘旋，不久就又飞回原处，也有可能会另栖他处，此时其飞行和落枝的姿态均不够平稳，这与其白天视力不佳有关。

食性 食物组成包括小型哺乳动物、小型鸟类、爬行动物、两栖动物以及昆虫。

在某一地区，长耳鸮大多主要依赖 1～2 种食物，但不同地区的食物偏好不同。

在中国较早期的研究中，长耳鸮的食物都是以鼠类为主，包括黑线姬鼠、黑线仓鼠、大仓鼠、棕色田鼠等农田鼠类，在北京等城市中则以小家鼠、褐家鼠等居民区鼠类为主。按食物的鲜肉量进行推算，每只长耳鸮一天平均可食鼠类 1～2 只。

中国各地长耳鸮的食性也有比较大的差异，其食物组成和猎物可获得性之间具有密切关系，而且它们的食性也会根据食物的来源进行不同程度的改变。例如，在北京越冬的长耳鸮群体，其食物中的蝙蝠成分有所增加，也有的群体在某一时间段以麻雀等小鸟为主要食物。因此，长耳鸮比较符合与食物丰富度密切相关的机会主义捕食策略。

繁殖 繁殖期 4～6 月。这时雌雄鸟多在一起活动，活动范围较小。它们特别喜欢在夜晚鸣叫，其声低沉而长，似不断重复的"呼，呼……"声。求偶炫耀大多在夜间进行，方式也比较简单，如鞠躬、拍打翅膀等近距离的表演，以及互相亲吻、整理羽毛等，有时还鼓动着翅膀，嘴里发出一种奇异的噼啪声，并且轮番地倒换着双脚。营巢于森林之中，通常利用乌鸦、喜鹊或其他猛禽的旧巢，有时也占据喜鹊的新巢，或者在树洞中营巢，树高较低而胸径较大的植株更适合为长耳鸮所用。它们比较喜欢占用巢径较大的喜鹊巢，一般只是去掉巢的上盖，并不对巢内进行修饰，就将卵产在泥盘上，直接利用了。它们还会尽可能地把巢址选在食物比较丰富的地方，这样不仅可以节省捕食所消耗的体能，还能提高捕食效率。占巢后雌鸟多在巢内卧伏，雄鸟在巢附近树上栖息，活动隐蔽。它们多在早晨产卵，日产 1 枚，偶尔隔天产 1 枚，年产 1 窝。每窝产卵 3～8 枚，通常为 4～6 枚。卵为白色，卵圆形，尖、钝端不明显，先产的 1～2 枚卵壳常带有血迹。孵化 3 天后，卵壳由纯白色变为污白色。卵的大小为 43 mm × 33 mm，卵重 20 g 左右。第一枚卵产出后就开始孵化，孵卵工作全部由雌鸟承担，孵化期 26～28 天，也有少至 14～16 天和多达 31～33 天的。一窝雏鸟的出壳多在 3 天内出齐。雌鸟全天孵卵，从不离巢，雄鸟夜间捕食送给雌鸟，白天多栖落在距巢 30 m 内的树枝间，无惊动时从不飞离，恋巢性很强。

育雏期 27～29 天。雏鸟晚成性，刚孵出时绒羽白色，眼泡尚未开裂，到 7 日龄时才能睁开，羽毛也逐渐变为灰白色。17 日龄时羽毛明显变成灰色，并略微具浅黑褐色横斑。20～25 日龄时，羽毛变为褐色，黑褐色的横斑也趋于明显，此时可以离巢到树枝上蹲伏。29 日龄时能从一个树枝跳到另一个树枝上。育雏期夜间雌雄亲鸟活动频繁，白天雌鸟在巢中，雄鸟在巢附近树上站立。雏鸟离巢后，由亲鸟带领取食。

种群现状和保护 长耳鸮在中国分布于除海南外的大部分地区，包括繁殖、迁徙和越冬区域，在中国是较为常见的一种鸮类，与人类的关系较为密切，但种种迹象表明，它们的种群数量已经在不断下降。通过近年来破除迷信、爱护鸟类的宣传教育，人民群众对它的生活习性逐渐了解，也越来越喜爱这种奇特的鸟类。IUCN 和《中国脊椎动物红色名录》均评估为无危（LC）。已列入 CITES 附录Ⅱ。在中国被列为国家二级重点保护动物。

长耳鸮幼鸟。沈越摄

短耳鸮

拉丁名：*Asio flammeus*
英文名：Short-eared Owl

鸮形目鸱鸮科

形态 雄鸟体长 34～39 cm，体重 251～366 g；雌鸟体长 35～40 cm，体重 326～450 g。耳羽黑褐色，具棕色羽缘；眼周黑色，眼先及内侧眉斑白色；面盘棕黄色而杂以黑色羽干纹；皱领白色，羽端微具细的黑褐色斑点；上体主要为棕黄色，满缀以宽阔的黑褐色羽干纹；下体棕白色，胸部较多棕色并满布以黑褐色纵纹。虹膜金黄色。嘴黑色。爪黑色。

分布 在中国广泛分布于全国各地，其中在东北为留鸟或夏候鸟，其他地区为冬候鸟。国外见于欧洲、非洲北部、亚洲中部、东部、南部和东南部、北美洲、南美洲、大洋洲。

栖息地 栖息于低苔原、荒漠、湿地、疏林、岸和草等各类开阔生境中。

习性 多在黄昏和晚上活动和猎食，但也常在白天活动，平时多栖息于地上或潜伏于草丛中，很少栖于树上。大多贴地飞行。

食性 以鼠类为食，也吃小鸟、蜥蜴、昆虫等，偶尔也吃植物果实和种子。

繁殖 繁殖期 4～6 月。通常营巢于沼泽附近地上草丛中，也在次生阔叶林内朽木洞中。巢通常由枯草构成。每窝产卵 3～8 枚，白色。卵量度为 (38～42) mm × (31～33) mm。雌鸟孵卵。孵化期 24～28 天。雏鸟晚成性。育雏期 24～27 天。

种群现状和保护 短耳鸮分布于中国大部分地区，但数量比较稀少。IUCN 评估为无危（LC)。《中国脊椎动物红色名录》评估为近危（NT)。已列入 CITES 附录Ⅱ。在中国被列为国家二级重点保护动物。

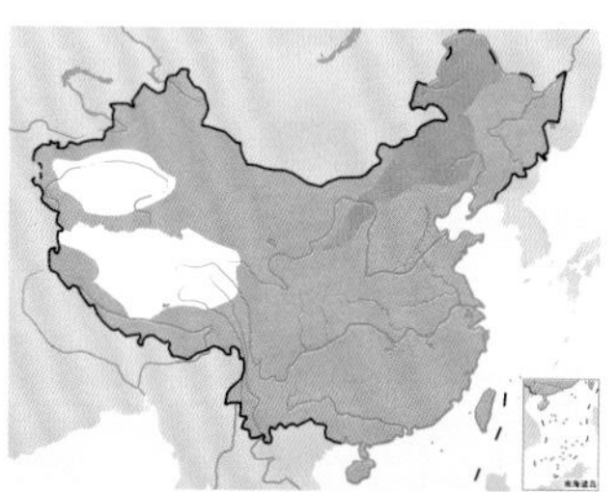

短耳鸮。左上图刘五旺摄，下图沈越摄

仓鸮

拉丁名：*Tyto alba*
英文名：Barn Owl

鸮形目鸱鸮科

体长为 34～39 cm。头大而圆，面盘白色，十分明显，呈心脏形，四周的皱领为橙黄色；上体为斑驳的浅灰色及橙黄色，并具有精细的黑色和白色斑点；下体白色，稍沾淡黄色，并具有暗褐色斑点。在中国分布于广西、贵州、云南等地。栖息于开阔的原野以及农田、城镇和村庄附近森林中，尤其喜欢躲藏在谷仓等处活动。IUCN 评估为无危（LC)，《中国脊椎动物红色名录》评估为近危（NT)。已列入 CITES 附录Ⅱ。在中国被列为国家二级重点保护动物。

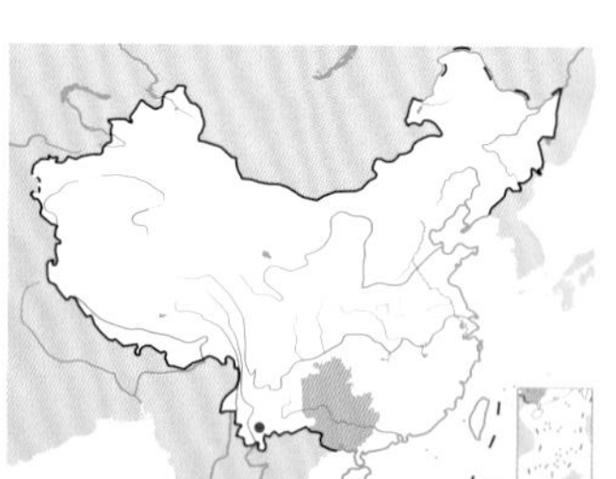

仓鸮。左上图吴秀山摄，下图刘璐摄

草鸮

拉丁名：*Tyto longimembris*
英文名：Eastern Grass Owl

鸮形目鸱鸮科

形态 雄鸟体长 35～44 cm，体重 390 g；雌鸟体长 39 cm，体重 400 g。面盘辉棕色，眼先的上方有一个黑褐色的斑，面盘四周围有暗栗色皱领，下边皱领还镶嵌着暗褐色的细边；体羽栗褐色或黑褐色，并具有橙皮黄色的斑纹；尾羽浅黄栗色，有时几乎为白色，上面具有 4 道显著的黑色横斑；下体黄白色，胸和两胁有暗褐色细斑点，腹部以下羽色较淡，也具有暗褐色细斑点。虹膜暗褐色。嘴肉白色。脚黑褐色。

分布 在中国分布于河北南部、山东、上海、浙江、台湾、福建、江西、安徽、河南、湖北、湖南、广东、香港、澳门、海南、广西、贵州、云南、四川、重庆等地。国外见于非洲、亚洲南部、东南部、大洋洲等地。

栖息地 栖息于低山丘陵和开阔草原地带，也出现于林缘灌丛、农田和小树林内。

习性 大多成对生活，很少群集。多在黄昏及夜间活动，白天则藏匿于茂密的草丛中，只有在育雏时白天才出去活动。休息时半闭眼，用一条腿站立，另一条腿收在腹羽中，每 2～30 分钟轮换一次。当有惊动时，便后退，低头耸肩，状似进攻，同时发出“嚎——嚎——”的叫声示威，然后跃起攻击，十分凶猛。受干扰较大时能作短距离飞行，飞行时左右摇摆不定。叫声响亮刺耳，但很少鸣叫。

食性 以鼠类和小型哺乳动物为食，也吃蛇、蛙、鸟和昆虫等。

繁殖 繁殖期为 4～6 月和 8～11 月，一年繁殖 2 次。

营地面巢，巢内垫有少许草茎、树叶和自身羽毛。多见于高约 1m 的浓密草丛中，形成一个内部呈半球状的巢室，经由一个或多个通道进出。也筑巢于平坦的沙滩上，此时巢为浅盘形，巢内只有少量软草、绒毛等；或筑在大树根部的凹陷处，为枝条所构成，似乌鸦的巢，内垫有一些兽毛。还有的草鸮在密集的芒箕丛中清扫出直径为 70～90 cm 的一块坡地，用茅草和羽毛垫在呈钝角的巢中，再无其他修饰。

每窝产卵 2～4 枚。卵为乳白色，椭圆形，大小为 32 mm × 39 mm，卵重 23 g。雌鸟单独孵卵。孵卵期 22～25 天。雏鸟晚成性。育雏期 62 天。亲鸟捕捉到鼠时，先将鼠的头部吃掉，然后再撕下鼠肉来饲喂雏鸟。半月龄的雏鸟就可以吞食没有头部的小鼠了，并且能够像亲鸟一样吐出食物的残块。

雏鸟刚出壳时不能睁眼，身上只有少数绒羽，喙和皮肤均为肉红色，全身有白色稀疏的绒毛，脚很弱，不能站立。

7 日龄雏鸟眼微睁；10 日龄全身除腹部外都长满黄色绒羽，睁眼，翅上飞羽羽轴开始长出；18 日龄眼周围开始长出棕色的纤羽，逐渐形成面盘；21 日龄飞羽开始破鞘；25 日龄飞羽长约 2 cm，后颈、尾上覆羽和尾羽都已破鞘长出，并呈黑褐色；35 日龄时，除胸部残留绒羽外，全身长满覆羽；56 日龄开始学飞；大约在 62 日龄后即可离巢，然后成鸟和幼鸟分开。

种群状态与保护 IUCN 评估为无危（LC）。在中国分布有 2 个亚种，台湾亚种 *T. l. pithecops* 仅见于台湾，分布于其他地区的为华南亚种 *T. l. chinensis*。在中国南方尚有一定数量，但也受到威胁。《中国脊椎动物红色名录》评估为数据缺乏（DD）。已列入 CITES 附录Ⅱ。在中国被列为国家二级重点保护动物。

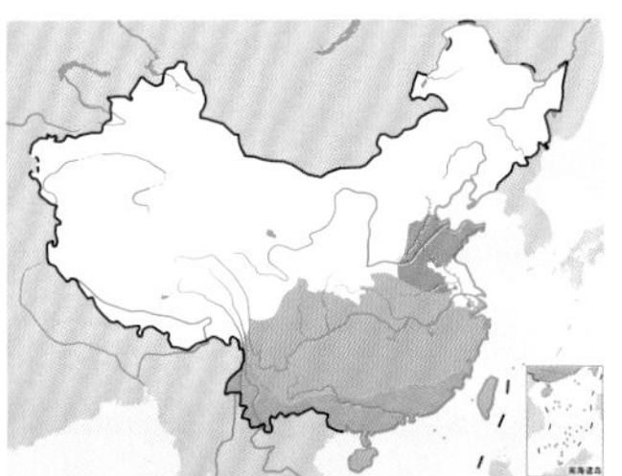

草鸮。下图唐万玲摄

栗鸮

拉丁名：*Phodilus badius*
英文名：Bay Owl

鸮形目鸱鸮科

体长 23～33 cm。面盘呈方形，为浅葡萄红色，四周被有黑色并具有栗色先端的皱领；上体栗红色并具有黑色及白色的小斑点；下体葡萄红色，也具有暗栗色小圆点。在中国分布于海南、广西、云南南部一带。栖息于山地常绿阔叶林、针叶林和次生林中。IUCN 评估为无危（LC），《中国脊椎动物红色名录》评估为近危（NT）。已列入 CITES 附录Ⅱ。在中国被列为国家二级重点保护动物。

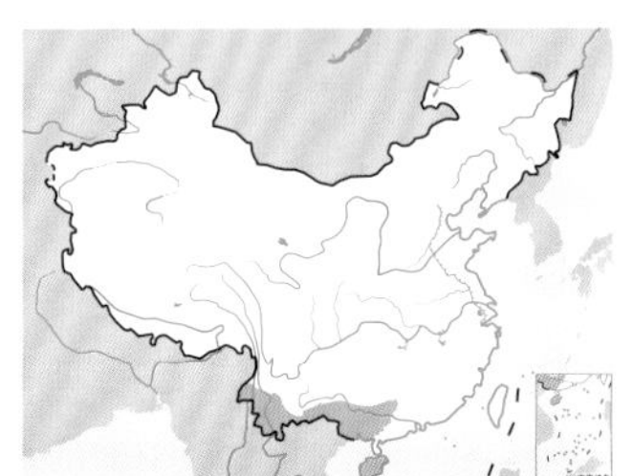

栗鸮。左上图甘礼清摄，下图董江天摄

咬鹃类

- 咬鹃类是指咬鹃目咬鹃科鸟类，全世界共8属37种，中国有1属3种
- 咬鹃类喙短而宽，翅短，尾长而阔，异趾型，羽色鲜艳，雌雄异色
- 咬鹃类栖息于热带森林中，主要以昆虫为食
- 咬鹃类在树洞中营巢，雏鸟晚成性，双亲共同参与繁殖全过程

类群综述

咬鹃类是指咬鹃目（Trogoniformes）鸟类，目下仅咬鹃科（Trogonidae）1科，包括8属39种，分布于拉丁美洲、非洲和东南亚的热带森林中。中国有1属3种，分布于中国最南部和西南部，以及中部省份湖北、江西。

咬鹃类为中等大小鸟类，裂腭型，喙短而宽，嘴尖稍曲；翅短而有力；尾形长而阔；脚短而弱，异趾型；全身羽毛密而柔软，颜色较为鲜艳，雌雄异色。

咬鹃类均为留鸟，多栖息于树林中，主要以昆虫为食，也吃植物种子。在求偶季节某些种类的雄鸟喙集大群求偶。在树洞中筑巢，双亲均参与筑巢、孵卵及育雏。窝卵数2～3枚，有时4枚。孵化期17～19天。雏鸟晚成性，幼鸟羽色似雌鸟。

作为典型的热带森林鸟类，在商业开发、农业扩张、矿产开采、生物资源利用等人类活动导致热带雨林被破坏的大环境下，大部分咬鹃的种群数量均呈下降趋势，但目前仅蓝尾咬鹃 *Apalharpactes reinwardtii* 被IUCN列为易危（VU），其他均为近危（NT）或无危（LC）。中国分布的3种咬鹃全球种群数量亦均呈下降趋势，其中红腹咬鹃 *Harpactes wardi* 现被IUCN列为近危（NT）物种，而在中国，《中国脊椎动物红色名录》将3种咬鹃均列为近危（NT）。

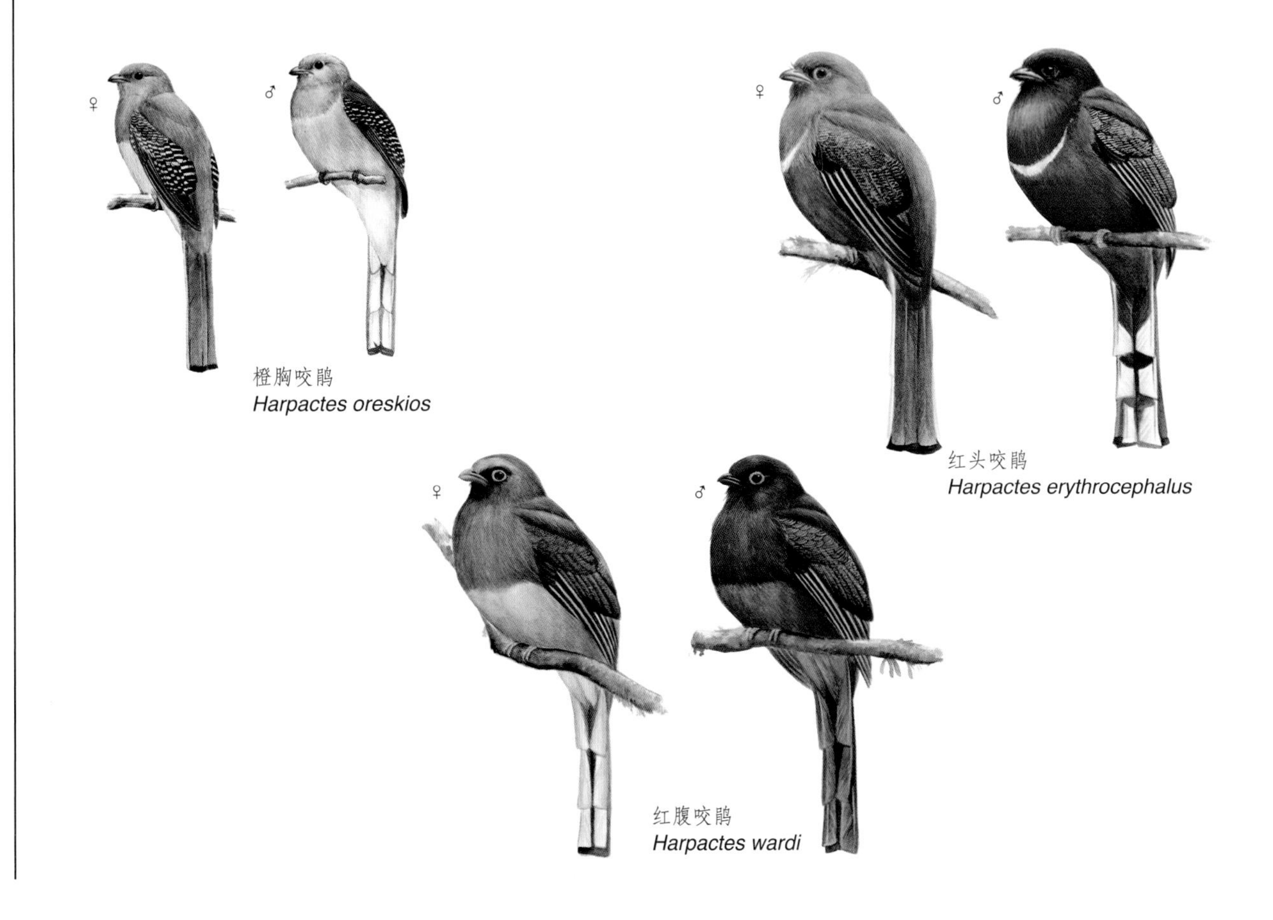

橙胸咬鹃
Harpactes oreskios

红头咬鹃
Harpactes erythrocephalus

红腹咬鹃
Harpactes wardi

左：咬鹃类是一类羽色十分艳丽的森林鸟类，雄鸟羽色以红色、黄色和橙色为主。图为红头咬鹃雄鸟。刘璐摄

橙胸咬鹃

拉丁名：*Harpactes oreskios*
英文名：Orange-breasted Trogon

咬鹃目咬鹃科

体长约 29 cm。雄鸟头、颈、颏、喉和上胸橄榄黄色，背至尾上覆羽栗色，翅上覆羽具黑白相间的斑纹；下胸深橙红色，其余下体橙黄色；中央尾羽栗色而具黑色端斑，3 对外侧尾羽基部黑色、端部白色，其余 2 对尾羽则全黑色。雌鸟头、颈暗橄榄褐色，背至尾上覆羽渐转为棕褐色；翅上覆羽的横斑为黑色与棕色相间；颏至上胸灰橄榄色，其余下体鲜黄色，下胸染橙色。虹膜暗褐色，眼周裸皮蓝色。分布于中国西南部、中南半岛至东南亚，在中国仅见于云南南部和广西。IUCN 评估为无危（LC），《中国脊椎动物红色名录》评估为近危（NT）。被列为中国国家二级重点保护动物。

橙胸咬鹃。左上图为雌鸟，董江天摄；下图为雄鸟，田穗兴摄

红腹咬鹃

拉丁名：*Harpactes wardi*
英文名：Ward's Trogon

咬鹃目咬鹃科

体长约 38 cm。雄鸟额和头顶红色，上体余部及上胸栗褐色，翅上覆羽具黑白相间的虫蠹斑；飞羽黑色，初级飞羽羽缘白色；下胸至尾下覆羽红色；中央尾羽栗褐色，外侧 3 对尾羽端部红色。雌鸟图案与雄鸟相似，但雄鸟红色部分转为黄色，栗褐色部分转为暗褐色，翅上虫蠹斑为棕色与黑色相间。虹膜暗褐色，眼周裸皮蓝色；喙红色。仅分布于中国云南的高黎贡山和相邻的缅甸北部、越南东北部。IUCN 和《中国脊椎动物红色名录》均评估为近危（NT）。

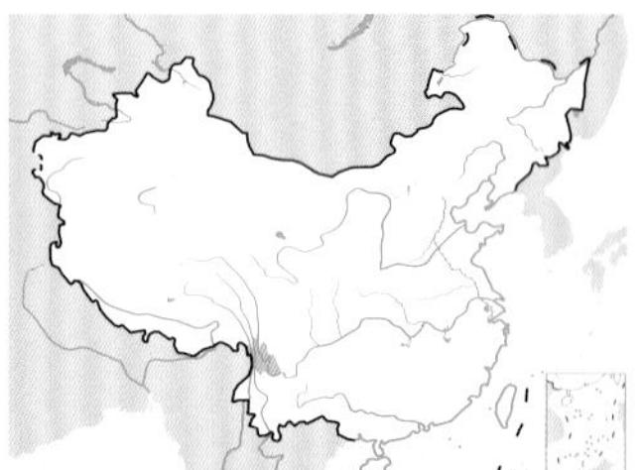

红腹咬鹃。左上图为雄鸟，下图为雌鸟。李锦昌摄

红头咬鹃

拉丁名：*Harpactes erythrocephalus*
英文名：Red-headed Trogon

咬鹃目咬鹃科

形态 体长约 38 cm。雄鸟头、颈、颏、喉和上胸红色，背至尾上覆羽棕栗色；翅上覆羽具黑白相间的虫蠹斑，飞羽黑色，外翈羽缘白色；下胸具新月形白斑，腹至尾下覆羽红色；中央尾羽栗色而具黑色端斑，3 对外侧尾羽基部黑色、端部白色，其余 2 对尾羽则全黑色。雌鸟头、颈、胸棕栗色，背至尾上覆羽渐转为棕褐色；翅上覆羽的虫蠹斑为黑色与棕色相间；颏至上胸灰橄榄色，其余下体鲜黄色，下胸染橙色。虹膜红色，眼周裸皮蓝色。

分布 分布于亚洲南部至东南亚。在中国见于西藏东南部、云南、四川、湖北、江西、广东、广西、福建和海南岛。

栖息地 栖息于中低海拔常绿阔叶林中。

习性 性胆怯而孤僻，单独或成对活动，常停立于浓密树冠的水平侧枝上或藤条上。

食性 主要捕食昆虫及其幼虫，也吃植物果实。

繁殖 繁殖期 4～7 月。营巢于天然树洞中。每窝产卵 3～4 枚。卵淡皮黄色或咖啡色，大小为（22～26）mm×（26～33）mm。

种群现状和保护 IUCN 评估为无危（LC），《中国脊椎动物红色名录》评估为近危（NT）。在中国数量稀少，不常见。

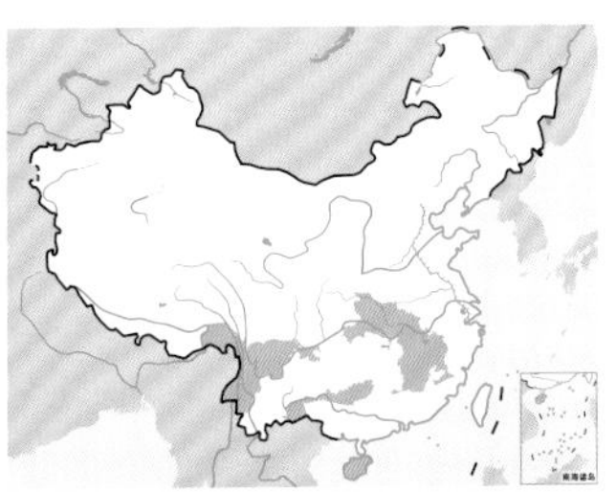

红头咬鹃。左上图为雄鸟，张苓摄；下图雌鸟。刘璐摄

红头咬鹃雄鸟背面，翼上覆羽的黑白虫蠹斑和初级飞羽的白色羽缘十分清晰。董磊摄

犀鸟类

- 犀鸟类指犀鸟目犀鸟科鸟类，共有13属56种，中国有5属5种
- 犀鸟类体形大，嘴形亦甚大，嘴上具盔突或嘴侧有深雕纹，雌雄体羽相似
- 犀鸟类栖息于森林或草原中，啄食果实，也在地面觅食昆虫及小型动物
- 犀鸟类利用天然或其他生物留下的洞穴营巢，孵卵及育雏期雌鸟封闭洞口囚于洞中，全靠雄鸟喂食

类群综述

犀鸟类是指犀鸟目(Bucerotiformes)犀鸟科(Bucerotidae)鸟类，广泛分布于非洲中南部、印度、中南半岛、大洋洲和太平洋群岛，为典型的热带鸟类。亚洲的犀鸟多生活于森林中，仅有1种生活于草原上，非洲的犀鸟则生活在草原上的种类较多。犀鸟科共有13属59种，中国有5属5种，都生活于森林中。

犀鸟类嘴形粗厚，嘴上通常具盔突，形似犀牛角，因此而得名。它们一般头大，颈细，翅宽，尾长。羽衣棕色或黑色，通常具鲜明的白色斑纹。不同种类体形变化甚大，体长30～120 cm，而嘴长占身长的1/3到一半。眼睛上长有粗长的眼睫毛，这是其他鸟类中所少有的。并趾型，外趾和中趾基部有2/3互相并合，中趾与内趾基部也有些并合，善于攀援。

犀鸟类均为留鸟，终年生活在热带亚热带地区，繁殖季节成对活动，非繁殖期集群活动，有些种类繁殖季节结束后会在分布区范围内游荡。飞行缓慢而舒展，常振翅和滑翔交替进行。

犀鸟喜欢啄食树上的果实，有时也捕食昆虫、爬行类、两栖类等小型动物。它的大嘴和盔突显得很笨重，但实则非常灵巧。取食时，往往先用嘴将食物向上抛起，调整好角度，然后再准确地接住，吞下食物。

犀鸟类大多为单配制，但有合作繁殖现象。作为次级洞巢鸟类，它们不会自己挖凿洞穴，常利用树皮缝隙、天然岩洞、树木腐朽或白蚁侵咬的洞穴，以及啄木鸟凿出的洞穴，洞底只铺一层碎木屑，无其他巢材。犀鸟类的繁殖习性很特殊，雌鸟在洞内产卵后，就蹲在巢内不再外出，将自己的排泄物混着种子、朽木等堆在洞口。雄鸟则从巢外送来湿泥、果实残渣，帮助雌鸟将树洞封住。封树洞的物质渗有雌鸟黏性的胃液，因而非常牢固。最后在洞口留下一个垂直的裂隙，供雌鸟伸出嘴尖接受雄鸟的喂食。雌鸟囚于洞中达数月之久，完成产卵、孵卵、育雏和换羽，直到雏鸟快出飞时才破洞而出。在此期间，全靠雄鸟喂食。

犀鸟类是受胁最为严重的鸟类类群之一，IUCN评估的62种犀鸟有3种被列为极危（CR）、5种为濒危（EN）、16种为易危（VU），受胁比例高达39%，接近鸟类整体受胁比例14%的3倍。这是因为他们生活的热带森林正是近代以来栖息地遭破坏最为严重的地区，而它们美丽的盔突被雕刻为工艺品在东南亚广受追捧，也因此成为盗猎与贸易的受害者。因受农业扩张、水利建设、生物资源的利用等人为活动的影响，中国分布的5种犀鸟数量均呈下降趋势，就全球种群而言，除冠斑犀鸟 *Anthracoceros albirostris* 被IUCN列为无危（LC）外，白喉犀鸟 *Anorrhinus austeni* 被列为近危（NT），双角犀鸟 *Buceros bicornis*、棕颈犀鸟 *Aceros nipalensis* 和花冠皱盔犀 *Rhyticeros undulatus* 均被列为易危物种（VU）。而中国种群的形势更为严峻，冠斑犀鸟、棕颈犀鸟和双角犀鸟均被《中国脊椎动物红色名录》列为极危（CR），花冠皱盔犀鸟被列为濒危（EN），白喉犀鸟被列为易危（VU）。在中国，所有犀鸟均被列为国家二级重点保护动物。

左：犀鸟类以其巨大且具盔突的喙而易于辨识，在繁殖期间雌鸟封闭于巢洞中完全靠雄鸟喂食为生的习性也常为人津津乐道。图为将果实送到巢洞口的双角犀鸟雄鸟。王一舟摄

白喉犀鸟
Anorrhinus austeni

冠斑犀鸟
Anthracoceros albirostris

双角犀鸟
Buceros bicornis

棕颈犀鸟
Aceros nipalensis

花冠皱盔犀鸟
Rhyticeros undulatus

白喉犀鸟

拉丁名：*Anorrhinus austeni*
英文名：Austen's Brown Hornbill

犀鸟目犀鸟科

体长约 68 cm。嘴粗大，盔突相对较小。前额、头顶、枕部灰褐色，具棕色羽缘和白色羽轴纹；前额较白，枕部的冠纹为橄榄灰色，具白色纵纹；背、肩、腰和尾上覆羽以及翅暗褐色，尾上覆羽尖端棕色；中央尾羽与背部同色，具白色尖端，外侧尾羽黑色，具铜绿色光泽和白色尖端；飞羽黑色，具绿色光泽，初级飞羽内侧有皮黄色斑；颏、喉和颈侧白色，其余下体暗桂皮色。雌鸟盔突较小，颏、喉棕褐色，胸、腹部的棕色亦不如雄鸟鲜亮。虹膜暗褐色，眼周裸皮蓝色或淡黄色。分布于印度东北部、东南亚和中国云南西南部海拔较低的森林，常成 10 只以下的小群活动。IUCN 评估为近危（NT），《中国脊椎动物红色名录》评估为易危（VU），在中国被列为国家二级重点保护动物。

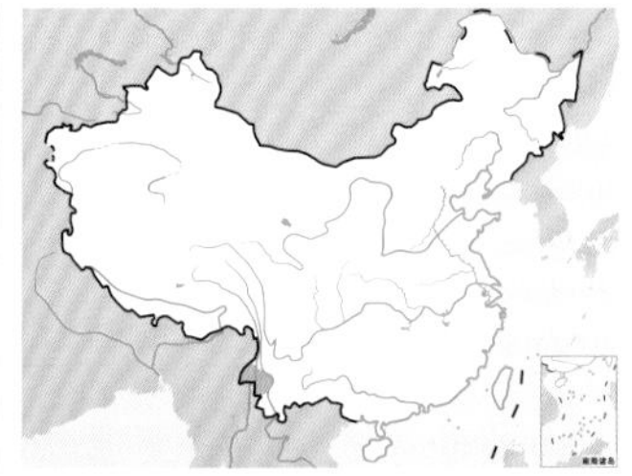

白喉犀鸟。左上图为雄鸟，下图为雌鸟。刘璐摄

冠斑犀鸟

拉丁名：*Anthracoceros albirostris*
英文名：Oriental Pied Hornbill

犀鸟目犀鸟科

形态　体长 74～78 cm，体重 600～960 g。巨大的嘴上具有一个蜡黄色或象牙白色盔突，盔突前面具明显的黑斑。雄鸟头、颈、背、翅和尾黑色，具金属绿色光泽；初级飞羽基部白色，在翅上形成显著的白色翅斑，飞行时尤为明显；颏、喉、上胸黑色，其余下体白色；外侧尾羽具宽阔的白色端斑。雌鸟和雄鸟相似，但体形稍小，盔突上的黑斑较雄鸟显著，并延伸至上嘴前端。幼鸟盔突不甚明显。虹膜红褐色，眼周裸皮紫蓝色，喉侧裸皮肉色；跗跖和趾铅黑色。

分布　在中国仅分布于西藏东南部、云南南部和广西西南部海拔较低的森林。国外分布于印度北部及东南亚。

栖息地　栖息于森林或开阔的林缘地带。

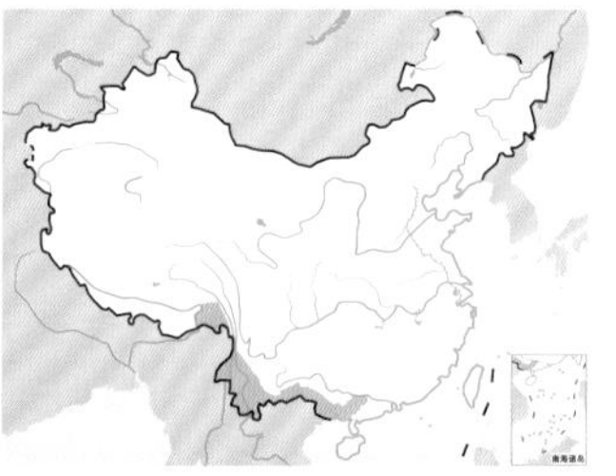

冠斑犀鸟。左上图为雄鸟，刘璐摄；下图左雄右雌，沈越摄

习性 除繁殖期外，常成 5～10 只小群活动，有时也超过 10 只。主要在树上栖息和活动，偶尔也会到地面觅食。叫声非常响亮，似“嘎克、嘎克、嘎克”，500 m 开外都清晰可闻。飞翔时头部和颈部向前伸直，两翼平展，下体的白色与黑色形成鲜明的对比，很像一架飞机掠过，所以老百姓常俗称为“飞机鸟”。

食性 以植物果实为食，主要包括棕榈科、榕科和番木瓜科等。也取食部分动物性食物，主要包括昆虫和蜗牛等，有时也可以取食蜥蜴、鸟类和小型哺乳类动物。

繁殖 单配制，但在笼养情况下有一定的合作繁殖行为。繁殖期 1～7 月，每个地区的繁殖高峰与降雨量及果实多少有关。

作为次级洞巢鸟类，它们不会自己挖凿洞穴，因此主要选择其他鸟类用过的洞穴或大树的裂缝繁殖。在广西西南部的石灰岩地区，冠斑犀鸟会选择在悬崖上的石洞里繁殖。在繁殖季节，雄鸟用唾液、泥巴、果实和粪便等的混合物将雌鸟封闭在洞穴中，仅留一个小口。雄鸟会衔食回来，通过小口饲喂雌鸟和幼鸟。雌鸟产卵 2～3 枚，卵在半个月左右孵出。雏鸟晚成性，刚出生时全身裸露无毛，经亲鸟喂养 60 多天之后离巢。

种群现状和保护 分布相对较其他犀鸟广，虽然种群数量在下降中，据国际鸟盟 2016 年估算，冠斑犀鸟全球成年个体已经少于 10 000 只，但未达受胁标准，仍被 IUCN 评估为无危（LC）。现存种群主要分布于东南亚和印度。中国的冠斑犀鸟种群数量已经急剧下降，《中国脊椎动物红色名录》评估为极危（CR）。在 20 世纪 80 年代，冠斑犀鸟在云南南部和广西西南部均较为常见，但目前仅在少数地点有分布，如广西的西大明山、云南的盈江等地。森林砍伐导致的栖息地片断化和偷猎被视为冠斑犀鸟的主要威胁。在中国，冠斑犀鸟被列为国家二级重点保护动物。

双角犀鸟

拉丁名：*Buceros bicornis*
英文名：Great Hornbill

犀鸟目犀鸟科

体长约 120 cm。盔突大而宽，上面微凹，前缘形成两个角状突起，因此得名双角犀鸟。后头和颈白色，其余上体黑色；翅黑色，具白色翅斑和白色后缘；尾白色，具宽阔的黑色次端斑；下体白色，胸部黑色。雌鸟似雄鸟，但盔突较小。分布于中国、印度、中南半岛至印度尼西亚。在中国仅分布于西藏东南部和云南西南部的热带雨林中。IUCN 评估为易危（VU），《中国脊椎动物红色名录》评估为极危（CR）。在中国被列为国家二级重点保护动物。

捕得蜥蜴送入巢洞的冠斑犀鸟雄鸟。沈岩摄

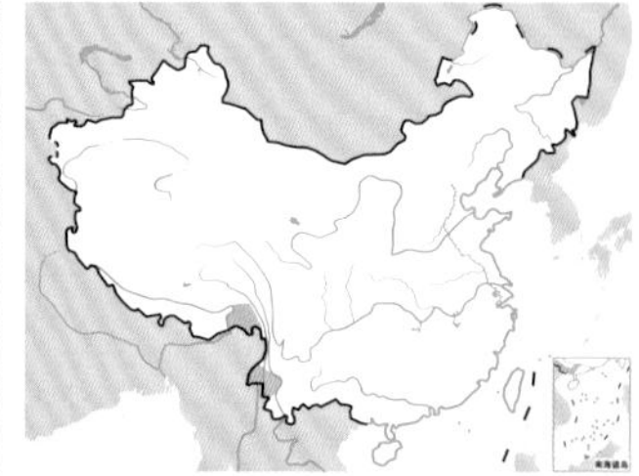

双角犀鸟。刘璐摄

棕颈犀鸟

拉丁名：*Aceros nipalensis*
英文名：Rufous-necked Hornbill

犀鸟目犀鸟科

形态 体长96～110 cm，体重1700～2250 g。嘴形巨大而向下弯曲，无盔突。雄鸟上嘴黄白色，近基部两侧各有5道横行黑色雕纹，下嘴基部橄榄色，端部乳白色，眼周裸露皮肤亮蓝色，嘴基部皮肤蓝紫色，其后有一大的肉色斑。喉裸露部分亮红色，喉基部绀青蓝色；头、颈及胸部棕色，背至尾基半段黑色而具绿色金属光泽，尾末半段白色；翼黑色而具绿色金属光泽，外侧初级飞羽具宽阔的白色尖端；腹至肛部及两胁棕栗色，尾下覆羽转为黑色和栗色相杂。雌鸟嘴较雄鸟小，嘴上雕纹也少，脸部裸露皮肤淡蓝色，嘴基裸露皮肤深蓝色；除头和冠羽颜色和翼、尾的白斑和雄鸟相同外，整体黑色而具绿色金属光芒。

分布 分布于中国、尼泊尔、不丹、印度东北部及中南半岛各国。在中国主要分布于云南西双版纳、西藏东南部。

栖息地 主要栖息于低山和山脚平原的热带季雨林或雨林中。

习性 常成对或10多只集结成小群活动，在树冠层飞翔或笨拙跳跃，不善于地面行走。

食性 主要以榕树果等肉质野果为食，偶尔捡拾地面落果。

繁殖 繁殖期4～6月。通常营巢于常绿阔叶林内高大树木的天然树洞中。每窝产白色卵1或2枚，大小为（54～68）mm ×（40～47）mm。雌鸟孵卵。孵卵时雌鸟待在洞中，并用自己的粪便、种子和木屑混合堆集在洞口，雄鸟在外面也用泥土和果实残渣等将洞封闭，仅留一条雌鸟可伸出嘴尖的小孔以便接受雄鸟喂食，直到雏鸟快出飞时才啄破洞而出。

种群现状和保护 IUCN评估为易危（VU），《中国脊椎动物红色名录》评估为极危（CR），在中国被列为国家二级重点保护动物。据国际鸟盟2001年估算，棕颈犀鸟全球种群数2500～9999只，成年个体1667～6666只。人类对低海拔热带森林的砍伐及开垦是导致棕颈犀鸟种群下降的主要原因。

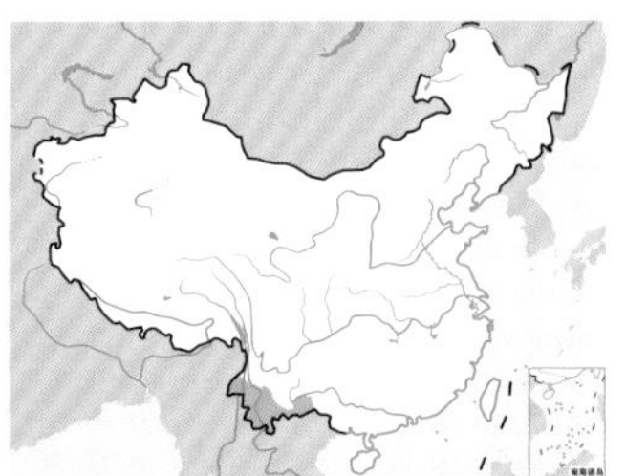

棕颈犀鸟。左上图为雄鸟，下图左雌右雄。林植摄

花冠皱盔犀鸟

拉丁名：*Rhyticeres undulates*
英文名：Wreathed Hornbill

犀鸟目犀鸟科

体长100～115 cm。雄鸟前额、头顶和枕部深栗色，后颈部黑色；头、颈两侧和前颈黄白色；尾羽白色；其余体羽亮黑色；喉囊皮肤黄色。雌鸟尾羽白色，其余体羽黑色；喉囊皮肤深蓝色。雌雄鸟喉囊上均具一道黑色带斑。分布于中国、印度东北部、孟加拉国、缅甸、泰国、中南半岛和马来半岛。在中国仅分布于西藏东南部和云南西南部的盈江。IUCN评估为易危（VU）。在中国为边缘分布，据调查盈江种群数量为50～80只，主要栖息于铜壁关省级自然保护区。《中国脊椎动物红色名录》评估为濒危（EN）。在中国被列为国家二级重点保护动物。

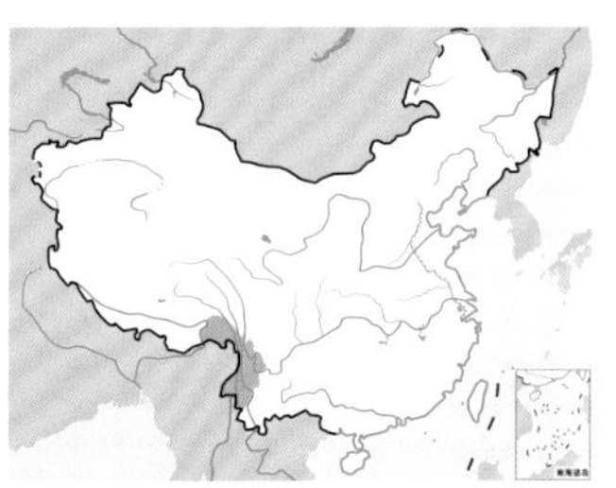

花冠皱盔犀鸟。左上图为雄鸟，刘璐摄；下图为正在交配，上雄下雌，唐英摄

戴胜类

- 戴胜指犀鸟目戴胜科鸟类，全世界共1属1种，在中国广泛分布
- 戴胜为中型鸟类，具有细长且下弯的喙，有羽冠，翅形短圆，雌雄相似
- 戴胜栖息于有树木的开阔地带，以昆虫及其幼虫为食
- 戴胜常营巢于林缘或林中道路两边天然树洞中或啄木鸟的弃洞中

类群综述

戴胜指犀鸟目戴胜科（Upupidae）鸟类，该科最初被置于佛法僧目（Coraciiformes），后来又与林戴胜科（Phoeniculidae）一起独立为戴胜目（Upupiformes），新的分类系统将戴胜科和林戴胜科一起归于犀鸟目。戴胜科最初被认为仅1属1种，即戴胜 *Upupa epops*，包含9个亚种，广泛分布在欧洲、亚洲和北非地区。但新的分类意见将其分为2～3种，即将分布于马达加斯加的马岛亚种 *U. e. marginata* 独立为马岛戴胜 *Upupa marginata*，其他8个亚种仍为一种；或是进一步将分布于扎伊尔中部至肯尼亚中部和海角的非洲亚种 *U. e. africana* 也独立为非洲戴胜 *Upupa africana*。

戴胜的形态十分醒目，喙细长而下弯，头顶具有形如方胜的羽冠，两翼黑白相间。栖息于山地、平原、森林、林缘、路边、河谷、农田、草地、村屯和果园等开阔地方。多单独或成对活动。常在地面上慢步行走，边走边觅食，受惊时飞上树枝或飞一段距离后又落地，飞行时两翅扇动缓慢，成一起一伏的波浪式前进。

主要以昆虫及其幼虫为食，也吃蠕虫等其他小型无脊椎动物。觅食多在林缘草地上或耕地中，常把长长的喙插入土中取食。

繁殖期4～6月。成对营巢繁殖。繁殖期雄鸟间常为保护领地而格斗，有时亦见有雄鸟间的争雌现象。通常营巢于林缘或林中道路两边天然树洞中或啄木鸟的弃洞中，在缺少树洞的地区，也在废弃房屋墙壁洞和悬崖岩壁缝隙间营巢，甚至有在地上干树枝堆下产卵的。巢由植物茎叶构成，有时杂有植物根、羽毛和毛发。雌鸟产出第一枚卵后即开始孵卵。孵卵由雌鸟承担。雏鸟晚成性，雌雄亲鸟共同育雏。育雏期间亲鸟并不清理巢中雏鸟的粪便，加之雌鸟在孵卵期间又从尾部腺体中排出一种黑棕色的油状液体，弄得巢很脏很臭，故又有“臭姑姑”的俗名。

现存的戴胜类均分布广泛而常见，种群数量稳定，被IUCN评估为无危（LC）。

戴胜
Upupa epops

左：戴胜营巢于天然树洞或啄木鸟的弃洞中，图为正在育雏的戴胜。马正巍摄

戴胜

拉丁名：*Upupa epops*
英文名：Common Hoopoe

犀鸟目戴胜科

形态 体长 26～28 cm，体重 55～80 g。头、颈、胸淡棕栗色，羽冠色略深且各羽具黑端，靠后冠羽黑端前更具白斑；上背和翼上小覆羽转为棕褐色，上体余部和翅呈黑白相间的带斑，下体余部则由淡棕色渐变为白色。虹膜褐至红褐色；嘴黑色，基部呈淡铅紫色；脚铅黑色。

分布 在中国广泛分布，云南、广西和海南为留鸟，其他地区为夏候鸟。国外分布于欧洲、亚洲和非洲的温带和热带地区，在分布区北部繁殖，迁徙到热带地区越冬，热带种群为留鸟。

栖息地 栖息于森林、林缘、河谷、农田、草地、村屯和果园等开阔地方，尤其以林缘耕地生境较为常见。冬季主要在山脚平原等低海拔地带，夏季可分布到 4000 m 以上的高海拔地区。

习性 常见单独或成对分散于山区或平原的开阔地、耕地、果园等。地面觅食，走动敏捷。受惊时，飞至附近的小树上或小山坡岩石上。常通过展翅和收翅做破浪状飞行。每次飞行停止时会伴随羽冠的瞬间张开。平时羽冠低伏，惊恐或激动时羽冠竖直。叫声深沉，三声一段，为“hu-po-po”的连续数次急鸣，声音由高到低，有的地方称戴胜为“呼饽饽”即得名于此。鸣叫时羽冠竖起，每停每伏，还伴随着不断伸颈、点头、喉部鼓胀等动作。

食性 主要以昆虫为食，也食小型蜥蜴、青蛙，以及植物种子和浆果。常见的觅食方式是在相对开阔的地面上行走，并周期性地停下来，用长长的嘴探寻土壤中的昆虫幼虫、蛹和成虫，并借助脚将其挖出，也在落叶中和木桩周围探寻食物，极少空中取食昆虫。食物长度多在 30 mm 以内。多在地面或石头上处理较大的食物，除掉昆虫的翅和腿。

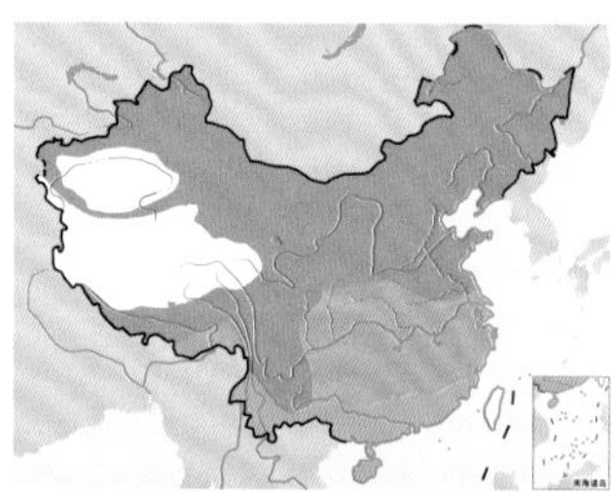

戴胜。黄珍摄

衔食回巢育雏的戴胜。马正巍摄

繁殖 单配制。繁殖期3～6月。繁殖期成对活动并占据领域，雄鸟常在领域附近鸣叫，并为保护领域发生非常激烈的打斗。打斗时双方互相追逐，先是高耸羽冠、嘴尽量向下伸地对峙着，突然间互相咬着嘴尖，拔河似的拉成直线以保持一定的安全距离，接着两者相连着一同拍翼坠下脱开，在地上继续互相冲击，直至一方退让为止。亦见有雄鸟间的争雌现象，雌鸟在一旁观望，最后和胜者结合成对。

选择林缘的天然树洞和啄木鸟凿空的树洞营巢，洞口大小直径随环境而有较大变化，在缺少树洞的山脚农田地区，也在废弃房屋的墙洞和悬崖岩壁缝隙间营巢，甚至在地上干树枝堆下筑巢。

成对营巢，巢由植物茎叶构成，杂有植物根、羽毛和毛发。

孵卵期和育雏期的雌鸟和巢中幼鸟的尾脂腺会分泌恶臭液体，这种分泌物附着在羽毛里，可以阻止天敌，并具有抵抗寄生虫和抗菌的作用，而在雏鸟离巢前则停止分泌，所以戴胜又有“臭姑姑”的俗名。雏鸟在6日龄之内还会向捕食者喷射粪便，还会像蛇一样发出嘶嘶声，并用喙和翼打击捕食者。

每年繁殖1窝。每窝产卵通常6～8枚，偶尔少至5枚，多至9枚，甚至有多到12枚的。卵为长卵圆形，颜色为浅鸭蛋青色或淡灰褐色，大小为24.9 mm × 18.5 mm。孵卵期15～18天，孵卵由雌鸟承担，雌鸟产出第1枚卵后即开始孵卵，其间雄鸟喂养雌鸟。雏鸟晚成性，刚孵出时体重仅3.5 g，体长4.5 cm，全身肉红色，仅头顶、背中线、股沟、肩和尾有白色绒羽，3～5天后开始长出羽毛。出雏后9～14天内雌鸟需坐巢护雏，主要由雄鸟衔食喂养雌鸟和雏鸟，若雌鸟在巢内，则由雌鸟把雄鸟提供的食物喂给雏鸟，若雌鸟不在巢内则直接由雄鸟喂雏。其后雌鸟也参与衔食喂雏。经过亲鸟26～29天的喂养，雏鸟即可离巢飞翔，并伴随亲鸟生活1周以上。

种群现状和保护 该物种分布范围很广，种群数量趋势稳定。IUCN和《中国脊椎动物红色名录》均评估为无危（LC），被列为中国三有保护鸟类。

蜂虎类

- 蜂虎类指佛法僧目蜂虎科鸟类，全世界共3属25种，中国有2属9种
- 蜂虎类为中型鸟类，雌雄相似，具有亮丽羽色，喙细长且向下倾斜，翅较长，跗跖较短，大多具有较长的尾羽
- 蜂虎类栖息于热带与温带区域，喜开阔的林缘地带活动，以空中飞虫为食，特别喜欢吃蜂类
- 蜂虎类筑巢于山地土壁上，挖隧道为巢，集群繁殖，常几百对在同一巢区

类群综述

蜂虎属于佛法僧目蜂虎科（Meropidae）鸟类，一般认为与其演化关系最近的类群是翠鸟科（Alcedinidae）鸟类。蜂虎科鸟类在世界范围内共有 3 属 25 种，分布在旧大陆的热带和温带地区，大部分分布在非洲，少部分分布在东南亚地区，有两个物种分布在欧洲较北端，有一种分布在澳大利亚。目前依据 DNA 分子证据对蜂虎科鸟类进行分类的研究还比较少，依据形态证据推断蜂虎科鸟类共有 3 属，分别为须蜂虎属 *Meropogon*，夜蜂虎属 *Nyctyornis* 和蜂虎属 *Merops*。须蜂虎和夜蜂虎主要分布在东南亚地区，仅包含 3 个物种，蜂虎属包含 22 个物种。中国有蜂虎类 2 属 9 种，其中 2 种分布于新疆荒漠地区，其余 7 种分布于南方森林地区。

蜂虎类喙细长而尖，稍向下弯；翅尖长；尾羽 12 枚；尾脂腺裸出；体形细长；羽色亮丽，多数体羽主要为绿色，并在头部、北部、喉部、胸部杂以蓝色、紫色、栗色或红色。

左：蜂虎类羽色艳丽，求偶时雄鸟会做出各种炫耀姿态展示其美丽的羽色，还会给雌鸟献上食物。图为给雌鸟献食的蓝喉蜂虎。赵建英摄

下：顾名思义，蜂虎善于捕食蜂类。图为空中飞捕蜂类的蓝喉蜂虎。胡云程摄

蜂虎类见于山地或丘陵地带，草地上或山坡、沟谷、河边、村旁等林间乔木中层或树冠。主要栖于山脚和开阔平原地区有树木生长的悬崖、陡坡及河谷地带，冬季有时也出现在平原丛林、灌木林，甚至芦苇沼泽地区。

蜂虎是典型的森林鸟类。单独、成对活动或成群活动。多在树冠层枝叶间和花丛中飞翔和觅食。休息时多栖立于高枝顶端。起飞时常从树顶腾空而起，再作弧形滑下，或在树冠上空旋回飞翔，且边飞边叫。白天多数时间都在空中飞翔，飞行直而快，两翅扇动迅速，有时还伴随着滑翔。有时进到村舍、房前屋后和果园中活动，休息时多栖于电线上、枯树枝上或灌木上。蜂虎飞行敏捷，善于在飞行中捕食，但食物因地点、季节而异，除蜂类外，亦捕食象甲、榆毒娥、虻、蜻蜓、白蚁、蝴蝶等昆虫以及甲壳类动物。

蜂虎类集群繁殖，常几百对在同一巢区。一般在堤坝的高处挖洞为巢，常挖于林间峡谷的岸壁或坡地盘山道旁的陡壁，也常营巢于山地坟墓的隧道中。每窝产卵 5～6 枚，白色略带粉红，大小约为 26 mm × 22 mm，卵形甚近球形。孵化期约 20 天，雄鸟和雌鸟共同承担营巢、孵卵和育雏任务。雏鸟晚成性。

蜂虎类目前种群比较稳定，尽管面临栖息地减少等干扰，大部分蜂虎类在原分布区内尚较常见，无全球受胁物种，仅 1 种被 IUCN 列为近危（NT），其他均为无危（LC）。

赤须蜂虎
Nyctyornis amictus
蓝须蜂虎
Nyctyornis athertoni
绿喉蜂虎
Merops orientalis
栗喉蜂虎
Merops philippinus
彩虹蜂虎
Merops ornatus
蓝喉蜂虎
Merops viridis
栗头蜂虎
Merops leschenaulti

赤须蜂虎

拉丁名：*Nyctyornis amictus*
英文名：Red-bearded Bee-eater

佛法僧目蜂虎科

体长约 34 cm。身体绿色，喉部红色，雄鸟顶冠紫色，雌鸟顶冠红色；尾羽背面绿色，腹面黄色而具黑色端斑。虹膜橙色。分布于东南亚的马来西亚和印度尼西亚地区。在中国为新记录鸟种，2016 年记录于云南瑞丽。IUCN 评估为无危（LC）。

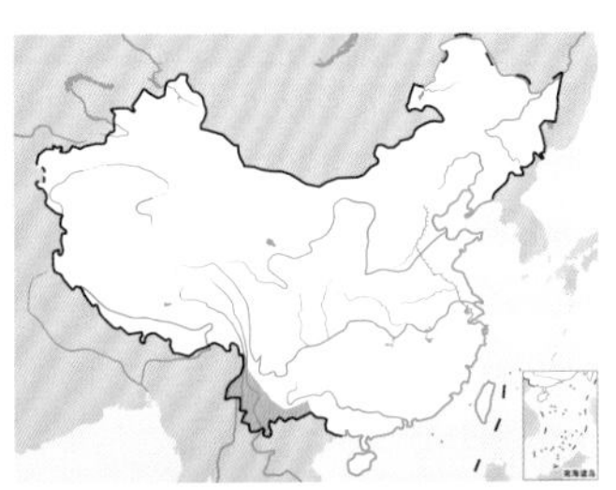

赤须蜂虎。左上图唐万玲摄

蓝须蜂虎

拉丁名：*Nyctyornis athertoni*
英文名：Blue-bearded Bee-eater

佛法僧目蜂虎科

形态 体长 30～35 cm，体重 70～105 g。上体、头侧、颈侧及喉、胸草绿色沾蓝色，前额至头顶蓝色较重；喉及胸部中央羽毛特长，呈亮蓝色，突出于胸前；下体余部棕黄色，满布暗绿色纵纹；尾长，微凸。成鸟雌雄相似，亚成鸟全身绿色。虹膜橘黄色；嘴较粗厚，偏黑色；脚暗绿色。

分布 在中国主要分布于海南、广西和云南。国外分布于尼泊尔、巴基斯坦、孟加拉国、印度及中南半岛各国。

栖息地 栖息于原始热带雨林和季雨林、以及有高大乔木的次生林，很少出现在开阔生境中。在云南的分布海拔为 100～1200 m。

习性 多单只或成对活动，较其他蜂虎更喜密林，从停歇处悄无声息地飞起觅食，停歇时尾部扇开或者抽动。

食性 主要以昆虫为食。

繁殖 在林间峡谷的岸壁或者坡地盘山道的陡壁上挖坑道营巢，坑道直径 5 cm 左右，深约 1.5～3 m，尽头处是巢室。每窝产卵 4 ～ 6 枚。卵纯白色，近球形。

种群现状和保护 IUCN 评估为无危（LC），《中国脊椎动物红色名录》评估为易危（VU）。被列为中国三有保护鸟类。

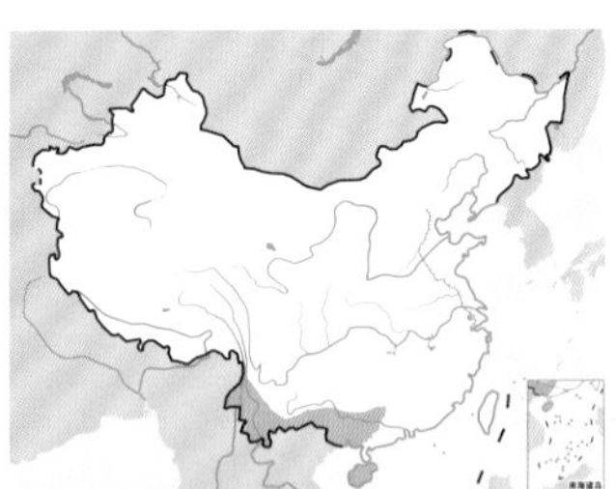

蓝须蜂虎。左上图沈越摄，下图田穗兴摄

彩虹蜂虎

拉丁名：*Merops ornatus*
英文名：Rainbow Bee-eater

佛法僧目蜂虎科

体长约 22 cm。头顶栗色，具宽的黑色贯眼纹；上背和翅绿色，下背和尾上覆羽蓝色；飞羽橙褐色；颏黄色，喉部有深栗色至黑色色带，腹部浅绿色至灰白色；尾深紫色至黑色，中央尾羽延长。分布于太平洋诸岛，在中国为迷鸟，仅见于台湾地区。IUCN 评估为无危（LC），《中国脊椎动物红色名录》评估为数据缺乏（DD）。

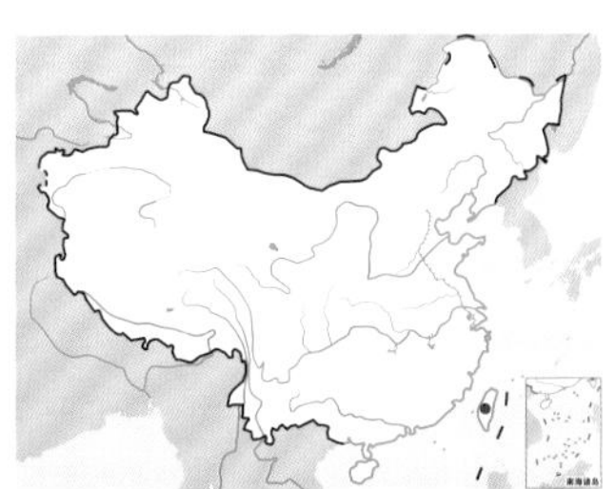

彩虹蜂虎

绿喉蜂虎

拉丁名：*Merops orientalis*
英文名：Green Bee-eater

佛法僧目蜂虎科

形态 体长 17～26 cm，体重 17～26 g。头顶至后颈棕色，有一黑色过眼纹；上体草绿色，尾上覆羽羽端沾蓝色；尾羽暗草绿色，羽干黑色，中央尾羽延长且端部狭细。颏绿蓝色，喉和胸橙绿色，前胸有一黑色半环形斑，下体余部淡蓝绿色；腋羽、翼下覆羽淡橙棕色。虹膜红色；嘴黑色；脚淡褐色。

分布 在中国仅分布于云南西部及南部。国外分布于非洲北部自塞内加尔至埃塞俄比亚、埃及，以及自阿拉伯到越南的南亚和东南亚各国。

栖息地 栖息于低海拔的开阔地，尤喜近水的沙地和农耕地。在云南的分布海拔为 350～1200 m。

习性 结小群活动，常立于枯枝、竹枝或者电线上，从栖处飞起捕食昆虫。

食性 主要以昆虫为食。

繁殖 繁殖期 4～7 月。在沙土壁上挖洞营巢，坑道直径约 3～4 cm，深约 0.5～2 m。多年利用同一块营巢地，集群营巢。双亲共同营巢、孵卵和育雏。

种群现状和保护 IUCN 和《中国脊椎动物红色名录》均评估为无危（LC）。在中国被列为国家二级重点保护动物。

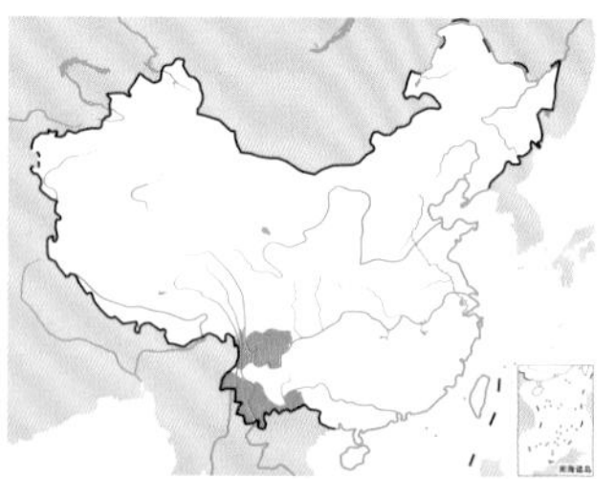

绿喉蜂虎。左上图张明摄，下图郭睿摄

栗喉蜂虎

拉丁名：*Merops philippinus*
英文名：Blue-tailed Bee-eater

佛法僧目蜂虎科

体长约 30 cm。头顶至上背绿色，具黑色过眼纹，过眼纹上下具蓝色边缘，腰和尾上覆羽蓝色；颏黄色，喉栗色，向腹部渐变为浅绿色；尾蓝色，中央尾羽延长。分布于南亚次大陆至中南半岛和东南亚诸岛，在中国分布于云南、四川西南部和东南沿海，包括海南和台湾。IUCN 和《中国脊椎动物红色名录》均评估为无危（LC），被列为中国三有保护鸟类。

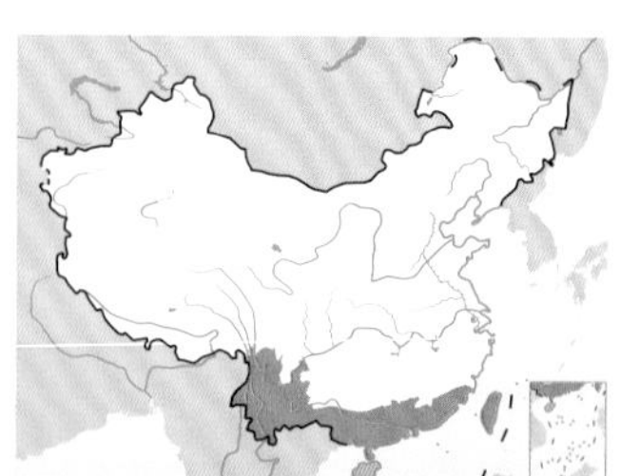

栗喉蜂虎。杜卿摄

在巢洞前飞翔的的栗喉蜂虎。杜卿摄

蓝喉蜂虎

拉丁名：*Merops viridis*
英文名：Blue-throated Bee-eater

佛法僧目蜂虎科

体长约28 cm。头顶及上背巧克力色，具黑色过眼纹；翅蓝绿色，下背至尾上覆羽蓝色；尾蓝色，中央尾羽延长；喉部蓝色，下体余部蓝绿色。分布于中国南部、中南半岛至东南亚诸岛，在中国分布于河南南部、湖北和长江中下游以南地区。IUCN和《中国脊椎动物红色名录》均评估为无危（LC），被列为中国三有保护鸟类。

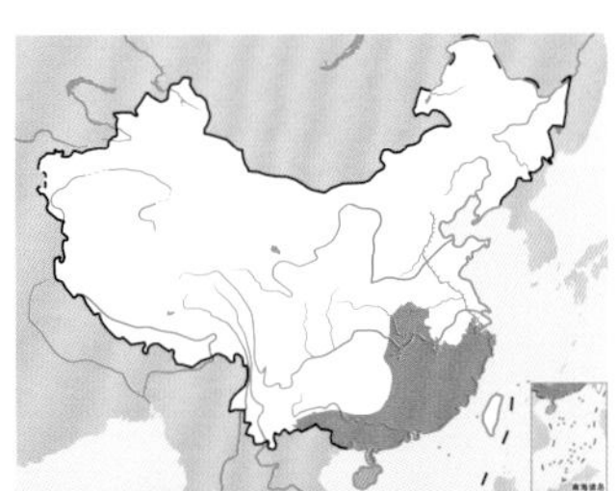

蓝喉蜂虎。左上图胡云程摄，下图张京明摄

正在交配的蓝喉蜂虎。杜卿摄

栗头蜂虎

拉丁名：*Merops leschenaulti*
英文名：Chestnut-headed Bee-eater

佛法僧目蜂虎科

形态 体长19～22 cm，体重25～30 g。额、头顶、颈及上背均浅栗色，眼先黑色，眼周杂有黑色；肩部及两翼亮绿色，羽缘渲染蓝色；飞羽有暗褐色先端，内 缘浅栗色；下背、腰及尾上覆羽浅蓝色；尾羽亮绿色，中央尾羽不延长，尾方形；颏、喉黄色；上胸具一道浅栗色和黑色相连的胸带，下胸黄绿色沾蓝色，至腹部及尾下覆羽转呈浅蓝色；腋羽及翼下覆羽浅栗色。雌雄相似。虹膜红褐色；嘴黑色；脚深褐色。

分布 在中国仅分布于云南。国外分布于中南半岛、斯里兰卡、安达曼群岛、爪哇岛及巴厘岛。

栖息地 栖息于低海拔热带森林中，有时也见于坝区、河流等附近的树枝上或停息在电线上。在云南的分布海拔为600～1300m。

习性 结小群活动，常立于枝头，在空中捕食昆虫。

食性 主要以昆虫为食，特别是蜂类。

繁殖 繁殖期4～6月。在林间河谷两岸的土壁上挖洞营巢，坑道直径5cm，深1～1.5 m，巢室大小约20 cm × 15 cm。窝卵数5～6枚，卵白色，近球形。雌雄共同参与筑巢、孵卵和育雏。

种群现状和保护 IUCN和《中国脊椎动物红色名录》均评估为无危（LC）。在中国被列为国家二级重点保护动物。

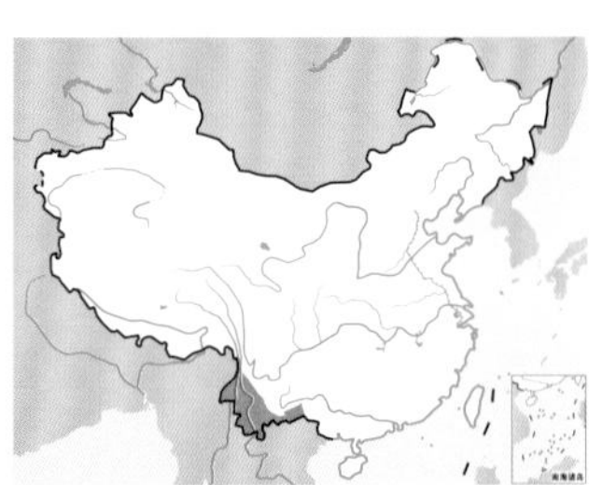

栗头蜂虎。刘璐摄

佛法僧类

- 佛法僧类指佛法僧目佛法僧科鸟类，全世界共2属12种，中国有2属3种
- 佛法僧类为中型鸟类，有亮丽羽色，多为蓝色或紫色，具有短且下弯的喙
- 佛法僧类常栖息于开阔林地及森林边缘，一些物种栖息于低地雨林或者它的边缘
- 佛法僧类多在树洞中营巢，有几种在白蚁巢内挖洞

类群综述

佛法僧类指佛法僧目佛法僧科（Coraciidae）鸟类，其下仅佛法僧属 *Coracias* 和三宝鸟属 *Eurystomus* 2 属，分别包含 8 种和 4 种。栖居于欧亚大陆、非洲、澳大利亚的温暖地带。中国有2属3种。

佛法僧类体长 25～40m，一般头部较大，颈部较短，跗跖短且弱，喙顶端为钩状，鼻孔较粗，羽毛光滑且有彩虹般的光泽，多为褐色、蓝色或紫色。

佛法僧类主要栖息于森林和林缘地带。常长时间停栖于近林开阔地的高大枯树上，偶尔起飞追捕飞虫，或向下俯冲捕捉地面猎物。飞行路线或上或下，飞行姿势怪异而笨重，常边飞边鸣。鸣声一般简单，缺乏婉转的歌声。

佛法僧类在洞穴中繁殖，在天然的树洞或在堤岸、山坡、坟墓、山路边的土壁等环境挖隧道为巢穴产卵。每窝产卵 3～6 枚，一般白色，无斑。雏鸟晚成性。孵卵、育雏大都由双亲分担。

佛法僧类仅一种分布于马鲁古群岛的翠蓝三宝鸟 *Eurystomus azureus* 被 IUCN 列为近危（NT）物种，其他均为无危（LC）。

棕胸佛法僧
Coracias benghalensis

蓝胸佛法僧
Coracias garrulus

三宝鸟
Eurystomus orientalis

左：雨中的三宝鸟。
唐文明摄

棕胸佛法僧

拉丁名：*Coracias benghalensis*
英文名：Indian Roller

佛法僧目佛法僧科

形态 体长 32～36 cm，体重 130～190 g。前额和颏淡棕白色，后额至枕淡蓝绿色，眉纹亮蓝色，眼先淡黑色，眼圈周围裸皮黄色；眼下至后颈、颈侧与背、肩、腰均呈褐色；尾上覆羽蓝色，中央尾羽暗褐色沾蓝色，其他尾羽基部暗紫色、端部蓝色，尾羽羽轴黑色；翼上小覆羽深紫蓝色，大覆羽淡辉蓝色，初级飞羽基部深紫蓝色、端部褐色，次级飞羽深紫蓝色而基部淡蓝色；喉至下胸葡萄褐色，喉部沾紫色并具淡蓝色羽轴纹；腹部以下淡蓝色。虹膜褐色；嘴黑色；脚黄褐色。

分布 在中国分布于西藏、四川和云南。国外分布于阿拉伯东部、尼泊尔、印度、孟加拉国至东南亚各国。

栖息地 栖息于较开阔的平原、耕地、牧场、荒山等多种生境。

习性 多单独或成对活动，休息时常栖于电线、枝头上，栖息时尾巴常上下摆动。在空中飞捕昆虫。

食性 以动物性食物为主，尤其喜吃昆虫，也有捕食小型蜥蜴、鸟类的记录，甚至会入水捕食鱼类。

繁殖 繁殖期 3～6 月，发情时雄鸟具有复杂的求偶行为。营巢在枯树洞或者建筑物、围墙、屋顶下的洞穴中，巢一般用草茎、树叶等堆积而成。每窝产卵 3～5 枚，卵白色，椭圆形。孵化期 17～19 天。雌雄均参与孵卵、育雏活动。

种群现状和保护 IUCN 评估为无危（LC），《中国脊椎动物红色名录》评估为近危（NT）。被列为中国三有保护鸟类。

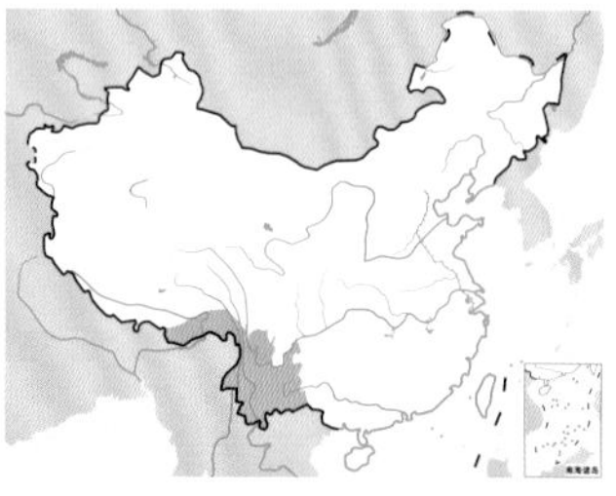

棕胸佛法僧。刘璐摄

蓝胸佛法僧

拉丁名：*Coracias garrulus*
英文名：European Roller

佛法僧目佛法僧科

体长约 31 cm。头、颈和整个下体为淡蓝绿色，背、肩红褐色，翅上小覆羽和内侧飞羽基部蓝色，其余飞羽黑褐色；尾黑色。繁殖于欧洲和北非，往东至中亚和阿尔泰山，越冬于非洲和印度。在中国仅见于新疆西部和北部，为夏候鸟。IUCN 评估为无危（LC），《中国脊椎动物红色名录》评估为近危（NT）。被列为中国三有保护鸟类。

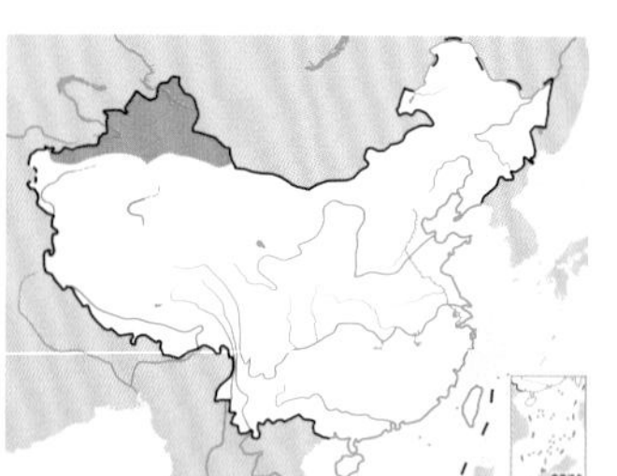

蓝胸佛法僧。左上图沈越摄，下图邢新国摄

蹲在巢洞口的蓝胸佛法僧。杜卿摄

三宝鸟

拉丁名：*Eurystomus orientalis*
英文名：Oriental Dollarbird

佛法僧目佛法僧科

形态 体长 26～29 cm，体重 107～194 g。头大而宽阔，头顶扁平，黑褐色；后颈至尾上覆羽蓝绿色；初级飞羽基部具一宽的天蓝色横斑，飞翔时甚明显；颏黑色，喉和胸黑色沾蓝色，具钴蓝色羽干纹，其余下体蓝绿色。虹膜暗褐色，嘴脚、趾朱红色，上嘴先端黑色，爪黑色。雌鸟羽色较雄鸟暗淡，不如雄鸟鲜亮。幼鸟似成鸟，但羽色较暗淡，背面近绿褐色，翼斑沾暗绿色；喉无蓝色；上喙黑色，嘴缘沾黄色；下喙中部近红色，两侧近黑色。

分布 分布于西伯利亚东部、东北亚、南亚、东南亚至澳大利亚。夏季遍布中国东部，向西至贺兰山、四川峨眉山和云南西部以及喜马拉雅山地，终年留居广东及海南，在台湾地区越冬。春季于 4～5 月迁到繁殖地，秋季于 9～10 月迁离繁殖地。

栖息地 主要栖息于针阔叶混交林和阔叶林，偏爱林缘路边及河谷两岸高大的乔木。常单独或成对栖息于山地或平原树林中，也喜欢在林区边缘空旷处或林区里的开垦地上活动。

习性 喜栖息于山坡高大树木的顶枝上，特别喜欢静立于光秃的枝头，也喜到火烧过的树木枯枝上和林间开阔地的零散树木上停息，久停不飞，受惊扰时则转移至附近的大树上。偶尔起飞追捕过往昆虫，或向下俯冲捕捉地面昆虫或蜥蜴。飞行路线颠簸不定，缓慢笨重，还不时翻动身体前进。长长的双翼均匀而有节奏地上下鼓动，有时又急驱直上，或者急转直下，胡乱盘旋或拍打双翅。有时三两只鸟于黄昏一道翻飞或俯冲，求偶期尤甚。因其头和喙看似猛禽，有时遭成群小鸟的围攻。飞行或停于枝头时作粗声粗厉的“kreck—kreck”叫声。

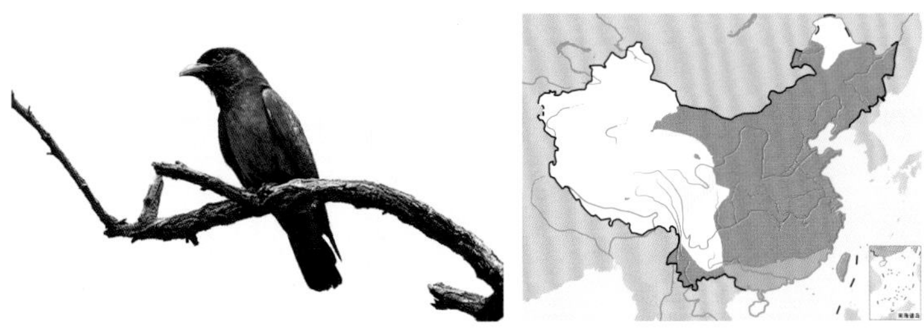

三宝鸟。左上图为成鸟，张明摄；下图为亚成鸟，杜卿摄

捕食昆虫的三宝鸟。李志刚摄

食性 食物以昆虫为主。觅食时常在空中来回旋转，速度较快。猎获昆虫之后返回原来的枝椏停息。很少到地面觅食。

繁殖 繁殖期 3～5 月。配偶间以漂亮的求偶飞行闻名。求偶时，通常配偶选定一棵高枝栖息，雄鸟突然向上空直冲，而后翻转直下至栖位之下，然后又上升回落到栖息位点。迁抵繁殖地约 40 天后开始产卵。初抵繁殖地时，因激烈争夺领域，其飞行最频繁，4 月下旬至 5 月中旬活动频率达到最高值，此后下降至孵卵期达到最低值，育雏期又回升到较高水平。巢址多为距地面 8～10 m 以上的树洞、崖壁或岩石窟窿，亦利用啄木鸟或喜鹊等鸟类的废弃旧巢。洞中常垫有木屑和苔藓，有的还垫有干树枝和干树叶。每年繁殖 1 窝，每巢产卵 3～4 枚。卵白色，具有光泽，个别有灰色斑，大小为 35.5 mm × 29.0 mm。雌雄亲鸟共同孵卵育雏。雏鸟约 28 天后离巢，第 3 年才开始繁殖。

种群现状和保护 分布范围广，全球种群规模尚未量化，但被报道频繁出现于其分布区域。IUCN 和《中国脊椎动物红色名录》均评估为无危（LC），被列为中国三有保护鸟类。

翠鸟类

- 翠鸟类指佛法僧目翠鸟科鸟类，全世界共18属93种，中国有7属11种，部分种类在森林水域附近中活动
- 翠鸟类头大、颈短，喙粗壮且长直，脚细弱，并趾型，羽色以绿色、蓝色、红色为主
- 翠鸟类大多栖息水域附近捕鱼为生，也有的栖息于森林或沙漠中以陆生动物为食
- 翠鸟类大多为单配制，主要在土壤中凿洞营巢，雏鸟晚成性

类群综述

翠鸟类为中小型攀禽，身体胖墩墩的，身体大多长着翠绿或湛蓝的羽毛，显得比较美丽，喙、脚的颜色也比较鲜艳，因此给人的第一感觉就是鲜明的色彩对比，仿佛是一块能够飞翔的碧玉。

它们的共同特征为头大、颈短，喙粗壮而长直，先端尖；鼻孔小，并为额羽所掩盖；翼较短圆，初级飞羽11枚，第一枚短小；尾羽短圆，大都为10枚；跗跖前缘被盾状鳞，后缘被网状鳞；脚较短而细弱，三趾向前，一趾向后，外趾和中趾的大部分相并连，内趾与中趾仅基部并连，称为并趾型；爪曲锐利；尾脂腺裸出。

翠鸟类隶属于佛法僧目翠鸟科（Alcedinidae），全世界共有18属93种，分布于全球热带和温带地区。中国有7属11种，几乎遍及全国各地。翠鸟类可以分为水栖和林栖两大类，水栖种类离不开淡水水域，主要栖息在池塘、沼泽和溪流等水体清澈的环境中，是捕鱼的高手，所以在中国俗称为鱼虎、鱼狗等；林栖种类主要栖息在新几内亚岛屿上的树林里，以及澳大利亚较为干旱的地带，它们以森林和沙漠里的小型动物为食，如小蛇、蜥蜴、昆虫和蜗牛等。

形态 翠鸟类体长10～45 cm，体重8～500 g。雌鸟在很多情况下略大于雄鸟。雌雄鸟在大部分种类中相似，在少数种类中有明显差异。

虽然翠鸟类的羽毛着色多样，但一般还是以蓝色和红色为主，一般体羽上体为天蓝色，下体为淡红色。肩和腰部通常为富有光泽的天蓝色，背和头顶为深色，中间由白色或浅色的颈羽分开。也有浅蓝、深蓝、绿色、棕色、白色和黑色等羽色，喙和腿为朱红色、褐色或黑色。幼鸟通常着色明亮，但与成鸟相比仍略逊一筹。

栖息地 大多在森林中的水域岸边栖息。也有一些种类栖息于雨林的纵深腹地、远离水域的林地以及沙漠、荒原、草原、海滩、花园等其他环境。有几个种类为候鸟，其中既有在温带—热带之间迁徙的种类，也有完全在热带地区内迁徙的种类，而其他大多数种类则为留鸟。

习性 常呈单个或成对活动于河流、湖沼的沿岸地带，或沿水面呈直线飞行，有时在临近河边的小树低枝上停栖。鸣声为清脆的鸣啭，节奏渐缓、音调渐降，也会发出单独一声响亮、刺耳的叫声。有时叫声很弱，显得比较安静。

食性 主要以鱼类和水栖昆虫等为食，也吃陆地上的节肢动物和小型脊椎动物。它们均拥有出色的视力。而善于在水下捕鱼的种类还能够克服两个特殊的视觉问题，即光的折射和反射。它们的眼睛在眼眶内的活动范围有限，因此主要是通过快速、灵活地转动整个头部来弥补这一缺陷，从而搜索跟踪运动迅速的猎物。

翠鸟类的每只眼睛里都有2个中央凹视网膜的凹陷入，聚集着大量的感光视锥细胞，拥有非常好的彩色视觉，而且它们的视野在正面重叠，每只眼睛的其中一个中央凹用于双目视野，另一个中央凹用于形成头部一侧的单目视野。它们在捕鱼的时候，先通过单目中央凹上的成像发现猎物，然后头部像平常那样调整角度至60°（喙向下），同时头微微转动，使猎物的像成在一只眼或两只眼的双目中央凹上，从而精确计算出猎物的距离。例如，普通翠鸟

左：翠鸟类在土壁上凿洞繁殖，图为带着食物站在巢洞口准备回巢育雏的蓝翡翠，艳丽的蓝色体羽和粗壮的红色喙在灰暗土壁映衬下格外醒目。唐文明摄

在入水的那一瞬间，会将翅膀围绕肩关节向后转动，同时眼睛由覆盖的一层薄膜保护起来，这意味着它在随后的捕猎过程中依靠触觉来决定何时咬住猎物。然后，它们像箭一样进入水中，在用上下喙擒住猎物的那一刻通过翅膀减速制动，随即缩颈、转身、出水、飞入空中，然后再沿原路返回。

任何类型的鱼都会成为它们的捕猎对象。一般而言，较大的翠鸟类栖于更高的栖木上，潜入水下也更深，而猎物的大小与它们自身的体形和喙长成正比。

繁殖 大部分翠鸟类都是单配制，具有领域性，一对配偶维护沿着河边的一片林地，不许其他同类入侵。大多数种类在出生后的第 1 年年末就开始繁殖，寿命都相当长。翠鸟类的求偶方式很特殊，雄鸟会寻找机会向雌鸟赠送“礼物”——鱼。通常雄鸟会带上捕到的鱼去见雌鸟。雄鸟先将鱼扔到树上或岩石上，待鱼奄奄一息后，再将鱼叼起来送给雌鸟，并且鱼头一定要向着雌鸟，这样做是方便雌鸟将鱼吞食下去。雄鸟的求偶仪式非常完美，其演技丝毫不逊色于人类。翡翠类则具有领域炫耀表演行为，在显眼的栖木上高声反复鸣啭，展开双翅露出有斑纹的内面，同时沿竖直轴方向转动身体。

主要在土壤中凿穴营巢，也会利用地面或树上的白蚁窝，或者营巢于树洞中。雌雄鸟共同挖掘巢穴。每窝产卵 2 ~ 7 枚。卵白色，重 2 ~ 12 g。孵化期 18 ~ 22 天，卵按产时的顺序隔日孵化，因此一窝雏鸟往往体形不一。雏鸟为晚成性，留巢期为 20 ~ 30 天，雄鸟和雌鸟共同孵卵和育雏。对刚孵化出来的雏鸟，亲鸟会给它们喂食一些小鱼，随着雏鸟渐渐长大，喂食的鱼个头也在变大。出生 1 周后，雏鸟就能囫囵吞下与自身同样大小的鱼。

种群状态与保护 对于经济利益方面来说，翠鸟类与人类基本上没有直接的冲突。作为食鱼鸟，只有极少数种类有时在人类的捕鱼区被视为害鸟而遭到迫害。通常，翠鸟类会受到人们的尊重，甚至赞美。但是，人类也经常对它们造成伤害。例如，常有翠鸟类被人们击落或网捕，在西方甚至用它们的羽毛来做钓鱼的浮标。早年在英国等西方国家，还有人认为在屋里放一具干化的翠鸟尸体可以避雷和防蛀；在中国，采用翠鸟的羽毛进行“点翠”是一项传统的金银首饰制作工艺，导致了许多翠鸟被杀害。人们的迷信行为或者对于点翠首饰的热爱，几乎给翠鸟类带来了灭顶之灾。

如今，人类对翠鸟类的危害更多的是对于栖息地的破坏，包括淡水水域的污染和森林，特别是热带雨林。此外，现代社会中电子垃圾的拆解活动已造成了多氯联苯 (PCBs) 的严重污染，由于翠鸟类对 PCBs 具有生物放大效应，电子垃圾拆卸已经对翠鸟类的生存构成了严重的威胁。因此，对于翠鸟类的保护工作仍然任重道远。

蓝翡翠 *Halcyon pileata*

普通翠鸟 *Alcedo atthis*

蓝翡翠

拉丁名：*Halcyon pileata*
英文名：Black-capped Kingfisher

佛法僧目翠鸟科

形态 雄鸟体长28～31 cm，体重64～110 g；雌鸟体长25～31 cm，体重64～115 g。额、头顶、头侧和枕部黑色，眼下有一白色斑；后颈白色，向两侧延伸与喉、胸部的白色相连，形成一宽阔的白色领环；背、腰部和尾上覆羽钴蓝色；尾钴蓝色，羽轴黑色；翅上覆羽黑色，形成一大块黑斑；初级飞羽黑褐色，具蓝色羽缘，外侧基部白色，内侧基部有一大块白斑，其对应处的外侧具一淡紫蓝色斑；次级飞羽内侧黑褐色，外侧钴蓝色；颏、喉、颈侧、颊和上胸白色，胸部以下包括腋羽和翼下覆羽为橙棕色。虹膜暗褐色；喙珊瑚红色；脚和趾红色，爪褐色。

分布 在中国分布于北京、天津、河北、山西、内蒙古、黑龙江、吉林、辽宁、山东、江苏、上海、浙江、台湾、福建、江西、安徽、河南、湖北、湖南、广东、香港、澳门、海南、广西、贵州、云南、四川、重庆、陕西、宁夏、甘肃等地，其中在东北为夏候鸟，其他地区均为留鸟。国外分布于朝鲜、缅甸、中南半岛各国、泰国、马来半岛、印度尼西亚和菲律宾等地。

栖息地 主要栖息于森林中的溪流，以及山脚与平原地带的河流、水塘和沼泽及其附近地区。

习性 常单独或成对活动。多站于水域岸边电线杆上或较为稀疏的树木枝杈上，有时也站于岸上或岸边石头上注视着水面，伺机猎取食物。飞行迅速，常贴水面低空直线飞行，边飞边叫。鸣声嘹亮，为单音节的"jiu，jiu，jiu，jiu"声。晚间到树林或竹林中栖息。

食性 主要以小鱼、虾、蟹和水生昆虫等水栖动物为食，也吃蛙和蜻蜓目、鞘翅目、鳞翅昆虫及幼虫。在繁殖期，育雏前期以昆虫、河蟹、河虾为主，后期可见青蛙等。

常在山麓地带的河流、池塘、水库附近多树处觅食。一般先停留在茂密的水平树枝上，发现食物后，急速飞下捕食，然后飞回树上。

繁殖 繁殖期5～7月。巢址选择在林木茂密、有溪流的地域，巢区林木有板栗、枫杨、杨树、刺槐、赤松、油松、侧柏等。洞上土层生长有苔草、中华卷柏、蒿类、黄荆等。筑洞于陡峭土坎上或河谷陡峭石崖上的土层中，分为土坎型和石崖型。也有的筑于泥岸的隧道中或河流的堤坝上。雌雄亲鸟共同营巢，自己用喙挖掘隧道式的洞穴，历时7～10天。巢洞内光滑无铺垫物，卵直接产在巢穴地上。洞深30～90 cm，末端扩大为直径10 ～ 15 cm的巢室。有趣的是，在它们弃用的旧巢中，常有褐家鼠、大山雀等利用居住。

每窝产卵3～6枚。卵大小为31.32（30.10～33.29）mm×27.22（26.50～28.44）mm，重12.41（10.90～13.40）g。产完卵2天后开始孵卵。孵化期20天。雌雄亲鸟共同孵卵，以雌鸟为主，抱孵性强，孵卵时身体方向与巢洞垂直。离巢时急速飞出，进巢时从不直接进巢，而是先飞至洞前树枝或大石块上，然后快速进巢。

雏鸟出壳时，先从卵钝端啄破，啄去卵壳的1/2。育雏期19天。双亲共同育雏，护雏性强。雏鸟粪便排在隧道中。1日龄眼泡黑褐色，嘴先端白色，其余为肉红色，能发出短急的"de-jiu"叫声，全身裸露无绒毛。5日龄眼尚未完全睁开。7日龄卵齿尚未消失，颈和胸侧为天蓝色羽鞘"介"字形排列，枕、喉、领羽鞘棕白色。9日龄初级飞羽4枚先端1/4灰蓝色，其余为白色，眼睁开。15日龄初级飞羽4枚羽片基部1/2白色，其余为黑色，腹羽片棕红色。17日龄颈背羽片白色形成项圈，初级飞羽5枚先端黑色，基部2/3白色，组成白斑，次级飞羽羽片外侧蓝色，内侧黑色，各羽区看不到裸区，喙先端为橘黄色，其余为褐色。

种群现状和保护 IUCN和《中国脊椎动物红色名录》均评估为无危（LC），被列为中国三有保护鸟类。在中国只有少数地区尚较普遍，但也需要严格保护。

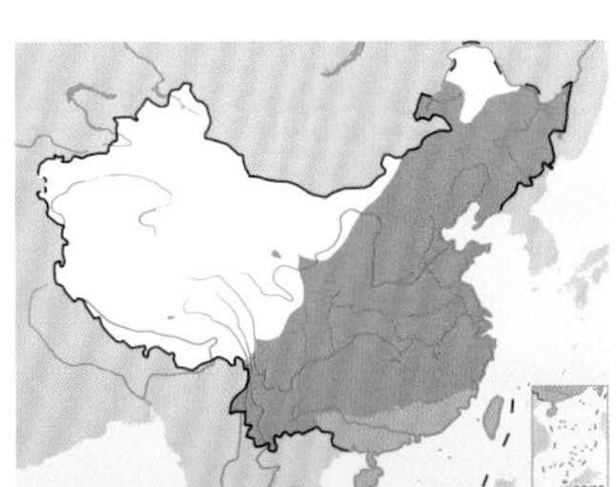

蓝翡翠。唐文明摄

刚离巢的蓝翡翠幼鸟正在抖动羽毛。唐文明摄

普通翠鸟

拉丁名：*Alcedo atthis*
英文名：Common Kingfisher

佛法僧目翠鸟科

形态 雄鸟体长 15～18 cm，体重 24～32 g；雌鸟体长 16～18 cm，体重 23～36 g。雄鸟前额、头顶、枕和后颈为黑绿色，密被翠蓝色细窄横斑，眼先和贯眼纹黑褐色，前额侧部、颊、眼后和耳覆羽栗棕红色，耳后有一白色斑，颧纹翠蓝绿色，背至尾上覆羽辉翠蓝色；翅上覆羽暗蓝色，并具翠蓝色斑纹，两翅折合时表面为蓝绿色；颏、喉白色，胸部灰棕色，腹部至尾下覆羽红棕色或棕栗色，腹部中央有时较浅淡。雌鸟上体羽色较雄鸟稍淡，多蓝色，少绿色，头顶也不为绿黑色而呈灰蓝色，胸、腹部棕红色，但较雄鸟淡，且胸部无灰色。虹膜土褐色；喙黑色，雌鸟下喙橘红色；脚和趾朱红色，爪黑色。

分布 在中国各地均有分布，其中在东北和内蒙古为夏候鸟，其他地区为留鸟。国外分布于欧洲、亚洲和非洲北部一带。

栖息地 主要栖息于森林或树林附近的水域周边。

习性 常单独活动，一般多停栖在河边树桩和岩石上，有时也在临近河边小树的低枝上停栖。经常长时间一动不动地注视着水面，一见水中鱼虾，立即以极为迅速而凶猛的姿势扎入水中捕捉。有时也鼓动两翼悬浮于空中，停留时间每次为 5～15 秒，同时低头注视着水面，见有猎物即刻直扎入水中，很快捕获而去。通常将猎物带回停栖地，在树枝上或石头上摔打，待鱼死后，再整条吞食。有时也沿水面低空直线飞行，飞行速度甚快，常边飞边叫。

洗澡清洁、梳理羽毛是其重要的日常活动之一，不论是筑巢、孵卵、育雏、还是捕鱼归来，它们总是时刻注意保持自己身体的清洁。洗澡通常有固定地点，在水中潜水几次，水花四溅，转瞬又飞上枝头。洗完澡后，它们会在枝头抖落羽毛上的水滴，伸展翅膀，梳理羽毛，做出各种舒展的姿势。由于尾部有油脂腺，它们会用喙涂抹油脂在羽毛上，借此可在水中捕鱼而羽毛不湿。

食性 主要以小型鱼类以及虾、蛙和贝类等水生动物为食。捕食路线通常是固定的，在繁殖期，捕食和休息地离巢较远，最远的可达 100 m 以外，最近的也有 50 m。

它们潜水捕鱼的能力很强，一般首先在水面上找到有利的观察点，比如水面挺立的树枝和木桩，站立在上面观察；在没有树枝的水面上，它们亦会鼓动两翼悬停于空中，低头注视水里的状况，一旦发现水中有鱼靠近，便将双翅夹在两肋中以减少水的阻力，并以迅雷不及掩耳之势突入水中，像猛禽一样纵身扑过去。如果捕到鱼后贴着水面一闪就飞走了，这往往是要赶回去喂小鸟，或是受到干扰；大多数时间里它们则是回到树枝或岸边石头上开始慢慢享用：先猛烈地摇脑袋直到把鱼摇晕，或者用喙将鱼往树干上撞，将鱼撞昏，然后像演杂技一样用喙将鱼调过来，让鱼头对着自己的喉咙，最后慢慢地吞下去。

由于通常将食物整体吞下，为此演化出了一种适应性的消化行为，对于难于消化的鱼骨和鱼鳞，它们会通过反刍将其变成球状吐出喉咙。这是一个很奇特的现象，即便是刚出壳开始进食的雏鸟也具备这样的本领。

繁殖 繁殖期 5～8 月。每年 3 月下旬即开始成对活动，求偶的地点较为固定，雄鸟向雌鸟靠近而未受反对时，即上下伸缩头，长喙斜向上，向上伸头时伴有鸣叫。伸缩频率约为 10 次 / 分钟，3～4 分钟后，雌鸟如果无动于衷，雄鸟便用翅膀碰击雌鸟，初时雌鸟一般给予反击并飞走，雄鸟则随即追去。几天后，雌鸟不再反击，而是以同样的动作回报雄鸟，此时配偶正式形成。雄鸟在交配期间还要给雌鸟“献礼”，即捕获食物送给雌鸟。“献礼”地点一般就在求偶地点，也是交配地点。雌鸟看到雄鸟衔鱼飞来时，开始点头摇尾，神态激动，雄鸟衔鱼落在不远处，用力甩动鱼，直到鱼不挣扎了才飞到雌鸟身边，将鱼递到雌鸟口中。之后，雄鸟头喙笔直朝天不动，几分钟后飞走，雌鸟则吞食了礼物。交配时，雌鸟站在树枝上或电线上，雄鸟飞落雌鸟背上，不用喙衔雌鸟羽毛即可保持平衡，雌鸟尾上翘，雄鸟尾下压，几秒后完成

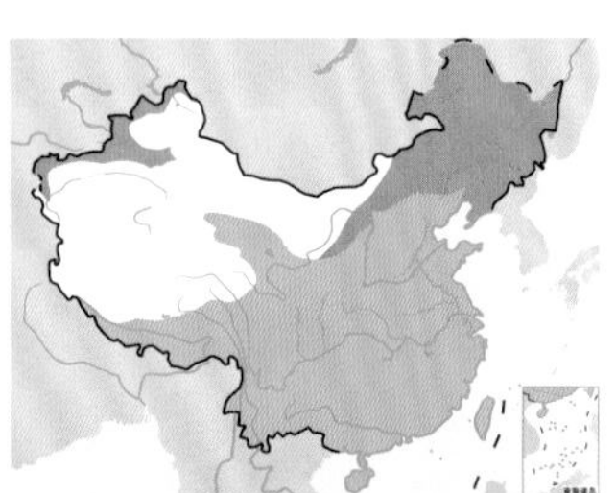

普通翠鸟。左上图为雌鸟，林剑声摄；下图为雄鸟，杨微倩摄

巢洞内刚孵出的普通翠鸟雏鸟和暖雏的雌鸟。唐文明摄

交配，雄鸟飞走，雌鸟则留在原地。

雄鸟在整个繁殖期内都鸣叫。平时低空飞行时鸣声似“ji，ji，ji……”为单声，清脆，很远就能听见；而在靠近巢洞或雌鸟时，鸣声变得急促，似“ji，jia，ji，jia……”或“ji-ji-ji……”

通常营巢于水域岸边或附近陡直的土岩或沙岩壁上，崖壁基本上是光滑无草的，与下面的地面或水面垂直，光滑面的长度均在 2 m 以上。这种地形能有效地避开蛇等天敌的威胁。巢所在的断面基本上是黄土质，松软，易于啄洞。

雌雄共同确定巢位后开始一起啄洞营巢。一般由早晨开始，先在崖壁上用喙啄一小窝，然后用脚抓住窝沿，再往深处啄，不断地用喙啄洞，用脚往洞口处扒土，雌雄亲鸟轮流交替，每只啄 30 秒至 4 分钟即飞到一旁歇息，由另一只继续。在洞旁两鸟各有一固定停立点，一般啄上 10～20 分钟后，双方便飞去捕食、休息，然后回来继续啄洞。完成一个巢洞需要一天左右的时间。

洞为圆形，呈隧道状，洞口直径为 5～8 cm，洞深 50～70 cm。绝大部分洞口上面都有稍向前凸出的土包，能防止地表水流入洞中，也能遮雨。洞末端扩大成直径 10～15 cm，高 10cm 的巢室，巢室内无任何内垫物，仅有些松软的沙土。1 年繁殖 1 窝。每窝产卵 5～7 枚，卵近圆形或椭圆形，白色，光滑无斑。大小为（20～21）mm×（17～19）mm，卵重 3.2～4.0 g。雌雄亲鸟轮流孵卵，孵化期 19～21 天。

雏鸟晚成性。刚出壳的雏鸟全身无羽裸露，眼未睁开，后腹膨大，头能微微抬起，能慢慢爬动。育雏由双亲共同承担，全天育雏高峰出现 3 次，分别在 9:00～10:00、11:00～12:00、18:00～19:00。育雏期间亲鸟性情机警，外出捕食回来时都要在巢边的土坎或树枝上不停地张望，当确认安全后迅速飞入巢内，喂雏后出巢直接飞走。育雏期亲鸟整天都在忙碌。雏鸟食物大部分为小鱼，还有少量的河虾，食物比较单调，不易捕捉，所以亲鸟必须整天捕食哺育雏鸟的成长。

雏鸟 1 日龄眼未睁开，头微微抬起。3 日龄可艰难爬行。5 日龄翅长出羽椎，颈上背有一条黑线。7 日龄上背的黑线长出羽椎，眼微睁。9 日龄眼睁开，两胁长出褐色羽椎，翅长出 10 mm 的羽椎。11 日龄喙黑灰色，全身密布黑灰色的羽椎，尾长出羽椎。13 日龄耳羽长出，为淡褐色，耳羽后面长出乳白色羽椎。15 日龄羽椎破裂，颈、上背为灰黑色，腹部淡褐色，能站起。17 日龄全身披羽，与成鸟接近。19 日龄体羽基本与成鸟相同，能飞行。21 日龄及以上可离巢飞翔。

种群现状和保护 IUCN 和《中国脊椎动物红色名录》均评估为无危（LC），被列为中国三有保护鸟类。在中国分布范围广，数量尚较普遍，但也需要严格保护。

拟啄木鸟类

- 拟啄木鸟类是指啄木鸟目的部分鸟类，包括4科20属93种，分布于亚洲、非洲和美洲，中国有1属9种
- 拟啄木鸟类头大颈短，身体厚实，嘴粗短，鼻孔为嘴须所掩盖，羽色艳丽
- 拟啄木鸟类大多栖息于森林中，主要以植物和昆虫为食
- 拟啄木鸟类为洞穴营巢者，单配制，雌雄亲鸟共同凿洞为巢、孵卵和育雏，有的表现合作繁殖

类群综述

顾名思义，拟啄木鸟类是啄木鸟类的近亲，在形态、习性等方面与啄木鸟类也有很多相似之处，其名称也由此而来。它们是一类中小型的攀禽，隶属于啄木鸟目（Piciformes，也称䴕形目），包括分布于亚洲的拟啄木鸟科（Megalaimidae，也称拟䴕科）、分布于非洲的非洲拟啄木鸟科（Lybiidae）、分布于美洲的巨嘴拟啄木鸟科（Semnornithidae）和须䴕科（Capitonidae），这几个科在传统分类系统中被并置于同一个科——须䴕科（Capitonidae）下，过去也有人把须䴕科称作拟啄木鸟科，而新的分类系统将传统的须䴕科分成了 4 个独立的科，其中仅 Megalaimidae 在中国有分布，鸟类学家也就将“拟啄木鸟科”这个中文名给了 Megalaimidae，因此如今已不宜再将须䴕科称为拟啄木鸟科，以免造成混淆。

拟啄木鸟类的主要特点是头大颈短，体形壮硕，羽毛色彩灿烂、艳丽。它们的嘴形粗短，嘴峰圆钝而弯曲，不像啄木鸟那样呈凿形，这也是它们与啄木鸟类最明显的区别之一。另外，它们的初级飞羽、尾羽均为 10 枚，也不同于啄木鸟类。

左：拟啄木鸟类头大颈短，通常活动略显笨拙，但它们艳丽的羽色足以让人忽略其体态的笨重。有些种类因其集于黄色、红色、黑色、蓝色、绿色为一身又被称为“五色鸟”。它们多为单配制，雌雄亲鸟共同凿洞为巢、孵卵和育雏。图为一对正在合力凿洞的台湾拟啄木鸟。张俊德摄

右：发达的嘴须是拟啄木鸟类的标志性特征。图为从树洞中探出头来的台湾拟啄木鸟，嘴四周的嘴须十分清晰。张俊德摄

拟啄木鸟类的一个标志性特点是嘴须非常发达。大部分拟啄木鸟类在嘴裂、下腭和鼻孔周围都长有嘴须（也叫鼻须），有的形成须丛。在某些非洲的种类中，嘴须特别长，甚至超过了喙的长度；而亚洲的许多种类鼻孔都被嘴须所掩盖。这也是它们在传统分类系统中统一被归在须䴕科的原因。

拟啄木鸟类大约有 20 属 93 种，分布于世界上的热带、亚热带地区，包括非洲的中部和南部，即撒哈拉沙漠以南地区，亚洲的巴基斯坦、印度、斯里兰卡东部至中国南部、菲律宾、印度尼西亚西部、巴厘岛等南亚和东南亚一带，以及北美洲的哥斯达黎加至南美洲北部等地区。其中非洲有 11 属 42 种（均属非洲拟啄木鸟科），美洲的 3 属 17 种（巨嘴拟啄木鸟科 1 属 2 种、须䴕科 2 属 15 种），东南亚有 2 属 34 种（均属拟啄木鸟科）。中国有 1 属 9 种，主要分布于长江以南。

与亚洲和美洲的种类相比，非洲的拟啄木鸟类在体形、喙形和着色模式等方面分化得更加多样。对非洲干旱栖息地的适应，更促成了地拟啄木鸟类和其他一些种类的出现。而亚洲和美洲热带地区的拟啄木鸟主要为树栖性，平均体形更大，也更善于鸣叫。

形态 拟啄木鸟类为中、小型攀禽，体长 9～33 cm，体重 7～295 g。身材紧凑、厚实，头相当大；头骨为雀腭型，两锁骨连成叉骨，胸骨有一简单外棘，后缘具双缺刻；腿部肌肉缺副股尾肌；喙坚强而大，宽厚、粗壮而结实，呈锥形，微向下弯曲，上喙略长于下喙，喙尖锐利。在较大型的种类中，喙尤为强健。在斑拟啄木鸟属 *Buccanodon* 和

须拟啄木鸟属 *Capito* 的种类中，喙缘成锯齿状，有助于它们攫住食物；而巨嘴拟啄木鸟 *Semnornis ramphastinus* 和尖嘴拟啄木鸟 *S. frantzii* 的上下喙之间形成一道明显的缝隙。颊部和嘴基有长而发达的刚毛，称为嘴须。鼻孔位于嘴基部，并为羽毛或嘴须所掩盖。两翅呈椭圆形，初级飞羽 10 枚，第 1 枚初级飞羽最短，具有第 5 枚次级飞羽；尾为平尾或圆尾，尾羽 10 枚；跗跖较短而强健，前后缘均被盾状鳞，与它们的近亲巨嘴鸟、啄木鸟等一样，每只脚上的二、三趾向前，一、四趾向后，为对趾型。

拟啄木鸟类体羽较鲜艳，大多为绿色，并缀有蓝色、红色、黄色等色彩；喉和胸部两侧羽毛呈交叉状，向两侧分开。亚洲种类体羽以绿色为主，头周围有黄色、蓝色、红色和黑色斑纹；非洲种类主要为褐色或绿色，常常有大量白色、黑色、红色和黄色的点斑或条纹；美洲种类主要为黑色、橄榄色或绿色，带有部分白色、红色、黄色、灰色和蓝色斑纹。大部分美洲种类雌雄差别明显，其他地区的种类则绝大多数为雌雄相似。

中国的拟啄木鸟类体羽一般为绿色。鼻孔或者被羽毛和鼻须掩盖，或者裸露；嘴强大，基部膨胀，嘴峰圆状，有时半圆，但并不隆起；嘴基周围一般环绕着中等长度的嘴须，有些种类嘴须几乎延伸至嘴的尖端；翼圆；尾为平尾或凸尾；眼周有裸斑。雌雄相似。

栖息地 拟啄木鸟类主要栖息于亚热带和相邻温带地区的原始森林和次生林、种植园等多种林地和灌丛地区，包括非洲的部分稀树干旱栖息地。

习性 拟啄木鸟类大多为留鸟，只有生活于中国和喜马拉雅山脉的少数亚洲种类会进行迁徙。有些种类还会因降雨或食物来源等因素的变化而进行局部的迁移。它们平时更多见于叶簇中，而非树干上，其较短的尾羽可在凿穴时作支撑物。大型的拟啄木鸟行动略显笨重，但中小型种类则身手敏捷，觅食时如山雀类一般灵活。由于它们的翅短而圆，故飞行时显得笨拙而缓慢，更不适于进行长途飞行。地拟啄木鸟类在活动时以不很优雅的跳跃为主。

大部分拟啄木鸟类都具有很强的领域性。它们对同一种类的其他成员以及啄木鸟类等其他的洞穴营巢鸟、响蜜䴕，还有食果类的竞争者等，都富有攻击性。亲鸟和后代通常栖息在一起，但在某些种类中，雏鸟在出生数天后便独立生活，而当亲鸟准备再次繁殖时它们会被逐出领域。

它们的鸣声大多为单音节“砰”的声音或一连串类似雁鸣或吹笛的鸣声，节奏较快，且具重复性。由于分布广泛且常见，在非洲大部分地区都能很容易地听到它们这种反反复复，甚为单调的鸣声。有些非洲和亚洲的种类还因这种反复性的鸣声很像刺耳的金属声，被俗称为“补锅鸟”或“铜匠鸟”。不过，它们有时也能发出悦耳的口哨声及其他鸣啭。

拟啄木鸟类还具有奇特的齐鸣现象，而且在三个大陆的不同种类中都很普遍，可用以保持配偶关系、调节群内成员关系和维护领域。其中，用于配偶之间或群居成员之间交流的齐鸣声比较柔和，传播距离也比较近；而针对对手或相邻群体的齐鸣声则更为响亮，传播距离也比较远。齐鸣见于一年内各个季节，在繁殖期更为繁密。有时，一个群体内成员的齐鸣会随即得到其他成员的响应，然后引发更多的齐鸣和群体之间的互动，从而会出现接连数天齐鸣声此起彼伏的壮观现象。

食性 拟啄木鸟类主要以植物和昆虫等为食。大部分种类的舌端成笔尖状，适于摄取果实、果汁、花瓣、花蕾和花蜜，还有一些种类会用一只脚来帮助拿稳果实。比较大的果核会被它们吐出，而且有些种类取食的果实往往会在从树上采撷下来后掉落在地面上。因此，拟啄木鸟类为许多森林树木种子的散布做出了一定的贡献。

几乎所有的种类都会给刚孵化的雏鸟喂食昆虫。还有些种类则经常取食昆虫，这些昆虫既有在空中飞行的，也有聚集在地面的，包括白蚁、蚂蚁、甲虫、蝗虫等。例如，斑拟啄木鸟属的种类会将喙探进树上白蚁窝的洞口来捕食白蚁；而东非拟啄木鸟 *Trachyphonus darnaudii* 为高度食虫性，常在低矮的灌木及地面觅食；红头拟啄木鸟 *Eubucco bourcierii* 则在落叶层寻觅昆虫和蜘蛛等。难以消化的昆虫残骸会被它们吐出，而绿拟啄木鸟 *Psilopogon lineatus* 等少数种类会将某处特定的地方弄干净作为“砧板”，用来去除大型昆虫的翅和腿，然后再食用或喂给雏鸟。体形较大的一些拟啄木鸟类偶尔也会捕食蛙、蜥蜴和小鸟等动物性食物。无论是食果类还是食虫类的拟啄木鸟，都经常会与其他种类的鸟类组成混合群体进行觅食。

A	B
C	D

A 拟啄木鸟类主要取食植物果实和昆虫。图为正在取食果实的金喉拟啄木鸟。吴秀山摄

B 在繁殖期，拟啄木鸟类会更多地捕捉昆虫育雏，以便为雏鸟提供更充足的营养。图为捕食熊蝉的台湾拟啄木鸟。张俊德摄

C 拟啄木鸟类通常在树洞中繁殖，图为正在育雏的台湾拟啄木鸟。张俊德摄

D 台湾拟啄木鸟亲鸟将巢中雏鸟的排泄物和木屑混在一起抛出巢外，以保持巢内清洁。张俊德摄

繁殖 在繁殖期，拟啄木鸟类的繁殖行为在不同种类之间有所不同。大多数雄鸟会进行空中炫耀，然后追随雌鸟。有些种类，如白耳拟啄木鸟 *Stactolaema leucotis* 在求偶炫耀中会竖起它们的头部的羽毛，还会将头左右摇摆和做鞠躬动作。在地拟啄木鸟类中，雌雄会双双展开头部羽毛和尾羽，雄鸟绕着雌鸟踱步，然后一起进行齐鸣。此时，雄鸟会翘起尾巴，而雌鸟通常尾部下垂，并且边鸣啭边不时转动头部，对“邻居”们的反应保持警觉。

拟啄木鸟类主要营巢于树上，多数种类在朽木上自己凿穴营巢，也有一些会在泥岸、地洞或白蚁窝中营巢。大部分拟啄木鸟类每年重新凿穴营巢，但也有一些种类会沿用之前的洞穴，只在每次育雏完成后对巢穴进行加深。在非洲，有的种类会集群繁殖，最多可达150对配偶在同一棵大树上营巢。在亚洲，大型的拟啄木鸟种类会故意将小型种类的洞穴弄得特别大，使之不适合后者营巢，从而减少了它们自身巢穴附近的食物被后者争夺的机会。

巢内通常无衬材。每窝产卵1～6枚，白色，放置于洞的底部。孵化期12～19天。雏鸟晚成性，留巢期在大部分小型种类中为17～30天，某些较大种类可长达42天。雌雄亲鸟共同挖凿洞穴、孵卵、育雏和保持巢内卫生。在数个亚洲和美洲的种类中，会有额外的协助者作为“帮手”来帮助育雏的现象，这些协助者一般是亲鸟之前的后代。雏鸟刚孵出时双目闭合，浑身赤裸，但脚踝处具有肉垫，当肉垫覆羽后，雏鸟就会用脚贴附于穴壁进行攀爬了。对于雏鸟的排泄物，起初亲鸟通常将其吞入，后来会将排泄物和木屑混合在一起团成丸状物抛出巢外。

种群现状和保护 在中国分布的拟啄木鸟类均被IUCN列为无危物种，但它们在中国的分布往往局限于南方的狭窄区域，数量稀少，也缺乏调查研究，大部分被《中国脊椎动物红色名录》评估为数据缺乏（DD）。均被列为中国三有保护鸟类。

大拟啄木鸟
Psilopogon virens
绿拟啄木鸟
Psilopogon lineatus
黄纹拟啄木鸟
Psilopogon faiostrictus
缅甸亚种
P. f. ramsayi
指名亚种
P. f. franklinii
金喉拟啄木鸟
Psilopogon franklinii
广西亚种
P. f. sini
指名亚种
P. f. faber
黑眉拟啄木鸟
Psilopogon faber
台湾拟啄木鸟
Psilopogon nuchalis
云南亚种
P. a. davisoni
指名亚种
P. a. asiatica
蓝喉拟啄木鸟
Psilopogon asiatica
蓝耳拟啄木鸟
Psilopogon australis
赤胸拟啄木鸟
Psilopogon haemacephalus

大拟啄木鸟

拉丁名：*Psilopogon virens*
英文名：Great Barbet

啄木鸟目拟啄木鸟科

形态 体长30～34 cm，体重150～230 g。整个头、颈和喉暗蓝色或紫蓝色；背、肩为暗绿褐色，其余上体为草绿色；上胸暗褐色；下胸和腹淡黄色，具宽阔的绿色或蓝绿色纵纹；尾下覆羽红色。虹膜褐色或棕褐色。嘴粗厚，象牙色或淡黄色，上嘴先端铅褐色或黑褐色。跗跖和趾铅褐色或绿褐色，爪角褐色。

分布 在中国分布于陕西、云南、贵州、四川中部、重庆、湖北、湖南、江西、江苏、上海、安徽、浙江、福建、广东、香港、广西和西藏南部等地。在国外分布于从喜马拉雅山脉至缅甸、泰国和中南半岛各国。

栖息地 主要栖息于低山、中山常绿阔叶林内，也见于针阔叶混交林，最高分布海拔可达2500 m。

习性 常单独或成对活动，在食物丰富的地方有时也成小群。常栖于高树顶部，能像鹦鹉一样在树枝上左右移动。叫声单调且宏亮。

食性 食物主要为马桑、五加科植物以及其他植物的花、果实和种子，此外也吃各种昆虫，特别是在繁殖期间。

繁殖 繁殖期4～8月。成对营巢繁殖。通常营巢在海拔300～2500 m的山地森林中，多自己在树干上凿洞为巢，有时也利用天然树洞。洞口距地高3～18 m。洞口直径约7 cm，洞深约17 cm。每窝产卵2～5枚，多为3～4枚。卵白色，椭圆形，大小为(30～39) mm×(22～29) mm。雌雄亲鸟轮流孵卵。雏鸟晚成性。

种群状态 IUCN和《中国脊椎动物红色名录》均评估为无危（LC）。在中国数量稀少。被列为中国三有保护鸟类。

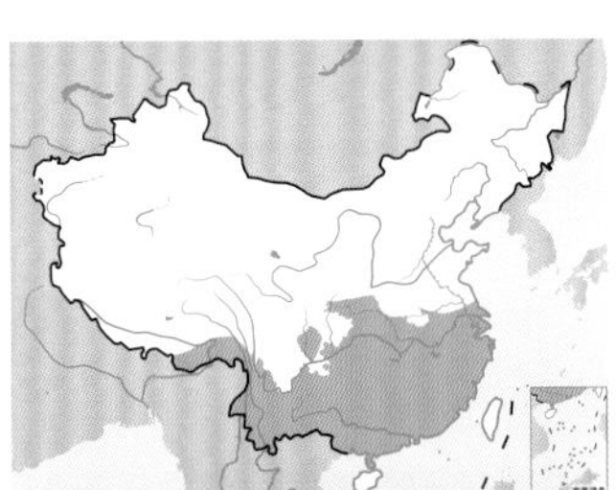

大拟啄木鸟。左上图胡云程摄，下图刘璐摄

绿拟啄木鸟

拉丁名：*Psilopogon lineatus*
英文名：Lineated Barbet

啄木鸟目拟啄木鸟科

体长28 cm。头顶暗灰褐色，具淡灰褐色或皮黄白色条纹；背、肩、翅表面和尾羽草绿色；喉部暗白色；胸部和上腹部灰褐色，具宽阔的暗白色条纹；两胁、尾下覆羽和覆腿羽草绿色。虹膜褐色，眼周裸露皮肤黄色。嘴粗厚，暗黄色。在中国仅分布于云南西部和南部，栖息于低山和山脚平原地带。IUCN评估为无危（LC），《中国脊椎动物红色名录》评估为数据缺乏（DD）。被列为中国三有保护鸟类。

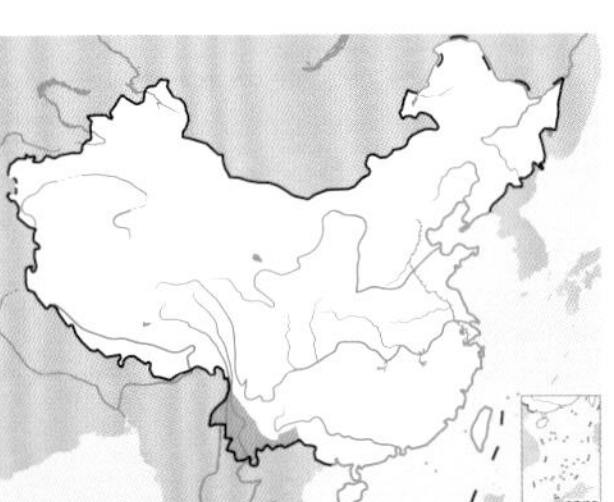

绿拟啄木鸟。左上图张俊德摄，下图田穗兴摄

黄纹拟啄木鸟

拉丁名：*Psilopogon faiostrictus*
英文名：Green-eared Barbet

啄木鸟目拟啄木鸟科

体长24 cm。头顶和枕暗褐色，密被粗著的白色纵纹；颊和耳覆羽绿色；颈部两侧有一红色斑；背、肩、翅和尾羽草绿色；喉部污白色，具粗著的暗褐色纵纹；其余下体淡绿色。分布于中国南部、泰国和中南半岛，在中国仅分布于云南东南部、广西、广东东部和中部。栖息于低山和山脚平原阔叶林中，也出现于林缘疏林和次生林。IUCN评估为无危（LC），《中国脊椎动物红色名录》评估为近危（NT）。被列为中国三有保护鸟类。

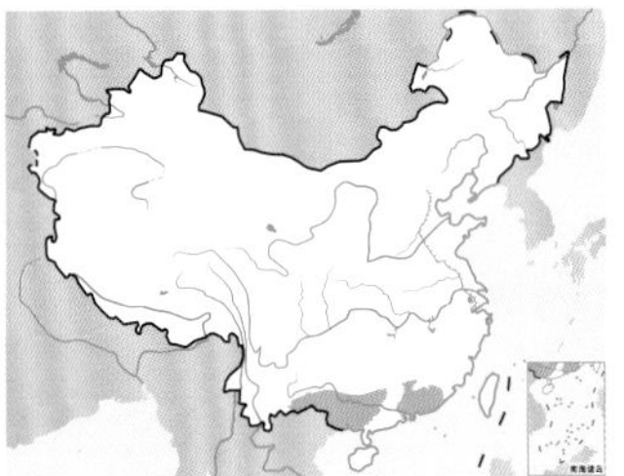

黄纹拟啄木鸟。李锦昌摄

金喉拟啄木鸟

拉丁名：*Psilopogon franklinii*
英文名：Golden-throated Barbet

啄木鸟目拟啄木鸟科

体长 22 cm。额部深红色，头顶金黄色，后枕具一大块深红色斑，耳羽和头侧银灰色；上体草绿色；颏和上喉金黄色，下喉淡银灰色；其余下体淡黄绿色。嘴厚，黑色。脚绿色。在中国分布于云南、西藏东南部、广西西南部等地。栖息于常绿阔叶林中，喜欢停息在枝叶茂密的乔木树上，多单独活动。IUCN 评估为无危（LC），《中国脊椎动物红色名录》评估为数据缺乏（DD）。被列为中国三有保护鸟类。

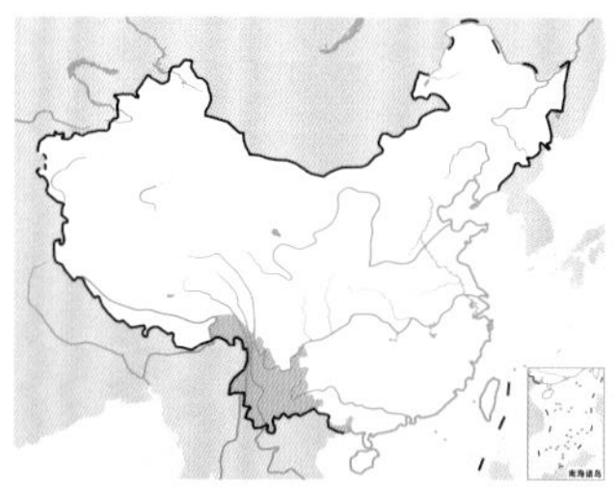

金喉拟啄木鸟。左上图吴秀山摄；下图为正在筑巢，张京明摄

黑眉拟啄木鸟

拉丁名：*Psilopogon faber*
英文名：Chinese Barbet

啄木鸟目拟啄木鸟科

形态 体长 19～25 cm，体重 82～102 g。额红色，头顶黄色，或额和头顶黑色；枕部朱红色；具粗著的黑色眉纹，眼先有红色斑点；颈侧和耳覆羽蓝色；后颈、背、腰和尾绿色；飞羽黑色；颏和上喉部金黄色，下喉和颈侧蓝色，形成蓝色颈环，其下具一鲜红色斑或带；其余下体淡黄绿色。虹膜红褐色。嘴铅黑色。脚暗灰色。

分布 在中国分布于贵州、江西、福建、广东、广西、海南等地，为留鸟。国外分布于中南半岛、印度尼西亚和马来西亚等地。

栖息地 主要栖息于中山、低山和山脚平原常绿阔叶林和次生林中。

习性 常单独或成小群活动。多栖于树上层或树梢上。不爱动。飞行笨拙，只能作短距离飞行。晚上多栖息于树洞中。

食性 主要取食植物果实和种子，也吃少量昆虫等动物性食物。

繁殖 繁殖期 4～6 月。营巢于距地面 10 m 高左右的树洞中。每窝产卵 3 枚，颜色为白色，有光泽。

种群现状和保护 IUCN 和《中国脊椎动物红色名录》均将其评估为无危（LC）。在中国数量稀少。被列为中国三有保护鸟类。

黑眉拟啄木鸟。张明摄

台湾拟啄木鸟

拉丁名：*Psilopogon nuchalis*
英文名：Taiwan Barbet

啄木鸟目拟啄木鸟科

形态 体长 20～22 cm。头顶、耳羽和脸部主要为蓝色；额部、喉部黄色；眉斑主要为黑色，眼先有较小的红色斑；后头、背部主要为鲜绿色；前颈至胸部有显著的红色斑；胸部以下为鲜黄绿色。虹膜红褐色。嘴粗厚，黑色。脚铅灰色。

分布 中国特有鸟类，仅分布于中国台湾，见于岛内各地。

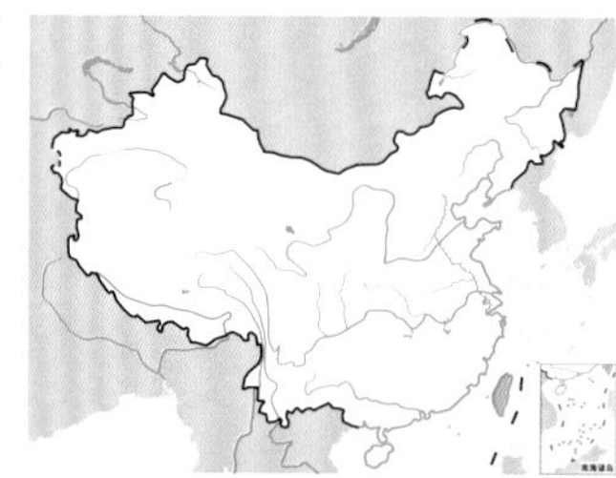

台湾拟啄木鸟。左上图颜重威摄；下图为正在育雏，张俊德摄

栖息地 栖息于中山、低山及平原地带的阔叶林以及浓密的次生林中。

习性 主要在林木的树冠层活动，但活动性不强。飞行笨拙，只能作短距离飞行，不能持久。夜晚大多栖宿在树洞中。善于隐蔽。常发出沉重、单调的鸣声，似"郭，郭郭郭……"比较宏亮。

食性 主要以植物果实等为食，也吃少量昆虫等动物性食物。

繁殖 繁殖期3～8月，每年可繁殖1～3窝。通常选择在全枯或或有部分枯枝的树上自行凿洞为巢。每窝产卵2～4枚，平均3枚。孵化期13～15天。雏鸟晚成性，在巢育雏期23～29天。

种群现状和保护 仅分布于中国台湾，在台湾分布尚比较广泛，数量也较为常见。IUCN和《中国脊椎动物红色名录》均评估为无危（LC）。被列为中国三有保护鸟类。

蓝喉拟啄木鸟

拉丁名：*Psilopogon asiatica*
英文名：Blue-throated Barbet

啄木鸟目拟啄木鸟科

体长22 cm。前额至头顶鲜红色，其上有一宽阔的黑色横带，将此红色分割为前后两块；头侧、颏、喉部蓝色，下喉两侧各具一红色点斑；上体草绿色，下体淡黄绿色。在中国仅见于云南。栖息于中山、低山、丘陵、沟谷和山脚平原地带的常绿阔叶林中，也出现于林缘和村边乔木树上。IUCN评估为无危（LC），《中国脊椎动物红色名录》评估为数据缺乏（DD）。被列为中国三有保护鸟类。

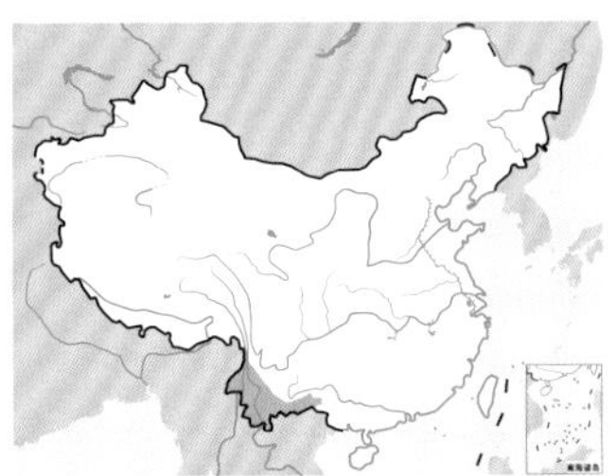

蓝喉拟啄木鸟。左上图胡云程摄，下图夏乡摄

蓝耳拟啄木鸟

拉丁名：*Psilopogon australis*
英文名：Blue-eared Barbet

啄木鸟目拟啄木鸟科

体长约17 cm。外形和蓝喉拟啄木鸟非常相似，但体形较小，头顶无红色。额黑色，头顶蓝色，眼下有一红色斑；喉和耳覆羽蓝色，耳覆羽上下各有一红色斑；上体暗草绿色，下体黄绿色；喉部和胸部之间有一黑色横带。在中国仅分布于云南南部。栖息于低山丘陵和山脚平原地带的高大乔木上，IUCN评估为无危（LC），《中国脊椎动物红色名录》评估为数据缺乏（DD）。被列为中国三有保护鸟类。

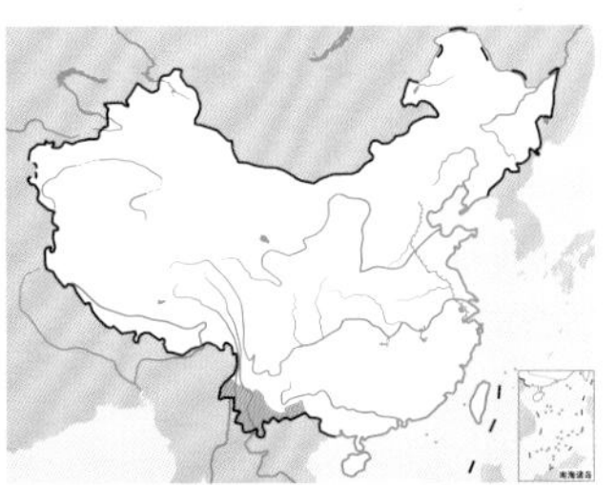

蓝耳拟啄木鸟。左上图刘璐摄，下图杜卿摄

赤胸拟啄木鸟

拉丁名：*Psilopogon haemacephalus*
英文名：Coopersmith Barbet

啄木鸟目拟啄木鸟科

体长约16 cm。前额和头顶前部朱红色，头顶后部黑色，其余上体橄榄绿色；颏、喉、胸部橙黄色，上胸具一宽的鲜红色胸带；其余下体淡黄白色，具暗绿色纵纹。在中国仅分布于云南西部和南部。IUCN评估为无危（LC），《中国脊椎动物红色名录》评估为数据缺乏（DD）。被列为中国三有保护鸟类。

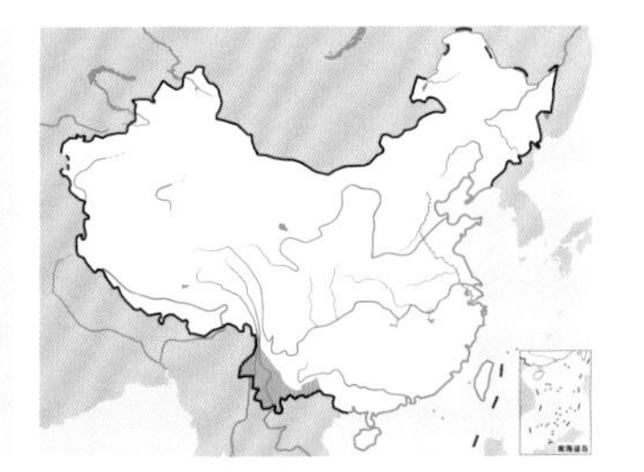

赤胸拟啄木鸟。沈越摄

响蜜䴕类

- 响蜜䴕类指啄木鸟目响蜜䴕科鸟类，全世界共4属16种，主要分布于非洲和东南亚的森林中，中国仅1属1种
- 响蜜䴕类为小型攀禽，翅形长而尖，嘴形粗短，对趾型
- 响蜜䴕类主要以昆虫为食，特别喜食蜂蜡、蜂蜜和蜂的幼虫，善于与其他动物合作获取蜂蜡
- 响蜜䴕类大多将卵产于其他鸟的洞穴巢中由义亲代孵，但亲鸟也会参与育雏

类群综述

响蜜䴕类是一类体形较小的攀禽，虽然也是啄木鸟类的近亲，但体形、大小和食性却与啄木鸟相差较大，从外观上看竟然与雀类十分相似。它们隶属于啄木鸟目响蜜䴕科（Indicatoridae），羽色比较单调，身体背面的体羽为暗褐色或绿色，腹面为淡色，尾上也有一些白色的羽毛。由于它们具有能为其他动物指示蜜源这种非常奇异的习性，因此在英语中俗称为 Honey Guides，即"导蜜鸟"或"指路鸟"。

响蜜䴕科全世界共有 4 属 16 种，分布于非洲和亚洲的热带、亚热带地区。事实上，它们大多数都分布于非洲，只有 2 种分布于亚洲从喜马拉雅山脉周边地区至马来西亚、印度尼西亚的东南亚一带。

响蜜䴕类在中国仅有 1 属 1 种，即黄腰响蜜䴕 *Indicator xanthonotus*，其头部至后颈为橄榄绿褐色；下背鲜黄色，腰部亮橙黄色；上体余部黑褐色；下体灰褐色。在国内见于云南西部、西藏南部，为 20 世纪 90 年代发现的中国鸟类新记录。

形态 响蜜䴕类是小型攀禽，体长 10～20 cm。头骨上颚结构属雀腭型；体羽背面主要为暗褐色或绿色；翅形长而尖，仅具 9 枚初级飞羽，第 1 枚几达翼端，第 2、第 3 枚最长，第 1 枚与第 4 枚几等长；尾羽 12 枚，羽干柔软；尾侧羽大多为白色；腹面为

左：响蜜䴕类为小型攀禽，虽然也属于啄木鸟目，但形态与行为、习性均与啄木鸟目的其他鸟类相差较大，反而看起来更像雀类。图为中国有分布的唯一一种响蜜䴕——黄腰响蜜䴕，下背和腰部鲜艳的黄色十分醒目。吴秀山摄

右：响蜜䴕类特别喜食蜂蜡、蜂蜜和蜂的幼虫，善于寻找蜂巢，并与其他动物合作觅食。图为正在取食蜂巢的黄腰响蜜䴕。李锦昌摄

淡色；嘴形短而粗实，很像雀类的嘴，但嘴峰稍曲；跗跖被羽；脚的形态与啄木鸟类似，呈对趾型，第二、第三趾向前，第一、第四趾向后。

栖息地 响蜜䴕类主要生活于森林地带，在喜马拉雅山脉南坡可见于海拔 1450 ~ 3500 m 的温带森林中。

习性 某些非洲种类，如黑喉响蜜䴕 *Indicator indicator*，有引导人和嗜食蜂蜜的哺乳动物——如蜜獾等——寻找蜂巢的习性。当黑喉响蜜䴕发现蜂巢后，就一面在空中盘旋，一面发出特殊的刺耳的鸣叫声来召唤蜜獾，然后在前面引路。蜜獾牙齿锋利，前爪粗硬有力，适合挖土、爬树，也能够捣碎蜂巢。等蜜獾吃完蜂蜜走开后，黑喉响蜜䴕才飞到撕碎的蜂巢上，不慌不忙地独自享受被蜜獾咬碎的蜂房里的蜂蜡。这样，黑喉响蜜䴕和蜜獾就形成了互利互惠的关系。

不过，蜜獾并不是响蜜䴕类在野外唯一的合作伙伴和受益者。事实上，生活在非洲的松鼠类、小型食肉动物、狐猴和其他猴类，甚至人类，也都可能是它们的互利合作的对象。而有些种类的响蜜䴕，不仅雌雄成鸟能够为其他动物提供引导，甚至未成熟的亚成鸟都具有导蜜行为。

食性 响蜜䴕类主要以昆虫为食，特别喜食蜂蜡、蜂蜜和蜂的幼虫。它们善于寻找蜂巢，身上的羽毛又短又浓，皮肤厚硬，可以更有效地阻挡蜜蜂的针刺攻击，但由于嘴很短，爪不发达，无法弄破蜂巢，也不适于在蜂巢中采食，因此需要蜜獾或其他动物来充当帮手。蜂蜡通常很难被消化，但响蜜䴕类的消化器官内存在许多酵母菌和其他细菌，能帮助将蜂蜡分解，成为可以吸收的脂肪酸。

繁殖 大多响蜜䴕类通常自己不营巢，而是将卵产于其他鸟的洞穴巢中由义亲代孵，与营巢寄生的杜鹃行为相似，不过，与杜鹃的习性不同的是，响蜜䴕类的亲鸟也会飞来饲喂自己的雏鸟。此外，也有极少数种类营开放巢。

响蜜䴕类的亲鸟常在选好的寄主巢外静静地等候，等“巢主”外出觅食时，便乘虚而入，钻进去产卵。它们产的卵一般比寄主的卵孵化得更快一些，刚出世的雏鸟嘴上具有锋利的卵齿，一合上嘴便形成一把致命的“钳子”，如果有义亲的雏鸟出壳，就立刻把它们弄死，而这些卵齿在出壳 10 天左右就会自动脱落。

种群现状和保护 响蜜䴕类目前尚无物种被 IUCN 列为受胁物种，但有 4 种已被列为近危（NT），中国分布的黄腰响蜜䴕即为其中一种。然而，作为 20 世纪 90 年代才在中国记录到的鸟种，黄腰响蜜䴕在中国分布狭窄、数量极为稀少，受到的关注较低，尚未列入保护名录，有待加强保护。

黄腰响蜜䴕
Indicator xanthonotus

黄腰响蜜䴕

拉丁名：*Indicator xanthonotus*
英文名：Yellow-rumped Honeyguide

啄木鸟目响蜜䴕科

形态 体长 15 ~ 16 cm，体重 25 ~ 34 g。雄鸟前额和颊纹亮橙黄色；头顶至后颈橄榄绿褐色，羽端狭缘亮黄绿色；肩间部橄榄灰色；上背和翅上覆羽黑色，狭缘也为亮黄绿色；下背鲜柠檬黄色；腰部浓染橙黄色；飞羽、尾上覆羽和尾羽黑色，最内侧飞羽和尾上覆羽的内侧狭缘白色，最外侧 2 枚尾羽具白色羽干纹；颏部、喉部灰褐色，胸部、腹部铅灰色，下腹部灰白色，两胁黑色；覆腿羽和尾下覆羽中央黑色，宽缘白色，呈条纹状；翅下覆羽和腋羽灰白色。雌鸟似雄鸟，但羽色较暗淡。虹膜暗褐色。上嘴基和下嘴角黄色，嘴端黑褐色。跗跖被羽黑褐色，杂有白色斑；跗跖下部和趾绿褐色。

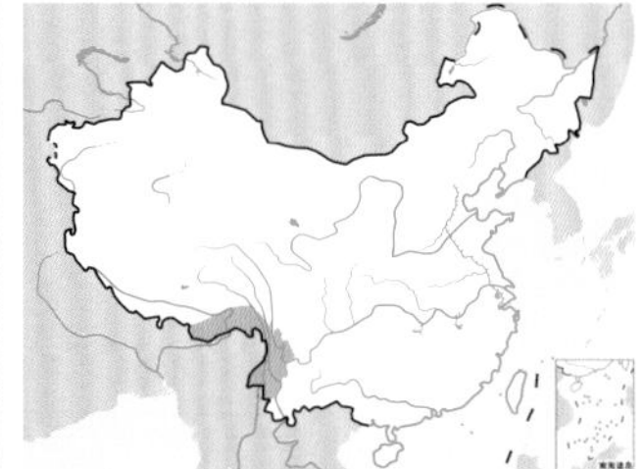

分布 留鸟。在国内分布于云南西部、西藏南部。在国外分布于从喜马拉雅山脉西部的阿富汗边境地区，向东至尼泊尔、印度东北部、缅甸东北部一带。

栖息地 栖息于中海拔山地森林，特别是多岩石、峭壁地带的落叶林、常绿阔叶林中。

习性 常在有蜂窝的地带活动。飞行时可发出轻细的“weet”叫声。

食性 主要取食蜂蜜及蜂蜡，也能在空中捕食昆虫。

繁殖 繁殖期为 4 ~ 6 月。

种群现状和保护 IUCN 和《中国脊椎动物红色名录》均评估为近危（NT）。在中国数量极为稀少，有待加强保护。

黄腰响蜜䴕。左上图为雄鸟，沈岩摄；下图为站在蜂巢上的雌鸟，董磊摄

啄木鸟类

- 啄木鸟类指啄木鸟目啄木鸟科鸟类，全世界共27属2117种，中国有14属33种
- 啄木鸟类喙呈凿状，脚短而粗状，对趾型，尾羽羽轴坚挺，适于攀爬凿木生活
- 啄木鸟类栖息于各种各样的森林中，主要以昆虫为食，在朽木上凿洞为巢
- 啄木鸟类是著名的森林益鸟，受人喜爱，但也有些种类成为森林退化的受害者而面临灭绝的危险

类群综述

啄木鸟类是一类中小型的攀禽，身体强壮、结实，因其独特的攀树、啄树习性而被人们所熟知。它们的舌能伸得特别长，舌尖具倒钩，因而整个舌头是非常高效的捕食装置，能从树干的缝隙里和由昆虫幼虫、蚂蚁、白蚁所挖的通道中啄取猎物。它们的脚趾二趾向前、二趾向后，第四趾可往侧面屈伸，从而使尖钉状的爪子总是能够置于和树干、树枝的线条完全相吻合的位置上，特别适合攀爬。不过，有的第一趾可能会相当小，甚至在一些种类中缺失，如三趾啄木鸟 *Picoides tridactylus*。此外，在大型啄木鸟——象牙嘴啄木鸟 *Campephilus principalis* 中，第四趾为前置。它们的支撑尾羽呈楔形，羽干具有辅助稳定的作用，可以使它们的身体完全不贴在树干上，从而能够在啄食和来回攀爬时保持一种放松的姿势。

啄木鸟类隶属于啄木鸟目啄木鸟科（Picidae），分为 3 个亚科：啄木鸟亚科（Picinae）、姬啄木鸟亚科（Picumninae）和蚁䴕亚科（Jynginae），全世界大约共有 27 属 217 种，分布于除南极、北极、大洋洲以外的世界各地。中国有 14 属 33 种，分布于全国各地。

啄木鸟亚科为典型的啄木鸟类，共有 24 属 185 种，见于美洲、非洲、欧亚大陆等。上体羽色通常与其栖息地相适宜，主要有黑色、褐色、灰色或绿色等；头部和颈部一般着色鲜艳，有红色、黄色、白色或黑色的块斑或条纹；喙主要呈黑色、灰色、褐色或白色等。雌雄体羽差异很小，一般会在须纹、冠和颈羽等部位上有所表现，而在多数情况下，雄鸟的这些部位为红色。

姬啄木鸟亚科为小型种类，共有 3 属 30 种，见于美洲、非洲、亚洲的热带和亚热带地区。它们的体羽大多为浅褐色，头顶有红色、橙色、黄色斑以及黑白点斑，有的尾上有 3 条白色条纹。它们在树枝上攀缘的方式与啄木鸟相同，有的时候与山雀类似。飞行呈波状。觅食方式为在树皮和软木上啄食蚂蚁、白蚁和钻木的昆虫。尾部没有典型啄木鸟那样坚硬的尾羽。

蚁䴕亚科的体形也比较小，仅 1 属 2 种，见于

左：啄木鸟类为典型的攀禽，身形紧凑，喙强直而尖，对趾型的足和羽干强韧的尾羽便于在树干上固定和支撑。图为中国最常见的啄木鸟——大斑啄木鸟。张强摄

右：除了典型的啄木鸟类外，啄木鸟科还包括不同于典型啄木鸟的两个亚科——姬啄木鸟亚科和蚁䴕亚科。左图为斑姬啄木鸟，沈越摄；右图为蚁䴕，颜重威摄

非洲和欧亚大陆。体羽以褐色为主，并且密布斑纹，与夜鹰类的羽色有相近之处。

形态 啄木鸟类为中小型攀禽。体长8～55 cm，体重8～563 g。雌雄羽色相似。上颚骨主要为蜥腭型，偶有索腭型或雀腭型；犁骨被一些成对的骨片所代替；颌腭骨细小远离两侧；胸骨后端每侧有2切刻，胸骨柄分叉；腿肌肉缺栖肌和副股尾肌；角舌骨延成环带状，两侧自咽喉绕过枕部至上嘴基；鼻孔位于嘴基部，鼻孔裸露；舌细长，能伸缩自如，舌尖角质化，有倒钩和黏液，或呈分叉状，舌角绕后枕骨缠绕，适于钩取树干中的昆虫幼虫；翅长适中或稍短，初级飞羽10枚，第5枚次级飞羽存在；尾多为楔形或圆尾状，羽轴粗硬坚挺，尾羽多为12枚，少数10枚，外侧一对甚小，中央1～3对羽轴呈叉状，凿木时有支撑身体的作用；喙强直而尖，呈凿状，不具蜡膜；脚短而粗壮，跗跖前面为盾状鳞，后面为网状鳞；趾为对趾型，前后各2趾，基部不相并连，趾端具尖锐的爪，适于攀缘；尾脂腺被翎；副羽形小或从缺。

啄木鸟类超长的舌是其最令人惊异的器官。舌从上颚后部生出，穿过右鼻孔，分叉成两条，然后绕到头骨的上部和后部，经过颈部的两侧、下颚，又在口腔中合为一体。它就像一条橡皮筋，能够射出喙外达10 cm，这在很多种类中相当于整个身体长度的2/3。舌上布满了黏黏的唾液，还具有很多

啄木鸟类的舌超长且灵活，表面布满黏液，能够伸到树洞深处黏取猎物。图为伸出舌头黏取虫卵的蚁䴕。张俊德摄

锐利的倒钩，从而能够伸到树干的深处捕捉里面的昆虫。

当啄木鸟类伸舌的时候，强有力的肌肉在靠近舌根的部位收缩，强迫舌骨往前伸，从而将舌伸到了喙的外面；使用完毕后，肌肉松弛将舌再次收回到鞘里，储藏、固定在鼻孔的后部。雏鸟出生时，舌固定在耳的附近，跟其他鸟类的情况差不多；但长大以后，舌骨鞘就会逐渐向四周延伸并盖过头骨，这时它便与鼻孔的后部结合在一起了。

另外，在舌尖的末端还长着一个“耳”，是一个感受压力的神经末梢的集合体，称为赫伯斯特氏小体，能够感觉到猎物最微小的振动。利用这个奇妙的“耳”，舌就能像探针一样探听树木中昆虫的活动。

生态适应：

捕食、筑巢、通讯、示威……，敲击树木对啄木鸟类是如此的重要！世界上的每一种啄木鸟类都有自己独特的啄木速度和节奏，有的甚至达到了每秒16次以上，每次撞击的减速力可达重力的1200倍！但是，它们却进化出了一系列保护大脑和眼球免受冲击的装置。

它们的大脑被一层密实而富有弹性的头骨紧密地包裹起来，头骨相当厚，骨质呈丰富的海绵状结构，疏松而充满空气，形成一个避震功能极佳的保护垫，可以有效缓冲外力的撞击。头骨的内部还有一层坚韧的软脑膜，在其外还有一层膜叫蛛网膜，两层膜之间有一个狭窄的腔隙称为蛛网膜下腔，几乎没有给当中极少量的脑脊液留下晃动的空间，降低了震波的流体传动。

它们还具有独特的骨微观结构、成分组成及力学特性。颅骨部位的骨松质分布具有特殊性，而骨小梁厚度和数量也都显著高于其他鸟类。它们平滑的脑组织在颅骨中的合理分布形成了分配器，施加在上面的压力更容易被分散掉。特殊的舌骨结构则是它的“安全带”，舌骨对头颅的捆绑作用进一步减少了头颅的变形，增强了稳定性。不等长的上、下喙既能起到有效的缓冲又保持了弹性刚度，喙部还以强劲的肌肉与头部骨骼相连，头部强有力的翼状牵引肌和颈部肌肉有助于吸收、分散撞击的力量。

当鸟喙在接触树干前的一瞬间，它们会快速闭上眼睛，既避免了撞击溅出的木屑伤害眼球，又像一个安全带一样把眼球裹住，避免其在激烈的撞击下从眼眶中蹦出来。

啄木鸟独特的头部结构使其能够在激烈的撞击中保护大脑和眼球免受冲击。张瑜绘

栖息地 啄木鸟类主要栖息于多种多样的森林或疏林中，包括开阔的落叶林、阔叶林、公园、果园和其他种植园，有时也出现在长有小矮树的草地或有草的空旷地带。其中，姬啄木鸟类主要栖于热带和亚热带地区，栖息地海拔上限为3000 m，蚁䴕类栖息地的海拔上限也能达到同样的高度，而典型啄木鸟类的栖息地海拔上限可达5000 m左右。

习性 啄木鸟类大多为留鸟，会在同一领域内生活很长时间。只有分布于中国东部的棕腹啄木鸟普通亚种 *Dendrocopos hyperythrus subrufinus* 及一些北美洲的种类等为候鸟；蚁䴕也会从欧亚大陆的繁殖地南下迁徙至中国南方及南亚、东南亚一带以及非洲去越冬。大斑啄木鸟 *Dendrocopos major* 的北部亚种隔上数年会进行一次爆发式迁移，深入欧洲的中部和南部地区，其原因是它们的主要食物来源——球果出现短缺。

它们具有领域性，大多数个体终生生活在领域内或领域附近。维护领域有助于保证充足的食物供应，有可以遮风挡雨的洞穴，从而保证繁殖的成功率。

大部分啄木鸟类都会用喙击木，有些种类还演变为相互叩击。它们敲击的目的并不仅仅是为了寻找食物，也是用来进行长距离信息交流和吸引异性的一个物种“信号”，因此它们经常选择枯死的树木、金属排水管或者木质的屋檐等回声较高的材料敲击。不同的敲击节奏、持续时间和频率均代表着不同的含义。也就是说，搜寻昆虫和开凿洞巢时，敲击的速率是不同的。

除了敲击，典型的啄木鸟类还能发出一连串响亮而尖锐的“咔哒”声或其他尖锐的声音。姬啄木鸟类也能发出尖锐的声音或一连串的尖叫声；蚁䴕类则能连续发出18个“喹”的音节。

在受到天敌的威胁时，蚁䴕会像蛇那样盘起颈部并边摆动边发出嘶嘶的声音，这种行为能够有效地吓退小型的掠食者，其英文名“wryneck”（歪脖子鸟）就是源于它们的这种防御行为，而在中国，它们的俗称还有“蛇皮鸟”“树皮鸟”等。

食性 啄木鸟类主要以昆虫为食，其他的动物性食物还包括蜘蛛等节肢动物，有的种类甚至还会从树洞巢、露天巢和吊巢中掠食其他鸟类的雏鸟。很多种类也吃植物性食物，包括浆果、果实、种子、树汁、树液等。姬啄木鸟类的食物以蚂蚁、白蚁、钻木的甲虫等昆虫及其蛹为主，而蚁䴕类的食物主要是蚂蚁，它们和其他啄木鸟类一样，也是借助舌头来获得食物。此外，随着不同季节食物资源的不同，

啄木鸟类主要以昆虫为食，图为啄破树皮捕食昆虫的棕腹啄木鸟。彭建生摄

有些种类的食物也具有季节性变化。

啄木鸟类具有极为高超的捕虫本领，每天清晨它们就开始用嘴敲击树干，在寂静的林中发出“笃，笃……”的声音，如果发现树干的某处有虫，就紧紧地攀在树上，头和嘴与树干几乎垂直，先将树皮啄破，将害虫用舌头一一钩出来吃掉，将虫卵也用黏液黏出。当遇到虫子躲藏在树干深部的通道中时，它还会巧施“击鼓驱虫”的妙计，即用嘴在通道处敲击，发出特异的击鼓声，驱使猎物四处窜动，并在其企图逃出洞口时捕获。

不过，敲击捕食并非是啄木鸟类取食的唯一方式。它们在捕猎时有多种技巧，包括啄食、捡拾、用爪扒拨取食、探食、锤打取食、剥皮取食、牵引取食、采摘、隐蔽取食、利用砧骨、环绕、吸食、盘旋、突击，等等。地栖的种类基本上只在漏斗形的蚁穴中捕食蚂蚁——用它们具有黏性的舌头沿着通道伸入巢室，卷走蚂蚁成虫和蛹。此外，还有一些种类能够在飞行中捕捉昆虫。

啄木鸟类往往在树缝或树杈上处理比较大的食物，如大型甲虫、雏鸟、果实、坚果、球果等。例如，栖息在北美洲的一些种类就有它们自己的“砧板”，将球果楔入砧板的洞里，然后啄出里面富含脂肪的种子。在它们的领域内会有三四个“主砧板”，每个主砧板下面可剩有多达5000枚球果的外壳。橡树啄木鸟 *Melanerpes formicivorus* 还有专门挖掘的洞穴作为球果储藏处，这样有助于它们度过气候寒冷、昆虫呈季节性匮乏的冬季。

许多取食植物性食物的种类，如吸汁啄木鸟属 *Sphyrapicus* 的种类，其舌尖就像一把粗糙的刷子，能在树上横向钻一圈孔，即所谓的“环剥”行为，然后用舌舔舐流出来的树汁。

如果有多种啄木鸟栖息在同一地区，那么不同的种类在取食高度、取食方式、水平和垂直的取食位置、取食基质和取食树种等诸多方面都会显示出一定的差异，从而各自占据不同的生态位并产生生态分离。

繁殖 啄木鸟类的繁殖行为通常从击木开始，接下来是扇翅炫耀飞行和发出响亮的鸣声，例如蚁䴕类的一个突出特征就是会发出带有鼻音的“喹”的鸣声。雌雄鸟都会做出这些行为，以此来炫耀领域范围和带有洞穴的树，吸引潜在的配偶来到巢址——这种行为被称为“巢展示”，并且带给伴侣性的刺激以及威胁对手。不过，在大部分情况下，雄鸟更为活跃主动。

敲击树木不仅是啄木鸟觅食的手段，也是其营巢的方式，凿穴营巢是它们的拿手本领。啄木鸟精心凿出的树洞不但是自身繁殖的保障，也为许多次生洞穴营巢者提供巢洞。图为育雏的星头啄木鸟飞离巢洞。颜重威摄

凿穴营巢是啄木鸟类的拿手本领，但很多种类都不会每年重新凿穴营巢，其旧有的巢穴可以用上若干年，甚至长达10年以上。它们对于巢位有精心选择，例如大斑啄木鸟对洞口位置的选择为：洞口多位于巢树倾斜的一侧，洞口面略朝向地面，这样能防止雨水进入洞内，也能避免捕食者或竞争者轻易地进入巢洞内；洞口的上方还常有突起物，也能起到防止雨水沿树干流入洞内的作用。

蚁䴕类营巢于天然洞穴或啄木鸟的旧巢中，巢内光秃秃的，没有任何巢材。更有趣的是，它们入住的如果是现成的洞穴，就会将里面的一切东西都扔出洞外，包括之前曾经在此繁殖的鸟类的所有遗留物。

啄木鸟类的卵均为白色，典型啄木鸟类每窝产卵3～11枚，孵化期9～19天；姬啄木鸟类每窝产卵2～4枚，孵化期11～14天；蚁䴕类每窝产卵5～14枚，孵化期12～13天。雏鸟均为晚成性。雌雄亲鸟轮流孵化和育雏。雏鸟在出壳21～24天后离巢出飞。

与人类的关系 啄木鸟类是常见的森林益鸟，由于它们为保护树木所做出的巨大贡献，人们称它们为“森林卫士”或“树木医生”。中国古代对啄木鸟早有观察，并且在一些古书里有很多关于啄木鸟的记载。例如，在商朝的甲骨文和青铜器上的铭文中，都出现过啄木鸟形象的文字，甚至被用作族徽。《尔雅·释鸟》中有“䴕，斲木”的解释，斲木就是啄木的意思，以至于中国在现代的分类学中仍然用“䴕形目”来命名啄木鸟所在的类群，只是为了更为通俗，才更改为“啄木鸟目”，但其中的很多种类的名称还是离不开“䴕”字，如响蜜䴕、蚁䴕等。此外，中国古代的《禽经》中有“䴕志在木”，《异物志》中有“穿木食蠹”的记载，明朝李时珍的《本草纲目》则指出：“此鸟斫裂树木取蠹食故名”，还指出：“(啄木鸟）刚爪利嘴，嘴如锥，长数寸，舌长于嘴，其端有针刺，啄得蠹，以舌钩出”。在中国古代诗词中还有“南山有鸟，其名啄木。饥则啄树，暮则巢宿。无干于人，惟志所欲，性清者荣，性浊者辱。”，以及“丁丁向晚急还稀，啄遍庭槐未肯归。终日为君除蠹害，莫嫌无事不频飞。”等歌咏啄木鸟的诗作，可见啄木鸟自古就受到人们的喜爱和赞美。

啄木鸟类在森林的生态系统中扮演着重要角色。它们的取食使树皮和钻木昆虫的数量保持在较低水平，因此有利于树干的健康及树皮的覆盖质量。在它们啄食过的地方，其他小型鸟类，如山雀科（Paridae）、䴓属 *Sitta* 和旋木雀科（Certhiidae）等，便能顺利地觅食剩下的昆虫和蜘蛛，而啄木鸟的洞穴会被其他许多营洞穴巢的食虫鸟用来繁殖或栖息，因此它们也间接地给众多的昆虫和鼠类带来了压力。此外，由于啄木鸟类对大量朽木的啄食，使得其他各种降解有机物更易进入土壤，所以在物质的分解—再生过程中同样发挥着重要作用。

啄木鸟类的行为有时也会与人类发生冲突，例如，有时会在电线杆及其他人工设施上打洞，有些种类偏爱取食人工果园中的果实等。这些都需要人类采取一定的措施加以妥善解决。

在长期的演化过程中，啄木鸟类头部演化出复杂的冲击吸收系统以适应啄木而生，人们通过对其实现减震功能的力学机制、材料性能等方面的研究，为体育运动、交通运输、航空救生等军事和民用领域不断创造新的防护方法和仿生材料提供了灵感，甚至还引起了电子工程、机械工程、材料工程等方面专家的极大兴趣。

种群现状和保护 在世界上已有几种啄木鸟类处于灭绝的边缘，如分布于墨西哥马德雷山脉的帝啄木鸟 *Campephilus imperialis* 已有60余年未有可靠的记录了；冲绳啄木鸟 *Dendrocopos noguchii* 正面临着栖息地丧失的危险，成为森林退化的受害者，它们所栖息的常绿阔叶林被大量用以建造高尔夫球场、修建公路和水坝及进行商业伐木。令人欣慰的是，分布于古巴东南部的象牙嘴啄木鸟 *Campephilus principalis* 在过去很长一段时间都已经作为灭绝的物种对待，然而在20世纪90年代末期又有迹象表明它们仍然有极少数的种群存活于世，于是这个物种又被重新列为极危种加以保护。中国分布的啄木鸟类绝大部分在全球范围内并非受胁物种，仅大灰啄木鸟被IUCN列为易危（VU）。但其实很多物种在中国仅分布于边境的狭窄区域，甚为少见，在《中国脊椎动物红色名录》中有11种被列为数据缺乏（DD）。在中国，白腹黑啄木鸟被列为国家二级重点保护动物，其他啄木鸟类除新记录种外均被列为三有保护鸟类。

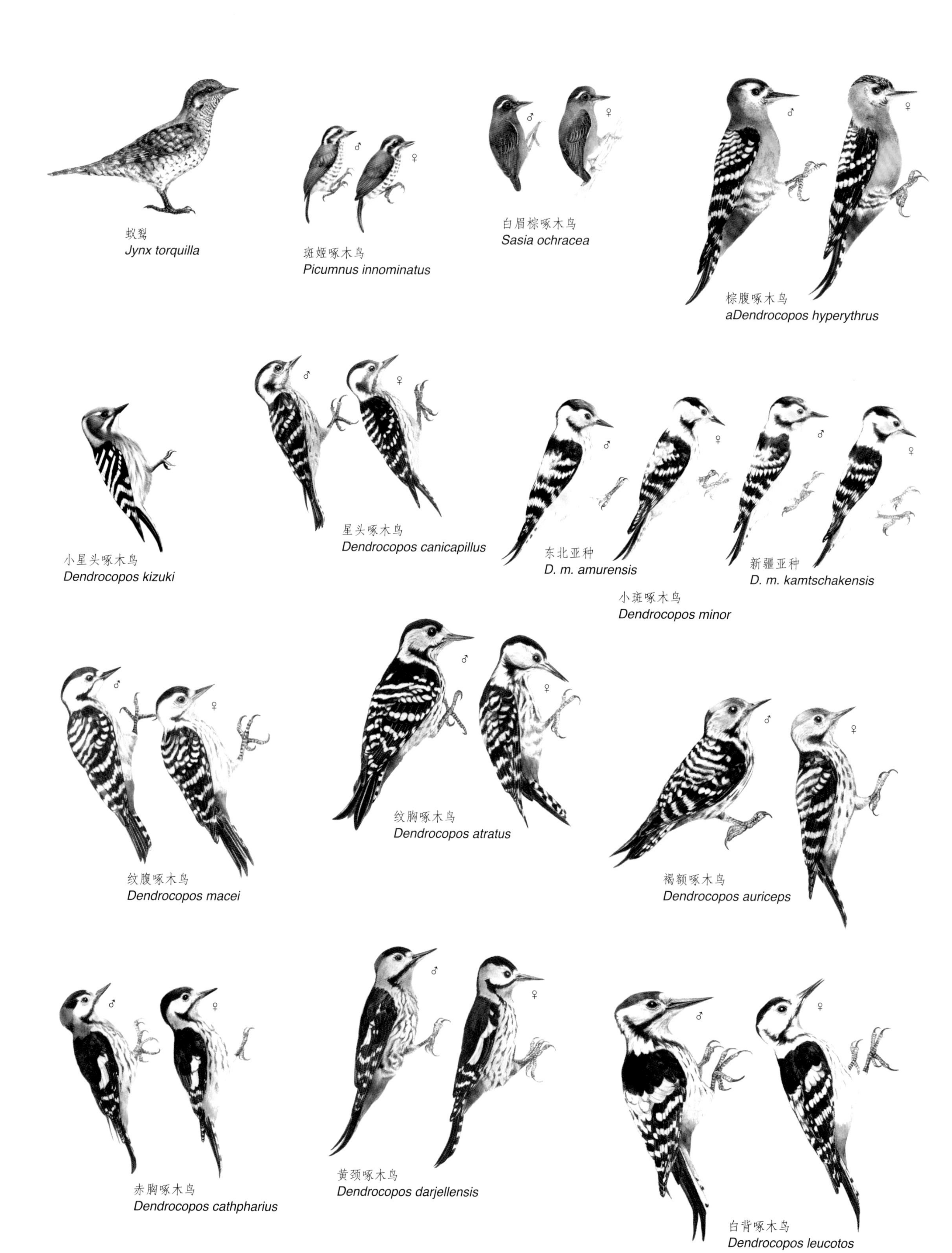

蚁䴕
Jynx torquilla
♂
♀
斑姬啄木鸟
Picumnus innominatus
♂
♀
白眉棕啄木鸟
Sasia ochracea
♂
♀
棕腹啄木鸟
aDendrocopos hyperythrus
小星头啄木鸟
Dendrocopos kizuki
♂
♀
星头啄木鸟
Dendrocopos canicapillus
♂
♀
♂
♀
东北亚种
D. m. amurensis
新疆亚种
D. m. kamtschakensis
小斑啄木鸟
Dendrocopos minor
♂
♀
纹腹啄木鸟
Dendrocopos macei
♂
♀
纹胸啄木鸟
Dendrocopos atratus
♂
♀
褐额啄木鸟
Dendrocopos auriceps
♂
♀
赤胸啄木鸟
Dendrocopos cathpharius
♂
♀
黄颈啄木鸟
Dendrocopos darjellensis
♂
♀
白背啄木鸟
Dendrocopos leucotos

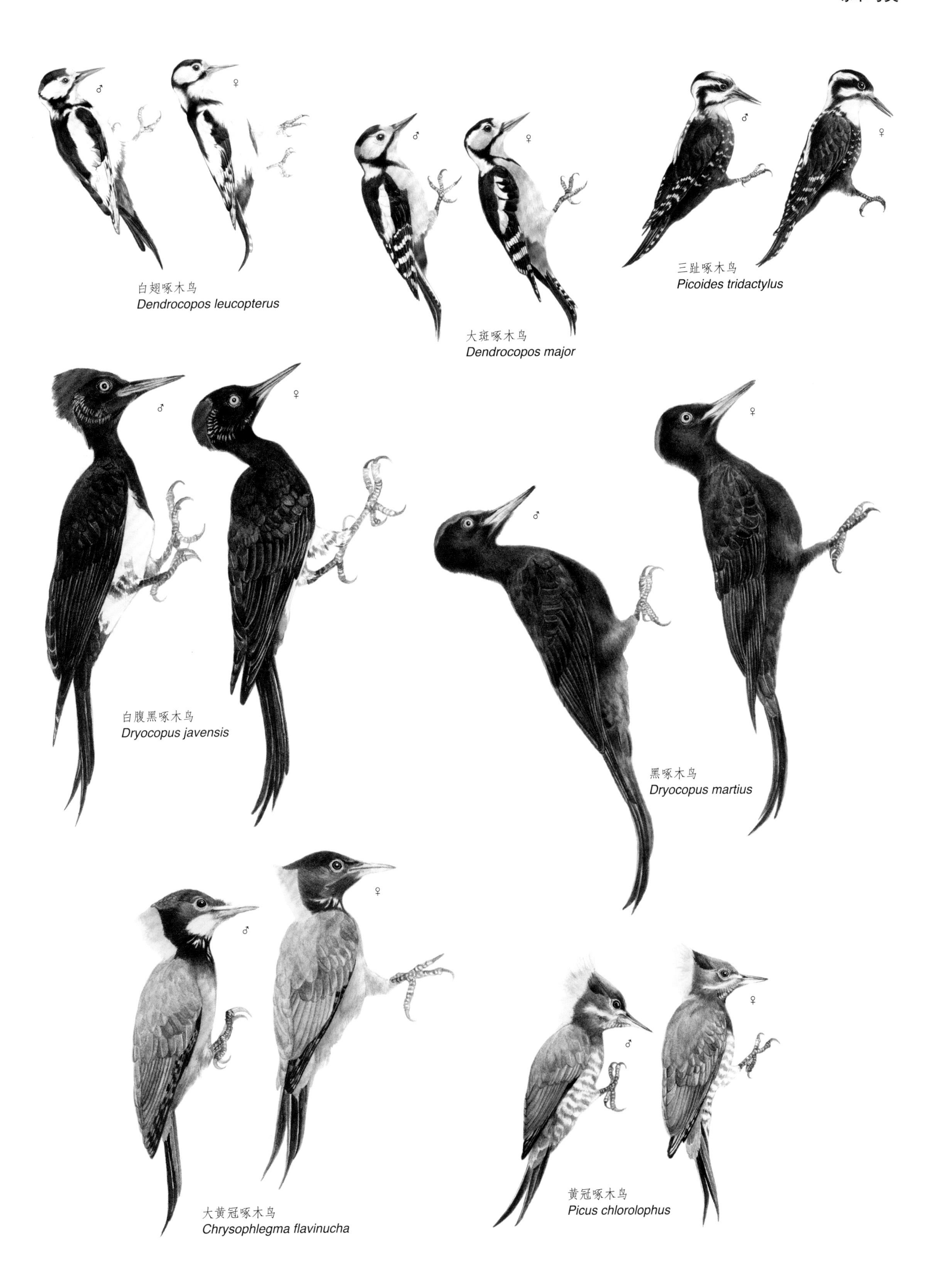

白翅啄木鸟
Dendrocopos leucopterus

大斑啄木鸟
Dendrocopos major

三趾啄木鸟
Picoides tridactylus

白腹黑啄木鸟
Dryocopus javensis

黑啄木鸟
Dryocopus martius

大黄冠啄木鸟
Chrysophlegma flavinucha

黄冠啄木鸟
Picus chlorolophus

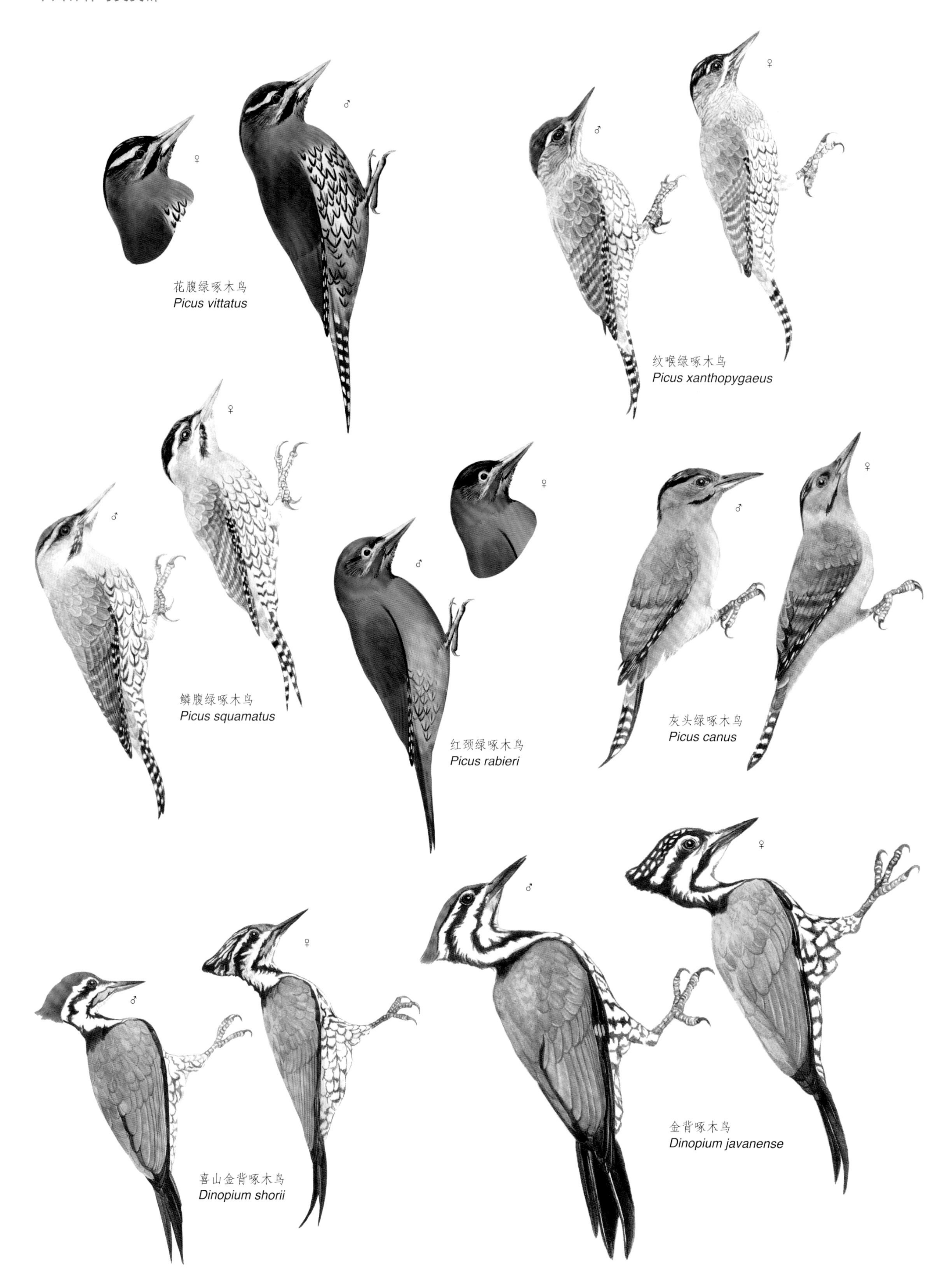

花腹绿啄木鸟
Picus vittatus

纹喉绿啄木鸟
Picus xanthopygaeus

鳞腹绿啄木鸟
Picus squamatus

红颈绿啄木鸟
Picus rabieri

灰头绿啄木鸟
Picus canus

喜山金背啄木鸟
Dinopium shorii

金背啄木鸟
Dinopium javanense

小金背啄木鸟
Dinopium benghalense

大金背啄木鸟
Chrysocolaptes lucidus

黄嘴栗啄木鸟
Blythipicus pyrrhotis

竹啄木鸟
Gecinulus grantia

大灰啄木鸟
Mulleripicus pulverulentus

栗啄木鸟
Micropternus brachyurus

蚁䴕

拉丁名：*Jynx torquilla*
英文名：Eurasian Wryneck

䴕形目啄木鸟科

形态 体长 16～19 cm，体重 28～47 g。上体银灰色或淡灰色，具黑色虫蠹状斑；两翅和尾羽锈色，具有黑色和灰色横斑和斑点；下体赭灰色或皮黄白色，具窄的暗色横斑；尾较软，末端圆形，具 3～4 道黑色横斑。虹膜黄褐色。嘴直，细小而弱；嘴、脚铅灰色。

分布 在中国各地均有分布。繁殖于新疆西部、内蒙古、黑龙江、吉林、辽宁、河北、甘肃、宁夏、青海和四川等地；迁徙经过辽宁南部、西南部，河北南部，山东，山西，陕西等地；越冬于长江流域以南，包括台湾和海南，以及西藏南部等地。在国外分布于欧亚大陆，南到非洲、南亚和东南亚一带。

栖息地 主要栖息于低山和平原开阔的疏林地带，较喜欢阔叶林和针阔叶混交林。

习性 除繁殖期成对以外，常单独活动。多在地面觅食，行走时呈跳跃式前进。飞行迅速而敏捷，常突然升空，后又突然下降，行动诡秘。栖息时多栖落于低矮和小树或灌丛上，也能直立于树干上，良久不动。头甚灵活，能向各个方向扭转，故有“歪脖”之名。因其体色与地面枯草或沙土相似，容易隐蔽，常闻其声而不见其踪影，故又有“地表鸟”之称。繁殖期间鸣叫频繁，鸣声短促而尖锐，其声似“ga—ga—ga……”

食性 主要以蚂蚁、蚂蚁卵和蛹为食，也吃一些小甲虫。

繁殖 繁殖期 5～7 月。营巢于树洞或啄木鸟废弃的巢洞中，也在腐朽的倒木和树桩上的自然洞穴中营巢，甚至在建筑物墙壁和空心水泥电柱顶端营巢。每窝产卵 5～14 枚，多为 7～12 枚。卵白色，椭圆形或长椭圆形，大小为(22～24) mm×(15～17) mm，重 3～4 g。雌雄亲鸟轮流孵卵。孵化期 12～14 天。雏鸟晚成性，雌雄亲鸟共同育雏，育雏期 19～21 天。

种群现状和保护 IUCN 和《中国脊椎动物红色名录》均评估为无危（LC）。在中国局部地区较常见。被列为中国三有保护鸟类。

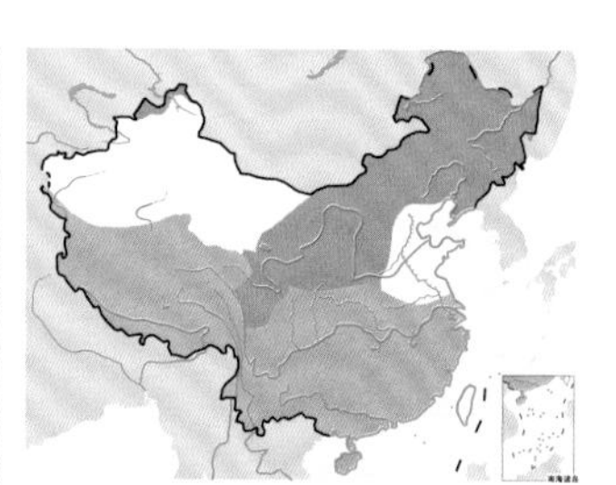

蚁䴕。左上图韦铭摄；下图为正在用舌头黏取蚂蚁，张俊德摄

斑姬啄木鸟

拉丁名：*Picumnus innominatus*
英文名：Speckled Piculet

䴕形目啄木鸟科

形态 小型攀禽，体长 9～10 cm，体重 10～16 g。雄鸟上体橄榄绿色，头顶前部缀橙红色，头侧有 2 条白色纵纹，在暗色的头部极为醒目；下体乳白色，具粗著的黑色斑点。雌鸟似雄鸟，但头顶无橙红色点缀。虹膜褐色或红褐色。嘴和脚铅褐色或灰黑色。

分布 在中国分布于长江以南各地，北抵甘肃南部、陕西南部和河南南部，西抵四川、贵州、云南和西藏东南部。在国外分布于从喜马拉雅山脉到南亚、东南亚一带。

栖息地 栖息于低山丘陵、山脚平原常绿或落叶阔叶林中，也出现于中山地带的针阔叶混交林和针叶林。尤其喜欢在开阔的疏林、竹林和林缘灌丛活动。

习性 常单独活动。多在地上或树枝上觅食，较少像其他啄木鸟那样在树干攀缘。

食性 主要以蚂蚁、甲虫和其他昆虫为食。

繁殖 繁殖期 4～7 月。营巢于树洞中，每窝产卵 3～4 枚。卵白色，形状为椭圆形或近圆形。大小为（13～16）mm×（11～13）mm，平均 15 mm×12 mm。雌雄亲鸟轮流孵卵。

种群现状和保护 IUCN 和《中国脊椎动物红色名录》均评估为无危（LC）。在中国数量稀少。被列为中国三有保护鸟类。

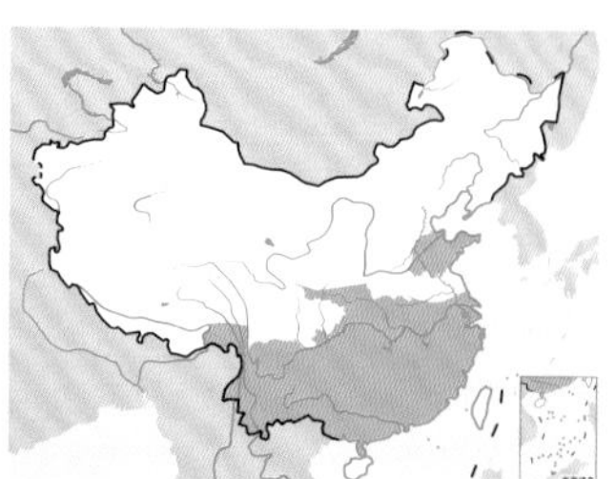

斑姬啄木鸟。左上图沈越摄，下图杜卿摄

白眉棕啄木鸟

拉丁名：*Sasia ochracea*
英文名：White-browed Piculet

䴕形目啄木鸟科

形态 体长 8～9 cm，体重 11～12 g。雄鸟额金黄色，头顶和枕橄榄绿色而沾棕褐色；眉纹白色，从眼上到耳；眼先暗灰色，脸部刚毛黑色；上体为棕色和橄榄绿色混杂状；下体从颏至尾下覆羽全为深棕色，有时颏部较淡。雌鸟额棕色。虹膜红色，眼周裸露部分暗红色；嘴淡黑色，先端较淡；跗跖与趾红色；爪肉色。

分布 在中国分布于云南、西藏东南部、贵州和广西等地，为留鸟。国外分布于尼泊尔、印度、孟加拉国和缅甸等地。

栖息地 主要栖息于低山和山脚平原常绿阔叶林、竹林、林缘疏林、灌丛及河滩芦苇丛中。

习性 常单个活动。多栖于小树和灌木上，也能沿树干攀爬觅食，有时也到地上觅食。

食性 以蚂蚁和各种昆虫为食，也吃蠕虫等其他小型动物。

繁殖 繁殖期 4～6 月。营巢于树洞中。每窝产卵 3～4 枚，卵白色，椭圆形，卵的大小为（14～17）mm×（12～21）mm。雌、雄轮流孵卵。雏鸟为晚成性。

种群现状和保护 非常稀少。IUCN 和《中国脊椎动物红色名录》均评估为无危（LC），被列为中国三有保护鸟类。

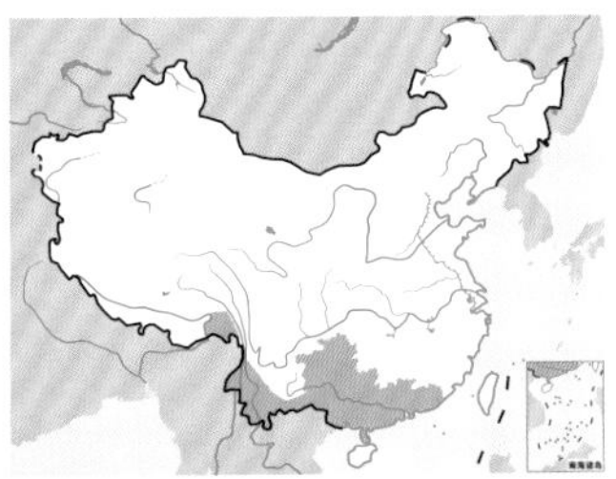

白眉棕啄木鸟。刘璐摄

棕腹啄木鸟

拉丁名：*Dendrocopos hyperythrus*
英文名：Rufous-bellied Woodpecker

䴕形目啄木鸟科

体长约 22 cm。雄鸟头顶至后颈深红色，雌鸟黑色而具白色斑点；肩、背、腰和翅黑色而具白色横斑；脸白色；下体棕色；颈侧和尾下覆羽红色。在中国分布于从东北至云南一线以东的广大地区以及西藏西部和南部一带，为留鸟。栖息于山地针叶林和针阔叶混交林中，常单独活动。IUCN 和《中国脊椎动物红色名录》均评估为无危（LC），被列为中国三有保护鸟类。

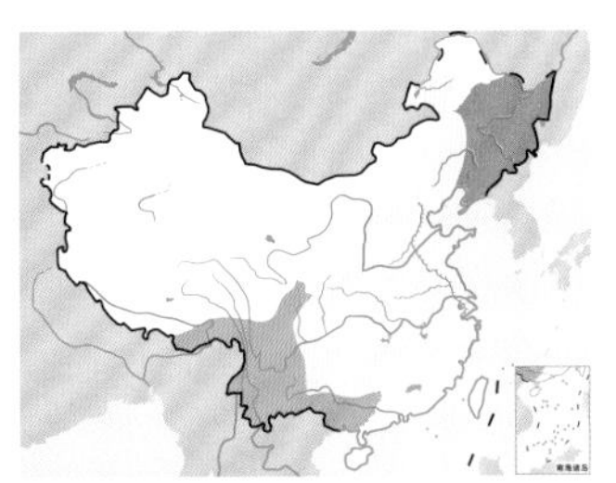

棕腹啄木鸟。左上图为雄鸟，张明摄；下图为雌鸟，沈越摄

小星头啄木鸟

拉丁名：*Dendrocopos kizuki*
英文名：Pygmy Woodpecker

䴕形目啄木鸟科

体长约 14 cm。额、头顶至枕灰褐色，雄鸟枕两侧各有一深红色小纵斑；颊纹和眉纹白色；翕和颈侧具白斑；翅黑色而具白色斑点；其余上体黑色，具白色横斑；喉白色；其余下体污白色，具黑褐色纵纹。在中国分布于东北东部和南部、华北东北部一带。栖息于山地针叶林、针阔叶混交林和阔叶林内。常单独活动，繁殖后期也见 3～5 只的家族群。IUCN 和《中国脊椎动物红色名录》均评估为无危（LC），被列为中国三有保护鸟类。

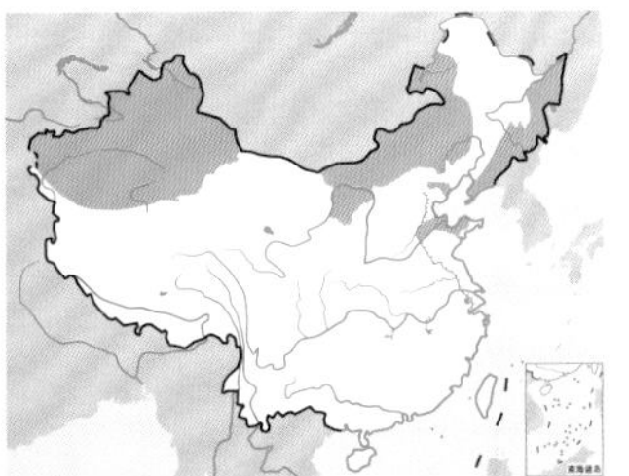

小星头啄木鸟。左上图田穗兴摄，下图张明摄

星头啄木鸟

拉丁名：*Dendrocopos canicapillus*
英文名：Grey-capped Woodpecker

䴕形目啄木鸟科

形态　体长 14 ~ 18 cm，体重 20 ~ 30 g。雄鸟前额和头顶暗灰色或灰褐色，有时缀有淡棕褐色；头侧和颈侧棕褐色；鼻羽和眼先污灰白色；颚纹白色或暗灰褐色；宽阔的白色眉纹自眼后上缘向后延伸至颈侧，并在此形成白色块斑；枕部两侧各具一红色小斑；耳覆羽淡棕褐色，之后有一块黑斑；上体黑色，下背和腰白色而具黑色横斑；翅上具白色斑点和横斑；颏、喉白色或灰白色；其余下体污白色或淡棕白色和淡棕黄色，满布黑褐色纵纹；下腹中部至尾下覆羽纵纹细小而不明显。雌鸟和雄鸟相似，但枕侧无红色。虹膜棕红色或红褐色；嘴铅灰色或铅褐色；脚灰黑色或淡绿褐色。

分布　在中国分布于黑龙江、吉林东部、内蒙古东北部、辽宁、河北、北京、天津、山东、河南、山西、宁夏、甘肃、湖北、安徽、江苏、上海、浙江、陕西南部、宁夏、四川、云南、贵州、江西、福建、广西、台湾、海南等地，为留鸟。国外分布于印度、缅甸、马来半岛和印度尼西亚等地。

栖息地　主要栖息于山地和平原阔叶林、针阔叶混交林和针叶林中。

习性　常单独或成对活动，仅巢后带雏期间出现家族群。多在树中上部活动和取食，常发出敲击树干的“笃笃笃笃”的声音，偶尔也到地面倒木和树椿上取食。飞行迅速，呈波浪式前进，多在林间穿梭，很有节奏感。

食性　主要以鞘翅目和鳞翅目昆虫为食，偶尔也吃植物果实和种子。

繁殖　繁殖期 4 ~ 6 月。3 月中下旬即开始成对和相互追逐，边飞边发出一会急促、一会低微的叫声。雌、雄鸟也常成对地攀登在杨树、柳树的树干上活动。营巢于芯材腐朽的杨树、杏树、油松等的树干上。巢位较高，一般距地高 3 ~ 15 m。由雌、雄亲鸟共同啄巢洞。洞口呈圆形，直径多为 4.2 ~ 4.5 cm，洞内径 11 ~ 12 cm，洞内基本没有垫物，偶有极少量毛草，或少量碎木屑。雌鸟在筑好巢的次日即开始产卵，每天产 1 枚，每窝产卵 4 ~ 5 枚。卵白色，形状为椭圆形，大小为（18 ~ 21）mm ×（13 ~ 15）mm，雌、雄亲鸟轮流孵卵，孵化期 12 ~ 13 天。雏鸟为晚成性，育雏期大约为 22 天。

种群现状和保护　IUCN 和《中国脊椎动物红色名录》均评估为无危（LC），被列为中国三有保护鸟类。

星头啄木鸟。左上图沈越摄；下图为育雏，颜重威摄

小斑啄木鸟

拉丁名：*Dendrocopos minor*
英文名：Lesser Spotted Woodpecker

䴕形目啄木鸟科

形态　体长 14 ~ 18 cm，体重 20 ~ 29 g。额和颊白色；头顶雄鸟红色，雌鸟黑色；后颈至上背黑色，下背白色而具黑色横斑；两翅黑色而具白色横斑；尾黑色，外侧尾羽具白色横斑；下体灰白色，两侧具黑色纵纹。虹膜红褐色；嘴灰黑色或角灰色；脚黑褐色。

分布　在中国分布于东部、新疆北部及甘肃南部，为留鸟。在国外分布于欧洲、非洲西北部和亚洲西部、中部和东部。

栖息地　主要栖息于低山丘陵和山脚平原阔叶林和混交林中，秋冬季节也常到林缘次生林、庭院和果园中活动和觅食。

习性　除繁殖期外常单独活动。多在森林中上层活动和栖息，

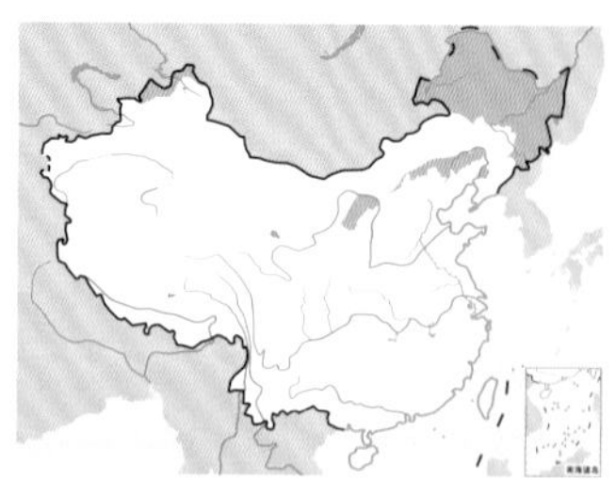

小斑啄木鸟。左上图为雌鸟，沈越摄；下图为雄鸟，张强摄

很少沿树干活动和觅食。有时沿着树枝边觅食边鸣叫。飞翔疾速，呈波浪式前进。

食性 主要以鞘翅目和双翅目等昆虫为食。

繁殖 繁殖期5～6月。主要营巢于海拔500～1300 m的阔叶林和针阔叶混交林中。4月初即开始配对和出现求偶行为。雄鸟常追逐雌鸟于林冠间飞来飞去，并不断发出“ga—ga—ga—ga……”一连串短促而响亮的叫声。营巢于阔叶树洞中，巢洞由雌、雄鸟啄凿而成。一般多选择在树芯腐朽的树木上。不利用旧巢，每年都要重新啄巢洞。洞口多为圆形或近圆形，距地高多在3～9 m，洞口直径为2.6～3.2 cm，洞内径为6～13 cm，洞深10～22 cm。巢内无任何内垫物，仅有少许木屑。每窝产卵3～8枚，卵白色，椭圆形，大小为（17～22）mm×（14～16）mm。雌、雄鸟轮流孵卵，孵化期14天。雏鸟为晚成性，由雌、雄亲鸟共同觅食喂雏，育雏期大约为21天。

种群现状和保护 数量较普遍。IUCN和《中国脊椎动物红色名录》均评估为无危（LC），被列为中国三有保护鸟类。

纹腹啄木鸟

拉丁名：*Dendrocopos macei*
英文名：Fulvous-breasted Woodpecker

䴕形目啄木鸟科

体长约18 cm。雄鸟头顶红色；脸侧白色；颊纹接领环黑色；上体黑色，具黑白色相间条纹；下体白色；尾下覆羽红色。雌鸟头顶黑色。栖息于低山及开阔林地以及村镇附近。以各种昆虫为食。营巢于树洞中。在中国分布于西藏东南部，为留鸟。IUCN评估为无危（LC），《中国脊椎动物红色名录》评估为数据缺乏（DD）。

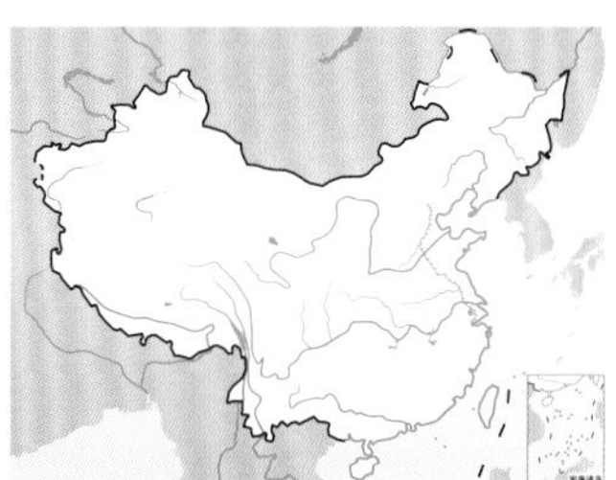

纹腹啄木鸟。左上图为雌鸟，李锦昌摄；下图为雄鸟，吴秀山摄

纹胸啄木鸟

拉丁名：*Dendrocopos atratus*
英文名：Stripe-breasted Woodpecker

䴕形目啄木鸟科

体长约20 cm。雄鸟头顶至枕鲜红色，雌鸟黑色；上体黑色，背中部具黑白相间横斑；翅上具白色斑点和横斑；尾黑色，外侧尾羽具白色横斑；颏、喉污白色；其余下体皮黄色，具粗著的黑色纵纹；尾下覆羽红色。在中国分布于云南。栖息于低山丘陵和山脚平原常绿或落叶阔叶林中。IUCN评估为无危（LC），《中国脊椎动物红色名录》评估为数据缺乏（DD），被列为中国三有保护鸟类。

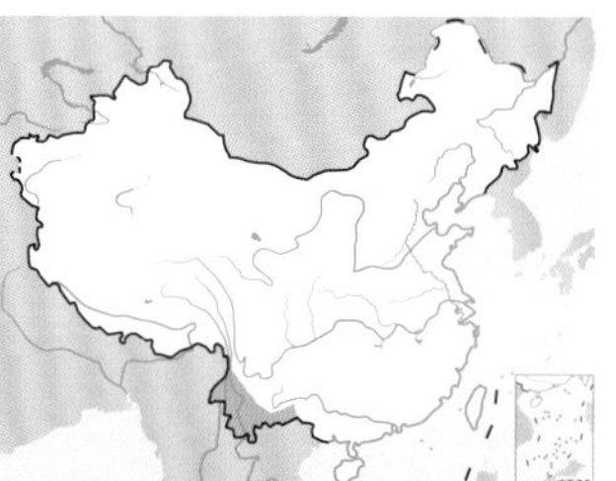

纹胸啄木鸟。左上图为雌鸟，韦铭摄；下图为雄鸟，吴秀山摄

褐额啄木鸟

拉丁名：*Dendrocopos auriceps*
英文名：Brown-fronted Woodpecker

䴕形目啄木鸟科

体长约 20 cm。额褐色，具短白眉纹；头顶红色；枕部黑色；上体黑色，具白色点斑；腹部白色，具纵纹；尾下覆羽红色。栖息于高海拔针叶林内。常与山椒鸟、山雀等鸟类混群活动。留鸟，在中国分布于西藏南部，为 2012 年中国分布新记录。IUCN 评估为无危（LC）。

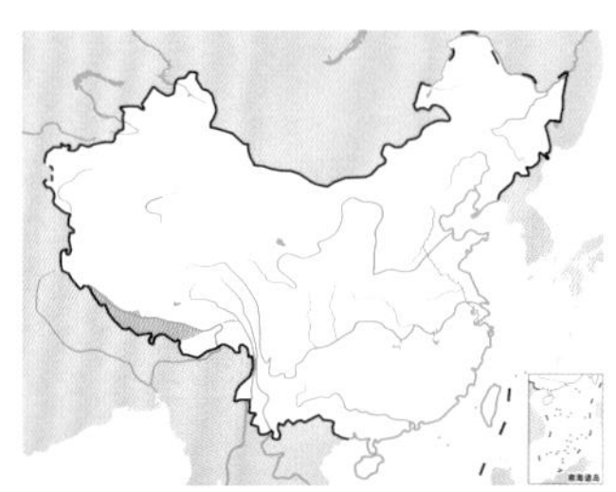

褐额啄木鸟。左上图为雌鸟，下图为雄鸟。董江天摄

赤胸啄木鸟

拉丁名：*Dendrocopos cathpharius*
英文名：Crimson-breasted Woodpecker

䴕形目啄木鸟科

体长约 18 cm。雄鸟头顶后部和枕红色，雌鸟黑色；额、脸、喉和颈侧污白色；颚纹黑色，沿喉侧向下与胸侧黑色相连；上体黑色，具大块白色翅斑；胸中部和尾下覆羽红色；其余下体皮黄色，具黑色纵纹。在中国分布于西藏、云南、甘肃南部、四川、重庆、陕西南部和湖北西部等地。栖息于山地常绿或落叶阔叶林和针阔叶混交林中。IUCN 和《中国脊椎动物红色名录》均评估为无危（LC），被列为中国三有保护鸟类。

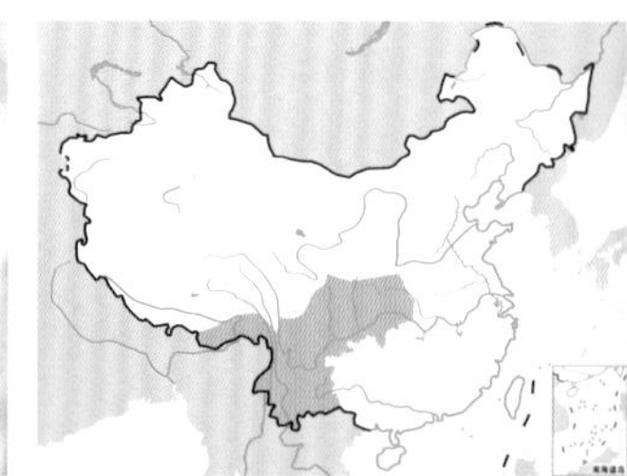

赤胸啄木鸟。左上图为雌鸟，王昌大摄；下图为雄鸟，杜卿摄

黄颈啄木鸟

拉丁名：*Dendrocopos darjellensis*
英文名：Darjeeling Woodpecker

䴕形目啄木鸟科

体长约 22 cm。上体黑色；前额有一窄的白色横带斑；雄鸟枕部有一红色带斑；肩和翅斑白色；外侧尾羽具白色横斑，飞翔时明显可见；耳覆羽后面和颈侧橙皮黄色；颊污白色；颚纹黑色；喉和上胸中部污褐色；其余下体淡皮黄色；具粗著的黑色纵纹，尾下覆羽红色。在中国分布于云南、四川、西藏东部和南部。栖息于山地针叶林和针阔叶混交林中。IUCN 和《中国脊椎动物红色名录》均评估为无危（LC），被列为中国三有保护鸟类。

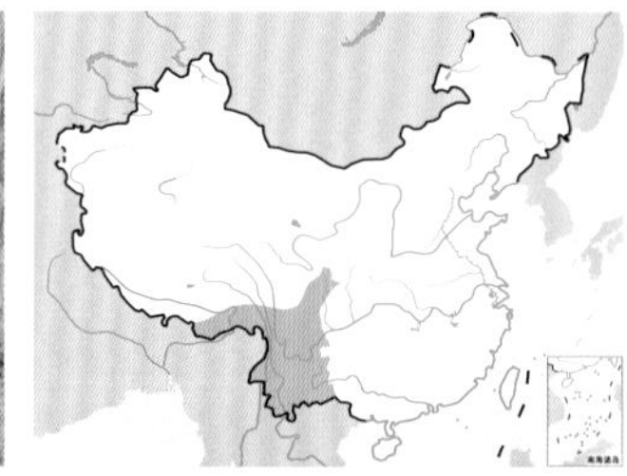

黄颈啄木鸟。左上图为雌鸟，袁倩敏摄；下图为雄鸟，何屹摄

白背啄木鸟

拉丁名：*Dendrocopos leucotos*
英文名：White-backed Woodpecker

䴕形目啄木鸟科

形态 体长23～27 cm。外形和大斑啄木鸟很相似，但头顶为红色；前额有一白色横带；下背和腰白色；颏、喉纯白色；胸以下具黑色纵纹。虹膜红色；上嘴黑褐色，下嘴黑灰色；脚黑褐色。

分布 在中国分布于东北、华北北部、新疆北部以及陕西南部、四川、重庆、江西东北部、福建西北部和台湾等地。在国外分布于从欧洲北部至亚洲东部一带。

栖息地 栖息于山地针叶林、针阔叶混交林和阔叶林中。

习性 常单独或成对活动，仅幼鸟离巢后的短期内才见有4～5只的家族群。常沿树干从下往上攀缘觅食，一旦发现腐朽木内的害虫就啄个不停，直到吃光才从一棵树飞到另一棵树。有时也在地面的倒木、伐根或土堆上觅食蚂蚁和地面昆虫。冬季食物贫乏时活动范围较大，有时甚至进到居民点附近的丛林和栅栏与木材堆上觅食。鸣声宏亮，平时鸣叫多为单音节的"ga—"声。飞行呈波浪式。

食性 主要以各种昆虫为食，也食蜘蛛、蠕虫等其他小型无脊椎动物。秋冬季也吃部分植物果实和种子。

繁殖 繁殖期4～6月。3月末即见配对和求偶，求偶时雌雄鸟首先一起飞翔，相互追逐于树冠间，上下飞舞，边飞边叫，配对以后通常一起活动，觅食时也相距不远。4月下旬即开始啄洞营巢。白背啄木鸟从不利用旧巢，通常每年都要啄新洞，有时啄出洞后又弃掉不用，重新再啄新洞。一般多选择芯材腐朽、易于啄凿的阔叶树营巢。巢洞由雌雄鸟轮流啄，4～10天即可啄成。巢洞洞口呈圆形，洞口直径5～7 cm，内径10～13 cm，洞深19～38 cm。洞口距地高4～15 m。洞中垫有树木屑和树的韧皮。每窝产卵3～6枚，卵白色，光滑无斑，大小为（26～30）mm×（19～22）mm，卵重6.9 g左右。雌、雄轮流孵卵，孵化期16～17天。雏鸟为晚成性，雌、雄亲鸟共同育雏，育雏期为23～24天。

白背啄木鸟台湾亚种雄鸟*D. l. insularis*。沈越摄

种群现状和保护 数量较普遍。IUCN和《中国脊椎动物红色名录》均评估为无危（LC），被列为中国三有保护鸟类。

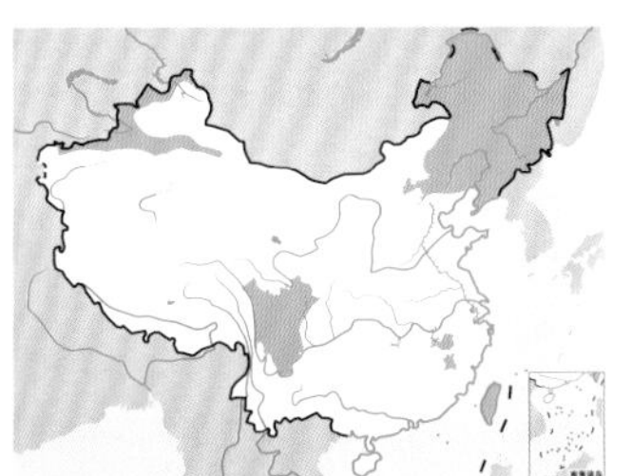

白背啄木鸟指名亚种*D. l. leucotos*。左上图为雌鸟，焦海兵摄；下图为雄鸟，沈越摄

白翅啄木鸟

拉丁名：*Dendrocopos leucopterus*
英文名：White-winged Woodpecker

䴕形目啄木鸟科

体长22 cm。外形和大斑啄木鸟非常相似，但翅为白色，初级飞羽白色，具黑色亚端斑和尖端。在中国分布于新疆。栖息于低山、丘陵、山脚、平原、低地、山谷、河流等地的阔叶林和次生林中。IUCN评估为无危（LC），《中国脊椎动物红色名录》评估为近危（NT），被列为中国三有保护鸟类。

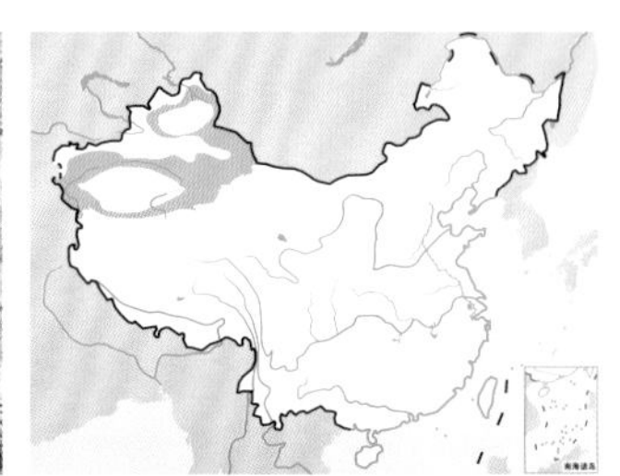

白翅啄木鸟。左上图为雌鸟，李全胜摄；下图为雄鸟，刘璐摄

大斑啄木鸟

拉丁名：*Dendrocopos major*
英文名：Great Spotted Woodpecker

䴕形目啄木鸟科

形态 体长20～24 cm，体重63～79 g。雄鸟额棕白色；眼先、眉、颊和耳羽白色；头顶黑色而具蓝色光泽；枕具一辉红色斑，后枕具一窄的黑色横带；后颈及颈两侧白色，形成一白色领圈；上体黑色，具大的白色肩斑和数道白色翅斑；颧纹宽阔呈黑色，向后分上下支，上支延伸至头后部，另一支向下延伸至胸侧；下体污白色，下腹中央至尾下覆羽鲜红色。雌鸟枕无红色斑，耳羽棕白色。虹膜暗红色；嘴铅黑或蓝黑色；跗跖和趾褐色。

分布 在中国全国各地均有分布，为留鸟。在国外分布于欧洲到非洲北部、亚洲东部、南部和东南部一带。

栖息地 栖息于针叶林、针阔叶混交林和阔叶林中。

习性 常单独或成对活动，繁殖后期则成松散的家族群活动。多在树干和粗枝上觅食，觅食时常从树的中下部跳跃式的向上攀缘，如发现树皮或树干内有昆虫，就迅速啄木取食，能用舌头探入树皮缝隙或啄出的树洞内钩取害虫，如啄木时发现有人，则绕到被啄木的后面藏匿或继续向上攀缘，有时也在地上倒木和枝叶间取食。飞翔时两翅一开一闭，呈大波浪式前进。

食性 主要以昆虫及其幼虫为食，也吃蜗牛、蜘蛛、蛙、蜥蜴和老鼠等其他小型动物。偶尔也吃橡实和草籽等植物性食物。

繁殖 繁殖期4～5月，活动以巢树为中心。3月末即开始发情。发情期间常用嘴猛烈敲击树干，发出"咣咣咣……"的连续声响，用以引诱异性。有时也见两雄一雌为争偶而斗争，彼此搅做一团，上下翻飞，边飞边叫，直至其中一只雄鸟被赶走为止。

巢洞多在芯材腐朽的阔叶树树干上，有时也在粗的侧枝上，尤其喜欢被真菌感染过的枯死部位。巢洞由雌雄亲鸟共同啄凿而成。每年都要重新啄新洞，只有在找不到合适巢树的情况下才继续使用旧巢。其巢区内通常有4～6个鸟巢，其中一个为育雏巢，其他为非育雏巢，用来躲避天敌或夜间休息。根据木质硬度不同，建成一个巢需要10～22天。巢洞距地高多在4～8 m，有时也高至10多米和低至2米。洞口圆形，直径4.5～4.6 cm，洞内径8.5～10 cm，洞深18～28 cm。巢内无任何内垫物，仅有一些筑巢时落入的木屑。

窝卵数3～8枚，多为4～6枚。卵白色，椭圆形，光滑无斑，大小为（24～27）mm×（16～21）mm。雌雄轮流孵卵，卵化期13～16天。雏鸟晚成性，孵出后通体肉红色，赤裸无羽，由雌雄亲鸟共同喂养，一只负责寻找食物，另一只在附近巡视观察。亲鸟通常能储存很多食物，然后吐出来分别喂养给幼鸟。喂食时，亲鸟先是站在洞口将食物送入洞内，但很快又会缩回，如此反复几次，再把食物分给雏鸟。一般2～3天就会清理一次巢穴。在此期间亲鸟有极强的护雏行为，即使附近只有麻雀活动也会立即回到巢内。经过20～23天的喂养后，雏鸟即可离巢和飞翔。然后，亲鸟会将幼鸟驱逐出自己的生活领域。

种群现状和保护 IUCN和《中国脊椎动物红色名录》均评估为无危（LC），被列为中国三有保护鸟类。

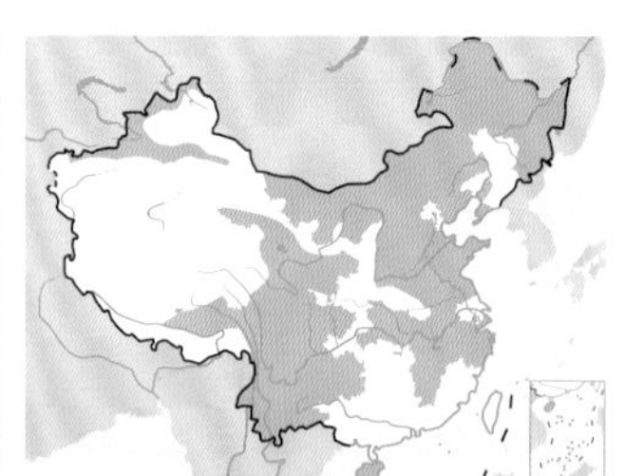

大斑啄木鸟。左上图为雄鸟，吴秀山摄；下图为雌鸟，王明华摄

三趾啄木鸟

拉丁名：*Picoides tridactylus*
英文名：Three-toed Woodpecker

䴕形目啄木鸟科

体长约21 cm。雄鸟头顶金黄色，雌鸟头顶黑色而具白色斑点；眼至耳覆羽黑色，眼后有一条白色纵纹；颊纹白色；颚纹黑色，甚为醒目；枕和后颈黑色；背和腰白色；飞羽黑色而具白色横斑；下体白色；胸侧具黑色纵纹；后胁具黑色横斑。在中国分布于东北、西北和西南地区。栖息于山地和平原针叶林和针阔叶混交林中。IUCN和《中国脊椎动物红色名录》均评估为无危（LC），被列为中国三有保护鸟类。

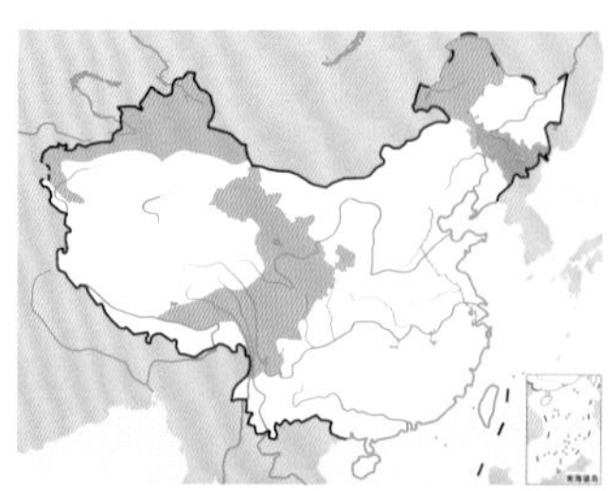

三趾啄木鸟。左上图为雄鸟，唐军摄；下图为亲鸟育幼，李锦昌摄

白腹黑啄木鸟

拉丁名：*Dryocopus javensis*
英文名：White-bellied Woodpecker

䴕形目啄木鸟科

体长约 45 cm。雄鸟头顶具红色羽冠和颚纹；其余头、颈、胸和上体黑色；腰和腹白色。雌鸟头顶黑色，无红色颚纹。在中国分布于四川西南部、云南西北部和南部以及福建、内蒙古。栖息于山地针叶林、针阔叶混交林和常绿及落叶阔叶林中。IUCN 评估为无危（LC），《中国脊椎动物红色名录》评估为近危（NT），在中国被列为国家二级重点保护动物。

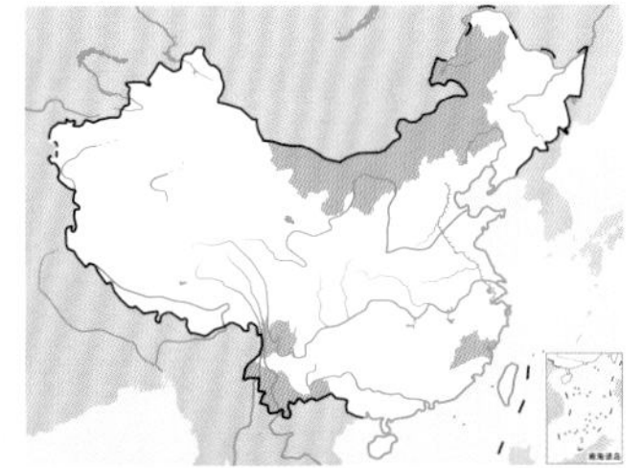

白腹黑啄木鸟。左上图为雄鸟，甘礼清摄；下图为上雌下雄

黑啄木鸟

拉丁名：*Dryocopus martius*
英文名：Black Woodpecker

䴕形目啄木鸟科

体长约 45 cm。通体黑色，头顶朱红色，雌鸟头顶红色仅限于后部。在中国分布于东北、华北北部、西北和西南等地区。栖息于原始针叶林和针阔叶混交林中。IUCN 和《中国脊椎动物红色名录》均评估为无危（LC），被列为中国三有保护鸟类。

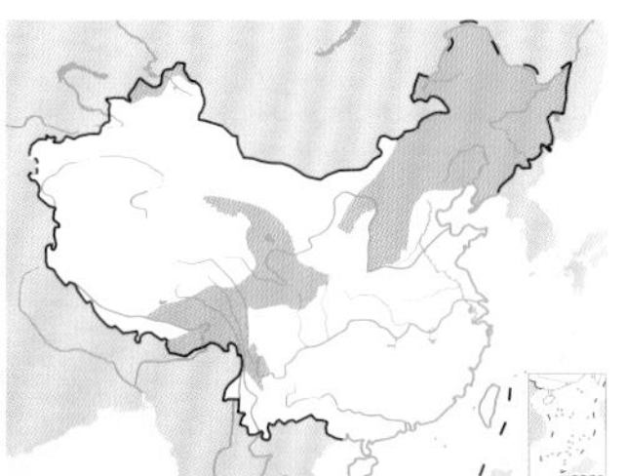

黑啄木鸟。左上图为雌鸟，彭建生摄；下图为雄鸟，沈越摄

大黄冠啄木鸟

拉丁名：*Chrysophlegma flavinucha*
英文名：Greater Yellownape Woodpecker

䴕形目啄木鸟科

形态 体长30～36 cm，体重122～180 g。雄鸟额、头顶和头侧暗橄榄褐色；额部和头顶缀有棕栗色；枕具冠金黄色或橙黄色羽冠；整个上体和内侧飞羽辉黄绿色；初级飞羽黑褐色，具宽阔的深棕色横斑；颏、喉柠檬黄色；其余下体褐色至橄榄灰色，前颈杂有白色条纹。雌鸟与雄鸟相似，但上喉栗色，下喉白色而具粗著的黑色纵纹。虹膜棕红色；嘴铅灰色，先端淡黄色；脚和趾铅灰沾绿；爪角褐色。

分布 分布于西藏南部、云南西部和南部、广西南部、海南、四川、江西东北部、福建中部等地，为留鸟。在国外分布于印度、缅甸、泰国和中南半岛各国。

栖息地 主要栖息于中、低山常绿阔叶林内。

习性 常单独或成对活动。多往返于树干间，沿树干攀沿和觅食，有时也到地上活动和觅食。飞行呈波浪式。

食性 主要以昆虫为食。在时也吃植物种子和浆果。

繁殖 繁殖期4～6月。通常营巢于树洞中，多选择腐朽的树干凿巢，巢洞由雌、雄鸟自己掘啄而成。巢洞距地高一般为1.5～6 m，多在3～5 m。每窝产卵3～4枚，有时少至2枚和多至5枚，卵白色，大小为（26～32）mm×（21～24）mm，雌、雄轮流孵卵。

种群现状和保护 数量较普遍。IUCN评估为无危（LC），《中国脊椎动物红色名录》评估为濒危（EN），被列为中国三有保护鸟类。

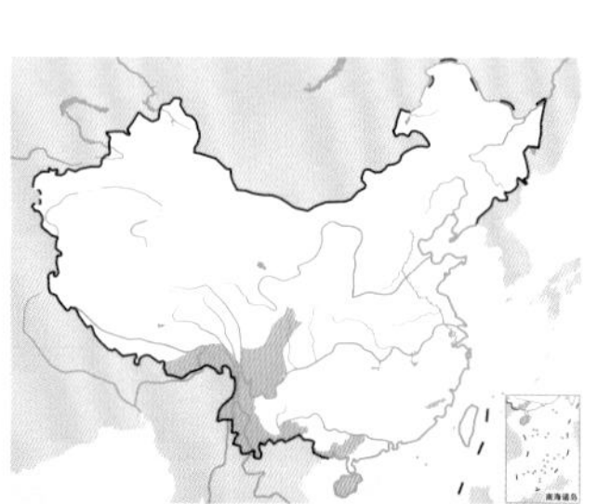

大黄冠啄木鸟。左上图为雄鸟，周红摄；下图为雌鸟，魏东摄

黄冠啄木鸟

拉丁名：*Picus chlorolophus*
英文名：Lesser Yellownape Woodpecker

䴕形目啄木鸟科

形态 体长23～27 cm，体重63～79 g。雄鸟额和眉纹鲜红色，雌鸟红纹仅限于眼后；头顶和耳羽橄榄绿色；枕部具鲜黄色羽冠；颊部有一条白纹；上体和胸部草绿色或橄榄绿色；腹部至尾下覆羽淡黄白色而具褐色横斑。虹膜红色；嘴黑色或灰黄色，先端和嘴峰角褐色；跗跖和趾绿黑色或灰绿褐色；爪黑褐色或角黄色。

分布 在中国分布于云南西部和南部、江西、福建中部、广西、海南等地，为留鸟。在国外分布于印度、中南半岛至苏门答腊岛。

栖息地 主要栖息于中低海拔的常绿阔叶林和混交林中。

习性 常单独或成对活动。

食性 主要以昆虫为食，偶尔也吃植物果实和种子。

繁殖 繁殖期4～7月。营巢于树洞中，每窝产卵2～4枚。卵白色，椭圆形，大小为（25～27）mm×（18～19）mm，雌雄轮流孵卵。雏鸟为晚成性。

种群现状和保护 IUCN评估为无危（LC），《中国脊椎动物红色名录》评估为近危（NT），被列为中国三有保护鸟类。

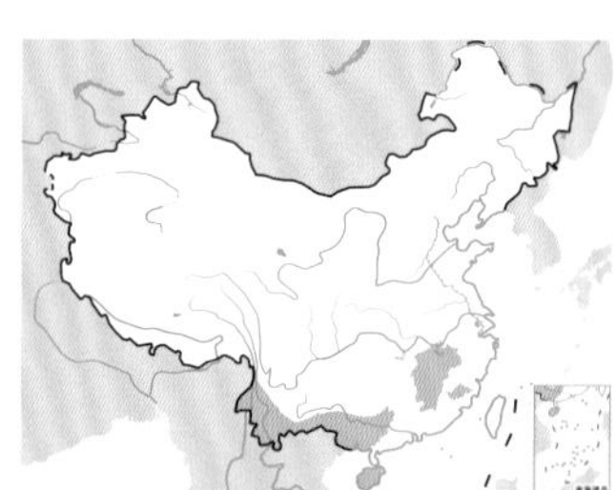

黄冠啄木鸟。左上图为雌鸟，下图为雄鸟。田穗兴摄

花腹绿啄木鸟

拉丁名：*Picus vittatus*
英文名：Laced Woodpecker

䴕形目啄木鸟科

体长约33 cm。雄鸟整个头顶和枕鲜红色；头侧淡灰色；颚纹黑色而杂有白色；背橄榄绿色；腰亮绿黄色；喉和胸部为油橄榄黄色；其余下体淡黄色；端缘具"V"字形油绿色斑纹，形成鳞状斑。雌鸟头顶为黑色。嘴黑色。在中国分布于云南南部。栖息于低山和平原阔叶林、竹林和次生林。IUCN评估为无危（LC），《中国脊椎动物红色名录》评估为数据缺乏（DD），被列为中国三有保护鸟类。

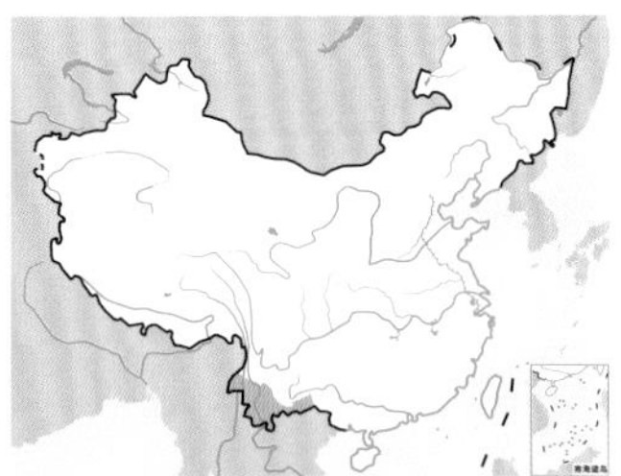

花腹绿啄木鸟。左上图为雄鸟，田穗兴摄；下图为雌鸟

纹喉绿啄木鸟

拉丁名：*Picus xanthopygaeus*
英文名：Streak-throated Woodpecker

䴕形目啄木鸟科

体长约 28 cm，似花腹绿啄木鸟，但腰亮黄色；喉白色而具橄榄褐色条纹；胸部为淡绿色；其余下体绿色，整个下体全被有鳞状斑。雄鸟头顶红色；眉纹和颚纹白色。雌鸟头顶黑色。在中国分布于云南西部。栖息于低山和山脚平原地带开阔的森林中。IUCN 评估为无危（LC），《中国脊椎动物红色名录》评估为数据缺乏（DD），被列为中国三有保护鸟类。

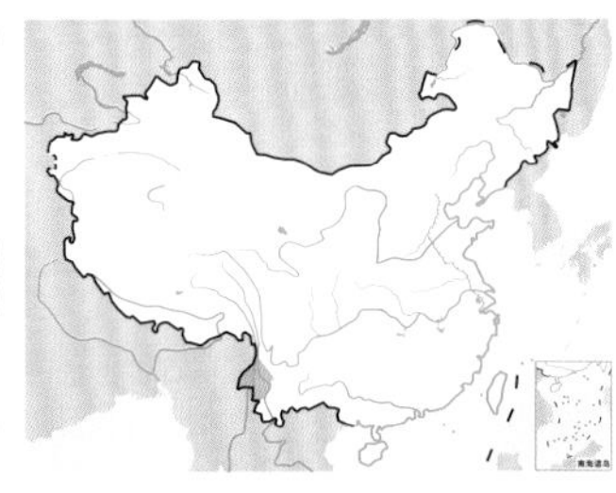

纹喉绿啄木鸟。左上图为雄鸟，甘礼清摄；下图为雌鸟，李锦昌摄

鳞腹绿啄木鸟

拉丁名：*Picus squamatus*
英文名：Scaly-bellied Woodpecker

䴕形目啄木鸟科

体长约 30 cm。雄鸟头顶和冠羽血红色；眼先和眉纹白色，白色眉纹之上又有一条黑纹；背、肩草绿色；腰部黄色；翅和尾暗褐色而具白色横斑；下体绿白色，具暗色鳞状斑。雌鸟头顶为黑绿色。嘴黄色。在中国分布于西藏西南部。栖息于山地阔叶林和混交林中，也出现于林缘疏林和灌丛中。IUCN 评估为无危（LC），《中国脊椎动物红色名录》评估为数据缺乏（DD），被列为中国三有保护鸟类。

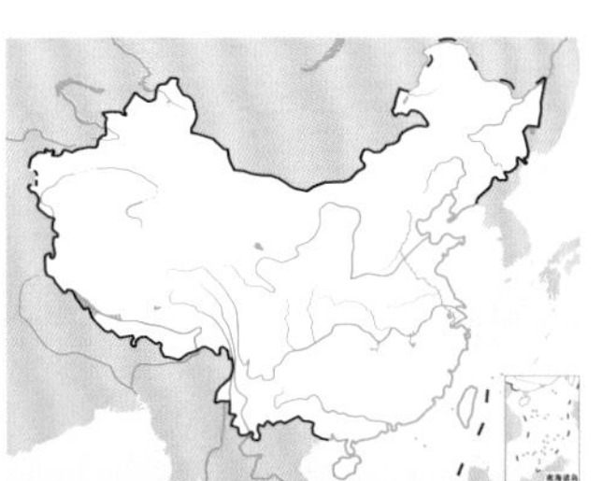

鳞腹绿啄木鸟。左上图为雌鸟，董文晓摄；下图为雄鸟，林植摄

红颈绿啄木鸟

拉丁名：*Picus rabieri*
英文名：Red-collared Woodpecker

䴕形目啄木鸟科

体长约 28 cm。雄鸟额、头顶至枕鲜红色，由枕沿颈侧向下与前颈的鲜红色连成一完整的红色颈环；眼先和喉部为淡绿白色；耳覆羽和上体暗黄绿色；飞羽和尾羽黑色，飞羽具白色横斑；下体黄绿色。雌鸟头顶绿色。在中国分布于云南东南部。栖息于低山常绿阔叶林和林缘地带，也出现于竹林和次生林。IUCN 评估为近危（NT），《中国脊椎动物红色名录》评估为数据缺乏（DD），被列为中国三有保护鸟类。

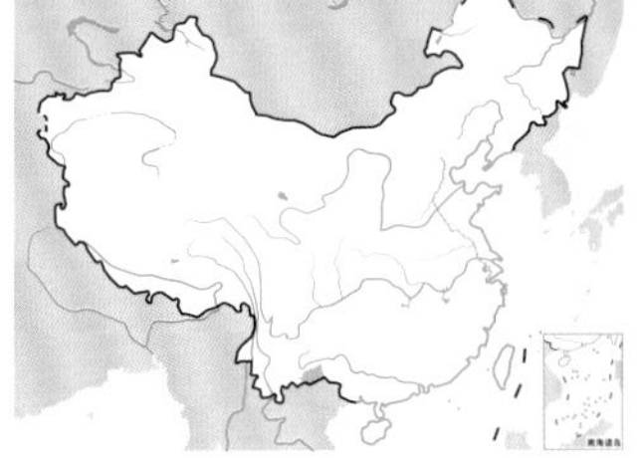

红颈绿啄木鸟雄鸟。John Wright摄

灰头绿啄木鸟

拉丁名：*Picus canus*
英文名：Grey-headed Woodpecker

䴕形目啄木鸟科

形态 体长 27～32 cm，体重 105～159 g。头灰色；雄鸟额、头顶朱红色；眼先和颧纹黑色；背和翅上覆羽橄榄绿色；腰及尾上覆羽绿黄色；初级飞羽黑色，具白色横斑；下体灰绿色。雌鸟额至头顶暗灰色。虹膜红色；嘴灰黑色；脚和趾灰绿色或褐绿色。

分布 在中国分布于全国大部分地区，为留鸟。在国外分布于从欧洲到东南亚一带的广大地区。

栖息地 主要栖息于低山阔叶林和针阔混交林，也出现于次生林和林缘地带，很少到原始针叶林中。

习性 常单独或成对活动。在春、夏、秋三季，黎明即起，上午觅食、活动、鸣叫频繁，中午休憩之后又开始频繁活动直至日落。冬季上午活动较迟，待日高天暖时分才活动，直至日落结束活动。四季均居于树洞中，只有在严冬季节偶见钻入玉米秸秆或麦草垛居住避寒、取食。

飞行迅速，飞行时呈波浪式前进，但持续飞行能力不强，每次飞行距离一般不超过 300 m。常在树干的中下部取食，有时也在地面取食，尤其在地上倒木和蚁螺上活动较多。

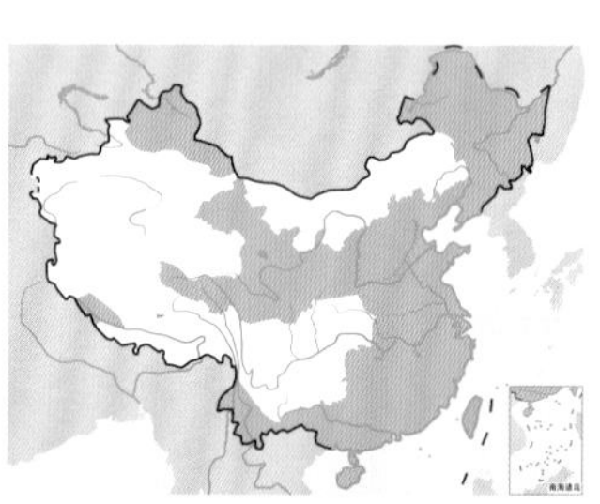

灰头绿啄木鸟。左上图为雌鸟，张强摄；下图为雄鸟，吴秀山摄

食性 主要以鳞翅目、鞘翅目、膜翅目等昆虫为食。觅食时常由树干基部螺旋上攀，当到达树杈时又飞到另一棵树的基部再往上搜寻，用长舌把树皮下或蛀食到树干木厦部里的昆虫黏钩出来。冬、春季节植物性食物增加。

繁殖 繁殖期 4～6 月。4 月初即见成对活动，鸣声增多，彼此相互追逐，并常边追逐边发出“嘎嘎”的鸣叫声。营巢于树洞中，巢洞多选择在木材腐朽的阔叶树上。巢洞由雌雄亲鸟共同啄凿完成，但通常雌鸟营巢时间偏多，凿洞速度与被凿树木的腐朽程度相关。常在营巢的树干上相邻的不同部位连年凿巢，每年都凿成一个洞巢，极少利用旧巢，即使巢内部相连通也不利用旧洞口出入。甚至连续性地在不同树干上凿成 1～3 个新巢洞，但只选择其中最为理想的一个作为育雏巢，其余洞巢则用来躲避天敌或夜间栖息等。

巢洞距地高 2.7～11 m，洞口圆形或椭圆形，洞口直径 5～6 cm，洞内径 13～15 cm，洞深 27～42 cm。洞口朝向无方位偏好，但几乎所有洞口均具避雨功能。洞内较为粗糙，无任何内垫物，有的因树液渗漏而略显潮湿。此外，在山东徂徕山曾发现它们凿土洞营巢。除自己营巢外，它们也会侵占体形比较小的其他啄木鸟（如大斑啄木鸟）的巢。

每年繁殖 1 窝，5 月初即有开始产卵的。每窝产卵 8～11 枚，多为 9～10 枚。卵乳白色，光滑无斑，形状为椭圆形，大小为 (28.5～30.7) mm × (21～22.9) mm，卵重 6.5 g 左右。卵产齐后开始孵卵，由雌雄亲鸟轮流承担，也有的主要由雌鸟承担。孵化期 12～15 天，雏鸟晚成性，雌雄亲鸟共同育雏。初孵雏鸟双目紧闭，不能站立，除头顶、脊背及翅膀上有灰色绒羽外，其他光滑部分呈粉红色，嘴甲呈银白色。雌鸟在雏鸟出壳后一周左右一直守护在巢中暖雏。雏鸟发育到第 7 天，翅膀及尾部长出羽毛；第 10 天已能睁眼；第 12 天体上大部分长出羽茬；第 14 天体羽和覆羽呈绿色；第 18 天能辨别雌雄，雄鸟的额和头顶前部长出艳红羽毛。育雏期雏鸟在巢内不停地发出“咕、咯，咕、咯……”的声响，随着日龄的增长发出的叫声愈高。亲鸟喂食时，雏鸟对光的明暗反应敏锐，亲鸟衔食归巢落在洞口时，由于亲鸟将光遮挡，巢内光线变暗，雏鸟立即全身颤动、伸颈张口，并发出较平时高而急促的叫声。亲鸟首先把大量的食物装在嗉囊里，饲喂时逐渐将食物吐出，每次吐喂一只鸟，一次回巢可将所有雏鸟饲喂一遍。经过 23～24 天的喂养，雏鸟即可飞翔和离巢。幼鸟喜欢结小群，出巢后的当年和次年均在一起取食，并沿用双亲鸟所遗留下的育雏巢洞。幼鸟捕食能力有限，常需雌雄亲鸟送食、照料，直到当年冬季才能独立取食。

种群现状和保护 IUCN 和《中国脊椎动物红色名录》均评估为无危（LC），被列为中国三有保护鸟类。

金背啄木鸟

拉丁名：*Dinopium javanense*
英文名：Common Flamebacked Woodpecker

䴕形目啄木鸟科

体长约 28 cm。头顶至枕部冠羽鲜红色；头侧和喉部白色；眉纹和一条经眼和耳覆羽到颈的贯眼纹和颚纹黑色；其余下体白色而具黑色鳞状斑；翕和翅为金黄色；下背和腰红色；初级飞羽和尾羽黑色；喉中央纹也为黑色。雌鸟头顶黑色而具白色条纹。嘴黑色。在中国分布于云南南部、西藏东南部。栖息于低山和山脚平原常绿阔叶林和混交林内。IUCN 评估为无危（LC），《中国脊椎动物红色名录》评估为数据缺乏（DD），被列为中国三有保护鸟类。

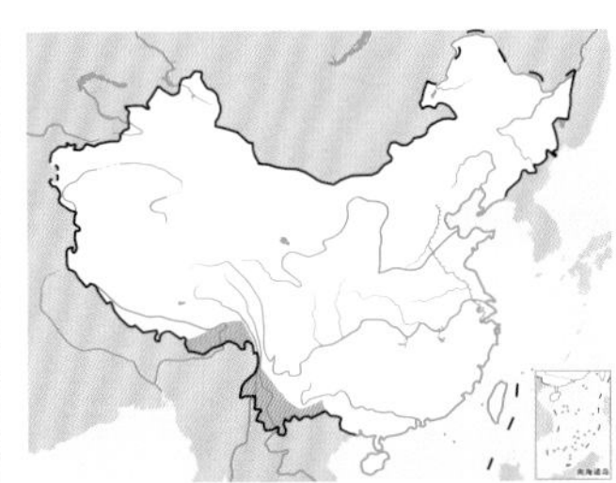

金背啄木鸟。左上图为雄鸟，下图左雄右雌。陈树森摄

喜山金背啄木鸟

拉丁名：*Dinopium shorii*
英文名：Himalayan Flamebacked Woodpecker

䴕形目啄木鸟科

体长约 30 cm。雄鸟头顶、冠羽猩红色；脸、喉部为白色；过眼纹延伸到后颈；下髭纹黄色；颊纹黑色；喉中线黑色；颈环为黑色；上背金黄色沾红色；下背及腰红色；翅覆羽金色，飞羽黑色；下体白色具黑色鳞斑。雌鸟头顶为黑色，具白斑。在中国分布于西藏东南部，为留鸟。栖息于低山常绿阔叶林和混交林。常与其他鸟类混群觅食。IUCN 评估为无危（LC），《中国脊椎动物红色名录》评估为数据缺乏（DD）。

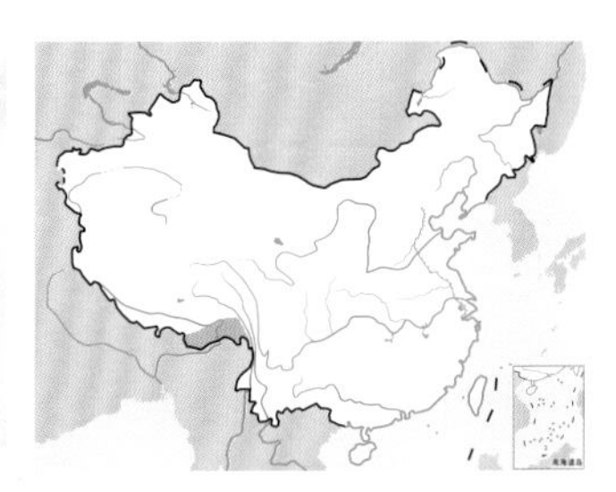

喜山金背啄木鸟。左上图为雌鸟，董江天摄；下图为雄鸟，林植摄

小金背啄木鸟

拉丁名：*Dinopium benghalense*
英文名：Lesser Golden-backed Flamebacked Woodpecker

䴕形目啄木鸟科

体长约 26 cm。与金背啄木鸟十分相似，但腰部为黑色，体较小。在中国分布于西藏东南部，为留鸟。栖息于低山常绿阔叶林、落叶林中。IUCN 评估为无危（LC），《中国脊椎动物红色名录》评估为数据缺乏（DD）。

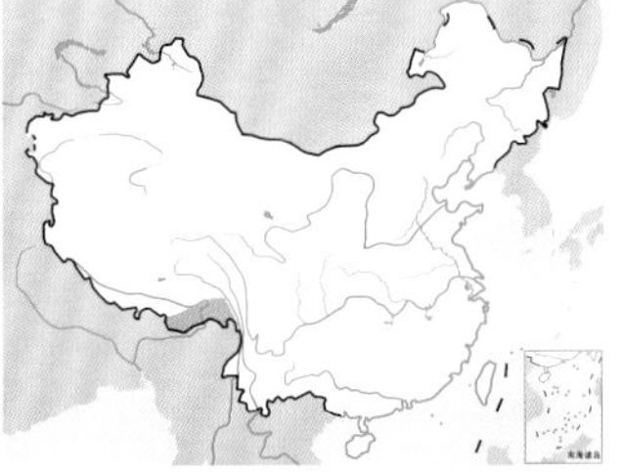

小金背啄木鸟。左上图为雌鸟，裘世雄摄；下图左雄右雌。牛蜀军摄

大金背啄木鸟

拉丁名：*Chrysocolaptes lucidus*
英文名：Greater Flamebacked Woodpecker

䴕形目啄木鸟科

体长约33 cm。额褐色；头顶和冠羽雄鸟赤红色，雌鸟黑色而具白色斑点；头顶两侧各具一黑色纵纹，自眼上方伸向枕部，其下有一白色眉纹；眼后有一宽的黑纹延伸至颈侧；上背、肩和两翅内侧辉金黄橄榄色；下背和腰部为赤红色；外侧覆羽和初级飞羽黑色；颊、颏、喉部为白色；其余下体白色而具黑色鳞状斑。在中国分布于云南西南部和南部、西藏东南部。栖息于低山和平原常绿阔叶林和混交林中。IUCN评估为无危（LC），《中国脊椎动物红色名录》评估为数据缺乏（DD），被列为中国三有保护鸟类。

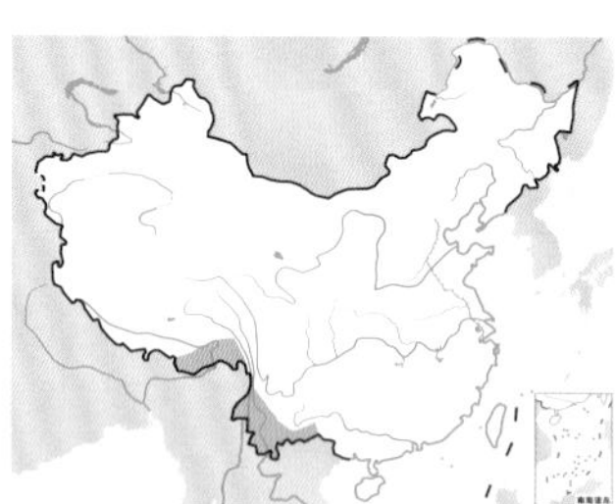

大金背啄木鸟。左上图为雌鸟，董磊摄；下图为雄鸟，王一丹摄

竹啄木鸟

拉丁名：*Gecinulus grantia*
英文名：Pale-headed Woodpecker

䴕形目啄木鸟科

体长23～25 cm。头顶至枕玫瑰色而缀有橙色或全为红色；额、眼先、颊为淡皮黄色或黄白色；后颈和颈侧橄榄黄色；上体栗红色；翅黑褐色，具棕黄色或白色斑点；腰部和尾上覆羽具暗红色羽缘；尾暗褐色，具浅色横斑和栗红色羽缘；下体橄榄褐色。雌鸟头顶黄绿色。嘴蓝白色或淡蓝色。在中国分布于云南西部和南部、湖北西部、江西、福建中部和西北部、广东北部。栖息于低山竹林或杂有竹林的混交林、灌木林和次生林中。IUCN和《中国脊椎动物红色名录》均评估为无危（LC），被列为中国三有保护鸟类。

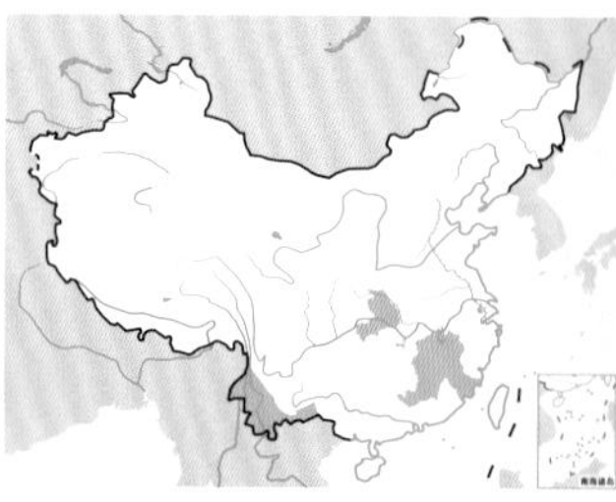

竹啄木鸟。左上图为雌鸟，林剑声摄；下图为雄鸟，张明摄

黄嘴栗啄木鸟

拉丁名：*Blythipicus pyrrhotis*
英文名：Bay Woodpecker

䴕形目啄木鸟科

形态 体长25～32 cm，体重102～160 g。额和头顶暗黄棕褐色；雄鸟枕有宽阔的鲜红色带链，一直延伸到颈侧；其余上体棕色而具宽阔的黑色横斑；下体暗栗褐色；颏、喉和嘴基羽色较淡，为皮黄白色。虹膜雄鸟棕红色到栗色，雌鸟红褐色

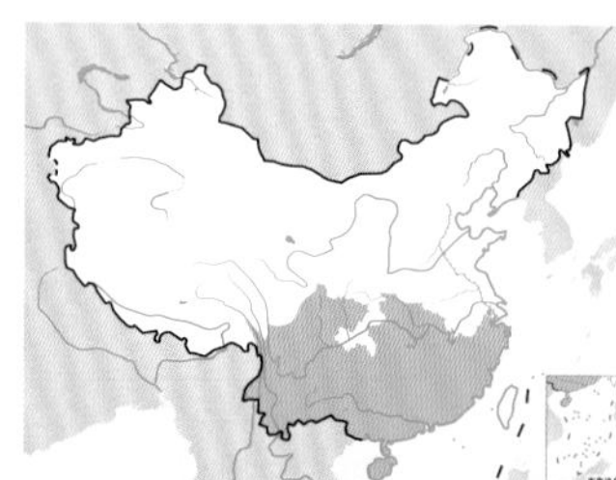

黄嘴栗啄木鸟。左上图为雌鸟，董磊摄；下图为雄鸟，林剑声摄

或褐色；嘴黄色，基部沾绿；跗跖和趾黑褐色；爪黄褐色或角绿色。

分布 在中国分布于西藏东南部、云南、四川、贵州、湖北、广西、湖南、广东、香港、江西、浙江、福建和海南等地。在国外分布于尼泊尔、中南半岛、马来西亚和印度尼西亚等地。

栖息地 主要栖息于中低海拔的山地常绿阔叶林中。冬季也常到山脚平原和林缘地带活动和觅食。

习性 常单独或成对活动。多在树中上层栖住和觅食，有时也到地上和倒木上觅食蚂蚁。繁殖期间叫声粗厉而噪杂。

食性 主要以昆虫为食，也吃蠕虫和其他小型无脊椎动物。

繁殖 繁殖期5～6月。通常营巢于树干内面腐朽、易于啄凿的活树或死树上，由亲鸟自己啄洞营巢。每窝产卵2～4枚，卵白色，大小为（27～33）mm×（19～23）mm。

种群现状和保护 数量稀少。IUCN和《中国脊椎动物红色名录》均评估为无危（LC），被列为中国三有保护鸟类。

栗啄木鸟

拉丁名：*Micropternus brachyurus*
英文名：Rufous Woodpecker

䴕形目啄木鸟科

形态 体长22～25 cm，体重67～90 g。头顶和喉具黑色条纹，雄鸟眼后、颊和耳羽部有一大块红色斑；通体棕栗色；具短的枕冠；上体具黑色横斑；下体较暗；两胁具黑色横斑。虹膜暗褐色或红褐色；嘴黑色，下嘴基部沾灰绿色或黄绿色；脚、趾和爪均黑色。

分布 在中国分布于西藏东部、云南、四川、福建中部和西北部、湖南南部、江西、浙江、贵州、广西、广东、香港和海南等地。在国外分布于印度、中南半岛、印度尼西亚等地。

栖息地 主要栖息于低山丘陵和平原地带的阔叶林、竹林、林缘疏林，次生林和灌丛，也出现于开阔的荒野地上。

习性 常单独活动。繁殖期间则成对和成家族群活动，一般不集群。喜欢在有蚁穴的地方活动，也常在林间低飞。飞行姿势呈波浪状，并边飞边鸣，每起伏一次鸣叫一声。

食性 主要以蚂蚁等蚁类为食。

繁殖 繁殖期4～6月。营巢于树洞中，内垫有木屑和枯草。每窝产卵4～6枚，有时少至2枚或3枚，或多至7枚。刚产出的卵颜色为白色，形状为椭圆形，大小为（25～30）mm×（17～21）mm。雌、雄轮流孵卵。雏鸟为晚成性。

种群现状和保护 IUCN和《中国脊椎动物红色名录》均评估为无危（LC）。在中国数量稀少，被列为中国三有保护鸟类。

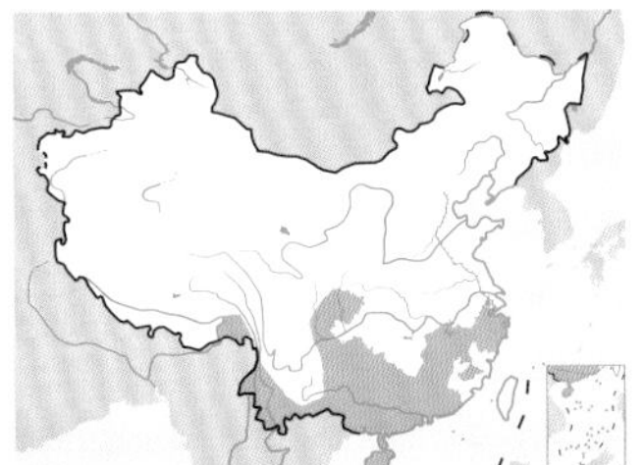

栗啄木鸟。左上图为雄鸟，田穗兴摄；下图为育幼的雏鸟，韦铭摄

大灰啄木鸟

拉丁名：*Mulleripitcus pulverulentus*
英文名：Great Slaty Woodpecker

䴕形目啄木鸟科

体长约51 cm。通体石板灰色；喉部皮黄色。雄鸟有红色颚纹，喉和前颈缀有玫瑰色。雌鸟无红色颚纹，喉和前颈淡皮黄色。在中国分布于西藏东南部、云南南部。栖息于低山和山脚平原常绿阔叶林和次生林中。常呈4～6只的小群活动。IUCN评估为易危（VU），《中国脊椎动物红色名录》评估为数据缺乏（DD）。被列为中国三有保护鸟类。

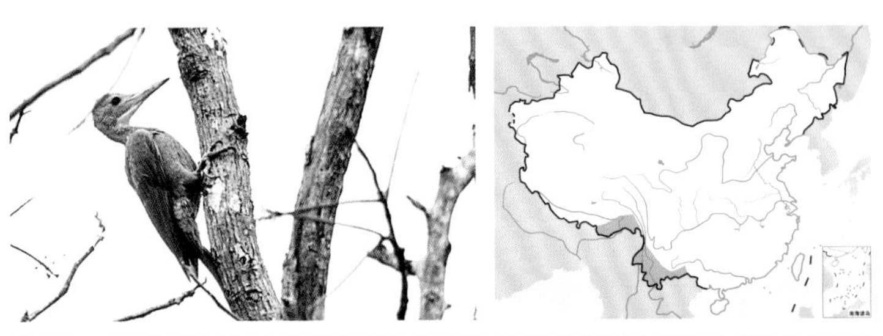

大灰啄木鸟。左上图为雄鸟，魏东摄；下图上雄下雌，王一舟摄

隼类

- 隼类指隼形目科鸟类，全世界共11属63种，中国有2属12种
- 隼类为中小型猛禽，喙类端具钩，脚强状有力，爪锐利，翅长而尖，适于快速追捕猎物
- 隼类主要捕食昆虫、中小型鸟类和啮齿动物，常利用天然岩洞、人工设施和其他鸟类的旧巢繁殖
- 隼类以其迅猛矫健的英姿受到人们喜爱和赞颂，但也成为鹰猎文化的受害者，在中国所有隼类均被列为国家二级重点保护动物

类群综述

隼类属于中、小型猛禽，拥有长长的翅膀，生活在开阔地带，为昼行性猛禽中的第二大群体。虽然同属昼行性猛禽，但隼类与鹰类存在明显的差异，可以通过飞翔时特别狭长的翅膀和相对较短的尾羽以及快速飞行等特点与鹰类相区别。隼类和鹰类的明显区别还体现在筑巢方式的不同和初级飞羽的换羽顺序不同，隼类从最外面的第4枚飞羽换起。此外，还体现在生理结构上的一些细微差别，如隼类的胸腔更结实、颈部较短、有特殊的鸣管等。

隼类隶属于隼形目（Falconiformes）隼科（Falconidae），共有11属63种，分为巨隼亚科（Polyborinae）和隼亚科（Falconinae）2个亚科，前者包括黑巨隼属 *Daptrius*、红喉巨隼属 *Ibycter*、巨隼属 *Phalcoboenus*、凤头巨隼属 *Caracara*、叫隼属 *Milvago*、笑隼属 *Herpetotheres* 和林隼属 *Micrastur*，后者包括斑翅花隼属 *Spiziapteryx*、隼属 *Falco*、小隼属 *Microhierax* 和侏隼属 *Polihierax*。隼类的分布为全球性，只有南极洲和非洲的雨林没有隼类的踪迹。南美洲的种数是最多的，这可能是由于隼类起源于至少3500万年前始新世的南半球大陆，仅在300万年前才和北半球大陆分离。在那里，隼类的原始多样性得到了保留，在至今发现的隼科11个属中，有8个为南半球独有的属。

巨隼类很可能是最原始的，种类也比较少，分布主要限于南美洲的新热带地区。主要包括与 一般大小、行为似鸦和兀鹫的各种巨隼，它们为长腿的大型鸟类，栖息于森林、草原或半沙漠地带，看起来相当懒散，虽然必要时它们可以迅速地跑动或飞翔，但在更多的时候，它们不是栖于树上就是像小鸡一样在地面踱步。

隼属的隼类则在非洲大陆及其岛屿上种类最多。它们在行为、鸣声和外形上相当统一，包括都长有深色的须纹，并且大部分以寻觅猎物时具有长时间盘旋的能力而著称。

中国有隼类2属12种，包括隼属和小隼属，分布于全国各地。

形态 隼类体长14～65 cm，体重28～2100 g，其中与麻雀一般大小的黑腿小隼 *Microhierax fringillarius* 为世界上最小的猛禽。它们的鼻孔呈圆形，中间有骨质的柱状物突起；有明显的髭纹；翅长而尖，飞羽上有缺刻，第2、第3枚初级飞羽最长，第1、第4枚几乎等长；尾羽较长，多为圆尾或凸尾形；嘴短而强壮，微扁，尖端钩曲，上嘴两侧具单个齿突，下嘴对应处有缺刻；胫部被羽，较跗跖为长；跗跖裸露，通常较短而粗壮；趾稍长而有力，爪钩曲而锐利。

一般雌雄相似，但少数种类的成鸟存在较大差异，通常雌鸟大于雌鸟。体羽主要为灰色、褐色、赤褐色、黑色或白色，下体羽色较浅，带有条纹图案。幼鸟常常有别于成鸟，一般胸部有斑纹，其他方面则更接近于雌鸟。虹膜通常为深褐色，但在少数种类中为浅黄色或浅褐色；喙基蜡膜和裸露的脸部皮肤呈醒目的黄色或橙色，幼鸟为蓝色；腿为黄色，少数为灰色，小隼类则为黑色。

栖息地 通常栖息和活动于开阔旷野、耕地、疏林和林缘地区，从热带雨林到干旱沙漠均可见到。

左：隼类跟鹰类同属昼行性猛禽，但两者也存在明显差异，鹰类的翅宽阔而适于翱翔，隼类的翅则狭长而适于快速飞行。图为正在交配的红脚隼。赵国君摄

其中大多数为留鸟，也有一些为候鸟，如红脚隼 *Falco vespertinus* 和西红脚隼 *F. vespertinus*，它们分别在亚洲和欧洲繁殖，但迁徙至非洲南部开阔的大草原越冬。其中，东方的红脚隼迁徙路程为猛禽之最，从中国的黑龙江至非洲南部，全长至少 30 000 km，南下时选择印度至东非的海上路线，返回时则飞越阿拉伯半岛和喜马拉雅山脉北部。

习性 隼类飞行迅速。通常在快速振翅后短暂滑翔，很少盘旋。有的种类甚至能在空中振翅悬停、颤动或捕取食物。大多数为单独或成对活动，也有部分集小群活动，成员常紧挨在一起栖于树上，甚至一起分享猎物。它们能发出各种尖锐的喊喳声、啁啁声、咯咯声和嘶嘶声。

食性 隼类以昆虫、中小型鸟类及啮齿动物等为食。它们主要从地面上捕捉节肢动物、青蛙和鼠类、野兔等小型哺乳动物，是著名的捕鼠能手，有些种类每天大约可以捕捉 3 只老鼠，一年能消灭鼠类 1000 只以上。捕猎时采取突然袭击的方式。有些种类偶尔也能像鹗 *Pandion haliaetus* 一样捕鱼。一些巨隼类则主要取食植物性食物或腐肉，它们会用强有力的脚爪将很沉的东西翻过来寻找食物，有时还会强行逼迫其他的食腐者吐出腐肉。其中有 2 个栖于森林的种相对更为特化：黑巨隼 *Daptrius ater* 喜欢从貘身上捕捉扁虱作为美餐，而红喉巨隼 *Ibycter americanus* 成群生活，只食胡蜂和蜜蜂的幼虫。外形和习性十分独特的笑隼 *Herpetotheres cachinnans* 则主要捕食栖于树上的蛇。

许多隼类也能飞行捕食，捕猎鸠鸽、雨燕等中小型鸟类和较大的昆虫。这要求它们拥有更快的飞行速度和相对较大的体重，具有可以减少阻力的狭窄翅膀以及较短的尾羽。它们大多数时候都在空中飞翔巡猎，发现猎物时首先快速升上高空，占领制高点，然后将双翅折起，使飞羽和身体的纵轴平行，头收缩到肩部，以 75～100 m/s 的速度，呈 25° 角向猎物猛扑下来。靠近猎物的时候，稍稍张开双翅，以锐利的嘴咬穿猎物后枕的要害部位，并同时用跗跖击打，使猎物受伤而失去飞翔能力；待猎物下坠时，再快速向猎物冲去，用利爪抓住猎物，最后将猎物带到一个较为隐蔽的地方吃掉。与这种捕食方式相适应，它击打猎物用的跗跖变得短而粗壮，抓握猎物的脚趾也变得细而长。

隼类主要以昆虫、小型鸟类和小型哺乳动物为食。上图为捕食蜻蜓的白腿小隼，沈越摄；下图为捕食鼠兔的红隼雌鸟，徐永春摄

繁殖 大部分隼类在空间宽阔的领域内单对繁殖，但也有少数以小规模繁殖群的方式营巢，如阿根廷的叫隼 *Milvago chimango*、红腿巨隼 *Phalcoboenus australis* 等巨隼类，偶尔进行松散的群体繁殖。隼属的隼类在繁殖期通常会表演空中炫耀，或在栖木上炫耀。雄鸟抬起翅膀，展示翼下的色彩，然后着陆，做出屈身动作，并发出鸣声。

绝大部分种类不筑巢，产卵于树洞、悬崖峭壁的凹处，或鸦类、鹳类等其他鸟类的旧树枝巢中，如今它们还会利用建筑物、巢箱、电线杆、高压线铁塔等人工设施来营巢。巨隼类能用小树枝和碎片搭成凌乱的浅巢。有些种类常侵占喜鹊等其他鸟类的巢，例如红脚隼，它会耐心地等待喜鹊将巢筑好，然后住进巢中。失去巢的喜鹊则不停地在巢周围鸣叫，甚至向红脚隼发动攻击，但红脚隼依仗其尖利的喙和爪，可以轻易地将喜鹊击败。这样红脚隼往往要与喜鹊争吵数日，才能把巢占住。中国古代《诗经》中有“维鹊有巢，维鸠居之”的诗句，这种“鸠占鹊巢”现象中所指的“鸠”就是红脚隼。其他例子还有，分布于南美洲的斑翅花隼 *Spiziapteryx circumcincta* 在灶鸟科（Furnariidae）或灰胸鹦哥 *Myiopsitta monachus* 的大巢内进行繁殖；非洲侏隼 *Polihierax semitorquatus* 则在白头牛文鸟 *Dinemellia dinemelli* 或群织雀 *Philetairus socius* 的大巢里繁殖；而另一种侏隼——亚洲的白腰侏隼 *Polihierax insignis* 与小隼类一样，营巢于由啄木鸟在树上凿出的旧洞。红脚隼和西红脚隼都会在秃鼻乌鸦 *Corvus frugilegus* 遗弃的繁殖群居地营巢。而一对对的游隼和矛隼配偶可以前赴后继地使用那些固定的巢址达100年以上。

窝卵数1～7枚，大多为浅褐色，带有鲜艳的砖红色斑，在树洞中营巢的小隼类卵为白色。孵化期28～35天，孵卵任务主要由雌鸟担负，雄鸟则捕猎供应食物，但在体形比较小的种类中，雄鸟有可能留于巢中而雌鸟外出觅食。孵卵的雌鸟暂时不需要的多余食物则会储藏起来留待日后所用。每隔两三天产1枚卵，待一窝卵全部产下后才开始孵卵，所以雏鸟的体形大小都比较一致。雏鸟晚成性，留巢期28～55天。开始通常由雌鸟照顾，雄鸟外出觅食带回巢中，随后雌鸟和雄鸟一起外出给雏鸟觅食。有些种类会捕食相对大型且灵活的猎物如其他鸟类，配偶之间会进行合作捕猎，常常是小而敏捷的雄鸟与大而强壮的雌鸟联手向猎物发动袭击。飞羽长齐后的幼鸟通常在亲鸟的领域内再逗留一两个月，然后四处流浪，直至年底换上成鸟的羽毛，而后定居下来开始繁殖。

与人类的关系 隼是速度奇快的猛禽，人们对于隼的感情总是与人类自身的局限和突破局限的渴望联系在一起，因此常常赋予隼高贵、冷峻、神秘、危险、敏锐等方面的象征意义。古今中外，隼在不少艺术作品和文学作品中都出现过，也是许多信仰相关的活动中的重要角色。比如，在许多萨满教的宇宙观中，世界树是一个中心元素，它联系起天堂、人间和地狱，其顶端常常站立着一只隼。而在基督教和伊斯兰教出现之前的整个欧亚大陆上，隼都和人类灵魂联系在一起：古代的土耳其墓碑用停在武士手上的隼来刻画已逝武士的灵魂；古埃及神荷鲁斯（Horus）是最有名的隼神，他最早是造物之神，是万物初始时期从天宇飞来的隼；古埃及的陪葬物《死亡之书》（*Book of the Dead*）则以隼的飞离来描述死亡；而埃及法老死后可以化作一只隼来探访自己的道身。

在中国古代，矛隼 *Falco rusticolus* 因为体态雄伟、羽色奇特被北方民族用于狩猎，称为“海东青”。明代画家殷偕绘于绢上的《鹰击天鹅图》中，就是一只海东青（白色矛隼）正在攻击小天鹅。

种群现状和保护 作为猛禽，隼类在中国均被列为国家二级重点保护动物。

隼类在自然界的食物链中处于顶级消费者的地位，对于维持生态平衡起着重要的作用，同时也极易受到环境污染的侵害，导致世界各地的隼类数量减少。广泛分布于世界各地的游隼 *Falco peregrinus* 是受环境污染之苦最为严重的种类，研究发现，游隼从食物中摄取的农药成分使它的卵壳变薄了30%，以至于在孵化时破碎，胚胎死亡率提高，最终导致20世纪六七十年代游隼在欧洲和北美洲的大片地区一度绝迹。在DDT和狄氏剂等农药被禁用后，其数量得以回升。

20世纪90年代，猎隼 *Falco cherrug* 的盗猎、走私事件频频出现在各种新闻媒体上。一些境外盗猎者结成国际野生动物走私团伙，以观光、旅游、做生意等为名，进入中国西北地区，进行有组织、有计划的非法盗猎行动。他们还用高价收购等手段，引诱当地牧民帮助他们，甚至收买个别国家工作人员为其运输或掩护。

大肆偷猎、走私猎隼的狂潮，致使中国西北地区的猎隼数量锐减，直接威胁了这一珍稀物种的生存。中国开展了声势浩大的严厉打击偷猎、走私猎隼的专项斗争，查处了一大批利欲熏心的偷猎走私者，缴获大量的捕猎、运输工具等。这些行动大大打击了走私者的嚣张气焰，使数百只猎隼得以重归蓝天。

隼类大多不筑巢，常利用树洞、岩洞为巢，或占用其他鸟类的旧巢，随着城市化的进行，如今还会利用建筑物、巢箱、电线杆、高压线铁塔等人工设施为巢。图为利用喜鹊旧巢的红脚隼。王志芳摄

♂
♂
♂
♂
♀
♀

红腿小隼
Microhierax caerulescens

白腿小隼
Microhierax melanoleucos

红隼
Falco tinnunculus

♂
♂
♀
♂
♀
♂
♀
♂

黄爪隼
Falco naumanni

西红脚隼
Falco vespertinus

红脚隼
Falco amurensis

灰背隼
Falco columbarius

燕隼
Falco subbuteo

猛隼
Falco severus

南方亚种
F. p. peregrinuator

普通亚种
F. p. calidus

新疆亚种
F. p. babylonicus

游隼
Falco peregrinus

红腿小隼

拉丁名：*Microhierax caerulescens*
英文名：Collared Falconet

隼形目隼科

体长 15～19 cm。前额白色；眼睛上有一条宽阔的白色眉纹，向后经耳覆羽与上背的白色领圈相连；颊部和耳覆羽白色；从眼睛前面开始有一条粗著的黑色贯眼纹经眼斜向下到耳部；上体主要为黑色，有蓝绿色的金属光泽；下体和覆腿羽暗棕色。在中国分布于云南西部。栖息于开阔的森林和林缘地带。IUCN 评估为无危（LC），《中国脊椎动物红色名录》评估为近危（NT）。已列入 CITES 附录Ⅱ。在中国被列为国家二级重点保护动物。

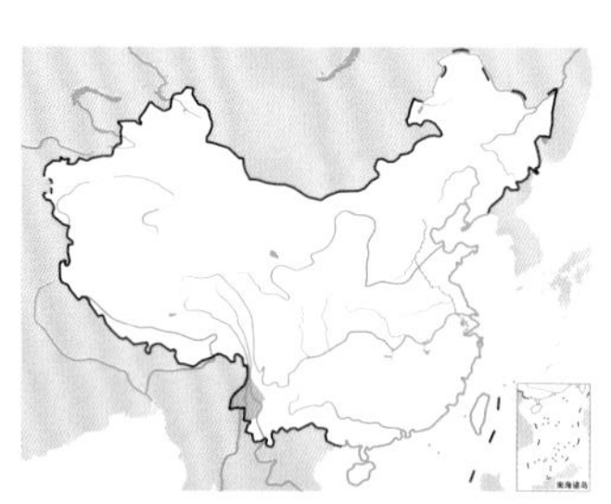

红腿小隼。左上图刘璐摄，下图魏东摄

白腿小隼

拉丁名：*Microhierax melanoleucos*
英文名：Pied Falconet

隼形目隼科

形态 体长 17～19 cm，体重 50～75 g。头部和整个上体蓝黑色；前额有一条白色的细线，沿眼先向上与白色眉纹汇合，再往后延伸在颈部前侧汇入白色下体；尾羽黑色，外侧尾羽有白色横斑。虹膜亮褐色；嘴暗石板蓝色或黑色；脚和趾暗褐色或黑色。

分布 在中国分布于江苏、浙江、福建、江西、安徽、河南、广东、广西、贵州、云南等地。在国外见于印度东北部、老挝等地。

栖息地 栖息于低山落叶林和林缘地区，尤其是林内开阔草地和河谷地带。

习性 常成群或单独栖于山坡上高大的乔木树冠顶枝，眺望四方。叫声尖锐刺耳。

食性 以昆虫、小鸟、蝙蝠和鼠类等为食。常站在高大树木上或在空中绕圈飞翔寻觅食物，发现猎物便会俯冲或盘旋攻击，捕获猎物时善用爪子。对于蝴蝶、飞蛾或蜻蜓等昆虫，捕获后会即刻吞食。如果抓获小鸟、蛙等较大猎物，则带到大树顶端再吃。

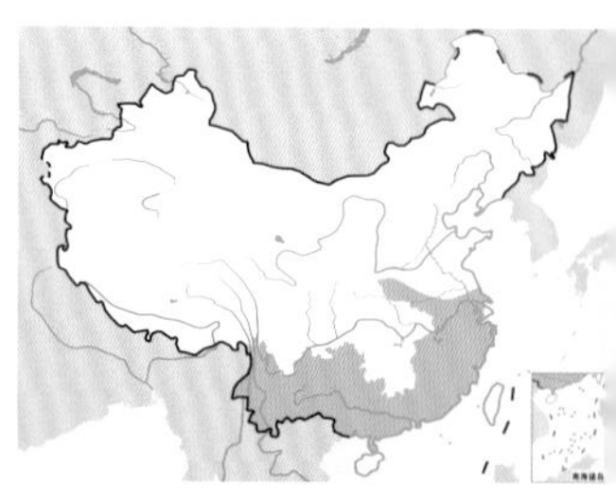

正在交配的白腿小隼。沈越摄

繁殖 繁殖期4～6月。营巢于高大树木上的啄木鸟废弃洞中，巢底部铺垫有昆虫的碎片。每窝产卵 3～4 枚。

种群现状和保护 IUCN 评估为无危（LC），在中国数量稀少，《中国脊椎动物红色名录》评估为易危（VU）。被列入 CITES 附录Ⅱ，在中国被列为国家二级重点保护动物。

红隼

拉丁名：*Falco tinnunculus*
英文名：Common Kestrel

隼形目隼科

形态 雄鸟体长 31～34 cm，体重 173～240 g；雌鸟体长 30～36 cm，体重 180～335 g。头部蓝灰色；眼下有一条垂直向下的黑色髭纹；背部和翅上覆羽砖红色，并具三角形黑斑；腰部、尾上覆羽和尾羽蓝灰色，尾羽具有宽阔的黑色次端斑和白色端斑；颏部、喉部乳白色或棕白色；其余下体乳黄色或棕黄色，具黑褐色纵纹和斑点。虹膜暗褐色；蜡膜和眼睑黄色；嘴蓝灰色，先端黑色，基部黄色；脚、趾深黄色，爪黑色。

分布 在中国广泛分布于全国各地，在台湾为冬候鸟，其他地区为留鸟。在国外见于欧洲、非洲，以及亚洲中部、东部、南部和东南部。

栖息地 栖息于山地森林、森林苔原、低山丘陵、草原、旷野、森林平原、灌丛草地、农田耕地和村庄附近等各类生境中。

习性 繁殖期后多单独活动，活动范围和区域也逐渐扩大，由次生阔叶林向落叶松林、樟子松林、草甸灌丛及公路旁和农田

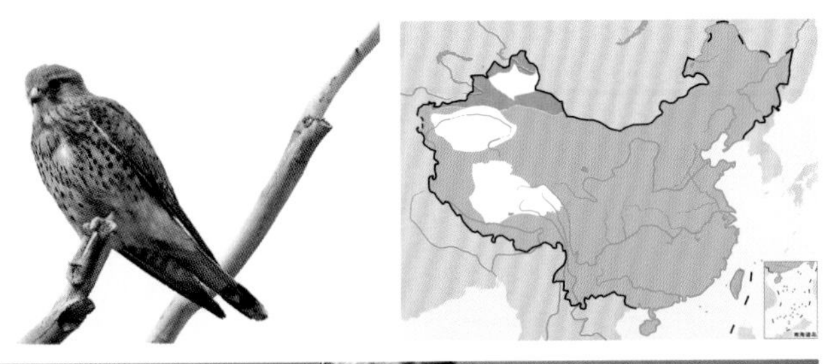

红隼。左上图为雄鸟，沈越摄；下图为捕得猎物的雌鸟，徐永春摄

等处扩散，秋、冬季节也偶见于居民点及市郊附近。迁徙时常集成小群。性情活跃，善于打斗，尤以傍晚时为甚。叫声单调而尖锐。

通常在地上步行前进，极少跳跃。飞翔力强，喜逆风飞翔，两翅快速扇动，可悬停于空中，偶尔进行短暂滑翔。栖息时多在空旷地区孤立的高大树木的树梢上或者电线杆上。头部转动甚为灵活，能反转，有时可将下颏翻转朝上（头顶朝下）来视物。视力敏捷，对活动的目标甚为敏感。观察时头常上下活动，似乎需要在活动中才能看清物像。

食性 机会主义捕食者，以昆虫、鼠类，以及雀形目鸟类、蛙、蜥蜴、蛇等为食。

它们还有分散性的贮食行为，以便较为顺利地度过食物和营养的匮乏期。储藏食物的位置十分隐秘，用土块遮挡猎物的身体或头部，而猎物的体色也往往与周围环境十分接近。

繁殖 繁殖期5～7月。有的4月中下旬即开始配对。雄鸟活动频繁，性情较凶猛，时而在空中盘旋飞行，时而在树尖栖息，还有时2～3只雄鸟一起在空中戏耍和打斗，并不时发出音节近似“kli，kli，kli……”的尖锐叫声。雌鸟或在树上栖息观望，或在空中盘旋，一旦选中配偶，便双双飞去，开始选择巢址和占巢。配对一般需5～7天。

雌鸟偏向选择中趾较长、体重较大、骨骼较大、身体素质较优的雄鸟作为配偶，因为符合这些条件的雄鸟递食能力较强。此外，红隼还存在“一雄二雌”的配对繁殖现象。

巢大多位于悬崖、山坡岩石缝隙、土洞、树洞等处，更多的是占据喜鹊、乌鸦以及其他鸟类在树上的旧巢，甚至还有占据高压线塔上以及城市居民楼空调架上的喜鹊巢的。

红隼对黑枕黄鹂、喜鹊、夜鹭、大斑啄木鸟、三宝鸟、红脚隼等大中型鸟类都有驱赶行为。在繁殖期，由于它们的巢相距很近，领域彼此重叠，当红隼进入其他鸟巢附近时，也同样会受到攻击。它们之间的活动具有明显的界限，红隼主要对巢的位置以上区域保护性较强，而黑枕黄鹂、喜鹊、夜鹭回巢和活动时，主要在红隼巢以下，即林中的中下部和避开红隼巢的方向上，而且活动时间错开。因此，它们之间既表现出竞争，又协调共存。不过，对进入领域的小型鸟类，如普通䴓、大山雀等，红隼并不进行驱赶，一般不予理睬。

红隼的巢较简陋，由枯枝构成，里面铺垫有草茎、落叶和羽毛，城市中的营巢材料有时还包括铁丝和塑料。每窝产卵通常4～5枚，卵为椭圆形，白色或赭色，密被红褐色斑点。卵大小为（39.3～40.5）mm×（32.8～33.4）mm，重22.3～23.3 g。孵化期28～30天。孵卵主要由雌鸟承担，但开始的时间有所不同，有的产下第1枚卵即开始孵卵，也有的产倒数第2枚卵时才开始孵卵，这种孵卵方式为异步孵卵。与之相对应，雏鸟也大多为异步出雏，即早产下的卵同日出雏，而后产下的卵要晚1～5天才相继隔日出雏。雌性亲鸟通过对出雏顺序的调整来保证最多的后代存活数量，并保证后代最佳的生存能力。

孵卵的雌鸟一般日离巢4～6次，每次离巢15～30分钟，包括早晚两次离巢取食，其中部分食物由雄鸟供给。

雏鸟晚成性。育雏期32～33天。刚出壳的雏鸟全身密被白色绒羽，仅腹部裸露，跗跖、爪及嘴呈肉色，肛门水平状，眼未睁，但有裂缝，卵齿白色，可发出“叽叽”的叫声；5.5日龄眼睁开；7.5日龄尾羽开始长出，翅上长出羽壳，卵齿退掉，耳孔启开；11.5日龄可站立取食，绒羽变成灰白色，体羽长出羽壳，翅羽放缨；13.5日龄体羽放缨；21.5日龄绒羽开始脱落；26.5日龄开始在巢外活动，可在巢盖上和巢附近树枝上行走；30.5日龄可在巢附近树间做短距离飞行；31.5日龄开始离巢。

雌雄亲鸟均参与育雏。育雏前期和中期雌鸟在巢内过夜，白天雌雄亲鸟均有暖雏行为，育雏后期亲鸟不再进巢，喂雏也只是在巢口进行，有时是雄鸟带回食物后由雌鸟撕碎喂给雏鸟。育雏后期雏鸟均站在巢盖上活动和取食，可自己将食物撕碎食用。亲鸟的护雏行为较明显，常共同向来犯者发起攻击，而且雏鸟越大亲鸟护雏行为表现得越强烈。雏鸟离巢后，由亲鸟带领呈家族群活动，10～15天后便逐渐分散。

种群现状和保护 红隼在中国有2个亚种。指名亚种 *F. t. tinnunculus* 繁殖于东北北部、西北北部，越冬于东南沿海一带；普通亚种 *F. t. interstinctus* 的分布范围更广，在中国北方主要为夏候鸟，南部为留鸟，而且在大部分地区尚属于比较常见的小型猛禽，但在福建、广东、海南、台湾等地较为罕见。IUCN和《中国脊椎动物红色名录》均评估为无危（LC）。被列入CITES附录Ⅱ，在中国被列为国家二级重点保护动物。

黄爪隼

拉丁名：*Falco naumanni*
英文名：Lesser Kestrel

隼形目隼科

体长为 29～32 cm。头部和翅上覆羽淡蓝灰色；背部砖红色或棕黄色；尾羽淡蓝灰色，并具宽阔的黑色次端斑和窄的白色端斑；颏部、喉部粉红白色或皮黄色；其余下体棕黄色或肉桂粉黄色，两侧缀有黑色的圆形斑点。在中国东北、华北北部、新疆为夏候鸟，云南为冬候鸟，华北和华中地区为旅鸟。栖息于开阔的旷野、林缘、河谷等地带。IUCN 评估为无危（LC），《中国脊椎动物红色名录》评估为易危（VU）。被列入 CITES 附录Ⅱ，在中国被列为国家二级重点保护动物。

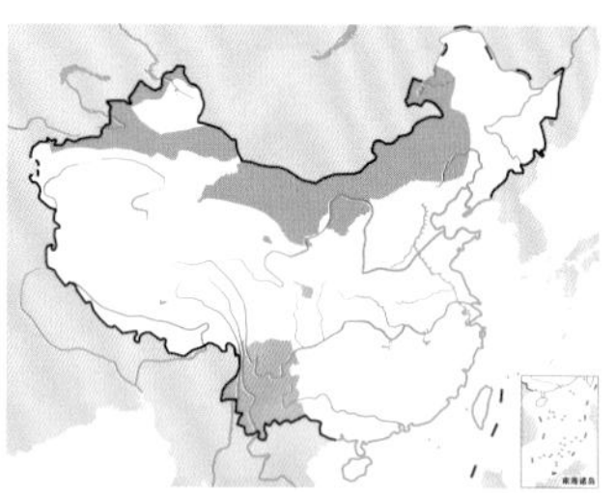

黄爪隼。左上图为雌鸟，沈越摄；下图为雄鸟，刘璐摄

西红脚隼

拉丁名：*Falco vespertinus*
英文名：Red-footed Falcon

隼形目隼科

体长 28～31 cm。雄鸟通体黑灰色；翅上、翅下覆羽和腋羽也为黑灰色；飞羽灰色，具银色光泽。雌鸟上体灰色；头顶至后颈橙棕色或棕色，具纤细的黑色羽轴纹；眼周和眼下有黑斑；背部、翅和尾羽具暗灰色横带；颏、喉和头侧白色；其余下体橙棕色或暗红色，偶尔具细的黑褐色纵纹；飞羽灰色，初级飞羽黑色，具白色横斑。在中国分布于新疆西北部，为夏候鸟。栖息于开阔平原、疏林林缘和河谷灌丛地带。捕食大型昆虫，也吃蛙、野兔、鼠类和鸟类。每窝产卵 3～4 枚。IUCN 和《中国脊椎动物红色名录》均评估为近危（NT）。被列入 CITES 附录Ⅱ，在中国被列为国家二级重点保护动物。

西红脚隼。左上图为雄鸟，邢新国摄；下图左雄右雌，刘璐摄影

正在交配的西红脚隼，可见雄鸟与红脚隼的区别在于翅下覆羽黑灰色，而非白色。刘璐摄

红脚隼

拉丁名：*Falco amurensis*
英文名：Amur Falcon

隼形目隼科

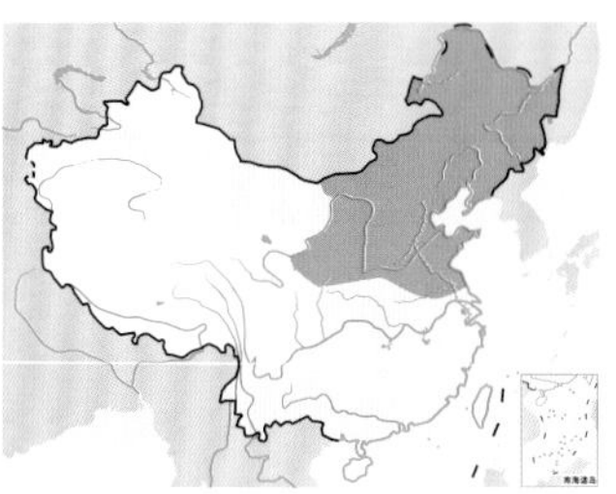

形 态 雄鸟体长 25～29 cm，体重 124～150 g；雌鸟 27～29 cm，体重 138～190 g。上体主要为暗石板灰黑色；尾羽和翅膀灰色，无横斑；尾下覆羽和覆腿羽橙棕栗色；颏、喉和颈侧灰白色；胸、腹和两胁灰色，胸部还具有纤细的黑褐色羽干纹。虹膜暗褐色；眼周和蜡膜橙黄色；嘴肉红黄色，基部淡黄色，先端黑色；脚、趾橙黄色，爪淡红黄色或黄白色。

分布 在中国除海南外各地均有分布，在黄河以北为夏候鸟，在云南为冬候鸟，其他地区为旅鸟。在国外见于非洲，亚洲东部、南部、东南部。

栖息地 栖息于开阔的山地、丘陵和平原地区。

习性 通常单独活动，飞翔时两翅快速扇动，间或进行一阵滑翔，也能通过两翅的快速扇动在空中作短暂的悬停。在集群飞翔时，常且飞且鸣，声音非常嘈杂粗涩。

食性 昆虫、小型鸟类、蜥蜴、蛙和鼠类等为食。

繁殖 繁殖期 5～7 月。通常营巢于疏林中高大乔木的顶端，有时也侵占喜鹊等其他鸟类的巢。巢近似球形，有顶盖，侧面有 2 个出口。每窝产卵 4～5 枚，白色，密布红褐色的斑点。雌雄亲鸟轮流孵卵，孵化期 22～23 天。雏鸟晚成性，育雏期 27～30 天。

种群现状和保护 红脚隼分布于中国大部分地区，尚属比较常见的猛禽。IUCN 评估为无危（LC），《中国脊椎动物红色名录》评估为近危（NT）。被列入 CITES 附录Ⅱ，在中国被列为国家二级重点保护动物。

红脚隼。左上图为雄鸟，下图为雌鸟。沈越摄

捕食小鸟的红脚隼雄鸟。沈越摄

灰背隼

拉丁名：*Faleo columbarius*
英文名：Merlin

隼形目隼科

体长 25～33 cm。前额、眼先、眉纹、头侧、颊和耳羽均为污白色，微缀皮黄色；后颈蓝灰色，有一个棕褐色的领圈，并杂有黑斑；上体主要呈淡蓝灰色，具黑色羽轴纹；尾羽上具有宽阔的黑色亚端斑和较窄的白色端斑；颊部、喉部白色；其余的下体淡棕色，具有粗著的棕褐色羽干纹。在中国除青藏高原腹地和海南外全国大部分地区可见，在东北、西北为夏候鸟，在长江以南为冬候鸟，其他地区为旅鸟。栖息于开阔的低山丘陵、山脚平原、海岸和森林地带。IUCN 评估为无危（LC），《中国脊椎动物红色名录》评估为近危（NT）。被列入 CITES 附录Ⅱ，在中国被列为国家二级重点保护动物。

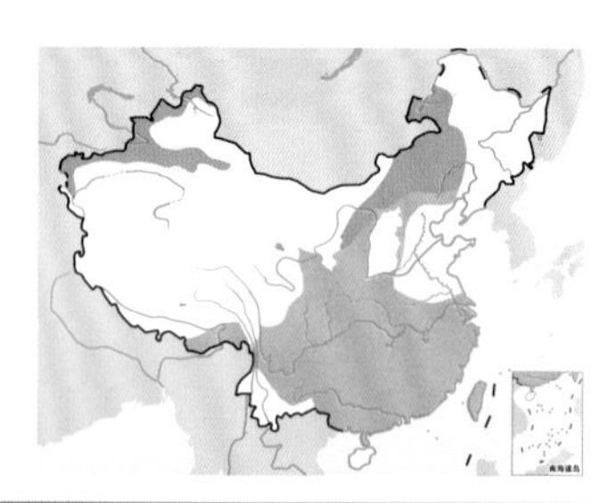

灰背隼。左上图为雄鸟，刘璐摄；下图为雌鸟，彭建生摄

燕隼

拉丁名：*Falco subbuteo*
英文名：Eurasian Hobby

隼形目隼科

形态 雄鸟体长 29～33 cm，体重 120～222 g；雌鸟体长 29～35 cm，体重 159～294 g。上体暗蓝灰色，有细细的白色眉纹，颊部有垂直向下的黑色髭纹；尾羽灰色或石板褐色，除中央尾羽外，所有尾羽均具有皮黄色、棕色或黑褐色的横斑；颈侧、喉部、胸部和腹部均为白色，胸部和腹部还有黑色纵纹；下腹部至尾下覆羽和覆腿羽棕栗色。虹膜黑褐色，眼周和蜡膜黄色；嘴蓝灰色，尖端黑色；脚、趾黄色，爪黑色。

分布 在中国有 2 个亚种，广泛分布于全国各地，其中在西藏为冬候鸟，在台湾为迷鸟，其他地区为留鸟或夏候鸟。在国外见于欧洲，非洲西北部，亚洲东部、南部和东南部。

栖息地 栖息于有稀疏树木生长的开阔地带。

习性 常单独或成对活动，飞行快速而敏捷，能在空中做短暂悬停。停息时大多在高大的树上或电线杆的顶上。叫声尖锐。

食性 以昆虫和小型鸟类为食，有时甚至能捕捉飞行速度极快的家燕和雨燕等，偶尔捕捉蝙蝠。

繁殖 繁殖期 5～7 月。营巢于疏林或林缘的高大乔木上，但通常侵占乌鸦和喜鹊的巢。每窝产卵 2～4 枚，白色，密布红褐色的斑点。孵卵以雌鸟为主，孵化期 28 天。雏鸟晚成性，育雏期 28～32 天。

种群现状和保护 燕隼在中国大部分地区属于比较常见的隼类。IUCN 和《中国脊椎动物红色名录》均评估为无危（LC）。被列入 CITES 附录Ⅱ，在中国被列为国家二级重点保护动物。

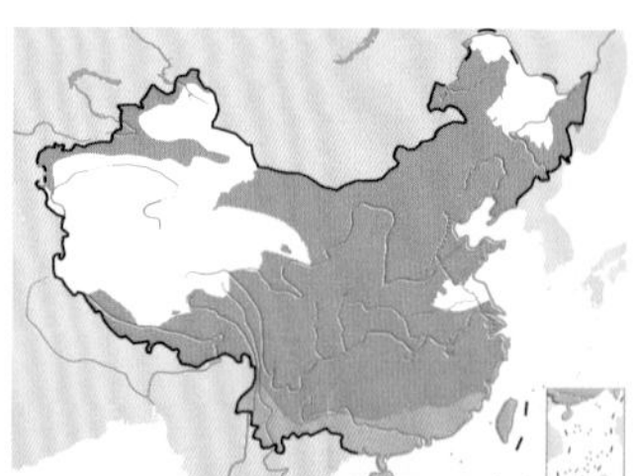

燕隼。左上图杨贵生摄，下图张明摄

燕隼亚成体。沈越摄

猛隼

拉丁名：*Falco severus*
英文名：Oriental Hobby

隼形目隼科

体长 25～30 cm。头部和飞羽黑色，其余上体均为石板灰色；颊部、喉部和颈侧等均为棕白色或皮黄白色，其余下体包括翅下覆羽均为暗栗色，无斑纹。在中国分布于海南、广西、云南西部、西藏南部一带。栖息于有稀疏林木或者小块丛林的低山丘陵和山脚平原地带。IUCN 评估为无危（LC），《中国脊椎动物红色名录》评估为数据缺乏（DD）。被列入 CITES 附录Ⅱ，在中国被列为国家二级重点保护动物。

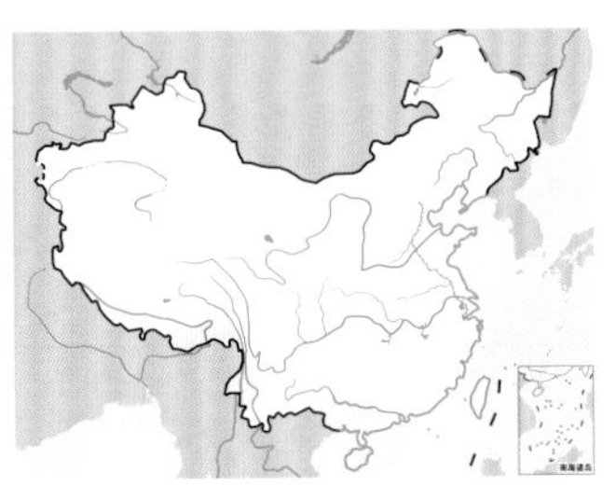

猛隼。王一舟摄

游隼

拉丁名：*Falco peregrinus*
英文名：Peregrine Falcon

隼形目隼科

形态 雄鸟体长 41～45 cm，体重 647～825 g；雌鸟体长 45～50 cm，体重 687 g。头部至后颈灰黑色，颊部有一条粗著的垂直向下的黑色髭纹，眼周黄色，其余上体蓝灰色；尾羽具有数条黑色横带；下体白色，上胸部有黑色细斑点，下胸部至尾下覆羽密被黑色横斑。虹膜暗褐色，眼睑黄色；嘴铅蓝灰色，基部和蜡膜黄色，嘴尖黑色；脚和趾橘黄色，爪黑色。

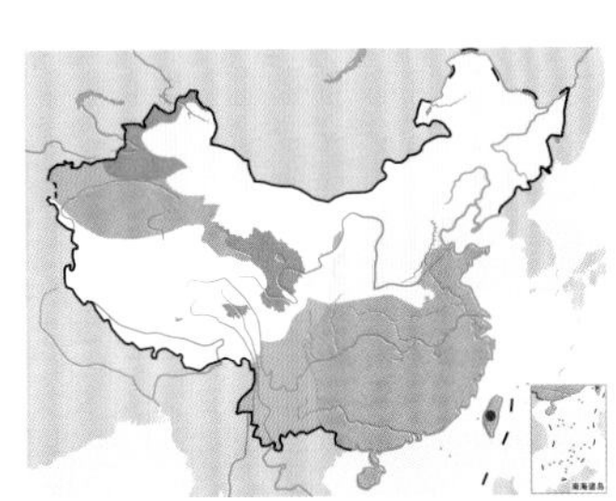

游隼。左上图为成鸟，沈越摄；下图为亚成鸟，袁晓摄

游隼新疆亚种*F. p. babylonicus*，一度与北非亚种*F. pelegrinoides*一起被独立为拟游隼*F. pelegrinoides*，最近的分类系统又将其并入游隼。王小炯摄

分布 在中国除西藏外广泛分布于全国各地，其中在新疆、黑龙江、吉林为夏候鸟，在长江以南为冬候鸟，其他地区为旅鸟。在国外见于北美洲、南美洲、欧洲、非洲、亚洲、大洋洲等地。

栖息地 栖息于各种类型的地带。

习性 飞行迅速，叫声尖锐。性情凶猛，多单独活动。通常在快速鼓翼飞翔时伴随着一阵滑翔，也喜欢在空中翱翔，有时甚至做一些特技飞行。

食性 主要在空中捕食。食物多为野鸭、鸥、鸠鸽、乌鸦和鸡类等中小型鸟类，偶尔也捕食鼠类和野兔等小型哺乳动物。

繁殖 繁殖期 4～6 月。营巢于林间空地、河谷悬崖、地边丛林以及土丘，甚至沼泽地上。巢主要由枯枝构成，内垫少许草茎、草叶和羽毛。每窝产卵 2～4 枚，卵红褐色。雌雄亲鸟轮流孵卵，孵化期 28～29 天。雏鸟晚成性，育雏期 35～42 天。

种群现状和保护 游隼在中国分布有 6 个亚种，但均十分罕见，只有普通亚种 *F. p. calidus* 的分布范围比较广，迁徙或越冬于东北、华北、华东至长江以南以及台湾和海南。IUCN 评估为无危（LC），《中国脊椎动物红色名录》评估为近危（NT）。被列入 CITES 附录Ⅰ，在中国被列为国家二级重点保护动物。

鹦鹉类

- 鹦鹉类指鹦鹉目鸟类，全世界共3科99属398种，中国仅1科3属9种
- 鹦鹉类体形变化大，羽色绚丽多彩，喙坚硬且呈钩状
- 鹦鹉类主要栖息于森林中，取食果实和种子，在树洞中营巢
- 鹦鹉类受盗猎和贸易的威胁十分严重，许多物种处于受胁状态，被列入各种保护名录

类群综述

鹦鹉类指鹦鹉目（Psittaciformes）鸟类，包括3科99属398种，其中鹦鹉科（Psittacidae）374种、凤头鹦鹉科（Cacatuidae）21种、新西兰鸮鹦鹉科（Strigopidae）3种，分布于全球的热带和亚热带地区。其中，凤头鹦鹉科和新西兰鸮鹦鹉科分布在南半球，凤头鹦鹉科仅分布于澳大利亚及周边岛屿，而新西兰鸮鹦鹉科为新西兰所特有。鹦鹉科则广布于南美洲、非洲、大洋洲以及南亚、东南亚和中国东南部。中国所分布的鹦鹉类均为鹦鹉科，仅3属9种。

左：鹦鹉类羽色艳丽，栖息于森林中，善于攀缘。图为在树干上攀爬的花头鹦鹉。刘璐摄

下：鹦鹉类的喙粗壮、坚硬而呈钩状，适于取食果实。图为正在取食果实的亚历山大鹦鹉头部特写。刘璐摄

形态 鹦鹉类的体长10～100 cm，差异巨大。比如，在中国分布的大型鹦鹉如大紫胸鹦鹉 *Psittacula derbiana* 和亚历山大鹦鹉 *P. eupatria* 可达50 cm，而小型鹦鹉如短尾鹦鹉 *Loriculus vernalis* 仅约10 cm，与小型雀形目鸟类相当。鹦鹉类羽毛绚丽多彩，多以绿色和红色为主，雌雄羽色相近；尾羽长短不一，尤其是大型鹦鹉的尾较长；喙坚硬且呈钩状，基部有蜡膜；翅呈尖形；足呈对趾型。

栖息地与习性 鹦鹉类大多栖息于森林中，但由于分布区域中森林的减少，许多种类也栖息在森林周边的林缘、耕地和公园乔木上，以满足取食和繁殖的需求。喜成对活动，也常常可见集大群取食的景象。鹦鹉下钩的喙和对趾足十分有利于在树干上攀爬活动，喙的形状适于取食果实、种子、谷物和其他作物，也常取食昆虫。鹦鹉的鸣叫声粗厉而响亮，一些种类的驯养个体可模仿人类的声音。

繁殖 鹦鹉类多为单配制，仅个别物种有一雄多雌或合作繁殖的现象。多数物种的婚配为终生制，即终生不更换配偶。除少数物种营地面巢外，大部分鹦鹉为洞巢鸟类，多在树洞中营巢。它们在繁殖期的领域性不强，常许多对鹦鹉在同一颗树上邻近树枝的树洞中筑巢。卵一般为白色，大型鹦鹉的窝卵数为1～3枚，而分布于南美的绿腰鹦哥 *Forpus passerinus* 的窝卵数可达11枚。大多数物种为雌鸟孵卵，孵化期从2周至4周，雏鸟异步孵化。雏鸟早成性，育雏期超过2周，一些物种的育雏期可达2个月。

种群现状和保护 鹦鹉类鲜艳的颜色和能模仿人类说话等特性使其长期以来受到人类的青睐，人们将鹦鹉作为宠物饲养贩卖，从而加剧了鹦鹉在原产地的非法盗猎和国内、国际贸易。贸易链中巨大的经济利益使得鹦鹉类许多物种受到威胁。此外，鹦鹉还面临生境丧失、农业、采伐等一系列因素的

威胁，疾病可能也是一些物种致危的原因之一。以上的因素导致鹦鹉类成了鸟类中受胁最严重的类群之一。在鹦鹉目中，大约 43% 的物种被国际鸟盟列为受胁物种（包括近危、易危、濒危和极危）。值得注意的是，鹦鹉目中有 56% 的物种种群数量呈下降趋势，35% 种群稳定，仅 9% 的物种种群数量有上升的趋势。研究表明，对森林依耐性高、体形大、世代时间长的鹦鹉更容易受到威胁。事实上，在过去的 400 年间，已有至少 9 种鹦鹉走向灭绝。比如北美的卡罗莱纳长尾鹦鹉 *Conuropsis carolinensis* 就是由于人类对其栖息地的干扰，使得种群在短短几十年内就从 19 世纪初的数百万只走向 19 世纪末的彻底灭绝。正是为了应对非法捕猎和鹦鹉贸易的猖獗，除桃脸牡丹鹦鹉 *Agapornis roseicollis*、虎皮鹦鹉 *Melopsittacus undulates*、鸡尾鹦鹉 *Nymphicus hollandicus* 和红领绿鹦鹉 *Psittacula krameri* 这 4 种人工繁育十分成功的物种外，其他鹦鹉均被列入 CITES 公约的附录 I 或附录 II 中。而即便是这些合法贸易的物种，其产地的野生种群也是受到保护的，例如，中国分布的鹦鹉均被列为国家二级重点保护动物，其中就包括红领绿鹦鹉。

鹦鹉类大多在树洞中繁殖，图为正从树洞中出来的大紫胸鹦鹉。刘璐摄

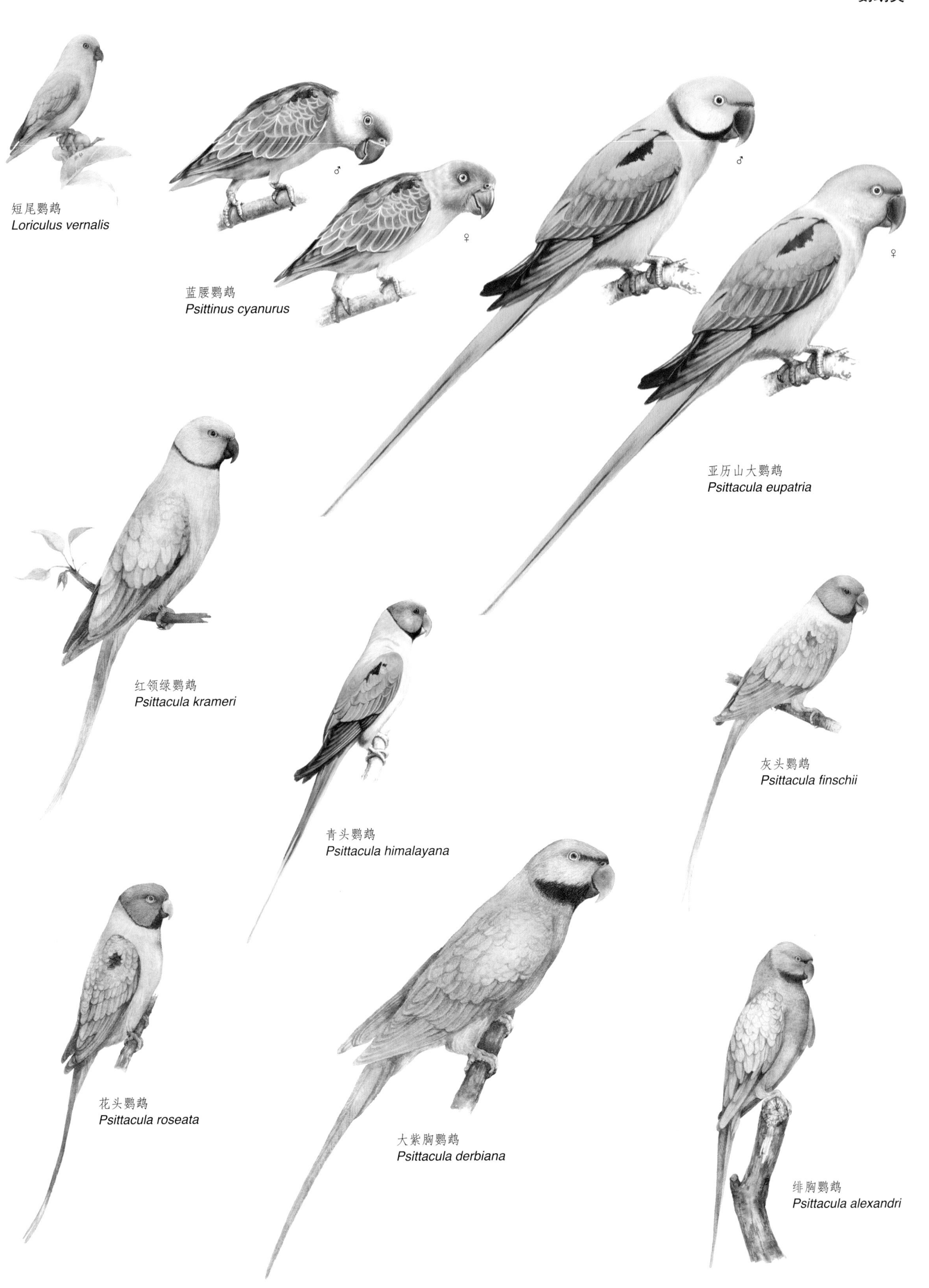

短尾鹦鹉
Loriculus vernalis

蓝腰鹦鹉
Psittinus cyanurus

亚历山大鹦鹉
Psittacula eupatria

红领绿鹦鹉
Psittacula krameri

青头鹦鹉
Psittacula himalayana

灰头鹦鹉
Psittacula finschii

花头鹦鹉
Psittacula roseata

大紫胸鹦鹉
Psittacula derbiana

绯胸鹦鹉
Psittacula alexandri

短尾鹦鹉

拉丁名：*Loriculus vernalis*
英文名：Vernal Hanging Parrot

鹦鹉目鹦鹉科

形态 体长约 13 cm。雄鸟整体呈绿色，头部较辉亮，喉部有一蓝色块斑，腰和尾上覆羽红色，翅底面蓝绿色，尾羽上绿下蓝。雌鸟似雄鸟，但整体略显苍暗，喉部蓝斑不显或缺如。虹膜淡黄白色；喙红色，先端淡黄色；脚橙黄色。

分布 在中国分布于云南西南部西盟山。国外分布于印度、尼泊尔、孟加拉国至中南半岛。

栖息地 栖息于常绿阔叶林、湿性或者干性落叶林，甚至次生林和废弃农地，尤喜多花的树木。

习性 一般成对或以家族集小群活动，树木开花时会集大群。常在花枝上垂直倒悬啄食花朵，故又名倒悬鹦鹉。活动敏捷、飞行迅速。

食性 以柔软的果实、花蜜、竹籽等为食。

繁殖 繁殖期 1 ～4 月。营巢于树洞中，每窝产卵 2 ～4 枚。孵化期 22 天。育雏期约 35 天。

种群现状和保护 IUCN 评估为无危（LC），《中国脊椎动物红色名录》评估为数据缺乏（DD）。在中国被列为国家二级重点保护动物。

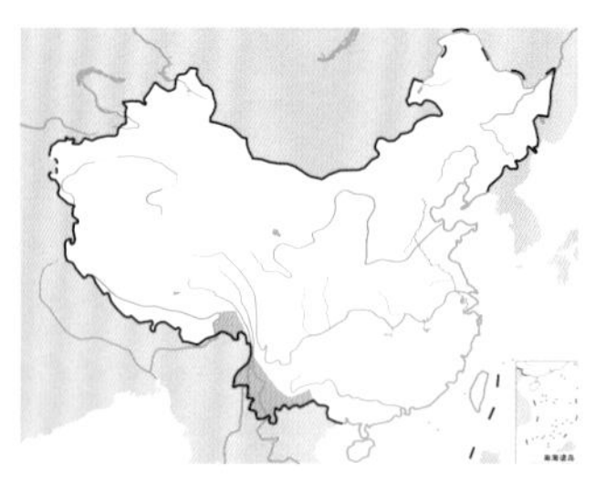

短尾鹦鹉

蓝腰鹦鹉

拉丁名：*Psittinus cyanurus*
英文名：Blue-rumped Parrot

鹦鹉目鹦鹉科

体长约 20 cm。尾短；头顶淡蓝色，翅上覆羽绿色，上背黑色，下背至尾上覆羽深蓝紫色；翅绿色，翼覆羽边缘黄色，肩部具小块红色斑；下体黄绿色；飞行时可见翼下黑色，翼下覆羽和腋下红色。虹膜深褐色；上喙红色，下喙深褐色；脚灰色。分布于中南半岛和印度尼西亚群岛，在中国仅于云南普洱来阳河有 1 次记录，或非自然分布。IUCN 评估为近危（NT），《中国脊椎动物红色名录》评估为易危（VU）。被列为中国国家二级重点保护动物。

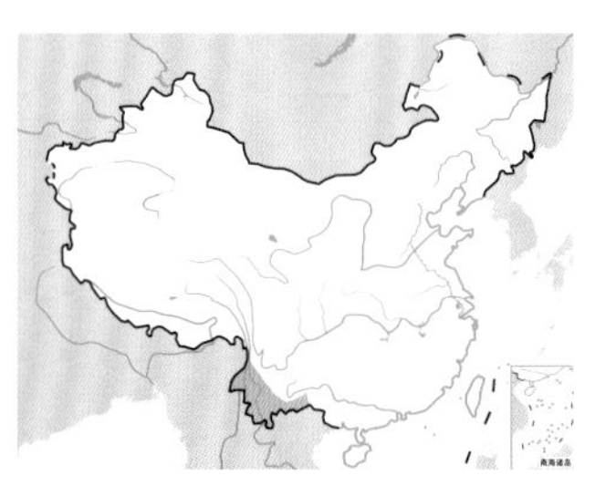

蓝腰鹦鹉

亚历山大鹦鹉

拉丁名：*Psittacula eupatria*
英文名：Alexandrine Parakeet

鹦鹉目鹦鹉科

形态 体长 50 ～ 62 cm，体重 198 ～258 g。雄鸟通体绿色，枕部和颊部蓝灰色；颏、喉有一黑纹向后延伸，与粉红色颈环相接；翼上具一红褐色块斑；尾羽基部绿色，渐变为蓝绿色，至尖端为黄色。雌鸟似雄鸟，但缺乏粉红色颈环和喉部黑纹。上下喙均为红色。

分布 在中国仅分布于云南西南部，香港有人工引入种群。国外分布于阿富汗、巴基斯坦、印度、孟加拉国、斯里兰卡至安达曼群岛和中南半岛各国。

栖息地 栖息于各种亚热带低地森林，包括干性和湿性落叶阔叶林、红树林、人工椰子林，甚至深入沙漠中的小块林地。高可至海拔 1600m。

习性 常年留居，结小群活动，有小范围迁徙或游荡行为。

食性 主要取食番石榴等各类果实、种子，也吃花蜜、肉质花瓣、嫩叶等。

繁殖 繁殖期从 11 月至翌年 4 月。筑巢于椰子树或红树林的树洞中。通常每窝产卵 3 ～4 枚，安达曼群岛上的种群通常每窝产卵 2 ～3 枚。孵化期 19 ～21 天。

种群现状和保护 IUCN 评估为近危（NT）。《中国脊椎动物红色名录》评估为数据缺乏（DD）。在中国被列为国家二级重点保护动物。

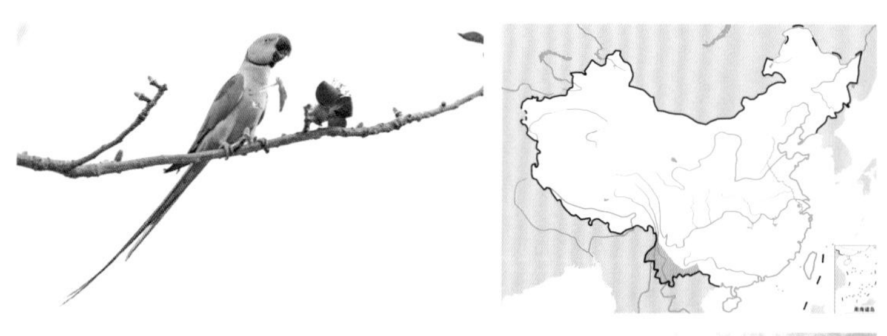

亚历山大鹦鹉。左上图为雄鸟，刘璐摄；下图左雄右雌，杜卿摄

红领绿鹦鹉

拉丁名：*Psittacula krameri*
英文名：Rose-ringed Parakeet

鹦鹉目鹦鹉科

形态 体长 37 ~ 43 cm，体重 95 ~ 143 g。雄鸟整体绿色，耳羽上方和后方以及颈侧渐变为淡蓝色；喙基至眼有一黑纹；颏、喉黑色，并向两侧延伸至颈侧，与玫红色的颈环相连；中央尾羽蓝绿色；翼上覆羽略沾蓝色，初级飞羽羽端和内 黑色，外 具浅黄色边缘；下体略显淡灰绿色。雌鸟似雄鸟，但眼先、喉部缺少黑斑或黑纹不显，颈部无玫红色颈环。虹膜淡黄色；喙红色；脚灰绿色。

分布 在中国仅分布于广东珠海万山群岛及香港，这些种群可能是 20 世纪初期从外地引入香港，后扩散并定居。国外分布于非洲中部乌干达、苏丹、埃塞尔比亚、索马里至阿拉伯半岛、巴基斯坦、印度、斯里兰卡、尼泊尔、缅甸。

栖息地 栖息于低地有林生境，包括半沙漠性或者次生性森林、稀树草原、常绿阔叶林，甚至开阔农田和城市公园。

习性 常年留居，但有短距离迁徙或游荡行为。在香港，常十余只一起活动，有时会与灰喜鹊、八哥混群。早晚声音嘈杂，鸣声响亮。

食性 食物包括谷物、木棉花、榕果及其他果实。

繁殖 在非洲，繁殖期从 12 月至翌年 5 月；在亚洲，繁殖期 1 ~ 4 月，有时可到 7 月。利用自然树洞或自行啄洞筑巢，洞口工整，直径约 50mm；有时也利用啄木鸟旧巢洞，甚至会利用楼房墙洞、墙缝等筑巢。窝卵数 3 ~ 4 枚，少数可多至 6 枚。孵化期 22 天，育雏期约 49 天。

种群现状和保护 IUCN 评估为无危（LC），《中国脊椎动物红色名录》评估为数据缺乏（DD）。在中国被列为国家二级重点保护动物。

红领绿鹦鹉。左上图为雌鸟，刘璐摄；下图为雄鸟

青头鹦鹉

拉丁名：*Psittacula himalayana*
英文名：Slaty-headed Parakeet

鹦鹉目鹦鹉科

形态 体长 39 ~ 41cm，体重 130 ~ 190 g。似灰头鹦鹉，仅头部颜色较深而喙较小。头青灰色，从颏、喉向后有一黑色领环；全身黄绿色，上体染蓝色；翼上中覆羽具一红褐色块斑；尾羽基部绿色，先端黄色。虹膜浅黄色；上喙红色，尖端黄色，下喙黄色；脚褐灰色。

分布 在中国仅见于西藏樟木。国外分布于阿富汗、巴基斯坦、尼泊尔、不丹至印度阿萨姆邦的喜马拉雅山南麓。

栖息地 栖息于亚热带落叶阔叶林、针叶林，尤喜杉木林，也见于有高大树木的农耕地。栖息海拔一般在 1350m 以上。

习性 常年留居，春夏季常单只或成对活动，秋冬季数十只集群。冬季会向低海拔进行小范围迁徙。

食性 取食各类坚果、浆果、种子，以及羊蹄甲、木棉、黄连木的花。

繁殖 繁殖期 3 ~ 7 月，随海拔而有先后变化。在阿富汗，常利用鳞腹绿啄木鸟的旧巢洞筑巢。每窝产卵 3 ~ 5 枚。孵化期 24 天，育雏期约 40 天。

种群现状和保护 IUCN 评估为无危（LC）。在中国为 2013 年新纪录，《中国脊椎动物红色名录》未予评估，被列为国家二级重点保护动物。

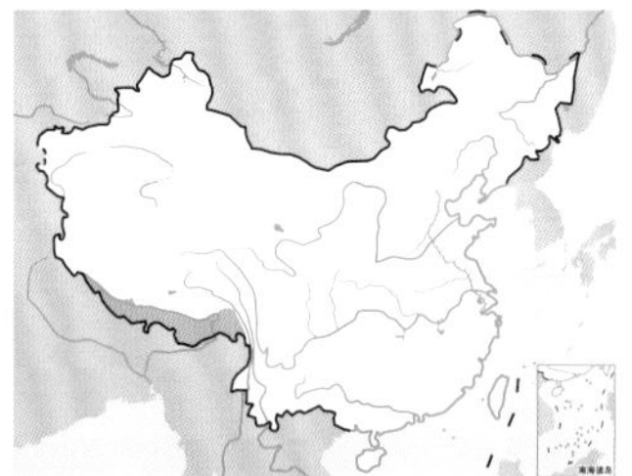

青头鹦鹉。左上图李利伟摄，下图董江天摄

灰头鹦鹉 拉丁名：*Psittacula finschii* 英文名：Grey-headed Parakeet

鹦鹉目鹦鹉科

形态 体长 36 ～ 40 cm，体重 80 ～ 110 g。雄鸟头部铅灰色，但颏、喉黑色，绕颈侧和后颈有一铜绿色领环；上体余部黄绿色；中央尾羽基部绿色，中段淡蓝紫色，末段紫黄色；翅上中覆羽具一暗红色块斑；下体自喉以下全为淡绿色，仅肛周、尾下覆羽和尾羽底面为黄色。雌鸟和雄鸟相似，但无暗红色翅斑，尾较短。虹膜乳白色至黄色；上喙红色（雄）或者橙黄色（雌），尖端黄白色，下喙橙黄色；脚褐绿色。

分布 在中国分布于四川西南部、云南西部和南部。国外分布于印度、孟加拉国至中南半岛各国。

栖息地 栖息于低地开阔森林，以及河谷、人工林、次生林和茶山，主要栖息海拔为 600 ～ 1200m，在印度阿萨姆邦低至海拔 100m，在中国高可至 3000m。

习性 常年留居，有小范围的垂直迁徙习性。春夏季常单只或成对活动，秋冬季数十只集群。

食性 取食各种野果及种子，也吃玉米、苹果或谷物。

繁殖 在缅甸，繁殖期 1 ～ 3 月。营巢于柚木林中，巢距地面高至 12m。每窝产卵 4 枚。

种群现状和保护 IUCN 评估为近危（NT），《中国脊椎动物红色名录》评估为数据缺乏（DD）。在中国被列为国家二级重点保护动物。

灰头鹦鹉。左上图刘璐摄，下图董磊摄

花头鹦鹉 拉丁名：*Psittacula roseata* 英文名：BBlossom-headed Parakeet

鹦鹉目鹦鹉科

形态 体长 30 ～ 36 cm。雄鸟头顶、脸颊、耳羽粉红色，后顶至两颊下方紫蓝色；自下嘴基、颏、喉有一黑色带延至颈侧，与后颈的黑色领环相接；上体余部绿色；中央尾羽淡蓝色，基部淡黄色；翅绿色，中覆羽有一栗红色块斑；下体淡黄绿色。雌鸟似雄鸟，但头部灰蓝色，有一辉黄色领环；颏、喉及领部无黑色；翅上红斑缺乏或不明显。虹膜白色至淡黄色；上喙橙红色（雄）或者黄色（雌），下喙近黑色；脚暗绿色。

分布 在中国分布于广西和云南。国外分布于印度、孟加拉国至中南半岛各国。

栖息地 栖息于低山及开阔森林，尤喜耕地和森林的交错带，高可至海拔 1000m。

习性 有小范围的季节性迁徙行为。

食性 以种子、坚果、浆果、花瓣、叶芽为食，尤喜榕果、枣类核果等。

繁殖 繁殖期自 12 月至翌年 5 月。在树洞、建筑物墙洞中筑巢。通常每窝产卵 4 ～ 6 枚。育雏期约 42 天。

种群现状和保护 IUCN 评估为近危（NT），《中国脊椎动物红色名录》评估为数据缺乏（DD）。在中国被列为国家二级重点保护动物。

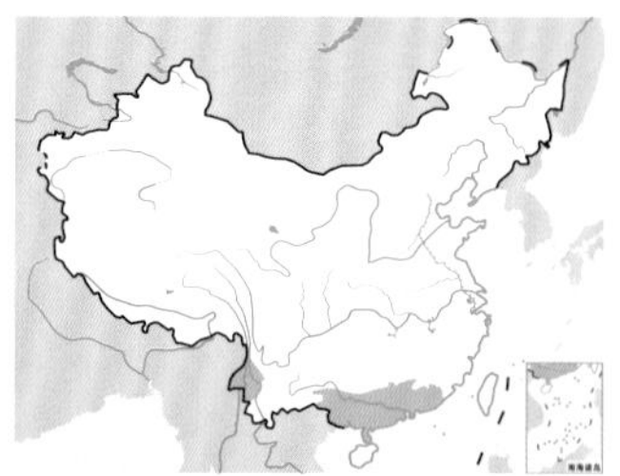

花头鹦鹉。左上图为雄鸟，刘璐摄；下图为上雄下雌正在交配，杜卿摄

大紫胸鹦鹉

拉丁名：*Psittacula derbiana*
英文名：Derbyan Parakeet

鹦鹉目鹦鹉科

形态 体长46～50cm，体重200～290 g。雄鸟头及颈侧紫灰色，额及脸部沾紫蓝色；前额沿嘴基有一黑带向后侧伸至眼，下嘴两侧有一大型黑斑延至颈侧、与颏部的黑色连成一整块；后颈、背、腰及上体余部绿色；尾羽蓝绿色；翅上小覆羽与背同色，但大、中覆羽黄绿色，飞羽外 暗绿色而具黄绿色羽缘、内 褐色而具近白色羽缘；下体自颏以下呈葡萄紫色；肛周、尾下覆羽绿色。雌鸟似雄鸟，但中央尾羽较短；额无蓝色；耳羽后呈粉色带。虹膜淡黄色；上喙红色（雄）或者黑色（雌）、下喙黑色；脚灰绿色。

分布 在中国分布于西藏、四川、云南、广西。国外分布于喜马拉雅山脉东部。

栖息地 栖息于热带季雨林、常绿阔叶林和针叶林，甚至核桃林、板栗林或次生林地以及林缘耕地。栖息地海拔跨度较大，低至600m，高可至3200m。

习性 常年留居，结成大群活动。但有随食物进行小范围迁徙的习性，如云南西北部的种群。

食性 以球果、坚果等为食，尤喜榕果，也吃玉米、稻谷等。

繁殖 在西藏，繁殖期6～7月。在云南普洱，繁殖期2～4月；营巢于村庄边的榕树树洞中，每窝产卵1～4枚，多数为2～3枚；孵卵期间成鸟几乎不离巢；4月中旬后雏鸟离巢单独活动；少数个体会在7月繁殖，可能是第二窝。

种群现状和保护 IUCN评估为近危（NT），《中国脊椎动物红色名录》评估为易危（VU）。在中国被列为国家二级重点保护动物。西藏拉萨地区有逃逸个体在野外定居，形成稳定种群。在云南，普洱市澜沧江边有一个较为稳定的繁殖种群，得益于当地布朗族群众对村庄周边大榕树的自发保护。大紫胸鹦鹉是中国体形最大的鹦鹉，羽色艳丽、善仿人语，在民间和动物园多有饲养，野外人为捕捉是自然种群下降的主要因素。

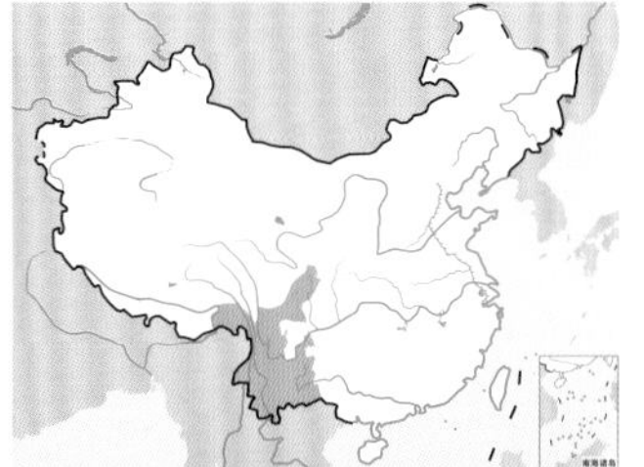

大紫胸鹦鹉。左上图为雄鸟，下图为雌鸟。刘璐摄

绯胸鹦鹉

拉丁名：*Psittacula alexandri*
英文名：Red-breasted Parakeet

鹦鹉目鹦鹉科

形态 体长33～38 cm，体重133～168 g。雄鸟额基有一黑带向后延伸至眼先；下嘴基部有一黑色宽带向下延伸至颈侧；头紫灰色，眼周和额基染绿色；后颈、背、腰及尾上覆羽辉绿色，杂少量虫蠹状斑；第1枚初级飞羽外缘暗褐色，其余飞羽外 及羽端绿色而缘以金黄色，内 暗褐色而缘以土黄色；中央尾羽辉蓝色，基部绿色，形长；其余尾羽向外依次变短，外 蓝色，内 绿色；喉和胸部绯红色，下体余部及翼下绿色。雌鸟似雄鸟，但头部偏蓝色，喉、胸红色较浅，中央尾羽较雄鸟短。虹膜黄色；上喙红色，下喙黑褐色；脚暗灰色。

分布 在中国分布于西藏、云南、广西和海南。国外分布于印度、尼泊尔、孟加拉国至缅甸、泰国、马来西亚、印度尼西亚各岛屿，新加坡有引入种群成功繁殖定居。

栖息地 栖息于中低海拔的湿性常绿阔叶林和落叶林、次生林、红树林、人工椰子林，以及靠近村庄的森林，通常会避开十分郁闭的森林。

习性 常十余只或数十只集群活动。善于攀爬，攀爬时嘴、脚并用。飞行快速而路线直。鸣声粗厉响亮，“gah—gah”似汽车喇叭声，是中国鸣声最响亮的鹦鹉，在林中十分吵闹。

食性 取食坚果、浆果及其他果实，或者幼嫩的枝、芽，也取食玉米、稻谷、板栗等作物。

繁殖 国内繁殖情况不详。在印度，繁殖期1～4月，筑巢于森林中高3～10m的树洞中，多靠近耕地；每窝产卵3～4枚，卵白色无斑；孵化期28天；育雏期约49天。

种群现状和保护 IUCN评估为近危（NT），《中国脊椎动物红色名录》评估为易危（VU）。在中国被列为国家二级重点保护动物。因羽色艳丽、善于模仿人语，民间饲养较多，人为捕捉是野外种群下降的主要因素。

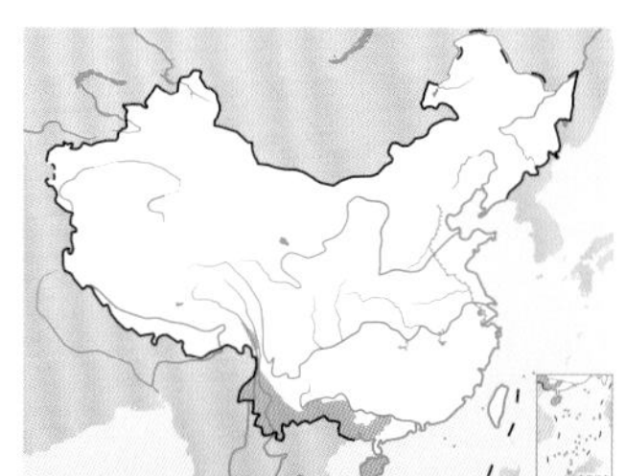

绯胸鹦鹉。左上图为雌鸟，下图右上方4只为雄鸟，左下方为雌鸟。刘璐摄

八色鸫类

- 八色鸫类指雀形目八色鸫科鸟类，全世界共1属29种，中国有1属8种
- 八色鸫类体肥胖，喙粗壮，颈粗短，尾短，脚较长，大多羽色艳丽
- 八色鸫类主要栖息于热带和亚热带森林中，主要以昆虫为食，多为留鸟
- 八色鸫类在地面或林下灌木低处筑巢，巢大呈圆形，侧面开口，雏鸟晚成性

类群综述

八色鸫类指雀形目八色鸫科（Pittidae）的鸟类，本科为单型科，全世界仅 1 属 29 种，主要分布于亚洲、非洲和大洋洲。中国有 1 属 8 种，即八色鸫属 *Pitta* 的双辫八色鸫 *Pitta phayrei*、蓝枕八色鸫 *P. nipalensis*、蓝背八色鸫 *P. soror*、栗头八色鸫 *P. oatesi*、蓝八色鸫 *P. cyanea*、绿胸八色鸫 *P. sordida*、仙八色鸫 *P. nympha* 和蓝翅八色鸫 *P. moluccensis*。除仙八色鸫和蓝翅八色鸫具迁徙习性外，其余均为留鸟，在中国主要分布于西南部的云南、西藏、广西和四川等地。仙八色鸫在国外繁殖于日本和朝鲜半岛，在中国繁殖于东部地区，在多个省份和地区都有繁殖记录迁徙经过中国东部，到东南亚越冬。蓝翅八色鸫在中南半岛北部繁殖，于印度尼西亚群岛越冬，在中国云南南部有繁殖，较罕见。

左：八色鸫类羽色艳丽，常在阴暗潮湿的地面取食，蚯蚓是它们重要的食物之一。图为嘴里叼满了蚯蚓的仙八色鸫。颜重威摄

下：取食昆虫的仙八色鸫。杜卿摄

八色鸫类为中等体形的雀鸟，喙较长且粗壮，颈部粗短，体形肥胖；翅膀短圆，尾羽较短，跗跖强健且较长。体色丰富多变，且大多数种类羽色艳丽。

八色鸫类主要栖息于热带和亚热带森林中，常在林下灌丛中活动，多数种类喜欢居住在河道附近，喜潮湿温暖环境。昼行性，捕食昆虫。大多数为留鸟，仅少数种类迁徙。性机警胆小，常隐匿于灌丛间，不易观察。但回放鸣声时，雄性八色鸫容易被引出。多独居生活，偶有迁徙物种集小群的记录。

八色鸫类的婚配制度为单配制，雌雄共同育雏，尚未发现婚外配现象。多数种类的繁殖期与雨季同步，可能原因是降雨之后，节肢动物的数量通常会增加，蚯蚓也会爬出地面来透气，而它们是八色鸫重要的食物资源。而且在潮湿季节，植被更加茂密，从而为巢和幼鸟提供更好的保护和伪装。营巢于地面或林下灌木低枝上，雌雄共同参与筑巢，但雄性付出更多的劳动。巢大且圆，窝卵数 2～6 枚，最常见的是 3～5 枚，卵为白色或皮黄色。孵化期一般为 14～16 天。雏鸟晚成性，刚孵出时裸露无羽，育雏期通常为 15～17 天。

跟其他热带和亚热带森林中的物种一样，八色鸫类也面临栖息地丧失的威胁，尤其是那些主要分布于岛屿上的物种，IUCN 评估的受胁比例高达 27%，远远高于世界鸟类整体受胁比例。中国有分布的 8 种八色鸫全球种群尚有一定数量，除仙八色鸫被 IUCN 评为易危（VU）以外，其余 8 种均为无危（LC），但在中国分布区域较狭窄，据《中国脊椎动物红色名录》评估，除蓝八色鸫和蓝翅八色鸫为数据缺乏（DD）外，其他均为易危（VU）或濒危(EN)。它们均被列为中国国家二级重点保护动物。

♂
♀
双辫八色鸫
Pitta phayrei
♂
♀
蓝枕八色鸫
Pitta nipalensis
ad.
juv.
蓝背八色鸫
Pitta soror
栗头八色鸫
Pitta oatesi
蓝八色鸫
Pitta cyanea
ad.
juv.
绿胸八色鸫
Pitta sordida
仙八色鸫
Pitta nympha
蓝翅八色鸫
Pitta moluccensis

双辫八色鸫

拉丁名：*Pitta phayrei*
英文名：Eared Pitta

雀形目八色鸫科

体长21.6～24.2 cm。头顶具粗著的黑色中央冠纹，并与后颈黑斑相连，冠纹两侧棕黄色，眉纹白色，均具黑色端缘，呈鳞状；后枕两侧具长形羽突，形如"双辫"；上体栗褐色；下体茶黄色，具黑斑。雌鸟下体黑斑较多。分布于中南半岛和中国云南南部。栖息于热带雨林中。IUCN评估为无危（LC），《中国脊椎动物红色名录》评估为易危(VU)。在中国被列为国家二级重点保护动物。

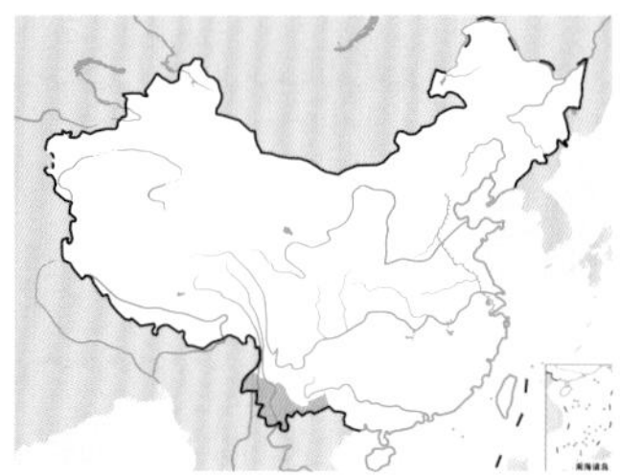

双辫八色鸫。Mohit Kumar Ghatak摄

蓝枕八色鸫

拉丁名：*Pitta nipalensis*
英文名：Blue-naped Pitta

雀形目八色鸫科

体长22～23 cm，雄鸟头顶后部至后颈呈亮蓝色，背暗草绿色渲染茶黄褐色，腰羽沾蓝色；下体茶黄色。雌鸟头顶部全为棕茶黄色，枕部至后颈暗绿色；背面余部棕茶黄色渲染草绿色；喉至上胸部稍具斑纹。在国内分布于云南南部、西藏东南部和广西西南部，国外分布于尼泊尔、印度东北部和中南半岛北部。IUCN评估为无危（LC），《中国脊椎动物红色名录》评估为易危(VU)。在中国被列为国家二级重点保护动物。

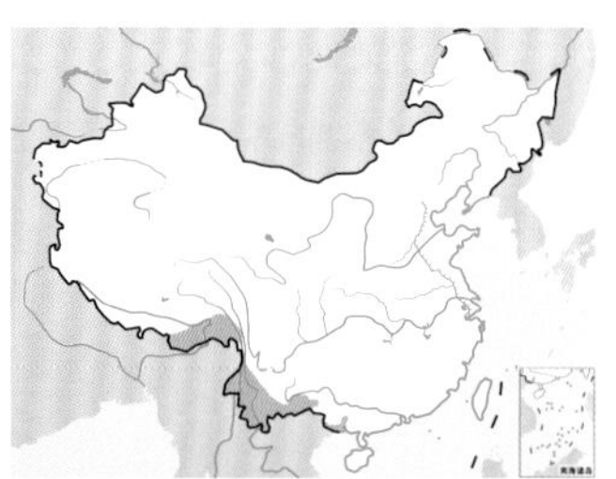

蓝枕八色鸫。左上图为雌鸟，牛蜀军摄；下图为雄鸟，杜卿摄

蓝背八色鸫

拉丁名：*Pitta soror*
英文名：Blue-rumped Pitta

雀形目八色鸫科

形态 雄鸟体长22.6～25.4 cm，体重105～120 g；雌鸟体长21.5～23.0 cm，体重91～135 g。前额红褐色，眼先、眼周锈红色，眉纹黑色；头顶至背部草绿色渲染黄褐色，下背至腰亮蓝色；喉白色，胸部渲染粉红色，两胁及腹部棕茶黄色。虹膜褐色；嘴黄褐色；跗跖和爪黄褐色。

分布 分布于中南半岛及中国的云南、广西和海南。

栖息地 栖息于热带或亚热带常绿阔叶林中。

习性 常单独或成对活动，主要在潮湿的地面觅食。在繁殖期也经常鸣叫，但叫声明显较仙八色鸫小。

食性 主要以动物性食物为食。在广西弄岗国家级自然保护区，所鉴定的食物93.6%为蚯蚓，其次为鳞翅目幼虫，偶尔也会捕食蜈蚣等大型节肢动物。

繁殖 单配制。繁殖始于3月。营巢于小型乔木或灌丛的平直树枝上，有时候也在大石头的顶部营巢。巢呈扁圆形，边上有一出口，主要由树叶和枯枝建成。在广西弄岗国家自然保护区，每窝产卵4～5枚，但在中南半岛地区，窝卵数为2～3枚。卵白色，顶端具褐色的斑点。雌雄共同孵卵。雏鸟晚成性，育雏期约30天。巢捕食率较高，在广西60%的巢可能会被豹猫和蛇等天敌捕食。

种群现状和保护 IUCN评估为无危（LC），《中国脊椎动物红色名录》评估为濒危（EN）。在中国被列为国家二级重点保护动物。在全球范围内分布面积较广，在中国虽然不常见，但常有观察记录，在广西弄岗国家级自然保护区，其种群密度估计为每平方千米4.67只。可能面临的威胁为森林面积的减少。

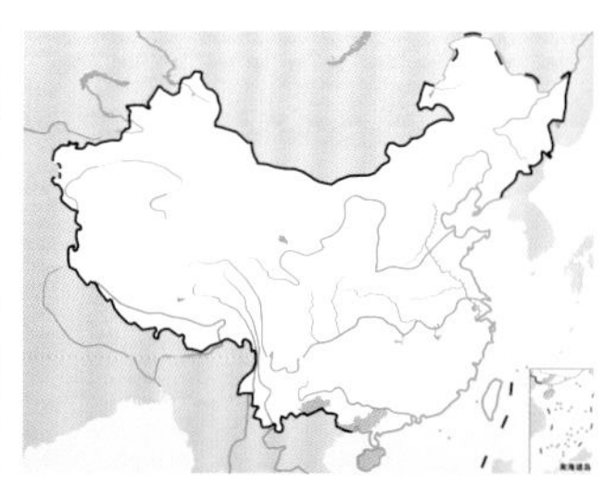

蓝背八色鸫。左上图黄珍摄，下图李志钢摄

栗头八色鸫

拉丁名：*Pitta oatesi*
英文名：Rusty-naped Pitta

雀形目八色鸫科

体长23.8～26.0 cm。与蓝背八色鸫相似，但体形稍大。前额、头顶至后颈栗黄褐色，头和上胸渲染粉红色；上体及尾羽表面暗绿色，腰沾蓝色，上背渲染栗黄褐色；下体茶黄色，下腹中央较浅淡，肛周棕白色。在中国仅分布于云南南部和西部，国外分布于中南半岛。栖息于热带亚热带地区茂密的常绿阔叶林中。IUCN评估为无危（LC），《中国脊椎动物红色名录》评估为易危（VU）。在中国被列为国家二级重点保护动物。

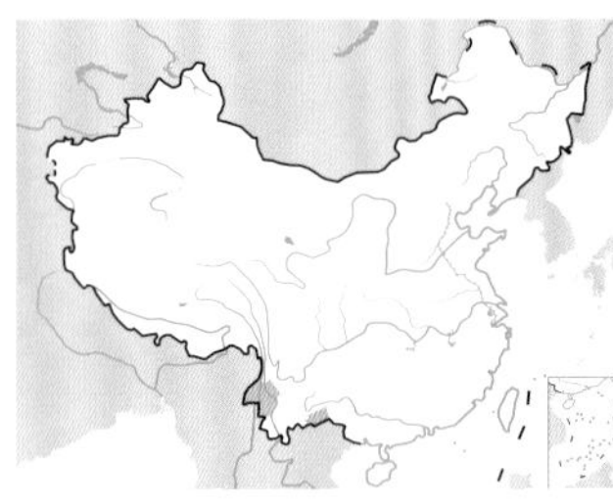

栗头八色鸫。杜卿摄

蓝八色鸫

拉丁名：*Pitta cyanea*
英文名：Blue Pitta

雀形目八色鸫科

形态 全长22～24 cm。中央冠纹黑色，两侧赭灰色，后部渲染金黄色，枕和后颈部金红色；上体余部亮蓝色；下体淡蓝色渲染淡茶黄色，满布黑色点斑；下喉部具白色领斑。

分布 在中国仅见于云南西双版纳州的景洪、勐腊，为留鸟。国外分布于印度东北部、孟加拉国和中南半岛。

栖息地 栖息于热带常绿阔叶林、竹林等地，常出现在沟谷雨林中，不仅活动于潮湿林地中，也会出现在较干燥和较稀疏的森林中。

习性 多单只在林下阴湿处活动，用嘴在土壤中搜寻食物。

食性 以昆虫等无脊椎动物为食。

繁殖 繁殖期4～6月。通常在地面、岩石或树桩上营巢，有时也营巢于幼树或下层林木上。巢用竹叶、细根、细枝、苔藓、草叶等筑成半圆形，出入口在侧面。每窝产卵4～5枚，双亲共同孵卵。

种群现状和保护 IUCN评估为无危（LC），在中国为边缘分布，分布范围小，种群数量稀少，《中国脊椎动物红色名录》评估为数据缺乏（DD）。在中国被列为国家二级重点保护动物。

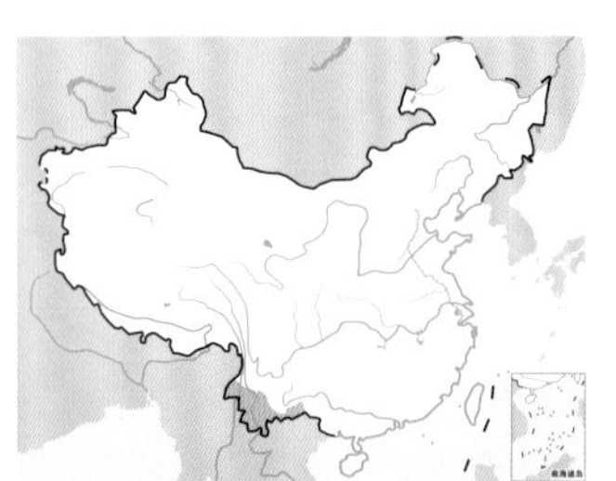

蓝八色鸫。左上图为雄鸟，田穗兴摄；下图为雌鸟，刘世财摄

绿胸八色鸫

拉丁名：*Pitta sordida*
英文名：Hooded Pitta

雀形目八色鸫科

体长17.2～18 cm。头顶栗红褐色，头侧、颏、喉和颈部黑色；翅上小覆羽和腰至尾上覆羽亮粉蓝色；飞羽黑色而具宽阔的白色翅斑；背和胸、腹部主要呈草绿色，腹部中央至尾下覆羽猩红色。在国内分布于西藏东南部、云南南部和四川北部，国外分布于从印度北部的喜马拉雅山脉到新几内亚的广大地区。栖息于热带雨林、季雨林和湿性常绿阔叶林区，多见单个或成对在林下或林缘沟谷地带觅食。IUCN评估为无危（LC），《中国脊椎动物红色名录》评估为易危（VU）。在中国被列为国家二级重点保护动物。

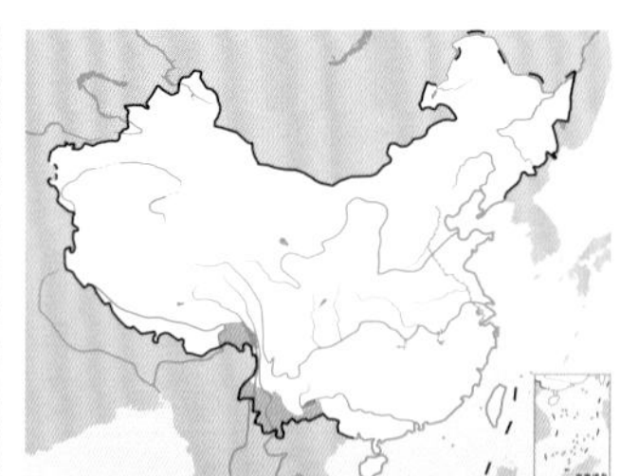

绿胸八色鸫。左上图沈岩摄，下图田穗兴摄

仙八色鸫

拉丁名：*Pitta nympha*
英文名：Fairy Pitta

雀形目八色鸫科

形态 雄鸟体长18.5～19.2 cm，体重49～70 g；雌鸟体长17.6～21.2 cm，体重48～50 g。雌雄羽色大致相似。头深栗褐色，中央冠纹黑色，皮黄白色眉纹自额基一直延伸到后颈两侧，眉纹下面具宽阔的黑色贯眼纹；背、肩和内侧次级飞羽表面亮深绿色，腰、尾上覆羽和翅上小覆羽钴蓝色而具光泽，初级飞羽中段具白色翼斑；喉白色，胸淡茶黄色或皮黄白色，腹中部和尾下覆羽血红色。虹膜褐色或暗褐色，嘴黑色，跗跖和趾肉红色。

分布 在国内繁殖于东部的大部分地区。国外主要繁殖于日本、韩国，在婆罗洲越冬。

栖息地 栖息于亚热带常绿阔叶林中。

习性 常单独或成对活动，主要在潮湿的地面觅食。性机警而胆怯，善跳跃。领域性较强，在繁殖期也经常发出响亮的叫声。

食性 食物大部分由蚯蚓组成，在广西弄岗国家级自然保护区，鉴定的食物中91.2%为蚯蚓。也可以取食节肢动物，在台湾还被观察到取食小型脊椎动物，如蛇、蜥蜴和蛙等。

繁殖 单配制。繁殖期4～7月。营巢于地面和石头的顶部。巢呈圆顶状，侧面开口，主要由树叶和枯枝建成，有些巢外层被绿色苔藓。巢完成1～2天之后即开始产卵，窝卵数5～6枚。卵白色，顶端具褐色斑点。雌雄共同孵卵，孵卵期间亲鸟恋巢性很强，即使人靠近也不离巢。孵化期约12天。雏鸟晚成性，育雏期约14天。繁殖成功率较高，在中国安徽，雏鸟成活率高达91.1%，在中国北热带石灰岩森林里，繁殖成功率也可以达到75%。

种群现状和保护 IUCN和《中国脊椎动物红色名录》均评估为易危（VU）。目前被列入CITES附录Ⅱ，在中国被列为国家二级重点保护动物。国际鸟盟2001年估计仙八色鸫的全球成年个体数量为1500～7000只。在中国仙八色鸫虽然不太常见，但常有观察记录，在广西的石灰岩森林里，其种群密度估计为每平方千米1.05只。面临的威胁包括，低海拔的阔叶林被大量破坏用于种植人工林或经济作物，以及被捕捉作为笼养鸟类。

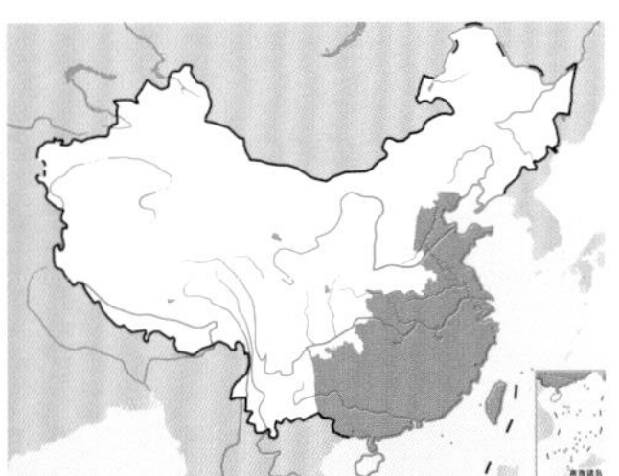

仙八色鸫。左上图为成鸟，张明摄；下图为幼鸟，颜重威摄

蓝翅八色鸫

拉丁名：*Pitta moluccensis*
英文名：Blue-winged Pitta

雀形目八色鸫科

形态 体长19.0～20.7 cm，体重74～90g。与仙八色鸫较为相似，头部前额至枕部为深栗褐色，冠纹黑色，眉纹茶黄色，眼先、颊、耳羽和颈侧黑色；背部亮油绿色，翅、腰和尾羽亮粉蓝色；下体淡茶黄色，腹部中央至尾下覆羽猩红色。虹膜褐色，嘴角黑色，跗跖与爪肉红色。

分布 在国内迁徙期间偶见于甘肃南部、云南、广东、广西、海南和台湾，估计为迷鸟。国外主要繁殖于中南半岛，在马来半岛、苏门答腊岛及婆罗洲越冬，迷鸟至澳大利亚和菲律宾。

栖息地 栖息于亚热带常绿阔叶林、红树林和灌丛中。

习性 常单独或成对活动，主要在潮湿的地面觅食。性机警胆怯，善跳跃。

食性 主要以蚯蚓和昆虫等动物性食物为食。

繁殖 单配制。巢较大，似球形，与其他八色鸫相似。在马来西亚，营巢于靠近水边的树根处。5月初至7月底期间产卵，卵白色，具紫色斑点。雌雄共同孵卵，孵化期为15～17天。

种群现状和保护 IUCN评估为无危（LC），《中国脊椎动物红色名录》评估为数据缺乏（DD）。在中国中被列为国家二级重点保护动物。目前尚未对其具体种群数量进行评估，但毫无疑问，其种群数量正在逐渐下降。在中国非常罕见，种群数量未知。捕捉作为笼养鸟类可能是其面临的主要威胁。

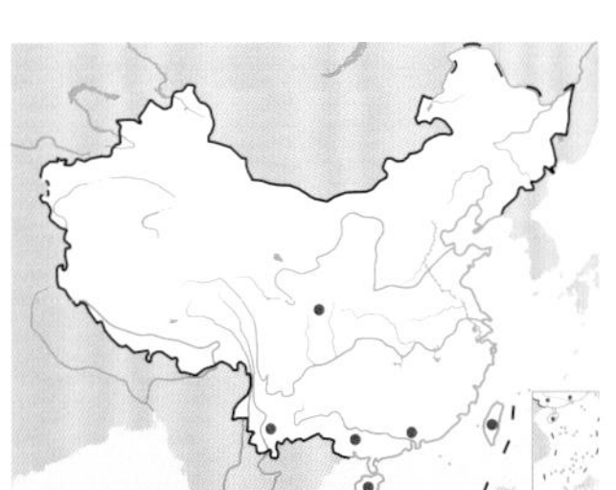

蓝翅八色鸫。左上图田穗兴摄，下图杜卿摄

阔嘴鸟类

- 阔嘴鸟类指雀形目阔嘴鸟科的鸟类，全世界共8属14种，中国有2属2种
- 阔嘴鸟类是喙宽阔厚实，头宽大，颈粗短，尾长而翅短圆，羽色艳丽
- 阔嘴鸟类生活于热带森林，树栖，成群活动，主要以昆虫为食
- 阔嘴鸟类筑梨形巢，悬挂于树枝末端，多靠近水面，雏鸟晚成性

类群综述

阔嘴鸟类指雀形目阔嘴鸟科（Eurylaimidae）的鸟类，是一个较小的类群，全世界共有 8 属 14 种，主要分布于亚洲和非洲热带地区。中国有 2 属 2 种，即长尾阔嘴鸟属 *Psarisomus* 的长尾阔嘴鸟 *Psarisomus dallhousiae* 和及丝冠鸟属 *Serilophus* 的银胸丝冠鸟 *Serilophus lunatus*，均为罕见留鸟。

阔嘴鸟类为中小型鸟类，头较宽大，眼大，喙型宽阔扁平，口裂深，嘴峰稍向下弯曲。身体羽毛颜色亮丽鲜明，有蓝色、绿色、栗色和黄色等多种颜色，雌雄相似，但雌鸟颜色较暗淡。

阔嘴鸟类广泛分布于亚洲和非洲热带地区，均生活于森林中，只有少数物种会稍微延伸到其他类型的栖息地中。它们均为树栖，喜欢成群活动，常集小群在林下阴暗且潮湿的茂密灌丛或矮小树木间活动，偶尔也单独活动。大多数物种食虫和食肉，偶尔以果实等植物性食物为补充，只有少数种类主要以植物为食。

阔嘴鸟类的婚配制度以单配制为主，但也有少数种类为一雄多雌制，且只有雌性参与筑巢、孵卵和育雏。阔嘴鸟通常把梨形巢悬挂在树枝或类似的显眼地点的末端，一些类群将巢穴悬挂于森林空地上方，而另一些种类通常将巢安置在河流、溪流或其他靠近水源的地方之上。所有巢都由各种材料紧密编织而成，包括草条、藤蔓、小枝、树皮条、叶片纤维、根茎、真菌菌丝和苔藓等，巢室则用柔软的材料，如树叶、草纤维和毛状根等。尽管巢穴经常被放置在显眼的地方，但是巢穴的装饰为其提供了有效的伪装，将其隐匿于树叶和枝条之间。每窝产卵 1～8 枚，卵的大小、颜色和形状种间差异很大。对圈养的绿阔嘴鸟研究表明其孵化期为 17～18 天，育雏期为 22～23 天。其他物种相关研究较少，据说长尾阔嘴鸟的孵化期超过 14 天。

阔嘴鸟类较少受到关注，我国分布的 2 种阔嘴鸟 IUCN 评级均为无危（LC），但在国内较罕见，《中国脊椎动物红色名录》评估为近危（NT），均被中国列为国家二级重点保护动物。国内种群数量较为稀少，应提高关注度和加强保护。

长尾阔嘴鸟
Psarisomus dalhousiae

银胸丝冠鸟
Serilophus lunatus

左：阔嘴鸟类为典型的森林鸟类，生活在热带森林中，羽色艳丽，喙宽阔而厚实。图为长尾阔嘴鸟。韦铭摄

长尾阔嘴鸟

拉丁名：*Psarisomus dalhousiae*
英文名：Long-tailed Broadbill

雀形目阔嘴鸟科

形态 体长 20～28 cm，体重 47～79 g。雌雄羽色相似。头部黑色，顶部中央具亮蓝色斑块，后枕两侧各具一块鲜黄色斑；前额基线至眼先、喉部及颈侧均为亮黄色；两翅基部亮钴蓝色，形成显著的翼镜，余部暗蓝色和绿色，近基部具白色翼斑；上体亮草绿色；下体淡绿色；尾羽表面亮蓝色。虹膜褐色或红褐色；嘴黄绿色；跗跖和趾橄榄绿色。

分布 留鸟。共 5 个亚种，中国仅 1 个亚种，即指名亚种 *P. d. dalhousiae*，分布于西藏东南部、云南南部、贵州西南部和广西西南部。国外见于印度、不丹、孟加拉国、东南亚。

栖息地 典型的热带森林鸟类，通常栖息于低海拔常绿阔叶林。

习性 常成小群活动，每群个体十余只。常见在树冠层飞来飞去，叫声较为单调。

食性 主要以动物性食物为食，包括昆虫和其他节肢动物，如蜘蛛、鞘翅目昆虫和鳞翅目昆虫等。偶尔也取食一些榕树和其他植物的果实。

正在营巢的长尾阔嘴鸟。王昌大摄

繁殖 雌雄共同营巢。巢梨形，由草和树枝构成，悬挂于乔木的树枝上。巢高 32 cm，底宽 13 cm，内径 6 cm。窝卵数 4～5 枚。卵壳白色，无斑点。

种群现状和保护 IUCN 评估为无危（LC），《中国脊椎动物红色名录》评估为近危(NT)。中国被列为国家二级重点保护动物。目前尚未对其全球种群数量进行具体评估，但毫无疑问其种群数量正逐渐下降。在孟加拉国，长尾阔嘴鸟可能已经区域灭绝。在中国也较为罕见，种群数量未知。栖息地质量下降和片断化以及捕捉作为笼养鸟类可能是其主要威胁。

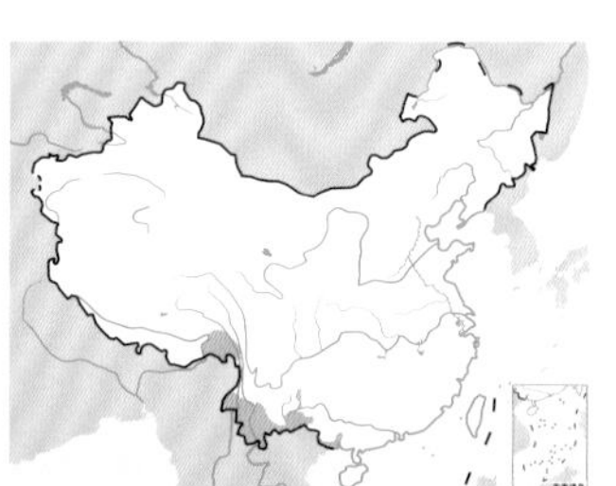

长尾阔嘴鸟。左上图袁世雄摄，下图张明摄

银胸丝冠鸟

拉丁名：*Serilophus lunatus*
英文名：Silver-breasted Broadbill

雀形目阔嘴鸟科

形态 体长为15～19 cm，体重21～39 g。雄鸟前额基部白色，往前额颜色逐渐变淡；头顶和枕部灰棕色，具宽阔的黑色眉纹；上背和肩烟灰褐色，下背、腰和尾上覆羽由棕红色逐渐转为栗色；凸形的尾黑色，除中央两对尾羽外，尾羽具白色端斑；两翅覆羽黑色，翼缘白色；下体几乎全为灰白色，尾下覆羽白色。雌鸟与雄鸟羽色相似，但具一条银白色胸部环带。虹膜暗褐色，眼周皮肤黄色；嘴浅蓝色，但基部橙黄色；跗跖黄绿色。

分布 留鸟。共10个亚种，国内有3个亚种，西藏亚种 *S. l. rubropygius* 分布于西藏东南部，西南亚种 *S. l. elisabethae* 分布于云南和广西西南部，海南亚种 *S. l. polionotus* 分布于海南岛。国外见于印度、不丹、孟加拉国、东南亚。

栖息地 典型的热带和亚热带森林鸟类，见于中低海拔常绿阔叶林和针阔混交林。

习性 常成对或成小群活动，每群包括10～20只个体。较为安静，很少鸣叫，也很少见到起飞，多数时候停留在树上休息。很少加入其他鸟类的混合群共同觅食。

食性 主要以昆虫为食，也取食蜘蛛、蜗牛等动物。偶尔还取食植物果实。

繁殖 雌雄共同营巢，有时候同种的其他个体也会帮助营巢。梨形的巢悬挂于乔木的树枝上，主要由草和树枝构成，通常在开阔地点的上方，距离地面3～5 m。窝卵数通常4～5枚。孵卵和喂雏主要由亲鸟进行，但同种的其他个体有时候也会过来帮忙。在缅甸和苏门答腊岛，还有记录到银胸丝冠鸟被杜鹃寄生。

种群现状和保护 IUCN评估为无危（LC），《中国脊椎动物红色名录》评估为近危(NT)。被列为中国国家二级重点保护动物。全球种群数量未知，但种群趋势为逐渐下降，许多以前较为常见的地方现在没有或少见其活动。在中国也较为罕见，种群数量未知。栖息地质量下降和片断化以及捕捉作为笼养鸟类可能是其主要威胁。

银胸丝冠鸟。左上图为雄鸟，田穗兴摄；下图为雌鸟，赵海明摄

黄鹂类

- 黄鹂类指雀形目黄鹂科鸟类，全世界现存3属36种，中国有1属7种
- 黄鹂类多为黑黄相间、体色鲜艳、叫声婉转的中型鸟类，身形健硕，喙形粗厚，翅长而尖，雌雄相异但差别不大
- 黄鹂类分布于各类森林生境，多在树冠层活动，杂食性，喜食水果和昆虫
- 黄鹂类为社会性单配制，一些种类具有合作繁殖行为

类群综述

黄鹂类指雀形目黄鹂科（Oriolidae）鸟类，是以黄鹂属 *Oriolus* 为代表的一类雀形目鸟类，主要分布于非洲、欧洲、亚洲至大洋洲。全球现存 3 属 36 种，另有分布于新西兰的新西兰鸫鹟属 *Turnagra*，仅包含北岛鸫鹟 *Turnagra tanagra* 和纽西兰鸫鹟 *T. capensis* 2 种，现均已灭绝。中国分布有 7 种，均属黄鹂属。其中黑枕黄鹂 *Oriolus chinensis* 分布于除青藏高原和新疆之外的广大地区，其余种类则零星或边缘分布于西部和南部山区，且不常见。

形态 黄鹂类体形中等，身形健硕，翅长而尖。存在性二型现象，但多数雌雄差别不大，且体色随年龄变化较大。

黄鹂科鸟类的科内形态变异较大。黄鹂属覆盖了黄鹂科的大部分种类，许多成员黑黄相间，羽色鲜艳，喙形多长且厚，并有轻度的下弯，但也有喙短而尖细的种类。分布于大洋洲的裸眼鹂属 *Sphecotheres* 体色较暗，喙粗短，并存在对吸蜜鸟科（Meliphagidae）吮蜜鸟 *Philemon* 显著的种间社会优势模仿（Interspecific social dominance mimicry）现象，普遍表现出与吮蜜鸟相似的棕灰色身体和黑色的面部，甚至相近的行为和鸣声。林鵙鹟属 *Pitohui* 则呈现棕褐至栗色，其羽毛、皮肤和其他组织内都含有神经毒素，同域分布的部分无毒鸟类也表现出了对它们的贝氏拟态现象 (Batesian mimicry)。

栖息地 除已灭绝的新西兰鸫鹟属为地面活动外，其他种类多在乔木冠层活动，可见于各种林型，大部分种类喜好不完全郁闭的森林环境。

习性 黄鹂类多善鸣叫，声音婉转动听，且会模仿其他鸟类的叫声。黄鹂属性羞怯，行动隐秘，多单独或成对活动，冬季会集小群。林鵙鹟属和裸眼鹂属则相反，吵闹且喜集群活动。飞行时呈波浪状起伏。

除了少数在温带地区繁殖的种类和地理种群具有季节间迁徙习性外，黄鹂科大部分繁殖于热带地区的种类和地理种群均为留鸟，或只因食物资源变化做短距离迁移。在中国，金黄鹂 *Oriolus oriolus*、印度金黄鹂 *O. kundoo* 和鹊鹂 *O. mellianus* 为夏候鸟；黑枕黄鹂在云南南部、海南和台湾为留鸟，其他地区为夏候鸟；其余 3 种均为留鸟。

食性 黄鹂类为杂食性鸟类，以鳞翅目幼虫等无脊椎动物，甚至小型脊椎动物，及水果、种子、花蜜等为食。其中黄鹂属多以动物性食物为主，裸眼鹂属和林鵙鹟属则多以植物性食物为主。

繁殖 黄鹂类多在阔叶乔木冠层横枝末梢的枝杈处建造吊篮状巢。卵白色或粉色，具深色斑点或斑纹，平均窝卵数为 2～3 枚。孵化期和育雏期均为 2～3 周。筑巢、孵卵和育雏常由雌鸟完成，在少数种类中由双亲共同负责。

黄鹂类为社会性单配制，但部分种类的年轻个体偶尔也会帮助养育同家族群体的雏鸟，如金黄鹂和黑头林鵙鹟 *Pitohui dichrous*。大部分种类在繁殖期会表现出很强的领域性，而少数种类，如澳大利亚裸眼鹂 *Sphecotheres vieilloti* 在繁殖期也依然保持松散的小群体。

与人类的关系 黄鹂类与人类的关系历史悠久且复杂。一些类群因喜食水果被当作农业害鸟，或因药用而遭到捕杀。又因鸣声婉转悦耳，羽色鲜艳，而成为人们喜欢的笼养鸟。在欧亚大陆，黄鹂一直都频繁出现在各个民族的传统文化和文艺作品中，受到人们的喜爱或厌恶。它们的分布变迁和种群存

左：黄鹂类以其羽色鲜艳、鸣声婉转、善于效鸣而受到人们喜爱。图为中国最常见的黄鹂——黑枕黄鹂。包鲁生摄

黑枕黄鹂的巢和巢中乞食的幼鸟。包鲁生摄

续也和人类的活动关系密切。

种群现状和保护 家猫、老鼠等外来掠食动物的人为引入、栖息地丧失和捕猎等因素，造成了新西兰鹟鹟属鸟类数量在几十年间的急剧下降，北岛鹟鹟和纽西兰鹟鹟的最后一次可靠记录分别在1902年和1905年。而根据IUCN评估，现存的36种黄鹂科鸟类中，有3种处于受胁状态，分别为淡色鹂 *Oriolus isabellae*——极危（CR），鹊鹂——濒危（EN），白腹黄鹂 *O. crassirostris*——易危（VU），受胁因素大多为工商业开发和农业发展导致的生境萎缩和破碎化，以及过度捕猎。另有黑鹂 *O. hosii* 和黑喉黄鹂 *O. xanthonotus* 为近危(NT)。虽然其他物种均为无危(LC)，然而有超过一半的物种种群动态为正在下降或不详。毫无疑问，黄鹂类需要得到人类的保护，然而目前人们对大部分黄鹂科物种的习性仍缺乏了解，这在一定程度上阻碍了科学得当的保护措施的制定。

♂
♀
金黄鹂
Oriolus oriolus
♂
♀
印度金黄鹂
Oriolus kundoo
♀
♂
黑枕黄鹂
Oriolus chinensis
♂
♀
细嘴黄鹂
Oriolus tenuirostris
♂
♀
黑头黄鹂
Oriolus xanthornus
♂
♀
朱鹂
Oriolus traillii
♂
♀
鹊鹂
Oriolus mellianus

金黄鹂

拉丁名：*Oriolus oriolus*
英文名：Eurasian Golden Oriole

雀形目黄鹂科

形态 体长 23～25 cm，体重 70～97 g。通体为黄、黑两色，嘴峰红色。雄鸟上体辉黄色，眼先有黑斑纹达于嘴基；飞羽黑色；中央一对尾羽黑色，其余外侧尾羽基部黑色、端部黄色。雌鸟羽色稍淡而多黄绿色，下体污白色。幼鸟偏橄榄绿色，下体具细密暗色纵纹。

分布 在中国仅繁殖于新疆北部。国外分布于欧亚大陆至西西伯利亚，越冬地在南亚和非洲。

栖息地 隐藏于绿洲内的林带、村落与园林之中，特别喜欢在高大的杨树林中活动。

习性 行为诡秘，成对活动于密林中，常常只听其声不见踪影。飞行迅速，极少在地面活动。在野外，比较容易通过声音识别金黄鹂。其叫声悦耳，清脆婉转，十分宏亮，如口哨音“呜—呦—，呜—呦—”。并且能变换腔调和模仿其他鸟的鸣叫，清晨鸣叫最为频繁。

食性 以昆虫为主食，在酷热的夏天也采食大量浆果。

繁殖 每年 5 月迁来新疆，不久就开始配对营巢。巢多在大树上，由枝条和细草编织而成，呈深杯状，内衬细草、羽毛和羊毛。窝卵数 3～5 枚，多为 4 枚。孵化期 15～17 天，育雏也需要同样的天数。

种群现状和保护 IUCN 和《中国脊椎动物红色名录》均评估为无危(LC)。被列为中国三有保护鸟类。但因其羽色十分艳丽，鸣声婉转，成为人们捕捉和笼养的对象。杀虫剂的滥用亦对其种群构成威胁，种群数量日趋减少。需加强保护。

金黄鹂。左上图为雄鸟，沈越摄；下图为雌鸟，韦铭摄

印度金黄鹂

拉丁名：*Oriolus kundoo*
英文名：Indian Golden Oriole

雀形目黄鹂科

体长 22～25 cm，体重 68～84 g。由金黄鹂新疆亚种 *Oriolus oriolus kundoo* 独立为种，与金黄鹂极为相似但贯眼黑纹可从眼先抵达眼后，初级飞羽的羽式和两侧尾羽的黑黄色比例亦不同。雌鸟与幼鸟羽色不如雄鸟鲜艳，下体具细条纹。分布于南亚至中亚暖温带，繁殖区与金黄鹂基本不重叠。在国内主要分布于新疆中部和西部的山区，在新疆印度金黄鹂是典型的绿洲鸟类，栖于大树上。IUCN 评估为无危（LC），被列为中国三有保护鸟类。

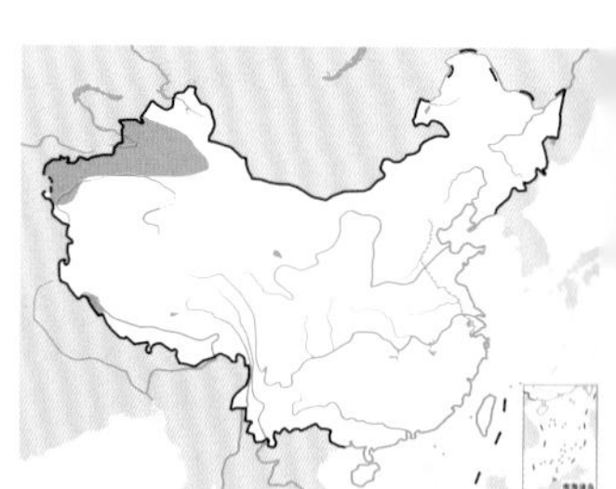

印度金黄鹂。左上图为雄鸟，邢新国摄；下图为雌鸟，王小炯摄

细嘴黄鹂

拉丁名：*Oriolus tenuirostris*
英文名：Slender-billed Oriole

雀形目黄鹂科

体长 23～26 cm，体重 67～89 g。由黑枕黄鹂云南亚种 *Oriolus chinensis tenuirostris* 独立为种。通体辉黄色，背羽及肩羽沾绿色，黑色贯眼纹自嘴基穿过眼线与枕后黑带相连；喙细长，粉红色；翅和尾大都为黑色。在中国仅繁殖于云南山地森林海拔 2500～4300 m 处，如腾冲、盈江、丽江、西双版纳等地，偶见于四川南部，冬季会下至较低海拔的山前丘陵和平原地区。国外分布于喜马拉雅山脉一侧的印度、尼泊尔，至缅甸和泰国等。IUCN 评估为无危（LC），《中国脊椎动物红色名录》评估为数据缺乏（DD）。被列为中国三有保护鸟类。

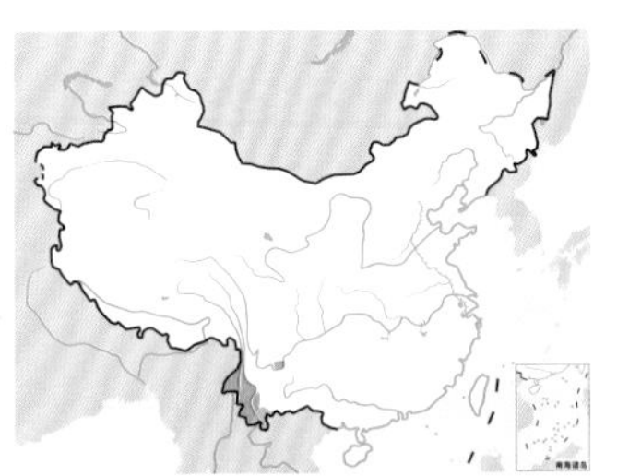

细嘴黄鹂。左上图刘璐摄，下图董磊摄

黑枕黄鹂

拉丁名：*Oriolus chinensis*
英文名：Black-naped Oriole

雀形目黄鹂科

形态 体长 23～28 cm，体重 65～100 g。雄鸟身体大部分为金黄色，喙粉红色，枕部有一条较宽的黑色斑带，向前延伸与黑色贯眼纹相接，与头部其他部位的金黄色形成了鲜明对比，并因此得名；除了枕部以外，翅和尾大部分羽毛为黑色，并夹杂一些金黄色。雌鸟和雄鸟相似，但金黄色部位略浅。亚成鸟总体为橄榄绿色，腹面多灰白色，并伴有黑色条纹，喙黑色，容易和成鸟区分。

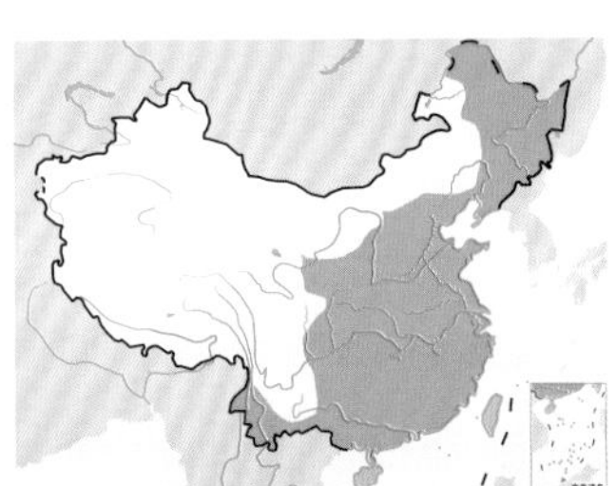

黑枕黄鹂。左上图为成年雄鸟，包鲁生摄；下图为亚成鸟，黄珍摄

一对黑枕黄鹂正在给巢中雏鸟喂食，左侧羽色稍暗淡的为雌鸟，右侧羽色鲜艳的为雄鸟。包鲁生摄

分布 亚种众多，有 20 个。国内分布的为普通亚种 *O. c. diffusus*，广布于中国东半部地区，在绝大多数地区为夏候鸟，仅在台湾和海南为留鸟。国外见于东亚、东南亚以及南亚的广大地区。

栖息地 主要栖息于林地生境中，比如山区及平原地带的天然及次生阔叶林、混交林等，在一些农村和城市公园的人工林中也能见到它们的身影，尤其喜欢杨树较多的人工林。一般分布在海拔较低的地带，通常不超过 1600 m，但在甘肃莲花山自然保护区海拔 2300 m 的地方也有目击记录。

习性 一般单独或成对活动，多在高大乔木的树冠层活动，很少到地面取食。其鸣唱比较清脆婉转，繁殖期间常常位于树冠层比较隐蔽的地方鸣唱，但叫声有时较为嘶哑。

食性 杂食性，除了捕食昆虫及其幼虫外，还喜食各种浆果，偶尔也捕食一些小的脊椎动物，如蜥蜴以及其他鸟类的雏鸟等。

繁殖 在中国境内繁殖的黑枕黄鹂，其繁殖期通常为5~8月。一般在阔叶树上筑巢，巢位于侧枝的枝杈上。雌鸟单独筑巢，筑巢期 6～7 天，雄鸟偶尔会帮助收集巢材。巢呈碗状，主要由枯草、树皮等材料构成，通过几个位置锚定在枝杈上，底部悬空。巢距地面高度一般在 3 m 以上。窝卵数通常为 2～5 枚，地区之间略有差异。卵白色或粉色，伴有不规则的红褐色或灰褐色斑点或斑纹，多集中在钝端。卵重 6～7 g，偶尔可达 8 g。雌鸟负责孵卵，孵化期 15 天左右。雌雄共同育雏，育雏期 16 天左右。

种群现状和保护 从全球范围来看，黑枕黄鹂并不属于受胁物种，在大多数地区均比较常见，种群数量比较稳定。但由于其羽色鲜艳且鸣声婉转，在某些地区常被捕捉作为笼养鸟，是其目前面临的主要威胁。IUCN 和《中国脊椎动物红色名录》均评估为无危（LC）。被列为中国三有保护鸟类。

黑头黄鹂

拉丁名：*Oriolus xanthornus*
英文名：Black-hooded Oriole

雀形目黄鹂科

体长 21～24 cm，体重 48～64 g。整个头、颈、颏、喉和上胸为黑色，其余体羽主要为金黄色；两翅和中央尾羽多为黑色，外侧尾羽黄色。雌鸟羽色不如雄鸟鲜艳，下体具黑色细纹。国内分布于云南西部至南部，广西西南部及西藏东南部的狭窄区域，国外分布于尼泊尔、印度、巴基斯坦、斯里兰卡、马来半岛等。IUCN 评估为无危（LC），《中国脊椎动物红色名录》评估为数据缺乏（DD）。被列为中国三有保护鸟类。

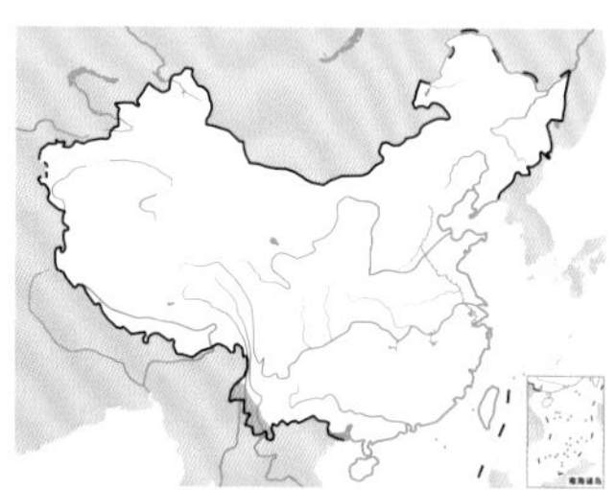

黑头黄鹂。左上图为亚成鸟，下图为成鸟。刘璐摄

朱鹂

拉丁名：*Oriolus traillii*
英文名：Maroon Oriole

雀形目黄鹂科

体长 23～28 cm，体重 61～87 g。雄鸟头颈及翼辉黑色，体羽深栗红色；尾较体羽色稍淡，亦为栗红色。雌鸟偏褐色，下体淡灰色，具暗色纵纹。栖息于热带、亚热带森林里，采食昆虫、浆果、种子等。共有 4 个亚种，中国有 3 个亚种，分别记录于台湾、海南、云南、广西、贵州、西藏等地，羽色自东向西呈现梯度变化，即为鲜红—暗红—褐红色。国外分布于东南亚，IUCN 评估为无危（LC），《中国脊椎动物红色名录》评估为近危（NT）。被列为中国三有保护鸟类。

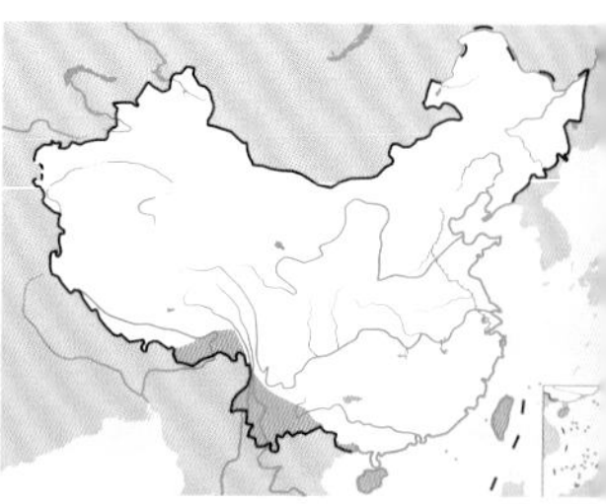

朱鹂。左上图为雄鸟，柴江辉摄；下图为雌鸟，罗汀摄

鹊鹂

拉丁名：*Oriolus mellianus*
英文名：Silver Oriole

雀形目黄鹂科

体长 23～28 cm，体重 75～82 g。雄鸟的头和翅黑色，体羽银白色，具隐约零散的粉红斑，尾羽淡紫红或红褐色。雌鸟与雄鸟相似，但背部灰褐色，下体具黑色纵纹。栖息于亚热带或热带潮湿的森林里，杂食性。繁殖于中国广东、广西、贵州、云南、四川、湖南等地，国外偶然出现在柬埔寨和泰国越冬。狭域分布且面临栖息地丧失的威胁，IUCN 和《中国脊椎动物红色名录》均评估为濒危（EN）。被列为中国三有保护鸟类。

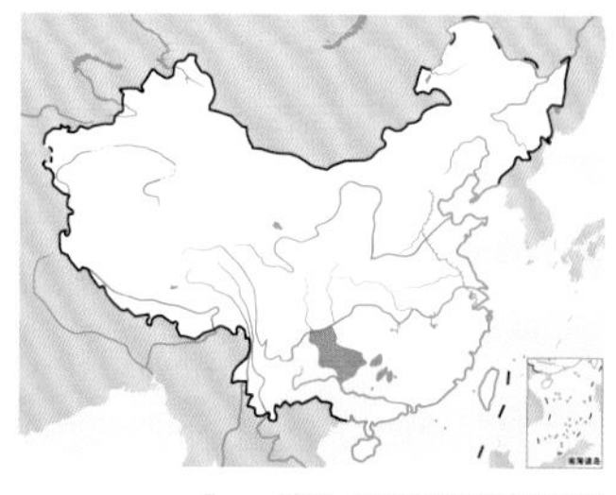

鹊鹂。左上图为雄鸟，罗平钊摄；下图为雌鸟，罗永川摄

繁殖期在树上鸣唱的鹊鹂雄鸟。黄耀华摄

莺雀类

- 莺雀类指雀形目莺雀科鸟类，全世界共6属64种，其中4属54种分布于美洲，中国有2属6种，均为森林性鸟类
- 莺雀类整体为灰绿色的小型鸟类，分布于亚洲东南部的鵙鹛属为其中体色最为丰富的类群，且整属表现出莺雀科少见的性二型现象
- 莺雀类栖息于多种森林类型，以昆虫和其他无脊椎动物为食，也吃果实和种子
- 莺雀类多为社会性单配制，有些种类偶尔会表现出一雄多雌或一雌多雄

类群综述

分类与分布 莺雀类指雀形目莺雀科（Vireonidae）鸟类，全世界共6属64种，其中4属54种分布于美洲，其余2属10种分布于亚洲东南部。中国有2属6种，其中白腹凤鹛属 *Erpornis* 仅含白腹凤鹛 *Erpornis zantholeuca* 1种，广泛分布且常见于华南地区；鵙鹛属 *Pteruthius* 中红翅鵙鹛 *Pteruthius aeralatus* 和淡绿鵙鹛 *P. xanthochlorus* 同样分布于华南地区，但对海拔和植被的要求较高，且数量相对不丰富，因此不常见，其余3种仅狭窄分布于云南西部和南部的山地森林中。

因缺少统一且独特的形态特征，莺雀科的这些物种一直令分类学家感到困惑，有些曾被划入伯劳科（Laniidae）、鸦科（Corvidae）、莺科（Sylviidae）、鹟科（Muscicapidae）和霸鹟科（Tyrannidae）等不同的科，而亚洲东南部分布的10个物种类则长期被全部划入画眉科（Timaliidae）。通过现代分子手段，研究者们发现这个类群与画眉科的亲缘关系相差甚远，而与黄鹂科（Oriolidae）等同属鸦总科，并确认亚洲这些长期隐身于庞杂的画眉科的物种也属于本科。

左：莺雀类为整体灰绿色的小型鸟类，栖息于森林冠层或中层，图为站在树枝上的淡绿鵙鹛。林剑声摄

下：取食毛虫的红翅鵙鹛。杜卿摄

形态 莺雀类大多为灰绿色的小型鸟类，鵙鹛属为其中体色最为丰富的类群，且整属表现出莺雀科少见的羽色性二型现象。大多数种类体形虽小但壮硕，喙粗壮且具钩，翅形宽阔而圆钝，美洲具有迁徙行为的种类则具有相对长而尖的翅形。

栖息地与习性 莺雀类均生活于各类森林生境中，多于冠层和中层搜寻昆虫及其他无脊椎动物为食，也吃植物果实和种子。美洲的莺雀属 *Vireo* 鸟类会经常捕捉较大的猎物，并将其在树枝上砸碎，或用脚按住猎物，用喙撕碎以便吞咽。虽然没有明确的观察记录，但凭其共有的具钩且粗壮的喙，可以推测鵙鹛属的鸟类也会有此行为。

典型的莺雀科鸟类行动安静、缓慢且谨慎，但也有活跃和敏捷的种类，如白腹凤鹛和红翅鵙鹛等。常单独或成对活动，偶尔结小群，在非繁殖季节也常与其他鸟类混群活动。

中国的种类均为留鸟，除白腹凤鹛和栗额鵙鹛 *Pteruthius intermedius* 分布于海拔1500 m以下的低山常绿阔叶林外，其他种类仅见于海拔1000～3000 m的高山林地，但在冬季也会迁徙至海拔1000 m以下。分布于美洲的种类则会进行距离不等的季节间迁徙。

繁殖 仅北美洲类群的繁殖行为有相对详实的记录，其中针对红眼莺雀 *Vireo olivaceus* 的研究最

为透彻。但一般来说，莺雀类多营吊杯状巢，悬挂于林中距地面1～5 m的侧枝枝杈处，但有些种类例外，如红翅鵙鹛的巢高多在10 m以上。巢多数由雌鸟建造完成，窝卵数2～5枚，大多数种类窝卵数较小。以红眼莺雀为例，孵化期为13～15天，主要由雌鸟负责，育雏期为10～14天，双亲共同负责。在美洲，莺雀类常成为牛鹂属 *Molothrus* 鸟类巢寄生的宿主，这甚至成为影响莺雀科鸟类繁殖成效的最主要因素之一。

种群现状和保护 根据《世界自然保护联盟濒危物种红色名录》(*IUCN Red List of Threatened Species*)，由于工商业开发、城市化和农业发展等造成的栖息地丧失等原因，加上本身分布狭窄的限制，已有3种莺雀类处于受胁状态。其中乔科莺雀 *Vireo masteri* 为濒危（EN），黑顶莺雀 *Vireo atricapilla*、圣岛莺雀 *V. caribaeus* 为易危（VU）。此外，还有4种为近危（NT），其他种类虽均为无危(LC)，但不少种类存在着种群数量下降的情况。

中国的6种莺雀科鸟类虽然都是无危物种，但多数种类在中国只分布于边缘地区，野外不常见，且存在分布区域狭窄和调查研究缺乏的情况。

白腹凤鹛 *Erpornis zantholeuca*

棕腹鵙鹛 *Pteruthius rufiventer*

红翅鵙鹛 *Pteruthius aeralatus*

淡绿鵙鹛 *Pteruthius xanthochlorus*

栗喉鵙鹛 *Pteruthius melanotis*

栗额鵙鹛 *Pteruthius intermedius*

白腹凤鹛

拉丁名：*Erpornis zantholeuca*
英文名：White-bellied Erpornis

雀形目莺雀科

形态 体长 11～12.6 cm，体重 10～13 g。前额、头顶冠羽、后颈、背至尾上覆羽及肩羽、翅和尾羽表面均为淡黄绿色，前额和头顶羽轴中央略暗；小翼羽和初级覆羽沾灰褐色；飞羽内翈黑褐色；眼先、颊部和耳羽浅灰褐色；下体近白色，胸侧和胁部灰白色，尾下覆羽鲜黄色，腋羽和翅下覆羽淡黄白色。虹膜褐色；上嘴浅褐色，下嘴浅灰白色；跗跖和趾浅灰白色，爪角黄色。

全世界共有 8 个亚种，中国记录有 3 个亚种。华南亚种 *E. z. griseiloris* 上体黄绿色，黄色较隐而绿色较暗，下体污灰色；指名亚种 *E. z. zantholeuca* 和海南亚种 *E. z. tyrannula* 上体呈淡黄绿色，黄色较明显鲜亮，下体灰白色；指名亚种翅较长，华南亚种翅较短。

分布 在中国，指名亚种分布于西藏东南部及云南西部，华南亚种分布于云南南部和东南部、贵州、江西、浙江、广西、广东、福建和台湾，海南亚种分布于云南东南部和海南岛。国外分布于印度东北部、孟加拉国至中南半岛北部。

栖息地 栖息于热带和南亚热带山地常绿阔叶林、次生林以及稀树灌丛中。

习性 单只或结小群活动，有时也与其他小鸟混群活动。常在乔木的树冠和灌丛顶端的树枝间穿梭跳跃，或在叶簇间觅食，活泼好动。

食性 主要捕食种昆虫和蜘蛛，也取食少量的植物性食物。

种群现状和保护 在南亚地区分布范围较广，在中国分布区域为常见物种，多个自然保护区内有分布。IUCN 和《中国脊椎动物红色名录》均评估为无危（LC）。

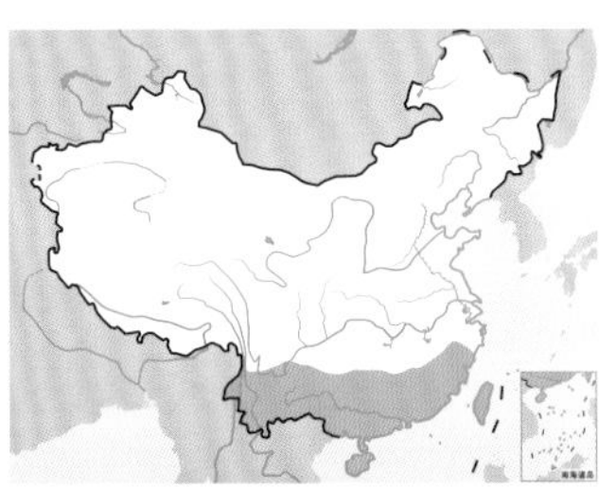

白腹凤鹛。左上图刘璐摄，下图沈越摄

棕腹鵙鹛

拉丁名：*Pteruthius rufiventer*
英文名：Black-headed Shrike Babbler

雀形目莺雀科

体长 18～20 cm，体重 32～46 g。雄鸟头和后颈黑色；背部和尾上覆羽暗栗红色；翅和尾羽黑色具栗红色端斑；喉至胸浅灰色，胸部两侧渲染黄色；腹部浅红褐色。雌鸟头顶前部具黑色鳞状斑，后部黑色；背部、翅表、中央尾羽和外侧尾羽外缘翠绿色，余部与雄鸟相似。虹膜灰色或蓝灰色；上嘴黑色，下嘴蓝灰色；跗跖和趾红褐色，爪角褐色。东喜马拉雅山地特有种，分布区在中国仅分布于西藏东南部、云南西部和中部地区。栖息于山地湿性常绿阔叶林。国外沿喜马拉雅山脉从尼泊尔向东至不丹、印度阿萨姆、缅甸西部和北部，以及越南北部。IUCN 评估为无危（LC），《中国脊椎动物红色名录》评估为数据缺乏（DD）。被列为中国三有保护鸟类。

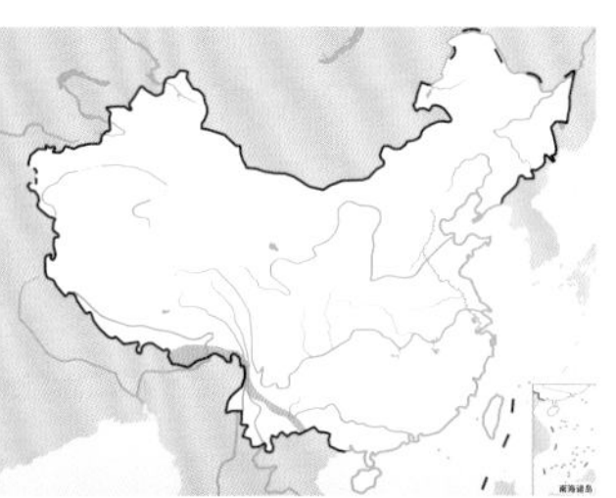

棕腹鵙鹛。左上图为雌鸟，董磊摄；下图为雄鸟，刘五旺摄

红翅鵙鹛

拉丁名：*Pteruthius aeralatus*
英文名：Blyth's Shrike Babbler

雀形目莺雀科

形态 体长 15～18 cm，体重 30～45 g。雄鸟头黑色，具白色眉纹；背和尾上覆羽蓝灰色；翅和尾羽黑色，初级飞羽内翈端部具白斑，三级飞羽栗红色渲染黄色，羽端具黑斑；下体浅灰白色。雌鸟头灰色；背灰橄榄褐色；飞羽和尾羽表面黄绿色，三级飞羽内翈端部栗红色，外侧飞羽端部具白斑，外侧尾羽端斑淡黄绿色；喉淡灰色，胸腹浅皮黄色。虹膜颜色多变，呈绿色、浅灰白色、淡蓝灰色或琥珀色；上嘴黑色，下嘴铅灰蓝色；跗跖、趾、爪淡黄褐色。

分布 在中国分布于西藏东南部、云南大部、四川、重庆、贵州西南部、湖南、江西、浙江、福建、广东和海南岛。国外分布于巴基斯坦西北部向东至尼泊尔、不丹、印度东北部、中南半岛和印度尼西亚群岛，最南至苏门达腊岛和爪哇岛。

栖息地 栖息于热带和亚热带山地常绿阔叶林、针阔混交林和云南松林。

习性 繁殖季节多单只或成对活动，秋冬季节常数只结小群或与其他鸟类混群活动。在树上或灌木丛中活动觅食。繁殖季节常在树枝隐匿处发出快速响亮的“叽、点、点、点”的鸣唱声，经常是只闻其声，不见其鸟。

食性 食物主要为甲虫、蝽类、蛾类及幼虫。

繁殖 繁殖期 2～6 月。巢呈篮状或杯状，悬挂在树枝上，离地面 4～13 m。每窝产卵 2～5 枚。卵壳白色至淡粉红色，钝端具暗紫色点斑。卵大小为 21.8 mm × 16.3 mm。

种群现状和保护 东洋界广布种，野外比较常见，遇见率很高。IUCN 和《中国脊椎动物红色名录》均评估为无危（LC）。

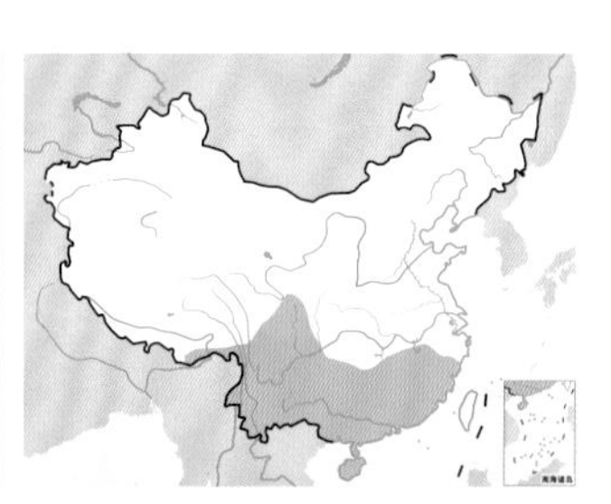

红翅鵙鹛。左上图为雄鸟，下图为雌鸟，林剑声摄

淡绿鵙鹛

拉丁名：*Pteruthius xanthochlorus*
英文名：Green Shrike Babbler

雀形目莺雀科

体长 11～12.5 cm，体重 13～15 g，较红翅鵙鹛明显要小。雄鸟头顶和头侧乌灰色，眼圈白色；背和肩羽及尾上覆羽橄榄绿色；翅和尾羽黑褐色，外缘浅蓝色，端缘近白色；喉、胸灰白色，胁淡绿黄色，腹部中央和尾下覆羽浅皮黄白色。雌雄相似，但雌鸟的头顶褐灰色，翅上覆羽和飞羽及尾羽外缘橄榄绿色。在中国分布于西藏南部至东南部、云南西部、四川、甘肃东南部，至陕西秦岭地区和重庆北部一带，并于贵州西南部、湖南西部、广东北部和武夷山北部有零星分布湖南和安徽。国外沿喜马拉雅山地分布，从巴基斯坦东北部、南亚次大陆北部至缅甸西部和北部。栖息于亚热带阔叶林和针阔混交林。IUCN 评估为无危（LC），《中国脊椎动物红色名录》评估为近危（NT）。

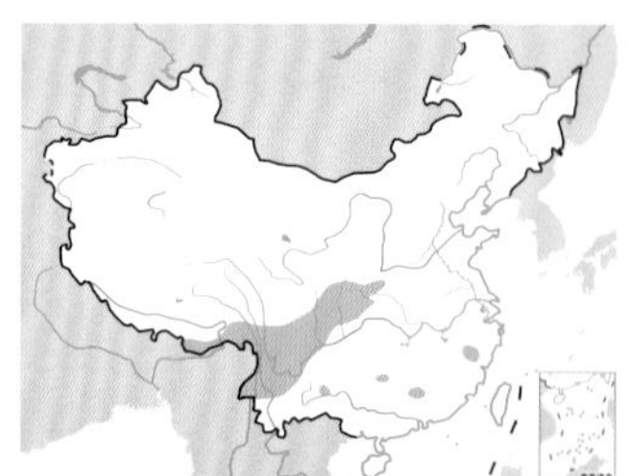

淡绿鵙鹛。张蓉摄

栗喉鵙鹛

拉丁名：*Pteruthius melanotis*
英文名：Black-eared Shrike Babbler

雀形目莺雀科

体长 10.3～11.5 cm，体重 10～12 g。雄鸟额基黄色，前额、头顶至后枕橄榄黄绿色；眉纹白色杂浅蓝灰色，枕侧较宽阔；眼圈白色，眼先和眼周及颊部黑色；耳羽亮黄色具黑色羽端，呈一弯月状黑斑；后颈蓝灰色，背至尾上覆羽和肩羽橄榄黄绿色；翅黑色，大覆羽、中覆羽具白色羽端，形成明显的两道白色翅斑，

飞羽外缘浅蓝灰色，羽端狭缘白色；颏、喉至上胸深栗红色，胸侧和腹部及尾下覆羽亮黄色；腋羽和翅下覆羽白色；中央尾羽表面橄榄绿色，羽端近黑色，最外侧一对尾羽纯白色，其余尾羽黑色而具白色端斑。雌鸟与雄鸟相似，但喉部的栗红色较淡，翅斑呈棕皮黄色。虹膜亮红褐色；嘴暗灰黑色；跗跖和趾黄褐色。在中国分布于西藏东南部、云南西部和南部、广西西部。国外分布于喜马拉雅山地，从尼泊尔向东至不丹、印度东北部及中南半岛，栖息于热带和南亚热带山地常绿阔叶林。IUCN 评估为无危(LC)，《中国脊椎动物红色名录》评估为数据缺乏（DD）。

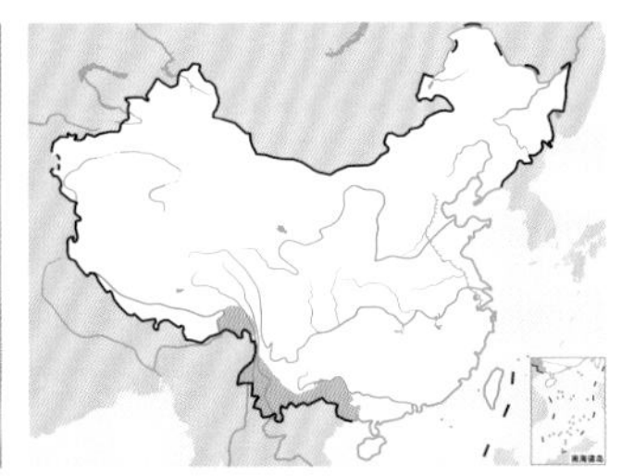

栗喉䴗鹛。左上图为雌鸟，刘璐摄；下图为雄鸟，韦铭摄

栗额䴗鹛

拉丁名：*Pteruthius intermedius*
英文名：Clicking Shrike Babbler

雀形目莺雀科

形态 体长 10.4～11.2 cm，体重 10～14 g。雄鸟前额深栗红色，上缘具亮黄色横带，头顶至后颈和背部、肩羽及尾上覆羽橄榄黄绿色；眼后上方具白色染淡蓝灰色的粗著眉纹，伸达枕侧；眼圈白色，眼先和眼下缘黑色；耳羽绿黄色，下缘和颊及颈侧鲜亮黄色；翅黑色，具 2 道显著的白色翅斑；颏、喉至上胸中央栗红色，上胸两侧和下胸及腹部中央鲜亮黄色，两胁灰白色沾淡黄色，腋羽和翅下覆羽白色，尾下覆羽鲜黄色；中央尾羽表面和外侧尾羽外缘黄绿色，最外侧一对尾羽大部分白色，外翈近端部具黑斑，其余尾羽黑色，内翈近端具白斑。雌鸟与雄鸟相似，但前额栗红色块斑上缘无黄色，颏、喉部的栗红色较浅淡，翅斑和初级飞羽外缘棕黄褐色，胸和腹部淡黄绿色沾浅灰色。虹膜褐色；嘴铅灰色；跗跖和趾黄褐色。

分布 在中国分布于云南西部和西南部、广西瑶山和海南岛。国外分布于印度东北部至中南半岛和印度尼西亚爪哇岛。

栖息地 栖息于热带和南亚热带湿性常绿阔叶林中。

习性 常见单个或成对在树冠枝叶丛中活动觅食，有时与其他小鸟混群活动。

食性 食物主要为昆虫。

繁殖 繁殖期 1～4 月。巢呈篮状悬挂于树枝上。每窝产卵 2 枚。卵壳浅灰色，具淡紫色和灰色斑纹。卵大小 18.5 mm × 13.3 mm。

种群现状和保护 野外遇见率较低。IUCN 评估为无危(LC)，《中国脊椎动物红色名录》评估为数据缺乏（DD）。

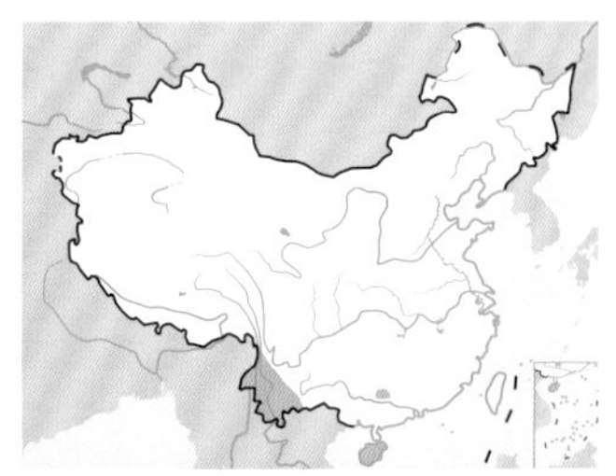

棕腹䴗鹛。左上图Lonelyshrimp摄（维基共享资源/CC BY 2.0）；下图董文晓摄

山椒鸟类

- 山椒鸟类指雀形目山椒鸟科的鸟类，全世界共6属92种，中国有3属11种
- 山椒鸟类为中小型鸣禽，具有宽阔的喙、中等长度的尾和厚厚隆起的臀羽；一些种类颜色鲜艳
- 山椒鸟类栖息于森林、林地、稀树草原、灌木丛和红树林中，主要以昆虫为食
- 山椒鸟类多为单配制，在树冠层建造小的碟形或杯状巢，巢外常有苔藓伪装

类群综述

山椒鸟类指雀形目山椒鸟科（Campephagidae）的鸟类，分布仅限于旧世界，主要分布在热带地区，从撒哈拉以南非洲地区、马达加斯加岛、亚洲南部和东部，到新几内亚、澳大利亚和西南太平洋的岛屿。其中灰山椒鸟 *Pericrocotus divaricatus* 的分布向北至俄罗斯东南部和日本北部。全科大约有6属92种，可分为2个不同的亚科，山椒鸟亚科（Pericrocotinae）仅山椒鸟属 *Pericrocotus* 1属15种，鹃鵙亚科（Campephaginae）包括其余各属。中国分布有3属11种，其中鸦鹃鵙属 *Coracina* 1种，鸣鹃鵙属 *Lalage* 2种，山椒鸟属8种。

本科中物种最多的属为鸦鹃鵙属 *Coracina*，在印度－澳大利亚群岛的物种起源于亚洲南部和东南部，更新世热带巽他盆地和澳大利亚大陆是重要的物种形成中心。山椒鸟以亚洲南部和东部为分布中心，因此亚洲南部大陆被认为是其起源地。

虽然山椒鸟科的英文名“Cuckooshrikes”意为“鹃鵙”，由杜鹃（Cuckoo）和伯劳（Shrikes）两个单词组合而成，但从系统演化而言，它们与杜鹃或伯劳的关系并不大。这个名字可能来自许多鹃鵙颜色为灰色，一些物种与杜鹃外表相似，并且具有类似的起伏飞行姿态。本科还有些物种的英文名为“灰鸟”（Greybirds）或“毛虫鸟”（Caterpillar-bird），分别与其颜色及食性相关。近期的DNA研究表明它们可能与旧大陆的黄鹂科（Oriolidae）有关，尽管它们在某些形态特征（如头骨形态和翅膀上的羽毛排列）方面存在很大差异。

左：山椒鸟类体形细长，一些种类羽色十分艳丽。图为站在枝头的灰喉山椒鸟。韦铭摄

形态 总体上，山椒鸟类是中小型树栖鸟类，通常长而纤细。翼相当长而尖，有10枚初级飞羽；尾中等长且圆或凸出，具12枚尾羽，细嘴地鹃鵙 *Coracina maxima* 有比较特殊的深叉尾；喙通常短，基部宽，尖端具钩，有明显缺刻，沿着嘴峰弯曲；跗跖较短，前部呈弧形，后部平滑，脚部特征粗糙，通常较小且较弱，适应树栖，但细嘴地鹃鵙例外，它有长而坚固的腿和长脚趾，适应地面活动。本科中最小的种类是小山椒鸟 *Pericrocotus cinnamomeus*，体长约16 cm，重6～12 g；最大是美岛鹃鵙 *Coracina caledonica*，体长约35 cm，重180 g。体色主要是灰色、白色和黑色，但山椒鸟属有鲜艳的红色、黄色和黑色，而非洲中部的蓝鹃鵙 *Cyanograucalus azureus* 是有光泽的蓝色。山椒鸟属雌雄羽色差异明显，而鹃鵙亚科多数种类缺乏性二态，但雄性通常稍大于雌性，仅鹃鵙属 *Campephaga* 中的4种具有性二态，雄性具有光泽的黑色羽毛和鲜红色或黄色的肉垂，雌性具有更柔和的橄榄绿羽毛。澳大利亚和东南亚新几内亚的白翅鸣鹃鵙 *Lalage tricolor*，是唯一一种雄性每年都有2种不同羽色的山椒鸟科鸟类，它黑白分明的繁殖羽在繁殖后换羽，被所谓的“蚀羽”所取代，除了飞羽和尾羽仍为黑色，其他羽色类似于雌性棕色羽毛。灰山椒鸟每年通常有2次完全换羽。

羽毛密实而柔软。下背部和臀部上厚厚的羽轴通常硬化并增大，部分竖立如棘状。这些羽毛可在炫耀或防御时在后面膨胀，很容易脱落，可能有防御作用。此外，常有隐藏于身体和背部两侧的粉末状绒羽，而用于理羽的尾脂腺大大减少。

栖息地 山椒鸟类主要栖息于各种森林类型，包括热带或亚热带雨林、沼泽森林、苔藓森林、藤蔓森林、竹林、季风林等。一些物种，如山鹃鵙 *Coracina analis*，黑冠鹃鵙 *C. longicauda* 和橙鹃鵙

Campochaera sloetii 仅限于原始森林。但大多数物种一定程度上也能够利用次生林、林缘和林间空地、择伐森林和其他退化的森林栖息地。许多物种主要活动于高大树木的上层或树冠中。在迁徙过程中或非繁殖地区栖息地更多样，可利用退化或人工栽培的栖息地，有时也在人类居住地附近。绝大多数物种分布于中低海拔地区。

山椒鸟属的几个物种通常是山地物种。灰喉山椒鸟 *Pericrocotus solaris* 分布于海拔 600 ~ 3050 m，长尾山椒鸟 *P. ethologus* 在 900 ~ 3650 m，偶尔到 3965 m；短嘴山椒鸟 *P. brevirostris* 和巽他山椒鸟 *P. miniatus* 达到约 2700 m。灰喉山椒鸟和长尾山椒鸟沿海拔迁徙，冬季长尾山椒鸟下降到海拔 245 m。巽他山椒鸟不迁徙，专性栖息于山地。

习性 鹃鵙通常是单独活动、成对或以小家庭群体活动，而山椒鸟经常形成小群。不同物种鸣叫存在相当大的变化，有些种类很少叫，而有些特别会叫（主要是山椒鸟），并且由于颜色鲜艳、好动、成群活动，在树枝间飞行时容易被发现。但不是所有的山椒鸟都如此，粉红山椒鸟 *Pericrocotus roseus* 就相对慵懒，常只站立于树顶，而短嘴山椒鸟常成对活动，而白腹山椒鸟 *Pericrocotus erythropygius* 则较少在树上活动，只形成小群。繁殖期外，许多物种会形成取食群，最多能形成 50 ~ 100 只的群体，如巽他鹃鵙。许多其他的种类还会形成混合取食群。

食性 主要是食虫性鸟类，取食大的毛虫。还吃小型脊椎动物，以及一些水果、种子和其他植物。本科中许多种类的食性及偏好没有很好地记录。有 21 种的食物信息缺乏。这可能与许多物种不引人注目，并且在树冠层取食、观察困难有关。鸦鹃鵙属的多数种类以节肢动物为主。该属的成员经常捕食大型昆虫，包括螳螂、蚱蜢、蜻蜓、大甲虫、蝽，蟑螂和竹节虫，捕食的其他昆虫包括蚂蚁、黄蜂、白蚁和苍蝇，也捕食其他无脊椎动物如蜘蛛、蚯蚓和蜗牛。至少有 20 个鸦鹃鵙属物种吃水果，主要是无花果，但也包括诸如马缨丹、油橄榄等植物的浆果。也取食种子，包括金合欢、决明子等。山椒鸟也主要是食虫性的，但与其他属鸟类相比，其猎物体形要小一些。

繁殖 山椒鸟科许多物种的繁殖行为从未被研究过，缺乏相关信息。在已研究的物种中，所有物种都有领域性，不迁徙的物种领域全年保持不变。鹃鵙是单配制，配对维持一整年。澳大利亚的白肩鸣鹃鵙 *Lalage sueurii* 是一雄多雌，1 只雄鸟可帮助 2 只雌鸟育雏，是仅有的非单配制记录。几种鹃鵙表现出合作繁殖，细嘴地鹃鵙中的研究较为详细。许多物种是在降雨期间或之后繁殖；在温带地区或在夏季繁殖。但在降雨量高的地区，一些物种往往避开最潮湿的月份，甚至可能在旱季繁殖。一些山椒鸟拥有惊艳的求偶飞行和展示，飙升，然后伸展双翼向下螺旋并停留于树顶。一只雌性赤红山椒鸟 *Pericrocotus flammeus* 曾被观察到被雄鸟追赶高飞到空中，雄鸟用喙抓住它的尾尖，然后一起螺旋向下，雄鸟放开雌鸟，停于树顶；然后重复该过程。在另一个观察中，一只雄性灰喉山椒鸟 *Pericrocotus solaris* 用喙叼着一朵白花，靠近雌鸟，左右摇头摆动花朵进行求偶炫耀。

虽然多数的山椒鸟类是单独筑巢，但白翅鹃鵙常形成巢群，可以达到一棵树 7 巢，或一丛树 15 对。雌雄双方都可能寻找合适的巢址，单独或共同寻找。在许多物种中，雌雄共同筑巢，但在某些情况下，特别是对于橙鹃鵙属和山椒鸟属中的物种，通常雌鸟筑巢，而雄鸟陪伴但不参与筑巢。它们建造非常小而不显眼的碟形或杯状巢，有时只够卵的大小，但作为科中体形最小的成员，山椒鸟属倾向于制造相对庞大的巢。使用的材料包括细枝、根、树皮、草、地衣、苔藓、藤蔓卷须、植物绒毛、羊毛和马毛等。多数物种使用蜘蛛丝将巢固定于树枝上，有些似乎使用唾液黏合侧面和边缘的材料。许多物种通过在外面添加地衣、苔藓或树皮来伪装巢穴。卵通常是椭圆形到细长椭圆形，但有时很圆且光滑，有光泽。卵底色多变，从白色到橄榄色、淡绿色、淡蓝绿色或浅蓝灰色。窝卵数 1 ~ 5 枚，通常 2 枚或 3 枚。山椒鸟属的窝卵数最大，通常有 3 ~ 4 枚，而灰山椒鸟有时会产 5 枚卵。比之下，鸦鹃鵙属和鸣鹃鵙属中的几个物种通常只产 1 枚卵。有些物种仅由雌性孵卵，其他物种双亲共同承担。孵化期较长，从白翅鸣鹃鵙 *Ceblepyris tricolor* 的 14 天到鸦鹃鵙属的 21 ~ 27 天。在多数情况下，孵卵的雌鸟由雄鸟喂养，雄鸟也保护巢附近的区域。雏鸟晚成性，通常双亲共同育雏，并清理或吞下排泄物，少数物种只有雌鸟育雏。出飞时间一般为 20 ~ 30 天。有个别物种

山椒鸟类的巢非常小且不显眼，巢穴外壁常有地衣、苔藓或树皮等材料伪装，使其乍一看与树干无异。图为坐巢孵卵的灰喉山椒鸟雌鸟。唐文明摄

雏鸟初飞后仍留在父母身边，喂养可长至2～3个月。多数种类一季只产1巢，少数有2巢记录，甚至3巢。澳大利亚的种群有被巢寄生的记录。

与人类的关系 虽然山椒鸟科的一些成员，尤其是山椒鸟属颜色鲜艳，还有许多其他物种善于鸣叫，但它们显然在人类文化中缺少存在感。因为它们主要栖息于森林，通常在树梢上觅食，并不显眼，所以大多数种类都不经常与人类接触而容易被忽视。也没有被笼养和作为食物的传统，除了19世纪的印度记载当地的土著会捕食大鹃鵙。观鸟活动兴起之后，山椒鸟等具有鲜艳颜色的物种成为观鸟人士喜闻乐见的物种，尤其是在亚洲南部和东南部地区。

种群现状和保护 作为热带森林物种，山椒鸟类许多种类对生境要求非常高，因此常面临栖息地丧失的威胁，此外许多岛屿物种面临外来物种入侵等威胁。留岛鸣鵙 *Lalage newtoni* 被IUCN列为该科中唯一的极危（CR）物种，其极小种群分布于非常有限的岛屿，岛上森林面积的减少是其主要受胁因素，它们似乎无法适应新的栖息地，并且繁殖成功率或生存率低，加上种群破碎化，可能导致种群难以恢复。分布于加罗林群岛波纳佩岛的波纳佩鹃鵙 *Coracina insperata* 和雅浦岛的噪鹃鵙 *Coracina nesiotis* 被IUCN评估为濒危（EN）。另有毛里求斯鹃鵙 *Lalage typica* 等6个岛屿物种被IUCN列为易危（VU）。还有10个物种目前列为近危，其中7种局限于岛屿，其中的6种包括一种山椒鸟，分布于森林退化非常严重的印度尼西亚和菲律宾。

虽然近年来没有物种灭绝，但有3个亚种已经消失。长尾鹃鵙指名亚种 *Lalage leucopyga leucopyga* 仅限于澳大利亚东部的诺福克岛，在1941年之前很常见，占据了所有树木繁茂的栖息地。然而令人惊讶的是，仅过了一年，也就是1942年以后它就再没有出现过，而且被认为已经灭绝。这种突然并彻底的消失显然与岛上20世纪40年代中期黑鼠的到来完全吻合，鼠的捕食可能是它灭绝的主要原因。另一方面，它的灭绝也与岛中心机场的建设同时发生，机场建设清理了大面积的残余原始森林可能是导致其灭绝的另一原因。另有2个菲律宾宿务岛上的特有亚种——斑腹鹃鵙宿务亚种 *Coracina striata cebuensis* 和菲律宾黑鹃鵙宿务亚种 *Coracina coerulescens altera* 因岛上大面积森林被砍伐而灭绝，

中国分布的山椒鸟类均被IUCN评估为无危（LC），除新记录种外，均被列为中国三有保护鸟类。

大鹃鵙
Coracina macei

暗灰鹃鵙
Lalage melaschistos

斑鹃鵙
Lalage nigra

粉红山椒鸟
Pericrocotus roseus

小灰山椒鸟
Pericrocotus cantonensis

♂
♀
灰山椒鸟
Pericrocotus divaricatus
琉球山椒鸟
Pericrocotus tegimae
♂
♀
灰喉山椒鸟
Pericrocotus solaris
♂
♀
长尾山椒鸟
Pericrocotus ethologus
♂
♀
短嘴山椒鸟
Pericrocotus brevirostris
♂
♀
赤红山椒鸟
Pericrocotus flammeus

大鹃鵙

拉丁名：*Coracina macei*
英文名：Large Cuckoo-shrike

雀形目山椒鸟科

体长 29.0～32.5 cm，体重 100～115 g。雄鸟体羽主要为灰色和黑色，眼先、前额、脸和喉黑色；飞羽黑色具白色羽缘；中央尾羽灰褐色，外侧尾羽黑色具白端；其余体羽灰色，下体较上体颜色浅淡，腹部和尾下覆羽转白。雌鸟羽色较雄鸟羽色浅淡。在中国分布于云南、贵州、广西、江西和东南沿海，包括台湾和海南。国外分布于印度东北部至中南半岛，栖息于次生阔叶林、针阔混交林、松林及其林缘地带。IUCN 和《中国脊椎动物红色名录》均评估为无危（LC）。被列为中国三有保护鸟类。

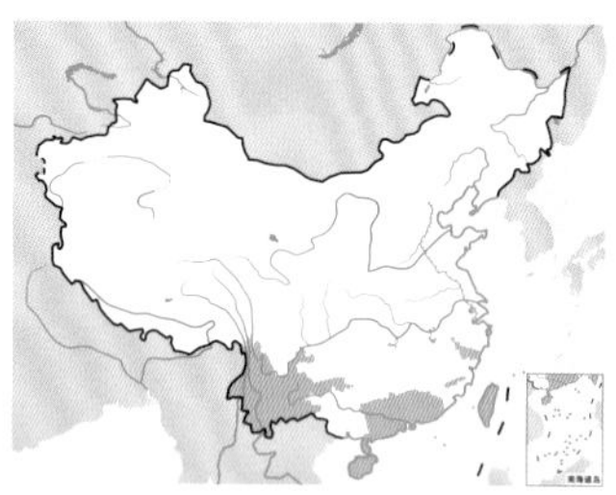

大鹃鵙。左上图董文晓摄，下图叶子青青摄

暗灰鹃鵙

拉丁名：*Lalage melaschistos*
英文名：Black-winged Cuckoo-shrike

雀形目山椒鸟科

形态 体长约 23 cm。雄鸟眼先和眼周灰黑色；整个上体暗石板灰色，略具金属光泽，腰和尾上覆羽略浅淡；飞羽亮黑色，具光泽，外翈和羽端略具白缘；尾羽辉黑，具白色端斑，向外侧渐宽阔；下体石板灰色，腹部浅淡；尾下覆羽灰色，后部转为浅灰或白色；翅下覆羽石板灰色。雌鸟与雄鸟相似，但羽色较淡；飞羽和尾羽褐黑色；下体浅石板灰色，大都渲染茶黄色，或多或少具隐约可见的暗色和污白色横斑；尾下覆羽白色或污白色，具黑色波状细斑。虹膜棕红至棕色；嘴黑色；脚黑褐色。

分布 在中国分布于华北、华东、华中、华南和西南地区，在中国中部和北部为夏候鸟，台湾地区为迷鸟，迁徙经云南，在云南南部和海南岛为地方性留鸟。国外从巴基斯坦沿喜马拉雅山脉向东扩展，至印度北部、孟加拉国、缅甸北部、越南北部和中部。

栖息地 栖息于海拔 100～2300 m 的阔叶林、针阔混交林、松林、竹林和村寨附近树林。

习性 单只或结小群活动，极少鸣叫。捕食各种昆虫、蜘蛛、虫卵，也吃少量的花、果和种子。喜在林缘或林间空地高大乔木上停息活动。

繁殖 繁殖期 5～7 月。营巢于高大乔木树冠的水平树枝上，以松针、干草和植物须根编成浅杯状巢。每窝产卵 2～4 枚。卵椭圆形，绿色或淡蓝色，具灰色和暗褐色条纹和斑点。雌鸟和雄鸟交替孵卵。

种群现状和保护 在野外较为常见，IUCN 和《中国脊椎动物红色名录》均评估为无危（LC）。被列为中国三有保护鸟类。

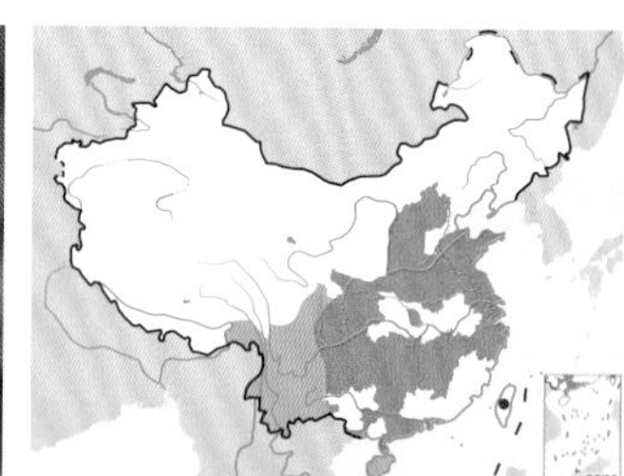

暗灰鹃鵙。左上图林剑声摄，下图杜卿摄

斑鹃鵙

拉丁名：*Lalage nigra*
英文名：Pied Thriller

雀形目山椒鸟科

体长 13.5～18 cm。体色黑白为主，特征鲜明。雄鸟具有黑色头顶，白色的宽阔眉纹和黑色的过眼纹对比明显，背部和尾部亦黑色；翅膀以黑色为主，中覆羽和大覆羽白色，次级飞羽具有白色外缘，内侧飞羽有白色端部，在翅上形成大块白色翅斑；胸部白色沾灰色，腹部以白色为主。雌鸟背部颜色偏灰，胸、腹部棕色，具有黑色横斑。在中国仅台湾南部有迷鸟记录。国外广泛分布于马来半岛、大巽他群岛及菲律宾，主要栖息于海拔 1000m 以下的次生或者人工植被。IUCN 评估为无危（LC）。

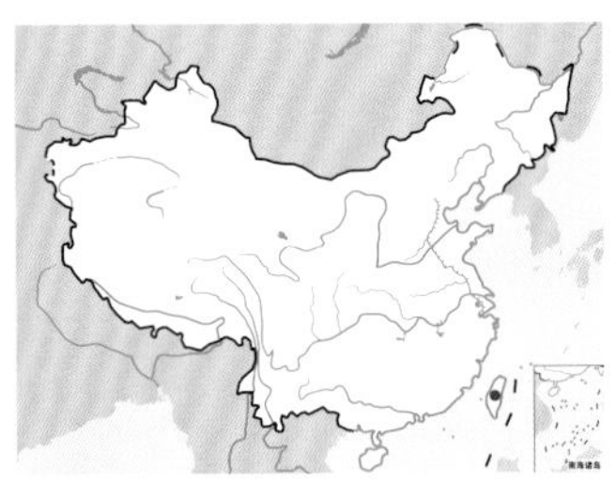

斑鹃鵙。左上图为雌鸟，Lip Kee摄；下图为雄鸟，Ltshears摄

粉红山椒鸟

拉丁名：*Pericrocotus roseus*
英文名：Rosy Minivet

雀形目山椒鸟科

形态 体长 17～20 cm，体重 15～24 g。雄鸟前额白色，头顶至背灰色或灰褐色，腰和尾上覆羽粉红色；两翅灰褐色或黑褐色，具红色翼斑；颏、喉白色或淡粉白色，胸、腹粉红色；中央尾羽黑色，外侧尾羽红色。雌鸟上体灰色较雄鸟稍淡，腰和尾上覆羽橄榄黄色；翅斑黄色；外侧尾羽黄色；颏和喉白色或者黄白色，其余下体浅黄色，两胁稍深，翼下覆羽鲜黄色，其余同雄鸟。虹膜褐色；嘴和脚均黑色。

分布 在国内分布于山东、云南、四川西南部、贵州、江西、浙江、广东、香港和广西南部。国外分布于阿富汗、巴基斯坦、印度等地区。

栖息地 栖息于海拔 2000 m 以下的山地次生阔叶林、混交林和针叶林中。

习性 常成群活动，有时集成数十只的大群。躲在高大乔木上层活动，飞行呈波浪式前进，常边飞边鸣。

食性 主要以昆虫为食，偶尔也吃植物的花蕊与种子。

繁殖 繁殖期 4～7 月，部分个体 1 年繁殖 2 窝。通常在 4 月中下旬开始营巢，巢多置于乔木树侧枝或树杈上。巢材为细草茎、草根、松针以及其他柔软材料，巢外壁还常常覆有地衣和苔藓。每窝产卵 3～4 枚，卵白色或乳白色，微沾皮黄色，被有褐色斑点。卵大小为（17～21）mm ×（14～15）mm。

种群现状和保护 分布较广泛，种群数量稳定。IUCN 和《中国脊椎动物红色名录》均评估为无危（LC）。被列为中国三有保护鸟类。

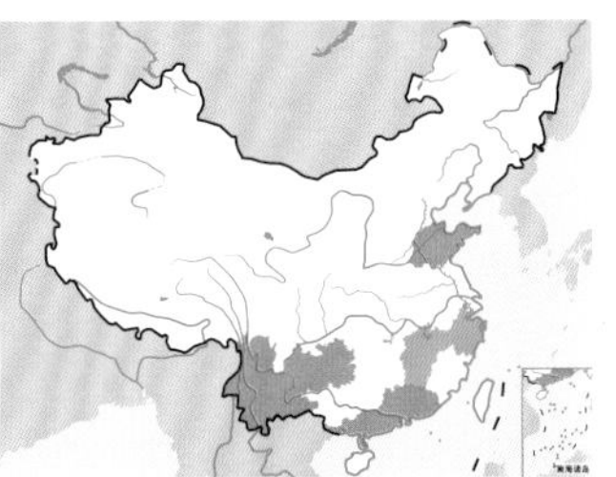

粉红山椒鸟。左上图为雌鸟，下图为雄鸟。韦铭摄

小灰山椒鸟

拉丁名：*Pericrocotus cantonensis*
英文名：Swibhoe's Minivet

雀形目山椒鸟科

体长约 19 cm。上体灰黑色，额基和头顶前部白色，腰和尾上覆羽沙褐色；中央尾羽黑褐色，其余尾羽白色；翅上亦具有白色或黄白色翼斑；下体白色。在国内分布于长江流域和东南沿海地区，国外分布于泰国等地。栖息于低山丘陵和山脚平原地带的树林中。IUCN 和《中国脊椎动物红色名录》均评估为无危（LC）。被列为中国三有保护鸟类。

小灰山椒鸟。左上图为雄鸟，沈越摄；下图为雌鸟，杜卿摄

灰山椒鸟

拉丁名：*Pericrocotus divaricatus*
英文名：Ashy Minivet

雀形目山椒鸟科

体长约 19 cm。上体灰色或石板灰色，两翅和尾黑色，翅上具斜行白色翼斑，外侧尾羽先端白色；前额、头顶前部、颈侧和下体均为白色，具黑色贯眼纹；雄鸟头顶后部至后颈黑色，雌鸟头顶后部和上体均为灰色。在国内分布于北部地区，迁徙期间也见于南方，国外分布于朝鲜等地。栖息于茂密的原始落叶阔叶林和红松阔叶混交林中。IUCN 和《中国脊椎动物红色名录》均评估为无危（LC）。被列为中国三有保护鸟类。

灰山椒鸟。左上图为雄鸟，刘璐摄；下图为雌鸟，沈越摄

琉球山椒鸟

拉丁名：*Pericrocotus tegimae*
英文名：Ryukyu Minivet

雀形目山椒鸟科

体长约 20 cm。基本特征与灰山椒鸟一致。前胸至两胁灰黑色，额前的白色部分较灰山椒鸟狭窄。在国内为迷鸟，仅见于台湾地区。国外分布于琉球群岛和日本九州南部。栖息于常绿阔叶林和常绿落叶阔叶混交林。IUCN 评估为无危（LC）。

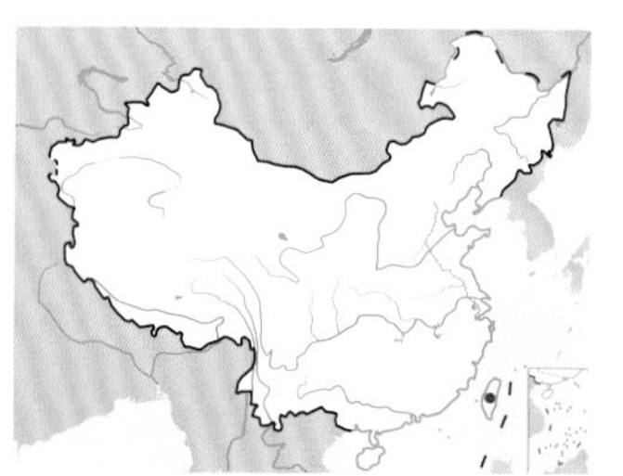

琉球山椒鸟。Michelle、Peter Wong摄

灰喉山椒鸟

拉丁名：*Pericrocotus solaris*
英文名：Grey-chimmed Minivet

雀形目山椒鸟科

形态 体长 17～19 cm，体重 12～20 g。雄鸟上体从前额、头顶至上背、肩黑色或烟黑色，具蓝色光泽，下背、腰和尾上覆羽鲜红或赤红色；尾黑色，从中央向两侧尾羽先端的红色范围逐渐扩大；两翅黑褐色，具赤红色翼斑；眼先黑色，颊、耳羽、头侧以及颈侧灰色或暗灰色；喉灰色、灰白色或沾黄色，其余下体鲜红色，尾下覆羽橙红色。雌鸟自额至背深灰色，下背橄榄绿色，余部与雄鸟相似，但红色被黄色取代。虹膜褐色，嘴和脚黑色。

分布 留鸟，在国内分布于中部和南部地区。国外分布于尼泊尔、印度东北部及东南亚等地。

栖息地 主要栖息于低山丘陵地带的杂木林和山地森林中，尤以低山阔叶林、针阔叶混交林较常见。

习性 常成小群活动，有时与赤红山椒鸟混群。性活泼，飞行姿势优美，常边飞边叫，叫声尖细，其音似“咻咻—咻”或“咻—咻”，声音单调，第一音节缓慢而长，随之为急促的短音或双音。喜欢在疏林和林缘地带的乔木上活动，觅食也多在树上，很少到地上活动。一般不迁徙，但冬季和春季常有垂直迁徙现象

食性 主要以昆虫和昆虫幼虫为食，仅偶尔吃少量植物果实与种子。

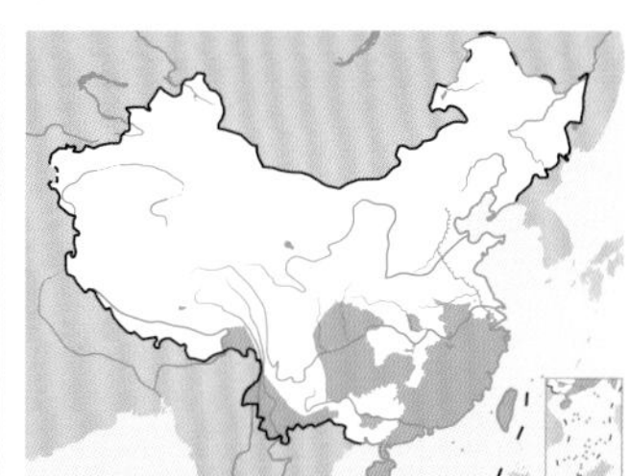

叼着虫子回巢育雏的灰喉山椒鸟雄鸟，画面右侧向上的树枝后伪装得外观与树皮同色球状物的是巢。唐文明摄

繁殖 繁殖期 5～6 月。在喜马拉雅地区，通常在 5～6 月间由低山上到海拔 2000～3000 m 的高山森林中繁殖。通常营巢于常绿阔叶林。巢多置于乔木侧枝上或枝杈间，呈浅杯状，较为精巧细致，主要由苔藓、枯草茎、草叶、松针、纤维等柔软物质构成，巢外壁还装饰有苔藓、地衣。每窝产卵 3～4 枚。卵天蓝色或淡绿色，被有褐色、紫色、淡棕红色、褐灰色或紫灰色斑点或斑纹，尤以钝端较为密集，常形成环带状。卵的大小为（19～20）mm×（15～16）mm。

种群现状和保护 分布范围广，部分地区种群数量较丰富，种群数量趋势稳定。IUCN 和《中国脊椎动物红色名录》均评估为无危（LC）。被列为中国三有保护鸟类。

灰喉山椒鸟。左上图为雄鸟，下图为雌鸟。唐文明摄

长尾山椒鸟

拉丁名：*Pericrocotus ethologus*
英文名：Long-tailed Minivet

雀形目山椒鸟科

体长约20 cm。雄鸟头和上背亮黑色，下背至尾上覆羽以及自胸起的整个下体赤红色；两翅和尾黑色，翅上具红色翼斑，尾具红色端斑。雌鸟前额黄色，头顶至后颈暗褐灰色，颊、耳羽灰色，背灰橄榄绿色或灰黄绿色，腰和尾上覆羽鲜绿黄色；两翅和尾同雄鸟，但其上的红色被黄色替代；颏灰白色或黄白色，其余下体黄色。国内分布于华北、华中到西南的广大地区，国外分布于泰国等地。栖息于各种类型的山地森林中。IUCN和《中国脊椎动物红色名录》均评估为无危（LC）。被列为中国三有保护鸟类。

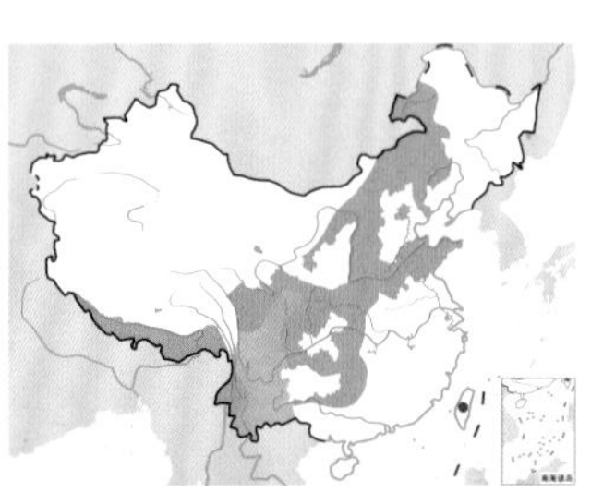

长尾山椒鸟。左上图为雌鸟，向定乾摄；下图为雄鸟，沈越摄

短嘴山椒鸟

拉丁名：*Pericrocotus brevirostris*
英文名：Short-billed Minivet

雀形目山椒鸟科

形态 体长17～20 cm，体重15～25 g。雄鸟从头至背黑色，腰和尾上覆羽赤红色；两翅黑色，具赤红色翼斑；中央尾羽黑色，外侧尾羽基部黑色、端部红色；颏、喉黑色，其余下体赤红色。雌鸟额和头顶前部深黄色，头顶至背污灰色，颊和耳羽黄色，腰和尾上覆羽深橄榄黄色；两翅黑色，具黄色翅斑；中央尾羽黑色，外侧尾羽基部黑色、端部黄色。虹膜褐色；嘴、脚黑色。

分布 国内分布于西南地区和广西中部、广东北部、海南岛。国外分布于孟加拉国、不丹等地区。

栖息地 栖息于海拔1000～2500 m的山地常绿阔叶林、落叶阔叶林、针阔叶混交林和针叶林等各类森林中。夏季栖息在山中上部地区，冬季多下到山中下部、山脚及紧邻的山脚平原疏林地带。

种群现状和保护 IUCN和《中国脊椎动物红色名录》均评估为无危（LC）。被列为中国三有保护鸟类。

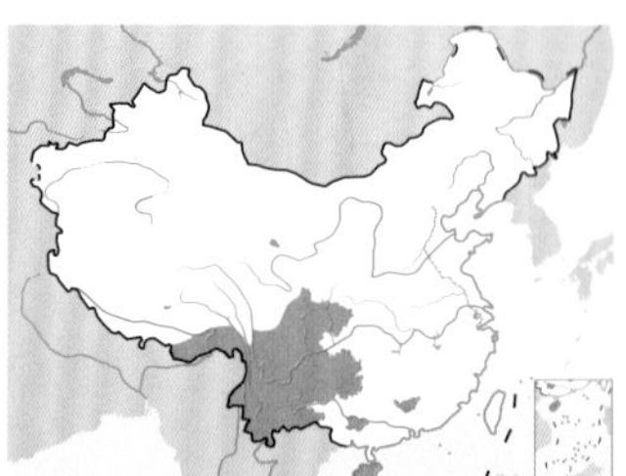

短嘴山椒鸟。左上图为雌鸟，沈越摄；下图为雄鸟，丁文东摄

赤红山椒鸟

拉丁名：*Pericrocotus flammeus*
英文名：Scarlet Minivet

雀形目山椒鸟科

形态 体长17～22.5 cm，体重20～37 g。雄鸟整个头、颈、背、肩和翅辉黑色，翅上具两道互不相连的红色翅斑；腰和尾上覆羽以及下体胸以下朱红色或橙红色；中央尾羽黑色，先端朱红色，其余尾羽朱红色，仅羽基黑色。雌鸟前额、颏、喉、头顶前部和一短窄的眉纹黄色，头顶前部往后至背、肩褐灰色，其余图案似雄鸟但以黄色替代红色。虹膜红褐色或棕色；嘴、脚黑色。

分布 在中国为留鸟，分布于南方地区，包括西藏南部。国外分布于印度、斯里兰卡及东南亚等地区。

栖息地 栖息于海拔2000 m以下的低山丘陵和山脚平原地区的次生阔叶林、热带雨林、季雨林等森林中，也见于针阔叶混交林、针叶林、稀树草坡和地边树丛。

习性 性活泼，常成群在树冠层分散活动，很少停息。除繁殖期成对活动外，其他时候多成群活动，冬季有时集成数十只的大群，有时亦见与灰喉山椒鸟、粉红山椒鸟混群活动。当从一棵向另一棵树转移时，常由一鸟领头先飞，其余个体相继跟随，常边飞边叫，叫声单调尖细。

食性 主要以昆虫为食，偶尔也吃少量植物种子。在树冠层枝叶间或树枝上觅食，也在空中飞翔捕食。

繁殖 繁殖期5～7月。繁殖期通常成对活动，与平时不同。通常营巢于茂密森林中乔木上，距地面高3 m以上，也在小树上营巢。巢呈浅杯状，主要用细草茎、细草根、松针等材料构成，巢外壁还用蛛网黏附一些苔藓和地衣，使巢的颜色和营巢的树干一致，远处看来，好像仅是枝干上附着的苔藓。每窝产卵2～4枚。卵天蓝色或海绿色，被有暗褐色斑点，卵大小为（20～23) mm×(16～17) mm。

种群现状和保护 分布范围广，部分地区种群数量较丰富，种群数量趋势稳定，IUCN和《中国脊椎动物红色名录》均评估为无危（LC)。被列为中国三有保护鸟类。

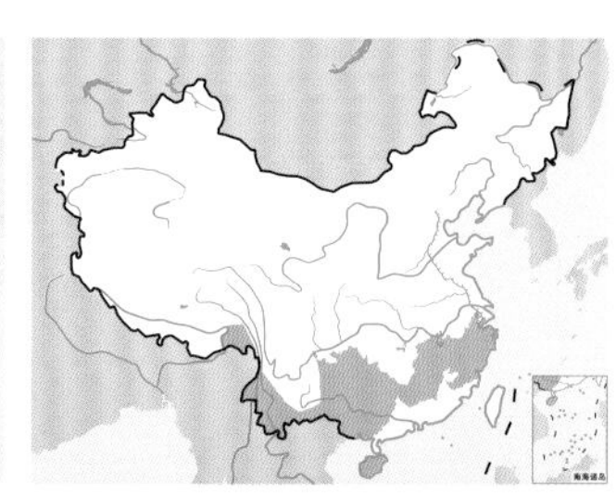

赤红山椒鸟。左上图为雌鸟，李全胜摄；下图为雄鸟，沈越摄

燕鵙类

- 燕鵙类指雀形目燕鵙科鸟类，包括6属24种，分布于澳大利亚、印度-太平洋以及南亚地区，中国仅1属1种
- 燕鵙类体形、形态差异很大，喙通常强壮有力，多数羽色暗淡
- 燕鵙类主要栖息于稀树草原和开阔林地，空中取食昆虫
- 燕鵙类目前尚无物种受胁

类群综述

燕鵙类指雀形目燕鵙科（Artamidae）鸟类，包括6属24个现生物种，可分为3个亚科，即燕鵙亚科（Artaminae），仅燕鵙属 *Artamus* 1属；盾钟鹊亚科（Peltopsinae），仅盾钟鹊属 *Peltops* 1属；钟鹊亚科（Cracticinae），包括噪钟鹊属 *Strepera*，钟鹊属 *Cracticus* 和澳洲喜鹊属 *Gymnorhina*。燕鵙类分布于澳大利亚、印度－太平洋以及南亚地区，灰燕鵙 *Artamus fuscus* 是其中唯一从南亚次大陆向东延伸到中国东南部的种类。

燕鵙科过去被认为是单型科，仅燕鵙属1属，直到20世纪80年代中期，C G Sibley 和 J E Ahlquist 通过DNA-DNA杂交发现，燕鵙属最亲近的亲戚似乎是原钟鹊科（Cracticidae）的噪钟鹊属和钟鹊属，并据此将燕鵙科和钟鹊科鸟类一起作为燕鵙族并入扩展的鸦科中。R Schodde 和 I J Mason 的研究表明，除了遗传相似性之外，燕鵙与钟噪鹊属和钟鹊属还共同拥有许多独特的头骨形态特征。因此，1994年，钟鹊科被并入燕鵙科，不过仍有些学者坚持将两者分为两个科。

形态 燕鵙科鸟类体形、形态差异很大，最小的小燕鵙 *Artamus minor* 体长仅12 cm，最大的灰噪钟鹊 *Strepera versicolour* 体长达50 cm左右。喙通常强壮有力。钟鹊亚科的物种上喙延长形成弯钩，下喙有对应的缺刻，形如隼类的喙。部分种类叫声婉转。多数羽色暗淡，大部分是带有灰色、土棕色、黑色和白色斑块。有些具有粉末状绒羽。少数羽色有性二态，通常雄性比雌性艳丽。

栖息地 燕鵙偏好稀树草原，也分布于开阔的林地至湿润的森林。作为空中食虫动物，燕鵙类需要一个可以俯瞰周围环境的高处，并能在捕食时快速飞出。这也是它们经常在诸如枯树和电线等地方栖息的原因，虽然它们也可能在无树的栖息地上翱翔和捕捉昆虫。

习性 燕鵙的空中技巧可与真正的燕子（Hirundinidae）相媲美，其中少数群体的成员有时会利用热气流飙升并滑翔数分钟。燕鵙在与其他鸟类的互动中表现出两种截然不同的倾向。一方面，他们对捕食者非常具有侵略性，特别是当这些掠食者靠近巢穴时。据报道，金肩鹦鹉 *Psephotellus chrysopterygius* 的幼鸟以及其他的鸟类，经常在黑脸燕鵙 *Artamus cinereus* 附近活动，因为他们会赶跑所有接近的捕食者，如钟鹊或笑翠鸟。另一方面，他们具有很强的社交性，喜欢集群，特别是燕鵙，白天和夜间都聚集在一块休息，这可能是为了保暖和形成伪装。

活动 生活在澳大利亚以外的燕鵙都是留鸟，可能有一些季节性的小范围移动。澳大利亚的所有物种在某种程度上都是游荡或迁徙的。

食性 燕鵙科鸟类均为食虫或部分食虫性。其中燕鵙以昆虫和花蜜为食，钟鹊大多食肉，澳洲喜鹊通常在矮草丛中寻找蠕虫和其他小动物，噪钟鹊则是真正的杂食动物。它们在觅食的垂直空间上也产生分化，虽然物种间有时会重叠，但是大多数的燕鵙利用树林上部的树冠层；钟鹊和噪钟鹊则倾向于利用地面，或从中层高度俯冲捕捉食物。

凭借其强壮的喙和敏捷的空中飞行能力，燕鵙能够捕食各种各样的猎物，从苍蝇到飞蛾、甲虫和蚱蜢。它们通常会在飞行途中吃掉一些小型食物，但通常会用喙或爪携带较大的食物，回到它们偏好的栖木上再吞食。如果食物太大或太硬而不能一次

左：燕鵙类主要分布于澳大利亚、印度-太平洋以及南亚地区，仅灰燕鵙一种扩散至中国。图为捕得大型昆虫，并带到栖木上进食的灰燕鵙。杜卿摄

吞下，燕鵙就会用脚把食物夹在树枝上撕碎。

燕鵙类的刷状舌头还能够利用"蜜流"，即由开花的树木产生的花蜜。这种食物对于在澳大利亚北部热带地区过冬的两种候鸟——黑眼燕鵙 *Artamus personatus* 和白眉燕鵙 *A. superciliosus* 尤其重要。

繁殖 人们对燕鵙科大多数种类的繁殖生物学知之甚少，特别是那些不在澳大利亚繁殖的物种。受纬度和季节性的降水影响，它们的繁殖时间变异很大。澳大利亚的物种一般在南半球的春季和初夏繁殖；而在南亚次大陆，灰燕鵙的繁殖时间随地点而异，取决于雨季时间，有些地区从 3 月到 6 月，另一些地区从 1 月到 7 月。它们成对或以小群繁殖，燕鵙属的 11 个物种中至少 6 个有合作繁殖。在交配之前有求偶炫耀，交配过程短暂。雌雄共同筑造一个由细枝组成的杯状巢，每窝产卵 2～4 枚。卵乳白色，钝端通常带灰色或红棕色的斑点。

种群现状和保护 由于燕鵙类是空中食虫鸟类，不像那些在地面活动的鸟类受到人类的影响大，因此也免于受胁。目前，燕鵙科的 24 个物种没有任何一种被列为受胁物种。在澳大利亚，自 1788 年欧洲人定居以来，也没有一个燕鵙科物种或亚种灭绝。生活在印度尼西亚和太平洋岛屿森林中的物种可能面临栖息地丧失的风险，因为这些岛屿的许多地区毁林严重。

灰燕鵙
Artamus fuscus

灰燕鵙

拉丁名：*Artamus fuscus*
英文名：Ashy Wood Swallow

雀形目燕鵙科

形态 体长16～18 cm，体重39～48 g。雌雄羽色相似。头、颏、喉及背均为灰色，翼黑色，腰白色；尾黑色，具狭窄的白色端斑；下体几乎全为灰色。嘴蓝灰色，呈厚锥形。

分布 留鸟，在国内分布于广东、广西、云南、贵州和海南。国外见于印度、不丹、孟加拉国、斯里兰卡和东南亚。

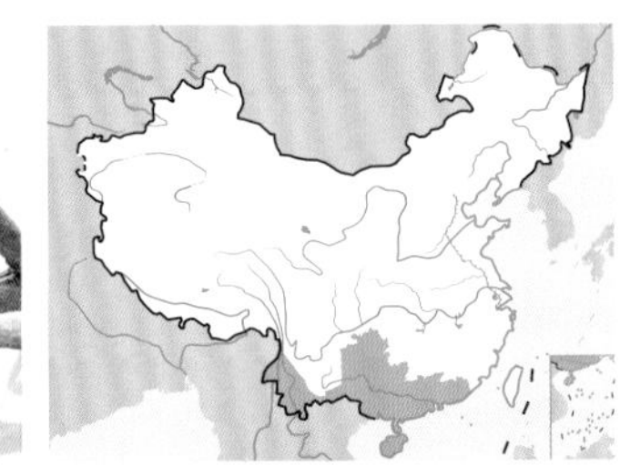

栖息地 栖息于海拔2000 m以下的森林地带，周围一般有高的棕榈树分布。

习性 常集10～20只的小群活动，常挤在一起于裸露树枝和电线上休息。飞行似燕子，但翅较短而宽。

食性 空中觅食昆虫，有时候也取食植物花蜜。

繁殖 繁殖期3～6月。营巢于较高的棕榈树或其他高大乔木树枝的基部，也在建筑物顶部营巢。雌雄共同营巢，巢浅杯形。每窝产卵2～3枚，卵绿白色，具褐色斑点。雌雄共同孵卵和育雏，对巢的保卫意识较强。

种群现状和保护 IUCN和《中国脊椎动物红色名录》均评估为无危（LC）。其种群数量应该相对稳定。

灰燕鵙。左上图黄珍摄，下图杜卿摄

钩嘴鵙类

- 钩嘴鵙类指雀形目钩嘴鵙科鸟类，包括21属40种，中国仅2属2种
- 钩嘴鵙类体形大小和喙形变异很大，大多数上体黑色、蓝色、棕色或灰色，下体白色，雌雄羽色相似
- 钩嘴鵙类栖息于森林和灌丛地带，主要取食昆虫等无脊椎动物和小型脊椎动物，偶尔也吃植物果实
- 钩嘴鵙类受胁较严重，受胁比例达到20%

类群综述

钩嘴鵙类指雀形目钩嘴鵙科（Vangidae）鸟类，它们是分布于亚洲到非洲的伯劳状中型鸟类。关于此科的组成仍有很多争议。原来的钩嘴鵙科仅限于分布在马达加斯加岛和附近科摩罗岛的种类，而基于遗传信息的分类意见将很多原属于其他科的物种归入钩嘴鵙科，包括盔鵙属 *Prionops*，以及一些亚洲群体林鵙属 *Tephrodornis*，鹟鵙属 *Hemipus* 和王鵙属 *Philentoma*。也有分类意见将盔鵙属单列为盔鵙科（Prionopidae），林鵙属、鹟鵙属、王鵙属设为林鵙科（Tephrodornithidae）。调整后的钩嘴鵙科具有21 属 40 种，中国仅鹟鵙属和林鵙属各 1 种。

形态 钩嘴鵙类体形大小、羽色和喙形状各不相同，但有相似的头骨形状和骨腭结构。总的来说，它们属于中小型鸟类，体长 12 ~ 32 cm，多数有类似于伯劳的强壮而具钩的喙。盔鵙的喙特别大且其上有盔。其他物种，如弯嘴鵙属 *Falculea*，有一个小而薄镰刀状的喙，长而弯曲以探测孔洞和裂缝。

大多数钩嘴鵙类上体黑色、蓝色、棕色或灰色，下体白色，雌雄羽色相似。黑头莺嘴鵙 *Oriolia bernieri* 是雌雄具有不同羽色的少数物种之一，它的雄性通体黑色，而雌性是棕色。王鵙属的羽色则包含鲜艳的蓝紫色和栗红色。

栖息地 钩嘴鵙类栖息于各种森林和灌丛生境，马达加斯加岛和科摩罗岛的物种，非洲大陆的物种活动于灌丛或开阔的林地中，亚洲南部的物种则生活在亚热带或热带湿润的阔叶林、林缘灌丛和次生林中。

食性 钩嘴鵙类主要取食昆虫等无脊椎动物和小型脊椎动物，偶尔也吃植物果实。许多物种以小群体为食，通常是混合物种觅食的群体。盔鵙在灌丛或树枝头上捕食昆虫和其他小型猎物；鹟鵙在森林树冠中觅食昆虫，还会在飞行中捕捉昆虫；林鵙常主要沿着树枝和树叶觅食，有时也空中降落到地面取食；王鵙则在中低层取食，行动缓慢。

繁殖 钩嘴鵙类大多数物种成对筑巢，使用树枝、树皮、根、叶、植物纤维、苔藓和地衣等建造杯形巢，但弯嘴鵙 *Falculea palliata* 群体筑巢，盔鵙也会形成松散的繁殖群。每窝产卵 2 ~ 4 枚。大多双亲都参与筑巢、孵卵和育雏，但林鵙只有雌鸟育雏。

种群现状和保护 作为森林和岛屿物种，钩嘴鵙类容易因栖息地丧失而受胁。目前有 5 种被 IUCN 列为濒危（EN），3 种易危（VU），受胁物种比例占全科物种数的 20%，高于世界鸟类整体受胁水平。不过，一些能适应次生林地和种植园的物种则较为常见，如黑钩嘴鵙 *Leptopterus chabert*。中国分布的 2 个物种均为无危（LC）。

左：钩嘴鵙类许多具有类似伯劳的喙。图为褐背鹟鵙。董文晓摄

褐背鹟鵙
Hemipus picatus

钩嘴林鵙
Tephrodornis virgatus

褐背鹟鵙

拉丁名：*Hemipus picatus*
英文名：Bar-winged Flycatcher Shrike

雀形目钩嘴鵙科

体长13～15 cm，体重7～14 g。雄鸟头和枕部黑色，背黑褐色，腰白色；翅黑色，具显著的白色翅斑；下体几乎全为浅褐色；尾黑色，并具白色端斑。雌鸟与雄鸟相似，但头和翅为黑褐色，与背部相同。虹膜棕褐色；嘴和脚均为黑色。国内分布于江西、广西、云南、贵州和西藏。国外见于印度、不丹、孟加拉国、斯里兰卡和东南亚，栖息于海拔2100 m以下的山区森林。IUCN评估为无危（LC），《中国脊椎动物红色名录》评估为数据缺乏（DD）。被列为中国三有保护鸟类。

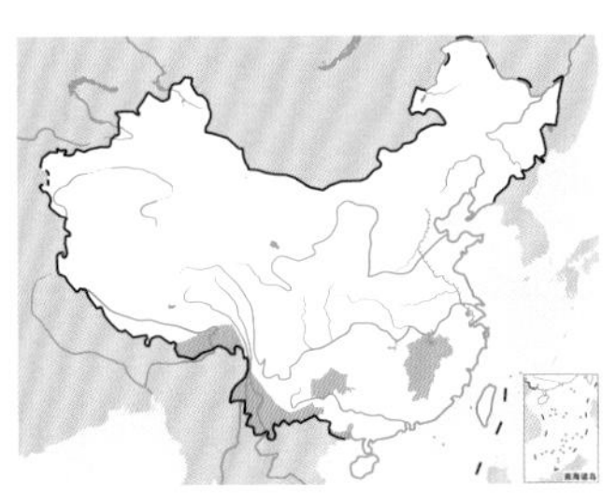

褐背鹟鵙。左上图董文晓摄，下图董磊摄

钩嘴林鵙

拉丁名：*Tephrodornis virgatus*
英文名：Large Woodshrike

雀形目钩嘴鵙科

形态 体长为18～23 cm，体重32～49 g。雄鸟嘴尖端带钩，头顶及颈背灰色，具明显的黑色贯眼纹，上体棕褐色，腰及下体白色。雌鸟与雄鸟体色相似，但头及颈背与背同色。虹膜多为褐色；雄鸟嘴黑色，雌鸟嘴褐色；跗跖和趾黑色。

分布 留鸟。在中国分布于广东、广西、云南、贵州、江西、福建和海南。国外见于印度、不丹、孟加拉国、斯里兰卡和东南亚。

栖息地 栖息于温带森林、热带和亚热带低地或山地潮湿森林和红树林等。

习性 成对或成小群活动，经常活动于树冠处，常成小群活动，有时也与其他鸟类，如鹛类、鸸类和绣眼鸟等混群觅食。经常在森林里移动，很少待在一个地方。

食性 主要以各种各样的昆虫为食，在海南岛食物中的昆虫比例可达90%以上，既可以捕食被其他动物惊飞的昆虫，也可以通过在树叶或树枝上仔细搜寻的方式觅食。

繁殖 在每年4～7月繁殖，巢呈浅杯形，由干草、枯枝和苔藓等构成。巢建于乔木的分叉或水平树枝上。卵浅蓝色，具褐色斑点，窝卵数2～4枚。卵大小为（23.2 ～ 25.0）mm×（18.5 ～ 19.5）mm。幼鸟晚成性，孵化和育雏均由雌雄共同完成。

种群现状和保护 种群趋势相对较为稳定。IUCN和《中国脊椎动物红色名录》均评估为无危（LC）。被列为中国三有保护鸟类。

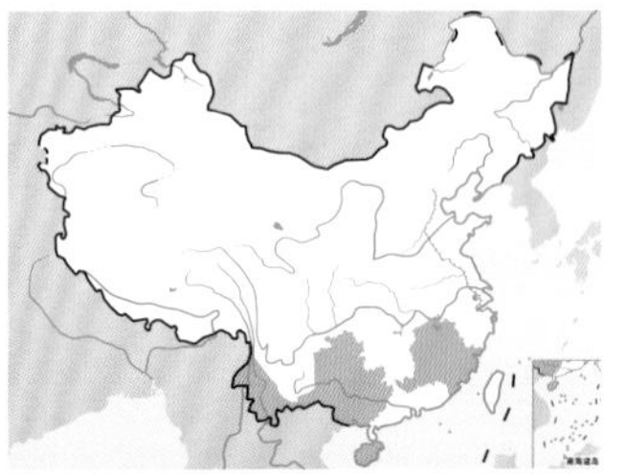

钩嘴林鵙。左上图为雄鸟，董江天摄；下图为雌鸟

雀鹎类

- 雀鹎类是雀形目雀鹎科鸟类，全世界仅1属4种，中国1属2种
- 雀鹎类是中小型鸣禽，羽色较艳丽，雌雄羽色不同
- 雀鹎类是树栖性鸟类，以昆虫为食，也取食植物的种子和果实
- 雀鹎类均为留鸟，在树上营深杯状巢，雌雄亲鸟共同孵卵和育雏

类群综述

雀鹎类是指雀形目雀鹎科（Aegithinidae）鸟类，全世界仅 1 属 4 种，在传统的分类系统中曾经被置于和平鸟科（Irenidae）下，新的分类系统已经将其提升为单独的一个科。中国有 1 属 2 种。

雀鹎类是一类中小型的树栖性鸟类，体长为 11～15 cm。喙形细长，基部稍膨大，呈长锥形，上喙先端常具缺刻。两翼较长，但翼尖圆钝，大绿雀鹎 *Aegithina lafresnayei* 的翼长可达到 69～74 mm。体羽以绿色和黄色为主，雌雄二色型，侧翼上有很长的白色丝状羽。

雀鹎类均为留鸟，主要分布于南亚、东南亚等地区，是东洋界的特有科。栖息于中低海拔的次生林、林缘灌丛、红树林、果园、公园等生境，通常在林冠层活动，只在一些特殊情况下才会落到地面上。多成群活动。食性以各种昆虫为主，也取食植物的种子和果实。

雀鹎类鸟在树上营杯状巢，每窝产卵 2～4 枚。雌雄亲鸟均参与孵卵和育雏。

虽然由于人为的砍伐和破坏，整个南亚和东南亚的林地面积在持续减少，有些雀鹎类的种群数量也呈下降趋势，但目前并未发现雀鹎类的生存受到严重威胁，在适宜的生境中其数量较多，故均被 IUCN 评估为无危（LC）。在中国分布的两种雀鹎均被列为中国三有保护鸟类。

左：雀鹎类是一类蓝绿色的小型鸣禽，常在林冠层活动。图为正在枝叶上觅食的黑翅雀鹎。刘璐摄

黑翅雀鹎

拉丁名：*Aegithina tiphia*
英文名：Common Iora

雀形目雀鹎科

体长12～16 cm。体重13～19 g。整体黄绿色，两翼及尾羽黑色，翅上有两道醒目的翼斑。嘴灰黑色；脚蓝灰色。在中国分布于西藏东南部、云南和广西西部。国外分布于巴基斯坦、尼泊尔、不丹、印度、孟加拉国及东南亚等地，栖息生境广泛，包括低山丘陵林区、竹林、灌丛、茶园、果园及海岸红树林等。IUCN和《中国脊椎动物红色名录》均评估为无危（LC）。被列为中国三有保护鸟类。

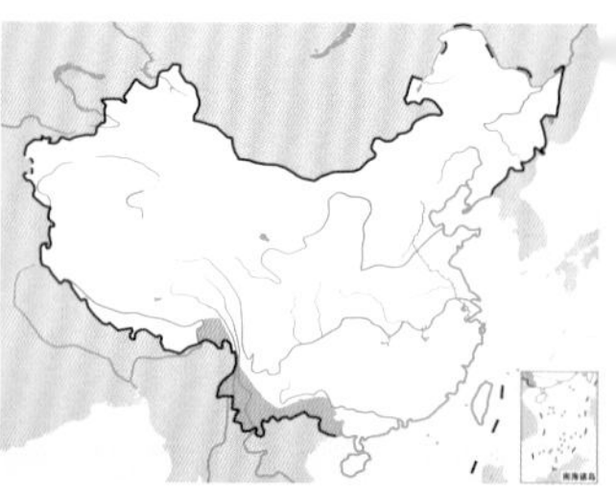

黑翅雀鹎。左上图为雌鸟，下图为雄鸟。刘璐摄

大绿雀鹎

拉丁名：*Aegithina lafresnayei*
英文名：Great Iora

雀形目雀鹎科

体长 15～17 cm。体重 14～25 g。羽色鲜亮。雄鸟上体橄榄绿色至近黑色，下体黄色。雌鸟上体色浅。嘴和脚蓝灰色。在中国仅见于云南南部。国外分布于东南亚。主要栖息于低山丘陵至平原地带的阔叶林、林缘灌丛、竹林及村落周围的杂木林中。地区性常见留鸟，但种群数量有下降趋势。IUCN 和《中国脊椎动物红色名录》均评估为无危（LC）。被列为中国三有保护鸟类。

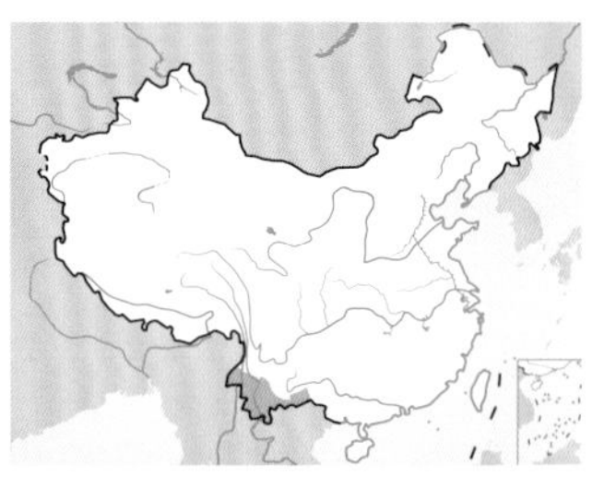

大绿雀鹎。董江天摄

扇尾鹟类

- 扇尾鹟类是指雀形目扇尾鹟科鸟类，全世界共有3属52种，中国1属2种
- 扇尾鹟类羽色较为单一，雌雄羽色相同，尾羽长而圆，散开成扇形，嘴周具口须
- 扇尾鹟类生活在森林中，性活跃，以小型昆虫和无脊椎动物为食
- 扇尾鹟类营杯状巢，雌雄共同筑巢、孵卵和育雏，雏鸟晚成性

类群综述

扇尾鹟类指雀形目扇尾鹟科（Rhipiduridae）鸟类，全世界共3属52种，在传统的分类系统中曾置于鹟科（Muscicapidae）下，新的分类系统将其提升为单独的一个科。扇尾鹟类主要分布在东洋界、大洋洲界和西南太平洋岛屿，在中国仅1属2种，主要分布在西南和华南地区。

扇尾鹟类是一类活跃的小型鸣禽，尾是它们的重要识别特征，其尾长可超过体长的一半，尾羽张开后呈现典型的扇形，并且尾羽会有不停张开或上翘的行为。喙基部扁平，尖端具钩。嘴周具口须，通常与喙等长。大多数扇尾鹟的跗跖较短，脚较小。体羽主要是灰色、黑色、褐色、棕色，或是多种颜色的组合。雌雄的体形大小可能存在差异，但羽色很少有差异。

扇尾鹟类为典型的森林鸟类，典型生境为热带雨林，在中国栖息于常绿阔叶林、竹林、次生林等生境中，少数生活在开阔生境或城区。栖息海拔80～3700 m。食性以小型昆虫和其他小型无脊椎动物为主。雌雄共同筑巢、孵卵和育雏。营杯状巢，每窝产卵2～4枚。雏鸟晚成性。

扇尾鹟类种群数量较为稳定，仅4种被IUCN列为易危（VU），但有8种为近危（NT），有必要进一步关注其数量趋势。在中国分布的两种扇尾鹟均被列为中国三有保护鸟类。

左：扇尾鹟类以其展开呈扇形的长尾而得名。图为展开尾羽的白喉扇尾鹟。林剑声摄

白喉扇尾鹟

拉丁名：*Rhipidura albicollis*
英文名：White-throated Fantail

雀形目扇尾鹟科

形态 体长 15～20 cm，体重 9～14 g。雌雄羽色相似，通体深灰色，但颏、喉和眉纹白色。尾较长，常张开呈扇形，除中央尾羽外均具白色尖端。虹膜褐色；嘴和脚黑色。

分布 留鸟。国内分布于广东、广西、海南、云南、四川、贵州和西藏南部。国外见于印度、不丹、孟加拉国、斯里兰卡和东南亚。

栖息地 栖息于常绿阔叶林、针阔混交林和竹林，冬季常到海拔较低的森林边缘和城市园林里活动。

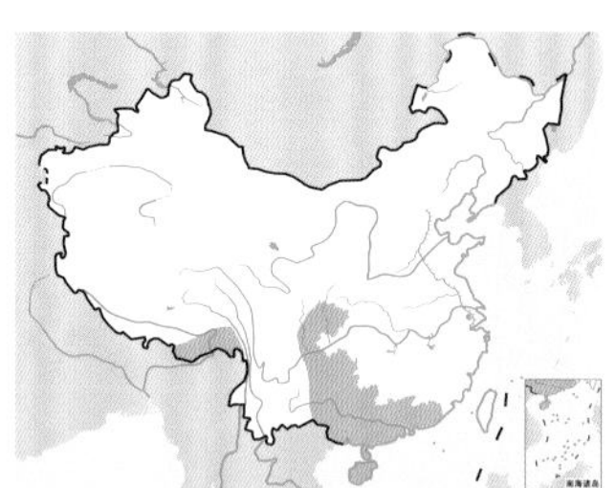

习性 常单只混入其他鸟类混群活动，取食其他鸟类惊飞的昆虫。单独活动的时候，常在水面掠食昆虫。经常将尾羽翘起呈扇形。

食性 主要以各种各样的昆虫为食，常见有鞘翅目、鳞翅目、半翅目的成虫及幼虫。

繁殖 每年 4～7 月繁殖。营巢于小乔木或灌木的树杈上，有时也将巢建在石洞上。巢呈杯形，由干草和蜘蛛网构成。建巢、孵化和育雏均由雌雄共同完成。窝卵数 3～4 枚。卵黄白色，具灰褐色斑点，在钝端尤其明显。卵大小为（16.1～18.2）mm ×（12.0～13.5）mm。孵化期 12 ～ 13 天。雏鸟晚成性，经亲鸟饲喂 13～15 天后离巢。

种群现状和保护 目前尚未对其种群数量进行评估，但其种群数量应该相对较为稳定。IUCN 和《中国脊椎动物红色名录》均评估为无危（LC）。被列为中国三有保护鸟类。

白喉扇尾鹟。左上图张京明摄，下图张小玲摄

白眉扇尾鹟

拉丁名：*Rhipidura aureola*
英文名：White-browed Fantail

雀形目扇尾鹟科

体长为 16～18 cm。雌雄羽色相似，上体深灰色，前额和眉纹白色；尾黑褐色，常张开呈扇形，外侧两对尾羽具较宽的白色端斑。虹膜褐色；嘴和脚黑色。在国内仅见于云南西部。国外分布于南亚次大陆和东南亚。见于海拔 1200 m 以下的森林，有时也到森林边缘、灌丛和人工林中活动，偶尔也在无树的草坪活动。IUCN 和《中国脊椎动物红色名录》均评估为无危（LC）。被列为中国三有保护鸟类。

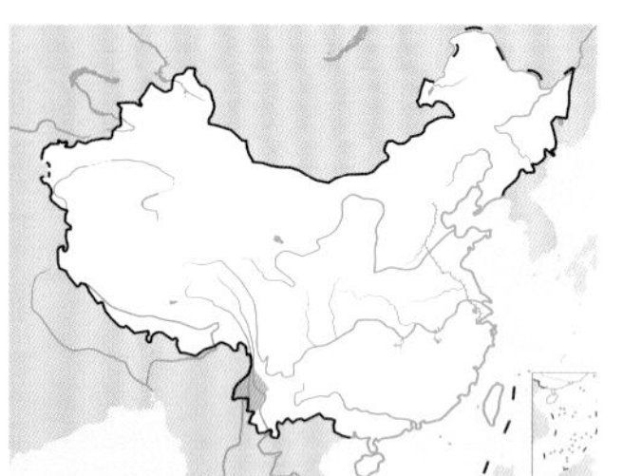

白眉扇尾鹟

卷尾类

- 卷尾类是指雀形目卷尾科鸟类，全世界共有卷尾类1属26种，中国1属7种
- 卷尾类尾长，外侧尾羽长且末端向上卷曲，羽色以黑色、灰色为主，富有金属光泽，雌雄羽色相似
- 卷尾类主要栖息于热带和亚热带的山地森林，领域性和攻击性强，经常会攻击体形大过自己的动物
- 卷尾类在乔木顶端的枝杈上营杯状或盘状巢，雏鸟晚成性，部分种类有拆巢行为

类群综述

卷尾类指雀形目卷尾科（Dicruridae）鸟类，全世界共有 1 属 26 种，分布在旧大陆，主要在亚洲和非洲的热带和亚热带地区。中国有 1 属 7 种，主要分布于华北、华中和长江流域及其以南地区。

卷尾类是一种树栖的中型鸟类，体羽大多黑色或灰色，富有金属光泽。喙为黑色，十分强壮，喙基部又宽又深，尖端带钩，口须发达。鼻孔全部或部分被垂羽所盖。翼长而尖，具 10 枚初级飞羽。尾长，尾羽 10 枚，中间尾羽较短而两侧尾羽长，呈现“叉”形。一些种类的外侧尾羽末端向上卷曲，因此得名“卷尾”。一些种类头上具羽冠或羽簇。跗跖较短。雌雄羽色上没有明显差异。

卷尾类主要栖息于山地森林生境。具有很强的领域性和攻击性，甚至会攻击体形比自己大得多的动物，比如乌鸦和猛禽。食性以昆虫为主。可由栖处等候追击过往的昆虫，也可直接在空中追捕飞虫，还常落在家畜背上，啄食被家畜惊起的虫类。

卷尾类营巢于乔木顶端的枝杈上，巢浅杯状或盘状。每窝产卵 2～4 枚，具长卵圆形和尖卵圆形 2 种卵形，卵色变化较大。雏鸟晚成性。部分种类在繁殖后有拆巢行为。

卷尾类有 2 种被 IUCN 列为濒危（EN），1 种为易危（VU）。但中国分布的 7 种卷尾种群数量稳定，且均被列为中国三有保护鸟类。

左：卷尾类因其延长且向上或向外卷曲的外侧尾羽而得名。图为大盘尾，它的外侧尾羽部分羽干裸出，而在末端外翈显著增大，形成“盘状尾”。唐英摄

下：追击蝙蝠的黑卷尾。李全胜摄

右：卷尾类部分物种具有独特的拆巢行为，即在繁殖后期拆除当年繁殖所使用的巢。图为黑卷尾育雏末期的巢，上图幼鸟尚未离巢，巢较完整；下图为3天后，幼鸟开始离巢，仅1只还在巢边，巢的结构已显著松散且变小。杜卿摄

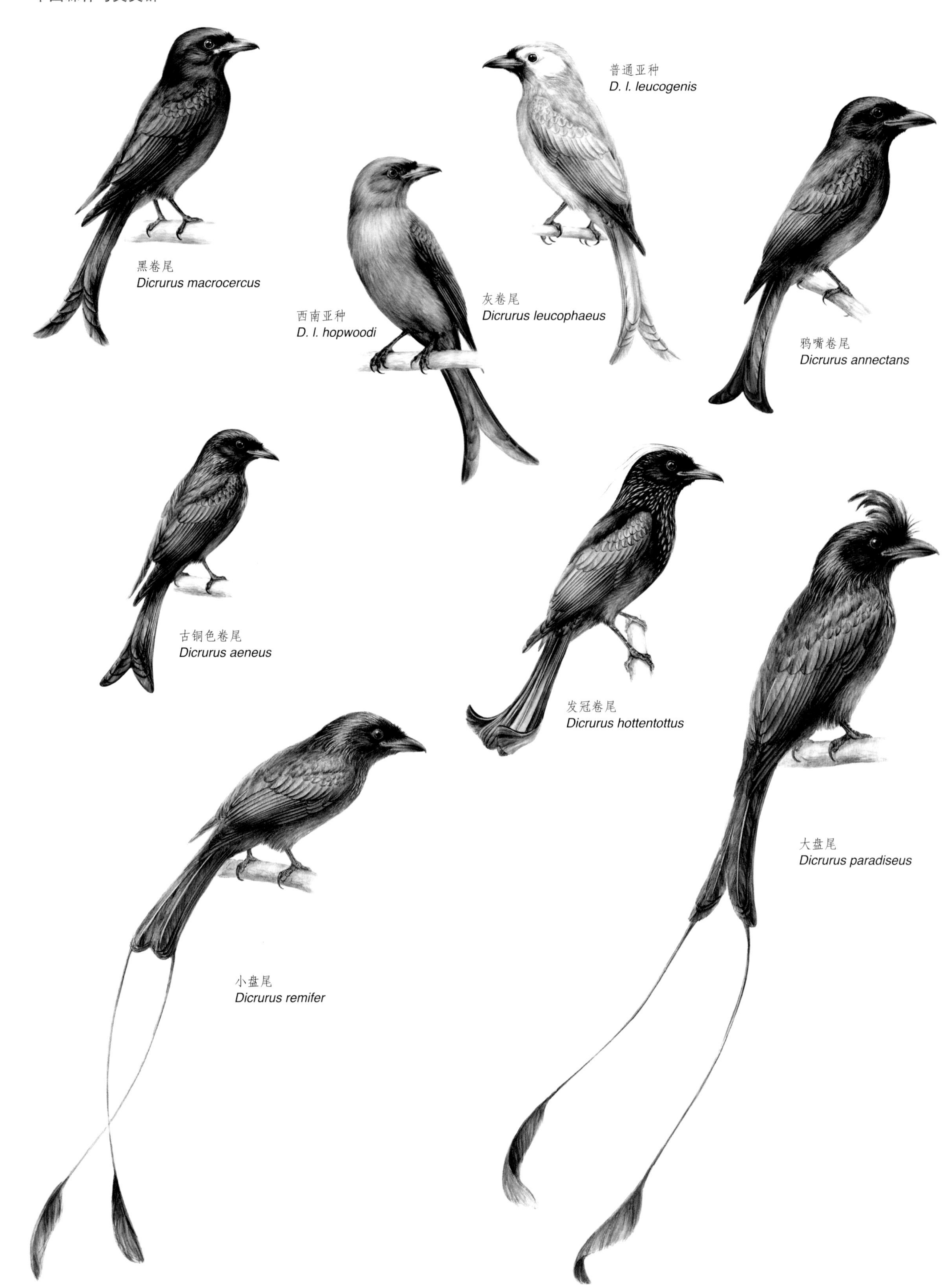
黑卷尾
Dicrurus macrocercus
普通亚种
D. l. leucogenis
西南亚种
D. l. hopwoodi
灰卷尾
Dicrurus leucophaeus
鸦嘴卷尾
Dicrurus annectans
古铜色卷尾
Dicrurus aeneus
发冠卷尾
Dicrurus hottentottus
大盘尾
Dicrurus paradiseus
小盘尾
Dicrurus remifer

黑卷尾

拉丁名：*Dicrurus macrocercus*
英文名：Black Drongo

雀形目卷尾科

形态 体长 23～30 cm，体重 40～65 g。雄鸟全身羽毛辉黑色，缀铜绿色金属闪光；尾深叉状，最外侧尾羽末端向外上方卷曲。虹膜棕红色；嘴和脚暗黑色；爪暗角黑色。雌鸟金属光泽稍差。

分布 在中国广泛分布于除新疆外的南北各地，多为夏候鸟，仅在海南、台湾、云南和广西南部等地为留鸟。每年 4～5 月迁到北方繁殖地，9～10 月南迁。国外分布于印度、东南亚等地。

栖息地 栖息于低山丘陵和山脚平原地带，常在溪谷、沼泽、田野、村庄等开阔地区的小块丛林等生境中活动。

习性 性好斗，喜结群、鸣闹、咬架。平时栖息在山麓或沿溪的树顶上，或停立在田野间的电线杆上，一见下面有虫时，往往由栖枝直降至地面或其附近捕取为食，随后复向高处直飞，形成"U"字状的飞行路线。它还常落在草场上放牧的家畜背上，啄食被家畜惊起的虫类。

食性 主要以昆虫为食，偶尔也吃少量果实等植物性食物。

繁殖 繁殖期 5～7 月。5 月中旬进入占区和交配期，雄鸟占区时领域行为明显，占区时选定营巢位置并在附近乔木间跳动或站在附近树梢、电线杆和屋顶发出尖锐的鸣叫示威，如发现附近有其他鸟类干扰或营巢活动，则进行驱赶或攻击。

5 月中下旬开始筑巢，通常选择在乔木主侧枝中上部营巢，距地面高 6～14 m。巢呈浅杯状，主要以高粱秆、草穗、枯草细纤维、细麻纤维、棉花纤维等交织加固而成，常置于榆、柳等树顶细枝梢端的分叉处。在繁殖期间，如有猛禽和鸦类等侵入或临近它的巢附近时，则奋起冲击入侵者，直至驱出巢区为止。

每窝产卵 3～5 枚，产卵时雄鸟有飞行和鸣叫的警戒行为，同时产卵孵卵过程中雄鸟在雌鸟离巢时有守巢和替孵现象。卵壳乳白色，上布褐色细斑点，钝端有红褐色粗点斑。卵平均大小为 26.6 mm × 19.3 mm，重 4～6 g。卵产齐后即开始孵卵，最初 2 天多为雌鸟孵卵，雄鸟时有守护现象，3 天后雌雄交替孵卵，但雌鸟担任主要孵卵工作，孵化期（16±1）天。雏鸟晚成性，初出壳的雏鸟全身裸露，皮肤暗红色，喙缘淡黄色。雌雄亲鸟共同育雏，留巢期 18～20 天。有被四声杜鹃巢寄生的现象。

种群现状和保护 分布范围广，部分地区种群数量较丰富，种群趋势稳定，IUCN 和《中国脊椎动物红色名录》均评估为无危（LC）。被列为中国三有保护鸟类。

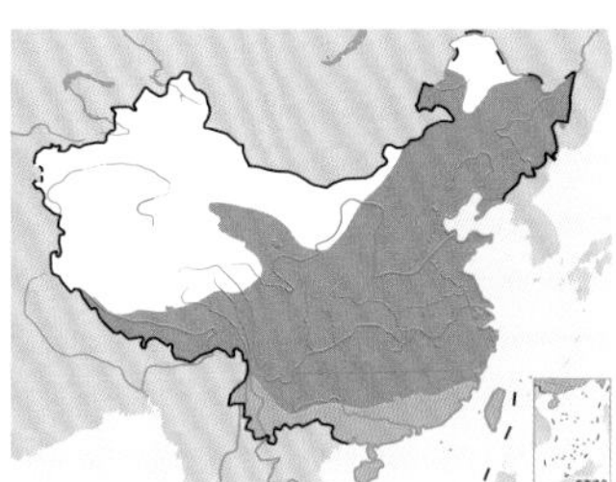

黑卷尾。左上图颜重威摄，下图马正巍摄

育雏的黑卷尾。杜卿摄

灰卷尾

拉丁名：*Dicrurus leucophaeus*
英文名：Ashy Drongo

雀形目卷尾科

体长 26 cm 左右。嘴形侧扁，在鼻孔处的宽度与厚度几乎相等。通常体羽灰色，头侧脸颊部具白斑块，后斑块分界不显，以至消失。广泛分布于中国东部和南部，国外分布于东南亚等地。UCN 和《中国脊椎动物红色名录》均评估为无危（LC）。被列为中国三有保护鸟类。

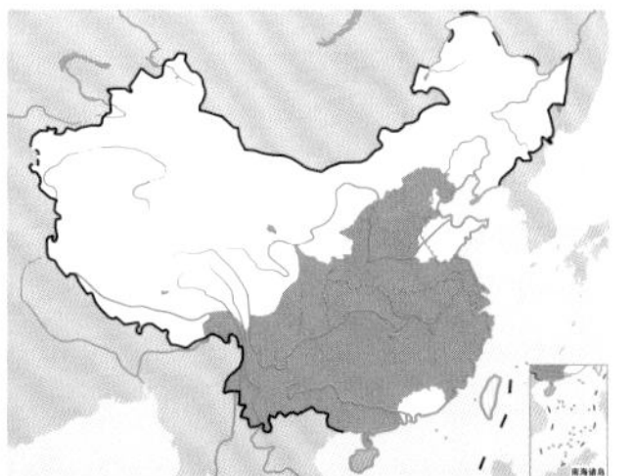

灰卷尾。左上图为西南亚种*D. l. hopwoodi*，下图为华南亚种*D. l. salangensis*。杜卿摄

鸦嘴卷尾

拉丁名：*Dicrurus annectans*
英文名：Crow-billed Drongo

雀形目卷尾科

形态 体长25～28 cm，体重52～64 g，较黑卷尾稍大。嘴形侧扁，粗壮而钝。体羽深辉黑色；最外侧一对尾羽末端卷曲，与中央一对尾羽的距离与其跗跖的长度几相等。跗跖短而强健，前缘具盾状鳞。虹膜暗红褐色；嘴和脚均黑色。

分布 国内分布于西藏东部、云南西部和南部、广西、广东、澳门和海南、台湾。国外分布于尼泊尔、印度东北部和不丹等地区。

栖息地 栖息于低山丘陵和山脚平原地带的树林中，尤以疏林和林缘地带较常见。

习性 常见经久停留于高大乔木树冠枝干上，偶尔突然起飞，袭击过往的飞虫，或翱翔于林间草地，捕食受惊起飞的昆虫。

食性 主要以昆虫为食，尤其以飞行性昆虫为主。

繁殖 繁殖期4～7月。通常营巢于海拔900 m以下的低山丘陵和山脚平原地区的疏林中。通常置巢于乔木的水平枝杈上，巢呈浅杯状，主要由枯草茎和草根、草叶等植物材料构成，并用一些苔藓和树皮进行装饰。每窝产卵3～4枚，卵的颜色变化较大，从乳白色到橙红色，被有淡红色或栗褐条纹和斑点，尤以钝端斑纹较为密集。亲鸟在繁殖结束后有将巢拆除的拆巢行为。

种群现状和保护 分布较广泛，种群数量稳定，IUCN和《中国脊椎动物红色名录》均评估为无危（LC）。被列为中国三有保护鸟类。

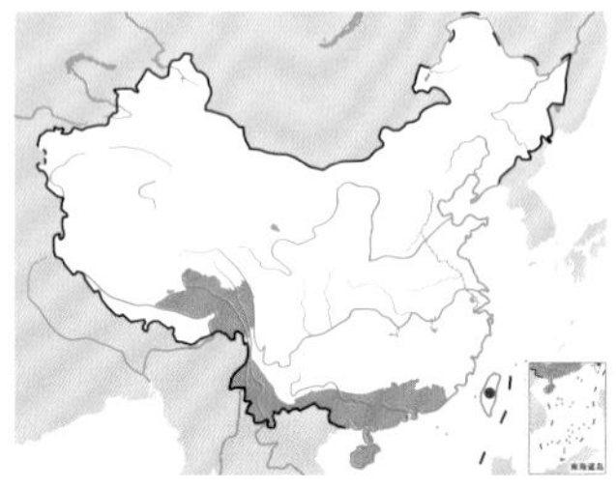

鸦嘴卷尾。董文晓摄

古铜色卷尾

拉丁名：*Dicrurus aeneus*
英文名：Bronzed Drongo

雀形目卷尾科

形态 体长22～24.5 cm，体重23～31 g。嘴形平扁状，在鼻孔处其宽度大于厚度。通体黑色，头顶、背和前胸缀有较显著的蓝黑色金属光泽；尾羽端呈叉状。虹膜红褐色；嘴和脚均黑色。

分布 在中国分布于西藏东南、云南、贵州、广西、广东、澳门、海南、台湾。国外分布于尼泊尔等地。

栖息地 栖息于常绿阔叶林、次生林、竹林等山地森林中，尤以河谷森林地带较常见，有时也出现于果园等农田地边树上。

习性 常单独或成对活动，立于突出树枝上，在森林的中上层突袭昆虫。性凶猛，会大胆围攻猛禽及杜鹃等进入领地的鸟类。

食性 主要以昆虫为食，偶尔也吃少量果实等植物性食物。

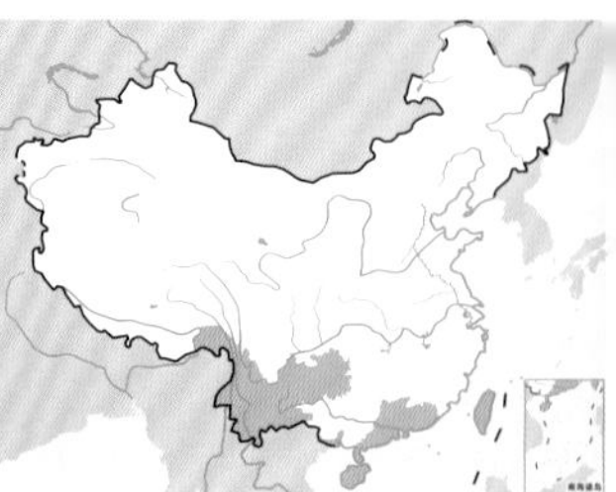

古铜色卷尾。左上图王瑞卿摄，下图张苓摄

繁殖 繁殖期4～6月。营巢于山脚平原至海拔2000 m左右的山地森林中，巢多置于树水平枝杈上，距地面高3～12 m。巢呈杯状，主要由草茎、草根等材料构成。每窝产卵3～4枚，卵橙粉红色，被有深红色斑点，少数被有红褐色斑点。卵的大小为(20～24) mm×(15～17) mm。雌雄轮流孵卵，雏鸟晚成性。

种群现状和保护 分布较广泛，种群数量稳定，IUCN和《中国脊椎动物红色名录》均评估为无危（LC）。被列为中国三有保护鸟类。

发冠卷尾

拉丁名：*Dicrurus hottentottus*
英文名：Hair-crested Drongo

雀形目卷尾科

形态 体长23～35 cm，体重70～120 g。雄鸟全身绒黑色，缀蓝紫色金属光泽；前额、眼先和眼后具毛状羽，额顶基部具丝状羽冠，状如头发；尾呈叉状尾，最外侧一对末端稍向外曲并向内上方卷曲；喉部具紫蓝色金属光泽的滴状斑。虹膜暗红褐色；嘴形强健，嘴峰稍曲，先端具钩；嘴和脚均黑色，爪角黑色。雌鸟似雄鸟，但蓝紫色金属光泽不如雄鸟鲜艳；额顶基部的发状羽冠亦较雄鸟短小，翅下覆羽及腋羽具白色端斑。

分布 广泛分布于中国东部和南部。国外分布于印度、东南亚及大巽他群岛。在中国主要为夏候鸟，每年4月迁来繁殖，10月迁往东南亚越冬。

栖息地 栖息于海拔1500 m以下的低山丘陵和山脚沟谷地带的常绿阔叶林、次生林或人工松林中，有时亦出现在林缘疏林、村落和农田附近的小块丛林与树上。

习性 独或成对活动，很少成群。主要在树冠层活动和觅食，树栖性。飞行较其他卷尾快而有力，飞行姿势亦较优雅，常常是先向上飞，在空中作短暂停留后，才快速降落到树上。如发现空

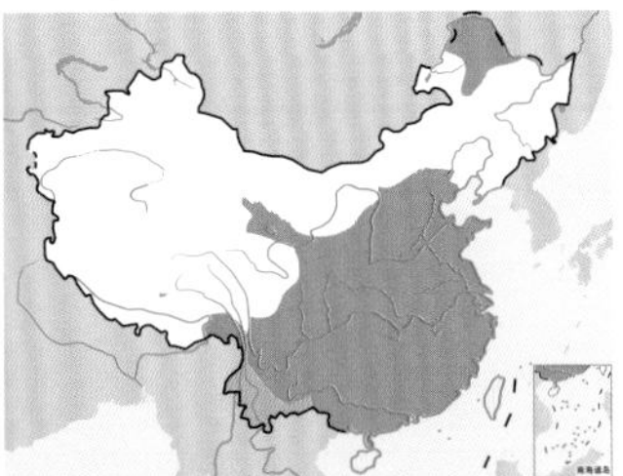

发冠卷尾。左上图李志钢摄；下图为正在育雏，杜卿摄

中飞行的昆虫，立刻飞去捕食。还常见到成对相互追逐。雄鸟善鸣叫，鸣声单调，粗厉多变，噪杂而喧闹，成对边飞边叫，时而急速向上空飞行，在空中翻腾，尔后快速向低空作“燕式”滑翔。

食性 主要以各种昆虫为食，偶尔也吃少量果实、种子、叶芽等植物性食物，迁徙和越冬季节有时会吸食花蜜。

繁殖 繁殖期5～8月。迁到繁殖地时多数已成对，到达后不久即开始占区和雌雄追逐。雄鸟在此时甚活跃且频繁鸣叫，有时站在巢区中树顶枝上鸣叫，有时边飞边叫。

多返回前一繁殖季的领域继续繁殖。5月中下旬开始筑巢，雌雄亲鸟共同营巢于高大乔木顶端枝杈上，距地面高3～15 m。巢呈浅杯状或盘状，主要由枯草茎、枯草叶、须根、树叶、细枝、植物纤维、兽毛等材料构成，多数无内垫，少数有塑料袋等人工材料。领域性甚强，对进入巢区的同种或有威胁性的其他鸟类，如猛禽和鸦类等，则急起驱赶，直到逐出巢区一定距离后才返回。

每年繁殖1窝，有些对繁殖失败后会再次进行繁殖，最高纪录为3窝。每窝产卵3～5枚，多4枚，每天产卵1枚，多在每天清晨或上午产出。卵的形状有长卵圆形和尖卵圆形，纯白色、乳白色或淡粉白色，被有橙色、赭红色、淡紫灰色、灰褐色或淡红色等不同颜色的斑点，尤以钝端较密集。卵的大小为(25～34.5) mm × (19.8～23) mm，重6～8 g。卵产齐后即开始孵卵，由雌雄亲鸟轮流承担，孵化期（16±1）天。雏鸟晚成性，刚孵出时雏鸟全身裸露，仅背部和头顶着生有少许绒羽。雌雄亲鸟共同育雏，留巢育雏期20～24天。亲鸟在繁殖结束后有将巢拆除的拆巢行为。婚外配比例较高，有接近16%的巢含有婚外配后代，以及9%的雏鸟为婚外配后代。

种群现状和保护 该物种分布范围广，部分地区种群数量较丰富，种群数量趋势稳定，IUCN和《中国脊椎动物红色名录》均评估为无危（LC）。被列为中国三有保护鸟类。

小盘尾

拉丁名：*Dicrurus remifer*
英文名：Lesser Racket-tailed Drongo

雀形目卷尾科

形态 体长44～57 cm，体重39～51 g。通体黑色，具有金属光泽；嘴基前额羽形成簇状绒黑色羽丛；最外侧一对尾羽特别延长，羽干部分裸出，末端的内外翈增大呈彼此相称的“盘状尾”。虹膜红褐色；嘴和脚均黑色。

分布 在中国分布于云南和广西西南部。国外分布于孟加拉国、不丹、东南亚等地。

栖息地 栖息于中海拔山区热带阔叶雨林。

习性 经常长时间的停留在孤立的乔木顶端窥视周围动静，发现猎物立刻飞去捕捉，然后飞回原处吞食。飞翔较缓慢，时而急速上升，紧接着翻筋斗般地下降，捕食受惊飞起的昆虫。

食性 主要以昆虫为食，也吃植物的花蕊与浆果。

繁殖 繁殖期3～6月。巢多置于阔叶树顶端末端枝杈上，距地面高5 m以上。每窝产卵3～4枚。卵有长卵圆形和尖卵圆形2种类型，多为白色，偶尔亦有乳白色，被有淡红色、褐色或紫色深浅两层斑纹，尤以钝端较密。

种群现状和保护 分布较广泛，种群数量稳定。IUCN评估为无危（LC），《中国脊椎动物红色名录》评估为近危（NT）。被列为中国三有保护鸟类。

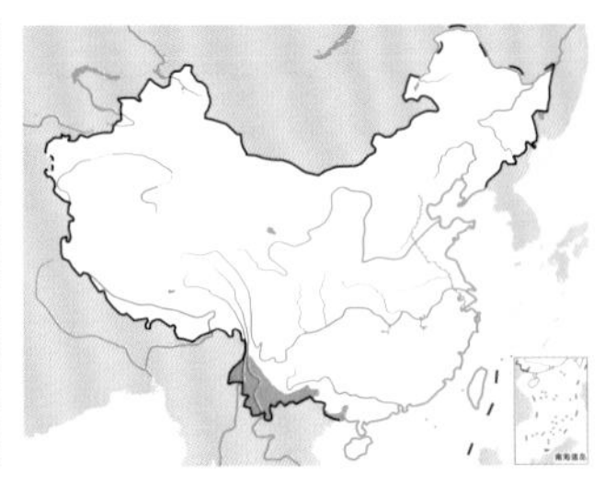

小盘尾。李利伟摄

大盘尾

拉丁名：*Dicrurus paradiseus*
英文名：Greater Racket-tailed Drongo

雀形目卷尾科

体长60 m左右。通体黑色，具金属紫蓝色光泽；头顶额羽形成簇状羽冠；“盘状尾”末端的外翈较内翈显著增大。在中国分布于云南西部和南部、海南。栖息于低山丘陵和山脚平原地带的常绿阔叶林中。IUCN评估为无危（LC），《中国脊椎动物红色名录》评估为易危（VU）。被列为中国三有保护鸟类。

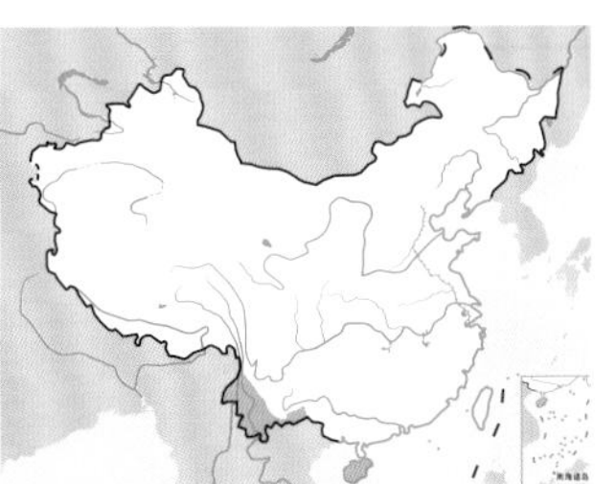

大盘尾。唐英摄

王鹟类

- 王鹟类指雀形目王鹟科的鸟类，全世界共有16属96种，中国仅2属5种
- 王鹟类为小型食虫鸣禽，大多尾长而喙宽，体色多变
- 王鹟类大多数生活在密林里，几乎都为留鸟，只有少数物种迁移
- 王鹟类的许多种类会用地衣等材料装饰杯状的巢穴

左：王鹟类体色多变，部分种类拥有极长的尾羽，寿带就是其中的典型代表。图为正在捕食的白色型寿带雄鸟，飘逸的尾羽十分美丽。胡云程摄

下：中国有分布的王鹟科另一属成员——黑枕王鹟，羽毛的蓝色十分绚丽。刘璐摄

类群综述

王鹟类指雀形目王鹟科（Monarchidae）的鸟类，是雀形目鸟类中多样化较高的一个类群。基于分子

证据，新的分类系统将以前的鹊鹨科（Grallinidae）并入王鹟科，目前该科全世界共有16属96种。王鹟主要分布于旧大陆，包括撒哈拉以南的非洲、亚洲东南部和大洋洲大部分区域。中国有2属5种，包括黑枕王鹟属 *Hypothymis* 1种和寿带属 *Terpsiphone* 4种。

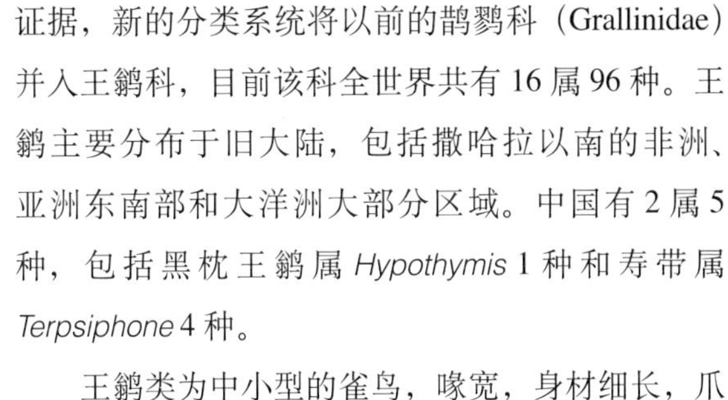

王鹟类为中小型的雀鸟，喙宽，身材细长，爪强有力，部分种类尾羽极长，与翅等长或长于翅。体色多变，常有金属光辉。

王鹟类所有成员都是树栖鸟类，栖息于热带雨林、红树林、落叶林和稀树草原等不同生境，栖息于密林内部的鸟类也有极强的飞行能力。主要以昆虫和其他小型脊椎动物为食。基本都属于昼行性鸟类，但也有部分种类会在夜间迁徙。

王鹟类的婚配制度通常为单配制，雌雄双方都参与筑巢、孵化和哺育幼鸟的工作。巢位于竹子、灌木或乔木上，通常距地面1.5 m以上。巢通常成杯状，筑巢材料包括针叶、细草、蕨类、苔藓、蛛丝和毛发等。常用地衣、树皮等对巢进行伪装。窝卵数1～5枚，孵化期多为12～14天，育雏期多为12～16天。

作为森林鸟类，王鹟类因栖息地丧失而面临严重威胁，许多岛屿物种还面临生物入侵的威胁。自17世纪以来已经有4个物种灭绝，其中关岛阔嘴鹟 *Myiagra freycineti* 在20世纪70年代早期还相当常见，但因褐林蛇的入侵数量急剧下降，最后目击记录在1983年。现存物种有7种被IUCN列为极危（CR），其中1种可能已灭绝，7种濒危（EN），10种易危（VU）。中国分布的5种王鹟中除了紫寿带被IUCN评为近危（NT）以外，其余四种均为无危物种（LC）。均被列为中国三有保护鸟类。

♂
♀
黑枕王鹟
Hypothymis azurea
♀
印度寿带
Terpsiphone paradisi
♀
东方寿带
Terpsiphone affinis
♂
♂
♀
寿带
Terpsiphone incei
♂
♀
紫寿带
Terpsiphone atrocaudata

黑枕王鹟

拉丁名：*Hypothymis azurea*
英文名：Black-naped Monarch

雀形目王鹟科

形态 体长 14 ~ 16 cm，体重 8 ~ 11 g。雄鸟额基黑色，枕部有绒黑色斑，其余上体青蓝色，颏黑色，喉、胸青蓝色，下喉和上胸之间有一半月形黑色环带；腹及尾下覆羽白色。雌鸟前额基部和颏尖黑色，其余头部和颈侧暗青蓝色或深蓝色，其余上体褐色或淡灰褐色，枕无黑斑；虹膜蓝色或暗褐色；嘴钴蓝色或黑色；脚铅蓝色或黑褐色。

分布 在中国繁殖于四川西南部和贵州南部，终年留居云南、广西、广东、海南和台湾，在香港和福建越冬；曾偶见于内蒙古西南部林西。国外分布于印度至东南亚。

栖息地 主要栖息于低山丘陵和平原地带的常绿阔叶林、次生林、竹林和林缘疏林灌丛中，尤以沟谷与河流沿岸疏林灌丛较喜欢，在贵州最高可分布于海拔 3406 m。

习性 性活泼好奇，行动敏捷，在树枝和灌丛间来回飞翔，从一棵树飞至另一棵树，或停息于树枝或灌木顶端，当空中有昆虫出现，则立刻飞去捕猎，也在树枝和林下灌木枝叶间跳跃觅食，边跳边叫，鸣声为清脆的“pwee—pwee—pwee—pwee”声，联络叫声为粗哑的“chee, chweet”声。一般不下到地上活动和觅食。

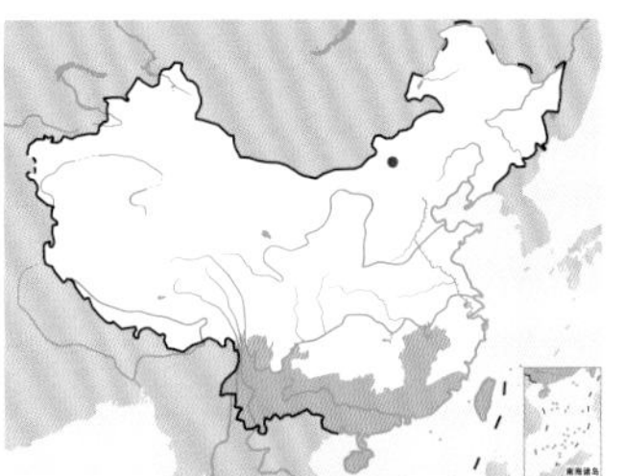

黑枕王鹟。左上图为雌鸟，韦铭摄；下图为雄鸟，刘璐摄

食性 主要以昆虫为食。

繁殖 4 ~ 7 月繁殖。营巢于树和竹的枝杈上。巢呈深杯状，主要由细草茎和草叶、树皮纤维和苔藓等构成，再用蜘蛛网将它们网织在一起，结构精美，巢壁很薄。巢筑好后即开始产卵，每窝产卵 3 ~ 5 枚。卵淡乳黄色、粉黄色或粉白色，被有淡棕色或红褐色斑点，卵的大小为 (15.9 ~ 19) mm × (12.1 ~ 14.1) mm。雌雄亲鸟共同育雏，但国外文献报道雌鸟可能承担更多的育雏任务。育雏期亲鸟有移除雏鸟粪便的习性。

种群现状和保护 该物种分布广泛，全球种群规模尚未量化，但据报道，台湾地区有 10 000 ~ 100 000 个繁殖对。IUCN 和《中国脊椎动物红色名录》均评估为无危（LC）。

印度寿带

拉丁名：*Terpsiphone paradisi*
英文名：Indian Paradise-Flycatcher

雀形目王鹟科

原寿带分裂为多个独立种后，指名亚种改称印度寿带。跟寿带极为相似，雄鸟有同样栗色型和白色型 2 种色型。但雌鸟喉灰色，背红橄榄褐色，腹皮黄色。在中国见于西藏南部和西部、云南西部。国外分布于印度中部、南部和斯里兰卡，IUCN 评估为无危（LC），被列为中国三有保护鸟类。

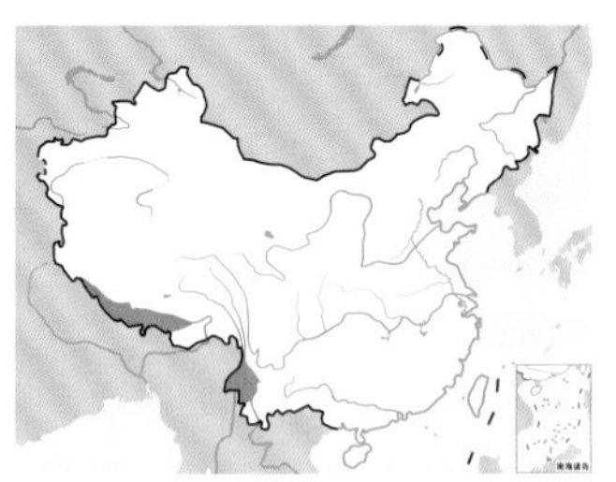

印度寿带雌鸟。米小其摄

东方寿带

拉丁名：*Terpsiphone affinis*
英文名：Oriental Paradise Flycatcher

雀形目王鹟科

由原寿带分布于东南亚的多个亚种提升为种，在中国分布的为滇南亚种 *Terpsiphone affinis indochinensis*。似寿带，但雌鸟喉灰色，背暗栗色，腹白色。在中国见于云南西部和南部、广西西南部和贵州西南部。国外分布于苏门答腊岛和马来西亚、印度尼西亚等地，IUCN 评估为无危（LC），被列为中国三有保护鸟类。

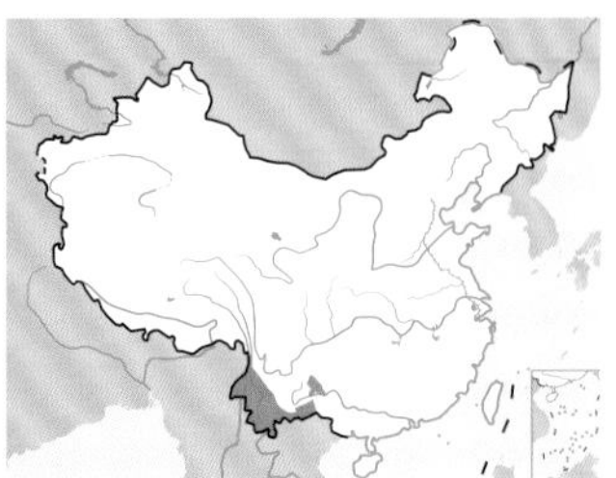

东方寿带雌鸟。董文晓摄

寿带

拉丁名：*Terpsiphone incei*
英文名：Amur Paradise-Flycatcher

雀形目王鹟科

寿带。左上图为雌鸟，焦海兵摄；下图为白色型雄鸟，胡云程摄

形态 雄鸟体长 19～49 cm，雌鸟体长 17～22 cm，体重 14～30 g。由原寿带普通亚种 *Terpsiphone paradise incei* 提升为种，因中国分布的寿带多为此种，继承了寿带的中文名，*Terpsiphone paradise* 改称印度寿带。雄鸟有 2 种色型，一种是栗色型，另一种是白色型。栗色型整个头部、羽冠、后颈与前胸均呈金属的蓝黑色，眼圈钴蓝色，上体余部栗红色，胸及胁部灰色，往后渐渐变淡，腹部及尾下覆羽白色。白色型头和颈部均与栗色型相同，但背面白色。雌鸟头和颈部与雄鸟相同，但闪辉较差，羽冠较短；后颈暗紫灰色；背面以及翅、尾等表面均栗色；中央尾羽并不特别延长；尾下覆羽微沾浅棕色。虹膜暗褐色；嘴峰钴蓝色；脚铅色。

分布 在中国夏季遍布华北、华中、华南及东南的大部分地区，主要为夏候鸟，部分在广东、广西和香港等地越冬。每年 4～5 月份先后迁到繁殖地，9～10 月开始迁离。国外分布于东亚、南

寿带栗色型雄鸟。胡云程摄

育雏的寿带。胡云程摄

离巢的寿带幼鸟。杜卿摄

亚、东南亚、东北亚。

栖息地 主要栖息于低山丘陵和山脚平原地带的阔叶林和次生阔叶林中，尤其喜欢沟谷和溪流附近的阔叶林。

习性 常单独或成对活动，偶尔成三五只的小群。性羞怯，常在森林中下层茂密的树枝间活动，时而在树枝上跳来跳去，时而在枝间飞翔，或从一棵树飞向另一棵树。飞行缓慢，长尾摇曳，如风筝飘带，异常优雅悦目，一般不做长距离飞行。常从栖息的树枝上飞到空中捕食昆虫，偶尔亦降落到地上，落地时长尾高举。鸣叫时，冠羽耸立，鸣声粗噪急促，似“ji-ji-hui-hui，ji-kac，gui-hu-hui”，声音激昂宏亮。

食性 主要以昆虫为食，植物性食物仅占极少的份量。

繁殖 繁殖期5～7月。多数在5月末至6月初开始营巢，在阔叶林中靠近溪流附近的小阔叶树枝杈上和竹丛上，也在林下幼树枝杈上营巢。营巢由雌雄共同承担，每个巢5～6天即可完成。巢呈倒圆锥形，结构相当精致，巢外壁以植物花絮、苔藓、羽毛、棉花和蛛网编织而成，内壁由细草根、草叶、草茎、树皮纤维和苔藓构成。巢距地面高1～2.5 m。巢的大小为外径7～9 cm，内径6～6.8 cm，深3.3～3.5 cm，高6～8.3 cm。每窝产卵2～4枚。卵为椭圆形或梨形，颜色变化较大，有的为乳白色或灰黄白色，被有红褐色斑点；有的为驼灰色，具栗色斑点。卵的大小为(15～19) mm×(21～25) mm，重2～2.5 g。曾发现一巢仅产卵2枚，其中的卵特别大，分别达到19 mm × 26 mm和21 mm × 29 mm，重5 g和6 g，明显大于其他几巢的卵，或许跟窝卵数较少有关。孵卵主要由雌鸟承担，雄鸟在雌鸟离巢期间亦参与孵卵活动，孵化期约15天。雏鸟晚成性，雌雄亲鸟共同育雏，经过11～12天的喂养，幼鸟即可离巢。

种群现状和保护 分布广泛，全球种群规模尚未量化。IUCN评估为无危（LC），《中国脊椎动物红色名录》评估为近危（NT）。被列为中国三有保护鸟类。

紫寿带

拉丁名：*Terpsiphone atrocaudata*
英文名：Japanese Paradise-Flycatcher

雀形目王鹟科

雄鸟体长20～44 cm，雌鸟体长约17 cm，重19～25 g。雄鸟整个头、颈、羽冠、喉和上胸均为金属蓝黑色，上体深紫栗色，翼和尾表面暗栗色，两枚中央尾羽特别延长；胸、上腹和两胁暗灰色，其余下体白色。雌鸟和雄鸟相似，但体色较淡，背和尾偏栗褐色，中央尾羽不延长。迁徙时见于中国东部，繁殖于中国台湾、日本及朝鲜，在东南亚越冬。由于栖息地退化和丧失，IUCN和《中国脊椎动物红色名录》均评估为近危（NT）。被列为中国三有保护鸟类。

紫寿带。左上图为雌鸟，董江天摄；下图为雄鸟，唐万玲摄

伯劳类

- 伯劳类指雀形目伯劳科的鸟类，全世界共有4属33种，中国有1属12种
- 伯劳类嘴端具钩，头较大，尾长而翅短圆，性情凶猛
- 伯劳类喜欢生活在平原的疏林或林缘地带，主食昆虫，多数有迁徙行为
- 伯劳类常以偷袭方式捕食并将猎物钉于树枝的棘刺上，有“屠夫鸟”之称

类群综述

伯劳类指雀形目伯劳科（Laniidae）鸟类，是一个较小的类群，全世界共有4属33种，其中鹊鵙属 *Corvinella* 和白肩鹊鵙属 *Urolestes* 均为单种属，白腰林鵙属 *Eurocephalus* 仅2种，其余29种均在伯劳属 *Lanius*。伯劳类广布于非洲、亚洲和欧洲，只有2种在北美洲繁殖，南美洲则没有分布。最近的研究证据表明，伯劳可能在第三纪时期起源于澳大利亚，但目前澳大利亚却已经没有现存的种类分布。中国有伯劳类1属12种，其中虎纹伯劳 *Lanius tigrinus*、牛头伯劳 *L. bucephalus*、红尾伯劳 *L. cristatus*、棕背伯劳 *L. schach*、灰背伯劳 *L. tephronotus* 与楔尾伯劳 *L. sphenocercus* 均可见于中国大部分地区；红背伯劳 *L. collurio*、荒漠伯劳 *L. isabellinus*、棕尾伯劳 *L. phoenicuroides*、黑额伯劳 *L. minor* 等主要分布于西北地区；灰伯劳 *L. excubitor* 见于中国较北地区；栗背伯劳 *L. collurioides* 分布于西南与华南，不常见。

伯劳是中型鸟类，体长从14～50 cm，体色多为灰色、棕色或黑白色，许多种类具有宽大的深色贯眼纹，形如眼罩。它们头较大，尾长而翅短圆，喙似猛禽，端部呈钩状。性情也十分凶狠，堪比猛禽，有“屠夫鸟”之称。叫声非常刺耳。

大多数伯劳栖息于由矮草、灌木等组成的开阔地带，也有部分种类栖息于森林之中。它们主食昆虫，也捕食蜥蜴等小型脊椎动物。常停栖在电线、树枝等高处观望，发现猎物后迅速起飞捕捉，带回停息处进食，这种常驻足在同一个地点觅食的行为被称为坐等型掠食（sit-and-wait predation）。常将猎物钉在树枝的棘刺上，以杀死猎物和进一步撕扯分解。部分物种夏季在北方地区繁殖，冬季迁移到温暖的区域越冬。

伯劳类的婚配制度以单配制为主，在环境压力下，部分物种有时会实行一雄多雌制。雌雄双方都参与筑巢，但以雌性为主，筑巢需要6～12天。巢位于小乔木或灌丛上，为碗状开放巢，外壁以树枝、树皮、干草等为主，内部由羊毛、羊绒等相对柔软的材料构成，材质多变。窝卵数1～9枚，随纬度增加而增多。卵壳颜色多变。孵化期15～20天。育雏期多为12～16天。

伯劳类较少受胁，仅1种被IUCN列为极危（CR），1种为易危（VU）。中国分布的12种伯劳IUCN评级均为无危（LC），但虎纹伯劳、牛头伯劳、红尾伯劳、红背伯劳、黑额伯劳与灰伯劳的种群数量呈下降趋势，值得警惕。中国分布的伯劳均被列为中国三有保护鸟类。

左：伯劳类有“雀中猛禽”之称，性情凶猛，喙也如猛禽一般先端呈钩状。图为站在带刺灌木上的棕背伯劳。刘璐摄

右：伯劳类在小乔木或灌木上筑巢，图为红尾伯劳的巢和卵。宋丽军摄

♂
♀
虎纹伯劳
Lanius tigrinus
♂
♀
牛头伯劳
Lanius bucephalus
普通亚种
L. c. lucionensis
指名亚种
L. c. cristatus
红尾伯劳
Lanius cristatus
♂
♀
红背伯劳
Lanius collurio
荒漠伯劳
Lanius isabellinus
棕尾伯劳
Lanius phoenicuroides
♀
♂
栗背伯劳
Lanius collurioides

台湾亚种
L. s. formosae
西南亚种
L. s. tricolor
灰背伯劳
Lanius tephronotus
棕背伯劳
Lanius schach
黑额伯劳
Lanius minor
北方亚种
L. e. sibiricus
灰伯劳
Lanius excubitor
楔尾伯劳
Lanius sphenocercus
宁夏亚种
L. e. pallidirostris

虎纹伯劳

拉丁名：*Lanius tigrinus*
英文名：Tiger Shrike

雀形目伯劳科

形态 体长16～19 cm，体重25～38 g。头顶至后颈栗灰色，具黑色贯眼纹，上体、包括两翅和尾栗棕色或栗棕红色且具有黑色的波状横纹；下体白色。雌鸟两胁缀有黑褐色波状横纹；雄鸟额基黑色且与黑色贯眼纹相连，在灰色的头部极为醒目。虹膜褐色；嘴黑色；脚黑褐色。

分布 在中国境内广泛分布，繁殖于北方，在广东、广西、福建等地为冬候鸟。国外分布于俄罗斯远东、朝鲜和日本等地。

栖息地 栖息于低山丘陵和山脚平原地区的森林和林缘地带，尤以开阔的次生阔叶林、灌木林和林缘灌丛地带较常见。

习性 多见停息在灌木、乔木的顶端或电线上。四处张望，寻找食物，当发现空中或地面的猎物后往往急飞捕食，捕食后多返回原栖息处取食或转往别处。

食性 主要以甲虫等昆虫为食，偶尔也猎食蜥蜴和鸟类等小型脊椎动物。

繁殖 繁殖期5～7月。营巢由雌雄共同承担，通常置巢于小树或灌丛上，距地面高0.8～5 m，主要由草茎、枯草叶、细枝和树皮纤维等材料构成，内垫有苔藓或兽毛。每窝产卵数为3～7枚。卵为椭圆形，淡粉红色，被由淡蓝灰色和棕褐色斑点，尤以钝端较密集。

种群现状和保护 分布广泛，种群数量稳定。IUCN和《中国脊椎动物红色名录》均评估为无危（LC）。被列为中国三有保护鸟类。

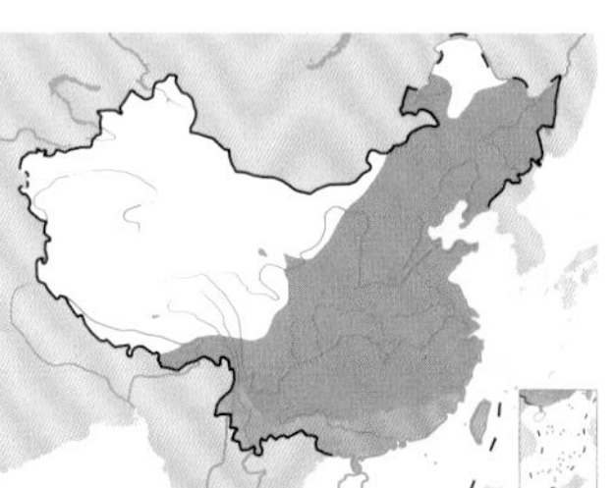

虎纹伯劳。左上图为雄鸟，柴江辉摄；下图为雌鸟，胡山林摄

牛头伯劳

拉丁名：*Lanius bucephalus*
英文名：Bull-headed Shrike

雀形目伯劳科

形态 体长19～23 cm，体重30～41 g。头顶至后颈栗色或栗红色，具黑色贯眼纹和白色眉纹；背、肩、腰和尾上覆羽灰色或灰褐色；两翅黑褐色，雄鸟具有白色翼斑；中央一对尾羽灰黑色，其余尾羽灰褐色具有白色端斑；颏、喉棕白色，其余下体浅棕色或棕色，具有黑褐色波状横斑。雌鸟贯眼纹褐色，下体波状横纹更显著。虹膜褐色；嘴黑褐，下嘴基部黄褐色；脚黑色。

分布 在中国境内广泛分布于北部和东部，在北方繁殖，长江以南越冬。国外分布于俄罗斯远东、朝鲜、日本等地。

栖息地 栖息于林缘疏林、道旁次生林、河谷灌丛、疏林、农田防护林等开阔地带。

习性 常单独或成对活动。性活泼，常在枝叶间或灌丛中飞进飞出。有时站在树枝上，发现猎物时，才突然飞出去捕食，然后返回原栖木上啄食。

食性 主要以昆虫为食，也吃蜘蛛和小鸟等其他动物性食物。

繁殖 繁殖期5～7月。多营巢于林缘疏林和次生杨桦林内，置巢于幼树或灌木侧枝上，距地面高0.8～1.5 m。巢呈杯状，主要由细枝、草叶和枯草茎等材料构成，内垫松针等柔软的植物纤维。每窝产卵4～6枚。卵为卵圆形，绿色或灰色，被有褐色、灰棕色和红色斑点，以钝端较密集。

种群现状和保护 分布广泛，种群数量稳定。IUCN和《中国脊椎动物红色名录》均评估为无危（LC）。被列为中国三有保护鸟类。

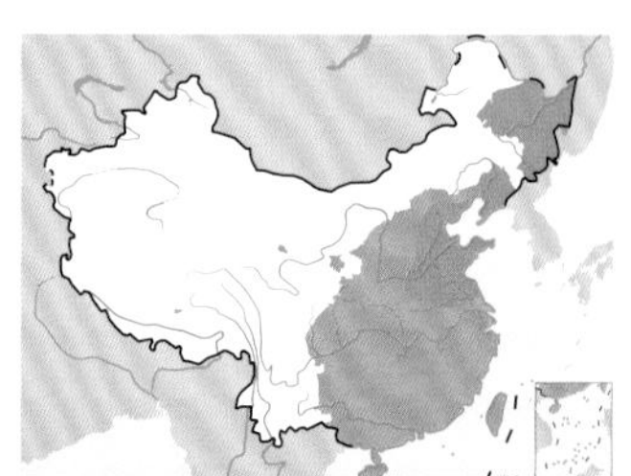

牛头伯劳。左上图为雄鸟，焦海兵摄；下图为雌鸟，胡云程摄

红尾伯劳

拉丁名：*Lanius cristatus*
英文名：Brown Shrike

雀形目伯劳科

形态 体长 18～21 cm，体重 28～40 g。雄鸟额至头顶前部淡灰色，自后头至上背、肩羽逐渐转为褐色，贯眼纹黑色，其上有白色眉纹后延至耳羽上方；下背、腰和尾上覆羽棕褐色；尾羽棕褐色，具有多数深褐色的隐横斑；翅覆羽及飞羽黑褐色，大覆羽和内侧飞羽外翈有宽阔的淡棕色缘，中覆羽亦微具淡缘；颏、喉纯白色，下体余部棕白色，胁羽棕色较浓，下腹中央近白色。雌鸟似雄鸟，但棕色较淡，贯眼纹为黑褐色；前额的灰羽不似雄鸟鲜艳，染有褐色；颈侧、胸、胁及股羽散见细鳞纹。虹膜暗褐色，嘴黑色，脚铅灰色。

分布 在中国境内广泛分布，东北亚种 *L. c. confusus* 繁殖于黑龙江，迁徙经中国东部；指名亚种 *L. c. cristatus* 华南地区为冬候鸟，迁徙经中国东部的大多地区；日本亚种 *L. c. superciliosus* 冬季南迁至云南、华南及海南岛越冬。国外分布于俄罗斯、朝鲜及日本等国家。

栖息地 主要栖息于低山丘陵和山脚平原地带的灌丛、疏林和林缘地带，尤其在有稀矮树木和灌丛生长的开阔旷野、河谷、湖畔、路旁和田边地头较常见，也栖息于草甸灌丛、山地阔叶林和针阔叶混交林林缘灌丛及其附近的小块次生杨桦林内。

正在育雏的红尾伯劳。赵国君摄

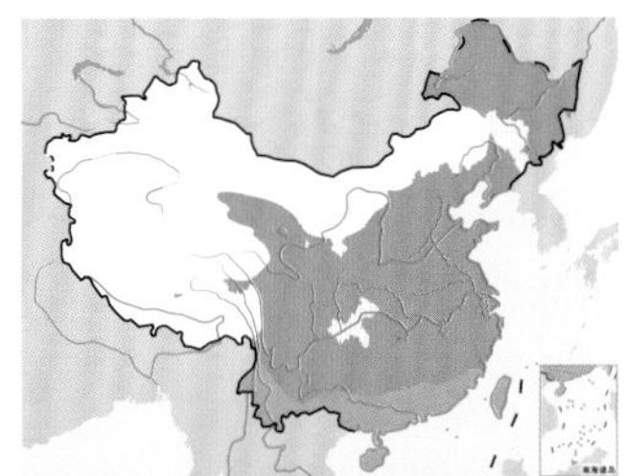

红尾伯劳。左上图为雄鸟，沈越摄；下图为在树枝上处理食物的雌鸟，颜重威摄

习性 单独或成对活动，性活泼，常在枝头跳跃或飞上飞下。常在较固定的栖点停栖，环顾四周以猎捕地表的小动物和昆虫，待有猎物出现时，突然飞去捕猎，再飞回原来栖木上进食。

食性 主要以昆虫等动物性食物为食。偶尔吃少量草籽。

繁殖 繁殖期 5～7 月。雄鸟常站在巢域中比较高的小树顶端鸣唱，领域性较强，对侵入的外来鸟类，则加以驱赶。5 月下旬即进行营巢活动，并不时出现交尾行为。

通常营巢于低山丘陵小块次生杨桦林、人工落叶松林、杂木林和林缘灌丛中。巢多置于幼树和灌木上，距地高 0.6～7 m，随环境而变化，着巢部位多为枝叶茂密的中上部紧靠树干的侧枝基部。巢呈杯状，巢材以莎草、苔草、篙草等枯草茎叶为主，偶尔混杂有一些细的小树枝，内垫有细草茎、植物韧皮纤维和羽毛等。巢的大小为外径平均 14 cm × 15 cm，内径平均 7.8～8.3 cm，高 7.5～10 cm，深 4～5.6 cm。营巢由雌雄鸟共同承担，每个巢 5～6 天才能筑好。

巢筑好后次日开始产卵，1 年繁殖 1 窝，每天产卵 1 枚，每窝产卵 5～7 枚，偶尔有多至 8 枚。卵椭圆形，乳白色或灰色，密被大小不一的黄褐色斑点。卵平均大小为 22.0 mm × 17.1 mm，重 3.1～3.5 g。卵产齐后即开始孵卵，由雌鸟承担，雄鸟负责警戒和觅食饲喂雏鸟。孵化期（15±1）天。雏鸟晚成性，刚出壳的雏鸟除腹侧有一行绒羽外，全体裸露。雌雄亲鸟共同育雏，留巢期 14～18 天。

种群现状和保护 分布范围广，部分地区种群数量较丰富，IUCN 和《中国脊椎动物红色名录》均评估为无危（LC）。被列为中国三有保护鸟类。

红背伯劳

拉丁名：*Lanius collurio*
英文名：Red-backed Shrike

雀形目伯劳科

体长 19 cm 左右。头顶至后颈灰色，背红褐色或栗色，飞羽褐色，前额基部和贯眼纹黑色；尾黑色，外侧尾羽基部和下体白色，胸和两胁粉葡萄红色。在中国境内仅分布于新疆北部，国外分布于整个欧洲大陆。IUCN 和《中国脊椎动物红色名录》均评估为无危（LC）。被列为中国三有保护鸟类。

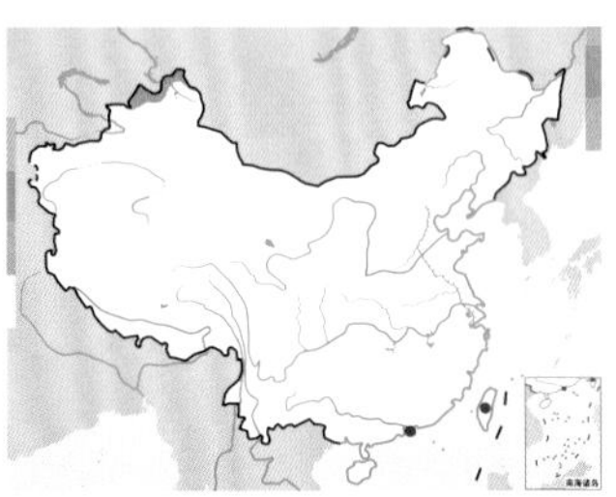

红背伯劳。左上图为雄鸟，张明摄；下图左雌右雄，刘璐摄

荒漠伯劳

拉丁名：*Lanius isabellinus*
英文名：Isabelline Shrike

雀形目伯劳科

形态 体长 16～20 cm，体重 24～41 g。雄鸟上体灰沙褐色，嘴基至前额色淡，下背至尾上覆羽染以锈色；贯眼纹黑色略杂有褐色，其上有一窄的淡棕黄色或黄白色眉纹；大覆羽和飞羽暗褐色，外翈羽缘和端斑淡棕色，初级飞羽基部具白斑，但不及棕尾伯劳发达，尾棕色或锈棕色；颏、喉乳白色，胸、胁、腹羽污白缀淡沙褐色，尾下覆羽乳黄色。雌鸟似雄鸟，但贯眼纹褐色，颈侧及胸部隐约可见细微的褐色鳞斑。虹膜褐色；嘴、脚黑色。

分布 在中国境内分布于西北和东北地区，多为留鸟或夏候鸟，部分为冬候鸟。国外广泛分布于欧洲，亚洲中部、西部和非洲的干旱疏林地区。

栖息地 栖息于荒漠地区疏林地带及绿州、村落附近。

习性 单独或成对活动，多在枝头或电线上注视地面的昆虫，冲下啄食之后又回到原来的地点。鸣声噪厉，偶尔也有优美动听的鸣啭或效鸣。

食性 主要以昆虫为食，偶尔也吃植物种子。

繁殖 繁殖期 5～7 月。4 月底开始求偶，求偶期间雄鸟在

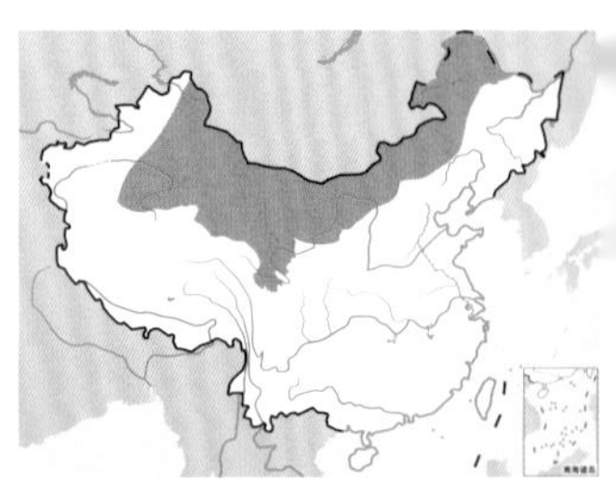

荒漠伯劳。左上图为雌鸟，刘璐摄；下图为给离巢幼鸟喂食的雄鸟，王志芳摄

灌丛中追逐雌鸟，靠近雌鸟之后左右摆头并不停振翅翘尾鸣唱，雌鸟飞离后雄鸟继续追逐。筑巢后在巢附近进行交配。巢位于枝杈基部，距地高 1.7～5m，结构松散，外壁为桑枝、桑树皮、禾本科植物茎及少量羊毛，内垫以牛毛、羊毛及马鬃为主，混以树根及植物纤维。巢平均大小为外径 12.5 cm × 17.5 cm，内径 7～8 cm，高 7～8 cm，深 4～5 cm。

雌鸟每天上午产卵 1 枚，每窝产卵 4～6 枚。卵有 3 种色型，钝端密集棕色斑点的白色卵，钝端密集红棕色斑点的粉红色卵和钝端密集淡棕色斑点的白色卵，同窝卵的卵色相同。卵平均大小为（22～24）mm ×（18～20）mm，重 3.1～3.5 g。孵卵始于最后 1 枚卵产出 1～2 天前，孵卵初期由雌雄亲鸟轮流承担，几天后即由雌鸟独自承担，孵卵期间内雌鸟的食物完全由雄鸟提供，雄鸟除了提供食物以外往往还会在离巢 5～10m 处警戒，孵化期（15±1）天。雏鸟晚成性，刚孵出时雏鸟全身裸露，仅背部和头顶着生有少许绒羽。雌雄亲鸟共同育雏，留巢期 12～15 天。在当地为大杜鹃的巢寄生宿主。

种群现状和保护 分布范围广，部分地区种群数量较丰富，IUCN 和《中国脊椎动物红色名录》均评估为无危（LC）。被列为中国三有保护鸟类。

棕尾伯劳

拉丁名：*Lanius phoenicuroides*
英文名：Rudfous-tailed Shrike

雀形目伯劳科

形态 体长 17～18 cm，体重 24～32 g。上体灰褐色，头顶至背羽呈褐色；前额淡棕并与白色眉纹相连，贯眼纹黑色；初级飞羽基部白色发达，形成显著翅斑，露出于覆羽之外 3～5 mm；颏和喉白色，胸和胁染有淡粉褐色；尾羽锈棕色。虹膜褐色；嘴、脚均黑色。

分布 在中国境内仅见于新疆天山西部、乌鲁木齐和青海等

棕尾伯劳。左上图为雄鸟，下图为雌鸟。刘璐摄

西部地区。国外分布于俄罗斯、乌克兰等地。

栖息地 栖息于荒漠地区疏林地带和绿洲等地。

习性 单独或成对活动，常在树上注视周围寻找猎物，发现猎物后突然冲出捕食，随后回到原地点进食。

食性 主要以鞘翅目昆虫为食，偶尔也吃植物种子。

繁殖 繁殖期5～7月。通常营巢于小树或高的灌木枝杈上，距地面高1～5 m。巢呈杯形，主要由细枝、草茎、草叶和植物纤维等材料构成，内垫有羊毛等柔软物质。营巢主要由雄鸟承担，雌鸟有时帮助运送巢材。通常每窝产卵5～6枚。卵为粉色、淡粉色到白色，被有细密的红褐色斑点和稀疏的暗紫斑纹，或被有灰褐色斑点，常在钝端密集成环状。

种群现状和保护 分布较广泛，种群数量稳定。IUCN评估为无危（LC）。被列为中国三有保护鸟类。

栗背伯劳

拉丁名：*Lanius collurioides*
英文名：Burmese Shrike

雀形目伯劳科

体长19 cm左右。头顶黑灰色，到上背转为灰色，下背和肩至尾上覆羽栗色或栗棕色；尾黑色，外侧尾羽白色；翅黑色，具白色翅斑，内侧飞羽具宽的栗色羽缘；下体白色。在中国境内分布于西南部和东南部，国外分布于印度等地。IUCN评估为无危（LC），《中国脊椎动物红色名录》评估为近危（NT）。被列为中国三有保护鸟类。

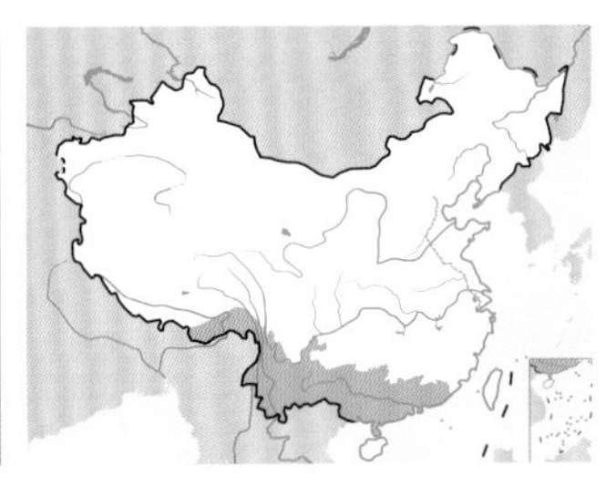

栗背伯劳。沈越摄

棕背伯劳

拉丁名：*Lanius schach*
英文名：Long-tailed Shrike

雀形目伯劳科

形态 体长23～25 cm，体重46～72 g。体色以棕红色为主。前额和贯眼纹黑色，头顶至上背灰色或灰黑色，下背、肩、腰和尾上覆羽棕色；翅黑色，具棕色羽缘；白色翅斑；尾羽黑色，外侧尾羽外翈具棕色羽缘和端斑；颏、喉、胸及腹中心部位白色，其余下体淡棕色或棕白色，两胁和尾下覆羽棕红色或浅棕色。虹膜暗褐色；嘴、脚黑色。

分布 在中国分布于新疆西部和黄河流域及其以南的广大地区，包括台湾和海南岛，近年来也记录于北京、天津、河北。国外分布于西亚、中亚、南亚、东亚南部和东南亚。

栖息地 主要栖息于低山丘陵和山脚平原地区，夏季可上到海拔2000 m左右的中山次生阔叶林和混交林的林缘地带。对人工生境有较强地适应性。

习性 性凶猛，嘴爪均强健有力。繁殖期成对活动，领域性甚强，发现入侵者立即驱赶。当遇人干扰或情绪激动时，尾常向两边不停地摆动，做示威动作。繁殖期间常站在树顶端枝头高声鸣叫，其声似“zhigia-zhigia-zhigia-zhiga”不断重复的哨音，并能模仿红嘴相思鸟、黄鹂等其他鸟类的鸣叫声，鸣声悠扬、婉转悦耳。有时边鸣唱边从树顶端向空中飞出数米，快速地扇动两翅，然后又停落到原处。

食性 肉食性鸟类，善于捕食昆虫、鸟类及其他动物，甚至能捕杀比个体较大的鸟类，如鹧鸪之类。平时常栖止于树梢处，东张西望，一旦发现猎物，就直飞而下捕杀，然后返回原处吞食。偶尔也吃少量植物种子。在捕食到个体较大猎物时，常借助于树

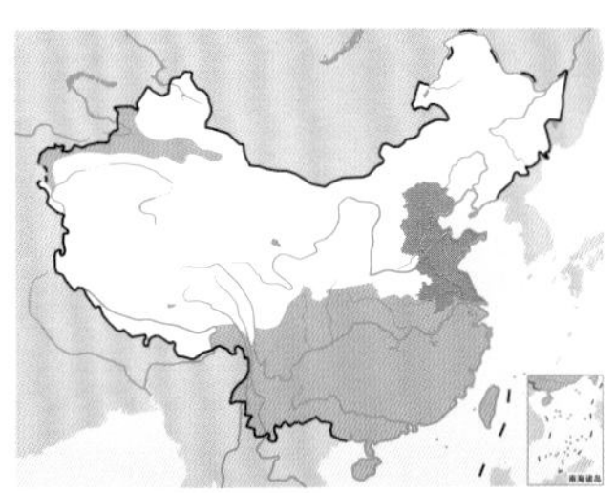

棕背伯劳。左上图为等待觅食，下图为猎得小鸟。颜重威摄

枝或尖刺来固定猎物，再进行撕扯，进食猎物。

繁殖 繁殖期4～7月。在海南等亚热带地区稍早些，3月份开始繁殖，4月末可见离巢幼鸟，在四川多在4月开始繁殖。4月初雄鸟开始占领巢域，每天早上站在巢域中树的顶枝上鸣叫，对进入领域内的同种雄鸟予以驱赶，领域性极强。4月中下旬开始配对、营巢。巢置于乔木或灌木上，距地面高1～8 m。巢呈碗状或杯状，营巢材料通常就地取材，主要由细枝、枯草茎、枯草叶、树叶、竹叶以及其他植物纤维构成，内垫棕丝和细软的草茎、须根。巢的大小为外径15～16 cm，内径6～10 cm，高10～11 cm，深4～6 cm。雌雄共同营巢。每窝产卵3～6枚，多4～5枚。卵色变异较大，有淡青色、乳白色、粉红色或淡绿灰色，缀有大小不一的褐色或红褐色斑点。卵大小为23(22.4～23.7) mm×29.3（27.2～30.5）mm，重7.3（6.5～8.1）g。仅雌鸟孵卵，孵化期12～14天，雄鸟在雌鸟孵卵期间承担警戒任务并觅食饲喂雌鸟。刚出壳的雏鸟体表裸露，肉红色。雌雄双亲共同育雏，并竭力保护它们的觅食领域。育雏期13～14天，幼鸟离巢后的最初几天，仍需亲鸟喂食，并一直在领域内活动1～2个月之久。

种群现状和保护 分布范围很广，是中国南方较为常见的低山疏林灌丛鸟类，种群数量稳定，IUCN和《中国脊椎动物红色名录》均评估为无危（LC）。被列为中国三有保护鸟类。

进行求偶喂食的棕背伯劳。颜重威摄

刚离巢的棕背伯劳幼鸟，还在向左侧的亲鸟乞食。杜卿摄

灰背伯劳

拉丁名：*Lanius tephronotus*
英文名：Grey-backed Shrike

雀形目伯劳科

体长约25 cm。头顶至下背暗灰色，翅、尾黑褐色，各羽具窄的淡棕色端斑；下体近白色，颈侧略染锈色，胸以下以锈棕色较重，胁羽、股羽及尾下覆羽锈棕色。虹膜褐色；嘴绿色；脚绿色。在国内分布于中部和西部地区，国外见于印度、尼泊尔和中南半岛。栖息于自平原至海拔4000 m的山地疏林地区，在农田及农舍附近较多。IUCN和《中国脊椎动物红色名录》均评估为无危（LC）。被列为中国三有保护鸟类。

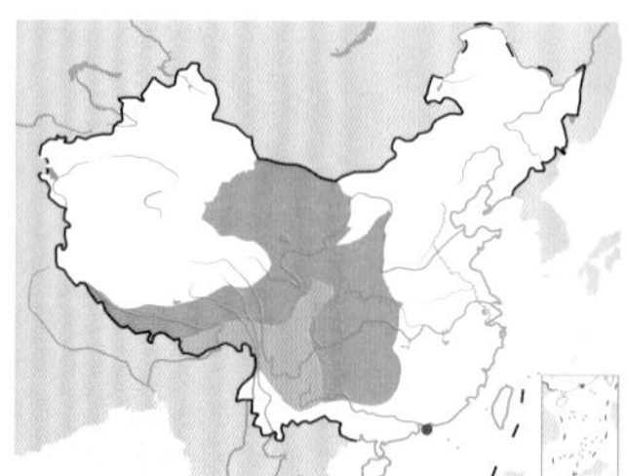

灰背伯劳。韦铭摄

黑额伯劳

拉丁名：*Lanius minor*
英文名：Lesser Grey Shrike

雀形目伯劳科

体长约20 cm。自嘴基至额黑色，与黑色眼罩连为一体；头顶至尾上覆羽暗褐灰色；中央两对尾羽纯黑色，最外侧一对尾羽具白色端斑；喉纯白色，胸以下沾灰色，前胸、胸腹侧方及胁羽染粉褐色，尾下覆羽白色。虹膜褐色；嘴灰色；脚黑色。繁殖于欧洲南部及东部、亚洲中部；越冬于非洲，在国内仅见于新疆西北部。IUCN和《中国脊椎动物红色名录》均评估为无危（LC）。被列为中国三有保护鸟类。

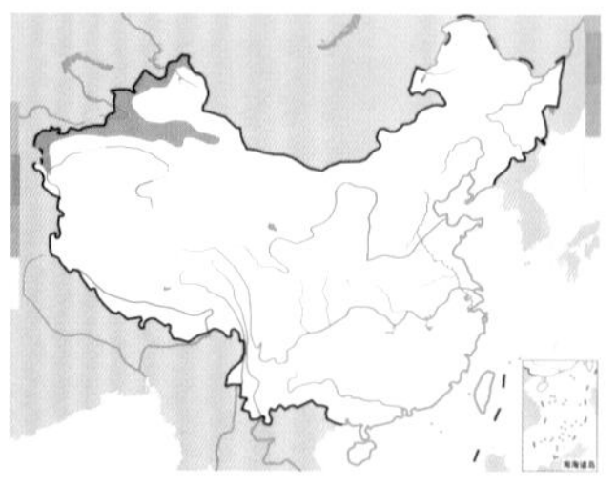

黑额伯劳。左上图刘璐摄，下图沈越摄

灰伯劳

拉丁名：*Lanius excubitor*
英文名：Great Grey Shrike

雀形目伯劳科

形态 体长24～25 cm，体羽多灰色的中型伯劳。头顶至尾上覆羽灰色，具宽阔的黑色眼罩和白色细眉纹；腰灰白色；两翼黑色具有白色横斑；尾羽黑色，外侧白色；下颊至下体灰白色。虹膜褐色；嘴黑色；脚偏黑色。

分布 在中国分布于东北、西北和华北地区，多为越冬或迁徙。国外广布于欧亚大陆北部。

栖息地 栖息于平原到低山的疏林或林间空地附近。

习性 常栖于树顶，到地面捕食，捕到后飞回树枝。将猎获物挂在带刺的树上，在棘刺的帮助下，将其杀死，撕碎而食之。灰伯劳不常在中国繁殖，但在春、秋季节沿北方各省迁徙，为中国北方常见的一种大型伯劳，并有少数个体在中国越冬。

食性 性凶猛，嗜吃小形兽类、鸟类、蜥蜴、各种昆虫等。

繁殖 很少在中国繁殖，仅准噶尔亚种 *L. e. funereus* 在新疆西部、宁夏亚种 *L. e. pallidirostris* 在贺兰山附近有繁殖记录。宁夏亚种4月上旬配对，5月筑巢。巢筑于不高的树上，距地面高0.5～1.5 m。巢呈杯状，结构粗糙，外壁以灌木的树枝编成，内壁为细枝、干草、植物纤维及绒羽等编织而成。窝卵数4～7枚，卵淡青色，具淡灰色斑。由雌雄亲鸟共同孵卵，孵化期20天。雏鸟大约20天即能飞翔，在此之前已离巢。

种群现状和保护 分布范围广，种群数量趋势稳定，IUCN和《中国脊椎动物红色名录》均评估为无危（LC）。被列为中国三有保护鸟类。

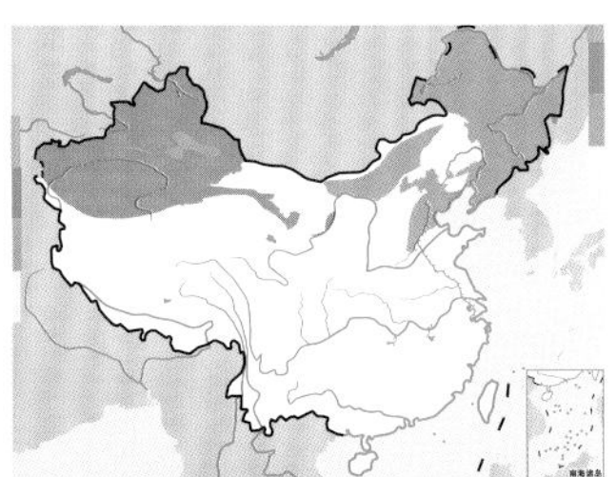

灰伯劳。左上图刘璐摄，下图张明摄

楔尾伯劳

拉丁名：*Lanius sphenocercus*
英文名：Chinese Grey Shrike

雀形目伯劳科

体长约28 cm。为体形最大的灰色伯劳。眼罩黑色，额基和眉纹白色，两翼黑色并具粗的白色横纹；下体偏白色，肩羽与背同色；尾凸形，三枚中央尾羽黑色，羽端具狭窄的白色，外侧尾羽白色。虹膜褐色；嘴灰色；脚黑色。分布于中国东部和北方大部分地区，国外见于蒙古、俄罗斯和朝鲜半岛。IUCN和《中国脊椎动物红色名录》均评估为无危（LC）。被列为中国三有保护鸟类。

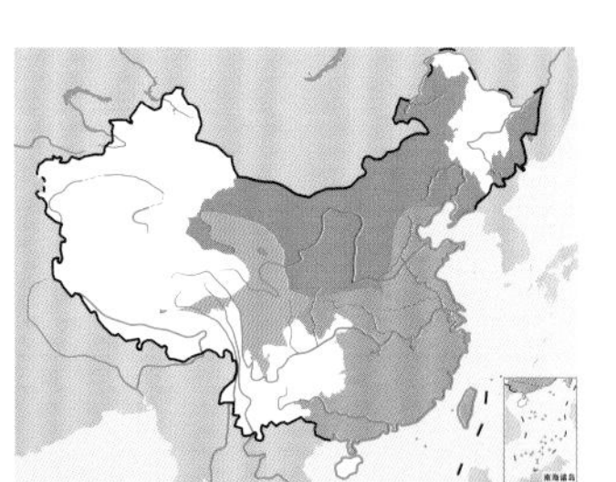

楔尾伯劳。左上图焦海兵摄，下图杜卿摄

飞行的楔尾伯劳，尾羽特征十分清晰。张明摄

鸦类

- 鸦类指雀形目鸦科鸟类，全世界共21属130种，中国有12属29种，除2种地鸦外均可见于森林地区
- 鸦类性机敏而大胆，喜集群，适应性极强，能适应各种栖息地，取食方式和食物种类均丰富多样
- 鸦类开始繁殖的年龄较迟，主要在树上用树枝营碗状巢，繁殖期领域性很强，一些物种有合作繁殖现象
- 鸦类许多物种分布广泛而常见，但也有许多岛屿物种受胁

类群综述

鸦类对大多数人来说都相当熟悉，因为它们通常体形比较大，叫声又很嘈杂，特别引人注意。鸦类隶属于雀形目（Passeriformes）鸦科（Corvidae），共有21属130种，分布为全球性，除北极高纬度地区、南极、南美洲南部、新西兰以及大多数海岛之外，均有它们的身影。有些种类，如喜鹊 *Pica pica*、灰喜鹊 *Cyanopica cyanus*、大嘴乌鸦 *Corvus macrorhynchos*、小嘴乌鸦 *C. corone* 和家鸦 *C. splendens* 等，都喜欢在人类聚居的城市、村庄等生活。还有些种类，如分布于北美洲的短嘴鸦 *Corvus brachyrhynchos*、分布于大洋洲一带的澳洲鸦 *C. orru* 等，是近年来才进入城市的，但如今已有越来越多的城市定居者。

中国共有鸦科鸟类12属29种，分布遍及全国各地。

形态 鸦类体长19～70 cm，体重40～1500 g，其中有体形最大的雀形目鸟类——渡鸦 *Corvus corax*，也有许多种类体形相当小，甚至只有鸫类一般大小，如分布于北美洲的冠蓝鸦 *Cyanocitta cristata* 等。

除了极少数特例外，鸦类的外形整体而言相当统一。它们体形较大，身体结实，腿、喙强健；外鼻孔由须状羽毛覆盖，这一点使绝大部分鸦有别于其他鸣禽。鼻须一般相当明显，尤其是塔尾树鹊 *Temnurus temnurus* 的鼻须特别密而短，似一团天鹅绒。只有分布于北美洲的蓝头鸦 *Gymnorhinus cyanocephalus* 终生都没有鼻须。秃鼻乌鸦 *Corvus frugilegus* 和分布于太平洋岛屿上的灰乌鸦 *C. tristis* 在雏鸟阶段鼻孔覆须，但随着发育长大，鼻须逐渐消失，最后脸部只剩裸露皮肤。

鸦类通常雌雄相似。羽色一般比较单调，但不少蓝鸦类有亮丽的蓝色、栗色、浅黄色或绿色斑纹，也有许多种类的翅和尾有醒目的斑。许多长尾的鸦类都被称为“鹊”，虽然各个类群之间似乎并没有密切的亲缘关系。这些“鹊”中既有羽色斑驳的、广布于欧亚大陆和北美洲的喜鹊，也有分布于亚洲南部至太平洋诸岛的一些羽色鲜艳的种类，大部分种类体羽为蓝色，少数为褐色或蓝灰色，如分布于中国的台湾蓝鹊 *Urocissa caerulea*、蓝绿鹊 *Cissa chinensis* 等。它们均有短而强健的喙以及长度不同的变异尾羽，有的尾羽上还有黑白两色的斑纹。分布于亚洲东南部至太平洋诸岛一带的树鹊类（包括树鹊属 *Dendrocitta*、黑头树鹊属 *Crypsirina*、塔尾树鹊属 *Temnurus*）上喙相对较短却明显弯曲，长尾的中央尾羽末端呈圆形，在有的种类中微向外展，有的则张得极开。其中，在中国也有分布的塔尾树鹊 *Temnurus temnurus* 的变异尾羽末端均向外扩张，形成与众不同的刮铲形，这样的尾羽也使它成为鸦类中最具特色的物种之一。

星鸦属 *Nucifraga* 有2种，即星鸦 *Nucifraga caryocatactes* 和北美星鸦 *N. columbiana*，分别生活在欧亚大陆和北美洲。星鸦的羽毛主要呈栗色，有白色条纹，而北美星鸦以灰色为主。它们都主食种子或坚果，冬季则依靠储藏的食物储备过冬。

噪鸦类 *Perisoreus* 是鸦类中体形比较小一个类群，其中北噪鸦 *Perisoreus infaustus*、灰噪鸦 *P. canadensis* 基本上为环北极分布，而中国特有种

左：鸦类是演化与扩散十分成功的鸟类，出现在各种类型的栖息地中，许多种类成功地适应了人类聚居的环境。其中松鸦是欧亚大陆分布最为广泛的森林鸦类。图为叼取巢材准备筑巢的松鸦。胡山林摄

类——黑头噪鸦 *P. internigrans* 则分布于高山针叶林中。它们的体羽较为蓬松，除北噪鸦带有棕红色外，体色大都为灰色或灰褐色；嘴形直，尾羽不显著。

乌鸦类 *Corvus* 体形比较大，尾短或中等长度，体羽一般为全黑色、黑白相间、黑灰相间，或浑身乌褐色。乌鸦类在欧亚大陆的代表种类有渡鸦、小嘴乌鸦、秃鼻乌鸦、寒鸦 *Corvus monedula*、家鸦和大嘴乌鸦等种类；在非洲有非洲白颈鸦 *C. albus* 和非洲渡鸦 *C. albicollis* 等。在北美洲和大洋洲也有多种全身黑色的乌鸦，在结构和外形上都很相似，只是鸣声不同。其中，北美洲、中美洲的短嘴鸦、鱼鸦 *C. ossifragus*、西纳劳乌鸦 *C. sinaloae* 和墨西哥乌鸦 *C. imparatus* 更容易通过声音而非外形来区分，而大洋洲的澳洲鸦、小嘴鸦 *C. bennetti*、澳洲渡鸦 *C. coronoides* 等种类则几乎只能靠鸣声来辨别。乌鸦类在向偏远岛屿扩张方面也比其他鸦类更为成功，它们在西印度群岛、印度尼西亚、西南太平洋和夏威夷等太平洋岛屿上都有所分布。

山鸦类 *Pyrrhocorax* 包括红嘴山鸦 *Pyrrhocorax pyrrhocorax* 和黄嘴山鸦 *P. graculus* 2 种，它们拥有和乌鸦类相似的全黑式光滑体羽，只是喙较细长，下弯，呈红色或黄色。过去它们被认为与鸦属种类具有密切的亲缘关系，但近来的基因研究表明，山鸦与其他鸦类都不同。它们主要为山地鸟类，分布范围可达喜马拉雅山脉海拔近 9000 m 的峰顶，同时在某些地方也见于海边岩崖附近。

在鸦类中，分布于亚洲中部一带的地鸦类 *Podoces* 由于基本生活在地面上而与众不同。它们主要栖息于干旱的半沙漠地带和草原地带，而非森林之中，遇到危险时通常靠奔跑逃离而非飞走，因此它们也被排除在本书的论述之外。

栖息地 鸦类大多为典型的森林鸟类，也能适应多种多样的栖息地，包括农田、草地、沙漠、草原、苔原，等等。许多种类栖息于森林或其他林地中，其中生活在亚洲、南美洲的大部分蓝鸦类和鹊类几乎仅限于森林，松鸦 *Garrulus glandarius* 见于横贯欧亚大陆的大部分温带林地中，另外那些分布于欧亚大陆和北美洲的众多为人熟知的种类则更喜欢比较开阔的栖息地。不过，非洲和澳大利亚则没有栖息于森林中的鸦类。

习性 鸦类性好结群，尤其在冬季，一群从十余只至百余只均十分常见。日活动时间很长，常天还未很亮就从天空飞过，比一般鸟类活动早；晚间回到夜栖地也比其他鸟类晚，常常天黑以后才到达栖宿地点。集群夜宿也很常见，最多时，在同一棵树上可栖息 150 只左右的个体。

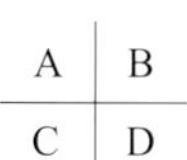

A 小巧玲珑的噪鸦——北噪鸦。林红摄

B 羽色鲜艳的蓝鹊——台湾蓝鹊。沈越摄

C 浑身漆黑的乌鸦——小嘴乌鸦。沈越摄

D 喙细长而鲜艳的山鸦——红嘴山鸦。彭建生摄

集结成大群的达乌里寒鸦。刘璐摄

它们喜欢在地上、树上、人工建筑上栖息。在地面上觅食时步行缓慢，一般不跳跃。性机警，成群活动时，如一鸟发现敌害即发出惊声，则全群一哄而散。但有时它们也很勇敢，即使对于猛禽，也敢于群起围攻。

小型种类通常飞行迅速，而大型种类飞行时大多从容不迫，翅膀缓慢鼓动，头常歪向一侧，呈直线飞行。有时候也采取滑翔的方式，在空中回旋。遇大风天气则急骤降落，或逆风边鸣边作短距离飞翔。栖落树上时，往往先滑翔半圈之后才站落到树上。

鸣声为多种刺耳的声音，粗厉而单调，或带嘶哑，有的常边飞边鸣，早晨和黄昏成群飞过时，鸣叫不绝，嘈杂不堪，站在树上或地上时也鸣叫不停。也有些种类能发出相对悦耳的鸣声，还有不少种类能够效鸣。

食性 鸦类食物丰富多样，大多数种类既食动物性食物也食植物性食物，包括果实、种子、空中飞行的昆虫、地面无脊椎动物、小型脊椎动物、其他鸟的卵或腐肉，许多种类能迅速适应对新的人工食物资源的利用。

鸦类普遍具有贮食行为，从而保证它们能在食物缺乏时得以生存。其中，松鸦、星鸦和乌鸦类食物不足的现象是很常见的，而对于分布在高纬度或高海拔地区的噪鸦类来说，漫长的冬季使得贮食行为变得尤其重要。这种行为包括寻找食物、采集、处理、搬运、放置、掩蔽、保护和找回、食用等环节。有不少种类将食物分散储藏在不同地点，这样做的好处是，在遭遇偷窃时可以尽量减小损失。有趣的是，当一个群体共同觅食时，一些个体更喜欢把食物藏在较远的地方，从而防止食物被其他成员偷窃。此外，如果它们意识到储食地点被发现，也会转移食物，另外寻觅更为安全可靠的场所。不过，分散储藏法无疑需要消耗更多的能量，而且它们必须具有很好的记忆力才能记住大量的分散藏食地点，并在适当的时机取回所储藏的食物。事实上，当储藏的地点过多时，有些储藏的食物就很可能最终没有得到利用。鸦类储食的地点可以是树杈上、树洞里或是地面上。噪鸦类喜欢在树上储食，这样更隐蔽，更安全，特别是在大雪覆盖的季节里尤其重要；灰噪鸦的唾液腺十分发达，可以分泌大量黏稠的唾液浸润食物，把食物聚成一个食团，牢固地黏附在树枝上；松鸦也具有同样的本领；渡鸦掠食后常常只把瘦肉吃掉，而将更容易储存的脂肪藏匿起来。

对于鸟类来说，在储藏食物数月之后还能重新找到是一种令人惊叹的能力。生活在北美洲的北美星鸦、蓝头鸦和暗冠蓝鸦 *Cyanocitta stelleri* 都喜欢把种子储藏在它们在地面挖的小洞中并覆盖起来。不过，它们对于储藏食物的依赖程度有所不同。生活在高海拔地区的北美星鸦在冬天和春天几乎完全依赖储藏的种子为生，甚至在夏季时还要利用储藏的种子喂养幼鸟，所以每只鸟大约要储藏 33 000 粒种子；蓝头鸦生活在海拔稍微低一些的地方，那里

A B
C D

A 冬季在灌木上取食果实的灰喜鹊。赵国君摄

B 在地面取食蚂蚁的灰树鹊。颜重威摄

C 跟随在家畜后面取食昆虫的达乌里寒鸦。吴秀山摄

D 取食腐鼠的小嘴乌鸦。刘璐摄

的冬天比较容易找到食物，所以每只鸟大约只储藏20 000粒种子；对同样生活在低海拔地区但体形最小的暗冠蓝鸦来说，冬天储食的压力最小，所以每只鸟只储藏大约6000粒种子。比较行为学研究发现，这三种鸦类重新找到储藏食物的能力与它们对这些种子的依赖程度直接相关。但北美星鸦和蓝头鸦重新找回埋藏种子的能力都明显强于暗冠蓝鸦，而蓝头鸦的表现最好，因为它储藏种子的地点都离得很近，不像北美星鸦那样分散，所以只需在比较小的范围内搜寻即可。

鸦类都拥有强健的喙，对付各种食物游刃有余，大多数种类在撕裂食物时还会使用脚来抓持，并且通常只用下颌骨来啄食持在脚上的食物。蓝鸦类则在下颌骨上长有一个特别的骨质突，使这一行为变得更为高效。北美星鸦在舌下生有一个小囊，称为舌下囊，可用于携带种子；寒鸦、喜鹊、小嘴乌鸦和秃鼻乌鸦等通过舌前囊来携带；而暗冠蓝鸦、黑头松鸦则拥有膨大的食管来完成这个任务。

生态适应：

鸦类的适应能力和聪明才智在它们的觅食行为中体现得最为突出，有很多种类甚至能够利用或制造工具。

不少鸦类都有过“浸泡”或“清洗”食物的记录，也许是为了去除黏性物质或软化硬质食物。渡鸦遇有较大的骨头无法下口时，就会叼着骨头飞起来，再将骨头从空中投向岩石，将其砸碎，然后落下吞食，这种行为与猛禽中的胡兀鹫十分相似。日本仙台的乌鸦发现了一种敲碎胡桃壳的聪明办法，它们衔着胡桃在路边等待，直到交通信号灯由绿变红，便飞下来将坚果丢在汽车车轮前，然后飞走；当绿灯再次亮起，它们再飞回来捡食那些被车轮碾碎外壳的胡桃。在北欧一带，渔民在隆冬时节常常把渔竿搁在冰窟窿中钓鱼，乌鸦则学会利用渔民不在的机会，用嘴叼着钓鱼绳，把绳子拽出冰窟窿，偷吃鱼钩上活蹦乱跳的鱼。

分布于太平洋岛屿上的新喀鸦*Corvus moneduloides*会制作工具来协助获取食物，成为人类之外最精通工具制造的动物之一。它的“工具清单”包括：用锐利的树枝做成的拨火棍，用来戳刺藏在棕榈树叶丛中的昆虫及幼虫，或探入树洞中寻找昆虫蛹；由弯曲的树枝精心制成的钩子，用来将小虫子从洞穴中挖出来；而最令人赞叹的工具可能要数用叶脉做成的锯子，它能用来切开和刺穿虫子。更为奇特的是，它们会在不同的地方制作不同类型的工具，而所有这些对树枝和树叶进行处理后制作出来的工具都经过了深思熟虑，“制作”得非常精心，实为动物世界中的一绝。

有趣的是，另一种生活在太平洋热带岛屿上的种类——夏威夷乌鸦*Corvus hawaiiensis*也擅长使用工具。虽然这个物种已于21世纪初在野外灭绝，但对于现存的100多只人工饲养个体的研究发现，其中78%会自发使用棍子试探远处的食物，而且成年个体使用工具的比例为93%，较年幼的比例为47%，从而证明使用工具是该物种的一种天赋能力。也就是说，幼鸟在没有经过训练或社会影响的情况下就拥有使用工具的能力。夏威夷乌鸦与新喀鸦的亲缘关系相对疏远，但又都生活在环境相似的偏远热带岛屿中，因此它们之间的相似性成为动物对于工具适应的趋同演化的一个例子，揭示在典型的岛屿生态条件下，由于本地猎物竞争降低和被捕食风险不高，从而促进了鸟类使用工具觅食技能的发展的现象。

繁殖 大多数鸦类至少出生2年后才开始繁殖，有些短嘴鸦个体直至六七龄才繁殖。不过，小嘴乌鸦和喜鹊在出生后次年便会开始配对并维护领域。这种性成熟的延后现象可以反映出繁殖机会的不足，或是为了让幼鸟在开始繁殖前积累更多的经验。

鸦类大多会维护它们各自营巢繁殖的领域。如渡鸦、松鸦和西丛鸦 *Aphelocoma californica* 的配偶双方都会向进入领域的入侵者发出威吓。有的种类，如佛罗里达丛鸦 *Aphelocoma coerulescens*，会长年坚守自己的领域；短嘴鸦也长年维护领域，但在一年的某些时期内会组成大的觅食群和栖息群，它们在白天维护领域，夜间则加入领域外的栖息群中。这些鸦类会年复一年地长期占据同一领域，而配偶关系常常维系终生。有些佛罗里达丛鸦个体一生都不离开它们亲鸟的领域，并且就在它们出生的地点进行繁殖。

少数种类实行群体营巢，比较突出的有寒鸦——松散的群体营巢于洞穴中；秃鼻乌鸦也以其繁殖群体庞大而著称，密集地在树顶营巢。集群营巢的种类终年群居，而许多维护繁殖领域的种类在非繁殖期会成群，其中一些会形成大的栖息群体。

上：在树杈上储藏食物的星鸦。杜卿摄

下：喜鹊年复一年在同一地点筑巢，新巢垒在旧巢上，形成了高达数层的“豪华别墅”。张瑜摄

很多种类的繁殖期与食物供应的高峰期吻合，这有利于雏鸟的发育。

鸦类的巢大多由树枝筑成，呈碗状结构，位于树上，衬有柔软物质。也有些筑圆顶巢或营巢于洞穴中。窝卵数一般为2～8枚，卵白色、浅黄色、米色、淡蓝色或浅绿色，常有深色斑。孵化期16～22天。雏鸟留巢期18～45天。雏鸟出壳不久，体表裸露，眼睛尚未睁开，就已经可以发出微弱的乞食叫声。随着日龄增长，这种叫声逐渐被更强有力的乞食叫声所取代，当亲鸟觅食归来并接近巢时，幼鸟就会发出乞食的叫声和动作，刺激亲鸟饲喂。这种行为可以持续到幼鸟出巢后1个月以上。

有趣的是，有些种类的成鸟，如雌性黑头噪鸦，也会发出与雏鸟类似的乞食叫声，并接受雄鸟的喂食，特别是繁殖前期和孵卵期更为多见。这种现象很可能是一种繁殖信号，并在一定程度上起到协调双方步调的作用。在繁殖前期，当成年雌鸟发出乞食叫声和动作时，雄鸟随即喂给它食物，这可能属于求偶行为中的一种。在孵卵期，雌鸟很少离巢，雄鸟在此期间每天数次到巢给雌鸟喂食，雌鸟会向任何一个接近巢的家庭成员乞食，但只有雄鸟会喂给它食物。有时雌鸟还会跳出巢，在旁边的树枝上大声乞食。

合作繁殖是指一个社群单位中一只或多只成鸟放弃自己的繁殖机会而去帮助别的成鸟哺育它们的后代的现象，在多种昆虫、鱼类、鸟类甚至哺乳动物中都有发现。鸦类中的许多种类也采取合作繁殖，由2只以上的鸟照看一窝雏鸟并帮助喂食。最常见的是协助方为繁殖配偶的后代，在巢域内已生活1年或1年以上。这种情况在松鸦中尤为普遍，而在乌鸦类中，已知的仅见于短嘴鸦和小嘴乌鸦的某些种群。短嘴鸦的“大家庭”可包括15个成员，均为一对配偶的后代，它们留在巢域内生活可长达6年或更长时间。在灰胸丛鸦 *Aphelocoma ultramarina* 中会出现数对配偶同时在一个群体领域内营巢的现象，那些领域内的非繁殖个体会给几个巢的雏鸟喂食，而那些繁殖配偶在自己的雏鸟离巢后也会给其他巢的雏鸟喂食。DNA检测研究发现，一个巢中的雏鸟事实上会是数对配偶的后代。相比之下，在与灰胸丛鸦有密切亲缘关系的佛罗里达丛鸦中，合作繁殖模式则要简单得多，一个巢内的所有雏鸟全部是一对繁殖配偶的后代。灰噪鸦在幼鸟开始换羽后，由于幼鸟对营养的需求很大，帮手（通常是幼鸟的兄长）直接哺育幼鸟，在开始换羽后的 25 天时间里，兄长提供了 39% 的食物供给。

在绝大部分种类中，雌鸟独自孵卵，也有少数为双亲孵卵，在巢中孵卵的雌鸟通常由雄鸟和协助者喂食。由于孵卵一般始于最后一枚卵产下前，因此一窝雏鸟会在数天里陆续孵化，致使同窝雏鸟大小不一。当食物匮乏时，最小的雏鸟往往会死亡。在有些乌鸦种类中，最小的雏鸟会在出生后即被抛弃，以减少雏鸟对有限的食物供应的竞争。双亲常将喂雏的食物储藏于喉部带回巢。绝大多数种类(倘若不是全部的话）的雏鸟在会飞离巢后仍由双亲喂养数周，并且至少在部分种类中，它们完全独立后会继续在亲鸟的领域内逗留数月。而在合作繁殖种类中，它们则会留下来生活若干年，或者在离开数周至数月后重新返回。

延迟扩散是指已经具备繁殖能力的后代没有立即扩散，而仍然滞留在亲代的领域范围内。延迟扩散的直接结果是家庭成员里增加一名帮手。帮手绝大多数都是繁殖者的亲属，一般为上一个繁殖季节所生的子女，这样的组合在有帮手的家庭里占到 75%。只有一小部分家庭的帮手是没有亲缘关系的新移民。因此后代的延迟扩散是合作繁殖的一个重要条件，但并非所有延迟扩散的种类都表现出典型的合作繁殖行为。灰噪鸦、北噪鸦等噪鸦类都有延迟扩散的现象。

与人类的关系 鸦类分布广泛，很多种类已特化为与人类共存的状态，而它们特殊的姿态、羽色、叫声、食性以及所表现出来的智慧，等等，都使它们的形象频频出现在世界各民族的文化之中。其中，在中国传统文化中出现最多的是喜鹊和乌鸦。不过，人们通常所说的乌鸦是多种鸟类的泛称，而不是像喜鹊那样单指一种鸟类。其中比较狭义的一个范畴，包括小嘴乌鸦、大嘴乌鸦和秃鼻乌鸦，有时还包括家鸦、寒鸦、白颈鸦和渡鸦等，更广泛的概念则包括所有鸦属鸟类。

虽然有“北人喜鸦恶鹊，南人喜鹊恶鸦”的说法，但在大多数情况下，人们仿佛将贬义的都赋予给了乌鸦，而把褒义的全都给了喜鹊——喜鹊的叫声让人轻松愉快，乌鸦的叫声则让人充满恐惧。因此，喜鹊叫是有好事临门，而乌鸦叫则有不测之灾。

种群现状和保护 得益于其强大的适应能力，很多鸦类种群数量丰富，乃至在城市里泛滥成灾，然而可能与人们日常印象相反的是，鸦类的受胁的比例高达 14%，与世界鸟类整体受胁比例持平，在雀形目中处于较高水平。这是因为鸦类体形较大，相应的对栖息地面积的要求也就更高，而一些鸦类分布于热带岛屿上，茫茫大洋阻碍了它们扩散寻觅新的适宜栖息地的旅程，因此在商业开发、农业发展、入侵物种、气候变化等引起的环境变化面前束手无策，也就难免落入濒危的境地。例如，被 IUCN 确认野外灭绝（EW）的夏威夷乌鸦，与极危（CR）的爪哇绿鹊 *Cissa thalassina*、邦盖乌鸦 *Corvus unicolor*、关岛乌鸦 *C. kubaryi* 都是岛屿物种。

上：乞食的红嘴蓝鹊雏鸟。冯瑞明摄

中：暖雏的红嘴蓝鹊雌鸟向雄鸟乞食。冯瑞明摄

下：将死亡雏鸟叼出巢外的红嘴蓝鹊。冯瑞明摄

北噪鸦
Perisoreus infaustus
黑头噪鸦
Perisoreus internigrans
云南亚种
G. g. leucotis
东北亚种
G. g. brandtii
普通亚种
G. g. sinensis
松鸦
Garrulus glandarius
灰喜鹊
Cyanopica cyanus
台湾蓝鹊
Urocissa caerulea
黄嘴蓝鹊
Urocissa flavirostris
红嘴蓝鹊
Urocissa erythroryncha
白翅蓝鹊
Urocissa whiteheadi

蓝绿鹊
Cissa chinensis
黄胸绿鹊
Cissa hypoleuca
棕腹树鹊
Dendrocitta vagabunda
灰树鹊
Dendrocitta formosae
黑额树鹊
Dendrocitta frontalis
塔尾树鹊
Temnurus temnurus
喜鹊
Pica pica
星鸦
Nucifraga caryocatactes
红嘴山鸦
Pyrrhocorax pyrrhocorax
寒鸦
Corvus monedula
黄嘴山鸦
Pyrrhocorax graculus

达乌里寒鸦
Corvus dauuricus
家鸦
Corvus splendens
秃鼻乌鸦
Corvus frugilegus
小嘴乌鸦
Corvus corone
冠小嘴乌鸦
Corvus cornix
白颈鸦
Corvus pectoralis
大嘴乌鸦
Corvus macrorhynchos
渡鸦
Corvus corax

北噪鸦

拉丁名：*Perisoreus infaustus*
英文名：Siberian Jay

雀形目鸦科

形态 体长 28～31 cm，体重 72～92 g。头顶至后颈暗褐色，背灰褐色沾棕色，中央尾羽灰褐色，其余尾羽棕色，两翅有棕色翅斑；颏、喉淡灰色，胸、腹灰色而沾棕色。虹膜棕褐色；嘴和脚黑色。

分布 在中国分布于黑龙江东北部、内蒙古东北部、新疆北部等地。在国外广泛分布于欧洲北部、亚洲北部一带。

栖息地 典型的寒带泰加林鸟类，主要栖息于针叶林和以针叶树为主的针阔叶混交林，尤以云杉和冷杉林中较常见。

习性 除繁殖季节成对外，其他季节多成小群活动。常在地上或树上觅食。飞行迟缓而无声响，尾常呈扇形散开。性活泼，也善于匿藏。喜欢鸣叫，叫声嘈杂。

食性 食性较杂，夏季主要以昆虫、昆虫幼虫、小型无脊椎动物、幼鸟、鸟卵、鼠类等动物性食物为食，冬季主要以果实、种子等植物性食物为食。

繁殖 繁殖期 4～7 月。主要营巢于云杉、冷杉、落叶松等针叶树上。巢多置于主干和侧枝交叉处或侧枝上，距地面高 2～10 m，由枯枝、枯草、树根等构成，内垫有羽毛。巢呈杯状，大小为内径 9～12 cm，外径 14～23 cm。每窝产卵多为 3～4 枚，偶尔 5 枚。卵绿灰色或灰白色，被有暗色斑点，大小为（23～28）mm×（21～23）mm。通常在产出第 1 枚卵后即开始孵卵，孵化期 16～17 天。

种群状态与保护 IUCN 评估为无危（LC），《中国脊椎动物红色名录》评估为近危（NT）。北噪鸦系寒温带针叶林鸟类，在中国的分布范围较为狭窄，种群数量不丰富，应注意保护。

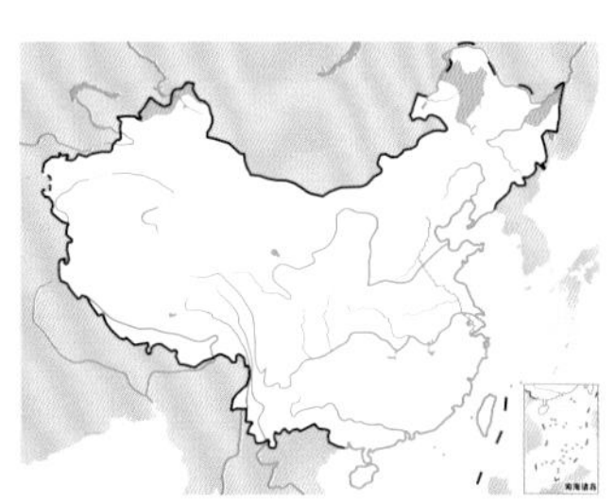

北噪鸦。左上图郑秋旸摄，下图焦庆利摄

黑头噪鸦

拉丁名：*Perisoreus internigrans*
英文名：Sichuan Jay

雀形目鸦科

形态 体长 29～32 cm，体重 89～108 g。头黑色，上体主要为灰色沾褐色；两翅和尾羽黑褐色；颏、喉、颊烟灰色，其余下体灰色沾褐色。嘴暗铅褐色；脚黑褐色。

分布 中国特有鸟类，仅分布于四川西部、青海东南部、甘肃南部和西藏东部一带。

栖息地 主要栖息于海拔 3000～4500 m 以云冷杉为主的高山针叶林中，尤以浓密的暗针叶林更为常见，有时也出现在针叶林幼林、草地和人类居住地附近，但不在灌丛中活动。

习性 大多单独或成对活动。树栖，彼此相距不远，并不时发出叫声呼应。它们行动隐秘，常安静地在林间穿行，飞行多呈直线，每次飞不远，只有当干扰较大时才飞往远处。

食性 杂食性，主要以昆虫为食，也吃鸟卵、蜘蛛和动物尸体，植物性食物包括果实、种子、嫩芽等。经常在地面取食，并具有贮食行为。

繁殖 繁殖期 3～5 月。营巢于树顶枝杈间，多位于冷杉的侧枝和主干的交接处，非常隐蔽。每窝产卵 2～4 枚。

雏鸟 2 日龄时，体表裸露，眼睛尚未睁开，但已经可以发出微弱的声似“si”的叫声。随着日龄增长，这种叫声逐渐被更强有力的乞食叫声所取代，当亲鸟觅食归来并接近巢时，幼鸟就会发出乞食的叫声和动作，刺激亲鸟饲喂，这种行为可以持续到幼鸟出巢后 40 天左右。有趣的是，成年雌鸟特别是繁殖前期和孵卵期的雌鸟也会发出这种乞食叫声，并接受雄鸟的喂食。这种现象很可能是一种繁殖信号，并在一定程度上起到协调双方步调的作用。

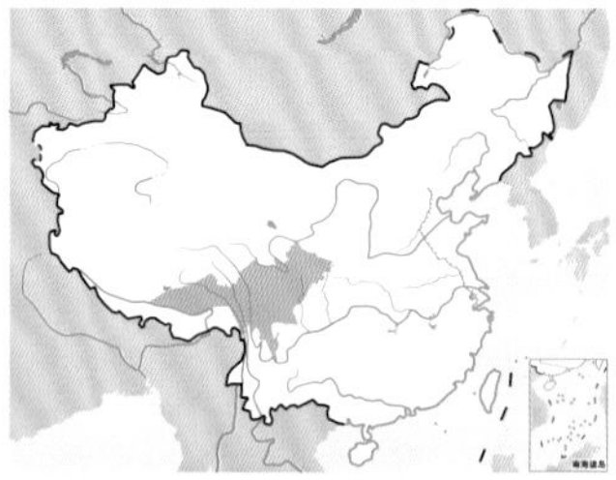

黑头噪鸦。左上图唐军摄，下图杜卿摄

黑头噪鸦具有延迟扩散现象，即部分后代在性成熟之后仍然带留在父母的领地内，这种现象一直被认为是合作繁殖的重要特征之一。在繁殖季能够见到 3～4 只成鸟组成一个繁殖单元，很可能是父母和去年的子女共同占据领域。在育雏期间，所有家庭成员（包括亲鸟和不繁殖的帮手）共同参加喂食，而且帮手和亲鸟对雏鸟的食物贡献几乎一样多。

种群状态与保护 IUCN 和《中国脊椎动物红色名录》均评估为易危（VU），被列为中国三有保护鸟类。黑头噪鸦是中国特有鸟类，是青藏高原东部针叶林具有代表性的“孑遗种”之一，其分布和扩散被认为与青藏高原的抬升过程密切相关，因而黑头噪鸦的研究对揭示青藏高原抬升与动物进化的关系具有重要意义。它的种群数量稀少，分布区域狭窄，各个地方种群之间往往互不连续，这种相互隔离的分布格局主要归因于长期的森林采伐造成相邻的森林斑块之间通常存在大面积的间断，以及青藏高原近代气候变迁所导致的栖息地丧失。

松鸦

拉丁名：*Garrulus glandarius*
英文名：Eurasian Jay

雀形目鸦科

形态 体长 28～36 cm，体重 120～190 g。头顶有羽冠，遇刺激时能够竖直起来；翅短，尾长，羽毛蓬松呈绒毛状。羽色随亚种而不同，云南亚种 *G. g. leucotis* 额白色，头顶黑色，其余亚种额和头顶红褐色，部分亚种头顶黑色纵纹，所有亚种口角至喉侧均有一粗著的黑色颊纹；上体葡萄棕色，尾上覆羽白色，尾和翅黑色，翅上有辉亮的黑、白、蓝三色相间的横斑，极为醒目。虹膜灰色或淡褐色；嘴黑色；跗跖肉色；爪黑褐色。

分布 在中国分布于除青藏高原腹地和荒漠地带意外的大部分地区。在国外广泛分布于欧亚大陆、非洲北部一带。

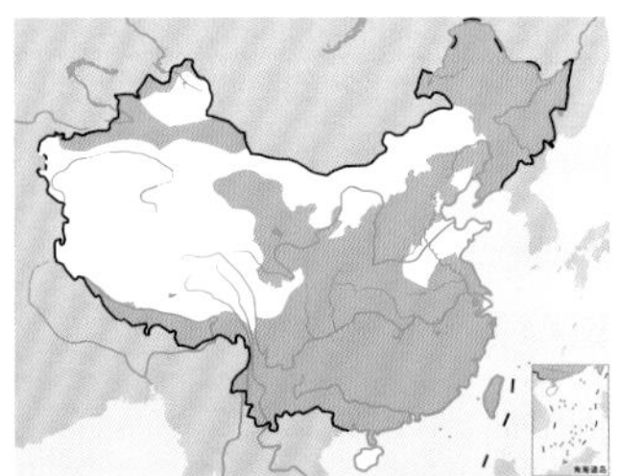

松鸦。左上图为北京亚种*G. g. pekingensis*，吴秀山摄；下图为普通亚种*G. g. sinensis*，沈越摄

松鸦云南亚种。沈越摄

栖息地 主要栖息于海拔 800～1900 m 的针叶林带、针阔混交林带、阔叶林带、疏林灌丛农作带，但很少见于平原耕地中。它们也常见于悬崖峭壁处。

习性 除繁殖期多见成对活动外，其他季节多集成 3～5 只的小群四处游荡，栖息在树顶上，多躲藏在树叶丛中，不时在树枝间跳来跳去或从一棵树飞向另一棵树，有时短暂逗留，间或发出粗犷而单调的叫声，特别是在从一棵树飞向另一棵树时。叫声一般似“gar-gar-ar”，有时鸣叫的声音很低，近似雄猫的“ao-ao”叫声。但在冬季取食中，一般不鸣叫，性孤单，飞离时多距地面 2 m 左右。

当松鸦开始觅食时，首先由一棵松树飞向另一棵松树或在油松、辽东栎树冠间，由低至高逐枝攀跃向上啄食。在啄食的过程中，只用嘴而不需爪趾配合，嘴边黏有物体时，在树枝上左右摩擦至净。冬雪覆盖大地时，沙棘等灌木的浆果成为其主要食物。它们会直接飞在沙棘灌丛上啄食浆果，或降落在地面啄食一些残落食物。

傍晚它们停止觅食，进入栖宿地，先是站立在树冠枝头，伸颈抬头，展示翼羽，以及用嘴梳理背羽或腹羽等。夜幕降临后它们才飞向低谷间向阳背风的树冠间夜宿。

松鸦的主要天敌为猛禽，大多是随山势变化沿林缘开阔地段低空飞行的白尾鹞以及普通鵟、雀鹰等。发现天敌后，就迅速钻入密集的灌丛间或隐匿于油松及云杉等针叶树树冠间躲避。

食性 食性较杂，食物组成随季节和环境而变化。繁殖期主要以金龟子、天牛、尺蛾、松毛虫、象甲、地老虎等昆虫和昆虫幼虫为食，可以啄食树皮裂缝中越冬的害虫，对各种飞蛾则常常是腾空追逐捕食，命中率很高。在松毛虫发生期，它们常成群活动于松林中，觅食大量的松毛虫卵、幼虫、蛹。它们的嘴强健锐利，脚爪弯曲成锋利的钩状，故也能捕食鼠类等小型动物，其他动物性食物还有蜘蛛、鸟卵、雏鸟等。

秋冬季和早春，则主要以松子、橡子、栗子、浆果、草籽等植物果实与种子为食，兼食部分昆虫，有时也到林缘农田取食玉米等农作物、到柞树林取食蚕农饲养的柞蚕。它还具有贮食习性，即在饱食以后常把吃剩的食物埋藏于沙粒、树皮裂缝或落叶层中，待饥饿时再翻出来吃。松鸦储藏橡子前，会挑选那些没有被虫子蛀坏的橡子以便保存更长的时间。

繁殖 繁殖期3～7月。从3月中旬开始，松鸦鸣叫显著增多，活动频繁，尤以雄性表现为甚。

它们多营巢于山地溪流和河岸附近的针叶林、针阔叶混交林、次生林和人工林中，有时也营巢在村镇附近、路边人行道树上以及稠密的阔叶林中。巢通常筑于杨树、榆树、幼松树等高大或中等高度的乔木顶端较为隐蔽的枝杈处，距地面高2～15 m。巢基由枯枝和湿泥黏合而成，往往是由雄鸟衔来树枝，雌鸟衔来湿泥。巢基筑好后，雌雄共同衔来细树根、杂草根须等垫铺巢底。它们也有利用旧巢的习性，有时也利用乌鸦废弃的旧巢。

巢较简单，呈浅盘状、平台状或呈杯状，主要由枯枝、枯草、细根和苔藓等材料堆集构成，其间夹杂有草茎、草叶，内垫有薹草、树叶、麻、树皮纤维、兽毛和羽毛等。巢的大小为外径19～27 cm，内径12～15 cm，高8～17 cm，深4～8 cm。每窝产卵3～10枚，通常5～8枚。卵灰蓝色、绿色或灰黄色，被有紫褐色、灰褐色或黄褐色斑点，尤以钝端较密。卵的大小为（28.5～33.0）mm×（22.0～24.5）mm。孵卵由雌鸟承担，孵化期16～18天。

雌鸟产完最后一枚卵后即坐巢孵卵。雄鸟也参与孵卵，但每次仅坐巢30分钟，每天1小时左右，大多以警卫、衔食喂雌鸟为主，每天衔喂可达18～20次。换孵时，雄鸟站在离巢不远的地方轻声地“Ka-Ka”鸣叫几声，雌鸟闻声即离巢飞去，雄鸟立即入巢接替。雌鸟回巢时以同样方式召唤雄鸟离巢。雌鸟在巢中过夜。

雏鸟晚成性，由雌雄亲鸟共同育雏。主要由雌鸟暖窝。在育雏期间雌鸟的恋巢性极强、轻易不离开。离巢也并不远飞，主要在巢区上空盘旋，一边鸣叫。

刚开壳的雏鸟头大颈细，身体裸露呈肉红色，双目紧闭，耳孔闭塞，侧身躺卧，勉强摇头，腹部膨大如球，口腔鲜红，能张口乞食。5日龄时外形可见暗绿色光泽，活动有力；7日龄时羽区、裸区已清晰，颜色分明，羽干硬挺；15日龄时可见整体羽毛近紫红褐色，腰部及肛周白色，两翅外缘带一辉亮的蓝色点和黑色相间的块状斑；17日龄时，羽毛除尾羽外，已基本长齐，体长已接近成体。

然后，雏鸟就可以离巢了。离巢前雏鸟都迁到巢上方的树枝上，接受亲鸟的食物。雏鸟在巢区仅停留2天时间，亲鸟即用喂食引诱，将雏鸟一只只带领飞离。离巢的雏鸟又相对地集中在一处，生活1天左右。然后亲鸟又以相同方式，引导雏鸟迁移更远。雏鸟离巢后，仍需亲鸟喂食，10天以后雏鸟就有较强的飞翔能力。这时亲鸟带着雏鸟到有食物的地方，让雏鸟学会啄食，此后亲鸟停止喂食，但仍和雏鸟结小群在一起活动，开始游荡。

种群状态与保护 IUCN和《中国脊椎动物红色名录》均评估为无危（LC）。在中国分布较广，亚种分化较多，除部分亚种外，总体种群数量较丰富，是山地森林中常见鸟类之一。它不仅捕食大量森林害虫，对森林有益，而且由于它有储藏种子的习性，对种子的传播也是有益的，应注意保护。

坐巢孵卵的松鸦。杜卿摄

灰喜鹊

拉丁名：*Cyanopica cyanus*
英文名：Azure-winged Magpie

雀形目鸦科

形态 体长33～40 cm，体重73～132 g。额至后颈黑色，背灰色，两翅和凸状长尾灰蓝色，初级飞羽外翈端部白色，尾具白色端斑；下体灰白色。虹膜黑褐色；嘴、跗跖、趾和爪均黑色。

分布 在中国分布于东部南部各地，西至甘肃和青海东北部。在国外分布于欧洲西部及亚洲东部。

栖息地 主要栖息于低山丘陵和山脚平原地区的阔叶林、针叶林、针阔混交林、次生林、人工林和林缘疏林内。现在也常见于城市公园、农村和居民点附近。

习性 除繁殖期成对活动外，其他季节多见4～5只结小群活动，有时可多达几十只，有时甚至集成多达数十只的大群，但单个活动的比较罕见。活动、起飞和飞行时都喜欢鸣叫，鸣声单调嘈杂。

食性 杂食性，但主要以昆虫为食，也吃其他小型动物。也经常吃果实、种子等植物性食物，特别喜食皮厚肉软的成熟果实，大多在树上摘取，少见下地啄食落果。

繁殖 在从南到北的地理分布上，随着纬度的增加，灰喜鹊的繁殖开始时间相应地向后推迟，繁殖期也相应地延后。例如苏北地区的灰喜鹊从3月下旬开始筑巢，而小兴安岭地区的则是在4月下旬开始筑巢。

一般来说，灰喜鹊在3月中旬至4月上旬开始配对，此时仍集群活动，但鸣叫更频繁，雌雄鸟经常互相追逐，时高时低飞翔，有时绕圈飞行，或在林间穿梭不息。雄鸟追逐雌鸟时发出柔润婉转的叫声，有时绕树追逐并衔食饲喂，有时雌鸟先向下直飞，雄鸟追随于后，直至快接近地面时两鸟才开始分开。配对后，配偶双方多数在栖止时进行交配，交配后不久进入营巢阶段。

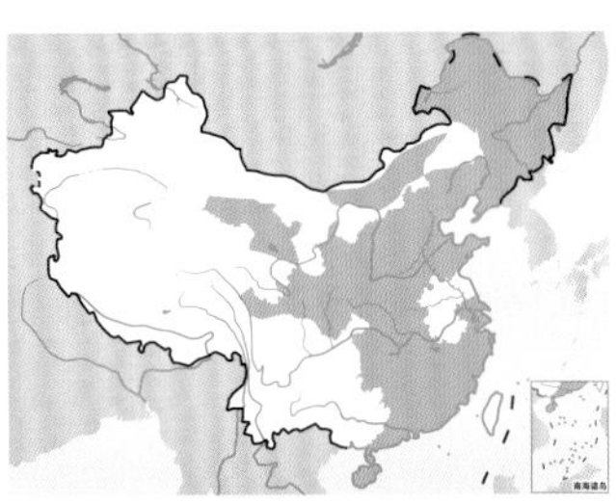

灰喜鹊。左上图沈越摄，下图吴秀山摄

灰喜鹊是典型的单配制，在繁殖期它们的巢彼此却靠得比较近，常常形成一个集体繁殖领域，实行集体警戒和集体防御。繁殖期的亲鸟性情十分凶猛，如遇敌害就群起攻之，为了保卫雏鸟，它们可与一切来犯之敌进行战斗，在巢区内常见有成群的灰喜鹊联合驱赶进入巢区上空的鸦类、杜鹃类、伯劳类及猛禽等。

灰喜鹊多营巢于次生林和人工林中，也在村镇附近和路边人行道树上营巢，通常置巢于杨、榆、桧、柏、松等高大乔木的枝杈间，巢距地面高2～15 m。它们不在特别稠密的林中营巢，也不在空旷的开阔地中的树木上营巢，人口越稠密、人类活动越频繁的地区，灰喜鹊的巢也筑得越高，以避免人类对其繁殖的干扰。

雌雄亲鸟共同筑巢，有利用旧巢的习性，有时也利用乌鸦废弃的旧巢。巢较简单，呈浅盘状或平台状，巢壁主要由细的枯枝堆集而成，外围密饰苔藓，内呈碗状，有软草、树叶、纤维、兽毛等铺垫，使内层柔软舒适，有时也选用一些人造物。巢大小为外径17～18 cm，内径11～12 cm，高20 cm，深7 cm。每窝产卵4～9枚，多为6～7枚。卵为椭圆形，灰色、灰白色、浅绿色或灰绿色，布满褐色斑点。卵大小为（19～20）mm×（24～28）mm，重5.5～7 g。

雌鸟孵卵，产出第1枚卵后即开始孵卵，待卵全部产完后，除短时间外出觅食外则日夜坐巢孵卵，雄鸟停息在巢区附近担任警卫或给雌鸟喂食。在孵卵期间，亲鸟有强烈的护巢行为，若有其他鸟侵入巢区，在巢外担任警卫的雄鸟会与雌鸟一起奋力将其驱赶出巢区，然后雌鸟继续坐巢孵卵。孵化期14～16天。

雏鸟晚成性，雌雄亲鸟共同育雏，育雏期为17～19天。幼雏出壳后三四天，雌鸟不离巢，这主要对幼鸟起维持体温和保护作用，第7天起白天不再暖雏。当雌鸟坐巢时，雄鸟会带食物回来喂给雌鸟。如果巢中有雏鸟，雄鸟会先将食物或是部分食物分给坐巢的雌鸟，然后再由双亲将食物分配给后代。当雏鸟长到雌性亲鸟坐巢不能完全封住巢口的时候，雄鸟就会直接将食物喂给后代。在自然状态下，亲鸟回巢喂食的信号主要是停落巢边所引起的振动或亲鸟对雏鸟的触动。刚出壳的雏鸟乞食反应最为强烈，几乎任何轻微的振动和声音都会引起它们的乞食行为。

育雏由双亲共同承担。有趣的是，在同一窝雏鸟中，雄性的生长速度大于雌性。这是由亲鸟递食策略导致的。在灰喜鹊的种群中存在帮手现象，而且帮手多为雄性。它们并不直接提供食物给后代，主要在保卫领地及抵御天敌方面做出贡献。

种群状态与保护 IUCN和《中国脊椎动物红色名录》均评估为无危（LC），被列为中国三有保护鸟类。在中国东北、华北、华东和长江中下游地区较常见，种群数量较丰富，20世纪末中国松毛虫猖獗的时候，有很多地方曾通过人工驯养灰喜鹊用来防治松毛虫。

台湾蓝鹊

拉丁名：*Urocissa caerulea*
英文名：Taiwan Blue Magpie

雀形目鸦科

形态 体长约 65 cm。整个头、颈和上胸黑色，其余体羽深蓝色，下腹稍淡；飞羽具白色端斑；尾甚长，凸状，中央尾羽具白色端斑，其余尾羽具宽的黑色亚端斑和白色端斑。虹膜黄白色；嘴、脚鲜红色。

分布 仅分布于中国台湾。

栖息地 主要栖息于海拔 1800 m 以下的低山阔叶林和次生林中，也栖息于山脚平原、河谷和村镇附近森林内。

习性 喜群居，常成小群活动。飞行时排成一列，呈直线飞行，特别是下山觅食时，一个跟着一个排成长长一列飞下山坡，甚为壮观，在当地被称为“长尾阵”。叫声嘈杂。性情比较凶悍，攻击性甚强，甚至攻击一些体形比较大的其他鸟类。

食性 杂食性，不仅捕食昆虫、蜗牛、蟹类、爬行动物、鸟类、鸟卵、小型哺乳类等动物，也吃动物尸体。此外还吃植物果实和种子。

繁殖 繁殖期 3～5 月。营巢于树冠层较高部位枝杈间。巢呈盘状，结构较为粗糙，主要由树枝、草茎、草叶、树叶等材料构成，巢的大小约为直径 15 cm，深 6 cm，高 10 cm。每窝产卵 3～8 枚。卵橄榄绿色、被有黑褐色斑点，卵的大小约为 34 mm × 25 mm。如果第一窝被破坏，会很快在旧巢附近更高的枝杈上繁殖第二窝。雏鸟为晚成性，雌雄亲鸟共同育雏。

种群状态与保护 中国特有鸟类，IUCN 和《中国脊椎动物红色名录》均评估为无危（LC），被列为中国三有保护鸟类。

坐巢孵卵的台湾蓝鹊。颜重威摄

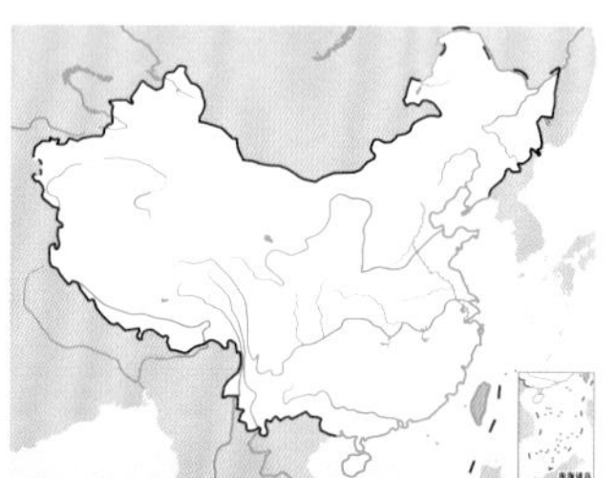

台湾蓝鹊。沈越摄

黄嘴蓝鹊

拉丁名：*Urocissa flavirostris*
英文名：Yellow-billed Blue Magpie

雀形目鸦科

体长约 52 cm。嘴和脚黄色。头、颈至上胸黑色，背以下蓝灰色；飞羽褐色，外缘紫蓝色，内侧飞羽具显著白色端缘；尾羽紫蓝色，中央一对尾羽特长且具白色端斑，外侧尾羽染灰褐色，具黑色次端带和白色端斑；下胸灰色，腹以下从淡紫褐色逐渐转白，尾下覆羽白色。在中国分布于云南西部、西藏南部。栖息于山地森林中，最高可到海拔 3500 m。IUCN 和《中国脊椎动物红色名录》均评估为无危（LC）。

黄嘴蓝鹊。左上图魏东摄，下图彭建生摄

红嘴蓝鹊

拉丁名：*Urocissa erythroryncha*
英文名：Red-billed Blue Magpie

雀形目鸦科

形态 体长54～65 cm，体重147～210 g。头、颈、喉和胸黑色，头顶至后颈有一块白色至淡蓝白色或紫灰色块斑，其余上体紫蓝灰色或淡蓝灰褐色；尾长呈凸状，具黑色亚端斑和白色端斑；下体白色。虹膜橘红色；嘴和脚红色。

分布 在中国分布于华北、华中、华东、华南和西南地区。在国外分布于尼泊尔、印度东北部、缅甸、泰国和中南半岛等地。

栖息地 主要栖息于山区常绿阔叶林、针叶林、针阔叶混交林、次生林和人工林等各种不同类型的林地中，也见于竹林、林缘疏林和村旁、地边树上。

习性 常成对或成3～5只或10余只的小群活动。性活泼而嘈杂，常在枝间跳上跳下或在树间飞来飞去，在林间作鱼贯式穿梭，不喜欢在一处久留，偶尔也从树上滑翔到地面，纵跳前进。飞翔时多呈滑翔姿势。叫声尖锐，短促，宏亮，似“zha—zha-”声。

它拥有鸦科鸟类常见的好斗、凶残的习性。极喜水浴，春末秋初每天水浴两三次，秋末、春初只要水不冰冻，每天都要水浴。

食性 杂食性，主要以昆虫等动物性食物为食，也吃植物果实和种子。有储藏食物的习惯，会将吃剩的多余食物藏到洞里。

繁殖 繁殖期5～7月。约于4月中旬雌雄开始配对，占领巢区。繁殖期间，雌雄常在山溪两岸和山谷间来回追逐，鸣叫频繁，特别是雄鸟鸣声高亢。选择巢址时雌鸟跟随雄鸟共同进行，一旦选到合适地点，雌雄亲鸟便开始共同筑巢。通常选择杨树、榆树、油松等中等高度的乔木做筑巢场所，营巢于水平侧枝上或树干顶端的分叉处，也在高大的竹林上筑巢。

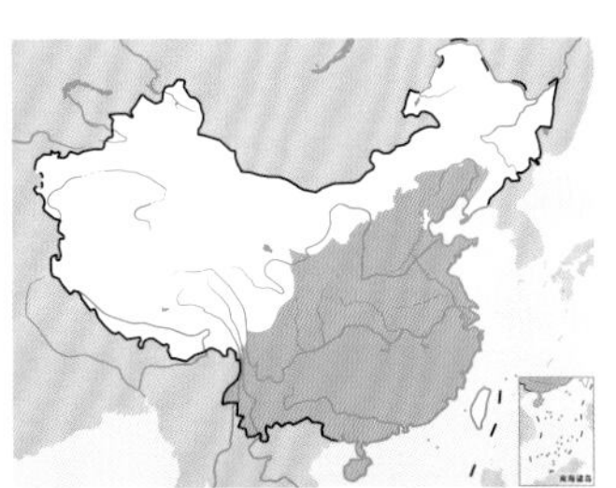

红嘴蓝鹊。左上图沈越摄，下图胡云程摄

育雏的红嘴蓝鹊。冯瑞明摄

巢呈碗状，大小为外径17～24 cm，内径10～17 cm，高8～14 cm，深4～7 cm。通常外层为粗的枯草、藤条、细树根等材料，内垫以细草茎、须根、苔藓、麻、纤维和羽毛等柔软物质。每窝产卵3～6枚，多为4～5枚。卵为椭圆形，土黄色、淡褐色或绿褐色，被有紫色、红褐色或深褐色斑。卵的大小为（31～36）mm×（23～24）mm，卵重7～8 g。产出第1枚卵后就开始孵卵，但此时孵卵时间甚短，每次留巢5～15分钟。待卵全部产完后，除短时间外出觅食外，则日夜在巢中孵卵。孵卵由雌雄亲鸟共同担任。当一亲鸟在巢内孵卵时，另一亲鸟则在离巢不远的地方活动，或栖息在巢旁树枝上。此时很少鸣叫。在孵卵期间，亲鸟有强烈的护巢行为，若有其他鸟类侵入巢区时，在巢外的亲鸟则迅速飞回巢区，发出惊叫声，此时，在巢中孵卵的亲鸟，闻声也从巢中飞出共同驱赶，直至把入侵者赶出巢区，其中一亲鸟又飞回巢中继续孵卵。

雏鸟晚成性。刚孵出的幼雏全身裸露，腹部突如球状，眼耳闭塞。此时亲鸟连续坐巢暖雏，并在巢中过夜。经5～6天后，暖雏时间渐少，雏鸟于7～8日内眼睁开，耳孔显现，约9日后，亲鸟不再进巢过夜。雌雄亲鸟共同饲育幼雏。觅食场地约在50～200 m的范围内，常在田野、旱地、林间和灌木丛等处寻觅食物。刚离巢的幼鸟尚不能独自活动觅食，仍需亲鸟携食喂育，经8～10天后，幼鸟才能自找食物，并在巢区附近随同亲鸟做短程飞翔。

育雏期雌雄亲鸟共同捕食，轮流喂雏。开始时喂雏次数较少，一周后喂雏次数明显增加。前期雄鸟喂雏较多，雌鸟承担暖雏的时间较长；育雏中期，雌雄鸟喂雏次数近相等；后期雌鸟略多于雄鸟。

种群状态与保护 IUCN和《中国脊椎动物红色名录》均评估为无危（LC），被列为中国三有保护鸟类。在中国分布较广，种群数量较丰富，但由于该鸟羽色艳丽，尾羽特长，姿态优美，因而遭到大量捕猎，致使种群数量明显减少，应注意保护。

白翅蓝鹊

拉丁名：*Urocissa whiteheadi*
英文名：White-winged Magpie

雀形目鸦科

形态 体长 43～48 cm，体重 220～290 g。上体主要为黑褐色；翅黑色，翅上具 3 处白色横斑，飞翔时尤为明显；尾长，呈凸状，尾上覆羽白色，尾羽灰色，具黑色亚端斑和宽阔的白色端斑；喉和上胸灰褐或暗褐色，其余下体灰白色。虹膜黄色；嘴橙黄色；脚黑色。

分布 在中国分布于云南南部、四川、广西西南部、海南等地。在国外分布于越南、老挝等地。

栖息地 栖息于山地森林中，尤其是沟谷雨林地带较常见，也出现于林缘疏林和村寨附近树林内。

习性 早晨和傍晚常到居民点附近觅食，中午较少活动。

食性 主要以昆虫为食，也吃植物果实、种子、腐肉和其他废弃物，食性较杂。

种群状态与保护 IUCN 将白翅蓝鹊的 2 个亚种视为 2 个独立的物种分别评估，*Urocissa whiteheadi* 指海南蓝鹊，即原指名亚种 *U. u. whiteheadi*，它仅分布于海南岛，种群数量少且受到商业开发、农渔业发展和生物资源开采引起的栖息地丧失的威胁，因而被评估为濒危；而分布于中国南方和中南半岛的西南亚种 *U. w. xanthomelana* 作为独立的白翅蓝鹊 *U. xanthomelana* 被估为近危（NT）。《中国脊椎动物红色名录》则将两者视为同种评估为近危（NT）。被列为中国三有保护鸟类。在中国仅见于华南一带的少数地方，分布区域狭窄，种群数量稀少，近来由于环境污染，环境条件恶化，种群数量更明显下降，不少地方已难见踪迹。

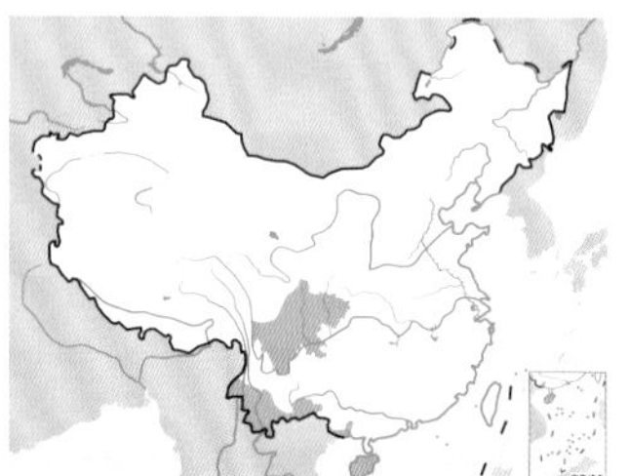

白翅蓝鹊。左上图张京明摄，下图刘璐摄

蓝绿鹊

拉丁名：*Cissa chinensis*
英文名：Common Green Magpie

雀形目鸦科

形态 体长 36～38 cm，体重 120～160 g。通体羽色主要为草绿色；宽阔的黑色贯眼纹向后延伸到后颈，在绿色的头侧极为醒目；两翅栗红色，内侧飞羽具黑色次端斑和白色尖端；尾绿色，具黑色次端斑和白色尖端。虹膜血红色；嘴、脚红色；爪角红色。

分布 在中国分布于西藏南部、云南西部和南部、广西等地。在国外分布于从喜马拉雅南坡到印度阿萨姆、孟加拉国、缅甸、泰国、老挝、越南、马来西亚和印度尼西亚一带。

栖息地 主要栖息于低山丘陵亚热带常绿阔叶林内，也出现于落叶阔叶林、次生林、竹林、橡树林和开阔的林缘灌丛地带。

习性 常单独或成对活动，有时也集成 3～5 只的小群。叫声粗犷、宏亮，较为嘈杂。

食性 主要以昆虫为食，也吃小型脊椎动物。

繁殖 繁殖期 4～7 月。巢通常置于树上或高的灌木上，也在竹丛上营巢。巢呈杯状，主要由枯枝、枯草茎、草叶、草根、竹叶等材料构成，内垫有细的草根。每窝产卵 3～7 枚，多为 4～5 枚，卵灰白色、白色或淡红色，大小为 30.2 mm × 22.9 mm。

种群状态与保护 IUCN 评估为无危（LC），《中国脊椎动物红色名录》评估为近危（NT），被列为中国三有保护鸟类。在中国分布不广，种群数量不丰富，特别是近十几年来，种群数量更明显下降，不少地方已很难见到。

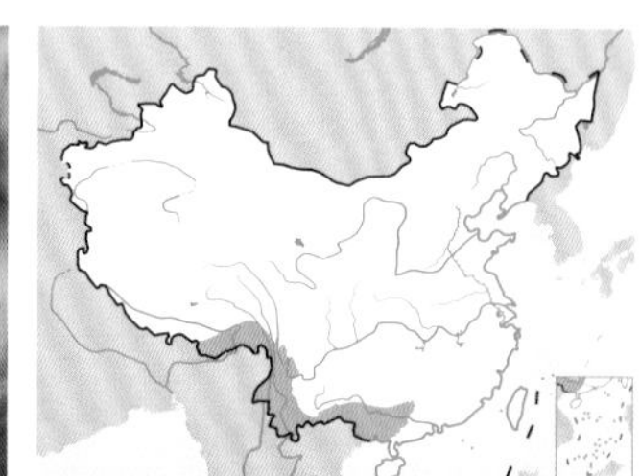

蓝绿鹊。左上图杜卿摄，下图刘璐摄

黄胸绿鹊

拉丁名：*Cissa hypoleuca*
英文名：Indochinese Magpie

雀形目鸦科

体长约 33 cm。上体蓝绿色；自眼先过眼至后枕有一宽阔黑带，在枕后左右汇合；枕羽延长成羽冠；中央尾羽显著长于外侧尾羽；飞羽棕褐色，内侧飞羽末端染蓝色；下体淡蓝绿色，胸部羽色较深。雌鸟色淡并偏蓝色。在中国分布于四川东南部、广西东北部和海南。栖息于海拔 2000 m 左右的阔叶林内。IUCN 评估为无危（LC），《中国脊椎动物红色名录》评估为近危（NT），被列为中国三有保护鸟类。

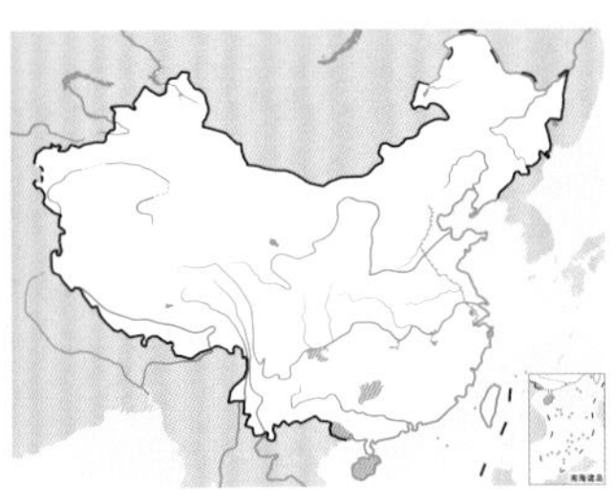

黄胸绿鹊。徐燕冰摄

棕腹树鹊

拉丁名：*Dendrocitta vagabunda*
英文名：Rufous Treepie

雀形目鸦科

体长约 40 cm。整个头部、枕和上胸黑褐色，背和肩色泽较深，上体余部黄褐色或沾红色的黄褐色；尾羽淡苍灰色，具宽的黑色端斑；翅上覆羽灰白色，飞羽暗褐色带有灰色斑；下体棕色。在中国分布于云南西部。栖息于平原和山区树林、灌丛、园林间。成对或成小群活动，多为家族群。IUCN 和《中国脊椎动物红色名录》均评估为无危（LC）。

棕腹树鹊。左上图薄顺奇摄，下图王昌大摄

灰树鹊

拉丁名：*Dendrocitta formosae*
英文名：Gray Treepie

雀形目鸦科

形态 体长 31～39 cm，体重 70～125 g。头顶至后枕灰色，其余头部以及颏与喉黑色，背、肩棕褐或灰褐色，腰和尾上覆羽灰白色或白色；翅黑色具白色翅斑；尾黑色，中央尾羽灰色；胸、腹灰色，尾下覆羽栗色。虹膜红色或红褐色；嘴、脚黑色。

分布 在中国分布于长江流域及以南地区，包括台湾、海南。在国外分布于尼泊尔、不丹、孟加拉国、印度和中南半岛北部。

栖息地 主要栖息于山地阔叶林、针阔叶混交林和次生林，也见于林缘疏林和灌丛地带。

习性 常成对或成小群活动。树栖性，多栖于高大乔木顶枝上，喜欢不停地在树枝间跳跃，或从一棵树飞到另一棵树。善于鸣叫，叫声尖厉而喧闹。

食性 主要以浆果、坚果等植物果实与种子为食，也吃昆虫等动物性食物。

繁殖 繁殖期 4～6 月。营巢于树上和灌木上，巢由枯枝和枯草构成。每窝产卵 3～5 枚。卵乳白色或淡红色，偶尔也有淡绿白色，被有灰褐色或红褐色斑点，尤以钝端较密，常常在钝端形成圈状或帽状。雌雄亲鸟轮流孵卵。雏鸟晚成性。

种群状态与保护 目前种群数量在部分地区尚较多。IUCN 和《中国脊椎动物红色名录》均评估为无危（LC），被列为中国三有保护鸟类。

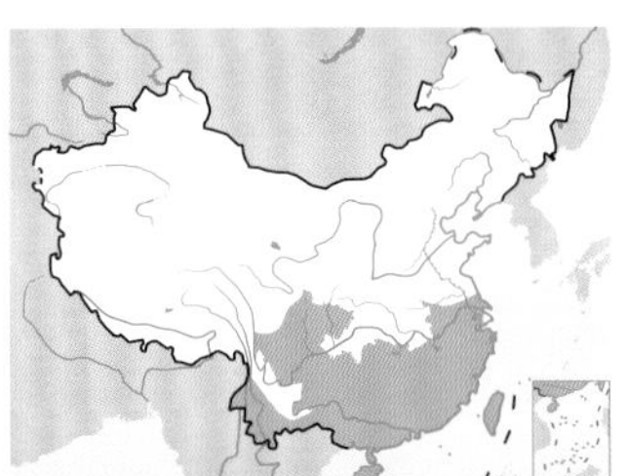

灰树鹊。沈越摄

黑额树鹊

拉丁名：*Dendrocitta frontalis*
英文名：Collared Treepie

雀形目鸦科

体长 35 cm 左右。头的前部及颏、喉黑色，头顶、颈至上背白色，背至尾上覆羽栗色；肩羽与背羽同色，其余翼羽黑色；尾羽黑色，中央尾羽较长，呈楔形；胸、腹灰色，腹部以下栗色。在中国分布于云南西部、西藏东南部。栖息于海拔 2000 m 左右的阔叶林内。IUCN 和《中国脊椎动物红色名录》均评估为无危（LC）。

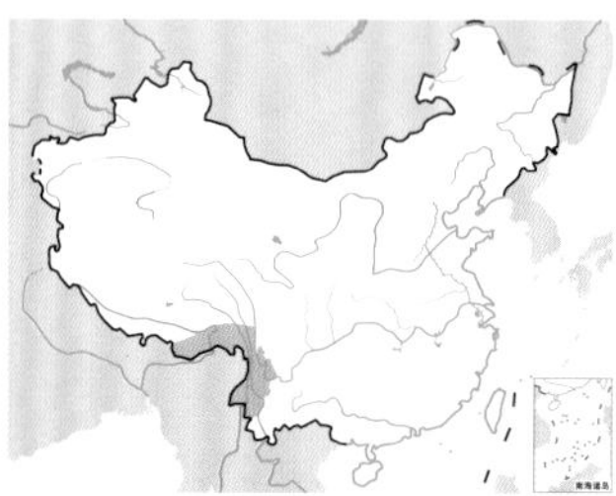

黑额树鹊。魏东摄

塔尾树鹊

拉丁名：*Temnurus temnurus*
英文名：Ratchet-tailed Treepie

雀形目鸦科

体长 33 cm 左右。额羽黑色，头、颈以及颊、颏黑褐色具紫蓝色金属光泽；上体暗褐色，向后逐渐变淡；翅、尾黑褐色，尾羽羽端呈叉状；下体暗褐色。在中国分布于云南南部、海南。栖息于山地阔叶林内。IUCN 评估为无危（LC），《中国脊椎动物红色名录》评估为近危（NT）。

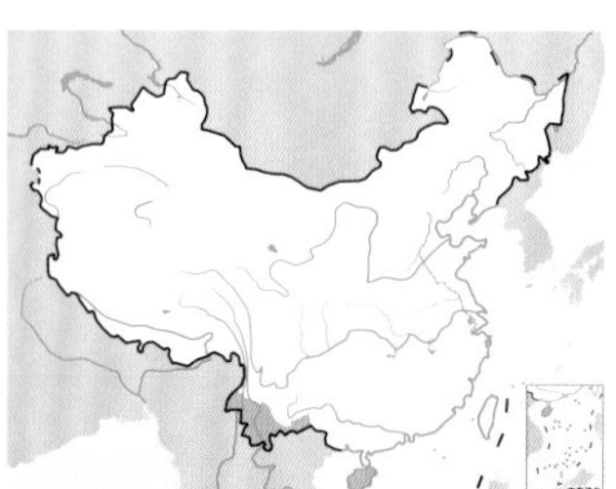

塔尾树鹊。刘璐摄

喜鹊

拉丁名：*Pica pica*
英文名：Common Magpie

雀形目鸦科

形态 体长 38～48 cm，体重 180～266 g。头、颈、胸和上体黑色，腹白色，翅上有一大型白斑。虹膜黑褐色；嘴、脚黑色。

分布 在中国分布极广，几乎遍及全国各地。在国外分布于欧亚大陆、非洲北部和北美洲西部等广大地区。

栖息地 主要栖息于平原、丘陵和低山地区，尤其在山麓、林缘、农田、村庄、城市公园等人类居住环境附近较常见。

习性 除繁殖期间成对活动外，常成 3～5 只的小群活动，秋冬季节常集成数十只的大群。白天常到农田等开阔地区觅食，傍晚飞至附近高大的树上休息，有时也见与乌鸦、寒鸦混群活动。性机警，觅食时常有一鸟负责守卫，即使成对觅食时，也多是轮流分工守候和觅食。雄鸟在地上找食则雌鸟站在高处守望，雌鸟取食则雄鸟守望，如发现危险，守望的鸟发出惊叫声，同觅食鸟一起飞走。飞翔能力较强，且持久，飞行时整个身体和尾成一直线，尾羽稍微张开，两翅缓慢鼓动，雌雄鸟常保持一定距离，在地上活动时则以跳跃式前进。鸣声单调、响亮，似“zha-zha-zha”声，常边飞边鸣叫。当成群时，叫声甚为嘈杂。

食性 杂食性，食物组成随季节和环境而变化，夏季主要以昆虫等动物性食物为食，其他季节则主要以植物果实和种子为食。

繁殖 繁殖开始较早，在气候温和的地区，一般在 3 月初即开始筑巢繁殖，东北地区多在 3 月中下旬开始繁殖，一直持续到 5 月。通常营巢于高大乔木上，有时也在竹林中上营巢，但一般不会在枝盖度特别大的树上筑巢。在人类活动影响大的地方，营

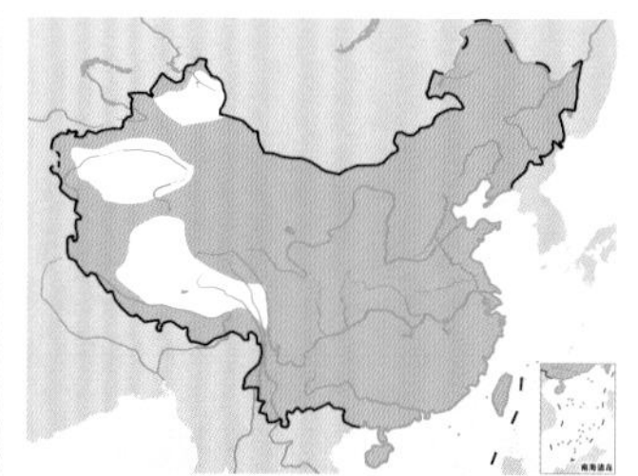

喜鹊。左上图吴秀山摄，下图张瑜摄

喜鹊的巢和卵。宋丽军摄

给离巢幼鸟喂食的喜鹊。杜卿摄

巢的高度有一定提高。

喜鹊对巢址有一定的"忠实性",可利用旧巢或在其附近筑巢,特别是往年繁殖成功的巢。它会对靠近巢的动物进行警戒,甚至更近一步地表现暴动和攻击等较为强烈的护巢行为。

营巢由雌雄亲鸟共同承担。巢主要由枯树枝构成,远看似一堆乱枝,实则较为精巧,近似一个树枝搭起来的大球,有顶盖,侧面有1～3个入口,一般呈矩形、多边形或椭圆形,个别的巢口斜向上。巢外层为枯树枝,间杂有杂草和泥土,内巢在泥盘上编制,先用草茎、细树枝编成一个碗形的内垫,然后在巢内铺上柔软保暖的羊毛、牛毛、绒羽以及麻、纤维、草根、苔藓等柔软物质。喜鹊还有利用旧巢巢材的行为,有时会拆取旧"房子"的巢材用于筑新巢。巢距地高7～15 m,巢的大小为外径48～85 cm,内径18～35 cm,高44～60 cm。营巢时间为20～30天。巢筑好后即开始产卵,每窝产卵5～8枚,有时多至11枚,1天产1枚卵,多在清晨产出。卵为浅蓝绿色或蓝色或灰色或灰白色,被有褐色或黑色斑点,卵为椭圆形或长椭圆形,大小为(23～26)mm×(32～38)mm,平均24.3 mm×34.5 mm,卵重9～13 g。卵产齐后即开始孵卵,雌鸟孵卵,孵化期16～18天。

雏鸟晚成性,由双亲共同育雏,一般喂食昆虫、蜥蜴等小型动物性食物。育雏期间亲鸟对巢区的防御行为明显加强,警惕性更高,取食后会在巢边枝条上停留数秒再进巢喂食。

刚孵出的雏鸟全身裸露呈粉红肉色,无绒羽附着,嘴裂为粉红色。在9日龄开始出羽,15日龄基本全身覆羽,21日龄尾羽羽鞘基本脱落。幼鸟在21～25天后可离巢,但飞行能力较弱,会在巢枝上短距离飞行或跳跃,双亲仍会喂养一段时间,以家族群方式活动。

与人类的关系 喜鹊在中国分布广,种群数量较大,是中国城市、农村居民区附近常见鸟类之一,也是中国人民较为熟悉和喜爱的鸟类。自古以来它被认为是一种报喜鸟,传说它若到某户人家房前树上一叫,该户人家必有喜事或贵客临门,因而受到人们的欢迎。

种群现状和保护 分布广泛,数量丰富,IUCN和《中国脊椎动物红色名录》均评估为无危(LC)。被列为中国三有保护鸟类。

星鸦

拉丁名:*Nucifraga caryocatactes*
英文名:Spotted Nutcracker

雀形目鸦科

体长33 cm左右。头顶黑褐色,上体栗褐色,上背具大小不等的椭圆形白斑;中央尾羽黑色或黑褐色,外侧羽具白端,最外侧尾羽近于纯白色;头侧、下体至腹部、肩羽均与背羽同色;头侧具白色纵纹,颈、肩至胸散布白斑;腹羽淡栗褐色,尾下覆羽白色。在中国主要分布于东北、华北、西北、西南地区和台湾等地。栖息于海拔1200～2800 m的阔叶林或针阔混交林内。杂食性,主要以红松、云杉和落叶松等针叶树种子为食。IUCN和《中国脊椎动物红色名录》均评估为无危(LC)。

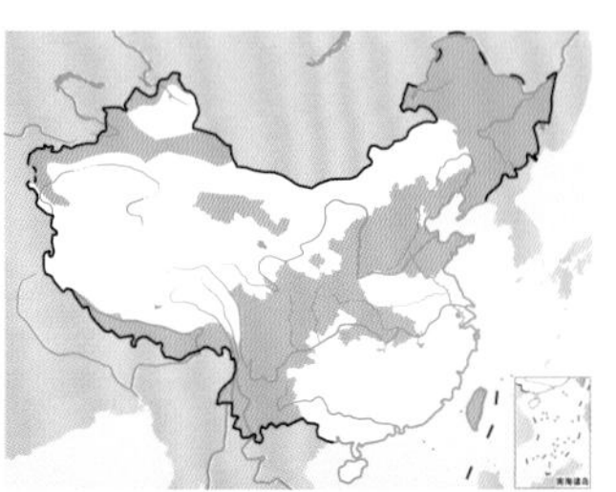

星鸦。左上图刘璐摄,下图杜卿摄

红嘴山鸦

拉丁名：*Pyrrhocorax pyrrhocorax*
英文名：Red-billed Chough

雀形目鸦科

形态 体长 36～48 cm，体重 210～485 g。通体黑色具蓝色金属光泽。虹膜褐色或暗褐色；嘴和脚朱红色。

分布 在中国分布于甘肃、新疆、西藏、青海、云南西北部、四川、辽宁、河北、北京、山东、河南、山西、陕西、内蒙古、宁夏、甘肃、湖北等地。在国外分布于欧洲、非洲北部、亚洲中部至东部一带。

栖息地 主要栖息于开阔的低山丘陵和山地，最高海拔可达 4500 m。常见在河谷岩石、高山草地、稀树草坡、草甸灌丛、高山裸岩、半荒漠、海边悬岩等开阔地带活动，冬季多下到山脚和平原地带，有时甚至进到农田、路边、村寨和城镇居民区边缘附近。

习性 地栖性，其短暂栖息地多在电线杆、巨石、房脊、平地、路边、草滩等处，不喜欢在树冠上停留。常成对或成小群在地上活动和觅食，也喜欢成群在山头上空和山谷间飞翔。飞行轻快，并在鼓翼飞翔之后伴随一阵滑翔。善鸣叫，尤其是集群时的鸣声极为复杂，高而尖锐，成天吵闹不息，甚为嘈杂。鸣声为单调的“ger her her”同时也能发出尖脆而婉转的“ger gue lu,ger gue lu”的声音。傍晚飞到夜宿地，无论严冬还是酷暑，均选择在环境安定、人畜干扰少而不露天的缝隙、洞穴、房檐和悬崖石壁等处，不在树冠上夜宿。有时也和喜鹊、寒鸦等其他鸟类混群活动。

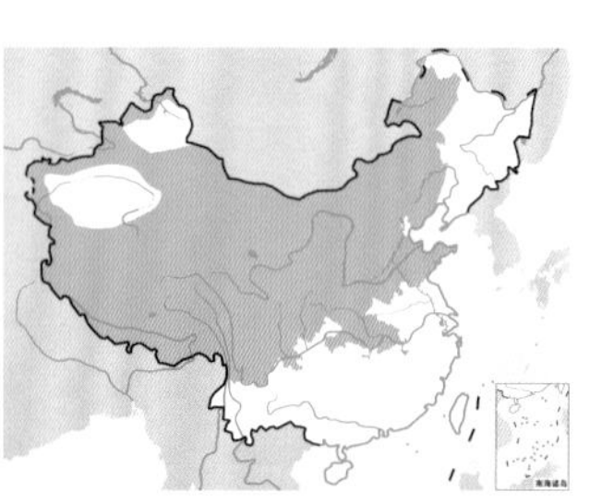

红嘴山鸦。左上图吴秀山摄，下图唐军摄

食性 主要以昆虫为食，特别是鳞翅目幼虫和鞘翅目昆虫；动物性食物还包括鼠、蛇、蜥蜴、鸟等;同时也吃植物果实、种子、草籽、嫩芽等；此外还吃沙粒、泥土及牛、羊、猪等家畜粪便。

繁殖 繁殖期 4～7 月。但在海拔较低的地区，繁殖也会稍早一些，3 月即有开始发情的。这时，雄鸟鸣声增多，活动增强，互相追逐，发出清脆嘹亮的“jia—，ji”的鸣声。

通常营巢于丘陵、山地河谷、悬崖峭壁、冲沟土壁等地带，巢多置于人类难于到达的悬崖峭壁上的岩石缝隙、岩洞和崖壁向内凹陷处，也有在古庙和寺院等古建筑物空隙、居民庭院屋檐下、梁上和枯井壁凹陷处筑巢的。

巢呈长盘形或浅碗状。筑巢材料下层由乔灌木细枝组成；巢中层由细茎、草叶组成，铺垫物由多种兽毛和鸟羽以及须根、棉花和枯草等组成。巢外径 29～34 cm，内径 25～27 cm，高 11～13 cm,深 7～9 cm。巢筑好后即开始产卵,每窝产卵 3～6 枚，有时多至 7 枚甚至 9 枚，1 年繁殖 1 窝，每天产卵 1 枚。卵灰绿色、灰黄色或黄白色，被有黄褐色浅紫色或灰蓝色斑点，大小为（36.6～42）mm ×（27～28）mm。卵重 12～14 g。雌鸟孵卵，孵化期 17～18 天。

雏鸟晚成性。刚孵出的雏鸟两眼紧闭，赤裸无羽；3 日龄背、肩、头部大半羽区明显变黑；5 日龄眼缝出现，耳郭增大。雌雄亲鸟共同育雏，但在雏鸟出壳的当日，亲鸟不衔食喂雏，仍以孵卵方式卧巢保暖，2 日龄时首先由雌鸟离巢取食喂雏。雏鸟经亲鸟在巢内育雏 25～31 天离巢。离巢时间的早晚与筑巢洞穴大小和人为干扰多少有密切关系。离巢后的幼鸟仍需亲鸟衔食喂养 11～15 天后，方能独自觅食。

种群状态与保护 红嘴山鸦在中国分布较广，种群数量尚较丰富。IUCN 和《中国脊椎动物红色名录》均评估为无危（LC）。

黄嘴山鸦

拉丁名：*Pyrrhocorax graculus*
英文名：Alpine Chough

雀形目鸦科

体长 40 cm 左右。通体黑色，稍具绿色金属光泽。在中国分布于四川、云南西北部、西藏、青海、甘肃西部、宁夏、内蒙古西部、新疆等地。在国外分布于欧洲南部、非洲北部、亚洲西部、中部等地。栖息于海拔 4000～5000 m 的高山裸岩、草甸地带。IUCN 和《中国脊椎动物红色名录》均评估为无危（LC）。

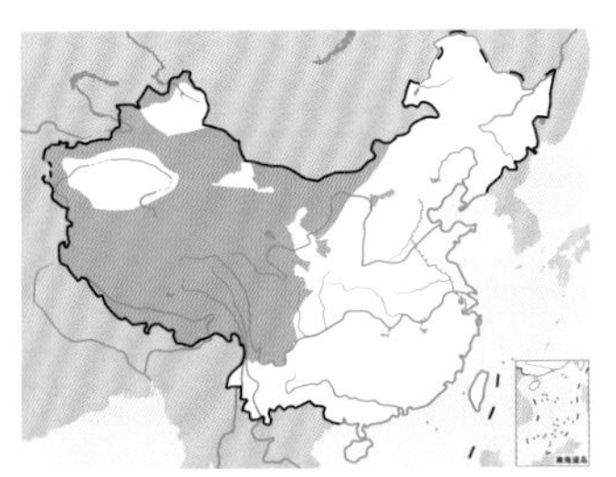

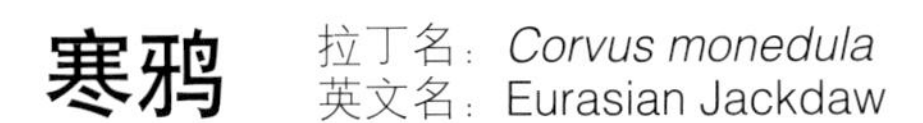

黄嘴山鸦。左上图刘璐摄，下图董磊摄

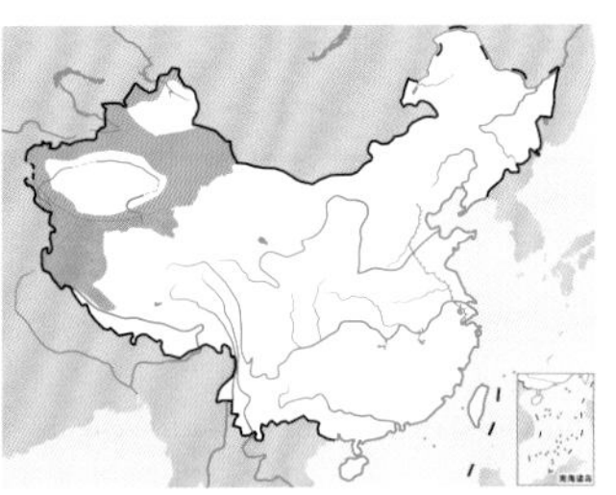

寒鸦。刘璐摄

寒鸦

拉丁名：*Corvus monedula*
英文名：Eurasian Jackdaw

雀形目鸦科

形态 体长31～34 cm，体重139～225 g。体羽主要为黑色；枕至后颈灰白色，后颈两侧淡灰白色，几乎接近白色，在后颈形成一个明显的淡色半颈圈，极为醒目；虹膜白色；嘴较细短，嘴、脚黑色。

分布 在中国分布于新疆、西藏西部和西南部。在国外分布于欧洲、非洲北部、亚洲西部、中部、南部一带。

栖息地 主要栖息于海拔1500 m以下的低山、丘陵和平原地带，尤以河流、林缘、农田、果园、村庄等人类居住环境附近较常见，特别是秋冬季常在农田和村落附近活动。

习性 常成群活动，有时也和其他鸦类组成大群。喜欢在翻耕过的农田地上和有稀疏植物的开阔地带觅食，也常到庄稼地里啄食玉米、向日葵等农作物。不喜欢有茂密灌丛和森林的地方，但也出入于荒漠上有绿洲的树林中。叫声单调嘈杂。

食性 主要以昆虫和昆虫幼虫为食，也吃蜥蜴、小型鼠类、雏鸟、鸟卵和小鸟等其他动物，还吃坚果，浆果、草籽等植物性食物，有时盗食作物种子、谷物等农作物。

繁殖 繁殖期为4～6月，营巢于树洞、河谷沙崖或土崖崖壁洞中，也在屋檐下、岩石缝隙和树上营巢。通常2～3对或10多对在一起营巢。巢呈碗状，主要用细枯树枝和枯草构成，内垫有苔藓、兽毛、羽毛、棉花等各种比较柔软的材料。筑巢由雌雄亲鸟共同承担。有时也利用旧巢，但须修理后再利用。每窝产卵通常4～7枚，偶尔有少至3枚和多至8枚或9枚的。卵蓝绿色和蓝白色，被有暗褐色和紫色斑点，形状有长椭圆和尖椭圆形两种，大小为（32～39）mm×（23～26）mm。雌鸟孵卵，雄鸟警戒和寻找食物喂雌鸟，卵化期17～18天。雏鸟为晚成性，雌雄亲鸟共同育雏，经过30～35天的喂养，幼鸟即可离巢。

种群状态与保护 IUCN和《中国脊椎动物红色名录》均评估为无危(LC)。在中国分布区域狭小，但种群数量曾经较为丰富，在20世纪70年代经常可见到200～300只的大群。近来由于农药和杀虫剂的大量使用，环境污染，致使种群数量大大下降。

达乌里寒鸦

拉丁名：*Corvus dauuricus*
英文名：Daurian Jackdaw

雀形目鸦科

形态 体长30～35 cm，体重190～285 g。全身羽毛主要为黑色，仅后颈有一宽阔的白色颈圈向两侧延伸至胸和腹部。虹膜黑褐色；嘴、脚黑色。

分布 在中国除海南和青藏高原腹地外各地均有分布。在国外分布于亚洲中部和东部一带。

栖息地 主要栖息于山地、丘陵、平原、农田、旷野等各类生境中，尤以河边悬崖和河岸森林地带较常见，夏季也上至海拔1000～3500 m的阔叶林、针阔叶混交林等中高山森林林缘、草坡和亚高山灌丛与草甸草原等开阔地带，秋冬季多下到低山丘陵和山脚平原地带，有时也进到村庄和公园。

习性 常在林缘、农田、河谷、牧场处活动，晚上多栖于附近树上和悬崖岩石上，喜成群，有时也和其他鸦类混群活动。叫声短促、尖锐、单调，其声似“garp-garp”，常边飞边叫，甚为嘈杂。

食性 主要以昆虫为食，也吃鸟卵、雏鸟、腐肉、动物尸体、垃圾、植物果实幼苗与种子等。主要在地上觅食，有时跟在犁头

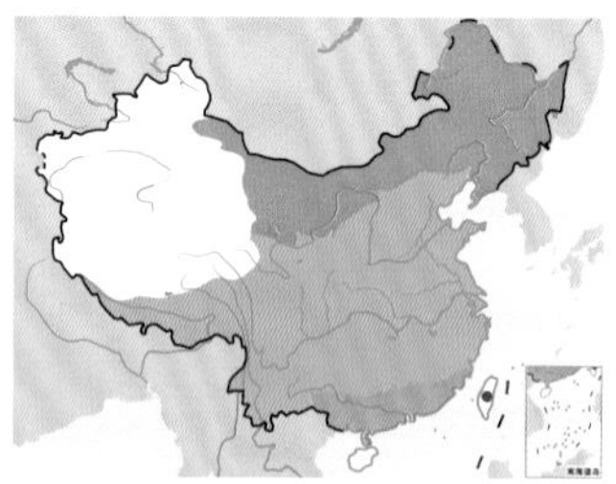

达乌里寒鸦。沈越摄

后啄食，性较大胆。

繁殖 繁殖期 4～6 月。通常营巢于悬崖崖壁洞穴中，也在树洞和高大建筑物屋檐下筑巢。集群营巢，有时也见单对在树洞中或树上营巢的。巢外层为枯枝，内层为树皮、棉花、纤维、羊毛、麻、人发、兽毛、羽毛等柔软材料。每窝产卵 4～8 枚，多为 5～6 枚。卵蓝绿色、淡青白色或淡蓝色，被有大小不等、形状不一的紫色或暗褐色斑点，大小为（31～35）mm×（21～27）mm。

种群状态与保护 IUCN 和《中国脊椎动物红色名录》均评估为无危（LC），被列为中国三有保护鸟类。在中国分布较广，种群数量较丰富。但近几十年来，由于农药和杀虫剂的大量使用，引起环境污染，致使种群数量明显下降，原来较常见的一些地方，近来也很少见了。

家鸦

拉丁名：*Corvus splendens*
英文名：House Crow

雀形目鸦科

体长 41 cm。后头至上背、耳羽以及胸部以下为暗灰色；其余体羽黑色，具蓝紫色金属光泽。在中国分布于西藏南部、云南、澳门、台湾等地。栖息于自平原至海拔 1500 m 的城市及村落附近。常成群活动。IUCN 和《中国脊椎动物红色名录》均评估为无危（LC）。

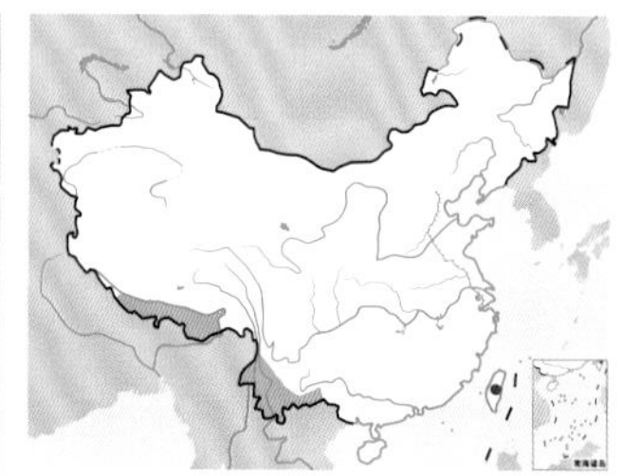

家鸦。董江天摄

秃鼻乌鸦

拉丁名：*Corvus frugilegus*
英文名：Rook

雀形目鸦科

形态 体长 41～51 cm，体重 356～495 g。通体辉黑色。虹膜褐色；嘴长直而尖、黑色，基部裸露呈灰白色；脚黑色。

分布 在中国除青藏高原腹地和西南部分地区外各地均有分布。在国外分布于欧洲、非洲北部、亚洲西部、中部、南部和东部。

栖息地 主要栖息于低山、丘陵和平原地区，尤以农田、河流和村庄附近较常见。

习性 常成群活动，冬季有时也和其他鸦类混合成大群，有时集群多达数百甚至近千只。常于城区以及河岸和村庄附近的树林中集群夜栖。它是每天早上最早开始活动的鸟类之一。

它们在活动时常伴随着粗犷而单调的叫声，甚为嘈杂，有时边飞边鸣，其声似“嘎、嘎、嘎”。

食性 主要以昆虫和昆虫幼虫为食，也吃一些软体动物，植物性食物包括果实、草籽、种子和农作物等，有时甚至吃骨片、毛类、蛋壳以及动物尸体、残骸和垃圾等。

繁殖 1 龄即性成熟，但通常在 2 龄时才参与繁殖。繁殖期 4～7 月，也有早在 3 月中上旬开始繁殖的。这时白天分散活动，多次返回繁殖地休息，并出现雌雄发情互相追逐的现象，结成配偶后即开始筑巢。

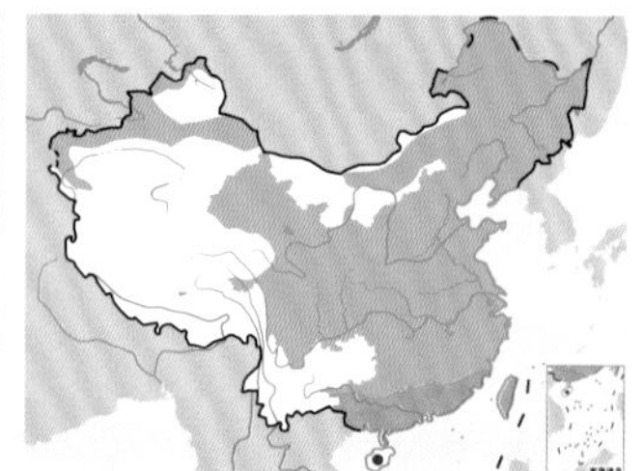

秃鼻乌鸦。左上图陈相汀摄，下图杜卿摄

秃鼻乌鸦幼鸟，喙基被有刚毛。刘璐摄

通常营巢于林缘、河岸、水塘和农田附近的小块树林中，有时也在城镇公园、庙宇和村庄附近的高大乔木顶部枝杈上。结群繁殖，有时在一片树林内有十几个至几十个巢，同一棵树上也会有数个巢。巢的构造简单而粗糙，营巢材料为枯树枝，也有的巢几乎全用铁丝搭建。巢的缝隙填以泥土，巢内铺垫枯草茎、枯草叶、草根、苔藓、棉絮、纤维、兽毛、羽毛以及纸、布等柔软材料。雌雄共同营巢，同一群体的不同个体会竞争筑巢位置，甚至相互偷盗巢材，以至于营巢时间拖的较长，最快的用 2 天时间即可将巢筑好，但慢的却通常需要 20 天，甚至有的长达 1 个月左右才能筑好。巢呈碗状，距地面高 6～20 m，巢口内径约 25 cm，外径 53 cm，深 12 cm，高 39 cm。巢筑好后即开始产卵，每窝产卵通常 5～6 枚，偶尔少至 3 枚和多至 7 枚，甚至多至 9 枚。卵呈天蓝色、浅绿色或蓝绿色，被有褐色、黄褐色、黑褐色和灰色深浅两层斑点，大小为（30～44）mm×（24～34）mm，重 16 g 左右。卵产齐后即开始孵卵，孵卵由雌鸟承担，孵卵期间雄鸟给雌鸟送食，孵化期 16～18 天。如果在孵卵期间卵遭到破坏，亲鸟会在原巢内再产一窝卵，第 2 窝卵的孵卵、育雏的总天数会比同期正常的第 1 窝卵少 10 天左右。

雏鸟晚成性，刚孵出的雏鸟腹部突出似球，头颈与背中央覆有两行短的黑色绒羽，尾部与两翼也具少许绒羽，其他部位均为裸区。雌雄亲鸟共同育雏，雏鸟出壳后约 10 天内，雌鸟仍然守在巢中与雄鸟共同给雏鸟喂食，每天喂食 13～22 次，随着雏鸟的生长，每天喂食的次数逐渐减少。雄鸟喂食的次数多于雌鸟。雏鸟出壳 1 个月左右即能离巢进行短距离飞行，但仍需亲鸟喂食。幼鸟喙基被有刚毛，羽毛暗黑色。

种群状态与保护 IUCN 和《中国脊椎动物红色名录》均评估为无危（LC），被列为中国三有保护鸟类。在中国的种群数量曾经较为丰富，但由于环境污染、森林砍伐，近来种群数量已明显下降，在过去一些较为常见的分布地，现在已很难见到。

小嘴乌鸦

拉丁名：*Corvus corone*
英文名：Carrion Crow

雀形目鸦科

形态 体长 45～53 cm，体重 360～650 g。通体黑色，具紫蓝色金属光泽。虹膜黑褐色；嘴、脚黑色。

分布 在中国除青藏高原腹地和南方少数地区外各地均有分布。在国外分布于欧洲、非洲北部、亚洲西部、中部、南部和东部一带。

栖息地 栖息于低山、丘陵和平原地带的疏林及林缘地带，有的地方繁殖期也上到海拔 500 m 左右的山地，有时也出现在有零星树木生长的半荒漠地区，在长白山多栖息于山林深处的原始森林，冬季常下到山脚平原和低山丘陵等低海拔地区。

习性 繁殖期单独或成对活动，其他季节也少成群或集群不大，通常 3～5 只。常在河流、农田、耕地、湖泊、沼泽和村庄附近活动，有时也和大嘴乌鸦混群。多在树上或电杆上停息，觅食则多在地面，一般在地面快步或慢步行走，很少跳跃。性机警。

食性 杂食性，主要以昆虫和植物果实与种子为食，也吃蛙、蜥蜴、鱼、小型鼠类、雏鸟、鸟卵、动物尸体和农作物。

繁殖 繁殖期 4～6 月，早的在 3 月中下旬即开始筑巢。营巢于高大乔木顶端枝杈上，距地面高 8～17 m。巢用枯树枝、棘条、枯草等材料构成，内垫有软的树皮、细草茎、草根和毛。每窝产卵 3～7 枚，多为 4～5 枚。卵天蓝色或蓝绿色，被有褐色或灰褐色线状和块状斑，块状斑多是由很多点斑密集形成的，大小为（40～46）mm×（28～32）mm。卵产完后即开始孵卵，主要雌鸟承担，孵化期 16～18 天。雏鸟晚成性，孵出后由雌雄亲鸟共同喂养，经过 30～35 天的喂养，幼鸟即可离巢。

种群状态与保护 IUCN 和《中国脊椎动物红色名录》均评估为无危（LC）。在中国分布较广，种群数量也较为丰富。

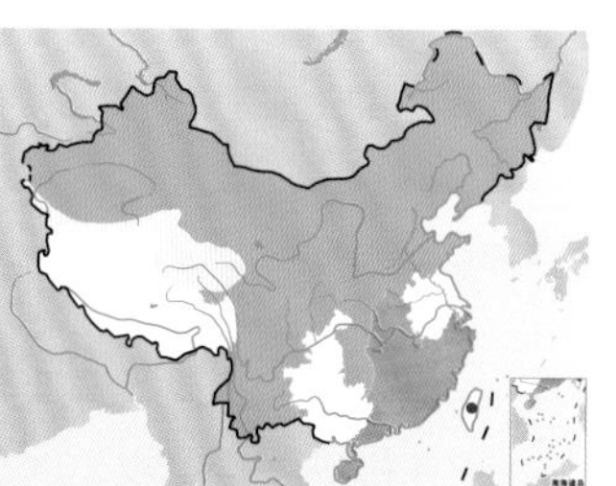

小嘴乌鸦。左上图沈越摄，下图董磊摄

冠小嘴乌鸦

拉丁名：*Corvus cornix*
英文名：Hooded Crow

雀形目鸦科

体长 54 cm。头部、脸侧、颏、喉、胸前、翅膀和尾羽均为黑色，具蓝色金属光泽；其余体羽灰白色。在中国分布于新疆西部。栖息于旷野、疏林、农田等地带。常成群活动。杂食性。IUCN 和《中国脊椎动物红色名录》均评估为无危（LC）。

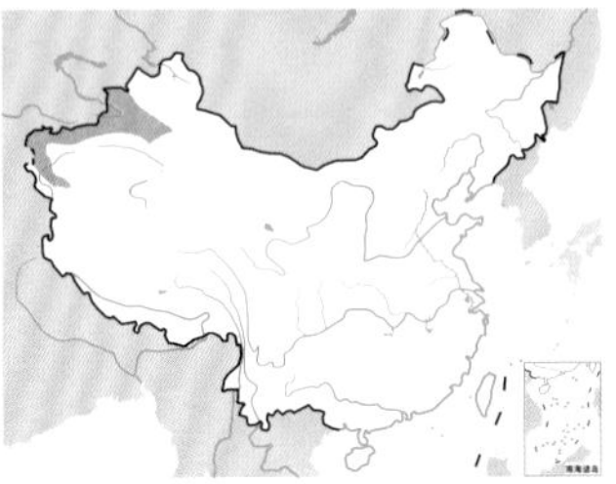

冠小嘴乌鸦。邢新国摄

白颈鸦

拉丁名：*Corvus pectoralis*
英文名：Collared Crow

雀形目鸦科

形态 体长 42～54 cm，体重 385～700 g。全身除后颈、颈侧和胸部为白色，形成一宽阔的白色领环外，其余体羽均为黑色。虹膜褐色；嘴、跗跖、趾、爪均为黑色。

分布 在中国分布于华北、华东、华中、华南和西南地区。在国外仅见于越南北部。

栖息地 主要栖息于低山、丘陵和平原地带，最高可达海拔 2500 m 左右。常在竹丛、灌丛、林缘疏林、小块丛林和稀树草坡活动，尤其是村庄和城镇附近。

习性 常在新耕地、河滩和施肥后的地上活动和觅食，有时甚至栖息于居民房屋屋顶上。除繁殖期成对活动外，大多单独或呈 3～5 只或 10 余只的小群，有时也见和大嘴乌鸦混群活动和觅食。主要在地上觅食，善行走，常在地上缓步慢行，边走边啄食，也能急步行走，但很少跳跃，间或飞到附近树上或山岩上休息。通常在清晨飞到田野觅食，至晚上才返回村落附近或林缘树上过夜。性机警，无论是觅食还是休息，都时时警惕着四周动静，即使正在行进啄食，也不时回头张望。鸣声单调、宏亮，其声似“guo-guo-”声，经常边飞边鸣叫。

食性 杂食性，主要以昆虫、泥鳅、蛙、蜥蜴、小型鸟类等动物为食，也吃植物果实和种子，甚至吃垃圾、腐肉、动物尸体。

繁殖 繁殖期持续时间较长，从南到北繁殖开始的早晚不同，从 2～8 月均见有离巢幼鸟。例如，在海南一年四季皆有繁殖，或许 1 年繁殖 1～3 窝；而在长江流域及以北地区，1 年繁殖 1～2 窝。

通常营巢于村寨附近高大乔木上。巢呈碗状，主要由枯枝构成，内垫以毛发、羽毛、纤维和碎布片。巢的大小约为外径 28 cm，内径 17 cm，高 10 cm，深 6 cm，距地面高 8 m。每窝产卵 3～7 枚，卵淡蓝绿色，被有红灰和紫灰深浅两层斑点，大小为（38～49）mm ×（26～32）mm。

种群状态与保护 IUCN 和《中国脊椎动物红色名录》均评估为近危（NT）。主要分布于中国，保护应该受到足够的重视。它主要栖息在人类居住环境附近，大量农药和化肥的使用造成的环境污染致使其种群数量明显减少，在过去较为常见的一些地方也很少见到了。

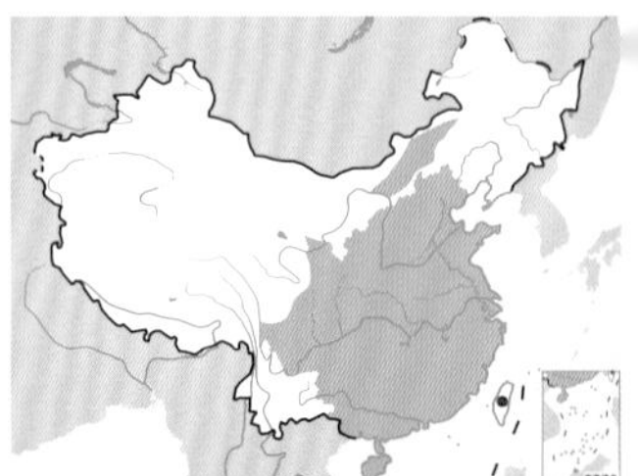

白颈鸦。吴秀山摄

大嘴乌鸦

拉丁名：*Corvus macrorhynchos*
英文名：Large-billed Crow

雀形目鸦科

形态 大型鸣禽。体长 45～54 cm，体重 412～675 g。通体黑色，具紫绿色金属光泽；额较陡突；后颈羽毛柔软松散如发状，羽干不明显；尾长、呈楔状。虹膜褐色或暗褐色；嘴黑色，粗大，嘴峰弯曲，峰嵴明显，嘴基有长羽，伸至鼻孔处；脚黑色。

分布 在中国分布于除北荒漠和青藏高原腹地外的广大地区。在国外分布于亚洲东部、南部和东南部一带。

栖息地 栖息地类型十分广泛，主要栖息于各种森林类型中，尤以疏林和林缘地带较常见，有时甚至出现在山顶灌丛和高山苔原地带，也常出现在城镇公园、海岸、河滩等地。

习性 除繁殖期间成对活动外，其他季节多成 3～5 只或 10 多只的小群活动，有时也见和秃鼻乌鸦、小嘴乌鸦混群活动，偶尔也见有数十只甚至数百只的大群。多在树上或地上栖息，也栖于电线杆、房顶、围墙上。早晨和下午较为活跃，中午多在觅食地附近休息，夜宿在乔木的树枝上，有时也在石崖凹处栖宿。性儿警，常伸颈张望和观察四周动静，一旦发现危险，立即发出警叫声，全群一哄而散。叫声单调粗犷，似“呱，呱—呱”声。

它们常与同域活动的其他鸟类发生争斗，例如珠颈斑鸠等，但喜鹊、灰喜鹊等均能群起而攻来抵御大嘴乌鸦。大嘴乌鸦虽然力大凶猛，喜鹊、灰喜鹊却灵活善战，围绕着大嘴乌鸦上下翻飞，令大嘴乌鸦无暇反击，最后招架不住而败走他方。

食性 杂食性。主要以昆虫及其幼虫和蛹为食，也吃雏鸟、鸟卵、鼠类、腐肉、动物尸体，以及植物叶、芽、果实和种子等。

繁殖 繁殖期为3～6月。3月下旬已成对活动，到4月中旬大部分完成配对，其婚配期约25天。此时，体形稍小的雄鸟羽色墨黑而有光泽，活动频繁，性机警，经常追逐雌鸟。雌鸟体形稍大，羽色黑而暗，光泽浅而无亮光，很少鸣叫，飞翔距离短，多停歇于树冠，而且时间较长。

营巢于华北落叶松、油松等高大乔木顶部枝杈处，距地高5～20 m。巢呈碗状，主要由乔、灌木粗糙枝条搭结而成，内垫有枯草、植物纤维、树皮、草根、毛发、苔藓、羽毛等柔软物质。巢具一定隐蔽性，但巢底透光，缝隙明显，简陋而不松散。也占用喜鹊旧巢来进行繁殖。如果在营巢前期受到干扰，亲鸟会弃巢并另筑新巢。营巢完毕便进入产卵期，每窝产卵3～6枚。卵为天蓝色、淡蓝色或深蓝绿色，被有锈红色、褐色或灰褐色斑点，尤以钝端较密，大小为（41～48.8）mm×（27.4～30.2）mm。卵产齐当日或翌日雌鸟开始卧巢孵卵，雄鸟则主要巡视巢区，有时雌雄鸟轮流孵卵。这时，雌雄亲鸟性情均十分机警，听觉、视觉都很灵敏。孵化期17～19天。雏鸟晚成性，由雌雄亲鸟共同喂养，亲鸟护雏的责任心特别强烈。雏鸟留巢期26～30天，然后雏鸟即可跟随亲鸟飞翔，进入家系种群内活动。

种群状态与保护 IUCN和《中国脊椎动物红色名录》均评估为无危（LC）。在中国分布较广，种群数量较为丰富，尤其是北方的一些大城市中，常在城市公园、大庭院内以及路旁的大树上夜宿，甚至也有一些个体选择城市建筑物夜宿的报道。因此，它们也给城市带来景观、噪声、粪便污染和疾病传播等方面的问题，而且它们偷食其他鸟类的卵和幼鸟，也给其他鸟类的繁衍带来生态压力。学习能力很强，人类驱赶它们的方式很容易被其识破而失去效果，特别是在人口密集的地区更不是一件容易的事情，只有在城市的垃圾管理上下工夫才能取得一定的效果。

大嘴乌鸦。左上图沈越摄，下图张瑜摄

渡鸦

拉丁名：*Corvus corax*
英文名：Common Raven

雀形目鸦科

体长约66 cm，是鸦科鸟类中体形最大的一种。通体黑色，具紫色金属光泽，尤以翼羽最为辉亮。在中国主要分布于东北、西北和西南一带。栖息于从平原直至海拔5000 m以下的山区。IUCN和《中国脊椎动物红色名录》均评估为无危（LC）。被列为中国三有保护鸟类。

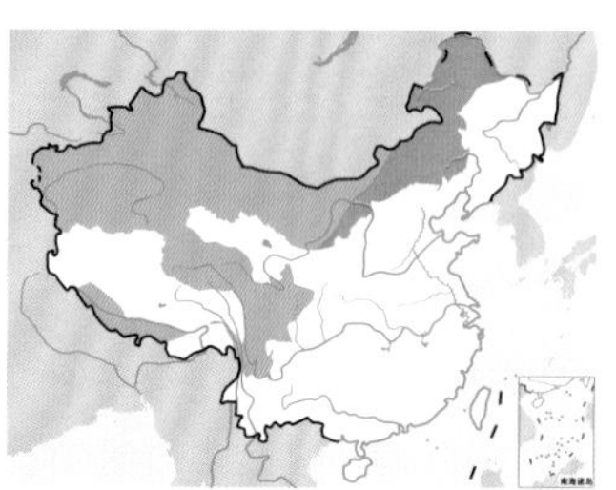

渡鸦。左上图王小炯摄，下图杜卿摄

玉鹟类

■ 玉鹟类指雀形目玉鹟科鸟类，全世界共4属9种，中国仅2属2种
■ 玉鹟类为小型鸣禽，均具明显嘴须和相对较长的尾羽
■ 玉鹟类栖息于各种林地中，主要以昆虫和昆虫幼虫为食
■ 玉鹟类主要在小树枝杈或岩石上以苔藓筑杯形巢

类群综述

玉鹟类指雀形目玉鹟科（Stenostiridae）鸟类，仅4属9种，即黄腹扇尾鹟属 *Chelidorhynx*、仙莺属 *Stenostira*、方尾鹟属 *Culicicapa* 和凤头鹟属 *Elminia*，它们原属于一个成员众多、十分庞大的鹟科（Muscicapidae）或鹟亚科（Muscicapinae），但基于遗传研究的新分类系统将它们单独列为一科，即玉鹟科。中国仅有2属2种，主要分布于西南地区以及华南的部分地区，国外见于南亚、东南亚一带。

形态 玉鹟类为小型鸣禽，体长10～18cm，体重5～11g。它们都有比较多而长的嘴须，相对较长的尾羽，但不同属之间的羽色、喙形和尾形差异明显。黄腹扇尾鹟属和方尾鹟属羽色主要为鲜黄色和橄榄绿色，仙莺属和凤头鹟属则以黑色、蓝色和白色为主。黄腹扇尾鹟 *Chelidorhynx hypoxanthus* 喙较大，侧边长约为基部宽度的2倍；而方尾鹟 *Culicicapa ceylonensis* 的喙弯曲，基部宽阔，近等边三角形，侧边比基部稍长；仙莺属和凤头鹟属则喙细长。黄腹扇尾鹟、仙莺属和凤头鹟属尾与翅几等长或更长，宽而呈凸形；而方尾鹟的尾为方形，比翅短。

栖息地 栖息于山地常绿和落叶阔叶林、针阔叶混交林、竹林和针叶林中，尤其喜欢山边、沟谷和溪流沿岸的树林和林缘灌丛。有时也到低山和山脚平原地带，以及村寨附近。

习性 树栖性。性活泼，行动敏捷。喜欢在树枝上跳跃，或在树冠间飞翔，有时也在林下和林缘灌丛中活动。鸣声大多清脆悦耳。

食性 以昆虫和昆虫幼虫为食。主要在树上、林下灌丛中或地面上觅食，也善于在飞行中捕食。此外，有时也吃少量植物。

繁殖 营巢于小树枝杈上或岩石上。巢呈杯状，用苔藓筑成，杂有少量地衣、毛发和羽毛。每窝产卵2～3枚，卵为白色或淡黄色，杂有暗红色、棕褐色或紫蓝色斑点。雏鸟晚成性。

种群现状和保护 玉鹟类均被IUCN列为无危（LC）物种。

黄腹扇尾鹟
Chelidorhynx hypoxanthus

方尾鹟
Culicicapa ceylonensis

左：玉鹟类为小型鸣禽，均具明显嘴须和相对较长的尾羽。图为站在树枝上将尾羽高高翘起的黄腹扇尾鹟雄鸟。唐英摄

黄腹扇尾鹟

拉丁名：*Chelidorhynx hypoxanthus*
英文名：Citrine Canary Flycatcher

雀形目玉鹟科

体长 10 ~ 11 cm。雄鸟额基、眼先、眼、颊和耳羽黑色，形成一道前窄后宽的贯眼纹，耳覆羽轴纹淡色，额和宽阔的眉纹为鲜黄色；其余上体和翅上覆羽为暗橄榄绿褐色或灰褐色沾绿色，头顶、颈侧以及腰和尾上覆羽微沾黄色；两翅为褐色或暗褐色，大覆羽具白色或淡黄白色端斑；尾褐色，羽轴白色，除中央一对尾羽外，其余尾羽均具宽的白色端斑；下体鲜黄色，尾下覆羽多呈黄白色。雌鸟似雄鸟，但贯眼纹为暗橄榄绿色。在中国分布于西藏南部和东南部、云南、四川西部和西南部，为留鸟。栖息于海拔 1200 ~ 4000 m 的山地阔叶林、针阔叶混交林、竹林和针叶林中。IUCN 和《中国脊椎动物红色名录》均评估为无危（LC）。

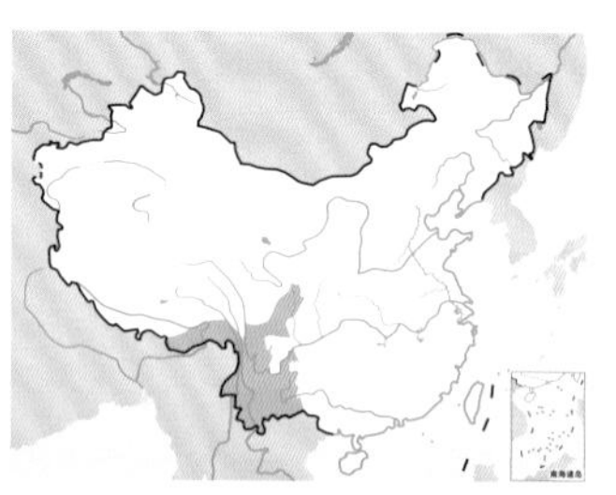

黄腹扇尾鹟。左上图为雌鸟，胡云程摄；下图为雄鸟，刘勇摄

方尾鹟

拉丁名：*Culicicapa ceylonensis*
英文名：Grey-headed Canary Flycatcher

雀形目玉鹟科

形态　雄鸟体长 10 ~ 13 cm，重 7 ~ 11 g；雌鸟体长 11 ~ 12 cm，重 6 ~ 11 g。额、头顶、枕、后颈为暗灰色或黑灰色，有的头顶沾褐色，头侧、颈侧灰色；背、肩、腰部和尾上覆羽为亮黄绿色或橄榄绿色；腰部较鲜亮，有时几为纯黄色；翅上覆羽为橄榄绿黄色，飞羽为暗褐色，外侧羽缘为黄色，头两枚初级飞羽为黄色，羽缘较窄，其余飞羽黄色羽缘较宽；尾为褐色，尾羽羽缘为绿黄色；颏、喉、胸部和颊为灰色；其余下体为黄色；虹膜暗褐色；上嘴黑色，下嘴角褐色；脚肉黄色或肉色。

分布　在中国分布于山东、河南、陕西南部、甘肃东南部、西藏东部和南部、云南、四川、重庆、贵州、湖北西部、湖南、

方尾鹟。左上图韦铭摄，下图刘璐摄

江西、江苏、上海、广东、香港、澳门、广西、海南中部、台湾等地，其中在大多数地区为夏候鸟，在云南为留鸟，在广东、香港为冬候鸟。在国外分布于印度、缅甸、中南半岛各国、斯里兰卡、马来西亚和印度尼西亚等地。

栖息地 栖息于海拔 2600 m 以下的常绿和落叶阔叶林、竹林、混交林和林缘疏林灌丛，尤其喜欢山边、沟谷和溪流沿岸的树林，也出入于农田、地边和村寨附近的次生林和人工林以及果园中。

习性 常单独或成对活动，有时也集成 3～5 只的小群。树栖性，多在树上枝叶间活动和觅食，也常到林下和林缘灌丛中活动觅食。鸣声清脆悦耳，其声似“快跑快离”。

食性 主要以昆虫和昆虫幼虫为食，多为鞘翅目、膜翅目、双翅目等。主要在树上捕捉昆虫，有时也下到地上追捕，更多的时候则是通过飞行捕食。

繁殖 繁殖期 5～8 月。巢筑于岩石上，距地高 2.5 m，用苔藓筑成，杂有少量羽毛。巢的大小约为外径 7 cm × 9 cm，内径 4 cm × 5.5 cm，高 5.5 cm，深 3 cm。每窝产卵 2～3 枚，卵白色或淡黄色，杂有棕褐色和紫蓝色斑点，尤以钝端较密。卵大小约为 15 mm × 12.6 mm，重约 1.3 g。

种群现状和保护 IUCN 和《中国脊椎动物红色名录》均评估为无危（LC）。在中国局部地区种群数量尚较多，但也需要严格保护。

立于枝头的方尾鹟，可见其多而长的嘴须和宽阔的嘴基。韦铭摄

山雀类

- 山雀类指雀形目山雀科鸟类，全世界共14属64种，中国有12属34种，除地山雀外均见于森林地区
- 山雀类体形娇小，翅短圆，尾较长，喙短而结实
- 山雀类栖息于各种森林环境，性活泼，常在枝头跳跃，取食昆虫和植物果实、种子
- 山雀类在各种洞穴中营巢，有的利用天然洞穴、其他鸟类废弃巢洞和人工巢箱，有的可自己挖掘巢洞

类群综述

山雀类为小型鸣禽，活跃于林地和灌丛中。它们小巧玲珑，能轻松自如地倒挂于纤细的树枝上，大部分具有群居性，善于发出悦耳动听的鸣啭，因而给人们带来美好的享受，成为世界上最受欢迎的鸟类之一。

大多数山雀类在外形上都相当一致，很容易辨认。它们的鼻孔多为鼻羽所覆盖；翅膀短圆，初级飞羽10枚，第一枚短小，通常仅为第二枚的一半；尾为方尾或稍圆，尾羽12枚；嘴短而结实，略呈圆锥状，无嘴须或嘴须不发达；腿短，跗跖前缘具盾状鳞。

山雀类隶属于雀形目山雀科（Paridae），共有14属64种，分布范围遍及欧洲、亚洲、非洲和北美洲等地，从平地到高山，凡是有树木的地方往往就能见到它们的身影。中国有12属23种，遍布于全国各地。

形态 大多数山雀类体长11.5～14 cm，体重6～20 g，但冕雀 *Melanochlora sultanea* 除外，它的体长可达22 cm，体重可达40 g。它们的体羽以褐色、白色、灰色和黑色为主，有些种类带有黄色，个别种类还具有天蓝色羽毛。许多种类浅色或白色的脸颊与黑色或深色的头顶形成鲜明对比，有不少具羽冠。雌雄的羽色仅有细微的差别，有些雌鸟的着色比雄鸟暗淡一些。

分布于中国南方至东南亚一带的冕雀对一般的山雀而言堪称庞大——几乎是其他种类中最大个体的2倍。冕雀体羽主要为蓝黑色，富有光泽，头顶为醒目的黄色，有可竖起的冠羽，腹部也呈黄色。但雌鸟的羽色略显暗淡。

黄眉林雀 *Sylviparus modestus* 则不像其他大多数山雀类那样具有分明的着色模式，体羽以绿色为主，比较暗淡，而被单独列为一属。

更为与众不同的是地山雀 *Pseudopodoces humilis*，原先被以为是地鸦的近亲，得名“褐背拟地鸦”，其体羽为褐色，喙弯曲，长度中等，营巢于土壁上自己挖掘的洞穴中。这个生活在青藏高原及周边地区的物种外形看上去与其他山雀毫无相似之处，但近年来对其进行独立的形态研究和DNA分析后证实，它的确应该属于山雀科。

栖息地 总体来说，山雀类主要栖息于森林和林缘灌丛地带，但不同的种类在自然状态下对栖息地各有偏爱，例如蓝山雀 *Cyanistes caeruleus* 偏爱阔叶林，而煤山雀 *Periparus ater* 则偏爱针叶林。

习性 山雀类大部分终年为留鸟，但一般会有垂直方向的迁徙，也有一些种类能进行长距离迁徙。它们大多数时间生活在树上和灌丛中，性情活泼，常在树枝上跳跃或攀悬于枝头，也到地上活动和觅食。鸣声为多种单音节，叽叽喳喳地鸣叫，也有多种口哨声以及复杂多变的鸣啭。

集群是山雀类常见的一种行为，除了单一物种的独立群体外，还常见多种山雀类以及和其他鸟类一起的混合群，这是它们为了提高捕食效率和避免敌害的适应性对策。在北美洲，山雀类混合群一般由2个种为主导，而在欧洲，混合群大多由5个种组成。在中国，山雀类混合群多见为2～5种，其中有3～4种山雀类，其间有时还夹杂着山雀类中的候鸟，更体现出其集群的适应性。例如，欧亚大山雀 *Parus major*、褐头山雀 *P. montanus* 常以主导

左：山雀类体形娇小，善于攀缘乃至悬挂在各种树枝末梢觅食枝叶表面的昆虫或花、芽、果实。图为倒挂在卷曲的叶子边缘探取虫子的眼纹黄山雀。叶昌云摄

种的面貌出现，而数量相对较少的煤山雀常为从属的种类。不过，群体的独立或混合，以及混合中占主导或从属的种类并非完全与其种群数量的多少有关，有时又会体现出很强的随机性。

在混合群中，由于竞争能力的不同，物种之间种群数量的相互制约会使得它们得以在一定的区域内以适当的比例共存。例如，在有限区域内，欧亚大山雀和蓝山雀之间的适当比例将有助于两者的共存。任何一个种类的数量波动都会影响另外一种的种群数量以及繁殖成功率。在四川瓦屋山，煤山雀具有复杂多变的取食行为，比同域分布的黑冠山雀 *Periparus rubidiventris* 等其他山雀类拥有更多的取食技能，而其种群数量也显著地高于其他山雀类。

许多因素影响着山雀类的集群和取食行为，如食物、天气状况、种间竞争以及共存物种、捕食者和保护层的破坏等。例如，在台风过后，山雀类倾向于加入混合群体；当杂色山雀 *Sittiparus varius* 植食性的比例减少的时候，它们便主要在树木的下层取食，同时倾向于加入混合群，从而增加了警戒以及觅食的有效性，降低了风险。

食性　山雀类以取食昆虫为主，有不少种类也食植物种子和浆果等，尤其是那些生活在寒冷地区的种类，种子是它们冬季的主要食物。

不同种类的取食方式和技能也有一定的差异。例如，大山雀的嘴和爪都比较粗壮，多在树干和粗枝上取食，而在同一区域的一些相对轻巧的山雀类多在枝梢上取食，取食生态位有着明显分化。其他种类之间也有类似的情况，表现在取食基质、活动空间等方面的不同。例如，黑冠山雀较大的喙和脚适于抓握较粗的树枝、树干，在较矮的杜鹃上和灌丛取食，啄击杜鹃枝干和剥开花苞搜寻昆虫；而煤山雀较小的喙和脚适于在冷杉上部细枝间及针叶上活动。因此，煤山雀适于在针叶树和树木外层活动，具有多变的觅食技能，而黑冠山雀适于在森林下部的阔叶树上活动。此外，不同山雀类的单次取食量也不相同。例如，大山雀每次只衔一条较大的虫子，而杂食性的杂色山雀每次可以衔多条较小的虫子。

与其他鸟类组成混合群时，在取食生态位方面也有类似的情况。例如，在沼泽山雀 *Poecile*

A	B
C	D

山雀类主要取食昆虫，也取食植物种子和果实，不同种类的生态位分化明显，拥有不同的取食技能和觅食区域

A 为捕食虫子的白眉山雀，董磊摄

B 为取食种子的沼泽山雀，王瑞卿摄

C 为在冷杉针叶上活动的煤山雀，刘璐摄

D 为倒悬于柳树梢头的黄腹山雀，杜卿摄

生态适应：

独特的学习行为 山雀类在各种场合下都显示出了极强的应变和学习能力。它们能学会很多与觅食相关的复杂技能，如能把绳子提拉起来拿取悬挂在绳端的食物等。由于它们拥有这种极强的学习观察能力，因而一种新的取食技能一经产生就能很快地在其种群中传播开来。

1929年，人们在英格兰南安普敦观察到一些山雀类能将牛奶瓶的盖撕开，然后取食其中的牛奶。其他山雀类也都迅速学会了这一技巧，“撕开奶瓶喝牛奶”的行为很快就在整个大不列颠诸岛的所有山雀类中出现。后来，人们就又把纸瓶盖换成了铝瓶盖，但山雀们很快就又都学会了撕开铝瓶盖。

有人认为，这种行为同山雀类所具有的剥树皮行为极为相似。原来，它们经常在树皮上搜寻昆虫，顺便把树皮带回巢内作巢材，撕破奶瓶盖的行为可能就是在平时剥树皮的基础上发展起来的。

洞巢繁殖 森林鸟类根据巢的类型分为洞巢鸟类和非洞巢鸟类，其中洞巢鸟类可分为树洞巢鸟类、土洞巢鸟类、岩洞巢鸟类和缝隙及土崖穴巢鸟类。

树洞巢鸟类，即在树洞中营巢的鸟类，根据营巢树洞的形成原因可分为初级洞巢鸟和次级洞巢鸟。初级洞巢鸟是鸟类在自己啄树而形成的树洞中进行繁殖的鸟类，主要包括啄木鸟类、黑头鳾*Sitta villosa*以及褐头山雀等。次级洞巢鸟本身不会啄洞，只能居住在现成的洞中，利用的树洞类型包括：啄洞，啄木鸟等初级洞巢鸟啄成的树洞；裂洞，由树裂缝形成的天然树洞，一般因树皮被冻裂后由真菌入侵形成的，如沼泽山雀；结洞，由树结形成的天然洞，一般为树枝断掉后留下的树结再由菌类入侵而形成的，如大山雀、普通 、白眉姬鹟*Ficedula zanthopygia*等。

山雀类中有初级洞巢鸟，如褐头山雀；但更多的为次级洞巢鸟，如大山雀、灰蓝山雀*Cyanistes cyanus*、煤山雀、沼泽山雀、杂色山雀等。此外，中国常见的次级洞巢鸟还有：鸳鸯*Aix galericulata*、中华秋沙鸭*Mergus squamatus*、红隼*Falco tinnunculus*、红角鸮*Otus sunia*、领角鸮*O. lettia*、雕鸮Bubo bubo、花头鸺鹠*Glaucidium passerinum*、鹰鸮*Ninox scutulata*、纵纹腹小鸮*Athene noctua*、长尾林鸮*Strix uralensis*、长耳鸮*Asio otus*、短耳鸮*A. flammeus*、鬼鸮*Aegolius funereus*、赤翡翠*Halcyon coromanda*、三宝鸟*Eurystomus orientalis*、戴胜*Upupa epops*、灰椋鸟*Spodiopsar cineraceus*、北椋鸟*Agropsar sturninus*、寒鸦*Corvus monedula*、红尾歌鸲*Larvivora sibilans*、白眉姬鹟*Ficedula zanthopygia*、红喉姬鹟*Calliope calliope*、普通鳾等。

初级洞巢鸟和次级洞巢鸟中的大多数种类都是农林益鸟，尤其是在繁殖季节，可以消灭大量的害虫以及害鼠等。

palustris、长尾山雀属 *Aegithalos*、旋木雀属 *Certhia* 和普通鳾 *Sitta europaea* 组成的混合群中，沼泽山雀和长尾山雀在树冠部取食，旋木雀和普通鳾在树干部取食，而且，即使同在树冠部和树干部取食，其种间的取食生态位也有明显不同。

由于食物资源在空间与时间上的分布往往极不均衡，许多动物为了应对这种不均衡性引起的食物短缺，往往会在食物丰富时采取贮食行为。有些山雀类就非常擅长储藏食物，主要是种子，有时也可能是昆虫，这些食物通常藏于树皮的裂缝里或埋于苔藓下面，有的种类的埋藏地点更为丰富。储藏的食物有可能一段时间都不会用上，也有可能刚藏起来数小时便取走。

山雀类的贮食倾向往往随着海拔高度的增加而增加，这可能是因为高海拔地区的气温比较低，寒冷季节比较长，因而食物贫乏的时间也比较长，白天觅食的时间也大为减少。

山雀类中的小型种类比大型种类表现出更强烈的贮食习性。这是由于两者的体表面积/体积的比值不同，小型种类散热更快，因此也相应地需要更多的食物来补充能量。例如，体形比较小的煤山雀和只比煤山雀稍微大一点的沼泽山雀、褐头山雀等都有储存食物的行为，而中等大小的蓝山雀和比较大的大山雀却不贮食，即使生活在高海拔地区的大山雀和蓝山雀也未发现有贮食习性。

贮食行为受很多因素的影响，其中食物和季节是两个关键因子。例如，杂色山雀优先贮食松子，仅在春季贮食少量葵花籽，贮食位点主要选择树皮裂缝、灌木根部、草丛、石缝和苔藓下面这5种环境，其空间分布呈分散状态，密度分布随食物搬运距离的增加而递减，这样可以提高贮食效率。贮食模式的季节变化可能与生境中松子可获得性的下降有关，而它们冬季对树皮裂缝的利用率明显高于春季，这可能是由于冬季的积雪覆盖限制了其对地面贮食点的利用。

储藏的食物还面临着种内竞争者和种间竞争者的盗食。盗食是指贮食动物储藏的食物被其竞争者搬走或取食的一种行为，这种行为在贮食动物中非常普遍。因为贮食动物储藏食物是为了在食物短缺时利用，所以储藏食物的丢失对贮食动物的生存非常不利，尤其是灾难性盗食的发生，更是致命的。这种盗食行为的发生，是贮食动物贮食行为不断进化的重要选择压力。

因为竞争者的存在意味着储藏的食物有被窃取的可能，所以为了保护和寻回自己储藏的事物，贮食动物也进化出了应对竞争者的若干策略。一般来说，贮食的位置越远、越分散，产生灾难性盗食的可能性越低。但贮食距离的加长，分散程度的加大，又意味着贮食者在此过程中能量投入的加大。因此，贮食者，如杂色山雀，能够根据自身和周围的环境条件，在权衡取食及储藏过程中时间与能量的花费和收益后，形成一种贮食策略上的平衡。它们在有盗食风险的情况下，会改变各贮食被盗风险区的贮食比例和各贮食微生境的贮食比例及优先级来应对和干扰竞争者。

繁殖 山雀类营巢于树洞、土洞或岩石缝隙中，有些种类在软木中凿洞，另外也有在树枝间营巢的。它们对于树洞类型的利用均有各自的倾向性。例如大山雀和杂色山雀，两者在巢址选择上各有偏好，大山雀多筑巢于距离道路 30 m 以上、乔木种类少、数量多且比较高大的且有一定坡度的单一林型中，巢距地较高；而杂色山雀多选择距水源较近、乔木与灌木种类多而数量少、生长繁茂的针阔叶混交林的边缘地带筑巢。

不过，它们在巢洞资源有限的情况下有比较强的竞争。例如，黑冠山雀与煤山雀均为小型次级洞巢鸟，并且两者对于巢材的选择具有很强的相似性，因此它们在巢资源利用的过程中具有很激烈的争夺。

山雀类会调整巢的保温性能以适应气候变化的影响。例如，温度因子对杂色山雀巢内兽毛的质量及占比影响显著，筑巢期温度越高，巢内的兽毛含量就越少。

对于杂色山雀等一些种类来说，苔藓是很重要的巢材，其意义可能不仅在于隐蔽性，还体现在轻软、保温及其良好的抑菌性和防腐等方面，因此巢内苔藓含量越多，子代生长情况越好。

窝卵数通常为 4～12 枚，白色，带红褐色斑。孵化期 13～14 天。雏鸟晚成性，留巢期 17～20 天。

亲鸟育雏的食物与它们自己的食物组成明显不同，亲鸟的食谱范围明显宽于雏鸟，而整个育雏期雏鸟的食物都以鳞翅目幼虫为主，食用频次明显高于亲鸟。这可能是由于雏鸟代谢旺盛，生长发育快，鳞翅目幼虫蛋白质含量高，可以为雏鸟提供优质蛋白，以利于翅膀、肌肉、消化道等成长。其次，雏鸟的消化系统不完善，胃肠容积较小，消化功能不健全，消化道缺少某些消化酶，胃研磨食物的能力低，消化能力和吸收能力都较弱，而鳞翅目幼虫身体柔软、没有翅膀和难以消化的外壳，更易被雏鸟吞咽、消化和吸收。此外，雏鸟抗寒能力低，体温调节机能不健全，绒毛保温性差，亲鸟除了提供食物以外，还需要给予雏鸟足够的热量，因此亲鸟还要尽量降低捕食中能量的消耗，而鳞翅目幼虫一般寄居在树干、幼芽或者叶子上，较其他食物更易获取，于是

山雀类在各种洞穴中营巢。图为在土洞中营巢的黄颊山雀雌鸟正在清理幼鸟的粪便。林植摄

山雀类主要以鳞翅目幼虫育雏，图为正在育雏的大山雀。杨微倩摄

亲鸟就既可以降低能量消耗又可以获取大量的食物资源。

山雀类还存在着较为普遍的婚外交配现象。在单配制鸟类中，雌性与社会配偶之外的雄性个体发生交配的行为被称为婚外交配，所产生的子代被称为婚外子代。

不同种类之间的婚外父权的比例都是不同的，在常见的山雀类中，沼泽山雀有婚外父权巢的比例为42.86%，婚外子代所占比例为24.53%；蓝山雀的婚外巢比例为40.2%，婚外子代比例为10.9%；大山雀的婚外巢比例为31.0%，婚外子代比例为7.3%。杂色山雀发生婚外父权的巢占48.6%，婚外子代占总子代数量的比例为17.3%，处于较高水平。还有婚外父权比例更高的种类，如煤山雀，达75%，其婚外子代比例也达到25.3%。

与人类的关系 在繁殖季节，所有山雀类都会给雏鸟喂食昆虫。例如，一对蓝山雀的配偶在雏鸟发育最快的那段时间会以平均每分钟一条毛虫的速度喂雏，而在雏鸟留巢期间，喂雏的毛虫超过一万条。所以山雀类在控制森林虫害方面起着重要作用，人们也因此为它们设置了大量的巢箱进行招引。

山雀类大多具有贮食行为，并且以植物的种子为主。贮食地一般选择林缘和林间路两侧，这样就在某种程度上对一些特定植物种子的散布和森林的更新有重要的影响。例如，杂色山雀能将大约63%的红豆杉种子储存在地面上，其结果对红豆杉起到了重要的传播作用，其储存食物的频率与红豆杉日后的植株密度和传播距离密切相关。

在民间传统的饲养观赏鸟的习俗中，鸣唱的复杂程度适中，富有韵味的各种山雀，如呼呼红（沼泽山雀）、呼呼黑（大山雀）、点儿（黄腹山雀 *Pardaliparus venustulus*）、背儿（煤山雀）等，都成为了人们的“雅玩”，其中最著名的是“红子”，不但历史悠久，而且讲究颇为复杂。现在，随着社会的发展，野生动物执法力度的不断加大，养鸟的习俗已渐行渐远，而观鸟的风尚却方兴未艾，奔赴鸟类的栖息地，一览各种山雀的自然风貌，聆听它们鸣唱的本音，成为越来越多的爱鸟人的选择。

♂
♀
火冠雀
Cephalopyrus flammiceps
黄眉林雀
Sylviparus modestus
♀
♂
冕雀
Melanochlora sultanea
黑冠山雀
Periparus rubidiventris
煤山雀
Periparus ater
棕枕山雀
Periparus rufonuchalis
♂
黄腹山雀
Pardaliparus venustulus
♀
褐冠山雀
Lophophanes dichrous
杂色山雀
Sittiparus varius
台湾杂色山雀
Sittiparus castaneoventris
白眉山雀
Poecile superciliosus
红腹山雀
Poecile davidi

沼泽山雀
Poecile palustris
西南亚种
P. p. dejeani
西北亚种
P. p. hypemelaena
褐头山雀
Poecile montanus
四川褐头山雀
Poecile weigoldicus
欧亚大山雀
Parus major
青海亚种
C. c. berezowskii
北方亚种
C. c. tianschanicus
灰蓝山雀
Cyanistes cyanus
东北亚种
P. c. minor
海南亚种
P. c. hainanus
大山雀
Parus cinereus
绿背山雀
Parus monticolus
♂
♀
台湾黄山雀
Machlolophus holsti
眼纹黄山雀
Machlolophus xanthogenys
黄颊山雀
Machlolophus spilonotus

火冠雀

拉丁名：*Cephalopyrus flammiceps*
英文名：Fire-capped Tit

雀形目山雀科

形态 体长 8～11 cm，体重 6～9 g。雄鸟前额火红色，粗短的眉纹和眼先黄色而微沾赤红色；上体橄榄绿色，腰部和尾上覆羽黄绿色；颏、喉、胸橙黄色或黄绿色，其余下体烟灰色或绿灰色。雌鸟额基火红色范围小或无火红色斑，上体较灰暗，颏、喉浅黄绿色，其余下体烟灰色微沾黄绿色。

分布 在中国分布于陕西南部、宁夏、甘肃东南部、四川、贵州西部、云南、广西、西藏西南部和东南部一带。在国外分布于巴基斯坦、印度、尼泊尔、不丹等地。

栖息地 主要栖息于高山针叶林和针阔叶混交林，也栖息于林线上缘杜鹃灌丛和低山平原树林中。在秦岭常见于海拔 800～1500 m 的山林内，在西藏也见于海拔 3800 m 高的油菜地附近柳树上和海拔 4300 m 左右的河滩灌丛中。

习性 留鸟，部分季节性游荡。繁殖期间单独或成对活动，其他时候多成群，有时与山雀、柳莺等其他小型鸟类混群。性活泼，行动敏捷，飞行急速，呈波浪式向前飞行。树栖性，常由一棵树成群飞往另一棵树，善于在树干和枝叶上攀缘觅食。活动时不时发出细弱的“吱、吱、吱”声，借以保持群中个体之间的联系。

食性 主要以昆虫和昆虫幼虫为食，也吃草籽和花蕊等。

繁殖 繁殖期 5～6 月，在南部和低海拔地区，也有早在 4 月中旬开始产卵的。1 年繁殖 1 窝。在树干上部或粗的侧枝上小的天然树洞中营巢。营巢由雌鸟单独承担，雄鸟在巢附近警戒。巢呈杯状，主要由一些细的草茎、须根等构成。每窝产卵 4～5 枚。卵蓝绿色，大小为 (13.9～16.2) mm × (10.3～11.5) mm。孵卵主要由雌鸟承担。雏鸟晚成性。雌雄亲鸟共同育雏。

种群现状与保护 IUCN 和《中国脊椎动物红色名录》均评估为无危（LC）。在中国种群数量比较少，需要进行严格的保护。

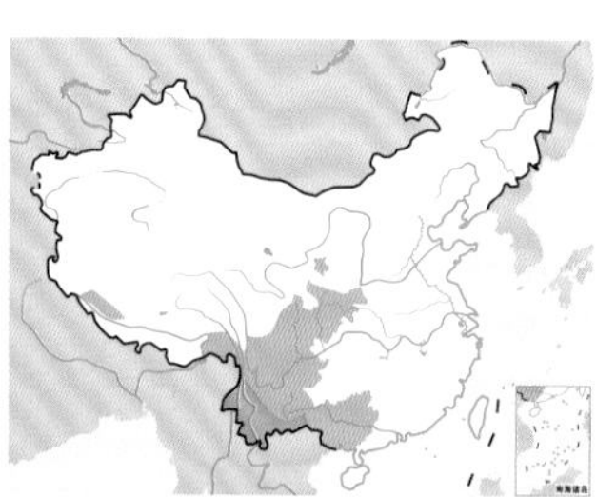

火冠雀。左上图为雌鸟，赵纳勋摄；下图为雄鸟，刘璐摄

黄眉林雀

拉丁名：*Sylviparus modestus*
英文名：Yellow-browed Tit

雀形目山雀科

体长 9～10 cm。额至头顶褐色，眉纹粗短，为鲜黄色，眼圈黄白色，额基、头侧和颈侧黄绿色；上体橄榄绿色，两翅和尾褐色，羽缘绿色，大覆羽具淡色羽缘，形成一道翅斑；下体淡黄绿色。栖息于海拔 2000 m 左右的针阔混交林中。在中国分布于西藏南部和西南部、云南西部、四川、贵州东部、江西、福建西北部、广东、广西等地。IUCN 和《中国脊椎动物红色名录》均评估为无危（LC），被列为中国三有保护鸟类。

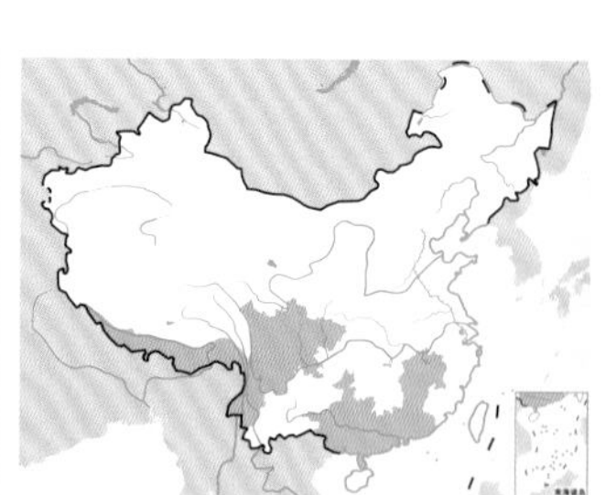

黄眉林雀。左上图张小玲摄，下图杜卿摄

冕雀

拉丁名：*Melanochlora sultanea*
英文名：Sultan Tit

雀形目山雀科

形态 体长 17～20 cm，体重 34～49 g。雄鸟前额至头顶以及头顶上长而显著的冠羽金黄色，在黑色的头上极为醒目；其余上体及颏、喉、胸部等均为亮黑色，其余下体辉黄色。雌鸟和雄鸟相似，但黄色部分比较淡，上体为橄榄绿色，颏、喉、胸部为暗黄绿褐色。虹膜暗褐色或红褐色；嘴黑色；脚暗铅色。

分布 在中国分布于云南南部、广西西南部、江西、福建和海南等地。在国外分布于尼泊尔、孟加拉国、印度阿萨姆、缅甸、泰国、老挝、越南、柬埔寨、马来西来和印度尼西亚苏门答腊等地。

栖息地 主要栖息于海拔 1000 m 以下的常绿阔叶林和热带雨林中，也栖息于落叶阔叶林、次生林、竹丛和灌丛。

习性 常单独或成对活动，偶尔也集成 3～5 只的小群，冬季有时也和雀鹛属 *Alcippe*、噪鹛属 *Garrulax* 等其他鸟类混群。常在树顶枝叶间跳跃穿梭或在树冠间飞来飞去，也在林下竹丛和灌丛中活动和觅食。

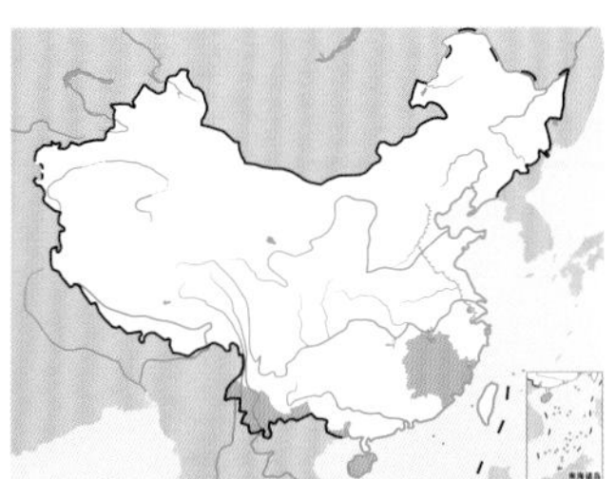

冕雀。左上图为雄鸟，下图为雌鸟。张瑜摄

食性 主要以鞘翅目、鳞翅目昆虫和昆虫幼虫为食。

繁殖 繁殖期4～6月。营巢于天然树洞或树的裂缝中，也在墙壁缝隙中营巢。巢呈杯状，主要由苔藓、草叶、草茎等材料构成，内垫有兽毛和植物纤维。每窝产卵5～7枚。卵白色，被有红色或褐色斑点，大小约为19 mm×15 mm。

种群现状与保护 IUCN评估为无危（LC），《中国脊椎动物红色名录》评估为数据缺乏（DD），被列为中国三有保护鸟类。在中国分布区域狭窄，种群数量稀少，应注意保护。

棕枕山雀

拉丁名：*Periparus rufonuchalis*
英文名：Rufous-naped Tit

雀形目山雀科

体长约12.5 cm。整个头、颈和长而竖直的羽冠亮黑色，两颊各有一块近似方形的大白斑；后颈有一大块棕色斑，或斑的后部棕色，前部白色；背部暗橄榄灰色；翅和尾褐色，羽缘橄榄灰色；颏、喉、胸部黑色，腹部灰色，尾下覆羽栗色。栖息于海拔1500～3000 m的山地针叶林、针阔叶混交林和阔叶林，以针叶林较多，秋冬季也常下到海拔1200 m左右的沟谷地带。在中国分布于新疆西部、西藏南部。IUCN和《中国脊椎动物红色名录》均评估为无危（LC），被列为中国三有保护鸟类。

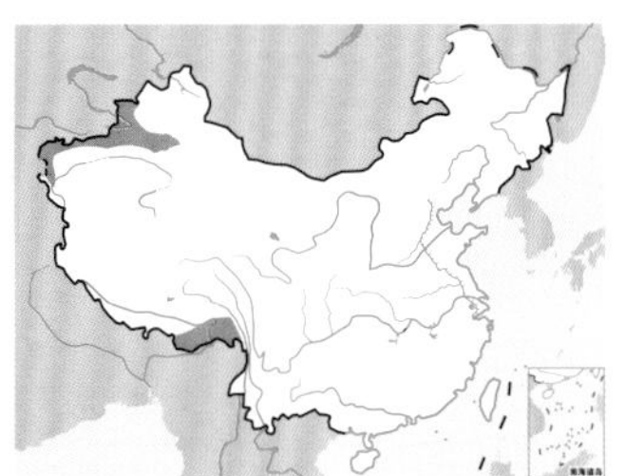

棕枕山雀。刘璐摄

黑冠山雀

拉丁名：*Periparus rubidiventris*
英文名：Rufous-vented Tit

雀形目山雀科

形态 体长10～12 cm，体重6～13 g。整个头、颈和羽冠黑色，后颈和两颊各有一块醒目的大白斑；背部至尾上覆羽暗蓝灰色；两翅和尾暗褐色，羽缘蓝灰色；喉至上胸部黑色，下胸部至腹部橄榄灰色，尾下覆羽棕色。虹膜暗褐色；嘴黑色；脚铅褐色。

分布 在中国分布于陕西南部、甘肃、青海东南部、四川、云南西北部、西藏南部和东南部一带。在国外分布于尼泊尔、不丹、孟加拉国、印度和缅甸等地。

栖息地 主要栖息于海拔2000～3500 m的山地针叶林、竹林和杜鹃灌丛中，也出没于阔叶林和混交林及其林缘疏林灌丛。

习性 繁殖期间常单独或成对活动，其他时候多呈3～5只或10余只的小群，有时也见和其他山雀混群活动和觅食。

食性 主要以昆虫为食，也吃部分植物性食物。

繁殖 营巢于洞穴中，位于云杉树基下，大小约为27 cm×11 cm，巢深17 cm。巢材由苔藓、草茎、须根、羊毛、云杉叶等组成。育雏结束后亲鸟有清除巢内异物的行为。

种群现状与保护 IUCN和《中国脊椎动物红色名录》均评估为无危（LC），被列为中国三有保护鸟类。在中国只有局部地区有一定数量，其他地区种群数量比较稀少，应进行严格保护。

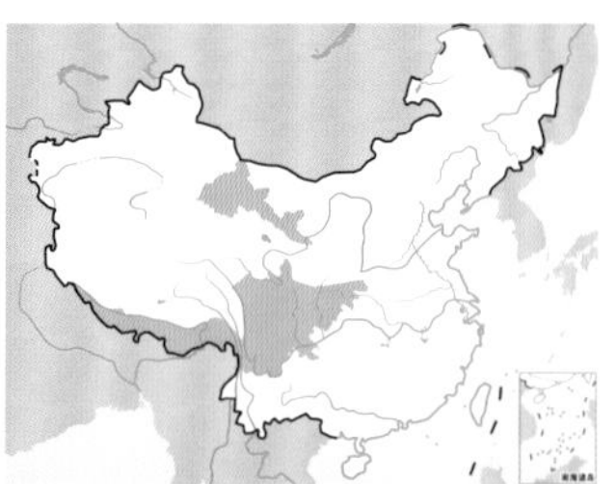

黑冠山雀。左上图韦铭摄，下图杜卿摄

煤山雀

拉丁名：*Periparus ater*
英文名：Coal Tit

雀形目山雀科

形态 体长 9～12 cm，体重 8～9.5 g。额、头顶和后颈亮黑色，后颈中央具一大的白色颈斑；眼先黑色；颊、耳羽和颈侧白色，形成大块白斑；背部蓝灰色，翅上有两道白色翅斑，腰和尾上覆羽沾棕褐色，尾羽黑褐色；颏、喉黑色，胸部污白色，其余下体乳白色。虹膜暗褐色；嘴黑色；脚铅黑色。

分布 在中国东北、华北、华东、西北和西南地区。在国外分布于从欧洲一直到非洲北部、亚洲东部一带。

栖息地 主要栖息于海拔 3000 m 以下的阔叶林、针阔叶混交林和针叶林中，也出没于竹林、人工林、次生林和林缘疏林灌丛，有时也到河边，在冲积于河床上的乱木堆中钻来钻去。冬季则常到山脚和邻近平原地带的小树丛和灌丛中活动和觅食。

习性 除繁殖期单独或成对活动外，其他季节多成小群，有时也和其他鸟类混群，其中有一些以煤山雀为主体的混合群，例如“煤山雀 + 褐头山雀 + 戴菊 + 暗绿柳莺”群体。性情活泼，行动灵巧、敏捷，主要在树冠的上部枝、梢、叶上取食，常在树冠层枝叶间跳来跳去，或从一棵树飞到另一棵树，有时也在林下小树或灌木枝叶上跳跃觅食，并不时发出低弱的“zi-zi-zi”声。

成鸟一年一度的换羽约于 7 月中旬开始。幼鸟要换掉巢羽装，但时间较成鸟晚 15～20 天。雌鸟较雄鸟换羽稍微迟一些。

食性 主要以昆虫为食，也吃蜘蛛等其他小型无脊椎动物，以及植物果实和种子等。主要在高大的针叶树树冠部取食。

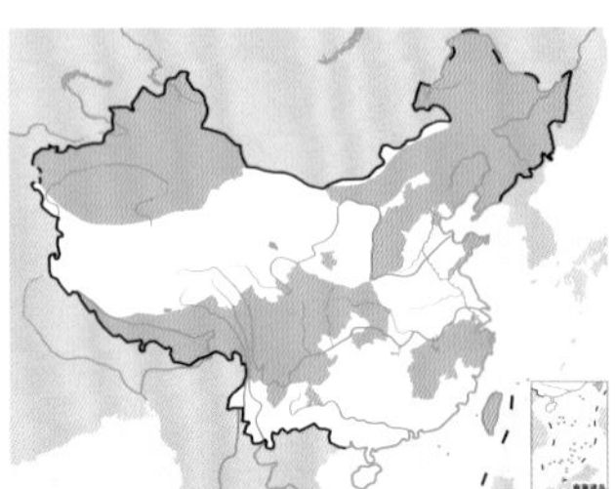

煤山雀。左上图杜卿摄，下图柴江辉摄

收集巢材的煤山雀。刘璐摄

繁殖 3 月下旬至 4 月初即开始成对活动，3 月末雄鸟占区鸣唱，并在一定范围内来回飞舞鸣唱。鸣唱时多在高树上部，有时在顶尖处。歌声清脆、嘹亮、旋律多变，其声似“caiweiling-caiweiling-caiweiling”或“zigena-zigena-zi”。4 月末可见雄鸟间追打，然后雌雄鸟间出现相互追逐行为。

巢址生境多样，一般多置于林间公路、林间小路或近林缘处，在林中一般也是选择周围林木都在 5 m 以外、下木较稀疏、光线较好的空旷地带。它们常与普通䴓争夺巢址，不过总是被赶走。

通常营巢于天然树洞中，也有少数在土崖裂隙和土洞中营巢。巢洞距地面的高度多在 1～8 m，最高达 21 m，最低在 0.3 m 左右。洞口大小和形状随环境不同出现较大差异，洞内径 6～11 cm，洞深约 11 cm。巢筑于洞底，巢为浅碗状，主要由苔藓、松萝构成，内垫绒羽、杨柳絮、韧皮纤维和兽毛等，使巢内显得柔软而温暖。巢的大小为外径 6～11 cm，内径 5～6.5 cm，高 3.5～7 cm，深 2～4 cm。

营巢主要由雌鸟承担，初期雄鸟有时给雌鸟运送巢材，后期则全由雌鸟承担，雄鸟负责警戒，每个巢需 10～11 天才能筑好。在雌鸟入巢产卵时，雄鸟有时振翅，到洞口向内张望。巢筑好后间隔 1～2 天便开始产卵。每窝产卵 8～10 枚，每日产卵 1 枚。

产完第 1 枚卵后，雌鸟开始夜宿巢中。第 2 天早晨雄鸟到巢址歌唱，然后“diao，diao，diaozizidiao”地呼唤几声，雌鸟便自巢中飞出，两者共同取食活动十几分钟后再入巢产卵。

卵为白色，具浅红色或肉桂色斑点，尤以钝端较密，尖端稀少。卵为椭圆形，大小为（15～15.8）mm ×（11.2～12.0）mm，重 0.9～0.95 g。卵产齐后便开始孵卵，也有的在产完卵第 2 天才孵卵。孵卵由雌鸟承担。雌鸟坐巢期间，雄鸟给雌鸟喂食，有时雌鸟离巢和雄鸟一同觅食。孵化期 13～14 天。雏鸟晚成性，由雌雄亲鸟共同育雏，每天喂食多达 200 余次。留巢期为 17～18 天。幼鸟在离巢的头两天内一般还在巢区活动，之后才随亲鸟飞离。

一般每年繁殖2窝，第1窝多在5月中下旬产出，窝卵数多为9～10枚；第2窝多在6月中下旬至7月初产卵，窝卵数多为8枚。二次繁殖时，有的在第1窝出飞后2～3天，雌鸟用1～2天时间重新垫巢便开始产卵，仍日产1枚；有的则在第1窝未出飞时就已经产卵，即产卵和育雏同时进行。

种群现状与保护 IUCN和《中国脊椎动物红色名录》均评估为无危(LC)，被列为中国三有保护鸟类。在中国种群数量较多，是中国山区较为常见的森林鸟类之一，也是著名益鸟，需要进行严格保护。

黄腹山雀

拉丁名：*Pardaliparus venustulus*
英文名：Yellow-bellied Tit

雀形目山雀科

形态 体长9～11 cm，体重9～14 g。雄鸟头和上背黑色，脸颊和后颈各具一白色块斑，下背、腰部亮蓝灰色；翅上具2道黄白色翅斑；颏至上胸部黑色，下胸至尾下覆羽黄色。雌鸟上体灰绿色，颏、喉、颊和耳羽灰白色，其余下体淡黄色沾绿色。虹膜褐色或暗褐色；嘴蓝黑色或灰蓝黑色；脚铅灰色或灰黑色。

分布 中国特有鸟类，分布于大陆东半部南北各地，最西至青海。

栖息地 主要栖息于各种林地中，通常见于海拔500～2000 m的山地，夏季可活动至海拔3000 m，冬季多下到低山和山脚平原地带的次生林、人工林和林缘疏林灌丛地带。

习性 除繁殖期成对或单独活动外，其他时期集群，常成10～30只的群体，有时也与大山雀等其他鸟类混群。全天多数时候在树枝间跳跃穿梭，频频发出"噬、噬、噬"的叫声。鸣声与其他山雀类相比较为简单，频率较高，音节重复次数最少。

食性 主要以昆虫为食，也吃果实和种子等植物性食物。

繁殖 繁殖期为4～6月。营巢于低矮天然树洞中或山坡石缝间，或由雄鸟自行打洞于山坡隐蔽处。巢呈杯状，主要由苔藓、细软的草叶、草茎等材料构成，内垫以兽毛等。每窝产卵5～7枚，卵白色、被有红色或褐色斑点，卵的大小为(17～18) mm×(12～13.5) mm。孵卵主要由雌鸟承担。

种群现状与保护 IUCN和《中国脊椎动物红色名录》均评估为无危（LC），被列为中国三有保护鸟类。分布区域较广，局部地区数量较多。它是中国特有鸟类，需要进行严格保护。

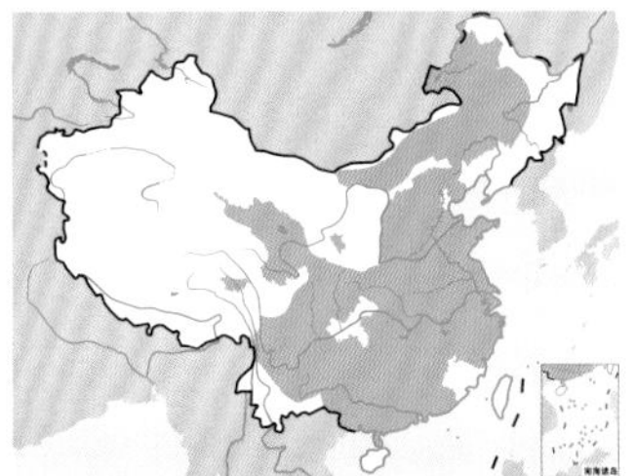

黄腹山雀。左上图为雌鸟，下图为雄鸟。沈越摄

褐冠山雀

拉丁名：*Lophophanes dichrous*
英文名：Grey-crested Tit

雀形目山雀科

体长约11.5 cm。头顶和长的羽冠为褐灰色或灰色，其余上体橄榄褐色或暗灰色；额、眼先、颊和耳覆羽皮黄色；颈侧棕白色，形成半领环状；两翅和尾褐色，具淡色羽缘；下体淡棕色或棕褐色。在中国分布于陕西南部、甘肃、青海东部和南部、四川、湖北、云南西北部、西藏北部和东南部等地。栖息于海拔2500～4200 m的高山针叶林中，尤以冷杉、云杉等杉木为主的针叶林中较为常见。IUCN和《中国脊椎动物红色名录》均评估为无危（LC），被列为中国三有保护鸟类。

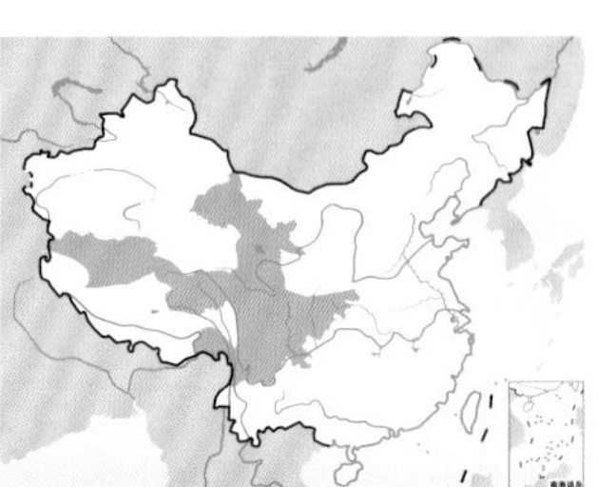

褐冠山雀。左上图为指名亚种*L. d. dichrous*，下体皮黄色较浓，沈越摄；下图为甘肃亚种*L. d. dichroides*，下体皮黄色浅，且头顶冠羽的灰色也较浅，韦铭摄

杂色山雀

拉丁名：*Sittiparus varius*
英文名：Varied Tit

雀形目山雀科

形态 体长 12～14 cm，体重 17～18 g。头顶和后颈黑色，枕和后颈中央有一白色纵斑，前额、眼先、颊至颈侧乳黄色，其余上体蓝灰色；上背栗色，形成大块栗色斑；颏、喉黑色，胸、腹栗红色。嘴角褐色或深褐色；脚铅色或铅褐色。

分布 在中国分布于吉林、辽宁东部、山东、安徽、江苏、上海、浙江、广东等地。在国外分布于朝鲜和日本。

栖息地 典型的森林鸟类，主要栖息于海拔 1000 m 以下的阔叶林、人工林和针阔叶混交林中，尤以郁闭度较小的落叶松、油松、刺槐、阔叶杂木林和针阔叶混交林中较常见。

习性 除繁殖期单独或成对活动外，多成小群，有时也和大山雀等其他鸟类混群。性活泼，多在树冠中下层枝叶间、也在林下灌木丛中、偶尔也下到地上活动和觅食，常边活动边发出单调的叫声，其声似“si-h，si-h”。

杂色山雀的晨鸣开始时间晚于日出时间约 20 分钟，并且随着日出时间的提前而提前。晨鸣也容易受到天气状况的影响，包括晨鸣开始时间和鸣声强度等，一般晴天显著早于阴天。

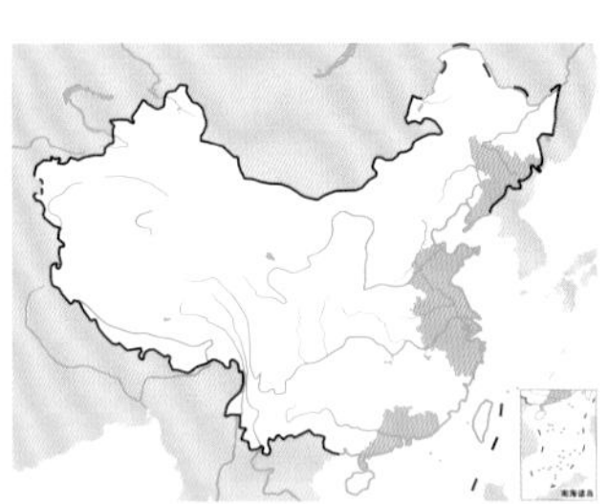

杂色山雀。张明摄

杂色山雀亲鸟能够判断不同巢捕食者的危险程度，并通过不同报警鸣声将巢捕食者的信息传递给子代。例如，由于花鼠很难通过巢口进入巢洞，而赤峰锦蛇则能轻易侵入，花鼠对杂色山雀子代的捕食风险要远远低于赤峰锦蛇，因此，亲鸟对两者的报警声有所不同，对花鼠发出的“gagaga”类型的鸣声极少在赤峰锦蛇出现时发出，对赤峰锦蛇发出的“gegege”类型的报警鸣声也从来不会在花鼠出现时发出。此外，当有雀鹰出现在天空中时，杂色山雀会发出快速纯哨音“peee”的报警鸣叫，告知同伴提高戒备。

食性 杂色山雀主要以昆虫和昆虫幼虫为食，也吃植物果实和种子。秋季有明显的贮食行为，贮食方式为分散贮食。它们通常会在短时间内迅速将红松种子等食物叼走储存，而不是叼到树上吃掉。

储藏的食物还要防备那些潜在的盗食者。杂色山雀防范种间盗食者所投入的时间精力比防范种内盗食者更多，同时，雄性个体为预防灾难性盗食而付出的努力较雌性个体高。

繁殖 一般在 3 月中旬以后开始发情，追逐配对。4 月中下旬开始筑巢。营巢于洞穴中，利用的巢洞种类多样。雌雄鸟共同筑巢，主要是雌鸟叼巢材筑巢，雄鸟在旁协助，若有其他鸟类进入巢区，雄鸟便立即驱赶。

巢呈碗状，大小约为外径 12 cm，内径 6 cm，高 5.5 cm，深 3.6 cm。筑巢时，首先在底部铺上一层厚厚的苔藓，约占整个巢结构的 2/3，然后在苔藓上面铺垫羽毛、兽毛等。不同巢的巢材构成不完全相同，主要取决于筑巢地周围的环境，在居民区营巢的巢材中可见有头发、破棉絮、人造毛、羊毛等物品；在山上营巢的巢材中可见植物须根、叶鞘、枯草叶、树木的韧皮纤维、兽毛、羊毛、鸟羽等。

雌鸟每天产一枚卵。窝卵数为 6～8 枚。卵为白色，上散布细小的淡紫色和红褐色斑点，钝端斑点较多，卵的大小为 (17.3～19.1) mm × (14.1～14.8) mm，重约 1.5 g。产完最后一枚卵后雌鸟开始孵卵，并独自承担孵卵任务，晚上也在巢内过夜。孵卵期 14 天。在选巢、筑巢、产卵和孵化前期，亲鸟较为敏感，但在孵化后期和育雏阶段，亲鸟比较恋巢，轻微的干扰都不会对其繁殖造成影响。

雏鸟出壳后，亲鸟随即将卵壳衔出巢外，雏鸟的粪便也由亲鸟叼出巢外，始终保持巢中清洁。育雏期 17～18 天。育雏由雌雄亲鸟共同承担，亲鸟觅食地点一般在巢树附近的树冠和灌丛中。育雏期间，亲鸟出入巢十分警惕，每次衔食回巢，先停落于距巢 3～5 m 远的栖木上观望，觉得安全后才入巢喂食。

有趣的是，雌雄亲鸟在巢中各有自己相对固定的站位：雄鸟多站在距离巢口较近的位置，雌鸟前期站位离巢口相对较远，中期和后期站位则离巢口较近。

刚孵出的雏鸟全身裸露，仅在头顶、翅根、背部中央有一簇灰白色绒羽，体呈肉红色，双眼紧闭，嘴角嫩黄色；11 日龄雏鸟背部长出一条羽毛带，初级飞羽、次级飞羽缨放开，尾羽长出，腹侧长出棕色羽毛；16 日龄雏鸟全身羽毛基本长齐，羽毛颜色近似成鸟，只是颜色略浅；17 日龄出飞，出飞后的幼鸟羽色与 16 日龄雏鸟无大的分别，此时家族群一起活动，时常可见成鸟啄虫喂食幼鸟。

亲鸟会根据雏鸟的乞食强度和与自己的距离来分配食物，乞食强度越大、离亲鸟越近，获得食物的机会越多。亲鸟会依照雏鸟的日龄来调整食物种类和喂食频率。

种群现状与保护 IUCN 评估为无危（LC），《中国脊椎动物红色名录》评估为近危 (NT)，被列为中国三有保护鸟类。在中国分布区域比其他山雀类狭小，种群数量也相对稀少，应该予以严格的保护。

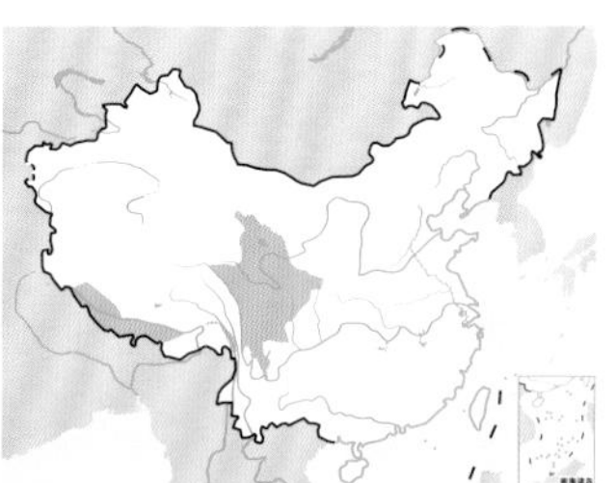

白眉山雀。左上图韦铭摄，下图贾陈喜摄

台湾杂色山雀

拉丁名：*Sittiparus castaneoventris*
英文名：Chestnut-bellied Tit

雀形目山雀科

体长约 11 cm。额、头顶至后颈主要为黑色，从额基、嘴基、颊至颈侧有长而宽阔的白色斑纹，极为醒目，后头至后颈中央白色，背部主要为铅灰色；颏、喉、上胸部黑色，下胸部以下为栗褐色。中国特有鸟类，仅分布于台湾。栖息于中低海拔的阔叶林中上层。常与其他山雀类或画眉类混群。IUCN 评估为无危(LC)，被列为中国三有保护鸟类。

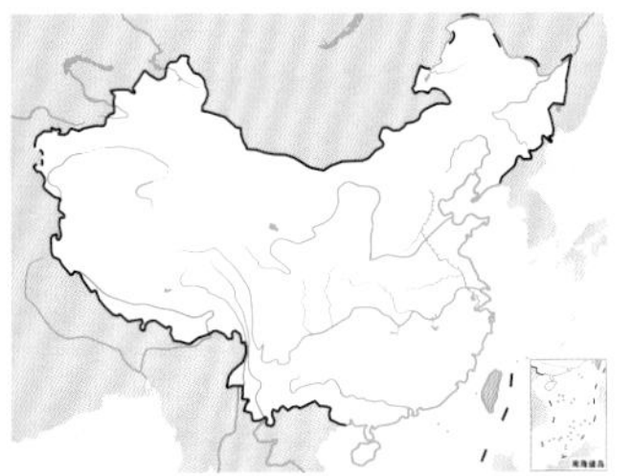

台湾杂色山雀。沈越摄

白眉山雀

拉丁名：*Poecile superciliosus*
英文名：White-browed Tit

雀形目山雀科

体长约 12.5 cm。额、头顶至后颈黑色，具有长而显著的白色眉纹，前端延伸至额基，后端延伸至后颈；眼先和眼后黑色，在白色眉下形成宽阔的贯眼纹；颊和耳羽等其余头侧部分沙棕色，颈侧为葡萄红褐色；上体沙褐色；颏、喉黑色，其余下体沙棕色。中国特有鸟类，分布于甘肃南部、西藏南部、青海东部、四川北部和西部。栖息于海拔 3000 m 以上的河滩树丛中，以及居民点附近较大的杨、柳树上。IUCN 评估为无危（LC），《中国脊椎动物红色名录》评估为近危（NT），被列为中国三有保护鸟类。

红腹山雀

拉丁名：*Poecile davidi*
英文名：Rusty-breasted Tit

雀形目山雀科

体长约 12 cm。额、头顶至后颈辉黑色，眼先、脸颊至颈侧白色，在头部两侧形成一大块白斑；上体橄榄褐色；颏、喉和上胸部黑色，其余下体棕栗色。中国特产鸟类，分布于甘肃南部、陕西南部、四川、湖北西部等地。栖息于海拔 2000 m 以上的高山针叶林和竹林中，IUCN 和《中国脊椎动物红色名录》均评估为无危(LC)，被列为中国三有保护鸟类。

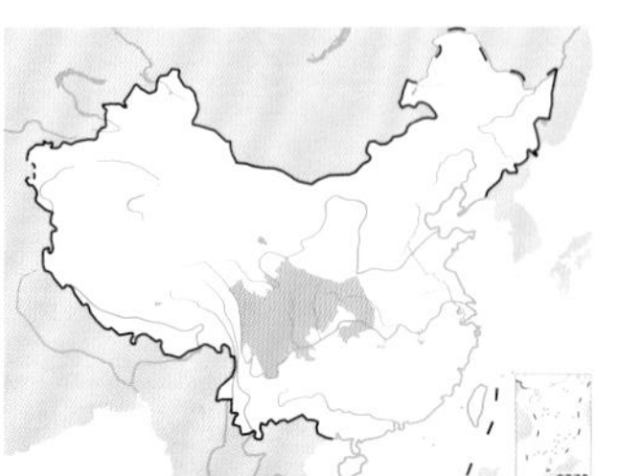

红腹山雀。左上图赵纳勋摄，下图董磊摄

沼泽山雀

拉丁名：*Poecile palustris*
英文名：Marsh Tit

雀形目山雀科

形态 体长 10～13 cm，体重 10～14 g。前额、头顶至后颈辉黑色，眼以下脸颊至颈侧白色；上体沙灰褐色或橄榄褐色；颏、喉黑色，其余下体白色或苍白色。虹膜褐色；嘴黑色；脚铅黑色。

分布 在中国分布于东北、华北、西南地区和新疆西北部。在国外分布区从欧洲北部一直到亚洲东部、南部。

栖息地 主要栖息于山地针叶林和针阔叶混交林中，也出没于阔叶林、次生林和人工林，海拔高度从平原到海拔 4000m 左右的高山森林地带，冬季有时也出入于林缘疏林灌丛、果园、农田地边和庭院中树上，有时也出现于城市公园。

习性 除繁殖期成对或单独活动外，其他季节多呈几只至 10 余只的松散群，有时也与煤山雀、长尾山雀等其他鸟类混群。性情活泼，行动敏捷，在树冠层枝叶间，尤以近水源和较为潮湿的林地较常见，也常在林下灌木或幼树枝叶上跳跃觅食。叫声单调清脆，似“嗞嚇、嗞嚇嚇”或“嗞嚇嚇”。

食性 主要以昆虫为食。

繁殖 3 月下旬或 4 月初即开始发情，雄鸟常站高大乔木树冠枝头高声鸣叫，并不时和雌鸟追逐于树冠层枝叶间。4 月中旬开始营巢于天然树洞中，也在树干的裂缝、啄木鸟废弃的巢洞以及人工巢箱中筑巢。巢洞距地高度多在 0.5～7 m。筑巢由雌鸟承担，雄鸟也常伴随雌鸟来往，营巢时间一般在 6～8 天。巢呈杯状，主要由苔藓、地衣、细草茎、树皮纤维等构成，内垫以兽毛、羽毛、麻等柔软物质。巢的大小为外径 8～10 cm，内径 5～7 cm，高 5～9 cm，深 3～5 cm。巢筑好后第二天即开始产卵，每天 1 枚，每窝产卵 6～10 枚。卵乳白色，被有红褐色斑点，尤以钝端较为密集。卵为椭圆形或长椭圆形，大小为（15.2～18.7）mm×（11.7～13.8）mm，重 1.0～1.8 g。孵卵由雌鸟承担，雄鸟护巢和饲喂雌鸟。雌鸟甚为恋巢，即使在受到干扰的情况下一般也很少离巢。孵化期 12～14 天。雏鸟晚成性。雌雄亲鸟共同育雏。经过 15～17 天的喂养，幼鸟即可离巢，但如有干扰，也可提前离巢。

种群现状与保护 IUCN 和《中国脊椎动物红色名录》均评估为无危（LC），被列为中国三有保护鸟类。在中国分布较广，种群数量也较多，是中国常见的森林益鸟，需要严格保护。

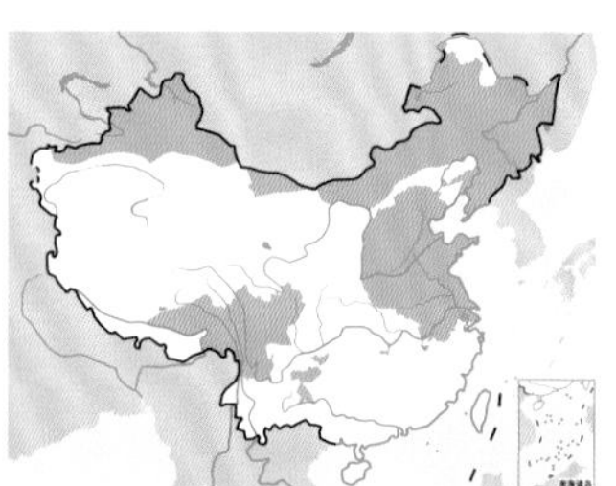

沼泽山雀。左上图吴秀山摄，下图王瑞卿摄

褐头山雀

拉丁名：*Poecile montanus*
英文名：Willow Tit

雀形目山雀科

形态 体长 11～13 cm，体重 9～13 g。额、头顶至后颈为暗褐色、栗褐色或黑色，脸颊、耳羽和颈侧白色，在头侧形成一大块白斑；背部褐灰色、暗褐色或赭褐色；颏、喉部黑色，其余下体灰白色或棕色。虹膜褐色或暗褐色；嘴黑色；脚铅褐色。

分布 在中国分布于黑龙江、吉林、辽宁东部、内蒙古东部和东北部、北京、河北北部、山西南部、河南、甘肃西北部和西南部、宁夏北部、青海东部、新疆北部等地。在国外分布于从欧洲往东一直到亚洲东部一带。

栖息地 主要栖息于针叶林和针阔叶混交林，也栖于阔叶林和人工针叶林。在东北和华北地区，多分布在 700～1800 m 中高山针叶林和混交林中，在西北和西南地区有时可上到海拔 3000～4000 m 的高山针叶林和林缘疏林灌丛地带，冬季有时也下到低山沟谷和山脚平原地带的次生阔叶林中。

习性 除繁殖期间和冬季单独或成对活动外，其他季节多成

褐头山雀。左上图郑秋旸摄，下图杜卿摄

捕虫育雏的褐头山雀。张瑜摄

群，有时也和其他山雀等鸟类混群，数量小则几十只，大至几百只，其中褐头山雀常居多数。常在树冠层中下部活动，群体较松散，活动时个体间不时发出“zi-her, zi-her”或“zi-her-her-her……”的叫声保持联系。性情活泼，行动敏捷，除在枝间跳跃或飞来飞去外，也能倒悬枝头。

食性 主要以昆虫和昆虫幼虫为食，也吃少量植物性食物。取食范围广，在林中取食层次多样。

繁殖 3月末4月初开始配对。随着春季的到来，群体陆续解散，并开始向巢区移动。3月下旬多单独活动，且追逐求偶。雄鸟鸣唱声较悠扬，音似“zou-diao-diao-diao-”（diao音反复3～4次）“zou-diao-ju-ju-ju -”和“ju-ju-diao-diao-diao-”等。4月初成对活动已较普遍，4月中下旬开始占区。巢区范围为80～100 m，遇入侵者即攻击的领域范围为35～40 m。此时雄鸟鸣唱较为强烈，尤以上午为著，强度最大可达2小时左右，并且常见雌雄一起活动，雄鸟边取食边鸣唱，见到枯桩就像啄木鸟一样扒在上面，以嘴凿之，雌鸟紧随。然后选择巢地，需1～2天。

巢地生境位于寒温带针叶林，多在路旁、林缘及林中旷地周围，巢地所在林地均较潮湿，往往积水成泽。

4月中下旬开始占区和营巢，也有少数迟至5月中旬才开始营巢。巢多筑于天然树洞或裂隙中，有时也在芯材腐朽的树干、树桩和木质柔软的树上自己凿洞营巢，也会利用小斑啄木鸟的旧洞巢。营巢由雌雄共同承担，通常一个凿，另一个在近旁等待，洞凿成后，完全由雌鸟垫内。巢材取于距巢地35～40 m处，且往往总在一处取之，垫内共需2～3天。大多数巢垫物不加编织或稍加编织，主要有韧皮纤维、桂皮紫萁的表皮毛、苔藓及少量鸟羽或兽毛。巢呈浅杯状或碗状，距地面高0.8～17 m，洞口朝向处均较为空旷，大小为外径7～11 cm，内径5～8 cm，高4～6 cm，深3.5～5 cm。每个巢需11～14天才能筑好，巢筑好后雌鸟开始夜宿巢中，间隔1～2天即开始产卵，未开始坐孵时出巢时以巢材掩卵较严，一开始坐孵就不再掩卵。1年繁殖1窝，每窝产卵6～10枚，每日产卵1枚。雄鸟在雌鸟产卵约至满窝的2/3以前，每天产完卵后几乎不到巢边来，直至雌鸟回巢夜宿，以后则来巢渐频，护巢性能骤然上升，遇到意外即刻发出较响亮的“zi-zi-zi-her-”“her-her-”（her音反复次数不等）的惊叫声，并见到雄鸟开始喂雌鸟。

卵为乳白色或白色，被有棕褐色或红褐色斑点，椭圆形，个别近圆形，大小为(15.5～17.1) mm × (12～13.5) mm，重1～1.7 g。产出最后一枚卵后通常间隔1天即开始孵卵，孵卵由雌鸟承担，雄鸟衔食饲喂雌鸟。

孵化期14～16天。雏鸟晚成性。雌雄亲鸟共同育雏，但前期雄鸟喂食次数较多，而雌鸟主要是暖雏，后期日趋平衡，雌鸟食次数略多于雄鸟。喂雏时，双亲多半是独来独往，在巢区内取食饲喂。逢大雨仍继续喂雏，护雏性能很强。

雏鸟多在早晨出壳，2天出齐，而且第1天孵出大部。留巢期15～16天，雏鸟的生长发育大致可分为前、中、后三期。前期：由出壳到眼裂孔形成而呈缝状，即0.5～5.5日龄；中期：由眼裂孔形成到眼睁开但不圆，即6.5～11.5日龄；后期：由眼睁圆到出飞前，即12.5（或13.5）～16.5日龄。在留巢期中，翼羽生长较快，而尾羽则较慢，还不达成鸟的一半。

刚出飞的雏鸟飞不高也飞不远，在巢区树丛中活动，不停地发出“ti-ti-gar-, ti-ti-gar-”的叫声。这时仍由亲鸟饲喂，1～2天后便远离巢区，由亲鸟带领开始进行游荡生活。

种群现状与保护 IUCN和《中国脊椎动物红色名录》均评估为无危（LC），被列为中国三有保护鸟类。在中国较为常见，种群数量较多。育雏期（15～16天）可喂食5190～5536条（只）昆虫，在消灭虫、保护森林方面作用较大，为一种很有益处的森林鸟类，应注意保护。

四川褐头山雀

拉丁名：*Poecile weigoldicus*
英文名：Sichuan Tit

雀形目山雀科

体长10～13 cm。头顶和后颈栗褐色，眼先、颊、耳羽和颈侧白色，背、肩、腰部至尾上覆羽赭褐色，尾羽、飞羽和覆羽暗褐色；颏、喉黑色，胸、腹、尾下覆羽和两胁棕色；腹部中央色淡，呈乳黄白色。中国特有鸟类，分布于西藏东南部、青海南部、云南西北部、四川等地。栖息于海拔较高的暗针叶林、阔叶林和针阔混交林间。IUCN和《中国脊椎动物红色名录》均评估为无危（LC），被列为中国三有保护鸟类。

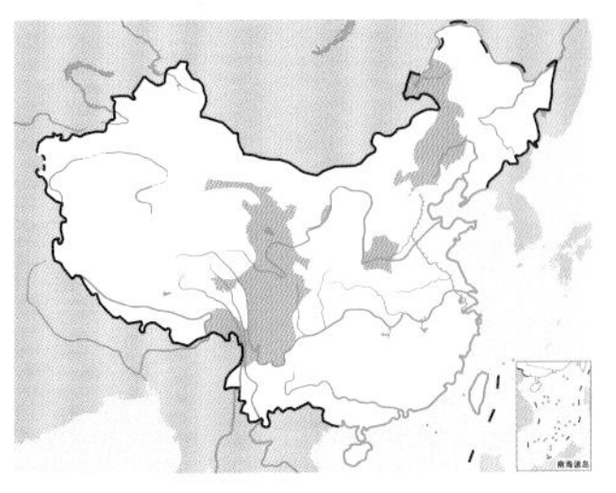
四川褐头山雀。彭建生摄

灰蓝山雀

拉丁名：*Cyanistes cyanus*
英文名：Azure Tit

雀形目山雀科

体长约 14 cm。头顶浅灰色或蓝白色，后颈具一黑色领环并与蓝黑色贯眼纹相连；背部浅灰蓝色；飞羽暗褐色，羽缘白色或蓝色，最内侧飞羽白色，翅上大覆羽具白色端斑，在翅上形成一道明显的白色翅斑；尾深蓝色，具白色端斑，最外侧尾羽大部分为白色；下体灰白色，腹中部有一黑斑，有的胸部具宽阔的黄色胸带。在中国分布于黑龙江、内蒙古东北部、青海东北部、甘肃、新疆等地。栖息于阔叶树丛中，尤其是山溪边的杨柳树丛间，也见于绿洲丛林。IUCN 和《中国脊椎动物红色名录》均评估为无危（LC），被列为中国三有保护鸟类。

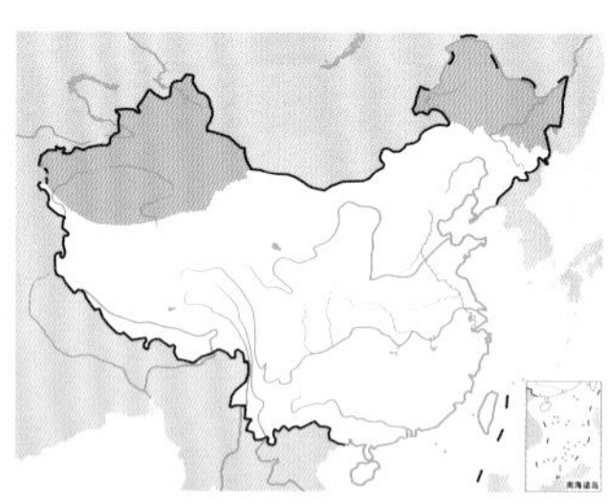

灰蓝山雀。左上图沈越摄，下图王瑞卿摄

欧亚大山雀

拉丁名：*Parus major*
英文名：Great Tit

雀形目山雀科

体长约 15 cm。头侧白斑较大，未全被黑色包围；上体淡蓝灰色，无绿色和黄色渲染；尾下覆羽有时具黑色纵纹。在中国分布于新疆北部和西北部、内蒙古东北部。栖息于荒漠绿洲、河堤灌丛、针叶林和开阔林地。IUCN 和《中国脊椎动物红色名录》均评估为无危（LC），被列为中国三有保护鸟类。

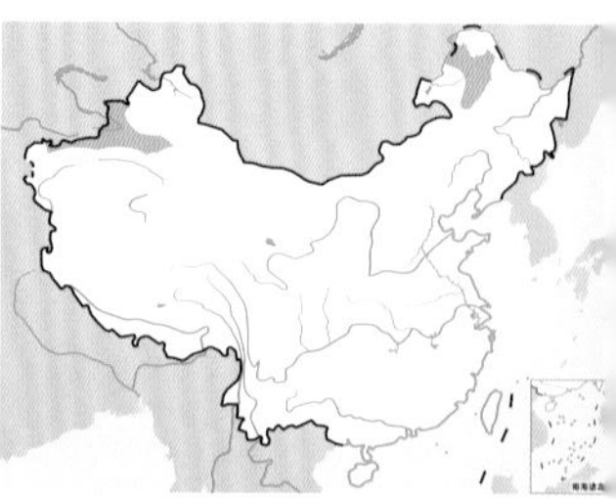

欧亚大山雀。左上图韦铭摄，下图刘璐和

大山雀

拉丁名：*Parus cinereus*
英文名：Cinereous Tit

雀形目山雀科

形态 体长 13 ~ 15 cm，体重 11 ~ 17 g。整个头部为黑色，两侧各具一大型白斑；上体主要为蓝灰色，背部沾绿色；下体主要为白色，胸、腹有一条宽阔的中央纵纹与颏、喉部的黑色相连。雌鸟羽色和雄鸟相似，但稍显暗淡，缺少光泽，腹部黑色纵纹较细。虹膜褐色或暗褐色；嘴黑褐色或黑色；脚暗褐色或紫褐色。

分布 在中国广泛分布于除西北以外的广大地区，包括海南和台湾。在国外分布于非洲西北部、欧洲、亚洲中部、东部、南部和东南部一带。

栖息地 主要栖息于低山和山麓地带的次生阔叶林、阔叶林和针阔叶混交林中，也出入于人工林和针叶林，夏季在北方有时可上到海拔 1700 m 的中、高山地带，在南方甚至上到海拔 3000 m 左右。

习性 在中国各地均为留鸟，部分秋冬季在小范围内游荡。除繁殖期间成对活动外，秋冬季节多集群，也常与沼泽山雀、绣眼鸟、莺类等混群，其中大山雀数量居多。

性情活泼而大胆，行动敏捷，常在树枝间穿梭跳跃，或从一棵树飞到另一棵树上，边飞边叫，略呈波浪状飞行，波峰不高。

对危险程度不同的敌害，成鸟的反应有所不同。例如，对赤峰锦蛇的报警鸣声是连续的、刺耳的“jar”声，由单一类型音节构成；而对花鼠的报警鸣声是由单独音节构成连续的“kaka”声。由于花鼠的危险程度较低，面对花鼠时，成鸟多选择强烈自卫，包括攻击、警戒驱逐、扇翅短鸣、飞走等。当危险程度较高的赤

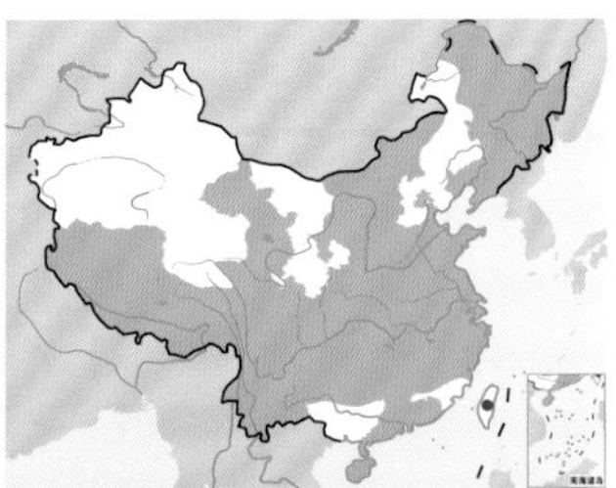

大山雀。吴秀山摄

峰锦蛇出现时，成鸟的行为反应包括报警鸣叫、警戒驱逐、扇翅短鸣、飞走，而未出现攻击等强度较高的自卫行为，同时警戒驱逐行为也明显减少，而是多选择逃避，如扇翅短鸣、飞走的策略，表现出相对保守的策略。

红隼也是大山雀最大的威胁之一，也对同域分布的普通䴓构成威胁，因此它们常常采取联合防御的策略，不仅彼此能够相互识别各自的报警声，有时甚至会联合驱逐入侵者。

成鸟一年换羽一次，一般始于7月初，至9月末结束。换羽顺序是先更换翼羽，而后逐次是初级覆羽、尾上覆羽及尾下覆羽。更换初级飞羽时由内向外逐根更换，次级飞羽、三级飞羽则由外向内逐根更换。小翼羽、初级覆羽、大覆羽和次级覆羽由外向内同时更换。尾羽、尾覆羽由中央向两侧依次更换，尾上覆羽先换，尾下覆羽后换。幼鸟换羽时期比成鸟晚20天左右，约在7月中旬或更晚一些。

食性 主要以昆虫为主食，也吃少量蜘蛛、蜗牛、草籽、花等其他小型无脊椎动物和植物性食物。在林中能多层次取食。

繁殖 3月中下旬，雄鸟开始不断发出求偶声，鸣声响亮动听，尖锐多变，为连续的双声节或多音节声音，尤其在繁殖初期鸣声更为急促多变。3月末至4月成对活动比较普遍。4月中下旬开始占领巢区，巢区范围一般为200～250 m。

多数在4～5月开始营巢。通常营巢于天然树洞中，主要以柳树、黑桦等为主，也利用啄木鸟废弃的巢洞和人工巢箱。巢呈杯状，外壁主要由苔藓构成，常混杂有地衣和细草茎，内壁为细纤维和兽类绒毛，巢内垫有兽毛、鸟羽和苔藓等。巢距地面高0.7～6 m，大小为外径8～14 cm，内径5.5～7.5 cm，高5～11 cm，深3.5 cm。雌雄共同营巢，雌鸟为主，每个巢5～7天即可筑好。洞口朝向一般要避开风向。

1年繁殖1窝或2窝。第1窝最早在5月初即有开始产卵的，多数在5月中下旬；第2窝多在6月末至7月初开始产卵，有时边筑巢边产卵。第1窝和第2窝采取不同的繁殖对策，主要表现在缩短二次繁殖持续时间以应对较短的繁殖季节，这是通过减少窝卵数和缩短筑巢期实现的，而缩短筑巢期主要通过增加日筑巢频次和直接利用第1窝繁殖的巢材来实现。

每窝产卵6～13枚。卵呈椭圆形，乳白色或淡红白色，密布以红褐色斑点，尤以钝端较多，大小为(16～18) mm×(12～14.3) mm，重0.8～2.0 g。每天产卵1枚，多在清晨产出，卵产齐后即开始孵卵，也有产齐后隔1天才开始孵卵的。孵卵由雌鸟承担，白天坐巢时间7～8小时，离巢时还用毛将卵盖住，夜间在巢内过夜。有时也见雄鸟衔虫进巢饲喂正在孵卵的雌鸟。孵化期13～15天。雏鸟晚成性，雌雄亲鸟共同育雏。出巢后常结群在巢附近活动几天，亲鸟仍予以喂食，随后幼鸟自行啄食。雏鸟多在早上孵出，2天出齐，留巢期17～18天。

种群现状与保护 IUCN评估为无危（LC），被列为中国三有保护鸟类。在中国分布较广，种群数量较多，是较为常见的森林益鸟之一。由于它们大量捕食各类森林昆虫，在控制森林虫害发生方面意义很大，需要进行严格的保护。

收集巢材的大山雀。吴秀山摄

育雏的大山雀。杨微倩摄

绿背山雀

拉丁名：*Parus monticolus*
英文名：Green-backed Tit

雀形目山雀科

形态 体重9～17 g。头黑色，两颊各具一大型白斑；上背和肩部黄绿色，翅上具2道白色翅斑，腰部蓝灰色，尾上覆羽灰蓝色；腹部黄色，中央有一条宽的黑色纵纹与喉、胸部的黑色相连。虹膜褐色；嘴黑色；脚铅黑色。

分布 在中国主要分布于四川、重庆、贵州、云南、西藏南部和东南部、陕西南部、台湾、甘肃南部、宁夏、湖北西部、湖南、广西等地。在国外分布于巴基斯坦、尼泊尔、不丹、孟加拉国、印度、缅甸和越南等地。

栖息地 夏季主要栖息在海拔1200～3000 m的山地针叶林、针阔叶混交林、阔叶林和次生林，海拔高度较大山雀高。冬季常下到低山和山脚及平原地带的次生林、人工林和林缘疏林灌丛。

习性 常成对或成小群活动，也和其他山雀混群。性活泼，行动敏捷，整天不停地在树枝叶间跳跃或来回穿梭活动和觅食，也能轻巧地悬垂在细枝端或叶下面啄食昆虫，偶尔也飞到地面觅食。鸣声和大山雀近似，似“嗞—黑黑”或“嗞嗞—黑”，受惊时常发出急促的“嗞嗞—黑黑”或“嗞，嗞—”声，并低头翘尾，不时左右窥视。

食性 主要以昆虫及其幼虫为食，也吃少量草籽等植物性食物。

繁殖 繁殖期4～7月。雄鸟的领域性很强，当有同种雄性个体或其他种类的个体进入领域时，雄性便发出护域鸣声，如入侵者不离开领域，占区雄鸟将提高护域鸣声频率，并表现出即将进攻的行为，如果入侵者仍不离开领域，就扑向入侵者进行打斗。

营巢于天然树洞中，也在墙壁和岩石缝隙中营巢，主要由雌鸟承担。巢呈杯状，主要由羊毛之类的动物毛构成，有时混杂有少量苔藓和草茎。巢的大小约为外径9 cm，内径6 cm，高8 cm，巢深5 cm，巢距地高1.5 m。每窝产卵通常4～6枚，有时多至7～8枚。卵白色，具红褐色斑点，大小约为17.1 mm×12.8 mm。孵卵由雌鸟承担，它在孵巢和育雏时也会发出警告声。雄鸟常带食物喂雌鸟。雏鸟晚成性，鸣声比较简单，鸣叫时身体在洞巢内不停地蠕动，同时张嘴接受亲鸟喂食。

收集巢材的绿背山雀。吴秀山摄

种群现状与保护 IUCN和《中国脊椎动物红色名录》均评估为无危（LC），被列为中国三有保护鸟类。在中国种群数量较多，是较为常见的森林益鸟，应该予以严格保护。

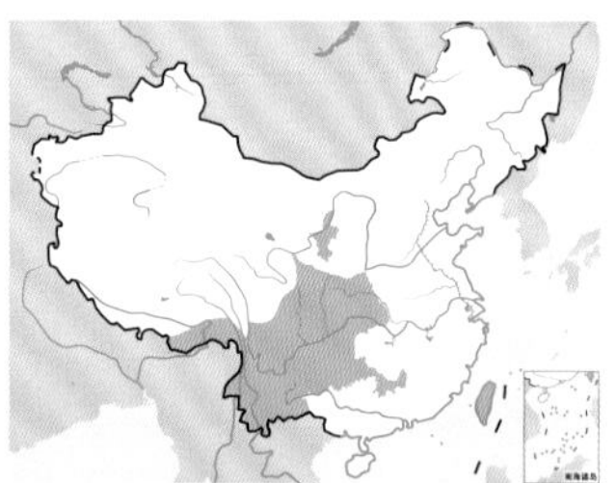

绿背山雀。左上图杜卿摄，下图吴秀山摄

台湾黄山雀

拉丁名：*Machlolophus holsti*
英文名：Yellow Tit

雀形目山雀科

体长约13 cm。头顶至后颈黑色，有长的黑色羽冠，羽冠末端和后颈中央白色；背苍绿色；两翅和尾黑色，羽缘蓝灰色，外侧尾羽白色；额基和下体鲜黄色，尾下覆羽白色，雄鸟腹部有一黑斑。中国特有鸟类，仅分布于台湾。栖息于海拔1000～2700 m的阔叶林和林缘地带，以海拔1500 m左右较常见。IUCN评估为近危（NT），《中国脊椎动物红色名录》评估为无危（LC）。

台湾黄山雀。左上图为雄鸟，沈越摄；下图为雌鸟，韦铭摄

眼纹黄山雀

拉丁名：*Machlolophus xanthogenys*
英文名：Balck-lored Tit

雀形目山雀科

体长约15 cm。头顶和羽冠黑色，前额、眼先、头侧和枕部鲜黄色，中间有一条粗著的黑色贯眼纹；上体主要为黄绿色；下体主要为黄色，颏、喉、胸部为黑色并延伸至腹中部。栖息于亚热带山麓和山地开阔的森林中，为留鸟。在中国分布于西藏南部。IUCN和《中国脊椎动物红色名录》均评估为无危（LC），被列为中国三有保护鸟类。

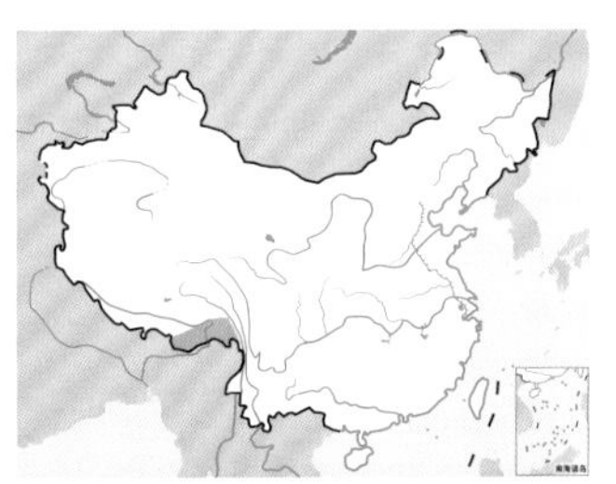

眼纹黄山雀。叶昌云摄

黄颊山雀

拉丁名：*Machlolophus spilonotus*
英文名：Yellow-cheeked Tit

雀形目山雀科

形态 体长12～14 cm，体重14～22 g。头顶和羽冠黑色，前额、眼先、头侧和枕部鲜黄色，眼后有一黑纹；指名亚种 *M. s. spilonotus* 上背黄绿色，羽缘黑色，下背绿灰色；华南亚种 *M. s. rex* 上背黑色而具蓝灰色轴纹，下背蓝灰色；颏、喉、胸部黑色并沿腹中部延伸至尾下覆羽，形成一条宽阔的黑色纵带，纵带两侧为黄绿色（指名亚种）或蓝灰色（华南亚种）。虹膜暗褐色；嘴黑色；脚铅黑色或暗蓝灰色。

分布 在中国分布于长江以南。在国外分布于尼泊尔、不丹、孟加拉国、印度和中南半岛。

栖息地 主要栖息于海拔2000 m以下的低山常绿阔叶林、针阔叶混交林、针叶林、人工林和林缘灌丛等各类树林中。

习性 常成对或成小群活动，有时也和大山雀等其他小鸟混群。性活泼，整天不停地在大树顶端枝叶间跳跃穿梭，或在树丛间飞来飞去，也到林下灌丛和低枝上活动和觅食。

食性 主要以昆虫和昆虫幼虫为食，也吃植物果实和种子。

繁殖 繁殖期4～6月。营巢于树洞中，也在岩石和墙壁缝隙中营巢，巢主要由苔藓、草茎、草叶、松针、纤维等材料构成，内垫以兽毛、花、棉花、碎片等。每窝产卵3～7枚，卵白色或灰白色，被有暗褐色或红褐色斑点，大小约为18mm × 15mm。雏鸟晚成性。

种群状态与保护 IUCN和《中国脊椎动物红色名录》均评估为无危(LC)，被列为中国三有保护鸟类。在中国种群数量不多，应该注意保护。

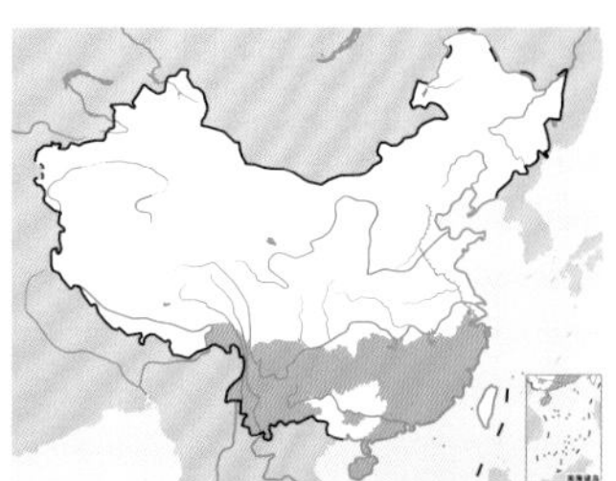

黄颊山雀雄鸟。左上图为华南亚种，林剑声摄；下图为指名亚种，刘璐摄

黄颊山雀雌鸟。韦铭摄

叼着食物站在巢洞口准备回巢育雏的黄颊山雀。林植摄

攀雀类

- 攀雀类指雀形目攀雀科鸟类，全世界共3属12种， 中国有1属3种
- 攀雀类体形纤小，喙尖细，善攀援，常倒悬于枝头
- 攀雀类主要以昆虫为食，尤其是树皮缝隙中的昆虫
- 攀雀类巢十分精致，形如囊袋状，植物的茸毛或绵状毛黏合而成，悬挂在树梢上

类群综述

攀雀类是体形纤小的鸣禽，隶属于雀形目攀雀科（Remizidae），以善于攀树和筑悬挂在树枝梢上的囊袋状巢而著称。全世界共有 3 属 12 种，广泛分布于欧洲、亚洲、非洲和北美洲等地。中国有 1 属 3 种，其中中华攀雀 *Remiz consobrinus* 广泛分布于东北、华北、西北、华东和华南等地，而黑头攀雀 *R. macronyx*、白冠攀雀 *R. coronatus* 则仅见于新疆等地。

形态　攀雀类体长 7～11 cm，体重 9～10 g。喙呈尖锥状，无嘴须，鼻孔裸露或为短的硬须掩盖，初级飞羽 10 枚，第一枚初级飞羽退化而显得甚为短小，通常仅及初级覆羽的长度，不及第二枚初级飞羽的一半。尾呈方形或稍凹。体羽主要为棕色、褐色、绿色、灰色等，头部常与身体的颜色不同，有灰色、黄色、黑色或橘红色等，其中中华攀雀等从前额至耳羽有一条宽的黑色纹，仿佛戴了黑色眼罩一样。

栖息地　主要栖息于有树木的开阔地区，特别是森林附近的水域、河边灌丛和沼泽等地带。

习性　树栖性，善攀援，常倒悬于枝头。一般的叫声似“啾”声，声调不高，也不算响亮，旋律比较单调。

食性　主要以昆虫为食，特别是树皮缝隙中的昆虫。也吃种子。

繁殖　攀雀类有不少种类为候鸟，每年春季从南方回到北方繁殖地时，大多数还只是形单影只，所以首先需要完成配对。通常是雄鸟占据一块领域，在领域内高声鸣唱炫耀自己的实力，招引雌鸟上门。它们还需要选择一棵中意的乔木如榆树、柳树，或者一棵灌木作为巢址。巢址的选择需要安全，如果是在临水的树上筑巢，巢的高度距水面 1～3 m，如果在陆地筑巢，则距离地面的高度常在 10 m 左右。

雄鸟以善于筑造精致的囊袋状的两室巢而闻名。巢由植物的茸毛或绵状毛黏合而成，柔软如毛毯，高高地悬吊在沼泽地带临水乔木的侧枝梢头或芦苇叶下，纤细柔软的树枝被它压得弯曲成弧形，即使是没有风的时候也一直在微微地颤动，所以攀雀类俗称为“吊巢山雀”。巢的质地坚韧、柔软而富有弹性，有出入口，但开口很小，仅仅容得下它们自己娇小的身体进出。有的个体不是将巢建在一根分叉的树枝上，而是建在了一根树枝的顶端，由于缺少对面的支撑，这样它的巢就由一个面扩展成椭圆形巢。分布于北美洲西南部干燥灌丛地带的黄头金雀 *Auriparus flaviceps* 则使用多刺的细枝营球形巢。

攀雀类的建筑才能是出类拔萃的，因此有“灵雀”的美名。雄鸟有高超的攀缘技巧，并且将这项充满表演性的技能的实用性发挥到了登峰造极的地步，在筑巢时应用得十分娴熟，堪比人类的杂技或体操表演：先是在一根分岔侧枝细软的枝条顶端用纤维打个结，作为巢的悬吊点，由两个枝杈用树皮纤维、羊毛和植物的根编织的两条“绳索”垂吊而下，而后将两根“绳索”在中间紧紧地连接成一体——像一个悬在树梢上的秋千。眨眼工夫它又在树枝上转了好几圈，将衔来的羊毛紧紧地缠裹在树枝上，织成一个纵向圆环，再由圆环织成半球形的提篮状，而后在缠绕的粗粗的两根树杈间依稀拉起了纤维，然后不断地用畜毛和各种植物的纤维铺絮，不断地通过在树枝上“翻单杠”反复缠绕在巢壁的外面，包裹里面的柳絮、花絮以及羊毛。最后将“绳索”的底部扩展成片，这样“秋千”就有了一个舒适的坐垫；再向上扩展成敞口的提篮，最后织成顶端留有左右对称的两个圆形小孔的囊状巢，其中一个小孔被封死，另一小孔则横向延伸出来织成一管

左：攀雀类以其高超的筑巢技巧而著称，它们的巢呈囊袋状，悬挂于树梢上。图为正在筑巢的中华攀雀。马正巍摄

状出口。营巢基本完成后仍不断在内壁用杨絮或柳絮加厚，直到产卵期间也不停止。

当然，不同的种类，以及不同的个体，在不同的地方、不同的时间都会因地制宜、就地取材。例如，中华攀雀主要在中国东北繁殖，这里有放牧的牛羊，而其繁殖期正是柳树扬花吐絮的时候，所以其所用的巢材主要是羊毛和柳絮。在东欧和远东地区繁殖的种类主要是用荨麻属、苎麻属和亚麻属的植物纤维包裹杨柳絮；而在欧洲沼泽地区繁殖的种类则利用当地生长的香蒲的绒絮为筑巢材料，因此巢看上去是毛茸茸的。

有些性急的雌鸟还没等巢彻底完工就急不可待地在里面产下第 1 枚卵，但通常都是在巢完工后的两三天里产卵。每窝产 4～8 枚，每个卵看上去只比花生粒大一点。孵化期 13～14 天。雏鸟晚成性。出壳后的雏鸟在巢里由亲鸟饲喂 16～18 天后方可出巢。它们跟随亲鸟活动于沼泽旁的灌丛中，等到秋季时便开始向越冬地迁徙。

种群现状和保护 攀雀类种群数量稳定，均被 IUCN 列为无危（LC）物种。

黑头攀雀
Remiz macronyx

白冠攀雀
Remiz coronatus

中华攀雀
Remiz consobrinus

黑头攀雀

拉丁名：*Remiz macronyx*
英文名：Black-headed Penduline Tit

雀形目攀雀科

体长 10～11 cm。头部、喉部和上胸部黑色，有一条皮黄色领环；背部主要为栗色，腰部、尾上覆羽逐渐变为肉桂色；翅红褐色；尾黑色，具白色羽缘；胸侧栗色，其余下体皮黄色。在中国分布于新疆西北部。栖息于邻近湖泊、河流等水域附近的林地、芦苇丛中，不在茂密的森林内。IUCN 评估为无危（LC）。

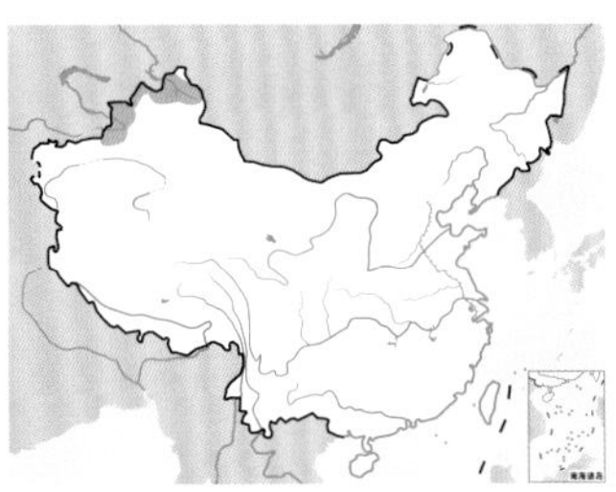

黑头攀雀

白冠攀雀

拉丁名：*Remiz coronatus*
英文名：White-crowned Penduline Tit

雀形目攀雀科

体长 9～12 cm。头顶白色，头顶后部和枕黑色，前额基部、眼先、头顶两侧、颊和耳羽黑色，颏、喉、后颈和颈侧白色，形成一条白色领环；背暗棕色，到下背、腰和尾上覆羽逐渐变为暗棕黄色；尾黑褐色，具白色羽缘；翅上大覆羽黑色而缀有深栗色具宽的棕白色端斑；下体白色，胸和两胁缀有葡萄色或棕色。在中国分布于新疆、宁夏北部等地。栖息于水域附近的森林与灌丛中，也栖息于人工林和芦苇丛中。IUCN 和《中国脊椎动物红色名录》均评估为无危（LC）。

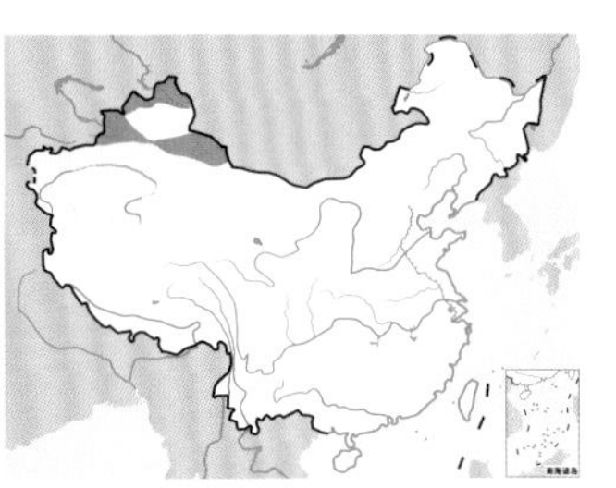

白冠攀雀。左上图邢新国摄，下图沈越摄

中华攀雀

拉丁名：*Remiz consobrinus*
英文名：Chinese Penduline Tit

雀形目攀雀科

形态　雄鸟体长 10～12 cm，体重 8～11 g；雌鸟体长 10～11 cm，体重 7.5～10 g。雄鸟前额黑色，头顶灰色具褐色羽干纹，眼先黑色，前部与额部黑色相融，后部沿眼中部和颊上部一直向后延伸到耳羽均为黑色，形成一条宽阔的黑色带斑，其上有一窄

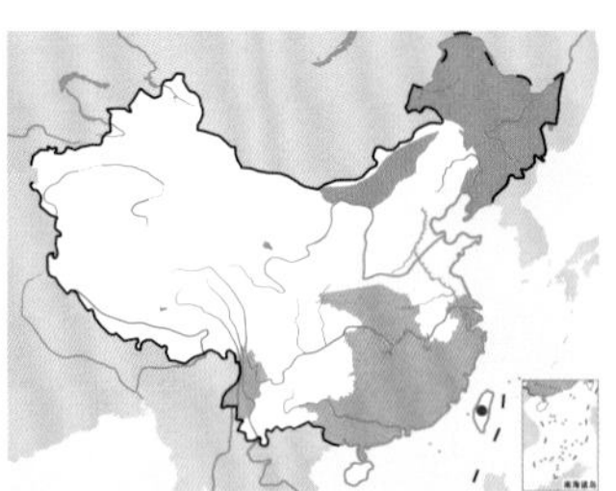

中华攀雀。左上图为雄鸟，沈越摄；下图为雌鸟，范忠勇摄

的白色眉纹，其下为白色的颊下部；后颈和颈侧暗栗色，形成一半圆形领圈；上背棕褐色，下背、腰部和尾上覆羽沙褐色或沙棕色；尾羽暗褐色，具窄的淡皮黄色羽缘；下体皮黄色，颏、喉稍淡，有时近白色。雌鸟额、眼先，经眼下部和颊上部到耳羽暗棕栗色，上体沙褐色，头顶为灰色稍深具淡褐色羽干纹，其余与雄鸟相似，但羽色略淡而少光泽。虹膜暗褐色，上嘴黑褐色或灰黑色，下嘴灰色或灰黑色，脚铅灰黑色或铅蓝色。

分布 国内分布于黑龙江、吉林、辽宁、河北、北京、天津、河南、山东、内蒙古中部和东北部、宁夏、云南西部、湖北、湖南、安徽、江西、上海、浙江、江苏、广东、香港、澳门、广西、福建、台湾等地，主要繁殖于东北，越冬于长江流域及以南地区，其他地区为旅鸟。在国外分布于朝鲜、日本等地。

栖息地 主要栖息在开阔平原、半荒漠地区的疏林内，尤以临近河流、湖泊等水域的杨树林、榆树林和柳树林等阔叶林中较常见，迁徙期间也见于芦苇丛。

习性 除繁殖期间单独或成对活动外，其他季节多成群。性活泼，行动敏捷，常在树丛间飞来飞去，或在枝间跳跃，有时又喜欢倒悬在细的枝端荡来荡去。鸣声细小而单调，声似“tsi-tsi-tsi……”

食性 主要以昆虫为食，尤其是繁殖期间，几乎全吃昆虫，主要有鳞翅目昆虫幼虫以及小甲虫、蜂等。此外也吃蜘蛛、扁卷螺和其他小型无脊椎动物。冬季多吃杂草种子、浆果和植物嫩芽。

繁殖 繁殖期5～7月。5月初雄鸟即开始占区，不断地在树冠枝叶间鸣叫以招引雌鸟，筑巢活动也完全由雄鸟单独完成。它在水边的杨树、榆树、柳树等阔叶树上选好巢址以后，先用长的草茎、树皮纤维、兽毛和植物根等编成一条条的绳索，然后将这些绳索缠绕在树梢上，把垂吊下来的绳索交织成网，最后编成吊篮状的结构。巢顶端侧面有一管状开孔，供亲鸟出入。当这个吊篮初具规模之后，雄鸟就到各处搜寻柳絮、花絮、植物纤维和兽毛等，把它们塞入吊篮的网眼里穿织交结成厚实的毯状巢壁。这种像花瓶一样的吊巢高悬在水面上、随风飘扬，使天敌也没有办法接近它，卵和雏鸟便得到了保护。

营造一个巢需要8～12天。营巢活动从每天早晨4点半即开始，每隔2～3分钟，最长6分钟即来回一次。巢的大小、巢位高低，以及筑巢所需时间，随个体的差异而不同。巢的大小一般为：巢长12～16.5 cm，宽8.4～10.5 cm，巢深8.5～10 cm，外径3～4.5 cm，巢口内径2～3.8 cm，巢口管长0.9～4 cm。巢筑好后即开始产卵，1年繁殖1窝，1天产卵1枚，从6月末一直到7月中旬也还有个体生产第1枚卵，繁殖季节持续两个多月。第一次繁殖失败的个体，全都进行了补偿性产卵。早期繁殖的个体，多数是巢基本筑成后才产卵。但繁殖开始较迟的个体，则是一边筑巢一边产卵，尤其大多是在筑巢成半球形后开始产卵，这样巢筑好卵也正好产齐。

每窝产卵3～9枚。卵白色、光滑无斑，卵为长椭圆形，大小为17（16～18）mm × 12（11～12）mm，重1～2 g。卵产齐后即开始孵卵，孵化期13～15天。孵卵由雌雄共同承担，在孵化期的不同阶段时间分配有所不同，但皆以雌鸟为主。孵化期雌雄亲鸟出入巢极频繁，每次在巢中停留仅几分钟，最长也就十多分钟，有时进去打个转就出来了。只有每天清晨4～5时，因天冷在巢内时间较长些，以及晚上雌雄亲鸟都在巢中孵卵外，其他在巢时间都很短，进进出出，往返频繁。它们的巢用羊毛、杨絮编织而成，里面又充填很多杨絮，将卵深深掩埋起来，保暖性很好。

育雏也以雌鸟为主，亲鸟捕食后，穿入巢管口饲喂，这时悬巢就会微微颤动。喂雏后，它们将巢内的粪便衔出来，飞到10余米开外扔掉，再飞往他处觅食。雏鸟留巢期为17～20天。雏鸟孵出后雌雄亲鸟即双双致力于寻食喂雏，随着雏鸟的生长，雌雄亲鸟还不停的将原先衔入巢内盖卵的杨絮衔出去，以增大巢内空间，并不断将巢壁的杨絮撕去，减小巢的厚度，有时甚至在巢顶开出小孔，以增加巢的散热能力。每日从早晨4点左右即开始寻食喂雏，一直到晚上7:30左右，长达15小时，亲鸟一日喂雏可达273次之多。

刚孵出的雏鸟全身裸露，背部粉红色，腹部肉色。腹部膨大如球状，皮薄，内部脏器及未吸收尽的橘红色卵黄隐约可见。喙与口角垂直成“T”字形，均为黄色。下喙较上喙略长。双目紧闭。耳孔裸露。泄殖腔孔上位。趾爪呈浅肉色。全身蠕动。3日龄背、腰和两翼出现羽囊。4日龄自头顶沿脊线至尾部均出现羽囊，肱骨、两肩及初级飞羽羽区羽囊明显。5日龄上、下喙等长。6日龄两翼、尾部羽囊顶出羽鞘，喙呈肉色，口角仍黄色，眼泡出现裂隙。7日龄两翼、背部脊线上羽鞘明显增长，头部中央线、枕部羽鞘显著，腹部初见羽鞘，口角略向后倾与喙成钝角，眼半睁。8日龄初级飞羽及尾羽开始破鞘。10日龄头被灰棕色羽毛，沿脊柱至尾羽棕色，初级飞羽、次级飞羽、大覆羽、中覆羽破鞘，露出黑褐色羽缨，胫部有稀疏羽毛，泄殖腔孔下移，跗跖淡紫灰色，爪灰黑色而端部灰白，眼已睁圆，自喉沿腹中线至泄殖腔孔仍裸露无羽。12日龄开始鸣叫、振翼。13日龄耳孔为羽鞘覆盖，尾上覆羽、尾下覆羽破鞘，上喙顶部出现灰黑色。14日龄除泄殖腔孔周围裸露、展翅可见裸区外，全身被羽，两翼羽鞘脱落。17日龄能跳动，爪有把握能力，受惊扰可出飞。18日龄泄殖腔孔周围基本被羽，跳动距离可达20 cm，展翅裸区不明显，基本与成鸟相似，大部出飞。20日龄可从巢口飞出15 m。17～20日龄离巢出飞后，停栖于巢附近30 m左右的灌木丛中，由亲鸟哺育。

种群状态与保护 中华攀雀在中国种群数量不丰富。IUCN和《中国脊椎动物红色名录》均评估为无危（LC）。被列为中国三有保护鸟类。它们以食虫为主，而绝大部为害虫，它对保护农林起着有益作用，应注意保护。

叼着巢材倒悬于芦苇上的中华攀雀。徐永春摄

扇尾莺类

- 扇尾莺类指雀形目扇尾莺科鸟类，全世界共26属160种，中国有3属11种
- 扇尾莺类体形娇小，翅圆，尾羽长且展开呈扇形，开阔地区的种类羽色隐蔽，而密林中的物种羽色鲜艳
- 扇尾莺类主要以食虫为生，活动时尾羽常上扬
- 扇尾莺类雌雄共同营巢和育雏，巢多用草丝编织而成，有时缝合树叶为外壁，常被杜鹃寄生，同一物种可产多种不同色型的卵以对抗寄生

类群综述

扇尾莺类指雀形目（Passeriformes）扇尾莺科（Cisticolidae）鸟类。扇尾莺科是从过去的莺科中分出来的一个科，主要分布于非洲、欧洲南部、亚洲和澳大利亚。扇尾莺科种类繁多，全世界共26属160种，其中扇尾莺属 *Cisticola*、娇莺属 *Apalis* 和山鹪莺属 *Prinia* 是科内最大的3个属，分别包括51种、24种和23种，此外还包括缝叶莺属 *Orthotomus*、孤莺属 *Eremomela*、拱翅莺属 *Camaroptera* 等很多类群。中国有扇尾莺类3属11种，包括扇尾莺属2种、缝叶莺属2种和山鹪莺属7种。

形态 扇尾莺类体形娇小，喙尖细，嘴须稀少，翅形短圆，尾羽10～12枚，一般尾较翅长且呈凸尾形，大多展开为扇形，开阔地区的种类羽色隐蔽，而密林中的物种羽色鲜艳。不同类群之间喙形、喙长，以及尾羽的枚数、长度和形状略有差异。如缝叶莺属喙形长，喙长几乎与头等长或稍长，尾羽一般12枚；山鹪莺属则喙侧扁，尾羽一般为10枚。

根据尾羽枚数及长度，喙形和羽色及其斑纹等形态特征的差异，山鹪莺属还可进一步分为 *Lticilla*、*Suya*、*Franklinia*、*Burnesia*、*Prinia*、*Heliolais*、*Malcorus* 7个亚属。例如，分布于中国境内的暗冕山鹪莺 *Prinia rufescens* 和灰胸山鹪莺 *P. hodgsonii* 尾羽12枚，翅与尾几等长，被列入 *Franklinia* 亚属；山鹪莺 *P. crinigera*，褐山鹪莺 *P. polychroa* 和黑喉山鹪莺 *P. atrogularis* 尾羽10枚，尾长约为翅长的2倍，被列入 *Suya* 亚属；纯色山鹪莺 *P. inornata* 和黄腹山鹪莺 *P. flaviventris* 尾羽10枚，尾长约为翅长的1.5倍，被列为 *Prinia* 亚属。但亚属的分类单元很少被使用。

栖息地 栖息于森林、草原、灌丛和湿地等各种生境。其中缝叶莺属栖息于热带和南亚热带地区常绿阔叶林的林缘灌木、竹林或田园中的树木或竹丛上，山鹪莺属和扇尾莺属则栖息于热带和亚热带的各种开阔生境，如河谷及平原地区的沼泽湿地、芦苇丛、草原和稻田，以及山坡稀树灌木草地。它们也见于人类改造的环境中，如城镇、村庄的绿化园林花木，道路边缘，耕地或牧场。

习性 多为留鸟。繁殖期多成对活动，秋冬季结群活动。活动时尾羽常向上翘动，并发出连续不断的叫声。鸣声焦躁而响亮。

食性 主要以各种昆虫为食。

繁殖 繁殖期最早开始于3月，最晚10月，因种类的不同，繁殖期也有所差异。营巢类型也多变，有开放型的碗形巢，有侧顶开口的球形巢，也有树叶缝合而成的圆锥形巢。巢多用草丝编织而成，较粗糙，有的物种将巢置于大型树叶缝合而成的袋状外壁中。每窝产卵一般3～4枚，蛋壳常具色斑。部分种类如长尾缝叶莺、暗冕山鹪莺等每对亲鸟每年可繁殖3～4巢。雌雄亲鸟共同营巢育雏。同一种鸟卵色多变，这可能是为了对抗寄生，因为它们常被中杜鹃、八声杜鹃等寄生性鸟类挑选为宿主。

种群现状和保护 扇尾莺类在其适宜生境中十分常见，较少受胁。仅10种被列为受胁物种，受胁比例6%，不到世界鸟类平均受胁比例的一半。中国分布的扇尾莺类均为无危物种。

左：扇尾莺类大多拥有长长的凸形尾，活动时常将尾羽向上高高翘起。图为展示尾羽的长尾缝叶莺。田穗兴摄

non-br.
br.
山鹪莺
Prinia crinigera
褐山鹪莺
Prinia polychroa
黑喉山鹪莺
Prinia atrogularis
灰胸山鹪莺
Prinia hodgsonii
暗冕山鹪莺
Prinia rufescens
长尾缝叶莺
Orthotomus sutorius
黑喉缝叶莺
Orthotomus atrogularis

山鹪莺

拉丁名：*Prinia crinigera*
英文名：Striated Prinia

雀形目扇尾莺科

形态 体长13～18 cm。具极长的凸形尾。上体灰褐色，并具黑色及深褐色纵纹；下体偏白色，两胁、胸及尾下覆羽沾茶黄色，胸部黑色纵纹明显。非繁殖期褐色较重，顶冠具皮黄色和黑色细纹，胸部黑色较少，与同期的褐山鹪莺相似，但胸侧无黑色点斑。虹膜浅褐色；嘴黑色，冬季褐色；脚偏粉色。

分布 在中国分布于秦岭–淮河以南，包括西藏和台湾。在国外分布于阿富汗、巴基斯坦、克什米尔、尼泊尔、不丹、孟加拉国到印度阿萨姆等喜马拉雅山地区。

栖息地 主要栖息于低山和山脚地带的灌丛与草丛中，尤在山边稀树草坡、农田地边以及居民点附近等开阔地带的灌丛与草丛中较常见，也出入于亚热带常绿阔叶林和松林林缘灌丛、草地、湖边及河岸灌丛、草丛和芦苇丛。夏天有时可上到海拔1500～2000 m。

习性 常单独或成对活动，有时亦见成3～5只的小群。多在灌木和草茎下部紧靠地面的枝叶间跳跃觅食，有时也栖于灌木顶端。尾常常向背部垂直翘起，并从一边扭转向另一边。飞翔能力弱，一般不做长距离飞行。雄鸟于栖枝突出处鸣叫。叫声为偏高的“tchack，tchack”。

食性 主要以鞘翅目、鳞翅目、直翅目、膜翅目等昆虫和昆虫幼虫为食。

繁殖 繁殖期4～7月。营巢活动由雌雄亲鸟共同承担。通常营巢于草丛中，巢多筑于粗的草茎上，也有在低矮的灌木下部营巢的。由于有草丛和灌丛的隐蔽，巢一般不易见到。巢呈椭圆形或圆形，开口在靠近顶端的侧面。外层主要由竹叶、茅草、苔藓和蜘蛛丝网混杂而成，内层用禾本科果穗、棕丝和山羊毛等衬垫。巢的大小为外径7.4～11 cm，内径4.5 cm，高6.8 cm，深5.2 cm。通常每窝产卵4～6枚，也有少至3枚和多至7枚的。卵为椭圆形，淡蓝色，密布赭红色斑点。也有底色为白色、粉红色、淡蓝色或绿蓝色，而斑点为淡红色、红褐色或几为黑色的，斑点常在钝端形成环带状。卵的大小为(17～19) mm×(11～13) mm，平均17.8 mm×11.8 mm，重1.5 g。雌雄亲鸟轮流孵卵，孵化期10～11天。雏鸟晚成性，雌雄亲鸟共同育雏。

种群现状和保护 在中国南方较为常见，种群数量稳定，IUCN和《中国脊椎动物红色名录》均评估为无危（LC）。

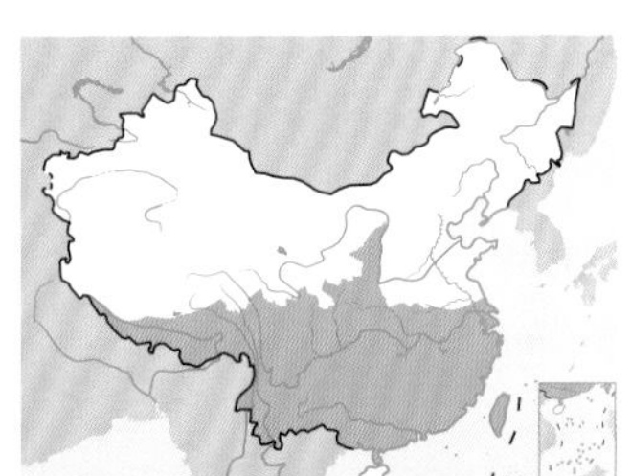

山鹪莺。左上图彭建生摄，下图董磊摄

褐山鹪莺

拉丁名：*Prinia polychroa*
英文名：Brown Prinia

雀形目扇尾莺科

形态 体长14～19 cm。上体褐色，头顶、上背及覆羽略具纵纹；尾形甚凸，尾端浅皮黄色并具深色的次端带；下体偏白色，两胁及尾下覆羽皮黄色。与山鹪莺的区别在棕色较多，色较浅而较少纵纹，且胸上无纵纹。虹膜红褐色；上嘴褐色，下嘴浅色；脚近白色。

分布 在国内分布于云南、广西。在国外分布于东南亚、爪哇。

栖息地 栖息于热带和南亚热带的田坝区边缘和低山丘陵地带。

习性 性羞怯，活动于灌木草丛、竹丛中，单个、成对或三五只结家族群活动，藏身于浓密覆盖的枝叶下。叫声为响亮的“twee-ee-ee-ee-eet”声；短促鸣声为似喘息的“chirt-chirt-chirt-chirt”或“chook-chook-chook-chook”声。

食性 主要以昆虫和昆虫幼虫为食。

繁殖 在东南亚地区繁殖期为5～6月。巢筑于植株下部，呈椭圆形，开口于顶端。常被八声杜鹃寄生。窝卵数4枚，卵壳白色或淡粉红色，具光泽，钝端有红褐色斑纹，通常成环状或帽状，有的斑纹布满整个卵壳。卵大小约为17.8 mm×12.7 mm。

种群现状和保护 种群数量稳定，但在国内罕见。IUCN和《中国脊椎动物红色名录》均将其评估为无危（LC）。

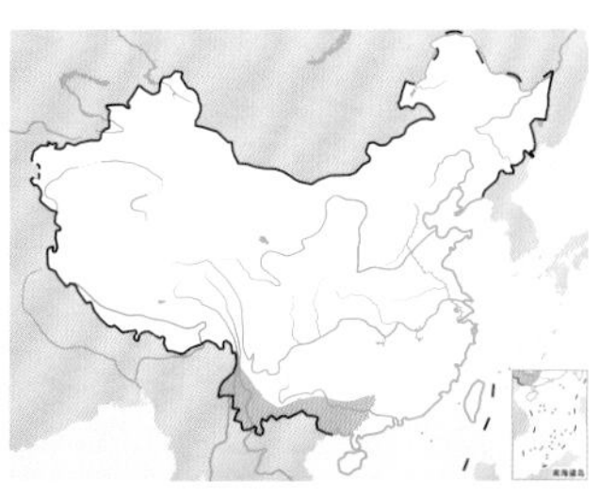

褐山鹪莺。左上图Yann Muzika摄

黑喉山鹪莺

拉丁名：*Prinia atrogularis*
英文名：Black-throated Prinia

雀形目扇尾莺科

体形略大而尾长的褐色山鹪莺，体长 13～16 cm。上体褐色，脸颊灰色，具明显的白色眉纹；下体白色，胸具黑色纵纹，两胁黄褐色，腹部皮黄色。在国内分布于西藏南部、云南、四川西南部、贵州、湖南、江西、福建、广东、广西等地。在国外分布于尼泊尔、孟加拉国、印度东北部、缅甸、泰国、越南、中南半岛、马来西亚和印度尼西亚等地。种群数量稳定，IUCN 和《中国脊椎动物红色名录》均评估为无危（LC）。

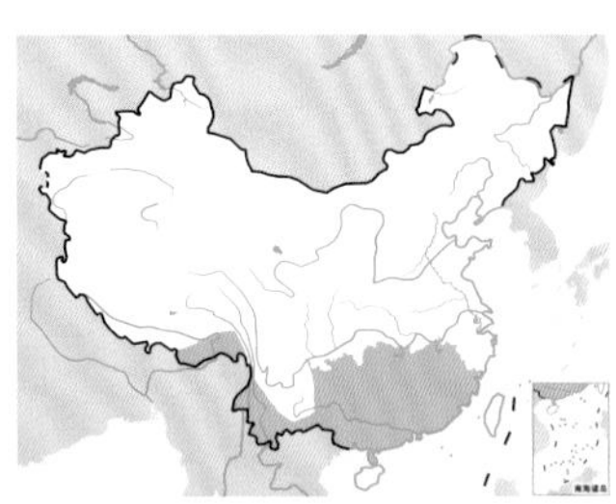

黑喉山鹪莺。彭建生摄

暗冕山鹪莺

拉丁名：*Prinia rufescens*
英文名：Rufescent Prinia

雀形目扇尾莺科

形态 体长 9～12 cm，体重 5～9 g。眼先及眉纹近白色，尾不甚长。繁殖羽上体红褐而头近灰色；下体白色，腹部、两胁及尾下覆羽沾皮黄色。非繁殖羽则头顶少灰色，整个上体呈棕褐色。虹膜褐色；嘴角质褐色；脚偏粉色。

分布 在国内分布于西藏东南部、云南南部、广东、澳门、广西南部等地。国外分布于印度东北部及东部、缅甸和东南亚。

栖息地 栖息于热带和南亚热带低山丘陵地带的灌丛、草地和次生林中，也出入于农田和村寨附近的稀树草坡、小树丛。

习性 常单独或成对活动，多在灌木和草丛下部或地面活动和觅食，较少飞翔。隐身于低矮密丛，活跃而好动。秋冬季结成小群。鸣声响亮，两声一度，很急促，为连续重复的双音节声音，其声似"欺普、欺普……"或"欺威、欺威……"声。鸣叫时常停栖在灌木或高草枝头，也见于电线或枯树枝上，容易发现。

食性 主要以昆虫和昆虫幼虫为食。

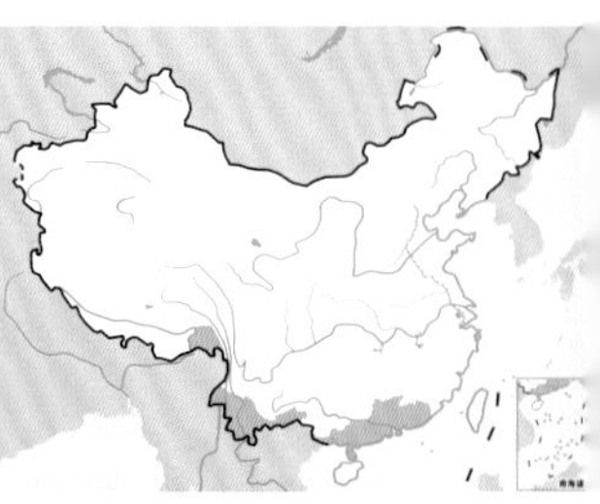

暗冕山鹪莺。左上图董磊摄，下图彭建生摄

繁殖 在东南亚地区繁殖期为 1～9 月。巢呈粗糙的杯形，近圆锥形，由 1～3 片垂直的树叶缝合编织而成，离地面约 50 cm。窝卵数 3～4 枚，卵呈淡蓝色至白色，具淡红色至红褐色斑纹或无斑纹；包括 4 种以上的卵色型。卵大小约为 16.1 mm × 11.8 mm。巢内偶有被八声杜鹃寄生的情况。

种群现状和保护 种群数量稳定，IUCN 和《中国脊椎动物红色名录》均评估为无危（LC）。

灰胸山鹪莺

拉丁名：*Prinia hodgsonii*
英文名：Grey-breasted Prinia

雀形目扇尾莺科

形态 体长 10～12 cm。上体偏灰色，飞羽的棕色边缘形成翼上的褐色镶嵌型斑纹，具略长的凸形尾；下体白色，具明显的灰色胸带。虹膜橘黄色；嘴黑色（冬季褐色）；脚偏粉色。

分布 在国内分布于云南南部和西部、四川南部、贵州、广西、西藏东南部、云南西部等地。在国外分布于巴基斯坦、尼泊尔、不丹等喜马拉雅山麓地区和印度半岛、斯里兰卡、中南半岛。

栖息地 栖息于热带和南亚热带地区低山丘陵地带的林缘灌草丛、竹林、河谷滩地及芦苇丛等生境。海拔一般在 2050 m 以下。

习性 多单个或成对活动，停栖在枝头或电线等突出物上，鸣声为响而尖的"chiwee-chiwee-chiwi-chip-chip-chip"声，音调音量均上升，后突然停止。冬季集群生活。较怕人，藏匿不露。习性似暗冕山鹪莺，但喜较为干燥的栖息环境。

食性 食物主要是昆虫。

繁殖 在东南亚地区繁殖期为 4～8 月。巢呈致密的杯形，由 1～3 枚垂直的树叶缝合编织而成，离地约 90 cm。一年产卵多窝，每窝产卵 3～4 枚。卵椭圆形，呈蓝色、白色、粉白色、灰绿色或蓝绿色，具淡红色或红褐色光亮斑纹，通常在卵的钝端顶部形

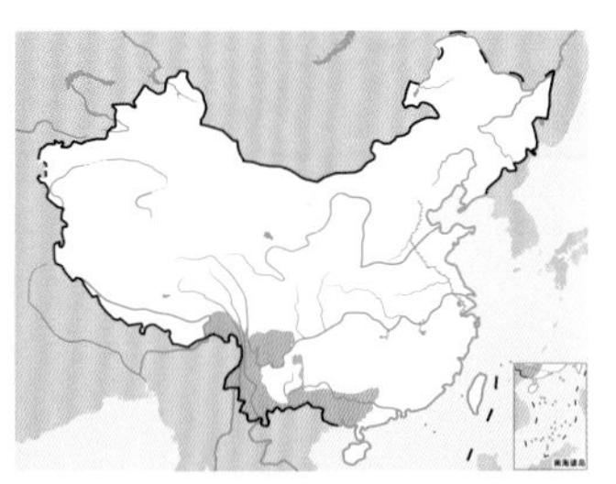

灰胸山鹪莺。左上图为非繁殖羽，下图为繁殖羽。沈越摄

成环状，有时无斑纹。卵大小约为 14.7 mm × 11.7 mm。

种群现状和保护 种群数量稳定，IUCN 和《中国脊椎动物红色名录》均评估为无危（LC）。

长尾缝叶莺

拉丁名：*Orthotomus sutorius*
英文名：Common Tailorbird

雀形目扇尾莺科

形态 体长 9～12 cm。额及前顶冠棕色，眼先及头侧近白色，后顶冠及颈背偏褐色，背、两翼及尾橄榄绿色；下体白色而两胁灰色。繁殖期雄鸟的中央尾羽由于换羽而更显延长。雌鸟和雄鸟相似，但尾较短，繁殖期间不延长。虹膜淡褐色、黄褐色或皮黄色；上嘴棕褐色或红褐色，下嘴黄色或皮黄色；脚肉色或肉黄色。

分布 在国内分布于长江以南，包括西藏东南部和海南。在国外分布于南亚次大陆、中南半岛、马来西亚和印度尼西亚等地。

栖息地 多见于稀疏林、次生林及林园。

习性 性活泼，喜欢上扬尾羽，飞动时翅膀拍打会发出“吧嗒吧嗒”的声音。常隐匿于林下层且多在浓密覆盖之下。叫声为极响亮而多重复的刺耳叫声，鸣声单调。

食性 主要以昆虫和昆虫幼虫为食，也吃蜘蛛、蚂蚁等其他小型无脊椎动物，食物贫乏季节也吃少量植物果实和种子。喜欢在菜地瓜棚里钻上钻下地觅食。

繁殖 繁殖期 4～8 月。在带刺的荆棘堆里筑巢。巢的结构独特，由一或两片树叶缝在一起形成杯状，承托细小的圆形巢。巢非常漂亮，外层用细草层层精细编织，并将周围生长的绿叶也缝贴在鸟巢表面，内部用棉絮羽毛铺垫。它们总喜欢在小路边相对容易暴露的荆棘堆中筑巢，所以容易被小孩取巢，十分可惜。它们是八声杜鹃的宿主。可产蓝色、白色 2 种色型的卵，均有棕色斑点。这是对杜鹃寄生的一种适应性对策。

种群现状和保护 种群数量稳定，IUCN 和《中国脊椎动物红色名录》均评估为无危（LC）。

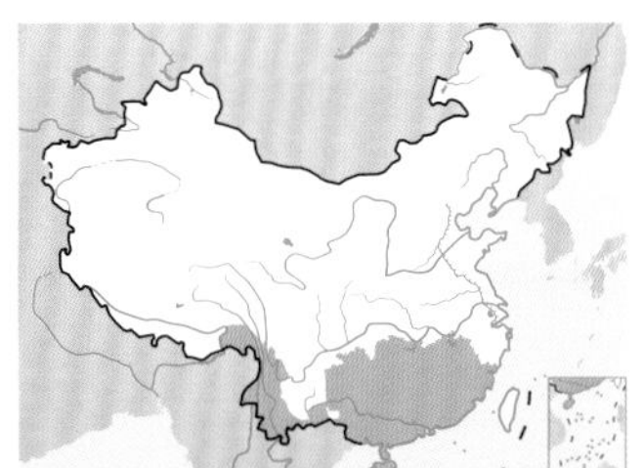

长尾缝叶莺。左上图时敏良摄，下图沈越摄

黑喉缝叶莺

拉丁名：*Orthotomus atrogularis*
英文名：Dark-necked Tailorbird

雀形目扇尾莺科

体长 10～11.5 cm。顶冠和颈部栗色，头侧灰色，上体橄榄绿色；具特征性的偏黑色喉部，臀黄色；尾甚长而常上翘。雌鸟色暗，头少红色且喉少黑色。在国内见于云南南部和广西。国外分布于印度北部和东南亚。栖息于热带雨林和季雨林区，多在林下灌丛、竹林、稀树林、次生林及园林中活动。在云南西双版纳的栖息地海拔高度为 500～1000 m。种群数量稳定，IUCN 和《中国脊椎动物红色名录》均评估为无危（LC）。

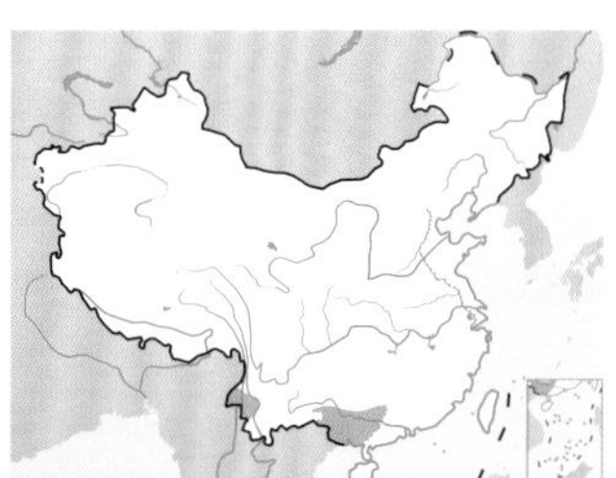

黑喉缝叶莺。左上图为繁殖羽；下图为非繁殖羽，沈越摄

鳞胸鹪鹛类

- 鳞胸鹪鹛类指雀形目鳞胸鹪鹛科的鸟类，仅1属4种，全部见于中国
- 鳞胸鹪鹛类体形体长在10cm以内，无尾，全身橄榄褐色而具鳞状斑
- 鳞胸鹪鹛类为典型的森林鸟类，性隐蔽而机敏，主要以森林昆虫为食
- 鳞胸鹪鹛类在林下小树或灌木上营杯状或球形编织巢，雌雄亲鸟轮流孵卵并共同育雏，雏鸟晚成性

类群综述

鳞胸鹪鹛类是雀形目（Passeriformes）鳞胸鹪鹛科（Pnoepygidae）鸟类的总称。全世界仅 1 属 4 种，分布于喜马拉雅山脉周边各国，东抵中南半岛及中国台湾，北达四川和陕西南部，南至印度尼西亚。中国分布有全部 4 种鳞胸鹪鹛。

形态 鳞胸鹪鹛为一类体长在 10 cm 以内，体重 11～23 g，无尾，体形类似鹪鹩的小型鹛类。上体通常橄榄褐色，羽尖具黄色点斑；下体白色，胸和两胁具鳞状斑。

栖息地 鳞胸鹪鹛为非常典型的森林鸟类。喜栖息在山地森林中，尤以森林茂密、林下植物发达、地势起伏不平、多岩石和倒木的沟谷与溪流沿岸的常绿阔叶林中较常见。夏季可上到高山矮树丛、杜鹃灌丛和竹丛间；冬季则移至低山和山脚地带。

习性 常单独或成对活动。性隐蔽而机敏，善于隐匿和在地上奔跑。常在满被苔藓的岩石、倒木或腐烂的植物堆上活动。活动时寂然无声，很少鸣叫。但叫声响亮，为单音或双音的短颤音。受惊时在混乱枝叶结间乱窜跃动，除非迫不得已，一般很少起飞。

食性 主要以森林昆虫为食，特别是林下昆虫如蚂蚁等，兼食一些植物的果实和种子。

繁殖 繁殖期为每年的 4～7 月。营巢于山地森林中，巢多置于林下小树上或灌木上。巢呈杯状或球形，主要由苔藓、草叶、根等材料编织而成。每窝产卵 3～5 枚，卵呈纯白色，光滑无斑。雌雄亲鸟轮流孵卵并共同育雏，雏鸟晚成性。

种群现状和保护 不常见，但种群数量稳定。IUCN 和《中国脊椎动物红色名录》均评估为无危（LC）。

左：鳞胸鹪鹛类是非常有特色的一类小型鸟类，它们没有尾羽，上体密布点斑而下体具有鳞状斑，主要沿着喜马拉雅山脉分布，向东直到中国台湾。图为中国特有种——台湾鹪鹛。沈越摄

右：取食昆虫的小鳞胸鹪鹛。赵纳勋摄

鳞胸鹪鹛
Pnoepyga albiventer

台湾鹪鹛
Pnoepyga formosana

尼泊尔鹪鹛
Pnoepyga immaculata

小鳞胸鹪鹛
Pnoepyga pusilla

鳞胸鹪鹛

拉丁名：*Pnoepyga albiventer*
英文名：Scaly-breasted Wren-Babbler

雀形目鳞胸鹪鹛科

形态 体小而无尾，似鹪鹩，体长 8.5～10.3 cm。有 2 种色型。浅色型的上体橄榄褐色而略具鳞状斑，各羽尖均具皮黄色点；下体白色，胸羽中心色深、羽缘色浅而成鳞状斑纹；两胁鳞斑橄榄褐色。茶色型的上体橄榄褐色，羽尖具皮黄色点；下体斑纹同浅色型，但皮黄替代白色。雄雌同色。过去曾误认为浅色型是雄鸟，茶色型是雌鸟。研究发现是色型不同，而不是雌雄之分。

分布 留鸟。国内分布于西藏南部和东南部、云南西北部、四川等地。国外分布于尼泊尔到印度、缅甸和越南等地。

栖息地 主要栖息在海拔 1500～3000 m 的山地森林中，尤以森林茂密、林下植物发达、地势起伏不平、多岩石和倒木的沟谷和溪流沿岸的常绿阔叶林中较常见。夏季可上到海拔 3000～3800 m 的高山矮树丛、杜鹃灌丛和竹丛间；冬季有时也下到海拔 1500 m 以下至 1000 m 左右的低山和山脚地带活动。

习性 常单独或成对活动，习性很像鹪鹩，性活泼而机敏，善于隐匿和在地上奔跑。常在满被苔藓的岩石、倒木或腐烂的植物堆上活动和觅食，有时亦见在茂密的灌丛上或近树根的地面上跳来跳去。活动时寂然无声，很少鸣叫。受惊时辄在枝叶间乱蹿跃动，悄悄移动时两翼轻振。有时也在洞穴、树木裂缝、倒木下或苔藓丛生的灌木丛中藏匿。

食性 主要以昆虫及其幼虫为食，也吃植物果实和种子。

繁殖 繁殖期 4～7 月。通常营巢于山地森林中，巢多置于林下小树上或灌木上，距地高 0.3～2 m，有时也直接在地上营巢。巢呈杯状或球形，主要由苔藓、草叶、草根等材料编织而成。每窝产卵 3～5 枚。卵椭圆形或尖椭圆形，大小为（17～19.3）mm ×（13～14.6）mm，纯白色，光滑无斑而富有光泽。雌雄亲鸟轮流孵卵并共同育雏，雏鸟晚成性。

种群现状和保护 种群数量稳定，IUCN 和《中国脊椎动物红色名录》均评估为无危（LC）。

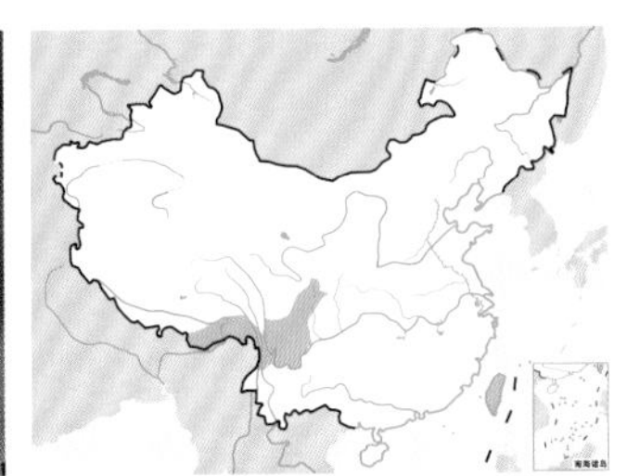

鳞胸鹪鹛。左上图为浅色型，董文晓摄；下图为茶色型，罗平钊摄

台湾鹪鹛

拉丁名：*Pnoepyga formosana*
英文名：Taiwan Wren-Babbler

雀形目鳞胸鹪鹛科

由原小鳞胸鹪鹛台湾亚种 *Pnoepyga pusilla formosana* 提升为独立种。中国特有物种，分布于台湾，模式产地在阿里山。留鸟，一般栖息于海拔 2000 m 以上的温带林和亚寒带林，有时在 3000 m 以上的高山带也可见到。上体暗褐色，无棕色而带橄榄褐色，棕点较多，尤其是在头上。繁殖期为 4～7 月。主要营巢于海拔 1200～2800 m 的浓密森林中靠近地面长有青苔的岩壁上，以青苔为巢材，内垫有细草根，形如圆顶，开口于侧面，周围常有苔鲜掩覆，甚难发现。巢的大小为高 18～19 cm，宽 9～11 cm，巢口直径约 3.5 cm，巢深 5.0～5.5 cm。窝卵数 2～4 枚，卵大小为 20 mm × 15 mm，白色，无光泽亦无斑点。种群数量稳定，IUCN 评估为无危（LC）。

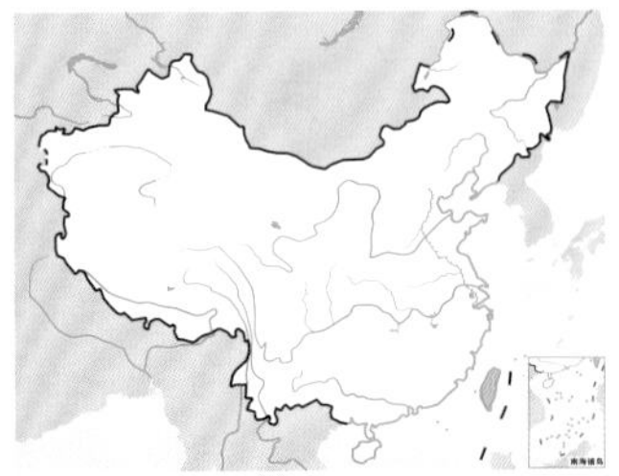

台湾鹪鹛。沈越摄

尼泊尔鹪鹛

拉丁名：*Pnoepyga immaculata*
英文名：Nepal Wren-Babbler

雀形目鳞胸鹪鹛科

体长约 10 cm。全身黄褐色，胸腹部密布箭形黑色纵纹；与小鳞胸鹪鹛相比，翅上无点状斑。虹膜浅褐色；喙黑色；脚黄褐色。于 2010 年在中国西藏樟木被发现为中国鸟类新记录。在中国目前仅发现于西藏樟木，留鸟。国外分布于喜马拉雅山脉及南亚次大陆，包括印度、孟加拉、不丹、尼泊尔、巴基斯坦、斯里兰卡、马尔代夫等地。习性似小鳞胸鹪鹛，但鸣声极具特色，包括持续 2～3 秒长的 8 音节“si-su-si-si-swi-si-si-si”尖声。种群数量稳定，IUCN 和《中国脊椎动物红色名录》均评估为无危（LC）。

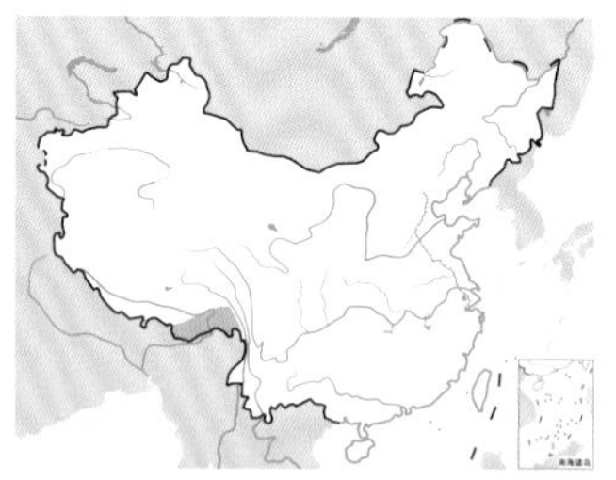

尼泊尔鹪鹛。左上图李海涛摄，下图董文晓摄

小鳞胸鹪鹛

拉丁名：*Pnoepyga pusilla*
英文名：Pygmy Wren-Babbler

雀形目鳞胸鹪鹛科

形态 体形极小，体长 8.5～9.0 cm。与鳞胸鹪鹛一样，也有 2 种色型。白色型上体包括两翅及尾的表面等均呈沾棕色的暗褐色，头顶和上背各羽边缘黑褐色，翅上覆羽大都缀以棕黄色点状次端斑；胸和腹白色，各羽中央和羽缘均为暗褐色，胸部的褐色羽缘特别明显，因而形成鳞状斑。棕色型下体的白色部分转为棕黄色，上体的褐色亦沾棕色。虹膜暗褐色；上嘴黑褐色，下嘴稍淡，嘴基黄褐色；脚和趾均褐色。

分布 留鸟。国内分布于陕西南部、甘肃南部、西藏东南部、

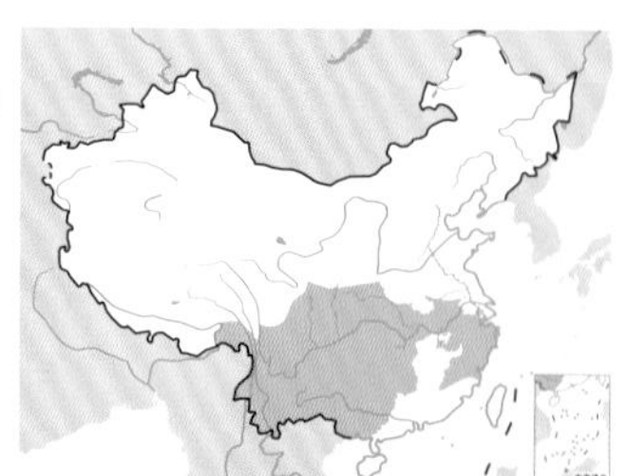

小鳞胸鹪鹛。左上图董文晓摄，下图赵纳勋摄

云南、四川、重庆、贵州、湖北、湖南、安徽、江西东北部、浙江、福建、广东、广西等地。国外分布于尼泊尔等喜马拉雅山地区，往东至印度阿萨姆、缅甸北部和泰国北部。

栖息地 栖息于海拔 1200 ~ 3000 m 中高山森林地带的稠密灌木丛或竹林的树根间，冬季在秦岭地区也见于海拔 1000 m 以下的低山和山脚等低海拔地区，尤其喜欢在森林茂密、林下植物发达、地势起伏不平，且多岩石和倒木的阴暗潮湿森林中栖息。

习性 单独或成对活动。性胆怯，除鸣叫外多隐蔽，常躲藏在林下茂密的灌丛、竹丛和草丛中活动和觅食，一般不到林外开阔的草地活动，因而不易见到。但活动时频繁地发出一种清脆而响亮的特有叫声，根据叫声则很容易发现它。常在茂密的灌木和竹林间的地面上跳来跳去，受惊时则在森林地面急速奔跑，形似老鼠，潜入密林深处，一般很少起飞，从不远飞。体形虽小，但叫声却很宏亮。平时不常鸣叫，叫声为 2 ~ 3 声分隔甚开且音呈下降的响亮刺耳哨音，高音尖叫接短促的吱叫声，告警时作快速的“zeek, zeek”声。

小杜鹃与其寄主小鳞胸鹪鹛的卵参数（邵玲等，2016）

鸟种	小鳞胸鹪鹛 *Pnoepyga pusilla*	小杜鹃 *Cuculus poliocephalus*
卵色	白色	红棕色
卵重/g	1.64 ± 0.16	2.55
卵长/mm	18.34 ± 0.21	20.97
卵宽/mm	13.27 ± 0.27	15.94
卵体积/cm^3	1.65 ± 0.08	2.72

食性 食性主要以林下昆虫和植物的嫩叶、嫩芽为食。

繁殖 没有关于小鳞胸鹪鹛繁殖的详细报道。王鹏程等（2016）曾记录到小鳞胸鹪鹛的 1 个巢被小杜鹃 *Cuculus poliocephalus* 寄生，巢址位于四川常绿阔叶林林缘溪边低矮的竹丛中，海拔 1857 m，巢高约 1.0 m，距离小溪约 2.5 m。巢大致呈球形，侧面开口，巢外径 9.2 cm × 7.5 cm，内径 5.8 cm × 4.2 cm，巢口 5.2 cm × 3.2 cm，巢深 3.9 cm，巢高 9.5 cm。巢外层为苔藓，中层为棕色弯曲的气生须根，内层为小皮伞菌的黑色菌索。巢内有 3 枚卵，其中，1 枚小杜鹃的寄生卵为棕红色（重 2.1 g，长径 20.57 mm，短径 15.74 mm），2 枚小鳞胸鹪鹛卵为白色（1 号卵重 1.2 g，长径 18.64 mm，短径 13.55 mm；2 号卵重 1.1 g，长径 17.93 mm，短径 13.49 mm）。

邵玲等（2016）报道在贵州宽阔水自然保护区发现小鳞胸鹪鹛的巢 2 个，每窝卵数均为 4 枚，其中 1 巢也被小杜鹃寄生。被寄生的小鳞胸鹪鹛的巢距地面高约 0.9 m，筑于路边的石壁上，巢为侧开口，巢材为苔藓，巢内径 7 cm，外径 16 cm，巢深 7 cm。寄生其中的小杜鹃卵重 2.55 g，体积 2.72 cm^3，明显大于小鳞胸鹪鹛的卵 [重（1.64 ± 0.16）g；体积（1.65 ± 0.08）cm^3，n=7]。小杜鹃的卵为红棕色，而小鳞胸鹪鹛的卵色为白色，与王鹏程等（2016）的报道相似。

种群现状和保护 种群数量稳定。IUCN 和《中国脊椎动物红色名录》均评估为无危（LC）。

被小杜鹃寄生的小鳞胸鹪鹛巢。王鹏程摄

蝗莺类

■ 蝗莺类指雀形目蝗莺科的鸟类，全世界共有11属63种，中国有2属18种
■ 蝗莺类是小型鸣禽，身体比较细长，尾长
■ 蝗莺类大多数生活在灌丛中，常攀缘或在地面上寻找昆虫为食
■ 蝗莺类受到的关注不多，但受胁较严重

类群综述

蝗莺类指雀形目蝗莺科（Locustellidae）鸟类，传统分类系统将其置于莺科（Sylviidae）下，但近年的研究将其提升为独立的科，包含蝗莺属 *Locustella*、大尾莺属 *Megalurus* 等 11 个属，共 63 种，主要分布于欧洲、亚洲、非洲与大洋洲，美洲没有分布。中国有蝗莺类 2 属 18 种，包括蝗莺属 17 种和大尾莺属 1 种。

蝗莺类体形较小，身材纤细，翅短圆，尾长；雌雄羽色相似，以褐色或棕黄色为主，部分种类翅上或下体有深色条纹。相较其他莺类，蝗莺的体形更大也更为细长。

蝗莺类喜灌丛、草地、芦苇，部分偏好河流、湖泊、沼泽等湿地生境，因此并非典型的森林鸟类，多出现在疏林和林缘地带。它们性隐蔽，常在茂密的灌丛和草丛下活动，飞行不似其他莺类灵巧，相对于在树梢上活动的柳莺和在苇丛中活动的苇莺，蝗莺类更多地在地面活动，是莺类里面最具地栖性的类群，部分种类朝放弃飞行能力的方向演化。它们以昆虫、蜘蛛等动物性食物为食，常攀缘或在地面上寻找食物。

蝗莺类受到的关注不高，繁殖生态学研究资料较少。根据现有资料，巢多为碗状，由枯叶和干草茎筑成，内衬柔软的细茎、细纤维和羽毛等。窝卵数种间差异较大，少至 1 枚，多至 9 枚。孵化期 11 ~ 15 天，育雏期 12 ~ 15 天。

虽然较少受到关注，但蝗莺类的受胁情况较为严重，目前有 2 个物种被 IUCN 列为濒危（EN），8 个物种为易危（VU），受胁比例高达 15.9%，不仅远远高于其他莺类，也超过了世界鸟类总体受胁水平。此外，1869 年发现的皮特岛及芒哲雷特有物种查塔姆蕨莺 *Megalurus rufescens* 在 1900 年即宣告灭绝。中国分布的蝗莺类大多种群数量较为稳定，但东亚蝗莺由于仅在海岛上繁殖，受胁风险大，种群数量小，被 IUCN 评为易危（VU）。斑背大尾莺与巨嘴短翅蝗莺属于近危物种（NT）。

左：蝗莺类体形细长，羽色以褐色或棕黄色为主，一些种类具深色斑纹，经常在植被下层乃至地面活动，求偶时会站在枝头鸣唱。图为正在鸣唱的黑斑蝗莺。keith gallie摄（维基共享资源/CC BY 2.0）

右：蝗莺类主要以昆虫和蜘蛛为食，图为捕得昆虫的鸲蝗莺。邓明选摄

高山短翅蝗莺
Locustella mandelli

台湾短翅蝗莺
Locustella alishanensis

四川短翅蝗莺
Locustella chengi

北短翅蝗莺
Locustella davidi

斑胸短翅蝗莺
Locustella thoracica

中华短翅蝗莺
Locustella tacsanowskia

黑斑蝗莺
Locustella naevia

鸲蝗莺
Locustella luscinioides

苍眉蝗莺
Locustella fasciolata

库页岛蝗莺
Locustella amnicola

高山短翅蝗莺

拉丁名：*Locustella mandelli*
英文名：Russet Bush Warbler

雀形目蝗莺科

形态 体长12～14 cm。整体深褐色，具略长且宽的凸形尾。上体橄榄褐色而略沾棕色，眼先和眼周形成皮黄色眼圈，眉纹亦为皮黄色但不甚明显；尾橄榄色较重；下体白色，颏及喉具黑色纵纹，颈侧沾灰色，胸侧及腹部沾橄榄褐色，尾下覆羽羽端近白色而成鳞状斑纹。虹膜褐色；上嘴黑色，下嘴粉色；脚粉色。

分布 在国内分布于陕西南部、四川、云南东北部、贵州、湖南、江西、浙江、福建、广西、广东、香港、台湾。国外分布于泰国、越南、菲律宾、印度尼西亚等国。

栖息地 主要栖息在海拔2500 m以下山地森林林缘的灌丛、草丛中，尤喜开阔林缘、疏林草坡和山边灌丛草地。

习性 性胆怯，善隐蔽。单个或成对活动于茂密的灌丛或草丛中。在繁殖季节，常发出鸣叫声。鸣声为机械性不断重复的摩擦音"zee-ut, zee-ut"。叫声为兴奋的嚓嚓声及爆破音"rink-tink-tink"。

食性 主要捕食昆虫及其幼虫。

繁殖 繁殖期5～7月。3～4月开始求偶、占区、鸣叫。筑巢于近地面的草丛中。巢呈杯状，通常由芒草等枯草、枯叶和细软的草茎等构成。巢外径8.5～10 cm，内径4.5～6 cm，高6.5～8.5 cm，深3.2～4 cm。窝卵数2枚，呈白色，缀以紫红色或灰紫色斑点，尤以钝端稠密，常形成圆环。卵大小为19 mm × 15 mm。

种群现状和保护 种群数量稳定，IUCN和《中国脊椎动物红色名录》均评估为无危（LC）。

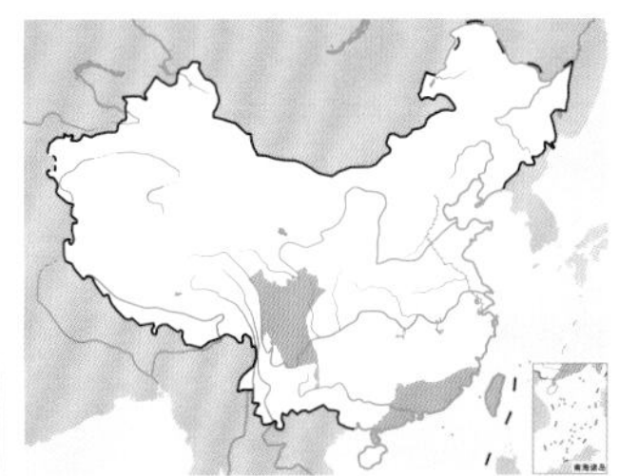

高山短翅蝗莺。董文晓摄

台湾短翅蝗莺

拉丁名：*Locustella alishanensis*
英文名：Taiwan Bush Warbler

雀形目蝗莺科

形态 体长13～14 cm。上体、双翅及尾棕褐色，脸部及颈侧沾灰色，具模糊的白色短眉纹；喉部及胸部白色，喉部具稀疏的黑色小斑点，腹部、两胁及尾下覆羽棕褐色，尾下覆羽具白色横斑。喙黑色，虹膜褐色，脚粉红色。

分布 仅分布于中国台湾山地。

栖息地 主要栖息于海拔500～3000 m的林缘或开阔地区的浓密草丛中，为地栖性鸟类。

习性 性隐密，不易见，多单独活动于箭竹和灌木丛中。冬季会降迁至较低海拔的山区活动。繁殖期的鸣声为"滴一答答、滴一答答"或"几毕、几毕"，声音嘹亮而持久，有时在有月光的夜晚也继续鸣唱，冬季则为轻细的"啧啧、啧啧"两音节的短音。

食性 以昆虫为主食。

繁殖 繁殖期5月中旬至6月底。筑巢于灌丛底部。巢杯形，由芒草的干叶组成，巢内衬以较细的材料。巢的大小为直径8.5～10 cm，高6.5～8.5 cm，巢口直径4.5～6.0 cm，巢内深3.2～4 cm。窝卵数2枚。卵白色，散布红紫色斑点，钝端较浓，形如帽状。卵大小平均约为19 mm × 14 mm。雌雄亲鸟共同参与孵卵。

种群现状和保护 在适宜的栖息地内种群数量普遍。IUCN和《中国脊椎动物红色名录》均评估为无危（LC）。

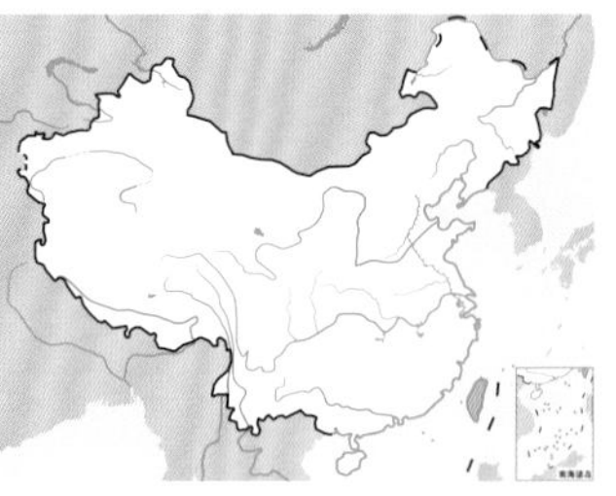

台湾短翅蝗莺

四川短翅蝗莺

拉丁名：*Locustella chengi*
英文名：Sichuan Bush Warbler

雀形目蝗莺科

体长约13 cm，体重10 g。是一种形态与高山短翅莺高度相似的新物种，但鸣声大不相同。体羽以棕褐色为主，仅飞羽和尾羽色深，为灰褐色；喉部、胸部色略浅，杂以浅黄或白色羽毛，羽毛基部为灰色。虹膜褐色，嘴黑色，脚粉色。根据声谱和线粒体DNA的差异，科学家最终认定，四川短翅蝗莺与高山短翅蝗莺确为2个独立的物种，它们约在85万年前由共同的祖先演化而来。主要分布于陕西、四川、贵州、湖北、湖南及江西地区，在海拔1000～2300 m的山区进行繁殖。IUCN评估为无危（LC）。

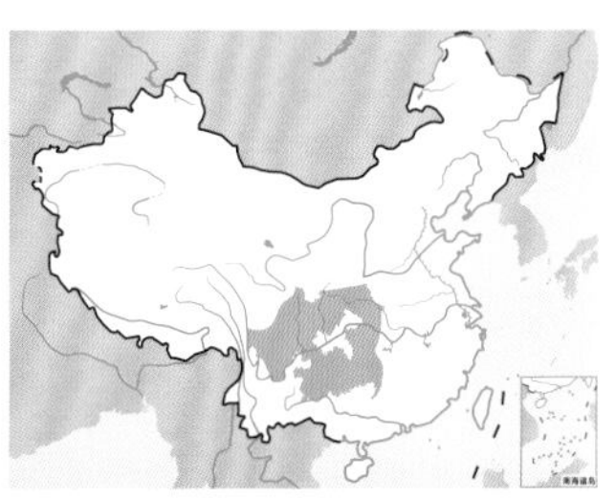

四川短翅蝗莺。唐军摄

斑胸短翅蝗莺

拉丁名：*Locustella thoracica*
英文名：Spotted Bush Warbler

雀形目蝗莺科

体长12～14 cm。上体暗褐色，顶冠沾棕色，眉纹灰白色；下体偏白色，喉具深色点斑，胸带灰色，两胁偏褐色；尾下覆羽褐色，羽端白色而成宽锯齿形斑纹。春季喉部的黑色点斑十分醒目，但冬季极淡。在中国分布于西部及中部。繁殖季节多栖息于海拔2000～4300 m的中高山森林和灌丛，冬季向低海拔迁徙。IUCN和《中国脊椎动物红色名录》均评估为无危（LC）。

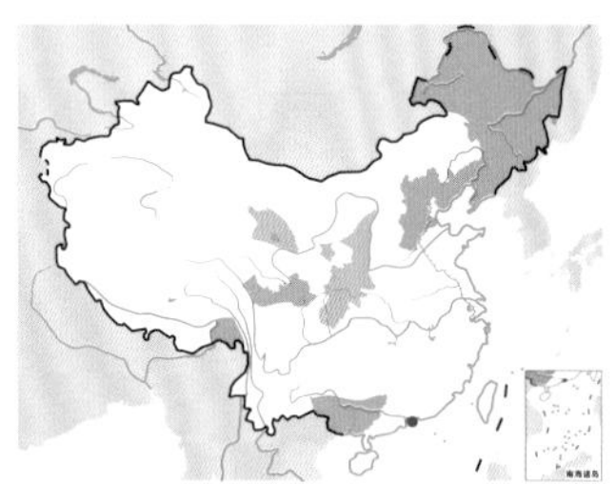

斑胸短翅蝗莺。唐军摄

北短翅蝗莺

拉丁名：*Locustella davidi*
英文名：Baikal Bush Warbler

雀形目蝗莺科

体长约12 cm。由斑胸短翅蝗莺东北亚种*Locustella thoracica davidi*独立为种。似斑胸短翅蝗莺，但体形较小，上体橄榄色重而缺乏暖褐色，头侧和胸前的灰色较少，飞羽端较尖锐。在中国繁殖于大兴安岭至河北东北部山地，另有一孤立种群繁殖于秦岭，迁徙时经过东部地区。繁殖季节多栖息于海拔1000～1800 m的中高山针叶林和林缘疏林灌丛。IUCN评估为无危（LC）。

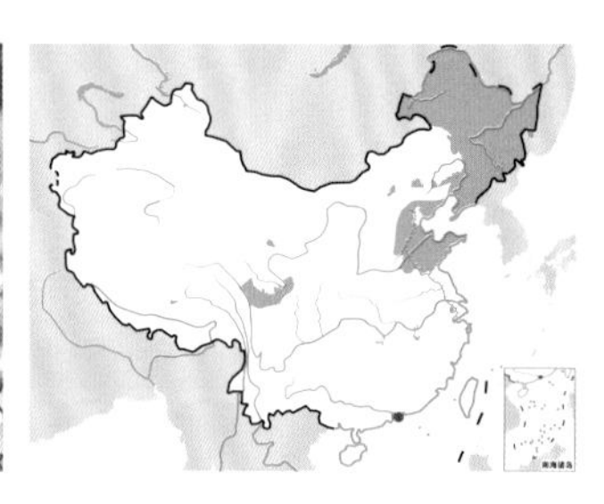

北短翅蝗莺

中华短翅蝗莺

拉丁名：*Locustella tacsanowskia*
英文名：Chinese Bush Warbler

雀形目蝗莺科

形态 体长11 cm～14 cm。上体棕褐色；眉纹不显，呈淡黄色；颏、喉白色沾黄色，腹部中央棕白色沾柠檬黄色，胸具不明显的暗褐色斑点，胸腹之间及两胁呈较淡的棕褐色。虹膜淡褐色；上嘴暗黄褐色，下嘴较淡；跗跖肉色。

分布 繁殖于中国东北，南至广西、云南、四川、青海东部及甘肃西南部，越冬于云南南部和西藏东南部。国外见于缅甸、老挝、越南和泰国。

栖息地 主要栖息于田野、草地、灌丛、芦苇塘中。夏季常出现于海拔2800～3600 m的灌丛、林下树丛和草地。

习性 性安静、胆怯，很隐蔽而不易被发现。叫声为“chirr, chirr”，似矛斑蝗莺。鸣声似蟋蟀的振翅声“dzzzeep-dzzzeep-dzzzeep”，比斑胸短翅蝗莺音低。

食性 食物主要为昆虫。

繁殖 繁殖期6～7月。通常筑巢于灌丛或草丛的地面。巢由枯草茎构成。每年繁殖1次，窝卵数5枚。卵为淡粉红色，其上缀以污灰色斑点，钝端缀以密集的砖红色斑点，看起来就像围绕着钝端的一个小环带。卵大小为18.5 mm × 14 mm。

种群现状和保护 种群数量稳定。IUCN和《中国脊椎动物红色名录》均评估为无危（LC）。

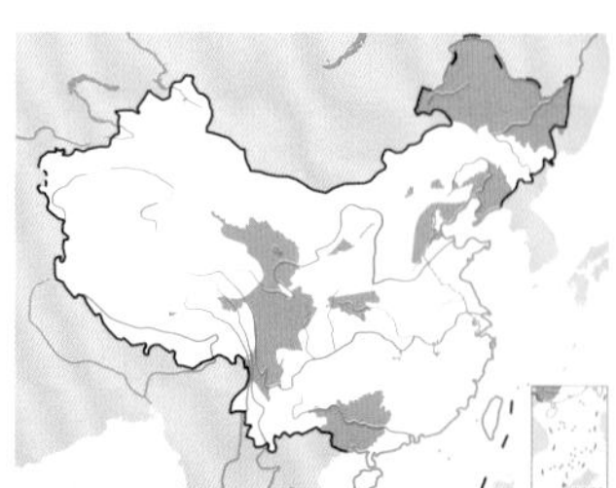

中华短翅蝗莺。张永文摄

黑斑蝗莺

拉丁名：*Locustella naevia*
英文名：Common Grasshopper Warbler

雀形目蝗莺科

体长约13 cm。上体橄榄褐色，具断续的黑色纵纹和不明显的淡色眉纹；下体白色，胸、两胁及尾下覆羽沾褐色。在中国新疆西北部喀什和天山地区可能有繁殖，云南中部有过境记录。栖息于近水域的棘丛。IUCN和《中国脊椎动物红色名录》均评估为无危（LC）。

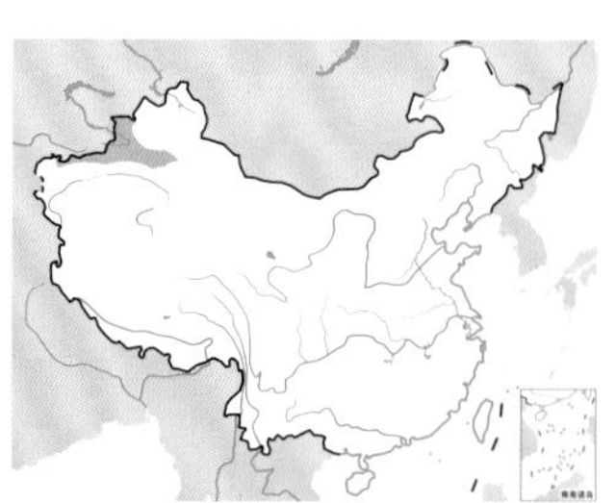

黑斑蝗莺。权毅摄

鸲蝗莺

拉丁名：*Locustella luscinioides*
英文名：Savi's Warbler

雀形目蝗莺科

体长约 14 cm。上体为单调的橄榄灰色，无斑纹，眉线模糊，眼下方有半圈白色；下体偏白色，上胸、胸侧、两胁及尾下覆羽沾黄褐色，稍具白色羽尖，胸侧散有偏褐色纵纹；尾短，具不明显的明暗相间的横斑。在中国繁殖于新疆西北部，云南中部有过境记录。栖息于近水域的灌丛、疏林和草丛。IUCN 和《中国脊椎动物红色名录》均评估为无危（LC）。

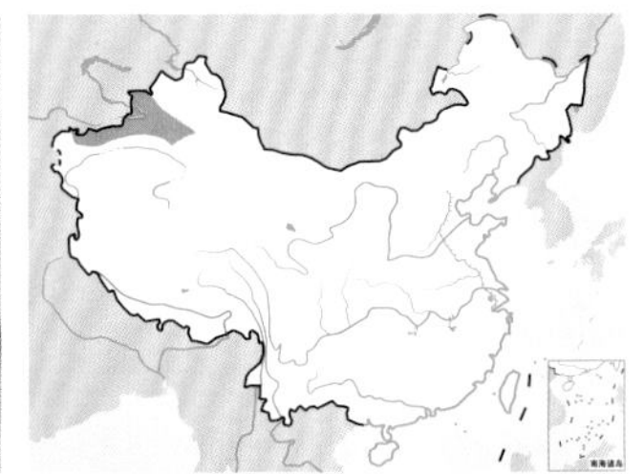

鸲蝗莺。左上图张岩摄，下图邓明选摄

苍眉蝗莺

拉丁名：*Locustella fasciolata*
英文名：Gray's Grasshopper Warbler

雀形目蝗莺科

形态 体长 17～18 cm。上体橄榄褐色，眉纹白色，眼纹色深而脸颊灰暗；下体白色，胸及两胁具灰色或棕黄色条带，羽缘微近白色，尾下覆羽皮黄色。幼鸟下体偏黄色，喉具纵纹。虹膜褐色；上嘴黑色，下嘴粉红色；脚粉褐色。

分布 繁殖于东北地区和内蒙古东北部，迁徙经东部沿海，包括台湾。国外繁殖于西西伯利亚到萨哈林岛、日本和韩国的区域内，越冬于东南亚。

栖息地 主要栖息于低地及沿海地区的林地、棘丛、草地及灌丛。

习性 喜单独或成对在一起活动，常在林下植被中潜行、奔跑及齐足跳动。林间栖息时身体姿势水平，但立于地面时头高扬似鹏。叫声华美，带有高低起伏短句的长鸣声，包括颤音“cherr-cherr—cher”及响亮的似吵嘴声“tschrrok tschrrok”。

食性 食物主要为昆虫。

繁殖 繁殖期 6～7 月。筑巢于幼龄乔木、灌木，巢呈碗状，巢材有细软草茎、禾本科杂草以及绳头、塑料编织物等。筑巢时间约为 5 天。窝卵数 4～9 枚，产卵时间多在早晨 6:00～7:40。卵大小为（20～21）mm×（14～15）mm。孵化期 12～14 天。雌雄共同育雏，育雏期 14～18 天。

种群现状和保护 IUCN 和《中国脊椎动物红色名录》均评估为无危（LC）。被列为中国三有保护鸟类。

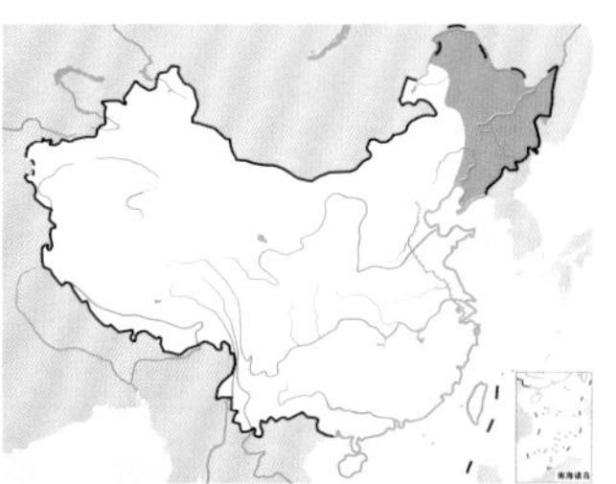

苍眉蝗莺。左上图Pavel Hospodarsky摄，下图董文晓摄

库页岛蝗莺

拉丁名：*Locustella amnicola*
英文名：Sakhalin Grasshopper Warbler

雀形目蝗莺科

体长 18 cm。上背棕色染橄榄绿色，白色细眉纹在眼前不显；胸部灰色，腹部浅皮黄色，尾下覆羽暗橘色。虹膜褐色；上喙灰褐色，下喙端部色深，基部色浅；脚肉黄色。栖息于低地和水边，鸣声高亢独特，比小蝗莺鸣声更富韵律。中国山东、台湾偶见过境。IUCN 和《中国脊椎动物红色名录》均评估为无危（LC）。

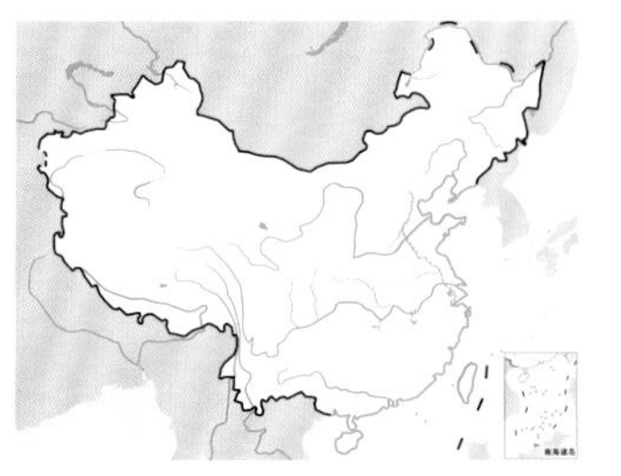

库页岛蝗莺。Chikara Otani摄

燕类

- 燕类指雀形目燕科鸟类，全世界共19属88种，中国有6属14种
- 燕类拥有流线型身材，脖子较短，翅长而尖，一些物种外侧尾羽延长变窄形成典型的燕尾
- 燕类栖息于各种开阔生境，常在空中飞行捕食昆虫，飞行技巧高超
- 燕类常有些利用现成的洞穴筑巢，有些自己挖掘洞穴营巢，还有一些筑泥巢

类群综述

分类与分布 燕类指雀形目燕科（Hirundinidae）鸟类，通常在空中捕捉昆虫为食，具有狭长的翅膀和流线型的身体，很多物种尾羽呈叉状。全世界共有燕类19属88种，广泛分布于除极地外的全球各地。中国有6属14种，包括沙燕属 *Riparia*、燕属 *Hirundo*、毛脚燕属 *Delichon* 各3种，岩燕属 *Ptyonoprogne*、斑燕属 *Cecropis* 各2种，石燕属 *Petrochelidon* 1种，在全国大部分地区均有分布，其中黄额燕 *Petrochelidon fluvicola* 为北京地区记录到的迷鸟。另外白眼河燕 *Pseudochelidon sirintarae* 曾被推测在中国南方有繁殖，但并无记录。

左：燕类以其在空中捕捉飞虫的习性而为人们熟知。图为口中叼满虫子的崖沙燕。刘兆瑞摄

下：适应于飞捕昆虫的生活，燕类演化出非常高超的飞行技巧和与之相称的流线型身材、镰刀状长翅和叉状尾羽，图为在空中飞行的家燕。韦铭摄

形态 燕类是特化的在空中捕食飞虫的鸟类，而它们的身体结构也极为适应在飞行中追捕昆虫的习性。通常来讲，燕类有流线型的身材、较短的脖子、长而尖的翅膀；特别是在一些物种中，最外侧的尾羽延长变窄成为典型的燕尾。与其他雀形目鸟类相比较，燕类的腿较短，腿部肌肉不发达，爪也较为无力。这些特征都与同样适应飞行捕食的雨燕相似，然而它们的亲缘关系却相当远，通常认为这些相似的特征是趋同演化的结果。燕类的翼展长度与翼展面积比值较高，而体重与翼展面积的比值较低，这使得它们既能够灵活地转弯捕食昆虫，同时也能进行滑翔以节省能量。此外，它们的尾羽能够展开、升起、降低或者扭曲，以此来减速或者转弯，实现灵活多变的飞行方式。燕类还通常具有短而平、但是嘴裂很宽的喙，它们眼旁的羽毛就像照相机的遮光罩一样，这些特征都有助于捕捉飞行的昆虫。

很多燕类背面和腹面的羽毛颜色反差很大：上体颜色较深，通常具有金属光泽；而下体颜色较浅，经常是白色或红褐色，有时具有条纹。大多数物种雌雄相似，在具有很长尾羽的物种当中，雌性的尾羽往往较雄性短。亚成鸟的羽色通常较成鸟更加暗淡并且呈现棕色，具浅白色羽缘，尾羽长度更短。燕类每年在繁殖之后换羽一次，为了在换羽期间依然能有效地飞行捕捉昆虫，它们可能花费几个月的时间来逐步完成换羽。

栖息地 无论是广袤的农场还是森林中的小河旁，遥远山中的悬崖峭壁还是熙熙攘攘的城市乡村，通常能够在一系列开放或者是半开放，特别是水面附近的生境中发现燕类的身影。它们繁殖的海拔范围也很广，从海平面到海拔4000 m左右。对于它们来说，选择繁殖地的重要因素是可供利用的巢址和良好的食物供应，而树木或者灌丛的植被、湖泊池塘以及类似的水体都能为它们提供昆虫食物的来

源，因此很多燕类对繁殖地生境的选择非常广泛。繁殖期以外，迁徙路线和越冬地同样需要为它们提供良好的食物来源和栖息地，但是与繁殖季相比，更多类型的生境，包括湿地、草地、海岸等都能够被拓展利用。

习性　燕类依靠视觉来捕猎，在光线充足的日间，它们几乎整日在天上飞来飞去忙于觅食，特别是在育雏期。捕食活动经常持续到接近日落，而日暮后有时也会利用人工光源捕捉昆虫。它们的捕食受天气影响较大，既需要足够的温度使得昆虫能够活跃起来，也需要避免过高的温度使得昆虫过于活跃而难以捕捉。非繁殖季节，它们集群觅食；在繁殖时，则通常独居或形成分散的小群，独自、结对或是成小群觅食。但也有集群性较强的物种，在繁殖地集群营巢并结成大群觅食。

在温带地区繁殖的燕类通常在非繁殖季迁徙到更温暖的地方，在低纬度地区则通常为留鸟或是只进行短途的繁殖后迁移，有时下降到低海拔地区。它们白天迁徙，形成松散的群体，有时集群规模达成百上千只，经常低飞并伴随取食。

1 龄个体倾向于回到出生地所在区域，但并不一定是同一地点进行繁殖，相较于雌性，雄性个体倾向于返回距出生地更近的地点。而年龄更大的个体则经常返回它们前一繁殖季所利用的同一繁殖地甚至是同一巢中再次进行繁殖，特别是它们成功繁殖过的巢址。它们也经常出现在正常分布范围外的地点，有时是稀有的迷鸟，有时则成功扩张了繁殖范围。

在繁殖地，一对燕子宣告了巢址、基本建好鸟巢之后，它们通常会在巢里夜宿。在非迁徙物种如黑喉毛脚燕 *Delichon nipalense* 中，繁殖对在繁殖后可能仍在巢中夜宿；而迁徙物种通常在这个时期开始结群，以大群的形式觅食、休息、理羽、迁徙和夜宿。在非常寒冷的天气里，不管是在日间休息还是夜栖时，燕类经常挤在一起，有的时候甚至一个叠一个——这或许能够帮助它们保持身体的热量。这种集群内的个体有时候体温下降处于近乎蛰伏的状态，以保存能量，结合这种集群取暖的方式，使它们能够在极端天气、没有食物的条件下存活一天左右甚至更长时间。

食性　燕类是著名的食虫鸟类，每个物种都捕

右：两种不同巢型的燕类。上图为在土壁上自己挖掘洞穴为巢的崖沙燕，下三图为金腰燕的泥巢和筑巢过程。前三图杜卿摄，最下图张强摄

燕类有的单独营巢繁殖，有的成百上千对在同一巢域繁殖。图为在同一片土壁上繁殖的崖沙燕的庞大群体。杜卿摄

食多种多样的昆虫，而并不限于某一类群。这一方面反映了当地何种昆虫比较容易获得，另一方面也与物种的取食偏好有关。通过在不同的高度、不同的位置或者是取食不同大小的昆虫，在同一区域里取食的各种燕子避免彼此竞争，也避免同其他在空中取食昆虫的物种竞争。

繁殖期间，燕类在巢附近取食。它们通常在一趟取食之旅中捕捉几只昆虫并压缩成一个食团来喂食雏鸟，不过在捕捉到蛾子、蝴蝶、蜻蜓、蚱蜢等大型昆虫时会单独带回巢中。一个食团可能包含几十只较大的昆虫或是几百只较小的昆虫，这即使在同一物种中也会有明显的变化。另外，燕类经常通过在水体表面，比如湖泊、池塘或是河流上方低空飞行的方式，利用下喙舀水来喝。

繁殖 不管在哪里繁殖，燕类依赖于持续的适宜天气以保障良好的食物供应。因此，在温带地区，燕类在晚春和夏季繁殖，以利用此时数量爆发的昆虫；在高纬度地区繁殖季更短。迁徙的燕类通常在气温上升、昆虫足够丰富时返回繁殖地；而对于迁徙或者繁殖后扩散的物种，较早地回到繁殖地更能取得优势。通常雄性会比雌性先到达繁殖地，确立巢址，然后向潜在的配偶宣告炫耀这块领地和自身素质。燕类的巢型包括现成的洞穴（次级洞巢鸟）、自行挖掘的地洞（初级洞巢鸟），以及用泥筑成的杯状巢、封闭巢及曲颈瓶型巢。

燕类的繁殖方式可分为独居型和集群型，在同一巢域筑巢的繁殖对数目差异很大，从单独一对到成百上千对。它们几乎总是单配制，但与此同时，配偶对之外的交配，即婚外配也很普遍。很多温带地区繁殖的燕子平均每巢产 4 或 5 枚卵；而在热带地区，窝卵数通常为 2 或 3 枚。燕类的雄性个体在雀形目鸟类中展现出最高水平的亲代抚育，因为想要成功抚育雏鸟，雌雄亲鸟对繁殖的投入都很必要。大多数燕类孵化期为 14～18 天，有些物种雄鸟与雌鸟共同分担孵卵。在雏鸟孵出以后，双亲都喂食雏鸟，雄鸟与雌鸟的喂食比例大致相等。与其他雀形目鸟类相比，燕类雏鸟生长更为缓慢。最快生长速率发生在第 1 周到 10 日龄，而在 12～15 日龄时达到最高体重，此时雏鸟比成鸟更重，之后因成熟组织脱水而体重减轻。快要出飞时，亲鸟可能通过联络鸣声或其他方式引诱雏鸟出巢，而在出飞之后亲鸟会再喂食雏鸟几天时间。繁殖对通常只持续到繁殖季结束，但是在留居型的种群中，繁殖季过后配偶双方仍在巢附近相伴生活，并且在巢里夜宿。

种群现状和保护 燕类目前仅 1 种被 IUCN 列为极危（CR），2 种濒危（EN），5 种易危（VU），中国分布的燕类均为无危（LC）。对于适于利用人工巢址的物种来说，它们可能从人类的农耕活动或定居中受益，其分布范围随着人类活动范围的扩张而扩张。但是对于其他物种来说，人类的活动可能导致其受威胁，除了栖息地退化及损失，人为干扰、巢址竞争、污染、杀虫剂的使用以及极端天气条件都能够导致燕类尤其是在局部尺度上受威胁，影响其种群大小和结构。例如，被列为极危、很可能已灭绝的白眼河燕，就受到栖息地退化及捕猎、捕鱼、挖沙等人类活动直接干扰的影响。在中国，燕类作为知名食虫益鸟受到人们喜爱，除了近几年的新记录，均被列为三有保护鸟类。

褐喉沙燕
Riparia paludicola
崖沙燕
Riparia riparia
淡色崖沙燕
Riparia diluta
家燕
Hirundo rustica
洋燕
Hirundo tahitica
线尾燕
Hirundo smithii
纯色岩燕
Ptyonoprogne concolor
岩燕
Ptyonoprogne rupestris
毛脚燕
Delichon urbicum
烟腹毛脚燕
Delichon dasypus
黑喉毛脚燕
Delichon nipalense
金腰燕
Cecropis daurica
斑腰燕
Cecropis striolata
黄额燕
Petrochelidon fluvicola

褐喉沙燕

拉丁名：*Riparia paludicola*
英文名：Brown-throated Martin

雀形目燕科

体长 10～11.2 cm，体重 7～8 g。上体灰褐色，头顶较暗；喉、胸沙棕色，腹白色；尾呈浅叉状。主要栖息于海拔 1000 m 以上的平原水域岸边，特别喜欢大的河流与湖泊岸边的沙质悬崖峭壁或海滨悬崖。在中国分布于西南和台湾地区。国外分布于非洲、南亚、东南亚。IUCN 和《中国脊椎动物红色名录》均评估为无危（LC），被列为中国三有保护鸟类。

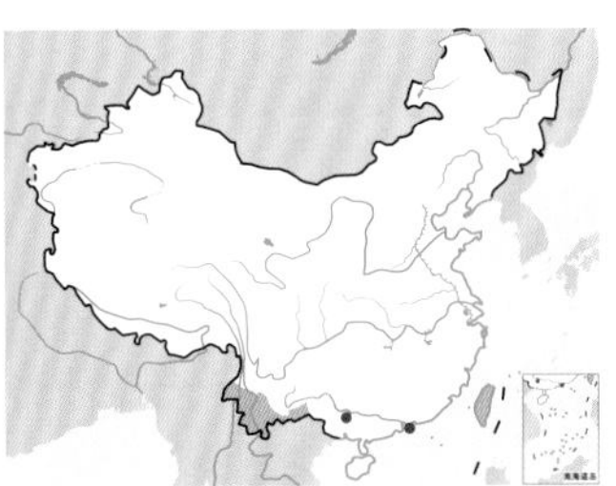

褐喉沙燕。左上图王一舟摄，下图杜卿摄

崖沙燕

拉丁名：*Riparia riparia*
英文名：Sand Martin

雀形目燕科

形态 体长 11～14 cm，体重 12～16 g。上体从头顶、肩至上背和翅上覆羽深灰褐色，下背、腰和尾上覆羽稍淡呈灰褐色，具不甚明显的白色羽缘；除青藏高原腹地外大部分地区可见，主要繁殖于东北、西北和西南地区，其他地区为旅鸟。眼先黑褐色，耳羽灰褐或黑褐色；颏、喉白色或灰白色，有时白色范围扩展到颈侧；胸有灰褐色环带，有的胸带中央还杂有灰白色，亦有少数个体胸带中部下延至上腹中央；腹和尾下覆羽白色或灰白色，两胁沾褐色，腋羽和翼下覆羽灰褐色。

分布 在中国主要分布于黑龙江、吉林、辽宁、河北、山西、山东、内蒙古、江苏、广东、广西等地区。国外广泛分布于除大洋洲以外的世界各地。

栖息地 主要栖息于河流、沼泽、湖泊岸边的沙滩、沙丘和沙质岩坡上。

习性 常成群生活，群体大小多为 30～50 只，有时亦见数百只的大群。一般不远离水域，常成群在水面或沼泽地上空飞翔，有时亦见与家燕、金腰燕混群飞翔于空中。

食性 主要以昆虫为食。捕食活动在空中，专门捕食空中飞行性昆虫，尤其善于捕捉接近地面和水面的低空飞行昆虫。

繁殖 5～6 月繁殖。集群营巢，通常 10 多只至数十只在一起营巢，也有上百只或数百只在一起营巢的，巢洞彼此挨得很近。通常营巢于河流或湖泊岸边沙质悬崖上，雌雄鸟轮流在沙质悬崖峭壁上用嘴凿洞为巢。巢呈水平坑道状，深 0.5～1.3 m，有时洞道多少有些弯曲。洞口扁圆或呈椭圆形，口径为（5～10）cm ×（6～12）cm，平均 5.9 cm × 7.1 cm。洞末端扩大成巢室，其大小为高 8～11 cm，宽 10～14 cm。巢即筑于室内，浅盆状。巢材主要有芦苇茎叶、枯羊草和鸟类羽毛。每窝产卵 4～6 枚。卵白色，光滑无斑，大小为（12～14）mm ×（12～17）mm，重 1.3～1.9 g。孵化期 12～13 天，育雏期 19 天。

种群现状和保护 全球分布广泛，据国际鸟盟 2015 年估算，崖沙燕全球种群的成鸟个体 100 万～5000 万只，其中中国有 1000～10 000 只。IUCN 和《中国脊椎动物红色名录》均评估为无危（LC），被列为中国三有保护鸟类。

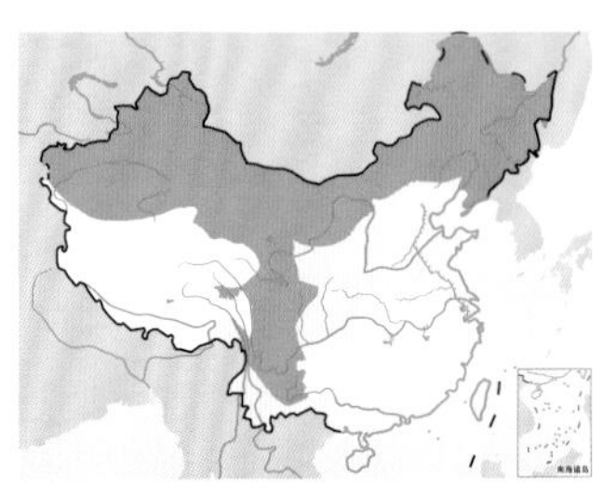

崖沙燕。左上图为捕食的成鸟，刘兆瑞摄；下图为育雏的亲鸟，王志芳摄

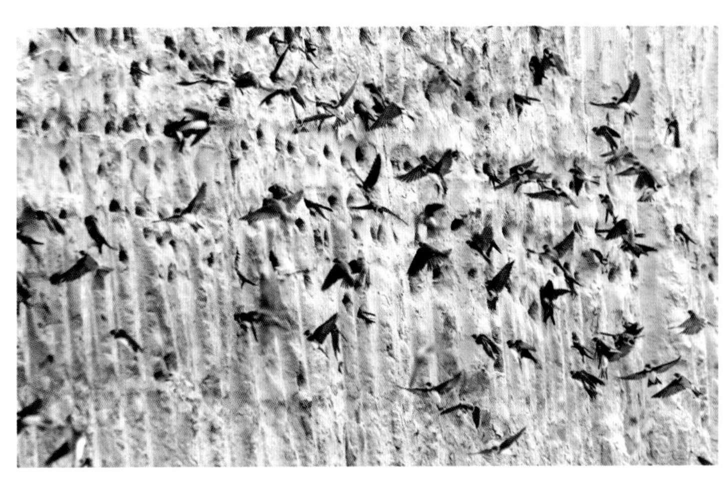

集群营巢的崖沙燕，崖壁上是密密麻麻的巢洞，集群规模十分可观。李全胜摄

淡色崖沙燕

拉丁名：*Riparia diluta*
英文名：Pale Martin

雀形目燕科

体长10～11.2 cm，体重7～8 g。上体较崖沙燕暗，头顶黑褐色；喉部白色伸向颈侧，胸带显著；内侧翅羽具宽而明显的白色羽缘；尾叉浅，近似方形。与崖沙燕相比，淡色崖沙燕更喜欢在干旱的草原环境筑巢。在中国主要分布于新疆西部、西藏、青海、西南地区、湖南、福建及广东等地。国外分布于俄罗斯南部、中东亚、南亚等地。IUCN和《中国脊椎动物红色名录》均评估为无危(LC)，被列为中国三有保护鸟类。

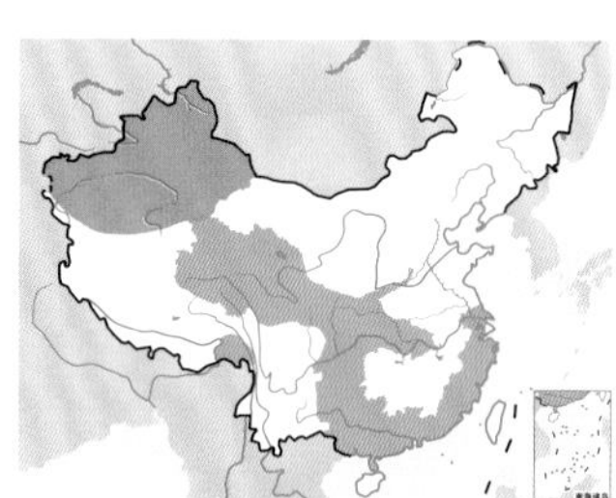

淡色崖沙燕。刘璐摄

家燕

拉丁名：*Hirundo rustica*
英文名：Barn Swallow

雀形目燕科

形态 体长13.2～19.7 cm，体重14～22 g。前额深栗色，上体蓝黑色而富有金属光泽；尾长，呈深叉状，最外侧一对尾羽特形延长，其余尾羽由两侧向中央依次递减，除中央一对尾羽外，所有尾羽内翈均具一大型白斑，飞行时尾平展，其内翈上的白斑相互连成“V”字形；颏、喉和上胸栗色或棕栗色，其后有一黑色环带，有的黑环中段被栗色侵入中断；其余下体羽色随亚种而不同，但均无斑纹。虹膜暗褐色；嘴黑褐色，跗跖和趾黑色。幼鸟和成鸟相似，但尾较短，羽色亦较暗淡。

分布 在中国分布很广，几遍及全国各地，主要为夏候鸟，不同亚种和地区的居留型不同。国外广泛分布于欧洲、亚洲、非洲和美洲等地，也见于澳大利亚北部。

栖息地 喜欢栖息在人类居住的环境，常成对或成群栖息于村屯中的房顶、电线以及附近的河滩和田野里。

习性 善飞行，整天大多数时间都成群地在村庄及其附近的田野上空不停地飞翔，飞行迅速敏捷，能频繁快速转向，有时还不停地发出尖锐而急促的叫声。活动范围不大，通常在栖息地2 km^{2}范围内活动。每日活动时间较长，据在长白山的观察，一般早晨4点多即开始活动，直到傍晚7点多才停止活动。其中尤以7:00～8:00和17:00～18:00最为活跃，中午常作短暂休息。有时亦与金腰燕一起活动。

食性 主要以昆虫为食，占食物总量的99%以上。

繁殖 繁殖期4～7月，多数1年可繁殖2窝。营巢需历时8～14天。巢多置于房屋内外墙壁上、屋檐下或横梁上。筑巢时雌雄亲鸟轮流从水域岸边衔取湿泥和麻、线、枯草茎、草根等纤维材料，用唾液和成小泥丸，堆砌成坚固的外壳。然后衔取干的细草茎和草根，用唾液黏于巢底，再垫以柔软的植物纤维、动物毛发和鸟类羽毛。当年繁殖的第2窝多沿用旧巢，如无人类干扰或毁巢，甚至可年复一年沿用旧巢。

新巢筑好后雌雄亲鸟常栖于巢中休息和过夜，并有交配行为，隔2～3天才产卵。多在清晨产卵，日产1枚，窝卵数多为4～5枚，少数为2～3枚。卵为卵圆形或长卵圆形，白色，被有大小不等的褐色或红褐色斑点，尤以钝端较多。卵大小为（13～16）mm×（18～20）mm，重1.3～2.5 g。

家燕大多在卵产齐后才开始孵卵，亦有未产齐就开始孵卵的。孵卵主要由雌鸟承担，孵化期14天。雏鸟晚成性。雌雄亲鸟共同育雏。雏鸟孵出当天卧巢不吃不动，次日才张嘴接受亲鸟的喂食，7～8天才睁眼，23天后出飞。

育雏初期双亲需留一只在巢中暖雏，主要由雄鸟喂食雌鸟暖雏，或轮流外出觅食和留巢暖雏。雏鸟5～6日龄后，体温调节能力增强，双亲才同时外出觅食喂雏。每天喂雏达180次以

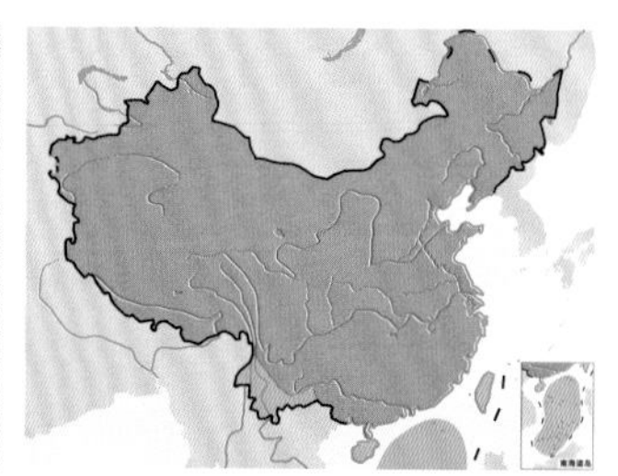

家燕。左上图张强摄，下图刘璐摄

衔泥筑巢的家燕。李全胜摄

家燕的巢、巢中雏鸟和回巢育雏的亲鸟。刘兆瑞摄

上，每次仅喂1只雏鸟。雏鸟20日龄后，亲鸟喂食次数开始减少，并常站在房檐或附近电线上鸣叫，或来回飞行引诱雏鸟出巢。雏鸟也来到巢边，张开翅膀准备离巢。雏鸟出飞当天，常回到巢中休息和过夜，此后则不再回巢。离巢初期幼鸟仍需亲鸟喂食，并在亲鸟的鼓励下学习飞行，5～6天后亲鸟才不再喂食。

种群现状和保护 家燕分布广泛。IUCN和《中国脊椎动物红色名录》均评估为无危（LC）。在中国，家燕是人们最熟知和最常见的夏候鸟，分布广，数量多，而且深受人们喜爱。由于家燕春去秋来的时间正好与中国传统习俗节日吻合，且有年年回归旧巢的习性，人们认为它们来家筑窝会带来幸运，自古以来就有保护家燕的习俗和传统，还常常为它们提供筑巢条件。但随着现代化的进程，人们生活方式和思想观念发生了变化，一些人怕弄脏屋子而阻止家燕筑巢甚至捣毁它们的巢，导致它们从一些过去常见的地区渐渐消失。家燕是中国三有保护鸟类，有的地区还将家燕列入了地区保护动物名单。

洋燕

拉丁名：*Hirundo tahitica*
英文名：Pacific Swallow

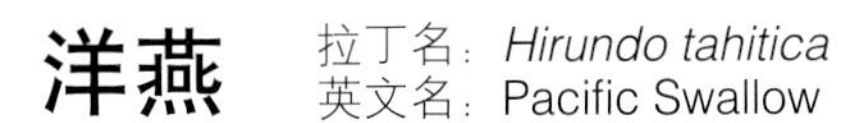

体长12.5～15 cm。尾短、呈浅叉状，上体蓝黑色，前额、颏、喉暗栗红色，无黑色胸带。在中国主要分布于台湾、兰屿岛、火烧岛。国外分布于太平洋诸岛和部分印度洋、大西洋岛屿及周边大陆地区。IUCN和《中国脊椎动物红色名录》均评估为无危（LC），被列为中国三有保护鸟类。

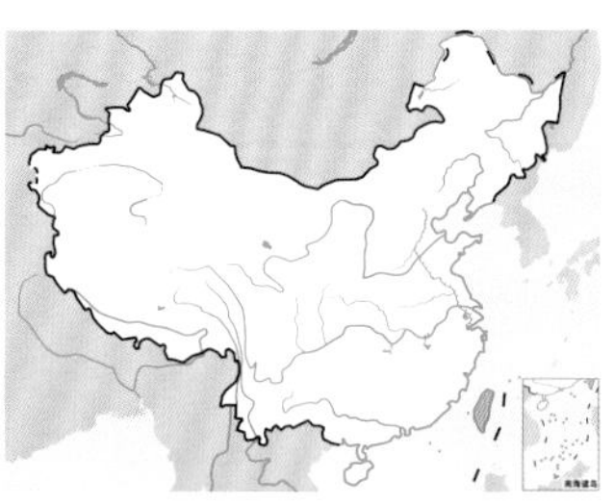

洋燕。左上图为成鸟，下图为育雏的雌鸟。颜重威摄

线尾燕

拉丁名：*Hirundo smithii*
英文名：Wire-tailed Swallow

雀形目燕科

体长14～21 cm，体重9～17 g。前额和冠羽栗色，背部泛蓝色金属光泽；翅和尾黑色并带蓝色金属光泽，外侧尾羽拉长呈细丝状；腹部白色。雌性尾羽较雄性短。在中国境内仅见于云南德宏。国外分布于非洲、巴基斯坦、印度、斯里兰卡、柬埔寨、越南、老挝等地。IUCN评估为无危（LC），《中国脊椎动物红色名录》评估为缺乏数据（DD）。

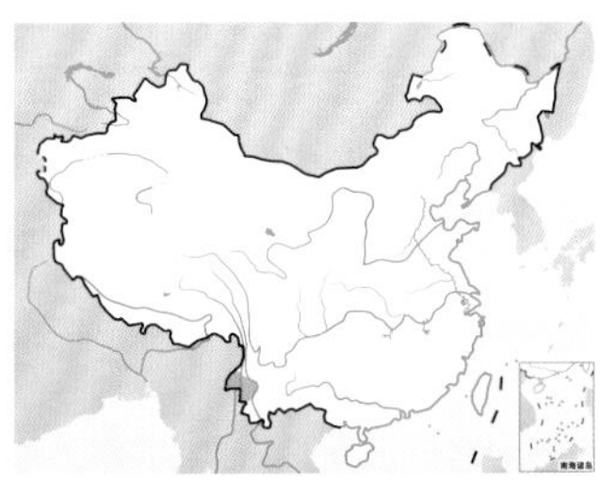

线尾燕。左上图雄鸟，下图左雄右雌。刘璐摄

岩燕

拉丁名：*Ptyonoprogne rupestris*
英文名：Eurasian Crag Martin

雀形目燕科

体长 13～17 cm。上体灰褐色；颏、喉污白色，胸、腹沙棕色；尾短、微凹，除中央和外侧一对尾羽外，其余尾羽内翈近端 1/3 处具白斑。在中国分布于新疆、青海、西藏、云南、四川、甘肃、宁夏、山西、内蒙古中部和伊克昭盟东南部及赤峰、河北西北部和北部、辽宁西部及东部等地。国外分布于欧洲南部、高加索山脉、中亚、阿尔泰山脉、印度、非洲西北部和东北部等地。IUCN 和《中国脊椎动物红色名录》均评估为无危（LC），被列为中国三有保护鸟类。

岩燕。贾陈喜摄

纯色岩燕

拉丁名：*Ptyonoprogne concolor*
英文名：Dusky Crag Martin

雀形目燕科

体长约 12 cm。上体包括翅和尾暗灰褐色或深乌褐色，除中央一对尾羽无白斑外，其余尾羽内翈近端处有一白斑；颏、喉、胸淡棕褐色，具黑褐色纵纹，其余与上体相似。中国分布于四川、云南南部和广西西南部。国外分布于印度、缅甸、泰国、老挝、越南、孟加拉国和巴基斯坦。IUCN 评估为无危（LC），《中国脊椎动物红色名录》评估为近危（NT），被列为中国三有保护鸟类。

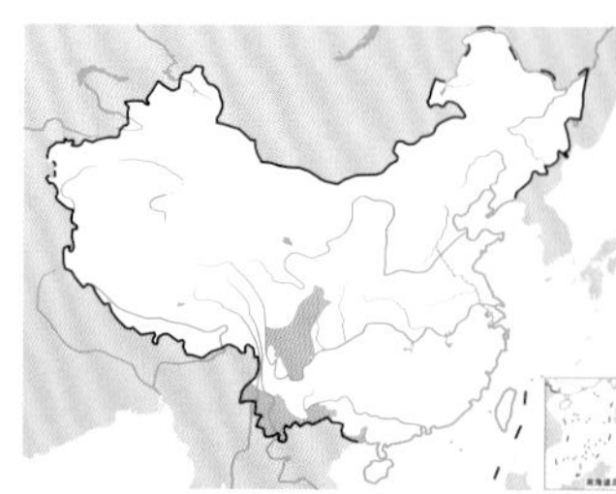

纯色岩燕。左上图为成鸟，Santanu Manna摄；下图为幼鸟

毛脚燕

拉丁名：*Delichon urbicum*
英文名：Common House Martin

雀形目燕科

形态 体长 13～15 cm，体重 18～22 g。雌雄羽色相似。额基、眼先绒黑色，额、头顶、背、肩黑色而具蓝黑色金属光泽；后颈羽基白色，常显露于外，形成一个不明显的领环；腰和尾上覆羽白色，具细的黑褐色羽干纹；尾黑褐色，呈叉状；下体白色，有时较长的尾下覆羽灰白色具细的黑褐色羽干纹。虹膜灰褐或暗褐色；嘴黑色；跗跖和趾橙色或淡肉色，均被白色绒羽。

分布 在中国主要繁殖于新疆、西藏西部、内蒙古东北部和东北地区，迁徙经华北和长江流域，迷鸟偶见于广东、广西。国外分布于欧洲、地中海、非洲、伊朗、中亚、西亚和南亚等地。

栖息地 主要栖息在山地、森林、草坡、河谷等生境，尤喜临近水域的岩石山坡和悬崖。

习性 常成群活动，平时多见 10 余只或 20 多只的小群活动，迁徙期间常常集成数百只的大群。常在栖息地或水域上空飞翔，时高时低，边飞边叫。休息时或栖于电线上，或停落在地上。

食性 主要以昆虫为食。

繁殖 繁殖期 6～7 月。通常营巢于山地悬崖、岩洞、岩壁缝隙和岩石凹陷处，也在桥梁、桥墩、废弃房屋墙壁和天花板等人工建筑上营巢。经常回到原来的巢址营巢。巢多用泥土、羽毛和杂草做成的小泥丸堆砌而成，呈半杯状或半球状，顶端开口，有的开口呈短管状。巢内垫有细草根、羽毛等柔软物质。巢的大小为外径 15～17 cm，内径 8～13 cm，高 7～12 cm。每窝产卵 4～6 枚。卵白色，光滑无斑，大小为（17～20）mm×（12～14）mm。

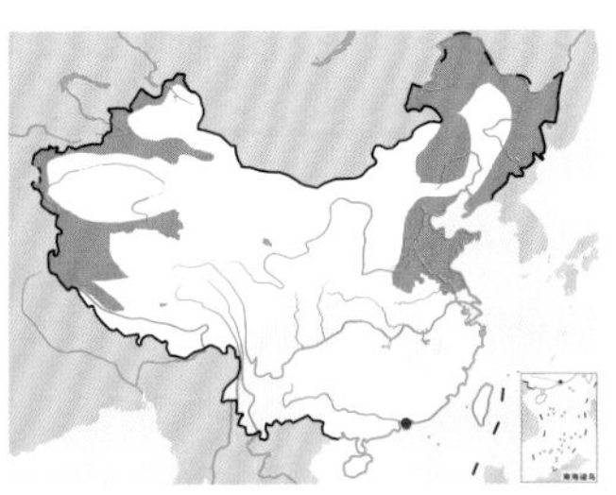

毛脚燕。左上图权毅摄，下图杜卿摄

雌雄轮流孵卵，孵化期（15±1）天。雏鸟晚成性，雌雄亲鸟共同育雏，喂养 20～23 天雏鸟即可出飞。

种群现状和保护 分布广泛。IUCN 和《中国脊椎动物红色名录》均评估为无危（LC），被列为中国三有保护鸟类。

烟腹毛脚燕

拉丁名：*Delichon dasypus*
英文名：Asian House Martin

雀形目燕科

形态 体长 10～12 cm，体重 10～15 g。额、头顶、枕及后背蓝黑色，微具金属光泽；腰及尾上覆羽灰白色，具有纤细的黑褐色羽轴纹；颏、喉灰白色，胸带烟灰色，腹部灰白色，具有纤细的棕褐色羽轴纹，但福建亚种 *D. d. nigrimentalis* 下体白色；自颏、嘴角、眼下至颈侧形成明显的黑白色界线；翼下覆羽和两胁烟灰色；尾下覆羽灰褐色，中央 2 枚尾下覆羽末端几达中央尾羽末端，仅相距 3～4 mm；尾凹形，最外侧尾羽较中央尾羽长 2～3 mm。嘴黑褐色。虹膜黑褐色，下眼睑绒羽灰白色。脚粉红色，跗跖及趾密被白色绒羽，爪角褐色。与毛脚燕的重要区别在于翼下覆羽灰黑色。

分布 在中国分布于中东部、青藏高原、华南及台湾岛，其中西南亚种 *D. d. cashmeriensis* 繁殖于中东部及青藏高原，冬季南迁；福建亚种 *D. d. nigrimentalis* 留居于台湾、华南及东南地区；指名亚种 *D. d. dasypus* 迁徙时见于东部沿海。国外繁殖于喜马拉雅山脉至日本；越冬南迁至中南半岛、菲律宾及大巽他群岛。

栖息地 成群栖息于海拔 350m 以上山地的悬崖峭壁处，尤其喜欢栖息和活动在人迹罕至的荒凉山谷地带。

习性 常单独或成小群栖息和活动，或与金丝燕、白腰雨燕及其他燕类混群。比其他燕类更喜留在空中，通常低飞，但也能像鹰一样盘旋俯冲。进入求偶期，则相互追逐嬉戏，通常呈圆形或“8”字形飞行且久飞不停，也常蜻蜓点水般地在水面掠过，或停栖于电线或屋檐边台上，时而极目凝视，时而舒趾展翅，时而转首亲昵。已配对的鸟常在已占巢址附近飞翔，当其他鸟试图接近或进入巢区周围时，便先抢占巢口，或振翅啄击，或奋力驱赶。

食性 主要在空中捕食飞行性昆虫。

繁殖 繁殖期 4～8 月。通常集群营巢于悬崖凹陷处或陡峭岩壁石隙间，也营巢于桥梁、屋檐等人工建筑上。巢由雌雄亲鸟用泥土、枯草混合成泥丸堆砌而成，呈侧扁的长球形或半球形，一端开口。巢的大小为长 15.5～17 cm，底部宽 8～9 cm，巢口口径 3.8 cm。巢壁厚 1.5～2.0 cm。巢内垫以枯草茎、叶、苔藓、羽毛，以及棉花、头发、塑料薄膜等。每年繁殖 2 次，第 1 次繁殖于 4 月中旬～6 月中旬；第 2 次繁殖于 6 月上旬～8 月上旬。第 1 窝产 3～4 枚卵，第 2 窝产 2～3 枚卵。卵纯白色，大小为 (17.7～19.6) mm × (12.2～13.5) mm，重 1～1.2 g。雌雄亲鸟共同孵卵和育雏，孵化期 12～14 天，育雏期 19～22 天。

种群现状和保护 分布广泛，种群稳定，IUCN 和《中国脊椎动物红色名录》均评估为无危(LC)。被列为中国三有保护鸟类。

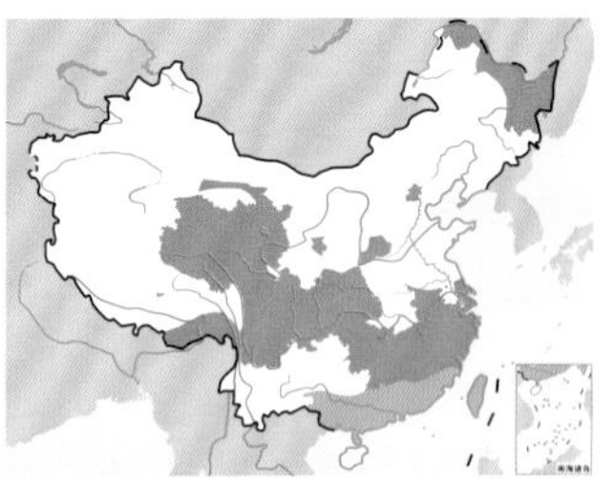

烟腹毛脚燕。左上图焦庆利摄，下图沈越摄

黑喉毛脚燕

拉丁名：*Delichon nipalense*
英文名：Nepal House Martin

雀形目燕科

体长约 12 cm。上体蓝黑色，具金属光泽，腰白色；颊、喉灰黑色，跗跖和趾被白色绒羽；尾叉短，几成方形。在中国境内仅分布于西藏东南部和云南西南部，数量稀少，不常见。国外分布于喜马拉雅山脉、印度和缅甸。IUCN 和《中国脊椎动物红色名录》均评估为无危（LC），被列为中国三有保护鸟类。

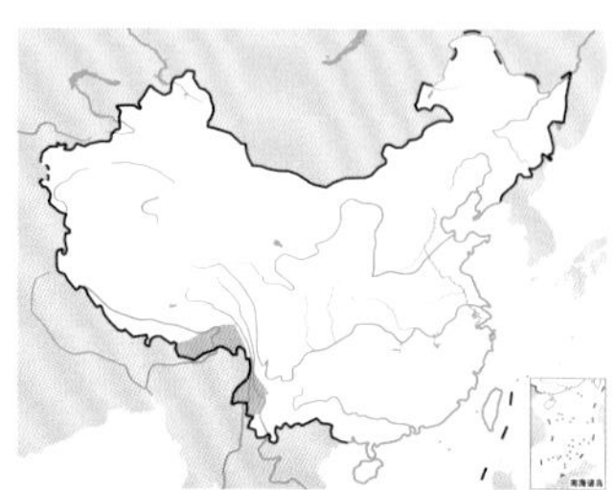

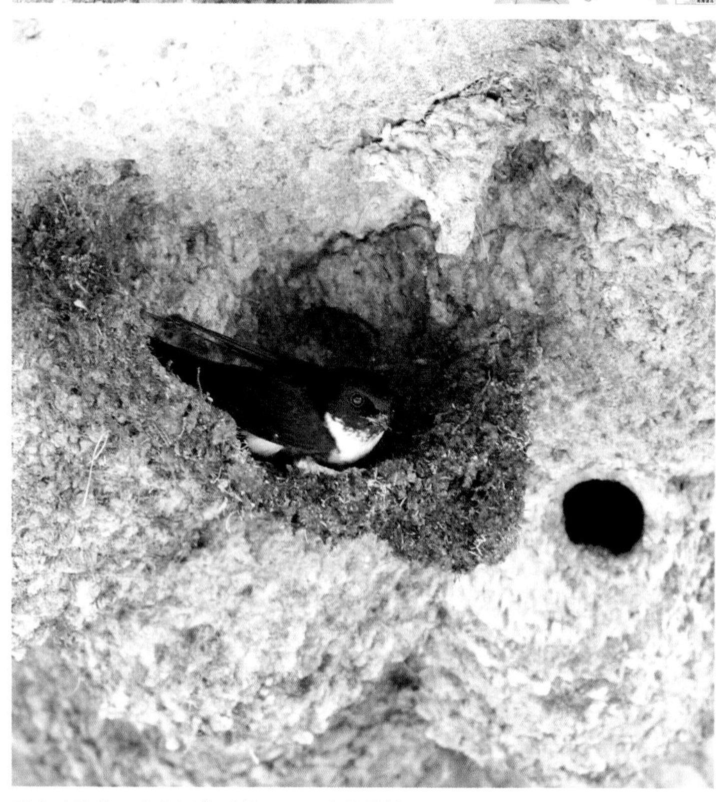

黑喉毛脚燕。左上图董磊摄，下图李晶晶摄

金腰燕

拉丁名：*Cecropis daurica*
英文名：Red-rumped Swallow

雀形目燕科

形态 体长 16～20 cm，体重 15～30 g。上体蓝绿色而具金属光泽，有的后颈杂有栗黄色或棕栗色，随亚种而不同；腰栗黄色或棕栗色，具有不同程度的黑色羽干纹，亦随亚种而不同；尾呈深叉状，尾羽黑褐色，眼先棕灰色，羽端沾黑色，颊和耳羽棕色具暗褐色羽干纹；下体棕白色，满杂以黑色纵纹，尾下覆羽纵纹细而疏。虹膜暗褐色，嘴黑褐色，跗跖和趾暗褐色。幼鸟和成鸟相似，但上体缺少光泽，尾亦较短。

分布 在中国主要为夏候鸟，广泛分布于东北、华北、内蒙古东部、华东、华中、华南和西南等地，北至黑龙江，东达东部沿海，西至甘肃、宁夏、青海、新疆、四川、云南和西藏南部，南至广东、广西和福建。国外广泛分布于欧洲南部，经地中海地区到非洲，往东到伊朗、阿富汗、中亚、印度、斯里兰卡、缅甸、喜马拉雅山地区、阿尔泰、外贝加尔、俄罗斯远东和日本等地。

栖息地 主要栖于低丘陵和平原地区的居民区附近。

习性 常成群活动，少者几只、十余只，多者数十只，迁徙期间有时集成数百只的大群。性极活跃，喜欢飞翔，整天大部分时间几乎都在村庄和附近田野及水面上空飞翔。飞行轻盈而悠闲，有时也能像鹰一样在天空翱翔和滑翔，有时又像闪电一样掠水而过，飞行极为迅速而灵巧。休息时多停歇在房顶、屋檐和房前屋后湿地上和电线上，并常发出“唧唧”的叫声。

食性 主要以昆虫为食，而且主要吃飞行性昆虫。

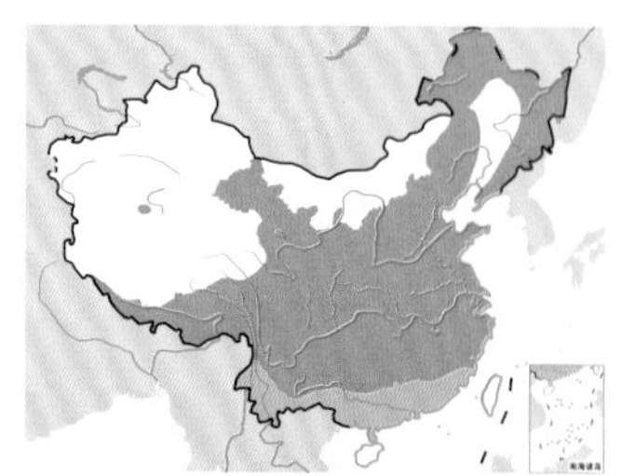

金腰燕。左上图沈越摄，下图张强摄

给离巢幼鸟喂食的金腰燕。张京明摄

繁殖 繁殖期4～9月，随地区而不同，多数每年繁殖2窝。雌雄共同在附近的潮湿泥地上衔泥筑巢，需10～26天才能筑成。通常营巢于人工建筑上，如屋檐下、天花板上或房梁上。筑巢时常将泥丸拌以植物纤维堆砌成半个曲颈瓶状或葫芦状的巢。瓶颈是出入通道，扩大的末端为巢室，内垫以干草、破布、棉花、毛发、羽毛等柔软物。喜欢利用旧巢，即使巢已破旧，也常常加以修理后再用。每窝产卵4～6枚，多为5枚，但当年二次繁殖时有少至2～3枚的。卵纯白色，个别有少许棕褐色斑点，大小为(19～23) mm×(13～15) mm，重1.6～1.9 g。卵产齐后即开始孵卵，亦有在卵未产齐就开始孵卵的。孵卵由雌雄亲鸟轮流进行，孵化期约17天。雏鸟晚成性，留巢期26～28天，雌雄亲鸟共同育雏。

种群现状和保护 IUCN和《中国脊椎动物红色名录》均评估为无危（LC）。跟家燕一样，金腰燕也是中国常见和受到人们喜爱的夏候鸟，在中国分布广、数量大，但随着人们观念的变化也同样面临被驱赶或毁巢的情况，因此近来种群数量明显减少，不少地区难见到踪迹。金腰燕是中国三有保护鸟类，有的地区还将它列入了地方保护鸟类名单。

斑腰燕

拉丁名：*Cecropis striolata*
英文名：Striated Swallow

雀形目燕科

形态 体长18～19 cm，体重20～29 g。上体蓝黑色而具金属光泽；背部羽基白色，且常显露于外；腰深栗色，有的具粗著的黑色羽干纹，有的羽干纹不明显，下腰栗色较淡；尾上覆羽黑色，尾黑褐色，呈深叉状；眼先黑色，颊、眼后上方和头侧栗色；下体白色，颏、喉和上胸微缀棕色而具细密的黑色纵纹，下胸和腹淡赭桂色；在腰和胁交界处通常有一辉亮黑斑。虹膜褐色，嘴和跗跖黑色。

分布 在中国主要分布于云南、广西南部和台湾。国外分布于印度、缅甸泰国、老挝、马来西亚、菲律宾和印度尼西亚等东南亚地区。

栖息地 主要栖息于低山丘陵和山脚平原地带的村寨和邻近山岩地带。

习性 常成小群活动，休息时多成群栖息在电线上。性活泼，常在房舍及山庄上空飞翔盘旋，飞行急速敏捷，常常发出短急而尖细的叫声。

食性 主要以昆虫为食。

繁殖 繁殖期4～8月，可能1年繁殖2窝。主要营巢于悬崖、岩洞、隧道等岩壁上，也营巢于房舍屋檐、墙壁等人工建筑上，通常成小群在一起营巢繁殖，营巢习性和金腰燕很相似。巢呈半葫芦状，用枯草和泥土和成的小泥丸，在屋檐下或突出的岩壁上堆砌而成，巢内通常放有细软的草叶、草茎和羽毛。喜欢使

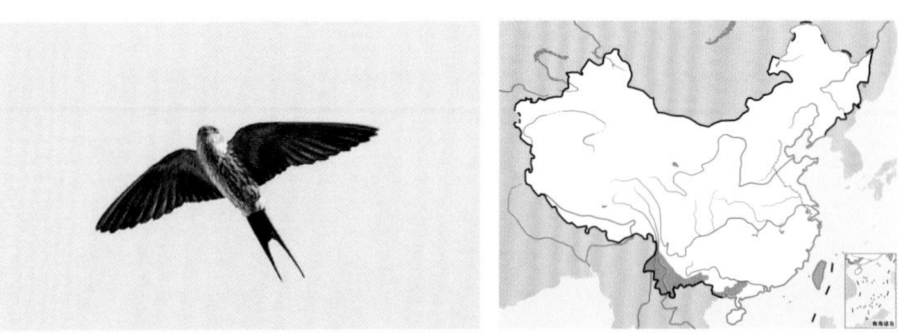

斑腰燕。左上图张明摄，下图刘璐摄

用旧巢，一个巢常可使用多年，如有损坏，则加以修补后继续使用。每窝产卵3～5枚。卵纯白色，个别带有少许红褐色斑点。卵大小为（13～16) mm×(18～22) mm。

种群现状和保护 IUCN和《中国脊椎动物红色名录》均评估为无危（LC）。被列为中国三有保护鸟类。

黄额燕

拉丁名：*Petrochelidon fluvicola*
英文名：Streak-throated Swallow

雀形目燕科

体长11～12 cm，体重8～12 g。前额和冠羽栗色，有暗淡的深色条纹，尾下覆羽浅棕色；翅和尾具黑褐色条纹，尤其是颏、喉、颈部和胸部。在中国为迷鸟，2015年记录于北京。国外分布于阿富汗至喜马拉雅山脉、巴基斯坦、印度、孟加拉国、不丹、尼泊尔、斯里兰卡等地。IUCN评估为无危（LC）。

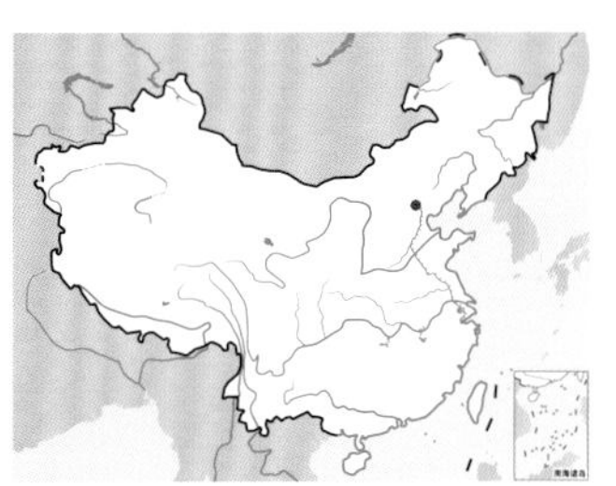

黄额燕

鹎类

- 鹎类指雀形目鹎科鸟类，全世界共27属153种，分布局限于非洲和亚洲热带亚热带地区，中国有7属22种
- 鹎类体形中等，喙细长，颈和翅短，尾羽较长，羽毛柔长疏松，羽色多为灰色、棕色、暗绿色或黑色
- 鹎类为典型的森林鸟类，主要取食植物果实，也取食昆虫等动物性食物
- 鹎类营开放的杯状编织巢，孵卵主要由雌鸟承担，雌雄共同育雏

类群综述

分类与分布 鹎类指雀形目鹎科(Pycnonotidae)鸟类，为中等体形的鸣禽，颈和翼均较短，尾较长，羽色通常较暗淡，多种具羽冠；主要食果，兼食昆虫；性活泼胆大，擅长鸣叫；常结群活动，栖息于森林、草地或灌丛。全世界共有鹎类 27 属 153 种，虽然物种数量庞大，但分布局限于非洲和亚洲热带亚热带地区。中国有鹎类 7 属 22 种。包括鹎属 *Pycnonotus* 12 种，雀嘴鹎属 *Spizixos* 2 种、冠鹎属 *Alophoixus*、灰短脚鹎属 *Hemixos* 和短脚鹎属 *Hypsipetes* 各 2 种，伊俄勒短脚鹎属 *Iole* 和爱索斯短脚鹎属 *Ixos* 各 1 种，多数种类分布在南方，亦有少数种类如白头鹎 *Pycnonotus sinensis* 等分布范围较广，向北扩散至华中乃至华北地区。

形态 鹎类体长 13～29 cm 米，颈部、翅膀、腿和足都很短；体羽柔长疏松，部分物种具羽冠，常具髭须；尾羽通常较长，有的时候尾羽末端呈轻微的分叉状；喙部较为细长，轻微向下弯曲。大多数鹎类羽色暗淡，呈灰色、棕色、暗绿色或黑色，头部和尾下覆羽部分常有黄色、红色和白色的斑块点缀。雌雄羽色相近，有些种类雄性体形较大。

栖息地 鹎类的典型栖息地类型为森林，同时也有很多种生活在有灌丛的乡村或是有足够灌木覆盖的开放草原上，从海平面到超过海拔 3000 m 的范围都有它们的身影。它们很好地适应了人类对自然环境的改造，很多物种已经适应于耕种的土地和人工管理的园林，在村庄旁边、郊区的花园果园甚至是城市的公园里成了普遍的留鸟。

习性 鹎类是群居性的鸟类，性活泼好奇，相对粗野而聒噪。尽管大多数的鹎类并不具有十分亮丽的羽色，但是它们活跃的行为通常会引人注意。鹎类的叫声通常持续不断而又十分响亮，不同物种的叫声有的悦耳、有的刺耳，不一而足。

左：鹎类是鸟类中的“饕餮”，遇到可口的果实时会放纵大吃，甚至来不及吞下一颗果实再取食下一颗，而是先一股脑儿往嘴里叼。图为取食的黄臀鹎，可见右边的个体口中叼着两颗果实。罗汀摄

右：鹎类是群居性的鸟类，大多生性活泼，集小群活动。图为在同一棵树上取食的一群凤头雀嘴鹎。孙庆阳摄

大多数鹎类在非繁殖时期成小群活动，并不具有强烈的领域性，但是对潜在的危险非常敏锐，在寻找食物的同时对身边的任何动静都十分警觉。发现潜行的猫或蛇时会发出报警鸣声；在发现猫头鹰时，所有鹎类会聚集起来围攻骚扰，直到猫头鹰离开；同时鹎类也会攻击掠夺它们巢的乌鸦和喜鹊。

翅膀很短的鹎类并不是强有力的飞行者，因而无论它们在哪里出现，都倾向于成为留鸟。冬天，高海拔地区的物种会移动到低海拔的地区，而有些低海拔热带地区的物种会随季节游荡，跟随不同水果的成熟期而改变觅食地。日本的栗耳短脚鹎 *Hypsipetes amaurotis* 北部种群是罕见的迁徙性物种代表，到了冬季，日本种群在白天向南迁移，经常被观察到大型集群跨越海峡，从一个岛迁移到另一个岛上；而生活在日本群岛最北端的北海道种群会跨过日本海，迁徙至韩国和中国东部越冬。

食性　鹎类的主要食物是浆果和水果，同时也取食一些昆虫和其他动物性食物。鹎类是粗野、放纵的取食者，经常毁坏作物甚至于成为灾害，因此有时在果农口中名声不佳。有时鹎类甚至在取食过度成熟而发酵的水果后会变得微醺，而这也是它们和其他很多种食果鸟类的共同弱点。而在繁殖季节，鹎类亲鸟会给初生的雏鸟喂食昆虫，而随着雏鸟日渐成熟，它们会改喂小浆果。

繁殖　鹎类通常筑造开放杯状巢，巢由草和纤维编制而成，位于灌丛或树木的树枝上，巧妙地隐藏起来而难以发现。例如，典型的栗耳短脚鹎会在树木或灌丛距地面高 1.5～4.5 m 的位置筑巢，使用树叶、小草、苔藓、树皮编织成较深的杯状巢，同时用松针、草根、细竹叶作为内衬。每窝产卵 3～5 枚，通常是 4 枚，热带地区的物种通常窝卵数更少，如 2～3 枚，但同时每个繁殖对会在一个繁殖季里繁殖多次。卵灰色微沾粉红色，有红色、黑色和紫色的斑点。孵卵主要由雌鸟承担，甚至完全由雌鸟孵卵。而雄鸟会给雌鸟喂食，并帮助抚育喂养雏鸟。雏鸟刚孵出时以昆虫喂雏，逐渐长大后则以浆果喂雏。

种群现状和保护　通常来讲，鹎类或是生活在开放的生境，或是对森林退化有一定的适应性。但即便如此，现存的鹎类仍有 14 中被 IUCN 列为全球受胁物种，受胁比例 9%。而与此同时，由于鹎类易驯养的特点，常被作为笼养鸟饲养；而笼养鸟随

左：鹎类是杂食性鸟类，图为取食不同食物的绿翅短脚鹎，上图为取食花蜜，下图为捕食胡蜂。许威摄

鸟类贸易而导致的逃逸或扩散，也影响着鹎类的种群分布，同时也有可能对其他物种造成影响。例如，在中国，台湾鹎 *Pycnonotus taivanus* 一方面受栖息地退化的影响导致分布区发生改变；另一方面会与逃逸或是放生的笼养鸟白头鹎进行杂交，导致现今纯种的台湾鹎分布范围极其狭窄，仅限于台湾东南部的沿海山脉中，被 IUCN 列为易危（VU）物种。

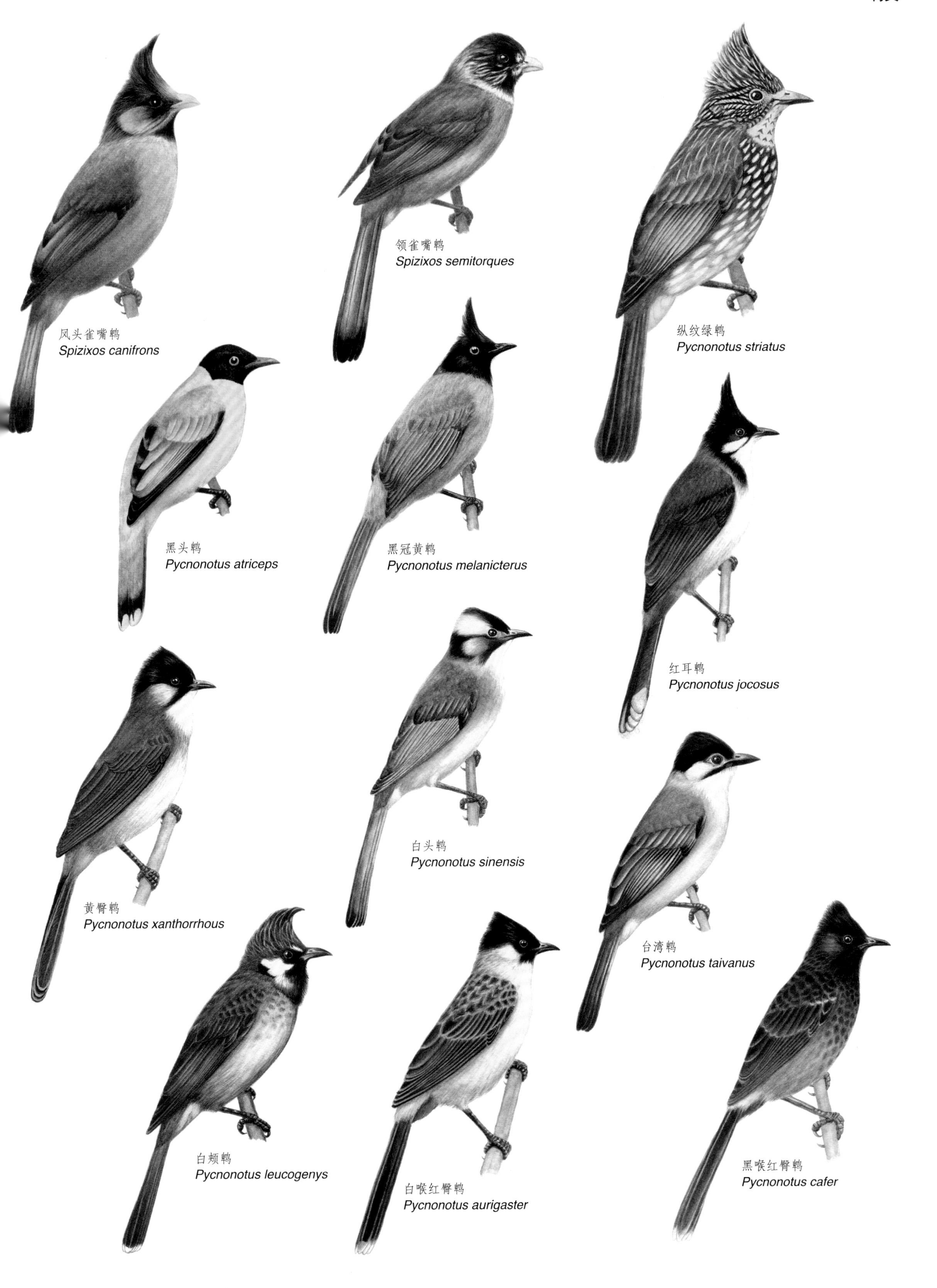
领雀嘴鹎
Spizixos semitorques
风头雀嘴鹎
Spizixos canifrons
纵纹绿鹎
Pycnonotus striatus
黑头鹎
Pycnonotus atriceps
黑冠黄鹎
Pycnonotus melanicterus
红耳鹎
Pycnonotus jocosus
白头鹎
Pycnonotus sinensis
黄臀鹎
Pycnonotus xanthorrhous
台湾鹎
Pycnonotus taivanus
白颊鹎
Pycnonotus leucogenys
白喉红臀鹎
Pycnonotus aurigaster
黑喉红臀鹎
Pycnonotus cafer

纹喉鹎
Pycnonotus finlaysoni
黄绿鹎
Pycnonotus flavescens
黄腹冠鹎
Alophoixus flaveolus
白喉冠鹎
Alophoixus pallidus
绿翅短脚鹎
Ixos mcclellandii
灰眼短脚鹎
Iole propinqua
灰短脚鹎
Hemixos flavala
白色型
黑色型
栗背短脚鹎
Hemixos castanonotus
黑短脚鹎
Hypsipetes leucocephalus
栗耳短脚鹎
Hypsipetes amaurotis

凤头雀嘴鹎

拉丁名：*Spizixos canifrons*
英文名：Crested Finchbill

雀形目鹎科

体长 19～22 cm。体重 30～55 g。羽冠朝前耸立，头部大体灰黑色；上体橄榄绿色，下体黄绿色；尾端具黑色的宽端带。嘴粗短似雀，呈乳黄色。脚肉色。在中国分布于西南地区，种群数量较少。主要栖息于海拔 1000～3000 m 的开阔林地、灌丛及竹林中。IUCN 和《中国脊椎动物红色名录》均评估为无危（LC）。被列为中国三有保护鸟类。

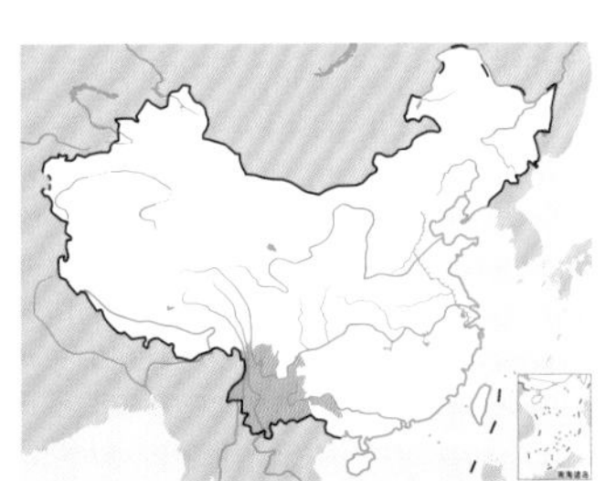

凤头雀嘴鹎。左上图张明摄，下图罗汀摄

领雀嘴鹎

拉丁名：*Spizixos semitorques*
英文名：Collared Finchbill

雀形目鹎科

形态 体长 17～22 cm，体重 35～50 g。嘴短而粗厚，黄色，近端缺刻。鼻孔后缘具一白斑。额至头顶黑色，枕和后颈染灰色，颊和耳羽黑色具白色细纹；上体橄榄绿色，尾具黑褐色端斑；颏、喉黑色，前颈有一白色颈环，胸和两胁橄榄绿色，有的在下胸两侧和腹侧有不明显的纵纹，腹和尾下覆羽鲜黄色。

分布 留鸟，在中国主要分布于长江流域及其以南地区，北至甘肃东南部、陕西南部、河南、山东，西至四川、云南、贵州，东至沿海地区，包括台湾。国外分布于越南北部。

栖息地 栖息于低海拔至 2000 m 的各种林地、灌丛及平原地带，尤其喜欢溪边沟谷灌丛、稀树草坡、林缘疏林、亚热带常绿阔叶林、次生林、栎林，有时也出现在庭院、果园和村舍附近。

习性 常成群活动，尤其在冬季常集大群。有时也见单独或成对活动。常停栖于林缘灌丛、电线或屋檐上。偶尔也与其他鹎类混群。鸣声婉转悦耳，其声为“pa-de，pa-de”或“du-du”的串音。

食性 杂食性。以植物果实和种子为主，也取食昆虫等动物性食物。既可地面啄食，也可在飞行中捕捉昆虫。

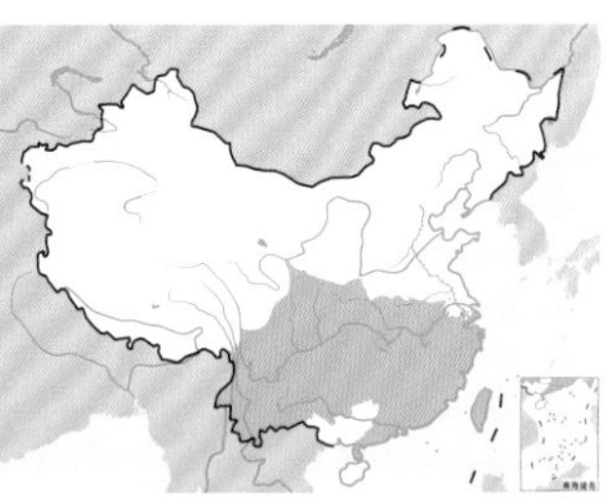

领雀嘴鹎。左上图张琴摄，下图沈越摄

繁殖 繁殖期 4～8 月。巢一般建于离耕地、河岸较近的灌丛、斜坡独树等侧枝的树梢，距地面高 1.1～2.9 m。雌雄共同筑巢，筑巢期 6～8 天。巢的结构可分为 3 层，外层为细枯枝及蚕丝，中层为草根、干枯细藤等，内层为茅草花絮、马尾松针叶、细草根等铺垫物。巢呈碗状，大小为外径 9～15 cm，内径 6～8 cm，高 5～9 cm，深 3～5 cm。每窝产卵 2～4 枚，卵浅棕白色、灰白色或淡黄色，被有大小不一的红褐色和淡紫色斑点，尤以钝端较密。卵大小为（25～29）mm×（18～19）mm，重约 4g。雌雄亲鸟共同孵卵和育雏，孵化期 10～12 天，育雏期 13～14 天。

种群现状和保护 分布广泛，种群数量趋势稳定，IUCN 和《中国脊椎动物红色名录》均评估为无危（LC）。被列为中国三有保护鸟类。

纵纹绿鹎

拉丁名：*Pycnonotus striatus*
英文名：Striated Bulbul

雀形目鹎科

体长 20～25 cm，体重 45～60 g。具冠羽，体羽大致橄榄绿色，头、颈、肩部及下体具乳白色纵纹。在中国分布于西南地区。主要栖息于海拔 1000～2400 m 的山区森林中，有季节性垂直迁移行为。IUCN 和《中国脊椎动物红色名录》均评估为无危（LC）。

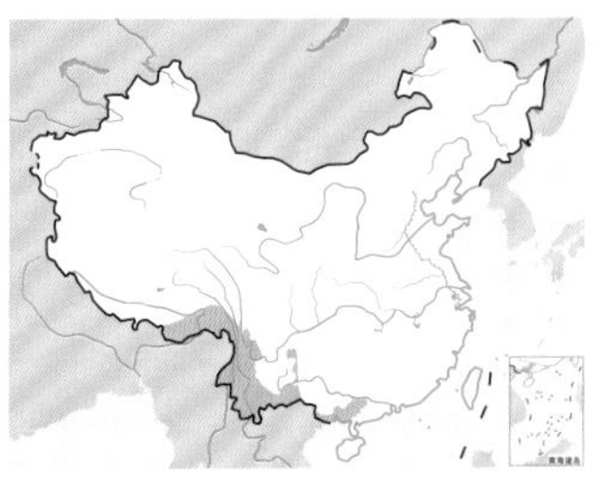

纵纹绿鹎。张明摄

黑头鹎

拉丁名：*Pycnonotus atriceps*
英文名：Black-headed Bulbul

雀形目鹎科

体长 16～18 cm。体重 20～30 g。具黄色型和灰色型两种色型。头黑色，两翼及尾羽次端黑色，黄色型尾端黄色，灰色型尾端白色。虹膜蓝色，嘴黑色，脚深褐色。在中国分布于云南南部，为罕见种。主要栖息于低地次生林、林缘灌丛、沿海红树林及灌丛中。IUCN 和《中国脊椎动物红色名录》均评估为无危（LC）。

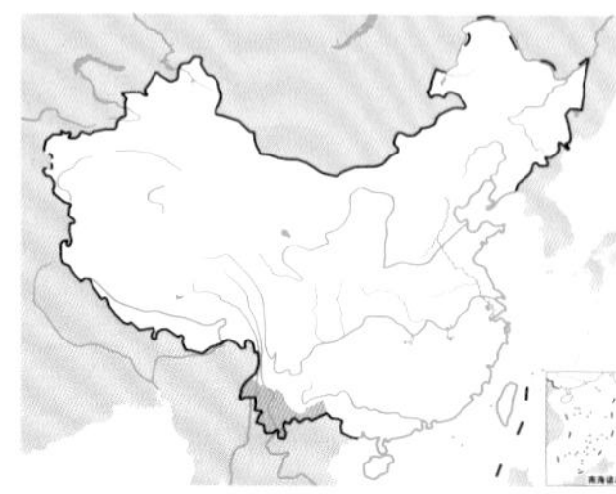

黑头鹎。沈越摄

黑冠黄鹎

拉丁名：*Pycnonotus melanicterus*
英文名：Black-crested Bulbul

雀形目鹎科

体长 18～19 cm。羽冠显著，头黑色，眼圈白色，上体橄榄黄绿色，下体黄色。嘴和脚黑色。在中国境内见于云南西部和南部及广西西南部。主要栖息于海拔 1200 m 以下的低山林区。IUCN 和《中国脊椎动物红色名录》均评估为无危（LC）。

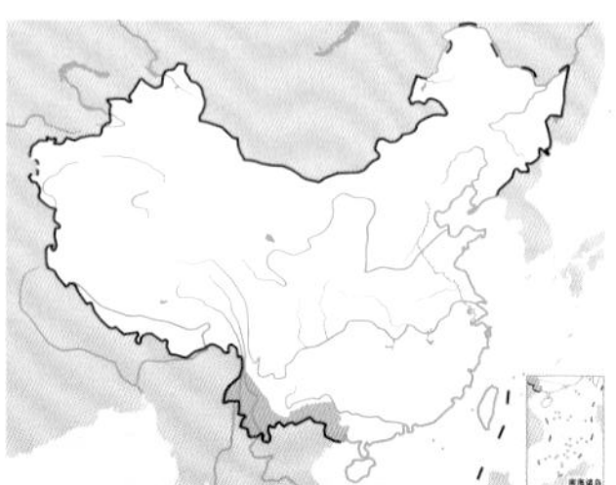

黑冠黄鹎。左上图张明摄，下图沈越摄

红耳鹎

拉丁名：*Pycnonotus jocosus*
英文名：Red-whiskered Bulbul

雀形目鹎科

形态 体长 18～20 cm。体重 25～30 g。具羽冠，黑色的头部与红色的耳羽及其下方白色的大块斑形成鲜明对比；上体灰褐色；颏及喉白色，下体余部白色沾土黄色，尾下覆羽红色。嘴和脚黑色。

分布 在中国主要分布于长江以南，包括西藏东南部、海南，近年来也扩散至河南、山东等北方地区。国外见于印度至东南亚。

栖息地 主要栖息于海拔 1500 m 以下的开阔林地、林缘灌丛、竹林及公园中，也见于村落附近的林缘和庭院。

习性 单只、成对或结 10 余只的小群活动，性喧闹。有时与黄臀鹎等其他鹎类混群觅食。繁殖期雄鸟喜欢站在高处鸣唱。

食性 食谱十分广泛，但以果实、花蜜和种子等植物性食物为主。通常在乔木冠层和灌丛中觅食，也会下至地表寻找植物种子及蚂蚁等食物。雏鸟以昆虫等动物性食物为主。

繁殖 雌鸟筑巢，在小乔木、灌木或竹林里筑巢，有时利用人工建筑繁殖。巢位较低，一般离地面 1～3 m，有时几乎贴近地表。巢呈深杯状，巢材包括树皮、细枝、竹叶、树叶、草叶、毛发及气生根等，常用蛛丝将巢固定在营巢植被上。窝卵数 2～4 枚，以 3 枚居多。卵底色为白色或浅红色，缀以稠密的红褐色点斑，尤其钝端居多。雌鸟单独孵卵，雄鸟负责保卫领域，孵化期 10～12 天。雌雄亲鸟共同育雏，育雏期 10～12 天。

种群现状和保护 因歌声婉转动听，羽色艳丽，红耳鹎被大

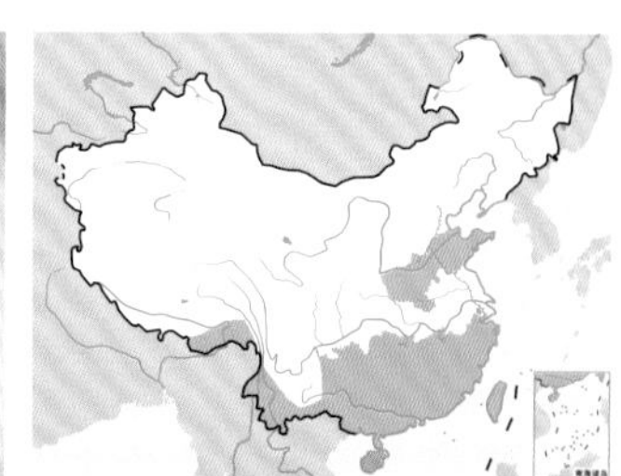

红耳鹎。胡云程摄

量捕捉作为观赏鸟，给野生种群带来巨大生存压力。随着全球气候变暖，在中国分布区有北扩的趋势。IUCN 和《中国脊椎动物红色名录》均评估为无危（LC）。被列为中国三有保护鸟类。

探索与发现 红耳鹎因通过粪便传播植物种子而受到学者关注。研究表明，红耳鹎对中国特有珍稀植物猪血木的扩散具有重要意义。

黄臀鹎

拉丁名：*Pycnonotus xanthorrhous*
英文名：Brown-breasted Bulbul

雀形目鹎科

形态 体长约 20 cm。体重 24～35 g。头黑色，喉白色，上体灰褐色或土褐色，下体灰白色，尾下覆羽黄色。嘴和脚黑色。

分布 在中国分布于华中和长江流域及以南地区。国外见于缅甸及中南半岛北部。

栖息地 喜欢开阔生境，主要栖息于海拔 500～4300 m 的阔叶林、林缘灌丛、灌草丛、竹林及果园中。

习性 除繁殖季成对外，其他季节均结小群活动，且在一起夜栖。喜欢在视野开阔的灌木林和电线上栖息。有时与红臀鹎、红耳鹎等其他鹎类混群觅食。具季节性垂直迁移行为。善鸣叫。

食性 主要以植物果实和种子为食，也捕食昆虫。冬季食物以植物种子为主。雏鸟食物多为昆虫，孵出 1 周后，亲鸟也会逐渐喂以桑果和金银木果等植物性食物。

繁殖 繁殖期 4～8 月份。其中，5～6 月为繁殖高峰期。雄鸟求偶行为复杂且变化多端，常伴随宏亮而复杂的鸣叫声和奇特而多样的炫耀行为。配对后离开群体。在小乔木、灌丛或竹林中筑典型的杯状巢。巢体主要由植物纤维、细枝、花穗、禾本植物的茎叶、塑料编织袋等组成，并用蚕丝等缠绕固定，巢内垫以草根、棕丝等。巢外径 10～11.6 cm，内径 6.6～7.2 cm，深 3.8～4 cm，高 6.5～7.5 cm。窝卵数 2～5 枚。卵底色为白色、灰褐色或浅粉红色，被以稠密的赭红色或紫色不规则斑点。卵平均大小 16.2 mm×22.5 mm，重约 2.4 g。雌雄亲鸟共同参与营巢、孵卵和育雏。雏鸟 12～13 天离巢。育雏期间，亲鸟有吞食雏鸟粪便的行为。

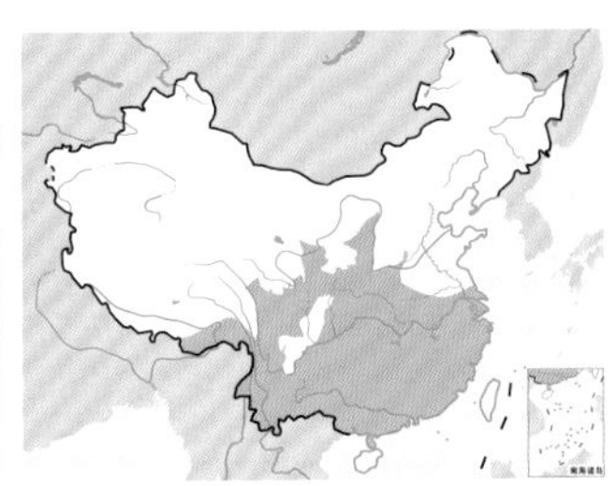

黄臀鹎。沈越摄

种群现状和保护 常见留鸟。IUCN 和《中国脊椎动物红色名录》均评估为无危（LC）。被列为中国三有保护鸟类。

探索与发现 黄臀鹎是杜鹃的巢寄生宿主，利用中杜鹃仿品和假卵模型展开的一项模拟巢寄生实验表明，黄臀鹎拒绝寄生卵与攻击中杜鹃的行为呈显著正相关，即拒绝者比接受者更富有攻击性，该现象可能与宿主个体累积的反寄生经验相关。

白头鹎

拉丁名：*Pycnonotus sinensis*
英文名：Light-vented Bulbu

雀形目鹎科

形态 体长 16～22 cm，体重 26～43 g。额至头顶纯黑色而富有光泽，两眼上方至后枕白色，形成一白色枕环，耳羽后部有一白斑，在黑色的头部极为醒目，老年个体的枕羽几乎全为白色；上体褐灰色或橄榄灰色，具黄绿色羽缘，形成不明显的暗色纵纹；背和腰羽大部为橄榄绿色；下体白色，胸灰褐色，形成不明显的宽阔胸带，腹部杂以黄绿色条纹；虹膜褐色；嘴黑色；跗跖、趾和爪黑褐色。幼鸟头灰褐色，喉及耳羽污白色。

分布 留鸟，在中国的传统分布区为长江流域及其以南广大地区，西至四川、贵州和云南东北部，东至江苏、浙江、福建沿海，南至广西、广东、香港、海南岛和台湾，北至陕西南部和河南一带。伴随全球气候变暖，其分布区正在快速北扩，2000 年前后，先后在山东、河南、河北及北京地区记录到白头鹎的分布；之后，白头鹎又继续向东北和西北高原地区扩散，分别在辽宁大连、青海西宁和辽宁沈阳陆续发现了白头鹎的分布及繁殖记录。国外见于琉球群岛、越南北部，韩国有零星记录。

栖息地 主要栖息于海拔 1000 m 以下的低山丘陵和平原地区的灌丛、草地、有零星树木的疏林荒坡、果园、村落、农田地边灌丛、次生林和竹林，也见于山脚和低山地区的阔叶林、混交林和针叶林及其林缘地带。对城市较为适应。

习性 性活泼，不甚怕人，常在树枝间跳跃，或飞翔于相邻树木间，一般不做长距离飞行。停歇点很多，最常见的停歇点是电线、灌丛、高树和地面，多在灌木和小树上活动。善鸣叫，鸣声婉转多变。不同地区的种群鸣声中普遍存在"方言"现象，但它们作为同一个种在鸣声主句上有其共同特征：主要是鸣声频率

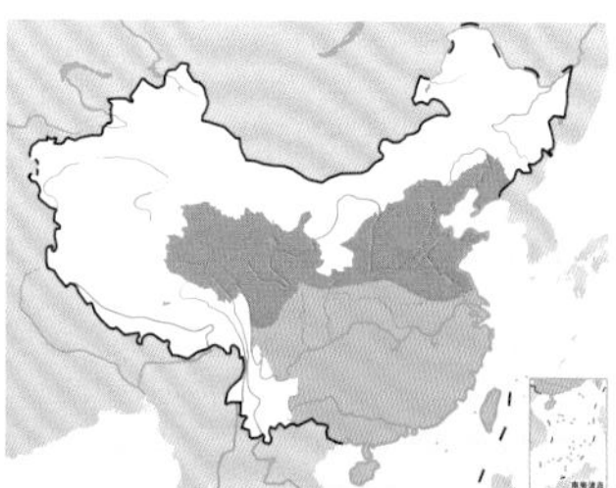

白头鹎。左上图沈越摄，下图杜卿摄

白头鹎的巢和巢中幼鸟。颜重威摄

多在 1.5～3 kHz 的低中频段内变化，单音节的鸣叫声等都极为相似。有季节性集群行为，春、夏季常结成 2～5 只至 10 多只的小群活动，秋、冬季有时亦集成 20～40 只的大群活动。一年中呈现 2 个集群高峰，即 5 月和 12 月，气候是导致白头鹎集群呈周期性变化的重要因素。

食性 杂食性。植物性食物主要有各种植物的芽、嫩叶、花、果实。动物性食物主要有昆虫及其幼虫，也吃蜘蛛、壁虱等其他无脊椎动物。在育雏以前以植物性食物为主，动物性食物的频次仅占食物总频次的 1.77%；开始育雏后，捕食动物性食物的频次增至食物总频次的 55%。在乔木树冠的取食频次最高，其次为灌丛，主要在此采食乔、灌木的芽、嫩叶、花、花蜜、果实和捕食藏隐其间的昆虫，在这两个空间的取食频次高达 70.24%。

繁殖 繁殖期3～8 月，在城市环境中繁殖的个体，较郊外的个体更早开始繁殖，可能与城市热岛效应有关。在城市中，主要在居民小区、行道树和绿化带的树冠层筑巢，一般选择高度为 3～6 m 的小乔木，在高大乔木上较少，其次为灌木及灌木丛，巢距地高 2～4 m。巢为开口杯状巢，巢材组成复杂多样，可分为天然巢材和非天然巢材。天然巢材包括草茎、草根、树叶、竹叶、芦苇叶、松针、棕榈丝、花絮、树皮、树枝、种皮及羽毛等。非天然巢材包括塑料绳、塑料条、塑料片、棉花、棉线、布条、尼龙绳、石棉瓦内层、纸、塑料泡沫及锡纸等。巢的外径为 (9～12) cm×(11～13) cm，内径 (6～7) cm×(7～8) cm，高 9～13 cm，深 4～5 cm。每窝产卵 3～4 枚。卵白色，具赭色斑点，大小为 (17.6～25.4) mm×(13.2～18.9) mm，卵重 2.8～3.4 g。由雌鸟独立孵卵，孵化期为 10～12 天。育雏期 10～13 天。

种群现状和保护 白头鹎是中国长江流域及其以南广大地区的常见鸟类，种群数量趋势稳定，IUCN 和《中国脊椎动物红色名录》均评估为无危（LC）。被列为中国三有保护鸟类。

台湾鹎

拉丁名：*Pycnonotus taivanus*
英文名：Styan's Bulbul

雀形目鹎科

形态 体长约 18 cm。体重 22～30 g。似白头鹎，但头顶黑色，因此又称为黑头翁或乌头翁。两颊、耳羽及喉部白色；嘴角有一橙黄色痣斑，背部和腰部大体灰色；两翼及尾羽橄榄黄绿色。嘴和脚黑色。

分布 中国台湾特有种，主要分布在台湾东部和南部沿海一带。

栖息地 见于中低海拔的次生林、灌丛、农耕区、公园、果园及人行道绿化树等生境中。

习性 多在小树和灌木丛里穿梭、跳跃。性活泼，不畏人。常结 3～5 只至 10 多只的小群活动。在榕树等果实和农作物成熟季节，常见数十只的大群在一起觅食，场景喧闹。雄鸟喜欢站在枝头高处鸣唱，歌声婉转多变。

食性 杂食性，主要以植物浆果、种子、昆虫、蜘蛛等为食。

繁殖 单配制，配偶关系可维持数个繁殖季。繁殖期 3～7 月。领域性强，在繁殖初期，雄鸟之间为争夺巢区往往发生激烈竞争。常在林缘灌丛或果园里筑巢。巢杯状，巢材主要有枯树叶、细枝、根须、草丝及花穗等。筑巢期 3～5 天。窝卵数 2～5 枚，以 3～4 枚较为常见。卵浅紫色，钝端密被红色斑点。卵平均大小 15.7 mm×21.8 mm。筑巢和孵卵由雌鸟承担，雄鸟负责保卫

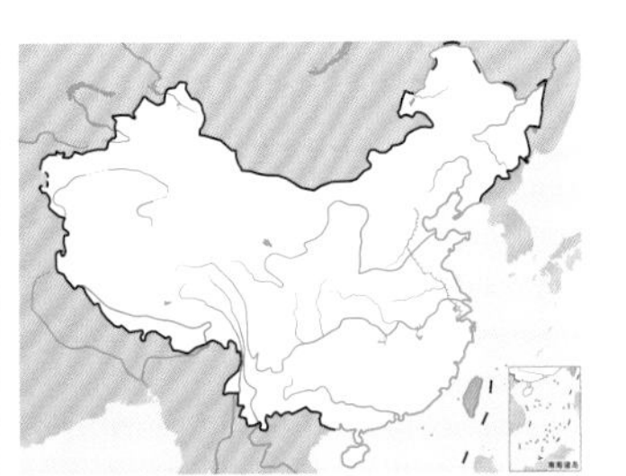

台湾鹎。王瑞卿摄

领域。孵卵期 10～11 天。雌雄亲鸟共同育雏，育雏期约 10 天。若繁殖失败，亲鸟会尝试第 2 次，甚至第 3 次繁殖。

种群现状和保护 地方性常见留鸟，但面临商业开发、农业种植导致的栖息地破坏和白头鹎扩散导致的基因污染威胁，种群数量正在下降，IUCN 和《中国脊椎动物红色名录》均评估为易危（VU）。被列为中国三有保护鸟类，在台湾地区被列为二级保育动物。

探索与发现 台湾鹎与白头鹎之间没有实现完全的生殖隔离，其杂交后代具有生殖能力。在台湾，过去白头鹎主要分布在台西，而台湾鹎主要分布在台东，两种鸟类的分布区被中央山脉自然屏障隔离。但近年来，随着人类活动加剧，尤其是佛教放生活动，致使白头鹎向台东迅速扩张。因此在台湾鹎与白头鹎的生态分布重叠区出现许多杂交个体，这些杂交后代展现了多样的羽色变异。白头鹎的扩张给台湾鹎的种群保护带来巨大压力。建议在纯种台湾鹎的分布区域建立保护小区，同时严格管理放生行为。否则，台湾鹎将有被白头鹎逐步同化的风险。

白颊鹎

拉丁名：*Pycnonotus leucogenys*
英文名：Himalayan Bulbul

雀形目鹎科

体长约 20 cm，体重 30～38 g。具羽冠，脸、喉黑色，与眼后的白色颊块形成鲜明对比；上体橄榄褐色；下体近白色，尾下覆羽黄色；尾黑色具白端。在中国境内见于西藏东南部。主要栖息于海拔 300～2400 m 的山谷及山坡树林、灌丛、花园及公园中。IUCN 和《中国脊椎动物红色名录》均评估为无危（LC）。

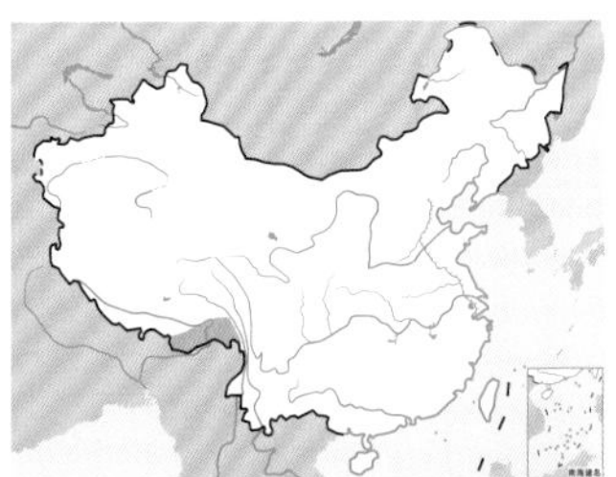

白颊鹎。左上图田穗兴摄，下图薄顺奇摄

黑喉红臀鹎

拉丁名：*Pycnonotus cafer*
英文名：Red-vented Bulbul

雀形目鹎科

形态 体长约 20 cm，体重 28～40 g。具羽冠，头和喉部黑色，尾上覆羽近白色，尾下覆羽红色。嘴黑色，脚深褐色。

分布 在中国分布于陕西南部、西藏东南部、云南西部、广西和澳门。国外分布于阿富汗、孟加拉国、不丹、印度、缅甸、尼泊尔、巴基斯坦、斯里兰卡及越南。曾被引入至科威特、阿曼、卡塔尔、阿联酋及美国等地。

栖息地 主要栖息于海拔 2300 m 以下的次生阔叶林、稀树林、灌丛、农耕地、花园及公园中。

习性 繁殖期成对，非繁殖季结群活动，性喧闹。

食性 以水果、花蜜、植物种子及昆虫等为食。

繁殖 繁殖期长，可年产 3 窝。窝卵数 2～4 枚。孵卵主要由雌鸟承担，孵化期 11～14 天。雌雄亲鸟共同参与育雏，育雏期 12～16 天。有时会被斑翅凤头鹃巢寄生。

种群现状和保护 常见留鸟。IUCN 和《中国脊椎动物红色名录》均评估为无危（LC）。

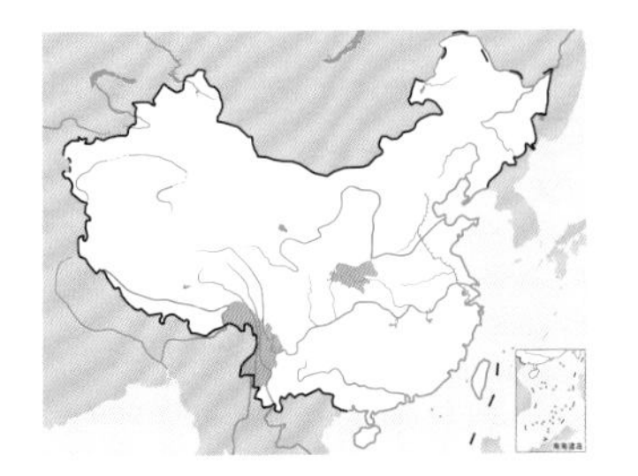

黑喉红臀鹎。沈越摄

白喉红臀鹎

拉丁名：*Pycnonotus aurigaster*
英文名：Sooty-headed Bulbul

雀形目鹎科

体长约 20 cm。体重 30～50 g。头顶黑色，喉白色，尾上覆羽灰白色，尾下覆羽红色。嘴黑色，脚深褐色或黑色。在中国见于长江以南。主要栖息于低地开阔林地、林缘灌丛、农耕地、花园、公园等生境中。IUCN 和《中国脊椎动物红色名录》均评估为无危（LC）。被列为中国三有保护鸟类。

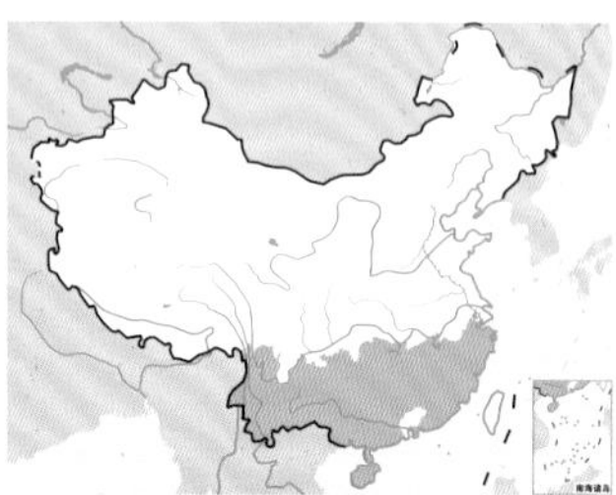

白喉红臀鹎。左上图李品平摄，下图韦铭摄

黄绿鹎

拉丁名：*Pycnonotus flavescens*
英文名：Flavescent Bulbul

雀形目鹎科

体长 20～22 cm，体重 27～35 g。具短羽冠。眼先黑色，其上有一白色块斑与灰色的头部呈鲜明对比，体羽余部大体橄榄绿褐色。嘴和脚黑色。在中国境内见于云南南部和广西西南部。主要栖息于海拔 800 ～ 2000 m 的开阔林、林缘、次生灌丛中。单只、成对或结小群活动，性隐蔽和羞涩，喜欢在树林中层活动，几乎不下至地面。IUCN 评估为为无危（LC），在中国分布区狭窄，数量稀少，《中国脊椎动物红色名录》评估为近危（NT）。

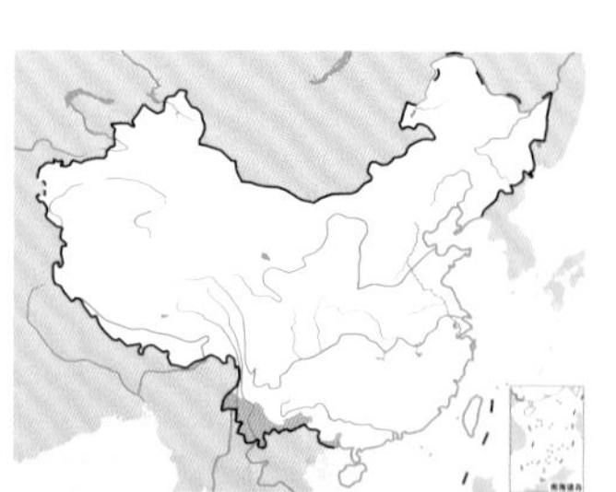

黄绿鹎。左上图沈越摄，下图刘璐摄

纹喉鹎

拉丁名：*Pycnonotus finlaysoni*
英文名：Stripe-throated Bulbul

雀形目鹎科

体长约 19 cm，体重 25～35 g。嘴基周围，包括头顶、额部、面颊、颏及喉部具黄色纵纹，尾下覆羽黄色。嘴和脚黑色。在中国见于云南南部和广西西南部。主要栖息于海拔 1300 m 以下的次生林、林缘、茶园及公园等生境中。单只或成对活动，常见在树林中下层和灌丛里觅食浆果及其他植物果实，也下至地面寻找植物种子，并在空中捕食飞虫。IUCN 和《中国脊椎动物红色名录》均评估为无危（LC）。

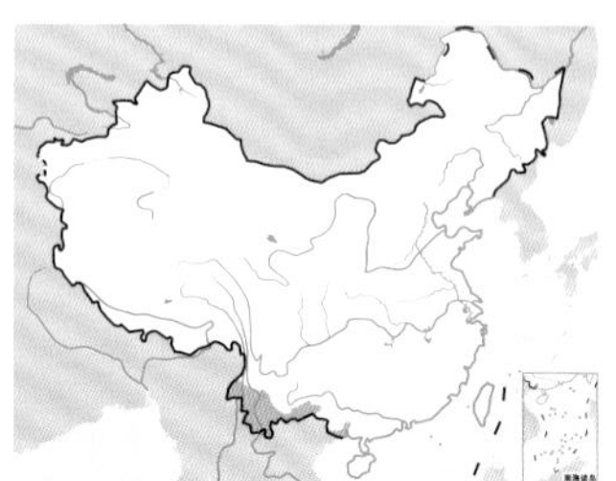

纹喉鹎。Rushenb摄（维基共享资源/CC BY 2.0）

黄腹冠鹎

拉丁名：*Alophoixus flaveolus*
英文名：White-throated Bulbul

雀形目鹎科

体长约 22 cm。体重 38～55 g。具羽冠。上体褐色，下体黄色，额部、脸颊及喉部灰白色。嘴灰黑色，脚肉红色。在中国境内见于西藏东南部的墨脱和云南西部及南部以及广西西南部。栖息于海拔 1600 m 以下的山地森林、季雨林、沟谷林或灌丛中，性喧闹。喜欢在溪流附近筑巢。IUCN 和《中国脊椎动物红色名录》均评估为无危（LC）。

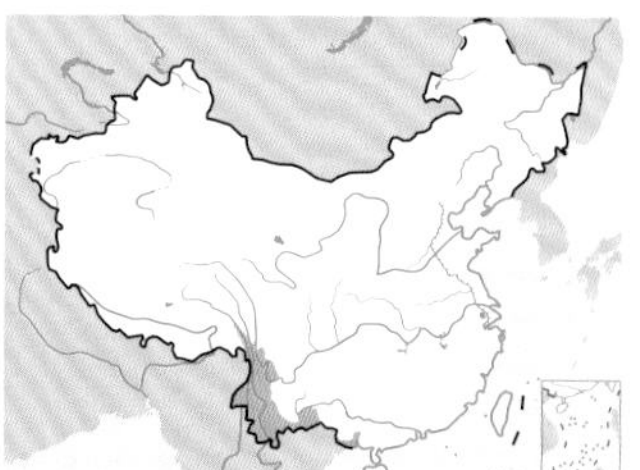

黄腹冠鹎。薄顺奇摄

白喉冠鹎

拉丁名：*Alophoixus pallidus*
英文名：Puff-throated Bulbul

雀形目鹎科

形态 体长 22～25 cm。体重 40～55 g。似黄腹冠鹎，主要区别在于腹部黄色较暗淡，白色喉部与灰色脸颊对比明显。

分布 在中国境内见于云南、贵州南部、广西及海南。国外分布于缅甸、泰国、老挝、越南等地。

栖息地 主要栖息于常绿阔叶林和低海拔区的开阔林地中。

习性 常年结3～4只的小群，在乔木冠层或林下灌丛中活动，性喧闹。

食性 主要以浆果及其他植物果实为食，也会采食花蜜及昆虫。曾有观察记录到白喉冠鹎取食其他鸟类的卵。

繁殖 繁殖期 2～9 月。巢呈深杯状，巢位距地面高 1～5m。巢材主要由枯树叶、攀缘植物的气生根、蛛丝及黑色毛发状的菌柄等组成。窝卵数 2～4 枚。卵白色或奶油色，被以深锈红色点斑，尤以钝端居多。孵化期 12～14 天，育雏期 10～12 天。

种群现状和保护 常见留鸟。IUCN 和《中国脊椎动物红色名录》均评估为无危（LC）。

探索与发现 白喉冠鹎具合作繁殖行为。一项在泰国东北部考艾国家公园开展的研究表明，白喉冠鹎的出生扩散显著偏雌性，后代中大约 95% 的雌鸟在第二年会扩散至新的繁殖地，而大约 50% 的雄鸟选择留在出生地作为帮手。此外，雌鸟比雄鸟的扩散距离也更远。

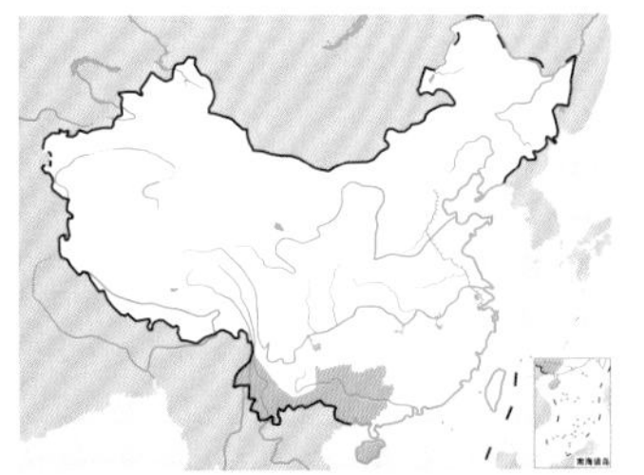

白喉冠鹎。左上图为西南亚种*A. p. pallidus*，李志钢摄，下图为指名亚种*A. p. pallidus*，见于海南，沈越摄

绿翅短脚鹎

拉丁名：*Ixos mcclellandii*
英文名：Mountain Bulbul

雀形目鹎科

形态 体长 22～24 cm。体重 26～50 g。羽冠深褐色。喉白色，具纵纹；两翼和尾橄榄绿色。嘴黑色，脚粉色。

分布 在中国分布于秦岭－淮河以南。国外见于喜马拉雅山脉至东南亚。

栖息地 主要栖息于海拔 1000～2500 m 的山区森林、稀树灌丛及灌草丛中。也会出现在村寨附近的杂木林及竹林中。

习性 常单只、成对或结 3～5 只的小群活动，有时能见 10 余只在一起觅食。性喧闹。喜欢在树梢活动，也会下至林下灌丛中。性情猛烈，敢于围攻猛禽、杜鹃等大型鸟类。有垂直迁移行为。

食性 以植物性食物为主，偏好各类植物果实，可能采食花蜜。也能捕食昆虫。雏鸟食物主要由昆虫和浆果组成。

繁殖 在乔木林、灌木丛或竹林中筑巢。巢精致而紧凑，杯状，悬空。巢体框架主要由苔藓、蜘蛛丝、枯树叶、枯竹叶等组成，内垫松针及黑色根丝。窝卵数 2～3 枚，偶见 4 枚。卵白色或灰白色，带紫色或红色斑点，钝端斑点相对密集。雌雄亲鸟共同育雏。

种群现状和保护 常见留鸟，近年来，相继在陕西秦岭、甘肃及河南等地发现绿翅短脚鹎分布新纪录，是否也像白头鹎一样，在全球气候变暖的背景下具有向北扩散的趋势，还有待进一步观察。IUCN 和《中国脊椎动物红色名录》均评估为无危（LC）。

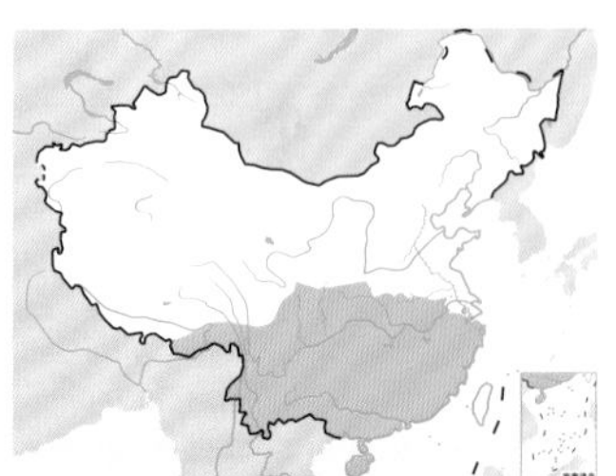

绿翅短脚鹎。左上图为云南亚种*H. m. similis*，张明摄；下图为华南亚种*H. m. holtii*，许威摄

灰眼短脚鹎

拉丁名：*Iole propinqua*
英文名：Grey-eyed Bulbul

雀形目鹎科

体长约 18 cm。体重 26 g。羽冠不明显。上体橄榄色，下体皮黄色，尾下覆羽黄褐色。眼浅灰色或白色，嘴灰色，脚粉色。在中国见于云南、广西。主要栖息于海拔 1200 m 以下的常绿次生林、竹林及灌丛中，偏好林缘生境。多单只或成对活动，性羞涩。IUCN 和《中国脊椎动物红色名录》均评估为无危（LC）。

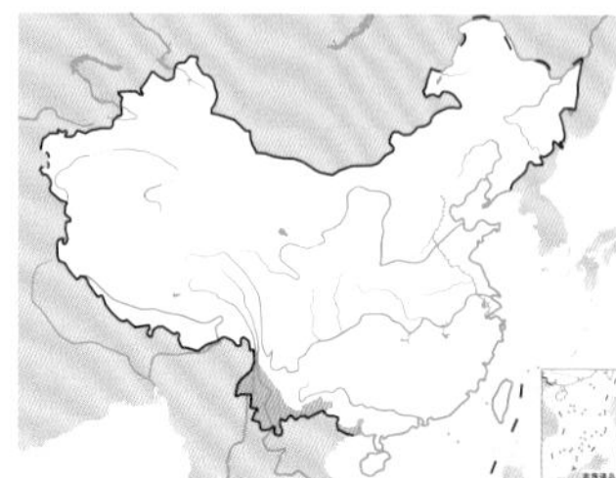

灰眼短脚鹎。沈越摄

灰短脚鹎

拉丁名：*Hemixos flavala*
英文名：Ashy Bulbul

雀形目鹎科

体长 19～21 cm。具羽冠。头顶灰褐色或近黑色，耳羽粉褐色，上体灰色，翅上具显著的黄绿色翼斑；下体灰白色，喉白色。嘴和脚深褐色。在中国见于西藏东南部、云南西部和南部、广西西南部。主要栖息于海拔 1500 m 以下的开阔林地、竹林及灌丛中。结小群活动，性喧闹。常见留鸟。IUCN 和《中国脊椎动物红色名录》均评估为无危（LC）。

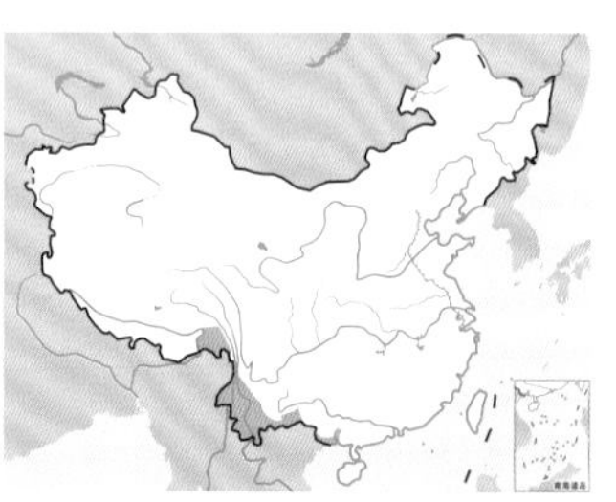

灰短脚鹎。刘璐摄

栗背短脚鹎

拉丁名：*Hemixos castanonotus*
英文名：Chestnut Bulbul

雀形目鹎科

形态 体长 19～23 cm。体重 30～50 g。具黑褐色的短羽冠，喉白色。上体栗褐色，下体灰白色。嘴近黑色，脚深褐色。

分布 主要分布于中国南方，包括海南。国外见于越南北部。

栖息地 主要栖息于低海拔常绿阔叶林及林缘灌丛中。

习性 喜欢结群在灌木和小树林间活动，性喧闹。

食性 杂食性，以浆果及其他植物果实为主，也捕食昆虫。

繁殖 在小乔木或灌木丛中营巢。巢呈深杯状。

种群现状和保护 常见留鸟。IUCN 和《中国脊椎动物红色名录》均评估为无危（LC）。

探索与发现 围绕灰短脚鹎是否为独立种及亚种分化问题，一直存在争议。吴玉春等（2013）通过线粒体 ND2 基因对这个类群进行了遗传学分析，结果表明栗背短脚鹎由 2 个互为单系群的亚种 *H. c. castanonotus* 与 *H. c. canipennis* 组成，它们与灰短脚鹎云南的两个亚种 *H. f. flavala* 和 *H. f. bourdellei* 组成的分支互为单系群。

栗背短脚鹎。张明摄

黑短脚鹎

拉丁名：*Hypsipetes leucocephalus*
英文名：Black Bulbul

雀形目鹎科

形态 体长22～28 cm。体重40～65 g。通体黑色，漂亮优雅。头颈及胸部具黑色和白色两种色型。嘴和脚红色。

分布 国内分布于秦岭－淮河以南。国外分布于非洲东部、喜马拉雅山脉、印度至东南亚等地。大多为留鸟，但一些种群具季节性迁移行为，如部分在长江流域附近繁殖的种群为夏候鸟，冬季迁至南方越冬。

栖息地 主要栖息于海拔600～2100 m的山地森林中，冬季喜欢在开阔林地活动。

习性 性喧闹，常见在树冠层不停地跳跃，往往边飞边叫，叫声嘈杂，或立于枝头鸣唱。能模仿猫叫声。繁殖季单只或成对活动，冬季集群。在中国南方，冬季可见数十至数百只的大群。

食性 主要以浆果及其他植物果实为食，也取食花蜜和昆虫。

繁殖 繁殖期4～7月。在乔木或灌木上筑巢，巢位距地面高1～15 m，一般7～10 m。巢呈浅杯状，就地取材，主体结构由树根、细枝、竹叶及树叶等组成，用蛛丝包裹，饰以苔藓，内部垫材包括草茎、松针及哺乳动物毛发等。筑巢期3～5天。窝卵数以2～3枚较为常见，尤以2枚居多，偶见4～5枚。卵白色或浅肉红色，被有紫红色、褐色或红褐色点斑。卵平均大小19.4 mm×27.2 mm。孵卵主要由雌鸟承担，雄鸟在巢周负责警戒。

种群现状和保护 常见种。IUCN和《中国脊椎动物红色名录》均评估为无危（LC）。被列为中国三有保护鸟类。

正在育雏的黑短脚鹎。颜重威摄

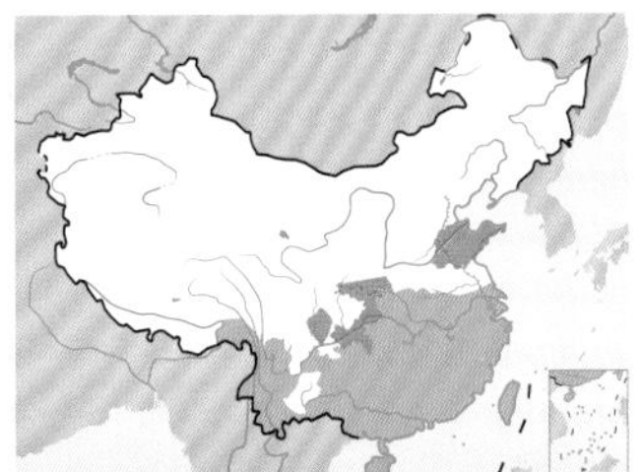

黑短脚鹎。左上图为白色型，罗汀摄；下图为黑色型，沈越摄

栗耳短脚鹎

拉丁名：*Hypsipetes amaurotis*
英文名：Brown-eared Bulbul

雀形目鹎科

体长约28 cm。体重60～90 g。冠羽短而尖。耳羽及颈侧栗色，两翼及尾羽灰褐色，体羽余部花白色。嘴和脚近黑色。在中国台湾为留鸟，东北、江苏、浙江一带可见迁徙和越冬种群。栖息于海拔1600 m以下的落叶林、常绿落叶混交林、灌木林、农耕林区及公园中。喜结群活动。IUCN和《中国脊椎动物红色名录》均评估为无危（LC）。

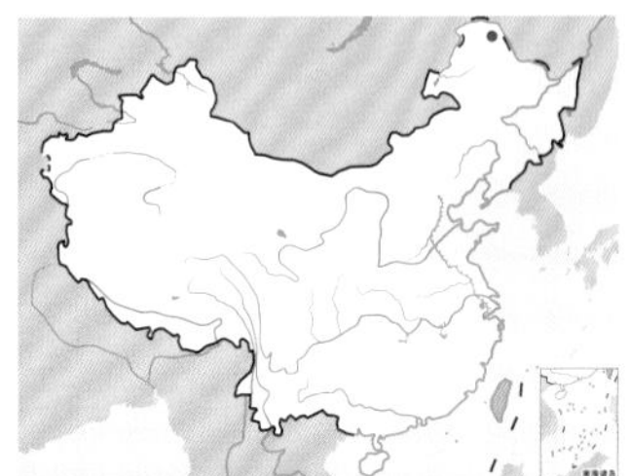

栗耳短脚鹎。左上图颜重威摄，下图张明摄

柳莺类

- 柳莺类指雀形目柳莺科鸟类，全世界共2属78种，中国有2属50种
- 柳莺类体形娇小，羽色以橄榄绿色为主，通常具冠纹、眉纹，有些种类具浅色的腰部和翼斑
- 柳莺类栖息于各种类型的森林中，在树冠层或林下植被觅食枝叶表面的昆虫及其卵和幼虫
- 柳莺类主要筑巢于茂密的植被中或地面，隐蔽性好

类群综述

柳莺类指雀形目柳莺科（Phylloscopidae）鸟类，跟蝗莺一样，这是一个新成立的科，在传统分类系统中，它们也被归在庞大的莺科下，但近年的研究将柳莺属 *Phylloscopus* 和鹟莺属 *Seicercus* 一起提出来组成了柳莺科，而最新的研究则认为柳莺科其实是一个单型科，鹟莺属应并入柳莺属。全世界共有柳莺类 78 种，主要分布于旧大陆。中国有柳莺类 50 种。

柳莺类的外形相当一致，而且体形娇小，活泼好动，因此虽然不容易与其他鸟类类群混淆，但科下的物种被认为是最具辨识难度的一类。它们体长仅 10 cm 左右，羽色以橄榄绿色为主，不同种类有偏灰、偏黄或偏绿的细微差异，通常具冠纹、眉纹，有些种类具浅色的腰部和翼斑，这些斑纹的数量、颜色和粗细长短是重要的辨识特征。但有些种类外形十分接近，只能通过鸣声辨别。

柳莺类是典型的森林鸟类，栖息于各种类型的森林中，从北方的针叶林到南方的雨林，以及开阔的疏林和林缘灌丛。许多种类为候鸟，在北方的针叶林、针阔混交林和落叶林中繁殖，越冬于南方的常绿阔叶林，乃至稀树草原、沼泽和红树林，通常喜爱较为湿润的环境。而不迁徙的种类也往往有垂直迁移现象。

柳莺类生性活跃，常集小群在树冠层枝叶间跳来跳去，片刻不停，但也有的种类隐匿于林下植被中。繁殖期会频繁鸣唱，这种鸣声是区分不同物种的重要特征。通常在叶面取食昆虫及其幼虫和卵，也会飞行捕食昆虫，许多种类能悬停或倒悬于叶面，有的种类也到地面取食。繁殖季节单独或成对活动，在非繁殖季节则集三五只的小群，也会加入混合鸟

左：柳莺类常在树冠层不停地跃动，寻觅枝叶表面的昆虫及其幼虫和卵，有些种类能够像鸸类一样倒悬于枝头或向鹟一样在空中飞捕昆虫。图为倒悬在枝头觅食的黄腰柳莺。林剑声摄

右：柳莺类主要以昆虫及其幼虫和卵为食。图为取食鳞翅目幼虫的黄腰柳莺。王明华摄

群觅食。

柳莺类筑巢于茂密的植被中，巢位很低，一般距地面高不足半米或直接筑巢于地面，偶尔也会在高大乔木较高的树杈上筑巢。巢呈球形，侧面开口。巢材主要为枯草叶和草茎，有的饰以苔藓和动物毛发。窝卵数2~6枚。主要由雌鸟孵卵，双亲共同育雏。孵化期11～14天，育雏期12～14天。

柳莺类较少受胁，目前仅5种被IUCN列为易危（VU），没有更高等级的受胁物种，受胁比例约6%，在鸟类中处于较低水平。这些受胁物种均为岛屿物种，分布区域狭窄，因此种群更为脆弱，其中2种在中国有分布，即日本冕柳莺 *Phylloscopus ijimae* 和海南柳莺 *P. hainanus*。在中国，大部分柳莺被列为三有保护鸟类。

柳莺类的巢位通常较低，位于浓密的林下植被中，巢呈球形，侧面开口。巢材主要为枯草叶和草茎，有的饰以苔藓和动物毛发。左上图为叼着苔藓用于筑巢的冠纹柳莺，韦铭摄；下图为灌丛中华西柳莺的巢和卵。贾陈喜摄

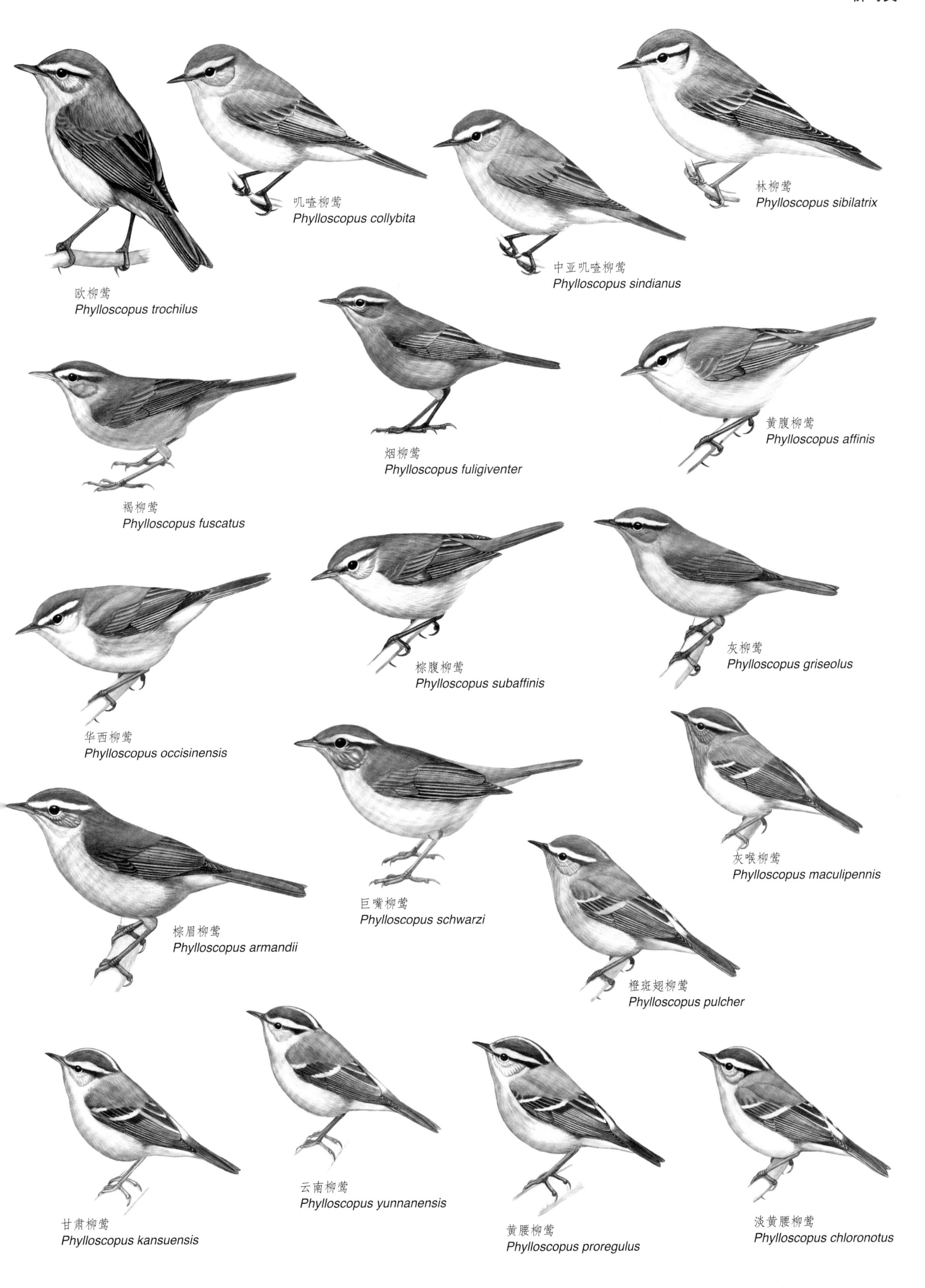

叽喳柳莺
Phylloscopus collybita
林柳莺
Phylloscopus sibilatrix
中亚叽喳柳莺
Phylloscopus sindianus
欧柳莺
Phylloscopus trochilus
黄腹柳莺
Phylloscopus affinis
烟柳莺
Phylloscopus fuligiventer
褐柳莺
Phylloscopus fuscatus
灰柳莺
Phylloscopus griseolus
棕腹柳莺
Phylloscopus subaffinis
华西柳莺
Phylloscopus occisinensis
灰喉柳莺
Phylloscopus maculipennis
巨嘴柳莺
Phylloscopus schwarzi
棕眉柳莺
Phylloscopus armandii
橙斑翅柳莺
Phylloscopus pulcher
云南柳莺
Phylloscopus yunnanensis
甘肃柳莺
Phylloscopus kansuensis
黄腰柳莺
Phylloscopus proregulus
淡黄腰柳莺
Phylloscopus chloronotus

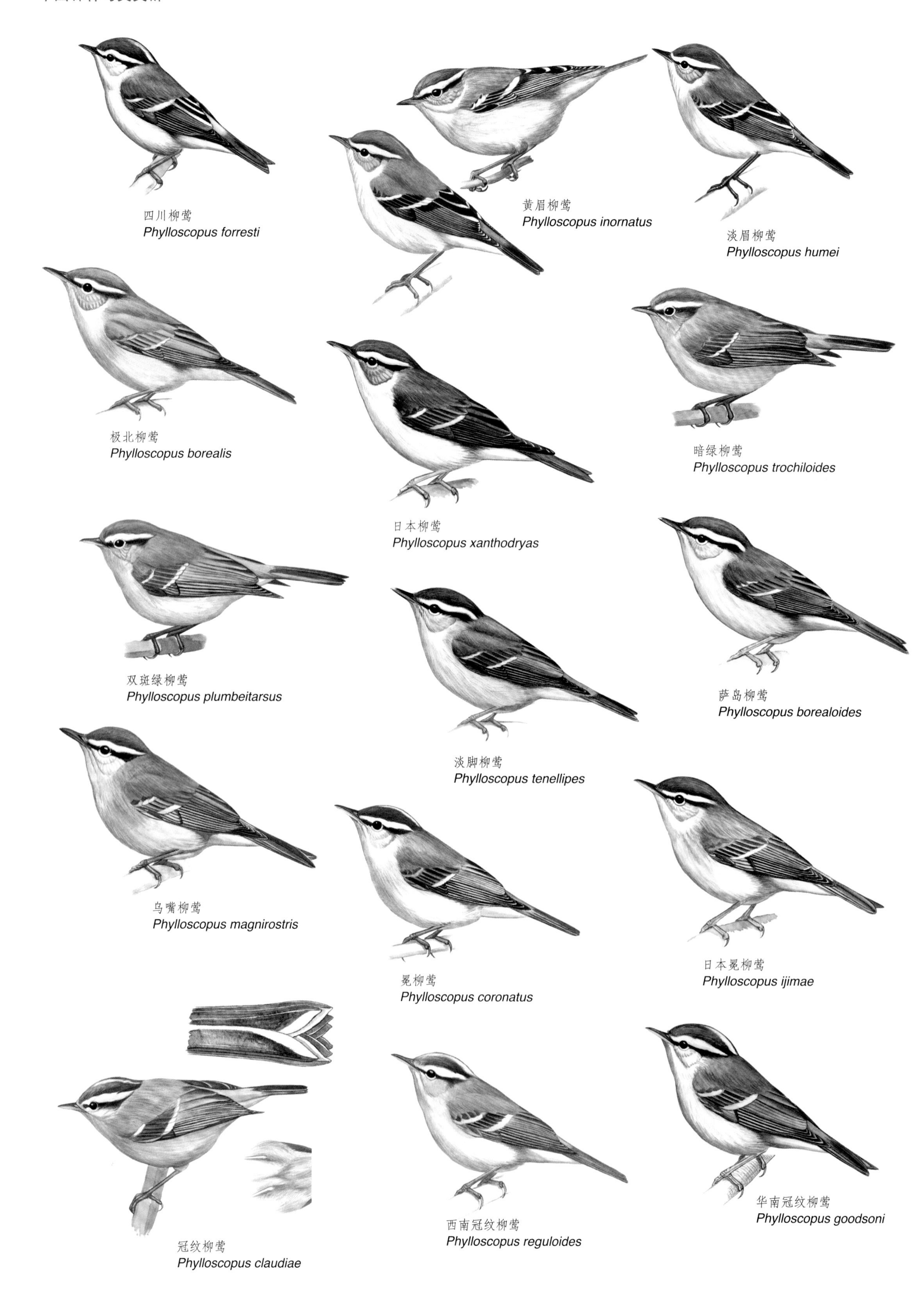
四川柳莺
Phylloscopus forresti
黄眉柳莺
Phylloscopus inornatus
淡眉柳莺
Phylloscopus humei
极北柳莺
Phylloscopus borealis
暗绿柳莺
Phylloscopus trochiloides
日本柳莺
Phylloscopus xanthodryas
双斑绿柳莺
Phylloscopus plumbeitarsus
萨岛柳莺
Phylloscopus borealoides
淡脚柳莺
Phylloscopus tenellipes
乌嘴柳莺
Phylloscopus magnirostris
日本冕柳莺
Phylloscopus ijimae
冕柳莺
Phylloscopus coronatus
华南冠纹柳莺
Phylloscopus goodsoni
西南冠纹柳莺
Phylloscopus reguloides
冠纹柳莺
Phylloscopus claudiae

峨眉柳莺
Phylloscopus emeiensis
云南白斑尾柳莺
Phylloscopus intensior
白斑尾柳莺
Phylloscopus ogilviegranti
海南柳莺
Phylloscopus hainanus
黄胸柳莺
Phylloscopus cantator
灰岩柳莺
Phylloscopus calciatilis
黑眉柳莺
Phylloscopus ricketti
灰头柳莺
Phylloscopus xanthoschistos
金眶鹟莺
Seicercus burkii
灰冠鹟莺
Seicercus tephrocephalus
白眶鹟莺
Seicercus affinis
比氏鹟莺
Seicercus valentini
韦氏鹟莺
Seicercus whistleri
峨眉鹟莺
Seicercus omeiensis
淡尾鹟莺
Seicercus soror
灰脸鹟莺
Seicercus poliogenys
栗头鹟莺
Seicercus castaniceps

欧柳莺

拉丁名：*Phylloscopus trochilus*
英文名：Willow Warbler

雀形目柳莺科

体形中等的橄榄褐色柳莺，没有翅斑和浅色的腰。体长11～12.5 cm，体重6.3～14.6 g。外形似叽喳柳莺 *P. collybita*，但跗跖颜色通常较叽喳柳莺浅。眉纹较长，白色或浅黄色，较叽喳柳莺显得更为醒目。下喙前半部分多为深色，与基部的黄色形成反差。繁殖区为欧洲大部至西伯利亚中东部；越冬于非洲西部、东部和南部的热带地区。在中国华北和新疆有迷鸟记录。IUCN评估为无危（LC），《中国脊椎动物红色名录》评估为数据缺乏（DD）。

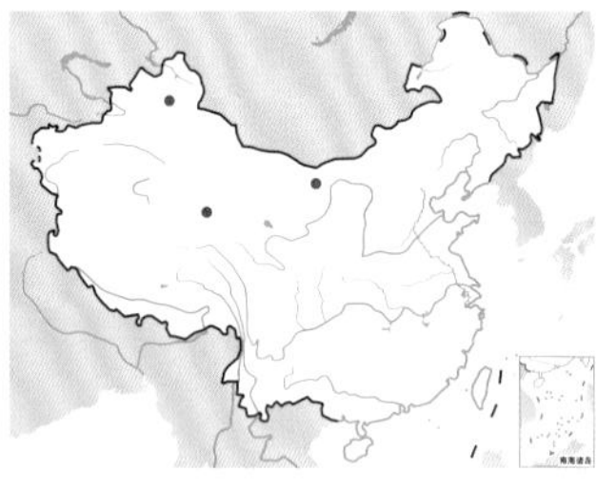

欧柳莺。赵国君摄

叽喳柳莺

拉丁名：*Phylloscopus collybita*
英文名：Common Chiffchaff

雀形目柳莺科

体形中等的柳莺，没有翅斑和浅色的腰。体长11～12 cm，体重6～10.9 g。上体褐色但染有橄榄绿色，腰部和飞羽尤为明显；皮黄色的眉纹较短且窄；下体污白色但染有黄色。跟中亚叽喳柳莺 *P. sindianus* 很相似，但中亚叽喳柳莺上体没有橄榄绿色，下体羽色较浅。此外，跗跖深色可与欧柳莺相区分。在中国繁殖于新疆极北部，非繁殖季节有记录见于西北和华北地区。主要繁殖于低海拔的落叶林和林下植被茂密的林地，越冬时见于多样的林地环境和芦苇荡。IUCN和《中国脊椎动物红色名录》均评估为无危（LC）。被列为中国三有保护鸟类。

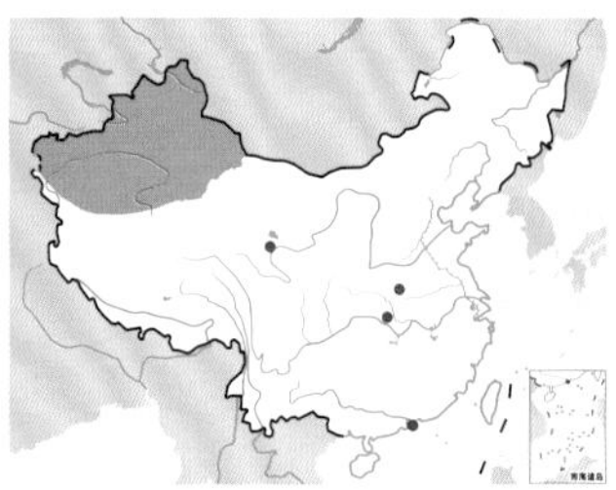

叽喳柳莺。王志芳摄

中亚叽喳柳莺

拉丁名：*Phylloscopus sindianus*
英文名：Mountain Chiffchaff

雀形目柳莺科

形态 中小型的棕褐色柳莺，体长10.5～12 cm，体重5.5～8.5 g。与叽喳柳莺形态相似，但是缺少前者的橄榄绿色；下体白色沾棕色，缺少叽喳柳莺腹部的黄色色调；白色眉纹显著。喙部主要为深色，只是下嘴嘴基部黄色；跗跖黑色。初级飞羽长出三级飞羽的部分较短，因此显得翅膀较短而尾长。

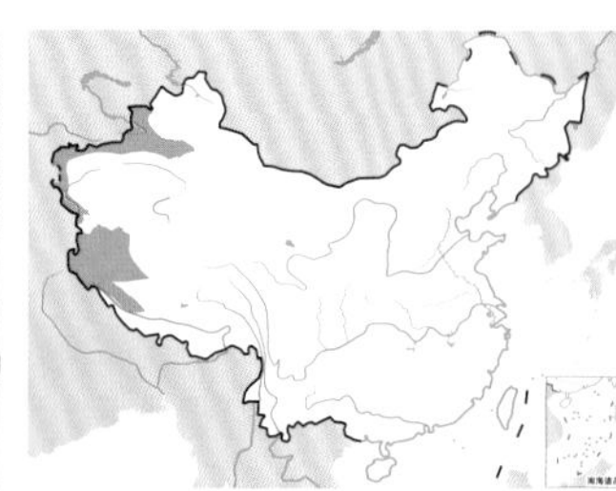

中亚叽喳柳莺。贾陈喜摄

分布 在中国分布于南疆西北部和西藏西部山区。国外分布于高加索山南部至天山南麓、昆仑山和喜马拉雅山脉西北部。

栖息地 栖息在自河谷溪流旁至高山的各类小乔木上或灌草丛中。总体分布的海拔要比叽喳柳莺高。

习性 短距离迁徙或者垂直迁徙。觅食的时候在叶子表面啄取昆虫，也会像鹟类一样飞行捕食昆虫，偶尔到地面取食。在非繁殖季节也会加入混合鸟群觅食。

食性 以昆虫、蜘蛛等无脊椎动物为主，也会补充一些浆果。

繁殖 繁殖期为5～8月上旬。筑巢于地面或者茂密的灌丛中。窝卵数2～5枚，主要由雌鸟孵卵和育雏。

种群现状和保护 分布范围较广，分布区内常见。IUCN和《中国脊椎动物红色名录》均评估为无危（LC），被列为中国三有保护鸟类。

林柳莺

拉丁名：*Phylloscopus sibilatrix*
英文名：Wood Warbler

雀形目柳莺科

体长11～13 cm，体重6.4～15 g。翅形较长，而显得尾较短。鲜黄色的眉纹宽长而醒目，过眼纹暗灰绿色；上体橄榄绿色，无翅斑，但覆羽和飞羽羽色深而具有浅色羽缘；下体颏、喉和上胸染黄色，其余下体银白色。与欧柳莺相近，体形稍大，上体的绿色和喉部更为鲜艳。在中国记录于新疆北部山区，迁徙过境时见于西藏和云南。主要繁殖于中低海拔的落叶林中。IUCN和《中国脊椎动物红色名录》均评估为无危（LC），被列为中国三有保护鸟类。

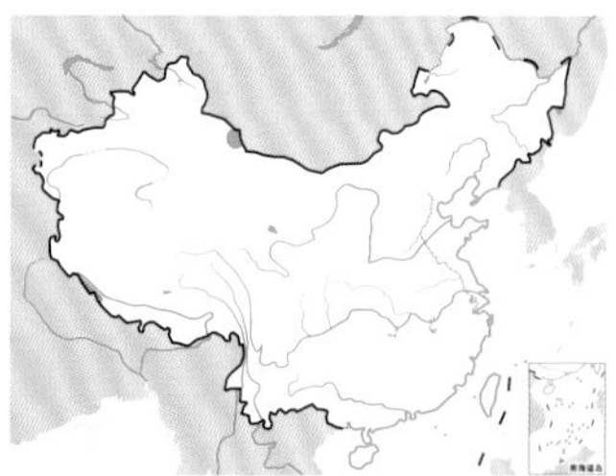

林柳莺。焦庆利摄

褐柳莺

拉丁名：*Phylloscopus fuscatus*
英文名：Dusky Warbler

雀形目柳莺科

形态 体形中等的褐色柳莺，无翅斑及浅色的腰。体长10.5～12 cm，体重8.5～13.5 g。上体暗橄榄褐色，长眉纹在眼先为白色而眼后转为皮黄色，这一点跟巨嘴柳莺 *P. schwarzi* 和棕眉柳莺 *P. armandii* 恰好相反；贯眼纹暗褐色；颏、喉白色，其余下体污白色，胸及两胁染褐色。嘴较纤细，上喙色深而下喙偏黄。是与巨嘴柳莺相比，跗跖显得较长且颜色偏暗，下体无黄色。与棕眉柳莺相比，缺少上体的黄色细纹。与叽喳柳莺相比，眉纹更显著，跗跖色浅，而且两翼翼缘和尾羽边缘不染绿色。

分布 在中国东北、华北、西北和四川等地繁殖，迁徙时见于各省。国外繁殖于西伯利亚中部和东部。越冬于南亚和东南亚。

栖息地 主要繁殖于从中低海拔的泰加林到海拔4200 m的山地森林及林线以上高山灌丛。非繁殖季见于中低海拔的农田、经济林缘、低矮灌丛和树林，常靠近水源，也见于红树林。

迁徙 繁殖于西伯利亚的种群多在8月和9月间开始南迁，繁殖于阿尔泰地区和蒙古的种群则在9月中旬开始迁离。从8月底至10月末迁飞经过中国东北，于9月底至10月中旬出现在中国南方的越冬地。春季返回繁殖地的迁徙始于4月初，持续到5月末或6月初。在长白山区为夏候鸟，5月初至5月中旬迁来，10月中旬至10月末迁走。山东青岛迁徙过境时，春季最早于4月下旬出现，持续20天，高峰出现在5月初；秋季最早出现于9月中旬，持续15天。

习性 生性谨慎而胆小，与巨嘴柳莺相似。常在低矮而茂密的灌丛或树木较低的枝干上悄然活动，觅食时多贴近地面，停栖时也常常颤动两翼和尾部。也会短距离飞行在空中捕食，但极少悬停。往往是通过特征性的鸣叫声才会注意到它的存在。在繁殖季会站到灌木枝头日夜不休地鸣唱。

食性 主要以昆虫为食，有时还取食蚯蚓。

繁殖 繁殖期5月末至8月中旬。巢呈球形，侧面开口，巢材为干燥草叶和草茎。每窝产卵4～6枚，卵白色。赵正阶（1985）报道了8月初在长白山区发现的两巢，均筑于落叶松林内的林下灌木上，其中一巢距地面高度0.27 m，巢外径12 cm × 13 cm，高14 cm，深7 cm；巢中发现有4只刚孵出的雏鸟和一枚尚未孵化的卵。另一巢距地面高度0.5 m，巢外径12 cm × 15 cm，内径6 cm × 6 cm，高13 cm，深6 cm；内有5枚卵，卵大小为16.5 mm × 13.0 mm。

种群现状和保护 分布范围广。IUCN和《中国脊椎动物红色名录》均评估为无危（LC），被列为中国三有保护鸟类。

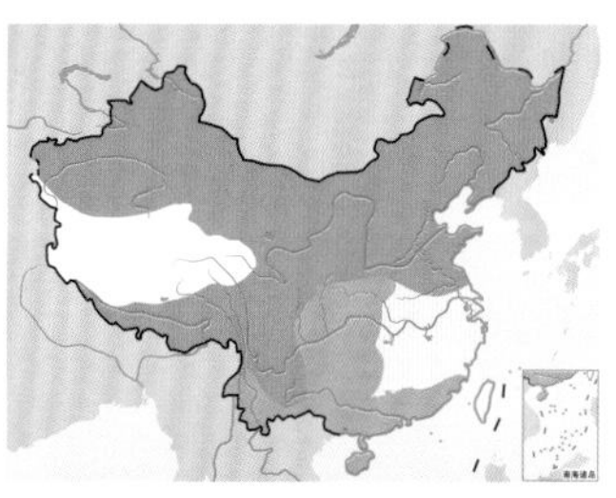

褐柳莺。左上图沈越摄，下图张瑜摄

烟柳莺

拉丁名：*Phylloscopus fuligiventer*
英文名：Smoky Warbler

雀形目柳莺科

体形中等的黄色柳莺，无翅斑和浅色的腰。体长10～11 cm。上体褐色较深，染烟灰色，皮黄色眉纹较短；下体橄榄褐色。喙较纤细，下喙基部黄色。与褐柳莺相比，上体羽色较深，眉纹不明显。与灰柳莺 *P. griseolus* 相比，上体和眉纹的颜色较深，下体较暗。繁殖于喜马拉雅山区和中国西北部。主要在林线以上的高海拔草甸或多岩地区繁殖，非繁殖季下降到低海拔区域活动。IUCN和《中国脊椎动物红色名录》均评估为无危（LC），被列为中国三有保护鸟类。

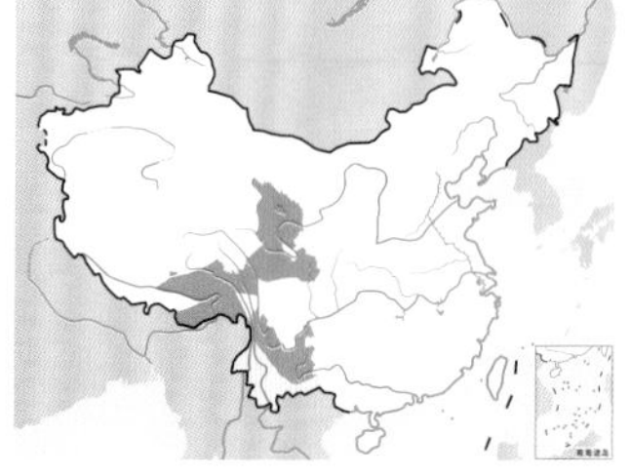

烟柳莺。田穗兴摄

黄腹柳莺

拉丁名：*Phylloscopus affinis*
英文名：Tickell's Leaf Warbler

雀形目柳莺科

体形中等、无翅斑的黄色柳莺。体长约11 cm。外形似华西柳莺，但贯眼纹不明显，下体全为整齐的淡黄绿色（指名亚种 *P. a. affinis*）或鲜黄色（亚种 *P. a. perflavus*），无明显胸带，两胁与胸腹同色。与棕腹柳莺 *P. subaffinis* 的形态十分相似，但是本种喙相对较长，眉纹很清晰，且体色更偏柠檬黄色，而后者的眉纹在眼先处十分模糊。在中国仅见于西藏东南部。栖息于海拔3050～4800 m多岩石的高山，在林线与高山草甸之间的灌丛中活动，冬季垂直迁徙到海拔2100 m以下的森林边缘、农耕地。IUCN和《中国脊椎动物红色名录》均评估为无危（LC），被列为中国三有保护鸟类。

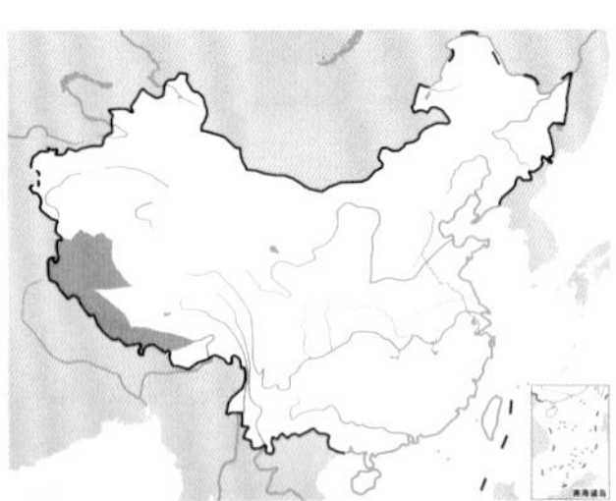

黄腹柳莺。左上图刘璐摄，下图袁倩敏摄

华西柳莺

拉丁名：*Phylloscopus occisinensis*
英文名：Alpine Leaf Warbler

雀形目柳莺科

原黄腹柳莺华西亚种 *P. a. occisinensis* 独立为种，外形似黄腹柳莺，但贯眼纹明显，主要分布于中国的中部和西南部山地。IUCN评估为无危（LC）。被列为中国三有保护鸟类。

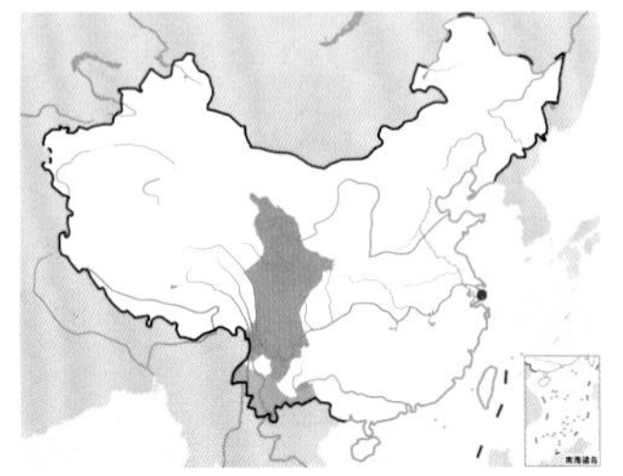

华西柳莺。贾陈喜摄

棕腹柳莺

拉丁名：*Phylloscopus subaffinis*
英文名：Buff-throated Warbler

雀形目柳莺科

体形中等的黄色柳莺，无翅斑和浅色的腰。体长10.5～11 cm，体重6.25～7.5 g。上体橄榄褐色，黄色眉纹醒目，下体棕黄色。喙短且先端色深。与黄腹柳莺相近，但体形稍小，眉纹不及黄腹柳莺明显，下体羽色较深，喙较短且下喙端深色。繁殖于中国中部和西部广大山区，越冬于云南、广东和福建等地。主要繁殖于中高海拔山地针叶林和林缘灌丛，非繁殖季见于低海拔山脚一带的草地和灌丛。IUCN和《中国脊椎动物红色名录》均评估为无危（LC），被列为中国三有保护鸟类。

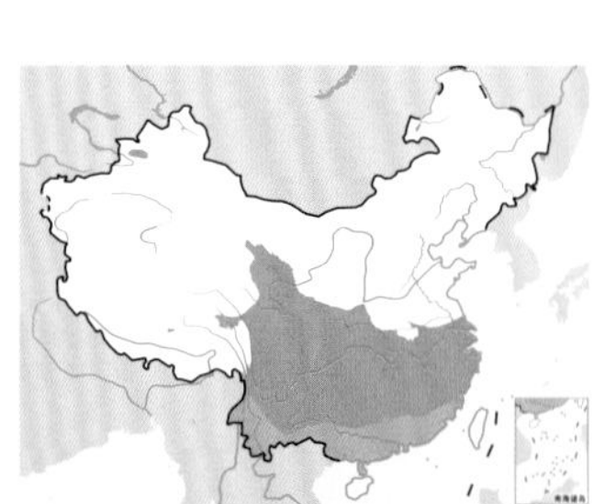

棕腹柳莺。左上图刘璐摄，下图杜卿摄

灰柳莺

拉丁名：*Phylloscopus griseolus*
英文名：Sulphur-bellied Warbler

雀形目柳莺科

体形较小、特征明显的柳莺，无翅斑和浅色的腰。体长10～11.5 cm，体重7～9 g。上体灰褐色，眉纹鲜黄色，尤其在眼前方，眼后方则多为白色；下体棕黄色，胸部和两胁较深，腹部黄色。在中国主要分布于新疆、青海和内蒙古。繁殖于林线附近及以上的灌丛、裸岩地带。IUCN和《中国脊椎动物红色名录》均评估为无危（LC），被列为中国三有保护鸟类。

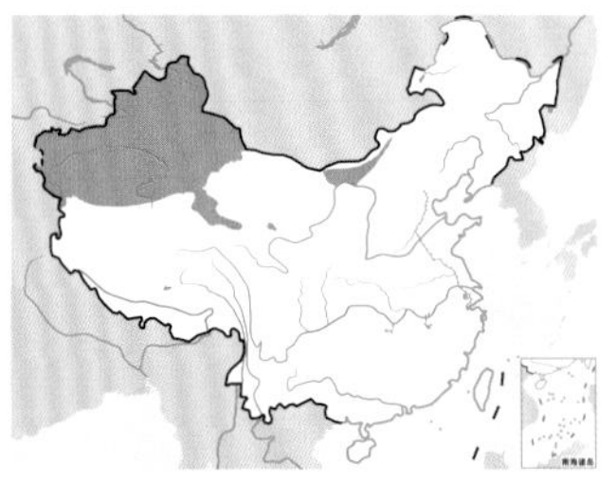

灰柳莺。贾陈喜摄

棕眉柳莺

拉丁名：*Phylloscopus armandii*
英文名：Yellow-streaked Warbler

雀形目柳莺科

形态 体形中等偏大的橄榄褐色型柳莺，无翅斑。体长12～14 cm，重8～10.5 g。体色与巨嘴柳莺 *P. schwarzi* 类似，但是不及后者的头大和嘴粗壮；眉纹在眼睛前段的部分皮黄色，后段偏白色，与褐柳莺相反；喉部偏白色，下体棕色有较细、不清晰的黄色纵纹；尾下覆羽棕黄色明显。跗跖粉色或浅褐色，似巨嘴柳莺，但不如褐柳莺色深。

分布 主要分布于青藏高原的边缘，从西南山地、中国中部的山地一直延伸至华北地区，越冬于中国云南、广西以及中南半岛北部，如缅甸、老挝、越南和泰国。

栖息地 繁殖于海拔1200～3500 m的山地针阔混交林及针叶林，在低海拔的山脚和平原地区的灌丛越冬。

习性 繁殖期喜欢站在乔冠层鸣唱，声音十分快速、尖锐并带有颤音。不同山地的种群鸣唱声音存在着一定差异。非繁殖期鸣声单调似鹀类。

食性 多在树木间捕食昆虫。

繁殖 繁殖期6～7月，窝卵数4～5枚。

种群现状和保护 IUCN和《中国脊椎动物红色名录》均评估为无危（LC），被列为中国三有保护鸟类。

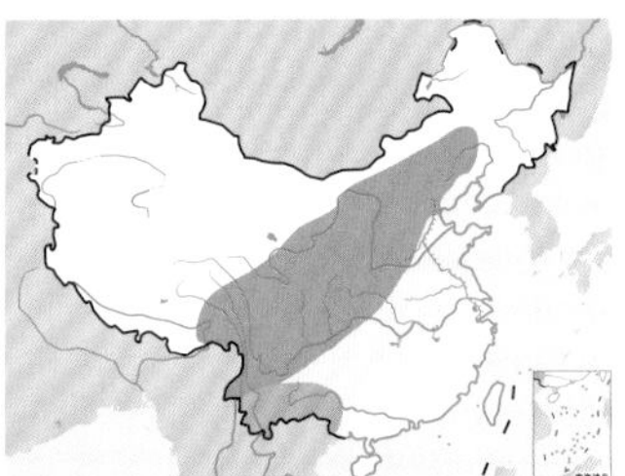

棕眉柳莺。左上图韦铭摄，下图董磊摄

巨嘴柳莺

拉丁名：*Phylloscopus schwarzi*
英文名：Radde's Warbler

雀形目柳莺科

形态 体形大的柳莺，无翅斑和浅色腰。体长11～13.5 cm，体重8～15 g。大小与欧柳莺相仿，头显大，跗跖强健，喙短而粗壮。尾相对较长，在其反衬下翅显得较短。上体为均一的橄榄褐色，下体喉部两侧、胸部和两胁染米黄色，腹部和尾下覆羽淡黄色。眉纹长而明显，从眼先上方开始向后延伸至枕部两侧，而且在眼前方渲染明显的黄色，在眼后方则为白色。与棕眉柳莺相比，巨嘴柳莺的喙更显粗壮，且尾显得较短。与褐柳莺相比，褐柳莺整体羽色偏暗，同时喙和跗跖较为细弱，而巨嘴柳莺跗跖为粉色或浅褐色，不如褐柳莺般感觉色深。

分布 在中国繁殖于东北和西北地区，越冬于东南部，迁徙经其他地区。国外繁殖于西伯利亚中南部和东南部，越冬于中南半岛。

栖息地 主要繁殖于寒温带针叶林，尤其偏好林间空地周边茂密的灌丛。迁徙时多见于潮湿的环境中，如湿地芦苇丛、河边或湖边的柳林等。在越冬区则见于中低海拔的茂密灌丛或高草丛。

习性 繁殖季常单只或成对活动，胆小而不易接近，雄鸟常在灌木或小树顶鸣唱，受到惊扰就飞入邻近的低矮茂密植被躲藏。在灌丛或草丛中活动时行踪隐匿。非繁殖季也多隐身于低矮植被，往往借由鸣叫才知道它的存在。

食性 主要以小型昆虫及其幼虫为食。

繁殖 繁殖期6月至8月上旬。通常营巢于的茂密灌丛中，距地面高1 m左右，巢与巢之间的距离可能会比较接近。每窝产卵4～6枚。卵白色或乳白色，其上有褐色或淡黄褐色斑，尤其在钝端较为密集。卵大小为（16.8～19）mm×（13～14.5）mm。雌鸟孵卵，孵化期13～14天。

种群现状和保护 IUCN和《中国脊椎动物红色名录》均评估为无危（LC），被列为中国三有保护鸟类。

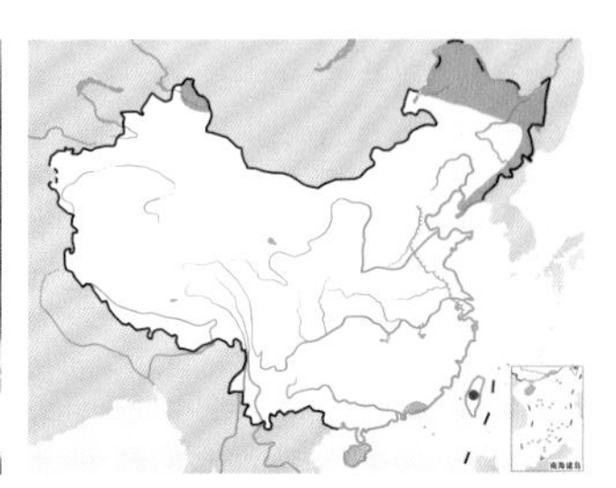

巨嘴柳莺。左上图沈越摄，下图王瑞卿摄

橙斑翅柳莺

拉丁名：*Phylloscopus pulcher*
英文名：Buff-barred Warbler

雀形目柳莺科

体形较小的柳莺，有翅斑，有浅色顶冠纹和腰。体长 10～11 cm，体重 5.5～7.5 g。头顶暗绿色，顶冠纹不明显，黄绿色的眉纹长而明显；上体橄榄绿色，腰黄色，两道翅斑橙黄色，其中一道非常醒目，三级飞羽有浅色羽缘，外侧三对尾羽大多为白色；下体灰绿色。在中国繁殖于青藏高原边缘和秦岭，以及内蒙古西部。主要繁殖于中高海拔及高海拔混交林，也见于林线以上的杜鹃林。非繁殖季见于中低海拔常绿阔叶林。IUCN 和《中国脊椎动物红色名录》均评估为无危（LC），被列为中国三有保护鸟类。

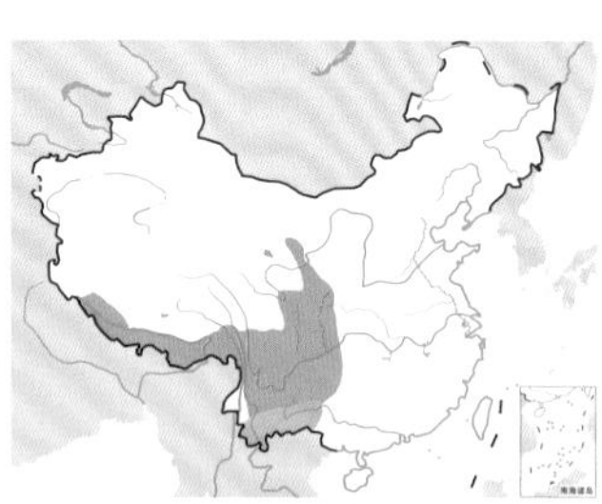

橙斑翅柳莺。左上图贾陈喜摄，下图张明摄

灰喉柳莺

拉丁名：*Phylloscopus maculipennis*
英文名：Ashy-throated Warbler

雀形目柳莺科

特征鲜明的小型柳莺，有翅斑和浅色腰。体长 9～10 cm，体重 5～7 g。整个头部灰色，白色眉纹长而明显，与深色的过眼纹形成反差；上体橄榄绿色，腰及尾上覆羽鲜黄色，两道翅斑黄白色或浅黄色，三级飞羽通常有浅色羽缘，最外侧三对尾羽白色；下体多浅黄色，颏、喉和胸染白色。在中国繁殖于喜马拉雅山区至云南和四川西部。主要繁殖于带有茂密林下灌丛的混交林，越冬于中低海拔阔叶林和次生林。IUCN 和《中国脊椎动物红色名录》均评估为无危（LC），被列为中国三有保护鸟类。

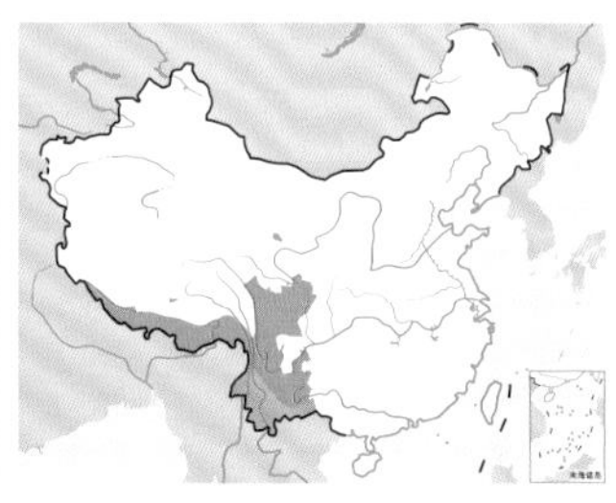

灰喉柳莺。张明摄

甘肃柳莺

拉丁名：*Phylloscopus kansuensis*
英文名：Gansu Leaf Warbler

雀形目柳莺科

形态　体长 9～10 cm 的小型柳莺。体色橄榄绿色并沾灰色，淡黄色眉纹清晰，在眼后颜色偏白色；头顶具有淡黄色的顶冠纹，前段较模糊而后段清晰；具两道白色翅斑，三级飞羽的浅色外缘十分狭窄；具有黄色的腰部。跗跖部黄褐色。与其他在中国西部繁殖的黄色腰的柳莺形态差别很小，如云南柳莺 *P. yunannensis*、四川柳莺 *P. forresti*，最大的差别是它们繁殖期的鸣唱。

分布　仅繁殖于甘肃至青海的部分山区，迁徙有记录于四川。

栖息地　繁殖于海拔 2000～3000 m 的阔叶林中。

习性　在树枝中和灌丛里活动。鸣唱为清脆而连续的叽叽声音。

食性　主要以昆虫为食。

繁殖　繁殖期开始于 5 月中下旬。据一个记录，巢址在乔木主干和分枝之间，距离地面高 8 m，为杯状巢。

种群现状和保护　IUCN 和《中国脊椎动物红色名录》均评估为无危（LC），被列为中国三有保护鸟类。

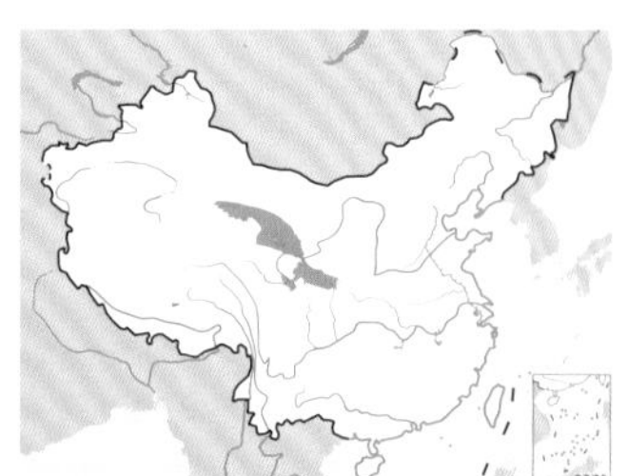

甘肃柳莺。左上图韦铭摄，下图贾陈喜摄

甘肃柳莺的巢和卵。贾陈喜摄

云南柳莺

拉丁名：*Phylloscopus yunnanensis*
英文名：Chinese Leaf Warbler

雀形目柳莺科

形态 体长9～10 cm。上体偏重橄榄绿色而带灰色，腰部黄色，下体污白色。头顶灰绿色，具黄白色顶冠纹，但是该冠纹在头顶的前部颜色变淡；白色眉纹宽长而明显，在眼睛前端不似黄腰柳莺 *P. proregulus* 具有柠檬黄色，在眼睛后端突然变宽；过眼纹黑色，在眼睛前方变得模糊；翅膀上两道白色翅斑明显。上喙褐色，下喙黄色黑色，跗跖褐色。与甘肃柳莺和四川柳莺 *P. forresti* 十分相近，但头顶的冠纹更加不明显，最好通过鸣声鉴别。

分布 在中国分布于华北、华中至西南山地，迁徙经过东部和中部地区，国外越冬于缅甸东南部和泰国北部。

栖息地 繁殖于海拔1000～3000 m的针阔混交林，尤其喜欢具有高大针叶树的混交林。

习性 在求偶期间，雄性喜欢站在树顶上大声鸣唱，鸣唱为单调、清脆的“自个儿—自个儿”，可以连续唱上1分多钟。

食性 主要以昆虫为食。

繁殖 繁殖期5～7月。现有繁殖信息来自记录于四川王朗和峨眉山的2巢和甘肃莲花山的3巢。在四川和王朗巢位于次生落叶林下的草丛中，而在甘肃莲花山巢位于针阔混交林的路边灌丛中。巢材主要为杂草，巢为球形，侧面开口。窝卵数4枚。卵白色，上有的暗棕色斑点，在钝端集成一环带，卵大小为13.5 mm×10.6 mm。四川的巢在6月24日已孵出4只幼鸟。而甘肃莲花山的巢在6月底仍然处于产卵和孵卵期。雌鸟孵卵，雄鸟在巢附近巡逻，雌鸟离巢和坐巢时间与巢外气温有关。双亲共同育雏。

种群现状和保护 分布比较狭窄，但是在分布区内数量较多，IUCN和《中国脊椎动物红色名录》均评估为无危（LC），被列为中国三有保护鸟类。

云南柳莺。左上图刘兆瑞摄，下图张明摄

黄腰柳莺

拉丁名：*Phylloscopus proregulus*
英文名：Pallas's Leaf Warbler

雀形目柳莺科

形态 小型柳莺，有翅斑和浅色的腰。体长9～10 cm，体重4.5～7.5 g。上体橄榄绿色，有2道白色翅斑，大覆羽和次级飞羽基部深色，与翅斑反差明显；眉纹非常醒目，从前额一直延伸至颈侧，在眼前后方均为黄色，接近枕部时则变为白色；过眼纹深色，有明显的浅色中央顶冠纹；新换羽时三级飞羽羽缘白色，但随着磨损这一特征会消失；腰浅黄色，在悬停和飞离时醒目。上下喙深色，仅下喙基部为浅褐色。在多种具黄腰的柳莺中羽色最为鲜艳。

分布 在中国繁殖于东北，西北和西南地区，越冬于东南部，迁徙经其他地区。国外繁殖于西伯利亚中南部和东南部，越冬于泰国北部及邻近地区。

栖息地 主要繁殖于寒温带针叶林，或针叶树占优势的混交林。非繁殖季见于针叶林、混交林和落叶阔叶林。

习性 繁殖季常单只或成对活动，非繁殖季多与其他小型鸟类混群。活泼而行动敏捷，能短暂在树冠边缘悬停捕食，也会倒悬于枝条上，于枝叶间不停移动。

食性 主要以小型昆虫及其他无脊椎动物为食。

繁殖 繁殖期6～7月。通常营巢于针叶树上，距地面高10 m以上，有时也在灌丛中筑巢，距地面仅0.5 m。每窝产卵4～6枚。卵白色，布有紫褐色斑，大小为（12～12.5）mm×（15～16）mm。雌鸟孵卵，孵化期12～13天。雏鸟经双亲喂养12～14天后出飞离巢。

种群现状和保护 分布范围广，IUCN和《中国脊椎动物红色名录》均评估为无危（LC），被列为中国三有保护鸟类。

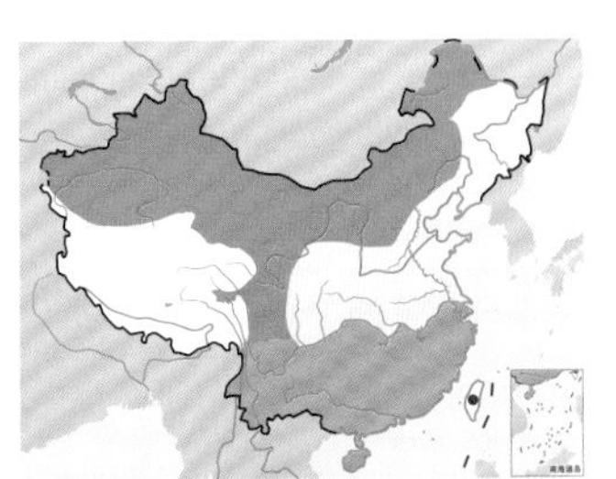

黄腰柳莺。左上图刘兆瑞摄，下图林剑声摄

淡黄腰柳莺

拉丁名：*Phylloscopus chloronotus*
英文名：Lemon-rumped Warbler

雀形目柳莺科

体长 9～10 cm，体重 4.6～5.1 g。头顶灰色，白色眉纹宽长而明显；两道翅斑明显；上体橄榄绿色，腰淡黄色；下体污白色。与黄腰柳莺相比，头部和眉纹的黄色不甚明显。与甘肃柳莺相比，眉纹黄色较不明显，喙基本全为黑色，跗跖颜色更深。与云南柳莺相比，中央顶冠纹更为醒目，头顶的图案对比也更鲜明。在中国分布于西藏东部和南部、云南。主要繁殖于喜马拉雅山区中高海拔混交林中，非繁殖季下降到低海拔区域活动。IUCN 和《中国脊椎动物红色名录》均评估为无危（LC），被列为中国三有保护鸟类。

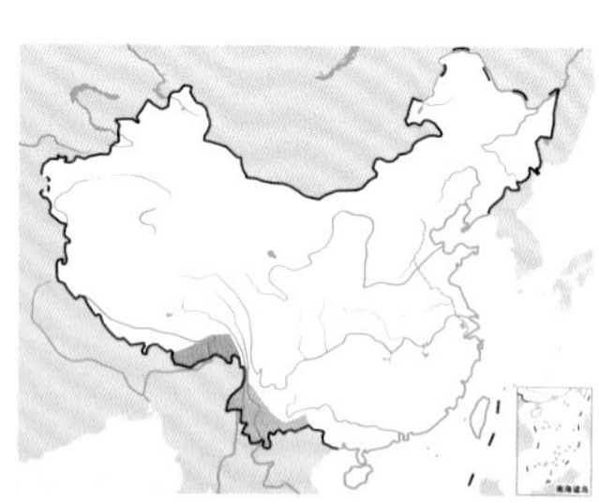

淡黄腰柳莺。左上图张小玲摄，下图董磊摄

四川柳莺

拉丁名：*Phylloscopus forresti*
英文名：Sichuan Leaf Warbler

雀形目柳莺科

体长 9～10 cm。上体橄榄绿色，腰淡黄色；下体污白色；头顶橄榄灰色，黄白色的顶冠纹细长而清晰，眉纹白色，过眼纹橄榄褐色，在眼后变宽；具两道黄白色翅斑。与云南柳莺和甘肃柳莺的主要区别是顶冠纹更为清晰。与淡黄腰柳莺十分相近，但两者分布区域不同。在中国繁殖于西南山地。栖息于海拔 2000～4600 m 的针叶林或者针阔混交林。IUCN 和《中国脊椎动物红色名录》均评估为无危（LC），被列为中国三有保护鸟类。

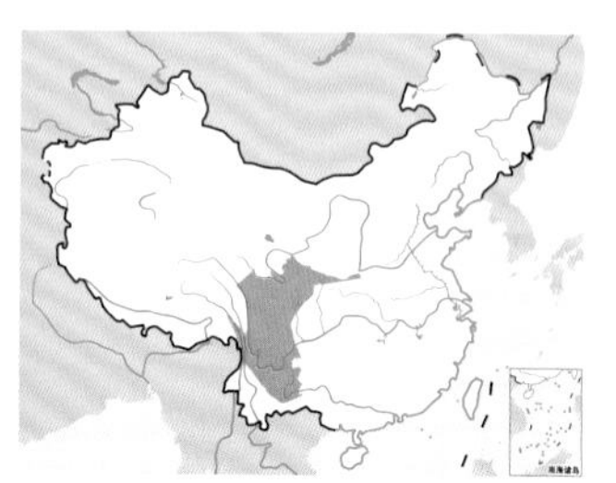

四川柳莺。刘璐摄

黄眉柳莺

拉丁名：*Phylloscopus inornatus*
英文名：Yellow-browed Warbler

雀形目柳莺科

形态 体形较小的柳莺，有翅斑而无浅色的腰。体长 10～11 cm，体重 6～9 g。体形接近黄腰柳莺但小于暗绿柳莺，具有两道白色翅斑，其中大覆羽羽缘组成一道长而宽的翅斑，中覆羽羽缘组成的第二道翅斑则可能会因磨损而消失。眉纹长而明显，为白色或浅黄色；三级飞羽羽缘白色，但也可能因磨损而变得不明显甚至消失；上体橄榄绿色较重，从头后观察，能隐约见到一条窄的中央顶冠纹，渲染较为明显的灰色，但绝不会如黄腰柳莺般明显。喙深色，但下喙基部会有大小不一的黄褐色区域。与淡眉柳莺 *P. humei* 非常相似，在秋季可以眉纹缺乏米黄色和翅斑更为明显区分之，但在春夏季末期，很可能无法依靠形态进行有效区分。与暗绿柳莺 *P. trochiloides* 相比，黄眉柳莺翅斑更为长而明显，且通常第二道翅斑也可见。与双斑绿柳莺 *P. plumbeitarsus* 相比，黄眉柳莺三级飞羽有白色羽缘，体形也较小。

分布 在中国繁殖于东北地区，越冬于华南和台湾，迁徙经过西南、华东、华中和华东等地。国外繁殖于俄罗斯乌拉尔山以东和蒙古北部，越冬于南亚次大陆东北部，东至东南亚。

迁徙 在中国北部为夏候鸟，部分在中国南方越冬。通常每年 4 月末至 5 月初迁到中国东北地区繁殖，9 月下旬和 10 月初开始南迁，但有少数个体迟至 10 月末还滞留于长白山。在黑龙江嫩江高峰林区，黄眉柳莺是当地环志数量较大的种类之一，每年春季 4 月下旬迁到，最早为 4 月 21 日，最晚 4 月 30 日到达；5 月中旬达到迁徙高峰，至 5 月末结束。秋季迁徙开始于 8 月中旬，9 月中旬达到高峰，至 10 月上旬基本离开。在江苏南部为旅鸟，每年春季 4 月上旬至 5 月下旬迁徙经过，秋季则在 9 月中旬至 11

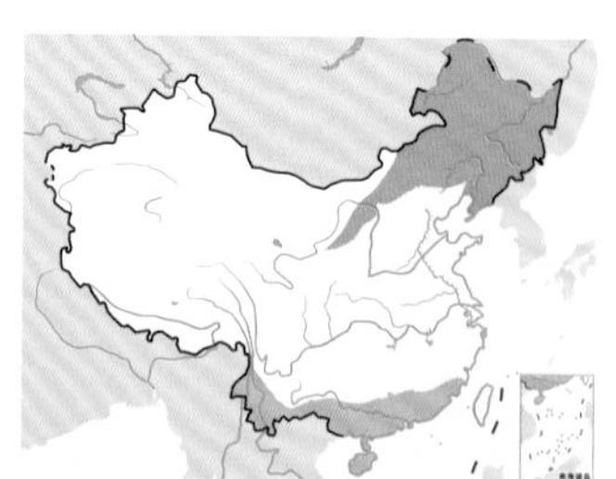

黄眉柳莺。左上图沈越摄，下图杨贵生摄

月上旬过境。

栖息地 繁殖于多样的阔叶林地和针叶林林缘。迁徙时见于丘陵和平原的园林、果园、田野、村落、庭院等处，针叶林中少见。

习性 常单独或三两成群游荡觅食。晨昏较为活跃，常飞落于树下方，然后由下往上逐渐蹿跃。动作轻巧敏捷，并且一直活动几乎不停歇。常在树上以两足为中心，左右摆动身体。较为胆大，不甚惧人。

食性 主要以昆虫、昆虫幼虫和虫卵为食。在内蒙古大兴安岭主要取食落叶松鞘蛾的幼虫和蛹，可占总食物量的 25% 以上。

繁殖 繁殖期 5 月至 7 月。筑巢于高大针叶树侧枝上。巢呈球形，侧开口；外层以干燥树皮、鬃毛、干草茎及苔藓组成，内层多为草茎和动物毛，巢中内衬以少量鸟类的绒毛。巢外径 (6.8 ~ 11) cm × (8.3 ~ 8.5) cm，内径 (4.1 ~ 7) cm × (4.5 ~ 5.5) cm，高 7.9 ~ 9.1 cm，深 5.5 ~ 5.9 cm。窝卵数 5 ~ 8 枚；卵淡白色，带有赤青色斑纹，密集于钝端；卵大小 (14.75 ± 0.56) mm × (11.78 ± 0.59) mm。育雏期 14 ~ 18 天，初生幼雏几乎全裸，至 10 日龄全身已被羽。5 月下旬产卵。

种群现状和保护 分布范围广，IUCN 和《中国脊椎动物红色名录》均评估为无危（LC），被列为中国三有保护鸟类。

淡眉柳莺

拉丁名：*Phylloscopus humei*
英文名：Hume's Leaf Warbler

雀形目柳莺科

与黄眉柳莺很相似，但体形稍小。体长 9 ~ 10.5 cm，体重 5 ~ 8.8 g。新换羽的眉纹、头侧和三级飞羽渲染米黄色；较长的一道翅斑新换羽时也染米黄色，第二道翅斑通常不如黄眉柳莺的第二道明显；三级飞羽和大覆羽不及黄眉柳莺色深，因此与浅色羽缘的反差也不及黄眉柳莺明显；下体较黄眉柳莺更多渲染黄色。两者在春夏季可能非常难以辨认，鸣声才是最好的辨识线索。在中国繁殖于东北部和中部。主要繁殖于中高海拔的针叶林中。IUCN 和《中国脊椎动物红色名录》均评估为无危（LC），被列为中国三有保护鸟类。

淡眉柳莺的巢。贾陈喜摄

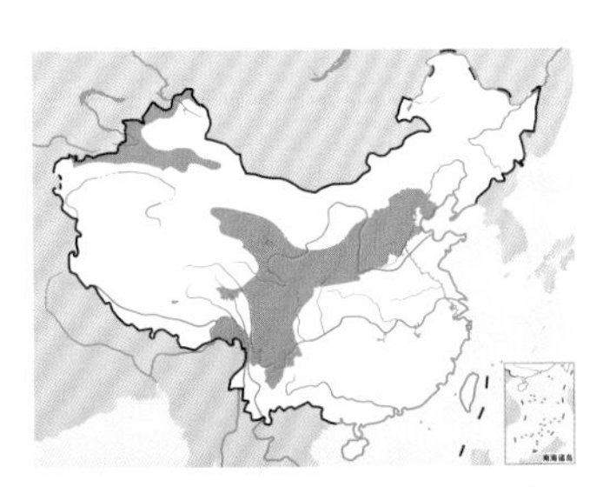

淡眉柳莺。左上图沈越摄，下图韦铭摄

极北柳莺

拉丁名：*Phylloscopus borealis*
英文名：Arctic Warbler

雀形目柳莺科

形态 体形较大的柳莺，有翅斑而无浅色的腰。体长 11 ~ 13 cm，体重 7.5 ~ 15 g。上体橄榄绿色染灰色，通常仅 1 道黄白色翅斑；长而显著的眉纹延伸至颈侧，眉纹在眼前方染浅淡的黄色，在眼后方则为白色；过眼纹深色，顶冠橄榄灰色；下体污白而微染黄绿色，喉部常显得较浅，两胁灰色较重。体形常显得较为修长，尾则显得较短。喙较粗厚且长，下喙多为黄色，仅下喙尖黑色。与双斑绿柳莺相比，极北柳莺过眼纹宽度均一，而前者的过眼纹在眼前方有内收的趋势；同时极北柳莺的翅斑较模糊且染黄色，双斑绿柳莺翅斑清晰而多呈白色。与暗绿柳

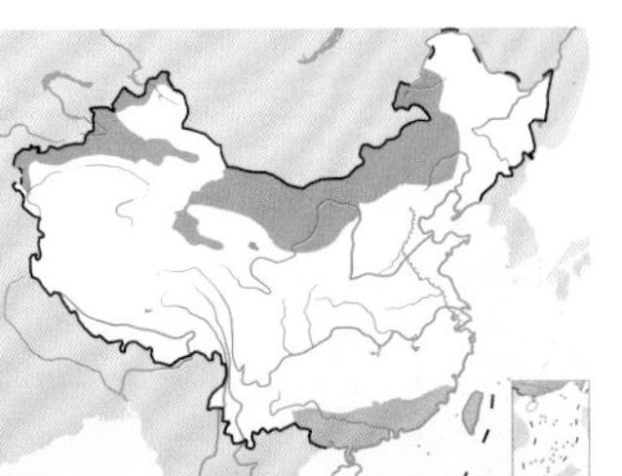

极北柳莺。韦铭摄

莺 *P. trochiloides* 相比，极北柳莺的过眼纹更为明显，向前至喙基部；暗绿柳莺过眼纹较不明显，并且不达喙基部。与冕柳莺 *P. coronatus* 相比，极北柳莺没有顶冠纹，喙较细，眼前方的眉纹不如冕柳莺宽，所染的黄色也较淡。与新近从极北柳莺中独立出的日本柳莺 *P. xanthodryas* 相比，日本柳莺整体羽色偏黄。

分布　在中国繁殖于黑龙江和乌苏里江流域，部分种群在华南越冬，迁徙时可见于各省。国外繁殖于欧亚大陆北部至阿拉斯加，越冬于东南亚。

栖息地　主要繁殖于较为潮湿的针叶林和针阔混交林中，偏好林下茂密的灌丛。非繁殖季见于常绿落叶阔叶混交林、雨林林缘及次生林，也见于农田、庭院乃至经济林地。

习性　繁殖季常单只或成对活动，非繁殖季多与其他鸟类混群。活泼而行动敏捷，能短暂悬停捕食，也可在空中飞捕昆虫。在枝叶间不停地跳动或短距离飞行，频繁地振翅和颤动尾部。觅食的动作较暗绿柳莺或双斑绿柳莺显得慢而更有条理。

食性　主要以小型昆虫及其他无脊椎动物为食。

繁殖　繁殖期 6 月下旬至 8 月。通常营巢于地面，在树根部的植被、草丛或芦苇丛中，也会将巢筑于离地面高约 1 m 的天然洞隙里。每窝产卵 5 ~ 6 枚。卵白色，大小为（15 ~ 17.5) mm × (12.0 ~ 12.5) mm。雌鸟孵卵，孵化期 11 ~ 13 天。雏鸟经双亲喂养 14 天后出飞离巢。

种群现状和保护　分布范围广，IUCN 和《中国脊椎动物红色名录》均评估为无危（LC)，被列为中国三有保护鸟类。由于具有长距离迁徙习性，易受环境变化、人为因素的影响，应当加强保护。

日本柳莺

拉丁名：*Phylloscopus xanthodryas*
英文名：Japanese Leaf Warbler

雀形目柳莺科

由极北柳莺亚种 *P. b. xanthodryas* 独立为种，外形与极北柳莺相近，但体形稍大。有翅斑而无浅色的腰，体重 9.8 ~ 13 g。上体和下体橄榄绿色，但均渲染明显的黄色，是极北柳莺种组当中羽色最黄的一种。不过，单纯依羽色并不能完全可靠区分极北柳莺和日本柳莺，鸣唱和身体测量也是必要的线索。在中国迁徙过境于东部沿海。IUCN 评估为无危（LC)，被列为中国三有保护鸟类。

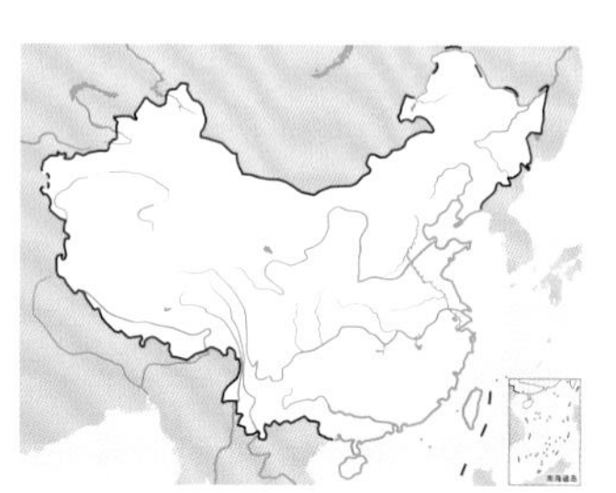

日本柳莺。董文晓摄

暗绿柳莺

拉丁名：*Phylloscopus trochiloides*
英文名：Greenish Warbler

雀形目柳莺科

形态　体形中等的柳莺，有翅斑而无浅色的腰。体长 10 ~ 11.5 cm，体重 6.5 ~ 10.5 g。上体橄榄绿色染灰色，较叽喳柳莺鲜艳。皮黄色的长眉纹从前额向后延伸至枕部两侧，深色的过眼纹不如极北柳莺明显；翅斑仅有 1 道，白色，短而明显；下体灰白染有黄色，但颏、喉和胸部中央较浅。喙不如极北柳莺粗壮，下喙基部黄色。可能与黄眉柳莺和淡眉柳莺混淆，但这两者覆羽深色，与浅色的翅斑形成鲜明对比；同时黄眉柳莺和淡眉柳莺三级飞羽常具有浅色羽缘，暗绿柳莺则无此特征。

分布　在中国繁殖季广泛分布于西部和西南部，越冬于云南南部和海南。国外繁殖于欧洲中部和东部至中亚。越冬于南亚和中南半岛北部。

栖息地　主要繁殖于海拔 1500 ~ 3900 m 的中高山和高山针叶林及针阔混交林中，最高可于海拔 4500 m 的高山灌丛中繁殖。非繁殖季见于低海拔的常绿落叶混交林及常绿林，也见于农田、庭院周边、经济林或海边红树林。

习性　繁殖季常单只或成对活动，非繁殖季多与其他鸟类混群。十分活跃，在较低灌丛至树冠层不停频繁跳动，能短暂悬停捕食，也可以在空中飞捕昆虫。

食性　主要以小型昆虫为食，偶尔也食果。

繁殖　繁殖期 5 月至 8 月中旬。通常营巢于地面，在岩石基部、倒木、树根部、墙体或河岸上的洞隙中筑巢，也会将巢筑于离地面高约 3 m 的天然树洞里。每窝产卵 3 ~ 7 枚。卵白色，大小为 (14 ~ 17.1) mm ×（11.2 ~ 12.3) mm。雌鸟孵卵，孵化期 12 ~ 13 天。雏鸟经双亲喂养 12 ~ 14 天后出飞离巢。

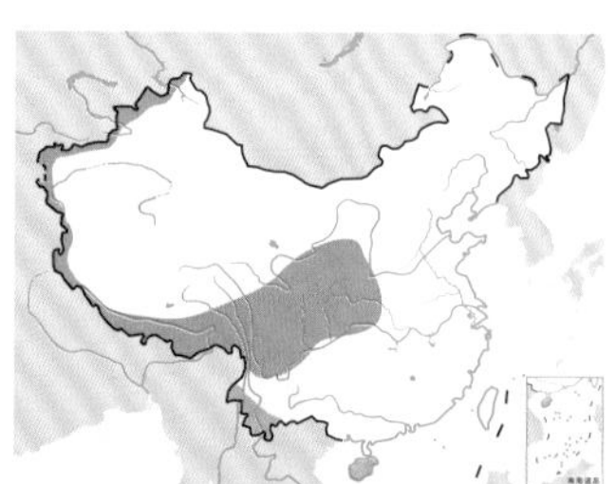

暗绿柳莺。韦铭摄

暗绿柳莺的巢和卵。贾陈喜摄

种群现状和保护 分布范围广，IUCN 和《中国脊椎动物红色名录》均评估为无危（LC），被列为中国三有保护鸟类。

双斑绿柳莺

拉丁名：*Phylloscopus plumbeitarsus*
英文名：Two-barred Warbler

雀形目柳莺科

形态 体形中等的柳莺，有翅斑而无浅色腰。体长 10.5～12 cm，体重 9 g。外形与暗绿柳莺很相近，但通常具有 2 道明显翅斑，大覆羽的白色羽缘组成一道长且较宽的翅斑，中覆羽的白色羽缘形成第二道较短且窄的翅斑。上体羽色较暗绿柳莺更绿，眉纹通常止于眼先上方，而不似暗绿柳莺那样直抵前额，但向后往往延伸至枕部两侧；下体污白色，而不似暗绿柳莺那样渲染黄色。下喙通常全黄色，下喙端一般没有黑色。与极北柳莺比较，极北柳莺往往只见一道翅斑，即便出现两道翅斑，较短的那道多染有黄色，而双斑绿柳莺的两道翅斑都为白色。

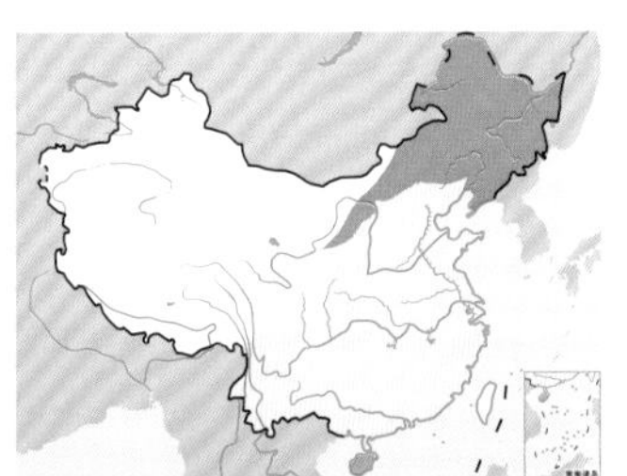

双斑绿柳莺。左上图刘璐摄，下图沈岩摄

分布 在中国繁殖于东北及华东地区，越冬于云南至广东西南部和海南，迁徙时几乎见于中国东部全境。国外繁殖于西伯利亚中东部和东部，南至蒙古东北部和朝鲜半岛北部，越冬于中南半岛北部。

栖息地 主要繁殖于中高纬度针叶林和针阔混交林，非繁殖季见于中低海拔的落叶林、次生林、灌丛和竹林。

习性 似暗绿柳莺，繁殖季常单只或成对活动，非繁殖季会与其他鸟类混成小群。十分活跃，在树中层至树冠层不停跳动。

食性 主要以小型昆虫为食。

繁殖 繁殖期 5 月至 8 月上旬。通常营巢于地面、斜坡或河岸上的洞隙中。每窝产卵 5～6 枚。卵白色，大小为 (15～15.8) mm×(11.3～11.6) mm。

种群现状和保护 分布范围广，IUCN 和《中国脊椎动物红色名录》均评估为无危（LC），被列为中国三有保护鸟类。

淡脚柳莺

拉丁名：*Phylloscopus tenellipes*
英文名：Pale-legged Leaf Warbler

雀形目柳莺科

有翅斑无浅色顶冠纹的柳莺，体形较大，体长 11～12 cm，体重 13.5 g。头顶灰色，与身体其他部位形成对比，白色眉纹长而明显；上体橄榄绿色染灰色，下体白色；通常至少有一道翅斑，但可能因磨损而难于分辨。下喙色深，但跗跖颜色很浅。外形与萨岛柳莺 *P. borealoides* 十分相近，只能依据鸣声可靠区分。在中国繁殖于极东北部，越冬于海南岛，迁徙经东部地区。主要繁殖于稀疏的落叶林和河流两边的林地及灌丛，越冬时见于低海拔灌丛及红树林。IUCN 和《中国脊椎动物红色名录》均评估为无危（LC），被列为中国三有保护鸟类。

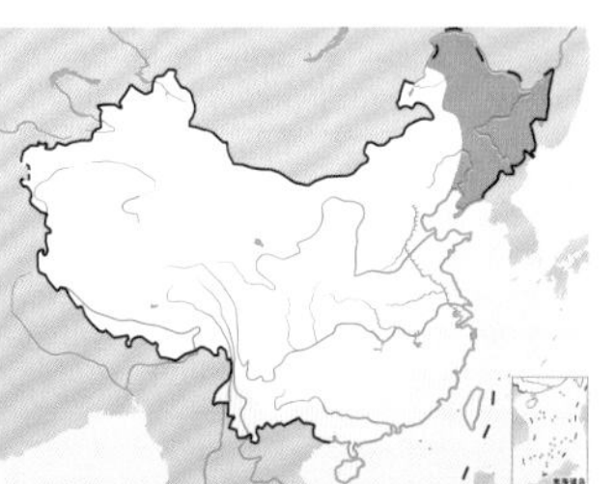

淡脚柳莺。刘璐摄

萨岛柳莺

拉丁名：*Phylloscopus borealoides*
英文名：Sakhalin Leaf Warbler

雀形目柳莺科

有翅斑无浅色顶冠纹的柳莺，体形较大，体长 11.5 cm，体重 10.7 g。外形与淡脚柳莺十分相近，能依据鸣声可靠区分。在中国迁徙季节记录于上海、浙江、广东、香港、台湾，可能在台湾周边岛屿越冬。迁徙时见于低海拔林地、城市公园及庭院。IUCN 和《中国脊椎动物红色名录》均评估为无危（LC），被列为中国三有保护鸟类。

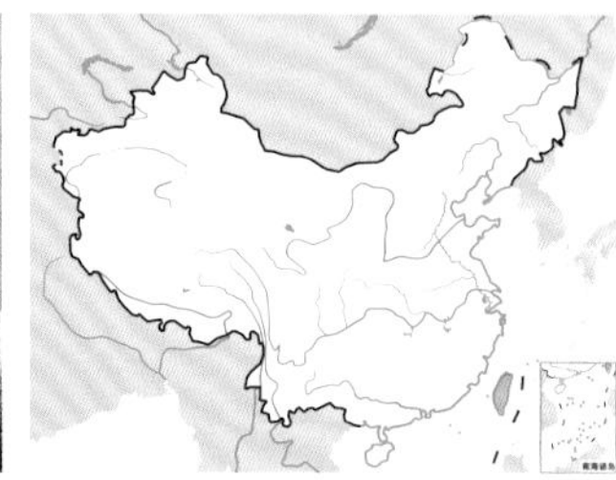

萨岛柳莺。Stiart Price摄

乌嘴柳莺

拉丁名：*Phylloscopus magnirostris*
英文名：Large-billed Leaf Warbler

雀形目柳莺科

有翅斑无浅色腰，外形与暗绿柳莺相近，但体形较大。体长 11～13 cm，体重 6.4～15 g。上体橄榄绿色，头顶羽色较暗，眉纹黄白色，两道翅斑不甚明显；下体污白色，喉部、胸部和两胁染灰色。与暗绿柳莺相比，头顶与背部的颜色深浅对比较不明显；下喙基部色浅，其余部分黑色，而在暗绿柳莺则是下嘴端较黑，其余部分多为橙黄色。鸣声为特征性 5 个连续带有声调高低变化的“滴”音节。在中国繁殖于青藏高原边缘至中部和华北。主要繁殖于海拔 1800～3700 m 的针叶林和针阔混交林，常不远离河谷和溪流等水域。IUCN 和《中国脊椎动物红色名录》均评估为无危（LC），被列为中国三有保护鸟类。

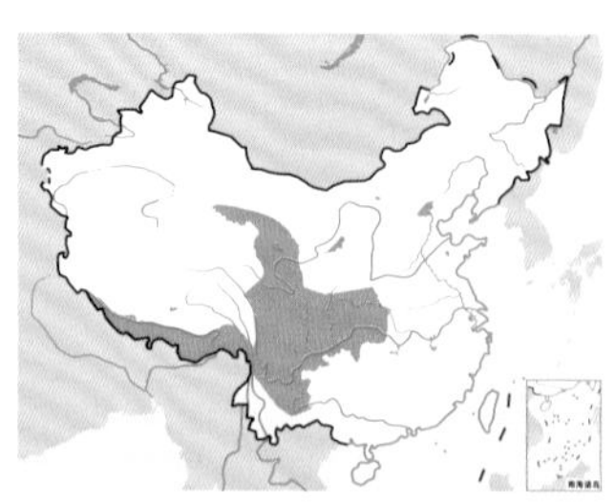

乌嘴柳莺。左上图董磊摄，下图刘璐摄

冕柳莺

拉丁名：*Phylloscopus coronatus*
英文名：Eastern Crowned Warbler

雀形目柳莺科

形态 体形中等的柳莺，有翅斑和明显顶冠纹，特点较为鲜明。大小与欧柳莺和暗绿柳莺相近，但明显大于黄眉柳莺。上体橄榄绿色，头顶中央有一淡黄色顶冠纹，在头后侧更为明显，向前不达前额，须注意有时顶冠纹可能不明显；浅色的眉纹长而醒目，通常在眼前方染较为明显的黄色；头两侧和过眼纹深橄榄绿色，与浅色的眉纹对比鲜明，并且过眼纹在眼后明显变宽；大覆羽的浅色羽端形成一道明显的黄白色翅斑，但在磨损后可能不清晰；下体白色，要明显比极北柳莺白；尾下覆羽染黄色，与白色的腹部反差明显。外形与极北柳莺相近，但体形稍小，下体更白，且尾下覆羽黄色。与冠纹柳莺种组成员相似，但体形稍大，喙显得较长，且只有一道翅斑，头部图案也不那么明显。

分布 在中国繁殖于东北、华北和华中，迁徙经中国大部。国外繁殖于俄罗斯远东地区、朝鲜半岛和日本，越冬于东南亚。

迁徙 具有迁徙行为，秋季迁徙主要开始于 8 月的下半月，经过中国东部和南部，9 月抵达泰国北部及中部和老挝北部。春季迁徙开始于 3 月，4 月中旬经过中国中部，迁徙高峰集中在 4 月下旬至 5 月中旬，但直到 5 月末仍能见到北迁个体。在山东青岛对过境柳莺的环志发现冕柳莺在当地春季最早于 4 月下旬出现，持续 30 天，高峰出现在 5 月上旬；秋季最早出现于 8 月下旬，持续约 15 天。李显达等（2014）报道冕柳莺仅春季环志于黑龙江嫩江高峰林区，在 5 月中旬迁至。秋季没有该种的环志记录，

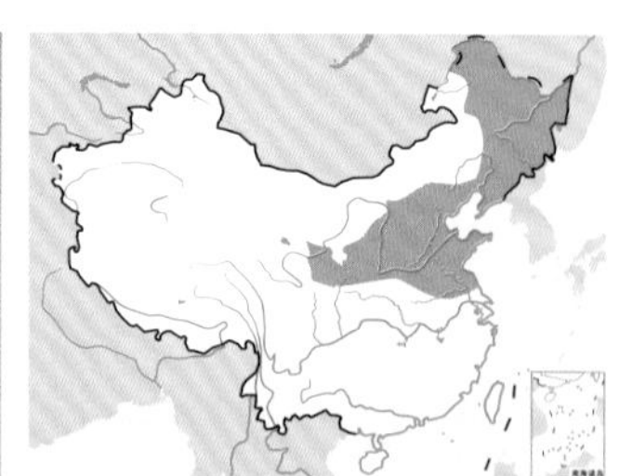

冕柳莺。左上图沈岩摄，下图韦铭摄

可能是8月上旬在环志开始之前就已迁离，或者是秋季迁徙路线不同所致。

习性 常单独在树冠层活动觅食，性活泼，不断跳跃移动，也在树之间短距飞行。非繁殖季与其他种类混群。

食性 主要以昆虫及其幼虫、蜘蛛为食。

繁殖 繁殖期5月中旬至7月。通常在地面、灌丛下的土坡、矮树或较低的树枝及灌丛中营球状巢。每窝产卵4～7枚。卵白色，大小为(15～17) mm×(12～13) mm。有被中杜鹃巢寄生的记录。王鹏程等在北京小龙门国家森林公园发现一巢，筑于地面，巢外径7.5 cm×8.5 cm，巢内径3.5 cm×6.5 cm，高11 cm，深3 cm。内有2枚白色卵。

种群现状和保护 分布范围广，IUCN和《中国脊椎动物红色名录》均评估为无危（LC），被列为中国三有保护鸟类。

日本冕柳莺

拉丁名：*Phylloscopus ijimae*
英文名：Ijima's Leaf Warbler

雀形目柳莺科

有翅斑而无浅色顶冠纹的柳莺，体形较大，外形与冕柳莺相近，体长11～12 cm。头顶灰色，白色眉纹长而明显；上体橄榄绿色，下体污白色，肛周染浅黄色。与冕柳莺相比，没有中央顶冠纹。在中国仅记录于台湾，可能为旅鸟或冬候鸟。主要栖息于低海拔落叶林和亚热带常绿混交林，也见于林缘和竹林。因分布范围局限，已被IUCN评估为易危（VU），《中国脊椎动物红色名录》评估为近危（NT）。

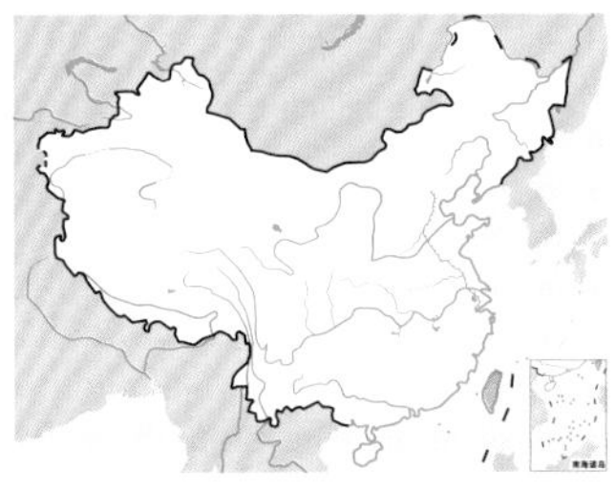

日本冕柳莺。Yann Muzika摄

冠纹柳莺

拉丁名：*Phylloscopus claudiae*
英文名：Claudia's Leaf Warbler

雀形目柳莺科

形态 体长9.9～10.9 cm，体重7～9 g。上体橄榄绿色，淡黄色眉纹长而明显，暗褐色贯眼纹自鼻孔穿过眼睛，向后延伸至枕部；头顶较暗，稍沾灰黑色，中央冠纹灰黄色，在头顶和枕部最显著；颊和耳羽淡黄色和暗褐色相杂；翅和尾羽黑褐色，各羽外翈边缘与背同色，最外侧两对尾羽的内翈具白色狭缘；大覆羽和中覆羽的尖端淡黄绿色，形成两道翅上翼斑；下体白色，微沾灰色，胸部稍缀以黄色条纹，尾下覆羽为沾黄色的白色。虹膜褐色；上嘴褐色，下嘴黄色；跗跖和脚褐色。

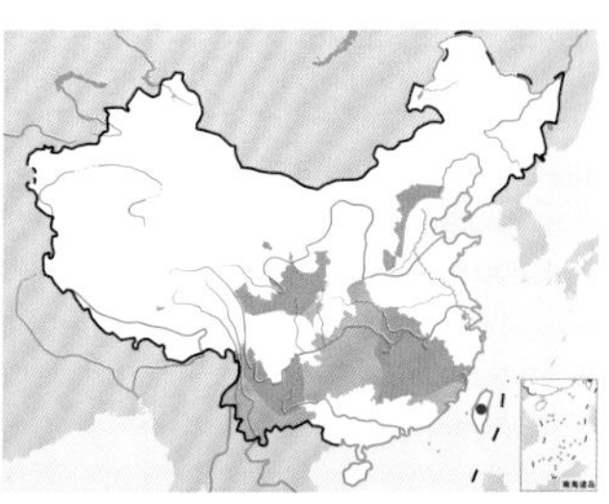

冠纹柳莺。左上图胡山林摄，下图杜卿摄

分布 在中国繁殖于中部、西部及南部，越冬于云南西南部。国外繁殖于巴基斯坦北部至中南半岛，越冬于东南亚。

栖息地 栖息于海拔3500 m以下的森林和林缘灌丛地带，秋、冬季迁移到低山或山脚平原地带。

习性 除繁殖季节成对或单只活动外，常以3～5只小群活动于树冠层，或隐匿于林下灌、草丛中，尤其在河谷、溪流和林缘疏林灌丛及小树丛中常见。常两翼轮流振翅，有时似䴓倒悬于树枝下方取食。

食性 主要以昆虫为食，包括鞘翅目、鳞翅目、膜翅目、双翅目、同翅目和革翅目等。

繁殖 繁殖期5～7月。营巢于1300～3000 m的高海拔山区。常营巢于近林缘、林间旷地等阳光相对充足地段的原木或树上的洞中。巢呈球状，巢材外围主要由禾本科枯草茎叶编织而成，内衬苔藓、植物纤维、毛发，偶见有羽毛。巢外径9.5 cm×8.5 cm，内径6.5 cm×5.5 cm，巢高8.8 cm，深6.1～7.0 cm，巢距地面高0～5 m。每窝产卵4～5枚。卵呈椭圆形，白色，布有稀疏浅红色斑点，大小为18.6 mm×14.5 mm，重2.4 g。双亲共同孵卵，雌鸟承担更多的孵卵工作，孵化期11～12天。双亲共同育雏，育雏期9～10天。常被中杜鹃和小杜鹃巢寄生。

种群现状和保护 IUCN和《中国脊椎动物红色名录》均评估为无危（LC），被列为中国三有保护鸟类。

西南冠纹柳莺

拉丁名：*Phylloscopus reguloides*
英文名：Blyth's Leaf Warbler

雀形目柳莺科

形态　体形中等的柳莺，体长 10.5～12 cm。体色为橄榄绿色，头顶颜色偏暗，头顶中央具有清晰的顶冠纹；眉纹黄白色，在眼睛后端变得更为宽阔；大覆羽和中覆羽的端部形成两道清晰的淡黄色翼斑，三级飞羽的外缘没有黄色；腰部亦与背羽颜色相同；下体白色沾黄色，尾下覆羽白色；外侧尾羽白色，在运动中有时会被观察到。上喙黑色，下喙黄褐色；跗跖亦黄褐色。与冠纹柳莺、华南冠纹柳莺的形态十分接近，但是互为异域分布。与冕柳莺形态相似，但是后者具有一道翅斑，且尾下覆羽柠檬黄色。

分布　在中国分布于西藏南部和东南部、四川西南部和云南北部，国外主要分布于喜马拉雅山南麓中南半岛。在分布区的南部的群体为留鸟，但在喜马拉雅山区的群体会垂直迁徙到低海拔越冬。

栖息地　栖息于湿润的阔叶林或针阔混交林。

习性　常单独或成对觅食，也会加入混合鸟群一起觅食。主要在乔木的中下层取食，有时会像䴓类一样在树干上头朝下爬行。与冠纹柳莺一样，喜欢不停地交替扇动左右翅膀。

繁殖　繁殖期开始于 3 月，有些个体在 8 月也会繁殖。筑巢于树桩或树根间的空隙，墙洞或者土洞，以干草编织成球形巢。每窝产 4～5 枚白色卵，雌雄轮流孵卵。曾有记录被小杜鹃和中杜鹃巢寄生。

种群现状和保护　分布范围广，IUCN 和《中国脊椎动物红色名录》均评估为无危（LC），被列为中国三有保护鸟类。

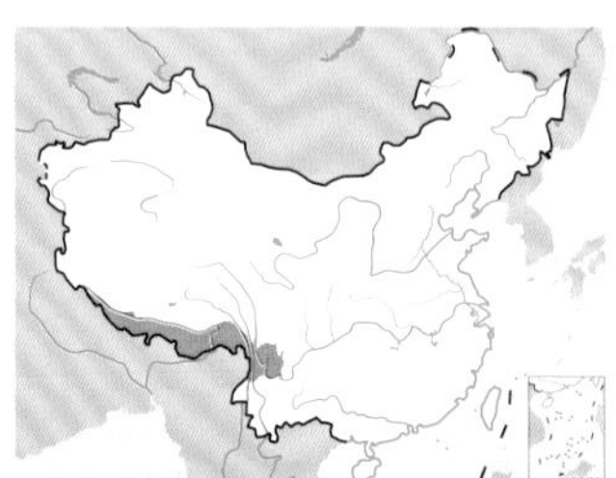

西南冠纹柳莺。韦铭摄

华南冠纹柳莺

拉丁名：*Phylloscopus goodsoni*
英文名：Hartert's Leaf Warbler

雀形目柳莺科

有翅斑和明显顶冠纹但无浅色腰的柳莺，体长 10.5～12 cm。外形与白斑尾柳莺 *P. ogilviegranti* 相近，但体形稍大。整体羽色较白斑尾柳莺偏白，长眉纹为白色而非黄色；并且外侧尾羽有明显的白色羽缘。在中国繁殖于华南、华中，越冬和留居于海南。主要繁殖于中高海拔的杜鹃林或潮湿的落叶林，越冬于较低海拔的常绿林林缘、次生林及山脚周边的灌丛。在繁殖季有特征性的轮流鼓动左右两翼的行为。IUCN 评估为无危（LC），被列为中国三有保护鸟类。

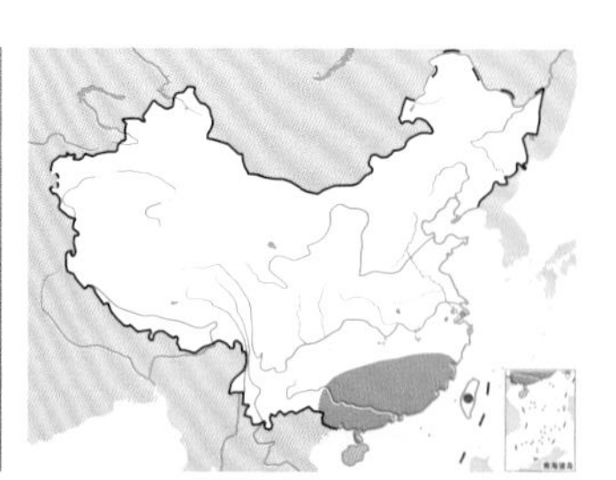

华南冠纹柳莺。董文晓摄

峨眉柳莺

拉丁名：*Phylloscopus emeiensis*
英文名：Emei Leaf Warbler

雀形目柳莺科

体形中等的柳莺，有翅斑和明显顶冠纹，无浅色的腰。体长 11～12 cm。上体橄榄绿色，顶冠纹淡黄色，在头前段不甚明显；眉纹淡黄色，长而明显；具 2 道明显的淡黄色翅斑；下体白色，两胁染灰绿色，尾下覆羽淡黄色。与西南冠纹柳莺非常相似，但体形明显较小，羽色较浅。并且与冠纹柳莺种组成员相比，峨眉柳莺头顶图案不明显，暗色侧冠纹较淡，侧冠纹后部为暗绿灰色而与枕部对比不明显。与云南白斑尾柳莺和白斑尾柳莺 *P. ogilviegrunti* 也较相似，但峨眉柳莺体形稍大且头顶图案不清晰，上体绿色不鲜艳，冠纹少黄色，眉纹、后部、中腹部和尾下覆羽黄色亦少；白斑尾柳莺的外侧尾羽通常具有狭窄白边，较峨眉柳莺宽；而云南白斑尾柳莺外侧两对尾羽则具有较宽的白色边缘形成白斑，与峨眉柳莺区别明显。雄鸟繁殖季不会如冠纹柳莺种组成员那样轮流鼓动左右两翼。曾被认为是中国特有鸟种，见于陕西南部，四川东南部、云南东北部、东至贵州梵净山、广东西北部及东北部，但近来在缅甸东南部有越冬记录。主要繁殖于海拔1000～1900 m的亚热带山地成熟落叶阔叶林，也见于次生林、人工林和有云杉的地方。全球种群规模尚未量化。已知分布范围狭窄。IUCN 和《中国脊椎动物红色名录》均评估为无危（LC），被列为中国三有保护鸟类。

峨眉柳莺。刘璐摄

云南白斑尾柳莺

拉丁名：*Phylloscopus intensior*
英文名：Davison's Leaf Warbler

雀形目柳莺科

有翅斑和明显顶冠纹但无浅色腰的柳莺，外形与白斑尾柳莺十分相近。体长 10～11 cm，体重 5.7～8.1 g。与冠纹柳莺相比，体形较小，整体的羽色都偏黄色，眉纹也为鲜明的黄色。与峨眉柳莺相比，头顶的图案更加明显。跟白斑尾柳莺相比，外侧尾羽黄色部分较少而白色部分较多，但这一特点在野外很难观察到。在中国繁殖于云南。主要栖息于海拔 3000 m 以下的落叶或针阔混交林。IUCN 评估为无危（LC），被列为中国三有保护鸟类。

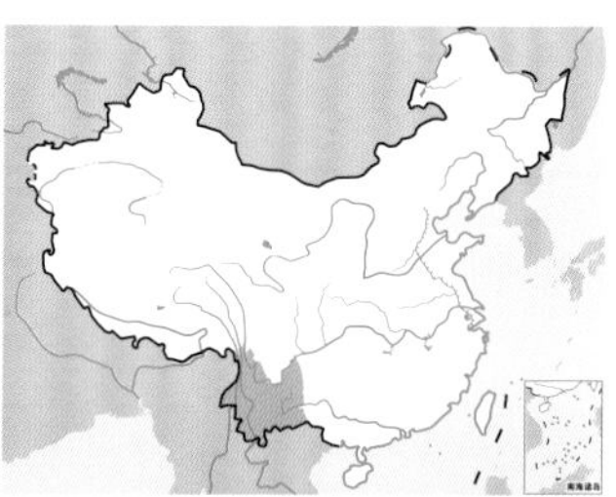

云南白斑尾柳莺。韦铭摄

白斑尾柳莺

拉丁名：*Phylloscopus ogilviegranti*
英文名：Kloss's Leaf Warbler

雀形目柳莺科

有翅斑和明显顶冠纹但无浅色腰的柳莺，外形与云南白斑尾柳莺十分相近。体长 10～11 cm。与冠纹柳莺相比体形较小，眉纹为鲜明的黄色，脸颊的黄色也更为明显，两道翅斑也更黄，整体的羽色都偏黄。与峨眉柳莺相比，头顶的图案更加明显。与云南白斑尾柳莺相比，外侧尾羽黄色部分较多而白色部分较少，但这一特点在野外很难观察到。在中国繁殖于中部和东南部。主要栖息于海拔 3000 m 以下的落叶或常绿阔叶林、针阔混交林及针叶林。IUCN 和《中国脊椎动物红色名录》均评估为无危（LC）。被列为中国三有保护鸟类。

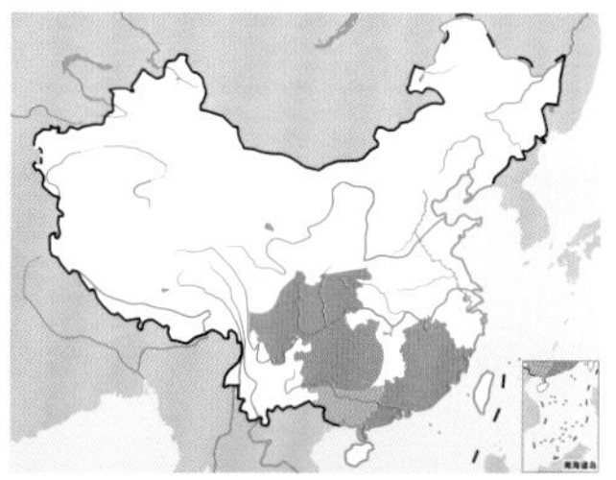

白斑尾柳莺。左上图董磊摄，下图林剑声摄

海南柳莺

拉丁名：*Phylloscopus hainanus*
英文名：Hainan Leaf Warbler

雀形目柳莺科

体长 11 cm。特征鲜明，有翅斑和明显顶冠纹而无浅色的腰部。上体黄绿色，头顶中央具一道淡黄色顶冠纹，眉纹黄色，侧冠纹深色，具 2 道黄色翅斑，下体鲜黄色。仅见于中国海南岛。主要栖息于海拔 640～1500 m 的山地次生林中。分布狭窄，虽然在分布区内数量较为普遍，但是由于分布地点较少，可能面临栖息地退化导致的群体下降风险，IUCN 和《中国脊椎动物红色名录》均评估为易危（VU），被列为中国三有保护鸟类。

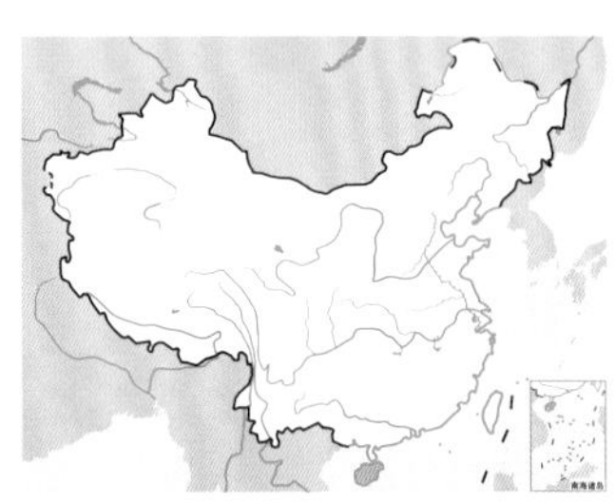

海南柳莺。刘璐摄

黄胸柳莺

拉丁名：*Phylloscopus cantator*
英文名：Yellow-vented Warbler

雀形目柳莺科

与黑眉柳莺 *P. ricketti* 相似，头顶都有黑色的粗壮的侧冠纹，但是柠檬黄色的区域仅存在于喉部和尾下覆羽；其余腹部银白色，翅上有一道不明显的翅斑。在中国分布于西藏东南部、云南南部至广西。栖息于海拔 300～2000 m 的阔叶林和竹林，也喜欢靠近水源的一些湿润的生境中。已知分布范围狭窄，但在一些分布区内为地区性常见物种。IUCN 和《中国脊椎动物红色名录》均评估为无危（LC）。

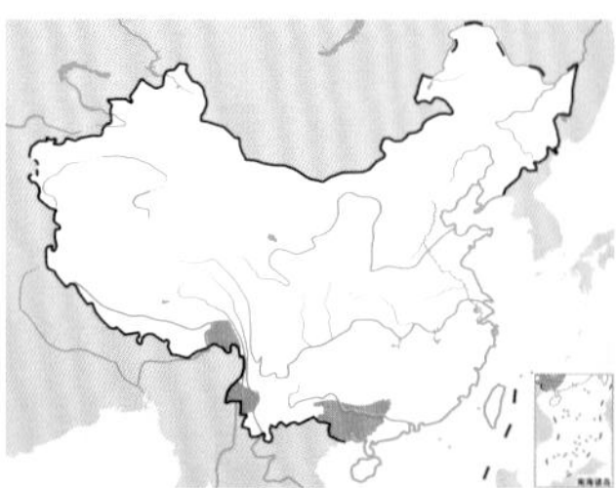

黄胸柳莺。刘璐摄

灰岩柳莺

拉丁名：*Phylloscopus calciatilis*
英文名：Limestone Leaf Warbler

雀形目柳莺科

外形与黑眉柳莺十分相近，体形稍小。体长 10～11 cm。具有一道明显的翅斑，头顶有黄黑相间的明显图案，下体鲜黄色。跟黑眉柳莺相比，灰岩柳莺上体染灰色的程度更重，下体的黄色

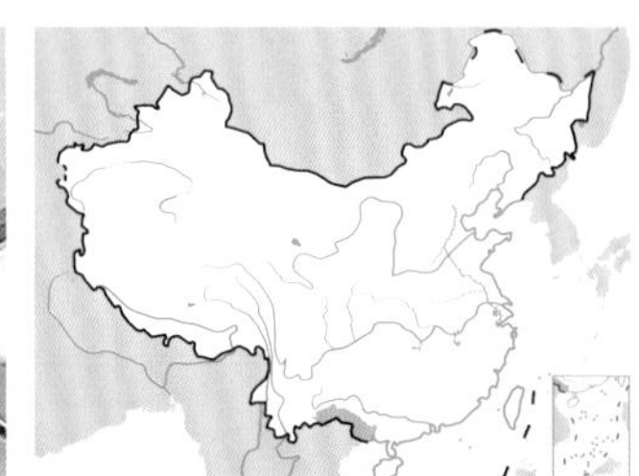

灰岩柳莺。左上图刘璐摄，下图韦铭摄

则较浅，同时侧冠纹也染灰色。在中国仅见于云南东南部和广西西南部。繁殖于中低海拔的喀斯特石山森林。IUCN 评估为无危（LC），《中国脊椎动物红色名录》评估为近危（NT）。

黑眉柳莺

拉丁名：*Phylloscopus ricketti*
英文名：Sulphur-breasted Warbler

雀形目柳莺科

形态 体长 9.9 ~ 11 cm，体重 6 ~ 8 g。上体橄榄绿色，颜色鲜亮。自上嘴基起，有宽阔的黄色眉纹延伸至头侧，贯眼纹褐色；头顶中央自额基至后颈有一条极为显著的淡黄绿色冠纹，两颊黄绿色，耳羽与颈侧黄绿色，侧冠纹黑色；翅膀暗褐色，翅上有两道淡黄色翅斑，外翈具宽阔的绿色羽缘；背、腰以及尾上覆羽橄榄绿色，最外侧一对尾羽内翈羽缘白色；下体亮黄色，两胁沾绿色，腹部黄绿色。虹膜暗褐色；上嘴褐色，下嘴橙黄色；覆腿羽黄色染暗棕色，爪肉色。幼体中央冠纹及眉纹较成鸟淡，呈黄白色，上体淡绿色，下体一概为淡黄色。

分布 在中国主要分布于华中、华南及华东，大多为夏候鸟，在广东南部和香港为留鸟或冬候鸟。国外分布于东南亚北部。

栖息地 主要栖息于海拔 2000 m 以下的山地阔叶林、针叶林、混交林、林缘灌丛和园圃。

习性 繁殖期间单独或成对活动，其他时段多成小群活动，也常与其他雀鸟混群活动和觅食。性机敏活泼，鸣声响亮，婉转易辨识。

食性 主要以昆虫和昆虫幼虫为食。

繁殖 繁殖期 4 ~ 7 月。通常营巢于林下或森林边的土岸洞穴中，巢呈球形，全由苔藓构成。每窝产卵 6 枚。卵白色，光滑无斑，大小为（15.5 ~ 16.5）mm ×（10.5 ~ 12.5）mm。

种群现状和保护 IUCN 和《中国脊椎动物红色名录》均评估为无危（LC）。被列为中国三有保护鸟类。

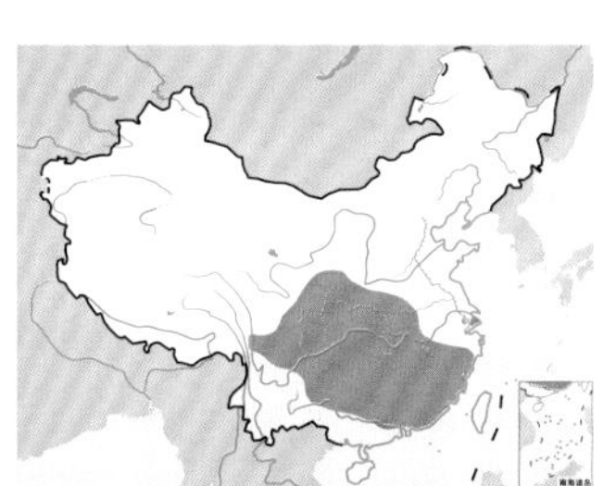

黑眉柳莺。左上图韦铭摄，下图林剑声摄

灰头柳莺

拉丁名：*Phylloscopus xanthoschistos*
英文名：Grey-hooded Warbler

雀形目柳莺科

特征明显、体形较小的柳莺，无翅斑和浅色的腰。体长 10 ~ 11 cm，体重 6 ~ 9 g。头顶和上背灰色，有一条长而醒目的白色眉纹；上体橄榄绿色，下体鲜黄色。繁殖区为喜马拉雅山区。主要繁殖于中高海拔的山区阔叶林和针阔混交林中。IUCN 和《中国脊椎动物红色名录》均评估为无危（LC）。

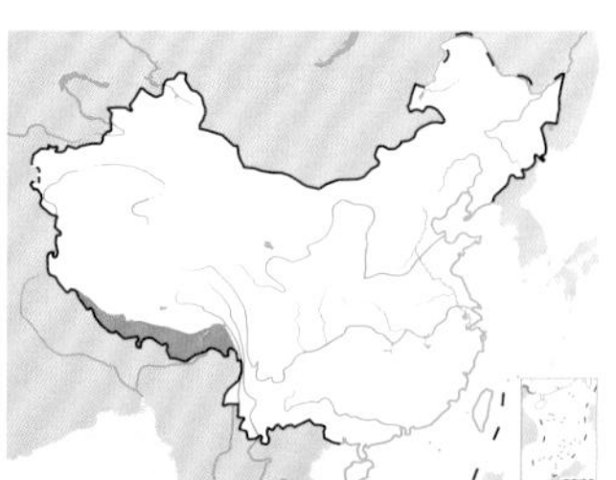

灰头柳莺。左上图董江天摄，下图张明摄

白眶鹟莺

拉丁名：*Seicercus affinis*
英文名：White-spectacled Warbler

雀形目柳莺科

外形与灰冠鹟莺 *S. tephrocephalus* 相近，体形稍大，体长 11～12 cm。眼眶黄色或白色，断开的缺口在眼上方，而不似灰冠鹟莺那样在后方；有一道不甚醒目的翅斑，并且侧冠纹并不明显。在中国繁殖于西藏东南部、云南南部和东南部、浙江，部分种群越冬于福建、广西和广东。主要繁殖于海拔 1000 m 的潮湿而茂密的常绿阔叶林中，非繁殖季降至低海拔活动。IUCN 和《中国脊椎动物红色名录》均评估为无危（LC）。

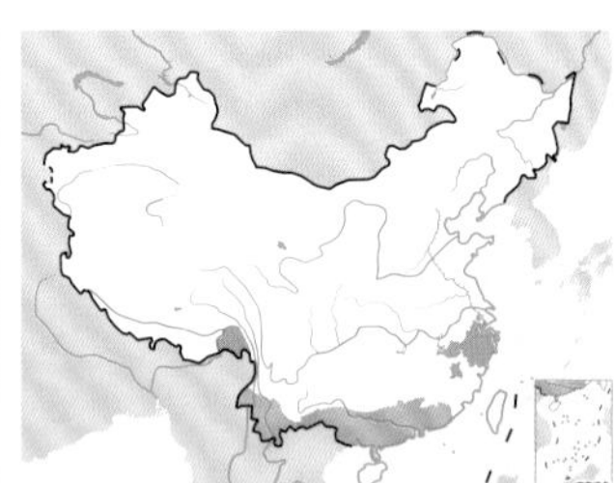

白眶鹟莺。左上图董文晓摄，下图林剑声摄

金眶鹟莺

拉丁名：*Seicercus burkii*
英文名：Green-crowned Warbler

雀形目柳莺科

形态 体长 9.5～11.5 cm，体重 5～9 g。中文名得自其金黄色的眼周，眼先稍暗。头顶中央冠纹灰色或灰色沾绿色，侧冠纹黑色；耳羽暗黄绿色或橄榄绿色；背、肩橄榄绿色，两翅暗褐色，翅具一道不明显翅斑，有些亚种具一道黄色翼纹，内侧翅上覆羽颜色同背，大覆羽具窄的黄绿色尖端，其余翅上覆羽和飞羽暗褐色，羽缘橄榄绿色；腰和尾上覆羽橄榄色稍淡，尾暗褐色，外侧两对尾羽内翈白色；下体鲜黄色，两胁沾橄榄色。嘴基宽，上嘴黑褐色，下嘴淡黄色，上嘴前端具缺刻。鼻孔外具鼻膜，嘴须鼻须发达，基部白色，其余黑色，前伸达嘴中部。脚、趾白或黄褐色，爪亦然。

分布 在中国繁殖于西藏南部和东南部。国外分布于喜马拉雅山脉南麓。

栖息地 繁殖期间主要栖息于山地常绿或落叶阔叶林中，尤以林下灌木发达的溪流两岸的稀疏阔叶林和竹林中较常见。冬季多下到低山和山脚的次生阔叶林、林缘疏林和灌丛中。

习性 除繁殖期间常单独或成对活动外，其他时候多呈小群，有时也见和其他柳莺与小鸟一起活动和觅食。常在林下灌丛中枝叶间跳跃觅食。

食性 主要以昆虫为食，也吃少量蜘蛛。

繁殖 繁殖期 5～7 月。通常营巢于林下灌丛中地上或距地不高的灌丛与草丛上，也在山坡、土坎、岸边岩坡和岩石脚下营巢，巢附近均有灌木、草丛或小树隐蔽。巢呈侧面开口的球状或浅碟状，主要由苔藓和杂草茎叶编织而成，内衬以茅草和苔藓。大小为外径（10～13.5）cm×（7.5～10）cm，内径（4～7）cm×（2.5～6）cm，高 6～14 cm，深 4～7.5 cm。每窝产卵 3～4 枚，卵白色或浅土黄色，大小为（14.4～7.1）mm×（11.6～13.4）mm，平均 16.0 mm×12.7 mm，卵重 1.3 g。雌雄亲鸟轮流孵卵。

种群现状和保护 局域常见物种。IUCN 和《中国脊椎动物红色名录》均评估为无危（LC）。

金眶鹟莺。左上图刘璐摄，下图张小玲摄

哺育离巢幼鸟的金眶鹟莺。林剑声摄

灰冠鹟莺

拉丁名：*Seicercus tephrocephalus*
英文名：Grey-crowned Warbler

雀形目柳莺科

外形与淡尾鹟莺 *P. soror*、峨眉鹟莺 *P. omeiensis* 和比氏鹟莺 *P. valentini* 相似。体长 10～11 cm。体形较小，头部具有明显的灰色区域，顶冠灰黑相间的图案最为显著，通常具有一道不明显的翅斑。在中国繁殖于陕西南部、甘肃、云南、四川、贵州、湖南、广东和湖北西部。主要繁殖于海拔 1500～2000 m 的常绿阔叶次生林和灌木林，在同域繁殖时，通常海拔稍低于峨眉鹟莺，而高于淡尾鹟莺，但存在重叠。IUCN 和《中国脊椎动物红色名录》均评估为无危（LC）。

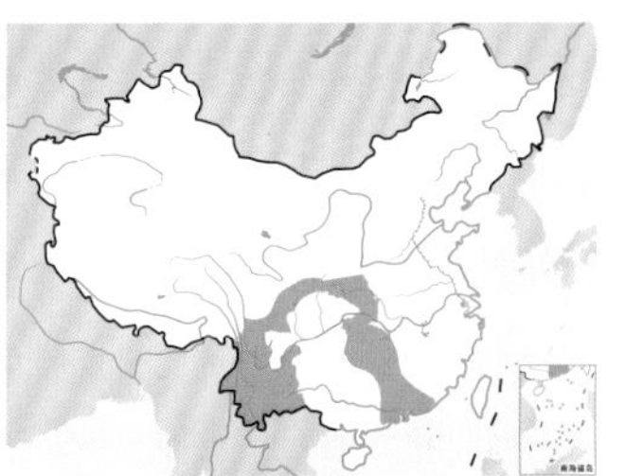

灰冠鹟莺。左上图黄珍摄，下图董磊摄

韦氏鹟莺

拉丁名：*Seicercus whistleri*
英文名：Whistler's Warbler

雀形目柳莺科

外形与灰冠鹟莺相近，但头顶灰黑相间的图案远不如灰冠鹟莺明显，且黄色的眼圈完整，不会在后方断开。上体暗橄榄绿色，下体黄色，通常有一道清晰可辨的翅斑，飞行或伸展尾羽时可见外侧尾羽明显的白色。跟金眶鹟莺很相近，但尾相对较长，喙相对较小，黑色的侧冠纹不甚明显；同时金眶鹟莺往往没有翅斑，外侧尾羽的白色也较少。在中国仅见于西藏东南部。主要繁殖于山区温带常绿和落叶阔叶林乃至针阔混交林中，所处海拔高于同域分布的灰冠鹟莺；越冬时常见于海拔 2100 m 以下山脚地带。IUCN 和《中国脊椎动物红色名录》均评估为无危（LC）。

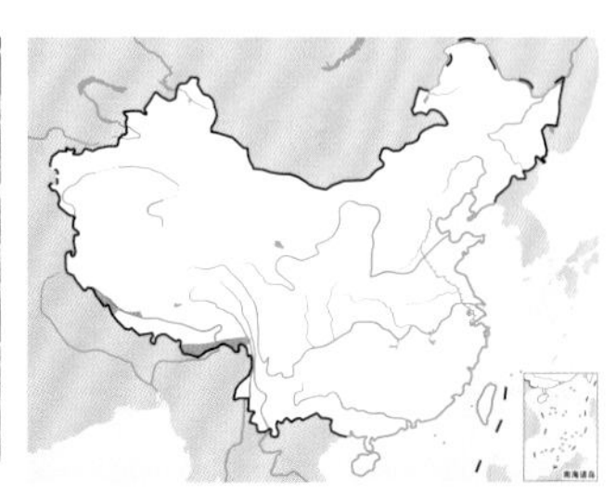

韦氏鹟莺。左上图张永摄，下图董磊摄

比氏鹟莺

拉丁名：*Seicercus valentini*
英文名：Bianchi's Warbler

雀形目柳莺科

形态 外形与淡尾鹟莺、灰冠鹟莺和峨眉鹟莺相近，尤其峨眉鹟莺。体长 11～12 cm。头顶灰黑相间的图案通常不如峨眉鹟莺清晰，但单纯依靠外形特征并不能可靠区分两者。上体灰绿色，下体鲜黄色，通常有一道清晰可辨的翅斑；飞行或伸展尾羽时可见外侧尾羽明显的白色。与灰冠鹟莺相比，黄色的眼圈没有缺口，黑色的侧冠纹向前不至喙基部。与淡尾鹟莺相比，头顶黑灰相间的图案更加明显。

分布 在国内繁殖于中部和东南部；越冬于南部。国外越冬于东南亚北部。

栖息地 主要繁殖于山区温带常绿和落叶阔叶林乃至针阔混交林中，所在的海拔往往高于其他鹟莺，但可能与峨眉鹟莺存在部分重叠；越冬时常见于海拔 1200 m 以下的常绿阔叶林林下灌丛里。

习性 主要在林下灌丛觅食，也会到树冠层活动。

食性 可能主要以昆虫为食，但尚缺乏研究。

繁殖 由于该种是新近独立的鸟种，对其了解仍有限。已知会被翠金鹃巢寄生，而且也可能会被中杜鹃巢寄生。在贵州北部是 5 月至 7 月底繁殖，筑巢于土坡上。巢呈球形，侧开口，主要以新鲜苔藓组成，内衬以少量枯草叶和细丝。繁殖成功率为 40%。

种群现状和保护 分布范围较广，IUCN 和《中国脊椎动物红色名录》均评估为无危（LC）。

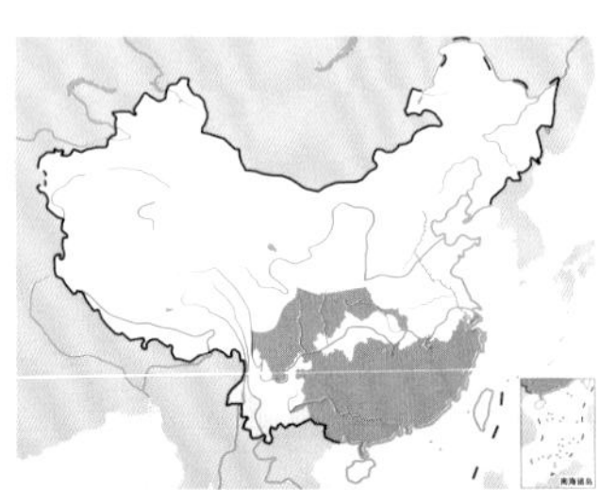

比氏鹟莺。左上图沈越摄，下图韦铭摄

峨眉鹟莺

拉丁名：*Seicercus omeiensis*
英文名：Martens's Warbler

雀形目柳莺科

外形与淡尾鹟莺 *S. soror*、灰冠鹟莺和比氏鹟莺相近，尤其灰冠鹟莺和比氏鹟莺。体长 11～12 cm。头顶灰黑相间的图案通常较比氏鹟莺更清晰，但单纯依靠外形特征并不能可靠区分两者，需要结合鸣声。而相较灰冠鹟莺，则头部的灰黑相间图案不如其明显，并且金色的眼眶完整，而不会在眼后方变细而断开。繁殖于中国中部。主要繁殖于山区温带常绿阔叶林中，所在的海拔高于淡尾鹟莺，但也存在重叠；越冬时常见于海拔 1000 m 左右的常绿阔叶林林下灌丛里。与灰冠鹟莺相比，峨眉鹟莺更为偏好原始林生境。IUCN 和《中国脊椎动物红色名录》均评估为无危（LC）。

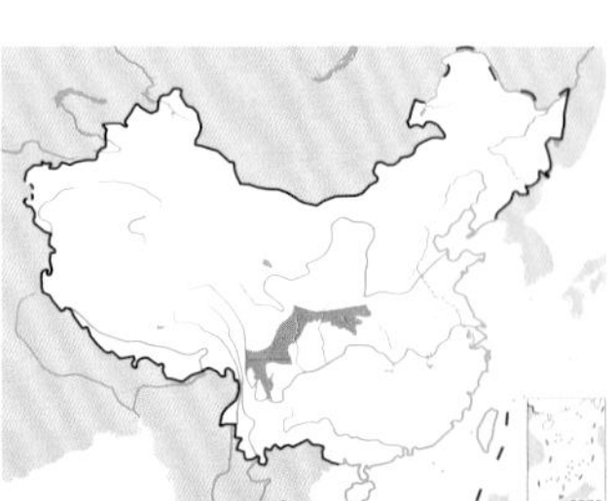

峨眉鹟莺。左上图田穗兴摄，下图董文晓摄

淡尾鹟莺

拉丁名：*Seicercus soror*
英文名：Plain-tailed Warbler

雀形目柳莺科

外形与峨眉鹟莺、灰冠鹟莺和比氏鹟莺相近，尤其是比氏鹟莺。体长 11～12 cm。与前三者相比，淡尾鹟莺的喙较粗且较长，尾相对较短；其头顶的灰色中央顶冠纹和黑色侧冠纹最为浅淡，对比最不明显。通常具有的一道翅斑但并不明显，野外观察不到外侧尾羽上的白色。在中国繁殖于中部和南部。主要繁殖于山区温带常绿阔叶林中，越冬时下降到海拔 1000 m 以下的森林或林地，也见于红树林。IUCN 和《中国脊椎动物红色名录》均评估为无危（LC）。

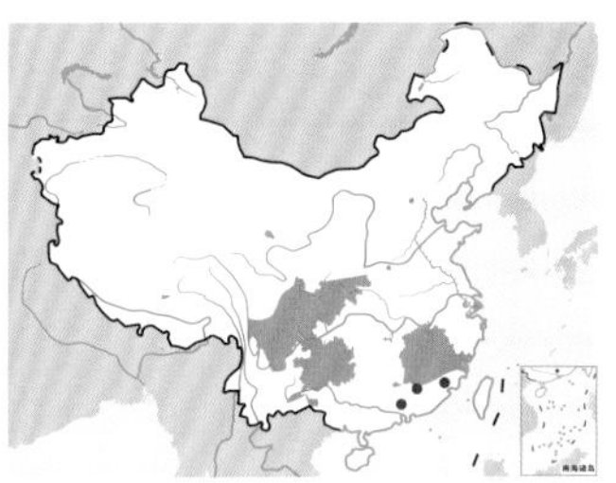

淡尾鹟莺。刘璐摄

灰脸鹟莺

拉丁名：*Seicercus poliogenys*
英文名：Grey-cheeked Warbler

雀形目柳莺科

体形较小、特征鲜明的鹟莺，体长10～11 cm，体重约6.3 g。头顶和脸颊为均一的黑灰色，具有明显的白色眼圈；上体绿色，有一道短而明显的黄白色翅斑；下体亮黄色，仅颏部灰色。在中国繁殖于喜马拉雅山区至云南西部和南部、广西。主要繁殖于中高海拔的温带阔叶林林下茂密灌丛里，冬季降至低海拔地区。IUCN和《中国脊椎动物红色名录》均评估为无危（LC）。

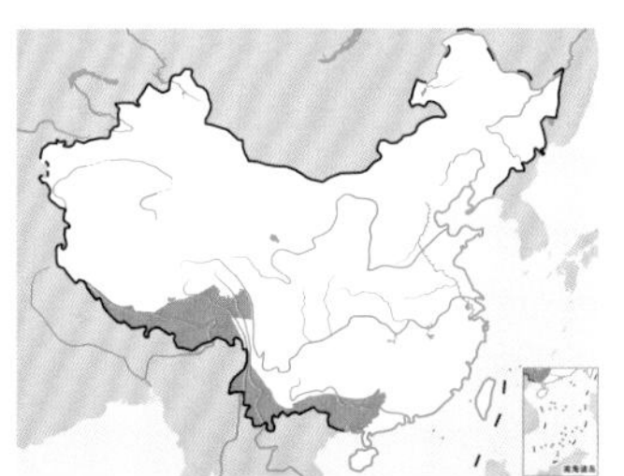

灰脸鹟莺。刘璐摄

栗头鹟莺

拉丁名：*Seicercus castaniceps*
英文名：Chestnut-crowned Warbler

雀形目柳莺科

形态 体形较小的鹟莺，特征鲜明且有翅斑。体长9～10 cm。头顶栗色，左右两侧各有一道黑色侧冠纹，眼眶白色，其余头部和胸为灰色，但枕部有白色；背、肩部黄绿色，腰鲜黄色；具两道黄色翅斑；下体腹部为黄色。

分布 在中国分布于西南和华南地区，以及陕西和甘肃南部。在其分布区内基本都为留鸟，繁殖季过后有向中低海拔迁移的行为。分布区内靠北的种群会迁徙至中国华南地区越冬，在香港有过冬季的记录。国外见于中南半岛、马来半岛和苏门答腊岛。

栖息地 主要栖息于海拔2000 m以下的低山和山脚地带阔叶林与林缘疏林灌丛。

习性 极其活泼，多在树冠上层外缘活动觅食，时常悬停。非繁殖季会与其他种类混群。

食性 主要以昆虫和昆虫幼虫为食，尤以鳞翅目和鞘翅目昆虫居多，也吃少量植物种子。

繁殖 2月至7月间都有繁殖记录，通常在当地降雨季节开始繁殖，于印度喜马拉雅山区集中在4至6月间。会被中杜鹃和翠金鹃巢寄生。在贵州北部，繁殖季集中于5～7月，巢筑于公路边的土坡内壁，距路边1.3±1.2 m，距地面高2.2±0.6 m。巢呈球状，侧开口，主要由新鲜苔藓及细草根组成。巢外径10.9±1.5 cm，内径3.3±0.5 cm，高9.5±1.9 cm。每窝产卵4～5枚。卵纯白色，卵大小为（14.3±0.3) mm×(11.22±0.23) mm，卵重0.92±0.04 g。孵化期12～13天，仅见单一亲鸟孵卵。育雏期13～14天，雌雄亲鸟共同参与育雏。

种群现状和保护 分布范围较广，IUCN和《中国脊椎动物红色名录》均评估为无危（LC）。

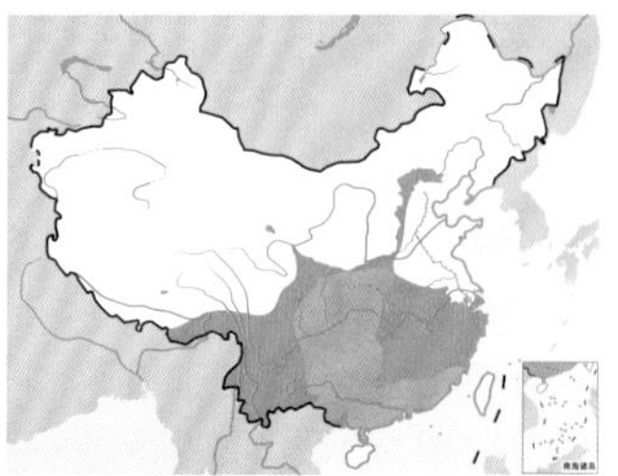

栗头鹟莺。左上图林剑声摄，下图杜卿摄

树莺类

- 树莺类指雀形目树莺科鸟类，全世界共12属37种，中国有8属19种
- 树莺类体形纤小，喙较细弱，羽色多为褐色、暗绿色或黄色，一般多条纹
- 树莺类主要栖息于森林地带，常在林下灌丛浓密的枝叶间活动，捕食昆虫及其幼虫
- 树莺类大多为单配制，在灌木和草丛下面靠近地面处营球形、碗状或杯形巢

类群综述

树莺类指雀形目树莺科（Cettiidae）鸟类，原属于莺科成员，但现在它们已经单独成为一个科。莺科从前是一个由大约近400个物种组成的庞大群体，有许多种类外形极为相似，并且有很多种类的归属关系一直不很明确，让无论是普通观鸟者还是专门的鸟类研究者都觉得眼花缭乱，难以区分。它们大多是体形娇小的鸟类，常常隐匿于茂密的植被中，只有在觅食它们喜爱的昆虫时才会偶尔乍现，但随之又消失得无影无踪。不过，它们的鸣声往往有着显著的差异，这一点为鸟类分类学家提供了难得的研究手段，再加上分子生物学方面的证据，可以有效地厘清其中一部分种类的分类问题，从而使这个类群的分类学研究得到很大的发展。树莺类就是其中之一。它们大多为树栖种类，主要包括地莺属 *Tesia*、树莺属 *Cettia* 等12属37种，主要分布于旧大陆热带亚热带地区。中国有8属19种，分布几遍全国各地。

形态 树莺类体形一般较为纤小，体长9～18 cm，体重4～34 g。嘴形较细弱，嘴缘光滑，上嘴或具缺刻。其中树莺属嘴尖细；地莺属嘴基部很宽、尖端侧扁；黄腹鹟莺属嘴宽而直。树莺属额羽短而光滑，无辅羽和嘴须，但地莺属具嘴须，黄腹鹟莺属嘴须发达，辅助羽超过鼻孔，多数种类超过嘴尖。翅短圆，初级飞羽10枚，鹟莺第1枚初级飞羽短小，第2、第3枚以后渐次递增。尾形状不一，尾羽10枚或12枚，树莺尾稍呈楔形，地莺尾极短，鹟莺尾呈方尾状或稍呈叉尾状。跗跖较其他莺类长而强，前缘具靴状鳞，有的种类具盾状鳞。

树莺类羽色较单一，雌雄羽色大多相似，主要为褐色、暗绿色或黄色，一般多条纹，很难区分，最好的识别办法是借助它们的鸣声。有些种类的外表简直一模一样，但它们的鸣声迥然不同。

栖息地 树莺类主要栖息于各种森林地带，也出现于灌丛、芦苇沼泽和耕地等其他生境中。

习性 繁殖期多单独或成对活动，其他季节也成群，有时也与其他小型鸟类混群。它们善于在浓密的树木枝叶间穿梭，在树叶下不停地搜寻、啄食昆虫等食物。一般在栖木上鸣啭，鸣声尖细清脆。

食性 主要以昆虫和昆虫幼虫为食。

繁殖 树莺类一般为单配制。它们的鸣声除了是维护领域的主要手段外，在吸引异性和选择配偶方面也起着重要作用。有些种类具有突出的领域性，雄鸟通常拒绝同一种类的其他成员进入领域，从而保证为自己和后代保有足够的食物，也有利于它们之间极为相似的巢保持一定的距离，避免被天敌集中发现。巢呈碗状、球形或杯状，通常营巢于灌丛下部靠近地面的侧枝上，也见于草丛中。栗头织叶莺 *Phyllergates cucullatus* 在缝合的大型叶片中营巢，它的喙尖锐，相对较长，向下弯，能在树叶边缘啄出一个个孔，然后将“捻线”穿过去缝合叶片。雏鸟晚成性。

种群现状和保护 树莺类目前尚无物种被IUCN列为全球受胁物种，但由于其生性隐蔽，人们对其种群状态了解不多。在中国，仅少数种类被列为三有保护鸟类。

左：树莺类常在林下灌丛浓密的枝叶间活动，但繁殖期会站在栖木上鸣啭不休。图为正在鸣唱的黄腹树莺。贾陈喜摄

黄腹鹟莺
Abroscopus superciliaris
棕脸鹟莺
Abroscopus albogularis
黑脸鹟莺
Abroscopus schisticeps
栗头织叶莺
Phyllergates cucullatus
宽嘴鹟莺
Tickellia hodgsoni
短翅树莺
Horornis diphone
远东树莺
Horornis canturians
强脚树莺
Horornis fortipes
黄腹树莺
Horornis acanthizoides
异色树莺
Horornis flavolivaceus
喜山黄腹树莺
Horornis brunnescens
灰腹地莺
Tesia cyaniventer
金冠地莺
Tesia olivea
宽尾树莺
Cettia cetti
大树莺
Cettia major
棕顶树莺
Cettia brunnifrons
栗头树莺
Cettia castaneocoronata
鳞头树莺
Urosphena squameiceps
淡脚树莺
Hemitesia pallidipes

黄腹鹟莺

拉丁名：*Abroscopus superciliaris*
英文名：Yellow-bellied Warbler

雀形目树莺科

体长9～11厘米。前额、头侧和头顶灰色；贯眼纹黑色；眉纹白色；上体油黄绿色，腰部和尾上覆羽亮黄色；颏、喉和上胸白色，其余下体黄色。在中国分布于西藏东南部、云南西部和南部、广东、广西南部。栖息于海拔2000 m以下的低山和山脚平原地带的次生林和疏林灌丛中。

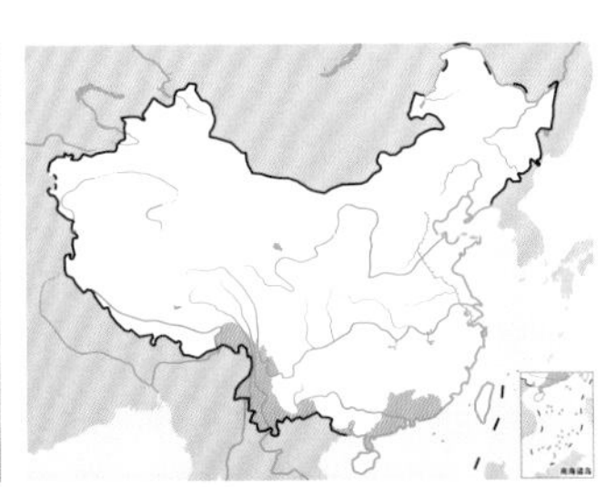

黄腹鹟莺。左上图韦铭摄，下图张苓摄

棕脸鹟莺

拉丁名：*Abroscopus albogularis*
英文名：Rufous-faced Warbler

雀形目树莺科

形态 雄鸟体长8～10 cm，体重4.5～7.5 g；雌鸟体长9～10 cm，体重4～5 g。前额、头侧、颈侧淡茶黄栗色或淡栗色，头顶和枕部淡赭橄榄色或棕褐色，侧冠纹黑色，从前额延伸到枕侧；上体黄橄榄绿色，腰部淡黄白色；颏黄色，喉白色，密杂以黑色纵纹；上胸黄色，常形成一条窄的黄色胸带；两胁和尾下覆羽为黄色；其余下体白色。

分布 在中国分布于南方大部分地区，北至甘肃南部，西至西藏东南部，也包括海南和台湾，为留鸟。在国外分布于尼泊尔、印度东北部和中南半岛。

栖息地 栖息于海拔2500 m以下的阔叶林和竹林中，常在树林和竹林上层，也在林下灌丛和林缘疏林中活动与觅食。

习性 繁殖期多单独或成对活动，其他季节也成群，有时也与其他小鸟混群。鸣声单调清脆，其声似"铃、铃、铃……"

食性 主要以昆虫为食。

繁殖 繁殖期为4～6月。主要营巢于海拔2000m以下的竹林和稀疏的常绿阔叶林中，巢多置于枯死的竹子洞中，内垫有竹

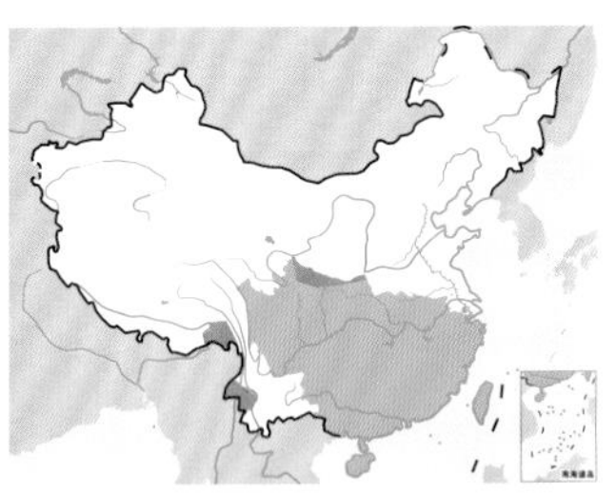

棕脸鹟莺。李志钢摄

叶、苔藓和纤维。每窝产卵3～6枚，卵淡粉红色，被有朱红色或紫灰色斑点，大小为（13.3～15.5）mm×（10.5～12.0）mm。

种群状态与保护 IUCN和《中国脊椎动物红色名录》均评估为无危（LC）。在中国分布较广，种群数量较多，但也需要严格保护。

黑脸鹟莺

拉丁名：*Abroscopus schisticeps*
英文名：Black-faced Warbler

雀形目树莺科

体长10～11 cm。额基、眼先、眼周为黑色；额、眉纹鲜黄色，头顶、后颈呈沾橄榄绿色的石板灰色；上体橄榄绿色，腰部稍显黄色；颏、喉、尾下覆羽鲜黄色，上胸部黄色，下面具黑领，下体余部白色。在中国分布于西藏南部、云南西北部及西部和南部、四川、广西。栖息于海拔2000～2600 m的常绿阔叶林、竹林和林缘灌丛中。IUCN和《中国脊椎动物红色名录》均评估为无危（LC）。

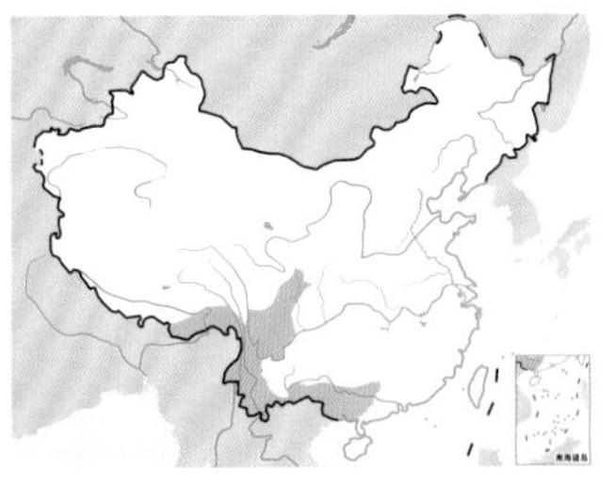

黑脸鹟莺。董江天摄

栗头织叶莺

拉丁名：*Phyllergates cucullatus*
英文名：Mountain Tailorbird

雀形目树莺科

形态 雄鸟体长约 12 cm，体重约 9 g；雌鸟体长约 10 cm，体重约 5 g。前额和头顶栗色或金橙棕色；眉纹黄色，短而窄，贯眼纹黑色，眼后较白；头侧、枕、后颈和颈侧暗灰色，颊和耳覆羽下部分银白色；上体橄榄绿色，腰部和尾上覆羽黄色或橄榄黄色；颏、喉、胸部白色或淡灰白色，其余下体鲜黄色。

分布 在中国分布于云南、四川、湖南、广西、广东、海南等地，为留鸟。在国外分布于不丹、印度东北部和东南亚。

栖息地 栖息于低山及河谷地带的常绿阔叶林和沟谷雨林中，也栖息于竹林、针叶林、林缘灌丛和稀树草坡等开阔地带。

习性 性活泼而大胆，除繁殖期单独或成对活动外，其他时候多喜成群在枝叶和花朵间跳跃觅食，也常飞到空中捕食飞行性昆虫。鸣声响亮，为四音节的哨音。

食性 主要以昆虫和昆虫幼虫为食。

繁殖 在缝合的大型叶片中营巢。每年繁殖 2 窝，窝卵数 3～4 枚。卵颜色变化较大，有白色、淡红色、蓝色、绿色和淡蓝色等。

种群现状和保护 IUCN 和《中国脊椎动物红色名录》均评估为无危（LC）。在中国分布区狭窄，数量稀少，应注意保护。

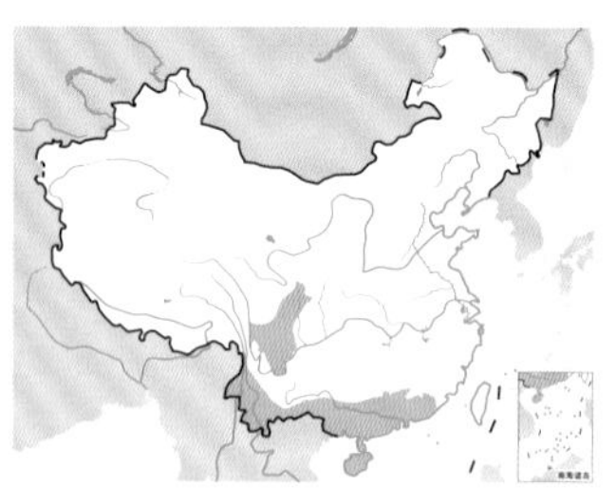

栗头织叶莺。薄顺奇摄

宽嘴鹟莺

拉丁名：*Tickellia hodgsoni*
英文名：Broad-billed Warbler

雀形目树莺科

体长约 10 cm。眼先、头侧暗苍灰色；眉纹淡灰色；额、头顶栗色；上体橄榄绿色，腰部微沾黄色；颏、喉、上胸灰色；下体余部鲜黄色。似栗头织叶莺，但喙较宽短。在中国分布于西藏东南部、云南东南部、广西等地。栖息于海拔 1500～2700 m 的山地常绿森林和竹林中。IUCN 和《中国脊椎动物红色名录》均评估为无危（LC）。被列为中国三有保护鸟类。

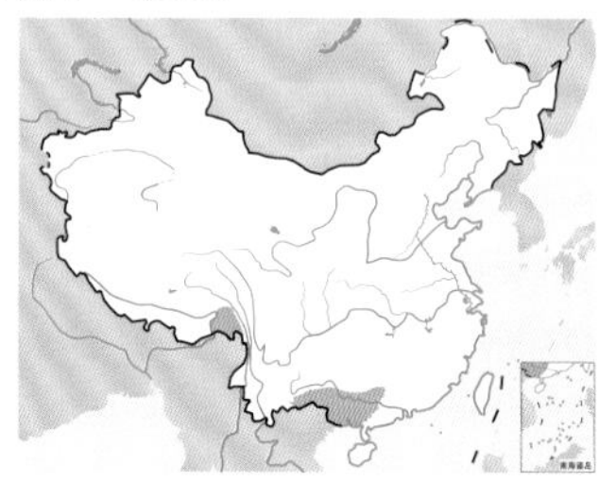

宽嘴鹟莺。董文晓摄

短翅树莺

拉丁名：*Horornis diphone*
英文名：Japanese Bush Warbler

雀形目树莺科

体长 14～17 cm。额和头顶为鲜亮的棕栗色；眉纹皮黄白色，贯眼纹黑色；上体棕褐色；下体污白色，胸、腹部渲染浓著的黄褐色。在中国分布于华北、华东、华中、华南和西南地区。栖息于低山、平原地带的林缘疏林和灌丛中。以昆虫和昆虫幼虫为食。IUCN 和《中国脊椎动物红色名录》均评估为无危（LC）。

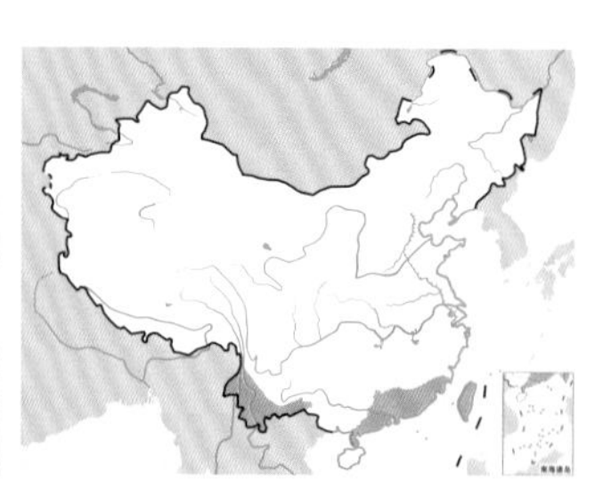

短翅树莺

远东树莺

拉丁名：*Horornis canturians*
英文名：Manchurian Bush Warbler

雀形目树莺科

形态 雄鸟体长 15～18 cm，体重 22～34 g；雌鸟体长 14～16 cm，体重 31 g。前额和头顶红褐色或棕栗色；眉纹淡皮黄色或黄白色，从嘴基沿眼上方向后直达颈侧；贯眼纹黑褐色；头侧余部和耳羽呈淡黄色和黄白色相杂；上体橄榄褐色或棕褐色，较短翅树莺偏棕色；下体污白色或白色，胸部、两胁和尾下覆羽皮黄色或淡棕色。虹膜褐色或黑褐色；上嘴褐色或黄褐色或暗褐色，下嘴黄褐色或肉褐色；脚淡褐色或肉褐色。

分布 在中国分布于东部南北各地，西至内蒙古中部、甘肃南部和四川、云南，其中在长江流域及以北地区为夏候鸟，在西南、华南等地为冬候鸟。在国外分布于朝鲜、越南、菲律宾北部和印度东北部一带。

栖息地 栖息于海拔 1100 m 以下的低山丘陵和山脚平原地带的林缘疏林、道旁次生林和灌丛中，尤其喜欢活动在林缘道旁次生杨桦幼林和灌丛，也出现于地边和宅旁附近的小块丛林、灌丛与高草丛中，不进入茂密的大森林内。

习性 常单独或成对活动，性胆怯，善于匿藏，多在灌丛或草丛下部低枝间或地面活动和觅食。繁殖期间喜欢站在高的灌木和幼树顶枝间鸣叫，多躲藏在茂密的枝叶间，常常仅听其声，不见其影。鸣声清脆响亮。

食性 主要以昆虫和昆虫幼虫为食。

繁殖 繁殖期 5～7 月，1 年繁殖 1 窝。通常营巢于林缘地边或道边灌木丛中，常用一些草叶和草茎将巢缠绕在灌木的下部低枝间，距地面高度为 0.5 m 以下。营巢由雌鸟进行，雄鸟站在巢附近高的灌木上或来回跟随雌鸟警戒。营巢材料通常就近采

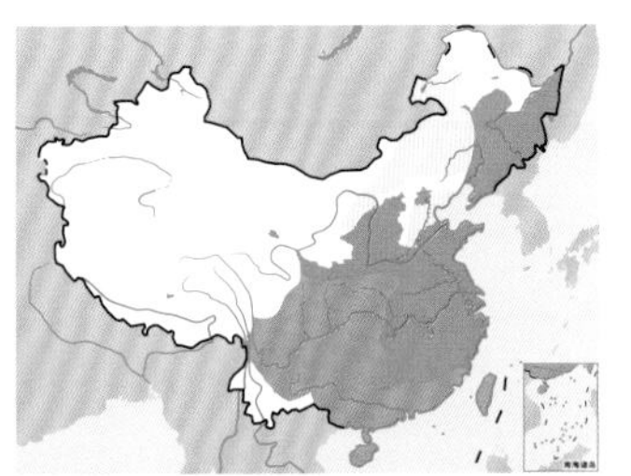

远东树莺。左上图韦铭摄，下图林剑声摄

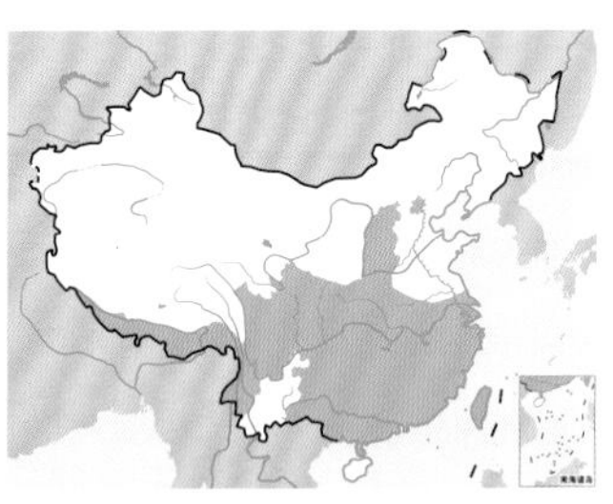

强脚树莺。沈越摄

取，取材范围在距巢半径 10～50 m 范围内。每个巢营造需 6～8 天。巢呈球形或椭圆形，外层主要由禾本科和莎草科植物的枯草叶和草茎构成，内层由细草根和树叶构成，内垫有树木韧皮纤维、兽毛和鸟类羽毛，巢开口在上部。巢的大小为外径（8～9）cm×（10～12）cm，内径（5～6）cm×（6～7）cm，深（8～9.5）cm×（10～15.5）cm，巢口直径（5.5～5.5）cm。巢筑好后即开始产卵，日产 1 枚，多在早晨产出。每窝产卵 3～6 枚。卵为锈红色或粉红色，被有乌褐色块状斑点，主要集中在钝端。卵为椭圆形，大小为（19.3～23.0）mm×（14.9～18.0）mm，卵重（1.8～3.2）g。第 1 枚卵产出后即开始孵卵，由雌鸟承担，雄鸟在巢附近警戒。当入侵者进入巢区时，雄鸟高声鸣叫，雌鸟则立即从巢中飞出，跟随雄鸟一起鸣叫，直到入侵者离开。孵化期 14～16 天。

种群现状和保护 IUCN 和《中国脊椎动物红色名录》均评估为无危（LC）。在中国局部地区种群数量较多，是林缘道旁次生林中优势种之一，但也受到威胁，应该注意保护。

强脚树莺

拉丁名：*Horornis fortipes*
英文名：Brownish-flanked Bush Warbler

雀形目树莺科

形态 雄鸟体长 11～13 cm，体重 9～14 g；雌鸟体长 10～12 cm，体重 7～11 g。眉纹淡皮黄色或淡棕白色，细长而不明显，从鼻孔向后延伸至枕部；贯眼纹黑褐色；颊、耳羽褐色，眼周淡黄色；上体橄榄褐色或棕褐色，往后渐淡，腰部、尾上覆羽暗棕褐色或棕黄色；下体白色，秋季和冬季常沾灰色或皮黄色；胸侧和两胁褐色或褐灰色，两胁和尾下覆羽有时为皮黄褐色；虹膜褐色或淡褐色；嘴褐色，上嘴有的黑褐色，下嘴基部黄色或暗肉色；脚肉色或淡棕色。

分布 在中国分布于北京、河南、山西、秦岭－淮河以南，向西延伸至西藏南部，台湾大多数为留鸟，也有部分种群冬季游荡。在国外分布于巴基斯坦、尼泊尔、不丹、孟加拉国、印度东北部、缅甸东北部、老挝和越南北部。

栖息地 栖息于中低山常绿阔叶林和次生林以及林缘疏林灌丛、竹丛与高草丛中，冬季也出入于山脚和平原地带。

习性 常单独或成对活动，性胆怯而善于藏匿，总是偷偷摸摸地躲藏在林下灌丛或草丛中活动和觅食。不善飞翔，常敏捷地在灌木枝叶间跳跃穿梭或在地面奔跑。迫不得已时也起飞，但通常飞不多远又落下。活动时常发出“嗞、嗞”的叫声。繁殖期间雄鸟常站在树枝的尖上长时间鸣唱。鸣声为连续的哨音，清脆而响亮，一般叫过一声之后，要过 20～30 秒再叫另一声。

食性 主要以昆虫和昆虫幼虫为食。也吃少量植物果实和种子。

繁殖 繁殖期 4～7 月。1 年繁殖 1～2 窝，通常营巢于灌丛或茶树丛下部靠近地面的侧枝上，也营巢于草丛中，距地面高 0.7～1.6 m。巢呈球形或杯状，外径 7～10 cm，内径 4～5.6 cm，深 4～7 cm，高 7～13 cm。主要由枯草叶和草茎构成，内垫有细草茎和鸟类羽毛。每窝产卵 3～5 枚。卵为酒红色或栗红色，微具暗色斑点，大小为（16.0～19.5）mm×（12.9～14）mm。孵卵主要由雌鸟承担，雄鸟常在巢附近鸣唱和警戒。雏鸟晚成性。

种群现状和保护 IUCN 和《中国脊椎动物红色名录》均评估为无危（LC）。在中国曾经分布很广，种群数量相当丰富，是长江流域常见鸟类之一。但近几十年来分布区域已明显缩小，种群数量也有所下降，仅部分地区还较常见，需要进行严格保护。

喜山黄腹树莺

拉丁名：*Horornis brunnescens*
英文名：Hume's Bush Warbler

雀形目树莺科

由原黄腹树莺西藏亚种 *Horornis acanthizoides brunnescens* 独立为种。体长约 11 cm。上体主要为黑棕色，眉纹黄色；下体的颜色比较淡，喉、胸部灰色较少。在中国分布于西藏东南部和南部。栖息于中高山森林和林缘灌丛中。IUCN 评估为无危（LC）。

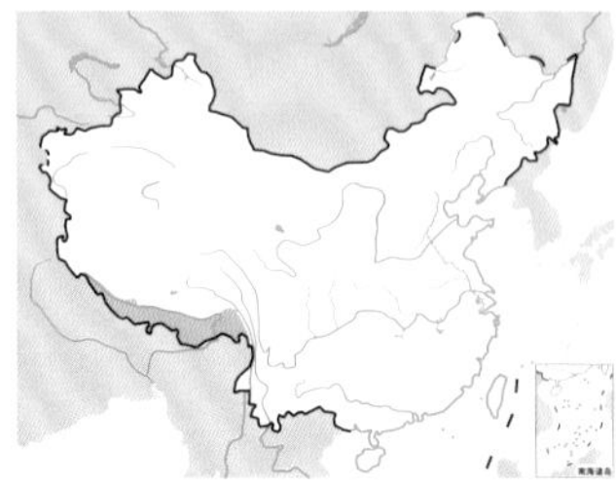

喜山黄腹树莺。Jainy Kuriakose摄

黄腹树莺

拉丁名：*Horornis acanthizoides*
英文名：Yellowish-bellied Bush Warbler

雀形目树莺科

形态 雄鸟体长 11～12cm，体重 6～7g；雌鸟体长 10～11cm，体重 7～7.5g。眼先、耳羽橄榄褐色缀有灰黄色；长的皮黄色或白色眉纹从嘴基沿眼上向后一直延伸到枕部；上体棕橄榄褐色，腰部、尾上覆羽稍淡；颏、喉部灰棕色或皮黄色沾灰色，胸部灰黄褐色，腹中部纯黄色，肛区、尾下覆羽浅黄色。虹膜褐色；上嘴褐色或棕褐色，下嘴黄褐色或肉色；脚淡棕色或肉褐色。

分布 在中国分布于陕西、甘肃南部、云南西部、四川北部、贵州、湖北、湖南、安徽南部、江西、福建东北部、广东、广西、台湾等地，主要为留鸟，也有部分种群游荡。在国外分布于尼泊尔、不丹、孟加拉国、印度东北部和缅甸等地。

栖息地 栖息于海拔 1500～3700m 的山地森林、林缘灌丛

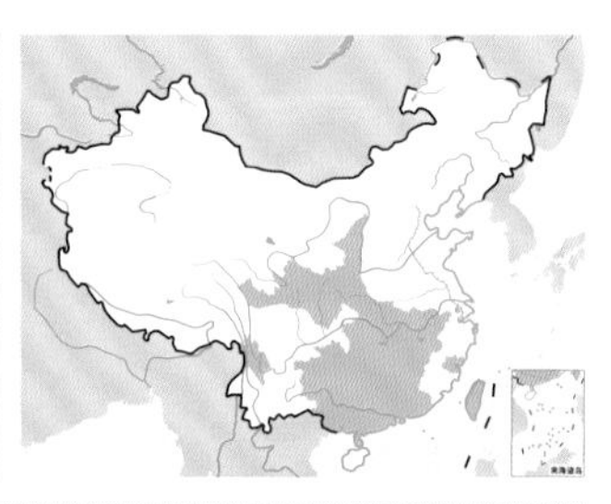

黄腹树莺。左上图贾陈喜摄，下图董磊摄

黄腹树莺的巢。贾陈喜摄

与竹丛中，也常到开阔的林缘溪边和地边灌丛与草丛中，冬季下到低山和山脚地带。

习性 多成对或单独活动，有时也 3～5 只成群在灌丛或草丛间觅食。

食性 主要以昆虫和昆虫幼虫为食。

繁殖 繁殖期 4～7 月。筑巢于山坡灌丛中灌木或乔木近根部侧枝上，距地面高 10～60 cm。巢呈深杯状或球形，主要由茅草和苔藓构成，内垫厚厚一层鸟羽和兽毛，开口于顶部一侧，并在出口处用各种羽毛作遮掩。巢大小为外径 8.4～13.0 cm，内径 3.4～7.5 cm，高 8.1～9.5 cm，深 6.2～7.5 am。每窝产卵 3～4 枚。卵为白色，光滑无斑，为长卵圆形或卵圆形，大小为 (14.0～16.5) mm × (11.0～12.6) mm，卵重 0.6～1.0 g。

种群现状和保护 IUCN 和《中国脊椎动物红色名录》均评估为无危（LC）。广泛分布于中国长江流域及其南各地，在中国分布较广，种群数量较为丰富，但也需要严格保护。

异色树莺

拉丁名：*Horornis flavolivacea*
英文名：Aberrant Bush warbler

雀形目树莺科

形态 雄鸟体长 11～13 cm，体重 8～11 g；雌鸟体长 10～12 cm，体重 8～9 g。眉纹细长，从鼻孔至枕部，黄色或绿黄色；自眼先开始有一黑褐色贯眼纹；上体橄榄褐色或橄榄绿褐色，腰部更富绿色；下体颏、喉污黄白色，胸部、两胁和尾下覆羽淡棕色，胸侧、两胁缀有橄榄褐色，腹中部为棕白色或黄白色；腋羽、翼下覆羽为柠檬黄色。虹膜褐色；嘴黑褐色，下嘴基部较淡；脚黄褐色。

分布 在中国分布于四川北部和东北部、西藏东南部、北京、山东、山西东南部、陕西、云南等地，主要为留鸟，也有部分种群游荡或迁徙。在国外分布于尼泊尔、不丹、孟加拉国、印度东北部、缅甸、老挝、越南北部和泰国西北部。

栖息地 栖息于海拔 2000～3500 m 的中高山常绿阔叶林和针叶林中，也见于林缘灌丛、竹丛和高草丛间，冬季多下到低山和山脚地带林缘和地边灌丛与草丛中。

习性 常单独或成对活动，性活泼而机敏，但较胆怯，常在

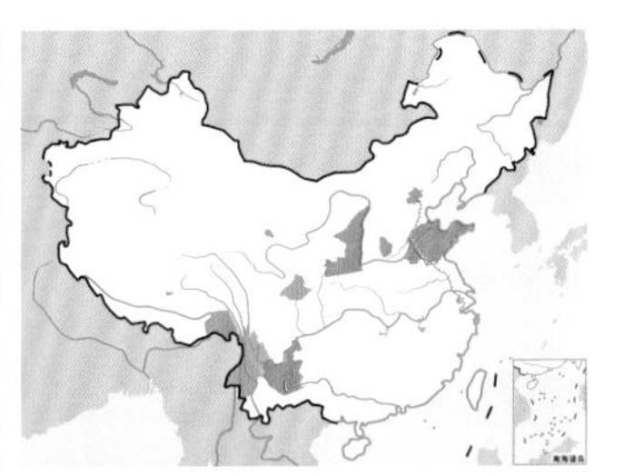

异色树莺。左上图唐军摄，下图董磊摄

异色树莺的巢。梁丹摄

林下灌丛或草丛间跳来跳去，很少到暴露的地方活动，有时也跳到灌木或高草顶端，但遇危险立刻又落入灌丛中。

食性 主要以昆虫和昆虫幼虫为食。

繁殖 繁殖期5～7月。营巢于灌丛或高草丛中地上。巢呈球形，主要由枯草构成，内垫有细草茎和羽毛。每窝产卵3～4枚，卵为长卵圆形，深土白色，有的缀有栗色斑点，大小为(16.1～18.5) mm×(11.8～13.1) mm。雏鸟晚成性。

种群现状和保护 IUCN和《中国脊椎动物红色名录》均评估为无危（LC）。在中国种群数量不多，特别是近几十年来，种群数量更为稀少，在原有记录的一些地区，如西藏、云南等地，已很少见，分布地已缩小到少数几个孤立的点上，需要进行严格保护。

灰腹地莺

拉丁名：*Tesia cyaniventer*
英文名：Grey-bellied Tesia

雀形目树莺科

体长8～10 cm。额、头顶至尾等整个上体为橄榄绿色，眼后有一明显的黑纹；眉纹黄绿色；头侧、颈部和下体淡灰色或灰白色，喉和腹中央较淡；尾下覆羽暗橄榄黄色。在中国分布于西藏南部、云南西部和南部、广西等地。栖息于海拔2500 m以下的常绿阔叶林和沟谷林林下灌丛与竹丛中，也见于林缘疏林、草坡和灌丛。IUCN和《中国脊椎动物红色名录》均评估为无危（LC）。

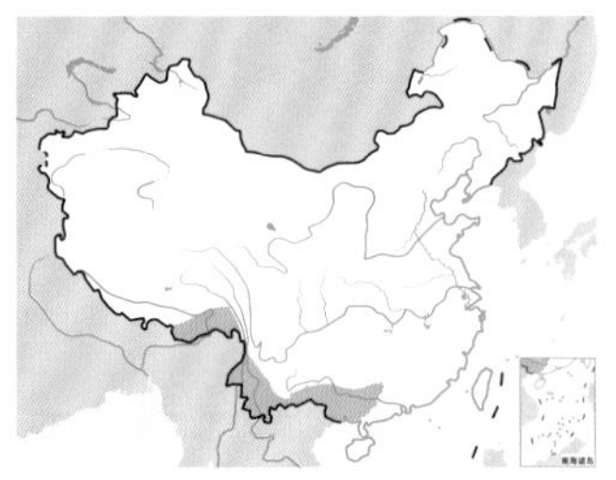

灰腹地莺。张岩摄

金冠地莺

拉丁名：*Tesia olivea*
英文名：Slaty-bellied Tesia

雀形目树莺科

形态 雄鸟体长8～9 cm，体重8 g；雌鸟体长8～10 cm，体重6～10 g。额、头顶至枕部为金黄橄榄色；眼后有一黑纹但不明显，眉区为黄色；上体为橄榄绿色；尾特短；下体石板灰色，喉和腹中部较淡，尾下覆羽橄榄色。虹膜褐色；上嘴褐色或暗灰色，下嘴灰绿色，基部黄色或橙黄色；脚褐色。

分布 在中国分布于西藏东南部、云南南部和西部、四川西南部、贵州、广西等地，为留鸟。在国外分布于不丹、印度阿萨姆、缅甸北部、泰国、老挝、越南北部一带。

栖息地 栖息于海拔2000 m以下的山地森林中，尤其喜欢在常绿阔叶林和沟谷林林下灌丛和草丛中活动，有时也进入林缘灌丛和小块丛林内。冬季有时也下到山脚和平原地带。

习性 常单独或成对活动，较谨慎，通常毫无声响。

食性 主要以昆虫和昆虫幼虫为食，也吃植物果实和种子。

种群现状和保护 IUCN和《中国脊椎动物红色名录》均评估为无危（LC）。在中国种群数量稀少，不常见，应注意保护。

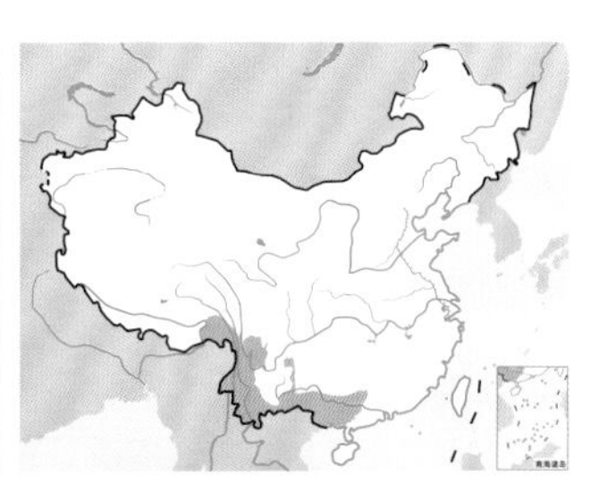

金冠地莺。左上图叶昌云摄，下图韦铭摄

宽尾树莺

拉丁名：*Cettia cetti*
英文名：Cetti's Warbler

雀形目树莺科

体长 12～15 cm。眼先暗褐色；眉纹较短，白色或灰白色；眼周茶黄白色；上体锈色或红棕橄榄褐色，尤以腰部和尾上覆羽的红棕色较为鲜亮；下体纯白色，体侧、两胁、肛周和尾下覆羽灰褐色。在中国分布于新疆西北部一带。栖息于河流沿岸和湖泊沼泽湿地的芦苇丛和灌丛与草丛中。IUCN 和《中国脊椎动物红色名录》均评估为无危（LC）。

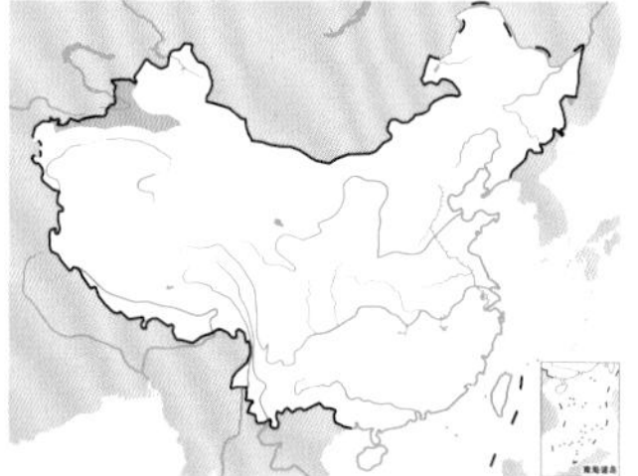

宽尾树莺。韦铭摄

棕顶树莺

拉丁名：*Cettia brunnifrons*
英文名：Grey-sided Bush Warbler

雀形目树莺科

体长约 10.5 cm。额和头顶栗色，往后转为棕褐色；眉纹暗棕黄色，贯眼纹褐黑色；耳羽、颈侧褐灰色；颏、喉、胸灰白色，腹部中央白色，胁灰褐色。在中国分布于西藏南部、云南西部和西北部、四川等地。栖息于海拔 2500～4000 m 的高山森林和林缘灌丛中，冬季有时下到海拔 1500 m 以下的中低山和山脚平原地区。IUCN 和《中国脊椎动物红色名录》均评估为无危（LC）。

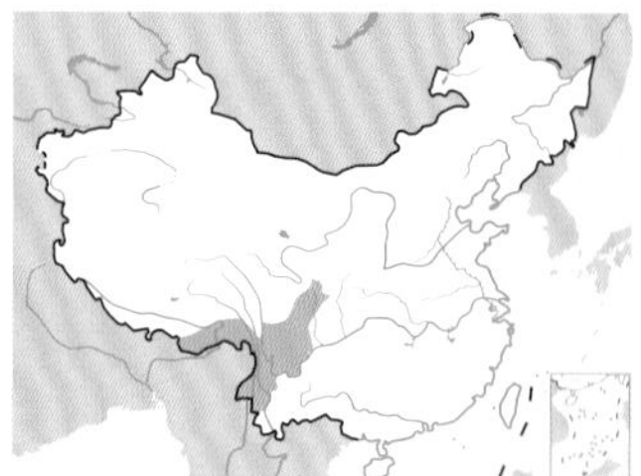

棕顶树莺。贾陈喜摄

大树莺

拉丁名：*Cettia major*
英文名：Chestnut-crowned Bush Warbler

雀形目树莺科

体长 11～13 cm。头顶和枕部栗色，其余上体暗橄榄褐色，眼先暗赭褐色；眉纹粗长而显著，前部分为锈棕色，后半段为浅棕黄色或棕白色；翅、尾暗赭褐色；下体黄白色，胸侧、两胁缀有橄榄褐色。在中国分布于西藏东南部、云南西部和西北部、四川西部一带。栖息于中高山冷杉林等针叶林的林下灌丛、竹丛和杜鹃灌丛与草丛中。IUCN 和《中国脊椎动物红色名录》均评估为无危（LC）。

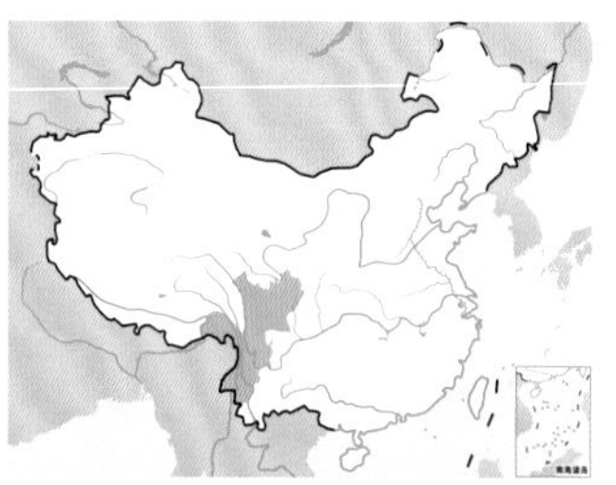

大树莺。董磊摄

栗头树莺

拉丁名：*Cettia castaneocoronata*
英文名：Chestnut-headed Tesia

雀形目树莺科

体长 8～10 cm。额、头顶、眼先、颊为亮栗色，眼后具黄白色点斑；上体主要为橄榄褐色；下体鲜黄色，胸部、两胁稍沾橄榄绿色。在中国分布于西藏南部和东南部、云南西部和西北部、贵州西北部、四川、广西等地。栖息于常绿阔叶林、次生林等山地森林下部的灌丛与草丛中。IUCN 和《中国脊椎动物红色名录》均评估为无危（LC）。

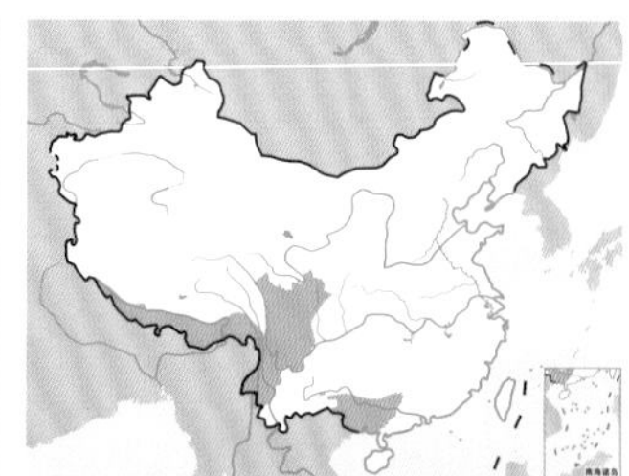

栗头树莺。贾陈喜摄

鳞头树莺

拉丁名：*Urosphena squameiceps*
英文名：Asian Stubtail

雀形目树莺科

形态 雄鸟体长 8～10 cm，体重 6～10 g；雌鸟体长 8～10 cm，体重 8.5～11 g。额和头顶羽毛圆短，羽缘暗色呈鳞片状；眉纹细长，白色或皮黄白色，从额基沿眼上向后一直到颈侧；从眼先经眼到耳后有一宽的黑色贯眼纹；颊、颈侧白色沾褐色，耳羽棕褐色，具纤细的黄褐色羽干纹；上体棕褐色或橄榄褐色；下体污白色，胸部缀皮黄色或棕色，两胁褐色或棕褐色，肛周和尾下覆羽棕黄色或黄褐色。虹膜黑褐色；上嘴褐色，下嘴肉色或黄褐色；脚粉红白色或黄白色。

分布 在中国分布于东北、华北和长江流域及以南地区，其中在东北和北京等地为夏候鸟，云南、广西、广东、香港、福建、海南和台湾等地为冬候鸟，其他地区为旅鸟。在国外繁殖于俄罗斯东南部、朝鲜北部、日本等地；越冬于缅甸、泰国、老挝和越南等地。

栖息地 栖息于海拔 1500 m 以下的低山和山脚混交林及其林缘地带，尤以林中河谷溪流沿岸以及僻静的密林深处较常见，偶尔也出现于落叶阔叶林和针叶林。

习性 常单独或成对活动。通常在林下灌木丛、草丛、地面和倒木下活动，也常在腐木堆、树根和地面堆集的枯枝间活动和觅食，有时也见在沟岸岩石间进进出出、跳来跳去，很少进到高大的树冠层。行动敏捷，轻快而灵活，尾常常垂直向上翅起。繁殖期间几乎整天鸣唱不息，鸣声尖细清脆，类似蝉和蟋蟀等昆虫鸣叫。

食性 以昆虫为食，主要为鞘翅目。

繁殖 繁殖期 5～7 月，每年繁殖 1 窝。每个巢的筑巢时间为 6～8 天。通常营巢于混交林内灌木或枯枝堆下的地面，也常在树根或倒木下地面凹陷处和倒木树洞中营巢，基本上属地面巢。巢主要由苔藓和少量树叶构成，内垫有细草根和兽毛。巢呈碗状，巢的外径为（12.0～14.0）cm×（12.0～12.0）cm，内径（6.0～7.5）×（6.0～6.5）cm，高 6 cm，深 2.5～3.0 cm。巢筑好后即开始产卵，日产 1 枚，每窝产卵 5～7 枚。卵为椭圆形，灰色或粉红白色，被有赤褐色或粉紫红斑纹，大小为（16.5～17.0）mm×（12.5～13.5）mm，重 1.7～1.9 g。雏鸟晚成性。刚孵出的雏鸟全身除额、头顶、枕、肩和背中线各有一撮黑色绒羽外，其他均裸露无羽，呈现肉红色，嘴角淡黄色，卵齿明显。雌雄亲鸟轮流育雏。

种群现状和保护 IUCN 和《中国脊椎动物红色名录》均评估为无危（LC）。被列为中国三有保护鸟类。在中国局部地区尚有一定数量，但大部分地区种群数量已明显减少，需要进行严格保护。

淡脚树莺

拉丁名：*Cettia pallidipes*
英文名：Pale-footed Bush Warbler

雀形目树莺科

体长 11～13 cm。上体橄榄褐色或茶褐色，具长的淡棕白色眉纹和黑褐色贯眼纹；下体乳白色，颈侧、胸侧及胁部沾褐色，尾下覆羽棕白色；尾羽深褐色，具隐约的明暗横斑。在中国分布于云南东南部和西部、江西、广东、广西等地。栖息于海拔 1500 m 以下的低山丘陵和山脚地带的常绿阔叶林、次生林、竹林和林缘灌丛与草丛中。以昆虫和昆虫幼虫为食。每窝产卵 3～4 枚。IUCN 和《中国脊椎动物红色名录》均评估为无危（LC）。

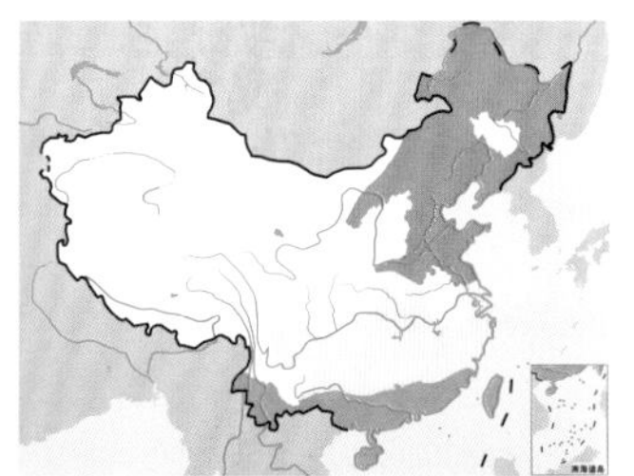

鳞头树莺。左上图胡山林摄，下图杜卿摄

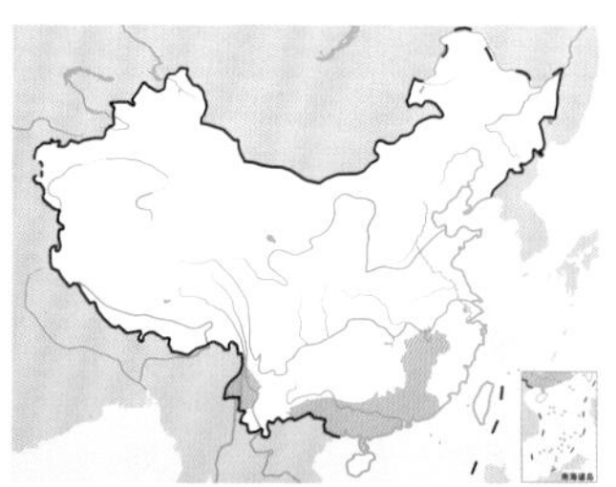

淡脚树莺。黄立春摄

长尾山雀类

- 长尾山雀类指雀形目长尾山雀科鸟类，全世界共4属14种，中国有2属8种
- 长尾山雀类体形小巧，尾羽占整个体长的一半，体羽蓬松而使得身体形如圆球状
- 长尾山雀类是典型的森林鸟类，常集小群生活，主要以昆虫为食
- 长尾山雀类营巢于树上，巢复杂而小巧，呈囊袋状

类群综述

长尾山雀类指雀形目长尾山雀科（Aegithalidae）鸟类，它们体形非常小巧，而且尾羽还占到了整个身体近一半的长度；嘴形短而粗厚；体羽蓬松，绒羽发达，羽毛丰满；翅短而圆；尾较长，呈凸尾状。长尾山雀科是一个非常小的类群，仅4属14种，主要分布于欧亚大陆，以及北美洲至中美洲一带。中国有2属8种，全国大部分地区均有分布。

比较特殊的是分布于爪哇的侏长尾山雀 *Psaltria exilis*，对于这种自成一属的微小鸟类人们目前了解的还不多，只知道它们成群生活，所筑的巢与其他长尾山雀类的巢的外形比较相似。

形态 长尾山雀类体长9～14 cm，体重5～9 g，而短嘴长尾山雀 *Psaltriparus minimus* 甚至更为轻巧，体重仅4.5～6 g。体羽主要为黑色、灰色、褐色，其中银喉长尾山雀还带有粉红色。雌雄的羽色相似。

栖息地 主要栖息于林下植被发达的山地森林中，尤以针阔叶混交林和阔叶林较常见，也见于竹林、芦苇灌丛和次生林等其他林地中。

习性 长尾山雀类均具高度的群居性，一年内大部分时间都呈6～12只的小群生活。例如，银喉长尾山雀 *Aegithalos glaucogularis* 的过冬群主要由一个家庭单元组成，外加一些额外的个体。整个群体会维护一片领域。

长尾山雀类为典型的树栖性鸟类，喜欢聚在一起栖于枝头以保持体温。这是因为它们的体温始终保持在略高于40℃的水平，很难储存足够的食物来度过漫长而寒冷的冬夜，所以必须想方设法减少热量散失。在气温为20℃时，短嘴长尾山雀每天需要摄入相当于体重80%的昆虫量，当气温更低时它们就需要食入更多的昆虫才能生存。

此外，它们在冬夜还必须成群栖息，大家蜷缩在一起“抱团取暖”，以减少热量散失。一只鸟夜间独自栖息要比一群鸟拥挤在一起多耗费约25%的能量。

长尾山雀类的联络鸣声为颤鸣，鸣啭柔和。例如，短嘴长尾山雀能通过一连串柔和的“嗬嘶”和“噼”的声音与同伴保持联系，而它们的警告声则很尖锐。

食性 主要以昆虫为食，也吃少量植物种子。

繁殖 长尾山雀类营巢于树上。巢复杂而小巧，呈囊袋状或钱包状，开口于侧上方，由苔藓、地衣和羽毛筑成。不同种类筑巢的方式有所不同。例如，银喉长尾山雀会找一根适宜的大树枝或数根在一起的小树枝作为巢基。一开始，所筑的结构呈通常的杯状，然后，配偶不断将边上筑高，直至它们够不着为止，最后在顶部封闭起来形成一个圆顶。而短嘴长尾山雀的巢起初巢底并不坚实，但配偶在将边上筑高的同时会不断将中间部分踩低，最后形成一个吊巢。亲鸟在巢封顶后都开始于巢中过夜，一般为雌鸟，而孵卵也可能仅由雌鸟负责。

窝卵数通常为6～10枚。卵为白色，许多种类带有红色斑点。孵化期为13～14天。雏鸟晚成性，留巢期为16～17天。

长尾山雀类为单配制，但有的种类，如红头长尾山雀 *Aegithalos concinnus*、银喉长尾山雀等，也有合作繁殖的行为，即存在“帮手”现象。帮手可能是那些巢被毁掉，失去配偶，或没有生殖能力，或未找到配偶，或是亚成年的个体。它们通过为繁殖的配偶提供帮助，能够获得某些遗传上的好处，提高其繁殖成功率，同时也获得了繁殖的经验，增加了存活的机会。

在繁殖季节开始时，雄鸟一般都会留在领域内，而与领域外的雌鸟结成配偶，这很可能是它们为了

左：长尾山雀类体形娇小可爱，它们的尾羽占了体长近一半，身体羽毛丰满而蓬松，几乎接近球形。图为站在枝头的红头长尾山雀。王明华摄

防止“近亲繁殖”而采取的一种方式。虽然几乎所有的配偶都试图独立育雏，不需要其他个体的相助，然而一旦因天敌或其他原因导致育雏失败，再补育一窝则为时已晚。于是，这对配偶只有离巢去帮助亲缘关系比较近的其他配偶育雏。在这种情况下，雄鸟就比较容易找到这样一个巢，因为邻近的雄鸟很多都是它的“兄弟”。而对于雌鸟来说，往往意味着它们要回到过冬领域才能找到它们的亲戚了。它们通过这种方式可以保证自己“大家庭”的繁盛。

种群现状和保护 长尾山雀类均被IUCN列为无危（LC）。在中国均被列为三有保护鸟类。

北长尾山雀

拉丁名：*Aegithalos caudatus*
英文名：Long-tailed Tit

雀形目长尾山雀科

形态 体长 12～16 cm，体重 7～11 g。头部纯白色；肩和腰部葡萄红色，羽端白色；背黑色，下背也杂以葡萄红色；飞羽褐色，具白色羽缘；尾羽黑色，外侧白色，羽端具楔形白斑；下体白色，腹部和两胁沾淡葡萄红色，尾下覆羽暗葡萄红色。虹膜褐色或暗褐色；嘴黑色；脚棕黑色或铅黑色。

分布 在中国分布于河北东北部、北京、内蒙古东北部、黑龙江、吉林、辽宁和新疆等地。在国外广泛分布于欧亚大陆北部一带。

栖息地 多栖息于山地针叶林和针阔叶混交林中。

习性 繁殖期间多成对活动，秋、冬季常集成小群或家族群，有时也见数十只的大群，也与其他山雀类、棕头鸦雀 *Sinosuthora webbiana* 及普通䴓 *Sitta europaea* 等混群。集群较为松散，彼此分散活动在树冠枝桠间或灌丛顶部。性较活泼，行动敏捷，经常由一株树到另一株树、不停地在枝叶间穿梭寻觅食物。常一边取食一边连续发出微弱的“jie-jie-jing-jing-jing”鸣叫，有时为单纯的“jing-jing-……”声。秋冬季常作较大距离的游荡，有时甚至进到平原地区和果园中。

食性 主要以昆虫为食，此外还有蜘蛛、蜗牛等小型无脊椎动物，以及少量植物性食物。

繁殖 繁殖期 4～6 月。筑巢由雌雄鸟共同承担，常成对一起外出寻觅巢材，并不断鸣叫以保持联系，然后双双飞回，依次将巢材带入巢中。通常筑巢在背风的树林内，巢多置于乔木的枝杈间，巢的一侧紧贴树干，距地面高 3～14 m。巢呈椭圆形，巢口位于巢侧面上方。巢用苔藓、地衣、树皮、羽毛、蛛网和鳞翅目昆虫茧丝等材料编织而成，内垫有兽毛和羽毛，巢外面常黏有与树干相似的树皮、苔藓和地衣等伪装物，隐蔽性甚好。巢的大小为高 11～19 cm，外径 10～12.5 cm，内径 8.5～9.5 cm，巢口直径 2.5～4.1 cm。巢筑好后即开始产卵，日产 1 枚，每窝产卵 9～12 枚。卵白色，缀以淡褐色或淡红褐色斑点，尤以钝端较密，常形成环状，卵大小为 (13.5～16.5) mm × (10.5～12) mm，重 0.9～1.1 g。卵产齐后即开始孵卵，由雌鸟承担，雄鸟在巢附近警戒，并衔食喂正在孵卵的雌鸟，雌鸟有时也在雄鸟陪伴下外出取食。孵化期 13 天。雏鸟晚成性，刚孵出时全身裸露，呈粉红色。雌雄亲鸟共同育雏，一般在离巢 20～30 m 范围内取食，雌雄鸟常一起行动，一前一后地给雏鸟喂食。育雏期 15 天。

种群现状和保护 IUCN 评估为无危（LC）。是中国北方较为常见的一种森林益鸟，分布较广，数量丰富，应给予保护。被列为中国三有保护鸟类。

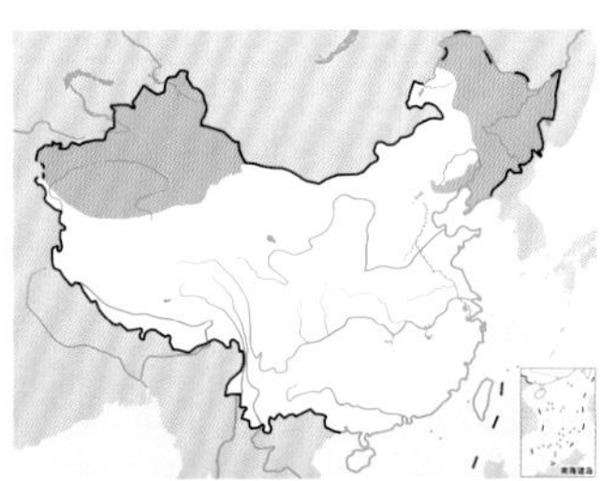

北长尾山雀。张强摄

银喉长尾山雀

拉丁名：*Aegithalos glaucogularis*
英文名：Silver-throated Bushtit

雀形目长尾山雀科

体长约 14 cm。头顶中央至枕部白色，微沾葡萄红褐色，头顶两侧和枕侧辉黑色，形成两条宽阔的黑色侧冠纹和污白色中央冠纹；前额、眼先、颊和颈侧灰白色，微沾葡萄红褐色；上体蓝灰色，下背和腰部微沾粉红色；下体污白色沾葡萄红色，喉中央有一个银灰黑色块斑。在中国分布于北京、天津、河北、山东、山西、内蒙古、宁夏、甘肃、青海东部、新疆北部、四川中部、云南西北部、河南南部、陕西、湖北南部、湖南北部、安徽、浙江、江苏、上海等地。栖息于山地针叶林或针阔混交林中。IUCN 和《中国脊椎动物红色名录》均评估为无危（LC），被列为中国三有保护鸟类。

银喉长尾山雀。沈越摄

红头长尾山雀

拉丁名：*Aegithalos concinnus*
英文名：Black-throated Bushtit

雀形目长尾山雀科

形态 体长9.5～11 cm，体重4～8 g。雌雄羽色相似，但不同亚种的羽色略有变化。额、头顶和后颈栗红色，眼先、头侧和颈侧黑色；其余上体暗蓝灰色，腰部羽端浅棕色；下体白色，喉部中央有一大型绒黑色块斑，胸部有一宽的栗红色胸带，两胁和尾下覆羽亦栗红色。虹膜橘黄色；嘴蓝黑色；脚棕褐色。

分布 在中国分布于秦岭－淮河以南，向西延伸至西藏南部和东南部，在内蒙古中部和山东也有记录。在国外分布于南亚次大陆和中南半岛。

栖息地 常见的森林鸟类，主要栖息于山地森林中、林缘及灌丛间，也见于果园、茶园等人工林地内。

习性 常10余只或数十只成群活动。性活泼，常从一棵树突然飞至另一树，不停地在枝叶间跳跃或来回飞翔觅食，用纤细的脚爪握住柔嫩的叶柄或者枝子的梢尖弹荡、垂挂，使小巧的身体轻盈地在拇指大小的叶片上"闲庭信步"，正面、反面地来来回回地腾挪，边取食边不停地发出似"吱，吱，吱"的低弱鸣叫声。

食性 主要以鞘翅目和鳞翅目等昆虫为食。

繁殖 通常自3月中旬以后开始发情，追逐配对。3月下旬开始营巢，巢位于柏树或杉树枝等乔木上，为椭圆球形或梨形的半封闭巢，侧面或侧顶、顶端开口，巢内垫有羽毛和苔藓，有的巢口还用锦鸡毛作檐。

巢距地面高1.6～9 m，巢的大小为长7～12 cm，宽7.5～9.7 cm，高7.5～10.2 cm，深4.5～7.6 cm，巢口径为（1.3～6.5）cm×（1.5～6）cm。

巢筑好后即开始产卵，每天1枚，每窝产卵5～8枚。产卵期间亲鸟还继续衔羽毛垫巢和盖卵。卵为长椭圆形，白色，

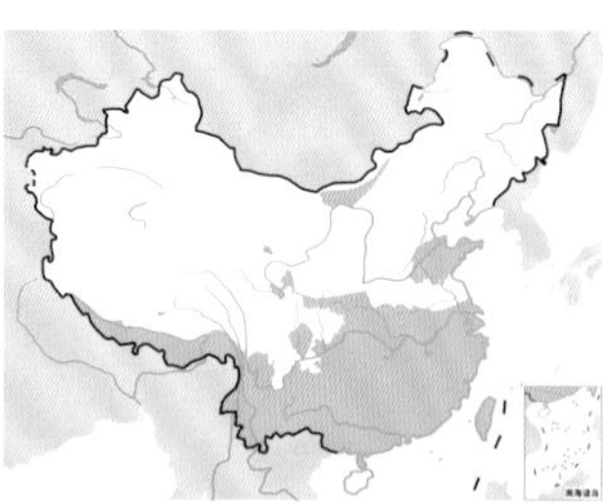

红头长尾山雀。左上图张明摄，下图吴秀山摄

左图为收集树皮纤维的红头长尾山雀，杜卿摄；右图为巢和雏鸟，付义强摄

略带砂土红色，钝端具茶色斑，并集成晕带环状。卵大小为（13.3～16）mm×（10～11）mm，重0.6～0.82 g。卵产齐后开始孵卵，由雌雄亲鸟轮流承担，以雌鸟为主，坐巢时间明显较雄鸟长。孵化期15～16天。雌雄亲鸟共同育雏。亲鸟入巢十分警惕，也具有强烈的护雏行为。育雏期15～16天。

在16～17日龄时，亲鸟减少喂食次数，并将雏鸟引诱出巢，常常挤在一个树枝上，相互取暖，亲鸟继续喂食，然后不再回巢。雏鸟由亲鸟带领在附近树枝间练习飞行和觅食，逐渐远离巢区，与附近林中的其他同类出巢幼鸟会合成群，继续在林中活动，有时也与柳莺、绣眼鸟等小型鸟类混群组成树冠取食的较大群体。

红头长尾山雀繁殖期内存在帮手现象，孵卵时，帮手主要与亲鸟交换，轮流孵卵。在育雏期间，帮手衔食，帮助亲鸟参与喂雏，从而保证了整个孵卵和育雏期巢内至少有一只亲鸟，这保障了孵化和雏鸟发育过程中所需能量，为其繁殖提供了充足的食物和安全保障，有利于提高繁殖成功率和整个种群的适合度。

种群现状和保护 IUCN和《中国脊椎动物红色名录》均评估为无危（LC），被列为中国三有保护鸟类。在中国是较为常见的森林益鸟，种群数量较多，主要以昆虫为食，在植物保护中很有意义，应注意保护。

棕额长尾山雀

拉丁名：*Aegithalos iouschistos*
英文名：Rufous-fronted Bushtit

雀形目长尾山雀科

体长约11.5 cm。头顶、眼周及后颈黑色，从额基至后颈有一明显的黄褐色纵纹；背部灰褐色沾橄榄色；飞羽褐色；尾羽暗褐色；颏和喉部银灰黑色，其余下体暗红褐色，胸部更富棕色。在中国分布于西藏南部和东南部。栖息于海拔2000～3000 m的林区。IUCN和《中国脊椎动物红色名录》均评估为无危（LC），被列为中国三有保护鸟类。

棕额长尾山雀。董文晓摄

黑眉长尾山雀

拉丁名：*Aegithalos bonvaloti*
英文名：Black-browed Bushtit

雀形目长尾山雀科

体长约 11 cm。额白色，头顶和后颈黑色，头顶具白色中央纵纹；眼先和眼下方黑色，形成一条宽阔的贯眼纹一直到耳羽；上体橄榄灰色，上背和肩缀有棕褐色；胸部具棕褐色横带。在中国分布于陕西、西藏东南部、云南、贵州西北部、四川西部和中部。栖息于华山松、云南松等针叶树和栎类植物混生的针阔叶混交林中。在杜鹃和高山栎树的枝杈上筑巢。IUCN 和《中国脊椎动物红色名录》均评估为无危（LC），被列为中国三有保护鸟类。

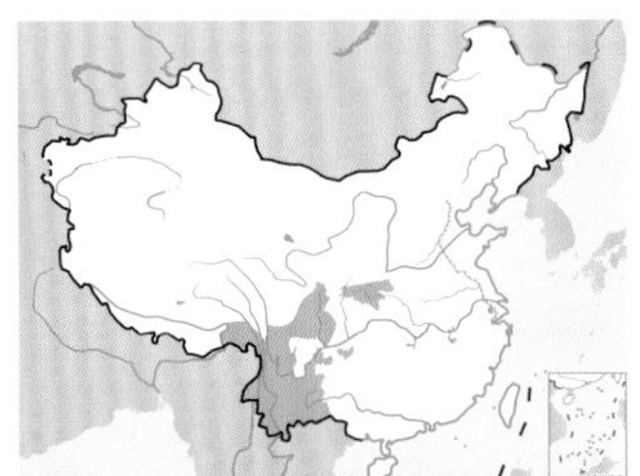

黑眉长尾山雀。左上图焦海兵摄，下图张苳摄

凤头雀莺

拉丁名：*Leptopoecile elegans*
英文名：Crested Tit Warbler

雀形目长尾山雀科

体长约 13 cm。除羽冠为灰银白色外，额至上背均为栗红色，下背、两肩、腰暗蓝褐色，尾上覆羽为淡蓝色；翅膀和尾黑褐色，具淡蓝色羽缘；颏、喉、胸棕红色，腹、两胁葡萄紫红色，尾下覆羽棕栗色。在中国分布于内蒙古西部、宁夏、甘肃、青海东北部、云南西北部、四川、西藏东部和东南部等地。栖息于海拔 2000 m 左右山地针叶林中。IUCN 评估为无危（LC），《中国脊椎动物红色名录》评估为近危（NT），被列为中国三有保护鸟类。

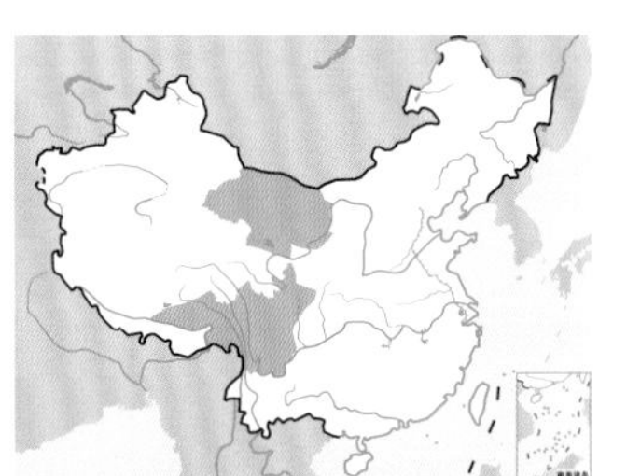

凤头雀莺。左上图为收集巢材的雌鸟，贾陈喜摄；下图为捕食的雄鸟，韦铭摄

银脸长尾山雀

拉丁名：*Aegithalos fuliginosus*
英文名：Sooty Bushtit

雀形目长尾山雀科

体长 10～11 cm，体重 6～7 g。头顶至后颈棕褐色，其余上体酱褐色；颊、颏、喉银灰色；尾黑褐色，外侧 3 对尾羽具白色楔状端斑；下体白色，两胁葡萄红褐色，胸部具宽阔的褐色胸带。中国特有鸟类，分布于河南、山西、陕西南部、宁夏、甘肃南部、四川、重庆、湖北西南部、湖南北部一带。栖息于海拔 1000 m 以上的高山森林中，尤喜栎树林和栎树针叶混交林。IUCN 和《中国脊椎动物红色名录》均将其评估为无危（LC），被列为中国三有保护鸟类。分布范围狭窄，种群数稀少，需要进行严格的保护工作。

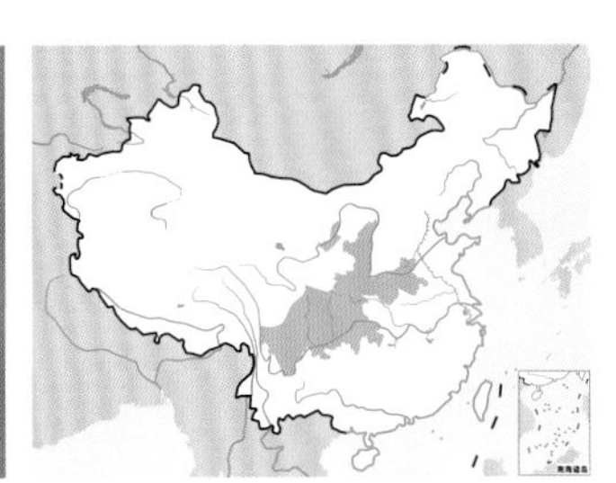

银脸长尾山雀。赵纳勋摄

花彩雀莺

拉丁名：Leptopoecile sophiae
英文名：White-browed Tit Warbler

雀形目长尾山雀科

体长约 10 cm。头顶中央至后颈栗红色，额及两侧乳黄色，眉纹淡黄色；自嘴基起有一道黑褐色斑纹，通过眼睛达耳羽的上方；上体沙灰色，腰部及尾上覆羽为带有紫色的辉蓝色；翅沙褐色，边缘灰蓝色；尾黑褐色，外侧尾羽乳白色；颏栗色，胸和颈侧、胁部为沾栗色的辉蓝色，腹乳黄色，尾下覆羽栗色。在中国分布于新疆、青海、甘肃、西藏东部和南部、四川等地。栖息于山坡荒漠灌丛间。IUCN 和《中国脊椎动物红色名录》均评估为无危（LC）。

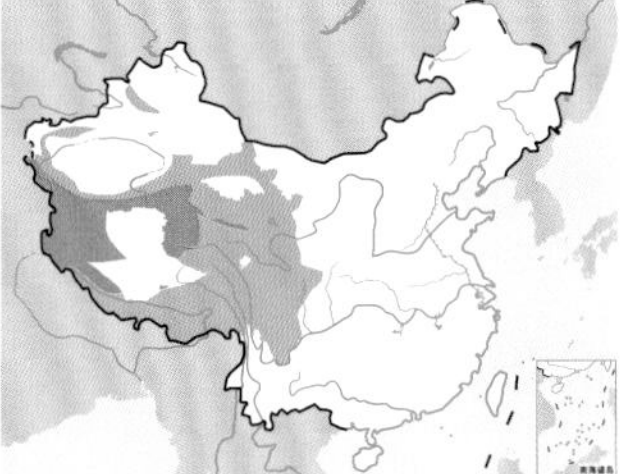

花彩雀莺。沈越摄

莺鹛类

- 莺鹛类指雀形目莺鹛科鸟类，全世界共20属69种，中国有14属37种
- 莺鹛类不同物种间形态并不一致，其中雀鹛类体形似雀，林莺喙细长，鸦雀拥有类似鹦鹉的喙
- 莺鹛类喜爱有灌丛和草丛的生境，喜集群，取食昆虫、蜘蛛和植物性食物
- 莺鹛类主要的浓密植被中近地面处筑杯状巢，卵色多变

类群综述

莺鹛类指雀形目莺鹛科（Sylviidae）鸟类，这是根据最新的鸟类系统发育研究结果调整而来的一个科。“Sylviidae”原本为包含近400个物种的庞大的莺科，但新的分类系统将其下的蝗莺、柳莺、苇莺、树莺等分别独立为科，而将一些分类地位介于原本的莺科和画眉科（Timaliidae）之间的鸟类移入本科，鉴于本科既包含传统的莺类也包含传统的鹛类，其中文名相应改为“莺鹛科”，以与传统的莺科相区别。新的莺鹛科包括20属69种，其中比较大的类群有来自传统莺科的林莺属 *Sylvia*（30种）、来自传统画眉科的雀鹛属 *Fulvetta*（8种），以及原属画眉科后曾独立为鸦雀科（Paradoxornithidae）的8属19种鸦雀。莺鹛类的分布局限于旧大陆温带和热带地区，尤其是鸦雀类主要分布于中国和东南亚。中国有莺鹛科鸟类14属37种，其中不少是中国特有物种，如宝兴鹛雀 *Moupinia poecilotis*、中华雀鹛 *Fulvetta striaticollis*、三趾鸦雀 *Cholornis paradoxus*、白眶鸦雀 *Sinosuthora conspicillata*、暗色鸦雀 *Sinosuthora zappeyi* 和灰冠鸦雀 *S. przewalskii*。

左：莺鹛类是介于莺类和鹛类之间的类群，主要分布于旧大陆热带地区，其中中国是鸦雀类的分布中心，记录有全部19种鸦雀。图为挤在一起取暖的棕头鸦雀，十分娇憨可爱。李全胜摄

形态 莺鹛科的鸟类在以形态为主要依据的传统分类系统中置于不同的科，因此可以想见它们的形态并不一致。雀鹛属 *Fulvetta* 鸟类，体形似雀，体长9～17 cm；嘴较强，嘴峰弧形；鼻孔有膜，先端被长须所覆盖。林莺属 *Sylvia* 鸟类则体形似莺，身材细长，喙尖细。

鸦雀类则以其短而粗厚、嘴峰呈圆弧状、尖端具钩的嘴而显著区别于其他雀形目鸟类，它们的英文名“Parrotbill”也得自这种类似鹦鹉的嘴形，直译为“鹦鹉嘴”，在台湾也被称为鹦嘴。它们鼻孔被羽须所掩盖。翅短圆，尾长、多呈凸状。主要栖息于芦苇和灌丛中，性喜成群活动。飞行力较弱，多只做短距离飞行。主要以昆虫为食，也吃植物果实与种子。

栖息地 莺鹛类出现的生境类型很广，不同种类有不同的偏好，但总体而言都喜欢有灌丛和草丛的生境，包括林下植被发达的森林、林缘灌丛、疏林灌丛草坡、竹林、湿地苇丛乃至荒漠地区的灌丛和草丛。其中鸦雀类是特化程度很高的一个类群，它们大多生活在竹林中，目前已记录的19种鸦雀中有10种是主要生活在竹林生境的，2种栖息于包括芦苇在内的各类草丛生境，另外7种则主要在次生林或开阔的林地活动，但偶尔也可能出现在竹林生境。在所有的鸦雀种类中，棕头鸦雀适应的生境类型最多，包括次生林、竹林、沼泽、芦苇、种植园等各种生境类型。在那些偏好竹林生境的鸦雀中，如三趾鸦雀、黄额鸦雀、短尾鸦雀和黑眉鸦雀是极少远离竹林活动的，并且会与竹林中生活的其他鸟类混群活动。鸦雀分布的海拔跨度是相当大的，从低地平原至海拔3660m均能看到它们的身影。跟生

生态适应：

鸦雀类以其似鹦鹉嘴的喙而得名，图为震旦鸦雀的头部特写。刘兆瑞摄

鸦雀的嘴短厚，除了红嘴鸦雀属 *Conostoma* 外，其余鸦雀嘴的厚度要大于其长度。嘴锋尖而弯曲，嘴上下部咬合的部分呈波浪形或S形曲度，利于咬开坚硬的植物种子；鼻孔呈圆形，通常被绒羽覆盖；具典型的短、圆形翅膀，飞行能力较弱。鸦雀的翅膀大都为棕褐色、灰色、红褐色以及这3种颜色的各种组合，并且通常具黑色斑点，尾长且凸形。腿强壮，十分有利于抓握。鸦雀一般都是雌、雄同色，极难通过外形区分，除非是在笼子里，通过观察它们在繁殖期间的行为特征才能进行区分。成年鸦雀每年需要换羽一次，通常在繁殖结束后的秋季进行，而亚成年的鸦雀则在它们遇到的第一个秋季开始换羽后，就具备了成年个体的羽色。

境适应的广度一样，棕头鸦雀适应的海拔跨度也相当大，在中国台湾，它们的生活范围从海平面上升至海拔 3100 m。这样的适应性进化过程可以有效减少棕头鸦雀与同种或异种间的生态位竞争。而那些受海拔高度限制的鸦雀，通常都是高度依赖森林生境的物种，如灰冠鸦雀、暗色鸦雀和褐翅鸦雀分布的海拔区间分别为 2440～3050 m、2350～3437 m 和 1525～2800 m。

习性 莺鹛类大多不喜集群，常单独或成对活动，有时也集三五只的小群，在灌丛中频繁穿飞，甚为活跃，但通常较隐蔽。

不同于其他莺鹛类，鸦雀类是集群性鸟类，一些种类还与其他小型鸣禽混群活动和觅食，甚至形成俗称的"鸟浪"，在这些混合群中，不同鸟种之间关系密切。它们通常成对或以家庭族群的形式活动和觅食，在非繁殖季群体可达 40～50 只个体，在整个冬季，它们都以群居的方式活动和觅食，而这样的集群直到次年 2 月份繁殖季的到来才结束。在台湾和韩国，棕头鸦雀的社群行为及群体的活动动态受到学者们的关注，他们的研究证实了群体大小会随季节而产生变化。棕头鸦雀的集群数量从 8 月以后逐渐增加，可达到 100～140 只。至次年 1 月份则开始减少，此时已观测不到大的集合群，集群规模表现为 4～7 月份最小，10～1 月份最大，而 8～9 月份和 2～4 月的集群规模适中。食物是影响群体每天活动的主要因素，在韩国，非繁殖季的棕头鸦雀的集群可分成两类群体，即"主要群体"和"次要群体"，主要群体通常集群数量较大且有固定的领域范围，如沿着固定的溪流生活。

鸦雀类的领域性并不强烈，例如，在有同种入侵棕头鸦雀的领地时，它们的领域行为主要表现为"排挤"，即通过接近入侵者或者在入侵者旁边的树枝站立来达到排挤入侵者的目的，而在野外还未观察到这两种鸦雀为争夺领地而发生打斗行为。

食性 莺鹛类主要取食昆虫、蜘蛛和植物性食物，其中鸦雀类尤其适于采食植物种子，火尾绿鹛则更多取食花蜜和植物汁液。在中国西南地区曾观察到一只红嘴鸦雀捕获了一只成年的橙斑翅柳莺并带走，推测可能会当作食物喂养其幼鸟。

繁殖 莺鹛类的巢主要为杯状巢，巢址位置都较低，隐藏于浓密的植被下，非常隐蔽。巢材一般由草茎、草叶、细枝、树叶、苔藓等组成，并且常缠有蛛丝，内衬柔软料，如细草叶、须蔓、枯树叶等，有时还会添加兽毛或鸟羽等。其中鸦雀类尤其喜欢在竹林中筑巢，巢材也多为就地收集的竹叶和细竹茎。多数鸦雀巢的外部呈淡黄色，这也与其本身的羽色匹配，使其在巢内的时候不易被天敌发现。莺鹛类窝卵数 2～6 枚，多为 2～4 枚。有些种类不同地理种群的窝卵数不一样，例如棕头鸦雀，在韩国窝卵数通常为 5～6 枚，在中国大陆及台湾则为 4～5 枚。不同莺鹛类的卵色也不尽相同，但主要为纯蓝色、纯白色和白色具斑点三种，有些种类为了对抗巢寄生，可产不同色型的卵。生活在热带亚热带地区的种类一年可繁殖 2 窝以上。

上：鸦雀类甚喜集群，尤其是棕头鸦雀，冬季最大群体可达100只以上。图为集群隐匿在芦苇丛中的棕头鸦雀。葛致远摄

下：白眉雀鹛的繁殖过程。左图为巢和卵，中图为坐巢孵卵的亲鸟，右图为羽翼初丰的幼鸟。梁丹摄

种群现状和保护 莺鹛类整体而言种群数量丰富，目前仅 5 种被 IUCN 列为易危（VU），受胁比例低于世界鸟类整体受胁水平，但许多物种的种群数量处于下降趋势。

在中国，鸦雀类均被列为三有保护鸟类，其他莺鹛类则仅少数物种列入保护名录。尽管如此，仍有许多鸦雀作为笼养鸟被捕捉贩卖，仅在 2000—2003 年，广州的一个花鸟市场就发现了 7 种鸦雀在此进行过交易，虽然现在没有证据表明非法捕鸟对鸦雀的野生种群产生明显影响，但无论如何这样的行为是需要被有效禁止的。

♂
♀
火尾绿鹛
Myzornis pyrrhoura
黑顶林莺
Sylvia atricapilla
横斑林莺
Sylvia nisoria
白喉林莺
Sylvia curruca
漠白喉林莺
Sylvia minula
休氏白喉林莺
Sylvia althaea
东歌林莺
Sylvia crassirostris
荒漠林莺
Sylvia nana
灰白喉林莺
Sylvia communis
金胸雀鹛
Lioparus chrysotis
宝兴鹛雀
Moupinia poecilotis
白眉雀鹛
Fulvetta vinipectus
藏南亚种
F. v. chumbiensis
滇西亚种
F. v. perstriata
藏南亚种
F. c. ludlowi
棕头雀鹛
Fulvetta ruficapilla
褐头雀鹛
Fulvetta cinereiceps
滇西亚种
F. c. manipurensis
中华雀鹛
Fulvetta striaticollis
台湾亚种
F. c. formosana
路氏雀鹛
Fulvetta ludlowi
金眼鹛雀
Chrysomma sinense
山鹛
Rhopophilus pekinensis
红嘴鸦雀
Conostoma aemodium

三趾鸦雀
Cholornis paradoxus
褐鸦雀
Cholornis unicolor
白眶鸦雀
Sinosuthora conspicillata
指名亚种
S. w. webbiana
长江亚种
S. w. suffusus
东北亚种
S. w. mantschuricus
棕头鸦雀
Sinosuthora webbiana
灰喉鸦雀
Sinosuthora alphonsiana
褐翅鸦雀
Sinosuthora brunnea
暗色鸦雀
Sinosuthora zappeyi
灰冠鸦雀
Sinosuthora przewalskii
黄额鸦雀
Suthora fulvifrons
黑喉鸦雀
Suthora nipalensis
金色鸦雀
Suthora verreauxi
短尾鸦雀
Neosuthora davidiana
黑眉鸦雀
Chleuasicus atrosuperciliaris
红头鸦雀
Psittiparus ruficeps
灰头鸦雀
Psittiparus gularis
点胸鸦雀
Paradoxornis guttaticollis
斑胸鸦雀
Paradoxornis flavirostris
震旦鸦雀
Paradoxornis heudei

火尾绿鹛

拉丁名：*Myzornis pyrrhoura*
英文名：Fire-tailed Myzornis

雀形目莺鹛科

形态 体长 11～14 cm，体重 10～13 g。亮丽的绿色莺鹛，头顶至枕具黑色鳞状斑纹，眼先和眼后黑色，眉纹黄绿色；上体绿色；两翅黑色具黄色和红色翅斑及白色端斑；中央一对尾羽绿色，外侧尾羽鲜红色，尾下黄褐色；胸沾红色。雌鸟羽色比雄鸟略暗，且胸不沾红色。

分布 在国内属罕见留鸟，分布于四川西部康定、云南西北部贡山、西部泸水、澜沧江和怒江间山脉以及西藏东南部。国外分布于不丹、印度、缅甸和尼泊尔，是东喜马拉雅地区的特有鸟种。

栖息地 主要栖息于亚热带或热带海拔 2000～4000 m 的山地森林、竹林、杜鹃灌丛、矮树丛和高原草甸与灌丛中。

习性 留鸟。常单独或成对活动，有时亦见成 3～5 只的小群，秋冬季节有时甚至见到 20 余只的大群，一般不喜集群，但常与其他小型莺类或太阳鸟混群。频繁地在花丛间穿梭或在灌丛树枝间飞来飞去，很少下到地面活动和觅食。

食性 喜食花蜜，也吃昆虫、蜘蛛等小型无脊椎动物和树木汁液及浆果等。

繁殖 繁殖期 4～7 月。通常营巢于垂直的土坡或石头上，距地面高 20～152 cm。巢位侧开口的球形巢。每窝产卵 2～4 枚，多为 3 枚。卵为椭圆形，纯白色无斑点，大小约为 18.97 mm × 14.20 mm，卵重 1.6～2.2 g。雌雄亲鸟轮流孵卵。

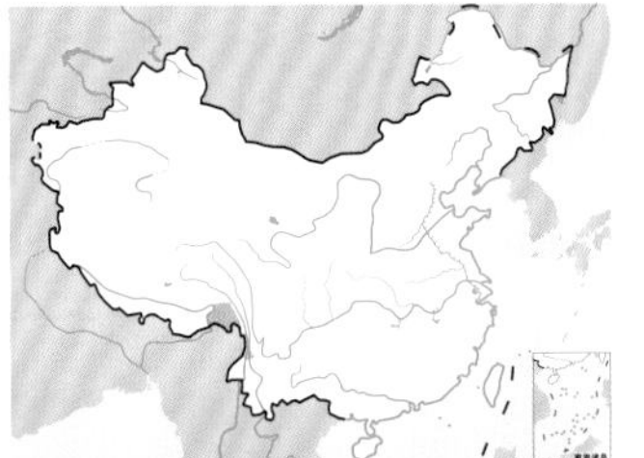

火尾绿鹛。左上图为雌鸟，下图为雄鸟。张明摄

火尾绿鹛的巢和巢中幼鸟。梁丹摄

种群现状和保护 IUCN 评估为无危（LC），《中国脊椎动物红色名录》评估为近危（NT）。国内较为稀少，应注意保护。

黑顶林莺

拉丁名：*Sylvia atricapilla*
英文名：Eurasian Blackcap

雀形目莺鹛科

体长 13～15 cm，体重 16～25 g，迁徙前可达 31 g。通体颜色单调，雌雄异色。雄鸟前额至头顶黑色，其余头、颈一直到下胸均灰色；上体、尾羽灰褐色；下体褐色，尾下覆羽灰褐色。雌鸟顶冠红褐色。国内仅见于新疆西南部，为 2012 年发现的中国鸟类新记录。喜单独或成对栖息于落叶阔叶林和混交林，也见于公园、果园和常绿林。IUCN 评估为无危（LC）。

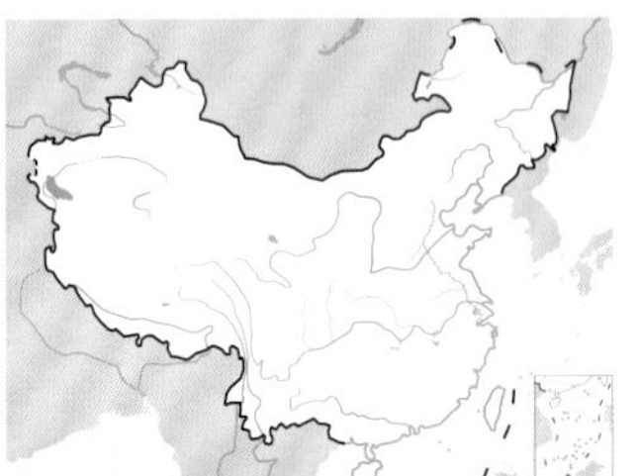

黑顶林莺。左上图为雌鸟，下图为雄鸟

横斑林莺

拉丁名：*Sylvia nisoria*
英文名：Barred Warbler

雀形目莺鹛科

形态 体长约15 cm，体重22～27g。雄鸟上体淡灰色，隐约泛蓝色；翅暗灰褐色，具2道白色翅斑；下体白色，满布暗色波浪形横斑；眼黄色。雌鸟上体灰褐色，下体横斑仅限于两胁。

分布 在国内为夏候鸟，分布于甘肃西部和新疆北部。国外分布于欧亚大陆中部，越冬于非洲。

栖息地 主要栖息于各种灌丛地带，尤其喜欢带刺的灌丛植物，也出现在疏林地带，不喜欢茂密的森林环境。

习性 常单独或成对活动，性活泼，行动敏捷谨慎，多在茂密的灌丛中活动和觅食。有时也上到灌木顶端或树上，遇人很快又落入灌丛，频繁地在灌木间来回跳跃或飞翔。

食性 主要以昆虫和昆虫幼虫为食，也吃植物果实和种子等。

繁殖 繁殖期6～7月，通常营巢于灌木侧枝上或固定于细灌木的茎上，距地面高0.2～2.5 m。巢呈深杯状，大小为外径10～12.5 cm，内径6～7 cm，高6.5～7.5 cm，深5～6.5 cm。每窝产卵4～6枚，多为5枚。卵白色，被有灰色或淡紫色斑点，卵大小为(18～22.6) mm×(14.5～16.3) mm。雌雄亲鸟轮流孵卵。

种群现状和保护 IUCN和《中国脊椎动物红色名录》均评估为无危（LC）。在国内仅繁殖分布于新疆，种群数量不丰富，应注意加强保护。

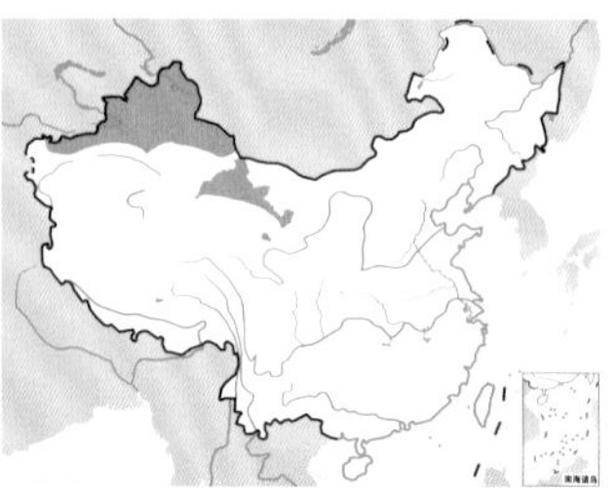

横斑林莺。左上图为雄鸟，沈越摄；下图为雌鸟，唐文明摄

白喉林莺

拉丁名：*Sylvia curruca*
英文名：Lesser Whitethroat

雀形目莺鹛科

形态 体长13～14 cm，体重11.5～14.8 g。上体灰褐色，头顶至枕较背淡且偏灰色，耳羽深黑褐色；两翅偏褐色，翅上覆羽和内侧飞羽灰褐色，外侧飞羽暗褐色，羽缘较淡；中央尾羽灰褐色，羽轴黑色，其余尾羽暗褐色或黑褐色，羽缘淡色，最外侧一对尾羽外翈和尖端白色；颏、喉白色，胸侧及两胁沾皮黄色；其余下体灰白色，或仅两胁缀有淡褐色。

分布 在国内分布于北京、天津、河北、河南、陕西、山西、内蒙古、宁夏、甘肃、新疆、西藏、青海和上海等地，主要为旅鸟，部分为夏候鸟。在国外分布于欧亚大陆，北到北极圈；越冬于热带非洲、阿拉伯半岛及印度和巴基斯坦。

栖息地 生境类型较为多样，既栖息于森林、林缘和开阔疏林灌丛草坡，也栖息于湿地、荒漠和半荒漠等地区的灌木丛和草丛中，甚至在沙漠中的沙丘柽柳丛中亦有栖息。

习性 单独或成对活动，性活泼，常不停地在灌木和树枝间跳来跳去或飞上飞下，有时亦在灌木间开阔的地上跳跃奔跑，偶尔停栖在树顶或灌木上。活动时不断发出"切特、切特"的叫声。

食性 主要以昆虫等无脊椎动物为食，也吃部分植物性食物。

繁殖 繁殖期5～7月，单配制。通常营巢于灌木丛中，巢多置于灌木上茂密的枝叶间，距地面高0.2～1.5 m，在森林地区有时

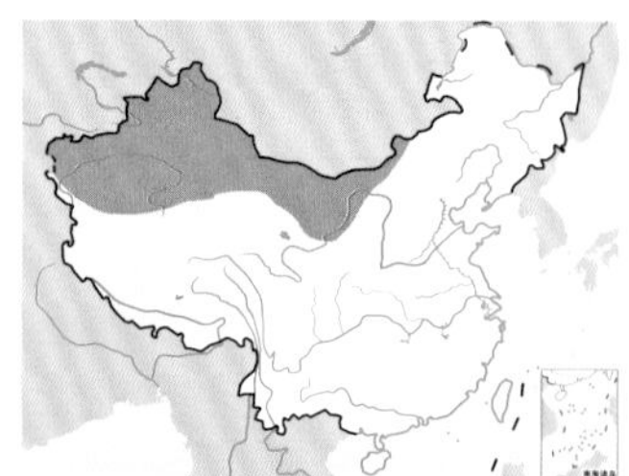

白喉林莺。左上图张明摄，下图王志芳摄

到 2m 左右。雄鸟建造一个到多个巢址吸引雌鸟，当吸引到雌性之后，巢址用于建造繁殖用巢。巢呈深杯状，由草编制而成，巢材还包括小树枝、苔藓、蛛网和虫茧，甚至人类的毛发。营巢主要由雌鸟承担，雄鸟除频繁的在灌木丛或站在灌木顶端鸣唱外，也参与部分营巢活动。巢的大小为外径 8.5～13 cm，内径 5～6 cm，高 5～7.7 cm，深 2～5 cm。每窝产卵 3～7 枚。卵灰白色或乳白色，被有褐色或橄榄色斑点，大小为 15～17.2 mm×12～13.3 mm。孵卵由雌雄亲鸟共同承担，孵化期 12～13 天。

种群现状和保护 IUCN 和《中国脊椎动物红色名录》均评估为无危（LC）。国内种群数量不丰富，近年来日趋减少，应注意保护。

漠白喉林莺

拉丁名：*Sylvia minula*
英文名：Desert Whitethroat

雀形目莺鹛科

体长 12～14 cm，体重 8～13 g。上体浅灰褐色，头顶灰色较重，耳羽较淡；尾褐色，最外侧一对尾羽几全白色，次一对具白色尖端；喉白色，其余下体苍白色。在国内分布于内蒙古西部、宁夏、甘肃西北部、青海东部及新疆。常单独或成对活动，主要栖息于有零星灌木和植物生长的干旱荒漠和半荒漠地区，有时也见于沙漠中的绿洲和农田地带。IUCN 和《中国脊椎动物红色名录》均评估为无危（LC）。国内种群数量不多，应注意保护。

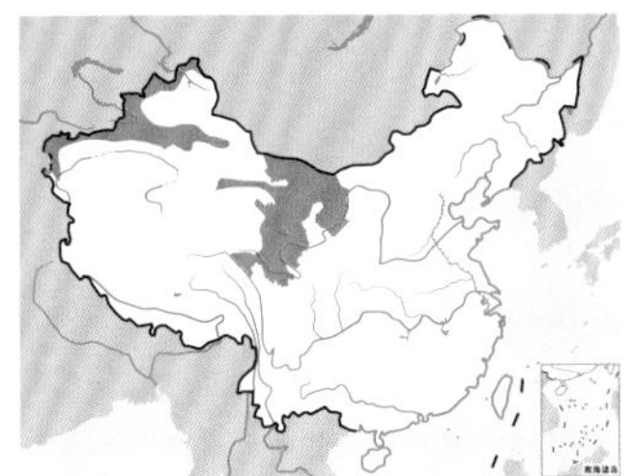

漠白喉林莺。左上图韦铭摄，下图张明摄

休氏白喉林莺

拉丁名：*Sylvia althaea*
英文名：Hume's Whitethroat

雀形目莺鹛科

体长 13 cm，体重 11～17 g。头顶至上背深灰色，眼周和眼先的部分颜色更深，形成明显眼罩；眉纹不明显；背及两翼灰色而偏棕色；尾略带黑色，两侧尾羽白色；下体白色，两胁染灰色。喙相较其他林莺偏粗长强壮。在国内仅见于新疆西部。多见于海拔 2000～3600 m 的阔叶林、灌丛或山坡的低矮灌丛中。IUCN 和《中国脊椎动物红色名录》均评估为无危（LC）。国内种群数量不丰富。

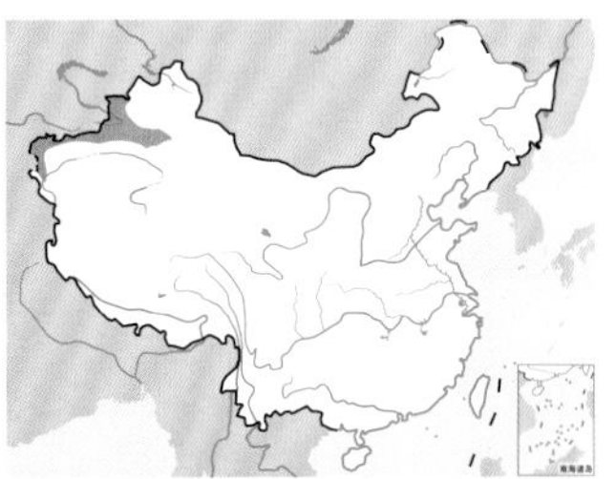

休氏白喉林莺。刘璐摄

东歌林莺

拉丁名：*Sylvia crassirostris*
英文名：Eastern Orphean Warbler

雀形目莺鹛科

体长 15～16 cm。雄鸟额、头顶、枕部黑色；颈、背、腰及尾上覆羽灰褐色；尾羽褐色而具灰白色狭缘，最外侧尾羽具白色外翈及狭窄的白色端斑；喉白色，其余下体灰色，尾下覆羽灰白色。雌鸟头部颜色略浅，下体沾棕色。国内仅见于西藏西部，为 2015 年发现的中国鸟类新记录。栖息于开阔的温带落叶林地。IUCN 评估为无危（LC）。

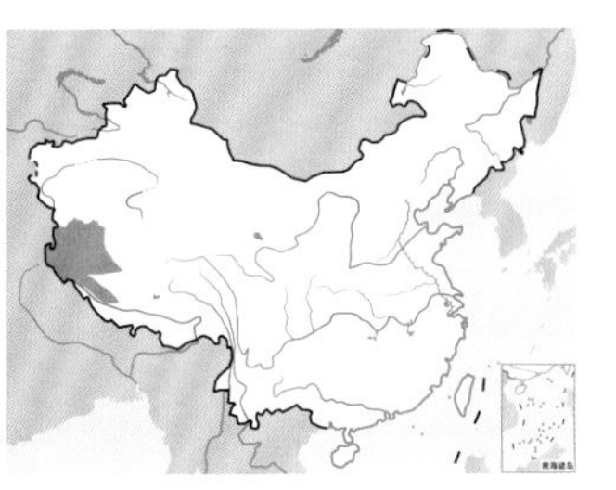

东歌林莺

荒漠林莺

拉丁名：*Sylvia nana*
英文名：Asian Desert Warbler

雀形目莺鹛科

形态 体长 11～12 cm，体重 7～11 g。上体为沾灰色的沙色，腰及尾上覆羽砖红色，最外侧一对尾羽具白斑；下体乳白色，两胁及尾下覆羽略沾粉红色。

分布 在国内为夏候鸟，分布于新疆准噶尔盆地、喀什、天山山脉、阿克苏、哈密和内蒙古阿拉善等地。国外分布于从伏尔加河下游往东到塔吉克斯坦、伊朗和中亚以及蒙古西南部荒漠地区，越冬于非洲东北部、埃及，往东到巴基斯坦和印度西北部，亦有部分留居于非洲北部和撒哈拉沙漠。

栖息地 主要栖息于荒漠和半荒漠地区的灌木丛中，或仅有零星灌木或沙地植物生长的戈壁沙滩、裸露多石山丘和荒漠生境中。

习性 单独或成对活动，性活泼，常站在灌木上，或在灌木下部低枝间频繁跳跃穿梭，不停地活动和觅食。飞行能力弱，一般不做长距离飞行，通常仅在灌木间短距离飞行，而且较为隐蔽。

食性 主要以昆虫和昆虫幼虫为食，亦取食一些种子和浆果。

繁殖 繁殖期 5～7 月，通常营巢于荒漠或半荒漠中的灌木上，距地面高 1.1 m 左右。巢呈杯状，大小为外径 10～12 cm，内径 5～6 cm，高 8～13 cm，深 5～7 cm。每窝产卵 4～6 枚。卵白色，具褐色或灰色斑点，大小为（14.6～18）mm×（11.4～13.3）mm。雌雄亲鸟均参与孵卵。

种群现状和保护 IUCN 和《中国脊椎动物红色名录》均评估为无危（LC）。国内种群数量不丰富，应注意保护。

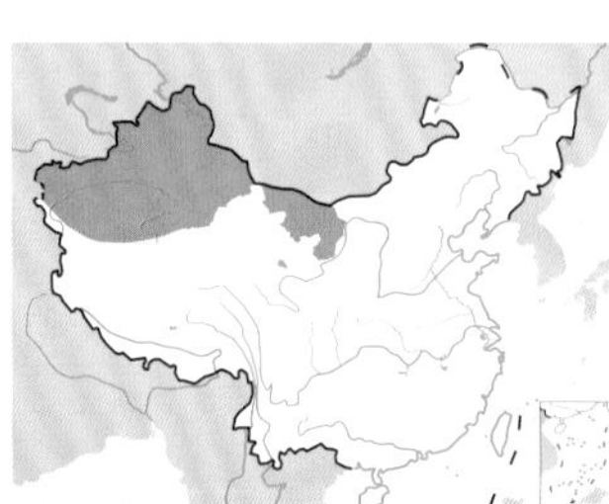

荒漠林莺。王志芳摄

灰白喉林莺

拉丁名：*Sylvia communis*
英文名：Common Whitethroat

雀形目莺鹛科

体长 13～15 cm，体重 14～19 g。雄鸟头顶灰色；上体灰褐色，带棕褐色羽缘；颏、喉白色外，喉羽蓬松，余部淡粉红白色；外侧尾羽白色。雌鸟头部缺乏灰色，下体不沾粉红色而沾赭褐色。栖息于多种多样生境，自低海拔至 2000 m 左右亚高山的荒漠、林缘、溪流、湖泊岸边灌丛以及人工林、路边树丛、农田、果园、公园的小树丛内。国内种群数量不多，IUCN 和《中国脊椎动物红色名录》均评估为无危（LC）。

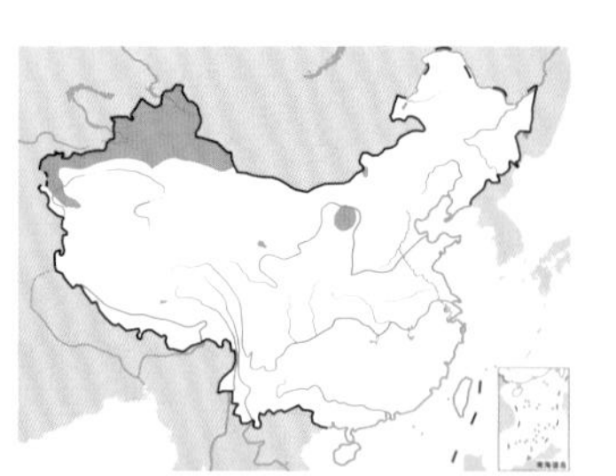

灰白喉林莺。左上图张明摄，下图沈越摄

金胸雀鹛

拉丁名：*Lioparus chrysotis*
英文名：Golden-breasted Fulvetta

雀形目莺鹛科

形态 体长 10～11 cm，重 7～10 g。头黑色，头顶有一道白色中央冠纹，颊后部和耳羽白色；翅黑色，外侧 5 枚初级飞羽羽端外缘淡黄色，并逐渐消失，次级飞羽外缘橙黄色且具白色端斑；尾凸状，黑色；其余上体灰橄榄绿色或橄榄灰色；颏、喉、颈侧、上胸黑色，其余下体金黄色。虹膜褐色或灰白色；嘴灰蓝色或铅褐色。

分布 在国内分布于云南西北部、东北部和东南部，陕西南部，甘肃南部，四川，贵州，湖北，湖南南部，广东和广西。国外分布于尼泊尔、不丹、孟加拉国、印度东北部、缅甸东北部和越南西北部。

栖息地 主要栖息于海拔 1200～2900 m 的常绿和落叶阔叶林、针阔叶混交林和针叶林中，也栖息于林缘和山坡稀树灌丛与竹林中。

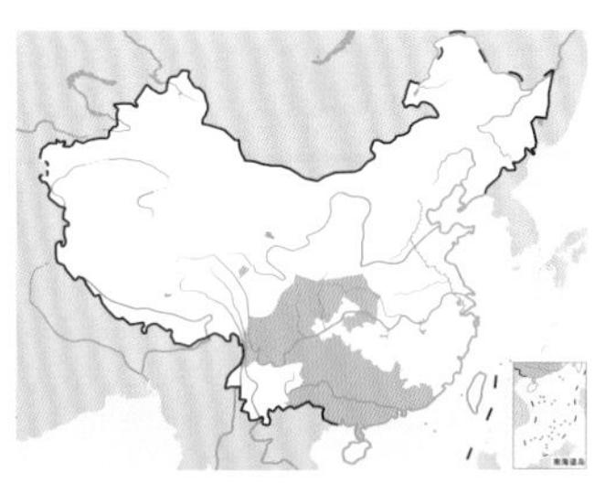

金胸雀鹛。左上图王明华摄，下图杜卿摄

金胸雀鹛的巢和雏鸟。付义强摄

习性 常单独或成对活动，也成5～6只的小群，尤其是秋冬季节，常见成小群活动，有时亦与其他鹛类等小鸟混群。性胆怯，行动敏捷，常在树枝和竹丛间跳跃，也频繁地在林下灌丛间穿梭，不时发出"嗞—嗞—嗞"的叫声。遇有惊扰，立即飞离。

食性 主要以昆虫为食，也吃其他无脊椎动物，偶尔取食少量植物。

繁殖 繁殖期5～7月，越往北繁殖期开始越晚。单配制，领域性极强，对同种其他个体有强烈的攻击性。通常营巢于常绿阔叶林中，多置于林下竹丛和灌丛中，巢呈杯状，外层主要由竹叶和草构成，内层主要由苔藓、草和根构成，巢内垫有少许羽毛。每窝产卵3枚。卵白色，微沾粉红色，被有褐色和淡赭色斑点，大小约为17 mm × 13 mm。

种群现状和保护 IUCN和《中国脊椎动物红色名录》均评估为无危（LC）。通常在整个繁殖和非繁殖区域内都很常见。该鸟羽色艳丽，是著名的观赏鸟，而且主要吃昆虫，在植物保护中意义很大，国内种群数量不丰富，应注意保护。

宝兴鹛雀

拉丁名：*Moupinia poecilotis*
英文名：Rufous-tailed Babbler

雀形目莺鹛科

形态 体长13～15 cm，体重10～15 g。头顶和上体棕褐色；眼先和颊橄榄灰褐色；眉纹灰白色且后端成深色；腰和尾上覆羽沾棕；两胁及臀黄褐；翼及尾栗色；喉白；胸中心皮黄。

分布 中国特有的莺鹛类，分布于四川北部、中部、西部、西南部、南部，以及云南西北。

栖息地 主要栖息于海拔1500～3700 m的亚热带常绿阔叶林、针阔叶混交林、针叶林和高山灌丛、草甸等各种植被类型中。

习性 成对或成小群活动，性活泼，常在林下灌丛间跳来跳去，觅食时行动较为迟缓。

食性 主要以昆虫为食，也吃少量植物果实和种子。

繁殖 繁殖期5～7月，通常营巢于林下灌丛中。繁殖资料缺乏，仅1巢记录。距地面高0.3 m。巢呈杯状，大小约为外径7.5 cm，内径5 cm，高7 cm，深5 cm。窝卵数3枚。卵白色，被有形状、大小不均匀的赭色、紫褐色和浅棕色斑点，钝端尤为密集。卵大小为（18～18.6）mm × 14 mm，重约1.7g。

种群现状和保护 IUCN和《中国脊椎动物红色名录》均评估为无危（LC）。作为中国特有鸟种，分布狭窄，种群数量不多，被列为中国三有保护鸟类。

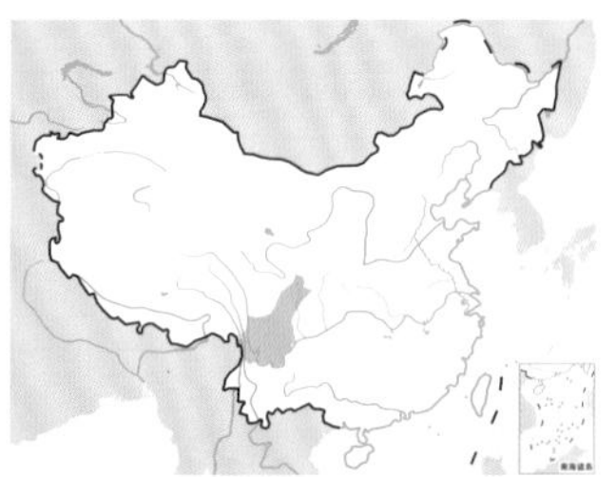

宝兴鹛雀。左上图韦铭摄，下图沈岩摄

白眉雀鹛

拉丁名：*Fulvetta vinipectus*
英文名：White-browed Fulvetta

雀形目莺鹛科

体长 11～14 cm，体重 9～12 g。头顶暗灰褐色，具粗著的白色眉纹，眉纹上方具黑色纵纹，从头顶两侧一直延伸至后颈；上体黄棕色；两翅大都锈棕色，外缘白色；颏、喉至胸白色，其余下体茶黄色。在国内主要分布于西藏南部、云南、陕西南部、甘肃南部、四川西部和南部。主要栖息于海拔 1400～3800 m 的常绿阔叶林、混交林和针叶林及林缘灌丛中，在西藏最高见于海拔 4100 m 左右的地区。IUCN 和《中国脊椎动物红色名录》均评估为无危（LC）。国内种群数量不甚丰富，应注意保护。

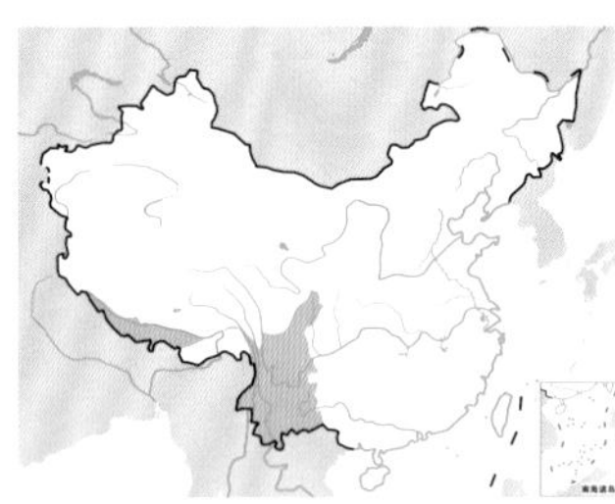

白眉雀鹛。左上图韦铭摄，下图张明摄

中华雀鹛

拉丁名：*Fulvetta striaticollis*
英文名：Chinese Fulvetta

雀形目莺鹛科

体长 12～14 cm，体重 11～13 g。上体褐色，头和背具黑褐色纵纹，耳羽灰褐色；飞羽栗褐色，外侧飞羽具白色羽缘；喉、胸白色，具有明显的黑褐色纵纹，其余下体浅褐色。虹膜白色。中国特有鸟类，主要分布于甘肃南部、西藏东南部和东部、青海东南部、云南西北部及四川西部。常见于海拔 2800～4300 m 的高山和高原地带，尤以高原山地冷杉林和林缘灌丛等矮树灌丛为主要的栖息生境。IUCN 和《中国脊椎动物红色名录》均评估为无危（LC）。分布区域狭窄，种群数量较少，应注意保护。

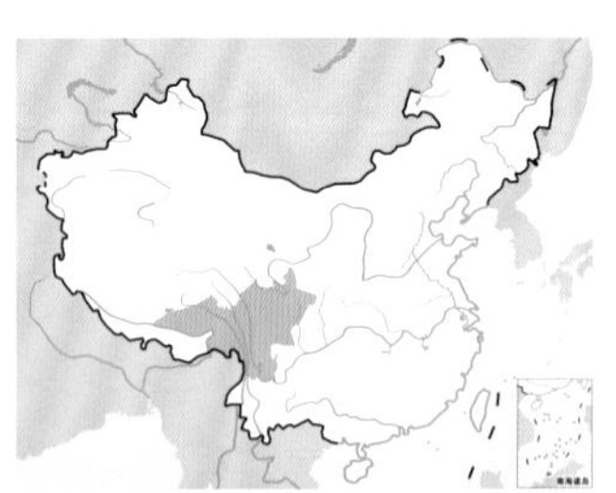

中华雀鹛。左上图董磊摄，下图韦铭摄

棕头雀鹛

拉丁名：*Fulvetta ruficapilla*
英文名：Spectacled Fulvetta

雀形目莺鹛科

形态 体长 10～13 cm，体重 6～10 g。雌雄羽色相似。头顶栗褐色，两侧具黑色侧冠纹；上体茶黄色；飞羽外侧表面灰白色，内侧表面红棕色，内外两色之间夹有黑色；颏、喉近白色而微具纵纹，胸沾葡萄灰色，其余下体茶黄色。

分布 在国内主要分布于陕西南部、甘肃南部、四川、重庆、湖北、云南和贵州等地。国外仅见于老挝东北部。

栖息地 主要栖息于海拔 1000～2500 m 的常绿阔叶林、落叶阔叶林、针阔叶混交林、针叶林和林缘灌丛中。

习性 常单独或成对活动，有时亦成 3～5 只的小群。多在林下灌丛间跳跃穿梭，也常到地上活动和觅食，常与褐头雀鹛混群。

食性 杂食性，主要以昆虫、植物果实和种子为食。

繁殖 目前仅有 2 巢繁殖记录，发现于陕西长青自然保护区向阳坡脚的巴山木竹林边缘。营巢于巴山木竹枝杈上，悬吊于空

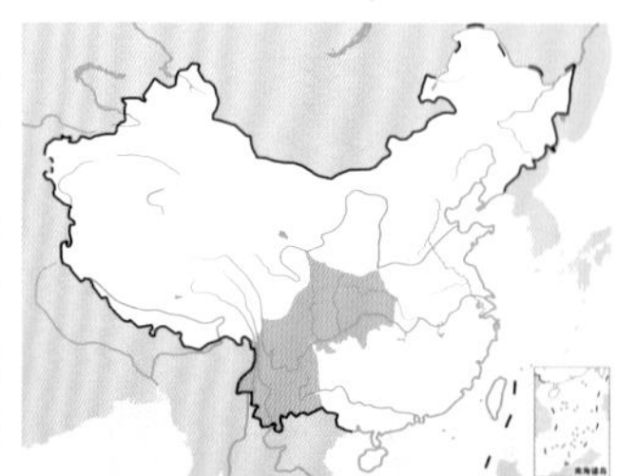

棕头雀鹛。左上图韦铭摄，下图刘璐摄

育雏的棕头雀鹛。赵纳勋摄

中，距地面高约 1.2 m。巢呈浅碗型，大小约为外径 13 cm，内径 10cm，巢高 3.8 cm，巢深 0.9 cm。5 月 27 日发现时，两巢均有 4 只雏鸟，6 月 10 日、11 日雏鸟出飞。推测为 4 月份进入繁殖季节，育雏期 15 天左右。雌雄亲鸟共同育雏，雌鸟喂雏次数更高，因为雄鸟同时还需担任警戒。亲鸟会衔出雏鸟粪便以保持巢内清洁。

种群现状和保护 IUCN 和《中国脊椎动物红色名录》均评估为无危（LC）。国内种群数量不多，被列为中国三有保护鸟类。

路氏雀鹛

拉丁名：*Fulvetta ludlowi*
英文名：Ludlow's Fulvetta

雀形目莺鹛科

体长 11.5 cm，体重 10.5 g 左右。由褐头雀鹛藏南亚种 *Fulvetta cinereiceps ludlowi* 独立为种。雌雄同色。头咖啡褐色，头侧红褐色；腰、肩和尾上覆羽赭褐色；下体带灰色，喉、胸有明显纵纹。在国内仅见于西藏东南部。结小群栖息于海拔 2100～3400 m 的竹林密丛及杜鹃林。IUCN 评估为无危（LC）。

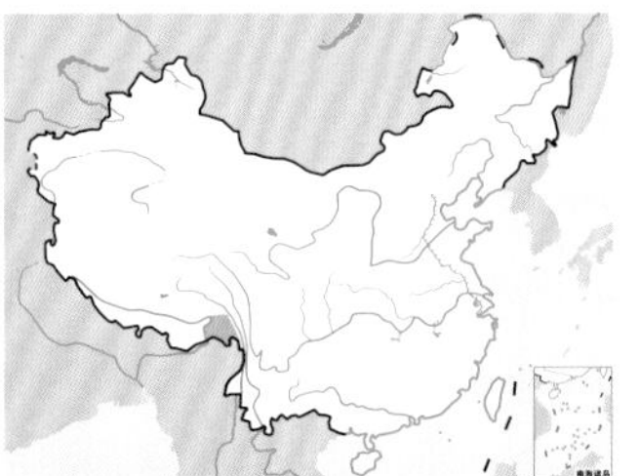

路氏雀鹛。左上图董磊摄，下图彭建生摄

褐头雀鹛

拉丁名：*Fulvetta cinereiceps*
英文名：Streak-throated Fulvetta

雀形目莺鹛科

形态 体长 12～14 cm，重 10～14 g。头顶至后颈褐色或灰褐色，眼先暗褐色，头侧和颈侧乌灰白色；上背烟褐色至栗褐色，腰和尾上覆羽棕黄色或黄褐色；背、肩和两翅覆羽栗褐色或暗棕褐色；两翅暗褐色或灰黑色，最外侧 1～5 枚初级飞羽外缘银灰色或淡蓝灰色，6～7 枚飞羽外缘黑色，其余飞羽外翈均为棕栗色或棕褐色；尾褐色或暗褐色，外翈缘以橄榄黄色；颏、喉、胸和腹乌灰白色，颏、喉具暗色纵纹，两肋和尾下覆羽棕黄色。

分布 在国内分布于陕西、宁夏、甘肃、青海、四川、云南、广西、重庆、贵州、湖北、江西、湖南、福建、广东和台湾等地。国外分布于不丹、印度东北部、缅甸、越南和老挝等地。

栖息地 主要栖息于海拔 1400～2800 m 的山地阔叶林、针阔叶混交林、针叶林、竹林和林缘灌丛等各种植被类型中。

习性 常成 3～5 只的小群活动。多在林下灌丛、竹灌丛和山坡灌丛内，频繁地跳跃和飞来飞去，有时也下到地上活动和觅食，不时发出“嗞、嗞”的单调叫声。

食性 主要以昆虫及其幼虫为食，也吃小型软体动物，同时也吃蒿草等植物叶片、幼芽、果实和种子等，觅食方式类似于山雀。

繁殖 繁殖期 5～7 月，营巢于林下竹丛和灌木枝丫上。巢呈杯状，主要由枯草和竹叶构成，内垫有细根和黑色纤维。每窝产卵 4～5 枚。卵淡海绿色、被有紫灰色和褐绿色斑点，有时还被有暗褐色短纹，大小为（18～20）mm × 15 mm。

种群现状和保护 IUCN 和《中国脊椎动物红色名录》均评估为无危（LC）。国内分布较广，种群数量较多。

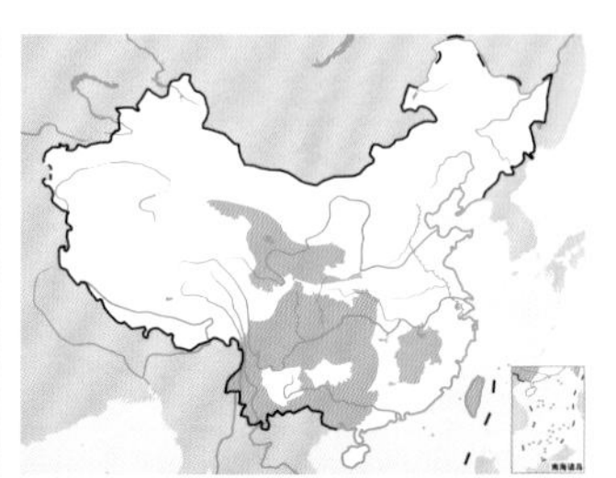

褐头雀鹛。左上图方昀摄，下图沈越摄

褐头雀鹛的巢和卵。贾陈喜摄

金眼鹛雀

拉丁名：*Chrysomma sinense*
英文名：Yellow-eyed Babbler

雀形目莺鹛科

体长 16～20 cm，体重 20～29 g。头顶和上体棕褐色，眼圈金黄色，眼周、颊以及颏、喉和上胸概为白色；其余下体黄褐色；两翅表面肉桂红色；尾长而凸，褐色而具明暗相间的横斑。脚橙黄色。在国内分布于云南、贵州西南部、广东和广西等地。主要栖息于低山丘陵和山脚平原地区的灌丛中，最高可到海拔 1700 m 左右。国内种群数量较多，地方性常见。IUCN 和《中国脊椎动物红色名录》均评估为无危（LC）。

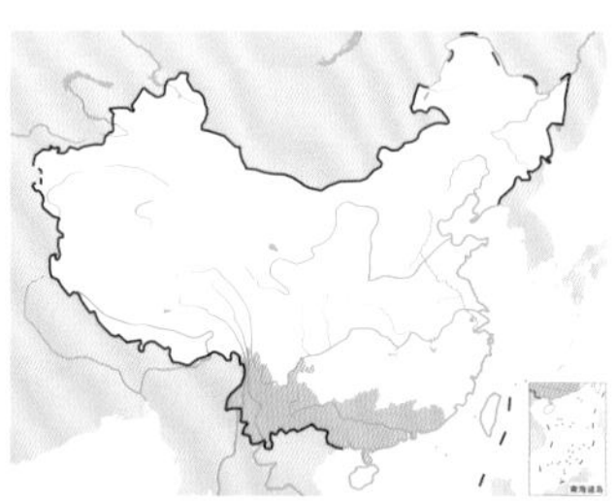

金眼鹛雀。左上图王瑞卿摄，下图刘璐摄

山鹛

拉丁名：*Rhopophilus pekinensis*
英文名：Chinese Hill Babbler

雀形目莺鹛科

形态 体长 16～19 cm，体重 14～21 g。上体沙灰褐色沾棕栗色，具粗著的暗褐色纵纹，眉纹灰白色；尾长约占身体一半，外侧尾羽具灰白色端斑；下体白色，颈侧、胸侧、两胁和腹具栗色纵纹。

分布 在国内主要分布于内蒙古中西部、甘肃、新疆南部、青海东部、西部和东南部、陕西南部、吉林、辽宁、北京、天津、河北北部、山东、河南西部、山西南部和宁夏等地。国外偶见于韩国。

栖息地 主要栖息于稀疏树木生长的山坡和平原疏林灌丛与草丛中，尤其喜欢低山丘陵和山脚平原地带的低矮树木和灌木丛，也栖息于次生林和林缘地带以及开阔平原上人工栽植的松树幼林内。在西北地区，多栖息于干旱平原或多石的山丘灌丛与芦苇丛中。有时也出现在荒漠边缘的绿洲内。

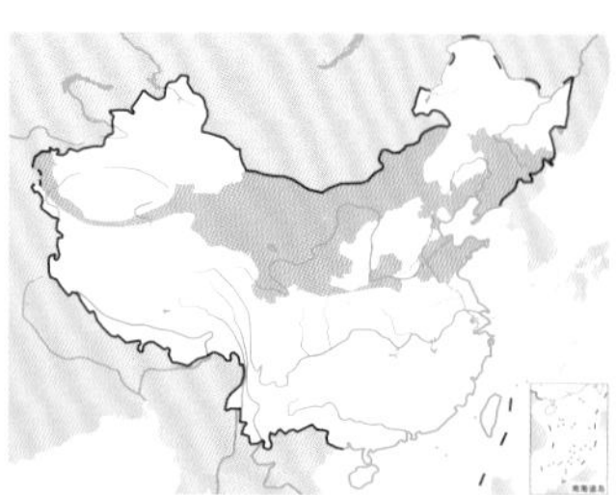

山鹛。沈越摄

习性 留鸟，有的作季节性游荡。性活泼。常单独活动，经常在灌木或小树枝间敏捷地跳跃穿梭，或在灌木间短距离飞翔，有时亦在地上奔跑跳跃。繁殖期间常站在小树或灌木丛间鸣叫，鸣声响亮多变。

食性 主要以昆虫为食，也吃昆虫幼虫和虫卵，秋冬季节也吃植物果实和种子。

繁殖 繁殖期 5～7 月，通常营巢于灌木或幼树下部枝杈上，距地面高 0.14～1.6 m。巢呈深杯状，大小为外径（5.5～9.8）cm×（6.5～10.5）cm，内径（4.2～6.7）cm×（4.8～6.7）cm，高 6.7～10.2 cm，深 4.3～5.8 cm。巢每窝产卵 4～5 枚。卵为椭圆形，乌白色或绿白色，具深浅不一的褐色斑点，大小为（18.8～21.3）mm×（13.7～16.0）mm，卵重 2.0～2.8 g。

种群现状和保护 IUCN 和《中国脊椎动物红色名录》均评估为无危（LC）。但受栖息地破坏及非法捕捉的威胁，种群数量严重下降。被列为中国三有保护鸟类。

红嘴鸦雀

拉丁名：*Conostoma aemodium*
英文名：Great Parrotbill

雀形目莺鹛科

体长 28 cm 左右。额呈灰白色，眼部深褐色；下体浅灰褐色。嘴黄色，呈强有力的圆锥形。在国内常见于陕西南部、甘肃南部、西藏南部、云南西部、四川、重庆、湖北等地。留鸟，夏季常栖息于海拔 3000 m 左右的高山森林、竹林及灌丛中，冬季降至海拔 1200 m 左右。IUCN 和《中国脊椎动物红色名录》均评估为无危（LC），被列为中国三有保护鸟类。

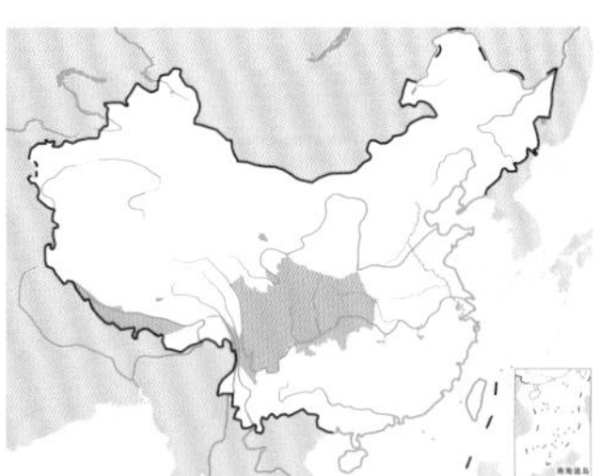

红嘴鸦雀。沈越摄

三趾鸦雀

拉丁名：*Cholornis paradoxus*
英文名：Three-toed Parrotbill

雀形目莺鹛科

形态 体长约 20 cm，体重 32～38 g。成鸟体色与红嘴鸦雀相似，但仅具三趾。头和颈部灰褐色；眼先和眉纹黑褐色，向后逐渐变淡；眼周具有明显白眶；耳部淡灰棕色；背、肩和两翼灰橄榄色，飞羽末端及尾羽灰褐色；下体淡棕色。

分布 中国特有鸟种。分布于甘肃南部、陕西南部、四川、重庆、湖北等地。

栖息地 栖息于竹林中，也在阔叶混交林和针叶林附近出现。

习性 留鸟，喜欢集小群活动，鸣声为高而哀怨的“tuwi-tui”或“tuii-tew”声，休止后又重复，有时叫声则为单音。

食性 要以甲虫等昆虫为食，也吃植物果实和种子。

繁殖 一般在竹林中筑巢。巢呈深碗状，巢口近圆形，一般被竹叶遮挡，较为隐蔽。窝卵数 3～4 枚。卵呈暗淡的灰白色，表面有不规则的暗黄褐色斑，以钝端为多。卵大小为 23 mm × 17 mm，重约 3 g。

种群现状和保护 IUCN 评估为无危（LC），《中国脊椎动物红色名录》评估为近危（NT），被列为中国三有保护鸟类。

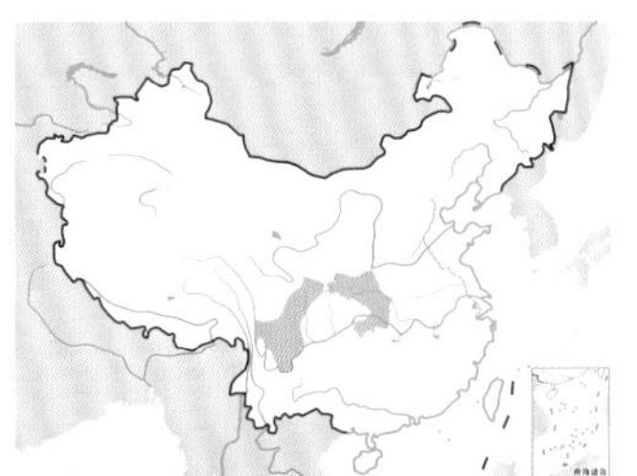

三趾鸦雀。刘璐摄

褐鸦雀

拉丁名：*Cholornis unicolor*
英文名：Brown Parrotbill

雀形目莺鹛科

体长 21 cm 左右。前额至顶冠及头侧深褐色；上体与两翼及尾羽棕褐色；喉部与头部羽色相近，胸部变浅呈灰褐色，腹部更浅。在国内常见于西藏南部、云南西部和北部、四川、重庆等地。留鸟，栖息于竹林和常绿阔叶林中。IUCN 和《中国脊椎动物红色名录》均评估为无危（LC），被列为中国三有保护鸟类。

褐鸦雀。刘璐摄

白眶鸦雀

拉丁名：*Sinosuthora conspicillata*
英文名：Spectacled Parrotbill

雀形目莺鹛科

形态 体长 12～14 cm，体重 8～11 g。体形小但尾羽较长。前额至颈部暗栗棕色，眼周具有明显白眶，头侧部浅栗棕色；背橄榄灰褐色；两翼与尾羽呈暗褐色，飞羽末端颜色稍淡；颏至胸部颜色渐变为淡葡萄红色，其余下体淡棕灰色。脚及趾暗黄褐色。

分布 中国特有鸟种。分布在陕西南部、宁夏、甘肃、青海东北部、四川、重庆、湖北等地。

栖息地 栖息于稠密的阔叶混交林以及稀疏的灌丛和次生林中，有时也出现在林缘附近的竹林和芦苇丛中。

习性 留鸟。性活泼，喜欢集小群活动。叫声音调较高，为“triiih-triiih-triiih-triiih”的单音，有时为较短的“triit”声。

食性 主要以昆虫为食，也吃少量植物果实与种子。

繁殖 繁殖期 4～8 月。2018 年中科院动物研究所报道了甘肃莲花山自然保护区白眶鸦雀的繁殖情况。它们营巢于灌丛中，主要的营巢树为云杉幼苗和忍冬。营巢树高 0.8～2.6 m，巢距地面高 0.4～2.3 m。巢为杯状，巢材为叶片、树皮纤维和细草，内衬柔软材料，偶尔出现兽毛。巢大小为外径 8.00±0.76 cm，内径 4.62±0.49 cm，高 8.30±0.41 cm，深 5.20±0.13 cm（*n*=6）。雌雄共同营巢，每个巢需历时 11 天才能建成。巢建成 2～3 天后开始产卵。主要在清晨产卵，日产 1 枚，每窝产卵 3～5 枚。卵淡蓝色，光滑无斑，大小为(14.72～16.49) mm×(11.97～13.01) mm。卵产齐后开始孵卵，孵化期 13 天，留巢育雏期 13～14 天。双亲参与孵卵和育雏。

种群现状和保护 IUCN 评估为无危（LC），《中国脊椎动物红色名录》评估为近危（NT），被列为中国三有保护鸟类。

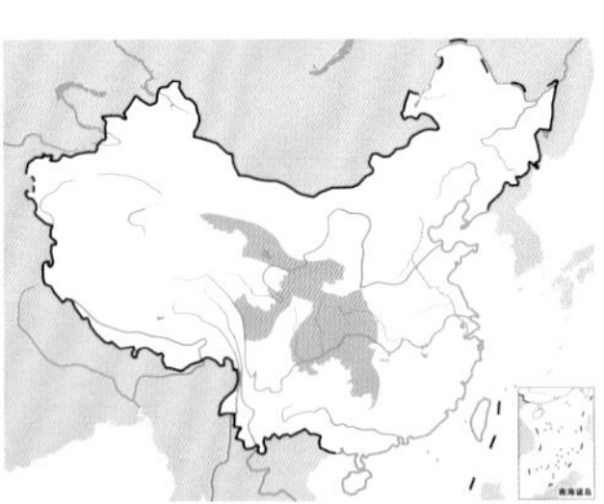

白眶鸦雀。左上图杜卿摄，下图韦铭摄

棕头鸦雀

拉丁名：*Sinosuthora webbiana*
英文名：Vinous-throated Parrotbill

雀形目莺鹛科

形态 体长 11～12.5 cm，体重 8.5～11 g。头顶至上背红棕色，头侧稍淡；上体余部橄榄褐色，飞羽外缘栗棕色；尾暗褐色；颏、喉及上胸粉红色，并具深棕色的纵纹；腹皮黄色。嘴及脚褐色。

分布 在中国分布较广，从东北至华南、西南均有分布，包括台湾。国外分布于俄罗斯远东、朝鲜、越南北部及缅甸东北部。

栖息地 主要栖息于灌丛、次生林、草丛、竹林、芦苇地及林缘地带，也出现于城镇公园，一般不进入茂密的大森林内活动。在台湾可达海拔 3100 m。冬季栖息地较为固定，主要在海拔 180～1630 m 的疏林农田灌丛活动，各种疏林灌丛地段是其觅食场所，郁闭度大的灌丛是其夜宿地。春秋季节栖息地相对游逸，垂直迁徙明显，春季由海拔低的农耕区向森林环境迁徙，秋季则由高海拔向低海拔迁徙，活动于各种环境的疏林灌丛地带。繁殖期的栖息地包括海拔 1630～2600 m 的各种疏林灌丛地段。

习性 除繁殖季成对或单只活动外，全年均集群生活，常成小群，秋冬季节有时也集成 20 或 30 多只乃至更大的群。性活泼而大胆，不甚怕人。常在灌木或小树枝叶间攀缘跳跃，或从一棵树飞向另一棵树，主要为短距离低空飞翔，不做长距离飞行，且常边飞边叫或边跳边叫。

食性 主要以甲虫、松毛虫卵、蟒象等昆虫为食，也吃蜘蛛等其他小型无脊椎动物和植物果实与种子等。

繁殖 繁殖季 4～8 月，最早 5 月上旬产卵。巢筑于多种灌草丛枝叉间，巢隐蔽在野蔷薇刺丛中，周围散生云南松次生林，林下有矮杨梅、小杜鹃和山茅草。呈杯状，大小约为外径 6.7 cm，内径 4.2 cm，高 8.8 cm，深 5 cm。巢外层有蛛网缠绕竹叶及山茅草片，由禾草茎叶编成；内层较细，由山茅草细丝及棕丝盘绕编织而成，有些巢还铺有少量马尾等。双亲均衔材筑巢，筑巢期约 10 天。窝卵数 5～6 枚，以 5 枚居多。卵天蓝色或白色，无斑点，大小约为 16 mm×12 mm，重约 1.4 g。孵卵由雌雄亲鸟交替进行，孵化期 12～13 天。正常情况下，雏鸟 13 日龄即可出飞，如受到惊扰，在 11 日龄时雏鸟也可以从巢中窜出。雏鸟临出巢时，亲鸟喂食次数明显减少。刚出巢的雏鸟会紧紧抓住脚下的树枝，常立在原地不动，此时亲鸟仍给雏鸟喂食。离巢 1 天后的雏鸟较活跃，会在树枝上跳跃移动，3 天后可随亲鸟做短距离飞迁。出巢后的雏鸟各部分发育不平衡，尾部明显较成鸟短，飞行不稳定，一般要和亲鸟在一起过 5 天左右的巢后生活，才逐渐学会自己觅食。之后，仍和亲鸟组成家族集群，过着游荡生活。秋后，各家族群体集合在一起，形成较大群体，直至翌年进入繁殖期才分散。

种群现状和保护 在中国分布较广，种群数量丰富，IUCN 和《中国脊椎动物红色名录》均评估为无危（LC），被列为中国三有保护鸟类。

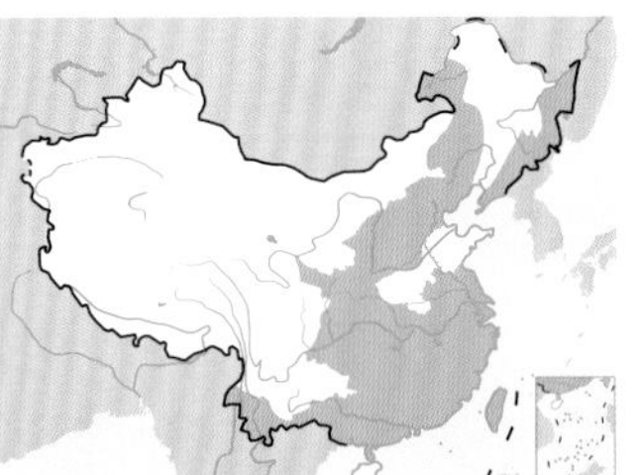

棕头鸦雀。左上图沈越摄，下图刘五旺摄

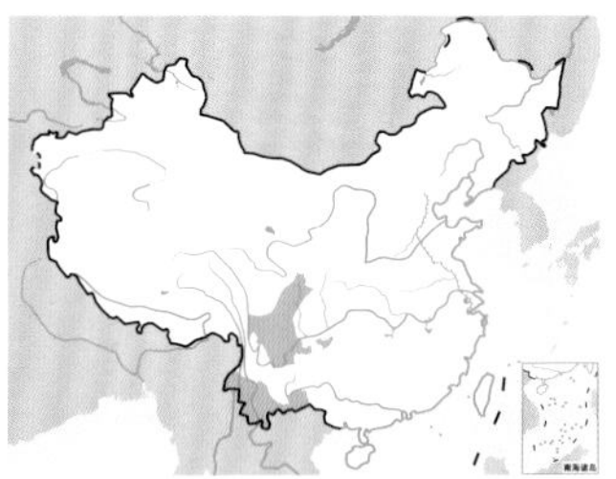

灰喉鸦雀。左上图田穗兴摄，下图黄珍摄

灰喉鸦雀

拉丁名：*Sinosuthora alphonsiana*
英文名：Ashy-throated Parrotbill

雀形目莺鹛科

形态 体长 11～12.5 cm，体重 8.5～11 g。头顶暗葡萄棕色；额、头顶至后颈有时直到上背均为红棕色或棕色，两颊和耳羽及颏、喉、胸均为灰色；背棕褐色；肩、腰和尾上覆羽棕褐色或橄榄褐色，有的微沾灰色；两翅覆羽棕红色或与背相似，飞羽多为褐色或暗褐色；尾羽暗褐色，基部外翈羽缘橄榄褐色或稍沾橄榄褐色，中央一对尾羽多为橄榄褐色，具隐约可见的暗色横斑；腹、两胁和尾下覆羽橄榄褐色或灰褐色，腹中部淡棕黄色或棕白色。嘴黑褐色，脚铅褐色。与棕头鸦雀的区别在头侧及颈褐灰色，喉及胸具不明显的灰色纵纹。

分布 在国内主要分布于西南地区，包括四川、云南和贵州西北部。国外见于越南北部。

栖息地 主要栖息于海拔 320～2350 m 的灌丛、草丛、茶地及林缘生境，也见于城市公园、庭园、苗圃等各类生境。

习性 冬季常 10～40 只集大群活动，繁殖季节通常成对活动。

食性 主要以草籽等植物种子为食，育雏期主要取食昆虫。

繁殖 繁殖期 4～8 月。筑巢于竹林、茶地、灌木、茅草或其他草本植物中，巢位高 0.7 m。巢为开放性杯状编织巢，外层主要由枯草叶编织而成，有时伴有少量苔藓；内层主要是细丝状的植物纤维。巢大小约为宽 8 cm，深 6.5 cm，杯宽 4.5 cm，杯深 4.7 cm。一个成功的繁殖巢周期约 38 天，其中筑巢期 5～6 天，产卵期 3～6 天，孵化期 12～13 天，育雏期 12～14 天。雌雄共同参与筑巢、孵卵和育雏。雌鸟产卵时间一般在早上 8 点以前，产卵频率为每天 1 枚，窝卵数为 3～6 枚。卵大小约为 16 mm × 12 mm，重 1.34 g。刚孵出的雏鸟全身裸露无绒毛，嘴裂橙黄色，乞食时可见舌上两个明显的黑色斑点。

种群现状和保护 在中国西南地区种群数量较多，在贵州一些地区作为笼养斗鸟。IUCN 和《中国脊椎动物红色名录》均评估为无危（LC），被列为中国三有保护鸟类。

褐翅鸦雀

拉丁名：*Sinosuthora brunnea*
英文名：Brown-winged Parrotbill

雀形目莺鹛科

形态 体长 12～13 cm，雄鸟体重 8～13 g，雌鸟体重 6～10 g。前额至颈部及头两侧呈暖红棕色；上体及两翼褐色；喉部及上胸呈酒红色，且具有深栗色细纹。虹膜呈褐色；嘴小，多棕黄色；脚呈粉红色。

分布 在国内分布于云南和四川西南部。国外分布于缅甸东北部。

栖息地 栖息于灌丛和草丛中，有时也在稀疏森林和林缘活动。

习性 留鸟，喜欢成对活动，有时集大群活动。叫声为连续的"叽叽啾啾"声。

食性 以草籽和昆虫为食，有时会摄入一些砂砾。

繁殖 繁殖期 4～6 月。营巢于草丛和灌丛中，巢距地面的高度不低于 60 cm。巢呈深杯状，巢材主要是草叶，有时会涂上灰泥。每窝产卵 2～4 枚。卵为浅蓝色或深蓝色，圆形，光滑无斑，大小为 (15.2～17.5) mm × (12.7～13.) mm。

种群现状和保护 IUCN 和《中国脊椎动物红色名录》均评估为无危（LC），被列为中国三有保护鸟类。

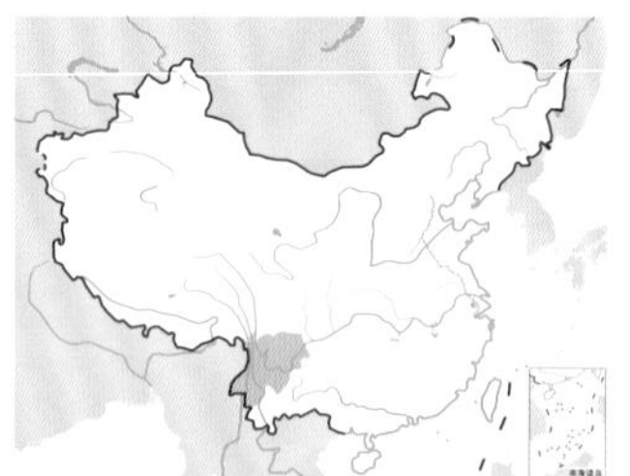

褐翅鸦雀。左上图刘璐摄，下图沈越摄

暗色鸦雀

拉丁名：*Sinosuthora zappeyi*
英文名：Grey-hooded Parrotbill

雀形目莺鹛科

形态 体长 12～13 cm，体重 8 ～10 g。头具羽冠，头顶、羽冠、枕、后颈一直到上背均为深灰色，微具细的暗色羽干纹；上背灰色稍淡；头侧和颈侧亦为灰色，但较头顶稍浅淡；眼先深灰色，白色眼圈极为醒目，颊和耳羽灰色；背部及两翅棕褐色；腰及尾上覆羽灰黄褐色；次级飞羽具明显的黄白色内缘；尾羽灰褐色；下体淡灰色。嘴黄色，基部褐色；脚黑褐色。

分布 中国特有鸟类，仅分布于四川南部和西部、贵州西部。

栖息地 常栖息于海拔 2350～3437 m 的针叶林林下箭竹及灌丛中，尤以开阔的湖边和溪流沿岸灌丛和高草丛中较常见。

习性 除繁殖期间成对或单独活动外，其他季节多成群。常在灌丛枝间跳跃或飞来飞去，不擅长距离飞行，边飞边叫，叫声似"嘘—嘘—嘘—"三声一度。

食性 主要以昆虫为食，也吃植物果实与种子，包括竹子种子。

繁殖 繁殖期 4～6 月。雌雄共同参与筑巢。竹类是暗色鸦雀巢址选择的首要生境限制因子，它们专门在茂密竹丛中取食和筑巢，巢材主要有竹叶、草根和苔藓。巢通常呈杯状，巢底距地

暗色鸦雀。左上图董文晓摄，下图杜卿摄

面 0.8～1.2 m。巢大小为外径（6.2～8.2) cm ×（6.8～10.4) cm，内径（3.5～4.4) cm ×（3.9～4.9) cm，深 5.6 cm 左右，高 7.9 cm 左右。已配对的暗色鸦雀在繁殖期初始阶段收集巢材并相互鸣叫呼应，衔取巢材后小心地靠近在建的巢，在巢的距离停留并检视周围，然后才飞到巢区所在位置。筑巢完成 2 天后开始产卵，产卵速度一般为每天一枚，产卵完成后立即开始孵化，孵化期为 14 天。双亲均参与孵化，窝卵数为 2～4 枚，卵椭圆形、浅灰蓝色，重 1.3 g，大小约 16.3 mm × 12.4 mm。雌雄亲鸟共同孵卵及育雏，孵化期 13～14 天。育雏期为 12～13 天。

种群现状和保护 为中国特有鸟类，分布区域狭窄，种群数量稀少。IUCN 和《中国脊椎动物红色名录》均评估为易危（VU），被列为中国三有保护鸟类。

灰冠鸦雀

拉丁名：*Sinosuthora przewalskii*
英文名：Rusty-throated Parrotbill

雀形目莺鹛科

体长 13 cm 左右。顶冠至枕部深灰色；鼻羽、眼先及前额红褐色；眼上方有一条窄而明显的黑褐色眉纹，眉纹后端近黑色；背及双翼橄榄色；喉及上胸棕褐色，下部颜色变淡。中国特有物种，仅分布于青海东南部经甘肃南部至四川西北部地区。留鸟，栖息于竹林和针叶林中。IUCN 评估为易危（VU），《中国脊椎动物红色名录》评估为濒危（EN），被列为中国三有保护鸟类。

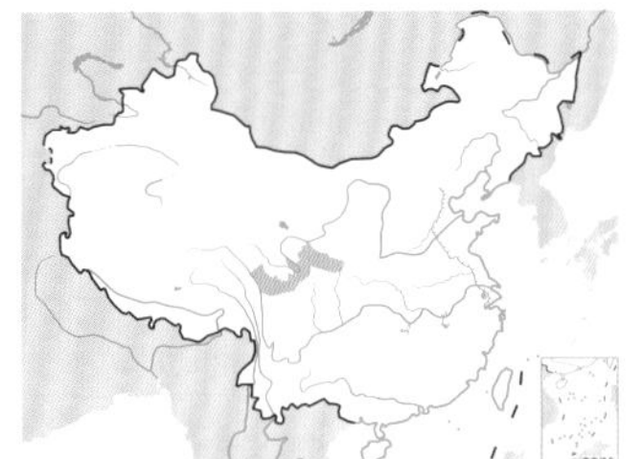

灰冠鸦雀。左上图唐军摄，下图董磊摄

黄额鸦雀

拉丁名：*Suthora fulvifrons*
英文名：Fulvous Parrotbill

雀形目莺鹛科

形态 体长 12～12.5 cm，体重约 7 g。头顶黄色，从前冠至后冠逐渐消失；眼后至耳部也呈黄色，头侧具偏灰色的深色侧冠纹；背部灰橄榄色；双翼具有棕色翼斑，初级飞羽羽缘白色；尾长，呈深黄褐色，羽缘棕色。虹膜红褐色；喙粉红色；脚褐色至铅色。

分布 在中国分布于西藏东南部和云南、四川、陕西等地。国外分布于尼泊尔及缅甸东北部。

栖息地 栖息于高密度的竹林中，有时也出现在林缘地区。

习性 留鸟，但有时会根据竹林的状况而转移。喜欢单独活动，但有时也集大群活动。鸣声音调高且尖锐，发出“si-tsiiiichúú”的声音，单音节或连续重复两三次。飞行速度快。

食性 以竹子嫩芽和植物种子为食，也捕食小型昆虫。

繁殖 2014 年，胡运彪等根据四川瓦屋山记录到的 33 个巢首次报道了黄额鸦雀的野外繁殖信息。繁殖期 4～7 月。巢位于浓密的冷箭竹丛中，距地面高 0.9～1.7 m。主要以竹叶编织而成，外覆苔藓，内垫柔软竹叶。巢高 7.12 ± 0.70 cm，深 5.31 ± 0.58 cm。每窝产卵 3～5 枚。卵浅蓝色，光滑无斑，卵平均大小（15.62 ± 0.70) mm ×（12.16 ± 0.32) mm（n=13）。双亲共同参与筑巢、孵卵和育雏。孵化期 14～15 天，育雏期 13～14 天。

种群现状和保护 IUCN 和《中国脊椎动物红色名录》均评估为无危（LC），被列为中国三有保护鸟类。

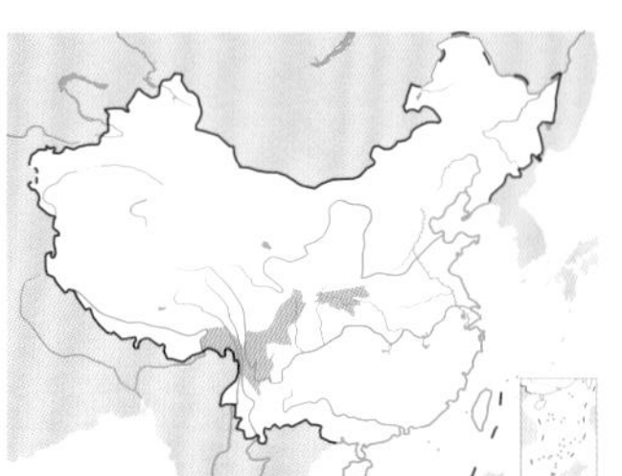

黄额鸦雀。左上图向定乾摄，下图杜卿摄

黑喉鸦雀

拉丁名：*Suthora nipalensis*
英文名：Black-throated Parrotbill

雀形目莺鹛科

体长 10 cm 左右。头颈部灰棕色，有显著黑色宽眉纹；上脸颊具黑色条纹，下脸颊白色；背部黄褐色；尾棕褐色；喉部黑色，腹部颜色变淡。在中国分布于西藏西南部、云南和广西西北部。留鸟，栖息于阔叶混交林中的竹林和灌丛中。IUCN 评估为无危（LC），在中国资料相对较少，《中国脊椎动物红色名录》评估为数据缺乏（DD），被列为中国三有保护鸟类。

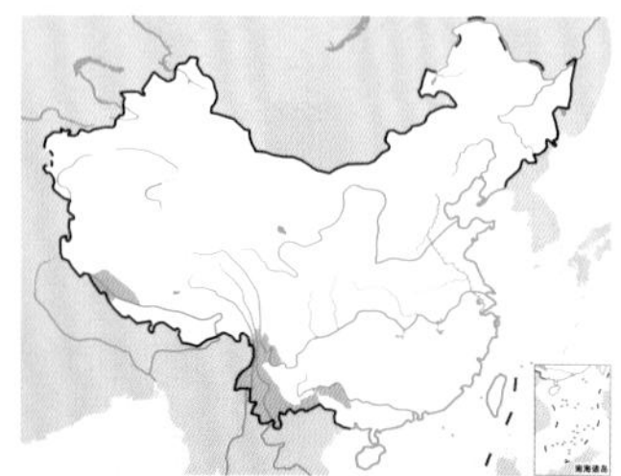

黑喉鸦雀。左上图董磊摄，下图Bhaskarjbarua摄（维基共享资源/CC BY-SA 3.0）

金色鸦雀

拉丁名：*Suthora verreauxi*
英文名：Golden Parrotbill

雀形目莺鹛科

形态 体长约 10 cm，体重约 6 g。头冠、颈部黄褐色，前额橘黄色，眼先、颊灰色，具明显的白色短眉纹；肩部橄榄色沾灰色，背部及两胁橄榄色沾黄色；两翼飞羽和尾羽具橘黄色斑块，初级飞羽外缘灰蓝色，尾羽羽端黑色；颏及喉部黑色，腹部灰白色。虹膜深褐色；上嘴灰色，下嘴粉色；脚粉色。

分布 在中国主要分布于陕西南部、云南、四川、重庆、湖南、湖北、贵州、江西、福建、广东、台湾等地。国外分布于缅甸东北部和越南西北部。

栖息地 栖息于竹林中，也出现在常绿阔叶林林缘地区。在中国分布海拔为 1000～2200 m，冬季下降至海拔 300 m。

习性 繁殖季常成对活动，非繁殖季常 5～10 只结小群在竹林活动觅食，常与竹林中其他鸟类混群。

食性 以小型昆虫及其幼虫为食，也吃植物种子和果实。

繁殖 2001 年杨灿朝等基于贵州宽阔水自然保护区的研究首次报道了金色鸦雀的繁殖细节。繁殖期 4～6 月，雌雄共同筑巢。巢位于竹丛中，筑于灌木枝或竹子的枝杈上，呈杯状，巢底距地面约 1.8 m。巢材主要有竹叶、草根和苔藓。巢深约 5 cm，高 8.5 cm，内径 4 cm，外径 7.3 cm。筑巢完成后开始产卵，产卵时间为早晨，每天一枚。平均窝卵数 3.5 枚。卵为椭圆形，浅蓝色，卵平均大小为 15.04 mm × 11.81 mm，平均重 1.06 g。产卵完成后立即开始孵卵，孵化期 13 天。双亲均参与孵卵并共同照顾及饲喂雏鸟。

种群现状和保护 IUCN 评估为无危（LC）。在中国分布范围比较狭窄，种群数量不普遍，《中国脊椎动物红色名录》评估为近危（NT），被列为中国三有保护鸟类。

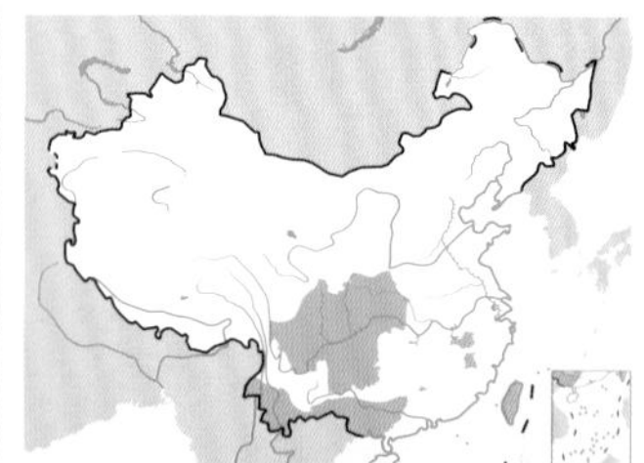

金色鸦雀。左上图唐英摄，下图韦铭摄

金色鸦雀的巢。付义强摄

短尾鸦雀

拉丁名：*Neosuthora davidiana*
英文名：Short-tailed Parrotbill

雀形目莺鹛科

体长 10 cm 左右。头栗色，背及腹灰色，颏及喉黑色，尾羽具棕色羽缘。在中国分布于云南、安徽、江西、浙江、广东、广西北部、湖南南部和福建地区。栖息于竹林、草地和常绿阔叶林边缘地带。IUCN 评估为无危（LC），在中国较罕见，《中国脊椎动物红色名录》评估为近危（NT），被列为中国三有保护鸟类。

短尾鸦雀。左上图韦铭摄，下图刘璐摄

黑眉鸦雀

拉丁名：*Chleuasicus atrosuperciliaris*
英文名：Lesser Rufous-headed Parrotbill

雀形目莺鹛科

体长 15 cm 左右。前额至颈部红棕色，眼上具有明显的黑色短眉纹；背棕橄榄色；翅棕色；下体乳黄色。在中国主要分布于云南西部。栖息于竹林、高草地以及常绿阔叶林林缘地带。在其分布区内较常见，IUCN 和《中国脊椎动物红色名录》均评估为无危（LC），被列为中国三有保护鸟类。

黑眉鸦雀。左上图沈越摄，下图杜卿摄

红头鸦雀

拉丁名：*Psittiparus ruficeps*
英文名：White-breasted Parrotbill

雀形目莺鹛科

体长 19 cm 左右。头部、脸颊红褐色；上体、两翅及尾羽橄榄色沾棕色；下体白色。在中国主要分布于西藏东南部和云南西部。栖息于竹林和常绿阔叶林林缘一带。在其分布区内较常见，IUCN 和《中国脊椎动物红色名录》均评估为无危（LC），被列为中国三有保护鸟类。

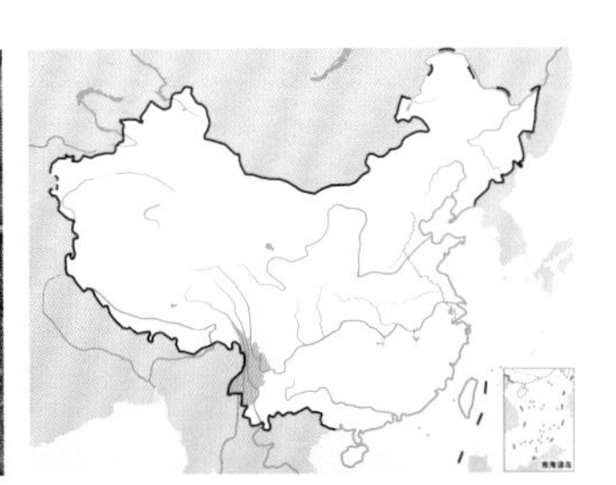

红头鸦雀。左上图董文晓摄，下图杜卿摄

灰头鸦雀

拉丁名：*Psittiparus gularis*
英文名：Grey-headed Parrotbill

雀形目莺鹛科

体长 15.5～18.5 cm。头顶和枕部深灰色，眼先、耳羽及颈侧淡灰色，具有长而宽阔的眉纹；上体棕褐色；下体白色。在中国分布于秦岭－淮河以南，包括海南。栖息于常绿阔叶林、针叶林、次生林和竹林中。IUCN 和《中国脊椎动物红色名录》均评估为无危（LC），被列为中国三有保护鸟类。

灰头鸦雀。左上图王瑞卿摄，下图杜卿摄

点胸鸦雀

拉丁名：*Paradoxornis guttaticollis*
英文名：Spot-breasted Parrotbill

雀形目莺鹛科

形态　体长 18～22 cm，雄鸟体重 28～40 g，雌鸟体重 26.5～35 g。头顶至颈部棕褐色，颊及颏白色带灰色条纹，耳羽后端有明显的黑色块斑；背部、两翼及尾暗红褐色；下体皮黄色，胸上具明显的深色倒“V”字形细纹。虹膜褐色；嘴橘黄色；脚蓝灰色。

分布　在国内分布于陕西南部、云南、四川西部、湖北、湖南、江西、浙江、福建、广西和广东北部。在国外分布于印度、缅甸。

栖息地　栖息于草丛和灌丛中，不喜欢耕地和竹林。

习性　留鸟，仅在小范围内或海拔梯度上迁移。喜欢与其他鸟种混群。鸣声高亢，不连续的“whit-whit”声，每个音节 1～1.5 秒，重复 3～7 次。

食性　主要以昆虫及其幼虫为食，也吃植物种子和果实。

繁殖　繁殖期 4～7 月。营巢于草丛、竹林和芦苇丛中。

点胸鸦雀。左上图韦铭摄，下图杜卿摄

巢距地面高 1 m 以上。巢材包括细草丝、竹叶、蛛丝等。每窝产卵 2～4 枚。卵颜色多样，有些为浅绿色带大量淡棕色斑点，有些为白色带少量棕色斑点，大小为（22.1～23.5）mm×（15.8～16.5）mm。

种群现状和保护　IUCN 和《中国脊椎动物红色名录》均评估为无危（LC），被列为中国三有保护鸟类。

斑胸鸦雀

拉丁名：*Paradoxornis flavirostris*
英文名：Black-breasted Parrotbill

雀形目莺鹛科

体长 20 cm 左右。前额至颈部栗棕色；耳羽和颏后部及胸部具黑色斑块；脸颊及喉部有黑色鳞状斑纹；背部、双翼及尾羽深棕色；腹部浅棕色。在中国分布于西藏东南部。栖息于海拔 900 m 以下的草甸，包括甘蔗地等。IUCN 评估为易危（VU），《中国脊椎动物红色名录》评估为数据缺乏（DD），被列为中国三有保护鸟类。

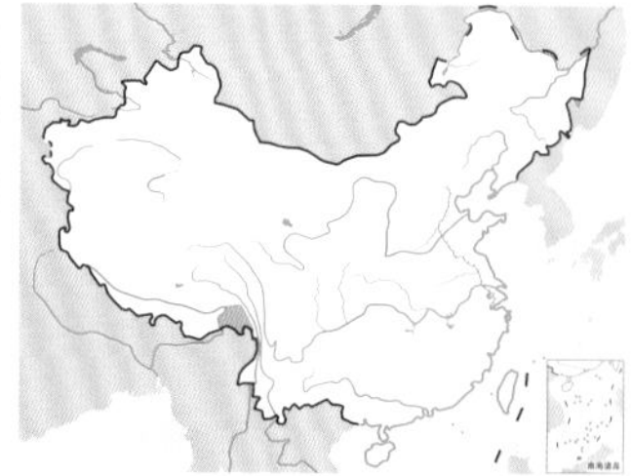

斑胸鸦雀。Gadajignesh摄

震旦鸦雀

拉丁名：*Paradoxornis heudei*
英文名：Reed Parrotbill

雀形目莺鹛科

形态 体长 15～18cm，体重 19～24 g。前额至颈部蓝灰色或灰色沾赭色；长而阔的黑色眉纹自眼上方向经头侧耳羽上方一直到后颈两侧；头侧、耳羽灰白色；上背赭色杂以浅灰色粗纹，有时带黑色纵纹；两肩、下背和腰概为黄赭色或浅赭色；两翅覆羽赭色或棕栗色，飞羽主要为褐色或黑褐色，初级飞羽外翈羽缘淡白色或棕黄色；尾上覆羽和中央一对尾羽淡红赭色或淡黄褐色，其余尾羽黑色具白色端斑，尾呈凸状，向两侧尾羽逐渐变短而白色端斑逐渐扩大，到最外侧一对尾羽白色端斑几占羽片的一半；颏、喉淡灰白色，胸淡葡萄红色或浅赭色，胸侧淡红褐色，其余下体暗黄色或浅赭色。虹膜褐色或红褐色；嘴黄色；脚肉色。

分布 在国内主要分布于黑龙江、辽宁、天津、内蒙古东北部、河南、河北、山东、江苏、上海、浙江、湖北、江西西北部地区。在国外分布于西伯利亚东部。

栖息地 在 19 种鸦雀中，震旦鸦雀相对远离森林，而主要生活在低地的芦苇生境，而且对芦苇生境极为依赖。遍观震旦鸦雀在整个中国的生境，呈现沿海、沿江、沿湖湿地分布的特征，这些区域往往都有芦苇植被，而森林只是作为破碎化的“点缀景观”。

习性 每年 10 月以后开始集群，集体行动，共同觅食，一起面对严寒的冬天。到次年 4～5 月陆续脱离群体寻觅配偶。

不同季节的集群大小和出现频次亦有不同。秋、冬季集群活动最多。秋季（9～11 月）群小且分散，此时多以同种混合家族群式活动，逐渐向较大集群发展，多的一群达 20 只。越冬期（12 至翌年2 月）有 15 只组成的集群，后期出现 30 只的群体，这是调查中观察到的最大集群。

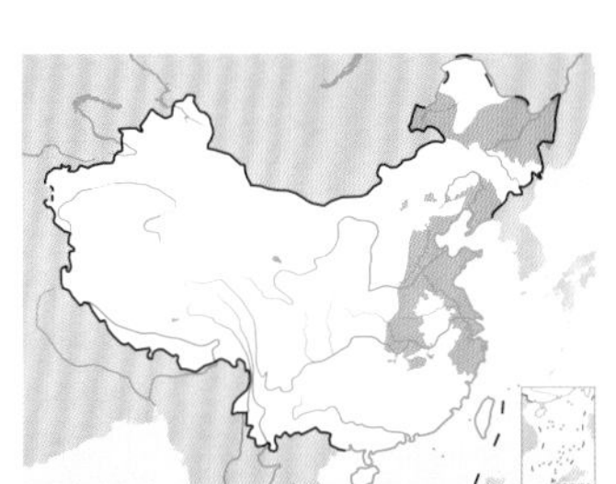

震旦鸦雀。左上图张明摄，下图杜卿摄

食性 全年以芦苇上的昆虫为食。取食变化与芦苇上昆虫的生活史有关。每年 1 月，生活在芦苇茎内的鳞翅目幼虫开始发生，并一直持续到 6～7 月化蛹羽化。芦苇日仁蚧全年生活，数量极多，二龄以前可以活动，2 龄以后则附着在芦苇叶鞘下茎表面，失去运动能力。1 月份时，震旦鸦雀主要还是以上一年度芦苇上寄生的芦苇日仁蚧为食。随着新生芦苇的进一步生长，以及上一年度芦苇上芦苇日仁蚧资源的逐渐消耗，震旦鸦雀逐渐将食物从芦苇日仁蚧转为鳞翅目幼虫和蛹，这一阶段的快慢主要取决于新生芦苇上昆虫的生长情况，以及上一年度芦苇上食物资源的消耗情况。在繁殖期高峰期，震旦鸦雀主要以鳞翅目昆虫为食物，直至繁殖期后期。而随着雏鸟逐渐离巢，震旦鸦雀的取食又逐渐回到芦苇日仁蚧，并依靠取食芦苇日仁蚧越冬。

繁殖 每年 4～5 月陆续脱离群体，开始寻觅配偶，繁殖期从 4 月下旬一直到 10 月，前后持续近 6 个月。巢呈杯状，非常精美，高 10.2 cm 左右，外径 7.8～8 cm。巢材主要来自芦苇，一般分为 3 层：最外层由芦苇茎表组织构成，是比较稀疏的网状结构；中层由比较柔软的芦苇叶鞘组织构成，纵横交错；最内层也是由芦苇茎表组织构成，呈比较密集的网袋状。内层也有茭白花序小穗轴或者芦苇花序小穗轴，中层含有少量水烛花序，外层有时含有少量玻璃纤维丝。一般通过外层和内层巢材架在 2～6 根芦苇上，并且利用蛛丝将巢材与芦苇枝黏合。巢安顿好以后，雌鸟开始产卵，一般日产 1 枚，大多在上午产出。每窝产卵 2～6 枚，每年产 2～3 窝。产卵结束后马上开始孵卵，雌雄亲鸟轮流值班。晚上雌鸟留巢，而雄鸟则露宿在附近的芦苇枝上。孵化期 11～13 天。

种群现状和保护 IUCN 和《中国脊椎动物红色名录》均评估为濒危（NT），被列为中国三有保护鸟类。

震旦鸦雀是特化适应芦苇湿地的鸟类，在强化利用芦苇生境能力的同时，势必会减弱对其他生境类型的适应能力。这种特化决定了震旦鸦雀具有较低的扩散能力，对外部干扰或者异质化过程也比较敏感，容易受到灭绝威胁。滩涂开垦、外来种入侵、定期的大面积芦苇收割等问题，使震旦鸦雀的栖息地要么不断萎缩，要么变得支离破碎，生存状况更加令人担忧。如今许多芦苇地已经因大规模开垦而被永久摧毁，震旦鸦雀种群被分离开来，这将导致种群间的交流机会大大减少，遗传多样性跟着降低，对它们的种群延续造成严重的负面影响。此外，每年 12 月到来年 4 月，沿海滩涂的大片芦苇将被全部收割，只有靠近水边的一些长势不好的零星芦苇才得以保留，这意味着在这段时间内震旦鸦雀的食物供给将十分短缺。

震旦鸦雀和芦苇生境的密切关系对于预测震旦鸦雀的分布区有着重要的意义。因此，如何保护、管理芦苇，使之在时间和空间上保持连续，就成为保护震旦鸦雀的关键。

绣眼鸟类

- 绣眼鸟类指雀形目绣眼鸟科鸟类，全世界共14属135种，中国有2属12种
- 绣眼鸟类体形较小，大多雌雄羽色相似，具浅色眼圈
- 绣眼鸟类栖息于各种林型和林缘地带，多成小群在树冠层或林下植被的枝叶间活动，取食昆虫和植物果实、种子
- 绣眼鸟类为单配制，在树冠层和灌木枝杈上浓密的枝叶间营杯状或吊篮状巢

类群综述

绣眼鸟指雀形目绣眼鸟科（Zosteropidae）鸟类，包括拥有100个物种的绣眼鸟属 *Zosterops*，和多个较小的属，如帕劳绣眼鸟属 *Megazosterops*、笠原吸蜜鸟属 *Apalopteron*、金绣眼鸟属 *Cleptornis*、双色绣眼鸟属 *Tephrozosterops* 等单型属。随着分子生物学技术的发展，最新的系谱发育研究还将凤鹛属 *Yuhina* 从画眉科里分离出来，并入绣眼鸟科。新的绣眼鸟科包括14属135种，分布于非洲和亚洲南部至大洋洲和太平洋诸岛屿的热带亚热带地区。中国有2属12种，其中凤鹛属8种，绣眼鸟属4种，主要分布于南方地区。

形态 绣眼鸟类体形大小差异较大，如凤鹛属的白领凤鹛体长14.5～18.5 cm，重15～29 g，而绣眼鸟属的灰腹绣眼鸟体长9～11 cm，重7～12 g。整体而言，凤鹛属鸟类的体形和体重稍大于绣眼鸟属的鸟类。

绣眼鸟类大多雌雄羽色相似，眼圈周围白色。其中绣眼鸟属体形小，体长9～12.2 cm；无羽冠，全部具有白色眼圈；鼻孔为薄膜所掩盖；舌能伸缩，先端具有角质硬性的纤维簇，用于伸入花中取食昆虫；上体黄绿色；翅较长圆，初级飞羽10枚，其中第1枚甚短小；尾多呈平尾状；下体灰色或白色；嘴小，为头长的一半，嘴峰稍向下弯，喙缘平滑无齿，嘴须短而不显。而凤鹛属头部具有明显的羽冠；耳羽明显；部分具有白色眼圈；有的具有白色眉纹，向后延伸呈蛾眉状；鼻孔大多局部覆羽；羽色以灰色为主；两翅短圆而稍凹，初级飞羽10枚；尾长适中，多呈凸型；嘴细长而尖，较坚硬，嘴缘光滑，上嘴端部无勾或微具缺刻，有的下曲，有的特厚短；跗跖前缘具有盾状鳞。

栖息地 绣眼鸟类为典型的森林鸟类，主要活动于山地常绿林、针阔混交林、次生林、人工林、林缘、稀树灌丛的各空间层。也栖息于果园、山地带农田、茶园和村寨附近的树丛与竹丛生境中。海拔跨度为200～3800 m。种间分布范围不一，有的分布范围较大，如红胁绣眼鸟，在中国除新疆、青海、海南、台湾外均有分布；而有的属于局域种群，分布范围甚狭窄，如低地绣眼鸟，仅分布于菲律宾和中国台湾东部的绿岛、兰屿岛上的次生林、林缘、人工园林的生境中。

习性 多为山区留鸟，部分种类具有迁徙性。如暗绿绣眼鸟，在东北为夏候鸟，在华南沿海地区、海南岛和台湾地区则主要为留鸟。其迁徙性具有纬度地带性和垂直地带性，夏季可迁徙到最高海拔3800 m的地区，冬季又下至海拔200 m的山地林缘、竹林、屋舍周围觅食，部分在冬季还具游荡行为。多成3～5只至10余只的小群在树冠层枝叶间活动和觅食，也下到林下幼树或高的灌木与竹丛上或林下草丛中，不时发出尖细的“丝、丝、丝”的声音。在冬季常见与太阳鸟属 *Aethopyga*、柳莺属

生态适应：

绣眼鸟类具有较灵活的生态适应能力，分布生境较丰富，有明显的季节性移动现象，夏季往高纬度、高海拔地区迁移，冬季向低纬度、低海拔迁移以适应气候条件的变化。其分布海拔高度差可达3600 m。除繁殖季节的成对、单独活动外，常集群、混群活动和觅食，还常混在其他不同鸟种的群内一起活动。

这种典型的集群行为可带来诸多利益，如食物资源搜寻信息的共享、提高发现潜在天敌的概率、降低个体的被捕食率等。同类集群还存在种群间觅食、警戒、打斗、声音等行为信息间的交流学习，这对于当年刚离巢的雏鸟群来说是关键的，因为通过社群行为信息间的学习，可能会影响其首次繁殖的成功。

左：绣眼鸟类多具有标志性的白色眼圈，杂食性，但主要以昆虫及其幼虫育雏。图为育雏的暗绿绣眼鸟。唐文明摄

Phylloscopus、蓝鹟属 *Cyanoptila* 等混群。

食性 绣眼鸟类为杂食性鸟类，且不同生活史阶段的依赖不同的食物。如对暗绿绣眼鸟的空间生态位研究表明，春季主要在植被中层和地面觅食，而冬季则主要在植被中层和上层觅食。夏季主要以昆虫为食，这主要是与夏季鞘翅目、膜翅目、双翅目、鳞翅目等昆虫丰富度有关，而且此时正值繁殖期，亲鸟育雏也以昆虫性食物为主。冬季则以植物种子和果实为主要食物来源。

繁殖 绣眼鸟类目前记录到的均为单配制，每年繁殖 1～2 窝。繁殖期主要为 4～8 月，部分种类 3 月初就开始繁殖，少数延迟至 9 月。通常营巢于山地各林型、林缘、稀树灌木、竹林等侧枝末梢或枝杈上，有时也在果园、地边和村寨附近林内树冠层茂密的细枝叶间和小树和灌木枝杈上营巢，四周多有浓密的枝叶隐蔽，不易发现，有的种类营洞穴巢。部分鸟种的营巢由雌鸟单独承担。巢多呈杯状或吊篮状，可分为外、中、内三层，外层主要由蜘蛛网、植物性纤维、苔藓等组成，中层为枯草、枯叶和细根，内垫棕丝、细草茎、草根、须根、羽毛、兽毛等材料。窝卵数差异较大，为 3～8 枚等，卵色从白色过渡到淡蓝色。一些种类由雌雄轮流孵卵，孵化期 10～12 天。雏鸟晚成性，双亲共同育雏，育雏期 10～14 天。

与人类的关系 绣眼鸟类性格活泼，形态可爱，许多种类被驯养为笼鸟，因此盗猎、利益驱使的非法贸易是受到关注的致胁因素，捕猎高峰期应加强对捕猎、贸易等非法行为的全面监管。

种群现状和保护 绣眼鸟类仅极少数物种的种群有量化研究，其余物种的种群规模及其未来的变化趋势均不清楚。但作为热带森林物种，随着商业开发和农业发展不可避免地受到栖息地丧失的威胁，目前有 5 种被 IUCN 列为极危（CR），7 种为濒危（EN），9 种为易危（VU），受胁比例高达 15.6%。中国的 2 属 12 种均为无危（LC），通常认为很常见，但有些物种种群数量正在下降，森林砍伐、捕猎和贸易、人类活动以及气候变化等因素是潜在的威胁。

绣眼鸟类的巢多呈杯状或吊篮状，由蛛网、植物性纤维、苔藓、枯草、枯叶和细根等构成，内垫棕丝、细草茎、草根、须根、羽毛、兽毛等材料。图为白领凤鹛的巢和雏鸟。付义强摄

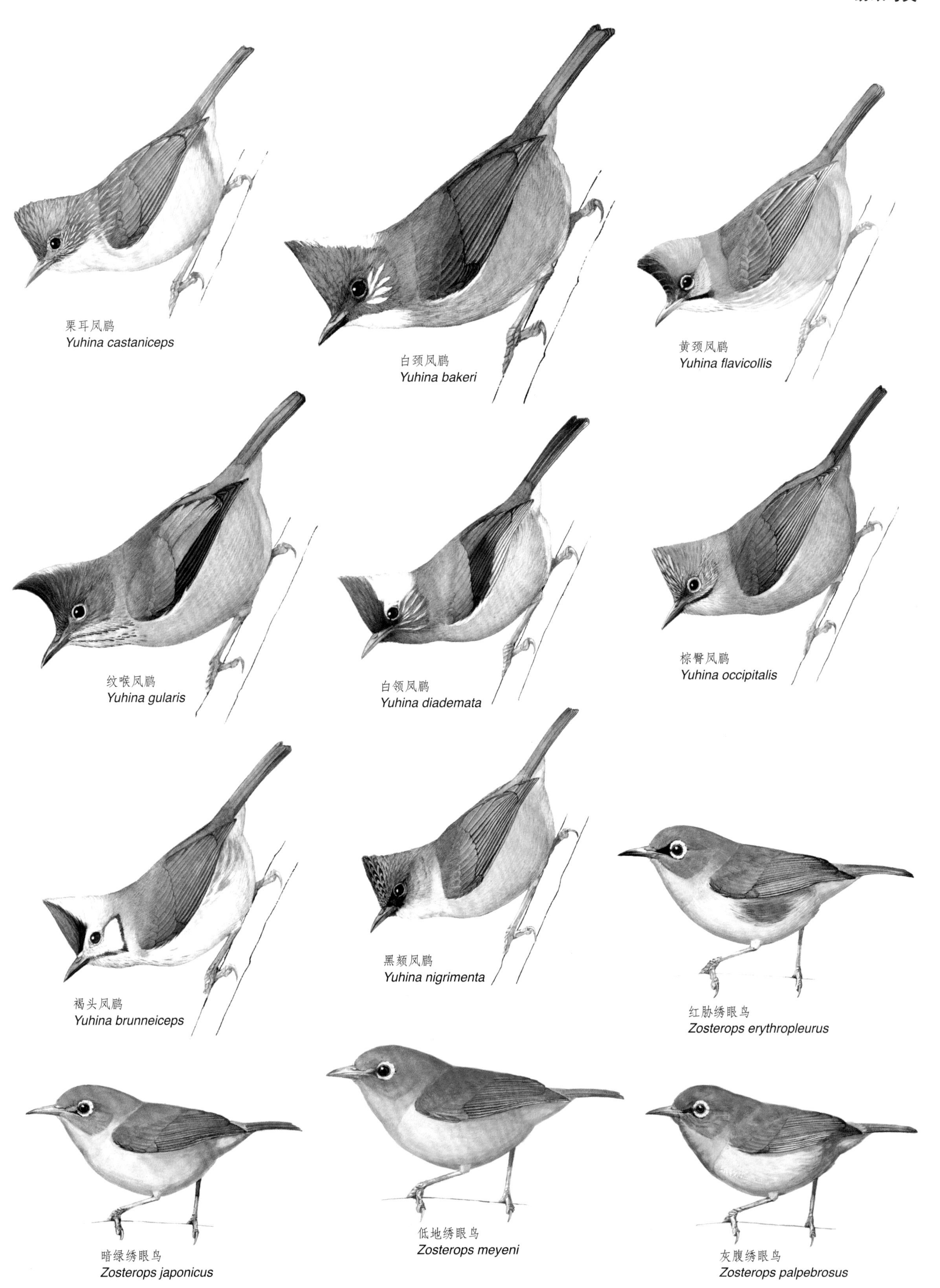

栗耳凤鹛
Yuhina castaniceps
白颈凤鹛
Yuhina bakeri
黄颈凤鹛
Yuhina flavicollis
纹喉凤鹛
Yuhina gularis
白领凤鹛
Yuhina diademata
棕臀凤鹛
Yuhina occipitalis
褐头凤鹛
Yuhina brunneiceps
黑颏凤鹛
Yuhina nigrimenta
红胁绣眼鸟
Zosterops erythropleurus
暗绿绣眼鸟
Zosterops japonicus
低地绣眼鸟
Zosterops meyeni
灰腹绣眼鸟
Zosterops palpebrosus

栗耳凤鹛

拉丁名：*Yuhina castaniceps*
英文名：Striated Yuhina

雀形目绣眼鸟科

形态 体长约13 cm。上体偏灰色，脸颊栗色；具短羽冠，上体白色羽轴形成细小纵纹；尾深褐灰色，羽缘白色；下体近白色。虹膜褐色；嘴红褐色，嘴端色深；脚粉红色。华南亚种 *Y. c. torqueola* 头部浓重的栗色延伸围绕后颈，有的分类意见将其独立为栗颈凤鹛 *Yuhina torqueola*。

分布 在中国，滇西亚种 *Y. c. plumeiceps* 见于云南西北部、西部及西藏的东南部；华南亚种见于秦岭－淮河以南的广大地区。国外分布于印度东北部和中南半岛西部。

栖息地 栖息于亚热带或热带湿润的低地和山地森林。

习性 性活泼，通常吵嚷成群，叫声为持续不断的“ser-weet ser-weet”声。在林冠的较低层捕食昆虫。繁殖季节成对活动，繁殖季以外常集群活动，飞行能力较差。常在叶簇间觅食，很少到达林下，但受惊后也会窜入林下草丛、灌丛或树枝间，然后跳跃逃窜。

食性 主要取食果实、花蕊、草籽，兼食昆虫。

繁殖 繁殖期4～7月，通常营巢于海拔700～1500 m阔叶和混交林中，多为洞穴巢，巢材由苔藓、草根、草茎、植物纤维等组成。窝卵数3～4枚，卵白色，钝端有红褐色斑点，大小为(15～18) mm×(12.3～14.2) mm。

种群现状和保护 在分布区内常见。IUCN和《中国脊椎动物红色名录》均评估为无危（LC）。

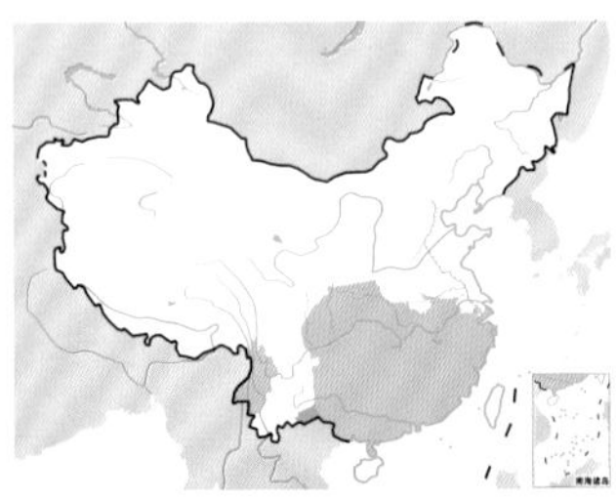

栗耳凤鹛。左上图为华南亚种，林剑声摄；下图为滇西亚种，刘璐摄

白颈凤鹛

拉丁名：*Yuhina bakeri*
英文名：White-naped Yuhina

雀形目绣眼鸟科

体长约13 cm。冠羽浓密；头顶及枕余部栗褐色，枕部有白色斑块；体羽大致橄榄褐色；喉白色，臀略沾红色。虹膜褐色；嘴褐色；脚粉褐色。叫声为尖声的“chip”及轻柔的唧啾声。另有清脆的“zee zee”及告警时的高叫。在中国仅见于云南怒江以西、西藏东南部山麓地带。常集群栖息于海拔450～2400 m的次生林及原始常绿栎树林。地区性常见留鸟，但分布区甚狭窄，由于其栖息地的破坏和破碎化，种群规模将继续下降。IUCN和《中国脊椎动物红色名录》均评估为无危（LC）。

白颈凤鹛。刘璐摄

黄颈凤鹛

拉丁名：*Yuhina flavicollis*
英文名：Whiskered Yuhina

雀形目绣眼鸟科

体长约13 cm。具浓密冠羽；眼圈白色，脸侧具特征性的白色纵纹，领环皮黄褐色；黑色的髭纹将灰色的头后与白色的喉隔开；上体全褐色；胸侧及两胁淡黄褐色。虹膜褐色；上嘴深褐色，下嘴浅褐色；脚黄褐色。叫声为尖细的“swii swii-swii”声及金属般清脆的铃声。在中国，指名亚种 *Y. f. flavicollis* 见于西藏南部及东南部；云南亚种 *Y. f. rouxi* 见于云南西南部、南部及东南部。常栖于海拔1500～2285 m的常绿林。IUCN和《中国脊椎动物红色名录》均评估为无危（LC）。

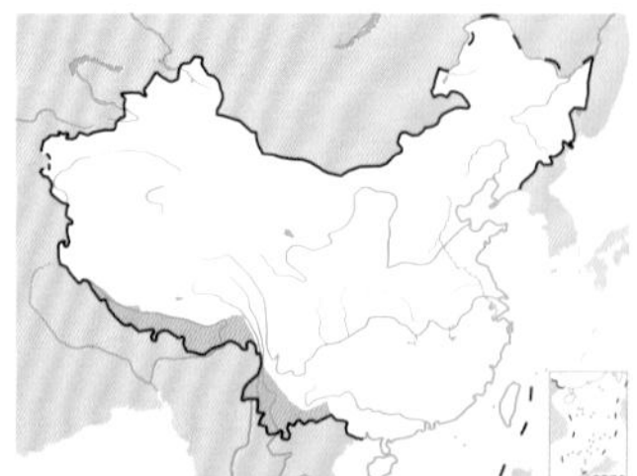

黄颈凤鹛。左上图为指名亚种，曹宏芬摄；下图为云南亚种，沈越摄

纹喉凤鹛

拉丁名：*Yuhina gularis*
英文名：Stripe-throated Yuhina

雀形目绣眼鸟科

体长13～16 cm，头顶和羽冠暗褐色或褐灰色；上体橄榄褐色；飞羽黑褐色，外侧次级飞羽表面橙黄色，构成一块纵形翼斑；颏、喉淡棕白色，具黑色纵纹；腹和尾下覆羽橙黄色，下体余部暗棕黄色。脚橘黄色。在中国分布于四川中部，云南东北部、西北部和西部，西藏南部和东南部。在西藏地区主要栖息于海拔2800～3800 m的森林中，在云南和四川可下到海拔1800 m，冬季还可下到海拔1200 m处，多在常绿林和混交林及其林缘疏林灌丛中活动。IUCN和《中国脊椎动物红色名录》均评估为无危（LC）。

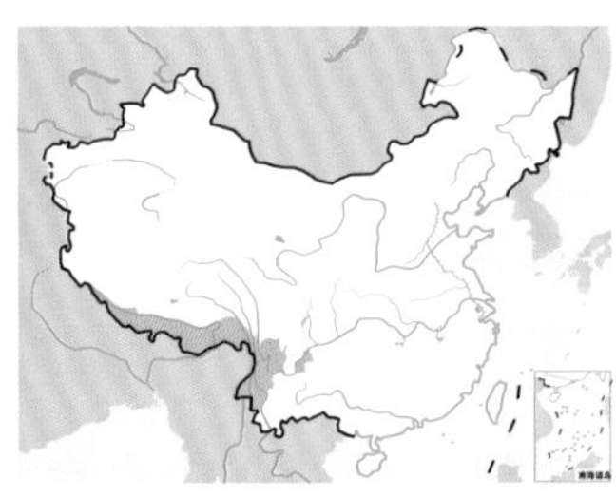

纹喉凤鹛。左上图董磊摄，下图曹宏芬摄

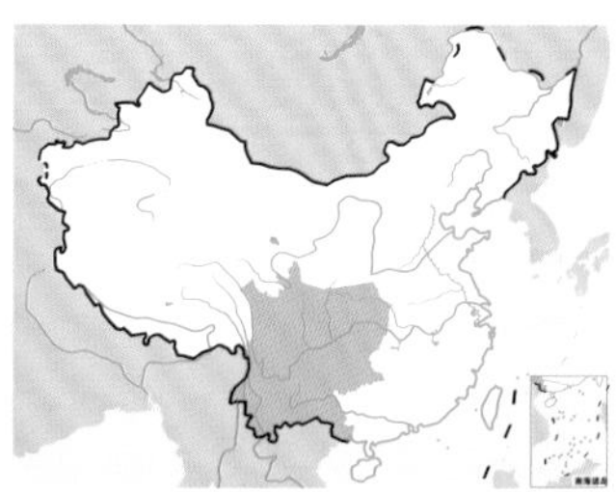

白领凤鹛。左上图赵纳勋摄，下图唐军摄

白领凤鹛的巢和卵。付义强摄

白领凤鹛

拉丁名：*Yuhina diademata*
英文名：White-collared Yuhina

雀形目绣眼鸟科

形态 体长14.5～18.5 cm，体重15～29 g。前额暗褐色，头顶和羽冠栗褐色、土褐色或深咖啡色，具辉亮的淡色羽轴纹；枕和后颈白色，白色宽眉纹从眼上后方延伸至枕，与枕部的白色融为一体；眼先黑色，眼圈白色；颏和上喉黑褐色，下喉、胸和两胁土褐色或淡灰褐色，肛周和尾下覆羽白色。虹膜偏红色；嘴近黑色；脚粉红色。与白颈凤鹛相似，但白颈凤鹛的枕为白色且不延伸至眼，体形较小，头顶和羽冠栗色，颏、喉白色。

分布 在中国见于甘肃南部、陕西南部、四川、湖北西部、贵州及云南等地。国外分布于缅甸东北部及越南北部。

栖息地 主要栖息于海拔1500～3200 m的山地阔叶林、针叶林和竹林中，也栖息于次生林、人工林和林缘疏林灌丛，冬季有时下降到海拔1000 m以下的低山地带。

习性 除繁殖期间多成对或单独活动外，其他时候多成3～5只至10余只的小群。常在树冠层枝叶间、林下幼树、高的灌木与竹丛上或林下草丛中活动和觅食，不时发出尖细的“丝、丝、丝”声。繁殖期间常站在灌木枝梢上长时间鸣叫，鸣声宏亮多变。

食性 主要以昆虫和植物果实与种子为食。动物性食物占取食总频数的83%，昆虫占61%。

繁殖 繁殖期主要在5～8月，少数迟至9月。通常营巢于海拔1200～2700 m的山地森林和山坡灌丛中，也有在茶园内筑巢的。巢多置于低矮树丛间或灌木枝杈上，距地面高0.2～1.5 m。巢呈杯状，外层主要为苔藓，中层为枯草、枯叶和细根，内垫棕丝、细草茎、草根和须根等材料，并用须根系于枝杈上。巢的大小为外径9～13 cm，内径5～7 cm，高6～12 cm，深3.8～7.2 cm。每窝产卵2～3枚，通常为3枚。卵为白色、蓝绿色、浅绿色或浅灰绿色，被有红褐色、紫蓝色或黑褐色斑点，大小约为21.4 mm × 15.2 mm，重约2.1 g。

种群现状和保护 在分布区内常见。IUCN和《中国脊椎动物红色名录》均评估为无危（LC）。但由于森林栖息地的改变对该种的影响具有不确定性，故不清楚该种群未来的变化趋势。

棕臀凤鹛

拉丁名：*Yuhina occipitalis*
英文名：Rufous-vented Yuhina

雀形目绣眼鸟科

体长约 13 cm。凸显的羽冠前端灰色而后端橙褐色，眼圈白色，髭纹黑色；上背灰橄榄色；下体粉皮黄色，尾下覆羽棕色。虹膜褐色；嘴粉色；脚橙红色。叫声为短促的喊喳叫声，告警时作“z-e-e……zit”声，鸣声为高音的“zee-zu-drrrrr，tsip-che-e-e-e-e”。在中国分布于西藏南部及东南部、云南及四川西部，常见于海拔 1800 ~ 3700m 湿润的山地森林，冬季下至海拔 1350m。IUCN 和《中国脊椎动物红色名录》均评估为无危（LC）。

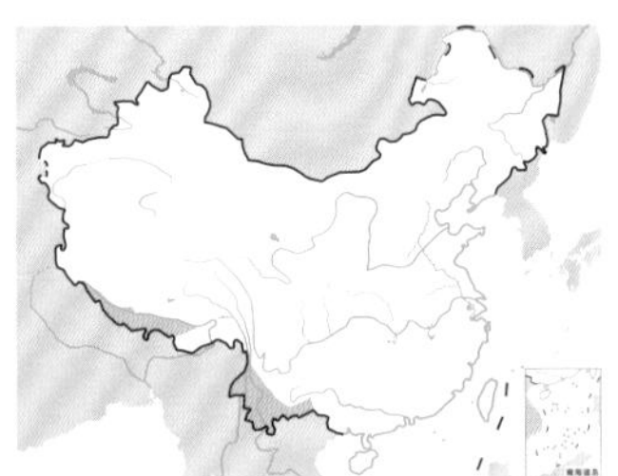

棕臀凤鹛。沈越摄

褐头凤鹛

拉丁名：*Yuhina brunneiceps*
英文名：Taiwan Yuhina

雀形目绣眼鸟科

体长约 13 cm。羽冠具栗色的冠盖，侧缘黑白色；黑色的髭纹一线环耳羽伸至眼后；背、两翼及尾橄榄灰色；喉白色而具黑色细纹，胸沾灰色，两胁有栗色杂斑，下体余部近白色。虹膜红色；嘴黑色；脚暗黄色。留鸟，仅分布中国台湾。叫声圆润而甜美，类似“too，mee，jeeoo……”常见于海拔 1000 ~ 2800 m 的温带森林。IUCN 和《中国脊椎动物红色名录》均评估为无危(LC)，被列为中国三有保护鸟类。

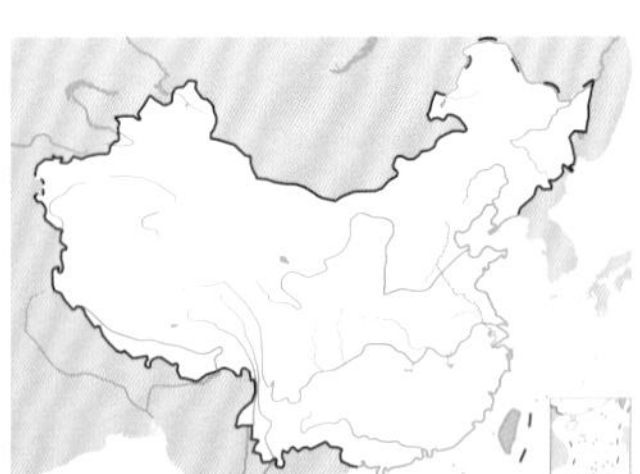

褐头凤鹛。左上图颜重威摄，下图韦铭摄

黑颏凤鹛

拉丁名：*Yuhina nigrimenta*
英文名：Black-chinned Yuhina

雀形目绣眼鸟科

形态 体长 11～12 cm，体重 9～14 g。羽冠形短，头灰色，额、眼先及颏上部黑色；上体橄榄灰色；下体偏白色。虹膜褐色；上嘴黑色，下嘴红色；脚橘黄色。

分布 在中国分布于西藏东南部至四川南部、贵州、湖北、湖南、福建和广东。国外分布于喜马拉雅山脉至中南半岛。

栖息地 夏季多见于海拔 530～2300 m 的山区森林、过伐林及次生灌丛的树冠层中，冬季下至海拔 300 m。

习性 常见的山区留鸟。性活泼而喜结群，除繁殖期多成对或单独活动外，其他季节多集群，有时与其他种类结成大群。不停地发出尖细的嘁喳叫和啾啾叫声，包括高音的"de-de-de-de"声和轻柔的"whee-to-whee-de-der-n-whee-yer"声。

食性 主要以昆虫为食，也吃花、果实、种子等植物性食物。

繁殖 繁殖期 5～7 月。通常营巢于长满苔藓和地衣的枯朽侧枝枝杈上，或垂吊在悬崖上的树根间，巢呈杯状或吊篮状，由苔藓、细根、细草茎编织成。窝卵数 3～4 枚。卵淡蓝色，具红色斑点，卵大小约 16.5 mm × 12.2 mm。

种群现状和保护 IUCN 和《中国脊椎动物红色名录》均评估为无危（LC），中国估计有 10 000～100 000 繁殖对。

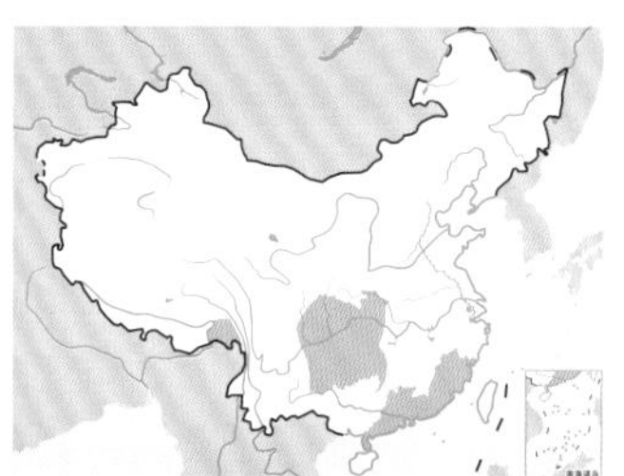

黑颏凤鹛。沈越摄

红胁绣眼鸟

拉丁名：*Zosterops erythropleurus*
英文名：Chestnut-flanked White-eye

雀形目绣眼鸟科

形态 体长约 12 cm。雄鸟繁殖羽颊和耳羽黄绿色，眼周具一圈绒状白色短羽，眼先黑色，眼下方具一黑色细纹；上体黄绿色至暗绿色；颏、喉、颈侧和上胸鲜硫黄色，下胸和腹部中央乳白色，下胸两侧苍灰色，胁部栗红色，尾下覆羽鲜硫黄色。雄鸟非繁殖羽胸白色沾黄色，下胸两侧的苍灰色向中央延伸，连成一明显的胸带。雌鸟似雄鸟，但胁部的栗红色较淡，甚或略呈黄褐色。

分布 在中国繁殖于东北地区，越冬于华中、华南及华东。在国外见于俄罗斯远东地区、朝鲜半岛和中南半岛。

栖息地 主要栖息于果树、柳树、槭树等阔叶林、针叶林以及园庭花木、高大行道树和竹林间。地区性常见于海拔 1000 m 以下的原始林及次生林。

习性 常单独、成对或成小群活动，迁徙季节可集成数十只的大群。性活泼，常在树冠层枝叶和灌丛间穿梭跳跃，有时悬吊在树梢或叶片下，或悬停于花上。

食性 杂食性，主要以鳞翅目和鞘翅目昆虫为食，也取食果实和种子等植物性食物。夏季以昆虫为主，秋冬季则以植物性食物为主。

繁殖 繁殖期 5~8 月。营巢于树木枝杈间及灌木上，巢呈杯状，主要由蛛丝、苔藓、草茎和细枝条等构成，内垫有鬃毛。窝卵数 3~4 枚。卵乳白色，微染淡青色，卵大小为 12.3 mm×16.2 mm。

种群现状和保护 IUCN 和《中国脊椎动物红色名录》均评估为无危（LC），被列中国三有保护鸟类。

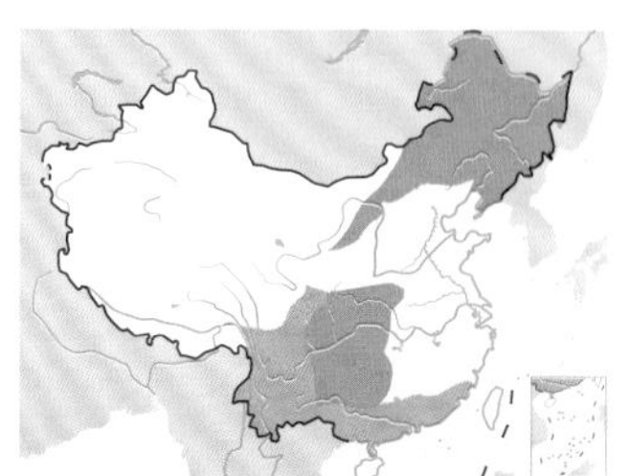

红胁绣眼鸟。左上图为雄鸟，下图为雌鸟。沈越摄

暗绿绣眼鸟

拉丁名：*Zosterops japonicus*
英文名：Japanese White-eye

雀形目绣眼鸟科

形态 体长 10～11.4 cm，体重 9.7～12.8 g。眼先黑色，眼周环绕着白色绒状短羽，形成鲜明的白眼圈；上体绿色；胸和腰灰色；腹白色；翅和尾羽绿光。

分布 在中国分布于整个东部和南部地区，包括台湾和南海诸岛，普通亚种 *Z. j. simplex* 为留鸟或繁殖鸟，见于华东、华中、西南、华南、东南及台湾，冬季北方种群南迁；海南亚种 *Z. j. hainana* 为海南岛的留鸟。国外分布于欧亚大陆及非洲北部和太平洋诸岛屿，美国有引入种群，印度、巴基斯坦、菲律宾、东俄罗斯和斯里兰卡可发现游荡种群。

栖息地 主要栖息于阔叶林和以阔叶树为主的针阔叶混交林、竹林、次生林等各种类型森林中，也栖息于果园、林缘以及村寨和田地边高大的树上。夏季多迁往北部和高海拔温凉地区，最高有时可达海拔 2000 m 左右的针叶林，冬季多迁到南方和下到低山、山脚平原地带的阔叶林、疏林灌丛中。

习性 常单独、成对或成小群活动，迁徙季节和冬季喜欢成群，有时集群多达 50～60 只。性活泼，行动敏捷，在次生林和灌丛枝叶与花丛间穿梭跳跃，或从一棵树飞到另一棵树，有时围绕着枝叶团团转或通过两翅的急速振动而悬停于花上，活动时发出"嗞嗞"的细弱声音。有时亦见悬吊在细枝末梢或在树叶下面啄食。有时与柳莺、蓝鹟等混群。

食性 杂食性，春季主要在植物中层和地面觅食，而冬季则主要在植物中层和上层觅食。夏季主要采食昆虫，也吃蜘蛛、小螺等小型无脊椎动物。冬季则以植物种子和果实为主要食物来源，植物花期还啄食花蜜。

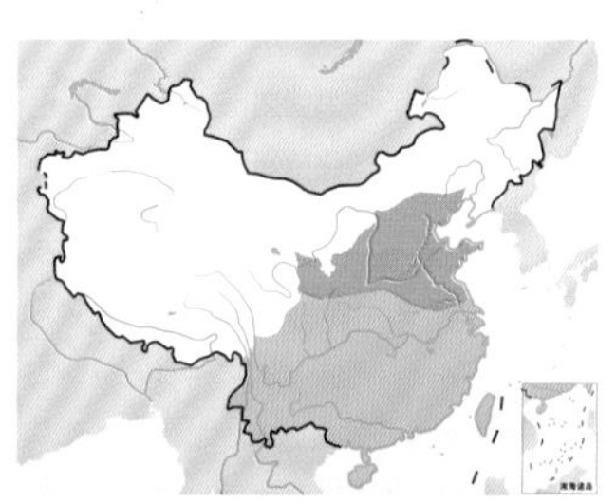

暗绿绣眼鸟。颜重威摄

暗绿绣眼鸟的巢和卵。颜重威摄

繁殖 单配制，繁殖期 4～7 月，有的早于 3 月即开始营巢。营巢于阔叶或针叶树及灌木上，巢呈吊篮状或杯状，主要由草茎、草叶、苔藓、树皮、蛛丝、木棉绒等构成，内垫有棕丝、羽毛、细根、草茎、羊毛等。巢多悬吊于细的侧枝末梢或枝杈上，四周多有浓密的枝叶隐蔽，不易发现，距地面高 1～10 m。巢大小为外径 6.0～7.5 cm，内径 4～5.8 cm，高 4～6 cm，深 2.7～4.6 cm。一般在营巢后 5～6 天开始产卵，产卵过程需要 3～5 天，具体依据产卵枚数略有差异，平均产卵天数 4 天。每年繁殖 1～2 窝，每窝产卵 3～4 枚，多为 3 枚。卵淡蓝绿色或白色，卵大小约为 16.1 mm × 11.7 mm，重约 1.3 g。一般由雌雄亲鸟轮流孵卵，孵化期 10～12 天。雏鸟 10～14 天后可离巢，平均育雏天数为 12 天。

种群现状和保护 分布范围极广，且为常见种。IUCN 和《中国脊椎动物红色名录》均评估为无危（LC），被列为中国三有保护鸟类。在中国分布较广，种群数量较丰富。它们不仅嗜吃昆虫，在植物保护方面也有意义。

低地绣眼鸟

拉丁名：*Zosterops meyeni*
英文名：Lowland White-eye

雀形目绣眼鸟科

原为暗绿绣眼鸟亚种。体长约 12 cm。与暗绿绣眼鸟很相似，但眼先黄色，下腹稍微染黄色。在中国分布于台湾绿岛和兰屿岛。常栖息于海拔 1200～1400 m 的低地次生林、人工林和林缘地带。IUCN 评估为无危（LC），《中国脊椎动物红色名录》评估为数据缺乏（DD）。被列为中国三有保护鸟类。

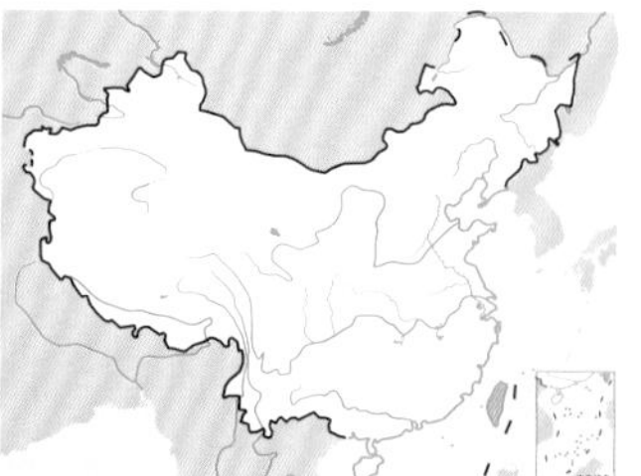

低地绣眼鸟。Eliza Hui摄

灰腹绣眼鸟

拉丁名：*Zosterops palpebrosus*
英文名：Oriental White-eye

雀形目绣眼鸟科

形态 体长 9～11 cm。具白色眼圈；上体黄绿色；尾暗褐色或黑褐色；颏、喉、颈侧和上胸鲜黄色，到下胸和两胁逐渐变为淡灰色，腹灰白色，中央杂有不明显的黄色纵纹；尾下覆羽鲜黄色。虹膜黄褐色；嘴黑色；脚橄榄灰色。与暗绿绣眼鸟的区别在于，灰腹绣眼鸟沿腹中心向下具一道狭窄的柠檬黄色斑纹，眼先及眼区黑色，白色的眼圈较窄；与红胁绣眼鸟的区别是，红胁绣眼鸟的两胁为栗色。

分布 在中国分布于西藏东南部及四川南部、云南、贵州西南部至广西西南部。国外分布于印度至东南亚。

栖息地 主要栖息于海拔 1200 m 以下的低山丘陵和山脚平原地带的常绿阔叶林和次生林中，尤喜河谷阔叶林和灌丛。

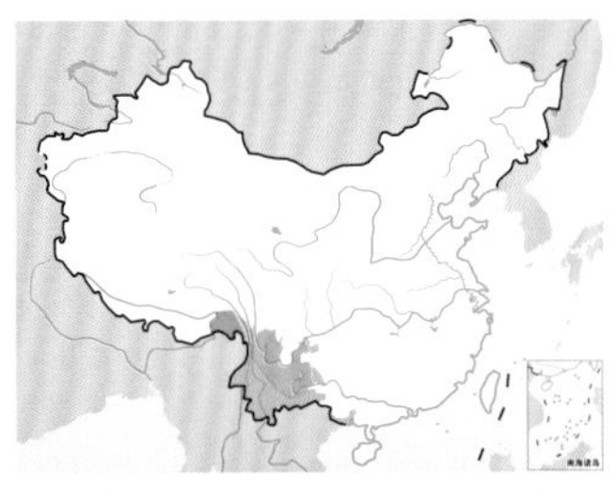

习性 留鸟，但有季节性迁移，部分在冬季游荡。除繁殖期间单独或成对活动外，其余季节多成群，有时也与太阳鸟、暗绿绣眼鸟等其他鸟类混群活动和觅食。性活泼，行动敏捷，常在树冠层枝叶间跳跃穿梭，或从一棵树急速飞至另一棵树，并发出“吱、吱、吱”的叫声，有时亦见悬吊在细枝末梢或在树叶下面啄食。

食性 主要以昆虫和昆虫幼虫为食，也吃植物果实和种子。

繁殖 繁殖期 4～7 月，有的在 3 月中下旬即开始繁殖。在云南西北部曾在 5 月上旬见到孵出的雏鸟。营巢于常绿阔叶林、河谷林和林缘灌丛，有时也在果园、地边和村寨附近林内树冠层茂密的细枝叶间和小树和灌木枝杈上营巢。营巢由雌鸟单独承担。窝卵数 2～3 枚，通常 3 枚。卵淡蓝色，光滑无斑，大小为 (13.5～18.2) mm × (10.3～12.1) mm。雌雄鸟轮流孵卵，孵化期 10～11 天。雏鸟晚成性，双亲共同育雏，育雏期 10～11 天。

种群现状和保护 虽然在分布区内常见，但由于栖息地的破坏和破碎化，其数量正在下降。IUCN 和《中国脊椎动物红色名录》均评估为无危（LC），被列为中国三有保护鸟类。

灰腹绣眼鸟。沈越摄

林鹛类

- 林鹛类指雀形目林鹛科鸟类，全世界共10属54种，中国有8属27种
- 林鹛类翅短圆，腿长而强健，体羽多为褐色，并杂以各种纵纹和斑点，喙和尾种间变化较大
- 林鹛类主要栖息于热带亚热带森林中，常在林下灌丛或地面觅食昆虫，善跳跃而不善飞
- 林鹛类通常在灌丛中的地面或低枝上营球形或杯状巢，卵白色，有时具斑点，雏鸟晚成性

类群综述

林鹛类指雀形目林鹛科（Timaliidae）鸟类，它们原属画眉科成员，其学名"Timaliidae"也继承自传统的画眉科。传统的画眉科是包含近300个物种的大科，囊括一群外形不尽相似，但都善鸣叫、能效鸣、脚强健、善跳跃而不善飞翔的旧大陆鸟类，大多集中分布在东洋界，少数分布在非洲和澳洲，有些种类进入古北界甚到欧洲。但根据最新的分子生物学及系统发育研究，新的分类系统将传统画眉科的许多物种分离出来，一些物种被划入莺雀科、莺鹛科、绣眼鸟科，一些物种则独立为鳞胸鷦鹛科、丽星鷦鹛科（Elachuriade）、幽鹛科（Pellorneidae）和噪鹛科（Leiothrichidae），"Timaliidae"下仅保留了钩嘴鹛属 *Pomatorhinus*、鷦鹛属 *Spelaeornis*、穗鹛属 *Stachyris*、纹胸鹛属 *Macronus*、红顶鹛属 *Timalia* 等10属54种，为区别于传统的画眉科，其中文名改为"林鹛科"。

林鹛类分布于中国南方到亚洲东南部、大洋洲一带，其中中国有8属27种，主要分布于东洋界，尤其以西南山地为多。

形态 林鹛类为小型鸣禽，大小一般略似画眉 *Garrulax canorus*，有些种类更小，如穗鹛、纹胸鹛和红顶鹛等。雌雄羽色基本相似。体羽大都为褐色，或多或少杂以不同色彩的纵纹和斑点。鷦鹛体羽柔软而丰满，常具鳞状斑；穗鹛、纹胸鹛额羽的羽干坚硬；红顶鹛的额羽和冠羽羽干均坚硬而发亮。

林鹛类均具短而圆的翅和较长而强健的腿，但除此之外体形、嘴形则多有变化。钩嘴鹛具有和戴胜相似的细长、下曲而强健侧扁的嘴，其中，细嘴钩嘴鹛 *Pomatorhinus superciliaris* 的嘴尤为细长弯曲，如同一柄利剑，因而从前也叫剑嘴鹛；尾长度适中，一般较翅长，或与翅等长，但都呈显著的凸尾状。而鷦鹛却均具形短、细而直的嘴及极短的圆尾状尾羽；红顶鹛则嘴形粗强。但有些属兼具上述种类的某些共同特征，如穗鹛嘴或强或弱，嘴峰稍向下弯或形直；分布于喜马拉雅山脉的长嘴鷦鹛 *Rimator malacoptilus* 一方面具有类似钩嘴鹛的长嘴，另一方面又有类似鷦鹛的短尾。

栖息地 栖息于热带和亚热带的竹林、树林中。

习性 留鸟。成对或结成家族活动。性胆怯，多匿居岩石中或茂密的草丛间。仅作短距离飞行，善于奔跑。少数种类善于鸣叫。

食性 主要以昆虫为食，在树上、林下灌丛或地面觅食，善于用嘴翻转落叶以寻找蠕虫及昆虫。

繁殖 通常营巢于灌丛中地面上或近地面处。巢呈球状或碗状。卵纯白色，有时稍有斑点。雏鸟晚成性。

种群现状和保护 林鹛类没有近代灭绝的物种也没有物种被列为濒危（EN）或极危（CR），但有6种被IUCN列为易危（VU），占到整个林鹛科物种数的11%，接近世界鸟类整体受胁水平。中国的林鹛类生存状态并不乐观，一些物种为边缘分布，一些物种则为狭域分布的特有物种，而研究关注相对较少，也仅有少数种类被列入保护名录，亟需加大保护力度。

左：林鹛类虽然具有翅短圆、腿长而强健等共同特征，但种间形态变化较大，尤其是喙形变化，其中最具特色的为钩嘴鹛属的嘴，细长而向下弯曲。图为衔材筑巢的棕颈钩嘴鹛。吴秀山摄

指名亚种
E. h. hypoleucos
西南亚种
E. h. tickelli
长嘴钩嘴鹛
Erythrogenys hypoleucos
斑胸钩嘴鹛
Erythrogenys gravivox
华南斑胸钩嘴鹛
Erythrogenys swinhoei
台湾斑胸钩嘴鹛
Erythrogenys erythrocnemis
灰头钩嘴鹛
Pomatorhinus schisticeps
棕颈钩嘴鹛
Pomatorhinus ruficollis
台湾棕颈钩嘴鹛
Pomatorhinus musicus
滇南亚种
P. f. orientalis
棕头钩嘴鹛
Pomatorhinus ochraceiceps
指名亚种
P. f. ferruginosus
红嘴钩嘴鹛
Pomatorhinus ferruginosus

细嘴钩嘴鹛
Pomatorhinus superciliaris
斑翅鹩鹛
Spelaeornis troglodytoides
短尾钩嘴鹛
Jabouilleia danjoui
长尾鹩鹛
Spelaeornis chocolatinus
棕喉鹩鹛
Spelaeornis caudatus
淡喉鹩鹛
Spelaeornis kinneari
锈喉鹩鹛
Spelaeornis badeigularis
楔嘴穗鹛
Stachyris roberti
黑胸楔嘴穗鹛
Stachyris humei
弄岗穗鹛
Stachyris nonggangensis
黑头穗鹛
Stachyris nigriceps
斑颈穗鹛
Stachyris strialata
黄喉穗鹛
Cyanoderma ambiguum
红头穗鹛
Cyanoderma ruficeps
黑颏穗鹛
Cyanoderma pyrrhops
金头穗鹛
Cyanoderma chrysaeum
纹胸鹛
Mixornis gularis
红顶鹛
Timalia pileata

长嘴钩嘴鹛

拉丁名：*Erythrogenys hypoleucos*
英文名：Large Scimitar Babbler

雀形目林鹛科

形态 体长 25～27 cm；体重 79～100 g。眼先乌灰色，从眼上面开始有一条棕白色纵纹往后经过耳羽上面，并沿颈侧向下与耳后的锈红色斑块相连，有时此锈红色区域杂以很多棕白色圆形斑点；颊和耳羽灰褐色；上体橄榄褐色，背、腰、两翅覆羽和尾沾棕色；飞羽外侧棕褐色，内侧黑褐色；下体白色，有时微缀棕色，胸无黑色纵纹或微具黑纹，胸侧具深灰色或黑色纵纹，两胁橄榄褐色，尾下覆羽锈褐色。虹膜褐色或深红褐色；嘴角色；脚和趾铅灰色，爪黄色。

分布 在中国分布于云南西南部、广西南部、海南等地。国外主要分布于缅甸、泰国、老挝和越南。

栖息地 栖息于低山丘陵地带的常绿阔叶林、次生林、竹林和林缘疏林与灌丛中。尤其喜欢林间空地和林间沼泽等开阔地区的竹丛与灌丛。

习性 常单独或成对活动，性胆怯、善藏匿，常隐蔽在茂密的林下灌丛中，轻易不飞翔。叫声响亮悦耳，三声一度，其声似笛。受到干扰时也多在灌丛中躲藏，迫不得已时才飞到树上，但很快又降到地面灌丛中。

食性 主要以昆虫及其幼虫为食，也吃其他小型无脊椎动物。

繁殖 繁殖期 4～6 月。通常营巢于林下灌丛或竹丛中。巢呈球形，主要以细枝、草茎、草叶、根、竹叶等构成。每窝产卵 2～3 枚。卵大小约为 30 mm × 23 mm。

种群状态与保护 IUCN 和《中国脊椎动物红色名录》均评估为无危（LC）。在中国种群数量稀少，不常见，应注意保护。

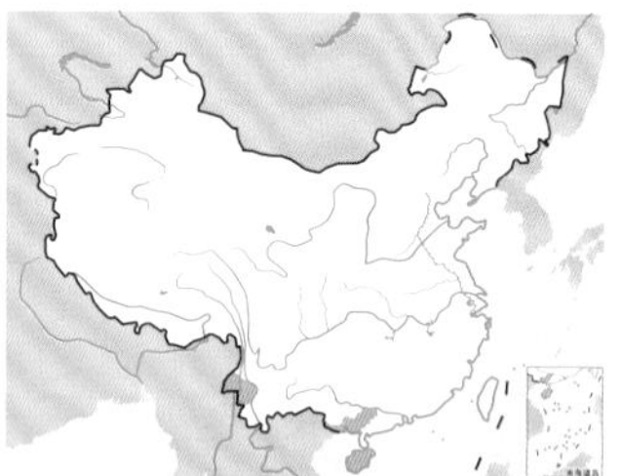

长嘴钩嘴鹛。左上图李志钢摄，下图张小玲摄

斑胸钩嘴鹛

拉丁名：*Erythrogenys gravivax*
英文名：Black-streaked Scimitar Babbler

雀形目林鹛科

形态 雄鸟体长 22～26 cm，体重 55～79 g；雌鸟体长 21～25 cm，体重 46～65 g。头顶各羽中央稍呈黑色；眼先、颊白色，羽端缀有黑斑，具黑色颧纹；额、眉纹和耳羽深棕红色；上体橄榄褐色或棕红褐色；两翅和尾偏暗褐色；下体白色，颏、喉微具黑色细纹，胸具粗著的黑色纵纹，胸侧、两胁和尾下覆羽棕色微沾橄榄褐色或深桂红褐色。虹膜淡黄色或绿白色；嘴角黄色或角褐色，上嘴较暗；跗跖和趾暗黄褐色或肉褐色。

分布 在中国分布于西藏东部和东南部、云南、四川、重庆、贵州、湖北西南部、河南西北部、山西南部、陕西南部、甘肃南部。在国外分布于缅甸东北部、老挝北部和越南北部一带。

栖息地 栖息于山地茂密灌丛、草丛或林缘低矮树丛间。

习性 单只或集小群活动。

食性 主要以昆虫和昆虫幼虫为食，有时也吃蜘蛛等其他无脊椎动物和果实、种子等植物性食物。

繁殖 繁殖期 5～7 月。通常营巢于灌丛中。巢置于灌木近根部的地上或离地 1.5 m 的枝杈上。巢呈碗状，主要由细枝、草茎、枯叶等构成，内垫以撕碎的细茅草叶。大小为外径 9.5～16.5 cm，内径 7.9～9.8 cm，巢高 8.9～13.5 cm，深 4.6～8.5 cm。每窝产卵 3 枚。卵呈长椭圆形，白色、光滑无斑，卵大小为 (28.4～31.8) mm×(21～21.7) mm。雌雄亲鸟轮流孵卵。雏鸟晚成性。

种群状态与保护 IUCN 和《中国脊椎动物红色名录》均评估为无危（LC）。在中国种群数量尚较多，但也需要严格的保护。

斑胸钩嘴鹛。沈越摄

华南斑胸钩嘴鹛

拉丁名：*Erythrogenys swinhoei*
英文名：Grey-sided Scimitar Babbler

雀形目林鹛科

由斑胸钩嘴鹛分布于华南地区的 2 个亚种（东南亚种 *E. g. swinhoei* 和中南亚种 *E. g. abbreviata*）独立为种。体长约 24 cm。头顶橄榄褐色并具宽的黑褐色羽干纹；额、背和两翅表面赤栗色；眉纹也是赤栗色，但不显著，有时缺失；耳羽桂红色；其余上体棕褐色；下体灰白色，喉和上胸白色或淡锈色，胸具粗的黑色纵纹，腹和两胁为灰色，尾下覆羽桂红色或暗锈褐色。中国特有鸟类，分布于湖南南部、广东、广西、安徽南部、江西东部、浙江、福建西北部和中部等地。栖息于灌木丛、矮树丛、竹丛或草丛间。IUCN 评估为无危（LC）。

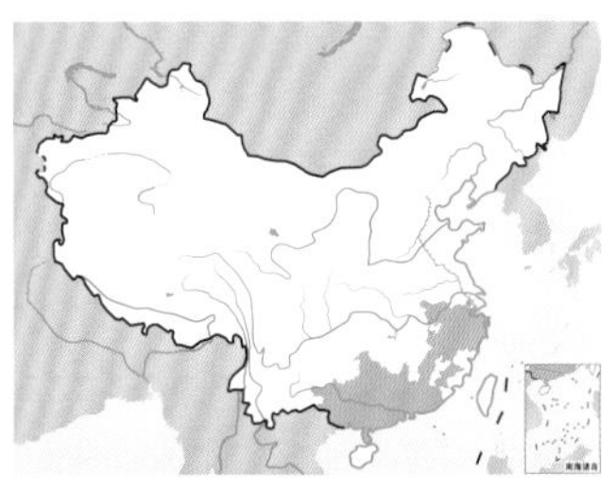

华南斑胸钩嘴鹛。刘璐摄

台湾斑胸钩嘴鹛

拉丁名：*Erythrogenys erythrocnemis*
英文名：Black-necklaced Scimitar Babbler

雀形目林鹛科

由斑胸钩嘴鹛台湾亚种 *E. g. erythrocnemis* 独立为种。体长约 25 cm。头顶至后颈、额栗红色，头侧、颈侧橄榄灰褐色，颧纹黑色；耳羽灰褐色，基部沾栗色；背栗褐色；下体污白色，胸具粗著的黑色纵纹，两胁和覆腿羽暗棕褐色，尾下覆羽锈棕色至锈栗色。中国特有鸟类，仅分布于台湾。栖息于低海拔山区的灌木丛或林下草丛中。IUCN 评估为无危（LC）。

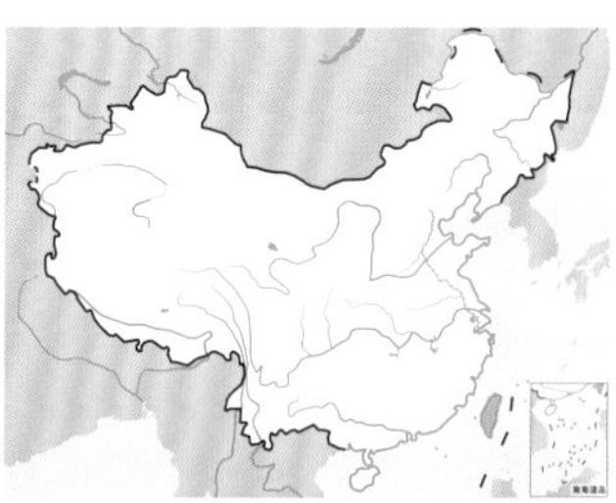

台湾斑胸钩嘴鹛。Amar-Singh摄

灰头钩嘴鹛

拉丁名：*Pomatorhinus schisticeps*
英文名：White-browed Scimitar Babbler

雀形目林鹛科

体长约 22 cm。头顶灰色；眉纹白色，较长；贯眼纹黑色，宽而显著；颈侧棕色；上体、两胁及尾下覆羽褐色；下体主要为白色。在中国分布于西藏东南部。栖息于林下稠密植被中。IUCN 评估为无危（LC），《中国脊椎动物红色名录》评估为数据缺乏（DD）。

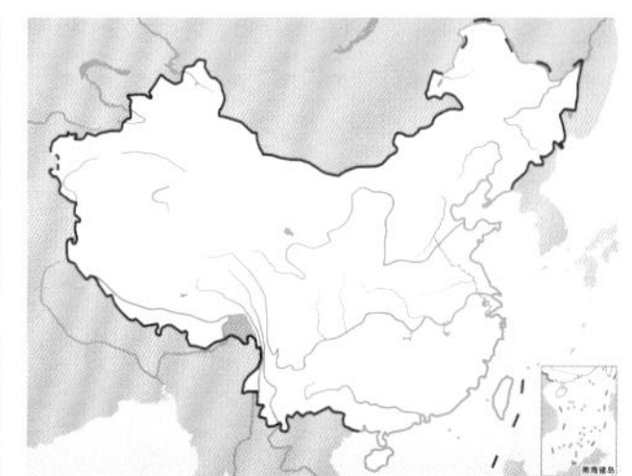

灰头钩嘴鹛。左上图李一凡摄，下图陈树森摄

棕颈钩嘴鹛

拉丁名：*Pomatorhinus ruficollis*
英文名：Streak-breasted Scimitar Babbler

雀形目林鹛科

形态 雄鸟体长16～18 cm，体重22～30 g；雌鸟体长16～18 cm，体重23.5～28.5 g。头顶橄榄褐色；眉纹白色、长而显著，从额基沿眼上向后延伸直达颈侧；眼先、颊和耳羽黑色，形成一宽阔的黑色贯眼纹；后颈栗红色，形成半领环状；背棕橄榄褐色，向后较淡；两翅表面与背同色，飞羽暗褐色；尾羽暗褐色，微具黑色横斑，基部边缘微沾棕橄榄褐色；颏、喉白色，胸和胸侧白色而具粗著的淡橄榄褐色纵纹，有时微带赭色；胸以下淡橄榄褐色，腹中部白色。虹膜茶褐色或深棕色；上嘴黑色，先端和边缘乳黄色，下嘴淡黄色；脚和趾铅褐色或铅灰色。

分布 在中国分布于西藏东南部、四川、云南、河南南部、陕西南部、甘肃西部和东南部、重庆、贵州、湖北西部和西南部、湖南、江苏南部、上海、浙江、广西北部、江西、福建、广东和海南等地。国外分布于尼泊尔、不丹、孟加拉国、印度东北部、缅甸、越南、老挝等地。

栖息地 栖息于低山和山脚平原地带的阔叶林、次生林、竹林和林缘灌丛中，也出入于村寨附近的茶园、果园、路旁丛林和农田地灌木丛间，夏季在有些地方也上到海拔2300 m左右的阔叶林和灌木丛中。

习性 常单独、成对或成小群活动。性活泼，胆怯畏人，常在茂密的树丛或灌丛间疾速穿梭或跳来跳去，一遇惊扰，立刻藏匿于丛林深处，或由一个树丛飞向另一树丛，每次飞行距离很短。有时也见与雀鹛属等其他鸟类混群活动。繁殖期间常躲藏在树叶丛中鸣叫，鸣声单调、清脆而响亮，似"tu—tu—tu"的哨声，或者"wei-fo-fu"、"gong-da-jue"、"zhi-zhi-zhi"等，三声一度，常常反复鸣叫不息。

食性 主要以昆虫及其幼虫为食，也吃蜈蚣、蜘蛛等其他无脊椎动物和少量果实与种子。

繁殖 繁殖期为4～7月。通常营巢于灌木上，距地面高1～2 m。巢呈圆锥形或杯形，主要由草叶、蕨叶、树皮、树叶等筑成，内垫细草叶，巢的大小为外径10.5 cm×12.0 cm，内径5.5 cm×7.5 cm，深9.5 cm，高12.5 cm。每窝产卵4枚左右。卵纯白色，光滑无斑，卵大小为（24～26）mm×（17～18）mm，重4～4.5 g。

种群状态与保护 IUCN和《中国脊椎动物红色名录》均评估为无危（LC）。在中国分布较广，种群数量尚较多，但也应注意保护。

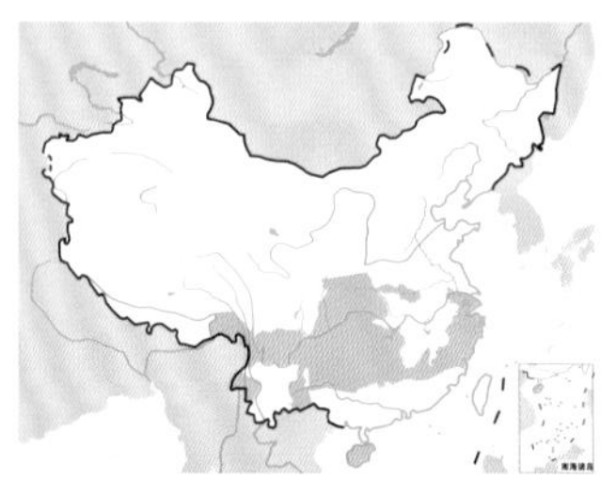

棕颈钩嘴鹛。沈越摄

台湾棕颈钩嘴鹛

拉丁名：*Pomatorhinus musicus*
英文名：Taiwan Scimitar Babbler

雀形目林鹛科

由棕颈钩嘴鹛台湾亚种 *P. r. musicus* 独立为种。体长约21 cm。头顶深灰褐色沾棕色；眉纹白色；贯眼纹黑色，较为宽阔；后颈辉棕色，形成宽阔的领环；背橄榄褐色；喉、胸白色，胸部具粗著的椭圆形斑；两胁和腹部为栗棕色，腹部杂有白色。中国特有鸟类，仅分布于台湾地区。栖息于阔叶林、次生林下的灌木丛和草丛中。IUCN评估为无危（LC）。

台湾棕颈钩嘴鹛。颜重威摄

棕头钩嘴鹛

拉丁名：*Pomatorhinus ochraceiceps*
英文名：*Red-billed Scimitar Babbler*

雀形目林鹛科

体长 22 ~ 25 cm。前额、头顶橄榄棕色；眉纹白色且较宽；眼先和眼下黑色；耳羽棕褐色；颈部较浅；上体余部橄榄褐色；外侧尾羽具暗色斑；喉、胸及腹白色；尾下覆羽淡橄榄棕色。在中国分布于云南西部和西南部。栖息于海拔 1000 ~ 2000 m 的山地常绿阔叶林和林缘疏林灌丛中。IUCN 和《中国脊椎动物红色名录》均评估为无危（LC）。

棕头钩嘴鹛。左上图魏东摄，下图林植摄

红嘴钩嘴鹛

拉丁名：*Pomatorhimus ferruginosus*
英文名：Coral-billed Scimitar Babbler

雀形目林鹛科

体长 21 ~ 23 cm。头顶的羽毛沾棕色并具暗褐羽缘；额基黑色，头侧具两道黑纹；眉纹白色，自额基直达耳羽后上方，纹上有一黑纹；眼先、颊、耳羽、颈侧黑色；上体棕橄榄褐色；两翅棕褐色；颏、喉白色；胸至腹部浅皮黄色。在中国分布于云南、西藏东南部。栖息于海拔 2000 m 以下的沟谷、山地茂密阔叶林、竹丛及灌丛和草丛间。IUCN 评估为无危（LC），《中国脊椎动物红色名录》评估为数据缺乏（DD）。

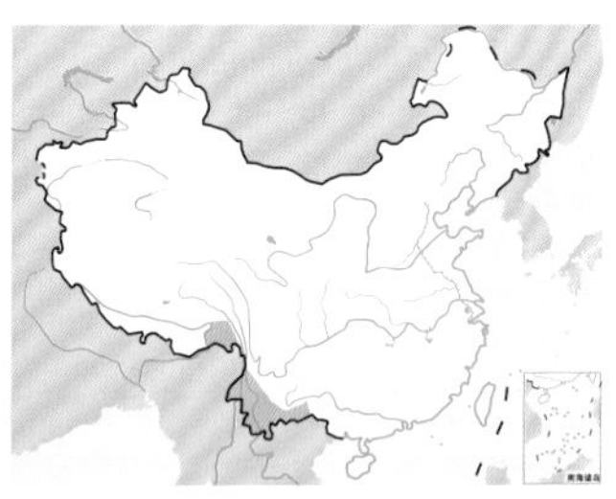

红嘴钩嘴鹛。左上图张岩摄，下图张小玲摄

细嘴钩嘴鹛

拉丁名：*Pomatorhimus superciliaris*
英文名：Slender-billed Scimitar Babbler

雀形目林鹛科

体长 21 ~ 22 cm。眼先黑色，眉纹白色，头余部灰色；上体辉棕褐色；翅暗褐色，内侧次级飞羽棕褐色；尾暗褐色至黑色；颏、喉白色，杂有纵纹，胸、腹锈红色，下体余部棕褐色。在中国仅分布于云南。栖息于低山丘陵地带的常绿阔叶林、次生林和竹林中。IUCN 评估为无危（LC），《中国脊椎动物红色名录》评估为近危（NT），被列为中国三有保护鸟类。

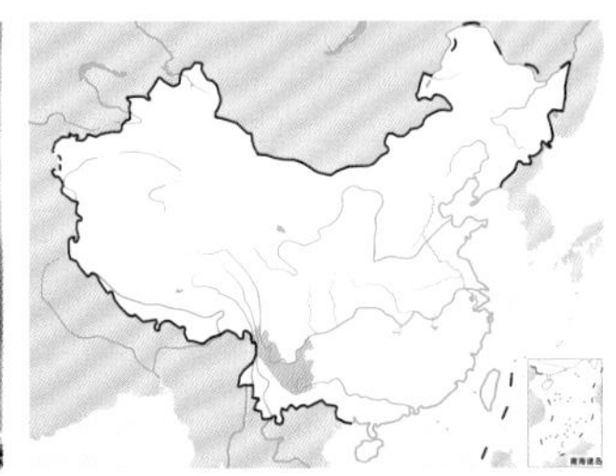

细嘴钩嘴鹛。左上图沈岩摄，下图董磊摄

短尾钩嘴鹛

拉丁名：*Jabouilleia danjoui*
英文名：Short-tilled Scimitar Babbler

雀形目林鹛科

体长18～19 cm。头顶、上体主要为橄榄褐色，有细的斑纹，眼先、耳羽颜色较浅，两颊有深褐色纵条纹；翅和尾褐色；颏、喉、上胸白色，胸侧、两胁有深褐色斑纹，腹皮黄色。在中国仅记录于云南西南部。栖息于海拔950m左右的森林内。IUCN评估为近危（NT）。

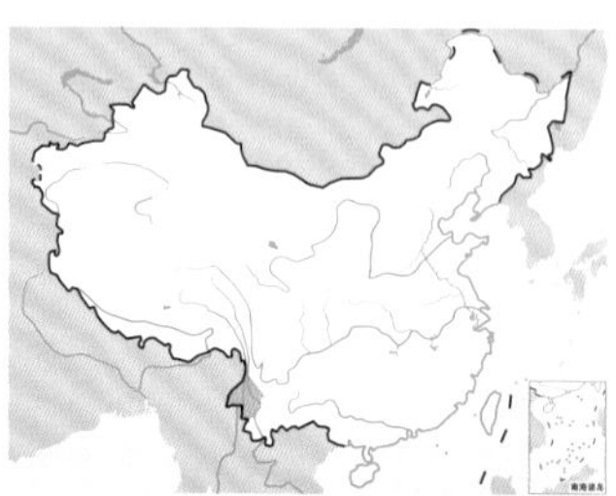

短尾钩嘴鹛。Tim摄

斑翅鹩鹛

拉丁名：*Spelaeornis troglodytoides*
英文名：Bar-winged Wren Babbler

雀形目林鹛科

体长10～11 cm。眼先淡棕色而具黑色细斑，耳羽纯棕褐色，颈侧橙棕色；上体橄榄色；飞羽栗褐色并杂以黑褐色横斑，最内侧飞羽先端具棕白色细纹；尾羽栗褐色，隐著黑色横斑；喉和胸白色，下体余部淡橙棕色，各羽缘以暗栗褐色狭端和宽的白色次端斑。在中国分布于四川、西藏东南部、云南西北部、陕西南部、甘肃南部、贵州、重庆、湖北西南部、湖南西北部等地。栖息于茂密的山地森林、竹林及灌丛间。IUCN和《中国脊椎动物红色名录》均评估为无危（LC）。

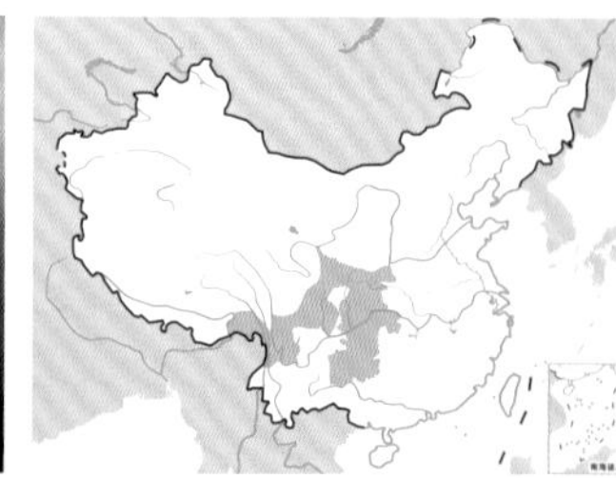

斑翅鹩鹛。董江天摄

长尾鹩鹛

拉丁名：*Spelaeornis chocolatinus*
英文名：Long-tailed Wren Babbler

雀形目林鹛科

形态 雄鸟体长9～11 cm，体重11～13 g；雌鸟体长约9 cm，体重约11 g。前额、眼先、颊和耳覆羽灰色；上体赭褐或棕黄褐色，具黑色羽缘，形成明显的鳞状斑；飞羽和尾羽纯褐色无斑纹；喉和上胸白色，具褐色斑点；腹中部灰色，具白色亚端点斑和黑色末端横斑；下胸和两胁赭褐色或棕黄褐色，具黑色羽

长尾鹩鹛。左上图沈岩摄，下图王进摄

缘。虹膜暗红色或淡红褐色；嘴黑色；脚和趾肉色。

分布 在中国分布于云南西部、四川。在国外分布于印度东北部、缅甸和越南。

栖息地 栖息于海拔 1200～2400 m 的山地阔叶林和次生林中，也栖息于以阔叶树为主的针阔叶混交林和竹林灌丛。

习性 常单独或成对活动，多在林下灌木低枝间和地面活动和觅食，特别喜欢在地势起伏不平、多岩石和倒木、林下灌木又特别茂密的地方活动，频繁地在离地不高的灌木低枝间跳来跳去或跳上跳下，一般很少鸣叫，也很少飞翔，在极度干扰下也飞不多远，通常飞 1～2 m 又落入灌丛中。遇警时发出轻柔的"欺—欺—欺"声或快速尖锐的"tiki—tiki……"声。

食性 主要以甲虫等昆虫为食。

繁殖 繁殖期 4～7 月。通常营巢于茂密的山地森林中，巢多置于靠近河边的林下地面。每窝产卵 3 枚，卵纯白色，大小为 18.5 mm × 14.9 mm。

种群状态与保护 IUCN 和《中国脊椎动物红色名录》均评估为近危（NT）。在中国种群数量相当稀少，不常见，应注意保护。

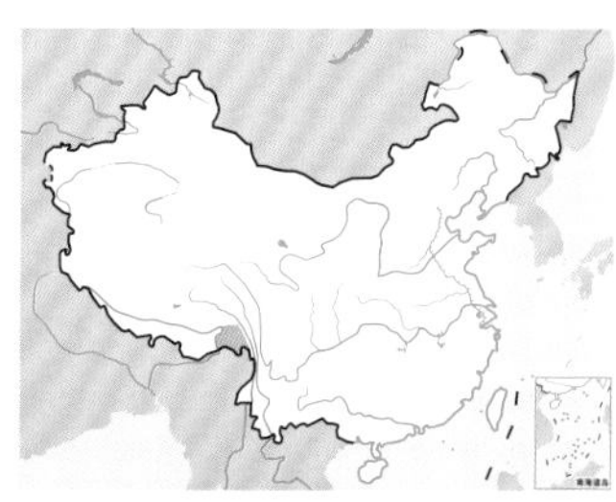

棕喉鹪鹛。左上图Umeshsrinivasan摄，下图Francesco Veronesi摄

淡喉鹪鹛

拉丁名：*Spelaeornis kinneari*
英文名：Pale-throated Wren Babbler

雀形目林鹛科

由长尾鹪鹛亚种提升为种。体长 9～11 cm。似长尾鹪鹛，但上胸茶皮黄色或棕白色，具红褐色或棕色斑点。在中国分布于云南东南部。栖息于山地阔叶林、次生林中。IUCN 评估为近危（NT）。

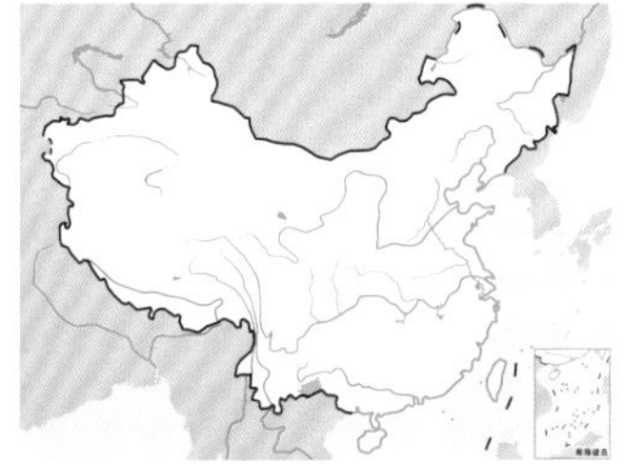

淡喉鹪鹛。沈岩摄

棕喉鹪鹛

拉丁名：*Spelaeornis caudatus*
英文名：Rufous-throated Wren Babbler

雀形目林鹛科

体长 9～10 cm。头顶至下背深褐色，具黑色羽缘，形成明显的鳞状斑；前额、眼先、颊和耳覆羽浅灰褐色；飞羽和尾羽纯褐色无斑纹；喉和上胸锈棕色，腹中部白色，均具黑色斑纹。在中国分布于西藏东南部。栖息于山地常绿阔叶林下茂密的灌丛、草丛中。IUCN 和《中国脊椎动物红色名录》均评估为近危（NT）。

锈喉鹪鹛

拉丁名：*Spelaeornis badeigularis*
英文名：Rusty-throated Wren Babbler

雀形目林鹛科

体长约 9 cm。头顶至下背深褐色，具黑色羽缘，形成明显的鳞状斑；前额、眼先、颊和耳覆羽暗灰色；飞羽和尾羽纯褐色无斑纹；颏、上喉白色，下喉、胸栗色，腹部白色，均具粗著的黑色斑纹；两胁暗褐色。栖息于林下植被茂密常绿阔叶林中。以昆虫为食。在中国分布于西藏东南部。IUCN 评估为易危（VU）。

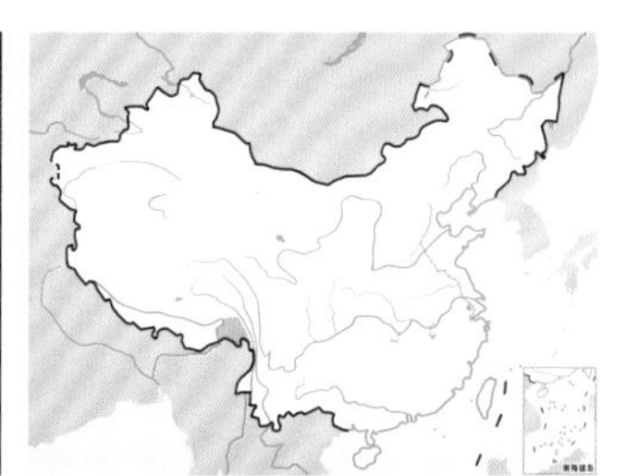

锈喉鹪鹛。左上图Mike Prince摄

楔嘴穗鹛

拉丁名：*Stachyris roberti*
英文名：Wedge-billed Wren Babbler

雀形目林鹛科

体长 17～18 cm。喙楔形，角质色。头顶暗金黄褐色，具黑色羽缘；眼后有一白色眉纹直伸到颈侧，但不如黑胸楔嘴穗鹛明显；上体主要为暗金黄褐色，具白色亚端横斑和黑色羽缘，两翅和尾具黑色横斑；喉、胸黑色而具宽阔的白色羽缘，腹部和两胁暗金黄褐色而具细窄的白色羽缘，使整个下体密布显著的鳞状斑。在中国分布于云南西北部。栖息于海拔 2000 m 左右山地常绿阔叶林的林下灌丛和竹丛间。IUCN 和《中国脊椎动物红色名录》均评估为近危（NT），被列为中国三有保护鸟类。

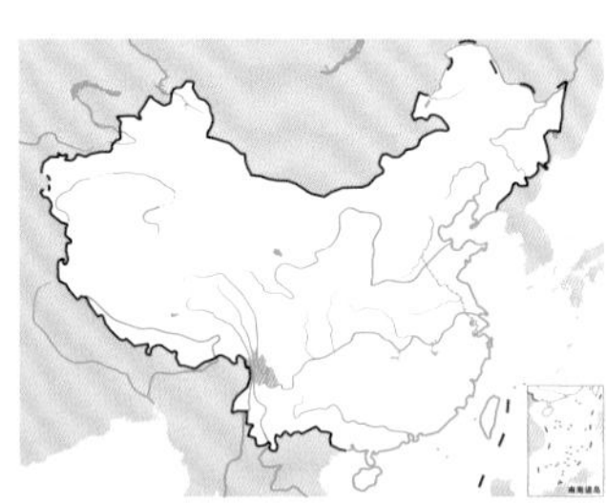

楔嘴穗鹛。田穗兴摄

黑胸楔嘴穗鹛

拉丁名：*Stachyris humei*
英文名：Black-breasted Wren Babbler

雀形目林鹛科

体长约 17 cm。喙楔形，蓝黑色。头顶暗金黄褐色，具黑色羽缘；眼后有一明显的白色眉纹直伸到胸侧；上体主要为巧克力褐色，具浅黄色羽干纹和黑色羽缘；两翅和尾具黑色横斑；下体近黑色，具细窄的浅灰色羽干纹和羽缘，色腹中央白色，鳞状斑不明显。在中国分布于西藏东南部。栖息于山地常绿阔叶林下茂密的灌丛中。IUCN 评估为近危（NT），被列为中国三有保护鸟类。

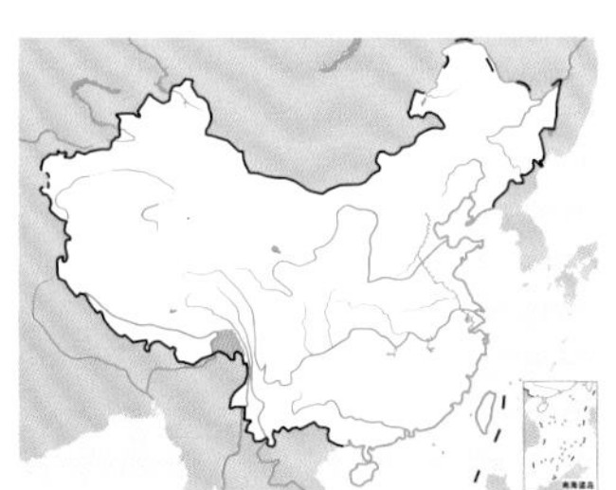

黑胸楔嘴穗鹛。赵超摄

弄岗穗鹛

拉丁名：*Stachyris nonggangensis*
英文名：Nonggang Babbler

雀形目林鹛科

形态 体长 17～18 cm。额羽浓密粗硬，呈鳞片状；鼻孔无被膜，后半部被羽毛覆盖；体羽主要为深灰褐色；颊、耳后有新月形的白斑；喉、上胸白色，羽缘杂有黑色斑点；飞羽、尾棕色。虹膜淡蓝色；嘴黑色。

分布 中国特有鸟类，仅见于广西西南部。

栖息地 栖息于喀斯特季雨林中，是典型的石灰岩森林下层鸟类，主要选择林下植被稀疏、林下空旷且坡度平缓的生境，旱季的活动海拔显著低于雨季，推测其有一定的垂直迁移行为。

习性 旱季集群活动，在雨季时主要成对或成家庭群活动。晚上在山上夜栖，白天到岩石缓坡处，以跳跃方式活动觅食。性情羞怯，喜欢在地面活动，极少飞行，但在转移地点，或受到惊扰时作短距离飞行，迅速窜入密林中躲藏。觅食间隙，它们也会到灌丛盖度大的隐蔽场所歇息。主要天敌有蛇、豹猫和金头蜈蚣等。

早晨植物上有露水，它们觅食一段时间后会到裸露的岩石或树枝上理羽，而下层植被茂密时羽毛更易被打湿，这也是其选择下层植被盖度较低的生境的原因之一。

食性 主要取食昆虫、昆虫幼虫、蠕虫及其他节肢动物、软体动物等无脊椎动物。常选择落叶较厚的区域觅食，通过翻开地面的落叶、碎石等寻找食物，也在岩石缝隙中觅食。因为较厚的落叶层保水性较好，藏于落叶土壤层内的无脊椎动物也更为丰富。它们时常在小块区域内集小群连续觅食超过 2 小时，其翻动枯叶所发出的“沙，沙”声，在较远处即能听见。

觅食地选择与湿度有一定关系。雨季多选择在相对干燥、土

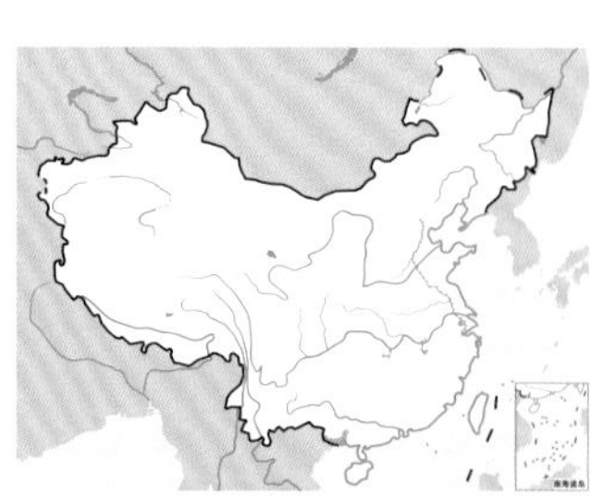

弄岗穗鹛。左上图黄珍摄，下图张明摄

壤层黏度较小的生境中觅食，较少在湿度大、土壤黏度高的生境觅食。这可能是因为过于湿润的环境中羽毛容易沾湿弄脏，需要花费更多的时间和能量进行理羽和清洁。旱季时，林区内干燥，则更多在落叶层湿度较大的生境中觅食，因为这样的生境土壤动物较多，而落叶土壤层干燥的生境食物较少。

繁殖 每年3月初开始分群配对。雌雄鸟在配对以后通常形影不离，不时发出召唤叫声，偶尔也见两只鸟互相理羽。中午的时候经常并立在横着的树枝上休息，在产卵之前尤其频繁。

巢位于陡峭的岩石或悬崖上的石洞中，距离地面高10 m以上。筑巢由雌雄亲鸟共同完成。巢呈碗形，由枯枝、草和树叶组成。每窝产卵4～5枚。孵卵由雌鸟单独完成。孵化期18天以上。

种群状态与保护 弄岗穗鹛是由中国学者在2008年命名并发表的鸟类新种，由于其分布狭窄，数量稀少，IUCN评估为易危（VU），《中国脊椎动物红色名录》评估为濒危（EN）。而由于中国的保护动物名录出台于本种发表之前，多年未曾更新，本种尚未列入保护名录，亟需进行严格保护。

黑头穗鹛

拉丁名：*Stachyris nigriceps*
英文名：Grey-throated Babbler

雀形目林鹛科

体长11～13 cm。头顶黑褐色，具白色纵纹；眼先黑白相杂，眼周白色，黑色眉纹不显；耳羽亮棕色至棕褐色；上体棕橄榄褐色；颏、喉灰白色，下喉转为沾棕色的灰黑色，下体余部皮黄色。在中国分布于云南东南部和西部、广西西南部、西藏东南部。栖息于海拔1700 m以下的低山和山脚地带常绿阔叶林、热带季雨林、竹林和林缘灌丛中。IUCN和《中国脊椎动物红色名录》均评估为无危（LC）。

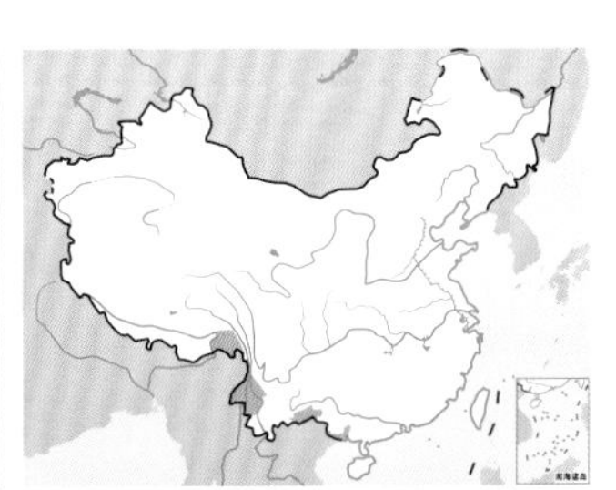

黑头穗鹛。张明摄

斑颈穗鹛

拉丁名：*Stachyris strialata*
英文名：Spot-necked Babbler

雀形目林鹛科

形态 雄鸟体长14～17 cm，体重26～30 g；雌鸟体长14～16 cm，体重25～30 g。头顶至后颈栗色或棕褐色；前额、眉纹和颈侧黑色，前额具白色或橄榄褐色羽缘，眉区和颈侧具宽阔的白色条纹或椭圆形白斑，形成黑白斑驳状；眼先黑色或黑白相杂，眼下有一白斑，其下有一短的黑色髭纹；耳羽黑色或深灰色；上体橄榄褐色或栗褐色；翅、尾上覆羽栗色；颏、喉白色，其余下体锈色或亮棕栗色，上胸具少许白色纵纹。虹膜淡红色、褐色或暗褐色；上嘴暗褐色或黑色，下嘴灰色至黑色，基部黄色；脚淡灰色或角质色或褐色。

分布 在中国分布于云南西南部、广东、广西、海南等地。在国外分布于缅甸、老挝、越南、柬埔寨、泰国和印度尼西亚等地。

栖息地 栖息于海拔1500 m以下的低山丘陵和山脚地带的热带雨林、常绿阔叶林、竹林和林缘灌丛。

习性 常单独或成对活动，偶尔也见3～5只的小群。常在林下灌木低枝上或小乔木上跳跃觅食，很少下到地上活动。性活泼而胆怯，好隐匿，很难见其停栖在暴露处。鸣声为清晰的两单节哨音，其声似“丢—踢—”，第一音低，第二音高。

食性 主要以昆虫为食。

种群现在和保护 IUCN和《中国脊椎动物红色名录》均评估为无危（LC）。在中国种群数量稀少，不常见，应注意保护。

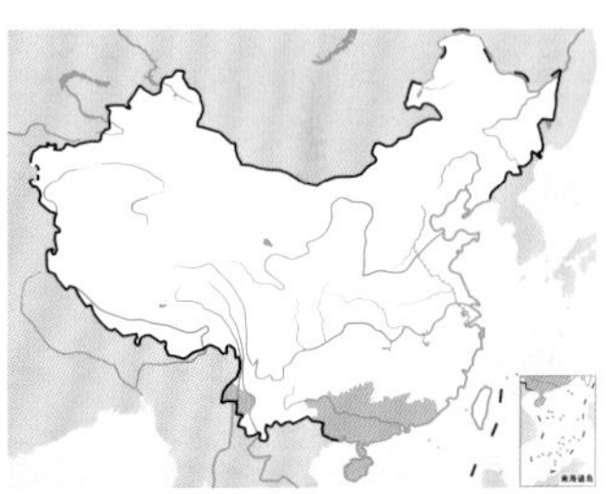

斑颈穗鹛。左上图张京明摄，下图沈越摄

黄喉穗鹛

拉丁名：*Cyanoderma ambiguum*
英文名：Buff-chested Babbler

雀形目林鹛科

体长10～12 cm。头顶和枕棕红色；上体橄榄褐色而稍染棕色；两翅和尾褐色；喉淡茶黄色，具黑色纵纹；胸部茶黄色；腹部及两胁橄榄褐色。在中国分布于云南西北部和西南部、广西西南部。栖息于海拔1800～2600 m的山地森林中，尤以稀疏的落叶阔叶林、稀树草地、山坡灌丛、竹丛等开阔地区较常见。《中国脊椎动物红色名录》评估为无危（LC）。

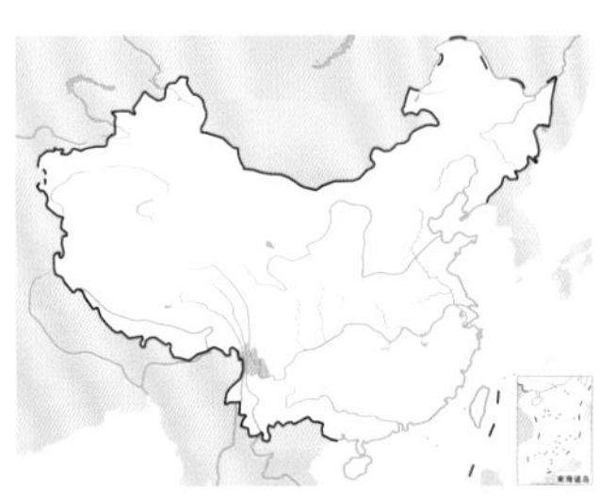

黄喉穗鹛。田穗兴摄

红头穗鹛

拉丁名：*Cyanoderma ruficeps*
英文名：Rufous-capped Babbler

雀形目林鹛科

形态 小型鸣禽。雄鸟体长10～12 cm，体重8～13 g，雌鸟体长9～11 cm，体重7～11 g。额至头顶棕红色或橙栗色；额基、眼先淡灰黄色，眼周有一圈黄白色，眼上方浅黄色或橄榄褐色；颊和耳羽灰黄或灰茶黄色，或多或少缀有橄榄褐色；枕部棕红色或橄榄褐色；其余上体灰橄榄绿色；尾褐色或暗褐色；下体颏、喉、胸部浅灰茶黄色、浅灰黄色或黄绿色，具细的黑色羽干纹；腹部、两胁和尾下覆羽橄榄绿色。虹膜棕红或栗红色；上嘴角褐色，下嘴暗黄色；跗跖和趾黄褐色或肉黄色。

分布 在中国分布于秦岭－淮河以南，包括西藏东南部、海南和台湾。国外分布于不丹、印度东北部、缅甸、老挝和越南等地。

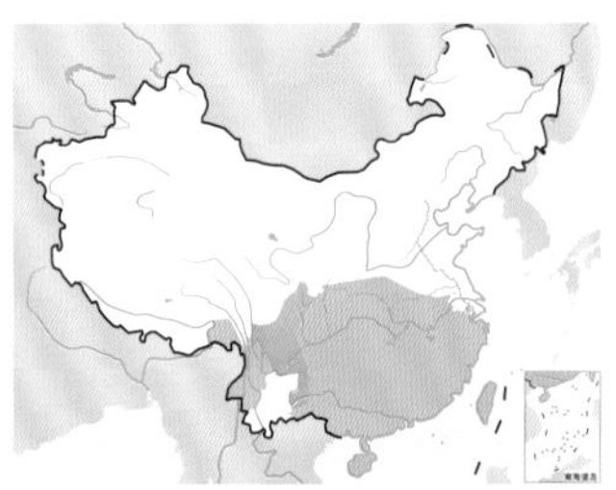

红头穗鹛。沈越摄

栖息地 栖息于山地森林中。分布海拔高度从北向南次第增高：在分布最北界的陕西南部地区，多见于海拔500～700 m的低山阔叶林和山脚平原地带，偶尔见于高山森林中；在四川、云南一带多分布在海拔1000～2500 m的沟谷林、亚热带常绿阔叶林、针阔叶混交林，以及山地稀树草坡和高山针叶林中；在贵州则主要见于海拔350～1650 m的山坡草地和灌丛中。

习性 常单独或成对活动，有时也见成小群或与棕颈钩嘴鹛或其他鸟类混群活动，在林下或林缘灌林丛枝叶间飞来飞去或跳上跳下。鸣声单调，三声一度，其声似“tu-tu-tu”。

食性 以昆虫和昆虫幼虫为食，偶尔也吃少量植物果实与种子。

繁殖 繁殖期4～7月。通常营巢于茂密的灌丛、竹丛、草丛和堆放的柴垛上，距地面高0.5～1 m。巢主要由竹叶、树皮、树叶等材料筑成，有的还有蛛丝粘连，内垫有细草根、草茎和草叶。巢的大小为外径7～8 cm，内径4～5 cm，高7.8 cm，深5～6 cm。每窝产卵通常4～5枚。卵白色，钝端具棕色斑点，大小为(17.2～17.8) mm×(13～13.2) mm，重1.2～1.4 g。雌雄亲鸟轮流孵卵。雏鸟晚成性，雌雄亲鸟共同育雏。育雏期间雌鸟在巢内过夜。

种群状态与保护 IUCN和《中国脊椎动物红色名录》均评估为无危（LC）。是中国穗鹛属鸟类中分布最广和最为常见的一种，种群数量较多，但也需要严格保护。

黑颏穗鹛

拉丁名：*Cyanoderma pyrrhops*
英文名：Black-chinned Babbler

雀形目林鹛科

体长约10 cm。头顶、上体主要为浅黄灰色至橄榄褐色；眼先、颏为黑色；下体主要为赭黄褐色，胁部颜色稍深。虹膜红色。在中国分布于西藏南部。栖息于林缘或开阔的次生林下层。IUCN和《中国脊椎动物红色名录》均评估为无危（LC）。

黑颏穗鹛。董江天摄

金头穗鹛

拉丁名：*Cyanoderma chrysaeum*
英文名：Golden Babbler

雀形目林鹛科

体长10～11 cm。头顶金黄色，具粗的黑色羽轴纹；眼先、髭纹黑色，耳羽淡橄榄色；上体橄榄黄色；两翅暗黄色，外侧黄色；尾羽橄榄褐色，具亮黄色羽缘；下体亮黄色。在中国分布于西藏东南部、云南西北部和南部。栖息于海拔900～1300 m的热带雨林、常绿阔叶林、沟谷林、竹林和林缘疏林灌丛间。IUCN和《中国脊椎动物红色名录》均评估为无危（LC）。

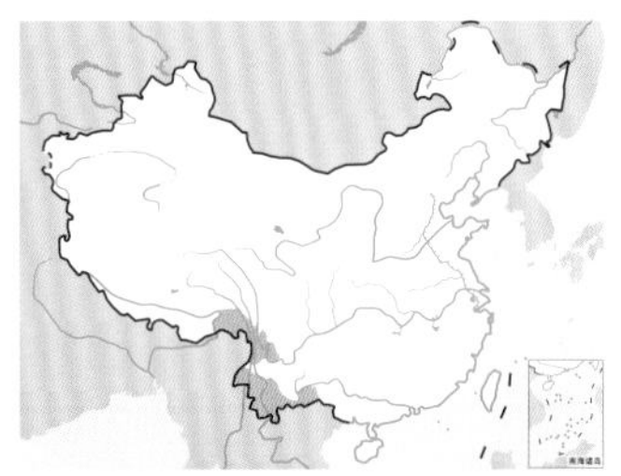

金头穗鹛。左上图董磊摄，下图彭建生摄

纹胸鹛

拉丁名：*Mixornis gularis*
英文名：Striped Tit Babbler

雀形目林鹛科

体长11～13 cm。额基微呈黄色，头顶锈色，眉纹黄色，眼先灰色；上体呈沾锈色的橄榄绿色；两翅茶黄色沾锈黄色；尾羽褐色；喉浅黄色，具黑色羽轴纹，胸和腹部中央浅黄色，体侧橄榄绿色。在中国分布于云南西部和南部、广西等地。栖息于海拔1400 m以下的低山丘陵和山脚平原地带的常绿阔叶林、竹林、次生林、热带雨林、季雨林等各类森林中，也出现于林缘疏林草地、灌丛和竹丛中。IUCN和《中国脊椎动物红色名录》均评估为无危（LC）。

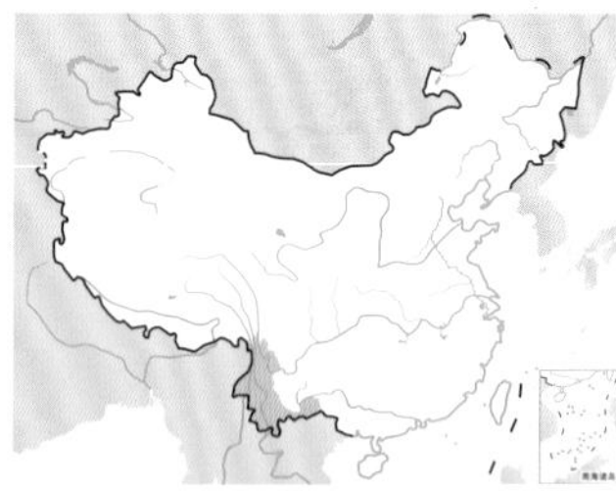

纹胸鹛。左上图Lip Kee Yap摄，下图周彬康摄

红顶鹛

拉丁名：*Timalia pileata*
英文名：Chestnut-capped Babbler

雀形目林鹛科

体长16～18 cm。头顶棕栗色，额和眉纹白色，眼先绒黑色；耳羽前部白色，后部灰色；上体呈沾棕色的橄榄褐色，至腰和尾上覆羽转为棕色；两翅棕黄色，较上体鲜亮；尾羽暗褐色，隐现暗色横斑；颊、颏、胸部白色，但喉和胸部各羽具黑色羽轴纹；下体余部皮黄色。在中国分布于云南、贵州南部、广东、广西等地。栖息于海拔1000 m以下的低山、丘陵和平原地带的竹丛、林缘灌丛草地和芦苇沼泽等地带。IUCN和《中国脊椎动物红色名录》均评估为无危（LC）。

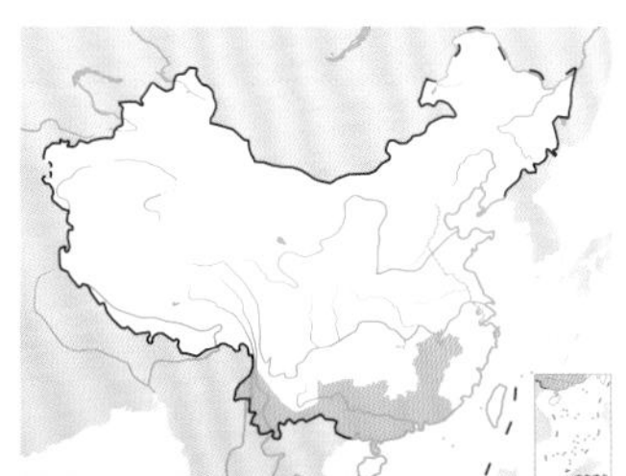

红顶鹛。左上图刘璐摄，下图杜卿摄

幽鹛类

- 幽鹛类指雀形目幽鹛科鸟类，全世界共16属70种，中国有9属18种
- 幽鹛类体形较小，翅短圆，羽色较单纯而暗淡，不同种类嘴形、尾和脚差异较大
- 幽鹛类栖息于热带亚热带森林中，常在林下灌丛中或地面活动，主要捕食昆虫
- 幽鹛类通常在乔木或灌丛的低枝上营深杯状、吊篮状或碗状巢，结构甚为精致

类群综述

幽鹛类指雀形目幽鹛科（Pellorneidae）鸟类，也是从传统的画眉科成员中独立出来的新科，包括幽鹛属 *Pellorneum*、鹪鹛属 *Napothera*、雀鹛属 *Alcippe* 和白头䴗鹛属 *Pteruthius* 等 16 属 70 种，分布于从中国南方到亚洲东南部一带，部分种类见于非洲。其中中国有 9 属 18 种。

左：幽鹛类通常栖息于落叶层和苔藓层发达的森林中，图为在长满苔藓的树干上觅食的栗头雀鹛。曹宏芬摄

右：中国唯一一种全球受胁的幽鹛类——金额雀鹛。刘璐摄

形态 幽鹛类为小型鸣禽，体形一般较画眉稍小或更小，如雀鹛等，而鹪鹛仅如鹪鹩属 *Troglodytes* 一般大小。雌雄羽色基本相似。相较于林鹛和噪鹛，幽鹛的羽色比较单纯，颜色较为暗淡，缺乏鲜艳的色彩，也不具备特别明显的斑纹；但鹪鹛体羽软而蓬松，上体具鳞状斑。

不同种类在嘴形、尾、脚等方面也有许多差异。鹪鹛嘴直且细；雀鹛嘴较强，嘴峰呈弧形；幽鹛嘴形较画眉稍短，嘴形直，嘴近端处微具缺刻。鼻孔也有不同，雀鹛鼻孔有膜；鹪鹛鼻孔外露，有嘴须；幽鹛嘴须极短，鼻孔无遮盖。两翅短而圆，尾一般较翅短，或与翅几等长，雀鹛尾呈凸形，鹪鹛尾具尖形羽端。幽鹛脚较细长，鹪鹛脚较强。

栖息地 栖息于热带、亚热带或亚高山地带的森林中，尤其喜欢在低矮灌木中活动。

习性 留鸟。性胆怯，平时栖于近地面的林中下木间，大多隐匿在遮蔽处，细小的鹪鹛善于藏匿于森林地面的朽木间。不常鸣叫。

食性 食物主要为昆虫，也吃蜘蛛等其他小型无脊椎动物，以及少量植物果实与种子等植物性食物。大多在地面落叶层中扒刨觅食。

繁殖 通常营巢于乔木的低矮侧枝或灌丛的枝杈上。巢呈深杯状、吊篮状或碗状，结构甚为精致。卵为椭圆形或梨形，具斑点。雏鸟晚成性。

种群现状和保护 幽鹛类有 2 种被 IUCN 列为濒危（EN），7 种为易危（VU），受胁比例 12.9%，与世界鸟类整体受胁比例相当。中国的幽鹛类仅金额雀鹛 *Schoeniparus variegaticeps* 被 IUCN 列为易危（VU），其他均为无危（LC）。仅少数物种列入保护名录，有待加强保护。

金额雀鹛
Schoeniparus variegaticeps
黄喉雀鹛
Schoeniparus cinereus
栗头雀鹛
Schoeniparus castaneceps
棕喉雀鹛
Schoeniparus rufogularis
褐胁雀鹛
Schoeniparus dubius
褐脸雀鹛
Alcippe poioicephala
湖北亚种
A. m. davidi
滇东亚种
A. m. schaefferi
云南亚种
A. m. fraterculus
东南亚种
A. m. hueti
滇西亚种
A. m. yunnanensis
指名亚种
A. m. morrisonia
灰眶雀鹛
Alcippe morrisonia
褐顶雀鹛
Schoeniparus brunneus
白眶雀鹛
Alcippe nipalensis
灰岩鹪鹛
Turdinus crispifrons
短尾鹪鹛
Turdinus brevicaudatus
纹胸鹪鹛
Napothera epilepidota
长嘴鹩鹛
Rimator malacoptilus
白头鵙鹛
Gampsorhynchus rufulus
白腹幽鹛
Pellorneum albiventre
棕头幽鹛
Pellorneum ruficeps
中华草鹛
Graminicola striatus
棕胸雅鹛
Trichastoma tickelli

金额雀鹛

拉丁名：*Schoeniparus variegaticeps*
英文名：Golden-fronted Fulvetta

雀形目幽鹛科

形态 雄鸟体长 9 ~ 11 cm，体重 9 g；雌鸟体长 9 ~ 10 cm，体重 8 g。前额和头顶前部橄榄金黄色；头顶黑色具黄色或白色轴纹；眼先和髭纹黑色，耳羽和头侧近白色；枕、后颈至上背暗栗色，具细的白色轴纹；上体余部褐灰色缀橄榄绿色；翅上大覆羽和中覆羽绒黑色；飞羽暗褐色，具倒“U”字形金色斑；下体乳黄色或乳黄白色，两胁绿灰色。嘴浅褐色，末端和下嘴淡色；脚浅褐或肉褐色。

分布 中国特有鸟类，分布于四川中部、广西中部。

栖息地 栖息于海拔 2000 m 以下的中低山常绿阔叶林、针阔叶混交林和竹林等山地森林中。

习性 多单独或成对在树丛或林下灌丛中活动和觅食。

食性 主要以昆虫为食，也吃蜘蛛等其他小型无脊椎动物。

种群现状和保护 IUCN 和《中国脊椎动物红色名录》均评估为易危（VU），被列为中国三有保护鸟类。种群数量稀少，应该得到严格保护。

金额雀鹛。刘璐摄

黄喉雀鹛

拉丁名：*Schoeniparus cinereus*
英文名：Yellow-throated Fulvetta

雀形目幽鹛科

体长 11 ~ 12 cm。头顶至枕部黑色，顶冠纹中央贯以不明显的橄榄黄色并具鳞状斑；额、眉纹淡黄色，贯眼纹黑褐色，耳羽灰黄色并杂以暗褐色；颊淡黄色，羽端缀黑色；颈侧和体侧沾橄榄色；上体灰绿色；下体淡黄色。在中国分布于西藏东南部、云南西北部。栖息于海拔 1000 ~ 2100 m 的沟谷阔叶林或竹丛、灌丛间。IUCN 和《中国脊椎动物红色名录》均评估为无危（LC），被列为中国三有保护鸟类。

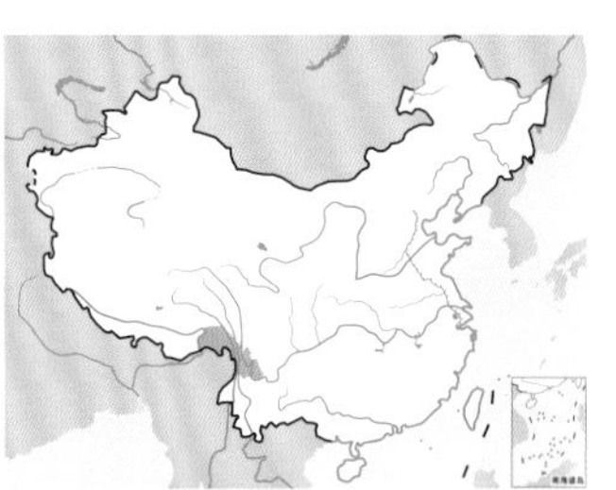

黄喉雀鹛。刘璐摄

栗头雀鹛

拉丁名：*Schoeniparus castaneceps*
英文名：Rufous-winged Fulvetta

雀形目幽鹛科

体长 10 ~ 12 cm。额、头顶及枕暗栗褐色，具淡的白色羽轴纹；眉纹淡黄白色，贯眼纹及颚纹黑色；上体橄榄绿色沾棕色；翅黑褐色，初级覆羽和大覆羽黑色，飞羽基部外缘栗色，形成鲜明的黑色和栗色斑；下体淡皮黄色，体侧赭棕色。在中国分布于甘肃南部、西藏东南部、云南等地。栖息于海拔 1600 ~ 2600 m 的茂密阔叶林的下层和灌丛间。IUCN 和《中国脊椎动物红色名录》均评估为无危（LC）。

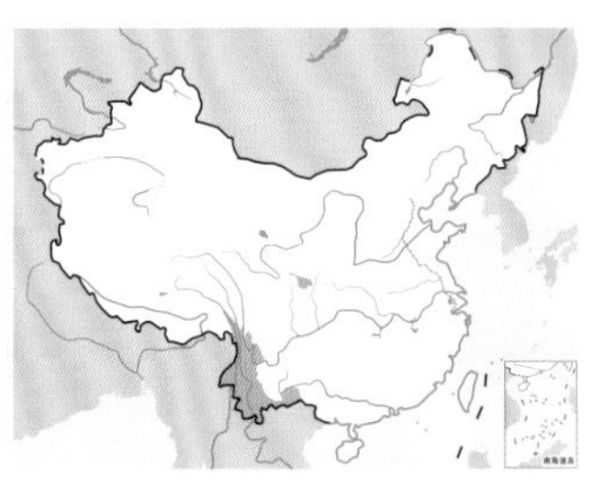

栗头雀鹛。沈岩摄

棕喉雀鹛

拉丁名：*Schoeniparus rufogularis*
英文名：Rufous-throated Fulvetta

雀形目幽鹛科

体长 11 ~ 12 cm。前头、头顶、枕锈褐色，头侧具宽的黑色侧冠纹，眼先和眉纹白色，颊、耳羽赭褐色；颈侧棕栗色，向胸部延伸，形成领环状；上体橄榄褐色沾棕色；胸部灰白色，尾下覆羽棕褐色。在中国分布于云南南部。栖息于低山常绿阔叶林和次生林。IUCN 和《中国脊椎动物红色名录》均评估为无危（LC），被列为中国三有保护鸟类。

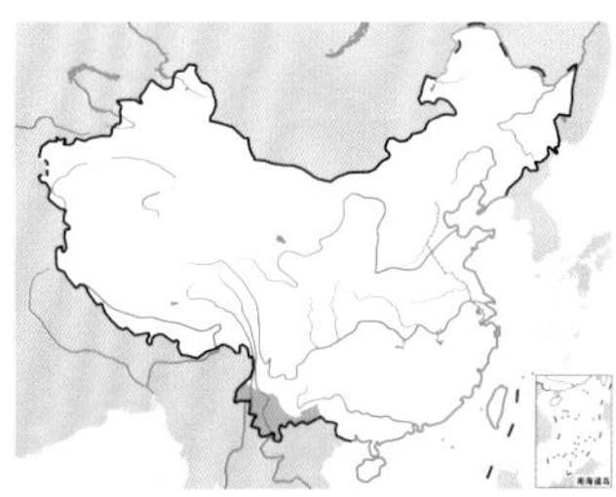

棕喉雀鹛

褐胁雀鹛

拉丁名：*Schoeniparus dubius*
英文名：Rusty-capped Fulvetta

雀形目幽鹛科

形态 雄鸟体长 13 ~ 15 cm，体重 14 ~ 20 g；雌鸟体长 12 ~ 14 cm，体重 18 ~ 22 g。前额浅棕色；头顶至枕棕褐色，具细窄的暗色羽缘；黑色侧冠纹从额侧向后延伸至上背，其下为白色眉纹；眼先黑色，耳羽和颈侧赭褐红色；上体橄榄褐色；下体白色沾浅皮黄色，两胁橄榄褐色，尾下覆羽茶黄褐色。虹膜棕红色或灰褐色；嘴黑褐色或黑色；脚肉色、肉褐色或棕黄色。

分布 在中国分布于云南、四川、重庆、贵州、湖南西部、广西等地。在国外分布于印度东北部和缅甸。

栖息地 栖息于海拔 2500 m 以下的山地常绿阔叶林、次生林和针阔叶混交林中，也见于林缘疏林灌丛草坡和耕地。

习性 常成对或成小群在林下灌木枝叶间活动，也在林下草丛中活动和觅食。在灌丛间频繁地跳跃穿梭或飞上飞下，有时也见沿树干螺旋形攀缘向上觅食，边活动边发出“嘁、嘁、嘁”的叫声。

食性 主要以昆虫及其幼虫为食，也吃少量果实与种子等植物性食物。

繁殖 繁殖期4~6月。营巢于林下植被发达的常绿阔叶林中。巢多置于林下草丛中，距地面高 0.1 ~ 1 m。巢呈球状，侧开口；或呈杯状。巢外层由玉米叶、枯草、树叶、竹叶等构成，内层为细的草茎、根和树叶及纤维。巢大小为外径 13.5 cm，内径 8.4 cm，高 9.5 cm，深 7.6 cm。每窝产卵 3 ~ 5 枚。卵椭圆形，白色或乳白色，密被红褐色斑点，大小为（19 ~ 20）mm ×（15 ~ 16）mm，重 1.5 ~ 2 g。雌雄亲鸟轮流孵卵，雏鸟晚成性。

种群现状和保护 IUCN 和《中国脊椎动物红色名录》均评估为无危（LC）。在中国西南地区种群数量尚较多，但也应该得到严格保护。

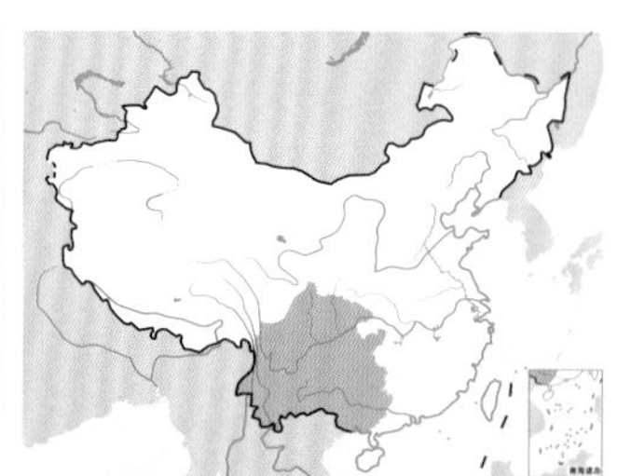

褐胁雀鹛。左上图沈越摄，下图董磊摄

褐顶雀鹛

拉丁名：*Schoeniparus brunneus*
英文名：Dusky Fulvetta

雀形目幽鹛科

形态 雄鸟体长 13 ~ 15 cm，体重 20 ~ 23 g；雌鸟体长 13 ~ 14 cm，体重 16 ~ 23 g。前额、头顶和枕棕褐或橄榄褐色，头顶至枕部各羽具窄的暗色羽缘，形成鳞状斑；黑色侧冠纹从眼上方直达上背；眼先和颊近白色，微缀黑纹；耳羽浅灰褐色或浓褐色，头侧和颈侧灰色；上体橄榄褐色，下背和腰部沾棕色；下体乳白色或污白色，胸、腹部沾棕色或微沾灰色，胸侧灰橄榄色，两胁橄榄褐色或棕橄榄褐色，尾下覆羽棕褐色或浅茶黄色。虹膜暗褐色至栗色；嘴黑褐色或黑色；脚淡黄色、黄褐色或浅褐色。

分布 中国特有鸟类，分布于甘肃中部、四川、陕西南部、云南东北部、重庆、贵州、湖北、湖南、安徽、江西、浙江、福建、广东、广西、台湾、海南等地。

栖息地 栖息于海拔 1800 m 以下的低山丘陵和山脚林缘地带的次生林、阔叶林和林缘灌丛与竹丛中，也频繁地出入于路边、耕地和居民点附近的山坡灌丛和草丛。

习性 除繁殖期间成对活动外，其他季节多呈小群。性活泼而大胆，常在林下灌丛与竹丛间跳跃或飞来飞去，也在草丛中或农作物枝叶间活动和觅食。

食性 主要以昆虫为食，偶尔也吃少量植物果实与种子。

繁殖 繁殖期 4 ~ 6 月。巢多置于靠近地面的灌丛中，主要由枯草、枯叶等构成，呈球形、半球形或椭圆形，侧上方开口。巢高 17 cm，宽 10 cm，巢口直径 5.7 cm，深 5 cm。每窝产卵 2 ~ 4 枚。卵为白色或绿白色，被有蓝灰色、褐色或黑褐色斑点与斑纹。

种群现状和保护 IUCN 和《中国脊椎动物红色名录》均评估为无危（LC），被列为中国三有保护鸟类。种群数量尚较多，但也应该得到严格的保护。

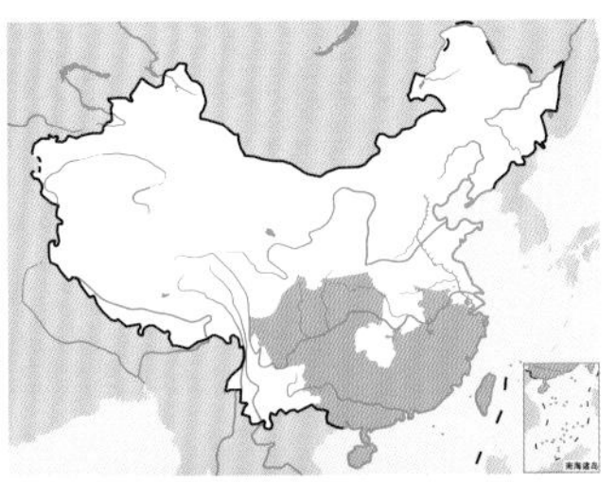

褐顶雀鹛。左上图沈越摄，下图林剑声摄

褐脸雀鹛

拉丁名：*Alcippe poioicephala*
英文名：Brown-cheeked Fulvetta

雀形目幽鹛科

体长 15～17 cm。前额、头顶及枕部烟褐灰色，黑色侧冠纹自额基后部直达上背，头侧、颈侧茶黄褐色；上体橄榄褐色，背部缀有灰色，腰和尾上覆羽茶黄褐色；下体浅皮黄色。在中国分布于云南西部、南部和西南部。栖息于海拔 1500 m 以下的低山和山脚地带的常绿阔叶林、次生林以及林缘疏林、灌丛、竹丛中。IUCN 和《中国脊椎动物红色名录》均评估为无危（LC）。

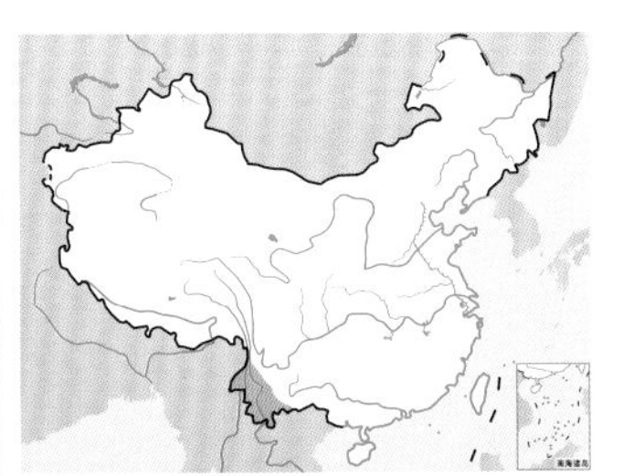

褐脸雀鹛。左上图沈越摄，下图刘璐摄

灰眶雀鹛

拉丁名：*Alcippe morrisonia*
英文名：Grey-cheeked Fulvetta

雀形目幽鹛科

形态 雄鸟体长 12～14 cm，体重 15～18 g；雌鸟体长 12～14 cm，体重 16～19 g。额、头顶、枕、后颈暗灰色或褐灰色，具黑色侧冠纹或侧冠纹不明显；头侧和颈侧灰色或深灰色，眼先稍呈白色，眼周有一灰白色或近白色眼圈；其余上体橄榄褐色或橄榄灰褐色，有的上体沾棕红色或全为棕红色；腰部和尾上覆羽茶黄褐色或橄榄褐色沾棕色；颏、喉浅灰色或淡茶黄色沾灰色，胸部为淡棕色，其余下体橄榄褐色或棕橄榄褐色。虹膜红棕色或栗色；嘴角褐色或黑褐色；脚淡褐色或暗黄褐色。

分布 在中国分布于秦岭–淮河以南，最北至陕西南部、河南南部和甘肃东南部包括台湾和海南。国外分布于中南半岛。

栖息地 栖息于海拔 2500 m 以下的山地和山脚平原地带的森林和灌丛中，在原始林、次生林、经济林以及林缘灌丛、竹丛、稀树草坡等各类森林中均有分布，是雀鹛类在中国分布最广的一种。

栖息高度随地区而不同：在四川凉山主要栖息于海拔 700～1800 m；在云南西北部栖于海拔 1750～2300 m，在云南东南部则栖于海拔 400～1700 m，在云南东北部金沙江河岸则栖于 900～1500 m；在台湾则多栖于海拔 300～2400 m。除广泛栖息于不同高度的各类森林外，也广泛栖息于各类灌丛和草丛中，尤以亚热带绿阔叶林林下灌丛和稀树灌丛草坡较常见，也活动于森林中上层和林下草丛中。在金沙江下游地区，灰眶雀鹛分别是亚热带绿阔叶林和稀树灌丛草坡的优势种和常见种之一。

习性 性喜结群，常成 5～7 只至 10 余只的小群，即使在繁殖季节，除成对活动外，仍可见到 10 只左右的小群。繁殖后期

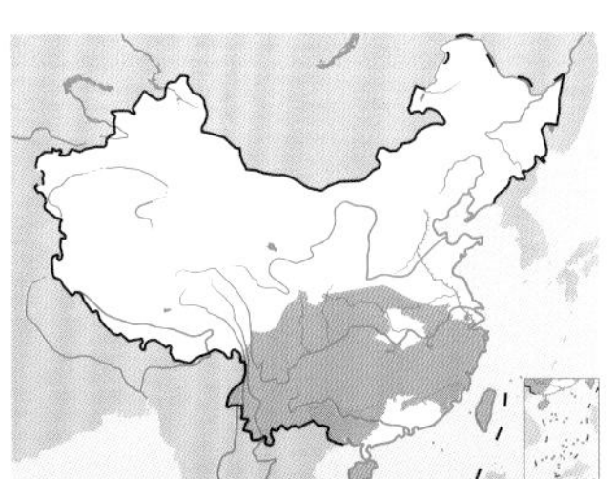

灰眶雀鹛。左上图沈越摄；下图为取食毛虫的灰眶雀鹛，吴秀山摄

坐巢孵卵的灰眶雀鹛。吴秀山摄

可见到许多家族小群，后逐渐结成 20～60 只的大群，有时甚至可达 100 余只。集群活动后，虽然活动范围扩大了许多，但各群仍然有一定的主要活动范围，有些群体的活动范围相当稳定，冬季仍然如此。在非繁殖期，灰眶雀鹛也经常与其他小型鸟类混群活动，如红头穗鹛、栗头凤鹛、白腹凤鹛、红头长尾山雀等，频繁地在树枝间跳跃或飞来飞去，有时也沿粗的树枝或在地上奔跑捕食。常常发出"唧、唧、唧、唧……"的单调叫声。

食性　雏鸟完全以昆虫为食，成鸟也主要以昆虫及其幼虫为食，也吃蜘蛛等其他无脊椎动物，以及果实、种子、叶、芽、苔藓等植物性食物。

繁殖　繁殖期 5～7 月。通常营巢于乔木的低矮侧枝、阔叶树幼苗、竹枝或林下较茂密的灌丛枝杈上，较隐蔽，距地面高 0.2～2 m。巢呈深杯状、吊篮状或碗状，结构甚为精致，主要由树叶、树皮、苔藓、草叶、草茎和草根等材料构成，整个巢用很细的植物纤维牢牢地绑缚在植物的枝、叶上。巢大小为外径 8.3 cm，内径 4.5 cm，巢高 6.3 cm，深 4.6 cm。雌鸟在清晨产卵，每天产 1 枚，每窝产卵 2～4 枚。卵白色，密被淡棕黄色、淡赭红色或紫红色斑点或块斑。卵椭圆形或梨形，大小为 20 mm × 15 mm，重 2 g 左右。孵卵由雌雄亲鸟共同承担，孵化期 11～13 天。双亲在白天孵卵的时间大致持平，早晨空巢时间最长，可能与亲鸟习惯于在这段时间内取食有关。亲鸟在孵卵期间十分恋巢。

雏鸟于 1～2 天内出齐。雌雄亲鸟都参与育雏。刚出壳的雏鸟头肉黄色，身体肉红色，仅额、头顶及背部中线处有灰黑色的绒羽，其余部分裸露。到 10 日龄体羽基本长成，尾羽鞘也开始放缨，但作为主要识别特征的眼周"灰眶"尚未长成。幼鸟一般于 11～12 日龄出飞离巢，如受惊扰，可提前 1～2 日出飞。出飞后的幼鸟仍需亲鸟饲喂一段时间。

种群现状和保护　IUCN 和《中国脊椎动物红色名录》均评估为无危（LC）。广泛分布于中国长江流域及以南各地，是常绿阔叶林下和林缘灌丛常见鸟类之一，种群数量较多，但也应该得到严格的保护。

白眶雀鹛

拉丁名：*Alcippe nipalensis*
英文名：Nepal Fulvetta

雀形目幽鹛科

形态　体长 12～13 cm，体重 13 g。额、头顶、枕一直到后颈和上背为褐灰色沾染葡萄色；暗烟褐色侧冠纹沿后颈向下直达上背；眼圈白色，宽而明显；耳羽灰色；背橄榄褐色；两翅和尾表面黄褐色；颏白色，其余下体浅茶黄色，两胁和覆腿羽缀有橄榄色。虹膜褐色；上嘴褐色，先端较浅淡，下嘴浅灰色；脚黄、褐色。

分布　在中国分布于西藏东南部、云南西南部等地。国外分布于尼泊尔、不丹、印度东北部、孟加拉国和缅甸等地。

栖息地　栖息于海拔 2000 m 以下的低山和山脚常绿阔叶林和次生林中，也见于针阔叶混交林、针叶林和林缘灌丛中。

习性　常单独、成对或成小群活动，秋冬季喜集群，有时也和其他小型鸟类混群。在林下灌丛和竹丛中活动和觅食，也到林缘等开阔地区灌丛中，有时也飞到空中捕食昆虫或在树枝、树干上觅食。

食性　主要以昆虫为食，也吃少量植物果实与种子。

繁殖　繁殖期 4～6 月。营巢于低山和山脚地带灌丛和竹丛中，距地面高 1 m 以下。巢呈杯状，主要由草叶、草茎、竹叶等材料构成，内垫有细草，有时还掺杂有苔藓和其他枯叶。每窝产卵 3～5 枚。卵白色，被有稀疏但较粗著的深紫色斑点，也有的被有紫红色、粉红色或淡红色斑点和斑纹，大小为（18～19）mm ×（13～14）mm。雌雄亲鸟轮流孵卵，孵化期 12 天。

种群现状和保护　IUCN 和《中国脊椎动物红色名录》均评估为无危（LC）。在中国种群数量极为稀少，分布区域也甚狭窄，属稀有鸟类，应注意保护。

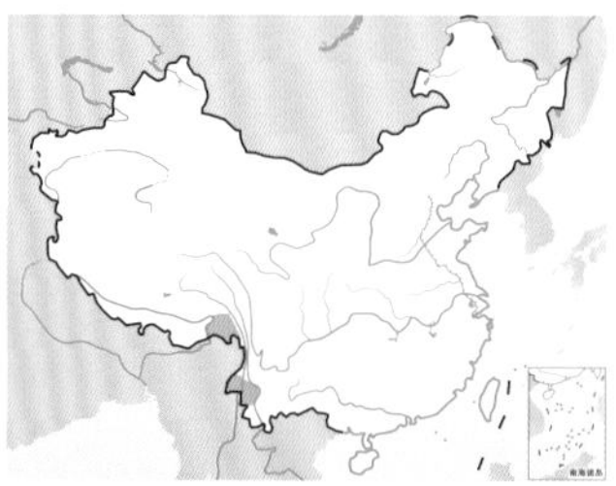

白眶雀鹛。左上图田穗兴摄，下图刘璐摄

灰岩鹪鹛

拉丁名：*Turdinus crispifrons*
英文名：Limestone Wren Babbler

雀形目幽鹛科

体长 17～19 cm。自额至背部为橄榄褐色，各羽边缘黑色；额两侧和眉纹灰白色，具黑点；上体橄榄褐色；喉、上胸白色，并杂以暗褐色纵纹，下体余部橄榄褐色沾赭色。在中国分布于云南东南部。栖息于低山丘陵灌丛和石灰岩地带。IUCN 和《中国脊椎动物红色名录》均评估为无危（LC）。

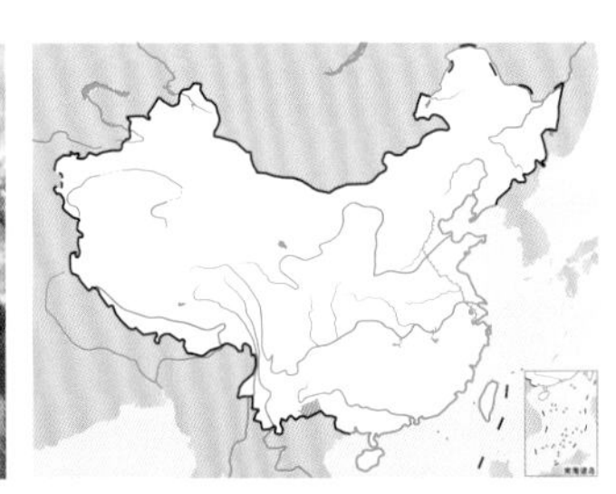

灰岩鹪鹛。左上图韦铭摄，下图沈越摄

短尾鹪鹛

拉丁名：*Turdinus brevicaudatus*
英文名：Streaked Wren Babbler

雀形目幽鹛科

体长 14～16 cm。眼先、眉纹、颊及耳羽深灰色；上体灰橄榄褐色，除腰部外各羽具黑色边缘；翼橄榄褐色，大覆羽及最内侧飞羽具微小白端；尾短，呈暗红褐色；颏、喉灰白色而杂以暗色纵纹，胸、腹暗棕色。在中国分布于云南西部和东南部、广西西南部一带。栖息于海拔 1500 m 以下的低山和山脚地带的常绿阔叶林和林缘灌丛中。IUCN 和《中国脊椎动物红色名录》均评估为无危（LC）。

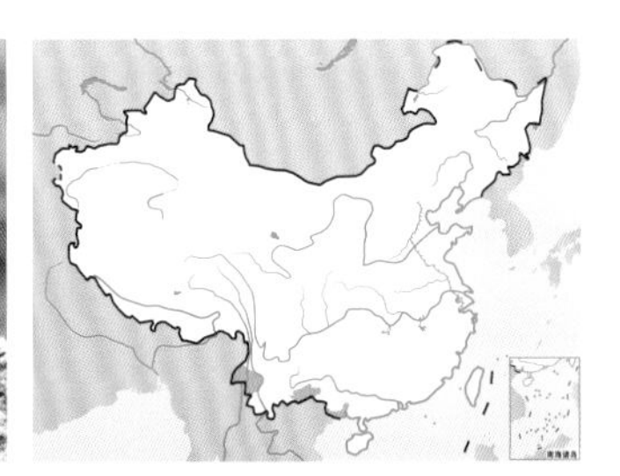

短尾鹪鹛。左上图张小玲摄，下图杜卿摄

纹胸鹪鹛

拉丁名：*Napothera epilepidota*
英文名：Eyebrowed Wren Babbler

雀形目幽鹛科

形态 体长 10～11 cm，体重 16 g。上体自头顶至背部为暗巧克力褐色或栗褐色，具黑色羽缘，微具白色羽干纹；眉纹淡棕色或皮黄白色，长而显著；耳羽黑褐色或褐色；腰和尾上覆羽棕褐色；翅上具两列近平行的白色斑点；颏、喉白色，无斑纹，有时微具几条褐色纵纹；胸、腹白色或皮黄白色，有的具褐色纵纹；胸侧和两胁橄榄褐色，具白色纵纹。虹膜淡褐色；上嘴黑色或黑褐色，下嘴灰色；脚、趾灰褐色。

分布 在中国分布于西藏东南部、海南、云南南部、广西西部等地。国外分布于印度东北部和东南亚。

栖息地 栖息于海拔 2000 m 以下的阴暗、潮湿而茂密的常绿阔叶林中，有时也出入于林缘灌丛和高草丛。

习性 常单独或成对活动，性胆怯而善藏匿，常躲藏在林下茂密的植物丛中活动和觅食，时而在长满苔藓的石头上跳跃奔跑，时而隐蔽在蕨类植物丛中的倒木或树桩上活动和觅食。

食性 主要以昆虫和昆虫幼虫为食。

种群现状和保护 IUCN 和《中国脊椎动物红色名录》均评估为无危（LC）。在中国种群数量极为稀少，近几十年来，在一些原来有过分布的地方也很难见到踪影，应注意保护。

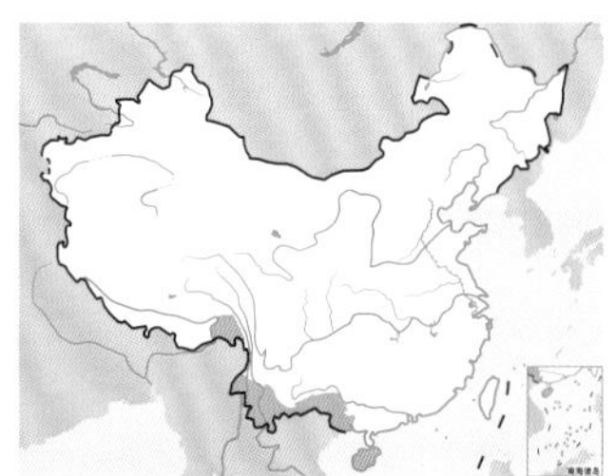

纹胸鹪鹛。董文晓摄

白头鸡鹛

拉丁名：*Gampsorhynchus rufulus*
英文名：White-hooded Babbler

雀形目幽鹛科

体长 21～24 cm。头部白色；其余上体棕色或灰橄榄褐色；飞羽暗褐色；尾羽内缘和先端皮黄色；下体白色，两胁和尾下覆羽缀皮黄色或棕色。在中国分布于云南西部、南部和西南部。栖息于海拔 2000 m 以下的阔叶林、次生林、竹林和灌丛中。IUCN 和《中国脊椎动物红色名录》均评估为无危（LC）。

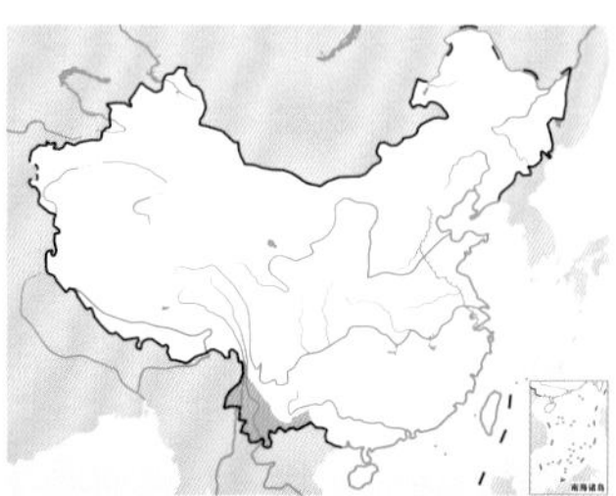

白头鸡鹛。左上图为幼鸟，下图为成鸟。张小玲摄

长嘴鹩鹛

拉丁名：*Rimator malacoptilus*
英文名：Long-billed Wren Babbler

雀形目幽鹛科

体长 12～13 cm。上体黑褐色，具窄的皮黄色纵纹；腰和尾上覆羽赭黄色或暗棕褐色；颏、喉白色或淡皮黄白色；胸、腹为褐色，具棕白色或皮黄色羽干纹；尾下覆羽锈棕色。嘴长。在中国分布于云南西北部。栖息于海拔 1000 m 以上的林间空地、林缘灌丛草地中。IUCN 和《中国脊椎动物红色名录》均评估为无危（LC）。

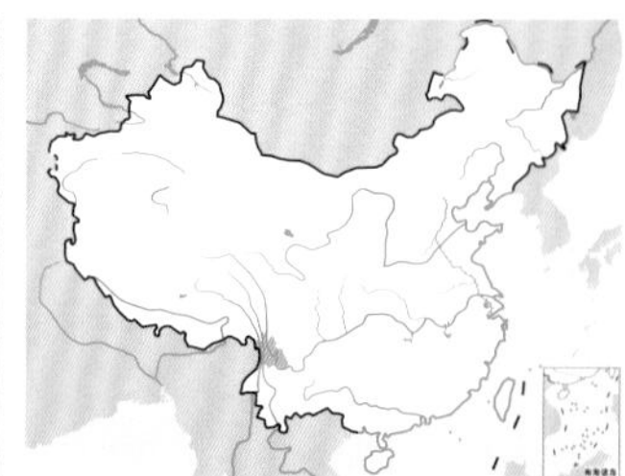

长嘴鹩鹛。左上图唐军摄，下图董磊摄

白腹幽鹛

拉丁名：*Pellorneum albiventre*
英文名：Spot-throated Babbler

雀形目幽鹛科

体长 14～15 cm。眼先污褐灰色；上体橄榄褐色；颏、喉为白色，具黑色矢形斑；胸部具宽阔的淡棕橄榄色带斑；腹部中央白色。在中国分布于云南西南部和南部、广西等地。栖息于海拔 1000～2000 m 的山地森林、灌丛、竹丛和草地间。IUCN 和《中国脊椎动物红色名录》均评估为无危（LC）。

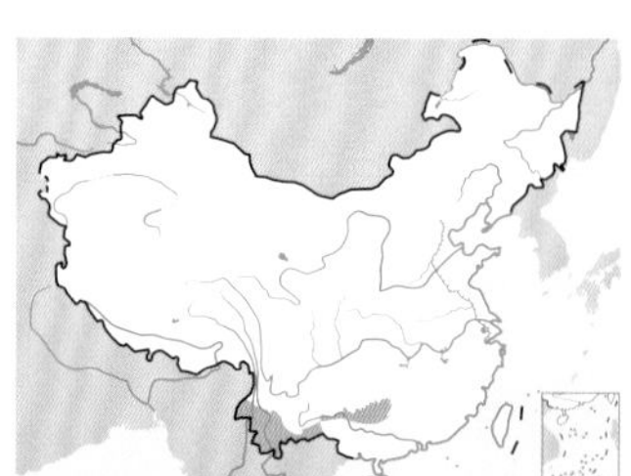

白腹幽鹛。左上图罗永川摄，下图沈越摄

棕头幽鹛

拉丁名：*Pellorneum ruficeps*
英文名：Puff-throated Babbler

雀形目幽鹛科

形态 雄鸟体长 14～19 cm，体重 23～30 g；雌鸟体长 14～17 cm，体重 23～28 g。前额、头顶、枕红棕色；眉纹棕白色，宽而显著，从眼先直到颈侧；颊和耳羽褐黄色；上体橄榄褐色，有的微沾棕色，下背和腰部偏棕色；下体淡棕色或白色；胸部和两胁具褐色纵纹。虹膜褐色；上嘴黑色，下嘴黄色；脚肉黄色。

分布 在中国分布于云南西南部、南部和东南部。国外分布于南亚次大陆和中南半岛、马来半岛一带。

栖息地 栖息于海拔 1800 m 以下的低山森林和林缘灌丛与竹林中，尤以下木发达的常绿阔叶林、次生林和竹林较常见，冬季多见于林缘疏林、灌丛和草地。

习性 常单独或成对活动，秋冬季节有时也见成 3～5 只的小群活动。性胆怯，善隐匿，多在林下灌丛或草丛中活动和觅食。平时较少鸣叫，但繁殖期间善鸣叫，鸣声响亮悦耳，为三四声一度的连续几个哨声，每个哨音音调开始较高，然后逐渐下降。常常一鸟鸣叫，另一鸟立刻接应，一鸟接一鸟地鸣叫，甚为动听。

食性 主要以昆虫和昆虫幼虫为食。

繁殖 繁殖期 5～7 月。营巢于林下地面草丛中或灌丛下，也在竹林中营巢。巢呈球形，侧面开口，也有呈半球形和杯状的，主要由枯草茎、草叶和竹叶等构成。每窝产卵 2～4 枚。卵阔椭圆形或椭圆形，淡绿色或乳黄白色，被有褐色或红褐色斑点，卵大小为 (20.5～24.2) mm × (15.3～18.8) mm。

种群现状和保护 IUCN 和《中国脊椎动物红色名录》均评估为无危(LC)。在中国仅分布于云南的局部地区，种群数量稀少，需要进行严格的保护。

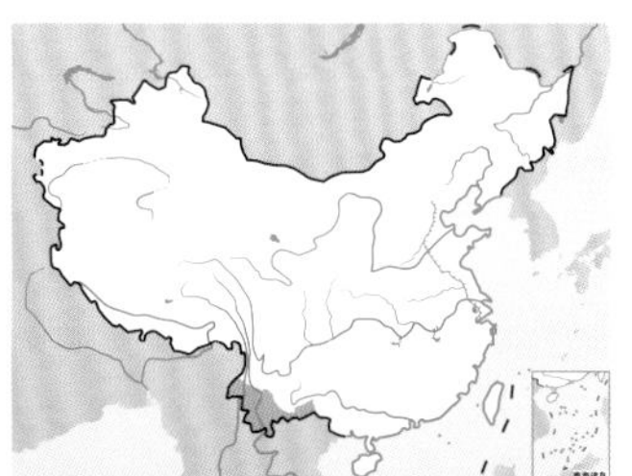

棕头幽鹛。左上图沈岩摄，下图刘璐摄

棕胸雅鹛

拉丁名：*Trichastoma tickelli*
英文名：Buff-breasted Babbler

雀形目幽鹛科

体长 12～15 cm。上体纯棕褐色，头顶羽干色较淡，眼先和耳羽棕黄色；下体肉皮黄色，颏、喉较淡，为皮黄白色，腹部中央白色。在中国分布于云南西部和南部。栖息于低地阔叶林、竹林和灌木林中。IUCN 评估为无危（LC），《中国脊椎动物红色名录》评估为近危（NT）。

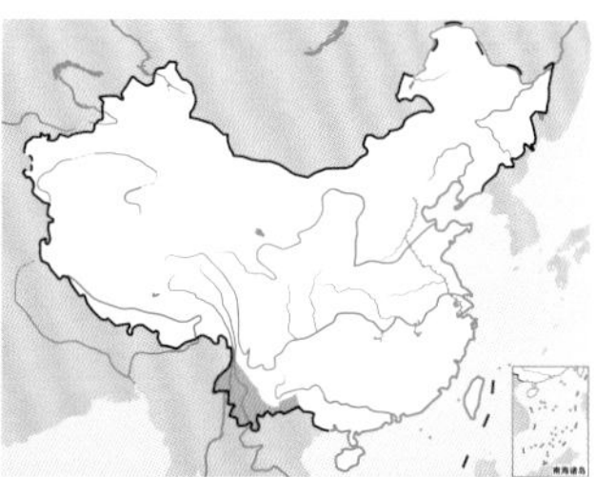

棕胸雅鹛。左上图董文晓摄，下图杨远方摄

中华草鹛

拉丁名：*Graminicola striatus*
英文名：Chinese Grass-babbler

雀形目幽鹛科

体长 16～18 cm。头、背至尾上覆羽黑色，各羽具赤褐色羽缘；眼先、眉纹、眼周灰白色，颊、耳羽暗赤褐色，颈侧、后颈具窄的白色狭缘；尾羽黑色，具橄榄赤褐色羽缘，外侧尾羽先端白色；喉白色，其余下体白色沾黄褐色。在中国分布于贵州南部、广东、澳门、广西、海南等地。栖息于高而茂密的芦苇丛、草丛间。IUCN 评估为易危（VU），《中国脊椎动物红色名录》评估为近危（NT）。

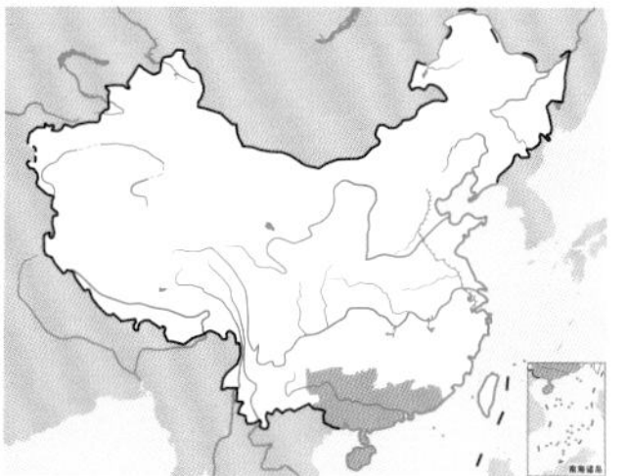

中华草鹛。David Fisher摄

噪鹛类

- 噪鹛类指雀形目噪鹛科鸟类，全世界共21属135种，中国有11属66种
- 噪鹛类翅短圆，尾较长，羽色较艳丽，多具斑点和斑纹
- 噪鹛类栖息于各种类型的森林中，以昆虫等小型无脊椎动物和植物果实、种子等为食，善鸣唱
- 噪鹛类许多种类为杜鹃的巢寄生宿主，会产多种色型的卵

类群综述

噪鹛类指雀形目噪鹛科（Leiothrichidae）鸟类，也是传统画眉科成员，根据最新的分子生物学及系统发育研究的结果独立为噪鹛科，包括 21 属 135 种，是传统画眉科分裂后最大的类群。中国有 11 属 66 种，主要包括草鹛属 *Babax*、噪鹛属 *Garrulax*、姬鹛属 *Cutia*、希鹛属 *Minla*、薮鹛属 *Liocichla*、斑翅鹛属 *Actinodura*、希鹛属 *Minla*、相思鸟属 *Leiothrix* 和奇鹛属 *Heterophasia* 等类群。噪鹛中有中国特有种鸟类 19 种，占中国特有鸟类种数的 20.4%，是除雉科外中国特有种第二多的类群。

形态 噪鹛类为中、小型鸣禽，翅短圆，尾较长，雌雄相似，羽色较艳丽，多具斑点和斑纹，不同类群的形态不尽相似。草鹛、噪鹛、薮鹛、姬鹛、斑翅鹛和奇鹛体形相对较大，体长 18 ~ 35 cm；而希鹛和相思鸟体长仅 10 ~ 18 cm。薮鹛、希鹛的尾甚细长而呈方形，草鹛、噪鹛、斑翅鹛、奇鹛的尾长而凸，姬鹛和相思鸟的尾则较短。

左：噪鹛类大多性格喧闹，喜鸣唱，繁殖期更是鸣啭不休，雌雄互相唱和。图为一对热恋期的橙翅噪鹛，雄鸟正在卖力鸣唱，雌鸟则翘起尾羽露出泄殖腔孔表示愿意交配。张连喜摄

右：噪鹛类在树木枝杈或灌丛中营杯状巢，由细枝、草叶和苔藓等材料构成，许多种类的卵呈现漂亮而有光泽的绿色或蓝色。图为黑额山噪鹛的巢和卵。贾陈喜摄

栖息地 噪鹛类为典型的森林鸟类，主要栖息于热带和亚热带茂密的森林中，包括针叶林、针阔混交林、落叶阔叶林、常绿阔叶林、热带雨林、竹林等各种林型，也出现在林缘灌丛和草丛地带。

习性 噪鹛类均为留鸟，山地种类通常有垂直迁移现象。常结小群在树上、林下灌丛或地面活动和觅食，有些种类会与其他鸟类混群，甚至形成鸟浪。许多种类性活泼喧闹，喜鸣唱而且也善于鸣唱，能够效鸣。

食性 主要以昆虫和其他小型无脊椎动物为食，也取食植物花、果实和种子，也有的种类侧重植物性食物。

繁殖 营巢于树木枝杈或灌丛中，巢呈杯状，由细枝、草叶和苔藓等材料构成。卵有白色、绿色、蓝色等，许多种类是杜鹃类的巢寄生宿主，为对抗巢寄生会产不同色型的卵。

种群现状和保护 目前噪鹛类有 3 种被 IUCN 列为极危（CR），7 种为濒危（EN），9 种为易危（VU），受胁比例 14.3%，与世界鸟类整体受胁水平相当，其中包括一些中国特有种，如蓝冠噪鹛 *Garrulax courtoisi*、黑额山噪鹛 *G. sukatschewi*、白点噪鹛 *G. bieti* 和灰胸薮鹛 *Liocichla omeiensis*。大多数噪鹛被列为中国三有保护鸟类，其中画眉 *Garrulax canorus* 等因作为传统笼养鸟面临捕捉贩卖的威胁，还被列入 CITES 附录Ⅱ。

矛纹草鹛
Babax lanceolatus
画眉
Garrulax canorus
海南画眉
Garrulax owstoni
台湾画眉
Garrulax taewanus
白冠噪鹛
Garrulax leucolophus
白颈噪鹛
Garrulax strepitans
褐胸噪鹛
Garrulax maesi
栗颊噪鹛
Garrulax castanotis
黑额山噪鹛
Garrulax sukatschewi
灰翅噪鹛
Garrulax cineraceus
棕颏噪鹛
Garrulax rufogularis
斑背噪鹛
Garrulax lunulatus

白点噪鹛
Garrulax bieti
大噪鹛
Garrulax maximus
眼纹噪鹛
Garrulax ocellatus
黑脸噪鹛
Garrulax perspicillatus
白喉噪鹛
Garrulax albogularis
小黑领噪鹛
Garrulax monileger
台湾白喉噪鹛
Garrulax ruficeps
黑领噪鹛
Garrulax pectoralis
黑喉噪鹛
Garrulax chinensis
栗颈噪鹛
Garrulax ruficollis

蓝冠噪鹛
Garrulax courtoisi
栗臀噪鹛
Garrulax gularis
灰胁噪鹛
Garrulax caerulatus
山噪鹛
Garrulax davidi
台湾棕噪鹛
Garrulax poecilorhynchus
白颊噪鹛
Garrulax sannio
棕噪鹛
Garrulax berthemyi
细纹噪鹛
Trochalopteron lineatum
斑胸噪鹛
Garrulax merulinus
条纹噪鹛
Grammatoptila striata

蓝翅噪鹛
Trochalopteron squamatum
纯色噪鹛
Trochalopteron subunicolor
橙翅噪鹛
Trochalopteron elliotii
灰腹噪鹛
Trochalopteron henrici
黑顶噪鹛
Trochalopteron affine
台湾噪鹛
Trochalopteron morrisonianum
滇西亚种
T. e. woodi
滇南亚种
T. e. melanostigma
杂色噪鹛
Trochalopteron variegatum
红头噪鹛
Trochalopteron erythrocephalum
珠峰亚种
T. e. nigrimentum
红翅噪鹛
Trochalopteron formosum
红尾噪鹛
Trochalopteron milnei

♂
♀
斑胁姬鹛
Cutia nipalensis
斑喉希鹛
Chrysominla strigula
蓝翅希鹛
Siva cyanouroptera
红尾希鹛
Minla ignotincta
红翅薮鹛
Liocichla ripponi
灰头薮鹛
Liocichla phoenicea
灰胸薮鹛
Liocichla omeiensis
黑冠薮鹛
Liocichla bugunorum
黄痣薮鹛
Liocichla steerii
栗额斑翅鹛
Actinodura egertoni
纹头斑翅鹛
Sibia nipalensis
白眶斑翅鹛
Actinodura ramsayi

纹胸斑翅鹛
Sibia waldeni
灰头斑翅鹛
Sibia souliei
台湾斑翅鹛
Sibia morrisoniana
银耳相思鸟
Leiothrix argentauris
红嘴相思鸟
Leiothrix lutea
栗背奇鹛
Leioptila annectens
黑顶奇鹛
Heterophasia capistrata
灰奇鹛
Heterophasia gracilis
黑头奇鹛
Heterophasia desgodinsi
丽色奇鹛
Heterophasia pulchella
白耳奇鹛
Heterophasia auricularis
长尾奇鹛
Heterophasia picaoides

矛纹草鹛

拉丁名：*Babax lanceolatus*
英文名：Chinese Babax

雀形目噪鹛科

形态 体长22～29 cm，体重56～105 g。全身密布纵纹，头顶至上体暗栗褐色，羽缘灰色或棕白色，形成明显的暗栗褐色纵纹；下体棕白色或茶黄白色，胸具细窄的黑褐色羽干纹；尾褐色，长且具有狭窄的黑色横斑。虹膜白色、黄白色、黄色至橙黄色；嘴略弯，具黑色髭纹；脚褐色。

分布 在国内分布于长江流域及以南各地，北至甘肃、陕西南部西至西藏东南部。在国外分布于印度东北部和缅甸北部。

栖息地 主要栖息于稀树灌丛草坡、亚热带阔叶林、竹林、常绿阔叶林、针阔叶混交林、亚高山针叶林、次生林、林缘灌丛、草坡以及小乔木中，在贵州宽阔水自然保护区，喜欢在林缘的茶地中活动。活动的海拔高度跨度较大，从山脚平原一直到海拔3700 m左右的森林地带，在西藏甚至出现在海拔3900～4200 m处有稀疏树木的开阔草地。

习性 喜结群。平时常成小群活动，多在林内或林缘灌木丛和高草丛中活动，尤其喜欢在有稀疏树木的开阔地带灌丛和草丛中活动和觅食。多在地面上搜寻昆虫，或在公路上捡拾食物碎屑，一副忙碌的情景；偶尔也会在2～4 m高的树上活动，在清晨和傍晚，有时会在树冠层活动。性活泼，不甚怕人，常在灌丛或高草丛间跳跃穿梭，也在地面奔跑和觅食。一般较少飞翔，常边走边鸣叫，叫声嘈杂，群中个体间通过彼此的叫声保持联系。繁殖期成对或单独活动，部分个体具有合作繁殖行为。能发出响亮动听的鸣声，其声似“偶—飞、偶—飞……”连续的双音节。

矛纹草鹛。左上图彭建生摄，下图贾陈喜摄

矛纹草鹛的巢和巢中死亡的雏鸟。梁丹摄

食性 杂食性，主要以昆虫及其幼虫、植物叶、芽、果实和种子为食。

繁殖 繁殖期4～6月，最早在3月末即已开始繁殖，在贵州5月上旬即见有幼鸟出巢。在占区期间，雄鸟的叫声频繁，同时雌鸟也与雄鸟共同进入巢区鸣叫，未见个体间争夺巢区的现象。已配对雄鸟会帮助雌鸟理羽或给雌鸟喂食。筑巢活动在4月中旬至7月中旬，由雌雄鸟共同承担，筑巢期6～14天，与天气密切相关，天气晴朗则筑巢时间会大大缩短，而在雨天则需要更多时间才能完成筑巢。矛纹草鹛并不喜欢在郁闭度很高的林间繁殖，而是喜欢在植被相对矮小、较开阔的地方筑巢。巢通常筑于高度为0.6～1.2 m的茶地、灌丛、茅草或矮乔木上，与周边树枝连接不紧密。筑杯状开放巢，主由为草根和草茎编织，内垫有细草茎和草根，巢外有花序枝。每年繁殖1窝，日产1枚卵，于日出后产出，每窝产卵3～4枚。卵蓝色，无斑点，为椭圆形，大小约为27.3 mm × 20.3 mm。孵卵由雌鸟担任，最后1枚卵产出后即开始孵卵，孵化期14天左右。在整个孵卵期间，雄鸟每天在巢区周围呼唤雌鸟，多数为雄鸟鸣叫后雌鸟才出巢一同觅食，未见雄鸟衔食到巢中喂养雌鸟的情况。雌鸟离巢多不鸣叫，返巢孵卵前往往在巢周边的树上停留观看四周动静，若无干扰才悄悄进入巢中。

矛纹草鹛还是大鹰鹃的宿主之一，大鹰鹃会在矛纹草鹛的产卵期将寄生卵产入它们的巢中，其卵为白色，与寄主的卵色并不匹配。

种群现状和保护 IUCN和《中国脊椎动物红色名录》均评估为无危（LC），被列为中国三有保护鸟类。在中国长江流域以南分布较广，种群数量较多。在缅甸的种群数量并不多，但相对稳定，未有下降的趋势。在繁殖期能消灭大量的农业害虫，应加以保护。

画眉

拉丁名：*Garrulax canorus*
英文名：Hwamei

雀形目噪鹛科

形态 体长22～24 cm，体重49～75 g。头和上体棕褐色，前额至背部具宽阔的黑褐色纵纹，纵纹颜色从前往后由深变浅；眼圈白色，其上缘白色向后延伸呈一条窄线直至颈侧，形似眉纹，故称之为画眉；下体棕黄色；颏、喉、上胸和胸侧棕黄色杂以黑褐色纵纹；腹中部污灰色；肛周沾棕色。虹膜黄色；嘴和脚偏黄色。

分布 在中国主要分布于秦岭－淮河以南地区。国外分布于中南半岛北部。

栖息地 主要栖息于海拔1800 m以下的开阔山野的灌丛、竹林、未垦的荒地、矮树丛中及居民区周边的林地。

习性 成对或结小群活动，多见于地面觅食。性机敏胆怯，好隐匿，喜在灌丛中穿飞和栖息，常在林下的草丛中觅食，不善远距离飞行。雄鸟在繁殖期极善鸣啭，常立树梢枝杈间鸣啭，声音十分宏亮，音韵多变、委婉动听，尾音略似“mo—gi—yiu—”，因而古人称其叫声为“如意如意”。还善仿其他鸟类鸣声、兽叫声和虫鸣。

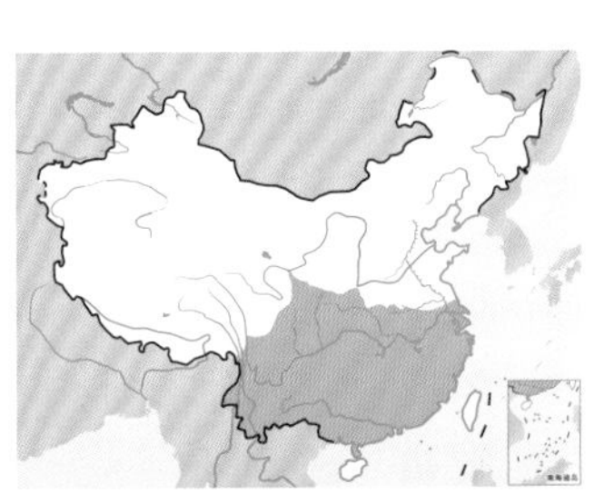

画眉。沈越摄

食性 杂食性，以昆虫为主食，特别是在繁殖季节嗜食昆虫，其中包括很多农林害虫，如蝗虫、蝽象、松毛虫以及多种蛾类幼虫等；在非繁殖季节以野果和草籽等为食，偶尔也啄食豌豆及玉米等农作物幼苗。

繁殖 繁殖季主要集中在4～7月。在冬季一般以8～10只左右成家族小群活动。3月上中旬，开始进入发情期，此时雄鸟离群占区，经常在其领地内的林间小树或灌木丛上鸣叫，特别是早晨七八点左右作长时间连续鸣唱，以招引雌鸟。画眉的择偶性很强，据观察，当雄鸟鸣叫时，有时雌鸟飞来，雄鸟不大理睬，雌鸟待一会儿即飞走；有时雌鸟飞来后，雄鸟发出柔和的叫声并抖动翅羽以示求爱，但雌鸟无动于衷。而一旦两厢情愿时，雌雄鸟便在树枝上一起发出柔和、低微而带颤音的“唧……唧、嘎……嘎”声，并轻轻抖翅，相互追逐，一段时间后，雌鸟不断地翘尾露出泄殖腔孔以示接受雄鸟。

雌雄配对以后，就准备在其所占区内营巢产卵。通常营巢于近地面草丛中、茂密树林和小树上。巢呈杯状或碟状，由树叶、竹叶、草、卷须等构成，内铺以细草、松针、须根之类。画眉筑巢所选择的树木种类很多，一般随当地树种而定。在山地旱土旁边多选择以牡荆、小枫树、乌药、盐肤木和白茅根等为主的灌木杂草丛筑巢；在山中林下多选择乌药、盐肤木、小油茶树、柃叶山茶、小枫树，以及粤蛇葡萄和扁担藤等藤本植物与乔木交织的网中筑巢。雌雄均参加营巢，筑好巢后的3～4天内开始产卵。画眉的巢可分为较为明显的三层，即“外草、中叶、内丝”，最外层为枯草，中间层主要由竹叶或其他枯树叶组成，而最内层则铺以松针、藤等丝状物。每年繁殖2窝。每日产卵1枚，每巢产3～5枚卵。卵一般为椭圆形，呈带光泽的蓝绿色，无斑点，卵的平均大小为27 mm×21 mm。亲鸟产完最后一枚卵后即开始孵卵，孵卵主要由雌鸟承担，并在巢内过夜，雄鸟除取食外，常在巢周围活动和警戒，越到孵卵后期雌鸟的恋巢行为越明显。孵化期12天左右。

育雏工作由雌雄共同承担。育雏期间，仅雌鸟夜宿巢内，雌雄寻食范围亦有差别。雌鸟多在巢附近灌丛间及地面寻食，而雄鸟除偶尔在巢附近取食外，则经常飞到离巢250～350 m的山沟草地寻食。育雏期间，亲鸟衔食物回巢喂雏十分机警，总是先飞至离巢十来米远的灌木上，仔细了望有无敌害，然后飞入另一灌木上，再隐蔽地潜入巢内喂雏。亲鸟喂饲完后，也从不直接从巢处飞出，总是跳到其他枝上，穿过灌丛或草丛，离巢较远时再飞往别处寻食。

种群现状和保护 因善于鸣叫而成为中国传统笼养鸟，大量捕捉或严重影响其种群数量，被列入CITES附录Ⅱ。IUCN评估为无危（LC），《中国脊椎动物红色名录》评估为近危（NT），被列为中国三有保护鸟类。

海南画眉

拉丁名：*Garrulax owstoni*
英文名：Hainan Hwamei

雀形目噪鹛科

形态 由原画眉海南亚种 *G. c. owstoni* 独立为种。体长21～24 cm。与画眉的区别在于体形较小，白色眉状纹较短，下体颜色较淡，且上体多橄榄色。

分布 中国特有鸟类，仅分布于海南岛。

栖息地 主要栖息于海拔1500 m以下的山丘灌丛和村落附近灌丛、竹林和庭院中。

习性 常单独或成对活动，有时也结小群在森林地面觅食。

食性 食物以昆虫为主，也取食草籽和野果。

繁殖 繁殖季在3～6月或者更早开始。巢筑于近地面的茂密草丛、灌丛、矮树和茶地。巢呈杯状，结构较松散，由树叶、竹叶、草茎、植物须蔓等组成。窝卵数2～5枚，通常3～4枚。卵为椭圆形，蓝绿色，无斑点，且富于光泽。主要由雌鸟孵卵，孵化期12天左右。

种群现状和保护 2016年才提升为独立种，目前并没有对其种群数量、分布范围、栖息地状况、受胁程度等进行过系统评估，但与画眉和台湾画眉相似，同样面临着被猎捕作为笼养鸟的风险，还有与画眉杂交的风险。被列入CITES附录Ⅱ。亦为中国三有保护鸟类。

海南画眉。下图唐万玲摄

台湾画眉

拉丁名：*Garrulax taewanus*
英文名：Taiwan Hwamei

雀形目噪鹛科

形态 由原画眉台湾亚种 *G. c. taewanus* 独立为种。体长21～24 cm。与画眉和海南画眉的区别在于，白色眼圈更窄，无白色眉纹，灰色较多且纵纹浓重，尾稍长。

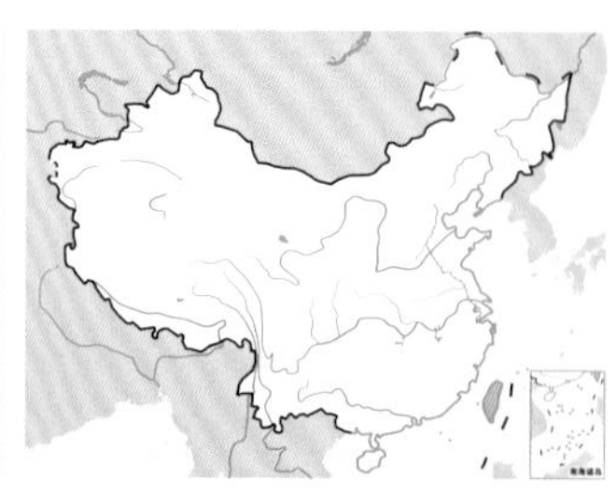

台湾画眉。左上图韦铭摄，下图沈岩摄

分布 中国特有鸟类，仅分布于台湾。

栖息地 主要栖息于海拔1200 m以下山脚丘陵地带的次生林、灌丛和矮树丛。

习性 单独或结小群活动，性机敏胆怯，平常隐匿于茂密的林下灌丛间鸣唱，受惊时，疾速沿树干飞到树后逃窜。

食性 杂食性，主要以昆虫为食，也吃植物果实和种子。

繁殖 繁殖期3～8月。巢通常筑于距地面约2 m高的灌丛中。巢结构较松散，呈碗状，巢外层主要由枯树叶、树枝、竹叶、植物根茎等组成，内衬细枝或松针。窝卵数2～3枚。卵蓝绿色。主要由雌鸟孵卵，孵化期约12天。

种群现状和保护 分布局限于中国台湾，种群数量相对稀少，并且面临巨大的捕猎风险和与画眉杂交的风险。画眉因其婉转动听的鸣声而成为中国传统笼养鸟类，并被大量贩卖到台湾，而输送过来的雌鸟通常会被释放，从而可能与野生的台湾画眉雄鸟杂交，使台湾画眉种群面临基因污染的威胁。IUCN和《中国脊椎动物红色名录》均评估为近危（NT），被列为中国三有保护鸟类。亦被列入CITES附录Ⅱ。

白冠噪鹛

拉丁名：*Garrulax leucolophus*
英文名：White-crested Laughingthrush

雀形目噪鹛科

体长26～31 cm。具白色羽冠，黑色过眼纹与白色的头和胸形成鲜明对比；背及两胁橄榄褐色；尾近黑色。在中国见于云南和西藏。通常栖息于海拔1600 m以下的常绿阔叶林、常绿落叶阔叶混交林、次生林、灌丛、竹林和靠近林地的公园等。喜结群，性喧闹，多见于林下灌丛或地面活动和觅食。IUCN和《中国脊椎动物红色名录》均评估为无危（LC），被列为中国三有保护鸟类。

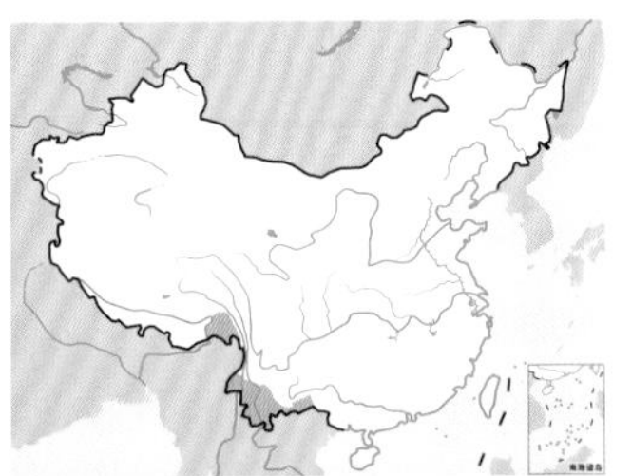

白冠噪鹛。左上图杜卿摄，下图彭建生摄

白颈噪鹛

拉丁名：*Garrulax strepitans*
英文名：White-necked Laughingthrush

雀形目噪鹛科

体长 28～31 cm。头顶、枕红褐色，眼周黑色，颈侧具白色斑块；喉、胸黑褐色；其余上体和下体均为橄榄褐色。在中国见于云南南部，相对罕见。多栖息于海拔 500～1800 m 的常绿阔叶林和热带雨林中。喜结群活动，多在林下灌丛觅食。IUCN 和《中国脊椎动物红色名录》均评估为无危（LC），被列为中国三有保护鸟类。

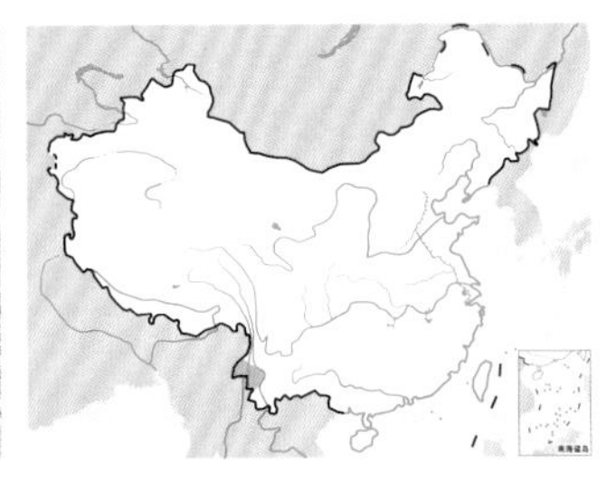

白颈噪鹛

褐胸噪鹛

拉丁名：*Garrulax maesi*
英文名：Grey Laughingthrush

雀形目噪鹛科

形态 体长 28～30 cm，体重 107～118 g。前额至颈部灰褐色，眼先、眼周黑色，眼后、颈侧有一大型白色或亮棕色斑块；两肩沾褐色，背至尾上覆羽石板灰色或暗褐灰色，腰和尾上覆羽缀橄榄色；颏黑色，喉和上胸暗褐色或黑褐色，下胸、腹和两胁暗褐灰色，尾下覆羽沾褐色。虹膜褐色或红褐色；嘴黑色；脚黑褐色。

分布 在中国分布于云南南部、贵州东南部、广西西南部和广东等地。在国外分布于越南北部及老挝北部和中部。

栖息地 主要栖息于亚热带或热带海拔 380～1700 m 的湿润森林中，通常以常绿阔叶林为主。

习性 喜结群，偶尔也见成对活动。性隐蔽，常结成 10 只左右的小群在林下灌木层活动，有时也下到地面在枯枝落叶层中觅食；有时结群数量也可达 10 只以上，且常与其他噪鹛混群活动。善鸣叫，鸣声响亮，特别是在受到干扰或见到人时则更为喧闹，直到受到威吓才悄悄逃走。

食性 主要以昆虫为食，也吃部分植物果实和种子。

繁殖 繁殖季 4～5 月。

种群现状和保护 IUCN 和《中国脊椎动物红色名录》均评估为无危（LC），被列为中国三有保护鸟类。

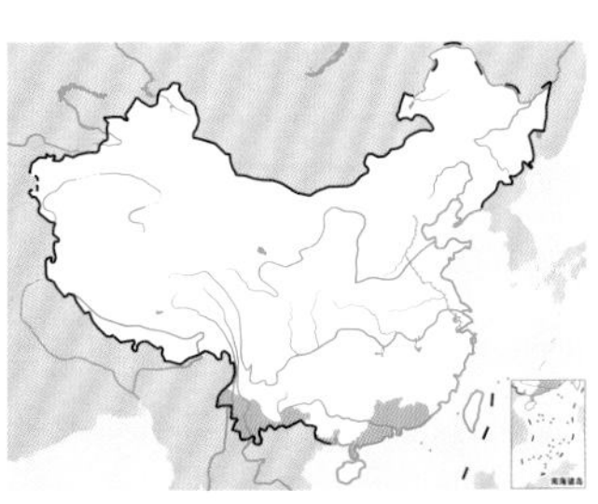

褐胸噪鹛。梁家登摄

栗颊噪鹛

拉丁名：*Garrulax castanotis*
英文名：Rufous-cheeked Laughingthrush

雀形目噪鹛科

由褐胸噪鹛海南亚种 *G. m. castanotis* 和老挝亚种 *G. m. varennei* 独立为种。体长 28～30 cm。通体灰褐色，似褐胸噪鹛，但耳羽栗棕色。在中国仅分布于海南岛西部。主要栖息于海拔 400～1700 m 的常绿阔叶林，常结小群或成对在林下灌丛觅食，喜欢鸣叫，十分喧闹。IUCN 评估为无危（LC）。被列为中国三有保护鸟类。

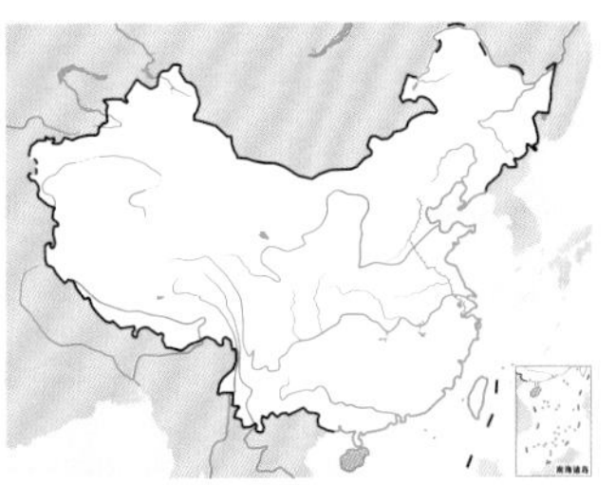

栗颊噪鹛。刘璐摄

黑额山噪鹛

拉丁名：*Garrulax sukatschewi*
英文名：Snowy-cheeked Laughingthrush

雀形目噪鹛科

体长 27～31 cm。前额黑色，耳羽白色，具黑色贯眼纹和颧纹；上体橄榄褐色；下体葡萄棕色；尾羽具白色端斑。中国特有鸟种，仅见于甘肃南部和四川北部。主要栖息于海拔 2000～3500 m 的高山林下灌丛和竹林生境，也见于高山针叶林和针阔混交林地带。常成对在林下灌丛觅食，善鸣唱。分布狭窄，数量稀少。IUCN 和《中国脊椎动物红色名录》均评估为易危（VU），被列为中国三有保护鸟类。

黑额山噪鹛。左上图为在地面觅食，方昀摄；下图为在巢中孵卵，贾陈喜摄

灰翅噪鹛

拉丁名：*Garrulax cineraceus*
英文名：Moustached Laughingthrush

雀形目噪鹛科

形态 体长 21～24 cm，重 43～55 g。前额、头顶至后颈黑色，眼先、颊和耳羽基部白色或灰白色沾棕色，耳羽后部棕色或栗色，眉纹淡栗色或橄榄棕色，颧纹黑色；上体橄榄褐色或橄榄灰色，腰部沾棕色；外侧初级飞羽外翈蓝灰色或灰色；内侧飞羽和尾具宽阔的黑色亚端斑和窄的白色端斑；下体灰褐色沾葡萄红色或淡葡萄灰色，喉具细的黑色羽干纹，两胁锈褐色或橄榄褐色。

分布 在中国分布于秦岭－淮河以南，西至西藏东南部。国外见于印度东北部及缅甸北部。

栖息地 主要栖息于常绿阔叶林和针阔混交林边缘的荆棘灌丛、次生林、弃耕地、草丛、竹林，有时也见于村庄周边的林地，但通常不见于原始林中。在云南西南部多见于海拔 2135～2745 m。

习性 留鸟。繁殖季通常成对活动，其他季节则 3～5 只结小群在林下灌丛和竹丛间活动，常于地面落叶层觅食。

食性 主要以昆虫为食，也吃植物果实和种子。

繁殖 每年 3～10 月间都有繁殖，国内主要集中在 4～6 月。巢通常筑于距地面 1～2 m 的茂密灌丛或竹子的枝杈上。巢型紧凑，呈杯状，由苔藓、树叶、根茎、草叶、细枝、植物须蔓等组成。窝卵数 2～4 枚，在缅甸通常为 2 枚。卵呈椭圆形，淡蓝色或淡蓝绿色，无斑点，大小约为 26 mm × 18 mm。双亲均参与孵卵，孵化期 14 天左右，育雏期 13～17 天。在印度是普通鹰鹃的宿主。

种群现状和保护 在中国数量较普遍，IUCN 和《中国脊椎动物红色名录》均评估为无危（LC），被列为中国三有保护鸟类。

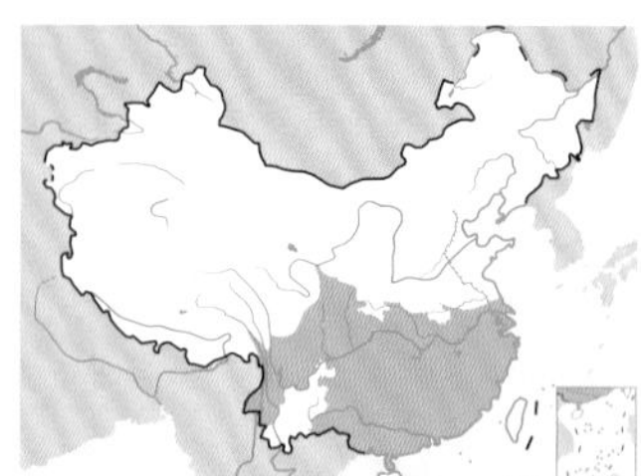

灰翅噪鹛。左上图张小玲摄，下图林剑声摄

育雏的灰翅噪鹛。赵纳勋摄

棕颏噪鹛

拉丁名：*Garrulax rufogularis*
英文名：Rufous-chinned Laughingthrush

雀形目噪鹛科

体长 23～25 cm。整体棕褐色，羽尖黑色而成鳞状纹；额及髭须黑色，眼先浅色；颏和耳羽橙褐色；尾端棕色。在中国仅见于西藏东南部和云南西南部。主要栖息于海拔 610～1980 m 的常绿阔叶林、次生林、灌丛及林地边缘地带。性胆怯，常结小群在林下矮灌丛和地面觅食。IUCN 和《中国脊椎动物红色名录》均评估为无危（LC）。

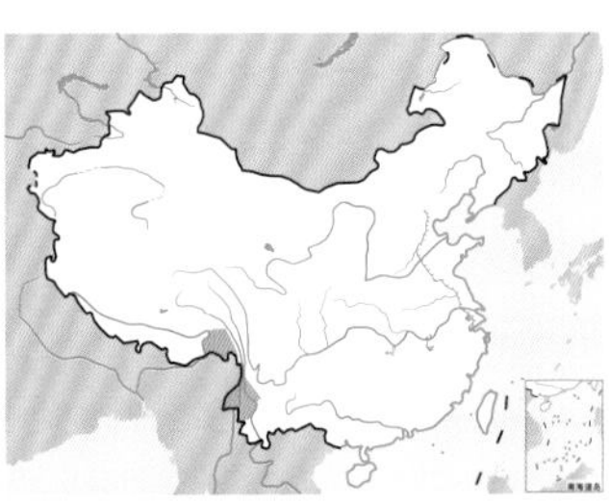

棕颏噪鹛。左上图张小玲摄，下图董文晓摄

斑背噪鹛

拉丁名：*Garrulax lunulatus*
英文名：Barred Laughingthrush

雀形目噪鹛科

形态 体长 24～25 cm，重约 82 g。头栗褐色；眼先白色，与宽阔的白色眼圈相连，并向眼后延伸呈眉状；上体浅褐色，各羽均具棕色先端和宽阔的黑色次端横斑；飞羽黑褐色，羽端白色，初级飞羽外翈羽缘蓝灰色；尾具宽阔的黑色次端斑和窄的白色端斑，外侧尾羽基部蓝灰色；胸淡褐色或淡栗褐色，具白色端斑；腹白色，两胁棕褐色或淡棕褐色，微具黑褐色次端横斑，尾下覆羽和覆腿羽棕色。

分布 中国特有鸟类，仅分布于甘肃南部、陕西南部、四川、重庆、湖北西部。

栖息地 栖息于海拔 1200～3080 m 的高山针叶林、针阔叶混交林、亚热带常绿阔叶林和竹林中，也出入于林缘疏林灌丛、次生林和地边灌丛中，偶见于海拔 3660 m。在秦岭南部主要在海拔 1300～2200 m 的针阔混交林带的竹林内活动。

习性 经常出没在针阔混交林带的灌丛和竹林，多在林下灌丛和地面活动，特别是在多岩石和苔藓的阴湿环境中。活动时频频鸣叫，鸣声响亮但比较简单，易于辨别，叫声 1～5 声都有，以 2～4 声为多。冬季集成较大集群体，从 3 月下旬到 4 月初逐渐变成 5～6 只小群或成对活动。有时和其他噪鹛如橙翅噪鹛 *Trochalopteron elliotii* 等混群活动。

食性 主要以昆虫和植物果实与种子为食。繁殖期间主要以昆虫为食，非繁殖期间则主要以植物性食物为食。

繁殖 繁殖季从 3 月开始，3 月中旬已有求偶现象，表现在雄鸟发出喧噪嘹亮的鸣唱，4 月初成对活动已较为普遍并形成占区。4 月下旬至 5 月中旬为筑巢高峰期，最晚者在 6 月初。多筑巢于山坡中下部较密的竹林，较隐蔽。雌雄鸟均参与筑巢，巢材一般在距巢 50～150 m 内获取，筑巢需 6～10 天。筑巢期间，雌雄鸟对巢区均有较强的保护行为，如遇同种鸟类闯入，常同时向入侵者发出警戒声并围攻入侵者，直至赶离巢区。

巢的外壁以干葛藤及蒿秆缠编在竹子的枝杈上，再由干草茎以及竹叶柄等编织而成，内衬细蒿秆和竹叶。巢呈碗状，比较简陋。筑巢完成后，一般隔 1 天，最多隔 2 天开始产卵。1 年繁殖 1 次，窝卵数 2～4 枚。卵呈椭圆形，蓝绿色，大小约为 28 mm × 18 mm，重约 6.4 g。雌鸟坐巢孵卵期间，雄鸟一直守候在巢的周围，起警戒、保护作用，夜间也由雌鸟坐巢孵卵，孵化期 12～13 天。雌雄亲鸟共同育雏，但育雏前 7 天内以雄鸟为主。育雏过程中，雌鸟较雄鸟主动，后期雌鸟全日喂雏次数是雄鸟的 2 倍以上。育雏期约 12 天。

种群现状和保护 分布区较域狭窄，种群数量稀少，不常见。IUCN 和《中国脊椎动物红色名录》均评估为无危（LC），被列为中国三有保护鸟类。

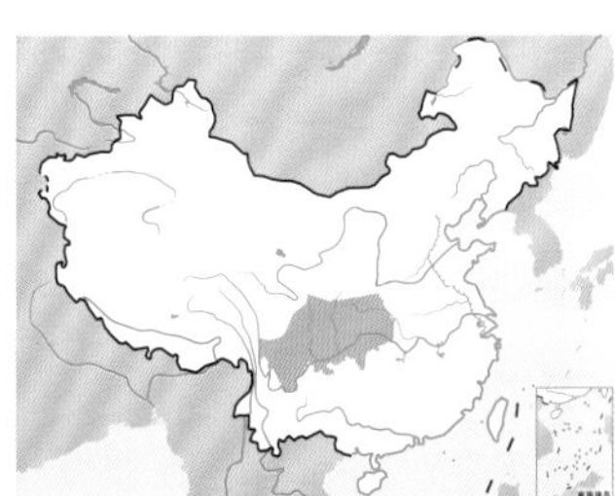

斑背噪鹛。刘璐摄

白点噪鹛

拉丁名：*Garrulax bieti*
英文名：White-speckled Laughingthrush

雀形目噪鹛科

体长 25 ~ 28 cm。头、枕褐色，眼先和眼周白色；上体浅褐色，具显眼的黑白点状斑；下喉、胸、颈侧灰褐色，具白色碎斑；初级飞羽外翈羽缘蓝灰色；尾羽具黑色次端斑和白色端斑。中国特有鸟种，仅分布于云南北部和四川西南部，种群数量稀少。主要栖息于海拔 2500 ~ 4270 m 的亚高山常绿落叶阔叶混交林、竹林生境。IUCN 和《中国脊椎动物红色名录》评估为易危（VU），被列为中国三有保护鸟类。

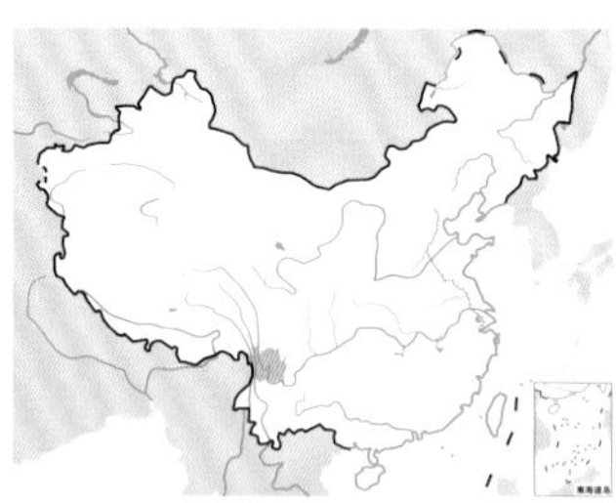

白点噪鹛。左上图彭建生摄，下图唐军摄

大噪鹛

拉丁名：*Garrulax maximus*
英文名：Giant Laughingthrush

雀形目噪鹛科

体长 30 ~ 35 cm。头顶黑褐色；背栗褐色，满杂以白色斑点，斑点前缘或四周还围有黑色；尾长，具白色端斑；下体棕褐色，喉具棕白色端斑和窄的黑色亚端斑。中国特有鸟类，分布于甘肃、西藏、青海、云南和四川，种群数量较丰富。主要栖息于海拔 2100 ~ 4200 m 的高山常绿阔叶林及常绿落叶阔叶混交林、竹林地带。常结群活动，也与其他噪鹛混群，多见于在林下或地面落叶层觅食。IUCN 和《中国脊椎动物红色名录》均评估为无危（LC），被列为中国三有保护鸟类。

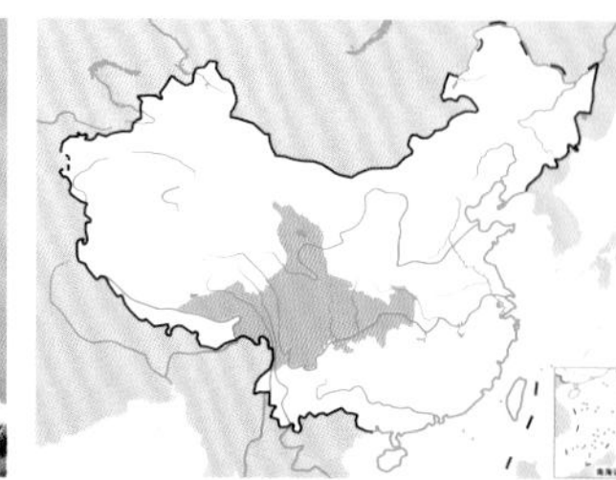

大噪鹛。左上图沈越摄，下图左凌仁摄

眼纹噪鹛

拉丁名：*Garrulax ocellatus*
英文名：Spotted Laughingthrush

雀形目噪鹛科

体长 30 ~ 33 cm。头顶、颈背及喉黑色；上体棕褐色，满杂以白色、黑色和皮黄色斑点；下体皮黄色；飞羽和尾羽均具白色端斑。在中国分布于西藏、云南、甘肃、四川、重庆、贵州和湖北。通常在中高海拔的亚热带常绿阔叶林和针阔叶混交林等茂密的山地森林中活动，在中国活动海拔可降至 1100 m。通常成对或 3 ~ 8 只结小群在灌丛或地面上觅食。IUCN 评估为无危(LC),《中国脊椎动物红色名录》评估为近危（NT），被列为中国三有保护鸟类。

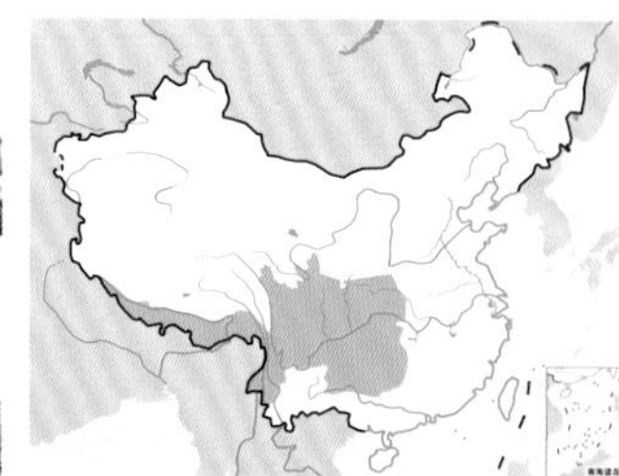

眼纹噪鹛。左上图刘璐摄，下图巫嘉伟摄

黑脸噪鹛

拉丁名：*Garrulax perspicillatus*
英文名：Masked Laughingthrush

雀形目噪鹛科

形态 体长28～31.5 cm，体重100～132 g。头顶至颈部灰色，前额、眼周、两颊至耳羽黑色，成一条围绕额部至头侧的宽阔黑带；背暗灰褐色，至尾上覆羽变为土褐色；尾羽暗棕褐色，外侧尾羽先端黑褐色；颏、喉至上胸褐灰色，下胸和腹棕白色或灰白色沾棕色，两胁棕白色沾灰色，尾下覆羽棕黄色。

分布 在中国分布于黄河中下游、长江流域及以南地区。在国外仅见于越南北部。

栖息地 栖息生境主要为平原和低山丘陵地带的灌丛、疏林、竹林，以及与疏林与农田交界的边缘生境，也出入于庭院、人工松柏林、农田地边和村寨附近的疏林和灌丛，偶尔也进到高山和茂密的森林。在较多的城市公园都可以很容易观察到它们成群活动的身影。例如，在武汉市，一些大学和公园依山而建，拥有较好的森林灌丛环境。黑脸噪鹛主要在林间灌丛、林地路边、林缘灌丛、向阳缓坡疏林灌丛等地段觅食。而夜宿地依季节变化有所不同，繁殖期间的夜宿地多接近巢位；秋季食物丰富时不甚稳定；冬季降雪后，在向阳的疏林地多见。夜宿地垂直高度随季节变化明显，通常夏季栖息地较高，多在阴坡；冬季则栖息于较低的地方，多在阳坡。

习性 性隐蔽，常6～12只结小群在林内穿越或作短距离低空飞行，鸣声响亮，在1.5 km以外即可听见，特别是在求偶时期，更是响彻林间。

食性 杂食性，但以动物性食物为主，包括昆虫及其幼虫和蜗牛等其他无脊椎动物。植物性食物包括各种草本和木本植物及蘑菇等真菌。夏季以昆虫等动物性食物为主，10月以后，主要取食各种植物果实。

繁殖 繁殖期3～8月，一般每年繁殖一次，若第一次卵或雏鸟被天敌捕食或遭人为毁坏导致繁殖失败，可接着进行第二次营巢繁殖。第一次繁殖期在3月中旬至5月下旬，第二次在5月中旬至7月下旬。3月下旬始见营巢，4月中旬为营巢盛期。通常筑巢于开阔向阳的针阔混交林、阔叶林、疏林灌丛等生境中的荆条、沙棘、黄刺玫、胡枝子等灌丛枝条上，极隐蔽，不易被人发现。巢通常距地面2～5 m。筑巢由雌雄鸟共同承担，营巢期8～11天，如遇晴天，一般2～3天即可筑成。巢略呈杯状，较粗糙，巢材多为纤维状的树皮、薹草叶、莎草根，内壁多垫苔藓、细草根和松针，大小约为内径10 cm×12 cm，外径14 cm×16 cm，深5～6 cm。营巢结束后1～3天，雌鸟开始产卵，一般每天产卵1枚，窝卵数3～5枚。卵呈蓝绿色，略带光泽，大小约为21 mm×29 mm，重5.1～6.5 g。孵卵由雌雄亲鸟共同承担，但二者孵卵时间之比为2∶1，孵化期16天左右。具有合作繁殖行为。

种群现状和保护 迄今仍是一个受关注度比较低的物种。IUCN和《中国脊椎动物红色名录》均评估为无危（LC），被列为中国三有保护鸟类。

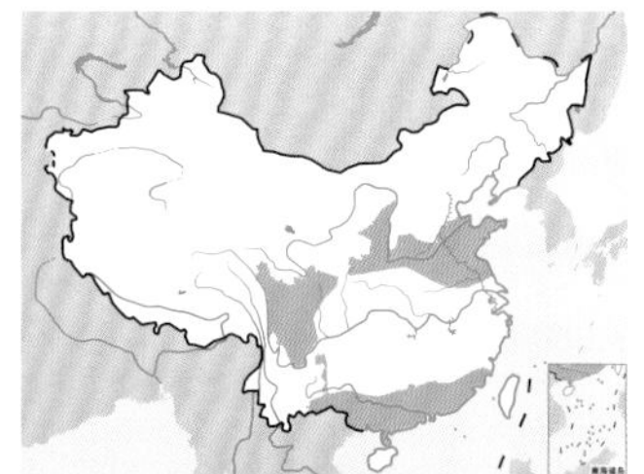

黑脸噪鹛。左上杜卿摄，下图李全胜摄

白喉噪鹛

拉丁名：*Garrulax albogularis*
英文名：White-throated Laughingthrush

雀形目噪鹛科

体长28～30 cm。头及上体橄榄褐色；喉白色，具灰褐色胸带，腹部棕色；尾羽具宽阔的白色端斑。在中国分布于甘肃、陕西、青海、湖南、湖北、贵州、云南、四川和重庆等地。主要栖息于海拔300～3800 m的各类林地、灌丛、竹林等，繁殖季主要在海拔1200 m以上活动。常6～15结小群在林下灌丛或地面活动和觅食。IUCN和《中国脊椎动物红色名录》均评估为无危（LC），被列为中国三有保护鸟类。

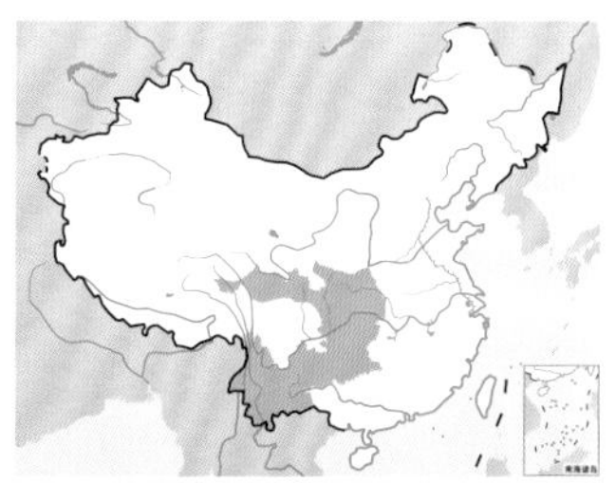

白喉噪鹛。左上图刘璐摄，下图曹宏芬摄

台湾白喉噪鹛

拉丁名：*Garrulax ruficeps*
英文名：Rufous-crowned Laughingthrush

雀形目噪鹛科

体长28～30 cm。由白喉噪鹛台湾亚种 *Garrulax albogularis ruficeps* 独立为种，与白喉噪鹛的区别在于顶冠栗色。中国特有鸟种，仅分布于台湾。IUCN评估为无危（LC），被列为中国三有保护鸟类。

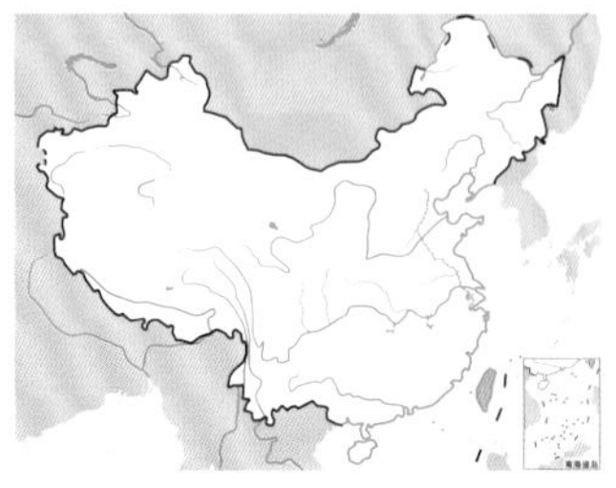

台湾白喉噪鹛

小黑领噪鹛

拉丁名：*Garrulax monileger*
英文名：Lesser Necklaced Laughingthrush

雀形目噪鹛科

形态 体长27～29 cm。与黑领噪鹛 *Garrulax pectoralis* 极为相似，但体形略小，上体橄榄褐色或棕橄榄褐色，眼上有细长白色眉纹，贯眼纹黑色；后颈棕色，形成宽阔的棕色领环；颏、喉白色，胸部有一黑色横带，向两侧延伸至耳羽后下方；两胁棕色或棕黄黄色；腹白色，有时微沾棕色。虹膜黄色。

分布 在国内分布于长江中下游及以南地区，在南部向西延伸至云南，向南包括海南。国外分布于尼泊尔、不丹、孟加拉国、印度东北部和中南半岛等地。

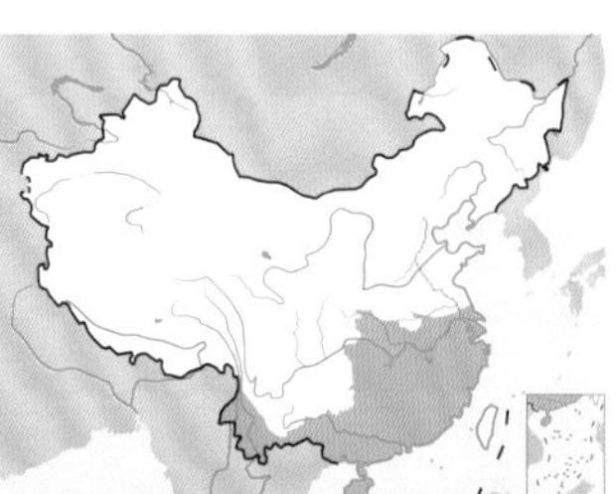

小黑领噪鹛。左上图唐英摄，下图董磊摄

栖息地 常见于海拔1675 m以下的低地常绿阔叶林、落叶林、次生林和矮林，极少超过海拔1800 m。

习性 高度群居性，常见于在森林中下层活动，繁殖季通常5只左右同种单一结群，而非繁殖季结群数量达10～20只或更多，并常与其他噪鹛混群，包括白冠噪鹛 *Garrulax leucolophus*、黑领噪鹛、黑喉噪鹛 *Garrulax chinensis* 等。飞行笨拙，一般不做长距离飞行，甚吵闹，多见于地面落叶层觅食。

食性 以各类昆虫及其幼虫为食，还捕食蜗牛和蜥蜴等其他小型动物，也吃浆果、种子及植物嫩芽等。

繁殖 繁殖期3～8月，在中国集中在4～6月。巢大，较粗糙，呈浅杯状，由干竹叶或其他树叶、细枝、根茎、植物卷须构成，内衬细枝和黑色的草根。巢通常筑于竹子或矮林上，离地面高1～4.5 m。窝卵数3～5枚，在缅甸通常为3～4枚。卵蓝绿色，无斑点，大小约为28 mm × 21 mm。为红翅凤头鹃和斑翅凤头鹃的寄主。

种群现状和保护 IUCN和《中国脊椎动物红色名录》均评估为无危（LC）物种，被列为中国三有保护鸟类。

黑领噪鹛

拉丁名：*Garrulax pectoralis*
英文名：Greater Necklaced Laughingthrush

雀形目噪鹛科

形态 体长27～29 cm。与小黑领噪鹛极其相似，但体形略大。眼先白色沾棕色，胸部黑色胸带常中断或仅由一些连续的斑点形成；耳羽黑色而杂有白纹。虹膜棕色或茶褐色。

分布 在国内见于秦岭－淮河以南，包括海南。在国外分布于喜马拉雅山脉东段、印度东北部，南至泰国西部、老挝北部及

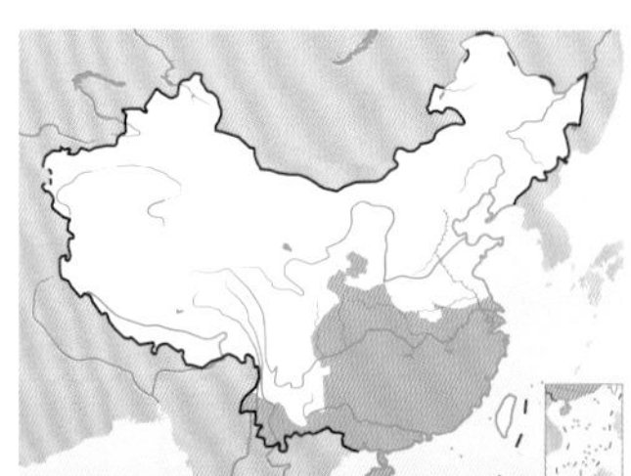

黑领噪鹛。左上图沈越摄，下图时敏良摄

越南北部。

栖息地 主要栖息于海拔 200～1600 m 的常绿阔叶林、落叶林、针阔混交林、次生矮林、竹林等各类林地。

习性 留鸟。性喜集群，常 5～15 只结群活动，有时可在 25 只以上，常与小黑领噪鹛或其他噪鹛混群。多见于森林地面觅食，有时也在森林中层活动。性机警，一般不做长距离飞行，多数时间躲藏在茂密的灌丛等阴暗处。

食性 食物以昆虫为主，也吃其他植物果实和种子。

繁殖 繁殖期从 2 月持续至 8 月，但通常集中在 4～7 月。巢通常筑于灌丛、矮树及竹林中，有时也见于草丛中，近地面。巢笨重，浅杯状，主要由竹叶、树叶、树根、苔藓、草茎叶和细树枝等构成，内衬细枝条、草茎及根须。窝卵数 3～7 枚。卵蓝色或蓝绿色，无斑点，大小约 30 mm × 22 mm。为红翅凤头鹃的寄主。

种群现状和保护 局部地区较普遍。IUCN 和《中国脊椎动物红色名录》均评估为无危（LC）物种，被列为中国三有保护鸟类。

黑喉噪鹛

拉丁名：*Garrulax chinensis*
英文名：Black-throated Laughingthrush

雀形目噪鹛科

形态 体长 23～30 cm，体重 64～113 g。头顶至后颈深灰色，额基、眼先、眼周、颏和喉黑色，脸颊白色；背及双翼橄榄灰色沾绿色，飞羽黑褐色；尾具黑色端斑，越往外侧尾羽黑色端斑越扩大，到最外侧一对尾羽几全为黑色；胸橄榄灰色或橄榄灰褐色，往后变为橄榄褐色。虹膜棕红或洋红色；嘴黑褐色或黑色；脚角褐色或肉褐色。

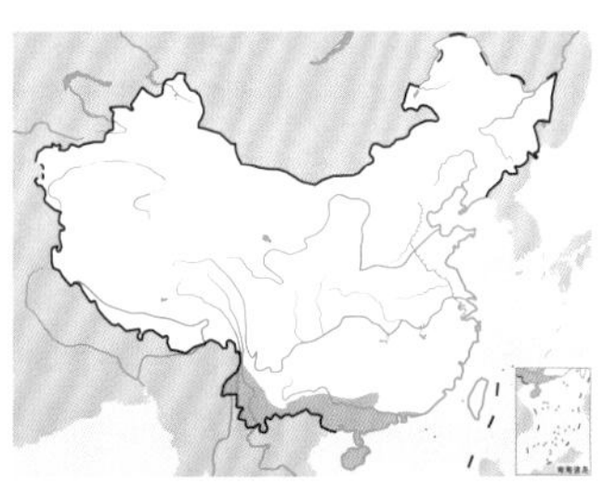

黑喉噪鹛。左上图为海南亚种*G. c. monachus*，张明摄；下图为指名亚种*G. c. chinensis*，韦铭摄

分布 在国内分布于有 3 个亚种，指名亚种 *G. c. chinensis* 见于云南东南部至广东、浙江；滇西亚种 *G. c. lochmius* 见于云南西南部；海南亚种 *G. c. monachus* 仅见于海南岛。国外分布于中南半岛。

栖息地 主要栖息于海拔 1525 m 以下低山和丘陵地带的常绿阔叶林、热带季雨林、次生林、灌丛和竹林中，有时也见在农田地边、村寨附近以及滨海的次生林和灌木林中活动和觅食。

习性 留鸟。通常成对或呈 10 多只的小群活动，群间个体通过叫声保持联系，社群行为极强，被冲散后很快又通过叫声聚集在一起，常与其他噪鹛混群活动。常在森林下层的灌丛觅食，性隐蔽，平时不易见到。活动时频繁地发出叫声，悦耳动听。除在树木低枝和灌木上跳跃活动外，也常在地面上迅速地跳来跳去，一面扇动着两翅。如发现人或突然受到惊扰，有时也飞走，飞行笨拙费力，通常飞不多远又落下。

食性 主要以昆虫为食，也吃部分植物果实和种子。

繁殖 繁殖期 3～8 月。营巢于林下茂密的灌丛或竹林里，离地面 2m 左右。巢呈浅杯状，结构较松散，主要由草根、树叶、藤葛等构成，内垫有细嫩草根。巢的大小约为外径 16 cm，内径 8.1 cm，高 8.2 cm，深 5.4 cm。窝卵数 3～5 枚，通常 4 枚。卵奶白色，大小约为 28.8 mm × 20.4 mm。孵化期和育雏期均为 13 天左右。

种群现状和保护 在中国种群数量比较多，52 个自然保护区的鸟类观测点中，有 18 个记录到黑喉噪鹛。其体形大小适中，羽色艳丽、鸣声婉转，是著名的笼养鸟之一，应严禁捕猎，注意保护。在香港非常常见，可能为逃逸鸟。IUCN 和《中国脊椎动物红色名录》均评估为无危（LC），被列为中国三有保护鸟类。

栗颈噪鹛

拉丁名：*Garrulax ruficollis*
英文名：Rufous-necked Laughingthrush

雀形目噪鹛科

体长 22～27 cm。顶冠灰色，头侧、喉及上胸黑色，耳后至侧颈具栗棕色块斑；上体和腹部橄榄褐色；尾偏黑色。在中国分布于云南西部。主要栖息于海拔 120～1645 m 的低地常绿阔叶林、次生林、灌丛、竹林及各种林地的林缘地带，性大胆活跃，常在地面及矮灌丛中觅食。IUCN 和《中国脊椎动物红色名录》均评估为无危（LC）物种，被列为中国三有保护鸟类。

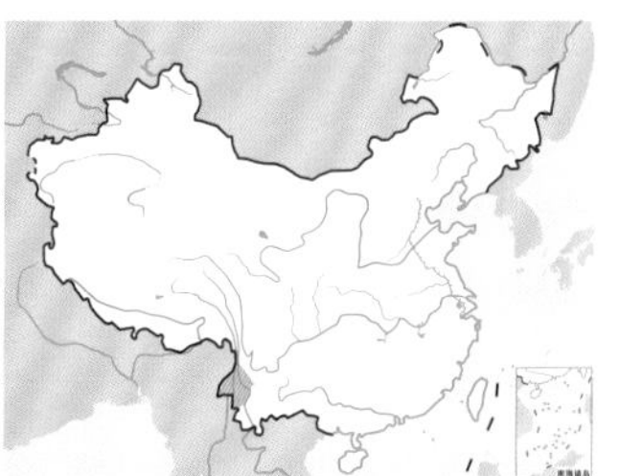

栗颈噪鹛。田穗兴摄

蓝冠噪鹛

拉丁名：*Garrulax courtoisi*
英文名：Blue-crowned Laughingthrush

雀形目噪鹛科

形态 体长24～25 cm。头顶至颈部靛蓝色；前额、眼周、耳羽及颏黑色；背、腰部及翅上覆羽棕褐色；外侧飞羽灰褐色，初级飞羽外翈蓝灰色；尾羽灰褐色，尾端黑色而具白色边缘；喉杏黄色，胸、腹及尾下覆羽由皮黄色而渐变成白色，胸和两胁沾灰色或橄榄色。虹膜红褐色；嘴黑褐色；脚灰色。

分布 在国内仅分布于云南南部的思茅和江西东北部的婺源两处十分狭小的范围内。1956年在云南思茅发现蓝冠噪鹛以来，自此近50年来无记录，直到2000年在江西婺源重新被发现，目前仅在江西婺源有稳定的繁殖种群。国外自1874年，人们在印度的阿萨姆邦东南和缅甸西部的高山林中采到蓝冠噪鹛的标本并命名，此后便再无该鸟种的记录。

栖息地 非繁殖季节多分散隐藏于浓密的灌丛或竹丛间，很少在较开阔的地方活动，日常活动都选择在近河流的村落“风水林”。

习性 留鸟，在繁殖季节与非繁殖季节仅在繁殖地及周边地区做短距离迁移。在繁殖季节，仅在巢区结成30～60只的大群，在觅食活动中却始终保持着成双成对。主要活动于乔木树冠的中下层和灌木之间，有时也会成小群飞到附近的菜园和林间空地面。觅食时并不畏惧行人和过往车辆。非繁殖季节，大部群体散布于丘陵山地的密丛中。

鸣声高亢，清脆悦耳，极易识别，略似“ji—liu，ji—liu”，或连叫3声，或仅叫一声。另一种鸣声为尾音颤抖的单音，略似“jiu——，jiu——”，或连叫数声，或仅叫一声。

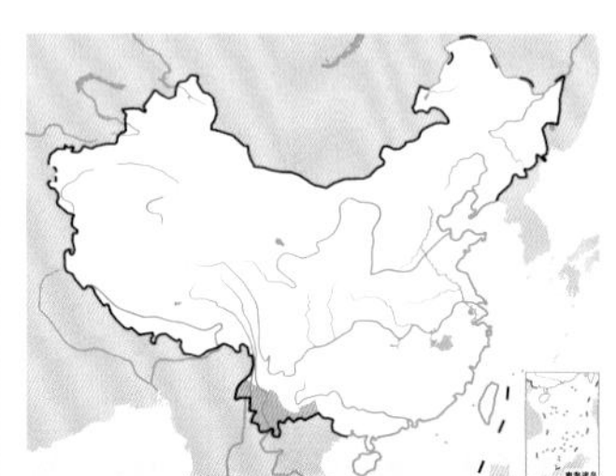

蓝冠噪鹛。左上图袁世雄摄，下图杜卿摄

刚离巢的蓝冠噪鹛幼鸟。杜卿摄

食性 食物以昆虫和蜘蛛、蚯蚓等其他无脊椎动物为主，也见取食少量的小构树、三月泡等果实。在育雏期间几乎完全以昆虫为食，并以小型鞘翅目昆虫为主。

繁殖 繁殖期4～7月。通常于4月中下旬返回繁殖地，回归传统繁殖地的群体数日后即开始筑巢，而那些尝试或开辟新繁殖地的群体首次筑巢产卵的时间会迟滞许多，可拖延至6月中下旬。曾遭受人为干扰的群体或群体中的部分个体虽然在较晚的时间回到其原繁殖地，但并不营巢繁殖。

繁殖期雄鸟无明显求偶炫耀行为，实际在交配行为上雌鸟有时会显得更为主动。在江西婺源地区，蓝冠噪鹛的全部繁殖地均为村落或乡镇，所有繁殖点海拔基本在100 m以下。喜欢集群营巢于附近有毛竹的村落河边，偏向选择高大的樟树、枫香、枫杨、苦槠等古树，以躲避赤腹松鼠等天敌。在巢区巢位不足或有天敌危害后，会改在附近其他树冠浓密的树种上筑巢。营巢位置通常为高大乔木冠层的中上部，多为侧枝末端的细梢上，也有部分巢位于乔木较粗侧干附近枝叶较密的位置。巢距离地面高度多在6～25 m，最低者不足1.5 m。巢呈碗状，常采用干枯细长的草茎、藤茎、棕榈丝等筑巢，巢内无铺垫物。巢大小约内径9 cm，外径15 cm，巢高7 cm。卵椭圆形，白色。雌雄亲鸟共同孵卵，孵化期12～13天。有合作繁殖行为，常见2只以上成鸟喂食1个巢内的雏鸟。

繁殖期最主要的天敌为赤腹松鼠，常见数只蓝冠噪鹛驱逐进入巢区的赤腹松鼠，共同护巢。赤腹鹰飞入巢区时，蓝冠噪鹛群体示警鸣叫，未见有驱逐行为。

在繁殖期，除孵卵育雏的亲鸟外，其余蓝冠噪鹛皆随头鸟离开巢区，到以灌草丛为主的夜宿地过夜，最近的距巢约 100 m，最远的达 900 m。刚离巢幼鸟不能远飞时，亲鸟会带幼鸟在近旁的竹林枝梢间夜宿。若突遇暴雨等恶劣天气不能及时飞至夜宿地，鸟群也会在近旁的竹林枝梢间夜宿。当大部分雏鸟能飞行一定距离时，蓝冠噪鹛便集群迁离繁殖地，向天然次生常绿阔叶林地带转移，开始巢后游荡期。

种群现状和保护 IUCN 和《中国脊椎动物红色名录》均评估为极危（CR），被列为中国三有保护鸟类。是中国最珍稀的鸟种之一，几乎仅见于江西婺源。自 2000 年在野外被重新发现后历年研究的数量统计结果显示，在 2002—2005 年间其已知群体数量稳定在 190 余只，自 2011 年起，可以明确定位的繁殖群有 8 个，自 2014 年基本上准确认定并定位了 9 个繁殖群。种群数量已超过 300 只个体，即使以有效种群数量计，也已超过 200 只个体，2016 年的野外数量统计结果为 323 只。

自 21 世纪初蓝冠噪鹛在野外被重新发现以来，曾经历种种人为干扰，但它们总能够在两三年内找到相应对策以积极适应。近几年的野外研究发现，以往婺源绝大多数蓝冠噪鹛繁殖期最集中的取食地是村落间的菜地，而正是村落间菜地的逐渐荒芜，加大了蓝冠噪鹛繁殖群的漂泊，并迫使其不断试图开拓新的繁殖地。以往传统的乡土田园文化与习俗，使得蓝冠噪鹛在婺源成为伴人鸟种，并进一步形成了对人类村落与传统生产、生活方式的高依赖性。目前，这一生存背景正在加速消失，这将对其生存带来持久性的威胁与影响。保护村落生态林群的良好传统，蓝冠噪鹛才得以繁衍生息至今。因此，加强保护和发展村落生态林群，形成网络体系，有助于蓝冠噪鹛的保护与种群恢复。

栗臀噪鹛

拉丁名：*Garrulax gularis*
英文名：Rufous-vented Laughingthrush

雀形目噪鹛科

体长 23～25 cm。头顶、枕及胸侧灰色，眼周黑色；上体褐色；下体黄色，臀栗棕色。在中国仅见于云南南部，分布区狭小，种群数量稀少。主要栖息于海拔 90～1220 m 的常绿阔叶林、次生林、灌丛和竹林，常 6～15 只结小群在林下地面觅食。IUCN 评估为无危（LC），《中国脊椎动物红色名录》评估为近危（NT）。

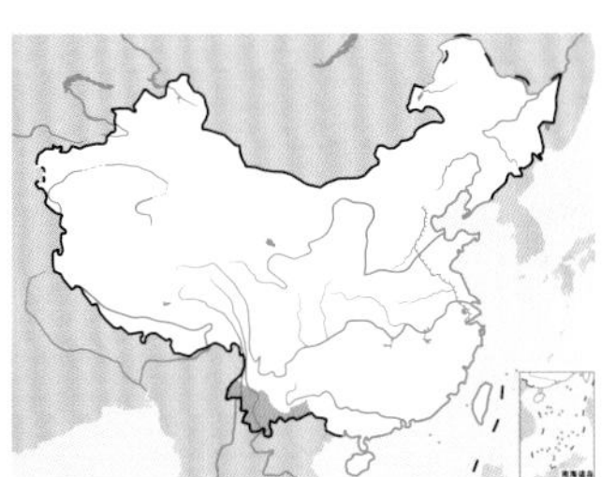

栗臀噪鹛。Rohit Naniwadeka摄（维基共享资源/CC BY-SA 4.0）

山噪鹛

拉丁名：*Garrulax davidi*
英文名：Plain Laughingthrush

雀形目噪鹛科

形态 体长约 29 cm。头顶具暗色羽缘；眼先灰白色，羽端缀黑色；眉纹和耳羽淡褐或淡沙褐色；上体灰褐色，腰和尾上覆羽更显灰色；颏黑色，喉、胸灰褐色，腹和尾淡灰褐色。嘴亮黄色。

分布 中国的特有鸟类，分布于辽宁、河北、河南、山西、陕西、宁夏、北京、天津、山东、内蒙古、甘肃、青海、四川等地。

栖息地 主要栖息于海拔 1600～3300 m 丛生灌木和矮树的陡坡，也在荒地灌丛间、田地边活动，偶尔也会下至海拔 800 m 的地区，活动生境通常靠近溪流等水源处。

习性 留鸟。除繁殖期成对活动外，一般 3～5 只结小群活动觅食，有时可见 10 只以上的大群。叫声多变，富于音韵而动听。鸣叫时常振翅展尾，在树枝间跳上跳下，非常活跃。

食性 杂食性，繁殖季节主要以昆虫为主，包括鳞翅目、直翅目、鞘翅目、双翅目等，冬春季则以杂草种子、灌丛浆果为主要食物。

繁殖 繁殖期 4～8 月。巢通常筑于杂木灌丛中，大而松散，巢材由干草茎、树叶、细枝等组成，内衬细根或羽毛。窝卵数 3～6 枚。卵蓝绿色，光滑无斑，大小约 25 mm × 19 mm。孵化期 13～14 天，由雌鸟孵卵，若无较强干扰则雌鸟一般不离巢。育雏期 15～16 天，双亲共同育雏。

种群现状和保护 IUCN 和《中国脊椎动物红色名录》均评估为无危（LC）物种，被列为中国三有保护鸟类。

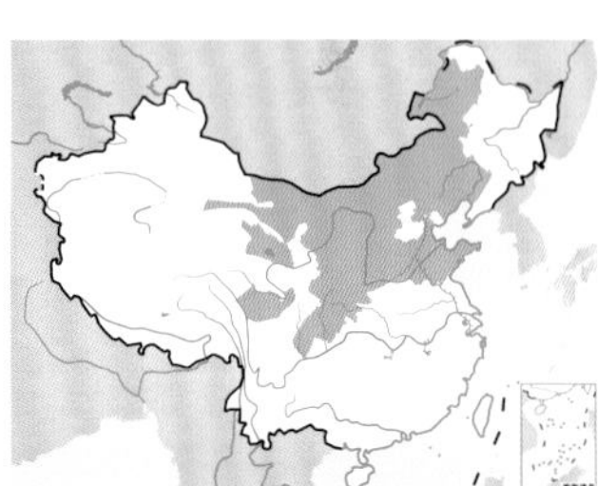

山噪鹛。左上图张明摄，下图刘璐摄

灰胁噪鹛

拉丁名：*Garrulax caerulatus*
英文名：Grey-sided Laughingthrush

雀形目噪鹛科

体长 27～29 cm。头和上体棕褐色，眼周裸露皮蓝色，耳羽白色，眼先及眼后纹黑色；腹部白色，两胁灰色较浓。在中国分布于西藏南部和云南西部。主要栖息于海拔 1065～2745 m 的阔叶林、竹林、灌丛，有时也见于松树林下层。非繁殖季常 3～15 只结小群在林下灌丛或地面觅食，也常与其他噪鹛混群。IUCN 和《中国脊椎动物红色名录》均评估为无危（LC），被列为中国三有保护鸟类。

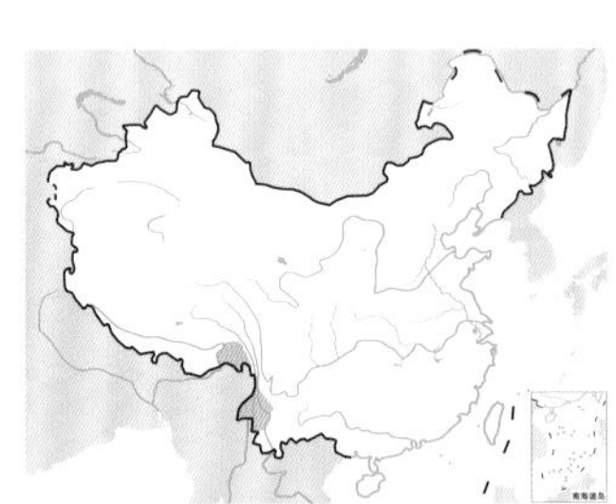

灰胁噪鹛。左上图刘璐摄，下图张小玲摄

台湾棕噪鹛

拉丁名：*Garrulax poecilorhynchus*
英文名：Rusty Laughingthrush

雀形目噪鹛科

体长 27～29 cm。眼周裸皮蓝色；顶冠棕褐色略具黑色的鳞状纹；喉、胸和上体棕褐色；下胸至腹蓝灰色，臀白色。中国特有鸟类，仅见于台湾。主要栖息于海拔 340～1950 m 的常绿阔叶林、落叶阔叶林或针阔混交林，常结小群在林下层活动和觅食。IUCN 和《中国脊椎动物红色名录》均评估为无危（LC），被列为中国三有保护鸟类。

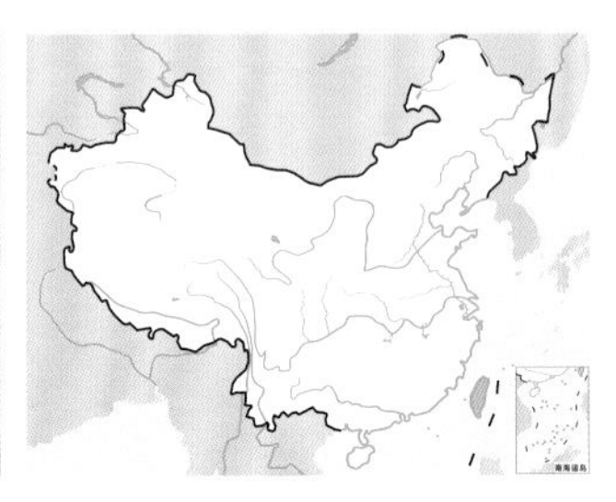

台湾棕噪鹛

棕噪鹛

拉丁名：*Garrulax berthemyi*
英文名：Buffy Laughingthrush

雀形目噪鹛科

形态 体长 27～29 cm。由原棕噪鹛华南亚种 *Garrulax poecilorhynchus berthemyi* 独立为种，并继承了棕噪鹛的中文名，*Garrulax poecilorhynchus* 改称台湾棕噪鹛。眼周裸皮蓝色；鼻羽、前额、眼先、眼周、耳羽上部、颊前部和颏黑色；头顶至后颈具淡黑色鳞状斑；上体赭褐色；两翅外侧覆羽和飞羽棕褐色，与背和内侧覆羽形成明显分界，可以此区分于台湾棕噪鹛；下体黄褐色，喉和上胸淡赭褐色，下胸、腹和两胁灰色，尾下覆羽灰白色或白色。

分布 主要分布在中国长江以南，包括四川东南部、贵州、湖北、湖南、安徽、江西、江苏、浙江、福建和广东北部。

栖息地 主要栖息于海拔 1200～2100 m 的常绿阔叶林或落叶林、针阔混交林、针叶林及各类林地中的竹林，通常近水源。

习性 留鸟。常单独或 4～6 只结成小群活动和觅食。性羞怯、善隐藏，甚少出现于空旷地带，多在林下灌木丛或矮树层活动，很少到森林中上层活动，偶尔也会在 6～10 m 高的林层活动，因而不易见到。但在一些地区，棕噪鹛常结群在村寨周围的空旷耕地、菜园等处觅食，似乎并不畏惧人，这可能与该地棕噪鹛种群数量较大、人为干扰较小、食物条件丰富等因素有关。善鸣叫，喜成群，因而显得较嘈杂。繁殖期间鸣声委婉动听，其声似“呼－果－呼，呼呼”，为重复的哨声，鸣声圆润，且富有变化。

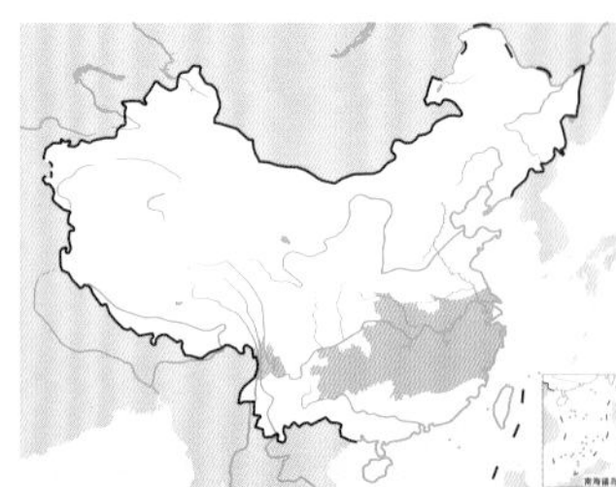

棕噪鹛。沈越摄

棕噪鹛的巢、卵和雏鸟。付义强摄

会模仿其他鸟类的叫声。

食性 食物以昆虫为主，但也吃植物果实和种子及砂砾。

繁殖 繁殖期5～6月。多筑巢于林缘灌丛中灌木或竹子的侧枝上，距地面约1.5 m。巢呈碗状，外层以藤本植物的茎和须为主编织而成，中层为竹叶和树叶，内层是短小的树枝、黑色弯曲的须根及松针。巢大小约为内径10.3 cm，外径14.5 cm，深5.0 cm，高8.5 cm。窝卵数2～4枚。卵亮蓝绿色，无斑点。亲鸟的恋巢性很强，可在有人接近至距巢1.5 m而不惊飞。曾发现1巢同时有几只亲鸟喂养1只雏鸟，可能具有合作繁殖行为。

种群现状和保护 种群数量相对稀少，在野外不常见，但局部地区如贵州宽阔水自然保护区、江西武夷山自然保护区等较为常见。IUCN评估为无危（LC），被列为中国三有保护鸟类。

白颊噪鹛

拉丁名：*Garrulax sannio*
英文名：White-browed Laughingthrush

雀形目噪鹛科

形态 体长22～24 cm，体重52～83 g。头顶栗褐色；眉纹白色，往后延伸至颈侧；眼先和颊白色或棕白色，眼后至耳羽深棕褐色或黑褐色，后颈和颈侧浅棕色或葡萄褐色；其余上体棕褐或橄榄褐色；飞羽暗褐色，外翈羽缘沾棕色；尾栗褐色或红褐色；颏、喉和上胸淡栗褐色或棕褐色，下胸和腹变淡，多呈淡棕黄色或淡棕色，两胁暗棕色，尾下覆羽红棕色。

分布 在中国分布于秦岭－淮河以南，北至陕西南部和甘肃南部，西至西藏东南部，向南包括海南。在国外分布于印度东北部、缅甸北部及东部。

栖息地 通常栖息于海拔2600 m以下小山坡的灌丛、草丛、次生林、竹林、荒地等各类生境中。主要在海拔600～1830 m区间活动，有时城市公园或居民区的花园中也可遇见。

习性 留鸟。繁殖期常成对活动，而非繁殖期则结成4～10只的小群，也与其他噪鹛类混群。通常在林下层或地面落叶层觅食。性活泼，频繁地在树枝或灌木丛间跳上跳下或飞进飞出，遇人等干扰，立刻下到树丛基部，躲躲闪闪、毫无声响地在低枝间穿梭或藏匿。鸣声急促而响亮，相邻鸟群间常相互呼应，作“吉呀—吉呀—”的叫声，此起彼伏，极其嘈杂。

食性 以昆虫及其幼虫为主，也食嫩叶和种子等植物性食物。亲鸟喂雏的食物全部为昆虫。

繁殖 繁殖期3～8月。3月底开始叼巢材筑巢，巢通常筑于灌丛中，距地高1～3 m。巢均呈杯状，正开口，结构较松散，巢外壁用竹叶、细藤条、松枝、禾本科植物的根茎和棕丝等筑成，内衬以细草茎、松枝、松叶、柏枝、竹根和树根等。筑巢完成隔数日便开始产卵，每日产卵1枚，偶有间日产1枚的。窝卵数2～4枚。卵钝椭圆形，浅蓝色或纯白色，无斑点，平均大小为24 mm×19 mm，重5.4 g。孵化期11～12天，随孵卵时间的延长，亲鸟离巢时间和离巢次数逐渐减少。育雏期约12天，雌雄亲鸟均参与孵卵和育雏。白颊噪鹛还是鹰鹃的重要寄主。

种群现状和保护 在中国南方分布广泛，种群数量丰富，是较为常见的低山灌丛鸟类，也见于许多城市。IUCN和《中国脊椎动物红色名录》均评估为无危（LC），被列为中国三有保护鸟类。

斑胸噪鹛

拉丁名：*Garrulax merulinus*
英文名：Spot-breasted Laughingthrush

雀形目噪鹛科

体长25～26 cm。颏至胸具显眼的黑色粗纵纹，耳上方有一窄的皮黄色纵纹；上体棕褐色；下体皮黄色。在中国仅见于云南部和东南部。主要栖息于海拔800～2000 m的阔叶林、竹林、荒地、次生林和灌丛，常成对或结小群在林下近地面层觅食，性隐蔽。IUCN和《中国脊椎动物红色名录》均评估为无危（LC），被列为中国三有保护鸟类。

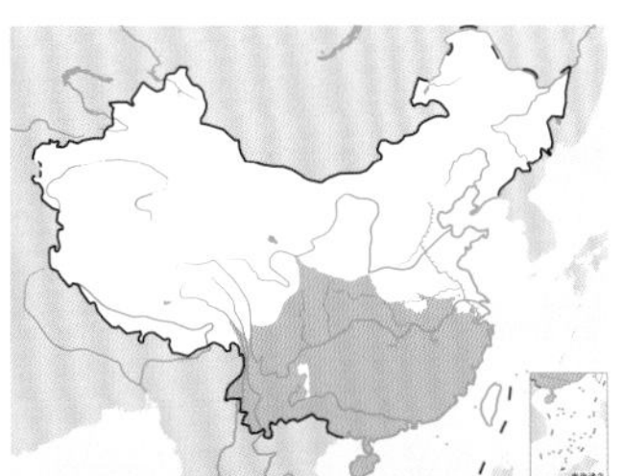

白颊噪鹛。左上图焦海兵摄，下图刘璐摄

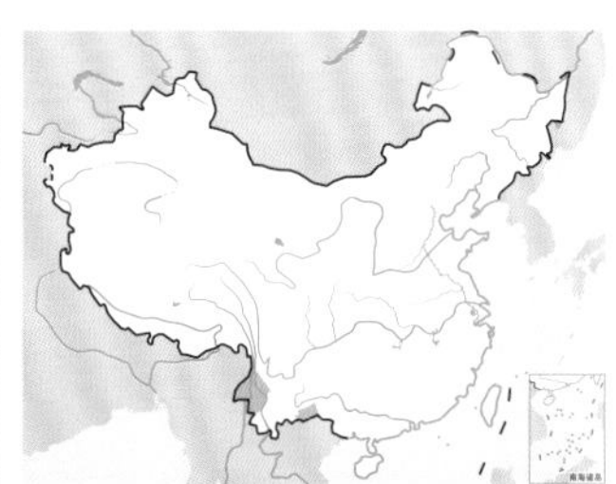

斑胸噪鹛。左上图Francesco Veronesi摄（维基共享资源/CC BY-SA 2.0），下图Jason Thompson摄（维基共享资源/CC BY 2.0）

条纹噪鹛

拉丁名：*Grammatoptila striata*
英文名：Striated Laughingthrush

雀形目噪鹛科

体长 29 ~ 34 cm。整体暗褐色。具短羽冠；除飞羽和尾羽外，所有体羽均具白色羽干纹，胸及两胁的纵纹较粗。嘴短而厚。在中国分布于西藏、云南西北部和贵州南部。主要栖息于海拔 600 ~ 3060 m 的常绿阔叶林、次生林及村庄周围的茂密林地，活动的海拔上限与冷阔叶林分布相吻合，通常成对或 5 ~ 8 只结小群在植被中下层活动，也常与其他噪鹛混群。IUCN 和《中国脊椎动物红色名录》均估为无危（LC），被列为中国三有保护鸟类。

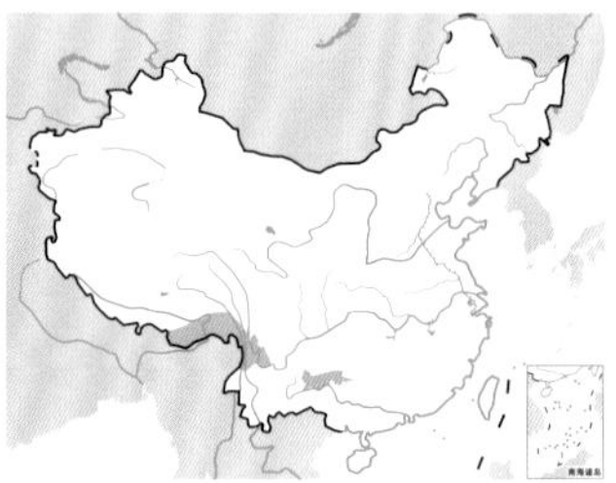

条纹噪鹛。唐英摄

细纹噪鹛

拉丁名：*Trochalopteron lineatum*
英文名：Streaked Laughingthrush

雀形目噪鹛科

体长 18 ~ 20 cm。通体暗褐色，密布近白色纵纹；顶冠至后颈具细的黑色轴纹；耳羽棕褐色；喉、胸和背具细的白色羽干纹。在中国仅分布于西藏南部。主要栖息于海拔 1800 ~ 3000 m 的林缘、村庄、花园周边的矮灌木丛，不喜茂密树林，冬季通常迁徙至低海拔的山脚活动。IUCN 和《中国脊椎动物红色名录》均评估为无危（LC），被列为中国三有保护鸟类。

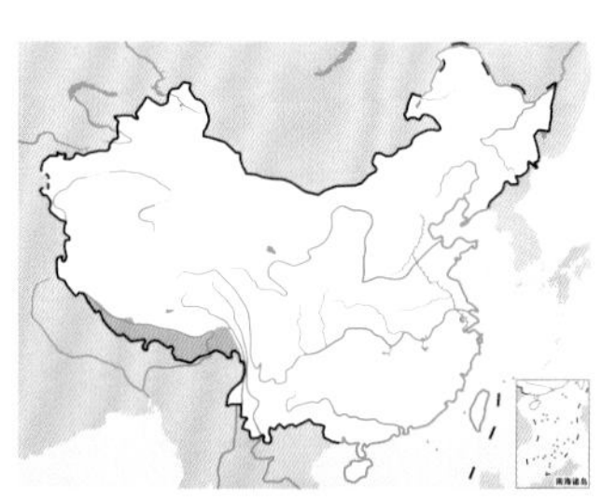

细纹噪鹛。张明摄

蓝翅噪鹛

拉丁名：*Trochalopteron squamatum*
英文名：Blue-winged Laughingthrush

雀形目噪鹛科

体长 22 ~ 25 cm。整体深褐色，具长而宽的黑色眉纹；顶冠、颈背及下体密被黑色鳞状斑；初级飞羽羽缘浅蓝灰色。在中国仅见于云南西部和东南部。主要栖息于海拔 900 ~ 2440 m 常绿阔叶林、次生林、灌丛、竹林。性隐蔽，喜在溪流附近的林地、灌丛活动，IUCN 和《中国脊椎动物红色名录》均评估为无危（LC），被列为中国三有保护鸟类。

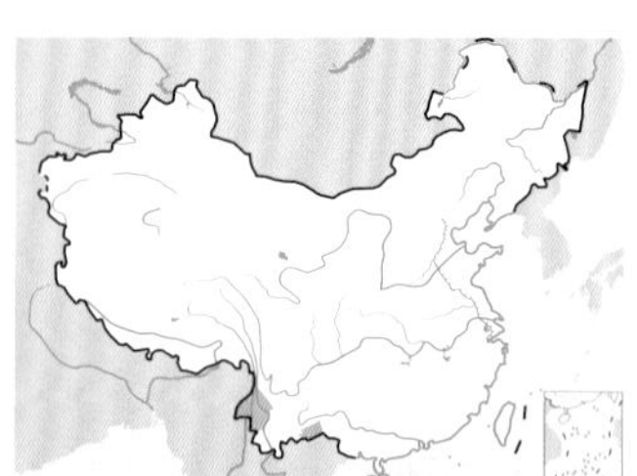

蓝翅噪鹛。左上图田穗兴摄，下图孙庆阳摄

纯色噪鹛

拉丁名：*Trochalopteron subunicolor*
英文名：Scaly Laughingthrush

雀形目噪鹛科

体长 23 ~ 26 cm。整体棕褐色，各羽均具黑色羽缘，使全身密布黑色鳞状斑；外侧尾羽黑褐色且具白色端斑。在中国分布于西藏南部和云南西部。主要栖息于海拔 1500 ~ 3960 m 的常绿阔叶林、次生林的茂密灌丛，竹林和杜鹃矮林等各类生境中，具垂直迁徙习性，冬季迁往低海拔地区。IUCN 和《中国脊椎动物红色名录》均评估为无危（LC），被列为中国三有保护鸟类。

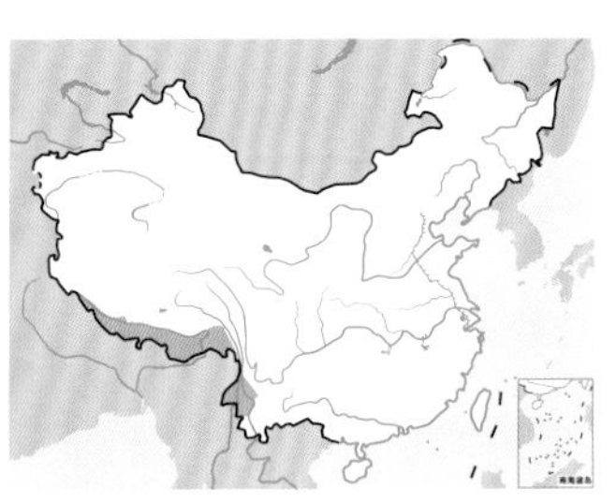

纯色噪鹛。左上图杜卿摄，下图董磊摄

橙翅噪鹛

拉丁名：*Trochalopteron elliotii*
英文名：Elliot's Laughingthrush

雀形目噪鹛科

形态 体长 23～26 cm，体重 40～72 g。头顶和后颈沙褐色，额部特浅，近沙黄色；眼先黑色，耳羽灰褐色或橄榄褐色；上体余部灰橄榄色，飞羽和尾羽边缘具明显的橙黄色和银灰色；下体浅灰褐色，腹中央沾棕黄色，尾下覆羽栗红或砖红色。虹膜浅乳白色。

分布 在中国分布于陕西南部、宁夏、甘肃、青海东部、云南西北部、四川、重庆、贵州、湖北、湖南南部、西藏东部等地。国外仅见于印度东北部。

栖息地 橙翅噪鹛是众多鹛类中栖息生境海拔跨度最大的种类之一，海拔 1000～4200 m 均有分布，主要栖息于开阔的阔叶林、灌木丛、竹林、杜鹃林等林线以上的各类林地，也见于居民区附近的林地、庭院等。繁殖期的营巢地则多见于针阔混交林、疏林灌丛等生境中的沙棘、黄刺玫、连翘等灌丛，且开阔向阳。取食地主要是林间灌丛、山地路边、林缘灌丛、向阳疏林灌丛等地段。短暂停息地包含多种灌丛梢头、较高乔木枝上层、枯树、倒木以及山涧溪流的巨石上等。夜宿地则依其全年活动有所不同，繁殖期间的夜宿地多接近巢区；秋季食物丰富，夜宿地不甚稳定；冬季降雪后，很快迁入向阳疏林地段。垂直高度变化明显，季节适应性反应敏感。通常是夏季栖息地较高，多在阴坡，冬季则栖息地偏低，多在阳坡。

习性 留鸟。在非繁殖期多结群活动，冬季常结成 20～30 只的大群，最多时可达 50～60 只。常见在地面或丛林底部穿梭跳跃，受惊时快速跳走或短距离飞行，隐入灌丛深处，也常常飞至居民区附近觅食残渣剩饭。比较畏惧人，当人靠近时则飞走。善鸣叫，鸣声多变，在清晨尤为响亮而频繁，在繁殖季节，处处可闻其响亮、高亢的婚鸣，响彻灌丛地带。

食性 杂食性，所吃昆虫以鞘翅目居多，其次是鳞翅目幼虫，其他还有叶蜂、蚂蚁、蝗虫、蜻象等昆虫和螺类等其他无脊椎动物。植物性植物以蔷薇属果实居多，其次为马桑、荚迷、胡颓子和杂草种子等，也吃少量玉米芽和麻籽等农作物。春季和夏季以昆虫为主食，其他季节的食物由杂草种子和残落浆果等组成。

繁殖 3 至 4 月陆续进入繁殖地，此时常见 10 只左右的群体。到 4 月中旬就很难见到结群活动，甚至很少见到其踪影，开始成对活动。5 月初群体解散，5 月中旬始见营巢。繁殖季节刚开始它们叫声比较简单而稀少，但逐渐鸣叫越来越频繁。营巢由雌雄鸟共同进行。大多数巢基缠绕固着于灌木或幼树枝桠间，少数营造于稠密灌丛间的巢无缠绕现象，巢距地面高 1～2 m。巢呈碗状，较粗糙，外壁多以苔藓、草根、草茎、树枝为材料，中层常以竹叶、桦树皮、树叶为主，内壁以须根为主。营巢期 9～12 天，巢建成后隔 1 天开始产卵，日产 1 枚，窝卵数 3～4 枚。卵浅蓝绿色，钝端有大小、形状不一的褐色斑块，大小约为 29 mm × 20 mm，重约 6g。孵化期约 14 天，育雏期约 15 天。孵卵和育雏由雌雄亲鸟共同承担，但通常以雌鸟为主。是鹰鹃的寄主。

种群现状和保护 橙翅噪鹛是中国西南地区、秦岭和甘肃南部较为常见的一种噪鹛，种群数量相对较多，IUCN 和《中国脊椎动物红色名录》均评估为无危（LC）。被列为中国三有保护鸟类。

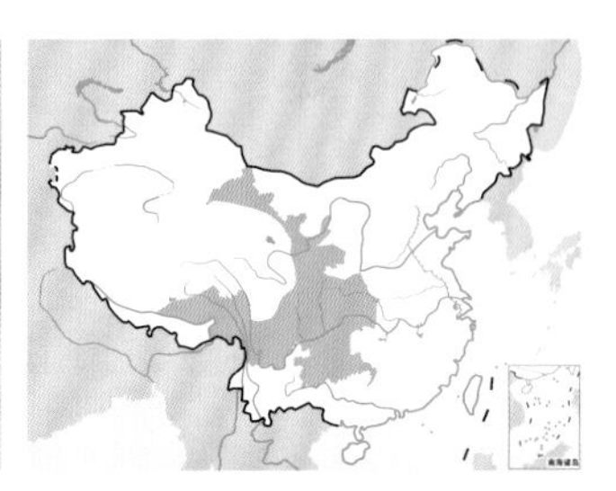

橙翅噪鹛。左上图唐英摄，下图刘兆瑞摄

灰腹噪鹛

拉丁名：*Trochalopteron henrici*
英文名：Brown-cheeked Laughingthrush

雀形目噪鹛科

形态 体长 26 cm。前额至枕部暗灰褐色；眼先直至耳羽暗栗褐色，形成一条宽的暗栗色贯眼纹，其上有一白色眉纹，其下有一白色颊纹；背部及两翼灰橄榄褐色；初级飞羽外翈蓝灰色；尾暗灰褐色，具不甚明显的细窄黑褐色横斑和白色端斑；下体羽色和上体大致相似，但较浅淡，有时还沾些黄褐色，两胁和尾下覆羽栗红色。

分布 主要分布于西藏东部和东南部及邻近的印度东北部。

栖息地 主要栖息于海拔 1980～4600 m 的常绿阔叶林、落叶阔叶林、针阔叶混交林等各类森林中，以及山脚河谷稠密的灌丛和居民区周边的林地。

习性 留鸟。喜群居，常成对或成 3～5 只的小群，在林下灌丛和竹丛间活动，通常在地面觅食，有时也在林下地面落叶层上活动和觅食，会在固定的时间及地点觅食。不善于长距离飞翔，性活泼、喧闹。

食性 杂食性，以昆虫为主，也吃果实、草籽和人类丢弃的食物。

繁殖 繁殖期 3～7 月。雌雄亲鸟均参与营巢、孵卵和育雏。巢通常筑于近地面的灌丛，巢材主要由草叶、草茎及苔藓组成。窝卵数 2～3 枚。卵蓝绿色，钝端带褐色斑点，大小约为 29 mm × 20 mm。孵化期与育雏期均为 15 天左右。

种群现状和保护 局部地区数量较多，IUCN 和《中国脊椎动物红色名录》均评估为无危（LC），被列为中国三有保护鸟类。

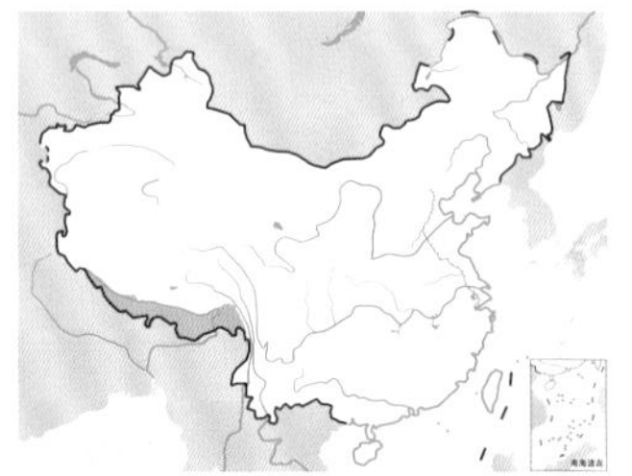

灰腹噪鹛。左上图张明摄，下图刘璐摄

灰腹噪鹛的巢和卵。杜波摄

黑顶噪鹛

拉丁名：*Trochalopteron affine*
英文名：Black-faced Laughingthrush

雀形目噪鹛科

体长 24～26 cm。头、脸黑色，具白色颧斑；背棕褐色；飞羽橄榄黄色，尖端灰蓝色；下体棕褐色。在中国分布于西藏、云南、甘肃、四川和重庆等地。主要栖息于常绿阔叶林下灌丛、针阔混交林、栎树林下竹林等生境，通常在海拔 2300 m 以上活动，而在中国境内的活动海拔则降到 1500 m，在冬季甚至下迁至海拔 500 m。常成对活动或结小群在近地面觅食，有时也在矮树的树冠层活动。IUCN 和《中国脊椎动物红色名录》均评估为无危（LC），被列为中国三有保护鸟类。

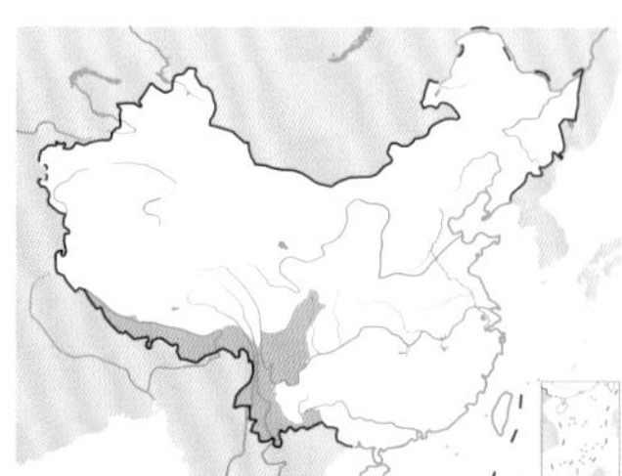

黑顶噪鹛。刘璐摄

台湾噪鹛

拉丁名：*Trochalopteron morrisonianum*
英文名：White-whiskered Laughingthrush

雀形目噪鹛科

形态 体长25～28 cm，体重75 g。前额至后颈橄榄灰色，具黑色鳞状斑；脸、颊等头侧暗栗色，眼上具一显著的白色眉纹；颧纹亦为白色，和白色眉纹几平行于头侧；上体橄榄褐色，腰和尾上覆羽橄榄绿色而沾灰色；初级飞羽外翈基部金橙色，端部蓝灰色，因而在翅外侧表面形成一半金橙色和一半蓝灰色的斑纹；次级飞羽外翈全为蓝灰色；尾羽金橙色，羽端灰色；喉和胸暗栗褐色，腹至尾下栗红色或暗栗色。嘴角红白色或淡褐色；脚暗肉色。

分布 中国特有鸟类，仅见于台湾。

栖息地 在台湾地区的噪鹛类中分布海拔最高，主要栖息于高山海拔2300～3200 m的针阔混交林、矮林、次生灌丛、竹林及林线以下的针叶林中，冬季亦下移至海拔1000 m附近的山区。

习性 留鸟。不甚惧人，除繁殖期间成对或单独活动外，其他季节多结小群活动。常在林下茂密的杜鹃灌丛或竹灌丛中活动和觅食。翅膀短而圆，善鸣而不善飞，经常自树丛上滑落，或在地面跳跃觅食。通常发出两种鸣声，一种宏亮、婉转，似在宣告领域和告知所在位置；另一种是连续的、似铃声的“啼、啼、啼……”意在警告或知会同伴危险将至。

食性 主要以植物果实与种子为食，也取食嫩芽、花瓣和小型无脊椎动物及人类丢弃的食物为食。

繁殖 繁殖期3～8月，双亲共同参与营巢、孵卵和育雏。巢通常建在灌丛或芒草丛中，离地面高1.2～1.3 m，由箭竹叶、芒草、地衣和细草根编织成碗状。窝卵数2～3枚。卵蓝色，钝端略带灰黑色斑点，大小约为28 mm × 21 mm。

种群现状和保护 种群相对稳定。IUCN和《中国脊椎动物红色名录》均评估为无危（LC）物种，被列为中国三有保护鸟类。

台湾噪鹛。沈越摄

杂色噪鹛

拉丁名：*Trochalopteron variegatum*
英文名：Variegated Laughingthrush

雀形目噪鹛科

体长24～26 cm。前额茶黄色，顶冠灰褐色；颏、喉、贯眼纹及耳羽黑色；脸颊白色；背灰褐色；胸和两胁灰褐色，其余下体皮黄色；尾基黑色，尾端具白边。在国内仅见于西藏南部和西部。夏季通常栖息于冷杉、桦树、橡树、杜鹃矮林、竹林等各类林地中的中下层灌丛，冬季则向低海拔迁徙，在极寒的冬季甚至可下迁至海拔1000 m。IUCN和《中国脊椎动物红色名录》均评估为无危（LC），被列为中国三有保护鸟类。

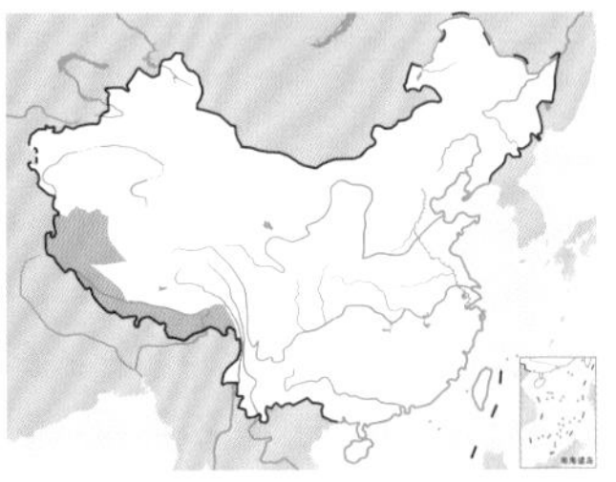

杂色噪鹛。张明摄

红头噪鹛

拉丁名：*Trochalopteron erythrocephalum*
英文名：Chestnut-crowned Laughingthrush

雀形目噪鹛科

体长24～26 cm。顶冠及后枕棕红色，眼先及颏近黑色；上体橄榄褐色；外侧飞羽金黄色；下体暗褐色，喉黑褐色，胸具黑色鳞状斑。在中国分布于西藏南部和云南。主要栖息于1800～3400 m的下层林地，包括常绿阔叶林、松林、杜鹃矮林及竹林等各类林地及灌丛生境，具垂直迁徙行为，通常在地面落叶层及林地下层觅食。IUCN和《中国脊椎动物红色名录》均评估为无危（LC），被列为中国三有保护鸟类。

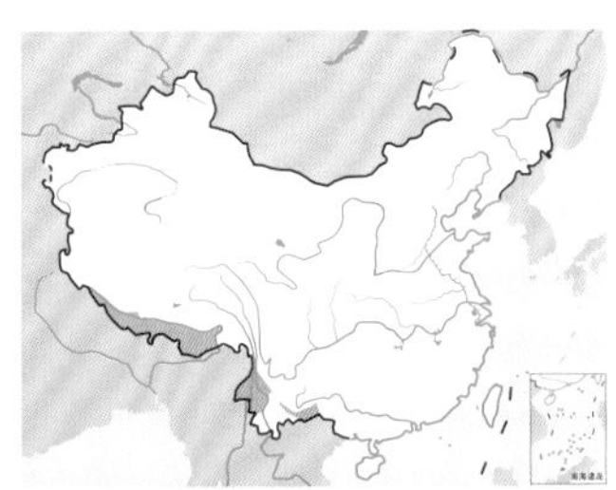

红头噪鹛。左上图为珠峰亚种*T. e. nigrimentum*，董磊摄；下图为滇南亚种*T. e. melanostigma*，刘璐摄

红翅噪鹛

拉丁名：*Trochalopteron formosum*
英文名：Red-winged Laughingthrush

雀形目噪鹛科

体长 27～28 cm。顶冠灰褐色，具黑色纵纹；耳羽白色，具黑色纵纹；喉黑色，两翼和尾鲜红色；其余上体和下体棕褐色。在中国分布于云南东北部和四川西南部。主要栖息于海拔 900～3150 m 的常绿阔叶林、次生林、竹林及林缘灌丛地带。IUCN 和《中国脊椎动物红色名录》均评估为无危（LC），被列为中国三有保护鸟类。

红翅噪鹛。左上图叶昌云摄，下图董磊摄

红尾噪鹛

拉丁名：*Trochalopteron milnei*
英文名：Red-tailed Laughingthrush

雀形目噪鹛科

形态 体长 26～28 cm，体重 66～93 g。头顶至后颈红棕色；眼先、眉纹、颊、颏和喉黑色；耳羽灰色，眼后有一灰色块斑；两翅和尾鲜红色；胸腹暗灰并具黑色羽缘；尾下覆羽近黑色；其余上下体羽大都暗灰色或橄榄灰色。

分布 主要分布于中国南方，包括云南、重庆、贵州、广东北部、广西和福建西北部。国外分布于缅甸北部至印度北部。

栖息地 主要栖息于海拔 610～2500 m 的常绿阔叶林林下层、茂密的次生林、竹林和林缘灌丛带，冬季也下到山脚和沟谷等低海拔地区，主要在海拔 900 m 以上活动。

习性 留鸟。通常成对或结 2～4 只的小群活动，极少成大群。多见于林下距地面 2～5 m 的林层活动，有时会下至地面活动。性胆怯，善鸣叫，鸣声嘈杂，稍有动静即藏入浓密的灌丛内，常常听其声而不见其影。叫声响亮刺耳，群鸟发出叽喳声。喜作喧闹的舞蹈炫耀表演，尾抽动并扑打绯红色的两翼。

食性 主要以昆虫和植物果实与种子为食。

繁殖 繁殖期 4～6 月。雌雄鸟均参与筑巢，通常营巢于茂密的常绿阔叶林中，巢多置于林下灌木上或竹子上。巢呈杯状，主要由竹叶、枯草和混杂一些细根构成，内垫有竹叶，大小约为内径 8.6 cm，外径 12.6 cm，巢深 5.9 cm，巢高 10.2 cm，卵白色，带有棕黑色斑点，大小为（28～30）mm×（20～21）mm。窝卵数 2～3 枚。孵化期 17～18 天。育雏期 14～16 天，双亲均参与育雏。

种群现状和保护 在中国种群数量稀少，不常见。IUCN 和《中国脊椎动物红色名录》均评估为无危（LC），被列为中国三有保护鸟类。

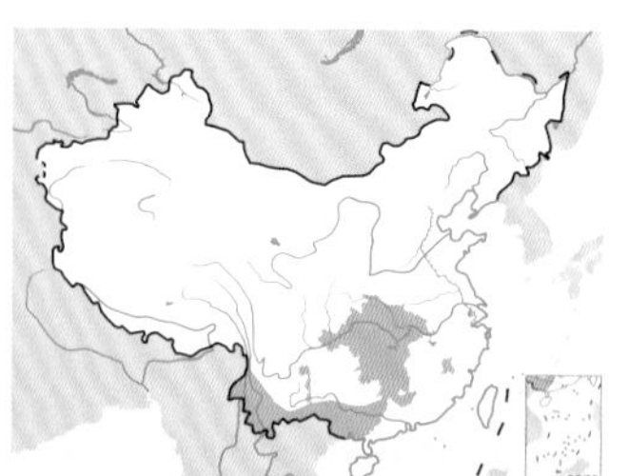

红尾噪鹛。左上图张明摄，下图杜卿摄

斑胁姬鹛

拉丁名：*Cutia nipalensis*
英文名：Himalayan Cutia

雀形目噪鹛科

体长 19 cm 左右，体重 32～65 g。雄鸟额部、顶冠、颈背及飞羽羽缘蓝灰色；上背、背、腰及甚长的尾上覆羽橙棕色；尾部、两翼余部及宽阔的过眼纹黑色；下体白色，两胁具黑色横斑。雌鸟羽色较淡，头顶呈灰蓝色，过眼纹深褐色，上背及背橄榄褐色而具黑色粗纵纹。在中国主要见于西藏南部及东南部、四川西部及云南西北部。主要栖息于热带或亚热带湿润的山地阔叶林，以小群或混群出现，常见于长满真菌的树枝上移动觅食。IUCN 和《中国脊椎动物红色名录》均评估为无危（LC）。

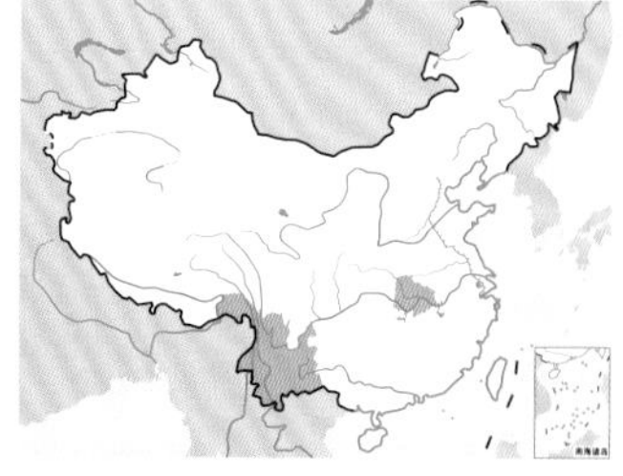

斑胁姬鹛雄鸟。董文晓摄

斑胁姬鹛雌鸟。刘璐摄

习性 主要为留鸟，部分种群也存在季节性迁移现象。通常成对或结小群活动，非繁殖期常结成 5～20 只小群，有时也与相思鸟等集成小群。通常在乔木或矮树上枝叶间觅食，也在林下灌木丛和竹丛中活动和觅食。性活泼，常频繁地在树枝间飞来飞去或在枝头跳跃，不时发出清脆的叫声。

食性 主要以白腊虫、甲虫等昆虫及其幼虫为食，也取食少量植物果实与种子。常在直径小于 2 cm 的树枝上采食。

繁殖 繁殖期 5～7 月。通常营巢于林下灌丛中，为合作筑巢，通常涉及 3 只鸟。巢距地面的高度通常低于 1 m，偶尔也将筑巢于高大乔木的树枝末端，距地面高 8 m 以上。巢杯状，巢材主要由草茎、草叶、根、苔藓、树叶等组成，内垫细草和根。每窝产卵通常 3～4 枚。卵深蓝色或蓝白色，带有黑色或棕色和紫色斑点，大小为 18 mm × 14 mm。孵化期 14 天左右，育雏期 16 天左右。

种群现状和保护 受胁程度较低，在分布区内较常见。IUCN 和《中国脊椎动物红色名录》均评估为无危（LC）。

蓝翅希鹛

拉丁名：*Siva cyanouroptera*
英文名：Blue-winged Minla

雀形目噪鹛科

形态 体长 14～15.5 cm，体重 14～28 g。雌雄羽色相似。头顶和额部蓝色，且具黑褐色或暗蓝色羽干纹；头顶两侧蓝色较深形成侧冠纹；头侧、耳羽、颈侧淡葡萄灰色，眉纹及眼圈白色；上背、两胁及腰黄褐色；两翼和尾蓝色。

分布 在中国主要见于四川中部和南部、贵州西南部、云南、广西、湖南南部、海南和香港等地。在国外分布于尼泊尔、不丹、印度、中南半岛和马来半岛等地。

栖息地 喜欢栖息于常绿阔叶林、松叶混交林、竹林、林缘地带，尤以茂密的常绿阔叶林和次生林较常见。

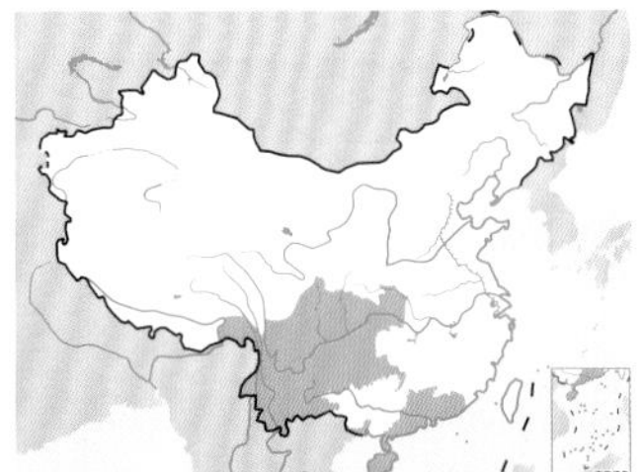

蓝翅希鹛。左上图韦铭摄，下图张岑摄

斑喉希鹛

拉丁名：*Chrysomina strigula*
英文名：Bar-throated Minla

雀形目噪鹛科

体长 17.5 cm 左右，体重约 19.2 g。上体橄榄色，具耸立的棕褐色羽冠；初级飞羽羽缘橙黄色，形成亮丽斑纹；下体偏黄色，喉部黑白色或为黄色鳞状斑；尾中央棕色而端部黑色，但两侧尾羽端黑色而羽缘黄色。在中国见于四川西南部、云南西北部和西部、西藏东南部和南部等地。栖息于亚热带或热带的高海拔疏林灌丛和湿润山地森林。IUCN 和《中国脊椎动物红色名录》均评估为无危（LC）。

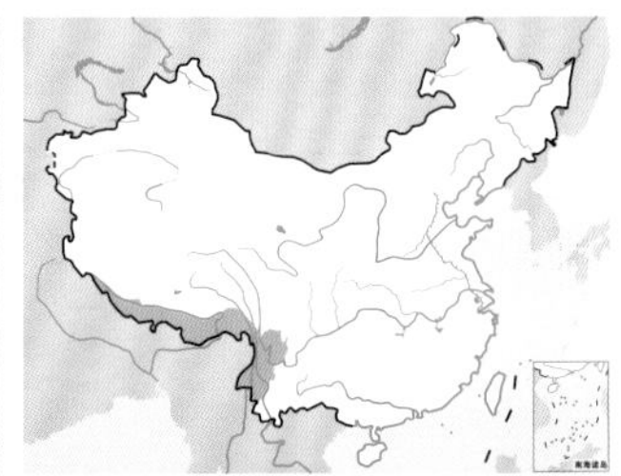

斑喉希鹛。左上图胡云程摄，下图韦铭摄

红尾希鹛

拉丁名：*Minla ignotincta*
英文名：Red-tailed Minla

雀形目噪鹛科

形态 体长13～14.5 cm，体重9.5～21 g。雄鸟色彩鲜艳，具有宽阔的白色眉纹，与黑色的顶冠、颈背及宽眼纹成对比；背橄榄灰色；尾缘及初级飞羽羽缘均红色；两翼余部黑色而羽缘白色；尾中央黑色；下体白色而略沾奶色。雌鸟的翼羽羽缘较淡，尾缘粉红色。虹膜灰色；嘴和脚灰色。

分布 在中国分布于西藏东南部、云南的西部及西北部、华中及华南。在国外分布于南亚次大陆和中南半岛。

栖息地 栖息于阔叶常绿林和阔叶混交林，常见于海拔在300～3750 m，主要为1370～3400 m。

习性 群栖性，山区阔叶林常加入"鸟浪"。主要为留鸟，在不丹也有部分种群进行季节性迁徙。

食性 以昆虫及其幼虫等为食，也取食植物种子。

繁殖 繁殖期4～6月。通常营巢于灌木丛或小树花，巢距地面高1.2～3 m。巢呈杯状或袋状，由细绿色的苔藓和树根组成，通常内衬有毛发、根或植物。每窝产卵2～4枚，卵浅蓝色或深蓝色，表面有黑色或者棕色小斑点。

种群现状和保护 受威胁程度较低，种群现状相对稳定。IUCN和《中国脊椎动物红色名录》均评估为无危（LC）。

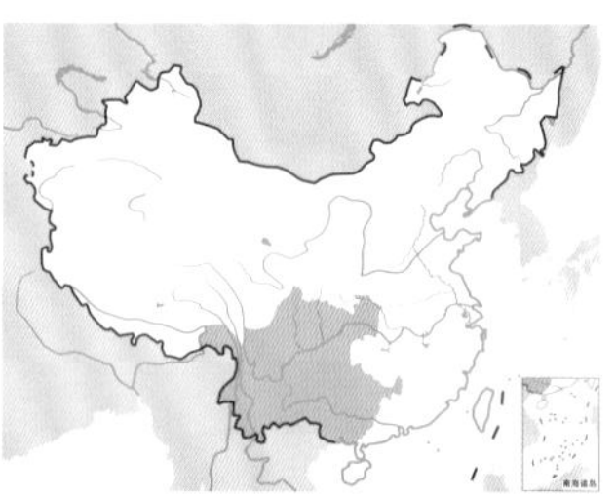

红尾希鹛。左上图为雌鸟，杜卿摄；下图为雄鸟，唐军摄

灰头薮鹛

拉丁名：*Liocichla phoenicea*
英文名：Red-faced Liocichla

雀形目噪鹛科

体长21～23 cm，体重42～53 g。脸侧及初级飞羽绯红色；眉纹黑色；体羽余部大致灰褐色；尾方形，黑色，尾端橘黄色。与丽色噪鹛和赤尾噪鹛的区别在于其头侧红色。与红翅薮鹛区别在于眉纹黑色。在中国仅分布于云南西北部。栖息于常绿阔叶林、次生林和灌木丛中，在灌丛中或地面觅食。IUCN评估为无危（LC），被列为中国三有保护鸟类。

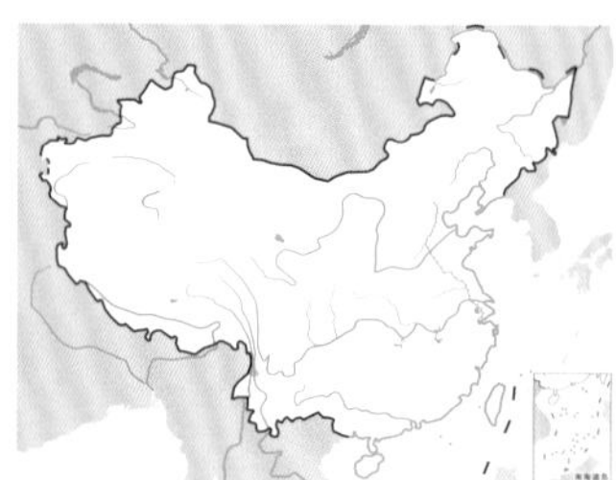

灰头薮鹛。Amarjyoti Saikia摄

红翅薮鹛

拉丁名：*Liocichla ripponi*
英文名：Scarlet-faced Liocichla

雀形目噪鹛科

形态 由原红翅薮鹛滇西亚种 *Liocichla phoenicea ripponi* 和滇东亚种 *L. p. wellsi* 提升为种，因国内更多见的为本种，继承了红翅薮鹛的中文名，而 *Liocichla phoenicea* 改称灰头薮鹛。与灰头薮鹛的区别在于眉纹红色。

分布 在中国见于云南西南部的盈江、潞西、龙陵、耿马、沧源、永德、澜沧、景东、易武，东南部的绿春、蒙自等地。国外见于中南半岛北部。

栖息地 喜欢栖息于常绿山地林、林缘及次生林的稠密林下以及茂密竹林或灌丛中。在冬季常下到海拔1000 m以下的低山和山脚地带活动和觅食。

习性 留鸟，部分种群会随季节作垂直迁移。惧生，通常隐匿于常绿山地林、林缘及次生林的稠密林下植被。常成对或成3～5只的小群活动，有时亦单独活动，或与其他鸟类一起出现，主

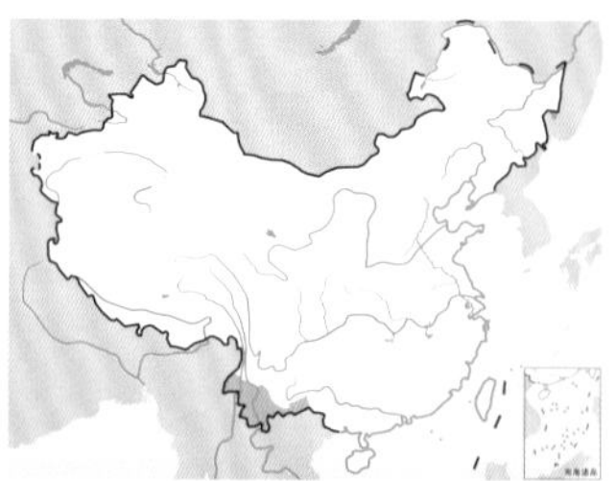

红翅薮鹛。左上刘璐摄，下图张明摄

要取决于季节变化。多在林下稠密的灌丛或竹丛间活动，也常到林下地面落叶层中觅食，很少上到高的乔木上。鸣声响亮甜润、富有变化，多为四声一度的哨音。

食性 主要以鞘翅目、鳞翅目、膜翅目、蜻蜓目等昆虫及其幼虫和卵为食，也取食植物果实和种子。

繁殖 繁殖期4～7月。通常营巢于茂密而潮湿的常绿阔叶林中，巢多筑于林下灌木或幼树或竹林上，距地高0.6～1.5 m。巢呈杯状，巢材主要有草、叶、根、苔藓等，内垫苔藓。每窝产卵2～3枚，偶尔可达4枚。卵淡蓝色，带有暗红色和红黑色斑点和斑纹，大小约为25.8 mm × 18.5 mm。

种群现状和保护 全球种群规模尚未量化，但被描述为罕见。在中国分布区域狭窄，种群数量稀少，不常见。近年来由于其栖息地被大量破坏，种群出现进一步下降的趋势。IUCN评估为无危（LC），《中国脊椎动物红色名录》评估为近危（NT），被列为中国三有保护鸟类。

黑冠薮鹛

拉丁名：*Liocichla bugunorum*
英文名：Bugun Liocichla

雀形目噪鹛科

体长17～20.5 cm，体重28～34 g。又名布坤薮鹛，与灰胸薮鹛是近缘种，2006年被认定为新种。体羽橄榄灰色，头顶黑色，眼周橘黄色；双翼为黄红白三色相间。在国内仅见于西藏东南部。同一鸟群分别于1月和3～5月在同一区域内被发现，推测为留鸟。通常栖息于山边覆盖着灌木或小树丛中。IUCN评估为极危（CR），《中国脊椎动物红色名录》评估为易危（VU）。栖息地遭到严重破坏是该鸟种濒临灭绝的主要原因。

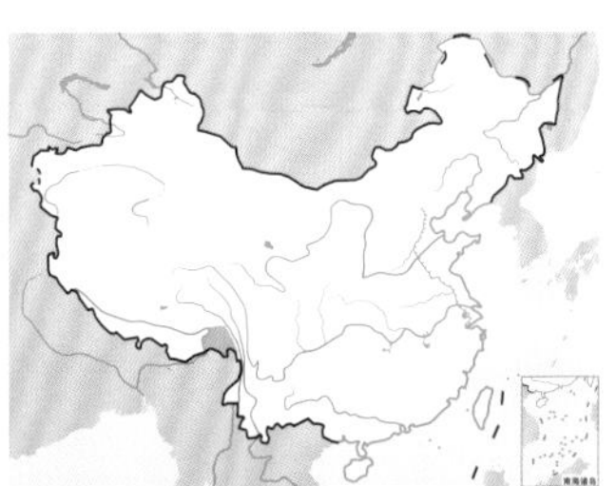

黑冠薮鹛。James Eaton摄

灰胸薮鹛

拉丁名：*Liocichla omeiensis*
英文名：Emei Shan Liocichla

雀形目噪鹛科

形态 体长19～20.5 cm，体重28～34 g。雄鸟额、眉纹及颈侧橄榄黄色；上体灰橄榄色，具明显的橙色翼斑；初级飞羽及三级飞羽黑色，羽缘黄色；尾方形，橄榄色而带黑色横斑，尾端红色，外侧尾羽羽缘黄色；脸侧及下体灰色；臀近黑色，羽尖橘黄色。雌鸟尾及翼羽无红色羽缘，而替以浅橙黄色。

分布 中国特有鸟种，主要分布于四川南部和云南东北部。

栖息地 栖息于常绿阔叶林、次生林、竹林和林缘灌丛中。

习性 主要为留鸟，部分迁徙。通常单独、成对或成小群活动。生性机警，常在林下灌丛中或地面活动或觅食。

食性 主要以昆虫、植物果实和种子等为食。

繁殖 繁殖期4～8月。通常营巢于八月竹和灌木丛中，距地面高为1.0～2.5 m。巢材主要由苔藓、小树枝、竹子、草茎和根组成，内衬有干草和根。每窝产卵2～4枚，但多数为3枚。卵浅蓝色至天蓝色，有不规则的棕色斑点。雌雄亲鸟轮流孵卵，育雏期13～14天。

种群现状和保护 IUCN和《中国脊椎动物红色名录》均评估为易危（VU），被列为中国三有保护鸟类。被列入CITES附录Ⅱ。

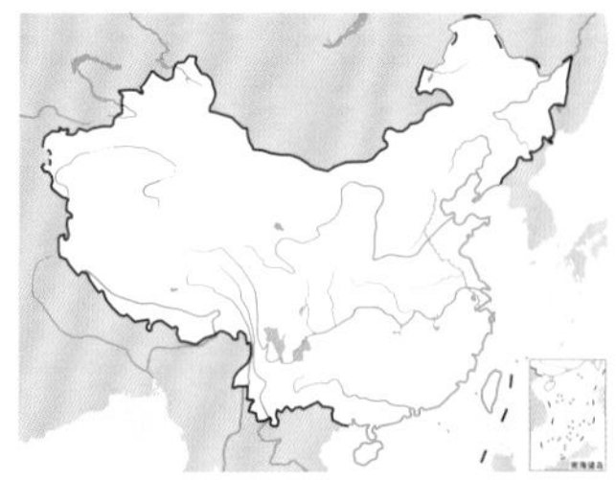

灰胸薮鹛。左上图为成年雄鸟，沈越摄；下图为幼年雄鸟，付义强摄

灰胸薮鹛的巢、卵和雏鸟。付义强摄

黄痣薮鹛

拉丁名：*Liocichla steerii*
英文名：Steere's Liocichla

雀形目噪鹛科

体长 18 cm 左右，体重 17～28 g。顶冠及颈背灰色而带近白色细纹；眼先具月牙形黄斑；眉纹黑色而后端黄色；背橄榄褐色，腰灰色；尾方形，橄榄色，具深青石灰色次端斑和狭窄的白色端斑；初级飞羽黑色，羽缘黄色；下体灰色，下胸黄橄榄色；臀黑色，羽尖的亮黄色成鳞状斑纹。中国台湾特有种，主要分布于台湾海拔 900～2500 m 的丘陵地带。栖息于阔叶林及果园低层，偏好隐匿于浓密覆盖下，但也常见于路旁。IUCN 和《中国脊椎动物红色名录》均评估为无危（LC），被列为中国三有保护鸟类。

黄痣薮鹛。左上图沈越摄，下图林红摄

栗额斑翅鹛

拉丁名：*Actinodura egertoni*
英文名：Rusty-fronted Barwing

雀形目噪鹛科

形态 体长 21.5～23.5 cm，体重 31～42 g。又名锈额斑翅鹛。整体棕褐色，头部和冠羽棕灰色，前额、脸部和下颌栗色；尾长，翼及尾具黑色细小横斑；胸部偏红色。

分布 在中国分布于西藏东南部雅鲁藏布江支流丹巴曲以西、密许米山的丹巴曲以东、云南怒江以西地区。在国外主要分布于印度、缅甸、不丹、尼泊尔等地。

栖息地 主要栖息于亚热带或热带的湿润低地林、高海拔疏灌丛和湿润山地林。

习性 留鸟，也有报道在严寒的冬季，有向低海拔地区迁移的现象。通常结小群活动，有时也见与其他噪鹛混群出现。

食性 主要以蚂蚱和蚂蚁等昆虫、野生草莓和无花果等果实以及一些植物种子为食。

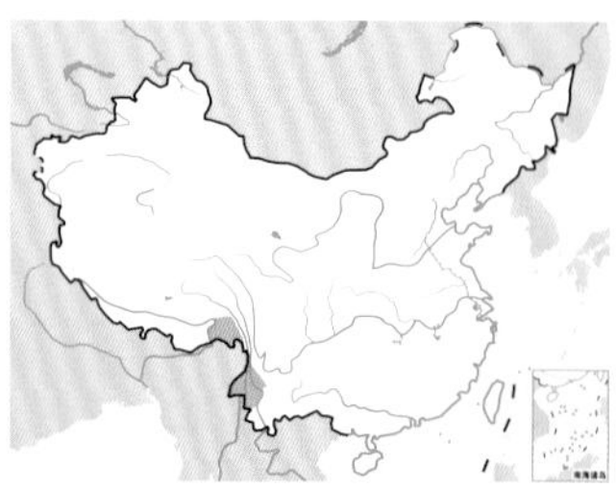

栗额斑翅鹛。左上图唐英摄，下图叶昌云摄

繁殖 繁殖期 4～7 月。通常营巢于竹林、灌木丛或小树中，巢距地面高 1～7.5 m。巢杯状，巢体大而深，巢材主要由蕨类植物、竹叶或其他的枯叶、干草、植物纤维根和绿色苔藓等组成，通常内衬树根、薹草细根和细草。每窝产卵 2～4 枚。卵蓝色或淡蓝绿色，带有红褐色斑点。

种群现状和保护 受威胁程度较低，种群相对稳定。IUCN 和《中国脊椎动物红色名录》均评估为无危（LC）。

白眶斑翅鹛

拉丁名：*Actinodura ramsayi*
英文名：Spectacled Barwing

雀形目噪鹛科

体长 24 cm 左右，体重 35～43 g。略具羽冠，有醒目的白色眼圈；两翼及尾具黑色横斑，飞羽基部有大型棕色块斑；下体暗黄褐色，喉部具偏黑色细纹。与中国其他斑翅鹛的主要区别在于明显的白色眼圈。在中国见于云南南部贵州南部和广西。栖息于亚热带或热带高海拔地区的草原、疏林灌丛和湿润山地林中。性活泼，成对或小群活动。IUCN 和《中国脊椎动物红色名录》均评估为无危（LC）。

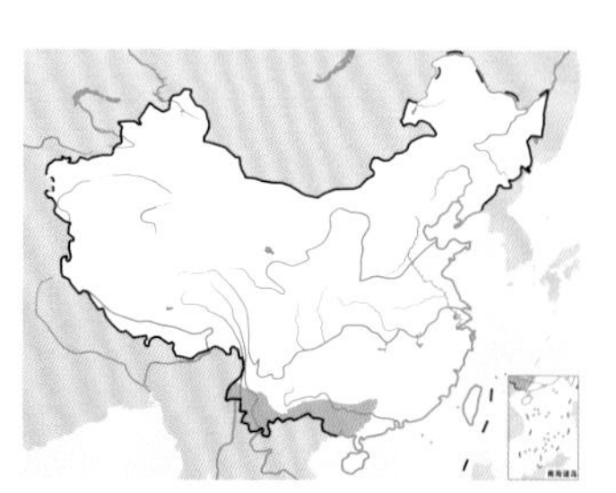

白眶斑翅鹛。JJ Harrison摄（维基共享资源/CC BY-SA 3.0）

纹头斑翅鹛

拉丁名：*Sibia nipalensis*
英文名：Hoary-throated Barwing

雀形目噪鹛科

体长21 cm左右，体重39～48 g。与其他斑翅鹛最大区别在于其带羽冠的头部多具皮黄色细纵纹。头侧灰色，眼圈狭窄而偏白色，髭纹黑色；两翼及长尾具黑色细小横斑，尾具黑色端带；下体浅褐灰色，至腹部成红棕色。在中国分布于西藏南部。主要栖息于栎林、混交林、针叶林和杜鹃林中，也到竹林和荆棘林中，有报道其在严冬季节有向低海拔局部迁移的现象。通常结小群活动，有时与其他种类混群出现。IUCN和《中国脊椎动物红色名录》均评估为无危（LC）。

纹头斑翅鹛。董江天摄

灰头斑翅鹛

拉丁名：*Sibia souliei*
英文名：Streaked Barwing

雀形目噪鹛科

体长21～23 cm，体重53～58 g。羽冠蓬松，体羽多鳞斑；冠羽和耳覆羽浅灰色，眼先及脸颊前部黑色，头侧深栗色；上背、背、腰、腹及臀部的羽毛黑色，羽缘黄褐色而成矛状纹；翼及尾栗色而带细小的黑色横斑，外侧尾羽羽端白色宽阔，喉栗红色。在中国见于四川南部和云南。栖息于常绿阔叶林、半落叶林中，结小群活动，可加入鸟浪中。IUCN和《中国脊椎动物红色名录》均评估为无危（LC），被列为中国三有保护鸟类。

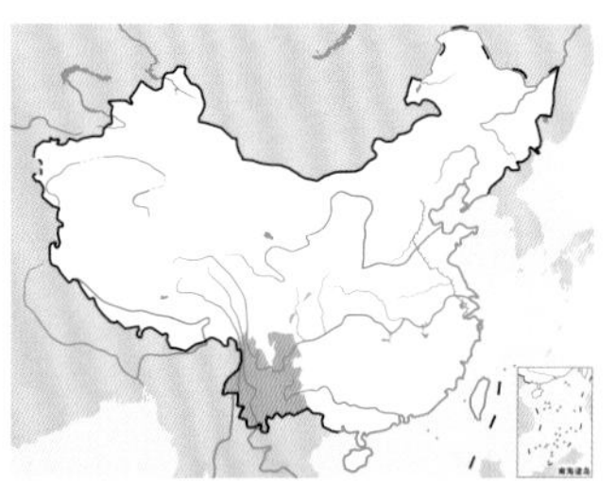

灰头斑翅鹛。左上图董磊摄，下图刘璐摄

纹胸斑翅鹛

拉丁名：*Sibia waldeni*
英文名：Streak-throated Barwing

雀形目噪鹛科

体长20～22 cm，体重39～56 g。与纹头斑翅鹛容易混淆，主要区别在于其冠羽羽缘色浅而成鳞状斑纹。下体灰色而具棕色纵纹，喉部白色，胸部和腹部具有褐灰色条纹。在中国见于西藏东南部、云南西北部和西部。栖息于常绿阔叶林和混交林、针叶林、橡树林、杜鹃林中，生性不惧人，有报道其在严冬季节有向低海拔局部迁移的现象，但并没有被明确记录。IUCN和《中国脊椎动物红色名录》均评估为无危（LC）。

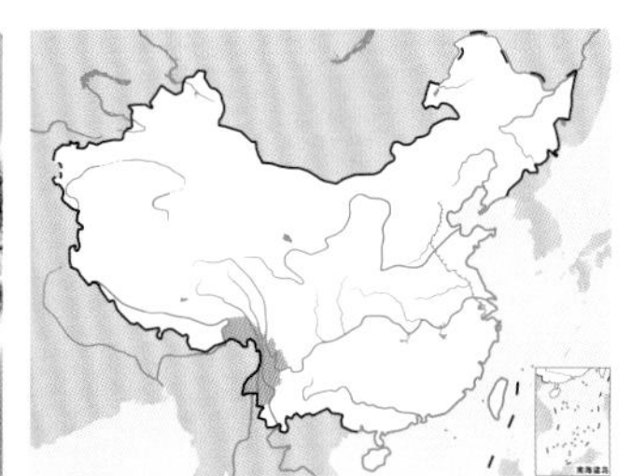

纹胸斑翅鹛。董文晓摄

台湾斑翅鹛

拉丁名：*Sibia morrisoniana*
英文名：Taiwan Barwing

雀形目噪鹛科

体长18～19 cm，体重32 g左右。羽冠蓬松；头侧深栗色；上背及腰灰色，背中部红褐色；翼及尾具黑色横斑，尾端白色；喉红栗色，胸橄榄褐色而具浅色纵纹，腹及臀棕褐色。中国台湾特有种，主要分布于台湾中部。栖息于落叶阔叶林、常绿阔叶林和混交林中。IUCN和《中国脊椎动物红色名录》均评估为无危（LC），被列为中国三有保护鸟类。

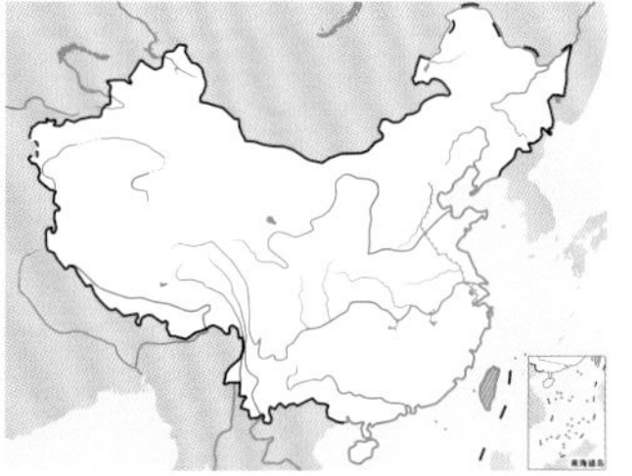

台湾斑翅鹛。沈越摄

银耳相思鸟

拉丁名：*Leiothrix argentauris*
英文名：Silver-eared Mesia

雀形目噪鹛科

形态 体长 15.5～17 cm，体重 22～29 g。头部黑色，脸颊银白色，额部橘黄色；两翼红黄两色；尾、背及翅上覆羽橄榄色；尾覆羽红色；喉及胸橙红色。虹膜红色；嘴橘黄色；脚黄色。

分布 在中国分布于西藏东南部、云南西部和南部、贵州南部及广西等地。国外分布于喜马拉雅山脉至东南亚。

栖息地 栖息于山区森林中低层的浓密灌丛和次生丛林中。

习性 留鸟，通常单独或成对活动，有时也成群出现，特别是秋冬季节。性活泼而大胆，不惧人，常在林下灌木层或竹丛间以及林间空地面跳跃。

食性 主要以昆虫为食，也取食植物果实和种子。

繁殖 繁殖期 5～7 月。通常营巢于林下灌木中，巢距地面高 2 m 左右。巢杯状，主要以草叶、苔藓、蕨类植物、树根等为巢材，内衬树根和植物纤维。每窝产卵 3～5 枚。卵白色，带有棕色斑点，大小为（21～23.4）mm×（15～17）mm。雌雄亲鸟轮流孵卵，孵化期 14 天左右。

种群现状和保护 为著名笼养鸟，商品名有相思鸟、七彩相思鸟、黄嘴玉等，为保护其免因贸易而受胁，已列入 CITES 附录Ⅱ。IUCN 评估为无危（LC），《中国脊椎动物红色名录》评估为近危（NT），被列为中国三有保护鸟类。

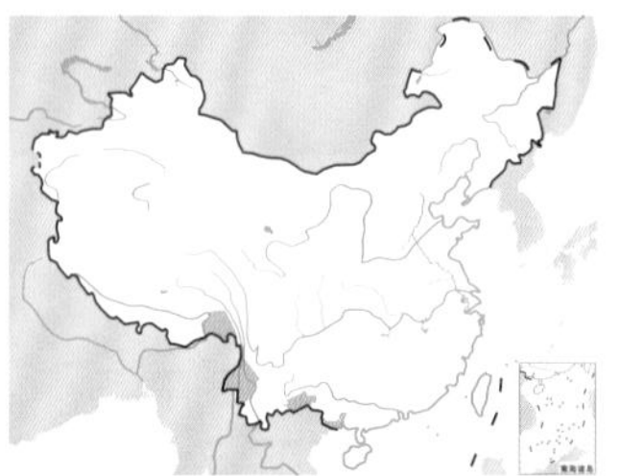

银耳相思鸟。左上图胡云程摄，下图沈越摄

红嘴相思鸟

拉丁名：*Leiothrix lutea*
英文名：Red-billed Leiothrix

雀形目噪鹛科

形态 体长 14～15 cm，体重 18～28 g。具鲜艳的红嘴，基部为黑色；眼周有黄色块斑，耳羽浅灰色或橄榄灰色；上体橄榄绿色，翼具黄色和红色翅斑；尾近黑色而略分叉；下体橙黄色，颏和喉黄色。雌鸟和雄鸟大致相似，但朱红色翼斑为橙黄色取代，眼先白色微沾黄色。

分布 分布相对广泛。在中国见于秦岭－淮河以南各地，西至西藏南部。在国外，主要分布于南亚次大陆和中南半岛。曾引种至美国夏威夷、日本和西班牙等地，建立了较大的种群。

栖息地 栖息于海拔 1200～2800 m 的山地常绿阔叶林、常绿落叶混交林、竹林和林缘疏林灌丛地带，冬季多下到海拔 1000 m 以下的低山、山脚、平原与河谷地带，有时也进到村舍、庭院和农田附近的灌木丛中。

习性 留鸟，但喜马拉雅山脉地区的种群由随季节进行垂直迁移；除繁殖期间成对或单独活动外，其他季节多为 3～5 只或结 10 余只的小群，有时亦与其他鸟类混群活动。活泼好动，性大胆，不甚惧人，多在树上或林下灌木间穿梭、跳跃、飞来飞去，它们不仅活动于树丛下层，也常到中层或树冠觅食，偶而到地面寻找食物。善鸣叫，尤其繁殖期间鸣声响亮、婉转动听。雄鸟常站在灌木顶枝上高声鸣唱，并不断抖动着翅膀，其声似“啼—啼—啼—”

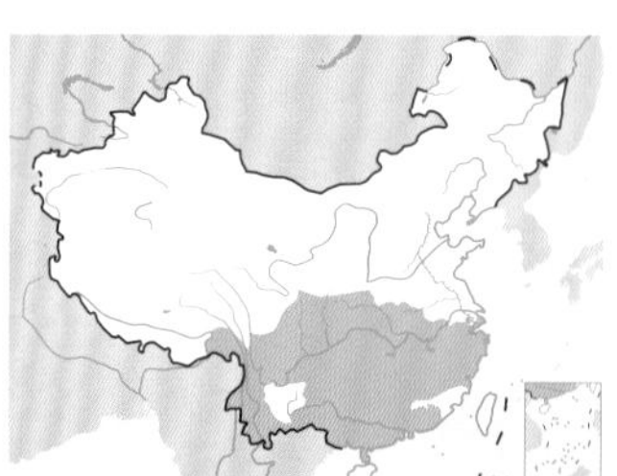

红嘴相思鸟。沈越摄

红嘴相思鸟的巢和卵。贾陈喜摄

或“古儿—古儿—古儿—”。雌鸟只能发出低沉单一的“吱吱”声。但是在繁殖季节喜欢成对地隐蔽在僻静处，彼此形影不离。

食性 主要以毛虫、甲虫、蚂蚁等昆虫为食，也取食果实、种子等植物性食物，偶尔也吃少量玉米等农作物。

主要在叶面取食和探查取食，其次为一边鸣叫一边寻找食物以及啄食，遇见空中觅食或在花丛中探索觅食。

繁殖 繁殖期5～7月，通常营巢于林下或林缘灌木丛或竹丛中，巢多筑于灌木侧枝或小树枝杈上或竹枝上，距地面高1～1.5 m。主要由雌鸟负责筑巢。巢呈深杯状，巢材主要有苔藓、草茎、草叶、树叶、竹叶、树皮、草根等，内垫细草茎、棕丝和须根。巢大小为外径8～12.6 cm，内径5～8 cm，高6～8 cm，深5～6 cm。每窝产卵3～5枚。卵绿白色至浅蓝色，散布赭色或淡紫色暗斑，尤以钝端较密集，卵大小为（20.2～24.3）mm×（16.2～16.4）mm，重2.4～3 g。双亲轮流孵卵，孵化期11～13天。

种群现状和保护 在中国分布较广，种群数量较丰富。因羽色艳丽、鸣声婉转动听，成为国内外著名的笼养观赏鸟之一，也是中国传统的外贸出口鸟类，又称相思鸟、红嘴玉、五彩相思鸟、红嘴鸟等。每年除大量捕捉供各动物园和个人饲养观赏外，还出口国外，致使种群数量受到很大破坏，目前种群数量已较30多年前显著减少。目前虽无灭绝危机，但应管制其捕猎和贸易，已列入CITES附录Ⅱ。IUCN和《中国脊椎动物红色名录》均评估为无危（LC），被列为中国三有保护鸟类。

栗背奇鹛

拉丁名：*Leioptila annectens*
英文名：Rufous-backed Sibia

雀形目噪鹛科

体长18.5～20 cm，体重22～29 g。头黑色；颈背及上背黑色而具白色纵纹；背及尾上覆羽棕色；两翼黑色，三级飞羽羽端及其他飞羽羽缘白色；尾长而凸，黑色，尾端白色；喉及胸白色，两胁及尾下覆羽皮黄色。在国内见于云南西部、云南西双版纳、西藏东南部等地。性活泼，栖息于阔叶常绿林、半落叶林及邻近灌丛的树冠层中，通常与其他鸟种一起出现在鸟浪中。IUCN和《中国脊椎动物红色名录》均评估为无危（LC）。

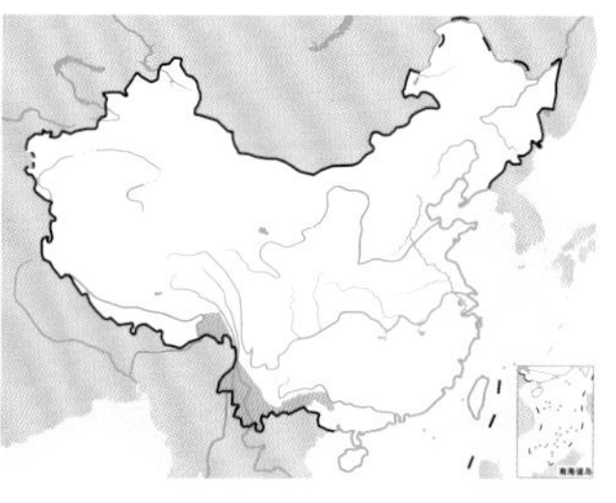
栗背奇鹛。张明摄

黑顶奇鹛

拉丁名：*Heterophasia capistrata*
英文名：Rufous Sibia

雀形目噪鹛科

形态 体长21～24 cm，体重28～47 g。与黑头奇鹛非常相似，两者的主要区别为黑顶奇鹛整体红棕色，而黑头奇鹛整体灰黑色。头部黑色且略具羽冠；翼上多灰色，次级飞羽及初级覆羽近黑色而端部灰色；尾具黑色次端带，羽基部棕黄色。

分布 在中国分布于西藏南部和东南部。在国外分布于印度、巴基斯坦、不丹、尼泊尔等地。

栖息地 栖息于温带森林、乡村花园，以及亚热带或热带的高海拔疏林灌丛、湿润山地林和耕地中。

习性 主要为留鸟，在冬季也有部分种群向低海拔地区迁徙。成对或结小群活动，通常会加入混合鸟群中。典型的树栖型鸟类，性活跃，善隐匿，常常隐藏在枝叶间，不易发现。常活跃在多苔藓和地衣的树枝上觅食。擅长鸣叫，且鸣声悦耳，特别是春夏季，

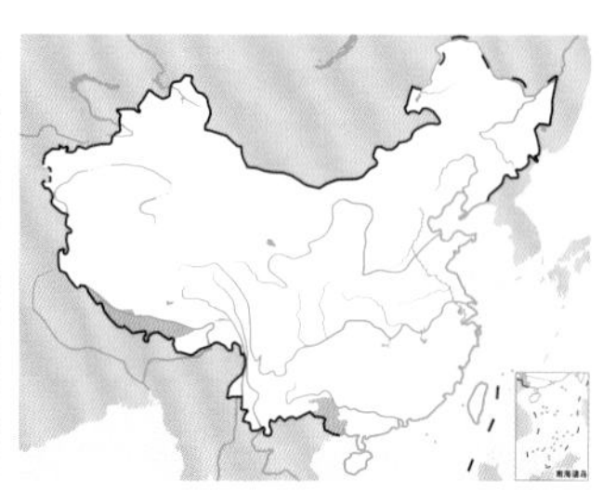

黑顶奇鹛。张明摄

整天在领地面鸣唱不息，鸣声多为四五个或六七个音节。

食性 主要以昆虫及其幼虫等为食，也取食果实、种子、花粉等植物性食物。

繁殖 繁殖期5～7月。通常营巢于针叶林或混交林中，多见筑巢于松树侧枝上茂密的枝叶间。巢距地面高3～15 m，隐蔽性较好。巢杯状，主要以草茎、草、叶、根、松针和植物纤维等为巢材，以细的草茎和根为内垫物。每窝产卵2～3枚。卵椭圆形，淡蓝色或淡灰蓝色，带有红褐色和淡灰紫色斑点，大小约为24 mm × 19 mm。雌鸟孵卵，双亲轮流育雏。雏鸟晚成性。

种群现状和保护 IUCN和《中国脊椎动物红色名录》均评估为无危（LC）。

灰奇鹛

拉丁名：*Heterophasia gracilis*
英文名：Grey Sibia

雀形目噪鹛科

体长22.5～24.5 cm，体重34～42 g。顶冠及头侧深灰色；脸部近黑色；喉部及胸部偏白色；上体粉灰色；两翼近黑色，三级飞羽浅灰，初级飞羽的狭窄边缘色浅；尾下覆羽淡黄色；尾具黑色的次端斑及尾缘，尾端淡灰色。虹膜红色。在中国仅见于云南怒江以西地区。栖息于山地阔叶林小阔叶树和松树中，性活泼好动，常混群于其他鸟类中。IUCN和《中国脊椎动物红色名录》均评估为无危（LC），被列为中国三有保护鸟类。

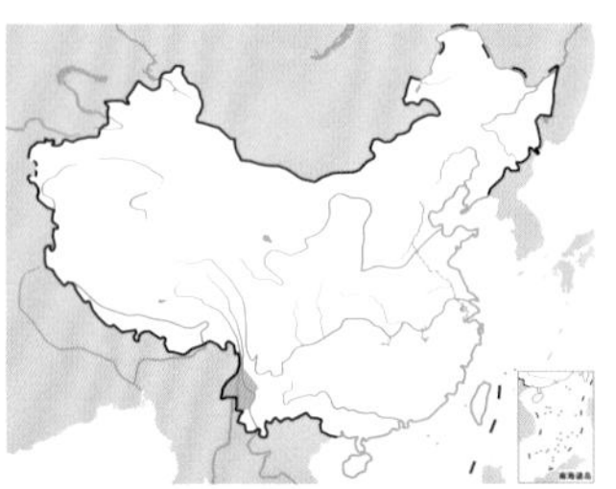

灰奇鹛。左上图沈越摄，下图刘璐摄

黑头奇鹛

拉丁名：*Heterophasia desgodinsi*
英文名：Black-headed Sibia

雀形目噪鹛科

体长21.5～24.5 cm，体重35～49 g。由黑背奇鹛西南亚种*Heterophasia melanoleuca desgodinsi*提升为种，与黑背奇鹛非常相似，两者的主要区别为黑背奇鹛背部深黑色，而黑头奇鹛背部灰色。顶冠有光泽；头部、尾部及两翼黑色；上背沾褐色；中央尾羽端灰而外侧尾羽端白；喉及下体中央部位白色，两胁烟灰色。在中国分布于西部及中部。栖息于阔叶常绿阔叶林、橡树林和松树林中，喜在覆有苔藓和真菌的树枝上移动，惧生且动作笨拙。IUCN和《中国脊椎动物红色名录》均评估为无危（LC）。

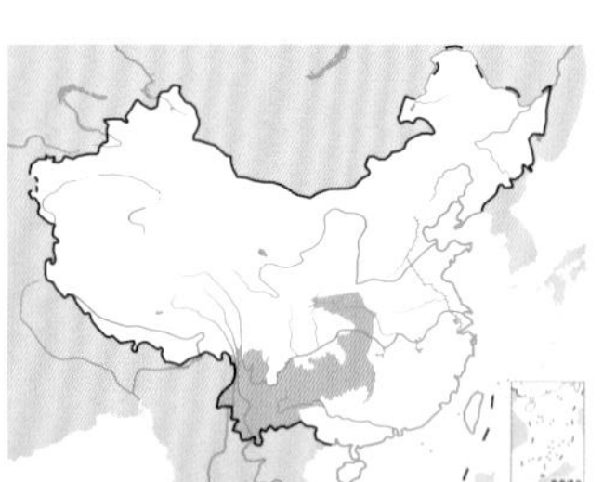

黑头奇鹛。左上图张明摄，下图刘璐摄

白耳奇鹛

拉丁名：*Heterophasia auricularis*
英文名：White-eared Sibia

雀形目噪鹛科

体长22～24 cm，体重48 g左右。又名白耳画眉，为中国台湾特有种。具黑色的顶冠和独特的白色眼先；眼圈及向上和向后扩散的宽阔眼纹白色，耳羽终端成丝状长羽；喉部、胸部及上背灰色，下背及腰棕色；尾黑色，中央尾羽羽端近白色；下体余部粉黄褐色。仅分布于中国台湾。通常栖息于常绿阔叶林、针叶林、混交林中，常见于开花结果的树上取食，性活泼而不惧生。IUCN和《中国脊椎动物红色名录》均评估为无危（LC），被列为中国三有保护鸟类。

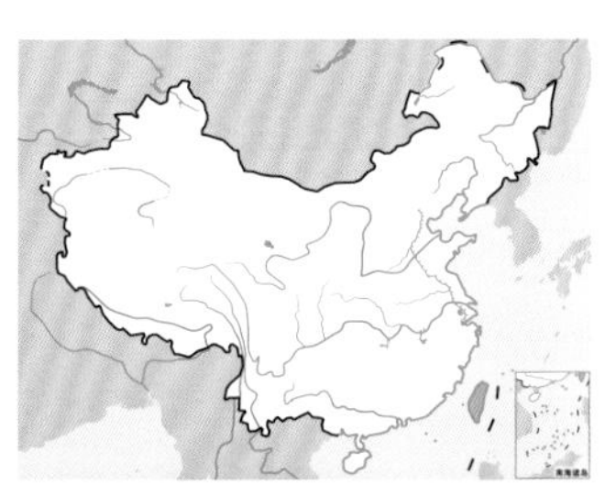

白耳奇鹛。颜重威摄

分布 在中国分布于西藏东南部及云南西北部。国外分布于印度东北部及缅甸东北部。

栖息地 栖息于亚热带或热带的湿润山地林中。

习性 留鸟，也有部分种群冬季局部垂直迁徙。非繁殖期通常成对或结小群活动，偶尔见单独活动，有时与其他鹛类加入鸟浪中。通常在覆有苔藓的高大乔木树干和枝条中觅食，有时也落在矮树丛中寻找植物浆果。

食性 主要以昆虫及其幼虫、浆果、种子、花朵、花蜜等为食。

繁殖 繁殖期4～6月。通常营巢于小树的水平分支近端。巢杯状，主要以苔藓为巢材，内衬树根。卵淡蓝色。

种群现状和保护 IUCN和《中国脊椎动物红色名录》均评估为无危（LC）。

丽色奇鹛

拉丁名：*Heterophasia pulchella*
英文名：Beautiful Sibia

雀形目噪鹛科

形态 体长23.5 cm左右，体重35～50 g。与灰奇鹛的主要区别在其下体及头顶呈蓝灰色。具黑色的宽眼纹；上体及下体蓝灰色；三级飞羽和中央尾羽基部2/3呈褐色；尾部具黑色次端带。

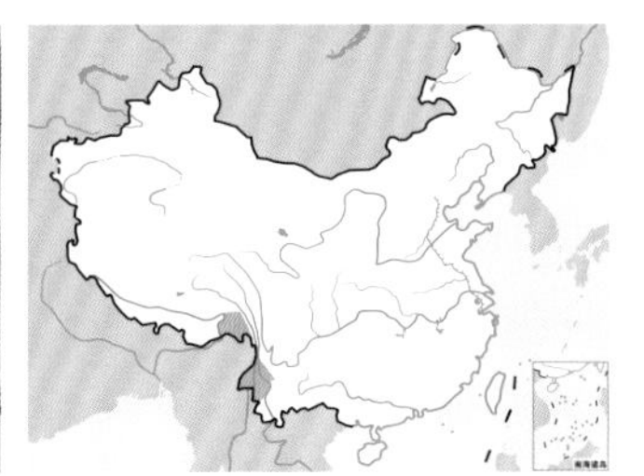

丽色奇鹛。左上图张明摄，下图刘璐摄

长尾奇鹛

拉丁名：*Heterophasia picaoides*
英文名：Long-tailed Sibia

雀形目噪鹛科

体长28～34.5 cm，体重40～46 g。体羽暗灰色，顶冠色较深；具白色翼斑，在飞行时明显；尾长而尖；臀部近白色。在中国见于西藏东南部、云南西部和南部。栖息于常绿阔叶林中，通常成对或结小群活动，藏隐于高大乔木冠层。IUCN和《中国脊椎动物红色名录》均评估为无危（LC）。

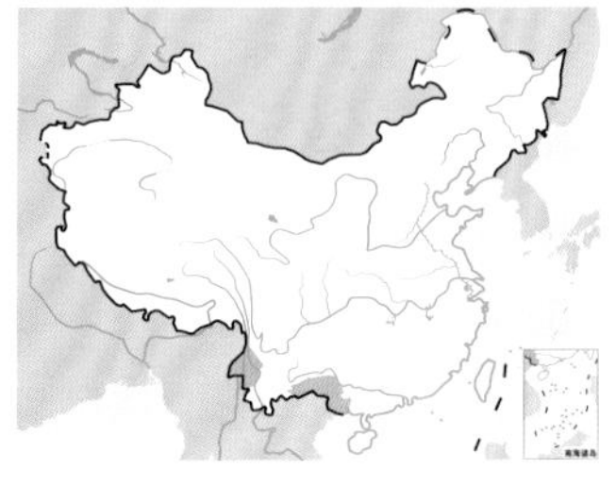

长尾奇鹛。刘璐摄

旋木雀类

- 旋木雀类指雀形目旋木雀科鸟类，全世界共2属10种，中国有1属7种
- 旋木雀类喙细长而弯曲，上体以褐色为主，并密布斑纹，下体浅色
- 旋木雀类栖息于各种森林中，在树干上螺旋状攀爬，觅食树皮表面或缝隙中的昆虫
- 旋木雀类筑巢于松动的树皮后等各种树干缝隙中，雏鸟晚成性

类群综述

旋木雀类属于小型鸣禽，在外形和习性方面均极为相似。它们无嘴须，鼻孔裸露，呈裂缝状。喙细长而向下弯曲，觅食昆虫时可探入树缝中或树皮下面。有趣的是，它们的喙和爪在不同的季节会出现差异，以便适应当前的觅食条件，也就是说，它们在一年中的不同时期内，喙和爪的长短是不一样的，而这样能够使它们更高效地觅食。因而，当一只旋木雀在树枝上擦拭自己的喙的时候，可能并不是为了将它擦干净，而是要将它磨得更细、更短。

它们的翅膀一般长而尖，初级飞羽 10 枚，第一枚初级飞羽较长，仅短于第二枚的一半。尾长而尖挺，尾羽 12 枚，羽轴坚硬，羽端较尖，成楔形，在攀树时可以用来支撑身体，与啄木鸟的尾羽十分相似，尽管两者之间的亲缘关系比较遥远。在换羽时，它们的尾羽脱换得很快，但中央尾羽会保留下来继续起支撑作用，直到周围新长出的尾羽发育完全、足以发挥支撑功能后才脱换。

它们的脚较为强壮，跗跖后缘侧扁，呈棱状，光滑无鳞；后爪较后趾长、弯曲且尖，适于攀爬，但不像啄木鸟那样两趾在前、两趾在后，而是与其他鸣禽一样，三趾在前，一趾在后，因此也被称为攀型脚。另外，旋木雀类中有时还有一种奇特的现

左：旋木雀类喙细长而弯曲，上体褐色且密布斑纹，常头朝上攀缘于树干上，几乎与树干融为一体。图为攀缘于树干上的欧亚旋木雀。焦海兵摄

右：旋木雀类拥有良好的保护色，图为攀缘于树干上的高山旋木雀，从背部看几乎与树干融为一体。杜卿摄

象，即翅膀相对较短的雌鸟拥有更长的喙和爪。

旋木雀类隶属于雀形目旋木雀科（Certhiidae），共有2属10种，分布于从欧亚大陆北端到南亚和东南亚一带，以及非洲、北美洲等地。中国有1属7种，主要分布于东北、华北北部、西北和西南地区。

形态 旋木雀类体长12～15 cm，体重7～16 g。上体均以褐色为主，带条纹，下体浅色，在树上攀爬时看上去犹如灵活的褐色老鼠。而分布于非洲和南亚一带的斑旋木雀属 *Salpornis* 全身浅黑色，带有白斑。

栖息地 旋木雀类主要栖息于阔叶林、针叶林、针阔叶混交林等各种森林和林地中。生活在喜马拉雅山脉一带的几个种类栖息地海拔能到达3500 m左右的林木线一带，冬季则向下迁移至相对温暖的山坡或平原地带。其中，高山旋木雀 *Certhia himalayana* 明显偏爱针叶林，而对其他林地不感兴趣；褐喉旋木雀 *Certhia discolor* 则生活在阔叶林中；红腹旋木雀 *Certhia nipalensis* 则在阔叶林以及针阔混交林中都有发现。有的种类也常见于花园中，例如分布在欧洲的短趾旋木雀 *Certhia brachydactyla*，在某些国家的语言中甚至就被称为“花园旋木雀”。

习性 旋木雀类以独居为主，鸣声为尖细的口哨声和鸣啭，十分悦耳动听。它们喜欢在树干上以“S”形往上爬，遇惊吓时则躲于树干后面。当到达既定高度后，它们便滑翔下来至另一棵树的根部，然后重新往上爬。在攀援时，它们的两只脚同时移动，而不像与其相近的另外一个类群——短嘴旋木雀类（Climacteridae）那样总是有一只脚在前面，即攀援时两只脚交替前进。

它们善于在树皮剥落的地方挖掘橄榄形的小型洞穴，然后单只鸟或一个家庭单元栖息在里面。无论哪种情况，它们都紧紧地蜷伏于洞穴中，用自己的翅膀和上半身作为毯子来保温。有时会在同一棵树上发现许多这样的栖息洞穴。刚会飞的幼鸟也喜欢栖息在一起，特别是在寒冷的冬天，有时会有10余只挤在同一个洞穴里。

食性 旋木雀类主要以昆虫和蜘蛛等为食。它们与其他在树干上取食的鸟类在生态位上有所分离。例如，旋木雀在树干上的主要取食部位为5～10 m，其次是2～5 m；而与之取食行为类似的普通䴓 *Sitta europaea* 则以2～5 m最多，其次是

旋木雀类营巢于树洞中，图为正在育雏的四川旋木雀，一只亲鸟衔食归来，一只亲鸟离巢而去。李利伟摄

0～2 m和5～10 m。另外，旋木雀只在树干部取食，寻找树表面及树皮缝隙中的食物；而普通䴓除在树干表面寻食外，还常用爪、嘴来扯、啄下外层树皮以寻找树皮下的食物。

繁殖 旋木雀类大多用细树枝筑松散的杯形巢，通常楔于树干松动的树皮后面，也能适应人工巢箱。斑旋木雀属则筑精致的杯形巢，外部多饰物，用蜘蛛网缠于水平树枝上。

旋木雀属的窝卵数为3～9枚，卵为白色，带红色斑纹；斑旋木雀属的窝卵数为2～3枚，为浅色，有黑色和淡紫色斑纹。孵化期为14～15天。孵卵由雌鸟完成。雏鸟留巢期为15～16天。有时一年繁殖2窝，雌鸟甚至会在第一窝雏鸟还未离巢时便开始产下新的卵。当两窝雏鸟发生重叠时，雄鸟会接过照顾第一窝雏鸟的任务，雌鸟则全程负责第二窝雏鸟。在少数情况下，旋木雀类会出现一雄多雌现象，即雄鸟在第一只雌鸟开始孵第一窝卵时会与另一只雌鸟交配，有时甚至会两只雌鸟在同一个巢中各自孵卵的现象，非常有趣。

种群现状和保护 旋木雀类目前没有物种受胁，仅1种被IUCN列为近危（NT），即中国特有种四川旋木雀 *Certhia tianquanensis*。

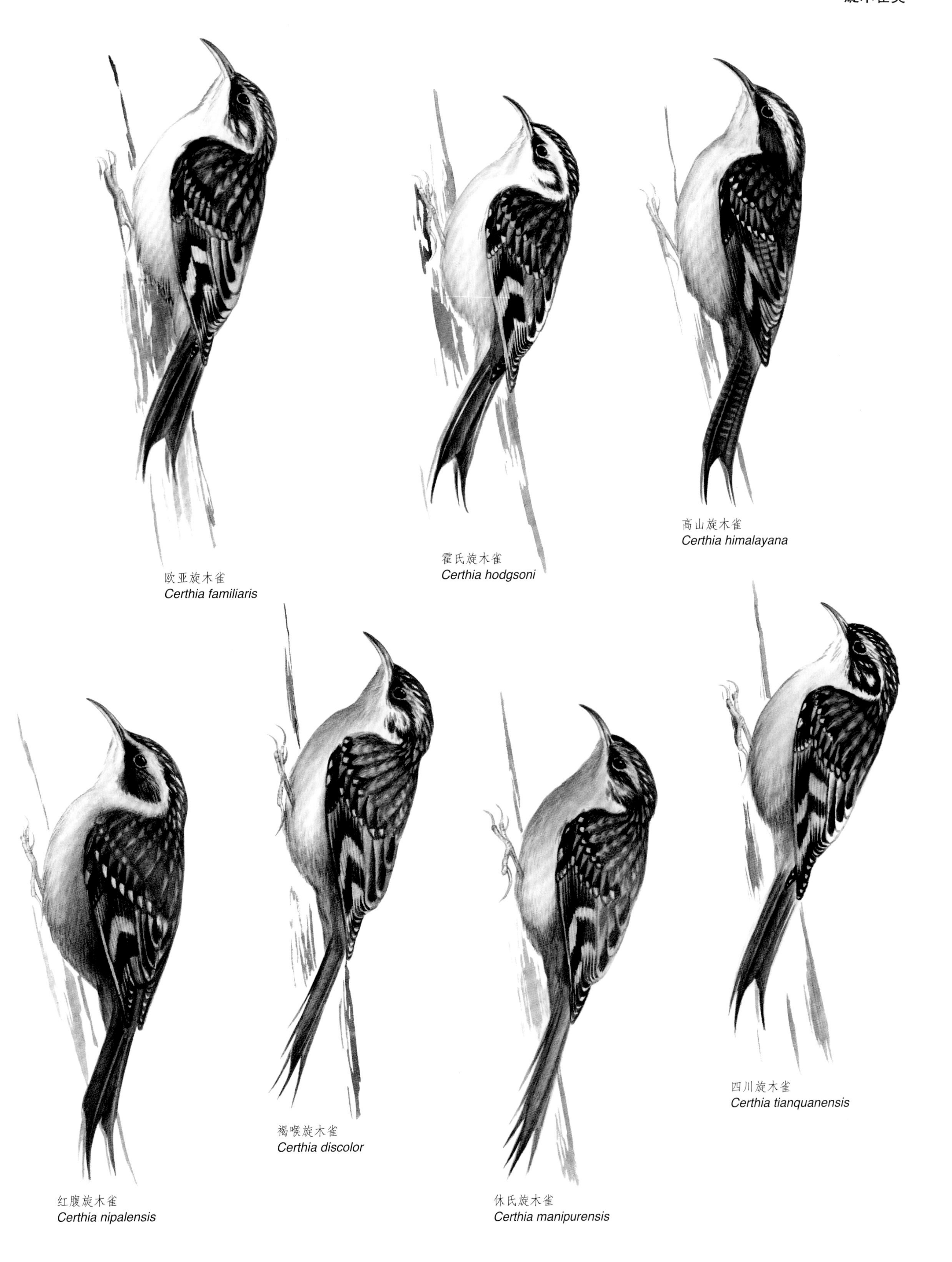

欧亚旋木雀
Certhia familiaris

霍氏旋木雀
Certhia hodgsoni

高山旋木雀
Certhia himalayana

红腹旋木雀
Certhia nipalensis

褐喉旋木雀
Certhia discolor

休氏旋木雀
Certhia manipurensis

四川旋木雀
Certhia tianquanensis

欧亚旋木雀

拉丁名：*Certhia familiaris*
英文名：Eurasian Treecreeper

雀形目旋木雀科

形态 体长 12～15 cm，体重 7～9 g。眉纹灰白或棕白色，眼先黑褐色，耳羽棕褐色，两颊棕白色而杂有褐色细纹；前额、头顶、后颈，一直到上背为棕褐色，各羽均具白色羽干纹；下背、腰和尾上覆羽棕红色；翅上覆羽黑褐色，羽端棕白色；飞羽黑褐色，羽端棕白色，内侧初级飞羽和次级飞羽中部具两道淡棕黄色斜行带斑；尾羽黑褐色，羽缘和羽干淡棕色；颏、喉、胸、腹部等均为白色或乳白色，下腹、两胁和尾下覆羽沾灰色，有的还微沾皮黄色。虹膜暗褐色或茶褐色；嘴黑色，下嘴乳白色；跗跖淡褐色。

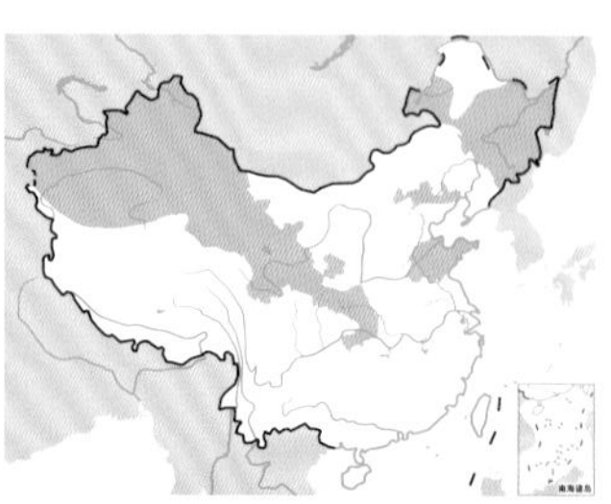

欧亚旋木雀。沈越摄

分布 在中国分布于黑龙江、吉林、辽宁、河北北部、北京、内蒙古东北部、陕西南部、甘肃、青海东部和北部、新疆、湖北等地。在国外分布于从欧洲西部和北部一直到亚洲南部和东部的广大地区。

栖息地 主要栖息于山地针叶林和针阔叶混交林、阔叶林和次生林，从山脚到海拔 1800 m 的整个森林地带都能见到，尤其以 700～1100 m 的混交林带较为常见。

习性 留鸟。常单独或成对活动，繁殖期后也常见呈 3～5 只的家族群。沿树干呈螺旋状向上攀缘。性极活跃，每天从黎明到黄昏，活动时间长达 15～16 小时，其间也有短暂的休息，栖息时用利爪和坚硬的尾羽支撑身体。

食性 主要以昆虫为食，此外也吃少量蜗牛等无脊椎动物，以及一些鲜嫩的植物性食物。取食时常从树干中下部盘旋向上，啄食树皮表面和缝隙中的昆虫。食物种类主要有鞘翅目、鳞翅目和膜翅目等昆虫。

繁殖 繁殖期 4～6 月。一般在 4 月中下旬即开始营巢和交尾活动。在有枯立木和老龄树的针阔叶混交林和阔叶林内营巢。巢多筑于大的树皮缝隙、裂隙和树洞中。巢呈皿状或浅碟状，主要由苔藓、树皮等植物纤维和蛛丝、羽毛黏结编织而成，内垫兽毛和羽毛，结构较为松软。每个巢营造时间 8～15 天。巢的大小为外径 (9.5～18) cm × (6.5～9.7) cm，内径 (5.5～8) cm × (3.3～6) cm，高 3.7～10 cm，深 1.7～3 cm，巢洞距地高 2～8 m。巢筑好后即开始产卵，1 年繁殖 1 窝，个别繁殖 2 窝。产卵的时间多在每年 4 月下旬或 5 月初，每天产卵 1 枚，每窝产卵 4～6 枚。卵乳白色，钝端密被赤褐色斑点，椭圆形，大小约为 15.8 mm × 12 mm，重约 0.9 g。产卵结束后即开始孵卵，孵卵由雌鸟承担，雄鸟在巢附近警戒和衔食饲喂雌鸟，通常 30 分钟喂 1 次。喂食时并不将食物直接送给巢内的雌鸟，而是在距巢约 20 m 远处鸣叫，雌鸟闻声立即离巢飞向雄鸟，进食后又立即飞回巢内孵卵，每次离巢时间 5～10 分钟。孵化期 14～15 天。雏鸟晚成性，由雌雄亲鸟共同育雏，夜晚雌鸟留在巢内温暖幼雏。喂雏时雌雄亲鸟均很警觉，通常取食后不直接入巢，而是多站在巢洞下部的树干上，先四周环顾一下，见无危险后才飞入巢内喂食。每日喂雏时间长达 15 小时，喂食次数随雏龄和天气变化而改变。雏鸟留巢期为 15 天，在 16 日龄时离巢，刚出巢的幼鸟仍由亲鸟带领，并予以少量喂食。

种群现状与保护 IUCN 和《中国脊椎动物红色名录》均评估为无危（LC）。欧亚旋木雀主要以各种森林害虫为食，是很有益的森林鸟类，在中国分布较广，但种群数量不丰富，需要严格保护。

霍氏旋木雀

拉丁名：*Certhia hodgsoni*
英文名：Hodgson's Treecreeper

雀形目旋木雀科

体长约 13 cm。有棕白色眉纹，后部稍宽，延伸至颈侧；眼先、颊和耳羽棕白色杂有褐色；上体棕褐色，各羽具白色羽干纹；腰部和尾上覆羽红棕色；尾黑褐色；翅黑褐色，中部贯以 2 道淡棕色带斑；下体主要为白色。在中国分布于甘肃南部、西藏南部和东南部、青海南部、云南西北部、四川等地。栖息于海拔 2000 ~ 4000 m 的高山阔叶林、针叶林和混交林中。IUCN 评估为无危（LC）。

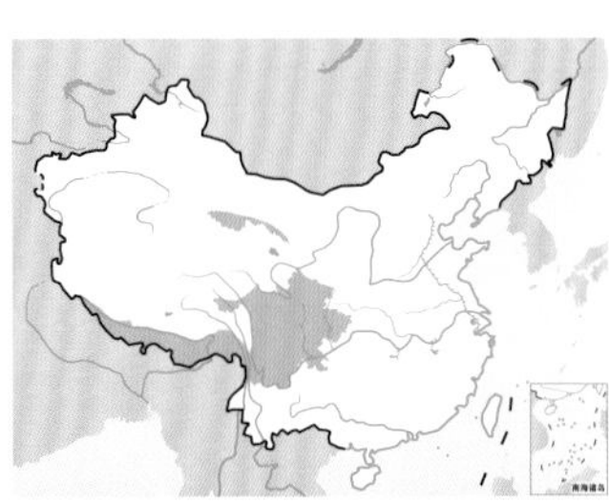

霍氏旋木雀。董文晓摄

高山旋木雀

拉丁名：*Certhia himalayana*
英文名：Bar-tailed Treecreeper

雀形目旋木雀科

形态 体长 13 ~ 15 cm，体重 7 ~ 12 g。眼先黑色，眉纹棕白色；额、头顶、枕至背部均为黑褐色，羽端具大小不等的灰白色羽干斑；腰锈棕色；两翅和尾淡棕褐色，具黑褐色横斑；颏、喉乳白色，其余下体灰棕色。虹膜褐色；嘴褐色，下嘴基部乳白色；跗跖褐色。

分布 在中国分布于陕西南部、甘肃南部、青海东部、四川北部和西部、贵州西南部、云南西部和北部、西藏东南部和新疆西部等地。国外分布于亚洲中部和南部。

栖息地 主要栖息于海拔 1100 ~ 3600 m 的山地针叶林和针阔叶混交林中，冬季下到山脚和 500 m 左右的平原地带。

习性 多单独或成对活动，非繁殖期有时也成 2 ~ 3 只的小群或与山雀类等其他小鸟混群。性活泼，行动敏捷，常沿树干螺旋形攀缘，啄食树木表面或树皮缝隙中的昆虫。一般多从树干下部呈螺旋形沿向上攀缘，到树冠层有分枝后，或沿粗的分枝继续攀缘 1 ~ 2 个分枝后再转至另一个棵树，或到分枝处后立即转至另一树。通常是从一棵树的上部飞至另一棵树的下部，然后向上攀缘，有时也见在树冠小枝上攀爬觅食和下到地上啄食。

食性 主要以昆虫为食，包括象甲、金花虫、锹甲、蠼螋等。

繁殖 繁殖期 4 ~ 6 月，高海拔地区可延迟到 7 月。通常营巢于树皮爆裂后与树干间形成的裂隙、树的其他裂缝和树皮缝隙中。巢由苔藓、枯草、树皮屑等材料构成，内有时垫有兽毛或鸟羽。营巢由雌雄亲鸟共同承担。巢筑好后即开始产卵，1 年繁殖 1 窝，每窝产卵 4 ~ 6 枚。卵白色，被有红褐色斑点，卵大小为 (14.7 ~ 17.6) mm × (11.8 ~ 12.9) mm。孵卵由雌鸟承担，雄鸟觅食喂雌鸟。孵化期 14 ~ 15 天。雏鸟晚成性，雌雄亲鸟共同育雏。

种群现状与保护 IUCN 和《中国脊椎动物红色名录》均评估为无危（LC）。种群数量不丰富，需要严格保护。

高山旋木雀。刘璐摄

红腹旋木雀

拉丁名：*Certhia nipalensis*
英文名：Rusty-flanked Treecreeper

雀形目旋木雀科

体长约 15 cm。眉纹棕白色，眼先和耳羽棕色和褐色相杂；上体暗褐色，各羽具淡棕色纵纹；下背和腰锈红褐色；翅褐色，初级飞羽中部具一条棕色带斑，羽缘黑色；尾羽褐红色；颏和喉白色，其余下体锈红色。在中国分布于西藏东南部和南部、云南西部。栖息于海拔 2000 m 左右的针阔叶混交林内。种群数量不丰富，需要严格保护。IUCN 和《中国脊椎动物红色名录》均评估为无危（LC）。

红腹旋木雀。董文晓摄

褐喉旋木雀

拉丁名：*Certhia discolor*
英文名：Brown-throated Treecreeper

雀形目旋木雀科

体长约 15 cm。头黑褐色，具比较窄的黄褐色羽干纹；背、肩及腰黄褐色，并具黑褐色纵纹；翅黑褐色，具黄褐色块斑；尾暗棕色，尾上覆羽棕色；颏、喉、胸棕褐色，腹部较淡，为灰色沾棕色。在中国分布于西藏南部一带。栖息于海拔 1500 ~ 3000 m 的高山阔叶林和混交林中。IUCN 和《中国脊椎动物红色名录》均评估为无危（LC）。

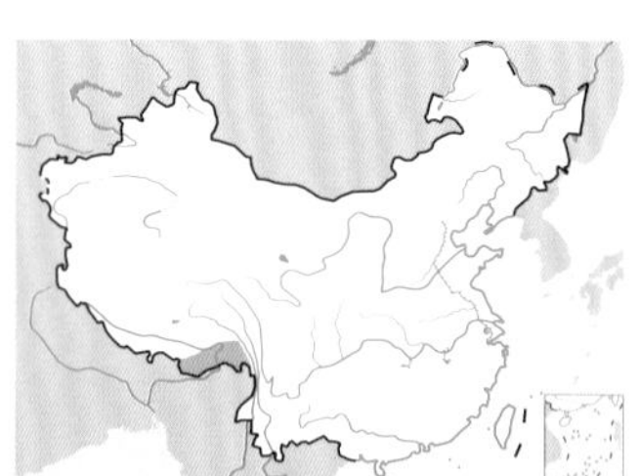

褐喉旋木雀。董文晓摄

休氏旋木雀

拉丁名：*Certhia manipurensis*
英文名：Hume's Treecreeper

雀形目旋木雀科

体长约15 cm。头黑褐色，具比较宽的黄褐色羽干纹；背、肩及腰黄褐色，并具黑褐色纵纹；翅黑褐色，具黄褐色块斑；尾淡红色，尾上覆羽栗红色；颏、喉、胸土褐色，腹部较淡，为灰色沾褐色。在中国分布于云南西部一带。栖息于海拔1500～2500 m以阔叶林为主的混交林中。IUCN评估为无危（LC）。

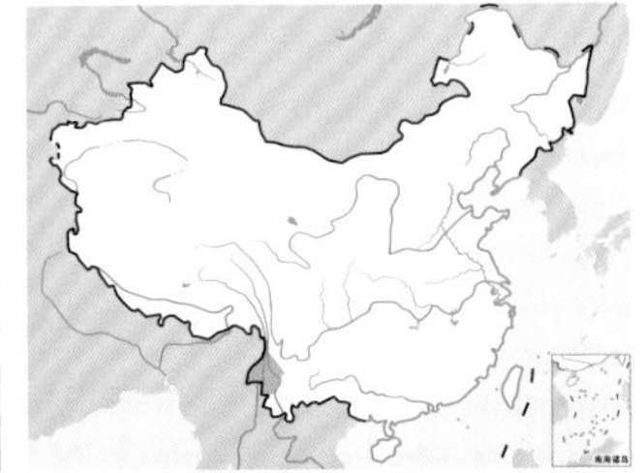

休氏旋木雀。左上图董文晓摄，下图董江天摄

四川旋木雀

拉丁名：*Certhia tianquanensis*
英文名：Sichuan Treecreeper

雀形目旋木雀科

体长约14 cm。上体主要为浓栗褐色，杂以淡棕色纵纹；腰和尾上覆羽栗红色；翅黑褐色，翅上覆羽羽端棕白色，中部贯以2道淡棕色带斑；尾黑褐色；颏、喉丝白色，胸、腹、上胁灰棕色。中国特有鸟类，分布于四川中部和西北部、陕西南部一带。栖息于海拔1600～2800 m的阔叶林、针阔混交林中。IUCN评估为近危（NT），《中国脊椎动物红色名录》评估为易危（VU）。

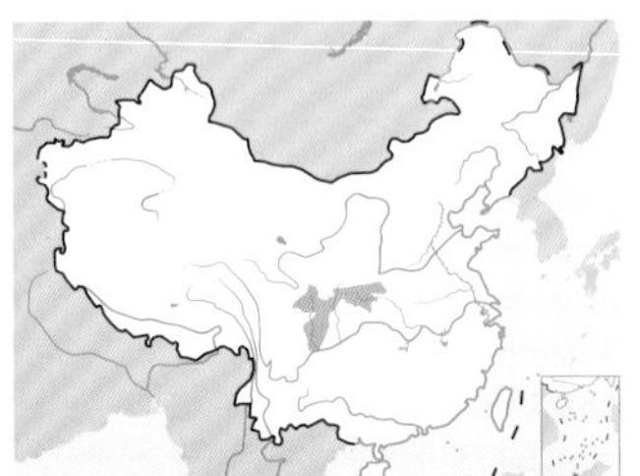

四川旋木雀。左上图钱雄摄，下图董磊摄

䴓类

- 䴓类指雀形目䴓科鸟类，全世界共2属30种，中国有2属12种
- 䴓类体羽松软，翅尖长而尾短，后趾发达，爪长而锐利，适于在树干攀缘
- 䴓类主要栖息于各种山地森林内，在树干上攀缘觅食，行动灵活，既能向上也能向下攀缘，秋季有贮食行为
- 䴓类主要在树洞中营巢，用泥土涂抹巢洞口和巢内缝隙，并以树皮等柔软材料垫巢

类群综述

䴓类指雀形目䴓科（Sittidae）鸟类，它们一类能头朝下在树干上匍匐盘旋、行动灵活的小型鸣禽，十分与众不同。过去一般认为䴓科仅1属，但新的分类系统将原旋壁雀科（Tichodromidae）并入本科，因此全世界共有2属30种，也有的甚至认为原旋木雀科的斑旋木雀属 *Salpornis* 也应归入本科。䴓类广泛分布于欧洲、亚洲、澳大利亚、北美洲一带。中国有2属12种，分布几乎遍及全国各地。

形态 䴓类的鼻孔多覆以鼻羽或垂悬有鼻须；体羽较松软；翅形尖长，第1枚初级飞羽短，长度不及第2枚的一半；尾短小而柔软，尾羽12枚，尾呈方形或略圆，因此不能像啄木鸟那样附在树干上时用尾羽辅助支撑，而是仅凭借坚强的脚爪来攀爬。它们的嘴比较长，强直而尖，呈锥状；跗跖后缘被2片盾状鳞，后趾发达，远较内趾长；爪也较长且锐利，非常适于在树干攀缘。

左：䴓类一起灵活高超的攀缘技巧而与众不同，它们不仅能朝上攀缘，还能头朝下上攀爬。图为头朝下攀缘于树干上的普通䴓。焦海兵摄

下：䴓类营巢于树洞中，并以泥土涂抹洞口，使其大小仅容它们自身出入。图为叼着食物站在巢口的栗臀䴓。吴秀山摄

䴓类大多数种类背面为深浅不一的蓝色至灰色，不少种类的头顶为黑色，而红翅旋壁雀 *Tichodroma muraria* 拥有艳丽的红色翅斑；腹面主要为棕色至白色。

栖息地 主要栖息于各种山地森林中。

习性 性活跃，善于攀缘，多在树冠层活动，有时也沿树干攀缘至树的下部，个别种类也栖于土坡或岩壁上。鸣声相当大，声音似“啡啡哗哗哗”或“哔利哔利”，很特别。

食性 主要以昆虫和虫卵为食，偶尔也啄食坚果。它们喜欢在树干上搜寻食物，尤其是藏在树皮缝隙里的金龟子、螟蛾、象虫等，还能用尖利的喙穿透树皮，把藏在木质内部的小蠹虫、吉丁虫挖出来。

它们在秋季有贮食红松种子等食物的行为，并与杂色山雀等山雀类形成竞争关系，常盗食山雀类储存在树皮裂缝中的食物。贮食行为包括搬运、确定贮食点、储藏3个过程。搬运是指将红松种子从食物堆搬运到贮食点的行为。确定贮食点是指尝试性地进行储藏的行为，与正式的储藏行为有2点区别：一是它们会将藏好的种子再取出，二是藏好后没有掩盖动作。储藏指的是将红松种子放入贮食点、敲击种子、掩盖等一系列行为的总和。贮食过程中还有追逐和驱赶同类的行为、修饰行为等。

繁殖 䴓类营巢于树洞中，多利用啄木鸟的弃巢，有以泥土涂抹洞口的习性。它们除了把一些树皮衔入洞内之外，还衔一些泥土，填补洞内凹陷处，并且涂抹在洞口附近的树皮上和洞口四周，把洞口做成一个小孔，以防止其他动物的破坏。

种群现状和保护 䴓类受胁较严重，仅30种的小类群中就有1种被IUCN列为极危（CR），3种为濒危（EN），2种为易危（VU），受胁比例高达20%。

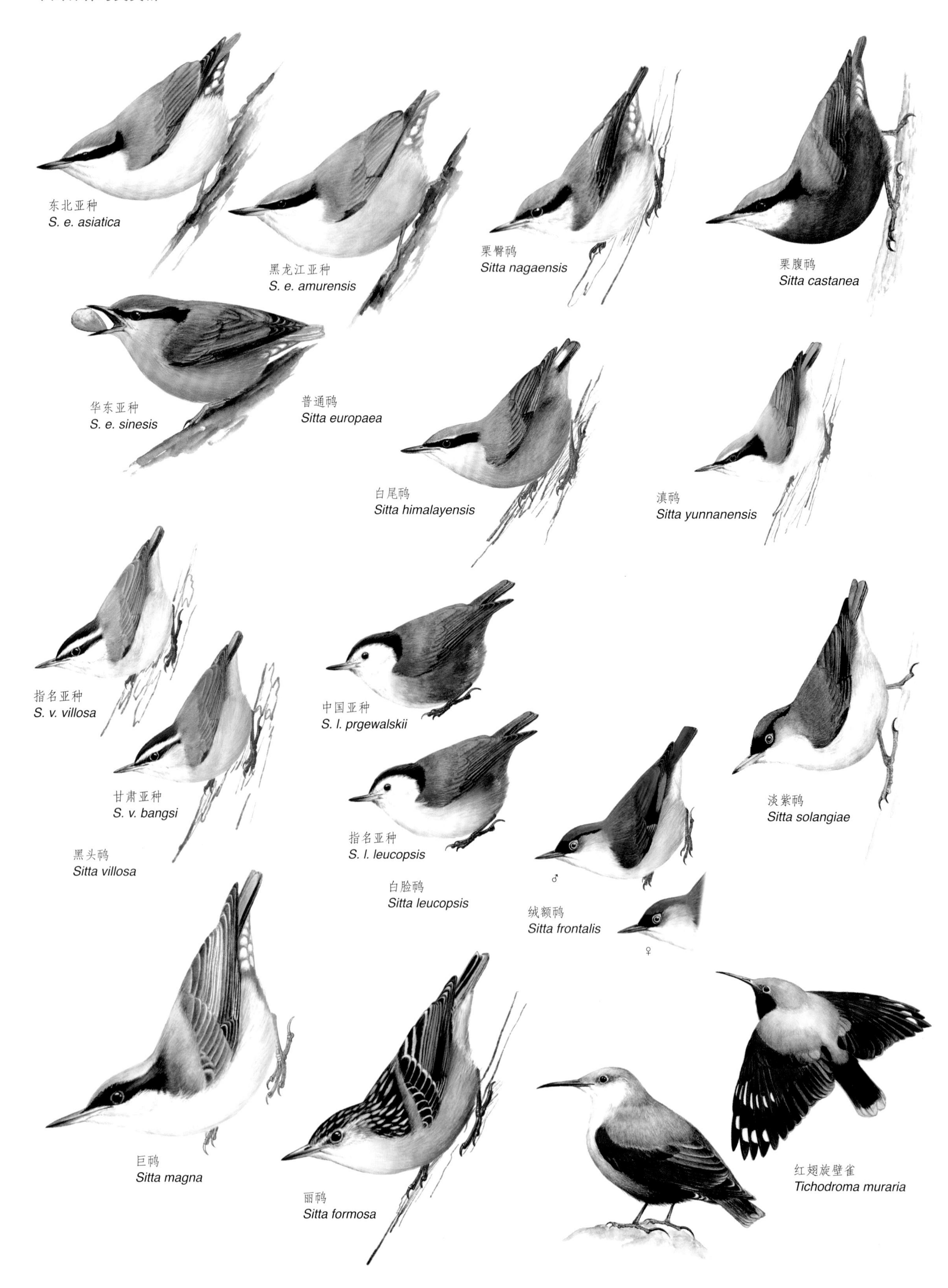
东北亚种
S. e. asiatica
黑龙江亚种
S. e. amurensis
栗臀䴓
Sitta nagaensis
栗腹䴓
Sitta castanea
华东亚种
S. e. sinesis
普通䴓
Sitta europaea
白尾䴓
Sitta himalayensis
滇䴓
Sitta yunnanensis
指名亚种
S. v. villosa
甘肃亚种
S. v. bangsi
黑头䴓
Sitta villosa
中国亚种
S. l. prgewalskii
指名亚种
S. l. leucopsis
白脸䴓
Sitta leucopsis
♂
绒额䴓
Sitta frontalis
♀
淡紫䴓
Sitta solangiae
巨䴓
Sitta magna
丽䴓
Sitta formosa
红翅旋壁雀
Tichodroma muraria

普通䴓

拉丁名：*Sitta europaea*
英文名：Eurasian Nuthatch

雀形目䴓科

形态 雄鸟体长12～15 cm，体重16～23 g；雌鸟体长12～15 cm，体重14～22 g。上体灰蓝色，贯眼纹黑色，自眼先经眼和枕侧一直延伸到肩部，眼上方微白；飞羽黑褐色，外侧羽缘灰蓝色；中央尾羽同背，外侧尾羽黑色而具灰黑色次端斑，最外侧2～3对尾羽具白色次端斑；眼下方的脸颊、颏、喉、下颈、颈侧和胸部均为白色；腹棕黄色、肉桂棕色、皮黄色或白色，两胁棕黄色或栗色；尾下覆羽白色，羽缘和羽端栗色。

分布 在中国分布于东半部南北各地，以及新疆北部和东部包括台湾地区。在国外分布于从欧洲西北和北部一直到日本和东南亚一带的广大地区。

栖息地 栖息于针阔叶混交林、针叶林和阔叶林中，冬季也出现于果园和居民点附近的树林内。栖息地高度在东北地区可上到海拔1800 m的林带上部，在西南部林区可上到海拔3500 m的高山林带。

习性 除繁殖期单独或成对活动以及繁殖后期成家族群外，其他季节多单独或与其他小鸟混群。性活泼，行动敏捷，善于沿树干向上或呈螺旋形绕树干向上攀缘，也能头朝下向下攀爬。常从一棵树干上部飞落到另一棵树干中部或下部，而后向上攀爬。边爬边敲啄树木，并不时发出“zhe-zhe-zhe”的叫声。

食性 主要以昆虫为食，育雏食物则全是昆虫，秋冬季节也食部分植物种子和果实。食物种类以鞘翅目、鳞翅目、半翅目和膜翅目居多，也吃少量蜗牛、蜘蛛等其他无脊椎动物。喜欢吃的植物性食物有红松子、麻子、玉米等。

每年秋季，普通䴓表现出贮食行为，储藏的食物主要为红松子，贮点分散，全天均进行贮食，无明显的贮食高峰期和贮食时段。它们选择贮食地点依次为：着生苔藓的活立木树干 > 枯立木 > 倒木 > 有枯树皮的活立木树干 > 地面，其中冬季是否有雪被是其选择贮点的一个关键因素。

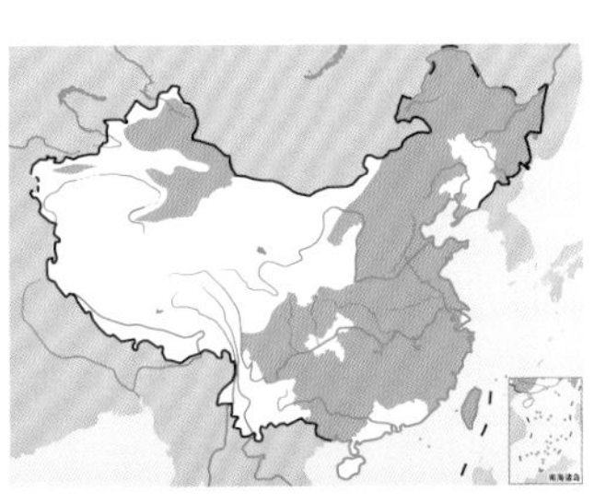

普通䴓。左上图为华东亚种*S. e. sinensis*，刘璐摄；下图为黑龙江亚种*S. e. amurensis*，沈越摄

选定松子后，它们用嘴叼着松子，飞到放置点附近开始选择贮食地点。一般先把种子放入它们认为合适的地点，用嘴敲击松子数次，如果不合适，它会将松子衔出，另找一个地点再次尝试。极少有一次就选定贮点的，一般都会尝试2个以上地点，才能最终确定贮点。

选定贮食地点后，它们将松子放置于贮点内，然后用嘴敲击松子，使之储藏得更深或更结实。敲实后再就近取材掩盖贮点。

有趣的是，它们经常伴随在贮食的松鼠旁边活动，趁松鼠离开球果时盗取松子。也盗取松鼠或星鸦已经储藏好的松子。

繁殖 繁殖期4～6月。3月下旬即开始选择巢址和占区，领域性较强，不仅对同种入侵者，有时对山雀、啄木鸟等入侵者也进行驱赶。4月中下旬开始营巢，营巢在溪流沿岸或潮湿而开阔且有老龄树木的混交林内，在啄木鸟废弃的树洞或自然树洞中。洞口多向东或东南方向，洞口距地高2～23 m，多在3～10 m。

巢材主要有树皮和泥块，树皮主要铺垫在巢底，起到保温和保护卵及雏鸟的作用；泥块主要涂在洞口，将洞口缩小至仅适合普通䴓成鸟进出的大小，防止天敌的进入，洞内壁不平整的地方也常用泥抹平。用泥堵抹后的洞口大小约2.5 cm × 2.6 cm，洞内径随树况而不同，洞深11～26.5 cm。雌雄亲鸟共同筑巢，营巢期10～11天。

巢筑好后雌鸟多在巢内过夜，隔5～6天才开始产卵。1年繁殖1窝，每窝产卵6～12枚，每天产1枚卵。卵粉白色，密被紫褐色斑；也有的呈肉红色，被有不规则的锈褐色斑点，尤以钝端的斑点大而密。卵椭圆形，大小为(18 ～ 21.51) mm × (13.5 ～ 17) mm，重1.5～2.1 g。卵产齐后即开始孵卵，孵卵由雌鸟承担，雄鸟给孵卵的雌鸟喂食，并不时衔回巢材或泥土铺巢和修补洞口。孵卵期间雌鸟恋巢，性甚烈。孵化期17天。

雏鸟晚成性，刚孵出时全身裸露，呈肉红色，仅头、肩和背部具数撮灰色绒羽。雌雄亲鸟共同育雏。经过18～19天的喂养，雏鸟即可离巢，并在亲鸟带领下活动。

种群状态与保护 IUCN和《中国脊椎动物红色名录》均评估为无危（LC）。在中国分布较广，种群数量较丰富，是中国林区常见的食虫鸟类，大量捕食各类森林害虫，在森林保护中意义很大。它们有分散贮食红松子的行为，对红松种子传播也有一定的作用。因此，有必要对它们进行严格保护。

国内相对少见的两个普通䴓亚种。左图为东北亚种*S. e. asiatica*，郑秋旸摄；右图为台湾亚种*S. e. formosana*，沈越摄

栗臀䴓

拉丁名：*Sitta nagaensis*
英文名：Chestnut-vented Nuthatch

雀形目䴓科

体长 12～13 cm。上体石板蓝灰色，有一条长的黑色贯眼纹从嘴基经眼一直延伸到枕；中央尾羽石板蓝灰色，外侧尾羽黑色，具白色亚端斑或斜行白色带斑；头侧、颈侧和下体灰色，两胁栗色；尾下覆羽尖端白色，羽缘栗色。在中国分布于西藏东南部和东部、云南、四川西部和西南部、贵州西部和西南部、江西、福建、广西西部一带。栖息于海拔 1500～3005 m 的针叶林和针阔叶混交林中。IUCN 和《中国脊椎动物红色名录》均评估为无危（LC）。

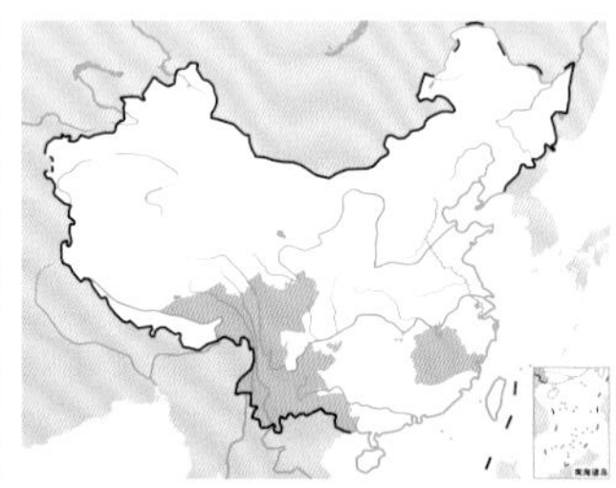

栗臀䴓。左上图沈越摄，下图吴秀山摄

栗腹䴓

拉丁名：*Sitta castanea*
英文名：Chesmut-bellied Nuthatch

雀形目䴓科

体长 13～15 cm。上体石板蓝色，飞羽暗褐色，外侧两对尾羽黑色而具灰色端斑；头侧具一道黑色宽纹，自鼻基沿眼向后达肩部；颏、颊和耳羽白色；下体纯栗色，尾下覆羽黑色而具白端。在中国分布于云南西南部、东南部和西藏东南部。栖息于海拔 500～2000 m 的阔叶林，也见于沟谷林。IUCN 和《中国脊椎动物红色名录》均评估为无危（LC）。

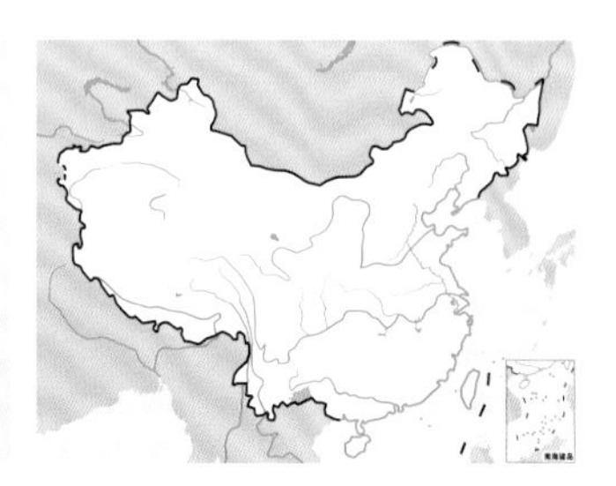

栗腹䴓。刘璐摄

白尾䴓

拉丁名：*Sitta himalayensis*
英文名：White-tailed Nuthatch

雀形目䴓科

体长 11～12 cm。上体蓝灰色，两翼及尾黑褐色，中央一对尾羽的基部白色；前额、眼先黑色，并沿眼、颈侧向后一直延伸到肩，形成一条宽阔的黑色贯眼纹；颏、喉、颊棕白色，其余下体浅棕黄色。在中国分布于西藏南部，云南西部和南部。栖息于海拔 2000 m 左右的针、阔叶混交林中。IUCN 评估为无危（LC），《中国脊椎动物红色名录》评估为近危（NT）。

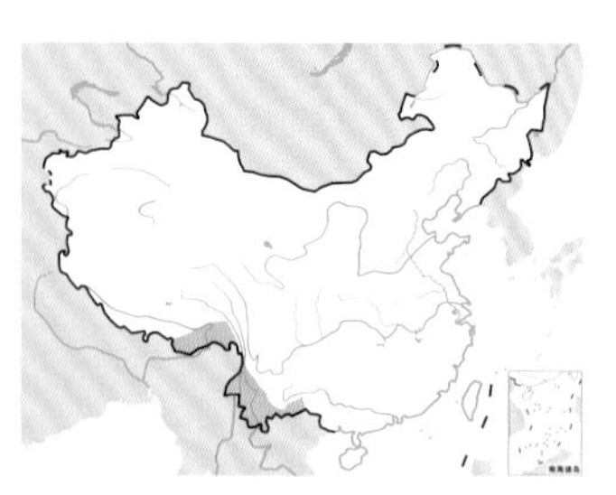

白尾䴓。沈越摄

滇䴓

拉丁名：*Sitta yunnanensis*
英文名：Yunnan Nuthatch

雀形目䴓科

雄鸟体长 8～12 cm，体重 7～15 g；雌鸟体长 10～12 cm，体重 9～13 g。上体蓝灰色或灰色沾蓝色；前额基部黑色，眉纹白色；贯眼纹黑色，与额基的黑色相连，后端止于肩部；两翅黑褐色，翼缘白色，初级飞羽外侧羽缘蓝灰色；颊、耳羽、颈侧、颏、喉棕白色，其余下体灰棕色或淡灰棕色，两胁较深或沾灰蓝色。中国特有鸟类，分布于四川南部和西南部、贵州西部、云南、西藏东南部等地。栖息于海拔 1300 m 以上的中高山针叶林和针阔叶混交林中，夏季有时可上到海拔 4000 m 左右的高山沟谷林。IUCN 评估为近危（NT），《中国脊椎动物红色名录》评估为易危（VU），被列为中国三有保护鸟类。

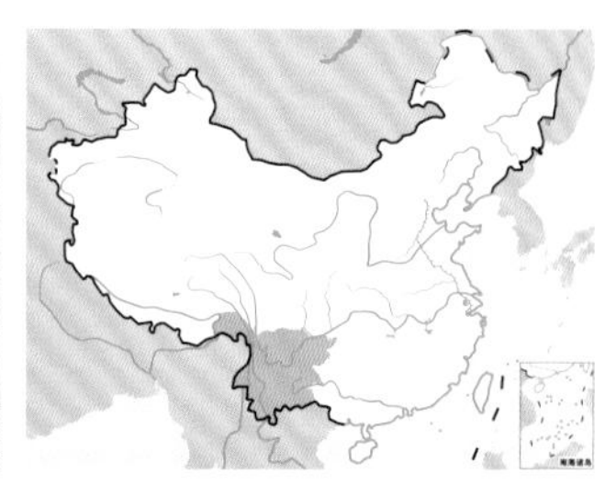

滇䴓。刘璐摄

黑头䴓

拉丁名：*Sitta villosa*
英文名：Chinese Nuthatch

雀形目䴓科

形态 雄鸟体长10～12 cm，体重6～11 g；雌鸟体长9～11 cm，体重8～10 g。额基白色，眉纹白色或白色沾棕黄色，从额基沿眼上向后一直延伸到后枕侧面；头顶、枕至后颈亮黑色；眼先、眼后和耳羽污黑色，耳羽常杂有白色细纹；上体灰蓝色；飞羽黑褐色；脸颊、头侧、颏、喉污白色或近白色，其余下体灰棕色或浅棕黄色；尾下覆羽暗棕灰色，端缘较浅淡。

分布 在中国分布于吉林东部、辽宁、河北北部、北京、山西、陕西南部、内蒙古东部和中部、宁夏北部、甘肃、青海东部、四川西北部等地。国外仅见于朝鲜。

栖息地 主要栖息于海拔800～1500 m的山地针叶林和针阔叶混交林中，特别是油松纯林内，尤在山的中下部阳坡数量较多。冬季常下到低山或山脚地带。

习性 常成对或成家族群活动，有时也常与普通䴓、大山雀、沼泽山雀、北红尾鸲等其他小鸟混合在一起，组成混合群。

性活泼，行动敏捷，常在高大松树中上部的主干、侧枝及树冠顶梢部位灵巧地觅食，多在树木的内侧活动。能头向下绕枝干环状爬行或在树冠枝梢上下攀援，也能沿树干垂直向上或向下攀爬。喜站在树梢顶部左右张望，不时展翅，搜寻食物，大风吹摇树干时仍攀援觅食如常。飞行动作笨拙，常作短距离波浪状飞行。

鸣声有多种。雌鸟声沙哑，雄鸟鸣声急促、清脆、嘹亮而单调，具哨笛之音。

食性 以昆虫为食，蝽科、金花虫科等半翅目和鞘翅目昆虫为多，其次为鳞翅目幼虫、蛹和卵，也吃少量植物性食物。

一般多在树干中上部和树冠层，有时也悬挂于松树球果或树枝叶上啄食，并像啄木鸟一样，能以其镊子形的尖嘴啄取树皮及球果缝隙和表层中的昆虫，有时也能拔掉树皮取食树皮下的昆虫，偶尔也能像鹟类一样在空中捕捉食物，或急降追捕落到地上的昆虫。

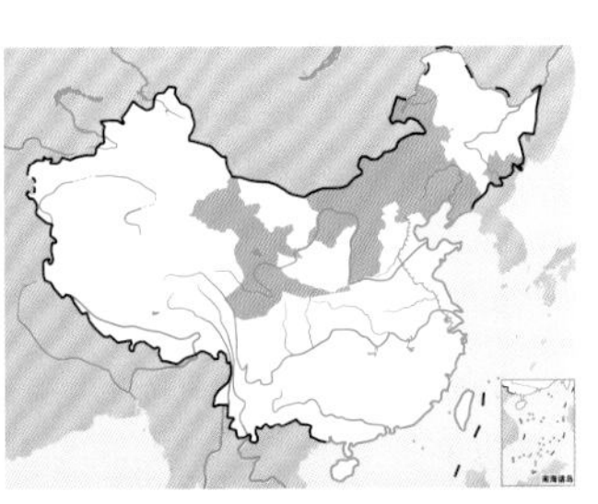

黑头䴓。左上图沈越摄，下图杜卿摄

繁殖 繁殖期4～7月。求偶时，雄鸟常在有站杆的林中不时鸣叫，且多在树尖连连发出“due-jue”的鸣叫声，雌鸟则发出“wei—er”的鸣声，时而清脆时而沙哑，雄鸟围绕雌鸟飞行。高潮时，雄鸟常发出“wei-er”的强烈鸣叫声，雌鸟尾随以“jue-jue”鸣声呼应，两者始终保持10多米的距离。

营巢地多选择在环境开阔、周围无大遮掩、阳光充足和富有老龄树木的针叶林和以针叶树为主的混交林中，喜欢靠近水源的林缘。通常由雌雄亲鸟自己啄洞为巢，有时也利用天然树洞或啄木鸟废弃的树洞。巢洞距地面高低不等，一般为2～15 m，洞口多背风向阳，向东或东南方向，洞口直径3.7 cm × 3.3 cm，洞内径约9.7 cm，洞深约15.8 cm。巢位于洞中，呈浅碟形，巢的大小约为外径6.2 cm × 6.3 cm，内径4.7 cm × 4.7 cm，高5.9 cm，深2.8 cm。主要由松萝和枯树皮铺垫而成，内垫有等兽毛和鸟羽。利用天然树洞或啄木鸟弃洞时，雌雄鸟先清理洞内积物，然后再衔巢材。如在枯立木上啄巢，亦是雌雄共同承担，轮流啄洞。一般从啄洞到营巢完毕需7～10天时间。

巢筑好后即开始产卵，1年繁殖1～2窝，4月末至5月中旬产卵，1天产卵1枚，每窝产卵4～9枚，一般在早晨四五点产出。卵白色，被有朱红色或紫红色斑点，尤以钝端较多，也有少数集聚于尖端的。卵大小为(15～17) mm × (12～13) mm，重1.2～1.8 g。卵产齐后即开始孵卵，由雌鸟承担，日孵卵时间长达10小时以上。雄鸟衔食喂雌鸟，并衔柔软垫物将卵覆盖和隔开，有时也衔一些羽毛、兽毛等内垫物修整巢和衔泥土涂抹巢口，偶而可见雌雄同时外出觅食。孵化期15～17天。

雏鸟晚成性。雏鸟孵出较为整齐，一般在1～2天内即可全部孵出。初孵幼雏眼闭，耳不明显，全身裸露，仅头顶有稀疏绒羽。此时，亲鸟常在巢中展翅护雏，而且护雏行为极为强烈。育雏由雌雄亲鸟共同承担。亲鸟喂雏频繁，整个育雏期雌雄亲鸟育雏次数基本相当。在育雏期间，亲鸟十分机警，进巢喂雏及出巢时，都要先在巢口环视片刻四下张望，如无动静才从巢口飞入飞出。雌雄亲鸟在交替喂雏的同时，随时将雏鸟粪衔出巢外。

初孵幼雏发育较慢，绒羽期历经9天，进入针羽期发育加快，针羽期3天，片羽期4天，齐羽期3天，之后出巢，前后历时20～22天。随着雏鸟的日益长大，其喂食次数和喂食量也相应递增，整个雏期的喂雏次数出现3次高峰，分别在6、13、18日龄。

幼雏多在下午天气较暖时出巢。初出巢的雏鸟不能自行捕食，还须由亲鸟饲喂。亲鸟反复在巢区附近的树上引领幼鸟练习飞行和扑食本领。三五天后，亲鸟才带领幼鸟远离巢址到林缘活动，离去前还要将巢材翻乱。

种群状态与保护 IUCN评估为无危（LC），《中国脊椎动物红色名录》评估为近危（NT）。黑头䴓主要分布于中国，大量捕食各类树干害虫，在森林保护中很有意义，应该得到严格保护。

白脸䴓

拉丁名：*Sitta leucopsis*
英文名：White-cheeked Nuthatch

雀形目䴓科

体长 11～12 cm。额、头颈、枕以及后颈两侧辉黑色；上体暗蓝灰色，腰部和尾上覆羽浅；眼先、眼上方、头侧、颏以及喉棕白色；胸和腹部中央转呈浅棕黄色至棕黄色，腹侧、胁部、尾下覆羽均为栗色。在中国分布于陕西南部、甘肃南部、西藏东部和东南部、青海东北部、云南北部、四川等地。栖息于海拔 2000～3500 m 的高山针叶林和针阔叶混交林内。IUCN 评估为无危（LC），《中国脊椎动物红色名录》评估为近危（NT）。

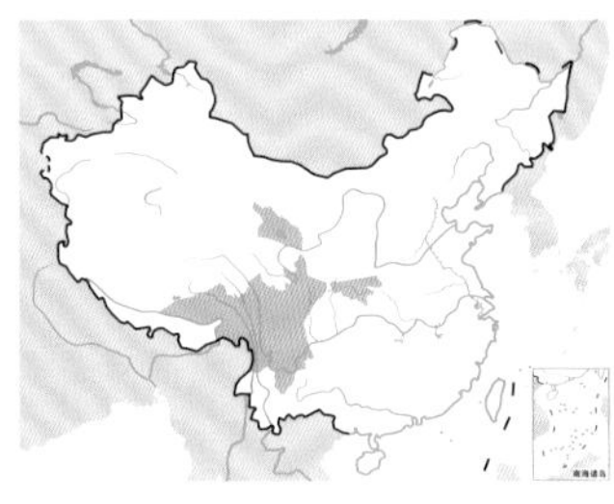

白脸䴓。韦铭摄

绒额䴓

拉丁名：*Sitta frontalis*
英文名：Velvet-fronted Nuthatch

雀形目䴓科

形态 雄鸟体长 10～13 cm，体重 11～16 g；雌鸟体长 10～13 cm，体重 11～17 g。额和眼先绒黑色，头顶蓝色，头顶近额部浅亮紫色或近紫白色，向后转为紫色；眼后具黑色细眉纹；上体紫蓝色；两翅黑色，具天蓝色斑；尾羽黑色，外侧羽缘和先端紫蓝色；颏、喉白色，其余下体烟灰棕色或淡葡萄棕色。虹膜金黄色；嘴朱红色或深红色。

分布 在中国分布于西藏东南部、云南南部和西部、贵州中部和南部、广东、广西西南部、海南等地。在国外分布于缅甸、泰国、越南、斯里兰卡、印度、马来西亚、菲律宾和印度尼西亚等地。

栖息地 栖息于常绿阔叶林和针阔叶混交林中，也出现于沟谷、山坡、公路边或村寨附近的树丛内，夏季可达海拔 2000 m 左右。

习性 除繁殖期外多成群活动，群体结构较松散，每群数量多由几只到 10 多只组成。树栖性，多在乔木上活动，有时也与其他小鸟混群在小树和灌丛上活动。性活泼，行动敏捷，能沿树干上下攀缘。常常边叫边觅食树干缝隙中的昆虫和虫卵，有时也在地面觅食。

食性 以昆虫为食，主要有鳞翅目幼虫、甲虫、蝉等。

繁殖 繁殖期 3～6 月。在海拔 700～1800 m 的阔叶林和混交林中营巢，巢多筑于阔叶树天然树洞中，也利用啄木鸟废弃的树洞，有时也将一些裂隙扩大成适合的巢洞。偶尔也用泥土涂抹洞口，以缩小洞口直径。洞内垫有细草、苔藓或羽毛。巢洞口直径约为 5 cm，洞深约 12 cm，巢宽约 6 cm。每窝产卵 3～6 枚。卵白色，长椭圆形，大小为（16～18）mm×（12.3～13.8）mm。

绒额䴓。左上图张小玲摄，下图杜卿摄

种群状态与保护 IUCN 评估为无危（LC），《中国脊椎动物红色名录》评估为数据缺乏（DD）。在中国局部地区种群数量尚较丰富，但也需要严格保护。

淡紫䴓

拉丁名：*Sitta solangiae*
英文名：Yellow-billed Nuthatch

雀形目䴓科

雄鸟体长 12～14 mm，体重 14～17 g；雌鸟体长 11～13 mm，体重 12～16 g。前额和眼先绒黑色，头顶葡萄紫色；不规整的黑色眉纹；耳至颈侧葡萄棕色；上体灰蓝色而沾紫色；翅黑褐色而具天蓝色斑；颏、喉白色，其余下体黄棕色或沙棕色；翼下覆羽黑色，具一显著的白斑。虹膜金黄色或黄褐色；嘴黄色。似绒额䴓，但嘴颜色不同。在中国仅分布于海南岛。栖息于茂密的山地森林中。UCN 评估为近危（NT），《中国脊椎动物红色名录》评估为易危（VU），被列为中国三有保护鸟类。种群数量十分稀少，应该得到严格保护。

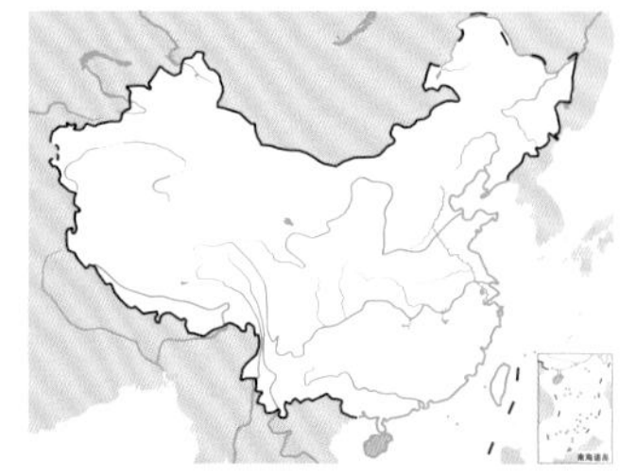

淡紫䴓。刘璐摄

巨䴓

拉丁名：*Sitta magna*
英文名：Giant Nuthatch

雀形目䴓科

体长 17～20 cm。额至头顶白色或灰白色，眼先、眉纹黑色，并延伸到后颈，颊和耳羽污白色；上体均为暗蓝灰色；两翼暗褐色，各羽均缘以淡蓝灰色；尾羽褐色，中央一对尾羽带淡蓝灰色，外侧尾羽端部色淡并具白色块斑；颏和喉纯白色，颈部灰白色，胸及腹转为淡蓝灰色，尾下覆羽栗色而具白色端斑。在中国分布于云南、四川南部、贵州西南部、广西西南部。栖息于海拔 1000～2000 m 的山地针叶林和针阔叶混交林中。IUCN 和《中国脊椎动物红色名录》均评估为濒危（EN），被列为中国三有保护鸟类。

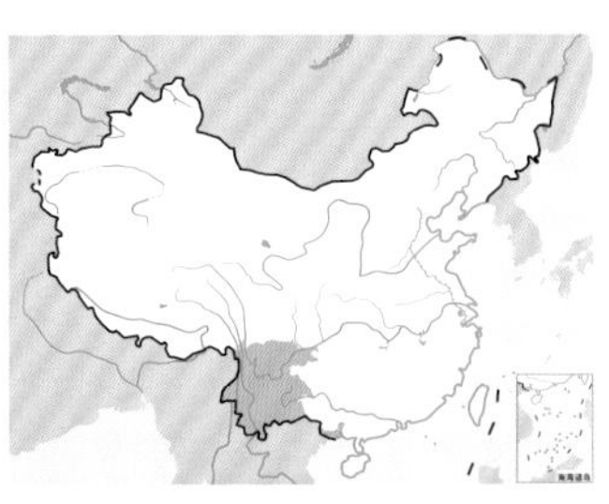

巨䴓。左上图杜卿摄，下图韦铭摄

丽䴓

拉丁名：*Sitta formosa*
英文名：Beautiful Nuthatch

雀形目䴓科

体长 16～18 cm。整个上体具光泽；额、头顶、枕至上背黑色，额基、眼先、眼周及眼后为白色，颈侧羽端白色，形成鲜明的短纹；下背至尾上覆羽钴蓝色；两翼辉黑色，初级覆羽和外侧飞羽外缘以紫蓝色，大覆羽、中覆羽及内侧飞羽具白色宽缘；中央尾羽紫蓝色，其余尾羽黑色；颏、喉和颈侧棕白色或近白色，其余下体主要为棕栗色。在中国分布于云南南部。栖息于海拔 1300～2000 m 的常绿阔叶林和混交林中。IUCN 评估为易危（VU），《中国脊椎动物红色名录》评估为濒危（EN），被列为中国三有保护鸟类。

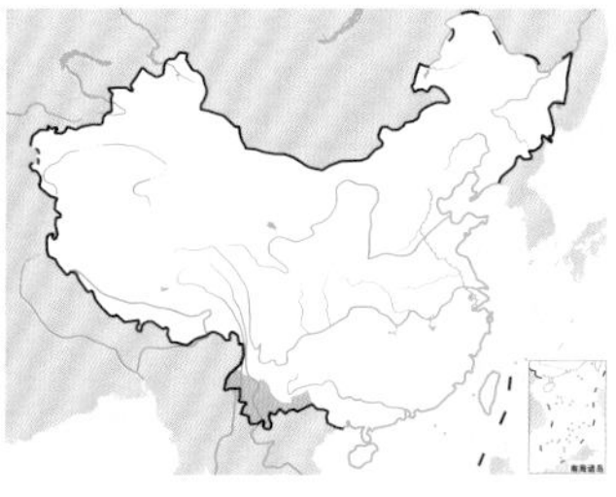

丽䴓。李利伟摄

红翅旋壁雀

拉丁名：*Tichodroma muraria*
英文名：Wallcreeper

雀形目䴓科

体长 12～17 cm。额、羽冠和枕灰色染棕色；眼先灰黑色，眼周微呈白色；头、颈与上体深灰色；飞羽黑色，羽端微呈白色，除外侧三枚初级飞羽外，其余外侧羽片基部为粉红色，中覆羽、小覆羽胭红色，在翅上形成大型红色翅斑；尾羽基部渲染粉红色，中央尾羽黑色而具灰色端斑，外侧尾羽具逐渐变大的白色次端斑；颊、颏、喉黑色，下体灰黑色。在中国除黑龙江、吉林、浙江、湖南、广西、台湾、海南外几乎遍布全国。栖息于平原地区的山地至海拔 5000m 以上的高山，常见于悬崖峭壁上，或亚热带常绿阔叶林和针阔叶混交林带中的山坡壁上。IUCN 和《中国脊椎动物红色名录》均评估为无危（LC）。

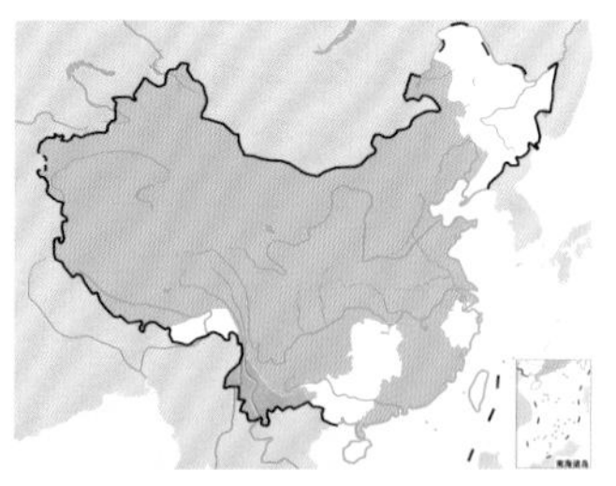

红翅旋壁雀。沈越摄

鹪鹩类

- 鹪鹩类指雀形目鹪鹩科鸟类，全世界共19属88种，中国仅1属1种
- 鹪鹩类羽色暗淡并密布斑点或斑纹，十分隐蔽，尾短小而常上翘
- 鹪鹩类多栖息于森林中茂密的林下层，性活泼而胆怯，善鸣啭
- 鹪鹩类繁殖行为多样，筑复杂的带顶巢，通过鸣啭求偶和确立领域

类群综述

鹪鹩类指雀形目鹪鹩科（Troglodytidae）鸟类，共有19属88种，分布于欧亚大陆、非洲北部、北美洲、中美洲和南美洲。它们是非常小巧而活跃的鸣禽，也是世界上最受人们喜爱的鸟类之一，经常出现于各种传说和民间故事中。它们的嘴长直细窄，无嘴须，鼻孔无羽毛掩盖。初级飞羽为10枚，第一枚长度约为第二枚的一半，使翅膀显得圆而钝，从而赋予了它们很好的机动性，但直线飞行能力相对较弱，这是生活在茂密、拥挤的栖息地鸟类所具有的典型特征。它的尾短小而柔软，常向上翘起。脚比较强壮，跗跖前缘被有盾状鳞。

根据行为习性，鹪鹩类可划分为两大类，其中占多数的是栖息于森林中茂密林下层的小型种类，它们的体羽具有保护色，行踪隐秘，喜欢独居，善于攀缘，常穿梭于浓密的植被中觅食昆虫和其他小型动物。此外，还有种类占少数、但体形相对大得多的曲嘴鹪鹩类，生活在更为开阔的中美洲半沙漠地带。鹪鹩科学名“Troglodytidae”的意思是“洞穴居住者”，源于它们筑封闭式巢的习性，同时也指出了它们那种隐秘的日常行为。

中国仅有1属1种，即鹪鹩 *Troglodytes troglodytes*，分布于中国大部分地区。它也是鹪鹩类在旧大陆的唯一代表，分布范围十分广泛，从美国东部向西一直延伸到冰岛一带。

形态 鹪鹩类雌鸟通常略小于雄鸟，一般体长7.5～12.5 cm，体重8～15 g，但最大的种类——大曲嘴鹪鹩 *Campylorhynchus chiapensis* 体长可达20～22 cm。它们属于“保守”的鸟类，身体上很少着鲜艳的颜色，因此在野外很容易被忽视。这种暗淡的体羽是生活在茂密森林中的鸟类共同特点之一，因为在这种环境中视觉交流信号的作用不大。它们雌雄之间的羽色相似，体羽大多为相当暗淡的棕褐色、肉桂色、灰褐色或黑褐色，也有黑色和白色，并被有细的横斑或斑点，下体为浅色，有时具斑纹。幼鸟则具有更多的斑点或斑纹。不过，有些种类，尤其是苇鹪鹩类和林鹩类，对这些有限的色调进行了一些组合，也取得了很好的效果，因而具有独特的魅力。

栖息地 鹪鹩类生活于多种类型的栖息地中，包括北温带北部森林地带和亚北极地区的丛林、针叶林、落叶林、芦苇荡、多岩石的半沙漠、沙漠、岩崖、低地热带雨林，等等。其中，在水道边植被茂密的下层丛林和灌丛中最为常见。

习性 鹪鹩类虽然体羽颜色比较暗淡，但却以圆润宏亮、丰富多样的鸣啭而见长，是著名的鸣禽，从单音节口哨声到包含数百个音节的鸣啭以及动听而复杂的对唱齐鸣，多种多样。在繁殖期内有些种类能发出的优美“二重唱”，而且配合得天衣无缝。分布于北美洲的卡罗苇鹪鹩 *Thryothorus ludovicianus* 以能发出“啼～可陀，啼～可陀”的十分悦耳的鸣声而著称。

食性 鹪鹩类的食物是以昆虫、蜘蛛等为主的各种无脊椎动物，特别是蝴蝶和蛾的蛹及成虫。不过，这也使得它们在昆虫匮乏的地区难以生存下去。为了应对食物短缺的威胁，一些种类发展了迁徙习性，在这方面表现最为突出的是鹪鹩、莺鹪鹩 *Troglodytes aedon* 和长嘴沼泽鹪鹩 *Cistothorus palustris* 等生活在高纬度地区的种类。

繁殖 鹪鹩类具有各种各样的社群行为，呈现出丰富的多样性。许多鹪鹩类为单配制，而主要分布于中美洲地区的曲嘴鹪鹩类以家庭为单位生活，并发展出一种合作繁殖机制，长大的后代会协助亲

左：鹪鹩类十分娇小可爱，羽色暗淡并密布斑点或斑纹，常高声鸣唱并将短小的尾羽向上翘起。图为站在灌丛上鸣唱的鹪鹩。林红摄

鸟抚育在它们之后出生的雏鸟。

鹪鹩类都喜欢筑复杂的带顶巢，不仅用来产卵育雏，也是它们的群栖之处，以及雄鸟求偶的舞台。在有些种类中，雄鸟会筑巨大的巢。它们同时也是精力旺盛的优秀歌手。生活于欧洲和北美洲的一雄多雌制鹪鹩类上述两种行为均达到了极致，其原因可能是雌鸟择偶所带来的性选择，以及雄鸟之间激烈竞争的结果。

在一雄多雌制的种类中，雄鸟的鸣啭既用以维护领域，也用来吸引异性，某只雄鸟在一个繁殖期吸引 5 只雌鸟进行交配是司空见惯之事。每天清晨，相邻的雄鸟会花大量的时间为划分清晰的领域边界相互回应对方的鸣声。当一只雌鸟进入领域后，雄鸟就会展开强烈的求偶攻势，边鸣啭边引着雌鸟围绕它筑好的巢转。鹪鹩和莺鹪鹩的雄鸟会一次性筑 3～4 个巢，同时供自己炫耀及雌鸟繁殖用。不过，由于把大量时间都花在吸引异性上，因此鹪鹩和长嘴沼泽鹪鹩的雄鸟从不孵卵，只是在繁殖期临近尾声时会帮助雌鸟喂雏。

巢大多悬于植被、洞穴或突出物上，有顶，入口在侧面，有时带通道。巢一般深 8～12 cm，宽 6～10 cm，但棕曲嘴鹪鹩 *Campylorhynchus brunneicapillus* 的巢深可达 60 cm，宽 45 cm。窝卵数在北温带地区最多可达 10 枚，但在热带地区的种类大多为 2～4 枚。卵为白色，带有红斑。孵化期 12～20 天。雏鸟留巢期 12～18 天。

种群现状和保护　鹪鹩类目前有 2 种被 IUCN 列为极危，3 种为濒危（EN），3 种为易危（VU），受胁比例略低于世界鸟类整体受胁水平。但中国分布的鹪鹩是鹪鹩科分布最为广泛的种类。

鹪鹩

Troglodytes troglodytes

鹪鹩

拉丁名：*Troglodytes troglodytes*
英文名：Eurasian Wren

雀形目鹪鹩科

形态 体长9～11 cm，体重7～13 g。眉纹及头侧淡棕色，头侧具棕黑色小点和棕白色细纹；上体主要为栗褐色，腰和尾上覆羽棕红色，上背至尾均满布黑褐色细横斑；下体主要为栗褐色，但颜色稍淡，胸、腹密杂以黑褐色横斑。尾短小，常垂直上翘。

分布 在中国分布于东北、华北至西南地区和东部沿海，以及宁夏、甘肃、青海、新疆西北部等地，其中大部分地区为留鸟，也有部分在东部、东南部和南部沿海地带越冬。国外分布于欧洲、非洲北部、亚洲北部和东部、北美洲等北半球的广大地区。

栖息地 主要栖息于阔叶林、针阔叶混交林、针叶林、次生林等各种类型的森林中，从山脚平原到海拔5000 m左右的高山苔原地带均有分布，尤以潮湿阴暗的沟谷和林下多倒木和枯枝落叶堆的森林、河谷和林缘地带较为常见。

习性 平时喜欢在倒木下、枝叶堆、洞穴、石头缝隙和灌木丛中出入。地栖性，一般不高飞，多贴地面直线飞行，飞不多远又落下，飞行迅速而敏捷。除繁殖期间成对和呈家族群外，其他一年中的大部分时间都单独活动。性活泼而胆怯，善于藏匿，遇到危险常隐没于灌木丛或倒木下或乱石堆中，并迅速逃往他处。多在地上落叶层、倒木堆和岩石间觅食。整天多数时候都在忙忙碌碌地觅食，偶尔也见停歇在倒木、岩石和灌木枝上休息，有时也站在距地1～2 m高的树木低枝处和倒木上鸣唱。鸣唱时两翅微张，仰头翘尾，全身抖动，并发出连续而急促的清脆叫声，其声似"quaci、quaci、quaci、quaci……"可连续鸣唱10秒左右。

食性 主要以昆虫及其幼虫为食，也吃蜘蛛和少量浆果等其他无脊椎动物和植物性食物。

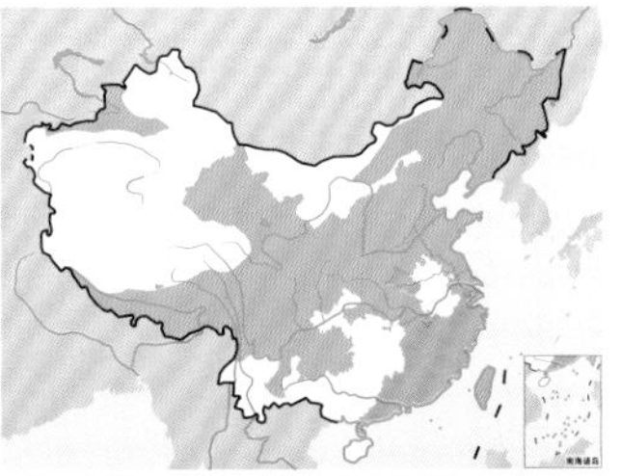

鹪鹩。左上图沈越摄，下图吴秀山摄

鹪鹩的筑巢生境和巢。贾陈喜摄

繁殖 繁殖期5～7月。4月中旬即开始配对。5月上旬开始营巢。多营巢于河流与小溪岸边阴暗潮湿的树根、倒木下、岩石缝隙和树洞中，也在废弃的林中小屋顶缝和墙壁洞穴中营巢，也发现在枝丫堆下和桥下营巢。营巢由雌雄鸟共同承担，以雌鸟为主，雄鸟常站在巢附近鸣唱，远没有雌鸟营巢积极。取材范围多在巢址10～30 m以内，有时甚至近至2 m内取材。巢呈球形，侧面开口，开口随营巢洞的变化而有所差异，有的出入孔径较长。巢主要由苔藓构成，杂有少许松针和树叶，内垫有羽毛。巢的大小为外径12 cm × 14 cm，内径6 cm × 6 cm，出入口2.8 cm × 2.8 cm。巢较隐蔽，结构也较紧密，每个巢营巢时间10天左右。巢筑好后即开始产卵，日产1枚，偶有隔天产1枚卵的，每窝产卵4～8枚，多为5～7枚。卵白色，被有红褐色斑点，尤以钝端较密，卵的大小为（16.4～18.1）mm ×（10.3～13）mm，重1～1.4 g。卵产齐后即开始孵卵，孵卵由雌鸟承担，孵化期13～14天。留巢期16～17天。

种群状态与保护 IUCN和《中国脊椎动物红色名录》均评估为无危（LC）。在中国分布较广，种群数量较丰富，是一种很有益的森林鸟类，应注意保护。

河乌类

- 河乌类指雀形目河乌科鸟类，全世界仅1属5种，中国仅2种
- 河乌类体形圆胖，尾短粗，体羽致密而结实，主要为褐色、棕褐色、灰色和黑色
- 河乌类栖息于山地森林中清澈的溪流环境，善于在水下觅食，并常站在水中栖木上抖动身体沾水炫耀
- 河乌类营巢于水边的各种洞穴和缝隙中，主要以苔藓为巢材，垫以草和枯叶

类群综述

河乌类指雀形目河乌科（Cinclidae）鸟类，仅1属5种，即河乌 *Cinclus cinclus*、褐河乌 *C. pallasii*、美洲河乌 *C. mexicanus*、棕喉河乌 *C. schulzi* 和白顶河乌 *C. leucocephalus*。相对于其种类和数量而言，它们的分布范围却显得非常广泛，可见于北美洲和南美洲的西部、欧洲、非洲北部、亚洲等地。中国有1属2种，即河乌、褐河乌，分布遍及全国各地。

河乌类是独特的水栖小型鸟类，有两个独特的习性，一是能在水流湍急的溪流底部轻松自如地游来游去；二是善于在溪流中的栖木上，整个身体上下摆动，同时不断眨动它们的白色眼睑——这种奇异的炫耀行为恰好与它们的英文名“Dipper”（意为沾水的鸟）相符。但分布于南美洲西部的白顶河乌、棕喉河乌既丧失了水下觅食的习性，也没有了沾水炫耀这一其他河乌类的标志性动作。

形态 河乌类身体呈流线型，但略显臃肿，所有种类看上去都是胖而圆、尾短粗、深颜色的模样。体长15～17 cm，体重60～80 g。它们的鼻孔有膜掩盖，无嘴须，但口角具绒绢状短羽；翼短圆；尾甚短，尾羽12枚；跗跖长而强健，具靴状鳞；爪发达；嘴细窄而直，尖端微向下曲。

由于适应水域生活，体羽致密而紧实。雌雄的羽色相似。体羽主要为褐色、棕褐色、灰色和黑色，有时嘴周围、背部或头顶为白色。幼鸟通常具有横斑。

栖息地 河乌类的栖息地类型基本一致，通常都是在山地森林中清澈的溪流环境中，常见于岸边或溪流中露出水面的石头上。因此，人们第一次邂逅它们时往往只看见一只圆胖的深色小鸟一头扎进水流湍急的小溪便消失不见了。

习性 河乌类会在浅水中涉水觅食，也能在水面游泳，更善于潜入水中，或者在水底行走捕食。某些种类可在水下逗留长达30秒，不过大部分潜水时间较短。它们有加厚的羽毛用以防水和绝热，高度发达的胸部肌肉组织使它们的短翅能够在水下拍动。河乌的尾脂腺也异常发达，从而保证了羽毛具有一流的防水性，当它们出水时，水滴直接从体羽上滚落下来而不会沾湿羽毛或皮肤。只要溪流不完全封冻，河乌类可在–45℃的严冬里生存，甚至能够在冰下觅食。河乌类都会发出一种“吡”的刺耳的尖叫声，此外也会有颤音丰富的鸣啭。

河乌类的换羽期很短也很隐秘，其中美洲河乌会暂时丧失飞行能力。

食性 河乌类的食物以水栖的昆虫幼虫为主，尤其是蜉蝣、石蛾等，也吃甲壳动物和软体动物，偶尔吃蛙、蝌蚪和小鱼。

繁殖 河乌类在夏、冬两季具有很强的领域性，通过伸颈炫耀和驱逐入侵者来维护它们的领域。领域的大小取决于溪流的河床可觅食的程度。它们在食物最丰富的早春进行繁殖，通常为单配制。雌雄共同筑巢，一般历时14～21天，但雌鸟分担其中大部分的工作。

巢筑于水边岩石洞穴或树根之间、小的悬崖上、桥下或墙壁上，一般位于急流上方，有时会筑于瀑布后面，成鸟穿过瀑布进出。巢为大型圆顶结构，但很隐蔽，可能是因为筑在缝隙中的缘故，也可能是外层的苔藓使巢很好地融入了周围环境中。巢由苔藓筑成，里面衬以草和枯叶。窝卵数3～7枚，卵白色。孵化期16～17天，雏鸟留巢期22～23天。双亲共同喂雏。离巢后雏鸟就需要自己去觅食。令人惊奇的是，雏鸟在会飞前便能自如地游泳和潜水。

左：河乌类是罕见的善于在水下觅食的雀形目鸟类，并常站在水中栖木上抖动身体沾水炫耀。图为捕食出水的河乌。吴秀山摄

河乌类的特别之处还在于它们会使用同一个巢来育第二窝雏，当然通常需要重新垫以衬材，连续重复使用可达4年之久。

与人类的关系 人类造成的各种形式的水质恶化都会对河乌类带来巨大的威胁，诸如工业污染和酸化，矿业和农业发展导致的水流淤塞，以及农业废物排放造成的水质富营养化等。此外，河流和溪流的改道则会破坏栖息地。

种群现状和保护 除棕喉河乌被IUCN列为易危（VU）外，其他河乌类均为无危（LC）。

河乌

拉丁名：*Cinclus cinclus*
英文名：White-throated Dipper

雀形目河乌科

形态 雄鸟体长16～20 mm，体重56～70 g；雌鸟体长15～19 mm，体重52～55 g。前额、眼先、头顶、头侧、后颈、颈侧和上背栗褐或淡棕褐色，眼缘缀有白色；其余上体灰褐色或暗灰色，羽缘和羽中央黑色；翅褐色，羽缘暗灰色；尾灰褐色；颏、喉、胸白色，其余下体栗褐或黑褐色，腹部中央和尾下覆羽羽端缀有白色，有的颏、喉、胸一直到腹部均为白色。虹膜淡褐色；嘴黑色或黑褐色；脚暗褐色或黑色。

分布 在中国分布于新疆、甘肃、西藏、青海、四川和云南西北部。国外分布于欧洲至亚洲西部和中部，以及非洲西北部一带。

栖息地 栖息于海拔800～4500 m的山区溪流与河谷，尤以流速较快、水清彻的沙石河谷地带较常见。

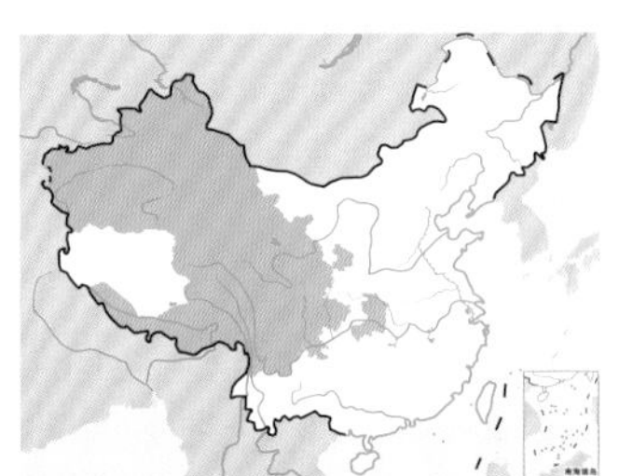

习性 常停歇在河边或水中露出水面的石头上，尾上翘或不停地上下摆动，有时也见沿河谷上下飞行。飞行时两翅扇动较快，飞行急速，且紧贴水面，也能在飞行中游泳和潜入水底，并能在水底石上行走，甚至能逆水而行。游泳和潜水时主要靠两翼驱动。常单独或成对活动，性机警，行动敏捷，起飞和降落时发出尖厉的叫声，在水中觅食。

冬天，随河面封冻水面逐渐缩小，河乌聚集成小群活动和觅食，一般以2～7只为多。主要集中在封冻河道的冰洞及一些常年不冻的水域附近。

食性 主要以蚊、蚋等水生昆虫、昆虫幼虫、小型甲壳类、软体动物、鱼等水生动物为食，偶尔也吃水藻等水生植物。

繁殖 繁殖期3～7月。通常在入冬前就已配对。春天，随着冰雪融化，水面扩大，河乌小群逐渐解体分散，3月初出现婚飞、婚鸣、炫耀等行为。

4月以后，河道大面积解冻，河乌即开始筑巢，并可持续到7月上旬。巢区的直径一般在600～1600 m，相邻两巢巢区不重叠。多营巢于山溪急流边的石隙中，也在河边洞穴、突出的岩石、树根下或岩石缝隙中营巢，或隐蔽不易发现的桥墩上。巢呈球形、椭圆形或碗状等，侧面开口，主要由苔藓、细根、枯草、柳树叶

河乌。左上图为西藏亚种*C. c. cashmeriensis*，吴秀山摄；下图为新疆亚种*C. c. leucogaster*，沈越摄

游泳捕食的污色型河乌。张明摄

等材料构成，内垫以羊毛、纸片、毛发和软的苔藓等。筑巢工作由雌雄亲鸟共同进行但有明显分工，外层及中间由雄鸟完成，衬垫由雌鸟完成。亲鸟每天衔运巢材 50 次左右，最高可达 80 次。若亲鸟在当年繁殖 2 窝，则在第一窝离巢前 1～2 天，在原巢址附近开始修筑新巢，同时继续饲育第一窝雏鸟，也有在旧巢的基础上清理改建为新巢的。

每窝产卵 3～7 枚，多为 4～6 枚。卵为椭圆形和尖椭圆形，白色，大小为（21～30）mm×（16～20）mm。孵化期 15～17 天。孵卵工作由雌鸟承担，且孵化期间雌鸟自行觅食，雄鸟很少给卧巢的雌鸟喂食。随着孵化的进展雌鸟卧巢时间逐渐延长，由初期的 20 分钟逐渐延长到 2 小时。在孵化过程中，雌鸟的恋巢性极强，在危险的情况下才飞离巢外 10 多米处，鸣叫并观察周围的动静，当危险解除后又立即回巢继续孵卵。

雏鸟在 2～3 天内全部出壳。雏鸟晚成性。刚孵出的雏鸟全身裸露无羽，体为肉红色，头大颈细而长，不能站立；5～6 日龄翅上开始出现黑色羽鞘；10 日龄各级飞羽羽轴已开始长出黑灰色羽鞘；13～14 日龄双腿可颤抖着站立片刻，趾已能抓握物体，各羽羽轴破鞘；18～19 日龄绒毛已全部脱落，全身覆羽，背灰褐色，腹灰白色并具褐色斑纹，可站立行走；22 日龄活动能力增强，能跳跃，亲鸟喂食次数减少，并在巢附近鸣叫引诱雏鸟出巢；23 日龄雏鸟全部出巢，在离巢 5～20 m 的石头或沙滩上过夜，此时雏鸟能在水中潜水行进 5m 左右，但仍需亲鸟喂食；24～25 日龄雏鸟已离巢活动，在亲鸟带领下学习短距离飞行和觅食；26～28 日龄雏鸟常独立觅食，亲鸟偶尔给雏鸟喂食几次即离开；28 日龄雏鸟羽毛完全丰满，并具较强的飞行能力，开始了独立生活。

种群状态与保护 IUCN 和《中国脊椎动物红色名录》均评估为无危（LC）。在中国尚较常见，但也需要进行保护。

褐河乌

拉丁名：*Cinclus pallasii*
英文名：Brown Dipper

雀形目河乌科

形态 雄鸟体长 18～24 mm，体重 57～120 g；雌鸟体长 19～23 mm；体重 65～137 g。眼圈白色，常为周围的黑褐色羽

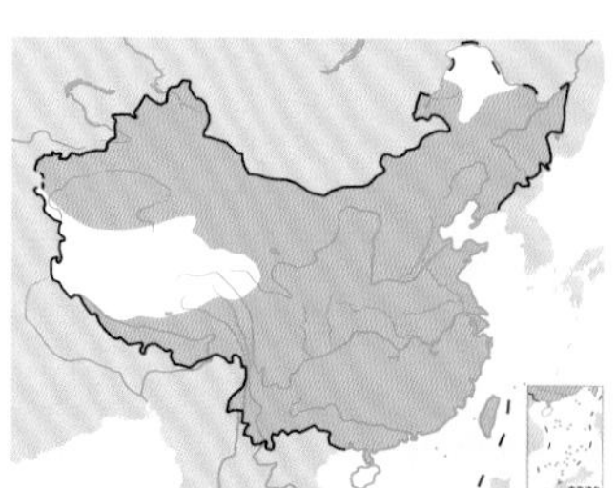

褐河乌。唐文明摄

给离巢幼鸟喂食的褐河乌。冯瑞明摄

毛遮盖；全身羽毛为黑褐色或咖啡黑色，背和尾上覆羽具棕色羽缘；两翅黑褐色，翅上覆羽深咖啡色，羽缘较浅淡；初级飞羽外侧具咖啡褐色狭缘，第1、第2枚尤著，内侧基部淡，呈灰褐色；尾黑褐色；腹部中央和尾下覆羽浅黑色。虹膜褐色；嘴、脚黑褐色。

分布 在中国除海南和青藏高原腹地外全国各地可见。国外分布于亚洲中部、南部、东部和东南部一带。。

栖息地 栖息于山区溪流与河谷沿岸，尤以水流清澈的林区河谷地带较常见，冬季栖息在水体不完全封冻的河谷地带。

习性 单独或成对活动。多站立在河边或河中露出水面的石头上，腿部稍曲，尾上翘，头和尾不时上下摆动。善于潜水，能在水中潜游，也能在水底行走。觅食时多潜入水中，在河底砾石间寻找食物，冬季也潜入水中寻食。夜晚栖息于河边岩石缝隙中。飞行快速，两翅鼓动甚快，每次飞行距离短，一般紧贴水面低空飞行。飞行一段距离即落下，不做长距离飞行，但在飞翔时能迅速灵活地转向。边飞边叫，鸣声清脆、响亮，其声似“zhi-chi-”声。

食性 主要以石蛾科幼虫、 翅目、毛翅目、鳞翅目、蜻蜓目、直翅目、鞘翅目成虫及幼虫为食，也吃虾、小型软体动物和小鱼等。

繁殖 繁殖期4～6月。营巢于河边石头缝或树根下，也在水坝石头缝隙和瀑布后面石隙中营巢，有时也在桥下、河边陡岩洞隙和突出于水中的岩石上营巢。巢甚为隐蔽，主要由苔藓构成，杂有少许树叶和树皮纤维，内垫细的枯草茎和草叶，有的还垫有兽毛和羽毛。雌雄共同营巢。巢的形状大多为球形和圆形，侧面开口，也有的呈碗状或半球形，外层为苔藓，内层为枯草，巢外径18～19 cm，内径13～14 cm，深约8 cm。巢筑好后第2天开始产卵，每窝产卵4～5枚，也有少至3枚和多至6枚的。卵白色或淡黄白色，呈尖椭圆形、椭圆形或梨形，大小为(25～29) mm×(18～20) mm，重5～6 g。通常1天产1枚卵，多在上午产出，卵产齐后即开始孵卵，孵化期15天。雏鸟晚成性，孵出后由雌雄亲鸟共同喂养，留巢期21～23天。

种群状态与保护 IUCN和《中国脊椎动物红色名录》均评估为无危（LC）。在中国分布较广，种群数量较常见。但近10多年来，由于林区群众使用毒药毒鱼和炸药炸鱼，造成环境污染和食物缺乏，致使种群数量急剧减少，不少地方已难见踪迹，应加强保护和管理。

椋鸟类

- 椋鸟类指雀形目椋鸟科鸟类，全世界共33属123种，中国有11属21种
- 椋鸟类为中小型鸣禽，翅长度适中，尾短，脚强健有力，体羽以深色为主，但常泛金属光泽
- 椋鸟类栖息于多种生境中，喜集群，有的种类集群可达上百万只，杂食性
- 椋鸟类大多繁殖于洞穴中，常营群巢，雏鸟晚成性

类群综述

椋鸟类指雀形目椋鸟科（Sturnidae）鸟类，共有33属123种，需要注意的是，在新的分类系统中，原属椋鸟科的牛椋鸟属 *Buphagus* 已独立为牛椋鸟科（Buphagidae）。椋鸟类广泛分布于非洲、欧洲、亚洲、大洋洲部分地区，并且引入了北美洲、新西兰、澳大利亚南部和许多热带岛屿。中国有11属21种，几遍及全国各地。

椋鸟类中包括了不少世界上最常见的鸟，很多种类都与人类有着密切的关系，其活跃的身影、响亮的鸣声和嘈杂声，都会让人们真实地感受到它们就生活在自己的身边。

形态 椋鸟类为中小型鸣禽，体长16～45 cm，体重45～170 g。鼻孔裸露或为垂羽所覆盖；翅长度适中，初级飞羽10枚，第一枚特别短小；尾短，呈平尾或圆尾状，尾羽12枚；嘴直而尖，嘴缘平滑或上嘴先端具缺刻；跗跖前缘具盾状鳞。

不过，在外形上它们也呈现出相当的多样性：那些森林种类，如鹩哥属 *Gracula* 和非洲的辉椋鸟属 *Aplonis*，往往具有宽而圆的翅膀；而那些栖于相对干旱而开阔之地的种类，如家八哥 *Acridotheres cristatellus* 和肉垂椋鸟 *Creatophora cinerea*，则具长而尖的翅膀。椋鸟类的腿、脚相对较大，强健有力，它们倾向于行走而非跳跃。

雌雄羽色通常相似，但有时雄鸟着色相对更醒目。许多椋鸟类的虹膜色彩醒目，例如呈现鲜艳的黄色。有些种类，如粉红椋鸟 *Pastor roseus* 和黑冠椋鸟 *Sturnia pagodarum*，具有很长的头羽，竖起来可成冠；而苏拉王椋鸟 *Basilornis celebensis* 则长有硬直的冠，始终竖着。大多数椋鸟类的体羽以深色为主，但常泛有绿色、紫色和蓝色光泽，这一点在生活于非洲的蓝耳辉椋鸟 *Lamprotornis chalybaeus* 等辉椋鸟类身上体现得最为明显；有些种类呈鲜艳的橙色和黄色，有些为暗淡的灰色。

一些东南亚的椋鸟类头部特别是眼周有裸露的皮肤区域，这些裸露区域在白头椋鸟 *Sturnia erythropygia* 和家八哥 *Acridotheres tristis* 中呈黄色，在长冠八哥 *Leucopsar rothschildi* 中为蓝色，在鹩哥和秃椋鸟 *Sarcops calvus* 中为红色；而裸露皮肤的面积在秃椋鸟身上达到极致，这种鸟的头羽只剩沿头顶中央向下的狭长一条。鹩哥和肉垂椋鸟则在头部长有肉垂，尤其是后者，在繁殖期其头羽会完全脱落消失，露出鲜艳的黄色皮肤，似乎就剩下了长长的黑色肉垂，而在繁殖期结束后，肉垂被重新吸收，羽毛再次长出来，十分神奇。

栖息地 椋鸟类栖息于各种不同的生境，许多种类生活在热带草原、温带草地等开阔地带，也有的种类常年栖息于森林中，一些种类经常出现在人类居住地附近。

习性 大部分椋鸟类为留鸟，但也有定期进行长距离迁徙的候鸟，还有一些种类主要是根据食物丰盛程度来进行局部迁移。

生活在非洲的白腹紫椋鸟 *Cinnyricinclus leucogaster*、蓝耳辉椋鸟 *Lamprotornis chalybaeus* 等能够做局部的迁移，生活在印度的黑冠椋鸟也是如此。灰椋鸟 *Spodiopsar cineraceus* 则每年从俄罗斯东部、中国北部和日本的繁殖地，长途迁徙到中国南部乃至菲律宾去越冬。紫翅椋鸟 *Sturnus vulgaris* 在北欧和北亚繁殖的种群也要迁徙至温暖的地带去越冬，例如从西伯利亚南下，一直到南亚的印度洋北部沿海，或者从斯堪的纳维亚半岛往西南

左：椋鸟类喜集群，集群规模可达上百万只，且群体行动的协调令人叹为观止，密度堪称遮天蔽日，但个体间互不相撞又维持行动一致。图为集群的灰椋鸟。刘璐摄

方向，迁徙到南欧和北非的大西洋沿岸一带。

肉垂椋鸟会选择蝗虫繁盛的地方进行繁殖，而当这个地方的蝗虫消失以后，它们就会前往其他地区寻觅食物。粉红椋鸟的繁殖地也同样取决于昆虫，特别是蝗虫的丰盛程度，如果某个地区有蝗虫大发生，它们就会在这里建立大规模的繁殖群，而第二年这里就有可能遭到遗弃。

很多椋鸟类都喜欢集群，成群繁殖、成群觅食、成群夜栖，但它们并不属于社会性的动物，这种集群基本上是个体的松散集合。集群对动物的生存有许多好处，其中最重要的一点是可以保护自己，防御敌害的侵袭。在集群飞行时，能够迷惑或分散猛禽对群体中任一特定个体的注意力，从而使其很难选中一个具体的攻击对象，无从下手。

椋鸟类的集群十分令人惊奇。例如紫翅椋鸟，有时会形成大的繁殖群出现在城市中心，看上去遮天蔽日，黑压压的一片。平时成对生活的鹩哥在无花果等果实大量成熟时也会聚集成较大的群体。还有几个种类既会和同类栖息在一起，也会和其他鸟类一起栖息，集群规模可超过 100 万只。整个鸟群仿佛只是一个个体，以极其惊人的协调性在一起飞行。如此巨大的栖息群，再加上它们集结飞行时精确到位的队形，无疑向人们展示了鸟类世界最令人惊叹的壮观场面之一。

椋鸟类叫声嘈杂，能发出多种口哨声、尖叫声和唧唧喳喳声。八哥、鹩哥等都被普遍认为是鸟类界最优秀的模仿者，在高度发达的神经系统支配下，特殊的鸣肌能够随时改变鸣管的形状，它们能发出各种频率不同的声音，包括口哨声、嘶哑的咯咯声，也能模仿其他动物的声音，经训练甚至可以逼真地模仿人类说话的声音。

食性 椋鸟类的喙相当结实，通常直且长度适中，因而在食物方面有更大的选择空间，大部分种类既取食花蜜、花粉、种子、果实，也捕食昆虫和其他无脊椎动物，一些种类甚至更多地依赖昆虫，因而更多地表现为地栖性。紫翅椋鸟则拥有高度特化的觅食技巧，将闭合的喙插入土壤或草根中，然后再用力张开，形成一个孔洞来诱捕猎物。而黑冠椋鸟的舌尖如刷子一样，可用以采集花粉和花蜜。

繁殖 大部分椋鸟类在洞穴中繁殖，用干草筑成一个结构庞大的巢。最常使用的是树洞和悬崖上的岩洞，此外，它们也会将巢筑于建筑物或其他人工结构的缝隙中。细嘴栗翅椋鸟 *Onychognathus tenuirostris* 营巢于瀑布后面的岩洞中。有几个种类使用啄木鸟或拟啄木鸟等其他鸟类的巢穴。还有部分种类自己掘穴营巢，如灰背八哥 *Acridotheres ginginianus* 将巢筑于河岸上，雀嘴八哥 *Scissirostrum dubium* 会在枯树的树干上挖一个直径约为 30 cm 的洞。除了普遍营巢于洞穴中之外，也有一些在乔木或灌木上筑圆顶巢或吊巢，如栗头丽椋鸟 *Lamprotornis superbus* 在灌丛中筑圆顶巢；而群辉椋鸟 *Aplonis metallica* 能通过编织方式筑吊巢，密密麻麻地悬挂于高大树木的外侧树枝上；灰椋鸟还能用有毒或含芳香物质的绿叶或青草来装饰它们的巢，从而可以增强幼鸟的免疫力，帮助它们对付巢中吸血寄生生物所引起的贫血等疾病。

许多种类喜欢组成繁殖群或松散的群体营巢繁殖。栖息于森林中的椋鸟类，如鹩哥，不同对配偶在繁殖时相互之间距离较远，而其他种类则表现出不同程度的集群繁殖行为，其中雀嘴八哥、群辉椋鸟等自己掘巢的种类集群繁殖表现得最为突出，而那些营巢于天然洞穴的种类繁殖密度会受到可利用巢址空间条件的限制。集群繁殖的成员之间存在着大量的群居互动行为，例如紫翅椋鸟虽然为松散的繁殖群繁殖，每对配偶的巢相距 1 ~ 50 m，但这些繁殖群中的成员在繁殖行为上都具有高度的同步性。

椋鸟类通常为单配制，但紫翅椋鸟等一些种类会出现一雄多雌现象，雄鸟在同一段时期内与 2 只，甚至在少数情况下可多达 5 只的雌鸟发生交配。雌雄亲鸟通常共同参与孵卵和育雏，但雄鸟一般分担的任务比较少。此外，椋鸟类也有合作繁殖现象，即有 3 只或 3 只以上发育完全的鸟在同一个巢内抚育一窝雏鸟的现象，特别是一些生活在非洲的种类中。

椋鸟类的窝卵数一般为 1 ~ 6 枚，卵淡蓝色，有褐斑，但部分种类的卵无斑。孵化期 11 ~ 18 天。雏鸟晚成性，留巢期 18 ~ 30 天。幼鸟的羽毛多具纵纹。

与人类的关系 有一些椋鸟能够在害虫控制中起到积极作用。自古以来，人类农业生产最大的祸害之一便是蝗虫，而早在许多个世纪以前，人们就注意到粉红椋鸟、肉垂椋鸟以及家八哥等种类喜食这种害虫。粉红椋鸟主要以捕食蝗虫为生，日食蝗虫量可达 160～200 只，在 7～8 月份育雏期间食量更大。而且它们往往集结成数百、上千只的大群，一起营巢和在地面上觅食。因此它们所到之处，地面上的蝗虫就很快被“扫荡”干净，所以热爱草场的牧人们亲切地称它们为“铁甲兵”。

紫翅椋鸟由于取食葡萄、橄榄、樱桃、生长中的谷物等，在欧洲大部分地区和北美洲给人们带来了重大损失；而在欧洲北部、亚洲中部和新西兰，它却因捕食昆虫而造福于当地居民。

此外，拥有优秀效鸣能力的八哥和鹩哥是广受国内外欢迎的观赏鸟类，被作为笼养鸟广泛饲养，一些种类也因非法捕捉和贸易导致种群数量下降。

在中国广东等南方地区，黑领椋鸟 *Gracupica nigricollis* 是对高压输电线路危害最大的鸟种，这主要是由黑领掠鸟在输电线铁塔横担上筑巢，而此时雨水较多，它的筑巢材料容易导致输电线路故障。此外，丝光椋鸟 *Spodiopsar sericeus* 也会成群停留在铁塔和电线上，对输电线路也存在潜在的危害。因此，它们都是输电部门需要防范的主要对象。

种群现状和保护 虽然整体而言椋鸟类分布广泛，种群数量丰富，但在过去的 400 年间，椋鸟科有 5 个物种——2 个来自印度洋的岛屿上，3 个来自太平洋岛屿——被证实或推测已灭绝。另有 7 个物种被 IUCN 列为极危（CR），2 种为濒危（EN），6 种为易危（VU），受胁比例 12.2%，与世界鸟类整体受胁水平大致相当。长冠八哥 *Leucopsar rothschildi* 在 1912 年才首次为学术界所知，当时有数百只的种群，但由于大肆措捕和栖息地破坏，后来仅剩下一个小种群生活在森林自然保护区内，也只有少数几家动物园还有人工饲养的个体。尽管人们采取了一项全方位的保护计划，包括将人工繁殖的个体放归野外，但它的前景仍然堪忧，有可能很快就将野外灭绝。其他几种岛屿种类，如暗辉椋鸟 *Aplonis pelzelni* 和山辉椋鸟 *A. santovestris*，由于数量稀少，栖息地遭到破坏等原因，同样面临着危险。

在中国，曾被作为笼养鸟广泛饲养的鹩哥因过度捕捉和环境恶化致使种群数量日趋减少，在野外已经极为罕见，被《中国脊椎动物红色名录》列为易危（VU）。

右：椋鸟类大部分椋鸟在洞穴中繁殖，既利用树洞和岩洞，也常利用建筑物或其他人工结构的缝隙，因此牧区为招引椋鸟治理蝗虫会垒石堆或建有空的砖墙为椋鸟提供巢址。图为在砖墙孔洞中繁殖的丝光椋鸟。杜卿摄

亚洲辉椋鸟
Aplonis panayensis

斑翅椋鸟
Saroglossa spiloptera

金冠树八哥
Ampeliceps coronatus

鹩哥
Gracula religiosa

林八哥
Acridotheres grandis

八哥
Acridotheres cristatellus

爪哇八哥
Acridotheres javanicus

白领八哥
Acridotheres albocinctus

家八哥
Acridotheres tristis

红嘴椋鸟
Acridotheres burmannicus

丝光椋鸟
Spodiopsar sericeus

灰椋鸟
Spodiopsar cineraceus
黑领椋鸟
Gracupica nigricollis
斑椋鸟
Gracupica contra
♂
♀
北椋鸟
Agropsar sturninus
♂
♀
紫背椋鸟
Agropsar philippensis
灰背椋鸟
Sturnia sinensis
灰头椋鸟
Sturnia malabarica
黑冠椋鸟
Sturnia pagodarum
br.
non-br.
紫翅椋鸟
Sturnus vulgaris
粉红椋鸟
Pastor roseus

亚洲辉椋鸟

拉丁名：*Aplonis panayensis*
英文名：Asian Glossy Starling

雀形目椋鸟科

体长约 20 cm。体羽主要为黑绿色，具金属光泽；尾方形。虹膜红色。幼鸟腹部淡米色，具黑色纵斑。在中国分布于台湾，为留鸟。栖息于居民区建筑和乔木上。IUCN 和《中国脊椎动物红色名录》均评估为无危（LC）。

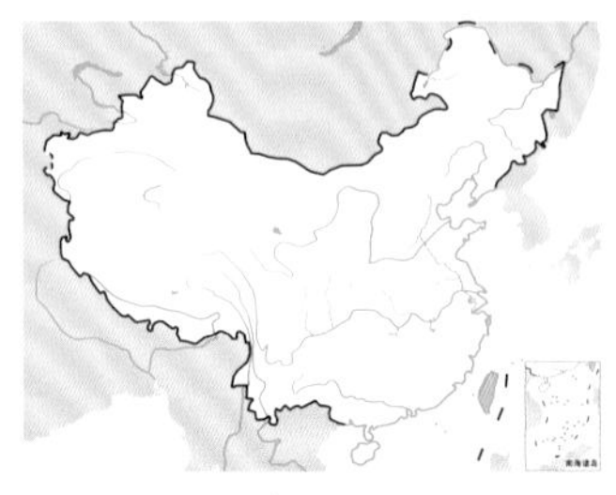

亚洲辉椋鸟。Yap Lip Kee摄（维基共享资源/ CC BY-SA 2.0）

斑翅椋鸟

拉丁名：*Saroglossa spiloptera*
英文名：Spot-winged Starling

雀形目椋鸟科

体长约 19 cm。雄鸟体羽黑色，上体具灰褐色片状斑；喉部棕褐色，胸、胁、腰棕红色。雌鸟上体灰色，下体灰白色，喉部具纵纹。在中国分布于云南西南部，为冬候鸟。栖息于山地开阔林地边缘。种群数量稀少。IUCN 和《中国脊椎动物红色名录》均评估为无危（LC）。

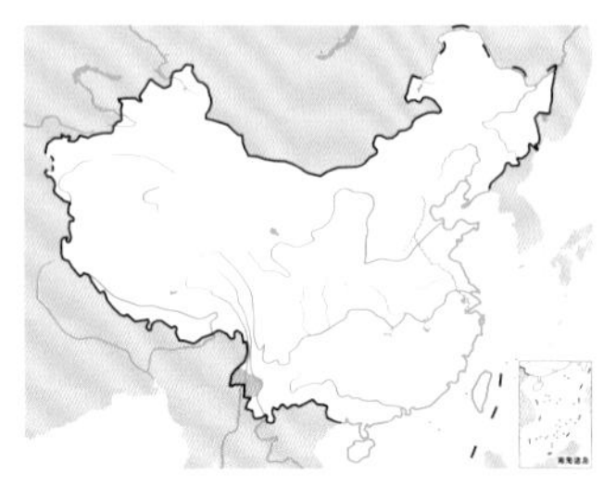

斑翅椋鸟。张苓摄

金冠树八哥

拉丁名：*Ampeliceps coronatus*
英文名：Golden-crested Myna

雀形目椋鸟科

体长约 21 cm。头顶金黄色，眼周裸皮肉色；上体黑色，具铜绿色金属光泽；眼后、颈、肩以及尾羽均辉黑色；翼黑色，初级飞羽基部黄色，外缘白色，形成鲜明翼斑；颏、喉鲜黄色，下体余部黑色。在中国分布于云南南部、广东东部。栖息于海拔 1000 m 以下的阔叶林内。常单独、成对或成 3～5 只的小群活动。IUCN 评估为无危（LC），《中国脊椎动物红色名录》评估为数据缺乏（DD），被列为中国三有保护鸟类。

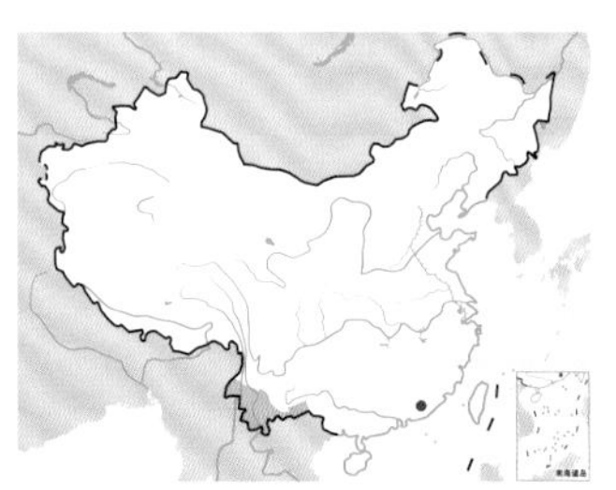

金冠树八哥

鹩哥

拉丁名：*Gracula religiosa*
英文名：Hill Myna

雀形目椋鸟科

形态 体长 27～30 cm，体重 165～258 g。全身大致为黑色，具紫蓝色和铜绿色金属光泽；头侧肉垂和裸皮黄色；初级飞羽基部白色，形成明显的白色翅斑。虹膜褐色，带有一白色外圈；嘴橙黄色；脚亮黄色。

分布 在中国分布于云南西部和南部、广东、广西西南部、澳门、海南等地。国外分布于印度、斯里兰卡、中南半岛、马来西亚和印度尼西亚等地。

栖息地 主要栖息于低山丘陵和山脚平原地区的次生林、常绿阔叶林、落叶阔叶林、竹林和混交林中，尤以林缘、疏林地区较常见，也见于耕地、旷野和村寨附近的小块树林中。

习性 常成 3～5 只的小群活动，冬季则多集成 10～20 只的大群，也常与八哥及其他椋鸟类混群。喜欢跳跃而不行走。休息时在树枝上倾身探头窥视张望。常在树枝上鸣叫、齐唱，鸣声为“Ji-o”或“hui-yue”，声尖而高，清脆响亮而婉转多变。繁殖期间更善鸣叫，鸣声多变，常常彼此互相呼应。

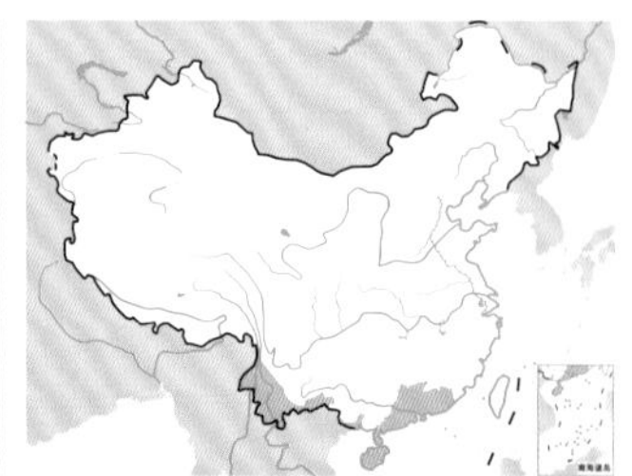

鹩哥。韦铭摄

食性 主要以蝗虫、蚱蜢、白蚁等昆虫为食，也吃无花果、榕果等植物果实和种子。

繁殖 繁殖期4～6月。发情时比较兴奋，在树冠上跳跃、追逐、嬉戏、鸣叫。雄鸟叫声变得嘹亮且音调高，雌鸟出现翅膀下垂、抖动频率变高的现象，同时在雄鸟后面追逐，并发出“吱吱……”的叫声。雌鸟和雄鸟交配后即开始营巢。营巢于稀疏的杂木林、茂密常绿林、开阔地区和作物区的乔木上，常成对或2～3对在同一树上或邻近树上繁殖。巢位多选择在死树或腐朽树木上的天然树洞中，或在旧巢的上方或下方另择新洞，也常常利用啄木鸟及拟啄木鸟的旧巢。如果洞比较小，雌雄亲鸟便用喙、足撕扯，将洞扩大并清理出洞内的木屑。巢内有时垫有枯草叶、羽毛和蛇皮，有时无任何内垫物。每窝产卵2～4枚。卵椭圆形，端部或钝或尖，淡绿色或蓝绿色，无斑或被有深栗色或红褐色斑点，卵的大小为(33～38) mm×(24～26) mm。孵化期15～18天。孵卵以雌鸟为主。

雏鸟出壳后，雌雄亲鸟均参与育雏，刚开始以雌鸟为主，半个月后雄鸟喂雏次数多于雌鸟。雏鸟出生后8日龄始睁眼；11日龄肉垂出现，全身长出黑色的尖羽和飞羽；14日龄体表盖满黑色的雏羽；20日龄头部肉垂已接近成鸟形状，但略小而色浅；26日龄时雏鸟离巢，并能返回巢内过夜；30日龄左右雏鸟离开亲鸟独立生活。

种群现状与保护 IUCN评估为无危（LC），《中国脊椎动物红色名录》评估为易危（VU）。已列入CITES附录Ⅱ，在中国被列为三有保护鸟类。作为中国著名的笼养鸟，由于过度捕捉和环境条件恶化，致使种群数量日趋减少，在过去曾有分布记载的广西南部已经有几十年未见报道，或许已在广西境内绝迹；在云南、海南等其他分布区域也已经极为罕见，需要进行严格的保护。

林八哥

拉丁名：*Acridotheres grandis*
英文名：Great Myna

雀形目椋鸟科

体长约25 cm。头部辉黑色；上体黑褐色；翅黑色，初级飞羽基部及大覆羽白色，形成显著翼斑；尾羽黑色，外侧尾羽有白斑；下体灰褐色，腹部以下渐淡，尾下覆羽白色。在中国分布于云南西部和南部、西藏东南部、广西西部一带。栖息于村落附近的阔叶林和竹林内，常成对或成小群活动，有时也伴随家畜活动和觅食。IUCN和《中国脊椎动物红色名录》均评估为无危（LC），被列为中国三有保护鸟类。

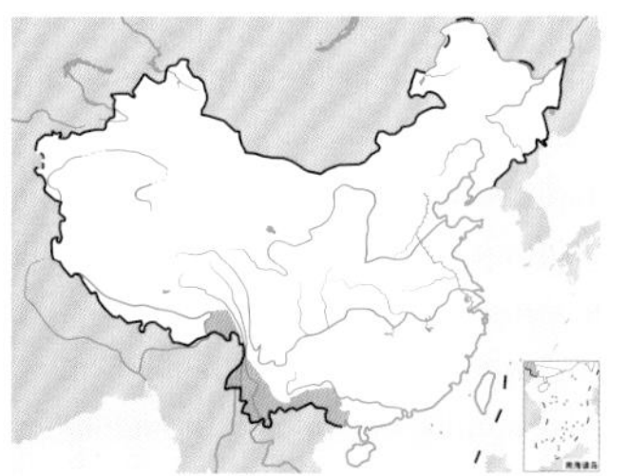

林八哥

八哥

拉丁名：*Acridotheres cristatellus*
英文名：Crested Myna

雀形目椋鸟科

形态 中型鸣禽。体长23～28 cm，体重78～150 g。通体黑色；前额有长而竖直的羽簇，有如冠状；翅具白色翅斑；尾羽和尾下覆羽具白色端斑。虹膜橙黄色；嘴乳黄色；脚黄色。

分布 在中国分布于秦岭－淮河以南大部分地区，也向北扩散至北京、山东和新疆南部。在国外分布于中南半岛各国，也被引种到菲律宾、加拿大等地。

栖息地 主要栖息于海拔2000 m以下的低山丘陵和山脚平原地带的次生阔叶林、竹林和林缘疏林中，也栖息于农田、牧场、果园和村寨附近的大树上，有时还栖息于屋脊上或田间地头。

习性 常在翻耕过的农地觅食，或站在牛、猪等家畜背上啄食寄生虫。性活泼，清晨结成10余只的小群从夜宿地飞出，边飞边鸣，也长栖于树枝、屋脊或电线上，鸣叫不已。有时集成大群，特别是傍晚，集成大群或在稠密的竹林里过夜。夜栖地点较为固定，常在附近地上活动和觅食，待至黄昏才陆续飞至夜栖地，喧闹不休，直至天黑。善鸣叫，尤其在傍晚时甚为喧闹。

食性 主要以蝗虫、蚱蜢、金龟子、蛇、毛虫、地老虎、蝇、虱等昆虫和昆虫幼虫为食，也吃果实和种子等植物性食物。

多在树木茂密处和河边潮湿的地方觅食，也可见到在游人丢弃的食品处觅食，或者在垃圾堆、牛粪堆、菜地、新耕地觅食。常见几十只八哥尾随耕牛，啄食耕牛在寻食时翻起的昆虫，或10余只在一起啄食耕牛或奶牛背上的体外寄生虫。

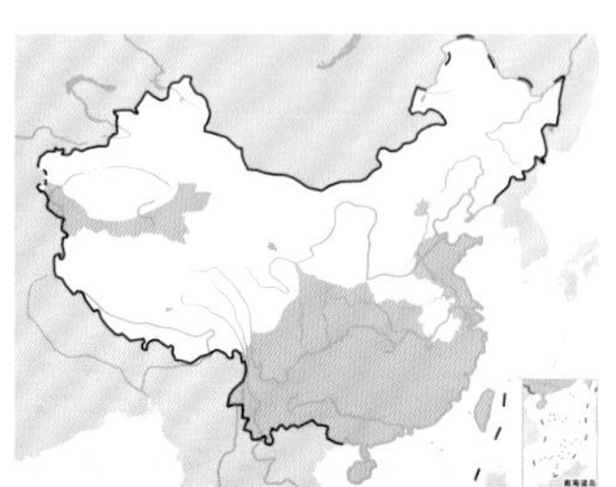

八哥。左上图沈越摄，下图杜卿摄

繁殖 繁殖期4～8月。此时常上窜下跳，为争夺巢址发生争斗。营巢于树洞、建筑物洞穴或缝隙中。筑一个巢需要7～10天。很多巢中含有不完整的旧蛇蜕，可能是利用蛇蜕的气味防止蛇类入巢吞食卵及幼雏，起保护作用。

成小集群中营巢，有时在一棵大树上建有4巢。巢距地面高12～15 m，树洞口径10 cm左右，内部逐渐变阔，洞深26～31 cm，上部直径14～19 cm，下部直径16～21 cm。巢营在洞底，呈碗状，巢外径（15～20）cm×（16～21）cm，内径11 cm×13 cm，深4～4.5 cm。每窝产卵3～6枚。卵呈圆形，蓝绿色而富有光泽，大小为（27.3～33.3）mm×（19.6～22）mm。雌雄亲鸟共同孵卵，在第3枚卵产下后开始坐巢。孵化期16～18天。亲鸟在产卵、孵卵及育雏期很少鸣叫。育雏期24～26天，雏鸟出壳时先在卵钝端侧面啄一小孔。初生雏鸟头顶有极稀疏的一圈环状白色绒羽，其他地方也着生极稀少的白色绒羽，腹面全裸；身体裸出部皮肤肉红色；眼裂未形成；嘴蜡黄色，有白色卵齿；跗跖及趾鲜肉红色。盲目乞食时向上晃动颈部并发出"叽叽"的叫声。无运动能力。雏鸟出壳7天生长飞羽；10天睁眼；11天生长背羽和尾羽；13天生长头、颈及胸部羽毛；24天可以出巢活动。6日龄前未睁眼的幼雏主要是凭听觉。刚出飞的幼鸟虽能飞翔，但形态上与成体有一定差异，如体形较修长，嘴基亦无耸立的羽簇。雏鸟粪便为葫芦状，虽柔软但不易散开，便于亲鸟从巢中排除。

种群现状与保护 在中国南方的种群数量较普遍，近年来已扩散到华北等北方地区。它能模仿其他鸟的鸣叫，也能模仿简单的人语，因此在国内广被人们笼养，而且被引种到国外一些地方。它是重要的农林益鸟，应该得到关注和保护。IUCN和《中国脊椎动物红色名录》均评估为无危（LC），被列为中国三有保护鸟类。

爪哇八哥

拉丁名：*Acridotheres javanicus*
英文名：Javan Myna

雀形目椋鸟科

体长约22 cm。头顶黑色，额部具冠羽；体羽主要为黑灰色，翅具白斑，尾具白色端斑；尾下覆羽白色。虹膜黄色；嘴橙黄色。在中国分布于台湾。栖息于丘陵、平原开阔草地、农田及市郊绿地等处，集群活动。IUCN评估为易危（VU），《中国脊椎动物红色名录》评估为数据缺乏（DD）。

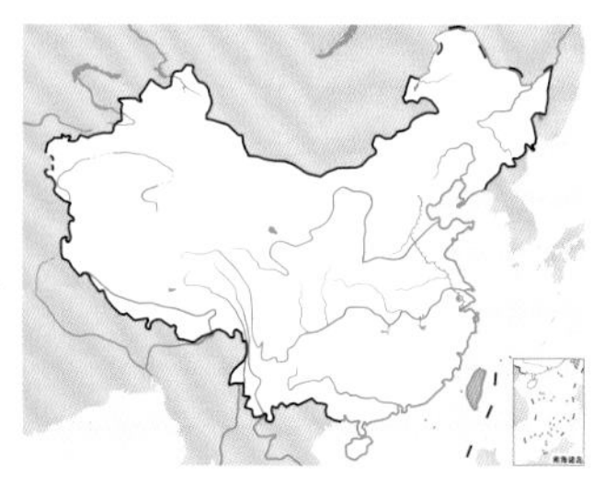

爪哇八哥。JJ Harrison摄（维基共享资源/ CC BY-SA 4.0）

白领八哥

拉丁名：*Acridotheres albocinctus*
英文名：Collared Myna

雀形目椋鸟科

体长约24 cm。头黑色，具金属光泽；后颈中央黑白相杂，与颈侧的棕白色领斑相连；上体黑褐色；翅黑色，有白色翼斑；尾羽黑色，具白端；下体淡棕色，尾下覆羽黑色具白缘。在中国分布于云南。栖息于田边的疏林、竹林及草地附近。常成对或成小群活动，喜欢伴随牛等家畜活动和觅食。IUCN和《中国脊椎动物红色名录》均评估为无危（LC），被列为中国三有保护鸟类。

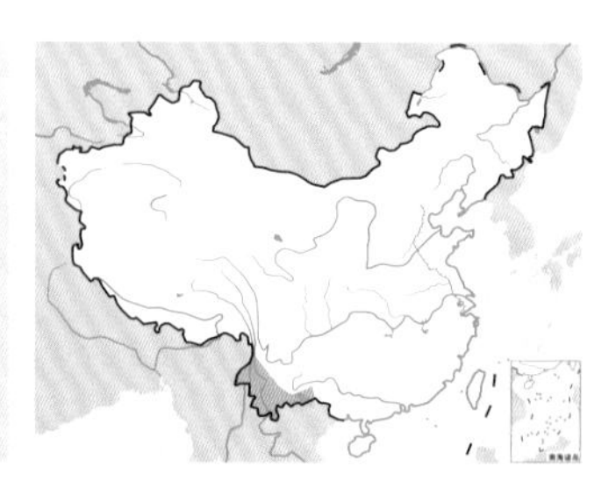

白领八哥。张明摄

家八哥

拉丁名：*Acridotheres tristis*
英文名：Commen Myna

雀形目椋鸟科

体长约25 cm。头、颈及耳羽辉黑色，微具紫色光泽；后颈至上胸灰棕色；上体褐色；翼上覆羽及内侧次级飞羽与背羽同色，初级飞羽黑色，基部具宽白斑；尾羽黑色具白端；胸、胁淡褐色；腹部以下白色；眼周裸皮黄色。栖息于村落附近的高树上。常成群活动。在中国分布于四川西南部、云南、重庆、福建、广东、香港、澳门、海南、台湾、新疆西北部等地。IUCN和《中国脊椎动物红色名录》均评估为无危（LC），被列为中国三有保护鸟类。

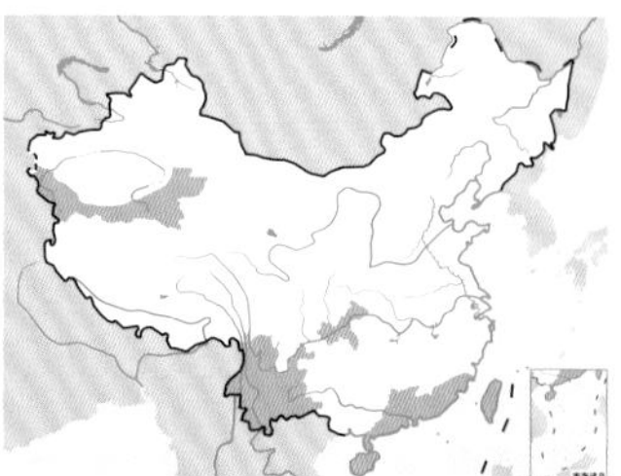

家八哥。董文晓摄

红嘴椋鸟

拉丁名：*Acridotheres burmannicus*
英文名：Vinous-breasted Starling

雀形目椋鸟科

体长约 25 cm。整个头部和上胸污白色；背、肩暗灰色，腰和尾上覆羽色泽较淡；翼上覆羽、次级飞羽青铜色，具黑色边缘；初级覆羽黑色，尖端白色；初级飞羽近黑色，具白色羽基和青铜色羽端；中央尾羽暗铜褐色，外侧尾羽基部黑色，具宽的白色端斑；胸、胁、腹葡萄粉红色，尾下覆羽白色。在中国分布于云南西部一带。栖息于森林和沟谷树丛间，常成群活动，鸣声嘈杂。IUCN 和《中国脊椎动物红色名录》均评估为无危（LC），被列为中国三有保护鸟类。

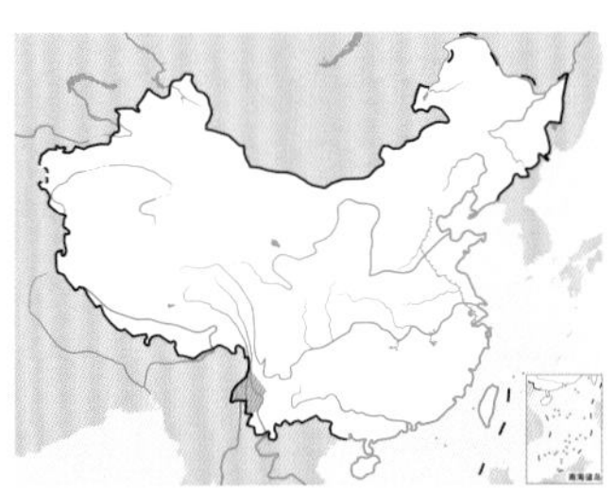

红嘴椋鸟。刘璐摄

丝光椋鸟

拉丁名：*Spodiopsar sericeus*
英文名：Silky Starling

雀形目椋鸟科

形态 体长 20～23 cm，体重 65～83 g。雄鸟头、颈丝光白色或棕白色；背深灰色；胸灰色，往后均变淡；两翅和尾羽黑色。雌鸟头顶前部棕白色，后部暗灰色；上体灰褐色；下体浅灰褐色；其他同雄鸟。虹膜黑色；嘴朱红色，尖端黑色；脚橘黄色。

分布 在中国分布于长江流域及东部至南部沿海，北至辽宁，冬至台湾，南至海南，西至云南。国外冬季偶见于越南。

栖息地 主要栖息于海拔 1000 m 以下的低山丘陵和山脚平原地区的次生林、小块丛林和稀树草坡等开阔地带，尤以农田、道旁、旷野和村落附近的稀疏林间较常见，也出现于河谷和海岸。

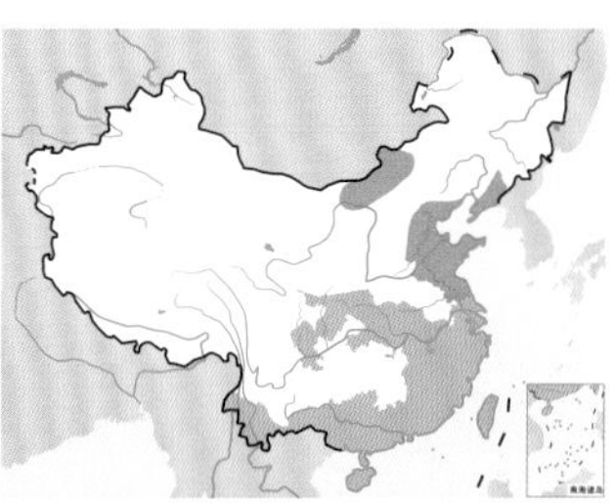

丝光椋鸟。左上图为雄鸟，杨微倩摄；下图为育雏的雌鸟，杜卿摄

习性 性较胆怯。鸣声清甜、响亮。除繁殖期成对活动外，常成 3～5 只的小群活动，偶尔也见 10 只以上的大群。秋冬季节常进入城市中觅食，开春以后，伴随着温度升高，各种昆虫相继出现，则成群迁到食物种类和数量更加丰富的野外去捕食。

食性 主要以昆虫为食，包括直翅目、半翅目、鞘翅目，以及鳞翅目幼虫及蛹、双翅目的蝇蛆、膜翅目的蚁和蜂蛹等，尤其喜食地老虎、甲虫、蝗虫等农林业害虫。此外，还取食蜘蛛、螺、鱼、蛙等其他动物以及桑葚、榕果等植物果实和种子。以香樟等树木的成熟种子和人类的剩饭、剩菜为主要越冬食物。觅食场所常在地面上。

繁殖 繁殖期 5～7 月。此时常集群于屋脊、树梢上鸣唱，声音婉转动听。营巢于树洞以及瓦房的屋脊、房檐、挡风墙的瓦片下和屋顶洞穴中。洞口较小，洞内较大。洞口外往往有粪便的斑迹。巢以草茎、枯叶、羽毛等筑成，浅盘状。每窝产卵 6 枚，卵为长椭圆形，深蓝绿色或淡蓝色，光滑无斑，大小为 (25.81～27.37) mm × (19.98～21.09) mm，重约为 5.26 g。雏鸟晚成性。幼鸟离巢后，常集群随亲鸟到巢区附近的山坡树林中活动、觅食。

种群现状与保护 IUCN 和《中国脊椎动物红色名录》均评估为无危（LC），被列为中国三有保护鸟类。主要分布于中国，种群数量曾经较丰富，分布也较广，但近几十年来无论是分布区域和种群数量都明显减少，其原因主要是丝光椋鸟常在人类居住区活动和觅食，易受农药危害，也常被捕捉作为笼养观赏鸟，应该严格保护。

灰椋鸟

拉丁名：*Spodiopsar cineraceus*
英文名：White-cheeked Starling

雀形目椋鸟科

形态 体长20～24 cm，体重65～105 g。头顶至后颈黑色，额和头顶杂有白色，颊和耳覆羽白色微杂有黑色纵纹；上体灰褐色，尾上覆羽白色；颏白色，喉、胸、上腹和两胁暗灰褐色，腹中部和尾下覆羽白色。虹膜褐色；嘴橙红色，尖端黑色；脚橙黄色。

分布 在中国除西藏外全国各地可见，其中繁殖于东北、华北和西北地区，越冬或迁徙于河北、河南、山东南部往南至长江流域、东南沿海以及台湾、香港和海南，往西至四川西部、贵州和云南。在国外分布于俄罗斯远东地区、蒙古、朝鲜半岛和日本等地。

栖息地 主要栖息于低山丘陵和开阔平原地带的疏林草甸、河谷阔叶林，散生老龄树的林缘灌丛和次生阔叶林，也栖息于农田、路边和居民点附近的小块丛林中。

习性 性喜成群，除繁殖期成对活动外，其他时候多成群活动。常在草甸、河谷、农田等潮湿地上觅食。休息时多栖于电线上、电柱上和树木枯枝上。

食性 主要以昆虫为食，主要有鳞翅目幼虫、直翅目和鞘翅目等。也吃植物果实和种子，尤其是秋、冬季。

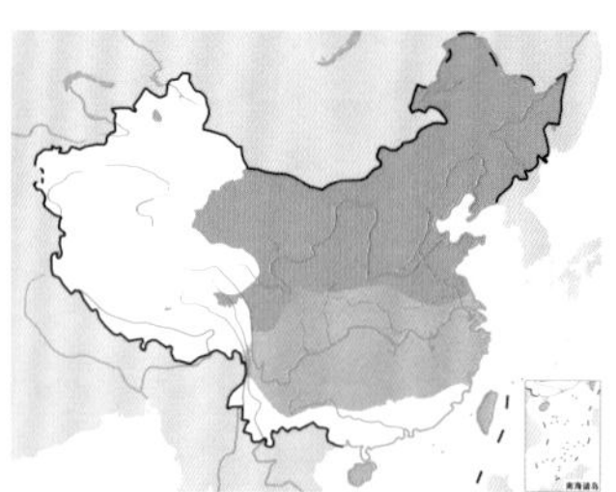

灰椋鸟。左上图为雄鸟，沈越摄；下图为集群，刘璐摄

育雏的灰椋鸟。张瑜摄

繁殖 繁殖期5～7月。通常成群到达繁殖地，然后分散成对开始寻找巢位筑巢，也有成小群在一起营巢繁殖的。营巢于阔叶树天然树洞或啄木鸟废弃的树洞中，也在水泥电柱顶端孔洞中和人工巢箱中营巢。巢呈碗状，主要由枯草茎、枯草叶、草根等材料构成，内垫有羽毛和细草茎。雌雄共同筑巢。每窝产卵通常5～7枚，1天产1枚卵。卵为长椭圆形，翠绿色或鸭蛋绿色，大小为（28～30）mm×（20～22）mm。卵产齐后即开始孵卵。孵卵主要由雌鸟承担，有时雄鸟亦参与孵卵，孵化期12～13天。雏鸟晚成性，雌雄亲鸟共同育雏。

种群现状与保护 IUCN和《中国脊椎动物红色名录》均评估为无危（LC），被列为中国三有保护鸟类。在中国较为常见，种群数量丰富。由于嗜吃昆虫，在抑制害虫发生、保护植物方面具有很大意义，应注意保护。

黑领椋鸟

拉丁名：*Gracupica nigricollis*
英文名：Black-collared Starling

雀形目椋鸟科

形态 体长27～29 cm。整个头和下体白色，眼周裸皮黄色；上胸黑色并向两侧延伸至后颈，形成宽阔的黑色领环；腰白色；其余上体、两翅和尾黑色，尾羽具白色端斑。虹膜乳灰色或黄色；嘴黑色；脚绿黄色或褐黄色。

分布 在中国分布于秦岭–淮河以南，包括台湾、海南。在国外分布于中南半岛各国。

栖息地 主要栖息于山脚平原、草地、农田、灌丛、荒地、草坡等开阔地带。

习性 常成对或成小群活动，有时也见和八哥混群。白天活动，不时在空中飞翔，休息时和夜间多停栖于高大乔木上。鸣声单调、嘈杂，常且飞且鸣。多在地面觅食。

食性 主要以甲虫、鳞翅目幼虫、蝗虫等昆虫为食，也吃蚯蚓、蜘蛛等其他无脊椎动物和植物果实和种子。

繁殖 繁殖期4～8月。营巢于高大乔木上，置巢于树冠层枝杈间。巢为有圆形顶盖的半球形，也有呈瓶状的，结构庞大，较粗糙而松散，主要就地取材，由枯枝、枯草茎和枯草叶构成。每窝产卵4～6枚。卵白色或淡蓝绿色，为椭圆形，大小为(29.4～37.4) mm×(21.5～24.5) mm。

种群现状和保护 IUCN和《中国脊椎动物红色名录》均评估为无危（LC），被列为中国三有保护鸟类。

与人类的关系 常在农田坡地活动，是分布区内这些环境中的优势种，而这里也是高压输电线路通过的主要地区。而当它的栖息地内缺乏高大树木时，高压输电线路的铁塔横担处安全、结实的平台就为它提供了良好的营巢条件。因此，黑领椋鸟在高压输电线的铁塔上筑巢导致这些地方的高压输电线路常常发生故障。

首先，它们在筑巢过程中需要从农田、坡地中叼取草茎、小树枝等巢材，这些巢材有时会掉落在高压电线上，从而引起绝缘子串部分或全部被短接，造成线路单相接地跳闸等高压输电线路故障，影响供电。其次，黑领椋鸟在横担上的巢内停歇、产卵、孵化的过程中，其排泄的粪便也往往会直接滴落到绝缘子串表面，而鸟粪含往往有较高的水分，具有较强的导电性，当其粪便在绝缘子串表面上积累到一定程度，再经过雨水的冲刷就会沿着绝缘子表面缓慢向下滑落，在下落的过程中强电场会对鸟粪放电，强大的电荷由鸟粪提供的间断性通道迅速向横担方向迁移，并逐次击穿各段间的绝缘介质，引起线路故障。

黑领椋鸟的巢和正在筑巢的亲鸟。颜重威摄

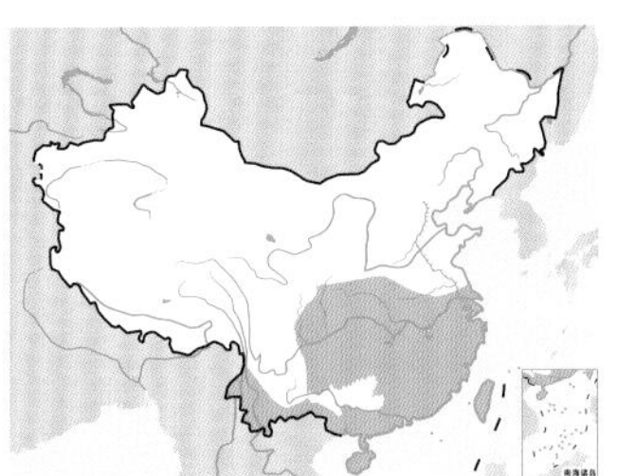

黑领椋鸟。左上图为成鸟，沈越摄；下图为离巢幼鸟向成鸟乞食，颜重威摄

斑椋鸟

拉丁名：*Gracupica contra*
英文名：Asian Pied Starling

雀形目椋鸟科

体长约22 cm。头、颈及上胸辉黑色，前额及头侧杂有较多白羽，眼周裸皮橙色；上体黑褐色，肩部有一块白斑，腰部白色；翼羽与背部同色；尾羽黑色；下体白色染褐色。在中国分布于云南西部和南部。栖息于村落及农田附近的树林内。常成群活动，有时也见与八哥和其他椋鸟混群活动。IUCN和《中国脊椎动物红色名录》均评估为无危（LC），被列为中国三有保护鸟类。

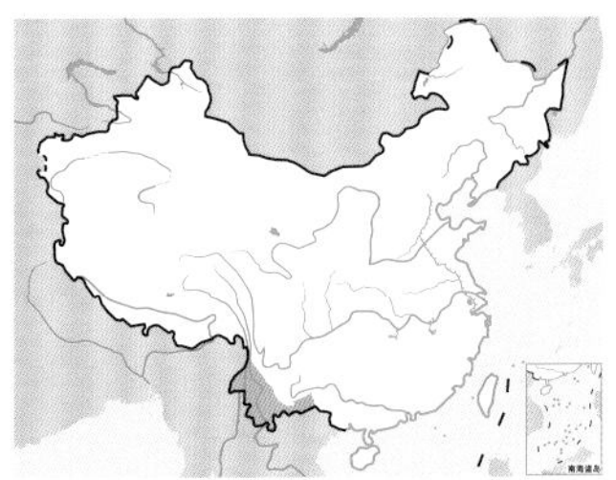

斑椋鸟。刘璐摄

北椋鸟

拉丁名：*Agropsar sturninus*
英文名：Daurian Starling

雀形目椋鸟科

形态 体长16～19 cm，体重45～60 g。头顶至上背淡灰色至暗灰色，头侧和下体灰白色，枕部具一辉紫黑色块斑；其余上体黑色而具紫色光泽；翅和尾羽黑色，翅和肩部有白色带斑；尾上覆羽棕白色。虹膜暗褐色；嘴黑褐色；脚角褐色，爪黑褐色。

分布 在中国除新疆、青海、西藏外全国各地可见。在秦岭－淮河以南，为旅鸟，其他地区为夏候鸟，偶见于台湾越冬。在国外繁殖于俄罗斯远东地区、朝鲜半岛，偶尔到日本，越冬于缅甸南部、泰国、马来西亚、苏门答腊岛和爪哇岛等地。

栖息地 主要栖息于低山丘陵和平原地区的次生阔叶林、林缘疏林、灌丛、农田、草地和村屯附近的小块丛林内，尤以农田防护林或有稀疏树木的农田、草地等开阔地区较为常见。

习性 除繁殖期间成对或单独活动外，其他季节多成群活动，尤以迁徙期间集群较大，常成数十甚至数百只的大群。多停息在树顶、电柱或电线上，飞行直而快速，两翅振动频率高而且振动幅度大。鸣声清脆响亮。

食性 主要以甲虫、尺蠖、蝗虫、蚂蚁、蜻象、地老虎、舟蛾等昆虫为食，也吃植物果实和种子。除在树上觅食外，也在地上觅食。

繁殖 繁殖期5～6月。营巢于树洞和废弃房屋墙壁洞穴中，也有的营巢于空心水泥电柱顶端空隙中。营巢材料主要为枯枝、枯草和树叶等材料，内垫有细草和羽毛。每窝产卵4～6枚。卵淡蓝色，大小为（19～25）mm×（15～20）mm，重3～4 g。每天产卵1枚，卵产齐后即开始孵卵。雌雄亲鸟共同孵卵，以雌鸟为主。雏鸟晚成性。

种群现状与保护 IUCN和《中国脊椎动物红色名录》均评估为无危（LC），被列为中国三有保护鸟类。在中国分布范围较大，特别是东北、华北地区常见的夏候鸟，种群数量较普遍，在繁殖期间大量捕食农林业害虫，在植物保护中意义很大，应注意保护。

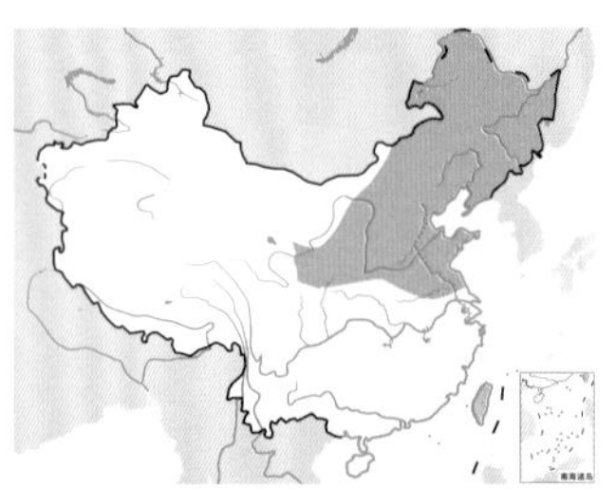

北椋鸟。左上图为雄鸟，李全胜摄；下图为雌鸟，宋丽军摄

紫背椋鸟

拉丁名：*Agropsar philippensis*
英文名：Chestnut-cheeked Starling

雀形目椋鸟科

体长约19 cm。雄鸟前额白色，颊部至耳羽栗褐色，头至后颈灰色；肩及覆羽有白端，形成明显翼斑；背、腰紫色并带金属光泽；翼羽黑色，具蓝绿色金属光泽；尾上覆羽棕色，尾羽黑色。雌鸟背羽以褐色为主，其余似雄鸟。在中国分布于云南东北部、湖北、江西、江苏、上海、浙江、福建、广东、香港、台湾等地。栖息于开阔平原、农田耕地等开阔地带的小块阔叶林中，也出现于城镇公园和海岸地带。IUCN和《中国脊椎动物红色名录》均评估为无危（LC），被列为中国三有保护鸟类。

紫背椋鸟。左上图为雄鸟，刘华君摄；下图为雌鸟，聂延秋摄

灰背椋鸟

拉丁名：*Sturnia sinensis*
英文名：White-shouldered Starling

雀形目椋鸟科

形态 体长 17～20 cm，体重 37～51 g。头顶、翅覆羽和肩白色，具大的白色肩斑；头侧、颈侧和背部灰色，腰部和尾上覆羽紫灰色；尾羽暗绿色，尖端灰白色；下体近白色。虹膜淡蓝色；嘴蓝色；脚铅灰色。

分布 在中国分布于四川西南部、贵州南部、云南东南部、广西、湖北、湖南南部、江西、浙江、福建、广东、香港、澳门、海南和台湾等地，其中大部分地区为夏候鸟，在海南、广东南部一带为冬候鸟。国外越冬于中南半岛各国、马来西亚、菲律宾和印度尼西亚等地。

栖息地 主要栖息于低山、丘陵和平原等开阔地区，也出现在农田、耕地、城镇房屋附近的树上。

习性 常成群活动，多在树冠层活动和觅食，有时也在灌丛和地面活动及觅食。

食性 杂食性，主要以榕果、浆果等植物果实、种子和昆虫为食。

繁殖 在海南 3 月即开始营巢繁殖。通常营巢于天然树洞中，也喜欢在房屋墙壁的洞或裂缝中营巢，在一棵大树或一间废屋内可同时有几个巢。巢多由枯草和碎物堆集而成，内垫有羽毛和柔软的草茎。每窝产卵 4～5 枚。卵蓝绿色，光滑无斑，大小为 (24.2～25) mm × (17.2～18.8) mm。

种群现状与保护 IUCN 和《中国脊椎动物红色名录》均评估为无危（LC），被列为中国三有保护鸟类。主要在中国繁殖并有越冬种群，但数量不丰富，需要进行严格保护。

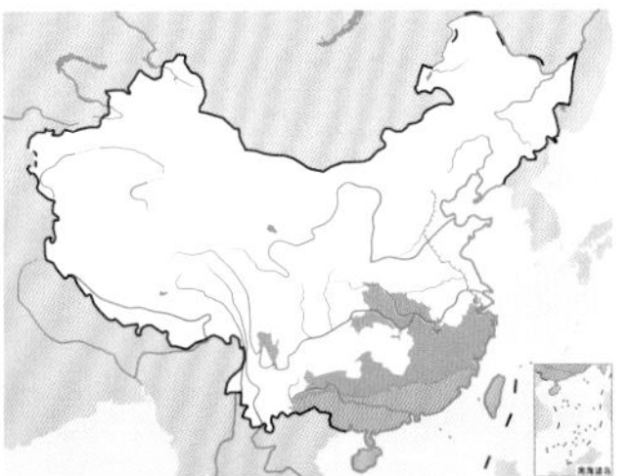

灰背椋鸟。左上图刘璐摄，下图薄顺奇摄

灰头椋鸟

拉丁名：*Sturnia malabarica*
英文名：Chestnut-tailed Starling

雀形目椋鸟科

体长约 19 cm。头灰白色染褐色；头顶黑褐色具白色细纹；上体灰褐色；飞羽及尾羽暗褐色，外侧尾羽深锈色，基部黑色；下体锈棕色。在中国分布于云南、四川西南部、贵州西南部、香港、澳门、广西西南部、台湾和西藏西南部。栖息于海拔 2000～5400 m 的高山阔叶林内。常呈 10～20 只的小群活动，有时也和其他椋鸟混群。IUCN 和《中国脊椎动物红色名录》均评估为无危（LC），被列为中国三有保护鸟类。

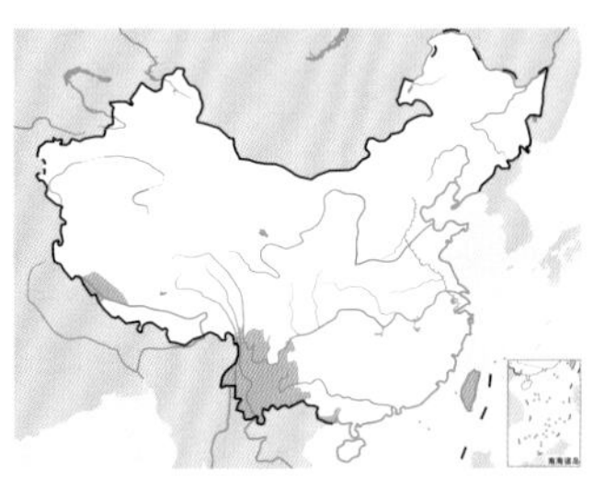

灰头椋鸟。王一舟摄

黑冠椋鸟

拉丁名：*Sturnia pagodarum*
英文名：Brahminy Starling

雀形目椋鸟科

体长约 19 cm。额至枕、冠羽均呈有金属光泽的黑色；头侧、颈侧、背部的两侧、颏、喉、胸及腹均为皮黄色，各羽均具淡色轴纹；上体余部灰色，初级覆羽和初级飞羽黑色。在中国分布于云南西部、西藏东南部。栖息于平原和低山山脚地带。单独或成对活动。IUCN 和《中国脊椎动物红色名录》均评估为无危（LC）。被列为中国三有保护鸟类。

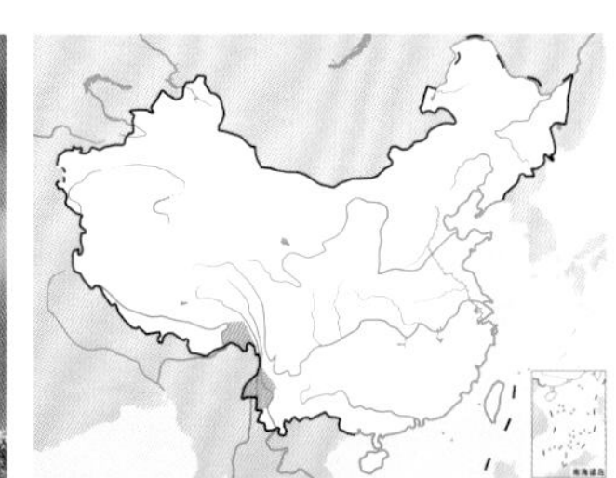

黑冠椋鸟。左上图董江天摄，下图王进摄

紫翅椋鸟

拉丁名：*Sturnus vulgaris*
英文名：Common Starling

雀形目椋鸟科

形态 体长20～24 cm，体重60～85 g。繁殖羽通体黑色，具紫色和绿色金属光泽。非繁殖羽除两翅和尾羽外，上体各羽端具褐白色斑点，下体具白色斑点。虹膜暗褐色；嘴夏季黄色，冬季角褐色；脚红褐色。

分布 在中国分大部分地区都有分布，但很多地区为零星记录。有2个亚种，其中疆西亚种 *S. v. porphyronotus* 繁殖于新疆西部；北疆亚种 *S. v. poltaratskyi* 繁殖于新疆，在其他地区为旅鸟或迷鸟。在国外分布于欧洲，非洲北部，亚洲西部、中部和东部。

栖息地 栖息于荒漠、半荒漠草原等地区，不喜欢茂密的森林、裸露的荒山和荒原，多在有稀疏树木的草地和灌丛地带活动。

习性 喜欢在地面行走。多成群活动，一般为6～26只，而迁徙季节常成数百只的大群，有时也见单独和成对活动。长距离飞行速度比较快，短距离则一边跳跃一边飞。起飞时发出"jer-jar-jer"的鸣声。早晚捕食活动比较频繁，中午和晚间在灌木丛中静息，偶而发出"wo—wo—jei—"的婉转多变的鸣声。

食性 主要以蝗虫、蚱蜢、螽斯、蟋蟀、金龟子、伪步行虫等昆虫和昆虫幼虫为食，偶尔捕食小鱼，也吃少量植物果实、种子和幼苗等。主要在地面和灌丛中觅食，也在树上觅食。

繁殖 繁殖期5～7月，1年可繁殖2次，第1次在4月中旬至5月中旬，第2次在6月中旬至7月上旬。多在树洞、土洞等各种天然洞穴中营巢，也在人工建筑物缝隙中和人工巢箱中营巢，会根据栖息环境的不同而有所选择。其中，土洞巢多选在水沟、洪水冲沟和干沟等旧河床的崖壁缝隙内，有利用旧巢和废鼠洞的习性，也利用蜥蜴类越冬的旧洞穴；树洞巢多见于胡杨树干的空心天然洞或啄木鸟遗弃的旧洞中。喜欢集群营巢，巢区内常常每棵树上都有巢，有时同一棵树上可见2～3个巢，相距很近，相互之间无侵犯行为。巢洞深浅变化较大，洞口径很不规则，洞口离地面高0.9～4 m。巢内一般只垫少量羽毛、苇叶、红柳细枝、麦秸或禾草等。洞穴平均深27～49 cm，巢外径14 cm × 17 cm，内径9.5 cm × 11 cm，巢高7～9 cm，巢深5～7 cm。

营巢期7～8天，选巢和清理巢穴2～3天，之后衔巢材4～5天。营巢结束后，雌鸟先卧一天空巢，接着每天产卵1枚。每窝产卵4～7枚。卵为椭圆形，天蓝色或淡蓝色，无斑点，大小为(25.8～32.7) mm × (20.1～22.3) mm。

卵产齐后即开始孵卵，以雌鸟为主，雄鸟一般只在洞穴外附近，待雌鸟出巢捕食时，雄鸟才进巢孵卵。孵化期12～16天，整窝卵一般在2～3天内出齐，没孵出的卵由亲鸟啄破并衔出巢外。

雏鸟晚成性。雌雄鸟均参与育雏，以雌鸟为主。亲鸟育雏期的取食范围多距巢50～150 m。喂雏期间有清理雏鸟粪便的习性，因粪便水分较多，常被衔落在洞口边缘。

育雏期16～19天。雏鸟嘴和跗跖的发育早于翅膀和尾羽，生长十分迅速。刚出壳的雏鸟全身裸露无羽，仅头顶、肩部有黑色绒毛，后背有灰白色绒毛；第5天翅羽基、腹侧、背部长有黑色针点羽毛，开始睁眼；第7～9天飞羽和尾羽放缨，通体长出羽芽；第13天已可以跳窜和逃避；第15天"胎毛"退去，全身羽毛长齐；第17天身体已接近成鸟，但仍待在巢中，若有惊动可勉强离巢，已有短距离飞行能力。

雏鸟由亲鸟引出巢后，一般在沟边草地等处活动，亲鸟起落带飞，不断发出"jei-jei—zei"的鸣声。在1～2小时后，雏鸟跟随亲鸟起飞或落在沟边小树上，亲鸟又飞起转圈后落在草地上捕食，再飞到树上喂雏。

雏鸟能飞后，由亲鸟领着逐渐集成群体活动。群体少则十几只，多则上百只，来往于草场上捕食，幼鸟不断发出"je—zei—zei"略带颤音的鸣声。中午和晚上喜栖息在草场灌木丛荫蔽处，白天栖息时间较短，有时也在沟边树上栖息。到7月，由幼鸟和成鸟组成的20～60只较大的家族群离开巢区，开始集群漂泊游荡生活。

种群现状与保护 IUCN和《中国脊椎动物红色名录》均评估为无危（LC），被列为中国三有保护鸟类。在中国局部地区种群数量还比较多。

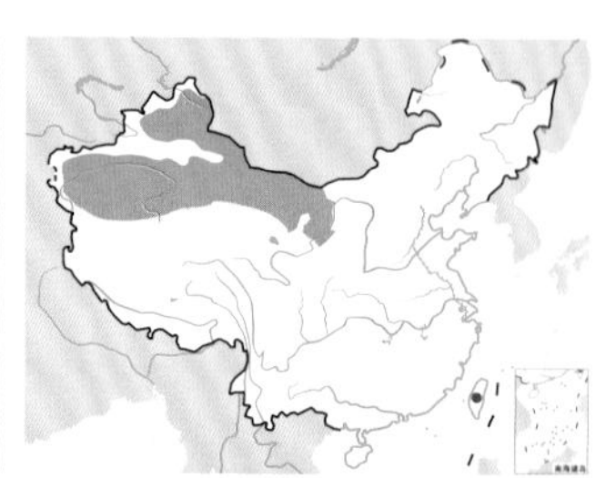

紫翅椋鸟。左上图为非繁殖羽，王小炯摄；下图为繁殖羽，正在育雏，杜卿摄

粉红椋鸟

拉丁名：*Pastor roseus*
英文名：Rosy Starling

雀形目椋鸟科

形态 体长 19～24 cm，体重 65～80 g。头顶具紫色羽冠；整个头部、颈、颏、喉等为黑色并具紫蓝色金属光泽；背部和腹部为粉红色；两翅和尾羽黑褐色。雌鸟和雄鸟相似，但头部羽冠较短，体羽缺少光泽而显得暗淡。虹膜暗褐色；嘴黄色或粉红色，上嘴基部黑色，冬季嘴为褐色；脚黄色。

分布 在中国分布于新疆西部和北部、西藏西部、甘肃西北部、内蒙古、四川南部、江苏、福建、香港、澳门、台湾等地，其中在新疆为夏候鸟。国外分布于欧洲东南部、亚洲中部和南部一带。

栖息地 栖息于干旱平原、荒漠或半荒漠地区，也栖息于高原和山地，尤以有悬崖峭壁、水源和树木的开阔地带较多见。在西藏甚至能栖息在海拔 4200 m 左右的山地河谷中。

习性 常成群活动，偶见单独或成对活动。主要在地面觅食，有时也在树上或灌丛中觅食。

食性 主要以甲虫、蝗虫、毛虫、蟋蟀、蚱蜢等各种昆虫为食，也吃植物果实和种子。

繁殖 繁殖期为 5～7 月。常成群在陡峭岩壁缝隙中、树洞和其他洞穴中营巢。巢呈杯状，主要由枯草茎和草叶构成，内垫有细草茎和鸟羽。营巢由雌雄亲鸟共同进行，有时雄鸟仅运送巢材，由雌鸟筑巢。每年繁殖 1 窝，每窝产卵 4～6 枚。卵白色或淡蓝色，大小为（25～30）mm ×（19.7～22）mm。卵产齐后间隔 1 天开始孵卵。雌鸟孵卵，孵化期 13～15 天。雏鸟晚成性。雌雄亲鸟共同育雏，育雏期 14～19 天。

粉红椋鸟离巢幼鸟向亲鸟乞食。吕自捷摄

种群现状与保护 IUCN 和《中国脊椎动物红色名录》均评估为无危(LC)，被列为中国三有保护鸟类。在中国种群数量稀少，应注意保护。

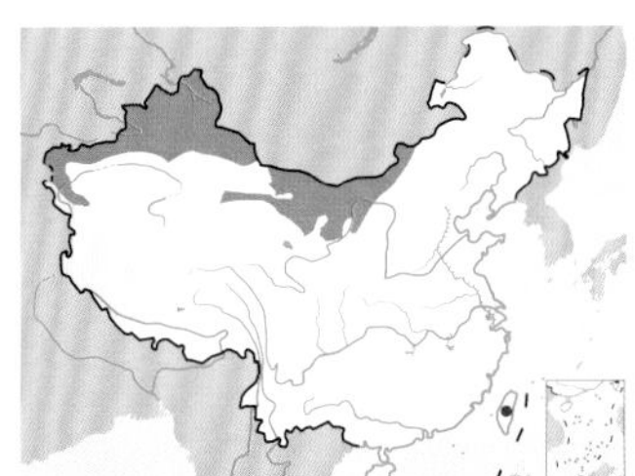

粉红椋鸟。左上图为衔食育雏的雄鸟，下图为集群。吕自捷摄

鸫类

- 鸫类指雀形目鸫科鸟类，全世界共17属170种，中国有4属37种
- 鸫类翅长而尖，尾形不一，腿长而强健，体羽多为灰色、白色、褐色或黑色交杂，多斑点
- 鸫类栖息于多种有林木的环境中，大多从地面捕食昆虫等无脊椎动物，也取食植物果实和种子
- 鸫类大多由雌鸟单独筑杯形巢于树上、地面、洞穴或缝隙中，双亲共同育雏

类群综述

鸫类指雀形目鸫科（Turdidae）鸟类，它们主要是一些中、小型鸣禽，与鹛、莺、鹟之间几乎不存在特别显著的差异，因而在分类学上一直存在很大的争议。从前上述的这些类群分别作为4个亚科置于庞大的鹟科（Muscicapidae）下，而在各亚科分别独立为科后，一些物种到底属于鸫科还是鹟科仍难以定论，新的分类系统将原来归在鸫科的鸲、鹏、石鹏等划归鹟科，现在的鸫科仅包括鸫属 *Turdus*、地鸫属 *Zoothera*、宽嘴鸫属 *Cochoa* 等，也就是以从前所谓"真正的"或"纯正的"鸫类为主的一些种类，但即便如此，鸫科仍是一个广泛分布于全球，拥有17属170种的大科。中国有鸫类4属37种，分布几乎遍及全国各地。

与它们原来大家族中的那些"近亲"相比，鸫类更加不具特化性，占据着核心分布区，是其他各个特化种类进行辐射分布的基础。它们大部分都具有以下特征：幼鸟体羽多斑，筑杯形巢，通常在地面觅食动物性食物，偶尔从树上和灌丛中摄取食物。此外，它们具有高度发达而复杂的鸣啭，特别是能够同时发出不同的声音。

形态　鸫类体长11～33 cm，体重8～220 g。嘴多短健，嘴缘平滑，上嘴近端处常微具缺刻。在不同的类群中略有区别：鸫属的较短而窄；地鸫属的较长而壮，嘴端稍曲；宽嘴鸫属的短而特宽阔。鸫属、地鸫属嘴须发达，但宽嘴鸫属嘴须不显著。鼻孔距前额稍远，不为悬羽所掩盖，因而很明显，其中宽嘴鸫的鼻孔呈椭圆形。舌不呈管状，而具一片芦苇叶似的舌端；翅长而尖，具10枚初级飞羽，其中第一枚甚为短小；尾形不一，大多较短而呈平截状，宽嘴鸫属略呈凸尾状；尾羽一般为12枚，少数为10枚或14枚；跗跖前缘多数被靴状鳞，强健而较长，只有宽嘴鸫属的稍短一些。

体羽主要为灰色、褐色、白色、黑色等交融混合，罕有绿色或黄色，但许多个体（特别是雄鸟）有各种颜色的斑。有数个种类为全黑色或以深蓝色为主，头和翼覆羽上有蓝色斑。雌鸟与雄鸟有的差异比较大，而大多数基本相似，但一般雌鸟没有亮丽的颜色。幼鸟体羽通常具斑点。地鸫属的部分初级飞羽和次级飞羽等基部为白或皮黄色，形成一道显著的白色或皮黄色带斑，飞行时特别明显。宽嘴鸫属有非常醒目的体羽，从深绿色至蓝色和紫色均有，而且雌雄羽色不同。

栖息地　鸫类栖息于多种有林木的环境中，包括热带、温带和山区的森林、林地，到近北极的冻原、开阔的荒原和沙漠边缘地带。有些种类常见于人类活动的地方，如城市花园、农田、园圃、草坪等。

习性　鸫类大多树栖或地栖性。飞行力强弱不一，但大多善飞行，也善地面奔跑。鸣声多样，许多种类具有悦耳的鸣啭，通常由一连串短促多变、婉转柔和的颤音组成。某些种类会发出响亮的预警声，通常为尖锐而断续的颤鸣，音细而高，以通知群体中的其他个体有天敌来袭。有些种类尤其擅长进行出色的效鸣。在欧洲，人们知道欧亚乌鸫 *Turdus merula* 和欧歌鸫 *Turdus philomelos* 能够模仿电话铃声，而有记录表明南美的罗氏鸫 *Turdus lawrencii* 竟能模仿170多种鸟的鸣叫和鸣啭。

宽嘴鸫属为留鸟。地鸫属主要生活在森林中近地面处，为留鸟，也有部分种群迁徙。鸫属中北方

左：鸫类翅长而尖，腿长而强健，体羽多为灰色、白色、褐色或黑色交杂，并多斑点。图为中国常见的鸫类之一——虎斑地鸫。韦铭摄

种类通常会做长途迁徙；而热带种类一般为留鸟，但在繁殖后也经常作范围较大的迁移游荡；生活于中纬度地区的一些种类为部分迁徙，有些个体会南下或迁徙至海拔较低的地区过冬，而其他个体只要能找到足够的食物便会留在繁殖地。在非繁殖期，部分种类尤其是欧洲和北美洲的鸫类，倾向于高度群居，成群觅食，集体栖息，尤其在寒冷天气中。

食性 鸫类食物随种类和地点等而变化，但主要是多种无脊椎动物，尤其是昆虫及其蛹，以及蚯蚓、蠕虫、蜗牛、蜘蛛等。它们或从土壤中、植被中啄取，或从高处的栖木上俯扑至地面捕捉猎物。大部分种类也吃植物果实与种子。

繁殖 在鸫类的留鸟种类中，配偶大多会终年生活在一起。体形相对较大的种类在保护领域、巢和幼雏时会富有攻击性。一些平时大量时间生活在高处有利位置守卫领域的鸫类还会勇敢地群起而攻之，将掠食者击退，或者假装受伤来转移掠食者对巢和雏鸟的注意力。其中，田鸫 *Turdus pilaris* 表现得尤为独特。这是一种在鸫类中很罕见的半群居性营巢鸟类，当有掠食者接近巢时，它们会用粪便砸向掠食者——甚至出现过有鹰类被田鸫的粪便砸了一身而无法起飞，最终饿死的情况。

大部分巢址具有很好的隐蔽性，多筑巢于树上、灌丛中、岩洞、石缝或地洞中，或在人类建筑物的突出壁架上，极少情况下筑于露天地面。通常由雌鸟单独筑巢。巢呈杯状，主要由杂草、苔藓、地衣等材料构成，有时会覆上常混有枯叶的一层泥予以加固，最后在巢内衬上柔软的草或其他类似材料。在某些种类中，几乎巢周围的任何材料都可用来筑巢，如纸、线、破布、动物毛发等。每窝产卵 2～6 枚，卵为白色、蓝色、绿色或浅黄色，无斑或带有褐色、黑色的斑点或零散的斑纹。孵化期 12～15 天，雏鸟留巢期一般为 11～18 天。雏鸟的养育则由双亲共同担任。

种群现状和保护 鸫类食性杂且适应多种生境，有些物种很好地适应了人类改造过的生境，但即便如此，还是有一些物种因栖息地丧失或物种入侵而受胁，尤其是那些岛屿物种，而进入人居环境附近的物种虽然看起来十分常见但长期可能面临农药污染等威胁。现存种类中有 4 种被 IUCN 列为极危（CR），其中 1 种推测可能已灭绝，2 种为濒危（EN），11 种为易危（VU），受胁比例 10%，略低于世界鸟类整体受胁水平。中国分布的鸫类种仅褐头鸫被列为易危（VU），大部分种类被列为中国三有保护鸟类。

白颈鸫在华山松距地面约5m的枝杈上营造的巢，可以看出明显的分层结构，外层为较粗的枝条，内层为柔软的细草编织而成，十分精美，巢内有3枚淡绿色而密布斑点的卵。杜波摄

云南亚种
G. c. innotata
两广亚种
G. c. melli
橙头地鸫
Geokichla citrina
♂
白眉地鸫
Geokichla sibirica
♀
淡背地鸫
Zoothera mollissima
四川淡背地鸫
Zoothera griseiceps
喜山淡背地鸫
Zoothera salimalii
长尾地鸫
Zoothera dixoni
虎斑地鸫
Zoothera aurea
小虎斑地鸫
Zoothera dauma
大长嘴地鸫
Zoothera monticola
长嘴地鸫
Zoothera marginata
♂
灰背鸫
Turdus hortulorum
♀
♂
♀
蒂氏鸫
Turdus unicolor
♂
♀
黑胸鸫
Turdus dissimilis
♂
♀
乌灰鸫
Turdus cardis

♂
♀
白颈鸫
Turdus albocinctus
♂
♀
灰翅鸫
Turdus boulboul
欧亚乌鸫
Turdus merula
乌鸫
Turdus mandarinus
♂
藏乌鸫
Turdus maximus
♀
♂
白头鸫
Turdus niveiceps
♀
灰头鸫
Turdus rubrocanus
♂
棕背黑头鸫
Turdus kessleri
♀
♀
♂
褐头鸫
Turdus feae
♂
♀
白眉鸫
Turdus obscurus
♂
♀
白腹鸫
Turdus pallidus

♂
♀
赤胸鸫
Turdus chrysolaus
♂
♀
黑喉鸫
Turdus atrogularis
♂
♀
赤颈鸫
Turdus ruficollis
红尾斑鸫
Turdus naumanni
斑鸫
Turdus eunomus
田鸫
Turdus pilaris
白眉歌鸫
Turdus iliacus
欧歌鸫
Turdus philomelos
宝兴歌鸫
Turdus mupinensis
槲鸫
Turdus viscivorus
♂
♀
紫宽嘴鸫
Cochoa purpurea
♂
♀
绿宽嘴鸫
Cochoa viridis

橙头地鸫

拉丁名：*Geokichla citrina*
英文名：Orange-headed Thrush

雀形目鸫科

形态 雄鸟体长19～21 cm，体重51～60 g；雌鸟体长19～20 cm，体重56～59 g。头和下体鲜橙棕色或橙栗色，有的亚种颊部具2道深色垂直斑纹；上体蓝灰色或橄榄褐色；翅上具明显的白色横斑；尾暗褐色，中央尾羽沾蓝灰色。虹膜褐色或棕褐色；嘴黑褐色或黑色；脚橙黄色或肉黄色。

分布 在中国分布于山东、河南南部、陕西、安徽、江苏、浙江、重庆、贵州、湖北、湖南、江西、广东、香港、澳门、广西、云南西南部、海南等地，主要为留鸟，部分为夏候鸟。国外分布于南亚次大陆、中南半岛、马来西亚和印度尼西亚等地。

栖息地 栖息于低山丘陵和山脚地带的山地森林中，尤喜茂密的常绿阔叶林，也栖息于次生林、竹林、林缘疏林和农田地边小块丛林中。

习性 常单独或成对活动。地栖性，多在地上活动和觅食，有时也见在树上活动。性胆怯，常躲藏在林下茂密的灌木丛中。

食性 主要以甲虫、竹节虫等昆虫及其幼虫为食，也吃植物果实和种子。

繁殖 巢多置于灌木上或小树上，距地面高0.9～5 m，或筑在苔藓植物中。雌雄共同筑巢。巢呈杯状，主要由细枝、枯草茎和草叶等构成，巢外面有大量的绿色苔藓，内垫有细根。巢的大小约为内径8.5 cm，深5.5 cm。每窝产卵3～4枚。卵的颜色变化较大，从淡绿蓝色、粉红色到乳黄白色，被有红褐色或红紫色斑点。卵大小为（21～27.7）mm×（17～21.3）mm。雏鸟晚成性。雌雄亲鸟共同孵卵和育雏。

种群现状和保护 IUCN和《中国脊椎动物红色名录》均评估为无危（LC）。种群数量稀少，应注意保护。

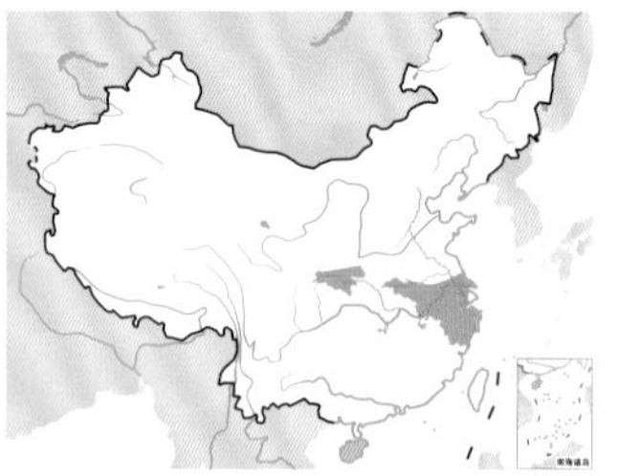

橙头地鸫。左上图为云南亚种*G. c. innotota*，刘璐摄；下图为两广亚种*G. c. melli*，沈越摄

白眉地鸫

拉丁名：*Geokichla sibirica*
英文名：Siberian Thrush

雀形目鸫科

体长21～24 cm。雄鸟通体暗蓝灰色或黑灰色，具长而粗著的白色眉纹；尾黑灰色或蓝灰色，外侧尾羽具宽的白色尖端；腹中部和尾下覆羽白色。雌鸟上体橄榄褐色，下体皮黄白色，胸和两胁具褐色横斑。在中国分布于除西北和青藏高原以外的广大地区。栖息于林下植被发达的针阔叶混交林、阔叶林和针叶林，尤其喜欢河流等水域附近的森林。IUCN和《中国脊椎动物红色名录》评估为无危（LC），被列为中国三有保护鸟类。

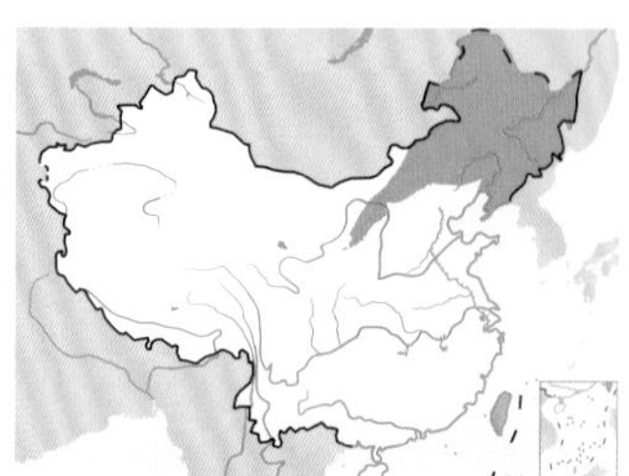

白眉地鸫。左上图沈越摄，下图杜卿摄

淡背地鸫

拉丁名：*Zoothera mollissima*
英文名：Plain-backed Thrush

雀形目鸫科

体长 23～27 cm。头顶、上体深橄榄褐色，且渲染亮棕红色；眼圈茶黄色，颊和耳羽褐色与黄色相杂；两翼黑褐色；中央两对尾羽和最外侧尾羽橄榄褐色，后者羽基黑色并具白色端斑，其余尾羽褐黑色而具狭形白端；下体浅棕色，除颏外各羽均具黑色扇形端斑，腹部转为白色，尾下覆羽赭色。在中国分布于西藏南部、云南、四川、湖南、广东、陕西南部。栖息于中、高山针叶林、针阔叶混交林和灌丛地带，有季节性垂直迁移现象。IUCN 和《中国脊椎动物红色名录》均评估为无危（LC）。

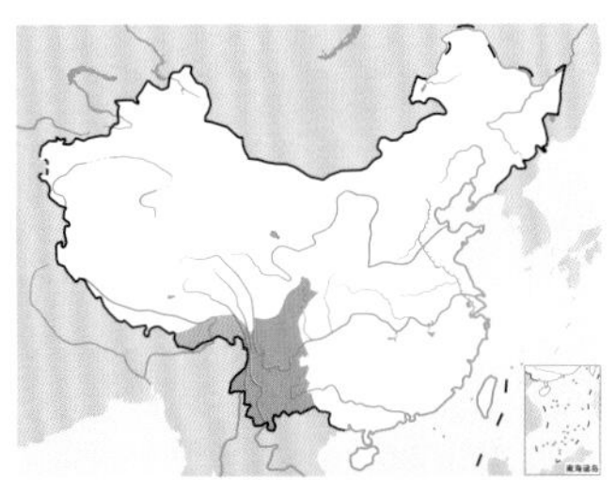

淡背地鸫。左上图沈越摄，下图杜卿摄

四川淡背地鸫

拉丁名：*Zoothera griseiceps*
英文名：Sichuan Thrush

雀形目鸫科

体长 24～27 cm。由淡背地鸫西南亚种 *Z. M. griseiceps* 独立为种，似淡背地鸫，但头顶暗灰色，与背部羽色不同。在中国分布于四川、云南北部、广东等地。栖息于暗针叶林、常绿阔叶林和灌丛地带。IUCN 评估为无危（LC）。

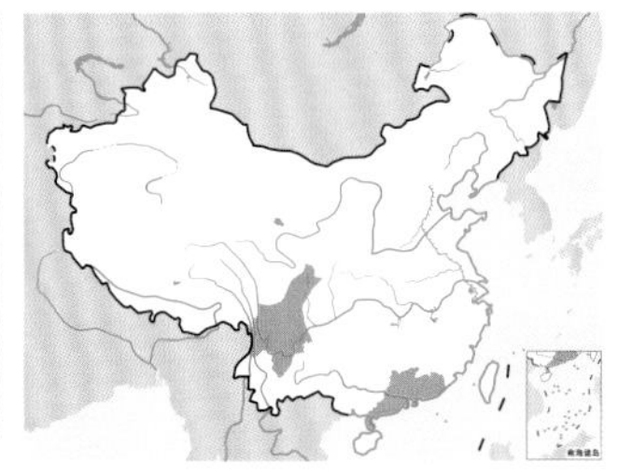

四川淡背地鸫。刘璐摄

喜山淡背地鸫

拉丁名：*Zoothera salimalii*
英文名：Himalayan Thrush

雀形目鸫科

体长约 25 cm。喙黑色，稍长而弯曲；头顶红褐色，眼下方有许多白色细纹，耳覆羽和后颈颜色较浅；上体橄榄绿褐色；下体为比较浓著的浅皮黄色，各羽均具黑色扇形端斑；喉部金黄色。在中国分布于西藏东南部。栖息于针叶林带，有时也出现在阔叶林和灌丛地带。IUCN 评估为无危（LC）。

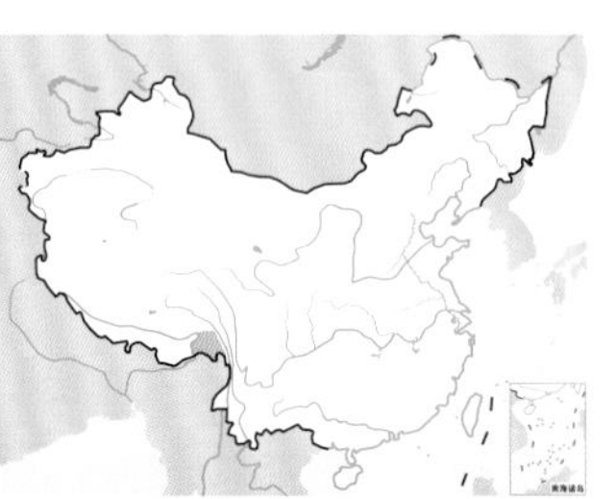

喜山淡背地鸫。刘璐摄

长尾地鸫

拉丁名：*Zoothera dixoni*
英文名：Long-tailed Thrush

雀形目鸫科

体长 21～27 cm。上体主要为橄榄褐色；翼和尾黑褐色；颏、喉、胸黄白色，向后渐淡，至腹部为白色，下体各羽具黑褐色端斑和黄白色次端斑；尾下覆羽灰色，端部白色。在中国分布于青海东南部、西藏南部、云南、四川、贵州、湖南、广西西北部等地。栖息于海拔 2500～4300 m 的高山针叶林或灌丛地带。IUCN 和《中国脊椎动物红色名录》均评估为无危。

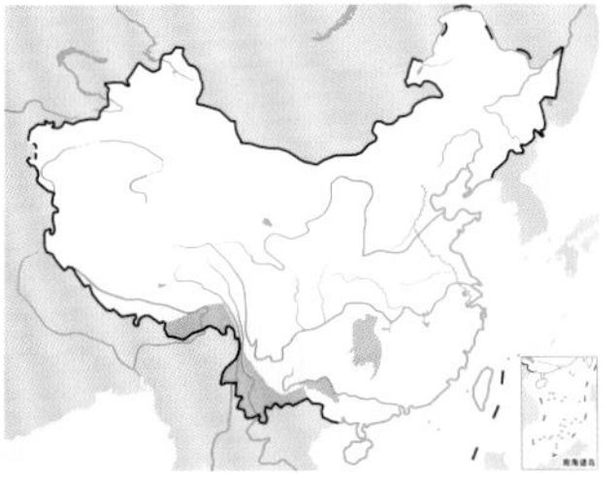

长尾地鸫。沈岩摄

虎斑地鸫

拉丁名：*Zoothera aurea*
英文名：White's Thrush

雀形目鸫科

形态 又称怀氏虎鸫，由原虎斑地鸫普通亚种 *Zoothera dauma aurea* 和日本亚种 *Z. d. toratugumi* 独立为种，因中国普遍分布的为本种，继承了虎斑地鸫的中文名，而 *Zoothera dauma* 改称小虎斑地鸫。雄鸟体长 27～30 cm，体重 130～174 g；雌鸟体长 26～30 cm，体重 124～156 g。上体从额至尾上覆羽呈鲜亮橄榄赭褐色，各羽均具亮棕白色羽干纹、绒黑色端斑和金棕色次端斑，在上体形成明显的黑色鳞状斑；头侧白色或棕白色，微具黑色端斑，耳羽后缘有一黑色块斑；翅上中覆羽、大覆羽棕白色端斑；次级飞羽先端棕黄色；下体白色或棕白色，胸、上腹和两胁具黑色端斑和浅棕色次端斑，形成明显的黑色鳞状斑。虹膜暗色或暗褐色；嘴褐色，下嘴基部肉黄色；脚肉色或橙肉色。

分布 在中国全国各地均有分布，其中在北部繁殖的种群全为夏候鸟，在南部繁殖的种群部分为夏候鸟，部分为留鸟。繁殖地包括内蒙古东北部、黑龙江大兴安岭和小兴安岭、吉林长白山、四川北部和西部、贵州北部、云南西北部和西部、广西和台湾等地；越冬地包括云南、贵州、湖南、浙江、福建、广东、广西、香港、台湾等地；迁徙期间经过辽宁、河北、山东、河南、陕西、甘肃、青海、四川等地。在国外分布于俄罗斯东部、朝鲜、日本、巴基斯坦、尼泊尔、不丹、孟加拉国、印度、斯里兰卡、中南半岛至东南亚岛屿和新几内亚、澳大利亚等地。

栖息地 栖息于丘陵和平原阔叶林、针阔叶混交林和针叶林中，尤以溪谷、河流两岸和地势低洼的茂密森林、灌丛及竹林中较为常见。迁徙季节也出入于林缘疏林、田野和农田地边以及村庄附近的树丛和灌木丛中活动和觅食。

习性 地栖性，常单独或成对活动，多在林下灌丛中或地上觅食。性胆怯而机警，警戒时常停立不动，挺胸伸颈了望。受惊时在林间做短距低空飞行，多贴地面飞行，一般高 3 m 左右，窜飞速度颇快，每次均由受惊处飞至林缘或就近另一灌丛或竹林中躲避。有时也飞到附近树上，起飞时常发出"噶"的一声鸣叫，但飞不多远即又降落在灌丛中。也能在地上迅速奔跑。攻击时低头、垂翅、堕尾、松羽，急行冲击。理羽时足由翅腋间伸向头部搔动。晚间常栖宿在构及梧桐等阔叶树上。短时期内常在固定的栖息地内活动。惊叫声如"g—"，响亮而粗涩，或发如吹哨样的"hyo—"长音；鸣啭时声如"hi- hyo—"，尖锐的高音。夜间亦鸣叫。

食性 以昆虫和蜗牛、蚯蚓等无脊椎动物为食，幼鸟主要以鳞翅目幼虫和蚯蚓为食。此外也吃少量果实、种子和嫩叶等植物性食物。多在林下落叶层中觅食，也常在土丘的低凹处、河旁或田沟边泥土潮湿和疏松的地方觅食蚯蚓。啄食时挺身猛啄，一连数下，掘松地面，将蚯蚓拉出，整条吞食。

繁殖 繁殖期 5～8 月。迁徙到繁殖地时已基本配对。通常营巢于溪流两岸的混交林和阔叶林内。巢一般多置于距地面不高的树干枝杈处，也有的筑在采伐后留下的树桩上，以树桩四周生长出来的幼苗为遮蔽。巢距地面高 0.3 cm～3 m。巢呈碗状或杯状，主要由细树枝、枯草茎、草叶、苔藓、树叶和泥土构成，其中尤以苔藓最多，巢壁糊有少许黄泥，巢内垫有松针、细草茎、细树枝和草根。巢的大小为外径（16～19）cm×（17～20）cm，内径（11～12）cm×（11～12）cm，高 18～23 cm，深 6～8 cm。1 年繁殖 1 窝，每窝产卵 4～5 枚。卵灰绿色或淡绿色，稀疏散布一些褐色斑点，尤以钝端较多。卵大小为（33～36）mm×（23.5～25）mm，重 8.5～9.5 g。孵化期 11～12 天。雏鸟晚成性。雌、雄亲鸟共同育雏，留巢期 12～13 天。

种群现状和保护 IUCN 评估为无危（LC），被列为中国三有保护鸟类。在中国分布较广，几乎遍布全国，种群数量在局部地区较多，但也需要严格保护。

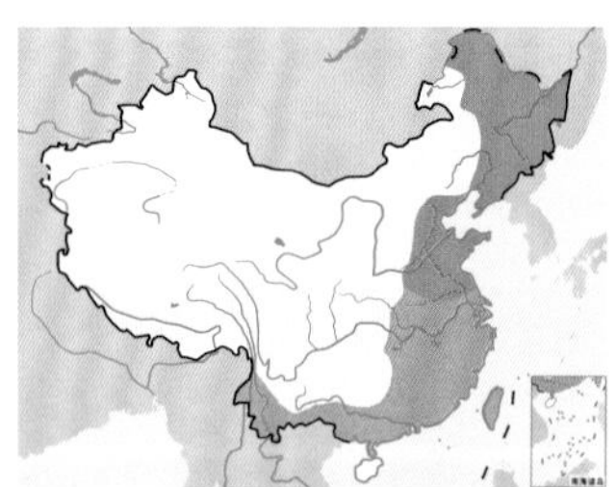

虎斑地鸫。左上图沈越摄，下图张瑜摄

小虎斑地鸫

拉丁名：*Zoothera dauma*
英文名：Scaly Thrush

雀形目鸫科

体长 22～27 cm。似虎斑地鸫，但明显较小，喙较细，下喙基部无肉色。在中国分布于西藏、云南西部、四川西部、贵州、广西、台湾等地。栖息于山地林间及灌丛地带。IUCN 和《中国脊椎动物红色名录》均评估为无危（LC），被列为中国三有保护鸟类。

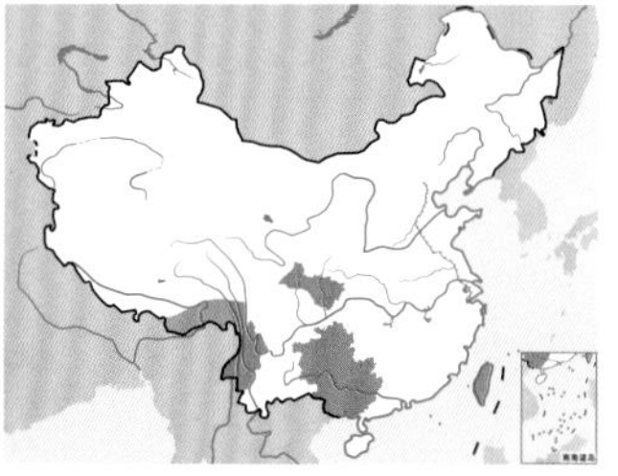

小虎斑地鸫。董磊摄

大长嘴地鸫

拉丁名：*Zoothera monticola*
英文名：Long-billed Thrush

雀形目鸫科

体长 26～28 cm。头深褐色；体羽主要呈灰黑褐色；两胁色深；喉米黄色；胸、腹具点状分布的扇贝状黑斑。虹膜暗褐色；喙粗长而下弯，暗褐黑色；脚焦褐色。在中国分布于云南南部。栖息于森林地带近溪水处，喜欢用嘴衔住并拖动溪流旁的石块，寻找藏匿于石块下面的食物。IUCN 评估为无危（LC），《中国脊椎动物红色名录》评估为数据缺乏（DD）。

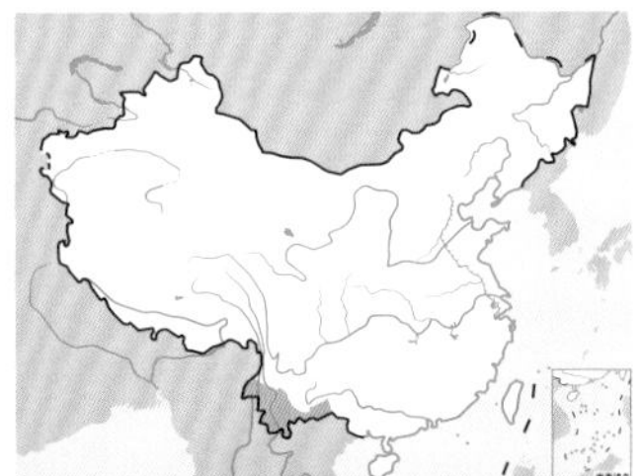

大长嘴地鸫。罗平钊摄

长嘴地鸫

拉丁名：*Zoothera marginata*
英文名：Dark-sided Thrush

雀形目鸫科

体长 20～24 cm。上体主要为暗橄榄褐色；耳羽带黑色，后面围以皮黄色带斑；下体主要为皮黄白色，具暗橄榄色扇状斑纹；喉部白色，胸部和体侧显著沾橄榄褐色。在中国分布于云南西部和南部。栖息于海拔 2500m 以下的阔叶林和针阔叶混交林。IUCN 和《中国脊椎动物红色名录》均评估为无危（LC）。

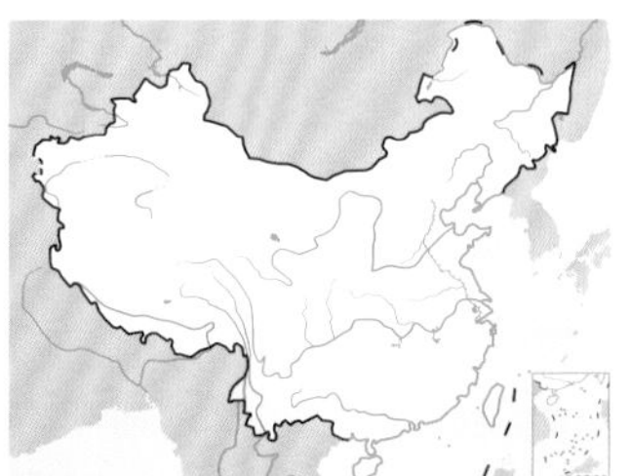

长嘴地鸫。左上图薄顺奇摄，下图杜卿摄

收集巢材的大长嘴地鸫。董磊摄

灰背鸫

拉丁名：*Turdus hortulorum*
英文名：Grey-backed Thrush

雀形目鸫科

形态 雄鸟体长21～23 cm，体重50～73 g；雌鸟体长20～23 cm，体重52～69 g。雄鸟上体石板灰色；头部微沾橄榄色，头两侧缀有橙棕色，眼先黑色；颏、喉淡白色，微缀赭色；胸部淡灰色，有的具黑褐色三角形羽干斑；下胸中部和腹部中央污白色，下胸两侧、两胁、腋羽和翼下覆羽亮橙栗色；尾下覆羽白色而缀淡皮黄色。上体偏褐色，颏、喉呈淡棕黄色，具黑褐色长条形或三角形端斑，尤以两侧斑点较稠密；胸淡黄白色具三角形羽干斑。虹膜褐色；嘴雄鸟黄褐色，雌鸟褐色；脚肉黄色或黄褐色。

分布 在中国分布于除宁夏、西藏、青海外的各地，其中在东北为夏候鸟，长江以南为冬候鸟，迁徙期间经过河北、北京、山东、江苏等地。国外繁殖于俄罗斯西伯利亚东南部、远东和朝鲜等地，秋冬季节偶见于越南和日本。

栖息地 栖息于海拔1500 m以下低山丘陵地带的茂密森林中，特别是河谷次生阔叶林，其次为沿河谷的灌木林以及阔叶林、针阔叶混交林等，很少出现在针叶林和林下植被贫乏的疏林中。

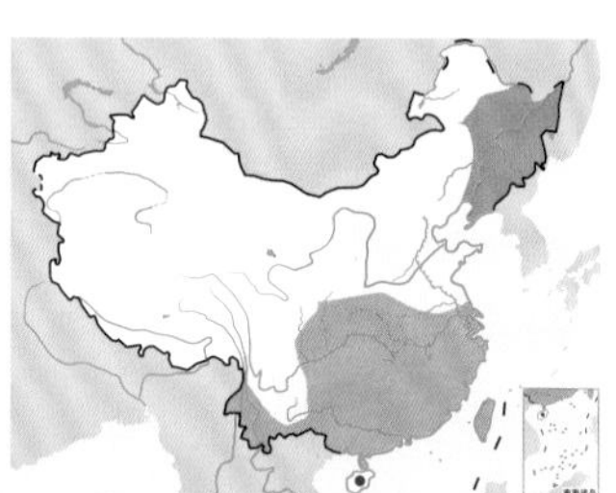

灰背鸫。左上图为雄鸟，聂延秋摄；下图为雌鸟，张明摄

习性 常单独或成对活动，春秋迁徙季节也集成几只或10多只的小群，有时也见和其他鸫类结成松散的混合群。多在林缘、荒地、草坡、林间空地和农田等开阔地带活动。地栖性，善于跳跃行走，多在地面活动和觅食。繁殖期间极善鸣叫，鸣声清脆响亮，很远即能听见，常固定栖于一处从早到晚不停鸣叫，尤以清晨和傍晚鸣叫最为频繁。鸣叫时多站在小树枝头，发现危险后立即飞到地面，在地面通过急速跳跃前进。每日活动时间甚早，有时在凌晨2:50左右即开始鸣叫。

食性 主要以鞘翅目、鳞翅目和双翅目等昆虫及其幼虫为食，此外也吃蚯蚓等其他动物和植物果实与种子。

繁殖 繁殖期5～8月。通常在迁到繁殖地后不久即开始占区和配对。巢位于胡桃楸、暴马丁香、山楂树、樟子松以及红松等林木的枝杈间，有的亦筑在被山葡萄、软枣猕猴桃等藤本植物缠绕的树木枝藤间。营巢由雌雄亲鸟共同承担，常常边营巢边追逐交尾，有时雄鸟站在巢附近小树上鸣叫。巢为开放性，呈碗状，距地面高0.7～2 m，巢的大小为外径（12.5～15）cm×（12～14）cm，内径（8.5～9.6）cm×（9.4～10）cm，高9.2～13 cm，深5.1～6.5 cm。巢外层主要由树枝、藤秧、枯草茎、枯草叶、树叶、苔藓和泥土构成，多采用一层干草、一层泥土的结构，内壁由细软枝条和草根构成，有的全部糊黄泥，结构较为精致，巢内垫有草根和松针。巢筑好后即开始产卵，1年繁殖1窝，每窝产卵3～5枚，通常一天产1枚卵，产卵时间多在9:00～10:00。卵为鸭蛋绿色，被有深浅两层斑点，表层斑点较大，为红色；深层斑点较小，为紫色。卵为椭圆形或长椭圆形，大小为（24.5～29）mm×（17～21）mm，重4.4～6 g。卵产齐后即开始孵卵，孵化期12～14天。孵卵由雌鸟承担，孵卵时头与尾均翘起立于巢外，而巢恰与其身体等大，故对巢的封闭较严。巢中比热较大的泥土在亲鸟离开后仍能散发热量，使巢温不致降得过低。雄鸟一般在附近活动，担任警戒，有时鸣叫。雌鸟离巢后再入巢之前，总是反复环飞、跳跃，从各个角度对巢周围环境进行观察，直到确认安全时才入巢孵卵。如有花鼠等天敌在附近活动，亲鸟则在附近的树枝上不断鸣叫或飞落地面上，边鸣叫边向远处跳去，引诱它们远离巢址，一次不成则再次引诱，直至成功。

同窝雏鸟在2天内出齐。刚孵出的雏鸟全身除眼泡、头顶、背中心和翅上各有一小撮淡黄色绒羽外，其余赤裸无羽。雌雄亲鸟共同育雏。留巢期为11～13天。

种群现状和保护 IUCN和《中国脊椎动物红色名录》均评估为无危（LC），被列为中国三有保护鸟类。主要在中国东北和邻近的俄罗斯远东地区繁殖，在中国南部越冬，迁徙期间经过中国东部大部分地区，是中国较常见的一种区域性候鸟，种群数量较多，但也需要严格保护。

蒂氏鸫

拉丁名：*Turdus unicolor*
英文名：Tickell's Thrush

雀形目鸫科

体长 20～25 cm。雄鸟头部、上体主要为暗灰褐色，眼先黑色，腰和尾灰色；颏、喉略显白色，两侧有深的纵条纹；其余下体主要为淡灰白色，下腹、尾下覆羽白色。雌鸟上体主要为暗橄榄褐色；喉白色，具暗色条纹；其余下体主要为黄褐色，下腹、尾下覆羽白色。在中国分布于西藏南部。栖息于针叶林、阔叶林和针阔叶混交林中。IUCN 评估为无危 (LC)，《中国脊椎动物红色名录》评估为数据缺乏 (DD)。

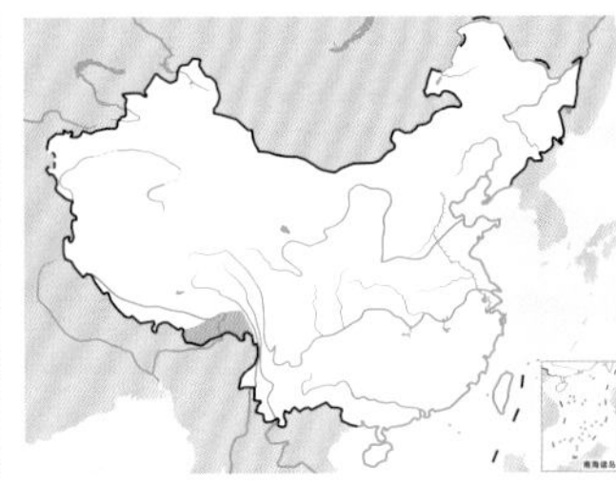

蒂氏鸫雄鸟。董江天摄

黑胸鸫

拉丁名：*Turdus dissimilis*
英文名：Black-breasted Thrush

雀形目鸫科

体长 20～30 cm。雄鸟除颏外，整个头、颈至上胸为黑色；上体其余部分和翼、尾表面转为暗石板灰色；两翼黑褐色；下胸、两胁和翼下覆羽亮棕色，腹部中央至尾下覆羽白色。雌鸟上体暗橄榄褐色；头侧、耳羽灰褐色；颏、喉白色，具黑色羽轴纹；上胸赭色，具黑色沾棕色的纵斑；上体余部与雄鸟相似。在中国分布于云南、贵州南部、广东、广西等地。栖息于海拔 2000 m 以下的阔叶林和针阔叶混交林中。IUCN 评估为无危 (LC)，《中国脊椎动物红色名录》评估为近危 (NT)，被列为中国三有保护鸟类。

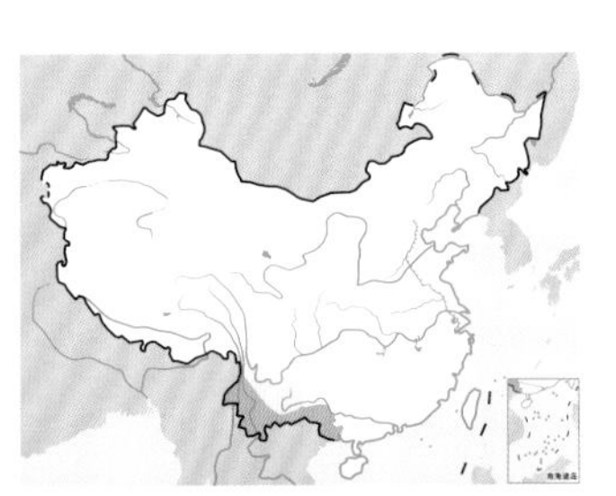

黑胸鸫。左上图为雄鸟，沈越摄；下图为雌鸟，张明摄

乌灰鸫

拉丁名：*Turdus cardis*
英文名：Japanese Thrush

雀形目鸫科

形态 雄鸟体长 20～23 cm，体重 65～84 g；雌鸟体长 20～22 cm，体重 56～74 g。雄鸟整个头、颈、颏、喉和胸部均为深黑色，眼周有一黄色圈；其余上体黑色或黑灰色；其余下体白色，两胁和覆腿羽缀有灰色，腹和两胁具稀疏的黑色斑点。雌鸟上体橄榄色，耳羽具白色羽干纹；下体灰白色微沾栗红色，上胸灰色，喉、胸、两胁缀有黑褐色斑点，喉侧斑点连成一条线状。虹膜褐色；嘴春季黄色，秋季褐色；脚黄色或褐色。

分布 在中国分布于长江流域及以南地区，包括台湾和海南，也向北扩散至北京、山东、河南南部，其中繁殖于湖北、安徽、贵州等地，在广西、广东、海南等地为冬候鸟，其他地区为旅鸟。国外繁殖于日本，偶尔到萨哈林岛，迁徙期间也见于朝鲜、日本南部岛屿等。

栖息地 栖息于海拔 2000 m 以下的山地森林中，尤以阔叶林、针阔叶混交林、人工松树林和次生林等最为常见，秋冬季节

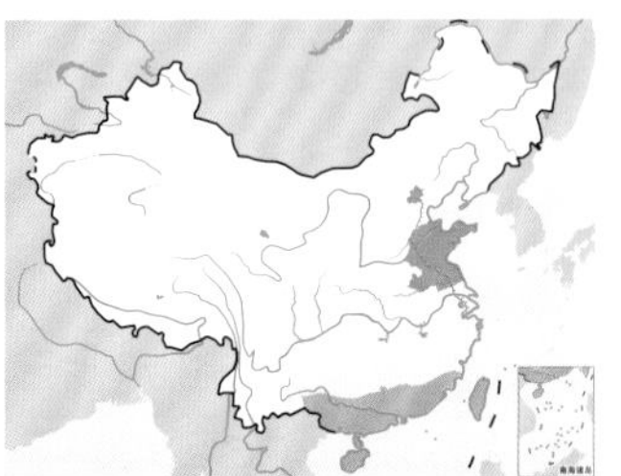

乌灰鸫。左上图为雌鸟，孙锋林摄（维基共享资源/CC BY-SA 4.0）；下图为雄鸟，沈越摄

给离巢幼鸟喂食的乌灰鸫雄鸟。王瑞卿摄

也出入于林缘灌丛、村寨和农田附近的小林内。

习性 单独活动。地栖性，多在林下地面觅食。

食性 主要以昆虫为食，也吃植物果实与种子。

繁殖 繁殖期5～7月，繁殖期间善于鸣叫，鸣声悦耳。通常营巢于林下小树枝杈上，距地面高1～4.5 m。巢呈杯状，主要由苔藓、枯草茎、草根、树根、泥土等构成，内垫有细草茎，有时也垫有兽毛或羽毛。每窝产卵3～5枚，卵蓝色、暗蓝色或灰蓝色，被有淡褐色或紫罗兰色斑点，大小约为26.4 mm × 18.9 mm。

种群现状和保护 IUCN和《中国脊椎动物红色名录》均评估为无危（LC），被列为中国三有保护鸟类。在中国种群数量不多，需要进行严格保护。

白颈鸫

拉丁名：*Turdus albocinctus*
英文名：White-collared Blackbird

雀形目鸫科

体长23～28 cm。雄鸟全身除颈部为白色，颏、喉白色而沾暗褐色外，其余体羽均呈黑褐色，下体较淡。雌鸟额、头顶及后头暗褐色，颈部及上背灰白色沾褐色；背、腰部及尾下覆羽暗棕褐色；翼和尾暗褐色；颏、喉和前胸灰白色沾褐色，下体余部棕褐色。在中国分布于甘肃、西藏南部和东南部、云南西北部、四川西部。栖息于海拔2300～3800 m的针阔叶混交林和针叶林，特别是林下灌丛中。IUCN和《中国脊椎动物红色名录》均评估为无危（LC）。

白颈鸫。左上图为雄鸟，刘璐摄；下图为雌鸟，杨晓成摄

灰翅鸫

拉丁名：*Turdus boulboul*
英文名：Grey-winged Blackbird

雀形目鸫科

体长26～29 cm。雄鸟通体黑色，眼圈黄色，翅上具大而明显的淡灰色翼斑；腹部至尾下覆羽具银灰色羽缘，形成明显的银灰色鳞状斑。雌鸟体羽主要为橄榄褐色；翼覆羽和内侧飞羽外缘淡红褐色，形成块斑。在中国分布于陕西南部、甘肃南部、云南东南部、四川、贵州、广西、湖北、湖南、广东等地。栖息于海拔3000 m以下的山地阔叶林和针阔叶混交林中。IUCN和《中国脊椎动物红色名录》均评估为无危（LC）。

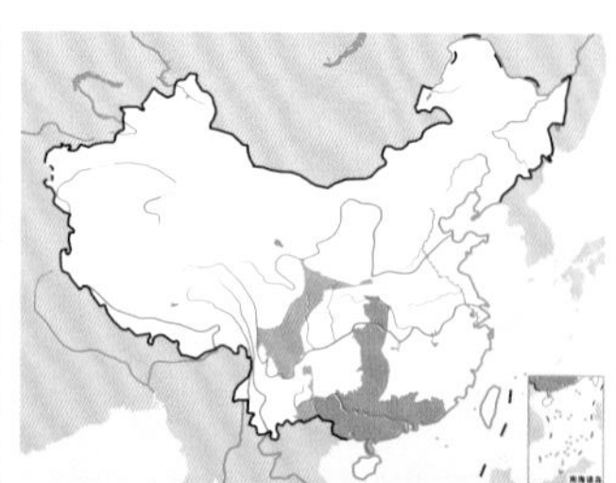

灰翅鸫。左上图为雌鸟，时敏良摄；下图为雄鸟，夏乡摄

欧亚乌鸫 拉丁名：*Turdus merula* 英文名：Common Blackbird

雀形目鸫科

体长25～27 cm。雄鸟上体主要为暗灰黑色，具窄的黄色眼圈；下体主要为黑褐色，颏部缀有棕色羽缘。雌鸟羽色和雄鸟大致相似，但背部较淡；下体主要为暗锈色，颏、喉浅栗褐色缀以黑褐色纵纹。喙橘红色，脚红色。在中国分布于新疆、青海等地。栖息于绿洲、农田附近树林以及果园等处。IUCN和《中国脊椎动物红色名录》均评估为无危（LC）。

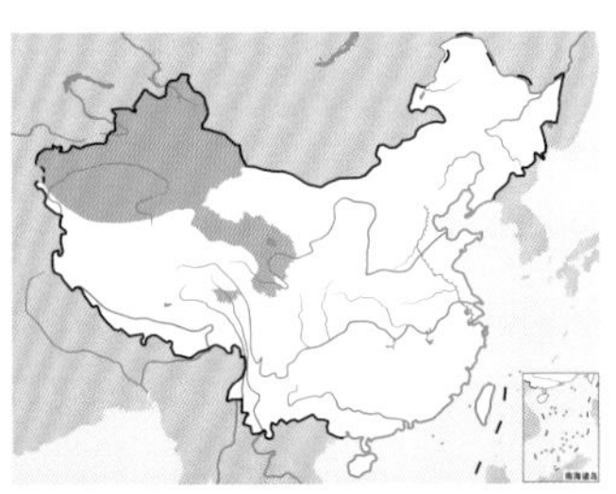

欧亚乌鸫。左上图为雄鸟，下图为雌鸟

乌鸫 拉丁名：*Turdus mandarinus* 英文名：Chinese Blackbird

雀形目鸫科

形态 由原乌鸫普通亚种 *Turdus merula mandarinus* 和四川亚种 *T. m. sowerbyi* 独立为种，因中国广泛分布的为本种，继承了乌鸫的中文名，而 *Turdus merula* 改称欧亚乌鸫。雄鸟体长23～30 cm，体重55～126 g；雌鸟体长21～29 cm，体重84～121 g。雄鸟通体黑色、黑褐色或乌褐色，有的沾锈色或灰色，具窄的黄色眼圈；下体为黑褐色稍淡，颏、喉浅栗褐色而微具黑褐色纵纹。雌鸟羽色和雄鸟大致相似，但较淡，一般通体为黑褐色，多沾有锈色，尤以下体较明显；颏、喉部多具暗色纵纹。虹膜褐色；嘴橙黄色或黄色；脚黑褐色。与欧亚乌鸫的主要区别在于嘴黄色而非橘红色。

分布 在中国分布于除西北、东北和青藏高原以外的广大地区，主要为留鸟，在长江以北地区有部分种群为迁徙或游荡。国外仅见于中南半岛北部。

栖息地 栖息于次生林、阔叶林、针阔叶混交林和针叶林等各种不同类型的森林中，从数百米到4500 m均可遇见，尤其喜欢栖息在林区外围、林缘疏林、农田地旁树林、果园和村镇附近的小树丛中，有时进到城市公园、乡村居民房前屋后树上活动和觅食。

习性 常单独或成对活动，有时也集成小群。多在地面觅食。平时多栖于乔木上，繁殖期间常隐匿于高大乔木顶部枝叶丛中，不停鸣叫。

食性 主要以昆虫及其幼虫为食，有蝇蛆、蝼蛄、蜚蠊、金龟子、蜻蜓、螳螂、毛虫、蚂蚁、蟋蟀、蚜虫、蝗虫、象甲、叶甲、蝶蛾等昆虫及其幼虫，以及马陆、蚯蚓、蠕虫、蜗牛、小螺等其他无脊椎动物和蛙等小型脊椎动物。此外，也吃樟、女贞、构、野蔷薇、寒莓、胡颓子等植物的果实和种子，尤其在秋冬季节取食植物性食物较多。

繁殖 繁殖期从3月至8月初，或许1年繁殖1～2窝。3月下旬即已开始配对和出现求偶行为。此时雄鸟每天清晨多站在树冠顶部或屋脊上鸣叫，叫声婉转悠扬，同时尾羽上下摆动、抬头、伸颈、两翼下垂和不断地颤抖。交配前雄鸟发出似"谷儿威（guerwei）"的宏亮而有节奏的叫声，随后发出轻声鸣叫，再飞向雌鸟，此时也常有雄鸟为争夺雌鸟而发生争斗的现象。经过几番追逐后，雌鸟蹲伏不动，雄鸟则跳到雌鸟背上进行交尾。选巢时雄鸟先占领巢区，站在枝头呼唤雌鸟并起警戒作用，雌鸟在巢区内选择巢址，若对巢区不满意，雌鸟便飞走，雄鸟尾随其后，再另选巢区。

3月末4至月初开始营巢，一直到6月末仍有营巢的现象。4月初开始产卵，5月初已有离巢雏鸟，但一直持续到7月初仍有在产卵的情况。通常营巢于村寨附近、房前屋后和田园中灌木和乔木主干分枝处或棕榈树的叶柄间，偶尔也在树的顶端，大多为离水源很近的榆、栎、梓、棕榈、白杨、槭、构、刺槐、柳、香樟、女贞、马尾松、刺柏、夹竹桃等树木上。巢距地面高2～15 m。巢呈碗状，主要由苔藓、稻草、植物根、茎、叶，并掺杂以棕丝、

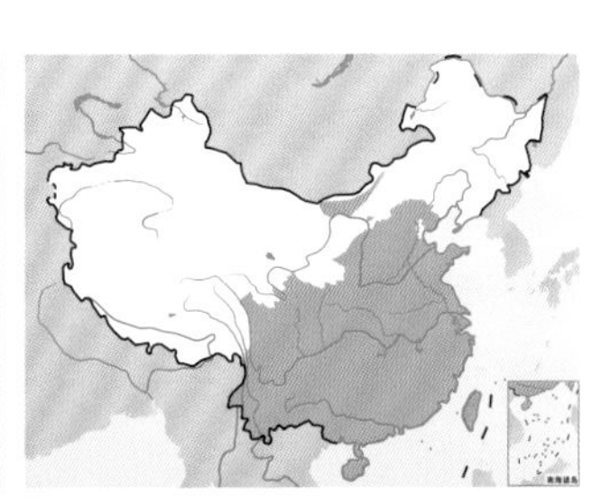

乌鸫。左上图为雄鸟，张瑜摄；下图为雌鸟，杜卿摄

回巢育雏的乌鸫和巢中嗷嗷待哺的幼鸟。颜重威摄

猪毛和泥土编织而成，巢沿和巢内壁各糊有一层稀泥，干后极为坚固结实，巢底部也混有稀泥，巢内垫有少许棕丝、猪鬃和须根等柔软物质。巢的大小为外径 16～17 cm，内径 11～13 cm，高 9～12.5 cm，深 7～8.5 cm。巢间距最近仅 20 m，但彼此巢域范围仍很清晰，两者均不出现在两巢之间活动。巢的下面无过多枝叶，上面则是枝叶茂密的树冠，能避免阳光直射和雨水侵入。

此外，作为对城市化进程的一种适应，乌鸫现在还能在城市居民区的花盆、阳台花架、空调架、栏杆、保笼顶部等各类城市建筑上营巢。

筑巢时雌雄共同参与，双方都有衔巢材行为，雌鸟兼有理巢行为，而雄鸟兼有警戒行为。每日筑巢时间 7:00—18:00，一般需要 3～6 天完成。巢筑好后再观望 1～2 天，对巢进行微小加工后便开始产卵。通常 1 天产卵 1 枚，也有间隔 1 日产 1 枚卵的。部分个体 1 年繁殖 2 窝，第一窝产卵时间多在 4 月初至 5 月中旬，窝卵数 5～6 枚；第二窝产卵时间多在 5 月下旬到 7 月初，窝卵数 4～5 枚。卵淡蓝灰色或近白色，被有深浅不等的赭褐色斑点，尤以钝端较密。卵椭圆形，少数为长椭圆形，大小为 (27.3～32.5) mm × (19.8～23) mm。卵产齐后开始孵卵，孵卵主要由雌鸟承担，偶尔由雄鸟入巢代孵或喂雌鸟食物。但雄鸟的主要工作是在巢附近警戒，当有危险时，则发出“呷、呷、呷”急促警叫声，直至入侵者离开巢区为止。雌鸟甚恋巢，一般不易惊飞，在孵化的过程中有翻卵、理巢、换位、理羽等行为，还不断进行体位的变化，在孵化后期表现更为明显。另外还有补巢材的行为。孵化期 14～15 天。亲鸟不善于进行巢中清洁，雏鸟羽毛常有粪便污染，故巢内常有奇臭的气味。

雏鸟出壳时先用卵齿在卵壳近钝端 1/3 处戳一小缝，然后再沿横向反复将裂缝加大，向卵壳的纵轴方向用力外撑，从而将卵壳裂成两半，雏鸟破壳而出，整个过程约需 90 分钟。雏鸟晚成性，雌、雄亲鸟共同育雏，主要以蚯蚓、昆虫等无脊椎动物为食。在雏鸟幼龄阶段，雌鸟每次喂食后都会入巢暖雏，维持雏鸟的正常体温，雄鸟偶尔也会暖雏。雏鸟体表覆羽后，双亲不再暖雏，但下雨时亲鸟会展翅为雏鸟遮风挡雨。随着雏鸟日龄的增长，亲鸟喂食次数明显增多，从每天 77 次增至 101 次。

当雌鸟暖雏时，觅食回来的雄鸟将食物交给雌鸟，由雌鸟喂食。雌鸟暖雏一段时间后，雄鸟入巢区，发出一声鸣叫，雌鸟听到后，马上离巢，雄鸟大约 1 分钟后入巢喂食。有时双亲觅食回来，多是雄鸟先到巢区，但不入巢，只是观察周围环境，非常谨慎，而后雌鸟回来，往往直接飞入巢中喂食，此时雄鸟才入巢喂食。

雏鸟饥饿时，会发出“jie-jie”的叫声，亲鸟听到后马上赶到巢区入巢喂食。若双亲离巢觅食时有其他鸟在巢区喧哗，双亲会返回巢区观察，待安全后才入巢。护巢时，亲鸟有时甚至会以排粪便或俯冲等方式对来犯者进行攻击。

育雏期 13～15 天，13 日龄初步完成体羽发育，雏鸟最早离巢与最晚离巢时间相差 1～2 天。雏鸟离巢出飞后，由亲鸟带领在巢区林中觅食和学飞，且不再回巢。

种群现状和保护 IUCN 评估为无危(LC)。在中国分布较广，种群数量较多，但也需要进行严格保护。

藏乌鸫

拉丁名：*Turdus maximus*
英文名：Tibetan Blackbird

雀形目鸫科

体长 24～27 cm。由原乌鸫西藏亚种 *Turdus merula maximus* 提升为种。雄鸟通体黑褐色，翅羽色稍淡。雌鸟羽色较雄鸟淡，呈棕褐色，颏、喉部具暗色纵纹，腹部具不明显的淡色羽缘。与欧亚乌鸫和乌鸫的主要区别在于无黄色眼圈。在中国分布于西藏南部和东部。栖息于海拔 2000～4000 m 的林缘、灌丛或山坡上。IUCN 评估为无危（LC）。

藏乌鸫。左上图为雄鸟，下图为雌鸟。贾陈喜摄

白头鸫

拉丁名：*Turdus niveiceps*
英文名：Taiwan Thrush

雀形目鸫科

体长 20～25 cm。雄鸟头至颈部白色；翼和尾黑色；胸黑褐色，腹红褐色；尾下覆羽黑褐色，各羽均具淡色羽轴斑。雌鸟头至背部橄榄褐色，有不明显的白色眉斑；颊及喉白色，有褐色纵纹；下体色泽较雄鸟略淡。在中国分布于台湾。栖息于海拔1230～2500 m 的阔叶林和针阔叶混交林中，尤其在森林茂密的溪流附近较常见。IUCN 和《中国脊椎动物红色名录》均评估为无危（LC）。

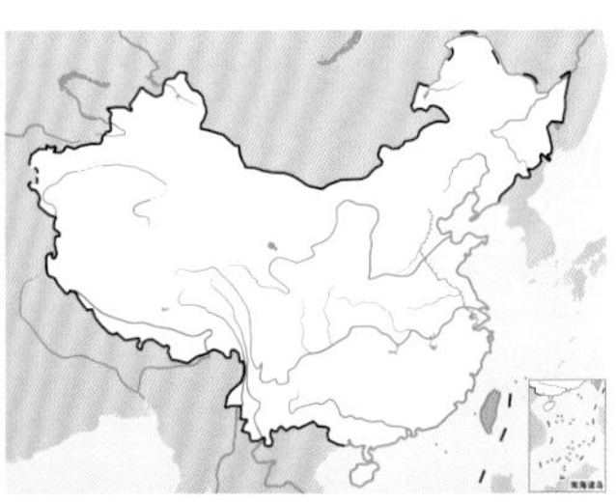

白头鸫。左上图为雄鸟，下图为雌鸟。颜重威摄

灰头鸫

拉丁名：*Turdus rubroeanus*
英文名：Chestnut Thrush

雀形目鸫科

形态 雄鸟体长 23～29 cm，体重 87～125 g；雌鸟体长 24～28 cm，体重 85～120 g。雄鸟前额、头顶、眼先、头侧、枕、后颈、颈侧、上背为烟灰或褐灰色；背、肩、腰和尾上覆羽暗栗棕色；两翅和尾黑色；颏、喉和上胸烟灰色或暗褐色，颏、喉部杂有灰白色；下胸、腹和两胁栗棕色；尾下覆羽黑褐色，杂有灰白色羽干纹和端斑。雌鸟和雄鸟相似，但羽色较淡，颏、喉白色具暗色纵纹。虹膜褐色；嘴和脚黄色。

分布 在中国分布于山东、陕西南部、宁夏、甘肃、西藏东部、青海东部、云南西部、贵州西北部、重庆、湖北西部、四川西部、江西、广西西北部等地，主要为留鸟，部分地区为夏候鸟。在国外分布于阿富汗、巴基斯坦、尼泊尔、不丹、孟加拉国、印度东北部、缅甸等地。

栖息地 繁殖期间主要栖息于海拔 2000～3500 m 的山地阔叶林、针阔叶混交林、杂木林、竹林和针叶林中，尤以茂密的针叶林和针阔叶混交林较常见，冬季多下到低山林缘灌丛和山脚平原等开阔地带的树丛中活动，有时甚至进到村寨附近和农田地中。

习性 常单独活动，冬季也成群。多栖于乔木上，性胆怯而机警，遇有干扰立刻发出警叫声。常在林下灌木或乔木树上活动和觅食，但更多是下到地面觅食。

食性 主要以昆虫及其幼虫为食，也吃植物果实和种子。

繁殖 繁殖期 4～7 月，4 月初雄鸟即开始占区和鸣叫。通常营巢于林下小树枝杈上，距地面高 2～4 m，有时也在陡峭的悬崖或岸边洞穴中营巢。巢呈杯状，主要由细树枝、苔藓、树根、枯草茎、叶等构成，内垫有细草茎和毛发。每窝产卵 3～4 枚。卵绿色，被有淡红褐色斑点。卵为椭圆形，大小为（28 ～ 35）mm ×（20～22.8）mm。雌鸟孵卵。雏鸟晚成性，雌雄亲鸟共同育雏。

种群现状和保护 IUCN 和《中国脊椎动物红色名录》均评估为无危（LC）。种群数量不多，需要进行严格保护。

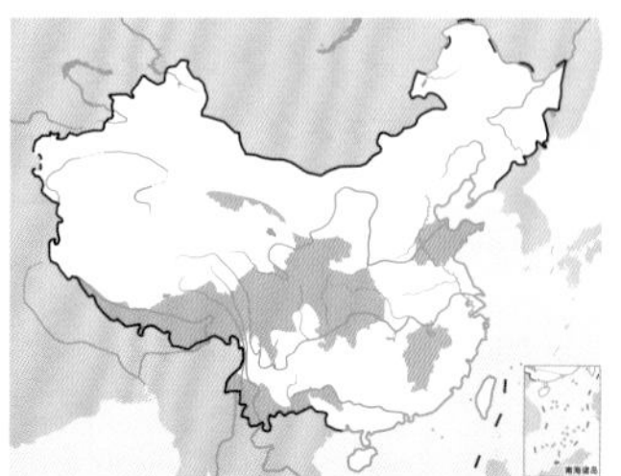

灰头鸫。左上图为幼鸟，王进摄；下图为雄鸟，杜卿摄

育雏的灰头鸫雄鸟。彭建生摄

棕背黑头鸫

拉丁名：*Turdus kessleri*
英文名：Kessler's Thrush

雀形目鸫科

体长 24～29 mm。雄鸟前额、头顶、头侧、后颈为黑色；上背棕白色，下背、腰和尾上覆羽深栗色；两翅和尾黑色；下体颏、喉黑色，上胸棕白色，往后转为深栗色。雌鸟前额、头顶、头侧、后颈、颈侧为橄榄褐色，耳覆羽橄榄褐色并具细的棕白色羽干纹；两翅和尾暗褐色，上体余部黄棕色；下体颏、喉棕黄色，喉侧具少许暗褐色斑，胸橄榄褐色，腹棕黄色，尾下覆羽暗褐色具棕黄色端斑。在中国分布于甘肃、西藏、青海东南部、云南西北部、四川等地。栖息于海拔 3000～4500 m 的高山针叶林和林线以上的高山灌丛地带。IUCN 和《中国脊椎动物红色名录》均评估为无危（LC），被列为中国三有保护鸟类。

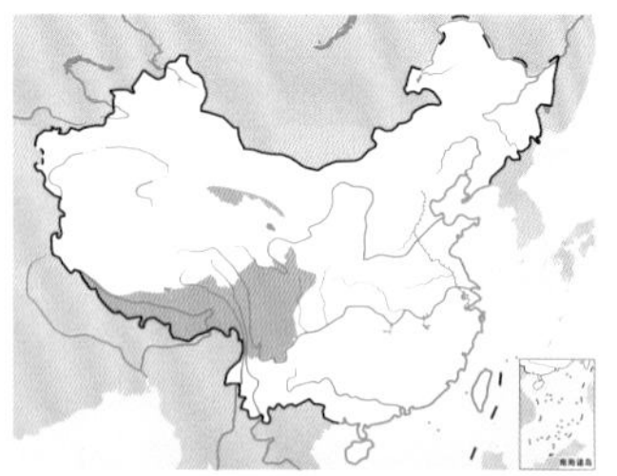

棕背黑头鸫。左上图为雄鸟，张小玲摄；下图为坐巢孵卵的雌鸟，杨楠摄

棕背黑头鸫的巢和卵。贾陈喜摄

褐头鸫

拉丁名：*Turdus feae*
英文名：Grey-sided Thrush

雀形目鸫科

形态 雄鸟体长 22～25 cm，体重 58～78 g；雌鸟体长 20～24 cm，体重 65～73 g。雄鸟头暗橄榄褐色；眼先黑褐色，短而窄的眉纹白色或污白色，眼眶上下缘污白色，耳覆羽混杂有污灰白色羽干纹；上体橄榄褐色或草黄褐色；尾羽表面隐约可见细的暗褐色横斑；下体白色或污白色，喉两侧、胸和两胁暗石板灰色。雌鸟和雄鸟大致相似，但羽色较暗淡，眉纹不显著，颏、喉微沾褐色斑点，胸和两胁偏灰褐色。虹膜暗褐色；嘴暗角褐色，下嘴基部黄色；脚黄褐色。

分布 在中国分布于河北、北京、山东、山西、内蒙古中部、四川、贵州等地，其中在北方为夏候鸟，南方为冬候鸟。国外越

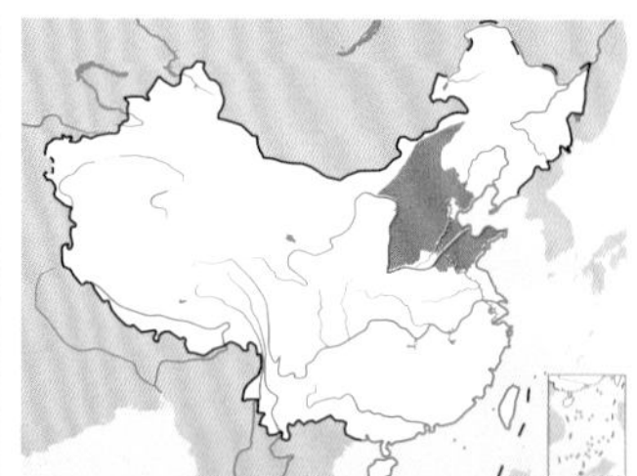

褐头鸫。左上图张明摄，下图王瑞卿摄

冬于印度东北部、缅甸和泰国北部一带。

栖息地 栖息于海拔 1500～2000 m 的山地森林中，尤以阴暗潮湿的针阔叶混交林和林缘地带较常见。

习性 单独或成对活动。性胆怯，常隐匿于溪流岸边灌丛和树丛间，在树枝间频繁地飞来飞去或飞上飞下，飞行急速，每次飞行距离短，不做长距离飞行。繁殖期间常见站在树梢上或灌木枝头鸣唱，鸣声短急、嘹亮、悦耳且富有颤音。

食性 主要以各种昆虫及其幼虫为食，也吃植物果实与种子。

繁殖 繁殖期 5～7 月。一般雄鸟先到达繁殖地，在巢区树梢上鸣唱求偶，很快即配成对，并彼此追逐、嬉戏于灌丛间，随后即进入繁忙的营巢期。此时雄鸟与雌鸟一起共同参与营巢活动，频繁地穿梭于低矮、茂密的灌丛、草丛和山溪泉水边采集营巢材料。通常营巢于海拔 1700～1900 m 的高山灌丛和矮曲林中，巢多置于山柳和六道木等阔叶树枝杈上，距地面高 1～1.5 m。巢呈深碗状，主要由枯草茎、细根、植物纤维等构成。其中巢基和巢壁基部 1/3 是用枯草、苔藓、枯叶碎片和植物纤维等材料与稀泥、黏土混杂而成，稀泥干燥后即将巢牢固地黏附在树杈上，巢上部主要由枯草茎和细的须根编织而成，巢内垫有细软的草茎和纤维。巢的大小为外径（13.5～16.5）cm×（16～17）cm，内径 7.5 cm×8 cm，高 9～9.5 cm，深 6 cm。巢位向阳，但巢四周常为茂密的枝叶所掩盖，极隐蔽。每个巢需 10～12 天即能筑好，巢筑好后即开始产卵。1 年繁殖 1 窝，每窝产卵 4 枚。卵呈淡鸭蛋蓝绿色，密被玫瑰棕褐色、淡灰褐色和咖啡色的细小斑点和渍斑，尤以钝端较密集，也有的卵斑点细小而稀疏。卵大小为（27.5～30.2）mm×（20～20.5）mm。雌雄亲鸟轮流孵卵。孵化期 14 天。雏鸟晚成性，雌雄亲鸟共同育雏，雏鸟留巢期 12～14 天。刚离巢时的幼鸟栖息在巢旁树枝上，等待亲鸟喂食，1～2 天后可跟随亲鸟飞离巢区觅食。

种群现状和保护 IUCN 和《中国脊椎动物红色名录》均评估为易危（VU），被列为中国三有保护鸟类。分布区域狭窄，种群数量极为稀少，应该受到严格保护。

白眉鸫

拉丁名：*Turdus obscurus*
英文名：Eyebrowed Thrush

雀形目鸫科

体长 19～23 cm。雄鸟头、颈灰褐色，具长而显著的白色眉纹，眼下有一白斑；上体橄榄褐色，胸和两胁橙黄色，腹和尾下覆羽白色。雌鸟羽色稍暗，头橄榄褐色，喉白色而具褐色条纹。似褐头鸫，但眉纹较长，两胁橙黄色。在中国分布于除西藏外的全国各地，在北方为夏候鸟，南方为旅鸟或冬候鸟。栖息于海拔 1200 m 以上的针阔叶混交林、针叶林中，尤以河谷等水域附近茂密的林地较为常见。IUCN 和《中国脊椎动物红色名录》均评估为无危（LC）。

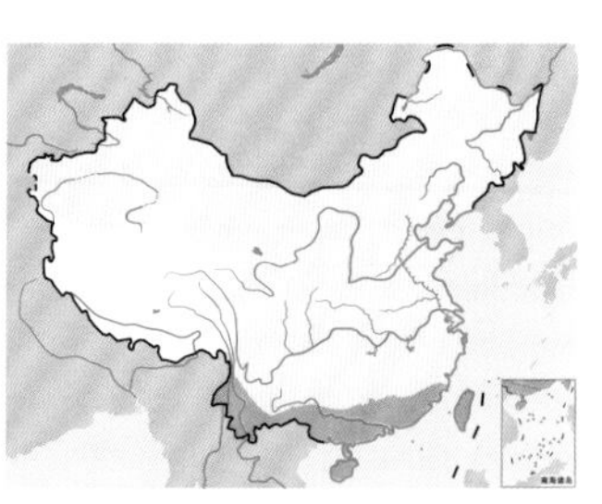

白眉鸫。左上图为雌鸟，颜重威摄；下图为雄鸟，王志芳摄

白腹鸫

拉丁名：*Turdus pallidus*
英文名：Pale Thrush

雀形目鸫科

形态 雄鸟体长 21～24 cm，体重 66～76 g；雌鸟体长 21～23 cm，体重 66～81 g。雄鸟额、头顶、枕部灰褐色，额基偏褐色；眼先、颊和耳羽黑褐色，耳羽具浅黄白色细纹；其余上体橄榄褐色；初级覆羽、初级飞羽灰褐色缀灰色，次级飞羽、三级飞羽缀橄榄褐色；尾灰褐色，最外侧 2～3 对尾羽具宽阔的白色端斑；颏乳白色，羽干末端延长成须状，为黑色；上喉白色，羽端缀褐灰色，因而将喉部白色掩盖起来而不甚显露；下喉、胸和两胁为灰褐色；腹中部至尾下覆羽白色沾灰色，尾下覆羽常具灰色或灰褐色斑点。雌鸟和雄鸟相似，但头部褐色较浓；喉白色，仅两侧有少许灰色；初级飞羽、初级覆羽和尾羽也是褐色。虹膜褐色；上嘴褐色，下嘴黄色；嘴尖淡褐色，脚黄色。

分布 在中国分布于全国各地，繁殖于东北，越冬于长江中下游及以南地区，迁徙期间经过华北、华东和西藏东南部一带。国外繁殖于俄罗斯东南部和朝鲜，越冬于日本。

栖息地 繁殖期间在长白山主要栖息于海拔 1200 m 以下茂密的针阔叶混交林中，尤其多在海拔 700～1000 m 的混交林中的河谷与溪流两岸活动，也见于海拔 1200 m 以上的针叶林和林缘灌丛。迁徙期间多在海拔 1000 m 以下低山丘陵地带的林缘、耕地和道边次生林活动。

习性 多在森林下层灌木间或地面活动和觅食。除繁殖期间单独或成对活动外，其他季节多成群。

食性 主要以昆虫为食，此外也吃蜗牛等其他无脊椎动物。成鸟的食物主要是步行虫、蝗虫、蚂蚁、蜘蛛和双翅目、鳞翅目昆虫及幼虫，同时也吃少量植物果实和种子；育雏早期雏鸟的食

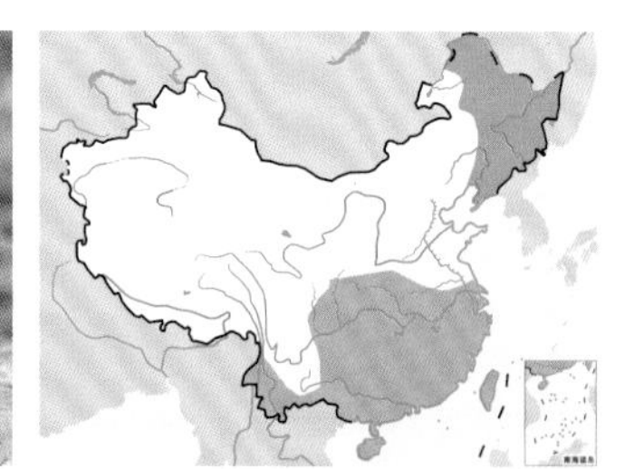

白腹鸫。左上图为雄鸟，颜重威摄；下图为雌鸟，杜卿摄

赤胸鸫。左上图为雄鸟，田穗兴摄；下图为雌鸟，林红摄

物主要是鳞翅目幼虫，到后期则多以昆虫成虫为食，其中较为常见的有象甲科、隐尾蠊科。

繁殖 繁殖期5～7月。1年繁殖1窝。雄鸟在繁殖期间常站在巢附近的高树顶端枝叶簇间鸣唱，并与雌鸟频繁追逐于树丛间。营巢位置多选择在混交林中溪流附近，通常营巢于林下小树或灌木枝杈上，巢距地面高2～5 m。巢由细树枝、枯草茎、枯草叶、苔藓和泥土构成，巢内垫以草根和松针。泥土除用来糊巢内壁外，在巢中间和外层也有，使巢甚为坚固、严密。巢呈碗状，大小为外径（12～15）cm×（12～14）cm，内径（8～10）cm×（8～9）cm。高8～9 cm，深5～8 cm。巢筑好后即开始产卵，每窝产卵4～6枚。卵鸭蛋绿色，密布大小不一的锈褐色斑。卵椭圆形，大小为（27～30）mm×（20～22）mm，重5.2～6 g。孵卵由雌鸟承担，孵化期12～14天。雌雄亲鸟轮流寻食喂雏。

种群现状和保护 IUCN和《中国脊椎动物红色名录》均评估为无危（LC），被列为中国三有保护鸟类。种群数量不多，需要进行严格保护。

赤胸鸫

拉丁名：*Turdus chrysolaus*
英文名：Brown-headed Thrush

雀形目鸫科

形态 体长20～24 cm，体重64～73 g。雄鸟整个上体橄榄褐色，头部偏灰色，眼先、颊和耳羽黑色；翅和尾暗褐色；颏污白色，喉灰黑色，胸和两胁深橙红色，腹至尾下覆羽白色，尾下覆羽缀有褐色斑点；腋羽和翅下覆羽淡灰色；覆腿羽灰褐色。雌鸟和雄鸟相似，但体色较淡，颏、喉白色而具褐色纵纹。虹膜褐色；上嘴褐色，下嘴黄色；脚黄色。

分布 在中国分布于河北、天津、山东、江苏、上海、浙江、江西、福建、广东、广西南部、海南、台湾等地，主要为旅鸟，在南部沿海地区以及台湾、海南等地为冬候鸟。国外繁殖于俄罗斯东南部、日本，越冬于韩国、琉球群岛、菲律宾等地。

栖息地 栖息于海拔2500 m以下的山地森林中，尤以河流、湖泊等水域附近茂密的阔叶林或松桦林较常见，有时也进入城镇附近的果园和树丛中活动和觅食。

习性 常单独或成对活动，迁徙季节也成群。多在林下地面觅食，有时也静静地站在高的树上注视着四周，当地面出现猎物后才飞下捕食。

食性 夏季主要以昆虫及其幼虫为食，秋冬季节也吃部分植物果实和种子。

繁殖 繁殖期5～7月。通常营巢于林下幼树和灌木上，距地面高1.5～6 m。巢呈碗状，主要由细树枝、枯草茎、松针和泥土等构成。每窝产卵3～4枚。卵淡灰绿色或灰褐色，或多或少被有锈褐色和紫灰色斑点，卵大小为（26～31）mm×（20～22）mm。

种群现状和保护 IUCN和《中国脊椎动物红色名录》均评估为无危（LC）。种群数量不多，需要进行严格保护。

黑喉鸫

拉丁名：*Turdus atrogularis*
英文名：Black-throated Thrush

雀形目鸫科

体长 20～24 cm。雄鸟上体橄榄灰色；眼先、颊黑褐色，眉纹淡黄白色；颏、喉和上胸黑褐色或黑色；其余下体白色，有时微具灰色羽轴纹；两胁灰色，有时具暗褐色羽干纹。雌鸟和雄鸟相似，但颏、喉和上胸白色而具黑色条纹；头侧灰色具暗色轴纹；胸和两胁石板灰色，具暗色羽轴纹或大小不同的黑斑。在中国分布于河北、陕西、内蒙古、宁夏、甘肃、新疆、青海、云南西北部、四川、重庆、湖北等地。栖息于山地各种类型的森林中。IUCN 和《中国脊椎动物红色名录》均评估为无危（LC）。

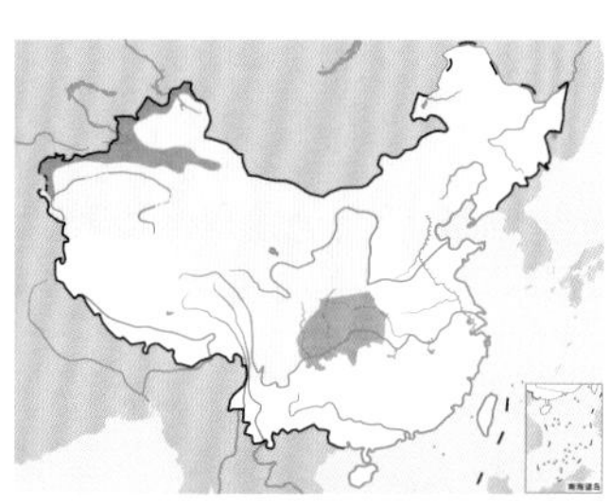

黑喉鸫。左上图为第一年雌鸟，沈越摄；下图为雄鸟，邢睿摄

赤颈鸫

拉丁名：*Turdus ruficollis*
英文名：Red-throated Thrush

雀形目鸫科

形态 雄鸟体长 22～27 cm，体重 60～122 g；雌鸟体长 21～25 cm，体重 71～100 g。雄鸟上体灰褐色，头顶具矛形黑褐色羽干纹；眼先黑色，眉纹、颊栗红色，耳覆羽、颈侧灰色，耳覆羽具淡色羽缘；颏、喉、胸栗红色或栗色，颏、喉两侧有少许黑色斑点，胸侧和两胁杂有暗灰色；腹至尾下覆羽白色，尾下覆羽微缀棕栗色。雌鸟和雄鸟相似，特别是老龄雌鸟和雄鸟很难区别，但眉纹较淡，多呈皮黄色；颏、喉为白色具栗黑色斑点；胸部灰褐色而具栗色横斑，有时下喉和上胸的横斑相连成领环状；腹部和尾下覆羽灰色；两胁具细的暗褐色纵纹。虹膜暗褐色；嘴黑褐色，下嘴基部黄色；脚黄褐色或暗褐色。

分布 在中国分布于长江以北大部分地区，以及上海、浙江、台湾等地，主要为旅鸟或冬候鸟。国外繁殖于俄罗斯东南部、蒙古北部，越冬于缅甸北部、印度东北部、巴基斯坦和阿富汗等地。

栖息地 繁殖期间主要栖息于各种类型的森林中，尤以针叶林和泰加林中较常见，迁徙季节和冬季也出现于低山丘陵和平原地带的阔叶林、次生林和林缘疏林与灌丛中，有时也见在乡村附近的果园、农田和地边树上或灌木上活动和觅食。

习性 除繁殖期间成对或单独活动外，其他季节多成群活动，有时也见和斑鸫混群。常在林下灌木上或地面跳跃觅食，遇有惊扰立刻飞到树上，并伴随着"嘎嘎"的叫声。飞行迅速，但一般不远飞。

食性 主要以膜翅目、鳞翅目和鞘翅目等昆虫及其幼虫为食，也吃虾、田螺等其他无脊椎动物，以及沙枣等灌木果实和草籽。

繁殖 繁殖期 5～7 月。通常营巢于小树枝杈上，距地面高 0.3～2 m，有时也直接产卵于地上。巢呈碗状，主要由草茎、草叶和泥土构成，巢内垫有细软的草茎和草根，有时也铺垫有毛发。巢内径 9.5 cm，高 8.2 cm。每窝产卵 4～5 枚。卵蓝色或蓝绿色，被有褐色或红褐色斑点，大小为（27～31）mm ×（20～23）mm。雌鸟孵卵。雏鸟晚成性。

种群现状和保护 IUCN 和《中国脊椎动物红色名录》均评估为无危（LC）。在中国分布较广，种群数量局部地区尚较多，但也需要严格保护。

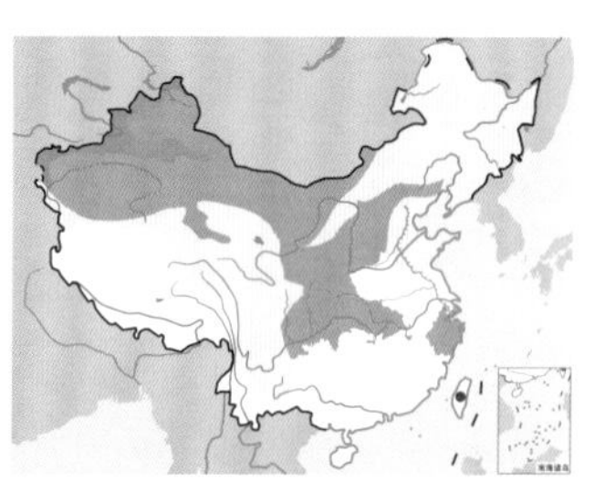

赤颈鸫。左上图张明摄，下图王志芳摄

红尾斑鸫

拉丁名：*Turdus naumanni*
英文名：Naumann's Thrush

雀形目鸫科

体长 20～24 cm。上体橄榄褐色，头顶至后颈和耳羽具黑色羽干纹；眼先黑色，眉纹淡棕红色或黄白色；翅黑褐色，有棕白色或棕红色羽缘；腰和尾上覆羽具栗色斑，或主要为棕红色；尾羽黑褐色或暗橄榄褐色，羽基缘以棕红色，最外侧一对尾羽棕红色；颏、喉棕白色或栗色，两侧具黑褐色斑点，有的此斑一直扩展到整个喉部和上胸；下喉、胸、两胁棕栗色，各羽具白色羽缘；腹白色；尾下覆羽棕红色，羽端白色。在中国主要为旅鸟或冬候鸟，除西藏、海南外全国各地可见。栖息于各种森林和林缘灌丛地带。IUCN 和《中国脊椎动物红色名录》均评估为无危（LC）。

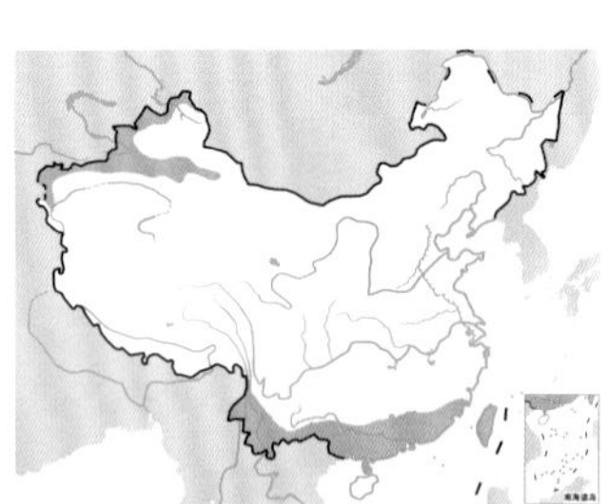

红尾斑鸫。左上图为雄鸟，颜重威摄；下图为雌鸟，刘璐摄

斑鸫

拉丁名：*Turdus eunomus*
英文名：Dusky Thrush

雀形目鸫科

形态 雄鸟体长 21～24 cm，体重 50～90 g；雌鸟体长 19～24 cm，体重 62～77 g。雄鸟上体黑褐色，眉纹白色或棕白色；颊部棕白色，具黑色斑点；上背和两肩具不明显的棕栗色羽缘；腰和尾上覆羽棕色羽缘较显著；翅上具明显的棕栗色翼斑；尾羽黑褐色，除最外侧 1～2 对尾羽外，其余尾羽基部羽缘均缀有棕栗色；颏、喉棕白或淡皮黄白色，喉侧缀有黑褐色斑点；胸和两胁黑褐色或黑色，具棕白色或白色羽缘；腹部白色；尾下覆羽棕褐色，具白色羽端。雌鸟羽色和雄鸟相似，但上体较少棕色。虹膜褐色；嘴黑褐色，下嘴基部黄色；跗跖淡褐色。

分布 在中国除西藏外各地均有分布，在长江流域及以南地区为冬候鸟，其他地区为旅鸟。国外繁殖于俄罗斯东部，越冬于朝鲜、日本、蒙古，偶见于印度北部和巴基斯坦。

栖息地 繁殖期间主要栖息于西伯利亚泰加林、桦树林、白杨林、杉木林等各种类型森林和林缘灌丛地带，非繁殖季节主要栖息于杨桦林、杂木林、松林和林缘灌丛地带，特别是迁徙期间在林缘疏林灌丛和农田地区较常见。

习性 除繁殖期成对活动外，其他季节多成群，特别是迁徙季节，常集成数十只上百只的大群。性活跃而大胆，活动时常伴随着”叽—叽—叽”的尖细叫声，很远即能听见。一般在地面活动和觅食，边跳跃觅食边鸣叫。群体结构较松散，个体间常保持一定距离，彼此朝一定方向协同前进。

食性 主要以昆虫及其幼虫为食，包括鳞翅目幼虫、蝽科幼虫、蝗虫、叩头虫、金龟子、伪步行虫、步行虫。此外，也吃蚯蚓、蜗牛等无脊椎动物，以及植物果实与种子。

在黑龙江帽儿山地区，肉质果结实大年，斑鸫秋季迁徙期主要食物是黄檗、山荆子等 10 余种树的肉质果和昆虫，其中黄檗果熟时间与斑鸫迁徙期相吻合。斑鸫啄下果实整个吞入胃中，一次可连吞 8～9 粒，由于胃中无砂砾，不能磨碎种子，果肉大部被消化后，种子就粪便排出，有助于植物传播扩散。

繁殖 繁殖期 5～8 月。繁殖于泰加林、桦木林、白杨林和林缘灌丛地带。通常营巢于水平枝杈上，也在树桩或地面营巢，偶尔在悬崖边营巢。巢呈杯状，主要由细树枝、枯草茎、草叶、苔藓等构成，内壁糊有泥土。巢大小为直径 12～14 cm。每窝产卵

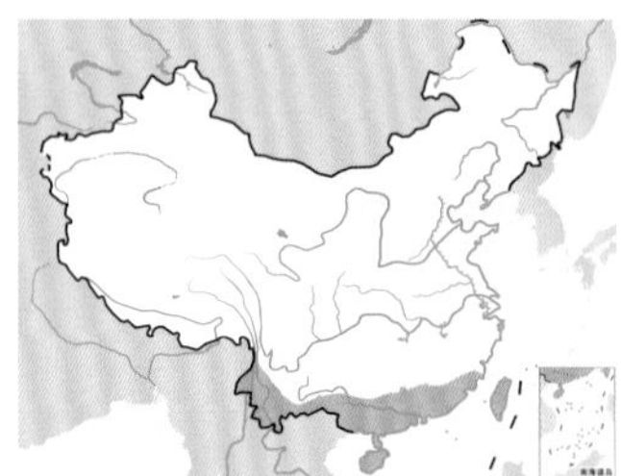

斑鸫。左上图赵国君摄，下图刘璐摄

4～7 枚。卵淡蓝绿色，被有褐色斑点，大小为（24.1～30.6）mm×（19～21.1）mm。

种群现状和保护 IUCN 和《中国脊椎动物红色名录》均评估为无危（LC），被列为中国三有保护鸟类。种群数量丰富，是中国最常见的冬候鸟和旅鸟之一，但也需要进行保护。

田鸫

拉丁名：*Turdus pilaris*
英文名：Fieldfare

雀形目鸫科

形态 体长 28 cm，体重 86～112 g。头、颈、腰和尾上覆羽蓝灰色，腰具白色羽轴纹；眼先和颊黑褐色或黑色，具细窄的浅白色眉纹，前额和头顶具黑色中央纹；背和肩栗褐色或暗红褐色，混杂黑色和白色斑点；翅上覆羽栗褐色，羽缘灰色，大覆羽和飞羽暗褐色，羽缘色淡；尾暗褐色，外侧尾羽具窄的白色尖端；颏、喉、前胸锈黄色，喉、胸部具黑色纵纹；其余下体白色，两胁具粗著的黑色鳞状横斑或黑色斑点，有时扩展至下胸。虹膜褐色；嘴橙黄色，尖端黑褐色；脚褐色。

分布 在中国分布于甘肃西北部、内蒙古、新疆、青海西部等地，繁殖于新疆天山及阿尔泰山，越冬和迁徙期间见于新疆西部、青海西部，偶见于甘肃西北部。国外繁殖于欧洲北部和亚洲北部，越冬于欧洲南部、非洲北部、亚洲西部和中部一带。

栖息地 栖息于白桦林、针叶林、混交林和林缘疏林灌丛地带，也栖息于沼泽及河流附近的疏林灌丛和无林的苔原草地等开阔地带，秋冬季也见于农田、果园和城镇公园以及人类住宅附近的树丛中。

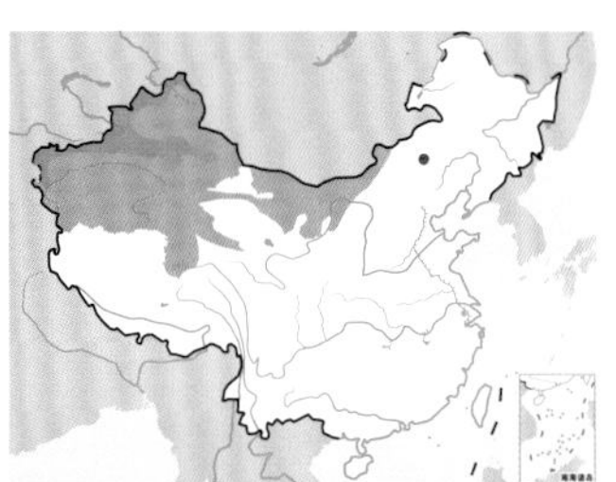

田鸫。刘璐摄

田鸫的巢和回巢的亲鸟。张明摄

习性 常成群活动，在地面或树上活动和觅食。

食性 主要以昆虫及其幼虫为食。

繁殖 繁殖期 5～7 月。营巢于树上，通常集群繁殖，有时一棵树上有 3～5 个巢，有时多达 10 多个。巢多置于开阔的树杈上。巢呈半球形或杯状，外层多用草叶、草根、草茎编织而成，其间也掺杂有泥土和苔藓，巢内层较为精致光滑，同时垫有细的草茎和草根。巢大小为外径 13～20 cm，内径 8～12 cm，高 8.18 cm，深 5.5～8.5 cm。每窝产卵 4～7 枚。卵为淡绿色或蓝绿色，被有红褐色斑点，大小为（26.1～32）mm×（19.3～23）mm。卵产齐后即开始孵卵，孵卵主要由雌鸟承担。孵化期 12～14 天。雏鸟晚成性，雌雄亲鸟共同育雏。

种群现状和保护 IUCN 和《中国脊椎动物红色名录》均评估为无危（LC）。在中国种群数量稀少，野外也极少见到，应注意保护。

白眉歌鸫

拉丁名：*Turdus iliacus*
英文名：Redwing

雀形目鸫科

体长 21～24 cm。上体橄榄褐色，具宽阔而显著的白色眉纹和颊纹；两翅暗褐色，翅上大覆羽和飞羽具淡黄橄榄褐色羽缘；下体白色，喉侧和胸侧具黑色纵纹；胸部缀有皮黄色，具黑褐色纵纹；两胁、翅下覆羽和腋羽栗棕色。在中国分布于新疆北部。栖息于针叶林、针阔叶混交林、阔叶林等森林中。IUCN 评估为近危（NT），《中国脊椎动物红色名录》评估为无危（LC），被列为中国三有保护鸟类。

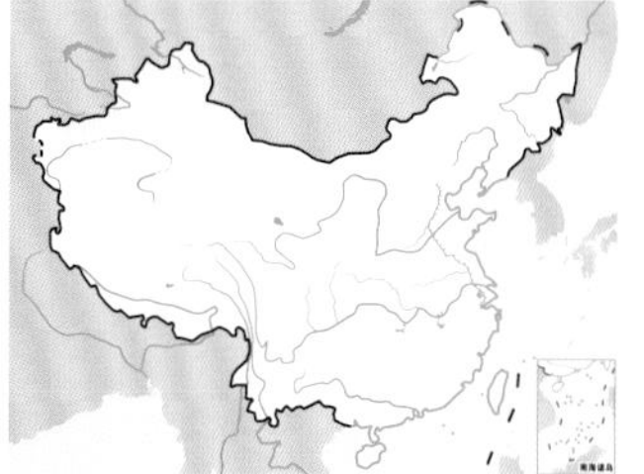

白眉歌鸫。张小玲摄

欧歌鸫

拉丁名：*Turdus philomelos*
英文名：Song Thrush

雀形目鸫科

22～24 cm。上体橄榄褐色；飞羽暗褐色，翅上中覆羽和大覆羽具皮黄白色端斑，在翅上形成两道翅斑；下体白色微沾赭色，胸部缀有皮黄色，除颏、喉和尾下覆羽外，均具圆形或长条形黑褐色斑点，两胁缀有橄榄褐色；翅下覆羽皮黄色。在中国分布于新疆西北部。栖息于针叶林、针阔叶混交林和阔叶林等各种森林中。IUCN 和《中国脊椎动物红色名录》均评估为无危（LC）。

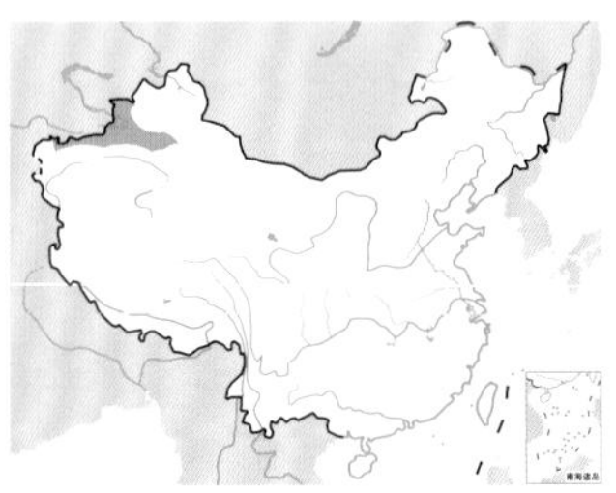

欧歌鸫。沈越摄

宝兴歌鸫

拉丁名：*Turdus mupinensis*
英文名：Chinese Thrush

雀形目鸫科

形态 雄鸟体长 20～24 cm，体重 51～74 g；雌鸟体长 19～24 cm，体重 69～74 g。雄鸟上体橄榄褐色，眉纹和眼先淡棕白色，杂有黑色羽端；眼周、颊和颈侧淡棕白色而稍沾皮黄色，其下部有由黑斑组成的颚纹；耳羽淡棕白色或皮黄白色，具黑色端斑，特别是在后部耳羽端斑较大，形成一显著的黑色块斑；翅上覆羽橄榄褐色，中覆羽和大覆羽具污白色或皮黄色端斑，在翅上形成两道淡色翅斑；飞羽和尾羽暗褐色，外侧羽缘缀橄榄褐色或淡棕褐色；颏、喉棕白色，喉部具黑色小斑；其余下体白色，胸部沾黄色，各羽具扇形黑斑；尾下覆羽为皮黄色，具稀疏的淡褐色斑点。雌鸟和雄鸟羽色相似，但较暗淡而少光泽。虹膜褐色；嘴暗褐色，下嘴基部淡黄褐色；脚肉色。

分布 中国特有鸟类，分布于河北、北京、山东、山西、陕西、内蒙古东部、甘肃、青海东部、云南、四川、重庆、贵州、湖北、湖南、浙江、广西、广东、江西、安徽等地，大部分为留鸟，北部繁殖的种群要迁徙到南方去越冬。

栖息地 栖息于海拔 1200～3500 m 的山地针阔叶混交林和针叶林中，尤其喜欢在河流附近潮湿茂密的栎树和松树混交林中生活。

习性 单独或成对活动，多在林下灌丛中或地上寻食。

食性 主要以半翅目、直翅目、鳞翅目、鞘翅目等昆虫及其幼虫为食，特别是鳞翅目幼虫。

繁殖 繁殖期 5～7 月。营巢于海拔 1500 m 以上的亚高山针阔叶混交林内，大多在白桦、云杉等树木上。巢置于距主干不远的侧枝枝杈上，距地面高约 2.5 m。巢底和巢外围用直径 1.5～3.5 mm 的枯枝作支架，基底部用枯草茎、枯草根、苔藓和黏土混合构成，牢牢地固定在树杈上，甚为坚固，巢内壁和巢底再用细草茎和纤维编织和铺垫。巢大小为外径 16～19 cm，内径 8～9 cm，高 10 cm，深 5.5 cm。它们喜欢选用牛舌藓及绢藓筑巢，因为苔藓类植物对鸟巢有很好的修饰作用，大大增强了鸟巢的隐蔽性，从而减少天敌的危害，对繁殖期的安全至关重要。此外，苔藓类植物质轻、蓬松、柔软、保温，且不易发霉腐烂，对于产卵、孵卵和保护雏鸟同样具有极其重要的意义。

窝卵数 4 枚。卵为淡蓝灰绿色，被有玫瑰红褐色和灰蓝褐色点斑、块斑或渍斑，尤以钝端斑点较密和较大，尖端斑点或块斑小而稀疏。卵大小为（19.4～19.6）mm ×（28.4～29.4）mm，重 5.4～5.6 g。雌雄亲鸟共同育雏，主要育雏行为包括喂食及叼走雏鸟的粪便等，而对于 10 日龄以内的雏鸟，亲鸟仍有暖雏行为。

种群现状和保护 IUCN 和《中国脊椎动物红色名录》均评估为无危（LC），被列为中国三有保护鸟类。中国特有鸟类，种群数量极为稀少，需要进行严格保护。

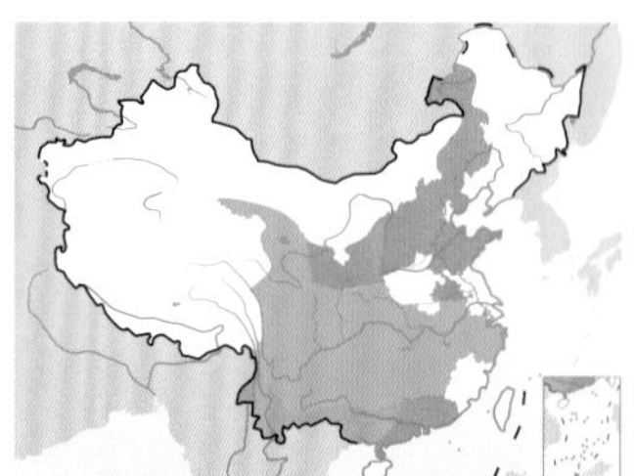

宝兴歌鸫。左上图张京明摄，下图张小玲摄

槲鸫

拉丁名：*Turdus viscivorus*
英文名：Mistle Thrush

雀形目鸫科

体长 25～30 cm。头顶、后颈、腰和尾上覆羽蓝灰色，背、两肩栗色或橄榄褐色；翅上覆羽和飞羽具淡黄白色羽缘；尾具白色端斑；下体淡皮黄色，各羽具显著的黑色斑点。在中国分布于新疆。栖息于海拔 1500～2800 m 的山地混交林和针叶林中。IUCN 和《中国脊椎动物红色名录》均评估为无危（LC）。

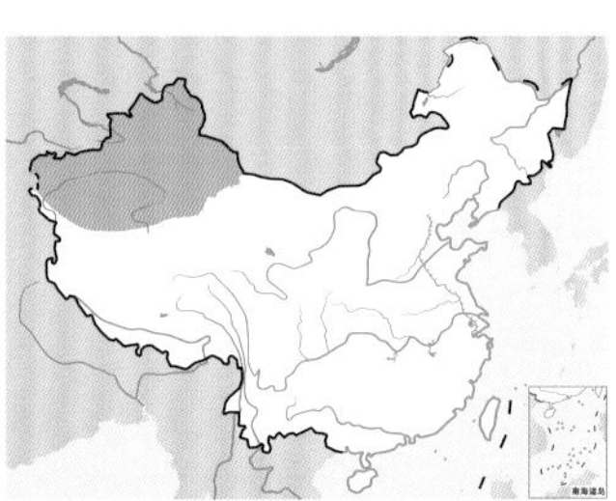

槲鸫。刘璐摄

紫宽嘴鸫

拉丁名：*Cochoa purpurea*
英文名：Purple Cochoa

雀形目鸫科

体长 24～28 cm。雄鸟体羽主要为暗紫褐色，头顶淡蓝紫色，眼先、脸颊、耳羽至后颈等绕头顶部分黑色；翅黑色，具淡紫灰色翼斑；尾淡紫蓝色具黑色端斑。雌鸟和雄鸟大致相似，但上体紫褐色部分为红褐色所取代，下体多呈淡土褐色。在中国分布于西藏东南部、云南西部、贵州西部、四川中部等地。IUCN 和《中国脊椎动物红色名录》均评估为无危（LC），被列为中国三有保护鸟类。

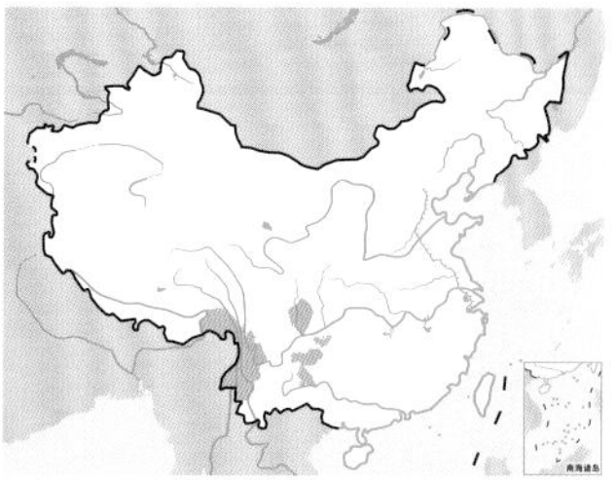

紫宽嘴鸫。左上图为雌鸟，邢新国摄；下图为雄鸟，董江天摄

绿宽嘴鸫

拉丁名：*Cochoa viridis*
英文名：Green Cochoa

雀形目鸫科

体长 27～28 cm。雄鸟体羽主要为鲜绿色，头顶和颈部蓝色，头侧暗蓝色，喉、腹沾蓝色；翼黑色，小覆羽鲜绿色，尖端黑色，大覆羽黑色，外侧有淡亮蓝色；飞羽基部淡亮蓝色；中央尾羽淡紫蓝色，尖端黑色，最外侧两对尾羽为黑色。雌鸟与雄鸟的区别在于次级飞羽和翼上覆羽以黄褐色代替蓝色。在中国分布于西藏东南部、云南南部、福建等地。栖息于茂密的常绿阔叶林内。IUCN 和《中国脊椎动物红色名录》均评估为无危（LC），被列为中国三有保护鸟类。

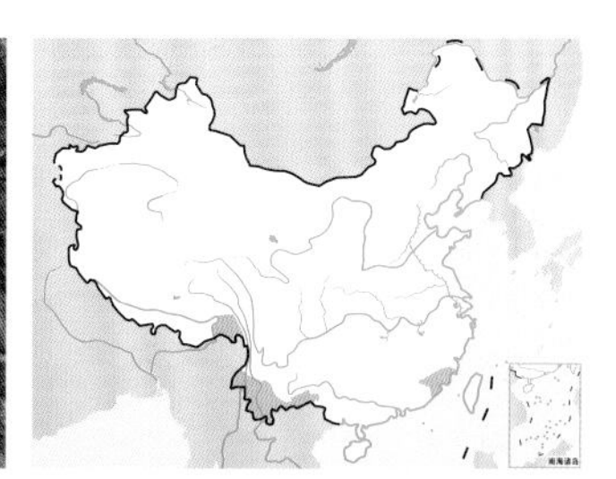

绿宽嘴鸫。左上图为雄鸟，下图为雌鸟。董江天摄

鹟类

- 鹟类指雀形目鹟科鸟类，全世界共56属328种，中国有30属105种
- 鹟类体形较小，翅形尖长，嘴须发达，羽色多变，许多种类雄鸟拥有华丽的蓝色羽衣
- 鹟类大多栖息于各种森林中，在森林中下层空中飞捕昆虫
- 鹟类大多在各种缝隙、洞穴、地面或树枝上营杯状编织巢，雏鸟晚成性

类群综述

鹟类指雀形目鹟科鸟类，在传统分类系统中，鹟科曾经是包含鹟、鸫、莺、鹛等类群的庞大鸟科，之后鸫科、莺科、画眉科分别独立成科，而在最近的分类系统调整中，之前划分到鸫科的许多物种又被划归鹟科，如鸲、石䳭、短翅鸫、矶鸫等。最新的鹟科包括56属328种，然而如此庞大的一个类群分布却仅限于旧大陆，即欧亚大陆和非洲。中国有30属105种。

形态 作为一个拥有300多个物种的庞大类群，鹟科下不同类群的形态不尽相似，羽色有的艳丽、有的朴素，跗跖有的强健、有的细弱，体形有的圆胖、有的细长……但总的来说，它们体形较小，体长仅9～22 cm；翅形尖长，初级飞羽10枚，第1枚甚短小；嘴须发达，上嘴端部具缺刻。许多种类雌雄相似，都具有褐色、棕褐色的暗淡羽衣；而雌雄异形的种类中，雄鸟多具有深浅不一的华丽蓝色。

左：鹟类大多栖息于各种森林中，许多种类的雄鸟羽毛拥有美丽的结构色，在阳光下呈现流光溢彩的蓝色，仙鹟属就是其中的代表。图为棕腹仙鹟。刘五旺摄

右：鹟类营巢于各种不同的地方，既有洞穴巢，也有地面巢，还有树上巢，但它们的共同特点是极为隐蔽，从天然或人工的缝隙、洞穴，到灌草丛和倒木、树根遮蔽下的地面，到树叶掩蔽的侧枝上。图为云杉侧枝上锈胸蓝姬鹟的巢。贾陈喜摄

栖息地 鹟类大多是典型的森林物种，栖息于从开阔到郁闭的各种林型，许多种类偏爱距离水源较近的地区，也有少数种类出没于荒漠地带，如䳭属 *Oenanthe*。

习性 鹟类多单独或成对活动，少数物种也集小群或与其他鸟类混群。有许多类群善于鸣唱，尤其是繁殖季节，常站在高处鸣唱不休。许多种类为候鸟，在欧亚大陆北方繁殖，到非洲和欧亚大陆南部越冬。一些山地留鸟有垂直迁徙习性，在高海拔繁殖，迁往低海拔越冬。

食性 鹟类大多以昆虫等小型无脊椎动物为主食。常在灌木或树木中下层短距离飞行捕捉昆虫，也常停息于某处，发现有昆虫经过则飞往捕捉，再返回停息处。有的物种还能空中悬停捕捉昆虫或取食花蜜。

繁殖 营巢于各种岩壁缝隙、洞穴、建筑物缝隙、地面草丛和灌丛中，以及乔木侧枝上，极为隐蔽。巢呈碗状或杯状，由枯草茎、草叶、树叶、枯枝及苔藓等构成，巢内垫以干草叶、须根、兽毛和鸟羽等柔软材料。雌鸟单独营巢或雌雄共同营巢。窝卵数3～8枚。主要由雌鸟孵卵。雏鸟晚成性，雌雄亲鸟共同育雏。

种群现状和保护 鹟类目前有1种被IUCN列为极危（CR），13种为濒危（EN），20种为易危（VU），受胁比例10.4%，略低于世界鸟类整体受胁水平。

♂
♀
欧亚鸲
Erithacus rubecula
日本歌鸲
Larvivora akahige
琉球歌鸲
Larvivora komadori
棕头歌鸲
Larvivora ruficeps
栗腹歌鸲
Larvivora brunnea
红尾歌鸲
Larvivora sibilans
黑胸歌鸲
Calliope pectoralis
白须黑胸歌鸲
Calliope tschebaiewi
红喉歌鸲
Calliope calliope
蓝歌鸲
Larvivora cyane
黑喉歌鸲
Calliope obscura
金胸歌鸲
Calliope pectardens
白腹短翅鸲
Luscinia phoenicuroides

♂
♀
蓝喉歌鸲
Luscinia svecica
新疆歌鸲
Luscinia megarhynchos
♂
♀
红胁蓝尾鸲
Tarsiger cyanurus
♂
♀
蓝眉林鸲
Tarsiger rufilatus
♂
♀
白眉林鸲
Tarsiger indicus
♂
♀
棕腹林鸲
Tarsiger hyperythrus
♂
♀
台湾林鸲
Tarsiger johnstoniae
♂
♀
金色林鸲
Tarsiger chrysaeus
栗背短翅鸫
Heteroxenicus stellatus
♂
♀
锈腹短翅鸫
Brachypteryx hyperythra
♂
♀
白喉短翅鸫
Brachypteryx leucophris
♂
♀
蓝短翅鸫
Brachypteryx montana
棕薮鸲
Cercotrichas galactotes
♂
♀
鹊鸲
Copsychus saularis

♀
♂
白腰鹊鸲
Kittacincla malabarica
♂
红背红尾鸲
Phoenicuropsis erythronotus
♀
♂
♀
蓝头红尾鸲
Phoenicuropsis coeruleocephala
♂
白喉红尾鸲
Phoenicuropsis schisticeps
♂
♀
蓝额红尾鸲
Phoenicuropsis frontalis
♂
♀
贺兰山红尾鸲
Phoenicurus alaschanicus
♂
赭红尾鸲
Phoenicurus ochruros
♀
♂
♀
欧亚红尾鸲
Phoenicurus phoenicurus
♂
黑喉红尾鸲
Phoenicurus hodgsoni
♂
北红尾鸲
Phoenicurus auroreus
♀
♂
♀
红腹红尾鸲
Phoenicurus erythrogastrus
♂
♀
红尾水鸲
Rhyacornis fuliginosa

白顶溪鸲
Chaimarrornis leucocephalus

白尾蓝地鸲
Myiomela leucura

蓝额地鸲
Cinclidium frontale

台湾紫啸鸫
Myophonus insularis

西藏亚种
M. c. temminckii

指名亚种
M. c. caeruleus

紫啸鸫
Myophonus caeruleus

蓝大翅鸲
Grandala coelicolor

小燕尾
Enicurus scouleri

黑背燕尾
Enicurus immaculatus

白额燕尾
Enicurus leschenaulti

灰背燕尾
Enicurus schistaceus

斑背燕尾
Enicurus maculatus

白喉石䳭
Saxicola insignis

黑喉石䳭
Saxicola maurus

白斑黑石䳭
Saxicola caprata

黑白林䳭
Saxicola jerdoni

灰林䳭
Saxicola ferreus

白背矶鸫
Monticola saxatilis

蓝头矶鸫
Monticola cinclorhyncha

华南亚种
M. s. pandoo

红腹亚种
M. s. philippensis

蓝矶鸫
Monticola solitarius

栗腹矶鸫
Monticola rufiventris

白喉矶鸫
Monticola gularis

斑鹟
Muscicapa striata
灰纹鹟
Muscicapa griseisticta
乌鹟
Muscicapa sibirica
北灰鹟
Muscicapa dauurica
褐胸鹟
Muscicapa muttui
棕尾褐鹟
Muscicapa ferruginea
♂
♀
斑姬鹟
Ficedula hypoleuca
栗尾姬鹟
Ficedula ruficauda
♂
♀
白眉姬鹟
Ficedula zanthopygia
♂
♀
黄眉姬鹟
Ficedula narcissina
♂
♀
琉球姬鹟
Ficedula owstoni
♂
绿背姬鹟
Ficedula elisae
♀
♂
♀
侏蓝姬鹟
Ficedula hodgsoni
♂
♀
鸲姬鹟
Ficedula mugimaki
♂
锈胸蓝姬鹟
Ficedula sordida
♀
橙胸姬鹟
Ficedula strophiata
♂
♀
红胸姬鹟
Ficedula parva
♂
红喉姬鹟
Ficedula albicilla
♀

♂
♀
棕胸蓝姬鹟
Ficedula hyperythra
♂
♀
小斑姬鹟
Ficedula westermanni
♂
♀
白眉蓝姬鹟
Ficedula superciliaris
♂
♀
灰蓝姬鹟
Ficedula tricolor
♂
1龄♂
♀
玉头姬鹟
Ficedula sapphira
♂
♀
白腹蓝鹟
Cyanoptila cyanomelana
♂
♀
白腹暗蓝鹟
Cyanoptila cumatilis
铜蓝鹟
Eumyias thalassinus
白喉林鹟
Cyornis brunneatus
♂
♀
海南蓝仙鹟
Cyornis hainanus
♂
♀
纯蓝仙鹟
Cyornis unicolor
灰颊仙鹟
Cyornis poliogenys

♂
♀
山蓝仙鹟
Cyornis banyumas
♂
♀
蓝喉仙鹟
Cyornis rubeculoides
♂
♀
中华仙鹟
Cyornis glaucicomans
♂
♀
白尾蓝仙鹟
Cyornis concretus
白喉姬鹟
Anthipes monileger
♂
♀
棕腹大仙鹟
Niltava davidi
♂
♀
棕腹仙鹟
Niltava sundara
♂
♀
棕腹蓝仙鹟
Niltava vivida
♂
♀
大仙鹟
Niltava grandis
♂
♀
小仙鹟
Niltava macgrigoriae

欧亚鸲

拉丁名：*Erithacus rubecula*
英文名：European Robin

雀形目鹟科

体长 12.5 ~ 14 cm。雌雄相似，头胸部橙红色，颈部和胸部两侧灰色。见于中国的亚种上体呈棕色或橄榄色，腹部白色，脚棕色，嘴和眼睛呈黑色。在中国北方地区为偶见冬候鸟。冬季栖息在开阔林地，在中国新疆、北京等地出现时，见于城市公园的林地。IUCN 和《中国脊椎动物红色名录》均评估为无危（LC）。

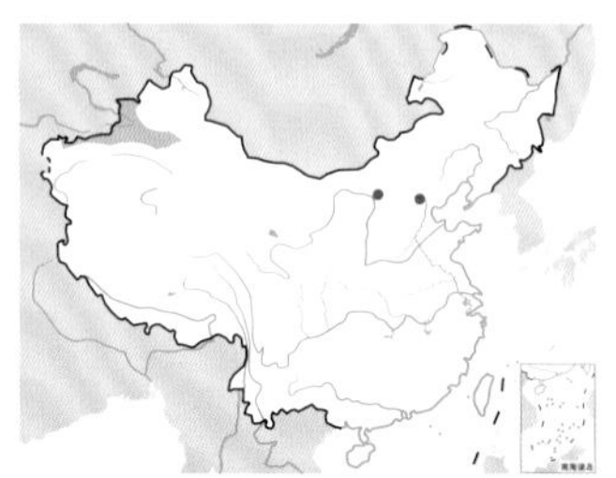

欧亚鸲。沈越摄

日本歌鸲

拉丁名：*Larvivora akahige*
英文名：Japanese Robin

雀形目鹟科

雄鸟额、头和颈侧、颏、喉及上胸等为深橙棕色，非常醒目；上体包括两翅表面均为草黄褐色，在头顶上与额部的橙棕色混杂；尾栗红色；下胸及两胁灰色，上胸和下胸之间有狭窄黑带，腹和尾下覆羽白色。雌鸟上体似雄鸟而稍淡，尾淡红褐色，雄鸟的橙棕色部分变为淡橙黄色，胸无黑带，两胁褐色。

在中国迁徙时见于华北、华东地区，在华南地区偶有越冬。栖息于山地混交林和阔叶林中，多在森林的底层活动。在地上走动时，常边走边将尾向上举起，并不时发出似长哨声的鸣叫。分布广泛，种群数量稳定。IUCN 和《中国脊椎动物红色名录》均评估为无危（LC），被列为中国三有保护鸟类。

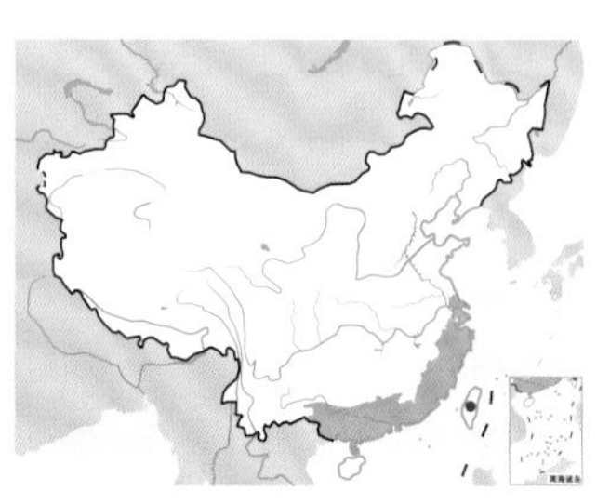

日本歌鸲。沈越摄

琉球歌鸲

拉丁名：*Larvivora komadori*
英文名：Ryukyu Robin

雀形目鹟科

体长约 15 cm，雄鸟上体红褐色，脸及胸黑色；下体白色，两胁具近黑色块斑，下胸的少许黑色被白色区域隔开。雌鸟似雄鸟但较暗，且颏及喉为白色。在中国为迷鸟，偶见于台湾地区。栖息于山地混交林和阔叶林中林木稀疏和林下灌木密集的地方，主要在地面和接近地面的灌木或树桩上活动。IUCN 评估为近危（NT），《中国脊椎动物红色名录》缺乏数据（DD）。

琉球歌鸲。左上图为雄鸟，Michella和Peter Wong摄；下图为雌鸟，杨伟杰摄

红尾歌鸲

拉丁名：*Larvivora sibilans*
英文名：Rufous-tailed Robin

雀形目鹟科

体长约 13 cm，上体橄榄褐色，尾棕色；下体近白色，胸部具橄榄色扇贝形纹。与其他雌性歌鸲及鹟类的区别在尾棕色。分布于中国东部地区，北自大小兴安岭，南至广东、海南、广西和云南，在北部为繁殖鸟，中部为旅鸟，南部为旅鸟或冬候鸟。栖于常绿阔叶林下灌丛间，多单只活动。IUCN 和《中国脊椎动物红色名录》均评估为无危（LC），被列为中国三有保护鸟类。

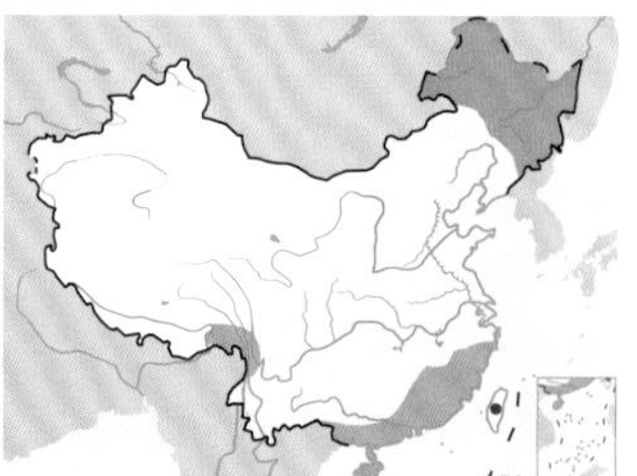

红尾歌鸲。王瑞卿摄

栗腹歌鸲

拉丁名：*Larvivora brunnea*
英文名：Indian Blue Robin

雀形目鹟科

体长约 15 cm，雄鸟上体青石蓝色；眉纹白色，眼先及脸颊黑色；喉、胸及两胁栗色，腹中心及尾下覆羽白色。雌鸟上体橄榄褐色，下体偏白色，胸及两胁沾赭黄色。幼鸟深褐色而具皮黄色点斑。在中国见于陕西南部、甘肃东南部、西藏、云南西部和四川，栖息于海拔 1600～3200 m 的山区栎林。IUCN 和《中国脊椎动物红色名录》均评估为无危（LC）。

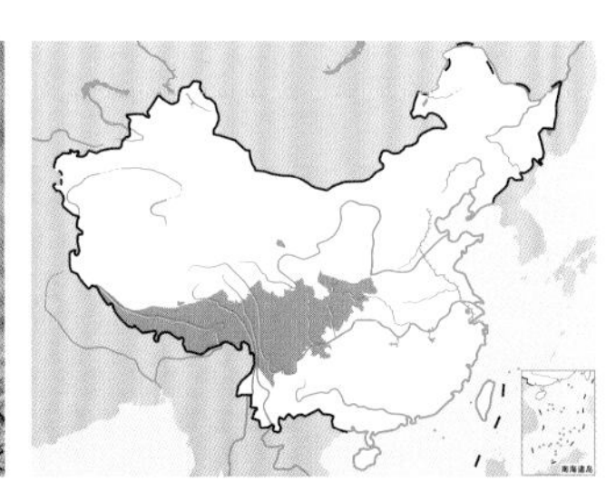

栗腹歌鸲雄鸟。左上图沈岩摄，下图唐军摄

棕头歌鸲

拉丁名：*Larvivora ruficeps*
英文名：Rufous-headed Robin

雀形目鹟科

体长约 14.5 cm。雄鸟头顶及颈背栗色，颏及喉白色而边缘黑色；上体棕灰色，尾栗色而尾端近黑色；下体近白色，胸至两胁具灰色带。雌鸟整体橄榄褐色，头侧及颈深褐色，喉具鳞状斑纹。夏季见于中国陕西和四川交界处的秦岭和岷山北部，在九寨沟有较为稳定的繁殖记录，冬候鸟或迷鸟见于云南中部。栖于海拔 2000～3000 m 亚高山林的稠密矮树丛中。IUCN 和《中国脊椎动物红色名录》均评估为濒危（EN），被列为中国三有保护鸟类。

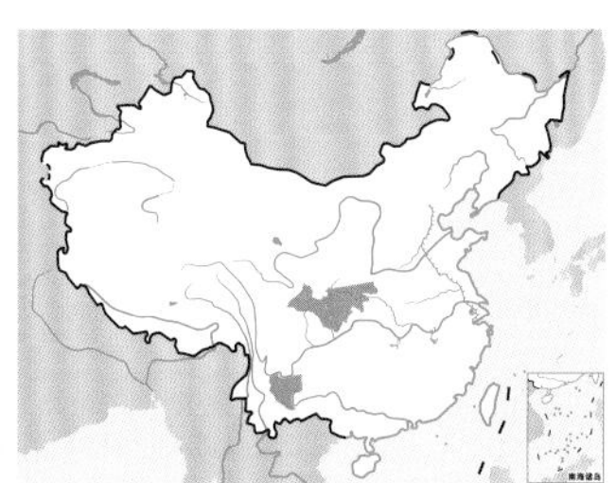

棕头歌鸲雄鸟。巫嘉伟摄

蓝歌鸲

拉丁名：*Larvivora cyane*
英文名：Siberian Blue Robin

雀形目鹟科

形态 体长约 13 cm，重约 15 g。雄鸟背羽及飞羽均呈蓝色，尾羽蓝色更鲜亮，胸、腹部几乎纯白色，上下对比分明；嘴基、耳后至颈侧有黑色条带。雌鸟背羽橄榄褐色，尾羽蓝灰色。亚成雄鸟背部中央和尾羽蓝色，其他似雌鸟。嘴深黑色；腿和脚浅粉色，极为醒目。

分布 在中国繁殖于东北地区，迁徙时见于中东部地区，西南和华南地区有越冬记录。国外繁殖于西伯利亚中东部、朝鲜半岛和日本，越冬于东南亚。

栖息地 栖于密林的地面或近地面处。

习性 性胆怯，常匿窜于灌丛、芦苇和荆棘间，驰走时，尾部常做扇状上下摆动。

食性 主食昆虫。

繁殖 营巢于林下树丛中，每窝产卵 5～6 枚，卵呈玉蓝色，大小为 19 mm × 14 mm，孵化期 12～13 天。

种群现状和保护 分布广泛，种群数量稳定。IUCN 和《中国脊椎动物红色名录》均评估为无危（LC），被列为中国三有保护鸟类。

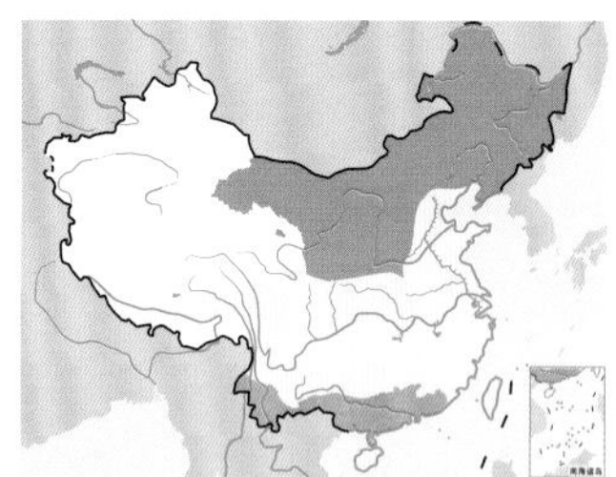

蓝歌鸲。左上图为雌鸟，林红摄；下图为雄鸟，张明摄

蓝歌鸲雄性亚成鸟。韦铭摄

红喉歌鸲

拉丁名：*Calliope calliope*
英文名：Siberian Rubythroat

雀形目鹟科

形态 体长 14～17 cm，体重 16～27 g，雄鸟体羽大部分为纯橄榄褐色，眉纹和颧纹白色，眼先、颊黑色；颏、喉赤红色，围以黑色边缘，胸灰色或灰褐色。雌鸟羽色和雄鸟大致相似，但颏、喉白色，胸沙褐色，眉纹和颧纹淡黄色且不明显。老年雌鸟颏、喉均沾染红色，其余和雄鸟相似。

分布 在中国繁殖期见于东北、青海东北部至甘肃南部及四川，越冬于华南、海南及台湾。国外繁殖于蒙古高原和西伯利亚的广大地区，越冬于东南亚。

栖息地 常栖息于平原地带的灌丛、芦苇丛或竹林间，偏爱溪流附近。

习性 候鸟，迁徙时寂静无声，不易被人察觉。地栖性，多在地面或灌丛的低枝间活动觅食。

食性 主要以昆虫为食，包括直翅目、半翅目、膜翅目等，也吃少量果实等植物性食物。

繁殖 繁殖期 5～7 月。此时雄鸟喜欢晨昏鸣唱，鸣声悦耳。营巢于灌丛或草丛掩蔽的地面上，由杂草、细根、枯叶等材料组成椭圆形巢，巢上封盖成圆顶，平时由巢侧面开一进出口。每窝产卵 4～5 枚。卵呈蓝绿色，有光泽。孵化期约为 14 天。雏鸟晚成性，雌雄亲鸟共同育雏，雏鸟在巢期 13 天左右。

种群现状和保护 分布广泛，种群数量稳定。IUCN 和《中国脊椎动物红色名录》均评估为无危（LC），被列为中国三有保护鸟类。

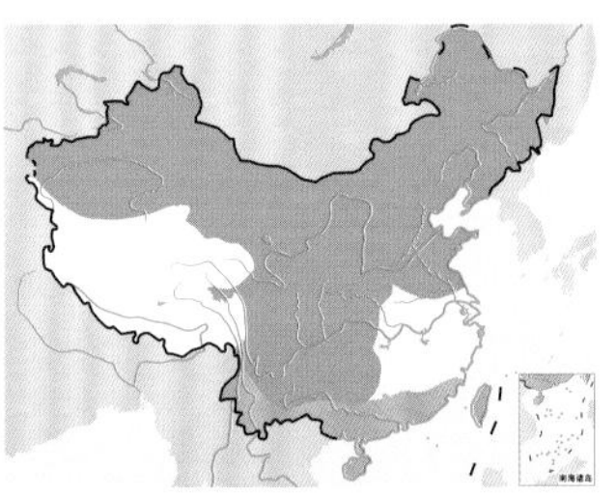

红喉歌鸲。左上图为雌鸟，下图为雄鸟。杜卿摄

黑胸歌鸲

拉丁名：*Calliope pectoralis*
英文名：Himalayan Rubythroat

雀形目鹟科

体长约 14.5 cm，雄鸟额及眉纹白色，眼先和颊黑色；上体橄榄褐色沾灰色；尾黑褐色，外侧尾羽基部和羽端白色；颏和喉呈鲜亮的赤红色，两侧有黑缘；胸部横以宽阔黑带；下体余部白色，两胁杂以褐色。雌鸟上体橄榄褐色；颏和喉白色，头侧、胸和两胁淡褐色，腹和尾下覆羽白色沾棕色。在中国仅见于新疆西北部和西藏喜马拉雅山脉南坡的北段和中段。常隐匿于海拔 3000 m 以上的山林灌丛间。IUCN 评估为无危（LC），《中国脊椎动物红色名录》评估为近危（NT）。

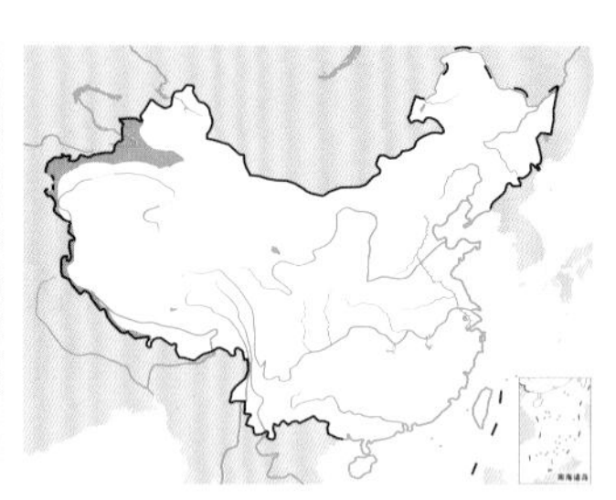

黑胸歌鸲雄鸟。刘璐摄

白须黑胸歌鸲

拉丁名：*Calliope tschebaiewi*
英文名：Chinese Rubythroat

雀形目鹟科

由黑胸歌鸲青海亚种 *Calliope pectoralis tschebaiewi* 独立为种，似黑胸歌鸲，但雄鸟具粗的白色下颊纹，故名“白须”，雌鸟下颊纹不明显。中国特有鸟种。仅分布于中国甘肃西部、西藏南部和东部、青海东部、云南西北部、四川西部和重庆。IUCN 评估为无危（LC）。

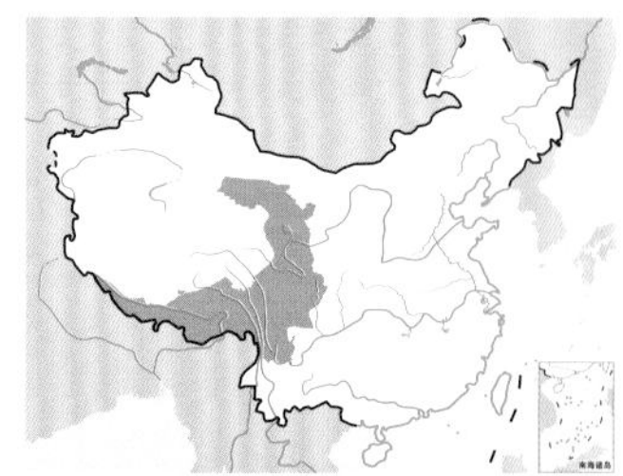

白须黑胸歌鸲。左上图为雄鸟，唐军摄；下图为雌鸟，彭建生摄

黑喉歌鸲

拉丁名：*Calliope obscura*
英文名：Blackthroat

雀形目鹟科

形态 体长 12～13 cm。雄鸟上体暗石板灰色，尾上覆羽亮黑色；眼先、头和颈侧、喉、胸深黑色；下体两侧灰色，腹部中央乳白色，具黄色沾染，胁部最浓；尾下覆羽边缘灰色；翼和中央尾羽黑色，其余尾羽基部 2/3 白色，端部 1/3 黑色。雌鸟上体暗橄榄褐色，尾上覆羽和飞羽边缘淡黄褐色；下体淡橄榄褐色，腹部中央染皮黄色。虹膜深灰色；嘴黑色；脚粉灰色。

分布 在中国繁殖于陕西、甘肃、四川交界的狭小区域内，迁徙时见于云南东南部、成都市区。国外偶见于泰国极北部。

栖息地 多见于海拔 2000～3500 m 的竹林区域。

习性 生性机警，移动时常在竹林内部近地面处横向快速穿飞。繁殖期间雄鸟好鸣叫，鸣声相对简单，短暂间隔后重复，"drreee-drreee drreee-drreee drreeedreee huti-huti huti-huti huti-huti"。也有较含混而音高的"duriiii' hutu，drrii' hitu，drrrii' huti-huti-huti"及一些短促颤音及简单颤鸣声。

食性 以昆虫为食，繁殖期主要取食鳞翅目及双翅目幼虫。

繁殖 约 5 月份开始，雄鸟在密竹林中鸣叫，确立领地。亲鸟倾向选择阳光充足、林冠稀疏、距水源较近的针阔混交林下，秦岭箭竹丛林缘陡坡上的土洞筑巢。洞口朝南偏东并略微向上倾斜，利于采光；洞前较开阔，利于进出；洞口有草本植物遮挡，利于隐蔽。巢呈杯状，由竹叶、枯草、苔藓等编制而成，巢内无铺垫物，巢外底部铺垫有枯叶、干草等。每窝产卵约 5 枚，卵呈钝圆形，浅蓝色，光滑无斑。

孵卵由雌鸟承担，孵卵期内雄鸟为雌鸟提供食物，孵化期约 12～13 天。育雏期约 11 天，暖雏行为由雌鸟承担，喂食和清粪

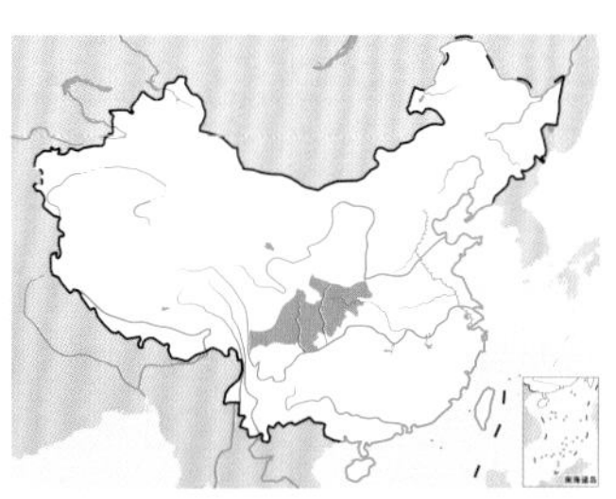

黑喉歌鸲。左上图为雌鸟，下图为雄鸟。张永文摄

由雌雄亲鸟共同完成。亲鸟育雏期间行为警觉，喂雏时并不直接进巢，而是在密竹林中折返观察，确认安全后迅速飞入洞口，有时也在距巢稍远处落至地面，从巢侧面的草丛中横向窜入洞内。

种群现状和保护 IUCN 评估为易危（VU），《中国脊椎动物红色名录》评估为濒危（EN），被列为中国三有保护鸟类。分布狭窄，种群数量稀少，但以往资料缺乏，对其保护关注相对不足。

金胸歌鸲

拉丁名：*Calliope pectardens*
英文名：Firethroat

雀形目鹟科

体长约 14.5 cm。雄鸟上体青石板灰褐色，两翼及尾黑褐色，头侧及颈黑色，颈侧具苍白色块斑；腹部污白色，胸及喉橙红色；尾基部具白色闪斑。雌鸟褐色，尾无白色闪斑，下体赭黄色，腹中心白色。幼鸟深褐色而多具点斑，尾端无白色。中国特有物种，分布于陕西、四川、重庆、云南、西藏等地，一般生活于山林中或沟谷底处稠密的灌丛间。IUCN 评估为近危（NT），《中国脊椎动物红色名录》评估为易危（VU），被列为中国三有保护鸟类。

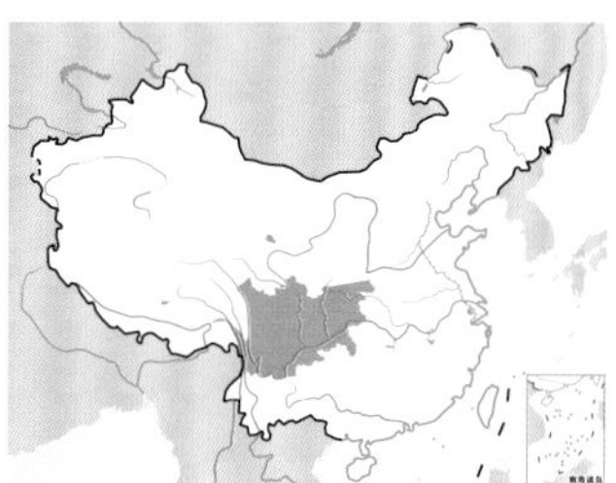

金胸歌鸲雄鸟。赵纳勋摄

白腹短翅鸲

拉丁名：*Luscinia phoenicuroides*
英文名：White-bellied Redstart

雀形目鹟科

形态 体长约 18 cm。雄鸟头、胸及上体青石蓝色；腹白色，尾下覆羽黑色而具白端；尾长，楔形，外侧尾羽基部棕色；翼短，几不及尾基部，灰黑色，初级飞羽的覆羽具两明显白色小点斑。雌鸟橄榄褐色，眼圈皮黄色，下体较淡。虹膜褐色；嘴和脚黑色。

分布 在中国主要见于青海东部、甘肃、宁夏、陕西南部、湖北、河北、河南、山东、四川、贵州西部、云南西部、西藏东南部等地。国外分布于喜马拉雅山脉至中南半岛北部；越冬于缅甸东部及泰国西北部。

栖息地 主要栖息于高山灌丛、林缘或茂密的竹林中，在不同的繁殖地，适应的海拔会有不同，最高可达 4300 m。

习性 常栖于浓密灌丛或在近地面活动，繁殖期喜鸣唱。有垂直及短距离迁徙习性。

食性 主要以昆虫为食。

繁殖 繁殖期 5 月底到 8 月上旬，6 月上旬基本完成配对并

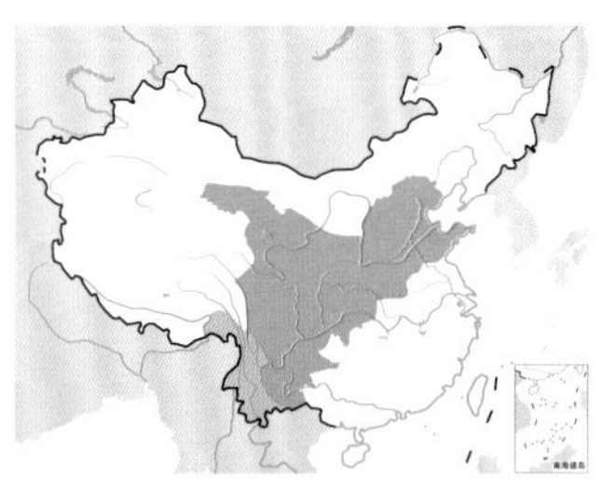

白腹短翅鸲。左上图为雌鸟，彭建生摄；下图为雄鸟，刘兆瑞摄

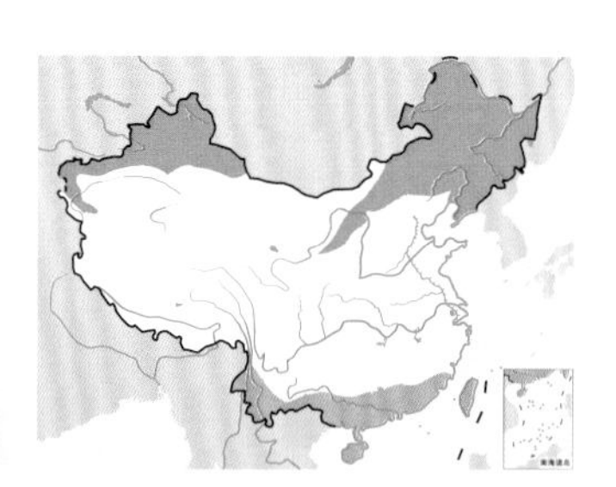

蓝喉歌鸲。左上图为雌鸟，下图为正在进行求偶炫耀的雄鸟。张连喜摄

开始繁殖，双亲共同育雏。巢通常置于极为隐蔽的灌丛中，难以发现。在甘肃莲花山，该物种相对于同域繁殖的其他鸟类，卵捕食率较高，可达50%。白腹短翅鸲也是大杜鹃的寄主之一，巢寄生率约为10%。亲鸟具有一定的卵识别能力，识别寄生卵后，通常选择弃巢。

种群现状和保护 种群数量稳定，IUCN和《中国脊椎动物红色名录》均评估为无危（LC）。

探索与发现 21世纪初有研究人员观察到白腹短翅鸲的雄鸟有羽色延迟成熟现象。羽毛延迟成熟即是指某些动物需要超过1年的时间才能最终获得成体的鲜艳羽色的现象，对其形成的原因，不同学者先后提出了多达15种假说。在白腹短翅鸲的研究中，结果支持模仿雌性假说，即通过模仿雌性的羽色，以获得与成年雌鸟相当的机会进入成年雄鸟的领域，伺机与雌鸟交配，从而增加首年的繁殖成功率。

蓝喉歌鸲

拉丁名：*Luscinia svecica*
英文名：Bluethroat

雀形目鹟科

形态 体长12～13 cm，体重17～18 g。雄鸟上体土褐色，头顶羽色较深，有白色眉纹；颏、喉亮蓝色，中央有栗色块斑，胸部下面有黑色和淡栗色两道宽带，腹部白色，两胁和尾下覆羽棕白色；尾羽黑褐色，基部栗红色。雌鸟颏、喉棕白色，无栗色块斑及蓝色，黑色的细颊纹与由黑色点斑组成的胸带相连。

分布 在中国繁殖于东北和西北地区，越冬于极南部，迁徙期间全国各地广泛可见。国外繁殖于欧亚大陆北部及阿拉斯加，冬季南迁至印度及东南亚越冬。

栖息地 栖息于苔原、森林、沼泽及荒漠边缘的各类灌丛或芦苇丛中。

习性 性情隐怯，喜欢潜匿于芦苇或矮灌丛下，常在地面作短距离奔驰，时而稍停，不时扭动尾羽或将尾羽展开。飞行甚低，一般只作短距离飞翔。常欢快地跳跃，在地面奔走极快。平时鸣叫为单音，繁殖期发出嘹亮的优美歌声，也能效仿昆虫鸣声。

食性 主要以昆虫及其幼虫为食，最嗜鳞翅目幼虫。也吃植物种子等。

繁殖 繁殖期5～7月，通常营巢于灌丛中或地上凹坑内，也在树根和河岸崖壁洞穴中营巢。巢用枯草茎、枯草根、树叶等构成，巢底铺垫细草茎和草叶，有时也放置兽毛和羽毛。窝卵数4～7枚。卵淡绿色或灰绿色，被有褐色点斑、块斑或渍斑，尤以钝端斑点较密和较大。卵大小为(17～21) mm×(13～15) mm。孵卵由雌鸟承担，孵化期13～15天。雏鸟晚成性，孵出后由雌雄亲鸟共同喂养，经过14～15天的喂养，幼鸟即可离巢。

种群现状和保护 分布广泛，种群数量稳定。IUCN和《中国脊椎动物红色名录》均评估为无危（LC），被列为中国三有保护鸟类。

新疆歌鸲

拉丁名：*Luscinia megarhynchos*
英文名：Common Nightingale

雀形目鹟科

形态 体长约16.5 cm。雌雄同型，体圆而嘴细。通体暖褐色，狭窄的浅色眼圈及模糊的短眉纹偏灰色，尾棕色；下体偏白色，颈侧及两胁灰皮黄色，臀棕黄色。虹膜深褐色；嘴褐色；脚及腿浅黄粉色。

分布 在中国仅见于新疆，为夏候鸟。国外遍布于欧洲和亚洲西部、中部，南至非洲西北部和小亚细亚，越冬于非洲热带地区。

栖息地 一般栖于河谷、河漫滩稀疏的落叶林和混交林、灌木丛或园圃间，喜茂密的低矮灌丛及矮树丛。

习性 性隐蔽，常隐匿于矮灌丛或树木的低枝间，通常离地面不超过2m。善于在地面跳动，两翼轻弹，尾半耸起，且往两侧弹。因常在夜间于覆盖茂密处鸣唱而得其英文名，鸣声为悠远而清晰的哨音，加以多变的弹舌音且叫速快。叫声包括刺耳的“errrk”，响亮悠长的“hweet”及生硬的“chack”声。具有一定的迁徙习性，夏季繁殖于欧洲和亚洲的树林，迁至非洲南部越冬。

食性 主要取食昆虫。

繁殖 筑巢于低矮的树丛里，孵化期13～14天。

种群现状和保护 IUCN和《中国脊椎动物红色名录》均评估为无危（LC）。因其善鸣，音域极广，常被大量饲养为笼养鸟。

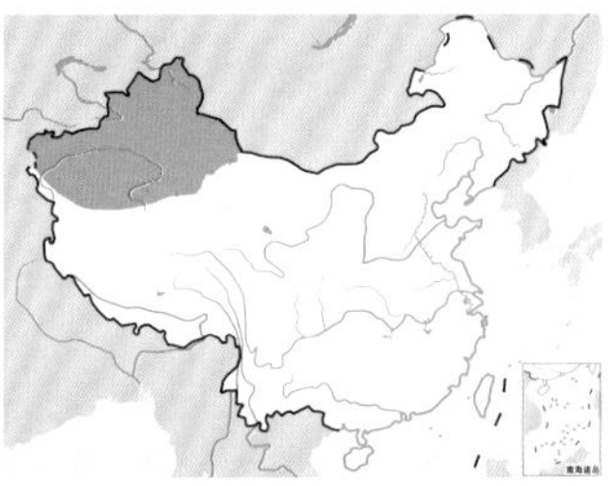

新疆歌鸲。沈越摄

红胁蓝尾鸲

拉丁名：*Tarsiger cyanurus*
英文名：Orange -flanked Bluetail

雀形目鹟科

形态 体长13～15 cm。雄鸟头顶、上背、大覆羽和尾羽均为亮蓝色，两翼蓝褐色；白色的短眉纹显著，喉色极白，下体污白色，两胁橙红色。雌鸟尾羽仍为蓝色，身体其他部位的蓝色为棕褐色所代替，两胁橙红色显著。喙细长，喙和腿黑色。

分布 在中国繁殖于东北和西北，在甘肃东部有一独立的繁殖种群，越冬于中国南部，迁徙经中国大部。国外繁殖于欧洲东北部至朝鲜半岛、勘察加半岛的广大地区，越冬于东南亚。

栖息地 繁殖期见于海拔1000 m以上的山地针叶林、岳桦林、针阔叶混交林和山上部林缘疏林灌丛地带。迁徙季节和冬季见于低山丘陵、林缘灌丛及城市公园。

习性 常单独或成对活动。繁殖期间雄鸟常站在枝头鸣叫，其他时间多在地面灌丛跳跃和觅食。不太惧人，停歇时常上下摆尾。

食性 繁殖期间主要以甲虫、小蠹虫、天牛、蚂蚁、沫蝉、尺蠖、金花虫、毛虫、金龟子、蚊、蜂等昆虫和昆虫幼虫为食。迁徙期间也吃少量果实与种子等植物性食物。

繁殖 营巢于海拔1000 m以上比较茂密的暗针叶林和岳桦林中，营巢环境一般较为阴暗潮湿，地势起伏不平，特别喜爱在高出地面的土坎、突出的树根和土崖上的洞穴中营巢。巢呈杯状，主要由苔藓构成，内面有时垫有兽毛和松针。每窝产卵通常4～7枚，多为5～6枚。卵白色、钝端被有红褐色细小斑点，常密集于一圈呈环状。卵产齐后即开始孵卵，孵卵由雌鸟承担，孵化期14～15天。雏鸟孵化后，雌雄亲鸟共同育雏，约13天后即可离巢。

种群现状和保护 分布广泛，种群数量稳定。IUCN和《中国脊椎动物红色名录》均评估为无危（LC），被列为中国三有保护鸟类。

探索与发现 见于中国甘肃东部地区的繁殖种群，胸侧为蓝黑色而非天蓝色，与其他繁殖种群在地理上相距较远，或为一个独立的物种。

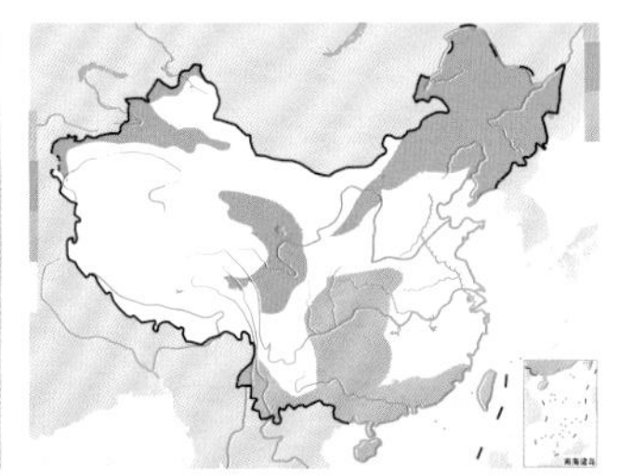

红胁蓝尾鸲。左上图为雄鸟，颜重威摄；下图为雌鸟，王志芳摄

蓝眉林鸲

拉丁名：*Tarsiger rufilatus*
英文名：Himalayan Bluetail

雀形目鹟科

由红胁蓝尾鸲西南亚种 *Tarsiger cyanurus rufilatus* 和巴基斯坦亚种 *T. c. pallidior* 独立为种。体长约 14 cm。雄鸟头部至上背深蓝色，似红胁蓝尾鸲，但眉纹为亮蓝色而非白色，雌鸟则较难区分。见于中国西南部山地以及青藏高原东部、东南部和南部边缘地带，最北至青海，短距离或垂直迁徙，至附近的低海拔地区越冬。夏季见于海拔 2000 m 以上的山地针叶林和林缘疏林灌丛地带。IUCN 评估为无危（LC），被列为中国三有保护鸟类。

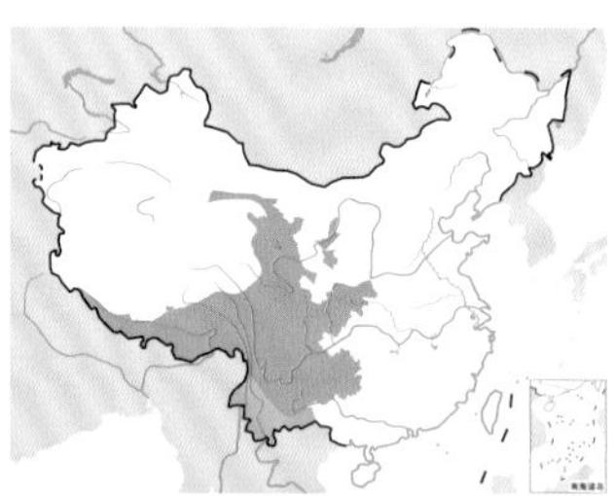

蓝眉林鸲。左上图为雌鸟，张小玲摄；下图为雄鸟，韦铭摄

白眉林鸲

拉丁名：*Tarsiger indicus*
英文名：White-browed Bush Robin

雀形目鹟科

形态 体长约 14 cm。雄鸟上体青石蓝色，头侧黑色，白色眉纹醒目；下体橙褐色，腹中心及尾下覆羽近白色。雌鸟上体橄榄褐色，眉纹白色，脸颊褐色，眼圈色浅；下体暗赭褐色，腹部较浅，尾下覆羽皮黄色。与栗腹歌鸲及棕胸蓝鹟的区别在体形较大而眉纹宽。指名亚种 *T. i. indicus* 的雄鸟繁殖期有时呈褐色，似雌鸟体羽。台湾亚种 *T. i. formosanus* 的雄鸟头顶黄橄榄色，下体橄榄褐色。

分布 指名亚种分布于尼泊尔至中国西藏东南部；西南亚种 *T. i. yunnanensis* 分布于中国甘肃南部、云南南西北部和四川，冬季也见于中南半岛；台湾亚种见于中国台湾岛中央山脉。

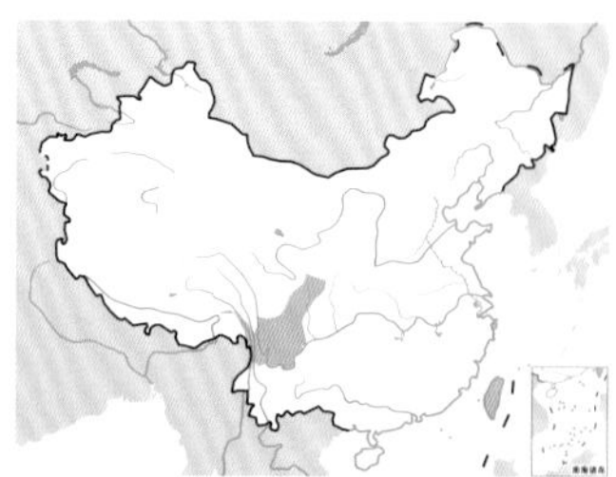

白眉林鸲。左上图为雌鸟，刘璐摄；下图为雄鸟，张明摄

栖息地 在中国西部一般栖息于海拔 2440～4270 m 的高山峡谷针叶林或落叶林间，在台湾见于海拔 2300～3200 m 的稠密森林底层的灌丛中。繁殖于灌木丛生、多岩石的地区。

习性 栖息于地面或近地面的林下植被茂密处，甚不惧人。雄鸟炫耀时两翼下悬颤抖，尾轻弹。

食性 主食昆虫。

种群现状和保护 分布广泛，种群数量稳定。IUCN 和《中国脊椎动物红色名录》均评估为无危（LC）。

棕腹林鸲

拉丁名：*Tarsiger hyperythrus*
英文名：Rufous-breasted Bush Robin

雀形目鹟科

体长约 14 cm。雄鸟上体暗蓝色，额、眉纹、肩及尾上覆羽海蓝色，头侧黑色；下体橙褐色，腹中心及尾下覆羽白色。雌鸟上体呈偏红色的橄榄褐色，腰及尾上覆羽青石蓝色，尾缘黑蓝色；下体橄榄褐色，两胁及臀沾棕色，胸中央褐色，尾下覆羽白色。在中国仅见于西藏东南部和云南西北部，栖息于森林底层或立于开阔栖处。IUCN 评估为无危（LC），《中国脊椎动物红色名录》评估为数据缺乏（DD），被列为中国三有保护鸟类。

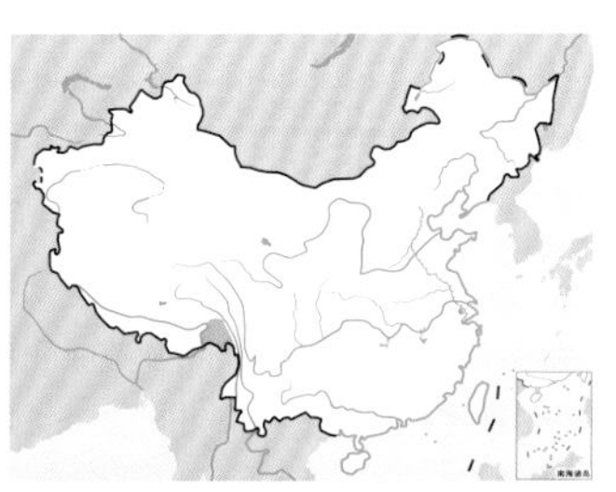

棕腹林鸲。左上图为雌鸟，刘璐摄；下图为雄鸟，董江天摄

台湾林鸲

拉丁名：*Tarsiger johnstoniae*
英文名：Collared Bush Robin

雀形目鹟科

形态 体长约 12 cm。雄鸟头、喉、上背、两翼和尾羽灰黑色，眉纹长而白，颈纹和肩纹橙红色；胸腹部橙黄色转皮黄色，下腹及臀白色。雌鸟颜色较灰，眉纹更细，颈环和肩带细且暗淡。

分布 中国特有种，且仅分布于台湾岛内海拔 1600 m 以上的山区。

栖息地 繁殖季节栖息于海拔 2600～3550 m 的山区，见于针阔叶混交林和针叶林下浓密的矮丛中，非繁殖季节垂直下迁，可至海拔 1600 m 的山区林地。

习性 留鸟，且不与其他鸟类混群，常单独出现在林缘、小径或灌木的枝头上，不喜开阔地区。

食性 主食昆虫，其中以蠕虫类为主。

繁殖 繁殖期 3 月下旬至 8 月中旬。筑碗状巢于路旁的土墙或石壁缝隙里。巢为苔藓、蕨类、草根和动物毛发等编织而成，偶有塑胶绳。每窝产卵 3 枚。卵青蓝色，无斑点。雌鸟孵卵。雌雄亲鸟共同育雏，育雏期约 18 天。

种群现状和保护 IUCN 和《中国脊椎动物红色名录》均评估为无危（LC），被列为中国三有保护鸟类。种群数量局部尚较丰富。但随着森林开发，其种群数量也受到一定的影响。

金色林鸲

拉丁名：*Tarsiger chrysaeus*
英文名：Golden Bush Robin

雀形目鹟科

体长约 14 cm，雄鸟头顶、颈及上背橄榄褐色，具细长的黄色眉纹和宽阔的黑色眼纹，腰浅黄色；翼黑色，次级和三级飞羽具黄色羽缘；中央尾羽黑色，其余尾羽基部黄色而端部黑色；喉和胸金黄色，至下腹部转为淡黄色。雌鸟颜色较浅，金黄色为赭黄色所替代。虹膜褐色；嘴深褐色，下喙黄色；脚浅肉色。在中国见于甘肃东南部、四川、云南西北部、陕西秦岭、青海东南部等地。冬季部分种群南迁至东南亚，部分种群垂直下迁。栖息于竹林或常绿林下的灌丛中。繁殖期见于海拔 3000～4000 m 近林线的针叶林及杜鹃灌丛中。性胆怯，常藏匿于灌丛中。IUCN 和《中国脊椎动物红色名录》均评估为无危（LC）。分布广泛，种群数量稳定。

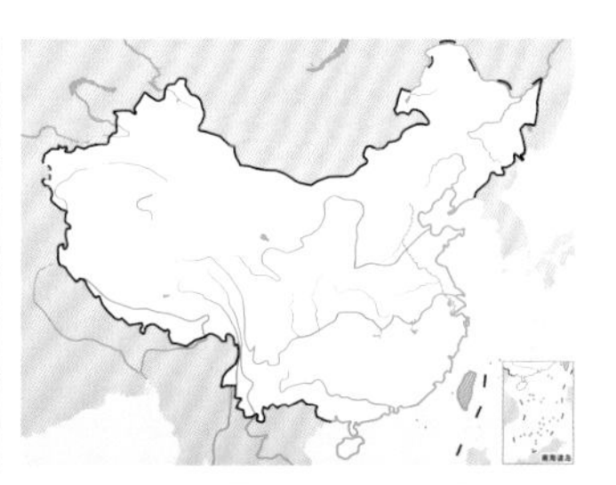

台湾林鸲。左上图为雄鸟，沈岩摄；下图为雌鸟，韦铭摄

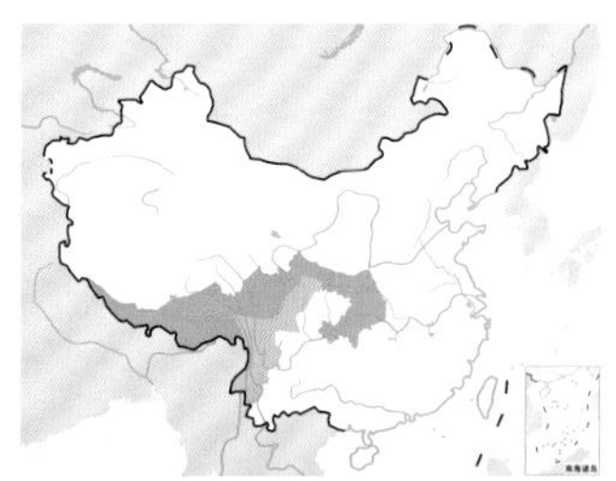

金色林鸲。左上图为雄鸟，张明摄；下图为雌鸟，董磊摄

栗背短翅鸫

拉丁名：*Heteroxenicus stellatus*
英文名：Gould's Shortwing

雀形目鹟科

体长约 13 cm。尾短而站姿较直的深色小鸟。头顶、颈、背部和尾羽栗红色，眼周、颈侧和整个下体、腰部烟灰色，具细小的白色横斑，胸口和腹部具较大的白色点斑。在中国仅见于西藏东南部和云南东北部，近年在四川九寨沟、泸定、成都偶有过境记录，推测可能有一小的繁殖种群见于四川北部的岷山山脉。繁殖期见于海拔 2000 ~ 4200 m 的山地森林、竹林、林缘灌丛和岩石草坡、灌丛及草甸，尤其喜欢潮湿的河谷与溪边。IUCN 和《中国脊椎动物红色名录》均评估为无危（LC），被列为中国三有保护鸟类。

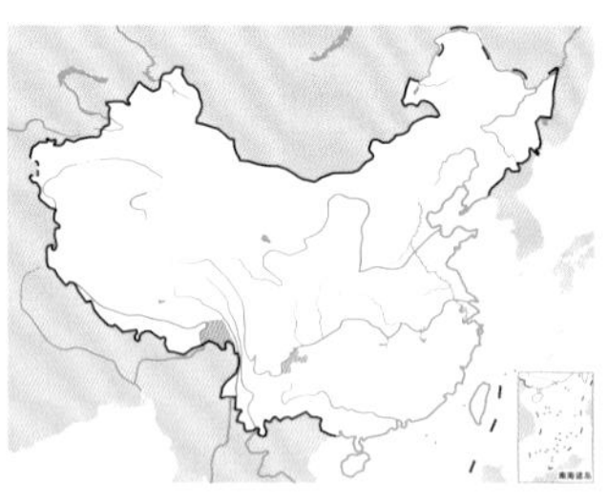

栗背短翅鸫。左上图沈岩摄，下图彭建生摄

锈腹短翅鸫

拉丁名：*Brachypteryx hyperythra*
英文名：Rusty-bellied Shortwing

雀形目鹟科

体长 11 ~ 12 cm，重约 15 g。雄鸟头顶、上体、尾羽和两翼蓝灰色，具粗短的白色眉纹；喉及整个下体亮棕红色，下腹及臀颜色略浅。雌鸟上体棕褐色，下体皮黄色，喉及下腹略白。在中国仅见于藏东南及云南极西北部。栖息于以栎树为主的常绿阔叶林，喜在密林下木间、灌木丛或竹丛间活动。IUCN 和《中国脊椎动物红色名录》均评估为近危（NT），被列为中国三有保护鸟类。

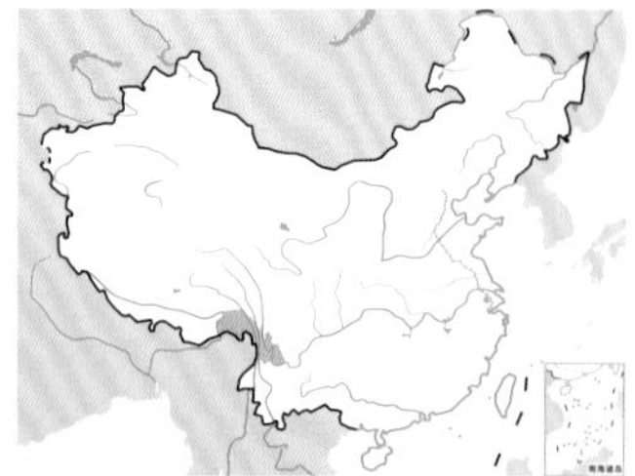

锈腹短翅鸫。左上图为雄鸟，Subhadeep Ghosh摄；下图为雌鸟，Porag Jyoti Phukan摄

白喉短翅鸫

拉丁名：*Brachypteryx leucophris*
英文名：Lesser Shortwing

雀形目鹟科

体长约 13 cm。中国境内有 2 个亚种，西南亚种 *B. l. nipalensis* 雄鸟上体青石蓝色，胸带及两胁蓝灰色，喉及腹中心白色；雌鸟上体红褐色，胸及两胁沾红褐色而具鳞状纹，喉及腹部白色。华南亚种 *B. l. carolinae* 的雄鸟似雌鸟，上体红褐色而非蓝灰色。西南亚种见于西藏东南部、云南西部和四川西部，华南亚种见于湖南、江西、福建、广东、广西、贵州和香港。栖于林下密丛及森林地面，海拔 200 m 以上的山区林地均有繁殖。IUCN 和《中国脊椎动物红色名录》均评估为无危（LC）。

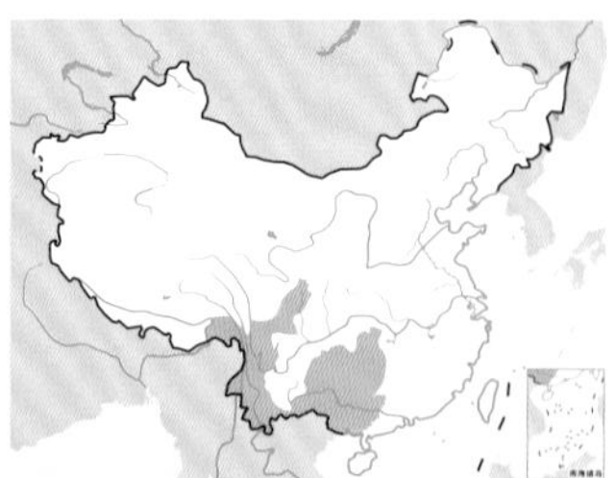

白喉短翅鸫。董文晓摄

蓝短翅鸫

拉丁名：*Brachypteryx montana*
英文名：White-browed Shortwing

雀形目鹟科

形态 体长约15 cm，一般雄鸟为深蓝色，雌鸟褐色。华南亚种 *B. m. sinensis* 的雄鸟上体深青石蓝色，白色的眉纹明显，下体浅灰色，尾及翼黑色，肩具白色块斑；雌鸟暗褐色，白色眉纹部分被掩盖而显得较小，胸浅褐色，腹中心近白色，两翼及尾棕色。西南亚种 *B. m. cruralis* 的雄鸟眼先及前额带黑色，无白色肩块，下体深蓝色，雌鸟似华南亚种。台湾亚种 *B. m. goodfellowi* 的雄鸟褐色似雌鸟。亚成鸟具褐色杂斑。

分布 在中国，西南亚种分布于西藏东南部、云南、四川中部和西部；华南亚种分布于陕西南部、贵州北部、湖北、江西、湖南南部、福建西北部、广东、广西；台湾亚种分布于台湾地区。国外分布于喜马拉雅山脉至东南亚。

栖息地 栖于植被覆盖茂密的地面，常近溪流。有时见于开阔林间空地，甚至于山顶多岩的裸露斜坡。

习性 性羞怯，不甚常见。

食性 主要取食昆虫，有时也会取食部分植物性食物。

种群现状和保护 种群数量稳定。IUCN和《中国脊椎动物红色名录》均评估为无危（LC）。

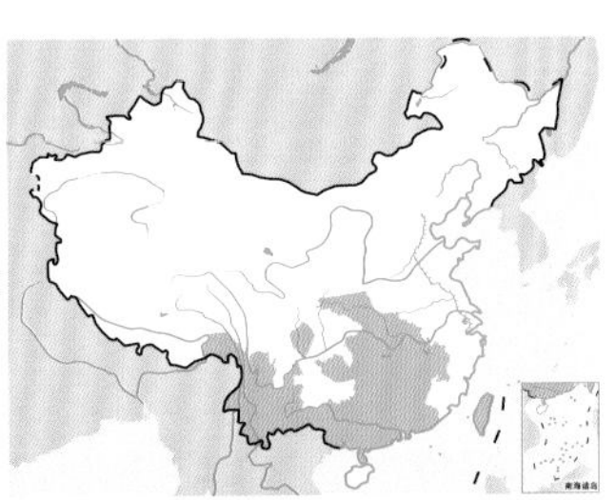

蓝短翅鸫。左上图为雌鸟，张小玲摄；下图为西南亚种雄鸟，林剑声摄

蓝短翅鸫台湾亚种雄鸟。沈越摄

棕薮鸲

拉丁名：*Cercotrichas galactotes*
英文名：Rufous-tailed Scrub Robin

雀形目鹟科

头顶、头侧、颈、背及肩浅赭褐色，具细长的白色眉纹和黑色过眼纹；喉及下体皮黄色；红棕色的尾羽较长，具白色的端斑和黑色的次端斑，最外侧尾羽的白色斑块较大。在中国仅见于新疆，繁殖于准葛尔盆地南缘的梭梭荒漠中。IUCN评估为无危（LC），《中国脊椎动物红色名录》评估为数据缺乏（DD）。

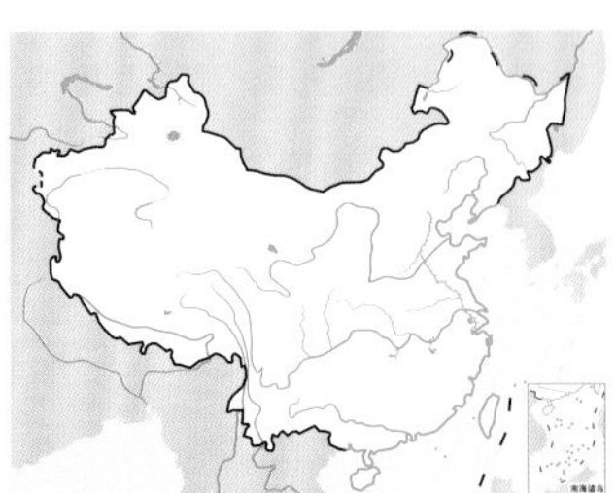

棕薮鸲。刘璐摄

鹊鸲

拉丁名：*Copsychus saularis*
英文名：Oriental Magpie Robin

雀形目鹟科

形态 体长 18 cm 左右。似喜鹊但体形小得多。雄鸟头、喉、胸、背、两翼和尾羽均为黑色，具金属辉光，白色，翼和具宽阔的白色条带。雌鸟似雄鸟，黑色为不同程度的灰色所代替。

分布 在中国境内广泛分布于长江流域及以南地区，包括海南岛。在国外分布于南亚和东南亚地区。

栖息地 喜栖息于城市公园、绿化地、村落旁的果园、菜地、灌丛、稀疏树林等。

习性 留鸟。性活泼大胆，不好斗，特别是繁殖期，常为争偶而格斗。单独或成对活动。常站在屋顶或大树上昂首翘尾鸣叫，叫声婉转多变，清脆响亮。尤其是繁殖期间，雄鸟鸣叫更为激昂多变，常边鸣叫边跳跃。休息时常展翅翘尾，有时将尾上翘到尾梢几与头接触。

食性 以昆虫为主食，也吃其他小型无脊椎动物和小型脊椎动物。

繁殖 繁殖期 3～8 月，不同地区的繁殖期可能有差异。孵化和育雏期间护巢性很强，不仅攻击接近鸟巢的其他鹊鸲，还攻击接近鸟巢的松鼠等小兽，直到将它撵走。

通常营巢于树洞及建筑物洞穴中，有时也在树枝桠处营巢。巢呈浅杯状或碟状，主要由枯草、草根、细枝和苔藓等构成，内垫松针、苔藓和兽毛。通常每窝产卵 4～6 枚，多为 5 枚，偶尔也有少至 3 枚和多至 7 枚的。卵淡绿色、绿褐色、黄色或灰色，密被暗茶褐色、棕色或褐色斑点，尤以钝端较密集。卵呈卵圆形，大小为（20.4～23）mm×（16.1～17.4）mm。孵卵由雌雄亲鸟共同承担，孵化期 12～14 天。雏鸟晚成性，刚孵出的雏鸟赤裸无羽、眼未睁开，雌雄亲鸟共同育雏。

种群现状和保护 IUCN 和《中国脊椎动物红色名录》均评估为无危（LC），被列为中国三有保护鸟类。适应性极强，分布极为广泛，数量众多，尽管作为笼养鸟遭到不少捕捉，野外种群仍然保持稳定。

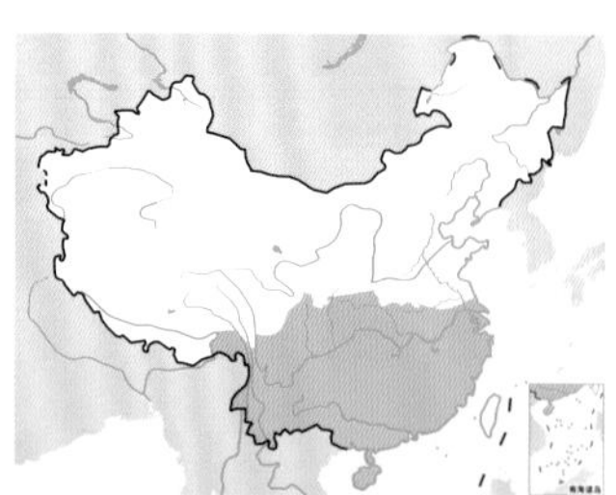

鹊鸲。左上图为雌鸟，杨微倩摄；下图为雄鸟，林红摄

白腰鹊鸲

拉丁名：*Kittacincla malabarica*
英文名：White-rumped Shama

雀形目鹟科

形态 体长 28 cm。雄鸟上体黑色或蓝黑色，具金属光泽，腰和尾上覆羽白色，胸口红棕色，尾下覆羽白色。尾呈凸状甚长，约为体长的 1 倍，除中央两对尾羽全为黑色外，其余尾羽均具白色端斑。雌鸟似雄鸟，但颜色较为暗淡，尾较短。

分布 在中国境内仅见于西藏东南部、云南西南部及东南部、广西南部和海南岛。国外见于南亚和东南亚各地。

栖息地 栖息于海拔 1500 m 以下的低山、丘陵和山脚平原地带的茂密热带森林中，尤以林缘、路旁次生林、竹林和疏林灌丛地区较常见。

习性 多单独活动，性胆怯，常隐藏在林下灌丛中活动。善鸣叫，鸣叫时尾直竖，鸣声清脆婉转，悦耳多变，特别是繁殖期间雄鸟鸣叫甚为动听，其他季节多在早晚鸣叫。在林下地面或灌木低枝上觅食。

食性 主要以甲虫、蜻蜓、蚂蚁等昆虫为食，基本不食植物。

繁殖 繁殖期 4～6 月。通常营巢于天然树洞中。巢主要由纤细柔软的草茎、草根、竹叶等材料构成。每窝产卵 4～5 枚。卵平均大小为 21 mm×16.5 mm。孵卵由雌鸟承担，孵化期 12～13 天。

种群现状和保护 IUCN 和《中国脊椎动物红色名录》均评估为无危（LC）。分布广泛，但因鸣声动听而被大量捕捉作为笼养鸟，数量逐年下降，需注意保护。

白腰鹊鸲。左上图为雌鸟，沈越摄；下图为雄鸟，张明摄

红背红尾鸲

拉丁名：*Phoenicuropsis erythronotus*
英文名：Eversmann's Redstart

雀形目鹟科

雄鸟喉、胸、背及尾上覆羽棕色，灰色的头顶和颈背及浅色眉纹与黑色的眼先、过眼纹、脸颊及肩部形成对比；两翼近黑色，具有明显的白色翼斑，飞羽暗褐色，外翈边缘淡灰色；尾棕色，两枚中央尾羽褐色，最外侧一对尾羽远端外侧边缘淡褐色；腹部及尾下覆羽较胸部略淡。冬季头顶蓝灰色被褐灰色替代，背、腰等棕红色变成苍淡的浅棕色；喉至胸部棕色而羽端灰色，构成不规则的灰斑；腹部及尾下覆羽皮黄色。雌鸟上体褐色，具白色翼斑，但较雄鸟小；眼圈有一朦胧白环；下体淡灰色着以棕橙色，腹部到肛周羽色更淡，尾下覆羽浅棕色。在中国仅见于新疆，繁殖于天山、阿尔泰山等地的亚高山针叶林。一般生活于多石的灌丛地段、多荆棘的灌丛间或山地针叶林带，常栖息在山地的石头上。越冬于平原和中海拔地带的荒漠灌丛及林地。平时多单独活动。尾上下轻弹而不往两边甩。IUCN 和《中国脊椎动物红色名录》均评估为无危（LC）。

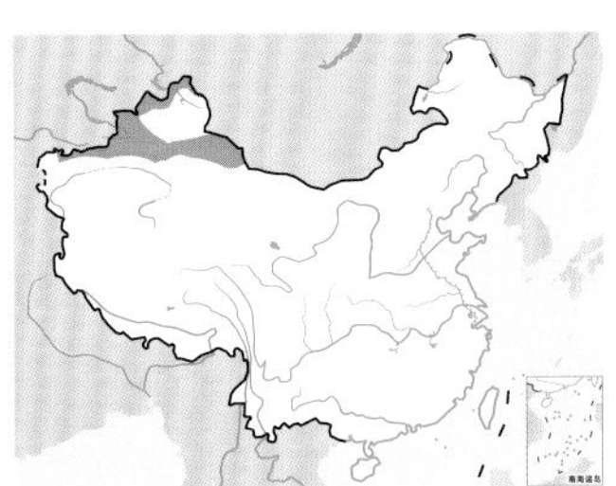

红背红尾鸲。左上图为雄鸟，邢新国摄；下图为雌鸟，王昌大摄

蓝头红尾鸲

拉丁名：*Phoenicuropsis coeruleocephala*
英文名：Blue-capped Redstart

雀形目鹟科

体长 15 cm，雄鸟头顶及颈背蓝灰色，翼纹、三级飞羽羽缘、下胸、腹部及尾下覆羽白色；冬季上体沾褐色。雌鸟褐色，眼圈皮黄色，腹及尾下覆羽白色，尾上覆羽棕色，尾褐色而具狭窄的棕色羽缘。在中国分布于新疆西部，一般栖息于海拔 1200～4300 m 的山区针叶林带多岩的山坡灌丛，繁殖于岩崖缝隙。IUCN 和《中国脊椎动物红色名录》均评估为无危（LC）。

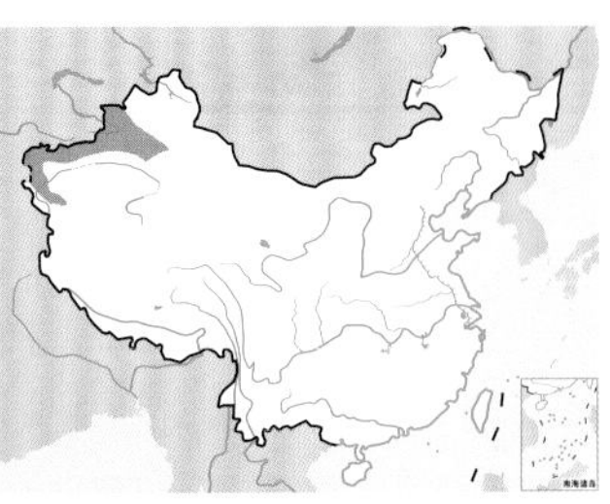

蓝头红尾鸲。左上图为雌鸟，王昌大摄；下图为雄鸟，杜卿摄

白喉红尾鸲

拉丁名：*Phoenicuropsis schisticeps*
英文名：White-throated Redstart

雀形目鹟科

体长 13.8～16.0 cm。雄鸟额至枕钴蓝色，头侧、背、两翅和尾黑色，翅上有一大型白斑，腰和尾上覆羽栗棕色；颏、喉黑色，下喉中央有一白斑，其余下体栗棕色，腹中央灰白色。雌鸟上体橄榄褐色沾棕色，腰和尾上覆羽栗棕色，翅暗褐色具白斑，尾棕褐色，下体褐灰色沾棕色，喉亦具白斑。分布于青藏高原东部和南部及周边山脉，繁殖期间主要栖息于海拔 2000～4000 m 的高山针叶林以及林线以上的疏林灌丛和沟谷灌丛中，冬季常下到中低山和山脚地带活动。IUCN 和《中国脊椎动物红色名录》均评估为无危（LC）。

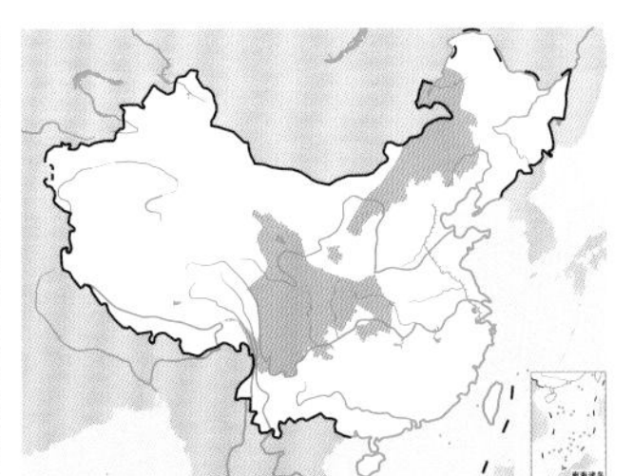

白喉红尾鸲。左上图为雌鸟，王明华摄；下图为雄鸟，王志芳摄

蓝额红尾鸲

拉丁名：*Phoenicuropsis frontalis*
英文名：Blue-fronted Redstart

雀形目鹟科

体长 14.0～16.5 cm，雌雄尾部均具特殊的T形黑褐色斑。雄鸟繁殖羽前额和短眉纹辉蓝色，头、胸、颈背及上背深蓝色；两翼黑褐色，无白色翼斑；腹、臀、背及尾上覆羽橙褐色。雌鸟褐色，与其他雌性红尾鸲区别在于尾端深色。在中国分布于青藏高原至西南和中华地区，近年来也记录于华东、华南部分地区。繁殖期间主要栖息于海拔 2000～4200 m 的亚高山针叶林和高山灌丛草甸，尤以林线上缘多岩石的疏林灌丛和沟谷灌丛地区较常见，冬季多下到中低山和山脚地带。IUCN 和《中国脊椎动物红色名录》均评估为无危（LC）。

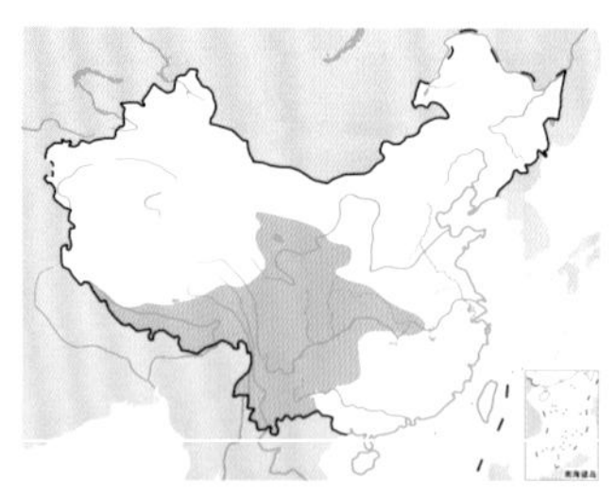

蓝额红尾鸲。左上图为雌鸟，王明华摄；下图为雄鸟，张小玲摄

蓝额红尾鸲的巢和卵。杨楠摄

蓝额红尾鸲筑巢生境，贾陈喜摄

贺兰山红尾鸲

拉丁名：*Phoenicurus alaschanicus*
英文名：Alashan Redstart

雀形目鹟科

形态 雄鸟头顶、颈背、头侧至上背蓝灰色，具白色眼圈，翼褐色而具白色块斑；下背及尾橙褐色，中央一对尾羽近黑色，外侧尾羽外翈远端边缘浅褐色；颏、喉、胸及两胁赤褐色，腹部羽色浅淡近白色；甚似红背红尾鸲但头顶、头侧及颈背蓝灰色。雌鸟身体褐色较重，上体色暗，两翼褐色并具皮黄色斑块，下体灰色。虹膜褐色，嘴黑色，脚近黑色。

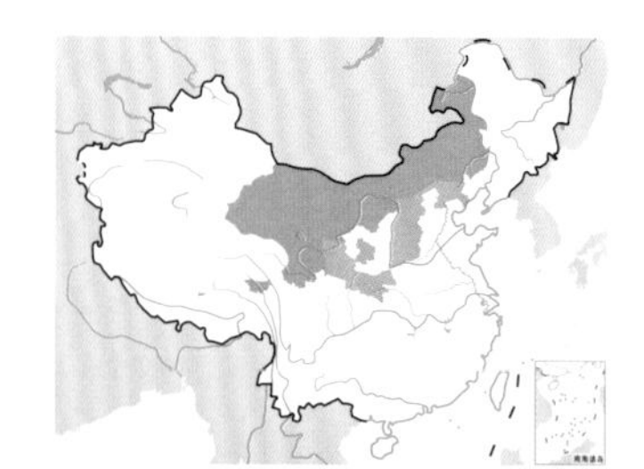

贺兰山红尾鸲。左上图为雌鸟，王志芳摄；下图为雄鸟，沈越摄

分布 中国特有鸟类，分布于宁夏贺兰山，甘肃，青海东部、东北部、柴达木盆地，陕西南部，山西，河北，北京，在宁夏、甘肃、青海为繁殖鸟，在山西与河北交界处为冬候鸟，每年有季节性迁徙，越冬期 180 天左右。

栖息地 喜山区稠密灌丛及多松散岩石的山坡。常活动于稠密的灌丛和岩石、石头间，或见于高大松柏山林的采伐空地上

习性 常在有沙棘的地段觅食。雄鸟多站立在沙棘梢头浆果稠密处啄食，边啄食，边发出“tata”或“ta”的鸣声。有时抬头翘尾，四周观望，有时在梢头作 2 ~ 5m 的短距离飞跃。雌鸟多在沙棘中层活动，有时发出单音的低微的“taat”声。在越冬期间，多为单独活动，通常短距离飞行，栖息时伴随着倾头翘尾等动作，并发出“tata”的叫声。

食性 冬春季以植物性食物为主，占食物总数的 93.4%；动物性食物仅占 5.8%。其主要食物为沙棘的果食和种子，其次为野玫瑰，分别占食物总数的 58.4% 和 20.8%。

繁殖 一般从 3 月中旬开始出现繁殖行为。通常为雄鸟鸣叫声显著增多，发现雌鸟时表现出多种姿态，向雌鸟靠拢，有时在灌丛间追逐雌鸟。4 月上旬偶见有少数成对活动，有时亦见雌雄鸟一起飞往溪涧饮水，在同一株沙棘上啄食，互不驱斥。

种群现状和保护 IUCN 评估为近危（NT），在《中国脊椎动物红色名录》评估为濒危（EN），被列为中国三有保护鸟类。

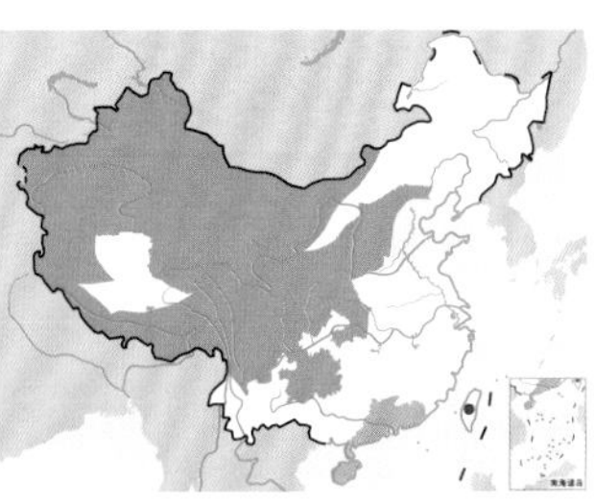

赭红尾鸲。左上图为雄鸟，张明摄；下图左雌右雄，同海元摄

赭红尾鸲

拉丁名：*Phoenicurus ochruros*
英文名：Black Redstart

雀形目鹟科

形态 体长 12.7 ~ 16.5 cm。雄鸟头顶和背黑色或暗灰色，额、头侧、颈侧暗灰色或黑色，腰、尾上覆羽和外侧尾羽栗棕色，中央尾羽褐色，翅上覆羽黑色或暗灰色，飞羽暗褐色；颏、喉、胸黑色，其余下体栗棕色。雌鸟上体灰褐色，有的沾棕色，两翅褐色或浅褐色，腰、尾上覆羽和外侧尾羽淡栗棕色，中央尾羽淡褐色，前额和眼周浅色；颏至胸灰褐色，腹浅棕色，尾下覆羽浅棕褐色或乳白色。与黑喉红尾鸲和欧亚红尾鸲相似，但黑喉红尾鸲前额白色，翅上具白色翼斑，欧亚红尾鸲下体黑色仅到喉部，不达胸部。

分布 在中国广布于西部和西南部地区，偶见于河北、山东、台湾和海南岛，主要为留鸟，部分迁徙。国外广泛分布于欧洲、亚洲和非洲的温热带地区。

栖息地 栖息于海拔 2500 ~ 4500 m 的高山针叶林和林线以上的高山灌丛草地，也栖息于高原草地、河谷、灌丛以及有稀疏灌木生长的岩石草坡、荒漠和农田与村庄附近的小块林内。

习性 除繁殖期成对外，平时多单独活动。常在林下岩石、灌丛和溪谷、悬岩灌丛以及林缘灌丛中活动和觅食。喜欢栖停在灌木上或树木低枝上，当发现地上食物时才突然飞下捕食。

食性 主要以鞘翅目、鳞翅目、膜翅目昆虫为食，也吃甲壳类、蜘蛛等其他小型无脊椎动物，偶尔也吃植物种子和果实。

赭红尾鸲雄鸟衔食飞向离巢的幼鸟。同海元摄

繁殖 青藏高原东南缘的尕海－则岔国家级自然保护记录到的 57 巢中，49.1% 筑于崖壁洞中，10.5% 筑于住房的空心砖洞内，19.3% 筑于土墙或草皮墙的洞中，12.3% 筑于土坑壁的洞中，7.0% 筑于烟筒中，1.8% 筑于居民的下水井洞中。窝卵数 3 ~ 6 枚，卵平均大小为 23.33 mm × 14.95 mm。孵卵由雌鸟承担，孵化期 13 ~ 14 天，孵化率 64.5%。雏鸟留巢期 16 ~ 19 天，巢成功率 81.3%，雏鸟离巢率 83.33%。

种群现状和保护 IUCN 和《中国脊椎动物红色名录》均评估为无危（LC）。广泛分布于中国西部地区，种数量较丰富，是一种较常见的森林灌丛鸟类。

欧亚红尾鸲

拉丁名：*Phoenicurus phoenicurus*
英文名：Common Redstart

雀形目鹟科

形态 体长12～17 cm。雄鸟头顶前部白色，其余头顶、枕、后颈、肩和背灰色，前额、头侧和颈侧前部黑色；翅褐色；腰、尾上覆羽和尾橙棕色或红褐色，中央一对尾羽褐色，外侧橙棕色；颏、喉黑色，其余下体橙棕色，腹中部白色。秋季刚换上的新羽，头顶和背被锈褐色羽端所掩盖，颏、喉黑色羽具淡白色端缘。雌鸟上体灰褐色，前额、头侧、颈侧亦为灰褐色而不为黑色，腰、尾下覆羽、尾和两翅与雄鸟相似；下体淡褐色，喉中部较淡，腹中部和尾下覆羽亦淡、近白色。

分布 繁殖于欧洲、北非，东至贝加尔湖、里海地区及阿尔泰山，边缘性地分布至中国新疆；越冬于阿拉伯半岛、非洲、中东。

栖息地 栖息于针阔叶混交林和阔叶林中，也栖息于次生林和林缘灌丛，有时还出现在针叶林、河谷灌丛、果园、公园、农田和村庄附近的小块丛林与灌丛内。

习性 除繁殖期成对外，平时多单独活动。具典型的红尾鸲颤尾动作。飞行短而疾，时闪动尾辉。飞行较长距离则呈波状起伏而曳尾。常在林下岩石、灌丛和溪谷、悬岩灌丛以及林缘灌丛中活动和觅食。喜欢栖停在灌木上或树木低枝上，当发现地面食物时才突然飞下捕食。

食性 主要以昆虫为食，也食植物种子和果实。

繁殖 繁殖期5～7月。通常营巢于林下灌丛或岩边洞穴中，也在河谷或路边悬崖缝隙和岩石间营巢，偶尔也在树洞中或树杈上、树根间石头下、房屋等人工建筑物的缝隙中营巢。巢结构较为粗糙、松散，主要由草根、草茎、草叶和苔藓编织而成，内垫有细草茎和草叶，有时还垫有兽毛和鸟羽。巢呈杯状，外径11 cm，内径6 cm，高9 cm，深7 cm。营巢主要由雌鸟承担，雄鸟多站在巢域灌木或石头上鸣叫。1年繁殖1窝，每窝产卵5～8枚。卵淡绿蓝色或天蓝色，光滑无斑或仅钝端具少许稀疏的黑褐色斑点，卵大小为（16.1～21）mm×（13～15.1）mm。孵卵由雌鸟承担，孵化期12～14天。雏鸟晚成性，雌雄亲鸟共同育雏，留巢期14～20天。

种群现状和保护 IUCN和《中国脊椎动物红色名录》均评估为无危（LC）。

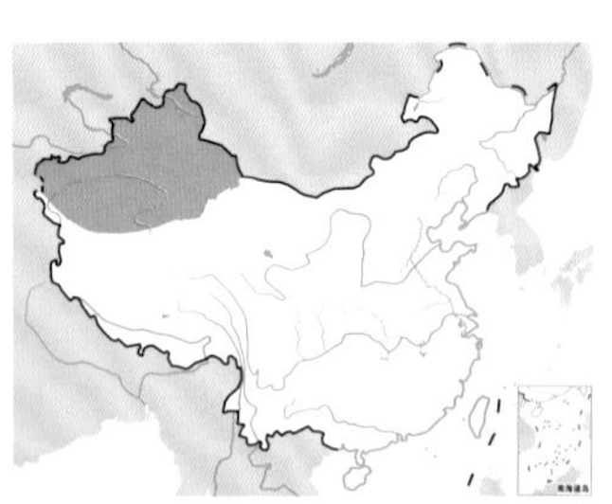

欧亚红尾鸲。左上图为雌鸟，下图为雄鸟。沈越摄

黑喉红尾鸲

拉丁名：*Phoenicurus hodgsoni*
英文名：Hodgson's Redstart

雀形目鹟科

体长13～16.2 cm，雄鸟前额白色，头顶至背灰色，腰、尾上覆羽和尾羽棕色或栗棕色，中央一对尾羽褐色，两翅暗褐色具白色翅斑；颏、喉、胸黑色，其余下体棕色。雌鸟上体和两翅灰褐色，眼圈白色，腰至尾和雄鸟相似；下体灰褐色，尾下覆羽浅棕色。与赭红尾鸲和欧亚红尾鸲非常相似，但赭红尾鸲前额无白色，头顶至背黑色或暗灰色，翅上无白色翼斑；欧亚红尾鸲下体黑色仅到喉部，不达胸部，翅上亦无白色翅斑。分布于喜马拉雅山脉、青藏高原至中国中部。主要栖息于海拔2000～4000 m的高山和高原灌丛草地和林缘，秋冬季节多下到中低山和山脚地带的疏林、林缘灌丛和居民点及农田附近活动。IUCN和《中国脊椎动物红色名录》均评估为无危（LC）。

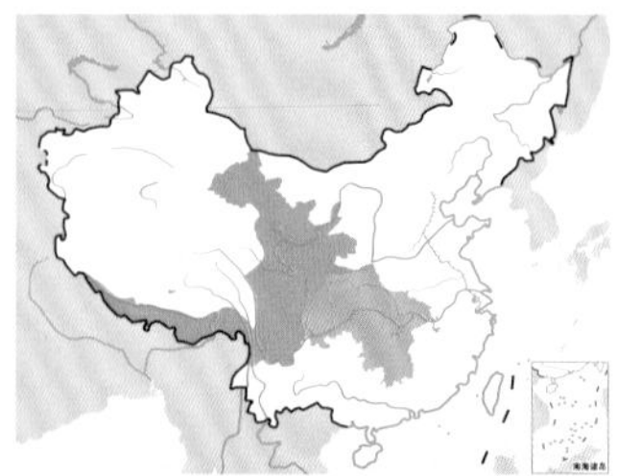

黑喉红尾鸲。左上图为雌鸟，韦铭摄；下图为雄鸟，贾陈喜摄

北红尾鸲

拉丁名：*Phoenicurus auroreus*
英文名：Daurian Redstart

雀形目鹟科

形态 体长13～15 cm，体重13～22 g。雄鸟额、头顶至上背灰色或者灰白色，腰和尾上覆羽橙棕色；中央一对尾羽黑色，最外侧一对尾羽具黑褐色羽缘，其余尾羽橙棕色；翅黑色或黑褐色，具明显的白色翅斑；前额基部、头侧、颈侧、颏、喉和上胸

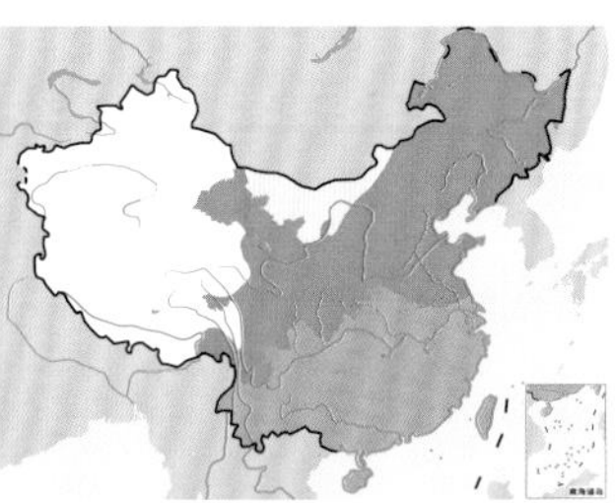

北红尾鸲。左上图为雌鸟，张瑜摄；下图为雄鸟，沈越摄

北红尾鸲的巢和坐巢孵卵的雌鸟。杜卿摄

黑色，其余下体橙棕色。秋季新羽上体灰黑色部分均具暗棕色羽缘，飞羽和覆羽亦缀有淡棕色羽缘；颏、喉、上胸等黑色部分沾灰色。雌鸟上体橄榄褐色，眼圈微白色，翅上外侧覆羽和飞羽黑褐色，并具白色翅斑，腰、尾上覆羽和尾淡棕色，中央尾羽暗褐色；下体黄褐色，胸部沾棕色，腹中部近白色。

分布 有2个亚种，中国均有分布。指名亚种 *P. a. auroreus* 在中国境内繁殖于东北、华北地区，越冬于长江流域及以南地区，包括台湾和海南；国外繁殖于西伯利亚、蒙古、朝鲜，越冬于日本。青藏亚种 *P. a. leucopterus* 主要繁殖于中国青藏高原东部、南部及周边地区；越冬于中国南部和印度东北部、中南半岛越南等地。两亚种的区别在于青藏亚种较指名亚种羽色深暗。

栖息地 主要栖息于山地、森林、河谷、林缘和居民点附近的灌丛与低矮树丛中。

习性 繁殖期单独或成对活动。行动敏捷，常见在地上和灌丛间跳来跳去啄食虫子，偶尔也在见于空中飞翔捕食。有时停歇于小树枝头或电线上，发现地面或空中有昆虫活动则立刻疾速捕猎，然后又返回原处。停歇时常不断上下摆尾和点头。繁殖期间通常在距巢80～100 m范围内活动，一般在林间短距离飞行前进，不喜欢高空飞翔。性胆怯，见人或者干扰立刻藏匿于丛林中。活动时常伴随着“滴—滴—滴”的单调叫声，声音尖细而清脆。

食性 主要以昆虫为食，偶尔吃浆果。其中雏鸟的主要食物为蛾类、蝗虫和昆虫幼虫；成鸟则多以鞘翅目、鳞翅目、直翅目、半翅目、双翅目、膜翅目等昆虫成虫和幼虫为食。

繁殖 繁殖期4～7月，北方稍晚些，一般多在5月初进入繁殖期。4月中下旬即见有求偶行为，营巢环境多样，多营巢于人类建筑物上，也营巢于树洞、岩洞、树根下和土坎坑穴中。巢呈杯状，主要由苔藓、树皮、细草茎、草根、草叶等材料构成，也掺杂有麻、地衣、角瓜藤、棉花等材料，内垫有各种苔藓、兽毛、羽毛、细草茎等。巢外径8～14 cm，内径5～9 cm，高5～10 cm，深3～6 cm。营巢由雌雄亲鸟共同承担，营巢期6～10天。雄鸟领域性强，在领域区内多高亢鸣叫，警示其他同种个体不得入内，其领域范围为20 m左右，建筑区内领域面积稍大。1年繁殖2～3窝，每窝产卵6～8枚。卵有青色、鸭蛋绿色和白色等不同色型，均被有红褐色斑点。卵为钝卵圆形或尖卵圆形，大小为(18～20) mm×(14～16) mm，重1.8～2.1 g。雌鸟孵卵，雄鸟警戒。孵化期13天。雏鸟晚成性，育雏期13～15天。

种群现状和保护 IUCN和《中国脊椎动物红色名录》均评估为无危（LC）。被列为中国三有保护鸟类。在中国分布范围广，种群较为丰富。

红腹红尾鸲

拉丁名：*Phoenicurus erythrogastrus*
英文名：White-winged Redstart

雀形目鹟科

体长约18 cm，雄鸟似北红尾鸲但体形较大，头顶灰白色，翼上白斑甚大，尾羽栗色。雌鸟似雌性欧亚红尾鸲但体形较大，褐色的中央尾羽与棕色尾羽对比不强烈，翼上无白斑。幼鸟具点斑和明显的白色翼斑。在中国分布于西藏及青海至甘肃南部和陕西南部秦岭海拔3000～5500 m的开阔而多岩的高山旷野，越冬至河北、山西、四川南部及云南北部。IUCN和《中国脊椎动物红色名录》均评估为无危（LC）。

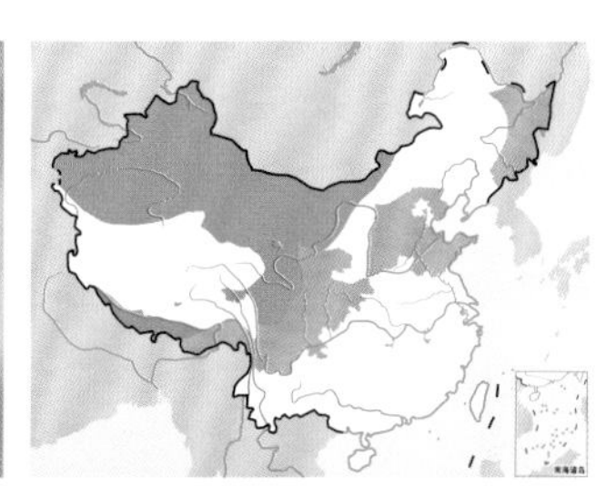

红腹红尾鸲。左上图为雌鸟，王志芳摄；下图为雄鸟，韦铭摄

红尾水鸲

拉丁名：*Rhyacornis fuliginosa*
英文名：Plumbeous Water Redstart

雀形目鹟科

形态 体长13～14 cm，体重15～28 g。雄鸟通体暗蓝灰色，额基、眼先黑色或蓝黑色；两翅黑褐色，外翈羽缘暗灰蓝色；尾上覆羽、尾下覆羽及尾羽栗红色，尾羽尖端缀有黑色。雌鸟上体蓝灰褐色，尾上覆羽、尾下覆羽和外侧尾羽基部白色，尾余部褐色；下体白色，具淡蓝灰色"V"形斑，向后转为波状横斑，颏沾黄褐色并延伸至颊、眼先和额基等处。虹膜褐色；嘴黑色；脚雄鸟黑色，雌鸟暗褐色。

分布 有2个亚种。指名亚种 *R. f. fuliginosa* 在中国境内除东北三省、新疆和台湾外，见于各地；国外分布于阿富汗东部至南亚次大陆和中南半岛。台湾亚种 *R. f. affinis* 仅分布于中国台湾。主要为留鸟，部分迁徙。

栖息地 主要栖息于山地溪流与河谷沿岸，尤以多石的林间或林缘地带的溪流沿岸较常见，也出现于平原河谷和溪流，偶尔也见于湖泊、水库、水塘岸边。

习性 常单独或成对活动。多站立在水边或水中石头上、公路旁岩壁上或电线上，有时也落在村边房顶上，停歇时常不断地上下摆动尾部，尾巴常张开成扇状，并左右来回摆动。发现水面或地面有虫子时，则急速飞去捕猎，取食后又飞回原处。有时也在地上快速奔跑捕捉昆虫。当有人干扰时，则紧贴水面飞行。常边飞边发出"吱吱吱"鸣叫声，声音单调清脆。

食性 主要以动物性食物为食，如鞘翅目、鳞翅目、膜翅目、双翅目、半翅目、直翅目、蜻蜓目等昆虫及其幼虫，以及蜘蛛、马陆等其他无脊椎动物。此外也吃少量植物果实和种子。

繁殖 繁殖期3～7月。在繁殖前期，雄鸟在溪涧追逐雌鸟，鸣声增多，发出"吱吱"的求偶鸣声，音量由低向高，非常悦耳，

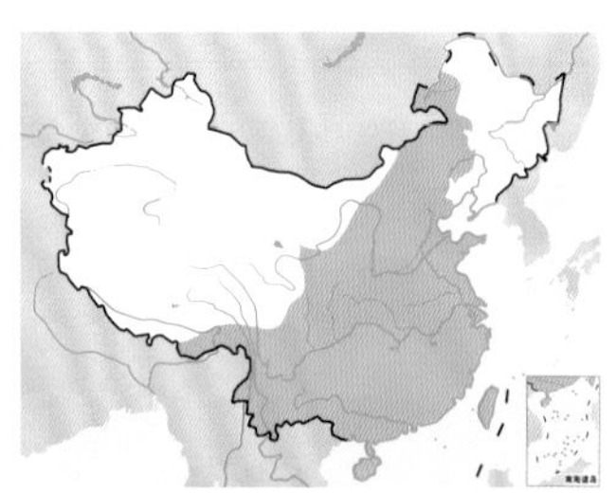

红尾水鸲。左上图为雌鸟，刘兆瑞摄；下图为雄鸟，杜卿摄

红尾水鸲的繁殖过程。左上图为叼材筑巢的雌鸟，杜卿摄；右上图为巢和卵，贾陈喜摄；下图为给离巢幼鸟喂食的雌鸟，杜卿摄

时而飞落溪流中石头上观望，时而尾追雌鸟不舍。配对后多成对活动，雌鸟叫声尖而细长，音调与雄鸟相同，常与雄鸟相互鸣叫。交尾行为多见于溪间裸石，或者溪边灌丛枝头，且多发生于清晨和傍晚。通常营巢于河谷与溪流岸边，巢多位于岸边悬岩洞隙、岩石或土坎下凹陷处，也在岸边石隙和树洞中营巢。巢呈杯状或碗状，主要由枯草茎、枯草叶、草根、树叶、苔藓、地衣等材料构成，内垫有细草茎和草根，有时垫有羊毛、纤维和羽毛。巢的大小为外径10～13 cm，内径5.7～7 cm，高6.5～7 cm，深3～4.5 cm。主要由雌鸟营巢，雄鸟多警戒，偶尔参与营巢活动，营巢期6～8天。每窝产卵3～6枚，多为4～5枚。卵呈卵圆形或长卵圆形，白色或黄白色，也有呈淡绿色或蓝绿色的，被有褐色或淡赭色斑点，卵大小为（17～20）mm×（13.5～15.5）mm，重1.8～2.4 g。雌鸟负责孵卵，雄鸟多在巢区内巡视。孵化期12～14天，也有长至17天的。雏鸟晚成性，雌雄亲鸟共同育雏，育雏期11～13天。离巢后通常还需亲鸟在巢外抚育一段时间，幼鸟于水边草丛中，以鸣声呼唤亲鸟衔食喂育，并练习捕食、短距离飞翔以及躲避天敌等本领，然后独立生活。有观察发现红尾水鸲可以1年繁殖2窝。

种群现状和保护 分布范围广，种群数量较为丰富。IUCN和《中国脊椎动物红色名录》均评估为无危（LC）。

白顶溪鸲

拉丁名：*Chaimarrornis leucocephalus*
英文名：White-capped Water Redstart

雀形目鹟科

形态 体长15.6～20.2 cm，体重22～48 g。头顶白色，前额、眼先、眼上、头侧至背部、颏至胸部黑色具辉亮，飞羽黑色，腰、腹至尾基棕红色，尾端黑色；腹至尾下覆羽深栗红色。雌雄同色，

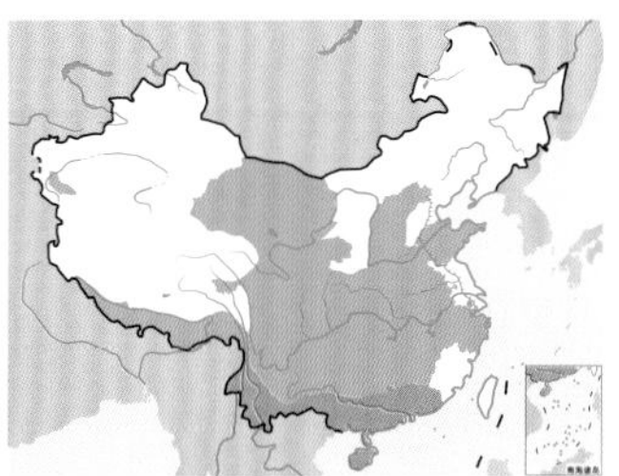

白顶溪鸲。左上图为在溪流间活动并抖动尾羽，李全胜摄；下图为正在驱赶入侵者，杜卿摄

但雌鸟羽色较雄鸟稍暗淡且少辉亮。虹膜暗褐色；嘴黑色平直，具鼻须；跗跖、趾及爪等均黑色。

分布 在中国分布于宁夏六盘山、甘肃、青海、陕西南部、山西、河南、安徽、浙江一线及以南地区，在华中、西南山区为留鸟，华东地区为夏候鸟，在广东、广西、海南、云南东南部及南部为冬候鸟。国外分布于亚洲中部、喜马拉雅山脉、东南亚北部。

栖息地 栖于海拔4800 m以下的山地水流湍急的溪流，有垂直迁徙的习性，夏季栖息在较高的山地，秋冬季下到较低地带。

习性 常单独或成对活动，偶见小群。喜在溪水及岸边裸露的岩石间跳跃并做短距离低空飞翔。在岩石上活动或站立时，尾羽翘起呈扇形散开，并上下弹动。性机敏，不甚惧人，但受惊时快速起飞，顺水面低空短距离飞离，边飞边发出"唧"的叫声，尾音拖得较长而音调亦稍高。求偶时作奇特的摆晃头部的炫耀。

食性 啄食溪水附近的水生昆虫，并兼食少量小鱼、盲蛛、软体动物、野果、草籽等。

繁殖 繁殖期4～8月。巢通常营于河流两岸的峭壁缝洞中和树洞、岸旁树根间，距地面高10～25 m，偶尔也营于屋檐下的隔板内、废弃堰墙下水道的管道中或水边的树干上。巢隐蔽性好，不易被发现。巢为苔藓及麝毛混合交织构成，内夹有少许棉线和细塑料丝条。巢呈碗状，大小为外径（16～17）cm×（13～14.5）cm，内径9 cm×（8.8～9）cm，巢高8.2～10.2 cm，巢深2.5 cm。每窝通常产卵2～4枚。卵色灰白色，微微散布褐色点斑。雌鸟单独孵卵，雄鸟在巢周守护，卵孵化期约14天。双亲共同育雏，育雏期15～16天。

种群现状和保护 IUCN和《中国脊椎动物红色名录》均评估为无危（LC）。

白尾蓝地鸲

拉丁名：*Myiomela leucura*
英文名：White-tailed Robin

雀形目鹟科

形态 体长15～18.1 cm。雄鸟前额、眉纹和翅上小覆羽呈辉亮的钴蓝色，其余上体和下体黑色而缀深蓝色，颈两侧和两胁各有一隐藏的白斑；尾黑色，尾羽基部具向外渐窄的白斑。雌鸟上体橄榄黄褐色，眼周皮黄色或棕白色，两翅黑褐色具红棕色或棕褐色羽缘；尾羽黑褐色，羽缘微沾棕色，基部具白斑；下体淡黄褐色或棕褐色，颏、喉、头侧和颈侧具淡色羽轴纹，腹中部灰白色，尾下覆羽淡棕白色。

分布 在中国见于河北北部、陕西南部、宁夏南部、甘肃东南部、西藏东南部、青海东部、云南、四川、重庆、贵州西部、湖南、浙江、广东北部、广西、海南和台湾。国外分布于南亚次大陆、中南半岛和太平洋诸岛屿。

栖息地 主要栖息于海拔3000 m以下的常绿阔叶林和混交林中，尤其喜欢在阴暗、潮湿的山溪河谷森林地带栖息。

习性 地栖性，主要栖息于林下灌丛中和地上。

食性 主要以昆虫为食。

繁殖 4月中旬开始，雄鸟常在早晨和傍晚长时间鸣叫，鸣声甜润悦耳。通常5月初开始营巢，整个繁殖期一直持续到7月，最晚到8月还有少量个体在繁殖。通常营巢于林下灌木低枝上或岩石和倒木下，也在岩石缝隙或洞中营巢。巢呈杯状，主要由枯草茎、草根、草叶、苔藓和细藤等构成，内垫毛发和羽毛。巢大小为外径15.7 cm，内径6.8 cm，高8.6 cm，深7.4 cm。每窝产卵3～4枚，偶尔5枚。卵长卵圆形，白色，密被淡红色斑点，大小为（20.1～25.4）mm×（16～18.9）mm，重3.5～4.0 g。

种群现状和保护 IUCN和《中国脊椎动物红色名录》均评估为无危（LC）。

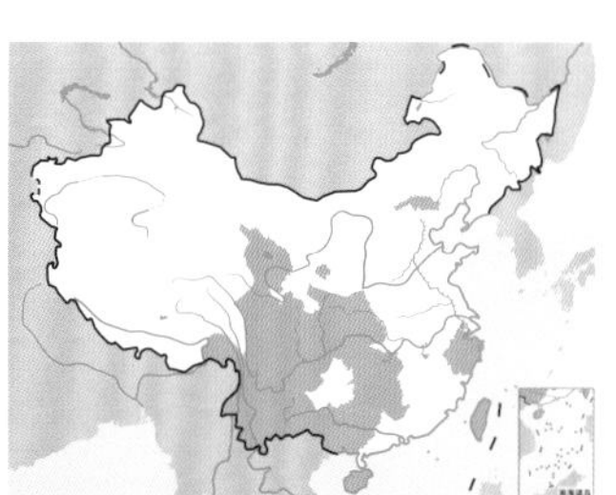

白尾蓝地鸲。左上图为雄鸟，黄珍摄；下图为雌鸟，张小玲摄

蓝额地鸲

拉丁名：*Cinclidium frontale*
英文名：Blue-fronted Robin

雀形目鹟科

体长约 19 cm，深色，尾长而呈楔形且无白色。雄雌两性各似白尾蓝地鸲但颈及尾少白色斑块，额、眉纹及肩部闪辉蓝色，较白尾地鸲或仙鹟暗，与仙鹟的区别为腰或颈侧缺少蓝色；雌鸟具偏白色完整眼圈，喉中心及腹部偏白色。在中国境内有记录于四川西部、云南南部，可能也见于西藏东南部。栖于亚热带常绿阔叶林和竹林。IUCN 和《中国脊椎动物红色名录》均评估为无危（LC），被列为中国三有保护鸟类。

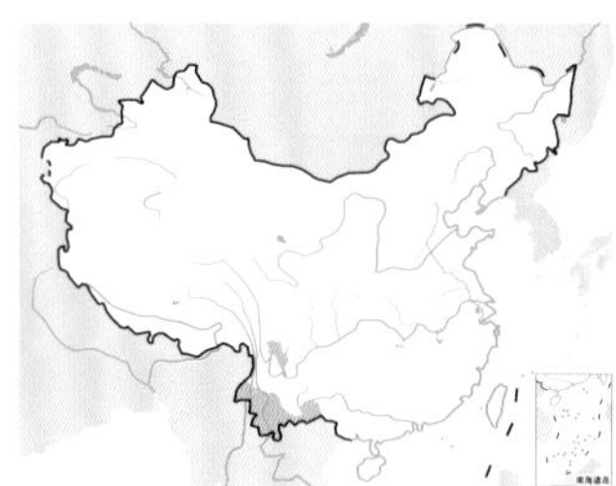

蓝额地鸲雄鸟。Ramesh Anantharaman摄

台湾紫啸鸫

拉丁名：*Myophonus insularis*
英文名：Taiwan Whistling Thrush

雀形目鹟科

体长 28～30 cm。雌雄羽色相同，全身浓紫蓝色，前额具窄的深绿辉色闪亮横斑，肩具绿色金属光泽。似紫啸鸫，但上体无金属闪辉羽片，下体仅胸具蓝色闪辉羽片。仅分布于中国台湾，栖息于海拔 2100 m 以下山涧溪流沿岸和附近阴湿的森林中。IUCN 和《中国脊椎动物红色名录》均评估为无危（LC），被列为中国三有保护鸟类。

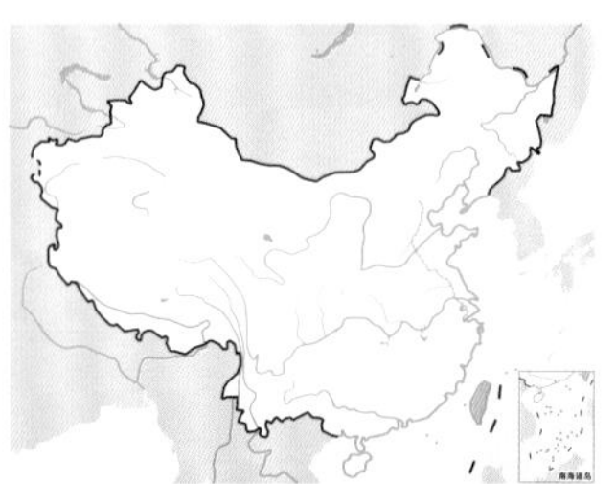

台湾紫啸鸫。左上图沈越摄，下图唐文明摄

紫啸鸫

拉丁名：*Myophonus caeruleus*
英文名：Blue Whistling Thrush

雀形目鹟科

形态 体长 26～35 cm，体重 136～210 g。雌雄羽色相似，远观呈黑色，近看为深蓝紫色，头侧、颈侧、颏喉、胸、上腹和两胁具较大而显著的淡紫色辉亮滴状斑，特别是喉、胸部滴状斑常常比背、肩部更大而显著，腰和尾上覆羽滴状斑较小而稀疏；两翅飞羽黑褐色，除第一枚初级飞羽外，其余飞羽外表均缀紫蓝色；翅上覆羽外翈深紫蓝色，内翈黑褐色，小覆羽全为辉紫蓝色，中覆羽具白色或紫白色端斑；腹、后胁和尾下覆羽黑褐色，有的微沾紫蓝色；尾羽内翈黑褐色，外翈深紫蓝色。

分布 在中国分布于西北、华北、华东、华中、华南和西南等地，在长江以南为留鸟，长江以北为夏候鸟。国外分布于中亚、南亚、东亚和东南亚地区。

栖息地 主要栖息于海拔 3800 m 以下的山地森林溪流沿岸，尤以阔叶林和混交林中多岩的山涧溪流沿岸较常见。

习性 单独或成对活动。地栖性，常在山涧溪边岩石蹿跳，偶尔也进到村寨附近的园圃或地边灌丛中活动，性活泼而机警。在地上和水边浅水处觅食。善鸣叫，繁殖期雄鸟鸣啭多变而富有音韵，易辨识。告警时发出尖厉似燕尾的高音，并慌忙逃至溪边密林或灌丛中躲避。

食性 地面取食，主要以昆虫及其幼虫为食。所吃的食物有

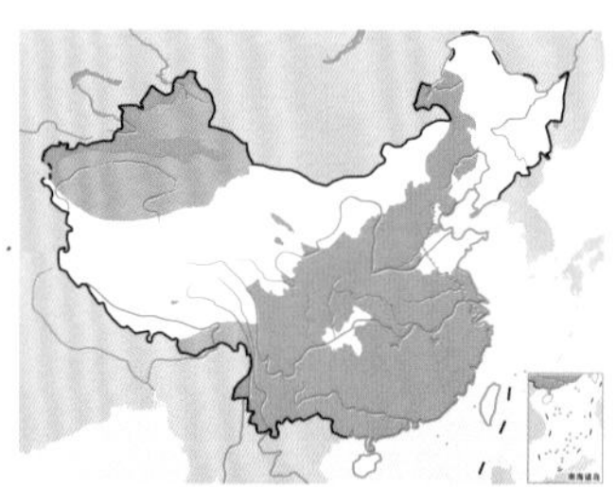

紫啸鸫。张明摄

鞘翅目、半翅目、直翅目和双翅目等，也吃蚌和小蟹等其他动物，偶尔吃少量植物果实与种子。

繁殖 繁殖期4～7月。巢多置于溪边岩壁突出的岩石上或岩缝间，也在瀑布后岩洞中和树根间的洞穴中营巢，巢旁多有草丛或灌丛隐蔽，有时也营巢于人工建筑物屋檐或树杈上。雌雄共同衔材营巢，取材于巢周围27～56 m地带，营巢期9～11天。巢呈杯状或碗状，主要由苔藓、枯草、泥巴等材料构成，内垫有细草茎、须根等柔软物质。每窝产卵3～5枚，多为4枚。卵色多态，有红色、淡绿色、浅蓝色，钝端被有大小不等的紫色、红色、暗色斑点或无斑。卵大小为（30～36）mm×（22～26）mm，重6.1～8.2 g。雌雄亲鸟轮流孵卵，孵化期16～17天。育雏期14 ～15天。

种群现状和保护 分布范围广，种群数量较丰富，IUCN和《中国脊椎动物红色名录》均评估为无危（LC）。被列为中国三有保护鸟类。

蓝大翅鸲

拉丁名：*Grandala coelicolor*
英文名：Grandala

雀形目鹟科

体长约21 cm。雄鸟全身亮紫色而具丝光，仅眼先、翼及尾黑色；尾略分叉。雌鸟通体灰褐色，头至上背、喉及胸具皮黄色纵纹，飞行时两翼基部内侧区域的白色明显；覆羽羽端白色，腰及尾上覆羽沾蓝色。在中国分布于甘肃西部、青海东部、四川西部、云南西北部、西藏南部和东南部，夏季多见于海拔3400～5400 m的高山草甸和裸岩地带，冬季下至2000～4300 m处结群栖息于树上。IUCN和《中国脊椎动物红色名录》均评估为无危（LC）。

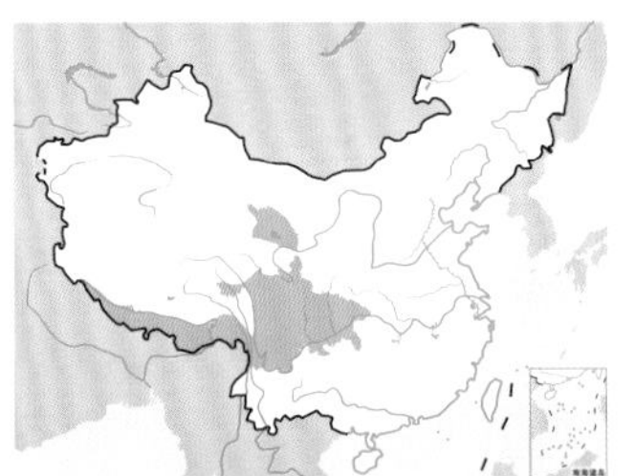

蓝大翅鸲。左上图为雄鸟，韦铭摄；下图为雌鸟，唐军摄

小燕尾

拉丁名：*Enicurus scouleri*
英文名：Little Forktail

雀形目鹟科

形态 体长11～14 cm，体重14～420 g。体形最小的黑白色短尾燕尾。嘴平直，上下喙等长，额及头顶前部白色；两翅黑褐色，大覆羽羽端、次级飞羽基部至下背白色，翅合拢时形成一宽阔的白色横斑；颏、喉和上胸黑色，下胸、腹、腰及尾上和尾下覆羽白色，最外侧尾羽白色；两胁略沾黑褐色，身体余部黑色。

分布 在中国分布于华中、华东、华南及西南地区。国外分布于中亚、喜马拉雅山脉至中南半岛北部。

栖息地 主要栖息于海拔3500 m以下的山涧溪流与河谷沿岸，繁殖期栖息于较高海拔山区溪涧。秋冬季节性垂直迁徙至较低海拔山区河谷地带越冬。

习性 常成对或单个活动，叫声单调似“吱—吱—吱”。性格活跃，栖于林中多岩的湍急溪流尤其是瀑布周围。停歇时尾有节律地上下摇摆或扇开似红尾水鸲，习性也较其他燕尾更似红尾水鸲。

食性 以溪沟中水生昆虫和幼虫为食，兼食小鱼，也在陆地上寻觅蝗虫、蚱蜢、蚂蚁、蝇蛆、蜘蛛等。

繁殖 繁殖期4～6月。通常营巢于森林中山涧溪流沿岸岩石缝隙间和壁缝上，尤其是瀑布后。巢隐蔽性好，洞上面有突出的天然岩石，四周密被蕨类植物和草，不易被发现。巢呈碗状，以苔藓类和草根等编织而成，内垫细草茎和枯叶。巢筑好后即开始产卵，每窝产卵2～4枚。卵为卵圆形，白色、淡粉红色或淡绿色，被有红褐色或黄褐色斑点。孵卵由雌鸟承担。雏鸟晚成性。

种群现状和保护 IUCN和《中国脊椎动物红色名录》均评估为无危（LC）。

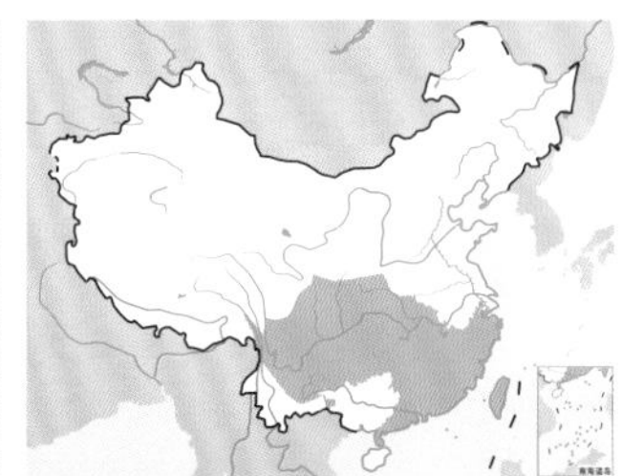

小燕尾。左上图沈越摄，下图林剑声摄

黑背燕尾

拉丁名：*Enicurus immaculatus*
英文名：Black-backed Forktail

雀形目鹟科

体长约 22 cm。前额白色，头顶至背、头侧、颏、喉和胸黑色，下胸、腹、腰及尾上和尾下覆羽白色；翅黑色，具宽阔的白色横斑；最外侧 2 对尾羽白色，其余尾羽黑色而具白色端斑。与斑背燕尾的区别在体形较小，胸白色；与灰背燕尾的区别在背色较深。在中国仅见于西藏东南部和云南西部。IUCN 和《中国脊椎动物红色名录》均评估为无危（LC）。

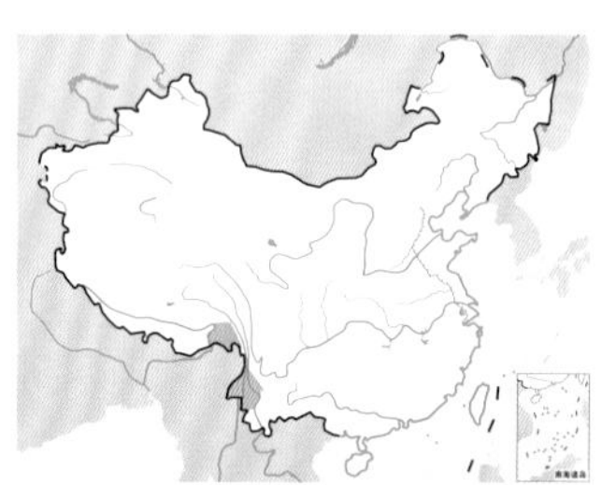

黑背燕尾。左上图为成鸟，张明摄；下图为亚成鸟，张棽摄

灰背燕尾

拉丁名：*Enicurus schistaceus*
英文名：Slaty-backed Forktail

雀形目鹟科

形态　体长 20.6～23.5 cm，体重 22～48 g。黑、白、灰三色中等体形燕尾，与其他燕尾的区别在头顶及背灰色。额基、眼先、颊和颈侧黑色，前额至眼圈上方白色，头顶至背蓝灰色；颏至上喉黑色，下体余部纯白色；腰和尾上覆羽白色；翅上白色翼斑并与腰部的白色连成一体；尾叉状，呈黑色，其基部和端部白色，最外侧 2 对尾羽纯白色。

分布　在中国分布于华中、华东、华南及西南地区。国外分布于喜马拉雅山脉至中南半岛。

栖息地　一般栖息在海拔 340～1600 m 的山地河谷、溪沟，岸边多分布有茂密的树林或灌丛。

习性　常单独或成对活动。常在岸边岩石上或在溪流中的石头上停歇，或沿水面低空短距离飞行。性机敏，不甚惧人。偶尔会出现在山区居民区附近陆地上觅食。

食性　以水生昆虫、蚂蚁、蜻蜓幼虫、毛虫、螺类等为食，偶尔捕捉山溪小型鱼类为食。

繁殖　繁殖期 4～6 月。通常营巢于森林中水流湍急的山涧溪流沿岸岩石缝隙间和土坎上，隐蔽性好，不易被发现。巢呈杯状，巢较大，巢材较单一，主要为新鲜苔藓，内衬细丝。每窝产卵 3～4 枚，卵白色带红色斑点，斑点较为均匀地散布于整枚卵。孵卵由雌鸟承担。雏鸟晚成性，雌鸟喂食次数明显高于雄鸟。

种群现状和保护　IUCN 和《中国脊椎动物红色名录》均评估为无危（LC）。

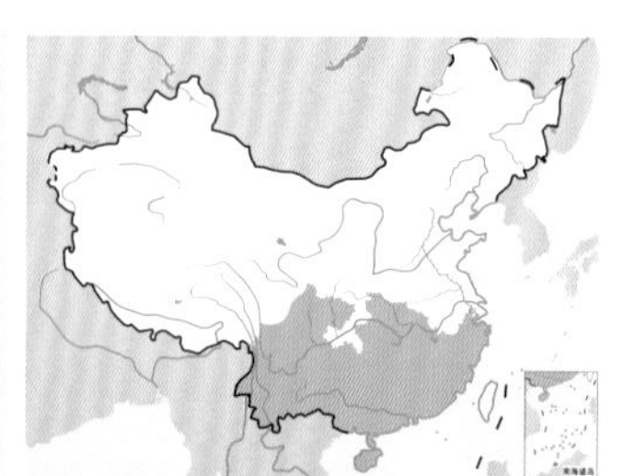

灰背燕尾。左上图张小玲摄，下图李品平摄

白额燕尾

拉丁名：*Enicurus leschenaulti*
英文名：White-crowned Forktail

雀形目鹟科

形态　体长 22～31 cm，体重 37～52 g。前额至头顶前部白色，其余上体辉黑色，肩具窄的白色端斑，下背、腰和尾上覆羽白色；下体颏、喉至胸黑色，其余下体白色；翅黑色，具显著的白色翅斑；尾长，深叉状，尾羽黑色具白色基部和端斑，最外侧 2 对尾羽几全白色。幼鸟上体自额至腰咖啡褐色，颏、喉棕白色，胸和上腹淡咖啡褐色，具棕白色羽干纹，其余和成鸟相似。

分布　在中国境内自内蒙古中部、宁夏、甘肃南部、河南南部、山西、陕西南部一线向南分布于西南、华中、华东和华南。滇南亚种 *E. l. indicus* 分布于西藏东南部和云南南部；普通亚种 *E. l. sinensis* 分布于华中、华东和华南。国外分布于南亚和东南亚。

栖息地　主要栖息于山地谷底河流与小溪沿岸，岸边多分布有茂密的树林与灌丛，夏季一般选择在较高海拔的水流湍急的河段，冬季也会下到低海拔水流平缓的河段。

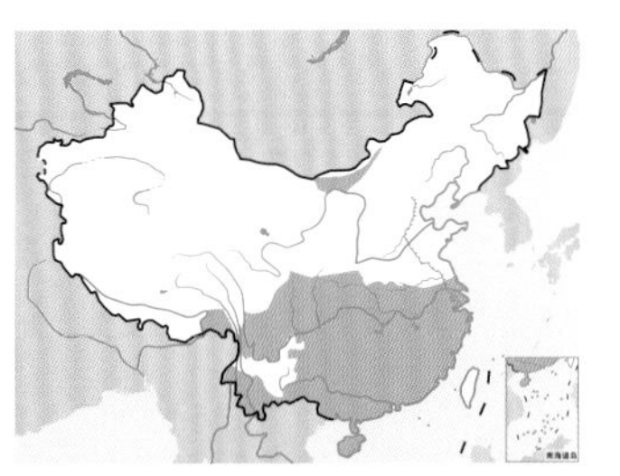

白额燕尾。左上图唐英摄，下图李全胜摄

习性 常单独或成对活动。喜在河床裸露的岩石间停歇，或沿水面低空飞行并发出“吱，吱，吱”的尖叫声，每次飞行距离不远，偶尔也会在岸边陆地上觅食。身体灵动，长尾时而上下摆动，时而随身体转动左右摆动。非常机敏，性胆怯，遇危险会立即窜入岸边树林躲避。

食性 主要以水生昆虫和昆虫幼虫为食，包括鞘翅目、鳞翅目、膜翅目昆虫和幼虫，以及蝗虫、蚱蜢、蚂蚁、蝇蛆、蜘蛛等。

繁殖 繁殖期4～6月。通常营巢于森林中水流湍急的山涧溪流沿岸岩石缝隙间的浅洞内，隐蔽性好，不易被发现。巢呈盘状或杯状，主要由苔藓和须根编织而成，内垫细草茎和枯叶。巢外径20.5 cm，内径9.5 cm，高7.5 cm，深3.5 cm，营巢的土洞深8.0 cm，洞口直径26.0 cm，距地面高70 cm，上方有突出的天然岩石，四周密被蕨类植物和草。巢筑好后即开始产卵，每窝产卵3～4枚。卵为卵圆形，污白色，被有红褐色斑点，卵大小为(24～27) mm×(17～20) mm，重4～5 g。雌鸟独立孵卵。雌雄共同育雏，但雌鸟喂食次数明显高于雄鸟。

种群现状和保护 分布范围广，种群数量较丰富，IUCN和《中国脊椎动物红色名录》均评估为无危（LC）。

斑背燕尾

拉丁名：*Enicurus maculatus*
英文名：Spotted Forktail

雀形目鹟科

体长23～26 cm，体重37～48 g。额至头顶前部白色，头顶黑褐色，眼先、颈、背和两肩黑色；后颈下部贯以一道白色缀黑色的横带，呈后领巾状；两肩及背部间布着白色小型圆斑；颏至胸部黑色，下体余部白色；翅黑褐色，具白色翅斑；腰、尾上和尾下覆羽纯白色；尾羽黑色，羽基和羽端白色，最外侧2对尾羽纯白色。在中国分布于喜马拉雅山脉至华中及华南。栖息于海拔500～2000 m林区河谷和溪沟。IUCN和《中国脊椎动物红色名录》均评估为无危（LC）。

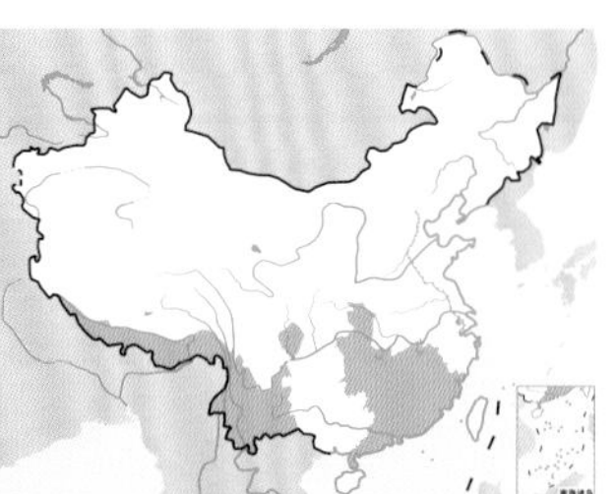

斑背燕尾。左上图张小玲摄，下图张明摄

白喉石䳭

拉丁名：*Saxicola insignis*
英文名：White-throated Bushchat

雀形目鹟科

体长14～15 cm，体重22 g左右。雄鸟上体黑色，具大型白色翅斑，尾上覆羽白色，颏、喉白色，其余下体锈红色。雌鸟上体灰褐色，翅具两道宽阔的棕褐色横斑，下体锈棕色，喉和胸较暗。在中国分布于新疆、内蒙古西部、青海甘肃、宁夏、陕西南部和江西等地。主要栖息于海拔2000 m以上的高原和高山裸岩灌丛地区，尤喜河谷或山谷附近多岩石的灌丛草地。IUCN评估为易危（VU），《中国脊椎动物红色名录》评估为濒危（EN）。被列为中国三有保护鸟类，亟需加强保护。

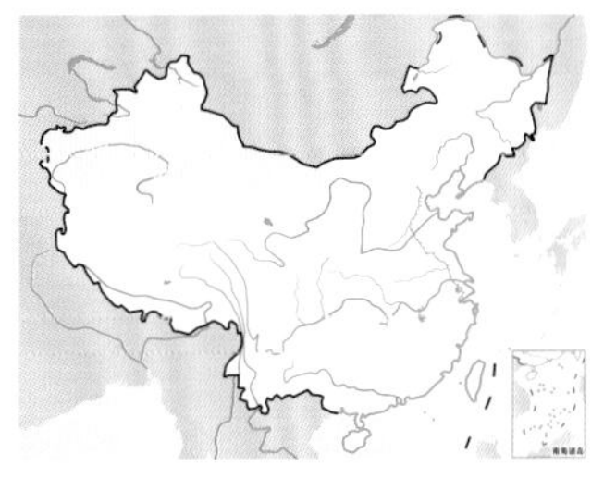

白喉石䳭。韩雪松摄

黑喉石䳭

拉丁名：*Saxicola maurus*
英文名：Siberian Stonechat

雀形目鹟科

形态 体长 12～15 cm，体重 12～24 g。雄鸟头和上体黑色，各羽均具棕色羽缘；下腰和尾上覆羽白色，羽缘微沾棕色；尾羽黑色，羽基白色；翅黑褐色，具白色翅斑；颈侧和上胸两侧白色形成半领状，胸栗棕色，腹和两胁淡棕色，腹中部和尾下覆羽白色或棕白色。雌鸟上体黑褐色，具宽阔的灰棕色端斑和羽缘，尾上覆羽淡棕色；飞羽和尾羽黑褐色，羽缘均缀有棕色，翅上具白色翅斑；下体颏、喉淡棕色，羽基黑色，胸棕色，腹到尾下覆羽棕白色。幼鸟和雌鸟相似，但棕色羽缘更宽而显著，眼先、脸颊、耳羽黑色，颏、喉羽端灰白色沾黄色，羽基黑色。

分布 国内分布甚广，繁殖期主要见于黑龙江、吉林、辽宁、河北、内蒙古、新疆、青海、甘肃、四川、陕西、贵州、云南、西藏西部及南部，冬季见于长江中下游、东南沿海及海南岛和台湾。在国外广泛分布于欧洲、亚洲和非洲。

栖息地 主要栖息于草地、沼泽、田间灌丛、旷野，以及湖泊与河流沿岸附近灌丛草地。从海拔几百米到 4000 m 的高原河谷和山坡灌丛草地均有分布，常见于林缘灌丛和疏林草地，以及林间沼泽、塔头草甸和低洼潮湿的道旁灌丛与地边草地上。

习性 常单独或成对活动，平时喜欢站在灌木枝头和小树顶枝上，有时也站在田间或路边电线上和农作物梢端，并不断扭动尾羽。有时亦静立在枝头，注视着四周的动静，若遇飞虫或见到地面有昆虫活动时，则立即疾速飞捕之，然后又返回原处。有时亦能鼓动着翅膀停留在空中，或做直上直下的垂直飞翔。繁殖期间常常站在孤立的小树等高处鸣叫，鸣声尖细、响亮。

食性 主要以昆虫为食，包括蝗虫、蚱蜢，金针虫、叶甲、金龟子、象甲、吉丁虫、螟蛾、叶丝虫、弄蝶幼虫、舟娥幼虫、蜂、蚁等，也吃蚯蚓、蜘蛛等其他无脊椎动物以及少量植物果实和种子。

繁殖 繁殖期 4～7 月。繁殖期间雄鸟常站在巢区中比较高的小树枝头鸣唱，雌鸟则致力于筑巢。通常营巢于土坎或塔头墩下，也在岩坡石缝、土洞、倒木树洞和灌丛隐蔽下的地上凹坑内筑巢。巢呈碗状或杯状，主要由枯草、细根、苔癣、灌木叶等材料构成，外层较粗糙，内层编织较为精致，内垫有野猪毛、狍子毛、马毛等兽毛和鸟类羽毛。巢大小为外径 10～15 cm，内径 5.5～7.5 cm，高 4～12 cm，深 3～7 cm。营巢全由雌鸟承担。巢筑好后即开始产卵，1 年繁殖 1 窝，每窝产卵 5～8 枚，1 天产 1 枚卵。卵为椭圆形，淡绿色、蓝绿色或鸭蛋青色，被有红褐色或锈红色斑点，平均大小为 18 mm × 14 mm，重 1.5～2.1 g。孵卵由雌鸟承担，孵化期 11 ～ 13 天。雏鸟晚成性。雌雄亲鸟共同育雏。

种群现状和保护 IUCN 和《中国脊椎动物红色名录》均评估为无危（LC），被列为中国三有保护鸟类。在中国的种群数量比较多。

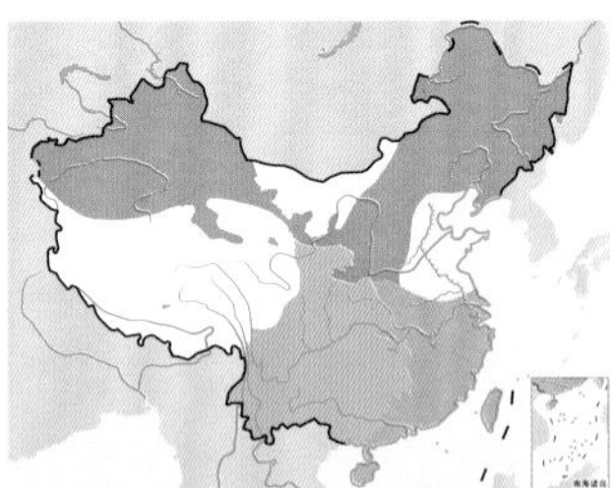

黑喉石䳭。左上图为雌鸟，刘兆瑞摄；下图为雄鸟繁殖羽，韦铭摄

白斑黑石䳭

拉丁名：*Saxicola caprata*
英文名：Pied Bushchat

雀形目鹟科

体长 13～15 cm。雄鸟通体呈黑白两色，除翅上白斑和尾上与尾下覆羽为白色外，其余全为黑色。雌鸟上体暗褐色，下体浅褐色沾棕色，尾上和尾下覆羽红棕色。在中国分布于西藏南部、云南和四川西部。主要为留鸟，部分短距离迁徙。栖息于开阔地带，尤其在有稀疏灌木生长的草地、河谷、溪流等水域附近和农田地边灌木丛中较常见。IUCN 和《中国脊椎动物红色名录》均评估为无危（LC）。

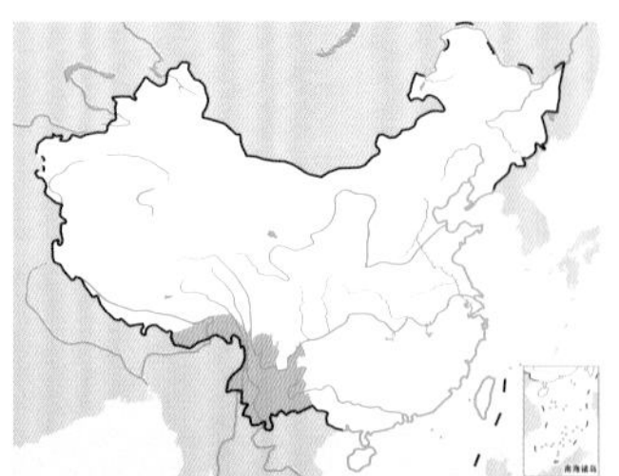

白斑黑石䳭。左上图为雌鸟，王进摄；下图为雄鸟，沈越摄

黑白林鹏

拉丁名：*Saxicola jerdoni*
英文名：Jerdon's Bushchat

雀形目鹟科

体长 14～16 cm，体重 13～15 g。雄鸟上体辉蓝黑色，腰羽末端微缀白色；下体白色，翅下覆羽黑色，有时尖端白色。雌鸟上体褐色，下背和腰缀有棕色，尾上覆羽棕色；两翅褐色，羽缘棕色；颏、喉白色，其余下体淡棕黄色，胸和两胁较暗。在中国分布于云南西部潞西、耿马、西双版纳等地。主要栖息于低山、丘陵和平原地区的灌丛和灌丛草地，尤其是邻近水域地区的灌丛和高草丛中较常见。IUCN 和《中国脊椎动物红色名录》均评估为无危（LC），被列为中国三有保护鸟类。

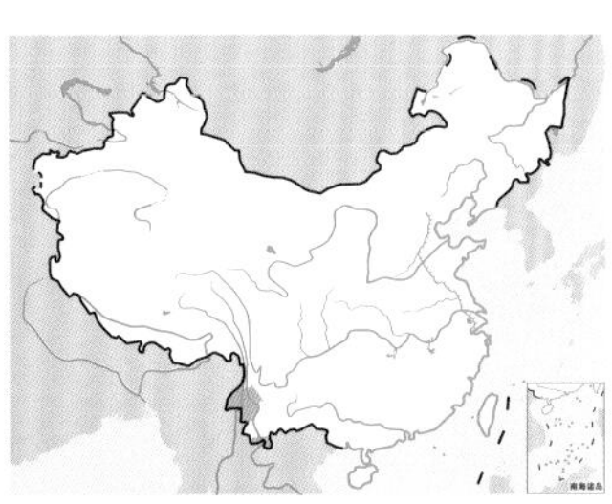

黑白林鹏。左上图为雄鸟；下图为雌鸟，刘璐摄

灰林鹏

拉丁名：*Saxicola ferreus*
英文名：Grey Bushchat

雀形目鹟科

形态 体长 12～15 cm，体重 11～21 g。雄鸟额、头顶、枕、后颈、背、肩深灰色，具黑色纵纹，尤以头部纵纹较密集，往后逐渐变得稀疏；眼先、颊、耳羽和头侧黑色，眉纹白色；两翅黑色或黑褐色，具明显的白色翅斑；尾黑色或黑褐色，具灰色或白色狭缘，外侧尾羽较浅淡；颏、喉白色，其余下体白色或灰白色，胸、两胁和尾下覆羽浅灰色或灰白色，具窄的棕褐色羽缘。雌鸟上体暗棕褐色或红褐色，具不明显的黑褐色纵纹，眉纹淡灰白色，腰和尾上覆羽栗棕色；飞羽和翅上覆羽暗棕褐色，飞羽外翈具棕褐色羽缘；中央尾羽黑色，羽缘栗棕色，外侧尾羽栗棕色；颏、喉白色，其余下体棕白色或灰棕白色，胸和两胁较多棕色。幼鸟和雌鸟相似，但上体灰褐色具栗棕色羽缘，形成栗棕色鳞状斑，眉纹灰白色，不太明显。

分布 在国内主要分布于甘肃东南部、陕西南部、长江流域，一直往南到广东、香港、广西、福建等东南沿海，东至安徽、江苏、浙江，西至四川、贵州、云南和西藏南部，偶见于台湾。国外分布于阿富汗至南亚次大陆和中南半岛。

栖息地 主要栖息于海拔 3000 m 以下的林缘疏林、草坡、灌丛以及沟谷、农田和路边灌丛草地，有时也沿林间公路和溪谷进到开阔而稀疏的阔叶林、松林等林缘和林间空地。冬季也下到山脚平原地带，甚至进到村寨和居民点附近。

习性 单独或成对活动，有时亦集成 3～5 只的小群。常停息在灌木或小树顶枝上，有时也停息在电线和篱笆上，当发现地面有昆虫时，则立刻飞下捕食。也能在空中飞捕昆虫，但多数时候在灌木低枝间飞来飞去寻找食物，不时发出“吱—吱—吱”的叫声。

食性 主要以昆虫及其幼虫为食，包括鞘翅目、双翅目、膜翅目、直翅目、鳞翅目等，偶食植物果实和种子。

繁殖 繁殖期 5～7 月。通常营巢于地面草丛或灌丛中，也在岸边或山坡岩石洞穴和石头下营巢。巢呈杯状，主要由苔藓、细草茎和草根等编织而成，内垫须根和细草茎，有时也垫有兽毛和羽毛。巢大小为外径 10 m，内径 6 cm，高 6.8 cm，深 4 cm。营巢主要由雌鸟承担，雄鸟站在巢附近灌木或小树上鸣叫。每窝产卵通常 4～5 枚。卵淡蓝色、绿色或蓝白色，被有红褐色斑点，卵大小为（16～19）mm ×（13～15）mm。孵卵主要由雌鸟承担，孵化期 12 天。雏鸟晚成性，雌雄亲鸟共同育雏，留巢期约 15 天。

种群现状和保护 IUCN 和《中国脊椎动物红色名录》均评估为无危（LC）。是中国长江和长江以南地区较为常见的山地灌丛鸟类，种群数量较丰富。

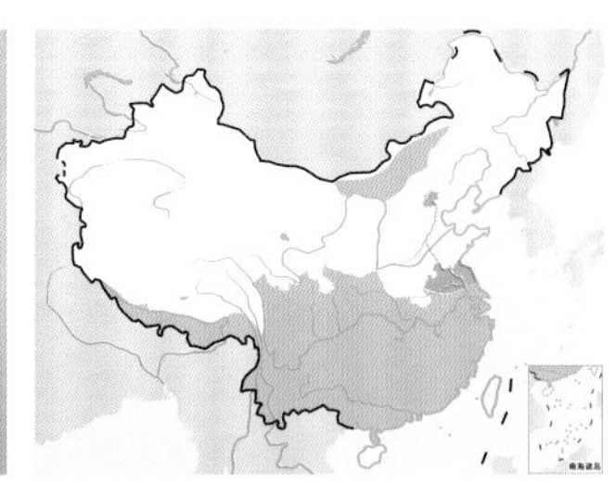

灰林鹏。左上图为雌鸟，韦铭摄；下图为雄鸟，刘五旺摄

白背矶鸫

拉丁名：*Monticola saxatilis*
英文名：Common Rock Thrush

雀形目鹟科

体长 18～20 cm，体重 48～61 g。雄鸟头至颏、喉和背灰蓝色，腰白色；中央尾羽褐色，外侧尾羽棕栗色；两翅黑褐色，除初级飞羽外，均具白色端斑；下体锈棕色。雌鸟上体灰褐色，下体皮黄色杂以黑色鳞状斑，尾上覆羽和尾红栗色。在国内繁殖于河北北部、北京、内蒙古、宁夏，甘肃、青海、新疆，迁徙经过山西、陕西，偶见于江苏镇江。主要栖息于有稀疏植物的山地岩石荒坡灌丛和草地。IUCN 和《中国脊椎动物红色名录》均评估为无危（LC）。在中国种群数量不丰富，应注意保护。

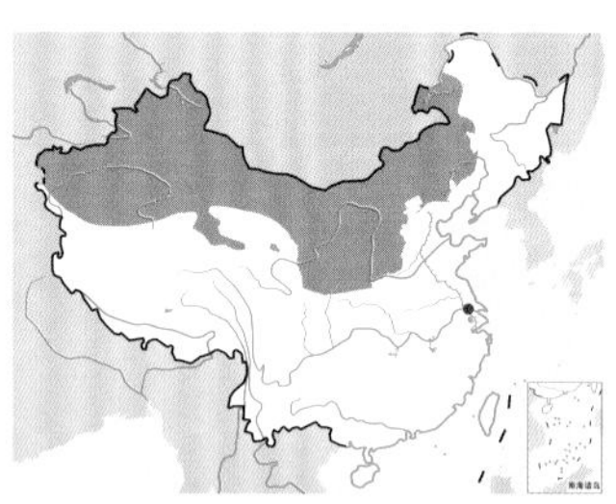

白背矶鸫。左上图为雄鸟，下图为雌鸟。刘璐摄

蓝头矶鸫

拉丁名：*Monticola cinclorhyncha*
英文名：Blue-capped Rock Thrush

雀形目鹟科

体长 17～18 cm，体重 30～39 g。雄鸟头和翅上覆羽钴蓝色，具黑色贯眼纹；腰背、两翅和尾黑色，具白色翅斑；喉淡蓝色，腰和其余下体栗色。雌鸟上体橄榄褐色，具黑色鳞状斑，头顶灰褐色，两翅和尾灰褐色；喉白色，其余下体棕白色具黑色鳞状斑。在中国仅见于西藏东南部。IUCN 和《中国脊椎动物红色名录》均评估为无危（LC）。

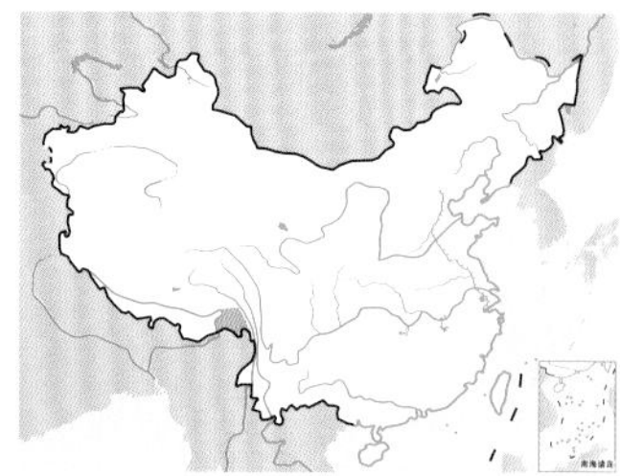

蓝头矶鸫。左上图为雌鸟，甘礼清摄；下图为雄鸟，董江天摄

蓝矶鸫

拉丁名：*Monticola solitarius*
英文名：Blue Rock Thruch

雀形目鹟科

形态　体长 20～23 cm，体重 45～64 g。雄鸟繁殖羽整个上体辉钴蓝色或蓝色具光泽；翅上小覆羽和中覆羽亦钴蓝色，其余翅上覆羽黑褐色；尾黑褐色，外翈羽缘蓝色；下体蓝色，部分亚种胸以下栗红色。非繁殖羽头顶至上背具黑褐色横斑，下体亦具黑褐色次端斑和棕白色端斑。雌鸟上体自额至背暗灰蓝色，微具不明显的黑色横斑，至背黑色横斑较明显，下背至尾上覆羽灰蓝色具黑褐色次端横斑；翅上小覆羽灰蓝色，其余翅覆羽和飞羽黑褐色，均具灰蓝色羽缘，初级覆羽具白端；尾黑褐色，外翈羽缘灰蓝色；眼先、眼周、耳羽黑褐色杂以棕白色纵纹；颏、喉棕白色或浅棕色，微具黑褐色羽缘，形成鳞状斑；头侧、颈侧和其余下体铅灰色或铅灰蓝色，具棕白色和黑褐色横斑，至尾下覆羽棕白色横斑更著。

分布　在国内除青海外全国各地可见。国外分布于欧洲南部至中东、中亚和喜马拉雅山区。

栖息地　主要栖息于多岩石的低山峡谷，以及山溪、湖泊等水域附近的岩石山地，也栖息于海滨岩石和附近的山林中，在西藏也出现在海拔 3900 m 以上的河石滩灌丛地带。冬季多到山脚平原地带，有时也进到城镇、村庄、公园和果园中。

习性　单独或成对活动，常停息在路边小树枝头或突出的岩石上、电线、屋顶等处。多在地面觅食，常从栖息的高处直落地面捕猎，或突然飞出捕食空中活动的昆虫，然后飞回原栖息处。

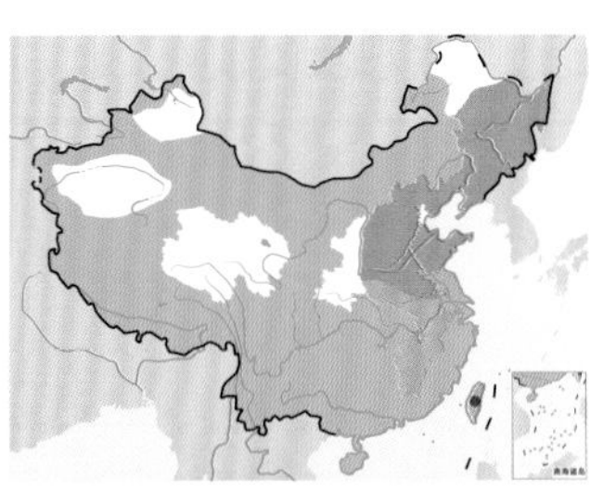

蓝矶鸫。左上图为华北亚种*M. s. philippensis*雄鸟，沈越摄；下图为华南亚种*M. s. pandoo*雄鸟，彭建生摄

蓝矶鸫雌鸟。许阳摄

繁殖期间雄鸟站在突出的岩石顶端或小树枝头长时间高声鸣叫，昂首翘尾，鸣声多变，清脆悦耳，也能模仿其他鸟鸣。

食性 主要以昆虫为食，尤以鞘翅目昆虫为多。此外也吃少量植物果实与种子。

繁殖 4月下旬开始产卵。通常营巢于沟谷岩石缝隙中或岩石间。巢呈杯状。营巢主要由雌鸟承担，雄鸟仅协助运送巢材。每窝产卵3～6枚，多为4～5枚。卵淡蓝色或淡蓝绿色，有的钝端被少许红褐色斑点，卵大小为(24～29) mm×(18～21) mm。卵产齐后即开始孵卵，雌鸟孵卵，雄鸟警戒，孵化期12～13天。雏鸟晚成性，雌雄共同育雏，在巢期17～18天。

种群现状和保护 IUCN和《中国脊椎动物红色名录》均评估为无危（LC）。在中国局部地区种群数量较多。

栗腹矶鸫

拉丁名：*Monticola rufiventris*
英文名：Chestnut-bellied Rock Thruch

雀形目鹟科

形态 体长24 cm。雄鸟上体和颏、喉亮钴蓝色，繁殖期具黑色脸斑；上背和两肩的羽毛具灰白色端缘和黑色次端斑；下体余部鲜艳栗色。雌鸟上体包括两翅和尾橄榄褐色，背羽具黑色次端斑和灰白色羽缘；下体满布深褐及皮黄色扇贝形斑纹。与其他雌性矶鸫的区别在深色耳羽后具偏白的皮黄色月牙形斑，皮黄色的眼圈较宽。幼鸟具赭黄色点斑及褐色的扇贝形斑纹。

分布 在中国分布于华中、华东、华南和西南地区。国外分布于巴基斯坦西部至中南半岛北部。

栖息地 繁殖于海拔1000～3000 m的山区陡峭的悬崖和深谷溪涧沿岸的森林地带。秋冬季多下到低海拔开阔而多岩的山坡林地。

习性 常单独或成对活动，偶尔会集成小群。多停在乔木顶枝上，尾上下来回摆动，偶尔也将尾呈扇形散开。主要在地面觅食，也在空中捕食。繁殖期常站在树顶端长时间鸣叫。

食性 主要以甲虫、蝗虫、蚱蜢和毛虫等昆虫为食，也吃蜗牛、软体动物、蜥蜴、蛙、水生昆虫和小鱼等其他动物。

繁殖 繁殖期5～7月。营巢于悬崖、岩石缝隙或山区道路边石壁中，巢结构粗糙，主要由阔叶树树叶、枯草、树枝、松针等材料构成。每窝产卵3～4枚。卵灰白色，布满红褐色斑点，斑点由尖端向钝端逐渐增多，至钝端顶部使卵壳几乎成为褐红色。雌鸟孵卵。

种群现状和保护 IUCN和《中国脊椎动物红色名录》均评估为无危（LC）。

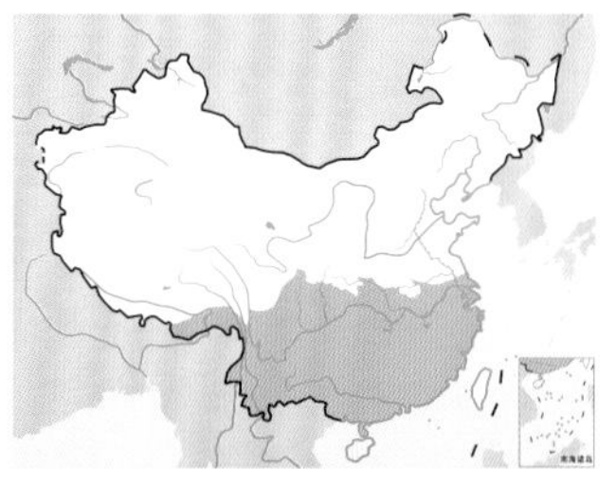

栗腹矶鸫。左上图为雌鸟，下图为雄鸟。胡云程摄

白喉矶鸫

拉丁名：*Monticola gularis*
英文名：White-throated Rock Thruch

雀形目鹟科

形态 体长 17～18 cm。雄鸟头顶和翅上覆羽钴蓝色；背、两翅和尾黑色，具白色翅斑，腰和下体栗色，喉白色。雌鸟上体橄榄褐色，具黑色鳞状斑，头顶、两翅和尾灰褐色；喉白色，其余下体棕白色而具黑色鳞状斑。幼鸟上体自额至尾上复羽均暗褐或黑褐色，而杂以棕色，头顶成点斑状，背部则形成横斑。

分布 在国内繁殖于内蒙古东北部呼伦贝尔盟、黑龙江小兴安岭和牡丹江及张广才岭、吉林长白山、北京西山、河北东陵、山西中条山、甘肃西南部和辽宁东部上去，越冬于东南沿海。国外繁殖于贝加尔湖至俄罗斯远东和朝鲜，越冬于中南半岛，偶见于日本。

栖息地 主要栖息于海拔 700～1700 m 针阔混交林和针叶林中，尤其喜欢在靠近河流附近的多岩石的山地和原始森林边缘靠近河流的次生林中活动。

习性 单独或成对活动，冬季结群。性机警而隐蔽，常站在树顶或岩巅处鸣叫，鸣声清脆婉转。多在林下地面或灌丛间活动和觅食，秋冬季也常出入于山脚林缘疏林裸岩地带。

食性 食物几乎完全为昆虫，主要为甲虫、蝼蛄、鳞翅目幼虫等，此外也吃蜘蛛和其他小型无脊椎动物。

繁殖 繁殖期 5～7 月，通常成对到达繁殖地。营巢于临近河谷的林下地面凹坑内、大树根茎部洞穴或天然洞穴中，较为隐蔽。营巢由雌雄亲鸟共同承担。巢材主要为枯草茎、草根、草叶、细树枝、树叶和苔藓等。巢呈碗状或深杯状，外径 12～17 cm，内径 8～11 cm。每窝产卵 4～8 枚。卵呈椭圆形或梨形，淡白色或粉黄白色，被有棕黄色或肉褐色斑点，卵平均大小为 22.5 mm × 17 mm，重 3～3.5 g。雌鸟孵卵，孵化期 13～15 天。雏鸟晚成性，雌雄亲鸟共同育雏。

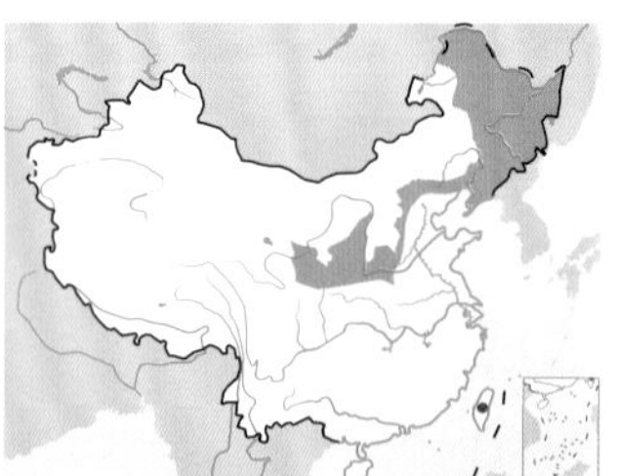

白喉矶鸫。左上图为雄鸟，下图为雌鸟。沈越摄

种群现状和保护 IUCN 和《中国脊椎动物红色名录》均评估为无危（LC）。野外种群较为稳定，由于羽色艳丽、鸣声婉转，近来多有捕捉为笼养鸟，应加强管理和保护。

斑鹟

拉丁名：*Muscicapa striata*
英文名：Spotted Flycatcher

雀形目鹟科

体长 13.5～15 cm，体重 11.2～21.9 g。尾和翅较长，体形较纤细，整体无明显特征，雌雄外形相似。上体淡灰褐色，下体灰白色，胸部、喉侧、前额至顶冠具深色纵纹。眼深褐色，具狭窄的浅色眼圈；嘴黑褐色，下嘴基粉色至角质色，长而强壮；腿黑褐色，较短。在中国见于新疆北部和西部、云南、台湾。繁殖期多栖息于海拔 0～2000 m 的开阔林地，非繁殖期可高至海拔 3000 m。IUCN 和《中国脊椎动物红色名录》均评估为无危（LC），但在中国不常见。

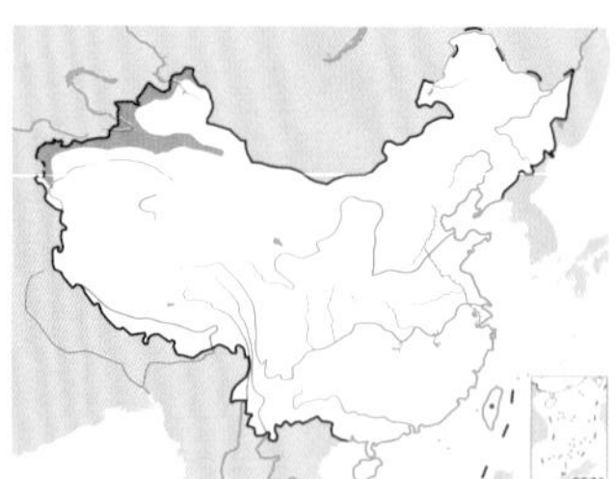

斑鹟。刘璐摄

灰纹鹟

拉丁名：*Muscicapa griseisticta*
英文名：Grey-streaked Flycatcher

雀形目鹟科

体长 12.5～14 cm，体重 15.1～17.4 g。头顶灰色或灰褐色，嘴基至眼先上方具一道白色细纹，脸及上体灰色或灰褐色；飞羽黑色，次级飞羽边缘染褐色，三级飞羽边缘发白；白色下髭纹较

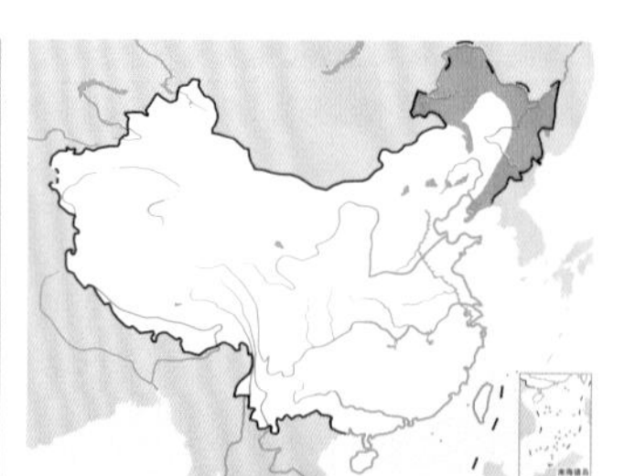

灰纹鹟。左上图张小玲摄，下图刘璐摄

长，颊纹深灰色；下体白色，深灰色纵纹自胸部延伸至腹部及两胁。眼色较暗，具狭窄的白色眼圈；嘴和脚黑褐色。在中国主要繁殖于东北地区，越冬于台湾，迁徙期间常见于中国东部各地。主要活动于成熟的阔叶林及落叶松林，迁徙期见于多种林地及开阔生境。IUCN 和《中国脊椎动物红色名录》均评估为无危（LC），被列为中国三有保护鸟类。

乌鹟

拉丁名：*Muscicapa sibirica*
英文名：Dark-sided Flycatcher

雀形目鹟科

体长 13～14 cm，体重 8.5～12 g。头和上体深烟灰色，具明显的白色眼圈、狭窄的浅黄色眼先、宽阔的白色下髭纹及灰色颊纹；翅及尾黑色；颏和喉的白色延伸至颈侧形成半领环，上胸和两胁灰褐色，具深色纵纹，下体余部白色，尾下覆羽具灰色尖端。眼深褐色；嘴和脚为黑色，嘴形较小，嘴基较宽。在中国繁殖于东北和西南，越冬于南部，迁徙经中国东部各地。主要繁殖于山区的常绿森林，迁徙期偶见于海滨灌丛、农田、公园等多种生境，越冬期见于低海拔林地。IUCN 和《中国脊椎动物红色名录》均评估为无危（LC），被列为中国三有保护鸟类。

乌鹟。左上图柴江辉摄，下图董磊摄

北灰鹟

拉丁名：*Muscicapa dauurica*
英文名：Asian Brown Flycatcher

雀形目鹟科

形态 体长 12～14 cm，体重 7.8～16 g。头和上体灰褐色或浅烟褐色，眼先具宽阔的白纹，眼圈偏白，深色髭纹较短，头顶

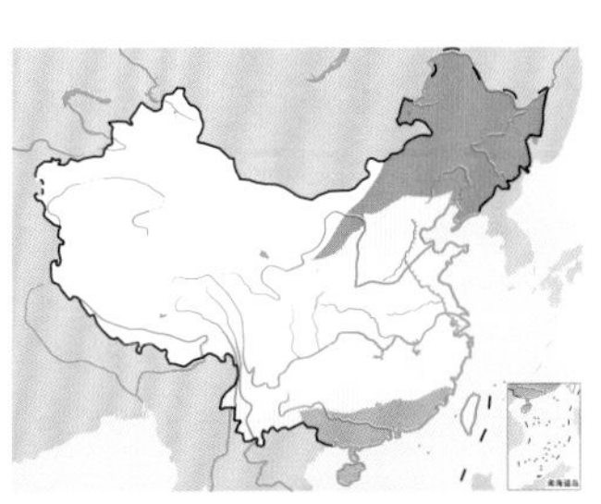

北灰鹟。左上图周子琛摄，下图韦铭摄

具不明显的深色点斑；飞羽乌褐色，具狭窄的烟褐色羽缘，翅上覆羽边缘、三级飞羽边缘、次级飞羽内侧暗灰白色，旧羽则偏烟灰色；尾乌褐色，具狭窄的白色末端；颏和喉中部白色，喉侧和胸灰褐色，腹至尾下覆羽白色。眼深褐色；上嘴为深角质色，下嘴黄色或深黄色，尖端为角质色；脚偏黑色。

分布 在中国各地均有记录，主要繁殖于东北地区，越冬于华南，迁徙期间见于华北、华东、华中各地。国外广泛分布于东亚、东北亚、东南亚及南亚各地。

栖息地 多栖息于温带和亚热带的低地阔叶林，亦见于针阔混交林和落叶松林，高可至海拔 1800 m。非繁殖期亦见于公园、红树林、果园等多种生境，迁徙期常见于山顶森林、海滨的林地、灌丛及防风林。

习性 常单独活动，停息在树冠层中上部侧枝上，当有昆虫飞来，则迅速飞起捕食，然后落回原处。

食性 主要以小型无脊椎动物为食，包括多种膜翅目、鞘翅目、襀翅目、半翅目昆虫，偶尔也取食植物的花和果实。

繁殖 北部种群的繁殖期为 5～7 月，每年仅繁殖 1 窝，南部种群繁殖于 4～6 月，每年可繁殖 2 窝。营巢于距离地面 2～18 m 的水平侧枝上，巢呈碗状，巢材包括苔藓、地衣、草、羽毛、植物纤维和蛛丝。每窝产卵 2～4 枚。雌鸟单独孵卵，其间雄鸟常常向雌鸟喂食。

种群现状和保护 IUCN 和《中国脊椎动物红色名录》均评估为无危（LC），被列为中国三有保护鸟类。在其分布范围内较为常见，近年马来半岛的非繁殖种群密度有下降趋势。

褐胸鹟

拉丁名：*Muscicapa muttui*
英文名：Brown-breasted Flycatcher

雀形目鹟科

体长 13～14 cm，体重 10～14 g。头和上体橄榄褐色，前额和顶冠色略深，腰和尾偏棕色；眼先白色或皮黄色，眼圈较宽，为白色或皮黄色，颊灰色，具清晰的白色下髭纹和狭窄的深色颊纹；飞羽深褐色；颏和喉部发白，胸和胁黄褐色，下体余部发白。眼较大，为深褐色；嘴长而薄，上嘴深褐色具浅角质色尖端，下嘴浅黄色；脚粉黄色。在中国主要繁殖于西南地区，迁徙经中国南部。主要栖息于海拔 1200～1645 m 的常绿林，非繁殖期可降至海拔 150～500 m。IUCN 和《中国脊椎动物红色名录》均评估为无危（LC）。被列为中国三有保护鸟类。

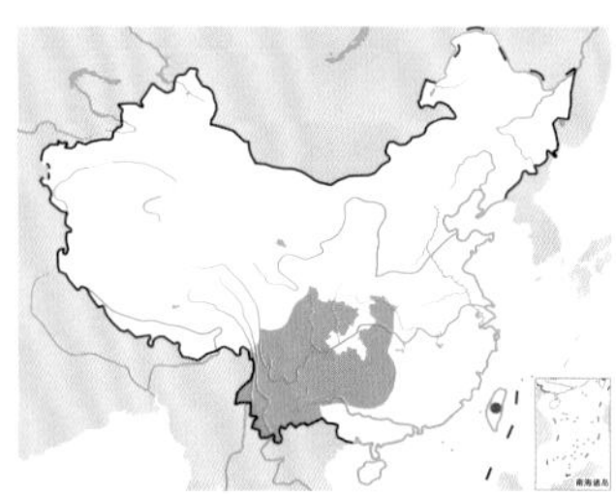

褐胸鹟。韦铭摄

棕尾褐鹟

拉丁名：*Muscicapa ferruginea*
英文名：Ferruginous Flycatcher

雀形目鹟科

体长 12～13 cm，体重 9～16.7 g。头部主要为灰色，上体、翼上至下背深锈褐色，腰和尾侧亮橙棕色；头顶和脸部灰色较深，眼先皮黄色，具清晰的白色眼圈，下髭纹较模糊，为白色或皮黄色，颊纹色深；颏、喉和颈侧为白色，胸亮棕色，具斑驳的灰色条纹，下胸、两胁和尾下覆羽为较浅的棕橙色，腹部中央发白。眼深褐色；嘴黑色，下嘴基黄色或橙色；脚浅粉色至粉褐色。在中国繁殖于中部和南部，越冬于海南。常栖息于潮湿的阔叶林，特别是栎树林。IUCN 和《中国脊椎动物红色名录》均评估为无危（LC）。

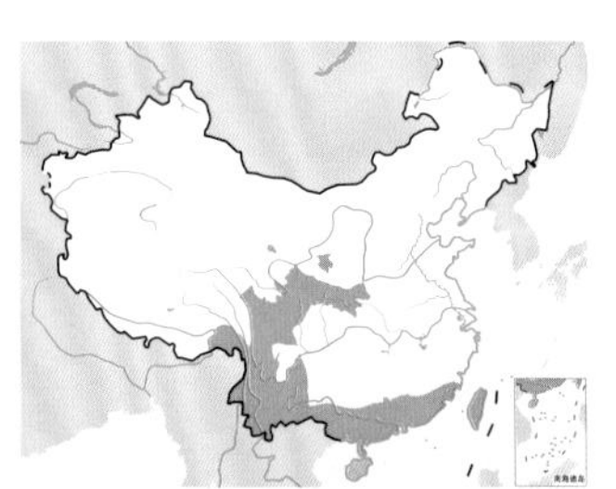

棕尾褐鹟。李志钢摄

栗尾姬鹟

拉丁名：*Ficedula ruficauda*
英文名：Rusty-tailed Flycatcher

雀形目鹟科

体长 13 cm 左右。通体灰褐色，缺乏明显的斑纹，上体羽色较深，具有一较为明显的灰白色眼圈，腰部和外侧尾羽为明显的栗褐色。嘴较尖长，下嘴大部分为米黄色。在中国为迷鸟，2016 年首次记录于四川成都。IUCN 评估为无危（LC）。

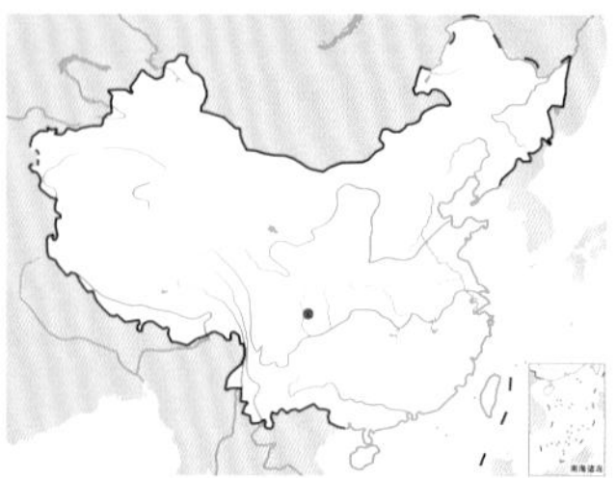

栗尾姬鹟。J.M.Garg摄

斑姬鹟

拉丁名：*Ficedula hypoleuca*
英文名：European Pied Flycatcher

雀形目鹟科

体长 13 cm 左右，体重 9.7～22.2 g。雄鸟前额具小白斑，头顶和上体黑色或褐色至灰褐色，常具辉光；小覆羽和中覆羽黑色，大覆羽深灰褐色，飞羽黑褐色，内侧 5 枚初级飞羽和次级飞羽的外缘基部白色；尾发黑，最外侧一对尾羽靠近基部的 3/4 为白色；颈侧、喉和下体白色。眼深褐色，嘴黑褐色，腿黑色。在中国仅迁徙时见于新疆南部，近年在四川偶有记录。IUCN 评估为无危（LC），在中国较罕见，《中国脊椎动物红色名录》评估为数据缺乏（DD）。

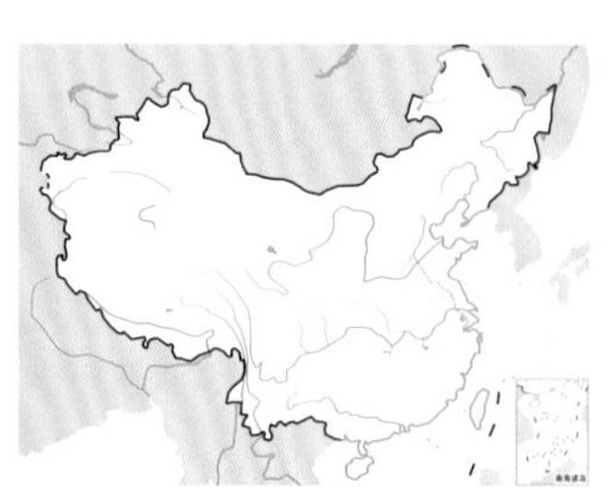

斑姬鹟

白眉姬鹟

拉丁名：*Ficedula zanthopygia*
英文名：Yellow-rumped Flycatcher

雀形目鹟科

形态 体长 13～13.5 cm，雄鸟体重 10～15.5 g，雌鸟体重 9～14.5 g。雄鸟前额、头顶、眼先、颊、耳羽以及枕至翕部全为黑色，宽阔的白色眉纹自眼先上方延伸至耳羽；背和腰亮黄色，尾上覆羽和尾黑色；上翅黑色，大覆羽内侧和三级飞羽的白色形成宽阔的白色翅斑；喉和下体为亮柠檬黄，尾下覆羽白色。雌鸟头顶和上体灰橄榄绿色，腰色同雄鸟或略浅，脸较浅或发灰，眼先至眼发黄，具狭窄的灰白色眼圈；翅和尾乌褐色；颏至胸、胁浅黄色，胸侧具模糊的鳞状斑纹，下体余部发白。幼鸟与雌鸟相似，但是下体具皮黄色纵纹和斑点。第一年雄鸟似雌鸟，但是尾上覆羽偏黑色，末尾为浅橄榄绿色，大覆羽末端白色。第一年雌鸟似成鸟，但是腰暗黄色，杂有橄榄绿色。眼深褐色，嘴黑色，下嘴基铅蓝色，脚黑至铅灰色或紫灰色。

分布 在中国见于东半部南北各地，包括海南、台湾，大部分地区为夏候鸟，在南方为旅鸟。国外分布于外贝加尔东部、蒙古东部、俄罗斯东南部及朝鲜半岛，越冬于马来半岛、苏门答腊岛和爪哇岛，迁徙经中南半岛。

栖息地 栖息于溪流附近以及河边的植被茂密的森林，包括杂木林、次生林或人工林，海拔可至 1000 m。迁徙和非繁殖期主要活动于低地和沿海森林、山脚和山地森林，也见于公园、较大的花园、滨海灌木林及红树林。

习性 通常单独或成对活动，安静而不引人注目。觅食于森林各层，从经常停歇的栖枝飞起捕食飞行的昆虫，然后返回原栖枝，频繁往复，也会以悬停的飞行方式取食昆虫和浆果，偶尔在地面取食。非繁殖期以栖木为核心形成较小的觅食领域，阻止同种或其他食虫性鸟类进入。求偶炫耀时垂下双翅，竖起并展开尾羽，蓬起腰背部羽毛。

食性 主要以小型无脊椎动物为食，也取食小浆果。

繁殖 繁殖期 5 月末至 7 月。以苔藓、干草、植物纤维为巢材营杯状巢，巢多位于树洞、树枝或树干内，也可利用巢箱繁殖。每窝产卵 4～8 枚。雌鸟孵卵，孵化期 12～14 天。双亲共同育雏，雏鸟孵出后 13～15 天出飞。

种群现状和保护 IUCN 和《中国脊椎动物红色名录》均评估为无危（LC）。被列为中国三有保护鸟类。

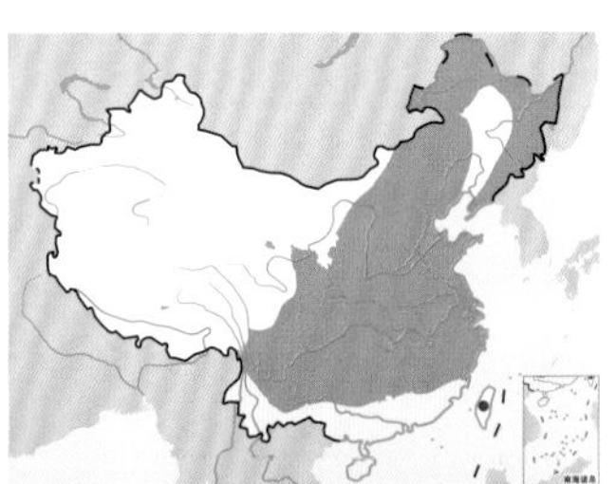

白眉姬鹟。左上图为雌鸟，下图为雄鸟。沈越摄

黄眉姬鹟

拉丁名：*Ficedula narcissina*
英文名：Narcissus Flycatcher

雀形目鹟科

形态 体长 13～13.5 cm，体重 11～12 g。雄鸟上体黑色，宽阔的深黄色或橙黄色眉纹自嘴基延伸至耳后，下背和腰为深黄色；翅上具白斑；下体深黄或亮橙黄色自颏延伸至胸部，下体余部白色。雌鸟较雄鸟略小，羽色明显暗淡，上体灰褐色，眼圈以及眼先至眼淡角质色，腰发绿或黄橄榄绿色，尾上覆羽和外侧尾羽暗棕色至栗褐色；翅暗灰色，覆羽末端具狭窄的白色翼斑，三级飞羽羽缘发白；下体发白或皮黄色，喉、胸两侧形成深色阴影。幼鸟与雌鸟相似，但是上体多褐色，羽毛末端和边缘为皮黄色。眼深褐色；嘴石青色，上嘴黑色，下嘴蓝角质色；脚石青色至蓝灰色。

分布 在中国迁徙经过东部和东南沿海，包括台湾，越冬于海南。国外繁殖于乌苏里兰沿海、萨哈林岛、千岛群岛南部以及日本九州以北，泰国、马来半岛、菲律宾和加里曼丹北部。

栖息地 主要栖息于温带和亚热带的阔叶和针叶林。迁徙和越冬期间多见于开阔林地，包括滨海灌木林、红树林、公园、花园、农田边缘的稀疏树林等生境。

习性 通常单独或成对活动，很少与其他鸟类混群。多觅食于树中层、矮灌丛和低矮植被，常活跃地在林下中上层活动，从开阔或隐蔽的栖枝飞至空中捕食飞行的昆虫，然后返回同一栖枝，频繁往复。

食性 主要以昆虫及其幼虫等小型无脊椎动物为食，也食一些植物的果实。

种群现状和保护 IUCN 和《中国脊椎动物红色名录》均评估为无危（LC）。被列为中国三有保护鸟类。

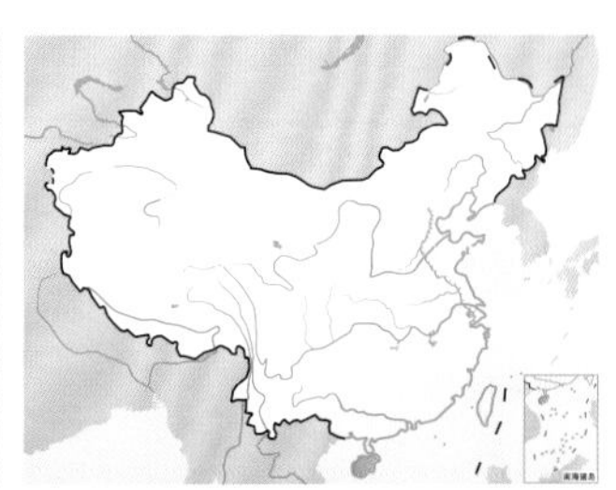

黄眉姬鹟。左上图为雄鸟，李志钢摄；下图为雌鸟，聂延秋摄

琉球姬鹟

拉丁名：*Ficedula owstoni*
英文名：Ryukyu Flycatcher

雀形目鹟科

由黄眉姬鹟琉球亚种 *Ficedula narcissina owstoni* 提升为种。与黄眉姬鹟相似，但是体形略小，翅较短。成鸟雄鸟体羽的黑色较黄眉姬鹟少，顶冠、翕部和上背为深橄榄绿色，下背和腰为橙黄色，翅上具显著的小块白色翼斑，眉纹黄色，下体浅黄色。嘴黑色，较黄眉姬鹟厚重，眼黑色，脚深灰色。在中国偶见于广东、浙江、台湾。IUCN 评估为无危（LC），在中国甚罕见，被列为中国三有保护鸟类。

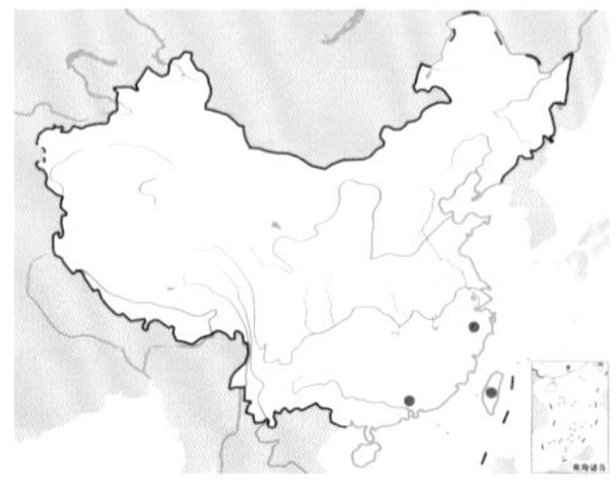

琉球姬鹟。Lars Pepersson摄

绿背姬鹟

拉丁名：*Ficedula elisae*
英文名：Green-backed Flycatcher

雀形目鹟科

形态 体长 13～13.5 cm。外形与黄眉姬鹟相似，但是翅较短，白色翅斑更大。雄鸟头淡橄榄绿色，亮黄色眉纹自眼先延伸至眼上，常不清晰，眼圈亮黄色；翕部和肩部灰橄榄绿色，腰亮黄或淡黄色；翅灰黑色，具明显白色翅斑；尾深灰黑色；下体浅黄色，喉部无橙色。雌鸟上体橄榄绿色，眼先上方具浅黄色斑，无白色翅斑，尾上覆羽和尾淡棕色；下体为暗黄或皮黄色，胸侧和两胁羽毛具淡橄榄色末端。眼黑色；嘴黑色，有时下嘴基色略淡；脚黑色。

分布 在中国繁殖于北京、河北东北部、河南、山西、陕西、内蒙古西部、宁夏和上海，非繁殖期见于广东和广西南部。国外见于泰国南部和马来半岛，偶见于日本、韩国。

栖息地 栖息于山地阔叶林，特别是阴坡，主要繁殖于海拔 800～1400 m。非繁殖季也见于林缘次生林、滨海灌丛、果园和低矮灌丛。

习性 常单独或成对活动，多在林冠层枝叶间活动觅食，有时也下到林下灌丛或地面觅食，常飞到空中捕食飞行的昆虫。雄鸟繁殖期常站在枝头长时间鸣叫。

食性 主要以昆虫及其幼虫等小型无脊椎动物为食。

繁殖 繁殖期 5～7 月。巢址多位于老龄树的天然树洞或啄木鸟啄出的树洞中，也营巢于树皮缝隙和小枝堆中。以草茎、树叶、竹叶、细根等为巢材营杯状巢。

种群现状和保护 IUCN 和《中国脊椎动物红色名录》均评估为无危（LC）。

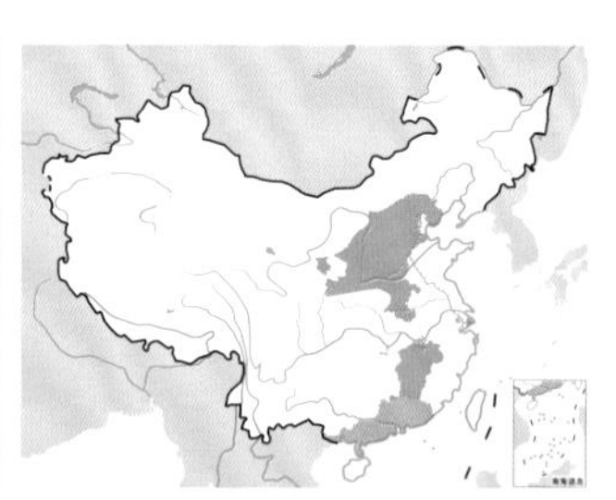

绿背姬鹟。左上图为雌鸟，沈越摄；下图为雄鸟，杜卿摄

侏蓝姬鹟

拉丁名：*Ficedula hodgsoni*
英文名：Pygmy Blue Flycatcher

雀形目鹟科

体长 9～10 cm。雄鸟头顶和上体，包括翅上覆羽边缘、飞羽和尾羽内侧为亮蓝色，前额下部、眼先至眼后发黑，头顶至眼上为较浅或较亮的蓝色；下体几乎全为深橙色，下腹色略浅，尾下覆羽发白。雌鸟头和上体橄榄褐色，具狭窄的淡黄色眼圈，飞羽羽缘、腰和尾上覆羽略发棕，尾暗褐色；下体浅橙黄色染棕色，颏和喉通常更白，腹部白色。在中国分布于西藏东南部和云南西部。IUCN 和《中国脊椎动物红色名录》均评估为无危（LC）。

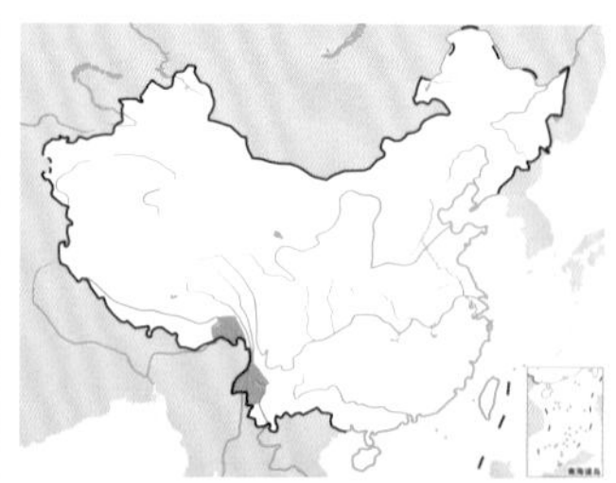

侏蓝姬鹟。左上图为雌鸟，Sumit Sengupta摄；下图为雄鸟，韦铭摄

鸲姬鹟

拉丁名：*Ficedula mugimaki*
英文名：Mugimaki Flycatcher

雀形目鹟科

体长12.5～13.5 cm，体重9.5～12 g。雄鸟上体黑色，眼上后方、翅和尾具白斑；颏至下胸亮橙色，腹白色。雌鸟较雄鸟暗淡。在中国繁殖于东北地区，越冬于东南部，迁徙经中国大部。IUCN和《中国脊椎动物红色名录》均评估为无危（LC）。被列为中国三有保护鸟类。

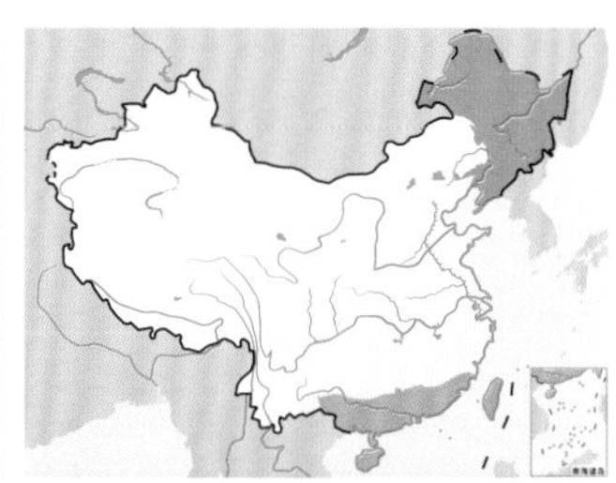

鸲姬鹟。左上图为雄鸟，焦海兵摄；下图为雌鸟，李志钢摄

锈胸蓝姬鹟

拉丁名：*Ficedula sordida*
英文名：Slaty-backed Flycatcher

雀形目鹟科

体长13～13.5 cm，体重8.5～11 g。雄鸟头、脸和上体深石蓝色，眼先、脸颊和尾上覆羽发黑；尾黑色，外侧尾羽基部为白色；下体深橙色，腹部和尾下覆羽较白。在中国分布于中部和西南部。IUCN和《中国脊椎动物红色名录》均评估为无危（LC）。

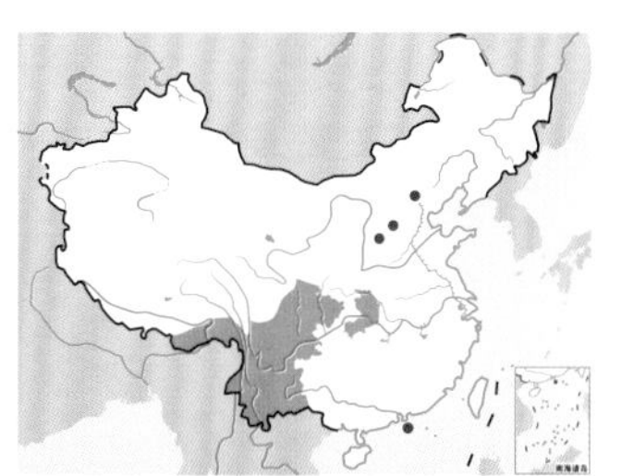

锈胸蓝姬鹟。左上图为雌鸟，杜卿摄；下图为雄鸟，韦铭摄

橙胸姬鹟

拉丁名：*Ficedula strophiata*
英文名：Rufous-gorgeted Flycatcher

雀形目鹟科

形态 体长13～14.5 cm，体重10～15 g。雄鸟前额白色延伸至眼先和眼上方，脸颊、颏和喉黑色，顶冠前部、耳羽和颈侧深灰色，顶冠后部、后颈和上体暖褐色，尾上覆羽深灰或发黑；尾黑色，外侧尾羽基部具白斑；上胸中央为亮棕色，胸侧和下胸灰色，两胁皮黄，腹部至尾下覆羽发白。雌鸟与雄鸟相似，但前额至眼上的白色不明显，脸色较淡，上胸色斑为暗橙色，下胸中央为蓝灰色。眼褐色；嘴黑色；脚深灰色或黑色。

分布 在中国分布于中部和南部，国外分布于喜马拉雅山区至印度东北部以及中南半岛北部。

栖息地 常见于茂密或开阔的阔叶林、针阔混交林，或浓密的次生灌丛，繁殖于海拔1000～3800 m，非繁殖期通常降至2400 m以下。

习性 常独居或成对活动。多在森林的中下层活动，觅食于灌丛，很少下地。部分种群有短距离或垂直迁徙的习性。繁殖结束后多降至低海拔地区活动。

食性 以小型无脊椎动物为食。

繁殖 繁殖期4～6月，以苔藓、树根、植物纤维营杯状巢，巢多位于树上或地面。每窝产卵3～4枚。

种群现状和保护 IUCN和《中国脊椎动物红色名录》均评估为无危（LC）。

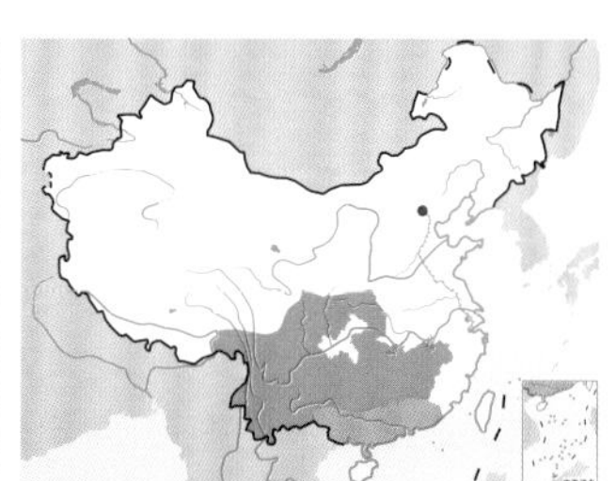

橙胸姬鹟。左上图为雌鸟，张小玲摄；下图为雄鸟，沈越摄

红胸姬鹟

拉丁名：*Ficedula parva*
英文名：Red-breasted Flycatcher

雀形目鹟科

体长 11 ~ 13 cm，体重 8.5 ~ 11.5 g。雄鸟繁殖期前额、顶冠和后颈为褐色染灰色，眼先、耳羽和颈侧烟灰色，上体褐色，飞羽和翼下覆羽具浅褐色羽缘，尾及尾上覆羽黑褐色；喉至上胸橙红色，腹部白色。雌鸟喉胸部无橙红色。在中国为迷鸟，偶见于东部地区。IUCN 和《中国脊椎动物红色名录》均评估为无危（LC）。

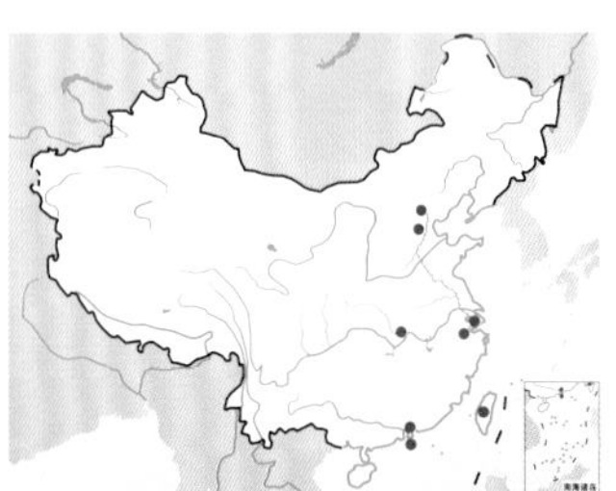

红胸姬鹟。左上图为雌鸟，颜重威摄；下图为雄鸟繁殖羽，沈越摄

红喉姬鹟

拉丁名：*Ficedula albicilla*
英文名：Taiga Flycatcher

雀形目鹟科

形态 体长 11 ~ 13 cm，体重 8 ~ 14 g。头顶褐色成帽状，眼先、翕和耳羽灰色，上体余部烟褐色，翅深褐色，尾黑色或深黑褐色，外侧尾羽基部具明显的白斑，尾上覆羽较尾颜色更黑。雄鸟繁殖羽颏和喉暖锈橙色，两侧及下方灰色，逐渐过渡为下体的白色。雌鸟喉部无红色，整体为均匀的灰皮黄色，喉部为小白斑。眼深褐色；嘴和脚黑色。与红胸姬鹟的区别在于雄鸟繁殖羽下体橙色局限于喉部而不及上胸。

分布 在中国主要为旅鸟，全国各地均有记录。国外繁殖于欧洲东部至西伯利亚东部，南至哈萨克斯坦东北部、蒙古北部和也门，非繁殖期主要见于南亚和东南亚。

栖息地 繁殖于常绿落叶阔叶混交林和泰加林，迁徙期和越冬期广泛见于各种林地、林缘，尤其是空地、山脊以及林窗。

习性 常单独或成对活动。性活泼，常在树枝间来回跳跃，多从栖枝上飞到空中捕食飞行的昆虫，又飞回原停歇处。常将尾羽展开，轻轻上下摆动。

食性 主要以鞘翅目、鳞翅目、双翅目昆虫及幼虫为食。

繁殖 繁殖期 5 ~ 7 月。在树洞或裂缝中营杯状巢，以苔藓、毛发等为巢材。每窝产卵 4 ~ 7 枚。

种群现状和保护 IUCN 和《中国脊椎动物红色名录》均评估为无危（LC）。被列为中国三有保护鸟类。

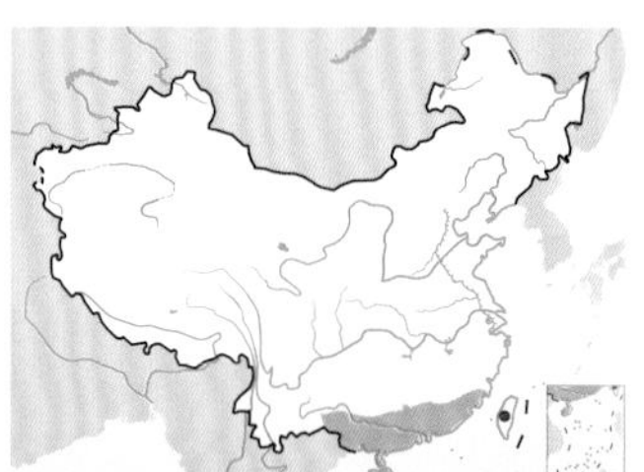

红喉姬鹟。左上图为雌鸟，下图为雄鸟。沈越摄

棕胸蓝姬鹟

拉丁名：*Ficedula hyperythra*
英文名：Snowy-browed Flycatcher

雀形目鹟科

形态 体长 11 ~ 13 cm，体重 6 ~ 10 g。尾短、头圆、嘴小的小型鹟。雄鸟头和上体为石青色，眼先、下额、颏、喉侧较黑，眼先和眼上方具显眼的白色短眉纹，外侧尾羽基部具白斑，喉中部至胸为深橙色至棕橙色，胁部暗灰或皮黄褐色，下体余部发白，眼深褐色，嘴黑色，脚暗紫色至浅灰或粉色。雌鸟下额和上眼先至眼周为浅黄橙色或锈黄色，眼先略暗，脸颊和耳羽具浅皮黄色和褐色斑驳，上体深橄榄褐色，尾染浅棕色，无白斑。

分布 在中国分布于西南地区。国外分布于喜马拉雅山区中部至印度东北部及东南亚各地。

栖息地 主要栖息于潮湿、多苔藓的阔叶林，包括竹林、河边等区域。繁殖期可高至海拔 3300 m，非繁殖期多降至低海拔区域越冬。

习性 繁殖期成对活动，其余季节独居。习性安静。留鸟，或垂直迁徙。在印度东北部常于4月到达繁殖地，9月离开至山脚或邻近平原越冬。

食性 主要以小型无脊椎动物为食，也吃果实。

繁殖 繁殖期3～10月。双亲共同营巢，以苔藓、细小的植物纤维、羽毛等为巢材，多位于较低的树洞中。每窝产卵2～4枚。双亲共同孵卵和育雏。

种群现状和保护 IUCN和《中国脊椎动物红色名录》均评估为无危（LC）。

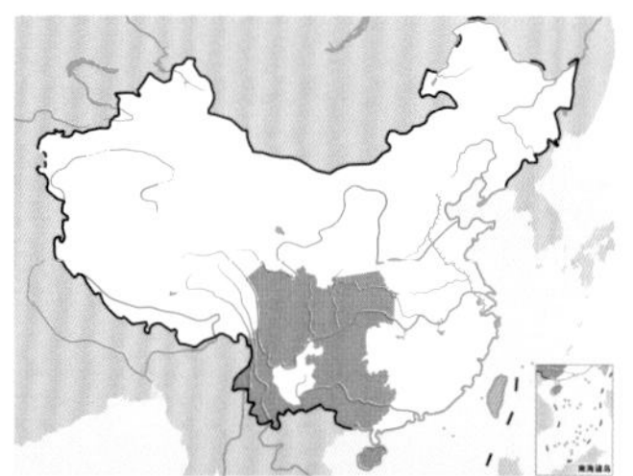

棕胸蓝姬鹟。左上图为雄鸟，林红摄；下图为雌鸟，沈越摄

小斑姬鹟

拉丁名：*Ficedula westermanni*
英文名：Little Pied Flycatcher

雀形目鹟科

体长10～11 cm，体重7～8 g。雄鸟头顶、头侧、上体至尾为黑色，白色长眉纹自眼先延伸至耳后；大覆羽及三级飞羽具宽阔的白斑，外侧尾羽基部白色；喉及下体白色。雌鸟头至翕部深蓝灰色，腰深褐色，尾上覆羽棕褐色；下体白色，胸侧和两胁灰褐色。在国内分布于西藏、云南、贵州等地。IUCN和《中国脊椎动物红色名录》均评估为无危（LC）。

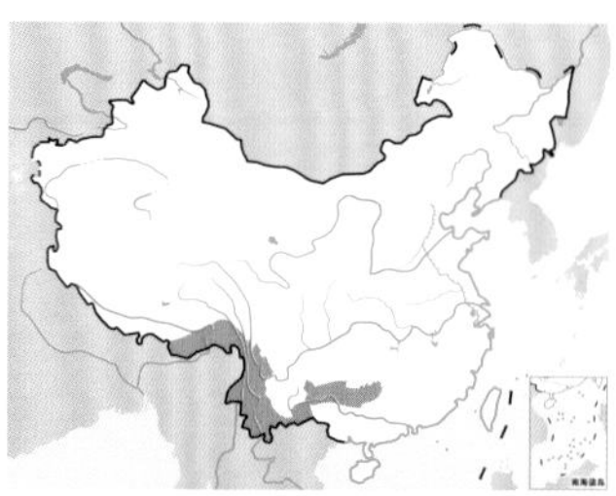

小斑姬鹟。左上图为雄鸟，彭建生摄；下图为雌鸟，韦铭摄

白眉蓝姬鹟

拉丁名：*Ficedula superciliaris*
英文名：Ultramarine Flycatcher

雀形目鹟科

体长11.5～12 cm，体重8 g。雄鸟头、上体至尾为石青色，顶冠色稍浅；眼先和面颊发黑，白色短眉纹自眼上延伸至耳上；外侧尾羽基部白色。雌鸟上体及胸侧灰褐色，下体发白。在中国分布于西南部地区。IUCN和《中国脊椎动物红色名录》均评估为无危（LC）。

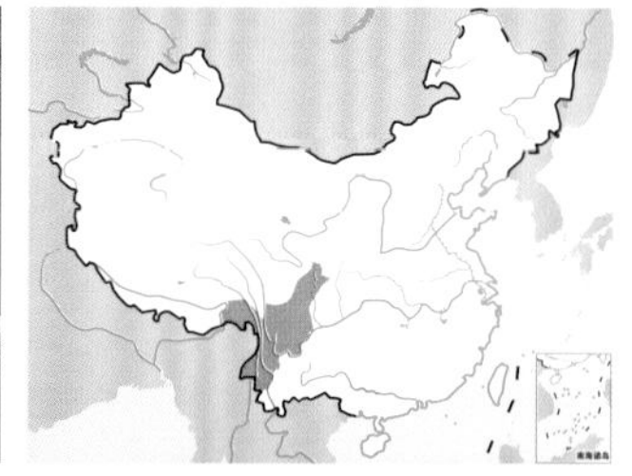

白眉蓝姬鹟。左上图为雌鸟，甘礼清摄；下图为雄鸟，田穗兴摄

灰蓝姬鹟

拉丁名：*Ficedula tricolor*
英文名：Slaty-blue Flycatcher

雀形目鹟科

体长 12.5 ～ 13 cm，体重 6 ～ 10 g。雄鸟前额浅蓝色，眼先至脸颊黑色，头至上体余部全为暗蓝色；尾蓝黑色，外侧尾羽基部白色；颏和喉白色，胸侧蓝黑色，胸前具弥散状蓝灰色横带，腹至尾下覆羽灰白色。雌鸟头及上体暖黄褐色，眼先色浅，翅色略深，腰和尾上覆羽棕色，尾栗色，喉部发白，胸部浅黄色，两胁浅黄褐色。在中国繁殖于西南地区。IUCN 和《中国脊椎动物红色名录》均评估为无危（LC）。

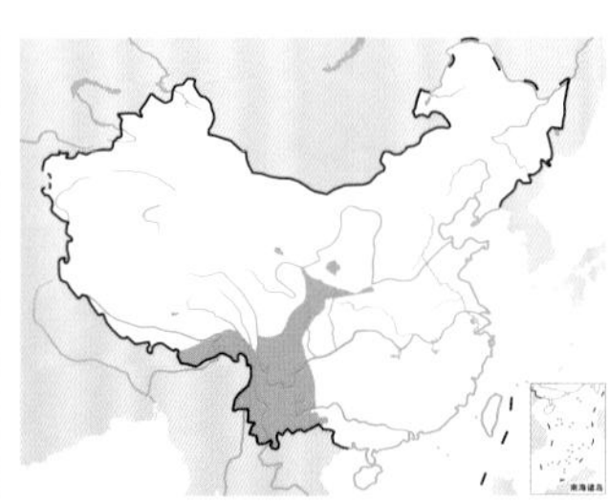

灰蓝姬鹟。左上图为雄鸟，胡万新摄；下图为雌鸟，韦铭摄

玉头姬鹟

拉丁名：*Ficedula sapphira*
英文名：Sapphire Flycatcher

雀形目鹟科

体长 10 ～ 12 cm，体重 7 ～ 8 g。雄鸟繁殖羽前额、头顶、腰和尾上覆羽亮蓝色，上体余部以及尾、脸、喉侧、胸侧均为深蓝色，颏至胸部中央橙红色，腹至尾下覆羽白色。非繁殖期雄鸟前额至头顶、脸部和胸侧为褐色，余部与繁殖羽相似。雌鸟上体橄榄绿褐色，腰暖褐色，尾及尾上覆羽棕褐色，眼浅黄色，具棕黄色眼圈，颏、喉至胸部中央橙色，胸侧褐色，胁浅黄色，腹至尾下覆羽白色。在中国繁殖于西南至中部地区。IUCN 和《中国脊椎动物红色名录》均评估为无危（LC）。

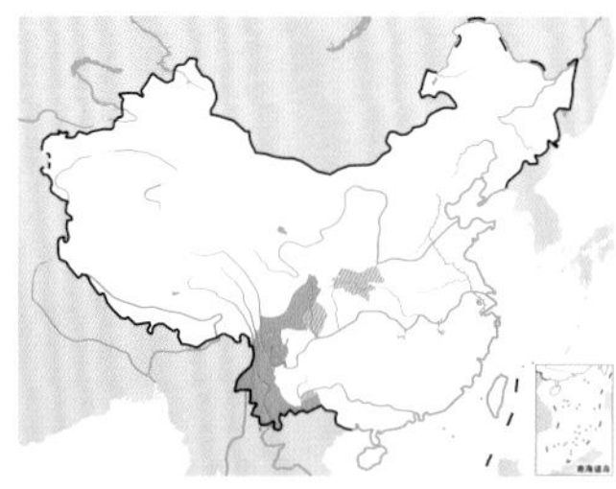

玉头姬鹟。左上图为雌鸟，张小玲摄；下图为雄鸟非繁殖羽，沈岩摄

白腹蓝鹟

拉丁名：*Cyanoptila cyanomelana*
英文名：Blue-and-white Flycatcher

雀形目鹟科

形态 体长 16 ～ 17 cm，体重 25 g 左右。雄鸟头顶至枕部及上体大部为钴蓝色，初级飞羽黑色，次级飞羽内翈黑色，外侧尾羽基部白色；前额下部和脸、颏、喉、胸、胁黑色，下体余部白色。雌鸟头、脸及上体大部为灰褐色，具狭窄的白色眼圈，颊和耳羽污白色，翅发黑，尾上覆羽和尾棕褐色，外侧尾羽色较深；下体近白色，胸、胁或染橄榄灰色。雄性幼鸟头、颈背及胸近烟褐色，但两翼、尾及尾上覆羽蓝色。眼深褐色；嘴黑色，下嘴基褐色；脚暗灰色至紫褐色。

分布 在中国繁殖于东北地区，越冬于台湾、海南，迁徙经东部、中部和南部各地。国外繁殖于俄罗斯远东南部、韩国、日本；越冬于东南亚。

栖息地 活动于低地或山脚森林，包括泰加林、多林的山坡、溪谷，高可至海拔 1200 m 处，偶见于灌丛、农场等地，迁徙期亦见于滨海林地、灌丛、公园。

习性 常单独或成对活动，性活跃，常在林冠层以下的中上层觅食。候鸟，9 ～ 11 月离开繁殖地，迁徙至中国南方、东南亚、菲律宾等地越冬；2 ～ 3 月离开越冬地，逐渐北迁至繁殖地。

食性 以小型无脊椎动物为食，包括甲虫、蛾、蜜蜂及幼虫。

繁殖 繁殖期 5 ～ 8 月。常营巢于近山涧溪流的土坡缝隙间或林缘附近废旧房舍房梁上、房檐下和墙洞中。巢材主要为苔藓，外层有少量针叶树枯枝，内部有少量兽毛、鸟羽、枯草，编织蓬松、不紧密。巢呈碗状，巢大小外径 12 cm × 13.4 cm，内径 7 cm × 8 cm，巢高 5.8 ～ 7.6 cm，巢深 3.1 ～ 3.4 cm。窝卵数 5 ～ 6 枚。卵呈长椭圆形，白色，钝端密布浅褐色斑点，大小为

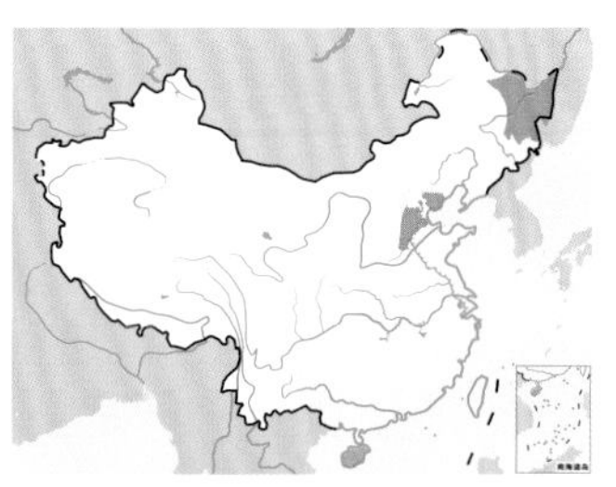

白腹蓝鹟。左上图为雄鸟，沈越摄；下图为雌鸟，李强摄

(20.85～21.45) mm×(13.61～14.01) mm。孵卵任务主要由雌鸟承担，卵孵化期约12～13天。双亲共同育雏，育雏期12～13天。

种群现状和保护 IUCN和《中国脊椎动物红色名录》均评估为无危（LC）。

白腹暗蓝鹟

拉丁名：*Cyanoptila cumatilis*
英文名：Zappey's Flycatcher

雀形目鹟科

由白腹蓝鹟东北亚种 *Cyanoptila cyanomelana cumatilis* 提升为种，与白腹蓝鹟的区别在于雄鸟头顶青钴蓝色，背、颏、喉和上胸青蓝色，整体色调显得较暗。在中国繁殖于华北、宁夏、甘肃、青海，迁徙期间见于华北、华中、华东及华南地区，西可至四川和贵州。IUCN评估为近危（NT）。

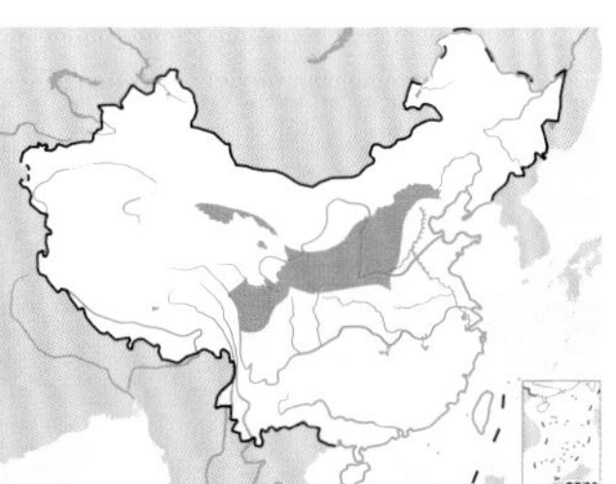
白腹暗蓝鹟雄鸟

铜蓝鹟

拉丁名：*Eumyias thalassinus*
英文名：Verditer Flycatcher

雀形目鹟科

形态 体长15～17 cm，体重15～20 g。雄鸟几乎全身绿蓝色或铜蓝色，前额和喉的蓝色更亮，翅和尾的铜蓝色更为明亮，飞羽内翈乌黑，前额基部、眼先和颏中央黑色，尾下覆羽尖端色浅。雌鸟与雄鸟相似，但是整体略暗淡发灰，眼先浅灰色，颏和上喉具灰色细小斑驳。眼深褐色；嘴和腿深灰色至黑色。

分布 在中国分布于秦岭–淮河以南，包括西藏南部和台湾，主要为繁殖鸟，福建和广东有少量越冬个体，迁徙季节亦偶见于北京和山东。国外分布于南亚和东南亚。

栖息地 常活动于开阔的低地和低山森林，包括林缘、空地、溪流附近的灌丛、农田边缘等生境，也见于公园或花园。

习性 通常单独或成对活动，偶见多对铜蓝鹟出现在开阔林地或电线附近的同一区域。性大胆，不甚惧人，频繁飞到空中捕食飞行的昆虫，也能像山雀一样在枝叶间觅食。鸣声悦耳，多在清晨和傍晚鸣叫。站姿较直，停歇时常有扇尾的动作。

分布于中国的指名亚种 *E. t. thalassinus* 具垂直迁徙或较长距离迁徙的习性，繁殖后期迁徙至盆地或山脚低地。

食性 主要以小型无脊椎动物为食，也吃部分植物果实和种子。亲鸟多以富含几丁质的甲虫喂养刚孵化的雏鸟。

繁殖 繁殖期4～8月，通常每年繁殖1窝，偶尔繁殖2窝。双亲共同筑巢，巢材包括绿色苔藓、草和树叶，巢为较大开口的杯状巢，巢址多位于树干或墙面的缝隙和洞中，也见于地面或苔藓之中。每窝产卵3～5枚，通常4枚。双亲共同孵卵和育雏。铜蓝鹟有特殊的反巢寄生策略，虽然亲鸟对异种鸟卵或雏鸟不具任何识别能力，但杜鹃等异种雏鸟均无法在其巢中存活。它们特殊的育雏食性可能是导致杜鹃等异种雏鸟死亡的直接原因，因为它们给雏鸟喂食甲虫，而杜鹃雏鸟无法消化甲虫富含几丁质的壳。

种群现状和保护 IUCN和《中国脊椎动物红色名录》均评估为无危（LC）。

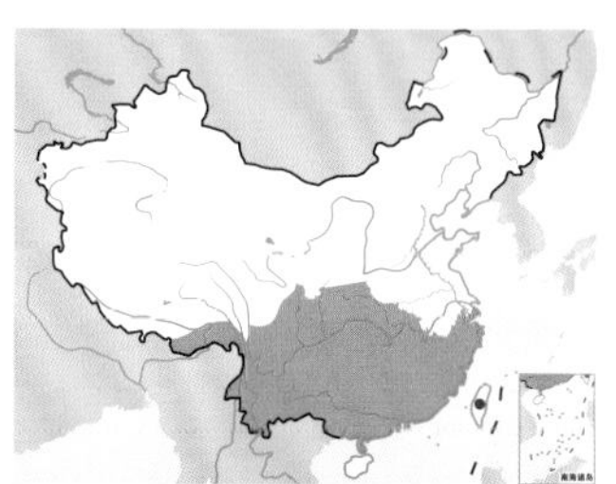

铜蓝鹟。左上图韦铭摄；下图焦海兵摄

白喉林鹟

拉丁名：*Cyornis brunneatus*
英文名：Brown-chested Jungle Flycatcher

雀形目鹟科

体长约 15 cm，体重 14～22 g。头和上体淡褐色，眼圈和眼先淡黄色，上翅褐色略深，尾棕褐色；颏、喉至上胸中央白色，喉侧和颈侧具少许深色鳞状斑，胸部主要为浅褐色，两胁与胸部颜色相似或略浅，下体余部白色。眼深褐色；上嘴黑色，下嘴黄色；腿粉色或浅黄粉色。繁殖于中国中部和南部。IUCN 和《中国脊椎动物红色名录》均评估为易危（VU）。被列为中国三有保护鸟类。

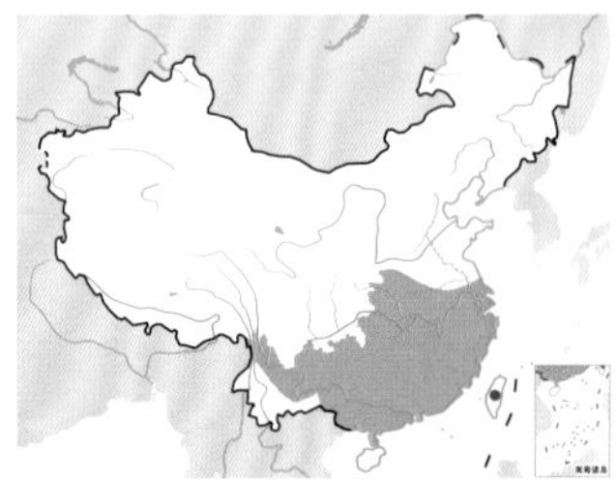

白喉林鹟。李志钢摄

海南蓝仙鹟

拉丁名：*Cyornis hainanus*
英文名：Hainan Blue Flycatcher

雀形目鹟科

体长 13～14 cm。雄鸟头和上体深蓝色，前额至眼上亮蓝色；喉部蓝黑色，下喉和胸钴蓝色，腹和两胁淡至蓝灰色，下腹至尾下覆羽发白。雌鸟头部和上体淡橄榄褐色，腰至尾棕褐色，眼先和眼圈浅皮黄色，颈侧和胸橄榄褐色，腹、两胁和尾上覆羽白色，有时染橄榄褐色。在中国分布于西南部和南部，主要为留鸟，有短距离垂直迁徙习性。栖息于低地成熟的常绿或半常绿阔叶林、针阔混交林，亦见于竹林和红树林。高可至海拔 1100 m。IUCN 和《中国脊椎动物红色名录》均评估为无危（LC）。

海南蓝仙鹟。左上图为雄鸟，刘璐摄；下图为雌鸟，周子琛摄

纯蓝仙鹟

拉丁名：*Cyornis unicolor*
英文名：Pale Blue Flycatcher

雀形目鹟科

形态　体长 16.5～18 cm，体重 16～19 g。雄鸟几乎全为钴蓝色；飞羽和尾羽发黑，边缘亮蓝色；眼圈亮蓝色，前额至眼上色较淡，眼先发黑；颏至胸为略浅的蓝色，腹部至尾下覆羽偏灰色。雌鸟头和上体大部为褐灰色或浅黄褐色，具狭窄的白色眼圈，尾上覆羽棕褐色，尾棕栗色；下体浅灰色，腹部中央发白，尾下覆羽皮黄色。幼鸟似雌鸟，但是多橄榄褐色，头颈具较重的皮黄色纵纹，翕部和肩部具橙黄色大斑点，翼和尾似成鸟，但是大覆羽和中覆羽多具浅皮黄色羽端；颏和胸部皮黄色，具深褐色斑纹，两胁和腹部有白色斑驳。眼深褐色，嘴黑色，脚褐色至深灰色。

分布　在中国主要分布于西藏东南部、云南西部和南部、广西西部和海南岛。国外分布于喜马拉雅山区至印度东北部、中南半岛、马来半岛和印度尼西亚。

栖息地　多活动于潮湿的森林，主要是茂密的原始或次生山地阔叶林，低山森林，也见于竹林。不同地区分布海拔多有不同，多为 200～2200 m。

习性　多为留鸟，部分种群短距离垂直迁徙。单独或成对活动，偶尔参与混合鸟群。性羞怯隐匿，栖息时站姿较平。常飞行于空中捕食经过的昆虫，通常返回不同的栖枝，多觅食于森林中上层，偶尔活动于近地面下层。焦虑时有抖尾和垂下双翼的行为。

食性　主要以小型无脊椎动物为食。

繁殖　繁殖期 4～6 月。以苔藓、根须、地衣、植物纤维等编织成杯状巢，巢址多位于树洞或岩缝的石头之间，或以蛛丝附着于岩石之上。每窝产卵 2～3 枚。

种群现状和保护　IUCN 和《中国脊椎动物红色名录》均评估为无危（LC），但在分布范围内大部分区域均不常见。

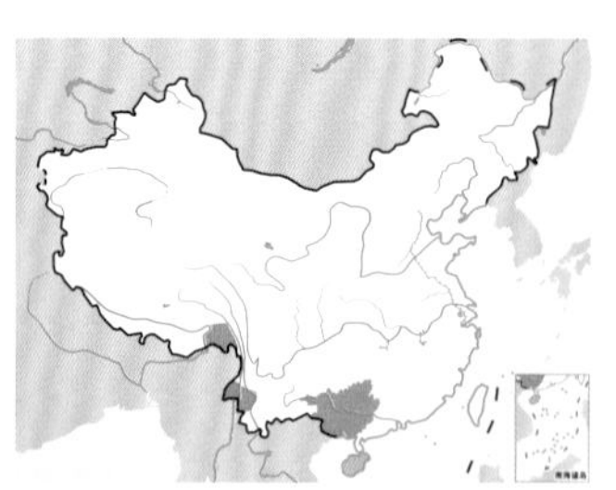

纯蓝仙鹟。左上图为雄鸟，田穗兴摄；下图为雌鸟，周彬康摄

灰颊仙鹟

拉丁名：*Cyornis poliogenys*
英文名：Pale-chinned Flycatcher

雀形目鹟科

体长 15.5～18 cm。头顶和脸部灰色，眼先为较宽的淡黄色，后枕和上体包括翅上覆羽为橄榄褐色，尾上覆羽和尾浓棕褐色；颏和喉浅黄色，具狭窄的深色颊纹，胸和两胁染淡橙色，两胁下部浅黄褐色，腹部发白，尾下覆羽乳黄色。在中国分布于西南地区。IUCN 和《中国脊椎动物红色名录》均评估为无危（LC）。

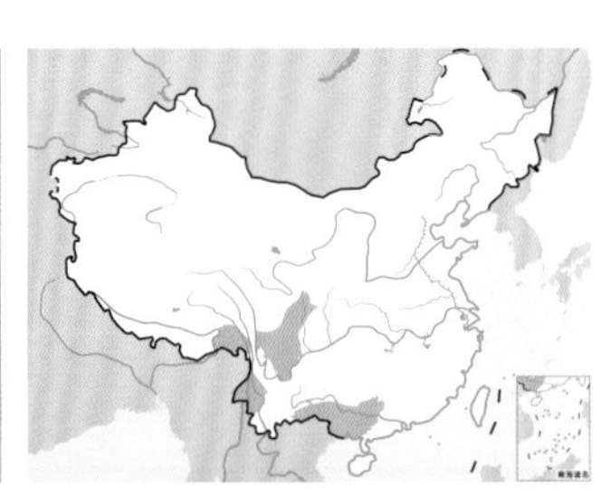

灰颊仙鹟。左上图为雄鸟，田穗兴摄；下图为雌鸟，董江天摄

山蓝仙鹟

拉丁名：*Cyornis banyumas*
英文名：Hill Blue Flycatcher

雀形目鹟科

体长 14～15.5 cm，体重 14～17 g。雄鸟前额至眼上亮浅蓝色，头顶和上体深蓝色，内侧飞羽发黑，小覆羽亮蓝色，眼先、颊、耳羽下部和颏黑色，喉、胸和胁橙色，下体余部白色。雌鸟头顶和上体淡褐色或灰褐色，腰和尾棕色，眼圈浅黄色，上眼先橙黄色，下体似雄鸟，但颏和喉较胸部色浅。在中国分布于西南地区。IUCN 和《中国脊椎动物红色名录》均评估为无危（LC）。

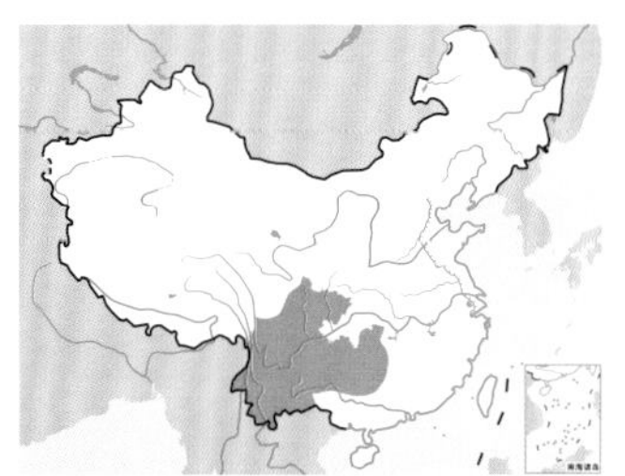

山蓝仙鹟。左上图为雌鸟，张小玲摄；下图为雄鸟，韦铭摄

蓝喉仙鹟

拉丁名：*Cyornis rubeculoides*
英文名：Blue-throated Flycatcher

雀形目鹟科

形态 体长 14～15 cm，体重 10～20 g。雄鸟上体深蓝色，前额至眼上具一条浅亮蓝色条带，小覆羽为明亮的天蓝色，飞羽和尾羽的内缘无黑色，眼先至眼后黑色，颏、喉深蓝或蓝黑色，翕部和胸侧深蓝色，下喉中央、胸和两胁上部亮橙棕色，腹至尾下覆羽白色。雌鸟头和上体淡橄榄褐色，腰栗褐色，翅深橄榄褐色，眼先棕褐色，喉部乳橙色，胸深橙色，下体余部白色。眼深褐色，嘴黑色，腿粉色至灰蓝色。

分布 在中国仅见于西藏东南部和云南西部。国外见于南亚次大陆。

栖息地 多活动于干燥的常绿阔叶林和针阔混交林，也见于次生林、竹林、公园以及树木茂盛的花园。

习性 常单独或成对活动，非繁殖期独居，具领域性。部分种群具迁徙习性。

食性 以蝇、蝉等小型无脊椎动物为食。

繁殖 繁殖期 3～8 月，每年繁殖 1～2 窝。在树洞或岩洞内以苔藓、蕨类、草、动物毛发等筑成杯状巢。每窝产卵 3～5 枚。雌鸟孵卵，孵化期 11～12 天。

种群现状和保护 IUCN 和《中国脊椎动物红色名录》均评估为无危（LC）。

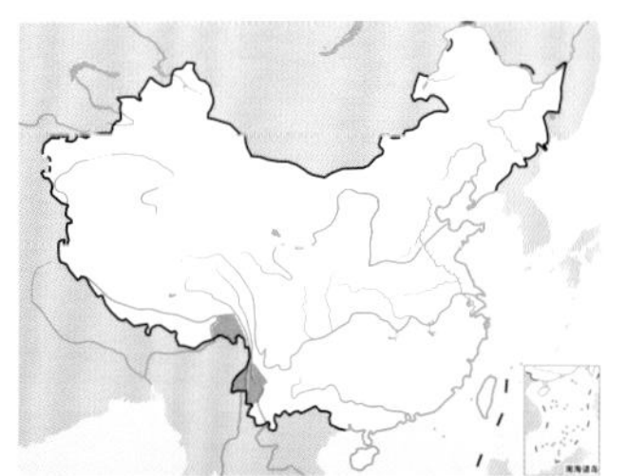

蓝喉仙鹟。左上图为雌鸟，李锦昌摄；下图为雄鸟，董磊摄

中华仙鹟

拉丁名：*Cyornis glaucicomans*
英文名：Chinese Blue Flycatcher

雀形目鹟科

由蓝喉仙鹟西南亚种 *Cyornis rubeculoides glaucicomans* 提升为种。雄鸟上体深蓝色，小覆羽亮钴蓝色，眼先和颏具黑色横带，脸颊、耳羽和上喉两侧靛蓝色，喉部棕橙色延伸至胸部，胁部染棕色。雌鸟上体暖褐色，尾上覆羽和尾棕褐色，眼圈淡橙色，喉部浅皮黄色，胸部橙棕色，胁部发褐。在中国繁殖于西南部、中南部及南部。IUCN 评估为无危（LC）。

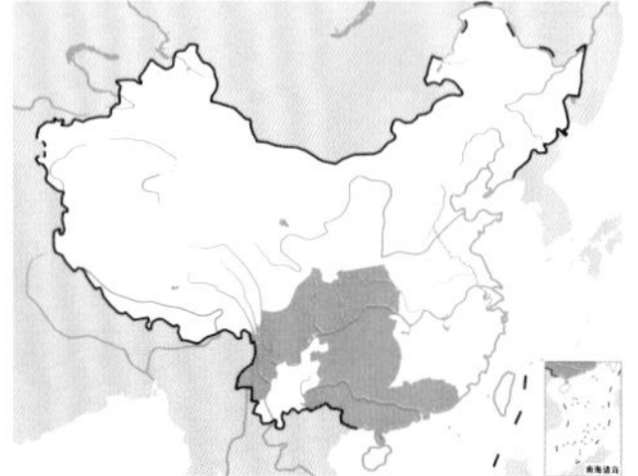

中华仙鹟雄鸟。韦铭摄

白喉姬鹟

拉丁名：*Anthipes monileger*
英文名：White-gorgeted Flycatcher

雀形目鹟科

体长 11.5 ~ 13 cm，体重 11 g。头和上体大部暗橄榄褐色，脸部略灰，具浅色眼先和模糊的皮黄色眉纹，尾暖褐色；颏和喉纯白色，具狭窄的黑色边界，下体暗橄榄绿色，两胁染皮黄色，腹部中央发白。在中国为迷鸟，仅见于云南西南部。IUCN 和《中国脊椎动物红色名录》均评估为无危（LC）。

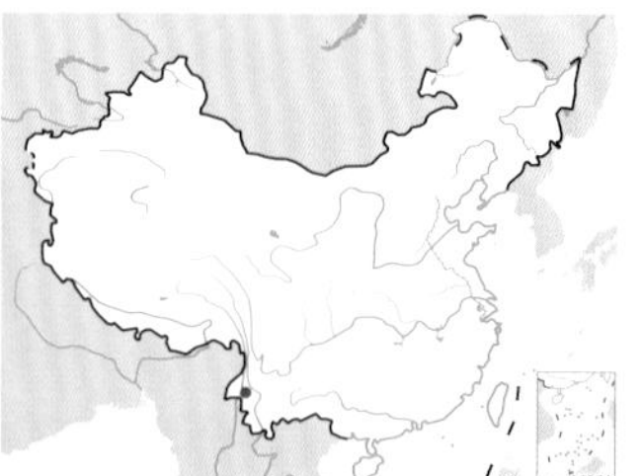

白喉姬鹟。张小玲摄

白尾蓝仙鹟

拉丁名：*Cyornis concretus*
英文名：White-tailed Flycatcher

雀形目鹟科

体长 18 ~ 19 cm，体重 19 ~ 30 g。雄鸟前额至眼上淡蓝色或亮蓝色，脸颊、眼先至眼后黑色，头部和上体余部为烟钴蓝色，飞羽黑色，尾暗灰蓝色，外侧尾羽具白斑；颏至胸较头部略淡，胁部更灰，下体余部白色。雌鸟头顶至枕部，以及上体大部深褐色，翕、肩及飞羽羽缘暖褐色或浅棕褐色，尾深栗色，外侧尾羽具白斑。在中国仅见于云南西南部。IUCN 和《中国脊椎动物红色名录》均评估为无危（LC）。

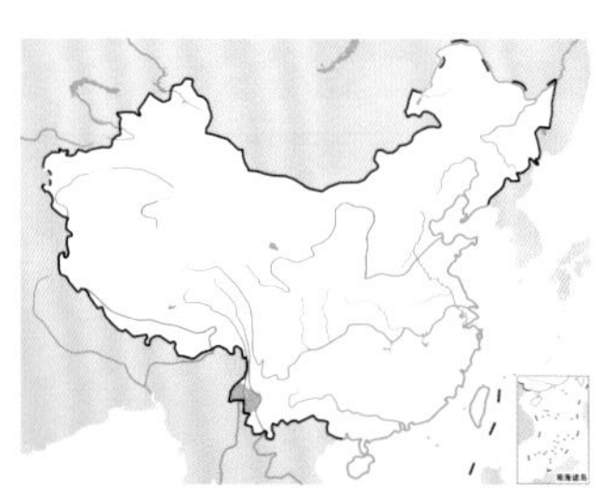

白尾蓝仙鹟。左上图为雄鸟，杜卿摄；下图为雌鸟，张小玲摄

棕腹大仙鹟

拉丁名：*Niltava davidi*
英文名：Fujian Niltava

雀形目鹟科

体长 18 cm。雄鸟前顶冠和头冠两侧为具金属光泽的钴蓝色，头顶余部和上体深蓝色，颈侧具金属钴蓝色斑点；胸至腹部中央、胁部浓橙棕色，往下逐渐变淡，下腹和尾下覆羽皮黄色。雌鸟头和上体多为深橄榄褐色，尾具暗褐色宽羽缘，喉具白色项纹，颈侧具淡辉蓝色点斑，腹至尾下覆羽发白。在中国分布于西南部和南部。繁殖于海拔 1000 m 以上的常绿阔叶林。IUCN 和《中国脊椎动物红色名录》均评估为无危(LC)。被列为中国三有保护鸟类。

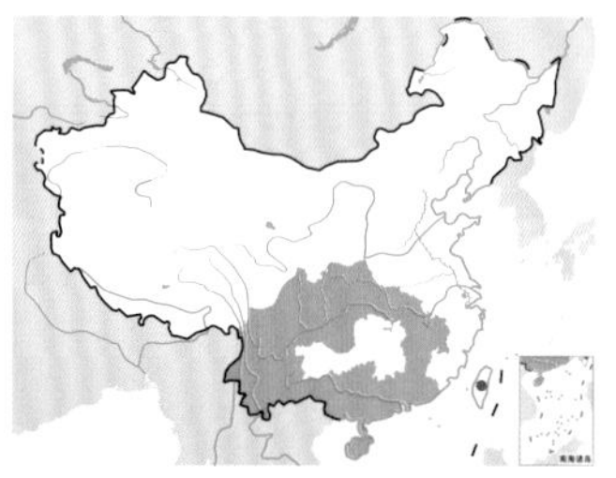

棕腹大仙鹟。左上图为雌鸟，董磊摄；下图为雄鸟，林剑声摄

棕腹仙鹟

拉丁名：*Niltava sundara*
英文名：Rufous-bellied Niltava

雀形目鹟科

体长 15～18 cm，体重 19～24 g。雄鸟前额上部、头顶和后枕亮青蓝色，颈侧具金属钴蓝色斑块，上体余部深蓝色，下体为均匀的浓橙棕色。雌鸟头和上体为发灰的橄榄褐色，尾具暗褐色宽羽缘，眼先至眼及颏淡皮黄色，喉具白色项纹，颈侧具浅蓝色斑点，胸灰橄榄绿色，胸以下灰皮黄色。在中国分布于西南至中部地区。IUCN 和《中国脊椎动物红色名录》均评估为无危（LC）。

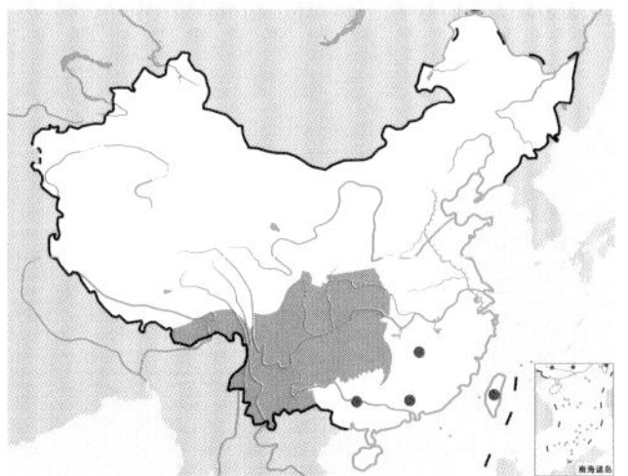

棕腹仙鹟雄鸟。张明摄

大仙鹟

拉丁名：*Niltava grandis*
英文名：Large Niltava

雀形目鹟科

体长 20～22 cm，体重 25～40 g。雄鸟几乎整体深蓝色或蓝黑色，头顶、颈侧、小覆羽和腰蓝色；脸和眼先黑色；下体近紫蓝色。雌鸟头顶和上体深橄榄褐色，头顶具蓝灰色纵纹，腰、尾和飞羽棕色，前额和眼先棕黄色，下体几乎暗橄榄褐色，皮黄色纵纹不明显，两胁和尾下覆羽皮黄色略重。在中国主要分布于西南地区。IUCN 和《中国脊椎动物红色名录》均评估为无危（LC）。

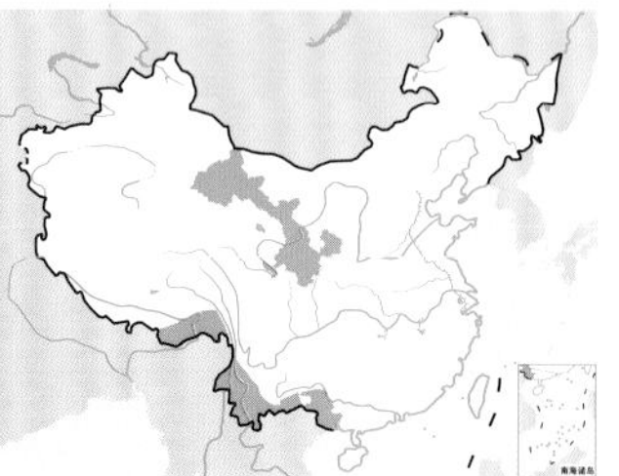

大仙鹟雄鸟。张小玲摄

棕腹蓝仙鹟

拉丁名：*Niltava vivida*
英文名：Vivid Niltava

雀形目鹟科

体长 18～19 cm，体重 17 g。雄鸟头至腰、尾上覆羽亮钴蓝色，前额至脸颊、耳羽黑色，尾黑色；颏和喉蓝黑色，下体橙棕色，向下喉中央延伸，腹部、胁部发白。雌鸟头深灰色，头顶暗蓝色，上体橄榄褐色，翅和尾深褐色，前额和脸部浅褐色；颏和喉浅褐色至黄褐色，可延伸至上胸两侧，胸部褐色，两胁橄榄灰色，尾下覆羽浅黄褐色。仅分布于中国台湾。IUCN 和《中国脊椎动物红色名录》均评估为无危（LC）。

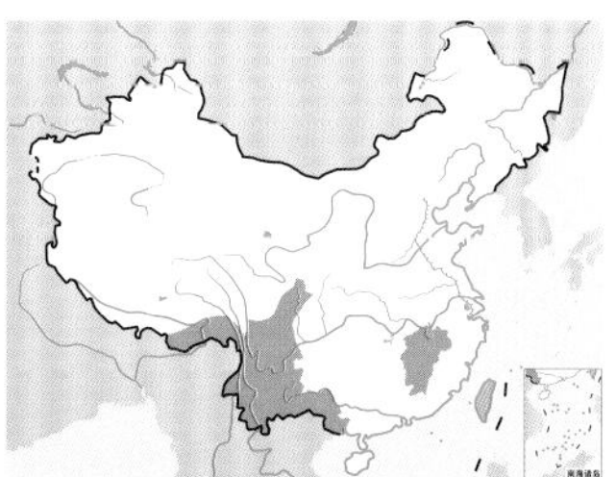

棕腹蓝仙鹟。左上图为雌鸟，王瑞卿摄；下图为雄鸟，颜重威摄

小仙鹟

拉丁名：*Niltava macgrigoriae*
英文名：Small Niltava

雀形目鹟科

体长 11～14 cm，体重 11～13 g。雄鸟前额至眼部为明亮的浅蓝色，头顶至上体深紫蓝色，颈侧具金属蓝色斑块，腰至尾侧淡蓝色或紫蓝色，眼先、眼后、颊和颏黑色，喉和其余面部深蓝色，胸和胁暗深蓝色，腹和尾下覆羽发白。雌鸟前额、眼先至眼周、颏、喉为皮黄色，颈侧具辉蓝色斑块，头顶、上体、颈侧、下喉和胸部为暗橄榄褐色，腹部和下胁部发白。在中国主要分布于西南至东南地区。IUCN 和《中国脊椎动物红色名录》均评估为无危（LC）。

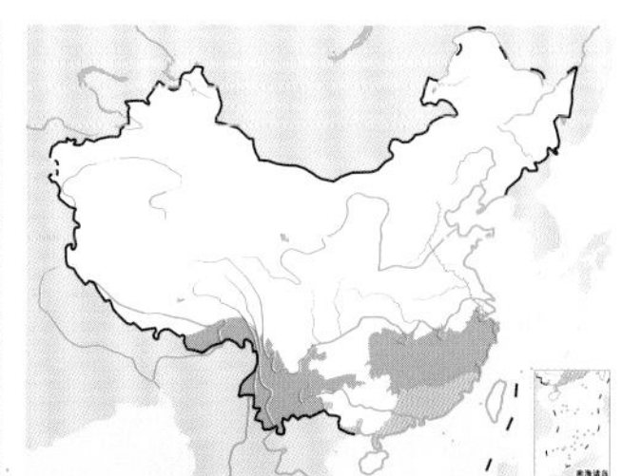

小仙鹟。左上图为雌鸟，张小玲摄；下图为雄鸟，张明摄

戴菊类

- 戴菊类指雀形目戴菊科鸟类，全世界共1属6种，中国有2种
- 戴菊类体形娇小，嘴细直而尖，体羽通常为灰绿色，具浅色翼斑和颜色鲜艳的顶冠纹
- 戴菊类主要栖息于针叶林中，在树冠层取食各种昆虫
- 戴菊类在针叶树侧枝上营精致的碗状巢，巢材主要为松萝和苔藓，雌雄共同参与营巢、孵卵和育雏

类群综述

戴菊类指雀形目戴菊科（Regulidae）鸟类，这是一个非常小的科，仅 1 属 6 种，过去曾长期被归在莺科，但系统演化研究发现它们跟莺类的亲缘关系较远，应独立成科。戴菊类分布于北半球寒带和温带地区，从北美洲到欧洲、非洲北部和亚洲中部。中国有 1 属 2 种。

戴菊类体形非常小，体长仅 8 ~ 11 cm；翅和尾中等长；嘴细直而尖，腿长。体羽通常为灰绿色，具浅色翼斑；头部常有颜色鲜艳的顶冠纹和对比度不一的其他斑纹。

戴菊类是典型的森林鸟类，主要栖息于针叶林中，有时也见于针阔混交林和落叶阔叶林。它们活泼敏捷，常在针叶树枝叶间不停地跳来跳去或飞来飞去，觅食枝叶上的昆虫和蜘蛛等小型无脊椎动物，并不时发出尖细的叫声，习性与柳莺相似。它们的巢也位于针叶树的侧枝上，利用针叶树茂密的枝叶和松树上悬挂的松萝隐蔽，巢材也选取针叶林种容易就近获取的松萝、苔藓、松针等。巢呈碗状，相当精致。雏鸟晚成性。雌雄亲鸟共同参与营巢、孵卵和育雏。

戴菊类目前无受胁物种，全部被 IUCN 评估为无危（LC），在中国均被列为三有保护鸟类。

台湾戴菊 *Regulus goodfellowi*

戴菊 *Regulus regulus*

左：戴菊类鸟娇小美丽，具有羽色鲜艳的顶冠纹，犹如“戴”了一朵“菊花”，它们活泼敏捷，常在针叶树枝叶间不停地跳来跳去或飞来飞去。图为头朝下悬挂于青扦枝头的戴菊。张强摄

台湾戴菊

拉丁名：*Regulus goodfellowi*
英文名：Flamecrest

雀形目戴菊科

体长 9 ~ 10 cm。上体橄榄绿色，顶冠近黑色，具艳丽的顶冠纹，雄鸟顶冠前部橙红色后端黄色，雌鸟顶冠黄色；眼周黑色，外面绕一白环，并在眼先延伸至前额，向眼后延长并变宽为眉纹，其下有黑色髭纹；下体白色，颈圈及胸染灰色，胸侧、两胁、腹侧及臀黄色；两翼及尾黑色，翼斑白色，初级飞羽羽缘黄色。中国台湾特有鸟类，仅分布于台湾中央山脉。栖息于海拔 2000 ~ 3000 m 的山地针叶林。IUCN 和《中国脊椎动物红色名录》均评估为无危（LC）。被列为中国三有保护鸟类。

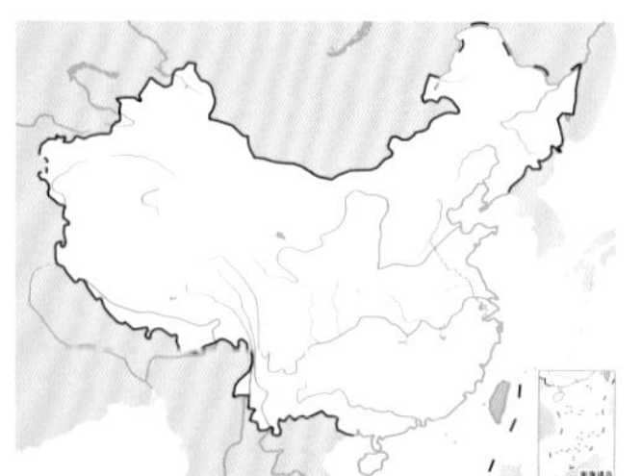

台湾戴菊。左上图沈越摄，下图沈岩摄

戴菊

拉丁名：*Regulus regulus*
英文名：Goldcrest

雀形目戴菊科

形态 体长9～10 cm，体重5～6 g。雄鸟上体橄榄绿色，腰和尾上覆羽黄绿色；前额基部灰白色，额灰黑色或灰橄榄绿色；头顶中央有一前窄后宽略似锥状的橙色斑，其先端和两侧为柠檬黄色，头顶两侧紧接此黄色斑外又各有一条黑色侧冠纹；眼周和眼后上方灰白或乳白色，其余头侧、后颈和颈侧灰橄榄绿色；尾黑褐色，外翈橄榄黄绿色；两翅覆羽和飞羽黑褐色，除第1、第2枚初级飞羽外，其余飞羽外翈羽缘黄绿色，内侧初级飞羽和次级飞羽近基部外缘黑色形成一椭圆形黑斑；下体污白色，羽端沾有少许黄色，体侧沾橄榄灰色或褐色。雌鸟和雄鸟大致相似，但羽色较暗淡，头顶中央斑不为橙红色而为柠檬黄色。虹膜褐色，嘴黑色，脚淡褐色。

分布 在中国主要繁殖于新疆、青海、甘肃、陕西、四川、贵州、云南、西藏、黑龙江和吉林长白山等地，为留鸟或夏候鸟，迁徙或越冬于辽宁、河北、河南、山东、甘肃、青海、江苏、浙江、福建等地，也偶见于台湾。

栖息地 主要栖息于海拔800 m以上的针叶林和针阔叶混交林中，在喜马拉雅山区有时可上到海拔4000 m左右紧邻高山灌丛的亚高山针叶林，是典型的古北区泰加林鸟类。国外分布横跨整个欧亚大陆，西至亚速尔群岛、英伦三岛，北至挪威、瑞典、芬兰，南到地中海沿岸和附近岛屿，往东至俄罗斯远东、朝鲜和日本。

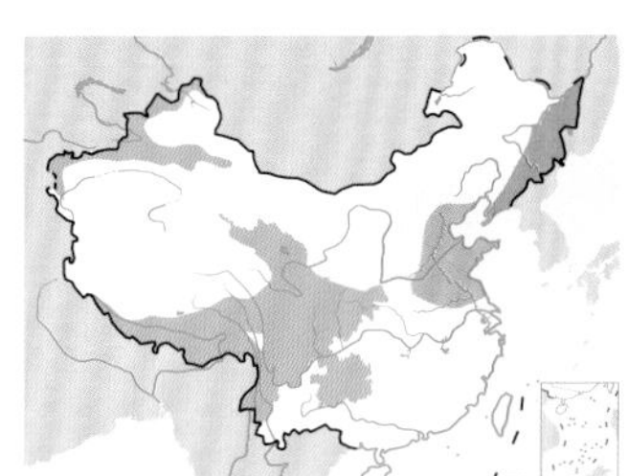

习性 除繁殖期单独或成对活动外，其他时间多成群。性活泼好动，行动敏捷。迁徙季节和冬季，多下到低山和山脚林缘灌丛地带活动。

食性 主要以各种昆虫为食，尤以鞘翅目和鳞翅目昆虫及幼虫为主，也吃蜘蛛和其他小型无脊椎动物，冬季也吃少量植物种子。

繁殖 繁殖期5～7月。营巢由雌雄亲鸟共同承担。巢位于云杉、冷杉等针叶树侧枝上，呈碗状，结构甚为精致，巢材主要为松萝和苔藓，用蛛丝反复黏缠而成，混杂有少量细草、松针、细枝和树木韧皮纤维，内垫有兽毛和鸟羽。巢筑好后第2天或间隔1天即开始产卵，每窝产卵7～12枚。卵白玫瑰色，被有细的褐色斑点，尤以钝端较多，卵的大小为（12.8～14）mm×（10～11）mm。雌雄亲鸟轮流孵卵，孵化期14～16天。雏鸟晚成性，育雏期16～18天。孵出后头几天需亲鸟卧巢暖雏，雌雄亲鸟常轮流暖雏和外出觅食喂雏。无需暖雏后，双亲共同觅食喂雏，每日喂食时间长达14～15小时，平均每5分钟喂食1次。幼鸟离巢后仍以家族群形式活动，最初一周亲鸟还常给幼鸟喂食。

种群现状与保护 IUCN和《中国脊椎动物红色名录》均评估为无危（LC）。被列为中国三有保护鸟类。在中国分布较广，种群数量较丰富，应注意保护。

戴菊。左上图为雌鸟，沈越摄；下图为雄鸟，韦铭摄

太平鸟类

- 太平鸟类指雀形目太平鸟科鸟类，全世界仅1属3种，中国有2种
- 太平鸟类体羽松软，羽色柔和，头顶具羽冠，次级飞羽羽轴多延长成蜡状小斑
- 太平鸟类主要栖息于森林中，取食昆虫以及植物果实和种子
- 太平鸟类营巢于针叶树侧枝上，雌鸟孵卵

类群综述

太平鸟类指雀形目太平鸟科（Bombycillidae）鸟类，这也是一个很小的类群，仅1属3种，其中雪松太平鸟 *Bombycilla cedrorum* 仅分布于北美，小太平鸟 *Bombycilla japonica* 仅分布于东亚，而太平鸟 *Bombycilla garrulus* 横跨欧亚大陆和北美。中国有2种，即太平鸟和小太平鸟。

太平鸟类体长15～23 cm，体羽松软，体色主要为柔和的葡萄灰色，头顶具羽冠。嘴基宽阔，先端尖而微钩曲。鼻孔被须。翅尖长，次级飞羽羽轴多延长成蜡状小斑，故英文名“Waxwing”，意为“蜡翅”。尾短，方形或微凸，尾羽末端通常有红色或黄色端斑。跗跖短而细弱，前缘被盾状鳞。

太平鸟类主要栖息于森林中，但一般选择林缘或相对开阔稀疏的林地，而并不进入密林中。繁殖时选择针叶林和针阔叶混交林，迁徙和越冬期也选择阔叶林，还经常出现在城市或郊区的庭院、公园和果园，追寻浆果四处游荡。喜集群，杂食性，春夏取食昆虫，秋冬主要取食植物果实和种子。取食毫无节制，常饱食至无法起飞的地步，或取食过于成熟的果实至醉酒状态。营巢于针叶树侧枝上。雏鸟晚成性。

太平鸟类目前尚无全球受胁物种，太平鸟和雪松太平鸟的数量还有上升趋势。但小太平鸟分布范围有限，其繁殖地的针叶林还因铁路修建和伐木而被破坏，种群数量正在下降，被IUCN列为近危（NT）。在中国，太平鸟类均被列为三有保护鸟类。

太平鸟
Bombycilla garrulus

小太平鸟
Bombycilla japonica

左：太平鸟类体羽松软，羽色柔和，十分美丽，常追寻浆果四处游荡。图为从金银木枝头起飞的小太平鸟。刘璐摄

太平鸟

拉丁名：*Bombycilla garrulus*
英文名：Bohemian Waxwing

雀形目太平鸟科

形态 体长16～21 cm，体重43～65 g。额、头顶前部、头侧栗褐色，具一簇细长而尖的羽冠，头顶后部栗灰色，枕部黑色；额基黑色，眼先、经眼和眼上到后枕黑色，形成一条长的黑色眉纹或贯眼纹，与后枕的黑色相连；背、肩葡萄灰褐色沾棕色或灰棕褐色，腰和尾上覆羽灰色；尾羽暗灰褐色或棕灰色，具黑色次端斑和鲜黄色端斑；翼内侧覆羽同背，初级飞羽黑褐色，自第2枚初级飞羽开始外翈先端具淡黄色、黄白色至白色狭长端斑，次级飞羽棕褐色，外翈亦具白色端斑，且羽干向外延伸突出于羽片之外2～3 cm，形成蜡滴状羽干斑；颏、喉绒黑色，胸浅灰栗色或灰棕色，腹灰色，向后转为黄白色，尾下覆羽浓栗色，腋羽和翼下覆羽灰白色。虹膜暗红色；嘴黑色，基部蓝灰色；跗跖黑色。

分布 在中国主要为旅鸟和冬候鸟，分布于黑龙江、吉林、内蒙古东北部、辽宁、河北、北京、山东、河南、江苏等地，偶见于甘肃、新疆、青海、四川、福建、香港等地。国外分布于欧洲北部，亚洲北部、中部及东部，至加拿大西部和美国西北部。

栖息地 主要栖息于针叶林、针阔叶混交林和杨桦林中，秋冬季多出现于杨桦次生阔叶林、人工松树林、针阔叶混交林和林缘地带，有时甚至出现在果园、城市公园等人类居住环境的树上。

习性 除繁殖期成对活动外，其他时候多成群活动，有时甚至集成近百只的大群。除繁殖期外，没有固定的活动区，常到处游荡。

食性 主要以油松、桦木、蔷薇、忍冬、卫茅、鼠李等植物果实、种子、嫩芽等为食，也吃部分昆虫等动物性食物。

繁殖 繁殖期5～7月。营巢于针叶林或杨桦针阔叶混交林中的树上。巢呈杯状，主要用细的干松枝、枯草茎、苔藓和地衣等构成，内垫有柔软的苔藓、桦树皮、松针和羽毛等材料。每窝产卵4～7枚，通常5枚。卵灰色或蓝灰色，被有小的黑色斑点，卵的大小为（21～28）mm ×（13～18.8）mm，重3.5～4 g。雌鸟孵卵，孵化期14天。

种群现状和保护 IUCN和《中国脊椎动物红色名录》均评估为无危（LC），被列为中国三有保护鸟类。在中国部分地区种群数量较丰富，但由于羽色艳丽常被人们捕捉作为笼养观赏鸟，对种群数量有一定影响。

太平鸟。沈越摄

小太平鸟

拉丁名：*Bombycilla japonica*
英文名：Japanese Waxwing

雀形目太平鸟科

形态 体长 16～20 cm，体重 31～63 g。头顶栗褐色，具长尖簇状羽冠，极为醒目；上体葡萄灰褐色；尾具黑色次端斑和红色端斑；颏、喉黑色，胸、腹栗灰色，尾下覆羽红色。虹膜暗红色，嘴、脚黑色。

分布 在中国分布于黑龙江、吉林省、辽宁、北京、河北、山东、上海、江苏、浙江等地，偶见于青海、四川、云南、重庆、贵州、湖北、湖南、福建、香港和台湾等地，在大部分地区为旅鸟或冬候鸟，仅在黑龙江牡丹江、佳木斯、伊春、黑河和吉林延边等东北边境地区有繁殖。国外繁殖于西伯利亚东南部，越冬于朝鲜、日本等地。

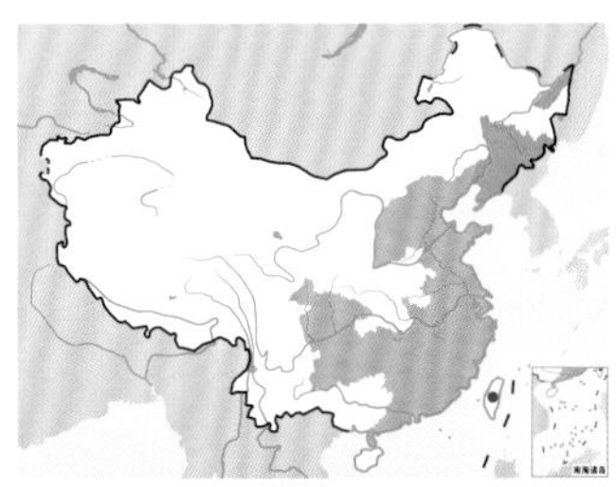

栖息地 繁期间主要栖息于山地针叶林和以针叶树为主的针阔叶混交林中，非繁殖期也栖息于阔叶林、杂木林、次生林和林缘地带，有时也出现在果园、城镇公园，村寨等人类居住地附近的丛林中或树上。

习性 除繁殖期成对活动外，其他时候多成群活动，特别是冬季，有时集群多达 30～40 只，偶尔也见和太平鸟混群。常停息在树端，也常在树下层活动，有时也栖息在电线上和到地面活动及觅食。

食性 主要以植物果实、种子、嫩枝、嫩叶、芽苞等植物性食物为食，也吃昆虫等部分动物性食物。

繁殖 尚无相关研究报告，资料缺乏。

种群现状与保护 IUCN 评估为近危（NT），《中国脊椎动物红色名录》评估为无危（LC），被列为中国三有保护鸟类。小太平鸟在中国主要见于春秋季和冬季，种群数量不丰富，但近年来冬季游荡范围有扩大，多地有新记录报告。由于羽色艳丽，易于饲养，可能被捕捉作笼养观赏鸟，对种群数量影响很大。

小太平鸟。左上图沈越摄，下图杜卿摄

丽星鹩鹛类

- 丽星鹩鹛类指雀形目丽星鹩鹛科鸟类，仅1属1种，中国有分布
- 丽星鹩鹛类喙细长而微曲，腿强健，体羽主要为褐色而多斑点，尾短
- 丽星鹩鹛类栖息于林下植被茂密的森林中，主要在地面活动，觅食昆虫及其幼虫
- 丽星鹩鹛类在茂密植被掩蔽下的地面营杯状巢

类群综述

丽星鹩鹛类指雀形目丽星鹩鹛科（Elachuridae）鸟类，这是一个新建立的科，也是一个单型科，科下仅 1 属 1 种，即丽星鹩鹛 *Elachura Formosa*。最初它被归在画眉科鹩鹛属 *Spelaeornis*，但基于分子信息的系统演化显示它跟画眉科亲缘关系甚远，应自成一属一科，与太平鸟关系密切。

从传统分类系统将其置于画眉科鹩鹛属可知，丽星鹩鹛外形与习性皆与鹩鹛相似。喙细长而微曲，腿强健，体羽主要为褐色而多斑点，尾短。性隐蔽，主要在林下地面稠密的灌木丛和草丛间活动觅食。善于在地面奔跑，除非迫不得已，一般很少起飞。鸣声响亮而单调，为不断重复的三声一度的单音节哨声，其声似“滴—滴—跌”。主要以昆虫和昆虫幼虫为食。

丽星鹩鹛繁殖期 4～7 月，通常营巢于海拔 3000 m 以下茂密森林中的地面，甚为隐蔽。巢呈杯状，主要由枯草茎、枯草叶和根等构成，内有时垫有少量羽毛。巢每窝产卵 3～4 枚。卵纯白色，偶尔被少许红褐色斑点，卵大小为 16.5 mm × 12.5 mm。

丽星鹩鹛的分布区域狭窄，种群数量并不丰富，虽然目前被 IUCN 评估为无危（LC），但仍需注意保护。

左：丽星鹩鹛类体羽主要为褐色而多斑点，尾短，栖息于林下植被茂密的森林中。图为站在树枝上鸣唱的丽星鹩鹛。韦铭摄

丽星鹩鹛
Elachura formosa

丽星鹩鹛

拉丁名：*Elachura formosa*
英文名：Elachura

雀形目丽星鹩鹛科

体长 10～11 cm，体重 8 g 左右。上体和两翅覆羽暗褐色满布白色斑点，飞羽具棕褐和黑褐色相间横斑，尾短具棕褐和黑色相间横斑。喉和下体暗黄褐色满布白色斑点。虹膜褐色，嘴角褐色，脚和趾亦为角褐色。分布于印度东北部、不丹、孟加拉国、缅甸、越南和中国，在国内见于云南盈江、沧源和河口，以及江西、浙江、福建一带山区，最近报道在湖北通城 2017 年和 2018 年春季有多次鸣声记录。主要栖息于海拔 1000～2500 m 的山地森林中，尤以林下灌木和草本植物发达的阴暗而潮湿的常绿阔叶林和溪流与沟谷林中较常见。IUCN 评估为无危（LC），《中国脊椎动物红色名录》评估为近危（NT）。被列为中国三有保护鸟类。

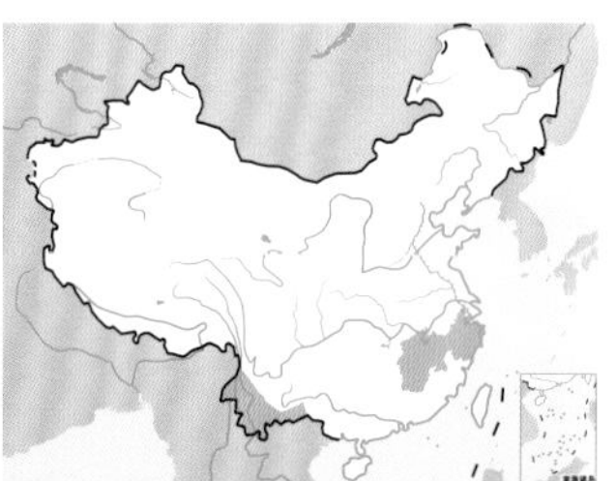

丽星鹩鹛。左上图韦铭摄，下图林剑声摄

和平鸟类

- 和平鸟类指雀形目和平鸟科鸟类，全世界仅1属3种，中国仅1种
- 和平鸟类喙粗壮而微曲，体羽主要为蓝色和黑色，并具金属光泽
- 和平鸟类栖息于常绿到半常绿阔叶林，常在树冠层取食昆虫和植物果实与种子
- 和平鸟类在常绿阔叶林中营杯状巢，雌鸟孵卵，雏鸟晚成性

类群综述

和平鸟类指雀形目和平鸟科（Irenidae）鸟类，全世界仅 1 属 3 种，分布也仅限于南亚至东南亚地区，是东洋界的特有科。和平鸟类为中型鸟类，体长 21～28 cm。身体结实紧凑，跗跖短，喙粗壮而微曲，具缺刻。体羽主要为蓝色和黑色，并具金属光泽，红色的虹膜在体羽的衬托下十分醒目。

和平鸟类栖息于平原到低山丘陵的常绿到半常绿阔叶林，常单独或成对活动，性胆怯怕人，常在乔木上部的树冠层活动和觅食，主要以昆虫和植物果实与种子为食。

和平鸟类繁殖期 4～6 月。通常营巢于常绿阔叶林中。巢呈浅杯状，结构较为粗糙，主要用细枝、草茎、根和苔藓等材料构成，内放有细软的须根和细草。每窝产卵 2～3 枚，卵为长卵圆形，淡灰色、皮黄色或淡灰红色，其上斑点有深浅两层，常见有红褐色、灰色、绿灰色和紫色，尤以钝端斑纹较多。雌鸟孵卵，雏鸟晚成性。

和平鸟类虽然尚无全球受胁种类，但种群数量均呈下降趋势。

左：和平鸟类体羽以蓝色和黑色为主，红色的虹膜十分醒目，常在树冠层取食昆虫和植物果实与种子。图为取食榕果的和平鸟。刘璐摄

和平鸟
Irena puella

和平鸟

拉丁名：*Irena puella*
英文名：Asian Fairy Bluebird

雀形目和平鸟科

中型鸟类，体长 24～28 cm，体重 65～99 g。雄鸟头顶、枕、后颈、背、肩、腰，以及翅上小覆羽、中覆羽和尾上覆羽、尾下覆羽均为辉蓝色而具紫色光泽，内侧数枚大覆羽具蓝紫色端斑，其余上体和下体乌黑色。雌鸟通体主要为铜蓝色，眼先、眼下方黑色；翅黑褐色，翅上初级覆羽、大覆羽和内侧飞羽外翈缀以铜蓝色；尾羽暗褐色，中央尾羽染以铜蓝色，越往外侧尾羽蓝色越少。虹膜红色或橙红色，嘴和脚黑色。在国内仅见于西藏东南部和云南南部西双版纳、东南部河口。通常栖息于海拔 600 m 以下的常绿阔叶林中，有时也到海拔 1000～1500 m 的低山和山脚地带。IUCN 评估为无危（LC），《中国脊椎动物红色名录》评估为近危（NT），被列为中国三有保护鸟类。在中国分布区域十分狭窄，需注意保护。

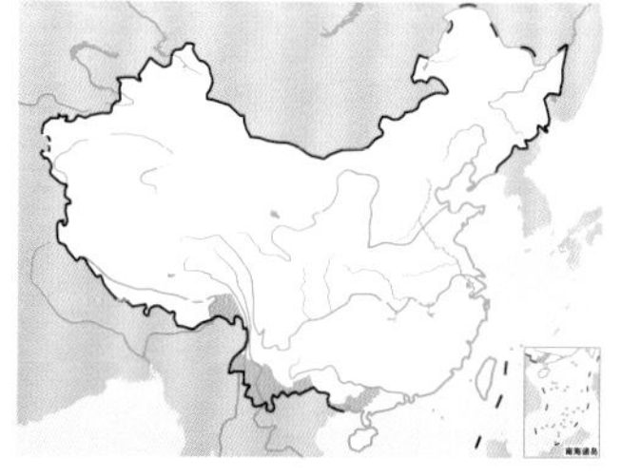

和平鸟。左上图为雄鸟，下图为雌鸟。刘璐摄

叶鹎类

- 叶鹎类指雀形目叶鹎科鸟类，全世界仅1属13种，中国有3种
- 叶鹎类喙小而直，翅尖长而尾相对较短，体羽以绿色为主，并点缀蓝色、黑色、黄色和橙色等色块
- 叶鹎类栖息于低海拔常绿阔叶林中，在森林中上层沿枝条觅食昆虫，也取食部分植物性食物
- 叶鹎类营巢于树上，巢呈杯状

类群综述

叶鹎类指雀形目叶鹎科（Chloropseidae）鸟类，这是从原和平鸟科中独立出来的一个新科，与和平鸟科互为姐妹群。跟和平鸟科一样，叶鹎科也是一个单型科，仅 1 属 13 种，也同样是东洋界的特有科。中国分布有 3 种。

叶鹎类均为小型鸟类，体长仅 14 ~ 21 cm。喙小而直，略微向下弯曲；跗跖短；翅尖长而尾相对较短。体羽以绿色为主，也有蓝色、黑色、黄色和橙色等色块点缀。

叶鹎类通常栖息于海拔 2300 m 以下低山丘陵和山脚平原地带的常绿阔叶林、次生林和林缘疏林灌丛中，也出入于雨林和季雨林及其林缘地带，有时也见于果园和农田路边灌丛。性活泼，主要在乔木树冠层和灌木上活动，沿枝条觅食昆虫，也吃部分果实、种子和花等植物性食物。常成对或成小群活动，也常加入混合鸟群。悦耳鸣声，如流水般升降有致的颤鸣，音调似鹎，也能模仿其他鸟类的叫声。

叶鹎类营巢于树上，通常距地面高 5m 以上。巢呈杯状，主要用细而柔软的枯草茎、枯草叶和草根等编织而成，巢外壁黏有蛛网。窝卵数通常 2 ~ 3 枚。卵乳白色或粉白色，被有不规则的发丝状的灰色、黑色、紫色或红褐色斑点，尤以钝端较密。

作为主要分布于东南亚诸岛并生活在热带亚热带森林中的物种，叶鹎类容易因栖息地丧失而受胁，目前有 3 种被 IUCN 列为易危（VU），受胁比例高达 23.1%，另有 3 种为近危（NT）。中国的 3 种叶鹎均被列为三有保护鸟类。

左：叶鹎类体羽以绿色为主，主要在乔木树冠层和灌木上活动，行动敏捷，能够倒悬于枝头觅食昆虫，也吃部分果实、种子和花等植物性食物。图为倒悬于枝头的金额叶鹎。刘璐摄

蓝翅叶鹎

拉丁名：*Chloropsis cochinchinensis*
英文名：Blue-winged Leafbird

雀形目叶鹎科

体长 15～18 cm，体重 18～35 g。雄鸟通体草绿色，尾蓝绿色，肩和翅亮蓝色；颏、喉黑色，胸缀有黄色。雌鸟颏，喉蓝绿色。在国内主要分布于云南西南部。主要栖息在海拔 1500 m 以下的常绿阔叶林、次生林和林缘疏林灌丛中，尤其喜欢比较干燥而稀疏的树林，也出入于次生灌丛、果园和农田地边小树丛。常成对或成小群活动。IUCN 评估为近危（NT），《中国脊椎动物红色名录》评估为无危（LC）。被列为中国三有保护鸟类。

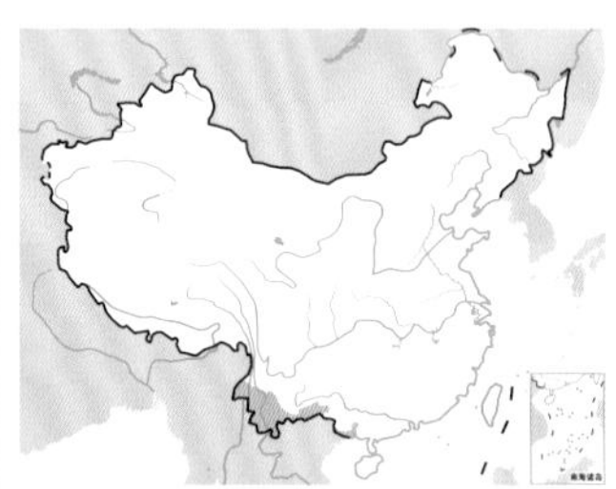

蓝翅叶鹎。左上图雄鸟，下图为雌鸟。刘璐摄

金额叶鹎

拉丁名：*Chloropsis aurifrons*
英文名：Golden-fronted Leafbird

雀形目叶鹎科

体长 16～20 cm，体重 24～32 g。雄鸟额和头顶前部金橘色，头顶后部至尾上覆羽等整个上体草绿色；两翅表面亦与上体同色；颏、颊下方和上喉紫色，额基、眼先、眼下围至耳羽和下喉黑色，此黑色外围有一圈黄色，起于两侧眼后，汇于胸部，且越往胸部色带越宽，黄色亦转为橙黄色，其余下体浅绿色。雌鸟和雄鸟基本相似，但上下体绿色较浅淡，前头金橙色面积亦较小，耳羽蓝色具黄绿色先端，黑色喉外围的黄色环带亦较狭窄且色淡，翼缘绿蓝色而非蓝紫色。在国内见于云南西部的盈江和西南部的永德、沧源、西盟等地。主要栖息于海拔 1500 m 以下的山地常绿阔叶林和次生林中，有的地方甚至到海拔 2100 m。IUCN 评估为无危（LC），《中国脊椎动物红色名录》评估为近危（NT）。被列为中国三有保护鸟类。在中国分布区域狭窄，数量稀少，应注意保护。

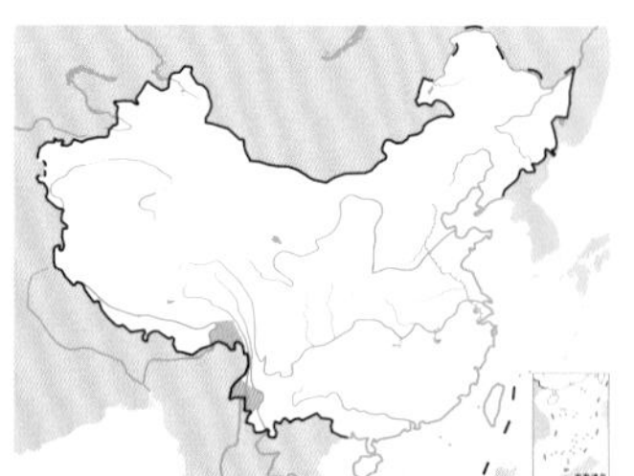

金额叶鹎。左上图为雌鸟，刘璐摄；下图为雄鸟，杜卿摄

橙腹叶鹎

拉丁名：*Chloropsis hardwickii*
英文名：Orange-bellied Leafbird

雀形目叶鹎科

形态 体长16～20 cm，体重21～40 g。雄鸟额、头顶至后颈黄绿色或蓝绿色，其余上体草绿色；两翼黑色，翅上小覆羽亮蓝色，其余翅上覆羽和初级飞羽紫黑色，外翈深蓝色而具金属光泽，次级飞羽外翈绿色；尾羽暗褐色至黑色，大多沾有暗紫色或暗蓝色；额基、眼先、颊、耳羽和耳羽下方均为蓝黑色，且与颏、喉和上胸黑色连为一体；额基、眉区和眼后微沾黄色，具粗短的钴蓝色髭纹，颏、喉和上胸微缀紫蓝色，其余下体橙色，两胁绿色。雌鸟和雄鸟大致相似，但上体全为草绿色，额和头顶不沾黄色，两翅表面、尾上覆羽和尾羽表面均为草绿色，髭纹淡钴蓝色；喉中部至上胸和腹部两侧均为浅绿色，橙色仅限于腹部中央和尾下覆羽，明显较雄鸟小，其他似雄鸟。虹膜红色、棕色至红棕色；嘴黑色；跗跖灰绿色、铅灰色至黑色。

分布 国内分布于西藏、云南、广西、广东、福建、香港和海南岛。国外分布于东喜马拉雅山脉、印度、尼泊尔、不丹、孟加拉国、缅甸、越南、泰国和马来西亚。

栖息地 主要栖息于海拔2300 m以下的低山丘陵和山脚平原地带的森林中，尤以次生阔叶林、常绿阔叶林和针阔叶混交林中较常见，也出入于沟谷林、雨林和季雨林及其林缘地带，有时也见在村寨、果园、地头和路边树上。

习性 常成对或成3～5只的小群，多在乔木冠层间活动，尤其在溪流附近和林间空地等开阔地区的高大乔木上出入频繁，偶尔也到林下灌木和地上活动和觅食。性活泼。

食性 主要以昆虫为食，也吃部分植物果实和种子。所吃昆虫主要有金龟子、象甲、毛虫、蚱蜢、蝗虫、螽斯、蟋蟀、蝽象、螳螂、蚁、蝉、蜂、蝼蛄、蝇类，也吃少量蜘蛛等其他无脊椎动物。植物性食物主要有榕果、种子、花等。

繁殖 繁殖期5～7月。营巢于森林中树上。巢呈杯状，由枯草茎、枯草叶和草根等材料构成。每窝产卵3枚。卵的大小为22.8 mm × 15.9 mm。

种群现状与保护 IUCN和《中国脊椎动物红色名录》均评估为无危（LC），被列为中国三有保护鸟类。是中国分布最广的叶鹎，但种群数量处于下降趋势，应注意保护。

橙腹叶鹎。左上图为雄鸟，胡云程摄；下图为雌鸟，杜卿摄

啄花鸟类

- 啄花鸟类指雀形目啄花鸟科鸟类，全世界共2属54种，中国有1属6种
- 啄花鸟类翅尖长，尾短，羽色多为黑色或橄榄色，并点缀以鲜艳的红色、黄色，有的还具金属光泽
- 啄花鸟类见于多种有乔木生长的生境，常在树冠层或寄生植物上取食果实和花蜜，有时也取食昆虫
- 啄花鸟类通常营球形巢，悬挂于多叶的枝头

类群综述

啄花鸟类指雀形目啄花鸟科鸟类，全世界共2属54种，即啄花鸟属 *Dicaeum* 和锯齿啄花鸟属 *Prionochilus*，主要分布于东洋界，少数见于澳洲界。中国有1属6种，分布于西南及华南地区。

啄花鸟类均为小型鸟类，体长仅7～13 cm，喙尖细，翅尖长，尾短，羽色多为黑色或橄榄色，并点缀以鲜艳的红色、黄色，有的还具金属光泽。

啄花鸟类见于多种植被覆盖良好的生境，从茂密的森林，到开阔林地、林缘，乃至农田、果园以及城市中的绿地。它们主要取食花和果实，只要能找到这些食物的地方都有它们的身影。常在树冠层或寄生植物上活动，喜集小群，性活跃。

啄花鸟类通常营精美的球形巢，由树叶、植物纤维及蛛丝编织而成，悬挂于多叶的枝头。

得益于其广泛的生境适应能力，相较于其他分布于东南亚森林中的鸟类，啄花鸟较少受胁，目前仅1种被IUCN列为极危（CR），2种为易危（VU），受胁比例为5.6%，低于世界鸟类整体受胁水平。

左：啄花鸟类羽色多为黑色或橄榄色，并点缀以鲜艳的红色、黄色，其中红胸啄花鸟的点缀别具特色，它们胸部的红色正如一颗跃动的心脏，俗名“红心肝”。刘璐摄

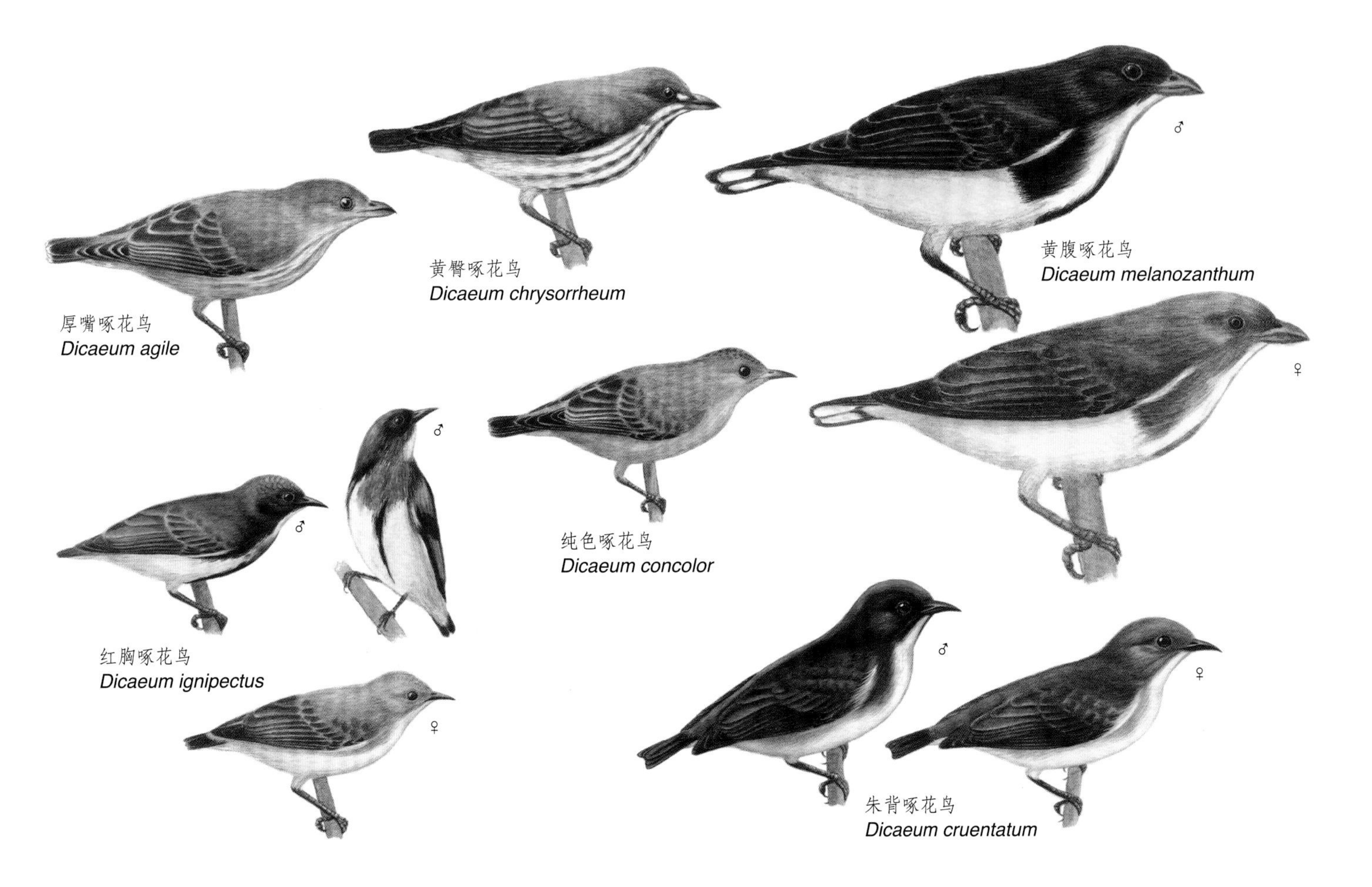

厚嘴啄花鸟

拉丁名：*Dicaeum agile*
英文名：Thick-billed Flowerpecker

雀形目啄花鸟科

体长约9 cm。嘴明显厚重，顶冠橄榄褐色，脸颊灰色，背橄榄色，喉及下体灰白色，胸隐约具灰色纵纹，外侧尾羽腹面具白端。在中国记录于云南南部西双版纳地区及西藏东南部低地。一般生活于落叶阔叶林及常绿落叶阔叶混交林，取食蜜源植物。IUCN和《中国脊椎动物红色名录》均评估为无危（LC）。

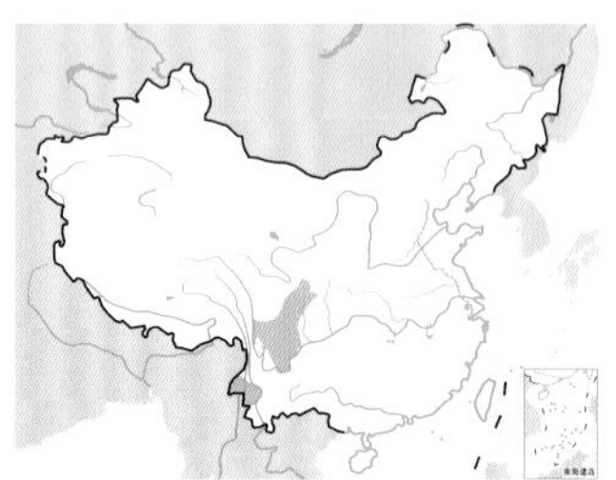

厚嘴啄花鸟。Pranad Patil摄（维基共享资源/CC BY-SA 4.0）

黄臀啄花鸟

拉丁名：*Dicaeum chrysorrheum*
英文名：Yellow-vented Flowerpecker

雀形目啄花鸟科

体长约9 cm。成鸟上体橄榄绿色，尾下覆羽艳黄色或橘黄色，下体余部白色而密布特征性的黑色纵纹。在国内见于云南西部和南部以及广西西南部的阔叶林或林间灌丛。IUCN和《中国脊椎动物红色名录》均评估为无危（LC）。

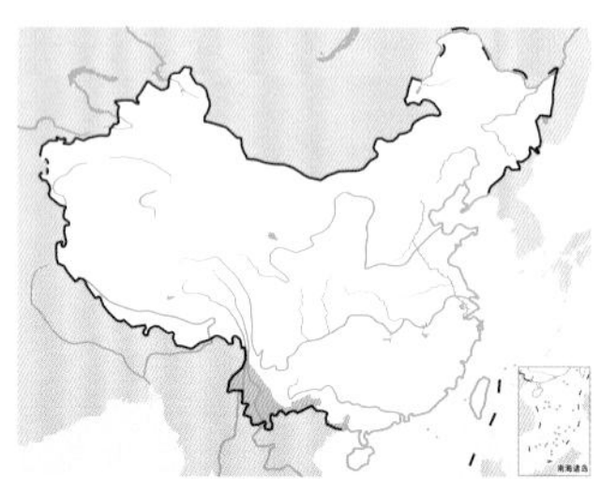

黄臀啄花鸟。左上图王瑞卿摄，下图沈越摄

黄腹啄花鸟

拉丁名：*Dicaeum melanoxanthum*
英文名：Yellow-bellied Flowerpecker

雀形目啄花鸟科

体长约13 cm，体重约15 g，雄鸟下腹艳黄色，喉部具白色纵斑，与黑色的头、喉侧及上体成对比，外侧尾羽内翈具白色斑块。雌鸟似雄鸟但色暗。在中国分布于云南、广西南部、广东西南部和海南岛。多栖于常绿林的林缘及次生阔叶林中，取食寄生植物的果实、花蜜和昆虫。IUCN和《中国脊椎动物红色名录》均评估为无危（LC）。

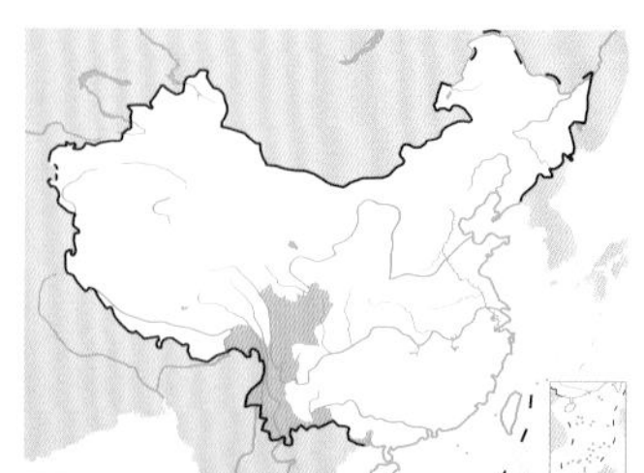

黄腹啄花鸟。左上图为雄鸟，下图为雌鸟。田穗兴摄

纯色啄花鸟

拉丁名：*Dicaeum concolor*
英文名：Plain Flowerpecker

雀形目啄花鸟科

体长约8 cm，体重约6 g。羽色朴素单纯，无明显斑纹。上体橄榄绿色，下体偏浅灰色，腹部中心奶油色，翼角具白色羽簇。在中国分布于秦岭—淮河以南各地，包括台湾和海南。栖息于低山开阔的森林地带，也在次生植被及耕作区活动，亦见于林间小道的低矮乔木、傍山公路的行道树上乃至城市绿化带的高大乔木上。在树上以植物纤维、花序、蛛丝等编织成袋状巢，高悬于树梢，巢口位于巢的中部。每窝产卵2～5枚。IUCN和《中国脊椎动物红色名录》均评估为无危（LC）。

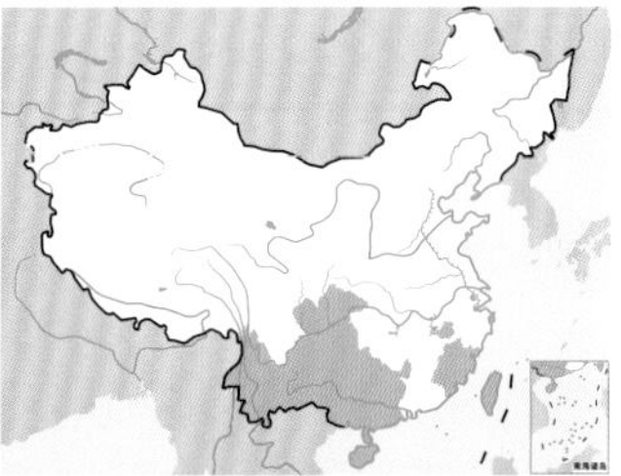

纯色啄花鸟。左上图沈越摄，下图韦铭摄

红胸啄花鸟

拉丁名：*Dicaeum ignipectus*
英文名：Fire-breasted Flowerpecker

雀形目啄花鸟科

体长不足 7 cm，体重约 6 g。雄鸟上体金属绿蓝色，尾上覆羽稍沾蓝辉；翅上小覆羽和中覆羽与背同色，大覆羽和飞羽暗褐色，外侧羽片具暗绿辉亮，次级飞羽缘以橄榄黄色，飞羽羽干黑色，下面浅褐色；尾羽暗褐色，微渲染蓝辉；眼先、颊、耳羽、颈侧和胸侧黑色，微杂以橄榄黄色或灰色；颏、喉棕黄色，胸具朱红色横斑；腹、尾下覆羽浓棕黄色，腹部中央纵贯以宽而曲折的黑纹；两胁橄榄绿色；腋羽白色，微沾黄色；翅下覆羽纯白色。秋季换上的新羽上体羽端具橄榄绿色羽缘。雌鸟上体橄榄绿色，下体赭皮黄色。在中国分布于西南至东南地区，包括海南和台湾。常栖息在开阔的村庄、田野、山丘、山谷等次生阔叶林，或溪边树丛间。IUCN 和《中国脊椎动物红色名录》均评估为无危（LC）。

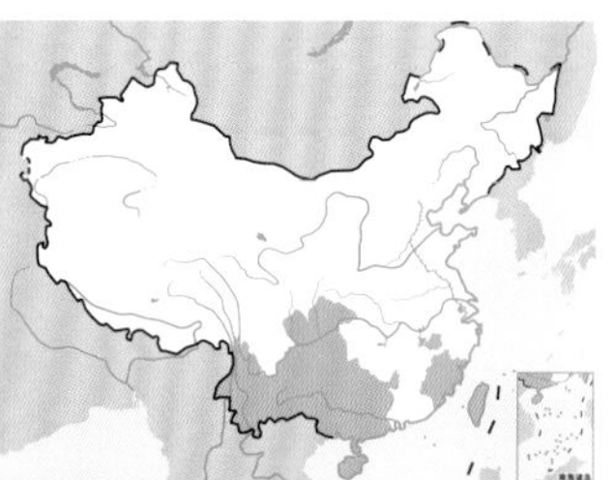

红胸啄花鸟。左上图为雌鸟，黄珍摄；下图为雄鸟，杜卿摄

朱背啄花鸟

拉丁名：*Dicaeum cruentatum*
英文名：Scarlet-backed Flowerpecker

雀形目啄花鸟科

体长约 9 cm，体重约 6.3 g，雄鸟顶冠、背及腰猩红色，两翼、头侧及尾黑色；两胁灰色，下体余部白色。雌鸟上体橄榄色，腰及尾上覆羽猩红色，尾黑色。亚成鸟清灰色，嘴橘黄色，腰略沾暗橘黄色。在中国分布于西藏东南部、云南南部、广西、广东、福建和海南岛。栖息地包括种植园、亚热带或热带的湿润低地林、亚热带或热带的旱生林和乡村花园。一般生活于低山高大乔木林间，亦可见于开阔的山丘平坝地区的稀疏乔木上，高可至海拔 1000 m。IUCN 和《中国脊椎动物红色名录》均评估为无危（LC）。

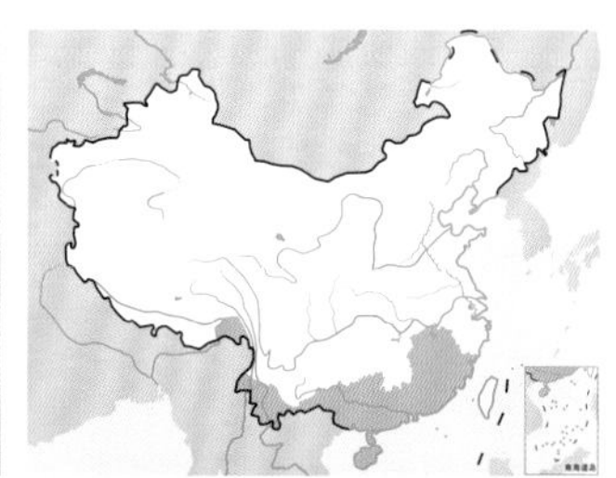

朱背啄花鸟。左上图为雄鸟，下图为雌鸟。田穗兴摄

花蜜鸟类

- 花蜜鸟类指雀形目花蜜鸟科鸟类，全世界共15属145种，中国有6属13种
- 花蜜鸟类喙细长而下弯，羽色艳丽并具金属光泽，有些种类雄鸟还有延长的中央尾羽
- 花蜜鸟类栖息于从湿润到干旱、茂密到开阔的各种生境，主要在开花植物上层或寄生植物上取食花蜜和昆虫
- 花蜜鸟类的繁殖季节与当地气候和昆虫发生相关，大多在雨季繁殖，也有的旱季繁殖，还有的全年皆可繁殖

类群综述

花蜜鸟类指雀形目花蜜鸟（Nectariniidae）科鸟类，与啄花鸟科是姐妹群。全世界共 15 属 145 种，主要分布于非洲和亚洲热带亚热带地区，少数种类也分布到大洋洲。中国有 6 属 13 种，主要分布于西南和华南地区。

花蜜鸟类为小而纤细的雀形目鸟类，喙细长而下弯，有些种类具有延长的尾羽，许多种类色彩艳丽并具有金属光泽，尤其是雄鸟，在阳光照射下呈现彩虹般的晕彩，故英文名“Sunbird”，意为太阳鸟。

花蜜鸟类栖息于各种植被覆盖的生境，从热带雨林到红树林、林缘、次生林、稀树草原、人工林和种植园。通常单独或成对活动，有时与其他种类混群。主要在开花植物上层或寄生植物上活动，取食花蜜和昆虫。

花蜜鸟类的繁殖期与当地的气候有关，主要选择昆虫繁盛能够满足育雏需求的季节，许多种类在雨季繁殖，但非洲稀树草原上的物种则选择旱季繁殖，有的则全年皆可繁殖。巢的种类也多种多样，有的巢呈椭圆形或梨形，主要由植物绒、苔藓、草、植物纤维、蛛网等构成，悬挂于灌木细枝上；有的在大的植物叶片下用叶脉筑巢。

花蜜鸟类较少受胁，目前仅 3 种被 IUCN 列为濒危（EN），4 种为易危（VU），受胁比例约 5%，低于世界鸟类整体受胁水平。中国分布的花蜜鸟类均为无危（LC），除新记录种外均被列为中国三有保护鸟类。

左：花蜜鸟类喙细长而下弯，羽色艳丽，能够像蜂鸟一样悬停于空中取食花蜜，故有“亚洲蜂鸟”之称。图为悬停访花的叉尾太阳鸟。陈林摄

右：花蜜鸟类的巢十分精致。图为火尾太阳鸟的巢，呈椭圆形，侧面开口，主要由苔藓构成，悬挂于灌木细枝上。梁丹摄

紫颊太阳鸟
Chalcoparia singalensis
褐喉食蜜鸟
Anthreptes malacensis
蓝枕花蜜鸟
Hypogramma hypogrammicum
紫花蜜鸟
Cinnyris asiaticus
黄腹花蜜鸟
Cinnyris jugularis
蓝喉太阳鸟
Aethopyga gouldiae
绿喉太阳鸟
Aethopyga nipalensis
黑胸太阳鸟
Aethopyga saturata
黄腰太阳鸟
Aethopyga siparaja
叉尾太阳鸟
Aethopyga christinae
长嘴捕蛛鸟
Arachnothera longirostra
火尾太阳鸟
Aethopyga ignicauda
纹背捕蛛鸟
Arachnothera magna

紫颊太阳鸟

拉丁名：*Chalcoparia singalensis*
英文名：Ruby-cheeked Sunbird

雀形目花蜜鸟科

体长约10 cm，体重约8 g。色彩艳丽，雄鸟顶冠及上体闪辉深绿色，脸颊深铜红色，喉及胸橙褐色，腹部黄色。雌鸟上体绿橄榄色，下体似雄鸟但较淡。在国内仅见于云南南部。喜林缘、稀疏林下植被及椰子庄园。IUCN和《中国脊椎动物红色名录》均评估为无危（LC），被列为中国三有保护鸟类。

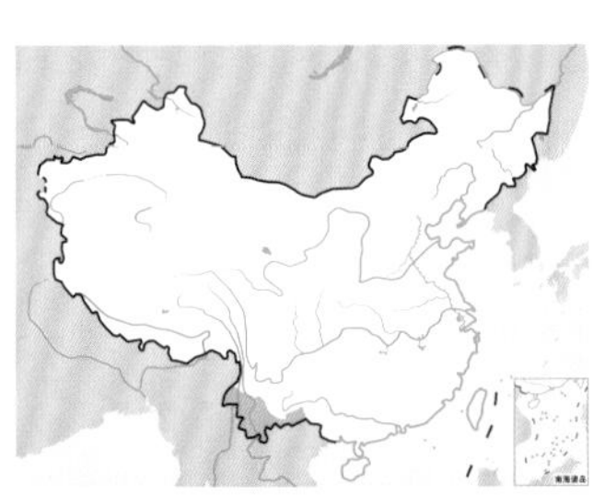

紫颊太阳鸟。左上图为雌鸟，下图为雄鸟。刘璐摄

褐喉食蜜鸟

拉丁名：*Anthreptes malacensis*
英文名：Brown-throated Sunbird

雀形目花蜜鸟科

体长约13 cm，体重约12 g。雄鸟上体蓝紫色，具金属光泽；头部两侧暗棕褐色，肩部金属紫色，翼上中覆羽和大覆羽红褐色；喉部沾锈红色，下体余部黄色。雌鸟上体橄榄黄绿色，眼周具有不连续的皮黄色眼圈，下体全黄色。虹膜红色。在中国仅见于云南南部西双版纳。主要栖息于林缘、次生林、种植园以及花园。IUCN和《中国脊椎动物红色名录》均评估为无危（LC）。

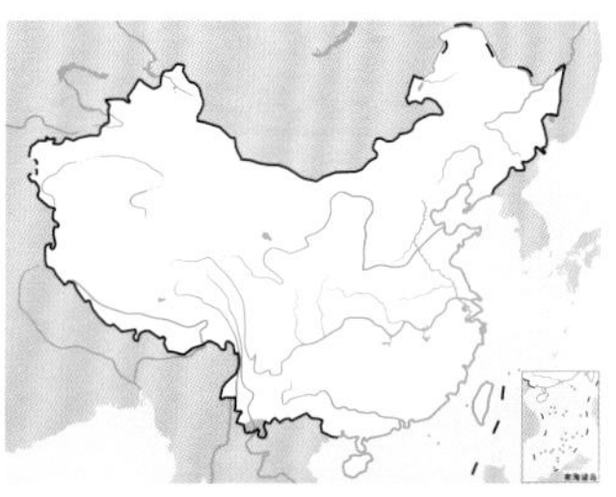

褐喉食蜜鸟。左上图为雌鸟，刘璐摄；下图为雄鸟，沈越摄

蓝枕花蜜鸟

拉丁名：*Hypogramma hypogrammicum*
英文名：Purple-naped Sunbird

雀形目花蜜鸟科

体长约14 cm，体重约13 g。上体橄榄绿色，下体黄色而具浓密纵纹。雄鸟颈背、腰及尾上覆羽金属紫色，雌鸟无此闪斑。在中国仅见于云南南部。喜森林、沼泽森林及次生灌丛中的较小树木及林下植被。IUCN和《中国脊椎动物红色名录》均评估为无危（LC），被列为中国三有保护鸟类。

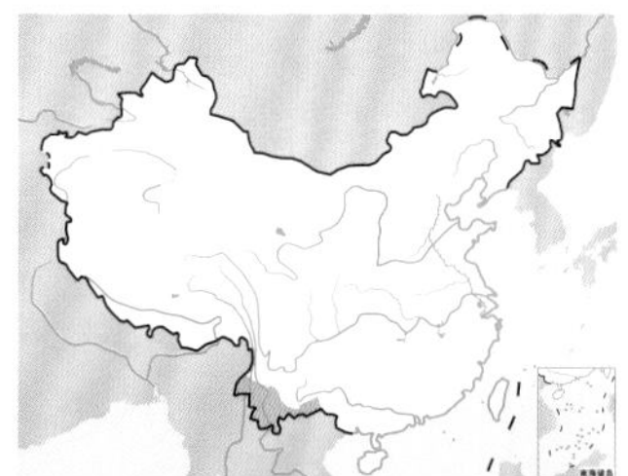

蓝枕花蜜鸟。董文晓摄

紫花蜜鸟

拉丁名：*Cinnyris asiaticus*
英文名：Purple Sunbird

雀形目花蜜鸟科

体长约 11 cm，体重约 8 g，雄鸟在多数光线下显全黑，但具绿色闪辉和绛紫色的胸带，胸侧羽簇可能为黄色及橘黄色。雌鸟上体橄榄色，下体暗黄色，与黄腹花蜜鸟雌鸟的区别在下体色较淡，尾端白色较窄。繁殖后的雄鸟似雌鸟，但喉中心具黑色纵纹，与黄腹花蜜鸟雄鸟的区别在翼覆羽呈虹闪蓝色。在中国境内见于云南西南部和西部及西藏东南部。栖息于低中等海拔的开阔原野及花园。IUCN 和《中国脊椎动物红色名录》均评估为无危（LC），被列为中国三有保护鸟类。

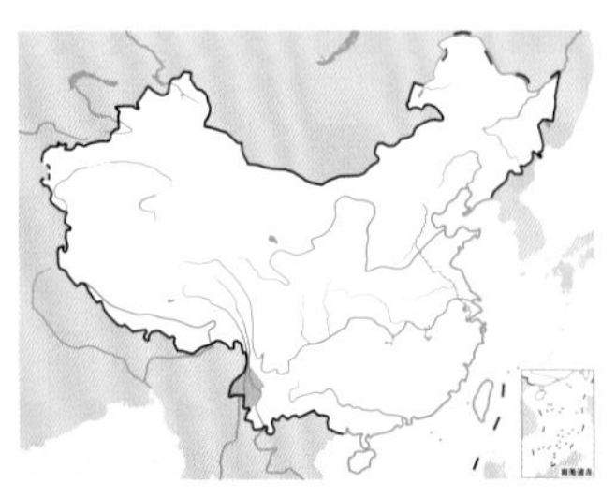

紫花蜜鸟。左上图为雌鸟，韦铭摄；下图为雄鸟繁殖羽，刘璐摄

黄腹花蜜鸟

拉丁名：*Cinnyris jugularis*
英文名：Olive-backed Sunbird

雀形目花蜜鸟科

体长约 10 cm，体重约 8 g。雄鸟上体橄榄绿色，具艳橙黄色丝质羽的肩斑；颏及胸金属黑紫色，有绯红色及灰色胸带，繁殖期后金属紫色缩小至喉中心的狭窄条纹。雌鸟上体橄榄绿色，通常具浅黄色的眉纹，下体黄色。在中国境内分布于云南南部、广西、广东和海南，其中以海南岛较常见。多见于海拔 700 m 以下的开阔山林，常光顾林缘、沿海灌丛及红树林。IUCN 和《中国脊椎动物红色名录》均评估为无危（LC），被列为中国三有保护鸟类。

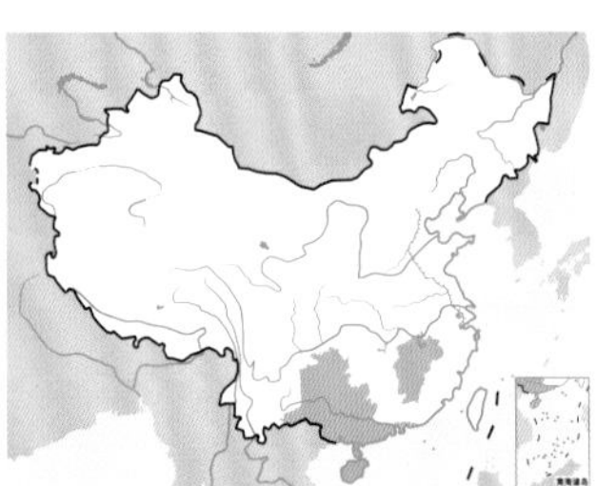

黄腹花蜜鸟。左上图为雄鸟，下图为雌鸟。孙庆阳摄

蓝喉太阳鸟

拉丁名：*Aethopyga gouldiae*
英文名：Mrs Gould's Sunbird

雀形目花蜜鸟科

形态　体长约 13 cm，体重约 6 g。雄鸟前额至头顶以及颏和喉均为辉紫蓝色，其余头部至背肩、以及翅上中覆羽和小覆羽朱红色或暗红色，耳羽后侧和胸侧各有一辉紫蓝色斑；腰鲜黄色；尾上覆羽和尾羽紫蓝色具金属光泽，中央尾羽延长，胸红色或黄色，其余下体鲜黄色。雌鸟上体灰绿色或橄榄黄绿色，头顶较暗；腰黄色；颏、喉和上胸灰橄榄绿色或灰绿色，颏、喉偏灰色，腹、两胁和尾下覆羽绿黄色或淡黄色。

分布　在中国主要分布于四川、贵州、云南、西藏南部和东南部等西南地区，北达陕西南部和甘肃南部，东抵湖北、湖南和广西，偶见于香港。国外分布于南亚次大陆和中南半岛。

栖息地　栖息于海拔 1000～3500 m 的常绿阔叶林、沟谷季雨林和常绿落叶混交林中。

习性　常单独或成对活动，也见 3～5 只或 10 多只成群，在盛开花朵的树丛间或树冠层寄生植物花丛中活动，很少到近地面的花朵间觅食，有时也见成群在种植的四季豆等农作物丛中活动和觅食。

食性　主要以花蜜为食，也吃昆虫等动物性食物。

繁殖　繁殖期 4～6 月。4 月中旬即见雌鸟衔羽毛筑巢，此时雌雄鸟常追逐鸣叫，时而成对边飞边叫，时而停息在树枝上昂

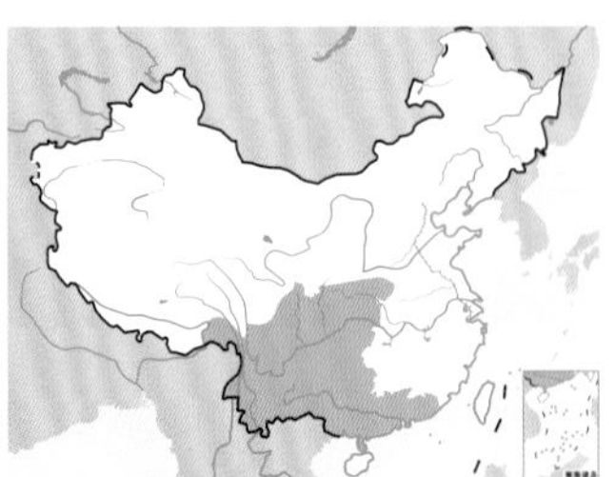

蓝喉花蜜鸟。左上图为雄鸟，张明摄；下图为雌鸟，韦铭摄

头翘尾不停地鸣叫，鸣声单调清脆。营巢于海拔 1000～3000 m 的常绿阔叶林中，巢呈椭圆形或梨形，主要由植物绒、苔藓、草、植物纤维、蛛网等构成，多固定于灌木细枝上。每窝产卵 2～3 枚。卵白色，多被有淡红褐色斑点。

种群现状和保护 IUCN 和《中国脊椎动物红色名录》均评估为无危（LC），被列为中国三有保护鸟类。是中国境内分布较广泛和数量较多的一种花蜜鸟类。

绿喉太阳鸟

拉丁名：*Aethopyga nipalensis*
英文名：Green-tailed Sunbird

雀形目花蜜鸟科

体长约 14 cm，体重约 6 g，雄鸟前额至后颈、耳后块斑、颏、喉绿色而具金属光泽，眼先、颊、头侧黑色，颈侧和背暗红色，肩和下背橄榄绿色，腰鲜黄色；尾上覆羽和延长的中央尾羽暗绿色而具金属光泽；胸鲜黄色而杂有火红色，其余下体黄色沾绿色或橄榄黄色。雌鸟上体橄榄色，下体暗绿黄色，喉及颏灰色。在中国分布于西南地区，主要栖息于海拔 1500～2600 m 的常绿或落叶阔叶林、针阔叶混交林、沟谷阔叶林和热带雨林中，随季节垂直迁徙。IUCN 和《中国脊椎动物红色名录》均评估为无危(LC)，被列为中国三有保护鸟类。

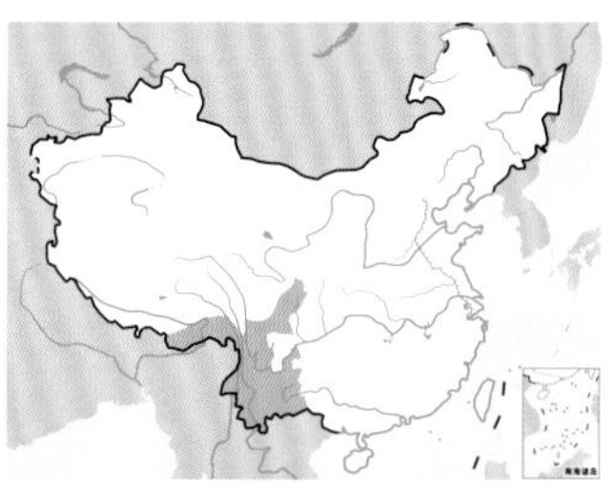

绿喉太阳鸟。左上图为雄鸟，韦铭摄；下图为雌鸟，胡云程摄

叉尾太阳鸟

拉丁名：*Aethopyga christinae*
英文名：Fork-tailed Sunbird

雀形目花蜜鸟科

形态 体长 7.9～11.5 cm，体重 4.5～7 g。雄鸟眼先、颊、耳羽黑色，髭纹翠绿色而具金属光泽，或呈辉紫色；头顶至后颈绿色，具金属光泽，上背、肩暗绿色，腰鲜黄色；尾上覆羽和尾羽大部均呈绿色沾金属闪光，中央尾羽羽轴延长如针状，末端黑色；颏、喉、上胸赭红色；下胸沾黄色，有时染以灰褐色，其余下体和两胁淡灰色、淡乳黄至绿黄色。雌鸟上体主要为橄榄黄色沾绿色，腰黄色；尾羽黑褐色，中央尾羽羽轴不延长，外侧尾羽具明显的白色羽端，向外渐阔大；下体色浅，胸、腹和两胁浅淡，呈绿白色或淡黄绿色，尾下覆羽淡乳黄色或乳白色。

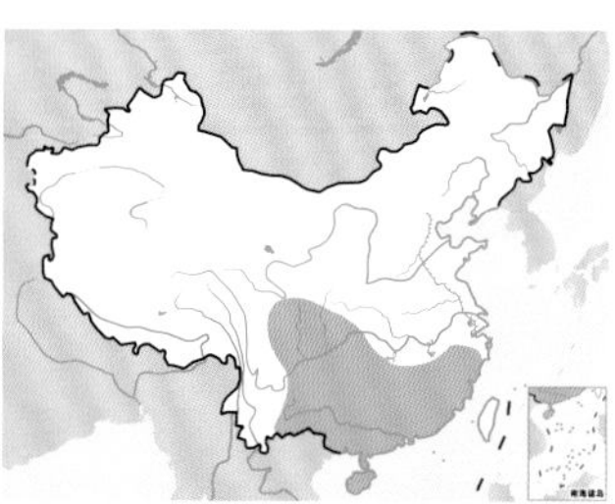

叉尾太阳鸟。左上图雄鸟，刘璐摄；下图为雌鸟，杜卿摄

分布 在中国分布于华中、华东、华南及西南地区。国外分布于中南半岛东部。

栖息地 多见于海拔 1800 m 以下的中山、低山丘陵地带，喜在河谷、溪沟或山坡林地边缘茂密的灌丛中活动，尤喜在槲寄生丛或开花的树、灌木丛中觅食。

习性 常多单独或成对活动，有时结小群活动。性活泼机敏，但不甚惧人。活动时行动灵动，不停跳跃穿梭于茂密的灌丛间。鸣声细而尖，带金属般颤音，极易识别。

食性 喜食花蜜，兼食小昆虫。吸取花蜜时偶尔会像蜂鸟般悬停在空中。

繁殖 繁殖期 4～6 月。在广西狗耳山，繁殖期主要活动于海拔 450～850 m 的沟谷的次生林、藤本和灌木丛中，巢营于海拔 490 m 的竹－阔叶林缘的藤本灌木丛上。巢由细丝状的纤维缠绕固定在细枝梢上，距地面高 95 cm。巢呈吊囊状或称长梨状，开口于侧上方，巢口下倾。巢高 14.5 cm，深 29 cm，外径 62 mm × 62 mm，内径 43 × 36 mm，巢口径 32 mm × 32 mm。窝卵数 2～4 枚。卵呈椭圆形，表面光滑，浅肉白色，锐端稍淡，散布淡褐点斑或块斑，钝端褐斑较多。卵大小为 13.67 mm × 10.3 mm，卵重约 1 g。孵卵任务仅由雌鸟承担，孵化期约 13 天。雌鸟单独育雏，育雏期 12 天。

种群现状和保护 IUCN 和《中国脊椎动物红色名录》均评估为无危（LC），被列为中国三有保护鸟类。

黑胸太阳鸟

拉丁名：*Aethopyga saturate*
英文名：Black-throated Sunbird

雀形目花蜜鸟科

体长约 14 cm，体重约 7 g。雄鸟中央尾羽特长，尾呈楔形；头顶及尾金属蓝色，上背暗淡紫色，但光线不足时看起来近黑色；喉黑色，胸灰橄榄色而具细小的深暗色纵纹。雌鸟整体橄榄绿色，腰白黄色。在中国见于西南及华南。主要栖息于海拔 1000 m 以下的低山丘陵和山脚平原地带的常绿阔叶林和次生林中。IUCN 和《中国脊椎动物红色名录》均评估为无危（LC），被列为中国三有保护鸟类。

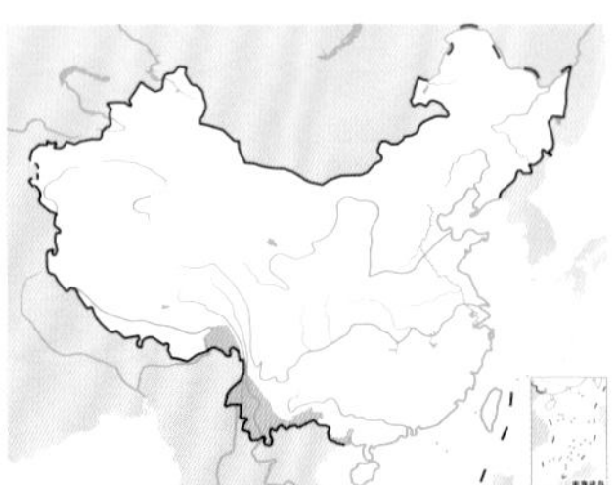

黑胸太阳鸟。左上图为雌鸟，田穗兴摄；下图为雄鸟，沈越摄

黄腰太阳鸟

拉丁名：*Aethopyga siparaja*
英文名：Crimson Sunbird

雀形目花蜜鸟科

体长 10～15 cm，体重约 8 g。雄鸟额和头顶前部金属绿色，头顶后部橄榄褐色，其余头、颈、背、肩、颏、喉、胸以及翅上中覆羽和小覆羽概为红色，腰黄色，颧纹和尾紫绿色；中央一对尾羽特形延长，腹至尾下覆羽灰绿色沾黄色。雌鸟上体灰橄榄绿色，腰和尾上覆羽橄榄黄色，下体灰色沾橄榄黄色。在中国见于云南、广西和广东西南部。主要栖息于海拔 1500 m 以下的低山和山脚平原等开阔地带的次生林、竹林和常绿阔叶林中。IUCN 和《中国脊椎动物红色名录》均评估为无危（LC），被列为中国三有保护鸟类。

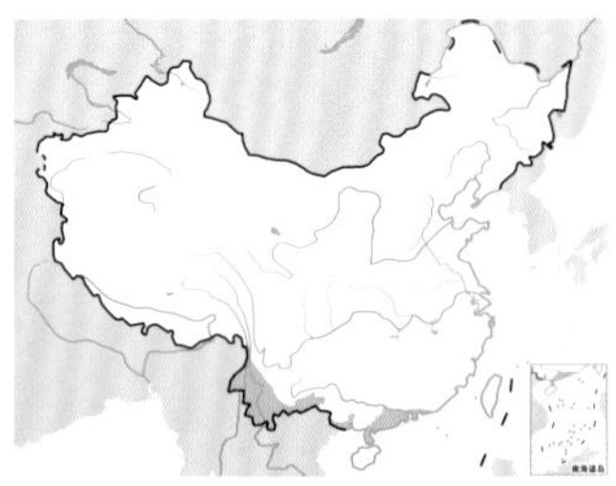

黄腰太阳鸟。左上图为雌鸟，下图为雄鸟。沈越摄

火尾太阳鸟

拉丁名：*Aethopyga ignicauda*
英文名：Fire-tailed Sunbird

雀形目花蜜鸟科

体长 17～20 cm，体重约 8 g。雄鸟具长的艳猩红色中央尾羽；头顶金属蓝色，眼先和头侧黑色，喉及髭纹金属紫色；下体黄色，胸具艳丽的橘黄色块斑。雌鸟灰橄榄色，腰黄色，无延长的中央尾羽而体长显著较短。在中国分布于西藏、云南等地，主要生活于海拔 2000～3000 m 的山地、沟谷或村寨附近的次生阔叶林、开花的灌丛中，有时也见于芭蕉树上。IUCN 和《中国脊椎动物红色名录》均评估为无危（LC），被列为中国三有保护鸟类。

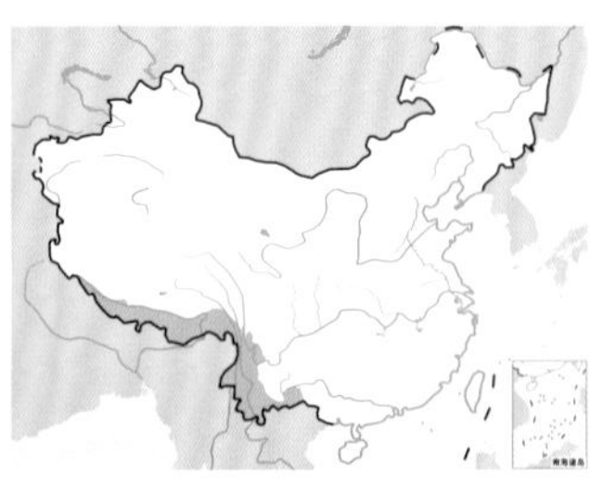

火尾太阳鸟。左上图为雌鸟，沈越摄；下图为雄鸟，韦铭摄

长嘴捕蛛鸟

拉丁名：*Arachnothera longirostra*
英文名：Little Spiderhunter

雀形目花蜜鸟科

形态 体长14～16 cm，体重约14 g。上体橄榄绿色，额和头顶羽毛中央较暗褐，眼先和短眉纹灰白色，头侧灰褐色而缀绿色，自嘴基沿喉侧有一条黑纵纹；尾短圆；颏、喉灰白色，有时微沾黄色，其余下体鲜黄色，雄鸟具橘黄色胸簇羽，雌鸟则无。

分布 在中国仅见于云南南部及东南部。国外分布于印度至中南半岛、马来半岛及菲律宾和大巽他群岛。

栖息地 主要栖息于海拔1200 m以下的低山丘陵和山脚平原地带的常绿阔叶林和热带雨林中，尤其喜欢在林缘和疏林等较为开阔的地方活动和觅食。

习性 常单独或成对活动，很少成群。性活泼，但较为安静，常在树丛间穿梭飞翔，飞行较直，鸣声柔和。

食性 主要以蜘蛛和昆虫等动物性食物为食。

繁殖 繁殖期4～6月。多营巢于海拔400～1000 m的茂密常绿阔叶林中，巢由叶脉构成，固定于大的叶片下面。每窝产卵2枚。卵白色微沾粉红色，被红褐色斑点，在钝端较密，常常围着钝端形成一个环带，也有的卵为白色而被紫黑色斑点。

种群现状和保护 IUCN和《中国脊椎动物红色名录》均评估为无危（LC），被列为中国三有保护鸟类。但在国内种群数量较为稀少，不常见。

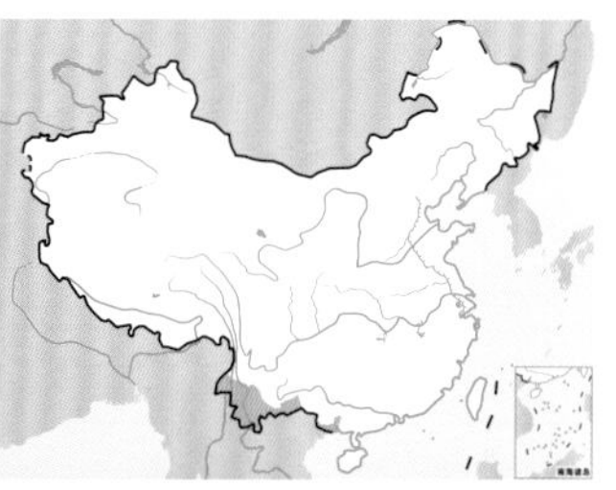

长嘴捕蛛鸟。沈越摄

纹背捕蛛鸟

拉丁名：*Arachnothera magna*
英文名：Streaked Spiderhunter

雀形目花蜜鸟科

体长约19 cm，体重约30 g。上体橄榄色，羽中心黑色而形成粗显的纵纹；下体黄白而具黑色纵纹。腿鲜艳橘黄色。在中国分布于西藏东南部。云南西部和南部，广西西部多栖息于芭蕉树或乔木树冠上。IUCN和《中国脊椎动物红色名录》均评估为无危（LC），被列为中国三有保护鸟类。

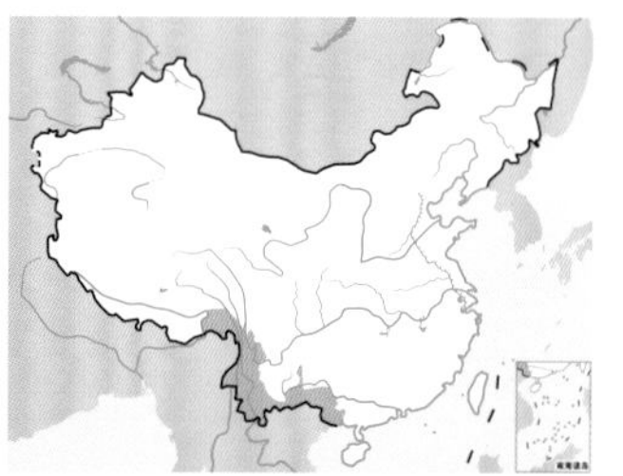

纹背捕蛛鸟。左上图张小玲摄，下图杜卿摄

岩鹨类

- 岩鹨类指雀形目岩鹨科鸟类，全世界共1属12种，中国有9种
- 岩鹨类体形似麻雀，喙中央有紧缩，体羽深灰色或棕色，上体通常具条纹，下体色浅
- 岩鹨类主要栖息于高山裸岩或灌丛、草丛中，少数种类也见于森林地带，主要在地面觅食昆虫
- 岩鹨类在地面或灌丛中近地面处筑巢杯状巢，雏鸟晚成性

类群综述

岩鹨类指雀形目岩鹨科（Prunellidae）鸟类，全世界仅 1 属 12 种，广泛分布于整个欧亚大陆，是古北界的代表性鸟类，中国有 9 种。

岩鹨类乍一看似麻雀。嘴尖细，嘴基较宽，而在嘴长的中间部位有一明显的紧缩，这是它们的特异之处；鼻孔大而斜向，并有皮膜盖着；嘴须少而柔软；前额羽稍松散，并不彼此紧贴覆盖；尾方尾或稍凹；跗跖前缘具盾状鳞。体羽深灰色或棕色，上体通常具条纹，下体羽色较浅，雌雄羽色相似。

岩鹨类并非典型的森林鸟类，主要栖息于高山裸岩或荒漠地区的灌丛、草丛中，少数种类也见于开阔稀疏的林间或林缘灌丛、高山矮林地带。除繁殖期成对或单独活动外，其他季节多呈家族群或小群活动。性活泼而机警，主要在地面觅食，当人接近时，则立刻起飞，飞不多远又落入灌丛或杂草丛中。主要以甲虫、蛾、蚂蚁等昆虫为食，也吃蜗牛等其他小型无脊椎动物和果实、种子等植物性食物。

岩鹨类在地面或灌丛中近地面处筑巢，巢隐藏于岩石、土堆或灌丛、草丛下。巢呈杯状，

岩鹨类目前全部被 IUCN 列为无危（LC），在中国部分被列为三有保护鸟类。

左：站在针叶树顶端的棕胸岩鹨。刘璐摄

棕胸岩鹨

拉丁名：*Prunella strophiata*
英文名：Rufous-breasted Accentor

雀形目岩鹨科

形态 体长12.4～16.0 cm。整个上体棕褐或淡棕褐色，各羽具宽阔的黑色或黑褐色纵纹；腰和尾上覆羽羽色稍较浅淡，黑色纵纹亦不显著；尾褐色，羽缘较浅淡；翅褐色或暗褐色，羽缘棕红色，中覆羽、大覆羽和三级飞羽具棕红色羽端；眼先、颊、耳羽黑褐色，眉纹前段白色、较窄，后段棕红色、较宽阔；颈侧灰色，具黑褐色纵纹；颏、喉白色，杂以黑褐色圆形点斑；胸棕红色，形成宽阔的胸带，胸以下白色，被黑色纵纹，两胁和尾下覆羽沾棕色。虹膜暗褐色或褐色；嘴黑褐色，基部角黄色；脚肉色或红褐色，爪黑色。

分布 分布于青藏高原及周边地区，在中国主要分布于青海，甘肃，陕西秦岭，四川西部，云南西北部，西藏东部、南部和西部边缘。国外分布于阿富汗、不丹、印度、缅甸、尼泊尔、巴基斯坦等地。

栖息地 繁殖期间主要栖息于海拔1800～4500 m的高山灌丛、草地、沟谷、牧场和林线附近，秋冬季多下到海拔1500～3000 m的中低山地区。

习性 除繁殖期成对或单独活动外，其他季节多呈家族群或小群活动。性活泼而机警，常在高山矮林、溪谷、溪边柳树灌丛、杜鹃灌丛、高山草甸、岩石荒坡、草地和农耕地上活动和觅食，当人接近时，则立刻起飞，飞不多远又落入灌丛或杂草丛中。

食性 主要以豆科、莎草科、禾本科、茜草科和伞形科等植物的种子为食，也吃花椒、榛子、荚蒾等灌木果实和种子，此外也吃少量昆虫等动物性食物，尤其在繁殖期间捕食昆虫的量较大。

繁殖 繁殖期6～7月。通常营巢于灌丛中。巢呈杯状，主要用细草茎和少许须根缠绕而成，内垫苔藓和少量兽毛。大小为外径10.5 cm×9.7 cm，内径6.5 cm×6.2 cm，高4.2 cm，深2.5 cm。每窝产卵3～6枚，通常4～5枚。卵天蓝色，光滑无斑，有的钝端微被褐色小斑点。卵为椭圆形，大小为（17.3～21.1）mm×（13.0～15.0）mm。

种群现状和保护 IUCN和《中国脊椎动物红色名录》均评估为无危（LC）。

棕眉山岩鹨

拉丁名：*Prunella montanella*
英文名：Siberian Accentor

雀形目岩鹨科

体长15.5～16.0 cm。额、头顶、枕、眼先、颊、耳羽黑色，眉纹棕色而有别于褐岩鹨；颈、肩、背栗褐色，具灰白色羽缘和模糊的中央羽轴纹；腰和尾上覆羽橄榄褐色；飞羽和尾羽褐色；颏至上腹棕色，下腹和尾下覆羽棕黄色。繁殖于整个俄罗斯及西伯利亚、朝鲜至日本，偶见于阿拉斯加及欧洲；越冬于中国北方及东北，罕见于青海及四川北部至安徽及山东，极少至江苏以南。多见于山地森林及灌丛的林下植被中。IUCN和《中国脊椎动物红色名录》均评估为无危（LC），被列为中国三有保护鸟类。

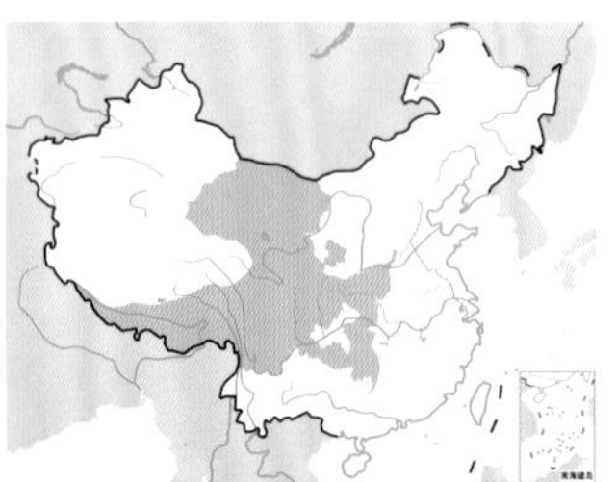

棕胸岩鹨。左上图张连喜摄，下图刘璐摄

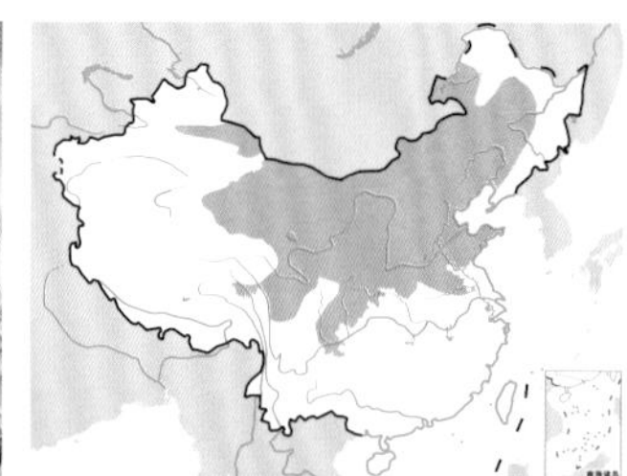

棕眉山岩鹨。左上图张明摄，下图沈越摄

黑喉岩鹨

拉丁名：*Prunella atrogularis*
英文名：Black-throated Accentor

雀形目岩鹨科

体长约 15 cm。与褐岩鹨很相似，黑色喉部是其主要区别。头具明显的黑白色斑纹，顶冠褐色或灰色，头侧及喉黑色，具白色粗眉纹和细髭纹；上体褐色而具模糊的暗黑色纵纹；下体胸及两胁偏粉色，至臀部近白色。第一冬的个体与棕眉山岩鹨易混淆，特征为喉污白色。分布于乌拉尔至土耳其、印度西北部、中国西北，越冬于伊朗及印度西北部和喜马拉雅山脉。有 2 个亚种，中亚亚种 *P. a. huttoni* 繁殖于中国西北部高至海拔 3000 m 的山区，冬季南迁至较低海拔处；指名亚种 *P. a. atrogularis* 为留鸟，见于新疆西部的西天山。栖于林地的灌木密丛。IUCN 和《中国脊椎动物红色名录》均评估为无危（LC）。

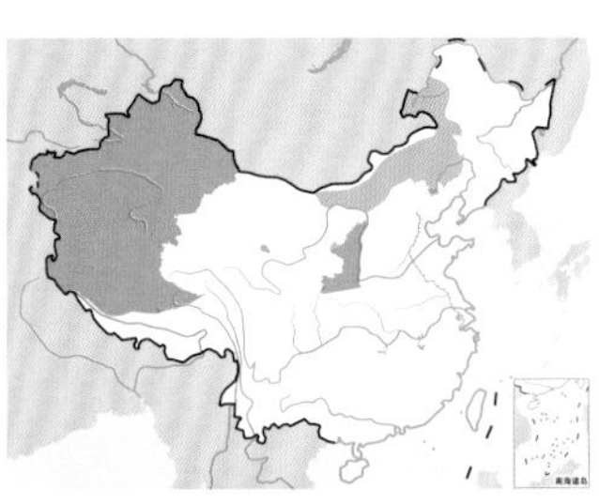

黑喉岩鹨。左上图邢新国摄，下图魏东摄

栗背岩鹨

拉丁名：*Prunella immaculata*
英文名：Maroon-backed Accentor

雀形目岩鹨科

形态 体长 12.7～15.0 cm。雄鸟额、头顶、后颈灰褐色，羽端具灰白色羽缘，愈向后端缘逐渐变狭，各羽相覆呈鳞状斑纹；眼先黑色，耳羽褐色；背、肩、腰及尾上覆羽栗红沾橄榄褐色，肩部较鲜亮，腰部较暗淡；翅黑褐色，第 3～8 枚飞羽外翈具灰白色羽缘，内侧飞羽外翈及最内侧飞羽栗红色；尾羽黑褐色，羽缘沾灰色；颏、喉、胸和上腹灰褐色沾蓝色，下腹、胁和尾下覆羽栗棕色，下腹色较淡；腋羽、翅下覆羽浅灰白色。雌鸟与雄鸟相似，但色较暗淡，下体腹部灰褐色沾棕色。虹膜橙黄色；嘴黑色；跗跖和趾淡角灰白色。

分布 在中国分布于甘肃、四川、云南、西藏等地。国外分布于尼泊尔、不丹、印度、缅甸。

栖息地 栖于海拔 2000～4000 m 山地针叶林较开阔地带。

习性 常成对或 3～5 只结小群活动，于沟谷坡坎的草丛及灌丛地面觅食。

食性 杂食性，夏季食物以动物性食物为主，其他季节以种子、果实等植物性食物为主。

繁殖 在甘肃莲花山发现的一个巢呈碗状，位于高 15 m、胸径为 18 cm 的冷杉树侧枝上，紧贴树干，巢距地面高 2 m。巢外层有忍冬细枝和冷杉细枝，内层有鲜苔藓，巢中有多层毛发和羽毛。孵卵期 15 天，育雏期 14 天

种群现状和保护 IUCN 和《中国脊椎动物红色名录》均评估为无危（LC）。

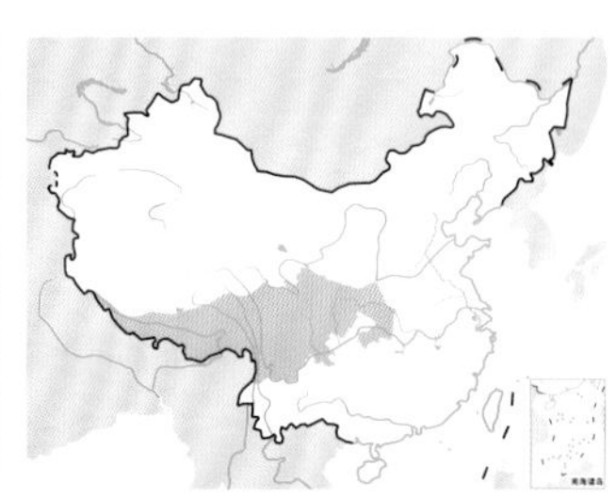

栗背岩鹨。左上图韦铭摄，下图沈越摄

织雀类

- 织雀类指雀形目织雀科鸟类，全世界共15属124种，中国仅1属2种
- 织雀类嘴通常粗壮，羽色通常为黄色或红色与黑色的组合，通常雌雄异型
- 织雀类栖息于森林、草地、沼泽、灌丛和花园、果园等各种栖息地，常集群在地面觅食种子和昆虫
- 织雀类大部分集群繁殖，能用细草丝编织精美的巢悬挂于乔木或竹林的枝梢上

类群综述

织雀类指雀形目织雀科（Ploceidae）鸟类，它们以能编织精美的巢而知名。全世界共有织雀类 15 属 124 种，分布于非洲和亚洲热带亚热带地区。中国仅 1 属 2 种。

织雀类为中小型雀形目鸟类，嘴通常粗壮，羽色通常为黄色或红色与黑色的组合，通常雌雄异型，繁殖羽和非繁殖羽也有明显差异，一些种类的雄鸟繁殖羽具长饰羽。

织雀类栖息于森林、草地、沼泽、灌丛和花园、果园等各种栖息地。常集群在地面觅食种子和昆虫，终日不停地鸣叫。

织雀类大部分集群繁殖，许多种类为多配制，大部分能用细草叶和草茎编织精美的球状或瓶状巢，悬挂于乔木或竹林的枝梢上，下方开口，常见多个巢位于同一植株上，雄鸟在巢边进行求偶炫耀。窝卵数 2～6 枚。

织雀类目前有 8 种被 IUCN 列为濒危（EN），5 种为易危（VU），受胁比例 10.5%，略低于世界鸟类整体受胁水平。

左：织雀类以其精美的巢而闻名。图为黄胸织雀的巢。徐燕冰摄

纹胸织雀

拉丁名：*Ploceus manyar*
英文名：Streaked Weaver

雀形目织雀科

体长 14～14.6 cm。体形似麻雀。雄鸟繁殖羽头顶亮金黄色，头侧和颏、喉黑色；胸部暗茶黄色并具粗著的黑色纵纹。雌鸟和雄鸟非繁殖羽头顶和背部满布黑色纵纹，羽缘茶黄色；眉纹淡黄白色，颈侧具鲜亮的黄色块斑；颚纹黑色，颏、喉淡棕白色，胸和胁茶黄色并满布黑色纵纹。分布于印度、巴基斯坦、斯里兰卡、尼泊尔、不丹至中南半岛和爪哇岛，在中国仅见于云南西南部和西北部。栖息于热带地区的开阔河谷田野，冬季常见数十只结群在收割后的稻田中或草地上觅食谷物、草籽和昆虫。IUCN 和《中国脊椎动物红色名录》均评估为无危（LC）。

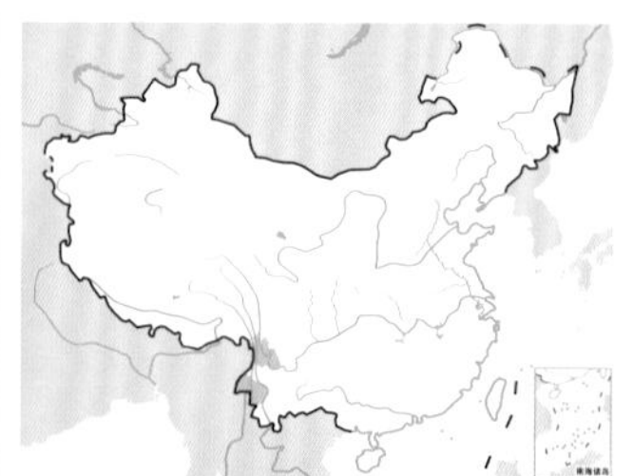

纹胸织雀。左上图为雄鸟，下图为雌鸟。徐燕冰摄

黄胸织雀

拉丁名：*Ploceus philippinus*
英文名：Baya Weaver

雀形目织雀科

形态 体长 11～16 cm。雄鸟繁殖羽头顶亮金黄色，脸部黑褐色；颏、喉灰褐色；上体具粗著的黑色纵纹，羽缘棕黄色；下体皮黄色，胸和胁棕黄色，几无黑色纵纹，有的上胸两侧具少量黑色纵纹。雌鸟和雄鸟非繁殖羽头顶和上体满布粗著的黑色纵纹，羽缘棕黄色；眉纹、颊纹棕黄色，耳羽棕褐色；下体皮黄色，胸和两胁棕黄色，无黑色纵纹，颈侧无鲜黄色块斑和黑褐色颚纹，可与纹胸织雀相区别。

分布 在中国仅分布于云南西部和南部。国外分布于印度、斯里兰卡、尼泊尔、不丹、孟加拉国至中南半岛和东南亚诸岛。

栖息地 栖息于草甸、灌丛、疏林、农田等地，较喜欢接近水的开阔田野地。

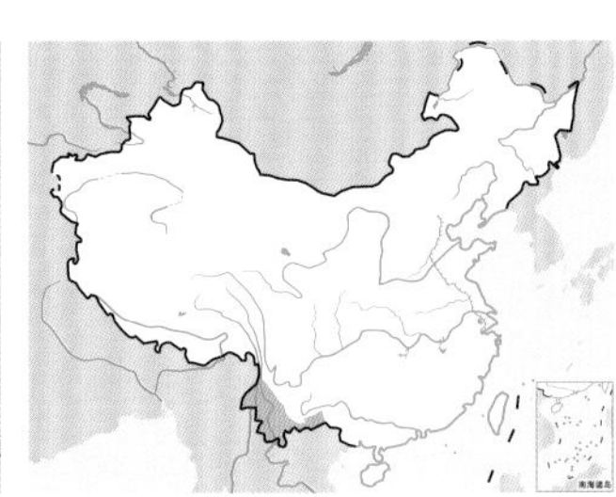

习性 白天常结群活动于农田、草丛和灌丛中，飞行姿势与麻雀相似，也会与其他鸟类混群活动。

食性 主要以谷物与其他植物种子为食，兼食部分小型昆虫，但在繁殖期，会捕捉更多的小型昆虫育雏。

繁殖 在河边、稻田边的乔木或竹林的枝条上营群巢，根据营巢树的大小，一棵树可营十余至数十个巢，甚至上百个巢。巢用草丝编织而成，似长葫芦状。巢分雄雌两种，雄鸟的巢底部不封口，仅编织一根供栖息用的横梁。雌鸟巢底部的约 2/3 密封，供孵卵育雏，另 1/3 则是长的垂直管状出入口，二者内部之间还有一个高坎，防止鸟卵滑出。1982 年 5 月 6 日在云南勐腊大龙哈的南蛇藤树上观察到十余巢，巢距地面高约 15 m，均用茅草、叶丝编织而成。一雄巢高 29 cm，内径 12 cm × 9 cm，外径 14 × 11 cm，深 9 cm；雌鸟巢出入口径 6 cm，巢外径 22 cm，高 49 cm。每窝产卵 2～4 枚。卵白色，大小为 21 mm ×（13～15）mm，重 2.5 g。

种群现状和保护 IUCN 和《中国脊椎动物红色名录》均评估为无危（LC）。

黄胸织雀。左上图为雌鸟或雄鸟非繁殖羽，刘璐摄；下图为雄鸟繁殖羽，沈越摄

梅花雀类

- 梅花雀类指雀形目梅花雀科鸟类，全世界共32属134种，中国有5属8种
- 梅花雀类喙短粗，翅短圆，跗跖短，颜色和花纹多种多样
- 梅花雀类栖息于森林、草原和灌丛等生境，主要取食植物种子
- 梅花雀类多为单配制，巢有多种类型，雌雄共同筑巢、孵卵和育雏

类群综述

梅花雀类指雀形目梅花雀科（Estrildidae）的鸟类，它们喙短粗，翅短圆，跗跖短，颜色和花纹多种多样。梅花雀科全世界共计34属141种，主要分布于非洲、亚洲南部、澳大利亚及大洋洲岛屿的温热带地区。中国分布有5属8种，除白腰文鸟 *Lonchura striata* 广泛分布于黄河以南外，其余种类多分布于长江以南地区，分布较为狭窄。

形态 梅花雀类为小型鸟类，体长8.3～17 cm，体重6～25 g。其中最小的物种是小绿背织雀 *Nesocharis shelleyi*，体长仅8.3 cm；而最轻的物种是黑腰梅花雀 *Estrilda troglodytes*，仅重6 g。梅花雀类喙短粗，腿短，外表均艳丽，身体构造及习性相似，但羽毛颜色和花纹多种多样。

左：梅花雀类常紧密集群栖息，常一只挨着一只紧紧挤在一起。图为两只并肩站在树枝上的斑文鸟。林剑声摄

右：梅花雀类主要取食植物种子，图为取食稗子的白腰文鸟。刘兆瑞摄

栖息地 大部分的梅花雀都对寒冷极为敏感，性喜温暖，多在热带定居；少数则在南澳大利亚，并适应了当地较为寒冷的气候。多出现于森林、草原或灌丛等地。

习性 梅花雀类多集群生活，集群较紧密，常一只挨着一只紧紧挤在一起休息，有营群巢的习性，鸣声为高音的哨音。

食性 梅花雀类主要以植物种子为食，包括草籽和谷物，繁殖期也取食少量昆虫。

繁殖 梅花雀类多为单配制，有非常复杂的求偶行为。巢位和巢形多种多样，有的直接在地面筑巢，也有的在椰子树上高达30 m处筑巢。巢一般侧面开口，多由草叶及草茎编成。通常繁殖季节较长，一年可繁殖2～4窝，每窝产卵5～10枚。雌雄亲鸟共同筑巢、孵卵和育雏。雏鸟口中有特殊色斑，可刺激亲鸟喂食。

与人类的关系 梅花雀类因取食谷物对农业生产造成一定损害，被人们当成害鸟而加以防治。此外，许多种类颜色艳丽，虽鸣声不甚悦耳，但因体色鲜明、性情活泼以及适应性强而受到笼养鸟市场青睐，其中白腰文鸟是驯化最为成功的种类，已培育出多个品种。但也有些种类野生个体被捕捉贩卖，导致野外种群大幅度下降。

种群现状和保护 得益于广泛的生境适应能力，梅花雀类较少受胁，有些物种甚至广泛引种至世界各地。但笼养贸易一方面导致了一些物种的扩散，另一方面也导致一些物种野外种群受到威胁。目前有2种被IUCN列为濒危（EN），4种为易危（VU），受胁比例4.3%，低于世界鸟类整体受胁水平。但应注意加强对贸易和捕捉的管理。

红梅花雀
Amandava amandava

长尾鹦雀
Erythrura prasina

白喉文鸟
Lonchura malabarica

白腰文鸟
Lonchura striata

橙颊梅花雀
Estrilda melpoda

斑文鸟
Lonchura punctulata

栗腹文鸟
Lonchura atricapilla

禾雀
Lonchura oryzivora

红梅花雀

拉丁名：*Amandava amandava*
英文名：Red Avadavat

雀形目梅花雀科

体长 9～10 cm，体重 7～8 g。雌雄异色。雄鸟通体朱红色，背、肩、胸等满布白色小斑点；两翅和尾黑褐色，均具白色端斑；嘴红色；脚蜡黄色。雌鸟上体淡褐色或赭褐色，眼先和眼周黑色，其余头侧、颏、喉、胸和两胁灰色；翅上中覆羽、大覆羽和内侧飞羽末端具白色斑点；尾上覆羽红色；其余下体橙黄色；嘴红色。分布于巴基斯坦、印度、斯里兰卡、尼泊尔、中国、中南半岛和印度尼西亚等地。在中国分布于云南南部和西部，贵州南部及海南，分布区域狭窄，种群数量稀少。主要栖息于海拔 1500 m 以下的低山、丘陵平原、河谷与湖泊沿岸地带的稀树草坡、灌丛和草丛中，也出没于芦苇沼泽、果园、村庄和农田地区。IUCN 评估为无危（LC），《中国脊椎动物红色名录》评估为数据缺乏（DD），被列入中国三有保护鸟类。

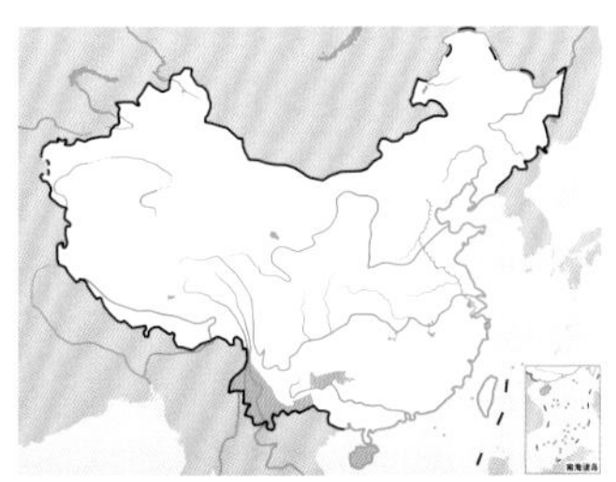

红梅花雀。左上图为雌鸟，刘璐摄；下图为雄鸟，唐英摄

长尾鹦雀

拉丁名：*Erythrura prasina*
英文名：Pin-tailed Parrotfinch

雀形目梅花雀科

体长 12～15 cm。雄鸟头顶至上背绿色，前额、脸及喉蓝色，眼先黑色；尾长而尖，臀部、尾及尾上覆羽火红色；上胸浅黄色，腹红色，两胁及其余下体黄褐色。另有黄色型个体红色部位被黄色代替。雌鸟脸、喉部蓝色较浅，尾短，腹部缺乏红色，其余似雄鸟。分布于中南半岛、马来半岛、文莱、印度尼西亚等地。在中国仅见于云南南部，为 2013 年发现的新记录。栖息于林缘、次生林、竹林，亦见于水稻田及海拔 1500 m 以下的低地平原。IUCN 评估为无危（LC）。

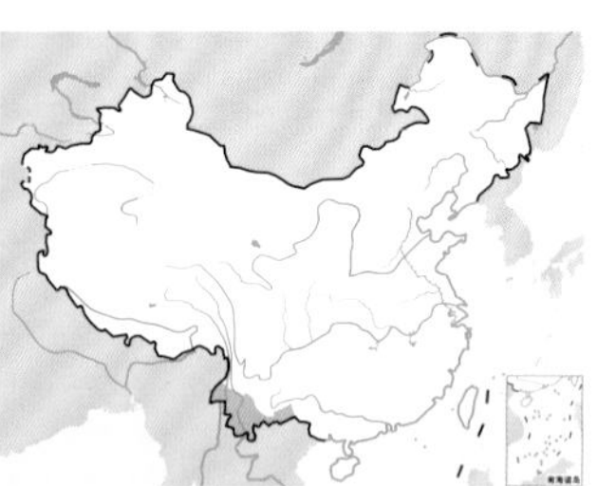

长尾鹦雀。左上图为雄鸟，下图左雄右雌

橙颊梅花雀

拉丁名：*Estrilda melpoda*
英文名：Orange-cheeked Waxbill

雀形目梅花雀科

体长 10 cm 左右，体重 6.5～9.6 g。雌雄羽色相似。头部大致灰色，两侧有醒目大块橙色区域；背部及翼褐色，腰鲜红色；尾羽暗褐色；喉、胸、腹部及尾下覆羽淡灰色；虹膜黑褐色；喙粗短而呈红色。喜栖息于平地的草原、灌丛、水边草丛或是森林边缘。多成对或小群活动，多攀附在草丛上取食草籽，也会到地上觅食。主要以草籽为食，偶尔也会捕食小虫。主要分布于东非的塞内加尔、甘比亚并延伸至刚果、萨伊、安哥拉及尚比亚等地，被引种至其他多个地区，并建立起稳定的引入种群。在中国仅见于台湾，为人为引进种。IUCN 评估为无危（LC），《中国脊椎动物红色名录》评估为数据缺乏（DD）。

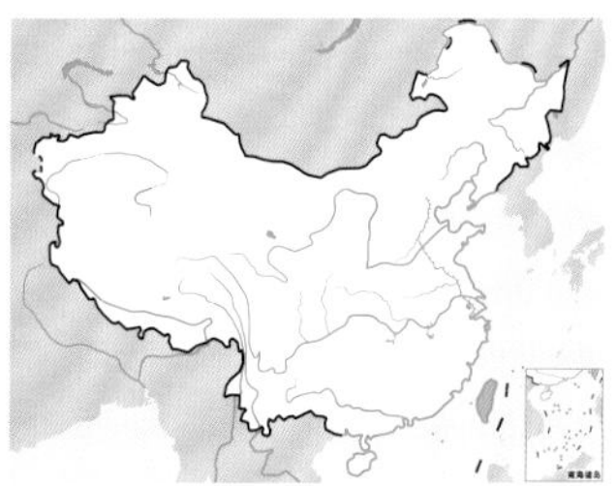

橙颊梅花雀

白喉文鸟

拉丁名：*Lonchura malabarica*
英文名：White-throated Munia

雀形目梅花雀科

体长 10 cm 左右。雌雄羽色相似。头顶、脸、背及翼褐色，腰白色；喉、胸、腹和尾下覆羽白色；尾羽黑褐色。虹膜黑褐色；上喙灰黑色，下喙银灰色。分布于阿拉伯半岛东部、伊朗南部、巴基斯坦、印度、尼泊尔及孟加拉国等地，在国内仅见于台湾，为人为引进种，现已形成野外繁殖种群。常成小群或大群出现于平地到低海拔的草丛、灌丛、农田及树林等多种生境中，有时会与斑文鸟、麻雀等混群，在台湾绝大多数营巢于蒲葵树上。IUCN 和《中国脊椎动物红色名录》均评估为无危（LC）。

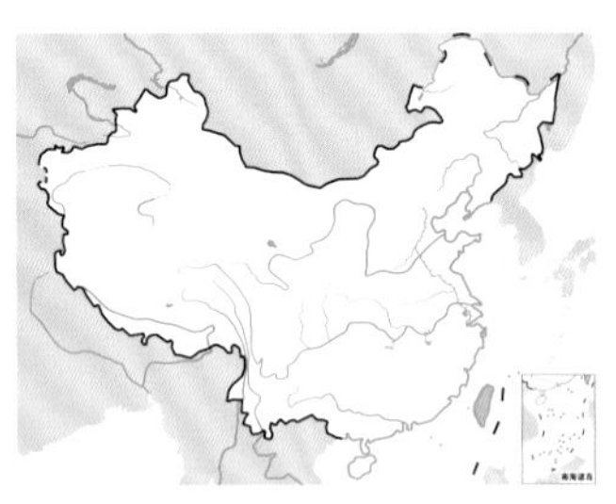

白喉文鸟

白腰文鸟

拉丁名：*Lonchura striata*
英文名：White-rumped Munia

雀形目梅花雀科

形态 体长 10～12 cm，体重 9～15 g。雌雄羽色相似。额、头顶前部、眼先、眼周、颊和嘴基均为黑褐色；头顶后部至背和两肩暗沙褐色或灰褐色，具白色或皮黄白色羽干纹；耳覆羽和颈侧淡褐色或红褐色，具细的白色条纹或斑点；腰白色；颏、喉黑褐色；上胸栗色，各羽具浅黄色羽干纹和淡棕色羽缘；下胸、腹和两胁白色或灰白色，各羽具不明显的淡褐“U”形斑或鳞状斑。

分布 在国内分布于秦岭－淮河以南各地，包括西藏东南部、海南岛和台湾，也向北扩散至山东。国外分布于南亚和东南亚。

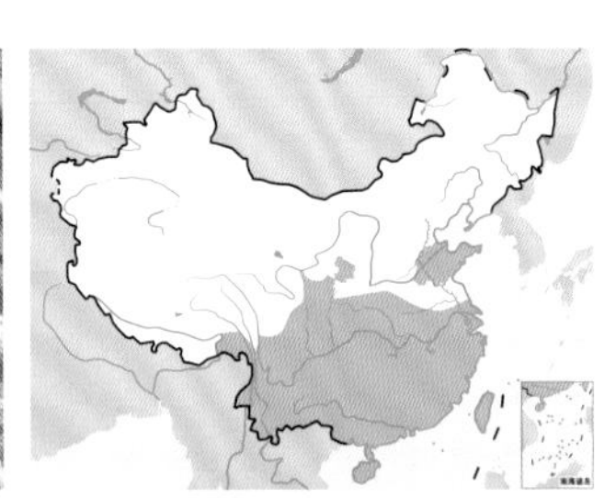

白腰文鸟。左上图沈越摄；下图为正在筑巢，许威摄

栖息地 常见于低山、丘陵和山脚平原地带开阔的林地、草原和灌丛，较能适应农田生境。很少到中高山和茂密的森林中。

习性 喜群居，性喧闹吵嚷，常成群结队地在矮树丛中穿行，有时还会与其他鸟类伴飞。群的结合较为紧密，无论是飞翔或是停息时，常常挤成一团。晚上成群栖息在树上或竹林上。夏秋季节常与麻雀一起站在稻穗和麦穗上啄食种子，有时还成群飞往粮仓盗食，故有“偷仓”之称。冬季群居在巢中，一般 10 只或 10 余只同居一旧巢，故又有“十姐妹”之称。常站在树枝、竹枝等高处鸣叫，也常边飞边鸣。鸣声单调低弱，但很清晰。飞行时两翅扇动甚快，常可听见振翅声，特别是成群飞翔时声响更大，快而有力，呈波浪状前进。性温顺，不畏人，易于驯养。

食性 主要以稻谷、麦粒、草籽和其他野生植物种子、果实、叶、芽等植物性食物为食，也吃少量昆虫等动物性食物。

繁殖 在中国的繁殖期持续较长：在四川成都 3 月中旬即开始营巢；在贵州，4 月和 9 月均分别采得有卵的巢；在广东 10 月末繁殖才结束；在福州繁殖期从 2 月到 11 月。1 年繁殖 2～3 窝甚至 4 窝。营巢于田地边和村庄附近的树上或竹丛中。巢置于接近主干的茂密枝丫处，距地面高一般为 1.5～6 m，也有低于 1 m 或高达 8 m 的。雌雄亲鸟共同营巢，巢主要用杂草、竹叶、稻穗、麦穗等构成，随地区而稍有不同，通常就地取材。巢呈曲颈瓶状、椭圆状或圆球形，若为曲颈瓶状，则开口于曲颈端部，其他形状开口于顶端侧面。巢的大小约为外径 14.8 cm × 9.3 cm，高 21.7 cm，深 15.6 cm。巢筑好后即开始产卵，每窝产卵 3～7 枚，通常 4～6 枚。卵白色，光滑无斑，椭圆形或尖椭圆形，卵大小为（14.4～18.0）mm ×（10.5 ～12.2）mm，重 0.7～1.5 g。卵产齐后即开始孵卵，由雌雄亲鸟轮流承担。通常每 1～2 小时换孵 1 次。夜间雌雄亲鸟同时栖于巢中。当亲鸟发现有危险或发现卵被侵扰过时，会将卵夹在臀部飞往他处，躲过危险再返回巢中。也曾发现两只雌鸟同在一巢中孵卵的现象。雏鸟晚成性，雌雄亲鸟轮流哺育。孵化期 14 天左右。育雏期 19 天左右。

种群现状和保护 IUCN 和《中国脊椎动物红色名录》均评估为无危（LC）。在国内种群数量较丰富。

斑文鸟

拉丁名：*Lonchura punctulate*
英文名：Scaly-breasted Munia

雀形目梅花雀科

形态 体长 10～12 cm，重 12～16 g。雌雄羽色相似。头顶、后颈、背、肩淡棕褐色或淡栗黄色，各羽具淡色羽干纹和不甚明显的暗栗褐色和淡褐色横斑；额、眼先栗褐色，羽端稍淡；脸、颊、头侧、颏、喉深栗色；颈侧栗黄色，羽尖白色；上胸、胸侧淡棕白色，具红褐色或浅栗色鳞状斑；下胸、上腹和两胁白色或近白色。

分布 在中国分布于长江流域及以南各地，包括西藏东南部、海南和台湾。国外分布于南亚和东南亚。

栖息地 主要栖息于海拔 1500 m 以下的低山、丘陵、山脚和平原地带的农田、村落、林缘疏林及河谷地区。在云南西部地区也见于海拔 2500 m 左右的田边灌丛和附近的混交林带。

习性 除繁殖期间成对活动外，多成群，常成 20～30 只甚至上百只的大群活动和觅食，有时也与麻雀和白腰文鸟混群。飞行迅速，两翅扇动有力，常常发出呼呼的振翅声响，飞行时亦多成紧密的一团。具有强烈的社会性，群体成员间通过鸣声交流。它们有时会上下摆动尾羽和翅膀，这可能是由移动的意图演变而来的，也可能已经被仪式化了。作为一种社会信号，几只个体一起进行尾巴摆动可以表明飞行的意图，有助于保持群体在一起。集群休息时，斑文鸟肩并肩站在一起，彼此密切接触，最外面的鸟经常向中心挤来挤去。鸟群中的个体有时会互相轻啄。它们很少有敌意，但有时会在没有任何仪式化姿态的情况下争吵。

食性 主要以稻谷、米粒、荞麦、高粱等农作物为食，也吃草籽和其他野生植物果实与种子，繁殖期间也吃部分昆虫。

繁殖 繁殖期变化较大，持续时间较长。但多数在 3～8 月间繁殖，1 年繁殖 2～3 窝，窝卵数通常 4～8 枚卵，但最多达 10 枚。交配前雄鸟用喙衔着巢材，沿着锯齿状的路径飞行，一旦雌鸟靠近，雄鸟就落下，用巢材碰触雌鸟的喙。然后雄鸟边鸣唱边做动作，雌鸟就会撅起尾巴颤抖着邀请雄鸟与之交配。

双亲在 10～16 天内完成筑巢并开始孵卵。营巢于靠近主干的茂密侧枝枝桠处，也有在屋檐下和蕨类植物上营巢的。巢距地高多在 2～4 m，但在海口市区，筑巢于高大的霸王椰树上，高可达 30 m 以上。常成对分散营巢，有时亦见营群巢。巢呈巨大的长椭圆形或不规则圆球状，用草叶、竹子或其他叶子松散地编织而成，内垫细软的枯草。巢的长轴与地面平行，端部多做成瓶颈状，侧面开口，巢口位于迎风最频繁的风向上，入口处有用草穗编织的檐。巢大小为外径 13～20 cm，内径 11～14.5 cm，高 15.5～20.1 cm，深 11.3～16.5 cm，出入口径 4.2～4.4 cm。有时见两巢上下重叠呈两层楼状。巢筑好后即开始产卵。卵白色，无斑，椭圆形，大小为（14.5～17.5）mm ×（10.8～11.9）mm，重 1.9～2.2 g。雏鸟晚成性，留巢期可达 20～22 天。

种群现状和保护 分布范围非常广，数量庞大且稳定。IUCN 和《中国脊椎动物红色名录》均评估为无危（LC）。

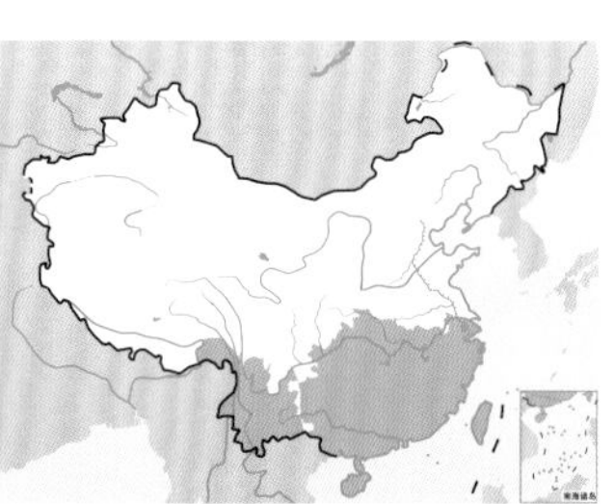

斑文鸟。左上图张小玲摄，下图周子琛摄

栗腹文鸟

拉丁名：*Lonchura atricapilla*
英文名：Chestnut Munia

雀形目梅花雀科

体长 10～12 cm，体重 10～15.5 g。整个头、颈和上胸黑色，其余体羽栗色；尾栗红色。嘴蓝灰色。在中国分布于云南西部和西南部、广东、广西南部、海南、澳门和台湾等地，数量不丰富。主要栖息于海拔 1000 m 以下低山丘陵和平原地带的灌丛、草丛和农田中，也见于果园、苇丛和村舍附近。IUCN 和《中国脊椎动物红色名录》均评估为无危（LC），被列为中国三有保护鸟类。

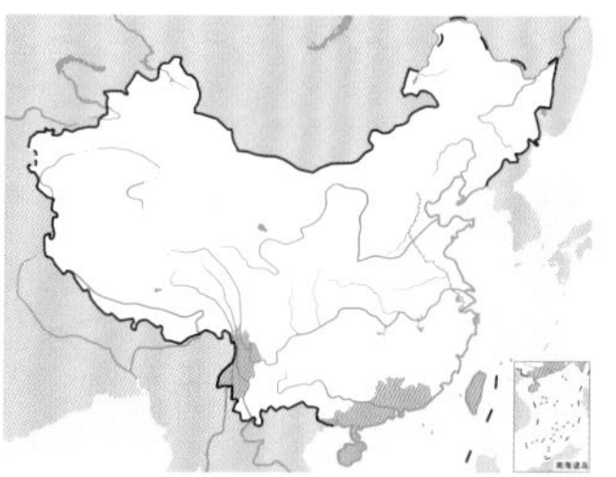

栗腹文鸟。沈越摄

禾雀

拉丁名：*Lonchura oryzivora*
英文名：Java Sparrow

雀形目梅花雀科

体长 13～16cm，体重 22～28g。头黑色，颊、耳羽白色；上体灰色；尾黑色；下喉和胸灰色，其余下体葡萄灰色，尾下覆羽白色。嘴和脚粉红色。原产爪哇岛等地，作为笼养鸟引种到中国，目前已扩展到江苏、上海、浙江、福建、广东、广西和台湾等地。主要栖息于海拔 1500m 以下的草原或具草甸、灌丛的空旷林地，也见于耕地、花园、城郊的村镇。由于捕捉、贸易、环境污染和疾病扩散的威胁，2018 年 IUCN 已将其受胁等级由易危（VU）提升为濒危（EN），《中国脊椎动物红色名录》评估为易危（VU）。被列为中国三有保护鸟类，亦被列入 CITES 附录Ⅱ。

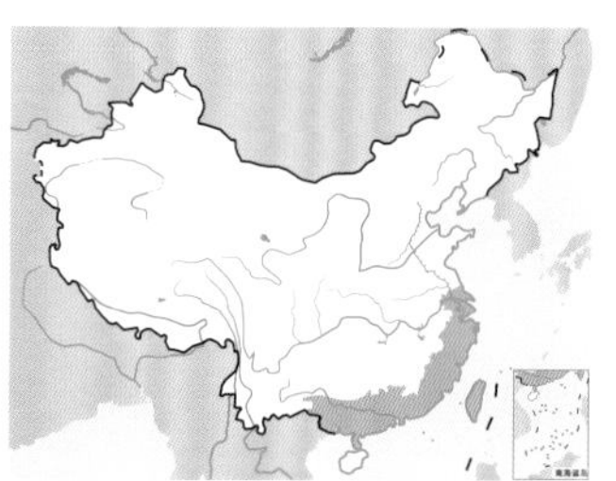

禾雀

雀类

- 雀类指雀形目雀科鸟类，全世界共8属43种，中国有5属13种
- 雀类嘴粗短而强壮，呈圆锥状，初级飞羽9枚，上体呈棕色、黑色斑杂状
- 雀类栖息于各种生境，但不进入密林，有些种类伴人而居，主要取食植物种子，繁殖季节也大量取食昆虫
- 雀类一年可繁殖多窝，雌雄共同筑巢、孵卵和育雏

类群综述

雀类指雀形目雀科（Passeridae）鸟类，全世界共8属43种，包括麻雀、石雀和雪雀三类，分布遍及旧大陆除极地以外的地区。雀属 *Passer* 是本科最大的属，包括28种，它们大小、体色甚相近，上体一般呈棕色、黑色斑杂状，因而俗称麻雀。中国有雀类5属13种，其中麻雀5种，石雀1种，雪雀7种。石雀和雪雀主要栖息于荒漠生境，而麻雀虽然也以干旱半干旱的稀树草原和疏林草原为典型生境，但适应于多种生境，会出现在森林并进入到城市的绿地中生活。

形态 雀类均为小型鸟类，体长12～17 cm，嘴短粗而强壮，呈圆锥状；初级飞羽9枚；跗跖有盾状鳞。一般上体呈棕色、黑色的斑杂状；麻雀类外侧飞羽具淡色羽缘，在羽基和近端处形稍扩大，互相骈缀，略成两道横斑状；石雀和雪雀均雌雄相似，但雀属除麻雀 *Passer montanus* 外，均雌雄异色。

栖息地 雀类广泛栖息于各种生境，从平原到高原，从干旱到湿润，从人迹罕至的荒野到熙熙攘攘的都市。其中石雀栖息于裸露多岩的悬崖、高山地区；而雪雀多栖于高寒荒漠草原至冰川及融雪间的多岩山坡；麻雀的适应性最为广泛，栖息于山地、平原、丘陵、草原、沼泽和农田，抑或低山丘陵和山脚平原地带的各类森林和灌丛中，多活动于林缘疏林、灌丛和草丛中，不喜欢茂密的大森林，有些种类喜欢人类集居的地方，如城镇和乡村。

习性 除繁殖期外，雀类多成群活动，有时与其他鸟类混群。麻雀秋季可形成数百只乃至数千只的大群，称为“雀泛”，而在冬季则多结成十几只或几十只一起活动的小群。性极活泼，胆大易近人，好奇心较强，但警惕性非常高。在地面活动时双脚跳跃前进，不耐远飞，鸣声喧噪。麻雀多在有人类居住的地方活动，发出吱吱喳喳的叫声，甚是吵闹。在麻雀集中居住的地方，面对入侵者它们会表现得非常团结，合力驱赶，尤其在育雏时往往会表现得非常勇敢。

食性 杂食性。谷物成熟季节主要以农作物种子为食；育雏则主要以为害禾本科植物的昆虫为主，多为鳞翅目幼虫；冬季和早春，以杂草种子和野生禾本科植物的种子为食，也吃人类扔弃的各种食物。

繁殖 栖息在较高海拔的石雀和雪雀繁殖期集中在夏季，较为短暂，每年繁殖1窝。而麻雀除冬季外几乎总处在繁殖期，除青藏高原的种群外，每年至少可繁殖2窝。巢位于土洞、地洞、岩壁缝隙、地面、灌丛根部、树上，以及建筑物屋檐下或缝隙中。巢比较简陋，筑巢材料的种类很多，包括草叶、草茎、兽毛、鸟羽等。每窝产卵4～8枚，不同地区窝卵数差别较大。卵灰白色，满布褐色斑点。雌雄共同参与筑巢、孵卵和育雏。孵化期12～14天。雏鸟晚成性，育雏期半个月左右。

与人类的关系 由于亲鸟对幼鸟的保护较成功，加上繁殖力极强，麻雀类分布广泛而数量众多，且喜集群取食农作物种子，在有些地区作为害鸟被人们捕捉或驱赶。但繁殖季节，它们也取食大量危害农作物的昆虫，又有利于农林业。

种群现状和保护 雀类较少受胁，但近年才被视为独立物种的意大利麻雀 *Passer italiae* 和阿布德库里麻雀 *P. hemileucus* 被IUCN列为易危（VU）。中国分布的雀类均为无危物种（LC），麻雀 *Passer montanus* 和山麻雀 *P. cinnamomeus* 被列为中国三有保护鸟类。

左：雀类嘴粗短而强壮，呈圆锥状，适于取食植物种子，其中麻雀类常伴人而居，在谷物成熟的季节大量取食农作物种子。图为取食麦粒的山麻雀。李全胜摄

家麻雀

拉丁名：*Passer domesticus*
英文名：House Sparrow

雀形目雀科

形态 体长14～16 cm，体重16～30 g。雄鸟额、头顶和后颈灰色，后颈有时混杂有栗色；眼先、眼周、嘴基黑色，眼后有一栗色带，脸颊、耳羽白色；颏、喉和上胸中央黑色，其余下体白色沾棕色，体侧沾灰色。雌鸟头顶和腰灰褐色，具土黄白色眉纹；背淡红褐色或土红褐色，具黑色纵纹；下体淡灰色或灰白色，颏、喉、胸微沾黄褐色。

分布 在中国分布于黑龙江、内蒙古东北部、陕西、新疆、青海、四川、西藏西部、云南和广西等地。国外广泛分布于欧亚大陆和非洲北部，但少见于东亚的大部分地区。

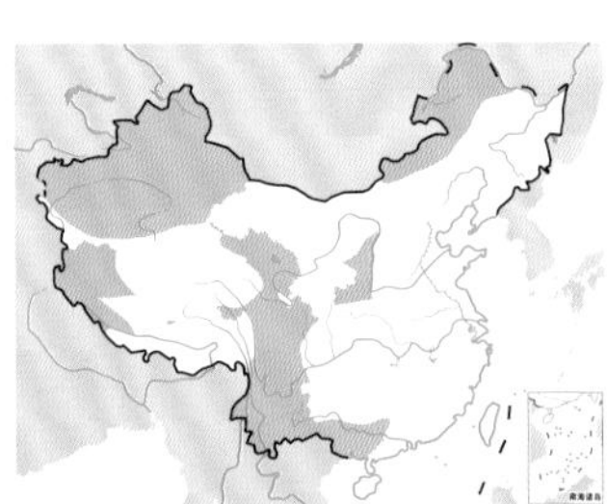

家麻雀。左上图为雄鸟，下图为左雌右雄。王志芳摄

栖息地 栖息于平原、山脚和高原地带人类居住区及其附近的树林、灌丛、荒漠和草甸上。其中新疆亚种 *P. d. bactrianus* 栖息海拔2800～3200 m，西藏亚种 *P. d. parkini* 夏季分布于海拔3700～4300 m，冬季常迁到山脚和平原等低海拔地区。

习性 留鸟，部分种群有季节性的垂直迁徙或游荡。有些种群从高纬度地区迁徙到冬季较不寒冷的地区。喜结群，多在农田、房舍和林缘与灌丛中活动和觅食，并频繁发出单调的"chirrup"或"chirp"叫声。经常与其他种类的鸟类混群。家麻雀的食物大多在地上，但它们成群结队地活动于树上和灌木丛中。

食性 主要以谷物、草籽等植物性食物为食，也吃昆虫及其幼虫。家麻雀是机会主义觅食者，适应性极强。在温带农业区，其食物中种子的比例约为90%。在春天喜欢撕咬花朵，尤其是黄色花朵。在城镇和城市，它经常在垃圾桶里寻找食物，甚至可以打开进入超市的自动门。雏鸟主要以昆虫为食，辅以少量种子和砂砾。

繁殖 繁殖期4～8月，1年繁殖1～2窝。营巢于房檐下和房屋缝隙中，也有在岩坡、悬崖洞穴以及树上和人工巢箱中筑巢的，在中国它们更多地选择在树上筑巢。巢呈杯状或球状，主要由草茎、草叶、须根等材料构成，内垫有羽毛、棉花和兽毛。雌雄亲鸟共同参与营巢，雄鸟衔巢材，雌鸟筑巢。每窝产卵5～7枚，偶尔也有多至8枚和少至3枚的。卵白色、淡绿白色、灰蓝色或淡黄白色，有的被灰褐色或黄褐色斑点。卵的大小为(14.5～15.3) mm × (20～22.6) mm。通常每天产1枚卵，卵产齐后开始孵卵，雌雄亲鸟轮流孵卵。孵化期11～14天。雏鸟晚成性，雌雄亲鸟共同育雏。育雏期12～15天。

种群现状和保护 IUCN和《中国脊椎动物红色名录》均评估为无危（LC）。

山麻雀

拉丁名：*Passer cinnamomeus*
英文名：Russet Sparrow

雀形目雀科

形态 体长13～15 cm，体重13～23 g。雄鸟眼先和眼后黑色，颊、耳羽、头侧白色或淡灰白色；额、头顶、后颈一直到背和腰都为栗红色；颏和喉部中央黑色，其余下体灰白色有时微沾黄色。雌鸟眼先和贯眼纹褐色，具长而宽阔的皮黄白色眉纹；上体橄榄褐色或沙褐色，上背满杂以棕褐与黑色斑纹，腰栗红色；颊、头侧、颏、喉皮黄色或皮黄白色，其余下体淡灰棕色，腹部中央白色。

分布 在国内除东北、西北和海南外广泛分布于各地。国外分布于阿富汗至中南半岛北部、朝鲜、萨哈林岛及日本北部。

栖息地 栖息于海拔1500 m以下的低山丘陵和山脚平原地带。在西南和青藏高原地区，也见于海拔2000～3500 m的各林带间。多活动于林缘疏林、灌丛和草丛中。

习性 留鸟，部分迁徙。性喜结群，除繁殖期间单独或成对活动外，其他季节多集小群。飞行力较其他麻雀强。

食性 主要农作物以及禾本科、莎草科等野生植物果实和种子，以及小浆果和昆虫为食。雏鸟主要取食毛虫等昆虫幼虫。成鸟通过搜索树叶以及在飞行中捕捉昆虫来获取食物。

繁殖 繁殖期4～8月，每年繁殖2～3窝。营巢于山坡岩壁天然洞穴中，也在人工建筑物洞穴或缝隙中筑巢，也有在树枝上营巢及利用啄木鸟与燕的旧巢的记录。巢主要由枯草叶、草茎和细枝构成，内垫棕丝、羊毛、羽毛等，雌雄共同参与营巢。窝卵数4～6枚。卵灰白色，被有茶褐色或褐色斑点，常在钝端形成圈状。卵的大小为（17～21.1）mm×（13.0～14.8）mm，卵重7.9～8 g。雌雄亲鸟共同孵卵和育雏。

种群现状和保护 IUCN和《中国脊椎动物红色名录》均评估为无危（LC），被列为中国三有保护鸟类。

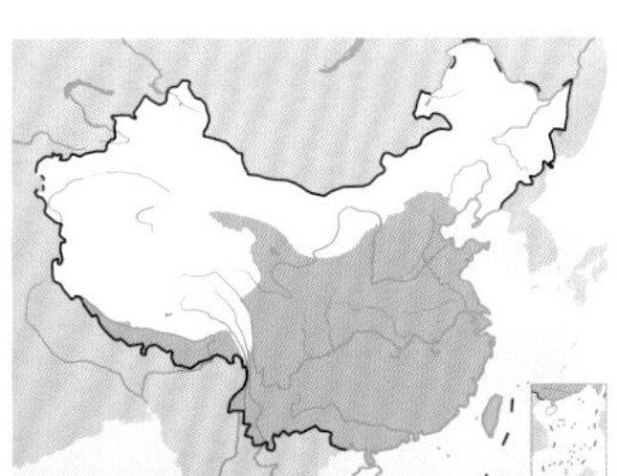

山麻雀。左上图为雄鸟，沈越摄；下图为育雏的雌鸟，杜卿摄

麻雀

拉丁名：*Passer montanus*
英文名：Eurasian Tree Sparrow

雀形目雀科

形态 体长13～15 cm，重16～24 g。雄鸟前额、头顶至后颈纯栗褐色，眼先、眼下缘黑色；头侧具大块白斑，其中有黑斑；背、肩棕褐色，具粗著的黑色纵纹；颏和喉中央黑色，胸、腹淡灰色近白色，有时微沾沙褐色，胁和尾下覆羽灰褐色而沾淡黄褐色。雌鸟和雄鸟相似，但下体羽色稍淡白，喉部黑斑亦较淡灰。

分布 在中国全国各地均有分布。国外广泛分布于欧亚大陆。

栖息地 广泛适应海拔300～4500 m的各种栖息地，主要伴人而居，在建筑物缝隙中或岩穴、土洞和树上休息和夜栖。

习性 主要是留鸟，小部分迁移。在亚洲地区有更明显的迁徙，许多鸟通过天山的关口迁徙，乡村的种群则倾向于迁入城区越冬。喜成群，性活泼而嘈杂，性大胆，不甚怕人，也很机警。

食性 食性较杂，主要以谷粒、草籽、果实等植物性食物为食，繁殖期间也吃大量昆虫，特别是雏鸟，几全以昆虫及其幼虫为食。

繁殖 繁殖期3～8月，随地区而不同。1年繁殖2～3次，在青藏高原可少至1次，而亚热带地区可多至4次。营巢于建筑物上，也在天然洞穴和树枝间营巢或利用喜鹊弃巢和人工巢箱，甚至侵占家燕的巢。巢呈杯状或碗状，洞外巢则为球形或椭圆形，有盖，侧面开口。雌雄共同营巢。巢筑好后即开始产卵。窝卵数4～8枚，多为5～6枚，也有少至2枚的。卵白色、灰白色至淡褐色，被有褐色斑点，尤以钝端较密集。卵大小为（17.1～21.5）mm×（12.6～15.4）mm，卵重2～2.6 g。卵产齐后即开始孵卵，雌雄轮流孵卵。孵化期约12天。雏鸟晚成性。雌雄亲鸟共同育雏。雏鸟在巢期15～16天，离巢后仍需亲鸟喂食一段时间。

种群现状和保护 IUCN和《中国脊椎动物红色名录》均评估为无危（LC），被列为中国三有保护鸟类。

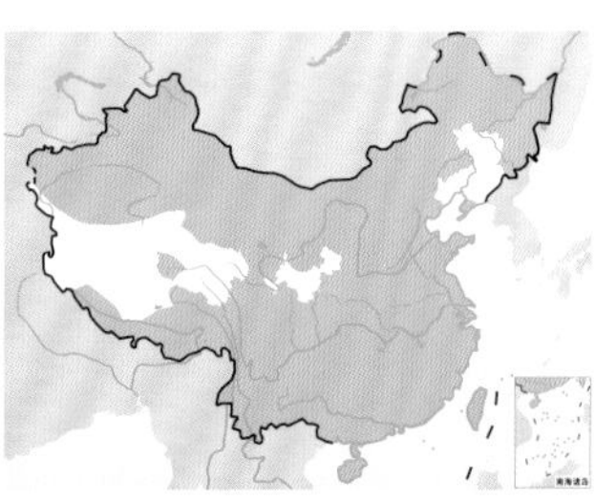

麻雀。左上图沈越摄，下图为在房梁缝隙中繁殖。杨晓成摄

鹡鸰类

- 鹡鸰类指雀形目鹡鸰科鸟类，全世界共5属68种，中国有3属20种
- 鹡鸰类体形纤细，嘴须发达，嘴细长，翅长而尖，尾细长
- 鹡鸰类大部分栖息于开阔地带，少数种类进入树林，通常靠近水域，在地面双脚交替行进，主要取食昆虫
- 鹡鸰类大多筑巢于地面，少数在树上营巢，雌雄亲鸟共同孵卵和育雏

类群综述

鹡鸰类指雀形目鹡鸰科（Motacillidae）鸟类，全世界共计5属68种，包括鹡鸰（wagtails）和鹨（pipits）两个类群，前者包括鹡鸰属 *Motacilla*、山鹡鸰属 *Dendronanthus* 和长爪鹡鸰属 *Macronyx*，后者包括鹨属 *Anthus* 和金鹨属 *Tmetothylacus*。鹡鸰类为小型鸟类，体形纤细、颈短、长尾、长脚和长趾是它们的共同特征。鹡鸰类主要为地栖种类，善于在地面奔跑，栖止时尾常不停地上下或左右摆动。飞行呈波浪状，边飞边叫。除少数种类栖于树上外，一般栖息于溪边、草地、农田、沼泽、林间等各类生境中。鹡鸰类广布于除南极和北极外的世界各地，中国有3属20种，遍及全国各地，但仅少数种类出没于森林地带。

左：鹡鸰类体形纤细，翅长而尖，尾细长，大部分栖息于近水域的开阔地带，少数种类进入树林。图为站在树上的树鹨。李全胜摄

右上：鹡鸰类以喜爱抖动尾羽而闻名，图为展示尾羽的灰鹡鸰。李全胜摄

右下：白鹡鸰的繁殖过程。左图为衔材筑巢，杜卿摄；中图为巢和卵，梁丹摄；右图为给离巢幼鸟喂食，唐文明摄

形态　鹡鸰类为小型鸟类，体长11.5～24 cm，体形纤细，体羽柔软；嘴须发达，鼻孔不被羽；嘴较细长，上嘴先端微具缺刻；翅长而尖，初级飞羽9枚，第1和第2枚初级飞羽近等长，次级飞羽亦较长，最长的次级飞羽几达翼端；尾羽12枚，有时较翅稍长，最外侧尾羽几乎纯白色；脚细长，跗跖前缘微具盾状鳞，后缘侧扁呈棱状，光滑无鳞；后趾与爪均较长，爪形稍曲。雌雄多相似。

栖息地　大部分栖息于开阔地带，特别偏好草原及碎石地，少部分种类栖息于树林内，通常靠近水域环境。

习性　多成对或结成小群活动，善于在地面奔走，但不会像麻雀那样跳跃，而是双脚交替行进。栖止时尾常上下或左右摆动；飞行时呈波状曲线，常边飞边叫，鸣声并不特别，但变化很大，起飞或受干扰时常会发出叫声。

食性　主要以昆虫为食，所食昆虫多为农业、草原及森林害虫；偶尔取食植物性食物，主要以杂草种子为主。常在路边或水边觅食。

繁殖　主要为单配制，也有一雌多雄或一雄多雌的情况。大多营巢于地上草丛或碎石地中，少数营巢于树上。一个繁殖季可繁殖2窝以上，每窝产卵3～7枚。雌雄亲鸟共同分担孵卵及育雏工作。雏鸟晚成性。

种群现状和保护　鹡鸰类目前有3种被IUCN列为濒危（EN），5种为易危（VU），受胁比例11.9%，略低于世界鸟类整体受胁水平。它们主要捕食农林及草原害虫，偶尔取食杂草种子，在中国多被列为三有保护鸟类。

山鹡鸰
Dendronanthus indicus

灰鹡鸰
Motacilla cinerea

灰背眼纹亚种
M. a. ocularis

当年冬羽

普通亚种
M. a. leucopsis

新疆亚种
M. a. personata

白鹡鸰
Motacilla alba

林鹨
Anthus trivialis

北鹨
Anthus gustavi

树鹨
Anthus hodgsoni

黄腹鹨
Anthus rubescens

山鹨
Anthus sylvanus

山鹡鸰

拉丁名：*Dendronanthus indicus*
英文名：Forest Wagtail

雀形目鹡鸰科

形态 体长15～17 cm，体重13～22 g。上体橄榄绿色，眉纹白色；翅上有两道显著的白色横斑；外侧尾羽白色；下体白色，胸部有两道明显的黑色横带。雌雄羽色相似，雌鸟略暗淡。

分布 国内除西藏、新疆外，全国各地均有记录，主要为夏候鸟。国外分布于东亚、南亚和东南亚。

栖息地 主要栖息于低山丘陵地带的山地森林中，常见于稀疏的次生阔叶林，也栖息于混交林、落叶林和果园。

习性 常在林缘、河边、林间空地，甚至城镇公园的树上单独或成对活动。喜欢沿着粗壮的树枝来回行走，栖止时尾不停地左右摆动，身体亦跟随微微摆动，并不停地鸣叫。飞行呈波状曲线。

食性 主要以昆虫为食，也吃蜗牛、蛞蝓等小型无脊椎动物。

繁殖 繁殖期5～7月。通常营巢于粗壮乔木的水平侧枝上，距地面高2～7 m。巢呈碗状，大小为外径6.2～7.5 cm，内径5～6.1 cm，高4～7.5 cm，深3～3.8 cm。每窝产卵4～5枚，多为5枚。卵灰白色或青灰色，被有黑褐色或紫灰色斑点，大小为(19～22) mm × (14.5～16) mm，卵重1.4～2.5 g。雌鸟孵卵。

种群现状和保护 IUCN和《中国脊椎动物红色名录》均评估为无危（LC），被列为中国三有保护鸟类。国内曾经较常见，近年来由于栖息地破坏，种群数量有所下降。

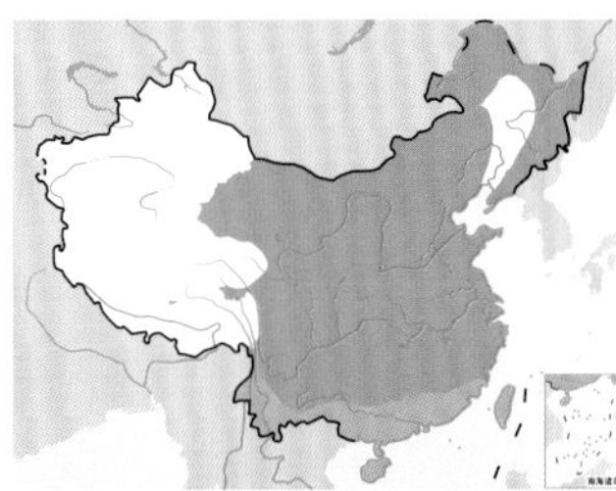

山鹡鸰。左上图刘璐摄；下图为正在育雏，杜卿摄

灰鹡鸰

拉丁名：*Motacilla cinereal*
英文名：Grey Wagtail

雀形目鹡鸰科

形态 体长16～19 cm，体重14～22 g。头灰色或深灰色，眉纹和颧纹白色，眼先、耳羽灰黑色；上体暗灰色或暗灰褐色，腰和尾上覆羽黄绿色；两翼黑褐色，有一道白色翼斑；尾黑色或

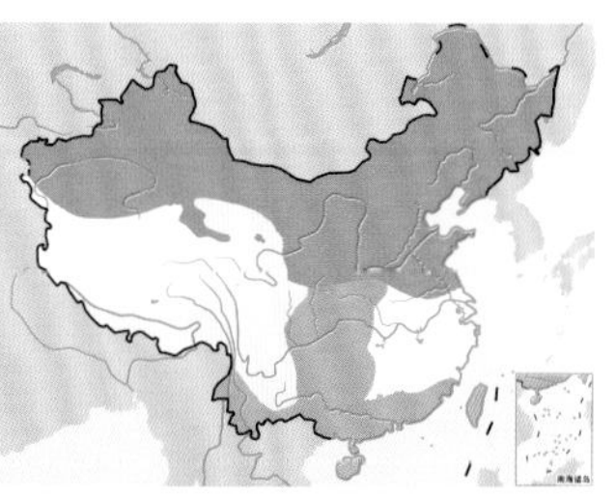

灰鹡鸰。左上图为雌鸟，唐文明摄；下图为给离巢幼鸟喂食的雄鸟。杜卿摄

黑褐色，外侧尾羽内翈白色，最外侧尾羽全为白色；雄鸟颏、喉夏季黑色而冬季白色，雌鸟则四季皆白色，其余下体黄色。

分布 在中国普遍分布于全国各地，长江以北主要为夏候鸟，部分为旅鸟；在长江以南主要为冬候鸟，部分为旅鸟。国外广布于欧亚大陆和非洲北部。

栖息地 主要栖息于水域岸边或水域附近的草地、农田、住宅和林区居民点，尤其喜欢在山区河流岸边和道路上活动。栖息地海拔200～2000 m，在喜玛拉雅地区最高可达4100 m。在森林地区通常出没于湍急的山溪和河流边、裸露的岩石或浅滩。

习性 常单独或成对活动，有时也集成小群或与白鹡鸰混群。飞行时两翅一展一收，呈波浪式前进。常停栖于突出物体上，尾经常不断上下摆动。被惊动后则沿着河谷上下飞行并不停地鸣叫。

食性 主要以昆虫为食。其中雏鸟主要以石蛾、石蝇等水生昆虫为食。多在水边行走或奔跑捕食，有时也在空中捕食。

繁殖 繁殖期5～7月。繁殖开始前，雌雄常成对沿河谷飞行活动，寻找巢位。营巢于河流两岸的各式生境中。营巢由雌雄亲鸟共同进行。通常就地取材，林区的巢多以各种树皮纤维和兽毛为内垫，居民点及其附近的巢则多以人类废弃的麻和毡、家禽和家畜的毛作内垫。巢外壁多由枯草叶、草茎、根和苔藓构成。

窝卵数3～6枚，通常5枚。卵颜色变化较大，有的白色沾黄色，光滑无斑，钝端有一灰色圆环；有的灰白色染黄色，钝端褐灰色，均匀分布一些不明显的淡色线状斑；还有的棕灰色带褐色斑。卵的平均大小为18 mm × 14 mm，重1～2 g。

卵产齐后即开始孵卵。孵卵主要由雌鸟承担，孵化期约2周。雌雄亲鸟共同育雏，留巢期14天。雏鸟晚成性。5日龄开始睁眼并露出羽轴芽；10日龄时身体大部分为羽毛覆盖并能站立跳跃；14日龄出飞。成鸟在野外的寿命最长可达8年。

种群现状和保护 种群数量丰富，IUCN和《中国脊椎动物红色名录》均评估为无危（LC），被列为中国三有保护鸟类。

白鹡鸰

拉丁名：*Motacilla alba*
英文名：White Wagtail

雀形目鹡鸰科

形态 体长16～20 cm，重15～30 g。前额和脸颊白色，头顶后部、枕和后颈黑色；喉黑或白色，胸黑色，其余下体白色；背、肩黑色或灰色，翅黑色而有白色翅斑；尾黑色，最外两对尾羽主要为白色。

分布 在中国遍及各地，主要为夏候鸟，部分在南部沿海和海岛越冬，为冬候鸟和留鸟。国外分布于整个欧亚大陆和非洲。

栖息地 主要栖息于水域岸边，常见于中等海拔地区。

习性 常单独、成对或呈3～5只的小群活动，迁徙期间也见10多只至20余只的大群。冬季在海口市区曾见多达2000～3000只的大群夜栖于大榕树上。常持续上下摇动尾羽。多在水域附近慢步行走或跑动捕食，以很快的频率交替步行前进。

食性 主要以昆虫为食，此外也吃蜘蛛等其他无脊椎动物，偶尔也吃种子、浆果等植物性食物和面包屑等家庭残羹。

繁殖 繁殖期4～7月。通常营巢于水域附近，会和其他动物共同分享营巢地，例如在有海狸的水坝和金雕巢穴的地方筑巢。巢呈杯状，外层松散粗糙，主要由枯草构成；内层紧密，主要由树皮纤维、麻、细草根等编织而成。巢内垫有兽毛、绒羽、麻等柔软物。巢的大小为（11～16）cm×（6～11）cm，深4～5 cm，高7～8 cm。雌雄亲鸟共同营巢。每窝通常产卵5～6枚，也有多至7枚的。卵呈灰白色，布有大量的红棕色斑点，平均大小为21 mm × 15 mm，重2～2.6 g。双亲轮流孵卵，雌鸟孵卵时间更长。孵化期12天左右，有时迟至16天。双亲共同育雏，育雏期14天左右，并在幼鸟离巢后再喂养一周。

种群现状和保护 IUCN和《中国脊椎动物红色名录》均评估为无危（LC），被列为中国三有保护鸟类。在国内常见，已较能适应人造生境，并利用人工建筑筑巢和栖息。

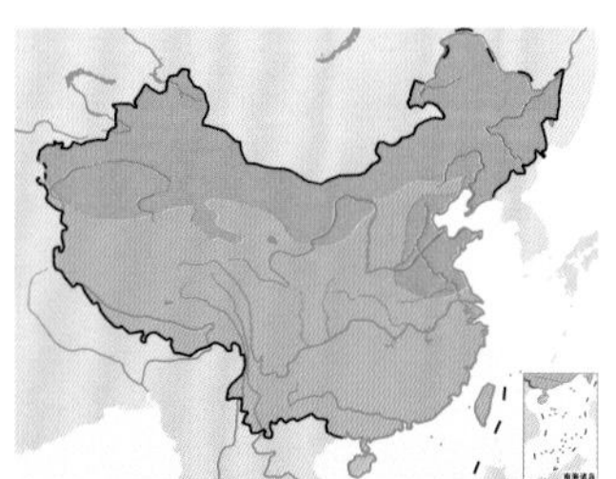

白鹡鸰。左上图刘兆瑞摄，下图杜卿摄

树鹨

拉丁名：*Anthus hodgsoni*
英文名：Olive-backed Pipit

雀形目鹡鸰科

形态 体长15～16cm，体重15～26g。上体橄榄绿色，头顶具细密的黑褐色纵纹，往后纵纹逐渐不明显；眼先黄白色或棕色，眉纹自嘴基起棕黄色，后转为白色或棕白色，具黑褐色贯眼纹，耳后有一白斑；最外侧一对尾羽具大型楔状白斑；下体灰白色，喉侧有黑褐色颧纹，胸和两胁具粗著的黑色纵纹。

分布 在中国遍及全国各地，在北部、中部和西部为夏候鸟，长江以南为冬候鸟或旅鸟。国外繁殖于西伯利亚南部到喜马拉雅山区，越冬于南亚和东南亚。

栖息地 繁殖期间主要栖息在山地森林中，在南方可达海拔4000m左右。常在林缘、河谷、林间空地、高山苔原、草地等各类生境活动。迁徙期间和冬季则多栖于低山丘陵和平原草地。

习性 常成对或成3～5只的小群活动。迁徙期间集成较大的群。通常在靠近隐藏物的地面上奔跑觅食，性机警，受惊后立刻飞到附近树上，后沿着树枝行走。站立时尾常上下摆动。

食性 主要以昆虫和草籽为食，也吃其他小型无脊椎动物。

繁殖 繁殖期6～7月。通常营巢于林缘、林间路边或林中空地等开阔地区草丛或灌木旁的凹坑内。雌雄亲鸟共同营巢。巢呈浅杯状，结构较为松散，主要由枯草茎、草叶、松针和苔藓构成。巢的大小为外径（8～13）cm×（6.5～8.7）cm，高6.7 cm，深4～4.8 cm。巢筑好后即开始产卵，每天产卵1枚，每窝产卵4～6枚，多为5枚。卵为椭圆形，鸭卵青色，被有紫红色斑点，尤以钝端较密，大小为（14.5～17.0）mm ×（20.0～23.3）mm，重1.8～2 g。孵卵主要由雌鸟承担，孵化期约14天。双亲共同育雏，育雏期11～12天。雏鸟离巢后，亲鸟会再继续抚养一段时间。

种群现状与保护 IUCN和《中国脊椎动物红色名录》均评估为无危（LC），在中国较为常见，被列为中国三有保护鸟类。

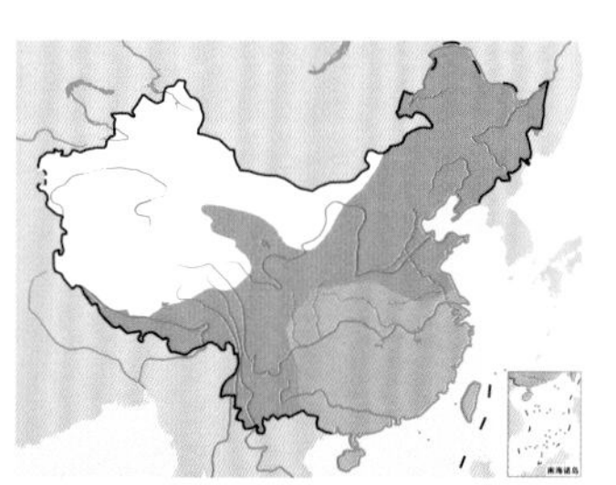

树鹨。左上图张明摄，下图杜卿摄

林鹨

拉丁名：*Anthus trivialis*
英文名：Tree Pipit

雀形目鹡鸰科

体长14～16 cm，体重20～26 g。上体沙褐色至橄榄灰褐色，头顶和背具暗褐色羽干纹，最外侧尾羽白色；下体白色或皮黄白色，喉两侧和胸具黑褐色纵纹。在中国分布于陕西南部、内蒙古中部、宁夏、新疆、西藏和广西等地，主要为旅鸟。主要栖息于山地森林和林缘地带，尤其喜欢有林间空地或林间草地的疏林地区。IUCN和《中国脊椎动物红色名录》均评估为无危（LC），但国内不常见，被列为中国三有保护鸟类。

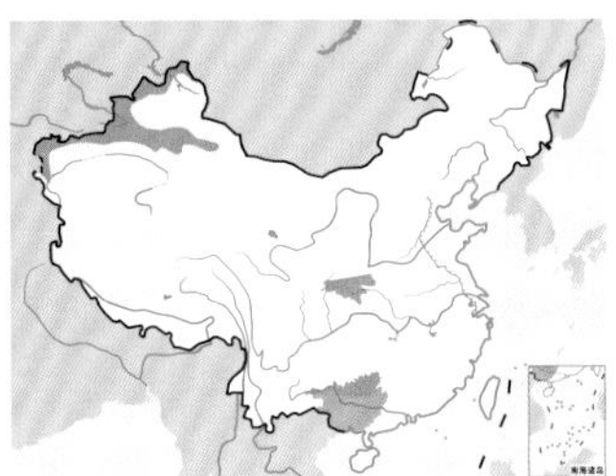

林鹨。刘璐摄

山鹨

拉丁名：*Anthus sylvanus*
英文名：Upland Pipit

雀形目鹡鸰科

体长15～18 cm，体重19～33 g。上体棕色或棕褐色，具粗著的黑褐色纵纹；下体棕白或褐白色，除颏、喉以外亦具细窄的黑褐色纵纹；尾黑褐色，尾羽羽端尖狭。在国内分布于山东和长江流域及以南地区。主要栖息于海拔1000～2500 m的山地林缘、灌丛、草地、岩石草坡和农田地带，尤喜峻峭的山坡草地、灌丛和岩石。IUCN和《中国脊椎动物红色名录》均评估为无危（LC），国内种群数量稀少，被列为中国三有保护鸟类。

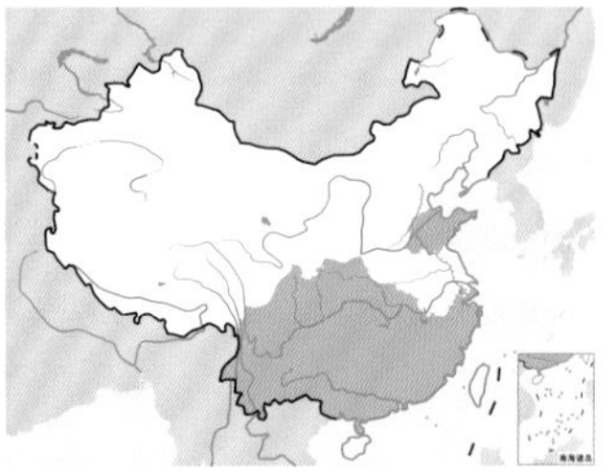

山鹨。董江天摄

北鹨

拉丁名：*Anthus gustavi*
英文名：Pechora Pipit

雀形目鹡鸰科

体长14～16 cm。上体棕褐色，具粗著的黑褐色纵纹；翕部羽毛具白色羽缘，形成不甚明显的“V”形斑；翅上具两条棕白色翅斑；最外侧一对尾羽具大型楔状白斑；下体白色或灰白色，胸、颈侧和两胁具粗著的暗褐色纵纹；后爪长而稍曲。在中国分布于西北、东北和东部沿海，主要为旅鸟，仅黑龙江东北部有繁殖。IUCN和《中国脊椎动物红色名录》均评估为无危（LC），国内极少见，被列为中国三有保护鸟类。

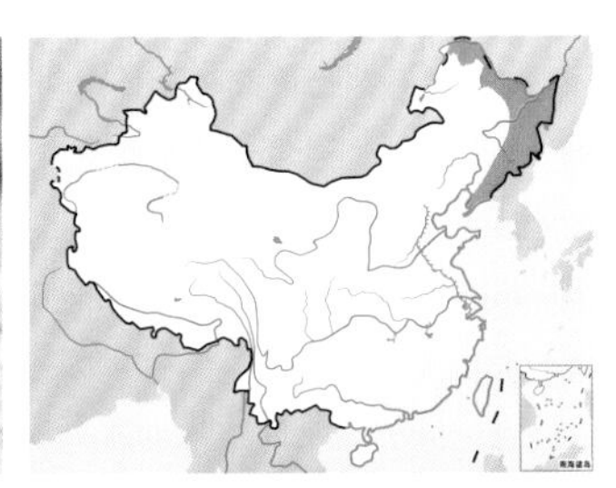

北鹨。左上图刘璐摄，下图赵国君摄

黄腹鹨

拉丁名：*Anthus rubescens*
英文名：Buff-bellied Pipit

雀形目鹡鸰科

体长15～18 cm，体重18～27 g。额、头上和颈淡褐色，带黑褐色块斑；眉纹黄白色，眼先至耳羽黑褐色；背淡褐色，具不明显暗褐色纵纹；尾羽暗褐色；喉黄白色，两侧具纵纹，胸、腹及尾下覆羽黄褐色。在中国除宁夏、青海、西藏外，见于各地，主要为旅鸟，在长江以南越冬。喜栖息于湿地中突出的物体上，停息时尾部常上下摆动。IUCN和《中国脊椎动物红色名录》均评估为无危（LC），国内分布广泛，种群数量较丰富。

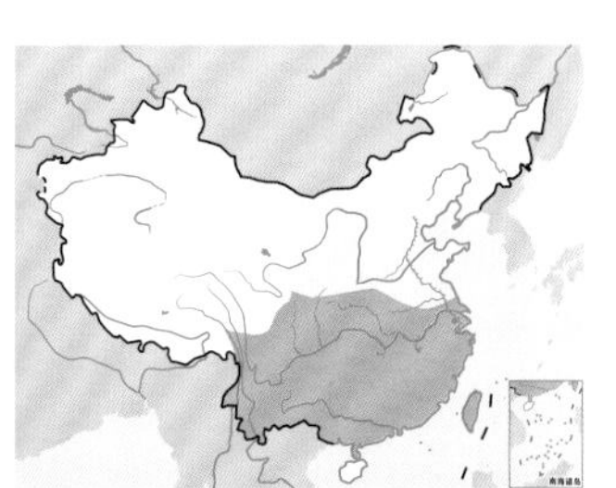

黄腹鹨。左上图沈越摄，下图刘璐摄

燕雀类

- 燕雀类指雀形目燕雀科鸟类，全世界共45属228种，中国有20属61种
- 燕雀类喙多呈圆锥形，嘴缘平滑，羽色丰富，大多雌雄异色
- 燕雀类通常栖息于森林和林缘地区，主要取食植物种子
- 燕雀类大多在乔木侧枝上营杯状巢，主要由雌鸟筑巢和孵卵，雌雄亲鸟共同育雏

类群综述

燕雀类指雀形目燕雀科（Fringillidae）鸟类，全世界共 45 属 211 种，广泛分布于除两极外的世界各地，中国有 20 属 61 种。

燕雀类体长 9～25 cm。喙多粗短而强壮，呈圆锥形，嘴缘平滑，但也有演化出高度特异性的喙，如喙尖上下交叉的交嘴雀属 *Loxia*。羽色变化多样，基本羽色为褐色或绿色，普遍表现出由类胡萝卜素赋予的鲜艳的亮黄色和粉红色点缀，雌雄羽色常具明显差异，在雌雄异色的种类中，雌鸟往往缺乏类胡萝卜素呈色。.

燕雀类通常生活在森林和林缘地区，但也有的种类适应于草原、灌丛甚至荒漠生境。它们通常单独或成对活动，有时也集小群。常在枝叶间穿梭飞行，像麻雀类一样进行弹跳式飞行，振翅飞行与收起翅膀滑翔交替。在地面蹦跳着前进或进行短距离飞行。大多善于鸣唱，一些物种被驯化为笼养鸟，其中最著名的是金丝雀 *Serinus canaria*。燕雀类主要取食植物性食物，尤其是各种野生植物和农作物的种子，一些种类高度特化适应于某一类型的种子，如专门取食落叶松种子的红交嘴雀 *Loxia curvirostra*。繁殖期间也吃各种昆虫。食物的可获得性决定了它们是否迁徙，例如喜爱松子的松雀 *Pinicola enucleator*，繁殖区和越冬的范围变化很大，在其固有繁殖地环北极地区的泰加林球果欠收时，进行爆发式迁往南方进行繁殖，甚至逼近原越冬区的南界。

燕雀类通常营巢于树上，少数营巢于地面或灌丛中，巢多呈杯状，较为简陋，外部为细树枝、植物根须、蛛网、苔鲜和草叶等材料构成，内垫以柔软的细草茎、细纤维、兽毛、羽毛和花絮。主要由雌鸟筑巢和孵卵。雌雄共同育雏。雏鸟晚成性。

燕雀类虽然有些物种分布极为广泛，但种群数量并不是那么丰富，有许多岛屿物种已经灭绝或濒临灭绝。目前有 13 种被 IUCN 列为极危（CR），其中 6 种推测可能已灭绝，另有 11 种为濒危（EN），13 种为易危（VU），受胁比例 16.2%，高于世界鸟类整体受胁水平。在中国，燕雀类大部分被列为三有保护鸟类。

左：燕雀类很多种类的雄鸟利用类胡萝卜素使羽色呈现鲜艳的黄色或红色，朱雀就是其中的典型代表。图为站在树上的酒红朱雀雄鸟。沈越摄

右：燕雀类主要取食植物种子，图为正在取食松子的红交嘴雀。彭建生摄

♂
苍头燕雀
Fringilla coelebs
♀
♂
燕雀
Fringilla montifringilla
♀
♂
♀
黄颈拟蜡嘴雀
Mycerobas affinis
♂
♀
白点翅拟蜡嘴雀
Mycerobas melanozanthos
♂
♀
白斑翅拟蜡嘴雀
Mycerobas carnipes
non-br.
♂
♀
锡嘴雀
Coccothraustes coccothraustes
♂
♀
黑尾蜡嘴雀
Eophona migratoria
第一年冬羽
♂
♂
♀
松雀
Pinicola enucleator
juv.
ad.
黑头蜡嘴雀
Eophona personata
ad.
juv.
褐灰雀
Pyrrhula nipalensis
♂
♀
红头灰雀
Pyrrhula erythrocephala
♂
♀
灰头灰雀
Pyrrhula erythaca

♂
灰腹亚种
P. p. griseiventris
♂
♀
红腹灰雀
Pyrrhula pyrrhula
指名亚种
P. p. pyrrhula
♂
♀
赤朱雀
Agraphospiza rubescens
♂
♀
金枕黑雀
Pyrrhoplectes epauletta
♂
♀
暗胸朱雀
Procarduelis nipalensis
♂
♀
普通朱雀
Carpodacus erythrinus
♂
褐头朱雀
Carpodacus sillemi
♂
♀
血雀
Carpodacus sipahi
♂
♀
拟大朱雀
Carpodacus rubicilloides
♂
大朱雀
Carpodacus rubicilla
♂
♀
红腰朱雀
Carpodacus rhodochlamys
♂
♀
红眉朱雀
Carpodacus pulcherrimus
♂
♀
中华朱雀
Carpodacus davidianus
♂
曙红朱雀
Carpodacus waltoni

♂
♀
粉眉朱雀
Carpodacus rodochroa
♂
棕朱雀
Carpodacus edwardsii
♂
点翅朱雀
Carpodacus rodopeplus
♂
淡腹点翅朱雀
Carpodacus verreauxii
♂
♀
酒红朱雀
Carpodacus vinaceus
♂
台湾酒红朱雀
Carpodacus formosanus
♀
♂
藏雀
Carpodacus roborowskii
♂
♀
长尾雀
Carpodacus sibiricus
♂
♀
喜山白眉朱雀
Carpodacus thura
♂
♀
白眉朱雀
Carpodacus dubius
♀
♂
指名亚种
C. p. puniceus
♂
红胸朱雀
Carpodacus puniceus
青海亚种
C. p. longirostris
♂
♀
红眉松雀
Carpodacus subhimachalus
♂
♀
红眉金翅雀
Callacanthis burtoni

♂
♀
欧金翅雀
Chloris chloris
♂
♀
金翅雀
Chloris sinica
ad.
juv.
高山金翅雀
Chloris spinoides
黑头金翅雀
Chloris ambigua
non-br.
br.
黄嘴朱顶雀
Linaria flavirostris
♀
♂
赤胸朱顶雀
Linaria cannabina
non-br.
br.
白腰朱顶雀
Acanthis flammea
♂
♀
青藏亚种
L. c. himalayana
♂
♀
极北朱顶雀
Acanthis hornemanni
♀
♂
东北亚种
L. c. japonica
红交嘴雀
Loxia curvirostra
♂
♀
白翅交嘴雀
Loxia leucoptera
ad.
juv.
红额金翅雀
Carduelis carduelis
♂
♀
金额丝雀
Serinus pusillus
♂
♀
藏黄雀
Spinus thibetanus
juv.
ad.
黄雀
Spinus spinus

苍头燕雀

拉丁名：*Fringilla coelebs*
英文名：Common Chaffinch

雀形目燕雀科

体长约 16 cm。雄鸟繁殖羽头顶及颈背淡蓝灰色，背赭褐色，腰微绿色；脸及下体偏粉色，向后渐淡，尾下覆羽白色；翅黑色，具醒目的白色肩块及翼斑。雌鸟整体绿褐色。在中国记录于新疆、内蒙古、宁夏、河北和辽宁。IUCN 和《中国脊椎动物红色名录》均评估为无危（LC）。

苍头燕雀。左上图为雌鸟，焦庆利摄；下图为雄鸟繁殖羽，沈越摄

燕雀

拉丁名：*Fringilla montifringilla*
英文名：Brambling

雀形目燕雀科

体长约 16 cm。雄鸟繁殖羽头及颈背黑色，背近黑色，腰白色；喉至胸棕色，其余下体白色；翅黑色，具醒目的白色肩块及翼斑；尾叉形。雌鸟头顶至背灰褐色而具深色纵纹，头侧灰色。在中国除青藏高原和海南岛外均有分布，主要为旅鸟和冬候鸟。IUCN 和《中国脊椎动物红色名录》均评估为无危（LC）。被列为中国三有保护鸟类。

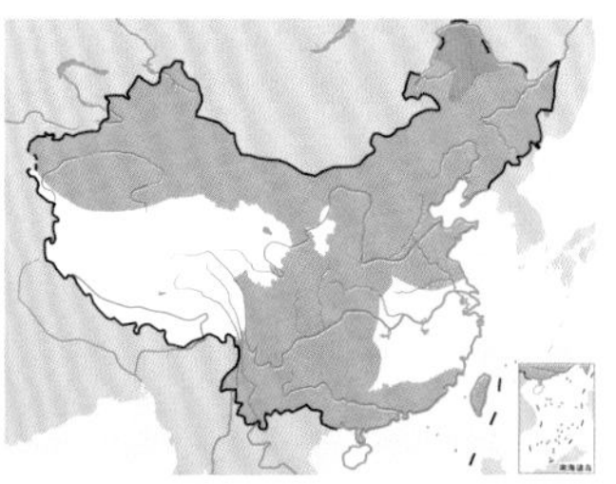

燕雀。左上图为雄鸟非繁殖羽，沈越摄；下图为雌鸟，颜重威摄

黄颈拟蜡嘴雀

拉丁名：*Mycerobas affinis*
英文名：Collared Grosbeak

雀形目燕雀科

体长约 22 cm。嘴粗厚。雄鸟繁殖羽头、喉、两翼及尾黑色，余部黄色。雌鸟头及喉灰色，覆羽、肩及上背暗灰黄色。在中国分布于西藏东南部、云南东北部、四川西部及甘肃西南部。常见于海拔 2700～4000 m 的亚高山林；冬季往低海拔迁移。IUCN 和《中国脊椎动物红色名录》均评估为无危（LC）。

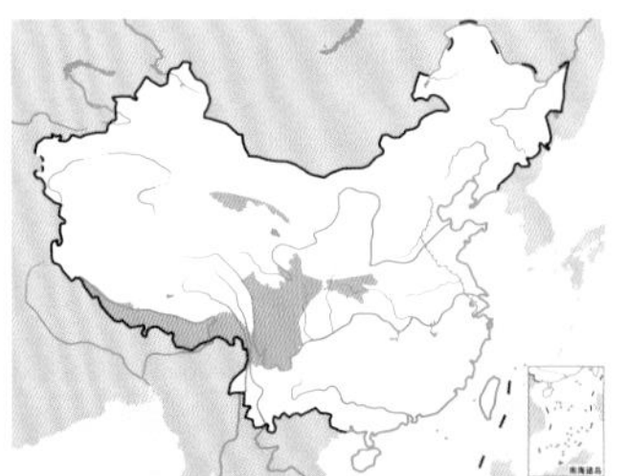

黄颈拟蜡嘴雀。左上图为雌鸟，彭建生摄；下图为雄鸟，唐军摄

白点翅拟蜡嘴雀

拉丁名：*Mycerobas melanozanthos*
英文名：Spot-winged Grosbeak

雀形目燕雀科

体长约 22 cm。嘴粗厚。雄鸟繁殖羽头、喉及上体黑色，其余下体黄色，翅上具黄白色点斑连成的白色翅斑。雌鸟全身密布黑色及黄色纵纹。在中国见于西藏东南部、云南西部及西北部、四川西部。栖息于海拔 2400～3600 m 的亚高山针叶林及混交林；冬季往低海拔迁移。IUCN 和《中国脊椎动物红色名录》均评估为无危（LC）。

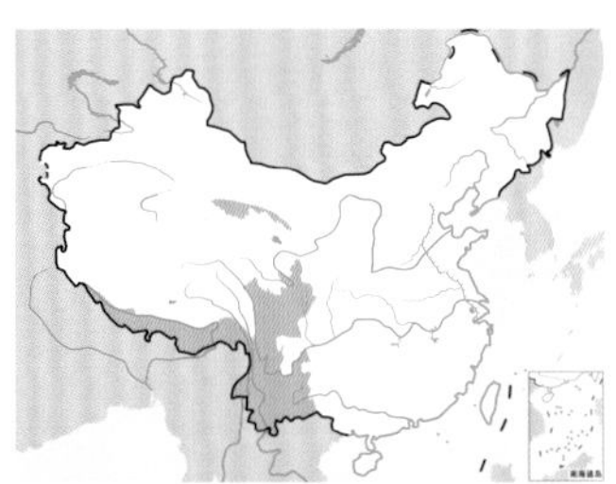

白点翅拟蜡嘴雀。左上图为雌鸟，田穗兴摄；下图为雄鸟，董磊摄

白斑翅拟蜡嘴雀

拉丁名：*Mycerobas carnipes*
英文名：White-winged Grosbeak

雀形目燕雀科

体长约 23 cm。嘴粗厚。雄鸟繁殖羽似白点翅拟蜡嘴雀，但腰黄色。雌鸟似雄鸟，但羽色较浅，黑色部分被灰色取代。在中国见于新疆西部，西藏南部、东南部及东部，四川，云南西北部，青海，甘肃，陕西南部，宁夏和内蒙古西部。常见于海拔 2800～4600 m 林线附近的冷杉、松树及矮小桧树上。IUCN 和《中国脊椎动物红色名录》均评估为无危（LC）。

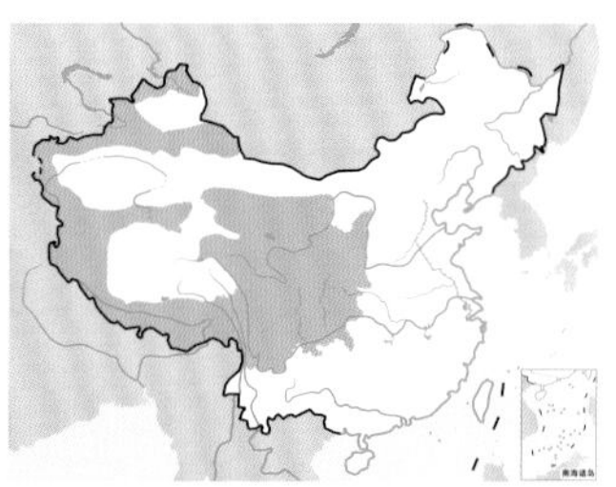

白斑翅拟蜡嘴雀。左上图为雌鸟，彭建生摄；下图为雄鸟，魏东摄

锡嘴雀

拉丁名：*Coccothraustes coccothraustes*
英文名：Hawfinch

雀形目燕雀科

体长约 17 cm。嘴极粗厚。整体棕褐色，后颈具白色领环，翅黑色，尾羽具白色羽端。雄鸟眼先、眼周、颏、喉黑色。在中国繁殖于东北及西北地区，迁至长江中下游地区越冬。IUCN 和《中国脊椎动物红色名录》均评估为无危（LC）。被列为中国三有保护鸟类。

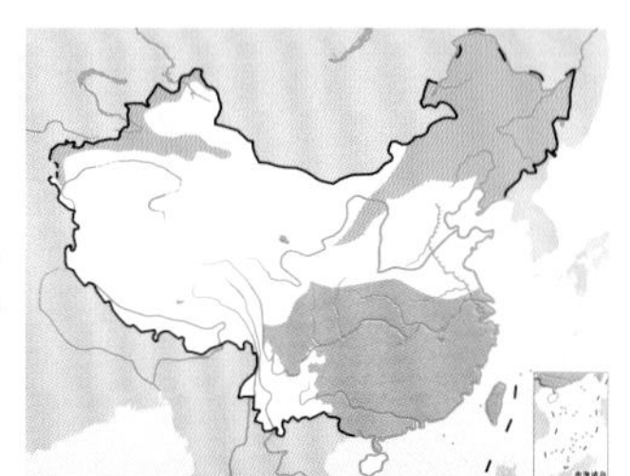

锡嘴雀。左上图为雌鸟或雄鸟非繁殖羽，杨贵生摄；下图为雄鸟繁殖羽，沈越摄

黑尾蜡嘴雀

拉丁名：*Eophona migratoria*
英文名：Chinese Grosbeak

雀形目燕雀科

体长约 17 cm。嘴粗厚，黄色而端部黑色。整体棕灰色，雄鸟具黑色头罩，翅和尾黑色，翅上具 2 块白色翼斑。雌鸟头部的黑色部分少而色浅。在中国繁殖于东北、华北和长江流域，迁徙至华南越冬。IUCN 和《中国脊椎动物红色名录》均评估为无危（LC）。被列为中国三有保护鸟类。

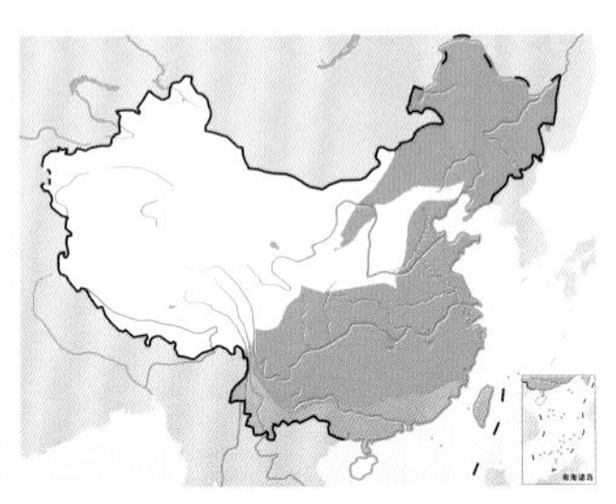

黑尾蜡嘴雀。左上图为雌鸟，下图为雄鸟。沈越摄

黑头蜡嘴雀

拉丁名：*Eophona personata*
英文名：Japenese Grosbeak

雀形目燕雀科

体长约 20 cm。嘴极粗厚，纯黄色。整体灰色，具黑色眼罩，翅和尾黑色，具 1 块白色翅斑。似黑尾蜡嘴雀，但无黑色嘴尖，头部黑色范围较小，翅上仅 1 块白色翼斑。在中国繁殖于长白山和小兴安岭地区，越冬于珠江流域和东南沿海，迁徙经中国大部分地区。IUCN 评估为无危（LC），《中国脊椎动物红色名录》评估为近危（NT）。被列为中国三有保护鸟类。

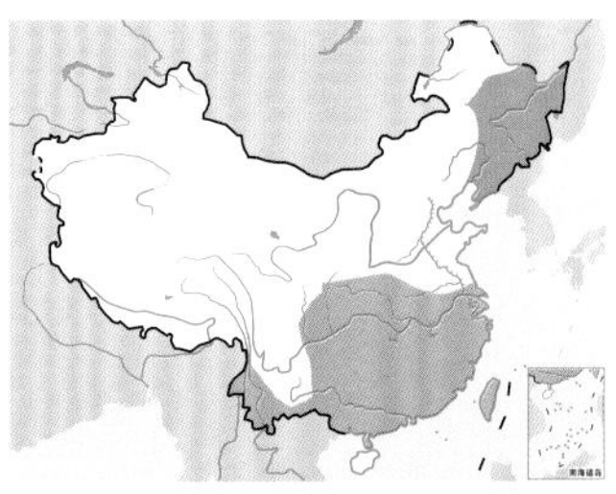

黑头蜡嘴雀。左上图邓明选摄，下图董江天摄

松雀

拉丁名：*Pinicola enucleator*
英文名：Pine Grosbeak

雀形目燕雀科

体长约 22 cm。嘴厚而带钩，雄鸟上体为玫瑰红色，翅黑色，具 2 道白色翼斑；下体红色，腹部至尾下覆羽灰白色。雌鸟以黄橙色或橄榄色代替红色。繁殖于欧亚大陆和北美环北极地区的泰加林带，冬季南迁，随其食物来源——针叶树种子的丰收和歉收而有爆发式迁徙行为。在中国主要为冬候鸟，见于黑龙江、吉林、辽宁、内蒙古东北部和新疆，在爆发式“南侵”的年份可能繁殖于新疆阿勒泰地区、吉林长白山和内蒙古大兴安岭。IUCN 和《中国脊椎动物红色名录》均评估为无危（LC）。被列为中国三有保护鸟类。

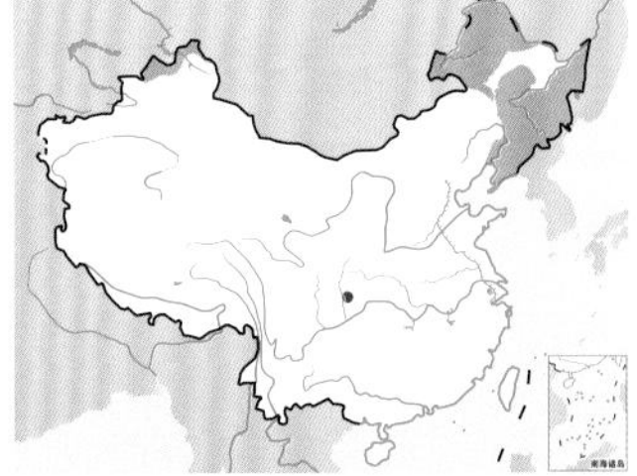

松雀。左上图为雌鸟，聂延秋摄；下图为雄鸟，宋丽军摄

褐灰雀

拉丁名：*Pyrrhula nipalensis*
英文名：Brown Bullfinch

雀形目燕雀科

体长约 16.5 cm。尾长而凹。整体灰色，翅和尾黑色并具金属光泽，翼上具浅色块斑，腰白。雄鸟额具杂乱的鳞状斑纹及狭窄的黑色脸罩。在中国分布于山东、陕西、西藏东南部、云南、湖南、江西、福建西北部、广东北部、广西东北部和台湾。栖息于山地阔叶林、针阔混交林和林缘灌丛。IUCN 和《中国脊椎动物红色名录》均评估为无危（LC）。被列为中国三有保护鸟类。

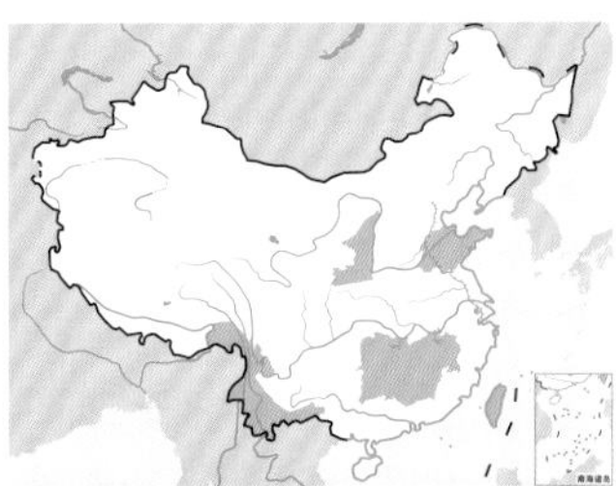

松雀。左上图罗永川摄，下图韦铭摄

红头灰雀

拉丁名：*Pyrrhula erythrocephala*
英文名：Red-headed Bullfinch

雀形目燕雀科

体长约 17 cm，体重 18 ~ 28 g。嘴厚且上喙略带钩，雄鸟的头顶、枕部、胸部和上腹部为较浅的橘黄色，前额、眼先及下巴等喙周围黑色；雌鸟头顶和枕部黄色，胸部和腹部灰色。雌雄背部均为灰色，腰部白色，尾羽黑色。幼鸟和雌鸟相似，但整体羽色偏棕色，和灰头灰雀的幼鸟比较接近，容易混淆，但两者分布区重叠有限。在中国境内主要分布在西藏南部。繁殖季节主要栖息于海拔 2400 ~ 4200 m 的针叶林及针阔混交林生境中，非繁殖季节一般会下降到海拔 1500 m 处，且多位于河谷附近。IUCN 和《中国脊椎动物红色名录》均评估为无危（LC），被列为中国三有保护鸟类。

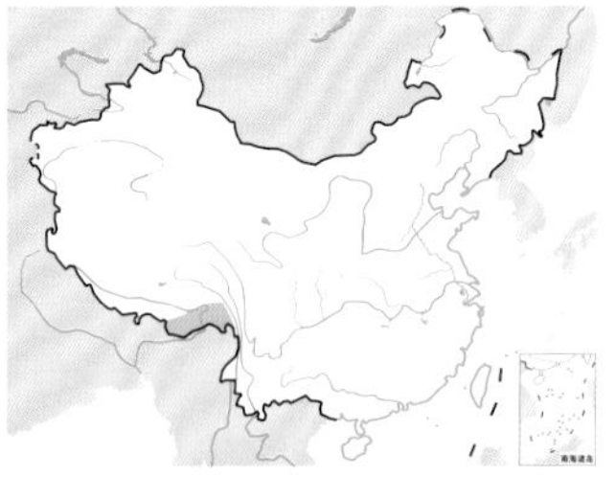

红头灰雀。左上图董磊摄，下图曹宏芬摄

灰头灰雀

拉丁名：*Pyrrhula erythaca*
英文名：Grey-headed Bullfinch

雀形目燕雀科

形态 体长约16 cm，体重15～24 g。鸟喙基部四周羽毛黑色，形成一圈黑色条带；头顶、头侧、枕部、颈后、背部和肩部灰色，腰白色，背和腰之间的过渡部位黑灰色；尾上覆羽和尾黑色，具有蓝紫色光泽；翅上小覆羽灰色，大覆羽和中覆羽黑褐色或蓝黑色具淡灰白色横斑，飞羽黑褐色具紫色光泽。雄鸟胸和上腹橙红色，雌鸟胸和上腹棕灰色，雌雄个体下腹均灰白色。

分布 主要分布在中国境内，指名亚种 *P. e. erythaca* 分布于中国河北、河南、山西南部、陕西南部、宁夏、甘肃南部、西藏东部、青海东部、云南、四川、重庆、贵州、湖北和湖南。国外见于印度东北部、不丹和缅甸北部。台湾亚种 *P. e. owstoni* 仅分布于中国台湾。

栖息地 繁殖季节一般栖息于海拔1500～4000 m的针叶林、针阔混交林、桦树林以及杜鹃、柳树等灌丛中。冬季会下到海拔1000 m左右的低山和山脚地带，多见于河谷附近。

习性 繁殖季节常成对活动，非繁殖季节则成家族群或5～6只的小群体活动。比较机警，胆小怕人。多穿梭于枝叶间觅食，偶尔也会到地面活动和觅食。

食性 主要以植物果实和种子为食，偶尔捕食部分昆虫和其他无脊椎动物。

繁殖 以甘肃莲花山自然保护区为例，每年5月底至8月为繁殖季。雌鸟负责收集巢材并筑巢，收集巢材时雄鸟会陪伴左右，偶尔也会协助收集巢材和筑巢。营巢树种较为多样，高大杉树的侧枝、杉树树苗、各种灌木等均可筑巢，巢距地面高度1～16 m等。筑巢期一般3～5天。巢呈碗状，较为简陋，外部以细树枝和植物根须为主，内部铺垫有柔软的细草茎，偶尔也有少许兽类毛发。窝卵数通常3枚，偶有2枚或4枚。卵白色，被有红褐色斑点，多集中于钝端。雌鸟单独孵卵，孵化期13天左右。雌雄共同育雏，育雏期14天左右。

种群现状和保护 IUCN和《中国脊椎动物红色名录》均评估为无危(LC)。被列为中国三有保护鸟类。在分布区内较为常见，但在分布区边缘，如印度北部、不丹和缅甸北部等地区较为罕见。

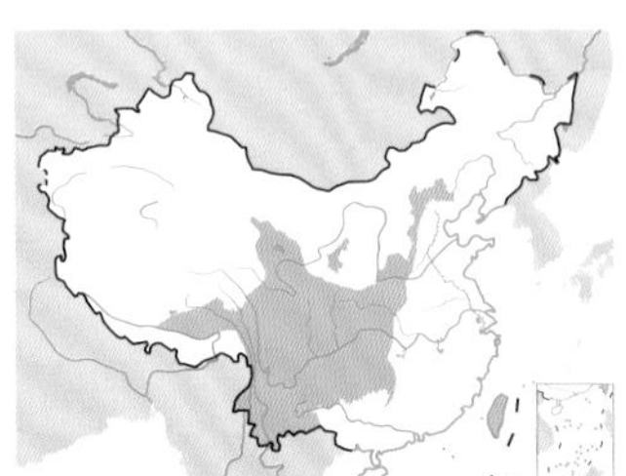

灰头灰雀。左上图为雄鸟，沈越摄；下图为雌鸟，贾陈喜摄

灰头灰雀台湾亚种。沈越摄

灰头灰雀的巢和卵。贾陈喜摄

红腹灰雀

拉丁名：*Pyrrhula pyrrhula*
英文名：Eurasian Bullfinch

雀形目燕雀科

体长约 16 cm。雄鸟喙基部四周至头顶黑色，头侧红色；上体灰色，腰白色；翅黑色，具大型白色翼斑；尾黑色；下体红色，下腹和尾下覆羽白色，也有的亚种整个下体灰色。雌鸟无红色沾染，整体棕灰色。在中国主要为冬候鸟和旅鸟，见于东北、华北和西北地区。IUCN 和《中国脊椎动物红色名录》均评估为无危（LC）。被列为中国三有保护鸟类。

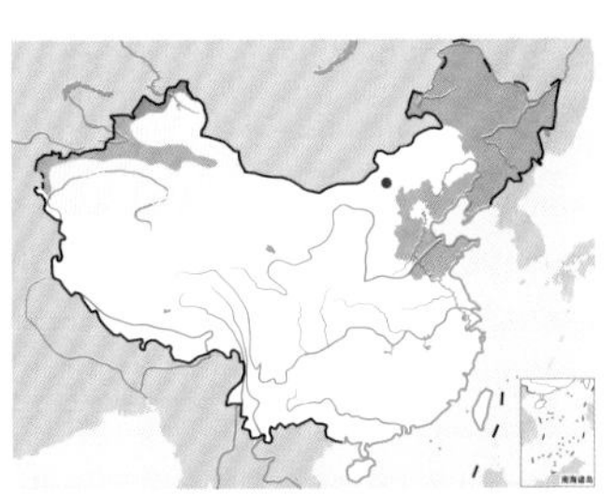

红腹灰雀。左上图为雌鸟，下图为雄鸟。张苓摄

赤朱雀

拉丁名：*Agraphospiza rubescens*
英文名：Blanford's Rosefinch

雀形目燕雀科

体长约 14.5 cm。雄鸟额、颊、头顶、枕、后颈和腰鲜红色，其余上体红褐色，翅和尾褐色，翅上具 2 道红色翼斑；下体红色，胸和两胁染淡褐色，下腹和尾下覆羽白色。雌鸟上体暗褐色，腰和尾上覆羽棕褐色；下体灰褐色。在中国分布于陕西南部、甘肃南部、西藏南部和东部、云南西北部、四川和重庆。IUCN 和《中国脊椎动物红色名录》均评估为无危（LC）。被列为中国三有保护鸟类。

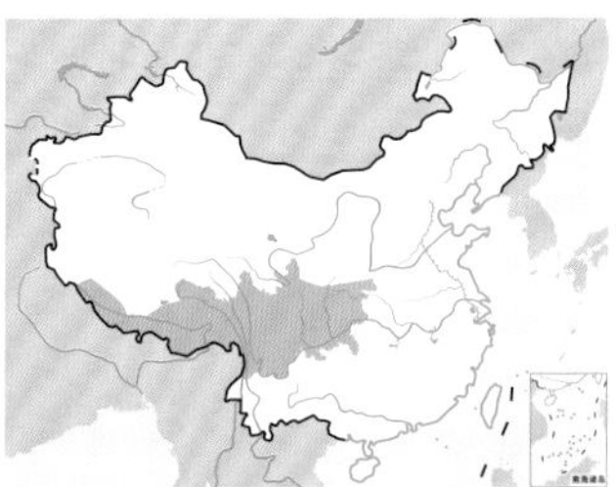

赤朱雀。左上图为雌鸟，董江天摄；下图为雄鸟，唐军摄

金枕黑雀

拉丁名：*Pyrrhoplectes epauletta*
英文名：Gold-naped Finch

雀形目燕雀科

体长约 15 cm。雄鸟通体黑色，头顶及颈背亮金色，肩部有金色闪辉块斑，三级飞羽羽缘白色。雌鸟上体灰色，头顶及颈背橄榄绿色，两翼及下体暖褐色，三级飞羽羽缘白色。在中国分布于甘肃西部、西藏南部和西南部、云南西北部、四川西部。IUCN 和《中国脊椎动物红色名录》均评估为无危（LC）。被列为中国三有保护鸟类。

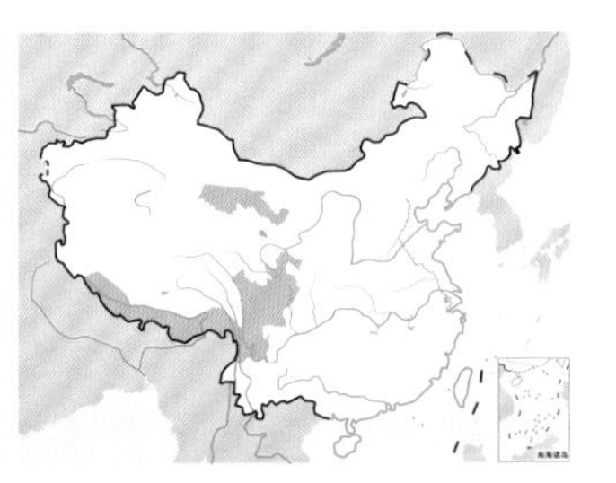

金枕黑雀。左上图为雄鸟，张永摄；下图为雌鸟，董江天摄

暗胸朱雀

拉丁名：*Procarduelis nipalensis*
英文名：Dark-breasted Rosefinch

雀形目燕雀科

体长约 14.5 cm。雄鸟整体暗红褐色，额至头顶前部、眉纹、脸颊及耳羽亮粉色，腹至尾下覆羽粉红色，胸红褐色形成宽阔的胸带。雌鸟整体暗褐色，背微具不明显的深色纵纹，翅上具不明显的浅色翼斑。在中国分布于甘肃南部、西藏南部和东部、云南西北部和东南部、四川、重庆。IUCN 和《中国脊椎动物红色名录》均评估为无危（LC）。被列为中国三有保护鸟类。

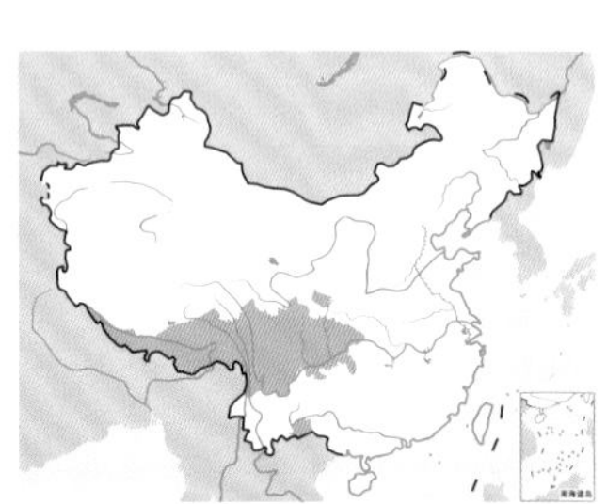

暗胸朱雀。左上图为雌鸟，董江天摄；下图为雄鸟，彭建生摄

普通朱雀

拉丁名：*Carpodacus erythrinus*
英文名：Common Rosefinch

雀形目燕雀科

体长约 14.5 cm。雄鸟头顶、腰、喉、胸红色或洋红色，背、肩褐色或橄榄褐色，羽缘沾红色，两翅和尾黑褐色，羽缘沾红色。雌鸟上体灰褐色或橄榄褐色，具暗色纵纹，下体白色或皮黄白色，亦具黑褐色纵纹。在中国大部分地区可见，在东北、华北、西北和青藏高原繁殖，迁徙经过华北地区，在长江以南越冬。IUCN 和《中国脊椎动物红色名录》均评估为无危（LC）。被列为中国三有保护鸟类。

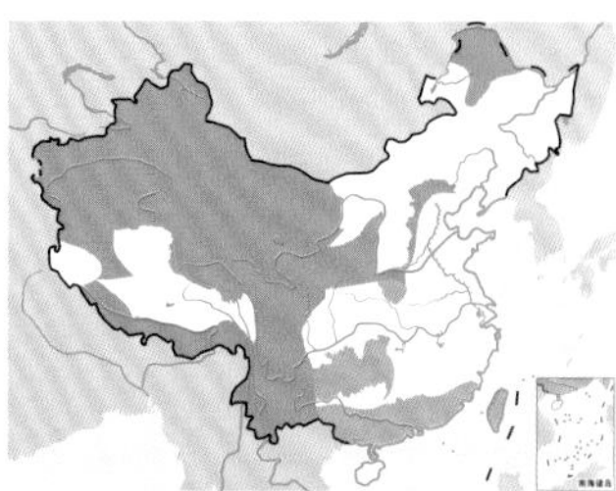

普通朱雀。左上图为雌鸟，下图为雄鸟。沈越摄

褐头朱雀

拉丁名：*Carpodacus sillemi*
英文名：Sillem's Rosefinch

雀形目燕雀科

体长约 18 cm。雄鸟头黄褐色，身体余部灰褐色，腰及下体色浅，无明显纵纹。雌鸟整体灰褐色，上体具深色纵纹。仅分布于中国新疆西南部喀喇昆仑山口和青海海西野牛沟。IUCN 和《中国脊椎动物红色名录》均评估为数据缺乏（DD）。被列为中国三有保护鸟类。

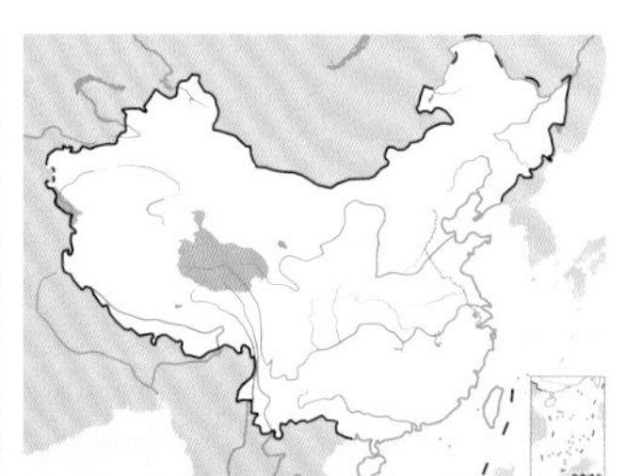

褐头朱雀。左上图为雄鸟，下图为雌鸟。Yann Muzika摄

血雀

拉丁名：*Carpodacus sipahi*
英文名：Scarlet Finch

雀形目燕雀科

体长约 17 cm。雄鸟通体血红色，飞羽和尾羽黑色，具宽阔的红色羽缘。雌鸟上体橄榄褐色，腰黄色，下体灰色，全身满布深色杂斑。在中国分布于西藏南部和云南西部。IUCN 和《中国脊椎动物红色名录》均评估为无危（LC）。被列为中国三有保护鸟类。

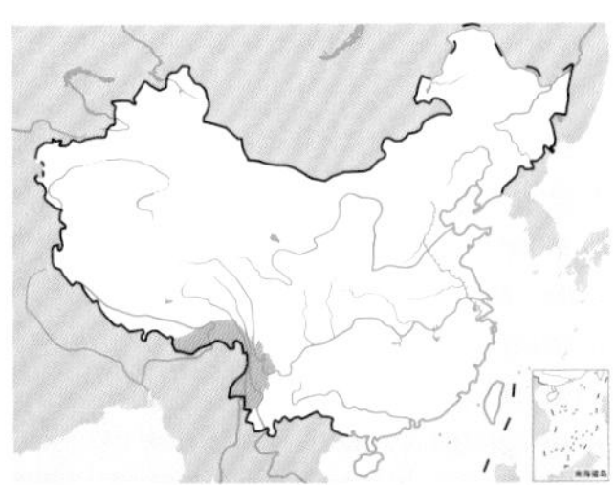

血雀。左上图为雄鸟，田穗兴摄；下图为雌鸟，李利伟摄

拟大朱雀

拉丁名：*Carpodacus rubicilloides*
英文名：Streaked Rosefinch

雀形目燕雀科

体长约 19 cm。雄鸟的脸、额及下体深红色，顶冠及下体具白色纵纹；颈背及上背灰褐色而具深色纵纹，仅略沾粉色；腰粉红色。雌鸟灰褐色而密布纵纹。似大朱雀，但褐色较重且多深色纵纹。在中国分布于内蒙古中部和西部、甘肃、新疆南部、西藏、青海、云南西北部、四川西部和北部。IUCN 和《中国脊椎动物红色名录》均评估为无危（LC）。被列为中国三有保护鸟类。

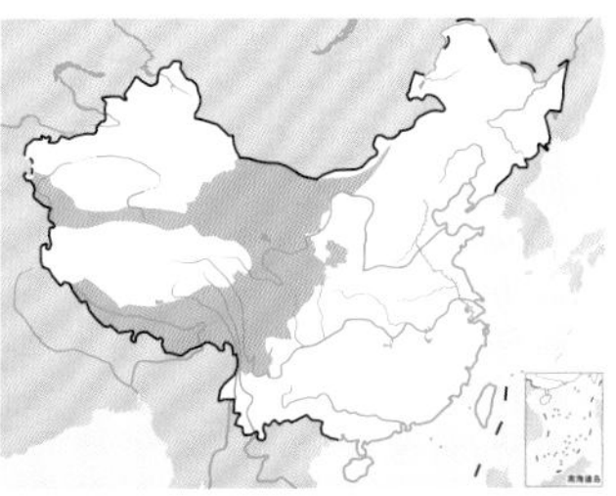

拟大朱雀。左上图为雄鸟，曹宏芬摄；下图为雌鸟，杨贵生摄

大朱雀

拉丁名：*Carpodacus rubicilla*
英文名：Spotted Great Rosefinch

雀形目燕雀科

体长约 19.5 cm。雄鸟头和下体红色，喙周围红色较深，下体具白色斑纹；背、腰粉红色。雌鸟上体灰褐色，下体浅灰色，下体具明显的深色纵纹，上体无明显纵纹。在中国分布于甘肃、新疆、西藏、青海。IUCN 和《中国脊椎动物红色名录》均评估为无危（LC）。被列为中国三有保护鸟类。

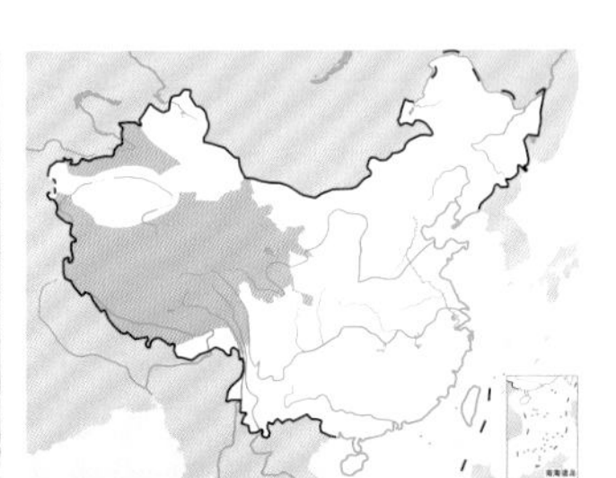

大朱雀。左上图为雌鸟，田穗兴摄；下图为雄鸟，董磊摄

红腰朱雀

拉丁名：*Carpodacus rhodochlamys*
英文名：Red-mantled Rosefinch

雀形目燕雀科

体长约 18 cm。雄鸟通体沾粉色，眉纹、颈侧、下体、腰部的粉红较鲜艳，脸侧具银色碎点，顶纹及过眼纹色深，背具深色纵纹。雌鸟浅灰褐色而具深色纵纹，无浅色眉纹或翼斑。在中国仅见于新疆西部和北部。IUCN 和《中国脊椎动物红色名录》均评估为无危（LC）。被列为中国三有保护鸟类。

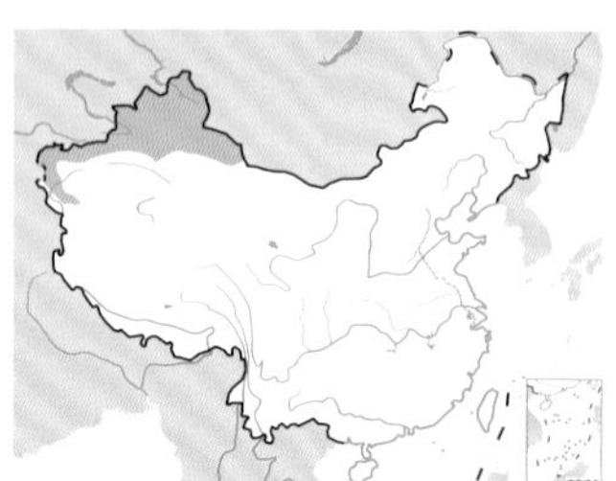

红腰朱雀。左上图为雌鸟，下图为雄鸟。邢新国摄

红眉朱雀

拉丁名：*Carpodacus pulcherrimus*
英文名：Himalayan Beautiful Rosefinch

雀形目燕雀科

体长约 15 cm。雄鸟上体褐色，具深色纵纹，眉纹、脸颊、腰和下体淡紫粉色，尾下覆羽近白色。雌鸟整体灰褐色，具明显的皮黄色眉纹，全身密布深色纵纹。在中国分布于内蒙古西部，宁夏，甘肃西北部，西藏东部、南部和东南部，青海南部，云南西部和西北部，四川西部。IUCN 和《中国脊椎动物红色名录》均评估为无危（LC）。被列为中国三有保护鸟类。

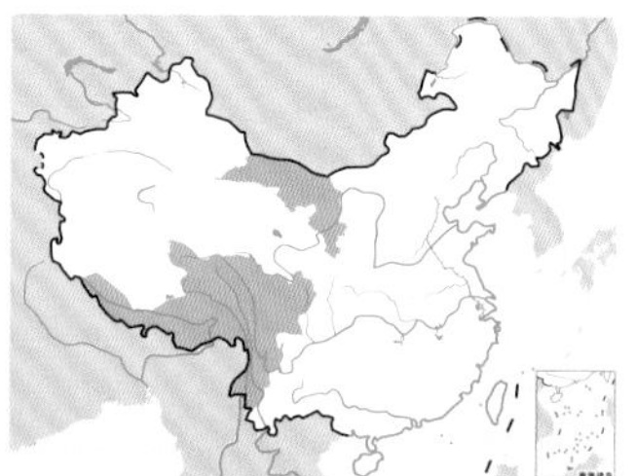

红眉朱雀。左上图为雄鸟，刘璐摄；下图为雌鸟，王志芳摄

中华朱雀

拉丁名：*Carpodacus davidianus*
英文名：Chinese Beautiful Rosefinch

雀形目燕雀科

由红眉朱雀华北亚种 *Carpodacus pulcherrimus davidianus* 提升为种。似红眉朱雀，但上体色淡而黑色纵纹较粗。仅分布于中国，见于北京、天津、河北北部、山西、陕西、内蒙古中部和甘肃南部。IUCN 评估为无危（LC）。被列为中国三有保护鸟类。

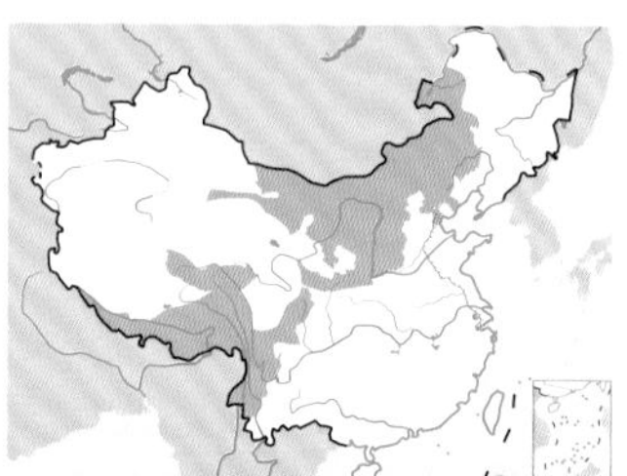

中华朱雀。左上图为雌鸟，王榄华摄；下图为雄鸟，沈越摄

曙红朱雀

拉丁名：*Carpodacus waltoni*
英文名：Pink-rumped Rosefinch

雀形目燕雀科

由原曙红朱雀 *Carpodacus eos* 与原红眉朱雀藏南亚种 *Carpodacus pulcherrimus waltoni* 组合为一种，并更名为 *Carpodacus waltoni*。似红眉朱雀，但体形略小，上体羽色较淡。中国特有鸟类，分布于西藏南部、东部和东南部，青海，云南西北部，四川西部。IUCN 和《中国脊椎动物红色名录》均评估为无危（LC）。被列为中国三有保护鸟类。

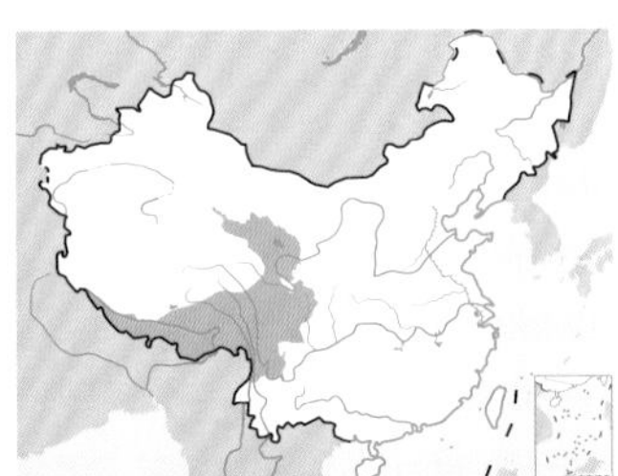

曙红朱雀。左上图为雌鸟，沈越摄；下图为雄鸟，唐军摄

粉眉朱雀

拉丁名：*Carpodacus rodochroa*
英文名：Pink-browed Rosefinch

雀形目燕雀科

体长约 14.5 cm。雄鸟具宽阔的粉色前额和眉纹，宽的深红色贯眼纹，腰和下体粉红色，下腹中央和尾下覆羽白色。雌鸟无粉色，上下体均具浓密的纵纹，眉纹及腹部色浅。似红眉朱雀及曙红朱雀，但额部羽色较鲜亮，腰粉红色深而腹部粉红色较多。在中国仅见于西藏南部和云南西北部。IUCN 和《中国脊椎动物红色名录》均评估为无危（LC）。被列为中国三有保护鸟类。

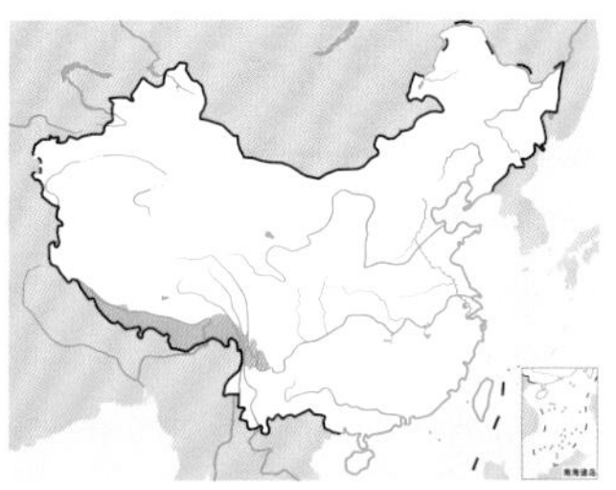

粉眉朱雀。左上图为雄鸟，下图为雌鸟。董磊摄

棕朱雀

拉丁名：*Carpodacus edwardsii*
英文名：Dark-rumped Rosefinch

雀形目燕雀科

体长约 16 cm。雄鸟通体深紫褐色，粉色眉纹长而显著，具深色贯眼纹，喉、颊及三级飞羽羽缘浅粉色，腰色深。雌鸟上体深褐色，下体皮黄色，眉纹浅皮黄色，具浓密的深色纵纹。在中国见于甘肃南部、青海、西藏南部、云南西部和西北部、四川、重庆。IUCN 和《中国脊椎动物红色名录》均评估为无危（LC）。被列为中国三有保护鸟类。

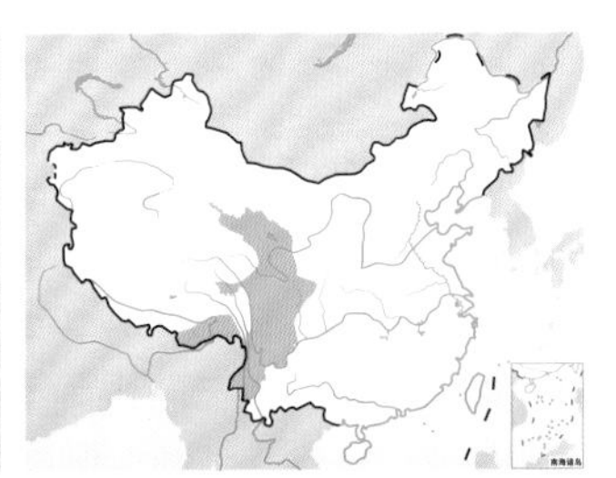

棕朱雀。左上图为雌鸟，董磊摄；下图为雄鸟，曹宏芬摄

点翅朱雀

拉丁名：*Carpodacus rodopeplus*
英文名：Spot-winged Rosefinch

雀形目燕雀科

体长约 15 cm。繁殖期雄鸟具浅粉色的长眉纹，腰及下体暗粉色，三级飞羽及覆羽具浅粉色点斑。雌鸟具浅皮黄色长眉纹，无粉色且纵纹密布，三级飞羽具浅色羽端，下体淡皮黄色。在中国仅见于西藏南部。IUCN 和《中国脊椎动物红色名录》均评估为无危（LC）。被列为中国三有保护鸟类。

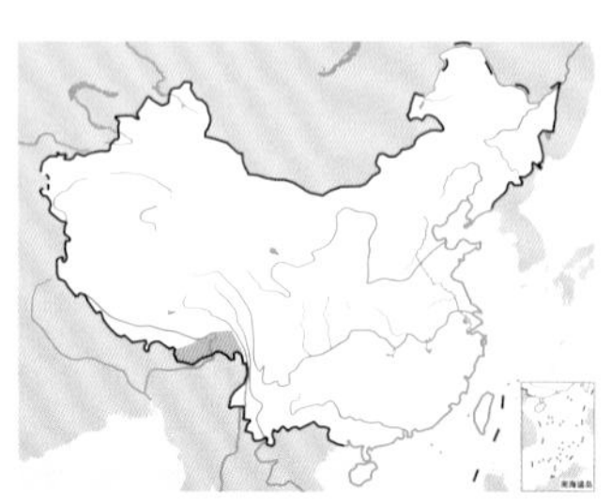

点翅朱雀。左上图为雄鸟，邢新国摄；下图为雌鸟，刘璐摄

淡腹点翅朱雀

拉丁名：*Carpodacus verreauxii*
英文名：Sharpe's Rosefinch

雀形目燕雀科

由点翅朱雀西南亚种 *Carpodacus rodopeplus verreauxii* 提升为种。似点翅朱雀，但体形略小，雄鸟头顶较暗而富有紫色，腰部玫红色面积更大更鲜亮，腹部则显得较为浅淡。雌鸟无浅色眉纹。分布于中国云南西北部和四川，冬季见于缅甸北部。IUCN 评估为无危（LC）。被列为中国三有保护鸟类。

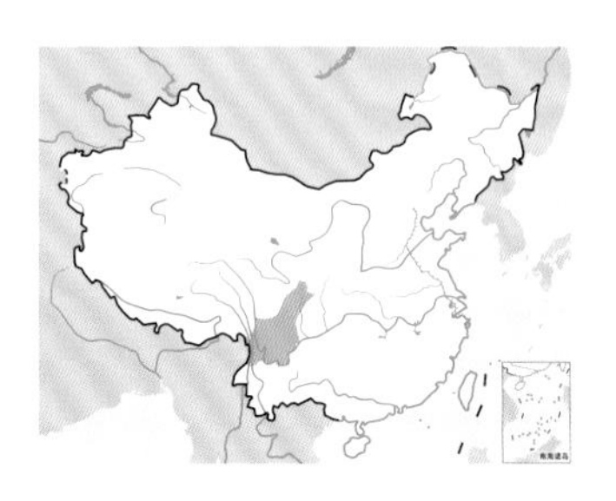

淡腹点翅朱雀雄鸟。唐军摄

酒红朱雀

拉丁名：*Carpodacus vinaceus*
英文名：Vinaceous Rosefinch

雀形目燕雀科

形态 体长 13～16 cm，重 20～24 g，雄鸟通体深红色，下腹部颜色略浅；有粉色眉纹，末端偏白；翅膀和尾灰黑褐色，边缘沾有暗红色，内侧 2 枚三级飞羽具淡粉色先端。雌鸟羽色暗淡，颜色多为黑褐色和灰褐色，飞羽和尾羽的外翈暗棕色，最内侧 2 枚三级飞羽具有棕白色端斑，易于和其他朱雀的雌鸟区分。

分布 主要分布在中国的中西部和西南地区。国外见于印度北部、尼泊尔以及缅甸北部和东北部。

栖息地 主要栖息于海拔 3000 m 以上的山地针叶林、阔叶林、针阔混交林以及灌丛中，在一些地区也见于海拔 3500 m 以上的相似生境中。冬季会到海拔较低的区域活动。

习性 一般单独或者成对活动，很少集群，觅食时偶尔也会加入到其他朱雀群体中。性胆小且机警，鸣声单调。

食性 主要取食植物的种子、果实等植物性植物，偶尔也会捕食昆虫。育雏时，亲鸟会先将种子等植物性食物半消化后再喂给雏鸟，也会直接吞食雏鸟的粪便。

繁殖 繁殖资料报道较少，根据胡运彪等（2013）在甘肃莲花山的研究，繁殖期为 6～8 月。主要营巢于云杉树苗上，偶尔也在灌木中筑巢，巢距地高度 1.5～2.5 m。巢呈碗状，比普通朱雀的巢精致，外层主要为草茎和细树枝，并装饰有苔藓，内部铺垫有兽毛，偶尔也会有鸟羽。窝卵数 3～4 枚。卵蓝色，钝端有明显的黑褐色条纹，卵重 2.5 g 左右。雌鸟单独孵卵，孵化期 14 天左右。雌雄共同育雏，育雏期 13 天。

种群现状和保护 IUCN 和《中国脊椎动物红色名录》均评估为无危（LC），被列为中国三有保护鸟类。在局部地区常见，野外种群目前相对稳定。

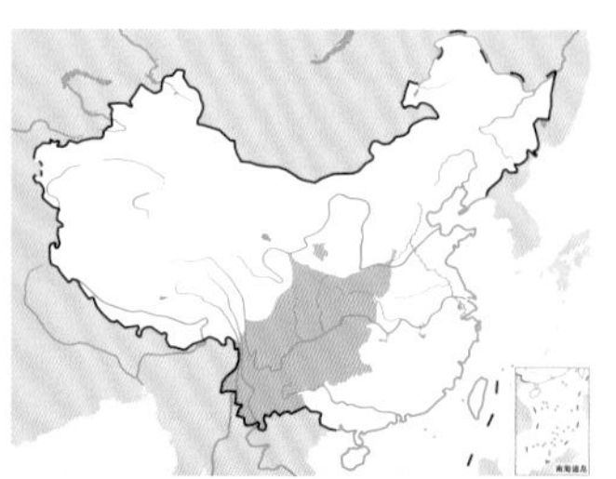

酒红朱雀。左上图为雄鸟，沈越摄；下图为雌鸟，刘璐摄

台湾酒红朱雀

拉丁名：*Carpodacus formosanus*
英文名：Taiwan Rosefinch

雀形目燕雀科

由酒红朱雀台湾亚种 *Carpodacus vinaceus formosanus* 提升为种。似酒红朱雀，但体形较大，翅明显较长，体色较暗，雄鸟沾紫色，尤其是腰部。仅分布于中国台湾。IUCN 评估为无危（LC）。被列为中国三有保护鸟类。

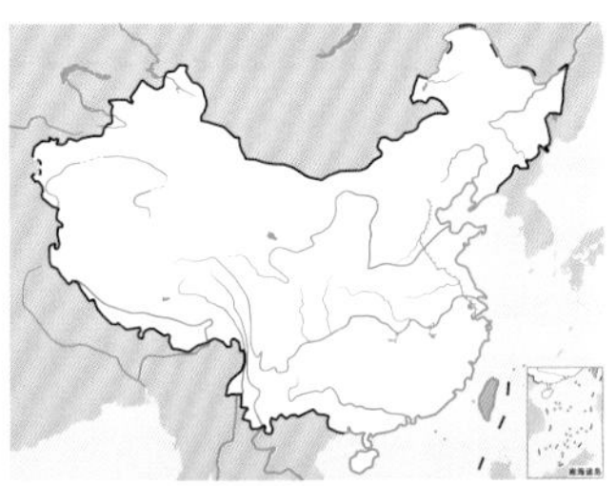

台湾酒红朱雀。左上图为雌鸟，下图为雄鸟。颜重威摄

藏雀

拉丁名：*Carpodacus roborowskii*
英文名：Tibetan Rosefinch

雀形目燕雀科

体长约 18 cm。雄鸟头深红色，喉深红色而带白色点斑；上背灰色，羽缘粉红色而成扇贝形斑纹；腰、两胁及尾缘偏粉色；下体粉色而具深色细纵纹。雌鸟通体皮黄褐色，无红色，具浓密的深色纵纹。中国特有鸟种，仅分布于新疆东南部和青海。IUCN 评估为无危（LC），《中国脊椎动物红色名录》评估为易危（VU）。被列为中国三有保护鸟类。

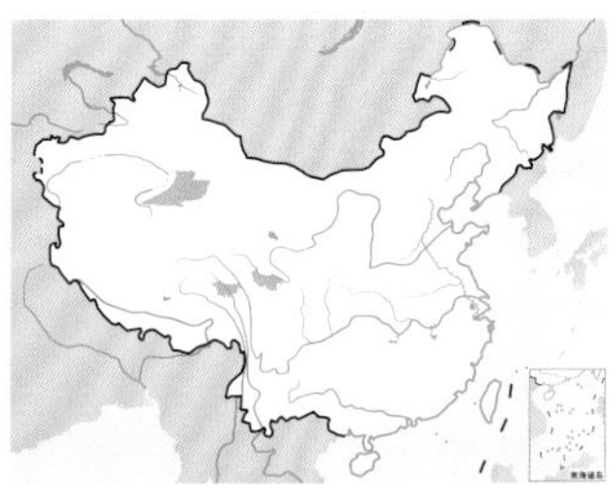

藏雀。左上图为雌鸟，董磊摄；下图为雄鸟，张永摄

长尾雀

拉丁名：*Carpodacus sibiricus*
英文名：Long-tailed Rosefinch

雀形目燕雀科

体长约 17 cm。雄鸟脸、腰及胸粉红色，额及颈背苍白，翼具白色翅斑；上背褐色而具近黑色且边缘粉红的纵纹。繁殖期外色彩较淡。雌鸟具灰色纵纹，腰及胸棕色。在中国分布于东北、华北、西北和西南地区。IUCN 和《中国脊椎动物红色名录》均评估为无危（LC），被列为中国三有保护鸟类。

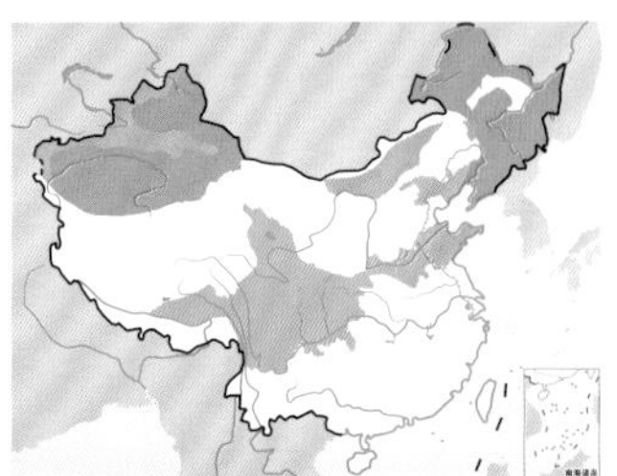

长尾雀。左上图为雄鸟，沈越摄；下图为雌鸟，聂延秋摄

喜山白眉朱雀

拉丁名：*Carpodacus thura*
英文名：Himalayan White-browed Rosefinch

雀形目燕雀科

体长 17～18 cm，体重 24～36 g。原白眉朱雀指名亚种 *Carpodacus thura thura*，因其他亚种独立为种并沿用白眉朱雀的中文名，本种中文名改为喜山白眉朱雀。羽色与白眉朱雀相似，但喙稍大，腿、翅和尾略长。在中国仅见于西藏南部和东南部地区。在分布区内为留鸟，但会沿着海拔进行短距离迁移，非繁殖季节会集群游荡觅食。IUCN 评估为无危（LC），被列为中国三有保护鸟类。

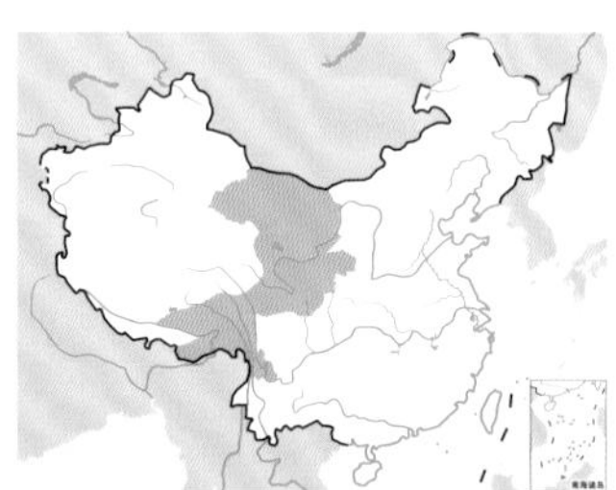

喜山白眉朱雀。左上图为雄鸟，下图为雌鸟。刘璐摄

白眉朱雀

拉丁名：*Carpodacus dubius*
英文名：Chinese White-browned Rosefinch

雀形目燕雀科

由原白眉朱雀 *Carpodacus thura* 除指名亚种以外的 3 个亚种独立为种，因中国常见的为本种，继承了白眉朱雀的中文名。体长 17～18 cm，体重 24～36 g。雄鸟额部、脸颊、喉部、胸部、腰部以及上腹部粉红色，头顶、背部和尾羽棕褐色或红褐色，下腹部至臀部灰白色，沾有粉色；颏部、喉部和上胸具有白色纵纹；眉纹珠白色沾粉红色，一直延伸到脸颊后方。雌鸟灰褐色，颏部、喉部、上胸和腰部沾有皮黄色，胸部、腹部灰白色，具黑褐色纵纹。主要集中分布在中国中西部及西南地区，见于内蒙古西部、宁夏、甘肃、四川、青海、西藏以及云南，均为当地留鸟。栖息于海拔 2000～4500 m 的针叶林、针阔混交林、灌丛以及林缘地带生境中。IUCN 和《中国脊椎动物红色名录》均评估为无危（LC），被列为中国三有保护鸟类。

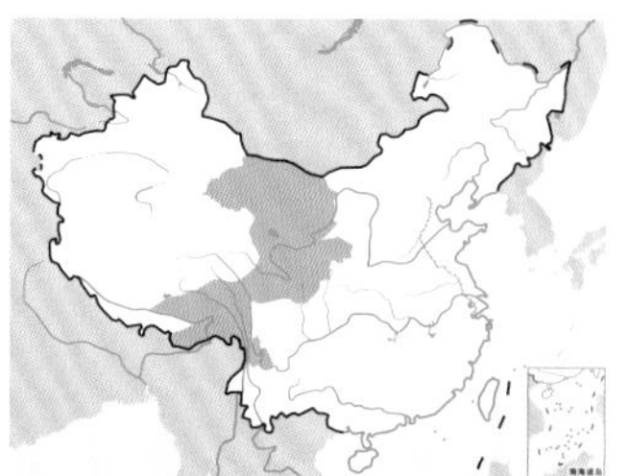

白眉朱雀。左上图为雄鸟，下图为雌鸟。唐军摄

红胸朱雀

拉丁名：*Carpodacus puniceus*
英文名：Red-fronted Rosefinch

雀形目燕雀科

体长约 20 cm。雄鸟前额、眉、颊、颏至胸绯红色，具深色贯眼纹；上体褐色而具深色纵纹，腰粉红色；下体余部白色，具深色纵纹。雌鸟无粉色，上下体均具浓密纵纹。在中国分布于新疆西部和南部、西藏南部和东部、青海东北部、甘肃西北部和东南部、四川、云南西北部和陕西南部。IUCN 和《中国脊椎动物红色名录》均评估为无危（LC）。被列为中国三有保护鸟类。

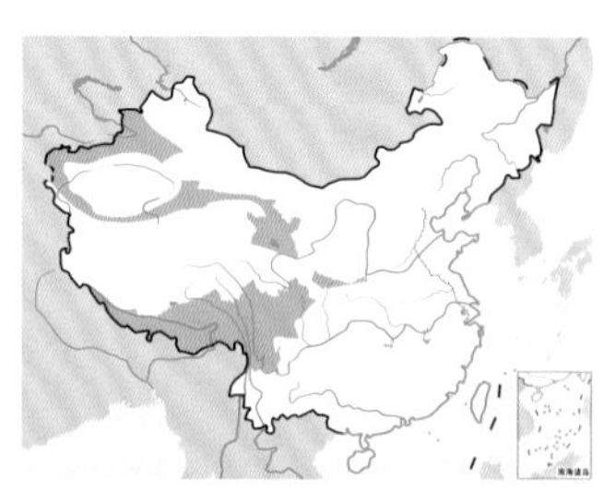

红胸朱雀。左上图唐军摄，下图刘璐摄

红眉松雀

拉丁名：*Carpodacus subhimachalus*
英文名：Crimson-browed Rosefinch

雀形目燕雀科

体长约19.5 cm。雄鸟眉、脸下颊、颏及喉猩红色；上体红褐色，腰栗色，下体灰色。雌鸟橄榄黄色取代雄鸟的红色，上体沾绿橄榄色，颏及喉灰色。在中国见于西藏南部和东部、云南西部和北部、四川、重庆。IUCN和《中国脊椎动物红色名录》均评估为无危（LC）。

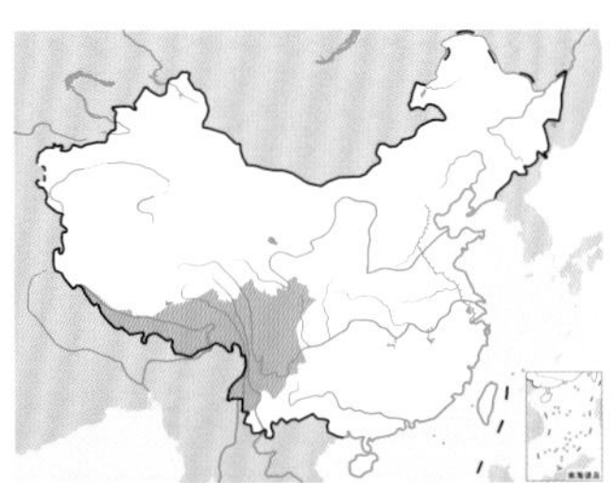

红眉松雀。左上图为雄鸟，董磊摄；下图为雌鸟，唐军摄

金翅雀

拉丁名：*Chloris sinica*
英文名：Grey-capped Greenfinch

雀形目燕雀科

体长约13 cm。雄鸟顶冠及颈背灰色，眼先和眼周近黑色，背纯褐色；飞羽黑褐色，但基部具宽阔的金色翼斑；外侧尾羽基部及臀部黄色。雌鸟似雄鸟，但黄色较淡。在中国青藏高原以东部大部分地区可见。IUCN和《中国脊椎动物红色名录》均评估为无危（LC）。被列为中国三有保护鸟类。

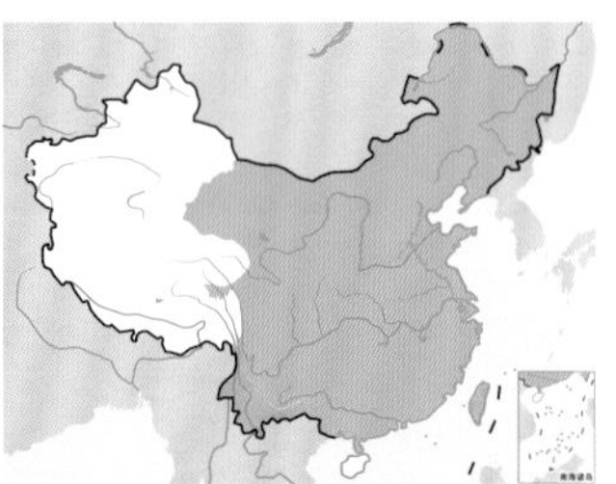

金翅雀。沈越摄

红眉金翅雀

拉丁名：*Callacanthis burtoni*
英文名：Spactacled Finch

雀形目燕雀科

体长约17.5 cm。头顶近黑色，雄鸟前额和贯眼纹亮红色，其余体羽红色沾褐色，翅黑色而具白色翼斑及点斑。雌鸟前额和贯眼纹黄色，其余体羽亦偏黄，翅和尾同雄鸟。IUCN和《中国脊椎动物红色名录》均评估为无危（LC）。

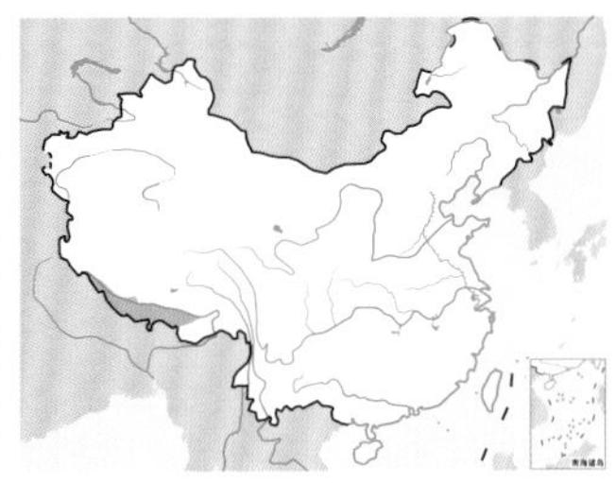

红眉金翅雀。林植摄

欧金翅雀

拉丁名：*Chloris chloris*
英文名：European Greenfinch

雀形目燕雀科

体长约13 cm。头顶暗灰色，额部泛暗绿色，后颈、背部暗黄绿色，至腰逐渐为黄色；翼和尾基两侧有明显的黄斑；下体大致为草绿色或灰绿色。雌鸟较雄鸟灰暗。在中国仅见于新疆北部。IUCN和《中国脊椎动物红色名录》均评估为无危（LC）。

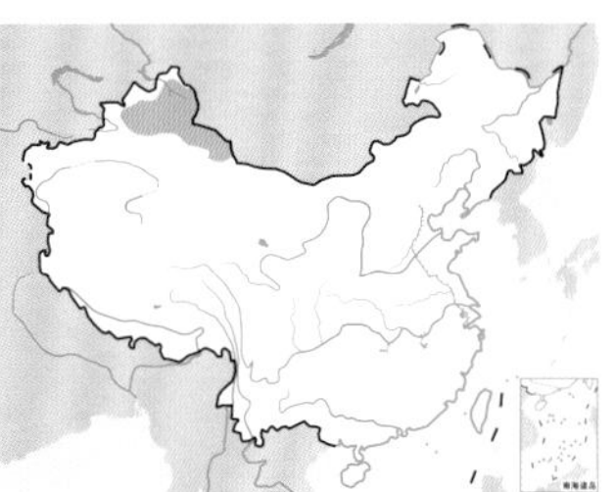

欧金翅雀

高山金翅雀

拉丁名：*Chloris spinoides*
英文名：Yellow-breasted Greenfinch

雀形目燕雀科

体长约 14 cm。上体橄榄褐色，腰和下体黄色，头部具醒目斑纹，翅具大型金色翅斑。雌鸟似雄鸟但体较色暗且多纵纹。在中国仅见于西藏南部和云南西部。IUCN 和《中国脊椎动物红色名录》均评估为无危（LC）。

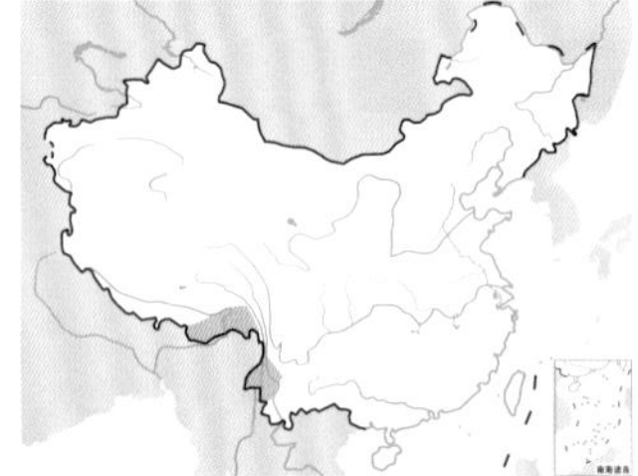

高山金翅雀。董磊摄

黑头金翅雀

拉丁名：*Chloris ambigua*
英文名：Black-headed Greenfinch

雀形目燕雀科

体长约 13 cm。雄鸟头黑绿色，上体橄榄绿色，翅黑色而具金色翅斑，下体橄榄色而具模糊的深色横纹。雌鸟头部灰褐色。似高山金翅雀但头无条纹，腰及胸橄榄色而非黄色。似金翅雀但绿色甚浓重而无暖褐色调。在中国分布于西藏南部和东部、青海东北部、云南、四川西部、贵州和广西。IUCN 和《中国脊椎动物红色名录》均评估为无危（LC）。

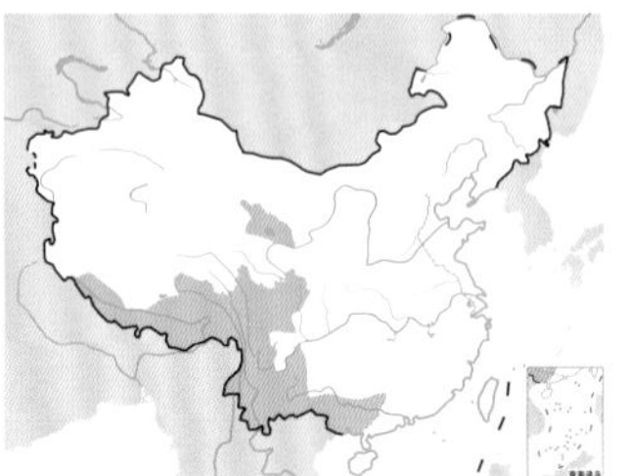

黑头金翅雀。左上图丁文东摄，下图沈越摄

黄嘴朱顶雀

拉丁名：*Linaria flavirostris*
英文名：Twite

雀形目燕雀科

体长约 13 cm。嘴黄色。上体褐色，腰粉红或近白色，下体近白色，上体、下体体侧具深色纵纹。在中国为留鸟，见于新疆、西藏、内蒙古西部、宁夏、甘肃西北部、青海和四川西部。IUCN 和《中国脊椎动物红色名录》均评估为无危（LC）。被列为中国三有保护鸟类。

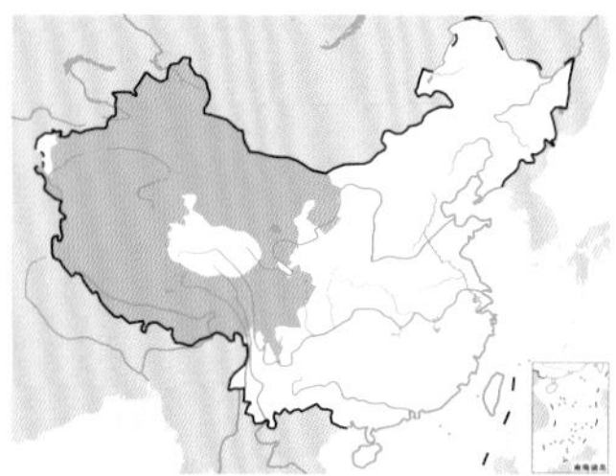

黄嘴朱顶雀。王小炯摄

赤胸朱顶雀

拉丁名：*Linaria cannabina*
英文名：Common Linnet

雀形目燕雀科

体长约 13.5 cm。上体暖褐色，头偏灰色，下体近白色，繁殖期雄鸟顶冠及胸具绯红色鳞状斑。雌鸟无绯红色，顶冠、上背、胸及两胁多纵纹。在中国仅见于新疆。IUCN 和《中国脊椎动物红色名录》均评估为无危（LC）。被列为中国三有保护鸟类。

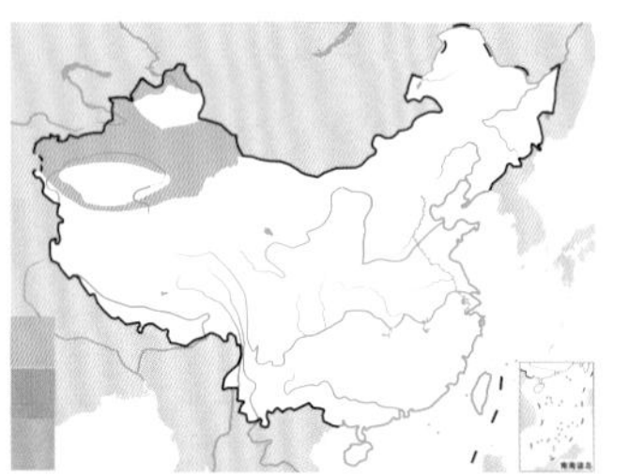

赤胸朱顶雀。左上图为雌鸟，邓明选摄；下图为雄鸟，焦庆利摄

白腰朱顶雀

拉丁名：*Acanthis flammea*
英文名：Common Redpoll

雀形目燕雀科

体长约 14 cm。上体灰褐色，头顶有红色点斑，前额和眼先黑色，密布粗著的黑色纵纹，腰白色；下体白色，体侧具粗著的黑色纵纹，雄鸟胸粉红色而雌鸟无粉色。在中国为冬候鸟，见于东北、华北、西北和东南沿海，包括台湾地区。IUCN 和《中国脊椎动物红色名录》均评估为无危（LC）。被列为中国三有保护鸟类。

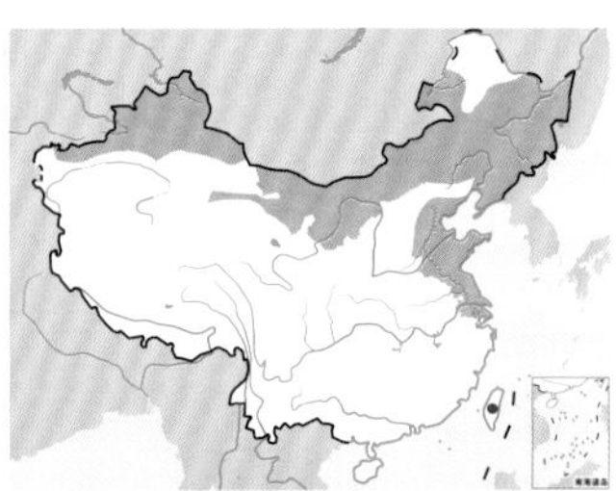

白腰朱顶雀。左上图为雌鸟，孙庆阳摄；下图为雄鸟，邢新国摄

极北朱顶雀

拉丁名：*Acanthis hornemanni*
英文名：Arctic Redpoll

雀形目燕雀科

体长约 13 cm。通体近白色，头顶有红色点斑，颏黑色，头顶、背和下体体侧具深色纵纹，翼近黑色。雄鸟纵纹较少，胸略染粉红色。似白腰朱顶雀，但粉色较淡而不明显，上体纵纹亦较细。在中国为冬候鸟和旅鸟，见于内蒙古东北部、宁夏、甘肃西北部、新疆北部和青海。IUCN 和《中国脊椎动物红色名录》均评估为无危（LC）。被列为中国三有保护鸟类。

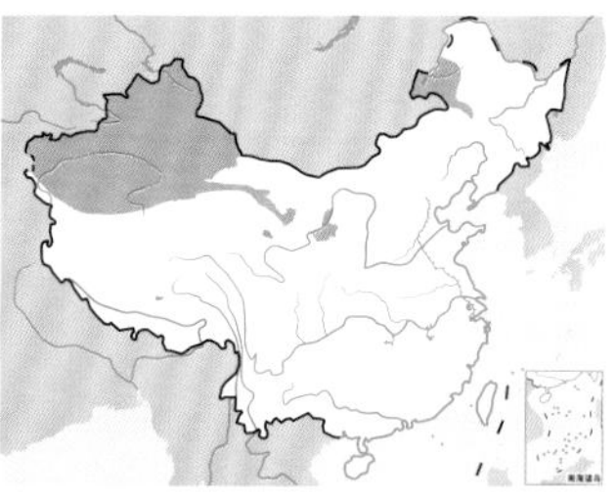

极北朱顶雀。左上图张岩摄，下图焦庆利摄

红交嘴雀

拉丁名：*Loxia curvirostra*
英文名：Red Crossbill

雀形目燕雀科

体长约 16.5 cm。嘴尖侧交，繁殖期雄鸟通体朱红色，翅和尾黑色，无翼斑。雌鸟体羽暗橄榄黄色，翅和尾同雄鸟。在中国新疆、东北和青藏高原为留鸟，越冬于华南地区，迁徙经过华北地区。IUCN 和《中国脊椎动物红色名录》均评估为无危（LC）。被列为中国三有保护鸟类。

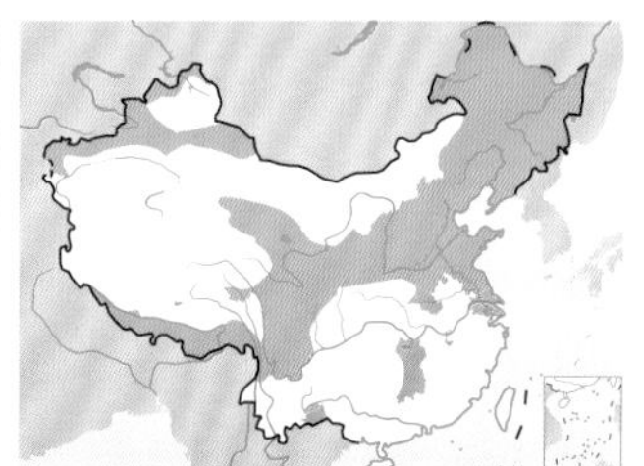

红交嘴雀。左上图为雄鸟，赵纳勋摄；下图为雌鸟（左）与雄性亚成鸟（右），赵国君摄

白翅交嘴雀

拉丁名：*Loxia leucoptera*
英文名：White-winged Crossbill

雀形目燕雀科

体长约 15 cm。嘴尖侧交，繁殖期雄鸟暗玫瑰绯红色，腰色较艳，翅和尾黑色，具 2 道明显的白色翼斑。雌鸟体羽暗橄榄黄色，腰黄，翅和尾同雄鸟。似红交嘴雀，但具 2 道明显的白色翼斑且三级飞羽羽端白色。在中国繁殖于黑龙江、吉林、辽宁和内蒙古东北部，冬季偶见于北京和河北北部。IUCN 和《中国脊椎动物红色名录》均评估为无危（LC）。被列为中国三有保护鸟类。

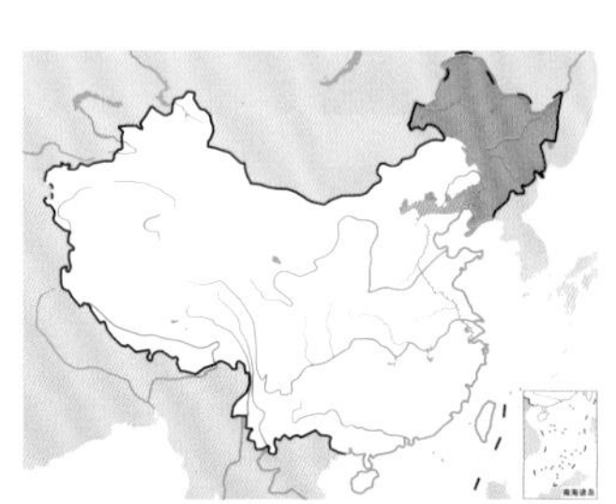

白翅交嘴雀。左上图为雌鸟，下图为雄鸟。沈岩摄

红额金翅雀

拉丁名：*Carduelis carduelis*
英文名：European Goldfinch

雀形目燕雀科

体长 12～14 cm，体重 14～22 g。独特的脸谱呈现红黑白三色，不同亚种有区别。上背和体侧浅褐色或栗褐色，飞羽和尾羽黑色，

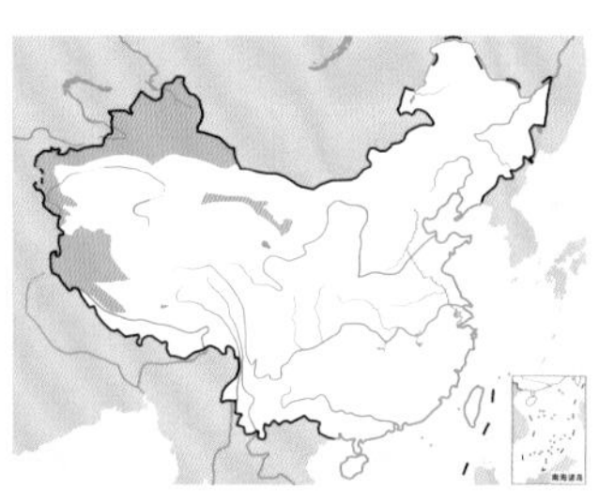

红额金翅雀。左上图邢新国摄，下图田穗兴摄

翼具宽广的黄色斑；腹部和尾下覆羽白色。在中国分布于甘肃西北部、新疆西部和北部、西藏西部。栖息于海拔 500～4500 m 的山地林缘、草原、绿洲、村镇。IUCN 和《中国脊椎动物红色名录》均评估为无危（LC）。

金额丝雀

拉丁名：*Serinus pusillus*
英文名：Red-fronted Serin

雀形目燕雀科

体长 11.1～13.1 cm。雄雌同色。额鲜红色，头与胸近黑色，胸部具黑色斑纹，下体余部淡黄色。幼鸟似成鸟但头色较淡，额及脸颊暗棕色，顶冠及颈背具深色纵纹。在中国分布于新疆和西藏西南部，主要栖息于山区溪边柳丛、杨柳丛、野蔷薇丛中或草原谷地、河谷及岩石滩上。IUCN 和《中国脊椎动物红色名录》均评估为无危（LC）。

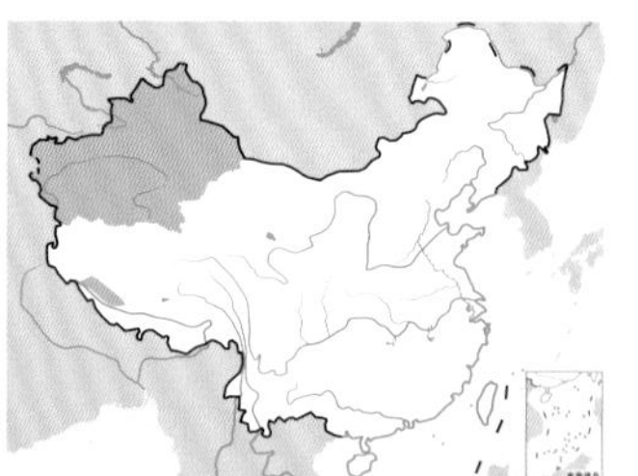

金额丝雀。左上图沈越摄，下图魏东摄

藏黄雀

拉丁名：*Spinus thibetana*
英文名：Tibetan Serin

雀形目燕雀科

体长 10.3～12.0 cm。雄鸟头顶、枕部、颏、后颈暗橄榄绿色而沾黄色，眼先、眼周和耳羽上端条纹黄色，并延伸至颈联合形成一项圈；耳羽暗色，沾黄绿色；背和肩暗橄榄绿色，微具暗褐色条纹，下背和腰暗黄绿色；尾上覆羽暗绿黄色，中央色暗；尾羽黑色，具黄色边缘，沿内翈尖端白色；中覆羽和大覆羽羽基黑色，后者先端白色；小翼羽黑色，初级覆羽和飞羽黑色而具黄绿色边缘，初级飞羽羽缘较鲜亮，次级飞羽具白尖；下体黄色，腹白色，体侧和两胁沾绿黄色，尾下覆羽鲜黄色；翼下覆羽暗绿黄色，腋羽蛋黄色。雌鸟似雄鸟，但羽色较暗淡，上体、胸侧、体侧及两胁具有黑色粗条纹。在中国见于新疆、西藏南部、云南西北部和四川

西部。栖息于海拔 3000～4000 m 的松杉林、枞树林中，也到开阔山麓。冬季向低海拔迁移。IUCN 评估为无危（LC），《中国脊椎动物红色名录》评估为近危（NT）分布狭窄，数量不多。

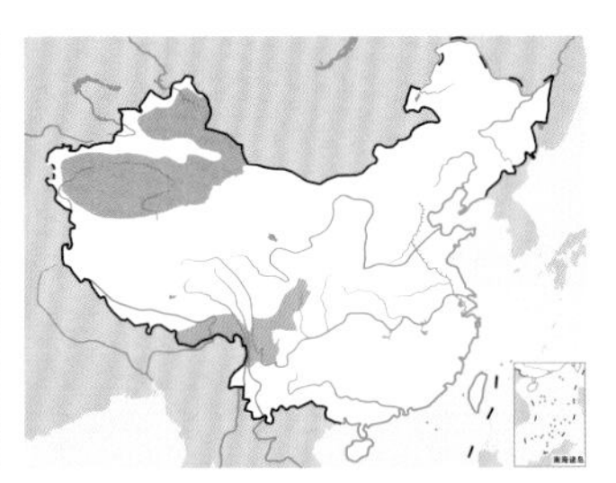

藏黄雀。左上图为雄鸟，彭建生摄；下图为雌鸟，唐军摄

黄雀

拉丁名：*Spinus spinus*
英文名：Eurasian Siskin

雀形目燕雀科

形态 体长 11～12 cm，体重 9.5～16 g。雄鸟额、头顶黑色，上体黄绿色，眼前至眼后有一短的黑纹，颊和耳羽暗绿色，具长而显著的的亮黄色眉纹，从嘴基延伸到颈侧；后颈、背、肩黄绿色，羽缘亮黄绿色，各羽均具纤细的黑褐色羽干纹，腰鲜黄色；尾上覆羽褐色或黑褐色，具宽阔的鲜黄色羽缘；中央一对尾羽黑褐色，带亮黄狭边，其余尾羽基部亮黄色、末端黑褐色并具亮黄色羽缘；翅黑褐色，具两道亮黄色翅斑；颏和喉中央黑色，羽尖沾黄色；喉侧、颈侧、胸亮黄色，下腹、两胁和尾下覆羽灰白色微沾黄色。雌鸟头顶无黑色，上体从头顶至背为橄榄绿色并缀有暗褐色纵纹，腰黄绿色并具暗色羽干纹，尾上覆羽暗绿色；颏、喉灰黄色，胸和两胁黄绿色杂灰白色，并具有较粗的褐色羽干纹，其余与雄鸟相似。

分布 在中国除宁夏、西藏外各地均有记录，繁殖于内蒙古大兴安岭和黑龙江北部，越冬于长江中下游及以南地区，迁徙经中国大部。国外繁殖于挪威到西西伯利亚南部，贝加尔湖以东到日本北部，越冬于欧洲南部、地中海、北非、小亚细亚南部、伊朗南部和东亚等地。

栖息地 繁殖期间主要栖息于针叶林、针阔混交林、杨桦林、次生林和林缘疏林地带，秋冬季主要栖息于低山丘陵和山脚平原的人工林，也出入于农田、河谷的树丛中，偶尔也见于村落和城镇附近的小树丛、果园和公园内。

食性 主要以植物性食物为主，也吃昆虫等动物性食物。食物构成随季节和地区不同而变化，春季以松、杨、桦等树木的果实、种子及嫩芽为食。夏季多以昆虫等动物性食物为食，秋冬季则吃浆果、草籽、谷粒等。

习性 繁殖期多成对活动，其他季节结成群，迁徙季节常集成数十只，甚至上百只大群。性活泼，在树冠间来回快速飞行，伴随着清脆响亮、富有颤音的鸣声。

繁殖 繁殖期 5～7 月，4 月中下旬即开始成对求偶鸣叫。营巢于松树茂密的侧枝上或林下小树上。巢呈杯状，主要用蛛网、苔鲜、野蚕茧、细根、纤维、地衣和草叶等构成，内垫以细纤维、兽毛、羽毛和花絮等。雌雄均参与营巢，但以雌鸟为主。5 月初即开始产卵，窝卵数 5～6 枚，偶尔 4 枚。卵蓝色或者绿色，被有细小的红褐色斑点或条纹。卵大小为（14～18）mm×（11～13）mm。孵卵由雌鸟承担，孵化期 12～14 天。雏鸟晚成性，雌雄共同育雏，育雏期 13～15 天。

种群现状和保护 IUCN 和《中国脊椎动物红色名录》均评估为无危（LC）。被列为中国三有保护鸟类。在中国主要为冬候鸟，种群数量较丰富。

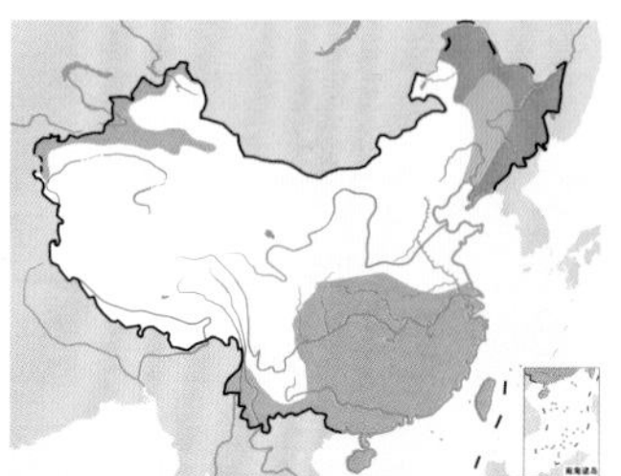

黄雀。左上图为雌鸟，下图为雄鸟。沈越摄

鹀类

■ 鹀类指雀形目鹀科鸟类，全世界共1属44种，中国有31种
■ 鹀类嘴呈圆锥形，上下喙边缘切合线略有缝隙，上体多具深色羽干纹而呈斑驳状，头部通常具有鲜明的斑纹
■ 鹀类广泛栖息于各种生境，主要在地面或近地面处活动，取食昆虫和植物种子
■ 鹀类筑巢于地面或植被低枝上，每次繁殖都重新筑巢而不沿用旧巢

类群综述

鹀类指雀形目鹀科（Emberizidae）鸟类，原本也是一个很庞大的科，但新的分类系统将其中的许多类群独立为科，目前鹀科仅包括鹀属 *Emberiza* 的44个物种，主要分布于欧亚大陆，少数见于非洲和大洋洲。中国有31种，但《中国鸟类分类与分布名录》（第三版）中列有32种，其中白冠带鹀 *Zonotrichia leucophrys* 如今一般被认为属于美洲鹀科（Passerellidae）。

鹀类外形似麻雀，嘴呈圆锥形，上下喙边缘不紧密切合而微向内弯，因而切合线中略有缝隙。翅与尾几等长或较尾长。体羽颜色多变，但上体多具深色羽干纹而呈斑驳状，头部通常具有鲜明的斑纹。

左：鹀类广泛栖息于各种生境，主要在地面或近地面处活动，但繁殖期会站在树枝或灌木顶端鸣唱。图为正在鸣唱的灰眉岩鹀。沈越摄

下：鹀类的巢位于地面或植被近地面处。图为灰眉岩鹀的巢和卵。梁思琪摄

跟雀类一样，鹀类栖息于森林、灌丛、草原和荒漠等各种生境，也出没于庭院、果园、农田、路边和居民点附近的次生林或灌丛。不同种类有不同的偏好，有的偏爱高山，有的则喜欢低地，有的仅在泰加林中繁殖，有的则不进入针叶林。它们主要在地面或者草丛、灌丛近地面处活动，繁殖期也会站在灌丛或树枝顶端和岩石突出处鸣叫。繁殖期单独或成对活动，非繁殖期也结小群。取食昆虫及植物种子，繁殖期以昆虫为主，非繁殖期以植物种子为主。

鹀类的巢也位于地面或植被低枝上，通常隐蔽于灌丛和草丛下。有的地区一年可繁殖多窝，每次繁殖都重新筑巢而不沿用旧巢，首次繁殖的巢较精致，第二窝则较粗糙。雌鸟筑巢、孵卵，雌雄亲鸟共同育雏。也有的雌雄共同参与筑巢、孵卵和育雏的繁殖全过程。

鹀类目前有1种被IUCN列为极危（CR），1种为濒危（EN），2种为易危（VU），受胁比例并不算高，但其趋势令人心惊。不同于那些原本就分布狭窄种群脆弱的物种，鹀类大部分分布广泛，除硫黄鹀 *Emberiza sulphurata* 在IUCN公布红色名录之初就在受胁物种之列，其他受胁物种都是近几年形式急转急下的。例如黄胸鹀 *E. aureola* 在2000年还是无危（LC），21世纪以来几乎每4年提升一个等级，短短十几年内已经进入极危（CR）行列。田鹀 *E. rustica* 在2016年从无危（LC）提升为易危（VU）。栗斑腹鹀 *E. jankowskii* 在2010年从易危（VU）提升为濒危（EN）。这一方面是因为其繁殖栖息地的丧失，另一方面很大程度上是因为迁徙路线上的非法捕捉，因为它们在部分地区被视为高级食材受到追捧。在中国，鹀类大部分被列为三有保护鸟类。

蓝鹀
Emberiza siemsseni

白头鹀
Emberiza leucocephalos

淡灰眉岩鹀
Emberiza cia

灰眉岩鹀
Emberiza godlewskii

三道眉草鹀
Emberiza cioides

白顶鹀
Emberiza stewarti

栗斑腹鹀
Emberiza jankowskii

白眉鹀
Emberiza tristrami

♂
♀
小鹀
Emberiza pusilla
田鹀
Emberiza rustica
黄喉鹀
Emberiza elegans
硫黄鹀
Emberiza sulphurata
栗鹀
Emberiza rutila
灰头鹀
Emberiza spodocephala
灰鹀
Emberiza variabilis

蓝鹀

拉丁名：*Emberiza siemsseni*
英文名：Slaty Bunting

雀形目鹀科

体长 11.6 ~ 14 cm，体重 13 ~ 17 g。雄鸟通体石板灰蓝色，腋羽、胁羽、下腹和尾下覆羽纯白色。雌鸟头、颈及上胸棕黄色；上背棕褐色，具暗褐色羽干纹；其余上体石板灰色，羽缘棕褐色。中国特有种，分布于甘肃南部、陕西南部、河南、安徽以南的华中、华东、华南地区，西至四川、重庆和贵州。栖于海拔 3000 m 以下的中山、高山森林及灌丛。繁殖于高海拔山地，非繁殖季节下迁至山麓、沟谷和低地林缘地带，偶尔临近村寨园圃和农田中。常单独活动，有时也结成 3 ~ 5 只的小群，停栖时凹形尾轻弹。性隐匿，但不甚惧人。IUCN 和《中国脊椎动物红色名录》均评估为无危（LC）。被列为中国三有保护鸟类。

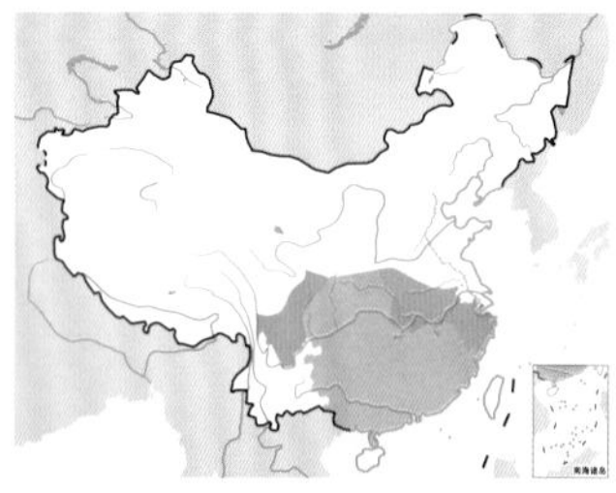

蓝鹀。左上图为雌鸟，下图为雄鸟。王瑞卿摄

白头鹀

拉丁名：*Emberiza leucocephalos*
英文名：Slaty Bunting

雀形目鹀科

体长 16 ~18 cm，体重 18.5 ~37 g。雄鸟具白色顶冠纹，前额和头部两侧黑色，眉纹、颏、喉、颈侧栗红色，嘴基经眼下到耳羽有白色斑块；背、肩红褐色具黑褐色纵纹，腰和尾上覆羽栗色具皮黄色羽缘；胸和两胁有栗红色斑点或纵纹，喉、胸之间有一半月形白斑，其余下体白色。雌鸟上体灰褐色具黑色纵纹；下体皮黄白色，胸具暗栗色斑点，两胁具栗色纵纹；其余同雄鸟。在中国境内主要为冬候鸟，见于黑龙江、吉林、辽宁、内蒙古、陕西、宁夏、甘肃、青海和新疆等地，在新疆西部有繁殖，甘肃和青海有留鸟种群。主要栖息于低山和山脚平原等开阔地区，常见于林间空地、林缘疏林、灌丛以及农田、果园、溪流、村舍附近。IUCN 和《中国脊椎动物红色名录》均评估为无危（LC）。被列为中国三有保护鸟类。

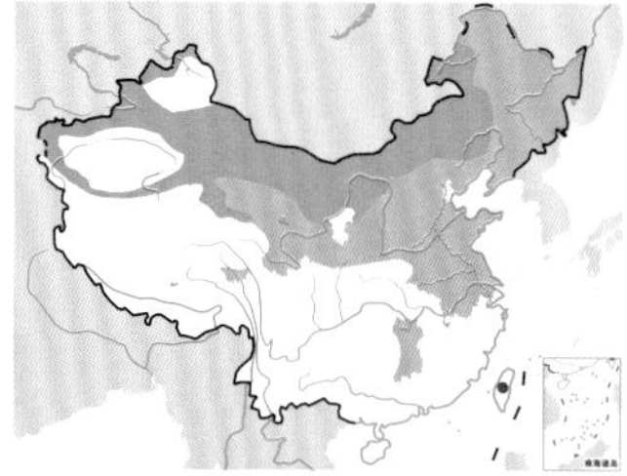

白头鹀。左上图为雄鸟，下图为雌鸟。刘璐摄

淡灰眉岩鹀

拉丁名：*Emberiza cia*
英文名：Rock Bunting

雀形目鹀科

体长 15 ~ 16.5 cm，体重 17 ~ 29 g。雄鸟侧冠纹、贯眼纹及颊纹黑色；头顶、眉纹、颏、喉、枕以及上胸灰色；背和肩锈褐色具暗色羽干斑，腰和尾上覆羽锈棕色；大覆羽、中覆羽暗褐色，小覆羽灰色，翼和尾羽黑褐色具有白色窄缘，外侧两对尾羽具窄的白色羽缘；下胸、腹和尾下覆羽浅锈棕色。雌鸟似雄鸟，但是颜色较淡。中国境内分布于新疆北部和西部、西藏西部和南部。栖息于开阔地带的岩石荒坡、草地和灌丛中，也出现于林缘、河谷、农田、路边以及村旁树上和灌木上。IUCN 和《中国脊椎动物红色名录》均评估为无危（LC）。被列为中国三有保护鸟类。

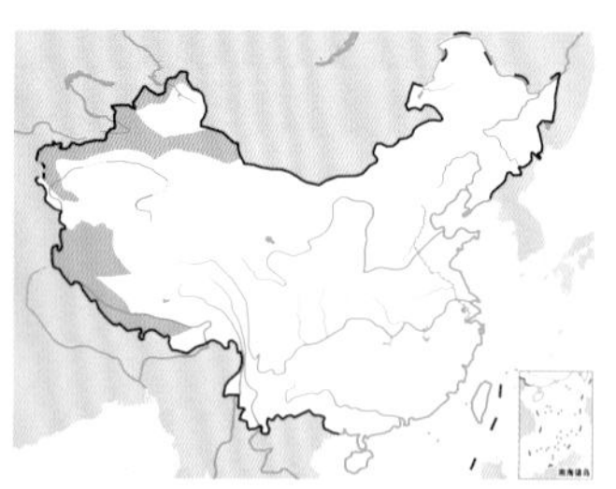

淡灰眉岩鹀。刘璐摄

灰眉岩鹀

拉丁名：*Emberiza godlewskii*
英文名：Godlewski's Bunting

雀形目鹀科

形态 体长 15 ～ 17 cm，体重 15 ～ 23 g。雄鸟顶冠纹蓝灰色，侧冠纹栗色；眉纹蓝灰色，眼先和贯眼纹前段黑色，经过眼以后变为栗色；颧纹黑色，其余头和头侧蓝灰色；上体沙褐色至栗红色，具黑色中央纵纹；下背、腰和尾上覆羽纵纹不明显；颏、喉、胸和颈侧蓝灰色，其余下体桂皮红色或肉桂红色，腹中央较浅淡，腋羽和翼下覆羽灰白色。

分布 中国分布有 5 个亚种。其中华北亚种 *E. g. omissa* 和藏亚种 *E. g. khamensis* 仅分布于中国境内，前者见于东北、华北至华中和西南地区，后者见于青藏高原东部和南部边缘。指名亚种 *E. g. godlewskii* 在国内分布于内蒙古中部和西部、宁夏北部、甘肃西北部、西藏、青海、四川西北部；国外分布于俄罗斯和蒙古，冬季也见于印度。西南亚种 *E. g. yunnanensis* 在国内分布于西南地区；国外冬季偶见于缅甸东北部。新疆亚种 *E. g. decolorata* 在国内分布于新疆西部和北部；国外分布于中亚。

栖息地 栖息于开阔地带的岩石、草地和灌丛中，也出现于林缘、河谷、农田、路边以及村旁树上和灌木上。

习性 繁殖期常成对或单独活动，雄鸟常站在灌木或幼树顶端、突出的岩石或电线上鸣叫，鸣声宏亮、婉转、悦耳、富有变化，常边鸣唱边抖动身体和扇动尾羽。非繁殖季节成 5 ～ 8 只或 10 多只的小群，有时集成 40 ～ 50 只的大群。

食性 主要以果实和种子等植物性食物为食，也吃昆虫及其幼虫。繁殖期主要以昆虫为食，非繁殖期则以植物性食物为主。

繁殖 繁殖期 4 ~ 7 月，1 年繁殖 2 窝，少数 3 窝。营巢于草丛或灌丛中地面浅坑内，也在小树或灌木丛基部或在玉米地边土埂上、石隙间营巢。营巢主要由雌鸟承担。巢呈杯状，外层为枯草茎和枯草叶，有的还掺杂有苔藓和蕨类植物叶子，内层为细草茎、兽毛和羽毛等。巢的大小外径(8 ~ 11.5) cm × (10.5 ~ 16) cm，内径 (5 ~ 6.0) cm × (5 ~ 6.5) cm，高 5.5 ~ 6.5 cm，深 3 ~ 6.5 cm。每窝产卵 3 ~ 5 枚，多为 4 枚。卵有白色、灰白色、浅绿色、灰蓝色或土黄色等，被有紫黑色或暗红褐色点状、棒状或发丝状斑纹，尤以钝端较密。卵大小为 (19 ~ 22.5) mm × (14.5 ~ 16.3) mm，重 2.5 g。雌鸟孵卵，孵化期 11 ~ 12 天。雏鸟晚成性，雌雄亲鸟共同育雏，育雏期约 12 天。

种群现状和保护 IUCN 和《中国脊椎动物红色名录》均评估为无危（LC）。被列为中国三有保护鸟类。在中国分布范围广，种群较为丰富。

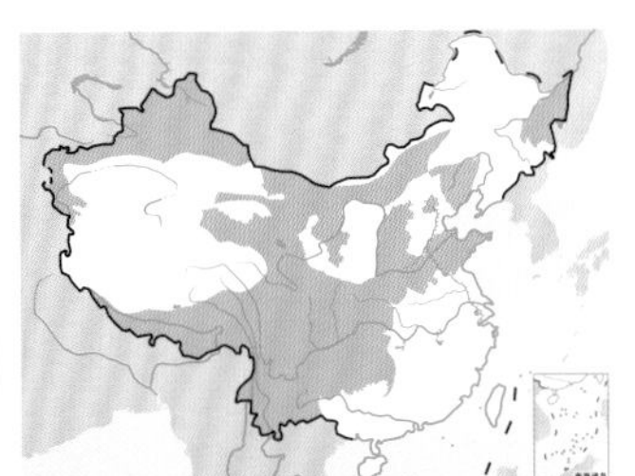

灰眉岩鹀。左上图沈越摄；下图为正在育雏，王志芳摄

三道眉草鹀

拉丁名：*Emberiza cioides*
英文名：Meadow Bunting

雀形目鹀科

形态 体长 15 ~ 18 cm，体重 19 ~ 28.5 g。雄鸟繁殖羽额基灰色或灰白色，个别灰色沾褐色；头顶、耳羽、枕至后颈栗红色，羽缘淡黄色；眉纹白色，眼先和颧纹黑色，颧纹上面有一宽的白带；上体栗红色，背、肩具黑色纵纹；颏、喉淡灰色或白色，上胸栗红色，呈显明栗色横带，羽缘色淡；下胸及两胁栗红色至栗黄色，越往后越淡，直至尾下覆羽及腹部的沙黄色或皮黄色。非繁殖羽较繁殖羽淡，尤其头部、背和胸部的栗色和栗红色较淡。雌鸟和雄鸟相似，但头顶、后颈和背多呈棕褐色或者暗棕色、具黑色纵纹，眉纹，颧纹、眼先、颏土红色，喉、胸、腹部棕红色，无栗色胸带。

分布 有 5 个亚种，中国分布有 4 个亚种。指名亚种 *E. c. cioides* 在中国境内分布于东北和西北地区；国外分布于西伯利亚。东北亚种 *E. c. weigoldi* 在中国境内分布于东北和华北地区；国外分布于指名亚种以东，俄罗斯外贝加尔和黑龙江流域以西、

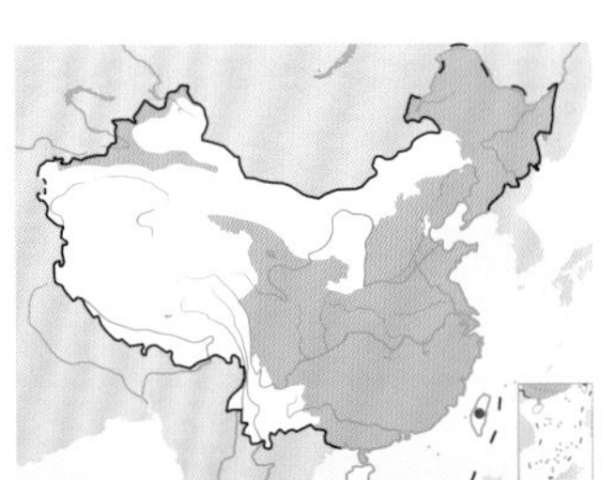

三道眉草鹀。左上图为雄鸟，沈越摄；下图为雌鸟，刘兆瑞摄

向东一直到朝鲜。普通亚种 *E. c. castaneiceps* 在中国境内分布于华北及以南各地；国外分布于朝鲜中部和南部。天山亚种 *E. c. tarbagataica* 在中国仅见于新疆北部，国外分布于中亚，冬季见于蒙古北部。

栖息地 栖息于低山丘陵和平原地带的次生阔叶林和疏林灌丛中，通常分布于海拔 1100m 以下，在四川也记录于高达 3000m。

习性 繁殖期间多成对或单独活动，非繁殖期多成小群，在开阔空旷的草地、灌丛和山边岩石上活动，常于灌丛、幼树或电线上休息。性胆怯，见人立刻躲入灌丛或草丛，在灌丛枝叶间跳跃，飞翔敏捷，活动时常发出"吱吱"叫声。繁殖期雄鸟常站在树枝或灌丛顶端鸣唱，早晨尤为频繁，鸣唱声宏亮、清脆而婉转。

食性 繁殖期间主要以昆虫为食，非繁殖期主要以草籽等植物性食物为食。

繁殖 繁殖期 5 ~ 7 月，1 年繁殖 1 窝，部分个体 1 年繁殖 2 窝。4 月末至 5 月初即开始求偶鸣叫。营巢于枝叶茂密的小松树和灌丛枝杈上，距地面高 0.3 ~ 1m。雌鸟营巢，筑巢期 5 ~ 7 天。巢呈杯状或碗状，结构紧密，外层由细的枯草茎、草叶、草根等构成，内垫有兽毛、羽毛和细草茎。巢外径大小为（10 ~ 11）cm×（9.5 ~ 11）cm，内径 7cm ×（7 ~ 7.5）cm，高 8 ~ 9 cm，深 4.5 ~ 6 cm。巢筑好后即开始产卵，也有筑好之后间隔 1 ~ 2 天才产卵，每窝产卵 3 ~ 6 枚。卵白色、乳白色或灰白色，被有褐色或者黑褐色线状、波状或蝌蚪状斑纹，多集中于钝端。卵大小为（19 ~ 21）mm×（15 ~ 17）mm，重 1.8 ~ 2 g。卵产齐后即开始孵化，主要由雌鸟承担，孵化期 12 ~ 13 天。雏鸟晚成性，雌雄共同育雏，育雏期 11 ~ 12 天。

种群现状和保护 IUCN 和《中国脊椎动物红色名录》均评估为无危（LC）。被列为中国三有保护鸟类。在中国分布范围广，种群较为丰富。

白顶鹀

拉丁名：*Emberiza stewarti*
英文名：White-capped Bunting

雀形目鹀科

体长 14 ~ 15 cm，体重 13 ~ 23 g。雄鸟头顶、枕部、前额、颈侧、眉纹和上胸灰白色，具醒目的黑色贯眼纹和喉部，眼下和耳羽有灰白色斑块；上体栗色，背、肩红褐色，胸具栗红色斑块并延至背部和腰部；翼和尾黑褐色具锈褐色羽缘，外侧两对尾羽具楔状白斑；其余下体污白色。雌鸟头部沙色或棕褐色，眉纹黄白色，眼周耳羽黄褐色，胸前和两胁具黑褐色纵纹，翼和尾羽黑褐色具皮黄色羽缘。在中国为 2013 年的新纪录，仅记录于新疆帕米尔高原东北部，推测其还可能分布于天山与阿拉套山。主要栖息于海拔 1200 ~ 2500 m 干旱、稀疏的河谷灌丛和柳树林，冬季也于低山丘陵、农田附近的灌丛活动。IUCN 评估为无危（LC），在中国数量稀少，分布范围狭小。

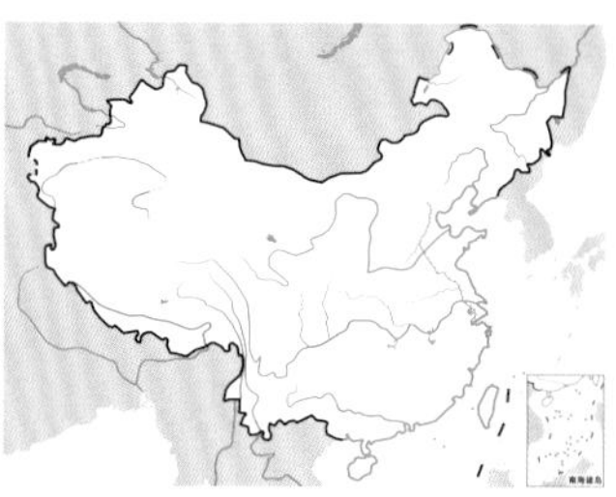

白顶鹀雄鸟。田少宣摄

栗斑腹鹀

拉丁名：*Emberiza jankowskii*
英文名：Jankowski's Bunting

雀形目鹀科

形态 体长 15 ~ 17 cm，体重 19 ~ 25 g。雄鸟额、头顶、枕和后颈栗色或红棕色，眉纹和颊纹灰白色或白色，眼先和颧纹黑褐色或深栗色，耳羽灰褐色或暗褐色；背、肩栗棕色，具暗褐色中央纹和淡色羽缘；下背、腰和尾上覆羽栗红色；下体灰白色至淡棕色，腹部中央有心形栗色大斑。雌鸟羽色较暗淡，颈侧灰色，上胸具灰黑色斑点，形成明显的胸带，腹部栗色斑块较小且色泽较淡。

分布 在中国境内分布于黑龙江南部和西部、吉林东部和西部以及内蒙古东部，冬季有时候游荡到辽宁、北戴河、北京等地，

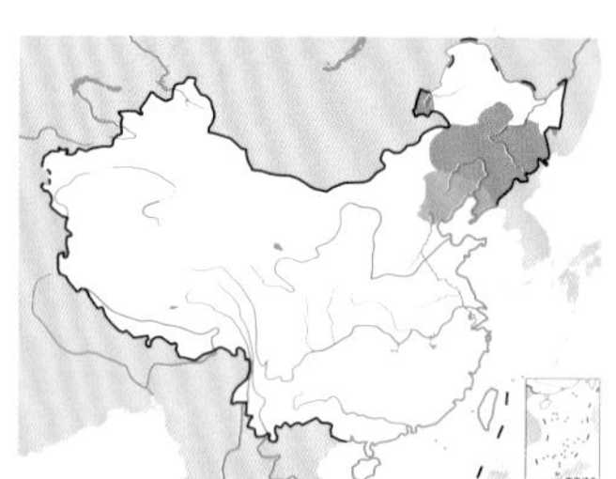

栗斑腹鹀。左上图王瑞卿摄，下图张岩摄

分布区域狭窄且分散。国外分布于俄罗斯远东南部和朝鲜北部。

栖息地 主要栖息于山脚和开阔平原地带的疏林灌丛和草丛中，常见于干旱草原和荒漠沙地的天然次生榆树林和人工种植的赤松幼林和杨树幼林，也栖息于疏林荒野和生长有稀疏植物的荒漠和半荒漠地区，海拔高度多在 700 m 以下。

习性 繁殖期常单独或者成对活动，雄鸟多站于榆树、松树或杨树等幼树侧枝上鸣唱，声音婉转悦耳。非繁殖期常成 3 ～5 只小群活动，频繁在草丛间穿梭跳跃或者灌丛间飞行。

食性 主要以各种禾草草籽、野蒿种子等植物性食物为食，也吃部分谷粒等农作物种子。繁殖期则以昆虫为主食。

繁殖 繁殖期 4 ～ 7 月。4 月末至 5 月初即开始占区，雄鸟常占在灌木或树枝上鸣唱，晨鸣尤为频繁，有时见雌雄彼此追逐于树枝或者灌丛间。营巢于地面草丛或者灌丛中，距地面高 20 ～ 50 cm。巢为碗状，外部用枯草茎和枯草叶构成，内垫以细的草根和兽毛，大小为外径 9 ～ 13 cm，内径 5.5 ～ 6.5 cm，高 4 ～ 7 cm，深 3.5 ～ 5.5 cm。1 年繁殖 1 窝，可能也繁殖 2 窝。5 月末至 6 月中旬产卵，窝卵数 5 ～ 6 枚。卵钝卵圆形，灰白色或淡青色，被有棕色或玫瑰色不规则斑纹，集中于钝端，大小为（19.5 ～ 21 ）mm×（15.0 ～ 18.0）mm，重 2～2.5 g。卵产齐后即开始孵卵，雌鸟孵卵，孵化期 12 天。雌雄共同育雏，育雏期 10 天。幼鸟出飞后，亲鸟仍然给其喂食，直至 30 日龄左右。

种群现状和保护 IUCN 和《中国脊椎动物红色名录》均评估为濒危（EN），被列为中国三有保护鸟类。近 40 年以来，由于栖息地丧失和破坏、天敌捕食、人工损毁鸟卵等原因，栗斑腹鹀的种群数量逐年下降，已从大部分历史分布区内消失。目前已知的繁殖种群仅分布于吉林西北部以及内蒙古东部，分布区域狭窄，呈孤立的岛状分布。

白眉鹀

拉丁名：*Emberiza tristrami*
英文名：Tristram's Bunting

雀形目鹀科

形态 体长 13 ～15 cm，体重 14 ～21 g。雄鸟繁殖羽头黑色，具显著的白色中央冠纹、眉纹和颚纹。后颈沾栗红色，背、肩栗褐色具有黑色纵纹。腰和尾上覆羽栗色或栗红色，具有灰白色羽缘。颏、喉黑色，下喉有一白斑，胸和两胁棕褐色、具深栗色或暗色纵纹，其余下体白色。非繁殖羽头上白带沾皮黄色或棕色，颏、喉具宽的皮黄色或淡褐色尖端，使颏、喉部黑色常被掩盖。雌鸟和雄鸟基本相似，但头部为褐黑色或深褐色，中央冠纹、眉纹和颊纹多为污白色，颊纹下有黑色点斑组成的黑色颚纹，颏、喉白色微沾黄褐色，喉侧具暗褐色条纹，下喉、胸和两胁较雄鸟淡，呈淡栗色，具不明显的暗色纵纹。

分布 在中国境内繁殖于内蒙古东北部、黑龙江北部和西部、吉林中部和西部、辽宁东部等地，迁徙见于中国华东、华中地区，越冬于中国长江流域以南，如福建、广东、广西等。国外繁殖于俄罗斯远东地区，偶见于日本、缅甸等地。

栖息地 栖息于海拔 700 ～1100 m 的低山针阔叶混交林、针叶林、阔叶林、林缘次生林、林间空地和溪流沿岸森林。

习性 繁殖期多成对和单独活动，迁徙期间多成家族群或者小群。性胆怯，在林下灌丛和草丛中活动和觅食，如遇惊扰，立刻起飞隐藏于灌丛和草丛中。平常很少鸣叫，繁殖期发出强烈鸣唱。

食性 主要以草籽、稻谷等植物性食物为主，也吃昆虫和昆虫幼虫等动物性食物。

繁殖 繁殖期 5 ～ 7 月。1 年繁殖 1 窝，也有繁殖 2 窝。营巢于林下灌丛和草丛中。巢呈碗状，外层由禾本科草叶和茎构成，内层用细软的莎草科草茎、细草根、松针等构成，外层松散，内层紧密，有的还垫有少量兽毛。巢的大小为外径 8 ～9 cm，内径 6 cm，高 5 ～ 7 cm，深 4 ～ 4.6 cm。窝卵数 4 ～ 5 枚。卵灰色或浅蓝绿色，被有黑色或褐色片状、线状或点状斑纹，大小为（15 ～ 18）mm×（18 ～21）mm，重 2.0 ～ 2.2 g。雌雄共同营巢、孵卵和育雏，营巢期 5 ～ 7 天，孵化期 13 ～14 天。

种群现状和保护 IUCN 评估为无危（LC），《中国脊椎动物红色名录》评估为近危（NT）。被列为中国三有保护鸟类。

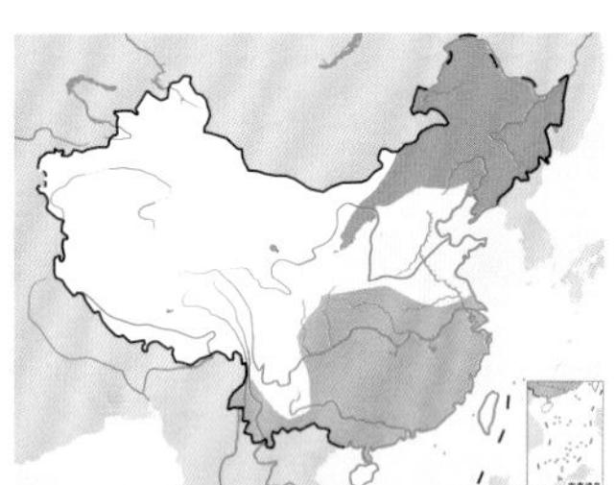

白眉鹀。左上图为雌鸟，沈越摄；下图为雄鸟，韦铭摄

小鹀

拉丁名：*Emberiza pusilla*
英文名：Little Bunting

雀形目鹀科

形态 体长 12 ~ 14 cm，体重 12 ~ 19.3 g。雄鸟繁殖羽头栗色或栗红色，具浅色眼圈，侧冠纹、颊纹和耳羽边缘黑色；其余上体沙褐色，各羽均具有黑褐色羽干纹；颏、喉栗红色和白色，其下有一黑色颚纹；其余下体白色，胸和两胁具黑色中央纹。非繁殖羽羽色较淡，头顶和上体具有宽的棕色或栗红色羽缘，混杂不明显；下体有栗色羽缘，喉白色，有暗色斑点。雌鸟和雄鸟相似，但头顶栗色较淡，多为红褐色且杂有黑色纵纹，头顶栗色和两侧黑色侧冠纹分界不明显。

分布 在中国境内繁殖于内蒙古东北部、黑龙江北部和西部，以及吉林、辽宁等地；越冬于长江以南各地。国外繁殖于欧亚大陆北方，越冬于南亚和东南亚。

栖息地 繁殖期主要栖息于苔原、苔原森林和林缘沼泽地带，迁徙和越冬季栖息于低山、丘陵和平原地带的灌丛、草地、农田、旷野和小树丛中。

习性 繁殖期多成对或单独活动，其他季节多成几只至 10 余只小群分散活动于地面，在草丛间穿梭或灌丛低枝间跳跃。飞翔时，尾羽有规律的散开和收拢，频频露出外侧白色尾羽。常发出单调而低落的"chi chi"的叫声，繁殖期多站于灌木顶枝上鸣唱，鸣声清脆响亮。

食性 在繁殖季节，主要取食昆虫，也吃草籽。非繁殖季节主要以种子、果实等植物性食物为食，也吃谷粒和昆虫。

繁殖 繁殖期 6 ~ 7 月。5 月中旬到达繁殖地，在迁徙途中就开始求偶鸣叫和配对，到达繁殖地后立刻开始占区鸣叫。营巢于地面草丛或者灌丛中，常借助上一年的枯草和灌丛枝头掩盖，非常隐蔽。巢呈杯状，由枯草茎和叶等材料构成，内垫细的枯草茎和兽毛。巢外径 9.5 cm，内径 6.5 cm，深 4 cm。窝卵数 4 ~ 6 枚，偶尔 7 枚。卵白色或绿色，被有小的褐色斑点，大小为（16.5 ~ 20.2）mm ×（13.5 ~ 14.5）mm。雌雄共同孵卵和育雏，孵化期 11 ~ 12 天，育雏期为 9 ~ 13 天。

种群现状和保护 IUCN 和《中国脊椎动物红色名录》均评估为无危（LC）。被列为中国三有保护鸟类。在中国分布广泛，种群数量较为丰富。

小鹀。左上图沈岩摄，下图杜卿摄

田鹀

拉丁名：*Emberiza rustica*
英文名：Rustic Bunting

雀形目鹀科

体长 14 ~ 16 cm，体重 15.5 ~ 24.3 g。雄鸟繁殖期额、头顶至后颈以及头侧黑色，白色眉纹显著，枕部白色形成白斑；颊纹黄白色，喉两侧有黑色颚纹；其余上体栗红色，背羽具黑褐色纵纹；下体白色，胸具栗色横带，两胁栗色。雌鸟和雄鸟相似，但头部为沙色或棕褐色，具褐色纵纹。在中国境内主要为旅鸟和冬候鸟，迁徙经过东北和西北，越冬于华北及以南各地。主要栖息于低山、丘陵和山脚平原等开阔地带的灌丛与草丛中。原本种群数量极为丰富，但近十来年急剧下降，2016 年 IUCN 将其受胁等级从无危（LC）提升为易危（VU），《中国脊椎动物红色名录》评估为无危（LC）。被列为中国三有保护鸟类。

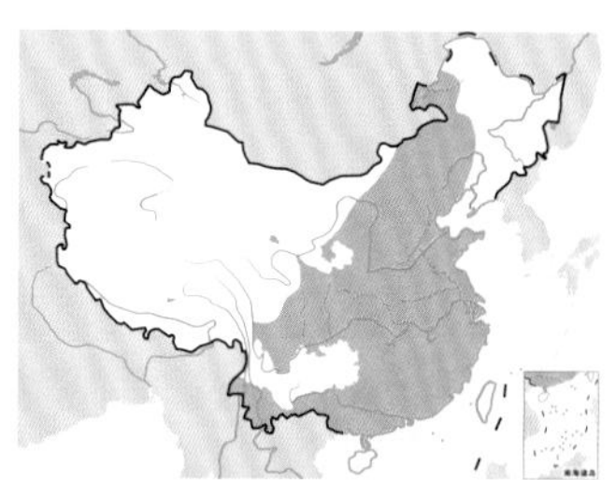

田鹀。左上图林红摄，下图沈越摄

黄喉鹀

拉丁名：*Emberiza elegans*
英文名：Yellow-throated Bunting

雀形目鹀科

形态 体长 14 ~ 15 cm，体重 11 ~ 24 g。雄鸟繁殖羽头黑色；眉纹前段白色或黄白色，后段鲜黄色，有时延伸至枕，明显较前段宽粗；后颈黑褐色，具灰色羽缘；背、肩栗红色或栗褐色，具黑色羽干纹和皮黄色或棕灰色羽缘；颏黑色，上喉鲜黄色，下喉白色，胸具一半月形黑斑，其余下体污白色或灰白色，两胁具栗色或栗黑色纵纹。非繁殖羽黑色部分具沙皮黄色羽缘。雌鸟和雄鸟相似，但羽色较淡，头部黑色部分转为黄褐色或褐色，眉纹、后枕皮黄色或沙黄色，颏和上喉皮黄色，胸部无黑色半月形斑。

分布 有 3 个亚种，中国皆有分布。指名亚种 *E. e. elegans* 在国内仅见于四川中部和台湾，四川可能为旅鸟，台湾为偶见冬候鸟；国外分布于日本北海道。东北亚种 *E. s. ticehursti* 在国内分布于内蒙古、黑龙江、吉林、河北、北京、河南、山东、四川、湖北、江苏、浙江、福建、广东和台湾等地，在北方为夏候鸟，南方为旅鸟或冬候鸟；国外分布于俄罗斯和朝鲜等地。西南亚种 *E. s. elegantula* 在国内分布于河北、陕西、湖北、湖南、四川、贵州、云南等地，为当地留鸟；国外偶尔游荡于缅甸北部。

栖息地 栖息于低山丘陵地带的次生林、阔叶林、针阔叶混交林的林缘灌丛中，常见于河谷与溪流沿岸的疏林灌丛。

习性 繁殖期间单独或成对活动，非繁殖期间，特别是迁徙期间多成 5 ~ 10 只的小群，也有多达 20 只的大群，沿林间公路和河谷等开阔地带活动。性活泼而胆小，频繁于灌丛与草丛中跳跃，也栖息于灌木或幼树顶枝上，见人后立刻躲进灌丛或飞走。多沿地面低空飞行，在林下层灌丛与草丛中或地上觅食，有时也到乔木树冠层枝叶间觅食。

食性 以昆虫及其幼虫为食，也吃少量植物性食物。

繁殖 繁殖期 4 ~ 7 月。在长白山 1 年繁殖 2 窝，第一窝在 4 月末至 6 月初，第二窝在 6 月初至 7 月初。4 月中下旬雄鸟开始占区和求偶鸣叫。5 月初，开始营巢于林缘、河谷和路旁次生林与灌丛中的地上草丛中或树根旁，也在幼树或灌木上筑巢，巢通常距地面不高于 0.8 m。雌雄共同营巢，营巢期为 5 ~ 8 天。每次繁殖重新筑巢，不用旧巢，第一窝多在地面，筑巢时间长，结构精致；第二窝则多在茂密的灌丛中或幼树上，筑巢时间较短，结构粗糙。巢呈杯状或碗状，外层由树的韧皮纤维和枯草茎、叶以及较粗的草根等构成，内层则多用细的枯草茎、草叶和草根，再垫以兽毛、羽毛等柔软材料。巢的大小为外径 11 ~ 15 cm，内径 5.5 ~ 7.6 cm，高 8 ~ 11 cm，深 4.3 ~ 6.0 cm。巢筑好后即开始产卵，每天产 1 枚卵，产卵时间在早晨，每窝产卵 3 ~ 6 枚。卵灰白色、白色或乳白色，被有不规则的黑褐色、紫褐色和黑色斑点或斑纹。卵钝卵圆形或长卵圆形，大小为（16 ~ 20）mm ×（14 ~ 16）mm，重 1.8 ~ 2.4g。卵产齐后即开始孵卵，雌雄亲鸟轮流孵卵，孵化期 11 ~ 12 天，雏鸟晚成性，雌雄共同育雏，育雏期 10 ~ 11 天。

种群现状和保护 IUCN 和《中国脊椎动物红色名录》均评估为无危（LC）。被列为中国三有保护鸟类。

黄喉鹀。左上图为雌鸟，沈越摄；下图为雄鸟繁殖羽，张菁摄

硫黄鹀

拉丁名：*Emberiza sulphurata*
英文名：Yellow Bunting

雀形目鹀科

体长 13 ~ 14 cm，体重 14 ~ 16 g。雄鸟上体灰绿色，具黑色纵纹，腰和尾上覆羽较淡无纵纹；眼圈白色，嘴基和眼先黑色；两翅和尾黑色，外侧两对尾羽具有大型楔状白斑，翅上有两道白色翅斑；下体柠檬黄色，喉和胸黄色较淡，两胁具暗色纵纹。雌雄相似，但雌鸟眼先和嘴基无黑色，羽色较淡。在中国境内迁徙经过江苏、上海，越冬于福建、广东和台湾。主要栖息于低山阔叶林和针阔叶混交林林缘地带，多见于林缘次生林和疏林灌丛。分布区域狭窄，数量稀少，IUCN 和《中国脊椎动物红色名录》均评估为易危（VU）。被列为中国三有保护鸟类。

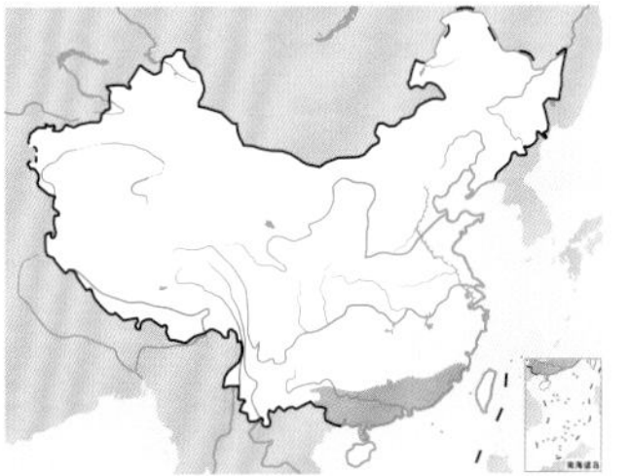

硫黄鹀。张明摄

栗鹀

拉丁名：*Emberiza rutila*
英文名：Chestnut Bunting

雀形目鹀科

形态 体长 14 ~ 15 cm，体重 12 ~ 24 g。雄鸟繁殖羽头部和上体以及喉和上胸为栗棕色或栗红色，腰栗色；胸和腹黄色，两胁深灰色或橄榄绿色并具黑褐色纵纹。非繁殖羽、颏、喉部羽缘沾淡黄白色或沙色，头顶和背羽缘沾黄绿色。雌鸟上体棕褐色或橄榄褐色，具有黑色纵纹，眉纹淡黄白色；腰和尾上覆羽栗色；颏和喉皮黄白色具褐色细纹，胸淡棕色具黑色纵纹，两胁灰色具黑褐色纵纹，其余下体淡黄白色。

分布 在中国境内繁殖于内蒙古东北部和黑龙江北部，迁徙过境于中国东半部，冬季常见于南方福建、广东、香港、广西、云南和台湾等地。国外繁殖于俄罗斯西伯利亚和外贝加尔南部、蒙古北部，越冬于中南半岛，印度东部和孟加拉国越冬。

栖息地 主要栖息于开阔的稀疏森林中，尤其喜欢河流、湖泊、沼泽和林缘地带疏林和灌丛。

习性 繁殖期多成对和单独活动，其他季节多成小群。叫声单调，常发出“ji ji”的叫声，繁殖期雄鸟站在小树或者灌丛顶枝上鸣叫，鸣唱声悦耳。

食性 繁殖季节主要以昆虫和其他无脊椎动物食物为主，也吃草籽。非繁殖季节主要以种子、果实、叶、芽等植物性食物为食，也吃谷粒和昆虫。

繁殖 繁殖期 6 ~ 8 月。到达繁殖地后不久雄鸟就开始站在幼树或者灌丛顶枝上求偶鸣唱，在早晨尤为频繁。营巢于地面或者干草丛中，较隐蔽，不易发现。巢呈杯状，由枯草茎、枯草叶和须根等材料构成，内垫细的枯草茎和兽毛。巢外径 11cm，内径 6 cm，深 4.7 cm。窝卵数 4 ~ 5 枚。卵白色，沾淡蓝色或灰色，被有小的暗色斑点，大小为 (17.0 ~ 18.7) mm × (13.7 ~ 14.5) mm。

种群现状和保护 IUCN 和《中国脊椎动物红色名录》均评估为无危（LC）。被列为中国三有保护鸟类。在中国为常见的旅鸟和越冬鸟，繁殖种群数量不多。

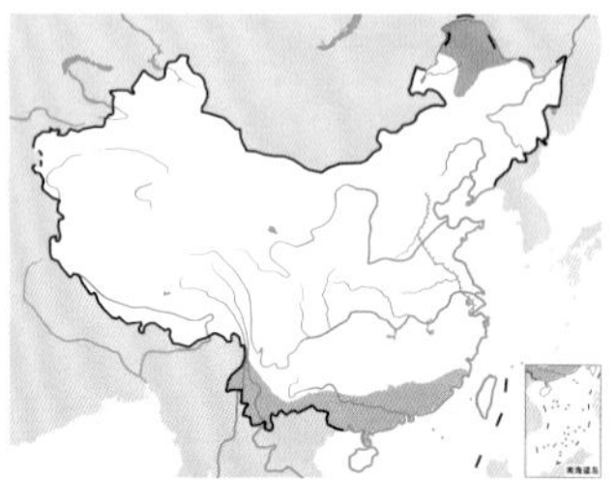

栗鹀。左上图为雄鸟，下图为雌鸟。沈越摄

灰头鹀

拉丁名：*Emberiza spodocephala*
英文名：Black-faced Bunting

雀形目鹀科

形态 体长 14 ~ 15 cm，体重 14 ~ 26 g。雄鸟嘴基、眼先和颊黑色；头、颈、颏、喉和上胸灰绿色，有时具黑色斑点；上体橄榄褐色，具有黑褐色羽干纹；胸黄色，腹至尾下覆羽黄白色，两胁具黑褐色纵纹。雌鸟头和上体红褐色并具黑色条纹，具淡皮黄色眉纹；眼先、眼周黄色，颊纹淡黄色，耳羽褐色；下体淡硫黄色，喉和上胸微沾橄榄绿色，体侧和两胁棕褐色而具黑色条纹；尾下覆羽黄白色。

分布 有 3 个亚种，中国皆有分布。指名亚种 *E. s. spodocephala* 在国内繁殖于东北地区，迁徙或越冬于内蒙古中部、河北、河南、山东以及中国长江流域以南、海南岛和台湾等地区；国外繁殖于俄罗斯、蒙古北部和朝鲜，偶尔冬季到日本和菲律宾。西北亚种 *E. s. sordida* 在国内分布于青海东部、甘肃西北、宁夏西部、陕西南部、四川、云南等地，为留鸟，冬季偶尔游荡至云

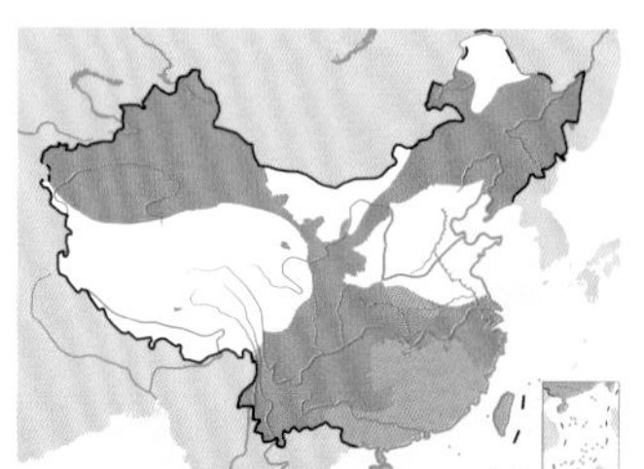

灰头鹀。左上图为雄鸟，沈越摄；下图为雌鸟，林剑声摄

南南部以及广西、广东和台湾等；国外冬季见于缅甸、印度和尼泊尔等地。日本亚种 *E. s. personata* 在中国为偶见冬候鸟或者旅鸟，见于江苏、浙江和广东等地；国外繁殖于萨哈林岛、千岛群岛南部和日本北海道，越冬于日本南部九州、四国、琉球群岛、佐渡岛等。

栖息地 灰头鹀栖息于林缘次生杨桦林、林缘疏林灌丛和稀树草坡，常见于沿林间公路和河谷两侧的次生林和灌丛。从平原到高山均有分布，在长白山从海拔 400 m 左右的山脚平原一直到山顶 2000 m 左右的苔原灌丛草地都有栖息，也见于果园、农田、公园、苗圃、草甸和居民点附近的小树丛。

习性 繁殖期间多成对或单独活动，非繁殖期常成小群，在地面或低矮灌丛与草丛中活动，频繁地穿梭、跳跃或短距离飞翔，很少在树上活动或觅食。鸣声短促、单调，边活动边发出"吱吱"的叫声。繁殖期雄鸟站在小树或者灌丛枝头鸣唱，声音婉转，晨鸣较为频繁，时常伴随着点头举尾等动作。

食性 主要以昆虫及其幼虫和其他小型无脊椎动物为食，偶尔吃草籽、谷粒、浆果等植物性食物。繁殖期主要食物为昆虫及其幼虫。非繁殖期则以草籽和谷物等植物种子为食。

繁殖 繁殖期 4 ~ 7 月。在长白山最早 4 月初至 4 月中旬即有少数个体开始占区和求偶鸣叫，求偶高峰在 4 月下旬和 5 月初。多营巢于河谷和林间公路两边的次生林、灌丛和草丛中。雌雄都参与营巢，不用旧巢。巢材包括枯草茎、枯草叶、草根、树叶、花絮、芦苇、松针、麻、兽毛和羽毛等。巢呈杯状或碗状，结构紧密。通常一年繁殖 1 ~ 2 窝，每窝都重新筑巢，第一巢较为精致，第二巢较为粗糙。巢的大小为外径（8 ~ 11）cm ×（9 ~ 12）cm，内径（5 ~ 6.5）cm ×（6.5 ~ 7）cm，高 6 ~ 12 cm，深 4 ~ 5 cm。每窝产卵 3 ~ 6 枚，多为 4 ~ 5 枚。卵多为灰白色、乳白色、浅蓝色或者鸭蛋绿色，被有红褐色、栗褐色或鲜红色等斑纹。卵为卵圆形、尖卵圆形和钝卵圆形，大小为（18 ~ 21）mm ×（13 ~ 16）mm，卵重 1.3 ~ 2.1 g，多为 1.5 ~ 2 g。卵产齐后当天或次日开始孵卵，雌鸟孵卵，孵化期 12 ~ 13 天。雏鸟晚成性，雌雄亲鸟共同育雏，育雏期 9 ~ 10 天。

种群现状和保护 IUCN 和《中国脊椎动物红色名录》均评估为无危（LC）。被列为中国三有保护鸟类。在中国分布范围广，种群较为丰富。

灰头鹀。韦铭摄

灰鹀

拉丁名：*Emberiza variabilis*
英文名：Gray Bunting

雀形目鹀科

体长 14 ~ 17 cm，体重 20.9 ~ 30 g。雄鸟通体暗灰色，头和头侧烟褐色；肩羽褐色，羽缘黄褐色，尖端具有黑褐色斑点；下背、腰和尾上覆羽烟灰色。非繁殖羽上体、喉、胸具有红褐色羽缘，腹部浅灰色，具白色羽缘。雌鸟上体黄褐色，头部有两条锈褐色纵纹，耳羽也为锈褐色，背上有黑色纵纹，尾上覆羽锈红色；下体污白色，具橄榄褐色斑纹，两胁的斑纹较宽，在胸部形成橄榄色胸带。在中国境内偶见于江苏、上海、台湾和宁夏贺兰山。IUCN 和《中国脊椎动物红色名录》均评估为无危（LC）。被列为中国三有保护鸟类。

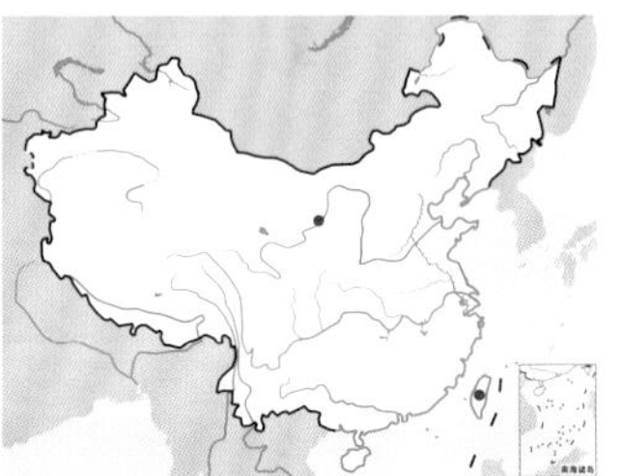

灰鹀。左上图为雄鸟，Alpsdake摄；下图为雌鸟，孙锋林摄

参考文献

丁长青，2004. 朱鹮研究 [M]. 上海：上海科技教育出版社 .

丁长青，郑光美，1996. 黄腹角雉 *Tragopan caboti* 再引入的初步研究 [J]. 动物学报，42(增刊)：69-73.

丁长青，郑光美，1997. 黄腹角雉 *Tragopan caboti* 的巢址选择 [J]. 动物学报，43(1)：27-33.

丁平，杨月伟，1996. 贵州雷公山自然保护区白颈长尾雉 *Syrmaticus ellioti* 栖息地研究 [J]. 动物学报，42(增刊)：62-68.

丁平，姜仕仁，2000. 浙江西部白颈长尾雉 *Syrmaticus ellioti* 栖息地片断化研究 [J]. 动物学研究，21(1)：65-69.

丁平，诸葛阳，1990. 白颈长尾雉 *Syrmaticus ellioti* 繁殖生态的研究 [J]. 动物学研究，11(2)：139-145.

卜海侠，2008. 鸳鸯的地栖繁殖行为 [J]. 中国畜牧兽医，40(6)：106.

于晓平，席咏梅，1992. 八哥的繁殖观察 [J]. 动物学杂志，27(3)：30-32.

万冬梅，丁峰，王爽，2008. 杂色山雀的研究现状 [J]. 四川动物，27(1)：157-160.

万涛，矫振彪，温俊宝，2008. 冬季大斑啄木鸟对光肩星天牛的选择性捕食 [J]. 动物学报，54(3)：555-560.

马鸣，2011. 新疆鸟类分布名录 [M]. 北京：科学出版社 .

马鸣，道 · 才吾加甫，山加甫，2014. 高山兀鹫的繁殖行为研究 [J]. 野生动物学报，35(4)：414-419

马建章，1992. 黑龙江鸟类志 [M]. 北京：中国林业出版社 .

王天厚，钱国祯，2000. 夜鹭种群越冬生态学的研究 [J]. 动物学研究，21(2)：121-126.

王日昕，车轶，石戈，2002. 灰椋鸟的繁殖生态 [J]. 动物学杂志，37(1)：58-59.

王文林，张止旺，2004. 郑州地区夜鹭越冬生态调查 [J]. 动物学杂志，39(5)：69-72.

王香亭，1990. 宁夏脊椎动物志 [M]. 银川：宁夏人民出版社 .

王香亭，1991. 甘肃脊椎动物志 [M]. 兰州：甘肃科学技术出版社 .

王维奎，周材权，龙帅，2008. 四川南充太和鹭类鸟类群落空间生态位和种间关系 [J]. 四川动物，27(2)：178-182.

王超，刘冬平，庆保平，2014. 野生朱鹮的种群数量和分布现状 [J]. 动物学杂志，49(5)：666-671.

王福麟，陈进明，1985. 褐马鸡 *Crossoptilon mantchuricum* 古今地理分布的研究 [J]. 山西大学学报，(3)：86-92.

王嘉雄，吴森雄，1991. 台湾野鸟图鉴 [M]. 台北：亚舍图书有限公司 .

王毅琴，薛印平，1997. 历山自然保护区勺鸡 *Pucrasia macrolopha* 栖息地调查 [J]. 动物学杂志，32(6)：34-36.

凤凌飞，1991. 内蒙古珍稀濒危动物图谱 [M]. 北京：中国农业科技出版社 .

文贤继，杨晓君，1995. 绿孔雀 *Pavo muticus* 在中国的分布现状调查 [J]. 生物多样性，3(1)：46-51.

文祯中，王庆林，孙儒泳，1998. 鹭科鸟类种间关系的研究 [J]. 生态学杂志，17(1)：27-34.

文祯中，孙儒泳，1991. 夜鹭 *Nycticorax nycticorax nycticorax* 的繁殖、生长和恒温能力发育的研究 [J]. 信阳师范学院学报：自然科学版，4(4)：92-104.

方弟安，章志琴，王艾平，2008. 中华秋沙鸭弋阳越冬区生态因子的研究 [J]. 上饶师范学院学报，27(6)：73-75，112.

方昀，孙悦华，SCHERZINGER W，2007. 甘肃莲花山四川林鸮初步观察 [J]. 动物学杂志，42(2)：147.

尹秉高，刘务林，1994. 西藏珍稀野生动物的保护 [M]. 北京：中国林业出版社 .

邓文洪，高玮，2002. 山地次生林长耳鸮对喜鹊巢址的利用 [J]. 生态学报，22(1)：62-67.

邓文洪，高玮，宋晓东，2001. 破碎化次生林斑块面积及斑块隔离度对大山雀繁殖成功的影响 [J]. 应用生态学报，12(4)：527-531.

邓秋香，高玮，杨彦龙，2006. 喜鹊在山地次生林中鸟类群落组织结构形成的作用 [J]. 东北师大学报：自然科学版，55(3)：101-104.

古远，方昀，孙悦华，2006. 鬼鸮甘肃亚种繁殖期叫声研究 [J]. 四川动物，25 (1)：28-33.

石建斌，郑光美，1997. 白颈长尾雉 *Syrmaticus ellioti* 栖息地的季节变化 [J]. 动物学研究 17(3)：275-284.

卢汰春，1991. 中国珍稀濒危野生鸡类 [M]. 福州：福建科学技术出版社 .

叶芬，黄乘明，李汉华，2006. 广西防城 7 种鹭类混群繁殖的空间生态位研究 [J]. 四川动物，(3)：577-583.

史东仇，于晓平，常秀云，1989. 朱鹮 (*Nipponia nippon*) 的繁殖习性 [J]. 动物学研究，10 (4)：327-332.

史海涛，郑光美，1998. 红腹角雉 *Tragopan temminckii* 的食性研究 [J]. 动物学研究，19(3)：225-229.

史海涛，郑光美，1999. 红腹角雉 *Tragopan temminckii* 取食栖息地选择的研究 [J]. 动物学研究，20(2)：131-136.

史海涛，郑光美 . 1996. 红腹角雉 *Tragopan temmincki* 栖息地选择的研究 [J]. 动物学报，42(增刊)：90-95.

丛培昊，郑光关，2008. 红腹角雉的孵卵和育雏行为研究 [J]. 北京师范大学学报：自然科学版，44(4)：405-410.

邢莲莲，1996. 内蒙古乌粱素海鸟类志 [M]. 呼和浩特：内蒙古大学出版社 .

朴正吉，孙悦华，1997. 长白山花尾榛鸡 *Bonasa bonasia* 繁殖成功率的研究 [J]. 动物学报，43(3)：279-284.

朱琼琼，鲁长虎，2007. 食果鸟类在红豆杉天然种群形成中的作用 [J]. 生态学杂志，26(8)：1238-1243.

朱曦，2005. 中国鹭科鸟类研究进展 [J]. 林业科学，41(1)：174-180.

朱曦，邹小平，2001. 中国鹭类 [M]. 北京：中国林业出版社 .

朱曦，章立新，梁峻，1998. 鹭科鸟类群落的空间生态位和种间关系 [J]. 动物学研究，19(1)：45-51.

向礼陔，黄人鑫，1986. 新疆阿尔泰山鸟类的研究 I：鸟类的分布 [J]. 新疆大学学报，3(3)：90-107.

刘迺发，王香亭，1990. 高山雪鸡 *Tetraogallus himalayensis* 繁殖生态研究 [J]. 动物学研究，11(4)：299-302.

刘迺发，李岩，刘敬泽，1989. 大山雀和褐头山雀种间关系的研究 [J]. 动物学研究，10(4)：277-284.

刘迺发，陈小勇，1996. 兰州地区大石鸡 *Alectoris magna* 栖息地选择 [J]. 动物学报，42(增刊)：83-89.

刘迺发，常城，1990. 宁夏沙坡头繁殖鸟类群落及演替的研究 [J]. 兰州大学学报，26(4)：95-101.

刘小华,周放,1991. 黑颈长尾雉 *Syrmaticus humiae* 繁殖习性的初步研究 [J]. 动物学报，37(3)：332-333.

刘小如，1986. 兰屿角鸮 (*Otus elegans botelensis*) 之生态研究 [J]. 行政院农业委员会：75 年生态研究第 015 号 .

刘冬平，丁长青，楚国忠，2003. 朱鹮繁殖期的活动区和栖息地利用 [J]. 动物学报，49(6)：755-763.

刘冬平，丁海华，张国钢，2008. 人工饲养朱鹮放飞前的野化训练 [J]. 林业科学，44(12)：88-93.

刘冬平，王超，庆保平，2014. 朱鹮保护 30 年——基于社区的极小种群野生动物保护典范 [J]. 四川动物，33(4)：612-619.

刘冬平，路宝忠，张国钢，2007. 人工饲养朱鹮野化放飞后在野外繁殖成功 [J]. 动物学杂志，42(3)：101.

刘务林，1994. 西藏珍稀动物野外识别手册 [M]. 北京：中国林业出版社 .

刘钊，周伟，张仁功，2008. 云南元江上游石羊江河谷绿孔雀不同季节觅食地选择 [J]. 生物多样性，16(6)：539-546.

刘荣，王伶俊，王红元，1996. 历山自然保护区松鸦繁殖行为的观察 [J]. 河北大学学报：自然科学版，16(5)：45-48.

刘焕金，申守义，1989. 乌雕冬季的生态观察 [J]. 动物学杂志，(4)：14-16.

刘焕金，冯敬义，1986. 庞泉沟自然保护区褐马鸡 *Crossoptilon mantchuricum* 的繁殖与生长 [J]. 动物世界，3(2-3)：105-110.

刘焕金，苏化龙，1986. 关帝山雀鹰的繁殖生态 [J]. 动物学杂志，(6)：10-13.

刘焕金，苏化龙，1991. 褐马鸡 [M]. 中国林业出版社 .

刘焕金，苏化龙，1993. 山西省金雕繁殖地的调查研究 [J]. 动物学杂志，28(1)：37-41.

米国兵，2014. 红角鸮种群数量及繁殖生态的调查研究 [J]. 山西林业科技，43(2)：12-15.

江志如，单继红，李言阔，2010. 江西省中华秋沙鸭越冬种群现状调查与胁迫因素分析 [J]. 四川动物，29 (4)：597-600.

汝少国，1997. 灰喜鹊的繁殖生态和巢位选择 I. 繁殖生态 [J]. 生态学杂志，16(2)：23-27.

汝少国，1998. 灰喜鹊的繁殖生态和巢位选择 I. 巢位选择 [J]. 生态学杂志，17(5)：11-13.

安文山，薛恩祥，1993. 庞泉沟猛禽研究 [M]. 北京：中国林业出版社 .

许青，2002. 喜鹊雏鸟的生长发育和体温调节能力 [J]. 东北林业大学学报，30(3)：38-41.
许维枢，1995. 中国猛禽 [M]. 中国林业出版社 .
阮云秋，1995. 鸳鸯越冬期日活动行为时间分配的研究 [J]. 野生动物，16(6)：19-23.
孙全辉，张正旺，郑光美，2003. 繁殖期白冠长尾雉占区雄鸟的活动区 [J]. 动物学报，49 (03)：318-324.
孙明荣，李克庆，朱九军，2002. 三种啄木鸟的繁殖习性及对昆虫的取食研究 [J]. 中国森林病虫，21(2)：12-14.
孙悦华，1996. 斑尾榛鸡 *Bonasa sewerzowi* 冬季生态研究 [J]. 动物学报，42(增刊)：96-100.
孙悦华，方昀，1997. 花尾榛鸡 *Bonasa bonasia* 冬季活动区及社群行为 [J]. 动物学报，43(1)：34-41.
孙悦华，方昀，SCHERZINGER W，2004. 甘肃省莲花山鬼鸮繁殖巢址记述 [J]. 动物学杂志，39(6)：99-100.
孙悦华，郑光美，1992. 黄腹角雉 *Tragopan caboti* 活动区的无线电遥测研究 [J]. 动物学报，38(4)：385-392.
李世广，刘焕金，1999. 山西省重点保护陆栖脊椎动物调查报告 [M]. 北京：中国林业出版社 .
李乐，万冬梅，刘鹤，2011. 人工巢箱条件下杂色山雀的巢位选择及其对繁殖成功率的影响 [J]. 生态学报，31(24)：7492-7499.
李乐，张雷，殷江霞，2013. 人工巢箱条件下两种山雀鸟类的同域共存机制 [J]. 生态学报，33(1)：150-158.
李汉华，申兰田，1986. 黄腹角雉 *Tragopan caboti guangxiensis* 在广西的分布及生态 [J]. 动物世界，3(1)：15-20.
李伟，周伟，刘钊，2010. 云南大中山黑颈长尾雉栖息地选择周年变化 [J]. 动物学研究，31(5)：499-508.
李金珠，1985. 花尾榛鸡 *Bonasa bonasia* 的冬季生态 [J]. 自然资源研究，(3)：40-43.
李春秋，吴跃峰 . 1996. 黑琴鸡 *Lyrurus tetrix* 的食性研究 [J]. 动物学报，42(增刊)：148-149.
李重和，杨若莉，1991. 中国东部沿海地区猛禽迁徙与天气，气候的关系 [J]. 林业科学研究 4(1)：10-14.
李剑，万冬梅，李东来，2013. 杂色山雀指名亚种繁殖期的鸣声行为 . 动物学杂志，48(4)：513-520.
李桂垣，1993. 四川鸟类原色图鉴 [M]. 北京：中国林业出版社 .
李桂垣，张清茂，1992. 四川山鹧鸪 *Arborophila rufipectus* 的巢、卵和鸣声 [J]. 动物学报，38(1)：108.
李湘涛，1986. 勺鸡 *Syrmaticus reevesi* 的繁殖生态 . 野生动物，(6)：37-38.
李湘涛，1987. 红腹角雉 *Tragopan temmincki* 的繁殖习性 [J]. 动物学报，33(1)：99-100.
李湘涛，1988. 红腹锦鸡 *Chrysolophus pictus* 的繁殖生态 [J]. 野生动物，(4)：14-15.
李湘涛，隗永信，李宝玲，1998. 北京褐马鸡 *Crossoptilon mantchuricum* 的历史和生存现状 [C]// 朱光亚，周光召 . 中国科学技术文库：397-399. 北京：科学技术文献出版社 .
李湘涛，等，1991. 红腹角雉 *Tragopan temmincki* 的越冬生态 [J]. 野生动物，(4)：17-18.
李鹏飞，1993. 山西陆栖野生动物 [M]. 太原：山西科学技术出版社 .
李鹏飞，杨桂堂，1990. 珍禽褐马鸡 [M]. 太原：山西科学教育出版社 .
李新华，尹晓明，贺善安，2001. 南京中山植物园秋冬季鸟类对植物种子的传播作用 [J]. 生物多样性，9(1)：68-72.
李静，殷江霞，尹黎献，2012. 杂色山雀亲代喂食与子代乞食间的行为 [J]. 动物学杂志，47 (4)：19-27.
李操，余志伟，胡杰，2003. 四川山鹧鸪的分布和生境选择 [J]. 动物学杂志，38(6)：46-51.
杨月伟，丁平，1999. 针阔混交林内白颈长尾雉 *Syrmaticus ellioti* 栖息地利用的影响因子研究 [J]. 动物学报，45(3)：279-286.
杨向明，高建兴，常孜苗，1995. 红隼的生态和繁殖生物学观察 [J]. 动物学杂志，30(1)：23-26.
杨志杰，罗维祯，易国栋，2003. 中华秋沙鸭的繁殖生态研究 [J]. 东北师大学报：自然科学版，35(2)：123 -124.
杨岗，陆舟，余辰星，2012。广西弄岗穗鹛不同季节的觅食地选择 [J]. 动物学研究，35(5)：433-438.
杨岗，潘红平，许亮，2011. 白眉山鹧鸪冬季觅食地选择 [J]. 动物学研究，32(5)：556-560.
杨岚，1992. 白腹锦鸡 [M]. 北京：中国林业出版社 .
杨岚，文贤继，1994. 血雉属 *Ithaginis* 的分类研究 [J]. 动物学研究，15(4)：21-29.
杨岚，杨晓君，等，2004. 云南鸟类志 下卷：雀形目 [M]. 昆明：云南科学技术出版社 .
杨岚，等，1995. 云南鸟类志 上卷：非雀形目 [M]. 昆明：云南科学技术出版社 .
杨伯然，1991. 长白山花尾榛鸡 *Bonasa bonasia* 种群性比与年龄结构的初步分析 [J]. 动物学报，37(3)：334-335.
杨伯然，1993. 花尾榛鸡 *Bonasa bonasia* 取食树芽时期的食性特征及其营养分析 [J]. 动物学报，39(1)：48-55.
杨学明，1994. 灰头麦鸡繁殖生态学研究 [J]. 野生动物，(1)：12-14.
肖华，周智鑫，王宁，2008. 黄腹山雀的鸣唱特征分析 [J]. 动物学研究，29(3)：277-284.
吴中伦，1997. 中国森林（第 1 卷：总论）[M]. 北京：中国林业出版社 .
吴至康，1986. 贵州鸟类志 [M]. 贵阳：贵州人民出版社 .
吴宪忠，1993. 黑龙江省野生动物 [M]. 哈尔滨：黑龙江科学技术出版社 .
吴屏英，1991. 广东鸟类彩色图鉴 [M]. 广州：广东科学技术出版社 .
吴毅，彭基泰，1994. 四川雉鹑 *Tetraophasis szechenyii* 繁殖生态的研究 [J]. 生态学报，14(2)：21-222.
邱富才，张龙胜，刘焕金，1998. 芦芽山自然保护区金雕的繁殖习性 [J]. 山西林业科技，(2)：17-19.
何少文，巩会生，1994. 红腹锦鸡 *Chrysolophus pictus* 的越冬生态观察 [J]. 动物学杂志，29(6)：47-48.
何业恒，1994. 中国珍稀鸟类的历史变迁 [M]. 长沙：湖南科学技术出版社 .
何芬奇，卢汰春，1985. 绿尾虹雉 *Lophophorus lhuysii* 的冬季生态研究 [J]. 动物学研究，6(4)：345-352.
何芬奇，卢汰春，1986. 绿尾虹雉 *Lophophorus lhuysii* 的繁殖生态研究 [J]. 生态学报，6(2)：186-192.
何芬奇，林剑声，杨斌，2006. 中华秋沙鸭在中国的近期越冬分布与数量 [J]. 动物学杂志，41(5)：52-56.
余志刚，蒋鸿，1997. 红腹锦鸡 *Chrysolophus pictus* 繁殖生态研究 [J]. 动物学杂志，32(1)：41-44.
邹红菲，郑昕，马建章，2005. 凉水自然保护区普通䴓贮食红松种子行为观察与分析 [J]. 东北林业大学学报，33(1)：68-70.
宋榆钧，1980. 褐头山雀繁殖生态与食性的研究 [J]. 动物学报，26 (04)：370-377.
宋榆钧，1981. 银喉长尾山雀繁殖行为与食性的研究 [J]. 动物学研究，2 (03)：235-242.
宋榆钧，相桂权，1989. 黑琴鸡 *Lyrurus tetrix* 生态习性和卵的生物学研究 [J]. 东北师范大学学报，(2)：89-96.
张正旺，丁长青，丁平，2003. 中国鸡形目鸟类的现状与保护对策 [J]. 生物多样性，11(5)：414-421.
张正旺，倪喜军，1996. 华北地区野生环颈雉 *Phasianus colchicus* 集群行为的研究 [J]. 动物学报，42(增刊)：112-118.
张正旺，梁伟，1994. 山西斑翅山鹑 *Perdix dauuricae* 的繁殖生态研究 [J]. 动物学杂志，32(2)：23-25.
张正旺，梁伟，1994. 斑翅山鹑 *Perdix dauuricae* 巢址选择的研究 [J]. 动物学研究，15(4)：37-43.
张军平，郑光美，1990. 黄腹角雉 *Tragopan caboti* 的种群数量及结构研究 [J]. 动物学研究，11(4)：291-297.
张孚允，1987. 中国鸟类环志年鉴 [M]. 兰州：甘肃科技出版社 .
张迎梅，阮禄章，董元华，2000. 无锡太湖地区夜鹭及白鹭繁殖生物学研究 [J]. 动物学研究，21(4)：275-278.
张迎梅，赵东芹，阮禄章，2003. 太湖地区夜鹭配对年龄及繁殖效果 [J]. 动物学研究，24 (1)：57- 59.
张国钢，张正旺，郑光美，2003. 山西五鹿山褐马鸡不同季节的空间分布与栖息地选择研究 [J]. 生物多样性，11(04)：303-308.
张荣祖，1999. 中国动物地理 [M]. 北京：科学出版社
张骊嘉，王安梦，鲍伟东，2009. 不同栖居地和越冬时期长耳鸮的食物组成 [J]. 生态学杂志，28(8)：1664-1667.
张新时，2007.《中国植被及其地理格局：中华人民共和国植被图 (1：1 000 000) 说明书》[M]. 北京：地质出版社 .
陆舟，余丽江，舒晓莲，2016. 海南鳽在广西的分布和保护现状 [J]. 四川动物，(2)：302-306.
陆舟，周放，廖承开，2004. 九连山国家级自然保护区海南鳽栖息地及活动时间的初步观察 [J]. 广西农业生物科学，23 (4)：338-341.
陆钢，戴波，李仁贵，2007. 四川省老君山自然保护区雉类种群密度和多样性的初步研究 [J]. 四川动物，26(3)：572-576.
陈灵芝，2015.《中国植物区系与植被地理》[M]. 北京：科学出版社
陈侠斌，何静，张薇，2006. 北京高校喜鹊巢址选择的主要生态因素 [J]. 四川动物，

25(4)：855-857.

邵明勤，曾宾宾，尚小龙，2012. 江西鄱阳湖流域中华秋沙鸭越冬期间的集群特征 [J]. 生态学报，32 (10)：3170-3176.

邵玲，粟通萍，霍娟，等，2016. 贵州宽阔水自然保护区小杜鹃对小鳞胸鹪鹛的巢寄生 [J]. 四川动物，35(2)：81-83.

邵晨，1998. 红腹锦鸡 *Chrysolophus pictus* 的冬季栖息地 [J]. 动物学杂志，33(2)：38-41.

武明录，吴跃峰，1997. 河北围场黑琴鸡 *Lyrurus tetrix* 繁殖生态学研究 [J]. 动物学研究，18(3)：285-292.

武建勇，安文山，薛恩祥，1996. 红嘴山鸦繁殖生物学的研究 [J]. 生态学杂志，15(5)：27-30.

林文隆，2003. 台湾中部森林领角鸮繁殖生物学初探 [J]. 台湾猛禽研究，(1)：20-35.

林文隆，曾惠芸，王颖，2008. 喜马拉雅林鸮繁殖生态学：繁殖、食性与捕食行为描述 [J]. 特有生物研究，10(2)：13-24.

易国栋，杨志杰，刘宇，2010. 中华秋沙鸭越冬行为时间分配及日活动节律 [J]. 生态学报，30 (8)：2228-2234.

易国栋，杨志杰，陈刚，2008. 中华秋沙鸭繁殖习性初报 [J]. 动物学杂志，43(6)：57-61.

岳惠群，1996. 宜春地区野生动物：鸟类、兽类 [M]. 南昌：江西高校出版社 .

金志民，杨春文，刘铸，2010. 黑龙江省牡丹峰自然保护区鸳鸯繁殖习性观察 [J]. 四川动物，29 (3)：489-491.

金春日，王爽，万冬梅，2007. 杂色山雀的繁殖生态 [J]. 生态学杂志，26(12)：1988-1995.

周立志，王岐山，宋榆钧，2003. 红头长尾山雀繁殖生态的研究 [J]. 生态学杂志，22(2)：24-27.

周放，2011.《广西陆生脊椎动物分布名录》[M]. 北京：中国林业出版社 .

周放，余丽江，陆舟，2005. 海南鳽巢址选择的初步调查 [J]. 动物学杂志，40(1)：54-58.

郑生武，1994. 中国西北地区珍稀濒危动物志 [M]. 北京：中国林业出版社 .

郑光美，1982. 鸟之巢 [M]. 上海：上海科学技术出版社

郑光美，1996. 中国鸟类学研究：郑作新院士九十华诞暨第二届海峡两岸鸟类学术研讨会纪念 [C]. 北京：中国林业出版社 .

郑光美，2012. 鸟类学 [M]. 2 版 . 北京：北京师范大学出版社 .

郑光美，2015. 中国雉类 [M]. 北京：高等教育出版社 .

郑光美，2017. 中国鸟类分类与分布名录 [M]. 3 版 . 北京：科学出版社

郑光美，王岐山，1998. 中国濒危动物红皮书：鸟类 [M]. 北京：科学出版社 .

郑合勋，1993. 血雉 *Ithaginis cruentus* 的生活习性及繁殖生态 [J]. 野生动物，1993(1)：27-28.

郑作新，1983. 西藏鸟类志 [M]. 北京：科学出版社 .

郑作新，2000. 中国鸟类种和亚种分类名录大全 [M]. 修订版 . 北京：科学出版社 .

郑作新，王岐山，谭耀匡，等，1978-2010. 中国动物志·鸟纲：1-2 卷，4-14 卷 [M]. 北京：科学出版社 .

郎彩勤，1999. 红嘴蓝鹊的繁殖生态 [J]. 太原师范学院学报，(4)：43-45.

经宇，孙悦华，方昀，2003. 黑头噪鸦的繁殖及生活史特征 [J]. 动物学杂志，38(3)：91-92.

赵正阶，1987. 吉林省野生动物图谱：鸟类 [M]. 长春：吉林科学技术出版社 .

赵正阶，1988. 东北鸟类 [M]. 沈阳：辽宁科技出版社 .

赵正阶，1995. 中国鸟类志上卷：非雀形目 [M]. 长春：吉林科学技术出版社 .

赵正阶，2001. 中国鸟类志下卷：雀形目 [M]. 长春：吉林科学技术出版社 .

赵匠，邓文洪，高玮，2002. 山地次生林破碎化对喜鹊繁殖功效的影响 [J]. 动物学研究，23 (03)：220-225.

赵伟，宋森，邵明勤，2007. 甘肃民勤治沙站纵纹腹小鸮食性的季节变化 [J]. 动物学报，53 (6)：953-958.

赵柒保，杜爱英，1996. 山西斑翅山鹑 *Perdix dauuricae* 繁殖的新资料 [J]. 动物学报，42(增刊)：158-160.

郝映红，齐磊，2013. 山西庞泉沟保护区三种鸮的繁殖生态特性研究 [J]. 山西农业大学学报，33(6)：536-541.

胡慧娟，陈剑榕，孙雷，1999. 厦门大屿岛三种鹭的种群动态和营巢 [J]. 生物多样性，7 (2)：123-126.

相桂权，冯贺林，1993. 红隼的繁殖习性及领域选择的研究 [J]. 动物学杂志，28(2)：38-43.

施小春，1999. 高黎贡山白尾梢虹雉 *Lophophorus sclateri* 生境利用的初步观察 [J]. 动物学研究，20(1)：50-54.

姜仕仁，丁平，诸葛阳，1998. 大山雀领域鸣唱的声谱分析与比较研究 [J]. 杭州大学学报：自然科学版，25(1)：69-73.

袁国映，1991. 新疆脊椎动物简志 [M]. 乌鲁木齐：新疆人民出版社 .

格玛江初，董德福，龙文祥，1995. 藏马鸡繁殖生态初步观察 [J]. 野生动物，(6)：8-9.

格玛嘉措，董德福，1999. 白马鸡 *Crossoptilon crossoptilon* 生态习性的初步研究 [J]. 动物学杂志，34(1)：26-28.

贾陈喜，郑光美，1999. 卧龙自然保护区血雉 *Ithaginis cruentus* 的社群组织 [J]. 动物学报，45(2)：135-142.

贾非，王楠，郑光美，2005. 白马鸡繁殖早期栖息地选择和空间分布 [J]. 动物学报，51(03)：383-392.

徐玉梅，2009. 乌鸫繁殖习性及食性的初步研究 [J]. 生物学通报，44(3)：31-33.

徐延恭，尹祚华 . 1996. 白冠长尾雉的现状及保护对策 [J]. 动物学报，42 (增刊)：155.

徐国华，马鸣，吴道宁，2016. 中国 8 种鹭类分类、分布、种群现状及其保护 [J]. 生物学通报，51(7)：1-4.

徐基良，张晓辉，张正旺，2002. 白冠长尾雉育雏期的栖息地选择 [J]. 动物学研究，23 (06)：471-476.

徐照辉，梅文正，1994. 四川山鹧鸪 *Arborophila rufipectus* 的越冬生态研究 [J]. 动物学杂志，29(2)：21-23.

奚氏海，李东来，张雷，2015. 食物和季节因素对杂色山雀贮食行为影响的研究 [J]. 生态学报，35(15)：5026-5031.

高中信，1985. 扎龙鸟类 [M]. 北京：中国林业出版社 .

高玮，2004. 中国东北地区洞巢鸟类生态学 [M]. 长春：吉林科学技术出版社 .

高玮，2006. 中国东北地区鸟类及其生态学研究 [M]. 北京：科学出版社 .

高瑞桐，卢永农，刘传银，1994. 啄木鸟在杨树人工林内对几种昆虫捕食作用的研究 [J]. 林业科学研究，7(5)：585-588.

唐蟾珠，1996. 横断山区鸟类 [M]. 北京：科学出版社 .

诸葛阳，1990. 浙江动物志：鸟类 [M]. 杭州：浙江科技出版社 .

黄人鑫，杜春华，1992. 中国高山雪鸡 *Tetraogallus himalayensis* 的地理分布 [J]. 动物学研究，13(1)：66-67.

黄人鑫，邵红光，1991. 阿尔泰雪鸡 *Tetraogallus altaicus* 生态的初步观察 [J]. 四川动物，10(3)：36.

黄正一，孙振华 . 1993. 上海鸟类资源及其环境 [M]. 复旦大学出版社 .

黄沐朋，1989. 辽宁动物志：鸟类 [M]. 沈阳：辽宁科学技术出版社 .

黄族豪，郭玉清，徐兵，2012. 江西吉安灰头麦鸡的繁殖生态研究 [J]. 四川动物，31(5)：772-774.

黄慧琴，2016. 蓝冠噪鹛 (*Garrulax courtoisi*) 繁殖期生境选择及其影响因素研究 [D]. 东北林业大学 .

梅宇，马鸣，胡宝文，2009. 新疆北部白冠攀雀的巢与巢址选择 [J]. 动物学研究，30(5)：565-570.

曹垒，鲁善翔，杨捷频，2002. 绿鹭的繁殖习性观察 [J]. 动物学研究，23(2)：180-184.

常城，刘迺发，1993. 暗腹雪鸡 *Tetraogallus himalayensis* 的繁殖及食性 [J]. 动物学报，39(1)：107-108.

常家传，1995. 东北鸟类图鉴 [M]. 哈尔滨：黑龙江科学技术出版社 .

章志琴，夏瑾华，王艾平，2012. 江西省境内中华秋沙鸭越冬生境选择 [J]. 中国农学通报，28(35)：29-32.

蒋志刚，江建平，王跃招，等，2016. 中国脊椎动物红色名录 [J]. 生物多样性 24：500- 551.

蒋爱伍，蔡江帆，2009. 鸳鸯利用城市建筑物繁殖初步观察 [J]. 动物学杂志，44(3)：135-137.

韩庆，梁瑜，何超，2008. 湖南花岩溪白鹭繁殖习性研究 [J]. 四川动物，27(4)：594-598.

韩联宪，杨岚，1989. 白腹锦鸡 *Chrysolophus amherstiae* 繁殖生态观察 [J]. 动物学研究，10(4)：285-294.

程成，梁伟，张子慧，2011. 人工巢箱中大山雀和褐头山雀的繁殖比较 [J]. 生态学杂志，30(7)：1575-1578.

傅桐生，1984. 长白山的鸟类 [M]. 东北师范大学出版社 .

焦致娴，高艳娇，张俊华，2012. 三峡库区青干河峡谷鸳鸯越冬生境选择初探 [J]. 四川动物，31(4)：647-654.

鲁长虎，常家传，1998. 食肉质果鸟对种子的传播作用 [J]. 生态学杂志，17(1)：61-64.

鲁氏虎，2002. 星鸦的贮食行为及其对红松种子的传播作用 [J]. 动物学报，48(3)：317-321.

鲁氏虎，吴建平，1997. 鸟类的贮食行为及研究 [J]. 动物学杂志，32(5)：48-51.

鲁先文，孙坤，马瑞君，2005. 鸟类取食中国沙棘果实的方式及其对种子的传播作用 [J]. 生态学杂志，24(6)：635-638.

曾庆波，1995. 海南岛尖峰岭地区生物物种名录 [M]. 北京：中国林业出版社 .

谢德还，邱有宏，郭建荣，2001. 纵纹腹小鸮繁殖习性观察 [J]. 动物学杂志，36(5)：57-59.

楚国忠，1989. 大山雀雏鸟的生长、食量及对马尾松毛虫种群密度的功能反映和数值反应 [J]. 林业科学研究，2(1)：9-14.

楼瑛强，洪阳，田俊华，2014. 甘肃莲花山血雉春夏季栖息地选择 [J]. 四川动物，33(2)：229-233.

雷富民，郑作新，1995. 纵纹腹小鸮羽毛超微结构的研究 [J]. 动物学集刊 (12)：331-334.

雷富民，郑作新，尹柞华，1997. 纵纹腹小鸮在中国的分布、栖息地及各亚种的梯度变异 [J]. 动物分类学报，22(3)：327-333.

蔡玥，李东来，李其久，2014. 杂色山雀繁殖期与非繁殖期食物组成及利用 [J]. 动物学杂志，49(6)：811-819.

蔡其侃，1988. 北京鸟类志 [M]. 北京：北京出版社 .

廖文波，胡锦矗，2010. 四川山鹧鸪生态习性研究进展 [J]. 绵阳师范学院学报，29（2）：67-71.

谭飞，林英华，张明海，2013. 福建漳江口繁殖期鹭科鸟类觅食及巢位空间生态位分离 [J]. 野生动物，34(2)：79-83.

熊李虎，陆健健，2006. 上海郊区冬季红隼行为时间分配 [J]. 生态学杂志，25(4)：417-470.

熊李虎，陆健健，童春富，2007. 栖木在越冬红隼的觅食地与捕食方式选择中的作用 [J]. 生态学报，27(6)，2160-2166.

熊李虎，童春富，陆健健，2005. 上海郊区红隼种群密度及其变化 [J]. 四川动物，24(4)：559-562.

滕丽微，刘振生，宋延龄，2004. 栗鸮繁殖习性的观察 [J]. 东北林业大学学报，32(2)：43-45.

颜重威，1987. 台湾的猛禽类 [J]. 动物园杂志，7(1)：24-27.

颜重威，1996. 台湾雉类现状与保育 [J]. 动物学报，42(增刊)：39-44.

戴波，陈本平，岳碧松，2014. 四川山鹧鸪栖息地分析与预测 [J]. 四川动物，33(3)：329-336.

魏国安，陈小麟，林清贤，2002. 厦门白鹭自然保护区的白鹭繁殖行为和繁殖力研究 [J]. 厦门大学学报：自然科学版，41(05)：647-652.

BEN K，HAN L X，1991. Field notes on the birds recovered from the Simao，Yunnan[R]. The HK Bird Report 1990：172-178.

BINGHAM D，1984-1994. WPA News：No.1-47[C]. Reading，UK：World Pheasant Association.

CHENG T H，1987. A synopsis of the avifauna of China[M]. Beijing：Science Press.

CHENG T H，1994. A complete checklist of species and subspecies of the Chinese birds[M]. Beijing：Science Press.

COLLAR N J，2006. A partial revision of the Asian babblers (Timaliidae)[J]. Forktail，22：85-112.

del HOYO J，ELLIOTT A，SARGATAL J，et al.，1992-2013. Handbook of the birds of the world：vol1-17[M]. Barcelona：Lynx Edicions.

DICKINSON EC，CHRISTIDIS L. 2014. The Howard and Moore complete checklist of the birds of the world[M]. 4th Ed. Eastbourne：Aves Press.

DOWELL S，BLAKE K，1992-1994. PQF News：No.1-5[C]. Reading，UK：World Pheasant Association.

ERRITZOE J，MANN C F，BRAMMER F P，et al.，2012. Cuckoos of the world[M]. London：Christopher Helm.

FANG Y T，TUANMU M N，HUNG C M，2018. Asynchronous evolution of interdependent nest characters across the avian phylogeny[J]. Nature Communications，9：1863.

FULLER R J，1995. Bird life of woodland and forest[M]. Cambridge：Cambridge University Press.

GELANG M，Cibois A，PASQUET E，et al.，2009. Phylogeny of babblers (Aves，Passeriformes)：Major lineages，family limits and classification[J]. Zoologica Scripta，38：225-236.

HACKETT S J，KIMBALL R T，REDDY S，et al.，2008. A phylogenomic study of birds reveals their evolutionary history[J]. Science，320：1763-1768.

HAN K L，ROBBINS MB，BRAUN MJ. 2010. A multi-gene estimate of phylogeny in the nightjars and nighthawks (Caprimulgidae)[J]. Molecular Phylogenetics and Evolution，55：443-453.

HOWMAN K，1993. Pheasants of the world：theit breeding and management[M]. USA：Hancock House Publishers.

IUCN，2019. The IUCN Red List of Threatened Species[M/OL]. Version 2019-2. http://www.iucnredlist.org

JOHNSGARD P A，1983. The grouse of the world[M]. London：Croom Helm.

JOHNSGARD P A，1986. The pheasants of the world[M]. Oxford：Oxford University Press.

JOHNSGARD P A，1988. The quails，partridges，and francolins of the world[M]. Oxford：Oxford University Press.

LI X T，1991. Temminck's Tragopan *Tragopan temminckii*[M]. Beijing：International Academic Publishers.

LI X T，1995. Recent Research on Brown Eared-pheasant at Dongling Mountain，Beijing[C]//Jenkins D，Annual Review of the World Pheasant Assiociation 1993/94. Reading，UK：World Pheasant Assiociation，.

LI X T，1996. The Distribution and Status of Species and Subspecies of Gamebirds in China[J]. Acta Zoologica Sinica，42(Suppl.)：25-29.

LI X T，1996. The Gamebirds of China：Their Distribution and Status[M]. Beijing：International Acdemic Publishers.

LI X T，Liu R S，1993. The Brown Eared Pheasant *Crossoptilon mantchuricum*[M]. Beijing：International Academic Publishers.

LIU N F，1994. Reproduction of Severtzov's Hazel Grouse *Bonasa sewerzowi*[J]. Gibier Faune Sauvage，(11)：39-49.

LOVEL D，1991-1995. Grouse News：No.1-9[C]. Reading，UK：World Pheasant Association.

MACE G M，Lande R，1991. Assessing extinction threats：toward a reevaluation of IUCN threatened species categories[J]. Conservation Biology，5(2)：148-157.

MACKINNON J，Phillipps K，2000. A field guide to the birds of China[M]. Oxford：Oxford University Press.

MLÍKOVSKÝ J，2011. Correct name for the Asian russet sparrow[J]. Chinese Birds，2：109-110.

OLSSON U，IRESTEDT M，SANGSTER G，et al.，2013. Systematic revision of the avian family Cisticolidae based on a multilocus phylogeny of all genera[J]. Molecular phylogenetics and evolution，66：790-799.

RASMUSSEN P C，ANDERTON J C，2005. Birds of south Asia：The Ripley guide[M]. Washington DC and Barcelona：Smithsonian Institution and Lynx Edicions.

ROBBINS G E S，1984. Partridges：their breeding and management[M]. Woodbridge Suffolk，UK：The Boydell Press.

ROBERTSON P A，Carroll J P，1989. Observations of the autumn densities of the Common Pheasant *Phasianus colchicus* in Shanxi[J].Journal of WPA，(14)：101-106.

SOLOMON E P，BERG L R，MARTIN D W，2011. Biology[M]. 9th Ed. Brooks/Cole：Cengage Learning

TAN Y K，CHIEKO K，HIROYOSHI H，1990. Bioliography of Chinese ornithology[M]. Tokyo：Wild Bird Society of Japan.

WANG N，LIANG B，WANG J，et al.，2016. Incipient speciation with gene flow on a continental island：Species delimitation of the Hainan Hwamei (*Leucodioptron canorum owstoni*，Passeriformes，Aves)[J]. Molecular phylogenetics and evolution，102：62-73.

YE X D，1991. Distribution and status of the Cinereous Vulture *Aegypius monachus* in China[J]. Birds of Prey Bullletin，(4)：51-56.

YE X D，LI D H，1991. Past & future study of birds of prey and owls in China[J]. Birds of Prey Bulletin，(4)：159-165.

ZHANG Z W，LI X T，DING C Q，1992-1994. WPA-China News：No.1-6[C]. Beijing：Department of Biology，Beijing Normal University.

中文名索引

（前页码为手绘图，后页码为物种描述）

六画

七画

八画

九画

十画

十一画

十二画

十三画

十四画

十五画

十六画

十七画

十八画

二十画

拉丁名索引

（前页码为手绘图，后页码为物种描述）

M

N

O

P

R

S

英文名索引

（前页码为手绘图，后页码为物种描述）

T

U

V

W

Y

Z

图书在版编目（CIP）数据

中国森林鸟类 / 丁平等著 . -- 长沙 : 湖南科学技术出版社 , 2019.12
（中国野生鸟类）
ISBN 978-7-5710-0329-6

Ⅰ . ①中… Ⅱ . ①丁… Ⅲ . ①森林－鸟类－介绍－中国 Ⅳ . ① Q959.708

中国版本图书馆 CIP 数据核字（2019）第 208015 号

ZHONGGUO SENLIN NIAOLEI
中国森林鸟类

主　　编：丁　平　张正旺　梁　伟　李湘涛
总 策 划：陈沂欢　李　惟
出 版 人：张旭东
策划编辑：曹紫娟　王安梦　乔　琦
责任编辑：杨　波　李　蓓　刘　竞　林澧波　戴　涛
特约编辑：曹紫娟
地图编辑：程　远　程晓曦　韩守青　苏倩文
制图单位：湖南地图出版社
插画编辑：翁　哲
图片编辑：张宏翼
流程编辑：刘　微　李文瑶
装帧设计：王喜华　何　睦
责任印制：焦文献
出版发行：湖南科学技术出版社
社　　址：长沙市湘雅路 276 号
http://www.hnstp.com
湖南科学技术出版社天猫旗舰店网址：
http://hnkjcbs.tmall.com
邮购联系：本社直销科 0731-84375808
印　　刷：北京华联印刷有限公司
制　　版：北京美光制版有限公司
版　　次：2019 年 12 月第 1 版
印　　次：2019 年 12 月第 1 次印刷
开　　本：635mm × 965mm　1/8
印　　张：120
字　　数：2348 千字
审 图 号：GS（2019）4462 号
书　　号：ISBN 978-7-5710-0329-6
定　　价：800.00 元